电子爱好者手册　电子创客案例集

2021 年电子报合订本

（下册）

《电子报》编辑部　编

目　录

扫码下载附赠资料(约 4.08GB)

一、增刊

1. 硬件综合类

2. 软件类

二、行业前沿

1. 专栏类

2. 综合信息

三、综合维修

1. 维修类

四、职教与技能

五、机电技术

六、制作与开发

七、消费电子

八、影音技术

附　录

国产氮化镓芯片动态

自 Type-C 2.1 与 PD 3.1 新的标准协议发布之后，氮化镓再次被推上风口。氮化镓以低损耗、高效率、高功率密度的自身优势，迅速占领快充市场。随着硅基氮化镓成本的下降，氮化镓材料或将发展成为快充行业的主流。国产内的氮化镓厂商也陆续推出了多款氮化镓产品，并在芯片的功率、驱动、封装方面均有不小的突破。

封装工艺升级、双面散热的 650V GaN FET

据介绍，氮矽科技现已发布多款基于氮化镓的产品，同时还推出了多个可直接量产的氮化镓快充解决方案。

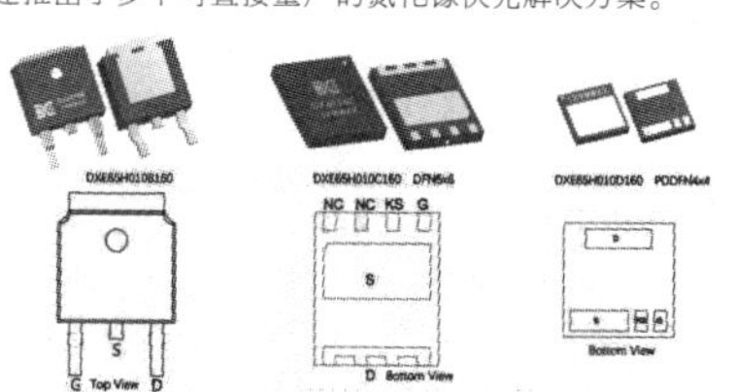

据氮矽科技销售总监伍陆军介绍，氮矽科技目前已推出一款面积超小的 650V 氮化镓功率器件 DX6510D。该器件的封装规格为 PDDFN 4*4mm，面积仅为 16mm²，与 DFN5*6 封装的产品相比面积减少了一半，进一步减小了充电器的体积，同时还对芯片的封装工艺进行了升级。

Part Number	Marking Code	Package	Packing
DXE65H010B160	DX6510B	TO252	Tape 2.5k/reel
DXE65H010C160	DX6510C	DFN5x6	Tape 3k/reel
DXE65H010D160	101YWWXX	PDDFN4x4	Tape 3k/reel

在通常情况下芯片面积减小，芯片的散热性能也会减弱。氮矽科技为解决 DX6510D 的散热问题，这枚芯片采用了 Chip Face Down 封装工艺，和 RDL 取代传统打线工艺，以及双面散热的设计，提高芯片的散热能力，降低热量对系统效率的影响，保证系统长时间运行的稳定性。Chip Face Down 封装工艺是为了让电流沟道更接近 PCB 板面，加速芯片底部散热，并通过 RDL 工艺重布线的方式加快芯片内部散热。RDL 工艺的应用还大幅降低了芯片的寄生电感和电阻等寄生参数，减小寄生参数对于氮化镓来说是非常重要的。因为氮化镓栅极的阈值很低，对工作电压的精度要求很高，如果寄生电感或寄生电阻太大，会导致氮化镓 MOS 管存在误开启、关断的现象，甚至是在正常工作中出现跳压，随着时间的累积，电压慢慢提高，这不仅会严重影响氮化镓 MOS 管的使用寿命，还可能会因电压升高而导致氮化镓 MOS 管炸断。同时为提高小面积芯片的散热能力，氮矽科技还在芯片的顶部添置了散热模块，增大了散热面积，氮化镓 MOS 管内部的热量可由顶部的散热模块进行释放。与传统增大 PCB 增大敷铜面积的方式相比，氮矽科技通过自研板级封装与双面散热结合的方式的散热效果更好。

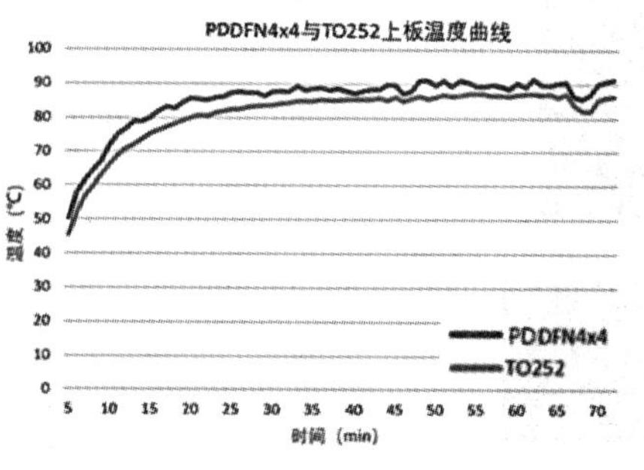

上图为氮矽科技采用双面散热的 PDDF4*4 封装芯片与 TO252 传统封装芯片进行的温升实验，通过上图可看出两者的温度变化差距不大，但从面积上来看，PDDF4*4 封装芯片的面积仅为 TO252 封装的 1/4。据氮矽科技介绍，即使芯片的面积减小了 3/4，DX6510D 的功率因数与系统效率也不会因此受到影响。

合封驱动的氮化镓芯片

氮化镓之所以在电源领域被广泛应用，是因为氮化镓的开关频率更高，与硅基产品相比，在同等输出功率下，基于氮化镓的电路更为精简、元器件使用数量更少、设备体积更小，功率密度更高。合封氮化镓芯片是通过内部走线的方式，将氮化镓功率芯片与驱动器、控制器或其它控制芯片连接起来，在很大程度上缩短了导线的长度，大大地降低了寄生参数的值，尤其是寄生电感。寄生电感对氮化镓功率芯片的影响很大，当氮化镓功率芯片工作在高频状态下时，会增加系统的开关损耗、提高幅值、降低系统效率，同时还会增加开发工程师的调试难度。通过将多种控制器、驱动器合封起来的方式恰好能解决这一问题，因此将氮化镓驱动合封在功率器件中具有重大意义，并且已成为电源领域的主要发展趋势。据官网显示，东科半导体目前已将开发出多款合封氮化镓驱动器、逻辑控制器的氮化镓合封芯片，这些芯片多采用 QR 的电源架构，工作频率均在 200kHz 左右。据介绍，现阶段有一款 65W 采用有源钳位反激式电源架构的合封芯片目前已进入调试阶段，该芯片的最高工作频率达 500kHz，应用于电源系统中能够明显的降低开关损耗并提高系统效率。DK051QF 是东科半导体的一款合封氮化镓芯片，该芯片采用的是 QR 的电源架构，设计输出功率为 65W，工作最高频率可达 200kHz，芯片合封了逻辑控制器，驱动器和高压启动管。在电路调试方面，由于该芯片采用的是多种控制器合封的方式，寄生参数影响较少。同时还采用了较为简单的 QR 电路拓扑，减少了元器件的使用数量，并将系统电路简化到了最低，大幅度降低了系统的调试难度，缩短了产品的开发周期。

SC3050 Demo

同时，南芯半导体也推出合封了氮化镓驱动与控制器的氮化镓功率芯片 SC3050。这款芯片采用了独特的 EPAD 设计，优化了在大电流工作状态下的电气特性，并得到了很好的热体验。通过合封的方式，将控制器与氮化镓功率器件结合，充分地发挥了低寄生参数下，氮化镓低开关损耗、高功率密度的性能。

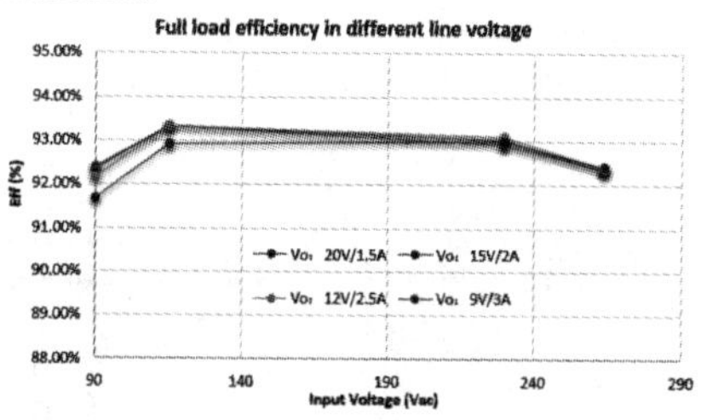

不同工作状态下的效率变化曲线

上图为 SC3050 在满载情况下不同的工作状态的变化曲线。该芯片在 QR 模式下，开关频率为 170kHz。当工作电压在 100~220V 时，系统的转换效率都能稳定在 93%以上。当系统处于空载状态或轻载状态时，芯片会自动切换到突发模式，以降低系统功耗。据南芯半导体介绍，该方案现已被广泛应用于高能效、小体积的快充解决方案中。

结语

随着制造工艺的升级，目前市场上的氮化镓产品现已向着小型化、高度集成化发展。氮矽科技的双面散热技术在产品面积缩小的情况下，还保证了产品的工作性能，与相同面积的芯片相比，工作温度更低，该技术的应用将会推动快充充电器向更高功率密度方向的发展。

每个程序员都应该学的 5 门编程语言

程序员用各种通用编程语言编写代码。大多数使用企业软件的程序员在退休之前通常只使用一种编程语言。然而，有些程序员日常工作中有机会使用多种编程语言，例如，如果程序员使用 Flutter 原生模块，那么就有机会使用 Dart、Kotlin(或 Java)、Objective-C(或 Swift)、C/C++等。

但是，大多数程序员由于几十年来只使用一种语言而限制了他们的技术技能。我们经常遇到.net 和 Java 专家。但是，我们很少看到掌握多种语言的程序员。习多种编程语言会带来更多好处。但是，学习每一种流行的编程语言确实不是一个明智的选择。

今天，就和大家分享每个程序员应该学习的 5 种编程语言：

C/C++

C 编程语言是几乎所有低级软件组件的基础语言。C 的抽象更接近于硬件，与其他现代流行的编程语言相比，C 语言的语法更接近汇编语言。因此，C 编译器可以有效地将 C 源代码转换为机器语言，并生成轻量级、快速的二进制可执行文件。

C++是 C 语言的扩展，所以你可以用 C++的特性来代替 C 语言缺失的现代语言特性(例如:类、名称空间等)。简而言之，学习 C/C++对任何程序员都有很多好处，C/C++会激励你编写优化的代码，因为 C/C++不提供自动垃圾回收，C 语言可以提高你解决问题的能力和基本的计算机科学技能，因为它不提供预构建的数据结构和全功能的标准库。同样，学习 C/C++对提高计算机科学知识和技能有很大的帮助。

Bash

Bash 是为类 Unix 操作系统构建的命令语言和命令行解释器。几乎所有类 Unix 操作系统都预先安装了 Bash 解释器程序，此外，许多 GUI 终端软件通常使用 Bash 作为默认命令解释器，因此，我们可以为不同的类 Unix 操作系统编写可移植的 Bash 脚本。

程序员遵循不同的实践来提高他们的日常编程效率，许多程序员通常为重复的过程编写自己的 Bash 脚本。例如，我编写了一个简单的 Bash 脚本来构建和复制 TypeScript 项目的输出。学习 Bash 无疑是学习过程自动化的第一步。过程自动化确实是提高生产力的方法。通过 Bash 可以非常快地编写自动化脚本，以提高编程效率。

JavaScript

WORA(Write Once Run Anywhere)现在是 JavaScript 而是 Java，现在你也可以 JavaScript 构建任何东西，你可以使用 JavaScript 构建网站、Web 服务、桌面应用程序、移动应用程序、CLI 程序、物联网解决方案、机器人相关程序和智能电视应用程序。如果你学习了 JavaScript，那么你将得到一个与各种软件项目合作的绝佳机会。

学习 JavaScript 为使用一种现代编程语言构建任何东西打开了一条新的道路。面向互联网的企业软件公司主要使用 JavaScript，或者维护至少几个用 JavaScript 构建的子项目。毫无疑问，世界上每个程序员每天都使用浏览器。程序员通常喜欢学习内部知识。JavaScript 确实是理解 Web 浏览器内部的必备技能。

Python

Python 是一种开发人员友好的、简单的、动态类型的解释性编程语言。许多 Web 开发人员、数据科学家、机器学习工程师和系统管理员在日常编程任务中使用 Python。有时候，编写 Python 源代码比编写伪代码来实现特定算法要快。

Python 提供了许多内建函数来处理数据结构。而且，Python 是处理数据记录最简单的编程语言之一。学习 Python 对所有程序员都有好处。Bash 非常适合自动化，如果你的自动化变化，如果你的自动化脚本想要处理数据，那么 Bash 并不适合一因为它是一种命令行语言。另一方面，Python 可以用最小的语法处理数据，并像 Bash 一样用最小的语法调用其他进程。因此，如果学习 Python，你可以编写干净的、功能齐全的自动化脚本。

此外，Python 对于在线编码挑战和快速解决问题的技术面试非常有用。例如，在 Python 中删除列表的副本是多么容易，甚至不需要使用任何 import 语句。

Go

Go 是一种静态类型的通用编程语言，使用类似 C 语言的语法设计。它具有许多其他现代编程语言所具有的特性，比如垃圾收集、内存安全和并发支持。Go 编程语言具有开发人员友好的语法，但与其他流行语言相比，它的性能依然深受青睐，Go 语言的设计给我们所有程序员提供了很多宝贵的经验。

Go 提供了构建任何软件系统所需的所有功能，大多数编程语言都添加了大量的语言特性，使开发人员的工作更加轻松。但实际上，新的语言特性很快就会使代码库过时。而且，许多有经验的程序员通常不关心语言的最新语法技巧。

硬禾学堂专栏 用类比的方式想象理解PCB布线的规则(二)

(接上期本版)

避免直角走线

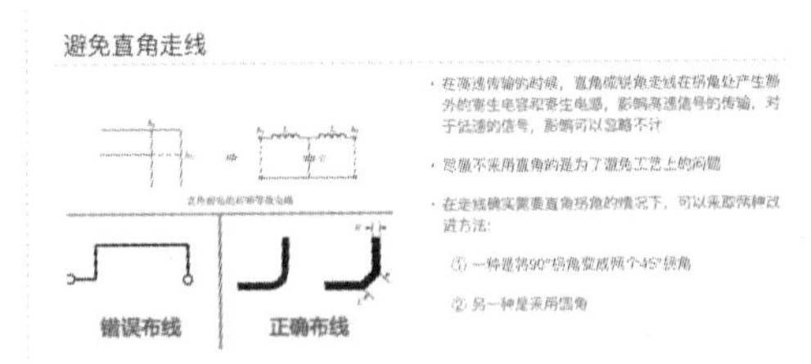

这是很多人道听途说,但不明觉厉比较多的一个规则——不要走直角、不要走直角!其实在多数的项目中直角没啥显著的负面影响,只是在高速电路中有所体现,那还是要牢记在心,从一点一滴做起,尽量养成好的习惯——不做90度原地转身,即便需要转90度,也分两步走或者来个“无级”转向,这样会相对光滑、连贯。

在安装孔和走线之间保留一定的距离

接地和填充

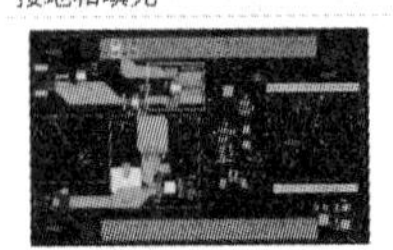

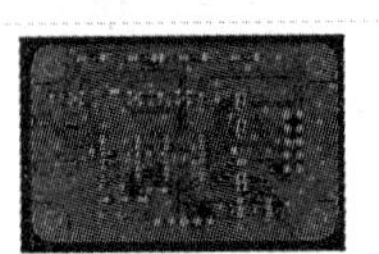

雨季来临,有的地方和风细雨,有的地方狂风暴雨,但积水都是不受欢迎的,我们需要将这些积水迅速排掉,通过下水管道流到地下的水网里,从这个层面理解你就可以想象一下PCB上为啥要有比较粗的底线(河道)、大片铺地(湖)、单独的地平面(地下水网),也就能够理解模拟地为何要跟数字地分开,为啥还要单点连接了。

电源布线及去偶

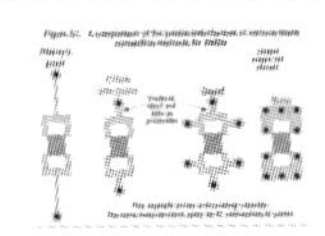

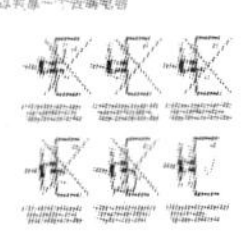

电源上的噪声就如同我们下雨地面上的积水,要将它们及时排放掉,去偶电容就如同一个个的下水道,放置远了路上的崎岖不平也许就导致其根本不起作用了。就地释放、多打几个孔加强排放能力。

走线阻抗及终端匹配

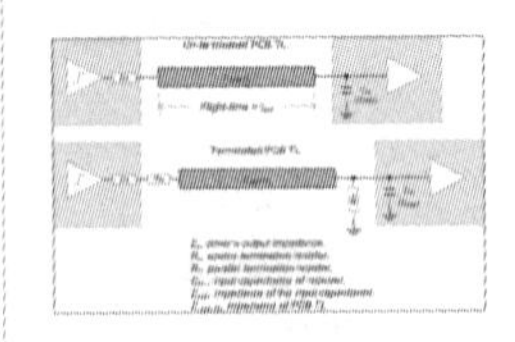

开车的体验-从A地到B地如果慢速行走,各种路面都是不会有什么影响的,如果高速开车,一定要保证路面的平坦,一个凸起就会将你弹起来,高速的数字信号传输也是如此,就把它想象成一辆辆以120公里/秒行进在高速路上的汽车就行了。

丝印

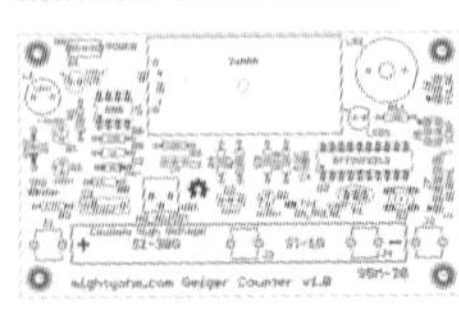

直观——让别人凭着直觉都能看得懂,美观——让自己都觉得这是一个赏心悦目的作品。

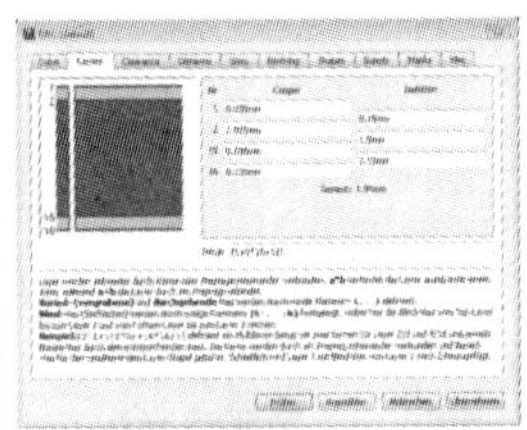

检查
1. ERC(电气规则检查)
2. DRC(设计规则检查)- 线宽、线间距、加工厂工艺要求、高速设置、短路
3. 对照原理图逐线高亮检查

不要对自己太有信心、不要太相信电脑的识别能力,不要因为自己的一个疏忽导致一个月的工期延误,要把各种犯错的可能消灭掉,因此需要Double Check,Triple Check!

(全文完)

推出创新潮汐功放技术
爱立信携手运营商迈向“双碳”未来

日前,爱立信推出基于Ericsson Silicon(即基于爱立信先进的硅芯设计理念推出的多款全自研先进制程芯片)的创新射频单元节能方案——潮汐功放技术。在爱立信为全球运营商提供的E2E产品如无线产品、传输产品和RAN计算产品中,使用Ericsson Silicon的产品都拥有先进的算法和强大的处理能力。此次推出的潮汐功放技术即是基于Ericsson Silicon提供的最佳节能方案之一,从无线设备级到爱立信E2E全产品系列再到网络级节能均可持续改善Gb/W的能效,该方案可软件升级。此外,在典型业务负荷时,该技术可将基站射频单元整机功耗降低20%,从而在助力运营商减少OPEX的同时,携手为用户共筑低碳节能绿色家园。

当前,中国正在全球的可持续发展进程中扮演着愈发重要的角色,并发布了力争二氧化碳排放在2030年前达到峰值,努力争取2060年前实现碳中和的“双碳”目标。据加拿大麦克马斯特大学的研究预测,2040年,信息通信产业(ICT)的碳排放占全球碳排放比例将从2007年的1.6%上升至14%。2020年,通信网络和终端设备碳排放比例分别达到24%和31%。在此背景下,移动通信行业正在积极通过技术创新引领“绿色革命”。

国内运营商的典型无线网络,无线主设备能耗(射频单元+基带单元)占无线网络总能耗的约50%,另外50%由空调、电源等消耗。射频单元能耗占无线主设备能耗的约80%,射频模块占射频单元能耗的约70%,其中PA是能耗大户,占射频模块能耗约90%。因此,通过技术创新,提升PA的效率是无线网络节能的关键一环。目前,射频单元的节能技术有符号关断、通道关断、深度休眠等,运营商会根据业务的有无,在无业务的时刻和无业务的区域,关断一部分器件达到节能的目的且不影响用户感知。

此次,爱立信研发的潮汐功放技术,即是通过动态调整PA电压以提升PA的效率,在有业务的情况下,可根据业务量的高低,自动通过硬件算法实时优化功耗,在不影响性能的同时实现功耗的动态优化。其具体原理是:现网业务随时间分布不均衡,如部署在写字楼附近的基站,白天很忙,晚上很闲。业务量高时,PA需要输出较高的功率,也就是需要给PA提供较高的电压。目前业内基站采用分级可变电压(即不同的功率等级)来对应不同的业务负荷,很难精细地实时调整,不仅在一定程度上造成浪费也会因为一定的调整偏差带来小区间干扰。爱立信的潮汐功放技术可实现基站的能耗随业务变化实时动态调整。通过机器学习对现网业务负荷进行跟踪和预测,在不同的业务量下,爱立信数字中频芯片(基于爱立信先进的硅芯设计理念推出的全自研先进制程芯片之一)里集成的算法可自动调整PA的电压,让PA时刻工作在效率的最优点,达到整机效率最大化。但降低PA的电压通常会引入额外的PA非线性,从而影响系统性能,爱立信研发的新算法可以消除此类额外的非线性,在降低功耗的同时并保持最优性能。根据实验室测试结果,在典型业务负荷下,潮汐功放技术可使射频单元功耗降低约20%,基站整体功耗降低约15%。

当前,爱立信正从“提供气候行动解决方案”方面在中国市场积极行动,在基站的节能技术领域不断进行创新,做好移动通信无线网络节能降耗的基石。随着5G网络不断向绿色低碳方向演进,潮汐功放技术将与现有的节能技术相辅相成,帮助运营商在更好的节省用电开支,提升网络商业价值的同时迈向可持续未来。

(爱立信中国)

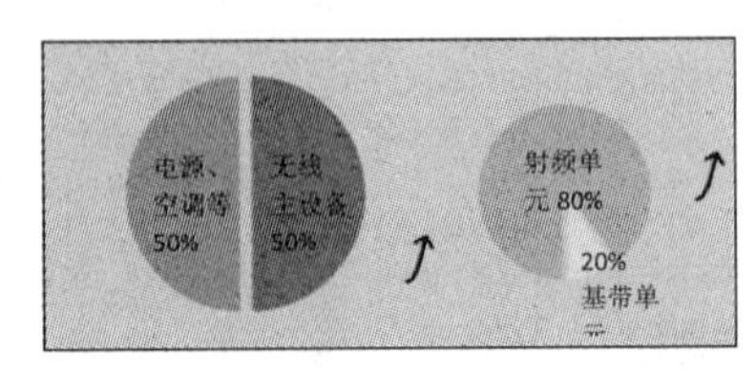

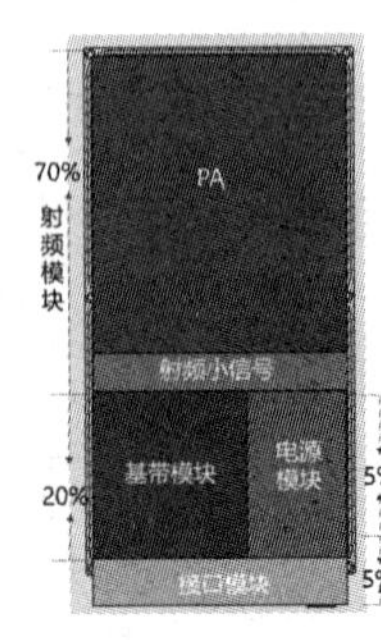

海尔空调常见故障原因及解决方法(二)

(紧接上期本版)

3. 室外机电脑板上的LED1和LED2指示灯均不亮或室外机交流电FUSE25A保险丝管熔断检修方法：正常情况下，变频空调室外机电脑板上的直流DC310V电源LED2指示灯应长亮（如图8所示），如果LED2指示灯不亮，应检查室外机接线端子排1号和2号端子有无220VAC电压，当检测室外机端子排1号和2号端子之间有220VAC电压后，除了检查室外机电脑板上的交流电源FUSE25A保险丝管熔断原因外，还应重点检测室外机电抗器线圈接插件是否脱落或电抗线圈烧焦对地短路，导致PTC器件过电流保护，应更换电抗器(如图9所示)。

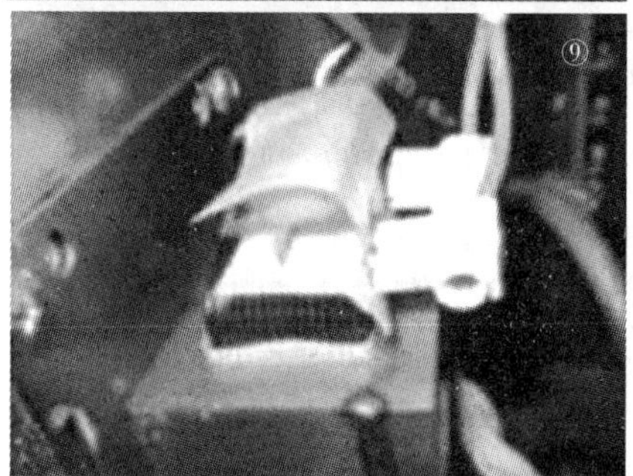

PTC器件作用为限电流和过电流保护（如图10所示），PTC器件在常温下的电阻值约为40Ω±10%。PTC出现发热保护的主要表象：万用表检测电阻值呈现开路状态。重点检查电抗器绕组是否漏电或接插件脱落对地短路、功率模块上的整流桥是否击穿短路、室外机电脑板上+DC310V滤波电解电容器是否漏电，室外机强电源线路上的220VAC或DC310V电路回路上的连接线束是否插接错误或脱落对机壳短路。

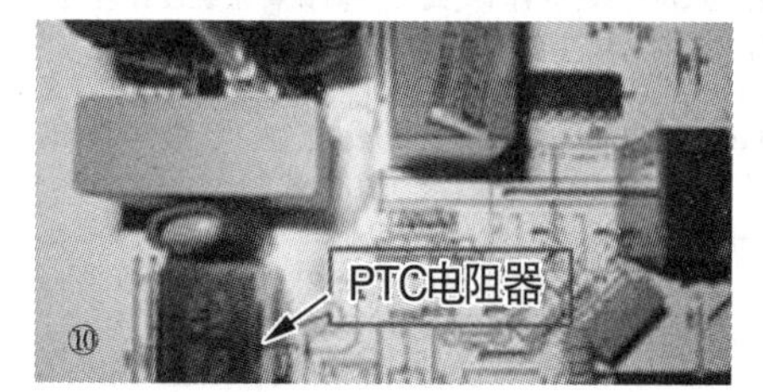

4. 室外机电脑板上LED1和LED2指示灯不亮、室外机25A保险丝管熔断或PTC发热保护检修方法：观察变频空调室外机电脑板上的直流DC310V电源LED2和LED1指示灯都不亮，检测室外机接线端子排1号和2号端子有220VAC电压输入，交流电源FUSE25A保险丝管是否熔断，检查电抗器线圈是否正常，接插件连接是否良好。用手摸PTC器件发热出现保护开路现象后，重点检测功率模块上的整流桥内部是否出现击穿短路故障(如图11所示)。整流桥内部的4只整流二极管检测应符合正常二极管特性，即：二极管正向电阻值应为500Ω，反向电阻值应为“∞”无穷大。检查有无击穿短路或开路现象，当整流桥内部二极管击穿短路会导致25A保险丝管熔断或PTC发热保护。

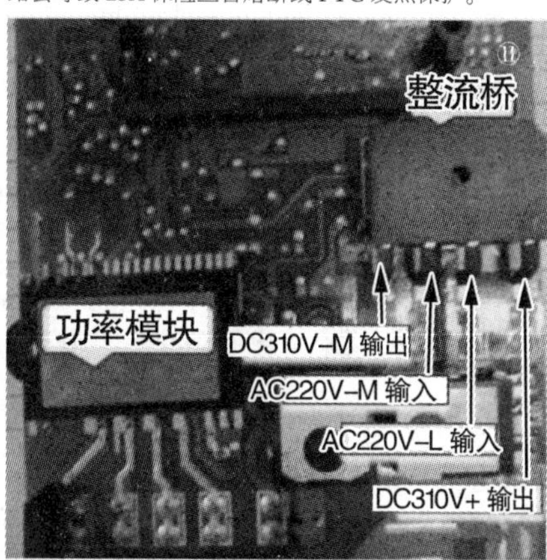

室外机电脑板上的LED1和LED2指示灯均不亮，且PTC器件发热保护，还要检查检测室外机(电脑板上)DC310V直流电源滤波电路（如图12所示），如680μF、820μF电解电容器是否严重漏电、爆裂现象(如图13所示)，或直流电解电容器正极和负极的连接线束与功率模块上的P+和N-接插件极性是否接错或接触不良(注意！电解电容器的顶部出现异常凸起膨胀说明已失效随时可能会爆裂)。

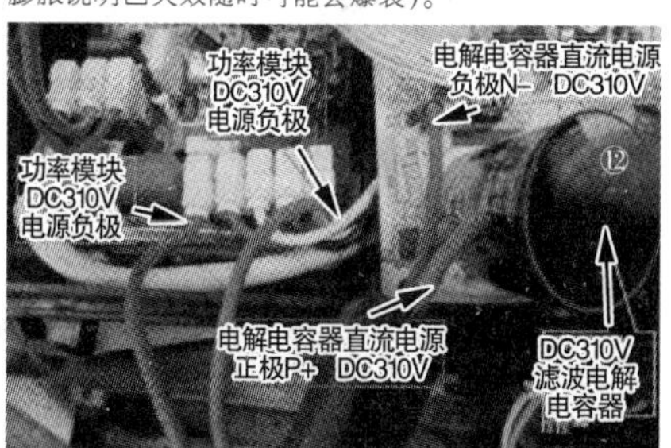

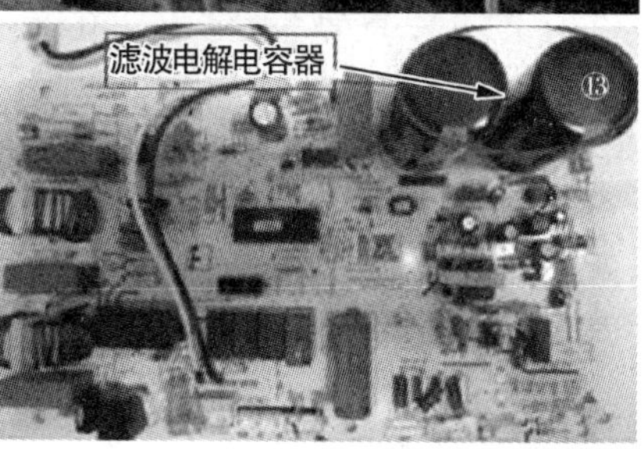

6.室内机显示屏报警E7故障代码，室外机电脑板LED1指示灯闪烁15下故障及检修方法：检查室外机电脑板上的通讯电路器件，如22μF/450V电解电容器(引脚开焊较多)、1N4007整流二极管、78kΩ/2W电阻、光电耦合器TLP371、TLP421或CPU微处理器的通讯电路等元器件损坏(如图14所示)。

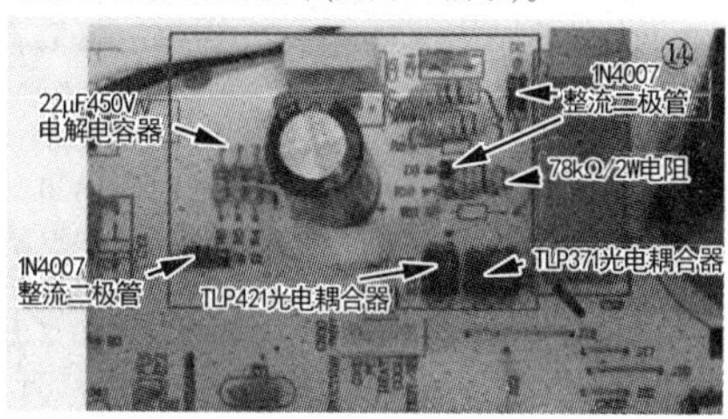

经验技巧：海尔变频空调，报E7内外机通信故障，确定是外机板的问题后，一般都是控制板的开关电源坏，造成输出电压低或者无输出，引起的内外机通信故障，这是通病。更换电源模块NCP1200P100和22μF/50V电容后，基本都能修复故障(电源部分图纸如图15所示)。

(全文完)

◇天津 李大磊

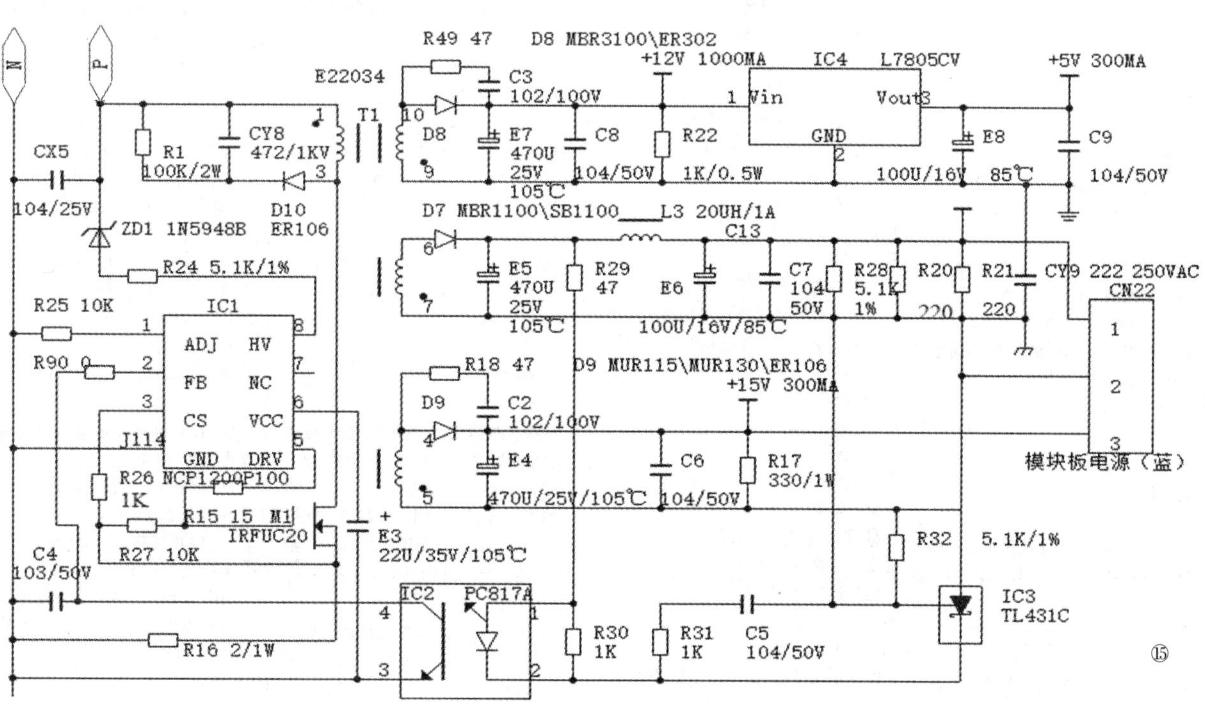

注册电气工程师供配电专业知识考题解答⑮

(上接4期本版)

注册电气工程师专业知识考试在第一天进行，上午和下午的试卷都是单选题40题各1分,多选题30题各2分,满分是100分。一般以上午和下午合计得分120分为合格。本文选取近几年注册电气工程师供配电专业知识试卷中的若干试题,分析解答思路和解答过程(题后括号内为参考答案),供学习者参考。

一、单项选择题(共40题，每题1分，每题的备选项中只有1个最符合题意)

1. 低电阻接地系统的高压配电电气装置，其保护接地的接地电阻应符合下列哪项公式的要求，且不应大于下列哪项数值?(B)

(A)$R \leq 2000/I_G$,10Ω

(B)$R \leq 2000/I_G$,4Ω

(C)$R \leq 120/I_G$,4Ω

(D)$R \leq 50/I_G$,1Ω

解答思路：接地、高压配电电气装置→《交流电气装置的接地设计规范》GB/T50065-2011→低电阻接地系统、接地电阻要求。

解答过程：依据GB/T50065-2011《交流电气装置的接地设计规范》第4.2节,第4.2.1条、式4.2.1-1。选B。

2. 直流负荷按性质分为经常负荷、事故负荷和冲击负荷，下列哪项不是经常负荷?(B)

(A)连续运行的直流电动机

(B)热工动力负荷

(C)逆变器

(D)电气控制、保护装置等

解答思路:直流负荷→《电力工程直流电源系统设计技术规程》DL/T50044-2014→经常负荷。

解答过程:依据DL/T50044-2014《电力工程直流电源系统设计技术规程》4.1节,第4.1.2条。选B。

3. 配电设计中，计算负荷的持续时间应取导体发热时间常数的几倍?(C)

(A)1倍

(B)2倍

(C)3倍

(D)4倍

解答思路:配电设计→《工业与民用供配电设计手册(第四版)》→导体发热时间。

解答过程:依据《工业与民用供配电设计手册(第四版)》1.1.2节,“3)”。选C。

4. 某学校教室长9.0m，宽7.4m,灯具安装高度离地2.60m离工作面高度1.85m,则该教室的室形指数为下列哪项数值?(C)

(A)1.6

(B)1.9

(C)2.2

(D)3.2

解答思路:灯具→《建筑照明设计标准》GB50034-2013,《照明设计手册(第三版)》→室形指数。

解答过程:依据GB50034-2013《建筑照明设计标准》第2.0.54条。

或《照明设计手册(第三版)》第1章第一节

$$RI=\frac{2\times S_f}{S_w}=\frac{2\times 9\times 7.4}{(9+7.4)\times 2\times 1.85}=2.2$$

选C。

5. 已知同步发电机额定容量为25MVA，超瞬态电抗百分值$X_d\%$=12.5,标称电压为10kV,则超瞬态电抗有名值最接近下列哪项数值?(A)

(A)0.55Ω

(B)5.5Ω

(C)55Ω

(D)550Ω

解答思路:同步发电机、超瞬态电抗百分值→《工业与民用供配电设计手册(第四版)》,《钢铁企业电力设计手册(上册)》→电抗有名值。

解答过程:依据《工业与民用供配电设计手册(第四版)》第4.6.2节,表4.6-3。

或《钢铁企业电力设计手册(上册)》第4.2.3节,表4-2。

$$X''_d=\frac{x''_d\%}{100}\times\frac{U_{av}^2}{S_{NG}}=\frac{12.5}{100}\times\frac{10.5^2}{25}=0.55$$

选A。

6. 10kV电能计量应采用下列哪一级精度的有功电能表?(B)

(A)0.2S

(B)0.5S

(C)1.0S

(D)2.0S

解答思路:电能计量、电能表→《电力装置测量仪表装置设计规范》GB/T50063-2017→有功电能表、精度。

解答过程：依据GB/T50063-2017《电力装置测量仪表装置设计规范》第4.1节,第4.1.2条条文说明表1。选B。

7. 继电保护和自动装置的设计应满足下列哪一项要求?(B)

(A)可靠性、经济性、灵敏性、速动性

(B)可靠性、选择性、灵敏性、速动性

(C)可靠性、选择性、合理性、速动性

(D)可靠性、选择性、灵敏性、安全性

解答思路：继电保护和自动装置→《电力装置的继电保护和自动装置设计规范》GB/T50062-2008→设计要求。

解答过程：依据GB/T50062-2008《电力装置的继电保护和自动装置设计规范》第2.0.3条。选B。

8. 当10/0.4kV变压器向电动机供电时，全压直接经常起动的笼型电动机功率不应大于电源变压器容量的百分数是多少?(B)

(A)15%

(B)20%

(C)25%

(D)30%

解答思路:电动机、全压直接经常起动→《钢铁企业电力设计手册(下册)》→电源变压器容量的百分数。

解答过程:依据《钢铁企业电力设计手册(下册)》第24.1节,第24.1.1节、表24-1。选B。

9. 在系统接地型式为TN及TT的低压电网中,当选用Yyn0接线组别的三相变压器时，其由单相不平衡负荷引起中性线电流不得超过低压绕组额定电流的多少?(百分数表示)且其一相的电流在满载时不得超过额定电流的多少(百分数表示)?(C)

(A)15%,60%

(B)20%,80%

(C)25%,100%

(D)30%,120%

解答思路:低压电网、选用Yyn0接线组别、单相不平衡负荷→《供配电系统设计规范》GB50052-2009。

解答过程:依据GB50052-2009《供配电系统设计规范》第7章,第7.0.8条。选C。

10. 在爆炸性粉尘环境内,下列关于插座安装的论述哪一项是错误的?(A)

(A)不应安装插座

(B)应尽量减少插座的安装数量

(C)插座开口一面应朝下,且与垂直面的角度不应大于60°

(D)宜布置在爆炸性粉尘不宜积聚的地点

解答思路:爆炸性粉尘环境→《爆炸危险环境电力装置设计规范》GB50058-2014→插座安装。

解答过程:依据GB50058-2014《爆炸危险环境电力装置设计规范》第5章,第5.1.1条、第6款。选A。

11. 某IT系统额定电压为380V,系统中安装的绝缘监测电气的测试电压和绝缘电阻的整定值，下列哪一项满足规范要求?(B)

(A)测试电压应为250V绝缘电阻整定值应不低于0.5MΩ

(B)测试电压应为500V绝缘电阻整定值应不低于0.5MΩ

(C)测试电压应为250V绝缘电阻整定值应不低于1.0MΩ

(D)测试电压应为1000V绝缘电阻整定值应不低于1.0MΩ

解答思路:IT系统、电压为380V、绝缘监测→《低压配电设计规范》GB50054-2011→测试电压和绝缘电阻。

解答过程:依据GB50054-2011《低压配电设计规范》第3.1节,第3.1.17条、第2款。选B。

12. 变电所的系统标称电压为35kV,配电装置中采用的高压真空断路器的额定电压下列哪一项式最适宜的?(D)

(A)35.0kV

(B)37.0kV

(C)38.5kV

(D)40.5kV

解答思路:35kV、配电装置→《导体和电器选择设计技术规定》DL/T5222-2005→额定电压。

解答过程:依据DL/T5222-2005《导体和电器选择设计技术规定》第9.2节,第9.2.1条、附录B表B.1。$U_N \geq U_m$=40.5kV。选D。

13. 关于无人值班变电站直流系统中蓄电池组容量选择描述，下列哪一项是正确的?(D)

(A)满足事故停电1h内正常分合闸的放电容量

(B)满足全站事故停电1h的放电容量

(C)满足事故停电2h内正常分合闸的放电容量

(D)满足全站事故停电2h的放电容量

解答思路:直流系统→《电力工程直流电源系统设计技术规程》DL/T50044-2014→无人值班、容量选择。

解答过程:依据DL/T50044-2014《电力工程直流电源系统设计技术规程》第4.2节,第4.2.2条、第4款。选D。

14. 建筑物中消防应急照明和疏散指示的联动控制设计,根据规范的规定,下列哪项是正确的?(C)

(A)集中控制型消防应急照明和疏散指示系统，应由应急照明控制器联动控制火灾报警控制器实现

(B)集中电源集中控制型消防应急照明和疏散指示系统，应由应急照明控制器控制消防联动控制器实现

(C)集中电源非集中控制型消防应急电源和疏散指示系统，应由消防联动控制器联动应急照明集中电源和应急照明分配电装置实现

(D)自带电源非集中控制型消防应急照明和疏散指示系统,应由消防应急照明配电箱联动控制消防联动控制器实现

解答思路:建筑物中消防、联动控制设计→《火灾自动报警系统设计规范》GB50116-2013→应急照明和疏散指示。

解答过程:依据GB50116-2013《火灾自动报警系统设计规范》第4.9节,第4.9.1条。选C。

15. 有线电视的卫星电视接收系统设计时,对卫星接收站站址的选择,下列哪项不满足规范规定?(D)

(A)应远离高压线和飞机主航道

(B)应考虑风沙、尘埃及腐蚀性气体等环境污染因素

(C)宜选择在周围无微波站和雷达站等干扰源处,并应避开同频干扰

(D)卫星信号接收方向应保证卫星接收天线接收面1/3无遮挡

解答思路：有线电视的卫星电视接收系统→《民用建筑电气设计规范》JGJ16-2008→站址选择。

解答过程:依据JGJ16-2008《民用建筑电气设计规范》第15章,第15.6节、第15.6.5条。选D。

16. 视频显示系统的工作环境以及设备部件和材料选择，下列哪项符合规范的规定?(B)

(A)LCD视频显示系统的室内工作环境温度为0~40℃

(B)LCD、PDP视频显示系统的室外工作环境温度为-40~55℃

(C)LED视频显示系统的室外工作环境温度应为-40~55℃

(D)系统采用设备和部件的模拟视频输入和输出阻抗以及同轴电缆的特性阻抗均为100%

(未完待续)

◇江苏 键谈

变频器的简易应用案例(一)

当前变频器的应用已经相当普及，从6kV、10kV的高压变频器，到380V、660V的普通变频器，甚至还有220V的小功率变频器；全电压系列、全功率规格的变频器，对电动机的驱动控制应用无处不在，这场电动机驱动技术的革命，对于改进产品生产工艺，节约电能等环节发挥了建设性的作用。但是对于初始接触变频器的技术人员来说，独立完成一个项目的策划、设计、图纸绘制、参数设置，仍然会感觉到具有一定难度。本文以普传PI500系列变频器为例，绕开复杂的工程项目的设计难点，介绍几款变频器的简易应用，据此可以举一反三，使大家逐渐熟悉变频器，进而成为一位行家里手。

一、端子排外接模拟量电压信号调速

当变频器的输出频率由配套连接的变送器控制时，变送器的输出信号可能是4-20mA电流信号，也可能是0~10V电压信号。这里介绍使用0~10V电压信号控制变频器输出频率的电路连接和参数设置方法。

使用变频器的端子排连接外部的0~10V电压信号调频调速的接线图见图1。

该电路可以由外部0~10V的电压信号控制电动机的正转或反转转速。即当外部电压信号为0~10V时，变频器有0~50Hz的频率输出。外部电压信号与变频器连接时，应将模拟电压信号的正极连接到变频器的AI1端子上。将电压信号的负极连接到变频器的GND端子上。

实现上述应用功能应设置相应的功能参数，如表1所示。

表1将参数F0.03设置为2，是将频率的设定权交给端子AI1，该端连接着外部仪表、变送器或上位机送来的模拟电压信号，当外部电压信号变化时，输出频率也会相应调整。此案例中的输出频率随电压信号的大小呈正向变化，即电压信号增大，输出频率相应增高。参数F0.11设置为1，选择变频器的启动、停止、正转、反转等运行命令来自端子排。参数F1.00设置为1，将端子DI1的功能确定为触点闭合时电动机正转。参数F1.01设置为2，将端子DI2的功能确定为触点闭合时电动机反转。

表1中的参数设置是根据本案例的应用需求需要特别设置的，其他常规参数，例如加速时间、减速时间等参数仍需设置，尽管未在表1中列出。

二、切换频率源给定的应用案例

某些应用项目希望能在不同的运行时间，选择不同的调速方式，例如，开机时用变频器的面板电位器调整频率和转速，开机后又需要在离开变频器的地方进行调速，这里讨论满足这种应用需求的解决方案。图2的电路再配合相应的参数设置可以实现这样的功能。

图2中，RP是远处安装的调速电位器，端子DI1与COM之间的触点是控制正转启动与停止的，触点闭合时正转，断开时停止。端子DI3与COM之间的触点可以切换使面板电位器调速有效，还是外接电位器操作有效。触点闭合时，外接电位器调速，断开时由面板电位器调速。

实现图2电路功能需要设置的参数见表2。

根据表2对图2电路进行的参数设置，即可对频率源进行选择切换。通过按钮对中间继电器触点通断的控制(中间继电器的触点连接在端子DI1、DI3与COM之间)，或者由上位机对连接在端子DI1、DI3上的触点通断状态进行控制，即可实现相应功能。电动机启动时，使DI1上的触点接通，电动机开始正转启动；DI3上的触点断开，变频器操作面板上的电位器调频操作有效。在变频器运行过程中，若使DI3上的触点接通，图2中的外接电位器RP调频操作有效；这就实现了频率源的切换控制。若对参数F0.07重新进行设置，则可实现功能更加丰富的功能控制。

三、端子排外接模拟量电流信号调速

变频器可以使用外部接线端子上连接电流信号的方法调频调速。一种在端子排连接外部0~20mA电流信号调频调速的电路接线图见图3。这里所谓的外部电流信号，可以来自各种传感器，如压力传感器、温度传感器、液位仪表等输出的0~20mA电流信号，也可以接收上位机送来的电流信号。

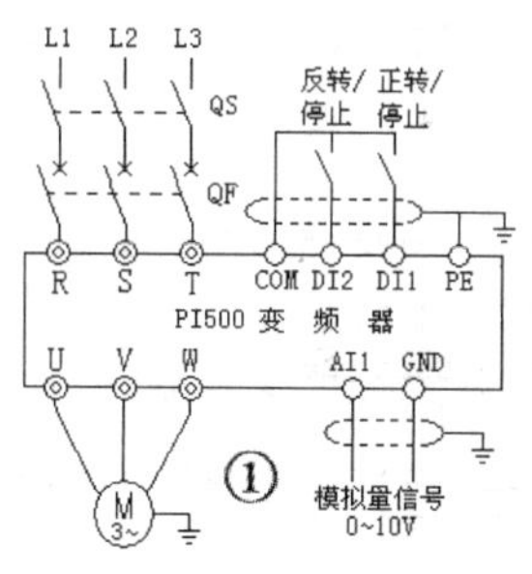

图3的电路可以由外部电流信号控制电动机的正转或反转的转速。即通过0~20mA的外部电流信号控制，使变频器输出0~50Hz的频率。

外部电流信号与变频器连接时，应将模拟电流信号的正极连接到变频器的AI2端子上，将电流信号的负极连接到变频器的GND端子上。

(未完待续)

◇山西 陈晨

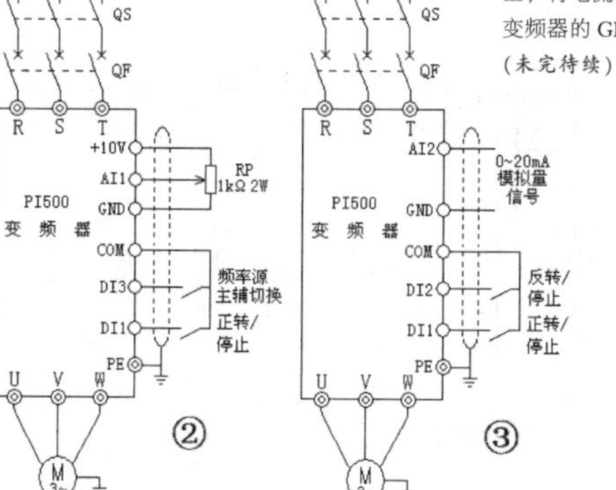

表1 端子排外接电压信号调速时需要设置的参数

参数码	参数名称	参数可设置范围选择	参数值	修改
F0.03	频率源主设	0:键盘设定频率(F0.01,UP/DOWN可修改，掉电不记忆) 1:键盘设定频率(F0.01,UP/DOWN可修改，掉电记忆) 2:模拟量AI1设定(默认输入0~10V电压信号) 3:模拟量AI2设定(默认输入0~20mA电流信号) 4:面板电位器设定 5:高速脉冲设定 6:多段速运行设定 7:简易PLC程序设定 8:PID控制设定 9:远程通信设定 10:模拟量AI3设定	2	×
F0.11	命令源选择	0:键盘控制 1:端子排控制 2:通讯命令控制 3:键盘控制+通讯命令控制 4:键盘控制+通讯命令控制+端子台控制	1	√
F1.00	DI1端子功能选择	0:无功能,可将不使用的端子设定为“无功能”,以防止误动作 1:正转运行(FWD),通过外部端子来控制变频器正转运行。	1	×
F1.01	DI2端子功能选择	2:反转运行(REV),通过外部端子来控制变频器反转运行。 以下3~51的功能设置从略	2	×

注:表中“修改”一栏中的符号“√”表示相关参数在运行和停机时均可修改;符号“×”表示相关参数只有在停机时才可修改。

表2 频率源给定模式可切换的功能电路需要设置的参数

参数码	参数名称	参数可设置范围	参数值	修改
F0.03	频率源主设	0:键盘设定频率(F0.01,UP/DOWN可修改，掉电不记忆) 1:键盘设定频率(F0.01,UP/DOWN可修改，掉电记忆) 2:模拟量AI1设定(默认输入0~10V电压信号) 3:模拟量AI2设定(默认输入0~20mA电流信号) 4:面板电位器设定	4	×
F0.04	频率源辅设	5:高速脉冲设定 6:多段速运行设定 7:简易PLC程序设定 8:PID控制设定 9:远程通信设定 10:模拟量AI3设定	2	×
F0.11	命令源选择	0:键盘控制 1:端子排控制 2:通讯命令控制 3:键盘控制+通讯命令控制 4:键盘控制+通讯命令控制+端子台控制	1	√
F1.00	DI1端子功能选择	0:无功能,可将不使用的端子设定为“无功能”,以防止误动作 1:正转运行(FWD),通过外部端子来控制变频器正转运行。 2:反转运行(REV),通过外部端子来控制变频器反转运行。 以下3~51的功能设置从略	1	×
F1.02	DI3端子功能选择	DI3端子的功能，有0~51共52种选择，此应用案例中将参数F1.02设置为18，所以仅对设置为18时的功能说明如下，以节约篇幅。 18:频率源切换，用来切换选择不同的频率源。根据频率源选择功能码(F0.07)的设置，当在某两种频率源之间选择切换作为频率源时，该端子用来实现在两种频率源中切换。	18	×
F0.07	频率源叠加选择	该参数可设置两位数字，即个位和十位，其中个位是频率源选择，十位是频率源主辅运算关系。具体设置选择如下。 一、个位 频率源选择 0:频率源主设 1:主辅运算结果(运算关系由十位确定) 2:频率源主设与频率源辅设切换 3:频率源主设与主辅运算结果切换 4:频率源辅设与主辅运算结果切换 二、十位 频率源主辅运算关系 0:频率源主设与频率源辅设之和作为指令频率，实现频率叠加给定功能。 1:频率源主设与频率源辅设之差作为指令频率。 2:max，取频率源主设与频率源辅设中绝对值最大的作为指令频率。 3:min,取频率源主设与频率源辅设中绝对值最小的作为指令频率。 4:(频率源主设×频率源辅设)/最大频率的结果作为指令频率。式中的最大频率由参数F0.19设定。	02	√

注:表中“修改”一栏中的符号“√”表示相关参数在运行和停机时均可修改;符号“×”表示相关参数只有在停机时才可修改。

用LM3915芯片设计一款音量电平指示器

笔者最近看到了一篇关于多级比较器搭建电压指示器的文章,突然想起德州仪器也有一款类似结构的芯片。早在5年前，笔者曾使用过该芯片做过相关设计。笔者认为该芯片在要求指示LED数量不多的情况下是非常好的一款电平指示芯片。接下来笔者以LM3915为例，详细介绍一下如何使用LM3915设计一款音量电平指示器。

LM3915是一款具有模拟电压指示的集成电路，它内部集成的LED驱动器可以同时驱动10路LED指示灯。每路驱动电平相差阶梯3dB，该芯片提供30dB的动态指示范围。该芯片同时提供点状和条状的指示状态,用户可以根据情况自行选择显示模式。该芯片驱动的LED也无需限流电阻,芯片内部集成电流调节电路,内部集成基准电压范围为1.2V至12V。这在简化单路设计上很实用。整个芯片采用最低3V、最高25V的单电源供电。LM3915静态电流非常小,在无输出时静态电流只有2.4mA(5V供电的状态)。芯片信号最大输入可达±35V。LM3915与LM3914在使用上十分类似，区别在于LM3914是线性电平指示,而LM3915是对数电平指示，两种芯片可根据输入信号的电平性质进行选择。用户可根据项目需求级联芯片设计,这样可以扩展显示电平至90dB的动态范围。一般情况下,音频信号使用对数电平指示芯片来指示音量声压级别。图1是LM3915的参考电路图。图2是LM3915的参考电压配置公式。图3是芯片内部结构图。

下面介绍下LM3915的工作原理，根据图3所示的电路结构。芯片管脚①、⑩、⑪、⑫、⑬、⑭、⑮、⑯、⑰、⑱为LED驱动管脚,因为输出脚是OC门(集电极开路)结构,故LED应该采用上拉式接法。由于内部存在电流调节机制,LED电流由芯片内部电路限流调节。电路结构总体采用多比较器同步比较的方式,基准电压送进由多电阻组成的阶段分压网络,分压的节点电压被送入比较器的同向输入端。比较器的反向输入端接输入信号电平。⑤脚为信号输入端,输入的信号经缓冲器后送入比较器网络,信号为0V时,所有比较器反向输入端为0,故所有比较器的输出为高电平,LED均不发光;当信号存在电压时,由于电压随音量不断变化,电压的变化将导致比较器输出状态不断变化,部分比较器在某一时刻存在同向输入端电压小于反向输入端的情况，此时，部分比较器输出低电平，LED点亮。信号电压越高,点亮的LED越多,根据此原理LM3915可以很好地显示输入信号的电压变化。表1是LM3915的管脚定义。

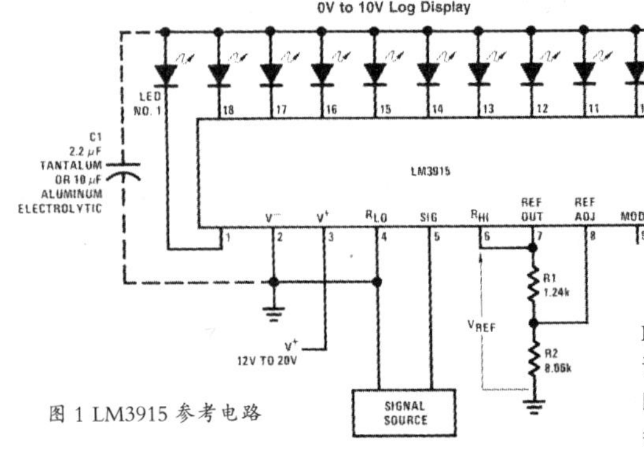

图1 LM3915参考电路

图3当中的参考电压设置是整个电路的重点，内部参考电压是在⑦脚和⑧脚之间存在一个1.25V的基准电压，由于电压恒定，恒定的电流流过设置电阻R2,公式见图4。

根据图4所绘的电阻配置关系可知,R1上的电压始终是1.25V,根据此电压可以得到R1上的电流。同样根据电流关系可知R2上的电压，R1和R2的电压加在一起就是芯片基准调整出的电压。利用设置出的参考电压可以调节10个LED的显示量程。例如,可将参考电压设置成输入信号的最大电压，这样设置的好处是在芯片输入任何幅度信号的情况下,LED的指示范围都在设置的指示范围内,不会出现超幅度点亮的情况。

LM3915最具特色的功能应该就是模式选择功能，⑨脚可以对芯片的显示模式进行设置，⑨脚悬空为点状显示，⑨脚接③脚为条状显示。由于LM3915仅对正电压进行指示，如果输入的是交流信号，则芯片仅对正半周进行电压指示。建议在信号输入之前加一级检波电路,检波电路可以有效将交流信号转换成一个相对稳定的电压。对于稳定的正弦波信号,检波出的电压应该是个恒定的电压。⑨脚同时也应用于多片LM3915的级联显示。接下来提供一份应用电路图，该电路适合动态显示音频信号的电平值。图5是应用电路图。

表1 LM3915管脚定义

管脚	定义	管脚	定义
①	LED1	⑩	LED10
②	V-电源地	⑪	LED9
③	V+电源正	⑫	LED8
④	RLO内部地	⑬	LED7
⑤	SIG信号输入	⑭	LED6
⑥	RHI参考电压	⑮	LED5
⑦	REFOUT基准输出	⑯	LED4
⑧	REFADJ基准调整	⑰	LED3
⑨	MODE模式选择	⑱	LED2

该电路音频通过P3耳机接口输入,RP1可以调节输入音量电平的大小，模式选择通过P2的排针和跳帽来设置,断路P2是条状显示模式,开路P2是点状显示模式。由于需要方便地调节测量范围,电路没用使用内部的基准电压,而是使用可变电阻RP2分压出一个预置电压,此电压送进第⑥脚。可以调节电位器使⑥脚电压和输入信号的最大值进行匹配。该电路搭建简单,使用十分方便,可以集成进其他的电路设计当中。LM3915还可以应用在其他功能电路当中,比如:光照指示、震动指示、高频场强指示、电压表等场景。希望大家动手试试这款芯片。

◇北京 车政达

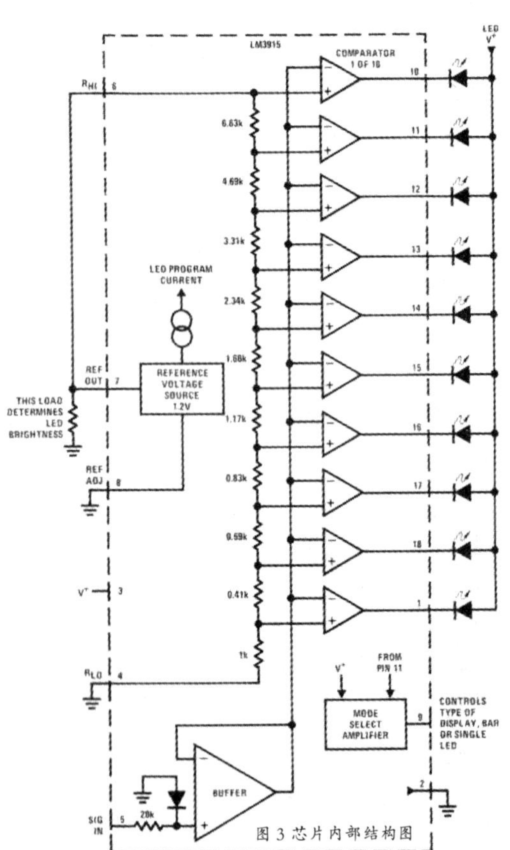

图3 芯片内部结构图

$$V_{REF} = 1.25V\left(1 + \frac{R2}{R1}\right) + R2 \times 80\ \mu A$$

$$I_{LED} = \frac{12.5V}{R1} + \frac{V_{REF}}{2.2\,k\Omega}$$

图2 参考电压配置公式

$$V_{OUT} = V_{REF}\left(1 + \frac{R2}{R1}\right) + I_{ADJ}R2$$

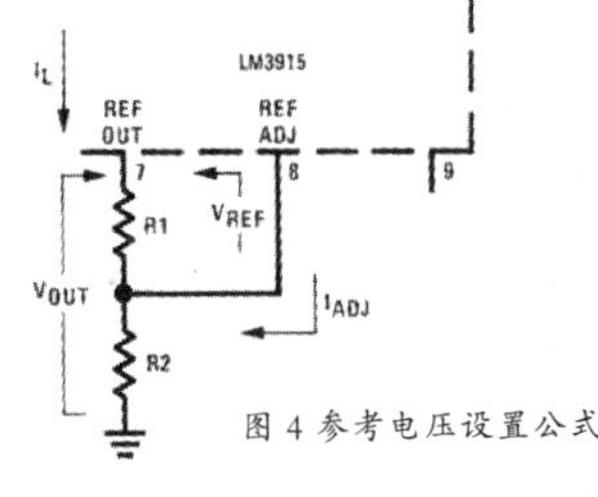

图4 参考电压设置公式

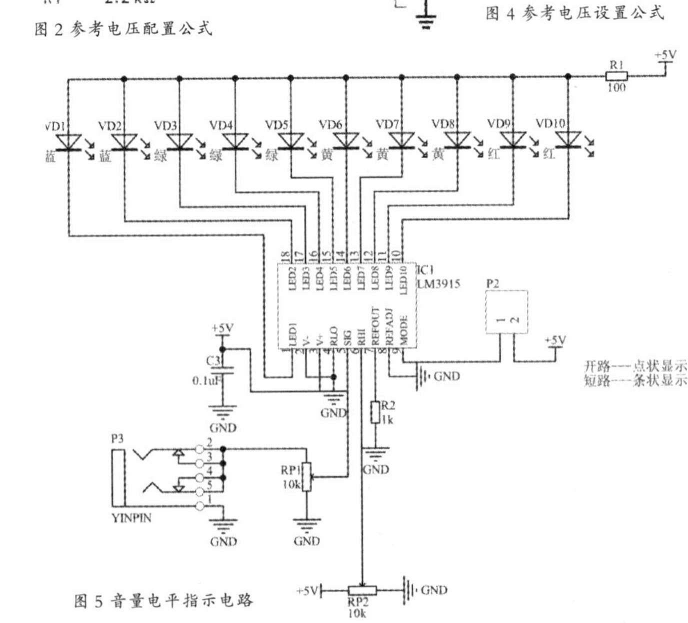

图5 音量电平指示电路

电动车爆炸燃烧引发的一些思考

现在很多人出行都会选择骑电瓶车，虽然电瓶车能使大多数人的生活更方便，但由于各种因素导致电瓶车造成的火灾时有发生，有些引发的火灾特别严重，严重威胁到了小区居民的安全。今年5月10日，成都丛树家园电动车乘电梯上楼爆炸起火烧伤5人；紧接着6月23日凌晨，成都某小区停车棚发生了火灾，当时火势非常大，有200多辆电瓶车在火中不断燃烧，随后又发生了爆炸，场面非常恐怖，最后来了很多消防车才将火扑灭，第二天现场一片狼藉。

电动车起火爆炸不像我们想象中传统意义上的火灾有一个反映和逃生的过程，电动车起火爆炸几乎是一瞬间的，从成都电梯电动车爆炸事故可以看到，从发现起火到猛烈爆炸仅用时五秒，同时，电动车电池爆炸后还会持续燃烧数分钟，如果在电梯、房间这种密闭空间下，可以说是相当危险的。

锂电池特性

电动车为什么会爆炸呢？归根结底就在电动车的电池上！以目前应用最广泛的锂电池为例，合理使用本身是不具备危险的，但一旦达到锂电池的爆炸条件，锂电池中活泼的锂离子和氧气等就会发生剧烈化学反应，引发爆炸。

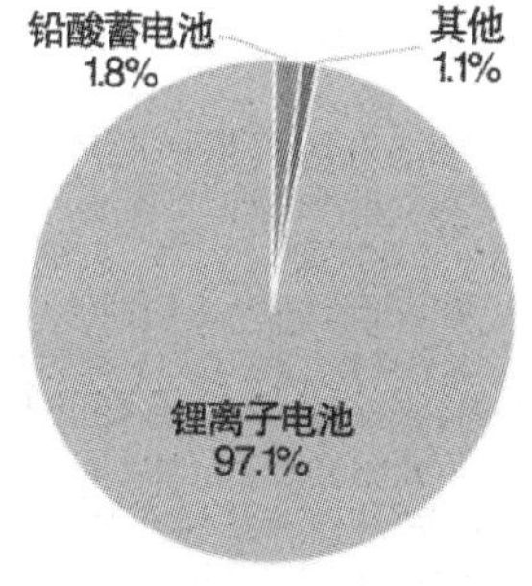

2020年中国新增电化学储能装机容量百分比(数据来自CESA)

当前的电池种类可以分为两大类一种是锂电，一种是铅酸，不过随着国家"碳中和"目标的出台，承诺力争在2030年前实现"碳达峰"，努力争取在2060年前实现"碳中和"。再加上电动车新国标政策的颁布，限制车身重量不得超过55kg，电池电压不得超过48V，具备高功率密度和能量密度、重量较轻、低自放电率、无记忆效应及环境友好等优点的锂电池由此脱颖而出，成为两轮电动车广泛应用的主流动力能源。

锂电工作原理

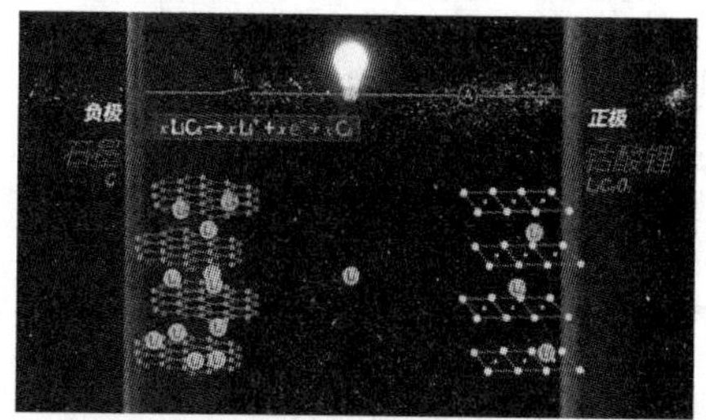

锂电池主要依靠锂离子在正负极之间移动实现充放电。在充放电过程中，锂离子在两个电极之间脱嵌。

由于电池的结构特性，如果隔膜意外损坏，内部便会短路，造成内部热量积累，推高电池温度，并引发链式化学反应，导致电池温度逐渐升高，当温度升至临界点便会引发电池爆炸燃烧。

为了避免因锂电"内伤"而引起爆燃，工信部于2020年5月发布了新的《电动汽车用动力蓄电池安全要求》，明确要求："电池单体发生热失控后，电池系统在5分钟内不起火不爆炸"。

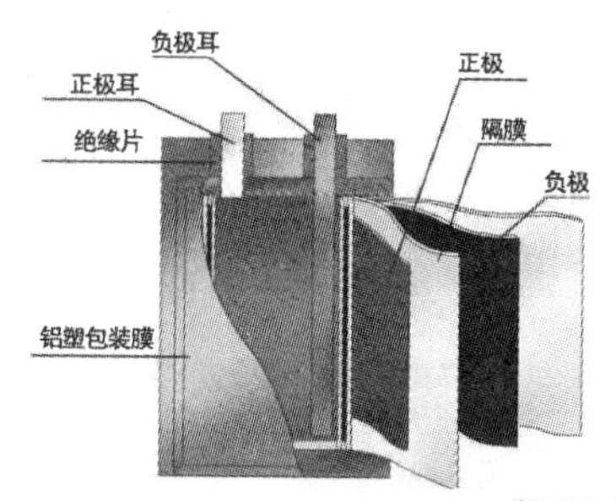

单位：MWh、%

材料种类	10月	1-10月累计	环比增长	同比增长	同比累计增长
三元材料	3411.6	27015.7	-19.1%	15.7%	-15.5%
磷酸铁锂	2412.9	12777.8	3.5%	127.5%	-1.9%
锰酸锂	42.9	170.3	83.5%	326.1%	-53.7%
钛酸锂	0.0	49.9	-100.0%	——	-82.8%
其他	0.0	57.8	-100.0%	-100.0%	-89.3%
合计	5867.4	40071.5	-10.8%	44.0%	-13.3%

2020年1-10月中国动力电池装车量材料类型百分比

各大电池厂商也为了提高锂电"安全性"苦下功夫。宁德时代宣布研发"只冒烟不起火"的动力电池，比亚迪也宣布"刀片电池不起火"，蜂巢能源发布热失控解决方案"冷蜂"。在"不起火"的电池实现路径上，企业从材料、电极、电芯、系统、管理软件、封装方式等思路进行改进，在保证续航能力的同时，寻找解决电池爆燃的方法。

除了像宁德时代、比亚迪、蜂巢等电池生产商在硬件上下功夫，也有很多电动车生产制造商，从研发层面出发，开发保护电池安全的软件系统，从软硬件两条链路上对电池安全提供双重保障。

电动车新国标《电动自行车安全技术规范》正式颁布后，对电池的性能进行了限制，保证使用安全。同时，正规厂商推出的锂电池，也会采用圆柱、方形、软包这三种封装方式，并且通过在电池外侧加装防撞支架等方式保护电池，增强使用安全性。

然而，为了满足部分用户的需求，部分非正规厂家或者个人会私自改装电池，并且为了省成本，去掉了电池保护架，降低了电池的抗碰撞性，增加了安全隐患。再加上电动车老化引起的线路短路，以及充电习惯不良、车主使用不当、私装防盗器导致电负荷过大等，便导致了形形色色的电动车燃爆事件！

为了我们的生命安全有保障，在使用电动车时应该注意以下事项：

不买非标电动车

随着新国标的发布实施，理论上来说目前市售的电动车已经基本都是符合新国标的产品了，但不得不说市面上可能依然留存了一小批非国标的电动车非法在售，这些非标电动车由于不合格、不合法，所以售价像对就非常便宜；在一块正规锂电都要1000+的市场行情面前，一个卖不到2000块钱的电动车你觉得安全吗？

不私自改装电动车

电动车有短途通勤的、有外卖配送的、也有因为个人喜好骑行的等等。在新国标法规的限定下，尤其是对于把电动车作为生产力工具的人群而言，新国标的规定的合法电动车是无法满足此类人群的使用需求的。因此电动车市场催生了一批改装业务，本来能续航40公里的标准电动车，通过扩容电池的方式，强行增加2倍续航里程，甚至部分夸张的改装店还可以增加至5~6倍的续航。虽然续航里程增加，但人身安全的危险也成倍增加，扩大的电瓶其实就是更大号的定时炸弹，同时，这些私自改装的电瓶，为了缩减成本在拼装工艺和电芯选品上难以保障，发生事故的概率也是成倍增长。

除了增加续航里程，也有部分电动车爱好者私自加装音响、灯光等带电设备，这些设备对电路的改装，也存在引发电路短路的风险。

合规充电，不适用第三方充电器

此外充电器的使用和充电时间的把控也是至关重要的，锂电池禁忌过充，如果充电器或电动车不支持过充保护，那持续的过充不仅影响电池寿命，还会因发热等问题引发电池爆炸起火风险。

另外，标准的电动车一般都是原装充电器匹配原装电池，充电电压、电流以及充电保护功能都是按照当下产品进行调校的，而部分用户为了加速充电或贪图便宜实用第三方充电器，也容易造成电池损坏或起火。

尽量不要将电动车带回家充电，一旦发生爆炸起火，即使没有人员伤亡也会对家庭财产造成损失。

购买全新的锂电池

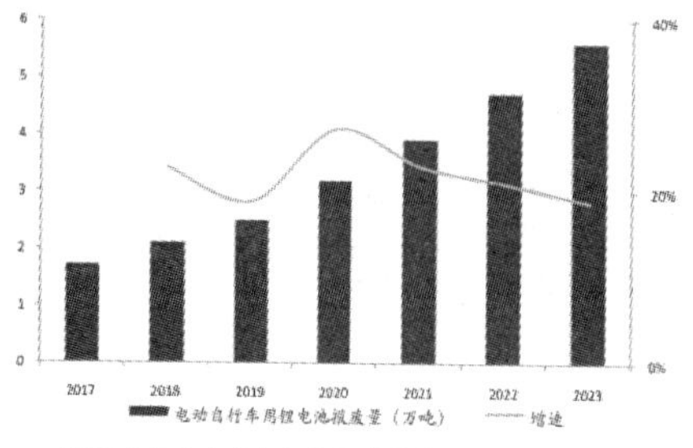

2020年电动自行车锂电需求量达4.39Gwh；2020年，电动自行车用锂电池报废量3.18万吨，到2023年报废量达5.61万吨。

如果私自装配老旧电池继续使用，甚至将不同容量电池混合使用，再加上不合理的装配工艺，不仅让旧电池缺乏质量保障，更容易导致电池损坏甚至是产生火灾！

因此在购买全新电池需要注意以下几点：

1. 防伪标签是判断电池真假的重要依据。一般情况下，外壳的对接处会贴上防伪标签，我们在选购时可刮开防伪标签密码图层以验真伪。

2. 全新电池的外包装一般较为完好，而电池表面应该没有摩擦痕迹，电池正负极金属接线端不应有使用痕迹或生锈痕迹，接线孔不应有使用痕迹。如果发现电池外包装有破损、电池外观有摩擦痕迹或者接线端、接线孔有使用痕迹，则不要购买。

3. 电池包装上都会注明生产日期。购买时需要注意检查包装上的生产日期和电池上的生产日期是否相符，有无明显修改痕迹。如果发现电池包装上的日期和电池上的日期不符或者有修改痕迹，就说明该电池很有可能是翻新电池。

4. 全新的电池往往具有完整的保护外壳，整体厚度、硬度都很高，且不应有鼓包。因此，在选购时，应检查电池外壳。如果按上去之后感觉外壳很薄，硬度不高或是有明显鼓包，就证明电池很有可能是翻新电池。

尽量选择大厂品牌

知名电池生产大厂在不断从硬件上提升锂电池稳定性和抗压性，并且会软件层面进行保护，如：从BMS系统及PACK设计软件层面对电池进行数字化保护，锂电池的使用安全性实际上已经提升不少。

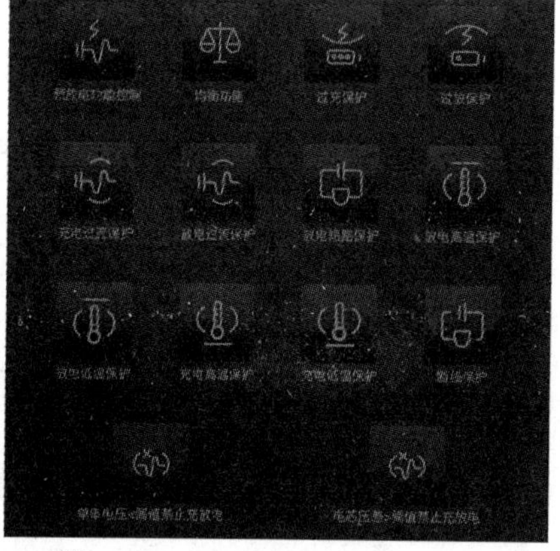

后记

目前锂电池从安全和能量角度来说它已经非常不错了，它有体积小、重量轻、比能量大、电压稳定、无记忆效应等等优点。所以，基于技术、产能、成本等各方面因素的影响，锂电池依旧是目前绝大部分主流电子消费品的最优能量供给装置。

虽然以现在的技术，锂电池无法做到绝对安全。但保守估计在10年以内，没有综合能力更好的储电电池出现前，锂电池依旧是目前最佳的电能供给方案。而实际上很多电动车自燃，电池爆炸的案例其实并非锂电池本身出现的问题，所以只要我们正确使用，锂电池本身是非常安全的。

调试场效应管推挽输出的一点体会

我们在自制功放时,有时候喜欢用互补场效应对管作末级功率输出,如图1就是一种常见的末级功率输出电路。图中W1用于调静态工作电流,W2用于调输出端中点电压。调试看是简单,这对爱动手的发烧友来说自然不在话下,但对于经验不足的新手来说有可能遇到这样那样的问题,下面浅谈我的一点实践体会。

1. 注意场效应管的开启电压。场效应管都有一个开启电压,栅极上的直流电位低于开启电压值,管子就不能正常的工作在放大区域。不同型号的场效应管其开启电压值是不同的。比如常用于音频电路的K1530、J201场效应互补对管,每个管子的开启电压在1.5V左右。而同样常用于功放的场效应对管K413、J118,管子的开启电压为3V左右。一般工业用场效应管的开启电压大都在3V以上。本人曾经在网上买过多对K1530、J201场管,有20元一对的,也有50元一对的,尽管外形和印字都看不出有何不同,但实际使用中却发现50元一对的管子,其开启电压在1.5V左右,而20元一对的管子开启电压在3V到3.5V之间,很显然开启电压在3V左右的K1530、J201有假冒之嫌,所以开启电压值差别很大的管子不要混用。

2. 注意栅极与栅极之间可调电压范围。有些人喜欢参考一些经典的名机电路进行仿制,要知道经典名机电路元件参数都是根据特定型号场效应管和特定工作电压来设计的,而有的人是用手头现有的其他型号场效应管来用,供电电压也不同,比如原图是正负40V供电,而你用的是正负30V甚至正负20V供电,如果依然照葫芦画瓢,很可能栅极与栅极之间可调电压范围不足,调到头也达不到开启电压幅度,静态工作电流出不来。比如你用的是K413、J118场管,二栅之间必须有7V到7.5V的调试范围,才可能开启场管,将静态工作电流调到合适数值,解决办法是将图1中R1和R2电阻值同比例减少一些,使二栅间可调电压范围满足要求。

3. 注意W1电位器中心触点起始位置。如果先装好场效应管,W1电位器中心触点又是处在一个未知位置,有可能一开机就出现很大电流,容易出现问题,比较可靠的做法是先不要装两个场效应功率管,开机调W1使2N5551晶体管集电极与发射极之间电压调低到1V左右,关机再装上两场效应功率管,再开机调W1使二栅极间电压升高,当串接在场效应管源极与0.2Ω电阻之间的检测电流表有反应时,缓慢调W1使静态工作电流达到所需值。

4. 注意场效应管栅极在调试时不要出现悬空。场效应管是比较娇气的,如果已接好源极和漏极,而为了调试需要,暂时不接栅极,就可能一开机便损坏管子,甚至二管都损坏。同样栅极的焊接质量要好要牢靠,出现虚焊也可能造成管子损坏。

5. 注意中点电压的稳定。调试时能将中点电压调到零,并始终保持是最理想的,因为喇叭里是不应该有直流电流流过,由于受各种因素影响,尤其是温度变化影响,使元件参数变化,造成中点电压微小变化左右漂移,所以应连续开机两小时以上,再复调中点电压到零,至少也要在正负10mV以内。

6. 注意场效应对管的参数配对。为了降低失真,推挽电路二管的参数应严格配对,由于管子参数离散性大,一般人手头又没有场效应管参数测试仪,配对就会比较难,特别是为扩大输出功率,采用多管并联,要做到多管配对就更难了。通过万用表测各级电阻值,通过比较开启电压值,通过示波器观察波形对称性等,也只能间接粗略判断,实际上也没有那么多管子供挑选。如果能很幸运有机会在网上买到已报废品牌机功放上的拆机品场效应对管,那就省事多了,这种管子一般都经过生产厂家严格配对,比较可靠。

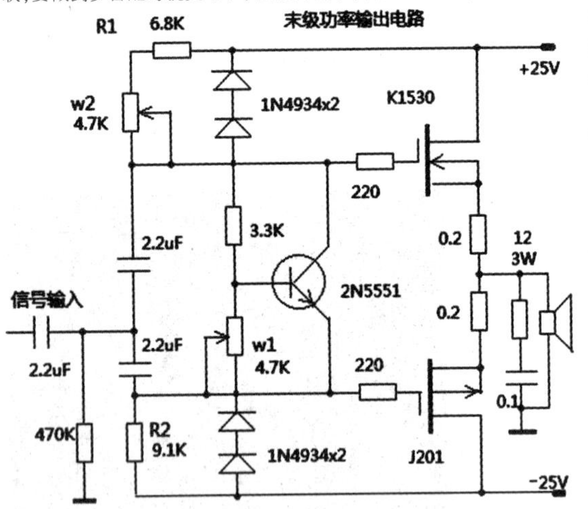

7. 注意W1和W2电位器的质量。如果用普通碳膜电位器,时间久了,滑动触点容易老化接触不良,产生故障,应尽量采用那种多圈可调电位器,其调谐行程长,便于细调。

总之对于新手,只要做足准备,耐心细致,末级调试这一步骤就能顺利完成。

◇李单

下季度显卡价格有望下降,但存储价格可能继续上涨

"挖矿"已经造成显卡、硬盘等DIY硬件价格的疯狂上涨,再加上疫情影响全球半导体缺货严重。很多玩家不得不停止硬件升级计划,一些玩家甚至在二手交易平台发起了"只下单不付款"的行为,以"一己之力"表达对畸形的DIY市场的不满。

不过随着"加密货币"的大跳水和多数国家对"挖矿"行为的大力打击,许多"矿主"也表示有退场的意向,今年第三季度显卡市场有望降温。

不过由于市场需求萎靡,内存合约价格应该会在第三季度继续上涨,但是速度会有所放缓。同时,企业级固态硬盘和个人电脑的整体需求仍然处于乐观水平,加上工厂产能紧张,第三季度合同价格将继续上涨。

不过需要注意在矿难之后,饱经摧残的矿卡和二手硬盘将大量流入二手市场,绝对会成为市场里的"定时炸弹",这就需要引起购买二手硬件的玩家们警惕了。总而言之,最好还是选择正规渠道购买,质量才有保障。

4K摄像机PXW-Z280的使用技巧

PXW-Z280是一款便携式4K摄像机,35mm大感光元件为4K影像带来了卓越的画质保证。通过微距拍摄可以重现非常丰富的细节,背景也很容易虚掉,有利于主体清晰的表现。Z280的微距效果在50寸4K电视上观察非常细腻,可以选择没有布光的环境,噪点控制也不错,画面很令人满意。它的另一个优势就是手持拍摄时,手腕受力均匀,很容易保持平衡。右手把握伺服手柄时,Z280的重心完全可以落在手腕位置,不会出现前沉后轻的现象,长时间拍摄,也不会造成手腕疲劳。Z280具有四声道声音系统,现场声音不会轻易丢失。微距开关可以很好的控制焦距,强大的自动ND功能,对画面的曝光与景深控制自如,机身非常轻巧,可以手持到任何角度,并且可以把显示屏翻转过来监视画面。

打开机身菜单,在"拍摄模式"中选择"HDR设置",然后直接选择"HLG"。此时,色域会直接变成ITU-R BT2020宽色域标准。通过绘图菜单中的"HDR绘图设置",选择HLG选项,就可以按照标准的ITU-R BT.2100曲线进行HDR拍摄。如果需要经过后期的调色环节,则建议还是用S-LOG3作为记录曲线更理想。对于后期调色师来说,这样就需要具备HDR的监控条件,并且熟悉针对HDR的色彩管理编辑功能。就这点来说,能够直接摄录HLG选项的素材,对于HDR内容的普及,还是很有必要的。

设置"HDR绘图"菜单中拐点功能时,在有限的动态范围内,尽可能将摄像机捕捉下来的高光层次通过适度的压缩亮度,让高光处的细节层次可以更充分的在SDR画面中展现。虽然HDR本身超越SDR更多高光细节的能力,但针对HLG本身来说,其1200%宽容度能力虽然高于SDR,但是和4000%的S-LOG3相比,差距依然很大。如果在高光比环境下拍摄,其标准的范围还是有局限的。打开HDR拐点,有利于在HLG下更好重现更多的高光细节,根据需要可以有选择的开启此功能。

无论使用HLG或者S-LOG3的HDR拍摄模式,都相当于把画面的亮度层次分部曲线进行了固定。在"绘图"菜单中,所有和曲线相关的设置项,如"伽马"、"黑色伽马"、"拐点"、"白切割"四大功能,都被锁定不能调整。用户如果想对画面的层次做进一步优化,可以在后期调色平台来完成。S-LOG3可以提供14档光圈的动态范围,基本上可以满足绝大多数的室内室外拍摄场景。即使曝光出现了轻微偏差,一般问题也不会太大,后期基本都可以拉回来。如果是HLG,相对S-LOG3的动态范围小一些,在曝光时需要稍微谨慎一些。室内人工布光相对还好,室外高光比环境则需要打开HDR拐点。通过HLG和S-LOG3各自拍摄的视频,在索尼CATALYST BROWSE软件中比较,可以比较明显看出,S-LOG3的宽容度还是超过HLG不少。特别是调色以前暗部层次更加丰富,亮部灰阶更多。

监视HDR的现场画面时,如果没有外接HDR显示屏,仅靠取景器是不能看到真正HDR效果的。为了更准确地曝光,建议打开"伽马显示辅助设置"功能,可以针对HLG或者S-LOG3的记录曲线,对应各自的709(800%)输出,也就是给显示屏加一个LUT曲线,可以看到正常的反差和色彩。摄像师可以根据这个校正后的SDR影像进行正确曝光,虽然不能看到100% HDR影像记录的信息,但是如果根据转换后的画面确定好了主体的曝光,大多数情况下HDR内容都不会有太大的偏差。虽然显示屏看上去高光已经溢出,但是后期制作时在HDR影像中可以找回失去的亮部信息。

在摄像机输出方面,Z280设计了HDMI和12G-SDI两种选择,用户可以根据外录设备的不同接口特点进行选择。12G-SDI接口对于4K高质量信号输出非常重要,而且更加方便。如果需要HDR 4K录制,可以直接外挂ATOMOS SHOGUN INFERNO 7寸支持HDR记录和显示的屏幕。12G可以满足4:2:2 50P的4K信号传输,是非常便捷高效的选择。在菜单中看到,HDMI和12G-SD1的4K输出选项,是2选1的,也就是同时只能满足一款设备的高质量外录需求。这是Z280摄像机使用过程中的一点实践经验,分享给4K摄像机用户。

◇山东 宿明洪

交流变频与直流变频空调器的工作原理

目前市场上有两种变频空调器，一种是交流变频空调器，另一种是直流变频空调器。它们的主要区别在于，交流变频空调器的压缩机采用的是交流变频电动机，直流变频空调器的压缩机采用的是直流变频电动机。

直流变频空调又可以分为两种，一种只有压缩机采用直流变频电动机；另一种不仅有压缩机，还包括室内风机、室外风机都采用直流变频电动机。后一种空调器被称为全直流变频空调。

1. 交流变频

交流变频电机本质上就是三相交流异步电动机，工作时，电动机的定子绕组产生旋转磁场，转子绕组在旋转磁场的作用下产生感应磁场，然后定子的旋转磁场与转子的感应磁场相互作用，使转子运转。由于交流变频电动机的定子与转子之间存在电磁感应作用，所以电动机在运转时有电磁噪声，转子绕组有电磁损耗。

这是交流变频空调中，变频器驱动交流变频电动机运转的原理示意图。

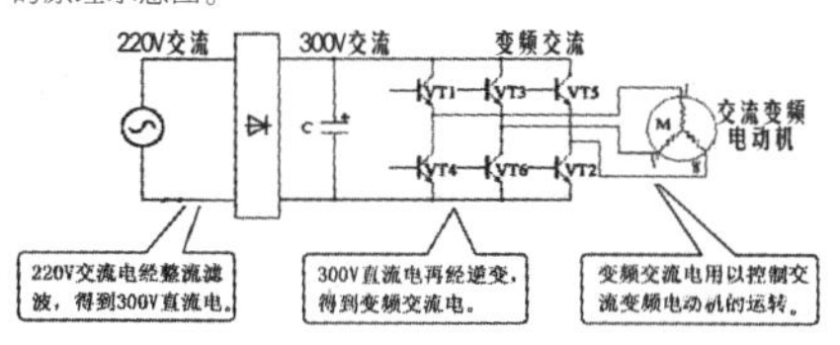

2. 直流变频

直流变频电动机是一种无刷直流电动机，其转子由永磁体构成，定子由绕组构成。工作时，定子绕组产生旋转磁场与永磁体转子的固定磁场直接作用，实现电动机运转。

无刷直流变频电动机本质上仍是一种交流电动机，所以说"直流变频电动机"从概念上来讲不是很严谨，直流电是没有频率可言的，也就谈不上变频了。

这是直流变频空调中，变频器驱动直流变频电动机运转的原理示意图。

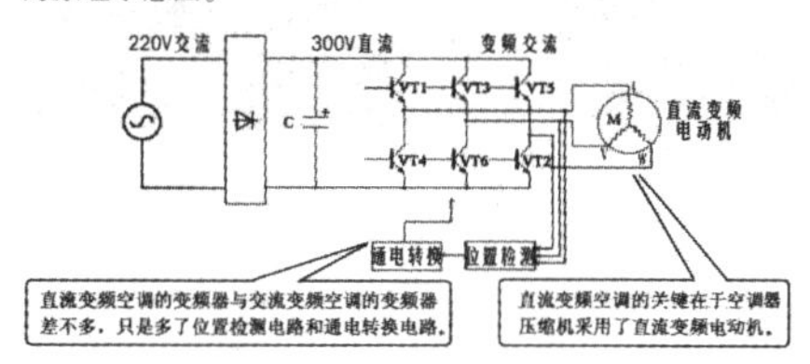

直流变频电动机的定子与转子之间不存在电磁感应作用，所以它克服了交流变频电动机的电磁噪声与转子的电磁损耗。相对交流变频电动机而言，它具有效率高、噪声低等优点。

3. 空调节流器的原理与应用

节流器的作用是让从冷凝器流出的高压液体制冷剂节流降压，使它在低压下气化吸热。另外，空调器的节流器还有根据负荷调节制冷剂流量，控制制冷效果的作用。不同规格的空调器，其制冷量大小也不同，需要使用不同类型的节流器。空调器中的节流器有毛细管和膨胀阀两种，膨胀阀又有热力膨胀阀和电子膨胀阀两种。

(1)毛细管节流

小型空调器因制冷量小，一般采用毛细管作为节流器。大型空调器因制冷量大，一般采用膨胀阀作为节流器。其中，单冷式小型空调器只用一根毛细管就可以了，而热泵式空调器因制冷、制热工况不同，一般要用两根毛细管。

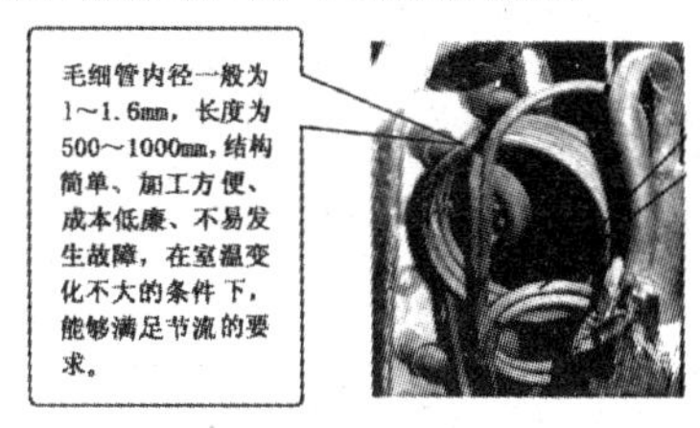

毛细管内径一般为1~1.6mm，长度为500~1000mm，结构简单、加工方便、成本低廉、不易发生故障，在室温变化不大的条件下，能够满足节流的要求。

它的缺点是调节能力较差，不能随制冷系统负荷的变化调节流量；优点是在压缩机停机后，容易保持系统低、高压部分的压力平衡，压缩机易启动。

(2)热力膨胀阀节流

热力膨胀阀又称感温式膨胀阀，膨胀阀的感温包紧贴在蒸发器的出口管上，所以膨胀阀可以根据蒸发器出口处制冷剂气体的压力变化，自动调节供给蒸发器的制冷剂流量。根据热力膨胀阀的结构和工作原理不同，它可以分为内平衡式热力膨胀阀与外平衡式热力膨胀阀两种。

1)内平衡式热力膨胀阀可以通过调整调节螺钉，改变弹簧压力P2的大小，从而改变系统制冷量。它适用于蒸发器流程短、流动阻力比较小的空调器。

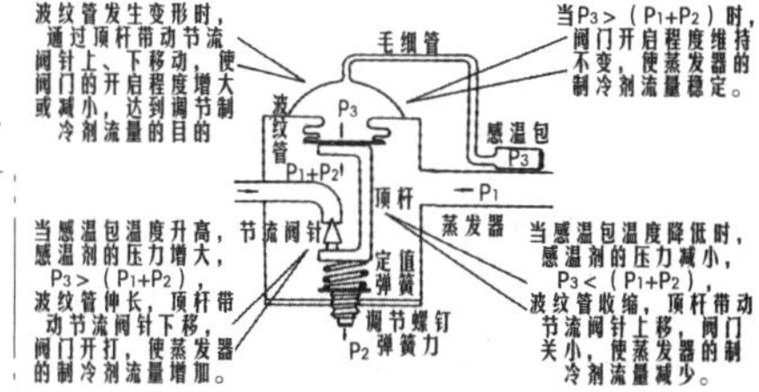

2) 外平衡式热力膨胀阀与内平衡式热力膨胀阀不同的是，在蒸发器出口端至阀片上侧连接了一根外平衡管，其平衡压力取自蒸发器出口处，可以补偿由于蒸发器流程长而引起的压力过度下降，保证制冷效果。因此，对于流程长、流动阻力比较大，或制冷量较大的蒸发器，一般应选用外平衡式热力膨胀阀。

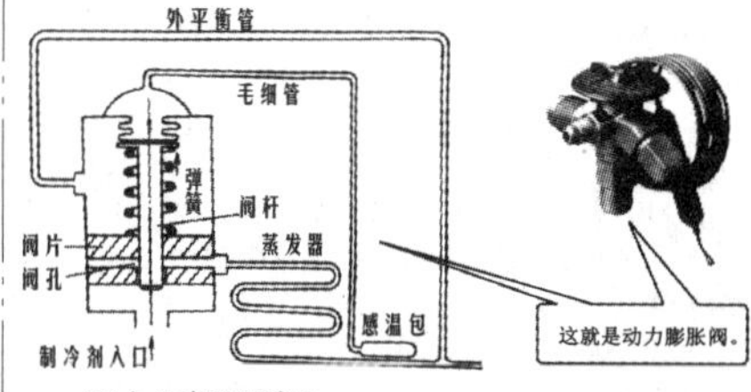

(3)电子膨胀阀节流

目前新型节能变频空调器制冷系统采用的是单片机控制的快速动作型电子膨胀阀，它能更精确、高速、大幅度地调节制冷系统负荷。电子膨胀阀主要由步进电动机和针形阀组成。针形阀又由阀杆、阀针和节流孔组成。阀体与阀杆通过内螺纹相啮合。步进电动机运转时，转轴旋转，阀杆在内螺纹的推动下上下移动，改变针形阀的开启程度，从而调节制冷剂的流量。

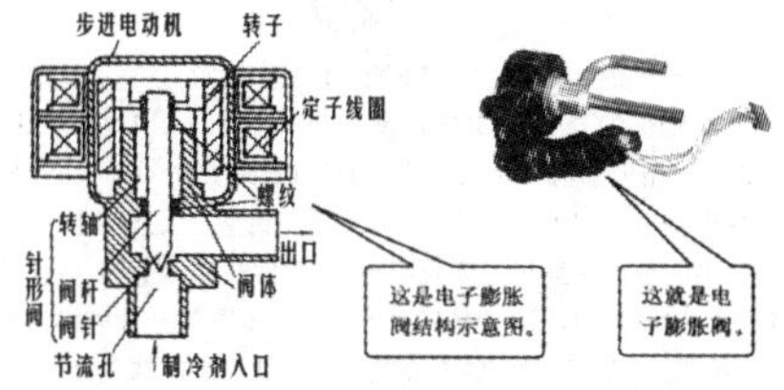

电子膨胀阀可以根据感温头感应到的蒸发器的温度值，实现制冷剂流量的自动调节。它比热力膨胀阀的流量调节更精确、速度更快，可以使蒸发器在很宽的负荷范围下保持最佳工况，大大提高了蒸发器的工作效率和制冷效果。

三行 Python 代码提取 PDF 表格数据

从 PDF 表格中获取数据是一项痛苦的工作。不久前，一位开发者提供了一个名为 Camelot 的工具，使用三行代码就能从 PDF 文件中提取表格数据。

PDF 文件是一种非常常用的文件格式，通常用于正式的电子版文件。它能够很好的将不同的排版格式固定下来，形成版面清晰且美观的展示效果。然而，对于想要从 PDF 中提取信息的人们来说，PDF 是个噩梦，尤其是表格。

大量的学术报告、论文、分析文章都使用 PDF 展示其中的表格数据，但是对于如果想要直接从表格中复制数据则会非常麻烦。不久前，有一位开发者提供了一个可从文字 PDF 中提取表格信息的工具——Camelot，能够直接将大部分表格转换为 Pandas 的 Dataframe。

项目地址：https://github.com/camelot-dev/camelot

Camelot 是什么

据项目介绍称，Camelot 是一个 Python 工具，用于将 PDF 文件中的表格数据提取出来。

具体而言，用户可以像使用 Pandas 那样打开 PDF 文件，然后利用这个工具提取表格数据，最后再指定输出的形式(如 csv 文件)。

代码示例

项目提供的 PDF 文件如图所示，假设用户需要提取这些文字之间的表格 2-1 中的信息。

Table 2-1 takes the analysis of these five cycles from the interim report a step further by examining the impact of the optimization steps one at a time in isolation. As indicated by other simulations from the interim report (Gonder et al. 2010), acceleration rate reductions can deliver some small fuel savings, but avoiding accelerations and decelerations (accel/decel) altogether saves larger amounts of fuel. This suggests that driving style improvements should focus on reducing the number of stops in high KI cycles, and not just the rate of accelerating out of a stop.

Table 2-1. Simulated fuel savings from isolated cycle improvements

Cycle Name	KI (1/km)	Distance (mi)	Percent Fuel Savings			
			Improved Speed	Decreased Accel	Eliminate Stops	Decreased Idle
2012_2	3.30	1.3	5.9%	9.5%	29.2%	17.4%
2145_1	0.68	11.2	2.4%	0.1%	9.5%	2.7%
4234_1	0.59	58.7	8.5%	1.3%	8.5%	3.3%
2032_2	0.17	57.8	21.7%	0.3%	2.7%	1.2%
4171_1	0.07	173.9	58.1%	1.6%	2.1%	0.5%

Figure 2-1 extends the analysis from eliminating stops for the five example cycles and examines the additional benefit from avoiding slow-and-go driving below various speed thresholds.

使用 Camelot 提取表格数据的代码如下：

```
>>> import camelot
>>> tables = camelot.read_pdf('foo.pdf') # 类似于 Pandas 打开 CSV 文件的形式
>>> tables.df # get a pandas DataFrame!
>>> tables.export ('foo.csv', f='csv', compress=True) # json, excel, html, sqlite，可指定输出格式
>>> tables.to_csv ('foo.csv') # to_json, to_excel, to_html, to_sqlite，导出数据为文件
>>> tables<TableList n=1
>>>> tables
<Table shape=(7, 7)> # 获得输出的格式
>>> tables.parsing_report
{
'accuracy': 99.02,
'whitespace': 12.24,
'order': 1,
'page': 1
}
```

以下为输出的结果，对于合并的单元格，Camelot 在抽取后做了空行处理，这是一个稳妥的方法。

Cycle Name	KI (1/km)	Distance (mi)	Percent Fuel Savings			
			Improved Speed	Decreased Accel	Eliminate Stops	Decreased Idle
2012_2	3.30	1.3	5.9%	9.5%	29.2%	17.4%
2145_1	0.68	11.2	2.4%	0.1%	9.5%	2.7%
4234_1	0.59	58.7	8.5%	1.3%	8.5%	3.3%
2032_2	0.17	57.8	21.7%	0.3%	2.7%	1.2%
4171_1	0.07	173.9	58.1%	1.6%	2.1%	0.5%

安装方法

项目作者提供了三种安装方法。首先，你可以使用 Conda 进行安装，这是最简单的。

```
conda install -c conda-forge camelot-py
```

最流行的安装方法是使用 pip 安装。

```
pip install camelot-py[cv]
```

还可以从项目中克隆代码，并使用源码安装。

```
git clone https://www.github.com/camelot-dev/camelot
cd camelot
pip install ".
```

集成式数据转换器件 ADC 与 DAC

数据转换器，用于模拟信号与数字信号之间的转换传输想必大家已经很熟悉了。更细分点就是ADC/DAC。工程应用上即是要实现模拟量到数字量，或是数字量到模拟量的转换功能。ADC 和 DAC 能够应用的范围之广，能做到的精度之高，以及能达到的速度之快在此前的文章中已经做过很多介绍了。今天我们谈到的是一类特殊的数据转换器，因为它是集成型的，不再只是单独的模数或数模转换。

这一类集成了 ADC 与 DAC 的特殊数据转换器主要是从设计着手，组合成集成型的专用器件，以此来提高数据采集能力，提高信号质量并降低功耗。这类器件往往还有着别的集成器件，诸如传感器，电压基准。这类集成器件不算多，但每个产品都突出了高精密度与高集成度。尤其是最近推出的新产品都极具特色。

AMC60804

AMC60804 是一款集成了 4 通道电流和电压输出 DAC 和高精 ADC 的低功耗模拟器件，是 TI 在今年最新推出的用于控制器的器件。

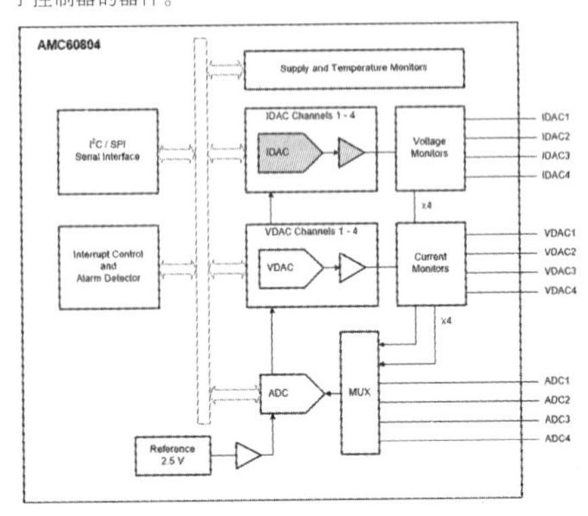

(AMC60804，TI)

AMC60804 内部集成了四个具有可编程输出范围的 12 位电流输出数模转换器(IDAC)和四个 12 位电压输出 DAC (VDAC)。ADC 采用了速度为 1-MSPS 的 12 位模数转换，用于外部信号和内部信号监测、电源和温度报警监测。

AMC60804 中 VDAC 支持正输出和负输出范围操作，并且能够提供高达 50 mA 的电流，这一点使其成为在 EML 中的不二选择。此外，AMC60804 的 IDAC 则能支持 150 mA 的满标度输出范围，功耗极低。至于其应用的 ADC，AMC60804 囊括了四个多路 ADC 的输入引脚，并包含一个低延迟窗口比较器，这种 ADC 配置擅长接收信号强度指示器(RSSI)和信号丢失(LOS)的检测。当然不止这样，集成的 ADC 还能够测量 IDAC 引脚处的电压，以及 VDAC 下降的电流，从而实现对这些输出的监控。

AMC60804 这类特殊的器件展示了低功耗、高集成度、非常小的尺寸和宽的工作温度范围这些特性，这些特性在光学模块 EML 的一体式低成本控制电路中应该是最佳的设计选择。这种集成型数据转换器件因为其独特的能力在减少某一电路的设计上确实有独到的实力。

AFE10004

AFE10004 是 TI 去年年末推出的一款集成型器件，看它的编号就知道这是一款模拟前端。当然，它是一款高度集成的精密模拟前端。

AFE10004

AFE10004 的高度集成体现在四个温度补偿 DAC、EEPROM 和栅极偏置开关上。四个 DAC 通过 EEPROM 中存储的四个独立的温度-电压转换功能进行编程，在无需额外外部电路的情况下进行温度效应校正。器件在启动后，可以在不受系统控制器干预的情况下运行，用于设置和补偿控制应用中的偏置电压。而四个栅极偏置输出则是为快速响应设置。四个栅极偏置输出与引脚上的器件配合，用以快速实现正确的功率排序和晶体管保护。

-40~125℃的温度覆盖是射频系统设计中必不可少的一环。加之 AFE10004 四个 DAC 灵活的输出范围，在偏置控制电路设计上的该器件提供了性价比很高的选择。

AD5941

ADI 旗下的 AD5941 同样是一款高精度、低功耗模拟前端。AD5941 分辨率高达 16 位的 ADC 位于在测量通道上，是 800 ksps 的多通道 ADC。

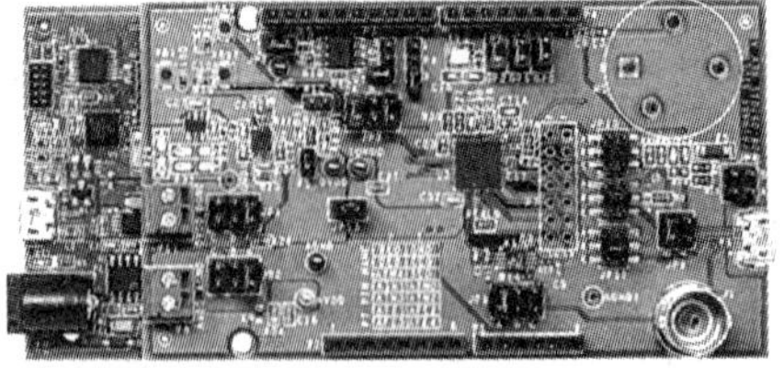

AD5941 开发板

AD5941 由两个高精度环路和一个通用测量通道组成。第一个激励环路包括一个超低功耗、双输出串 DAC，这种低功耗环路能够产生从直流至 200 Hz 的信号。第二个环路包括一个 12 位高速 DAC，能够生成高达 200 kHz 的高频激励信号。

16 位的 ADC 带有输入缓冲器、内置抗混叠滤波器和可编程增益放大器。ADC 之前的输入多路复用器允许用户选择多个外部电流输入、多个外部电压输入和内部通道进行测量。AD5941 内部 ADC 和 DAC 电路使用该片内 1.8 V 和 2.5 V 片内基准电压源，确保器件外设的低漂移性能。

AD5941 的节能体现在整个系统上，器件加电后，所有其他模块处于休眠模式时的电流消耗仅为 6.5μA，在这种休眠模式时，低功耗 DAC 和恒电位放大器将会保持加电，以维持传感器偏置。对于高精度的电气测量应用，AD5941 的集成设计可以完美覆盖。

小结

与分立式方案相比，这类器件可以节省空间和简化运行并提供系统所需的可配置性、可靠性和可预测性。尤其是 ADC 和 DAC 组合产品特别适合可配置输入/输出级或外设的通用系统监控。这种技术产品的配置结合给工程师在设计上提供了极大的便利。

如何提高爬虫速度的 Python 技巧

如何优化 Python 爬虫的速度？问题描述是：

目前在写一个 Python 爬虫，单线程 urllib 感觉过于慢了，达不到数据量的要求(十万级页面)。求问有哪些可以提高爬取效率的方法？

这个问题还蛮多人关注的，但是回答的人却不多。

我今天就来尝试着回答一下这个问题。

程序提速这个问题其实解决方案就摆在那里，要么通过并发来提高单位时间内处理的工作量，要么从程序本身去找提效点，比如爬取的数据用 gzip 传输、提高处理数据的速度等。

我会分别从几种常见的并发方法去做同一件事情，从而比较处理效率。

简单版本爬虫

我们先来一个简单的爬虫，看看单线程处理会花费多少时间？

```
import time
import requests
from datetime import datetime
def fetch(url):
r = requests.get(url)
print(r.text)
start = datetime.now()
t1 = time.time()
for i in range(100):
fetch('http://httpbin.org/get')
print('requests 版爬虫耗时：', time.time() - t1)
# requests 版爬虫耗时：54.86306357383728
```

我们用一个爬虫的测试网站，测试爬取 100 次，用时是 54.86 秒。

多线程版本爬虫

下面我们将上面的程序改为多线程版本：

```
import threading
import time
import requests
def fetch():
r = requests.get('http://httpbin.org/get')
print(r.text)
t1 = time.time()
t_list =
for i in range(100):
t = threading.Thread(target=fetch, args=())
t_list.append(t)
t.start()
for t in t_list:
t.join()
print("多线程版爬虫耗时:", time.time() - t1)
# 多线程版爬虫耗时:0.8038511276245117
```

我们可以看到，用上多线程之后，速度提高了 68 倍。其实用这种方式的话，由于我们并发操作，所以跑 100 次跟跑一次的时间基本是一致的。这只是一个简单的例子，实际情况中我们不可能无限制地增加线程数。

多进程版本爬虫

除了多线程之外，我们还可以使用多进程来提高爬虫速度：

```
import requests
import time
import multiprocessing
from multiprocessing import Pool
MAX_WORKER_NUM = multiprocessing.cpu_count()
def fetch():
r = requests.get('http://httpbin.org/get')
print(r.text)
if __name__ == '__main__':
t1 = time.time()
p = Pool(MAX_WORKER_NUM)
for i in range(100):
p.apply_async(fetch, args=())
p.close()
p.join()
print('多进程爬虫耗时：', time.time() - t1)
多进程爬虫耗时:7.9846765995025635
```

我们可以看到多进程处理的时间是多线程的 10 倍，比单线程版本快 7 倍。

协程版本爬虫

我们将程序改为使用 aiohttp 来实现，看看效率如何：

```
import aiohttp
import asyncio
import time
async def fetch(client):
async with client.get('http://httpbin.org/get') as resp:
assert resp.status == 200
return await resp.text()
async def main():
async with aiohttp.ClientSession() as client:
html = await fetch(client)
print(html)
loop = asyncio.get_event_loop()
tasks =
for i in range(100):
task = loop.create_task(main())
tasks.append(task)
t1 = time.time()
loop.run_until_complete(main())
print("aiohttp 版爬虫耗时:", time.time() - t1)
aiohttp 版爬虫耗时：0.6133313179016113
```

我们可以看到使用这种方式实现，比单线程版本快 90 倍，比多线程还快。

结论

通过上面的程序对比，我们可以看到，对于多任务爬虫来说，多线程、多进程、协程这几种方式处理效率的排序为：aiohttp>多线程>多进程。因此，对于简单的爬虫任务，如果想要提高效率，可以考虑使用协程。但是同时也要注意，这里只是简单的示例，实际运用中，我们一般会用线程池、进程池、协程池去操作。

这就是问题的答案了吗？

对于一个严谨的程序员来说，当然不是，实际上还有一些优化的库，例如 grequests，可以从请求上解决并发问题。实际的处理过程中，肯定还有其他的优化点，这里只是从最常见的几种并发方式去比较而已，应付简单爬虫还是可以的，其他的方式欢迎大家在本报邮箱投稿探讨。

物联网通信协议汇总

随着物联网设备数量的持续增加，这些设备之间的通信或连接已成为一个重要的思考课题。通信对物联网来说十分常用且关键，无论是近距离无线传输技术还是移动通信技术，都影响着物联网的发展。而在通信中，通信协议尤其重要，是双方实体完成通信或服务所必须遵循的规则和约定。

本文介绍了几个可用的物联网通信协议，它们具有不同的性能、数据速率、覆盖范围、功率和内存，而且每一种协议都有各自的优点和或多或少的缺点。其中一些通信协议只适合小型家用电器，而其他一些通信协议则可以用于大型智慧城市项目。物联网通信协议分为两大类：

一类是接入协议：一般负责子网内设备间的组网及通信。

一类是通讯协议：主要是运行在传统互联网TCP/IP协议之上的设备通信协议，负责设备通过互联网进行数据交换及通信。

一、物理层、数据链路层协议

1. 远距离蜂窝通信

（1）2G/3G/4G通信协议，分别指第二、三、四代移动通信系统协议。

（2）NB-IoT

窄带物联网（Narrow Band Internet of Things, NB-IoT）成为万物互联网络的一个重要分支。NB-IoT构建于蜂窝网络，只消耗大约180kHz的带宽，可直接部署于GSM网络、UMTS网络或LTE网络，以降低部署成本、实现平滑升级。NB-IoT聚焦于低功耗广覆盖（LPWA）物联网（IoT）市场，是一种可在全球范围内广泛应用的新兴技术。具有覆盖广、连接多、速率快、成本低、功耗低、架构优等特点。

应用场景：NB-IoT网络带来的场景应用包括智能停车、智能消防、智能水务、智能路灯、共享单车和智能家电等。

（3）5G

第五代移动通信技术，是最新一代蜂窝移动通信技术。5G的性能目标是高数据速率、减少延迟、节省能源、降低成本、提高系统容量和大规模设备连接。

应用场景：AR/VR、车联网、智能制造、智慧能源、无线医疗、无线家庭娱乐、联网无人机、超高清/全景直播、个人AI辅助、智慧城市。

2. 远距离非蜂窝通信

（1）WiFi

由于前几年家用WiFi路由器以及智能手机的迅速普及，WiFi协议在智能家居领域也得到了广泛应用。WiFi协议最大的优势是可以直接接入互联网。相对于ZigBee，采用Wifi协议的智能家居方案省去了额外的网关，相对于蓝牙协议，省去了对手机等移动终端的依赖。

商用WiFi在城市公共交通、商场等公共场所的覆盖，将商用WiFi的场景应用潜力表露无遗。

（2）ZigBee

ZigBee是一种低速短距离传输的无线通信协议，是一种高可靠的无线数传网络，主要特色有低速、低耗电、低成本、支持大量网上节点、支持多种网上拓扑、低复杂度、快速、可靠、安全。ZigBee技术是一种新型技术，它最近出现，主要是依靠无线网络进行传输，它能够近距离的进行无线连接，属于无线网络通讯技术。

ZigBee技术的先天性优势，使得它在物联网行业逐渐成为一个主流技术，在工业、农业、智能家居等领域得到大规模的应用。

（3）LoRa

LoRa™(LongRange，远距离)是一种调制技术，与同类技术相比，提供更远的通信距离。LoRa网关、烟感、水监测、红外探测、定位、排插等广泛应用物联网产品。作为一种窄带无线技术，LoRa是使用到达时间差来实现地理定位的。LoRa定位的应用场景：智慧城市和交通监控、计量和物流、农业定位监控。

3. 近距离通信

（1）RFID

射频识别（RFID）是Radio Frequency Identification的缩写。其原理为阅读器与标签之间进行非接触式的数据通信，达到识别目标的目的。RFID的应用非常广泛，典型应用有动物晶片、汽车晶片防盗器、门禁管制、停车场管制、生产线自动化、物料管理。完整的RFID系统由读写器(Reader)、电子标签(Tag)和数据管理系统三部分组成。

（2）NFC

NFC的中文全称为近场通信技术。NFC是在非接触式射频识别(RFID)技术的基础上，结合无线互联技术研发而成，它为我们日常生活中越来越普及的各种电子产品提供了一种十分安全快捷的通信方式。NFC中文名称中的“近场”是指临近电磁场的无线电波。

应用场景：应用在门禁、考勤、访客、会议签到、巡更等领域。NFC具有人机交互、机器间交互等功能。

（3）Bluetooth

蓝牙技术是一种无线数据和语音通信开放的全球规范，它是基于低成本的近距离无线连接，为固定和移动设备建立通信环境的一种特殊的近距离无线技术连接。

蓝牙能在包括移动电话、PDA、无线耳机、笔记本电脑、相关外设等众多设备之间进行无线信息交换。利用“蓝牙”技术，能够有效地简化移动通信终端设备之间的通信，也能够成功地简化设备与因特网Internet之间的通信，从而数据传输变得更加迅速高效，为无线通信拓宽道路。

4. 有线通信

（1）USB

USB，是英文Universal Serial Bus（通用串行总线）的缩写，是一个外部总线标准，用于规范电脑与外部设备的连接和通讯。是应用在PC领域的接口技术。

（2）串口通信协议

串口通信协议是指规定了数据包的内容，内容包含了起始位、主体数据、校验位及停止位，双方需要约定一致的数据包格式才能正常收发数据的有关规范。在串口通信中，常用的协议包括RS-232、RS-422和RS-485。

串口通信是指外设和计算机间，通过数据线按位进行传输数据的一种通讯方式。这种通信方式使用的数据线少，在远距离通信中可以节约通信成本，但其传输速度比并行传输低。大多数计算机(不包括笔记本)都包含两个RS-232串口。串口通信也是仪表仪器设备常用的通信协议。

（3）以太网

以太网是一种计算机局域网技术。IEEE组织的IEEE 802.3标准制定了以太网的技术标准，它规定了包括物理层的连线、电子信号和介质访问层协议的内容。

（4）MBus

MBus远程抄表系统（symphonic mbus），是欧洲标准的2线的二总线，主要用于消耗测量仪器诸如热表和水表系列。

二、网络层、传输协议

1. IPv4

互联网通信协议第四版，是网际协议开发过程中的第四个修订版本，也是此协议第一个被广泛部署的版本。IPv4是互联网的核心，也是使用最广泛的网际协议版本

2. IPv6

互联网协议第6版，由于IPv4最大的问题在于网络地址资源有限，严重制约了互联网的应用和发展。IPv6的使用，不仅能解决网络地址资源数量的问题，而且也解决了多种接入设备连入互联网的障碍。

3. TCP

传输控制协议（TCP，Transmission Control Protocol）是一种面向连接的、可靠的、基于字节流的传输层通信协议。TCP旨在适应支持多网络应用的分层协议层次结构。连接到不同但互连的计算机通信网络的主计算机中的成对进程之间依靠TCP提供可靠的通信服务。TCP假设它可以从较低级别的协议获得简单的，可能不可靠的数据报服务。

4. 6LoWPAN

6LoWPAN是一种基于IPv6的低速无线个域网标准，即IPv6 over IEEE 802.15.4。

三、应用层协议

1. MQTT协议

MQTT（Message Queue Telemetry Transport），翻译成中文就是，遥测传输协议，其主要提供了订阅/发布两种消息模式，更为简约、轻量，易于使用，特别适合于受限环境（带宽低、网络延迟高、网络通信不稳定）的消息分发，属于物联网（Internet of Thing）的一个标准传输协议。

在很多情况下，包括受限的环境中，如：机器与机器（M2M）通信和物联网（IoT）。其在，通过卫星链路通信传感器、偶尔拨号的医疗设备、智能家居、及一些小型化设备中已广泛使用。

2. CoAP协议

CoAP（Constrained Application Protocol）是一种在物联网世界的类Web协议，适用于需要通过标准互联网网络进行远程控制或监控的小型低功率传感器，开关，阀门和类似的组件，服务器对不支持的类型可以不响应。

3. REST/HTTP协议

RESTful是一种基于资源的软件架构风格。所谓资源，就是网络上的一个实体，或者说是网络上的一个具体信息。一张图片、一首歌曲都是一个资源。RESTful API是基于HTTP协议的一种实现。（HTTP是一个应用层的协议，特点是简捷、快速）。

满足Rest规范的应用程序或设计就是RESTful，根据Rest规范设计的API，就叫作RESTful API。

4. DDS协议

DDS（Data Distribution Service）分布式实时数据分发服务中间件协议，它是分布式实时网络里的“TCP/IP”，用来解决实时网络中的网络协议互联，其作用相当于“总线上的总线”。

5. AMQP协议

AMQP，即Advanced Message Queuing Protocol，一个提供统一消息服务的应用层标准高级消息队列协议，是应用层协议的一个开放标准，为面向消息的中间件设计。基于此协议的客户端与消息中间件可传递消息，并不受客户端/中间件不同产品，不同的开发语言等条件的限制。Erlang中的实现有RabbitMQ等。

6. XMPP协议

XMPP是一种基于标准通用标记语言的子集XML的协议，它继承了在XML环境中灵活的发展性。因此，基于XMPP的应用具有超强的可扩展性。经过扩展以后的XMPP可以通过发送扩展的信息来处理用户的需求，以及在XMPP的顶端建立如内容发布系统和基于地址的服务等应用程序。

四、部分通信协议比较

1. NB-IoT协议和LoRa协议比较

第一，频段。LoRa工作在1GHz以下的非授权频段，在应用时不需要额外付费，NB-IoT和蜂窝通信使用1GHz以下的频段是2113授权的，是需要收费的。

第二，电池供电寿命。LoRa模块在处理干扰、网络5261重叠、可伸缩性等方面具有独特的特性，但却不能提供像蜂窝协议一样的服务质量4102。NB-IoT出于对服务质量的考虑，不能提供类似LoRa一样的电池寿命。

第三，设备成本。对终端节点来说，LoRa协议比NB-IoT更简单，更容易开发并且1653对于微处理器的适用和兼容性更好。同时低成本、技术相对成熟的LoRa模块已经可以在市场上找到了，并且还会有升级版本陆续出来。

第四，网络覆盖和部署时间表。NB-IoT标准在2016年公布，除回网络部署之外，相应的商业化和产业链的建立还需要更长的时间和努力去探索。LoRa的整个产业链相对已经较为成熟了，产品也处于“蓄势待答发”的状态，同时全球很多国家正在进行或者已经完成了全国性的网络部署。

2. 蓝牙、WiFi、ZigBee协议比较

目前来说，WiFi的优势是应用广泛，已经普及到千家万户；ZigBee的优势是低功耗和自组网；UWB无载波无线通信技术的优势是传输速率；蓝牙的优势组网简单。然而，这3种技术，也都有各自的不足，没有一种技术能完全满足智能家居的全部要求。

蓝牙技术的出现使得短距离无线通信成为可能，但其协议较复杂、功耗高、成本高等特点不太适用于要求低成本、低功耗的工业控制和家庭网络。尤其蓝牙最大的障碍在于传输范围受限，一般有效的范围在10米左右，抗干扰能力不强、信息安全问题等问题也是制约其进一步发展和大规模应用的主要因素。

WiFi也是是一种短距离无线传输技术，可以随时接入无线信号，移动性强，比较适合在办公室及家庭的环境下应用。当然WiFi也存在一个致命缺点。由于WiFi采用的是射频技术，通过空气发送和接收数据，使用无线电波传输数据信号，比较容易受到外界的干扰。

ZigBee则是国际通行的无线通信技术，它的每个网络端口可以最多接入6.5万多个端口，适合家居、工业、农业等多个领域使用，而蓝牙和WiFi网端只能接入10个端口，显然不能适应家庭需要。ZigBee还具有低功耗和低成本优势。

3. MQTT协议和CoAP协议比较

MQTT是多对多通信协议用于在不同客户端之间通过中间代理传送消息，解耦生产者与消费者，通过使得客户端发布，让代理决定路由并且拷贝消息。虽然MQTT支持一些持久化，最好还是作为实时数据通信总线。

CoAP主要是一个点对点协议，用于在客户端与服务器之间传输状态信息。虽然支持观察资源，CoAP最好适合状态传输模型，不是完全基于事件。

MQTT客户端建立长连接TCP，这通常表示没有问题，CoAP客户端与服务器都发送与接收UDP数据包，在NAT环境中，隧道或者端口转发可以用于允许CoAP，或者像LWM2M，设备也许会先初始化前端连接。

MQTT不提供支持消息打类型标记或者其他元数据帮助客户端理解，MQTT消息可用于任何目的，但是所有的客户端必须知道向上的数据格式以允许通讯，CoAP，相反地，提供内置支持内容协商与发现，允许设备相互探测以找到交换数据的方式。

两种协议各有优缺点，选择合适的取决于自己的应用。

用1根管脚、1个电阻和1个电容实现DAC

PWM可以算是数字电路中的“独臂”神通，“独臂”——只需一根线；“神通”——在很多关键的应用中起到栋梁的作用。PWM(脉宽调制 Pulse Width Modulation)从字面意思上讲它是一种“调制”方式，调制就意味着在某些载波信号上携带了某些的信息，通过解调的过程就可以得到其携带的信息，这些信息的属性由PWM的产生端定义，总之在这一根仅仅发生0、1交替变化的信号线上可以做出很多文章。

本文我们就看看如何通过PWM的方式实现数字到模拟变换的功能，也就是通过改变一根管脚的输出脉冲，得到模拟世界的某种波形。

首先PWM是由一串连续行走在某输出管脚上的0、1交替出现的信号组成，我们称高电平1为ON，低电平0为OFF，ON+OFF为一个周期T，ON的持续时间除以周期T就为占空比-Duty Cycle，看下面的两个图。

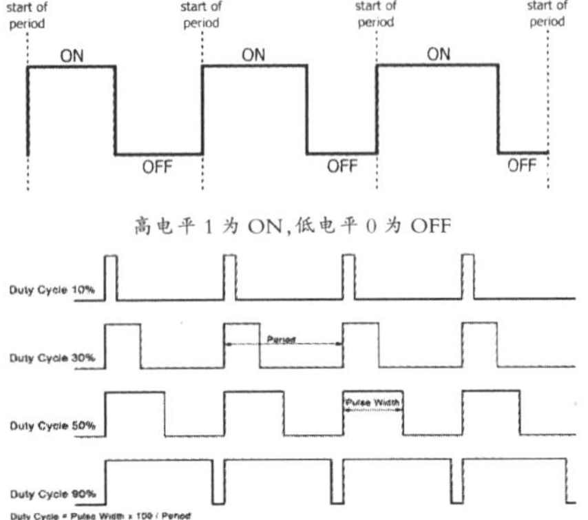

高电平1为ON，低电平0为OFF

占空比(Duty Cycle)为高电平持续时间除以周期

如果发送端用脉冲的占空比来传递“电压值”，也就是将某个数字的电压值对脉冲的占空比进行调制，就可以在接收端通过RC低通滤波器(也就是解调器)从调制脉宽的数据流中得到需要的模拟电压值，从而达到DAC的目的。看下面的图-假设脉冲的占空比为0的时候(整个周期全部为OFF-低电平)代表电压值为0，占空比为100%的时候(整个周期全部为ON-高电平)代表电压值为最高电压，比如3.3V，则40%的占空比就是40%*3.3V。占空比改变-每个周期的脉宽改变，也就意味着输出的电压值在改变。

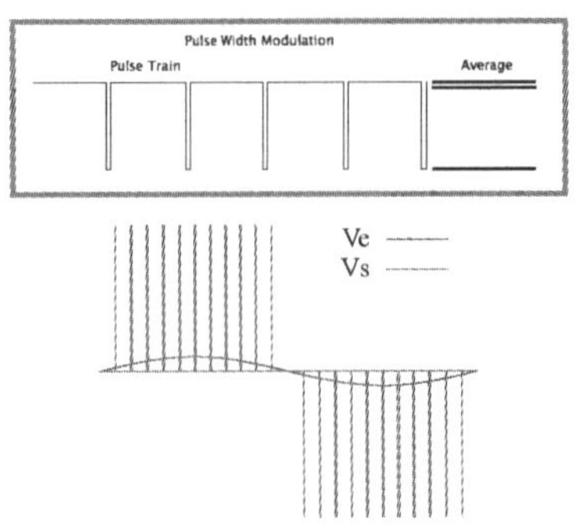

用脉宽的改变携带电压值的变化信息

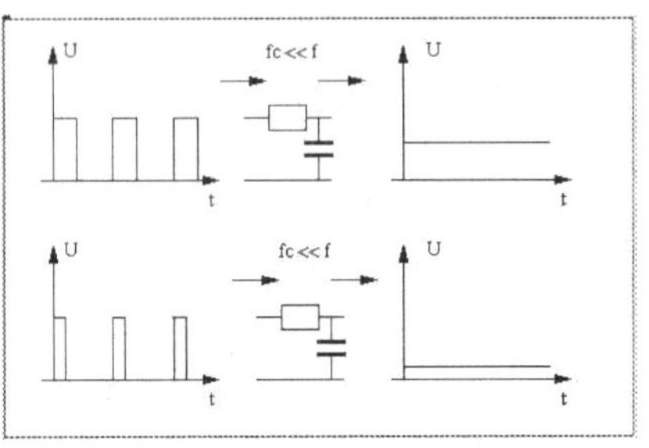

用一个电阻和电容组成的低通滤波就可以将PWM中携带的电压信息“解调”成模拟的电压值

那在PWM里是如何对应转换率和转换精度这两个指标呢？看一下下面的波形：

●PWM-DAC的转换频率相当于脉冲的重复频率

●PWM-DAC的分辨率相当于脉冲宽度　相对于整个周期的精度，举例如果一个最小的脉冲ON的时间为5ns(可以用100MHz的时钟计数产生)，PWM脉冲的周期为5ns x 256=1.28us，则这个PWM-DAC相当于是8位的DAC。

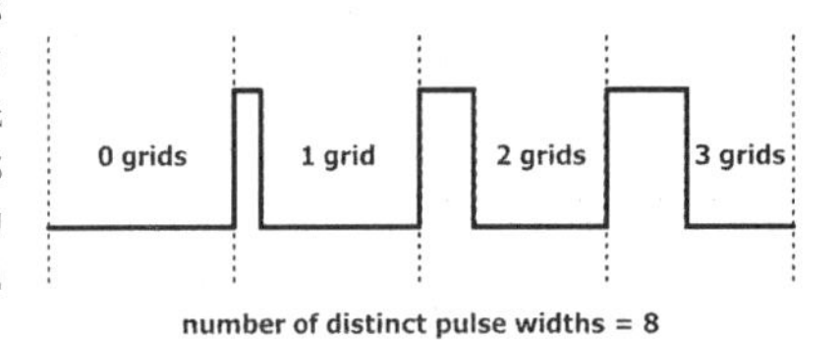

也就是说如果你用100MHz的时钟来通过PWM的方式做一个8位的DAC，最高的转换频率也只能到1/1.28us~781KHz，分辨率高则转换率降低，因此用PWM做的DAC一般用于生成非常低频的信号乃至直流信号。

下面的图为经过一个最简单的由一个电阻R和一个电容C构成的低通滤波以后得到的模拟信号，可以看到在输出的模拟信号上还是有很高频率的纹波。

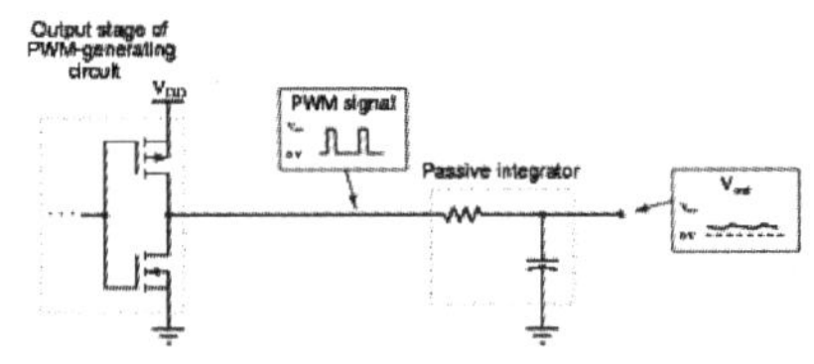

通过RC低通滤波得到的模拟输出信息

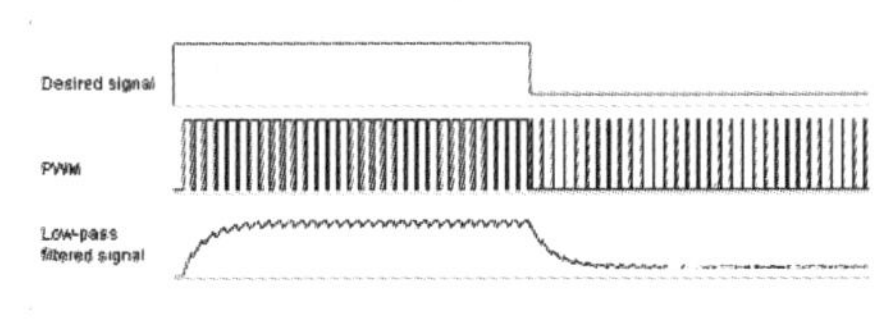

如果要进一步平滑输出模拟信号上的波纹，可以通过加入电感或着用运算放大器构成的有源低通滤波器来对纹波实现更强的抑制。

是不是很简单？只需一个R和一个C就能得到你想生成的模拟信号，做一个简单的任意波形发生器很简单。

有的朋友会问，很多MCU内部都有DAC啊，干嘛不用内部的DAC？如果有的话自然不需要折腾PWM了，如果没有，只需要一根管脚和俩器件就能实现这样的功能还是很有用的，再说了，也许你的系统中需要多个DAC的功能，而你的MCU内部没有足够的DAC，且你也不想或者没有足够的管脚外挂一个单独的DAC器件(需要I2C或SPI总线连接)，PWM方式是个非常不错的选择哦。

如果你用的是FPGA或CPLD，里面根本没有DAC，而你又需要一个，拿出一个管脚来产生PWM就可以了。

总之，理解用PWM生成DAC的机制、局限，在关键的时候也许就能起到意料不到的结果。

电子科技博物馆专栏

编前语：或许，当我们使用电子产品时，都没有人记得或知道老一批电子科技工作者们是经过了怎样的努力才奠定了当今时代的小型甚至微型的诸多电子产品及家电；或许，当我们拿起手机上网、看新闻、打游戏、发微信朋友圈时，也没有人记得是乔布斯等人让手机体积变小、功能变强大；或许，有一天我们的子孙后代只知道电子科技的进步而遗忘了老一辈电子科技工作者的艰辛……

成都电子科技博物馆旨在以电子发展历史上有代表性的物品为载体，记录推动电子科技发展特别是中国电子科技发展的重要人物和事件。电子科技博物馆的快速发展，得益于广大校友的关心、支持、鼓励与贡献。据统计，目前已有河南校友会、北京校友会、深圳校友会、绵德广校友会和上海校友会等13家地区校友会向电子科技博物馆捐赠具有全国意义(标志某一领域特征)的藏品400余件，通过广大校友提供的线索征集藏品1万余件，丰富了藏品数量，为建设新馆奠定了基础。

新展上线

“芯”的征程——我国半导体发展历程展

日前，由电子科技大学党委宣传部主办“‘芯’的征程——我国半导体发展历程展”已于6月24日开展。本次展览梳理了新中国成立以来我国半导体产业的发展脉络，以20余件实物藏品与图文相结合的形式向广大师生呈现我国半导体产业的整体历程。

本次展览由三个部分组成：

第一部分——“‘芯’的摇篮”，这部分主要讲述新中国成立后，在国际封锁的情况下通过“一代人吃两代人的苦”的努力下，建立起基本的半导体产业链；

第二部分——“转型发展”，这部分讲述了20世纪80年代我国半导体产业由大量购买转为自主研发、自力更生的发展，在20世纪90年代国务院决定实施对我国半导体产业影响较大的两个工程——“908”工程和“909”工程；

展出的藏品代表

龙芯1号

12英寸单晶硅锭

第三部分——“自主创‘芯’”，这部分主要讲述进入21世纪后，在党和国家强力支持下，我国半导体产业进入一个全新发展阶段。

(电子科技博物馆)

电子科技博物馆“我与电子科技或产品”

本栏目欢迎您讲述科技产品故事，科技人物故事，稿件一旦采用，稿费从优，且将在电子科技博物馆官网发布。欢迎积极赐稿！

电子科技博物馆藏品持续征集：实物；文件、书籍与资料；图像照片、影音资料。包括但不限于下列领域：各类通信设备及其系统；各类雷达、天线设备及系统；各类电子元器件、材料及相关设备；各类电子测量仪器；各类广播电视、设备及系统；各类计算机、软件及系统等。

电子科技博物馆开放时间：每周一至周五9:00-17:00，16:30停止入馆。

联系方式

联系人：任老师　联系电话/传真：028-61831002

电子邮箱：bwg@uestc.edu.cn　网址：http://www.museum.uestc.edu.cn/

地址：(611731)成都市高新区(西区)西源大道2006号

电子科技大学清水河校区图书馆报告厅附楼

飞利浦 TD-6806A 型电话机来电掉线故障检修

故障现象:来电时铃声响一下,“来铃指示灯”闪亮一下,马上掉线,不显示来电号码,但拨打其他电话时可以正常通话。

故障分析:显然,该话机故障与振铃电路有关。

电话机振铃工作过程是:平时电话线路上由交换机提供约 48V 直流电压,主叫话机拨打被叫话机时,交换机识别到被叫电话号码后,以一定时间间隔(5秒)向被叫话机发送约 1 秒时长的 25Hz(90V)铃流信号,被叫话机检测到振铃信号后,由铃响集成电路产生450Hz 的振铃音信号并驱动扬声器发声。当被叫用户摘机后,通过叉簧控制相关电路将电话线路的电压拉低,交换机识别到这种变化后,停止向被叫话机发送振铃信号,主叫和被叫话机开始通话。

附图是笔者根据实物绘制的该型号话机的振铃相关电路。当约 90V 的铃流信号加到 T-R 时,经压敏电阻 VR2 保护,由 D15~D18 构成的铃流整流电路整流,在 Q12 的 E 极产生约 80V 左右的直流电压 V0。如果用户未摘机,开关 K1 保持断开状态,Q13 和 Q12 保持截止,与此同时铃流信号经过交流耦合电容 C161 和限流电阻 R198 到达由 D19~D22 构成的整流电路,在电容 C183 两端产生一个直流电压 V2,当 V2 高于27V 时,振铃音信号集成电路 U8(AA1241)产生450Hz 的铃声信号,该信号从 U8 的⑧脚输出,经耦合电容 C192 驱动变压器 T2 的初级,T2 的次级驱动喇叭 SP 发出铃声。当然前提是话机有外接 12V 供电,光电隔离器 G1 驱动 Q18 导通。如果话机没有外部 12V 供电,光电隔离器 G1 内部的光敏三极管截止,Q18 也无法导通,喇叭 SP 不能发声。用户摘机后(即开关 K1 闭合),V0 经 R199、R228 加到 Q13 的基极,Q13 导通,Q13 的集电极电压变低,经 R203 驱动 Q12 导通,V0 经 Q12 的 EC 极加到稳压二极管 ZD5 和电容C186 上,经稳压管 ZD5 稳压产生电压 V1,并通过Q12 的 EC 极、二极管 D16、D17 将线路电压拉低,交换机识别到线路电压变低后,停止发送铃流信号。

本故障的现象为,来电时话机铃声响一下即掉线。说明 D19~D22 铃流整流电路能够产生高于 27V 的电压 V2,铃声产生电路也正常。引起来电掉电故障的原因可能是:压敏电阻 VR2 软击穿;D15~D18 之中有软击穿损坏的二极管;叉簧开关 K1 漏电,使得 Q13 和Q12 非正常导通;也可能是 Q12 或 Q13 性能不好,比如说 EC 两极之间发生短路或漏电等。上述 4 种情况均可能使得振铃信号到来时,马上将电话线路上的电压拉低

检修过程:打开话机外壳取出电路板,接入电话线路和外部 12V 供电,测得 7805 输入电压为 13V,输出电压为 5.02V,供电正常。用另外一部电话拨打该电话,振铃时测得 Q12 发射极电压 V0 为 85V,Q12 集电极电压 V1 从 15V 很快下降到 6V 左右。拆除压敏电阻 VR2,同时更换 D15~D18 四只二极管后故障不变。拆下 Q12,将其 E 极串接一只 10kΩ 电阻,然后将电阻另一端和 Q12 的 C 极分别接到电话线路 48V 的正负极(B 极悬空),测得 Q12 的 EC 两极之间电压为 26V(正常应为 48V),说明 Q12 的 EC 之间漏电。同样方法检测 Q13 的 CE 极,不漏电。由于手头没有 A1013 三极管,试用 5401 三极管代换 Q12(安装时需注意交叉 5401 的 BC 引脚),并恢复 Q13,拨入该机号码试机,来电振铃时不再掉线。但来电显示出现了“显示号码不全”的现象,比如主叫号码为“15275210123”,显示为 125113,丢掉了 5 位号码。检测有关 FSK 和 DTMF 两种解码电路的元件,未发现异常。

无奈,猜测原压敏电阻 VR2(型号为 R3714,三个引脚,TO-92 封装)可能与普通压敏电阻有差异,且已经损坏,于是用一普通话机上的压敏电阻代替 R3714(VR2),并在其两端并接一个 470kΩ 电阻。如此修理后,来电显示的主叫号码也恢复正常。

◇青岛 孙海善 卜坤 林鹏

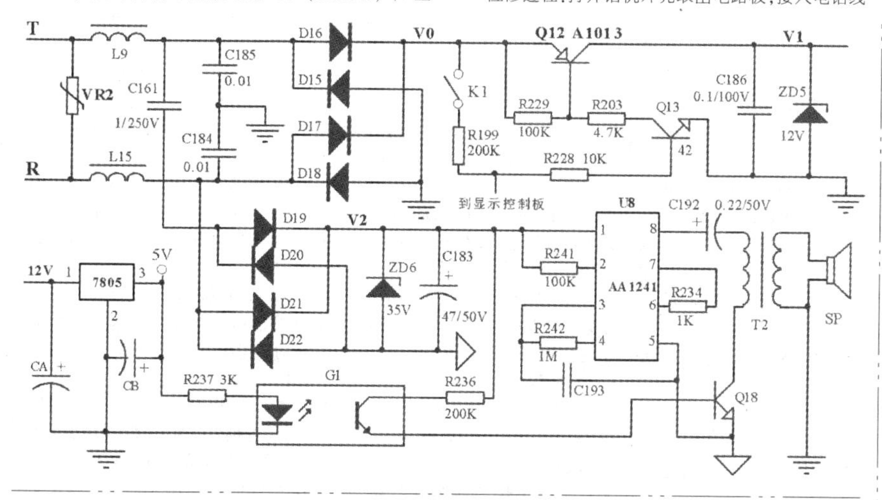

如何将交通卡转移到新 iPhone

在升级更换了新款 iPhone 之后,我们可以按照下面的方法将交通卡转移到新 iPhone。

第 1 步:在旧 iPhone 上移除交通卡

在旧 iPhone 上打开“钱包”App,选择需要转移的交通卡,点击“移除此卡”,根据提示确认移除。

第 2 步:在新 iPhone 上添加交通卡

在新 iPhone 上使用同一个 Apple ID 登录,仍然打开“钱包”App,点击“添加”,选择“扫描或添加卡”(如图 1 所示),在卡片类型界面中,选择之前的交通卡(如图 2 所示),点击“继续”按钮,按照提示操作即可。

小提示:如果操作不成功,请检查两部 iPhone 是否均开启 iCloud 功能,并允许钱包应用使用 iCloud,请在 iPhone 设置-AppleID-iCloud 中进行查看。

◇江苏 王志军

① ②

一台加湿器维修的波折

一台加湿器不通电,蜂鸣器不响,显示器不亮,无法操作使用。检查电源线,没有断线;测量变压器,变压器初级绕组开路。此变压器是低频变压器,交流220V 供电,输出 12V 和 38V,功率是 20W。更换此变压器,插上电源线,蜂鸣器响了,触摸待机键,显示器亮了;经过仔细观察,加湿器只会加热不会喷雾,但风扇转动。

对喷雾小板进行概略检查,毫无结果;对电源板进行概略检查,也无结果;对电脑板进行概略检查也无结果。维修陷入困境,想了想,还是进行精密检查吧!对喷雾小板大小电容离线监测,参数正常;将电源板直流 12V 继电器离线,通断 12V 电源,继电器触点能够通断;对电源板双相可控硅在路监测:用指针表×1 档测试,其中两腿脚正反向有阻值,正反向测试时与另一腿脚短路,然后离开到另一腿脚,阻值不变,证明可控硅正常;对电源板光电耦合器进行在路监测:用指针表×1 档测试,先找到发光二极管一边两腿脚,正向测试有阻值,用导线短路发光二极管和光接收管侧边两腿脚,另一侧边其中一腿脚焊上一导线,用万用表正向测试时有阻值,再短路到另一侧边另一腿脚,阻值有变化,证明光耦正常。维修再次陷入困境,只有更换雾化片一试了。但更换雾化片还是不喷雾,不装喷雾小板,把磁控开关浮子人为到位,监测电脑板控制雾量两根线,操作雾量大小,有0mV 到 4.2mV 直流电压跳变;把喷雾小板开关大功管离线,用指针表×1k 档测试 b 极到 c 极和 e 极,正向阻值相同,反向为无穷大,红笔接 c 极黑笔接 e 极,用手指触碰 b 极和 c 极,有一定阻值,证明它没有损坏;对此管仔细观看,发现 e 极没有焊锡,估计这京是问题的根源了;经过处理后,装上喷雾小板,监测电脑板控制雾量大小两根线,浮子人为到位,操作雾量大小,有 0V 到 8V 直流跳变电压,用手触摸雾化片,雾化片在振动。加上水试验,已经能喷雾了,故障排除。

◇何方只

注册电气工程师供配电专业知识考题解答⑯

（接上期本版）

解答思路：视频显示系统→《视频显示系统工程技术规范》GB50464-2008→工作环境。

解答过程：依据GB50464-2008《视频显示系统工程技术规范》第4章，第4.1.4条、第4.1.5条第2款。选B。

17. 实测用电设备的端子电压偏差如下，下列哪项不满足规范的要求？（D）

（A）电动机：3%

（B）一般工作场所照明：+5%

（C）道路照明：-7%

（D）应急照明：+7%

解答思路：设备的端子电压偏差→《供配电系统设计规范》GB50052-2009。

解答过程：依据GB50052-2009《供配电系统设计规范》第5章，第5.0.4条。选D。

18. 两个防雷区的界面上进行防雷设计时，下列哪项不符合规范的规定？（B）

（A）在两个防雷区的界面上宜将所有通过界面的金属物做等电位连接

（B）当线路能承受所发生的电涌电压时，电涌保护器应安装在线路的进线处

（C）线路的金属保护层宜首先于界面处做等电位连接

（D）线路的屏蔽层宜首先于界面处做一次等电位连接

解答思路：防雷设计→《建筑物防雷设计规范》GB50057-2010→防雷区的界面。

解答过程：依据GB50057-2010《建筑物防雷设计规范》第6章，第6.2.3条。选B。

19. 在室内照明设计中，按规范规定下列哪个场所宜选用3300～5300K的相关色温的光源？（B）

（A）病房（B）教室（C）酒吧（D）客房

解答思路：照明设计→《建筑照明设计标准》GB50034-2013→相关色温的光源。

解答过程：依据GB50034-2013《建筑照明设计标准》第4.4节，第4.4.1条、表4.4.1。选B。

20. 20kV及以下变配电室设计选择配电变压器，下述哪项措施能节约电缆和减少能源损耗？（C）

（A）动力和照明不共用变压器

（B）设置2台变压器互为备用

（C）低压为0.4kV的单台变压器的容量不宜大于1250kVA

（D）选用Dyn11接线组别变压器

解答思路：20kV及以下变配电室设计→《20kV及以下变电所设计规范》GB50053-2013→选择配电变压器。

解答过程：依据GB50053-2013《20kV及以下变电所设计规范》第3.3节，第3.3.4条、第3.3.2条、第3.3.3条、第3.3.7条及其条文说明。选C。

21. 在一般照明设计中，宜选用下列哪种灯具？

（A）荧光高压汞灯

（B）卤钨灯

（C）大于25W的荧光灯

（D）小于25W的荧光灯

解答思路：：照明设计→《建筑照明设计标准》GB50034-2013，《照明设计手册（第三版）》→宜选用灯具。

解答过程：依据GB50034-2013《建筑照明设计标准》第3.2节，第3.2.2条。或《照明设计手册（第三版）》第二章，第十节、表2.53。选D。

22. 用户端供配电系统设计中，下列哪项设计满足供电要求？（B）

（A）一级负荷采用专用电缆供电

（B）二级负荷采用两回线路供电

（C）选择阻燃型10kV高压电缆在城市交通隧道内敷设

（D）消防设备配电箱不必独立设置

解答思路：供配电系统设计→《供配电系统设计规范》GB50052-2009→用户端、要求。

城市交通隧道、消防设备配电箱→《建筑设计防火规范》GB50016-2014。

解答过程：依据GB50052-2009《供配电系统设计规范》第3章，第3.0.2条、第3.0.7条。

GB50016-2014（2018版）《建筑设计防火规范（2018版）》第12.5节，第12.5.4条；第10.1.9条。选B。

23. 当1000kVA变压器负荷率≤85%时，概率计算变压器中无功功率损耗占计算负荷的百分比为下列哪项数值？（D）

（A）1%（B）2%（C）3%（D）5%

解答思路：概率计算变压器中无功功率损耗→《工业与民用供配电设计手册（第四版）》。

解答过程：依据《工业与民用供配电设计手册（第四版）》第1.10.1.2节，式1.10-6。

$$\frac{\Delta Q}{S_N}=\frac{0.05S_c}{S_N}=\frac{0.05\times\beta\times S_N}{S_N}=0.05\times85\%=4.25\%$$

选D。

24. 建筑照明设计中，下列哪项是灯具效能的单位？（C）

（A）cd/m^2

（B）lm/sr

（C）lm/W

（D）W/m^2

解答思路：照明设计→《建筑照明设计标准》GB50034-2013→效能的单位。

解答过程：依据GB50034-2013《建筑照明设计标准》第2.0.31条。选C。

25. 关于接闪器的描述，下列哪一项不正确？（B）

（A）接闪杆杆长1m以下时，圆钢不应小于12mm，钢管不应小于20mm

（B）接闪杆的接闪端宜做成半球状，其最小弯曲半径宜为3.8mm，最大宜为12.7mm

（C）当独立烟囱上采用热镀锌接闪环时，其圆钢直径不应小于12mm，扁钢截面不应小于$100mm^2$，其厚度不应小于4mm

（D）架空接闪线和接闪网采用截面不小于$50mm^2$热镀锌钢绞线或铜绞线

解答思路：接闪器→《建筑物防雷设计规范》GB50057-2010。

解答过程：依据GB50057-2010《建筑物防雷设计规范》第5.2节，第5.2.2条。选B。

26. 同级电压线路相互交叉或较低电压线路、通信线路交叉时的两交叉线路导线间或上方线路导线与下方线路地线的最小垂直距离，不得小于下列数值不正确的是哪项？（D）

（A）6～10kV，2m

（B）20～110kV，3m

（C）220kV，4m

（D）330kV，6m

解答思路：线路相互交叉→《交流电装置的过电压保护和绝缘配合设计规范》GB/T50064-2014→垂直距离。

解答过程：依据GB/T50064-2014《交流电装置的过电压保护和绝缘配合设计规范》第5.3.2条、表5.3.2。选D。

27. 供配电设计系统规范规定允许低压供配电级数是多少？（D）

（A）一级负荷低压供配电级数不宜多于一级

（B）二级负荷低压供配电级数不宜多于两级

（C）三级负荷低压供配电级数不宜多于三级

（D）负荷分级无关，低压供配电级数不宜多于三级

解答思路：供配电设计系统《供配电系统设计规范》GB50052-2009→低压供配电级数。

解答过程：依据GB50052-2009《供配电系统设计规范》第4章，第4.0.6条。选D。

28. 10kV配电室，采用移开式高压开关柜背对背双排布置，其最小操作通道最小应为下列哪项数值？

（A）单手车长度+1200mm

（B）双手车长度+900mm

（C）双手车长度+1200mm

（D）2000mm

解答思路：10kV配电室→《20kV及以下变电所设计规范》GB50053-2013→布置、操作通道。

解答过程：依据GB50053-2013《20kV及以下变电所设计规范》第4章，第4.2.7条、表4.2.7。选A。

29. 考虑到电网电压降低及计算偏差，则设计可采用交流电动机最大转矩M_{max}为下列哪一项？（B）

（A）$0.95M_{max}$

（B）$0.90M_{max}$

（C）$0.85M_{max}$

（D）$0.75M_{max}$

解答思路：交流电动机最大转矩→《钢铁企业电力设计手册（下册）》。或《供配电系统设计规范》GB50052-2009。或《民用建筑电气设计规范》JGJ16-2008。

解答过程：依据《钢铁企业电力设计手册（下册）》第23.1节、表23-1。

GB50052-2009《供配电系统设计规范》第5.0.4条第1款。

或JGJ16-2008《民用建筑电气设计规范》第3.4.5条第2款。

$M=(1-0.05)^2M_{max}=0.9M_{max}$

选B。

30. 某低压配电室，配电室长度为9m，关于该配电室的布置，下列哪一项描述不符合规范的规定？（D）

（A）配电室应设置两个出口，并宜布置在配电室两侧

（B）配电室的门应向外开启

（C）配电室内的电缆沟，应采取防水和排水措施

（D）配电室的地面宜与本层地面平齐

解答思路：低压配电室→《低压配电设计规范》GB50054-2011→配电室的布置。

解答过程：依据GB50054-2011《低压配电设计规范》第4.3节，第4.3.2条、第4.3.4条。选D。

31. 关于35kV变电所的布置，下列哪项措施描述不符合规范的规定？（B）

（A）变电站主变压器布置除应满足运输方便外，并应布置在运行噪声对周边环境影响较小的位置

（B）变电站内未满足消防要求的主要道路宽度应为3.5m

（C）屋外变电站实体围墙不应低于2.2m

（D）电缆沟的沟底纵坡不宜小于0.5%

解答思路：35kV变电所→《35kV～110kV变电站设计规范》GB50059-2011→布置。

解答过程：依据GB50059-2011《35kV～110kV变电站设计规范》第2章，第2.0.4条、第2.0.6条、第2.0.5条、第2.0.7条。选B。

32. 在均衡充电运行情况下，关于直流母线电压的描述，下列哪一项不符合规范的规定？（A）

（A）直流母线电压为直流电源系统标称电压的105%

（B）专供控制负荷的直流电源系统，直流母线电压不高于直流电源系统标称电压的110%

（C）专供动力负荷的直流电源系统，直流母线电压不高于直流电源系统标称电压的112.5%

（D）对控制负荷和动力负荷合并供电的直流电源系统，直流母线电压不应高于直流电源系统标称电压110%

解答思路：直流母线电压→《电力工程直流电源系统设计技术规程》DL/T50044-2014→均衡充电运行。

解答过程：依据DL/T50044-2014《电力工程直流电源系统设计技术规程》第3.2节，第3.2.3条。选A。

33. 埋入土壤中与低压电气装置的接地装置连接的接地导体（线）在无机械损伤保护又无腐蚀保护时的最小截面积为下列哪项数值？（C）

（A）铜：$2.5mm^2$，钢$10mm^2$

（B）铜：$16mm^2$，钢$16mm^2$

（C）铜：$25mm^2$，钢$50mm^2$

（D）铜：$40mm^2$，钢$60mm^2$

（未完待续）

◇江苏 键谈

变频器的简易应用案例(二)

(接上期本版)

该电路功能需要设置的参数见表3。

表3将参数F0.03设置为3,是将频率的设定权交给端子AI2,该端子默认输入0~20mA电流信号,可连接外部仪表或上位机送来的模拟电流信号,当外部电流信号变化时,输出频率也会相应调整。此案例中的输出频率随电流信号的大小呈止向变化,即电流信号增大,输出频率相应增高。参数F0.11设置为1,选择变频器的启动、停止、正转、反转等运行命令来自端子排。参数F1.00设置为1,其意义是将连接在端子DI1上的触点功能确定为,触点闭合时电动机正转,触点断开时停机。参数F1.01设置为2,其意义是将连接在端子DI2上的触点功能确定为,触点闭合时电动机反转,触点断开时停机。

四、变频器外接频率表与电流表

变频器通常安装在电动机的变频启动柜中,可以在变频柜的前面板上安装频率表或者电流表。PI500系列变频器有两个模拟量输出端,端口名称分别是DA1和DA2,它们的输出范围是0~10V直流电压,或者0~20mA的直流电流。变频器出厂默认设置DA1输出0~10V直流电压,DA2输出0~20mA的直流电流。这个电压或电流信号对应显示的物理量由参数F2.07和F2.08设置。

该款应用与外接频率表、电流表有关的参数设置见表4。变频器外接频率表与电流表具体接线图可参见图4。

由表4可见,参数F2.07设置为0,即图4中端子DA1连接的应该是一只频率表,指示的是变频器的运行频率。参数F2.17将端子DA1输出增益设置为0.5,则其输出电压由0~10V调整为0~5V。这个电压对应的是0~最大输出频率(最大输出频率由参数F0.19设定),如果最大输出频率设置为50Hz,则DA1端子输出电压为0V时,频率表的指针应指在刻度盘的0Hz处,DA1端子输出电压为5V时,频率表的指针应指在刻度盘的50Hz处。频率表的刻度盘应根据这样的原则绘制。

参数F2.08设置为2,表示端口DA2输出的电流信号对应0~2倍电动机额定电流。端口DA2输出电流的出厂默认值为0~20mA,由于受参数F2.18的调整,端口DA2输出电流最小值的零偏系数为20%,则该最小值为20mA×20%=4mA。端口DA2输出电流最大值由参数F2.18和F2.19共同调整,计算式为:输出电流最大值=20mA×(F2.18+F2.19),由于F2.18=20%=0.2,所以只有F2.19=0.8时,输出电流的最大值才能为20mA。这样,端口DA2的输出电流由0~20mA调整为4~20mA。图4中端子DA2连接的是一只电流表,当电动机停止运行时,端口DA2输出电流为4mA,相当于零输出,电流表指示为0。电动机运行过程中,端口DA2的输出电流在4mA~20mA变化。由于最大输出电流20mA对应2倍电动机额定电流,所以电动机在正常额定电流值运行时DA2端口的电流应该=4mA+(20-4)/2=12mA。只有电动机出现过电流时,才可能出现较大的输出电流。变频器参数的这样设置也是为了能在电动机偶然出现过电流异常时,能够正常显示电动机的运行电流。

由于设置参数时已将电动机的额定电流等参数输入到变频器内(表4省略了常规参数设置的罗列),变频器又具有强大的计算功能,所以,电动机运行在额定电流时,端口DA2的输出电流必然是12mA。

五、使用变频器端子排控制电动机点动正反转

PI500系列变频器可以使用端子排实现点动状态下的正转和反转,具体电路见图5,相关参数设置见表5。

根据表5中的参数设置,图5中端子DI3与端子COM之间连接的是一只正转点动按钮SB1,DI4与COM之间连接的是一只反转点动按钮SB2。系统通电后,按压DI3端子上的按钮SB1,电动机按照参数F7.00设置的点动运行频率和参数F7.01设置的点动加速时间开始点动正转。松开该按钮后,电动机以参数F7.02设置的点动减速时间开始减速直至停机。

按压DI4端子上的按钮SB2,电动机按照参数F7.00设置的点动运行频率和参数F7.01设置的点动加速时间开始点动反转。松开该按钮SB2后,电动机以参数F7.02设置的点动减速时间开始减速直至停机。

(未完待续)

◇山西 陈晨

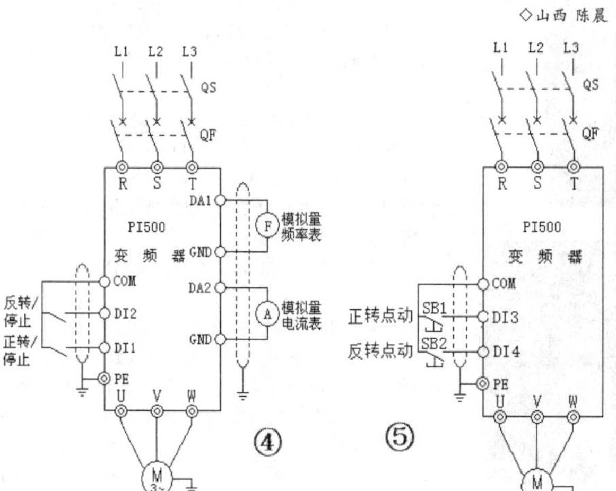

表3　端子排外接电流信号调速时需要设置的参数

参数码	参数名称	参数可设置范围	参数值	修改
F0.03	频率源主设	0:键盘设定频率(F0.01,UP/DOWN可修改,掉电不记忆) 1:键盘设定频率(F0.01,UP/DOWN可修改,掉电记忆) 2:模拟量AI1设定(默认输入0~10V电压信号) 3:模拟量AI2设定(默认输入0~20mA电流信号) 4:面板电位器设定 5:高速脉冲设定 6:多段速运行设定 7:简易PLC程序设定 8:PID控制设定 9:远程通信设定 10:模拟量AI3设定	3	×
F0.11	命令源选择	0:键盘控制 1:端子排控制 2:通讯命令控制 3:键盘控制+通讯命令控制 4:键盘控制+通讯命令控制+端子台控制	1	√
F1.00	DI1端子功能选择	0:无功能,可将不使用的端子设定为"无功能",以防止误动作 1:正转运行(FWD),通过外部端子来控制变频器正转运行。 2:反转运行(REV),通过外部端子来控制变频器反转运行。 以下3~51的功能设置从略	1	×
F1.01	DI2端子功能选择	0:无功能,可将不使用的端子设定为"无功能",以防止误动作 1:正转运行(FWD),通过外部端子来控制变频器正转运行。 2:反转运行(REV),通过外部端子来控制变频器反转运行。 以下3~51的功能设置从略	2	×

注:表中"修改"一栏中的符号"√"表示相关参数在运行和停机时均可修改;符号"×"表示相关参数只有在停机时才可修改。

表4 变频器外接频率表与电流表需要设置的参数

参数码	参数名称	参数可设置范围	参数值	修改
F2.07	DA1输出功能选择	0:运行频率,0~最大输出频率。 1:设定频率,0~最大输出频率。 2:输出电流,0~2倍电动机额定电流。 3:输出转矩,0~2倍电动机额定转矩。 4:输出功率,0~2倍电机额定功率。 5:输出电压,0~1.2倍变频器额定输出电压 6:高速脉冲收入,0.01kHz~100.00kHz 7:模拟量AI1,0V~10V(或0~20mA) 8:模拟量AI2,0V~10V(或0~20mA) 9:模拟量AI3,0V~10V: 10:长度值,0~最大设定长度 11:计数值,0~最大计数值	0	√
F2.08	DA2输出功能选择	12:通讯设定,0.0%~100.0% 13:电机转速,0~最大输出频率对应的转速 14:输出电流,0.0A~100.0A(变频器功率≤55kW);0.0A~1000.0A(变频器功率>55kW) 15:直流母线电压,0.0V~1000.0V 16:保留 17:频率源主设,0~最大输出频率	2	√
F2.16	DA1零偏系数	-100%~+100%	0%	√
F2.17	DA1输出增益	-10.00~+10.00	0.50	√
F2.18	DA2零偏系数	-100%~+100%	20.0%	√
F2.19	DA2输出增益	-10.00~+10.00	0.80	√

注:上述功能码(F2.16~F2.19)一般用于修正模拟输出的零点偏移及输出最大值的调整。也可以用于自定义所需要的模拟量输出曲线。例如,根据表4中相关参数的设置,可将0~10V调整为0~5V,或者将0~20mA调整为4~20mA。

表5　端子排点动正反转功能需要设置的功能参数

参数码	参数名称	参数可设置范围	参数值	修改
F0.11	命令源选择	0:键盘控制 1:端子排控制 2:通讯命令控制 3:键盘控制+通讯命令控制 4:键盘控制+通讯命令控制+端子台控制	1	√
F1.02	DI3端子功能选择	0:无功能,可将不使用的端子设定为"无功能",以防止误动作 1:正转运行(FWD),通过外部端子来控制变频器正转运行。 2:反转运行(REV),通过外部端子来控制变频器反转运行。 3:三线式运行控制,通过端子来确定变频器运行方式是三线控制模式。	4	×
F1.03	DI4端子功能选择	4:正转点动(FJOG),FJOG为点动正转运行。 5:反转点动(RJOG),RJOG为点动反转运行。 以下6~51的功能设置从略	5	×
F7.00	点动运行频率	0.00Hz~F0.19(最大频率)	8.00Hz	√
F7.01	点动加速时间	0.0s~6500.0s	12.0s	√
F7.02	点动减速时间	0.0s~6500.0s	12.0s	√

注:表中"修改"一栏中的符号"√"表示相关参数在运行和停机时均可修改;符号"×"表示相关参数只有在停机时才可修改。

出门忘事自动提醒器

日常生活中人们往往在出家门后会发现忘带了钥匙、手机和钱包等物,还会忘记离家时必须处理的一些事,如关掉煤气,拔掉电热器的插头等,给人们带来极大的不便和不必要的麻烦,乃至引发灾难。

为此笔者介绍自制的“出门忘事自动提醒器”,挂在家门内墙上,有人经过时可自动以灯光、音响和文字来提示,人离开后提示将自动停止,本器使用很方便、性能可靠、非常实用、电路简单、价格低廉,适合业余者制作。

电路概述:

整机电路如图1所示。本器由红外传感器检测人体的活动,其信号可触发可控硅组成的电子开关,然后接通后续电路,由自激振荡电路产生的时钟脉冲控制具有串行移位功能的计数器逐个输出高电平,点亮相关的LED发光管,蜂鸣器同时响起,加上外壳上的相关文字(如图4),形成了声、光和文字的提示效果。

电路原理:

合上电源开关K2整个电路即开始工作了。

人体会向外辐射红外线,热释电红外传感器(RS)可以探测人体的活动,故RS也称人体红外传感器。本器采用的AM312热释电红外传感器如图2所示,此类热释头本身无任何辐射,体积小,隐蔽性好,便于安装。该器件功耗极小,电源6V时实测静态电流为40μA,而且灵敏度高,实测感应距离为2米,如过于敏感,可在热释头前部的透镜罩上贴上有小孔的黑胶布,以减小受辐射面,由于热释头感知的是红外线,在完全黑暗的环境中也能工作,故能白昼黑夜值守。

当人经过热释头前时其OUT输出端呈现高电平,实测为3V,可以单独试试热释头,方法很简单,加上电源E后,将1K的电阻串联一只LED管接在OUT和一极之间,人体经过时,LED便亮起。

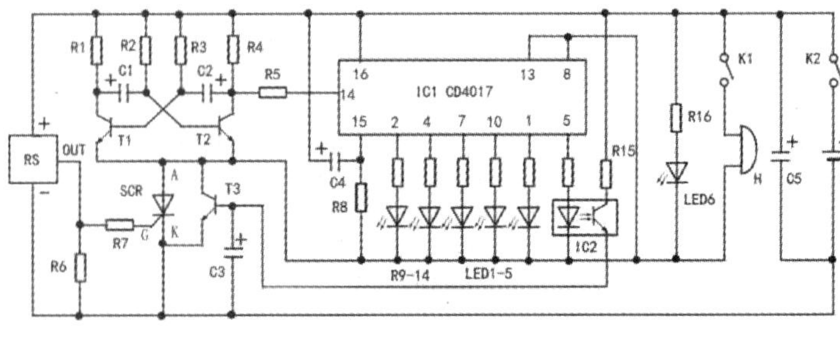

①

热释头输出的高电平通过电阻R7加到SCR可控硅的G控制极上,致使SCR导通,根据可控硅的特性,即使控制极G上的高电平消失,SCR还保持导通状态,此时整个后续电路接通电源E了。SCR的阳极A和阴极K并接了T3(9014)三极管集电极和发射极,T3基极上如有高电平信号,T3便导通,分流了SCR的电流,从而使SCR的电流小于其维持电流而截至,这样主要由SCR和T3组成了可开、可关的电子电源开关。此处的SCR性能要求不高,用一般单向可控硅即可,如常用的MCR100—6。

在SCR导通时电源E(6V)就加到了后续电路上了,LED6始终亮着,H(蜂鸣器)一直响着,为了简化电路,H采用内置驱动的有源蜂鸣器,能不停地发出短促的滴滴提示声,如果不需音响提示可关断K1。由T1、T2、C1、C2和R1、2、3、4组成的无稳态自激多谐振荡电路产生一定频率的高低电平方波,这是个典型电路,原理不再赘述,需要一提的是其中的由R2C1和R3C2组成的RC充放电路,一般电路中这两组数值是对应相等的,以求振荡器两输出端的信号波形尽可能相同,但在只用单端输出而且波形要求不高的场合,改变RC的时间常数,只需更改R2、C1、R3和C2其中一个就可以了,RC时间常数越大,振荡频率越低,周期越长,实际操作时改变C效果明显一点。

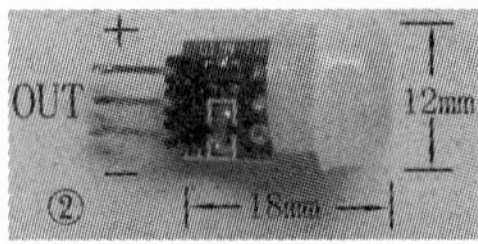

AM312 热释电红外传感器

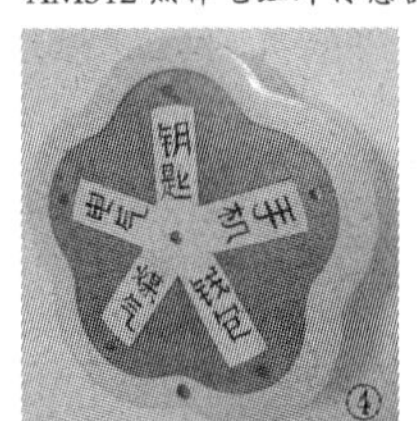

出门忘事自动提醒器

CD4017引脚图及功能

功能	引脚	引脚	功能
Q5	1	16	VDD
Q1	2	15	CR
Q0	3	14	CP
Q2	4	13	INH
Q6	5	12	CO
Q7	6	11	Q9
Q3	7	10	Q4
VSS	8	9	Q8

CO:进位脉冲输出　INH:禁止端
CP:时钟输入端　VDD:正电源
CR:清除端　VSS:地
Q0—Q9:计数脉冲输出端　③

T2集电极出现周期性的高、低电平,其高电平经R5加到CD4017(十进制计数/脉冲分配器,如图3)的⑭脚CP(时钟输入端),在接通电源的瞬间电源E会在⑮脚CR(清除端)产生一个高电平脉冲,在⑬脚INH(禁止端)的配合下起到清零作用,确保Q0—Q9(计数脉冲输出端)依次分别呈现高电平,其实是个串行移位寄存器。本器只用Q1—Q6输出端,相应的发光管LED1—5逐个亮起,当Q6为高电平时IC2(817光电耦合器)导通,E(6V电池)正极通过R15加到T3(9014三极管)的基极,T3的导通分流了SCR的电流,致使SCR截止,整个电路恢复到初始状态,此时只有RS热释头处于值守工作状态,等待下一个人体移动信号。

其他说明:

本电路只要所用元器件良好且连接无误,无需调节即可正常工作,仿制不难。

本器待机时仅热释电红外传感器在工作,而热释头的静态电流实测为40微安,故待机功耗极小,而且整个提醒时间不长(约8秒钟),提醒期间整机电流15毫安,因此四节5号干电池可以长时间工作。

图4为提醒器的外观布局,仅供参考。外壳是废弃的闹钟壳子,中间是发光管LED6,在整个提醒过程中始终亮着,LED1—LED5对应文字“钥匙”“手机”“钱包”“煤气”和“电气”,LED采用的是5mm的高亮度白色发光管,这样比较醒目。

根据需要可用CD4017多余的输出端以扩展提示项。

热释头安装在下方小孔处。

仿制者可根据具体需要进行外观设计,可以将要提示内容的文字写在纸上,粘贴在合适部位,更改文字也很容易,人人都能办到,这也是本提醒器的一大特色:简便实用。

◇苏州 张怀治

芝杜ZIDOO Z9X背光学习型红外遥控器改进

芝杜Z9X高级网络高清播放器性能非常出色,很受发烧友推崇。但使用中发现其原装遥控器非常费电,两节新的南孚7号电池也用不了一两月,后选择充电1.5V锂电池也因耗电过快而需要频繁充电而感到麻烦。

将遥控器电池盖落下,拧下一只螺丝后小心撬开遥控器分析,原因在于为了按键背光亮起来,在遥控器电路板上安装了6只白色发光二极管(D2-D7),每次操作遥控器任意键都将点亮这6只发光二极管。在操作遥控器时白色发光二极管电压为2.4V,每只二极管电流接近20毫安,因遥控器两节电池只有3V,所以理论上可以看作6只发光二极管并联于电池端。

有些背光遥控器其实是按键采用夜光材料,黑暗中也能很容易操作,但靠二极管发光来增加按键的亮度不仅大大增加了遥控器电池端耗电量,实际应用价值也不高,感觉画蛇添足一样,再则谁会在完全漆黑没有灯光下去操作电视机与播放器呢?

通常新的电池安装上遥控器,能使用一年之久没问题,而芝杜Z9X背光红外遥控器却只能用1个多月,确实很不经济。

如果焊下6只发光二极管比较麻烦,或可以用类似尖嘴钳等工具捏碎(D2-D7)二极管可以解决电池耗电特快的问题,但无法复原,破坏原设计也不太好。

最简单有效的办法就是在遥控器尾部靠近集成块附近电路上将R2贴片电阻(0欧姆)焊下之后(没有焊接设备的话可以将其剪断或捏碎)彻底切断了6只发光二极管的负极回路,即不影响遥控器其他所有功能,也方便任何时候想复原背光功能时候将R2电阻补焊上或直接短路原R2电阻两脚焊点上即可。

经测试在没有改进之前操作遥控器耗电100毫安左右,而拆下R2跨接电阻后实测不足10毫安,去掉一个电阻将大大延长遥控器电池寿命10倍左右,即经济也不影响任何操作功能,很有实际意义。

附图:1.芝杜原装背光红外遥控器
2.遥控器电路板

◇辽宁 朴永周

①

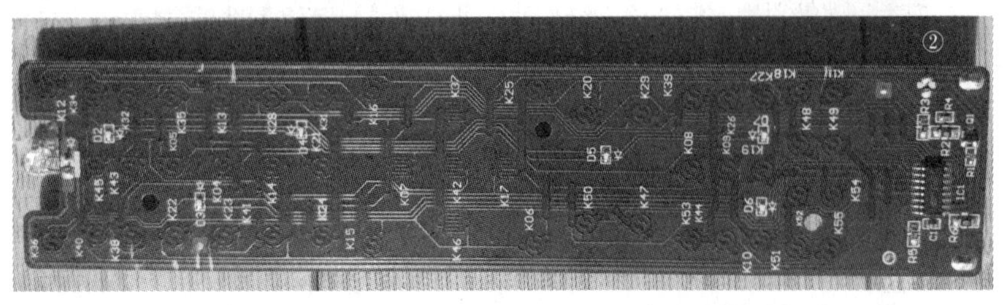

关于 A4 纸的选购

A4 纸可以说是日常办公的刚需，我们打印的文档、表格、图片都不开它，而 A4 纸张的克数、含水量、pH 值、防静电以及含水量等都充满了考究。

克数

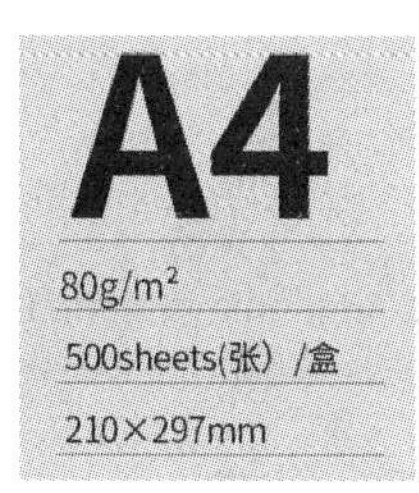

A4 纸的品牌和种类繁多，其中有些标注着 70g，而有些则是 80g，这些 g 究竟代表着什么？这里所说纸张的克数，是按平方米计算的，即 1㎡ 纸张的克数是 70g(80g 或其他)且与纸张的密度有关。纸的密度，指的是纸纤维的疏密和粗细的程度，当纸纤维太疏和太粗时，我们说纸张的密度较差，会使打印或复印出的图像，分辩率差且易产生纸屑，弄脏打印设备。

一般比较常见的有 70g、80g、90g 和 100g 这四种，当然克数越重越好，当然价格也会随之递增。这里，我们不建议大家购买 60g 以下的 A4 纸用于打印或复印，因为该克数的纸张密度较小，打印时易产生褶皱。不仅如此，纸张之间的摩擦系数也相对较大，容易造成多页进纸(连页)或卡纸，更严重者还会影响打印设备的使用寿命。因此，A4 纸张的纤维以密细为好。

相同重量的纸越薄说明其加工层次越高、密度越大，这种纸在防潮性、挺度、平滑度以及复印效果方面，效果也更佳。如若日常办公或家庭使用的话，选择重量为 70g 的 A4 纸基本就可以满足使用需求。

白度

很多消费者会认为纸张越白越好，其实不然，过白的纸张甚至会影响人体健康。按颜色我们将其分为漂白和本白两大类，其中，漂白纸(普通白纸)要更白一些。尽管漂白纸打印出的效果更好一些，但由于在其加工过程中添加了氯、苯、荧光增白剂等化工原料才使纸张变白，因此，颜色过白的纸张无疑对人体健康不利。

如果只是在公司内部或者家庭个人使用的话，建议大家选择颜色更柔和的本白复印纸，利于保护眼睛且更为环保。因为在灯光下，颜色过白的纸张会反射出较强的眩光，此种情况下，我们的眼睛受到强烈的刺激，会损伤视神经及脑神经。

pH 值

从纸张的生产工艺来看，可分为显酸性纸和中性纸。其中，中性纸是 100%的木浆，由于木浆纤维较长且纤维间的结合力较好，因此与设备摩擦时纤维不易脱落(不易有粉尘)，对设备与使用者有良好的保护作用。此外，中性纸不腐蚀而使纸不易褪色便于长期保存，更不会产生静电，售价稍高。

酸性纸采用的则是木浆和草浆的混合浆，且为了节约纤维用量会用滑石粉和硫酸铝作填充料；草浆纤维较短，因此易产生粉尘；而滑石粉颗粒大，坚硬与纸浆纤维结合力差，造成纸粉脱落，磨损复印机。另外，由于硫酸铝在空气中与水分子结合产生酸而具有腐蚀性，易使纸容变脆变黄，不利于长期保存，且在设备内经高温易产生酸性蒸汽，既腐蚀设备又损害人体健康。

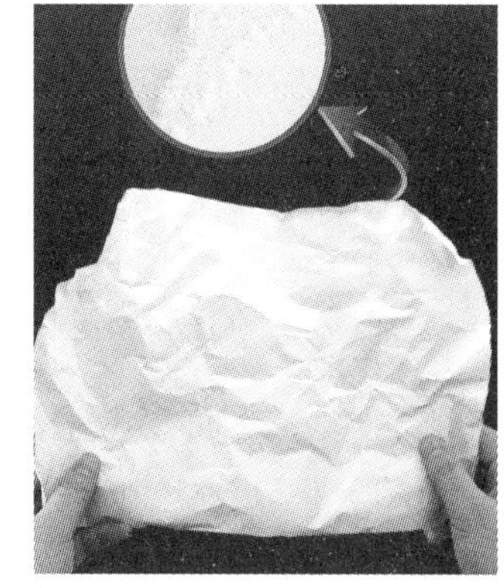

防静电

为纸张进行去静电处理，实则是为了防止打印过程中纸页发生粘连、吸附，而造成连送或卡纸发生，让打印犹如行云流水般顺畅。一般情况下，纸厂会通过提高纸张温度、含水量以及静电消除器，综合的办法消除纸张静电。例如，根据纸张静电的强弱，调整或保持造纸车间的温湿度；在设备上安装静电消除器，通过对电压或高频的调整消除纸张静电，纸张静电较大就用高压或高频。

那些未进行防静电处理，或静电处理技术不高的 A4 纸，会产生静电吸附出现多张送纸，特别是在干燥的季节里。与此同时，静电还会熏黑进纸口的外表，纸尘被吸附在纸上、进纸口以及复印机机身内，复印时产生斑点。

含水量

国标要求纸张的含水量在 4-6%之间属正常，太潮易卡纸，太干则易卷边。因此，目前市场在售的大多数 A4 纸的含水量都在 5%左右。然而，酸性纸的含水量则要更高一些，在 8%~10%之间。因此，用酸性纸裁切的 A4 纸张由于含水量大，而密度不够，纸张过软易卡纸，且潮湿季节还会经常发生卡纸、印迹不清、机身粉尘多、出纸畸形、多带纸等问题。

看完这些以后，消费者应该知道该如何选择 A4 纸张了吧。

“祸不单行”——奇亚币引发硬盘涨价

GPU 显卡行业被矿工攻破和占领，导致显卡疯涨和缺货；而近日刚刚兴起的以硬盘为计算工具的奇亚币到来，引发存储全行业硬盘缺货的场景，让人不免更加“愤怒”了。

Chia(奇亚币)，类似于比特币，于 2017 年 8 月注册成立，旨在开发一个改进的区块链和智能交易平台。同样是一种基于去中心化、能够匿名交易的数字货币。在算法上，脱胎于中本聪算法，进行了创新，不同于传统 BTC、ETH 采用工作量证明(POW)，Chia(奇亚)采用"空间和时间证明"(Proof of Space and Time)，利用存储设备(电脑、服务器、NAS 等)中的剩余存储空间进行挖矿。

其挖矿原理是普通用户通过安装软件，将硬盘上未使用的空间绘制(plots)出来，软件会生成并将磁盘上的密码数字集合存储成地块，这些用户被称为“农民(farmers)”，当新的区块在奇亚网络区块链上广播时，“农民”会扫描他们的地块，看看他们是否有一个与前一个区块衍生的新挑战号接近的数字，这个过程就被称之为挖矿。

用户在开始挖矿之前，需要在闲置硬盘空间进行播种或

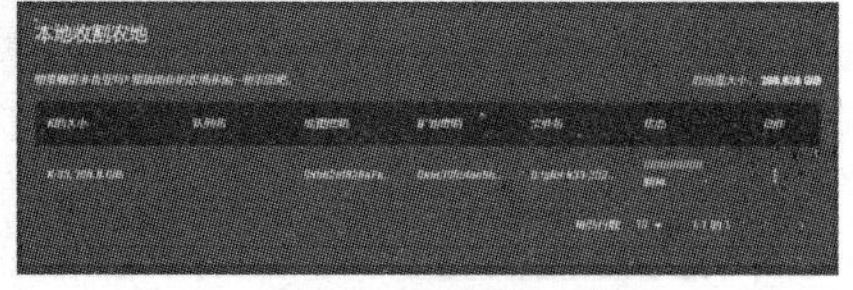

叫绘制(plots)，然后农民(farmer)在已经播种好的 P 盘文件(plots files)上寻找最优解。

奇亚币利用硬盘挖矿的本质就是，先将加密数据写入硬盘(plots 过程)，然后挖矿程序在绘制好的 P 盘文件中寻找最优答案(farmer 过程)，换句话说也就是 P 盘文件总容量相对于全网容量占比越高，寻求最优解的速度就更快，对应的挖矿收益也就越高。

收益

奇亚币与比特币的运营模式类似，在主网启动后的前三年，每十分钟产生一枚，并奖励 64 个 Chia；主网启动 4-6 年间，奖励减半，即 32 个 Chia，往后走按照 3 年一减半，第十三年起每 10 分钟 4Chia 的奖励模式。

从整个的挖矿流程以及奖励设立方面，不难看出奇亚币和比特币在模式和方法上几乎一致，都是利用闲置的硬件资源，基于某种算法证明，去验证相应区块结果，最终获得系统奖励。

只是在硬件需求方面有所区分，以比特币为首的传统挖矿，以工作量为证明，强调算力和性能，而奇亚币则是以空间和时间证明的方式，利用闲置的存储空间进行绘制和验证，也就是说奇亚币更加强调闲置空间的利用，不太需求存储产品的自身性能，越大容量，在奇亚区块链中绘制和播种的面积越广，其验证和寻求最优解答案的概率和速度就越大。

后果

随着奇亚币的蜂拥而至，稳定运转、拥有超大容量、成本相对较低的企业级机械硬盘如同显卡一般，出现缺货的状况；同时，基于播种过程中需要存储大量缓存空间，高性能大容量的 SSD 产品也将不可避免地成为挖矿的辅助工具，面临着缺货风险。

可以预见，随着奇亚币的稀缺性和挖矿人群的不断叠加，大容量高性能固态硬盘或将出现，如同显卡被矿工垄断般的诡异局面。

除了引发存储产品的缺货，更将触动本来脆弱的上游供应链系统，打破长久以来维持的缓中有升的固定供应，从而引发整个消费级、企业级等全部存储市场供应的混乱，让急需存储产品的个人、企业面临无盘可用或是高价购盘的潜在威胁，这对于整个存储行业是极其危险的。

在利润的追逐下，大量的存储产品被用于挖矿，引发市场供应混乱；当奇亚币风潮过后，大量的闲置存储产品又将作为垃圾二手硬件，回流到一级市场，再次引发市场品控危机。

◇李运西

手表监测心电图靠谱吗?

2021年6月25日,Apple Watch国行版本通过国药监局的医疗设备批准，预示着更多国内Apple Watch用户将体验到此功能。心电监测作为心律、血氧后第三个加入智能穿戴设备的身体检测指标,此外,华为WATCH GT 2 Pro ECG和OPPO Watch ECG这两款产品也早有支持,相信随着技术的发展,越来越多的智能穿戴设备在宣传时会打出“心电图监测”之类的广告宣传。

那么这种“心电图监测”功能到底靠不靠谱？下面我们就从原理来分析一下。

心电图(ECG)原理

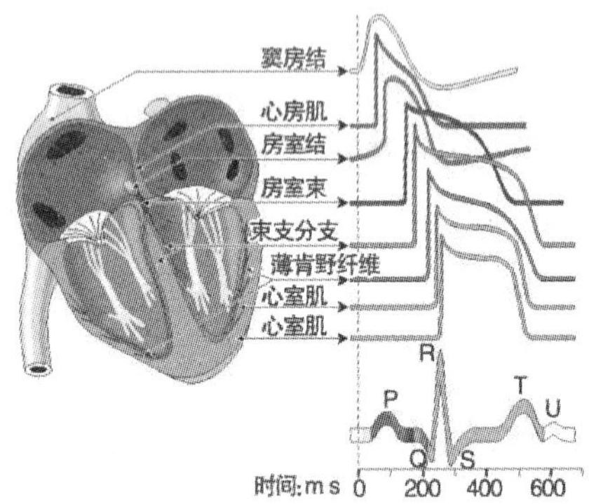

人体每次心脏跳动所产生的收缩和舒张,都会发出相应的电信号,心电图正是通过放置在身体各位置上的导线,来记录心脏电信号。

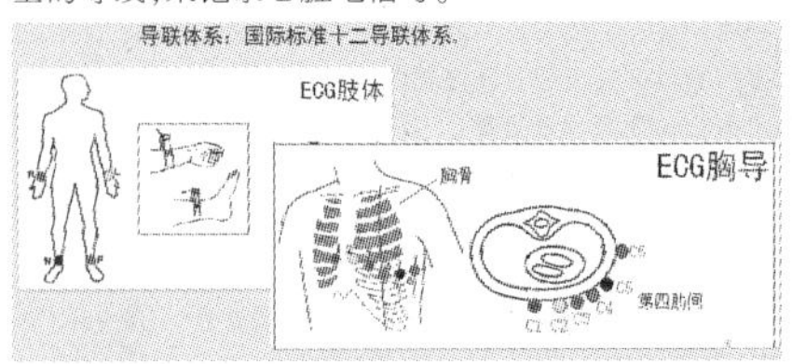

由于身体各个部位的电信号强度不同,通常布点越多测量的就越精准。当我们在医院做体检时,医生通常会采用10个采集点的12导联进行心电图监测,即对双手腕、双脚腕和胸口6个点位粘贴电极片。

心电波形的各个波峰是心脏在一次完整心跳中,心房、心室等不同位置状态的写照。当医生发现某个波段与正常值出现偏离,也就能够判断心脏在哪方面出现了健康问题。比如,T波段过于低平,就代表患者可能处于心肌缺血的状态;T波段过高尖,则可能是患者处于心肌梗死超急性期的状态。

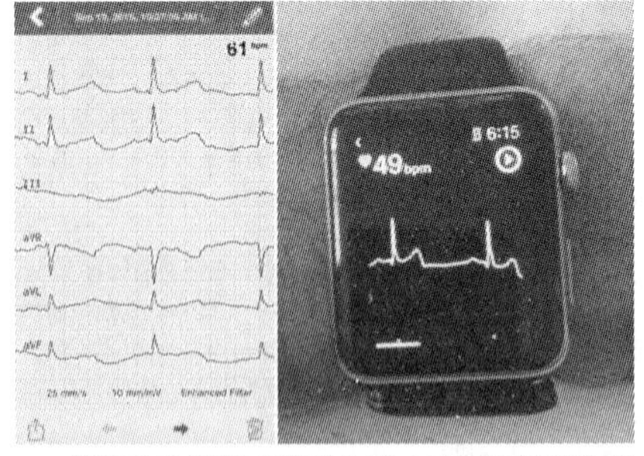

智能手表(智能穿戴设备)的心电图实现原理,是通过在表冠上的钛电极,和机身背面覆盖着的一层的硅铬氮化碳,来分别检测指尖和手腕的电信号,由于只有两手处的两个采集点形成回路,所以这部分产品只能提供单导联心电图监测。

在心电监测中每增加一条导线,就能多反应一组信息,数据就会更加全面准确,因此单导联相比医院的12导联能反映的问题相对单导联大大减少。显然单导联能提供的信息就非常有限。

而且,即使是专业医生在面对心梗方面的病人时,由于这类疾病伴随着相当大的判断危险性,因此也不能仅依靠12或18导联心电图数据,就单独给出结论。

不过,这类智能穿戴检测产品根据其原理,是能够对窦性心律不齐和房颤提供有利参考价值的。这点在Apple Watch于美国食药监局的许可文件中也曾写到,“可用于判断‘窦性心律’和异常的‘房颤’”。

房颤常常会引起缺血性卒中,这其中就会有一部分患者由于发作时间太短,并且毫无症状表现,早期很容易错失发现的机会。对早期房颤来说,这类能够实现随时监测记录的智能穿戴设备,就具有了革命性的预警意义。

后记

首先，此类支持ECG功能的智能手表不能用于检测心脏病发作,不能检测血栓、心梗或中风。如遇到胸闷、胸痛等症状应及时就医。同时,智能手表的心电图判断房颤有无P波，仍然存在难点，所以也不能100%识别所有房颤。

我们应该正确认识到智能手表上的单导联心电图,它虽然具有局限性,但作用远大于“安慰剂”,对患者和医生都有很大参考价值。考虑到存在阵发性房颤的患者存在,即使智能手表的数据不够精准,由于它更具便携性,随时抬腕只需30秒即可完成一次测量,对于老年人和患有房颤的用户来说,便携形的ECG智能穿戴设备还是可以起到一定的警示和规避风险的作用。

极简修复16毫米的老电影胶片

16毫米电影胶片是三十年前城乡移动电影的产物，配合的电影机当时最多的就是南京的长江机及甘肃的甘光机,因为整个放映设备不是很重,所以非常适合农村厂矿流动放映使用。

时过境迁，数字电影以巨大的优势把胶片电影淘汰，社会存量很多的长江及甘光电影机被电影爱好者收藏,但是很多人并不是把它们当摆设收藏,而是淘来老电影胶片来重新利用,在嗒嗒的走片声中,去追忆那个激情燃烧的岁月,去感受我们生活的巨大变迁。

老电影胶片，二手淘宝和闲鱼市场上还是有好多,每部电影胶片的价格从百多到数千的都有,它们的价格按胶片的质量和经典程度各有不同。因为电影胶片都是三十年前的老旧物品，它们的放映场次都是在百场以上,因此胶片的破损程度都是比较严重的,尤其是每个胶片的头尾两端,如果淘来不加修复,很多都是没办法使用的,那些老接头有些快要互相脱离了。老电影胶片损坏的窗齿,往往不少,实践中连续超过3个以上的坏窗齿经过片门时,就会造成胶片下缓冲弯消失拉直而跳片,因此要玩好老电影,首先必须掌握修理片的技术。

16毫米电影机的走片系统,它的正常走片,对电影胶片是有要求的，最重要的就是修复后的胶片要做到:接头短,片对直,孔对齐。可见,作为老电影爱好者,准备一个16毫米的接片机非常重要,因为只有经过接片机修复的胶片才能符合要求。

标准的电影胶片修复必须要用到接片胶水，这东西现在也难以买到了，即使买得到，接片也是很麻烦的，远不如用1厘米宽的小胶带来得方便实用。以前,对于连续的窗齿拉坏，以前就是剪掉那段再接片，而用透明胶带的话，修复起来要简单得多。

常见的电影胶片损坏,往常是齿窗被破损拉大,如附图所示。一般来说,连续一到两个坏齿窗影响不大,因为抓片爪速度基本能接上;三个以上接连的坏窗齿就会出问题,高速抓片爪抓片时容易扑空,造成片门入口胶片累积,即片门上缓冲弯加大而下缓冲弯消失,胶片被瞬间拉直。这种情况下,容易损坏胶片。如果问题严重,胶片不动卡住,会造成胶片烧孔,因为片门高亮高温。

胶片窗齿的扩大损坏，通常都是送带滚轮松脱位置造成,经常检查滚轮是否松动非常关键。

极简修复电影胶片，就是用常见的小透明胶卷来修复胶片。此物经济易购,文具店都是有卖的,大约1块钱1个。因为透明胶带的透光性和沾接力,非常适合老式电影胶片的接片及坏窗齿的修复，透明胶带粘贴在电影胶片上,几乎不影响图像的穿透,真是个不错的选择。

断片重接最好在接片机上粘贴，这样可以更准确更省事。接片要点,两个胶片交接处尽量短,透明胶带平行与胶片粘贴,并且尽量靠中间画面贴,一定别封住胶片的小窗口,靠另一边光音带处粘贴也可以。接片在接片机定位压片下进行,胶片互相的交接口,必须两面粘贴才对。

损坏窗齿的修复也很简单，剪适当宽度的透明胶带,通常是3到5毫米宽,靠小窗口损坏的那边贴,为加强牢固度,透明胶带须对折粘贴,粘贴封口时稍有误差,没有关系的,关键要沾牢固即可。

用透明胶带极简修复电影胶片，克服了常规情况下因剪除部分胶片导致的画面内容损失，它维护了电影画面的完整性。

当然,老电影胶片的修复,也有很多诀窍,通过不断学习提高,必然乐在其中,熟练自然生窍。

◇江西 易建勇

美的 R410A 空调加冷媒方法及要点

操作之前确认空调冷媒的名称，然后对不同冷媒实施不同的操作，使用 R410A 冷媒绝对不能使用 R410A 之外的冷媒。加制冷剂前一定要检查漏点，处理好漏点后再进行加冷媒。R410A 是一种模拟共沸混合冷媒，在添加冷媒时，保证以液体方式添加冷媒。

注意：禁止使用空气或冷媒进行打压检漏。

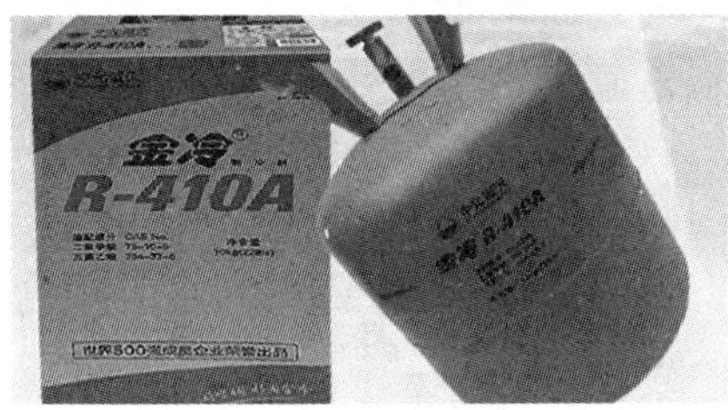

1. R410A 泄漏之后的加冷媒有下列 5 种方法，详情如下：

方法一：遥控器进入额定制冷模式，在制冷模式压缩机开启的情况下：遥控器设定温度为 17℃；遥控器设定风速为高风；10 秒钟内连续按强劲键 6 次(或 6 次以上)，10 秒钟到后，单音蜂鸣器的长响 10 秒(对于音乐蜂鸣器的则响开机铃声)，进入额定制冷测试运转。压缩机的运转频率固定为额定测试频率，室内外风机风速固定为额定测试风速。

方法二：用遥控器进入额定制冷模式利用美的测试小板，查看排气温度，排气温度约在 75~80℃是比较合适的。

方法三：在开制冷的模式下利用美的测试小板，查看回气温度及室内管温温度，加冷媒时，T 回=T 管+(1-3)℃

方法四：用遥控器进入额定制冷模式，内风机运转 20 分钟以上，观察蒸发器为均匀结露为最佳状态，回气管均匀结露。

注意：以上方法都要在外界环境温度 0℃以上才能完成。

方法五：在外界环境温度低于零度以下的情况，最好采用定量加制冷剂的方式进行添加冷媒。在外界环境温度低于-10℃尽量说服客户不要使用空调，空调维修尽量在气温回升的春季旺季来临之前进行维修。

2. 遥控器退出额定制冷模式退出方法：

断电，通过摇控器改变设定温度不是 17℃，通过摇控器改变设定风速不是高风，通过摇控器改变运行模式不是制冷模式，如果均不改变，5 小时后会自动退出额定制冷模式。

3. 相同温度下不同冷媒饱和压力(实用参数)：

温度	压力 (Bar-b)		
	R22	R407C	R410A
-20	1.4	1.1	3.0
-10	2.5	2.1	4.8
0	4.0	3.5	7.0
10	5.8	5.3	9.8
20	8.1	7.6	13.4
30	10.9	10.6	17.7
40	14.3	14.2	23.0
50	18.4	18.6	29.3
60	23.3	24.0	36.9

4. 制冷剂 R22 与 R410A 对比

(1)几种冷媒参数比较

		R-407C	R-410A	HCFC-22
蒸发压力	kPa	499	804	498
冷凝压力	kPa	2112	3061	1943
温度漂移	℃	4.3	0.07	0
吐出温度	℃	67.4	72.5	70.3
制冷容量		1	1.45	1
有效系数		6.27	6.07	6.43
压缩比		2.83	2.62	2.66

(2)新冷媒特点(R410A)

1)与 R22 相比，R410A 系统有一个显著的优势：蒸发器的热传递高 35%，冷凝器的热传递高 5%，而 R407C 和 R134a 的热传递系数均低于 R22。

2)其循环工作压力比 HCFC-22 约高 57%，单位容积制冷量比 HCFC-22 约大 43%，制冷系数比 HCFC-22 约小 7.7%，其余参数与 HCFC-22 基本接近。

3)同等质量流量下，R410A 的压降比较小，使其可以使用比 R22 或其他制冷剂更小的管路和阀门，从而可以降低材料的成本。

4)与 R410A 相匹配的系统较之 R22 的系统，可以采用较小体积的冷凝器和蒸发器，成本更低，而且最高可达 30% 的制冷剂充注减少量。制冷剂充注量的减少不仅可以降低成本，而且还能提高整个系统的可靠性。

5)由于压缩机在压缩过程中的损耗更低，蒸发器和冷凝器具有更强的热传递性，整个系统内的压降更小，所以在相同冷量，相同冷凝温度的系统中，R410A 系统的能效比(COP)比 R22 系统高出 6%。高效的热传递和更小的压降使其在相同的运转条件下，冷凝温度更低，蒸发温度更高，这使压缩机在耗电更少，效率比更高的情况下，获得一个更好的运行范围。

(3)新冷媒机器安装维修注意事项(必须使用 R-410A 专用工具以及材料)

1)在操作中如有冷媒泄漏，请及时进行通风换气，如果冷媒泄漏在室内，一旦与电风扇、取暖炉、电炉等器具发出的电火花接触，将会形成有毒气体。

2)在进行安装、移动空调时，请不要将 R-410A 冷媒以外的空气混入空调的冷媒循环管路中。如果混入空气等气体，将导致冷媒循环管路高压异常，造成循环管路破裂、裂纹的主要原因。

3)请不要与其他的冷媒、冷冻机油进行混合。

4)由于 R-410A 的压力比较高，所以将配管、工具等作为专用。

5)由于 R-410A 是一种模拟共沸混合冷媒，在添加冷媒时，使用液体方式添加。(使用气体方式添加时，冷媒的组成成分会发生变化，导致空调的性能也发生变化)

6)使用 R-410A 冷媒的家用空调，压力比传统的 R-22 冷媒的空调要大得多，所以，在选择材料方面，一定要与 R-410A 相适应。

关于铜管的壁厚：

按照以下的要求选择 R-410A 允许使用的铜管壁厚：市场中买到壁厚为 0.7mm 的铜管，绝对不能使用。

铜管外径	铜管壁厚要求
6.35	0.80
9.52	0.80
12.7	0.80

下一代电力电子用氮化镓器件

与硅相比氮化镓在许多汽车和其他功率应用中具有内在优势。荷兰芯片制造商 Nexperia 赞助的最新工业行业活动的参与者表示，汽车、消费品和航空航天应用中的功率转换等应用正在利用氮化镓(GaN)技术的优势。例如，Kubos 半导体公司正在开发一种称为 GaN 立方的新材料。Kubos 首席执行官 Caroline O'Brien 说："这是立方形式的氮化镓，我们不仅可以在 150 毫米及以上的大规模晶圆上生产，而且还可以扩展到更大的晶圆尺寸，并可以无缝插入现有的生产线。"。

其他人正在努力扩大宽带隙(WBG)半导体在电源管理方面的应用范围。英国电气化专业公司里卡多(Ricardo)公司正在使用氮化镓和碳化硅技术扩大其功率能力。里卡多的总工程师 Temoc Rodriguez 指出，特斯拉是第一家使用碳化硅代替绝缘栅双极晶体管(IGBT)的汽车制造商，这引发了更多使用 WBG 材料的趋势，以提高功率效率，同时减少功率转换器的尺寸和重量。

Hexagem 首席执行官 Mikael Björk 介绍了这家瑞典公司开发的 GaN-on-Silicon 技术，旨在降低成本，同时增加未来应用中的扩展优势。Björk 说："我们正在考虑对额定电压提出更高的要求。"。活动赞助商 Nexperia 指出，每一种新一代 GaN 技术都会在性能上持续稳步提升，这一提升可能会超过硅目前的成本优势。支持者认为，硅技术的进步是微乎其微的。

应用领域

随着降低二氧化碳排放的压力增大，从汽车到电信等行业正被推动投资于更高效的功率转换和电气化。硅基功率半导体技术(如 IGBT)在工作频率和速度方面存在基本限制。它们还表现出较差的高温和低电流性能。高压硅场效应晶体管的频率和高温性能同样受到限制。这些限制促使更多的应用设计者考虑 WBG 半导体。

Kubos Semiconductor 的 O'Brien 说："在应用市场，随着设计空间的缩小和效率的提高，我认为 GaN 能够实现以前未被认可或广泛应用的应用，例如小型基站。对于较小的系统设计来说，这是一个真正的机会。"

关键特性是开关的频率特性，特别是在高达 5~10 kW 的 DC/DC 转换器应用中。Rodriquez 补充道："可以考虑在电信和能源领域，同时也在消费电子领域应用该技术。以 DC/DC 转换器为中心的大量应用可提高效率并节约能源。"

除了更高的电压，Hexagem 的 Björk 在优化 GaN 器件生产以降低成本的同时，强调了晶圆的可扩展性。Björk 预测："目前，150 毫米晶圆是市场的关注点，但未来[生产]可以扩展到 200 毫米晶圆。而且，可能会有 300 毫米晶圆的尝试。"

GaN-on-Si 技术是应用最广泛的技术之一，在器件开发方面没有很好的声誉。"氮化镓和硅具有非常不同的晶格常数，所以它们不匹配，"Björk 说："在将 GaN 材料附着在硅上之前，你必须生长出相当复杂的不同层。当这样做时，会产生许多有害的缺陷、位错、耗损和过早破坏。"

"另一个问题是 GaN 和硅之间的热膨胀系数不匹配，"他补充道："当将其生长环境加热到约 1000℃，然后冷却这两种材料时，它们会以不同的速率收缩，最终会破坏结构。"Nexperia 的 GaN 应用主管 Jim Honea 说："与此同时，从车载充电器和 DC/DC 转换器到牵引和辅助逆变器等汽车应用都在利用 GaN 技术。电动汽车用大型电池的开发创造了许多过去没有人想象过的应用。"。

此外，Nexperia 的 DilderChowdhury 指出，低 Qrr 或反向恢复电荷有助于简化滤波器设计，从而提高开关性能。GaN 功率晶体管也可通过共用栅极驱动电路并联使用。高电压和开关频率是最大的挑战，尤其是对硅器件工程师而言。

随着电动汽车制造商寻求提高行驶里程，氮化镓功率集成电路(GaN power IC)作为一种在提高效率的同时减小尺寸和重量的方法，正在获得更多重视。

GaN 可用于设计更小、更轻的电力电子系统，与硅基系统相比，具有相当的能量损耗。零反向恢复，减少了电池充电器和牵引逆变器的开关损耗，以及更高的频率和更快的开关速率，这些都是好处之一。此外，降低开关的开通和关断损耗有助于减少电动汽车充电器和逆变器等应用中电容器、电感器和变压器的重量和体积。

支持者们断言，WBG 技术为功率转换设计师提供了提高效率和功率密度的新方法。与硅器件一样，单 GaN 器件的电流处理能力仍有其上限。实现 GaN 器件并联是一种常见的方法。GaN 的功率可以进行缩放，Honea 说："通过将氮化镓晶体管并联，我们可以扩大功率。然而，如果将它们并联，谐振的可能性会成倍增加，必须确保不会激发和放大它们。"

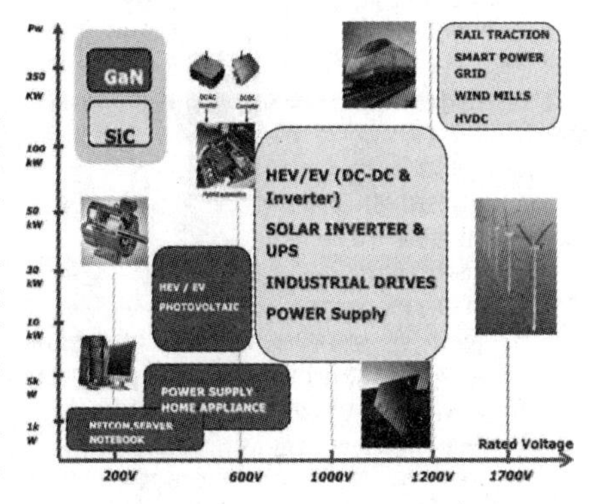

美的变频空调电控基本原理

一、变频空调与定频空调差异

1. 压缩机不同

定速空调器的压缩机运行频率不可变(50Hz)。变频空调器的压缩机运行频率可以变化(10~140Hz)。

2. 控制器不同

变频空调器的控制器远比定速空调器复杂;

3. 空调输出能力不同

在同一个工况下定速机只有一个能力输出;变频机的输出能力是一个范围;

4. 舒适性不同

变频空调器的舒适性比定速空调器的好;可以快速制冷或制热温度波动小;

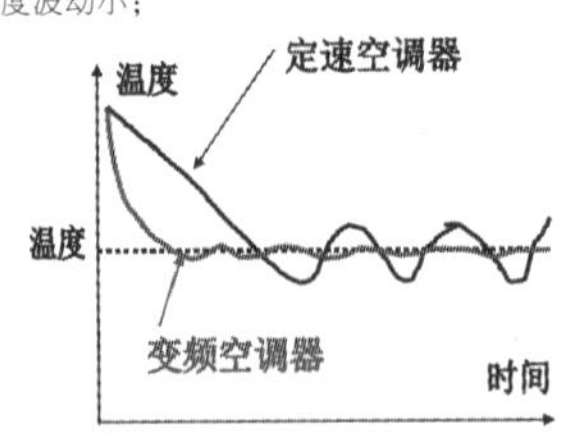

5. 用电量不同

从长期运行来说,变频空调器会比普通空调器节约30%以上的电量;但频繁的开/关变频空调器不能节约电量。

6. 压缩机工作原理不同

定速空调器的压缩机供电为市电,频率及电压数值固定。定频机当检测到环境温度达到空调设定温度后压缩机直接停机;(停机规则遵循-2+6原则,即制冷模式低于设定温度2度,制热高于设定温度6度)当空调环境温度超出设定温度后再重新开启;变频空调器的压缩机供电为变频机室外变频模块将市电进行逆变后形成的频率可进行调整的三相交流电;变频空调检测到环境温度达到设定温度后,空调首先进入降频模式,在降频过程中达到环境散热与空调制冷量平衡时进入稳定状态;当变频空调降到最低运行频率后空调制冷量仍大于环境散热量,则变频空调也会出现停机的情况;

二、变频控制器基本原理

1. 从能量的转换上可把变频控制分为交流到交流变频与交流->直流->交流变频。

2. 对家用电器的变频控制而言,不管是交流变频还是直流变频都是通过交流->直流->交流的方式来实现变频运转的。

3. 交流->直流->交流实现简图:要得到可调频率的交流电,首先要把220V的交流市电整流为直流电,然后再由直流电变为可调频率的交流电,从而完成变频的过程,如下图所示:

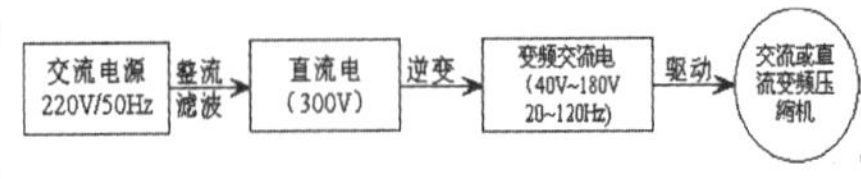

三、变频空调器的分类

1. 交流变频空调器(BP):

通过改变交流压缩机的供电频率f,从而控制压缩机的转速;

2. 直流变频空调器:

美的变频空调目前均为直流变频;从整机形式上看,直流变频可分为全直流变频(BP3)与直流变频(BP2);

3. 全直流变频空调器(BP3):

压缩机、室内外风机均使用直流无刷电机,直流变频指只有压缩机使用直流无刷电机。

4. 直流变频名称的由来:

家用电器上,直流变频最常用(也是一直以来都在使用)的是无刷直流电机,为了把这种变频与交流变频进行区别,人们习惯上把使用了无刷直流电机的变频家电称为直流变频家电;和电子膨胀阀、无氟空调一样,直流变频是一个约定俗成的词语,这种命名方法有一定的误导性;所以,直流变频并不是说压缩机是直流电供电,它的转化方式上与交流变频一样,都是采用交-直-交的方式。供给压缩机的电压还是交流的信号。

四、直流变频空调器的优点

1. 运行效率高;
2. 压缩机调速性能好;
3. 压缩机转速范围宽;
4. 压缩机电机运行转矩大;
5. 空调器运行噪音低;
6. 空调器能效比高(与交流相比较);

五、变频室内电控功能框图

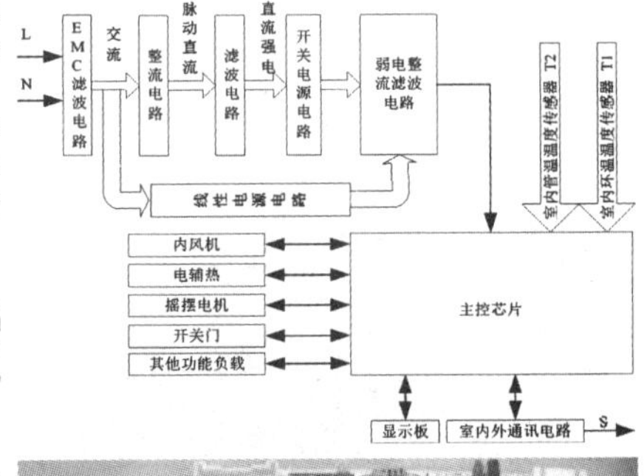

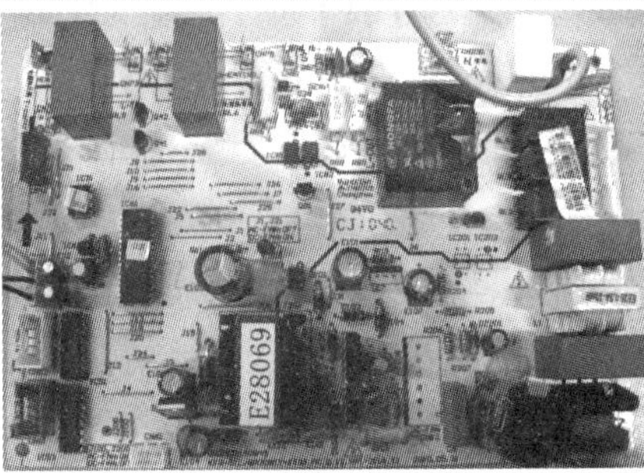

六、变频室外电控功能框图

L
N
EMC滤波电路
交流
整流电路
脉动直流
PFC电路
滤波电路
直流强电
开关电源电路
弱电整流滤波电路
直流母线电压采样
外风机
四通阀或电子膨胀阀
主控芯片与控制芯片通讯
主控芯片
驱动芯片
电流采样
T4 T3 Tp TH
IPM模块
直流强电
U V W
压缩机
S
室内外通讯电路
室外环境温度传感器
室外管温度传感器
排气温度传感器
回气温度传感器

用 Python 去除 PDF 水印(一)

介绍下用Python去除PDF(图片)的水印。思路很简单,代码也很简洁。

首先来考虑Python如何去除图片的水印,然后再将思路复用到PDF上面。

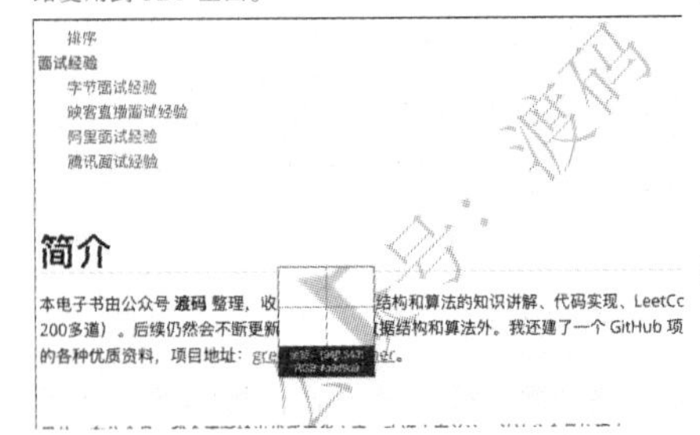

排序
面试经验
字节面试经验
映客直播面试经验
阿里面试经验
腾讯面试经验
简介
本电子书由公众号 渡码 整理,收
结构和算法的知识讲解、代码实现、LeetCo
200多道)。后续仍然会不断更新
据结构和算法外。我还建了一个 GitHub 项
的各种优质资料,项目地址:

这张图片是前几天整理《数据结构和算法》PDF里的一个截图,带着公众号的水印。

从上图可以明显看到,为了不影响阅读正文,水印颜色一般比较浅。因此,我们可以利用颜色差这个特征来去掉水印。即:用Python读取图片的颜色,并将浅颜色部分变白。

Python标准库PIL可以获取图片的颜色,Python2是系统自带的,Python3需要自己安装,我用的Python 3.8,需要执行以下命令安装

```
pip install pillow
```

安装完成,读取图片,并获取图片的尺寸(宽度和高度)

```
from PIL import Image
img = Image.open('watermark_pic.png')
width, height = img.size
```

进行下一步之前,先简单介绍下计算机里关于颜色的知识。光学三原色是红绿蓝(RGB),也就是说它们是不可分解的三种基本颜色,其他颜色都可以通过这三种颜色混合而成,三种颜色等比例混合就是白色,没有光就是黑色。

在计算机中,可以用三个字节表示RGB颜色,1个字节能表示的最大数值是255,所以,(255, 0, 0)代表红色,(0, 255, 0)代表绿色,(0, 0, 255)代表蓝色。相应地,(255, 255, 255)代表白色,(0, 0, 0)代表黑色。从(0, 0, 0)~(255, 255, 255)之间的任意组合都可以代表一个不同的颜色。

接下来我们可以通过下面代码读取图片的RGB

```
for i in range(width):
for j in range(height):
pos = (i, j)
print(img.getpixel(pos)[:3])
```

图片每个位置颜色由四元组表示,前三位分别是RGB,第四位是Alpha通道,我们不需要关心。

有了RGB,我们就可以对其修改。

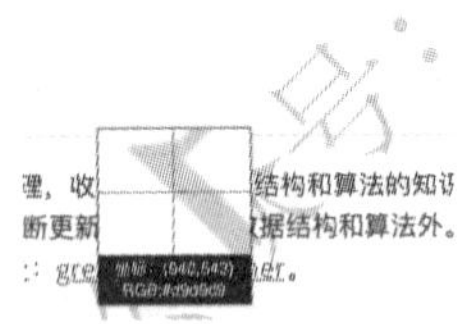

从图中可以发现,水印的RGB是#d9d9d9,这里是用十六进制表示的,其实就是(217, 217, 217)。

这三个颜色值都越靠近255,颜色就越淡,当它们都变成255,也就成了白色。所以只要RGB都大于217的位置,我们都可以给它填成白色。即:RGB三位数之和大于等于651。

```
if sum(img.getpixel(pos)[:3]) >= 651:
img.putpixel(pos, (255, 255, 255))
```

完整代码如下:

```
from PIL import Image
img = Image.open('watermark_pic.png')
width, height = img.size
for i in range(width):
for j in range(height):
pos = (i, j)
```

(下转第381页)

可穿戴市场的NFC无线充电芯片

无线充电技术因为输出功率小，在手机领域一直被消费者所诟病，但非常适用于小型化的可穿戴设备。可穿戴设备与手机相比电池的容量更小，即便充电功率较低，电池也能在短时间内充满，同时还提高可穿戴设备的便利性，因此应用于可穿戴设备中更容易被接受。

如今可穿戴市场现已初见规模，据IDC发布数据显示，在受到疫情的影响下，2020年全球可穿戴设备出货量达到了4.447亿台，较2019年的3.37亿台增长了32%，可穿戴市场呈逐年快速上涨的态势，也驱动了无线充电在可穿戴领域的发展。

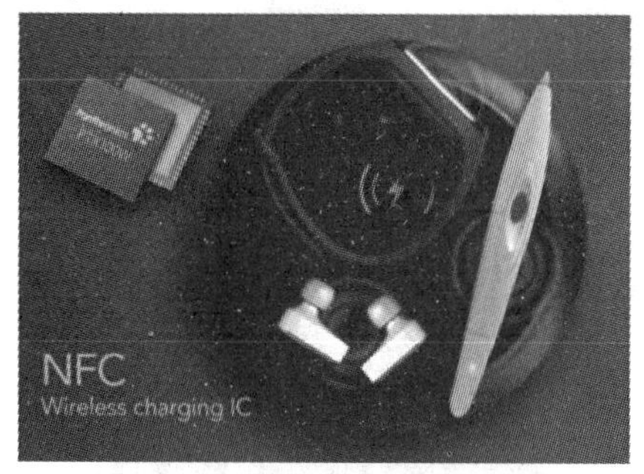

去年5月，NFC标准官方组织批准并通过了无线充电规范WLC，WLC是利用NFC通信链路来控制功率传输，传输最大功率不超过1W。低功率的NFC无线充电技术主要应用于可穿戴设备领域，由于可穿戴设备的体积较小，设备内部的可用空间有限，传统的Qi无线充电的天线较大，很难安装在可穿戴设备上。通过NFC充电的方式可以减少单独的无线充电组件的需求，降低天线在设备内部的占用面积，对于可穿戴设备来说是个不错的无线充电解决方案。

蓝碧石科技1W NFC无线充电供电芯片组

11月25日，ROHM旗下公司蓝碧石科技推出了一组基于NFC的1W无线充电芯片。该芯片组主要应用于体积小巧的可穿戴应用中。

该芯片组由发射端ML7661芯片和接收端ML7660芯片构成，工作频率在13.56MHz频段，充电功率为1W。该芯片在设计时，就已将电能传输电路与接收控制电路融合在芯片中，并且无需外置MCU即可实现无线充电，有利于推进小型化可穿戴设备的发展。

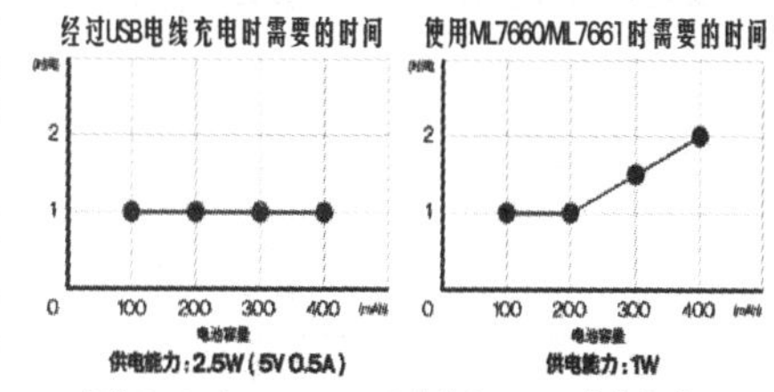

有线2.5W和13.56MHz无线供电1W无线充电对比

上图为有线和无线充电速度的对比，通过观察发现，当电池容量为200mAh时，使用ML7660/ML7661芯片组无线充电与2.5W有线充电的时间，都能控制在一个小时以内。若该芯片组应用于电池容量较小的设备中，无线充电与有线充电时间的差别在可接受范围内。

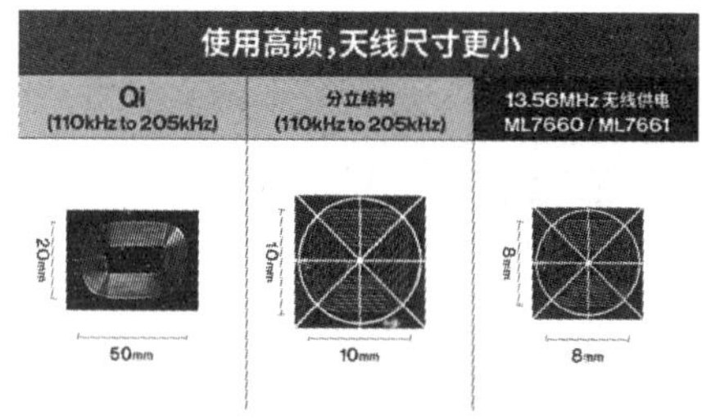

天线尺寸对比

由于该芯片无线充电频段较高，天线的尺寸仅为8*8mm与应用于手机的Qi无线充电的20*50mm的天线相比，尺寸可降低83%。与分立结构的10*10mm天线相比，尺寸减小了36%。蓝碧石科技表示该芯片组是针对于小型化可穿戴设备领域开发的，在产品设计时不仅仅只是缩小天线的尺寸，还减少了元器件的使用数量。该芯片组无需外置MCU，只需保证正常供电即可实现供电控制，同时芯片还搭设了SPI接口，拥有SPI接口的数字传感器可直接与芯片相连实现MCU的控制。由于该无线接收系统无需外置MCU，并且天线的尺寸减小与Qi电力接收系统的面积相比降低了65%。

据蓝碧石科技官方介绍，由于该芯片组是基于NFC进行研发的，所以该芯片组不仅可以进行无线充电，还具有近场通信的功能。应用在工作状态为旋转的设备中，可同时进行供电和通信，并对旋转设备进行控制和监测。

总的来说该解决方案的系统尺寸仅有230mm²，非常适用于小型化的可穿戴设备中。

Panthronics 1W NFC无线充电解决方案

此前，Panthronics推出了一款PTX100W NFC无线充电芯片，该芯片同时具备无线充电和NFC无线通信两种功能，主要应用于TWS蓝牙耳机、智能手表、智能眼镜等可穿戴设备中，为可穿戴设备提供更灵活的产品设计。

PTX100W内置了正弦驱动器，当PTX100W作为无线充电发射器使用时，由于正弦输出的结构，无需配置EMC滤波器即可与低阻抗的天线搭配使用增大发射器的输出功率，最高支持2.5W的功率输出。通过减少EMC滤波器和其他组件的使用，可大幅减少电路板的使用面积，降低无线充电发射器的成本和尺寸，精简了电路设计，非常有利于可穿戴设备的发展。当PTX100W作为无线充电接收器使用时，可进行1W的功率接收，在接收电力的同时还可以完成带内通信。

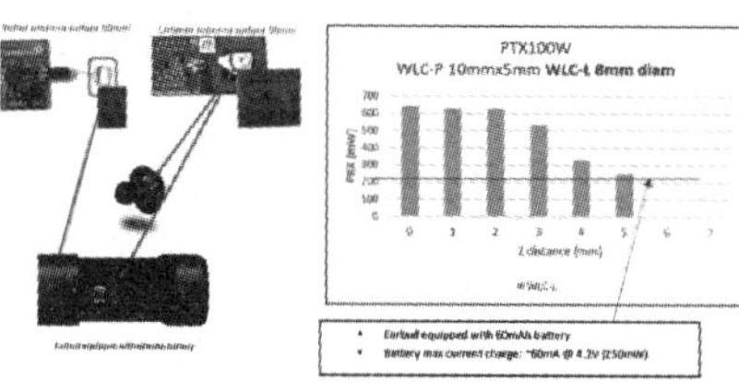

TWS蓝牙耳机应用及充电效率

上图为应用在TWS蓝牙耳机的实例，经测量无论是输出端的体现还是接收端的天线面积都控制在了50mm²左右，小尺寸的天线为可穿戴设备提供了较高的灵活性。通过测试发现，基于PTX100W芯片的电力无线传输距离最远为5mm，两个天线间隔距离在0~2mm时，充电效率达到最大。

结语

NFC充电可以说是Qi无线充电的补充，但NFC充电与传统的无线充电方性能略有不同，在NFC充电模式下，即使在发射天线与接收天线出现错位的情况，对功率传输效率的影响也不大，从而将两个设备之间的功率传输能力增至最大化。

美的T7-L384D智能电烤箱检修一例

故障现象：一台美的T7-L384D银色二代AC220V/50Hz/1800W智能电烤箱，通电后数码显示屏无显示，操作触摸式按键也无任何反应。

检修过程：断电打开后盖直观检查，内部很干净，基本无灰尘、油污，无焦糊味等异味。显示/操作面板后面安装有3块电路板，最外面的电路板是电源板，目测电源板上的元器件无明显损坏，但是，从目前的故障现象来判断，估计是电源板出了问题。

再次通电，测量电源板上的直流12V和直流5V电源均无输出，断电后，本着先易后难的原则，先测量交流220V电源输入侧的电阻RX1(22Ω/1W)，没问题，再测量桥式整流的4个IN4007的二极管，均无问题。通过观察电源板背面铜箔的走线，发现两个滤波电解电容E1和E2(均为4.7μF/450V)的负极之间串接了一个色环电感L1(刚开始还误认为是一个电阻)，经过色环辨别，确认该电感为2.2mH，如图下部圆圈内所示。

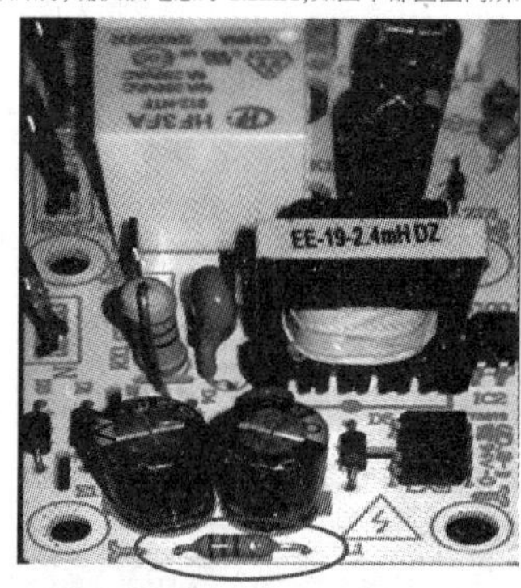

故障排除：用万用表电阻挡在线测量该电感，发现已开路，但外观却完好无损。之后又测量了周围的其他元器件，未发现异常。试着用一根跳线临时短接了该电感，再次通电测试，测量电源板上的直流12V和直流5V电源均有输出，数码管显示屏点亮，触摸按键操作也正常了。断电后拆下该电感，再次用万用表测量，确认该电感已经损坏开路，找同型号电感更换后，故障排除。

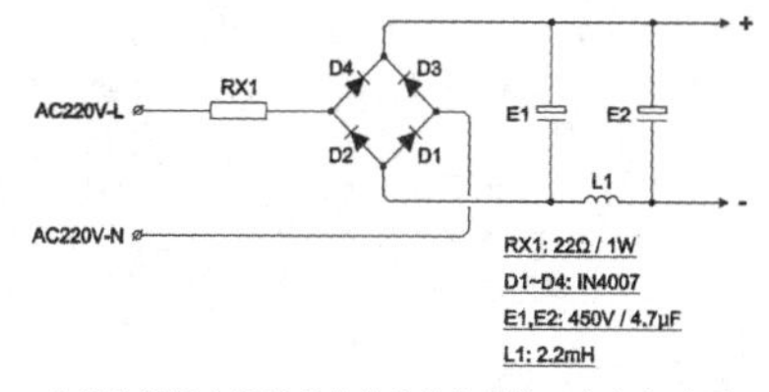

上图为根据电源板实物绘制的电源输入部分电路图。

用Python去除PDF水印(二)

(上接第380页)

```
if sum(img.getpixel(pos)[:3]) >= 651:
img.putpixel(pos, (255, 255, 255))
img.save('watermark_removed_pic.png')
```

有了上面的基础，去除PDF的水印就简单了，思路是将每页PDF转成图片，然后修改水印的RGB，最后输出图片即可。

安装pymupdf库，用来操作PDF

```
pip install pymupdf
```

读取PDF，并转图片

```
import fitz
doc = fitz.open("数据结构和算法手册@公众号渡码.pdf")
for page in doc:
pix = page.get_pixmap()
```

该PDF共480页，所以需要遍历每一页，并获取每一页对应的图片pix。pix对象类似于我们上面看到的img对象，可以读取、修改它的RGB。

page.get_pixmap()这个操作是不可逆的，即能够实现从PDF到图片的转换，但修改图片RGB后无法应用到PDF上，只能输出为图片。

修改水印RGB跟刚才一样，区别是这里的RGB是一个三元组，没有Alpha通道，代码如下：

```
from itertools import product
for pos in product(range(pix.width), range(pix.height)):
if sum(pix.pixel(pos, pos)) >= 651:
pix.set_pixel(pos, pos, (255, 255, 255))
```

完整代码如下：

```
from itertools import product
import fitz
doc = fitz.open("数据结构和算法手册@公众号渡码.pdf")
page_no = 0
for page in doc:
pix = page.get_pixmap()
for pos in product(range(pix.width), range(pix.height)):
if sum(pix.pixel(pos, pos)) >= 651:
pix.set_pixel(pos, pos, (255, 255, 255))
pix.pil_save(f"pdf_pics/page_{page_no}.png", dpi=(30000, 30000))
print(f'第{page_no}页去除完成')
page_no += 1
```

这种方案是有缺点的，第一，输出并非PDF格式；第二，输出的图片比较模糊，后续还有待优化，最好是能直接修改PDF。

(全文完)

DAC的低通滤波器设计

上一篇文章写了如何通过PWM实现数字到模拟量的转换，得到很多朋友们的反馈，大家都比较感兴趣如何选用电阻和电容的值才能得到一个满意的模拟值(低纹波)？

首先我们看一下脉冲信号的频谱，根据傅立叶变换，周期为T的脉冲信号可以分解为多个单频率的信号的叠加，最小的频率分量为1/T，有兴趣的可以通过Matlab自己做一下分析。

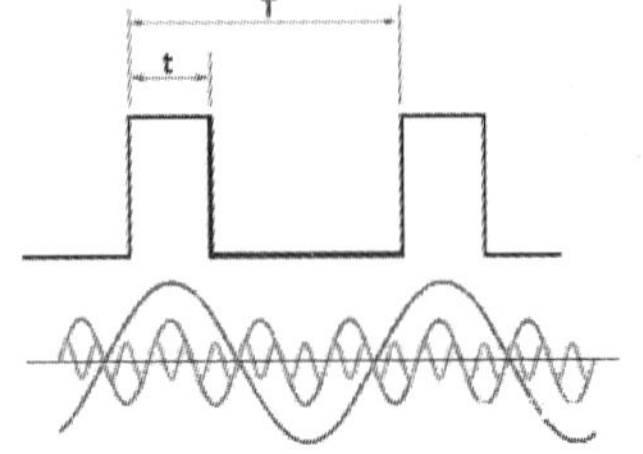

比如，我们对幅度为3.3V、周期为10μS(频率100kHz)、占空比为50%的脉冲信号(此时为方波)进行FFT变换，可以得到1.65V的直流分量、100kHz、300kHz（3次谐波)、500kHz(5次谐波)……等频率分量，最小的交流频率为100kHz。

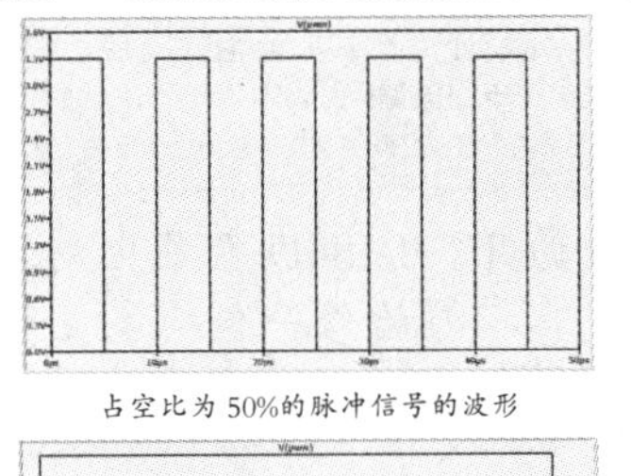

占空比为50%的脉冲信号的波形

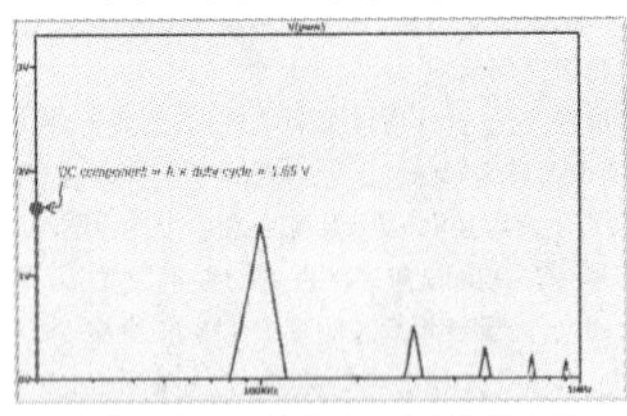

占空比为50%的脉冲信号的频谱分量

改变占空比呢？来看看占空比为10%和90%的脉冲波形经过FFT之后的交流频率分量。

占空比为10%的脉冲的频率分量

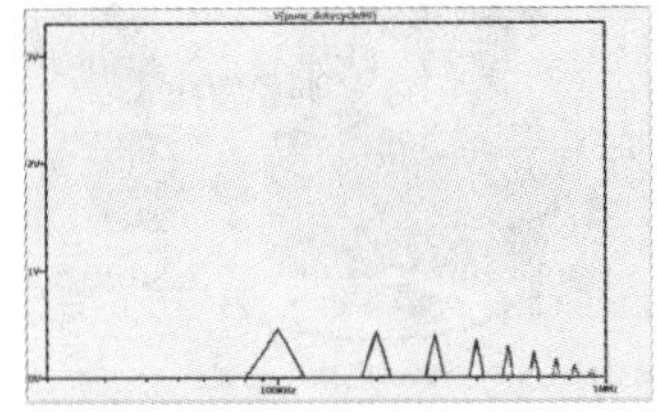

占空比为90%的脉冲的频率分量，只是直流分量不同，交流部分与10%的相同

从以上简单的分析可以看出，无论占空比是多少，脉冲波形除了直流分量以外，交流部分的最低频率都为脉冲的重复频率100kHz上，在DC和脉冲重复频率100kHz之间则一马平川，光秃秃的。

因此，如果要得到直流分量，只需要去掉100kHz以上的频谱能量就可以了。最简单的方法就是通过由一个电阻R和一个电容C构成的一阶低通滤波器，其截止频率为fc=1/2*π*RC，我们要得到的是直流分量，滤除的是100kHz以上的频率，因此只要截止频率在100kHz以内，并且能对100kHz以上的所有频谱都有较好的抑制，就能够得到比较好的DC输出。

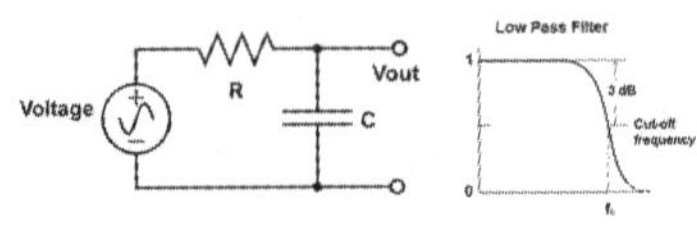

LPF电路构成和频率响应

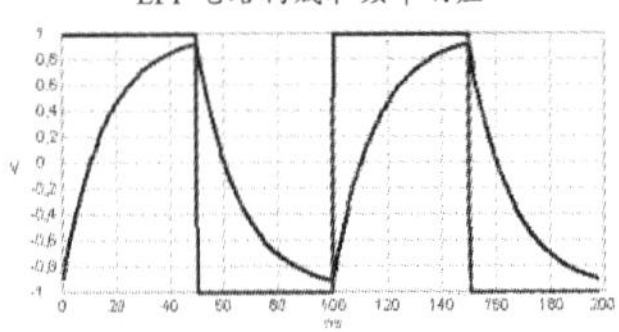

RC电路的时域响应

可以想象，截止频率越高，越是接近要滤除的频率(比如50kHz之于100kHz)，该滤波器对100kHz的滤波效果就较差，就会有一定量的残余能量出现在滤波器的输出端，如下图，也就是输出的波形纹波比较高。

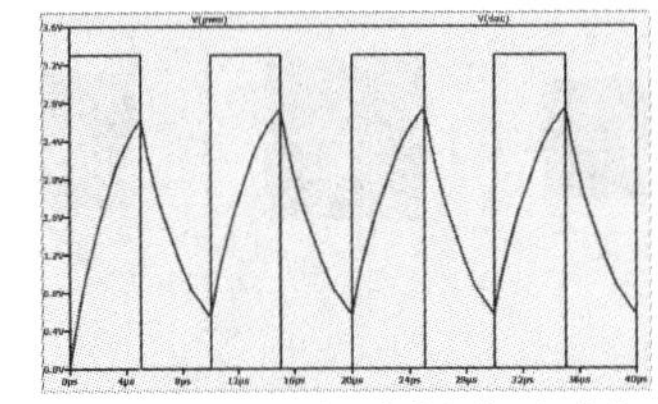

对脉冲频率为100kHz的信号进行截止频率为50kHz的低通滤波得到的输出信号，纹波比较高

如果降低截止频率，越是接近直流，从而距离要滤除的频率越远，比如针对100kHz的脉冲频率选择1kHz作为LPF的截止频率，则在100kHz处可以达到非常高的抑制度，100kHz的残留就非常小，也就是在输出的直流信号上的纹波可以变得很小，见下图。

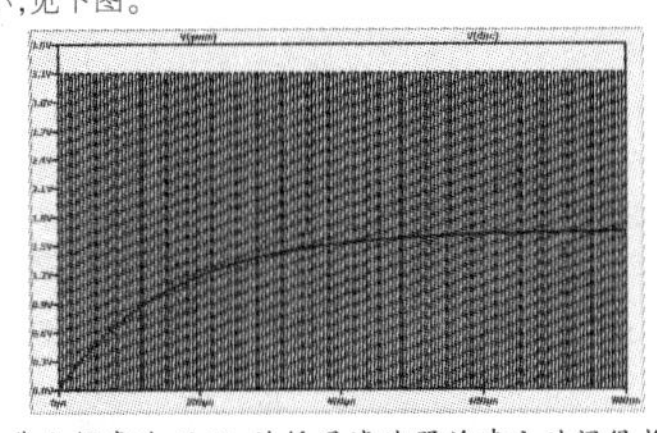

截止频率为1kHz的低通滤波器的建立时间很长

但却出现了另外一个问题--需要花费很久的时间(学名叫建立时间setting time)才能达到应该达到的DAC的直流值。原因就是fc低，意味着RC更高，也就是充电的时间常数变得很长——R增大意味着对C进行充电的电流变小，要对C冲电到一定的值花费的时间也就更久。

因此这就出现了一个让人纠结的选择：

- 选择较低的截止频率：较低的纹波，较长的建立时间
- 选择较高的截止频率：较大的纹波，较快的建立时间

你会说一阶不够，要不多用几阶滤波器，加上电感或者有源的运放来进行低通滤波，这确实能改善滤波的效果，但电路的复杂度增加、元器件成本增加了且改善有限。

那不增加电路的复杂程度，还是只用这一个R和一个C是否能够改善性能呢？答案是肯定的，其实也很简单——把交流分量的频率踢的远远的，在保持较低的时间常数(建立时间短)的情况下，将LPF的截止频率fc和要滤除的脉冲重复频率之间的间隔尽可能的拉开，比如将100kHz的重复频率给踢到10MHz（出去100倍)，占空比不变，如果用原来的50kHz的滤波器，到了10MHz的地方怎么也把10MHz以上的频率给消灭的只剩下一点渣了。看下图，直流建立时间大约为15μs，纹波变得只有25mV左右了。

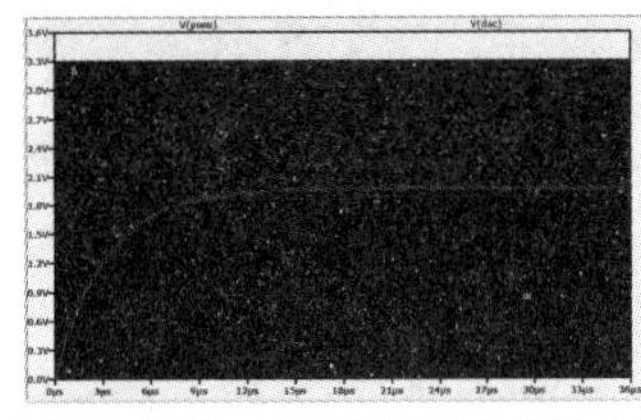

用截止频率为50KHz的RC得到的建立时间大约为15μs

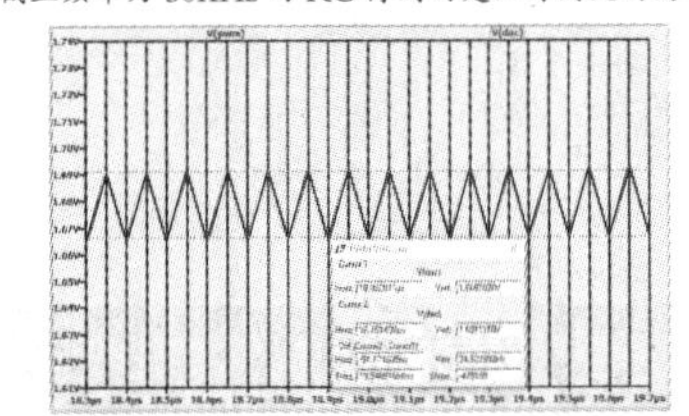

用截止频率为50KHz的RC对10MHz的脉冲信号进行LPF得到的纹波

是不是很神奇？其实理论依据很简单，自己把低通滤波器的频响曲线画一下就很容易理解了。

到这里我们就应该知道如何设计自己的PWM系统的各项参数来构造一个简单好用的DAC。

康普助力完美世界构筑“完美”网络布线系统

近年来，多家大型互联网企业陆续入驻全新智能化、绿色化办公大楼，以满足企业自身业务快速发展需求，并致力于实现绿色节能环保的目标。今年，国内著名游戏企业完美世界股份有限公司正式入驻北京市朝阳区中关村电子城西区，康普则肩负着打造这一办公建筑布线系统的重任。

完美网络需要完美方案提供商

完美世界所入驻的E5地块三期研发中心项目，是北京市朝阳片区内顶级品质的科研办公建筑，以世界500强企业区域总部为标准，共四栋楼。整个建筑在设计上注重节能环保，致力于打造绿色生态办公环境。

作为其研发中心和总部级办公楼，完美世界对新办公建筑和设施力求完美。从支撑业务发展角度考虑，本项目的网络基础设施至关重要。不管是游戏业务，还是影视业务，都需要稳定、高速、灵活的网络。从节能环保、打造绿色生态办公环境角度来看，项目的设计和建造需要在“稳定高速”与“节能环保”之间寻求完美契合。经多方考量与比较，完美世界最终选择了康普铜缆及光缆网络布线解决方案。康普在承建大型互联网企业总部办公楼的综合网络布线系统方面拥有丰富经验，可提供质量优异的铜缆和光缆解决方案，并且拥有可靠的服务质量和专业技术，有能力完成大规模、高水平的网络布线系统安装。

业务稳定与节能环保的完美平衡

完美世界在本项目中部署了超过13000个各类信息点位，其中绝大多数业务点位需要高速和稳定的网络，以便更好地支撑完美世界的各项业务。特别是研发中心，对于网络传输速度和稳定的要求更加严苛。为充分满足业务对稳定和高速网络的需要，本项目的主体办公网络选用了康普Cat6非屏蔽铜缆布线系统。该铜缆系统的优势在于具有超高的性能余量，可以在100米的距离内，6次连接的情况下支持千兆以太网的稳定运行。在研发中心部分，则选用了康普Cat6A屏蔽铜缆布线系统。该系统可以在100米的距离内，4次连接的情况下支持万兆以太网的稳定运行。

康普还在整个项目中采用了先进设计的模块化光纤配线架和单模光纤布线系统。配线架在1U机柜空间内可支持72芯LC密度，较高的光纤密度在满足用户需求的同时，具有充足的冗余度，可以帮助客户应对将来的网络扩容和升级。单模光缆作为主干数据信道，可以帮助客户建立高带宽、高速率且高稳定性的主干网络。该光纤布线系统还支持无缝升级到MPO预端接光纤连接系统。

此外，整个项目中包括网络系统在内的所有子系统都有节能减排的要求。如何在低能耗的基础上支持稳定且高速的网络运行，是衡量项目成功与否的一个关键因素。康普提供的所有线缆，包括铜缆和光缆，均采用满足IEC60332标准要求LSHZ低烟无卤外护套，可以满足客户对防火的要求。值得一提的是，所有的铜缆布线系统凭借优秀的线缆和接插件阻抗匹配技术，均可支持最新的IEEE 802.3bt标准的PoE供电，从而完美地满足用户网络对“稳定高速”和“绿色节能”的双重要求。

完美项目得益于供需双方完美配合

虽然项目的实施正值新冠疫情期间，生产、物流、实施、安装均受到了较大影响，但通过各方的高效沟通和不懈努力，整个项目得以顺利实施。通过详细了解完美世界对网络的需求，康普以优质的网络服务、高质量的布线系统充分满足了完美世界当前的业务需求，实现了“稳定高速”且“节能环保”的双重要求，同时也为其未来的升级和扩容提供了空间，助力其构筑“完美”的网络布线系统。

（陈薇薇）

用Bootdisk Utility让老主板实现NVMe SSD硬盘启动

现在新出的主板大都支持NVMe SSD硬盘，在NVMe SSD硬盘价格进入白菜价的时代，许多人都想让自己的旧电脑用上NVMe SSD硬盘启动Windows，让系统运行速度更快。老电脑主板一般都没有NVMe SSD接口（M.2接口），需要将NVMe SSD硬盘通过转接卡安装到电脑主板的PCIE卡槽上。让老主板用上NVMe SSD有两种方法：一是修改升级主板的BIOS，让它支持NVMe协议；另一种是不用刷BIOS，利用Bootdisk Utility工具软件制作UEFI启动盘，让NVMe SSD启动Windows。因刷BIOS有风险，且许多老主板BIOS也不支持UEFI，故介绍第二种方法实现NVMe SSD硬盘启动Windows。

一、NVMe SSD硬件安装的实现

1. 购买PCIE TO NVMe转接卡（如图1所示），注意M.2接口的NVMe SSD和SATA SSD的区别，请不要弄错。某宝上，价格从10~20元不等，一般以PCIE3.0×4速的居多。

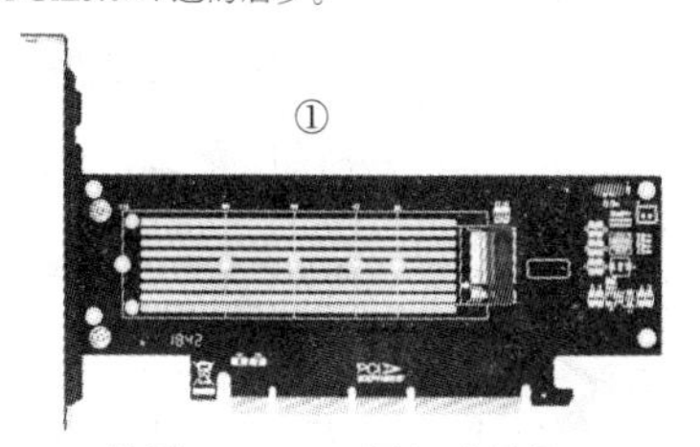

2. 购买NVMe SSD硬盘，容量从128G~1T不等，要看需要及价格了，一般用于Win10启动盘的话，128G已够用，配合老主板的PCIE2.0×4（或×16）卡槽，无论如何都会比传统同价位的SATA SSD硬盘速度快许多。图2是一片128G国产七彩虹NVMe SSD硬盘，149元的价格十分诱人。

3. 硬件安装。首先将NVMe SSD安装到转接卡上，拧好螺丝，然后将转接卡插入主板的PCIE对应的卡槽上（一般是PCIE×4或PCIE×16卡槽）。注意卡槽的识别（如图3所示）。

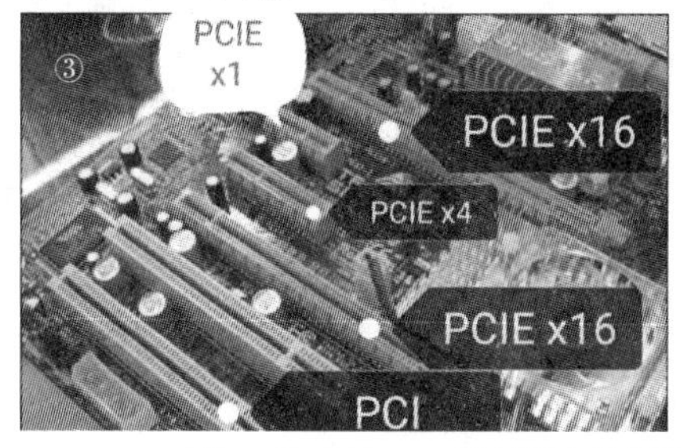

4. UEFI启动U盘，容量200M以上即可，没有更多的要求。用于制作UEFI启动盘，以便能引导NVMe SSD启动Windows。

二、UEFI启动引导盘的制作

1. 下载多功能引导软件Bootdisk Utility。百度搜索"Bootdisk Utility"，即有下载连接。下面以BDU_v2.1.2020.028b版本为例说明。

2. 解压软件包，运行BDUtility.exe命令。

3. 点击Format按钮，等待1~2分钟，让软件对U盘进行UEFI启动格式化。结束后，出现如图4所示的结果，证明启动盘制作完毕。图中"H:盘"为启动盘，自动格式为FAT32模式，操作过程非常简单。

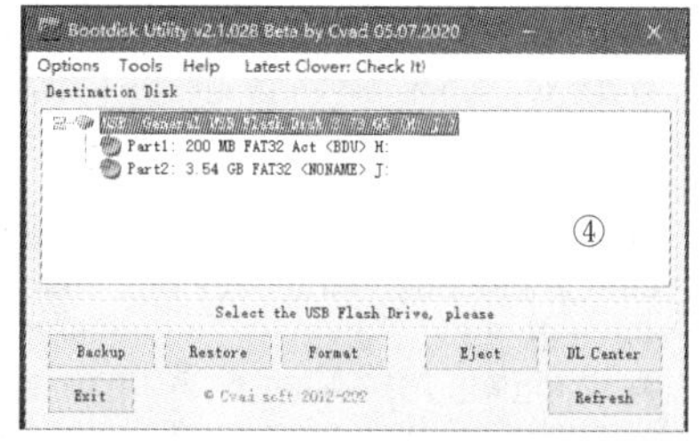

三、Windows10系统的安装（或移植）

1. NVMe SSD分区和格式化。用DiskGenius软件对NVMe SSD进行分区和格式化，注意NVMe SSD分区格式为GUID，且需要建立FAT16的ESP分区和MSR保留分区，以方便UEFI引导识别。分区结束后，DiskGenius会自动对硬盘进行NTFS格式化，结果如图5所示。

2. Windows10系统安装。若已有Win10系统，就可以直接移植过来，若没有需要进行入Win10_pe进行重新安装。DiskGenius具有克隆分区的功能，可以直接将原来的Win10系统克隆到NVMe SSD硬盘来。关于系统安装或克隆分区，这里不做描述。

四、Windows10系统启动过程描述

1. 主板BIOS必须设置由UEFI启动盘启动。进入BIOS，设置启动选项（以技嘉GA−970A主板为例），选择"General USB Flash Disk"为第一启动盘（其他主板原理相同，如图6所示）。然后，保存退出BIOS，启动电脑。

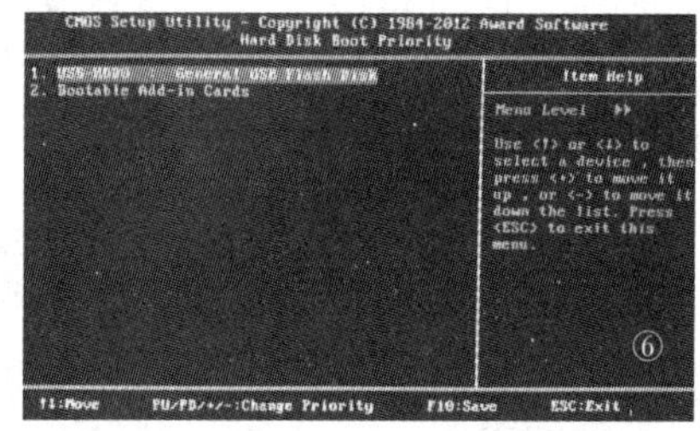

2. 三叶草（Clover）启动选项描述。电脑启动后，会自动进入Clover启动选项（如图7所示）。点击左第一个按钮，实现"Boot Microsoft EFI Boot from EFi"启动Windows10系统。

启动速度的大小，要看NVMe SSD卡的速度和主板PCIE卡槽的规格。笔者的七彩虹128G NVMe SSD在技嘉970A主板，AS SSD Benchmark软件下检测的速度如图8所示，一般般，属于NVMe SSD的最低水平吧。不管如何，还是比原来的SATA SSD速度快！

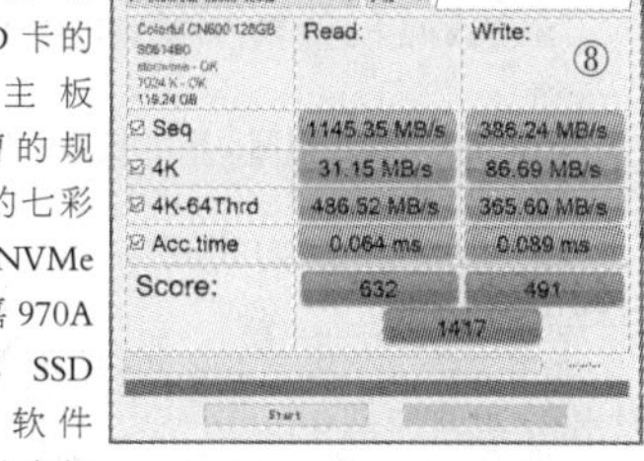

◇广西梧州 王培开 邹炯辉

电容容量小引起的故障

故障现象：一台燕山燃气热水器，原用2节1号电池供电，因电池需换新，就制作一个220V稳压电源，经降压、整流、滤波、稳压输出3.2V直流电，使用几年效果不错；后来出现打开冷水开关，能点火出热水，但有时几分钟就自动灭火关机（正常时应开机后20分钟自动关），甚至有时开机后跳闸，影响其他电器使用。

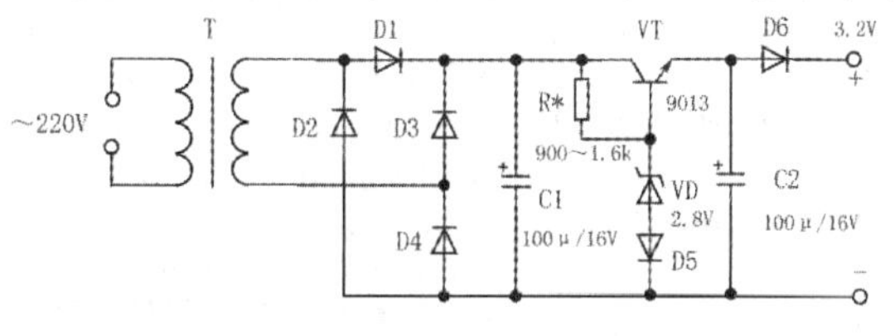

分析与检修：因为跳闸，暂停使用220V电源，用2节1号电池供电，这时热水器一切正常，这说明热水器没问题，故障应该是220V稳压电源。220V稳压电源电路如附图所示，为一简单稳压源，由图粗看没什么问题，经反复看图思考，可能是C1和C2电解电容容量减小，提供的电流小且不稳定；热水器最大的一个用电器件是开启燃气的电磁阀，电流不足它就会失电关闭，热水器自然就灭火关机。于是将电路板上100μF电容焊下，测其容量，确实变小，为了保险起见，改装为470μF/16V电容，接上220V电源，热水器使用很好，故障排除。

◇北京 赵明凡

解决iOS14.5"跟踪"变灰的问题

App Tracking Transparency（应用透明度追踪）功能已经在iOS 14.5版本正式上线，用户在打开App之后即可看到提示信息，询问用户是否允许授予广告收集数据的权限，如果用户拒绝，则App无法追踪到用户的相关信息。

不过，即使你的iPhone已经更新至iOS 14.5正式版本，依次进入"设置→隐私→跟踪"界面之后（如附图所示），可能会发现这里的选项却是呈灰色的不可用状态，此时可以按照下面的步骤解决。

方法一：重启

成功率比较低，不过首先建议还是尝试重启系统。

方法二：还原设置

进入设置界面，依次选择"通用→还原→还原所有设置"，注意不要误操作。

方法三：更换账号

进入设置界面，选择"屏幕使用时间"，在这里打开"屏幕使用时间"，打开"内容和隐私访问限制"，换一个账号登录App Store，建议使用国外的账号。再次进入设置界面，此时会发现"跟踪"选项已经变为可选状态，退出之后换回原来的帐号登录就可以了。

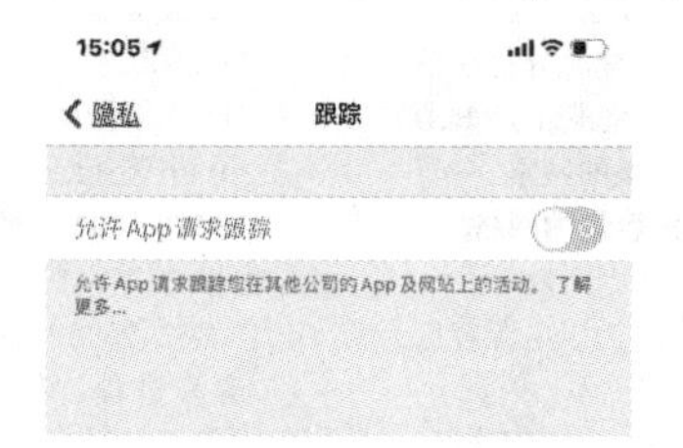

◇江苏 大江东去

注册电气工程师供配电专业知识考题解答⑰

（接上期本版）

解答思路：低压电气装置的接地装置→《交流电气装置的接地设计规范》GB/T50065-2011。

解答过程：依据GB/T50065-2011《交流电气装置的接地设计规范》第8.1节，第8.1.3条、表8.1.3。选C。

34. 交流电源电子开关保护电器，当过电流倍数为1.2时，动作时间应文下列哪项数值？（D）

（A）5min

（B）10min

（C）15min

（D）20min

解答思路：电子开关保护电器→《钢铁企业电力设计手册（下册）》。

解答过程：依据《钢铁企业电力设计手册（下册）》第24.3.5节，表24-57。选D。

35.已知地区10kV电网电抗标幺值X_{*S}=0.5，经8km架空线路送至某厂，每千米电抗标幺值X_{*L}=0.4，电网基准容量为100MVA，若不考虑线路电阻，则线路末端的三相短路电流为下列哪项数值？（B）

（A）1.16kA

（B）1.49kA

（C）2.12kA

（D）2.32kA

解答思路：三相短路电流→《工业与民用供配电设计手册（第四版）》。

解答过程：依据《工业与民用供配电设计手册（第四版）》第4.6节，表4.6-2、表4.6-3、式4.6-12。

$$I_k'' = \frac{I_b}{X_{*c}} = \frac{5.5}{0.5+0.4\times 8} = 1.486\text{kA}$$

选B。

36. 油浸式电抗器装设下列哪项保护时，应带延时动作于跳闸？（C）

（A）瓦斯保护

（B）电流速断保护

（C）过电流保护

（D）过负荷保护

解答思路：保护→《电力装置的继电保护和自动装置设计规范》GB/T50062-2008→油浸式电抗器。

解答过程：依据GB/T50062-2008《电力装置的继电保护和自动装置设计规范》第8.2节，第8.2.4条。选C。

37. 为了改善用电设备端子电压偏差，电网有载调压宜采用逆调压方式，下列逆调压的范围哪项负荷规范规定？（B）

（A）110kV以上的电网：额定电压的0～+3%

（B）35kV以上的电网：额定电压的0～+5%

（C）0.4kV以上的电网：额定电压的0～+7%

（D）照明负荷专用低压网络：额定电压的-10%～+5%

解答思路：逆调压→《供配电系统设计规范》GB50052-2009。

解答过程：依据GB50052-2009《供配电系统设计规范》第5章，第5.0.8条。选B。

38. 在建筑照明设计中，作业面临近周围照度可低于作业面照度，规范规定作业面临近周围是指作业面外宽度不小于下列哪项数值的区域？（A）

（A）0.5m

（B）1.0m

（C）1.5m

（D）2.0m

解答思路：建筑照明设计→《建筑照明设计标准》GB50034-2013→临近周围。

解答过程：依据GB50034-2013《建筑照明设计标准》第4.1.4条，表4.1.4表注。选A。

39. 各类防雷建筑物应设内部防雷装置，在建筑物的地下室或地面层处，下列哪项物体不应与防雷装置作防雷等电位连接？（D）

（A）建筑物金属体

（B）金属装置

（C）建筑物内系统

（D）进出建筑物的所有管线

解答思路：内部防雷装置→《建筑物防雷设计规范》GB50057-2010→不应与防雷装置作防雷等电位连接。

解答过程：依据GB50057-2010《建筑物防雷设计规范》第4.1.2条。选D。

40. 气体绝缘金属封闭开关设备区域专用接地网与变电站总接地网的连接线，不应少于几根，连接面的热稳定校验电流，应按单相接地故障时最大不对称电流有效值的百分之多少取值，下列哪项数值满足规范的要求？（A）

（A）4根，35%

（B）3根，25%

（C）2根，15%

（D）1根，5%

解答思路：接地网的连接线→《交流电气装置的接地设计规范》GB/T50065-2011→气体绝缘金属封闭开关设备。

解答过程：依据GB/T50065-2011《交流电气装置的接地设计规范》第4.4节，第4.4.5条。选A。

二、多项选择题（共30题，每题2分。每题的备选项中有2个或2个以上符合题意。错选、少选、多选均不得分）

41. 电力负荷符合下列哪些情况的应为二级负荷？（B、C）

（A）中断供电将造成人身伤害

（B）中断供电将在经济上造成较大损失

（C）供电将影响较重要用电单位的正常工作

（D）中断供电将造成重大设备损坏

解答思路：电力负荷→《供配电系统设计规范》GB50052-2009→二级负荷。

解答过程：依据GB50052-2009《供配电系统设计规范》第3章，第3.0.1条第3款。选B、C。

42. 三相短路电流发生在下列哪些情况下时，短路电流交流分量在整个短路过程中的衰减可忽略不计？（B、D）

（A）有限电源容量的网络

（B）无限大电源容量的网络

（C）远离发电机端

（D）X_{*c}≥3%（X_{*c}为以电源容量为基准的计算电抗）

解答思路：短路电流交流分量→《导体和电器选择设计技术规定》DL/T5222-2005→衰减可忽略。

解答过程：依据DL/T5222-2005《导体和电器选择设计技术规定》附录F，第F.2.2条。

选B、D。注：按《工业与民用供配电设计手册（第四版）》P178，答案C也应选入。

43. 为控制电网中各类非线性用电设备产生的谐波引起的电网电压正弦波畸变率，宜采取下列哪些措施？（B、C）

（A）设置无功补偿装置

（B）短路容量较大电网供电

（C）选用Dyn11接线组别的三相配电变压器

（D）降低整流变压器二次侧的相数及整流脉冲数

解答思路：非线性用电设备产生的谐波→《供配电系统设计规范》GB50052-2009。

解答过程：依据GB50052-2009《供配电系统设计规范》第5章，第5.0.13条。选B、C。

44. 电容器分组时，应满足下列哪些项的要求？（A、C、D）

（A）分组电容器投切时，不产生谐波

（B）应适当增加分组数和减小分组容量

（C）应与配套设备的技术参数相适应

（D）应满足电压偏差的范围

解答思路：电容器分组→《供配电系统设计规范》GB50052-2009。

解答过程：依据GB50052-2009《供配电系统设计规范》第6章，第6.0.11条。选A、C、D。

45. 某35/10kV变电站，主变压器为两台，为了降低某10kV电缆线路末端的短路电流，下列哪些措施时可行的？（B、D）

（A）变压器并列运行

（B）变压器分列运行

（C）在该10kV回路出线串联限流电抗器

（D）在变压器回路中串联限流电抗器

解答思路：35/10kV变电站→《35kV～110kV变电站设计规范》GB50059-2011→降低短路电流。

解答过程：依据GB50059-2011《35kV～110kV变电站设计规范》第3.2节，第3.2.6条。选B、D。注：按《工业与民用供配电设计手册（第四版）》P280，答案C也应选入。

46. 油浸变压器10/0.4kV，800kVA，单独运行时必须装设下列哪些保护装置？（C、D）

（A）温度保护

（B）纵联差动保护

（C）瓦斯保护

（D）电流速断保护

解答思路：保护装置→《电力装置的继电保护和自动装置设计规范》GB/T50062-2008→油浸变压器。

解答过程：依据GB/T50062-2008《电力装置的继电保护和自动装置设计规范》第4章，第4.0.2条、第4.0.3-1条。选C、D。

47. 下列哪些设备在选择时需要同时进行动稳定和热稳定校验？（A、D）

（A）高压真空接触器

（B）高压熔断器

（C）电力电缆

（D）交流金属封闭开关设备

解答思路：动稳定和热稳定校验→《工业与民用供配电设计手册（第四版）》。

解答过程：依据《工业与民用供配电设计手册（第四版）》第5章，第5.1.2节、表5.1-1。选A、D。

48. 关于380V异步电动机断相保护的论述，下列哪些项是正确的？（A、B、D）

（A）连续运行的电动机，当采用熔断器保护时，应装设断相保护

（B）连续运行的电动机，当采用断路器保护时，宜装设断相保护

（C）短时工作的电动机，可装设断相保护

（D）当采用断路器保护兼作控制电器时，可不装设断相保护

解答思路：380V异步电动机→《通用用电设备配电设计规范》GB50055-2011→断相保护。

解答过程：依据GB50055-2011《通用用电设备配电设计规范》第2.3节，第2.3.10条、第2.3.11条。选A、B、D。

49. 在爆炸性环境下，变电所的设计应符合下列哪些项规定？（A、C）

（A）变电所应布置在爆炸性环境以外，当为正压室时，可布置在1区、2区

（B）变电所应布置在爆炸性环境以外，当为负压室时，可布置在0区、20区

（C）对于可燃物质比空气重的爆炸性气体环境，位于爆炸危险区附加2区的变电所的电器和仪表的设备层地面应高出室外地面0.6m

（D）对于可燃物质比空气重的爆炸性气体环境，位于爆炸危险区附加2区的变电所的电缆室可以与室外地面平齐

解答思路：爆炸性环境→《爆炸危险环境电力装置设计规范》GB50058-2014→变电所的设计。

解答过程：依据GB50058-2014《爆炸危险环境电力装置设计规范》第5.3节，第5.3.5条。选A、C。

50. 关于35kV变电站的站址选择，下列哪些项描述是正确的？（A、B、C）

（A）应靠近负荷中心

（B）交通运输应方便

（C）周围环境宜无明显污秽，当空气污秽时，站址宜设在受污秽污染源影响最小处

（D）站址标高宜在30年遇高水位，若无法避免时，站区应有可靠的防洪措施或与地区（工业企业）的防洪标准相一致，并应高于内涝水位

解答思路：35kV变电站的站址选择→《35kV～110kV变电站设计规范》GB50059-2011。

解答过程：依据GB50059-2011《35kV～110kV变电站设计规范》第2章，第2.0.1条。选A、B、C。

（未完待续）

◇江苏 键谈

变频器的简易应用案例(三)

(接上期本版)

六、变频器驱动单泵恒压供水应用电路

变频器恒压供水是一种常见的应用案例，可有单泵恒压供水、双泵恒压供水和多泵恒压供水等方案。这里介绍的是一款单泵恒压供水电路方案，如图6所示。由于水泵运行只能有一种运转方向，所以图6中使用端子排的DI1端口进行正转启动、停止控制。方案使用三线式远传压力表Pa检测供水压力，并将压力信号转换成0~10V电压信号反馈至变频器的AI1端口，实现PID控制的恒压供水。

PID的控制调节属于闭环控制，是过程控制中应用得相当普遍的一种控制方式。这种控制方式是使控制系统的被控物理量能够迅速而准确地尽可能接近控制目标的一种手段。

启用PID控制功能时，首先要让变频器的PID功能有效，然后设定被控物理量的控制目标值，通过传感器检测被控物理量的控制效果，并将被控物理量的参数变化转换成电压或电流等适宜变频器处理的电参数反馈给变频器，反馈参数与目标参数相比较，其差值用来调整变频器的输出频率。这就是所谓的PID闭环控制。

图6电路方案需要设置的功能参数见表6。

该应用电路方案采用PID控制方式，可以实现理想的恒压供水。由表6可见，参数F0.03设置为8，确定了PID控制模式有效。该控制模式的目标值由参数E2.00和E2.01给定，E2.01设定的百分比与压力表量程的乘积，就是给定的目标压力值。参数E2.02设置为0，确定了压力表的反馈信号由AI1端口引入。

一般情况下，恒压供水系统应设置休眠频率(受变频器驱动的电动机停止运行进入休眠状态的频率。变频器在恒压供水系统应用中，当变频器的输出频率达到或者小于休眠频率同时反馈回来的供水压力仍然高于变频器睡眠值，变频器持续运行一段确认时间后，电动机停机)和唤醒频率(水泵休眠后供水压力降低，但变频器的调节计算功能未停止，当PID计算所得的频率达到或超过唤醒频率并持续一定时间后，水泵重新开始运行)以节约电能。设置的唤醒频率应大于等于休眠频率。如果设置的唤醒频率与休眠频率均为0.00Hz，则唤醒与休眠功能无效。在启用休眠功能且频率源使用PID，则必须选择PID停机时运算有效，即将参数E2.27设置为1。

E2.01键盘给定信号值参数的计算方法是，E2.01=设定压力/压力表满量程压力×100%，例如，压力表满量程是2.5MPa，要求管网压力恒定在1MPa，则E2.01参数的设定值就是1MPa/2.5MPa×100%=40.0%。

七、用变频器面板电位器调速

本文之前曾介绍过面板电位器的一般应用，这里就面板电位器的调频速率的参数设置给以说明。

PI500系列变频器面板上有一只电位器，该电位器有多种功能，其中功能之一就是调速。图7是变频器的面板图，中央位置有一只电位器。

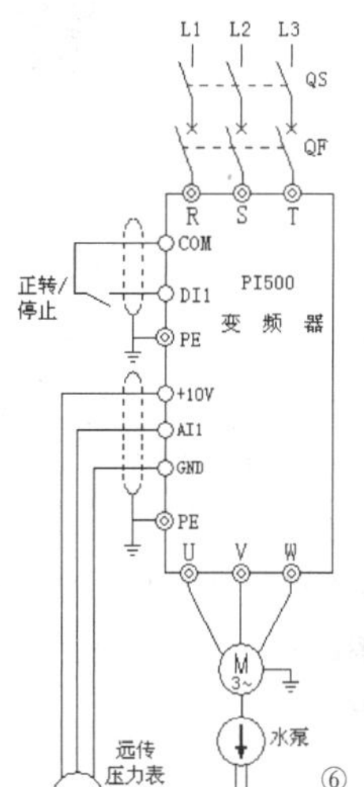

使用面板电位器调速时需要设置的参数见表7。

根据表7中参数F0.03的设置，变频器的输出频率由面板电位器设定。顺时针旋转电位器的旋柄，输出频率升高，逆时针旋转电位器的旋柄，输出频率降低。旋转电位器旋柄对输出频率的调整变化速率，由参数F1.42设置。由表7可见，该参数可设置的范围是0~100.00%，这个百分比是针对参数F0.19设定的最大输出频率的。当最大输出频率设置为50Hz、F1.42设置为100%，电位器的旋转角度100%时，将使输出频率调整至50Hz。当F1.42设置为小于100%的某值例如50%，电位器旋转角度达到一半时，输出频率即被调整到50Hz。

参数F1.42与其他参数配合应用时，可能会有另外的控制功能，由于与本案例无关，此处从略。

(未完待续)

◇山西 陈晨

表7 面板电位器调速时需要设置的参数

参数码	参数名称	参数可设置范围	参数值	修改
F0.03	频率源主设	0:键盘设定频率(F0.01,UP/DOWN可修改，掉电不记忆) 1:键盘设定频率(F0.01,UP/DOWN可修改，掉电记忆) 2:模拟量AI1设定 3:模拟量AI2设定 4:面板电位器设定 5:高速脉冲设定 6:多段速运行设定 7:简易PLC程序设定 8:PID控制设定 9:远程通信设定 10:模拟量AI3设定	4	×
F1.42	面板电位器X2	0~100.00%	100.00%	√

注：表中"修改"一栏中的符号"√"表示相关参数在运行和停机时均可修改；符号"×"表示相关参数只有在停机时才可修改。

表6 用三线制压力传感器实现恒压控制需要设置的功能参数

参数码	参数名称	参数可设置范围及相关功能说明	参数值	修改
F0.03	频率源主设	0:键盘设定频率(F0.01,UP/DOWN可修改，掉电不记忆) 1:键盘设定频率(F0.01,UP/DOWN可修改，掉电记忆) 2:模拟量AI1设定 3:模拟量AI2设定 4:面板电位器设定 5:高速脉冲设定 6:多段速运行设定 7:简易PLC程序设定 8:PID控制设定 9:远程通信设定 10:模拟量AI3设定	8	×
F0.11	命令源选择	0:键盘控制 1:端子排控制 2:通讯命令控制 3:键盘控制+通信命令控制 4:键盘控制+通信命令控制+端子台控制	1	√
E2.00	PID给定源	0:E2.01设定 1:模拟量AI1给定 2:模拟量AI2给定 3:面板电位器给定 4:高速脉冲给定 5:通讯给定 6:多段速指令给定 7:模拟量AI3给定	0	√
E2.01	PID键盘给定	可设置范围:0.0%~100.0%。 此参数用于选择PID的目标量给定值。PID的设定目标量为相对值，设定范围为0.0%~100.0%。同样，PID的反馈量也是相对量。PID的作用就是使这两个相对量相同。	依实际需要设定百分比	√
E2.02	PID反馈源	0:模拟量AI1给定 1:模拟量AI2给定 2:面板电位器给定 3:AI1-AI2给定 4:高速脉冲给定 5:通讯给定 6:AI1+AI2给定 7:由AI1和AI2中绝对值较大者给定 8:由AI1和AI2中绝对值较小者给定 9:模拟量AI3给定	0	√
E2.04	PID给定反馈量程	可设置范围:0~65535 PID给定反馈量程是无量纲单位，用于PID给定显示d0.15与PID反馈显示d0.16。PID的给定反馈的相对值100%，对应给定反馈量程E2.04。例如，如果E2.04设置为2000，则当PID给定100.00%时，PID给定显示d0.15为2000。	按现场压力的量程设定	√
E2.06	PID偏差极限	可设置范围:0.0%~100.0%。 当PID给定量与反馈量之间的偏差小于E2.06的设定值时，PID停止调节动作，这样，给定与反馈的偏差较小时输出频率稳定不变，对有些闭环控制场合很有效。	0.2%	√
E2.27	PID停机运算	0:停机不运算 1:停机继续运算 用于选择停机状态下PID是否继续运算。	1	√
F7.46	唤醒频率	可设置范围:休眠频率(F7.48)~最大频率(F0.19)。 若变频器处于休眠状态，且当前运行命令有效，则当设定频率≥F7.46唤醒频率时，经过F7.47设定的时间延迟后，变频器开始启动。	35Hz	√
F7.47	唤醒延迟时间	0.0s~6500.0s	0.1s	√
F7.48	休眠频率	可设置范围:0.00Hz~唤醒频率(F7.46)。 变频器运行过程中，当设定频率≤F7.48设定的休眠频率时，经过F7.49设定的时间延迟后，变频器进入休眠状态，并自动停机。	30Hz	√
F7.49	休眠延迟时间	0.0s~6500.0s	0.1s	√
FC.02	PID启动偏差	PID给定值—PID启动值。 PID给定值与反馈值偏差绝对值大于该参数的设定值，且PID的输出大于唤醒频率时，变频器才启动，可防止变频器的重复启动。 使用该参数设置的"PID启动偏差"功能，须将PID停机运算有效，即将E2.27设置为1。	5.0	√

注：表中"修改"一栏中的符号"√"表示相关参数在运行和停机时均可修改；符号"×"表示相关参数只有在停机时才可修改。

自制两款便携式太阳炉

太阳能是“取之不尽，用之不竭”的最清洁、环保、安全、绿色的能源。太阳诞生已有45亿年，距陨落大概还有65亿年，正处于中壮年期。它是由氢气、氦气组成的气体球体，跟人类造的氢弹核裂变原理类似，它创造了万物，也孕育了人类。太阳能与水利、风能、核能发电相比具有投资小、效率高、安全等优点。大到卫星空间站、家庭安装，小到太阳能手表，各行各业都有它的身影，扮演着极其重要的角色。它可用来制造冶炼用的高温炉，只要反射面积足够大，得到的温度是没有上限的。温度跟反射面积成正比，不是有人在山坡造了个大反射镜轻松得到了3500摄氏度的高温吗？它可以溶解矿石，就像火山喷发的岩浆，就可以提炼各种稀有金属和制造各种合金。

野外生存需要炊事工具，烧饭一般有太阳能炉、燃气炉、电磁灶、电炉，燃气有气瓶、喷火头、支架组成，但非常不安全，就像定时炸弹。气瓶运输还需要安监局批准，车上装上排气消焰器才行。新闻上经常可以看到燃气瓶爆炸烧人的报道。至于电磁炉功耗大，根据能量守恒定律，用逆变器的话，需提供功率/电压，也就是800W除以电瓶电压14V，需要57安培的电流，马上就消耗殆尽车子，亏电发动不起来了。而太阳能炉只要阳光充足，五分钟便可组装起来。它利用雨伞抛物面原理，用许多片镜子反射聚焦与焦点，可烧水、烧饭和炒菜。它可广泛应用于科考、野战部队、旅游、探险和生存考验。雨伞又为必备防雨工具，可谓一物三用。它由反射镜、雨伞、支架、防晒等组成，撑开、铺装、挂上锅，对准太阳即可。见图1、2。

可到玻璃店或自己备一金刚钻，用边角料把废弃玻璃裁成7cm平方的小片，然后用504胶水粘贴在7cm宽，长度根据雨伞大小而定的长布条上，留点空隙以便于折叠运输。1米直径的雨伞大约需要150张镜片。反光镜布条长度最长为雨伞布面直径，紧靠两边慢慢缩短到最终只有一片镜片，形成一个反射群组成的抛物面。见下图，镜片要紧贴雨伞底面。

在雨伞手柄上找一个焦点，可看到一个不大的光斑，水壶可直接用绳绑挂上去。炒锅的话要自制一个固定支架才行。在野外可用石块固定住，对准太阳即可。雨伞面积当然越大越好，大的温度高，热度足，烧饭也更快。

另一方案是用旧的卫星电视接收抛物面C波段，1.5~2m天线代用。有整板式和六瓣拼合式两种，优点是精度高、面积大，烧菜较快，但是体积庞大，不适合随身携带，反光镜也采用上述镜片条拼合的反射条群。

笔者受北方窗户，玻璃用两层结构的启发，用普通的材料，反光镜、玻璃、泡沫隔热层和木箱子DIY了一台太阳能蒸饭器。它具有小巧、方便、环保、绿色、安全等特点，也不会烧焦饭，适用于户外运动，地质探险，驴友爬山等，可随车或随身携带。

见图找26cm*16*13.5cm壁厚2cm的泡沫箱，再自制可正好容纳泡沫箱的木箱子，上盖板可裁两块玻璃间隔1.5cm左右。用空气作为隔热层，像羽绒服，北方窗户都是用空气来达到隔热保温的效果。泡沫塑料实际也是利用无数个空气泡保暖的，盖板可按图制作，合页用铁锤敲紧一下，使得有阻尼感。侧面用合页和镜片固定，镜片和合页可用504胶水黏合。可调节镜面方向，反射太阳光增加效率，然后把内箱用漆刷成黑色。黑色是最吸收热量的颜色，外壳则可根据喜好选用和涂刷。

淘好米用铝板匣子盛好放适量水，就可使用了。天气越好，蒸饭就越快，特别适用于高原高山。因为那儿空气稀薄，光照强，效率就高，蒸饭时间就缩短。

最后想请有识之士再改进一下，搞个电脑自动控制方向角和仰角，用伺服布进电机驱动跟踪以对准太阳照射方向，一直保持最佳效率。

◇华忠

太阳光 水壶 太阳光 反射镜片 聚焦反射光 雨伞抛物面 石块固定 ①

反射镜片 雨伞抛物面 ②

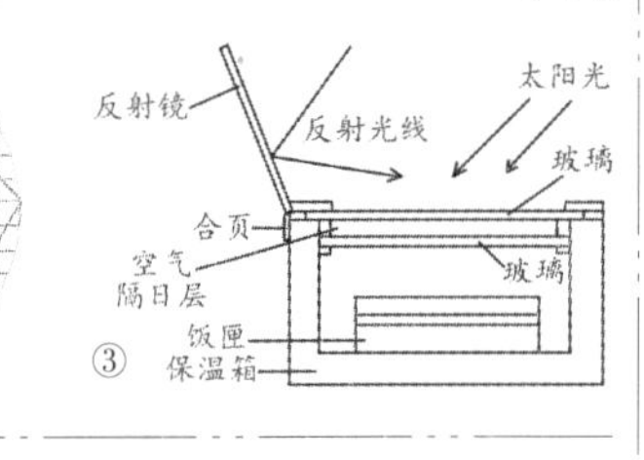

③

用瓷片电容器DIY可变电容器

空气介质的可变电容器(空气可变)是高频电路中比较常用的电子元件之一。现在市场上出售的空气可变大多是以前的存货，价格也比较高。其实，从电器性能上来说，可以用瓷片电容器替代之。

现介绍如下：

1. 准备一只 单刀12挡的波段开关；

2. 瓷片电容2p、3p、5p、10p、15p、22p…… (可根据需要搭配)各一只；

3. 按照图1所示，将瓷片电容按照升(降)序依次焊接在波段开关各接线端。电容也可通过串并联方式获得需要的容值。图中，波段开关的第1挡作为公共端B，所有电容一端接此，相当于可变电容的定片，开关的“0”位(A)相当于可变电容的动片。本例中可变电容容量可在2-75P内步进可调。可调容量范围越窄，越接近线性；步进越小，调谐越细密。图2是电路；图3是5P-15P步进为1P的短波微调；图4是实物，图5是印刷电路供参考，图6-图9是20P/200P高压步进可变电容(电容均焊接在覆铜板面)。说明一下：图4是实物搭焊，受分布电容的影响，有一定的误差，因此，推荐使用印刷电路板，这样可尽量减少误差，外观也好看些。

另外，如果需要双联式，可以用双刀同挡位的波段开关即可；瓷片电容务必细心挑选，电容的耐压根据需要选用；本列中的起始位置A、B是短路，制作或使用中请注意。

◇杜玉民

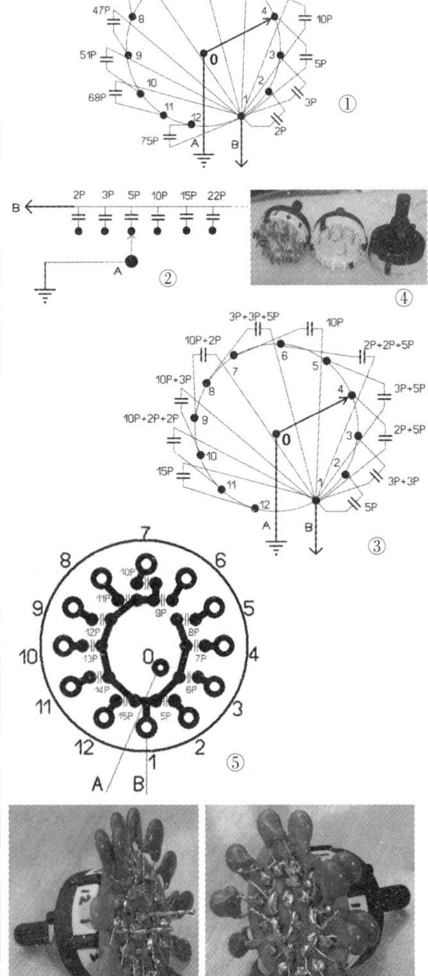

基于机智云的手机联网实现

WIFI智能插座是IOT入门的经典案例。使用ESP8266 SOC方案来做智能插座是成本最低的IOT开发案例了，以往我们有几个版本的智能插座实现方案，如使用20元+实现老房子家用插座智能化、巧用代码自动生成工具实现智能插座开发等案例，本案例将介绍 手机配置入网，分享如何制作一个WIFI智能插座。

准备条件：在应用商店下载“机智云”APP，用于调试

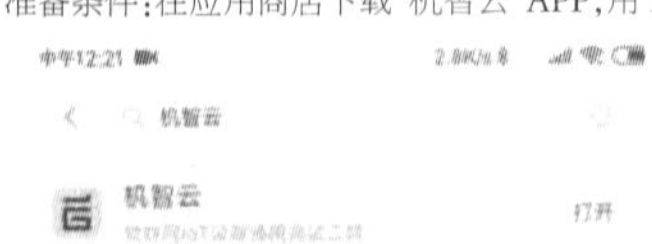

[配置入网原理和操作步骤]

第一步：使用APP来连接路由器，保证APP和智能插座所连的网络是同一个

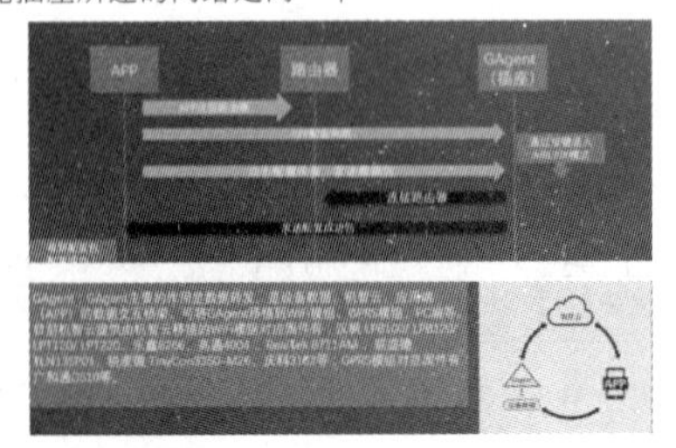

第二步：用手机APP来配置插座的网络

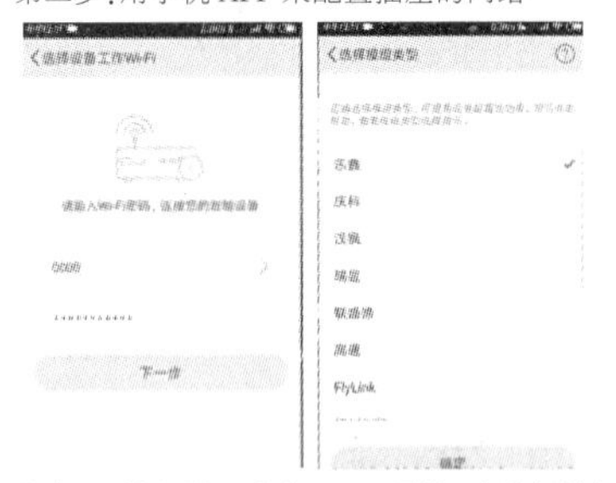

点击“一键配置”，连接WIFI网络，在进行模组选择(此处你的设备用的是什么模组，就选用什么模组)

第三步：手动通过按键进入“AIRLINK配网”模式

第四步：点击“配置设备”发送数据包到智能插座上

智能插座收到数据包后，通过WIFI模块连上路由器，数据包通过GAGENT协议(机智云)成功发给APP，从而实现设备和APP之间的通信。

◇深圳 王曦

Windows11 来了，你准备好了吗？

微软在 6 月 24 日发布了下一代 Windows 系统——Windows 11，现在 Win11 的预览版面向公众推送了，正式版极有可能在今年 10 月期间发布！据悉，微软开始向 Win10 Dev 通道的用户推送 Win11 预览版更新。本次更新的版本号为 10.0.22000.51（co_release）。那么要如何抢先体验 Win11？升级 Win11 要注意什么？

硬件要求/最低配置

以下是在电脑上安装 Windows 11 的基本要求。如果您的设备不满足这些要求，您可能无法
设备已经在运行 Windows 10，您可以使用电脑健康状况检查应用来评估兼容性。

处理器：	1 GHz 或更快的支持 64 位的处理器（双核或多核）或系统单芯片（SoC）
RAM：	4 GB
存储：	64 GB 或更大的存储设备 注意：有关详细信息，请参见以下"关于保持 Windows 11 最新所需存储"
系统固件：	支持 UEFI 安全启动
TPM：	受信任的平台模块（TPM）版本 2.0
显卡：	支持 DirectX 12 或更高版本，支持 WDDM 2.0 驱动程序

可见，Win11 的硬件的最低要求并不高，双核 64 位处理器、4GB+64GB 存储空间、支持 DirectX 12 及 WDDM 2.0 显卡（注意：Intel 的第七代芯片和 AMD Zen 1 CPU 及其以下的 CPU 目前还不能支持）。基本上能正常运行 Win10 的电脑都是可以正常运行 Win11 的。

但这里有一个细节很容易被忽略，那就是主机必须拥有受信任平台模块（TPM）2.0 版本。

这台电脑无法运行 Windows 11

虽然这台电脑不符合运行 Windows 11 的系统要求，但你将继续获取 Windows 10 更新。

了解详细信息

TPM 是可信平台模块 Trusted Platform Module 的缩写，主要存在形式是特殊的加密芯片，用以加密计算机中的数据。TPM 模块关系到系统中的 Secure boot、Bitlocker、Defender 以及 Windows Hello 一系列和加密解密相关的功能实现，Windows 11 对安全有了更高的需求，因此要求电脑需要支持 TPM 2.0 才能升级。

如果你用的是笔记本电脑，目前主流的硬件都已经带有 TPM 模块，在国内则是兼容 TPM 的 TCM 模块；而如果你用的是台式机，大部分新型主板也支持 TCM/TPM，不过可能需要在 BIOS 中开启相应设置。进入到 BIOS 后，找到 TPM 模块（AMD CPU 通常会写为 AMD CPU fTPM），手工将其开启即可（一般位于"Advanced"或者"Security"，视主板而定）。

Windows 11 引入

我们检查这台电脑是否满足系统要求。
如果是进行升级，则当其可用时可获取免费升级。

立即检查

可以使用微软官方推出的兼容检测工具，来检查电脑是否能安装运行 Win11。

微软电脑运行状况预览工具官方下载地址：https://download.microsoft.com/download/1/d/d/1dd9969b-bc9a-41bc-8455-bc657c939b47/WindowsPCHealthCheckSetup.msi

需要注意，如果以前就处于预览版测试通道，一直使用预览版系统，那么即使硬件不符合 Win11 的需求（例如 CPU 型号太老，没有 TPM 2.0 等等），也可以升级到 Win11 预览版！

但在 6 月 24 日后新加入预览版通道，才会有 Win11 的硬件安装限制。

此外，如果硬件本来不符合 Win11 的要求，又升级到了 Win11，随后又回退到 Win10，那么下次升级 Win11，就会受到 Win11 的硬件限制，因此回退 Win10 要三思而后行。

升级流程

开启 Win10 设置，找到 Windows Inside 的页面，选择加入 Windows Insider 通道。微软会要求绑定相关的微软账号，并且选择相关通道，这里选择 Dev 即可。

随后，按照系统提示重启。完成重启后，再进入 Win10 设置面板，观察是否已经进入了 Dev 通道。确认后，检查更新，即可看到 Win11 预览版推送了。

回到 Windows 10

从 Win10 升级到 Win11 预览版后，无法通过重置电脑的方法回退到旧版系统。如果你需要回到 Win10，那么得重新安装 Win10 21H1，使用微软官网提供的 Media Creation Tool 即可重装系统。

PS：如果要通过第三方检查工具，可以搜索下载这款名为"WhynotWin11"的小工具，整套软件由一个界面构成，打开后即开始对系统进行检测。从检测结果看，它提供了 CPU 位数、代差、固件、存储、DirectX、安全启动、TPM 等 11 组检测项目，基本涵盖了官方公布的所有要求。

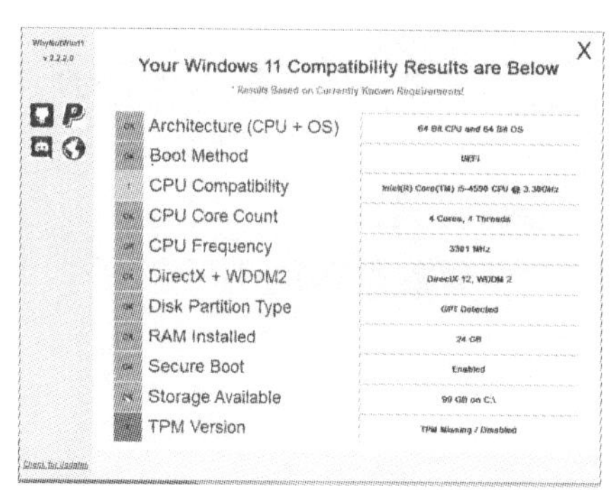

该检测工具除了会标出电脑的实际配置外，还会根据微软已发布的 Win11 硬件标准判断当前配置是否合格。其中满足要求的打绿勾，不满足要求的打红叉，对于不确定内容，则以黄色叹号显示。

如果你想直接通过第三方来升级 Win11，可以通过下面的地址进行升级安装（由于目前仅仅是预览版更不建议从非官方渠道安装）。

第三方 Win11 预览版镜像：ed2k://|file|22000.51.210617-2050.CO_RELEASE_SVC_PROD2_CLIENTMULTICOMBINED_UUP_X64FRE_ZH-CN.ISO|5727295488|F27604BE2EF9E4D3A20886157A8297D3|/

联发科将开放天玑 5G 架构

联发科在 4G 时代饱受诟病，不过进入 5G 时代后，在"性能过剩"以及"华为事件"的背景下，联发科得益于优秀的基带和功耗表现早已翻身，出货量一举超越高通，稳居全球移动端芯片供货量第一。不过，芯片商对于 5G 市场的抢占一直没有停下来。近日，联发科发布了与一加手机联合打造的天玑 5G 开放架构——天玑 1200-AI。

作为"天玑 5G 开发架构"的首发定制移动平台，天玑 1200-AI 自然备受行业关注。联发科通过为终端厂商提供底层的开放资源，充分发挥旗舰 5G 手机的潜能，使其拥有极致且具有差异化的功能与体验。

2019 年至今，5G 商用已满两年，以智能手机为代表的 5G 终端在 2020 年快速得到普及。终端产品背后，联发科的天玑系列 5G 芯片也在快速迭代，如 5G SA、Sub6 全频段、5G 双载波聚合、5G 双卡双待等方面，联发科都拥有非常丰富的积累。

以 5G 困扰用户的续航问题为例，联发科的 5G UltraSave 省电技术直击市场痛点，能大幅降低手机的 5G 通信功耗。正因为此，搭载天玑 5G 芯片的手机产品在续航能力上普遍表现出色。

随着更多云端技术加以应用，手机厂商和消费者也对最新一代的 5G 芯片在性能和功能性上提出了更高的要求。天玑 1200-AI 与"魔改"有着很大的区别，魔改代表着手机厂商可以修改芯片平台的 CPU、GPU、ISP 等处理单元的规格，从而形成一个全新的平台。而天玑 5G 开放架构所定制的天玑 1200-AI，则是在不修改天玑 1200 芯片处理单元架构的情况下开放芯片底层接口，让手机品牌拥有更高的访问权限，通过芯片底层的软件优化，使其各个处理单元能够发挥定制化的功耗与能效，为手机的差异化功能创造更多可能性。天玑 5G 开放架构应运而生，背后是联发科对于整个 5G 手机生态发展和创新路径的深度思考。

天玑 5G 开放架构是将发力点从硬件平台参数，转为向手机厂商提供更接近芯片底层的开放资源，也就是不改变芯片平台的原有规格参数，通过合作双方的深度协同，为相机、显示器、图形和 AI 处理单元，以及传感器和无线连接等子系统提供解决方案。比如把加速模块、界面、硬件功能开放，让手机制造商可以实现想要的功能。

例如在最热门的手机摄影领域，传统方案想要实现画面防抖功能，大多只能通过调用 CPU、GPU 来进行运算，耗费大量时间和功耗。相比之下，在天玑 5G 开放架构下，就相当于把芯片的加速模块、界面、硬件都开放给手机厂商，厂商们可以更快地存取和使用底层加速模块，同时还能将厂商自家的算法融入进来，形成独家优化或深度联调的性能和体验。

联发科会根据手机厂商的具体要求提供必要的技术文档，包括前期的讲解，以及开发过程中的支持。此外，联发科方面也会基于收到的客户需求和后续反馈对界面进行调校优化，如果收到厂商对未来功能的更多构想，联发科则可以在后续的产品中逐渐开放更多接口，使双方打磨出来的新品获得实质性飞跃。

目前市场中主打的旗舰或高端手机，普遍强化的体验是"显示、拍照、游戏"这三个大类。虽然手机厂商追求的方向是一致的，但是中间的细节跟策略的要求有很多不同。

不同品牌和产品就会有不同的特点。比如在资源有限的情况下，有些手机厂商会要求先满足高帧运行；而有些手机厂商允许牺牲一些高帧率，但不想要游戏画面出现跳帧的情况；还有的手机厂商不要求高帧率，但要求对手机续航和温控又有更高的要求。

目前，一加官宣了首个基于天玑 1200 芯片定制的开放平台天玑 1200-AI。后续我们将看到越来越多的手机厂商采用天玑 5G 开放架构，推出更多基于天玑芯片的定制化产品，对用户而言，除了拥有了更多的选择，从功能到体验，也将会有全新变化。

介绍几款压图片好用的软件

现在许多网站在用户上传人像照片时，要求的大小都很小。在这里介绍几个在线版和本地版的图片压缩工具，可以做到压缩照片的同时也可以不降低画质。

Optimizilla

这是一款在线图片压缩工具，它使用最佳优化和压缩算法来达到最小尺寸的JPEG和PNG图像，同时保证最佳质量/尺寸比。

进入Optimizilla官网（地址：https://imagecompressor.com/zh/），在页面中央有醒目的上传按钮，支持JPG及PNG图片格式，也支持批量操作（最多20张）不过Optimizilla支持超5M图片。

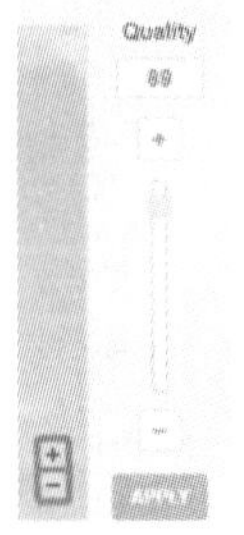

Optimizilla在自动压缩图片后，会显示一个可调选项，用户可以通过调节图片质量来获得更小的图片。

TinyPNG

这也是一款在线图片压缩工具，采用智慧型无损压缩技术来降低PNG图片大小（通过算法减少图片中的颜色数量来获取更小的图片）。

进入TinyPNG官网（地址：https://tinypng.com/），可以看在页面上方就有一个醒目的上传按钮，用户可以上传PDG及JPG图片，支持批量操作，最多20张。不过免费版的图片大小给限制到了最大5M。免费版没有任何的可调选项，上传图片后就自动进行压缩操作。

Squoosh

这是一款Google Chrome团队发布的一个实验性在线图片压缩小工具。相对于"Optimizilla"和"TinyPNG"的"傻瓜式操作"来说，要更为"专业"一些。

进入Squoosh官网（地址：https://squoosh.app/），用户上传需压缩的图片后（仅限一张，没有批量操作），就会自动切换到压缩处理页面。这里以左右分栏形式显示原图与压缩后图，用户可以通过中间滑动杆来查看压缩后与压缩前的图片对比。

Squoosh为用户提供了调整图片类型、尺寸、调色、调整质量以及进阶压缩选项，这样用户可以调节到大小与图片画质均满意的效果。

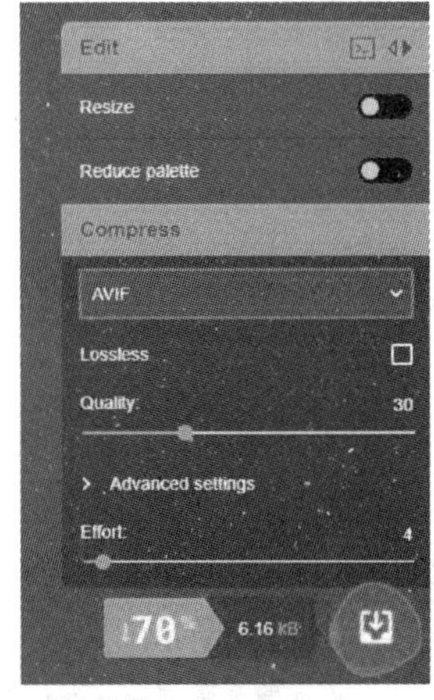

Squoosh本地版

Squoosh本地版与在线版的Squoosh并无多大区别，操作界面与使用方法几乎一致。

下载地址：https://squoosh-desktop.vercel.app/

当然，最为专业的还是Photoshop，不过对于不熟悉的朋友来说，PS功能非常强大、操作过于复杂，这里就单独描述了。

外置声卡——创新 SOUND BLASTER G3

由于目前市面上的主板普遍集成了声卡，很多朋友并不会特意考虑进行另外的购置。如果后期再安装内置声卡，许多朋友也会因为懒得拆机放弃。这个时候就该请出创新推出的这款 SOUND BLASTER G3 外置 DAC 放大器。

创新这款 G3 声卡的最大特点就是安装方便，其使用 USB Type-C 接口作为主要的音频连接和供电的方式，这对于一些较新的主板或者笔记本电脑来说十分地方便，而且使用过程中做到完全免驱。如果你的电脑没有 USB-C 接口，创新也随声卡附赠了一条 USB-C 转 USB-A 的转换器。这些用户可以通过转接的方式使用 G3，并且不会有任何音质方面的损失。随着任天堂 Switch 游戏机的风靡，越来越多的朋友购入进行尝鲜。创新 G3 对 Switch 同样进行了适配，搭配其使用同样能够做到免驱。包括索尼的 PS4 也能够实现即插即用。创新 G3 就是这样，为所有平台的用户都带去更好的音频体验。

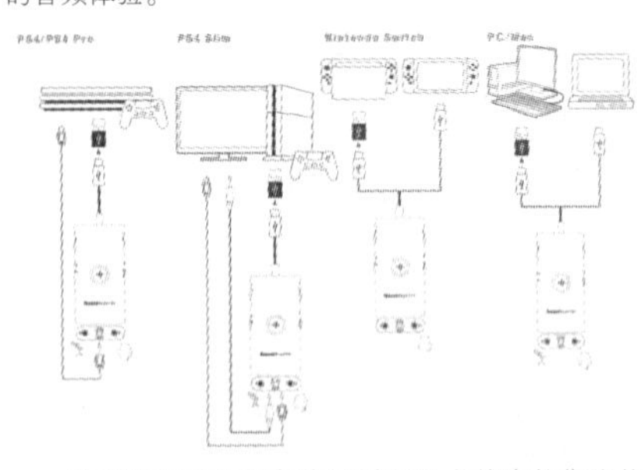

优秀的音频体验自然是需要强大的内核作为基础。创新 G3 内部搭载的核心芯片支持高解析度音频性能，具有驱动高达 300Ω 的录音棚级耳机的能力。其在如此紧凑轻巧的体积中实现这些，是非常难得的。也很好地补足了电脑及各个游戏主机平台在音频方面的不足。对于那些经常玩 CSGO、PUBG 这些电子竞技类 FPS 游戏的玩家，创新 G3 在其自定义调整的选项中还提供了脚步声增强的功能。这个功能打开之后，能够帮助玩家在游戏复杂的声音中找到对追踪目标有用处的音频线索，从而准确地判断出敌人的位置，并迅速做出反应。

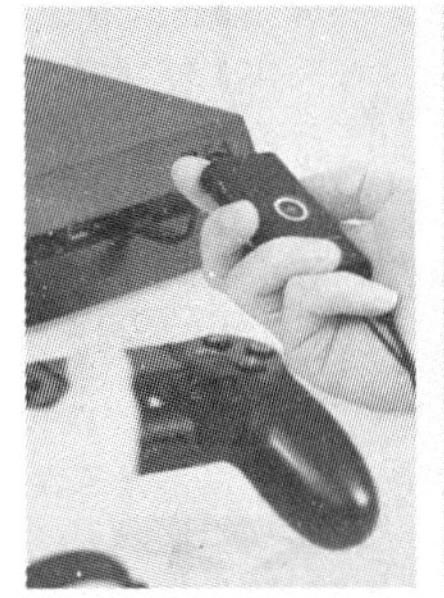

通常情况下我们需要切到游戏设置或桌面，对游戏、语音软件以及麦克风进行音量方面的调整，不过这样有时候会严重影响游戏体验感。创新为了解决这种矛盾，在 G3 上搭载了 GAMEVOICE MIX 功能。在继续游戏的情况下，即可通过 G3 上的拨盘调整语音聊天的音量，更好地听取队友的报点。或者是在一触即发的时刻屏蔽闲聊，捕捉大战开始的蛛丝马迹。而这些操作，仅仅需要单手即可完成，对于正处于激战时刻的玩家来说更加有用。

除此之外，对于 Windows 和 macOS 用户，G3 还配套了创新齐全的 SOUND BLASTER 音频处理技术，包括虚拟 7.1 环绕声、CRYSTALIZER、低音、智能音量和 DIALOG+以及包括混音器设置在内的众多功能，将定制化的空间开放给了那些对音频有极致需求的玩家。

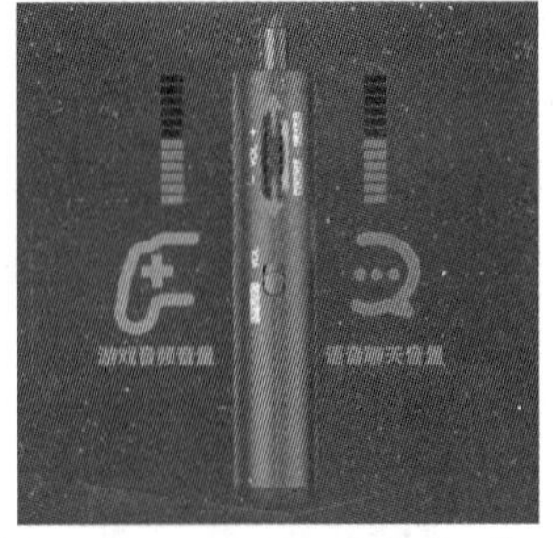

创新 SOUND BLASTER G3 作为一款 500 元价位段的外置 DAC 放大器，各方面都十分地有诚意。特别是对 Switch 以及 PS4 的免驱支持，更是表达了创新对主机玩家的重视。如果你近期有购置相关音频设备的需求，那么 G3 绝对是你的性价比之选。

售价参考：599 元

◇四川 李运西

美的变频空调器电气系统原理(一)

美的 KFR-32GW/BPY 型变频空调器室内机电气系统，与普通型空调器室内机电气系统基本相同，工作原理也大同小异，它们的区别主要集中在室外机部分。让我们来看看该变频空调器的室内机电气系统。(见图1)

一、通信电路的工作原理

该机通信电路采用异步串行通信方式工作，由室内机通信电路和室外机通信电路两部分组成。(见图2)

当通信电路处于室内机发送，室外机接收的状态时，室外单片机的㉖脚输出低电平，三极管VD6截止，从而使室外机发送光耦IC6截止，不能发送信号。

若此时室内机向室外机发送低电平"0"，则室内单片机㊸脚输出低电平，使室内机发送光耦IC7导通。这就使得从电源插座线L-电源接线端子JX4-VD3-R9-IC7-室内机接线端子JX2-通信线S-室外机接线端子JX4-R35-室外机接收光耦IC5-VD11-T3-T2-室外机接线端子JX4-通信线S-室内机接线端子JX2-电源接线端子JX4-电源插座线N的通信线路导通。通信线路中的电流使IC5导通，于是5V电压经IC5、R36加到室外单片机㉔脚，即㉔脚为高电平，表示室外机接收到高电平"1"。

若此时室内机向室外机发送高电平"1"，则室内单片机㊸脚输出高电平，使室内机发送光耦IC7截止，整个通信线路因此而中断。此时无电流流过通信线路，于是IC5截止，室外单片机㉔脚为0V，即㉔脚为低电平，表示室外机接收低电平"0"。

这样室内机就实现了通信信号由向室外机的异步传输。室外机向室内机传输信号的过程与此过程正好相反。

二、室外机电路部分

它可以分为电源电路、电流检测电路、化霜控制电路、复位电路、时钟电路、通信电路、变频器7个部分。(见图3)

1. *电源电路部分*(见图4)

220V交流电经变压器T3降压，再经整流桥堆D83整流，电容C29滤波，得到18V直流电压，给功率模块主供电线上的控制继电器J4和功率模块的小信号电路供电。

18V直流电压经IC7(7812)三端稳压器稳压，得到12V直流电压，为室外风扇电动机继电器J3、四通阀继电器J2等提供工作电压。

2. *电流检测电路*(见图5)

3. *变频器、压缩机驱动、四通阀驱动和室外风机驱动电路*(见图6)

整流桥堆D02和滤波电容C38构成整流滤波电路，为功率模块TM05提供300V直流电压。滤波电容C38容量大，维修时应在空调器断电10分钟，电容经限流电阻R53充分放电后，才能进行操作，以确保人身安全。

变频器在接入电源前，滤波电容C38上的直流电压为0V。变频器刚接通电源瞬间，电源进线之间如同短路，使电源电压瞬间下降而形成干扰。与此同时，将有一个很大的充电电流流经整流桥堆D02，可能使整流桥堆损坏。为此，电源线上接了一个限流电阻R53，以限制充电电流的大小。

限流电阻R53如果长时间接在电源线上，会影响变频器输出电压的大小，同时，也增大了电路的损耗。所以空调器正常工作时，必须把R53短路掉。此时功率模块TM05从插座PHT0的③脚输出低电平，使VD11截止，进而使VD7饱和导通。继电器J4通电吸合，R53被短路，220V电源直接给整流桥堆D02供电。

功率模块经光耦IC10将状态信号反馈到单片机的53脚，以稳定压缩机运转速度。单片机㊺脚通过光耦IC11向功率模块提供SPWM脉宽调制信号，控制功率模块内变频开关的开、关状态及开、关快慢，从而产生频率可变的模拟三相交流电，驱动变频压缩机运转。

单片机㊽脚输出高电平时，VD8饱和导通，继电器J2吸合，四通阀通电换向；输出低电平时，VD8截止，J2断电释放，四通阀断电，再次换向。

单片机㊼脚输出高电平时，VD10饱和导通，继电器J3吸合，室外风机通电运转；输出低电平时，VD10截止，J3断电释放，室外风机断电停机。

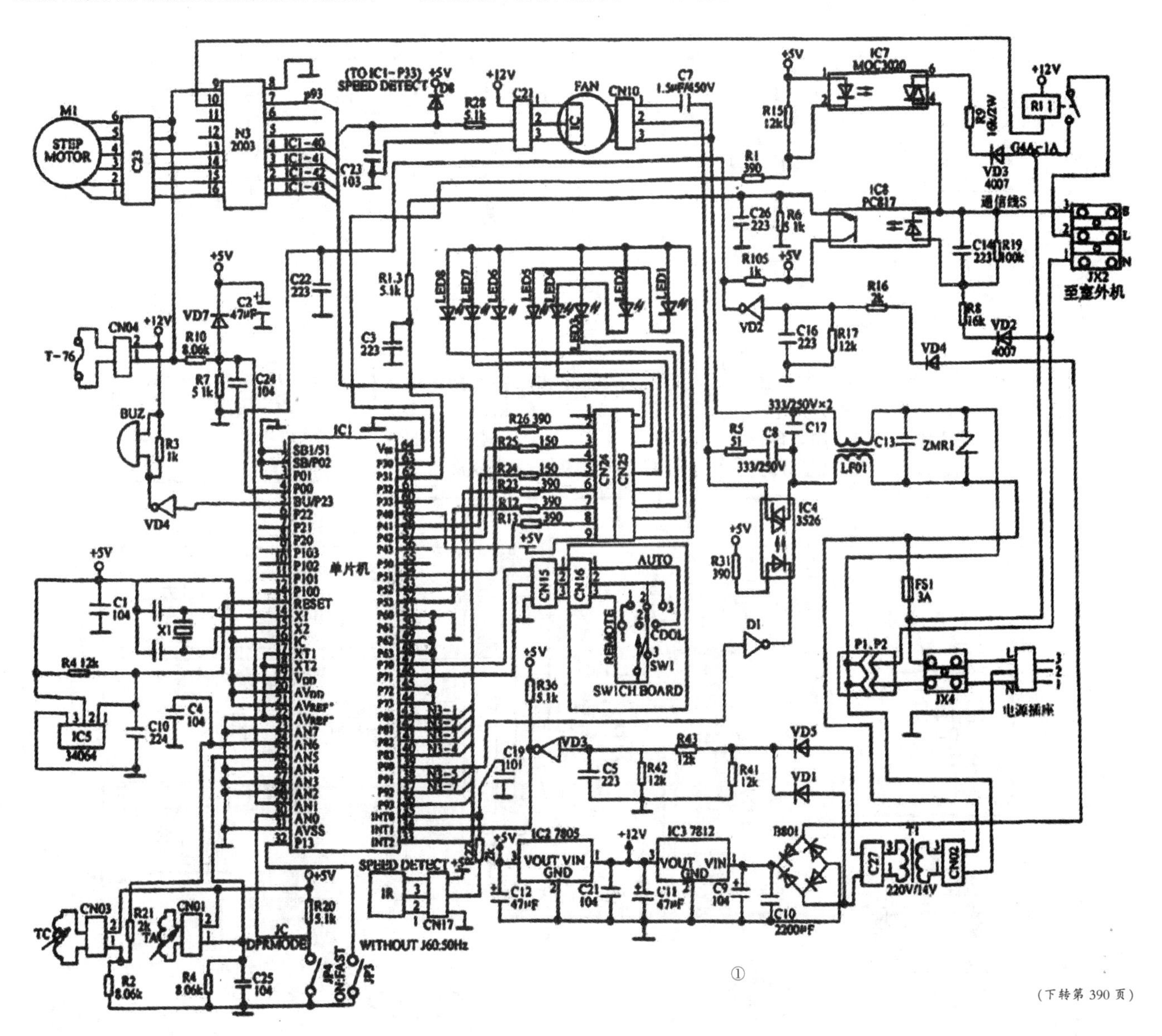

①

(下转第390页)

美的变频空调器电气系统原理(二)

(上接第389页)

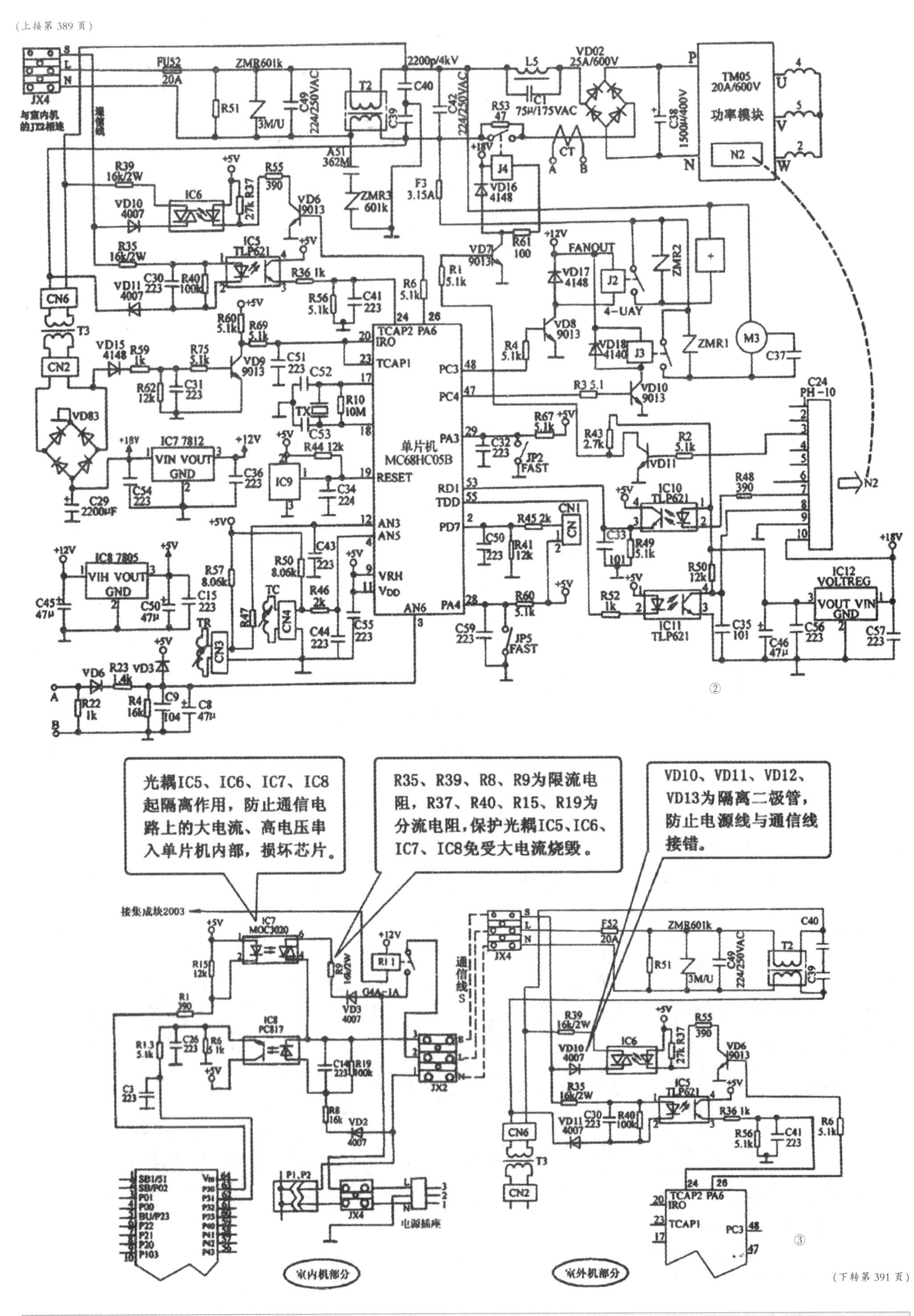

与室内机的JX2相连
通信线
单片机 MC68HC05B
功率模块
TM05 20A/600V
光耦IC5、IC6、IC7、IC8起隔离作用，防止通信电路上的大电流、高电压串入单片机内部，损坏芯片。
R35、R39、R8、R9为限流电阻，R37、R40、R15、R19为分流电阻，保护光耦IC5、IC6、IC7、IC8免受大电流烧毁。
VD10、VD11、VD12、VD13为隔离二极管，防止电源线与通信线接错。
接集成块2003
电源插座
室内机部分
室外机部分
②
③

(下转第391页)

美的变频空调器电气系统原理(三)

(上接第390页)

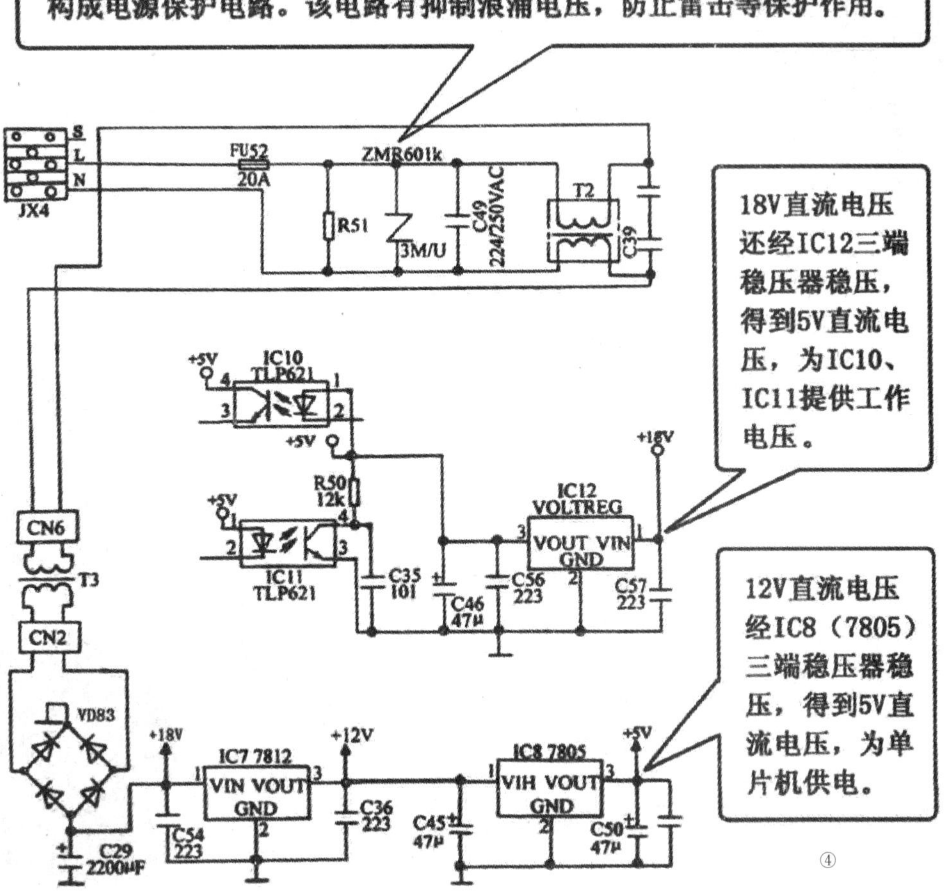

压敏电阻ZMR601K跨接在电源的火线与零线之间，同保险管FU52串联，构成电源保护电路。该电路有抑制浪涌电压，防止雷击等保护作用。
18V直流电压还经IC12三端稳压器稳压，得到5V直流电压，为IC10、IC11提供工作电压。
12V直流电压经IC8（7805）三端稳压器稳压，得到5V直流电压，为单片机供电。
JX4
FU52
20A
ZMR601k
R51
3M/U
C49
224/250VAC
T2
C39
IC10
TLP621
IC11
TLP621
R50
12k
C35
101
C46
47μ
C56
223
IC12
VOLTREG
VOUT VIN
GND
C57
223
CN6
T3
CN2
VD83
IC7 7812
VIN VOUT
GND
C54
223
C36
223
C29
2200μF
IC8 7805
C45
47μ
C50
47μ

④

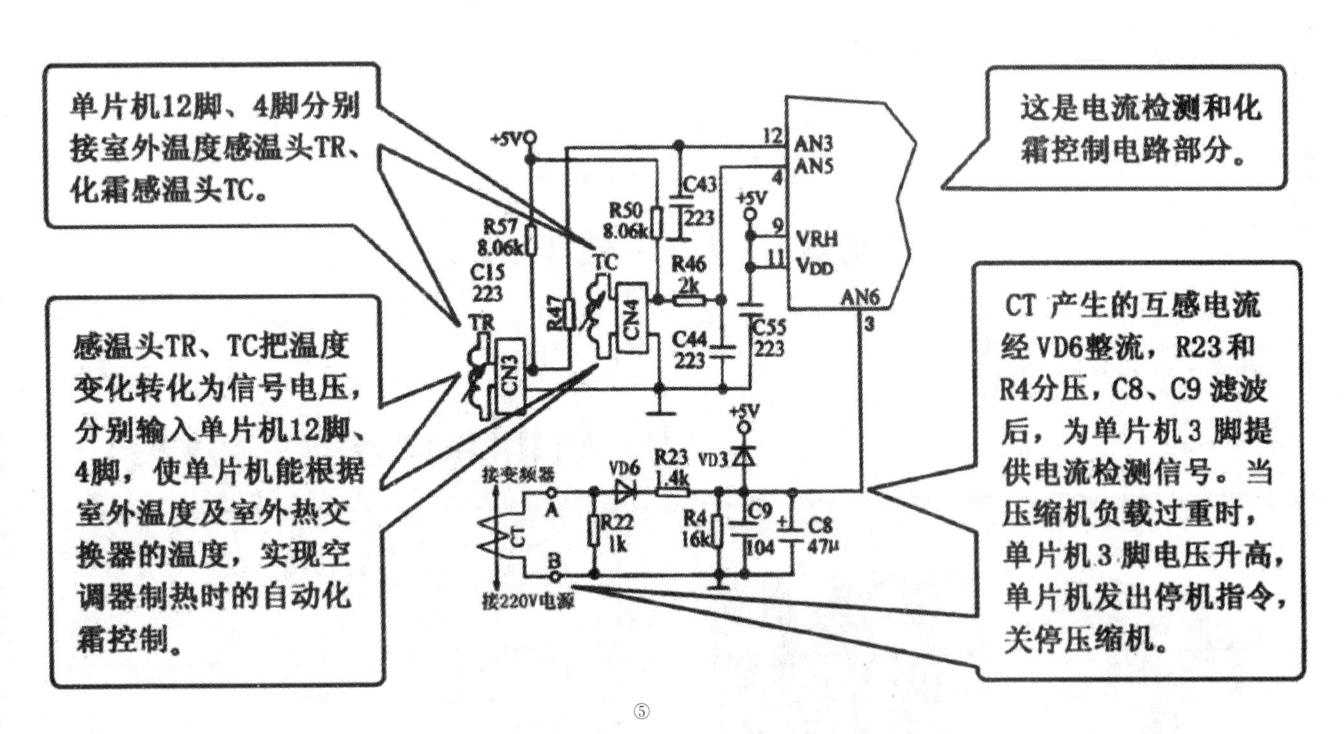

单片机12脚、4脚分别接室外温度感温头TR、化霜感温头TC。
这是电流检测和化霜控制电路部分。
感温头TR、TC把温度变化转化为信号电压，分别输入单片机12脚、4脚，使单片机能根据室外温度及室外热交换器的温度，实现空调器制热时的自动化霜控制。
CT 产生的互感电流经VD6整流，R23和R4分压，C8、C9滤波后，为单片机3脚提供电流检测信号。当压缩机负载过重时，单片机3脚电压升高，单片机发出停机指令，关停压缩机。
AN3
AN5
VRH
VDD
AN6
R57
8.06k
C15
223
R50
8.06k
C43
223
R46
2k
C44
223
C55
223
TR
TC
CN3
CN4
R47
接变频器
接220V电源
CT
VD6
R23
1.4k
VD3
R22
1k
R4
16k
C9
104
C8
47μ

⑤

(下转第399页)

硬禾学堂专栏

漫谈"独臂神通"PWM(3)

用 PWM 点灯调光

如今 LED 满眼都是，几乎每个电路板上都要至少装一个来用作状态指示(其实发光数码管也是多个 LED 组成)、各种显示器的背光、深入我们生活各个角落的 LED 台灯、路灯，几乎所有城市的夜景也都是用各种颜色的 LED 灯来装点的。

其实把 LED 点亮太简单了，只要让其流过一定的电流就可以亮了，电流越大亮度越大，电流小则亮度小。那这些灯都是如何调光(控制亮度)的呢?

大家最容易想到的，也是在很多电路板上的状态指示灯最常用的一种方式，就是通过串联一个电阻，改变电阻的值来改变 LED 的亮度，这种调光方式被称为模拟调光。一般来讲只需要 LED 灯点亮就可以，至于亮度的大小，也就是串联电阻值的大小关系并不大。当然不同颜色的 LED 灯，其前向导通电压也不同，即便达到同样的亮度，在同样的供电电压下串联的电阻值也可能不同，因此一般都不用纠结，装一个 330 还是 510 甚至 1k 其实都可以，觉得太暗就把电阻值弄小点，觉得太亮就把电阻值弄大点。

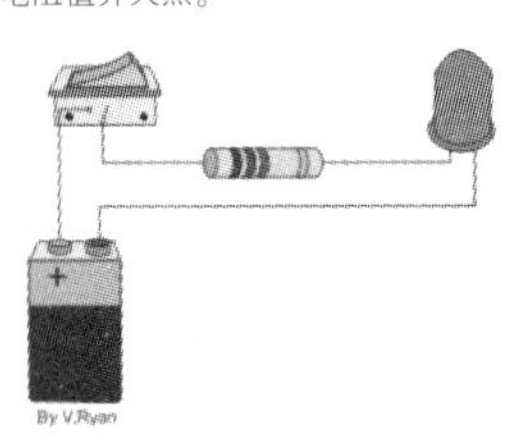

通过串联不同值的电阻可以调节电流而实现对 LED 亮度的调节

模拟调光存在很大的缺点就是电阻上会消耗功率变成热量，LED 对电流的响应是非线性的，LED 灯的亮度调节范围也比较低。

因此在很多需要调光的场合都采用 PWM 的方式(又被称为"数字调光")，也就是在固定流经 LED 的电流大小的情况下，通过占空比可调节的 PWM 脉冲来反复控制 LED 的导通和关断——导通的时候 LED 按照设定好的电流值发出相应亮度的光，关断的时候 LED 不亮，如果 PWM 脉冲的重复周期高于我们人眼视觉暂留需要的频率，尤其是达到 50Hz 以上后，我们一般人就觉察不出 LED 的闪烁了，从而认为 LED 没有闪烁，改变 PWM 脉冲的占空比就能够改变 LED 的亮度，如下面的图。

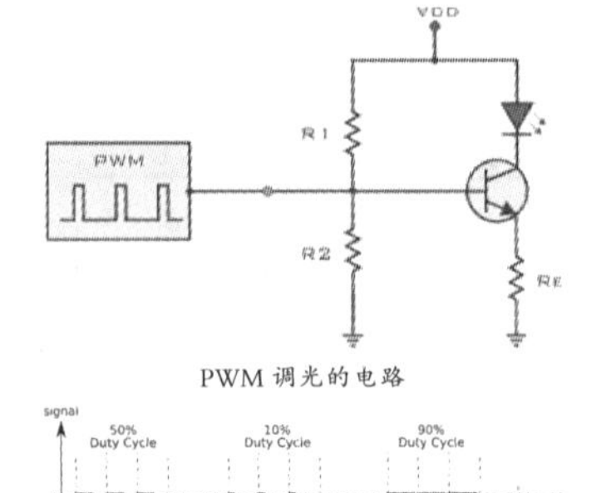

PWM 调光的电路

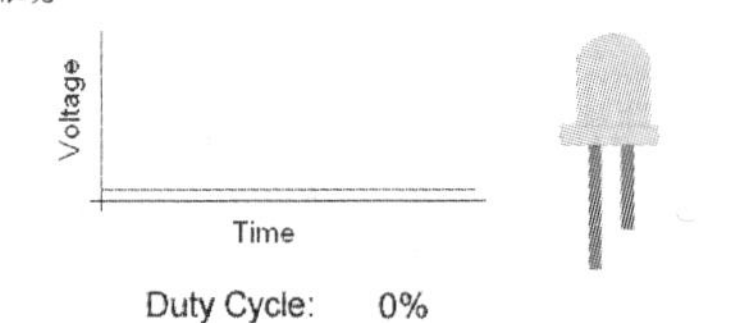

不同的占空比产生不同的亮度:50%中等亮度、10%很暗、90%很亮

Voltage

Time

Duty Cycle: 0%

改变 PWM 脉冲的占空比就可以改变 LED 的发光亮度

PWM 调光的优点是简单、效率高、其亮度随 PWM 占空比变化可以做到非常高的线性度，更符合人们对于 LED 调光精度、效率以及效果的要求。PWM 调光可以产生 3000:1 甚至更高的调光比(在 100Hz 的频率时)，而不会有任何明显的精度损失，并且 LED 颜色没有变化。

那么用于调光的 PWM 的工作频率和分辨率应该如何设定呢?

1. PWM 的工作频率如果低于 50Hz，一般的人看着 LED 就会感受到闪烁，当然不同的人眼可能感受不同，有的人即便频率低于 10Hz 也感受不到差别，厉害的人即便到了 100Hz 依然能够看出闪烁，光源移动的时候以及 LED 的亮度比较低的时候，人眼对强度的变化更敏感，因此需要更高的 PWM 频率。所以最好其频率高于 50Hz，是不是越高越好呢?一旦脉冲持续时间接近导通时间，LED 就不会真正完全导通，控制亮度的线性度就会变差，甚至在频率更高/更短的脉冲的情况下 LED 会变暗淡甚至不亮。开关频率增大到一定程度，带来的开关损耗也会变大。比较合适的频率在 50Hz 到几百 KHz 的范围。

2. PWM 分辨率指的是可以控制 PWM 脉冲占空比的精度，PWM 分辨率越高，LED 可以显示的"亮度"级别就越高，它可以使"关闭"与 LED 的最低亮度之间的差异更小，PWM 分辨率决定了我们可以在完全关闭(0%)和完全开启(100%)之间支持的亮度"级别"。分辨率越高，所需的定时精度和处理开销就越多。

通过 RGB 三色灯配色

我们知道颜色构成中有 R、G、B 三基色，其他任何颜色都可以通过这三种基色以不同的比例混合得到。在显示的时候也是通过调节空间上非常靠近的三种颜色的 LED 灯的亮度来达到"合成色"的目的，从距离这三个"单色像素"较远的地方就可以看到混合生成的新的颜色。

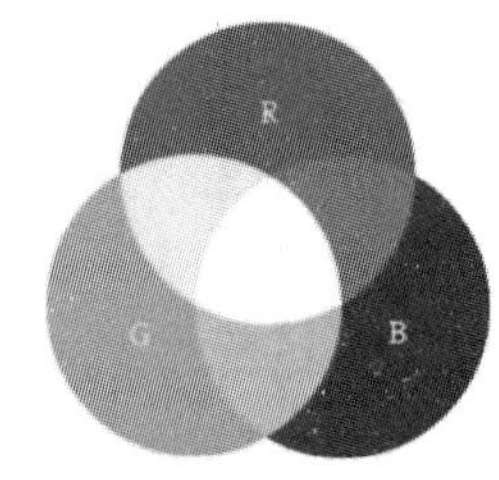

三基色按照一定的比例混合可以的到各种不同的颜色

下图为靠近的三个不同颜色 R、G、B LED 灯。

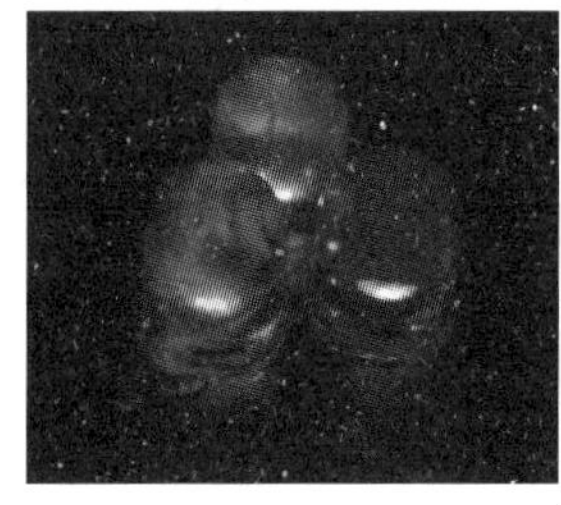

(未完待续)

电子科技博物馆专栏

编前语:或许，当我们使用电子产品时，都没有人记得或知道老一批电子科技工作者们是经过了怎样的努力才奠定了当今时代的小型甚至微型的诸多电子产品及家电;或许，当我们拿起手机上网、看新闻、打游戏、发微信朋友圈时，也没有人记得是乔布斯等人让手机体积变小、功能变强大;或许，有一天我们的子孙后代只知道电子科技的进步而遗忘了老一辈电子科技工作者的艰辛……

成都电子科技博物馆旨在以电子发展历史上有代表性的物品为载体，记录推动电子科技发展特别是中国电子科技发展的重要人物和事件。电子科技博物馆的快速发展，得益于广大校友的关心、支持、鼓励与贡献。据统计，目前已有河南校友会、北京校友会、深圳校友会、绵德广校友会和上海校友会等 13 家地区校友会向电子科技博物馆捐赠具有全国意义(标志某一领域特征)的藏品 400 余件，通过广大校友提供的线索征集藏品 1 万余件，丰富了藏品数量，为建设新馆奠定了基础。

科学史话

重要的输入工具——键盘发展史(一)

一、引述

1873 年的肖尔斯打字机的键盘以"QWERTY"布局排列，最初是为了防止出现因打字过快而导致某些键的组合容易卡键的现象。但在推广这种打字机的时候，发明者们却说这是最科学的排列方法，能够有效地提高打字速度。这一谣言被人们相信了接近 100 年之久。今天的计算机键盘虽然无论是材质还是原理都和打字机相差甚远，但是键位的排列是相同的。

二、打字机的发展历程

现今的计算机键盘和打字机之间的血缘关系一望可知:今天的键盘看起来和 IBM 公司在 20 世纪 50 年代开发的电动打字机键盘十分相似，而再向前追溯，则是更早的机械打字机。机械打字机的历史可以追溯到 18 世纪早期。1714 年，为了让盲人也能够书写，一位名叫亨利·米尔的英国人申请了打字机的专利。可惜他的专利文献和设计图现在都已经遗失，我们无法看见世界上第一部打字机的原貌。

早期键盘

IBM 公司研发的键盘

随着生活节奏的加快，人们对文字的需求越来越大的时候，打字机的市场才真正开始繁荣起来。在 19 世纪，人们已经设计出了数十种打字机:从模仿手工书写到能够打出精美的印刷字体的，一应俱全。

(未完待续)

(电子科技博物馆)

两台电磁炉相同故障的困惑

两台苏泊尔电磁炉，型号分别为C21-SDHCB14和C21-SDHCB15，故障部位相同，只是故障程度有所区别而已，都是谐振电容的一只引脚被烧断成小圆球（如图1所示），但测量电容容量为0.3μF，基本完好。

两台电磁炉型号一样，元件结构安排也一样，两只电容引脚同是紧靠一个固定线盘引脚的螺丝桩旁（如图2所示）。

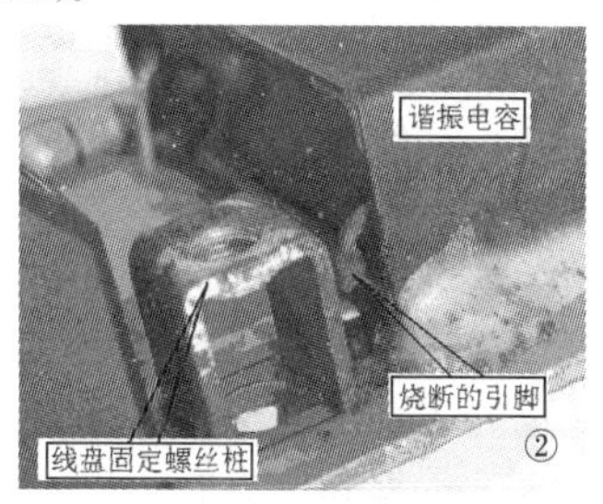

尾号为14的这台发生故障部位如图3所示，除了烧断谐振电容引脚，同时导致功率管和桥堆都击穿了，但保险管尚完好，所以一插电就跳闸。

把桥堆和功率管按原型号更换，把烧焦部位用酒精或汽油清洗干净，又把电容引脚用粗铜线焊接，重新焊好电容，又恢复正常工作了。

尾号为15的这一台损坏更严重，不但谐振电容引脚烧断，还把线盘的引脚烧断了，同时殃及功率管和桥堆都击穿了，致使保险管严重爆裂。

把烧坏的元件更换后，因为电容容量完好，所以用铜线把引脚焊接好再利用，又把线盘的引脚细心处理。因为线盘是铝质的，被烧断的引脚难以焊锡，笔者利用一只插头中的接线螺丝件，与一根较粗的铜线焊在一起，然后把线盘的引脚清除漆包皮，再紧固在螺丝孔里，装回原螺丝桩（如图4所示）。处理后试电，工作正常。

线盘引脚　谐振电容　螺丝件　铜线　线盘螺丝桩　④

综上所述，这两台苏泊尔电磁炉型号相同，发生故障的部位也相同，都是发生在300V电压的输入端，从焊锡面看也是同属一个焊点，本来嘛线盘与谐振电容就是并联的，为什么会在并联的300V电压的输入端烧断引脚呢？而不发生在300V电压的输出端呢？是否因为电容引脚与线盘引脚靠得太近的缘故，引发高压打火所致，否则烧断电容引脚（和线盘引脚）的原因又是什么？笔者感到困惑。虽然目前两台都修复了，但工作时间长了，会不会旧病重犯？百思不得其解，敬请高手释疑。

◇福建 谢振翼

中北ZB-68型商用电热锅电路工作原理与故障维修

中北ZB-68型商用电热锅是山东淄博周村中北电器长生产，系一锅多用型，具有煲汤、煲饭、煲粥、煮炖各种食品等功能于一身，其加热速度快（三档加热），具有操作方便、无明火、无噪音、安全高效、可靠实用等特点，广泛应用于大型餐厅或食堂等，深受用户喜欢。

为方便使用及日后维修方便，在检修故障时一并绘出了工作原理图（如附图所示）。

工作原理：接通主电源后，电热锅电源红色指示灯HR1亮，此时再合上加热开关K1，交流接触器KM1线圈得电吸合，其动臂接点KM1-1接通（三个接触器上面及下面的三个接触点都是用连接片连通的，这样加大接触点面积，可避免电源线接一个触点上，接触器频繁吸合而造成接点打火烧毁等），电加热丝LR1得电开始工作加热，与其相对应的绿色指示灯HG1亮，旋转温度控制旋钮TE1，可在0℃~300℃之间调节。如果需要加热速度快，依次打开加热开关K2、K3，相应的接触器KM2、KM3得电吸合，其接触点KM2-1,KM3-1接通，电加热炉丝LR2、LR3得电开始工作，相对应的绿色指示灯HG2、HG3也开始亮。

常见故障及维修：

1. 在接通电源后，电源指示灯HR1亮，合上加热开关K1、K2，加热指示灯HG1、HG2不亮也不加热，当合上加热开关K3时，加热指示灯HG3亮，锅才开始加热且速度慢。

故障分析：电源指示HR1亮，说明380V电源已进入电热锅内部。合上三个加热开关后，加热指示灯HG1、HG2不亮，判断是接触器KM1、KM2损坏，才导致的加热炉丝LR1、LR2，指示灯HG1、HG2不工作，加热速度慢。拆开其外壳、直观检查无发现有断线、松动的现象，用螺丝刀直接按压接触器KM1、KM2，使其内接触点导通，此时加热指示灯HG1、HG2亮，说明就时接触器损坏所致，随购同型号接触器换上后，故障排除。

2. 在接通电源后，电源指示灯HR1亮，在不打开加热开关K1时，指示灯LR1就亮，电热锅不受控制就开始加热。

故障分析：在没有合上空气开关K1时，电热锅开始加热，判断接触器KM1动臂接点烧粘连，始终处于接通状态。拆开其外壳、观察接触器，发现其接触面是向内吸合状态，用起子顶接触器也无法恢复，说明接触器接触点烧粘连严重，随购同型号接触器换上后，故障排除。

3. 在接通电源后，电源指示灯HR1亮，把三个加热开关都打开，三个状态指示灯也不亮，电热锅也不加热。

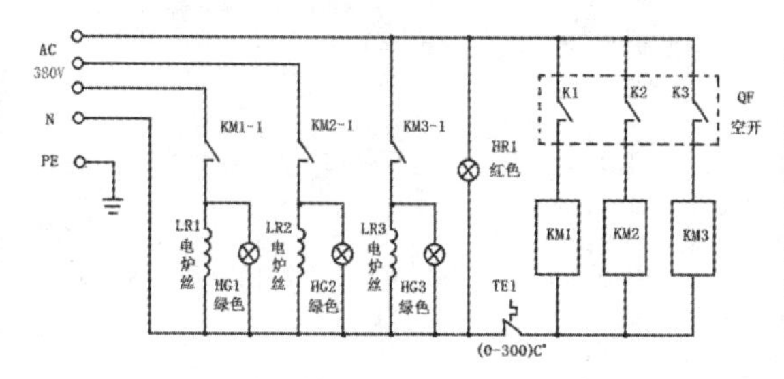

故障分析：从三个指示灯不亮来判断，三个接触器同时损坏的可能性不大，温控器TE1损坏的居多或中间跨接线接触不良。拆开其外壳，用三用表直接测量温控器TE1两端，发现无阻值，呈开路状态，旋转调节温度旋钮无任何动作，由此判断是温控器TE1损坏所致，用同型号温控器换上后，故障排除。

◇河南 韩军春 吴相连

阻止Safari浏览器请求访问数据权限

对于iPhone或iPad用户来说，一般都是使用内置的Safari浏览器，在浏览网页的过程中，经常会看到弹出式窗口，要求允许网站使用数据权限，虽然这样可能有充分的理由，例如需要搜索附近的店铺之类的本地信息，则可以共享位置数据获取所在地区的相关结果，但大部分情况下，其实很多网站并没有正常的理由要求提供这些数据，我们也总是会拒绝授予许可。那么，大家有没有感觉到每次拒绝授予许可比较麻烦呢？

其实，我们可以直接在iPhone或iPad禁用这些位置数据请求：

进入设置界面，跳转到“隐私”，选择“定位服务”，进入之后向下滚动屏幕，选择“Safari网站”（如附图所示），在这里选择“永不”，立即就可以生效。

◇江苏 大江东去

14:53
< 定位服务　Safari网站
允许访问位置信息
永不 ✓
下次询问
使用App期间
App说明：“访问的网站可能需要您的位置信息。”

备考指南 注册电气工程师供配电专业知识考题解答⑱

(接上期本版)

51. TN系统可分为单电源系统和多电源系统，对于具有多电源的TN系统，下列哪些项要求是正确的?（A、B、C）

（A）不应在变压器中性点或发电机的星形点直接对地连接

（B）变压器的中性点或发电机的星形点之间相互连接的导体应绝缘，且不得将其与用电设备连接

（C）变压器的中性点相互连接的导体与PE线之间，应只一点连接，并应设置在配电屏内

（D）装置的PE线不允许另外增设接地

解答思路：多电源的TN系统→《交流电气装置的接地设计规范》GB/T50065-2011。

解答过程：依据GB/T50065-2011《交流电气装置的接地设计规范》第7.1节，第7.1.2条、第2款。选A、B、C。

52. 闪电电涌侵入建筑物内的途径，正确的说法是下列哪项项?（A、B）

（A）架空电力线路

（B）电力电缆线路

（C）电信线路

（D）各种工艺管道

解答思路：闪电电涌侵入→《建筑物防雷设计规范》GB50057-2010。

解答过程：依据GB50057-2010《建筑物防雷设计规范》第2.0.18。选A、B。

53. 关于变电所主接线形式的优缺点，下列哪些项叙述是正确的?（A、B、D）

（A）母线分段接线的优点是：当一段母线故障时，可保证正常母线不间断供电

（B）桥接线的缺点是：桥连断路器检修时，两路电源需解列运行

（C）外桥接线的优点是：桥连断路器检修时，两路电源不需要解列运行

（D）桥接线的缺点是：线路断路器检修时，对应的变压器需要较长时间停电

解答思路：变电所主接线形式→《工业与民用供配电设计手册(第四版)》。

解答过程：依据《工业与民用供配电设计手册（第四版）》第2.4.2节，第2.4.12.1表2.4-6。选A、B、D。

54. 海拔高度1000m及以下地区6～20kV户内高压配电装置的最小相对地或相间空气间隙，下列哪些项符合规范规定?（A、C、D）

（A）6kV，100mm

（B）20kV，120mm

（C）15kV，150mm

（D）20kV，180mm

解答思路：6～20kV户内高压配电装置→《3～110kV高压配电装置设计规范》GB50060-2008→最小相对地或相间空气间隙。

解答过程：依据GB50060-2008《3～110kV高压配电装置设计规范》第5.1节，第5.1.4条、表5.1.4。选A、C、D。

55. 下列哪几项可作为隔离电器?（B、C）

（A）半导体开关

（B）16A以下的插头和插座

（C）熔断器

（D）接触器

解答思路：隔离电器→《低压配电设计规范》GB50054-2011；GB16895.4第537.2节。

解答过程：依据GB50054-2011《低压配电设计规范》第3.1节，第3.1.6条。GB16895.4第537.2节。选B、C。

56. 第二类防雷建筑物的防雷措施，下列哪些项符合规范的要求?（A、B、C）

（A）第二类防雷建筑物外部防雷的措施，宜采用装设在建筑物上的接闪网、接闪带或接闪杆，也可采用由接闪网、接闪带或接闪杆混合组成的接闪器

（B）专设引下线不应少于2根，并且应沿建筑物四周和内庭院四周均匀对称布置，其间距沿周长计算不宜大于18m

（C）外部防雷装置的接地和防雷电感应、内部防雷装置、电气和电子系统等接地共用接地装置，并应与引入的金属管线做等电位连接，外部防雷装置的专设接地装置宜围绕建筑物敷设成环形接地体

（D）有爆炸危险的露天钢质封闭气罐，在其高度小于或等于60m、罐顶壁厚不小于3mm时，或其高度大于60m的条件下、罐顶壁厚和侧壁厚均不小于3mm时，可不装设接闪器，但应接地，且接地点不应少于2处，两接地点间距离不宜大于30m，每处接地点的冲击接地电阻不应大于30Ω

解答思路：第二类防雷建筑物→《建筑物防雷设计规范》GB50057-2010→防雷措施。

解答过程：依据GB50057-2010《建筑物防雷设计规范》第4.3节，第4.3.1条、第4.3.3条、第4.3.4条、第4.3.10条。选A、B、C。

57. 下列哪些项的消防用电应按二级负荷供电?（B、C）

（A）一类高层民用建筑

（B）二类高层民用建筑

（C）三类城市交通隧道

（D）四类汽车库和修车库

解答思路：消防用电→《建筑设计防火规范（2018版）》GB50016-2014(2018版)→二级负荷供电。

解答过程：依据GB50016-2014(2018版)《建筑设计防火规范(2018版)》第10.1节，第10.1.2条、第12.5.1条。GB50067-2014《汽车库、修车库、停车场设计防火规范》第9.0.1条。选B、C。

58. 电力系统、装置或设备应规定接地，接地按功能可分为下列哪些项?（A、B、D）

（A）系统接地

（B）保护接地、雷电保护接地

（C）重复接地

（D）防静电接地

解答思路：接地→《交流电气装置的接地设计规范》GB/T50065-2011→按功能可分。

解答过程：依据GB/T50065-2011《交流电气装置的接地设计规范》第3.1节，第3.1.3条。选A、B、D。

59. 笼型电动机允许全压起动的功率与电源容量之间的关系，下列说法中哪些项是正确的?（A、B、D）

（A）电源为小容量发电厂时，每1kVA发电机容量为0.1～0.12kW

（B）电源为10/0.4kV变压器时，经常起动时，不大于变压器额定容量的20%

（C）电源为10kV线路时，不超过电动机供电线路上的短路容量的5%

（D）电源为变压器-电动机组时，电动机功率不大于变压器额定容量的80%

解答思路：笼型电动机允许全压起动→《钢铁企业电力设计手册(下册)》→功率与电源容量间的关系。

解答过程：依据《钢铁企业电力设计手册(下册)》第24.1.1节，第24.1.1.1、表24-1。选A、B、D。

60. 建筑中设置的火灾声光报警器，对声光报警器的控制，下列哪些项符合规范的规定?（C、D）

（A）区域报警系统，火灾声光警报器应由消防联动控制器控制

（B）集中报警系统，火灾声光警报器应由手动控制

（C）设置消防联动控制器的火灾自动报警系统，火灾声光警报器应由火灾报警控制器控制

（D）设置消防联动控制器的火灾自动报警系统，火灾声光警报器应由消防联动控制器控制

解答思路：火灾声光报警器→《火灾自动报警系统设计规范》GB50116-2013→声光报警器的控制。

解答过程：依据GB50116-2013《火灾自动报警系统设计规范》第4.8节，第4.8.2条。选C、D。

61. 视频显示系统中当采用光缆传输视频信号时，光缆传输的距离，下列哪些项符合规范的规定?（B、D）

（A）选用多模光缆时，传输距离宜大于2000m

（B）选用多模光缆时，传输距离宜小于2000m

（C）选用单模光缆时，传输距离不宜小于10000m

（D）选用单模光缆时，传输距离不宜大于10000m

解答思路：视频显示系统→《视频显示系统工程技术规范》GB50464-2008→光缆传输的距离。

解答过程：依据GB50464-2008《视频显示系统工程技术规范》第4.3节，第4.3.9条。选B、D。

62. 电力系统、装置或设备的下列哪些项应接地?（A、B、C）

（A）电机、变压器和高压电器等的底座和外壳

（B）电机控制和保护用的屏(柜、箱)等的金属框架

（C）电力电缆的金属护套或屏蔽层，穿线的钢管和电缆桥架等

（D）安装在配电屏、控制屏和配电装置上的电测量仪表、继电器和其他低压电器等的外壳

解答思路：应接地→《交流电气装置的接地设计规范》GB/T50065-2011。

解答过程：依据GB/T50065-2011《交流电气装置的接地设计规范》第3.2节，第3.2.1条。选A、B、C。

63. 对会议电视会场功率放大器配置设计时，下列哪些项负荷规范的规定?（A、C）

（A）功率放大器应根据扬声器系统的数量、功率等因素配置

（B）功率放大器的额定输出功率不应小于所驱动扬声器额定功率的1.3倍

（C）功率放大器输出阻抗的性能参数应与被驱动的扬声器相匹配

（D）功率放大器与扬声器之间连线的功率损耗应小于扬声器功率的15%

解答思路：会议电视会场→《会议电视会场系统工程设计规范》GB50635-2010→功率放大器配置设计。

解答过程：依据GB50635-2010《会议电视会场系统工程设计规范》第3.2节，第3.2.5条。选A、C。

64. 防空地下室的应急照明设计，下列哪些项符合规范规定?（A、B、D）

（A）疏散照明应由疏散指示标志照明和疏散通道照明组成，疏散通道照明的地面最低照度值不低于5lx

（B）二等人员隐蔽所，电站控制室、战时应急照明的连续供电时间不应小于3h

（C）战时防空地下室办公室0.75m水平面的照度标准值为300lx

（D）人防工程沿墙面设置的疏散指示标志灯距地面不应大于1m，间距不应大于15m

解答思路：防空地下室→《人民防空地下室设计规范》GB50038-2005、《人民防空工程设计防火规范》GB50098-2009→应急照明设计。

解答过程：依据GB50038-2005《人民防空地下室设计规范》第7.5节，第7.5.5条、第7.5.7条。GB50098-2009《人民防空工程设计防火规范》第8章，第8.2.4-1条。选A、B、D。

65. 按规范规定，下列建筑照明设计的表述，哪些项是正确的?（A、D）

（A）长期工作或停留的房间或场所，照明光源的显色指数(R_a)不应小于80

（B）选用同类光源的色容差不应大于5

（C）长时间工作的房间，作业面的反射比宜限制在0.7～0.8

（D）在灯具安装高度大于8m的工作建筑场所，R_a可低于80，但必须能够辨别安全色

解答思路：建筑照明设计→《建筑照明设计标准》GB50034-2013→表述正确。

解答过程：依据GB50034-2013《建筑照明设计标准》第4.4节，第4.4.2条、第4.4.3条、第4.5.1条。选A、D。

66. 关于串级调速系统特点，下述哪些项是正确的?（A、B、D）

（A）可平滑无级调速

（B）空载速度能平滑下移，无失控区

（C）转子回路接有整流器，能产生制动转矩

（D）适用大容量的绕线型异步电动机，其转差功率可以返回电网或加以利用，效率较高

(未完待续)

◇江苏 键谈

变频器技术

变频器的简易应用案例(四)

(接上期本版)

八、使用变频器端子上的按钮控制电动机正反转和升降速

这种调速控制电路在某些场合应用具有一定方便性,正转启动、反转启动、升速(UP)调整、降速(DOWN)调整以及停机操作均可由端子排外联的按钮实现。把这些按钮安装在一个控制盒内,可以固定安放在一个操作方便的地方。具体应用电路见图8。

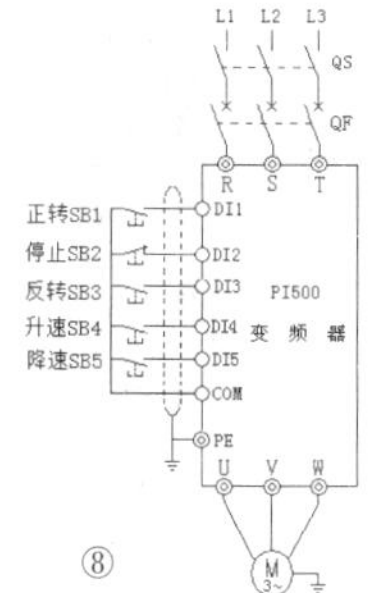

⑧

实现该应用案例需要设置的参数见表8。根据参数F1.00~F1.04的设置,端子DI1为正转控制端子,DI3为反转控制端子,DI2设置为三线制控制1,在这种控制模式下,常闭按钮SB2闭合、正转按钮SB1按下时在变频器内部生成的脉冲上升沿将使电动机正转启动;此时若欲转换旋转方向,可按一下按钮SB2,待电动机停稳后按一下反转启动按钮SB3,电动机即开始反转运行;同样,再按一下按钮SB2,电动机停机。

在电动机正转或反转运行过程中,若欲升速,可以持续按压升速按钮SB4,使电动机转速逐渐升高(UP),升速的速率由参数F1.11设定,查表可知,转速将以每秒1Hz的速率升高,而升速的频率基础由参数F0.10设定。该参数设置为0,表示升速将以当前运行频率为基础。转速升高到需要的频率时,松开按钮SB4,升速停止。

若欲在运行中降低电动机的转速,则可持续按压降速(DOWN)按钮SB5,转速将以当前运行频率为基础,以每秒1Hz的速率降速,直至运行频率降至合适值后,松开按钮SB5。

由表8可见,参数F0.03设置为1,确定由端子排上安装连接的按钮键盘进行频率调节;参数F0.11设置为1,确定由端子排完成操作控制;参数F1.10设置为2,确定了本案例为三线式控制模式1。其他参数的设置效果,参见表8中的"相关功能说明"。

九、用二线制压力传感器实现恒压控制

图9(见下期本版)是使用二线制压力传感器Pa通过变频器实现恒压控制的应用电路。所谓二线制传感器,就是传感器的电源线与信号反馈线共用两条线,这两条线既是电源给传感器的供电线,又时传感器向仪表反馈信号的传输线。图9中的传感器Pa使用变频器提供的+24V电源,并将压力信号传送到变频器的模拟量输入端AI1端。该款应用电路中,注意须将变频器的COM端与GND端短路连接起来,电路才能正常工作。另外,变频器的DI1端与COM端连接"正转/停止"命令触点,DI2端与COM端连接"故障复位"命令触点。

恒压控制电路需要设置的功能参数如表9所示。

(未完待续) ◇山西 陈晨

表8 上升/下降控制调速需要设置的功能参数

参数码	参数名称	参数可设置范围及相关功能说明	参数值	修改
F0.03	频率源主设	0:端子键盘设定频率(F0.01,UP/DOWN可修改,掉电不记忆) 1:端子键盘设定频率(F0.01,UP/DOWN可修改,掉电记忆) 2:模拟量AI1设定 3:模拟量AI2设定 4:面板电位器设定 5:高速脉冲设定 6:多段速运行设定 7:简易PLC程序设定 8:PID控制设定 9:远程通信设定 10:模拟量AI3设定	1	×
F0.11	命令源选择	0:键盘控制 1:端子排控制 2:通讯命令控制 3:键盘控制+通讯命令控制 4:键盘控制+通讯命令控制+端子台控制	1	√
F1.10	端子命令方式	0:两线式1,该模式时,端子电平控制有效。 1:两线式2,该模式时,端子电平控制有效。 2:三线式控制模式1 3:三线式控制模式2	2	×
F1.11	端子UP/DOWN变化率	0.001Hz/s~65.535Hz/s 该参数用于设置端子UP/DOWN调整设定频率时,频率变化的速度,即每秒钟频率的变化量。	1.00Hz/s	√
F1.00	DI1端子功能选择	该参数设置为1,DI1端子为正转运行(FWD)控制端子。与COM之间连接按钮,操作按钮产生的脉冲上升沿使电动机正转。该端子为脉冲上升沿有效。	1	×
F1.01	DI2端子功能选择	三线式控制1。DI2端子是使能端子,与COM之间的触点闭合时,正转运行与反转运行的操作控制才能有效。触点断开时,正转、反转均停机。该端子为电平操作有效。	3	×
F1.02	DI3端子功能选择	该参数设置为2,DI3端子为反转运行(REV)控制端子。与COM之间连接按钮,操作按钮时在变频器内部产生的脉冲上升沿使电动机反转。	2	×
F1.03	DI4端子功能选择	参数F1.03有0~51共52种选择,此应用案例中将参数F1.03设置为6,所以仅对设置为6时的功能说明如下,以节约篇幅。 6:端子UP。 参数F1.03设置为6,使得端子DI4具有频率递增功能(UP),当该端子与COM之间的按钮接通时,输出频率将按参数F1.11设定的速率增加。松开按钮,增速停止。增速开始的基准频率由参数F0.10设定。	6	×
F1.04	DI5端子功能选择	参数F1.04有0~51共52种选择,此应用案例中将参数F1.04设置为7,所以仅对设置为7时的功能说明如下,以节约篇幅。 7:端子DOWN。 参数F1.04设置为7,使得端子DI5具有频率递减功能(DOWN),当该端子与COM之间的按钮接通时,输出频率将按参数F1.11设定的速率递减。松开按钮,减速停止。减速开始的基准频率由参数F0.10设定。	7	×
F0.10	UP/DOWN基准	0:运行频率 1:设定频率	0	×

注:表中"修改"一栏中的符号"√"表示相关参数在运行和停机时均可修改;符号"×"表示相关参数只有在停机时才可修改。

表9 用二线制压力传感器实现恒压控制需要设置的功能参数

参数码	参数名称	参数可设置范围	参数值	修改
F0.03	频率源主设	0:键盘设定频率(F0.01,UP/DOWN可修改,掉电不记忆) 1:键盘设定频率(F0.01,UP/DOWN可修改,掉电记忆) 2:模拟量AI1设定 3:模拟量AI2设定 4:面板电位器设定 5:高速脉冲设定 6:多段速运行设定 7:简易PLC程序设定 8:PID控制设定 9:远程通讯设定 10:模拟量AI3设定	8	×
F0.11	命令源选择	0:键盘控制 1:端子排控制 2:通讯命令控制 3:键盘控制+通讯命令控制 4:键盘控制+通讯命令控制+端子台控制	1	√
F0.13	加速时间1	0.0s~6500s	50.0s	√
F0.14	减速时间1	0.0s~6500s	50.0s	√
F0.19	最大输出频率	50.00Hz~320.00Hz	50.00Hz	√
F0.21	上限频率	0.00kHz~最大频率(最大频率由参数F0.19设置)	48.00Hz	√
F0.23	下限频率	0.00kHz~上限频率(上限频率由参数F0.21设置)	25.00Hz	√
F1.00	DI1端子功能选择	0:无功能,可将不使用的端子设定为"无功能",以防止误动作 1:正转运行(FWD),通过外部端子来控制变频器正转运行。 2:反转运行(REV),通过外部端子来控制变频器反转运行。 以下3~51的功能设置从略	1	×
F1.01	DI2端子功能选择	DI2端子的功能,有0~51共52种选择,此应用案例中将参数F1.01设置为9,所以仅对设置为9时的功能说明如下。 9:故障复位(RESET),利用DI2端子进行故障复位,与面板上的RESET复位键功能相同,但使用此功能可以实现远距离故障复位。	9	√
F1.12	AI1最小输入	0.5V对应1mA。	2.00V	√
F3.07	停机方式	0:减速停车 1:自由停车	1	√
E2.01	PID键盘给定	0.0%~100.0%。 此参数用于选择PID的目标量给定值。PID的设定目标量为相对值,设定范围为0.0%~100.0%。同样,PID的反馈量也是相对量。PID的作用就是使这两个相对量相同。	依实际需要设定百分比	√
E2.27	PID停机运算	0:停机不运算 1:停机继续运算 用于选择停机状态下PID是否继续运算。	1	√
E2.29	PID自动减频选择	0:无效 1:有效 此参数用于选择PID反馈值和给定值相等时,变频器自动减频是否有效。当PID自动减频有效时,变频器间隔E2.31检测时间进行减频,每次减频0.5Hz,如果减频过程中反馈值小于给定值,变频器直接加速到设定值。	1	√
E2.31	PID检测时间	0~3600s	8	√

注:表中"修改"一栏中的符号"√"表示相关参数在运行和停机时均可修改;符号"×"表示相关参数只有在停机时才可修改。

基于树莓派的"语音点歌台"设计制作

"开源硬件"是指"与自由及开放原始码软件相同方式设计的计算机和电子硬件",目前比较流行的开源硬件是Arduino、树莓派和掌控板等等。通过Python代码编程或是"积木"式模块语句编程,可以进行创意十足的各种小发明、小创造,比如设计制作一个"语音点歌台",实现语音唤醒并根据歌曲(或歌手)名称来播放对应的MP3歌曲。

1.实验器材及连接

实验器材包括树莓派及古德微扩展板各一块,全向麦克风一个,音箱一个,LED灯一支。

首先是安装扩展板,正确对准树莓派的四角并小心均匀用力下按;接着,将全向麦克风插入树莓派USB接口,将音箱插入音频输出圆孔,再将LED灯("长腿正、短腿负")插入5号插孔;最后,树莓派通电启动操作系统(如图1)。

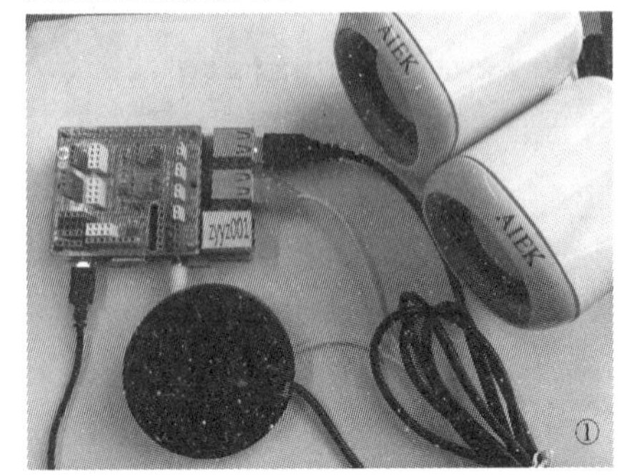

①

2.准备工作:将MP3素材文件复制到树莓派中

运行Windows的"远程桌面连接",进入树莓派操作系统后再点击"文件管理器"进入home/pi目录;新建一个名为MP3的文件夹,将准备好的十个MP3音乐文件(经剪辑处理后只保留了歌曲某片段)复制、粘贴(如图2),待用。

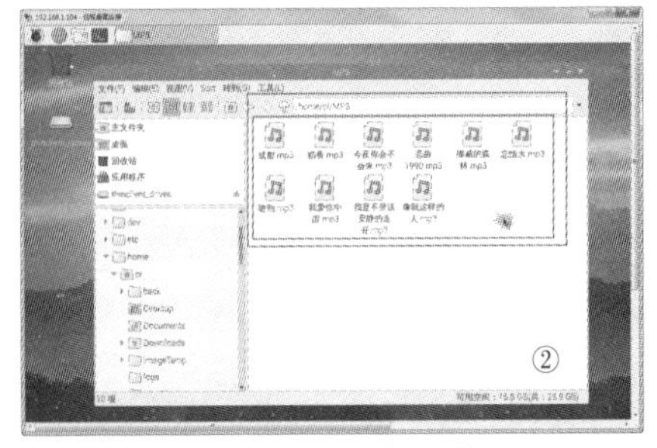
②

3.古德微机器人"积木"模块语句的编程

通过360浏览器访问古德微机器人网站(http://www.gdwrobot.cn/),登录自己的账号后点击"设备控制"按钮,进入"积木"编程区开始进行程序的编写:

(1)编写控制LED的"LED闪烁"函数

为了实现在语音唤醒后控制LED灯闪烁发出反馈信号,从左侧"函数"中选择并新建一个名为"LED闪烁"的函数;接着,从"智能硬件"-"常用"中选择"控制'2'号小灯'亮'",修改对应LED的GPIO编号为"5";然后再增加一个"等待0.2秒"的模块语句,作用是控制LED灯持续亮0.2秒;最后,添加"控制'5'号小灯'灭'",完成5号LED灯闪烁一次的效果(如图3)。

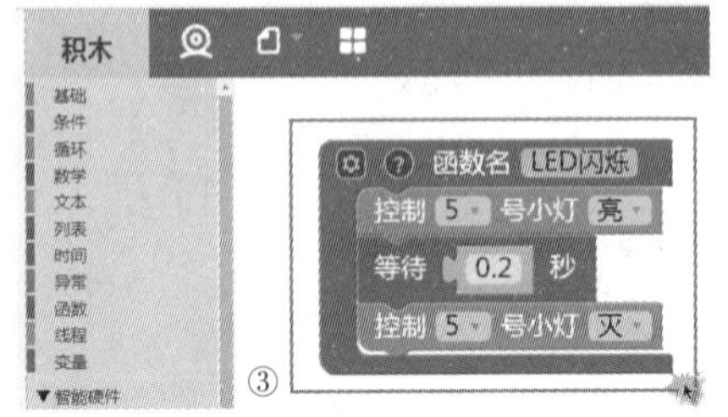

③

(2)"Wakeup"函数的初始化操作

从"人工智能"-"语音识别"中选择"小度小度关键词语音唤醒,请创建一个Wakeup新函数"模块语句,作用是当检测到麦克风有"小度小度"关键词信号时控制程序去调用执行"Wakeup"函数。

接着,新建一个名为"Wakeup"的函数,第一个模块语句是"播放本地音频'/home/pi/temp/ding.mp3'",也就是播放/home/pi/temp/ding.mp3文件(发出"叮"的一声响);然后调用执行"LED闪烁"函数,二者共同起到"Wakeup"函数被"唤醒"(运行)的提示作用。

接着再建立两个变量,分别命名为"语音输入"和"文字识别";从"人工智能"-"语音识别"中选择"将'3'秒的语音输入保存到'/home/pi/temp/record.mp3'"模块语句,将它赋值给"语音输入"变量,作用是将麦克风捕获到的语音数据合成为"record.mp3"并存放于"/home/pi/temp"中;再将"文字识别"变量赋值为"把语音'语音输入'转换为文字",完成对"record.mp3"音频文件(变量"语音输入"的值)的语音转文字识别;然后,添加一条"输出调试信息'文字识别'"模块语句,作用是在LOG调试区输出变量"文字识别"的结果(如图4)。

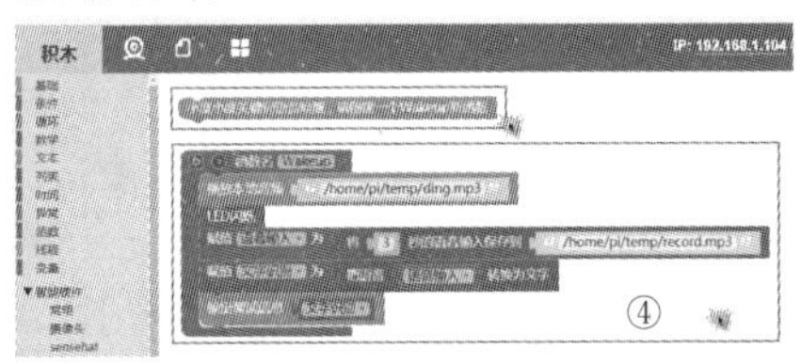

④

(3)"Wakeup"函数的多分支选择结构主体

由于之前准备了十首MP3音乐文件,因此需要建立一个十分支的"如果…执行…否则如果…执行…"选择结构,各自对应一首MP3音乐;每个分支的结构都是对麦克风监测并进行了文字识别后的结果进行判断,如果有匹配的关键词则播放所对应的MP3音乐,以第一个分支为例:判断条件是一个"或"结构,即"从文本'文字识别'寻找第一个出现的文本"是否有"成都"或是"赵雷",只要满足一个就认定条件成立,通过"播放本地音频'/home/pi/MP3/成都.mp3'"模块语句来播放赵雷的《成都》MP3音乐。其他的九个分支均是如此,要么是将演唱者的姓名(比如周杰伦)和歌曲名(比如"稻香")作为关键词;要么是将歌曲中的多个分词作为关键词,尤其是歌名较长时,比如"我是不是该安静地走开"所对应的关键词是"是不是""安静"和"走开",只要识别出一个关键词就会播放这首MP3音乐文件(如图5)。

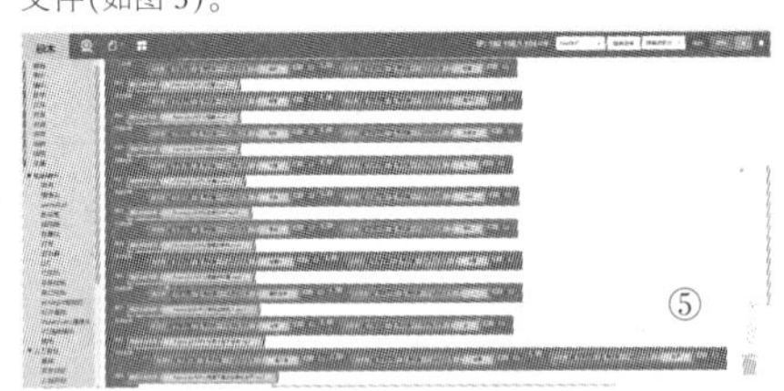
⑤

如果之前准备的素材多于十个的话,可以在此将分支结构进行"扩充",提炼出合适的关键词并与MP3音乐文件对应起来即可。程序编写结束后,点击右上方的"保存"按钮将它保存为"语音点歌台"。

4.测试树莓派"语音点歌台"的运行效果

打开LOG调试信息区,点击"连接设备"按钮(出现五个绿色对勾表示连接成功)后再点击"运行"按钮,尝试对着麦克风说:"小度小度"(语音唤醒),音箱会先"叮"地响一声,LED灯也会闪烁一下;接着再说"赵雷"(或者"成都"),LOG区显示输出"赵雷",同时音箱也响起了《成都》的旋律;再测试,先说"小度小度"再说"恋曲"(或者"1990""恋曲1990"),LOG区显示输出"恋曲"的同时,音箱响起了《恋曲1990》的旋律。对其他的一些关键词进行测试,比如"挪威的森林"、"像我这样的人""周杰伦"和"我爱你中国"等等(如图6),音箱中都会播放对应的MP3歌曲。

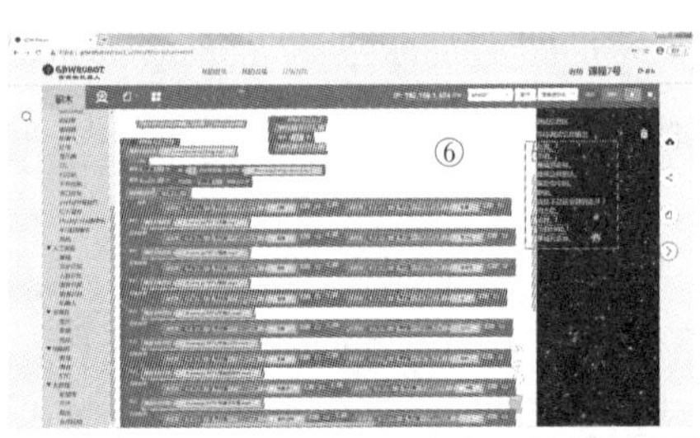
⑥

具体的测试演示视频可扫描二维码到B站观看(如图7)。这就是在树莓派上通过古德微机器人的"积木"式编程实现的"语音点歌台",可以根据自己的爱好来准备不同的MP3音乐文件素材,并且要在编程时设置好对应的关键词,大家不妨一试。

⑦

◇山东省招远第一中学新校微机组 牟晓东

定时喷灌控制电路

对于无土栽培系统,浸泡式并没有优势,而定时滴灌或者喷灌具有很大的优势。本文介绍一款低成本的定时喷灌控制系统电路。利用该系统可以方便地控制间隔时间和喷灌时间,而且电路非常简洁,价格低廉。

图1是该喷灌定时控制电路原理图,在图1中,CD4060是一片带振荡电路的14级分频器电路,在其输出端输出的是9脚脉冲的各级分频,我们可以选择不同的分频数获得不同的间隔时间,本例选择最大分频14级分频,这样,按图中参数约得到2小时的间隔时间,持续喷灌时间由R4*C2延时时间决定。Q14输出高电平时,VS输出低电平,直流电机M得电运转进行喷灌。与此同时,通过R4对C2进行充电,当C2端电压达到高电平时,U1的复位端12脚得到高电平输入,U1复位,Q14输出低电平,VS截止,电机停止运转。同时C2通过R4进行放电解除复位状态,进入下一个定时周期。

图2为利用低级分频输出控制复位的定时喷灌系统,持续喷灌时间为U1的⑨脚脉冲周期的128倍(Q7分频),在Q14输出低电平时,U1的复位端⑫脚通过R4获得低电平,电路正常工作,当Q14输出高电平时,VS得到高电平,输出低电平,电机得电运转。此时如果Q7输出低电平,则U1的复位端⑫脚通过D2获得低电平输入,电路维持正常工作,Q14仍然输出高电平。直到Q7输出高电平,此时,U1的复位端⑫脚由Q14输出高电平通过R4迫使U1的复位端⑫脚输入高电平,强迫U1复位,U1复位后Q14端输出低电平,解除U1的复位状态,U1正常工作。如此循环。我们可以在高分频端(Q12,Q13,Q14)选择喷灌间隔时间,低分频端(Q4,Q5,Q6,Q7)端选择喷灌持续时间。还可以通过配合R2的取值获得合适的间隔时间和持续喷灌时间。

◇湖南 王学文

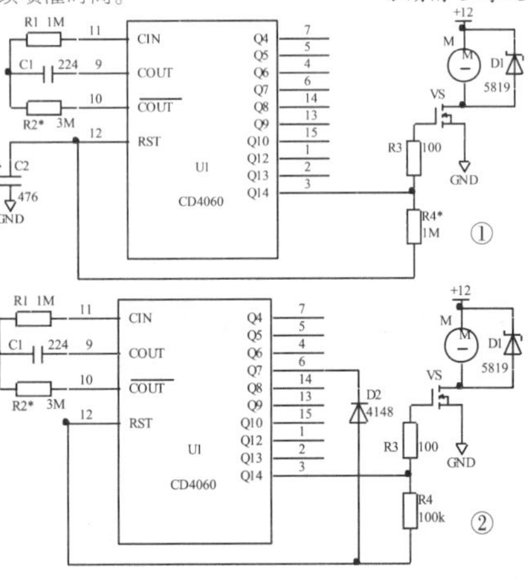

①
②

用 20 美元的宜家台灯运行《毁灭战士》

这款售价大约 20 美元的电灯 TR DFRI，可以随时进行调暗或调亮、设定想要的颜色，由于 TR DFRI 的颜色具有调整功能，其内部拥有一个计算机系统，而只要对其稍加改造，就可以用来运行 id Softeare 在 1993 年 DOS 系统下发售的经典游戏《毁灭战士》。

毁灭战士

DOOM

类型：第一人称射击FPS

语言：英文

平台：PC

发售：1993-10-12

立即下载

这个制作的创意来自 next-hack 的一个团队，他们发现宜家 TR DFRI LED1923R5 灯具有很好的 MCU，以及 96+12kB 的 RAM(总共 108kB)，1MB 的闪存，和一个 80MHz 的 Cortex M33。

更准确地说，这款新的宜家灯使用来自 Silicon Labs 的 MGM210L 射频模块，该模块是基于 EFR32MG21 射频微控制器。

拿到台灯后，要用切割器将灯的塑料顶部弹出，同时还需要切割将其固定到位的胶水。之后，取下两个小螺丝，用小钳子取下 LED PCB；然后就可以移除金属散热器，以露出高压 AC/DC 转换器，用钳子将它从灯中拉出(其实说白了 TR DFRI 台灯不是必需的，我们需要的只是它内部的 MGM210L 模块而已。)。

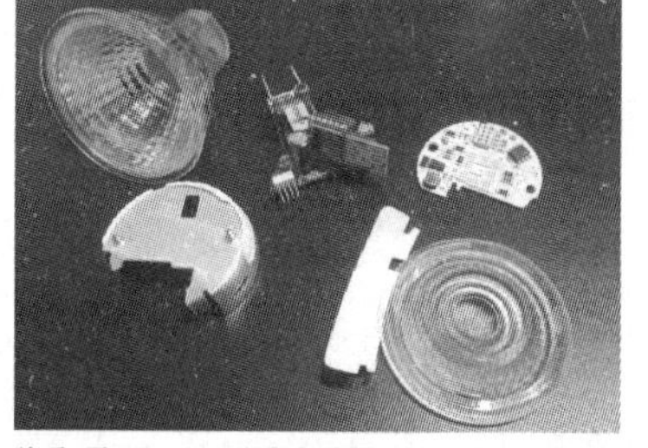

然后，需要从 PCB 中取出电源线和 IO 线。为此，他们使用了一块原型板，将其成型为接受带有 RF 模块的 DC-DC 板。为了后续安装的方便也可以在上面做一个切口。

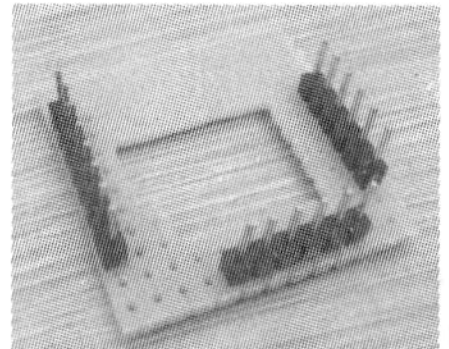

电线连接到三个接头，将模块插入另一个原型板，该板将包含该项目的所有其他内容。

接着，还需要把电线直接焊接到 DC-DC 板触点上，3 个母头用于连接射频板，连接 2 针接头的音频部分。

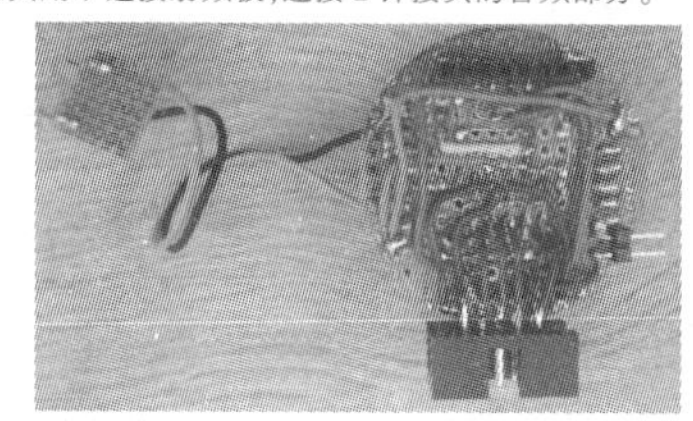

然后是键盘的部分：

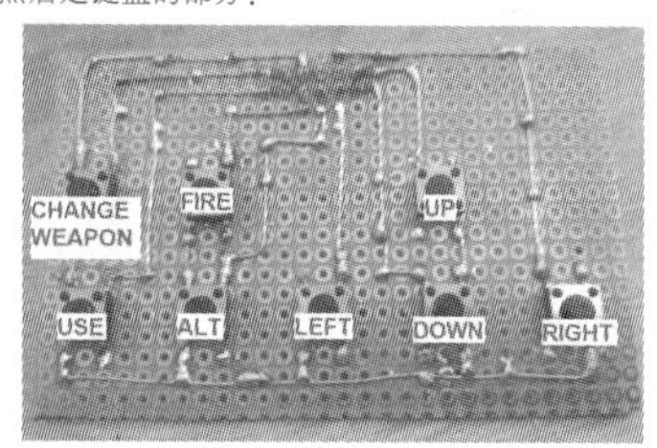

毕竟这还只是一个电灯，还需要额外配备一个显示器，在这里选择廉价的彩色 1.8 英寸 TFT 160×128 SPI 显示器。该显示器具有兼容的 ILI9163 或 ST7735S 控制器，并且它们需要以 16MHz 运行。

由于最终处理器不足以存储 WAD 文件（共享软件版本至少为 4.1MB）。综合考虑之下，他们选用了外部 SPI 存储器。

在输入设备上，由于《毁灭战士》需要最少的键数是 7 或 8，74HC165 移位寄存器是不二之选。

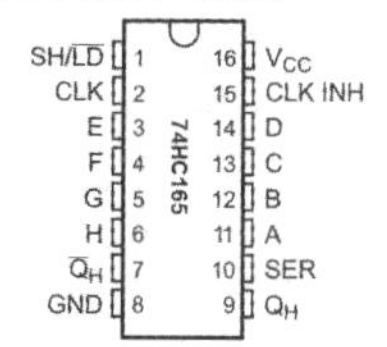

硬件原理图如下：

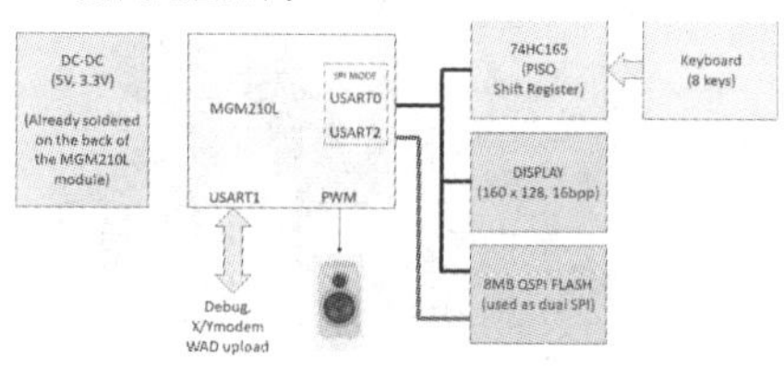

下面就要进行软件的编辑了。

在编程上，该器件使用任何兼容 JLink 的 SWD 编程器进行编程。在编程结束时，可能会收到错误消息提示，直接忽略就行。

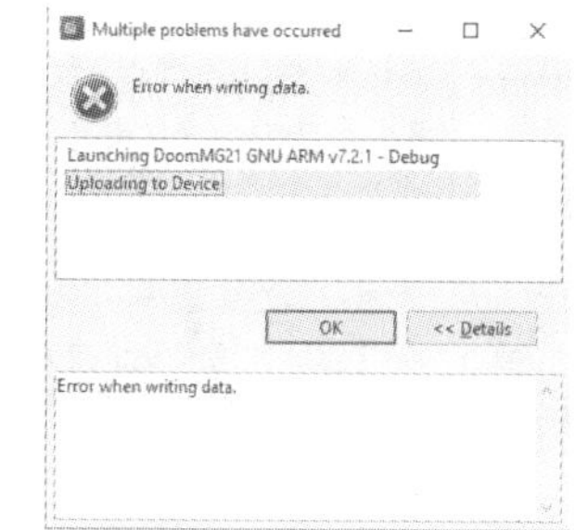

在 GitHub 中，存在已经转换好的共享软件 DOOM1.wad(mg21DOOM1.wad)。如果 WAD 与共享软件版本不同，需要将其转换为与此端口兼容的特定格式。

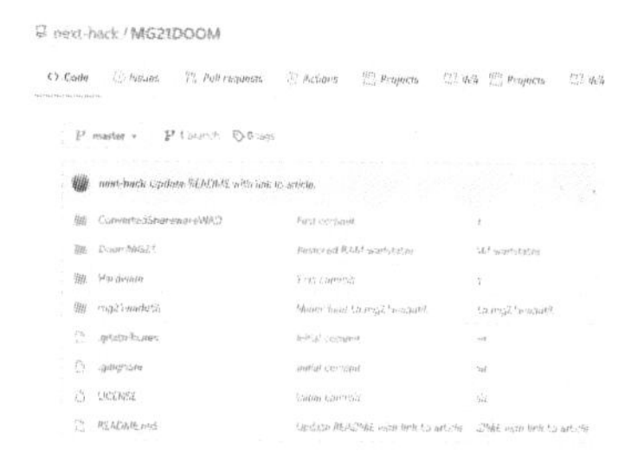

GitHub 链接：https://github.com/next-hack/MG21DOOM

转换后的 WAD 需要通过 YMODEM 协议发送到内部闪存。对于此，还需要一个 USB 到 TTL UART 的转换器。

上传 wad 的时候，记得打开设备电源，然后按住“use”“change weapon”和“alt”，以启动 Ymodem 接收。

下载完成后重置设备，你就能看到《毁灭战士》开始运行了！

目前，这款开源射击游戏已经可以在广告牌卡车、烤面包机以及灯泡等各种设备上运行了。

比如 2014 年，澳大利亚黑客团队在 ATM 机上成功运行了《毁灭战士》。该团队使用 ATM 机上自带的控制按钮，没有借助外置控制器，不过他们仍然需要自制的软件和特定的电路板来将取款按键映射成开枪按键。

这些人还希望能利用上 ATM 机上的其他硬件部分，比如用菜单按钮更换武器、用数字键盘来控制人物移动或者让小票打印机打印出玩家完成的游戏关卡。

英国一个研究小组利用佳能 PIXMA 打印机的 web 界面修改打印机的固件，从而运行了这款经典游戏。

◇李运西

HarmonyOS鸿蒙手机开发板“大禹”

华为发布了全新的HarmonyOS 2鸿蒙操作系统的手机版本，引发全网关注，而其核心内容OpenHarmony 2.0 Canary版本也在前一天宣布上线，支持内存128M以上的各种智能终端设备。

OpenHarmony是由开源基金会孵化及运营的开源项目，目标是面向全场景、全连接、全智能时代，基于开源的方式，搭建一个智能终端设备操作系统的框架和平台，促进万物互联产业的发展。

众所周知，OpenHarmony归属于开源基金会，由华为、京东、润和软件、博泰、亿咖通、中科院软件所、中软国际七位成员共同管理。

润和现已推出支持手机类的OpenHarmony高性能开发套件HH-SCDAYU以及基于HH-SCDAYU的金融支付终端产品。

据悉，DAYU的中文谐音为“大禹”，大禹治水精神是中华民族精神的源头和象征。

润和软件 OpenHarmony 高性能开发套件 HH-SCDAYU，拥有64位的2*A75+6*A55处理器，支持4G LTE Cat7网络、双卡双待、蓝牙、Wi-Fi、GPS双目摄像头等功能，接口丰富，且支持2K@30fps视频的录制和播放。

据称，这款开发板可应用于智能POS收银机、物流终端、VR Camera、智能机器人、车载设备、智能信息采集设备、智能手持终端、无人机等产品开发。

◇李运西

为何安卓和苹果摄像头像素值差异大

如今1亿像素(安卓)手机已下探至千元机价位,而最高售价近万元的苹果仍在坚守1200万像素,单看像素并不能决定一部手机的拍照是否优秀。手机拍照好坏还是取决于CMOS底片、镜头,以及算法。而像素的多少跟CMOS底片的大小并无直接关系,只取决于这个CMOS底片上的成像点的密度。先不考虑衍射影响,像素越多虽细节越丰富,但仍要受限于镜头素质。

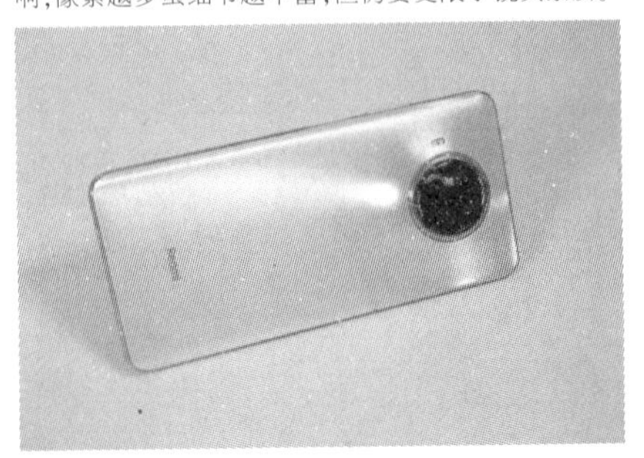

红米Note9 pro在1500元(起)价位来说,拍照性价比还算不错的手机

不过为什么千元机能用上上亿像素?这其实和成本关系很大。高像素手机可以通过"缩图"来提升画质,充当"变焦",让手机的账面数据更为好看,再加上各厂家的图像算法优化进行弥补;通俗地讲:"硬件不够像素来凑。"

而苹果等高端机型虽然只有1200万像素,但是往往搭配的都是最高端的镜头模组,且因为像素密度相对合理整体画质更为出色,即使无需太多的AI图像处理即可呈现出比较好的最终拍摄效果,整个过程简单、自然,且流畅,代价就是成本高昂。

无论是高像素还是高配置只是提升画质的两种不同路径,虽然在手机的方寸屏幕上可以很大程度上优化到殊途同归的效果,但是拍摄过程中的体验是截然不同的。为什么很多安卓旗舰机在抓拍是偶尔也会出现卡壳、喘气、跟不上趟的节奏,就是因为"外挂"太多了。

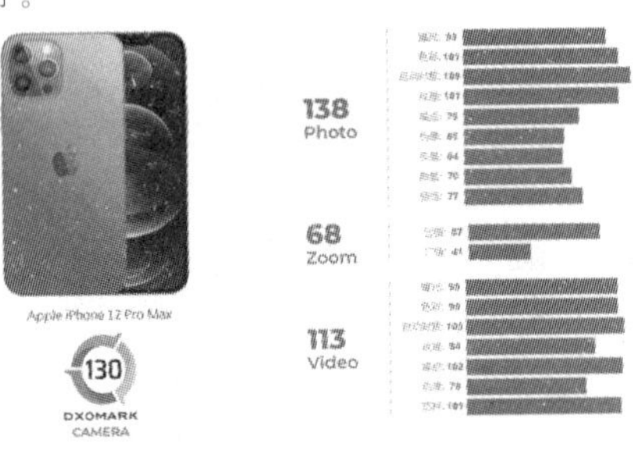

不仅仅是因为像素数量太大导致机内数据处理庞大,还有大量预加载的AI运算,各种美颜瘦腿滤镜,再涉及机内渲染缩图合成,对于手机运算来说,负荷还是挺大的。而苹果的1200万像素可谓轻装上阵,即使DxOMarK专业评测机构也认可iPhone 12拍摄成功率更出色。

这就解释了为何苹果能够用1/8的像素和1/2的内存营造出更顺畅的拍照体验,更出色的抓拍成功率,以及并不逊色甚至更为出色的画质呈现,且成像风格更清新自然。尽管苹果iPhone 12系列的拍照实力并未登顶,但其综合素质却仍在第一梯队。

而苹果采用1200万像素还有一个好处就是提升视频拍摄质量。因为视频拍摄对像素要求较低,即使4K视频其实也仅需要800多万像素既可以满足。凭借合理像素加之强大的A14处理器足够应付,苹果iPhone 12首推的实时渲染HDR视频广受业界赞誉。

写在最后

说了这么多,倒不是说高像素不好,只是千元机单用高像素做宣传完全是一种噱头,注重拍照的朋友们在选购手机时不能只看像素。

当然,考虑到成本因素,反过来说用高像素也是一种聪明的做法。很多安卓的高端机型,都是通过高像素配合高素质的影响模组实现顶级的画质表现,完全超越苹果的1200万像素。只是用千元价位(1000~3000元)的安卓机和苹果比拍照,本身就是田忌赛马的事。

注意!iPhone12干扰医疗器械可能致命

近日,有医疗机构发出警告,由于苹果iPhone 12系列手机采用了磁吸式无线充电,其强磁可能干扰心脏起搏器和除颤器,并对特殊用户造成严重的安全隐患。为了证实这一问题,专家实测确实存在风险,并发出严重警告。

美国底特律亨利·福特心脏和血管研究所内,一位专业医师和他的同事用iPhone 12 Pro做了个测试,当医生把iPhone 12 Pro靠近病人的胸壁时,植入他胸腔的除颤器便停止了。当他们把手机从患者胸前拿开后,除颤仪立即恢复了正常功能。

这位专家解释了为什么iPhone 12 Pro会存在这样的问题:除颤器的设计是在患者的心律不同步时向心脏传递电击,这些设备内部有安全的磁性开关,因此,如果万一除颤器无法正常工作了,我们可以在体外用足够强度的磁力来关闭除颤器,防止它持续电击患者。"

"起搏器也是类似的,当外部有磁力干扰起搏器时,会导致起搏器开始对心脏异步起搏,从而产生不好的结果。"Singh表示,他们正在申请批准以继续进行研究,未来将围绕起搏器和其他除颤器进行测试,并且严重警告相关患者要提醒注意以防止发生危险。

而今年1月份,苹果分享了更多信息,称植入式心脏起搏器和除颤器等医疗设备可能包含传感器,当密切接触时,传感器会对磁体和无线电装置作出反应。

为避免与这些医疗设备产生任何潜在的相互作用,用户需要让iPhone及MagSafe磁吸配件与其医疗设备保持安全距离(间距超过6英寸/15厘米;或在无线充电时,保持超过12英寸/30厘米的间距)。

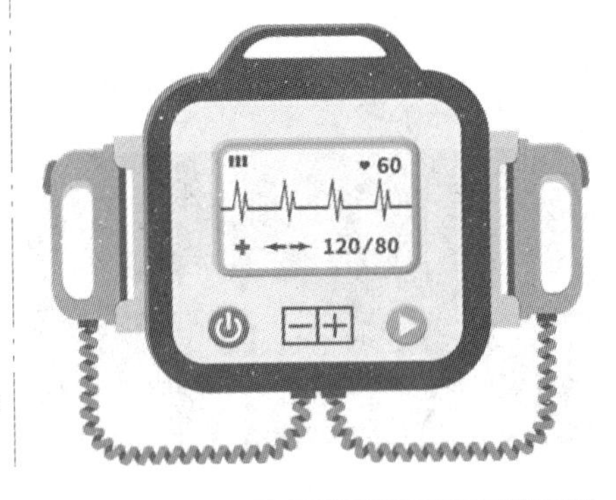

三星Galaxy Buds Pro

Galaxy Buds Pro无线蓝牙耳机于2021年1月14日推出;采用入耳式设计;支持主动降噪功能,可以过滤掉99%的背景噪音;主动降噪模式下,耳机续航时间5小时,充电盒额外提供13小时续航;关闭降噪功能后,耳机续航时间提升到8小时,充电盒额外提供20小时续航。据爆料,三星即将为Galaxy Buds Pro推出全新的白色配色,并曝光了该耳机的渲染图。

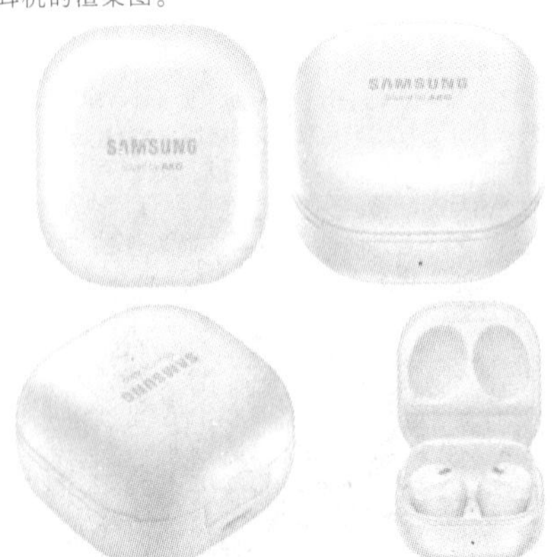

三星将Galaxy Buds Pro无线蓝牙耳机白色配色命名为幻影白,极有可能会在8月份与Galaxy Z Flip 3和Galaxy Z Fold 3一起推出。

目前,在售的Galaxy Buds Pro无线蓝牙耳机有三款配色,分别为紫色、银色、黑色,另外还有Galaxy Buds Pro Adidas Originals特别版和Galaxy Buds Pro LANEIGE Neo Cushion版。

Galaxy Buds Pro无线蓝牙耳机售价为1199元左右,感兴趣的朋友可以试试。

认识计算机启动的各阶段

从打开电源到开始操作，计算机的启动是一个非常复杂的过程。

我一直搞不清楚，这个过程到底是怎么回事，只看见屏幕快速滚动各种提示……这几天，我查了一些资料，试图搞懂它。下面就是我整理的笔记。

零、boot 的含义

壹、先问一个问题，"启动"用英语怎么说？

回答是 boot。可是，boot 原来的意思是靴子，"启动"与靴子有什么关系呢？原来，这里的 boot 是 bootstrap（鞋带）的缩写，它来自一句谚语：

"pull oneself up by one's bootstraps"

字面意思是"拽着鞋带把自己拉起来"，这当然是不可能的事情。最早的时候，工程师们用它来比喻，计算机启动是一个很矛盾的过程：必须先运行程序，然后计算机才能启动，但是计算机不启动就无法运行程序！

早期真的是这样，必须想尽各种办法，把一小段程序装进内存，然后计算机才能正常运行。所以，工程师们把这个过程叫做"拉鞋带"，久而久之就简称为 boot 了。

计算机的整个启动过程分成四个阶段。

一、第一阶段：BIOS

上个世纪 70 年代初，"只读内存"（read-only memory，缩写为 ROM）发明，开机程序被刷入 ROM 芯片，计算机通电后，第一件事就是读取它。

这块芯片里的程序叫作"基本输出输入系统"（Basic Input/Output System），简称为 BIOS。

1.1 硬件自检

BIOS 程序首先检查，计算机硬件能否满足运行的基本条件，这叫作"硬件自检"（Power-On Self-Test），缩写为 POST。

如果硬件出现问题，主板会发出不同含义的蜂鸣，启动中止。如果没有问题，屏幕就会显示出 CPU、内存、硬盘等信息。

1.2 启动顺序

硬件自检完成后，BIOS 把控制权转交给下一阶段的启动程序。

这时，BIOS 需要知道，"下一阶段的启动程序"具体存放在哪一个设备。也就是说，BIOS 需要有一个外部储存设备的排序，排在前面的设备就是优先转交控制权的设备。这种排序叫做"启动顺序"（Boot Sequence）。

打开 BIOS 的操作界面，里面有一项就是"设定启动顺序"。

二、第二阶段：主引导记录

BIOS 按照"启动顺序"，把控制权转交给排在第一位的储存设备。

这时，计算机读取该设备的第一个扇区，也就是读取最前面的 512 个字节。如果这 512 个字节的最后两个字节是 0×55 和 0×AA，表明这个设备可以用于启动；如果不是，表明设备不能用于启动，控制权于是被转交给"启动顺序"中的下一个设备。

这最前面的 512 个字节，就叫作"主引导记录"（Master boot record，缩写为 MBR）。

2.1 主引导记录的结构

"主引导记录"只有 512 个字节，放不了太多东西。它的主要作用是，告诉计算机到硬盘的哪一个位置去找操作系统。

主引导记录由三个部分组成：

（1）第 1-446 字节：调用操作系统的机器码。

（2）第 447-510 字节：分区表（Partition table）。

（3）第 511-512 字节：主引导记录签名（0×55 和 0×AA）。

其中，第二部分"分区表"的作用，是将硬盘分成若干个区。

2.2 分区表

硬盘分区有很多好处。考虑到每个区可以安装不同的操作系统，"主引导记录"因此必须知道将控制权转交给哪个区。

分区表的长度只有 64 个字节，里面又分成四项，每项 16 个字节。所以，一个硬盘最多只能分四个一级分区，又叫做"主分区"。

每个主分区的 16 个字节，由 6 个部分组成：

（1）第 1 个字节：如果为 0×80，就表示该主分区是激活分区，控制权要转交给这个分区。四个主分区里面只能有一个是激活的。

（2）第 2-4 个字节：主分区第一个扇区的物理位置（柱面、磁头、扇区号等等）。

（3）第 5 个字节：主分区类型。

（4）第 6-8 个字节：主分区最后一个扇区的物理位置。

（5）第 9-12 字节：该主分区第一个扇区的逻辑地址。

（6）第 13-16 字节：主分区的扇区总数。

最后的四个字节（"主分区的扇区总数"），决定了这个主分区的长度。也就是说，一个主分区的扇区总数最多不超过 2 的 32 次方。

如果每个扇区为 512 个字节，就意味着单个分区最大不超过 2TB。再考虑到扇区的逻辑地址也是 32 位，所以单个硬盘可利用的空间最大也不超过 2TB。如果想使用更大的硬盘，只有 2 个方法：一是提高每个扇区的字节数，二是增加扇区总数。

三、第三阶段：硬盘启动

这时，计算机的控制权就要转交给硬盘的某个分区了，这里又分成三种情况。

3.1 情况 A：卷引导记录

上一节提到，四个主分区里面，只有一个是激活的。计算机会读取激活分区的第一个扇区，叫作"卷引导记录"（Volume boot record，缩写为 VBR）。

"卷引导记录"的主要作用是，告诉计算机，操作系统在这个分区里的位置。然后，计算机就会加载操作系统了。

3.2 情况 B：扩展分区和逻辑分区

随着硬盘越来越大，四个主分区已经不够了，需要更多的分区。但是，分区表只有四项，因此规定有且仅有一个区可以被定义成"扩展分区"（Extended partition）。

所谓"扩展分区"，就是指这个区里面又分成多个区。这种分区里面的分区，就叫作"逻辑分区"（logical partition）。

计算机先读取扩展分区的第一个扇区，叫作"扩展引导记录"（Extended boot record，缩写为 EBR）。它里面也包含一张 64 字节的分区表，但是最多只有两项（也就是两个逻辑分区）。

计算机接着读取第二个逻辑分区的第一个扇区，再从里面的分区表中找到第三个逻辑分区的位置，以此类推，直到某个逻辑分区的分区表只包含它自身为止（即只有一个分区项）。因此，扩展分区可以包含无数个逻辑分区。

但是，似乎很少通过这种方式启动操作系统。如果操作系统确实安装在扩展分区，一般采用下一种方式启动。

3.3 情况 C：启动管理器

在这种情况下，计算机读取"主引导记录"前面 446 字节的机器码之后，不再把控制权转交给某一个分区，而是运行事先安装的"启动管理器"（boot loader），由用户选择启动哪一个操作系统。

Linux 环境中，目前最流行的启动管理器是 Grub。

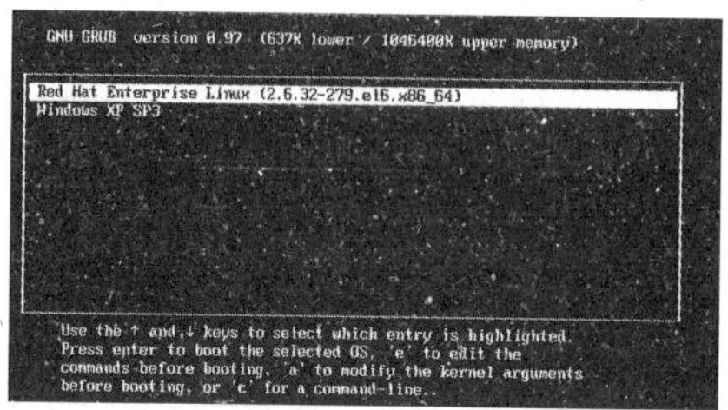

四、第四阶段：操作系统

控制权转交给操作系统后，操作系统的内核首先被载入内存。

以 Linux 系统为例，先载入/boot 目录下面的 kernel。内核加载成功后，第一个运行的程序是/sbin/init。它根据配置文件（Debian 系统是/etc/initab）产生 init 进程。这是 Linux 启动后的第一个进程，pid 进程编号为 1，其他进程都是它的后代。

然后，init 线程加载系统的各个模块，比如窗口程序和网络程序，直至执行/bin/login 程序，跳出登录界面，等待用户输入用户名和密码。

至此，全部启动过程完成。

美的变频空调器电气系统原理（四）

（上接第 391 页）

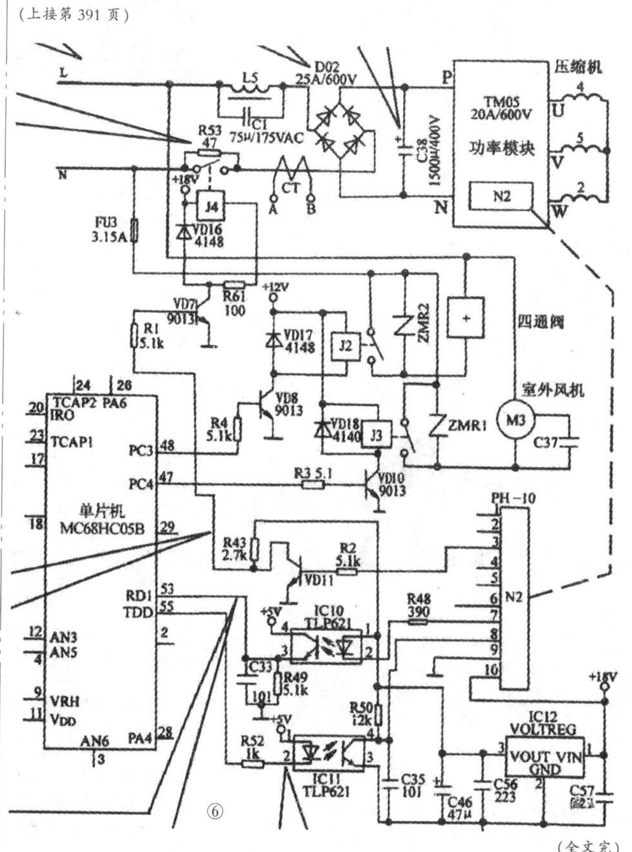

（全文完）

能将缺陷降至原来的 1%日本 SiC 新技术

据日经报道，日本名古屋大学的宇治原彻教授等人开发出了利用人工智慧(AI)高精度制造新一代半导体使用的碳化硅(SiC)结晶的方法。这种方法能将结晶缺陷数量降至原来百分之一，提高了半导体生产的成品率。2021 年 6 月成立的初创企业计划 2022 年销售样品，2025 年实现量产。

SiC 与现在的主流半导体基板硅基板相比，节能性能更高。功率半导体是为实现脱碳社会有望普及的纯电动汽车(EV)及电力控制等不可或缺的元器件，SiC 是功率半导体最合适的材料。

不过与硅相比，难以制造原子整齐排列的高品质结晶。制造结晶时，有很多需要调整的地方。比如：温度、作为材料的溶液的浓度以及机械的结构等。难以找到良好的条件，确立将结晶尺寸增大到 30 厘米的技术用了几十年。

研究团队利用 AI 优化了多个项目。宇治原教授表示"让 AI 学习模拟(模拟实验)结果，导出了最佳条件"。经过 4 年的开发，可以制造能产业利用的约 15 厘米的尺寸了。

试制的 SiC 结晶比现有结晶的缺陷数量大幅减少。宇治原教授表示"有缺陷的话，半导体的性能就不稳定，成品率差"。宇治原教授成立了生产销售 SiC 结晶的名古屋大学创办的初创企业"UJ-Crystal"，计划实现量产。

采用 SiC 基板的半导体已在美国特斯拉部分主打纯电动汽车"Model 3"中负责马达控制等的逆变器上采用。丰田也在 2020 年底推出的燃料电池车"MIRAI"的新款车上采用了电装生产的 SiC。

除此以外，日本还在 SiC 的其他方面取得突破。

日本产业研究所：速度快 12 倍的抛光技术

在你今年八月，日本产业研究所表示，他们团队可以实现 SiC 晶圆的高速整平开发封装技术。特别是在低速的镜面加工中，获得了比以前快 12 倍的抛光速度。按照他们所说，其建立了一种新的批量式加工技术，可与片式加工方法的镜面磨削工艺相媲美。

报道指出，碳化硅晶圆极难加工。因为它是一种硬而脆的材料。迄今为止，碳化硅鬼片的平整化都是通过研磨或抛光来进行的。前者为单晶圆型，量产效率较差。后者是批处理类型，可以一次处理多张晶圆，但由于加工速度比硅片量产加工要慢，所以需要单位时间加工片数的 6 倍以上。SiC 晶圆的直径从 6 英寸增加到 8 英寸。未来，随着市场规模的扩大，量产规模的扩大，需要能够更高效地生产碳化硅晶圆的加工技术。

用于压平晶圆、包裹或以抛光为代表的抛光技术被称为适合批量生产的批量加工技术。用于抛光高硬度碳化硅由于即使使用金刚石浆液(以下简称"浆液")抛光速度也不会增加，因此需要依靠单硅片加工直到镜面加工（表面粗糙度 Ra=1nm)。在抛光过程中，根据普雷斯顿的经验法则，可以通过增加抛光平台的旋转速度和加工压力来提高抛光速度。但存在的问题是，研磨液被平台的离心力切割，摩擦热难以继续抛光，无法提高抛光速度。因此，我们试图通过生产一种固定磨粒平台来解决这些问题，其中将金刚石磨石成型为平台，并将其与高速抛光设备相结合。(图 1)

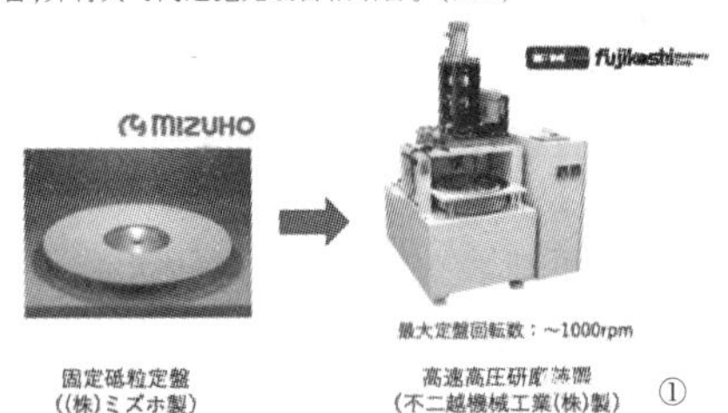

图 2 是碳化硅晶圆在各种抛光条件下的抛光速度对比图。

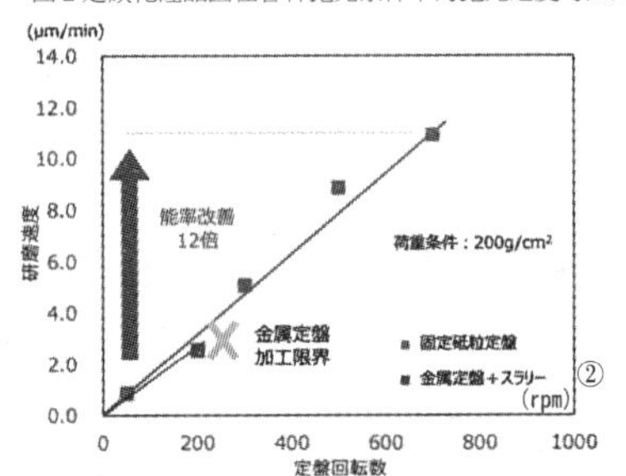

在超过 200rpm 的平台旋转速度下，使用金属平台和浆料的加工变得困难。另一方面，当使用固定磨粒平台时，确认即使在 700rpm 下平台旋转速度和抛光速度也是成比例的。这比使用浆料的典型加工条件(例如负载 200 g/cm²，转速：50 rpm)快约 12 倍，达到与传统磨削相当的速度。

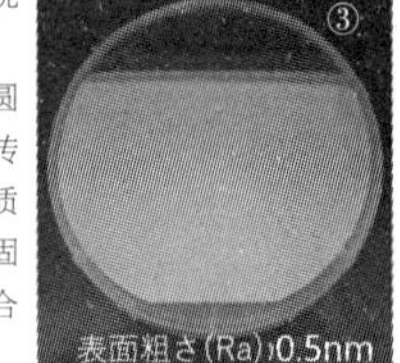

此外，高速抛光的 SiC 晶圆的 Ra 约为 0.5 nm，实现了与传统镜面研磨工艺相同的表面质量。(图 3)从这些结果可以看出固定磨粒平台和高速抛光装置组合的优越性。

此外，与使用浆料的抛光不同，由于仅使用水作为处理液，因此环境负荷小，并且通过控制供给的水量能够在充分冷却平台的同时确保抛光效率的优点也得到了证明。

使用平台的抛光主要通过平台的处理压力和转数来控制处理速度，因此可以同时处理多个晶圆的批处理类型。图 4 表示同时加工多个 SiC 晶圆时的平台转速与研磨速度的关系。确认了即使晶圆数量增加和处理面积增加也可以保持抛光效率。通过增加每批处理的晶圆数量可以显著缩短每个晶圆的处理时间。此外，通过使用抑制磨损的高硬度磨石，与磨削相比，可以降低磨石的磨损成本，因此在大直径 SiC 晶圆的量产过程中，可以同时实现高速和低成本。

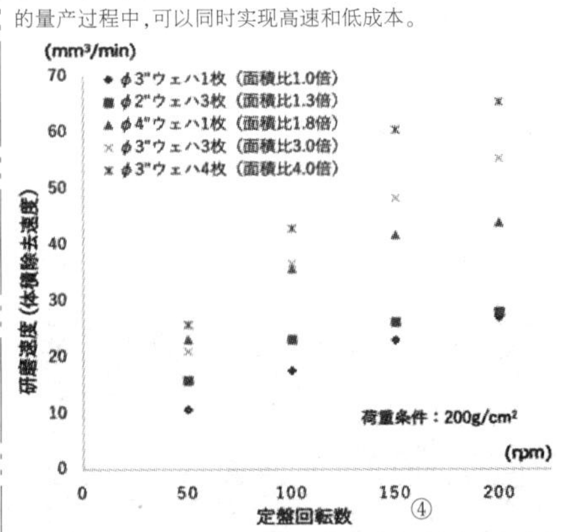

该团队表示，拟将本次研发的抛光技术引入先进电力电子研究中心的 6 英寸兼容 SiC 晶圆集成加工工艺，并应用于同一研究中心的功率器件开发，促进技术示范。

无人机摄像头还是激光雷达更精确

随着无人机技术逐渐成熟，人们再也不用驾驶直升机来进行勘测工作了，而是直接交由无人机上的传感器解决，甚至可以免去实时人工控制的麻烦。然而在传感器的选择上，困扰自动驾驶汽车的老大难问题也出现在无人机勘测上。在执行勘测任务时，究竟是高像素 RGB 摄像头的摄影测绘胜出，还是激光雷达更强一筹，或是两者传感器融合？又或是各有所长的同时考虑成本等其他因素呢？

摄影测绘

在摄影测绘中，无人机会在一片区域拍摄大量的高分辨率照片，这些照片中存在重叠的区域，也可以从多个不同的位置看到地面上的同一点。就像我们用人眼来完成深度感知一样，摄影测绘用复杂的软件将航拍照片拼接在一起，快速生成高细节度的 2D 地图。再结合倾斜摄影的方法，可以从多个角度来观察勘探地区，从而生成 3D 模型。

WingtraOne Gen II 测绘无人机

正是由于这种运作原理，生成的高分辨率 3D 构图不仅包含海拔和高度信息，也包含了材质、形状和颜色等 2D 与 3D 数据，更容易做出 3D 点云图。此外摄像头的精度并没有人们想象的那般不堪，反倒是可以做到厘米级。

激光雷达

激光雷达通过振镜在多个方向上发送激光脉冲，在无人机移动时生成一个"光面"。通过测量脉冲返回的时间和强度，激光雷达可以提供地形读数。但在激光雷达勘测系统中，还必须借助 GNSS 和 IMU 来确定激光雷达的空间方位，才能实现直接地理参照，整套系统必须协同合作，以此将原始数据转换成真实可用的数据。

大疆禅思 L1

传统的航空激光雷达勘测需搭载在人工驾驶的飞机上，虽然精度相对较低，但毕竟没有体积和电池的限制，探测范围相当广，一次飞行最高可覆盖 1000 平方公里。精度还取决于飞行高度和激光雷达的选取，激光雷达的有效探测距离普遍在 1 千米以下，不同的视场角范围也会进一步影响到有效数据量。

而轻型无人机激光雷达的覆盖范围和无人机摄影测绘一样，根本上取决于机器本身的续航，搭载激光雷达的固定翼无人机可以在一次飞行中覆盖至多 10 平方公里的范围，但精度要高于传统的航空激光雷达和摄影测绘。

摄影测绘与激光雷达的对比

正如上文所述，摄影测绘和激光雷达的勘测方式并不相同，这也就造成了点云精度的差异，尤其是在复杂的地形下。无人机摄影测绘往往要用到高分辨率和全画幅传感器的相机，如果摄像头系统足够优秀的话，垂直和水平精度也可以做到 1cm 至 10cm 的范围，甚至在有的勘测研究中已经达到毫米级的精度。

但要想做到这样的精度表现，必须得用到专业的无人机，搭载正确的传感器和镜头，而不是一味地追求大像素。同一像素的两台机器在不同尺寸的传感器和镜头下，也会生成不同的图像质量和精度。

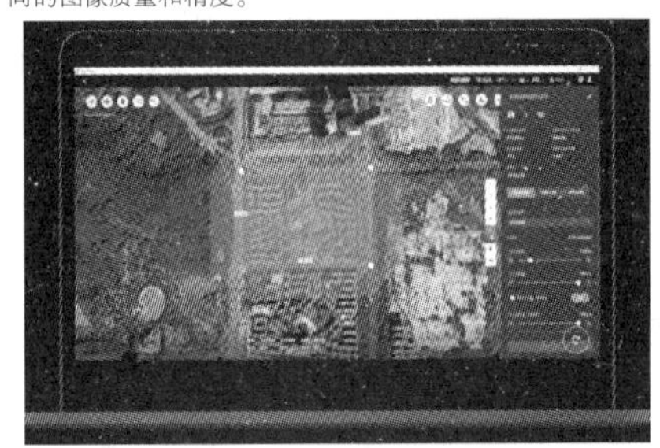

大疆智图软件

除了直接获得的数据外，勘测任务往往还要做好航线规划，并对数据做一定的后期处理才能达到最优的精度。比如在摄影测绘中，如果有了优秀的航线规划，就可以借助重叠图像做出更好的错误修正，激光雷达中的直接地理参照也是如此，因此专用于航测的无人机通常都会配套对应的解算软件。鉴于摄影测绘已经提供了易于理解的地图和模型，即便没有太多专业知识的用户也可以完成测绘。而激光雷达已经捕获了更多的深度信息，所以在后期处理的时间上要更短一点。

在不同的地形上，两者的精度上也有差异。比如在植被覆盖密集的地形上，摄像头无法穿透茂密的枝叶。而激光雷达的脉冲虽然也无法穿透枝叶，却可以穿过枝叶间的间隙达到地面，所以激光雷达更适合用于打造仅包含高程数据的数字表面模型(DSM)。

其次是在还原度上，摄影测绘提供了正射影像、点云和材质网格，在高精度下更容易实现鉴别和测量的功能。而激光雷达虽然给出了同样精确的点云图，然而其提供的数据往往只能用于形状轮廓，无法提供具体的细节。尽管可以用 RGB 数据为激光雷达数据上色贴图，但这涉及到的工作量过于庞大，因此在城市三维建模等应用中并不适用。

结语

其实市面上也有不少摄像头与激光雷达结合的方案，比如大疆的禅思 L1。这台近 10 万的机器集成了大疆旗下 Livox 的激光雷达，测量距离可以达到 450 米，而且还支持实时点云显示。但承载这台强大系统的依旧只是轻量级的无人机，因此续航和大疆覆盖范围不能堪称优秀，禅思 L1 的单架次作业面积仅有 2 平方公里。

单从应用角度来看，开阔区域或对色彩材质要求较高的勘测任务更适合摄影测绘，比如开阔的矿场、仓储规划和 3D 城市建模；而在植被密集或遮挡较多的场合，比如森林火灾评估和轨道检测，则更适合激光雷达大展身手。

美的家用变频空调基本电路

1. 室内外通信电路(见图1、图2)：

在电路中R24,R25,R26,Q20,IC21组成室外发送电路，R22,R23,C22,IC20组成室外接收电路,R8,R9,R10,Q1,IC2组成室内发送电路,R6,R7,C4,IC1组成室内接收电路。R7,R9,R23,R24电阻限流,R1O,R25,R6,R22电阻分流，保护光耦,C4,C22高频滤波。当通信处于室内发送、室外接收时,室外OUT-TXD置高电平，室外发送光耦IC21始终导通,若室内1N-TXD发送高电平“1”,室内发送光耦1C2导通,电流环闭合,室内接收光耦IC1室外接受光耦IC20导通,室外OUT-RXD接收高电平“1”;若室内IN-TXD发送低电平“0”，室内发送光耦IC2截止，电流环断开，接收光耦IC1、IC2O截止,室外OUT-RXD接收低电平“0”,从而实现了通信信号由室内向室外的传输。同理,可分析通信信号由室外向室内的传输过程。

2. 电压检测电路(见图3)：

R1、R2和R11构成分压电路，因此,R11两端的电压值=P端电压 *RII/(R1+R2+R11);Rl、R2、R11的阻值是固定的，所以R11两端的电压就随着P端电压的变化而变化,芯片通过检测R11两端的电压就可以推算出P端电压的大小。

3. 变频模块驱动电路(见图4)：

R92-R97为驱动口上拉电阻，三洋模块为低电平有效，须加上拉电阻;R99-R104为限流电阻;E25/DZ2/C79起电源稳压滤波作用;R9/D10-D12/E26-E28/C81-C83组成自举电路，相对U/V/W提供15V的偏置电压;FAULT口为开漏输出,经R98上拉,R69为限流电阻;C53为高压滤波电容。

4. 直流风机驱动电路(见图5)。

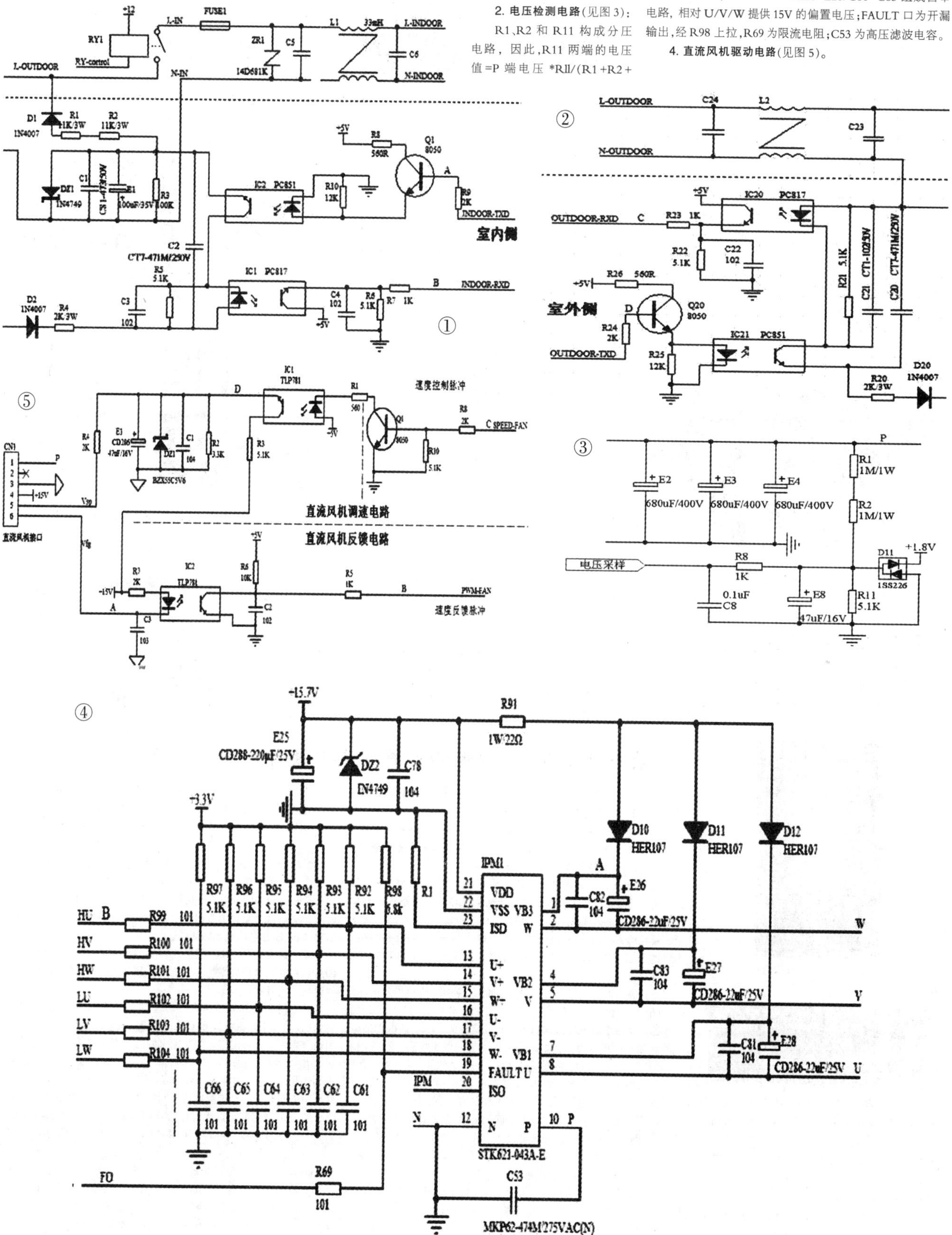

漫谈"独臂神通"PWM(4)

驱动伺服电机

我们用一些图片来看看PWM在驱动伺服电机中的应用。

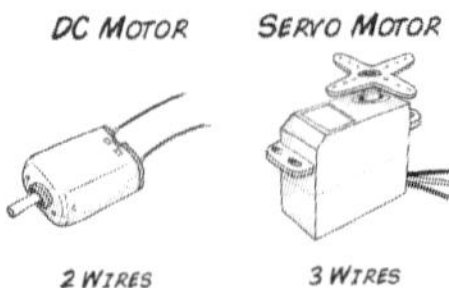

几种常用的马达

很多工程师和高校的学生对于伺服电机已经非常熟悉了,它一般由马达、变速器、传感器组成,经常用于遥控设备来进行转向、调整角度等。

通用的伺服电机一般都是在180度范围内转动,但可以非常精准地通过控制脉冲来转到某个精准的位置。

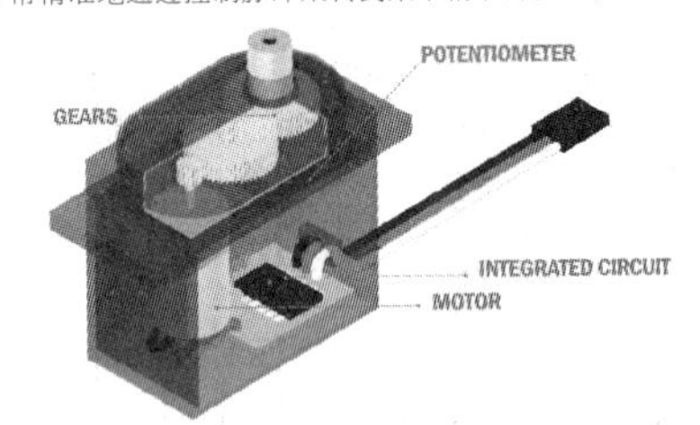

伺服电机的结构组成(1)

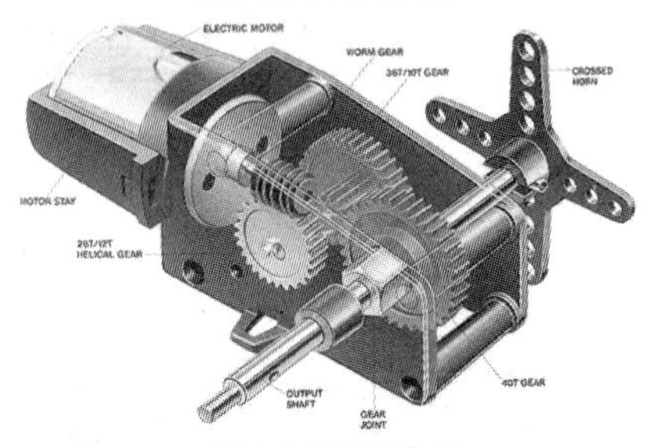

伺服电机的结构组成(2)

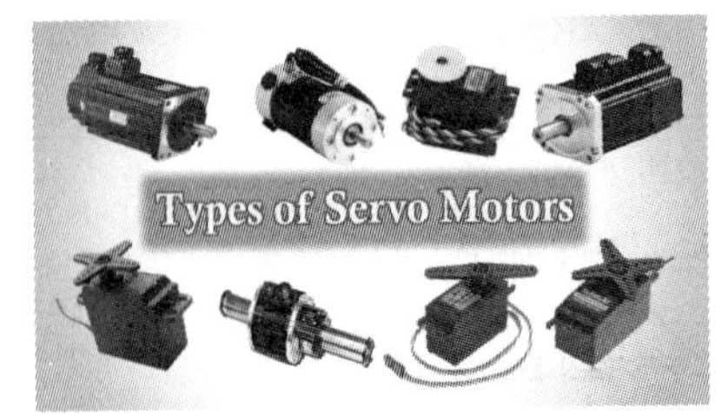

不同类型的伺服电机

对于小型的遥控伺服电机,控制脉冲的重复频率都是20ms(50Hz),每个脉冲的正电压持续时间被解读为控制马达的位置命令,典型的持续时间为1ms到2ms,对应于伺服电机旋转的角度-90度到+90度。

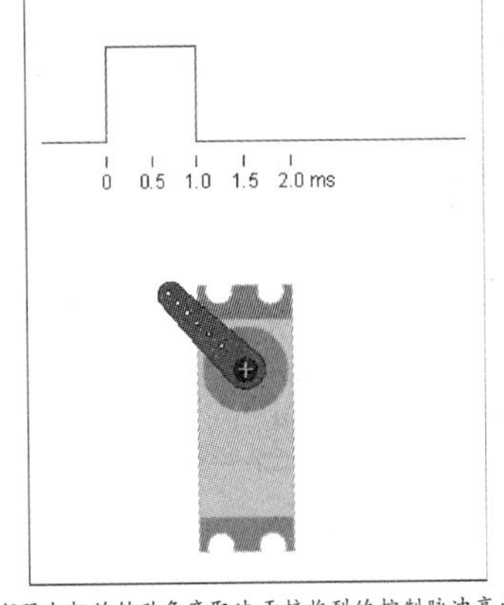

伺服电机的转动角度取决于接收到的控制脉冲高电平的持续时间

也有一些电机的转动范围不是这么严格对应,拿到新的电机的时候需要进行一下校正,方法是设定一个LUT(角度和脉冲长度的查找表),然后根据需要的角度来设定对应的脉冲正电平的持续时间。

一个伺服电机一般通过三根线进行连接:

- GND-地,同系统的地连接,一般为棕色或黑色的线
- Vcc-供电电压,一般为+5V,也有+6V的,经常会将4个1.2V的电池串联在一起作为供电电压,导线的颜色为红色
- PWM-控制信号线,橘黄色

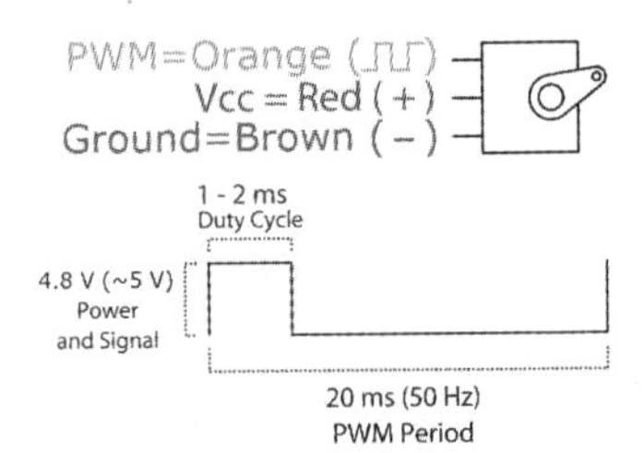

伺服电机的连接导线和控制用的PWM信号

控制伺服电机可以有多种方式:

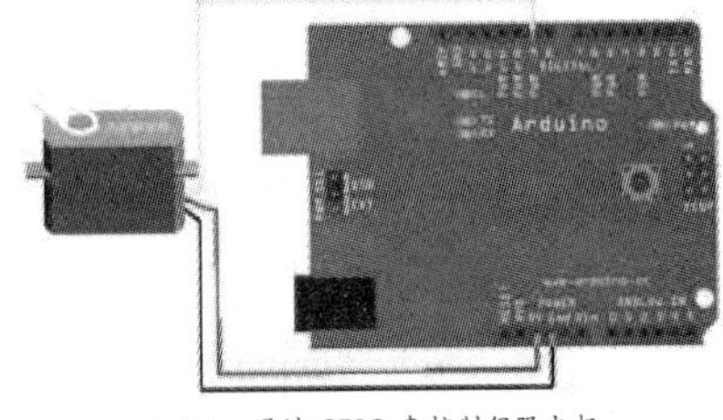

Arduino通过GPIO来控制伺服电机

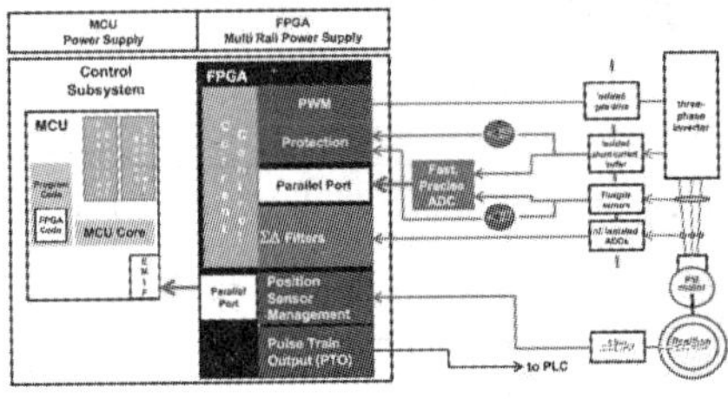

FPGA通过算法控制电机的精准定位

下面是伺服电机的一些应用。

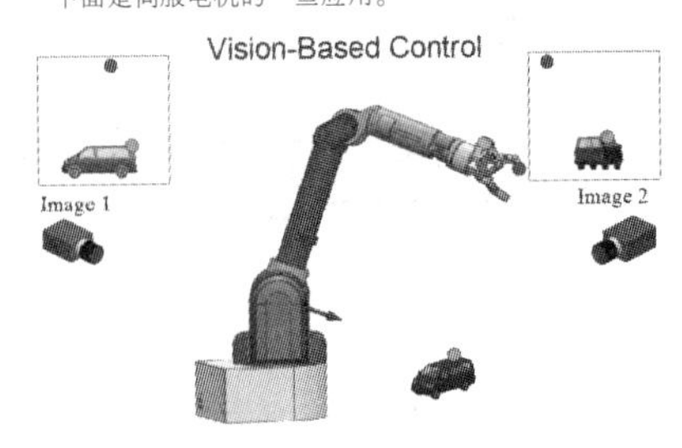

漫谈"独臂神通"PWM(3)

用PWM点灯调光(二)

(接上期本版)

通过调节每个颜色的LED的控制PWM的占空比从而以不同的亮度比例进行颜色混合,从而得到你需要的合成颜色。

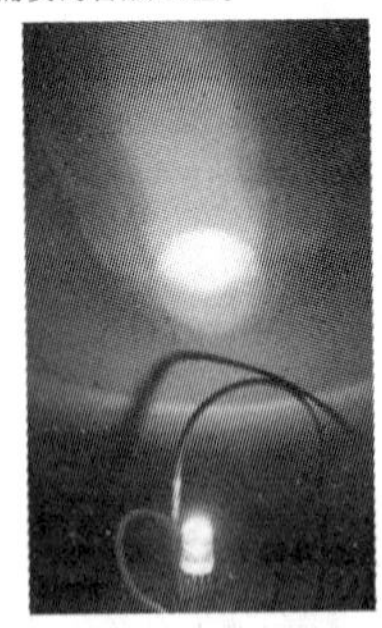

三种单色LED等分别控制其亮度,混合后得到的颜色

小脚丫FPGA板上在FPGA芯片下方有两颗3色LED灯让工程师体验PWM调光的魅力

我们工程师经常使用MCU的PWM功能来产生相应的信号,要认真阅读该MCU的数据手册以及PWM相关的寄存器的设置,以产生你期望的PWM频率和分辨率。

有些MCU内部没有专门的PWM产生电路,可以通过指令控制GPIO管脚的交替变化实现PWM的功能,当然这会影响MCU执行其他的任务。

最新报告显示,实现学校通网或可使部分国家GDP增长20%

- 经济学人智库(EIU)的《连接学习者:缩小教育鸿沟》报告强调了需要多部门合作的四个关键领域
- 爱立信是Giga项目(由联合国儿童基金会和国际电信联盟创立的学校连通项目)的早期资助者,也是联合国儿童基金会的全球合作伙伴,负责学校互联网连接蓝图的绘制
- 为学校接入互联网并提供高质量的数字化教学将为儿童和社区赋能,这也将助力联合国可持续发展目标的实现并推动个人、区域和国家经济的发展。

爱立信支持的一份经济学人智库(EIU)报告发现,互联网接入率低的国家可以通过为学校接入互联网实现高达20%的GDP增长。

受过良好教育的工作团队更有可能具备创新精神和开创性想法,从而推动经济发展并创造就业机会。EIU分析表明,一个国家的学校通网率每增加10%,人均GDP就可以增长1.1%。该报告指出,以西非国家尼日尔为例,如果将它的学校通网率提高至芬兰的水平,其国内的人均GDP将增长近20%——具体来说,即从处于基线水平的人均550美元增加到2025年的人均660美元。

该报告重点关注四项能带来上述改变的关键行动:

1. 合作是关键:要制定一项全面的公共/私营合作伙伴关系战略,以协调各利益相关方,使其通力合作为学校通网扫除障碍

2. 可接入性和可负担性:建设接入网络所需的基础设施是第一步,但连接的质量和成本也很重要。

3. 将互联网和数字化工具融入教育:在学校通网后,必须将其嵌入课程中。教师必须接受培训,将技术融入日常学习。

4. 保护儿童上网安全:虽然学校通网为儿童带来了更多的机会,但相关机构必须采取措施确保儿童有一个健康、安全的在线学习环境。对网络使用采取适当的管理是保障安全上网的必要举措。

报告还建议,世界各地的公共、私营和非政府组织领导者们应共同合作让全球所有年龄段的学童都能上网,为弥合数字鸿沟添砖加瓦。

因此,爱立信现在呼吁这些参与者通过资助、共享数据、发挥技术专长和重新构想可持续的网络服务模式等行动支持Giga(由联合国儿童基金会和国际电信联盟创立的学校连通项目)。爱立信与联合国儿童基金会建立了为期三年的合作关系,帮助该组织在35个国家/地区建立学校连通性地图。

爱立信支持的EIU报告《连接学习者:缩小教育鸿沟》证实了Giga项目的宏伟目标是可实现的——到2030年实现所有学校及其周边社区的通网。

爱立信可持续发展和企业责任副总裁Heather Johnson表示:"当联合国儿童基金会发布Giga项目时,我们即预见了它能产生的积极作用——弥合国家之间和国家内部的数字鸿沟,让全世界的儿童都有平等的机会获得一个光明、美好的未来。"她还表示:"这份报告明确指出,企业领导者、公共部门领导者和非政府组织可以通过联合采取有效的行动来解决这一问题并显著改善人们的生活。事实上,所有参与者都可以大有作为我们希望利益相关方阅读这份报告,更重要的是加入Giga项目,共同促进这一重要目标的实现。"

联合国儿童基金会合作伙伴关系副执行主任Charlotte Petri-Gornitzka表示:"联合国儿童基金会正携手爱立信共同绘制全球范围内的校园互联网连接图,以确定不同地区的网络连接差距。重点是,我们必须进行跨部门合作,从而为学校通网并提供高质量的数字化学习机会,让每个孩子,每个年轻人都能获得一个更加光明的未来。"

◇牛彦涛

建伍 KRF-V6020 功放不开机故障维修一例

接通电源，按该机开机/待机键，机器的继电器无任何反应，VFD 显示屏也没有显示，功能按键及旋钮均无法使用。

从故障现象看，似乎是显示按键板上的 CPU 工作异常。于是将主板至显示按键板的 2 根排线用酒精清洗干净后插回原位置，再接通电源，待机指示灯已能点亮，按开机/待机键，机器的继电器仍无任何反应，VFD 显示屏也仍没有显示。逐个试验功能按键和旋钮，发现按下收音的波段切换键，机器有继电器吸合声，VFD 显示屏能点亮所有笔画字符，而手松开波段按键后，继电器立即跳开，VFD 显示屏也立即熄灭。另外，音量旋钮(编码开关)在旋转到一定位置时，听到继电器有吸合声，但是继电器连续不断有规律地吸合又跳开，不能保持稳定吸合状态。而音量旋钮在其他位置，则继电器无任何动作，按开机/待机键，待机指示灯能点亮或熄灭。

在保持继电器连续不断有规律地吸合又跳开这种异常状态时观察机器，通电只几分钟，电路板上 Q29、Q30 这两个三极管就发热严重了(如图 1 所示)。查电路可知（根据实物测绘的相关电路图如图 2 所示），功放主电压±56V 是经过 Q29、Q30 有源滤波后供应功放 IC3、IC4 的前置供电脚⑰脚、⑯脚。在继电器异常状态时，测量 Q29、Q30 的 C 极分别有波动的±56V 电压，E 极分别有波动的±5V 电压，B 极分别有波动的±5.6V 电压。断电测量 Q29、Q30 的 PN 结均正常，再测功放 IC3、IC4 的前置供电脚⑰脚、⑯脚对地也没有击穿短路现象，看来 Q29、Q30 发热严重并非三极管本身及功放 IC 的原因。

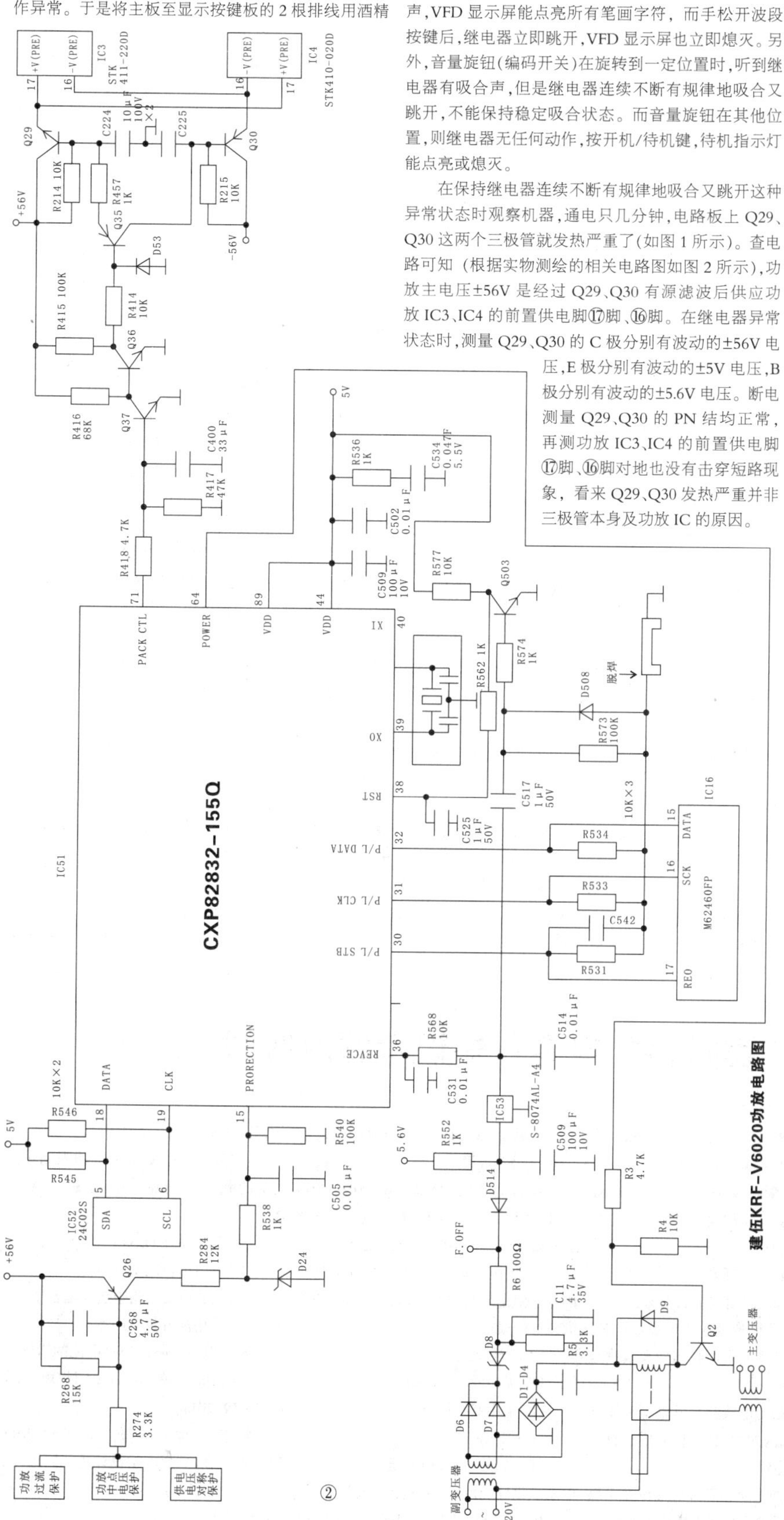

建伍KRF-V6020功放电路图

查电路可知，只有在 Q37 的 CE 极截止，Q36、Q35 的 CE 极饱和导通的情况下，R457 才会连通 Q29、Q30 的 B 极，使得 Q29、Q30 的 B 极电压降低为波动的±5.6V，造成 Q29、Q30 的 E 极输出为波动的±5V 电压。而测量 CPU 控制 Q37 B 极的71脚 PACKCTL 脚，其电压不是稳定的 4.8V，而是随着继电器有规律地吸合又跳开这种异常状态在 0V~4.8V 之间波动。测量 CPU 的电源继电器控制端64脚电压在 0V~4.8V 之间波动，怀疑 CPU 检测到功放电路保护信号，而使得71脚起控关闭功放 IC 的前置供电。测量功放保护电路三极管 Q26 的 C 极电压为零，无保护信号输出；再查供电欠压保护电路，测量 F.OFF 电压为 8.7 V，也正常。看来，CPU 的64脚、71脚电压波动是 CPU 本身工作异常造成，不是保护电路引起的。

查 CPU(IC51)工作三要素：供电、时钟、复位。测量 CPU 的㊹脚、89脚 5V 供电正常；晶振 X501 电压一端为 2.3V，另一端为 2.0V，基本正常。为了验证是否复位不良导致 CPU 工作异常，给 CPU ㊳脚 RST 脚短时接地一下，一两秒后故障现象依旧。怀疑 I^2C 总线电压异常，测量 CPU⑱脚 DATA 脚、⑲脚 CLK 脚电压正常。怀疑储存数据异常导致 CPU 工作异常，关机后将法拉电容 C534 两端用小电阻放掉电荷，再开机，故障依旧。在通电的情况下，临时短接 E^2PROM (IC52)的⑤脚 SDA 脚、⑥脚 SCL 脚，使其数据清零，再开机，故障还是不变。

此时怀疑显示按键板的按键氧化漏电，于是把板子拆下来，观察按键基本正常。但是，发现显示按键板在略微弯曲的情况下，机器的继电器能正常稳定吸合，VFD 显示屏也有正常显示，功能按键及旋钮均全部正常可用。怀疑多达 100 个引脚的 CPU 有引脚脱焊接触不良，故将板子拿回家维修。借助放大镜，用很细的针一边挑一边观察 CPU 的每个引脚，CPU 的引脚并没有脱焊，只能查看其他元件。最后发现，音量电位器(编码开关)的支架有一个脚脱焊了(如图 3 所示)，将其补焊好。再把板子装机后试机，机器所有功能恢复正常。

小结：音量电位器(编码开关)的支架在线路板上兼有导线的作用，R534、R533、R531、R573、D508 这几个元件通过音量电位器(编码开关)的支架接地。而因为音量电位器其支架有一个脚脱焊，使得上述电阻接地端悬空，造成㉜脚 P/L DATA 脚、㉛脚 P/L CLK 脚、㉚脚 P/L STB 脚，以及 Q503 经过 R534、R533、R531、R573、D508 这几个元件互联，彼此的信号互相干扰就造成 CPU 工作异常，出现继电器乱跳，显示屏不亮，功能按键失效，整机无法工作的故障。

◇浙江　方位

接触电阻引发的故障及应对措施

接触电阻是指两导体连接时，接头的接触面上形成的电阻。产生接触电阻的常见原因有：1.导体表面有一层氧化膜或污垢(其电阻率较大)；2.导体间的接触面积较小，有时接触面是很小的点；3.导体接触面间的压力较小，用显微镜可看到导体接触面间有微弱的缝隙。接触电阻越小越好，一般要求在10~20mΩ以下，有的开关则要求在100~500μΩ以下。为减小接触电阻，一般从上述三个原因中想办法：清除氧化膜层或污垢，增大导体间的接触面，增大接触面间的压力，或将导体接触处直接焊接。

在供电系统和家用电器中，电路因接触电阻过大而引发的故障占较大比重，此类故障轻则使供电系统、家用电器不能正常工作，重则毁坏电器，甚至引发火灾，须引起高度重视。笔者就多年的维修经验，举例介绍一些常见的易因接触电阻引发的故障及其应对措施，望能对读者有所帮助。

1.用电器插头与电源插座之间接触不良。插头和插座的金属部分长期裸露在外，上面已形成了较厚的氧化层，积满了灰层等污垢，使二者之间的接触电阻增大，特别是大功率用电器，如电饭锅、电磁炉、空调等，其功率近1000W，工作电流为5A左右，强大的电流流过接触电阻时，所耗功率很大。如接触电阻为R=0.1~0.5Ω，则其消耗的电功率为：$P=I^2R=5^2\times(0.1\sim0.5)W=(2.5\sim12.5)W$。所耗电能基本上转变成了热能，使得接触处温度升高，加速接触处导体氧化、烧蚀，从而使接触电阻急剧上升，恶性循环，严重时会使有机绝缘材料部分变形，甚至烧坏，引发火灾。防范应对措施：拔下大功率用电器插头时，留意一下插头的温度是否正常，如过热，则多因接触电阻过大引起，要及时进行维护。电饭锅的电源线与锅体上的插座之间极易因氧化而接触不良，平时尽量不要将电源线从锅体上拨下，以免插座上的三个接线柱裸露在外被氧化和粘污。

2.开关动、静触点间接触电阻过大造成接触不良。开关质量好坏的关键在于触点，质量好的开关其触点难被氧化或烧蚀，一般为银触点，导电性能好、熔点高。开关动作时，在动、静触点接触前瞬间或断开后瞬间，两触点间距离甚微时，高电压会将两触点间的空气击穿，形成电弧。此电弧是触点被烧蚀的主要原因，尤其是感性负载电路中的触点开关，由于感性负载中的电流不能突变，在两触点断开瞬间，电感会产生较高的自感电动势，将触点间空气击穿形成电弧，其电流与负载工作时的电流相当，此电弧严重时能将人灼伤，甚至造成火灾。电弧焊就是利用高压将空气击穿形成电弧，产生高温来熔化焊接金属的。

触点开关在家电中应用十分广泛，如：洗衣机、微波炉等家电的机械程序控制器、定时器，洗衣机、冰箱中由翻盖和门控制的电路开关，此类开关触点由于被氧化、烧蚀、压力小、接触面积小而使接触电阻过大时，触点处会产生高温而使固定金属弹片触点的胶质支座熔化变形，严重时使开关无法闭合。

3.供电线路的接头间接触电阻过大造成接触不良。供电线路裸露在外，风吹雨淋，其接头处易松动和氧化造成接触不良。三相四线制供电线路的中线不允许断路，当三相负载严重不对称时，中线断路会使个别相的电压过高而烧坏电器。因此，中线上不允许安装保险，线路接头要十分牢靠，接头接触面要尽可能大，中线的线路电阻、接地电阻要尽量小，以免中点电位漂移过大，造成三相供电不对称。

笔者曾检修过几例此类故障。十多年前，我校家属区、教室、实验室、寝室的照明负载没有进行合理搭配，致使部分时段负载严重不对称，刮大风时照明灯就会忽明忽暗。有一次，照明灯特别亮，电视机响起"叭"的一声，随后出现三无故障，机内冒出白烟。笔者的第一感觉是电源电压过高引起故障，便迅速拔掉家里所有用电器的电源线，关闭照明灯。经统计，全校共烧坏电视机五台，照明灯二十多盏。切断电源后，电工师傅测得各相电源正常，中线没有断路，未发现故障点。笔者判断故障点应该是在中线，便与电工师傅一起对中线进行重新检查。室内中线无断点，配电盒里的接线点也十分牢靠，后顺着中线找到屋顶，发现屋顶的中线有个接头。仔细检查接点发现，导线连接不够规范，两线头重叠部分太少，由于长期裸露在外，氧化严重，且接头松动，用万用表测得其接触电阻达几百欧。很明显，此处接触不良。用细砂布打磨除去线头上的氧化层，按规范连接好，并在接头处缠上绝缘胶带以防雨水。通电，一切恢复正常，且此后多年供电都十分稳定。

电动摩托车、电动汽车的电瓶充电和供电时，线路中的电流都比较大，而导线与电瓶的连接处极易接触不良，使电瓶难以充电或造成电机欠压无法正常运转。判断接触不良的方法十分简单，断电后，用手摸接触点处是否发热，如发热，则接触电阻过大。

以上三种导体接触电阻过大、接触不良的处理办法：(1)及时清除插头和开关触点上的氧化层、污垢和烧蚀部分，可用细砂布打磨或用小刀削刮；(2)及时更换接触不良或烧蚀了的插座(用鼻子靠近可嗅到一股焦煳气味)；(3)调节动、静触点开关间的金属弹片，使触点间压力适中；(4)导线接头和开关触点之间的接触面要尽量大些。

4.电池安装盒内的金属弹片与电池间接触不良。日常生活中有很多小电器、儿童玩具都采用电池供电，由于电器耗电量小，电池使用时间较长，有时因长时间不使用，容易造成电池的电解液泄漏，使电池盒内的金属弹片被腐蚀。处理方法：用细砂布或小刀清除金属弹片上的氧化层，如金属弹片被腐蚀掉，可用细铜丝导线代替，并在电池两头空隙中垫上纸片使之接触良好。防范措施：当小电器长期不用时，要将电池取出；当小电器使用不正常时，要首先检查电池是否供电正常；旧电池应及时更换。

5.手机卡、电池板、电视数字机顶盒卡上的金属片与机内的弹片接触不良。手机卡与手机间接触不良时，手机会显示无卡；电池板与手机间接触不良或接触电阻过大时，手机会在通话过程中因欠压而突然关机；数字机顶盒上的卡片接触不良时会使电视信号不流畅，常出现信号中断现象；遥控器上的按钮和电路板上的触点的接触电阻过大时会使按键失灵。类似上述故障的处理方法：用橡皮擦将金属片或电路板上的触点擦光亮即可(比用无水酒精清洗的效果要好得多)。电视机和电脑显示器上的轻触按键开关接触电阻过大会导致按键失灵或发出错误指令。现在大多数按键控制电路是一个数模转换器，按键接触电阻变化，会使按键所代表的输入数值发生变化，发出的指令也就变了，如按调节频道按钮，结果频道没变而变成了调节音量或其他。处理办法是更换轻触按键开关。

◇华容县职业中专 王超

备考指南

注册电气工程师供配电专业知识考题解答⑲

(接上期本版)

解答思路：串级调速系统特点→《钢铁企业电力设计手册(下册)》。

解答过程：依据《钢铁企业电力设计手册(下册)》第25.3节，第25.3.1.2。选A、B、D。

67.看片灯在医院中应用比较广泛，均为定型产品，选择看片灯箱时，下列哪些项是正确的？(B、C)

(A)光源色温不应大于5300K

(B)灯箱光源不能有频闪现象

(C)灯箱发光面亮度要均匀

(D)箱内的荧光灯不应采用电子镇流器

解答思路：看片灯→《照明设计手册(第三版)》。

解答过程：依据《照明设计手册(第三版)》第九章第六节。选B、C。

68.消防配电线路应满足火灾时连续供电的需要，其敷设符合下列哪些项规定？(选C、D)

(A)明敷时(包括敷设在吊顶内)，应穿金属管或采用封闭式金属槽保护

(B)当采用阻燃或耐火电缆敷设时，可不穿金属导管或采用封闭式金属槽盒保护

(C)消防配电线路与其他配电线路同一电缆井、沟内敷设时，应采用矿物绝缘类不燃性电缆

(D)暗敷时，应穿管并应敷设在不燃性结构内且保护层厚度不应小于30mm

解答思路：消防配电线路→《建筑设计防火规范(2018版)》GB50016-2014(2018版)→敷设。

解答过程：依据GB50016-2014(2018版)《建筑设计防火规范(2018版)》第10章，第10.1.10条。选C、D。

69.供配电系统设计时为减小电压偏差，依据规范规定应采取下列哪些项措施？(A、D)

(A)补偿无功

(B)采用同步电动机

(C)采用专线供电

(D)相负荷平衡

解答思路：供配电系统设计→《供配电系统设计规范》→减小电压偏差。

解答过程：依据GB50052-2009《供配电系统设计规范》GB50052-2009第5章，第5.0.9条。选A、D。

70.关于变电所可采取的限制短路电流的措施，下列哪些项不正确？(A、C、D)

(A)变压器并列运行

(B)采用高阻抗变压器

(C)在变压去回路中装设电容器

(D)采用大容量变压器

解答思路：限制短路电流的措施→35kV~110kV变电站设计规范》GB50059-2011。

解答过程：依据GB50059-2011《35kV~110kV变电站设计规范》第3.2节，第3.2.6条。选A、C、D。

(全文完)

◇江苏 键谈

也谈自耦降压起动柜直接起动故障的电路改进

《电子报》2019年第25期第5版刊载了某电力排灌站使用的采用自耦变压器进行降压起动电动机的控制柜出现直接起动的故障，经检查找到了故障的原因、进行了处理，并提出了控制电路的改进方案，实施了改进。引起故障的原因是该控制电路中的时间继电器延时闭合触头粘连所致。笔者对原控制电路进行了分析，提出了另一种改进电路。

为了叙述方便将原控制电路重画于图1所示，其中图1(a)为主电路、图1(b)为继电器控制电路。该控制电路有自动和手动两种起动方式可选。当选择自动方式起动时，将选择开关SA打在“自动”位置，即SA的①与②接通、③与④断开。按下起动按钮SB1→接触器KM1线圈得电吸合，电动机绕组通过自耦变压器TM接入三相电源进入降压起动，接触器KM1的辅助触头闭合→时间继电器KT线圈得电吸合、开始计时，时间继电器的定时时间到→其常开触头闭合→中间继电器KA1线圈得电吸合，KA1常闭触头断开→接触器KM1释放、自耦变压器TM切除；KA1常开触头闭合，KM2线圈得电吸合，KM2常开触头闭合自保，电动机绕组接全压运行。

选择手动方式起动时，把选择开关SA打到“手动”位置，即SA的①与②断开、③与④接通。按下起动按钮SB1→接触器KM1线圈得电吸合，电动机绕组通过自耦变压器TM接入三相电源开始降压起动，接触器KM1的辅助触头闭合。待电动机转速上升到较高值时，手动操作按下按钮SB2→中间继电器KA1线圈得电吸合，之后KA1常闭触头断开→接触器KM1释放、自耦变压器TM被切除；KA1常开触头闭合，KM2线圈得电吸合，KM2常开触头闭合自保，电动机绕组接全压运行。

从图1中可以看出，中间继电器KA1是起动方式选择“手动”与“自动”的公用元件，用于完成切换操作。“手动”方式是受按钮SB2和接触器KM1的辅助触头闭合来触发中间继电器KA1的吸合；“自动”方式是受时间继电器KT常开延时闭合触头来触发中间继电器KA1的吸合。KA1的吸合，一方面使接触器KM1释放，另一方面去触发接触器KM2吸合，使电动机进入全压运行状态。因此时间继电器的延时闭合触头一旦粘连，只要起动方式选择开关处在“自动”位置，接触器KM2就会吸合。也就是说“自动”方式时，不管KM1处在吸合还是释放状态，时间继电器的延时闭合触头因故障粘连闭合，就会使接触器KM1释放和KM2吸合。即执行切换操作的中间继电器KA1是不受接触器KM1控制的。而“手动”方式则不同，中间继电器KA1线圈得电与接触器KM1的状态相互关联。即使切换操作按钮SB2被按下，若接触器KM1没有吸合，中间继电器KA1是不会动作吸合的。这一点就是两种起动方式控制存在的差异。

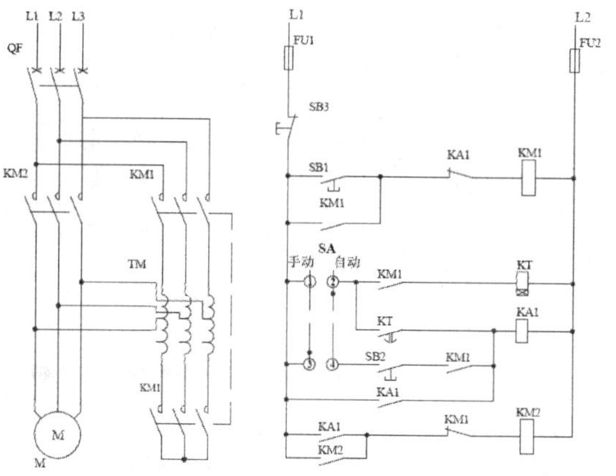

(a)主电路 (b)继电器控制电路

图1 某型自耦变压器降压起动电路

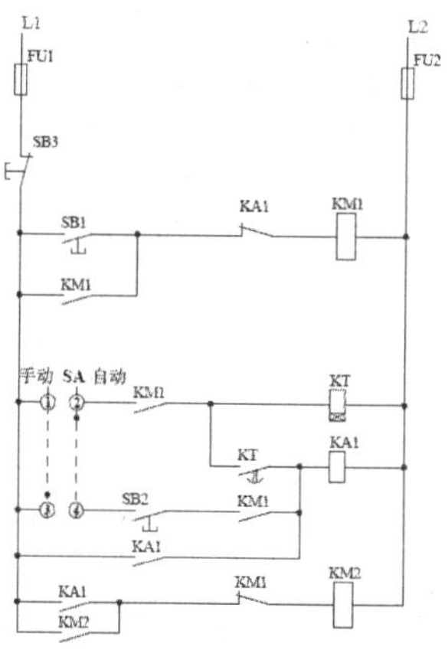

图2 图1改进电路之一

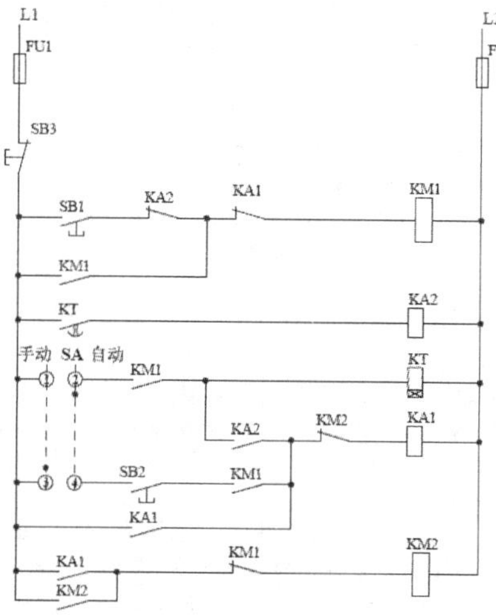

图3 改进电路之二

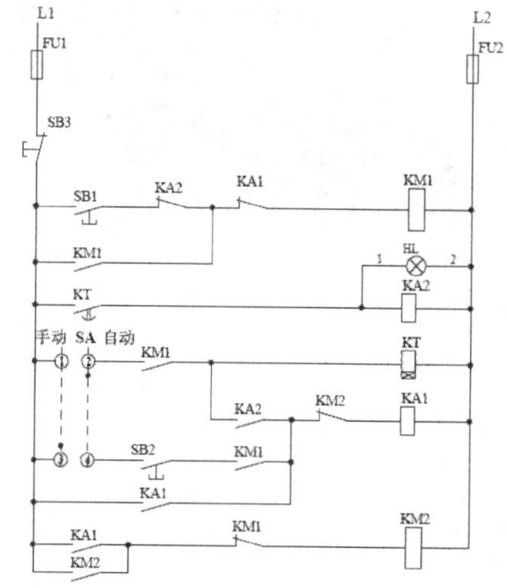

图4 改进定型电路

通过调整时间继电器的延时闭合触头KT的接线位置，将触头KT从辅助触头KM1的左侧移至右侧，也使得在“自动”方式时只有KM1吸合后，KA1在符合其他条件下才能吸合，改动后的控制电路如图2所示。这样一来，两种方式的切换条件就相同了。

改动后的图2电路，虽然当时间继电器延时闭合触头粘连时，即使方式选择开关选在“自动”方式，电动机不会直接进行全压起动。但只要接触器KM1吸合，同样电动机就会跳过降压起动过程，直接进入全压起动。那么能不能使时间继电器延时闭合触头KT出现粘连时，接触器KM1无法吸合。通过增加一只与KA1相同型号的中间继电器KA2就能解决这一问题，使得KT触头一旦粘连，接触器KM1便不能吸合，电路如图3所示。KA2和KA1应选用接触式继电器，如JZ7-44或GMR-4M(D)之类型的。若需要指示时间继电器的延时闭合触头KT的状态，可在新增的中间继电器KA2线圈两端并接一只黄色指示灯即可，如图4所示。

图4所示电路在正常情况下，方式选择开关处在“自动”位置，按下“SB1”，接触器KM1吸合并自保，电动机开始降压起动。时间继电器KT线圈得电，开始计时。定时起动时间到，其延时闭合触头闭合，中间继电器KA2线圈得电吸合。KA2动合触头闭合，使中间继电器KA1吸合。KA1的动断触点断开，接触器KM1释放，降压起动过程结束；KA1的动合触点闭合，接触器KM2线圈得电吸合，电动机进入全压正常运行状态。接触器KM2的动断触点断开，KA1线圈失电释放。

若起动前时间继电器的延时闭合触头KT出现粘连，则不管起动方式选择开关处在“自动”或“手动”，新增的中间继电器KA2就吸合，黄色指示灯HL点亮，提示当前线路出现故障，须排除后方可起动电动机。此时虽然串接在中间继电器KA1线圈回路中的动合触头KA2闭合，但回路中的接触器KM1的辅助触头未闭合，故KA1不会吸合。而与此同时串接在KM1线圈回路中的KA2动断触头断开，使起动按钮SB1失效，即使SB1被按下接触器KM1也不会吸合。不能进入降压起动，更不会直接进入全压起动。排除了因时间继电器延时闭合触头KT粘连导致电动机直接全压起动的可能。

笔者用常规电器搭建了图4所示控制电路，验证了该电路两种起动方式的正常工作过程；以及KT粘连情况下的异常起动。电路功能符合上面的分析结果，达到了改进的目的，并且改进成本较低，仅用一只中间继电器和改变部分接线就能完成，原来的起动操作步骤不受影响。

◇江苏 键谈

变频器技术

变频器的简易应用案例(五)

(接上期本版)

根据表9(见上期本版)对相关参数的设置可见，参数F0.03设置为8，将输出频率调整的控制权交由PID控制设定。而PID需要有给定目标值和反馈值，PID对这两个参数值进行比较，由计算结果调整输出频率；而目标值和反馈值分别由参数F2.01和F1.12设定，F2.01的设定值是一个百分数，是压力传感器量程的百分数，例如压力传感器的量程是2MPa，F2.01设置为50%，则目标值为2MPa×50%=1MPa。当压力传感器通过端子AI1反馈给变频器的压力信号小于1MPa时，说明系统压力较低，变频器将提高输出频率，空压机增大输出压力；当压力传感器通过端子AI1反馈给变频器的压力信号大于1MPa时，说明系统压力较高，变频器将降低输出频率，空压机减小输出压力。

由图9可见，压力传感器反馈给变频器的是4~20mA电流信号，电流信号与压力信号的换算关系介绍如下。压力传感器输出4~20mA电流信号，对应0~2MPa的压力信号，则4mA对应0MPa压力，20mA对应2MPa压力，1MPa对应的电流信号为4mA+(20-4)mA×(1MPa/2MPa)=12mA。如果压力传感器反馈给变频器的电流信号能在12mA的一个极小范围内变化，则压力已经基本稳定。反馈信号在12mA电流信号附近变化的幅度越小，说明压力控制的精度越高。

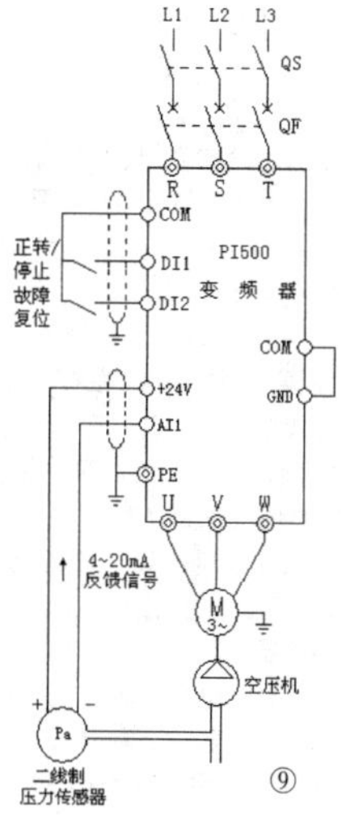

⑨

(全文完)

◇山西 陈晨

巧借树莓派模拟川剧“变脸”特效

众所周知，川剧中的“变脸”特技是在舞蹈动作的“掩护”下进行多张脸谱的快速切换，是“揭示剧中人物内心思想感情的一种浪漫主义手法”，非常精彩。借助于树莓派和古德微机器人“积木”式编程，我们可以非常方便地模拟实现川剧的“变脸”特效——手一挥动，“脸谱”就快速随机变化一次。

1. 实验器材及连接

实验器材包括树莓派及古德微扩展板各一块，OLED 显示屏一块，红外线传感器一个，音箱一个。

将扩展板正确安装于树莓派上，注意四角要小心均匀用力向下按压；接着，将 OLED 显示屏插入扩展板的 I2C 插孔，注意四个引脚要根据标注一一正确对应；然后，将红外线传感器插入 24 号插孔，同样要注意三个引脚正确对应（不能插反）；最后，将音箱插入树莓派的音频输出圆孔，给树莓派通电，启动操作系统（如图 1）。

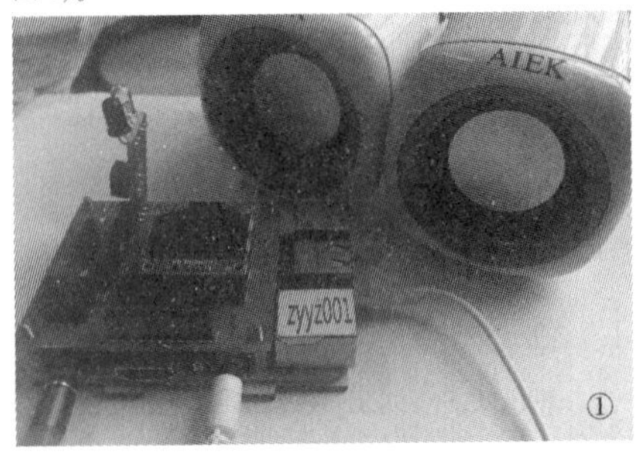

①

2. 素材文件的准备工作

从网上搜索并下载相关的“脸谱”图片文件，从中挑选保留 25 个，分别命名为 1.JPG、2.JPG……25.JPG；接着，使用“美图秀秀”之类的简易图片处理软件，将每一个脸谱文件均裁剪另存为“长 64 像素、高为 128 像素”大小的图片文件，因为 OLED 显示屏的显示尺寸是 128×64，这一组“小脸谱”图片文件就是为了在 OLED 显示屏上显示用的；然后，选中该组图片后点击鼠标右键选择“顺时针旋转”，将它们全部横向旋转 90 度——同样是为了匹配竖向使用 OLED 显示屏。

运行 Windows 的“远程桌面连接”，输入树莓派的 IP 地址（192.168.1.104）登录进入操作系统；点击“文件管理器”进入 home/pi 目录，先新建一个名为“Faces”的文件夹，将 25 个“小脸谱”图片文件复制、粘贴进去；接着再建立一个名为“FacesBig”文件夹，将 25 个正常大小的“脸谱”图片文件复制、粘贴进去，这是在电脑显示器上同步显示时调用的源图片文件（如图 2）。

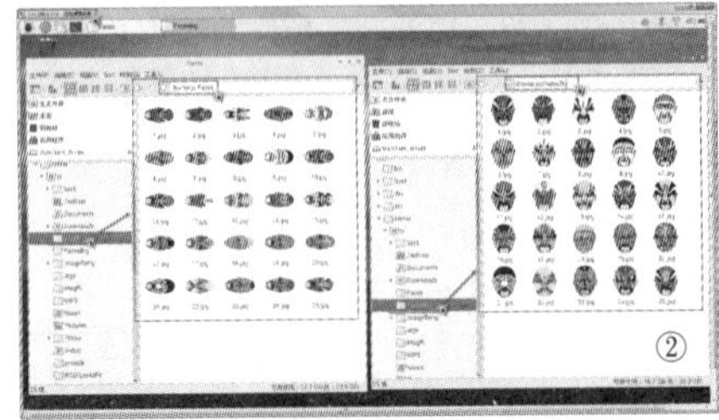
②

为了增加程序运行时的趣味性，可以将“说唱脸谱”MP3 音乐文件按照同样的方法，复制、粘贴至树莓派的“/home/pi/Music/”文件夹中，文件名为“ShuoChangLianPu.mp3”，待用。

3. 古德微机器人“积木”模块语句的编程

通过 360 浏览器访问古德微机器人网站（http://www.gdwrobot.cn/），登录账号后点击“设备控制”按钮，进入“积木”编程区开始进行程序的编写：

首先，从左侧“多媒体”-“音频”中选择“播放本地音频”模块语句，设置待播放的音频文件为“/home/pi/Music/ShuoChangLianPu.mp3”，即“说唱脸谱”；然后是“打开 OLED 显示屏”和“初始化 OLED 显示屏”两行模块语句，保持默认的四个参数不变，作用是声明准备调用 OLED 显示屏；接着，建立一个“重复当‘真’执行…”的循环结构，其中嵌套一个“如果…执行…”的选择分支结构，其判断条件为“获取‘24’号红外检测结果”，意思是不断检测插在 24 号上的红外线传感器是否有感应信号，如果条件成立（比如用手划过），则开始执行以下语句：

先是建立一个名为“随机数”的变量，为其赋值为“从‘1’到‘25’之间的随机整数”（在“数学”中），该变量在每次程序运行至此时都会新生成一个在 1 到 25 之间的整数（包括 1 和 25），因为我们准备的素材文件数目是 25 个；接着再建立一个名为“图片路径”的变量，赋值为“建立字串使用‘/home/pi/Faces/’随机数‘.jpg’”，作用是将三部分数据信息进行有序组合，生成一个对应“小脸谱”图片文件的路径；比如：变量“随机数”某次获取的数据为 17，那么对应的变量“图片路径”的值就是“/home/pi/Faces/17.jpg”；与此类似，再建立一个名为“大脸图片路径”的变量，与变量“图片路径”的赋值方法一致，只不过是将“/home/pi/Faces/”修改为“/home/pi/FacesBig/”，对应的就是另一组正常尺寸大小的 25 个“脸谱”图片文件；

然后，再建立一个名为“图片对象”的变量，为其赋值为“图片”中的“新建图片模式”模块语句，同样是保持所有的参数不变；接着，通过“在图片‘图片对象’的 X1‘0’Y1‘0’位置粘贴图片‘从路径图片路径加载图片’”和“把图片‘图片对象’显示到 OLED 显示屏”两个模块语句，实现将“小脸谱”图片文件显示输出至 OLED 显示屏；后面再添加一个“将图片‘大脸图片路径’显示到显示器屏幕上，显示的分辨率宽为‘480’高为‘640’”模块语句，作用是将对应的正常尺寸“大脸谱”图片文件显示输出至显示器屏幕，注意这里要修改互换默认的宽度和高度分辨率，因为脸谱图片都是高度大于宽度的；最后，在循环结构末尾要添加一个“等待 0.1 秒”模块语句，防止程序占用过多系统资源而“死机”（如图 3）。

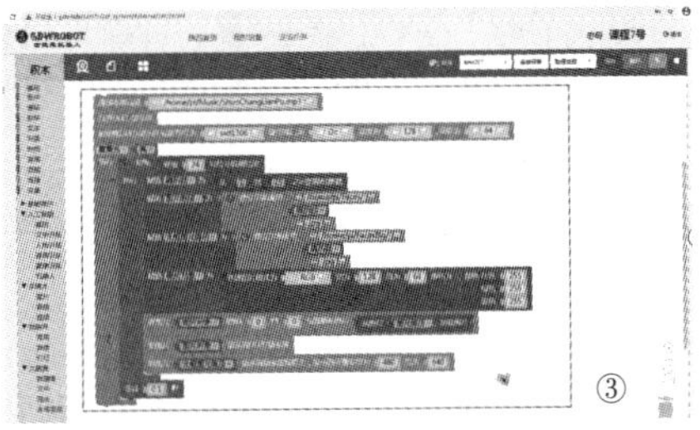
③

程序编写完毕后，点击“保存”按钮将其保存为“脸谱变脸”。

4. 测试树莓派“变脸”特效

由于 Windows 的“远程桌面连接”无法进行实时图片的刷新显示，因此需要运行 VNC Viewer，同样是输入树莓派的 IP 地址（包括登录账号和密码）进行连接。接着，返回“积木”区点击“连接设备”按钮，出现五个绿色对勾表示连接成功，再点击“运行”按钮进行测试：

先是开始播放“说唱脸谱”背景音乐，此时尝试用手或其他物体从红外线传感器上方划过，OLED 显示屏上会随机显示出一个单色“小脸谱”图片，同时会在 VNC Viewer 窗口上同步显示出对应的彩色“大脸谱”图片；多次进行触发红外线传感器做出响应，OLED 显示屏和 VNC Viewer 窗口都会随机变化快速切换出一个“脸谱”出来，完成“变脸”特效（如图 4）。

④

具体的测试演示过程，大家可扫描二维码到 B 站观看视频（如图 5）。

⑤

◇山东省招远第一中学新校微机组 牟晓东

自制空气净化器

空气和水是生命必需的两大要素，在除地球外的宇宙星球上有水和空气的存在就是生物和生命存在的条件。但现在还未发现这两个先决条件，和外星人联系也遥遥无期。一个人可以几天不喝水吃饭，但一刻也离不开空气。没有空气五分钟，人就会因为脑缺氧而产生不可逆的损伤甚至死亡，足可见空气的重要性。现在空气污染非常严重，我国多地有雾霾和沙尘暴，这对人体的肺脏都有很大伤害，特别是对于肺部本身就有疾病的人群。

空气中的氧是养命的气，有水净化器就有空气净化器。经笔者研究，市面上买的从一百多元到几千元不等的净化器都是由电动机、风扇叶、过滤组件检测控制器和负离子发生器构成。笔者也用以上部件 DIY 了一台空气净化器。

电动机和风扇叶由成品普通电风扇代替，过滤组件是由网上购得的空气净化过滤网组成的，大约 40 元左右，由无纺布滤网、光触媒滤网和活性炭三部分组成。检测则学用网购益杉牌霾表担当。应用激光原理制造可测得 PM2.5、PM1.0、PM10 的 ug/m^3 浓度和 0.3μm~10mm 中 0.1L 体积中所含颗粒数，可灵敏地检测出空气质量参数。有实时数据图表，纵轴是空气污染浓度，横轴是时间，可形成图表显示。还有健康建议提示，如是否需开空气净化器、是否需开窗通风、是否需戴口罩、是否可进行户外运动等。负离子发生器可产生类似于雷雨天后那样的高负离子数量的空气，有心旷神怡的感觉，实际上是高压发生器和放电针组合而成模块。发生器要挑选购买品质好一些的，否则会产生副产品臭氧。它虽有消毒作用，但浓度大对人体有害。然后把以上部件都组装在一起，可用橡皮绷带把滤网和电风扇绑在一体装上。负离子模块和霾表就可试机，风速调到快挡，开机前霾表显示重度污染红色警示。开机五秒后，霾表 PM2.5 数值就一直下降，后显示为优质空气数值为 $30mg/m^3$ 左右。绿色显示说明该装置很有净化效果。

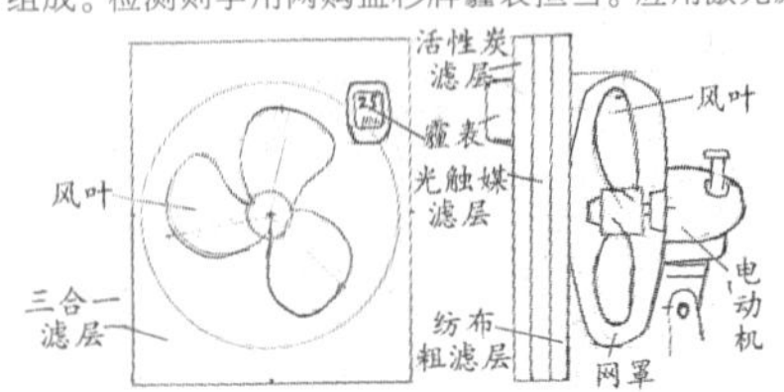

大约用几周后滤网可以进行除尘处理，可用压缩空气吹活性炭的一面，并用洗衣刷子轻刷表面，注意无纺布不要刷破。同时敲打以抖掉灰尘，然后放在太阳下暴晒两天，活性炭面向上，即可重新装机使用。时间久了效果差了可重新网购几套更换。

希望能推广应用，还国民健康幸福，每一口都是纯净空气，延年益寿。本套机器总计花费较少，只有 130 元左右（不包括风扇），又动手又动脑又健康。何乐而不为呢？

◇华忠

Wi-Fi 6和Wi-Fi 6E

现在有句笑话，叫“离了Wi-Fi没法生存！”，虽然是吐槽现代人的网络依赖症，不过也间接反映了Wi-Fi对日常生活的重要性。随着5G时代的来临，人们对于网速也有更高的要求，因此被称为“室内5G”的Wi-Fi 6(Wi-Fi 6+)技术也进入发展的快车道。

Wi-Fi 6

简言之是第六代无线技术802.11ax，此前Wi-Fi技术的常规叫法是工作频段+Wi-Fi，因此此前人们对于Wi-Fi的叫法是2.4G Wi-Fi、5G Wi-Fi，但这样的命名规则混乱，不容易辨识，于是在802.11ax技术规范发布时，将这一代规范改名为Wi-Fi 6，前两代还在大量使用的802.11n和802.11ac改名为Wi-Fi 4和Wi-Fi 5。

名称	Wi-Fi 4	Wi-Fi 5		Wi-Fi 6
协议名称	802.11n	802.11ac		802.11ax
		Wave1	Wave2	
年份	2009	2013	2016	2018
工作频段	2.4GHz、5GHz	5GHz		2.4GHz、5GHz
最大频宽	40MHz	80MHz	160MHz	160MHz
MCS范围	0-7	0-9		0-11
最高调制	64QAM	256QAM		1024QAM
单流带宽	150Mbps	433Mbps	867Mbps	1201Mbps
最大空间流	4*4	8*8		8*8
MU-MIMO			下行	上行
				下行
OFDMA				上行
				下行

这样我们就可以像理解手机通信技术一样理解Wi-Fi技术了。我们可以简单理解为Wi-Fi 6>Wi-Fi 5>Wi-Fi 4。那么Wi-Fi 6为什么会被称为“室内5G”呢？这是因为Wi-Fi 6技术最能被用户感知的提升之一在于传输速率的提升，WiFi 6的最高速率可以达到9.6Gbps，也就是1.2GB/s。

而Wi-Fi 6最重要的两个特性在于加入了MU-MIMO(Multi-User Multiple-Input Multiple-Output，多用户-多输入多输出)和OFDMA(Orthogonal Frequency Division Multiple Access，正交频分多址)。

MU-MIMO技术允许同一时间多终端共享信道，通俗易懂的解释是信息高速通道从单车道升级为多车道。OFDMA技术则降低了网络连接的时延，提升了连接过程中的网速。同时，Wi-Fi 6内置的TWT技术，可以让设备更省电。可以说作为Wi-Fi技术的全面升级，Wi-Fi 6和5G技术是当前最耀眼的通信技术。

Wi-Fi 6+(Wi-Fi 6E)

细心的朋友会发现，最新的骁龙888支持Wi-Fi 6E。从名字中可以看出，Wi-Fi 6E是Wi-Fi 6的“威力增强版”，虽然名字看起来没有太多提升，实际提升巨大，主要是Wi-Fi 6E新增6GHz频段。在此之前，Wi-Fi频段只有2.4GHz和5GHz两个频段，距离上次使用5GHz提升Wi-Fi体验，超过10年了，说是重大升级并不为过。不过却也正是“Wi-Fi 6E”这个名字，显得升级不够明显。

高频频段6GHz，天生适合高速传输，改变的第一要义是传输速率提升、延迟降低。考验网速与的4K/8K视频传输，在支持Wi-Fi 6E的路由器(7.8Gbps-10Gbps)面前显得轻而易举；考验延迟的云游戏在Wi-Fi 6E网络下运行也毫无压力。相较于Wi-Fi 6，Wi-Fi 6E还提供更多的160MHz频宽信道，从而减少各设备间相互干扰。再者，Wi-Fi 6E支持WPA3加密协议，使用更安全。

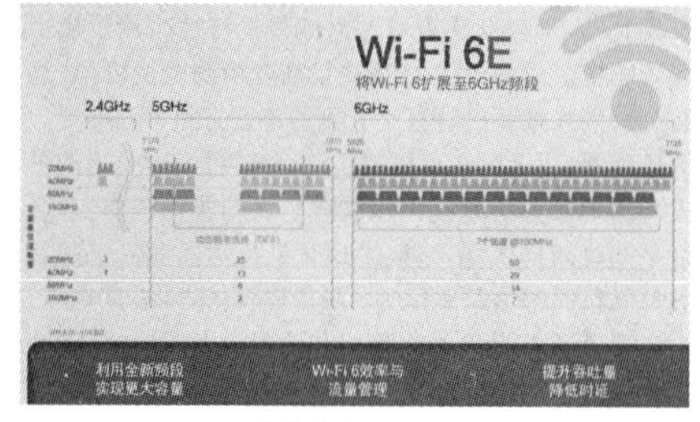

Wi-Fi 6E提供更多160MHz频宽信道

总体看，Wi-Fi 6E提升明显，但还是有一定缺陷，缺陷主要是围绕6GHz频段展开的，如因为频率更高，波长更小，导致6GHz下信号衰减明显，会出现遇到墙信号减半的情况，因此当前Wi-Fi 6E下6GHz频段覆盖面积不大，还需要配备5GHz、2.4GHz频段才能完美覆盖，实现家庭使用。

当前，安卓阵营旗舰芯片骁龙888实现了对Wi-Fi 6E的支持，采用骁龙888芯片的安卓手机均能享受来自Wi-Fi 6E带来的体验升级。不过，Wi-Fi 6E技术这么好，为啥没有得到对应的宣传物料成本呢？这主要是Wi-Fi 6与Wi-Fi 6E发布间隔时间太短，而各大厂商在W-iFi 6E技术标准上进行优化创新尚未公开，对于Wi-Fi 6E的宣传不够重视。

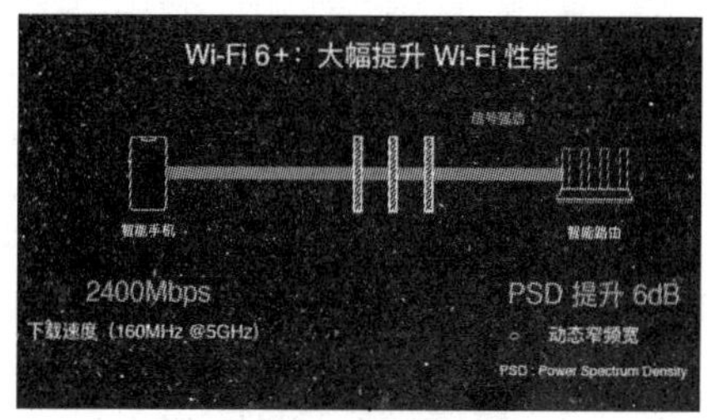

Wi-Fi 6系列中的企业标准，最为人熟知的是华为“Wi-Fi 6+”，根据华为官方表述，Wi-Fi 6+技术在Wi-Fi 6技术的基础上带来了两大全新特性，分别是远距离场景下的动态窄频宽技术和近距离场景下端到端支持160MHz超大频宽，从而穿墙效果更好和传输速度更快。相较于Wi-Fi 5，Wi-Fi 6+具备“两高两低”优势。

分别是高带宽（支持160MHz频宽，速度提升明显）、高并发(接入设备更多)、低时延(时延降低2/3)、低功耗(终端设备按需唤醒，功耗降低明显)。

另外一个具有代表性的Wi-Fi 6系列企业标准是小米“Wi-Fi 6增强版”，使用这版企业标准的设备是小米11，这版企业标准特点是通过80MHz+80MHz合成160MHz带宽，从而带来更快的传输速度。

Wi-Fi 6虽使用中需要克服信号衰减问题。动态窄频宽技术是发射功率不变的情况下收窄Wi-Fi频宽，进而提升信号质量，解决了Wi-Fi 6存在的一大痛点。而近距离场景下160MHz超大频宽则就是依靠Wi-Fi 6+技术中的160MHz频宽提升近距离的传输速率。

不过Wi-Fi 6E路由器售价来看，几乎都在2000元以上，价格不菲，定位旗舰，全民推广有待时日；同时采用Wi-Fi 6E网卡的设备更耗电、更热、售价更高；另外也是最重要的一点，“满血”体验Wi-Fi 6E，需要家庭宽带在千兆以上才能有感知，而千兆宽带成本不低。

◇四川 李运西

空气循环扇的原理简介

夏日炎炎，除了降温主力空调外，各大电商都在主推空气循环扇，这种产品号称可以带动屋内空气循环、流通换气，还能配合空调快速降温，让空调更省电。

其主体和普通风扇一样，就是底座、扇叶、电动机；但是价格却相比同样普通风扇高出相比普通电风扇高出几十到几百元。

不过，仔细观察，空气循环扇有别于一般的电风扇，在扇叶前方增加了一段“套筒”一样的结构。而这层结构让空气循环扇聚风能力增强不少，吹出的风风力更强，更加集中于风扇前方，在距离风扇七八米的地方依然能感觉到风力。相较于普通电风扇，空气循环扇更像一个大号电吹风。

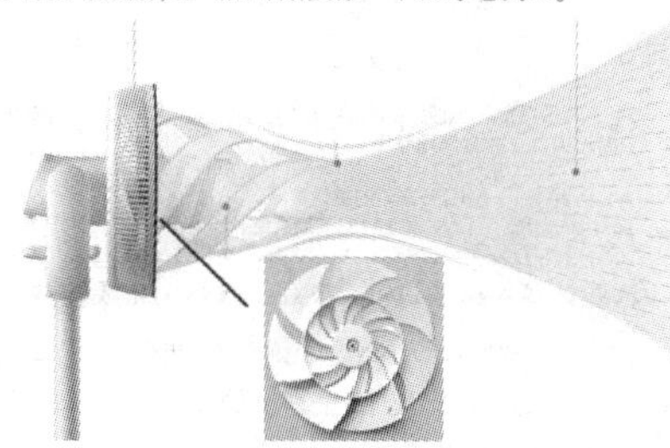

同时空气循环扇都是仰头朝上做出“45°”或是自行调整上下角度的姿势，不像普通电风扇一般都是水平朝向。这是为了吹出的空气能够带动室内的空气循环。尤其是在空调房冷气积聚在低处，让人下冷上热患上空调病。空气循环扇可以抽起底层冷空气送上高处，通过这种方式让整个房间温度平衡，空调也不会因为高处温度降不下来拼命工作狂耗电费。

理论上，空气循环扇不是电风扇直接往人身上吹风降温，而是通过带动整间屋子的空气流动给人一种“清风拂面的”清爽感”。但有很多人买了空气循环扇发现这东西并没有宣传的那样奇效，在家开机使用时基本感受不到风力，噪音还很大。

这就要提一下空气循环扇的是如何设计出来的了，最早推出空气循环扇的主要是日本、韩国等地。这两个国家的住房尤其是上班族租住的公寓的一大特点就是：小，而且空气流通性差，尤其是到了雨季或是夏日，潮湿闷热难挡。而传统风扇抽热风吹得还是热风，基本起不到效果，从而有了空气循环扇这样的风扇产品。因此适合空气循环扇的应该是单间公寓、Loft等小空间户型。

空气循环扇最大的缺点除了价格贵以外，还有一个噪音问题，毕竟空气循环扇在风力上比电风扇强不少，噪音问题就只能忍忍了，不过市面上也有不少静音型的空气循环扇(当然价格更贵了)。但是每个人对声音的接受程度不一样，所以还是需要考虑自己的实际情况。

最后总结

1. 空气循环扇采用涡流风扇配合风道设计，送风距离比普通电风扇更远，风力方向更加集中。主要通过向特定方向送风形成循环柔风，同时起到平衡温度，促进空气循环流通的效果。

2. 空气循环扇一般不要对人直吹，由于其工作原理吹出的风力更强，就像电吹风一样，长时间吹风会引起身体不适。使用不当也可能会感冒生病。

3. 空气循环扇对户型比较苛刻，比较大的户型就难以发挥它的功用，一般使用于较小户型单间或者小房间内的通风降温工作。

4. 空气循环扇虽然售价略高，但是其功能性比一般电扇强了不少，并不是很多人口中的“智商税”。也肯定有人会图新鲜买一台回家试试效果。在选购空气循环扇时，也要考虑到价格和品牌等综合因素，选购合适自己用的产品。

主动降噪耳机(ANC)设计要素

本文将叙述以AS3415主动降噪芯片为基础设计一款主动降噪前馈耳机的必要步骤。

在正式开始制作一款主动降噪耳机之前，我们需要特殊的音频设备。首先是用于测量频率响应和相位响应的音频测量系统。可选用的音频设备有Audio Precision、Brüel&Kjaer、Soundcheck等。除了音频测量系统，人耳模拟装置也是重要的一部分，如来自Head Acoustics、Brüel&Kjaer或GRAS的IEC711（入耳式主动降噪产品）或Head&Torso模拟器(头戴式及耳罩式产品)。人耳模拟装置可在量测耳机特性时用于模拟人耳响应。这些人工耳集成了高度精确的麦克风，能够测量到人戴耳机时真实听到的声音。另外还需要一个扬声器，用于测量耳机的被动衰减特性，这是滤波器设计的一部分。此扬声器应该是双向式扬声器，且最好是同轴双向式扬声器，以保证从扬声器到耳机的高频与低频的传输距离相等。最后需要AS3415评估板，它包含了所有必要的连接器和前置放大器，使性能测试过程尽可能流畅地进行。

为什么要对耳机进行性能测试？

每个耳机的声学表现都不尽相同。原因很简单，因为耳机采用不同的组件，如拥有不同阻抗和传递系数的扬声器。且每一款耳机的弹性衬垫以及前后声腔也都不一样。

要制作主动降噪耳机，了解耳机的特性很重要，这样才能获得良好的降噪性能。主动降噪前馈耳机使用ECM麦克风捕捉耳机外部的噪音。电子线路会产生一个抗噪反信号，然后通过扬声器播放出来。理论上，ANC回路是一个简单的反相电路，但事实并非如此。由于耳机的不同组件会影响频率响应和相位响应，简单的反相无法令ANC达到性能要求。为了解耳机在增益和相位方面的表现，ANC耳机的性能测试显得尤为重要。

为了得到理想的ANC滤波曲线，我们必须采用第一段提到的设备进行三项测量。第一项测量是被动衰减测量，如图1所示。

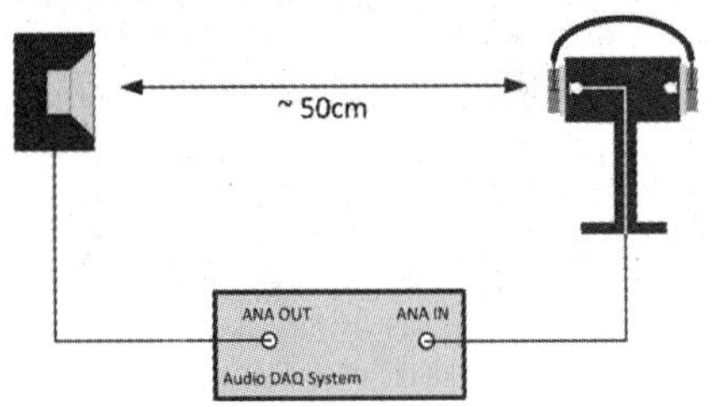

图1:前馈性能测量一

我们用同轴扬声器发出20Hz-22kHz的扫频声波，并测量到达人耳的声波。到达人耳的声波可使用人耳模拟器内部的麦克风来测量。这样，我们测到耳机自身引起的噪声衰减，即被动衰减。

如图2所示，第二项是捕捉噪音的麦克风的频率响应测量。同样，正弦扫频信号通过同轴扬声器播放出来，并由ANC麦克风收集。

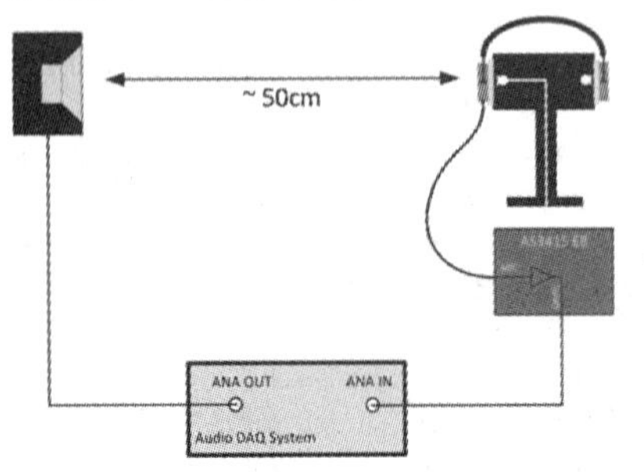

图2:前馈性能测量二

第三项，也就是最后一项，(如图3)是耳机内部扬声器的频率响应和相位响应测量。20Hz至22 kHz的扫频信号由耳机内部的扬声器发出，供测试使用的人工头内的麦克风收集到该信号。该项检测测量了降噪信号通过扬声器播出时的传递函数，以及信号是如何被人耳接收的。相位对这三项测量都十分重要，如果扬声器播出的抗噪信号与从环境进入人耳的噪音具有相同的相位，噪音非但不会减弱，还会被放大。

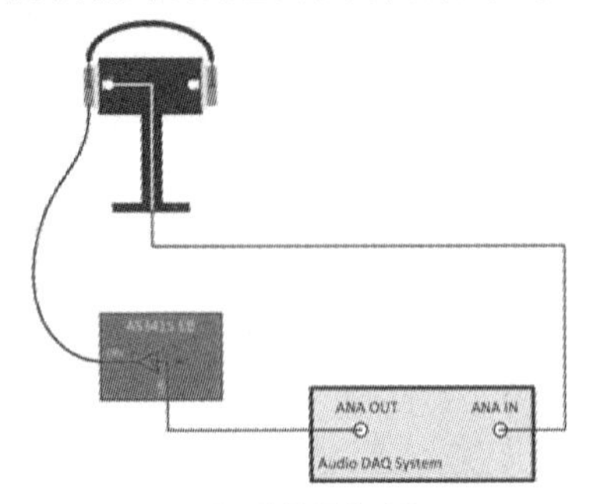

图3:前馈性能测量三

计算主动降噪滤波器的理想值

一旦完成这三项测量，我们就能够用测量结果来计算ANC滤波器的理想值。所需的滤波器振幅计算如下：

$$A\_Filter(f)=A\_1(f)-(A\_2(f)+A\_3(f)) \quad [dB]$$

AFilter(f)……滤波器增益响应的理想值

A1(f)……测量增益1

A2(f)……测量增益2

A3(f)……测量增益3

所需滤波器的相位计算如下：

$$\varphi\_Filter(f)=\varphi\_1(f)-(\varphi\_2(f)+\varphi\_3(f)) \quad [DEG]$$

φFilter(f)……ANC滤波器相位响应的理想值

φ1(f)……测量相位1

φ2(f)……测量相位2

φ3(f)……测量相位3

计算结果能够很容易通过Excel表格得出，一个滤波器范例如图6显示。范例的频率响应及相位响应表明，仅使用一个全频宽的反相放大器是难以做出理想降噪信号的。

开发滤波器

一个好的ANC耳机的关键在于滤波器的设计。如果滤波器的设计不合理，即使再好的ANC芯片也没用。滤波器设计的目标是尽量匹配增益和相位响应。在特定频率匹配得越好，ANC性能也就越好。因为是模拟信号处理，滤波器的仿真通常是通过spice仿真工具完成的。

图4是一个spice仿真线路，该线路体现了ANC麦克风滤波器的信号路径。

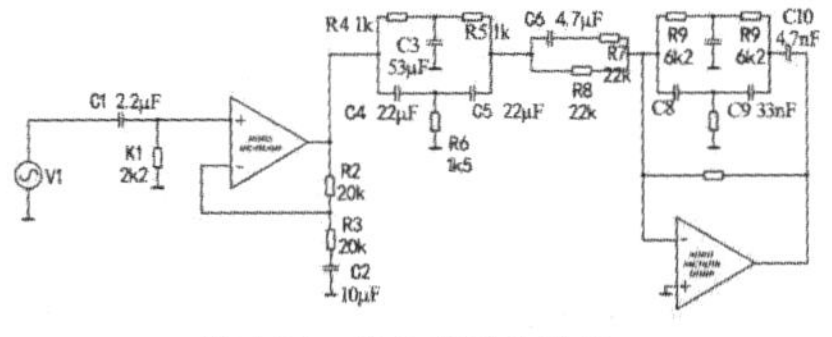

图4:Spice滤波器仿真范例

ANC滤波器设计工程师的目的是将图4滤波器仿真线路中的增益和相位响应与计算出的理想曲线匹配起来。现在人们使用的典型滤波器有一阶低通滤波器、陷波滤波器、高架及低架滤波器。设计师必须了解不同的拓扑结构以及截止频率、通带、阻带的计算方法。这当然不是一个简单的任务，尤其是当他们不习惯使用spice仿真工具和模拟滤波器开发工具时。

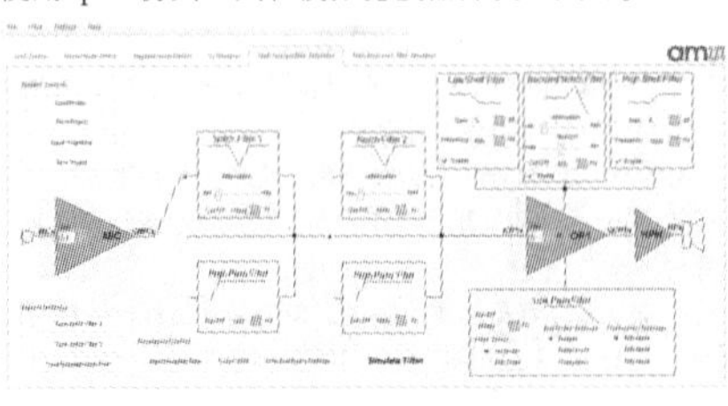

图5:AS3415前馈滤波仿真工具

为了解决这一问题，AS3415评估软件整合了前馈滤波器仿真工具，如图5所示。设计工程师能够使用这一工具来设计理想的ANC滤波器。这一工具提供了一套预定义的滤波器架构，取代了修改零件值及滤波器结构的做法。基于为许多不同客户模拟的滤波器结构，这些预定义的滤波器结构能够涵盖90%的ANC声学需求。图6显示了该工具的模拟结果。绿色曲线代表理想的ANC增益和相位响应，蓝色曲线显示了利用图5的工具制作的ANC滤波器的模拟结果。

设计滤波器时，有一点很重要，那就是我们要注重哪些频段。ANC耳机的运作有特定的频率范围，这并非由于AS3415本身的局限性，而是跟声音的传播速度及耳机的声学特性相关。如果我们只关注理想滤波曲线中的增益响应，设计符合该曲线的滤波器则很容易。但问题是在ANC滤波器的设计中也得同时匹配相位。由于更高频率下的相位几乎旋转了180度，设计出的滤波器很有可能与频率响应匹配，而不与相位匹配。取决于不同的耳机及其相位响应，我们通常可以做到1.5kHz频率以下的滤波器匹配。更高频的部分需要尽可能地衰减。如果不衰减这些未匹配的高频部分，可能会引入噪音。我们在低频部分减弱噪音，但如果高频的相位失配，就会导致噪音被放大。为了避免这一现象，我们会尽量在无法匹配的区域降低增益。图6中的绿色透明区域代表我们通常能达到的增益和相位的最小失配。红色区域是我们要尽量衰减的部分。高频衰减和相位响应之间必须达到一个良好的平衡。如果在高频下衰减得太多，会影响到低频的相位响应，从而可能失去ANC的效果。

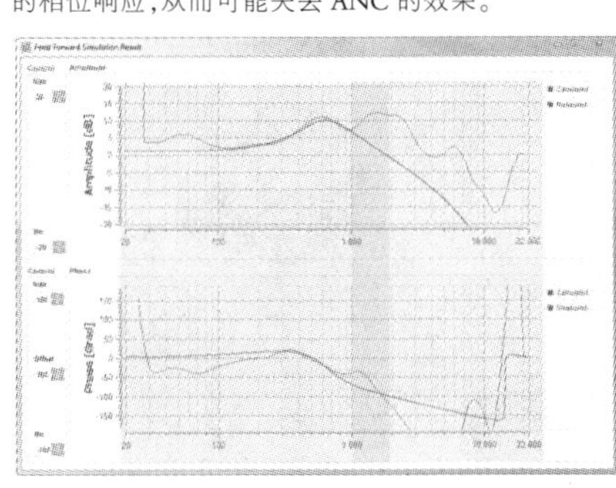

图6:模拟结果

滤波器检验及ANC测试

得到令人满意的滤波曲线以后，AS3415滤波器仿真工具同时提供材料清单输出功能。由于该工具和AS3415的评估板相匹配，材料清单中列出的项目能够被焊接在评估板上，以测试带有该滤波器的ANC的性能。测试包含两项内容：一是耳机戴在人工头上时的被动衰减测试，二是打开AS3415芯片并配置好前馈降噪功能时的频响测试。ANC性能计算如下：

$$A\_ANC(f)=A\_active(f)-A\_passive(f) \quad [dB]$$

AANC(f)……主动降噪等级

Aactive(f)……ANC开启时的被动衰减

Apassive(f)……ANC关闭时的被动衰减

这些计算可以通过一个Excel表格来完成，并生成一份音频范围内的ANC降噪性能曲线图。这张ANC降噪性能曲线图在降噪耳机的设计及生产过程中是十分重要及常见的。

◇四川 小李

汽车主要六大领域芯片

CPU/GPU/FPGA/ASIC 芯片是智能汽车的“大脑”。GPU、FPGA、ASIC 在自动驾驶 AI 运算领域各有所长。传统意义上的 CPU 通常为芯片上的控制中心，优点在于调度管理、协调能力强，但 CPU 计算能力相对有限。因此，对于 AI 高性能计算而言，人们通常用 GPU/FPGA/ASIC 来做加强。

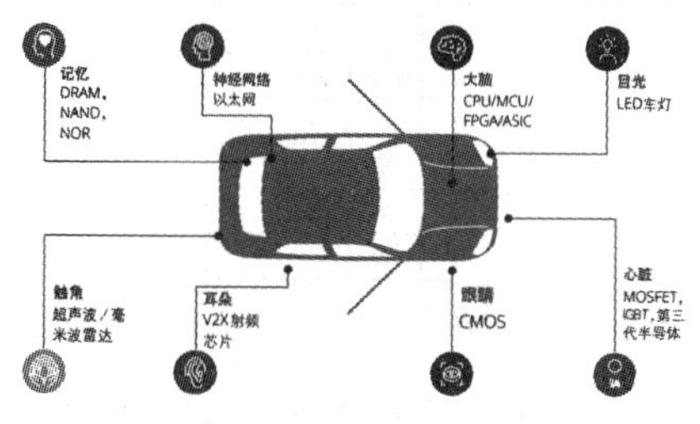

智能汽车“大脑”——CPU/GPU/FPGA/ASIC和MCU

CPU/GPU/FPGA/ASIC

地平线	NXP
华为 HISILICON	Mobileye/英特尔 intel
黑芝麻智能	Movidius/英特尔 intel
芯驰科技 SEMIDRIVE	Altera/英特尔 intel
西井科技	高通 Qualcomm
中科寒武纪 Cambricon	德州仪器TI TEXAS INSTRUMENTS
四维图新 NAVINFO	Nvidia(英伟达) NVIDIA
森国科	瑞萨Renesas RENESAS
东芝(Toshiba) TOSHIBA	Xilinx(赛灵思) XILINX
意法半导体(ST) ST	ADI ANALOG DEVICES
特斯拉 TESLA	英飞凌(Infineon) infineon
安霸 Ambarella	

MCU

比亚迪半导体 BYD	NXP
芯旺微 ChipON	Infineon infineon
杰发科技 NAVINFO AutoChips	Renesas RENESAS
赛腾微	ST
四维图新 NAVINFO	TI TEXAS INSTRUMENTS
华大半导体 CEC HDSC	Microchip MICROCHIP
国芯科技 C*Core	Toshiba TOSHIBA
芯海科技 CHIPSEA	三星 SAMSUNG
航顺	东软载波 Eastsoft essemi
琪埔维 CHIPWAYS	上海贝岭
兆易创新 GigaDevice	国民技术 Nation

功率芯片是智能汽车的“心脏”。无论是在引擎、驱动系统中的变速箱控制和制动、或者转向控制等都离不开功率芯片。

智能汽车“心脏”——功率芯片

比亚迪 BYD	英飞凌 infineon
斯达半导体	赛米控 SEMIKRON
中车时代	富士电机
宏微科技	三菱电机
中科君芯	安森美
华微电子	日本电装DENSO DENSO
华虹宏力 HHGrace 华虹宏力	罗姆 ROHM
士兰微 Silan士兰微电子	日立 HITACHI
瑞萨 RENESAS	东芝 TOSHIBA
Littelfuse	意法半导体 ST
丹佛斯	Vishay VISHAY

摄像头 CMOS 是智能汽车的“眼睛”。CMOS 图像传感器与 CCD(电荷耦合组件)有着共同的历史渊源，但 CMOS 比 CCD 的价格降低 15%–25%，同时，CMOS 芯片可与其他硅基元器件集成利于系统成本的降低。在数量上，倒车后视，环视，前视，转弯盲区等 L3 以上的辅助驾驶需要约 18 颗摄像头。

智能汽车“眼睛”——摄像头CMOS

韦尔/豪威OmniVision OmniVision	索尼(Sony) SONY
格科微 GALAXYCORE	三星(Samsung) SAMSUNG
思比科微 SuperPix	海力士(SKhynix) SK hynix
比亚迪 BYD	安森美(On)/Aptina
Smartsens(思特威) SMARTSENS	意法半导体(ST) ST
台湾原相科技 PixArt	派视尔(PIXELPLUS) PIXELPLUS
台湾奇景光电 Himax	松下 Panasonic
台湾晶相光电 SOi	佳能 Canon

射频接收器是智能汽车的“耳朵”。射频器件是无线通信的重要器件。射频是可以辐射到空间的电磁频率，频率范围从 300KHz~300GHz 之间。射频芯片是指能够将射频信号与数字信号进行转换的芯片，它包括功率放大器 PA、滤波器、低噪声放大器 LNA、天线开关、双工器、调谐器等。未来，射频芯片将像汽车的耳朵一样将助力 C–V2X 技术发展，将“人–车–路–云”等交通参与要素有机联系在一起，弥补了单车智能的不足，推动协同式应用服务发展。

智能汽车“耳朵”——射频接收器

紫光展锐 紫光展锐 UNISOC	思佳讯(Skyworks) SKYWORKS
昂瑞微 OnMicro 昂瑞微	Qorvo QORVO
天津唯捷创芯 VANCHIP	博通/Avago BROADCOM
深圳国民飞骧 LANSUS飞骧	村田(Murata) muRata
无锡中普微	TDK-Epcos TDK
广州慧智微 慧智微电子	pSemi(TM) pSemi
艾为电子 awinic	英飞凌(Infineon) infineon
苏州宜确 EtraSemi	台湾络达(Airoha) AIROHA

智能汽车“记忆”——存储芯片

北京君正 君正 Ingenic	美光(Micron) Micron
兆易创新 GigaDevice	SKhynix(海力士) SK hynix
澜起科技 澜起	东芝(Toshiba) TOSHIBA
	三星 SAMSUNG

芜湖易来达	Veoneer(瑞典) veoneer
深圳卓泰达科技	Metawave(美国) METAWAVE
苏州豪米波	Echodyne(美国) ECHODYNE
长沙莫之比	Smartmicro(德国) smartmicro
北京木牛科技 木牛科技	Acconeer(瑞典) acconeer
德赛西威 德赛西威	Hyundaimobis(韩国) MOBIS
纳瓦电子 Nova	Panasonic(日本·松下) Panasonic
华为 HUAWEI	ArbeRobotics(以色列) arbe
福瑞泰克 Freetech	Lunewave(美国)
楚航科技 CHUHANG TECH	电目科技 Rade

智能汽车“手杖”——超声波/毫米波/激光雷达

超声波/毫米波雷达	Bosch (德国·博世) BOSCH
杭州智波科技 智波科技	ConTinental(德国·大陆) Continental
芜湖森思泰克 WHST	Denso(日本·电装) DENSO
南京隼眼科技 隼眼科技	HELLA(德国·海拉) HELLA
苏州安智汽车 安智汽车 ANZHI AUTO	ZF采埃孚(德国)&天合TRW(美国)
北京行易道 Autoroad	Delphi(美国·德尔福) Delphi Technologies
深圳安智杰 ANNGIC	Autoliv(瑞典·奥托立夫) Autoliv
湖南纳雷科技 NANORADAR	Valeo(法国·法雷奥) Valeo
深圳承泰科技	Oculii(美国·傲酷) OCULII
华域汽车 HASCO	Fujitsu(日本·富士通天) FUJITSU

上海加特兰 CALTERAH	中融雷科
轩辕智驾 高德红外	雷科防务/理工雷科
楚航科技 CHUHANG TECH	纵目科技 Zong Mu
莫吉娜 MORGINA	中电科第三十八研究所 CETC
辉创电子 WHETRON	蛮酷科技
珠海上富电技 COLIGEN	几何伙伴
同致电子 TTE	大疆车载 dji
慧尔视 HURYS	凌波微步 LINPOWAVE
闻颂智能	同致电子 TTE
雷博泰克	荣傲科技
清雷科技 Tsingray	精益远达 Insightica
杭州岸达科技	宇磐科技 COSTONE
寅家科技 VTECH	中科云杉
	川速微波

超声波/毫米波雷达是智能汽车的“手杖”。智能汽车通过传感器获得大量数据，L5 级别的汽车会携带传感器将达到 20 个以上。车载雷达主要包括超声波雷达、毫米波雷达和激光雷达三种。其中，中国超声波雷达已发展的相对成熟，技术壁垒不高；毫米波雷达技术壁垒较高，且是智能汽车的重要传感器，目前处于快速发展的阶段；激光雷达技术壁垒高，是高级别自动驾驶的重要传感器，但目前成本昂贵、过车规难、落地难。

存储芯片是智能汽车的“记忆”。智能汽车产业对存储器的需求与日俱增，在后移动计算时代，车用存储将成为存储芯片中重要的新兴增长点和决定市场格局的力量。DRAM、Flash、NAND 未来将被广泛地应用在智能汽车各个领域。此外，随着云和边缘计算将在智能汽车领域大放异彩，以及 L4/L5 级自动驾驶汽车发展出复杂网络数据及应用高级数据压缩技术，未来本地存储数量将趋于稳定，甚至可能出现下降。

轻松提取 PPT 文字到 Word 的 20 行 Python 代码(一)

分享一个非常实用的 Python 程序。

遇到的困惑许多小伙伴不管在学校还是在工作当中，都会遇到一个问题，就是将 PPT 中的文字提取出来保存到 word 当中，这样可以方便自己的阅读或者是将文字打印出来。但是很多时候，小伙伴们只能将 PPT 中的文字通过复制粘贴的方式，来一张张的提取出来。这样的操作方式无疑非常的低效，今天就带给大家新的方法，利用程序来批量的提取 PPT 中的文字，并保存到 word 文档中，一起来看看吧。

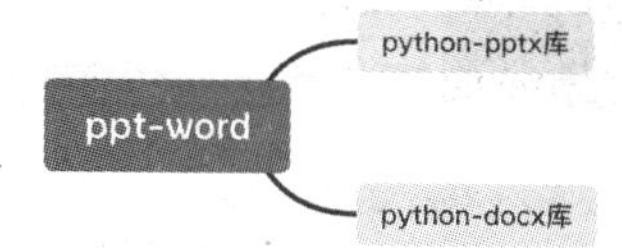

01.应用的场景

比如我有这么一个 PPT 的内容，里面有很多的文字和图片，其中的文字我是比较感兴趣的，尤其是在论文或者是一些重要的学术的报告的 ppt 中，很多的文字需要提取分析。下面我举例一个简单的 PPT 页面：

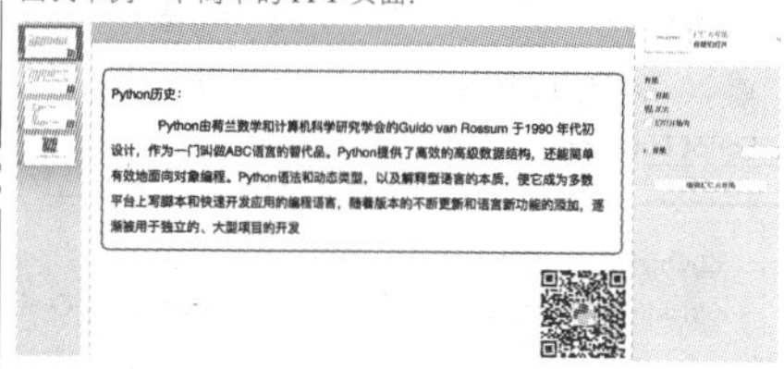

可以看到，上图的 PPT 中包含了一些文字和图片的内容信息，但是我只想提取文字，其实这个用 Python 就可以轻松搞定，看一下最后的效果：

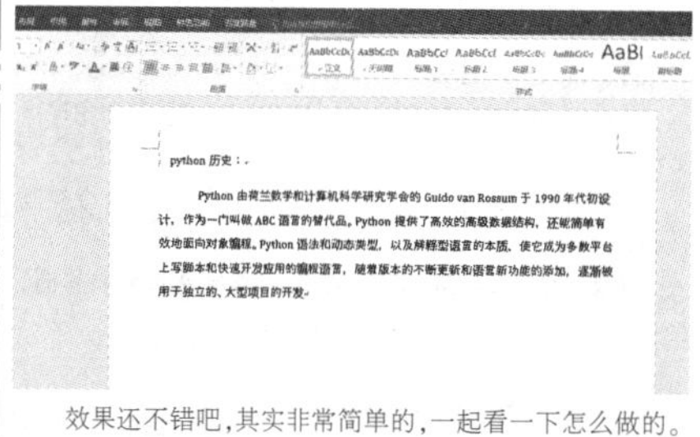

效果还不错吧，其实非常简单的，一起看一下怎么做的。

02.程序的设计

我们主要是用到的是 python–pptx 库以及 python–docx 库。分别用于 PPT 文件以及 word 文件的处理。用 pip3 即可直接安装，整个程序非常短小精悍，其核心代码仅仅只需要六行，程序如下图所示：

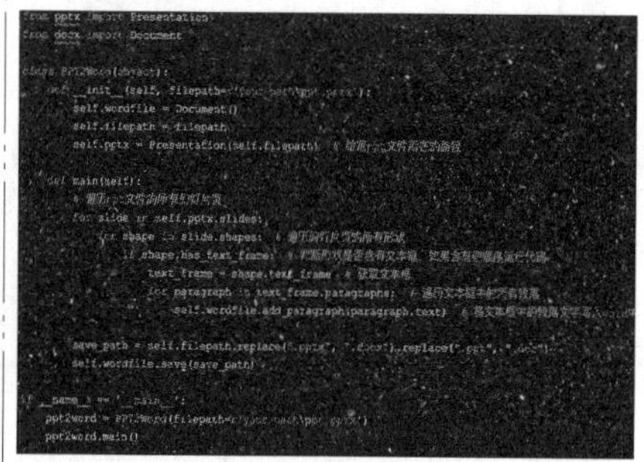

代码其实很简短的，为了让大家更好的理解这个程序，可以结合下面这张图来给大家一一解释。

(下转第 410 页)

神器绝了的可视化打包 exe

1. 什么是 auto-py-to-exe

auto-py-to-exe 是一个用于将 Python 程序打包成可执行文件的图形化工具。本文就是主要介绍如何使用 auto-py-to-exe 完成 python 程序打包。auto-py-to-exe 基于 pyinstaller,相比于 pyinstaller,它多了 GUI 界面,用起来更为简单方便

2. 安装 auto-py-to-exe

首先我们要确保我们的 python 环境要大于或等于 2.7 然后在 cmd 里面输入:pip install auto-py-to-exe, 输入完成之后,pip 就会安装 auto-py-to-exe 包了。安装完成之后,我们就可以在 cmd 输入:auto-py-to-exe,来启动 auto-py-to-exe 程序了。

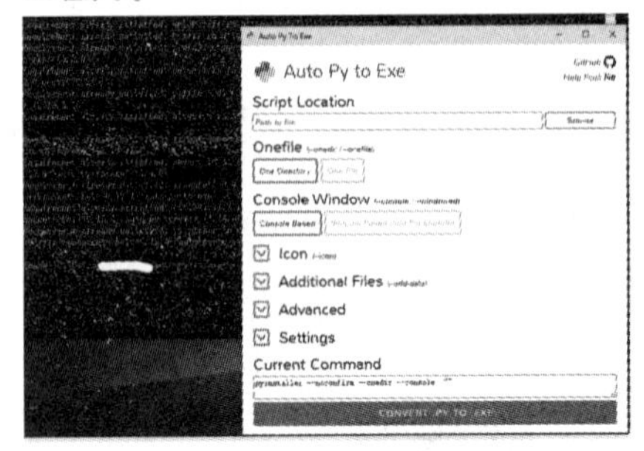

出现上述图片,auto-py-to-exe 就安装成功了。

3. auto-py-to-exe 部分选项介绍

在使用 auto-py-to-exe 打包 python 程序的时候, 有许多配置选项需要我们去指定,能正确知道这些选项的作用是十分重要的。下面我将介绍其中一些重要的选项。

(1)Script Location

Script Location 主要是指定我们要打包的 python 文件。

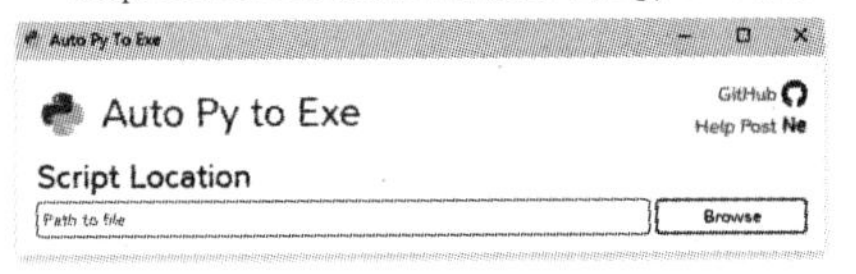

(2)Onefile

Onefile 下有两个选项, 分别是:One Directory 和 One File。

- 如果选择 One Directory,那么程序打包完成后会是一个文件夹的形式展现;
- 如果选择 One File, 那么程序打包完成后就一个.exe 文件;

(3)Console Window

Console Window 主要设置打包程序运行时,是否出现控制台。

- Console Based: 当打包的程序运行时会显示一个控制台界面;
- Window Based(hide the console):会隐藏控制台界面,主要用于带有 GUI 的 python 程序打包;

(4)Icon

用于指定打包程序的图标。

4. auto-py-to-exe 实战

本节主要以一个计算器程序来介绍如何使用 auto-py-to-exe 来打包程序。

auto-py-to-exe 打包程序主要分 3 部分,分别是:

- 打开 auto-py-to-exe;
- 配置打包选项;
- 查看打包效果;

(1)打开 auto-py-to-exe

打开 cmd, 输入:auto-py-to-exe 打开 auto-py-to-exe 后,我们就要进行配置选择了。

(2)配置打包选项

计算器程序,大家可以到 GitHub 去下载,地址是:https://github.com/pythonprogrammingbook/simple_calculator

在打包时,我们要进行的配置主要有:

- Script Location;
- Onefile;
- Console Window;

Script Location 选择程序的主程序, 在计算器项目里,我们选择的是 main.py。

Onefile 选择 One File,因为一个文件看起来比较简洁。

由于计算器项目带有 GUI, 所以 Console Window 选择 Window Based(hide the console),

Icon 选择一个 ico 文件,此处不是必须操作,可以不设置。

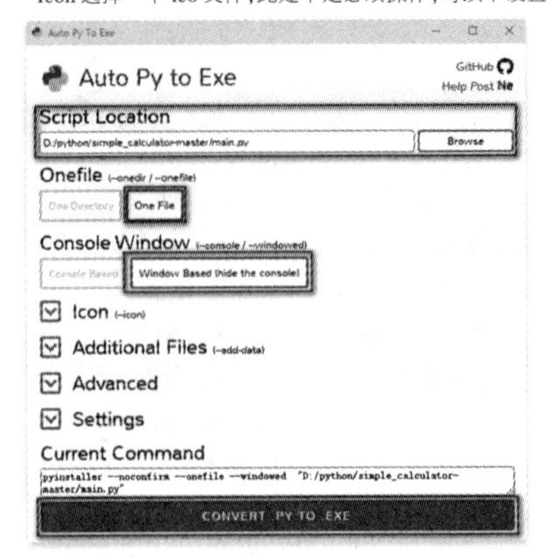

如果程序里面有自己的模块,我们必须把模块的目录添加到 Additional Files 里面。不然会出现 Failed to execute script XXX 错误。

在计算器程序里面我们所有的模块都在 calculation 目录下, 所有我们需要将 calculation 路径添加到 Additional Files 里面。

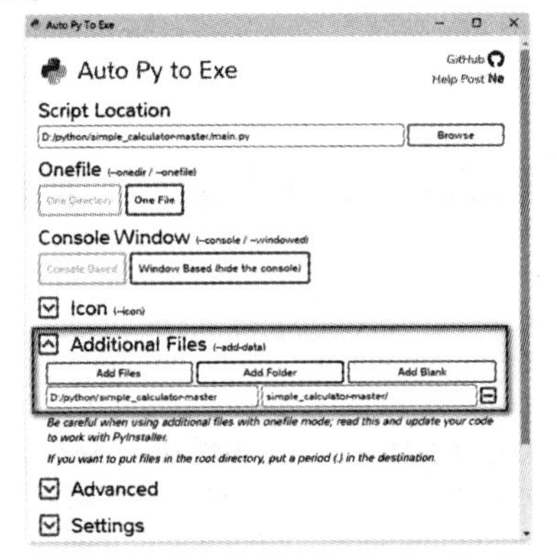

配置完成之后点击 CONVERT .PY TO .EXE 按钮。这样我们就完成一个计算器项目的打包。

(3)查看打包效果

程序完成打包后, 我们可以点击 OPEN OUTPUT FOLDER 按钮,然后就会打开打包文件的路径。

在打包文件目录中, 我们可以看到一个 main.exe 文件,这就是我们打包文件。

点击 main.exe,就可以看到一个计算器程序了。

至此,打包工作圆满完成。

5. 总结一下

本文主要介绍了如何使用 auto-py-to-exe 来对 python 程序进行打包。但只是介绍最简单的 python 程序打包,如果想对复杂的程序进行打包,上面的配置肯定是不行的。

如果想更加深入的了解 auto-py-to-exe,我建议大家去研究一下 pyinstaller。auto-py-to-exe 是基于 pyinstaller 的,研究 pyinstaller, 将会对我们深入使用 auto-py-to-exe 有非常明显的效果。

轻松提取 PPT 文字到 Word 的 20 行 Python 代码(二)

(上接第 409 页)

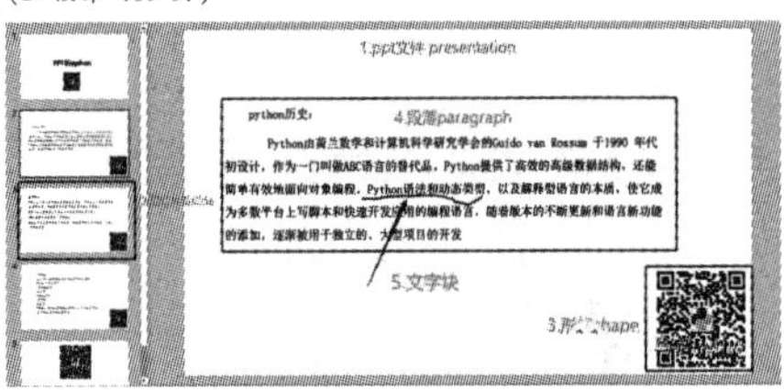

在程序中,我们一共用了 3 层循环来处理:1)第一层的for 循环用来循环每一页的幻灯片页 slide;2)第二个循环中判断幻灯片中的每一个形状,然后判断该页中是否含有文本框,如果有文本框,则获取文本框,并命名为 text_frame。3)第三个 for 循环则遍历了文本框中的所有段落内容, 提取其中的文字保存到 word 当中。当遍历完整个的 PPT 文件后,将所有提取到的文字信息保存到本地的 word 文档当中。效果如下图所示:

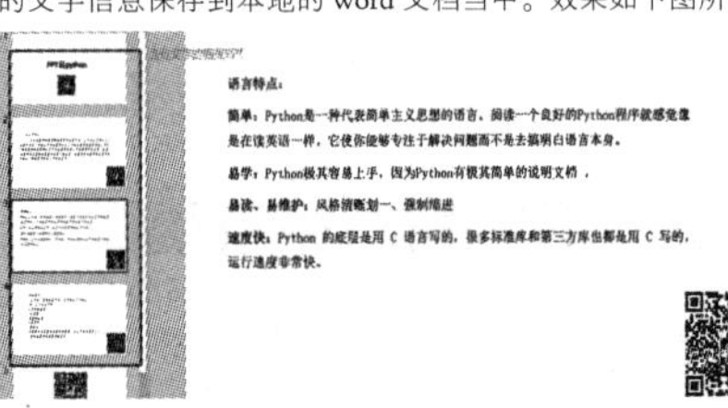

上图的 PPT 文件当中,包含了四张带有文字的 slide 幻灯片。当运行程序后,其文字的提取结果如下图所示。

PPT 转 python

python 历史:

Python 由荷兰数学和计算机科学研究学会的 Guido van Rossum 于 1990 年代初设计, 作为一门叫做 ABC 语言的替代品。Python 提供了高效的高级数据结构, 还能简单有效地面向对象编程。Python 语法和动态类型, 以及解释型语言的本质, 使它成为多数平台上写脚本和快速开发应用的编程语言, 随着版本的不断更新和语言新功能的添加, 逐渐被用于独立的、大型项目的开发。

语言特点:

简单:Python 是一种代表简单主义思想的语言。阅读一个良好的 Python 程序就感觉像是在读英语一样。它使你能够专注于解决问题而不是去搞明白语言本身。

易学:Python 极其容易上手, 因为 Python 有极其简单的说明文档。

易读、易维护:风格清晰划一、强制缩进

速度快:Python 的底层是用 C 语言写的, 很多标准库和第三方库也都是用 C 写的, 运行速度非常快。

应用领域:

Python 是一种解释型脚本语言, 可以应用于以下领域:

Web 和 Internet 开发

提取到的文字

以上就是为大家带来的自动化案例分享, 通过短短的几行代码,可以大大地提高大家的工作效率,大家也利用程序,进行快速的提取吧。 (全文完)

碳化硅功率晶体的设计发展及驱动电压限制(一)

传统上在高压功率晶体的设计中,采用硅材料的功率晶体要达到低通态电阻,必须采用超级结技术(superjunction),利用电荷补偿的方式使磊晶层(Epitaxial layer)内的垂直电场分布均匀,有效减少磊晶层厚度及其造成的通态电阻。但是采用超级结技术的高压功率晶体,其最大耐压都在1000V以下。如果要能够耐更高的电压,就必须采用碳化硅材料来制造功率晶体。以碳化硅为材料的功率晶体,在碳化硅的高临界电场强度之下,即使相同耐压条件之下,其磊晶层的厚度约为硅材料的1/10,进而其所造成的通态电阻能够有效被降低,达到高耐压低通态电阻的基本要求。

在硅材料的高压超级结功率晶体中,磊晶层的通态电阻占总通态电阻的90%以上。所以只要减少磊晶层造成的通态电阻,就能有效降低总通态电阻值;而碳化硅功率晶体根据不同耐压等级,通道电阻(Channel resistance,Rch)占总通态电阻的比值也有所不同。例如在650V的碳化硅功率晶体中,通道电阻(Channel resistance,Rch)占总通态电阻达50%以上,因此要有效降低总通态电阻最直接的方式就是改善通道电阻值。由通道电阻的公式,如式(1)可以观察到,有效降低通道电阻的方法有几个方向:减少通道长度L、减少门极氧化层厚度dox、提高通道宽度W、提高通道的电子迁移率μch、降低通道导通阈值电压VT,或者提高驱动电压VGS。然而几种方法又分别有自身的限制。

$$R_{ch}=\frac{L}{W\cdot\mu_{ch}\cdot C_{ox}\cdot(V_{GS}-V_T)}=\frac{L\cdot d_{ox}}{W\cdot\mu ch\cdot\varepsilon_o\cdot\varepsilon_r\cdot(V_{GS}-V_T)}\quad(1)$$

1. 减少通道长度L,就必须考虑DIBL效应。

2. 减少门极氧化层厚度dox,会造成门极氧化层的可靠度问题。

3. 提高通道宽度W,必须增加功率晶体的面积,使成本增加。

4. 提高驱动电压VGS,会造成门极氧化层的可靠度问题。

5. 降低通道导通阈值电压VT,会造成应用上可能的误导通现象。

6. 提高通道的电子迁移率μch来改善功率晶体的通道通态电阻,但是必须从晶体平面(crystal plane)选用及制程上着手。

实际上利用提高通道的电子迁移率μch来改善功率晶体的通道通态电阻,不仅是从制程上做调整,更是从晶体平面的选择上做出选择。在目前已量产的增强型碳化硅功率晶体的晶粒(die)结构来看,大致上可以分为二种,平面式(planar)以及沟槽式(trench),如图1所示。

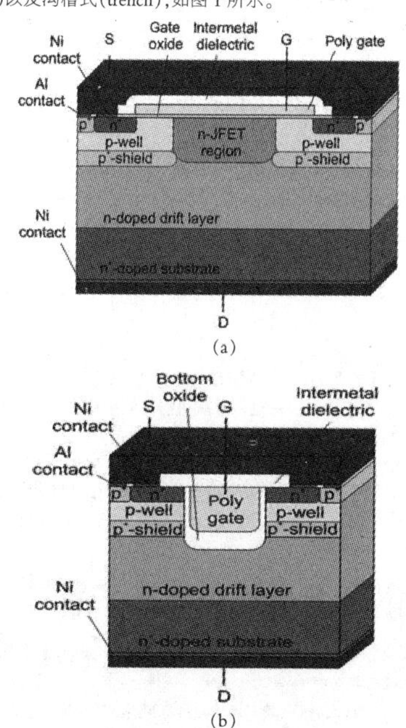

图1 碳化硅功率晶体的结构:(a)平面式(b)沟槽式

这两种不同形式的结构差异不仅仅在于是否以内嵌的形式制造而成,更主要的差异在于功率晶体的通道是由不同的碳化硅晶体平面制成。硅材料是由纯硅所组成,但是碳化硅材料会依照不同的原子排列而有着不同的晶体平面。传统上平面式结构会采用<0001>的硅平面(Si-face)制作通道,而沟槽式结构功率晶体采用<1120>的晶体平面做为功率晶体的通道,根据实测结果,采用<1120>晶体平面时能够有效利用其较高的电子迁移率,达到低的通态电阻。

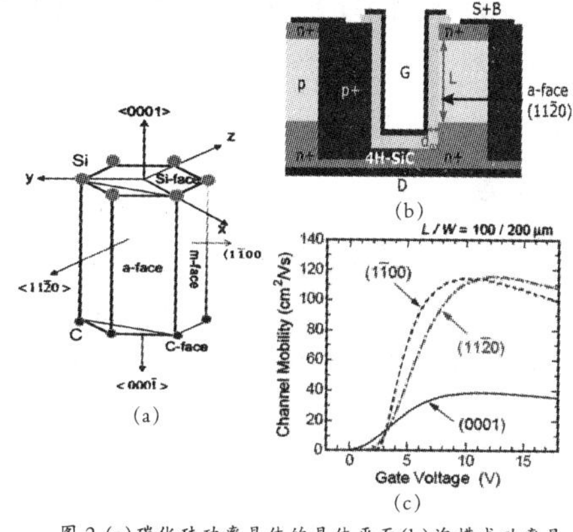

图2 (a)碳化硅功率晶体的晶体平面(b)沟槽式功率晶体采用的晶体平面(c)<1120>晶体平面的高电子迁移率

值得一提的是,在平面式碳化硅功率晶体制造通道采用的<0001>硅平面中,受到晶体缺陷程度较高,造成电子迁移率较低及产生较高的通道电阻。要克服这个问题,在设计上会使用较薄的门极氧化绝缘层,使其具有较低的门极阈值电压(~2V),进而降低通道电阻,这也是平面式结构功率晶体的特征之一。在实际应用时,会建议用户在设计驱动电路时,截止时驱动电压采用负电压,以避免驱动时的错误操作造成功率晶体烧毁。反之,在沟槽式结构的碳化硅功率晶体因其具有较高的门极阈值电压(>4V),无论哪一种电路结构,都不需要使用负电压驱动。

如上所述,碳化硅材料具有高临界电场强度,采用碳化硅做为高压功率晶体材料的主要考量之一,是在截止时能够以硅材料1/10的磊晶层厚度达到相同的耐压。但在实际上功率晶体内的门极氧化绝缘层电压强度,限制了碳化硅材料能够被使用的最大临界电场强度,这是因为门极氧化绝缘层的最大值仅有10MV/cm。按高斯定律推算,功率晶体内与门极氧化绝缘层相邻的碳化硅所能使用的场强度仅有4MV/cm,如图3所示。碳化硅材料的场强度越高,对门极氧化绝缘层造成的场强度就越高,对功率晶体可靠度的挑战就越大。因此在碳化硅材料临界电场强度的限制,使功率晶体的设计者必须采用不同于传统的沟槽式功率晶体结构,在能够达到更低碳化硅材料场强度下,尽可能减少门极氧化绝缘层的厚度,以降低通道电阻值。在可能有效降低碳化硅材料临界电场强度的沟槽式碳化硅功率晶体结构,如英飞凌的非对称沟槽式(Asymmetric Trench)结构或是罗姆的双沟槽式(Double trench)结构,都是能够在达到低通态电阻的条件之下,维持门极氧化绝缘层的厚度,因门极氧化绝缘层决定了它的可靠度。

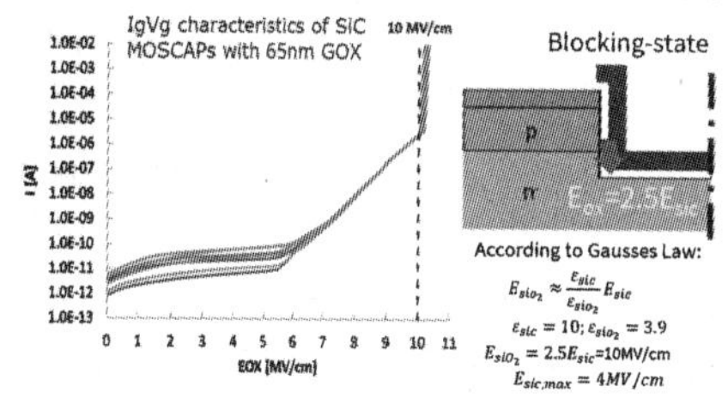

图3 门极氧化层场强度限制了功率晶体内碳化硅材料的场强度

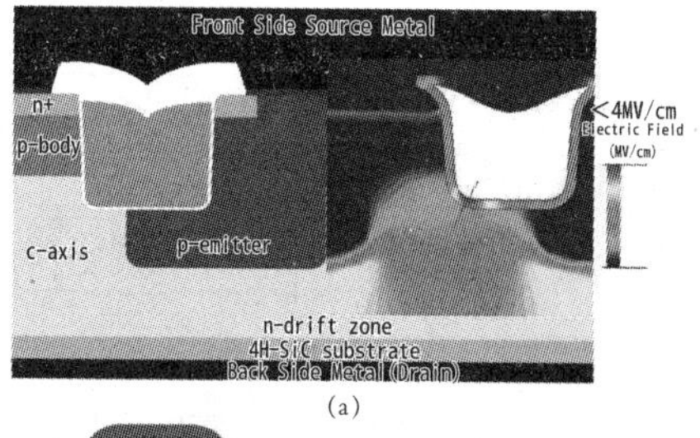

(a)

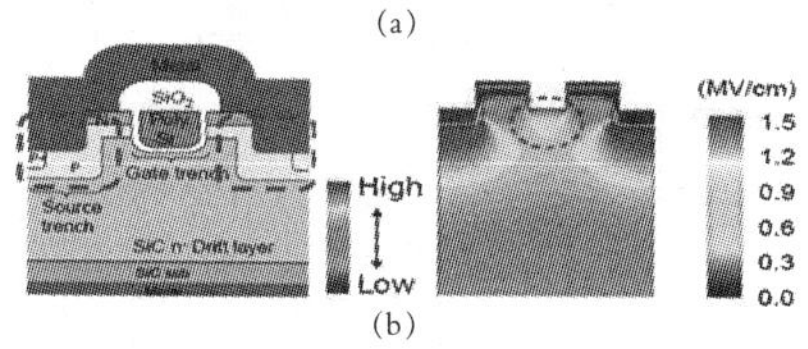

(b)

图4 碳化硅功率晶体结构(a)英飞凌的非对称沟槽式结构(b)罗姆的双沟槽式结构

(下转第419页)

数据资产保护的16个通用措施(一)

保持良好网络卫生习惯并及时了解不断变化的网络威胁是企业中每个人的责任。保护企业数字资产,通常由企业技术领导者负责,事实上,有些策略需要专业知识和领导层决策。近日,福布斯技术委员会的行业专家分享了企业数据资产保护的16个通用措施。

数据审计

进行数据审计以查明企业持有数据的数量和位置是保护数字资产的第一步,企业不仅要保护自身数据资产,还要保护客户和合作伙伴的个人信息。

数字资产分类

根据数字资产的重要性进行分类对于任何企业来说都是至关重要的一步,因为它不仅可以帮助企业避免安全事故,还可以促使安全团队成员在处理数字资产时更加谨慎。

采用零信任

随着云迁移及远程办公的普及,许多企业正面临着超出其既定安全策略的新威胁。零信任远程,是一种对云中数据进行严格且持续身份验证和控制,以最小化信任区域的策略,它提供高级别的安全性,无需物理位置来验证访问。

创建设备管理角色

指派一名员工负责安装设备上的所有软件、API和访问权限。此人应列出企业员工永远不能使用的来源和程序,为每位员工建立明确的安全入职程序,要求其每月签到以确保他们使用安全连接,并且只使用允许的设备和闪存驱动器。

研究网络安全趋势变化

数字时代是快节奏的,新的黑客如雨后春笋冒出,这需要有效且能不断发展的安全解决方案,这就要求企业安全团队在自我教育和跟上网络安全的最新进展方面做出积极努力。

对员工进行安全意识培训

从一开始,企业就必须建立安全培训流程并培养一种强调网络安全重要性的文化。根据CompTIA的一项研究,人为错误是52%安全漏洞的根源。从员工入职第一天起就为其提供安全培训将有助于企业降低安全漏洞风险。

保障培训计划落地

定期进行网络安全意识培训至关重要,无论员工在企业中的角色如何,都应该了解最新的违规行为及如何发现它们等,同时,企业还应该定期进行网络钓鱼练习。这些策略不仅可以确保员工更加了解安全威胁,还可以提高技术团队的效率。

完善身份验证体系

在考虑让员工广泛访问数字资产时,可以考虑使用多因素身份验证,这种方式需要通过强密码、手机令牌或生物识别等进行身份验证,使网络犯罪分子难以通过企业员工的设备访问重要数据,是一种可以给企业员工带来重大影响但又不过分侵入数据资产的方法。

利用密码管理器

企业员工经常在多个站点使用他们喜欢的密码,这使得他们的数据非常容易受到攻击,强烈建议使用密码管理器自动生成复杂的密码并管理其使用,而无需跨站点重复任何密码。密码管理器的使用还可以让企业轻松重置密码,以防忘记密码。

有效保护知识产权

许多人关注网络安全的内部威胁问题,这很重要。然而,根据经验,大大小小的企业往往无法及早识别知识产权,他们不会花时间启动专利程序,不会对知识产权建立额外的保护措施或评估其市场价值,从而以适当的方式来保护它。企业需要尽早采取措施保护知识产权。 (下转第419页)

硬禾学堂专栏

漫谈"独臂神通"PWM(5)

开关稳压器的调压控制

在前面的文章中我们简单讲述了PWM的工作原理并蜻蜓点水地讲了其在DAC、LED调光、驱动马达方面的应用,最后我们再来看看其在开关电源方面的应用。

我们知道开关电源在现在的电子产品中大行其道,主要的原因就是其支持的输入电压动态范围宽、在很宽的输入电压范围内都可以做到较高的转换效率,也就是说能量浪费相对较少,从而也避免了电路板的过热和器件/焊盘等的迅速老化导致寿命大幅缩短。与同线性稳压器三极管工作在线性状态不同的是,开关稳压器中的三极管(在这里我们包括MOS管)工作在开关状态,这也是"开关稳压"名字的来历。如下图所示:

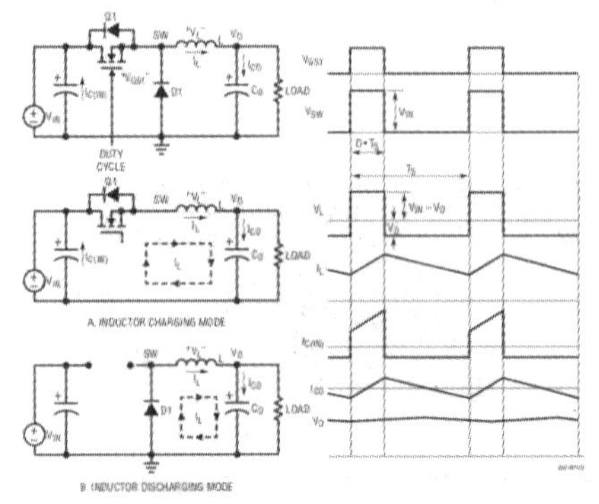

开关稳压器的工作原理示意图

开关稳压器主要由工作于开关状态的三极管+储能的电感+电容构成:

• 工作于开关模式的三极管:On的时候对电感充电,充电足够的时候开关关闭,电感线圈将能量以电流的方式往负载供电,输出电容同电感一起保证电压的稳定。理论上当三极管处于On的时候其没有压降,处于Off的时候没有电流通过,所以可以达到比较高的转换效率。但实际上其还是有压降和电流通过的,并且还有其他器件上的损耗;

• 电感:电流流入的时候通过磁场存储能量,它不喜欢电流的变化,会尽力保持电流为常数而达到平滑电流的作用;

• 电容:可以看作为电压滤波器,它不喜欢电压的变化,用其存储的能量来保持电压为常数。

用于控制三极管开、关从而调整输出电压的信号主要采用的就是PWM信号,有的器件则根据负载的情况灵活使用PWM和PFM(脉冲频率调制-固定占空比,改变脉冲的重复频率)。控制三极管开、关的PWM信号哪里来的呢?看下面的图-输出端(供给负载)的直流电压进行分压以后与器件内置的参考电压(一般称为Bandgap Reference)相比较,如果输出电压分压后的电压与参考电压有误差,则比较电路输出相应的误差信号控制PWM产生电路产生用于控制三极管开、关的控制信号,PWM的占空比与误差电压的大小成一定的比例,这样就构成了一个稳定收敛的反馈环路,最后达到输出电压的分压与参考电压相等,从而误差最小。

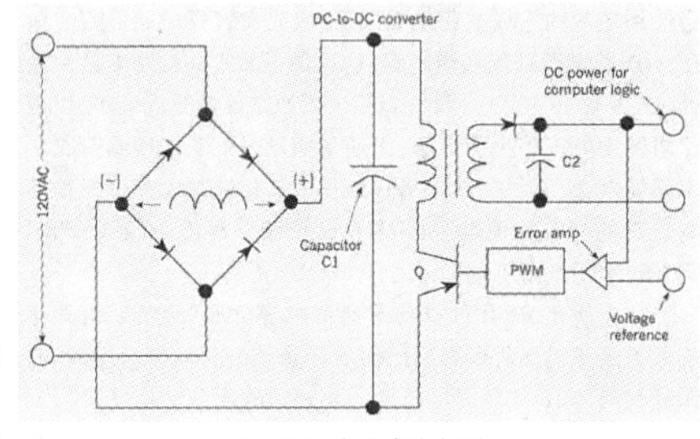

PWM信号的产生机制

由于工作在开关模式,储能的电感和平滑电容的反应都需要时间,因此输出电压上一定会存在着波动,也就是误差电压也会在很小范围内波动,PWM的占空比也在抖动,但在一定的范围内,这些波动都不会影响到环路的稳定工作。

输出电压上的波动-也就是高频开关噪声,与PWM的开关过程相关,不同的开关稳压器件其PWM的开关频率也会不同,进而也会影响到储能电感和平滑电容的选择,具体的选择规则我们会在电源电路中进行讲解。

开关稳压器的优点:

• 效率比较高,相对比常规的线性稳压器,一般来讲其效率是比较高的,但也会有一些由于器件的非理想化带来一些损耗,在一个实际的系统中开关稳压器效率是否一定高于LDO(输入输出压差较低的一种线性稳压器),需要根据实际的电压、电流情况来分析、选用;

• 输入电压范围较宽-全球跑到任何地方都能用的笔记本电源适配器、刮胡刀、手机充电器等等都是用开关稳压的方式实现的,线性稳压器在这种需求下无能为力的;

• 同等功率下,尤其是大功率,开关稳压器的体积可以做的较小,这得益于开关工作频率的提高,有的高达几MHz,器件体积可以变得很小。

开关稳压器的缺点:

• 相对于三件套的线性稳压器,开关稳压器需要的元器件比较多,有的器件相对还比较大,比如线圈、电容;

• 高频的开关噪声比较大,元器件的布局比较关键,实现系统需要的低噪声是非常具有挑战的;

• 元器件的选用也非常关键,比如MOS管、储能电感、平滑电容等;

开关稳压器也有不同的类型,根据输入电压和输出电压的关系分:

• Buck型-降压

• Boost型-升压

• Buck+Boost-既可以升压也可以降压

电子科技博物馆专栏

编前语:或许,当我们使用电子产品时,都没有人记得或知道老一批电子科技工作者们是经过了怎样的努力才奠定了当今时代的小型甚至微型的诸多电子产品及家电;或许,当我们拿起手机上网、看新闻、打游戏、发微信朋友圈时,也没有人记得是乔布斯等人让手机体积变小、功能变强大;或许,有一天我们的子孙后代只知道电子科技的进步而遗忘了老一辈电子科技工作者的艰辛……

成都电子科技博物馆旨在以电子发展历史上有代表性的物品为载体,记录推动电子科技发展特别是中国电子科技发展的重要人物和事件。电子科技博物馆的快速发展,得益于广大校友的关心、支持、鼓励与贡献。据统计,目前已有河南校友会、北京校友会、深圳校友会、绵德广校友会和上海校友会等13家地区校友会向电子科技博物馆捐赠具有全国意义(标志某一领域特征)的藏品400余件,通过广大校友提供的线索征集藏品1万余件,丰富了藏品数量,为建设新馆奠定了基础。

科学史话

重要的输入工具——键盘发展史(二)

(接30期本版)

考虑到打字机种类繁多,下面将着重阐述"打字机之父"——美国人克里斯托夫·拉森·肖尔斯(Christopher Latham Sholes)获得打字机模型专利的过程。

1866年,47岁的美国记者和出版商克里斯托弗·肖尔斯打算自己研制打字机。因那一年他碰上了排字工人罢工,而且他没有太明确的思路,所以开始时失败了几次。很快,他决定设计更简单一点的东西——能够给书籍加上页码,也能打印出一些票据的小工具。在这一项目成功之后,他开始用同样的思路开发打字机。

1867年,他在杂志上看到了别人发明打字机的一条短讯。凭借从这篇短文中获得的灵感,他在第二年就制造出了可以工作的打字机原型。这一款打字机只有两排按键,叫作"写作钢琴"。

1868年6月23日,肖尔斯获得了打字机的专利,这款打字机的速度已经超过手写了。

三、QWERTY键盘布局

此时,让我们回顾文章开头所提出的键盘以"QWERTY"布局排列的问题。最初打字机的键盘是按照字母顺序排列的,而打字机是全机械结构的打字工具,因此如果打字速度过快,某些键的组合很容易出现卡键问题,于是克里斯托夫·拉森·肖尔斯发明了QWERTY键盘布局,他将最常用的几个字母安置在相反方向,最大限度增大重复敲键时间间隔以避免卡键。

QWERTY键盘热区分布图

英国打字机博物馆馆长、《打字机世纪》一书的作者威尔弗雷德·比彻声称,"这种所谓科学安排以减少手指移动距离的说法,是彻头彻尾的谎言,而且,对字母的任何一种随机性的安排,都会比现在这种安排合理。"

虽然今天的卡键问题早已不存在了,但是这种布局已经固定了下来。直到今天,我们还会在大多数英文键盘上看到它,完全无法想象,在过去的100年里,它浪费了多么惊人的时间。

四、结语

如果说要找出一种最能代表信息时代的产品,很多人可能会说是电脑、是手机。但无论什么电子设备,其实都离不开最重要的输入工具——键盘。键盘可能更能反映出当今现代生活,即便是在触控操作的新时代,虚拟键盘也还依旧是最受欢迎的输入方式。

随着科技的发展,古老的键盘不仅没有被崭新的输入方式取代,反而是更深地融入了我们的文化当中。现在就连忘了老婆生日,都不再跪搓衣板改跪键盘了,似乎键盘更能代表现代人的生活。

(电子科技博物馆)

KY-3009型射灯维修实例

一款由中山市一声喊照明灯具有限公司监制生产的KY-3009型射灯，常被用于商场、超市门面的灯光照明与装饰，由于运行环境的关系，时不时地会出现一些故障。笔者在维修时绘制了该射灯的电路图，并查阅了电路中的核心控制集成电路BP9833D的相关资料，现将收集到的资料信息和几例维修实例整理后提供给感兴趣的朋友，以期对大家有所帮助。

一、射灯的外形结构

KY-3009型射灯的外形样式如图1所示，包括安装底座盒（盒内有控制电路板）、支撑柄、LED灯及反光罩、散热器等。底座盒可方便的固定在专用的导轨上，并经导轨给安装在导轨上的多只LED射灯供电。

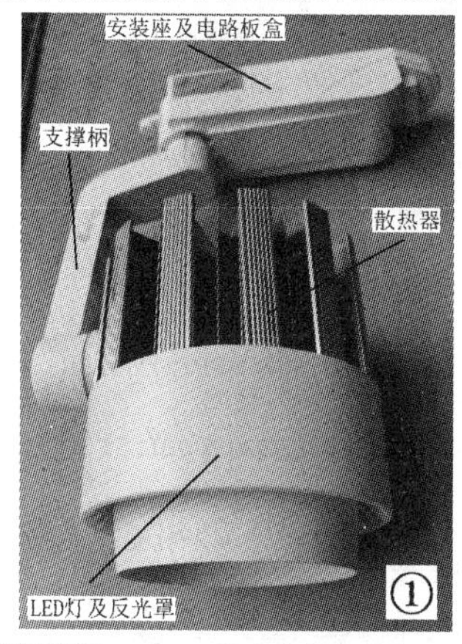

射灯采用AC220V的市电供电，额定功率有15W、20W和30W等几种。射灯的LED灯珠为多珠串联结构，有24珠、32珠串联等样式，串联连接后的工作电流约280mA左右。

二、主控芯片BP9833D简介

射灯使用的主控芯片型号为BP9833D，这是一款高精度降压型LED恒流驱动芯片，适用于AC85V~AC265V全电压输入范围的非隔离降压型LED恒流电源。芯片内置高压功率开关管，只需要少量的外围元件即可实现优异的恒流特性，能极大的节约系统成本和产品体积。

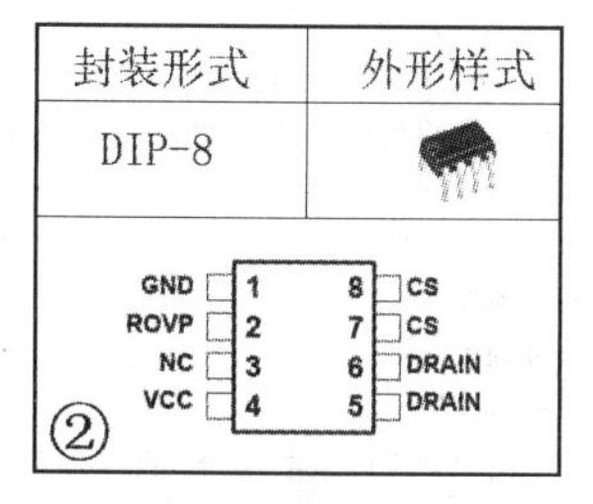

该主控芯片BP9833D内部带有高精度的电流采样电路，具有高精度的恒流输出和优异的线性调整率。芯片本身具有多重保护功能，包括LED开路、短路保护、CS电流取样电阻短路保护、欠压保护、温度过热调节等。

芯片BP9833D有SOP-8和DIP-8等封装形式，在本射灯中使用的是DIP-8封装，其外形样式及管脚排列如图2所示。BP9833D的各引脚功能见表1，BP9833D的内部功能方框图如图3所示。

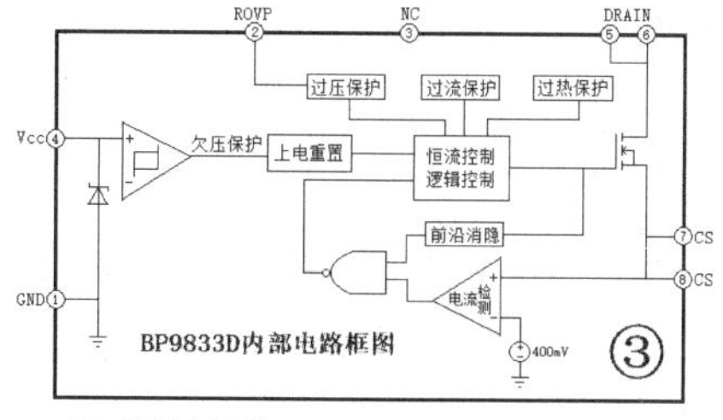

三、射灯电路图

采用BP9833D集成电路芯片制作的射灯电路原理图如图4所示。

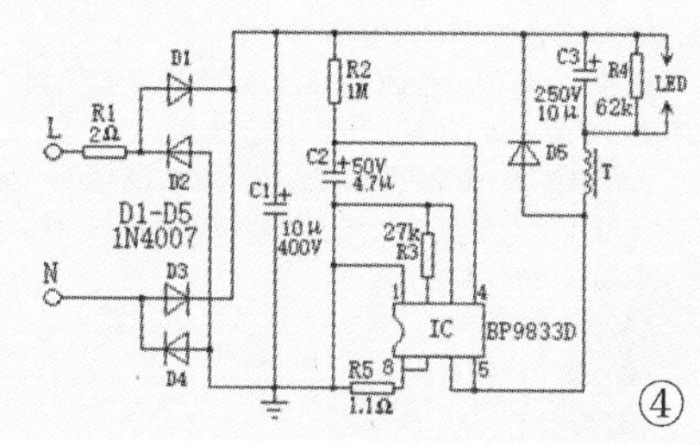

图4电路中，R1是熔断电阻，与熔断器的功能类似。二极管D1~D4是整流桥，交流220V电压经整流桥整流、电容器C1滤波后的直流电压约为310V。电阻R2与电容器C2降压滤波后的直流电压经集成电路芯片BP9833D的④脚给芯片供电，由图3可见，④脚内部有一只稳压二极管，可以稳定芯片的工作电压，该电压为16V。芯片的⑤脚和⑧脚之间，在内部有一只高电压功率管，⑤脚接功率管的漏极，⑧脚接功率管的源极，流过射灯光源LED的电流路径是：电容器C1正极→发光管LED正极→LED负极→电感T→芯片⑤脚（高电压功率管漏极）→芯片⑧脚（高电压功率管源极）→CS取样电阻R5→地。

当LED工作电流流过取样电阻R5时，在其两端产生一个电压降，该电压在芯片内部与一个400mV的恒压源进行比较放大（参见图3），从而调节LED的工作电流大小。

图4中的二极管D5是续流二极管，电阻R4是假负载。

采用BP9833D集成电路生产的LED灯具很多，各种灯具电路元件的选择使用也会略有不同。表2是某种LED灯具运行时的测量数据，可供维修参考。由表2数据可见，可以将灯具设计成不同的功率，而LED的工作电流基本稳定在280mA左右。功率较大的LED灯，串联的LED灯珠较多，反之，串联的LED灯珠较少。通过调整CS电阻值的大小，可以调整LED灯串两端电压的大小，调整的机理是通过改变芯片内部高电压功率管漏极与源极之间的电压实现的。

表1 BP9833D的引脚功能

引脚号	符号	功能说明	引脚号	符号	功能说明
1	GND	地	5	DRAIN	内置高压功率管漏极
2	ROVP	开路保护电压调节端	6		
3	NC	空引脚	7	CS	电流采样端
4	VCC	电源端	8		

表2 一款使用BP9833D生产的LED灯具运行数据

Io(mA)	输出电流	284.2	285.1	285.5	286	286.5	287
Vo(V)	LED电压	110	100	90	80	70	60
Pin(W)	输入功率	33.41	30.52	27.62	24.70	21.78	18.86
η(%)	效率	93.56	93.41	93.01	92.63	92.06	91.19

四、维修实例

1.一台KY-3009型射灯通电后LED灯珠一直闪烁

打开灯具安装电路板的塑料盒，通电测量电容器C1两端电压为312V，基本正常，怀疑其容量减小，找一只相同规格的电容器更换，故障依旧。将图4中的电容器C2和C3依次更换，灯光闪烁的故障排除。之后再将原灯具中的C2和C3重新换回到电路板上，仍未出现闪烁现象，说明闪烁故障与电路板中的虚焊、假焊有关。将板上所有焊点补焊一遍，闪烁故障再未出现。

2.一台KY-3009型射灯通电后LED灯珠不亮

参照以上维修案例的经验，将射灯断电后用电烙铁补焊了所有焊点（好在该电路板上的焊点数量不多，1~2分钟即可补焊完毕），射灯依然不亮，看来这台灯具不是虚焊假焊问题。通电测量整流滤波后电容器C1两端的电压为323V（电源电压为230V），应为正常；测量BP9833D集成电路④脚电压为15.9V，正常；测量LED灯串两端无有电压，推测电路中有开路点。沿着LED的电流路径即“电容器C1正极→发光管LED正极→LED负极→电感T→芯片⑤脚（高电压功率管漏极）→芯片⑧脚（高电压功率管源极）→CS取样电阻R5→地”检查，发现电阻R5开路。该电阻是LED灯串电流的必经之元件，电流流过电阻时产生的功率应为100mW（$P=I^2R$）左右，电阻的额定功率为1/4W，即250mW，选型应为合理，但由于运行环境的差异性，电阻元件先天性的质量缺陷等原因，电阻开路的可能性不能排除，本实例就是证明，更换相同规格的电阻R5后故障排除。

有的使用BP9833D集成电路生产的灯具，其电阻R5使用两只电阻并联，既增大了电阻的功率，提高了可靠性，又能较方便地调节LED灯串的工作电流。

◇山西 杨电功

美的电磁炉报警不加热故障检修一例

故障现象：一台美的牌C21-ST2106型电磁炉（薄型触摸按键的），通电时，复位音、显示正常，开关键和各功能键操作都正常，只是不停地发出“di-di-di”报警声，无法加热。

分析与检修：听用户介绍，该机是在加热中途才出现报警的。其实不然，笔者接手时通电试机，一开始就出现“di-di-di”报警声的，无法加热。

美的电磁炉报警不加热故障是常见现象，其故障部位通常是发生在同步电路的信号取样电阻，除此之外还可能发生在电流检测电路、电网电压控干扰电路、浪涌吸收电路、功率调整电路和谐振电路等。修理美的电磁炉是较麻烦的事，需要耐心细致摸索。

打开机壳观察，未发现异常元件，经测量相关电压都正常。着手从故障易发的同步电路入手，先各焊脱同步电路两组取样电阻中的任一只电阻的一个脚，测量显示R3、R19阻值为240kΩ，R4（820kΩ）变质为809kΩ，换上一只3W820kΩ金属膜电阻后故障依旧。

再测量浪涌电流检测电阻R1、R26阻值240kΩ完好。

再观察电流检测电路，觉得电流检测电阻（康铜线）下端有裂纹的嫌疑，遂把它细心焊牢，但故障不变。

查功率调整电路，测量电位器RV1（10kΩ）阻值不变，试旋动中心脚阻值能正常变化，又对从电位器至单片机相关的电阻、电容测量，未发现异常，说明故障不在这里。

再查电网电压控干扰电容（3μF）容量为2.80μF，属于正常范围。

最后怀疑谐振电容可能变质，准备测量谐振电容时才重大发现：该电容的一只引脚已脱焊（如附图所示）。立马把这一脱焊的引脚焊牢后试机，报警声消失，加热正常，故障排除。

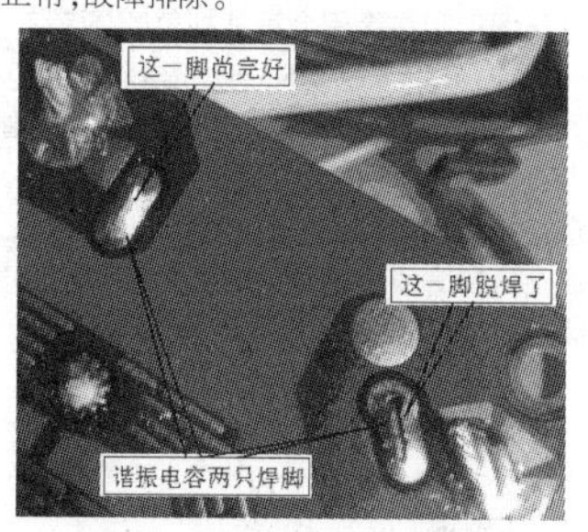

小结：本例告诉我们，检修时不但要查看元件面，更要仔细查看焊锡面有没有虚焊脱焊的地方，免得走弯路做无用功。

◇福建 谢振翼

备考指南 注册电气工程师供配电专业知识考题解答⑳

注册电气工程师专业知识考试在第一天进行，上午和下午的试卷都是单选题40题各1分，多选题30题各2分，满分是100分。一般以上午和下午合计得分120分为合格。本文选取近几年注册电气工程师供配电专业知识试卷中的若干试题，分析解答思路和解答过程(题后括号内为参考答案)，供学习者参考。

一、单项选择题(共40题，每题1分，每题的备选项中只有1个最符合题意)

1.在可能发生对地闪击的地区，下列哪项应划分为第一类防雷建筑物？(D)

(A)国家级重点文物保护的建筑物

(B)国家级的会堂、办公建筑物、大型展览和博览建筑物、大型火车站和飞机场、国宾馆、国家级档案馆、大型城市的重要给水泵房等特别重要的建筑物

(C)制造、使用或贮存火药及其制品的危险建筑物，且电火花不易引起爆炸或不致造成巨大破坏和人身伤亡者

(D)具有0区或20区爆炸危险场所的建筑物

解答思路：第一类防雷建筑物→《建筑物防雷设计规范》GB50057-2010。

解答过程：依据GB50057-2010《建筑物防雷设计规范》第3章，第3.0.2条。选D。

2.当广播系统采用无源广播扬声器时，下列哪项符合规范的规定？(C)

(A)传输距离大于100m时，应选用外置线间变压器的定压式扬声器

(B)传输距离大于100m时，宜选用外置线间变压器的定阻式扬声器

(C)传输距离大于100m时，宜选用内置线间变压器的定压式扬声器

(D)传输距离大于100m时，应选用内置线间变压器的定阻式扬声器

解答思路：广播系统→《公共广播系统工程技术规范》GB50526-2010→扬声器。

解答过程：依据GB50526-2010《公共广播系统工程技术规范》第3.6节，第3.6.6条。选C。

3.配电系统的雷电过电压保护，下列哪项不符合规范的规定？(A)

(A)10~35kV配电变压器，其高压侧应装设无间隙金属氧化物避雷器，但应远离变压器装设

(B)10~35kV配电系统中的配电变压器低压侧宜装设无间隙金属氧化物避雷器

(C)装设在架空线路上的电容器宜装设无间隙金属氧化物避雷器

(D)10~35kV柱上断路器和负荷开关应装设无间隙金属氧化物避雷器

解答思路：配电系统的雷电过电压保护→《交流电装置的过电压保护和绝缘配合设计规范》GB/T50064-2014。

解答过程：依据GB/T50064-2014《交流电装置的过电压保护和绝缘配合设计规范》第5.5节，第5.5.1条、第5.5.2条、第5.5.4条、5.5.3条。选A。

4.6~220kV单芯电力电缆的金属护套应至少有几点直接接地，且在正常满载情况下，未采取防止人员任意接触金属护套或屏蔽层的安全措施时，任一非接地处金属护套或屏蔽层上的正常感应电压不应超过下列哪项数值？(A)

(A)一点接地，50V

(B)两点接地，50V

(C)一点接地，100V

(D)两点接地，100V

解答思路：单芯电力电缆→《电力工程电缆设计标准》GB50217-2018→金属护套、接地。

解答过程：依据GB50217-2018《电力工程电缆设计标准》第4.1节，第4.1.11条。选A。

5.在建筑照明设计中，下列哪项表述不符合规范的规定？(D)

(A)照明设计的房间或场所的照明功率密度应满足标准规定的现行值的要求

(B)应在满载规定的照度和照明质量要求的前提下，进行照明节能评价

(C)一般场所不应选用卤钨灯，对商场、博物馆显色要求高的重点照明可采用卤钨灯

(D)采用混合照明方式的场所，照明节能应采用混合照明的照明功率密度值(LDP)作为评价指标

解答思路：建筑照明设计→《建筑照明设计标准》GB50034-2013。

解答过程：依据GB50034-2013《建筑照明设计标准》第6.1.3条、第6.1.1条、第6.2.3条。选D。

6.当电源为10kV线路时，全压起动的笼型电动机功率不超过电动机供电线路上的短路容量的百分比为下列哪项数值？(A)

(A)3%

(B)5%

(C)7%

(D)10%

解答思路：全压起动的笼型电动机→《钢铁企业电力设计手册(下册)》→供电线路上的短路容量。

解答过程：依据《钢铁企业电力设计手册(下册)》第24.1.1，第24.1.1.1节表24-1。选A。

7.已知同步发电机额定容量为12.5MVA，超瞬态电抗百分值$X_d''\%=12.5$，额定电压为10.5kV，则在基准容量为Sj=100MVA下的超瞬态电抗有名值最接近下列哪项数值？(B)

(A)0.11Ω

(B)1.1Ω

(C)11Ω

(D)110Ω

解答思路：超瞬态电抗有名值→《工业与民用供配电设计手册(第四版)》。

解答过程：依据《工业与民用供配电设计手册(第四版)》第4.6.2节，表4.6-3。

$$X_d''=\frac{x_d\%}{100}\times\frac{U_{av}^2}{S_{NG}}=\frac{12.5}{100}\times\frac{10.5^2}{12.5}=1.1\Omega$$

选B。

8.准确度1.5级的电流表应配备精度不低于几级的中间互感器，下列哪项数值是正确的？(B)

(A)0.1级

(B)0.2级

(C)0.5级

(D)1.0级

解答思路：电流表、准确度1.5级→《电力装置测量仪表装置设计规范》GB/T50063-2017。

解答过程：依据GB/T50063-2017《电力装置测量仪表装置设计规范》第3章，第3.1.4节、表3.1.4。选B。

9.某车间设置一台独立运行的10/0.4kV，800kVA干式变压器，高压侧采用断路器进行投切，不装设下列哪项保护满足规范的要求？(B)

(A)温度保护

(B)纵联差动保护

(C)过电压保护

(D)电流速断保护

解答思路：干式变压器、保护→《工业与民用供配电设计手册(第四版)》→10/0.4kV，800kVA。

解答过程：依据《工业与民用供配电设计手册(第四版)》第7.2.2节，表7.2-1。选B。

10.下列哪项情形不是规范规定的一级负荷中特别重要负荷？(A)

(A)中断供电将造成人身伤害时

(B)中断供电将造成重大设备损坏时

(C)中断供电将发生中毒、爆炸或火灾时

(D)特别重要场所的不允许中断供电的负荷

解答思路：一级负荷中特别重要负荷→《供配电系统设计规范》GB50052-2009。

解答过程：依据GB50052-2009《供配电系统设计规范》第3章，第3.0.1条。选A。

11.在高土壤电阻率地区，在发电厂和变电站多少米以内有较低电阻率的土壤时，可敷设引外接地极，引外接地极应采用不少于几根导线在不接地点与水平接地网相连接，下列哪项符合规范的规定？(B)

(A)5000，3根

(B)2000m，2根

(C)1000m，2根

(D)500m，1根

解答思路：发电厂和变电站、引外接地极→《交流电气装置的接地设计规范》GB/T50065-2011→水平接地网、高土壤电阻率地区。

解答过程：依据GB/T50065-2011《交流电气装置的接地设计规范》第4.3节，第4.3.1条。选B。

12.某低压配电回路设有两级保护装置，为了上下级动作相互配合，下列参数整定中哪项整定不宜采用？(B)

(A)下级动作电流为100A，上级动作电流为125A

(B)上级定时限动作时间比下级反时限工作时间多0.3s

(C)上级定时限动作时间比下级反时限工作时间多0.5s

(D)上级定时限动作时间比下级反时限工作时间多0.7s

解答思路：上下级动作相互配合→《工业与民用供配电设计手册(第四版)》→不宜采用。

解答过程：依据《工业与民用供配电设计手册(第四版)》第7.10节，第7.10.1节、图7.10-1。选B。

13.某采用高压真空断路器控制额定电压为10kV电动机回路，以采用旋转电机用MOA作为限制操作过电压的措施，回路切除故障时间为5min，相对地MOA的额定电压选择下列哪一项是正确的？(D)

(A)≥10.0kV

(B)≥10.5kV

(C)≥11.0kV

(D)≥13.0kV

解答思路：限制操作过电压→《交流电装置的过电压保护和绝缘配合设计规范》GB/T50064-2014→采用旋转电机用MOA。

解答过程：依据GB/T50064-2014《交流电装置的过电压保护和绝缘配合设计规范》第4.4节，第4.4.4条。

U=1.3×10=13kV

选D。

14.某变电站高压110kV侧设备采用室外布置，对应于破坏荷载，连接设备用悬式绝缘子在长期和短时作用时的安全系数应分别不小于下列哪项数值？(C)

(A)2.0，2.5

(B)2.5，1.67

(C)4.0，2.5

(D)5.3，3.3

解答思路：变电站高压设备→《3~110kV高压配电装置设计规范》GB50060-2008→室外布置、安全系数、悬式绝缘子。

解答过程：依据GB50060-2008《3~110kV高压配电装置设计规范》第4章，第4.1.9条、表4.1.9。选C。

(未完待续)

◇江苏 键谈

变频器的PID控制(一)

PID调节属于闭环控制，是过程控制中应用得相当普遍的一种控制方式。PID控制是使控制系统的被控物理量能够迅速而准确地尽可能接近控制目标的一种手段。

一、如何使变频器的PID控制功能有效

要实现闭环的PID控制功能，首先应将PID功能预置为有效。具体方法有如下两种：

一是通过变频器的功能参数码预置，例如，康沃CVF-G2系列变频器中，功能码H-48用于预置“内置PID控制”，其数据码是：“0”——无PID控制；“1”——普通PID控制；“2”——恒压供水PID。

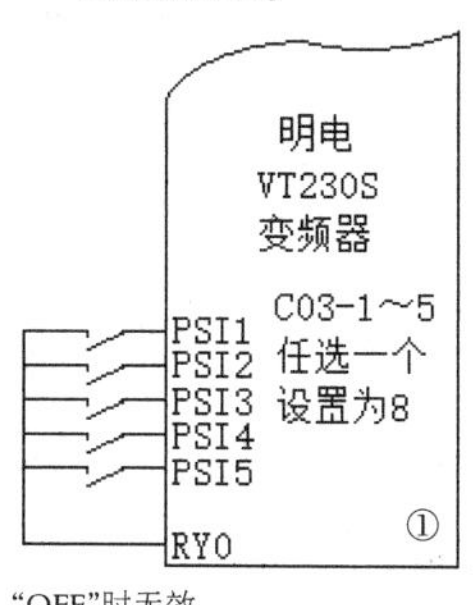

二是由变频器的外接多功能端子的状态决定，例如明电VT230S系列变频器，如图1所示，在多功能输入端子PSI1~PSI5中任选一个，将功能码C03-1~C03-5（与端子PSI1~PSI5相对应）预置为8，则该端子即具有决定PID控制是否有效的功能，该端子与公共端子RY0“ON”时有效，“OFF”时无效。

应注意的是，大部分变频器兼有上述两种预置方式，但有少数品牌的变频器只有其中的一种方式。

二、目标信号与反馈信号

欲使变频系统中的某一个物理量稳定在预期的目标值上，变频器的PID功能电路将反馈信号与目标信号不断地进行比较，并根据比较结果来实时地调整输出频率和电动机的转速。所以，变频器的PID控制至少需要两种控制信号：目标信号和反馈信号。这里所说的目标信号是某物理量预期稳定值所对应的电信号，亦称目标值或给定值；而该物理量通过传感器测量到的实际值对应的电信号称为反馈信号，亦称反馈量或当前值。

三、目标信号的输入通道与数值大小

实现变频器的闭环控制，对于目标信号来说，有两个问题需要解决，一是选择将目标值（目标信号）传送给变频器的输入通道，二是确定目标值的大小。对于第一个问题，各种变频器大体上有如下两种方案：一是自动转换法，即变频器预置PID功能有效时，其开环运行时的频率给定功能自动转为目标值给定，如表1中的安川CIMR-G7A与富士G11S变频器。二是通道选择法，如表1中的康沃CVF-G2与格立特VF-10系列变频器。

第二个问题是确定目标值的大小。由于目标信号和反馈信号有时不是同一种物理量，难以进行直接比较，所以，变频器的目标信号可以用传感器量程的百分数来表示。例如，某储气罐的空气压力要求稳定在8MPa，压力传感器的量程为10Mpa，则与8Mpa对应的百分数为80%，目标值就是80%。

四、PID的反馈逻辑

所谓反馈逻辑，是指被控物理量经传感器检测到的反馈信号对变频器输出频率的控制极性。例如中央空调系统在夏天制冷时，如果循环水回水温度偏低，经温度传感器得到的反馈信号减小，说明房间温度过低，从节约能源的角度考虑，可以降低变频器的输出频率和电机转速，减少冷水的流量。而冬天制热时，如果回水温度偏低，反馈信号减小，说明房间温度偏低，要求提高变频器输出频率和电机转速，加大热水的流量。由此可见，同样是温度偏低，反馈信号减小，但要求变频器的频率变化方向却是相反的。这就是引入反馈逻辑的缘由。变频器反馈逻辑的功能选择举例见表2。

五、反馈信号输入通道

所谓反馈信号，就是变频调速系统的受控物理量通过传感器测量到的实际值对应的电信号，亦称反馈量或当前值。

通常变频器都有若干个反馈信号输入通道，表3介绍了几种变频器的反馈信号输入通道供参考。由表可见，海利普变频器只指定4~20mA的模拟量电流信号通道为唯一的反馈信号输入通道，是一个例外。

六、参数值的预置与调整

一般在调试刚开始时，P可按中间偏大值预置，或者暂时默认出厂值，待设备运转时再按实际情况细调。开始运行后如果被控物理量在目标值附近振荡，首先加大积分时间I，如仍有振荡，可适当减小比例增益P。被控物理量在发生变化后难以恢复，首先加大比例增益P，如果恢复仍较缓慢，可适当减小积分时间I，还可加大微分时间D。

七、PID应用实例

这里介绍一个变频器在中央空调系统中的应用实例。

本应用实例使用了一款智能型自动化仪表，并且启用了该仪表的PID功能，所以无须再让变频器的PID功能有效。这样做的效果与启用变频器的PID功能具有异曲同工之效，可以更好地拓展我们的应用技术视野。

中央空调夏天可以制冷，冬天可以制热。实现稳定制冷或制热的关键，是冬天控制循环泵让适当流量的热水或夏天以适当流量的冷水（或冷媒介质）流经所有受调节房间，当受益房间的控制开关打开时，盘管风机即向室内释放热空气（冬天）或冷空气（夏天），使室内稳定在一个令人舒适的温度范围内。以冬天为例，中央空调系统向所有房间提供的热量，与循环水的流量以及出水（经水泵加压后流向房间的热水）、回水（从房间流回系统的水）的温差有直接关系。只要保证了出水、回水的温差相对稳定，室内温度也就稳定了。而室内温度的高低，则取决于温差值的大小。如果冬天出水、回水的温差值过大，说明室内温度偏低，需要加大循环水的流量；如果温差值过小，则说明室内温度偏高。传统操作手动阀门的调温方法既浪费人力，又不能保证温度的稳定，并且浪费电能。

某医院门诊大楼的中央空调系统，选用富士牌FRN30P11S-4CX型45kW风机水泵专用变频器，配合UL-906H型智能化仪表温差仪对中央空调的循环水进行控制，实现了节约人力，节约能源，稳定室内温度的良好效果。电路控制方案见图2。

图2中的温差仪是UL-906H型的智能化仪表，它的输入端可以连接两只Pt100型温度传感器，在本系统中就是用来测量出水管道上的温度传感器t1和回水管道上的温度传感器t2。温差仪通过参数设置可以输出4~20mA的PID控制信号，送到变频器的频率控制端，用于调节变频器的输出频率，实现水泵转速的闭环反馈控制。温差仪和变频器均可启用PID功能，这里将温差仪的PID功能设置为有效，就可以不使用变频器的PID功能。对于中央空调这样的要求具有恒温控制的闭环控制系统，开启PID功能是必须的。（未完待续）

◇山西 陈晨

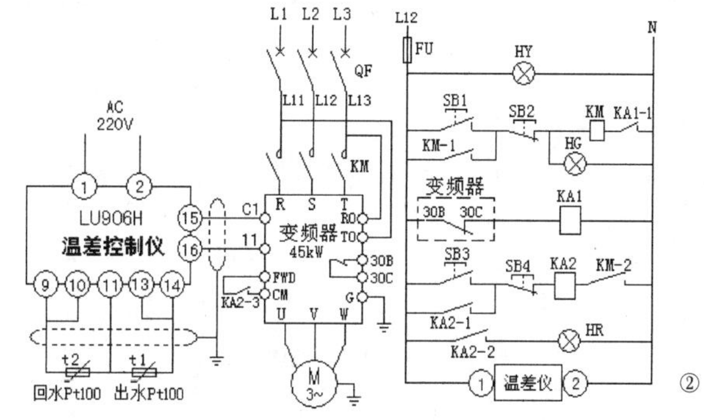

表1 变频器目标值输入通道举例

变频器型号	功能码	功能名称	设定值及相应含义
康沃 CVF-G2	H-49	设定通道选择	0:面板电位器 1:面板数字设定 2:外部电压信号1(0~10V) 3:外部电压信号2(—10~10V) 4:外部电流信号 5:外部脉冲信号 6:RS485接口设定
瓦萨CX	2.15	PI控制器参考值信号	0:模拟电压输入(端子2) 1:模拟电流输入(端子4) 2:从面板设定 3:由升、降速功能设定 4:由升、降速功能设定，停机后复位
格立特 VF-10	FC2	PID给定量选择	0:键盘数字给定 1:键盘电位器 2:模拟端子VS1:0~10V给定 3:模拟端子VS2:0~5V给定 4:模拟端子IS:4~20mA给定
安川 CIMR-G7A	b5-01 b1-01	选择PID功能是否有效	当通过b5-01选择PID功能有效时，b1-01的各项频率给定通道均转为目标值输入通道
富士 G11S	H20	选择PID功能是否有效	当通过H20选择PID功能有效时，目标值即可按“F01频率设定1”选定的通道输入

表2 变频器反馈逻辑功能选择举例

变频器型号	功能码	功能名称	设定值及相应含义
英威腾 INVT-G9	6-12	PI调节方式	0:输出频率与反馈信号成正比(正反馈) 1:输出频率与反馈信号成反比(负反馈)
森兰SB12	F51	反馈极性	0:正极性(负反馈) 1:负极性(正反馈)
格立特 VF-10	FC1	PID运行选择	0:模拟闭环反作用 1:脉冲编码器的闭环控制 2:模拟闭环正作用
富士 G11S	H20	PID模式	0:不动作 1:正动作(正反馈) 2:反动作(负反馈)
康沃 CVF-G2	H-51	反馈信号特性	0:正特性(正反馈) 1:逆特性(负反馈)
普传 PI7100	P00	PID调节方式	1:负作用 2:正作用
瓦萨CX	2.23	误差值倒置	0:不倒置(负反馈) 1:倒置(正反馈)

表3 几种变频器反馈信号通道

变频器型号	功能码	功能含义	数据码及含义
康沃 CVF—G2	H-50	PID反馈通道选择	0:外部电压信号1(0~10V) 1:电流输入 2:脉冲输入 3:外部电压信号2(-–10~10V)
安川 CIMR-G7A	H3-05	模拟量输入端子A3功能选择	B:PID反馈信号输入通道
	H3-09	电流信号输入端子A2功能选择	
富士 G11S	H21	反馈选择	0:控制端子12正动作(电压输入0~10V) 1:控制端子C1正动作(电流输入4~20mA) 2:控制端子12反动作(电压输入10~0V) 3:控制端子C1反动作(电流输入20~4mA)
森兰SB12	F50	反馈方式	0:模拟电压0~5V(0~10V) 1:模拟电流0~20mA 2:模拟电压1~5V(2~10V) 3:模拟电流4~20mA
海利普 HLP			反馈信号的唯一输入通道：指定为模拟量电流信号4~20mA

基于机智云模块物联网技术设计的大棚喷药系统

本文来自机智云开发者李长青等人分享，基于当前农业蔬菜大棚喷药现状，设计的一款农用大棚喷药机，采用轨道式挂载，使用了米轮来进行精准化测距，可以进行区域化喷药。大功率的风机与高压雾化喷头结合增强了喷药的距离摆脱了空间限制。

机体小巧，针对的是作物生长后期大棚内多立柱多吊绳空间被切割零碎的现状，同时为了方便农户使用结合了物联网技术，使喷药机在大棚中的运行操控更加方便，同时方便喷药机上搭载的各种传感器监测的数据及时通过物联网反馈到用户手中，用户可以通过网络访问历史数据便于用户分析。物联网的使用摆脱了距离的限制，使用户随时随地查看大棚状态。

随着智慧农业以及精准农业的提出，农业生产对于农田作业的智能化精准化水平提出了更高要求。其中大棚种植为了保证大的种植面积农户往往会建造大型的棚体为了使棚体的牢固就会在大棚内竖立许多立柱作为支撑，这些支撑的存在切割了棚内空间，同时大棚果蔬成长后期农户会在棚顶搭吊绳来吊曳植物，这样就使本来相对小的空间更加零碎，在这种零碎的空间中喷洒农药就会很困难。

为此针对传统喷药机械劳动力大效率低下，均一化施药程度差以及人员安全性低等诸多问题，采用远程物联网控制技术与电机驱动技术研制了具有远程控制及查看数据，精准化喷药等功能的大棚喷药机。

一、系统集成：

所研制的物联网大棚喷药机主要有行走系统，控制系统和喷药系统组成，如图1所示。其中，行走系统包括行走控制装置、三足鼎立式行走底盘、距离反馈装置；控制系统包括线上物联网控制、线下触屏控制、温湿度采集反馈；喷药系统包括液泵控制器、液泵、风机、喷头、喷筒等。

手机由人工操作向物联网大棚喷药机输入喷药距离，喷洒等控制信号；物联网模块通过串口将接收到的信息发送给主控芯片，经由芯片处理将指令输入行走控制装置和液泵控制器。机器动力能量来源均来自开关电源。

硬件结构：

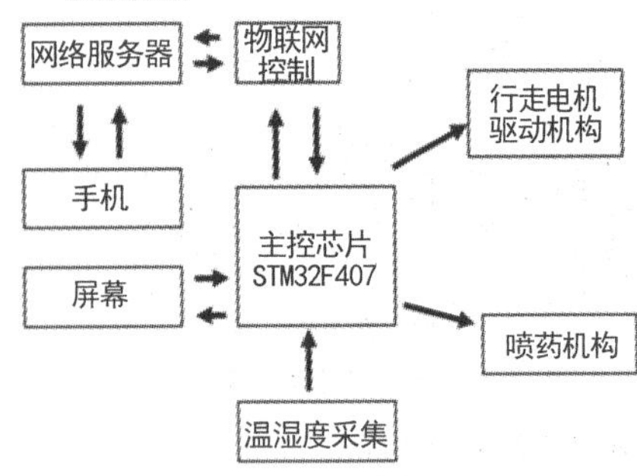

图 1 系统组成

1. 轨道行走机构

行走机构采用三轮式行走机构如图2，在T型轨道上运行。三轮式行走机构就是一侧具有两个行走轮另一侧具有一个行走轮，经测试同样能够满足稳定性的要求。将具有一个轮子的一侧作为行走机构的动力轮。由于轮子的分配不同使得三个轮承受的压力不同，独轮侧轮子承受的压力是双轮侧轮子的两倍，动力轮运行时就不易出现打滑状况，防滑性能好。机器按预定轨道运行时借鉴传统喷药机的限位机构，以耐磨PU轮为主体搭建了导向机构如图3。

导向机构作用：(1) 导向；(2) 运行底盘分别在四角使用四组限位轮，它们紧贴轨道水平受力，在机器发生失衡时会因为挤压受到垂直方向的摩擦力，保证了机器的稳定。为了机器节省空间主动轮采用链条传动将电机置于底盘的下方节省空间。

2. 精准测距机构

采用了国源工控的TA-4006-200型米轮，使用

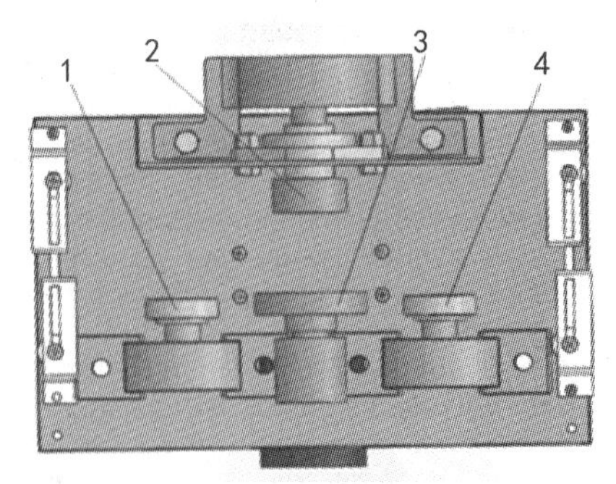

1.辅动轮1；2.主动轮；3.米轮；4.辅动轮2

图 2

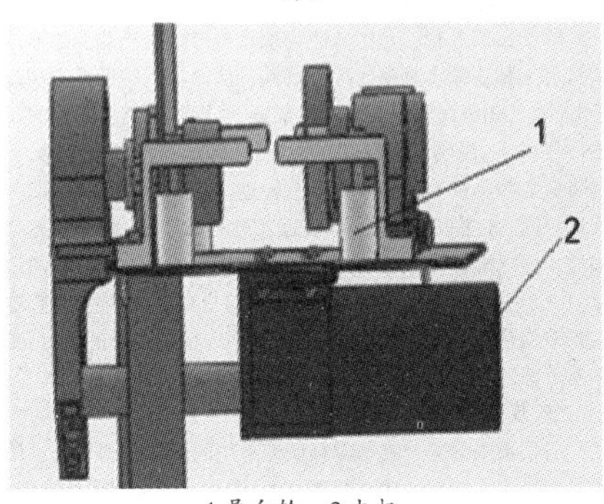

1.导向轮；2.电机

图 3

脉冲计数方式200脉冲/圈，经过算法转换距离，单位为米如图4。

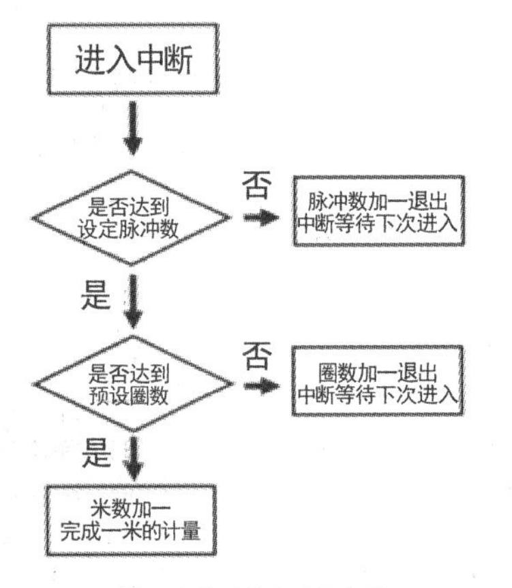

图 4 米轮测量程序组框图

3. 喷药机构

采用120W大功率风机与高压雾化喷头结合如图5，高压雾化喷头喷出药雾经由风机鼓动从而产生一种弥湿效果，与传统燃油式弥雾机相比污染小，并且使弥湿范围可扩大为10到15米完全满足各种棚体横向喷雾的使用要求。

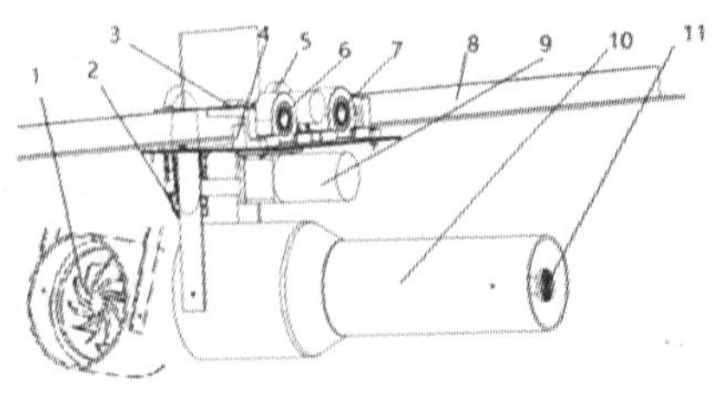

1.风机；2.传动链条；3.主动轮；4.导向轮；5.米轮；6.辅动轮1；7.辅动轮；8.轨道；9.电机；10.风筒；11.喷头

图 5

4. 温湿度采集

温湿度采集模块采用DHT11，由于温湿度模块是搭载在喷药机上面的。由于这种设计的特殊性，喷药机运行时会经过需要喷洒的地点，所以就能实时采集大棚各个地点的温湿度，通过物联网传输到应用端(APP)显示。

5. 供电方式

本设备考虑在大棚内使用所以搭载300W开关电源，220V市电接入后经由开关电源转为5V和12V，5V为喷药机控制器供电，12V分别为行走电机，喷药水泵，风机供电。

二、软件设计：

1. GAGENT移植

机智云物联网平台的GAGENT移植进WIFI模组，GAGENT是机智云为硬件接入提供的运行于通信模组等环境的嵌入式固件系统，设备通过GAGENT接入机智云平台。GAGENT主要作用是数据转发，用于连接设备数据、机智云、应用端(APP)，GAGENT代码结构如图6。

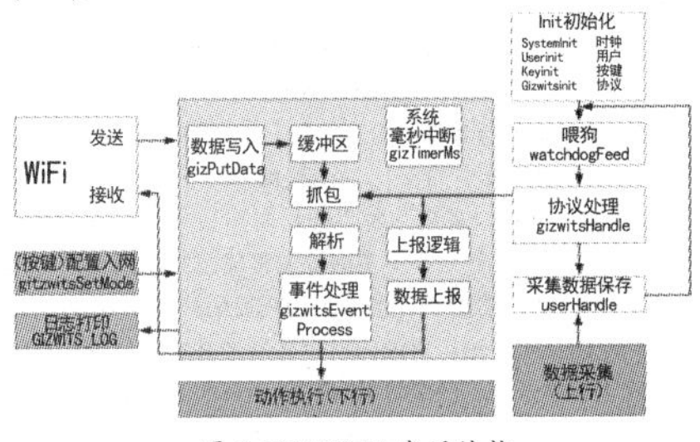

图 6 GAGENT代码结构

2. 物联网远程控制协议处理

在机智云AIOT开发平台上添加控制系统外设的设备节点，平台会根据开发者设置节点的需求自动生成相应的通信协议，根据此通信协议开发者即可与机智云平台进行数据交互。如图7和图8所示。

图 7 上行函数调用关系

图 8 下行函数调用关系

结语：

当前物联网已经普及，农业设备的智能化、信息化同样也需要跟进步伐，该设备是经过多次的实地调研后设计产生的，能解决大棚内喷药方面的问题。该设备的设计有效提高了蔬菜大棚内的喷药效率，减少了人工喷药时大面积喷药对人体的损害。物联网的应用使得设备运行使用方便，对于农业信息采集，数据监测更加省时省力。

◇广东 黎明云

日产 e-POWER 简介

作为日系汽车三巨头，丰田的 THS(Toyota Hybrid System)和本田的 i-MMD(intelligent Multi-Mode Drive)都已推出市场多年，其中 THS 更是到了“第四代半”。在全球“碳达峰”“碳中和”的趋势下，未来必然是混动和纯电的天下。之前作者介绍过比亚迪的 DM-i 混动方案，如何也是卖得大火，其中经济实惠的秦 DM-i 有些地区甚至要排半年才能提到车。

如今日产也在 2021 年的上海车展上面向国内市场推出了自己的混动技术——e-POWER。那么就简单介绍一下 e-POWER 的技术特点。

e-POWER 也是一种 HEV 油电混动方案，但是和 THS、i-MMD、DM-i 等油电混动技术又有区别。

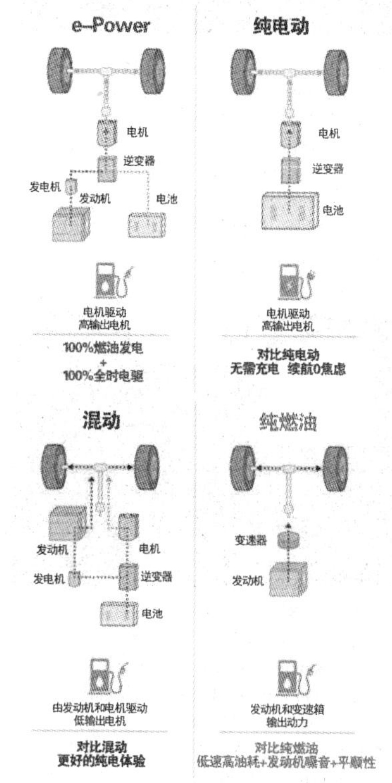

THS 依靠行星齿轮机构巧妙实现了燃油动力与电能的功率分流，共同驱动车轮；i-MMD 更多强调电能驱动，高速时甚至由发动机直接驱动车轮；DM-i 和 i-MMD 比较类似(详细原理见本报 2021 年第 12~15 期 7 版)。

而 e-POWER 的技术原理相对更为简单，发动机、发电机、逆变器、驱动电机四大部件呈串联形式，电池则跟发动机一样连接到逆变器——如此结构就注定了，车轮只能是由驱动电机来驱动，这也正是“全时电驱动”说法的由来。

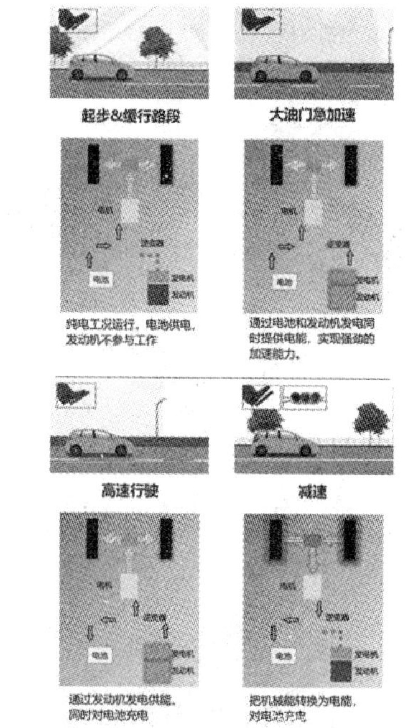

起步&缓行路段
大油门急加速
纯电工况运行，电池供电，发动机不参与工作。
通过电池和发动机发电同时提供电能，实现强劲的加速能力。
高速行驶
减速
通过发动机发电供能，同时对电池充电
把机械能转换为电能，对电池充电

其不同的工况状况：起步阶段以及低速行驶时，电池输出电能到驱动电机，发动机不工作；大油门急加速阶段，发动机会进入工作状态，跟电池一起输出电能；高速行驶阶段，发动机除了为驱动电机供电，还会为电池充电；减速的时候，发动机停止工作，驱动电机进行能量回收，为电池充电——也就是说，无论什么情况下，都只有电能这一种能量形式通过驱动电机在驱动车辆前行，包括其中急加速时发动机和电池共同工作的工况。这样看来，e-POWER 更像是一种烧油的纯电驱动技术。

那么 e-POWER 可否视为增程式 (EREV，Extended-Range Electric Vehicles)混动汽车呢？

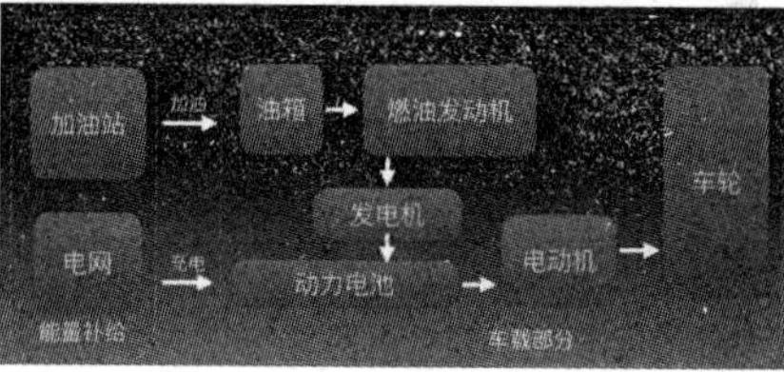

增程式工作原理图

虽然两者都是烧油转化为电能驱动车辆，但 e-POWER 是百分之百只能烧油，而增程式则是保留了烧油和充电桩充电两种能源输入方式。

最关键的是，e-POWER 的电池容量只有 1.5kWh，跟丰田本田的 HEV 差不多，而增程式的电池容量要大得多，目前以增程式代表的理想 ONE 为例，理想 one 是 40kWh，赛力斯 SF5 也有 35kWh。这样重量一比较，增程式电动车的电池负重大了二三十倍(相当于多搭载了 3-4 个成年人)，这样又违背了省油的初衷。

此外，也有人担心日产 e-POWER 的技术不够成熟，就像 2008 年比亚迪推出第一代 DM-i——F3 DM，因当时没有更优秀的机电耦合核心零部件配合，加上发动机热效率低等诸多因素，2013 年就基本停产了，直到 2021 年新技术加持下 DM-i 才大获成功。

而目前全球总销量排行第一的纯电动车，就是日产在 2010 年推出的 LEAF 聆风 (2021 年 3 月底突破 33.5 万辆)。这款畅销的纯电动车型，日产积累了大量的用户反馈和纯电动车领域的经验，在聆风成熟的技术基础上，开发了全新的 e-POWER 技术。

年内，东风日产即将引入国产的 e-POWER 技术，而 e-POWER 其在日本本土市场累计销量已突破 50 万辆，代表车型日产 NOTE e-POWER 版更是连续 3 年夺得日本市场 1.6 升以下紧凑级车型销量冠军。e-POWER 的发动机综合热效率技术上已经实现 50%，百公里油耗低至 2.67 升，而即将引入国内的 e-POWER 技术，已经是经过迭代升级之后的第二代技术。预计 2025 年之前，东风日产至少将在国内市场投放 6 款搭载 e-POWER 技术的新车。

届时，日系三巨头混动系统将与国产比亚迪 DM-i、长城 DHT(柠檬)、奇瑞 DHT(鲲鹏)等新一代国产混动系统争夺家用汽车(10~25 万)的主流市场。

◇四川 李运西

大雨天开车的注意事项

近日全国各地都是大暴雨，除了对电器容易造成人员与财产损失外，大雨天开车时也要注意以下几点：

下雨天开车熄火，不能二次启动！

下雨天开车水中熄火了，如果此时的水面淹没了排气管。这个时候二次启动，发动机内会倒吸进一些水，造成发动机的拉缸，你是别想修了，直接就换发动机。这是一定要记住的，水中熄火别打第二次。

正确做法：立即关闭汽车的全部用电设备，人力把汽车推到积水少的路旁，然后再启动即可。

“自动启停”要留意！

大雨天开车时，在等红绿灯的时候，由于打开了“自动启停”装置，踩刹车就熄火了，等到松开刹车的时候，启动也就跟着启动了，发动机直接就拉缸进水了，有些汽车“自动启停”装置是默认开启的，每次启动都需要手动关闭，忘记关闭在水中启动，会导致发动机拉缸。

“涉水险”并非万能！

如果你当时没有买专门的涉水险，或者是有规定不允许二次启动的，保险公司可以拒绝赔偿。当然车损里面也会赔偿，但是一般不会包括发动机，因为发动机真的很贵。

“行驶路线”选择！

每个城市的情况不一样，尽量弄清楚自己所在城市容易积水的路段，如果遇到水面开阔的地方，尽量选择有波动的水面行驶这样的积水少，还可以跟着前面的车行驶，千万别盲目自信往前开。

“前档起雾”要及时！

下大雨的时候，车内外温度不统一，就会出现有水雾的情况，一般是夏天开冷风，冬天开热风，如果想迅速除雾，风向要对准玻璃的位置(开AC强力吹风)，一般几分钟就见效了。

被积水隐藏的“井盖”！

由于路面积水很深，万一遇上井盖打开的或者本身就不牢固的，导致轮胎直接开到井里了；这种情况一定注意车速，同时要看看是否有漩涡一样的水流波动，很有可能下面就是开盖的井，而且水面越平静的地方，说不定积水会更深的。

水中行车是否要加大油门？

在较高水面行驶的时候，尽量不要停车，在积水路段匀速向前进，这个时候刹车盘会有很多水，出了涉水路段应该多踩几次刹车，利用摩擦产生的热量要把刹车盘上的水赶紧蒸发掉。水深的地方就绕路，千万别冲过去。

雨过天晴要洗车！

尤其白色车一定要注意，雨过天晴要洗车，否则时间久了白色车表面会发黄色，而且车身本来就有雨水，转天又是大太阳，水面的折射也会伤车漆，不下雨了赶紧洗车很有必要。

微信支持手机、iPad、PC 三端同时登录

在 7 月 15 日，微信发布了 iOS 版 8.0.8 正式版本更新，除了为大家带来了提示音和铃声更换等功能之外，还带来 I-Phone、iPad、PC 三端同时登录。

微信允许用户在 iPad 和手机、电脑上同时在线，在顶部显示“2 个设备已登录微信”，点击后分别显示“Windows 微信已登录”“iPad 微信已登录”。

其中用户可以在手机端向 Windows 微信传送文件，可选择将手机静音，在 Windows 上提示消息接收。

而 iPad 微信只支持传送文件功能。

用户均可在手机上管理 Windows、iPad 微信登录，点击可直接退出登录。

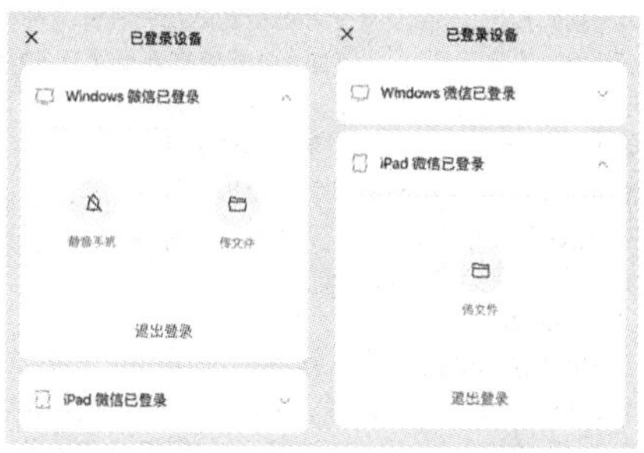

荣耀 50 拆解

本次拆解的是 8GB+128GB 版本。拆解设备均从电商平台购入，文内对拆解分析内容均基于该设备。

E 拆解

关机取出卡托，卡托上套有硅胶圈。后盖与内支撑通过胶固定，经过热风枪加热，再利用吸盘和撬片打开后盖。在后盖对应 NFC 线圈位置贴有石墨片用于散热。摄像头盖板通过胶固定在后盖上，正面贴有泡棉用于保护镜头。

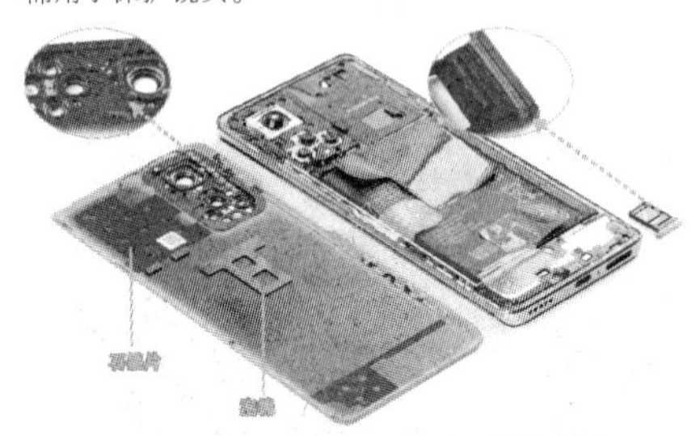

顶部主板盖和底部扬声器通过螺丝固定。在主板盖和扬声器上都贴有石墨片，并且石墨片都延伸至电池位置，有利于散热。主板盖上有胶固定的 NFC 线圈、闪光灯板。再取下扬声器上的弹片板。注意后置摄像头模组有塑料框架固定。

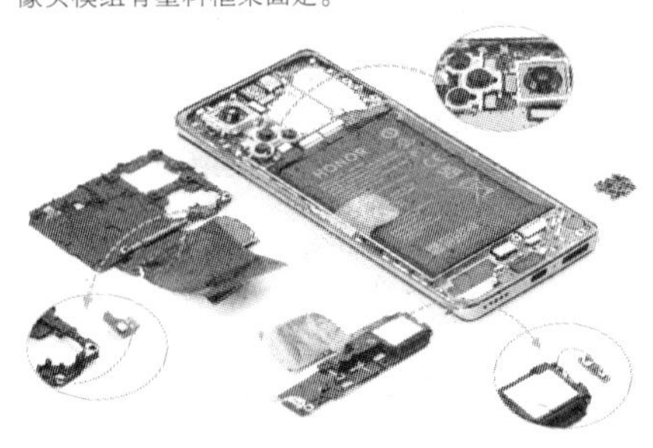

取下主板、副板、前后摄像头模组和同轴线。主板正面处理器 & 内存位置处涂有散热硅脂用于散热，副板 USB 接口处还套有硅胶套起到一定的防尘作用。

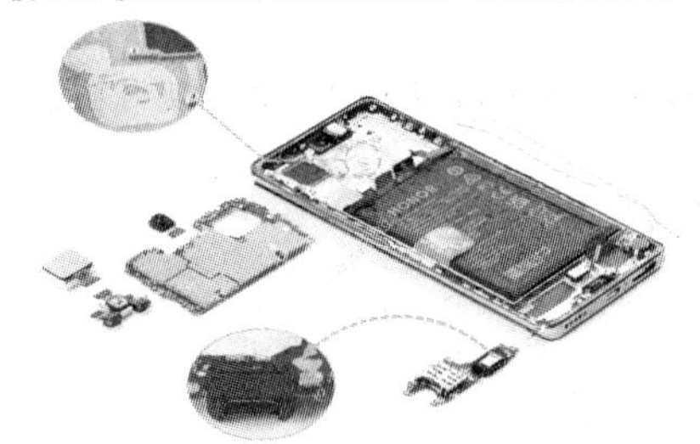

电池通过塑料胶纸固定。根据提拉把手指示便可拆解。然后依次取下按键软板、传感器板、主副板连接软板、听筒和指纹识别传感器软板。

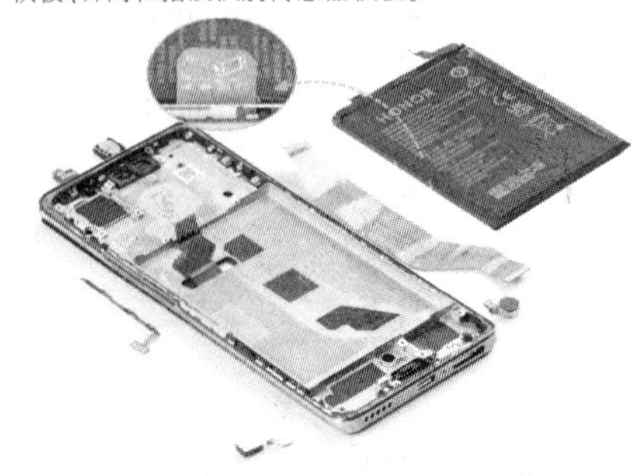

6.57 英寸的维信诺 OLED 屏幕与内支撑通过胶固定，胶粘面积较大，加热屏幕，通过撬片和吸盘打开屏幕。在内支撑正面有大面积石墨片，并未发现液冷管。

拆解总结：

荣耀 50 整机共采用 23 颗螺丝固定，采用比较常见的三段式结构。拆解难度中等，可还原性强。SIM 卡托和 USB 接口采用硅胶圈保护，能起到一定的防尘作用。整机采用导热硅脂+石墨的方式进行散热，并未发现液冷管，在散热方面有所欠缺。

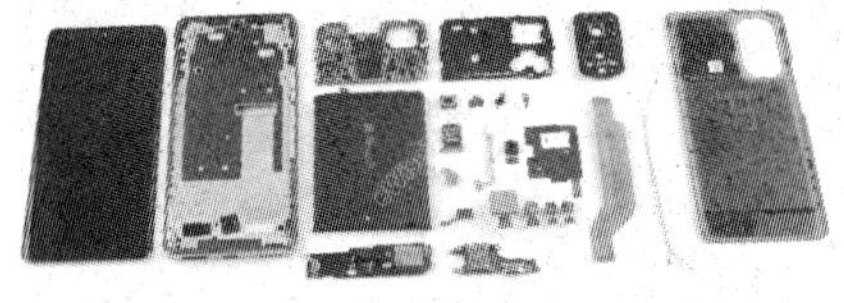

E 分析：

E 分析栏目前期说到随着 5G 时代的到来，越来越多国产芯片厂商的进入打破了国外垄断的局面。在缺少了麒麟芯片的荣耀 50 中，我们还能发现哪些国产芯片呢？首先来看看主板标注的 IC。

主板正面主要 IC：

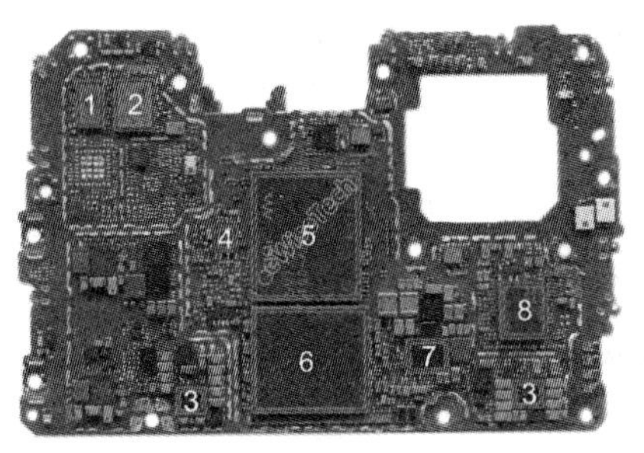

1：Qualcomm-QPM5541-射频功放芯片
2：Qualcomm-QPM5577-射频功放芯片
3：TI-BQ25970-快充芯片
4：Qualcomm-WCD9370-音频编解码器芯片
5：Qualcomm-SM7325-高通骁龙 778G 处理器芯片
6：Micron-8GB 内存+128GB 闪存芯片
7：Qualcomm-PM7325B-电源管理芯片
8：Qualcomm-WCN6750-WiFi/BT 芯片

主板背面主要 IC：

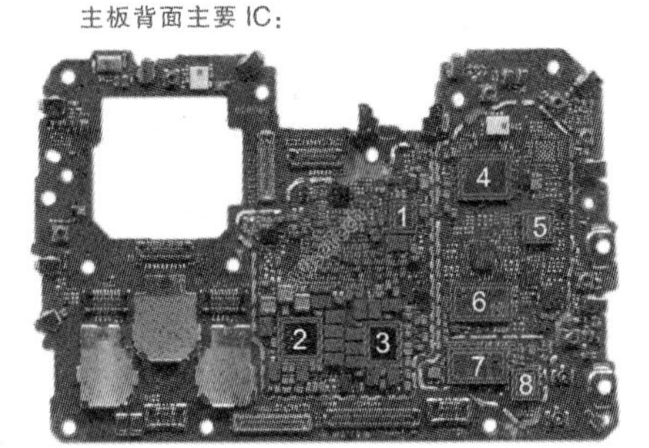

1：NXP-SN100T-NFC 控制芯片
2：Qualcomm-PM7350C-电源管理芯片
3：Qualcomm-PM7325-电源管理芯片
4：Qualcomm-SDR735-射频收发芯片
5：Qualcomm-QDM3301-射频前端模块芯片
6：Qualcomm-QFM2340-射频前端模块芯
7：OnMicro-OM9902-11-射频功放芯片
8：OnMicro-OM9901-11-射频功放芯片

通过主板标注我们可以发现，本次荣耀 50 整机没有采用麒麟芯片。在射频芯片中除了与处理器配套的高通外，还有两颗来自国产厂商昂瑞微的射频功放芯片——OM9901-11 与 OM9902-11。

OM9901-11 为 2G 频段设计，低频段支持 GSM850/EGSM900，高频段支持 DCS1800/PCS1900 频段。OM9902-11 支持 3G/4G/5G NR 频段。

这是 eWiseTech 工程师首次在手机中发现该厂商的芯片，OM9901 和 OM9902 是昂瑞微在 2020 年推出的 5G Sub-3GHz Phase5N 解决方案。昂瑞微更是拥有完整的 PA/FEM 产品线系列，其产品覆盖 2G、3G、4G、5G Phase5N、L-PAMID 和 L-PAMIF 全系列。并且也是国内首家同时拥有大规模量产的 CMOS PA 和 GaAs PA 技术的厂商。

早在 2020 年底，昂瑞微的 Phase5N 射频前端模组已经在多家手机厂商和 ODM 方案商实现量产。而这次荣耀 50 的采用，是昂瑞微首次打入荣耀的供应链。国产厂商为荣耀 50 这样的畅销机型供货，也从侧面证明了其实力不容小觑。

本文转自 eWiseTech 社区

智能电视和智能投影仪之区别

以前，我们基本上都是用电视机来看影视剧的，如今，更是研发出了智能电视。与此同时，随着科技的发展与时代的进步，投影技术的不断发展，智能投影仪逐渐走进大众的生活，成为我们日常看影视剧的好帮手。那么，当市场上同时存在着智能投影仪和智能电视，我们应该选择哪个呢？

性价比

我们知道，一台质量较好的智能电视的售价少则五六千，多则上万，一台百寸电视价格甚至逼近 50 万，70/80 寸的也价格不菲，这种价格对平民大众来说，是有点吃力的。反之，智能投影仪的性价比则要高很多。虽不如电视超清画质，但投影也做到了高亮高清，配上专业的增益幕布，总价 1 万元以内就轻松实现百吋甚至更大的屏幕观影。

便携性

虽然客厅观影的设备较少移动，但智能投影可以随时移动，对于很多外出打工或者容易换租房的漂族来说，更为方便，而且不占地方，只要有白墙就可以投。这点是智能电视难以比拟的。

感官体验

在特定环境下，智能投影仪不仅可以提升画面的尺寸，而且还可以包装良好的画面效果，从而为消费者带来影院级的超大屏幕享受。而且还带有隔空触控、自动调焦、自动梯形校正等功能，观影体验非常棒。

智能投影仪相对于电视来说确实有很多优势，但是有一些劣势也不能忽视。

劣势：

1. 强光下的体验较差。在白天或者光线较强情况下，容易观看体验较差或者无法观看。

2. 分辨率不高。一般家用无屏投影最高也只有 1080P，相比现在电视几乎普及的 4K 分辨率来说相差甚远。

对比来说，正常家庭使用仍然是电视播放的效果比较好，而对于经常需要出差的商务人士来说，更为便携的投影仪显然更加方便。

◇江西 谭明裕

碳化硅功率晶体的设计发展及驱动电压限制(二)

(上接第411页)

门极氧化绝缘层的电场强度挑战不仅来自碳化硅材料的影响，也来自门极氧化绝缘层它本身。硅材料在被制造半导体的过程中经过蚀刻及氧化作用，可以产生厚度相对均匀、杂质少的门极氧化层。但在碳化硅材料经过蚀刻及氧化作用后，除了产生门极氧化绝缘层外，尚有不少的杂质及碳，这些杂质及碳会影响门极氧化层的有效厚度及碳化硅功率晶体的可靠度，如图5所示。

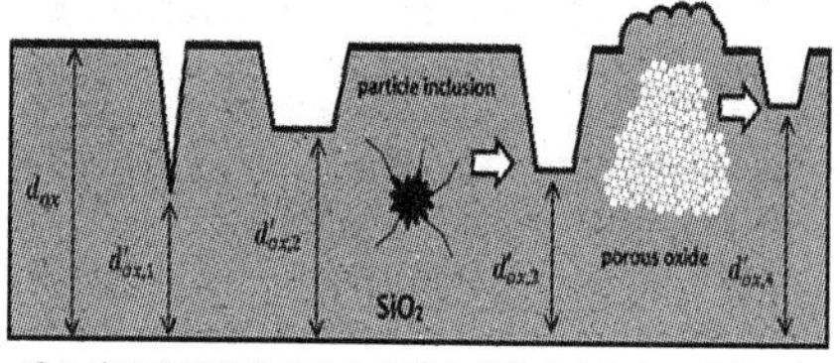

图5 碳化硅门极氧化绝缘层受杂质影响造成有效厚度改变

考虑到门极氧化层厚度对碳化硅功率晶体可靠度的影响，在门极氧化层的设计上必须考虑这些可能影响门极氧化层有效厚度的因素。除了采用更厚的门极氧化层设计以提高碳化硅的可靠性之外，还要针对门极氧化层进行远超出额定门极电压的长时间电压测试。如图6所示，VGUSE是门极电压建议值，VGMAX是额定门极电压最大值，随着时间推移增加门极电压值，直到所有的功率晶体门极都烧毁失效。采用这样的门极测试，可以检测出门极氧化层会在不同的电压下产生失效。一般来说，在较低电压下失效是由于上述杂质造成有效门极厚度减少的外在缺陷(extrinsic defect)；而在较高电压下的失效被称为本质缺陷(Intrinsic defect)，是来自F-N隧穿效应(Fowler-Nordheim tunneling)的作用，或是门极氧化层超过其最大电场10MV/cm。

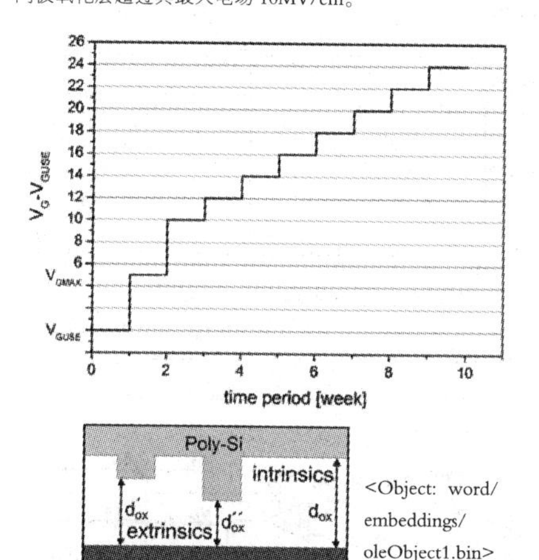

<Object: word/embeddings/oleObject1.bin>

图6 碳化硅门极氧化层可靠度测试及其本质缺陷及非本质缺陷示意图

碳化硅功率晶体的另一项设计挑战就是门极阈值电压的不稳定性(threshold voltage instability)。门极阈值电压的不稳定性，会影响碳化硅功率晶体的可靠度。如果碳化硅功率晶体的阈值电压往上，会造成功率晶体的通态电阻值及导通损耗增加；反之，如果碳化硅功率晶体的阈值电压往下，会造成功率晶体易产生误导通而烧毁。门极阈值电压的不稳定性有两种现象，可回复型阈值电压滞后作用(Reversible threshold voltage hysteresis)及不可回复型的阈值电压漂移(threshold voltage drift)；门极阈值电压的不稳定性来自门极氧化层及碳化硅的界面间存在缺陷(trap)，如同对界面间的电容进行充放电，而门极电压驱动过程造成电子或电洞被捕获，从而形成阈值电压的滞后作用。

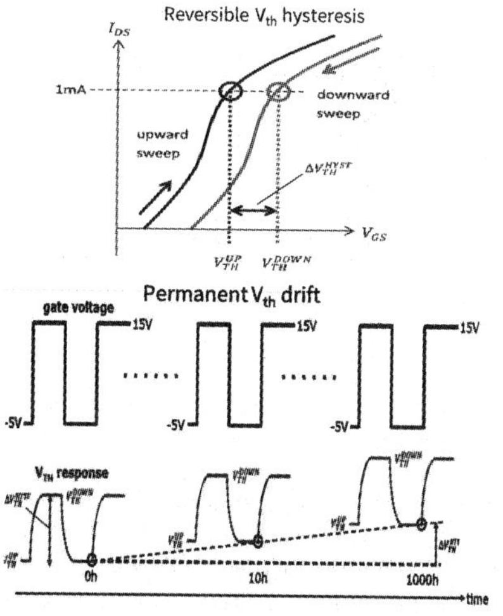

图7 碳化硅功率晶体门极阈值电压的滞后作用及偏移

如式(2)，阈值电压滞后作用是由门极氧化层接面的缺陷密度(Density of defect)及材料的带隙(bandgap)所决定。相比于硅材料，碳化硅的材料缺陷密度比硅材料缺陷密度高1000~10000倍；而碳化硅的带隙约为硅的3倍，因而造成碳化硅功率晶体的阈值电压滞后作用在未经处理之前，高达数伏特(V)之多，而硅材料只有数毫伏特(mV)。这也是电源供应器设计者在使用碳化硅功率晶体时所必须注意的考量重点之一。

$$\Delta V_{TH}^{HYST}=\frac{Q_{it}}{C_{ox}}=\frac{qD_{it}\Delta E_{VTH}t_{ox}}{\varepsilon_r\varepsilon_o} \quad (2)$$

$\Delta E_{VTH,si}^{max}=1.1eV; D_{it,si}=10^{9}\sim10^{10}$ defects/eVcm²

$\Delta E_{VTH,SiC}^{max}-3.3eV; D_{it,SiC}=10^{11}\sim10^{12}$ defects/eVcm²

碳化硅功率晶体在门极氧化层及碳化硅之间的电荷分布可简单化区分为固定式电荷()和缺陷密度电荷()，碳化硅功率晶体在门极氧化层的电荷分布与门极阈值电压的关系，可以用式(3)来描述。其中，当驱动电压为直流正电压时，会发射电洞或捕获电子，造成缺陷密度电荷增加，使门极阈值电压提高；反之，当驱动电压为直流负电压时，会发射电子或捕获电洞，造成缺陷密度电荷减少，使门极阈值电压降低。除阈值电压滞后作用外，不可回复型的阈值电压漂移也是碳化硅中的另一项特性，也是来自门极接面的缺陷及陷阱(trap)造成电荷交换产生的现象。一般而言，在碳化硅功率晶体内，可能会高达数百mV。

$$V_{th}=V_{th}^{ideal}-\frac{1}{C_{ox}}(Q_f^{+}-Q_{it}^{-}) \quad (3)$$

实际上除了少数应用的功率晶体在电路工作时，只有一次的开或关动作，能以直流电压驱动外，大部分交换式电源供应器内用于主开关的功率晶体都会采用高频交流电压驱动。从实际测试的结果来看，当在不同的门极阈值电压之下，会有不同的门极截止电压设计要求；提供较低门极阈值电压的碳化硅功率晶体的供应商，会建议截止时采用负电压驱动，以避免桥式相连的功率晶体在上下交互导通及截止时，减少受到寄生电容效应及门极回路电感在门极端产生感应电压而产生上下管间的误导通及烧毁；反之对于具有较高门极阈值电压的碳化硅功率晶体而言，并不需要采用负电压驱动，使用负电压驱动不仅会增加电路的复杂度，也会加大门极阈值电压往上的漂移量，如图8所示，使用较高的正电压或负电压时，随着功率晶体使用时间的增加，门极阈值电压往上漂移的增量会更明显，进而造成功率晶体的通态电阻值随着使用时间的累积而慢慢增加。各品牌碳化硅功率晶体的门极阈值电压的漂移量都有不同的数值，用户在选用碳化硅功率晶体时必须先避免过高的正负电压对门极阈值电压带来的负面影响。

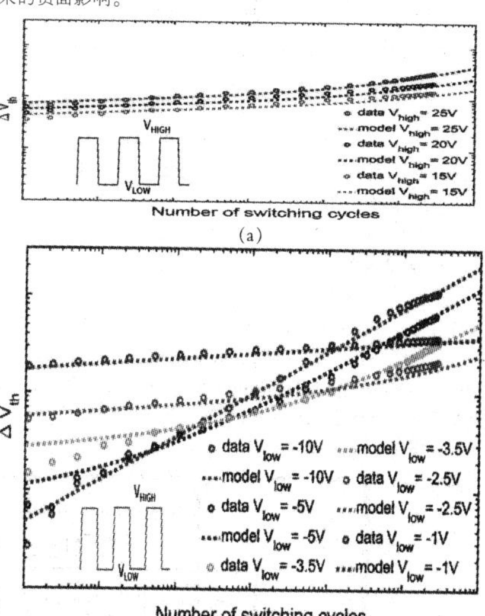

图8 (a)正极性驱动电压准位 (b)负极性驱动电压准位与门极阈值电压漂移大小关系

为了避免碳化硅功率晶体的门极阈值电压在长时间的使用之下，产生过高的门极阈值电压漂移，原则上，必须遵照资料手册的建议值来使用及确认功率晶体的门极电压值。如图9所示，为了不造成碳化硅功率晶体的门极电压大幅度漂移，针对其驱动电压的建议值及最大可以接受的电压峰值，其中，值得注意的是，门极电压的测量结果应该尽量排除封装引脚的影响。

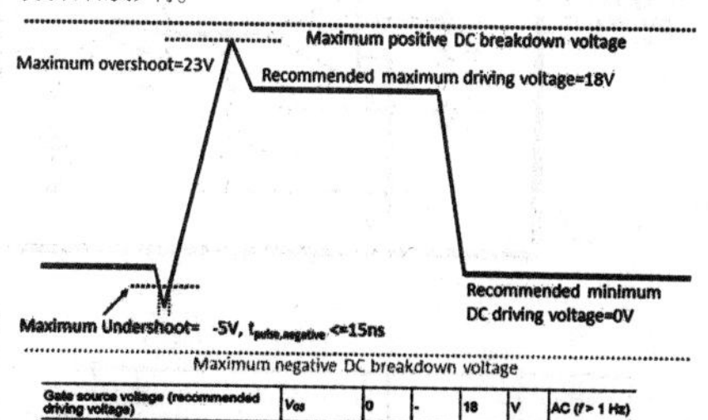

图9 碳化硅功率晶体的驱动电压限制值

综上所述，目前碳化硅功率晶体的发展主要在于几个方向：1.降低单位晶粒面积下的通态电阻；2.提高功率晶体门极可靠度3.在不影响驱动位准的大前提下降低驱动电压位准。这些设计上的挑战，都由碳化硅功率晶体的设计者来构思及突破，而主流的碳化硅功率晶体在结构上分为两大类，平面式及沟槽式的碳化硅功率晶体，平面式的碳化硅功率晶体受限于晶体缺陷及电子迁移速度，大多采用较低的临界门极电压，并建议在桥式电路中采用负电压截止驱动电路，用以减少在桥式电路中功率晶体交互驱动时可能产生的可能的误导通；反之沟槽式的碳化硅功率晶体，采用具有较高电子迁移速度的晶体平面作为通道，可以设计较高的临界门极电压，并且不需要任何的负电压截止驱动电路。对于碳化硅功率晶体的用户而言，驱动电路设计相对简单，只需要提高驱动电压到合适的电压值，就能够享受碳化硅功率晶体带来的优点。

（全文完）

数据资产保护的16个通用措施(二)

(上接第411页)

对设备进行有效管理

无论规模大小，所有企业都需要有处理丢失设备(比如手机)的安全流程，因为，设备中有关企业的重要信息，可能会影响客户和其他员工，因此保护这些数据至关重要。一旦设备被报告丢失或被盗，企业应立即注销其所有账户并清除所有敏感信息。

建立敏感信息访问规则

确保企业资产安全应该是每位员工的责任，同时，每位员工又需要访问相关信息才能有效完成任务。因此，企业应该建立敏感信息访问规则，以便员工访问他们需要的信息，同时又不会对企业造成威胁和伤害。

及时注销不使用的计算机

许多企业办公空间里有空的办公桌，且电脑都在运行——任何人都可以走过去登录多个企业系统，例如电子邮件、日历和CRM，因此确保员工了解在其离开办公桌时锁定计算机非常重要。

将敏感数据存储在云中

对于企业来说，一种简单的安全协议是永远不要在个人计算机或本地保存有价值的信息，所有敏感信息都应保存在公共云中。尽管这看来有可能违反常识，但云是迄今为止较为安全的地方。尽管公共云黑客的攻击受到了媒体关注，但这些事件的发生频率远低于私人黑客。

清楚地识别企业专有信息

一般，新员工会签署冗长的保密表格，但需要注意的一点是，请在易于理解的一页文件中，清楚地概述企业认为的“专有”内容，以通俗易懂的语言，使每位员工了解企业正在建设的内容以及他们如何帮助保护企业数字资产。

尽可能禁用自带设备(BYOD)

自带设备办公(BYOD)是指一些企业允许员工携带自己的笔记本电脑、平板电脑、智能手机等移动终端设备到办公场所，并可以用这些设备获取企业内部信息、使用企业特许应用的一种政策。显然，这并不利于企业安全，每个企业都应建立一种有效安全方法——允许员工仅使用企业提供的设备，有效保护其数字资产。

（全文完）

一颗芯片的内部设计原理和结构(一)

作为一名电源研发工程师,自然经常与各种芯片打交道,可能有的工程师对芯片的内部并不是很了解,不少同学在应用新的芯片时直接翻到Datasheet的应用页面,按照推荐设计搭建外围完事。如此一来即使应用没有问题,却也忽略了更多的技术细节,对于自身的技术成长并没有积累到更好的经验。今天以一颗DC/DC降压电源芯片LM2675为例,尽量详细讲解下一颗芯片的内部设计原理和结构。

LM2675-5.0的典型应用电路(图1)

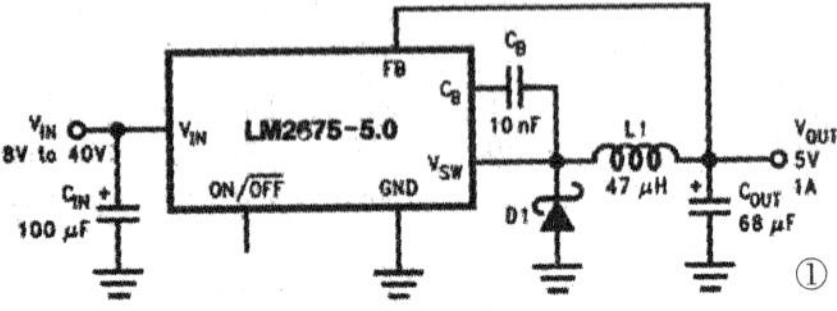

①

打开LM2675的DataSheet,首先看看框图(图2)

这个图包含了电源芯片的内部全部单元模块,BUCK结构我们已经很理解了,这个芯片的主要功能是实现对MOS管的驱动,并通过FB脚检测输出状态来形成环路控制PWM驱动功率MOS管,实现稳压或者恒流输出。这是一个非同步模式电源,即续流器件为外部二极管,而不是内部MOS管。

下面咱们一起来分析各个功能是怎么实现的

一、基准电压

类似于板级电路设计的基准电源,芯片内部基准电压为芯片其他电路提供稳定的参考电压。这个基准电压要求高精度、稳定性好、温漂小。芯片内部的参考电压又被称为带隙基准电压,因为这个电压值和硅的带隙电压相近,因此被称为带隙基准。这个值为1.2V左右,如图3的一种结构。

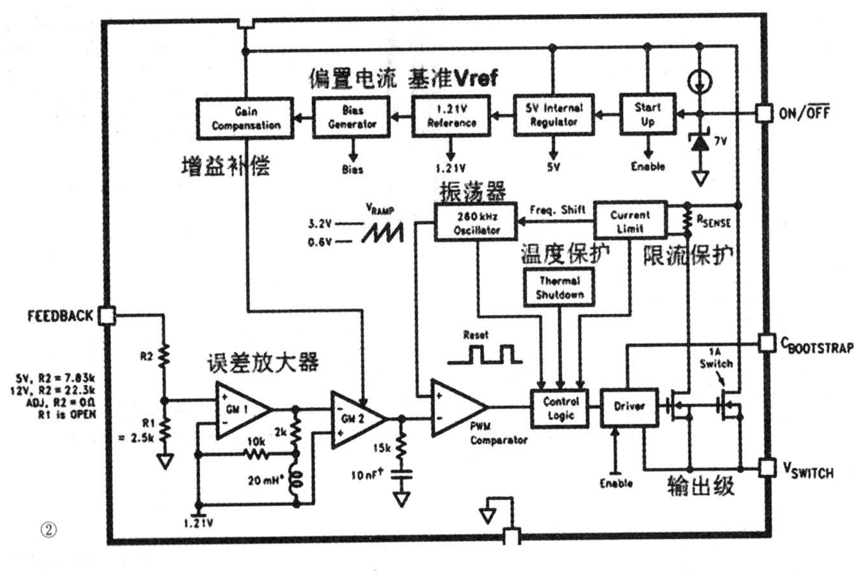

②

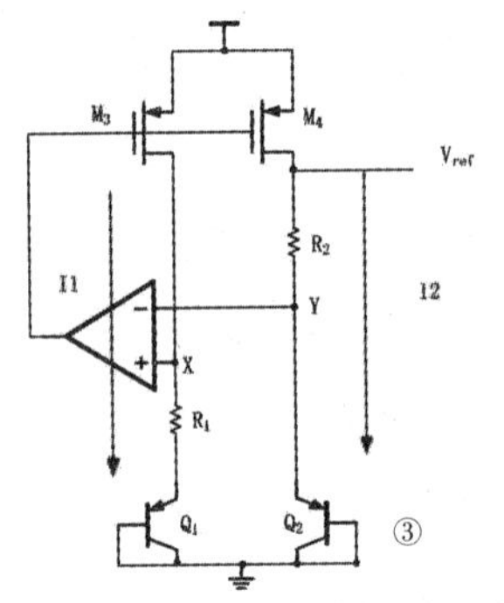

③

这里要回到课本讲公式,PN结的电流和电压公式:

$$I_C=I_s(T)[\exp(\frac{V_{BE}}{V_T})-1]\approx I_s(T)\exp(\frac{V_{BE}(T)}{V_T})\ (3-3)$$

可以看出是指数关系,Is是反向饱和漏电流(即PN结因为少子漂移造成的漏电流)。这个电流和PN结的面积成正比!即Is->S。

如此就可以推导出Vbe=VT*ln(Ic/Is)!

回到上图,由运放分析VX=VY,那么就是I1*R1+Vbe1=Vbe2,这样可得:I1=△Vbe/R1,而且因为M3和M4的栅极电压相同,因此电流I1=I2,所以推导出公式:I1=I2=VT*ln(N/R1) N是Q1 Q2的PN结面积之比!

回到上图,由运放分析VX=VY,那么就是I1*R1+Vbe1=Vbe2,这样可得:I1=△Vbe/R1,而且因为M3和M4的栅极电压相同,因此电流I1=I2,所以推导出公式:I1=I2=VT*ln(N/R1) N是Q1 Q2的PN结面积之比!

这样我们最后得到基准Vref=I2*R2+Vbe2,关键点:I1是正温度系数的,而Vbe是负温度系数的,再通过N值调节一下,可是实现很好的温度补偿!得到稳定的基准电压。N一般业界按照8设计,要想实现零温度系数,根据公式推算出Vref=Vbe2+17.2*VT,所以大概在1.2V左右的,目前在低压领域可以实现小于1V的基准,而且除了温度系数还有电源纹波抑制PSRR等问题,限于水平没法深入了。最后的简图就是这样,运放的设计当然也非常讲究(见图4)。

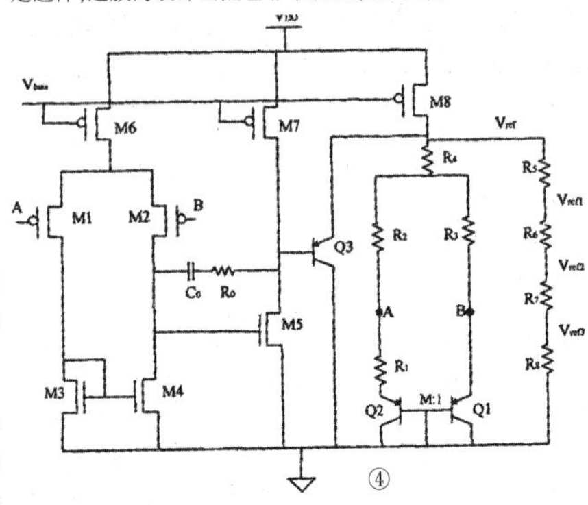

④

如图5温度特性仿真:

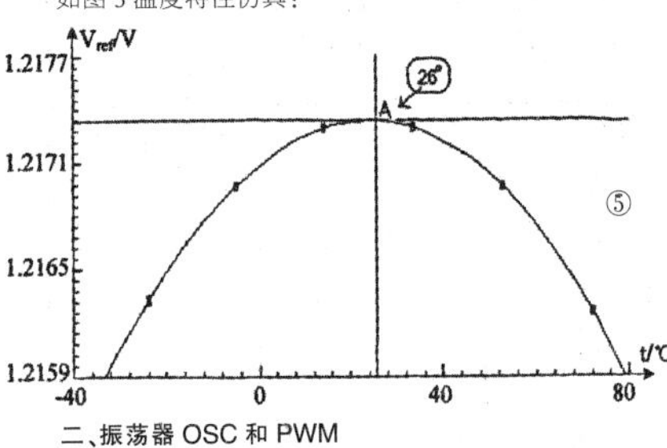

⑤

二、振荡器OSC和PWM

我们知道开关电源的基本原理是利用PWM方波来驱动功率MOS管,那么自然需要产生振荡的模块,原理很简单,就是利用电容的充放电形成锯齿波和比较器来生成占空比可调的方波。(见图6)

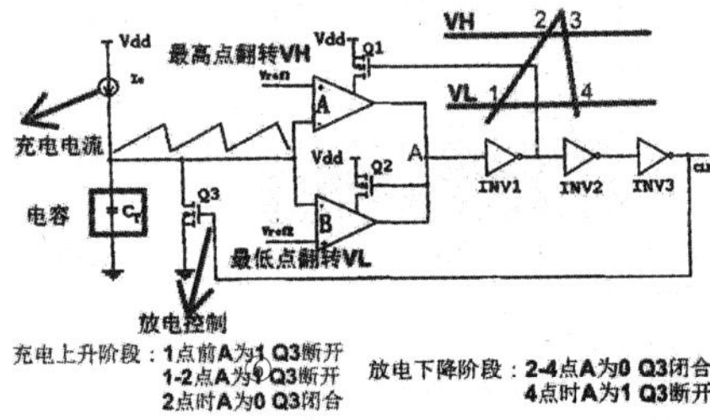

最后详细的电路设计图是这样的:(见图7)

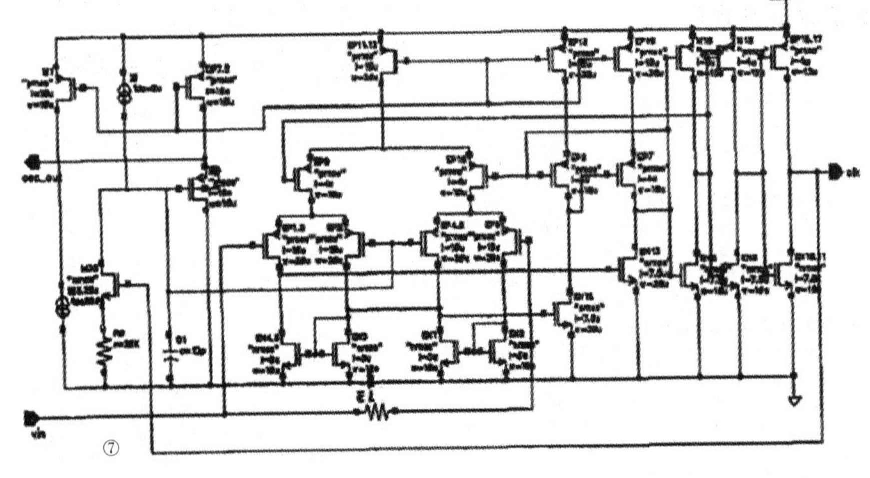
⑦

这里有个技术难点是在电流模式下的斜坡补偿,针对的是占空比大于50%时为了稳定斜坡,额外增加了补偿斜坡,我也是粗浅了解,有兴趣同学可详细学习。

三、误差放大器

误差放大器的作用是为了保证输出恒流或者恒压,对反馈电压进行采样处理。从而来调节驱动MOS管的PWM,如简图(见图8):

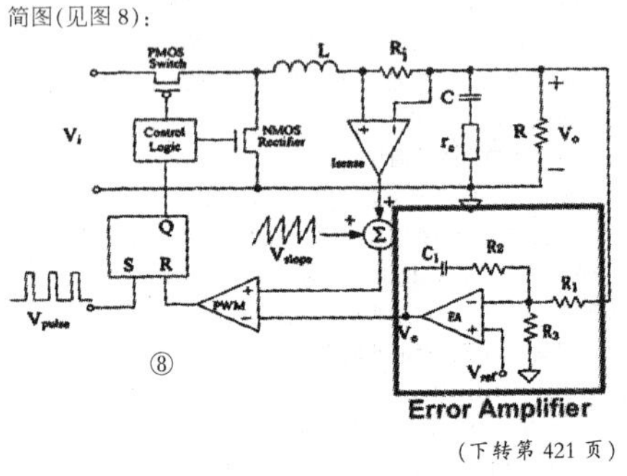

⑧

(下转第421页)

一颗芯片的内部设计原理和结构(二)

(上接第 420 页)

四、驱动电路

最后的驱动部分结构很简单,就是很大面积的 MOS 管,电流能力强。(见图 9)

五、其他模块电路

这里的其他模块电路是为了保证芯片能够正常和可靠的工作,虽然不是原理的核心,却实实在在地在芯片的设计中占据重要位置。

具体说来有几种功能:

1. 启动模块

启动模块的作用自然是来启动芯片工作的,因为上电瞬间有可能所有晶体管电流为 0 并维持不变,这样没法工作。启动电路的作用就是相当于"点个火",然后再关闭。如图 10:

上电瞬间,S3 自然是打开的,然后 S2 打开可以打开 M4 Q1 等,就打开了 M1 M2,右边恒流源电路正常工作,S1 也打开了,就把 S2 给关闭了,完成启动。如果没有 S1 S2 S3,瞬间所有晶体管电流为 0。

2. 过压保护模块 OVP

很好理解,输入电压太高时,通过开关管来关断输出,避免损坏,通过比较器可以设置一个保护点。(如图 11)

3. 过温保护模块

OTP 温度保护是为了防止芯片异常高温损坏,原理比较简单,利用晶体管的温度特性然后通过比较器设置保护点来关断输出。(见图 12)

4. 过流保护模块

OCP 在譬如输出短路的情况下,通过检测输出电流来反馈控制输出管的状态,可以关断或者限流。如图的电流采样,利用晶体管的电流和面积成正比来采样,一般采样管 Q2 的面积会是输出管面积的千分之一,然后通过电压比较器来控制 MOS 管的驱动。(见图 13)

还有一些其他辅助模块设计。

六、恒流源和电流镜

在 IC 内部,如何来设置每一个晶体管的工作状态,就是通过偏置电流,恒流源电路可以说是所有电路的基石,带隙基准也是因此产生的,然后通过电流镜来为每一个功能模块提供电流,电流镜就是通过晶体管的面积来设置需要的电流大小,类似镜像。(见图 14、图 15)

七、小结

以上大概就是一颗 DC/DC 电源芯片 LM2675 的内部全部结构,也算是把以前的皮毛知识复习了一下。当然,这只是原理上的基本架构,具体设计时还要考虑非常多的参数特性,需要作大量的分析和仿真,而且必须要对半导体工艺参数有很深的理解,因为制造工艺决定了晶体管的很多参数和性能,一不小心出来的芯片就有缺陷甚至根本没法应用。整个芯片设计也是一个比较复杂的系统工程,要求很好的理论知识和实践经验。

(全文完)

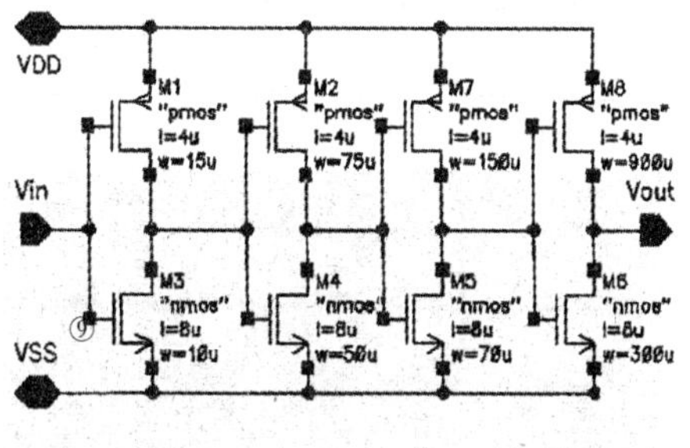

⑨

⑪

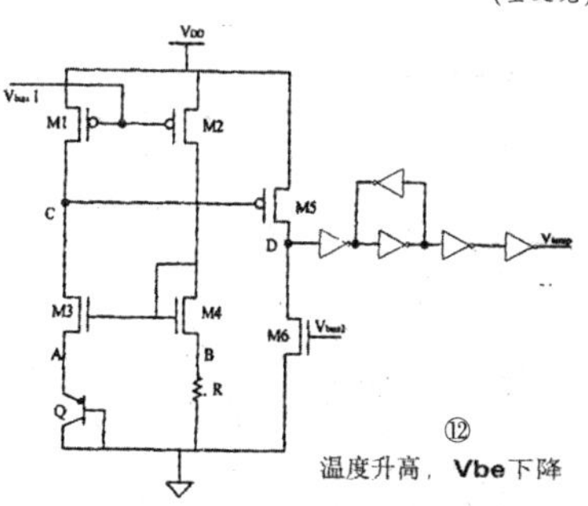

⑫ 温度升高，Vbe下降

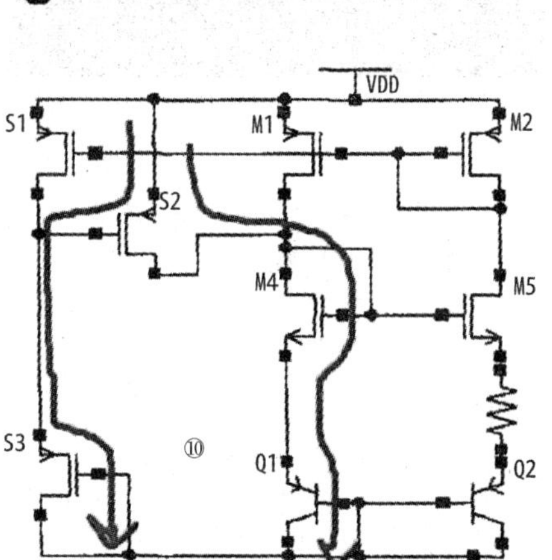

⑩

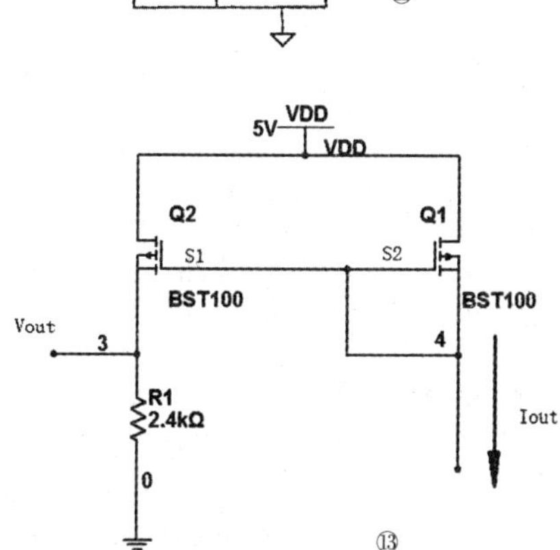

⑬

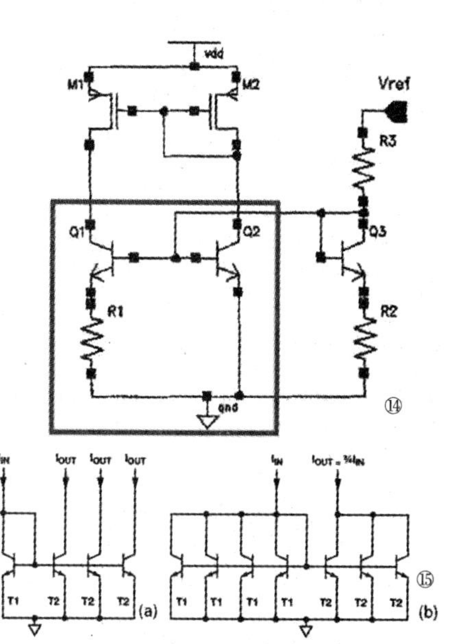

⑭

⑮

弱电布线测试三个步骤

我们都知道在布线完成之后都免不了布线测试这一环节,但是常常会被忽略几个布线测试关键步骤。今天就来说说布线测试关键步骤有哪些。

一、通断测试是基础

通断测试是测试的基础,是对线路施工的一种基本的检测。虽然此时只测试线缆的通断和线缆的打线方法是否正确,但这个步骤不能少。可以使用能手测试仪进行测试。通常这是给布线施工工人使用的一般性线缆检测工具。

二、认证测试很关键

当线缆布线施工完毕后,需要对全部电缆系统进行认证测试。此时要根据国际标准,例如 TSB67、ISO11801 等,对线缆系统进行全面测试,以保证所安装的电缆系统符合所设计的标准,如超 5 类标准、6 类标准、超 6 类标准等。这个过程需要测试各种电气参数,最后要给出每一条链路即每条线缆的测试报告。测试报告中包括了测试的时间、地点、操作人员姓名、使用的标准、测试的结果。测试的参数也很多,比如:WareMap 打线图、长度、衰减、近端串扰、衰减串扰比、回波损耗、传输时延、时延偏离、综合近端串扰、远端串扰、等效远端串扰等参数。

每一个参数都代表不同的含义,各个参数之间又不是独立的,而是相互影响的,如果某个参数不符合规范,需要分析原因,然后对模块、配线架、水晶头的打法进行相应的调整或者重新压接。如果用的是伪劣的线缆或者模块,造成很多指标不通过,甚至需要重新敷设线缆,这个工作量是可想而知的。有些时候,即使有能力投入资金和人力,想换线也未必能够换得了,因为工程有很多工序是不可逆的,比如对于更换石膏板吊顶内的线缆是非常困难的。因此,建议大家从公司声誉出发,为公司的验收和售后服务减少不必要的麻烦,多多使用品牌产品,拒绝伪劣产品。比如,安普、西蒙、康普等国际知名布线品牌都是很好的选择。

三、抽查测试不可少

施工完毕,需要由第三方对综合布线系统进行抽测,比如质量检测部门。抽测是不可少的,而且要收取相应的抽测费用,地域间可能存在差别,但基本上是一个信息点要收 50 元检测费。综合布线系统抽测的比例通常为 10%至 20%。

在进行测试的过程中,可能出现的问题主要有如下情况。

接线图未通过原因可能有:两端的接头有断路、短路、交叉、破裂开路;跨接错误(某些网络需要发送端和接收端跨接,当为这些网络构筑测试链路时,由于设备线路的跨接,测试接线图会出现交叉)。

长度未通过原因可能有:线缆实际长度过长;线缆开路或短路;设备连线及跨接线的总长度过长。

近端串扰未通过原因可能有:近端连接点不牢固;远端连接点短路;外部噪声干扰;链路线缆和接插件的质量、电气性能有问题或不是同一类产品;器件施工工艺水平有问题、打线不规范;阻抗不匹配。

衰减未通过原因可能有:长度超长;周围温度过高;不恰当的端接;链路线缆和接插件的质量、电气性能有问题或不是同一类产品;器件施工工艺水平有问题、打线不规范;阻抗不匹配。

时钟信号的关键指标

电子产品系统中有一个非常重要的部位——时钟。多数工程师意识不到它的重要性，觉得只要板子上的晶体/晶振能工作就可以了，其实不然，在今天数字逻辑、数字计算统治的世界里，几乎所有的操作都是在时钟的作用下实现的，因此时钟对于电子产品来讲就如同人的心脏一样重要。

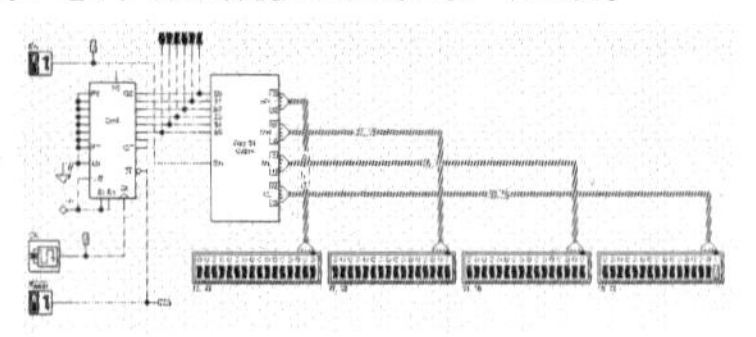

时钟是电子系统的心脏

本文就先看看时钟信号的一些关键指标：

什么是时钟呢？

简单来讲就是由电路产生的具有周期性的脉冲信号，它不一定就是方波，更不一定就是50%占空比的方波，系统中时钟信号被用来为系统中多个同步执行的电路之间、为不同系统之间的数据传输提供参考基准。微处理器的指令执行也都是在时钟的节拍下进行操作的，很多时候我们以处理器的时钟频率高低来粗暴地评价该系统的性能。

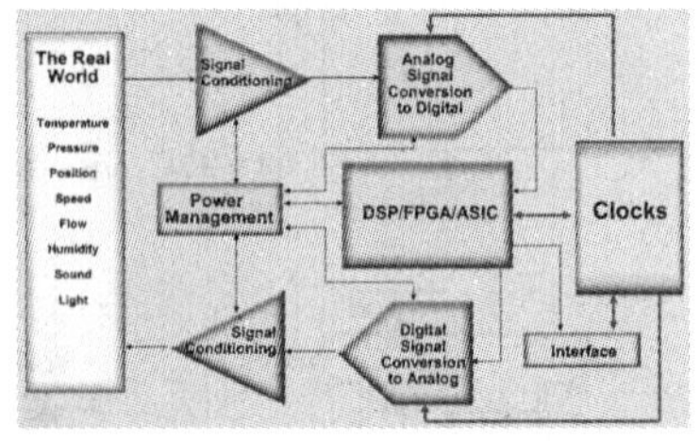

信号链路中时钟的重要性-数字域离不开时钟

首先，我们看一下时钟信号中最常见到的波形-矩形波（尤其是方波更常用）。在较低时钟频率的系统中我们看到的基本上都是以矩形波为主的时钟信号，因为电路基本上都是靠时钟的边沿（上升沿或下降沿）进行同步的，时钟的边沿要求比较快，而时钟的周期则比较长，至少相对于时钟的边沿会长很多，因此我们通常以方波来表征时钟（如下图）。虽然我们理想中画的时钟边沿时间为0，实际数字电路在高、低电平之间的翻转是需要时间来实现的，也就是说矩形波时钟的上升沿和下降沿都是有一定的持续时间的，50%占空比的方波看起来是最对称、最完美，但实际的系统中矩形波的高低电平持续的时间未必是1:1，因此矩形波时钟信号常用5个关键的参数指标来描述：

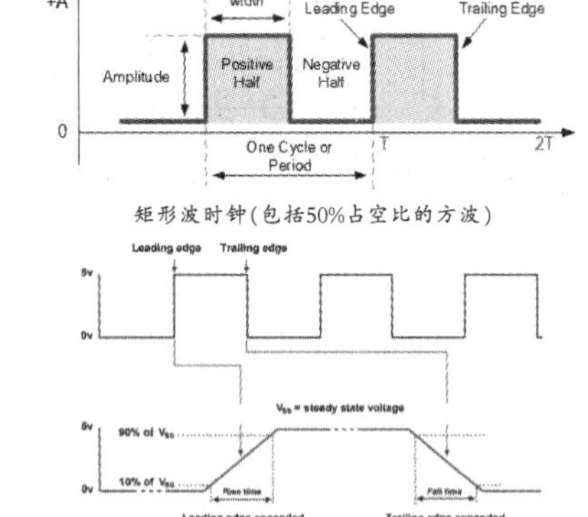

矩形波时钟（包括50%占空比的方波）

时钟上升沿和下降沿的定义

1. 时钟信号的幅度（也称为电平，比如5V、3.3V、TTL、LVCOMS等）
2. 时钟信号的周期T或频率F=1/T
3. 时钟信号的脉冲宽度-高电平持续的时间
4. 上升沿时间
5. 下降沿时间（未必跟上升沿时间一样）

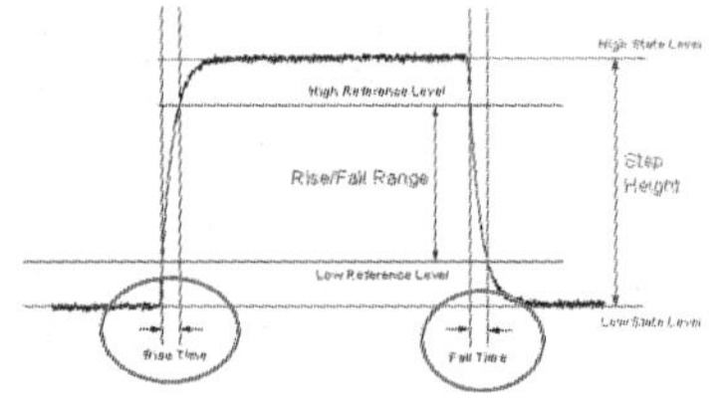

实际的时钟上升沿（充电）和下降沿（放电）的时间是不同的

有时我们会用到脉冲时钟信号，本质上它是矩形波时钟信号的一种，只是我们更关注的是其高、低电平的持续时间，而不是其信号的上升沿和下降沿。

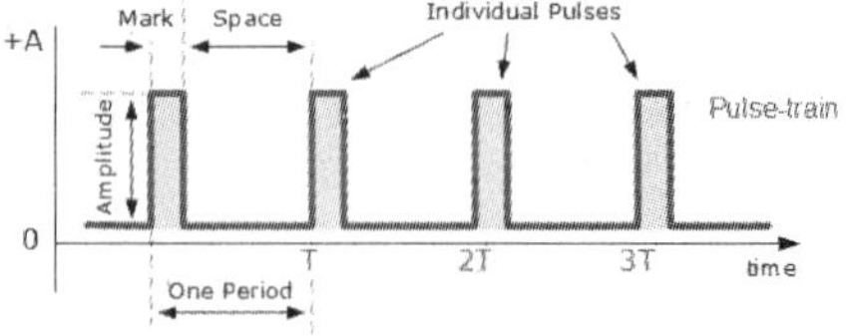

脉冲时钟信号波形

当时钟信号频率变高到一定程度，由于时钟信号的周期长度已经跟时钟的上升、下降沿接近，因此此时的时钟信号就变成了正弦波。

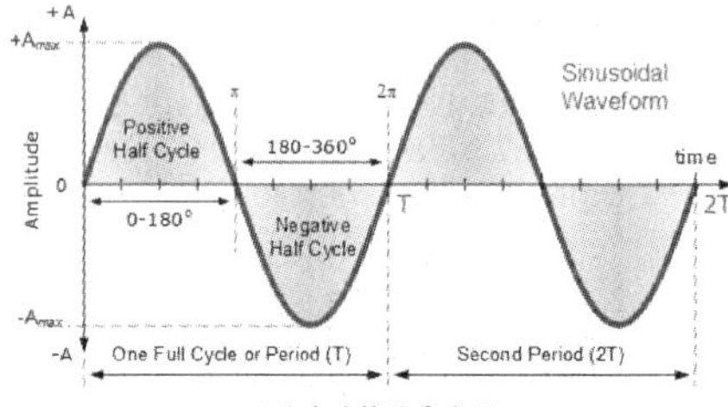

正弦波时钟信号波形

理解了上述关键指标的涵义，就可以看懂所有的数字器件中最重要的时序信息，比如下面就是SPI接口数据传输的时序图，在使用具体的SPI器件的时候，我们不仅要根据这个时序图看懂各个相关的数字信号之间的时序关系，更重要的是要根据器件数据手册中的具体数据（比如高电平持续时间、时钟上升沿时间等）来设计系统的时钟信号及相应的时序以满足器件数据手册中的规格要求。

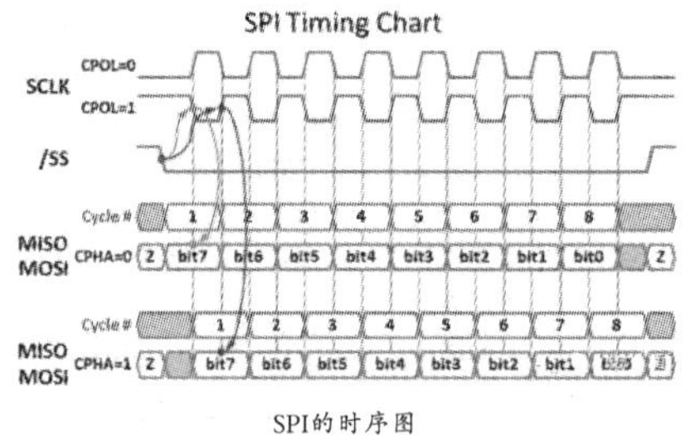

SPI的时序图

精准度和稳定度

不同的系统对时钟这些参数的要求是不同的，如果你仅仅是让单片机执行一些简单的指令，比如采集一些信息（传感器信号）、输出一些信号（点亮LED等），而这些动作并不需要精准的时钟频率，对频率的精度要求就可以很低，系统只需要一个RC震荡的时钟就可以了。但如果你想用单片机或非常简单的数字逻辑做一个数字钟表，经过校准以后，你希望一周、一个月以后这个钟表还能够分秒不差，那你的时钟源不仅要求精准度要足够高，而且长期的稳定度也要高，并且不要随着温度发生漂移。

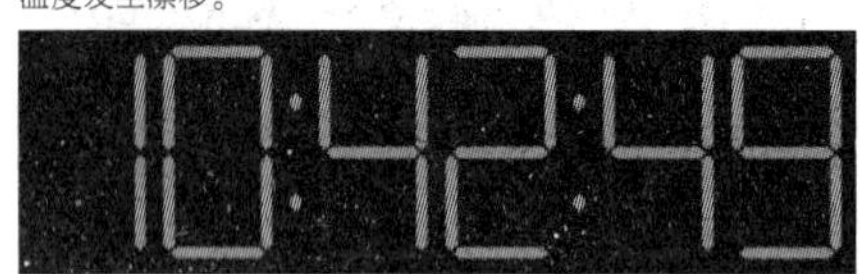

高速的通信系统对系统时钟的精度、准确度、各种环境下的稳定度要求更高，普通的晶体振荡已经不能满足系统的要求了。

边沿抖动（Jitter）

数字电路的工作都是在时钟的边沿进行同步的，因此即便是时钟的频率稳定、高精度，一旦时钟的边沿发生抖动，也会导致系统的性能下降。

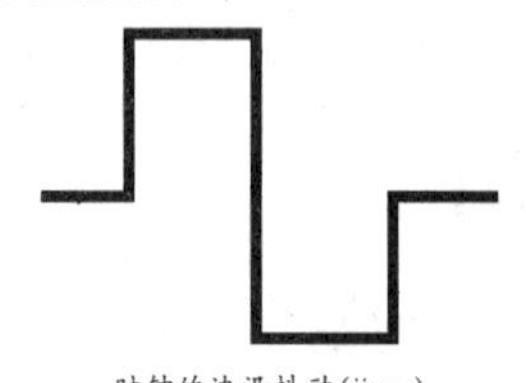

时钟的边沿抖动（jitter）

如下图，在一个模拟/数字转换的系统中，通过时钟的上升沿对输入的模拟信号进行采样，如果采样时钟的上升沿发生了抖动，那么其上升沿采样的模拟信号的时间点相对于理想的时钟信号应该采样的时间点发生了比较大的偏差，由此造成了采样误差，也就相当于对输入的模拟信号带来了噪声，而这种噪声有可能非常严重，导致系统的性能大大降低。即使你使用了高性能器件（当然价钱也很高），可如果你使用的时钟由于种种原因导致边沿发生了抖动，这也会让你的系统产生灾难性的后果。

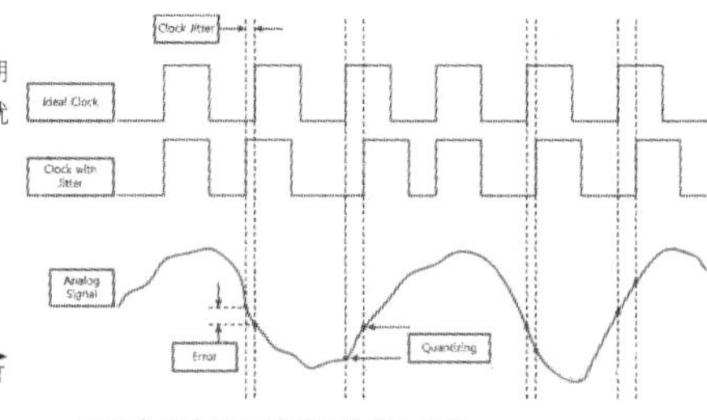

实际电路中的时钟信号会发生变形

多数情况下，你会看到你板子上的时钟信号如下图所示，矩形波已经不再是好看的矩形波，时钟沿出现了过冲和振铃，如果严重就会对你的电路性能造成影响。

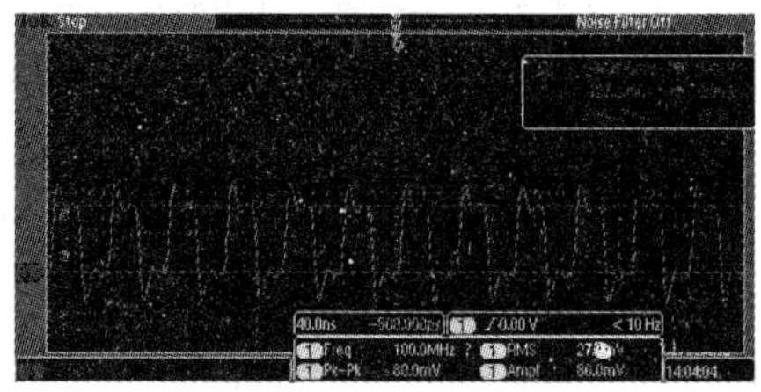

用示波器观看到的时钟信号的波形

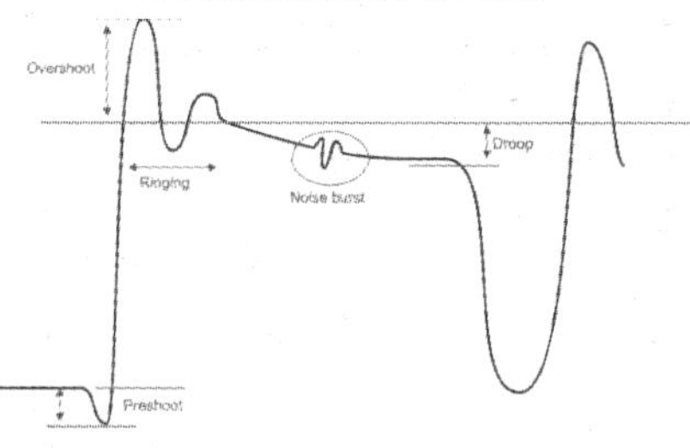

实际电路上时钟信号的过冲和振铃

还有下面图中所示的各种情形，都有可能在电路中出现，导致这种波形失真的原因可以根据图中所示进行分析。

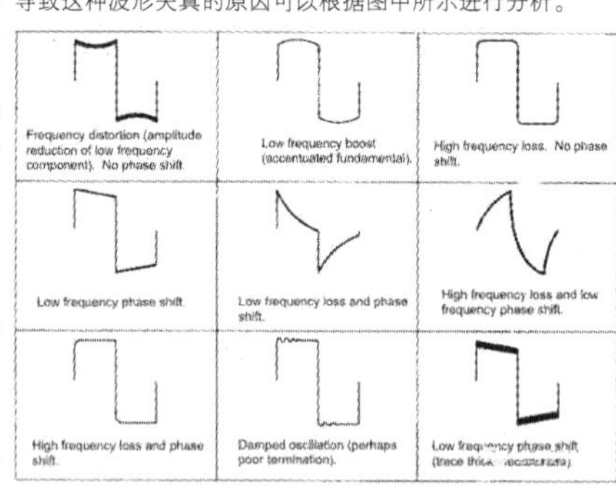

系统中会导致时钟信号变形的一些原因

从理论上分析就要借助神奇的傅立叶变换——任何一个信号都可以分解成n个不同频率的正弦波，通过观察信号的波形变化，可以分析出相对应的各个频率的信号幅度的变化，进而判断出你的电路设计中存在的问题。

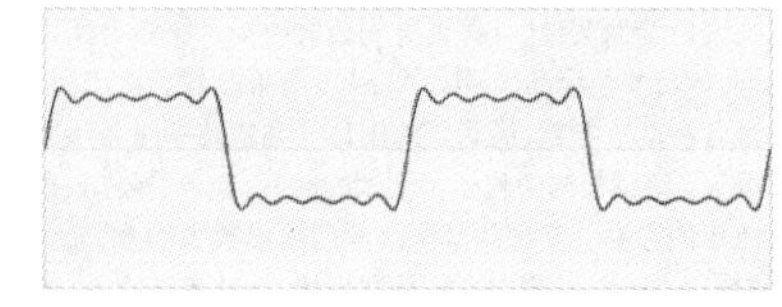

（全文完）

两次太阳能热水器故障突现的警示

笔者于2015年年初安装了一款“皇明”太阳能热水器，使用了6年一直安然无恙。因当初是花了7000元人民币进行安装的，且是当时太阳能热水器中最高档的一款，因此就心安理得地逐年用下去，脑海中始终没有那种防范问题的超前意识。看到邻居花4000元安装的某品牌太阳能热水器，用了3年就出现漏水、不出水等故障，为此暗暗庆幸自己选购“皇明”太阳能热水器是“物有所值”。况且在2016年冬天气温突然下降至-10℃时，也未出现过故障，甚为满意，颇感欣慰！

然而时隔4年，在2021年1月3日突受北方寒潮的侵袭，气温下降到-8℃，第二天就发现底楼和二楼的热水龙头都出不了水。隔了一天气温回升后，底楼、二楼的热水龙头就有热水流出。乐观自信、高枕无忧的我此时才觉察到太阳能热水器的防冻保暖装置已随着时间的推移和温度的骤降快速地老化，如果不及时采取加固防冻保暖措施，后果将不堪设想。于是马上上屋顶用粗厚黑色的防冻泡沫带重裹上下水管道。为了确保日后冬天常能顺利用水，决定每年冬天寒流来袭前都要及时上屋顶查看，且鉴于以上“出事”的时间规律，拟隔3~4年换一次裹在上下水管道上防冻保暖的泡沫带。

为了切实地防患于未然，让二楼和底楼的热水龙头出口处不再结冰，将两楼层的热水龙头微开，使水一滴一滴地往下滴。因为水流动时，自上而下的水处于微流动状态，不容易结冰，实践证明，此法甚好。果然第二波寒流在1月8日降临后，二楼和底楼的热水龙头均能出水。谁知一波刚息，一波又起，待到三楼查看水位示数时，发现水位在下限80%，且在不断地上水，以往在正常状态下，水位从80%到100%只要几分钟就结束了，可是此次水上了30分钟也到不了100%。鉴于此情笔者及时地进行了推理分析：显示器上显示长时间在送水，说明探头金属杆被冰封住，而冰是固体，无法发生电离，不能导电，即使被冰封住的探头金属杆外围有水流过，但探头金属杆终因被冰封住，不能和水直接接触，这样就导致传输信号线的电路断开，因此显示器上就会出现水在不断地往上送，而始终达不到100%的水位。一直要等到封住探头金属杆的冰全部熔化为水后，方能使电路导通，显示器上才能再次显示已到达100%的充满状态。待第二天日头高照，气温回升，金属杆上的冰全部熔化了，果然不出所料，仅用了几分钟水位就上升到100%，印证了笔者的推理预见。从以上故障的出现，很明显地可以看出：结冰是故障的根源。只有冬天当北方的寒流来袭前做好充分的防冻保暖准备，才能使热水器正常运行，顺利过冬！

冰冻故障刚排除，5月3日又断水。在当晚浴缸里放热水时出现水龙头里流出的热水骤然减小，初步估计是水龙头阀芯中堵塞的泥沙作的“祟”，遂取出水龙头出口处塑料过滤网查看，发现过滤网上聚集着一些“水垢”和细小的沙子，清除后打开水龙头，仍然断水。于是急上三楼查看，发现热水器“视界芯”智能控制显示“缺水”。顿时，条件反射本能地按“上水”键，但发现上水失灵，即不能上水。此时首先考虑到控制上水的电磁阀是否被水垢堵塞后不能打开，于是即上屋顶打开电磁阀检查，发现电磁阀仅有少量的“水垢”，对自来水正常的上水毫无影响。那么为什么按“上水”键后不能及时上水？

豁然想起了该器“使用说明书”中有这样一段叙述：当水箱无水且水箱内温度高于90℃时，为防止炸管，系统不上水。待隔了10分钟左右，当水箱内温度低于90℃时，速按“上水”键，即见到显示器中由下而上的水流模拟上水的流动方框块在按规律循环地流动着。直到此时才松了一口气，顿时如释重负。既然进水的电磁阀没有受到水垢的堵塞，那“缺水”就意味着出故障前停过电。只要停过电，哪怕是几秒钟，热水器就不会“自动上水”，只有重新设置后，才能恢复“自动上水”功能(近期白天从未发现停电，唯一有可能的是在夜深人静时，电站会有瞬间几秒的“电交换”。而这台太阳能热水器智能系统“视界屏”十分灵敏，即使是几秒钟“电交换”的断电，也会使原先“自动上水”的设置刷掉，从而使该器丧失“自动上水”的功能)。“自动上水”的设置一旦被刷掉，热水器就不能自动上水，而底楼在不断地用水，只用水不进水，当然经过一段时间后水箱内就会缺水。待到水箱中的水枯竭时就会将混在少量水中的“水垢”及自来水中沉淀的沙子竹筒倒豆子似的倾泻下来。这就会使底楼水龙头中的阀芯造成严重的堵塞，而且水垢和沙子堵塞有可能从阀芯中的热水孔蔓延到冷水孔，最终导致冷热水龙头均出不了水。

带着这个问题，笔者就将底楼的水龙头卸下，取出旧阀芯，用水冲龙头中的冷热水孔，尔后换上新的阀芯，打开水龙头，发现冷热水出水正常。为了彻底了解断水的“主因”，即打开旧阀芯，发现陶瓷阀芯洁白干净，无水垢沙子。但每天晚上沐浴后，拧下水龙头出口处的螺丝，总有一些沙子滞留在过滤网上。这说明了热水器水箱中被冲下来的一部分“残渣”，仍沉淀在浴室中水管的底端，而水龙头在其上方80cm处，由于重力的方向是竖直向下的，故热水阀不开时，“残渣”始终沉淀在管底；只有当热水阀开大时，热水的激流才能将它冲到龙头出口处的过滤网上。为了彻底清除管中的“残渣”，每天用水后，即拧下龙头出口处的螺丝，取出过滤网，用牙刷刷除过滤网上的“残渣”，接连搞了5天，发现滞留在过滤网上的沙子与日俱减，渐有好转，到了第10天底楼热水龙头过滤网上的沙子终于消失了。

精诚所至，金石为开，排除故障，力克艰难。在此次排除故障的过程中，既吸取了未有超前意识的教训，但通过自己坚忍不拔，持之于恒的不懈努力也获得了太阳能热水器在经过严重堵塞后，能顺利修复让笔者欣喜不已的一己之见。真可谓：祸兮福所倚，福兮祸所伏，因果两互为，就靠你掌握！

◇浒浦高级中学 徐振新

双击 iPhone 背部播放音乐

对于使用 iPhone 8 或更新机型的用户，如果已经将 iPhone 升级到 iOS 14 以及更新的版本，那么可以使用“轻点背面”功能来播放自己喜欢的歌曲，该功能支持不少第三方应用，例如网易云、酷狗、QQ 音乐等。

第 1 步：打开第三方应用添加快捷指令

这里以网易云音乐为例进行说明：打开网易云音乐，点击切换到“账号”选项卡，下滑找到“添加 Siri 捷径”(如图 1 所示)，在这里选择一个喜欢的内容，然后点击“添加到 Siri”即可。如果是酷狗音乐，打开之后点击左上角的横线，在“更多设置”下选择“音乐工具”，点击“添加 Siri 捷径”进行添加。

第 2 步：在 iPhone 中开启“轻点背面”

当上述指令成功添加到快捷指令后，可以打开“快捷指令”App 查看(如图 2 所示)，在“所有快捷指令”中查看和管理这些指令，当然也可以在“轻点背面”功能中进行设置：

依次进入“设置→辅助功能→触控”，选择“轻点背面”，根据使用来设置“轻点两下”或“轻点三下”后(如图 3 所示)，下滑找到刚才设置的快捷指令名称，然后选择即可。

以后，当我们需要播放音乐时，可以根据设置轻点 iPhone 背面两下或三下，iPhone 会指定会自动运行并在屏幕上方提示。

◇江苏 王志军

iOS 14查看iPhone信号强度

如果你的 iPhone 已经是 iOS 14 系统，可以按照下面的方法简单查看 iPhone 的信号强度：

通过“电话”App 进入拨号界面，手工输入 *3001#12345#*，然后点击拨号按钮，此时会跳转到图 1 所示的工程模式，然后点击右上角的目录图标，从下拉菜单中选择“Serving Cell Meas”，随后显示“rsrp0”测量值的就是当前的信号强度(如图 2 所示)。

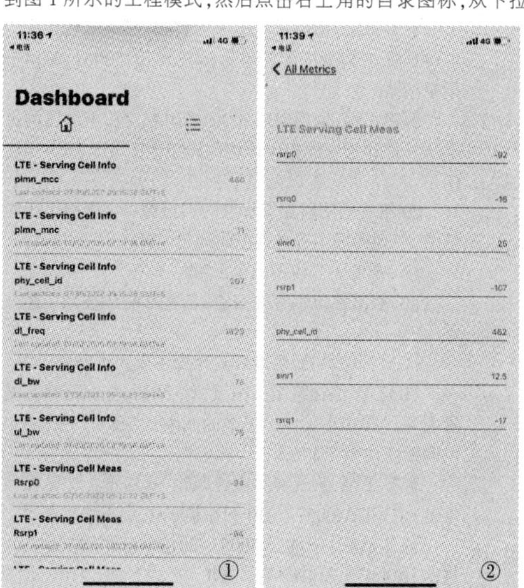

由于 dBm 是通过对数计算出来的，所以 dBm 一般都是负数，数字越大表示信号越好，具体标准如下所示。

-40 至-60 之间：正常在基站附近，信号非常好；

-60 至-70 之间：信号良好；

-70 至-80 之间：信号一般；

-80 至-90 之间：信号稍弱；

-90 至-100 之间：较弱状态，基本可以正常通讯；

-100 至-110 之间：信号较差，可能会偶尔突然断线。

如果比-110 更低，则表示当前信号非常差，可能无法正常拨打电话，也无法正常使用网络，就需要联系运营方了。

◇江苏 大江东去

备考指南 注册电气工程师供配电专业知识考题解答㉑

（接上期本版）

15.气体灭火装置启动及喷放各阶段的联动控制系统的反馈信号，应反馈至消防联动控制器，下列各阶段的联动控制系统的反馈信号哪项符合规范规定？(D)

(A)气体灭火控制间连接的火灾探测器的报警信号

(B)气瓶的压力信号

(C)压力开关的故障信号

(D)选择阀的动作信号

解答思路：气体灭火装置→《火灾自动报警系统设计规范》GB50116-2013→联动控制系统的反馈。

解答过程：依据GB50116-2013《火灾自动报警系统设计规范》第4.4节，第4.4.5条。选D。

16.确定无自动补偿的调节方式时，不宜采用下列哪项调节方式？(D)

(A)以节能为主进行补偿时，宜采用无功功率参数调节

(B)无功功率随时间稳定变化时，宜按时间参数调节

(C)以维持电网电压水平所必要的无功功率，应按电压参数调节

(D)当采用变压器自动调压时，应按电压参数调节

解答思路：无自动补偿的调节方式→《供配电系统设计规范》GB50052-2009→不宜。

解答过程：依据GB50052-2009《供配电系统设计规范》第6章，第6.0.10条。选D。

17.在低压配电系统中，关于剩余电流动作保护器额定剩余不动作电流，下列哪一项的论述是正确的？(C)

(A)不大于30mA

(B)不大于500mA

(C)应大于在负荷正常运行的预期出现的对地泄漏电流

(D)应小于在负荷正常运行的预期出现的对地泄漏电流

解答思路：低压配电系统→《低压配电设计规范》GB50054-2011→剩余电流动作保护器额定剩余不动作电流。

解答过程：依据GB50054-2011《低压配电设计规范》第3章，第3.1.11条第2款。选C。

18.对于公共广播系统室内广播功率传输线路的衰减量，下列哪项满足规范的要求？(B)

(A)衰减不宜大于1dB(1000Hz)

(B)衰减不宜大于3dB(1000Hz)

(C)衰减不宜大于5dB(1000Hz)

(D)衰减不宜大于7dB(1000Hz)

解答思路：公共广播系统→《公共广播系统工程技术规范》GB50526-2010→广播功率传输线路的衰减量。

解答过程：依据GB50526-2010《公共广播系统工程技术规范》第3.5节，第3.5.5条。选B。

19.安全照明是用于确保处于潜在危险之中的人员安全的应急照明，关于医院手术室安全照明的照度标准值，下列哪项符合规范的规定？(B)

(A)应维持正常照明的10%照度

(B)应维持正常照明的30%照度

(C)应维持正常照明的照度

(D)不应低于15lx

解答思路：安全照明→《照明设计手册(第三版)》→医院手术室。

解答过程：依据《照明设计手册(第三版)》第5.5节，第5.5.3条第1款。选B。

20.10kV架空电力线电杆高度12m，附近拟建汽车加油站，按建筑设计防火规范允许直埋地下的汽油储罐与该架空电力线路最近的水平距离为下列哪项数值？(B)

(A)7.2m

(B)9m

(C)14.4m

(D)18m

解答思路：建筑设计防火规范→《建筑设计防火规范(2018版)》GB50016-2014→汽油储罐与该架空电力线路最近的水平距离。

解答过程：依据GB50016-2014(2018版)《建筑设计防火规范(2018版)》第10.2节，第10.2.1条、表10.2.1。L=0.75×12=9m。选B。

21.对波动负荷的供电，除电动机起动时允许的电压下降情况下，当需要降低波动负荷引起的电网电压波动和电压闪变时，依据规范规定宜采取下列哪一项措施？(D)

(A)调整变压器的变压比和电压分接头

(B)与其他负荷共用配电线路时，增加配电线路阻抗

(C)使三相负荷平衡

(D)采用专线供电

解答思路：波动负荷→《供配电系统设计规范》GB50052-2009→降低、措施。

解答过程：依据GB50052-2009《供配电系统设计规范》第5章，第5.0.11条。选D。

22.下列哪项建筑物的消防用电应按一级负荷供电？(D)

(A)建筑高度49m的住宅建筑

(B)粮食仓库及粮食筒仓

(C)室外消防用水量大于30L/s的厂房(仓库)

(D)藏书50万册的图书馆、书库

解答思路：建筑物的消防用电→《建筑设计防火规范(2018版)》GB50016-2014(2018版)，《民用建筑电气设计规范》JGJ16-2008→一级负荷。

解答过程：依据GB50016-2014(2018版)《建筑设计防火规范(2018版)》第10节，第10.1.1条、第10.1.2条。JGJ242-2011《住宅建筑电气设计规范》第3.2节，第3.2.1条、表3.2.1

JGJ16-2008《民用建筑电气设计规范》附录A，表A。选D。

23.某高档商店营业厅面积为120m² 照明灯具总安装功率为2400W(含整流器功耗)中装饰性灯具的安装功率为1200W，其他灯具安装功率为1200W，该营业厅的计算LPD值为下列哪项数值？(B)

(A)10W/m²

(B)15W/m²

(C)18W/m²

(D)20W/m²

解答思路：照明→《建筑照明设计标准》GB50034-2013→LPD值、装饰性灯具。

解答过程：依据GB50034-2013《建筑照明设计标准》第6.3节，第6.3.16条及其条文说明、式(2)。

$$LPD=\frac{1200+50\%\times1200}{120}=15W/m^2$$

选B。

24.规范规定：单相负荷的总计算容量超过计算范围内三相对称负荷总计算容量的百分之几时应将单相负荷换算为等效三相负荷，再与三相负荷相加？(B)

(A)10%

(B)15%

(C)20%

(D)25%

解答思路：负荷计算→《民用建筑电气设计规范》JGJ16-2008→单相负荷、换算。

解答过程：依据JGJ16-2008《民用建筑电气设计规范》第3.5节，第3.5.5条。选B。

25.工作于不接地、谐振接地和高电阻接地系统，向1kV及以下低压电气装置供电的高压配电电气装置，其保护接地的接地电阻应符合下列哪项公式的要求，且不应大于下列哪项数值？(C)

(A) $R\leq\frac{2000}{I}$，30Ω

(B) $R\leq\frac{150}{I}$，10Ω

(C) $R\leq\frac{50}{I}$，4Ω

(D) $R\leq\frac{50}{I}$，1Ω

解答思路：接地系统→《交流电气装置的接地设计规范》GB/T50065-2011→高压配电电气装置、保护接地电阻。

解答过程：依据GB/T50065-2011《交流电气装置的接地设计规范》第6.1节，第6.1.1条。选C。

26.1000kVA变压器负荷72%时，概率计算变压器有功和无功损耗是下列哪项数值？(A)

(A)7.2kW，36kvar

(B)10kW，45kvar

(C)648kW，314kvar

(D)720kW，300kvar

解答思路：概率计算变压器有功和无功损耗→《工业与民用供配电设计手册(第四版)》→负荷72%。

解答过程：依据《工业与民用供配电设计手册(第四版)》第1.10.1.2节，式1.10.5和式1.10.6。

$\Delta P_T=0.01\times\beta\times S_N=0.01\times72\%\times1000=7.2kW$

$\Delta Q_T=0.05\times\beta\times S_N=0.05\times72\%\times1000=36kvar$

选A。

27.直流电动机的供电电压为DC220V，F_{CN}=25%，励磁方式为并励电动机主极励磁电压为电动机的额定电压，在额定电压及相应转速下的大于50kW的直流电动机允许的最大转矩倍数为下列哪项数值？(B)

(A)2.5

(B)2.8

(C)3.0

(D)3.3

解答思路：直流电动机→《钢铁企业电力设计手册(下册)》→允许的最大转矩倍数。

解答过程：依据《钢铁企业电力设计手册(下册)》第23.3.5节，表23-31。选B。

28.各级电压的架空线路，采用雷电过电压保护措施时，下列哪项不符合规范的规定？(D)

(A)220kV和750kV线路应全线架设双地线，但少雷区除外

(B)110kV线路一般沿全线架设地线，在山区及强雷区，宜架设双地线

(C)双地线线路，杆塔处两根地线间的距离不应超过导线与地线垂直距离的5倍

(D)35kV及以下线路，应沿全线架设地线

解答思路：雷电过电压保护措施→《交流电装置的过电压保护和绝缘配合设计规范》GB/T50064-2014→架空线路。

解答过程：依据GB/T50064-2014《交流电装置的过电压保护和绝缘配合设计规范》第5.3节，第5.3.1条。选D。

29.第三类防雷建筑物的防雷措施中关于引下线的要求，下列哪项不符合规范的规定？(B)

(A)专设引下线不应少于2根

(B)应沿建筑物背面布置，不宜影响建筑物立面外观

(C)引下线的间距沿周长计算不应大于25m

(D)当无法在跨距中间设引下线时，应在跨距两端设引下线并减小其他引下线的间距，专设引下线的平均间距不应大于25m

解答思路：第三类防雷建筑物→《建筑物防雷设计规范》依据GB50057-2010→防雷措施、引下线的要求。

解答过程：依据GB50057-2010《建筑物防雷设计规范》第4.4节，第4.4.3条。选B。

（未完待续）

◇江苏 键谈

变频器的 PID 控制(二)

(接上期本版)

温差仪与变频器的参数设置分别见表 4 和表 5。由于温差仪使用 LED 显示,受显示效果限制,其参数码中的字母为大小写混用。

变频器的参数中,必须设置“下限频率”,如果默认使用该参数的出厂值为 0,则水泵电机有可能停转。空调循环水一旦停止流动,温度传感器 t1 和 t2 测值经温差仪处理后输出的 PID 控制信号即丧失了实用意义。“下限频率”参数设置的原则是:水泵电机在“下限频率”持续运行,制热时尚不足以使空调房间的温度达到需要的温度,同样制冷时不能使房间温度降到合适值,这时,t1 和 t2 的温差值增大,温差仪输出的控制信号增大,变频器输出频率上升,循环水流量增加,室内温度得到调节。其后,变频器根据出水、回水温差的变化,温差仪输出信号的大小,随时调整水泵的转速和流量,控制空调房间温度的稳定。

按照电路图 2 连接好电路,设置好参数,就可通电开始运行。首先合上断路器 QF,变频器经过 RO、TO 端子获得工作电源。这时按压按钮 SB1,交流接触器 KM 线圈得电,变频器的 R、S、T 端获得电源。绿灯 HG 点亮,指示接触器已向变频器供电。接着按压按钮 SB3,中间继电器 KA2 线圈得电吸合,并由其常开触点 KA2-1 自保持。常开触点 KA2-3 闭合,接通变频器的 FWD 和 CM 端子,变频器启动,向电动机供电,变频器从 8Hz 的启动频率开始加速,加速的速率由参数 F07 加速时间设定。启动完成后,变频器的输出频率由温差仪输出的电流信号调整,保证中央空调系统中的所有房间温度稳定舒适。KA2 的常开触点 KA2-2 闭合接通红灯 HR 的供电通路,红灯点亮,指示变频器处于正常工作中。按压按钮 SB4 可停止变频器的运行。变频器停止运行后,可按压按钮 SB2 切断接触器 KM 的线圈电源,断开变频器的输入端电源。

表 4 UL-906H 型温差仪的参数设置表

参数码	参数名称	可设定范围	实际设定值	设定目的
Loc	参数锁	ON/OFF	ON	允许修改参数
Ldis	下显示状态	P/S	P	确定下显示内容
cool	正反作用	ON/OFF	ON(制冷)/OFF(制热)	制冷/制热选择
P1	控制参数	0-9999	1400	PID 的比例参数
P2	控制参数	0-9999	360	PID 的积分参数
r t	控制参数	0-9999	180	响应时间设定
dAL	温差值设定	±0-9999	5(制冷)/-5(制热)	制冷/制热选择
Sn	输入类型	0-17	8	传感器为 Pt100
FiL	输入滤波系数	0-100	1	
ctrL	控制方式	oN.oF bPid tune	bPid	PID 控制
oP	输出方式	SSr 0-10 4-20	4-20	4-20mA 输出

变频器在运行过程中出现过电流或短路等异常情况,变频器可及时实施保护。这种情况出现时,变频器的保护触点 30B、30C 断开(见图 2),中间继电器 KA1 线圈断电,其串联在接触器 KM 线圈回路中的常开触点 KA1-1 断开,接触器 KM 线圈断电,主触点断开,变频器因失去电源而停机,得到保护。

中央空调的循环水流量控制中,水泵属于二次方律负载,在忽略空载功率的情况下,负载的功率与转速的三次方成正比,所以,只要转速稍微降低一点,负载功率就会下降很多,具有明显的节能效果。经过实际测算,本方案的节电效果超过了 20%。同时还具有节约人力,稳定空调房间温度,延长设备寿命等诸多效益。

(全文完)

◇山西 陈晨

表 5 45kW 变频器的参数设置表

功能码	参数名称	单位	设置值	注 释
F01	频率设定		2	由 4-20mA 设定频率
F02	运行操作		0	键盘操作运行
F03	最高输出频率	Hz	50	
F05	额定电压	V	380	
F07	加速时间	s	30	
F08	减速时间	s	30	
F09	转矩提升		0.1	水泵用转矩特性
F10	热继电器动作选择		1	选择有热继电器保护
F11	热继电器动作值	A	85	电动机参数值
F12	热继电器热时间常数	min	10	
F14	停电再启动		3	电源瞬停再启动动作有效
F15	上限频率	Hz	50	
F16	下限频率	Hz	25	
F23	启动频率	Hz	8.0	启动时输出频率瞬间升至该频率
F25	停止频率	Hz	6.0	停机时频率降至该频率时切断输出
F26	载频	kHz	5	可调整电动机噪音
F27	音调		0	调整电动机噪音音调
F36	报警继电器动作模式		0	报警时继电器常闭触点 30B-30C 断开
P01	电动机极数	极	4	电动机参数
P02	电动机容量	kW	45	电动机参数
P03	电动机电流	A	85	电动机参数

手动操作优先的电力隧道排水控制器电路设计

本控制器能够满足电力隧道 380V 水泵电动机的手动控制和计算机控制的要求,同时具备手动操作优先的特性。由三相刀开关,交流接触器,热继电器,中间继电器,时间继电器,熔断器,防爆指示灯,防爆开关,浮子等组成。

由于是在密闭的电力隧道内运行,所以控制器采用防爆结构,并使用必要的防爆元器件。

控制器可实现如下功能:能够实现现场人工启停操作和远程计算机启停操作控制;具备浮子控制功能,只有隧道有水的情况下才可以启动水泵抽水,防止因无水启动运行时的异常情况发生;具备电机缺相保护,过流保护以及缺水保护等功能;具备手动操作优先的特性(这是本设备不同于传统设备的重要特点,传统设备往往是本地、远动权力平级)。更加体现了以人为本的原则;另外水泵抽水时长可预定。

一、控制器电路原理及手动操作启动

附图是相关控制电路,现对电路说明如下:

图中右侧 KM 为交流接触器线圈,左侧 KM×3 为交流接触器三相常开主接点,用来控制水泵启停,KM-1 为交流接触器常开接点,KM-2 为交流继电器常闭接点,FR 为热继电器,SB2 为手动防爆常闭按钮,SB1 为手动防爆常开按钮,RA1 为计算机控制常开开关,RA2 为计算机控制常闭开关,KA 为 380V 中间继电器,K 为 DC24V 中间继电器,RED 为红色防爆交流指示灯,GRN 为绿色防爆交流指示灯,YELLOW 为黄色防爆直流指示灯,FU 为熔断器,QS 为三相刀开关。M 为三相交流电动机及水泵总成,FZ 为浮子。其中 SB1,SB2,RED,GRN,YELLOW 均安装于箱体外,须为防爆件。

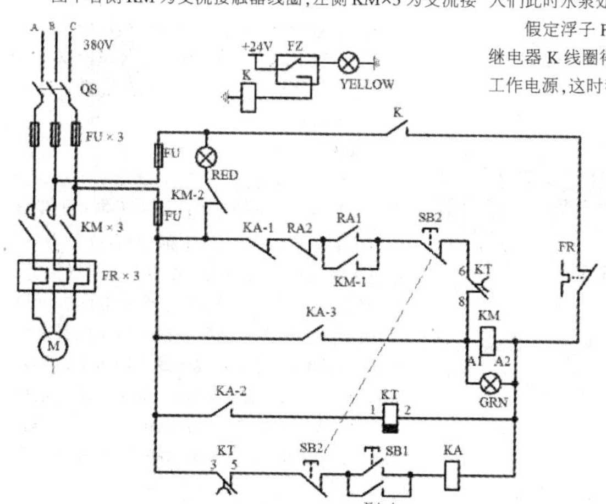

A,B,C 为 380V 三相交流电,经过交流接触器的三组接点,给 1500W 水泵电动机 M 供电。

闭合三相刀开关 QS 后,从 B、C 两相引出一组交流电,经两个 2A 熔断器 FU 给控制部分供电,这时,如果没有任何动作,交流接触器线圈处于断电状态,380V 电压无法加给水泵电动机,水泵不启动。面板上的 RED 指示灯发红光,告诉人们此时水泵处于停转状态。

假定浮子 FZ 检测到隧道有水,其内部的触点状态转换,继电器 K 线圈得电动作,它的常开触点闭合接通控制电路的工作电源,这时我们可以按下手动常开按钮 SB1,中间继电器 KA 线圈得电吸合,KA 有四对常开触点,其功能介绍如下:

KA-4 吸合完成电路自保。

KA-3 吸合,接触器 KM 线圈得电吸合,水泵动作开始排水;绿灯 GRN 指示灯亮,提示开始排水;待机指示灯 RED 熄灭。

KA-2 吸合,时间继电器 KT 线圈得电吸合。这时时间继电器 KT 开始工作,其定时时间要预先设定好,可以根据积水多少设置为 1 小时,2 小时等等。

KA-1 断开,完成对远程控制通路的关闭,此时尽管可能收到计算机的开机命令,但控制电路会拒绝执行。

二、控制器的停机操作

本线路有 2 种停机方法。一,手动停止,这种方法可以随时进行,只要按下停止按钮 SB2,中间继电器 KA 线圈断电,其触点 KA-3 断开,接触器 KM 线圈断电,水泵停止;KA-2 断开,时间继电器 KT 复位。二,时间继电器 KT 设定时间到,其延时断开的常闭触点 3、5 断开,中间继电器 KA 线圈断电,主回路也随之断开,水泵电动机停止运行。

三、计算机控制的启动运行

在交流接触器 KM 不吸合时,允许进行计算机远程操作,这时触点 RA1 负责吸合,触点 RA2 负责断开。当计算机控制运行时,可由计算机控制的触点 RA2 使水泵电动机停止运行,也可按下停机按钮 SB2 实现手动对计算机控制的水泵关闭。

在计算机控制排水运行时,还可以手动“接管”排水控制,只要按下 SB1,中间继电器 KA 线圈吸合后,计算机将无法再操作电路了,控制电路在时间继电器设置的延时时间到达后停止水泵工作,也可以手动按压停机按钮 SB2 使排水停止,这就是为什么手动控制优先的原因。

如果热继电器 FR 检测到过流,缺相,其串联在控制电路中的常闭触点断开,交流接触器线圈断电,电动机断电停机,控制器恢复到停机状态,这时 GRN 绿色指示灯灭,RED 红色指示灯亮。

四、检测积水的浮子电路

浮子 FZ 是一个专门检测有水无水的无源器件,可以把它当作单刀双掷开关来看待。当检测到有水时,中间继电器 K 一端与浮子公共端接通,中间继电器 K 线圈得电吸合,其触点闭合,控制电路获得工作电源。反之当检测到无水时,浮子公共端与无水指示灯 YELLOW 接通,该灯点亮,提示隧道内无积水或积水较少。注意这个指示灯是 DC24V 指示灯,它由计算机控制板提供 DC24V 电源供其点亮,呈黄色;这时尽管可以按下启动水泵按钮,或者计算机发出指令启动水泵都会因为浮子电路不导通,回路失电而水泵不转动。所以说浮子电路具备最高的优先级,能起到对水泵的保护作用。

◇河南 李志刚 翟丽华 张秋霞

5G 多频段应用直接 RF 发射机应用

为了支持不断增长的无线数据需求，现代基站无线电设计支持多个 E-UTRA 频段以及载波聚合技术。这些多频段无线电采用新一代 GSPS RF ADC 和 DAC,可实现频率捷变、直接 RF 信号合成和采样技术。

为了应对 RF 无线频谱的稀疏特性，利用先进 DSP 来高效实现数据比特与 RF 的来回转换。本文描述了一个针对多频段应用的直接 RF 发射机例子,并考虑了 DSP 配置以及功耗与带宽的权衡。

一、10 年、10 倍频段、100 倍数据速率

智能电话革命开始于 10 年前,其标志事件是苹果公司于 2007 年发布初代 IPHONE。10 年后,历经两代无线标准,很多事情都发生了变化。也许不像作为消费电子的智能电话(称为用户设备(UE))那样吸引眼球并常常占据新闻头条,但无线电接入网络(RAN)的基础设施基站(ENODEB)也历经嬗变,才成就了我们如今互连世界的数据洪流。蜂窝频段增加了 10 倍,而数据转换器采样速率增加了 100 倍。这使我们处于什么样的状况?

二、多频段无线电和频谱的有效利用

从 2G GSM 到 4G LTE，蜂窝频段的数量从 4 个增加到 40 个以上,暴增了 10 倍。随着 LTE 网络的出现,基站供应商发现无线电变化形式倍增。LTE-A 提高了多频段无线电的要求,在混频中增加了载波聚合,同一频段或更可能是多频段的非连续频谱可以在基带调制解调器中聚合为单一数据流。但是,RF 频谱很稀疏。

为帮助应对 4G LTE 网络数据消费的增加，广域基站的无线电架构已经发生了变化。带混频器和单通道数据转换器的超外差窄带 IF 采样无线电已被复中频(CIF)和零中频(ZIF)等带宽加倍的 I/Q 架构所取代。ZIF 和 CIF 收发器需要模拟 I/Q 调制器/解调器,其采用双通道和四通道数据转换器。然而,此类带宽更宽的 CIF/ZIF 收发器也会遭受 LO 泄漏和正交误差镜像的影响,必须予以校正。

图 1 无线射频架构不断演变以适应日益增长的带宽需求,进而通过 SDR 技术变得更具频率捷变性。

幸运的是,过去 10 年中,数据转换器采样速率也增加了 30 倍到 100 倍，从 2007 年的 100 MSPS 提高到 2017 年的 10 GSPS 以上。采样速率的提高带来了超宽带宽的 GSPS RF 转换器,使得频率捷变软件定义无线电最终成为现实。

6 GHz 以下 BTS 架构的终极形态或许一直就是直接 RF 采样和合成。直接 RF 架构不再需要模拟频率转换器件，例如混频器、I/Q 调制器和 I/Q 解调器,这些器件本身就是许多干扰杂散信号的来源。相反,数据转换器直接与 RF 频率接口，任何混频均可通过集成数字上/下变频器(DUC/DDC)以数字方式完成。

多频段的高效率得益于复杂 DSP 处理,其包含在 ADI 的 RF 转换器中，可以仅对需要的频段进行数字通道化,同时支持使用全部 RF 带宽。利用集内插/抽取上/下采样器、半带滤波器和数控振荡器(NCO)于一体的并行 DUC 或 DDC,可以在模拟和数字域相互转换之前对目标频段进行数字化重构和恢复。

并行数字上/下变频器架构允许用户对多个所需频段进行通道化,而不会浪费宝贵的周期时间去转换未使用的中间频段。高效率多频段通道化具有降低数据转换器采样速率要求的效果，并能减少通过 JESD204B 数据总线传输所需的串行通道数量。降低系统采样速率可降低基带处理器的成本、功耗和散热管理要求，从而节省整个基站系统的成本支出(CAPEX)和运营支出(OPEX)。在高度优化的 CMOS ASIC 工艺中实现通道化 DSP 的功效比远高于通用 FPGA 结构中的实现方案,哪怕 FPGA 的尺寸较小也是如此。

三、带 DPD 接收机的直接 RF 发射机:示例

在新一代多频段 BTS 无线电中,RF DAC 已成功取代了 IF DAC。图 2 显示了一个带有 16 位 12 GSPS RF DAC AD9172 的直接 RF 发射机示例，其利用三个并行 DUC 支持三频段通道化，允许在 1200 MHz 带宽上灵活地放置子载波。在 RF DAC 之后，ADL5335 TX VGA 提供 12 DB 的增益和 31.5 DB 的衰减范围,最高支持 4 GHz。根据 ENODEB 的输出功率要求，此 DRF 发射机的输出可以驱动所选功率放大器。

第一种方法（宽带方法）是不经通道化而合成频段,要求 1228.8 MHz 的数据速率。允许 DPD 使用其中 80%的带宽为 983.04M，足以传输两个频带及其 740 MHz 的频带间隔。这种方法对 DPD 系统有好处,不仅可以对每个单独载波的带内 IMD 进行预失真,还能对所需频带之间的其他无用非线性发射进行预失真。

第二种方法是通道化合成。由于每个频段分别只有 60 MHz 和 70 MHz，并且运营商只有该带宽的一个子集的许可证,所以没有必要传输一切并因此招致高数据速率。相反,我们仅利用更合适、更低的 153.6 MHz 数据速率,80%的 DPD 带宽为 122.88M。如果运营商拥有每个频段中的 20 MHz 的许可证，则对于每个频段的带内 IMD,仍有足够的 DPD 带宽进行 5 阶校正。采用上述宽带方法，这种模式可以在 DAC 中节省高达 250 MW 的功耗,并在基带处理器中节省更多的功耗/热量，另外还能减少串行通道数量,实现更小、更低成本的 FPGA/ASIC。

DPD 的观测接收机也已演变为 DRF（直接射频)架构。AD9208 14 位 3 GSPS RF ADC 还支持通过并行 DDC 进行多频段通道化。发射机 DPD 子系统中的 RF DAC 和 RF ADC 组合有许多优点,包括共享转换器时钟、相关相位噪声消除以及系统整体的简化。其中一个简化是,集成 PLL 的 AD9172 RF DAC 的能够从低频参考信号生成高达 12 GHz 的时钟,而无需在无线电电路板周围布设高频时钟。此外,RF DAC 可以输出其时钟的相位相干分频版本供反馈 ADC 使用。此类系统特性支持创建优化的多频段发射机芯片组,从而真正增强 BTS DPD 系统。

结语

智能电话革命十年后,蜂窝业务全都与数据吞吐量有关。单频段无线电再也不能满足消费者的容量需求。为了增加数据吞吐量,必须通过多频段载波聚合来获得更多的频谱带宽。RF 数据转换器可以使用全部 6 GHz 以下蜂窝频谱,并能快速重新配置以适应不同频段组合,从而使软件定义无线电成为现实。此类频率敏捷直接 RF 架构可缩减成本、尺寸、重量和功耗。这一事实使得 RF DAC 发射机和 RF ADC DPD 接收机成为 6 GHz 以下多频段基站的首选架构。

◇四川长江职业学院鼎利学院 张继

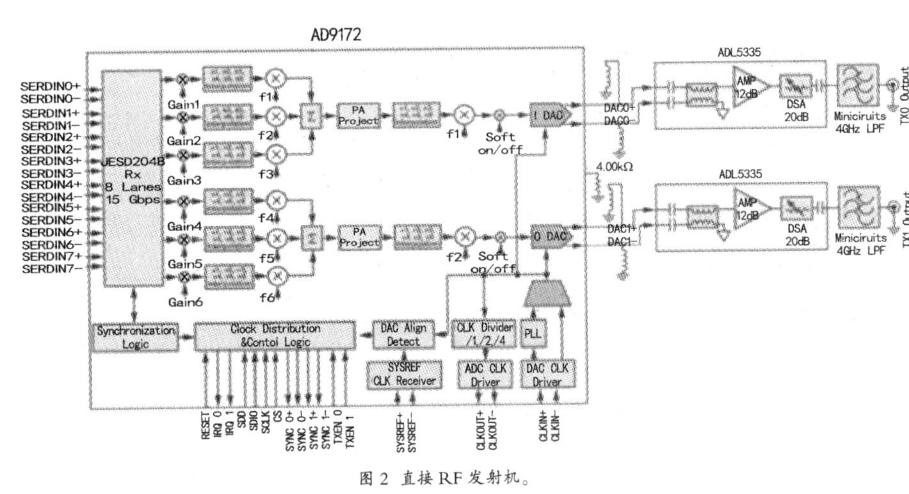

图 2 直接 RF 发射机。

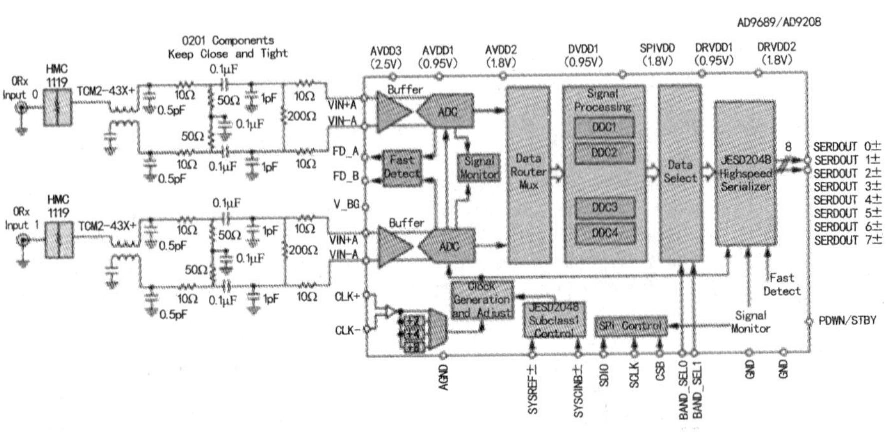

图 3 用于数字预失真的直接 RF 观测接收机。宽带 RF ADC(例如 AD9208)可以将 5 GHz 带宽上的多个频段高效数字化。

一种新型纯电动汽车电机曝光(一)

随着全球"碳中和"的计划,未来的汽车必将是混动与电动占主导地位;各个国家也在发力研究新的高效电池与电动机。一般来讲,混合动力汽车每辆要消耗稀土 4-6kg,纯电动汽车仅驱动马达都需要消耗稀土约为 5-10kg。如果纯电动汽车使用的是含稀土的高品质锂电池,那么这一数字还要高。

目前德国汽车零部件公司马勒,开发出高效率的 EV 用电动机,预计不会出现稀土供需压力。

与内燃机不一样,电动机的基本结构和工作原理出奇单位简单,这也是我国汽车工业寄予希望的弯道超车的原因之一。

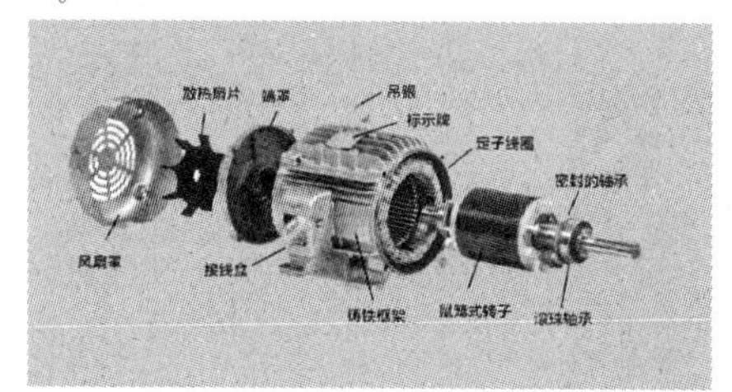

电动机工作原理是磁场对电流受力的作用,使电动机转动。电动机是把电能转换成机械能的一种设备,它是利用通电线圈产生旋转磁场并作用于转子形成磁电动力旋转扭矩。电动机使用方便、运行可靠、价格低廉、结构牢固。

当然,纯电动汽车里的电动机,要复杂得多,但是基本原理是一样的。

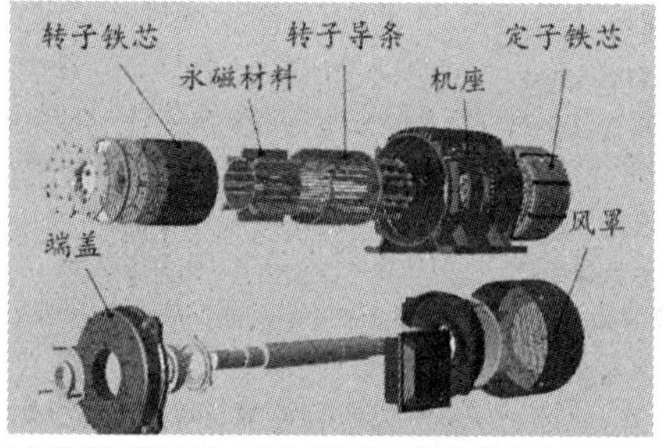

电动机中所需要的传递力的材料,从电池中导电的材料就是电机内部的铜线圈。而形成磁场的材料正是磁铁。这也是构成电动机的两个最基本材料。

1980 年以前,电动机中使用的磁铁主要是铁制的永磁体,但问题是磁场的强度是有限的。打个比方,如果将电机的尺寸缩小到今天插入智能手机的程度,则无法获得所需的磁力。

然而,在 1980 年后,出现了一种新的永磁体,叫作"钕磁铁"。钕磁铁的强度大约是传统磁铁的两倍。因此,它被用于比智能手机更小、功能更强大的耳机和头戴式耳机中。除此之外,生活中一些扬声器,电磁炉,手机中,都包含有"钕磁铁"。

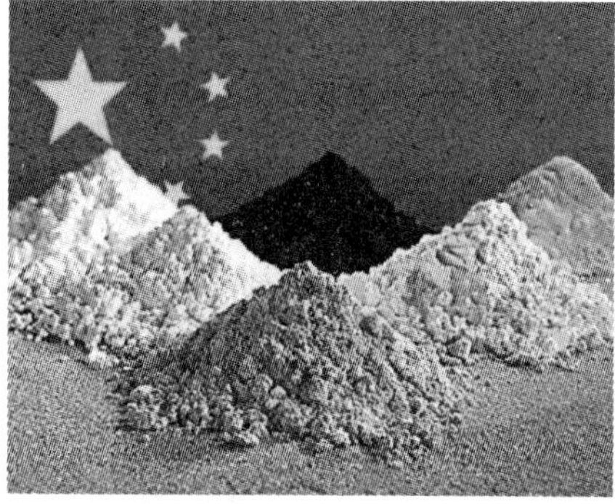

而今天电动汽车能够如此迅速地启动的原因是由于"钕磁铁"可以显著改善电机的尺寸或输出。然而,在进入 21 世纪之后,又出现了一个新问题,这是因为钕磁铁中使用了稀土。而稀土资源大部分都在中国,根据统计,世界上大约 97%的稀土磁铁原材料是由中国供应的,目前这种资源已经被严格的限制出口。

一方面,中国钕元素的多,也只是相对其他国家而言的"多",对于未来市场的需求,可能只能做到自给自足。如果未来新能源汽车产量达到 2000 万,则至少需要 10 万吨钕的支持,2018 年开始,中国将包含钕在内的所有稀土总量的产量上限定在了 4.5 万吨,因此,稀土半成品、成品等远远供不应求。所以,新能源汽车的产能不足也是正常的。

另一方面,新能源汽车或许很环保,但稀土的开采却要承担巨大的环境污染。业内人士指出,稀土并非只有中国有,而是只有中国愿意开采。其他国家都不愿意以污染环境为代价开采稀土,只有中国在为了经济利益开采稀土。另外,从这件事也可以看得出,纯电动汽车与环境保护并不能画等号,它仅仅是减少了汽车排气的污染,但却在制造过程中加大了污染。

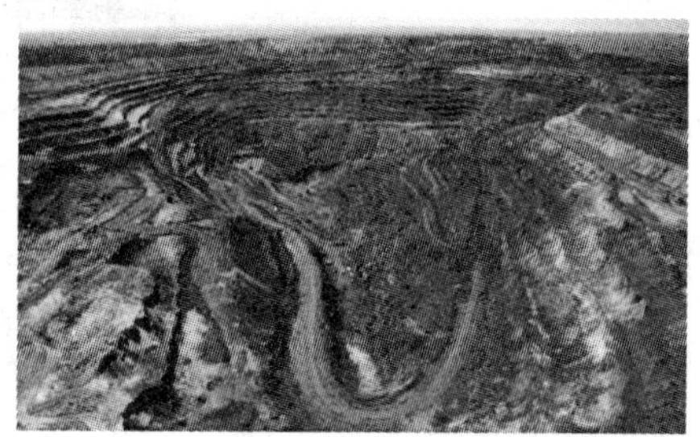

在开发出钕磁铁之后,科学家们试图开发出更小、更强大、甚至更便宜的磁铁,但都失败了。由于主要供应国限制了各种稀有金属和稀土的产量,很多分析家认为暂时电动汽车的价格不会像预期的那样下降。

若想通过普及风力涡轮机和电动汽车来进行产业升级,未来 25 年的钕产量必须增加 700%,镝产量必须增加 2600%,而现在的产量每年只能增加 6%。

举例说明,以特斯拉为首的新能源汽车所采用的"永磁技术",对钕的依赖就像人类离不开氧气一般。2017 年,全球对钕的需求就达到了 31700 吨,远超供应的 3300 吨,2018 年的需求则攀升至 34200 吨,2019 年则达到 38800 吨,2020 年光是国内需求就达到了 45000 吨,全球需求约 10 万吨;这意味着钕需求的赤字将被不断拉大。

过高的原物料价格已经成为电动车推广的阻力,对此已经有许多车厂直接入股矿商或是与产地签署供应协定,如宝马与刚果民主共和国签署新的采矿合约,以确保其电池供应链的可持续发展,又如丰田入主澳洲锂矿商,以及特斯拉与智利矿商 SQM 签署合作协议。除此之外,汽车制造商也正积极发展新的电池技术及材料科学,避开可能遭受垄断及操控市场价格的情况。

然而,最近,德国汽车技术和零部件开发公司"马勒"成功开发出一种完全不含稀土元素的新型电机。开发的电机根本不包含磁铁。

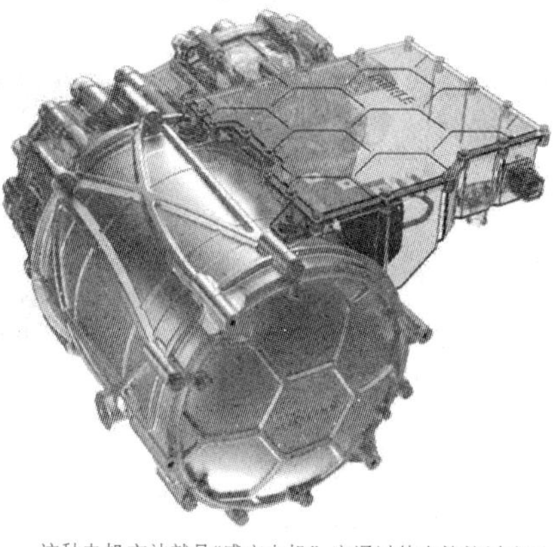

这种电机方法就是"感应电机",它通过使电流流过定子而不是电流可以流过的磁铁来产生磁场。此时转子受磁场作用时,会感应出电动势能,两者相互作用产生旋转力。

简单地说,如果通过用永磁铁包裹电机来永久产生磁场,那么这种方法就是用电磁铁代替永磁体。这种方法有很多优点,操作原理简单,非常耐用。最重要的是,发热效率几乎没有降低,钕磁铁的缺点之一是在产生高热量时其性能会下降。

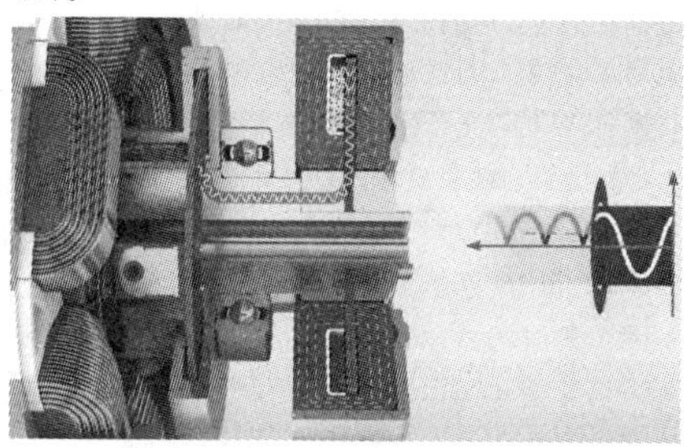

但是它也有缺点,由于电流继续在定子和转子之间流动,因此发热很严重。当然,可以充分利用收集产生的热量并将其用作车内加热器。除此之外,还有几个缺点。但马勒公司宣布他成功开发了一种无磁电机,弥补了感应电机的缺点。

马勒公司在其新开发的无磁电机中拥有两大优势。一是不受稀土供需不稳定性影响。如上所述,目前用于永磁铁的稀土金属大部分由中国供应,但无磁电机则不受稀土供应压力的影响。另外,因为不使用稀土材料,所以可以以较低的价格供应。

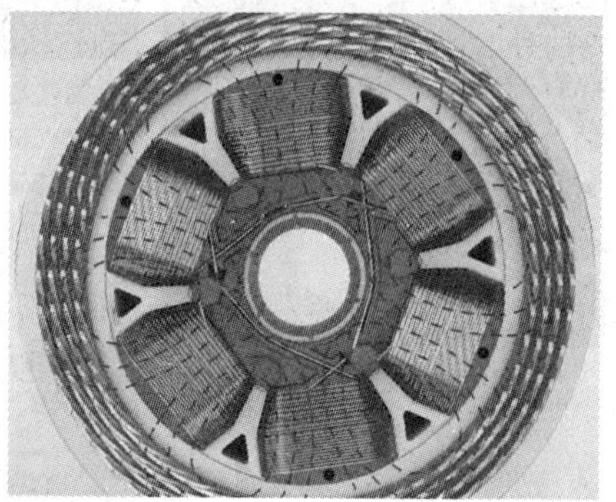

(未完待续)

◇四川 李运西

推荐几款氮化镓充电器

随着千元价位的5G手机越来越多，很多朋友在换购手机时都选择5G手机，今年5G手机出货量预计超1.06亿部。不过5G手机由于掉电更快，电池容量更大，相应的都需要32W甚至65W以上的充电器，这样体验感才不会下降。氮化镓作为一种半导体材料应用在充电器领域，可以让充电器在体积更小、重量更轻、发热量更小、安全性更高的同时拥有更大功率的输出。

这里按价位排序给大家推荐几款性价比还不错的氮化镓充电器。

65W 倍思氮化镓充电器(双口)

倍思是国内比较知名的生产数码配件特别是手机配件的品牌。这款倍思氮化镓充电器配有Type-C接口、USB接口各一个，总功率为65W。采用升级后的Gan技术，具备动态功率分配功能。当单独使用Type-C接口充电时，最大功率为65W。单独适用USB接口时最大功率45W。而在同时使用时则是45W+18W的功率分配。这款充电器的大小和一管口红差不多大，重量仅为110g。这款充电器的价格仅为99元，还包含了一根100W快充线。

品　牌	Baseus（倍思）
名　称	倍思GaN2 Lite氮化镓快充充电器 C+U 65W 中规
型　号	CCGAN65UC
输　入	AC 100V-240V~，50/60Hz，1.5A Max.
Type-C输出	5V/3A，9V/3A，12V/3A，15V/3A，20V/3.25A Max.
USB输出	4.5V/5A，5V/4.5A，5V/3A，9V/3A，12V/3A，20V/2.25A
Type-C+USB 总输出	45W+18W
产品重量	约110g

360 65W 氮化镓充电器(双口)

这款氮化镓充电器搭载两个Type-C接口和一个USB接口。其中Type-C1单口输出最大功率65W，Type-C2单口输出30W，USB单口输出24W。这款充电器兼容各品牌手机的快充协议，给手机充电时速度更快。

这款充电器的价格为99元。

尺寸	76*39*34mm
重量	144g
输入	100-240V~50 / 60Hz 1.8A Max
USB-C1输出	5V--3A / 9--3A / 12V--3A / 15V--3A / 20V--3.25A Max
USB-C2输出	3.3-11V--3A / 3.3-16V--2A / 5V--3A / 9V--3A / 12V--2.5A /15V--2A / 20V--1.5A Max
USB-A输出	4.5V--5A / 5V--4.5A / 9V--2A / 12V--2A Max
USB-C1+C2输出	45W+18W(63W)
USB-C1+A输出	45W+18W(63W)
USB-C1+(C2+A)输出	45W+15W(60W)

努比亚65W氮化镓充电器(三口)

这款努比亚的充电器外形上比较有特点，充电器上并没有努比亚的品牌表示。而是一个汉字“氘”，“氘”是氢的同位素，氘气在军事、核能和光纤制造上均有广泛的应用。这个字应用在充电器上，意味着这款充电器有着高性能，另一面则是氮化镓的英文表示GaN。

银色的涂装也和大多数同类产品不同，显得比较精致。这款充电器也使用了三口设计，两个Type-C一个USB，充电功率和上面介绍的360充电器是一样的。这款充电器背面带有一个充电指示灯，可以随时了解充电器是否处于工作状态。

C1+C2 = 45W+18W (63WMax)
C1+A = 45W+18W (63WMax)
C1+C2+A = 45W+15W (60WMax)

这款充电器售价为148元。

安克65W氮化镓充电器(三口)

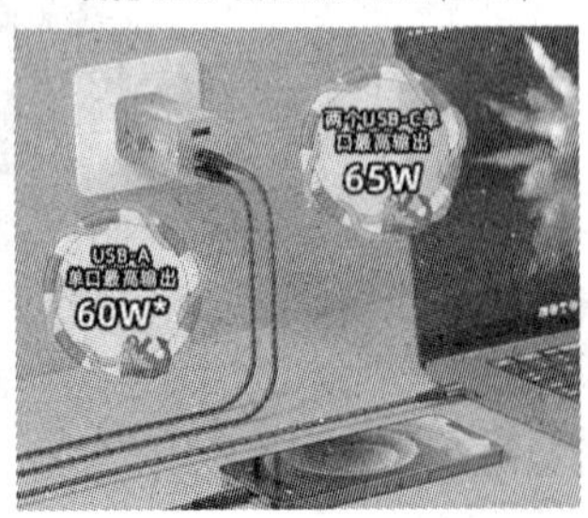

安克这款氮化镓充电器是与航海王联名的，充电器为橙色涂装并选择了人气颇高的艾斯。作为一款氮化镓充电器，安克这款产品依然有着轻巧的外形，两个Type-C和一个USB接口，可以满足大多数人的充电需求。作为充电器领域的老品牌，安克提供了品质问题18个月内免费换新的安心服务。

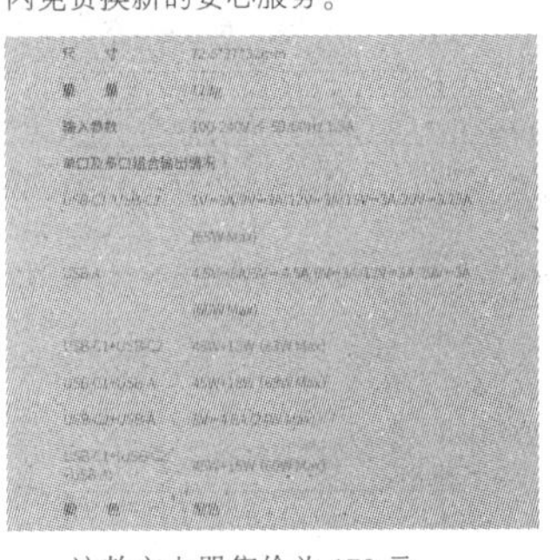

尺　寸
重　量
输入参数
单口及多口组合输出情况

这款充电器售价为178元。

倍思120W氮化镓充电器

除了常见的65W氮化镓充电器以外，目前市场上还有100W以及120W的氮化镓充电器。这种大功率充电器可以同时为两台笔记本电脑供电，对于经常出差、会展从业人员来说，是比较好的辅助工具。倍思这款120W充电器体积控制的还是相当不错，并没有比65W产品大太多，插在插线板上也不会挤占其他孔位。

Type-C1 / 2 输出
3.3-20V⎓5A; 5V/9V/12V/15V⎓3A, 20V⎓5A Max
USB A 输出
4.5V⎓5A; 5V⎓4.5A; 5V/9V⎓3A,
12V⎓2.5A, 20V⎓1.5A Max.
Type-C1 + Type-C2 输出
60W+60W (5V/9V/12V/15V/20V⎓3A Max.)
Type-C1 / Type-C2 +USB-A 输出
87W+30W (Type-C1 / 2: 5V/9V/12V/15V⎓3A;
20V⎓4.35A Max.)
Type-C1 + Type-C2 +USB-A 输出
60W+30W+30W
Type-C1 60W: 5V/9V/12V/15V/20V⎓3A Max.

这款充电器售价为249元。

华为超级快充66W GaN氮化镓充电器

华为在2021年7月29日正式发布了两款手机P50和P50 Pro，两款手机都支持66W有线充电。值得注意的是，这两款手机并没有标配快充充电器，用户需要单独购买。

手机发布后，华为超级快充66W GaN氮化镓充电器同时上架，代号P0003。

华为超级快充GaN
多口充电器(Max 66 W)

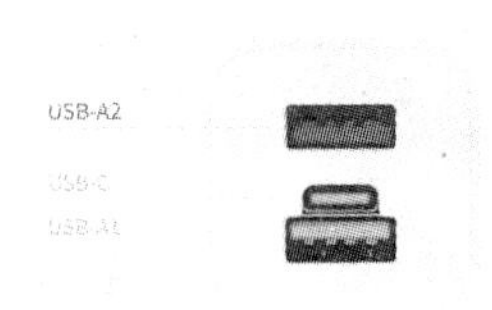

充电器有两个USB-A接口，一个Type-C接口，两个橙色接口挨着，以免同时使用。

橙色USB-A端口支持华为私有超级快充协议，最大输出功率66W，提供5V 3A、10V 4A、11V 6A多档。

橙色Type-C口还支持最大输出20V 3.25A，功率65W，兼容PD3.0、PPS、SCP和FCP多种协议，可以给笔记本电脑和平板电脑充电。

紫色USB-A口提供5V 2A、5V 4A、10V 2.25A多个档，最大输出功率22.5W。

华为的66W氮化镓充电器支持Mate 40 Pro、Mate 40 Pro+、Mate 40 RS保时捷版和P50、P50 Pro手机的66W有线快充，需要使用橙色的USB-A接口和专属的6A线缆。华为Mate X2、Mate Xs、Mate X搭配这款充电器，可实现最高55W超级快充。

这款充电器售价为379元。

氮化镓充电器65W的输出功率完全可以应对使用Type-C接口笔记本产品的充电需要。120W产品同时给两台笔记本充电也是没有问题的。目前市场上销售的氮化镓充电器，有的配备了高功率Type-C充电线，有的没有配备，大家在选购时要注意区分。

现在很多数码相机产品也都支持Type-C接口充电，旅行史不用再携带专门的充电设备了。需要提醒注意的是，有些数码小配件的说明书上明确表示要使用小功率(5V 1A)充电器，就不要使用这种大功率的氮化镓产品了。

以太网 MPU：解决工业通信协议难点

工控领域发展到今天，各种平台，各种认证标准，各种协议标准都对我们主控器件的资源和生态有一定要求。而集成电路进步带来的系统集成程度提高，使得多片分立元件组成的系统向高度集成化发展，多个芯片的功能向一颗芯片集中。

MPU 从一开始就定位在应当具有更高的处理和运算能力。这样的定位也决定了 MPU 应该具备比较高的主频和较为强大的运算能力。MPU 很早就演进到了 32 位，现在更是开始大力普及 64 位。要满足 MPU 强大的算力通常需要有大容量的存储器来配合支撑，也就是配置外设，外设配置也是 MPU 重要的一环。在高分辨率人机界面、嵌入式视觉、嵌入式人工智能(e-AI)、实时控制以及工业以太网连接上 MPU 都有广阔的用武之地。这里我们缩小切入范围，先从工业以太网应用的 MPU 着手。

RA RZ/N 系列

在 RA 的研讨会上笔者获悉，RA 面对工业以太网主推的是 RZ 系列，重点产品是 RZ/N 系列。

RZ/N1，RA

对于复杂的工业通讯协议，N 系列做了大量的协议简化，形成了统一的通信协议抽象层，允许用户在同一平台上快速从一种协议切换到另一种协议。N 系列的通信层支持主站和从站的多协议工业以太网通讯，最多携带 5 个以太网口，方便系统搭建和平台化，标准化。解决工控平台复杂繁多的通讯是任何 MPU 想切入工业以太网应用必须处理好的环节。

这个系列的双核架构支持电机算法和工业网络控制分开运行，同时还集成 ABS 编码器接口电路。RZ 系列还提供 BSP 和驱动等以太网底层软件包。

N 系列采用了双核 Cortex-A7 架构，最高 500MHz。同时拥有最高 6MB 的 SRAM，另外搭载了 RA 的 R-IN 引擎用于提高网络性能。N 系列网络从站专用控制器可轻松将工业以太网功能应用到现有系统配置中，支持包括 TSN 在内的多种协议，同时使系统中的 CPU 免于网络相关干扰。具体方法是 N 系列通过提供硬件 RTOS 单元和硬件以太网加速器来解决 CPU 的网络相关干扰。

TI DRV 系列

DRV829 系列是 TI 较新的一个系列，下面有 J，V，J-Q1 等细分系列，总的来看都是针对工业以太网推出的新品。严格来说，这个系列是 SoC，但是在工业以太网应用上这个系列很有特色，所以值得一提。

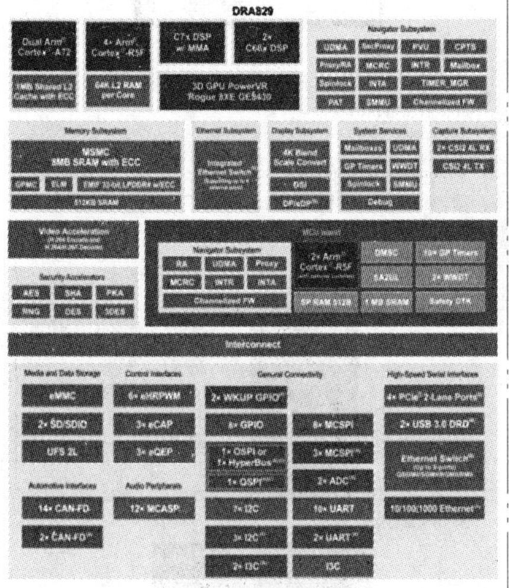

DRV829XX，TI

DRA829 系列基于 Arm v8 64 架构，提供了极高的系统集成。双核 64 位 Arm Cortex-A72 微处理器子系统，性能高达 2.0GHz，每个双核 Arm Cortex-A72 集群具有 1MB L2 共享缓存，每个 Cortex-A72 内核具有 32KB L1 数据缓存和 48KB L1 指令缓存。

最多四个 Arm Cortex-R5F 子系统可以管理低级的时序关键型处理任务，并且可使 Arm Cortex-A72 不受应用的影响。对 Arm Cortex-A72 的双核集群配置有助于实现多操作系统应用，而且对软件管理程序的需求非常低。

在存储上主域中的 512KB 片上 SRAM 受 ECC 保护，另外还有高达 8MB 的片上 L3 RAM，外部还配置了 EMIF 模块。TI 的这个系列显然在网络数据传输上优势极大。

STM32MP 系列

STM32 系列通用 32 位 MPU 集成 Arm Cortex-A 和 Cortex-M 两种内核的异构架构，在实现高性能且灵活的多核架构基础上还能保证低功耗的实时控制和高功能集成度。

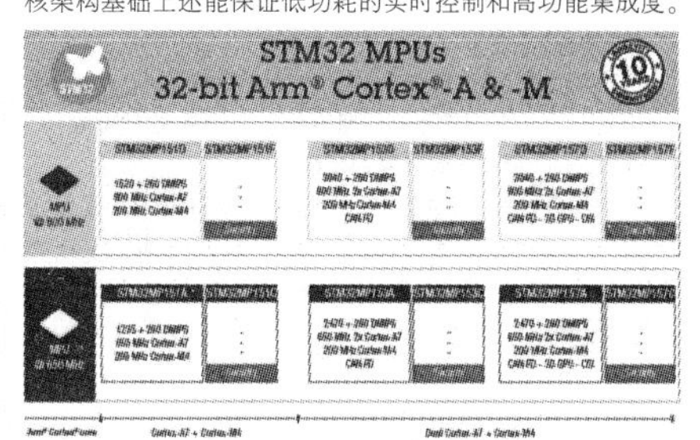

ST MPU 矩阵，ST

STM32MP157F 是 ST 目前主推工业以太网的一款 MPU。该系列最高到达 800MHz，Cortex-A7 处理器包括每个 CPU 的 32 KB 一级指令缓存、每个 CPU 的 32 KB 一级数据缓存和 256 KB 二级缓存。

STM32MP157F 一个突出的优势在于功耗，对于节能要求严格的场景该系列保证功耗的情况下仍提供丰富的功能。Cortex-A7 处理器提供的单线程性能比 Cortex-A5 高出 20%，并提供与 Cortex-A9 类似的性能。

在存储方面，STM32MP157F 设备提供外部 SDRAM 接口，支持高达 8 Gbit 的外部存储器、高达 533 MHz 的 16 或 32 位 LPDDR2/LPDDR3 或 DDR3/DDR3L。除了包含这些高速嵌入式内存，还有 APB 总线的各种增强型 I/O 和外围设备，诸如 AHB 总线、32 位多 AHB 总线矩阵和 64 位多层 AXI。

ST MPU 的设计服务和软件可用于许多协议和标准，如 CANopen、CANopen FD、Modbus、PROFIBUS、PROFINET、Ethernet/IP、EtherCAT、CC -Link IE、POWERLINK、OPC UA、单对以太网。这种多协议支持可以让工程师专注于应用开发，同时将其系统连接到工业总线。

NXP Layerscape 系列

NXP 在今年面向工业自动化的集成时间敏感网络 TSN 的解决方案，支持 CC-Link IE TSN 协议，将千兆以太网带宽与 TSN 相结合，加强工业以太网的分时通信、性能、安全性和功能。Layerscape 系列 MPU 就是包含了支持时间敏感网络 TSN 的以太网交换机和以太网控制器的处理器。

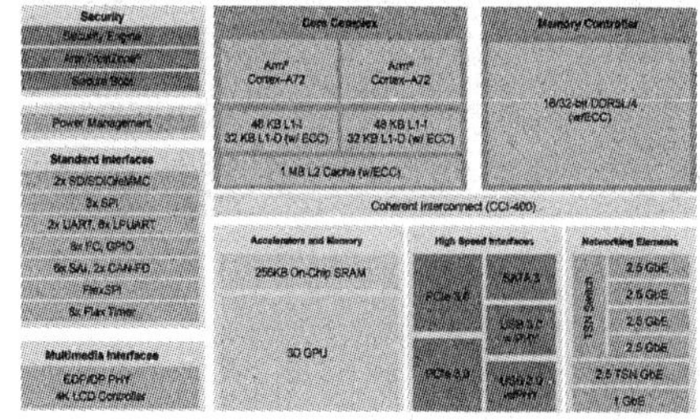

Layerscape LS1028A，NXP

Layerscape LS1028A 两个功能强大的 64 位 Arm v8 内核支持工业控制的实时处理，内置 GPU 和 LCD 控制器使 HMI 系统支持新一代接口。另外，该系列有 4 端口时间敏感网络交换机和 2 个具有时间敏感网络功能的以太网控制器。Layerscape LS1028A 的集成架构带有加密分流功能，可提供能够加密通信的可信平台，在安全性上也是独具特色。

Layerscape LS1028A 为 CC-Link IE TSN 网络提供从设备到交换机的完整 TSN 解决方案，可以帮助整合和统一以太网协议来实现各种工业网络之间的互操作性。

小结

每家大厂的 MPU 都有自己的独到之处，有的软硬件开发和认证更加便捷，有的平台方便统一应用需求，有的功能覆盖更齐全。各个大厂也都在建立自己的主控生态，以满足工控领域各种平台化，认证标准，协议标准的多变需求。

区别高清、极清、超清、1080p、蓝光、4K

现在 4K 电视越来越受到大众的欢迎，高清晰度和高分辨率的电视画面往往更能吸人眼球，似乎全高清的电视已经能满足我们看电视的需求。那么高清电视和 4K，8k 这些格式有什么区别，接下来就来看一下吧。

标清：480×320，640×480

高清：1024×720dpi

(隔行扫描)也属于高清：1920×1080dpi

全高清：1920×1080dpi

超(高)清或称 4K：3840×2160，7680×4320dpi

720p 格式：分辨率为 1280×720p/60Hz，行频为 45kHz。

4K 格式：分辨率是 1080p 的 4 倍 3840×2160=1920×2×1080×2dpi

8K 格式：分辨率是 4K 的 4 倍 7680×4320=3840×2×2160×2dpi

2015 年，美国消费电子协会(CEA)将 4K 的分辨率正式命名为 Ultra HD(Ultra High-Definition)

目前视频行业里的视频分辨率的规范：

(1)高清(High Definition)，是我们目前相对比较熟悉的一个词语。高清是在广播电视领域首先被提出的，最早是由美国电影电视工程师协会 (SMPTE) 等权威机构制定相关标准，视频监控领域同样也广泛沿用了广播电视的标准。将"高清"定义为 720p、1080i 与 1080p 三种标准形式，而 1080P 又有另外一种称呼——全高清(Full High Definition)。关于高清标准，国际上公认的有两条：视频垂直分辨率超过 720p 或 1080i；视频宽纵比为 16:9。

(2)标清(Standard Definition)，是物理分辨率在 720p 以下的一种视频格式。

(3)超高清(Ultra High-Definition)，这是我们今天的重点内容。来自国际电信联盟(International Telecommunication Union)最新批准的信息显示，"4K 分辨率(3840×2160 像素)"的正式名称被定为"超高清 Ultra HD (Ultra High-Definition)"。同时，这个名称也适用于"8K 分辨率(7680×4320 像素)"。

CEA 要求，所有的消费级显示器和电视机必须满足以下几个条件之后，才能贴上"超高清 Ultra HD"的标签：首先屏幕像素必须达到 800 万有效像素(3840×2160)，在不改变屏幕分辨率的情况下，至少有一路传输端可以传输 4K 视频，4K 内容的显示必须原生，不可上变频，纵横比至少为 16:9。

直接帮你改代码的阿里发布新工具

Vue3 已经出来有一段时间了，很多朋友早已熟读了文档，写了好几个 Demo，馋 Composition API 等新特性已久了。无奈，在实际工作中，大部分朋友还是不得不守着成千上万行的 Vue2 老项目过日子，做一次框架升级就像给老房子装修——念头总是充沛，决心总是匮乏。

其实 Vue 团队已经尽可能地减少了破坏性更新，还提供了一份细致的迁移指南，条数不少，但定睛一看，大部分都是体力活，有些很简单，比如异步组件要多包上一层：

还有一些就改起来有点麻烦，比如自定义指令生命周期的更名，和传入参数的一些细微变化：

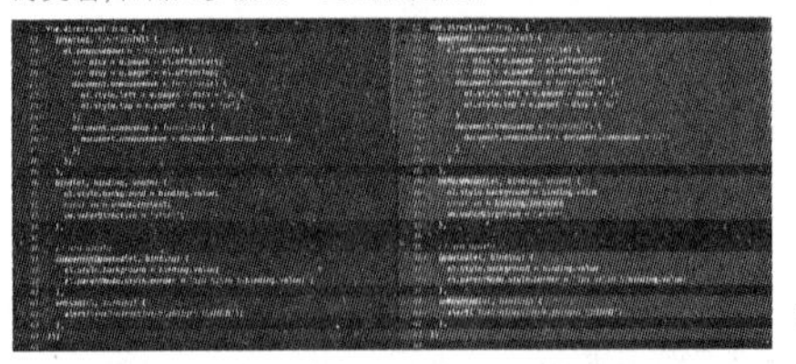

image.png

看到这种变化后，作为厌恶重复的程序员，已经开始盘算着能不能写个代码帮我们把这些规则批量给改好了，当然，写转换代码的代码要比写网页难上不少，还好我们之前已经有了一个趁手的工具：GoGoCode。

作为一个更简单的 AST 处理工具，能大大减轻转换逻辑的书写难度，简直就是为了这事儿量身打造的！

于是我们梳理了迁移指南里提到的，附带上 vue-router \ vuex 升级的一些 API 变化，配合 GoGoCode 书写了近 30 条转换逻辑，涵盖了 Vue2 到 Vue3 代码 break change 的大部分场景，这个程序可以帮助你一键把 Vue2 的代码转换成 Vue3 的代码。

上面提到的两条 Vue2 到 Vue3 的差异对比中，右侧 Vue3 的代码就是通过这个工具根据左侧 Vue2 代码原片直出的，效果还不错吧，我们来一起试一下！

尝试一下

全局安装 gogocode-cli

npm install gogocode-cli -g

复制代码

在终端(terminal)中跳转到需要升级的 Vue 项目路径。如果需要升级 src 路径下的 Vue 代码，执行如下命令：

gogocode -s ./src -t gogocode-plugin-vue -o ./src-out

复制代码

转换操作执行完毕后新的 Vue3 代码会被写入到 src-out 目录中。

我们拿 Vue2 的官方示例项目 vue-hackernews-2.0 试了一下，发现在转换的基础上只要稍作改动再改一下构建流程就能跑起来了，一些转换的 Diff 如下：(查看完整 Diff)

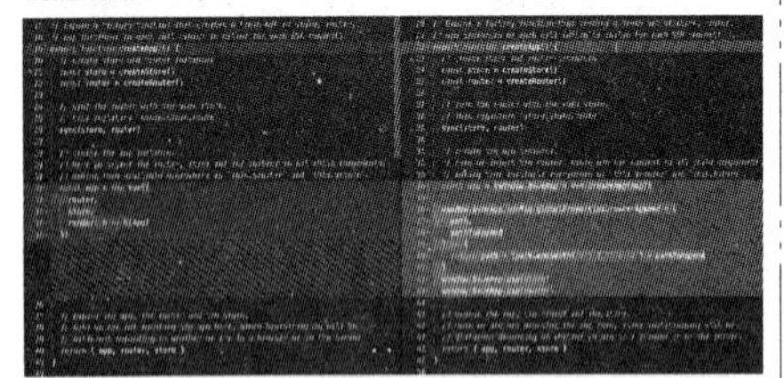

image.png

image.png

这里只是简单地介绍，完整的方案请参考：文档

实现比预想的要简单很多

为了达成转换目的，GoGoCode 新增支持了对 .vue 文件的解析，我们可以轻松地获取到解析好的 template 和 scirpt AST 节点，并利用 GoGoCode 方便的 API 进行处理。

一些简单的规则，比如前面介绍的异步组件转换直接进行类似字符串的替换即可，由于是基于 AST 的，所以无需关心代码格式，工作量是很小的：

```
script
.replace(`() => import($_$)`, `Vue.defineAsyncComponent(() => import($_$))`)
.replace(
`
() => ({
component: import($_$1),
$$$
})`,
`
Vue.defineAsyncComponent({
loader: () => import($_$1),
$$$
})
`
);
```

复制代码

这次项目也检验了 GoGoCode 对复杂情况的处理，就像前面提到的自定义指令生命周期的变化，也很轻松地做到！

开源了，希望能得到大家的反馈

吃水不忘挖井人，希望这些工作能为 Vue 开源社区做些贡献，让社区尽快享受到 Vue3 带来的技术红利，也让 Vue 团队的成员能够拜托 Vue2 的历史包袱，更加聚焦于 Vue3 新特性的研发！项目伊始，存在的不足之处希望得到大家的反馈和帮助：

issues: github.com/thx/gogocod…

钉钉群：34266233

最后：求 star 支持！

Github：github.com/thx/gogocod… （本项目在 packages/gogocode-plugin-vue/ 目录下）

官网：gogocode.io

附录：当前转换规则覆盖

规则	转换支持	文档
v-for 中的 Ref 数组	✓	链接
异步组件	✓	链接
attribute 强制行为	✓	链接
$attrs 包含 class&style	✓	链接
$children	✓	链接
自定义指令	✓	链接
自定义元素交互	无需转换	链接
Data 选项	✓	链接
emits 选项	✓	链接
事件 API	✓	链接
过滤器	✓	链接
片段	✓	链接
函数式组件	✓	链接
全局 API	✓	链接
全局 API Treeshaking	✓	链接
内联模板 Attribute	✓	链接
keyattribute	✓	链接
按键修饰符	✓	链接
移除 $listeners	✓	链接
挂载 API 变化	✓	链接
propsData	开发中	链接
在 prop 的默认函数中访问 this	无需转换	链接
渲染函数 API	✓	链接
插槽统一	✓	链接
Suspense	无需转换	链接
过渡的 class 名更改	✓	链接
Transition 作为 Root	开发中	链接
Transition Group 根元素	✓	链接
移除 v-on.native 修饰符	✓	链接
v-model	✓	链接
v-if 与 v-for 的优先级对比	✓	链接
v-bind 合并行为	✓	链接
VNode 生命周期事件	开发中	链接
Watch on Arrays	✓	链接
vuex	✓	链接
vue-router	✓	链接

五个可以整蛊你朋友的 Python 程序(一)

Python 能做很多无聊，但有意思的事情，例如接下来的一些案例。以下程序，不要发代码，要不实现不了你整蛊的目的。要打包成一个 exe 程序，发给朋友才有意思。使用 pip install pyinstaller。打包命令如下：

pyinstaller -F 文件名.py

过程中如果出现 BUG(一般是编码错误)，文末有解决方案

无聊程序之一

```
while True:
n = input("猜猜我在想啥？")
print("猜错喽")
```

你的朋友将永远无法知道你在想什么。当然我安装 360 之后，程序没了。

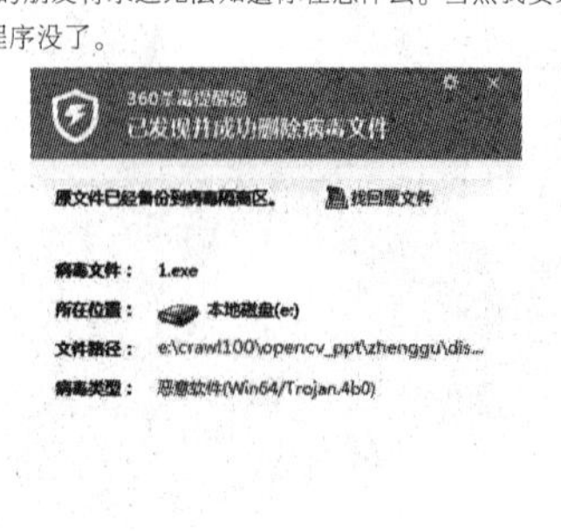

无聊程序之二

死命弹窗

```
import tkinter.messagebox
while True:
tkinter.messagebox.showerror('Windows 错误','你的电脑正在被攻击！')
```

运行之后，很就刺激了，如果对方不会杀进程，更刺激。

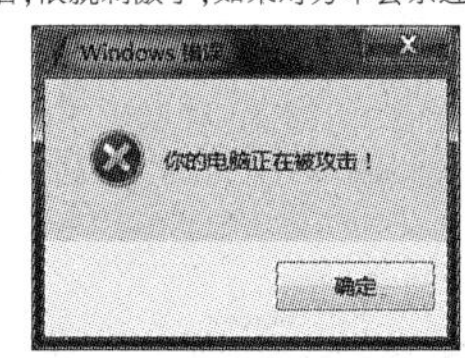

无聊程序之三

调用默认浏览器，无限打开 CSDN，让他爱上学习。

```
import webbrowser
while True:
webbrowser.open('www.csdn.net')
```

额，使用之后，我自己的电脑死机了。

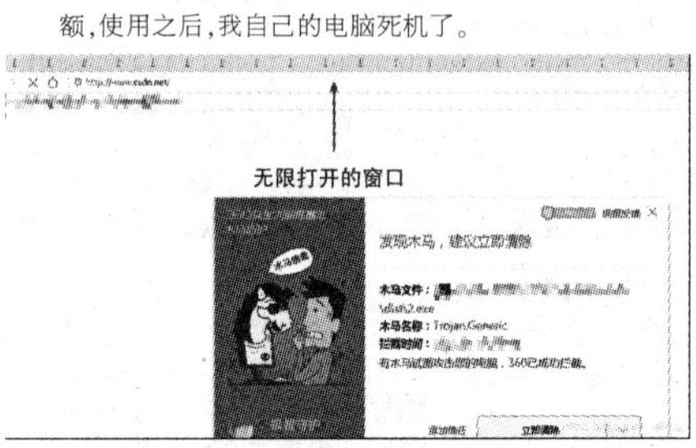

瞬间 CPU…

(下转第 431 页)

2022 年互联网隐私方面的一些趋势预测

网络聊天不仅仅是为了娱乐或与朋友聊天，这是支撑着我们社会最基本的功能，例如物流、政府服务和银行业务。消费者通过即时通信工具与企业联系并订购外卖，而不是去实体店，科学会议在虚拟会议平台上举行，远程工作成为越来越多行业的新常态。

网络上的这些行为都涉及隐私，隐私保护技术是今年讨论最多的话题之一，尽管对某些看法还存在分歧，例如对NeuralHash 或 Federated Learning of Cohorts 的使用。有研究人员通过逆向编译，发现苹果用于检测 iCloud 照片中是否存在违法行为(CSAM)的 NeuralHash 算法存在漏洞，可能会被黑客利用；年初，谷歌公布了一种新的 API，名叫 Federated Learning of Cohorts(FLoC)，该 API 有望在 Chrome 浏览器上取代 Cookie。FLoC 使用机器学习算法来分析用户数据，然后根据个人访问的站点创建人群的集合。广告商不会获得用户的本地数据，而是直接获得更广泛的人群画像，从而进行广告投放。然后谷歌的这一改进却引起了诸多批评。尽管如此，网络隐私还是在不断在向前迈进，比如苹果已经公开回应，为打消用户的顾虑，将对 Siri 进行一些更改。在默认情况下，将不再保留 Siri 互动的录音，另外，Android 12 还有一个 Android 隐私运算核心(Android Private Compute Core)，把特定功能的数据处理维持在设备上，像是即时字幕、可查询附近所播放音乐的 Now Playing，以及智慧回复(Smart Reply)等，以保障用户隐私；最近隐私浏览器 Brave 开发公司 Brave Software 近日宣布与美国加州大学圣地亚哥分校合作提出一种解决方案 SugarCoat，允许在不牺牲网络规模兼容性的情况下改善隐私。SugarCoat 通过自动创建跟踪库的隐私保护实现，以帮助解决这种隐私与兼容性的权衡。据悉，Brave 将于今年第四季度开始向 Brave 浏览器用户推出 SugarCoat 生成的脚本，此外还会与流行内容拦截工具的维护者合作，以便这些工具可以增强用户隐私。另外，我们还看到了许多新的私人服务，许多专注于隐私的公司迈出了货币化的第一步，并且在 iOS 和 Android 上都在技术和营销方面大力推动隐私。Facebook(现在的 Meta)也开始为用户提供更多隐私，在 WhatsApp 中提供端到端的加密备份，并从 Facebook 中完全删除面部识别系统。

虽然我们希望 2022 年是大流行的最后一年，但我们认为隐私趋势不会逆转。这些过程会产生什么后果？在这里，我们提出了一些关于哪些关键力量将在 2022 年塑造隐私格局的想法。

BigTech(大型科技企业)将为人们提供更多的工具来保护他们的隐私

今年 4 月，苹果顶着 Facebook 的激烈反对，强硬调整隐私政策推行了 ATT，所有 App Store 上架的 App 都必须遵守这一新政策，即 App 开发者需要征得用户许可，才能跟踪用户或访问其设备的 IDFA (Identifier for Advertising，广告标识)。

简而言之，App 要想获得及处理苹果用户的数据，必须征得同意。

毫无疑问，这一新政当然会获得那些在乎个人数据安全及隐私的用户的欢迎，而 Facebook 则是其最大的反对者。

如果无法便利地追踪用户行为，Facebook 的广告推送将不再那么精准。苹果公司软件工程高级副总裁克雷格·费德里吉(Craig Federighi)曾用 8 秒钟一句话概述了苹果隐私新政ATT 到底是什么：ATT 给予用户是否愿意被 App 和网站追踪的选择权。今年的 Facebook 可谓困难重重。一边是被苹果的隐私新政处处掣肘，还因各种数据和青少年保护问题被美国国会和各行政部门反复摩擦，而另一边它自己也在寻求变化。

由于公司必须在全球范围内遵守更严格和更多样化的隐私法规，因此他们为用户提供了更多工具来控制他们在使用服务时的隐私。有了更多的设置，有经验的用户或许可以根据自己的需要设置隐私。对于不太懂电脑的人，不要指望默认隐私设置可以保护你的隐私：即使在法律上有义务默认提供隐私，那些靠数据收集为底线的企业也会继续寻找漏洞诱使人们选择较少隐私的设置。

随着政府建立自己的数字基础设施，让更简单和更广泛地获得政府服务，并希望提高透明度和问责制，以及对人口的更深入了解和对其进行更多控制，难怪他们会对通过大型商业生态系统传递的有关本国公民的数据表现出更大的兴趣。这将导致更多的监管，如隐私法、数据本地化法，以及对哪些数据和何时可被执法人员访问的更多监管。苹果 CSAM 扫描隐私难题恰恰表明，一方面要找到加密和用户隐私之间的平衡，另一方面要找到犯罪行为之间的平衡是多么困难。近日，中国发布了《网络数据安全管理条例(征求意见稿)》，对数据存储、数据流通、数据使用等数据合规问题进行约束。《征求意见稿》紧密贴合当下网络数据安全管理热点，在数据分级、数据“出海”、大数据杀熟、身份认证、信息泄露报备等方面给予了详细的指导意见。另外，中国还先后发布了《中华人民共和国网络安全法》《中华人民共和国数据安全法》《中华人民共和国个人信息保护法》。

数据保护和机器学习的矛盾将继续存在

现代机器学习通常需要训练具有惊人数量参数的巨大神经网络(虽然这并不完全正确，但人们可以将这些参数视为大脑中的神经元)，有时达到数十亿的数量级。多亏了这一点，神经网络不仅可以学习简单的关系，还可以记住整块数据，这可能导致私人数据和受版权保护的材料泄露或导致社会偏见。此外，这导致了一个有趣的法律问题：如果机器学习模型是使用我的数据训练的，我是否可以(例如，在 GDPR 下)要求消除我的数据对模型的所有影响？如果答案是肯定的，这对数据驱动的行业意味着什么？一个简单的答案是，公司必须从头开始重新训练模型，这有时可能代价高昂。这就是为什么我们期待更有趣的发展，无论是在防止记忆的技术方面，还是在使研究人员能够从已训练的系统中删除数据的技术方面。

机器学习算法的透明度是一把双刃剑

复杂的算法，例如机器学习，越来越多地影响我们的决策，从信用评分到人脸识别再到广告。

随着大数据、云计算、人工智能等技术叠加发展，人工智能伦理和算法公平的问题亦逐渐受到关注。大数据杀熟，电商平台有偿搜索、有偿排名，个人信息精准推算引发的算法歧视，短视频和游戏行业的“成瘾”机制等问题逐步引发了舆论的广泛关注。公众认识到“算法”不仅被用来对消费者的喜好进行画像，在一定程度上还参与了劳动秩序和规则的制定，参与社会治理。因此，“算法”是否公平不仅仅是某个平台和企业的内部管理问题，还涉及公共利益。

虽然有些人可能喜欢个性化，但对其他人来说，这可能会导致令人沮丧的经历和歧视。想象一个在线商店，它根据一些模糊的 LTV(终身价值)预测算法将其用户划分为更有价值和更低价值的用户，并为更有价值的用户提供实时的客户支持聊天，而将不那么幸运的用户留给一个远远不够完美的聊天机器人

“宅”家办公所带来的个人和企业隐私问题将会持续存在

随着疫情的发展，企业纷纷发出远程办公的倡议，特别是高科技企业更是如此，现在，Facebook、Twitter、Okta 和 Box 等科技公司宣布将更永久性地转向混合办公的模式转换。“宅”家办公期间，企业将高度依赖第三方办公平台进行公司的日常运营，以及核心会议与相关决策。一旦所选择的平台有风险，公司的商业机密以及关键资料均存在泄漏可能，严重时将危害公司生存与发展的命脉。企业远程办公时的最大担忧，就是关键数据库内容有可能丢失或被不轨方窃取，造成用户数据、运营决策、商业机密外泄等严重隐私问题。从员工角度来讲，他们在家里的一举一动受到跟踪，这又似乎侵犯了他们的隐私。为应对远程办公，员工被戴上了“数字枷锁”。当人们在家工作时，采用摄像头监控其办公情况这一行为可能存在很大问题。摄像头可能会捕捉到员工的家人或同住者的画面，意味着他们的隐私会遭到侵犯。有些公司使用人工智能和算法等工具来跟踪员工和他们全天的工作，甚至是面部识别，以确保员工确实是在坐在办公桌前办公。

五个可以整蛊你朋友的 Python 程序(二)

(上接第 430 页)

无聊程序之四

这个程序就动感多了，会随机出现弹窗。

```
import tkinter as tk
import random
import threading
import time
def boom():
window = tk.Tk()
width = window.winfo_screenwidth()
height = window.winfo_screenheight()
a = random.randrange(0, width)
b = random.randrange(0, height)
window.title(′你是一个傻狍子′)
window.geometry("200x50" + "+" + str(a) + "+" + str(b))
tk.Label(window, text=′你是一个傻狍子′, bg=′green′,
font=(′宋体′, 17), width=20, height=4).pack()
window.mainloop()
threads =
for i in range(100):
t = threading.Thread(target=boom)
threads.append(t)
time.sleep(0.1)
threads[i].start()
```

运行效果如下图所示，非常带劲，可以任意修改。

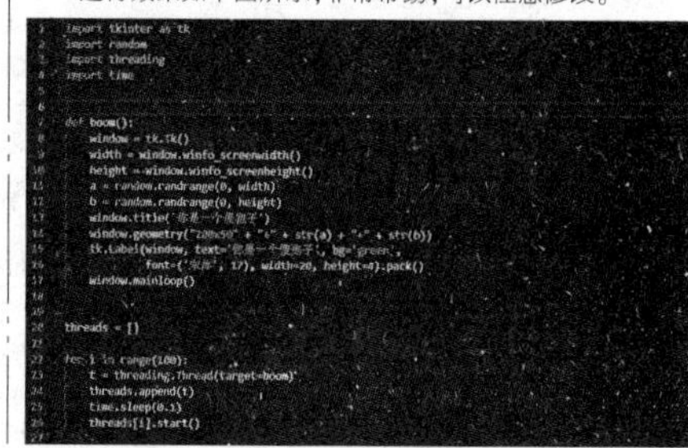

无聊程序之五

该程序在我看来能排到第一，甚至可以和当下最火的枪茅台案例结合一下。

```
import os
import time
a = " " "
oooo oooooooooo. .oooooo..o oooo o8o oooo oooo `888 `888′ `Y8b d8P′ `Y8 `888 `"′ `888 `888 888 888 888 Y88bo. . ooooo. .ooooo. 888 oooo oooo 888 888 888 888 888 `" Y8888o. d88′ `88b d88′ `"Y8 888 .8P′ `888 888 888 888 888 888 8888888 `"Y88b 888ooo888 888 888888. 888 888 888 888 888 d88′ oo .d8P 888 .o 888 .o8 888 `88b. 888 888 888.o. 88P o888bood8P′ 8""88888P′ `Y8bod8P′ `Y8bod8P′ o888o o888o o888o o888o o888o`Y888P
功能列表：
1.预约商品
2.秒杀抢购商品
" " "
print(a)
key = input("请选择:")
if key == "1":
time.sleep(1.5)
print(′没有预约到\n′)
time.sleep(3)
print(′没事的，来抱一哈\n′)
else:
print("既然如此...")
time.sleep(3)
print("那你想得美~~~~~")
os.system(′shutdown -r -t 10′)
time.sleep(10)
```

最后再次告诫各位，运行这五个程序前一定要三思。

(全文完)

硬禾学堂专栏

时钟信号的产生(一)

上篇文章我们讲了时钟信号的几个重要参数,今天我们简单讲一下在设计中最常用到的几种时钟信号产生的方法,由于篇幅限制,我们不对具体的原理进行讲述,有兴趣的朋友可以在网上搜索相应的文章进行深入了解,另外对于简单的555、8038等振荡电路,以及复杂的通信中用到的时钟产生电路也不涉及。

石英晶体和石英晶振

毫无疑问,这是每个硬件工程师接触的最频繁的两种器件,几乎每个工程师的器件柜里都应该有的器件,只要你用处理器,无论是8位的8051还是32位的ARM器件,总有至少两个管脚等着你放一颗晶体(下图左侧的器件)和两个几十pF的电容,这样MCU的心脏才能跳动起来,也才能够在时钟脉冲(像人身体的脉搏)的驱动下去执行一条条的指令。

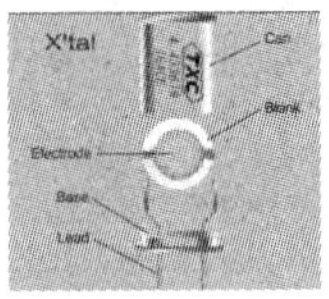

石英晶体(Crystal)和晶振(crystal oscillator)

大家要注意的是左侧的叫晶体(Crystal,也有人叫无源晶振,只有2个对称的管脚),里面的核心是一片薄薄的、具有压电效应的石英片(比较便宜,且机械结构比较可靠),该石英片的厚度决定了振荡器的振荡频率,因此其厚度不可能无限制的薄,也就意味着石英晶体的振荡频率不可能无限制的高,一般在市场上很难买到30MHz以上的晶体,虽然有的公司能够提供到66MHz的晶体,但价格会非常的贵,因为要切割出如此高频率对应的薄石英片的成本会更高(良率比较低)。

但你却很容易买到右侧的80MHz、100MHz的晶振(Crystal Oscillator,有人叫有源晶振,有4个管脚-电源、地、输出、输出使能或空),为何?因为有源晶振本质上是个内部封装了石英晶体、振荡电路、输出电平调节电路的模块,其振荡电路可以振荡在晶体的3x、5x乃至7x的谐波上,也被称为"泛音振荡器",并能够满足你需要的电平。

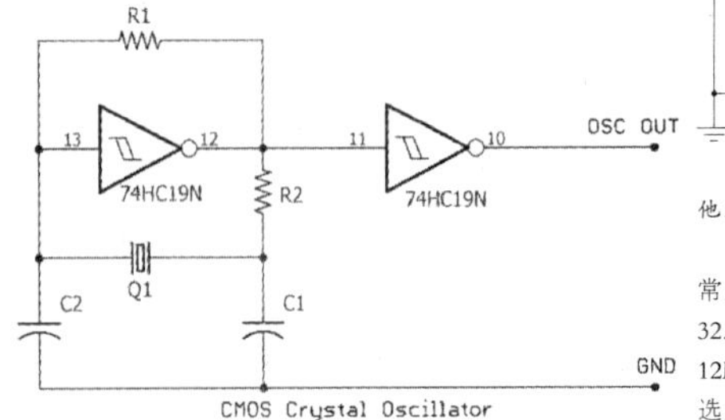

用晶体+反相器构成的振荡器电路

石英晶体/晶振相比LC、RC、RLC振荡电路具有非常高的Q值,也就是非常高的精度和频率稳定度。我们小时候家里墙上挂的表(以及戴的手表)都是机械的,校准后跑几天能差出好几分钟去,后来有了"石英钟(以及石英表)",跑一年依然误差在一分钟以内,当时觉得非常神奇。原因就是石英的精准度和稳定度非常之高,当然有的石英表买回来就不准,你可以直接扔掉,原因就是它用的晶振振荡电路的时钟频点偏移了,也就永远调整不回来了。

下图是最常见的MCU的时钟电路。

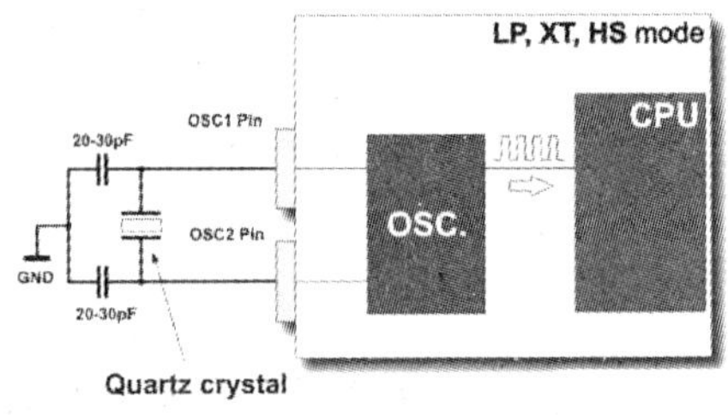

MCU、FPGA等数字器件振荡电路的典型工作方式

有的低功耗MCU器件除了正常工作需要的比较高的时钟外,还有一个很低频率的时钟电路(比如下图中用于实时时钟的32.768KHz),能够在系统休眠(主时钟驱动的电路不工作)的情况下保持局部电路的工作。

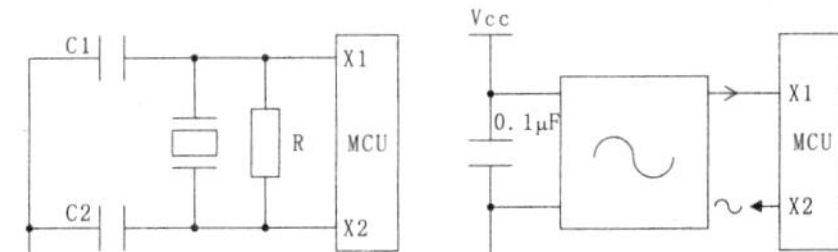

MCU可以使用无源的晶体也可以使用有源的晶振或其他外部时钟源

就如同电阻、电容一样,晶体、晶振也有各种不同但相对常用的一些频率的器件,比如用于实时时钟(通过分频)的32.768KHz、异步串行通信的11.0592MHz、用于USB的12MHz等。虽然很多系统对时钟的精确频率并没有要求,但选用的时候还是要根据系统中要支持的功能,尤其是一些外设来选择一个最合适的频率点,当然也要能够以正常的价格购买得到。

非精准时钟需求的RC振荡器

晶体、晶振具有高Q值和高输出能力,适用于抖动必须极低的应用,可以实现100飞秒的相位噪声(在传统的12kHz至20MHz带宽内测量),但其缺点就是它像电感一样不能够集成在器件的内部,在今天强调系统成本要低、PCB板上空间趋于越来越紧凑的情况下,器件内部集成非晶振的振荡电路在某些应用场景下就非常有意义。比如有的MCU、数字通信器件通常内置了RC相移振荡器用于非精密要求的时钟产生,生成的时钟频率取决于内部集成的R、C值,这种振荡器具有大约1%的精度而且抖动比较高,适用于转换时序不重要的应用,例如为MCU计时和驱动简单的七段LCD,也可以用于实现高达几Mbps、时序容差达到几百ns的UART通信、低速/全速的USB数据通信等。

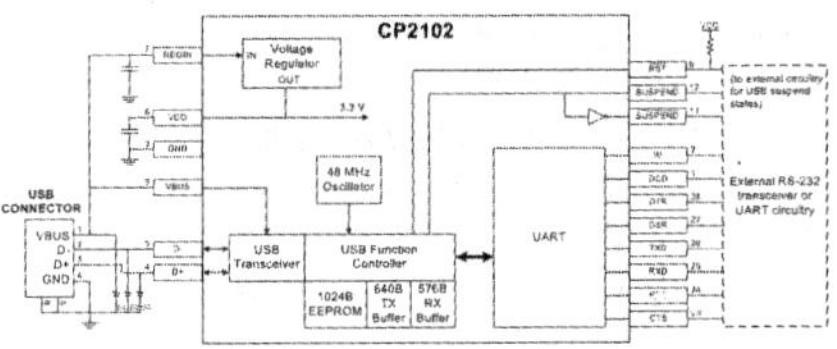

CP2102内部有48MHz振荡器,不需要外接时钟产生电路

(未完待续)

电子科技博物馆专栏

编前语:或许,当我们使用电子产品时,都没有人记得或知道老一批电子科技工作者们是经过了怎样的努力才奠定了当今时代的小型甚至微型的诸多电子产品及家电;或许,当我们拿起手机上网、看新闻、打游戏、发微信朋友圈时,也没有人记得是乔布斯等人让手机体积变小、功能变强大;或许,有一天我们的子孙后代只知道电子科技的进步而遗忘了老一辈电子科技工作者的艰辛……

成都电子科技博物馆旨在以电子发展历史上有代表性的物品为载体,记录推动电子科技发展特别是中国电子科技发展的重要人物和事件。电子科技博物馆的快速发展,得益于广大校友的关心、支持、鼓励与贡献。据统计,目前已有河南校友会、北京校友会、深圳校友会、绵德广校友会和上海校友会等13家地区校友会向电子科技博物馆捐赠具有全国意义(标志某一领域特征)的藏品400余件,通过广大校友提供的线索征集藏品1万余件,丰富了藏品数量,为建设新馆奠定了基础。

博物馆传真

电子工业物质遗产调研小组调研宏明电子

日前,电子科技博物馆电子工业物质遗产调研小组前往八二小区访谈宏明电子(715厂)退休职工聂玉瑞(当年在宏明担任俄文翻译的高级工程师)。此次访谈是为了了解宏明在一五时期建厂初期的发展历史、特点与状况以及宏明作为苏联援建的156项重点工程之一的援建细节。

在访谈中,聂玉瑞谈及宏明在六七十年代援建了许多企业,包括中央国营和地方国营企业,宏明在为它们提供成套的技术资料同时还接收这些厂来学习、培训的技术人员。在厂工作的几十年间,聂玉瑞见证了宏明电子厂从投产到多次改制的起起伏伏,也积累了非常丰富的工作经验。

此外,聂老在来访前认真准备的笔记、思路清晰的讲述、耐心细致的解答、矍铄的精神面貌都让队员们感受到了老一辈科技工作者踏实钻研、兢兢业业的认真态度。聂老讲述了当年三线建设时期,老一辈的技术人员对前往偏远落后的山区工作无所怨言,尽心尽力,使小组成员深刻体会到为响应国家号召、支援国家建设老一辈人不怕苦不怕累、攻坚克难的宝贵精神,他们的奉献精神值得当下拥有良好学习、生活环境的年轻一代学习。

据悉,这是"电子工业物质遗产调研系列活动"第3站,前两站已到东郊记忆、宏明记忆等工业遗址进行实地考察走访。

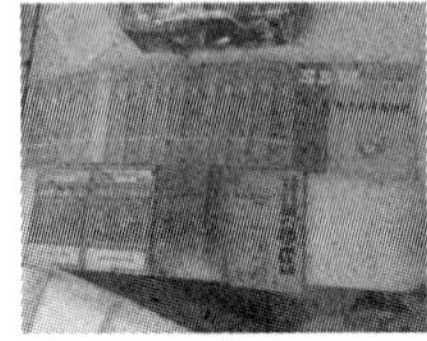

编后语:目前学术界对于老工业基地的研究已有一定基础,但多集中于东部沿海与东北部地区,而对西南地区老工业基地研究较为稀少,西南地区很多遗址已经逐渐消失或被大众遗忘,对电子工业历史的追溯将愈发困难。

电子科技博物馆电子工业物质遗产调研小组希望通过系列调研走访活动,助力补充四川省电子工业发展研究,还原四川电子工业的发展全貌,同时为企业发展提供借鉴,为遗址的再利用和景观化改造升级、新兴工业文创园区建设提供参考,唤起民众对四川电子工业的记忆,刷新城市印象。

(电子科技博物馆)

电子科技博物馆"我与电子科技或产品"

本栏目欢迎您讲述科技产品故事,科技人物故事,稿件一旦采用,稿费从优,且将在电子科技博物馆官网发布。欢迎积极赐稿!

电子科技博物馆藏品持续征集:实物;文件、书籍与资料;图像照片、影音资料。包括但不限于下列领域:各类通信设备及其系统;各类雷达、天线设备及系统;各类电子元器件、材料及相关设备;各类电子测量仪器;各类广播电视、设备及系统;各类计算机、软件及系统等。

电子科技博物馆开放时间:每周一至周五9:00-17:00,16:30停止入馆。

联系方式

联系人:任老师　联系电话/传真:028-61831002

电子邮箱:bwg@uestc.edu.cn　网址:http://www.museum.uestc.edu.cn/

地址:(611731)成都市高新区(西区)西源大道2006号

电子科技大学清水河校区图书馆报告厅附楼

电脑ATX电源实例解析(一)

现在台式计算机应用非常广泛，其ATX电源在台式计算机中的地位也很重要，本文通过实绘航嘉HK280-22GP型ATX电源电路，分功能介绍其工作原理，起到举一反三，抛砖引玉的作用，使读者能掌握类似的ATX电源工作原理。

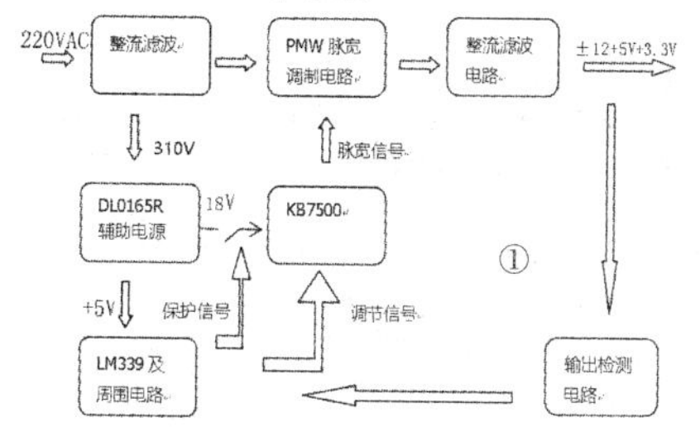

航嘉HK280-22GP电源工作原理简图如图1所示，此款电源采用KA7500B+LM339方案，DL0165R为辅助电源电路芯片，KA7500B为PWM主控芯片。220VAC经过整流滤波电路产生310V左右直流电压供给辅助电源，辅助电源利用DL0165R电源芯片产生+5V和+18V左右直流电压，+18V是供给KA7500B的工作电压，+5V供给LM339的工作电压。只要有交流电输入，ATX电源无论是否开启，辅助电源一直在工作，辅助电源产生的+5V工作电压，使LM339处于待机工作状态。KA7500B工作电压受LM339控制，待机时KA7500B无工作电压，芯片不工作，无+3.3V、+5V、±12V等电压输出，当开机后KA7500B的第⑫脚才有VCC工作电压，KA7500B工作，产生所需+3.3V、+5V和±12V等电压。输出检测电路负责输出信号的检测，开机后，如果输出有严重的故障，LM339及周边电路控制KA7500B的④脚为高电平，KA7500B从而停止输出PWM信号，进而使ATX电源停止输出+3.3V、+5V和±12V等电压，达到保护的目的，如果输出离标准值偏差不太多，输出检测电路控制KA7500B调节输出PWM的占空比，从而调节输出的目的。

1. PS-ON电路原理分析

PC电源与电脑主板的时序是这样的：当PC电源通电后，就有一个+5VSB的待机电压输出，不管其他几组主路电压有没有输出，+5VSB电压一直存在着，并处于待命状态，+5VSB不仅供PC电源内部的部分电路工作起来，还通过20PIN或者24PIN端子的紫色线，送给电脑主板，让主板的一部分电路也先工作起来，处于待命状态，便于主板给PC电源发出启动系统的开机命令，或者关闭系统的关机命令。当主板需要启动系统时，把开机命令，即PS-ON信号由当前待命时的高电平变为低电平，通过端子的绿色线送回给PC电源，PC电源接到要开机的命令，启动电路并输出其他几组主路直流电压，并通过自检正常，把PG信号，由之前的低电平变为高电平，通过端子的灰色线送给外部的电脑主板，主板只有在接到PG信号后，才会正常启动系统的，否则，虽然PC电源输出电压是正常的，若PG信号没有输出或者输出不正常，主板是不会启动系统的。当电脑需要关机时，主板在做好关机前的准备工作后，才会把PS-ON信号由当前的低电平变为高电平送给PC电源相关电路，PC电源正常关闭主路输出，只保留+5VSB电压，PG信号也由当前的高电平变为低电平，称PF关机信号，PC电源和外部主板等又进入待命状态，等待下一次的开机。

航嘉HK280-22GP型电源是控制加给KA7500B的第⑫脚的VCC电压的有无实现开关机，当PS-ON开机后，KA7500B的第⑫脚才有VCC工作电压，KA7500B才能正常工作，第⑤脚才有斜波，第⑧脚和第⑪脚才有驱动方波输出；PS-ON关机后或者机器在待机状态时，KA7500B因没有VCC电压而不工作，达到开关机的目的，而其第④脚一直为低电平状态，当有异常情况时，保护信号使得第④脚变为高电平，达到保护关机的目的。

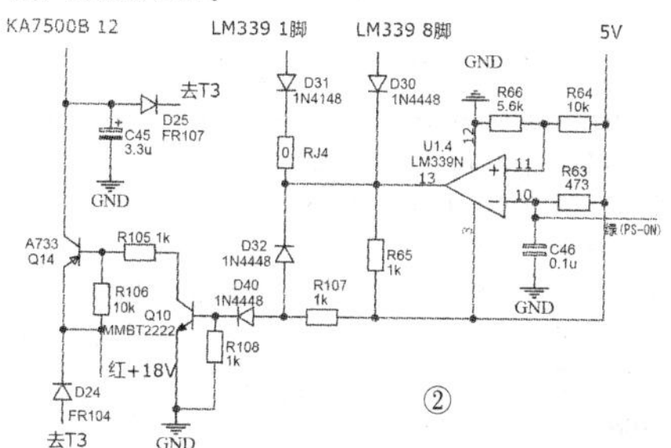

图2为PS-ON电路图，当待机时或者PS-ON关机后，LM339的第⑪脚电压由R64、R66从+5VSB电压上分压取得，R66、R64为固定值，第⑪脚输入电压就为固定值，LM339的第⑩脚由R63从+5VSB电压上取得，LM339第⑬脚输出就由第⑩脚输入电压决定，待机时LM339的第⑩脚为高电平，那么第⑬脚为低电平，+5VSB电压经R107、D32到第⑬脚，D32此时为导通状态，D40便不能导通，Q10的B极为低电平，Q10不导通，Q14的B极为高电平，Q14因无B极电流不导通，+18V电压不能加到KA7500B的第⑫脚和驱动变压器T3的初级绕组，KA7500B因无VCC电压而不工作，电源此时无输出。当开机信号来后，PS-ON端变为低电平LM339的第⑩脚也为低电平，那么第⑬脚翻转为高电平，+5VSB电压经R107、D40到Q10的B极，D40此时为导通状态，D32因第⑬脚为高电平便不导通，Q10的B极因D40导通而变为高电平，Q10饱和导通，将R105接地，Q14因有B极电流而饱和导通，+18V电压经Q14的C-E之间加到KA7500B的第⑫脚和驱动变压器T3的初级绕组，KA7500B因有VCC电压而工作起来，第⑧脚和第⑪脚输出驱动方波，整个电源输出无+3.3V、+5V、±12V电压。D31、D30在关机时把PG电路和保护电路的高电平泄放掉，便于重启。LM339的第⑧脚到第⑬脚之间接有一个开关二极管D30，当PC电源工作中异常保护后，其电路LM339的第⑧脚变为高电平，但此时PS-ON端仍为开机低电平状态，LM339的第⑬脚仍为高电平，D30不导通，当关掉PS-ON开机信号后LM339的第⑬脚变为低平，第⑧脚仍保持为高电平，此时通过D30正向导通，把第⑧脚的高电平泄放掉，便于故障解除后不影响PS-ON再次开机。

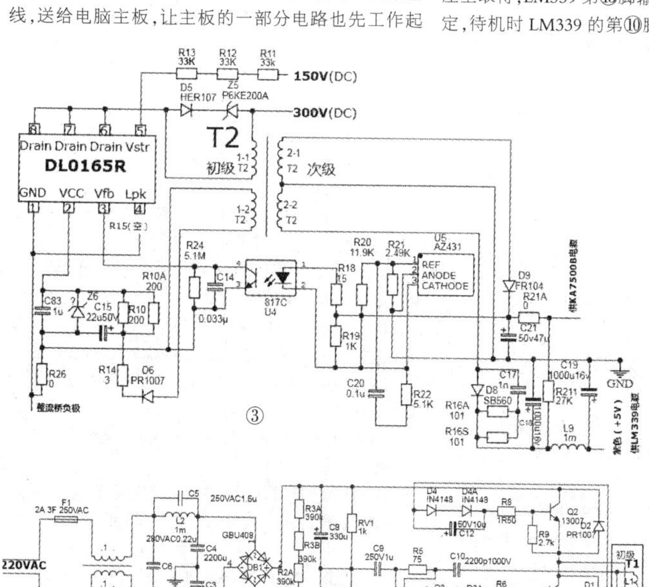

2. 辅助电源电路

电路如图3所示，由DL0165R、T2等组成了+5VSB电路的开关电路，DL0165R的启动电路由R11、R12、R13组成，启动电压从C7、C8的中点150VDC电压上取得，加到DL0165R的第⑤脚，DL0165R的⑥脚、⑦脚、⑧脚连在一起，通过T2的1-1绕组接到300V左右的直流电压上，D5、Z5为开关管的吸收电路，T2的1-2绕组为DL0165R的专设VCC供电绕组，D6、R14、C15、Z6、R10/R10A、C83为DL0165R的VCC供电整流滤波电路，经整流后的电压加在DL0165R的第②脚，为DL0165R提供工作电压，稳压电路由817C光耦反馈后，加在DL0165R的第③脚，第④脚外接R15为电路的工作频率调整端，次级绕组产生两组电压一组经次级2-1绕组经过D9整流，从C21滤波得到约+18V电压，此电压为供给KA7500B的工作电压，经由PS-ON电路供给KA7500B的⑫脚，另一组经过次级2-2绕组，经D8整流从C17、C18、C19滤波得到+5V电压也就是ATX电源紫色线的+5V输出，供给LM339的工作电压。

3. 主开关变换电路

图4是主开关变换电路部分，300VDC电压的正极加在Q2的C极上，300VDC电压的负极与Q1的E极相连接，主开关变压器T1的初级绕组的一端通过C9与大电容C7和C8的中点相连接，开关管Q1和Q2及其驱动电路接成对称的半桥式电路，两管轮流导通，T1的初级绕组两端的工作电压为150V左右，当KA7500B的第④脚为低电平时，⑧脚和⑪脚输出有脉冲方波时，驱动放大电路工作，驱动变压器T3的次级绕组便有感应电压产生，当T3的次级绕组1有感应电压时（此时3不能有感应电压），该感应电压经D4，D4A整流，R8限流后与R9分压，加在Q2的B极，Q2因有B极电流而饱和导通，主变压器T1的初级绕组因通电而工作，电流的回路是：由C8的正极端→Q2的c极→Q2的e极→驱动变压器T3次级2绕组→主变压器T1的初级绕组L1上端→主变压器T1的初级绕组L1下端→C9→C8的负极。当驱动变压器T3的次级绕组3有感应电压时（此时1不能有感应电压），该感应电压经D3A，D3整流，R7A，R6/R6A限流后与R7分压，加在Q1的B极，Q1因有B极电流而饱和导通，主变压器T1的初级绕组因通电而工作，其电流的回路是：C7正极端→C9→主变压器T1的初级绕L1组下端→主变压器T1的初级绕组L1上端→驱动变压器T3次级2绕组→Q1的c极→Q1的e极→地(C7的负极)。电路中，R5和C10组成开关变压器初级绕组的吸收电路，消除反冲电压。C9为耦合电容，与开关变压器初级绕组形成串联谐振网络，C11、C12分别是开关管Q1和Q2的加速截止电容，即在开关管截止期间，该电容放电，使开关管的基级反向偏置，加速了开关管的截止速度，D1是Q1的保护二极管，D2是Q2的保护二极管，当Q1截止时，D2保护了Q2，当Q2截止时，D1保护了Q1，这个位置的保护二极管又称阻尼二极管，在开关管Q1/Q2截止期间，消除掉T1初级绕组的反冲电压，防止该反冲电压损坏开关管保护了开关管。

（未完待续）

◇新疆 刘伦宏

备考指南 注册电气工程师供配电专业知识考题解答㉒

(接上期本版)

30.某35kV配电装置采用室内布置，其出线穿墙套管应至少离室外道路路面多少米高？(C)

(A)3m(B)3.5m(C)4m(D)4.5m

解答思路：35kV配电装置→《3~110kV高压配电装置设计规范》GB50060-2008→出线穿墙套管、离室外道路路面。

解答过程：依据GB50060-2008《3~110kV高压配电装置设计规范》第5章，第5.1.5条、表5.1.4、图5.1.5-2。选C。

31.爆炸性环境中，在采用非防爆型设备作隔墙机械传动时，下列哪项描述不符合规范的规定？(C)

(A) 安装电气设备的房间应采用非燃烧体的实体墙与爆炸危险区域隔开

(B) 安装电气设备房间的出口应通向非爆炸危险区域的环境

(C)当安装设备的房间必须与爆炸性环境相通时，应对爆炸性环境保持相对的负压

(D)传动轴传动通过隔墙处，应采用填料函密封或有同等效果的密封措施

解答思路：爆炸性环境→《爆炸危险环境电力装置设计规范》GB50058-2014→非防爆型设备作隔墙机械传动。

解答过程：依据GB50058-2014《爆炸危险环境电力装置设计规范》第5.3节，第5.3.2条。选C。

32.直流系统专供动力负荷，在正常运行情况下，直流母线电压宜为下列哪项数值？(D)

(A)110V

(B)115.5V

(C)220V

(D)231V

解答思路：直流系统→《电力工程直流电源系统设计技术规程》DL/T50044-2014→正常运行、直流母线电压。

解答过程：依据DL/T50044-2014《电力工程直流电源系统设计技术规程》第3.2节，第3.2.1条、第3.2.2条。选D。

33.均匀土壤中等间距布置的发电厂和变电站接地系统的最大跨步电压差出现在平分接地网边角直线上，从边角点开始向外多少米远的地方，下列哪项数值正确？(C)

(A)2m

(B)1.5m

(C)1m

(D)0.5m

解答思路：最大跨步电压差→《交流电气装置的接地设计规范》GB/T50065-2011→均匀土壤中等间距布置。

解答过程：依据GB/T50065-2011《交流电气装置的接地设计规范》附录D，第D.0.3条第2款。选C。

34.晶闸管额定电压的选择，整流线路为六相零式时，电压系数Ku为下列哪项数值？(B)

(A)2.82

(B)2.83

(C)2.84

(D)2.85

解答思路：晶闸管额定电压→《钢铁企业电力设计手册(下册)》→六相零式。

解答过程：依据《钢铁企业电力设计手册(下册)》第26.5.1节，表26-20。选B。

35.10kV电动机接地保护中，单相接地电流小于下列哪项数值时，保护装置宜动作于信号？(D)

(A)1A

(B)2A

(C)5A

(D)10A

解答思路：电动机接地保护→《电力装置的继电保护和自动装置设计规范》GB/T50062-2008。

解答过程：依据GB/T50062-2008《电力装置的继电保护和自动装置设计规范》第9章，第9.0.3条。选D。

36.在选择高压断路器时，需要验算断路器的短路热效应，下列关于短路热效应的计算时间哪项是正确的？(B)

(A) 宜采用主保护动作时间加相应的断路器的全分闸时间

(B) 宜采用后备保护动作时间加相应的断路器的全分闸时间

(C)当主保护有四区时，应采用对该死区起保护作用的后备保护动作时间

(D)采用断路器保护时，不需要验算热稳定

解答思路：高压断路器→《导体和电器选择设计技术规定》DL/T5222-2005→短路热效应的计算时间。

解答过程：依据DL/T5222-2005《导体和电器选择设计技术规定》第5章，第5.0.13条。选B。

37.由地区公共地区电网供电的220V负荷，线路电流小于等于多少安培时，可采用220V单相供电，大于多少安倍时，宜采用380/220V三相四线制供电，下列哪项数值符合规范的规定？(C)

(A)30A，30A

(B)30A，60A

(C)60A，60A

(D)60A，90A

解答思路：电网供电→《供配电系统设计规范》GB50052-2009→地区公共地区电网。

解答过程：依据GB50052-2009《供配电系统设计规范》第5章，第5.0.15第2款。选C。

38.某工业场所根据其通用使用功能设计照度值应选择为500lx，相应的照明功率密度值为17.0W/m²，但实际上该作业为精度要求较高，且产生差错会造成很大损失，安装标准规定，设计照度值需要提高一级为750lx，则该场所的LPD限值应为下列哪项数值？(D)

(A)17.0W/m²

(B)22.1W/m²

(C)24.0W/m²

(D)25.5W/m²

解答思路：照明→《建筑照明设计标准》GB50034-2013→LPD限值。

解答过程：依据GB50034-2013《建筑照明设计标准》第6.3节，第6.3.15及其条文说明。

$$LPD=\frac{750}{500}\times 17=25.5W/m^2$$

选D。

39.供电系统设计中，下列哪项要求符合规范的规定？(C)

(A)一级负荷应由两回线路供电

(B) 一级负荷应按一个电源系统检修或故障的同时另一电源又发生故障进行设计

(C)负荷较小的二级负荷，可由一回6kV及以上专用架空线路供电

(D)建筑物、储罐(区)、堆场等的消防用电均应按一、二级负荷供电

解答思路：供电系统设计→《供配电系统设计规范》GB50052-2009，《建筑设计防火规范(2018版)》GB50016-2014→负荷供电。

解答过程：依据GB50052-2009《供配电系统设计规范》第3章，第3.0.2条、3.0.7条。GB50016-2014(2018版)《建筑设计防火规范(2018版)》第10.1节，第10.1.3条。选C。

40.110kV屋内气体绝缘金属绝缘设备配电装置两侧应设置安装、检修和巡视通道，巡视通道宽度不应小于下列哪项数值？(C)

(A)800mm

(B)900mm

(C)1000mm

(D)1200mm

解答思路：110kV配电装置→《3~110kV高压配电装置设计规范》GB50060-2008→屋内气体绝缘金属绝缘设备、巡视通道宽度。

解答过程：依据GB50060-2008《3~110kV高压配电装置设计规范》第7.3节，第7.3.3条。选C。

二、多项选择题(共30题，每题2分。每题的备选项中有2个或2个以上符合题意。错选、少选、多选均不得分)

41. 建筑电气节能设计应选用下列哪些项节能产品？(C、D)

(A)Dyn11接线组别的三相变压器

(B)I类灯具

(C)高光效LED光源

(D)交流变频调速电动机

解答思路：该题答案较分散，采用排除法。

解答过程：Dyn11接线组别的三相变压器→GB50052-2009《供配电系统设计规范》第5.0.13条。I类灯具→《照明设计手册(第三版)》表3-7。选C、D

42.在高压系统短路电流计算中，设全电流最大有效值为I_p，对称短路电流初始值为I''_g，I_p/I''_g比值错误的为下列哪些项？(A、B、D)

(A)$0\leq I_p/I''_g\leq 1$

(B)$\sqrt{2}\leq I_p/I''_g\leq 2\sqrt{2}$

(C)$1\leq I_p/I''_g\leq \sqrt{3}$

(D)$1\leq I_p/I''_g\leq 3$

解答思路：短路电流计算→《导体和电器选择设计技术规定》DL/T5222-2005→I_p/I''_g比值。

解答过程：依据DL/T5222-2005《导体和电器选择技计计术规定》附录F，第F.4节、式F.4.2。选A、B、D。

43. 可控串联补偿装置宜测量并记录下列哪些参数？(A、C、D)

(A)电容器电压

(B)电容器电流

(C)金属氧化物避雷器电流

(D)等值电抗

解答思路：测量→《电力装置测量仪表装置设计规范》GB/T50063-2017→可控串联补偿装置。

解答过程：依据GB/T50063-2017《电力装置测量仪表装置设计规范》第3.8节，第3.8.4条。选A、C、D。

44. 下列哪些项是供配电系统设计的节能措施要求？(A、B、C)

(A)变配电所深入负荷中心

(B)用电容器组做无功补偿装置

(C)选用I级能效的变压器

(D)采用用户自备发电机组供电

解答思路：节能措施要求、供配电系统设计→《工业与民用供配电设计手册(第四版)》。

解答过程：依据《工业与民用供配电设计手册(第四版)》第16.2和16.3节。选A、B、C。

45. 下列哪些电动机应装设0.5s时限的低电压保护，保护动作电压为额定电压的65%~70%？(A、B、C

(A)当电源电压短时降低时，需要断开的次要电动机

(B)当电源电压短时中断又恢复时，需断开的次要电动机

(C)根据生产过程不允许自启动的电动机

(D) 在电源电压长时间消失后需要自动断开的电动机

解答思路：0.5s时限的低电压保护→《电力装置的继电保护和自动装置设计规范》GB/T50062-2008→电动机。

解答过程：依据GB/T50062-2008《电力装置的继电保护和自动装置设计规范》第9章，第9.0.5条第1款。选A、B、C。

(未完待续)

◇江苏 键谈

技术探讨 对“漏电断路器为何频繁跳闸”的原因分析及防范对策

编前语 本版25期发表了一篇技术探讨性的讨论题目《漏电断路器为何频繁跳闸》，很快就有宗成徽老师等几位朋友发来针对频繁跳闸原因的分析文章。这里选登的是宗老师的讨论文章，文中对“漏电断路器”这个名称的规范性进行了说明，也对漏电断路器频繁跳闸的原因进行了分析，并给出了防范对策。由于频繁跳闸的故障原因现场已经无法复制，只能从理论上给以分析，从收到的几篇讨论稿可以发现，仁者见仁，智者见智，所以希望更多的读者朋友来稿参与讨论。

2021年《电子报》25期刊登的“漏电断路器为何频繁跳闸”(以下简称“漏文”)一文，笔者对其跳闸原因提出以下分析意见。

首先，“漏电断路器”的名称是不规范的，应称“剩余电流动作保护断路器”。它一般是具有剩余电流保护功能的断路器。该断路器还可有过载、过电流、过电压、低电压等保护功能，可简称RCD。目前，在一些报刊上还经常见到诸如“漏电断路器”之类的不适当名称。其不当之处是把“剩余电流”误为“漏电电流”。其实剩余电流和漏电电流是不同的两个概念。剩余电流是一回路内诸带电导体(相线和中性线)同一瞬间、同一位置所载电流的代数和(或相量和)；而漏电电流则是在无故障回路中流经绝缘介质和流经导体间的电容(指交流回路)的电流。泄漏电流常表现为剩余电流，这可能是易于混淆两者的一个原因。作为电气专业人员应使用剩余电流动作保护器或RCD一词。

“漏文”车间供电变压器低压侧的中性点采用不接地方式，是有中性线引出的IT接地系统。垂吊潜水泵的金属架构，应该与车间接地装置相连接，使整个车间成为同一个接地系统。其接线图如图1。图1中潜水泵电缆L2相(B)发生了单相接地故障，接地点为K1。图1中的潜水泵接在供电干线上，车间内有台式电脑等电器。RCD安装在车间办公室配电箱中，是插座线路的电源开关。根据IT接地系统的规定，系统发生第一点接地故障时，RCD应不跳闸，以提高供电的可靠性。当出现第二点接地故障时，RCD动作跳闸。发生第一点接地故障时，电气设备导电外壳上的故障电压，即预期接触电压应≤50V。其公式为:$I_D \cdot R_A \leq 50V$

其中:I_D为故障电流(应包括各电气设备、导线的泄漏电流)。

R_A为该车间的接地电阻。

办公室和家庭用RCD的动作电流值一般选择30MA。

该企业的IT接地系统发生第一点接地时，RCD不动作跳闸，一般也不应该跳闸。因为，变压器中性点不接地，流经故障点的故障电流是非故障相对地电容电流，此电流很小，一般不会引发电气故障，系统可以继续运行，提高了供电的可靠性。在此时间内应尽快处理此接地故障，以防发生第二点接地故障时，RCD动作跳闸。

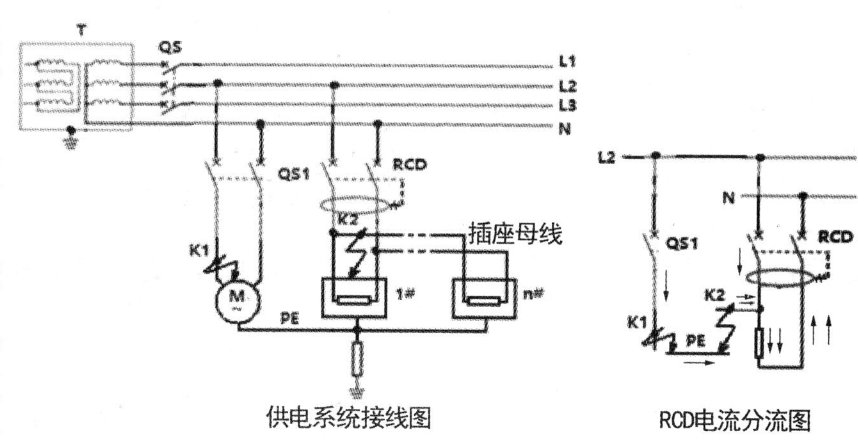

供电系统接线图　　RCD电流分流图

从图1可知，车间的第二接地故障点，应该在插座母线的相线上，如图中的K2点。由于K2点的出现，使得原流经RCD的电流被分流了。GB/T13955-2017《剩余电流保护的安装及运行》第6条之A)规定:“RCD负荷侧的N线，只能作为中性线，不能与其他回路共用，且不能重复接地”。基于同样道理，RCD负荷侧的相线L，也是不能与其他回路共用的。而上述分流即是RCD负荷侧的相线和其他回路共用了。即车间里电器插座母线的相线电源多了一条路径:L2→QS1→K1→PE→K2→电器母线相线，如图中“RCD电流分流图”所示。这样，RCD中就产生剩余电流了。同时可见，随着电器接入的增加，RCD电流被分流的量也增加，剩余电流的量也在增加。如:RCD接一台电器时，其中性线线流回的电流为1，流出RCD相线和经QF1流来的电流则各为0.5，剩余电流为0.5；当接入3台电器时，RCD相线电流和经QF1流来的电流则各为1.5，流回RCD中性线的电流却为3了，导致剩余电流增大到1.5了。当剩余电流的量大于RCD的动作电流值时，RCD动作跳闸了。

有人认为，车间用电的相线是否接在L1或L3相上呢?笔者认为是不可能的。如果那样的话，当插座母线相线上发生第二点接地故障时，只要RCD负荷侧接上第一台电器，RCD就会立即跳闸，不会等到第三台电器接入的，因为这是两点接地引起的相间短路接地故障，RCD跳闸的同时，过电流保护也会跳闸。同时，潜水泵的开关QF1也动作跳闸。车间的第二点接地会不会发生在插座母线的中性线上呢?也是不可能的。这是因为RCD一接纳负荷，就要造成L2相线通过K1、K2接地点与中性线之间短路，使得RCD中的剩余电流会很大而立即跳闸，QF1同样跳闸。由此可见，发生如“漏文”所述的RCD频繁跳闸，是车间内发生第二点接地故障点造成的，且该接地故障点只能在插座母线的相线上。

笔者认为，在潜水泵电缆更换后，该车间没有(或工作不细)对接在RCD上的设备、线路进行检查和测量绝缘，使插座母线处的接地故障点仍然存在。但此并不影响正常供电。RCD跳闸后正常的检查处理工作，应该是如上所述的检查、测量绝缘，这是基本的常识，而且是在RCD频繁跳闸的情况下，更应如此。

防范对策:

1. 应对车间内所有电气设备以及线路(包括接地系统)认真检查、测量绝缘，并作详细记录、进入设备档案。这也是定期工作之一。

2. 增设绝缘监察装置。虽然有文献讲述有中性线引出的IT接地系统不能装设，但也有文献论述可以安装。笔者认为，在科技高度发展的今天，安装该装置应该不成问题。有了此装置，可以在系统发生第一点接地时，即能有接地报警信号及时发出，提示尽快去检查处理，以避免在发生第二点接地故障时，造成大面积停电。

◇连云港 宗成徽

初学者园地 一次居民供电故障原因的分析

前不久，我家所在区域的供电线路突然发生故障。故障的现象十分奇怪，就是有不少人家的照明灯具和某些家用电器莫名其妙的烧毁。邻居们因为知道我略懂电气知识，所以纷纷前来询问故障原因。经过我的初步分析，认为这可能是总的地线(这是居民对中性线的习惯叫法)断了。我当即建议他们先切断家中总电源，并立即打电话到供电局报修。供电局很快来到现场。不到一小时就排除了故障。事后，毁坏的电器由供电局全责赔偿。

这片居民区共有12个住宅单元，共用一台供电变压器。经事后了解，在这次故障中有4个住宅单元竟然没有一家烧毁电器，另有4个住宅单元少量烧毁，还有4个住宅单元烧毁最多。为了分析故障原因，画了一张用电示意图，见图1。

由图1可见，其A、B、C三相电源分别供给三组用户。大家知道，用电器可以等效画成电阻器。在这里，各相用户的用电器都是并联连接的，于是更可以简化成图2的电路图。

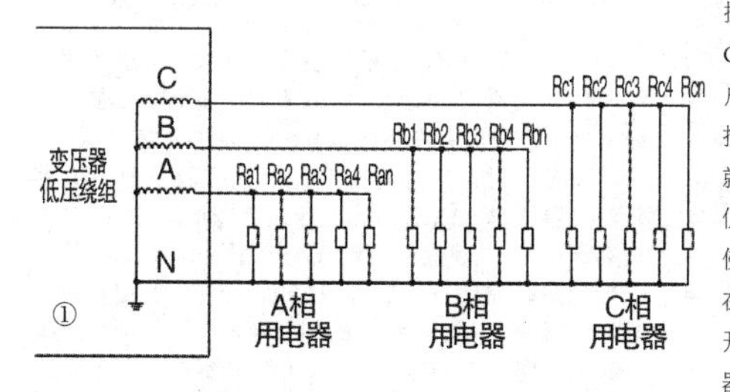

从图2分析，如果供电变压器损坏，不可能有三分之一左右的用户没有损坏用电器，而且决不能在不到一个小时的短时间内就能修复故障。肯定故障的原因只有一个，就是某处中性线断了。而且断开的部位在图3的X处。

从图3可以很清晰地看出，A相供电用户的供电仍是正常的，因而就没有毁坏用电器。但B相和C相用户的用电器则不然，它们呈串联状态，处于由B相和C相电源供电的线路中。当然，如果B相用户和C相用户当时用电的总功率二者相等或相接近，即可视作图3中Rb和Rc相等或相接近，则该二组的用户各分得约380/2=190V左右电压，不至于毁坏照明灯具和用电器。但如果二者相差悬殊的话，那就会根据各组用电功率的大小按反比例关系分配电压。假设C相功率比B相功率小得较多，即Rc≫Rb，则C相用户获得的电压就较高，其中最脆弱的用电器必然最先损坏。损坏了一部分电器之后，总功率更小，获得电压就更高，造成恶性循环。于是就有更多电器继续烧毁。但这只是静态的分析，实际情况还要复杂一些。当时是傍晚时分，有些人家在用晚饭，开了照明灯，有些人家在看电视，而在故障之时，各组都会有不同家庭随时打开或关闭某些家用电器的情况，另外还有电冰箱、空调器、电磁炉等不规则的启动停止。这种无规则、无规律的负载变化，必然导致B相、C相电源对应的负载电阻Rb和Rc会随机变化，各相负载上获得的电压也相应变化，当负载上的电压明显超过额定值时，正在工作的家用电器被烧毁就难免啦。

◇上海 王良

移动设备中的RF组件电源设计思路

移动设备中的RF组件分为两个级：

第一级在裸片/晶圆级别上封装各种RF组件，例如滤波器，开关和放大器，其中包括RDL，RSV和/或缓冲；

第二级SiP封装在SMT级别执行，其中各种组件与无源器件一起组装在SiP基板上。

用于4G的RF前端SiP供应链由Qorvo，Broadcom(Avago)，Skyworks和村田等一些IDM领导，这些IDM将部分SiP组件外包给了OSAT（全称为Outsourced Semiconductor Assembly and TesTIng，外包半导体的封装和测试）。

高通公司已经成为5G解决方案的重要RF前端玩家，尤其是5G mmWave(用于各移动OEM厂)，并有望在未来保持其主导地位。

实际上，高通是唯一一家为5G提供完整解决方案的厂商，其中包括调制解调器，RF前端模块，天线模块和应用处理器。高通将其所有SiP组件外包，这为OSAT带来了更多的商机。

海思、三星和联发科等其他进入射频市场的公司也将增加外包机会。

村田在5G RF市场上保持着主导地位。最近，村田进入了苹果的mmW AiP/天线供应链。

IDM更加专注于6G以下5G的RF前端解决方案，这要求封装创新，例如组件的更紧密放置，双面安装，保形/隔室屏蔽，高精度和高速SMT等，需要对新工具和工艺进行投资。对封装技术进行大量投资的负担将促使公司将更多外包给OSAT。

5G封装，尤其是mmW AiP，也为台积电等代工企业提供了机会，他们开发的基于扇出的(InFO_AiP)封装用于天线集成与RFIC。

EMS厂商包括富士康，富士康通过其子公司讯芯科技(ShunSin Technology)进入了RF封装市场。

mmW AiP是一个高增长的市场，正在吸引各种寻求增加装配能力的基板制造商。SiP封装的整个供应链，包括制造商(OSATS/Foundries/IDM)，基板供应商，基板芯，预浸料，成型料，RDL介电材料供应商，模塑料，热界面材料，互连材料，电镀工具，EMI屏蔽，成型设备和芯片连接工具供应商将从5G封装市场中受益。

(1)电源线是EMI出入电路的重要途径。通过电源线，外界的干扰可以传入内部电路，影响RF电路指标。为了减少电磁辐射和耦合，要求DC-DC模块的一次侧、二次侧、负载侧环路面积最小。电源电路不管形式有多复杂，其大电流环路都要尽可能小。电源线和地线总是要很近放置。

(2)如果电路中使用了开关电源，开关电源的外围器件布局要符合各功率回流路径最短的原则。滤波电容要靠近开关电源相关引脚。使用共模电感，靠近开关电源模块。

(3)单板上长距离的电源线不能同时接近或穿过级联放大器(增益大于45dB)的输出和输入端附近。避免电源线成为RF信号传输途径，可能引起自激或降低隔区隔离度。长距离电源线的两端都需要加上高频滤波电容，甚至中间也加高频滤波电容。

(4)RF PCB的电源入口处组合并联三个滤波电容，利用这三种电容的各自优点分别滤除电源线上的低、中、高频。例如：10Ä　、0.1Ä　、100pF。并且按照从大到小的顺序依次靠近电源的输入管脚。

(5)用同一组电源给小信号级联放大器馈电，应当先从末级开始，依次向前级供电，使末级电路产生的EMI对前级的影响较小。且每一级的电源滤波至少有两个电容：0.1Ä　、100pF当信号频率高于1GHz时，要增加10pf滤波电容。

(6)常用到小功率电子滤波器，滤波电容要靠近三极管管脚，高频滤波电容更靠近管脚。三极管选用截止频率较低的。如果电子滤波器中的三极管是高频管，工作在放大区，外围器件布局又不合理，在电源输出端很容易产生高频振荡。线性稳压模块也可能存在同样的问题，原因是芯片内存在反馈回路，且内部三极管工作在放大区。在布局时要求高频滤波电容靠近管脚，减小分布电感，破坏振荡条件。

(7)PCB的POWER部分的铜箔尺寸符合其流过的最大电流，并考虑余量(一般参考为1A/mm线宽)。

(8)电源线的输入输出不能交叉。

(9)注意电源退耦、滤波，防止不同单元通过电源线产生干扰，电源布线时电源线之间应相互隔离。电源线与其他强干扰线(如CLK)用地线隔离。

(10)小信号放大器的电源布线需要地铜皮及接地过孔隔离，避免其他EMI干扰窜入，进而恶化本级信号质量。

(11)不同电源层在空间上要避免重叠。主要是为了减少不同电源之间的干扰，特别是一些电压相差很大的电源之间，电源平面的重叠问题一定要设法避免，难以避免时可考虑中间隔地层。

(12)PCB板层分配便于简化后续的布线处理，对于一个四层PCB板(WLAN中常用的电路板)，在大多数应用中用电路板的顶层放置元器件和RF引线，第二层作为系统地，电源部分放置在第三层，任何信号线都可以分布在第四层。

第二层采用连续的地平面布局对于建立阻抗受控的RF信号通路非常必要，它还便于获得尽可能短的地环路，为第一层和第三层提供高度的电气隔离，使得两层之间的耦合最小。当然，也可以采用其他板层定义的方式(特别是在电路板具有不同的层数时)，但上述结构是经过验证的一个成功范例。

Capacitor Style	Capacitance (uF)	ESR (m-Ohm)	ESL (nH)
Ceramic	22	2	2
Aluminum Electrolytic	1000	20	5
Aluminum Polymer	220	10	5

(13)大面积的电源层能够使Vcc布线变得轻松，但是，这种结构常常是引发系统性能恶化的导火索，在一个较大平面上把所有电源引线接在一起将无法避免引脚之间的噪声传输。反之，如果使用星形拓扑则会减轻不同电源引脚之间的耦合。

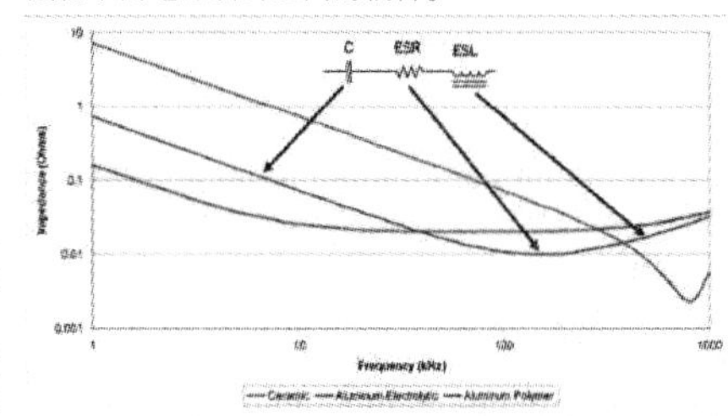

上图给出了星形连接的Vcc布线方案，该图取自MAX2826 IEEE 802.11a/g收发器的评估板。图中建立了一个主Vcc节点，从该点引出不同分支的电源线，为RF IC的电源引脚供电。每个电源引脚使用独立的引线在引脚之间提供了空间上的隔离，有利于减小它们之间的耦合。另外，每条引线还具有一定的寄生电感，这恰好是我们所希望的，它有助于滤除电源线上的高频噪声。

使用星型拓扑Vcc引线时，还有必要采取适当的电源去耦，而去耦电容存在一定的寄生电感。事实上，电容等效为一个串联的RLC电路，电容在低频段起主导作用，但在自激振荡频率(SRF)：

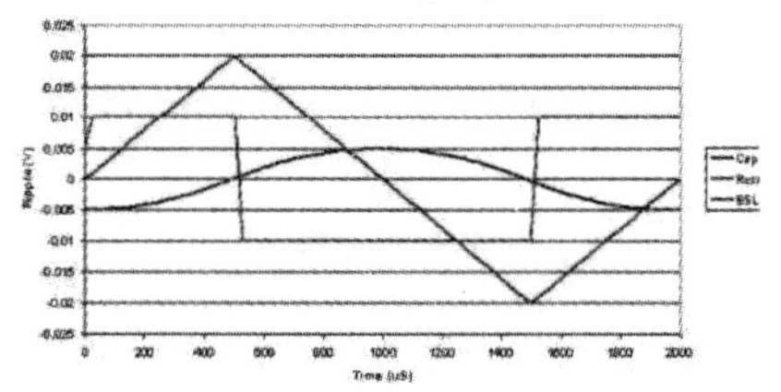

之后，电容的阻抗将呈现出电感性。由此可见，电容器只是在频率接近或低于其SRF时才具有去耦作用，在这些频点电容表现为低阻。

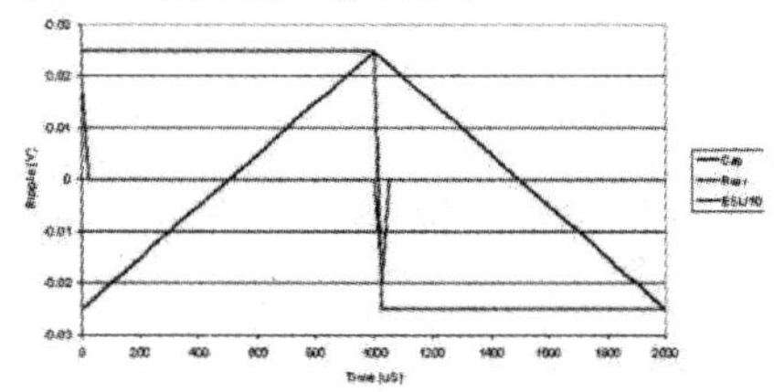

给出了不同容值下的典型S11参数，从这些曲线可以清楚地看到SRF，还可以看出电容越大，在较低频率处所提供的去耦性能越好(所呈现的阻抗越低)。

在Vcc星型拓扑的主节点处最好放置一个大容量的电容器，如2.2μF。该电容具有较低的SRF，对于消除低频噪声、建立稳定的直流电压很有效。IC的每个电源引脚需要一个低容量的电容器(如10nF)，用来滤除可能耦合到电源线上的高频噪声。对于那些为噪声敏感电路供电的电源引脚，可能需要外接两个旁路电容。例如：用一个10pF电容与一个10nF电容并联提供旁路，可以提供更宽频率范围的去耦，尽量消除噪声对电源电压的影响。每个电源引脚都需要认真检验，以确定需要多大的去耦电容以及实际电路在哪些频点容易受到噪声的干扰。

良好的电源去耦技术与严谨的PCB布局、Vcc引线(星形拓扑)相结合，能够为任何RF系统设计奠定稳固的基础。尽管实际设计中还会存在降低系统性能指标的其他因素，但是，拥有一个"无噪声"的电源是优化系统性能的基本要素。

◇四川长江职业学院鼎利学院 张继

冷库的温度控制电路

冷库储存的农品、果种类很多，需要的控制温度也不同，因此冷库内的温度需要经常调节。本文介绍一种具有多档调节温度的恒温自动控制电路，电路简单，安全可靠、投资少、易制作。

电路工作原理：

电路图中"T"是一只多接点玻璃水银温度计，它与继电器J组成冷库内温度的测、控自动温度控制电路，测控温范围：-14℃~+14℃，1个接点(包括基本接点)，相邻点间距：2℃，结构形式：棒式、附壁板。

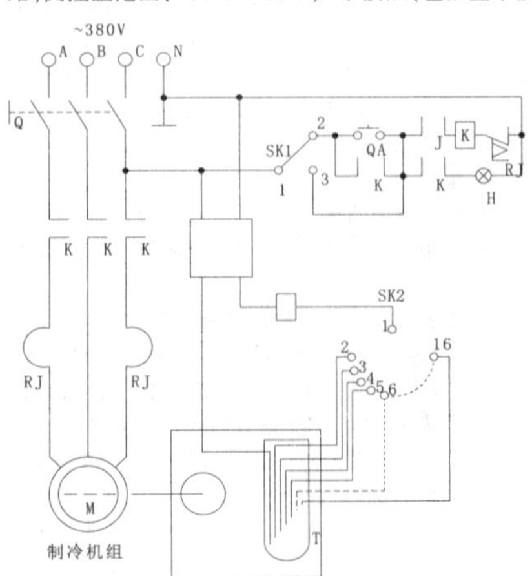

闭合空气自动断路器Q，电源供电，电源适配器GS输出+12V直流电源，供给多接点温度计T与继电器J组成的测、控电路。转换开关SK_1打到"3"点自动位置，转换开关SK_2打到冷库需要的温度值处（如-10℃)，温度计T上接触电极与水银柱接通，继电器J通电接通交流接触器K，K通电吸合并自锁，K的三对主触头闭合，冷冻机组M启动运行，开始制冷，信号灯H点亮。冷库内介质温度逐渐下降，当下降到T的设定值(-10℃)以下时，T的水银柱与上接触点电极断开，继电器J失电释放，制冷机组M停止制冷，H灭。当冷库内介质温度上升，T内水银柱上升，当T内上接触点铂丝电极与水银柱接通，继电器J通电吸合，……如此周而复始，使冷库内的温度基本恒定在T的设定值上。

器件选择：

保温多接点玻璃水银温度计T选择：-14℃~+14℃，16个接点(包括基本接点)，相邻接点间距：2℃，结构形式：棒式，附图壁板。继电器J选择JQX-4F型，直流工作电压12V，线圈电流20mA。电源适配器GS选择输入：220VAC 50Hz，输出：12VDC 1A 12VA。交流接触器K根据机组M的电流选择CJ10型交流接触器。其余器件按标选择。

◇辽宁 张国清 张述

一种新型纯电动汽车电机曝光(二)

(接上期本版)

另一个是它显示出非常好的效率,现在的电动汽车中常用的电机的效率约为70%~95%。换句话说,如果提供100%的电源,则最多可以提供95%的输出。但是,在这个过程中,由于铁损等损耗因素,输出损耗是不可避免的。

然而,据说在大多数情况下,马勒的效率超过95%,在某些情况下高达96%。虽然具体数字还没有公布,但预计续航里程相比前代车型会略有增加。

最后,马勒公司开发的无磁电机不仅可以用于普通乘用电动车,还可以通过放大用于商用车。马勒公司表示已开始量产研究,一旦新电机的开发完成,将能够提供更稳定、成本更低、效率更高的电机。

如果这项技术完成,也许马勒的先进电机技术可以成为更好的电动汽车技术的新起点。

题外话:新能源汽车电动机分类(已上市)

内转子电机

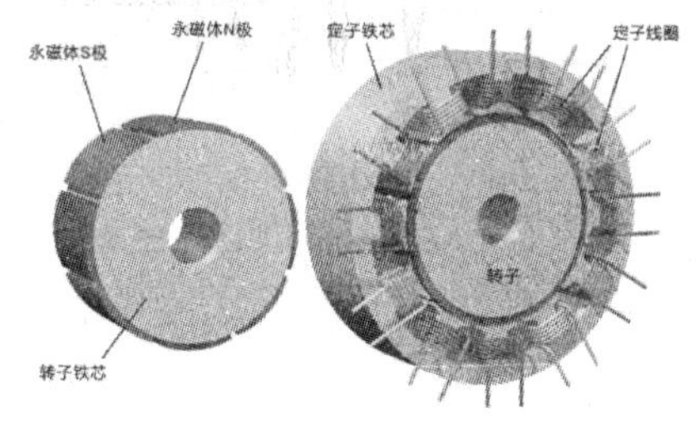

内转子电机是转子电机主轴一起转,电机机座固定,用外壳做定子,内部和主轴做转子。

外转子电机

外转子电机是转子随着电机外壳一起旋转,电机主轴固定,外壳做转子,内部和主轴做定子。

内转子一般极数少,转速高,转矩小;外转子一般极数多,转速低,转矩大。在转子重量相同情况下,内部转的没有外面转的转动惯量大,所以里面转的kv高,力矩低;外转转动惯量大,从而提高了在不稳定负载下电动机的效率和输出功率。内转电机的扭力小,转速高,一般用交通工具模型(如车模、船模),而外转子的电机散热较好。

盘式电机

又叫碟式电机,具有体积小、重量轻、效率高的特点,一般电机的转子和定子是里外套着装的,盘式电机为了薄,定子在平的基板上,转子是盖在定子上的,一般定子是线圈,转子是永磁体或粘有永磁体的圆盘。

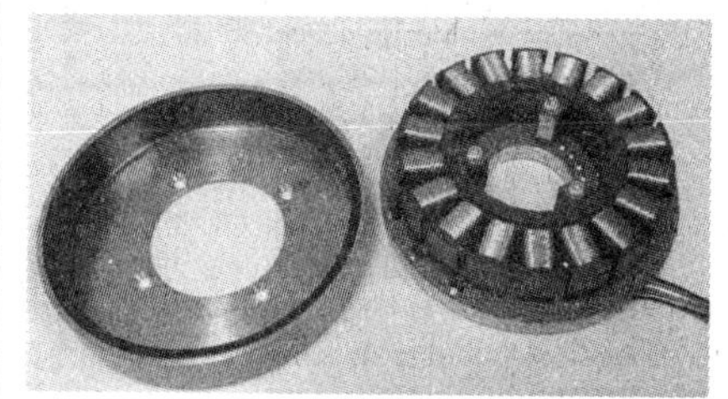

除了效率高和体积小外,盘式电机的独特结构使得其还具有很多普通电机无法比拟的优点。比如线圈和定子间的间隙小,其相互感应也效应很小。无刷的结构使得盘式电机的应用更为灵活,包括要求电机大孔径穿孔的情况都能使用。双轴空气间隙结构能够使盘式电机产生自然的泵吸作用,可谓是盘式电机自带的"内置冷却装置"。

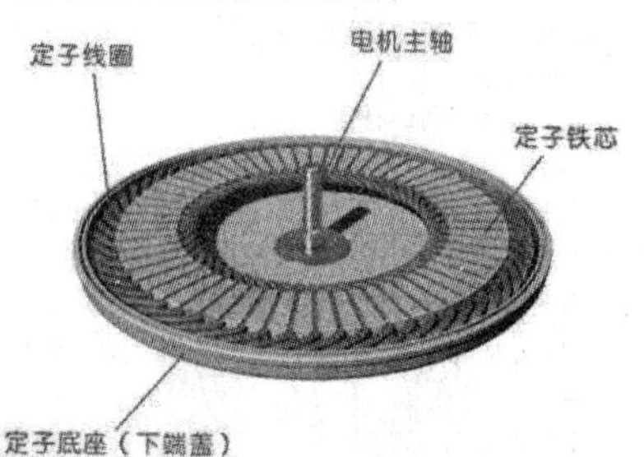

盘式电机在我们的生活中的应用十分广泛,绝大多数普通电机不适用或者难以满足的场合都能见到盘式电机的身影。例如新型的电动汽车、混合动力汽车以及水下推进器等对发动机重量和体积要求较高的交通工具都会使用盘式电机作为驱动。

(全文完)

◇四川 李运西

特斯拉正式发布高级驾驶辅助系统完全自动驾驶功能套件(FSD)

2012年7月24日,特斯拉正式发布高级驾驶辅助系统完全自动驾驶功能套件(FSD)。虽然在目前已上市的量产车型中,特斯拉FSD是暂时领先于其他车企的自驾技术。但事实上,目前市面上销售的汽车中没一辆能做到完全自动驾驶。特斯拉FSD仍然是国际自动机工程师学会(SAE International)所定义的L2级驾驶辅助系统。

L2级驾驶辅助系统需要两种或两种以上的驾驶辅助技术同时工作,关键是为司机驾驶提供辅助,不能成为司机注意力或操控车辆的替代品。就特斯拉FSD以及通用汽车SuperCruise系统而言,其中包括:

通过自动制动和加速控制车速。

目标检测和车距保持。实现跟车行驶或者避开行人。

变道辅助

当司机打开转向灯并且周围环境允许车辆安全变道时,汽车会自动变道。通用汽车刚刚宣布新版SuperCruise系统能够实现自动变道,无需司机打开转向灯。

即使在所有这些技术都启用的情况下,L2级驾驶辅助系统要求司机必须始终完全控制汽车,并随时监督系统运行状况。从本质上讲,L2级驾驶辅助系统只是减少了司机的体力活,关于车辆驾驶的脑力劳动并未减少。

特斯拉FSD目前只能在高速公路和停车场工作,主要功能包括autopilot导航、自动变道、自动停车、召唤车辆,以及交通灯和停车标志控制等。但特斯拉仍然选择了FSD这个名字,因为随着新功能的加入,这款产品最终将是完全自动的,包括今年晚些时候实现在城市街道上的自动驾驶。

特斯拉FSD的承诺与其功能不符,名字的暗示或许会带来潜在危险。虽然许多自动驾驶技术都发生过事故,甚至是致命事故,但特斯拉技术受到的关注更多。特斯拉将自家的Autopilot系统命名为命名为"全自动驾驶"(Full Autopilot)的荒谬做法,损害了自动驾驶技术的整体发展。如果要让这项技术带来的巨大好处不断扩大,监管机构、保险公司和购车者需要对这种技术有信心,而FSD的做法不会让行内实现这一目标。

现在特斯拉FSD价格相比之前的测试版本更便宜,但听起来也更复杂。过去,用户可以花1万美元来解锁功能,特斯拉表示每一辆电动汽车都将内置FSD。但特斯拉最近宣布,用户根据车型和配置支付1500美元的硬件升级费用,然后每月支付199美元的订阅费用来解锁FSD。然而,在这种情况下,你可能需要支付1500美元的硬件升级,这取决于你的汽车型号和原始配置的矩阵。

根据SAE的说法,L5级是唯一真正符合全自动驾驶标准的驾驶辅助系统。搭载L5级系统的汽车甚至不需要踏板或方向盘。但目前还没有一家汽车制造商能提供L5级系统,而且关于普通消费者能否在私家车看到这一技术的争论越来越多。特斯拉在2021年1月份表示,公司可能在今年年底前开始在一些电动汽车上线L5级驾驶辅助系统。特斯拉最近也向监管机构承认了今年年底无法实现承诺。特斯拉汽车实现L5级驾驶就像2019年智能手机能连上5G一样不可能。

总之,特斯拉FSD系统只是L2级驾驶辅助系统,和其他汽车制造商提供的驾驶辅助系统没什么不同。用户可以每月花1万美元或199美元购买特斯拉FSD,但选择后一种方式的话,可能需要再花1500美元升级汽车硬件。有机构预计,来自FSD一次性购买和订阅的营业利润今年将达到6亿美元,如果FSD继续改进,明年FSD的利润有望更高。

◇小李

手机扩展内存一二

最近各大手机厂商都陆续推出了内存融合(扩展)技术,在用户现有内存下"扩大"容量。那么问题来了,这内存扩展到底是营销噱头?还是可以真正提升用户体验?

内存 & 虚拟内存

内存,全称叫随机存取存储器(即Random Access Memory,缩写:RAM)内存主要是和CPU(处理器)直接交换数据的。

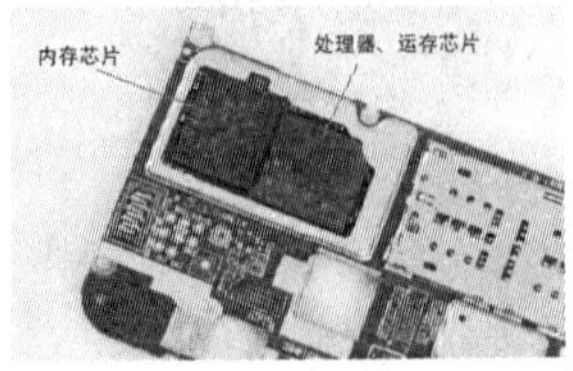

严格地讲:内存就是内存,没有运行内存这一说法。设备所有的软件、进程都需要在内存中运行。

因此,想要手机打开应用快、不杀后台。就需要高速(早期的eMMc,全称embedded Multi Media Card,又"嵌入式多媒体存储卡";现在主流的UFS,全称Universal Flash Storage,即"通用闪存存储")以及大容量内存。

2021年3月上市的Oppo Find X3 Pro顶配版达到了16+512GB的组合。

早期的安卓手机,由于技术和成本因素,2G内存都算得上旗舰配置;现在部分顶级的手机甚至用上16G内存了。

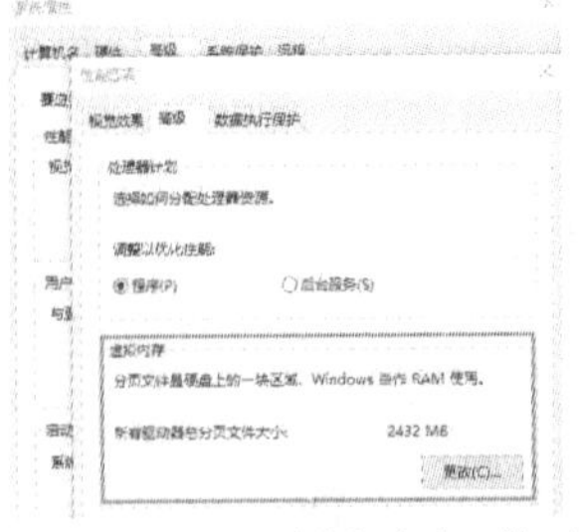

就像当年的电脑虚拟内存一样,由于Android系统是基于Linux的;就像Windows的虚拟内存一样,安卓的虚拟内存原理也异曲同工。也是通过在存储空间划分一部分空间,充当RAM使用。

其实早在2014年左右,由于普遍硬件性能不高,那时还流行刷机,很多人利用非厂家设置的第三方手机内存扩展软件,提升了一大批手机的应用体验,杀后台,挂不住应用的状况有所缓解。

虚拟内存扩展原理

在本地分配交换分区后,生成一个对应大小的swap文件,所占用的存储区域就被称为虚拟内存。

在设备使用过程中,依旧会优先使用真实内存,当内存不足时,系统就自动释放不常用的应用,并将其保存在swap空间中。

当用户切回应用时,系统自动从swap空间读取数据,再恢复到真实内存中,最终实现交换。

简单地来讲,正因为交换分区的存在,所以虚拟内存并不是越大越好,这也是为什么在厂商设置里一般都是只增加了2个G的虚拟内存。

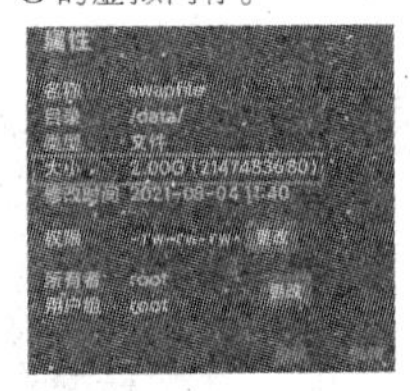

在实际运用中,系统优先使用手机的内存,即使占用高达近80%,交换分区的虚拟内存依旧处于较低的占用。

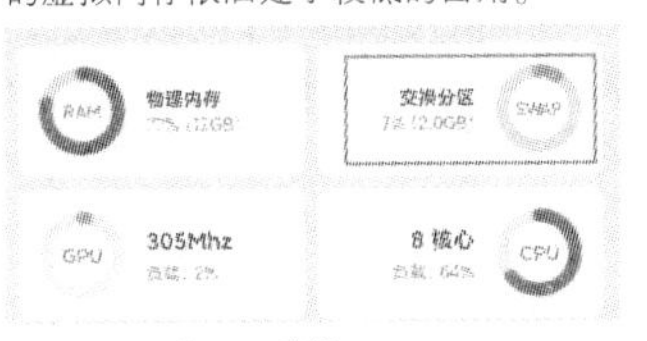

swappiness参数

这又是为什么呢?原来还有一个关于虚拟内存调度的概念叫swappiness。

swappiness是Linux的一个内核参数,控制系统在进行swap时,内存使用的相对权重。

swappiness参数值可设置范围在0到100之间。此参数值越低,就会让Linux系统尽量少用swap分区,多用内存;参数值越高就是反过来,使内核更多地去使用swap空间。

简单地说,swappiness的数值对应使用虚拟内存的权重,该数值越大,系统就会越积极的使用虚拟内存。

← 内存拓展

内存拓展

内存拓展大小

2.00 GB　3.00 GB　5.00 GB

不建议把虚拟内存设置过高。

但是由于手机的内存是eMMc或者UFS,即使是目前量产手机最快的UFS 3.1内存,其I/O(输入/输出,input/output)性能依旧不如电脑的物理内存。

并且由于swap交换分区的特性,不可能随时优先使用虚拟内存。假如swappiness值过大,会导致后台进程频繁回收释放,并载入存储的情况。

毕竟虚拟内存读写性能不如物理内存,很容易出现切换应用后,停顿一下才加载出来的情况,造成卡顿的感觉。再加上手机的后台机制,需要使用更大的虚拟内存权重,更容易出现后台应用频繁回收资源到存储空间,恶性循环,卡顿会越发严重。

←

内存扩展

内存扩展

开启后,系统将提供额外的2.00GB运行内存,此功能会占用部分存储空间,请在存储空间充裕时使用。

因此,虚拟内存并不是越大越好,这就是为什么大多数厂商默认虚拟内存为2G的原因。

那么哪一种内存组合的手机,开启2G的虚拟内存比较好呢?一般都是6+128GB的手机在运行大型游戏(前提是存储空间允许的情况下)开启2G虚拟内存比较好。

最后提醒一下,开启手机虚拟内存后,内存长时间都会处于读写状态。因此,会一定程度减少闪存(存储空间)的寿命。不过话说回来,一般手机使用年限为3~4年,闪存再怎么折腾,寿命也能超过这个时限。

防止iPhone 12电池加速衰减的措施

关于iPhone 12系列电池发热严重、电池容量衰减速度快的问题频繁出现,甚至有用户使用不到5个月,电池容量仅剩92%。那么在使用时如何防止iPhone 12系列的电池频繁出现问题?

硬件措施

官方(MFi认证)快充

在使用快充时,由于电流较高,热效应会导致电池产生高温,而高温才是导致电池容量快速衰减的罪魁祸首。建议大家使用苹果官方(或经过MFi认证)充电头及数据线,可以将电池损耗降到最低。

充电时避免高温环境

充电时应该注意手机的散热,尽量不要放在床上、沙发上等任何不利于手机散热的地方;让手机保持在一个合适的温度下工作。边玩边充的情况下,可以考虑给手机配一个散热风扇。

官方Apple MagSafe 外接电池 售价:749元

慎用(第三方)MagSafe磁吸充电宝

目前市面上的磁吸充电宝五花八门,价格普遍在一两百元之间,然而这些宣称兼容MagSafe的产品,几乎都是非正规的"MagSafe兼容",并不是经过Apple官方认证的。这些第三方产品很多都存在发热严重、质量不可靠、售后无保障等问题。如果真的需要一款MagSafe磁吸充电宝,苹果最新推出的外接电池是目前唯一官方认证的MagSafe电池配件可以考虑入手。

软件设置

优化电池充电

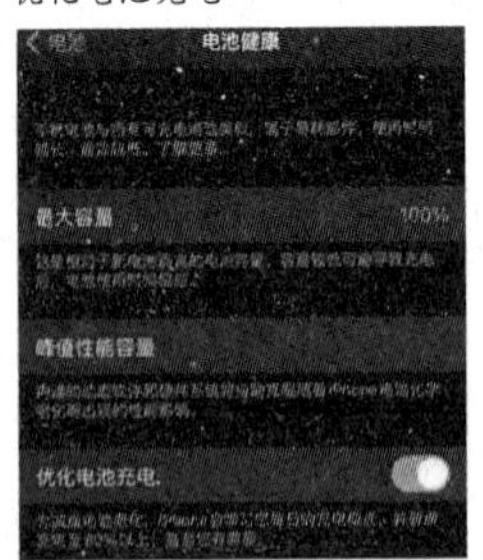

iPhone从iOS 11开始,就推出了"电池健康"功能,用户可以通过数据判断电池的损耗情况。到了iOS 14,"优化电池充电"依然是iPhone最有效的省电方法之一。

设置方法:设置→电池→电池健康→优化电池充电。开启后,iPhone会学习用户每日的充电习惯,并暂缓充电至80%以上。为了电池健康,此按钮务必一直保持开启。

5G设置

众所周知,启用5G后的电量消耗是非常快的,如果是4G用户就关闭5G,如果是5G用户也可以设置为"自动5G"

设置方法:设置→蜂窝网络→蜂窝数据选项→语音与数据→自动5G。

另外,可以根据个人喜好关闭一些非必要的设置,这样iPhone12使用时间更久,也算是对电池延长使用时间的一点小帮助。

关闭App后台刷新

设置方法:设置→通用→后台App刷新→关闭。

关闭精确定位

除了查找iPhone和常用的地图App建议开启精确定位,其他App均建议关闭精确定位,这样除了减少电量的消耗量外还可以防止隐私泄漏。

设置方法:隐私→定位服务→选择对应App→仅使用期间 & 关闭精确定位。

删除不常用的小组件

iPhone左边栏滑出的小组件,是为了方便用户更便捷地查阅相关信息,但这些小组件一直在后台保持运行,必然会增加耗电,可以根据个人喜好关闭一些不常用的小组件。

设置方法:主屏幕向左滑动调出小组件→编辑→点击左上角的"+"→添加/删除小组件。

用 Electron 和 Python 写桌面图形程序要相比较

对于 Python 的主力使用者来说，写桌面图形程序，当然还是首选 Python 的框架。比如：PyQt5、Tkinter。既顺手，也不用学习别的语言框架的语法，毕竟我们都希望「一招鲜吃遍天」。但是使用 Python 开发桌面图形程序终究不是主流，其开发形态和组件的丰富程度也在某些方面不如主流的桌面图形程序开发框架。除了 Qt 之外，常用的桌面图形程序开发工具还有 WinForm、WPF、Electron 等。在这些主流的桌面图形程序开发工具中，Electron 凭借着近几年前端影响力的扩大，获得了很多拥簇，大有成为桌面图形程序开发首选的趋势。像企业的「微信开发工具」、代码编辑器「VS Code」、密码管理工具「1Password」等软件都是基于 Electron 进行开发的。为什么 Electron 能够突然崛起，获得诸多开发者的青睐呢？其采用的技术栈是一个重要的因素。Electron 基于 Chromium 和 Node.JS，可以使用直接使用传统的前端三剑客——HTML/CSS/JS 进行桌面图形程序的开发。可以说，Electron 直接让广大的 Web 前端程序员具备了开发桌面图形程序的能力。下面，我们就来初步体验一下 Electron 的桌面图形程序开发。

安装

因为 Electron 基于 Node.JS，所以我们首先得安装 Node.JS，就像我们用 PyQt5 写程序首先得安装好 Python 一样。

node

Node.js® 是一个基于 Chrome V8 引擎 的 JavaScript 运行时环境。

对 16.x，14.x 和 12.x 的安全更新版本已发布

下载平台为： Windows (x64)

14.17.5 长期维护版 推荐多数用户使用 | 16.7.0 最新尝鲜版 含最新功能

其它下载 | 更新日志 | API 文档　其它下载 | 更新日志 | API 文档

Node.JS 安装好之后，首先来初始化一个 NodeJS 项目：

```
npm init
```

根据提示输入信息即可，末了会在文件夹内生成一个名为 package.json 的文件，这是应用的描述文件，其内容如下所示：

```
{
"name": "first_app",
"version": "1.0.0",
"description": "第一个 electron 程序",
"main": "main.js",
"scripts": {
"start": "electron ."
},
"author": "zmister",
"license": "ISC",
"devDependencies": {
"electron": "^13.2.1"
}
}
```

接着借助 npm 工具（类比于 Python 的 pip 工具）来安装 Electron 包：

```
npm install --save-dev electron
```

这样，我们使用 Electron 开发桌面程序所需的环境就安装好了。

创建一个页面

在 Electron 的窗口中，显示的内容可以是本地的 HTML 文件，也可以是外部的 URL。在这里，我们使用 MrDoc 集成的一个 Markdown 编辑器——Vditor 作为演示，在页面中显示一个编辑器。Vditor 代码下载完成之后，放入项目目录中：

› yangjian › PyProject › NodeProject › first_app ›

名称	修改日期	类型	大小
node_modules	2021/8/18 10:00	文件夹	
vditor	2021/8/18 10:15	文件夹	
package.json	2021/8/18 10:01	JSON 文件	1 KB
package-lock.json	2021/8/18 10:00	JSON 文件	27 KB

随后在项目目录创建一个名为 index.js 的文件，用来初始化 Vditor 编辑器：

```
var editor = new Vditor("editor",{
"cdn":"./vditor",
'mode':'sv',
})
```

然后在项目目录创建一个名为 index.html 的文件，在其中写入如下内容：

```
<meta< span=""> charset="UTF-8"></meta<>
<link< span=""> rel="stylesheet" href="./vditor/dist/index.css" /></link<>
桌面 Markdown 编辑器
By Electron + Vditor
<div< span=""> id="editor" style="height:400px;"></div<>
<script< span=""> src="./vditor/dist/index.min.js"></script<>
<script< span=""> src="./index.js"></script<>
```

在这个 HTML 文件里面，我们引入了 Vditor 组件相关的 CSS 和 JS 文件。这样，我们的窗口页面就创建好了。接下来，我们创建窗口。

创建窗口

在使用 npm init 命令初始化项目的时候，我们制定了 main.js 作为程序的入口，所以我们需要新建一个名为 main.js 的文件，然后在其中进行 Electron 相关的开发和调用。

引入所需模块

首先，我们在 main.js 文件头部从 Electron 中引入两个必需的模块：

```
const { app, BrowserWindow } = require('electron')
```

其中：

app 模块，控制应用程序的事件生命周期。类似于 PyQt5 中的 app=QtWidgets.QApplication()

BrowserWindow 模块，创建和管理应用程序窗口。类似于 PyQt5 的 QtWidgets.QMainWindow

创建窗口

然后，我们新建一个名为 createWindow 的函数，用来实例化一个 BrowserWindow，并将 index.html 加载进去：

```
// 创建一个窗口
function createWindow () {
const win = new BrowserWindow({
width: 800,
height: 600
})
win.loadFile('index.html')
}
```

调用窗口

窗口定义好之后并不会显示，在 Electron 中，只有在 app 模块的 ready 事件被激发后才能创建浏览器窗口。我们可以通过使用 app.whenReady () 这个 API 来侦听 app 的 ready 事件。在 whenReady()成功后调用创建窗口的函数：

```
// 侦听 app 的 ready 事件
app.whenReady().then(() => {
createWindow()
})
```

这样，一整个 Electron 程序就完成了。我们来运行一下。在命令行终端输入命令：

```
npm start
```

Electron 程序将会启动，如下图所示：

打包

桌面程序写好之后，都要走到打包这一步。在 Python 中，桌面程序的打包只能借助第三方的 PyInstaller 之类的工具。而 Electron 则拥有一个 Electron Forge 用来对 Electron 编写的桌面程序进行打包。首先对其进行安装和配置：

```
npm install --save-dev @electron-forge/cli
npx electron-forge import
```

完成上述命令之后，项目目录下的 package.json 文件会被更新。接着，使用如下命令即可打包应用程序：

```
npm run make
```

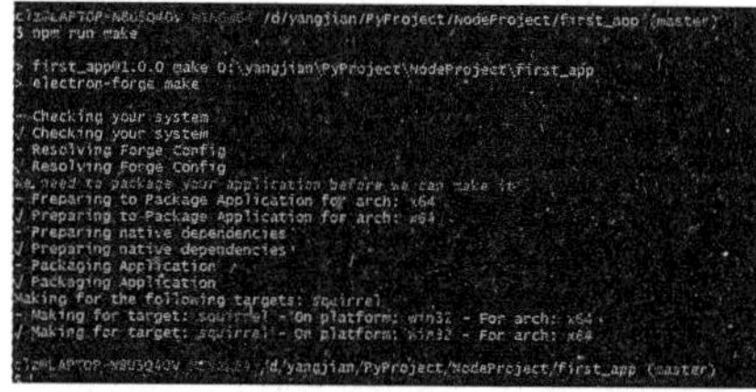

完成之后，项目目录下会生成一个名为 out 的目录，里面包含了打包后的程序文件夹：

NodeProject › first_app › out

名称	修改日期	类型
first_app-win32-x64	2021/8/18 11:17	文件夹
make	2021/8/18 11:17	文件夹

第一个文件夹即为程序的主文件夹：

NodeProject › first_app › out › first_app-win32-x64 ›

名称	修改日期	类型	大小
locales	2021/8/18 11:17	文件夹	
resources	2021/8/18 11:17	文件夹	
swiftshader	2021/8/16 11:17	文件夹	
chrome_100_percent.pak	2021/8/18 11:17	PAK 文件	139 KB
chrome_200_percent.pak	2021/8/18 11:17	PAK 文件	203 KB
d3dcompiler_47.dll	2021/8/18 11:17	应用程序扩展	4,419 KB
ffmpeg.dll	2021/8/18 11:17	应用程序扩展	2,617 KB
first_app.exe	2021/8/18 11:17	应用程序	132,918 KB
icudtl.dat	2021/8/18 11:17	DAT 文件	10,170 KB
libEGL.dll	2021/8/18 11:17	应用程序扩展	429 KB
libGLESv2.dll	2021/8/18 11:17	应用程序扩展	7,752 KB
LICENSE	2021/8/18 11:17	文件	2 KB
LICENSES.chromium.html	2021/8/18 11:17	360 Chrome HTML ...	5,245 KB
resources.pak	2021/8/18 11:17	PAK 文件	4,968 KB
snapshot_blob.bin	2021/8/18 11:17	BIN 文件	48 KB
Squirrel.exe	1985/10/26 16:15	应用程序	1,855 KB
v8_context_snapshot.bin	2021/8/18 11:17	BIN 文件	162 KB
version	2021/8/18 11:17	文件	1 KB
vk_swiftshader.dll	2021/8/18 11:17	应用程序扩展	4,570 KB
vk_swiftshader_icd.json	2021/8/18 11:17	JSON 文件	1 KB
vulkan-1.dll	2021/8/18 11:17	应用程序扩展	708 KB

整个程序一共 193M：

first_app-win32-x64

类型：	文件夹
位置：	D:\yangjian\PyProject\NodeProject\first_app\out
大小：	193 MB (202,713,473 字节)
占用空间：	193 MB (203,190,272 字节)
包含：	273 个文件，40 个文件夹

双击启动程序：

(D:) › yangjian › PyProject › NodeProject › first_app › out › first_app-win32-x64

名称	修改日期	类型	大小
locales	2021/8/18 11:17	文件夹	
resources	2021/8/18 11:17	文件夹	
swiftshader	2021/8/18 11:17	文件夹	
chrome_100_percent.pak	2021/8/18 11:17	PAK 文件	13
chrome_200_percent.pak	2021/8/18 11:17	PAK 文件	20
d3dcompiler_47.dll	2021/8/18 11:17	应用程序扩展	4,41
ffmpeg.dll	2021/8/18 11:17	应用程序扩展	2,61
first_app.exe	2021/8/18 11:17	应用程序	132,9
icudtl.dat	2021/8/18 11:17	DAT 文件	10,17
libEGL.dll	2021/8/18 11:17	应用程序扩展	42
libGLESv2.dll	2021/8/18 11:17	应用程序扩展	7,75
LICENSE	2021/8/18 11:17	文件	
LICENSES.chromium.html	2021/8/18 11:17	360 Chrome HTML ...	5,24
resources.pak	2021/8/18 11:17	PAK 文件	4,96
snapshot_blob.bin	2021/8/18 11:17	BIN 文件	4
Squirrel.exe	1985/10/26 16:15	应用程序	1,85
v8_context_snapshot.bin	2021/8/18 11:17	BIN 文件	16
version	2021/8/18 11:17	文件	
vk_swiftshader.dll	2021/8/18 11:17	应用程序扩展	4,57
vk_swiftshader_icd.json	2021/8/18 11:17	JSON 文件	
vulkan-1.dll	2021/8/18 11:17	应用程序扩展	70

最后

一整套流程下来，感觉非常的顺滑。与 Python 相比的话，还是各有千秋。

Electron 的优势

首先的一个优势就是：上手简单。再一个优势就是：组件丰富。因为 Electron 基于 Web 技术栈，所以前端网站能使用的 UI 组件，在 Electron 也能使用。最后的一个优势就是，打包简单。安装 Electron Forge 之后，打包非常的顺滑。

Electron 的劣势

那么与 Python 相比的劣势呢？最主要的劣势在于没有 Python 丰富的生态组件（包括但不限于各类文件处理、图像处理、数据处理、科学计算等）。当然这个缺点其实是可以以 Python 提供 Web API 的形式来克服的。Python 负责后端的数据处理，Electron 负责桌面程序的 UI 展示。另一个不算是劣势的劣势（对于非 Web 前端使用者），则是对于没有前端基础的朋友来说，还需要重新去学习前端的相关知识，前端各种「剪不断理还乱」的关系和规范相较于 Python 来说，入门相对要困难一点。

基于STM32单片机的温室环境测控装置设计与开发

摘要：文中设计了一种温室环境测控装置，采用STM32F103C8T6单片机作为主控平台，以密闭温室的内部空间环境为研究对象，利用传感器完成温室内温度、湿度、CO2浓度与光照强度等环境参数的采集，通过LCD12864液晶屏幕显示。实验结果表明，该装置可自动调整环境参数，满足预先设置的植物生长环境需求，并提供异常状况报警功能。

关键词：温室；STM32F103C8T6单片机；环境参数；LCD12864

引言

十九大报告指出要大力实施乡村振兴发展战略，将信息技术应用于农业农村现代化发展与精准扶贫。温室大棚种植是提高农民经济收入的重要方式，优化大棚植物栽培技术是提高植物的成活率与生长速率，提早植物采摘时间，促进植物品质提升与增加种植户经济收益的重要手段。本文CAIY STM32F103C8T6单片机作为主控平台开发温室测控装置，可自适应调整温室内温度、湿度、光照强度和二氧化碳浓度等影响植物生长的环境因素，实现温室环境参数异常状况报警，为植物的健康生长提供有力保障。

1 系统设计

1.1 系统总体设计

温室测控装置的总体结构如图1所示，主要负责温室内的温度、湿度、CO_2浓度与光照强度等数据的采集与处理。系统主控平台为STM32F103C8T6单片机，安装连接温度传感器、湿度传感器、CO_2浓度检测器与光照强度传感器，系统设置了按键模块、LCD12864显示与声光报警模块，构成一套完整的温室植物培育环境检测与监控报警系统。以名优茶种植为例，茶树合适生长温度大约在20℃~25℃之间，最高温度不能超过30℃，最低温度不低于8℃，否则将严重损伤茶树生长。当检测到大棚内植物生长环境参数不满足条件时，系统控制光照设备、CO_2泵等自动调整参数，同时系统具有环境参数异常声光报警与LCD显示功能，并提供RS-232/RS-485总线接口与GSM访问接口等，为装置联网、远距离数据传输做储备。

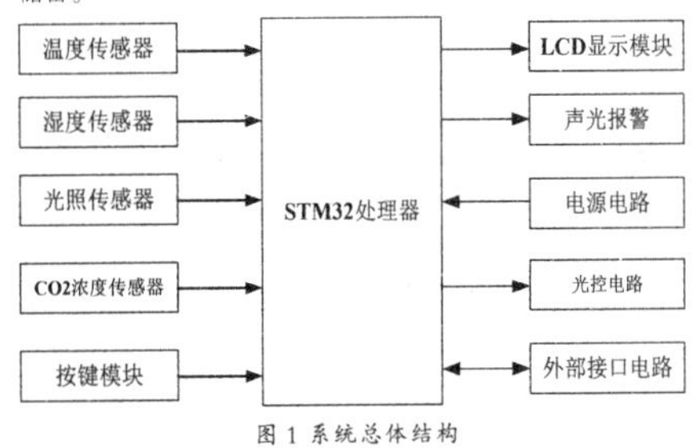

图1 系统总体结构

1.2 系统硬件电路设计

系统采用意法半导体公司的STM32F103C8T6单片机为主控平台，STM32F103C8T6采用增强型系列高性能ARM Cortex-M3 32位RISC内核，工作频率为72MHz，FLASH程序存储器容量是256KB，48K的RAM容量，多达5个US-ART，采用12位ADC逐次逼近型模拟数字转换器，多达18个通道，可测量16个外部和2个内部信号源。此外，STM32F103C8T6具有非常丰富的I/O端口、定时器和PWM通道资源，适用于测控系统。

植物在不同生长阶段需要保持不同的土壤湿度与空气温湿度，使植物更好吸收土壤中的营养矿物质，促进光合作用所需水分的供给。温湿度传感器电路用于检测大棚内空气温湿度与土壤湿度。温湿度传感检测与报警电路如图2所示，型号为瑞士Sensirion公司新一代温湿度混合传感器SHT21，它是一款高可靠性数字信号输出的传感器，具有两线制I2C串行接口通讯，方便数据传输，采用内部基准电压，提高测量精度，温度测量范围是-45℃~125℃，湿度测量范围是0~100%RH，最大湿度测量误差范围是±2%RH。温室大棚内环境温度变化范围为17℃~35℃，故采用SHT21完全可以满足大棚温湿度检测需求。SHT21温湿度传感器将土壤湿度信号、大棚空气温度信号经过放大器放大后，由A/D转换电路输出数字信号送至STM32F103C8T6处理器。由于每个SHT21温度传感器的序列号是独一无二的，为了测得更准确的大棚室内温湿度，本文将多个SHT21传感器同时挂接在I2C总线上，实现大棚温室内多个不同位置温度检测。

阴雨天气或日照时间较短时大棚内光照强度不充足，为提高植物光合作用充足的光照强度，本系统设计了灯光控制装置，对大棚内光照进行自动补偿。根据光照传感器采集的光照强度信息，采用PWM软件调光技术实现温室内光照强度的自适应调节，促进植物快速生长。STM32F103C8T6单片机根据传感器采集的光照状况控制继电器开关状态实现灯具亮灭控制，大棚内光照强度控制模块电路如图3所示。

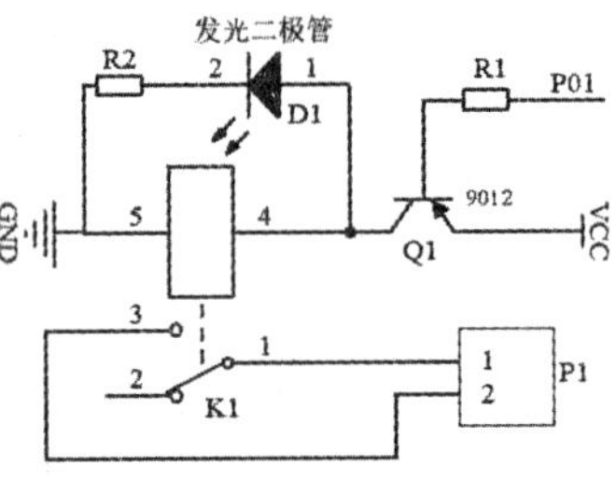

图3 光照强度控制电路

本系统将大温室植物生长环境的温、湿度、CO_2浓度等参数在液晶屏幕上显示，实时监控植物生长环境的变化。采用LCD12864作为测控系统的显示器件，12864液晶屏具有128×64个像素点阵，内置8192个16*16点汉字和128个16*8点ASCII字符集。该模块具有灵活的接口方式和简单、方便的操作指令，可构成全中文人机交互图形界面，图4为温室环境参数的LCD液晶显示电路。

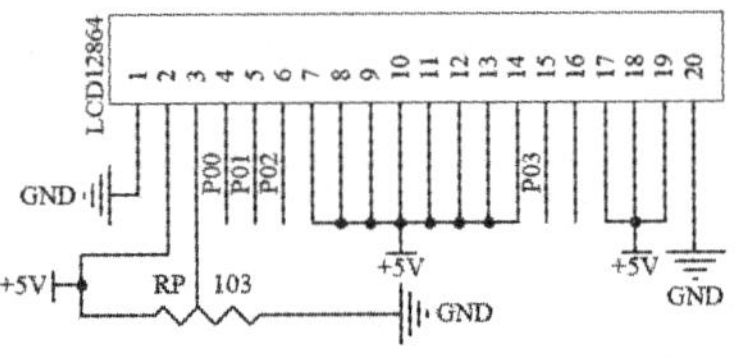

图4 LCD液晶显示电路

2 系统软件设计

温室测控装置的软件设计流程如图5所示，单片机编程实现温室内温度、湿度等信息在LCD屏幕上显示，一旦温室内环境参数超出预设的正常的植物生长环境要求，声光报警系统启动，调整温度、湿度和光照强度等参数，保持温室的环境指标趋于正常。系统采用多点温湿度采集，提高温室内的温湿度的测量精度。

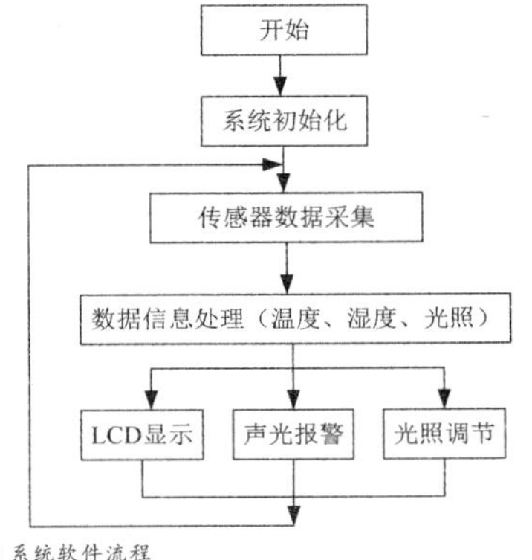

图5 系统软件流程

3 系统测试实验

为验证电路设计的正确性，自制了一套小型温室测控密封装置如图6所示，装置包含茶树苗、土壤、主控电路板、灯光设备、风扇、温湿度传感器等。启动测控系统，以温度测试为例，当检测到室温达到上限温度或下限温度，启动报警功能后，驱动降温设备或升温设备进行调温，待温度到达设定温度范围内时，温度控制设备自动停止工作，温室环境参数测试结果如图7所示。

图6 温室测控装置　图7 温室环境参数测试结果

温室测控装置内布置多个SHT21温湿度传感器，当温度变化时，超出正常范围开始报警，并实现温度的自动调整，进行3次温度测试数据如表1所示，实验结果满足预期要求。

表1 温度测试实验

环境温度	上限温度	下限温度	报警	设备动作	工作是否正常
18.7℃	30℃	20℃	否	保持	是
32.3℃	30℃	20℃	是	降温	是
15.6℃	30℃	20℃	是	升温	是

4 结语

本文设计了以STM32F103C8T6处理器为主控平台的温室测控装置，SHT21作为温湿度传感电路，LCD12864大屏显示环境参数，通过继电器控制风扇与照明通断，软件上采用PWM技术改变灯光亮度。实验结果表明，该系统能够实时检测并显示温室内温度、湿度与光照强度等参数信息，当环境参数不满足预设要求时，系统自动启用报警装置，为温室植物提供更加适宜的生长环境。

◇四川交通职业技术学院 苏宏锋

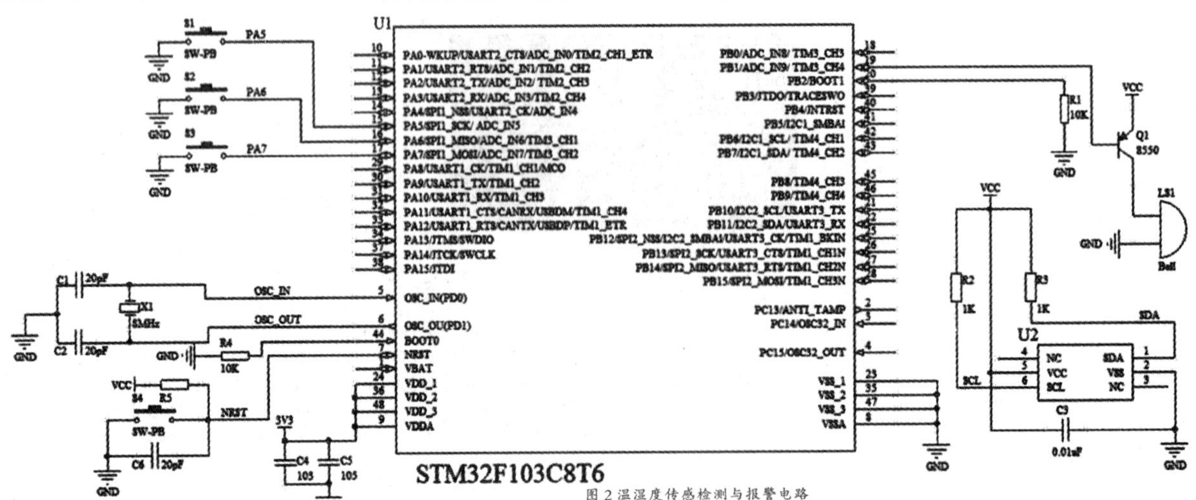

图2 温湿度传感检测与报警电路

18 个 Python 高效编程小技巧

初识Python语言，觉得Python满足了你上学时候对编程语言的所有要求。Python语言的高效编程技巧让那些曾经苦学了四年c或者c++的人，兴奋得不行，终于解脱了。高级语言，如果做不到这样，还扯啥高级呢？

01 交换变量

```
>>>a=3
>>>b=6
```

这个情况如果要交换变量在c++中，肯定需要一个空变量。但是Python不需要，只需一行，大家看清楚了

```
>>>a,b=b,a
>>>print(a)>>>6
>>>ptint(b)>>>5
```

02 字典推导（Dictionary comprehensions）和集合推导（Set comprehensions）

大多数的Python程序员都知道且使用过列表推导（list comprehensions）。如果你对list comprehensions概念不是很熟悉——一个list comprehension就是一个更简短、简洁的创建一个list的方法。

```
>>> some_list = [1, 2, 3, 4, 5]
>>> another_list = [ x + 1 for x in some_list ]
>>> another_list[2, 3, 4, 5, 6]
```

自从python 3.1 起，我们可以用同样的语法来创建集合和字典表：

```
>>> # Set Comprehensions
>>> some_list = [1, 2, 3, 4, 5, 2, 5, 1, 4, 8]
>>> even_set = { x for x in some_list if x % 2 == 0 }
>>> even_set
set([8, 2, 4])
>>> # Dict Comprehensions
>>> d = { x: x % 2 == 0 for x in range(1, 11) }
>>> d
{1: False, 2: True, 3: False, 4: True, 5: False, 6: True, 7: False, 8: True, 9: False, 10: True}
```

在第一个例子里，我们以some_list为基础，创建了一个具有不重复元素的集合，而且集合里只包含偶数。而在字典表的例子里，我们创建了一个key是不重复的1到10之间的整数，value是布尔型，用来指示key是否是偶数。这里另外一个值得注意的事情是集合的字面量表示法。我们可以简单地用这种方法创建一个集合：

```
>>> my_set = {1, 2, 1, 2, 3, 4}
>>> my_set
set([1, 2, 3, 4])
```

而不需要使用内置函数set()。

03 计数时使用Counter计数对象

这听起来显而易见，但经常被人忘记。对于大多数程序员来说，数一个东西是一项很常见的任务，而且在大多数情况下并不是很有挑战性的事情——这里有几种方法能更简单地完成这种任务。Python的collections类库里有个内置的dict类的子类，是专门来干这种事情的：

```
>>> from collections import Counter
>>> c = Counter( hello world )
>>> c
Counter({ l : 3, o : 2, : 1, e : 1, d : 1, h : 1, r : 1, w : 1})
>>> c.most_common(2)
[( l , 3), ( o , 2)]
```

04 漂亮的打印出JSON

JSON是一种非常好的数据序列化的形式，被如今的各种API和web service大量的使用。使用python内置的json处理，可以使JSON串具有一定的可读性，但当遇到大型数据时，它表现成一个很长的、连续的一行时，人的肉眼就很难观看了。为了能让JSON数据表现得更友好，我们可以使用indent参数来输出漂亮的JSON。当在控制台交互式编程或做日志时，这尤其有用：

```
>>> import json
>>> print(json.dumps(data)) # No indention
{"status": "OK", "count": 2, "results": [{"age": 27, "name": "Oz", "lactose_intolerant": true}, {"age": 29, "name": "Joe", "lactose_intolerant": false}]}
>>> print(json.dumps(data, indent=2)) # With indention
{
"status": "OK",
"count": 2,
"results": [
{
"age": 27,
"name": "Oz",
 "lactose_intolerant": true
},
{
"age": 29,
 "name": "Joe",
"lactose_intolerant": false
}
]
}
```

同样，使用内置的pprint模块，也可以让其他任何东西打印输出的更漂亮。

05 解决FizzBuzz

前段时间Jeff Atwood 推广了一个简单的编程练习叫FizzBuzz，问题引用如下：

写一个程序，打印数字1到100，3的倍数打印“Fizz”来替换这个数，5的倍数打印“Buzz”，对于既是3的倍数又是5的倍数的数字打印“FizzBuzz”。

这里就是一个简短的，有意思的方法解决这个问题：

```
for x in range(1,101):
print"fizz"[x%3*len ( fizz )::]+"buzz"[x%5*len( buzz )::] or x
```

06 if 语句在行内

```
print "Hello" if True else "World"
>>> Hello
```

07 连接

下面的最后一种方式在绑定两个不同类型的对象时显得很cool。

```
nfc = ["Packers", "49ers"]
afc = ["Ravens", "Patriots"]
print nfc + afc
>>> [ Packers , 49ers , Ravens , Patriots ]
print str(1) + " world"
>>> 1 world
print `1` + " world"
>>> 1 world
print 1, "world"
>>> 1 world
print nfc, 1
>>> [ Packers , 49ers ] 1
```

08 数值比较

这是我见过诸多语言中很少有的如此棒的简便法

```
x = 2
if 3 > x > 1:
print x
>>> 2
if 1 < x > 0:
print x
>>> 2
```

09 同时迭代两个列表

```
nfc = ["Packers", "49ers"]
afc = ["Ravens", "Patriots"]
for teama, teamb in zip(nfc, afc):
print teama + " vs. " + teamb
>>> Packers vs. Ravens
>>> 49ers vs. Patriots
```

10 带索引的列表迭代

```
teams = ["Packers", "49ers", "Ravens", "Patriots"]
for index, team in enumerate(teams):
print index, team
>>> 0 Packers
>>> 1 49ers
>>> 2 Ravens
>>> 3 Patriots
```

11 列表推导式

已知一个列表，我们可以刷选出偶数列表方法：

```
numbers = [1,2,3,4,5,6]
even =
for number in numbers:
if number%2 == 0:
even.append(number)
```

转变成如下：搜索公众号顶级架构师后台回复“面试”，送你一份惊喜礼包。

```
numbers = [1,2,3,4,5,6]
even = [number for number in numbers if number%2 == 0]
```

12 字典推导

和列表推导类似，字典可以做同样的工作：

```
teams = ["Packers", "49ers", "Ravens", "Patriots"]
print {key: value for value, key in enumerate(teams)}
>>> { 49ers : 1, Ravens : 2, Patriots : 3, Packers : 0}
```

13 初始化列表的值

```
items = *3
print items
>>> [0,0,0]
```

14 列表转换为字符串

```
teams = ["Packers", "49ers", "Ravens", "Patriots"]
print ", ".join(teams)
>>> Packers, 49ers, Ravens, Patriots
```

15 从字典中获取元素

我承认try/except代码并不雅致，不过这里有一种简单方法，尝试在字典中找key，如果没有找到对应的alue将用第二个参数设为其变量值。

```
data = { user : 1, name : Max , three : 4}
try:
is_admin = data[ admin ]
except KeyError:
is_admin = False
```

替换成这样

```
data = { user : 1, name : Max , three : 4}is_admin = data.get( admin , False)
```

16 获取列表的子集

有时，你只需要列表中的部分元素，这里是一些获取列表子集的方法。

```
x = [1,2,3,4,5,6]
#前3个
print x[:3]
>>> [1,2,3]
#中间4个
print x[1:5]
>>> [2,3,4,5]
#最后3个
print x[3:]
>>> [4,5,6]
#奇数项
print x[::2]
>>> [1,3,5]
#偶数项
print x[1::2]
>>> [2,4,6]
```

除了python内置的数据类型外，在collection模块同样还包括一些特别的用例，在有些场合Counter非常实用。如果你参加过在这一年的Facebook HackerCup，你甚至也能找到他的实用之处。

```
from collections import Counter
print Counter("hello")
>>> Counter({ l : 2, h : 1, e : 1, o : 1})
```

17 迭代工具

和collections库一样，还有一个库叫itertools，对某些问题真能高效地解决。其中一个用例是查找所有组合，他能告诉你在一个组中元素的所有不能的组合方式

```
from itertools import combinations
teams = ["Packers", "49ers", "Ravens", "Patriots"]
for game in combinations(teams, 2):
print game
>>> ( Packers , 49ers )
>>> ( Packers , Ravens )
>>> ( Packers , Patriots )
>>> ( 49ers , Ravens )
>>> ( 49ers , Patriots )
>>> ( Ravens , Patriots )
```

18 False == True

比起实用技术来说这是一个很有趣的事，在python中，True和False是全局变量，因此：

```
False = True
if False:
print "Hello"
else:
print "World"
>>> Hello
```

硬禾学堂专栏

时钟信号的产生(二)

(接上期本版)

MEMS 时钟振荡器:

近几年还有一种替代石英晶体振荡器的器件——MEMS(微机电)振荡器被广泛使用,它可以在扩展温度下工作,频率非常稳定,具有极高的可靠性、抗冲击和振动,体积也可以做的非常小,接近 1 平方毫米。由于其结构的不同,MEMS 时钟可以在出厂的时候通过编程生成不同频率的器件,相对于晶振要灵活多了。MEMS 振荡器具有高 Q 值,输出较低至 500 飞秒的相位噪声,它被广泛用于网络设备中。

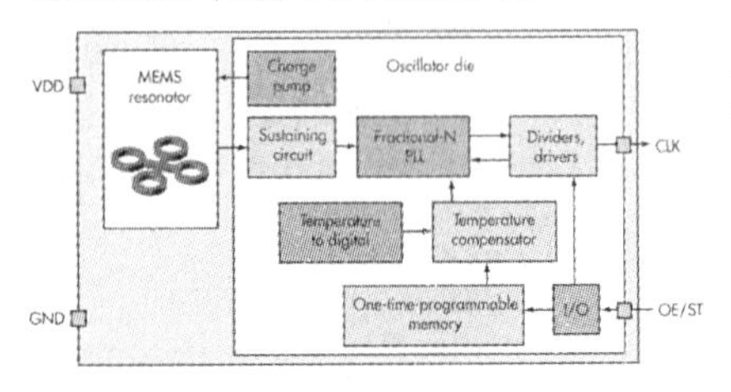

MEMS 振荡器内部构成

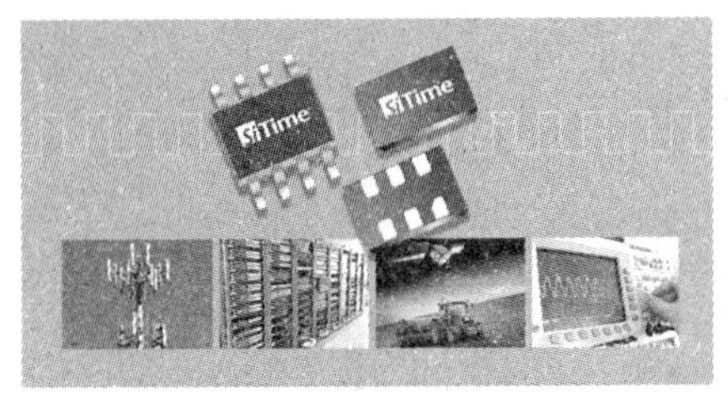

SiTime 就是一家以生产 MEMS 时钟器件为主的高科技公司

用 PLL+晶振产生更高频率的时钟信号

石英晶体、晶振能够产生的频率比较低(能到 100MHz 已经不错了),而且频率很固定,如果在系统中需要非常高的频率(今天我们通信中常用的 5.8GHz、CPU 常用的 1.8GHz 是如何实现的)且在满足信号精度、稳定性的情况下,频率还可以非常方便地调节,要如何才能实现——锁相环 PLL。

下图是 PLL 的方框图,PLL 是基于一个外部的晶振时钟,能够先对晶振进行整数倍 R 分频处理,作为 PLL 内部的基准时钟,内部的环路可以对这个基准时钟进行 N 倍的倍频,因此可以得到外接晶振频率 F 的 N/R 倍的频率。

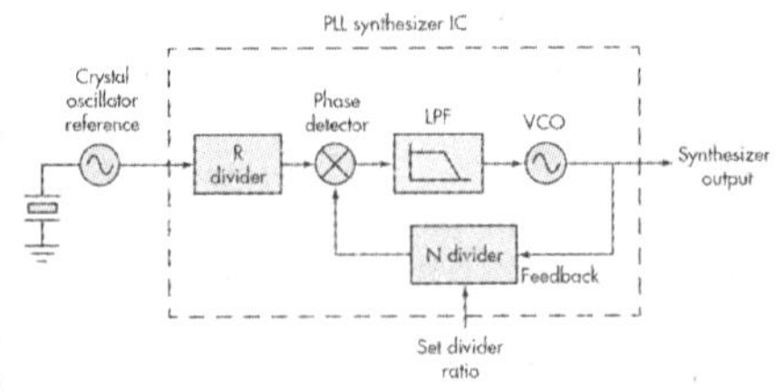

锁相环 PLL 的工作原理框图

PLL 不仅被广泛用在通信系统中产生方便调节的不同频点的高频率本振信号(LO),还被广泛用在处理器、FPGA、通信器件中用于生成器件内部的高速时钟。

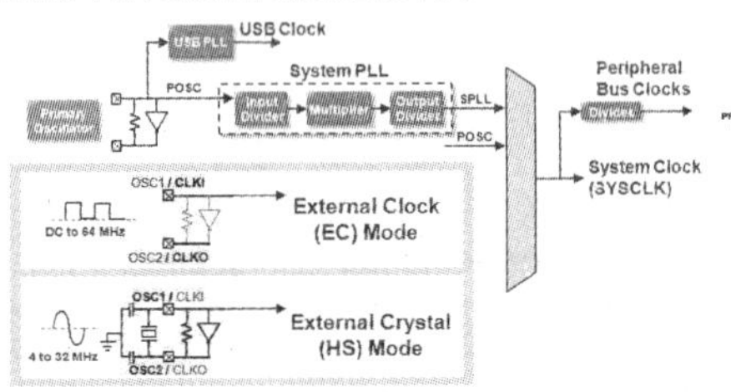

USB 接口芯片的时钟产生及内部 PLL

DDS 生成任意频率的时钟信号

如果你不需要非常高的频率,只要求频率灵活可调,而且调节精度需要非常的高(比如数字收音机中),如何实现?有一种方法叫 DDS(直接数字合成)可以来帮到你,它的优点就是只要你有一个主时钟,就可以产生任意频率点的时钟信号,而且频率点可以非常高精度地调节。

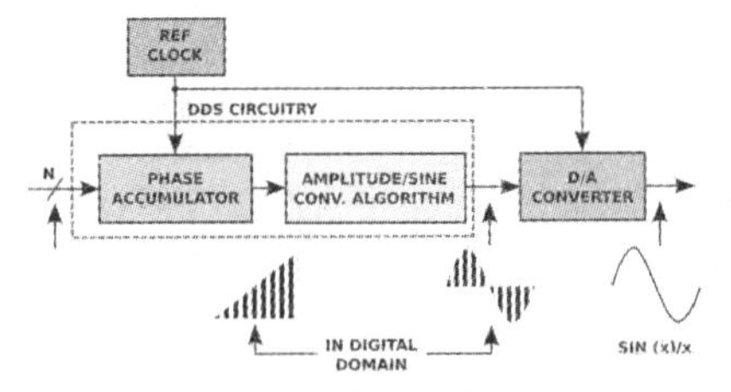

DDS 工作原理框图

ADI 公司有一系列的 DDS 芯片满足不同频率段的要求,如经典的 AD9850(125MHz 主时钟)、AD9832(25MHz 主时钟)等等;如果你板子上有 FPGA,也可以通过 FPGA 的逻辑来自己实现。再配合 FPGA 内部的 PLL(小脚丫 FPGA 用的器件可以工作在内部 400MHz 主时钟)就可以实现更高频任意频率时钟的产生。

下图是目前的 FPGA 器件常用的时钟产生方式,外部提供低速的晶振时钟(如果是全局时钟,需要连接到指定的几根管脚上),内部的 PLL 就可以通过配置参数得到不同频率的高频率时钟。

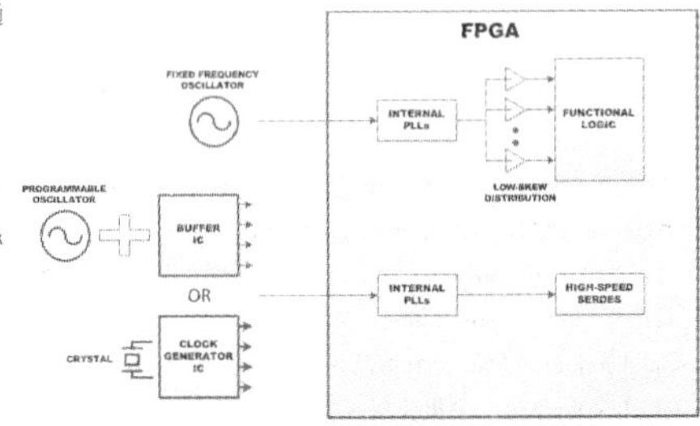

FPGA 内部高频率时钟的生成

通过可编程逻辑实现整数倍分频

在可编程逻辑/FPGA 中会用到各种频率的时钟,而这些时钟都来自一个祖宗——主时钟,如何通过简单的逻辑得到不同频率的时钟信号,并且满足需要的相位关系是 FPGA 学习者必须要掌握的一项基本技能。在我们小脚丫 FPGA 的公众号文章中有专门的介绍并附有 Verilog 的源代码,可以自己去查阅。也可以到小脚丫 FPGA 的 Wiki 系统中去查找。

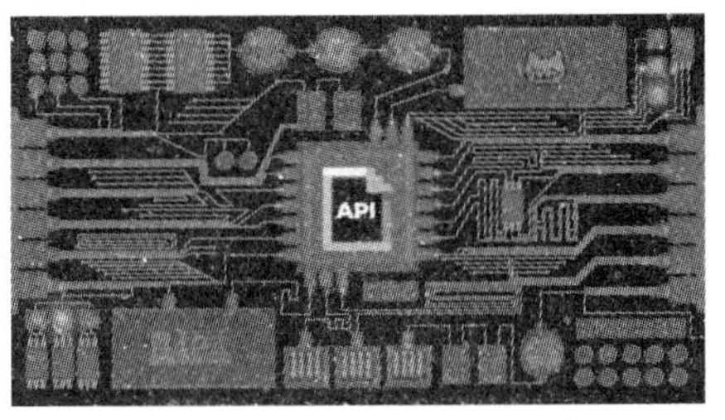

(全文完)

构建合适的 Wi-Fi 6 基础设施至关重要

数字化一直是推动着后疫情时期许多机构反弹回升的关键使能因素,在推动复苏的进程中,最具变革性的可能要属互联设备的指数级采用。亚太地区在此趋势中居于领先,据行业报告预测,到 2026 年,区域物联网(IoT)市场将呈指数级增长,达到 4,370 亿美元。然而,当前的 Wi-Fi 连接标准可能无法提供足够的带宽,因而很难在不影响网络速度的前提下,为越来越多同时处于互联状态的设备提供支持。为此,用户越来越青睐 WIFI6 作为最新的无线建设标准。

并非所有网络硬件都相同

并非所有硬件和基础设施解决方案都能同样地确保 Wi-Fi 6 获得最快、最无缝的连接体验。最近由独立 Wi-Fi 咨询公司 Packet6 发布的《企业级 Wi-Fi 压力测试报告》表明,即使解决方案的规格相同,连接到不同 Wi-Fi AP 时的网络性能也会存在差异。

该测试用到了 60 多个物联网设备,在混合流量场景中对 5 款 AP 的整体性能进行了包括不同大小文件的传输、高清(HD)视频流和高速会议等应用在内的基准测试,测试场景模拟了现下企业网络严重依赖视频会议和大型文件共享的环境。测试结果明确显示,接受测试的 5 款 AP 中,只有一款来自 Ruckus 的 AP,能够在 30 台笔记本电脑上提供不间断的视频流,并在仍处于繁重网络负载的条件下保持高质量的语音音频。此外该报告还建议,对于具有更大规模且更复杂网络需求的环境,在进行 Wi-Fi 6 投资之前,应先对候选 AP 和其他连接硬件进行压力测试,以确定最佳的基础设施部署。

较前几代 Wi-Fi 相比,备受期待的新一代 Wi-Fi 6 标准具有更快的网络性能、更低的功耗以及更强的安全功能。随着各地疫苗注射进程的陆续加速,机场、体育场等大型场馆也将重新迎来密集客流,而这就离不开数万台 Wi-Fi 6 应用和设备可同时连接的全新生态系统。为确保能够为日益增多的 Wi-Fi 6 用户提供无缝连接体验,并避免带宽瓶颈或节流问题,强大的 Wi-Fi 基础设施无疑是必不可少的。

Wi-Fi 潜力始于基础设施

鉴于许多机构已在其企业级网络上部署了更多类型的数据密集型应用组合,例如实时流媒体、高速会议和数据下载等,将企业室内连接升级到现代 Wi-Fi 6 标准已成为一项战略考量。一直以来,网络连接都是建立在基础设施投资的基础之上,这在致力于优化企业机构的 Wi-Fi 6 功能时也不例外。为使网络基础设施投资可应对未来需求,一些关键考量因素应包括以下几方面:

- **融合网络**:寻找能够降低物联网复杂性和成本的网络接入点(AP)。各个企业正在推出一系列与物联网相关的新应用,例如数字化教室、楼宇能源监控和数字化医疗等。然而,支持这些应用所需的技术经常会针对不同的物联网标准和设备创建多个孤立的覆盖网络。构建一个可支持所有设备的融合平台能够更有效地管理这些网络。
- **更高的网络容量**:随着用户日益希望仅通过 Wi-Fi 进行连接,网络容量再度成为首要问题。能够支持大型场馆的解决方案最具相应的能力,可提供人们当下和未来所需的卓越性能。
- **管理的多功能性**:随着网络需求的变化,采用企业 Wi-Fi 系统能够使更广泛的连接解决方案从本地部署迁移到云管理。
- **更智能的网络**:即使已拥有能够应对未来需求的基础设施,也必须留有一定的缓冲,以根据业务趋势或用户需求的突然变化进行调节。可投资于配备了管理工具的解决方案,使网络能够具备自适应性、自我修复能力和自我形成能力。

◇康普 陈卫民

电脑ATX电源实例解析(二)

(接上期本版)

4. 脉宽调制器

脉宽调制器通过调整开关脉冲的占空比，达到稳压的目的(如图5所示)，又能控制开关脉冲输出的有无，便于对电源实施开机与关机。保护开机状态下，KA7500B的第④脚为低电平，PC电源所有输出正常工作时，KA7500B的第①脚将得到的"分压取样电压输出"的变化量与第②脚比较后，PWM不断地调整，使第⑧脚和第⑪脚输出的脉冲方波的占空比不停地发生变化，驱动电路和主开关变换电路的脉冲占空比也发生着变化，输出电压随之调整，达到了稳压的目的。

假如主路输出的+3.3V、+5V、+12V电压中任一组电压升高，经电阻R60、R57、R59与电阻R61，可调电位器VR1分压后，X点的电压比原来设定的电压高，在KA7500B内部与参考电压②脚比较后(第②脚的参考电压由芯片⑭脚输出的+5VR基准电压，通过电阻R46和R47分压而取得)，⑧脚与⑪脚输出的脉冲方波的占空比减小，经驱动放大电路后，驱动变压器输出的脉冲波的占空比也减小，送给开关管基极的驱动电流比原来的减小了，两开关管轮流导通的时间随之减小，经开关变压器转换后的输出电压比原来的降低了，这样就抑制了主路输出的升高，达到稳压的目的。假如主路输出的+3.3V、+5V、+12V电压中任一组电压降低，稳压过程与上述过程相反。经分压取样后，X点的电压比原来设定的电压低，在KA7500B内部与参考电压②脚比较后，⑧脚与⑪脚输出的脉冲方波的占空比增大，经驱动放大电路后，驱动变压器输出的脉冲波的占空比也增大，送给开关管基极的驱动电流比原来的加大了，两开关管轮流导通的时间随之加长，经开关变压器转换后的输出电压比原来的升高了，这样就抑制了主路输出的降低，达到稳压的目的。

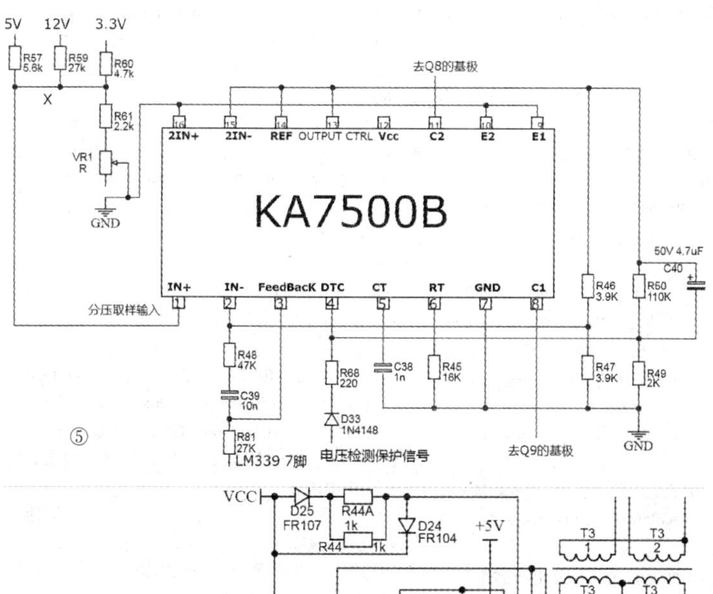

⑤

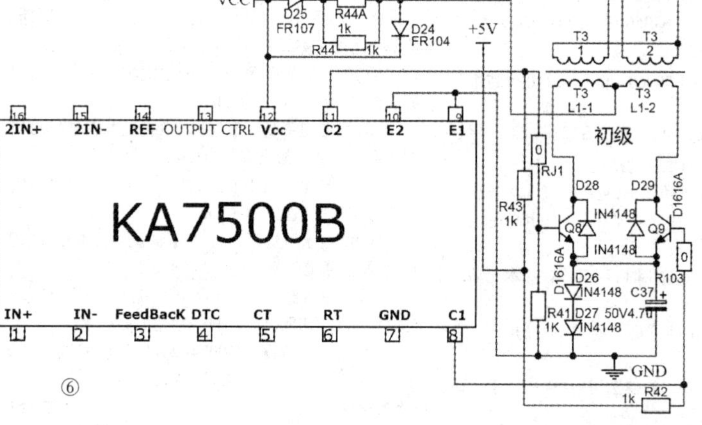

⑥

总的来说，就是KA7500B第④脚为低电平，电源有输出；④脚为高电平，电源+3.3V、+5V、+12V、-12V无输出。

5. 驱动放大电路

图6是驱动放大电路部分，驱动放大电路的工作电压由辅助电源电路产生的+5VSB和VCC电压提供，VCC（+18V~+24V）电压的正端经D25、R44、R44A降压限流后，加在驱动变压器T3的初级绕组中点上，D24的作用是把T3的反冲电压还回给VCC，当PWM芯片KA7500B的第⑧脚和第⑪脚没有脉冲方波输出时，Q8和Q9的B极电位为低电位，两管不导通，T3初级绕组因无电流不工作，主变换电路不工作，PC电源除SB电压外，无其他输出电压，处于待机状态。

当PWM芯片KA7500B的第⑧脚和第⑪脚轮流输出脉冲方波时，Q8和Q9轮流导通与截止；当KA7500B的第⑪脚有脉冲方波输出时，Q8导通(此时第⑧脚没有脉冲方波输出，Q9不导通)，VCC电压的正端经T3的初级绕组中点，经L1-1绕组，Q8的C极到E极，再经D26和D27到达VCC电压的地，由于L1-1绕组中有电流流过，给T3储存磁能，次级的1绕组便有感应电压产生，驱动相对应的主开关电路工作起来；当KA7500B的第⑧脚有脉冲方波输出时，Q9导通，(此时第⑪脚M没有脉冲方波输出，Q8不导通)，VCC电压的正端经T3的初级绕组中点，经L1-2绕组，Q9的C极到E极，再经D26和D27到达VCC电压的地，由于L1-2绕组中有电流流过给T3储存磁能，次级的2绕组便有感应电压产生，驱动相对应的主开关电路工作起来。D28、D29分别是Q8、Q9的阻尼二极管，起到保护Q8、Q9的作用，D26和D27起电平转移的作用，C37起钳位作用，将D28和D29两端的电压，也就是将Q8与Q9的发射极电压限制在某一数值，R42、R43是Q9、Q8的基极偏置电阻。

6. OVP(过电压)检测电路

以-12V电压输出为例(如图7所示)，当PC电源在正常输出时，-12V输出电压在规定的范围值内，那么经过设定好R54、R54A、R55分压后，其中点电压很低，不足以使D18导通，也就没有高电平送出，当-12V输出电压超出规定的范围值后，经过R54、R54A、R55,分压后，其中点电压高出设定值，足以让D18通，高电平信号送到LM339的第⑧脚，也就是LM339的⑧脚保护电路动作，关闭电源的输出，达到了过压保护的目。+3.3V、+5V、+12V输出电压的过压保护原理相同。二极管D18、D19、D20、D21为隔离作用。

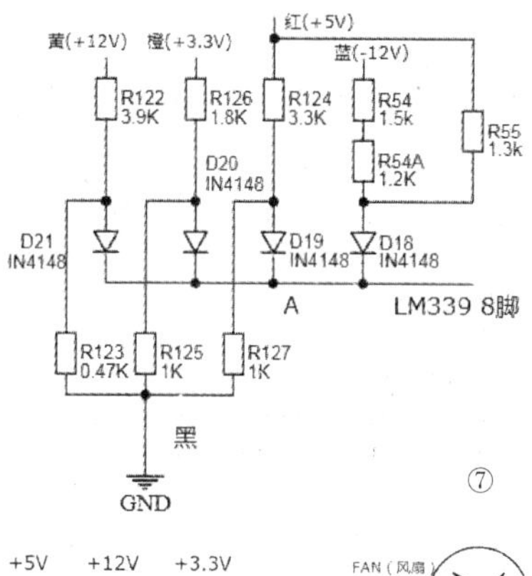

⑦

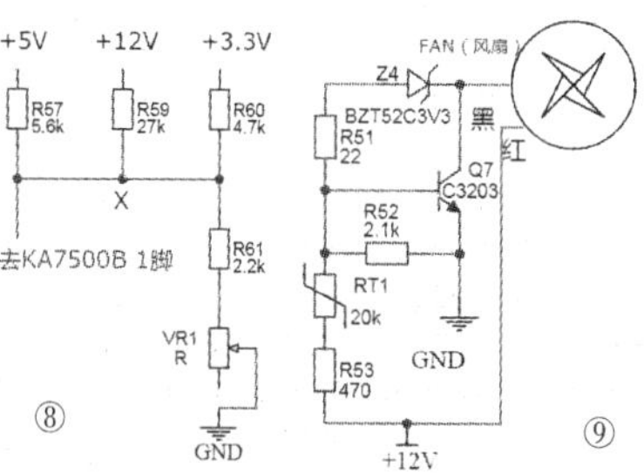

⑧ ⑨

7. 电压采样电路

HK280-22GP将输出电压的+5V、+12V、+3.3V经电阻分压电路处理，取出不稳定的一组，反馈给PWM电路，经与基准电压作比较，调整PWM的脉冲宽度的占空比，来达到输出电压的稳定的目的。手工调整时，一般以+5V电压为参考，其他几组电压随之改变，SB电源也有该采样电路，只不过是单组电压进行取样分压。

图8是电压采样电路部分，从输出+5V端通过R57，+12V端通过R59，+3.3V端通过R60，汇于X点，再与R61串联VR1到地之间进行分压，一旦电路参数选定，VR1再不能改动，若输出电压不稳定，则X点分得的电压也不稳定，将此电压的变化量送到PWM电路KA7500B的第①脚去处理，与第②脚参考电压比较，改变PWM脉冲宽度的占空比，使输出电压稳定在规定的范围值内。

8. 温度控制电路

PC电源大部分采用+12V直流风扇来散热，直流风扇的电压为可调式，当电压为最大+12V时，风扇的转速为额定转速，当电压低于+12V以下时，转速也低于额定转速。温度控制电路就是从+12V输出端取来12V电压处理后，供给风扇工作的，它根据热敏电阻来感应机内温度的变化，调节风扇两端的电压，在+5V~+12V之间变化，从而达到改变风扇的转速的目的。如图9所示电路，当PC电源的机内温度不太高时，负温度系数的热敏电阻RT1的阻值很大，R53、RT1、R52产生分压提供Q7基极工作电压较小，Q7的基极得到的电流很小，Q7的导通程度也小，风扇FAN两端的电压就远小于+12V，其转速也就低于额定转速许多，当PC电源负载加重，机内温度越高时，热敏电阻RT1感应到温度的变化，温度越高其阻值会越来越小，Q7的基级电流就越来越大，Q7的导通程度也会越来越深，这样，风扇两端得到的电压就越来越接近+12V，其转速也就越接近额定转速了达到了噪声控制和节能的目的。

(未完待续)

◇新疆 刘伦宏

备考指南

注册电气工程师供配电专业知识考题解答㉓

(接上期本版)

46.视频显示系统线路敷设时,信号电缆与具有强磁场、强电场电气设备之间的净距,下列哪些项满足规范的要求?(B、C、D)

(A)采用非屏蔽线缆在封闭金属线槽内敷设,应为0.5m

(B)采用非屏蔽电缆直接敷设时应大于1.5m

(C)采用非屏蔽电缆穿金属保护管敷设时,应为0.8m

(D)采用屏蔽电缆时,宜大于0.8m

解答思路:视频显示系统→《视频显示系统工程技术规范》GB50464-2008→线路敷设。

解答过程:依据GB50464-2008《视频显示系统工程技术规范》第4.3节,第4.3.13条。选B、C、D。

47.建筑消防应急照明和疏散指示标志设计中,按规范要求下列哪些建筑应设置灯光疏散指示标志?(A、B)

(A)医院病房楼

(B)丙类单层厂房

(C)建筑高度36m的住宅

(D)建筑高度18m的宿舍

解答思路:建筑消防应急照明和疏散指示标志设计→《建筑设计防火规范(2018版)》GB50016-2014。

解答过程:依据GB50016-2014(2018版)《建筑设计防火规范(2018版)》第10.3节,第10.3.5条。选A、B。

48.在交流异步电动机、直流电动机的选择中,下列说法中哪些项不是直流电动机的优点?(B、D)

(A)调速性能好

(B)价格便宜

(C)起动、制动性能好

(D)电动机的结构简单

解答思路:直流电动机的优点→《钢铁企业电力设计手册(下册)》。

解答过程:依据《钢铁企业电力设计手册(下册)》第23.2.1.1节。选B、D。

49.下列哪些项电源可以作为应急电源?(B、C、D)

(A)正常与电网并联运行的自备电站

(B)独立于正常电源的专用馈电线路

(C)UPS

(D)EPS

解答思路:应急电源→《供配电系统设计规范》GB50052-2009,《工业与民用供配电设计手册(第四版)》。

解答过程:依据GB50052-2009《供配电系统设计规范》第3章,第3.0.4条。《工业与民用供配电设计手册(第四版)》第2.6节,第2.6.1。选B、C、D。

50.某新建35/10kV变电站,10kV配电系统全部采用钢筋混凝土电杆线路,单相接地电容电流为20A,为了提高供电可靠性,10kV系统拟按照发生接地故障时继续运行设计,下列关于变电所10kV系统中性点接地方式及中性点设备的叙述哪些项是正确的?(A、D)

(A)采用中性点谐振接地方式

(B)宜采用中性点不接地方式

(C)正常运行时,自动跟踪补偿功能的消弧装置应保证中性点的长时间电压位移不超过系统标称相电压的20%

(D)宜采用具有自动跟踪补偿功能的消弧装置

解答思路:中性点接地方式→《交流电装置的过电压保护和绝缘配合设计规范》GB/T50064-2014。

解答过程:依据GB/T50064-2014《交流电装置的过电压保护和绝缘配合设计规范》第3章,第3.1.3条第1款、第3.1.6条。选A、D。

51.一台110/35kV电力变压器,高压侧中性点电流互感器一次电流的选择,下列哪些设计原则是正确的?(A、B)

(A)应大于变压器允许的不平衡电流

(B)安装在放电间隙回路那个的,一次电流可按100A选择

(C)按变压器额定电流的25%选择

(D)应按单相接地电流选择

解答思路:中性点电流互感器、电流的选择→《导体和电器选择设计技术规定》DL/T5222-2005。

解答过程:依据DL/T5222-2005《导体和电器选择设计技术规定》第15章,第15.0.6条。选A、B。

52.低压电气装置的接地极,材料可采用下列哪些项?(B、C、D)

(A)用于输送可燃液体或气体的金属管道

(B)金属板

(C)金属带或线

(D)金属棒或管子

解答思路:低压电气装置接地极→《交流电气装置的接地设计规范》GB/T50065-2011→材料。

解答过程:依据GB/T50065-2011《交流电气装置的接地设计规范》第8章,第8.1.2条第3款。选B、C、D。

53.下列哪些项的电气器件可作为低压电动机的短路保护器件?(B、D)

(A)热继电器

(B)电流继电器

(C)接触器

(D)断路器

解答思路:低压电动机的短路保护器件→《通用用电设备配电设计规范》GB50055-2011。

解答过程:依据GB50055-2011《通用用电设备配电设计规范》第2.3节,第2.3.4条。选B、D。

54.建筑物的防雷措施,下列哪些项符合规范的规定?(A、B、C)

(A)各类防雷建筑物应设防直击雷的外部防雷装置,并应采取防闪电电涌侵入的措施

(B)第一类建筑物尚应采取防雷电感应的措施

(C)第一类防雷建筑物应装设独立接闪杆或架空接闪线或网,架空接闪网的网格尺寸不应大于5m×5m或6m×4m

(D)由于设置了外部防雷措施,第三类防雷建筑物可不设内部防雷装置

解答思路:建筑物的防雷措施→《建筑物防雷设计规范》GB50057-2010。

解答过程:依据GB50057-2010《建筑物防雷设计规范》第4章,第4.1.1条、第4.2.1条第1款、第4.1.2条。选A、B、C。

55.3~110kV高压配电装置,下列哪些项屋外配电装置的最小净距应按规范规定的B_1值校验?(A、B、D)

(A)栅状遮栏至绝缘体和带电部分之间

(B)交叉的不同时停电检修的无遮拦带电体之间

(C)不同相的带电部分之间

(D)设备运输时,其设备外廓至无遮拦带电部分之间

解答思路:3~110kV高压配电装置→《3~110kV高压配电装置设计规范》GB50060-2008→屋外配电装置、最小净距、B_1值校验。

解答过程:依据GB50060-2008《3~110kV高压配电装置设计规范》第5.1节,表5.1.1。选A、B、D。

56.采用并联电力电容器作为无功功率补偿装置时,下列哪些选项负荷规范的规定?(A、D)

(A)低压部分的无功功率,应由低压电容器补偿

(B)高、低压均产生无功功率时,宜由高压电容器补偿

(C)基本无功功率较小时,可不针对基本无功功率进行补偿

(D)容量较大,负荷平稳且经常使用的设备,宜单独就地补偿

解答思路:无功功率补偿装置→《供配电系统设计规范》GB50052-2009。

解答过程:依据GB50052-2009《供配电系统设计规范》第6章,第6.0.4条。选A、D。

57.在照明配电设计中,下列哪些项表述符合规范的规定?(B、C、D)

(A)当照明装置采用安全特低电压供电时,应采用安全隔离变压器,且二次侧应接地

(B)气体放电灯的频闪效应对视觉作业有影响的场所,采用的措施之一是相邻灯分接在不同相序

(C)移动式和手提式灯具采用Ⅲ类灯具时,应采用安全特低电压(SELV)供电,在干燥场所,电压限值对于无纹波直流供电不大于120V

(D)1500W及以上的高强度气体放电灯的电源电压宜采用380V

解答思路:照明配电设计→《建筑照明设计标准》GB50034-2013。

解答过程:依据GB50034-2013《建筑照明设计标准》第7章,第7.2.10条、第7.2.8条、第7.1.3条、7.1.1条。选B、C、D。

58.建筑物内电子系统的接地和等电位连接,下列哪些项符合规范的规定?(A、C)

(A)电子系统的所有外露导电物与建筑物的等电位连接网络做功能性等电位连接

(B)电子系统应设独立的接地装置

(C)向电子系统供电的配电箱的保护地线(PE线)应就近与建筑物的等电位连接网络做等电位连接

(D)当采用S型等电位连接时,电子系统的所有金属组件应与接地系统的各组件可靠连接

解答思路:建筑物内、接地和等电位连接→《建筑物防雷设计规范》GB50057-2010→电子系统。

解答过程:依据GB50057-2010《建筑物防雷设计规范》第6.3节,第6.3.4条第5款。选A、C。

59.关于3~110kV高压配电装置内的通道与围栏,下列哪些项描述是正确的?(B、C、D)

(A)就地检修的室内油浸变压器,室内高度可按吊芯所需的最小高度再加600mm,宽度可按变压器两侧各加800mm

(B)设置于屋内的无外壳干变压器,其外廓与四周墙壁的净距不应小于600mm,干式变压器之间的距离不应小于1000mm,并应满足巡视维护的要求

(C)配电装置中电气设备的栅状遮栏高度不应小于1200mm,栅状遮栏最低栏杆至地面的净距不应大于200mm

(D)配电装置中电气设备的网状遮栏高度不应小于1700mm,网状遮栏网孔不应大于40mm×40mm,围栏门应上锁

解答思路:3~110kV高压配电装置→《3~110kV高压配电装置设计规范》GB50060-2008→通道与围栏。

解答过程:依据GB50060-2008《3~110kV高压配电装置设计规范》第5.4节,第5.4.5条、5.4.6条、第4.5.8条、5.4.9条。选B、C、D。

60.低压配电室配电屏成排布置,关于配电屏通道的最小宽度描述,下列哪些说法是错误的?(A、D)

(A)配电室不受限制时,固定式配电屏单排布置,屏前通道的最小宽度为1.3m

(B)配电室不受限制时,固定式配电屏单排布置,屏后操作通道的最小宽度为1.2m

(C)配电室不受限制时,抽屉式配电屏单排布置,屏前通道的最小宽度为1.8m

(D)配电室不受限制时,抽屉式配电屏双排面对面布置,屏前通道的最小宽度为2m

解答思路:低压配电室配电屏成排布置→《低压配电设计规范》GB50054-2011→通道的最小宽。

解答过程:依据GB50054-2011《低压配电设计规范》第4章,第4.2.5条表4.2.5。选A、D。

(未完待续)

◇江苏 键谈

速度继电器的工作原理及其应用

速度继电器又称转速继电器，反接制动继电器，主要用于三相异步电动机反接制动的控制电路中。例如在反接制动过程中，正在电动运行状态的电动机，将其任意两条电源线交换，电动机的旋转磁场发生反转，转速迅速降低。为了在电动机转速降低到一定程度时及时切断电动机电源，防止电动机反向起动，就要用速度继电器检测电动机的减速过程，一般在转速降低到100r/min左右时，其触头动作，切断电动机的反接制动电源，制动过程结束。

一、速度继电器的工作原理

速度继电器的主要结构有转子、定子和触点三部分。JY1型速度继电器的外形样式见图1，结构原理示意图见图2。

速度继电器的定子3(参见图2)套在其转子上，转子2由永磁材料制作而成，安装使用时与电动机同轴连接，电动机转动时，永磁转子跟随电动机转动，定子内的短路导体便切割转子磁场，产生感应电动势及环内电流，该电流在转子磁铁作用下产生电磁转矩，于是定子开始转动。与定子相连的胶木摆杆随之偏转，当偏转到一定角度时，速度继电器的常闭触头打开，而常开触头闭合。当电动机转速下降时，继电器转子转速也随之下降，当转子转速下降到一定值时，速度继电器触头在弹簧作用下恢复到原来状态。一般速度继电器触头的动作转速为140r/min，触头的复位转速为100 r/min。

速度继电器有正向旋转动作触头和反向旋转动作触头，电动机正向运转时，可使正向常开触头闭合，常闭触头断开，同时接通或断开与它们相连的电路；当电动机反向运转时，速度继电器的反向动作触头动作，情况与正向时相同。

常用的速度继电器有JY1和JFZ0系列。它们都具有两对常开、常闭触头，触头额定电压为380V，额定电流为2A。

速度继电器在电路中的图形符号和文字符号见图3。

二、应用电路实例

速度继电器可用于单向运转电动机的反接制动，也可用于双向运转电动机的反接制动，下面分别给以介绍。

1. 单向运转电动机的反接制动

单向运转电动机的电源反接制动控制电路见图4，图中KM1是运转接触器，KM2是反接制动接触器，KS是速度继电器，R是反接制动限流电阻，可以防止制动过程中电流过大。

单向运转电动机电源反接制动方式的具体操作与动作顺序如下，首先合上电源开关QS，之后如果准备起动电动机，则按下起动按钮SB2，交流接触器KM1线圈通电，接触器KM1的常开辅助触点闭合自锁；使接触器保持在吸合状态；KM1的常闭辅助触点串联在交流接触器KM2的线圈回路中实现互锁；KM1主触点闭合，电动机M得电起动运转。当电动机转速达到较高数值时，速度继电器KS的常开触点闭合，成为反接制动接触器KM2线圈通电的条件之一。

电动机停机制动时，按下停止按钮SB1，接触器KM1的线圈断电，常开辅助触点断开，KM1的自锁解除，主触点断开，电动机M的单向运转工作电源被切断；KM1的常闭辅助触点闭合，成为反接制动接触器KM2线圈通电的另一个条件；按下停止按钮SB1时，该按钮的常开触点闭合，由图4可见，反接制动接触器KM2线圈的电源已经接通，KM2的主触点闭合，经限流电阻R将电动机接入一个与电动状态相序相反的电源，电动机开始反接制动，转速迅速降低，当电动机转速降低至100 r/min左右时，速度继电器KS的常开触点断开，接触器KM2线圈断电释放，制动过程结束。

2. 双向运转电动机的反接制动

双向运转电动机电源反接制动控制电路的主电路见图5，二次控制电路见图6。

表1 双向运转电动机电源反接制动控制电路电器元件表

符号	名称	电路功能
SB1	复合按钮	停机及制动按钮
SB2	按钮	正转起动按钮
SB3	按钮	反转起动按钮
KS	速度继电器	检测电动机正转或反转的转速，低于100 r/min时，控制结束制动过程
KM1	交流接触器	1.正转运行接触器 2.反转运行时的反接制动接触器
KM2	交流接触器	1.反转运行接触器 2.正转运行时的反接制动接触器
KM3	交流接触器	电动机起动时转速达到140 r/min，KM3动作短接限流电阻R
KA1	中间继电器	电动机正转运行停机时，触点KA1-1接通KM2线圈电源，使反接制动开始
KA2	中间继电器	电动机反转运行停机时，触点KA2-1接通KM1线圈电源，使反接制动开始
KA3	中间继电器	电动机停机时，经KA1或KA2触点接通KM2或KM1线圈电源，启动反接制动
R	限流电阻	起动及反接制动时的限流电阻
FU1	熔断器	电动机短路保护
FU	熔断器	二次电路熔断器
FR	热继电器	电动机过载保护

图5和图6电路中使用的电器元件见表1。

双向运转电动机的电源反接制动控制电路，正向运转时的起动过程分析见图7。

双向运转电动机正向运转时的停机制动过程分析见图8。

电动机反向运转的起动、以及停机时的反接制动过程与上述分析相似，区别有三：一是正向运转起动使用按钮SB2，反向运转起动使用按钮SB3；二是正向运转起动时给电动机接通正相序电源的是接触器KM1，而反向运转起动时给电动机接通反相序电源的是接触器KM2；三是正向运转的停机制动由速度继电器的KS-1触点和中间继电器KA1参与控制，而反向运转的停机制动由速度继电器的KS-2触点和中间继电器KA2参与控制。

◇山西 杨电功

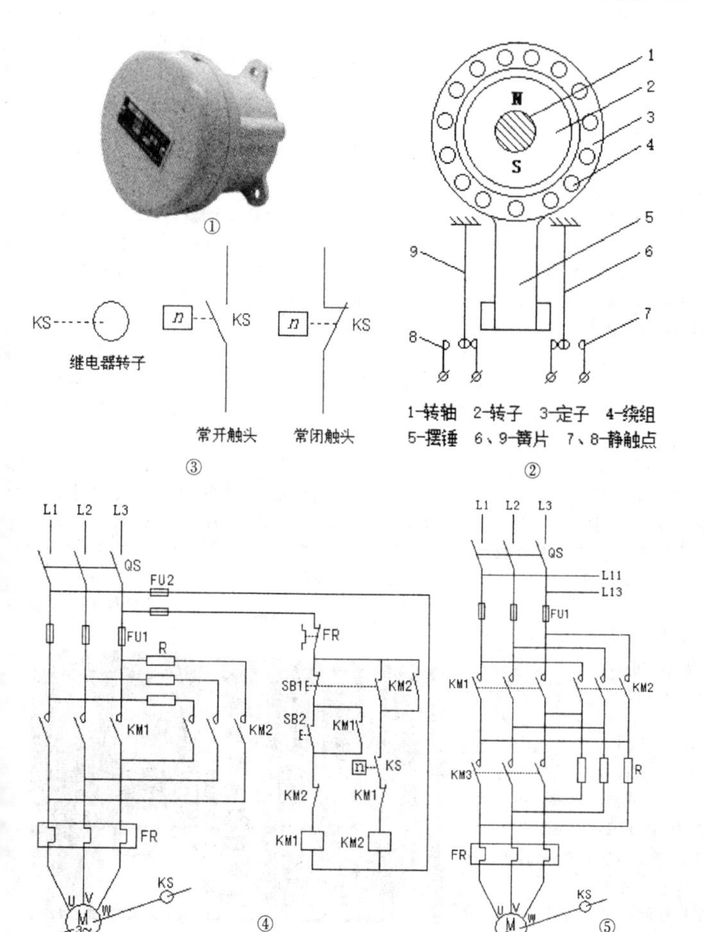

① ② ③ ④ ⑤

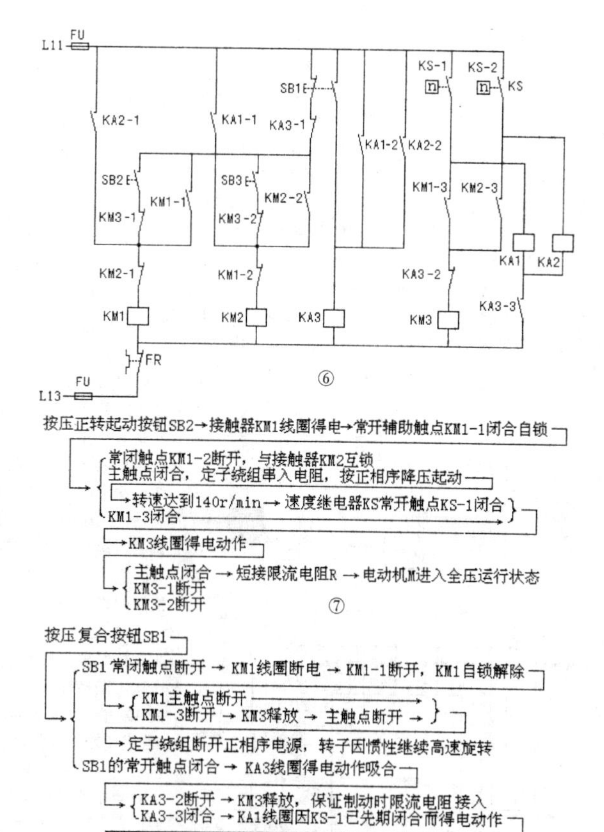

L11
FU
KA2-1
KA1-1
KA3-1
SB1
KS-1
KS-2
KA1-2
KA2-2
SB2
SB3
KM1-1
KM2-2
KM3-1
KM3-2
KM1-3
KM2-3
KA1
KA2
KM2-1
KM1-2
KA3-2
KA3-3
KM1
KM2
KA3
KM3
FR
L13
按压正转起动按钮SB2→接触器KM1线圈得电→常开辅助触点KM1-1闭合自锁
常闭触点KM1-2断开，与接触器KM2互锁
主触点闭合，定子绕组串入电阻，按正相序降压起动
转速达到140r/min→速度继电器KS常开触点KS-1闭合
KM1-3闭合
KM3线圈得电动作
主触点闭合→短接限流电阻R→电动机M进入全压运行状态
KM3-1断开
KM3-2断开
按压复合按钮SB1
SB1常闭触点断开→KM1线圈断电→KM1-1断开，KM1自锁解除
KM1主触点断开
KM1-3断开→KM3释放→主触点断开
定子绕组断开正相序电源，转子因惯性继续高速旋转
SB1的常开触点闭合→KA3线圈得电动作吸合
KA3-2断开→KM3释放，保证制动时限流电阻接入
KA3-3闭合→KA1线圈因KS-1已先期闭合而得电动作
KA1-2闭合，使KA3维持吸合动作状态
KA1-1闭合，KM2线圈得电动作，主触点闭合，定子绕组串入限流电阻R接入反相序电源进入反接制动状态，电动机转速迅速下降→电动机转速使速度继电器KS转速低于100r/min时，KS触点KS-1断开→KA1、KM2相继失电释放，反接制动结束，电动机自由停机至转速为零

⑥ ⑦ ⑧

微控型隔窗太阳能充电装置

太阳能电池目前利用率非常高，价格也非常便宜，作为一种新能源电池，在很多的产品研发和应用中都已非常普及，特别是网上的太阳能灯价格便宜，全套控制，买来即可应用。但目前的太阳能电池组件成品均是有线连接，即太阳能板和充电模块进行导线连接，这样能使只要光线达到控制阈值，即可开启备用蓄电池的充电模式，即使在四川宜宾，也能获得较好的太阳能利用率。虽然太阳能的利用率非常高，但导线连接总归为一个缺陷，试想着用无线方案来解决这一难题，即可实现在窗户上安装无线套件，进行太阳能电池与充电装置的连接。

1. 无线充电效率问题

目前无线传输技术已经成熟，主要是靠加大功率支撑传输功率。当电流流经传输线圈时，就会产生磁场，且磁场的强弱与功率、线圈匹配度、中间介质和距离有着密切关系。尤其是，当交替变化的电流流经传输线圈时，就会在线圈周围产生变化的磁场。如果另一个线圈放置在这个产生的交变磁场中，就会在第二个线圈中接收到交替变化的电流。无线充电的传输效率与传输线圈产生的磁场密度有关，且与流经线圈的电流幅度成比例。从传输线圈产生的磁场(主端磁场)的通过上述磁耦合方式对接收线圈产生显著影响 (副端磁场)形成电流进行传送。在仅仅是空气的松散耦合系统中，电磁的耦合系数非常低，高频电流不会完全按照预设的线圈叠放进行电流传输，而会迅速丢失能量，因为沿着线圈的阻抗不匹配，这会导致能量反射回源端，或辐射到空气中丢失，如在空气中再增添一介质，即使是透明的玻璃，也会大大降低能量的传输效率。故此，在预设能满足太阳能充电需求的前提下，是尽可能地提高效率，增加传输功率。

2. 无线充电方案选择

目前的无线充电套件，大多按照 Qi 标准进行设计，对传输距离和介质有明确的标准和要求。为了适合微型化在窗户上能实现无线充电，选择了 LTC4125(发送)/LTC4124(接收)套件进行设计。该套件是一款无线同步降压型充电器，解决方案为满足高可靠性应用的需求而设计。LTC4124 中嵌入了动态协调控制(DHC)调谐技术，为了适应环境和负载变化，DHC 动态地改变接收器的谐振频率。DHC 实现了更高的功率传输效率，允许更小的接收器尺寸，产生微不足道的电磁干扰，甚至允许在添加玻璃介质等等效延长传输距离的情况下达到较为理想的效率。如果 LTC4124 接收的能量超出为电池充电所需的能量，IC 中的无线功率管理器通过将接收器谐振电路分流接地，可以使 IC 的输入电压 VCC 保持低电平。在充电过程中，线性充电器的充电效率是非常高效的，因为其输入电压始终正好能保持在电池电压 VBATT 之上，以满足高压势状态充电，即使为细小电流也能进行充电。接合分流电路时，接收器谐振频率将与发射器频率失调，谐振电路也因此会接收较小的能量。其基于 LTC4124 的无线接收电路如图 1 所示。

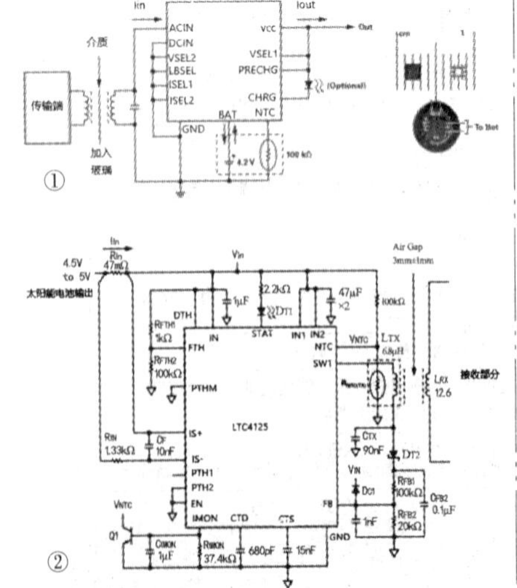

①
②

图 2 所示的 LTC4125 是一款高性能无线发送器电路，它具有针对无线充电应用的完整保护功能。LTC4125 中的优化功率搜索功能可根据接收器负载需求来调节发射功率。LTC4125 还包括多种异物检测方法，以防止其他物体从发射器接收无用功率。与 LTC4124 配对使用时，可将 LTC4125 全桥谐振驱动器转换为半桥驱动器，以利用更精细的搜索步长，从而使低功率接收器接收恰好足够的功率来为电池充电。当电池接近充满电的状态时，LTC4124 进入恒定电压模式，使调节充电电流降低。LTC4125 将自动降低其功率传输水平，以匹配接收器的更低功率需求。这有助于减少整个充电周期的功耗，使 LTC4124 充电器和电池保持较低温度。

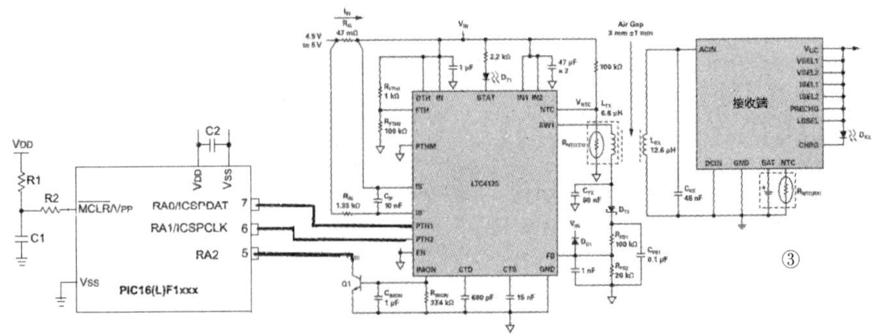

③

3. 太阳能无线充电控制方案

在图 3 所示中，要使无线充电系统能获得高效能量传输，且在隔着玻璃窗户能实现无线电源传输，提升传输能力，则需要加入控制电路实施。本处选择 PIC16F18313 微型单片机进行设计，其主要优点是体积小、控制电压低，控制效率高，能满足本处设计实际需求。图 4 为基于 PIC16F18313 控制 LTC4125 的参考电路，能对 LTC4125 的传输效率和充电使能进行有效控制，以达到设计目的。

4. 小结

经过本方案的设计，达到了微型无线传输的功能，在一般阴天时，其也能给备用电池充电。经测试，室外 30℃以上的盛夏太阳直射下，本系统的效率在加入玻璃隔窗后的效率降低仅 13%，而在 20℃左右的阴天充电时，在隔玻璃和没隔玻璃的效率相比，也只有 20%左右的删减。还是基本能达到预设的效率目的。

◇四川省江安县职业技术学校 李家波

DIY 制作八路 12V 铅酸电瓶充电机

因工作需要，这次在之前做过的一套四路 12V 单块铅酸电瓶的充电机的基础上，这次是升级改造一套双 48v 的充电机。也就是说同时可以充 8 块 12V 的单体铅酸电瓶充电机。实际上这套充电机是多功能的。由于这次选用的控制器是铅酸，胶体，锂电通用型的控制器，实际使用起来就方便得多了，尤其是修理部特别适用。该充电机整体设计主要分为四个部分。

1)开关电源供电部分。我这次选用的是二手的工业级 24V/25A 的开关电源作为主供电。使用时不需要做任何改动，确保原厂设计指标不变。虽然选用的是二手货，但是实测性能指标丝毫没有变。这款电源功率管，和输出整流管上都安装有温度开关加以保护，整体设计还是很考究的。所以我首选了它。

2)另外选用了一块降压可调电源模块。这种模块可以自由调谐输出电压和电流。使用时将模块 in 输入端连接到开关电源输出端。模块的 out 输出端连接到控制器的 in 输入端即可。根据实际使用需要调整输出电压和电流。调整范围在 20V-16V/1A-10A 范围内。注意输出电压不能高过控制器的输入电压。需根据控制器使用说明书来调谐。当然我是将原电路板上的可调电阻换成了精密多圈电位器。并且安装到面板上同时配上了一块电压电流表用来显示使用电压和电流，使用起来就很方便了。

3) 充电控制器我选用了多功能的 30A 多功能太阳能控制器价格不贵，控制器的颜色不同是因为分批次从不同商家买回来的。而且该控制器可以升级改装成 50A 以上的，因为电路板上预留了功率管的安装位置，采用双管并联电流倍增。该控制器可以很方便地自由选择充电对象。并且可以调谐充电截止电压，因为我使用的是铅酸电瓶，所以我按照控制器说明书的要求，将充电截止电压调整在 14.4V。充满即停，并且进入到浮充状态完全不必考虑会将电池充坏。待所有电瓶全部充饱后拔掉电源移出充电机。

4)注意!!! 该充电机在使用时一定要先将电瓶之间的连接线断开，再插入电瓶插头待控制器识别到电瓶及电瓶电压后，再插入电源进行充电。充完电先拔掉电源插头及充电机插头之后再使用。否则可能烧坏太阳能控制器。我使用的是三只 1P/63A 的空开作为电池之间的连接和一只 2P/63A 的空开用来切断电瓶与电车供电来控制。断开时充电，闭合时电车使用。这样做主要考虑维修方便。也可使用三挡八节转换开关来进行切换，不过成本会高一些。

接下来的工作那就是装箱整体布局。机箱我是从废品站淘来的家用净水器的外箱大小正合适。面板上的插座，中间是 220V 输入，左右两边各为 4 路输出，可以同时充 1-8 块电瓶。我的做工虽然不怎么样但是经过一个月来的实际使用，效果非常的好。特别是对于老化程度不同的电池，采用这种充电方法，可以有效地保证每一块电池都能够充饱，而且再也不会将电瓶充坏了。我现在使用的这组 58AHa 的旧电池，原本最多只能跑 50 公里左右。自从采用了我新设计的这种充电方法之后，一次充满电可以跑到将近 80 公里。所以我对我的这台充电机很满意。不知道大家怎么看，是否能给个合理的评价。我先谢谢大家了。下面附上分解图供大家参考。有需要的可以电话联系咨询。以下附图仅供参考。

◇内蒙古 夏金光

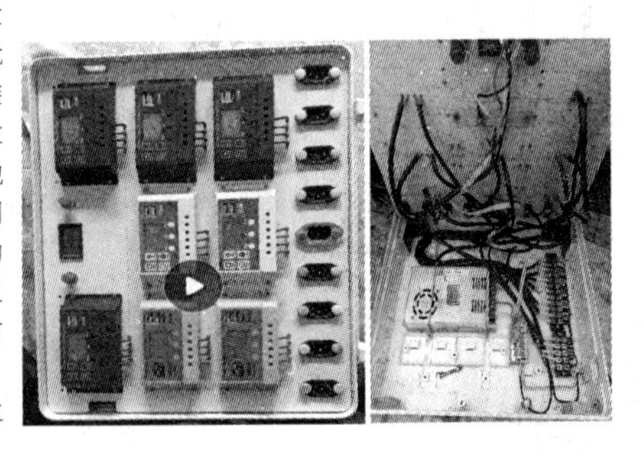

线控刹车系统对新能源汽车的重要性(一)

目前绝大部分(燃油)车所使用的刹车系统,都是由比利时工程师在1927年发明的真空助力泵形式。这种刹车的工作原理是,通过利用发动机运转吸气时产生的负压,来给刹车总泵一个向前推动的力。虽说这个推力不足以直接推动刹车总泵产生制动力,但这股恰到好处的力,却能大幅降低驾驶员脚踩刹车踏板时所需的力度。在助力刹车诞生至今的这100年间,它凭借着极其简单的结构经久不衰,不过这种助力结构也有一些问题是根本无法杜绝的。

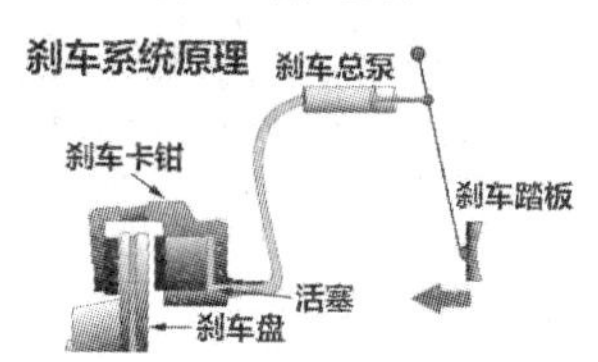

比如在真空助力刹车系统中,由于放大刹车踏板力度的介质,是发动机运转吸气时所产生的负压,因此只要发动机出现熄火的情况,那刹车踏板就会因为失去负压,而出现第二脚刹车硬到踩不动的问题,会严重影响到刹车的制动力。不仅如此,当发动机转速较低,所产生的负压较小时,真空助力泵也会因为刹车踏板的频繁踩踏,引发负压不够满足真空助力泵需求,进而导致刹车踏板变硬的问题。此外,当海拔过高、外界气压降低时,助力泵内外压差变小,刹车助力的力度也是不及平原地区的。也就是说,使用真空助力泵的车型,在高海拔地区的刹车脚感要比平原地区沉上不少。

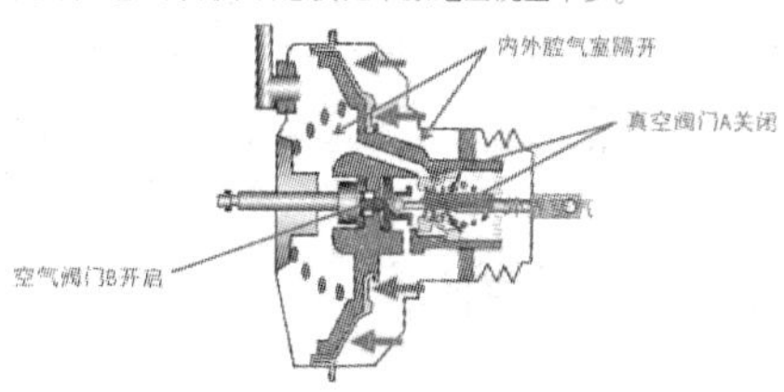

此外,使用真空助力泵刹车的车型,除了制动力会受到发动机运转工况的影响外,就连刹车脚感也会因为用车的工况不同而产生大幅波动。比如在连续重刹,刹车出现热衰减后,高温的刹车油以及变软的刹车片,都会导致驾驶员脚下的刹车踏板行程变长,并且脚感变轻。

10年前,电动车逐渐开始盛行,由于电动车并没有传统燃油车上的发动机能为真空助力泵提供负压,因此便诞生了一种过渡性的刹车助力系统,也就是通过一个具备抽气功能的电机,来替代原先的发动机提供负压,从而实现真空刹车助力。但这显然是一种"画蛇添足"的方案,既然没有了发动机,那为何还要沿用专门为发动机配套的"负压法"方案呢?毕竟以现在的科技水平来看,纯电机的结构就足以解决所有的刹车助力问题了。

电子助力泵

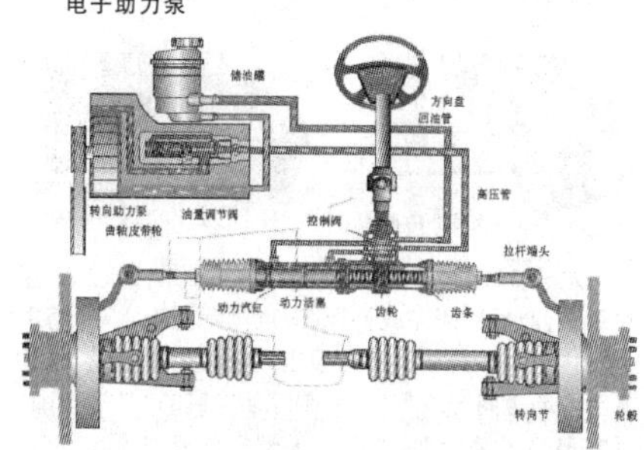

于是在2011年左右,由纯电机直接助力的电子助力泵便诞生了,并开始替代真空助力泵,逐渐成为电动车的标配。它所采用的液压泵不再靠发动机皮带直接驱动,而是采用一个电动泵,它所有的工作的状态都是由电子控制单元根据车辆的行驶速度、转向角度等信号计算出的最理想状态。简单地说,在低速大转向时,电子控制单元驱动电子液压泵以高速运转输出较大功率,使驾驶员打方向省力;汽车在高速行驶时,液压控制单元驱动电子液压泵以较低的速度运转,在不至于影响高速打转向的需要同时,节省一部分发动机功率。是使用较为普遍的助力转向系统。

著名的博世iBooster就是其中的代表作。在电子助力刹车系统中,由于助力的方式从此前的真空助力,变为了由大扭矩电机直接进行助力,因此当一些传统燃油车也开始使用这种电子助力刹车后,像是国内销售的第一款电子助力车型--阿尔法·罗密欧Giulia,即使它的发动机熄了火,但只要车辆还处于通电状态,那刹车的助力就不会失效。而这种有电就有刹车助力的特性,无疑也会更适合于新能源车型。

此外,由于电机力度的可调整范围很大,所以电子助力还能为工程师留出充足的刹车踏板脚感的调校空间。这样一来,工程师便能根据车型的定位,以及品牌调性来充分赋予刹车踏板最适合的踩踏脚感。而不用像真空助力时代,受限于硬件,没有过多的调校空间,导致刹车脚感经常随缘。

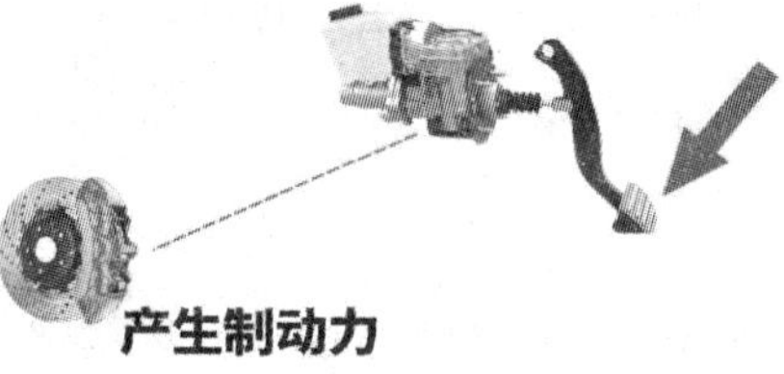

不过,电子助力也存在着一些不足,由于它像真空助力刹车系统一样,刹车踏板都是经过助力系统后直接与刹车管路相连的。因此,在刹车热衰减后,虽然电子助力能通过减小电机助力力度的方式,来保证刹车踏板的脚感不会变轻。但减小电机助力的力度,同样会导致作用在刹车盘上的制动力度变小。那此时为了保证足够的制动力,驾驶员就需要通过踩踏更深的刹车踏板行程,来找回因为电机减小助力力度导致的制动力下降了。总结成一句话就是,电子助力刹车虽然能保证刹车踏板的脚感在热衰减后不发生改变,但并不能保证刹车踏板的踩踏幅度不变。因此,电子助力并没有完全解决刹车脚感会受到使用工况变化而变化的问题。

线控刹车

"线控刹车(X-by-Wire)"一词来源于NASA的飞机控制系统——"线传飞控(Fly-by-Wire)",它将飞机驾驶员的操纵、操作命令转换成电信号,利用计算机控制飞机飞行。换句话说,"线控技术"就是"电控技术",用精确的电子传感器和电子执行元件代替传统的机械系统。这种控制方式引入到汽车驾驶上,就成为汽车线控技术。其中,"X"代表汽车中传统上由机械或者液压控制的各个功能部件,所以代替制动(Brake)就有线控制动(Brake-by-Wire)。

早期的技术发展程度的局限,主要有两种形式的线控制动系统:电子液压制动系统(EHB)和电子机械制动系统(EMB)。

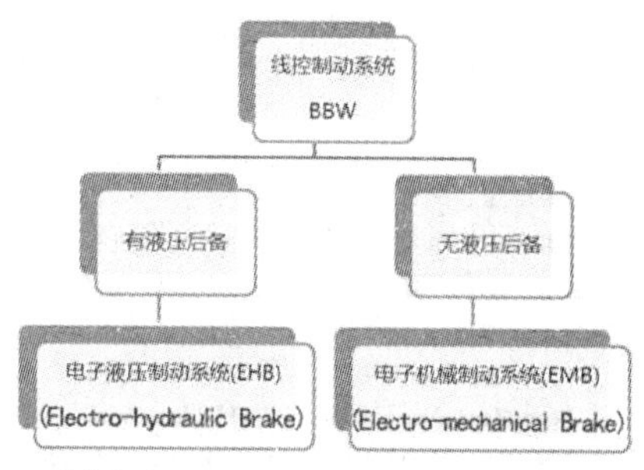

线控制动(Brake-by-Wire)将原有的制动踏板用一个模拟发生器替代,用以接收驾驶员的制动意图,产生、传递制动信号给控制和执行机构,并根据一定的算法模拟反馈给驾驶员。它需要非常安全可靠的结构,用以正常的工作。其基本工作原理如下图所示:

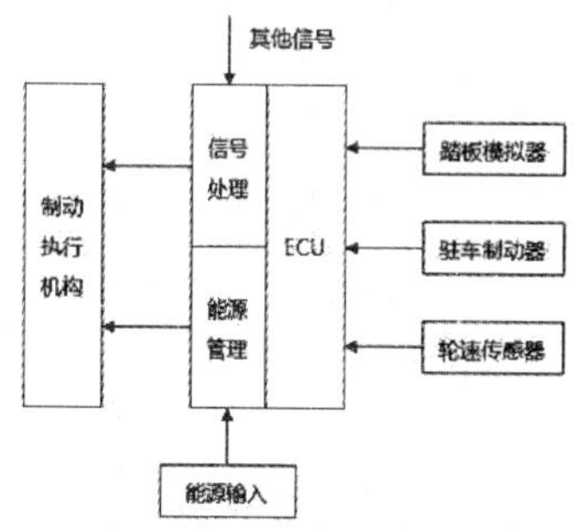

但EHB和EMB在传力路径上又有很大不同,下面简单地说一下两者的区别:

电子液压制动系统(EHB)

EHB是在传统的液压制动器基础上发展来的,与传统制动系统相比,最大的区别在于:EHB用电子元件替代传统制动系统中的部分机械元件,即用综合制动模块取代传统制动系统中的助力器、压力调节器和ABS模块,其基本发展路径如下图示:

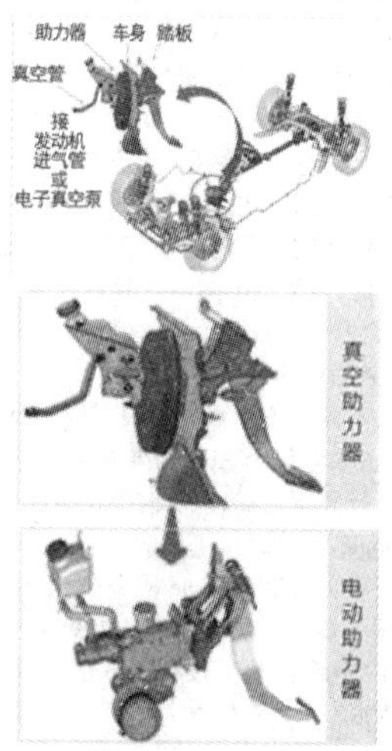

制动踏板也不再与制动轮缸直接相连,而是采用的是电传刹车踏板,即刹车踏板与制动系统并无刚性连接,也无液压连接(如果有也只是作为备用系统),而是仅仅连接着一个制动踏板传感器,用于给电脑(EHB、ECU)输入一个踏板位置信号,如下图所示:

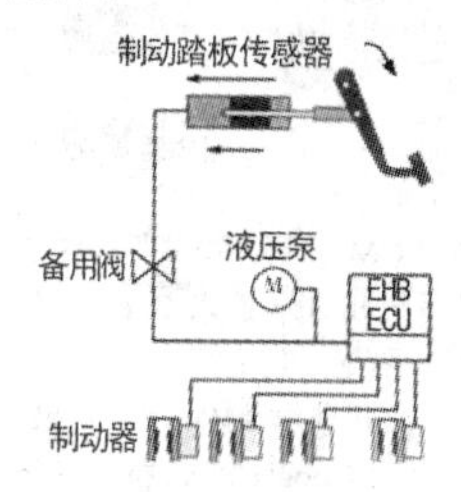

(未完待续)

◇四川 李运西

安卓机的特色——杀后台

前一篇文章讲过安卓的操作系统是基于Linux系统，本身拥有完善的多后台机制；但是从诞生之初，用户就反映"越用越卡"……这几年安卓机的内存越来越大，个别旗舰版甚至已经堆到了16G的容量，但杀后台的现象反而变严重了？

其实原生安卓系统支持App后台保留进程，但传统上也有一套循序渐进的后台退出机制。在传统上，安卓系统会为App进程分配不同的状态，例如前台应用(Foreground_App)、可见应用(Visiable_App)、二级应用(Secondary_App)、隐藏应用(Hidden_App)、内容提供器(Content_Provider)、空应用(Empty_App)等状态。当内存不足的时候，系统会优先终止Empty_App进程和服务，将内存释放出去；内存再次吃紧，就开始对Content_Provider动手脚了，以此类推。

而事实上很多App都不会老老实实为进程注册合理的状态，这些App会通过一些手段，来修改自己进程的属性，来长期驻留后台。

比如，一些App将startForeground来把自己注册成为前台应用，让自己的后台成为最高优先级，永远不会被系统干掉；还有的App会利用安卓的悬浮窗机制，设置一个1像素大小的透明悬浮窗，让App始终处于激活状态，避免后台被杀；最夸张的是有的App们抱团取暖，后台进程利用安卓系统的周期性任务进行链式唤醒，开启一个App等于唤醒N个App的后台……

当然，官方的安卓系统也作出了一些应对。例如针对App乱注册startForeground状态，安卓7.0之后会在通知栏强制显示"XX正在后台运行"；针对悬浮窗机制，安卓也收紧了悬浮窗权限，使用悬浮窗必须开启相应开关；而安卓11则很大程度上了App之间的链式唤醒等等。

不过"道高一尺魔高一丈"，安卓系统的很多限制后台机制，需要App使用较高版本的TargetAPI才能生效，而大量App仍使用老旧的开发规范，但用户却不可能抛弃其中的很多App。因此，App强行驻留后台的行径，对于用户的负面影响是显而易见的，既然Google官方安卓无法做到，那就只能由第三方安卓ROM来动手了——如果哪个牌子的安卓不做，就会在用户中落下"又卡又热又耗电"的坏口碑。

因此，OEM安卓厂商杀后台，是一个比一个狠。尤其是国内的，有的甚至默认定时杀后台，即使RAM资源充足，绝大部分App也无法保留后台进程。安卓ROM激进杀后台的风气，就此产生。

和苹果不同，安卓最初并没有提供App统一推送机制，这意味着每个App如果需要接受后台消息，那就需要自行驻留进程，以随时接收消息推送。不过这些年Google也对此作了改进，引入了GCM/FCM机制，App可以调用Google服务框架GMS，通过Google的服务器实现统一的消息转发，App的消息推送可以由系统接管，整个过程App都无需保留后台，体验类似iOS。

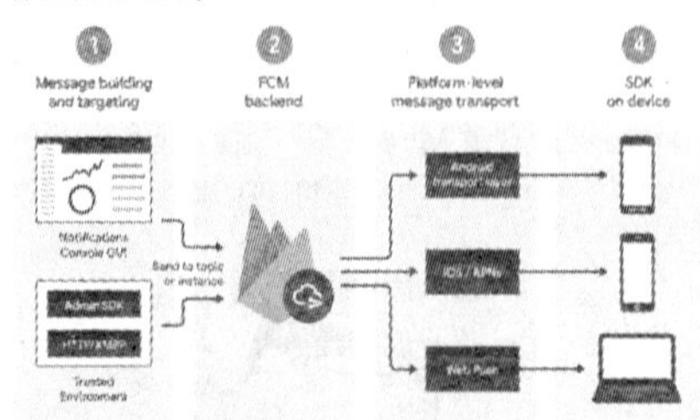

安卓上的FCM机制，类似于iOS的统一消息推送，但前提是系统和App接入Google服务，因此国内安卓又无法"享受"这一待遇。

这一套机制并非强制性的，如果App不接入GMS，甚至不上架Google Play，那么完全可以无视这一切。而在以国内为典型的应用环境下，GMS实际上并不可用，App自行驻留进程、接受消息推送就成为必选项。

因此，国内的安卓App使用了五花八门的手段，在安卓系统中驻留进程，除了商业上的考虑，更大的程度是不得已而为之。而针对国内App种种驻留后台的手段，国内的安卓ROM为了保证续航和流畅，又不得不采取了更多的一刀切杀后台手段，这就造成了现今的情况。

鉴于国内的安卓生态是和Google脱节的。因此，对于Google的相关整治，应该对国内的安卓影响不大。但是，也有不少国内安卓厂商开展海外业务，在海外市场，Google的话语权举足轻重。Google有可能对安卓厂商施加压力，以让安卓厂商改变系统的杀后台策略。在这样的背景下，国内外的机型分别采用不同的杀后台策略，就显得很有必要了。在用于国外机型的国际版ROM中，安卓厂商应该重视Google的意见，对杀后台策略进行一定程度的修改。

当然，国内安卓环境也在改进，工信部联合了主流安卓厂商，共同推进统一推送联盟。App接入了相关体系后，即可实现系统级推送，无需驻留后台也可以接收消息。统一推送服务需要安卓ROM和App同时支持。

目前统一推送服务已经覆盖了华为、OPPO、vivo、小米等多家国内品牌，相关标准与成果也将纳入中国信通院与中国互联网协会共建的"中国移动基础服务平台"(China Mobile Service,CMS)的相关体系之中，并在2021年中国互联网大会上正式发布。

龙芯中科发布首款自助指令系统龙芯处理器3A5000

近日，龙芯中科技术股份有限公司正式发布龙芯3A5000处理器。该产品是首款采用自主指令系统LoongArch的处理器芯片，性能实现大幅跨越，代表了我国自主CPU设计领域的最新里程碑成果。

龙芯3A5000处理器是首款采用自主指令系统LoongArch的处理器芯片。LoongArch基于龙芯二十年的CPU研制和生态建设积累，从顶层架构，到指令功能和ABI标准等，全部自主设计，不需国外授权。LoongArch吸纳了现代指令系统演进的最新成果，运行效率更高，相同的源代码编译成LoongArch比编译成龙芯此前支持的MIPS，动态执行指令数平均可以减少10%-20%。LoongArch充分考虑兼容生态的需求，融合X86、ARM等国际主流指令系统的主要功能特性，并依托龙芯团队在二进制翻译方面十余年的技术积累创新，实现跨指令平台应用兼容。

龙芯3A5000处理器主频2.3GHz-2.5GHz，包含4个处理器核心。每个处理器核心采用64位超标量GS464V自主微结构，包含4个定点单元、2个256位向量运算单元和2个访存单元。龙芯3A5000集成了2个支持ECC校验的64位DDR4-3200控制器，4个支持多处理器数据一致性的HyperTransport 3.0控制器。龙芯3A5000支持主要模块时钟动态关闭，主要时钟域动态变频以及主要电压域动态调压等精细化功耗管理功能。

根据国内第三方测试机构的测试结果，龙芯3A5000处理器在GCC编译环境下运行SPEC CPU2006的定点、浮点单核Base分值均达到26分以上，四核分值达到80分以上。基于国产操作系统的龙芯3A5000桌面系统的Unixbench单线程分值达1700分以上，四线程分值达到4200分以上。上述测试分值已经逼近市场主流桌面CPU水平，在国内桌面CPU中处于领先地位。

较上一代龙芯3A4000处理器，龙芯3A5000处理器在保持引脚兼容的基础上，性能提升50%以上，功耗降低30%以上。在复杂文档处理、浏览器打开、3D引擎加速、4K高清软解，以及各类业务软件处理等方面，龙芯3A5000电脑用户体验提升明显，达到了极速的用户性能体验。

龙芯3A5000实现了自主性和安全性的深度融合。龙芯3A5000中包括CPU核心、内存控制器及相关PHY、高速IO接口控制器及相关PHY、锁相环、片内多端口寄存器堆等在内的所有模块均自主设计。龙芯3A5000在处理器核内实现了专门机制防止"幽灵(Spectre)"与"熔断(Meltdown)"的攻击，并在处理器核内支持操作系统内核栈防护等访问控制机制。龙芯3A5000处理器集成了安全可信模块，支持可信计算体系。龙芯3A5000内置了硬件加密模块，支持商密SM2/3/4及以上算法，其中SM3/4密码处理性能达到5Gbps以上。

目前，与龙芯3A5000配套的三大编译器GCC、LLVM、GoLang和三大虚拟机Java、JavaScript、.NET均已完成开发。面向信息化应用的龙芯基础版操作系统Loongnix和面向工控及终端应用的龙芯基础版操作系统LoongOS已经发布。从X86到LoongArch的二进制翻译系统LATX已经能够运行部分X86/Windows应用软件。统信UOS、麒麟Kylin等国产操作系统已实现对龙芯3A5000的支持。数十家国内知名整机企业、ODM厂商、行业终端开发商等基于龙芯3A5000处理器研制了上百款整机解决方案产品，包括台式机、笔记本、一体机、金融机具、行业终端、安全设备、网络设备、工控模块等。

龙芯中科还基于龙芯3A5000推出了新一代服务器处理器龙芯3C5000L。龙芯3C5000L通过封装集成了四个3A5000硅片，形成16核处理器。基于龙芯3C5000L的四路64核服务器整机的SPEC CPU2006性能分值可达900分以上，全面满足云计算、数据中心对国产CPU的性能需求。

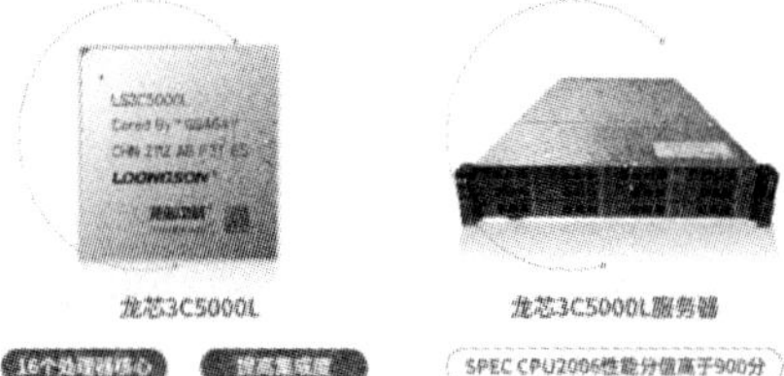

龙芯3A5000继续使用中国共产党重大历史事件命名产品代号。龙芯3A5000芯片代号为"KMYC70"，以纪念抗美援朝70周年。基于龙芯3A5000核心的服务器专用芯片龙芯3C5000已经于2021年上半年完成设计并交付流片，芯片代号为"CPC100"，以庆祝建党100周年。

龙芯3A5000芯片　　龙芯3C5000芯片

抗美援朝70周年

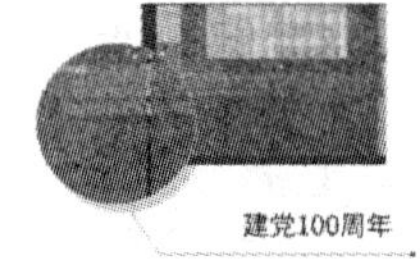

建党100周年

龙芯3A5000的发布标志着龙芯团队经过20年的积累，产品性能完成补课，逼近国际主流水平，将助力龙芯中科开启从技术升级迈向全面生态建设、从政策性市场迈向开放市场、从跟踪性发展的"必然王国"迈向自主性发展的"自由王国"的新征程。龙芯3A5000的发布雄辩地证明，坚持科技自立自强而不是引进国外技术，走"市场带技术"而不是"市场换技术"的道路，自主研发CPU的性能完全可以超过引进技术的CPU。

35 类商用密码产品

纵观密码发展历程，从 1996 年中央政治局常委会议专题研究我国商用密码发展问题，到 1999 年国务院颁布《商用密码管理条例》，再到 2019 年第 35 号主席令《中华人民共和国密码法》在十三届全国人大常委会第十四次会议表决通过，自 2020 年 1 月 1 日起施行。密码法的颁布实施，是我国密码发展史上具有里程碑意义的大事。

在密码法中，对于商用密码是这样定义的："商用密码用于保护不属于国家秘密的信息。公民、法人和其他组织可以依法使用商用密码保护网络与信息安全。"网络空间处处用到商用密码，商用密码在维护国家安全、促进经济社会发展、保护人民群众利益方面发挥着重要的作用。

进入现代社会，商用密码的应用范围越来越广。电信、电力、能源、金融、交通等国家关键信息基础设施，我们日常用到的刷卡消费、社保系统、电子邮件，都大量使用商用密码，用来实现网络和信息的加密保护和安全认证，商用密码技术和手段也越来越先进。随着以数据为核心的数字经济成为经济发展的新驱动力，数据安全上升到国家主权的高度，商用密码作为数据安全防护的核心技术和基础支持，成为国家信息化发展战略及国家大数据战略的重要布局。

然而与国外相比，我国安全产业在信息化投入占比还有数倍差距，我国数据安全情况也不容乐观。作为大国，我国政务、互联网、物联网等各行业都产生了海量数据，而这些大数据的流转在目前基本是"裸奔"状态。近年来，随着密评的实施，密码防护体系的建设，国家多次明确数据安全密码防护要求，使用商用密码技术保障系统安全，全面提升密码保障能力，将密码融入应用作为工作目标。而密码产品，就成为密码防护体系的基础设施。

01 TF 密码卡

具有数字证书存储、身份认证、数字签名和数据加密存那么密码产品有哪些呢？我们进行一个简单的罗列。储等功能。产品应用于手机、PDA、GPS、警务通、执法仪、笔记本电脑等智能移动电子设备中，作为强身份验证、数据加密保护的专用密码工具，且具有一定的存储空间。

02 PCI-E 密码卡

为各类安全平台提供多线程、多进程和多卡并行处理的高速密码运算服务，具有数字签名/验证、非对称/对称加解密、数据完整性校验、真随机数生成、密钥生成和管理等功能。产品应用于签名验证服务器、IPSec/SSL VPN 网关、防火墙等安全设备以及电子印章管理、安全公文传输等软件系统。

03 存储型智能密码钥匙

USBKEY 和安全 U 盘的融合产品。具有智能密码钥匙身份认证、数据加密等功能，并集成大容量安全数据存储空间，具备高安全的移动存储功能。

04 智能密码钥匙

内置安全芯片，提供数字证书管理、数字签名/验证、非对称/对称加解密、数据完整性校验、真随机数生成、密钥生成等功能。可作为用户登录业务系统的身份凭证。

05 安全 U 盘

内置专用硬件算法芯片，实现全盘数据加密存储，用户只有通过身份认证后才能访问加密区，防止加密区数据泄露确保用户数据的机密性。

06 服务器密码机

提供对非对称/对称数据加解密运算以及数据完整性校验、真随机数生成、数字签名、密钥管理等。

07 金融数据密码机

用于确保金融数据安全，并符合金融磁条卡、IC 卡业务特点的，主要实现 PIN 加密、PIN 转加密、MAC 产生和校验、数据加解密、签名验证以及密钥管理等密码服务功能的密码设备。

08 IPSec VPN 安全网关

基于 IPSec 协议提供网络传输的数据提供高性能加密、签名验证服务。通过虚拟隧道技术为总部和分支机构网络之间建立专用通道，保障通道中传送数据的保密性、完整性和真实性。

09 SSL VPN 安全网关

提供基于安全套接层 SSL 的安全通道防护，实现终端用户的远程安全接入，保障远程用户访问公司敏感数据安全性。

10 密钥管理系统

提供非对称密钥对和对称密钥的生成、存储、保护、分发、注销、归档和恢复，以及对密钥申请的授权和证实、归档密钥的恢复、密钥管理的审计和跟踪、密钥管理系统的访问控制等功能

11 签名验证服务器

提供数字签名/验证、文件签名/验证、数字信封、密钥管理、证书管理、数据杂凑等功能。可对网上证券、网上保险、网上银行及电子商务和电子政务活动中的关键敏感数据进行签名验签。

12 数字证书认证系统

基于 PKI 关键技术，提供数字证书的申请、审核、签发、查询、发布，证书吊销列表的签发、查询、发布等全生命周期管理功能。应用系统可使用加密和数字签名技术，保证网络信息传输的机密性、真实性、完整性和不可否认性。

13 安全认证网关

采用数字证书为应用系统提供基于数字证书的高强度身份鉴别服务，如用户管理、身份鉴别、单点登录、传输加密、访问控制和安全审计服务。

14 密码键盘

用于保护 PIN 输入安全并对 PIN 进行加密的独立式密码模块。包括 POS 主机等设备的外接加密密码键盘和无人值守(自助)终端的加密 PIN 键盘。

15 时间戳服务器

基于 KPI 技术的时间戳权威系统，对外提供精确可信的时间戳服务器。广泛应用于网上交易、电子病历、网上招投标和数字知识产权保护等电子政务和电子商务活动中。

16 安全门禁系统

采用密码技术，确定用户身份和用户权限的门禁控制系统。

17 动态令牌(认证系统)

为应用系统提供动态口令认证服务。由认证系统和密钥管理系统组成。动态令牌负责生成动态口令，认证系统负责验证动态口令的正确性，密钥管理系统负责动态令牌的密钥管理，信息系统负责将动态口令按照指定的协议发送至认证系统进行认证。

18 安全电子签章系统

提供电子印章管理、电子签章/验章等功能的密码应用系统。

19 电子文件密码应用系统

在电子文件创建、修改、授权、阅读、签批、盖章、打印、添加水印、流转、存档和销毁等操作中提供密码运算、密钥管理等功能的应用系统。

20 可信计算密码支撑平台

采取密码技术，为可信计算平台自身的完整性、身份可信性和数据安全性提供密码支持。其产品形态主要表现为可信密码模块和可信密码服务模块。

21 证书认证(密钥管理)系统

证书认证系统，对数字证书的签发、发布、更新、撤销等数字证书全生命周期进行管理的系统。证书认证密钥管理系统，对生命周期内的加密证书密钥对进行全过程管理的系统。

22 安全芯片

含密码算法、安全功能，可实现密钥管理机制的集成电路芯片。

23 电子标签芯片

含密码算法、安全功能，可实现密钥管理机制的集成电路芯片。

24 电子印章系统

传统印章与数字签名技术结合，采用组件技术、图像处理技术及密码技术，对电子文件进行数据签章保护。电子印章系统包括电子印章制作系统与电子印章服务系统。电子印章制作系统主要用于制作电子印章，印章数据通过离线的方式导入电子印章服务系统。电子印章服务系统主要用于电子印章的盖章、验章。

25 数字证书密钥管理系统

由密钥生成、密钥库管理、密钥恢复、密码服务、密钥管理、安全审计、认证管理等功能模块组成。

26 智能 IC 卡

实现密码运算和密钥管理功能的含 CPU(中央处理器)的集成电路卡，包括应用于金融等行业领域的智能 IC 卡。

27 安全密码模块

提供移动终端、PC 等全终端环境下的可信身份认证服务。利用移动终端作为身份认证载体，以密码技术为核心，通过融合数字证书、生物识别、设备指纹、安全加固等多因素、多维度安全技术，实现安全强度可媲美 USBKey 的移动终端解决方案。

28 纵向加密认证装置

为电力调度部门上下级控制中心多个业务系统之间的实时数据交换提供认证与加密服务，实现端到端的选择性保护，保证电力实时数据传输的实时性、机密性、完整性和可靠性。部署在电力控制系统的内部局域网与电力调度数据网络的路由器之间。

29 云服务器密码机

可提供服务器密码机、金融数据密码机、签名验证服务器等多种类型的虚拟密码机；使用方式与传统密码机基本一致，方便传统业务平滑迁移至云环境。

30 桌面型加密认证装置

一种小微型加密认证网关设备。产品基于国密算法实现身份认证、访问控制、数据加解密等功能。产品可自身配对使用或与其他加密认证网关类产品配合使用，解决工控终端与应用系统、物联网终端与应用系统以及小型数据中心之间的安全互联，实现数据/指令的传输加密和完整性校验。

31 密码检测平台

针对密码机、VPN 网关等各类标准密码设备及各类支持密码运算的工控设备(如智能电表)进行密码算法、随机数、密码协议、密码运算性能等方面的自动化检测。

32 数字水印系统

采用基于空域的局部图像水印嵌入技术在视频和图片上添加隐形的水印信息，不影响其原载体的使用价值和图像质量，可以被生产方识别和辨认，不易被它方探知，保护多媒体信息安全、实现防伪溯源、版权保护。

33 支付密码器

与预留印章配合使用鉴别票据真伪的一种辅助工具，针对传统的预留印章鉴别，其具有防伪、防篡改、抗抵赖和防止内部作案等。

34 电话加密机

具有普通通话和加密通话两种功能，机身有加密＼非加密转换开关和密钥转换开关；机身内连接调制解调电路，该电路包括低通滤波、调制解调和分频电路，可使普通话音信号经调制加密而发出，也可使加密话音信号经解调去密而接收；当转换开关置于加密位置时，通话电路与调制解调电路相连。

35 数据库加密系统

通过系统中加密、DBMS 内核层（服务器端）加密和 DBMS 外层(客户端)加密。且能够实现对数据库中的敏感数据加密存储、访问控制增强、应用访问安全、安全审计以及三权分立等功能。

目前商用密码产业产品类别较多，行业较为分散。截至 2021 年 4 月，通过国家密码管局审批的商用密码通用产品有 2400 余款，形成了从芯片、板卡、整机到系统和服务的完整产业链。但是我国密码市场硬件产品占比超九成，多数为特定领域专用产品，软件形态产品占比不超过 5%，距离国外的 39.4%依然有较大差距，可见我国仍以硬件产品为主，这种供给结构与国外软硬产品均衡、产品通用性较强等特征形成鲜明对比。预计未来，产品形态软硬件协同将成为发展趋势和发展重点。

49 个 Excel 常用技巧(一)

1. Excel 判断分数成绩是否及格,怎么做?

答:excel 判断分数成绩是否及格可以用 IF 进行区间判断。=IF(A1>60,"及格","不及格")

2. Excel 频率统计用什么函数?

答:FREQUENCY 以一列垂直数组返回某个区域中数据的频率分布,。

3. Excel 什么时候要用$符号呢?

答:复制公式时,单元格的引用位置不想发生变化时,就在行号或列标前加$,"绝对引用"。

4. 合并单元格后里面的数据或文字我都想保留如何处理?

答:多个单元格都含有内容,如果要在合并后保留所有单元格的内容,可以用下面的方法。选取单元格区域,并把列宽拉到可以容下所有单元格合并后的宽度。开始选项卡 - 编辑 - 两端对齐。把多个单元格的内容合并到一个单元格中在分隔的空隔处按 alt+enter 键添加强制换行符,换行再合并单元格。

5. 插入表格后发现行数不够,怎样才能再次快速插入更多行?

答:需要插入多少行就选取多少行,然后就会一次插入多少空行。

6. 如何复制粘贴行宽

答:粘贴后的粘贴选项中,会有保留源列宽的选项。

7. Excel 如何把数值批量转换成文本

答:数据 - 分列 - 第三步选文本

8. Excel 如何把空值全部填写为"0"

答:定位 - 条件 - 空值 - 在编辑栏中输入 0,按 ctrl+enter 完成输入。

9. Excel2010 的插入特殊符号在哪里?

Excel2010 版本的特殊符号,很多同学在搜这个问题,可以肯定的说 excel2010 版本里没有这个命令的。大家不用再费心找了,如果要插入符号,可以从插入选项卡 - 符号里找找。在微信平台回复"特殊符号"可以查看更多符号输入方法。

10. Excel 如何去掉地址栏的名称

Excel 如何去掉地址栏的名称,Excel2003 版,插入菜单 - 名称 - 定义 - 在弹出的窗口找到该名称点删除按钮 ,2010 版,公式选项卡 - 名称管理器 -找到名称点删除。

11. 如何按日期显示星期?

问:Excel 如何按日期显示成星期答:公式=TEXT(A2,"aaaa")=WEEKDAY(A2,2)也可以通过格式设置把日期显示成星期。

12. Excel 如何隐藏公式?

在 Excel 里,如何隐藏公式,让公式别人看不到呢?答:在 Excel 里隐藏公式是通过设置单元格格式设置的。

选取公式所在单元格,右键菜单中点设置单元格格式,然后在弹出的单元格格式窗口点保护选项卡,勾选隐藏公式选项。

最后通过工具 - 保护 -保护工作表(excel2010 里是通过审阅 - 保护工作表)。然后在单元格或编辑栏里就看不到公式了。

13. Excel 表格中下拉复制数字怎么才能递增?

答:复制数字时,只需要按 ctrl 键再下拉,数字就会发生变化了。

14. Excel 中平方函数是哪个? Excel 中平方函数是哪个?

在 Excel 中我们有时需要计算一个数的平方,该怎么计算呢,Excel 提供了两种方法

(1) 使用脱字节符号 ^ 例 3 的 2 次方可以写成 =3^2 结果是 9

(2)使用平方函数=POWER(3,2) 表示 3 的 2 次方,如果是 4 的 3 次方可以写为=POWER(4,3)

15. Excel 合并单元格复制公式怎操作呀

Excel 表格中,如果想在合单元格中复制公式,会提示大小一样中断你的复制,这时候我们可以用快捷键填充公式。选中所有包含合并单元格的区域(第一个单元格要含公式),双击编辑栏中公式,然后按 ctrl+回车键填充即可。

16. Excel 数字不能求和,怎么办?

数据导入 Excel 中后居然是以文本形式存在的(数字默认是右对齐,而文本是左对齐的),即使是重新设置单元格格式为数字也无济于事。

下面的方法可以帮你快速转换成可以计算的数字,选取数字区域,第一个单元格一定是包括数字的,而且单元格左上方有绿三角,选取后打开绿三角,点转换为数字。

17. Excel 产生随机数,怎么做?

答:Excel 提供了一个可以生成随机数的函数 rand,用它可以生成指定范围的随机数=rand()*(最大数-最小数)+最小数。比如生成 10~100 之间的随机数=rand()*90+10

如果要生成随机的整数呢=int(rand()*90+10) 也可以用=RANDBETWEEN(1,100)

18. Excel 中如何开根号

问:Excel 里开根号怎么做,例如 9 开 2 次方,结果是 3

答:在 Excel 里开根号可以用 ^ 符号完成,如 9^(1/2)的结果是 3

19. Excel 筛选用不了

问:在 Excel 中使用自动筛选时,可用不了了,怎么回事?

答:导致筛选无法使用有很多原因,最常见的原因是工作表或工作簿被保护了,你可以检查一下是不是工作表添加了保护密码。

20. 四分之一怎么打

答:先输入 0 然后再输入空格,再输入 1/4。

21. Excel 中如何限制使用筛选按钮

答:Excel 中如何限制使用筛选按钮呢? 答案可能出乎大家的意料之外,如果你是 EXCEL2003 的用户,可以执行:工具菜单 - 选项 - 视频 - 对象选择全部不显示,你再看看自动筛选已无法再使用了。

22. Excel 偶数行怎么选取和删除?

答:Excel 选取偶数行有很多方法,但最好的方法还是辅助列+自动筛选方法。具体的步骤为在最后的辅助列中,在 2 行输入数字 1,选取 1 行和 2 行向下拖动复制,复制后辅助列的偶数行为填充成 1。筛选 - 自动筛选,选取值为 1 的行。选取所有显示的偶数行区域。如果是删除偶数行,直接删除筛选出的偶数行即可。

23. EXCEL 里隐藏的第一行显示出来

答:选取第二行,然后拖动向上选取,取消隐藏,或者全选,格式 - 行 - 取消隐藏

24. Excel 打开默认设置成 2003 版,如果做设置默认打开 2003 版的方法; 到 Excel 2003 的安装目录,把 2003 版的 Excel.exe 改成 Excel2003.exe,然后就可以按正常的方法设置默认打开 Excel 文件为 03 版的

25. Excel 表格计算公式不能用了

表格中的公式仍然存在,但是更改了其中一个单元格的数字,其公式结果怎么不变了呢? 就是两两相乘的公式,之前都是自动更新出结果,现在不得行了,输入新的数字,仍然是原来的结果

答: 工具菜单 - 选项 - 重新计算你看看是手动还是自动

26. Excel 每页显示表头,怎么设置?

问:在打开表格时,因为表格比较长,怎么在每一页的最上面设置表头。答:在 EXCEL 打印预览视图中,打开"页面设置"对话框中的"工作表"标签,单击"顶端标题行"文本框右侧的[压缩对话框]按钮,选定表头和顶端标题所在的单元格区域,再单击该按钮返回到"页面设置"对话框,单击[确定]按钮。

27. Excel 多条件求和函数有哪些

在 Excel 里,有哪些函数可以完成多条件求和呢? SUMIF 函数和 COUNTIF 函数用法差不多.多条件的处理方法如下:多项目求和=SUM(SUMIF(B31:B35,{"A","C"},C31:C35))

03 版本可以用 SUMPRODUCT 函数替代.=SUMPRODUCT((MONTH(A3:A9)=3)*(B3:B9="A")*C3:C9)

07 版本可以用 SUMIFS 替换:=SUMIFS (D2:D11,A2:A11,"公司 1",B2:B11,"人事部")多条件汇总,也可以用 SUMPRODUCT 函数完成。=SUMPRODUCT(条件 1 * 条件 2* 条件 3* 数据列)=sumproduct((a1:a10="财务")*(b1:b10="出纳")*c1:c10) '统计 A 列是财务,同时 B 列是出纳的 C 列数据之和

28. 怎么计算两日期相隔多少月零多少天?

在 excel 里计算怎么计算两日期相隔多少月零多少天,可以用 DATE 和 DATEDIF 函数配合着计算。比如 A1 是开始日期,B1 是结果日期,C1 是相隔多少月,可以这样设置公式=DATEDIF(A2,B2,"M")

D1 相隔 C1 月还零多少天,可以这样设置公式=B2-DATE(YEAR(A2),MONTH(A2)+C2,DAY(A2))

29. Excel 表格内如何换行?

问:我想在 Excel 单元格中输入文本时,怎么换到下一行呢?

答:Excel 单元格内换行可以用插入换行符的方法。比如要输入中国然后换下一行河南。输入"中国",按 ATL+回车键后换到下面一行输入河南

30. Excel 表格怎么开根号?

答:在 Excel 里开根号可以用乘方来运算,可能大家很疑惑,开根号怎么用乘方的算式呢?原来在 Excel 里,可以用 ^ 数字来表示乘方运算,如 3^2,表示 3 的 2 次方,结果为 9,而如果 ^ 后的数字是分数则可以进行开方运算。如:9^(1/2)就可以运算 9 的开方。结果为 3

31. 平方米(M2)符号怎么打?

答:在 excel 里,输入平方米符号可以先输入 M2,然后选中 2,按 CTRL+1 打开单元格设置对话框,然后勾选上标。

32. Excel 文件打开乱码怎么办?

答:Excel 文件有打开会出现一些乱码文字,这时候该怎么办呢?下面是搜集自网络的一些解决方法,希望能对大家有用。

招数一:将工作簿另存为 SYLK 格式如果 Excel 文件能够打开,那么将工作簿转换为 SYLK 格式可以筛选出文档的损坏部分,然后再保存数据。

首先,打开需要的工作簿。在"文件"菜单中,单击"另存为"命令。在"保存类型"列表中,单击"SYLK(符号连接)(*.slk)",然后单击"保存"按钮。关闭目前开启的文件后,打开刚才另存的 SYLK 版本即可。

招数二:转换为较早的版本如果由于启动故障而没有保存 Excel 工作簿,则最后保存的版本可能不会被损坏。当然,该版本不包括最后一次保存后对文档所作的更改。

关闭打开的工作簿,当系统询问是否保存更改时,单击"否"。在"文件"菜单中,单击"打开"命令,双击该工作簿文件即可。

招数三:打开并修复工作簿如果 Excel 文件根本不能够使用常规方法打开,那么可以尝试 Excel 2003 中的"打开并修复"功能,该功能可以检查并修复 Excel 工作簿中的错误。

在"文件"菜单中,单击"打开"命令。通过"查找范围"框,定位并打开包含受损文档的文件夹,选择要恢复的文件。单击"打开"按钮旁边的箭头,然后单击"打开并修复"即可。

招数四:用 Excel 查看程序打开工作簿在用尽各种方法仍不能解决问题的情况下,大家不妨考虑一下使用第三方软件开展恢复工作.下面的链接是一个经过实际检验的 Excel 恢复软件,你可以通过此软件达到恢复您 Excel 数据的目的。

希望大家都能解决这个文件乱码的问题。

33. Excel 如何冻结窗格

例:你要冻结前三行前两行,那么你可以选中 C4 单元格,然后执行窗口(Excel2010 版视图) - 冻结窗格

34. SUMIF 函数是易失性函数吗?

答:SUMIF 函数本身不是易失性函数,但当 SUMIF 第一个参数和第三个参数区域大小不致时,会有易失性函数的特征。不修改数据也会在关闭时提示文件是否保存

35. 如何更改 Excel 撤销次数?

到注册表(不知道,在开始运行里输入 regedit 回车即可)到以下位置!!!! 我的是 Office2003!!!! 在 11.0 处可能有所不同! 新建 dword 值键名为 UndoHistory (双击名称)值为 10 进制,输入数值为 30 即可

36. Excel 如何打印不连续区域

答:按 CTRL 键不松,选取区域,再点文件菜单中的打印区域--设置打印区域

37. Excel 万元显示如何设置?

160000 元用 16 万元表示如何设置我理解! 的作用是把后面的这个字符作为符号处理,换句话说:#! .0,万元和 #"."0,万元这两种写法的作用、意义都是完全相同的输入 3451 显示 3#451 单元格格式怎样设定自定义格式:0! #000 也可以 0"#"000

38. VLOOKUP(B3,IF({1,0}是什么意思?

=VLOOKUP(B3,IF({1,0},G$3:G$5,F$3:F$5),2,0)

公式中的 IF({1,0},G$3:G$15,F$3:F$15)作何解释?

理解:{1,0}的含义是 1 代表 TRUE(即逻辑值为真),0 代表 FALSE (即逻辑值为假),公式为=VLOOKUP (B3,IF({TRUE,FALSE},G3:G17,F3:F17),2,0)也同样正确,这样更好理解.通过执行 IF({TRUE,FALSE},G3:G17,F3:F17)为真,得到 G3:G17 这列数,由于是数组,再执行 FALSE 得到 F3:F17,因此得到一个 2 列多行的数组。

(下转第 451 页)

C 语言实现一个简单的 web 服务器(一)

说到 web 服务器想必大多数人首先想到的协议是 http，那么 http 之下则是 tcp，本篇文章将通过 tcp 来实现一个简单的 web 服务器。

本文将着重讲解如何实现，对于 http 与 tcp 的概念本篇将不过多讲解。

一、了解 Socket 及 web 服务工作原理

既然是基于 tcp 实现 web 服务器，很多学习 C 语言的小伙伴可能会很快地想到套接字 socket。socket 是一个较为抽象的通信进程，或者说是主机与主机进行信息交互的一种抽象。socket 可以将数据流送入网络中，也可以接收数据流。

socket 的信息交互与本地文件信息的读取从表面特征上看类似，但其中所存在的编写复杂度是本地 IO 不能比拟的，但却有相似点。在 win 下 socket 的交互步骤为：WSAStartup 进行初始化-->socket 创建套接字-->bind 绑定-->listen 监听-->connect 连接-->accept 接收请求-->send/recv 发送或接收数据-->closesocket 关闭 socket-->WSACleanup 最终关闭。

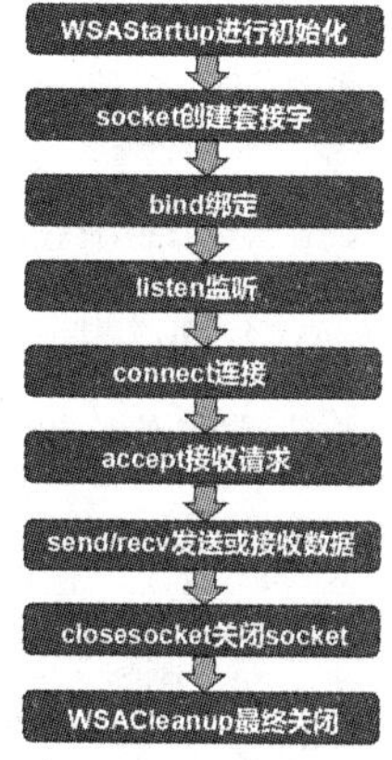

了解完了一个 socket 的基本步骤后我们了解一下一个基本 web 请求的用户常规操作，操作分为：打开浏览器-->输入资源地址 ip 地址-->得到资源。当目标服务器接收到该操作产生掉请求后，我们可以把服务器的响应流程步骤看为：获得 request 请求-->得到请求关键数据-->获取关键数据-->发送关键数据。服务器的这一步流程是在启动 socket 进行监听后才能响应。通过监听得知接收到请求，使用 recv 接收请求数据，从而根据该参数得到进行资源获取，最后通过 send 将数据进行返回。

二、创建 sokect 完成监听

2.1 WSAStartup 初始化

首先在 c 语言头文件中引入依赖 WinSock2.h：

```
#include <WinSock2.h>
```

在第一点中对 socket 的创建步骤已有说明，首先需要完成 socket 的初始化操作，使用函数 WSAStartup，该函数的原型为：

```
int WSAStartup(
WORD wVersionRequired,
LPWSADATA lpWSAData
);
```

该函数的参数 wVersionRequired 表示 WinSock2 的版本号；lpWSAData 参数为指向 WSADATA 的指针，WSADATA 结构用于 WSAStartup 初始化后返回的信息。

wVersionRequired 可以使用 MAKEWORD 生成，在这里可以使用版本 1.1 或版本 2.2，1.1 只支持 TCP/IP，版本 2.1 则会有更多的支持，在此我们选择版本 1.1。

首先声明一个 WSADATA 结构体：

```
WSADATA wsaData;
```

随后传参至初始化函数 WSAStartup 完成初始化：

```
WSAStartup(MAKEWORD(1,1),&wsaData)
```

WSAStartup 若初始化失败则会返回非 0 值：

```
if (WSAStartup(MAKEWORD(1,1),&wsaData)! =0)
{exit(1);
}
```

2.2 创建 socket 套接字

初始化完毕后开始创建套接字，套接字创建使用函数，函数原型为：

```
SOCKET WSAAPI socket(
int af,
int type,
int protocol
);
```

在函数原型中，af 表示 IP 地址类型，使用 PF_INET 表示 IPV4，type 表示使用哪种通信类型，例如 SOCK_STREAM 表示 TCP，protocol 表示传输协议，使用 0 会根据前 2 个参数使用默认值。

```
int skt = socket(PF_INET, SOCK_STREAM, 0);
```

创建完 socket 后，若为-1 表示创建失败，进行判断如下：

```
if (skt == -1)
{
return -1;
}
```

2.3 绑定服务器

创建完 socket 后需要对服务器进行绑定，配置端口信息、IP 地址等。首先查看 bind 函数需要哪一些参数，函数原型如下：

```
int bind(
SOCKET socket,
const sockaddr *addr,
int addrlen
);
```

参数 socket 表示绑定的 socket，传入 socket 即可；addr 为 sockaddr_in 的结构体变量的指针，在 sockaddr_in 结构体变量中配置一些服务器信息；addrlen 为 addr 的大小值。

通过 bind 函数原型得知了我们所需要的数据，接下来创建一个 sockaddr_in 结构体变量用于配置服务器信息：

```
struct sockaddr_in server_addr;
```

随后配置地址家族为 AF_INET 对应 TCP/IP：

```
server_addr.sin_family = AF_INET;
```

接着配置端口信息：

```
server_addr.sin_port = htons(8080);
```

再指定 ip 地址：

```
server_addr.sin_addr.s_addr = inet_addr("127.0.0.1");
```

ip 地址若不确定可以手动输入，最后使用神器 memset 初始化内存，完整代码如下：

```
//配置服务器
struct sockaddr_in server_addr;
server_addr.sin_family = AF_INET;
server_addr.sin_port = htons(8080);
server_addr.sin_addr.s_addr = inet_addr("127.0.0.1");
memset(&(server_addr.sin_zero), '\0', 8);
```

随后使用 bind 函数进行绑定且进行判断是否绑定成功：

```
//绑定
if (bind (skt, (struct sockaddr *)&server_addr,sizeof(server_addr)) == -1) {
return -1;
}
```

2.4 listen 进行监听

绑定成功后开始对端口进行监听。查看 listen 函数原型：

```
int listen(
int sockfd,
int backlog
)
```

函数原型中，参数 sockfd 表示监听的套接字，backlog 为设置内核中的某一些处理(此处不进行深入讲解)，直接设置成 10 即可，最大上限为 128。使用监听并且判断是否成功代码为：

(下转第 459 页)

49 个 Excel 常用技巧(二)

(上接第 450 页)

39. Excel 密码忘记了怎么办？凉拌？如果 Excel 密码忘记了，不要急。可以用 officekey 工具解除密码。工作簿密码，工作表密码和 VBA 密码都可以解除。

40. Excel 页眉页脚怎么设置？

答：设置 Excel 的页眉页脚的方法是：Excel2003 中，文件菜单 - 页面设置 - 页眉/页脚 选项卡中 Excel2007 和 Excel2016 中，页面布局选项卡 - 打印标题 - 页眉/页脚 选项卡中

41. Excel 分类汇总，如何做？

答：excel 分类汇总是一个简单实用的数据汇总工具。先对单元格进行排序，然后执行数据菜单-分类汇总就 OK 了。具体的制做方法

42. Excel 锁定单元格不让编辑怎么做？

答：默认状态下，Excel 单元格是锁定状态。但为什么锁定还可以编辑呢。因为少了一步保护工作表，保护工作表后，就无法再编辑单元格了。

也许你会问，我想让编辑其中一部分单元格怎么办？凉拌，只需要把需要编辑的通过右键--设置单元格格式--保护--去掉锁定前的勾即可。

43. Excel 打不开怎么办？

答：Excel 文件打不开，原因有很多种。文件损坏。这时只有找一些专业修复软件才可以。加载宏文件，加载宏文件是隐藏窗口的。可以加载宏文件 xla 或 xlam 改为正常的 xls 文件和 xlsx 文件就可以打开了。

打开文件看不到 Excel 界面。这时可以尝试通过工具栏中的打开命令打开 Excel 文件。然后通过"工具--选项--在选项窗口中的常规选项卡中选取"忽略其他应用程序"后，就可以正常打开 Excel 文件了

44. Excel 统计个数怎么做？

答：在 Excel 中统计个数可以分以下几种情况：统计非空单元格个数;=COUNTA (A1:A1000) 统计数字个数;=counta (a1:a1000)根据条件统计个数: =countif(a1:a1000,">100")

应用示例：

例 1：统计在 A 列是"公司 A"的个数公式=Countif(A:A,"公司 A")

例 2：统计 A 列包含"公司 A"的个数公式=Countif(A:A,"*公司 A*")注：这里使用通配 * 表示字符前后有任意个字符。

例 3：统计 C 列成绩大于 60 的学生个数公式 =Countif (C:C,">60")注：这里是用运算对比符号和数字构成的条件

例 4：统计大于 C1 单元格数值的 C 列个数。公式：= Countif(c:c,">" & c1)注：这里是用 & 插入了一个变量，即 C1 的值。

例 5：统计 C 列大于平均数的个数公式：=Countif(c:c,">" & average(c:c))注：这里是使用了平均值函数 average 先计算平均值，然后作为条件。

例 6：统计 A 列为"公司 A"或"公司 B"的个数公式：{= Sum(Countif(A:A,{"公司 A","公司 B"})) }

注：这里在第二个参数里加入了常量数组，使用 countif 的结果是分别按两个公司名称统计的结果，也是一个数组假如是{3,4}，得到数组后用 sum 函数对两个数进行求和，得到总的个数，这个公式是数组公式，所以一定要输入公式后把光标放在公式最后，按 ctrl+shift，然后按 enter 键结束输入。

另：也许也还会问，如果设置更多条件该怎么弄？建议使用另一个可以多条件求和与计数的函数:sumproduct

例：统计大于 1000，小于 3000 的数字个数=sumprodcut ((a1:a100>1000)*(a1:a100<3000))

45. Excel 如何批量取消批注

批量删除批注只需要以下两步：选取包含批注的区域

右键菜单中"删除批注"

46. Excel 怎么打印批注

答：页面布局 - 打印标题 - 批注 下拉框中选打印位置

47. 计算两个日期间的月数

答：计算两个日期之间的月数，可以用以下公式实现= DATEDIF(开始日期，结束日期，"M")

48. Excel 取消隐藏行列怎么做

答：取消 Excel 隐藏列分以下几种情况。使用隐藏行或隐藏列的隐藏，可以选取包括隐藏行和隐藏列区域，右键菜单中取消隐藏即可。cda.pinggu.org/view/198 使用窗口冻结的隐藏。窗口--取消窗口冻结。使用筛选功能隐藏的列。数据--筛选--取消筛选使用设置列宽的隐藏。可以格式-列宽，输入数值即可取消隐藏

49. 身份证号码转换年龄，怎么做？

如果身份证号在 A1，在要算年龄的单元格输入=DATEDIF(TEXT(MID(A1,7,8),"0000-00-00"),TODAY(),"y")

(全文完)

硬禾学堂专栏

与时钟相关的PCB设计考虑(一)

与时钟(clock)相关的PCB的设计考虑,主要分两部分:原理图设计——针对时钟电路应该放置哪些器件?以及PCB布局和走线——如何摆放与时钟相关的元器件并正确连线达到理想的性能。

我们先从原理图的设计看看跟时钟相关的电路:

时钟电路部分的供电电源要干净

PCB板上会有很多高速的数字电路,有可能给时钟电路部分的电源带来噪声,比如通信的信号、高手的数据传输、主电源的开关噪声、附近器件的输出开关等。时钟电路的电源上的噪声会导致时钟产生抖动,当多路时钟输出的情况下每路时钟会有时序偏差,从而对时钟的正常工作带来严重影响。

因此需要"去耦"——将其他部分的噪声跟时钟电路部分的供电进行"去耦合",曾经在前面连载的去耦电容部分的文章讲述了去耦电容的作用以及如何选用,现在在时钟电路上就用上了。

大家也知道了如何为时钟电路的电源管脚选装去耦电容,比如:

- 一个0.01uf/0402封装的陶瓷电容,能有效旁路掉50-200MHz的高频噪声
- 一个0.1uF/0603封装的陶瓷电容,能有效旁路掉10MHz的噪声
- 一个4.7uF的钽电容能有效抑制几十KHz~几MHz的低频段噪声

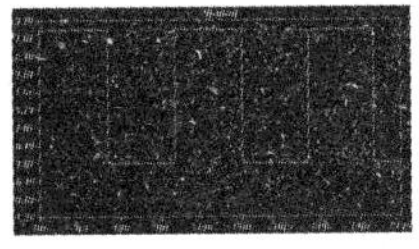

左:未加去耦电容的时钟波形;右:加了去耦电容以后的时钟波形

为了降低其它电路的高频噪声通过电源影响到时钟的性能,除了去耦电容以外,在电源上串联一个磁珠能起到很好的抑制噪声的作用。关于磁珠的工作原理以及使用方法会在后面的文章中专门讲解。简单来讲磁珠在DC和低频的时候表现的是电感特性,能够通直流而阻挡交流,在非常高频率的时候(几十MHz以上)表现出电阻特性,能够将高频的噪声变成热量消耗掉。因此配合去耦电容会达到更好的噪声隔离效果,如上图的效果对比。

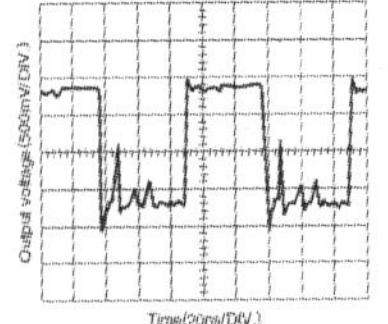

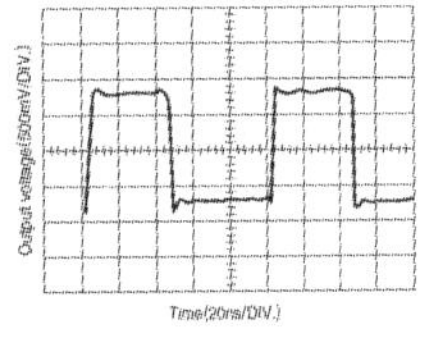

有噪声的时钟信号(左)在电源上加上磁珠以后的效果

磁珠选用会在后面的文章中再进行介绍。下面是一个典型的磁珠+去耦电容配合的电源去噪声的电路示例。

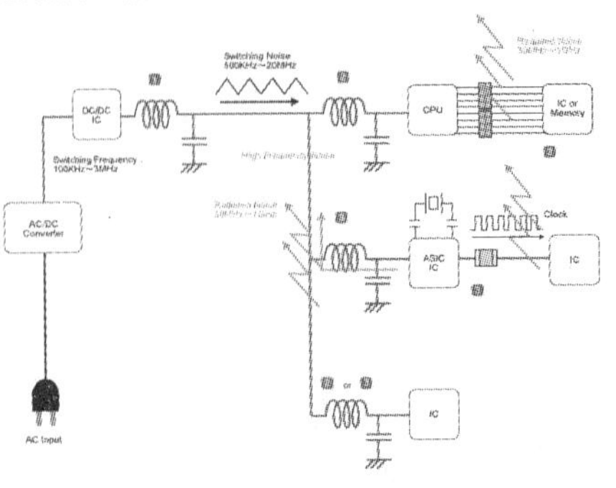

传输阻抗匹配——将时钟脉冲信号最有效地传递出去

在上一篇文章中我们讲过,时钟电路产生的时钟信号要传输到使用该时钟信号的接收端,如果PCB上的传输线阻抗和发送端的输出阻抗不匹配、接收端的输入阻抗和时钟传输线的阻抗不匹配,都有可能导致时钟信号的反射而造成接收端得到的时钟信号边沿产生过冲等。

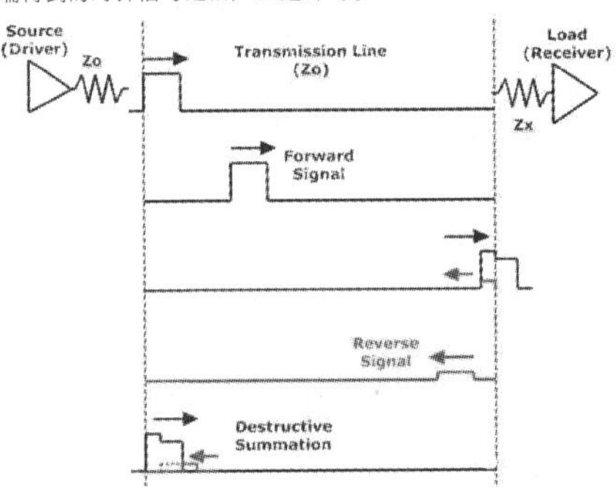

阻抗不匹配会造成反射从而破坏时钟信号的波形

反射就会形成如下图一样的波形,绿色的信号为理想的时钟信号,蓝色信号为发送端测量到的信号,红色为接收端测量到的信号。

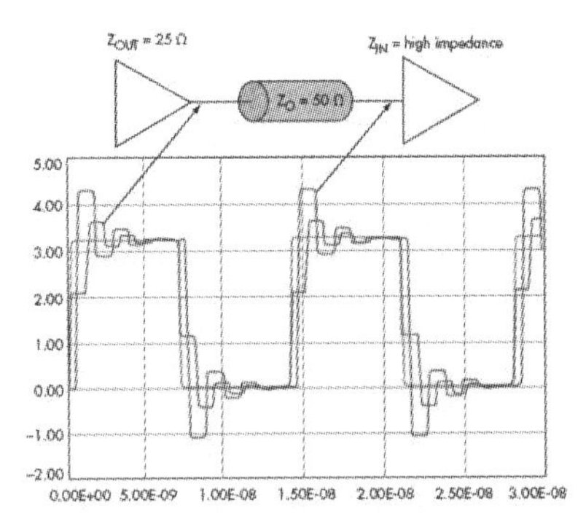

1. In this simulation, reflection is due to an unterminated transmission line. The green signal represents the ideal signal, and the blue and red signals are the driver's side and receiver's input, respectively.

因此,我们需要在时钟的发射端和接收端进行端接,以达到发送端的输出阻抗同传输线匹配,接收端的阻抗同传输线阻抗匹配。但发送端时钟器件的输出阻抗一般比较低(具体的数值可以查询该器件的数据手册中的IBIS模型I-V曲线获得),需要在发送端串联一个电阻,使得器件输出端的阻抗+串联电阻的值=传输走线的阻抗;在接收端则因为接收端的输入阻抗一般为高阻,所以需要并联一个到地(可以一个到地一个到电源,以满足输入端直流电流的要求)的电阻,器件输入端的阻抗 ‖ 并联到地阻抗的值与传输线的阻抗相等。如下图所示:

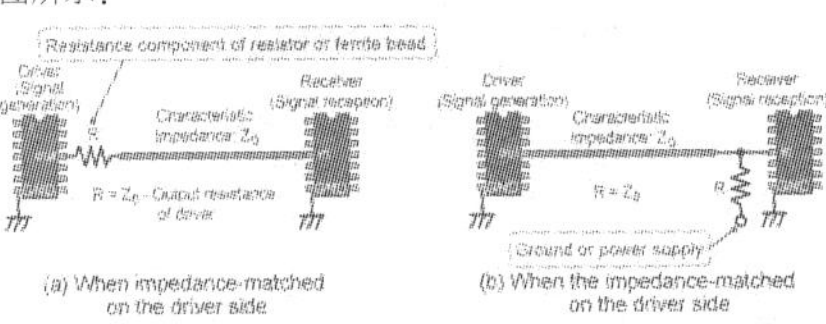

只有时钟的接收端在走线的另一端才有效,如果沿着走线连接,则会有反射。在具有相同时钟输出的多个时钟接收器件的应用中,如果接收器件之间的走线长度小于2英寸,则可以在接收器之间共享一个终端电阻,如下图(图见下期本版)所示,如果布线长度超过2英寸,则为接收器提供电阻。

(未完待续)

电子科技博物馆专栏

编前语:或许,当我们使用电子产品时,都没有人记得或知道老一批电子科技工作者们是经过了怎样的努力才奠定了当今时代的小型甚至微型的诸多电子产品及家电;或许,当我们拿起手机上网、看新闻、打游戏、发微信朋友圈时,也没有人记得是乔布斯等人让手机体积变小、功能变强大;或许,有一天我们的子孙后代只知道电子科技的进步而遗忘了老一辈电子科技工作者的艰辛……

成都电子科技博物馆旨在以电子发展历史上有代表性的物品为载体,记录推动电子科技发展特别是中国电子科技发展的重要人物和事件。电子科技博物馆的快速发展,得益于广大校友的关心、支持、鼓励与贡献。据统计,目前已有河南校友会、北京校友会、深圳校友会、绵德广校友会和上海校友会等13家地区校友会向电子科技博物馆捐赠具有全国意义(标志某一领域特征)的藏品400余件,通过广大校友提供的线索征集藏品1万余件,丰富了藏品数量,为建设新馆奠定了基础。

科学史话

浅谈国产操作系统之华为鸿蒙(一)

最近,大家的朋友圈被华为鸿蒙所占据,好多亲朋的华为手机都换上了鸿蒙系统,在我们骄傲的展示国产系统的同时,也让我们更多地了解有关鸿蒙系统的知识。

名字缘起

华为是中企骄傲,其开发的鸿蒙系统更被国人视为掌上明珠。自发布伊始就受到了广泛关注,不仅在国内,在国际上也产生了蝴蝶效应。华为鸿蒙作为一款新的操作系统正在掀起一场行业变革。

鸿蒙,源自中国古代的神话传说:天地未开之时,世界还是一团混沌的元气,这种自然的元气叫作鸿蒙。这个年代也就被称作鸿蒙时代。鸿蒙这个词也常泛指远古的时代。《西游记》第一回就写到盘古破除鸿蒙,所以鸿蒙代表开始。华为公司将系统命名为鸿蒙,表达了华为将在科技领域开辟新的天地的决心。

系统简介

鸿蒙微内核是基于微内核的全场景分布式OS,可按需扩展,实现更广泛的系统安全,主要用于物联网,特点是低时延,甚至可到毫秒级乃至亚毫秒级。

鸿蒙OS实现模块化耦合,对应不同设备可弹性部署,鸿蒙OS有三层架构,第一层是内核,第二层是基础服务,第三层是程序框架。鸿蒙OS可用于手机、平板、PC、汽车等各种不同的设备上,目前只是在手机上向用户推广,期待在不远的将来上述使用场景可以早日进入我们的生活。

华为对于鸿蒙系统的定位完全不同于安卓系统,它不仅是一个手机或某一设备的单一系统,而是一个可将所有设备串联在一起的通用性系统。多个不同设备比如手机、智慧屏、平板电脑、车载电脑等等都可使用鸿蒙系统。

(未完待续)

(电子科技博物馆)

电脑 ATX 电源实例解析(三)

(接上期本版)

9. PG/PF 延时控制电路

KA7500B 的第③脚到 PG 信号输出端这一段电路,叫 PG 电路(如图 10 所示)。当 PC 电源输出正常时,然后输出一个高电平信号,经过 PG 延时控制电路处理,最后输出一个+5V 左右的高电平 PG 信号,PG 信号通过灰色线送给电脑主板等,电脑主板收到 PG 信号正常才能启动。LM339 第③脚为供电脚,HK280 系列由+5V 待机电压(SB)供电,第⑫脚为接地脚,将 LM339 的第⑦脚、第⑥脚与第①脚接成同相器,第⑤脚、第④脚与第②脚也接成同相器,第⑥脚与第④脚的参考电压由 R75、R79、R80 从+5VR 分压而得。这样 LM339 第⑥脚和第④脚输入电压为固定值,LM339 的①脚输出就由⑦脚输入电压决定,LM339 的②脚输出就由⑤脚输入电压决定。当 PC 电源正常输出后,PWM 芯片 KA7500B 有脉冲波输出时,其第③脚也相应的输出一个高电平,该电平经 R81 给 C41 充电,这一时间为第一级充电延时,当 C41 充满电后,此高电平加到 LM339 的第⑦脚,第⑦脚的电压高于第⑥脚的参考电压,LM339 的第①脚输出为高电平,此时,输出电压的+5V 组达到+4.75V,PG 信号开始建立,此信号经 D31 与 KA7500B 的第⑬脚连接,使得 C41 的充电和放电随着 PS-ON 的开和关而变化,同时,+5VR 经 R77 给 C42 充电,此为第二级充电延时;当第⑤脚电平高于第④脚的参考电平时,第②脚输出为高电平,经 R74 正反馈到输入端第⑤脚,第②脚输出的为放大了的 PG 信号,此信号接近+5V 输出电压,即正常的 PG 信号完全建立,PG 信号比输出的+5V 电压建立时间上延时了 100ms~500ms。PG 信号经 R62 与输出级的+5V 电压相隔离。当 PC 电源在正常关机瞬间,或者异常情况下关机瞬间,PG 应输出一个关机的 PF 信号,也就是说,KA7500B 在其第④脚变为高电平时(来了关机信号或者保护信号),或者第④脚没有变为高电平,为工作中的低电平状态,而 PC 电源忽然中断输出,因交流关机或者停电,总之,PWM 芯片 KA7500B 在其内部关断输出脉冲波时,其第③脚也相应地输出为低电平,当 R81 上面没有电压时,C41 开始放电,延续了 LM339 的第⑦脚电平降低的时间。当第⑦脚电平低于第⑥脚电平时,第①脚输出为低电平,同时,C42 经 R78 放电,延续了第⑤脚电平降低的时间,当第⑤脚电平低于第④脚电平时,第②脚输出为低电平,PG 信号消失,又称 PF 信号检测完毕,通知电脑等系统正常复位关闭,在时间上比 PC 电源的主输出消失提前了最少 1ms,PF 时间分不正常关机,即 AC 关机的 PF 时间和正常关机,即 PS-ON 关机的 PF 时间两种情况。D31 的作用:KA7500B 的第①脚到第⑬脚之间接有一个开关二极管 D31(1N4148),作用是,在每次 PS-ON 关机后,此时第⑬脚已翻转为低电平状态,电压小于第①脚,D31 将第①脚 C42 上的残存高电平电压泄放到第⑬脚,使 PF 关机时间再延续,也便于每次重启时,C42 上总为低电平,时间常数每次开机都一致,达到延时的目的,不影响下一次开机时 PG 的时间常数。

10. OPP (过功率保护)检测电路

OPP(过功率)检测电路,在驱动变压器上专设有一组互感绕组,通过感应输出功率的大小,用来控制 PWM 的输出脉冲方波的有无。图 11 是 OPP 检测电路部分,L1-3 为驱动变压器 T3 的一个专设的互感绕组,经电阻 R37、R37A 分压,D22 整流,R38 限流,C36 滤波,R39 为负载电阻,D23 为隔离作用,感应电压由 D23 送到 LM339 的第⑧脚,进行比较检测。不论开关管 Q1 或 Q2 是否导通时,其 L1-3 的初级绕组 3 中都有电流流过。那么在电源正常输出时,次级绕组 L1-3 都会有感应电压产生,经电阻 R37、R37A 分压后,该电压不足以使 D22 导通,当负载越重达到满载,输出功率越大达到额定功率,该感应电压会越高,只要输出功率不超出设定值,感应电压也不会高到使 D22 导通。假如输出功率超过设定的功率值以外时,输出电压要下降,由于有稳压系统,开关管的导通时间会自动加长,T3L 的初级绕组 T3 3 中流过的电流就加大,次级绕组 T3 L1-3 感应的电压会比设定的正常值高许多,使 D22 导通,此高电平经 D23 送到 LM339 的第⑧脚,第⑧脚电压大于第⑨脚电压时,启动保护电路,关闭电源的输出,达到过功率保护的目的。

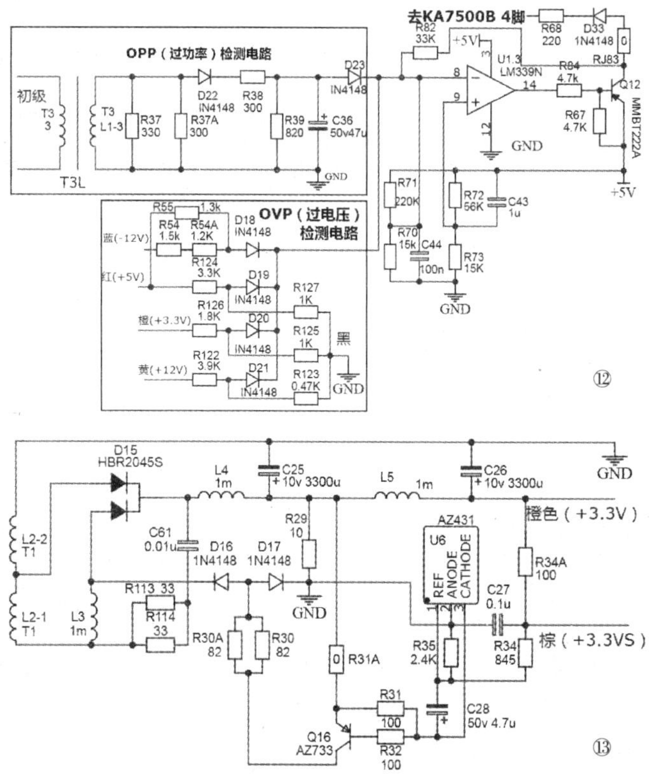

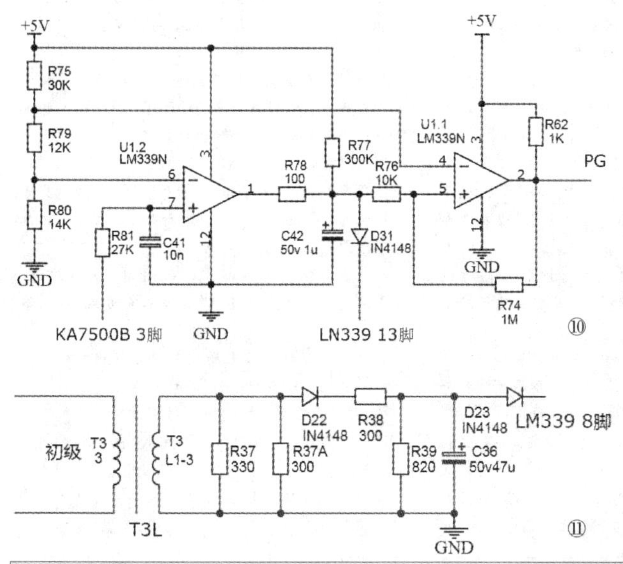

11. 比较检测保护电路

如图 12 所示,LM339 的第⑧脚到 KA7500B 的第④脚这一段电路称为比较检测保护电路,作用是把 OVP、OPP、欠压等保护检测电路的电平信号与参考电压做比较处理,把检测结果送到 KA7500B 的第④脚,控制第④脚电平的高低,也就控制了 PC 电源输出电压的有无,达到保护的目的。图 12 是 HK280-22GP 的比较检测保护电路部分,LM339 的第⑧脚是所有保护检测信号的汇集点。PC 电源在待机时或者开机输出正常时,LM339 的第⑧脚电压小于第⑨脚电压,第⑭脚输出为高电平,三极管 Q12 不导通,Q12 的 C 极为低电平,D33 不会导通,维持在 PS-ON 信号开机或者关机后的电平状态。当 PC 电源输出异常时,来自 OVP、OPP 等检测电路的某一路高电平信号输送到 LM339 的第⑧脚,此时第⑧脚电压大于第⑨脚电压,其第⑭脚输出为低电平,三极管 Q12 因有基极电流而饱和导通,Q12 的 C 极因与 E 极导通,将+5VR 电压送过来,C 极为高电平,D33 正向导通,D33 的负极变为高电平,此高电平送到 KA7500B 的第④脚,将输出关闭,处于保护状态。电路中的 R82 起保护自锁作用,R82 的阻值比 R71 小得多,当 LM339 的第⑧脚有高电平保护信号时,Q12 导通后,电源进入保护自锁状态,LM339 的第⑧脚的电压则由 R82 和 R70 从 Q12 的 C 极 (约+5V 左右) 分压而得,R71 等于并联在了 R82 上了,LM339 的第⑧脚电压被钳位,大于第⑨脚的参考电压,锁定在保护状态,当故障解除后,重起 PS-ON,若没有保护信号,则 Q12 不工作,R82 不参与分压,第⑧脚的电压又回到初试状态。

12. 磁放大电路

如图 13 所示,将磁开关 L3 串联在主变压器的次级绕组与整流二极管 D15 之间,就是通过改变磁开关的阻抗来控制磁开关的导通程度,从而控制流过二极管电流大小,最终控制+3.3V 实际输出电压。当+3.3V 的实际电压偏离标准值时,取样电阻 R34A、R34、R35 与 AZ431 构成反馈电路根据两者的差值输出放大值,从 AZ431 的阴极流向阳极,此时 AZ431 会将阴极 C 电位拉低到阳极 A(接地),Q16 基极电压拉低,结果使 PNP 三极管 Q16 的发射极电流流向集电极,并经过限流电阻 R30、R30A 和二极管 D16 按照从上往下的方向流过 L3,与变压器次级绕 L2-1、L2-2 到地,从上到下流过 L3 的这个电流阻碍了正常流过二极管 D15 待整流电流,使流过二极管的 D15 的电流变小,整流输出的电压值也就变小,从而稳定了+3.3V 电压。

以上电路图均根据 HK280-22GP 型 ATX 电源实物绘出,个别元件无法确定型号用?号代表,时间仓促,如有错误之处敬请批评指正!

(全文完)

◇新疆 刘伦宏

备考指南 注册电气工程师供配电专业知识考题解答㉔

(接上期本版)

61.直流系统的充电装置宜选用高频开关电源模块型充电装置,也可选相控式充电装置,关于充电装置的配置描述,下列哪些项是正确的?(B、D)

(A)1组蓄电池采用相控式充电装置时,宜配置1套充电装置

(B)1组蓄电池采用高频开关电源模块型充电装置时,宜配置1套充电装置,也可配置2套充电装置

(C)2组蓄电池采用相控式充电装置时,宜配置2套充电装置

(D)2组蓄电池采用高频开关电源模块型充电装置时,宜配置2套充电装置,也可配置3套充电装置

解答思路:直流系统→《电力工程直流电源系统设计技术规程》DL/T50044-2014→充电装置的配置。

解答过程:依据DL/T50044-2014《电力工程直流电源系统设计技术规程》第3.4节,第3.4.2条、第3.4.3条。选B、D。

62.在建筑照明设计中,下列哪些项符合标准的术语规定?(A、D)

(A)疏散照明是用于确保疏散通道被有效地辨认和使用的应急照明

(B)安全照明是用于确保正常活动继续或暂时继续进行的应急照明

(C)直接眩光是视觉对象的镜面反射,它使视觉对象的对比降低,以致部分地或全部地难以看清细部

(D)反射眩光式由视野中的反射引起的眩光、特别是在靠近视线方向看见反射像产生的眩光

解答思路:建筑照明设计→《建筑照明设计标准》GB50034-2013→术语规定。

解答过程:依据GB50034-2013《建筑照明设计标准》第2.0.20条、第2.0.21条、第2.0.34条、第2.0.38条。选A、D。

63.交流电力电子开关的过电流保护,关于过电流倍数与动作时间的关系,下述哪些项叙述是正确的?(B、D)

(A)过电流倍数1.2时,动作时间10min

(B)过电流倍数1.5时,动作时间3min

(C)过电流倍数1.2时,动作时间3~20s

(D)过电流倍数10时,动作时间瞬动

解答思路:交流电力电子开关→《钢铁企业电力设计手册(下册)》→过电流倍数与动作时间的。

解答过程:依据《钢铁企业电力设计手册(下册)》第24.3.5节,表24-57。选B、D。

64.10kV变电所配电装置的雷电侵入波过电压保护应符合下列哪些项要求?(B、C、D)

(A)10kV变电所配电装置,应在每组母线上架空线上装设配电型无间隙金属氧化物避雷器

(B)架空进线全部在厂区内,且受到其他建筑物屏蔽时,可只在母线上装设无间隙氧化物避雷器

(C)有电缆段的架空线路,无间隙氧化物避雷器应装设在电缆头附近,其接地端应与电缆金属外皮相连

(D)10kV变电所,当无站用变压器时,可仅在末端架空进线上装设无间隙金属氧化物避雷器

解答思路:配电装置的雷电侵入→《交流电装置的过电压保护和绝缘配合设计规范》GB/T50064-2014→过电压保护、10kV。

解答过程:依据GB/T50064-2014《交流电装置的过电压保护和绝缘配合设计规范》第5.5节,第5.4.13条第12款。选B、C、D。

65.建筑物引下线附近保护人身安全需采取的防接触电压和跨步电压的措施,下列哪些项符合规范的规定?(A、C、D)

(A)引下线3m范围内地表处的电阻率不小于50kΩ·m,或敷设5cm厚沥青层或15cm砾石层

(B)外露引下线,其距地面2.5m以下的导体用耐1.2/50μs冲击电压100kV的绝缘层隔离,或用至少3mm厚的交联聚乙烯层隔离

(C)用护栏、警告牌使接触引下线的可能性降低至最低限度

(D)用网状接地装置对地面做均衡电位处理

解答思路:建筑物引下线→《建筑物防雷设计规范》GB50057-2010→防接触电压和跨步电压的措施。

解答过程:依据GB50057-2010《建筑物防雷设计规范》第4.5节,第4.5.6条。选A、C、D。

66.根据规范规定,下列哪些场所或部分宜选择缆式感温火灾探测器?(A、B)

(A)不易安装点型探测器的夹层、闷顶

(B)其他环境恶劣不适合点型探测器安装的场所

(C)需要设置线型感温火灾探测器的易燃易爆场所

(D)公路隧道、敷设动力电缆的铁路隧道和城市地铁隧道等

解答思路:缆式感温火灾探测器→《火灾自动报警系统设计规范》GB50116-2013。

解答过程:依据GB50116-2013《火灾自动报警系统设计规范》第5.3节,第5.3.3条。选A、B。

67.高压电气装置接地的一般要求,下列描述哪些项是正确的?(B、C、D)

(A)变电站内不同用途和不同额定电压的电气装置或设备,应分别设置接地装置

(B)变电站内不同用途和不同额定电压的电气装置或设备,除另有规定外应使用一个总的接地网

(C)变电站内总接地网的接地电阻应符合其中最小值的要求

(D)设计接地装置时,雷电保护接地的接地电阻,可只采用在雷季中土壤干燥状态下的最大值

解答思路:高压电气装置接地→《交流电气装置的接地设计规范》GB/T50065-2011。

解答过程:依据GB/T50065-2011《交流电气装置的接地设计规范》第3.1节,第3.1.2条、第3.1.3条。选B、C、D。

68.控制非线性设备所产生谐波引起的电网电压波形畸变率,可以采取下列哪些项措施?(B、C、D)

(A)减小配电变压器的短路阻抗

(B)对大功率静止整流器,增加整流变压器二次侧的相数和整流器的整流脉冲数

(C)对大功率静止整流器采用多台相数相同的整流器,并使整流器变压器二次侧有适当的相角差

(D)采用Dyn11接线组别的三相配电变压器

解答思路:控制非线性设备所产生谐波→《供配电系统设计规范》GB50052-2009。

解答过程:依据GB50052-2009《供配电系统设计规范》第5章,第5.0.13条。选B、C、D。

69.在当前和远景的最大运行方式下,设计人员应根据下列哪些情况确定设计水平年的最大接地故障不对称电流有效值?(A、B、C)

(A)一次系统电气接线

(B)母线连接的送电线路状况

(C)故障时系统的电抗与电阻比较

(D)电气装置的选型

解答思路:当前和远景的最大运行方式下、确定设计水平年的最大接地故障不对称电流有效值→《交流电气装置的接地设计规范》GB/T50065-2011。

解答过程:依据GB/T50065-2011《交流电气装置的接地设计规范》第4章,第4.1.3条。选A、B、C。

70.在学校照明设计中,教室照明灯具的选择,下列哪些项是正确的?(A、B、D)

(A)普通教室不宜采用无罩的直射灯具及盒式荧光灯具

(B)有要求或有条件的教室可采用带格栅(格片)或带漫射罩型灯具

(C)宜采用带有高亮度或全镜面控光罩(如格片、格栅)类灯具

(D)如果教室空间较高,顶棚反射比高,可以采用悬挂间接或半间接照明灯具

解答思路:学校照明设计→《照明设计手册(第三版)》→教室照明灯具。

解答过程:依据《照明设计手册(第三版)》第七章,第二节"二、光源和灯具选择"。选A、B、D。

(全文完)

◇江苏 键谈

车间行车控制电路工作原理与常见故障检修

行车在工厂企业使用比较广泛，主要用于设备的吊装、吊运材料等。在使用过程中，行车电气控制部分经常出现故障，这不仅影响工作效率，严重的话引发重大事故。为了使行车在使用中安全、可靠运行，避免事故发生，对维保人员提出很高的要求，要求其熟悉电路控制原理，检修故障方法等。下面以中原矿山设备有限公司生产的行车为例，绘出其内部控制电路图(见附图1)并结合维修经验，对行车控制电路工作原理及常见故障进行分析。

一、行车电路控制工作原理

行车控制电路主要有主控制箱、手柄控制盒、副控制箱、行程开关、超载限止器K01、重锤限位器K02及电机等组成。主控制箱内有一个空开QF1、一个变压器T1、一个相序控制器XJ3和三个接触器KM1、KM2、KM3；副控制箱内有四个接触器KM4、KM5、KM6、KM7；手柄控制盒内主要有九个按键。

接通主电源，合上开关QF1后，交流380V电源送到降压变压器T1的初级绕组，相应在其次级绕组输出一个交流36V的控制回路工作电压。同时交流380V电源还送到相序控制器XJ3的L1、L2、L3端，得电开始工作。此时，如果交流380V电源电压相序正常，相序控制器XJ3的内部接点TA和TC接通，相序指示灯一直亮。反之，相序控制器XJ3的内部接点TA和TC不通，相序指示灯灭(在接通电源的瞬间，相序控制器XJ3亮一下，之后就灭)。

当按下手柄上绿色启动键SB1后，从变压器T1次级绕组输出的交流36V电压经启动键SB1、急停开关SB0、停止开关SB2、相序控制器XJ3动合接点TA和TC、主接触器KM1的线圈形成回路，主接触器KM1吸合工作，其主接触点KM1-1接通给后级工作电路的电机送工作电源。同时，主接触器KM1的辅助接点KM1-2吸合导通，给主接触器KM1提供持续工作电压，同时还给后级向前、向后，向左、向右，向上、向下的接触器提供控制回路工作电压，这样整个控制电路就处于待命状态。

1. 当需要向上吊装设备或材料时，用手一直按手柄控制盒的向上键SB8，交流36V电压经向上键SB8、超载限止器K01、上升重锤限位器K02到向上接触器KM7的线圈形成回路，向上接触器KM7得电开始工作。此时交流380V电源经向上接触器接点KM7-1、行车断火限位开关QS2到行车电机M5上，行车电机M5得电开始向上正向运转。

当吊装的设备或材料到达指定的高度后，松开向上键SB8，接触器KM7的线圈无电压而使其接触点断开，行车电机M5无工作电源停止运转工作。

当吊装的设备或材料超过设定的重量时，超载限止器K01动作，其内部接点断开，这样接触器KM7的线圈无工作电压而使其接触点断开，行车电机M5无工作电源停止运转工作。

当吊装的设备或材料达到指定高度时，操作人员还是一直按着向上按键SB8无松开，电机M5就一直运转，当所吊的设备材料达到设定极限位，顶住上升重锤限位器K02后，拉重锤限位器K02的细绳松了(平时，重锤限位器K02的细绳是拉紧的，其内部接点接通)，重锤限位器K02内部接点断开，接触器KM7的线圈失电而使其接触点断开，行车电机M5无工作电源停止运转工作，防止因操作失误引起事故的发生。

2. 当需要向下吊装设备或材料时，用手一直按手柄控制盒的向下键SB7，交流36V电压经向下键SB7直接到向下接触器KM6的线圈形成回路，向下接触器KM6得电开始工作。此时交流380V电源经向下接触器接点KM6-1、行车断火限位开关QS2到行车电机M5上，行车电机M5得电开始向下反向运转。

当吊装的设备或材料到达指定的位置，松开向下键SB7，接触器KM6的线圈无电压而使其接触点断开，行车电机M5无工作电源而停止运转工作。

当吊装的设备或材料达到指定位置时，操作人员还是一直按着向下按键SB7无松开，电机M5就一直运转，当钢丝绳向下到设计极限位，钢丝绳所带动滑片拉杆使行车断火限位开关QS2内部接触点动作断开，接触器KM6的线圈失电而使其接触点KM6-1断开，行车电机M5无工作电源停止运转工作，防止因操作失误引起事故的发生。

3. 当行车需要向前运行时，用手一直按手柄控制盒的向前键SB3，交流36V电压经向前键SB3、向前行程开关SQ1到向前接触器KM2的线圈形成回路，向前接触器KM2得电开始工作。此时交流380V电源经向前接触器接点KM2-1到行车电机M1、M2上，行车电机M1、M2得电开始向前正向运转(两个电机的电源线是并接在一起的)。

当行车向前运行到预定位置，松开向前键SB3，向前接触器KM2线圈失电，向前大车电机M1、M2停止运转。当操作人员失误，行车一直向前运行，当碰到行程开关SQ1后，使其内部接触点断开，向前大车电机M1、M2停止运转。

4. 当行车需要向后运行时，用手一直按手柄控制盒的向后键SB4，交流36V电压经向后键SB4、向后行程开关SQ2到向后接触器KM3的线圈形成回路，向后接触器KM3得电开始工作。此时交流380V电源经向后接触器接点KM3-1到大车电机M1、M2上，大车电机M1、M2得电开始向后反向运转。

当行车向后运行到预定位置，松开向后键SB4，向后接触器KM3线圈失电，向后大车电机M1、M2停止运转。当操作人员失误，行车一直向后运行，当碰到行程开关SQ2后，使其内部接触点断开，大车电机M1、M2向后停止运转。

5. 当所吊设备或材料向左移动时，用手一直按手柄控制盒上的向左键SB5，交流36V电压经向左键SB5、左到位行程开关SQ3、接触器KM4的线圈形成回路，向左接触器KM4得电开始工作。此时交流380V电源经向左接触器接点KM4-1到小车电机M3、M4上(两个小车电机的电源线是并接在一起的)，小车电机M3、M4得电开始向左正向运转。

当行车向左运行到预定位置，松开向左键SB5，接触器KM4线圈失电，小车电机M3、M4停止运转。当操作人员失误，行车一直向左运行，当碰到行程开关SQ3后，使其内部接触点断开，小车电机M3、M4停止运转。

6. 当所吊设备或材料向右移动时，用手一直按手柄控制盒上的向右键SB6，交流36V电压经向右键SB6、右到位行程开关SQ4、接触器KM5线圈形成回路，向右接触器KM5得电开始工作。此时交流380V电源经向右接触器接点KM5-1到向右小车电机M3、M4上，向右小车电机M3、M4得电开始向右反向运转。

当行车向右运行到预定位置，松开向右键SB6，接触器KM5线圈失电，小车电机M3、M4停止运转。当操作人员失误，行车一直向右运行，当碰到行程开关SQ4后，使其内部接触点断开，小车电机M3、M4停止运转。

二、常见故障现象及检修

1. 故障现象：按手柄起动开关SB1后，再按其他功能键，行车不工作，无任何反映。

分析检修：这种故障主要有交流380V电源没有送到行车控制箱内部；交流380V电源相序错误；主控制箱内的降压变压器T1、相序控制器XJ3损坏。手柄控制盒连接线中断、开关功能键接触不好等造成的。按照先易后难，先下后上的原则，用三用表测行车进线输入端电压正常，此时再到行车上的主控制箱进行检查，打开箱盖，看到相序控制器XJ3指示灯亮，说明交流380V电源已送控制箱上来，再用三用表测降压变压器T1有输出的36V电压，由此判断是主控制箱到手柄控制盒连接线中断，一般是手柄控制盒根部内连接线中断较多见。这时把手柄盒的固定螺丝拧下，用表测开关键两端无电压，接着用美工刀把手柄控制盒根部电缆绝缘层剥开，仔细检查每根细线，发现有两根连接线中断，其中有一根是电源线，另一根是向前控制线，遂把两根线都可靠连接并试车，再按启动开关键SB1，或者按其他各功能键，行车向前向后，向左向右、上下钩都正常。

2. 故障现象：按手柄向后开关SB3，行车只能向前不能向后运行，其他功能都正常。

分析检修：这种故障多是主控制箱到手柄连接线中断、接触器KM3损坏、向后行程开关SQ2接线断线或内部触点不通，手柄向后开关键SB4接触不良等造成的。按照先易后难，断电后先把手柄盒的固定螺丝拧下，把三用表的档位置蜂鸣二极管档，一只手按住开关键SB4，另一只手拿表笔测开关键SB4两端不通，无蜂鸣声，说明开关键SB4内部触点氧化接触不良。把此开关拆下检查，内部触点氧化严重，遂找细砂纸对接触头打磨，重新安装后，再测触点，按压时导通。接通电源，用表测开关键SB4两端有约36V的交流电压正常，再按开关键SB4，行车向后开始运转，故障排除。

3. 故障现象：按下手柄启动开关SB1后，在没有按向上开关键SB8的情况下，行车电机M5就开始运转，带动钢丝绳吊钩向上运行。

分析检修：这种故障多是向上接触器KM7内部接触点粘连所致。打开副控制箱，直接看到接触器KM7呈吸合状态，遂把其拆下，用同型号接触器换上后试车故障排除。

◇河南 韩军春 付平

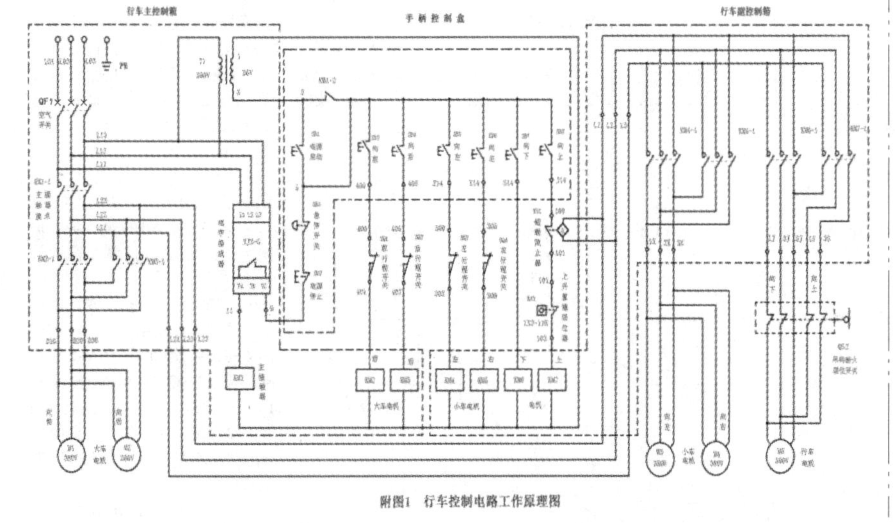

附图1 行车控制电路工作原理图

水冷数据中心一次泵与二次泵系统的介绍

数据中心作为电子信息设备运行的重要场所，随着信息技术的高速发展，人们对其基础设施的配套建设也格外重视，特别是直接影响机房环境温度和湿度的暖通空调系统。对于水冷系统的暖通空调系统架构，我们经常听到一次泵、二次泵等术语，那么，什么是一次泵系统？什么又是二次泵系统？下面将对以上内容做出相关说明。

1. 一次泵系统

一次泵系统中，循环水泵仅对冷冻水进行一次输送，完成冷冻水在系统管道中的循环过程，此时的循环泵也叫作冷冻水一次泵。在系统配置中，冷水机组与循环水泵一一对应布置，通常将冷水机组设在循环泵的压出口，使得冷水机组和水泵的工作较为稳定。根据系统流量是否可变，一次泵系统又可分为一次泵定流量系统和一次泵变流量系统。

2. 二次泵系统

二次泵系统也叫二次泵变流量系统，是在冷水机组蒸发侧流量恒定前提下，把传统的一次泵分解为两级，形成一次环路和二次环路，其特点是减少了冷水制备与冷水输送之间的相互干涉。

二次泵系统中，一次环路和二次环路是通过设置旁通管划分实现的，一次环路用来冷水制备，由冷水机组、一次泵、供回水管路和旁通管组成，定流量运行；二次环路用来输送冷水，由变频二次泵、变流量末端空调设备、供回水管路和旁通管组成，变流量运行。

◇安徽 朱述振

基于 Verilog HDL 语言 Quartus 设计与 ModelSim 联合仿真的 FPGA 教学应用(一)

前言：

基于 Verilog HDL 语言的 Quartus 环境设计与 ModelSim 联合仿真的 FPGA 系统设计，对于教学应用初学者和 FPGA 数字系统开发爱好者具有一定的门槛。

类似于应用 C 语言在 Keil uVision 环境中对单片机编程和用 Proteus 仿真一样，Verilog HDL 语言作为硬件描述语言，除了在编程上具有专门的语法约束外，各软件的庞大功能又需有机结合。

软件的非汉化全英文环境，各版本的兼容性及与电脑配置和操作系统的兼容性等，往往让初学者反复设置甚至安装很多次，在几个相关软件的应用上需要非常熟悉其特性。

一般教材在从基础语法到系统完成，篇幅太多且很少有完整例程的应用，初学者想直接进入硬件编程烧录，又难以具备编程的基本知识，想从头学起，又知识点太多难以贯通融合，往往也是一头雾水，很难坚持到最后，而网络帖子种类繁多碎片化，初学者很难有机融合和掌握要领。

Quartus Ⅱ 软件的版本很多，对于初学者怎么选择，可能很难确定，也许认为随便安装哪个版本或参照教材或网络帖子选择应该没有问题，但实际会受很多因素影响，稍有疏忽就会造成应用中出问题难以进行，甚至前功尽弃反复重来。

比如笔者刚开始为了适应教材和开发板例程，选择了 Quartus Ⅱ 11.1 版本，在与之匹配的 ModelSim6.5 时，发现在 Win10 系统中无法引导，换之安装 ModelSim 10.1a 后，编程仿真初没发现什么明显问题，而在烧录下载时出现不能识别 USB-Blaster 端口。与供应商沟通后明确是 Quartus 版本太低无法与 Win10 兼容。

要兼容 Win10，是否版本越高越好呢，很多开发者在实际应用中体会到，版本越高越容易出现不稳定性，且占用资源太多，初学者一般选择比较稳定易入手的版本。

再经过比对很多资料后，选择了 Quartus Ⅱ 13.1 版本和 ModelSim 10.1a 使用，其实 Quartus Ⅱ 13.1 版本里面带了自带的 ModelSim Altera，只是其放置文件夹是 Quartus，笔者也是在安装 Quartus Ⅱ 13.1 后并补丁完成使用后发现的，且安装说明里面介绍的安装情况也有出入。

在补安装完 ModelSim Altera 后进行仿真调用时发现出错，查阅网上大量关于 Quartus Ⅱ 13.1 自带 ModelSim Altera 没有单独补丁不能使用的资料，却没有找到与之对应的补丁软件，几经周折后，发现是安装 ModelSim Altera 后自动加载到 Quartus Ⅱ 13.1 里面路径时最后少了一个"\"导致仿真无法调用。还有诸多软件应用、设置等方面的坑，笔者也是一步一步梳理出来，避免初学者遇到类似的问题再绕弯路。

在综合了相关知识和应用后，结合教学指导，这里集中以一个 LED 灯计数闪烁为例，从软件选择安装、设置、编程、仿真、下载完整的给初学者进行梳理和引导，仅供学习参考。

一、软件安装篇

(一)Quartus Ⅱ 软件安装

1. 双击 QuartusSetup-13.1.0.162.exe 启动安装软件。

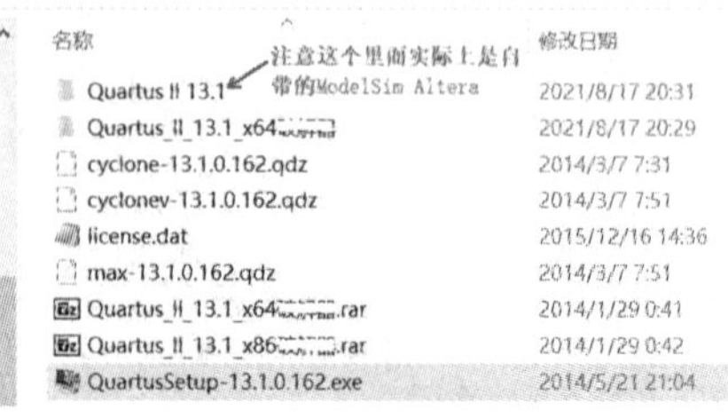

图 1-1

2. 启动安装向导，直接点 Next。

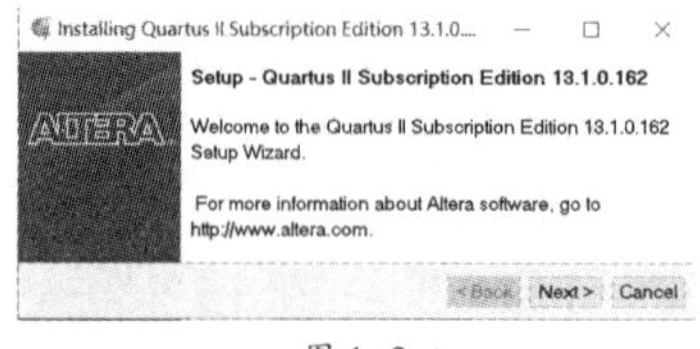

图 1-2

3. 同意协议，点 Next。

4. 修改安装盘符，不要改变后面的安装路径。

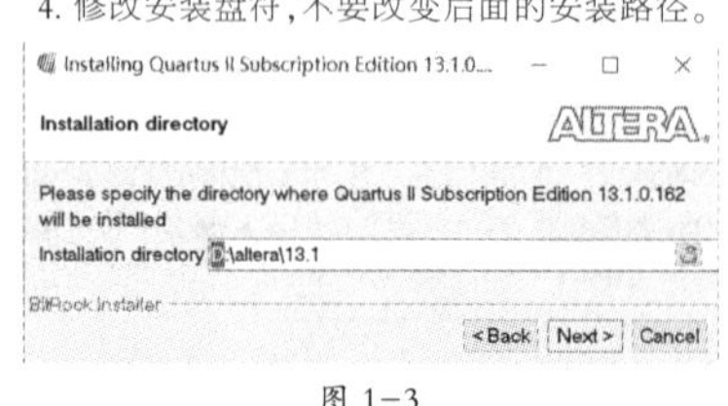

图 1-3

5. 选择要安装的软件以及器件库（基本保持默认），然后点击 Next。

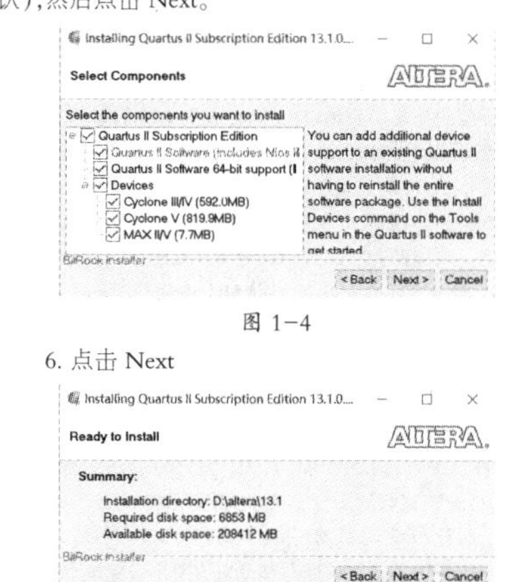

图 1-4

6. 点击 Next

图 1-5

7. 安装进程中。

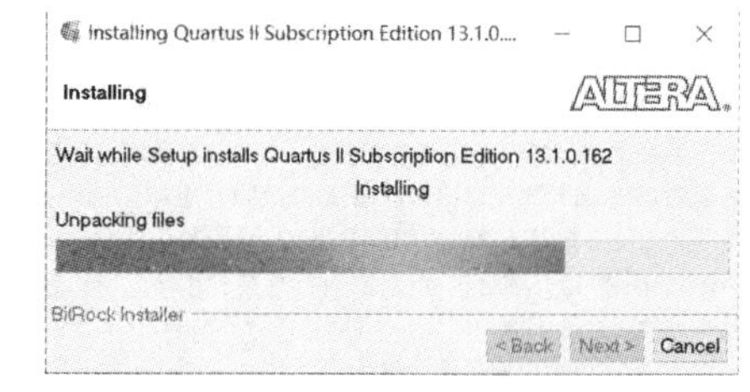

图 1-6

8. 点击 Finish，完成安装，将后续出现的所有界面全部关闭。

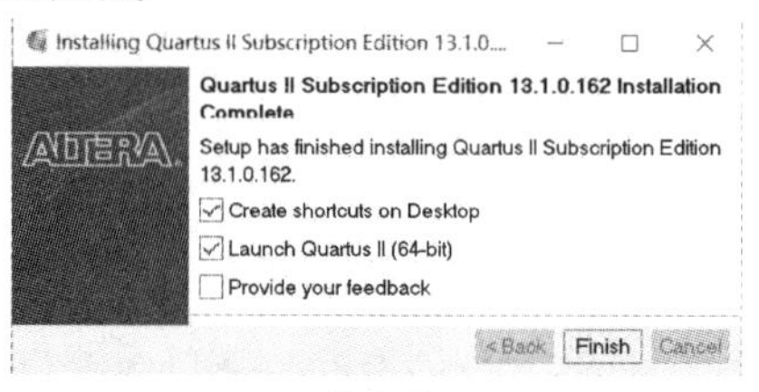

图 1-7

9. 后面出现的窗口关闭。

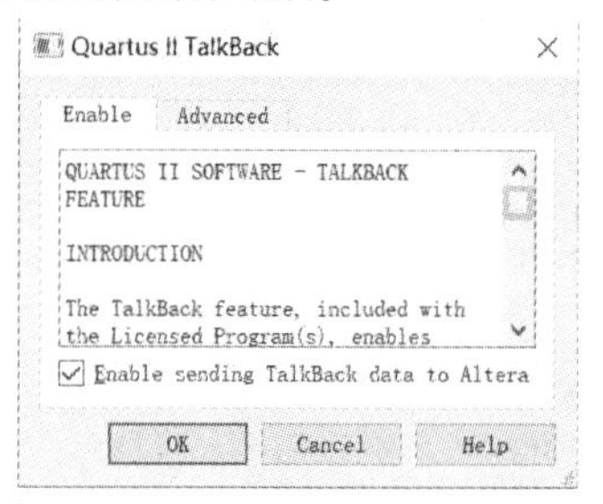

图 1-8

（未完待续）

◇西南科技大学 城市学院

刘光乾 白文龙 王源浩 刘庆 陈熙 陈浩东 万立里

温度集中控制器电路

在生产和科研中，电加热恒温箱一般都是一台电热箱用一台恒温控制器，在许多温箱集使用的场所也是这样。

本文介绍一种温度集中控制器，它可以同时控制任意设定的多台(1~100台)恒温箱的温度，当温度达到设定的温度值时，自动停止电加热箱负载电炉丝的工作。它采用可调式电接点玻璃水银温度计作为温度的检测元件，与12伏直流电源等构成温度控制电路。

电路工作原理如附图所示。图中t_1~t_n为可调式电接点玻璃水银温度，用作温度检测元件，同时又作控温和实际温度指示用。t_1~t_n分别与继电器J_1~J_n构成多套温度控制电路，分别用于控制负载RF_1~RF_n多台恒温箱。

闭合电源开关S，经开关电源YW-24W输出+12伏直流电源，作为多台恒温箱的工作电源。电源接通时，因为每台恒温箱的温度低于t的设定值，t呈断路状态，负载RF处于通电工作状态，氖泡指示灯H点亮。例如，第一台恒温箱的温度上升达到t_1的设定温度值时，t_1内上端的铂丝电极和水银柱接通，继电器J_1通电吸合，它串接在交流接触器K_1控制电路中的常闭触点J_1断开，交流接触器K_1失电释放，其常开主触头K_1断开复位，RF_1断电停止加热，信号灯H_1熄灭。当RF_1温度下降，t_1水银柱也收缩下降，离开上接点铂丝电极尖端时，t_1断路，继电器J_1失电释放，常闭触点J_1复位，接触器K_1又接通吸合，RF_1通电加热，H_1点亮。如此周而复始，RF_1就基本恒温在t_1的设定温度值上。其余多台恒温箱的工作原理相同。这样，就实现了用一套装有多个检测元件的温度集中控制器去控制多台恒温箱的目的，既节省了投资，又节约了电耗。此温度集中控制器适用于一些老恒温箱的技术改造及设备更新，或用于多间恒温室，电加热农业育苗温床以及一些自制的恒温设备中，电路简单实用，安全可靠，设备投资少，效益高。

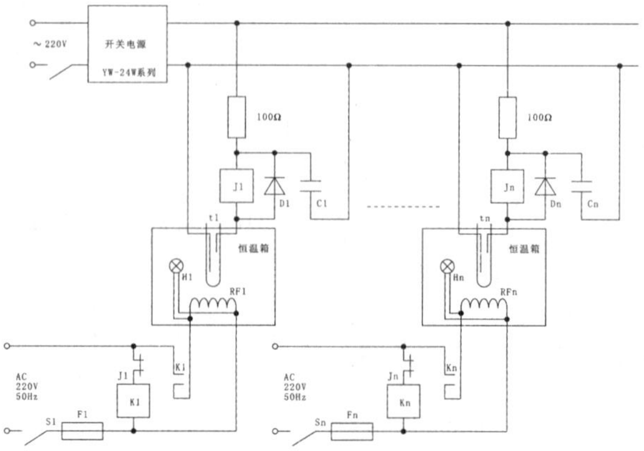

器件选择：可调式电接点玻璃水银温度计t，按测温范围分0~50℃，……，0~200℃，0~300℃，额定工作电压36V，额定工作电流200 mA。交流电接触器K_1~K_n采用CJ10-10A~220V。电容器C_1~C_n为电触电容器1000μF/25V。D_1~D_n选用2CP12。YW-24系列开关电源输入：100/240V 50/60Hz 输出：直流12V 2A

◇辽宁 张国清 张述

线控刹车系统对新能源汽车的重要性(二)

(接上期本版)

典型 EHB 由踏板位移传感器、电子控制单元 ECU、执行器机构等部分组成,如下图示:

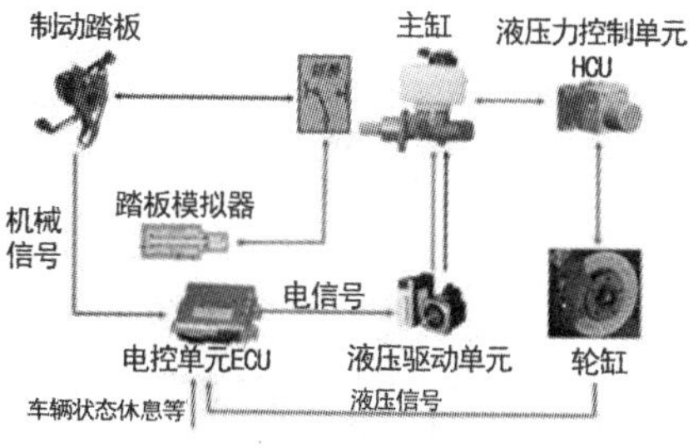

机械信号→液压信号→电信号

正常工作时,制动踏板与制动器之间的液压连接断开,备用阀处于关闭状态。电子踏板配有踏板感觉模拟器和电子传感器,ECU 可以通过传感器信号判断驾驶员的制动意图,并通过电机驱动液压泵进行制动。电子系统发生故障时,备用阀打开,EHB 系统变为传统的液压系统。

EHB 系统由于具有冗余系统,安全性在用户的可接受性方面更具优势,且此类型产品成熟度高,目前各大供应商都在推行其开发的产品,如博世 ibooster、大陆的 MK C1、采埃孚 IBC 等。

电子机械制动系统(EMB)

EMB 最早是应用在飞机上的,后来才慢慢转化运用到汽车上来。

EMB 与 EHB 不同,它不是在传统液压制动系统上发展而来,而是与传统的制动系统有着极大的差别,完全抛弃了液压装置使用电子机械系统替代,其能量源只需要电能,因此执行和控制机构需要完全的重新设计。也就是说,EMB 取消了使用一百多年的刹车液压管路,采用电机直接给刹车碟施加制动力。这个原理有点像电子手刹,但是与电子手刹最大的不同是它需要能够产生足够大的制动力并且制动线性要高度可调,响应要非常迅速。

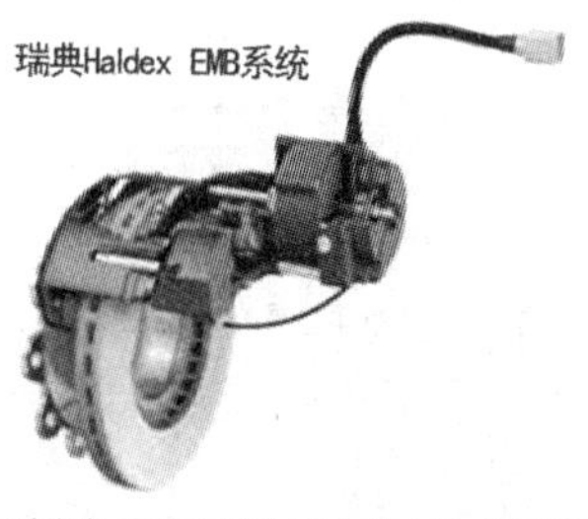

EMB 系统中,所有液压装置(包括主缸、液压管路、助理装置等)均备电子机械系统替代,液压盘和鼓式制动器的调节器也被电机驱动装置取代。EMB 系统的 ECU 通过制动器踏板传感器信号以及车速等车辆状态信号,驱动和控制执行机构的电机来产生所需的制动力。其工作原理及典型 EMB 系统如下图示:

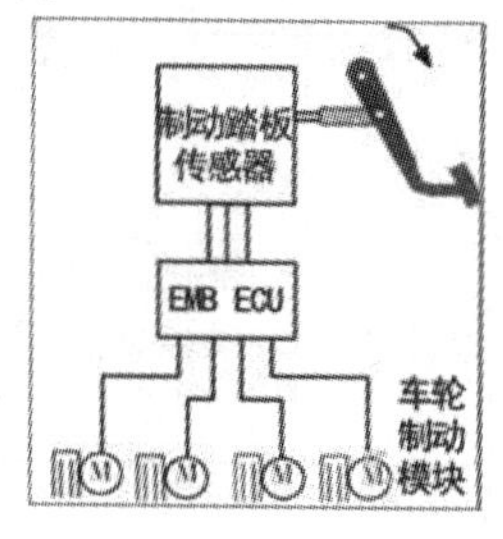

实际运用

早在 2000 年的时候,"线控刹车"就已经出现在奥迪 A8 以及宝马 7 系的身上了,而当时它出现的形式,就是现在大家早就习以为常的电子手刹。与机械手刹或者脚刹不同的是,作为"按钮"的电子手刹,其实并没有直接通过油压管路与后轮刹车卡钳相连。当你拉起电子手刹时,实际上你只是将一个锁死后轮的指令传到了刹车系统,最后咬紧后卡钳的动作其实是由电机完成的,并非像助力刹车那般,是通过放大驾驶者实际操作力度来实现的。而线控刹车的运转原理,其实与电子手刹并没有太大不同,简单来说就是,刹车踏板从原来建立压力的阀门角色,变为了给予制动指令的开关。

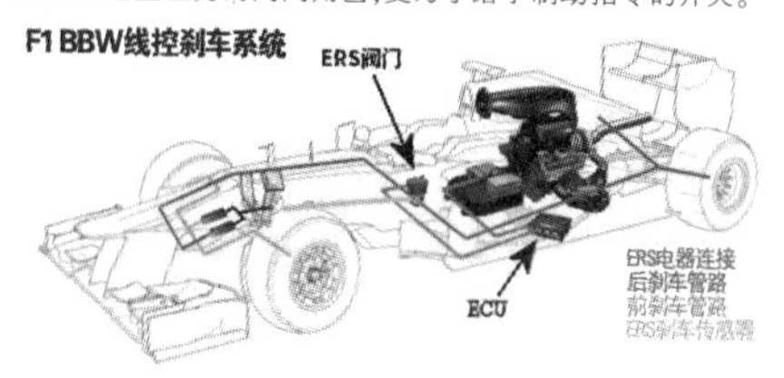

而对于整个汽车领域来说,最早使用上线控刹车的车型,就是对刹车踏板脚感稳定性十分苛刻的 F1 赛车了。极其稳定的刹车脚感以及刹车踏板踩踏行程,可以说线控刹车就如同是为 F1 这种刹车满负荷车型量身定做的。后来,随着民用车企对完美的不断追求,以及为了顺应新能源时代的到来,于是便将 F1 领域的 BBW(Brake by wire)线控刹车系统引入到了民用车领域。

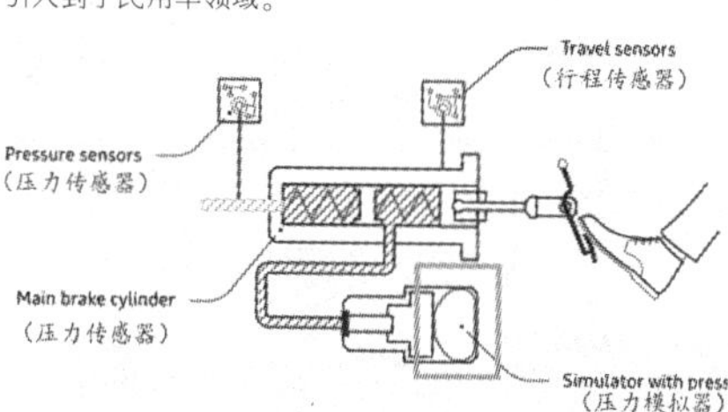

线控刹车的刹车脚感之所以永远不会改变,是因为驾驶员踩踏刹车踏板所压缩的刹车油,压根就没与四个车轮的刹车卡钳贯通,两者中间是堵死的。当驾驶员踩下刹车踏板后,活塞推动的刹车油仅仅会通过管路作用到一个阻尼块上(如上图绿色框内)。因此,在线控刹车的系统中,唯一能影响到刹车脚感的变量,其实就只有这个阻尼块的硬度以及厚度了。

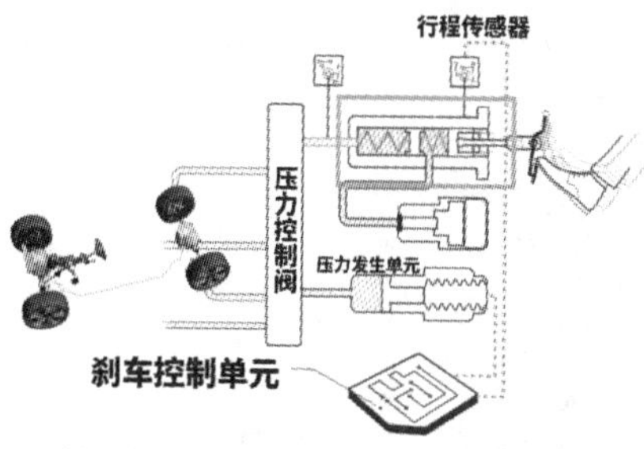

线控刹车的具体执行逻辑是,当驾驶员踩下刹车踏板后,主制动缸(上图绿框部分)上方的行程传感器就会启动,来侦测主制动缸内的活塞移动距离,并将活塞移动距离的数字发送到刹车控制单元。此时,刹车控制单元就会对照工程师事先写好的,不同活塞移动距离所对应的车辆减速度数值所需的压力值,将电信号发送给压力发生单元。

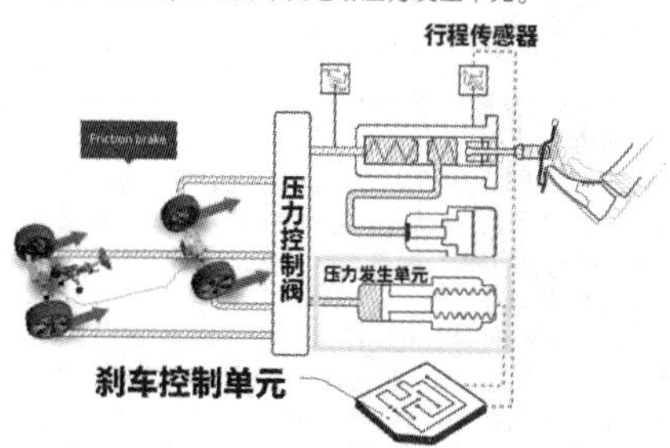

而当压力发生单元(上图黄框部分)在接收到电信号后,就会通过自身的电机来压缩与四个车轮相连管路中的刹车油,最终推动卡钳活塞使刹车片与刹车盘摩擦,从而产生制动力。

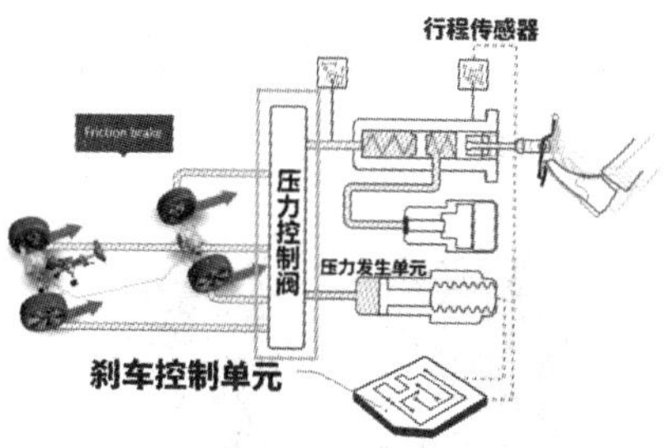

这时肯定会有人好奇,上图中这么大个的"压力控制阀"(绿色框内)根本就没有参与上述的制动过程,难不成它只是个摆设吗?其实这个装置是为了应急而诞生的。万一哪天压力发生单元或者刹车控制单元,抑或是行程传感器失效,那这个一直挡在驾驶员脚部,以及刹车卡钳油路中间的阀门便会打开,使刹车踏板能够直接推动刹车油来与刹车卡钳建立压力,防止出现刹车失灵的问题。这时,发生故障的线控刹车,便与失去助力的普通刹车并无二致了。

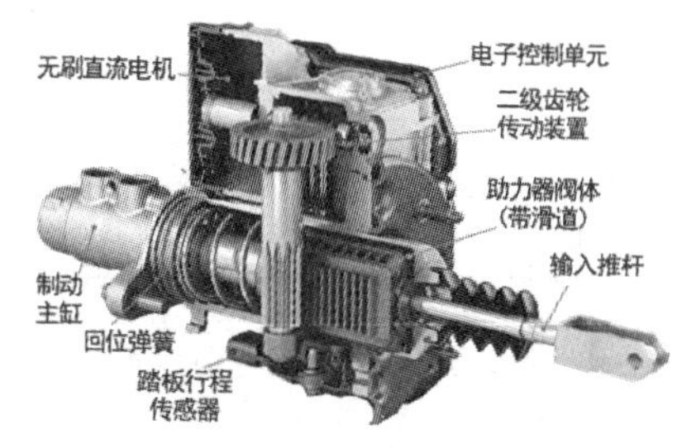

通过的描述,我们大概知道了"线控刹车"以及在线控刹车系统中,刹车踏板脚感不会改变的原因。那电子助力刹车的老大难问题,也就是刹车踏板行程会随着刹车热衰减改变的问题,在线控刹车上又是如何避免的呢?

"电子传感器"的刹车幅度

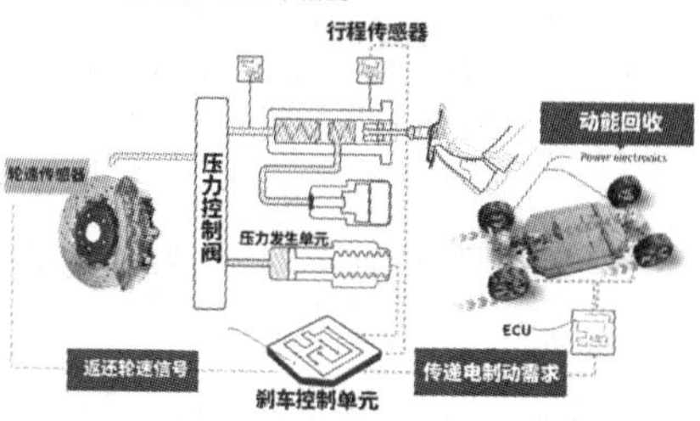

在线控刹车系统中,刹车卡钳施加给刹车盘多少制动力,是刹车控制单元根据主制动缸内活塞移动距离,所对应的车辆减速度数值来决定的。而在减速过程中,位于车轮一侧的轮速传感器也会通过对轮胎转速的检测,来确保当前车轮转速的下降速度符合刹车控制单元给出的减速值。而当刹车出现热衰减后,轮速传感器返还给刹车控制单元的车速下降数据,就会达不到最初的车速下降预期。此时,压力控制单元便会向压力发生单元发出增大压力的指令,来满足驾驶员踩踏制动踏板深度所对应的车辆减速预期。而在整个过程中,驾驶员一端即不需要像真空助力那样对刹车踏板增加踩踏力度,也不需要像电子助力那样增加任何的踩踏行程。

不过需要注意的是,虽然线控刹车能保证热衰减时,驾驶员在脚步不增加刹车踏板踩踏力度以及深度前提下的刹车距离不变。但由于刹车系统自身制动力的衰退是客观存在的,因此车辆在热衰减后的极限制动距离肯定也是要比正常情况下更长的,这是受限于物理层面,无法被改变的。

看到这里,大家应该已经明白线控刹车在刹车脚感方面的稳定性优势了;但事实上,能决定线控刹车未来主流地位的原因并不是以上两点,而是下面要讲的,可以完美适配混动/电动车,将动能回收与卡钳制动力完美结合的能力!

(未完待续)

◇四川 李运西

动手维修真力(Genelec)监听箱

最近笔者在北京的友人发来微信说有一对真力监听音箱(图1),左右边的声音区别非常大。大概是因为我之前有帮他维修过一对丹拿的监听箱由于高音线圈开路造成高音没有输出。他非常怀疑是扬声器单体出了故障。开箱听音,发现其中一个音箱的中低频缺失严重,型号为真力的8030B,通过频响测试也证实了这一点。其中一只箱体的中低频输出低了近10dB以上(图2)。

①

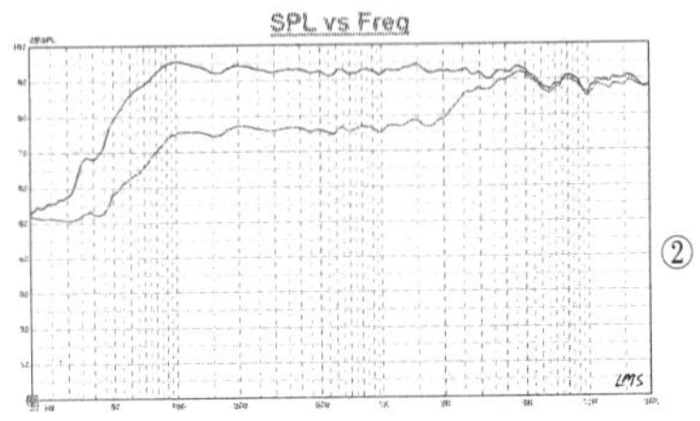

②

接下来就只能开箱检查了,真力作为一个芬兰的品牌在监听箱领域有相当好的口碑及深远的影响力。全铸铝材质的箱体,拥有传统木质音箱难以达到的坚固性、稳定性,箱体圆润的造型不但美观别致,也消除了棱角引起的声波衍射。开箱后映入眼帘就是高、低音扬声器单体、功放电路板、环牛以及导相管(图3)。同友人怀疑的一样,我也认为可能是低音扬声器单体出了问题。8030B的高音同低音是通过两声道的Class AB功放L4780TA驱动。拆下低音单体经过听音及用外置的功放驱动,发现没有任何问题,声音没有偏小及异常。看来这次真的不能让扬声器单体来背锅了。好在查询L4780A的资料(图4,图5)并不困难,国半的功放芯片应用非常广泛,还在笔者读大学时,国半的LM1875,LM3886等早已在市场应用多年。

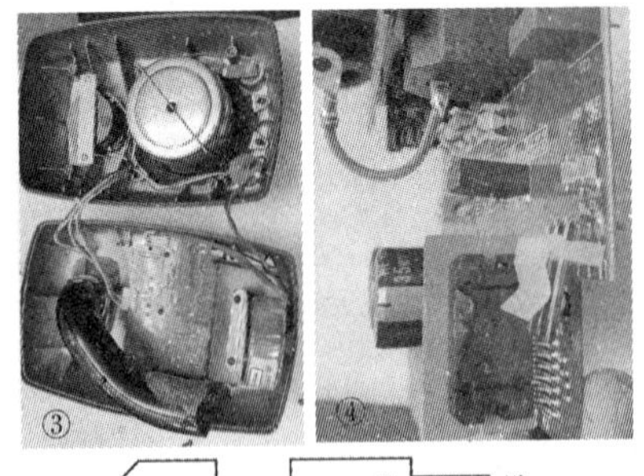

③ ④

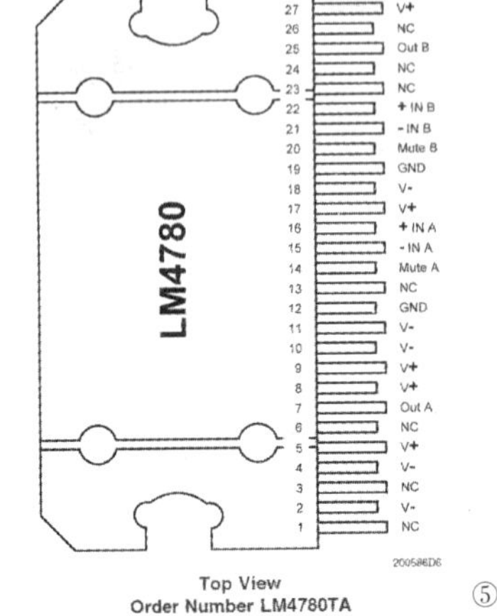

⑤

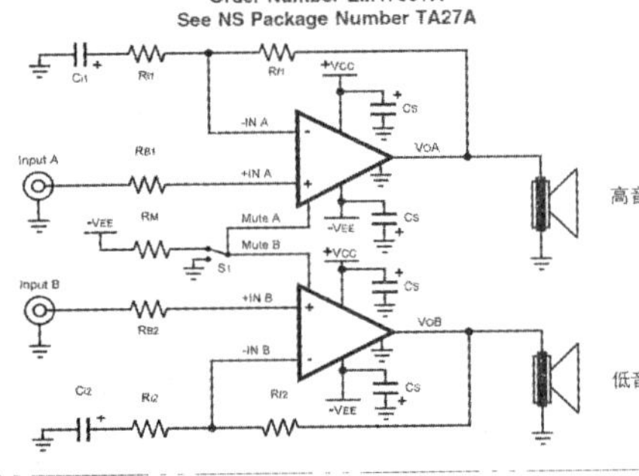

将功放从箱体拆下来后,输入1V的1KHz及10KHz的标准正弦波信号,将功放音量开到1/3左右的位置(此时功放已经没有箱体作为散热片)分别测量功放高低音声道信号输入及输出的幅度,参考下表(表一),发现功放工作正常,只是低音输出功率非常低,怀疑是负反馈电阻失效。于是顺着输出的电路找到负反馈电阻,测量Rf=20K,Ri=1K,也都正常。

表一

功放引脚	定义	电压	功率 @4ohm
#16	低音声道输入IN+	0.55V	/
#25	低音声道输出OUT+	1.8V	0.81W
#22	高音声道输入IN+	0.33V	/
#25	高音声道输出OUT+	4.95V	6.13W

这时笔者注意到功放板上有一排微型开关用来调节低频部分的衰减(图6)。对应的低频调节有-2/-4/-6dB,用万用表测量各个开关功能正常,但即使低频衰减-6dB,中频部分输出也应该正常。现在的情况是中低频全部衰减10dB以上,说明功放的增益部分有关的只有负反馈电阻及负反馈电容,难道是电容失效?

⑥

将功放的负反馈电容拆下后(图7),测量容量,果然只有1Ä 烫不到,几次测量后只有0.017Ä 烫了。

⑦

找到同容量的22Ä 烫 贴片电容换上后(图8),再听音一切正常,低音的输出变的强劲有力。

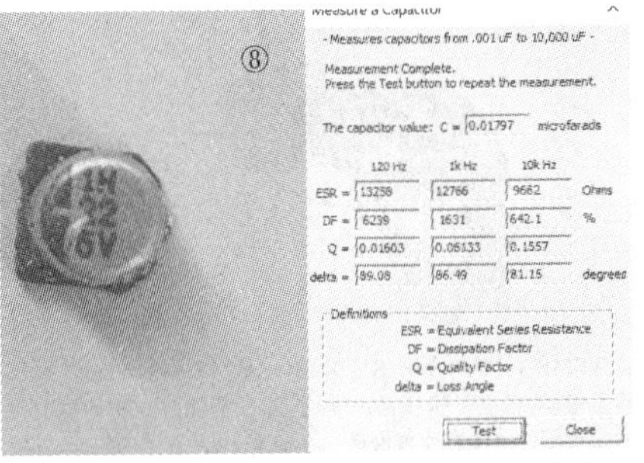

⑧

再次测量音箱的频响,一切正常,再次测量频响,左右输出一致。(图9)

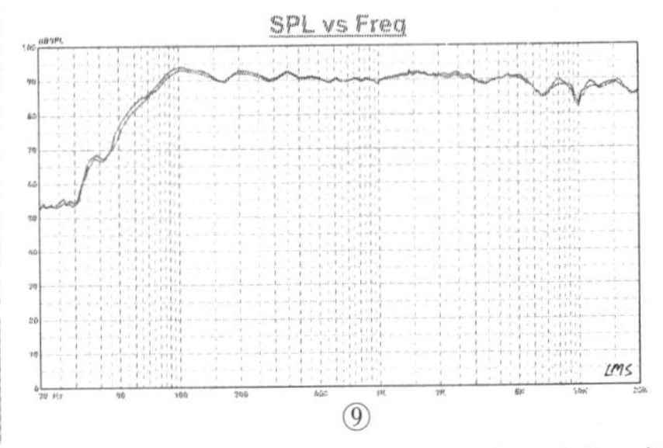

⑨

◇深圳 朱双贵

几款主流手机的儿童模式

孩子打着学习的旗号用手机玩游戏怎么办?这里就向大家介绍一下几款主流手机的"儿童模式"。

iPhone

家长打开特定App后连按三次侧边按钮即可开启,孩子只能浏览该App,除非家长输入密码否则无法退回到主界面。这项功能还能屏蔽点击区域,就以某直播App为例,家长可以把打赏、充值等按钮给屏蔽掉,孩子就不能完成上述操作了。

iPhone的儿童账户可以通过"设置-菜单最上方的用户-家人共享-添加成员-创建儿童账户"的方式找到,家长可以完全监控该账号,一旦孩子沉迷某款App,或有购买、花钱倾向,家长很快就能得知。此外,苹果还在App Store中设立了"儿童"类别,里面的App都经过苹果的审查。

小米

小米的儿童空间在"特色功能"菜单中,点击并同意隐私后便可一键进入。"儿童空间"模式下不能截图;开启儿童模式后,屏幕将会强制固定为横屏模式,包含动画、儿歌、学习、故事和应用等模块。家长可以在"家长中心"中为孩子挑选应用、开启护眼模式,甚至控制使用时间以及休息间隔。

小米的"儿童空间"其实更适合给学龄前儿童使用,该模式内可下载的App只有儿歌、古诗等早教应用。如果孩子需要使用有道词典等学习辅助应用,必须使用主模式。想限制孩子游玩就必须通过应用锁给游戏上密码,相对比较麻烦。除此之外小米还能设置屏幕使用时长,设置词典等学习软件为不受限,达成限制孩子玩游戏的效果。

OPPO

OPPO的儿童空间比较符合大众观念,用户在隐私界面就能找到该功能,该模式下可以禁止孩子通过自动发送短信扣费、限制孩子使用移动网络、禁止孩子修改系统设置、安装卸载应用(这个功能相当关键)、限制可以使用的应用以及时间。

进入模式之前,系统会提醒用户添加孩子可以使用的App。如图,我只添加了电话功能,进入该模式下孩子只能进行接打电话功能,想要退出儿童空间还需要输入家长设置的密码。笔者还测试了一下在儿童空间内用应用商店下载App,虽然可以安装,但会显示"儿童空间下此功能不可用"。

Vivo

vivo的儿童模式是以内置App的模式呈现的。点击进入并同意隐私后即可开启。vivo的儿童模式定制程度更高,可以设置孩子性别、名字以及昵称。进入后首家长可以设定孩子的学龄,系统会推荐相应的教材书籍,孩子可以拍照搜题或者进入应用界面。

应用界面中包括了相机、课外学习、儿歌视频等学习功能,家长也可以在家长中心中自由添加应用,还可以限制每日游玩时间,十分人性化。还有个细节,就是用户打开儿童模式时会自动开启护眼模式,屏幕色调变暖,关注孩子视力健康。

荣耀

荣耀手机要打开类似功能需要找到"健康使用手机"→点击"开启"→点击"孩子使用"开启。开启该模式后,家长可以设置屏幕每天可使用的总时间、限制应用使用时间等功能。

除了限制时间之外,荣耀学生模式还支持设定停用时间,比如晚上11点到早上8点不允许孩子使用,防止孩子熬夜打游戏;可以对视频、音乐、阅读内容进行分级设置(华为视频将内容分为3个等级,0-14周岁的儿童内容、18周岁以下的青少年内容和18周岁以上的成年内容)、限制应用安装、浏览器特定网址等等。

C 语言实现一个简单的 web 服务器(二)

(上接第 451 页)

```
if (listen(skt, 10) == -1 ) {
return -1;
}
```

此阶段完整代码如下：

```
#include <WinSock2.h>
#include<stdio.h>
int main(){
//初始化
WSADATA wsaData;
if (WSAStartup(MAKEWORD(1, 1), &wsaData) ! = 0) {
exit(1); }
//socket 创建
int skt = socket(PF_INET, SOCK_STREAM, 0);
if (skt == -1) {
return -1; }
//配置服务器
struct sockaddr_in server_addr;
server_addr.sin_family = AF_INET;
server_addr.sin_port = htons(8080);
server_addr.sin_addr.s_addr = inet_addr("127.0.0.1");
memset(&(server_addr.sin_zero), '\0', 8);
//绑定
if (bind (skt, (struct sockaddr *)&server_addr,sizeof(server_addr)) == -1){
return -1;
}
//监听
if (listen(skt, 10) == -1 ) {
return -1;
}
printf("Listening ... ...\n");
}
```

运行代码可得知代码无错误，并且输出 listening：

Listening ... ... 在这里插入图片描述

2.5 获取请求

监听完成后开始获取请求。受限需要使用 accept 对套接字进行连接，accept 函数原型如下：

```
int accept(
int sockfd,
struct sockaddr *addr,
socklen_t *addrlen
);
```

参数 sockfd 为指定的套接字；addr 为指向 struct sockaddr 的指针，一般为客户端地址；addrlen 一般设置为设置为 sizeof (struct sockaddr_in)即可。代码为：

```
struct sockaddr_in c_skt;
int s_size=sizeof(struct sockaddr_in);
int access_skt = accept (skt, (struct sockaddr *)&c_skt, &s_size);
```

接下来开始接受客户端的请求，使用 recv 函数，函数原型为：

```
ssize_t recv(
int sockfd,
void *buf,
size_t len,
int flags
)
```

参数 sockfd 为 accept 建立的通信；buf 为缓存，数据存放的位置；len 为缓存大小；flags 一般设置为 0 即可：

```
//获取数据
char buf[1024];
if (recv(access_skt, buf, 1024, 0) == -1) {
exit(1);
}
```

此时我们再到 accpt 和 recv 外层添加一个循环，使之流程可重复：

```
while(1){
//建立连接
printf("Listening ... ...\n");
struct sockaddr_in c_skt;
int s_size=sizeof(struct sockaddr_in);
int access_skt = accept (skt, (struct sockaddr *)&c_skt, &s_size);
//获取数据
char buf[1024];
if (recv(access_skt, buf, 1024, 0) == -1) {
exit(1);
}
}
```

并且可以在浏览器输入 127.0.0.1:8080 将会看到客户端打印了 listening 新建了链接：

127.0.0.1:8080 Listening ... ... Listening ... ...

我们添加 printf 语句可查看客户端请求：

```
while(1){
//建立连接 printf("Listening ... ...\n");
struct sockaddr_in c_skt;
int s_size=sizeof(struct sockaddr_in);
int access_skt = accept (skt, (struct sockaddr *)&c_skt, &s_size);
//获取数据
char buf[1024];
if (recv(access_skt, buf, 1024, 0) == -1) {
exit(1);
}
printf("%s",buf);
}
```

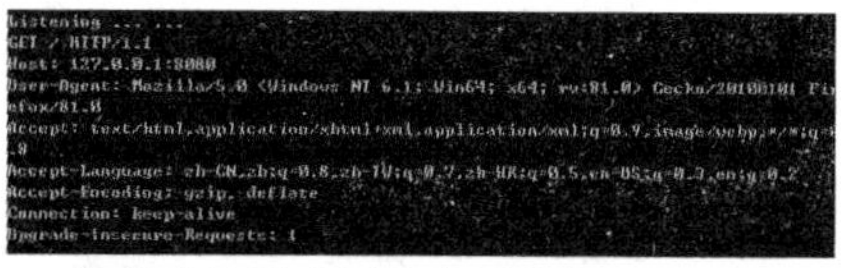

接下来我们对请求头进行对应的操作。

2.6 请求处理层编写

得到请求后开始编写处理层。继续接着代码往下写没有层级，编写一个函数名为 req，该函数接收请求信息与一个建立好的连接为参数：

```
void req(char* buf, int access_socket)
{
}
```

然后先在 while 循环中传递需要的值：

```
req(buf, access_skt);
```

接着开始编写 req 函数，首先在 req 函数中标记当前目录下：

```
char arguments;
strcpy(arguments, "./");
```

随后分离出请求与参数：

```
char command;
sscanf(request, "%s%s", command, arguments+2);
```

接着我们标记一些头元素：

```
char* extension = "text/html";
char* content_type = "text/plain";
char* body_length = "Content-Length: ";
```

接着获取请求参数，若获取 index.html，就获取当前路径下的该文件：

```
FILE* rfile= fopen(arguments, "rb");
```

获取文件后表示请求 ok，我们先返回一个 200 状态：

```
char* head = "HTTP/1.1 200 OK\r\n";
int len;
char ctype[30] = "Content-type:text/html\r\n";
len = strlen(head);
```

接着编写一个发送函数 send_：

```
int send_(int s, char *buf, int *len)
{
int total; int bytesleft;
int n;
total=0;
bytesleft=*len;
while(total < *len)
{
n = send(s, buf+total, bytesleft, 0);
if (n == -1)
{
break;
}
total += n;
bytesleft -= n;
}
*len = total;
return n==-1?-1:0;
}
```

send 函数功能并不难在此不再赘述，就是一个遍历发送的逻辑。随后发送 http 响应与文件类型：

```
send_(send_to, head, &len);
len = strlen(ctype);
send_(send_to, ctype, &len);
```

随后获得请求文件的描述，需要添加头文件 #include <sys/stat.h>使用 fstat，且向已连接的通信发生必要的信息：

```
//获取文件描述
struct stat statbuf;
char read_buf[1024];
char length_buf[20];
fstat(fileno(rfile), &statbuf);
itoa( statbuf.st_size, length_buf, 10 );
send(client_sock, body_length, strlen(body_length), 0);
send(client_sock, length_buf, strlen(length_buf), 0);
send(client_sock, "\n", 1, 0);
send(client_sock, "\r\n", 2, 0);
```

最后发送数据：

```
//·数据发送
char read_buf[1024];
len = fread(read_buf ,1 , statbuf.st_size, rfile);
if (send_(client_sock, read_buf, &len) == -1) {
printf("error! ");
}
```

最后访问地址 http://127.0.0.1:8080/index.html，得到当前目录下 index.html 文件数据，并且在浏览器渲染：

所有代码如下：

```
#include <WinSock2.h>
#include<stdio.h>
#include <sys/stat.h>
int send_(int s, char *buf, int *len) {
int total;
int bytesleft;
int n;
total=0;
bytesleft=*len;
while(total < *len)
{
n = send(s, buf+total, bytesleft, 0);
if (n == -1)
{
break;
}
total += n;
bytesleft -= n;
}
*len = total;
return n==-1?-1:0;
}
void req(char* request, int client_sock) {
char arguments;
strcpy(arguments, "./");
char command;
sscanf(request, "%s%s", command, arguments+2);
char* extension = "text/html";
char* content_type = "text/plain";
char* body_length = "Content-Length: ";
FILE* rfile= fopen(arguments, "rb");
char* head = "HTTP/1.1 200 OK\r\n";
int len;
char ctype[30] = "Content-type:text/html\r\n";
len = strlen(head);
send_(client_sock, head, &len);
len = strlen(ctype);
send_(client_sock, ctype, &len);
struct stat statbuf;
char length_buf[20];
```

(下转第 460 页)

Darling 智能管家的设计(一)

摘要：智能家居已经在人们的生活中得到广泛的使用，但是家电的智能化升级成本高昂，并且智能化家电普遍需要联网使用。目前，大多数中国家庭使用的家电设备，依然是通过遥控器进行控制的传统家电。Darling 智能管家采用启英泰伦 CI1103 AI 芯片学习遥控器指令，使用语音操纵的方式并通过红外控制传统家电且支持离线使用。本文从实现功能，设计原理，硬件组成等方面，介绍了其在智能家居背景下传统家电的智能化升级，具有实际应用价值。

关键词：智能家居；Darling 智能管家；启英泰伦 CI1103 AI 芯片；红外控制；离线使用

前言

智能家居是指利用先进的计算机技术、网络通信技术、综合布线技术，将与家居生活有关的防盗报警系统、家电控制系统、网络信息服务系统等各种子系统有机地结合在一起，通过统筹管理，让家居生活更加舒适、安全、有效。与普通家居相比，智能家居能提供全方位的信息交互功能，帮助家庭与外部保持信息交流畅通，优化人们的生活方式，增强家居生活的安全性、舒适性。在人工智能、大数据等技术飞速发展的今天，大多数中国家庭使用的家电设备依然是通过遥控器进行控制，如果想要通过语音来控制，只有更换智能化设备，但将家电整套的进行智能化升级，成本是非常高昂的，并且购买不同厂家出产的智能家电，各自使用的 App 并不兼容。目前市场上的智能家电普遍需要联网使用，在丢失网络信号的情况下智能家电就不能通过语音对家电进行控制。

Darling 智能管家采用启英泰伦 CI1103 AI 芯片对遥控器的指令进行学习，并通过语音采集遥控器的命令词，再使用红外发射器实现对普通家电的控制。红外的直接匹配使得 Darling 智能管家区别于市场上智能家电不同厂商产品 APP 使用不兼容的特性，而在启英泰伦 CI1103 AI 芯片的开发中，使用纯离线 SDK 固件库开发，让其能够离线使用。购买 Darling 智能管家的成本远远低于置换整套智能家电的成本，在国内大多数家庭依旧在使用传统家电的社会现状下，是一款在使用过程中性价比较高的产品，可以更好地实现全屋智能化。

1 Darling 智能管家主要实现以下功能

1.1 语音控制

将 Darling 智能管家接通电源并唤醒后，使用语言采集的方式匹配遥控器指令，匹配成功后可以通过语音命令词直接使用匹配成功后的传统家电。

1.2 离线使用

告别目前市场上智能家电普遍需要联网使用的特性，启英泰伦 CI1103 AI 芯片的纯离线 SDK 开发，使 Darling 智能管家能够离线控制传统家电。

1.3 低成本升级家电

Darling 智能管家是一款通过匹配遥控器指令，进行红外控制的产品，可以直接控制传统的家电，无需重新购买新的家电。相较于购买整套智能家电，Darling 智能管家的成本是非常低的，让用户在感受家电智能化的同时，也节省了需要购买智能家电的高昂费用。

2 Darling 智能管家的设计原理

2.1 系统说明

本产品采用启英泰伦 CI1103 AI 芯片，使用纯离线 SDK 固件库完成开发。本产品暂时只支持由红外进行对传统家电的控制。使用 Darling 智能管家，需要三个步骤：唤醒、学习、控制。

唤醒：将芯片模块电源接通启动后，通过语音命令词唤醒设备。

学习：语音模块学习命令词，并匹配遥控器的按键指令。

控制：学习完成后就可以在不使用遥控器的情况下，直接通过语音命令词控制设备，例如：打开空调、开启电视机、灯光切换等。图 1 为它的使用原理。

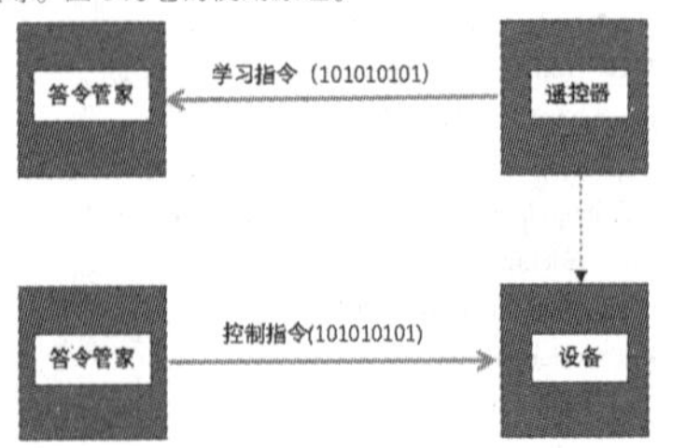

图 1：Darling 智能管家使用原理

2.2 硬件结构原理

Darling 智能管家主要由红外发射模块，红外接收模块，语音采集模块(麦克风)，声音输出模块(喇叭)以及启英泰伦 CI1103 AI 语音芯片组成。图 2 为它的硬件结构原理。

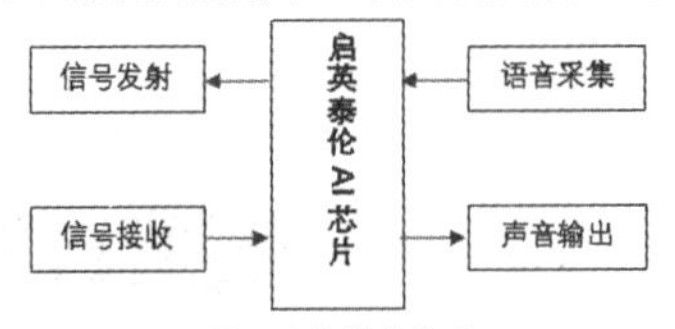

图 2：硬件结构原理

3 Darling 智能管家的硬件组成

3.1 红外对射模块

3.1.1 红外对射模块的原理与作用

红外对射管是红外线发射管与光敏接收管，或者红外线接收管，或者红外线接收头配合在一起使用时候的总称。在光谱中波长大于 0.76 微米的一段称为红外线。

红外线对射管是分为红外线发射管与红外线接收管，也是常见的红外发光二极管，其外观和发光二极管 LED 类似。图 3 和图 4 是红外对射发送和接收。

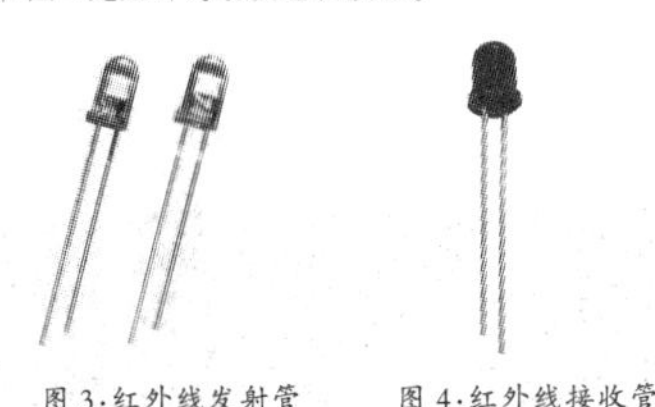

图 3：红外线发射管　　图 4：红外线接收管

3.1.2 红外对射模块在项目中的应用

Darling 智能管家采用了两个红外发射管和一个红外接收管。图 5 是它所处的位置。

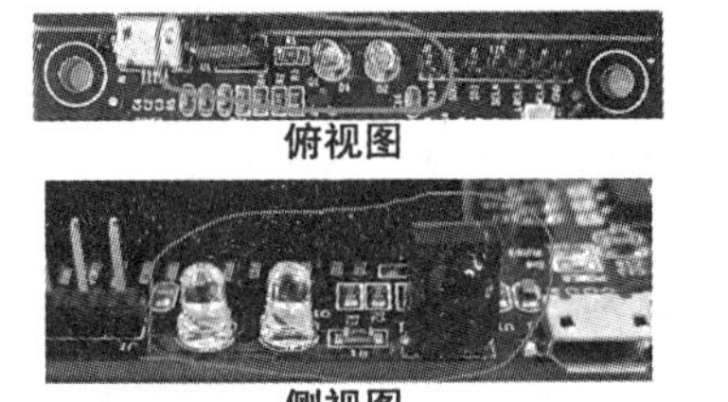

图 5：红外接收和发送管所处位置

采用两个红外发射管可以增强红外控制的信号，达到多角度覆盖，红外接收管用于 AI 芯片学习遥控器指令和匹配命令词时的接收。

3.2 语音采集模块

3.2.1 语音采集模块的原理与作用

麦克风学名为传声器，是将声音信号转换为电信号的能量转换器件，麦克风由最初通过电阻转换声电，发展为电感、电容式转换，大量新的麦克风技术逐渐发展起来，这其中包括铝带、动圈等麦克风，以及当前广泛使用的电容麦克风和驻极体麦克风。

麦克风是由声音的振动传到麦克风的振膜上，推动里边的磁铁形成变化的电流，这样变化的电流送到后面的声音处理电路进行放大处理。

3.2.2 语音采集模块在项目中的应用

Darling 智能管家采用了驻极体式麦克风用以采集用户的声音信息。图 6 是语音采集模块所处的位置。

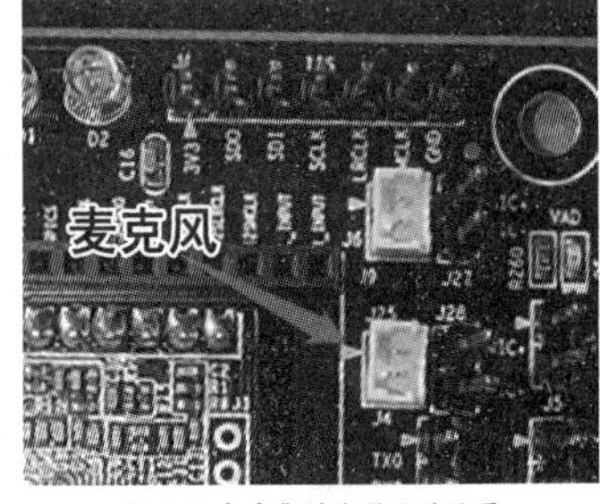

图 6：语音采集模块所处的位置

3.3 声音输出模块

3.3.1 声音输出模块的原理与作用

扬声器是把（扩音机输出的）电能转换成声音(机械能)的一种器件。根据构造不同，扬声器可分为电动式、电磁式、压电式等几种，平时最常使用的是电动式扬声器。

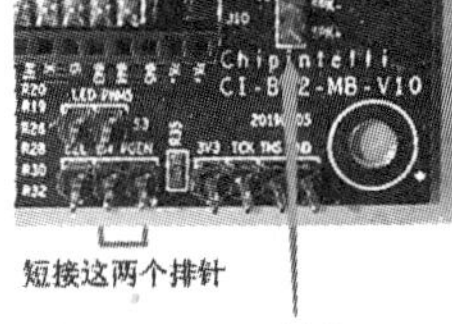

图 7：语音采集模块所处的位置。

3.3.2 声音输出模块在项目中的应用

扬声器广泛应用于我们当今的生活。典型的有音箱、扩音器、KTV 设备、手机、耳机等等。图 7 是语音采集模块所处的位置。

（下转第 461 页）

C 语言实现一个简单的 web 服务器(三)

（上接第 459 页）

```
fstat(fileno(rfile), &statbuf);
itoa( statbuf.st_size, length_buf, 10 );
send(client_sock, body_length, strlen(body_length), 0);
send(client_sock, length_buf, strlen(length_buf), 0);
send(client_sock, "\n", 1, 0);
send(client_sock, "\r\n", 2, 0);
char read_buf[1024];
len = fread(read_buf ,1 , statbuf.st_size, rfile);
if (send_(client_sock, read_buf, &len) == -1) {
printf("error! ");
}
return;
}
int main(){
WSADATA wsaData;
if (WSAStartup(MAKEWORD(1, 1), &wsaData) ! = 0) {
exit(1);
}
int skt = socket(PF_INET, SOCK_STREAM, 0);
if (skt == -1) {
return -1;
}
struct sockaddr_in server_addr;
server_addr.sin_family = AF_INET;
server_addr.sin_port = htons(8080);
server_addr.sin_addr.s_addr = inet_addr("127.0.0.1");
memset(&(server_addr.sin_zero), '\0', 8);
if (bind (skt, (struct sockaddr *)&server_addr,sizeof(server_addr)) == -1) {
return -1;
}
if (listen(skt, 10) == -1 ) {
return -1;
}
while(1){
printf("Listening ... ...\n");
struct sockaddr_in c_skt;
int s_size=sizeof(struct sockaddr_in);
int access_skt = accept (skt, (struct sockaddr *)&c_skt, &s_size);
char buf[1024];
if (recv(access_skt, buf, 1024, 0) == -1) {
exit(1);
}
req(buf, access_skt);
}
}
```

可以编写更加灵活的指定资源类型、错误处理等完善这个 demo。

（全文完）

汽车ECU开发流程及使用工具介绍

摘要:本文阐述了汽车ECU的开发流程,详细介绍了各开发阶段所完成的具体工作、所要实现的各级目标以及使用的工具等内容,并提出功能开发和功能测试在整个开发阶段的重要性,可为实际工程问题提供参考。

关键词:汽车ECU;开发流程;汽车电子

前言

ECU即电子控制单元,从用途上讲则是汽车专用微机控制器,和普通电脑一样,由微处理器(CPU)、存储器(ROM、RAM)、输入/输出接口(I/O)、模数转换器(A/D)以及整形、驱动等大规模集成电路组成。随着电动汽车的电子化、智能化、和网络化程度越来越高,电动汽车的动力性、安全性和环保性得到大幅度提高,电控单元的数量与日俱增,在一些高档轿车上,往往拥有几十个甚至上百个ECU,这些ECU通过数字总线结构连接在一起,形成一个复杂的计算机局域网。

现代汽车电子电器系统的开发过程遵循如图1所示的V型流程,该V型流程不仅适用于ECU (Electronic Control Unit,电子控制单元)的开发过程,同样适用于汽车上其他的电子器件甚至部件总成的开发过程。

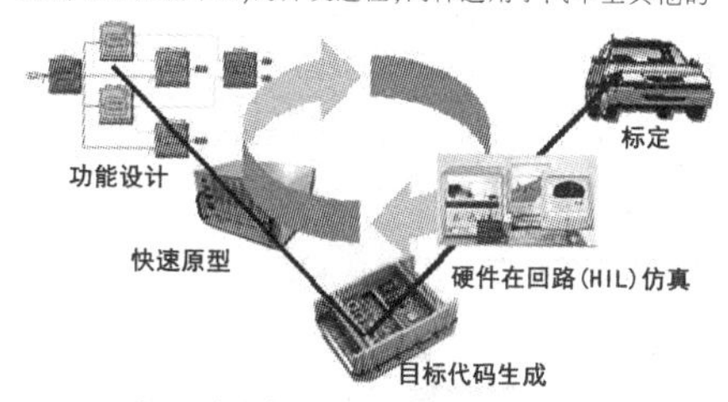

图1 现代汽车电子电器系统的开发流程图

1. 第一阶段

系统开发的第一阶段为功能设计与系统仿真测试阶段,在该阶段首先完成目标产品的功能设计,接着使用仿真手段完成功能的仿真测试工作,该阶段的仿真测试被称为SiL (Software in the Loop,软件在环仿真)测试,如图2,即通过仿真模型提供控制逻辑运行过程的环境数据,验证控制逻辑的输出结果是否满足用户需求描述的要求,该阶段实现的是与硬件无关的控制算法的设计。该阶段常用的软件工具为E-TAS的 ASCET -MD,NI 的 LabVIEW,Mathworks 的 Simulink和Stateflow等。通过了SiL测试验证的控制算法将进入开发的第二阶段。

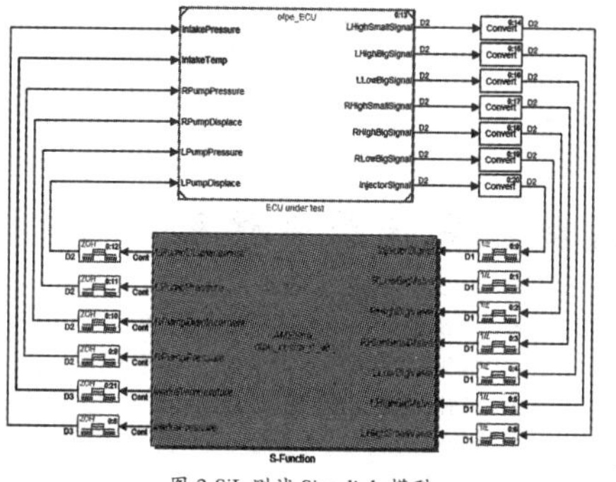

图2 SiL测试Simulink模型

2. 第二阶段

在系统开发的第二阶段,将使用RCP (Rapid Control Prototyping,快速控制原型)工具,对早期设计出来的控制算法模型进行实时环境下的功能实现,包括实际系统中涉及的各种输入输出、软硬件中断等实时特性。之后,就可以利用测试管理工具软件进行各种测试,以检验控制方案对实际对象的控制效果,并在线优化控制参数。此时即使控制算法模型需要大规模修改,重新形成测试原型也只需要几分钟的时间。这样在控制方案开发完成之前,即可基本确认最终的方案和实现效果。由于RCP仿真阶段处于产品实物开发阶段之前,因此通过RCP仿真测试,可以在设计初期发现控制逻辑在实时运行环境下存在的问题,及时修改逻辑或参数,再进行实时测试,这样反复进行,最终产生一个完全面向用户需求的合理可行的实时控制算法模型,进入开发的第三阶段。这一阶段常用的工具包括ETAS的ASCET-RP软件和ES900 硬件,NI 的 VeriStand 软件和 CompactRIO 硬件,dSPACE的MicroAutoBox硬件等。

3. 第三阶段

在系统开发的第三阶段,工程师将完成了RCP仿真测试的实时控制算法模型与针对ECU实物的底层驱动逻辑相结合,生成目标语言程序,并下载到ECU硬件中,从而完成控制逻辑与ECU实物的集成工作。这一阶段的ECU产品在软硬件功能上已经能够满足用户的基本要求,通常厂家将这一阶段的产品定义为A样件,即产品的基本概念实现样件,该阶段样件主要用于与用户初步确认需求的完整性和可行性。这一阶段常用的工具包括dSPACE的TargetLink软件,ETAS的ASCET-SE软件,ECU处理器的目标语言编译器软件以及ECU硬件。

4. 第四阶段

在系统开发的第四阶段,通常完成ECU的HiL(Hardware in the Loop,硬件在环仿真)测试,参与测试的ECU为实物,ECU运行所需的所有外部信号均由HiL设备实时提供,同时HiL设备完成ECU运行工况的实时模拟,如图3。通过HiL测试,可以在实车测试之前发现ECU运行算法中不合理的逻辑、不匹配的参数,以及ECU不满足法规要求、不符合电磁兼容标准的问题,进而及时整改算法软件及E-CU硬件,从而缩短产品开发周期、减少产品开发经济投入、降低实车测试产生风险的概率。此阶段的产品通常被定义为B样件,即具备一定功能的样件,用来进行各方面参数调整以与整车的性能相匹配。完成各项功能的HiL测试后的E-CU将进入实车测试阶段。这一阶段常用的工具包括dSPACE的ControlDesk软件,Simulator及SCALEXIO硬件,ETAS的LABCAROPERATOR软件,LABCAR及ES1000硬件等。在实车测试阶段,将完成控制算法中所有与车辆实际运行相关的控制参数的标定和匹配测试,还将完成各种车辆实际运行环境下的测试,例如在高温、高寒、高海拔等环境下的测试,同时还将完成ECU产品的FMEA (Failure Mode and Effects Analysis,潜在失效模式及后果分析)工作,通过FMEA,可以最大限度地在生产前发现产品潜在的质量问题并提出解决方案,从而在产品批量生产前完成质量改善。此阶段的产品通常被定义为C样件,即用于进行设计最终确认的产品样件。这一阶段常用的工具包括dSPACE的EIM软件,DCIGSIs硬件,ETAS的INCA软件,ETK硬件,以及满足ASAMMCD标准的总线通信工具,如Vector的CANoe软件和CANcase硬件等。

图3 HiL测试

5. 总结

以上为一个ECU产品的开发过程概述,通过上述介绍可以了解,目前的ECU开发过程不仅在宏观上遵循V型流程,在微观上也满足V型流程,即每个开发过程不仅包含了功能的开发,而且包含了相应功能的测试。得益于高效的产品开发流程以及精准的开发和测试工具,汽车电子产品的开发周期正在逐年缩短,汽车电子产品的质量要求却在逐渐提升。

◇眉山 杨飞

Darling智能管家的设计(二)

(上接第460页)

3.4 启英泰伦CI1103 AI芯片

3.4.1 启英泰伦CI1103 AI芯片的原理与作用

CI1102是一颗专用于语音处理的人工智能芯片,可广泛应用于家电、家居、照明、玩具等产品领域,实现语音交互及控制。

CI1102内置自主研发的脑神经网络处理器BNPU,支持300条命令词以内的本地语音识别,内置CPU核和高性能低功耗Audio Codec模块,集成多路UART、IIC、SPI、PWM、GPIO等外围控制接口,可以开发各类高性价比单芯片智能语音产品方案。

CI1102可通过内置的高速UART接口对接WIFI、蓝牙、红外等无线模块,实现离在线语音方案。产品基本功能可通过离线语音实现控制,内容和服务可通过在线实现,CI1103方案可无缝连接本地智能与云端智能,在满足云端应用的前提下,又能解决网络不稳、延迟、断网等情况下影响用户体验和纯云端交互无法保障用户隐私安全等痛点。

3.4.2 启英泰伦CI1103 AI芯片的特性

神经网络处理器BNPU,采用硬件进行神经网络运算,内核可配置并独立处理AI语音功能,支持大词汇量语音识别和本地声纹识别,支持VAD语音检测和打断唤醒。

硬件音频处理模块,支持硬件处理双麦克风语音远场降噪,运行各类降噪算法,支持回声消除等功能。

CPU,168MHz运行频率,32-bit单周期乘法器,支持24-bit系统timer,内置DMA控制器,支持Serial Wire Debug Port(SW-DP) debug。

存储器,支持4线QSPI Nor Flash,内置512KB SRAM,内置ROM,内置2MB DRAM。

音频接口,内置高性能低功耗Audio Codec模块,支持两路ADC采样和DAC播放,支持Automatic Level Control (ALC)功能,支持16kHz/24kHz/32kHz/44.1kHz/48kHz采样率,支持44.1kHz时钟频点,支持一路IIS音频扩展通路。

SAR ADC,4路12bit SAR ADC输入通道,ADC IO可与数字GPIO进行功能复用。

外设和定时器,3路UART接口,最高可支持3M波特率,2路IIC接口,1路通用SPI接口,1路QSPI(Quad)接口,6路PWM接口,内置4组32-bit timer,内置1组独立看门狗(IWDG),内置1组窗口看门狗(WWDG)。

GPIO,支持超30个GPIO口(IO功能复用),每个GPIO口可配置中断功能,支持两路带滤波功能外部中断。

时钟及复位,支持外接晶体或有源晶振,内置PLL和上电及欠压复位电路。图8是该芯片的应用框图。

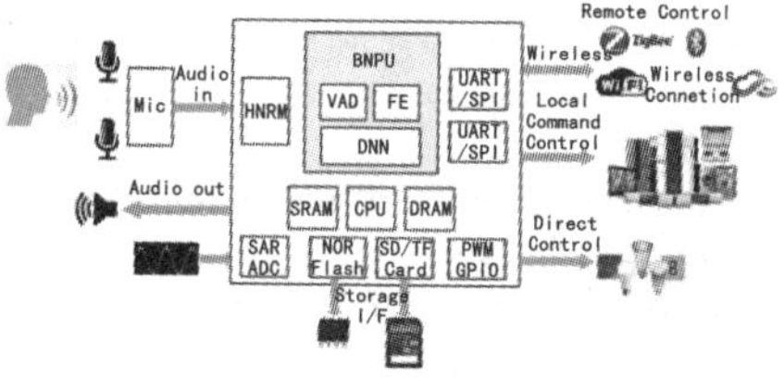

图8:芯片应用结构功能示意图

3.5 SDK语义及命令词说明

3.5.1 SDK语义说明

CI110X芯片SDK增加了语义ID的概念,为了方便开发者快速开发SDK,本文旨在对语义ID协议和使用进行说明。

每个命令词的语义ID具有唯一性,方便多个产品之间交互。图9是语义ID协议详述。

数位序号	31	30	29	28	27	26	25	24	23	22	21	20	19	18
数位值	0	0	0	0	0	0	0	0	0	0	0	0	0	0
意义	保留	最大支持8192种产品												

17	16	15	14	13	12	11	10	9	8	7	6	5	4	3	2	1	0
0	0	0	0	0	0	0	0	0	0	0	0	0	0	0	0	0	0
最大支持4096种功能												64不同表述					

图9:CI110X芯片SDK语义ID协议详述

3.5.2 命令词说明

命令词语义ID由启英泰伦公司提供,具有唯一性,开发者打包成命令词列表文件时,[60000]xxx.xls语义ID会自动生成。命令语义ID后续由启英泰伦公司逐渐完善。图10是匹配生成的命令词语义ID。

命令词	命令词ID	命令词语义ID		置信度	唤醒词
智能管家	1	0x0		25	YES
打开空调	2	0x2BC1943		25	NO
关闭空调	3	0x2BC1983		25	NO
增大风速	4	0x2BC36DB		25	NO
减小风速	5	0x2BC371A		25	NO

图10:匹配生成的命令词语义ID示例

4 总结

综上所述,本文简述了当下国内智能家电的发展趋势,分析了目前国内市场大多数家庭仍在使用传统家电,智能家电成本高的特性。提出一款桥接传统家电和智能家电的产品,Darling智能管家使用红外的方式对家电进行控制,然而红外信号不能穿墙的特性是本产品在未来需要解决的问题。

(全文完)

◇雅安职业技术学院 高孝清泉 周冰妍 田静彬

硬禾学堂专栏

与时钟相关的PCB设计考虑(二)

(接上期本版)

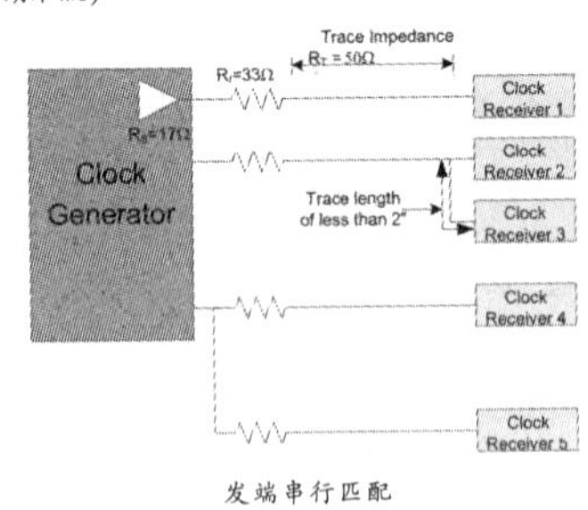

发端串行匹配

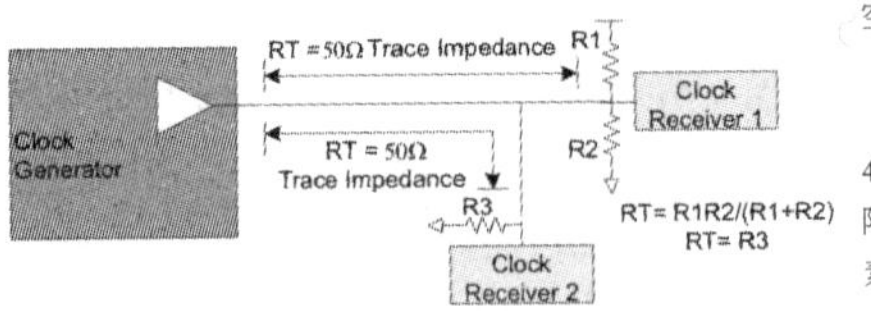

接收端并行匹配

不用的时钟管脚的处理:有的时钟芯片有多个时钟输出,有的输出管脚用不到,可以采用3种方式,其中最简单的就是悬空,它会有一些高频的辐射,但并不会严重到影响到EMI,加上一个5-10pF的小电容,尤其是多路输出的时钟,一个bank的一个时钟悬空会影响该bank的时钟信号和其他不悬空的时钟信号之间的输出时序偏差。

EMI敏感的场景对高速边沿的时钟信号的处理

对于EMI敏感的应用,快速的时钟边沿会产生辐射,用4.7pf-22pf的电容接在时钟的输出端,可以让边沿变圆滑以降低辐射。下图为考虑了电源去耦以及输出端阻抗匹配等因素以后的典型电路连接方式。

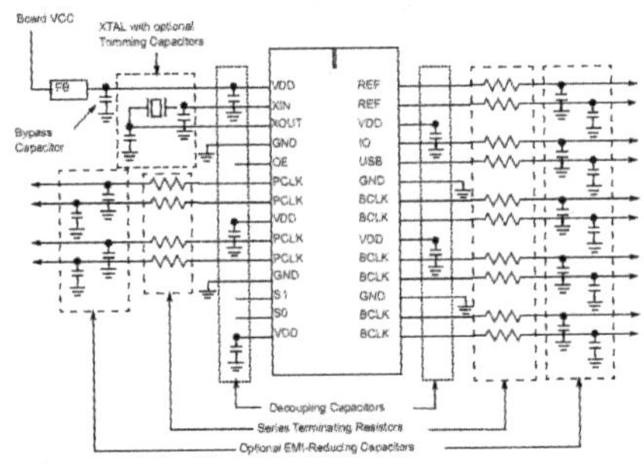

时钟发生器器件的外围连接

原理图设计完成,我们再看看PCB布局和走线该如何处理?

布局和走线:

布局——与电源滤波相关的关键器件、晶振、时钟输出端接电阻的摆放:

- 如果有多个接收端,时钟发送端应该在中间位置,以保证时钟线不会产生交叉
- 时钟器件不要使用插座,以降低寄生导致的噪声
- 去耦电容尽可能靠近电源管脚,参考前面关于去耦电容的文章
- 端接的电阻靠近相应的管脚-串行匹配电阻靠近发送端,并行接地的电阻靠近接收端
- 晶体和相应的负载电容尽可能靠近Xin和Xout管脚,负载电容到Xin和Xout的距离等长以降低额外的寄生效应
- EMI电容放置在串行端节电阻的后面

布线-优化电源走线长度和宽度、过孔的应用、时钟走线的规则、地和电源平面的使用:

- 尽可能厚、大的电源和地层——低的DC阻抗、低的AC感抗以降低层间压降,降低到地回路的阻抗,降低EMI
- 对于时钟电路的电源和地,为避免干扰和被干扰,可以对时钟电路的电源和地区铺设相对大的区块,以便同系统的电源平面和地平面分割开来,电源部分可以通过磁珠连接到主电源,本电路的地区块则可以通过多个过孔连接到地层
- 电源和地采用尽可能宽的走线
- 晶体两个管脚的引线尽可能等长,并且远离其他的时钟线或高速线
- 尽可能少用过孔,如必须使用,应尽可能远离电源和地层,以减少时钟线阻抗的改变
- 不要在地层或电源层上走线,不要在时钟发生器下面走线
- 所有的时钟信号的长度等长,降低偏差

下面的图就是基于以上的原则对时钟电路的布局和走线示例:

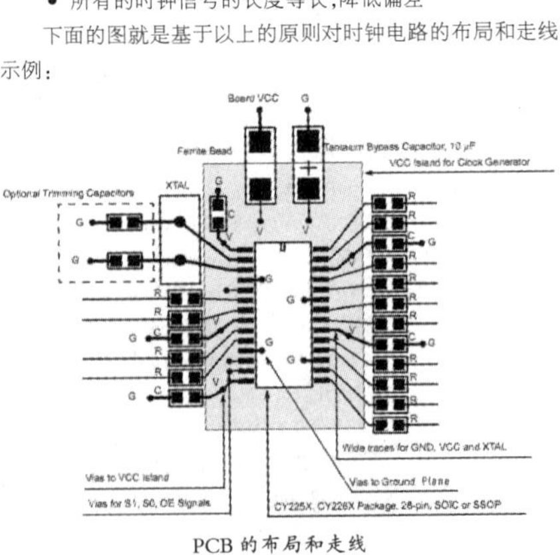

PCB的布局和走线

(全文完)

体育场馆稳步恢复,5G赋能更佳观赛体验

随着全球大部分地区的封锁限制日渐放宽,人们的日常生活也在逐步地回归往昔。疫情影响下,许多大型集会被迫暂停,其中最令人怀念的就是在现场观看紧张刺激的体育比赛。现下,多地的赛事组织者和协会正筹划重启大型体育赛事,届时将会吸引到大量观众的参与。在观看包括奥运会、足球等赛事时,越来越多的观众将会使用支持5G的新型移动设备,并迫切地想要与未能到现场的小伙伴们一同分享自己的观赛体验。

5G改变体育迷的观赛体验

5G虽然可提供更低的延迟以及比4G连接快至多10倍的网速,但由于5G网络需要大量的基站天线(BSA)来满足用户对新5G应用和服务的期望,因此在高密度地区建设5G网络本身更具挑战。当身处体育场馆内的观众在社交媒体上发帖,向朋友和家人发送自拍或观看比赛的流媒体视频时,就会出现数以万计的并发实时高带宽连接。此外,一些场馆已为看台观众推出了新一代虚拟现实(VR)和增强现实(AR)体验,这些技术的应用都将会占用大量的带宽。事实上,若非受疫情影响,VR体验本可更早、更广泛地应用于观赛体验中。在近些年的部分篮球赛事中,球队已尝试为部分球迷提供了5G VR观赛体验,或在AR技术的支撑下,通过球迷的5G手机来呈现赛事的各项统计数据。

满足5G容量需求

体育场馆中的5G部署需要高扇区数和高频谱重用率,同时一旦有重叠覆盖区域,将极易受到PIM和跨扇区信号的干扰。这些挑战在体育场馆中则更为凸显;典型的圆形信号覆盖模式会导致覆盖不均匀的间隙以及重叠覆盖区域的干扰。在体育赛事中观众大量信息数据上传时,影响尤其巨大。康普有许多射频方面的专家本人也同时是体育迷,他们为能帮助移动网络运营商和主办方将观众与世界相连感到自豪。康普的工程师们基于在体育场馆覆盖方面多年的经验,开发并构建了最新的智能且有针对性的5G体育场馆基站天线(BSA)解决方案:

- 5G体育场馆BSA解决方案具有边沿"锐利"的包络矩形辐射图(RPE),能够在均匀地覆盖座位区的同时,避免大面积扇区重叠。
- 超宽带宽可使一根天线支持多个频率。
- 支持包括新的3.5 GHz和700 MHz 5G频段在内的所有4G和5G频段,容量提升三倍,并释放下一代VR和AR应用所需带宽。
- 占地面积与当前仅支持4G的体育场馆天线相同,且不会破坏体育场馆的美观。

BSA解决方案易于部署且操作简便,能够为从远座位区到场外大厅的每个座位提供真正的5G性能。康普工程师对实现信号全面覆盖和提升容量的热爱,正如其对现场体育赛事一样。作为一名足球迷,康普员工Pete Bisiules最近通过一段短视频解释了5G体育场馆BSA解决方案的工作原理,以及提升观众的观赛体验的重要意义。5G可以带来无限的沟通可能,在正常生活完全重启之时,你对5G世界中的体育赛事又怀有哪些愿景呢?

◇康普 林海峰

爱立信与麻省理工学院就新一代移动网络研究达成合作协议

在这个由5G驱动并且最终将由6G驱动的新电子技术时代,麻省理工学院和爱立信正在合作开展两个研究项目,帮助建立新网络基础设施,赋能新一代移动网络所带来的真正革命性用例。

新一代移动网络为终端用户带来了众多良好体验——如网速快、延迟低、可靠性强;但同时也让网络运营商面临着一项挑战——即需要管理结构复杂的大型网络。爱立信正致力于研究认知网络,并通过人工智能实现数据驱动的安全、高度自动化的网络运营。为了提高认知网络的计算力、速度和能效,爱立信研究院和麻省理工学院材料研究实验室展开了通过锂离子芯片实现神经形态计算(又称"类脑计算")的研究,让人工智能处理更节能,并使认知网络操作更简单,且能耗更小。

除了对锂离子设备的研究,爱立信和麻省理工学院电子研究实验室(RLE)还在研究能连接我们周围的数万亿个传感器和其他"零能耗"设备的移动网络。而如何以经济高效的方式为这些设备供电是一项重大的技术挑战。这项研究将将揭示设备如何从无线电信号和其他来源收集能量,以及如何设计系统使其"低耗"完成简单任务,和如何设计移动网络来连接和控制这些设备。

麻省理工学院工程学院院长Anantha P. Chandrakasan表示:"我们很高兴能与爱立信合作,并在节能互联设备进一步的发展中,共同应对关键性的技术挑战。我们将把我们的知识与爱立信在移动技术领域的工艺技术结合,开发出为边缘人工智能应用提供动力的硬件,并在下一代移动网络中取得重大进展。"

爱立信研究部负责人Magnus Frodigh表示:5G正在引领物联网的全面实现,它使我距离真正的互联世界更近了一步。大量微型物联网设备和人工智能驱动的认知网络,将是新一轮技术飞跃的两股驱动力量。我们希望与麻省理工学院的优秀团队合作,开发出使之成为可能的硬件。

◇苑仲濂

独立自主查看 Apple 设备的电池循环次数

对于使用 Apple 设备的朋友来说，都比较关心电池的循环次数。因为官方是这样说的：正常的电池在正常条件下运行，当充电周期达到 500 时，电池应当最高可保持初始容量的 80%。

一、什么是充电周期？

前面所说的一个周期，就是指电池一次完整的充放电过程。

举例来说，每天上班时手机电量 100%，经过一天的工作电池容量剩下 20%，此时你将设备电量充满，这不算是一个周期，因为消耗的电量仅为 80%。如果此时再使用设备并消耗 20%，算上白天消耗的 80%，一共消耗 100%，这才算是一个周期。因此，电池并不是一次充电就算一个周期，除非是从设备 0%直接充满至 100%。充电周期达到 500，差不多就应该更换电池了。

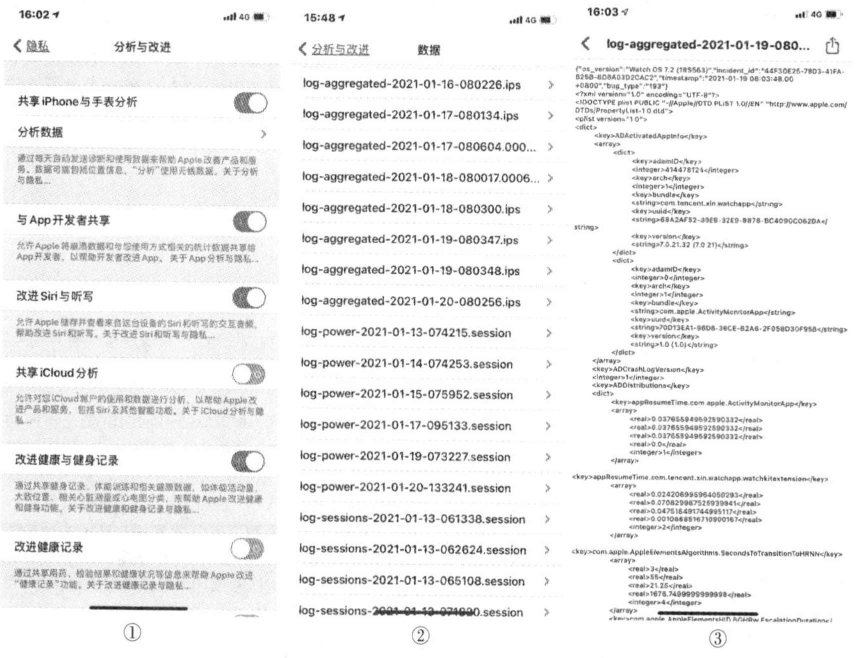

① ② ③

二、查看电池循环次数

即使是 iOS 14.3 系统，也只能在设置界面查看电池的健康度，至于充电周期，往往只能借助爱思助手等第三方软件查看。

其实，我们可以利用“分析与改进”独立自主查看电池的循环次数，这是因为 iPhone 分析可能会包括硬件和操作系统规格方面的详细信息、性能统计数据，以及设备和应用程序的使用数据。具体步骤如下：

第 1 步：启用分析共享

进入设置界面，选择“隐私”，向下滑动屏幕，进入“分析与改进”，如果使用 Apple Watch，这里会显示“共享 iPhone 与手表分析”选项(如图 1 所示，)，否则只会显示“共享 iPhone 分析”。

如果之前一直打开这项功能，那么下方的“分析数据”选项内就会有每天系统记录的日志文件，如果刚刚打开，那么需要等待一天才会有日志文件。

第 2 步：查找文件

进入“分析数据”(如图 2 所示)，我们需要在这里查找一个文件名类似于 log-aggregated-xxxx-xx-xx 的文件，如果拥有 Apple Watch，那么每天都会生成两个文件。

我们可以从文件的顶部查看所记录的是哪一款苹果产品，iPhone 显示“iPhone OS 14.3”，Apple Watch 则显示“Watch OS 7.2”(如图 3 所示)。

第 3 步：查找关键词

点击右上方的共享按钮，将相关文件的数据复制到“备忘录”，使用备忘录自带的“在备忘录中查找”功能，在搜索框输入“Batterycyclecount”(电池循环次数)，很快就可以看到我们需要的数据。

补充：如果觉得麻烦，也可以查看使用爱思助手或快捷指令。

◇江苏 王志军

苏泊尔电磁炉不报警不加热故障检修一例

故障现象：一台苏泊尔 C21A01 型微电脑电磁炉，接通市电时有复位音，也能待机，但接着按功能键(如火锅键)时火锅键指示灯亮，同时面板显示功率的 LED 对应 100W 至 1400W 的 6 只 LED 都同时点亮且不停闪烁(正常只点亮 1400W 那只，该机功率大小是通过 8 只 LED 亮灭增减显示的，如图 1 所示)，没有报警声，也不加热。

分析与检修：根据故障现象分析，能通电也有复位音，说明辅助电源基本完好，怀疑同步电路或单片机数据有问题。打开机壳查看发现，机内增加一块外接辅助电源组件板(如图 2 所示)，而且主板上原装的辅助电源的元件已被拆空(如图 3 所示)。这显然是因为原辅助电源坏了，才用一块辅助电源组件板代换的。

于是对改动过的辅助电源产生怀疑，但测量该辅助电源组件板的 5V 和 18V 电压基本正常。仔细查看电路板发现，该机驱动电压为 15V，而不是 18V；电压比较器 LM339 的供电也是 15V。而前修理工误把辅助电源组件板输出的 18V 当作 15V 使用：使得驱动电压超高，电压比较器不能正常信号比较，使得单片机检测发生失常，从而导致不加热故障。

纠正：用一只 7815 三端稳压器，把外接辅助电源组件板上的 18V 电压降为 15V，具体接法如图 4 所示；并重新查找 15V 与 5V 的正确焊接的位置：电容 C905 才是 15V 电压的滤波电容，便把 15V 电压输出端焊在 C905 的正极，把 5V 电压输出端焊在排线插座 00NA 标有 5V 的一端上。

经过以上纠正后通电试机，一切正常，故障排除。

◇福建 谢振翼

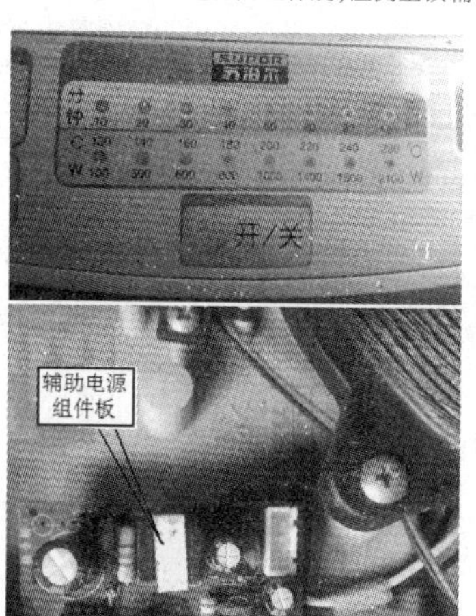

① ②

③ ④

利用阅读器屏蔽网页广告

在用 Safari 浏览网页小说时，明明是同一章的内容，却被强行分隔为多个页面(如图 1 所示)，必须多次手工点击屏幕底部的“下一页”，稍不注意就会误点相关广告，令人不胜其烦。

利用 Safari 内置的阅读器功能，可以让广告、按钮和导航栏都不复存在，更能专注于所需要的内容，不受干扰。点击地址栏最左边的“大小”(如图 2 所示)，在这里选择“显示阅读器视图”即可屏蔽网页上的大部分广告，最主要的是可以保证各章内容的连续性，不需要再多次点击“下一次”，但缺点是相应的导航按钮也会被屏蔽，如果需要阅读下一章，则需要点击“隐藏阅读器视图”返回完整页面。

需要提醒的是，如果“大小”呈灰色显示，则表示阅读器视图在该页面不可用。

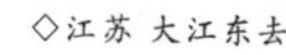

◇江苏 大江东去

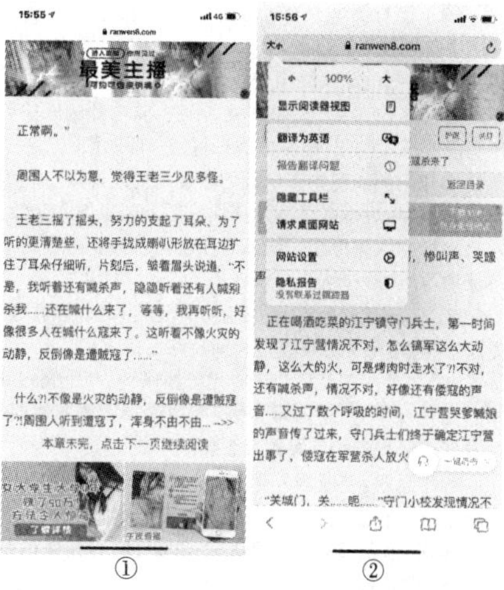

① ②

备考指南　注册电气工程师供配电专业知识考题解答㉕

注册电气工程师专业知识考试在第一天进行，上午和下午的试卷都是单选题40题各1分，多选题30题各2分，满分是100分。一般以上午和下午合计得分120分为合格。本文选取近几年注册电气工程师供配电专业知识试卷中的若干试题，分析解答思路和解答过程（题后括号内为参考答案），供学习者参考。

一、单项选择题（共40题，每题1分，每题的备选项中只有1个最符合题意）

1.一般情况下配电装置各回路的相序排列宜一致，下列哪项表述与规范的要求一致？(A)

(A)配电装置各回路的相序可按面对出线，自左至右，由远而近、从上到下的顺序，相序排列为A、B、C

(B)配电装置各回路的相序可按面对出线，自右至左，由远而近、从上到下的顺序，相序排列为A、B、C

(C)配电装置各回路的相序可按面对出线，自左至右，由近而远、从上到下的顺序，相序排列为A、B、C

(D)配电装置各回路的相序可按面对出线，自左至右，由远而近、从下到上的顺序，相序排列为A、B、C

解答思路：配电装置→《3~110kV高压配电装置设计规范》GB50060-2008→相序排列。

解答过程：依据GB50060-2008《3~110kV高压配电装置设计规范》第2章，第2.0.2条。选A。

2.下面有关35~110kV变电站电气主接线的表述，哪一项与规范要求不一致？(C)

(A)在满足变电站运行要求的前提下，变电站高压侧宜采用断路器较少或不设置断路器的接线

(B)在35~110kV电气主接线宜采用桥形、扩大桥形、线路变压器组成或线路分支接线、单母线或单母线分段接线

(C)110kV线路为8回及以上时，宜采用双母线接线

(D)当变电站装有两台及以上变压器时，6~10kV电气接线宜采用单母线分段，分段方式应满足当其中一台变压器停运时，有利于其他主变压器的负荷分配要求

解答思路：35~110kV变电站→《35kV~110kV变电站设计规范》GB50059-2011→电气主接线。

解答过程：依据GB50059-2011《35kV~110kV变电站设计规范》第3.2节，第3.2.2条~第3.3.5条。选C。

3.电气火灾监控系统在无消防控制室且电气火灾监控探测器的数量不超过多少只时，可采用独立式电气火灾监控探测器？(B)

(A)6只

(B)8只

(C)10只

(D)12只

解答思路：电气火灾监控系统→《火灾自动报警系统设计规范》GB50116-2013→无消防控制室。

解答过程：依据GB50116-2013《火灾自动报警系统设计规范》第9.1节，第9.1.3条。选B。

4.下面有关电力变压器外部相间短路保护设置的表述中哪项是不正确的？(A)

(A)单侧电源双绕组变压器和三绕组变压器，相间短路后备保护宜装于主变的电源侧；非电源侧保护可带两段或三段时限；电源侧保护可带一段时限

(B)两侧或三侧有电源的双绕组变压器或三绕组变压器，相间短路应根据选择性的要求装设方向元件，方向宜指向本侧母线，但断开变压器各侧断路器的后备保护不应带方向

(C)低压侧有分支，且接至分开运行母线段的降压变压器，应在每个分支装设相间短路后备保护

(D)当变压器低压侧无专用母线保护，高压侧相间短路后备保护对低压侧母线相间短路灵敏度不够时，应在低压侧配置相间短路后备保护

解答思路：变压器外部相间短路保护→《电力装置的继电保护和自动装置设计规范》GB/T50062-2008。

解答过程：依据GB/T50062-2008《电力装置的继电保护和自动装置设计规范》第4章，第4.0.6条。选A。

5.在35kV系统中，当波动负荷用户产生的电压变动频度为500次/h时，其电压波动的限值应为下列哪一项？(C)

(A)4%

(B)2%

(C)1.25%

(D)1%

解答思路：电压变动频度→GB/T12326-2008《电能质量电压波动和闪变》GB/T12326-2008→35kV系统、电压波动的限值。

解答过程：依据GB/T12326-2008《电能质量电压波动和闪变》第4章表1。选C。

6.控制各类非线性用电设备所产生的谐波引起的电网电压正弦波形畸变率，宜采取相应措施，下列哪项措施时不合适的？(C)

(A)各类大功率非线性用电设备变压器由短路容量较大的电网供电

(B)对大功率静止整流器，采用增加整流变压器二次侧的相数和整流器的整流脉冲数

(C)对大功率静止整流器，采用多台相数相位相同的整流装置

(D)选用Dyn11接线组别的三相配电变压器

解答思路：控制各类非线性用电设备所产生的谐波引起的电网电压正弦波形畸变率→《供配电系统设计规范》GB50052-2009。

解答过程：依据GB50052-2009《供配电系统设计规范》第5章，第5.0.13条。选C。

7.10kV电网公共连接点的全部用户向该点注入的5次谐波电流允许值下列哪一项数值时正确的？（假定该公共连接点处的最小短路容量为50MVA）(C)

(A)40A

(B)20A

(C)10A

(D)6A

解答思路：5次谐波电流允许→《电能质量公用电网谐波》GB/T14549-1993。

解答过程：依据GB/T14549-1993《电能质量公用电网谐波》第5章，第5.1条表2、附录B式B1。

$$I_5=\frac{S_{k1}}{S_{k2}}\times I_{5p}=\frac{50}{100}\times 20=10$$

选C。

8.假设10kV系统公共连接点的正序阻抗与负序阻抗相等，公共连接点的三相短路容量为120MVA，负序电流值为150A，取负序电压不平衡度为多少？（可近似计算确实）(C)

(A)100%

(B)2.6%

(C)2.16%

(D)1.3%

解答思路：负序电压不平衡度→《电能质量三相电压不平衡》GB/T15543-2008。

解答过程：依据GB/T15543-2008《电能质量三相电压不平衡》附录A，第A.3.1条、式A..3。

$$\varepsilon_{U2}=\frac{\sqrt{3}\times I_2\times U_L}{S_k}\times 100\%=\frac{\sqrt{3}\times 150\times 10\times 10^3}{120\times 10^6}=2.16\%$$

选C。

9.在低压电气装置中，对于不超过32A交流、直流的终端回路，故障时最长切除时间下列哪一项是正确的？(A)

(A)对于$TN_{(ac)}$系统，当120V<V0≤230V时，其最长切除时间为0.4s

(B)对于$TN_{(dc)}$系统，当120V<V0≤230V时，其最长切除时间为0.2s

(C)对于$TN_{(ac)}$系统，当230V<V0≤400V时，其最长切除时间为0.07s

(D)对于$TN_{(dc)}$系统，当230V<V0≤400V时，其最长切除时间为5s

解答思路：低压电气装置、故障时最长切除时间→《低压电气装置第4-41部分：安全防护电击防护》GB16895.21-2011→不超过32A。

解答过程：依据GB16895.21-2011《低压电气装置第4-41部分：安全防护电击防护》第411章，第411.3.2.2节、表41.1。选A。

10.某变电所，低压侧采用TN系统，高压侧接地电阻为R_E，低压侧的接地电阻为R_B，在高压接地系统和低压接地系统分隔的情况下，若变电所高压侧有接地故障（接地故障电流为I_E），变电所内低压设备外露可导电部分与低压母线间的工频应力电压计算公式下列哪一项是正确的？(A)

(A)$R_E\times I_E+U_0$

(B)$R_E\times I_E+U_0\times\sqrt{3}$

(C)$U_0\times\sqrt{3}$

(D)U_0

解答思路：工频应力电压→《低压电气装置第4-44部分：安全防护电压骚扰和电磁骚扰防护》GB/T16895.10-2010。

解答过程：依据GB/T16895.10-2010《低压电气装置第4-44部分：安全防护电压骚扰和电磁骚扰防护》第4442.2节、表44.A1。选A。

11.某地区35kV架空输电线路，当地的气象条件如下：最高温度+40.7℃、最低温度-21.3℃、年平均气温+13.9℃、最大风速21m/s、覆冰厚度5mm、冰比重0.9。关于35kV输电线路设计气象条件的选择，下列哪项表述是错误的？(D)

(A)最高气温工况：气温40℃，无风、无冰

(B)覆冰工况：气温-5℃，风速10m/s，覆冰5mm

(C)带电作业工况：气温15℃，风速10m/s，无冰

(D)长期荷载工况：气温为10℃，风速5m/s，无冰

解答思路：35kV架空输电线路→《66kV及以下架空电力线路设计规范》GB50061-2010→气象条件。

解答过程：依据GB50061-2010《66kV及以下架空电力线路设计规范》第4章，第4.0.1条、第4.0.3条、第4.0.9条、4.0.10条。选D。

12.对户外严酷条件下的电气设施间接接触（交流）防护，下列哪一项是错误的？(B)

(A)所有裸露可导电部件都必须接到保护导体上

(B)如果需要保护导体单独接地，保护导体必须采用绝缘导体

(C)多点接地的接地点应尽可能均匀分布，以保证发生故障时，保护导体的电位接近地电位

(D)在电压为1kV以上的系统中，对于在切断过程中可能存在较高的预期接触电压的特殊情况，切断时间必须尽可能短

解答思路：户外严酷条件→《户外严酷条件下的电气设施第2部分一般防护要求》GB/T9089.2-2008→间接接触（交流）防护。

解答过程：依据GB/T9089.2-2008《户外严酷条件下的电气设施第2部分一般防护要求》第5章，第5.1.1条、第5.1.6条。选B。

13.航空障碍标志灯的设置应符合相关规定，当航空障碍灯装设在建筑物高出地面153m的部位时，其障碍标志灯类型和灯光颜色，下列哪项是正确的？(A)

(A)高光强，航空白色

(B)低光强，航空红色

(C)中光强，航空白色

(D)中光强，航空红色

解答思路：航空障碍标志灯的设置→《民用建筑电气设计规范》JGJ16-2008。

解答过程：依据JGJ16-2008《民用建筑电气设计规范》第10.3节，第10.3.5条、表10.3.5。选A。

（未完待续）

◇江苏 键谈

编辑：黄丽辉 投稿邮箱：dzbnew@163.com

电子信息机房柴油发电系统储油罐清理维护方法

一、电子信息机房柴油发电系统介绍

电子信息机房是指专门用于运行服务器、存储器、交换机等IT设备的机房，用于支持信息产业的各项线上线下业务。在信息技术飞速发展的今天，信息科技体现在我们身边的方方面面，无论是电子政务、电子商务，还是我们日常的网购、移动支付，均需要大量的IT设备资源来支持这些业务的正常运转。因此，保障电子信息机房安全、稳定的运行，其重要性自然不言而喻，尤其是IT设备的电力供应，更是重中之重。

电子信息机房通常会配备多台柴油发电机，用于市电配电系统故障后IT设备的电力需求，保障其正常运行。柴油发电系统由柴油发电机组(含配套的日用油箱)、控制系统、变配电系统、油泵和输油管路系统、油罐池及储油罐(通常在室外埋地放置)和送排风系统等部分组成，当市电供应故障时，UPS设备可为IT设备提供短时间的不间断电源，此时，启用柴油发电系统。备用状态的柴油发电机组日用油箱中存放有一定数量发电用油，开始发电后，根据油料消耗情况，人为控制或自动控制，使用油泵和输油管路系统将储油罐内的柴油抽取至柴油发电机组的日用油箱中。柴油发电机组产生的电能，经变压器升压或降压后，再通过倒闸操作，接入原有配电系统，替代市电为IT设备持续提供电力供应，直至市电恢复正常。

对柴油发电机组而言，其产生电能的能量来源——柴油，多存放在室外的储油罐中，平时不参与系统的运行，只有在需要时才通过油泵和输油管路送至柴油发电机组的日用油箱内。

二、柴油发电系统储油罐清理维护的原因

由于储油罐埋存地下，可能有少量水分进入到储油罐中。水分进入储油罐内部后，因其密度大于油的密度，将置于油层下方而无法排出，通过长期与柴油的接触，造成接触面存油乳化、燃油品质下降；同时，由于柴油发电系统作为后备电源，正常情况下并不经常启用，其耗油量较少，故而储油罐内的柴油往往会长时间存放，如此，往往会导致柴油中的杂质沉积，在罐底或附着在罐壁上，生成如图1所示的油泥。油泥不仅占用储油罐空间，还可能造成输油管路的堵塞，对发电机组的实际发电量和安全稳定的运行产生不利影响。因此，储油罐的定期清理维护，是柴油发电系统例行维护的重要组成部分。

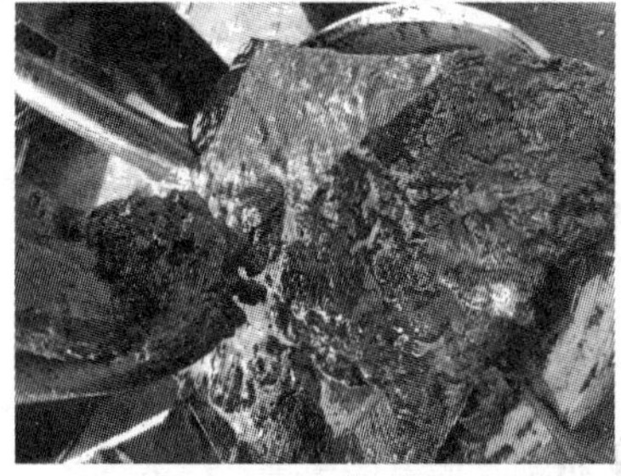

图1 从储油罐内清理出的油泥

三、柴油发电系统储油罐清理前的准备工作

清理时，需工作人员进入到地下储油罐中，存在着窒息、中毒、着火、爆炸、跌滑、落物砸伤等多种风险，故而，清理工作前对工作人员的操作培训、安全教育以及相关材料和工机具的配备是至关重要的。

1)人员准备：根据现场实际情况，配备一名专职安全监督人员和多名操作人员。清理开始前，首先对参与作业的工作人员进行必要的安全交底和技术交底。安全交底时，需明确存在的安全隐患，并对规避方式及应对措施进行多次强调；技术交底方面，则需要专业人员对所有参与作业的人员，根据不同分工做出不同侧重点的交底工作。

2)材料准备：准备好可能用到的材料，如密封垫圈、紧固螺栓、垫片等，以便清理作业时，发现零部件丢失或损坏后及时补充或更换。

3)工机具及防护用品准备：在明确操作步骤的前提下，对作业涉及的工机具进行提前准备，避免清理操作时，因缺少工机具造成工作无法进行从而影响工作效率。通常需要的工具有：一字梯或人字梯、安全带、油泵、各规格的油桶、输油软管、气泵、防毒面罩、拖线盘、成套扳手、麻绳、防静电服、防护鞋、防护手套、抹布、长标尺(带刻度)等。

四、储油罐清理维护

1)由于储油罐内往往会有一定的存油，为充分利用剩余存油中品质较好的部分并清除变质、乳化等品质较差的部分，通常会采用两个储油罐存油互输、分别清理的方式进行操作，处理流程如图2所示。

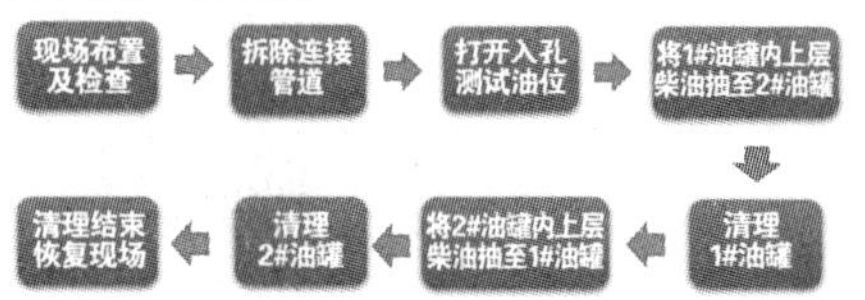

图2 处理流程图

2)清理维护步骤：

①作业人员到达现场后，首先按照制定的方案布置现场。其中用电设备由专业电工检查合格后，经带漏电保护的拖线盘从柴油发电机房内指定的插座处接通电源。

②打开地面上的油罐池盖板后，进行适当通风，然后拆除与储油罐相连接的管道。

③拆掉储油罐人孔法兰上的螺栓，打开人孔盖板，将长标尺竖直插入储油罐最深处，测量存油实际油位。根据实测结果，经计算确认可行后，方可进行将1#储油罐内存油抽至2#储油罐的相关操作。

④将输油软管与油泵连接好，其中，1#储油罐的输油软管固定在长标尺上，使软管末端距离标尺底部20cm处，以防止抽油使储油罐内的油泥等杂物进入管道，进而造成管道和油泵的堵塞。启动油泵，将1#储油罐内上层柴油抽至2#储油罐。

⑤1#储油罐内质量合格的油品全部抽至2#储油罐后，将1#储油罐内废油抽出，放置于提前备好的油桶中，严禁随意丢弃造成资源浪费及环境污染。

⑥使用气泵对1#储油罐进行通风，排出油气。作业人员穿戴好防护用品并配备防毒面具后，进入储油罐内部，对储油罐底部油泥进行清理，并将油泥装入专用小油桶，清出储油罐。在储油罐内进行清理操作时，需用气泵时刻保持储油罐内的空气流通。

⑦油泥清理结束后，用抹布将储油罐内壁及底部擦拭干净，擦拭效果如图3所示。

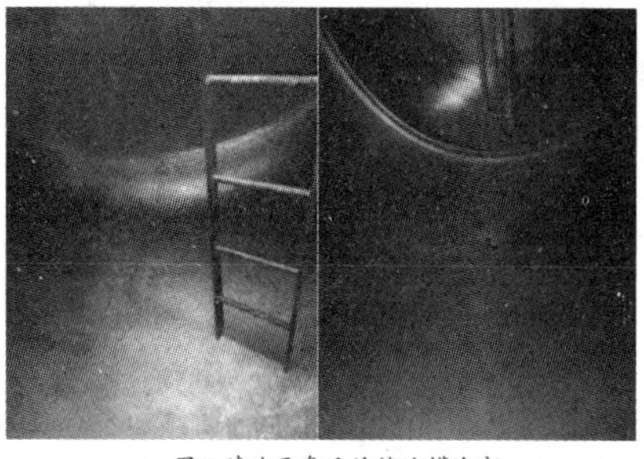

图3 清洗干净后的储油罐内部

⑧1#储油罐清理完成，将2#储油罐内上层存油抽至1#储油罐，用同样的方式对2#储油罐进行清理。

⑨1#和2#储油罐都清理结束后，恢复人孔及管道的连接。连接时，将老旧、受损的螺栓和密封垫圈更换掉。

⑩清理现场垃圾，恢复现场，储油罐清理工作完成。

◇安徽 朱述振

可预置、可重置定时关闭电路

为了对燃气热水器进行保护，不使其长期处于通电状态，我们设计了一款定时保护电路，在使用热水器洗澡时，我们按下启动加电按钮，假如需要半小时洗完，我们可以预先设置成40,50分钟，洗完后电路自动对热水器进行断电。使热水器更加耐用。

一、电路特点

1. 能够实现操作简单化。
2. 能够中途实现外部负载供电时间延时加长。
3. 设计巧妙，用料少，成本低，线路简单，容易制作。
4. 家用，商用均可。
5. 可以实现不同的电压等级相同功能。

二、器件介绍

现参照图1对使用的元器件给以介绍。

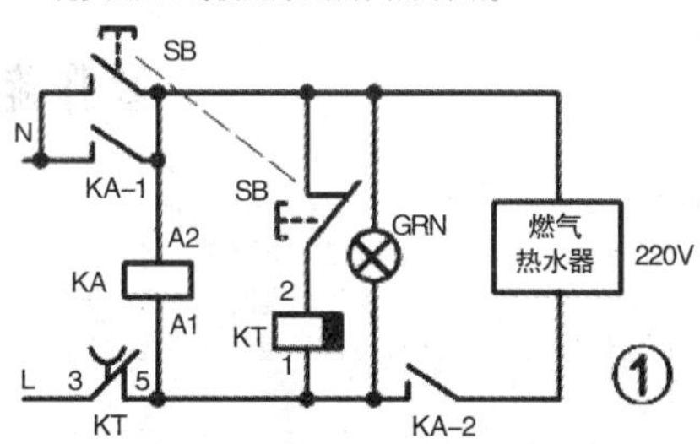

图中KA是中间继电器，KA-1，KA-2是其两对常开接点。

指示灯我们选用ND16-22/4型，绿色，交流220V，也可以根据自己需要选择。

SB为一个电气按钮，它有一组常开接点，一组常闭接点。我们选用LAY38-203/209型，绿色，也可以选择其他型号。

L，N分别代表火线，零线接入点。

图2为时间继电器KT的内部线路图。其型号为JS14P，这是一款比较常用的时间继电器，该型号有多种延时档位供选择，我们选用999分钟的。该时间继电器有2组延时转换接点，我们只使用其中一组通电延时断开的常闭接点3,5。供电电压220V~240V，触点容量240V/0.75A，一般燃气热水器电气部分功率约为几十W，KT的触点容量完全可以满足设计要求。

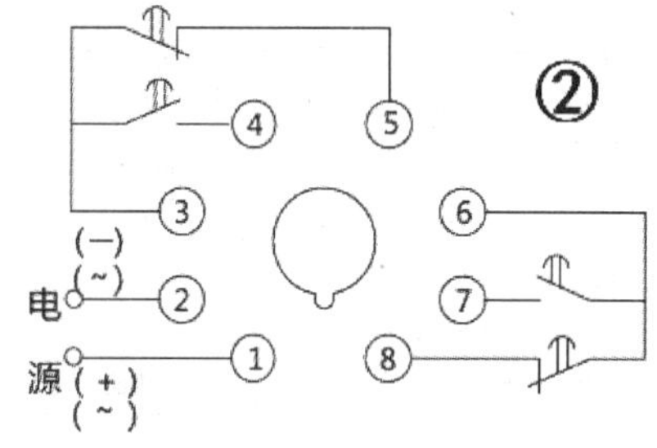

另外为了安装方便，选择了标准安装导轨，将相关器件卡在上面。

三、工作原理

如图1所示，当按下按钮SB时，其常开接点连通，常闭接点断开，由于时间继电器KT的3,5脚本身处于常闭状态，这时交流电加于中间继电器KA的两端，KA得电工作，同时GRN绿灯也会随着有电而被点亮；KA的两组接点KA-1、KA-2分别都吸合，L,N的220V电压通过输出端给负载，热水器得电。以上这些都是按下按钮后立即发生的动作。

当按钮SB松开时，常开接点断开，常闭接点连通。此时零线N会由于KA-1的闭合，时间继电器KT开始得电工作，动作时间可以预先设置好，另外需要说明的是：我们松开按钮后，由中间继电器的常开触点KA-1实现电路的自保持；也由于KA-2的接通，依然可以完成对热水器的持续供电。

由于KT为通电延时型时间继电器，当定时时间到达后，KT的3,5接点开路，此时的开路造成整条线路的无电停机，向外的供电也随之消失，线路中的热水器又回到了初始未通电状态。负载加电周期宣告结束，热水器失电。

热水器运行期间，如果希望延长设置好的定时时间，可以再次按下按钮SB，并持续1~2秒时间。这时按钮SB的常闭触点断开，时间继电器KT复位。松开按钮后时间继电器重新从零开始计时，实现延长定时时间的目的。

本电路一般家用选择220V供电，也可以给工业使用，特种情况下也可以用直流，但都要更换器件，换成不同电压等级器件即可。

(全文完)

◇郑州 李志刚 翟丽华 王喆

基于 Verilog HDL 语言 Quartus 设计与 ModelSim 联合仿真的 FPGA 教学应用(二)

(接上期本版)

(二)安装 ModelSim−Altera 软件

1. 双击 ModelSim−Altera 安装软件启动图标。

« Quartus II 13.1 › ModelSimSetup-13.1.0.162

名称

ModelSimSetup-13.1.0.162.exe

图 2−1

2. 启动安装向导,点击 Next。

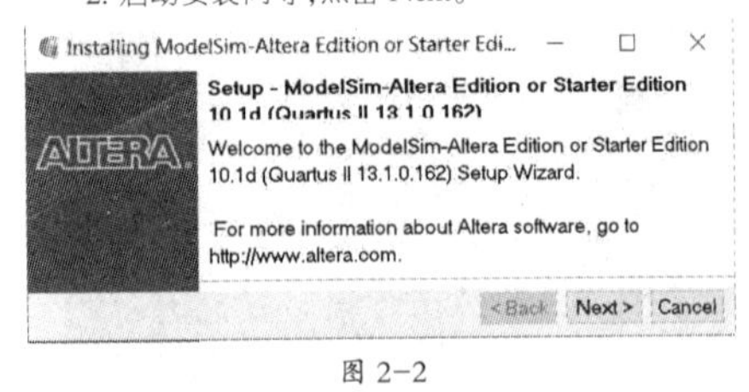

图 2−2

3. 勾选 modelsim−altera starter edition(free),(不要安装其他的 modelsim),点击 Next。

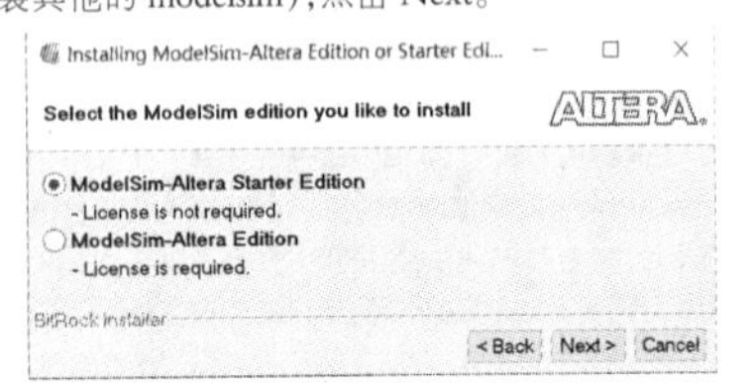

图 2−3

4. 同意协议,点击 Next。

5. 选择安装路径, 只修改盘符, 不改变路径,与 Quartus 安装路径保持一致。

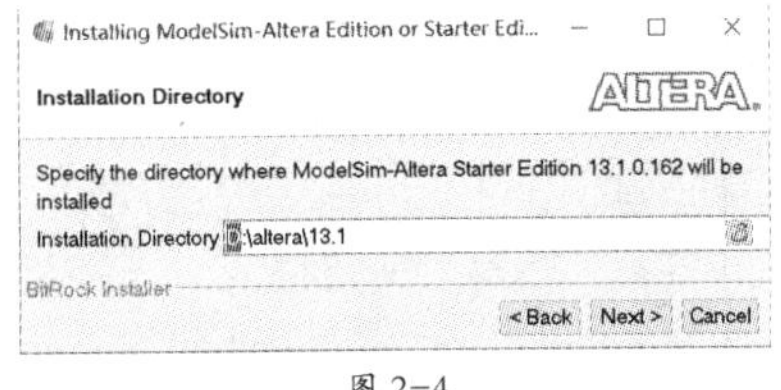

图 2−4

6. 点击 Next。

Installing ModelSim-Altera Edition or Starter Edi...

Ready to Install

Summary:

Installation directory: D:\altera\13.1

Required disk space: 3353 MB

Available disk space: 201378 MB

< Back　Next >　Cancel

图 2−5

7. 安装进程中。

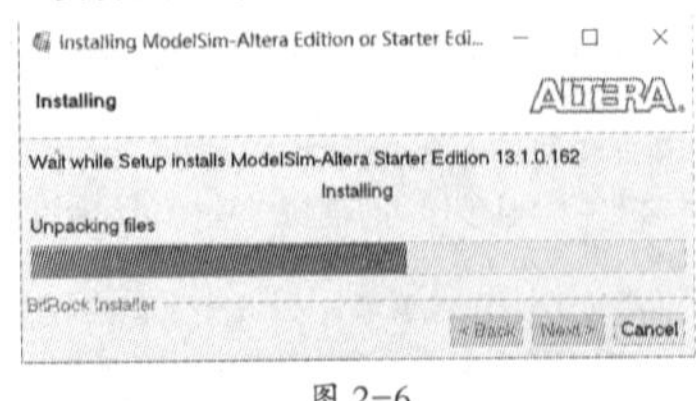

图 2−6

8. 完成安装,点击 Finish。

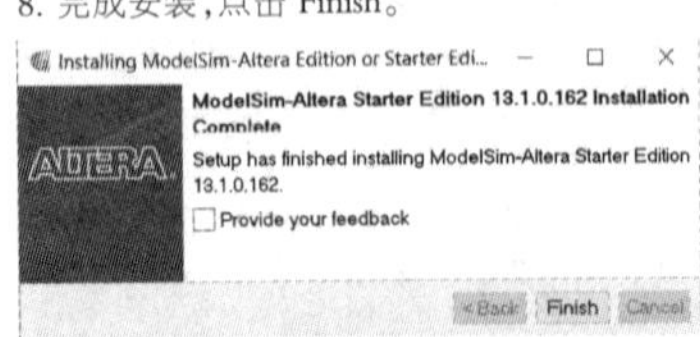

图 2−7

(三)Quartus 软件补丁

1. 双击桌面生成的快捷启动图标。

2. 在弹出的 Lincense Setup Required 窗口选择最后一个(选择第二个也能补丁,但缺少库),点击 OK。

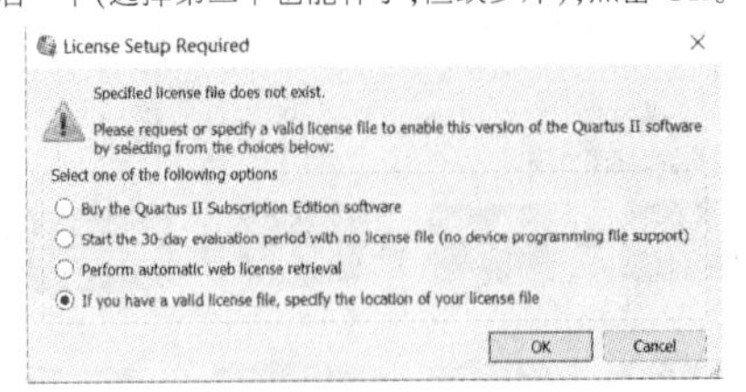

图 3−1

3. 复制一个"Network Interface Card(NIC) ID",例如:2089841f9ce1(只复制一个,不要三个都复制),忽略 License file 栏里面的内容。

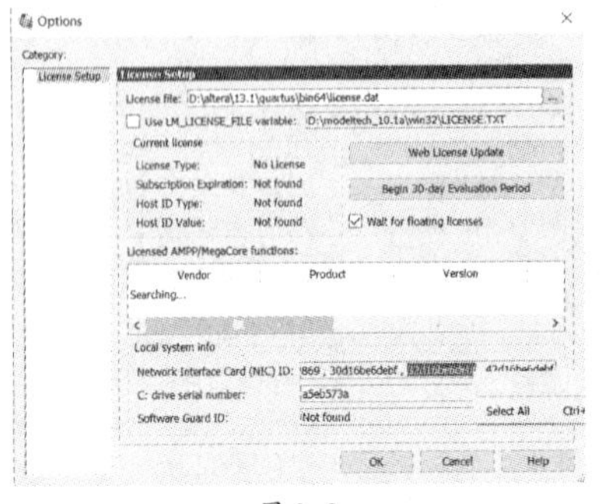

图 3−2

4. 打开补丁器文件夹里面的 License.dat 文件,将里面的 2 处 XXXXXXXXXXXX 用复制的 ID 号粘贴替代(后面必须紧跟 NIC ID,中间不能出现空格,NIC ID 和后面的单词要有一个空格),再将该文件另存于 Quartus 软件安装路径里面的 win64 文件夹下面。

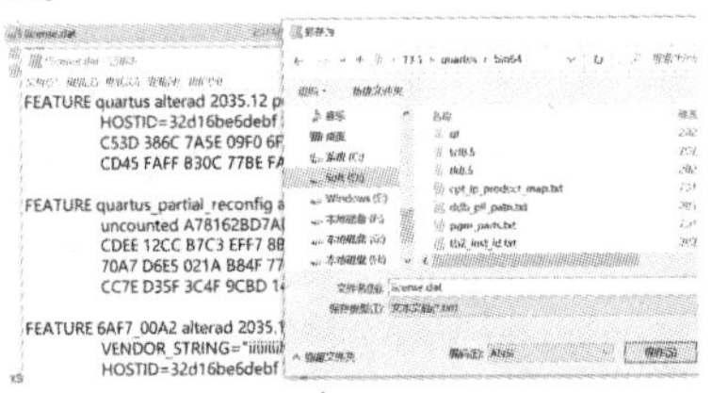

图 3−3

5. 回到 Options 窗口, 点击 License file 栏后面的三个点, 选择安装目录下面 win64 下面已修改保存的 License.dat 文件, 查看下面窗口内的时间一般是 2035 年,关闭已启动的 Quartus 软件。

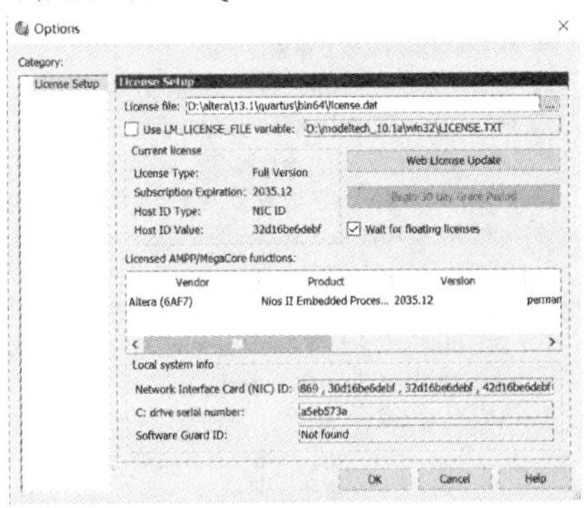

图 3−4

6. 运行补丁器文件夹里面的 x64 补丁器 exe 文件,在弹出的窗口里面,点击 sys_cpt.dll 栏右边的三个点, 选择安装路径里面 win64 下面的 sys_cpt.dll 文件,点击 Open,再点击下一步。

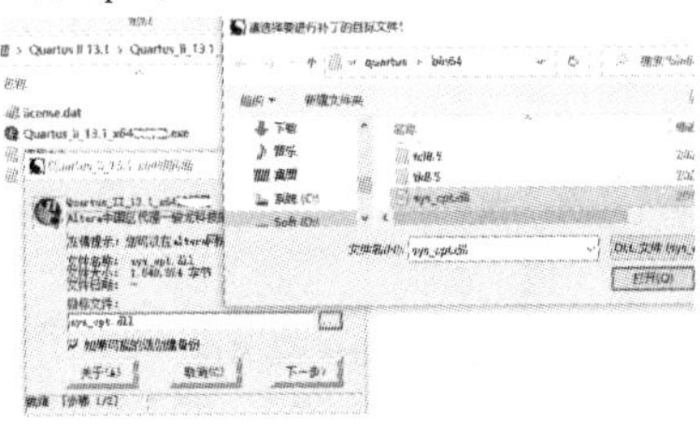

图 3−5

7. 弹出补丁处理成功窗口,显示安装目录下面的 sys_cpt.dll 文件已经被成功的补丁。

8. 点击 x64 补丁器右下角的完成,弹出补丁处理成功窗口,点击确定。

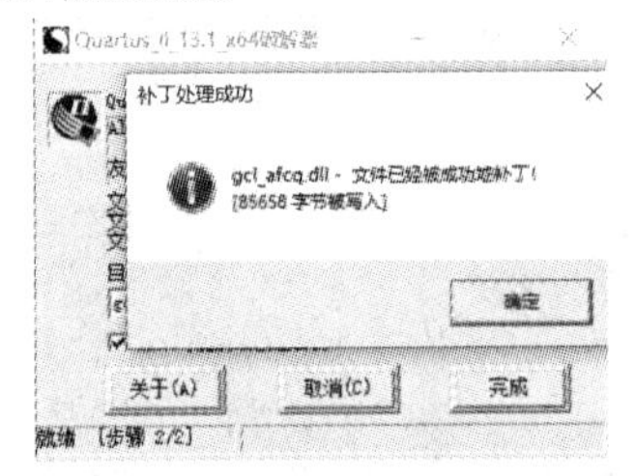

图 3−6

(未完待续)

◇西南科技大学 城市学院
刘光乾 白文龙 王源浩 刘庆 陈熙 陈浩东 万立里

制作旋磁治疗机

磁疗具有活血化瘀、强筋壮骨、止痛、消炎、消肿、降压、降血糖、止泻等多种治疗作用。所以,在临床上能治疗多种疾病,而且磁疗安全可靠。坚持长期治疗达到根治疾病的目的,尤其对慢性病的治疗更显示磁疗的优越性。磁疗的保健作用也是许多药物无法比拟的。

随着科学技术的发展, 医疗器械不断更新换代。最早是内服天然磁石,外用磁石,到现在可以人工制作各种磁疗器械,常用的有医用磁片、各种类型的磁疗机及医用磁水器等。

笔者制作出一种旋磁治疗机, 工作原理如图所示。

使用此磁疗治疗机治疗疾病时,是得瞬息产生旋转磁场的治疗机进行治疗的方法。

治疗时将旋磁治疗机的治疗磁头"D"置于患病部位或穴位上进行治疗。患病部位面积大,可同时应用 2~3 个治疗磁头"D";进行穴位治疗时,只使用一个治疗磁头"D"。治疗磁头"D"要与皮肤紧密接触,不要有空隙,防止磁场衰减过多影响疗效。

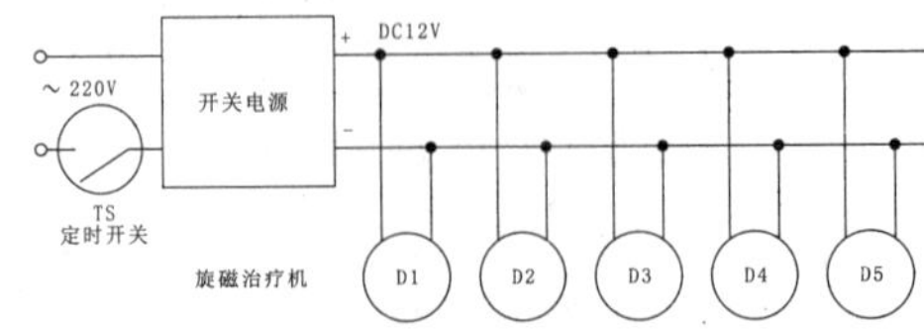

使用方法: 闭合电源定时器开关 TS 为 20 分钟,开关电源输出+12V 直流电供给旋磁治疗机的治疗磁头进行治疗,到达定时器设定的 20 分钟,自动切断电源,一次治疗结束,每天治疗 1 次,10 次为一个疗程。疗程间隔 3 天。

电子元器件选择:

定时器 TS 选用 DFJ−S−60 型 0~60 分。

开关电源选用 YW−24W 系列

输入:110/240V−50/60Hz

输出:12V−DC2A

D_1~D_5 选用 12V 0.12A 微型直流电动机。电机 D 运转后,驱动 4 块永久磁片(粘贴在 D 转轴上的固定圆盘表面 1V 极对向圆盘外面的防护罩。

磁片使用 4 个 Ø10mm×1mm 的 3000GS 钕铁硼永磁体磁片。

◇辽宁 张国清

线控刹车系统对新能源汽车的重要性(三)

(接上期本版)

新能源的完美搭配

当混动/纯电汽车减速时，可以进行高效的回收电能的电动助力制动系统

线控刹车之所以能在未来占领主流，其实是汽车混动/纯电化进程所带来的必然结果。因为对于极其在意能耗，需要通过动能回收增加续航里程的混动/纯电汽车来说，采用“助力泵”的刹车形式确实很难在制动力的分配，也就是通过驱动电机实现的动能回收制动，以及通过卡钳进行的机械制动之间做到完美的平衡。

此外，如果在使用助力刹车系统的车上匹配动能回收功能，那刹车踏板的脚感通常也会产生明显的分裂感。这是因为，如果想将助力刹车和动能回收合理分配在刹车踏板的整个行程中的话，那刹车踏板的初段就一定会分配给利用驱动电机进行制动的动能回收系统。而过了初段之后的刹车踏板行程，则会被分配给制动力度更强的卡钳刹车。但由于刹车踏板初段，也就是利用动能回收制动的踏板行程阻尼，大多都是用弹簧营造的；而过了踏板初段的其余行程，也就是卡钳制动的阻尼是由发动机负压(真空助力刹车)以及电机(电子助力刹车)营造的，那当驾驶者将刹车踏板从动能回收制动踩至卡钳制动时，刹车踏板便会出现一定的分裂感了。

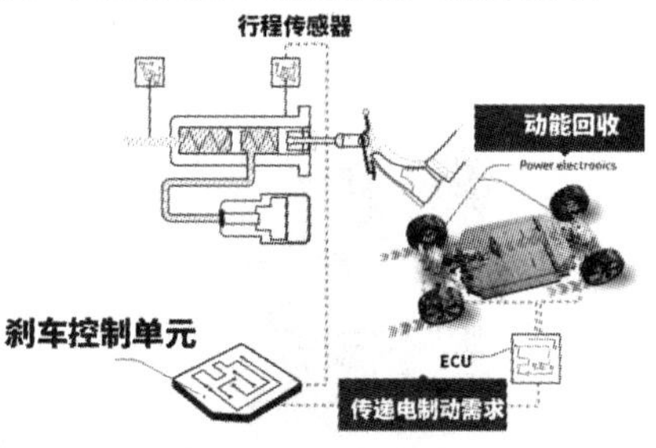

而这时，线控刹车的优势就凸显出来了。由于线控刹车的刹车踏板并未与真正产生制动压力的活塞相连，各部件之间只是通过电信号来交流。那对于混动/纯电汽车而言，就能通过刹车控制单元在动能回收与机械制动之间进行选择，并将二者完美融合了。比如通常来说，动能回收能提供的最大减速值为-0.3G，因此当制动请求小于-0.3G时，刹车控制单元就能给ECU发送信号，通过使用动能回收来帮助车辆减速。而当制动请求大于-0.3G时，刹车控制单元就会给ECU和压力发生单元共同发送信号，让动能回收和刹车卡钳进行同步制动。

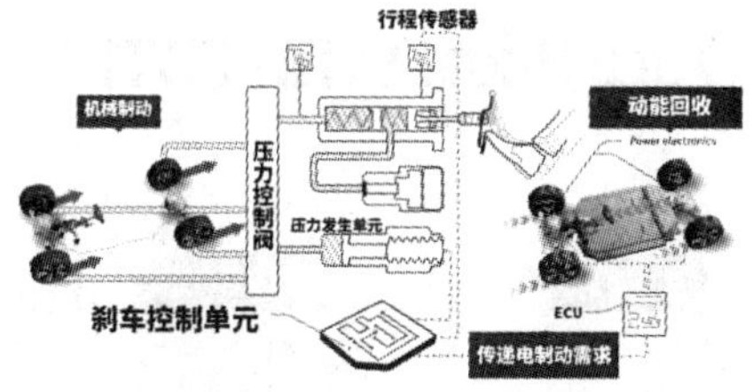

比如，我们假设驾驶员踩下了刹车踏板行程等于-0.5G的制动力，此时，刹车控制单元首先会给ECU派发动能回收最大的-0.3G的制动力度，然后再将其余的-0.2G制动力通过压力发生单元，使用刹车卡钳制动。这样一来，线控刹车既能通过优先使用动能回收，最大程度补充混动/纯电汽车的续航里程，同时还能保证刹车踏板的脚感不会产生阶梯，且始终如一。这种可以完美控制机械制动和电机动能回收各自比例，通过完全解耦实现最大限度回收能量的本领，目前暂没有其他新技术之前，对于混动/纯电汽车这种极致追求低能耗的车型而言，堪称完美结合。

自动驾驶

此外，对于未来也许会大行其道的自动驾驶系统来说，线控刹车也是非常不错的选择。因为在真空助力和电子助力上，驾驶室内的刹车踏板都是与产生制动力的主制动缸直接相连的。所以当自动驾驶系统进行制动时，即使驾驶员没有踩踏刹车踏板，车内的刹车踏板也会因为主制动缸产生的制动压力导致下沉。此时如果驾驶员的右脚刚好放在刹车踏板上，那踏板瞬间下沉的这个非预期动作，便有可能让驾驶员感到惊慌失措，甚至在慌乱中酿成事故。

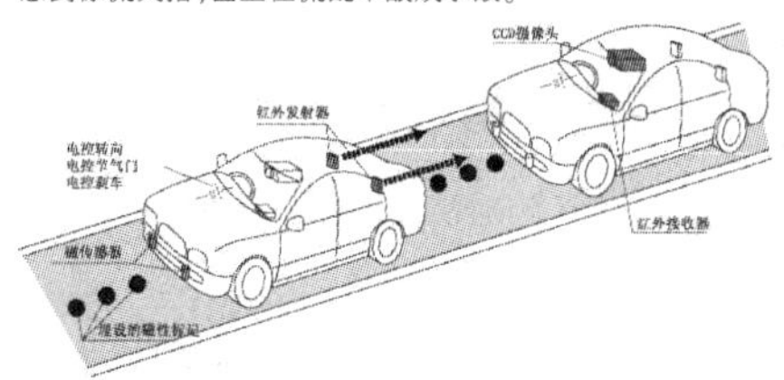

而线控刹车就不会出现刹车踏板下沉的现象。由于刹车踏板与产生制动力的压力发生单元之间并没有连通的关系，因此在主动刹车或自动驾驶制动时，无论刹车控制单元如何让压力发生单元对卡钳施加制动力，车内的刹车踏板位置都是不会发生任何改变的。此外，由于自动驾驶与线控刹车都是以电信号为传递介质，因此二者也能实现更好、更快的协同工作，让“无人驾驶”更上一个台阶。

动力分配

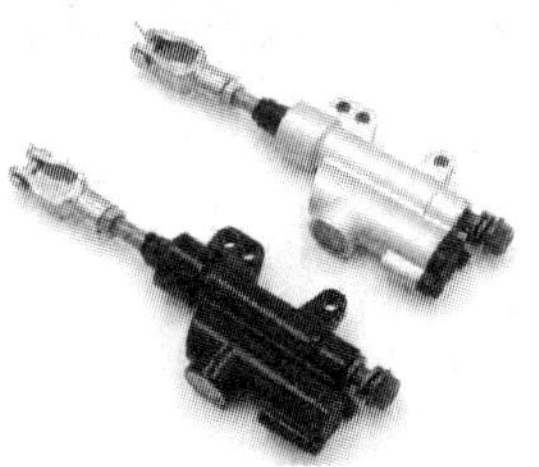

除了上述的四个优势外，线控刹车还有一项优势是真空助力和电子助力无法轻易实现的，那就是车辆前后制动力的分配调节功能。在线控刹车上，由于刹车踏板不再直接推动产生制动力的压力发生器(主制动缸)，因此如果想实现前后制动力分配的话，其实只需要再增加一套用于产生制动力的压力发生器，用来分别辅佐前后轮就可以了。这样一来，当刹车控制单元接收到驾驶员通过刹车踏板给出的制动信号后，就可以按照驾驶员事先设定好的前、后制动比例，来控制前、后两套压力发生器的制动力度了。在实际应用中，驾驶员则可以根据弯道的不同，来设置不同的前后刹车比，从而达到更快的圈速。实际上，这种前后制动力分配的操作，早早就应用在F1的赛车上了。

制动能量回收

最后再次强调一下混动/纯电汽车和燃油车制动系统的最大区别。

燃油车的制动原理是在刹车过程中产生巨大的摩擦力，将车辆的动能转化为热能消耗掉，以达到降低速度的目的，也就是说采用的是“摩擦制动”。

混动/纯电汽车采用的是“能量回收制动”：通过控制使制动全部或部分模块具有能量逆向流动功能，从而实现将车辆的惯性能量部分回馈至储能器，同时对车辆起到制动的作用。

通俗一点就是混动/纯电汽车是用电动机的制动力刹车，油车是用刹车片的摩擦力刹住车了。

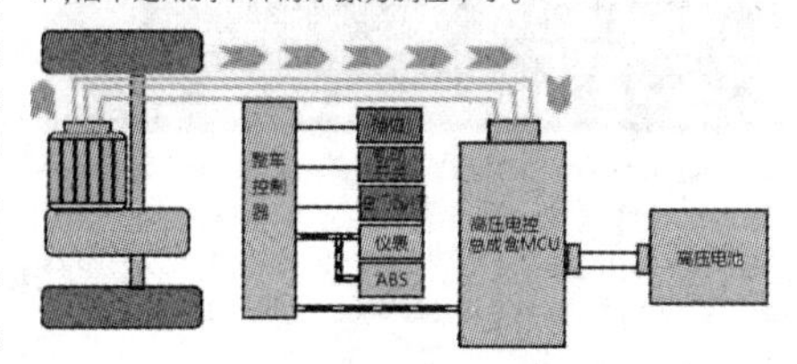

混动/纯电汽车制动能量回收，是提高电动汽车能源效率的一个主要因素，也是真正的新能源汽车必备的一个条件。制动能量回收要考虑到制动效果、制动能量分配、储能电池的特性、储存能量的利用等几方面，然后确定制动储能系统如何实现。

绝大多数电动汽车的驱动电机都可以作为发电机工作了。

电动汽车能量回收原理：汽车在减速或者制动时，电动机转子的电流停止供应，同时，车轮的惯性转动还会带动转子转动而产生电能，最后通过电机控制器和高压配电系统将该电能储存在动力电池组。

单踏板模式驾驶：减速时总是一下子松开加速踏板，由于电机制动力较大，减速较快，从而导致每次还要踩加速踏板提下速。但是慢慢地适应后，感觉现在的滑行回收要更好用，只要控制加速踏板深度就可以有不同的制动回馈，实现不同的跟车或者减速距离，最重要的是驾驶里程有所提高。

电动汽车能量回收方式目前分为制动能量回收和滑行能量回收：

制动能量回收

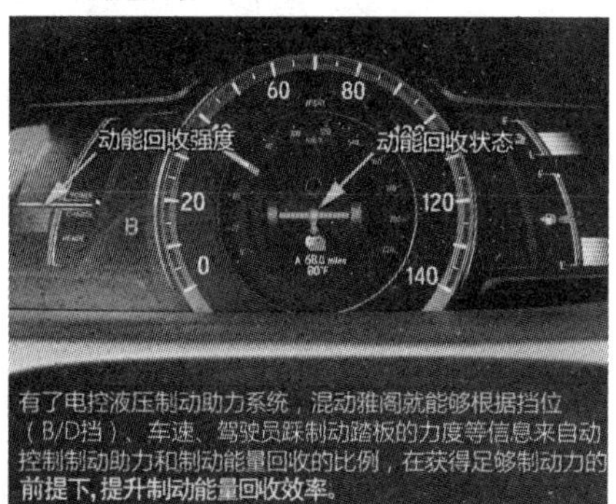

有了电控液压制动助力系统，混动雅阁就能够根据挡位(B/D挡)、车速、驾驶员踩制动踏板的力度等信息来自动控制制动助力和制动能量回收的比例，在获得足够制动力的前提下，提升制动能量回收效率。

即通过踩制动踏板实现能量回收的过程。新能源汽车能量回收增加续航里程，仪表显示负数值(电流)。

滑行能量回收

丰田荣放双擎在车辆滑行及发动机运行的时候对电池充电。

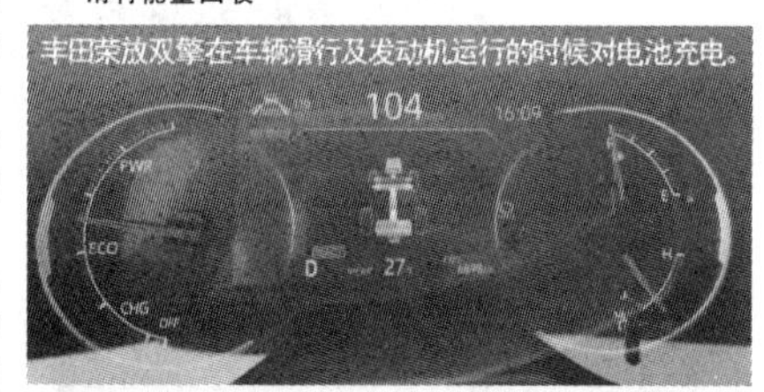

即通过控制加速踏板(不踩制动踏板)在某一开度以下(根据油门踏板开度多少来控制能量回收的程度)，实现能量回收的过程。俗称单踏板控制模式。

能量回收前提条件

1.电池实际soc值小于某值(标定厂家)，即电池允许充电；

2.回收负扭矩小于电机允许的回收扭矩；

3.驾驶感受；

4.ABS功能主动安全系统是否介入等。

制动能量回收技术作为电动汽车的一项重要技术，是其节能环保的主要手段之一。制动能量回收可延长整车续航里程，提高能量利用率。

能量回收技术，最基本的就是松油门踏板时用电机回收能量。现在有一些厂家将这种制动能量回收强度做得非常大，正常道路驾驶基本不用踩刹车；但是这种设定也有隐藏的弊端，比如特斯拉正是因为这种单踏板设定，有个别司机长时间习惯地使用单踏板刹车以后，突发情况下会将油门当刹车进行紧急制动导致的突然加速就是这种情况下发生的。

(全文完)

◇四川 李运西

三星发布2亿像素图像传感器

近日，三星正式发布了两款移动图像传感器，分别为业界首款基于0.64μm像素的2亿像素(200Mp)分辨率的图像传感器ISOCELL HP1以及第一款在1μm像素中实现Dual Pixel Pro技术的ISOCELL GN5。

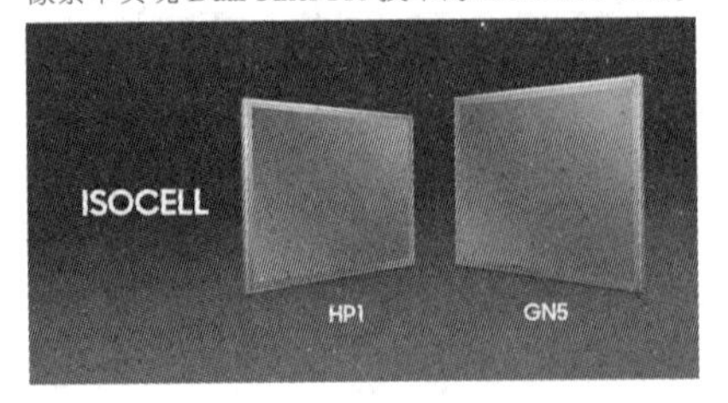

ISOCELL HP1是首款两亿像素的移动图像传感器，最高有效分辨率为16384x12288。传感器为1/1.22英寸超大底，单个像素仅有0.64μm，支持ISOCELL 3.0技术等。其兼顾超高分辨率和小巧体积，能被运用在目前的智能手机设备中。传感器还采用ChameleonCell技术，可根据环境使用2×2、4×4或者全像素输出。在低照度环境下，ISOCELL HP1可以将临近的16个像素合并输出成一张12.5MP的图像。

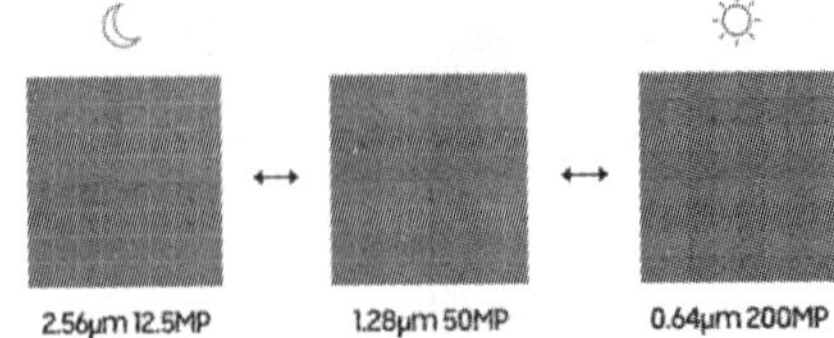

除了拍摄超高像素的照片，ISOCELL HP1还能在拍摄8K(7680×4320)视频的时候通过像素四合一技术，将分辨率降至5000万(8192×6144)，无需裁剪或者缩小完整图像的分辨率。ISOCELL HP1能够根据环境亮度选择2×2或者4×4以及全像素排布，所以在非常暗的情况下，可以将16个相邻像素进行合并，输出像素大小为2.56μm的1250万像素图像。

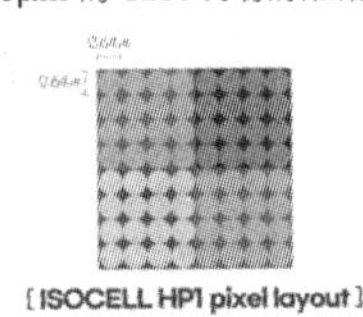
[ISOCELL HP1 pixel layout]

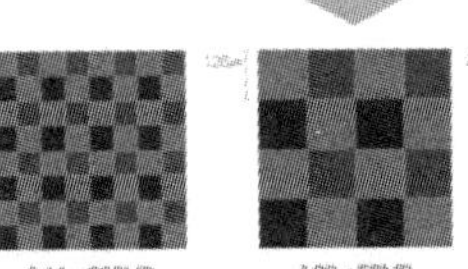

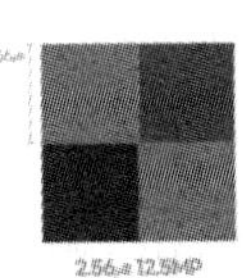

ISOCELL GN5是三星首个搭载全方位自动对焦技术Dual Pixel Pro同时像素大小为1.0μm的移动图像传感器，可以提升自动对焦的性能。该自动对焦技术在传感器的每个1μm像素内水平或垂直放置两个业内最小的光电二极管，以实现针对横向和纵向纹理的相位对焦。凭借100万个多方位相位检测光电二极管，覆盖了传感器的所有区域，这使得ISOCELL GN5的自动对焦做到了快速响应，无论在明亮或暗光环境下，都能获得更为清晰的图像。

ISOCELL GN5

同时，ISOCELL GN5还是业界首个应用了FDTI技术的双像素产品，三星将特有的像素技术FDTI(Front Deep Trench Isolation)应用于双核对焦(Dual Pixel)，虽然光电二极管的尺寸很小，但FDTI技术能让每个光电二极管接收和保留更多的光信息，改善了光电二极管的满阱容量(Full-well capacity，FWC)，而且减少了像素内的串扰。

Dual Pixel with FDTI

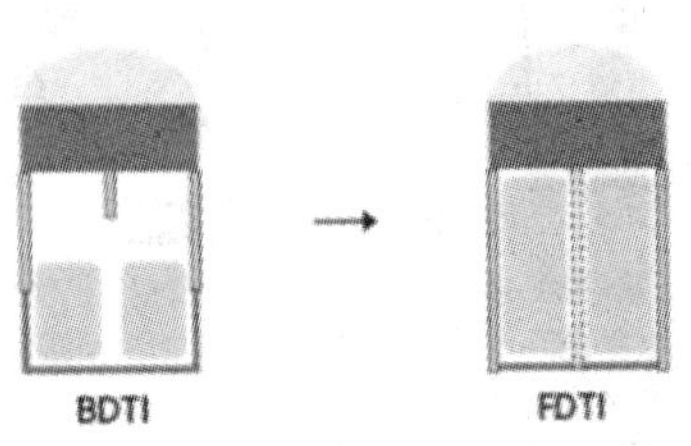

这两款传感器均支持8K视频录制、Staggered HDR以及Smart-ISO Pro技术，后者支持输出12bit色深图像。

此外，高通骁龙888 Plus等处理器都能够兼容两亿像素传感器，到时候又是安卓机旗舰级的首选传感器之一。

百度首款智能语音笔——小度智能词典笔

近日，以“AI这时代，星辰大海”为主题的百度世界大会2021中，百度给广大消费者带来了百度首款智能词典笔——小度智能词典笔，具备“扫得快、译得准、词库全”三大优势，文字识别率高达99%。

小度首款智能词典笔超快识别仅需0.5s，文字识别率高达99%；超准翻译有百度AI机器翻译技术加持，并荣获国际机器翻译评测第一。

小度首款智能词典笔拥有超365万条可离线中英文词条，并将牛津高阶英汉双解词典第九版收录囊中。同时小度智能词典笔还能兼备语音翻译机、会议录音笔等多种功能。

小度智能词典笔支持扫到哪里读哪里，无论是单词词组，还是长句多行，一扫就有声动的发音和精准的翻译。小度智能词典笔也是语文辅导利器，内置多本诗词词典，发音笔顺、释义造句、成语古诗词，一点一扫轻松查询。

配置方面，小度智能词典笔配备2.98英寸超大触屏，拥有16G机身存储，内置1020mAh容量电池，配备高保真喇叭，支持Wi-Fi、蓝牙4.2，接口采用USB Type-C支持数字和模拟Type-C耳机，拥有2麦克风。

缺点就是价格偏贵，售价远高于有道的同类产品，售价999元，部分渠道尝鲜价699元，感兴趣的朋友可以试试。

松下推出颈带式扬声器

松下公司与日本游戏开发商SquareEnix合作，在2021年Gamescom展会上推出一款专门为游戏玩家设计的颈带式扬声器，无需插入耳机就能提供环绕声、沉浸式聆听。

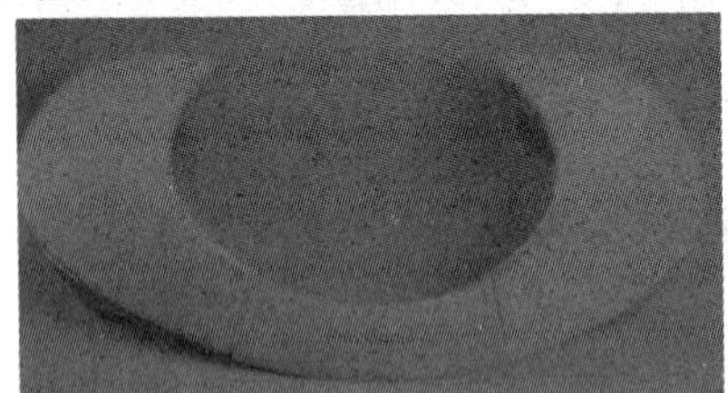

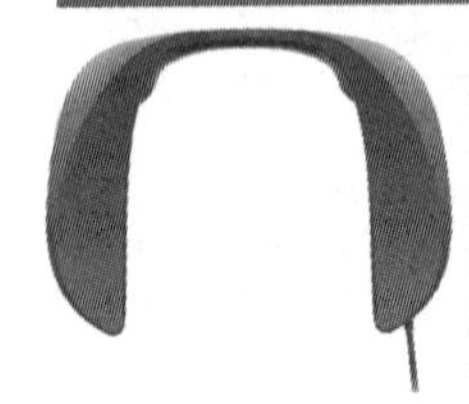

目前的耳机可以让你更接近战斗的声音，但长期使用的游戏者在一段时间后会出现挤压和发热问题。松下的SoundSlayer可穿戴式沉浸游戏扬声器系统，即SC-GN01，戴在脖子上，放在肩膀上，所以应该不会出现这种舒适问题。

这个244克(8.6盎司)的装置使用四个精心布置的钕磁铁全音域扬声器和一个高性能信号处理器将用户包裹在真实环绕声的最佳位置。它不是无线的，需要通过USB供电，通过3.5毫米插孔或USB与游戏机、电脑等进行有线音频连接，这取决于使用的游戏设备。

颈带式扬声器内置三款专为游戏玩家设计的声音配置文件，同时还配备了消除噪音和回声的双MEMS话筒，以实现清晰自然的通话效果。一种声音模式最适合像FinalFantasy XIVOnline这样的角色扮演环境，FPS(第一人称射击者)配置文件承诺精确的音频位置，以便用户可以听到细微的声音，如脚步声等等，而语音选项在冒险游戏等过程中使对话清晰。

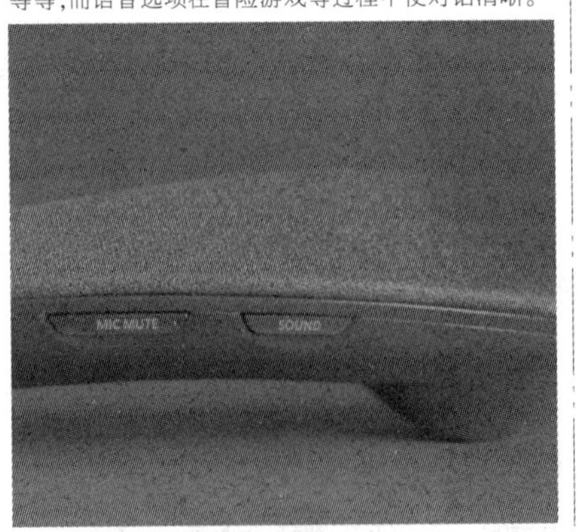

SoundSlayer可穿戴式沉浸式游戏扬声器系统将于10月上市销售。不过该耳机价格也不便宜，虽然美国市场的定价尚未透露，但索尼类似的以游戏为中心的可穿戴扬声器定价为174.99美元，中国市场会不会上市也是一个问号。

LCD 接口类型区分

LCD 常用接口

LCD(Liquid Crystal Display):又称液晶显示器。广泛应用于嵌入式、移动端、PC 端。

本文主要介绍常用 LCD 的简单分类。

1. LCD 分类如下

- 按信号类型分为 TTL/LVDS/EDP/MIPI 几大类别
- 按材质分类分为（针对 TFT-LCD）TFT-TN/TFT-IPS/TFT-VA。
- 接口类型分为:RGB 模式、SPI 模式、MDDI 模式、VSYNC 模式、DSI 模式、MCU 模式等

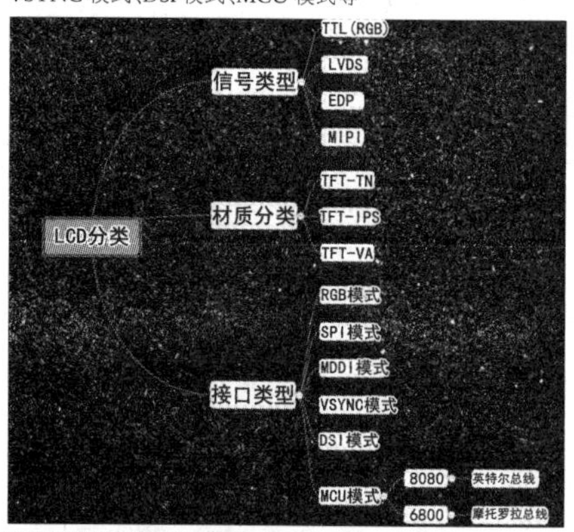

分类	类别	说明
信号类型	TTL(RGB)	TTL电平信号，属于并行接口，包含RGB信号、时钟和控制信号
	LVDS	Low-Voltage Differential Signaling，低压差分信号技术。
	EDP	Embedded DisplayPort，适用于平板电脑、笔记本、一体机、未来新型大屏幕高分辨率手机，传输速率比LVDS快。
	MIPI	Mobile Industry Processor Interface，移动产业处理器接口，差分传输。
材质	TFT-TN	液晶分子排列和通电旋转方式不同。 TN的液晶和VA的液晶相反，前者采用正性液晶，后者采用负性液晶 同等级IPS和VA材质屏的效果要由于TN
	TFT-IPS	
	TFT-VA	
接口类型	RGB模式	16/18/24位并行接口，一般还包括VSYNC，HSYNC，DOTCLK，CS，RST
	SPI模式	通用SPI。
	MDDI模式	高通公司2004年提出的接口，连线有host_data/strobe、client_data/strobe、power、GND，移动端取代spi的告诉串行读接口
	VSYNC模式	该模式其实就是就是在MCU模式上加了一个VSYNC信号，在这种模式下，内部的显示操作与外部VSYNC信号同步，可以实现比内部操作更高的速率的动画显示。
	DSI模式	该模式串行的双向高速命令传输模式，连线有D0P，D0N，D1P，D1N，CLKP，CLKN。
	MCU模式	因特尔I8080和摩托罗拉M6800两种接口。

2. LCD 常用的接口模式介绍

RGB 模式

RGB 模式就是我们通过说的 RGB 屏，以 RGB(TTL 信号)并行数据线传输，广泛地应用于 5 寸及以上的 TFT-LCD 中。串并行:串行;引脚:RGB 数据+时钟+控制引脚;数据为:RGB565、RGB666、RGB888。

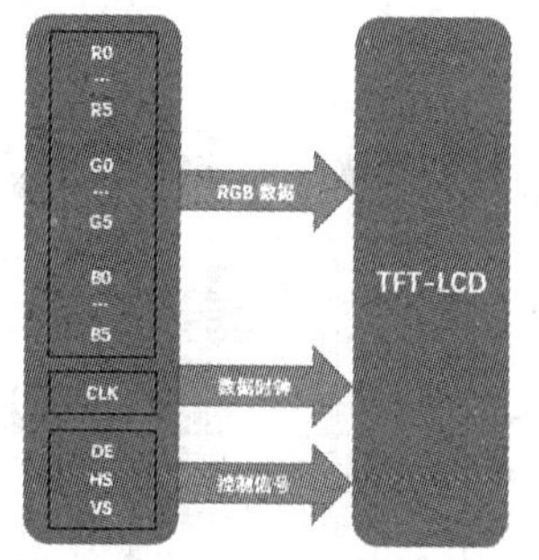

SPI 模式

标准 spi 接口。也分为两类。SPI 控制信号+RGB 数据线和 SPI 控制/DATA。具体根据屏厂的手册。前者 spi 仅仅负责传输控制信号，后者 spi 传输控制和数据。

spi 由于受传输速率限制，如果直接通过 spi 传输数据，可以看到，其实屏无法做大特别大。

MDDI 模式

高通公司 2004 年推出的接口。引脚包括 host_data/strobe,client_data/strobe 等。嵌入式中，一般用得不多。

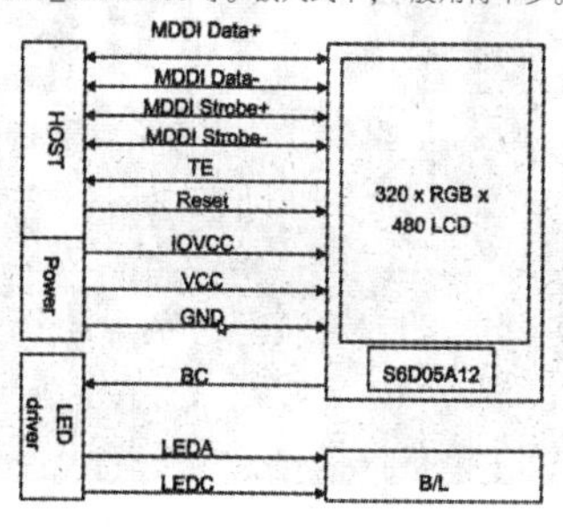

MIPI-DSI 模式

MIPI-DSI 模式，即常说的 MIPI 屏。差分信号。适用于高速场合。

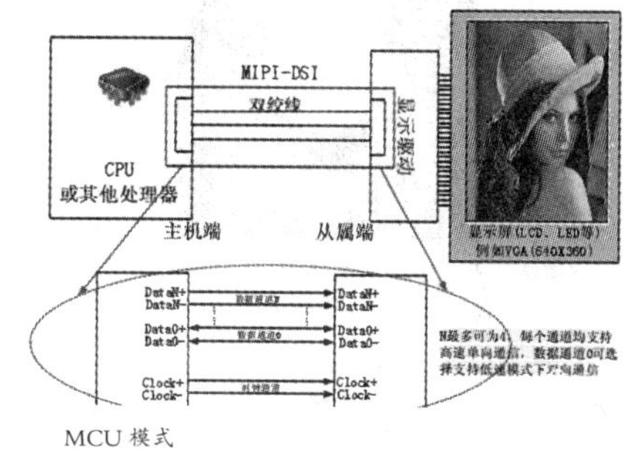

MCU 模式

MCU 模式即我们常说的 MCU 屏，其标准名称是 I80(I8080)，因广泛应用于单片机领域而得名。当然也有 M6800(摩托罗拉 6800)

优点：控制简单，无需时钟同步。缺点：受限于内部 GRAM，很难做到大屏(3.8 英寸以上)。显示速率慢，需要通过控制命令来刷新显示。

8080

I8080，又叫因特尔总线，是 MCU 模式中常用得一种总线，由数据总线和控制总线两部分组成。控制引脚如下：

引脚	说明
CS	片选信号
RD	读控制。0使能
WR	写控制。0使能
DC(RS)	数据/命令控制。0表示数据、1表示命令
RST	复位
Data[0:x]	数据总线。支持8/9/16/18/24bit。最常用的是8位

时序图：

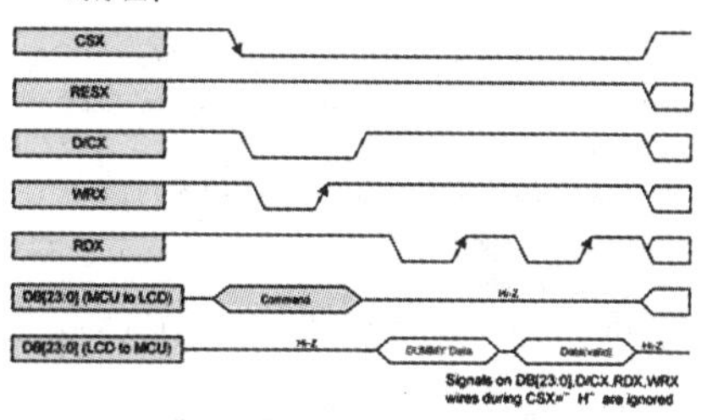

Figure 4: DBI Type B Read Cycle Sequence

Figure 2: DBI Type B Write Cycle Sequence

6800

M6800，也叫摩托罗拉总线，其设计思想和与 I8080 一致。主要区别在于该模式下的读写控制位在一个 WR 引脚上，同时增加了一个锁存信号(E)。控制引脚如下：

引脚	说明
CS	片选信号
R/W	读写控制。0表示写，1表示读
E	锁存信号
DC(RS)	数据/命令控制。0表示数据、1表示命令
RST	复位
Data[0:x]	数据总线。支持8/9/16/18/24bit。最常用的是8位

时序图：

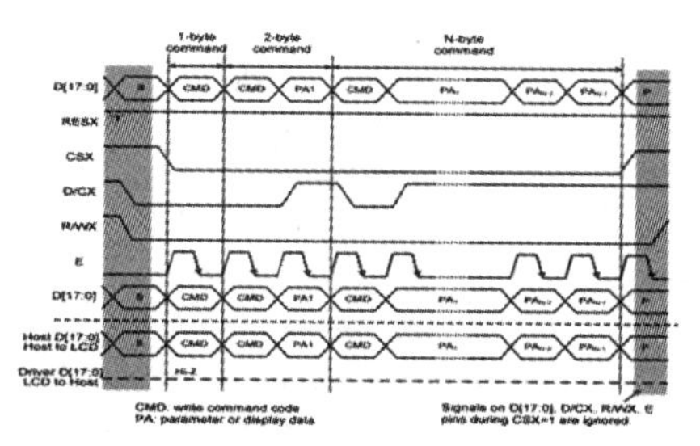

Figure 13 6800-series Parallel Bus Protocol, Write to Register or Display RAM

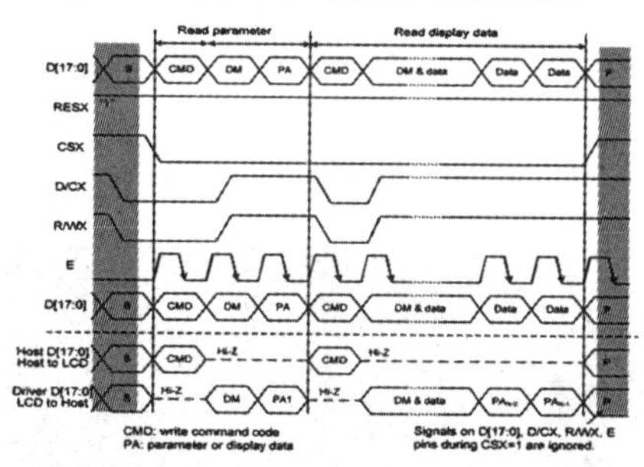

Figure 15 6800-series Parallel Bus Protocol, Read Data form Register or Display RAM

VSYNC 模式

该模式在 MCU 模式基础上加上了一个 VSYNC 信号，应用于动画更新。在这种模式下，内部的显示操作和外部 VSYNC 同步，可以实现比内部操作更高速率的动画显示。但是该模式对速率有限制，那就是对内部 SRAM 写速率一点要大于读 SRAM 的速率。

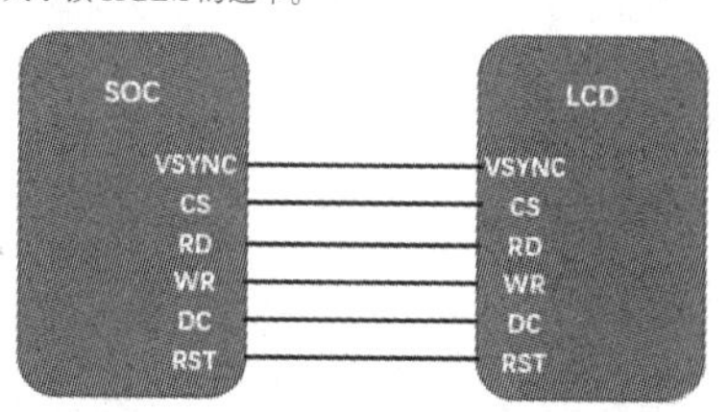

3. 总结

如下图从一个 datasheet 下摘录，基本包含了，嵌入式系统中，常见的接口屏。事实上对于我们开发者而言，更关心的往往是对外的接口。

RGB:(DPI)RGB565/RGB666/RGB888

MCU:I8080/M6800(8/9/16/18/24bit)

SPI:3line/4line

MIPI-DSI:Data_N/P、Clock_P/N

受限于接口引脚，速率，以及成本，我们会选择合适的屏，只需要关系何种接口、何种协议，然后有针对地去写其驱动即可。

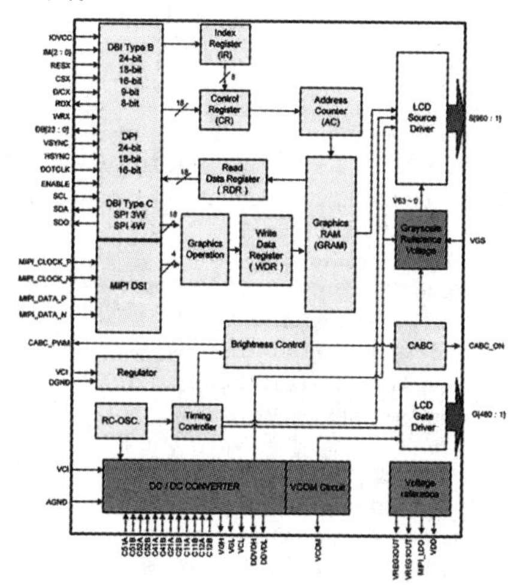

LED在单片机项目的应用

很多初学者觉得自己学的东西很基础，担心今后实际工作用不到。有初学者问了这样的问题：单片机真正开发产品和学习的时候有什么差别，平时学的LED、ADC这些东西，在实际项目中会用到吗？虽然技术更新迭代很快，但有很多基本的技术，仍然在实际项目中会用到，今天就拿LED为例来说说吧。

LED有哪些作用

别小看LED，它在实际生活中应用很广泛的。

首先就是以LED为光源的项目，比如呼吸灯、广告灯、LED显示屏等，这类控制LED亮灭(闪烁)，或者亮度渐变。

再次就是LED背光灯，像液晶背光灯、按键背光灯等，这种也是需要控制LED变化的。我之前做过有按键的项目，按键背光灯需要渐变、配合音效控制LED不同频率闪烁，目的就是为了达到更好的体验效果。

再再次，LED作为指示灯，电源指示灯、状态指示灯，这种就和接近初学者的学习时的LED灯，但这种却在项目中很常见。

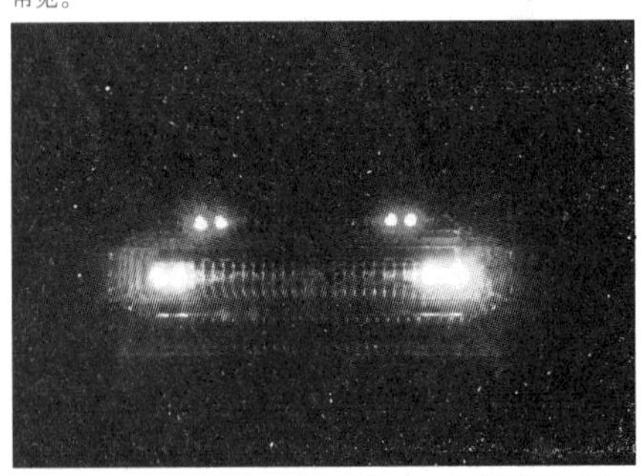

拿状态指示灯来说，一个项目的LED状态指示灯可以直观明了的指示设备的运行状态，比如：运行、故障、待机、死机等常见状态。通过RGB，或者红黄绿不同颜色LED组合，可以实现更多状态的指示。

下面针对LED状态灯，说几点细节的内容。

LED状态灯实现

这里结合代码为大家分享一些项目中常见的LED状态灯的实现方法。

1. 单色LED运行状态指示灯

通过闪烁(一亮一灭)指示设备运行的状态的指示灯，一个关键作用：设备有没有死机。

很多产品中都会用到，你买一个开发板，提供的综合例程也基本都有。

裸机情况下（一般状态机），在某一个状态实现LED闪烁：

```
int main(void)
{ //系统初始化 while(1)
{ //do something
switch(State)
{ case 状态1：//do something
break; case 状态2：//do something
break; …
case 状态灯：ED_TOGGLE(); //LED闪烁
break;
}
}
}
```

RTOS情况下，新建一个状态灯线程，在线程里面直接控制即可：

```
void StatusLight_Task
(void *pvParameters)
{ static
TickType_t xLastWakeTime; //初始化
xLastWakeTime = xTaskGetTickCount(); for(;;)
{ //do something LED_TOGGLE(); //LED闪烁
vTaskDelayUntil(&xLastWakeTime, 500);
}
}
```

2. 单色LED渐变

LED渐变在生活中其实也有一些场景在用，呼吸灯、键盘等，其实原来也很简单，就是控制LED亮度。

控制方法有很多，电压、PWM都能达到控制LED亮度的效果。当然，现在还有控制LED渐变的专有芯片。

但是，对于单片机项目来说，单片机自身就能实现，如果单独用一个芯片，就显得有点多余。

使用DAC输出模拟量可以实现，但如果多路就不现实，因此这种方法不常见。

常见的是PWM控制IO高低电平(从而控制电压)，这种对于单片机来说有两种方法：

定时器硬件PWM

控制GPIO口高低电平

a.定时器硬件PWM

一个定时器输出PWM波形的同时，还需要一个定时器定时更新PWM输出占空比(修改亮度)。

b.控制GPIO口高低电平

这个方法就比较简单，控制IO口高低电平时间，只是这个时间需要结合整个项目业务逻辑（特别是裸机情况下)，不能出现"卡机"情况。

当然，在RTOS情况下，业务逻辑就比较简单，单独一个线程：

```
LED_ON();vTaskDelay(TimesON);LED_OFF();vTaskDelay(TimesOFF);
```

这里TimesON和TimesOFF是需要结合项目情况修改的变量(比如渐变时间)。

3. 多色LED，多种运行状态

一个设备在没有显示屏指示状态的时候，通过LED指示状态也是一种方法，比如：红、黄、绿三色，分别常灭、常亮、闪烁三种状态。

这种相对第一种单色固定状态要复杂一点，但实现起来也不难，方法也有很多。

这里分享一些思路：创建一个线程，一个结构体，轮询各种LED状态，根据应用修改其各种状态，以及闪烁时间等。

LED状态结构体：

```
{ uint8_t Mode; //模式 uint8_t Status; //当前状态
uint16_t OffTimes; //灭时间
uint16_t OnTimes; //亮时间(ms)
uint16_t Counter; //计数(计时) void (*OffFun)(void); //灭函数接口
void (*OnFun)(void); //亮函数接口
}
SL_TypeDef;/* 状态灯 */
```

LED状态主线程：

```
void StatusLight_Task
(void *pvParameters)
{ static TickType_t xLastWakeTime;
xLastWakeTime = xTaskGetTickCount(); for(;;)
{ SL_Scan(&sSLG_Structure); //红灯
SL_Scan(&sSLY_Structure); //黄灯
SL_Scan (&sSLR_Structure); //绿灯 vTaskDelayUntil(&xLastWakeTime, SL_TASK_PERIOD);
}
}
```

这里结构体也是方便统一管理，其中SL_Scan浏览（扫描)函数的参数通过传递结构体指针，是为了方便读取并修改其中变量。当然，SL_Scan浏览函数具体实现，就与你应用有关：

```
static void SL_Scan(SL_TypeDef *SL_Struct)
{ /* 常灭模式 */
if(SL_MODE_OFF == SL_Struct->Mode)
{
SL_Struct->Status = SL_STATUS_OFF; //状态置为"灭"
SL_Struct->OffFun(); //灭灯
} /* 常亮模式 */
else if(SL_MODE_ON == SL_Struct->Mode)
{ SL_Struct->Status = SL_STATUS_ON; //状态置为"亮"
SL_Struct->OnFun(); //亮灯 } /* 闪烁模式 */
else if(SL_MODE_FLICKER == SL_Struct->Mode) { /* 在灭状态 */
if(SL_STATUS_OFF == SL_Struct->Status)
{ SL_Struct->Counter++;
if(SL_Struct->Counter >= SL_Struct->OffTimes)
{ SL_Struct->Counter = 0;
SL_Struct->OnFun(); //亮灯
SL_Struct->Status = SL_STATUS_ON; //状态置为"亮"
}
} /* 在亮状态 */
else if(SL_STATUS_ON == SL_Struct->Status)
{ SL_Struct->Counter++;
if(SL_Struct->Counter >= SL_Struct->OnTimes)
{ SL_Struct->Counter = 0;
SL_Struct->OffFun(); //灭灯
SL_Struct->Status = SL_STATUS_OFF; //状态置为"灭"
}
}
else
{ SL_Struct->Status = SL_STATUS_OFF; //状态置为"灭"
}
} /* 未知模式 */
else
{
SL_Struct->Status = SL_STATUS_OFF; //状态置为"灭"
SL_Struct->OffFun(); //灭灯
}
}
```

最后

以上的控制LED的状态，其实是一个项目中很小的一个模块，还有更复杂的LED实现和控制方法，相信做过这一块的同学就比较了解。当然，LED在项目中是微不足道的一个模块，但是，如果针对莫个人设计一块LED的产品，那就意义非凡了。

上面这种，相信很多暖男都做过，就是不知道，最终那个女孩子感动了没有？如果感动了，那这个LED项目就是一生中非常重要的项目。

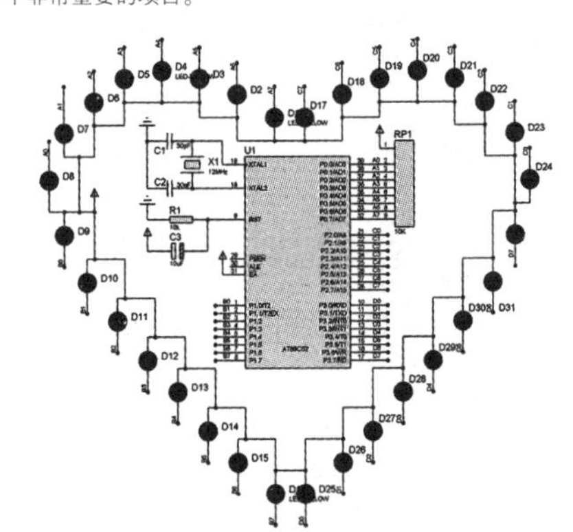

MCU、RTOS、物联网之间的关系

概述

嵌入式物联网开发平台是一个系统，是微控制器+物+联+网+开发平台的系统组合。

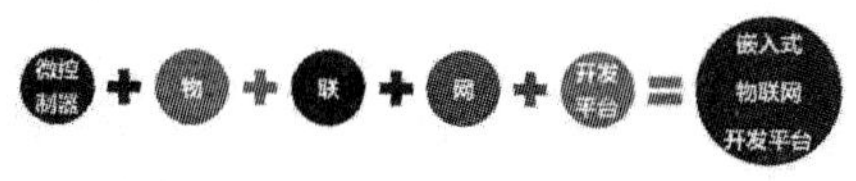

- 微控制器：是嵌入式控制的核心
- 物：智能化的电子产品
- 联：电子产品通讯或对话的通道
- 网：互联网、移动互联网
- 开发平台：产品、技术和开发工具的组合

随着微控制器的工艺和技术的发展，成本越来越低，更多的产品用上了微控制器，使得“物(电子产品)”越来越智能化，并在ICT(信息通信技术)的推动下，电子智能化的“物(电子产品)”越来越多地连接到网络上，物连网络的发展让人与“物”的联系越来越紧密了。

微控制器(MCU)

MCU(Microcontroller，即微控制器)根据数据处理能力不同，分为4位、8位、16位、32位微控制器，如下图：

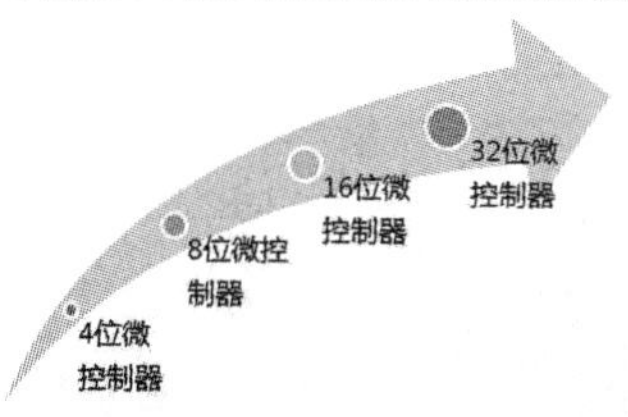

目前，在物联网产品应用中，一般对MCU的需求是：

嵌入式物联网MCU的需求		
低功耗	连接通讯	安全

面对物联网市场的需求，众多的MCU厂家都在计划着推出新产品。如在一些小家电和家电市场、一些MCU厂商配合用户做一些定制化的产品；有的51厂商开始考虑集成蓝牙功能的产品；ARM公司收购了两家美国公司Wicentric和Sunrise，将以Cordio品牌推出低功耗蓝牙产品。

实时操作系统(RTOS)

微控制器性能的提升让一些实时操作系统RTOS有了“容身之地”，在32位的ARM Cortex-M系列产品中，越来越多的产品用上了RTOS。也为一些中间件/协议栈或一些高级的应用提供了一个平台基础。产品的系统化设计成为了可能，为物联网大规模开发部署提供了发展机会。操作系统好多是开源的。开源机制使更多的人参与其中，发现问题改正问题，使平台能在众人的推动下不断优化发展。也能使一些优秀的组件或中间件/协议栈开源出来与更多的人分享设计。

常见的一些实时操作系统(RTOS)有如下：

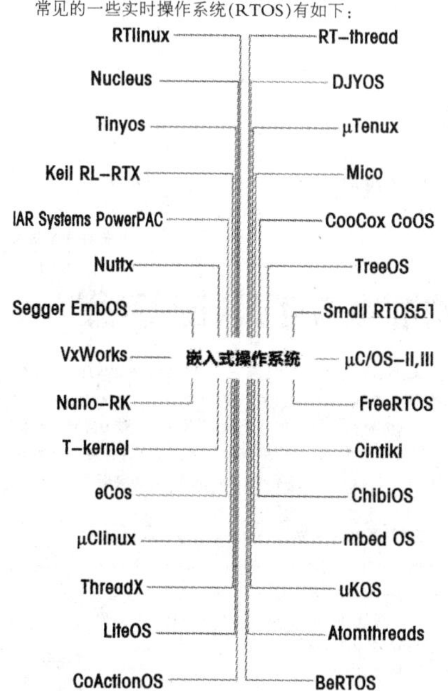

常见的一些协议栈有如下：

协议栈							
蓝牙	以太网	Thread	Wi-Fi	Zigbee	6LoWPAN	IPv4/IPv6	2G/3G

常用的一些中间件：

开发平台选择

开发平台不是一个产品，是系统的组合。如何在做或计划一个项目时选择一个合适的开发平台，需要多方面综合考虑。

1. 微控制器

做一个“跟随者”，参考同行中的产品选型。不做“第一个吃螃蟹”的，这样可以避免走一些不必要的弯路，不会有产品开发风险。但新机会往往会都是会眷顾那些“敢为天下先”的人。新的产品层出不穷，也为开发者提供了更多的选择空间。

对于遥控、小家电/家电、智能卡、玩具等市场应用而言，4位/8位/16位仍然有很大的选择空间。毕竟一些应用的数据处理要求并不高，在原有产品基础上开发，开发成本低。

新的产品总是会在一些新的项目上开始，近些年流行的ARM Cortex-M是比较理想的选择。毕竟ARM Cortex-M是32位机市场的主流，厂家多、应用广、资源多。

2. 嵌入式实时操作系统(RTOS)

32位MCU的流行，开发者越来越爱使用RTOS了。有的甚至在8位MCU上跑RTOS。

RTOS提供了开发的便捷性，但在资源紧张的8位微控制器上运行还是有一些局限性的。建议还是在资源丰富的产品上运行RTOS。

选择活跃度比较高的开源的RTOS会得到后续更好的升级维护，学习成本低，社区众多人的支持和参与会使得RTOS不断改进不断完善。

国内的RTOS操作系统近几年也多了起来，如：RT-Thread、MiCo、DJYOS、μTenux等等。开发者可以根据项目需求选择适合的RTOS。

开源的推动下，RTOS的发展会衍生出一些新的商务模式出来，如下图：

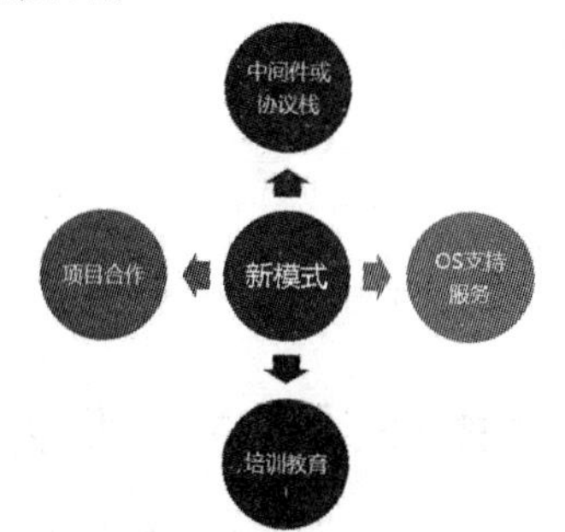

在使用RTOS带来方便的同时，也需要注意一些问题：

- RTOS稳定性
- RTOS安全性
- RTOS授权方式/版权
- 中间件或协议栈的支持

4. 网络

物联网就是将电子设备连接到网络，基于网络来控制或使用一些服务。目前，连接到网络的方式有：有线连接和无线连接。近些年来，无线技术的发展非常迅速。

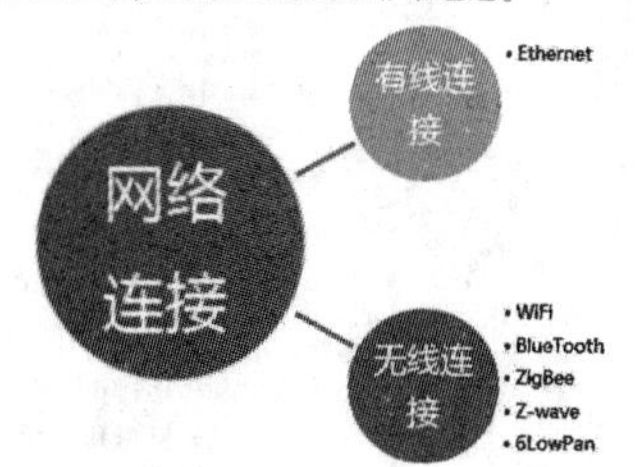

5. 产品原型设计

从目前业内来看，mbed.org提供了比较齐全的功能设计，无论从底层、RTOS、中间件或协议栈、组件、服务器端等应用都提供了比较全的选择。这为开发者或者有意于物联网开发者来说，是一个不错的参考。

6. 物联网的发展

物联网的发展的特点是：智能化、网络化、信息化。

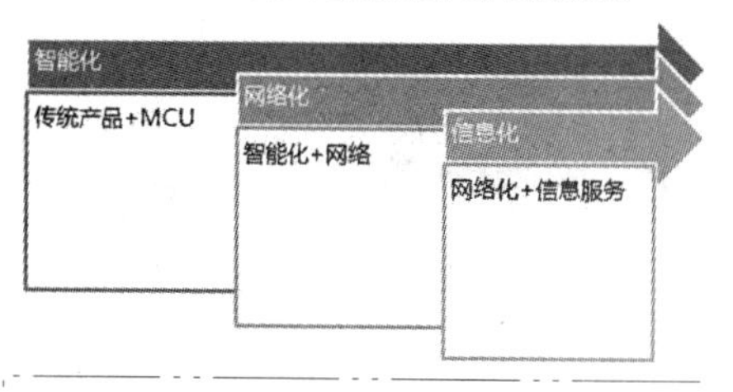

5G 700M基站频频开通(一)

今年以来，河南、河北、湖南等地频频传出5G 700M基站开通消息，不仅涉及具体开通数量、投资金额，还在助力乡村振兴上注入5G新动能。

一方面，在年底5G 700M基站建设与投资上，河南周口、湖南长沙等地都提出了具体完成目标，如河南周口提出确保年底完成750个5G基站建设目标；2021年南阳移动将投资2.5亿元建设900余个5G-700M基站；湖南长沙计划于年底建设开通976个700M站点等；另一方面，在实际应用上，5G 700M基站在助力乡村振兴上也发挥了较大的作用。据河南移动报道，首批使用上5G-700M网络的乡镇居民对5G网络的到来表现出极大热情，优质的5G网络使乡镇区域用户摆脱了网速慢、信号弱、覆盖存死角等痛点，农村、农业和农民利用移动5G网络搭上了互联网发展快车，通过网红直播、自媒体、网络销售等渠道，在田间地头与买家进行实时沟通推广，极大促进了农业和农村发展，让农民钱袋子鼓起来。

河南周口：开通全市首批5G 700M基站，为乡村振兴注入新动能

目前，周口首个5G 700M基站已建设安装完成，后续基站也在各乡镇陆续建设中，这是继5G网络大规模商用后又一里程碑事件，也标志着周口5G网络正式迎来700M时代。无论是高楼大厦还是田间地头，700M网络都能为广大用户提供更高质量、更高速率的5G网络服务，便民生活、振兴乡村。下一步，周口移动将加快乡镇5G 700M网络建设进程，统筹规划，确保年底完成750个5G基站建设目标，在周口县城以上全覆盖的基础上，实现乡镇连续覆盖和农村热点覆盖，不断拓展乡村应用场景，持续提供更可靠、更稳定、更优质的服务，为乡村振兴注入5G动能。

河南南阳：开通9个5G-700M基站

近日，南阳移动公司在镇平、邓州、淅川等县区开通了9个5G-700M基站，标志着南阳市5G网络正式迈入700M时代。5G-700M网络具有覆盖距离远、绕射能力强、信号穿透力大大提升等优势，并且组网成本显著降低，非常适合农村地区用户分散，对信号广度要求高，而容量要求低的特点。本批开通的5G基站分别选取了建筑物密集、用户聚居分散、复杂山地等具有代表性的场景，为今后大规模5G-700M建设收集经验，筑牢基础。首批使用上5G-700M网络的乡镇居民对5G网络的到来表现出极大热情，优质的5G网络使乡镇区域用户摆脱了网速慢、信号弱、覆盖存死角等痛点，农村、农业和农民利用移动5G网络搭上了互联网发展快车，通过网红直播、自媒体、网络销售等渠道，在田间地头与买家进行实时沟通推广，极大促进了农业和农村发展，让农民钱袋子鼓起来。在石佛寺国际玉城，一个个玉器店主正卖力地对着手机向天南海北的客户推销自家的玉器产品；在淅川果园，乡村网红们搭起了临时展台，通过直播展销特产水果；在邓州花洲书院，众多青年男女在拍摄短视频，争取成为下一个网络红人。在5G网络快速发展的同时，炙手可热的5G手机品类也逐渐丰富，且价格已下探至千元以下。华为、荣耀、OPPO、VIVO等各大终端厂商均已推出支持5G-700M频段的5G手机，共计100余款。移动营业厅及合作商门店均有销售，且推出了各类购机优惠和流量补贴政策，为广大5G移动客户提供了“看得见、摸得着、用得上”的实惠与便利。2021年南阳移动将投资2.5亿元建设900余个5G-700M基站，建成后将实现南阳市乡镇以上及热点乡村区域5G全覆盖，助力乡村振兴，为南阳市经济转型发展注入新动能。(下转第479页)

硬禾学堂专栏

使用示波器的正确姿势(一)

我们都知道万用表(又称欧姆表)是工程师最常用的调试电路的工具,但万用表的功能非常有局限,如果你需要观察一些随时间变化的参量,比如频率、幅度、噪声等等,示波器就是最好的选择。那我们先看看示波器是什么?主要的用途是什么?

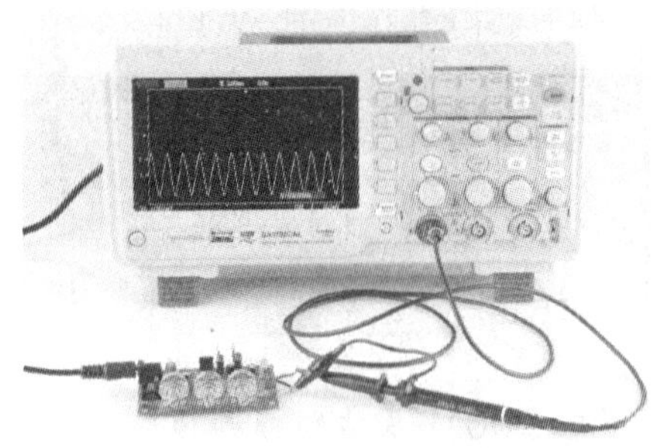

示波器的主要用途就是将随时间变化的电信号以图形的方式画出来,多数的示波器是用时间为 x 轴,电压为 y 轴产生的二维图形。

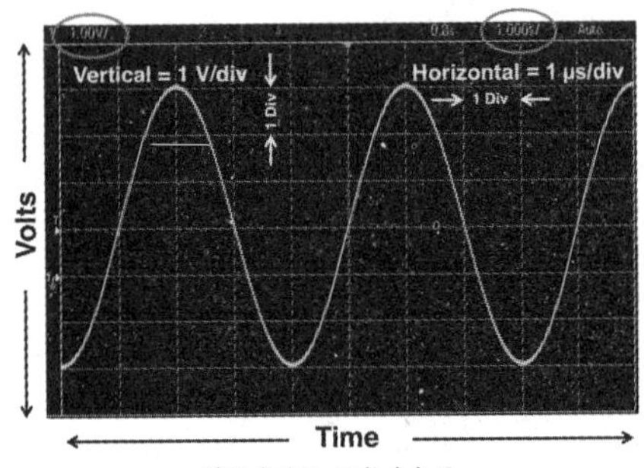

横轴为时间,纵轴为电压

在示波器屏幕周边的控制按钮可以调节图形的显示比例,显示的横轴和纵轴刻度都能够调节,这样就可以对信号在时间和幅度两个维度进行缩放查看,还有可以调节"触发"的旋钮,帮助"稳定"波形的显示。

除了这些基础的功能之外,示波器还能够帮助工程师快速定量被测信号的频率、幅度以及其他的波形参数。总之示波器可以测试基于时间和基于电压的参数,如下:

- 基于时间的参数:频率和周期、占空比、上升时间和下降时间等
- 电压参数:幅度、最大电压、最小电压、平均电压等

那什么时候用示波器?

- 在调试电路的输入、输出以及中间系统的时候用以确定信号的频率和幅度,基于这些信息可以判断电路的工作是否正常
- 确定电路中噪声的大小
- 判断波形的形状:正弦波、方波、三角板、锯齿波、复合波形等等
- 测量两个不同信号的相位差

示波器的选用依据

示波器的功能、性能、价格差别都非常大,示波器的选型需要根据使用的场景(考虑到将来所有可能的项目需求)并结合自己的预算进行选择,主要需要考虑的参数如下:

- 数字 vs.模拟:早期的模拟示波器将输入的电压以电子束的方式直接打在显示屏上;数字示波器内部由微处理器控制,通过模数转换器(ADC)将输入的模拟信号进行量化,并经过一系列的处理后将量化的波形显示出来。一般来讲,早期的模拟示波器带宽相对较低,功能较少,但响应时间也许更快,且没有数字示波器由于采样带来的混叠频率,随着科技的发展目前主流的都已经是数字示波器,除非特殊的场合需要模拟示波器;
- 通道数:可以同时处理的模拟信号输入的数量,2 通道最为常见,其次是 4 通道;
- 带宽:能够可靠测量的模拟信号的频率范围,一般以 MHz 为单位来表示,下面的图可以看出来如果模拟带宽不够对被测波形的影响。

Input = 100-MHz Digital Clock

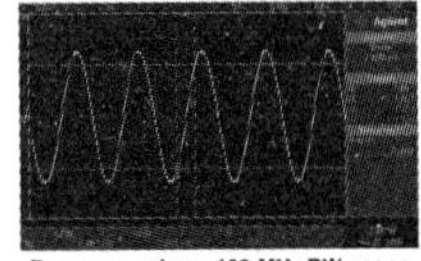

Response using a 100-MHz BW scope　　Response using a 500-MHz BW scope

模拟带宽对信号波形的影响

- 取样率——这是数字示波器特有的指标,反映了对模拟信号以每秒多少次的速度进行采样。有的多通道示波器,当多个通道同时使用的时候采样率可能会降低,一般以 MSa/S 来表示,示波器的最高采样率应该大于 4 倍的模拟带宽。
- 上升时间:示波器的上升时间决定了其能够测量的最快的上升脉冲,这个指标与带宽高度相关,可以用这个公式来换算:Rise Time=0.35/Bandwidth.
- 最大输入电压:每种电子产品都有其能够承受电压的最高极限,示波器的最高输入电压指的是,如果输入的信号电压超过这个值,极有可能会损毁示波器。
- 分辨率:表征了对输入电压的量化精度,一般高速的示波器都采用 8bit 的高速 ADC 对模拟信号进行量化采样。
- 垂直灵敏度:这个值表征了垂直显示的电压量程的最小和最大值,单位是伏/格。
- 时间基准:表征了水平的时间轴的灵敏度范围,单位是秒/格
- 输入阻抗:如果被测信号为很高频率的信号,即便是非常小的阻抗(电阻、电容、电感)叠加在电路上都会对信号带来比较大的影响。每一个示波器都会对测量的电路增加一定的阻抗,这个阻抗就是输入阻抗,它一般是比较大的电阻(>1 MΩ)与比较小的电容(在 pF 的范围)并联(||),在测量非常高频率的信号的时候输入阻抗的影响就变得比较明显,可以通过调节使用的探头来进行补偿。

以 Rigol 的 DS1204B 为例,看看这个示波器的各项指标:

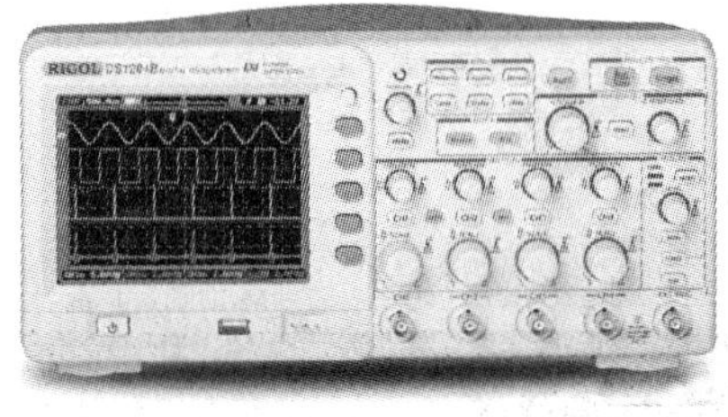

特性	值
带宽	200 MHz
取样率	2 GSa/s
上升时间	<1.75 ns
通道数	4
最大输入电压	1000 V
分辨率	8-bit
垂直灵敏度	2mV/div - 10V/div
时间基准	1ns/div - 50s/div
输入阻抗	1 MΩ ± 2% || 18pF ± 3pF

理解了这些参数的意义,对于选用合适的示波器非常重要,下一步我们谈一下如何正确使用示波器。　　(未完待续)

电子科技博物馆专栏

编前语:或许,当我们使用电子产品时,都没有人记得或知道老一批电子科技工作者们是经过了怎样的努力才奠定了当今时代的小型甚至微型的诸多电子产品及家电;或许,当我们拿起手机上网、看新闻、打游戏、发微信朋友圈时,也没有人记得是乔布斯等人让手机体积变小、功能变强大;或许,有一天我们的子孙后代只知道电子科技的进步而遗忘了老一辈电子科技工作者的艰辛……

成都电子科技博物馆旨在以电子发展历史上有代表性的物品为载体,记录推动电子科技发展特别是中国电子科技发展的重要人物和事件。电子科技博物馆的快速发展,得益于广大校友的关心、支持、鼓励与贡献。据统计,目前已有河南校友会、北京校友会、深圳校友会、绵德广校友会和上海校友会等 13 家地区校友会向电子科技博物馆捐赠具有全国意义(标志某一领域特征)的藏品 400 余件,通过广大校友提供的线索征集藏品 1 万余件,丰富了藏品数量,为建设新馆奠定了基础。

科学史话

浅谈国产操作系统——华为鸿蒙(二)

(接 36 期本版)

历史版本

鸿蒙 OS 1.0 2019 年 8 月 9 日,华为在东莞举行华为开发者大会,正式发布操作系统鸿蒙 OS。鸿蒙 OS 是一款全场景分布式 OS,可按需扩展,实现更广泛的系统安全,主要用于物联网,特点是低时延。2019 年 8 月 10 日,荣耀正式发布荣耀智慧屏、荣耀智慧屏 Pro,搭载鸿蒙操作系统。它的诞生拉开永久性改变操作系统全球格局的序幕。

鸿蒙 OS 2.0 2020 年 9 月 10 日,华为鸿蒙系统升级至华为鸿蒙系统 2.0 版本,在关键的分布式软总线、分布式数据管理、分布式安全等分布式能力上进行了全面升级,为开发者提供了完整的分布式设备与应用开发生态。2020 年,华为已与美的、九阳、老板等家电厂商达成合作,这些品牌将发布搭载鸿蒙操作系统的全新家电产品。可以想象,我们将来会居住在万物智联的家中,享受鸿蒙系统带给我们的便捷。

意义

华为的鸿蒙操作系统宣告问世,在全球引起反响。人们普遍相信,这款中国电信巨头打造的操作系统在技术上是先进的,并且具有逐渐建立起自己生态的成长力。它的诞生拉开永久性改变操作系统全球格局的序幕,让我们中国人在操作系统中也占有一个重要席位。

中国面临一些高科技领域决定性的补短板和再创业,全社会的这一共识已经非常坚定,国家的政策倾斜也已经形成。鸿蒙可以说朝着这个方向打一枪,它不是华为与美国博弈的虚晃一枪,华为和中国高科技产业都已经没有退路,坚定往前走,迈过短时间的困难期,历史不会给中国崛起提供另一种机会。

这不是华为第一次掀起革命,早在有线电话时代,研发的数字程控交换机就实现了国内的技术革命,打破了国外的技术封锁,作为中国电话事业的转折点至今仍在电子科技博物馆重要位置展出。

(电子科技博物馆)

电子科技博物馆"我与电子科技或产品"

本栏目欢迎您讲述科技产品故事,科技人物故事,稿件一旦采用,稿费从优,且将在电子科技博物馆官网发布。欢迎积极赐稿!

电子科技博物馆藏品持续征集:实物;文件、书籍与资料;图像照片、影音资料。包括但不限于下列领域:各类通信设备及其系统;各类雷达、天线设备及系统;各类电子元器件、材料及相关设备;各类电子测量仪器;各类广播电视、设备及系统;各类计算机、软件及系统等。

电子科技博物馆开放时间:每周一至周五 9:00-17:00,16:30 停止入馆。

联系方式

联系人:任老师　联系电话/传真:028-61831002

电子邮箱:bwg@uestc.edu.cn　网址:http://www.museum.uestc.edu.cn/

地址:(611731)成都市高新区(西区)西源大道 2006 号

电子科技大学清水河校区图书馆报告厅附楼

变频洗衣机“F4”通病故障的维修

几个月前，一台美的 TB75-J5188DCL(S)变频波轮洗衣机，出现脱水正常、洗涤进水到位显示“F4”、波轮不转的故障。笔者换了电脑板，找售后，找度娘提供的各种线索，耗费了很多时间，都未能根本解决问题，最后还是不了了之……

前段时间，又遇见了一台小天鹅变频波轮洗衣机，故障现象是：排水、脱水正常(在笔者修之前用户都当作脱水机来使用)，洗衣的时候波轮正反转几十秒后停机显示“F4”。又是一个“F4”，想起上次的那台美的的结果，心里暗暗叫苦，因为这台小天鹅与那台美的故障现象竟然非常相似，上次输了，这次就能成功吗？面对喧嚣的“F4”心里真的无把握，怎么办？拒修吧，但是在用户面前怎么收场？

两次遭遇“F4”，看来它是专挑战笔者的，好吧，干，坚决干，不找出原因绝不罢休，不知道哪来的勇气，一时间迷茫的心顿时明朗开了。

把洗衣机拉回到店里，静下心来按照正常的逻辑思考：

1. 洗衣机执行洗衣程序时，从进水阀进的水达到正常水位后，马达就能正反转，基本说明水位器是正常的，但为了慎重起见，就换了一个试之，故障不变；

2. 门安全开关、防撞桶开关是洗衣机里最常出问题的部位，临时短接试机，没用；

3. 脱水正常，波轮也能正反转，还能怀疑变频部分和马达有问题吗？

4. 百度问问“F4”为何物，告知是“通信故障”，但是，电机脱水正常运转，水位正常检测，通信有故障了，电机还能转吗？

5. 电脑板虽然任劳任怨地接受人的各种指令操作，但它是集各种检测、指令为一体的综合系统，功能众多复杂，说不定某个功能发神经了，导致整个指控系统瘫痪而显示“F4”，所以，最大的怀疑对象还是电脑板，越想越激动。然而，因为上次“美的”的教训，所以这次不能轻易换电脑板；

6. 地毯式地检查变频板、电脑板等各种插头、插座，整体连线，好得很呢，没有什么可怀疑的对象。

从修理的角度来看，大体上推敲分析，洗衣机的电器结构就这么几个部位了，还有什么好查吗？还有什么值得怀疑的对象吗？知识肤浅的我感到真正的技穷了，工作到此戛然而止。

记得以前修过一台海尔洗衣机，为不排水故障，后来查到原因是机壳到桶之间的导线中断了一根，断的这根线表皮很完整，只是里面的线芯断了，用力扯才知道断的。对，这次就这个部位的线还没检查过，于是用力一根一根扯这个部位的线，果然扯到一根橙色的线时(如图1所示)，很容易扯断。哈哈，没错了，把它接起来，通过长时间试机，终于不再出现烦恼的“F4”了，找到原因是付出时间的最大安慰。

该机电机引脚功能如图2所示，现把正常工作的实测数据发出来共享：变频电机6根线，蓝、红线310V，脱水状态下，蓝、棕线供电15V，蓝、白反馈1.7V，蓝、黄正反0V，蓝、橙调整3.0V。只按了电源键没有按开始键，测蓝、棕线15V，蓝、白线15V，蓝、黄线3.8V，蓝、橙线0V。洗涤状态下用指针表测：蓝、白线在4V~12V之间伏波动，以8V居中上下波动；蓝、黄线，电机转一下为4V，再转一下为0V，反复循环，蓝、橙线在0V~4V之间波动。

小天鹅洗衣机故障代码详解及解决办法如附表所示。

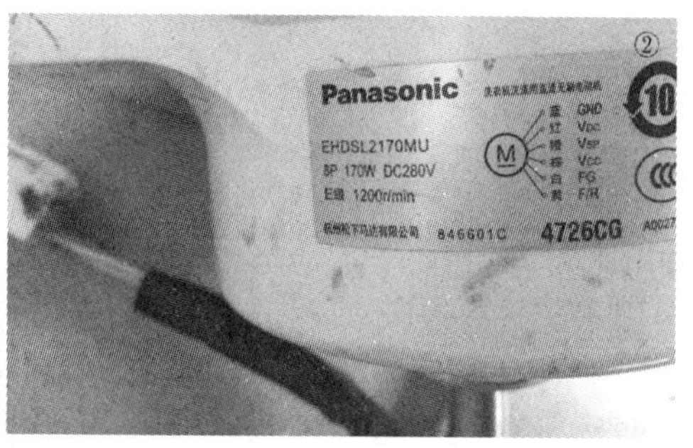

◇天津 李大磊

附表

故障代码	故障原因	解决办法
E1	进水或补水超时	开闭门盖，查进水阀等
E2	排水进行6分钟后，水位传感器仍不能复位	开闭门盖，查排水管等
E3	脱水前门未合	关闭门盖
E4	同次工序中，发生第三次撞桶	关闭门盖，同时将衣物均匀分布桶内
E5	低电压保护	待电网电压升高后自动恢复运行
E6	预约时间不够	按预约键增加预约时间
E7	称重校正时非空桶状态	恢复空桶状态
E8	水位传感器损坏或接触不良	检查水位传感器及其电路是否接好
E9	自动称重失灵	检查信号传输线路系统，无异常则更换电脑板
E10	没有设定现在时	先设定现在时间，才可设定预约时间
E11	现在时间与预约时间的间隔过短	设顶现在时间与预约时间的间隔超过洗 衣时间
E20	排水超时	检查排水管是否被堵
E21	上盖没有盖好	盖好上盖
E22	脱水不平衡	把衣服重新都散开来再脱
E25	进水超时	检查水压、进水阀是否脏堵
E26	水温超过50℃	待水温正常后使用
E62	测速信号不正常	有可能电脑版上的可控硅击穿
F0	电源开关故障	不可解除，更换电源开关
F1	水位传感器接触不良	联系检修
F2	EPROM 自检出错	不可解除，更换电脑板
F4	过零检测线路故障(通信故障)	更换电脑板，电机线路、电机
F8	水位传感器损坏或接触不良	不可解除，检查水位传感器
FF	不明故障	将电源插头拔下，进行故障检查并维修
L5/LU	低压保护	待电网电压升高后自动恢复运行
HU	高压保护	立即切断电源，检查电源电压
Err8	超水位保护(进排水故障)	联系检修
Err9	超水位保护(但洗涤水位未检测到)	联系检修
Err10	水位传感器故障 HTD68	联系检修
Err11	称重传感器故障 HTD68	联系检修
Err12	烘干水位异常 HTD68	联系检修
Err13	启动后机门异常 HTD68	洗衣机启动后机门没有关好
Err14	甩干分布不平衡 HTD68	将筒内衣物抖散
AL-E	选择烘干程序后筒内衣物过多 HTD68	请把筒内衣物适当取出部分
E2EE	存储芯片故障 HTD68	联系检修

不让隐私照片显示在照片小组件中

很多朋友会在 iPhone 12 的桌面显示“照片”小组件，但有时也会遇到令人尴尬的情况，例如一些比较隐私的照片出现在 iPhone 12 的桌面小组件中，很容易被其他人查看到。按照下面的方法，可以不让隐私照片显示在小组件中。

在主屏幕中，轻点“照片”小组件，在这里点击需要移除的隐私照片，然后轻点左下角的“发送”图标(如附图所示)，轻点选项“从精选照片中移除”即可。这一操作不会删除“照片”的实际内容，但会将其从“精选照片”移除，也就是不会再出现在“照片”小组件中。

令人遗憾的是，上述操作成功之后，目前暂时还无法将该照片重新设置为“精选照片”，也就是说无法实现逆向操作。

◇江苏 王志军

注册电气工程师供配电专业知识考题解答㉖

(未完待续)

14.50Hz/60Hz 交流电流路径(大的接触面积)为手到手的人体总阻抗,下列哪一项描述是错误的?(C)

(A)在干燥条件下,当接触电压为 100V 时,95%被测对象的人体总阻抗为 3125Ω

(B)在水湿润条件下,当接触电压为 125V 时,50%被测对象的人体总阻抗为 1550Ω

(C)在盐水湿润条件下,当接触电压为 200V 时,5%被测对象的人体总阻抗为 770Ω

(D)在盐水湿润条件下,人体总阻抗被舍如到 5Ω 的整数倍数值

解答思路:人体总阻抗→《电流对人和家畜的效应第 1 部分:通用部分》GB/T13870.1-2008→大的接触面积)为手到手。

解答过程:依据 GB/T13870.1-2008《电流对人和家畜的效应第 1 部分:通用部分》第 4.5.1 条、表 1~表 3。选 C。

15.已知同步发电机额定容量为 12.5MVA,超瞬态电抗百分值 $x''_d\%=12.5$,额定电压为 10.5kV,则在基准容量为 Sj=100MVA 下的超瞬态电抗标幺值最接近下列哪项数值?(C)

(A)0.01Ω

(B)0.1Ω

(C)1Ω

(D)10Ω

解答思路:超瞬态电抗有名值→《工业与民用供配电设计手册(第四版)》。

解答过程:依据《工业与民用供配电设计手册(第四版)》第 4.6.2 节,表 4.6-3。

$$X''_d=\frac{x''_d\%}{100}\times\frac{S_j}{S_{NG}}=\frac{12.5}{100}\times\frac{100}{12.5}=1\Omega$$

选 C。

16.关于静电的基本防护措施,下列哪项描述是错误的?(C)

(A)对接触起电的物料,应尽量选用在带电序列中位置较临近的,或对产生正负电荷的物料加以适当组合,使最终达到起电最小

(B)在生产工艺的设计上,对有关物料应尽量做到接触面和压力较小,接触次数较少,运动和分离速度较慢

(C)在气体爆炸危险场所 0 区,局部环境的相对湿度宜增加至 50%以上

(D)在静电危险场所,所有属于静电导电的物体必须接地

解答思路:静电的基本防护措施→《防止静电事故通用导则》GB12158-2006。

解答过程:依据 GB12158-2006《防止静电事故通用导则》第 6.1 节,第 6.1.1 条、第 6.1.2 条。选 C。

17.正常操作时不必触及的配电柜金属外壳的表面温度限制,下列哪项符合要求?(D)

(A)55℃

(B)65℃

(C)70℃

(D)80℃

解答思路:配电柜金属外壳的表面温度限制→《建筑物电气装置第 4-42 部分:安全防护热效应保护》GB/T16895.2-2005。

解答过程:依据 GB/T16895.2-2005《建筑物电气装置第 4-42 部分:安全防护热效应保护》第 423 章,表 42A。选 D。

18.电气设备的选择和安装中,关于总接地端子的设置和连接,下列哪一项不符合要求?(B)

(A)在采用保护联结的每个装置中都应配置有总接地端子

(B)接到总接地端子上的每根导体应连接牢固可靠不可拆卸

(C)建筑物的总接地端子可用于功能接地的目的

(D)当保护导体已通过其他保护导体与总接地端子连接时,则不需要把每根保护导体直接接到总接地端子上

解答思路:电气设备的选择和安装→《建筑电气装置第 5-54 部分:电气设备的选择和安装接地配置、保护导体和保护联结导体》GB16895.3-2017→总接地端子的设置和连接。

解答过程:依据 GB16895.3-2017《建筑电气装置第 5-54 部分:电气设备的选择和安装接地配置、保护导体和保护联结导体》第 542.4 节,第 542.4.1 条、第 542.4.2 条。选 B。注:规格已更新。

19.在城市电力规划中,城市电力详细规划阶段的一般负荷预测宜选用下列哪项方法?(C)

(A)电力弹性系数法

(B)人均用电指标法

(C)单位建筑面积负荷指标法

(D)回归分析法

解答思路:城市电力规划→《城市电力规范规范》GB/T50293-2014→详细规划阶段的一般负荷预测。

解答过程:依据 GB/T50293-2014《城市电力规范规范》第 4.2 节,第 4.2.5 条。选 C。

20.在均衡充电运行情况下,关于直流母线电压的描述,下列哪一项是错误的?

(A)直流母线电压应为直流电源系统的标称电压的 105%

(B)专供控制负荷的直流电源系统,直流母线电压不应高于直流电源系统标称电压的 110%

(C)专供动力负荷的直流电源系统,直流母线电压不应高于直流电源系统标称电压的 112.5%

(D)对控制负荷和动力负荷合并供电的直流电源系统,直流母线电压不应高于直流电源系统标称电压的 110%

解答思路:直流母线电压→《电力工程直流电源系统设计技术规程》DL/T50044-2014→均衡充电运行。

解答过程:依据 DL/T50044-2014《电力工程直流电源系统设计技术规程》第 3.2 节,第 3.2.3 条。选 A。

21.假如所有导体的绝缘均能耐受可能出现的最高标称电压,则允许在同一导管或电缆管槽内敷设缆线回路数的规定式下列哪项?(C)

(A)1 个回路

(B)2 个回路

(C)多个回路

(D)无规定

解答思路:敷设缆线回路数→《低压电气装置第 5-52 部分:电气设备的选择和安装布线系统》GB/T16895.6-2014。

解答过程:依据 GB/T16895.6-2014《低压电气装置第 5-52 部分:电气设备的选择和安装布线系统》第 521.6 节。选 C。

22.在建筑照明设计中,符合下列哪项条件的作业面或参考平面的照度标准可按标准值的分级降低一级?(C)

(A)视觉作业队操作安全有重要影响

(B)识别对象与背景辨认困难

(C)进行很短时间的作业

(D)视觉能力显著低于正常能力

解答思路:建筑照明设计→《建筑照明设计标准》GB50034-2013→分级降低。

解答过程:依据 GB50034-2013《建筑照明设计标准》第 4 章,第 4.1.3 条。选 C。

23.假定独立避雷针高度为 h=30m,被保护电气装置高度为 5m,请用折线法计算被保护物高度水平面的保护半径,其结果最接近下列哪个数值?(C)

(A)25m

(B)30m

(C)35m

(D)45m

解答思路:独立避雷针、保护电气装置《交流电装置的过电压保护和绝缘配合设计规范》GB/T50064-2014→保护半径。

解答过程:依据 GB/T50064-2014《交流电装置的过电压保护和绝缘配合设计规范》第 5 章,第 5.2.1 条第 2 款、式 5.2.1-2。$h_x<0.5h$,$r_x=(1.5h-2h_x)P=(1.5\times30-2\times5)\times1=35$。选 C。

24.假定变电站母线运行电压为 10.5kV,并联电容器组每相串联 2 段电容器,为抑制谐波装设串联电抗器电抗率为 12%,电容器的运行电压下列哪项是正确的?(A)

(A)3.44kV

(B)3.70kV

(C)4.23kV

(D)4.87kV

解答思路:并联电容器组→《并联电容器装置设计规范》GB50227-2017。

解答过程:依据 GB50227-2017《并联电容器装置设计规范》第 5.2 节,第 5.2.2 条。

$$U_c=\frac{U_s}{\sqrt{3}S}\times\frac{1}{1-K}=\frac{10.5}{\sqrt{3}\times2}\times\frac{1}{1-12\%}=3.44kV$$

选 A。

25. 为了便于对各种灯具的光强分布特性进行比较,灯具的配光曲线是按下列哪项数值编制的?(C)

(A)发光强度 1000cd

(B)照度 1000lx

(C)光通量 1000lm

(D)亮度 1000cd/m²

解答思路:灯具的配光曲线→《照明设计手册(第三版)》。

解答过程:依据《照明设计手册(第三版)》第三章第三节,"一、光强分布"。选 C。

26.在供配电系统设计中,关于减小电压偏差,下列哪项不符合规范要求?(A)

(A)应加大变压器的短路阻抗

(B)应降低系统阻抗

(C)应采取补偿无功功率措施

(D)宜使三相负荷平衡

解答思路:供配电系统设计→《供配电系统设计规范》GB50052-2009→减小电压偏差。

解答过程:依据 GB50052-2009《供配电系统设计规范》第 5 章,第 5.0.9 条。选 A。

27.下列单相或三相交流线路,哪项中性线导体截面选择不正确?(C)

(A)BV2×6

(B)YJV-4×35+1×16

(C)BV-1×50+1×25

(D)VV-5×10

解答思路:单相或三相交流线路、中性线导体截面选择→《低压配电设计规范》GB50054-2011。

解答过程:依据 GB50054-2011《低压配电设计规范》第 3.2 节,第 3.2.7 条、第 3.2.8 条。选 C。

28. 对于第一类防雷建筑物防闪电感应的设计,平行敷设的管道、架构和电缆金属外皮等长金属物,其净距小于 100mm 时,应采用金属线跨接,关于跨接点的间距,下列哪个数值是正确的?(A)

(A)不应大于 30m

(B)不应大于 40m

(C)不应大于 50m

(D)不应大于 60m

解答思路:第一类防雷建筑物→《建筑物防雷设计规范》GB50057-2010→防闪电感应的设计。

解答过程:依据 GB50057-2010《建筑物防雷设计规范》第 4.2 节,第 4.2.2 条第 2 款。选 A。

(未完待续)

◇江苏 键谈

二次方律负载在变频调速过程中的若干问题

二次方律负载在社会生产活动中具有较多重要的应用，其典型应用实例是离心式风机与水泵。这类负载在运行过程中有其自身的特点，这里给以简要介绍。

一、二次方律负载的定义与特点

二次方律负载是指阻转矩与转速的二次方成比例的负载。这类负载多以使气体或液体等流体获得一定的流量为目的。运行中具有以下特点。

1. 转矩特点　二次方律负载的阻转矩，在忽略空载转矩的情况下，负载转矩与转速的二次方成正比，即：

$T_L \approx K_T n_L^2$

式中 T_L—— 负载阻转矩

K_T—— 转矩常数

n_L—— 转速

2. 功率特点　二次方律负载在忽略空载功率的情况下，负载的功率 P_L 与转速 n_L 的三次方成正比，即：

$P_L \approx K_P n_L^3$

式中 K_P—— 功率常数

二、二次方律负载变频调速时加减速时间的预置

二次方律负载主要是水泵和风机，这两种负载一般不需要进行频繁的起动和制动，但两者的惯性大小却截然不同，这对加减速时间的预置会产生一定的影响。

1. 水泵类负载　一般说来水泵类负载的惯性都不大，但减速时间如果预置的过短，有可能导致管路的水锤效应，所以，从避免水锤效应的角度出发，加减速时间应该预置的长一些。

2. 风机类负载　多数风机类负载惯性较大，所以其加减速时间可以预置得长一些。

三、关于 S 形加减速曲线

所谓S形加减速曲线，就是在加速或减速的起始阶段和终了阶段，使变频器的输出频率变化得缓慢一些，或者说，使加速度有一个逐渐加大和逐渐减小的过程，如图 1 所示。之所以称作 S 形曲线，由图 1 可见，在加速的 t_A 时间段，以及在减速的 t_D 时间段，频率变化的曲线呈 S 形。

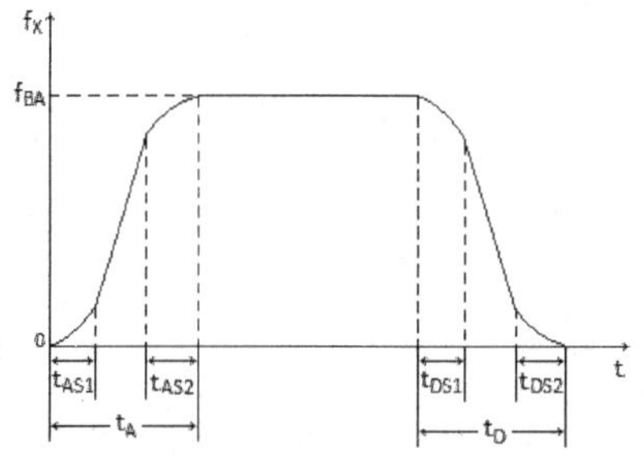

图 1 S 形加减速曲线

不同的变频器以及驱动不同的负载时，需要设置的 S 形曲线也不尽相同，图 1 是比较典型的曲线样式，这里需要设置"加速开始时 S 形时间"t_{AS1}、"加速终了时 S 形时间"t_{AS2}、"减速开始时 S 形时间"t_{DS1}、"减速终了时 S 形时间"t_{DS2}。

当 t_{AS1}、t_{AS2}、t_{DS1}、t_{DS2} 中有一个为 0 时，就成了半 S 形加减速曲线，如图 2 所示。

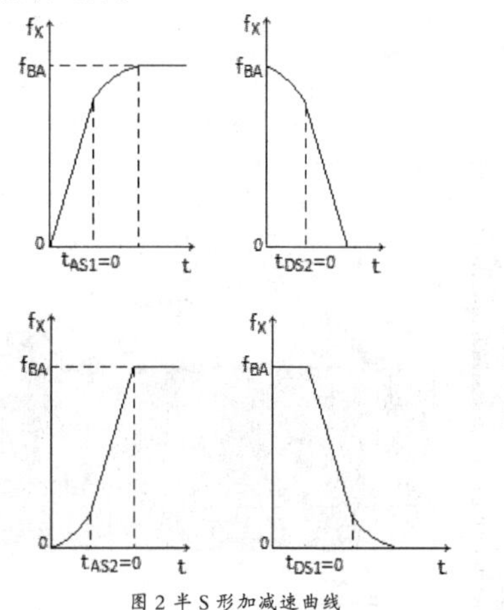

图 2 半 S 形加减速曲线

四、二次方率负载风机启动到将近 50Hz 时容易跳闸，如何解决

由以上的介绍可知，风机属于二次方率负载，负载功率与转速的三次方成正比，当风机由变频器驱动逐渐提升频率加速的初期，风机功率是比较小的，例如当风机转速提升到额定转速的 50%，即额定转速的 0.5 倍时，功率只有额定功率的 $0.5^3=0.125$，及 12.5%，但随着转速的升高，风机功率急剧增加，相应电流也会增加，容易出现跳闸现象。

这就是说，在风机起动的初期，不需要 S 形加速曲线，而只在加速至接近额定转速时采用 S 形曲线，如图 3 所示。从图 3 中的变频曲线可见，由于设置了"加速终了时 S 形时间"t_{AS2}，使得变频器的输出频率升高到接近 50Hz 时，频率升高的速率有所减缓，可以有效减少跳闸的可能性。

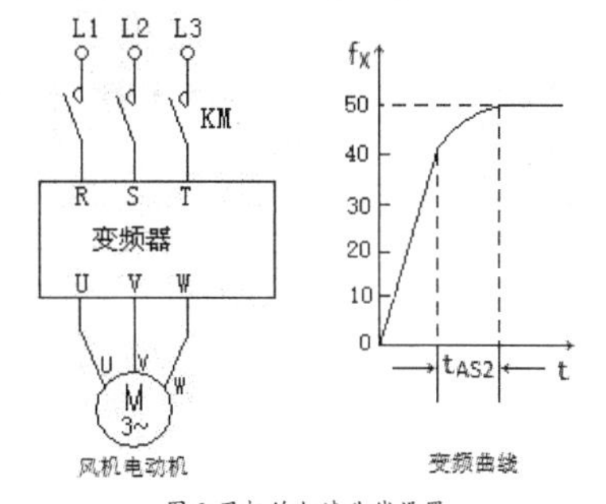

图 3 风机的加速曲线设置

五、较大二次方律负载风机的参数设置

参数设置的主要依据有：

操作者与变频器之间的距离；

调速的频繁程度。

一般说来，操作者如果离变频器较近，或者虽然距离较远，但调速并不频繁的，应尽量采用键盘控制的方式。如果操作者离变频器较远，调速又比较频繁的，可采用外接控制方式。在外接控制方式中，尽量采用升速、降速控制功能。即在变频器的多功能控制端子中，选择其中的两个，将其赋予升速、降速功能；这两个端子与 COM 端各连接一个按钮，操作按钮可以方便地实现升速或者降速的调整功能。

因为风机是二次方律负载，所以参数最高频率或上限频率不能设置得超过 50Hz，否则极易出现过载等异常情况。

风机加减速时间参数的设置，应考虑其惯性大、起动与制动次数少的特点，任意延长加减速时间，直至在起动与制动过程中不跳闸为止。例如对于 90~110kW 风机的加减速时间可以设置 50~120s。

关于载波频率，由于风机本身的噪音较大，常可掩盖变频调速后的电磁噪音，因此，载波频率可以预置得低一些，以减小对其他设备的干扰。

另外，由于风机运行惯性大，固有振荡频率较低，在调速过程中容易发生振荡，调试中如发现有振荡现象，应设置回避频率，以消除机械振荡引发的机械故障。

◇山西 杨德印

楼宇智能化技术简介

楼宇智能化技术是一门综合性的应用技术，伴随着建筑技术、电子技术、人工智能技术的快速发展，楼宇智能化技术已经达到了一个相当高的水平。所谓楼宇智能化技术，国家标准《智能建筑设计标准》GB/T50314-2006 曾经给出了如下定义："以建筑物为平台，兼备信息设施系统、信息化应用系统、建筑设备管理系统、公共安全系统等，集结构、系统、服务、管理及其优化组合为一体，向人们提供安全、高效、便捷、节能、环保、健康的建筑环境"。

一、智能化楼宇的分类

1. 智能办公写字楼

办公写字楼包括政府大楼、法院、公安、海关等办公楼宇，银行、保险、证券等金融机构的办公场所，因此，办公写字楼的智能化建设要求也应该是最高的。它应能适应办公建筑物信息化应用的需求，具备高效办公环境的基础保障。

2. 智能体育场馆

智能体育场馆建设的一个重要案例是 2008 年奥运会场馆。体育场馆的建设主要集中在大城市或沿海开放城市，近年来也在不断向我国的中西部城市发展，例如 2021 年 9 月在西安举行的第 14 届全国运动会，建设以西安为主，宝鸡、咸阳、渭南市和西安体育学院新校区为四个副中心的"一主、四副"的全运会场馆群；以及 2022 年 6 月在成都举行的第 31 届世界大学生夏季运动会，都将建设或改建一大批高档次智能化的体育场馆。这些场馆应满足体育竞赛业务信息化应用和体育建筑信息化管理的需要；应具备体育比赛和其他多功能使用环境设施的基础保障；应能满足比赛组织的要求；满足运动员高水平发挥竞技能力的要求；满足媒体报道的需求；满足现场观众获取与比赛相关的信息的需求；方便观众购票、入场、退场以及停车的需求。

3. 智能化的住宅小区

住宅小区的智能化应以宽带接入网、现场总线、有线电视网、电话网与家庭网等信息传输通道为物理平台，连接各个智能化子系统，为物业管理和住户提供多种功能服务。住宅小区的智能化系统应包括安全防范子系统、通信网络子系统和管理、监控子系统等组成。

4. 智能化的宾馆酒店

现代化的宾馆酒店均采用了各种智能化技术，以提升酒店的档次。应能进行智能预订、连锁经营、计算机后台管理和办公自动化等；应能实现智能网络采购、智能人员管理、智能物耗管理等，在满足客人居住质量和舒适度的前提下，最大限度地降低物耗、能耗和人员成本，为酒店创造尽可能多的经济效益。

5. 智能化的校园

校园的智能化应在教学中普遍应用计算机辅助教学技术；校园应有完善的通信网络；应采用楼宇自控技术对内部的变配电、通风照明、电梯等建筑设施进行遥控和自动控制，在实现节能的同时，为教学和科研提供舒适的环境；应有安全可靠的火灾报警系统和校园安全防范报警系统，包括闭路电视监控、巡更系统、防盗报警和出入口管控等。

6. 智能化医院

智能医院应能满足医院内部高效、规范与信息化管理的要求，应具有向医患者提供有效的控制医院感染、节约能源、保护环境的技术保障。

智能医院应配置病房呼叫对讲系统；手术室视频示教系统；婴儿保护系统；门诊及药房排队管理系统；触摸屏信息查询和电子公告牌系统；探视管理系统；以及包括电子病历系统、医学影像系统、放射信息系统、实验室信息系统、远程医疗系统等医疗保障和自动化系统。

二、智能楼宇的功能特征

1. 智能楼宇应具有现代安防与消防的功能

对于该功能可以这样理解，除了地震、海啸等人力不可抗拒的自然灾害对楼宇内人员的生命财产的伤害，智能楼宇应能对防止各种可以预见或不可预见的各种人身财产伤害具有最高的防护等级。这就要求安防系统应提供一个从防范、报警、现场录像留存证据的多级防范体系，包括但不限于使用指纹识别门禁、红外线探测报警等装置。

2. 智能楼宇应具有现代管理的功能

现代智能管理功能应该可在一个终端上通过网络管理到全局，在控制中心的工作站上查看所有安防探头的工作状态，或者所有照明灯具的工作状态，并在必要时人工或自动调整它们的工作状态。系统应能向管理者提供各类统计分析和管理手段的设计等功能。具有向社会的安保、公安机关自动联网并报警的功能。

3. 机电设备具有自动运行与监控的功能

所有机电设备应能在计算机控制下自动运行，无须人工干预，既可节约人力，又可防止人工操作时的失误。设备运行过程中的数据应能自动采集，并保存在数据库中。

4. 智能楼宇应具有完善的通信功能

人类已经进入信息社会，其特征是信息可以连接所有社区、农村、学校图书馆、演艺中心、医院以及地方和中央政府，在这个庞大的信息社会系统中，智能楼宇是其中一个重要的环节，因此，必须具有完善可靠的通信功能。

随着信息时代的到来，楼宇智能化、城市数字化正在以前所未有的速度迅猛发展，必将对发展经济和提高人居环境质量发挥巨大的作用。

◇山西 陈晨

基于 Verilog HDL 语言 Quartus 设计与 ModelSim 联合仿真的 FPGA 教学应用(三)

(接上期本版)

(四)安装 Modelsim 10.1a 软件及补丁

1. 管理员身份启动安装文件。

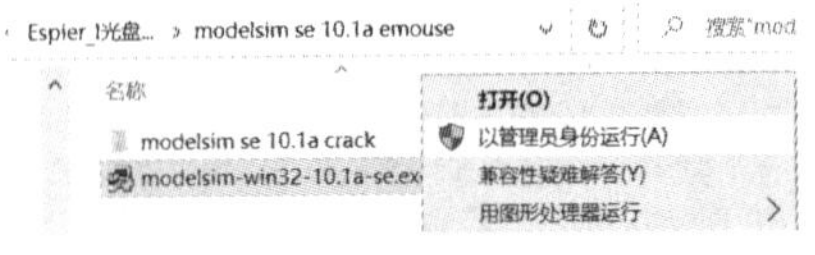

图 4-1

2. 启动安装软件。

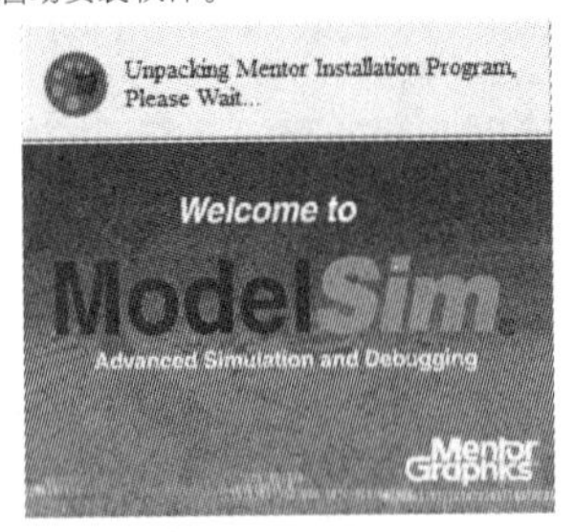

图 4-2

3. 下一步。

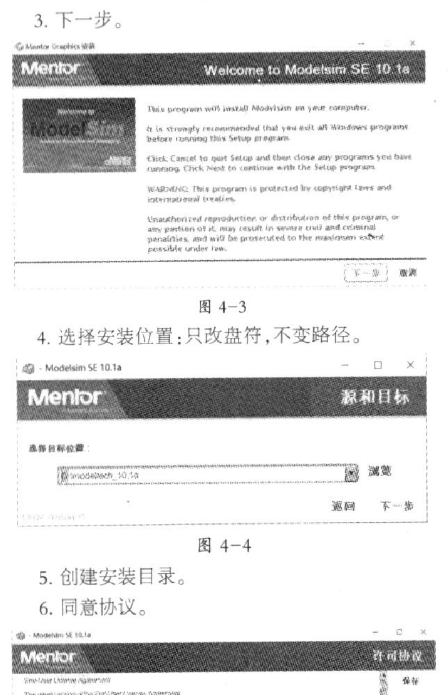

图 4-3

4. 选择安装位置:只改盘符,不变路径。

图 4-4

5. 创建安装目录。

6. 同意协议。

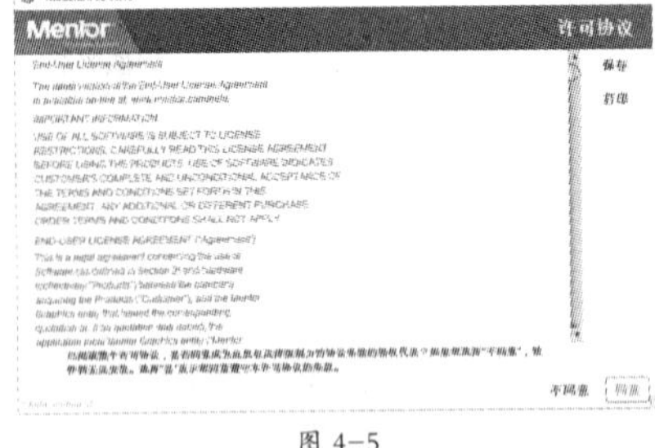

图 4-5

7. 安装进程中。

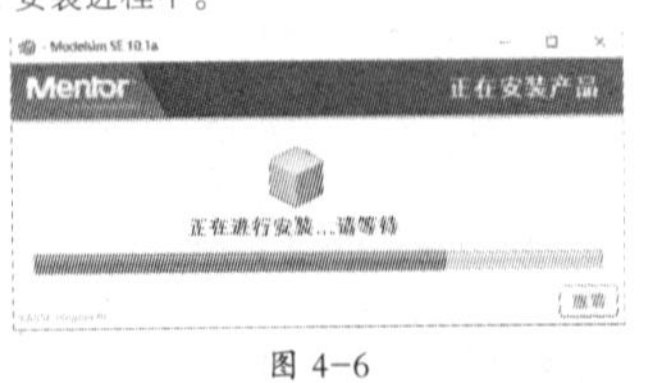

图 4-6

8. 是否创建桌面启动图标。

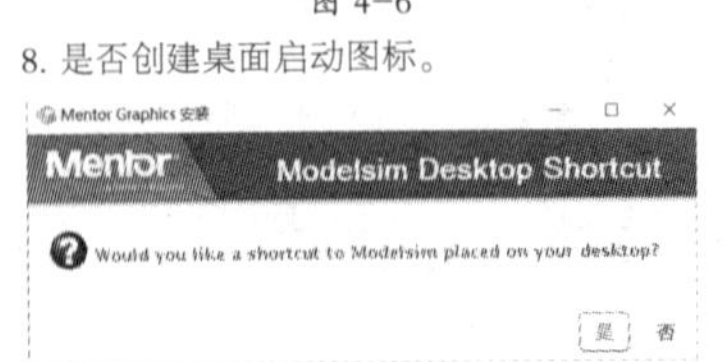

图 4-7

9. 是否将可执行目录添加到路径中,选是。

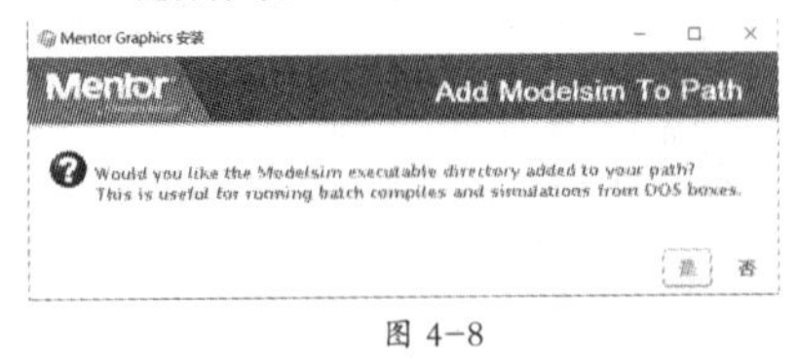

图 4-8

10. 是否安装 Hardware Security Key Driver 时,选否。

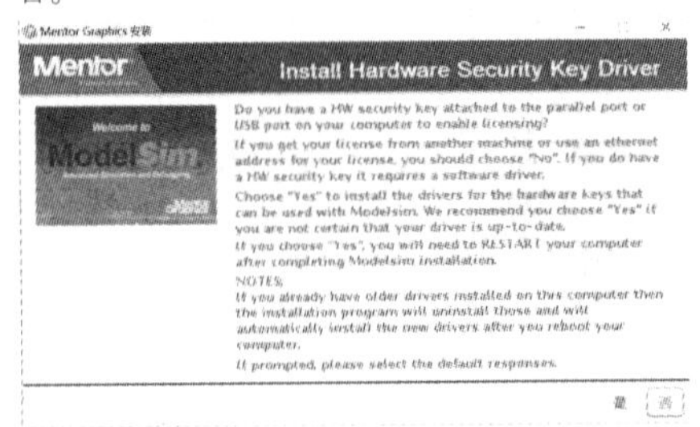

图 4-9

11. 暂停不关闭,先破解。

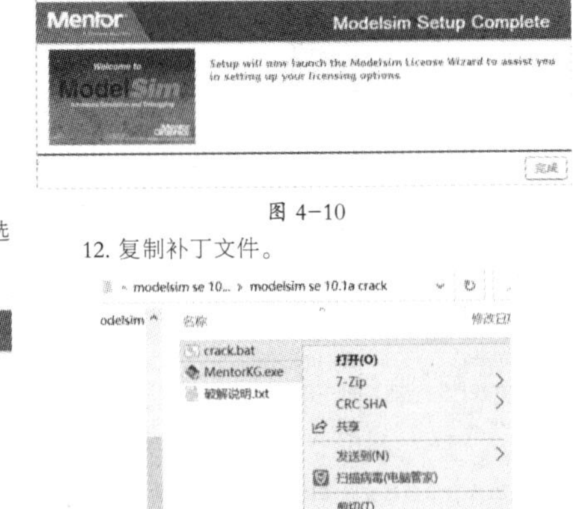

图 4-10

12. 复制补丁文件。

图 4-11

(未完待续)

◇西南科技大学 城市学院
刘光乾 王源浩 白文龙 刘庆 陈熙 万立里 陈浩东

DIY 制作四路 12V/60ah 铅酸蓄电池充电机

整机设计主要使用了工业用的成品开关电源和光伏太阳能充放电控制器组成,作为铅酸电池充放电的电源。关于光伏太阳能充放电控制器大家可以查看相关资料。该产品有多种规格可选。

目前主要是在试用阶段,所以我选择了较便宜的 10A 普通型的产品。有经济条件的可以选择高档的铅酸,锂电通用型的产品,功能会更好一些。具体说明如下。

1)开关电源部分使用的是一个从废品站淘来的工业级产品,我看中的是该产品的用料很考究。输出电压为 12V/25A。其他的 5V,12V,24V 的开关电源均可改装使用。

本开关电源使用前先经过了维修和改造。输出电压范围最高 20V 可调,输出电流范围最高 10A 可调。使用时对于不同容量的电池,输出电流控制在 1~10A 范围内调整。注意充电电流大小,前提是绝对要保证电池的安全充电。机箱面板上安装有数显电压电流表,实时监测开关电源的输出电压和充电电流。输出电压电流调谐电位器,方便使用时根据需要进行调整。

2)铅酸蓄电池的充电控制部分,采用的是光伏太阳能上使用的成品控制器。这种控制器保护功能较全,充放电参数设置可调。使用时应严格按照出厂说明书技术参数范围来调整。也可选择出厂默认值使用。控制器也可以使用其他类型的,但最好是带输出电压电流可调谐的。设置充电电压最高 14.4V 自动停止充电,自动转入浮充状态。充电电流根据电池的实际容量需要在 1~10A 之间调整。

3)电池组安装了充放电选择开关。使用时一定要注意,首先应断开电池组之间的连接后成为单体电池再连接上充电机插头待控制器识别到电池结构和所剩电压后再进行充电。充电结束后先拔出充电机插头,然后再接通电池组的选择开关。本机目前使用的是三个 1P/63A 空开作为电池组的连接。选择开关的安装见图 2 中的安装方法,三个单开关贴近电池安装。如果不方便安装可以引出线接一只 3P 开关。另一个 2P 开关是电池组输出接电动车控制器的。这样做主要是为了方便维修。

该设计方案主要考虑,各种电池在使用了一段时间后,单块电池的容量会出现很大的差异。这时候我们再反复使用整体电池组充电,就会出现容量低的单块电池总是充不饱,对于容量较高的单块电池就会造成过充发热鼓包而过早的损坏。我的一组 48V/52Ah 的电池组就是这样损坏的。

所以这次下决心经过反复思考后,设计制做了这款充电机。现在经过初次使用效果很好。图中 1 号电池最先停止充电,2 号 3 号电池继续充了 30 分钟左右才停止充电,最后是 4 号电池比 1 号电池多充了将近 50 分钟左右才停止。随后还在间断的浮充电。实验结果证明这种充电方式还是很有效果的。可以将所有的电池全部充饱后才停止充电。

另外还有一种方案。可以使用成品 12V 智能脉冲充电器,或者是其他的电源管理模块。根据电池组的个数来配备几个充电器,分别对单块电池充电。只是电压电流不可调。高手们可以自行对其进行魔改后使用。注意一定要在电池组的连接处安装上选择开关,充电时将各单块电池断开后再充电。安全第一是最主要的。

由于机箱还未做好,只能将主要部分先展示给大家了。开关电源改动部分见图片 1 中的红色箭头部分只作为改装时参考。整体联机见图 2。机箱可以自由选择方便实用就行。最后等机箱做好后再做整体安装。最后说明一下图二中控制器的安装是临时的,装在机箱里后,它与电池之间是通过电源线和插头插座连接的。充电时先断开开关再插上连接线。充完电后先拔下充电插头再合上开关行驶。这种使用方法虽然麻烦但是他对保护电池确实是很有效果的。

◇内蒙古 夏金光

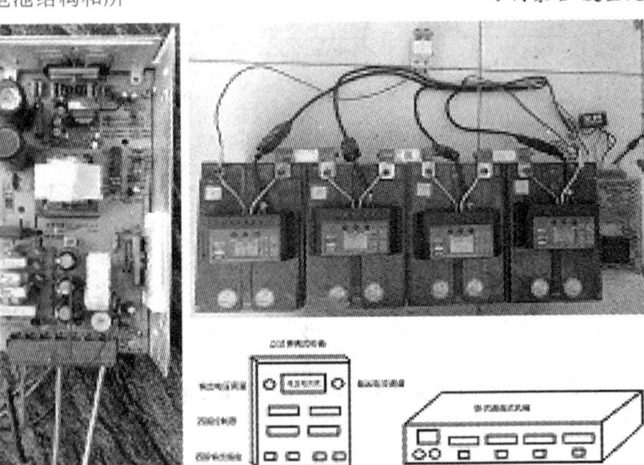

初哥电动车充电技术研究之一：电动车用铅酸电池简介(一)

作者简介：钟伟初，2007年计算机科技与技术本科毕业，2017-2020年专职从事电动自行车、电动三轮车修理研究工作，其间积累了丰富的一线经验，2020年11月创办广东初哥大老世科技有限公司，继续从事电动车相关技术研究。

本文所称电池除特别说明外，均指电动车用动力型铅酸蓄电池。文中涉及的技术标准、参数等为电动车行业专用，不适用于其他类型的电池，也不适用于其他领域的铅酸蓄电池。

电动车已经成为老百姓最常用的代步工具，电动车主要由电池、电机、控制器三大部件组成动力系统，其中电池为可循环充放电的蓄电池，220V市电经充电器转换成电能储存到电池里面，为电动车骑行提供动力。

下面介绍电动车电池的基本知识：

一、电动车电池属性简介(铅酸蓄电池的一种)

车辆使用的电池主要有两种：

一种是启动型电池，顾名思义，这种电池主要用于汽车(摩托车不参与比较)点火启动，以及维持全车的电路、控制系统工作。这种电池一般为富液型电池，即能看到流动的电解液，这样的设计主要有四个特点：

1. 瞬间及短时放电电流大——点火启动车辆；
2. 桩头(接线柱)大、极板大——承载大电流；
3. 适应随时在线充电——车辆启动后一直充电；
4. 体积大、容量大——有利于容纳电解液和散热。启动型电池虽然放电电流可以很大，但体积过大，而且价格较高，因此不适用于电动车。

另一种是动力型电池，顾名思义，这种电池主要为电动车电机提供动力以及为维持全车电路、控制系统工作。这种电池一般为贫液型电池，即看不到流动的电解液。其主要特点有三：

1.容量较大，且能以一定的电流持续放电——根据型号不同，常规为15~45A电流放电；

2.体积和重量适中，以控制空间以及整车重量；

3.桩头不大，因此无法承载很大的电流，否则会缩短电池寿命甚至损坏电池，因此不适用于用来作为车辆的启动电池。

电动车电池既然属于铅酸蓄电池，那么充电过程中就会有失水，失水是决定电池寿命的关键因素，虽然目前都是免维护电池，但有一定基础和经验，还是可以对电池进行维护保养的，这个暂不讨论，以后再详细介绍。

二、电动车电池的基本规格参数简介

铅酸蓄电池的规格参数有很多，常规参数有四个：

1. 格数，即单格的数量；
2. 额定电压：单位为伏，英文符号为V；
3. 额定容量：单位为安培小时，英语符号为AH (Ampere-Hour)；
4. 倍率：小时倍率(英文为hour,简称hr)，容量倍率(英文为Capacity,简称C)。

充电时涉及的参数有：最高充电电压，最大充电电流，转灯电流(转折电流)，浮充电压等。

放电时涉及的参数有：空载电压、负载电压、放电电流、放电截止电压、放出电量、放电时间等。

另外还有体积、功能用途、重量等参数。

每只铅酸蓄电池内部都由数个单格串联组成，每个单格额定电压为2V，目前各个领域常用的铅酸蓄电池以6V(3个单格×2V=6V)、12V(6个单格×2V=12V)两种规格居多，电动车用电池主要有12V、16V(8个单格×2V=16V)两种规格。容量则有多种规格，容量越大，体积越大，重量也越大。

电动车基于体积、速度、功率、性能、功能以及安全性、稳定性等考量，需要使用多只电池串联成较高电压的电池组才能正常工作。

三、电动车电池型号规格参数及命名简介

电动车电池型号规格较多，业界主要有两种命名方式，电动车充电器采用通俗命名(如48V20AH充电器)，而电池生产厂家则采用学名(如6-DZF-20电池)，电池上面的丝印以及外包装均采用学名。

1. 通俗命名(根据额定电压、额定容量命名)

电动车单只电池额定电压主要有12V、16V两种，额定容量有12AH、20AH、32AH、45AH等多种规格，多只电池串联成电池组后则有36V、48V、60V、64V、72V、80V等多种规格。同规格电池串联后，电压叠加，容量不变，同规格电池并联后容量叠加，电压不变。

因此由额定电压、额定容量、串联电池只数组合衍生出来的电池组规格就更多了。如最经典最常见的48V20AH电池组，由4只12V20AH电池串联而成(同规格电池串联后，电压叠加：12V×4=48V，容量不变：20AH)。

2. 学名(即厂家命名，根据格数、用途、额定容量命名)

电动车电池主要有6格(电池额定电压为12V)、8格(电池额定电压为16V)两种，额定容量跟通俗命名一样。电动车使用的电池全称应为电动助力车用阀控式铅酸蓄电池(或者叫动力型免维护铅酸蓄电池)。目前最新的规格型号有两大类：6-DZF-xx，8-DZF-xx，其中xx为容量，单位AH。如6-DZF-20电池，6表示6格，即额定电压为12V，DZF代表电动(D)助力车(Z)用阀控式(F)铅酸蓄电池，20为额定容量20AH，即俗称的12V20AH电池。。

电池厂家只给单只电池命名，包装箱再标明电池只数。因此电动车整车厂、电池批发零售、充电器、销售修理行业等均采用通俗命名。

四、电池厂家生产检测标准简介

生产的电池容量是否达标，装车使用的电池容量是否有衰减，目前我国主要采用恒流放电测量法。即通过专门的仪器，给电池加上负载，让电池以设定的恒定电流持续放电，直至电池容量放尽时统计放出电量的多少来判断电池的真实容量。

额定电压为12V的电池，正负极两端电压并非恒定在12V不变，电量越足电压越高，电量越不足电压越低。单只12V电池充满电静置数小时后，空载电压一般有13.3V左右，电池如果存放，则由于自放电，电压会逐渐下降，长时间存放电池会硫化失效，无法充电。电池如果负载工作，则电压会从13.3V左右持续下降，当电压下降到10.5V(负载电压)时，行业标准定义为电池电量用尽，此时电池不能继续负载工作，应及时充电，否则过放电可能导致电池损坏。

1. 放电检测标准简介

第二大部分已经介绍了额定电压和额定容量，现在介绍小时倍率和容量倍率。目前电动车电池主要采用2小时倍率(2hr)和3小时倍率(3hr)两种标准，电池额定容量12~20AH的采用2hr，32~45AH及以上的采用3hr。小时倍率决定放电电流设定值，这个值主要关系到电池的放电容量检测数据结果，放电电流设定值越大，放出电量(容量)会比额定容量小(放电时间会缩短)，反之会比额度容量大(放电时间会延长)。

其实电池厂家应该在标明电池型号的同时，标上小时倍率，有些小厂存在将45AH电池标成60AH(10hr)的情况，也就是说，电池的标准容量应为45AH(3hr)，厂家故意标成60AH，后面加上10hr，存在忽悠消费者的行为。

如12V20AH电池，检测它的实际容量，行业标准是这样的：充满电的12V20AH电池，以恒定10A电流持续放电，放到截止电压10.5V时停止放电，放出的总电量(容量)达到20AH以上，用小时倍率来描述，即放电时间达到2小时(120分钟)以上为容量达标。

因此检测电池容量主要有三个参数：放电电流、放电时间和放出电量。

(1)放电电流的计算方法--放电电流=额定容量除以小时倍率(电池容量乘以1/小时倍率)

电动车12V20AH电池，为2小时倍率标准(其他行业用途的电池一般为5~20小时倍率)，表示容量为20AH的电池，电量要在2小时放完，那么每小时(H)就要放掉10AH的电量，因此放电电流应恒定在10A(10A=20AH/2H=20AH×1/2，又称为0.5C)。

同理，12V45AH电池，为3小时倍率，因此放电电流应为15A(45AH/3H=15A)，放电到10.5V时停止放电，放电时间应为3小时/180分钟以上，放出电量应为45AH以上，为容量达标。

(2)放电截止电压的计算方法

电池单格额定电压为2V，当负载电压下降到1.75V时，表示电量用尽，因此12V电池的放电截止为1.75V×6格=10.5V。同理，16V电池的放电截止电压应为1.75V×8格=14V。

2. 电池充电检测标准简介

判断电池电量用尽比较简单，要判断电池电量充满则比较复杂。因为无论是电池生产检测，还是电动车实际骑行过程中，要判断电池电量的消耗，只需要监测实时电压值即可，而充电则至少要监测实时电压值和实时电流值。

目前铅酸电池均采用三阶段充电法，即恒流段、恒压段、浮充段(又称涓流段)，主要涉及参数有：最大充电电流、最高充电电压(又称高恒压)、转灯电流(又称转折电流)、浮充电压(又称低恒压)等。

(1)相关参数的计算方法

额定电压为2V的电池单格的最高充电电压应限制在2.45V以下，则12V电池的最高充电电压为14.7V左右(2.45V×6格=14.7V)，同理，16V电池的最高充电电压为19.6V(2.45V×8格=19.6V)。

最大充电电流I=(0.12~0.15)×容量倍率，简称0.12~0.15C，12V20AH电池的最大充电电流=0.12×20至0.15×20之间，即2.4A~3A，常规一般为2.5A~3A电流。

转灯电流≈0.24I，即最大充电电流的0.24倍，0.5A7~0.72A，常规一般为0.55A~0.65A

单格的浮充电压为2.3V左右，则12V电池的浮充电压为13.8V左右(2.3V×6格=13.8V)，同理，16V电池的浮充电压为18.4V左右(2.3V×8格=18.4V)。

(2)三阶段充电器充电过程简介(以12V20AH电池为例)

单只12V电池在电量用尽之后，电压会从10.5V回升到11V以上，一般不超过12V，此时使用配套充电器给电池充电，充电器红灯点亮，风扇转动，开始恒流段充电。由于电池处于欠电状态，充电器会以最大充电电流3A(恒定3A不变)对电池进行充电，电压会逐步上升，当充电电压上升到14.7V时，恒流段结束，进入恒压段(恒定14.7V不变)，随着电量不断饱和，此时电流会逐步下降，当电流下降到转灯电流设定值(约0.65A)以下时，充电器进入浮充段，红灯转绿灯，风扇停止转动，充电电压自动下降到13.8V左右，以小电流浮充，一般为0.2~0.4A。此时可以认为电池已经充满电，充电器已经结束充电了。

浮充，是用略高于电池的端电压，由少量电流来补偿充电，如果电池没有完全充满，则可以在浮充段补充，如果已经充满了，则浮充段的电流接近0，浮充段能达到不欠充不过充的目的。

市面上所售的电池充放修一体机，大部分都没有浮充段，通常在结束恒压段转灯后不再输出小电流补充电，因此笔者推断电池厂很可能也采用相同的做法省略了浮充段，如果推断属实，其转灯电流值的设定应该会偏低，以确保电池在恒压段即完全充满电，不需要依靠浮充段补充电，其目的在于节省时间。

因此笔者认为整车配套的充电器在设计上应该保留一定余量，不能照搬电池厂的参数，因为电池装车后充电有足够的时间用来浮充，没必要在恒压段就把电池充满，这样容易造成过充缩短电池寿命。后续我们会有专门文章作详细介绍。

五、电池装车后的工作原理简介

多只电池串联后组成较高电压的电池组，其充放电的检测参数仍然以单只电池为基准。这里以48V20AH电池组为例。

1. 电流输出大小(相当于放电过程)、欠压(即放电截止电压)均由控制器负责。

电动车骑行工作(相当于电池放电)，电池输出电流的大小由控制器决定，控制器实时监测电压电流的大小及变化。48V20AH对应的常规电机为48V 500~800W，控制器为48V12管(限流30~33A)，也就是说电池最大输出电流可达到30A左右，远比容量检测放电电流要大，欠压值一般为41~42V(单只电池截止电压10.5V×4只电池=42V)，当骑行时电压低于42V，控制器认为电池电量已用尽，会停止输出电流(或以小电流输出)，以防止电池过放电损坏。需要充电后才能继续使用。

2. 剩余电量估算。

仪表上面的电量表，实际上是一个电压表，电量不断消耗电压就会不断下降，以此来估算显示剩余电量。48V电池组充满电静置数小时后，电压约为53.5V，工作过程中电压将会由53.5V逐渐下降到截止电压(欠压)42V左右，电量表通过监测这个范围的电压值粗略判断剩余电量，因此有一定误差，用户还需根据实际使用经验才能较为准确地判断剩余电量。

由于电动车存在静止和骑行两种状态，所以有空载和负载两个电压值，常规电量表不对车辆的工作状况作判断，显示的都是实时电压；刚开始电量较足时，骑行时仍显示满电状态，当用掉一些电量后，静止时(空载电压)可能仍显示满电，而骑行时(负载电压)电量指示会下降，此时才是真实的剩余电量，因此剩余电量应以骑行时的电量指示为准。

(未完待续)

◇广州 钟伟初

智慧分享"虚拟直播间"

这几年VR、AR技术一直很火！虚拟制作技术背后的概念包括多种，其中XR（扩展现实，Extended Reality）是AR（Augmented Reality,增强现实）、VR（Virtual Reality,虚拟现实）、MR（Mixed Reality,混合现实）等多种形式的统称。换句话说，我们可以利用自由三维深度技术和实时云端渲染等手段实现XR概念的应用，即视觉上的三维合成，实时渲染以及虚实互动。

虚拟技术在我们生活中应用很广，如：

1. 三维虚拟技术的影视、演唱会、综艺节目等。

2. 能够在辅助之下提升用户停留时长与转化率的电商直播。

3. 低成本的酷炫效果与沉浸式线上娱乐与教育。

4. 可以提升营销业绩的企业活动等。

这两年由于疫情的影响，加快了虚拟技术的落地运用，虚拟直播2020年线上营销新王炸，很多人深有体会，如2020年4月小鹏P7汽车虚拟发布会，如图1所示。国内的网易、小米、华为等公司这两年的新品发布会也多采用虚拟技术，其综合成本更低一些。今年8月更是由网友爆料，今年4月份黄仁勋的GTC21主题演讲直播间里不是真人，是合成的假人，如图2、图3所示。对此英伟达官方回应说发布会上CEO黄仁勋以及背景都是假的，其中15秒采用了虚拟的黄仁勋，可见在AI及GPU这一块NVIDIA的实力雄厚以及虚拟技术是未来发展的趋势。

《电子报》2021年1月8日发表了笔者的《2021视频直播新趋势》一文，如图4所示，很多朋友很感兴趣，咨询虚拟直播间的搭建，比较经典的方案为电脑+摄像头+绿幕+OBS专业扣图软件，如图5所示，这种配置对硬件要求较高，成本预算在2W~20W元，比起罗永浩、董明珠的数百万元的直播间配置费用，这已很低了，不够其某些单件的费用，参考图6、图7所示。某些合作伙伴与笔者交流，疫情影响现在1万元都是一个不小的数目，别说2万元、20万元了，有这2万元作本可以进很多货，希望能提供用手机能虚拟直播的解决方案，当时笔者查询了很多资料，发现有免费或付费的虚拟直播软件供应，但其功能满足不了笔者的需求，也有少量的定制的直播手机内部供应，但售价不低，其功能并没吸引到笔者。最近笔者使用了一款"虚拟直播间"软件，如图8所示，在内测阶段，经笔者使用，效果不错，该软件支持多个直播平台，如图9所示。点击进入，可以先进行设置，主要设置3层画面，第1层，可设置底层，底层可以是图片或视频；第2层，人像层，可以选择前置摄像头或后置摄像头的画面；第3层，可以是贴纸、道具、商品等按需添加，画面大小可以缩放。直播间是由多个图层通过叠加、一层盖住一层来实现的。现举例说明，图10是笔者在酒庄的真实场景，但现在笔者在外地，无法现场直播，那么可以利用图11作背景，若想推广图12的上市新品，那么我们可以通过"虚拟直播间"来实现产品宣传推广，如图13所示。

"虚拟直播间"运用很广，各行各业都可使用，还可跨行业使用，比如车间虚拟直播（如图14、图15所示）、办公室虚拟直播（如图16、图17所示）、新农村电商直播（如图18、图19所示），还可用于教育培训，如图20所示。或者自媒体娱乐行业，如图21所示，如图21所示是以视频作底层背景的"虚拟直播间"，可通过手机自带的录屏软件或下载安装的录屏软件，制作自己的所需的视频或图片，或许好莱坞大片技术也可平民化运用，我们老百姓也可自娱自乐，如图22所示。

以上"虚拟直播间"图片与视频，笔者没用绿幕作背景，在晚上9.00-10.00以随处场景作背景完成，手机为数百元的国产手机操作，"虚拟直播间"的效果已达到预期目的。若用绿幕作背景、配合100W-200W补光灯，只需手机摄像头高端一些，"虚拟直播间"的效果更出色，可让您轻轻松松打造属于您高大上的个性化虚拟直播间，"虚拟直播间"的视频特效，有助于我们中的每个人都成为网红，或许在十年之内，我们有可能在"虚拟世界"中永生。

欢迎交流，欢迎分享前沿科技。

◇广州 秦福忠

①

②

#英伟达发布会的黄仁勋是假的#
主持人：新浪财经
导语：英伟达今年4月份那场发布会，你曾看出什么不对劲的地方吗？画面中老黄的厨房、标志性的皮衣，甚至他的表情、动作、头发......全都是合成出来的！

③

2021视频直播新趋势
2021视频直播新趋势之一：虚拟现实演播技术助直播带货上升到更高维度...
8个月前 阅读227

④

⑤

⑥

⑦

⑧

⑨

⑩

⑪

⑫

⑬

⑭

⑮

⑯

⑰

⑱

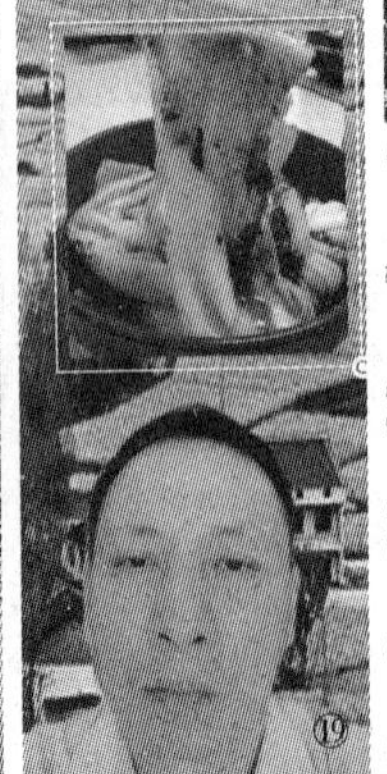
⑲

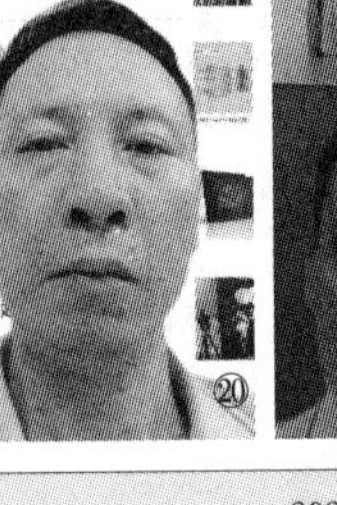

⑳

㉑

㉒

PCB板“阻抗”的小知识和阻抗计算小工具(一)

PCB工程师在设计PCB时，对于高速电路板或电路板上的关键信号会经常涉及到到“做阻抗”、“阻抗匹配”的这些问题。

首先解释下什么是阻抗匹配：

阻抗要求是为确保电路板上高速性号的完整性而提出，它对高速数字系统正常稳定运行起到了关键性因素，在高速系统中，关键信号线不能当成是普通的传输线来看待，必需考虑其特性阻抗，若关键传输线的阻抗没有达到匹配，可能会导致信号反射、反弹，损耗，原本良好的信号波形变形(上冲、下冲、振铃现象)，其将直接影响电路的性能甚至功能。

每次工程师们画完PCB后，如果对于有”做阻抗“需求的PCB时，就必须在工艺要求文件里附上阻抗需求(包括哪些线路、做多大值的阻抗、控制误差在多少等信息)

2	设计软件（包含版本）:	PADS9.5				最后修改时间:	2015年9月10日，20:34:19
3	单板外形尺寸:	（10.3）厘米*（15.56）厘米				是否拼板:	否
4	拼板信息:	拼板形式:	不拼板			拼板数量:	
5		拼板后总尺寸:（ ）厘米*（ ）厘米				拼板图:	
6	金手指信息:	有无金手指:	无	电金厚度:	无	是否切角斜边:	否
7		金手指数量（根）:	无			切角图:	见附图
8	阻抗信息:	是否需要做阻抗:	否	阻抗值	**（欧姆）	误差	±10%
9		阻抗线位置描述:（或参见图）	见附件				

以上是PCB制造的一个工艺要求表，PCB上通常如果有非常多的关键信号要做阻抗，则可以单独附个文档，将要进行阻抗控制的线路显示出来，并说明要做的值和误差，电路板厂就会对这些”重要信号“线进行调整控制。

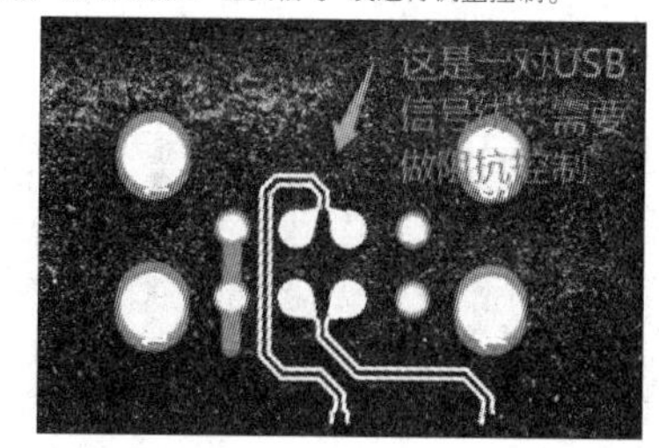

1. USB走线差分阻抗线控制在90欧姆+/-10%顶层

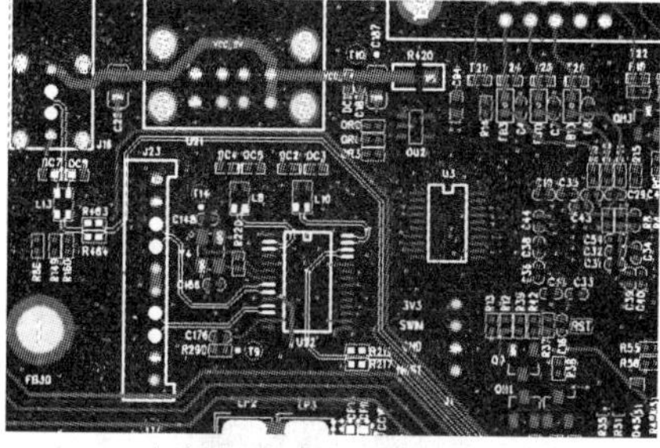

2. DDR部分阻抗线

顶层、第三层、黄色DR数据线、地址信号走线做50欧姆+/-10%，如下图：(备注，DDR按照叠层要求来做)

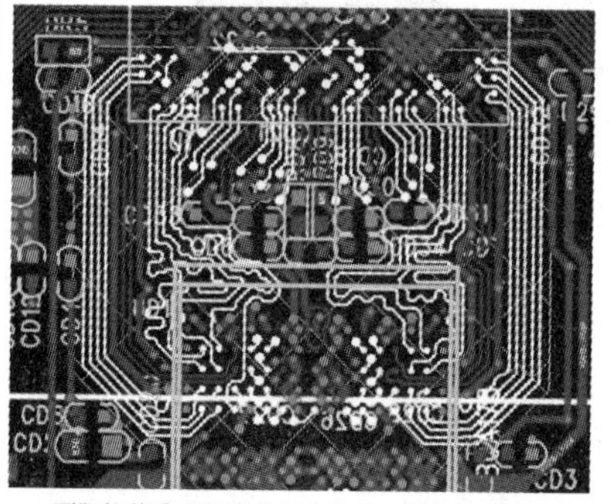

而阻抗值这些信息是怎么来的？通常是芯片规格手册上、方案要求上或者一些业界都认统一认可以参数值。

对于非电子专业的朋友来看PCB板上的走线，其实对于高速信号来说，线路并不是仅仅从A连通到B这么简单了，还要考虑”阻抗因素“，这个因素会直接关系到信号是否完整的从A点传到了B点。

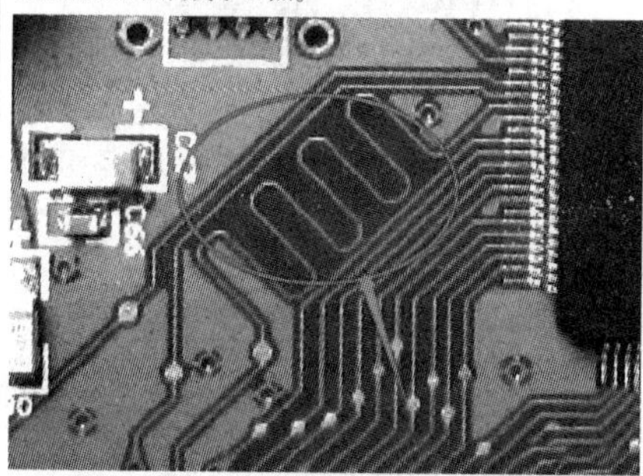

这就和上图的蛇形走线道理一样，对于信号传输不了解的话，就理解不了为什么这条线不直接拉直，两点之间，不是线段最短吗，线路了，损耗也小吗？非也，在电子线路里，特别是高速信号里，讲的是匹配性，信号传输是有时间的，线路越长，时间也会长，时序不一样，就会影响性能问题，当然对于低速，这些都没有影响。

如果阻抗不匹配，那么信号传输过程中会存在非常大的失真、衰减，而最后影响到功能，轻则不稳定或者传输速度下降，重则直接罢工直接功能实现不了。而不同信号的阻抗值不一样，差分线要求阻抗一般在100欧或120欧，比如高速USB、HDMI信号。

单端阻抗要求在50欧\75欧等，这些要求就是PCB工程师自己去确定的事，PCB板厂则根据你的要求，结合他们的材料\PCB文件线路设，使用阻抗软件工具进行调整，最后使用设备测试，让它达到要求值。

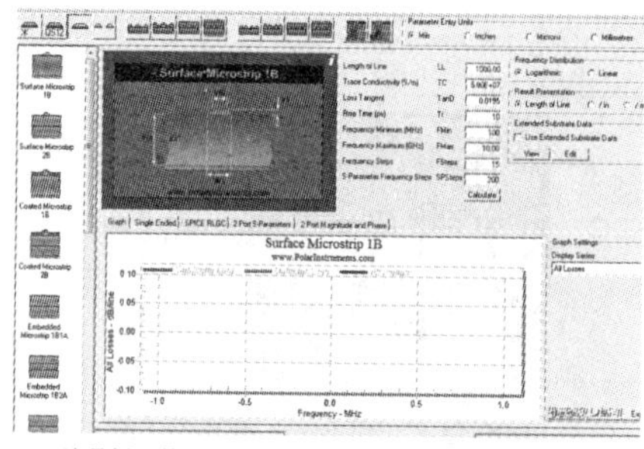

这是板厂使用的阻抗计算的软件。

那么影响”阻抗“的因素是哪些呢？大家记录一下：

它包括：线宽、线距、叠层、PCB板材介质及厚度等这都是影响阻抗的因素。板厂工程师就是通过调整这些值来满足要求。实际中主要是通过控制导线宽度、叠层来控制阻抗(因为PCB基材\厚度都是个定值，比较好动的就是线宽\线距参数了)。

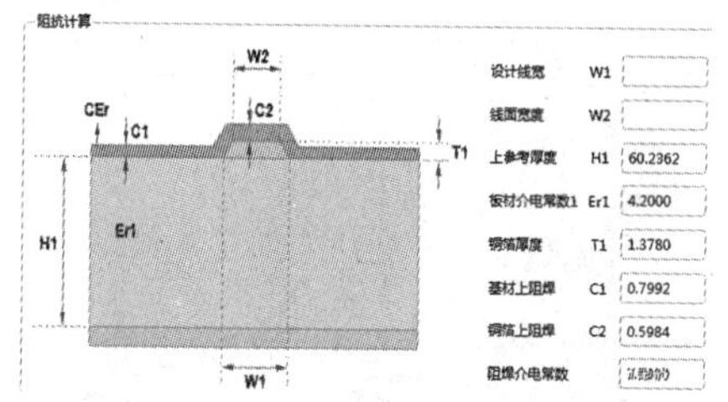

阻抗线是有分几种类型的，不同类型，板厂工程在软件里计算的时候用的对象都是不一样的，这里大家都要注意下。所以PCB工程师要学会如何用PCB阻抗计算软件来计算当前设计的线路是否满足阻抗值是很有必要的(前提是知道板厂用的板材参数能更准确)。

一、阻抗线按类型分为单端阻抗、差分阻抗两种类型，说通俗点是针对的是单条传输线和一对差分线。

如下图，分别是差分阻抗、单端阻抗、共面差分阻抗、共面单端阻抗：

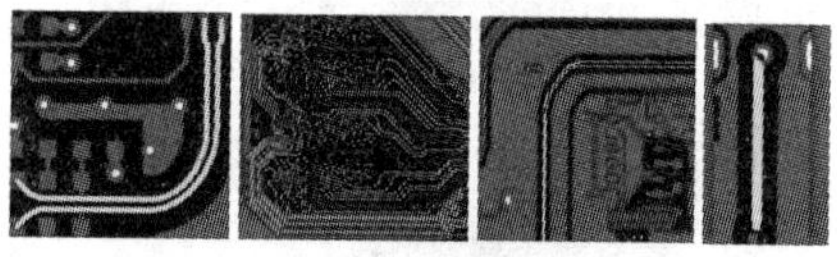

二、阻抗线按传输媒质分为带状线和微带线。

带状线：信号线位于两层接地面(或电源)之间的介质内的导线(在内层，有两个参考平面)根据传输线与两接地平面的距离相同或不同，又分为对称带状线和非对称带状线。

带状线的特性阻抗由导线的厚度、宽度、介电常数，及接地平面的距离有关。带状线两边都有电源或者底层，因此阻抗容易控制，同时屏蔽较好。

带状线

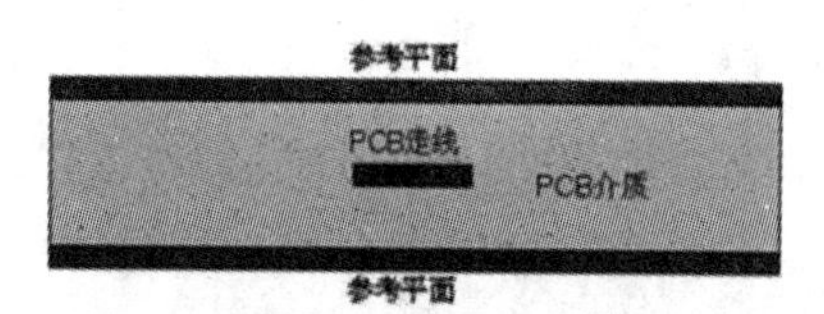

微带线：用电介质将导线与地(电源)平面隔开的传输线(在PCB表层，仅有一个参考平面)分两种微带线，一种是埋入的(在内层)，一种是非埋入的。微带线特性阻抗由导线的厚度、宽度、基材厚度及介电常数决定。主要用于双层和多层板。

微带线

(下转第480页)

5G 700M基站频频开通(二)

(上接第471页)

湖南长沙：已开通500多个5G 700M基站

11月2日，记者从长沙移动获悉，目前长沙74个乡镇已经陆续开展5G 700MHz站点大规模建设，计划于年底建设开通976个700M站点，实现长沙乡镇5G全覆盖。据悉，长沙已累计开通500多个5G 700M基站，每日产生流量3600GB左右，流量占比为千分之一点三。什么是700MHz频段？长沙移动相关负责人介绍，今年强势布局的5G“700M频段”被称为通信行业的优质低频“黄金频段”，相对于目前主流的高频5G频段，具有信号覆盖范围广、传输损耗小、建设成本较小等优势，能够与现网“2.6G频段”形成互补优势，实现城市深度覆盖和农村广覆盖，提升网络质量，极大地改善用户的网络感知。但由于700MHz频段去年才正式划分给中国广电和中国移动使用，因此目前支持700MHz频段的设备并不多。“没想到在乡下上网网速也很快，而且手机信号满格。”通过华为手机进行实测的市民吴先生说。那么消费者买的5G手机能否支持700M频段的5G网络呢？据长沙移动透露，目前可直接接入700MHz频段5G网络的手机型号已达20款，如HUAWEI Mate 30E Pro 5G、HUAWEI Mate40 pro、红米Note10 Pro、摩托罗拉edge s，以及暂未上市的OPPO A93s 5G等手机型号，涵盖华为、OPPO、小米、摩托罗拉、一加等终端设备厂商，覆盖了高中低端设备，其他终端厂家后续也将陆续推送软件版本支持。

河北石家庄：省内首个5G 700M基站“鹿泉4”在石家庄鹿泉建成并完成测试

今年9月，河北省内首个5G 700M基站“鹿泉4”在石家庄鹿泉建成并完成测试，拉开了全区700M建设的序幕。该基站为全省700M示范基站，为全省打造高质量建设样板标杆。中国移动5G 700M具备频段低、传播损耗小、覆盖能力强等特点，广覆盖优势明显，覆盖面积是2.6G的4.5倍，实测300米距离内可满足深度覆盖需求，尤其适合农村区域的环境和业务特点。该项目是石家庄移动全力助推乡村振兴战略举措之一，旨在加大乡镇农村区域5G基站建设，以新基建助推数智乡村建设。此次700M示范站的建设，石家庄移动强化党员先锋引领作用，成立700M专项攻坚党员先锋队，提前摸排打通绿色开站流程，全力协调厂家，制定分批到货计划，缓解对主设备、天线产能供货不足情况，提拉货期缩短至21天。同时，按照“全量建设、分批开通”总体原则梳理建设清单，勘察站点的空间、动力、传输、天线等资源现状，依据流量与保障要求划分建设优先级，提前开展天面、传输整治建设，有效缩短整体开站时长。石家庄移动抢抓每个时间节点，设备到货8小时完成设备出库安装，21小时即顺利开通全省首个700M示范基站。经现场测试，上行峰值速率是103.48Mbps，下行峰值速率331.13Mbps，楼宇内同一点位700M网络信号比2.6G网络信号强10dB左右，室内5G信号满格，有效提升深度覆盖场景下的用户体验。本次示范站的顺利建成为后续站点积累宝贵经验，为后期700M批量建设奠定了坚实基础。下一步，石家庄移动将加快5G 700M网络建设，为广大农村地区用户提供更可靠、更稳定、更优质的服务，让更多农村群众共享数字化、信息化发展红利。

(全文完)

PCB 板“阻抗”的小知识和阻抗计算小工具(二)

(上接第 479 页)

下面看几种不同类型阻抗图:

1. 差分阻抗

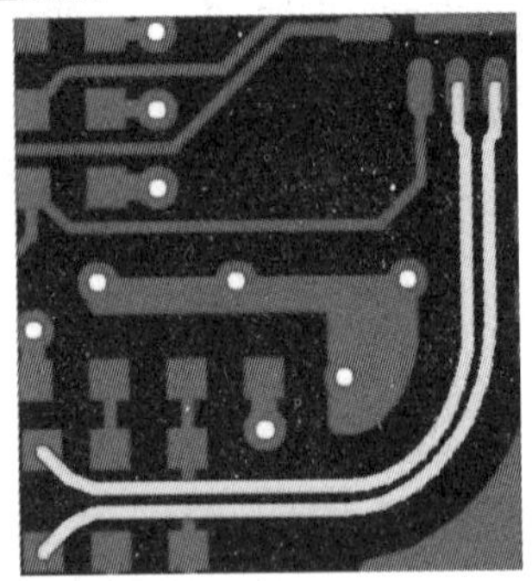

参考地平面同单端阻抗一样,唯一的差别是线宽线距也要调整有要求。

2. 特性阻抗(单端阻抗)

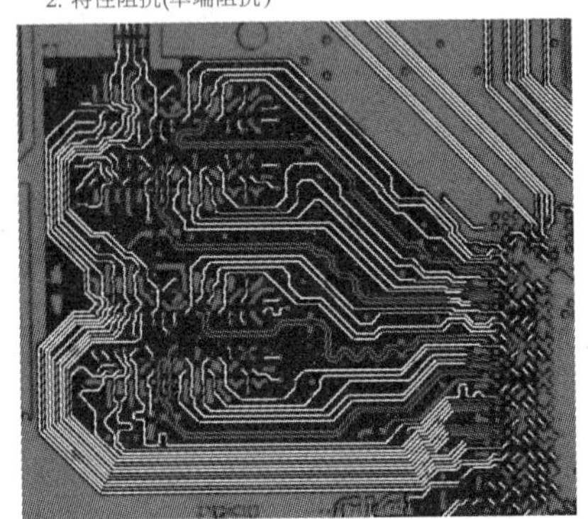

针对很多线做阻抗,只有下面有地平面,参照最接近的地层做,如果是内层的线则要参考最接近的 2 层地平面做。

3. 共面阻抗(共面差分和共面特性)

3.1 共面差分

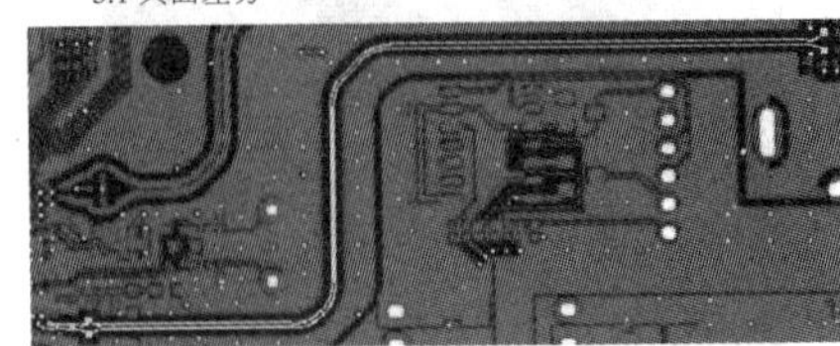

共面差分周围有均匀的铜皮围着,铜皮到阻抗线距离一致,且铜皮上有成排 via 孔,共面差分阻抗线下面和周边都有地平面。

3.2 共面特性

介绍了这么多,大家对 PCB 的阻抗是否有点一些认识,阿昆大概总结下:

0. 阻抗的作用是为了保证信号传输的完整性,确保信号从 A 点可以完整传到 B 点,不会变形失真。

1. 阻抗主要是针对高速信号作的要求。

2. 不同信号阻抗值不一样,由 PCB 设计工程师结合方案要求确认。

3. 阻抗值受 PCB 非常多的因素影响。

4. 阻抗值是通过专业的阻抗计算软件,结合阻抗类型、线宽、线距、板材、叠层、板厚、介质等因素进行综合计算。

5. 板厂通过设备如阻抗测试仪测试最终阻抗

阻抗计算工具介绍

板厂通常用的阻抗计算工具软件是 Polar SI9000,但这里给大家推荐一款阻抗介绍更方便的集成工具,其实也和 Polar SI9000 一样,但作了汉化,也更好用。这就是 PCB 的 DFM 评审工具中自带的功能。

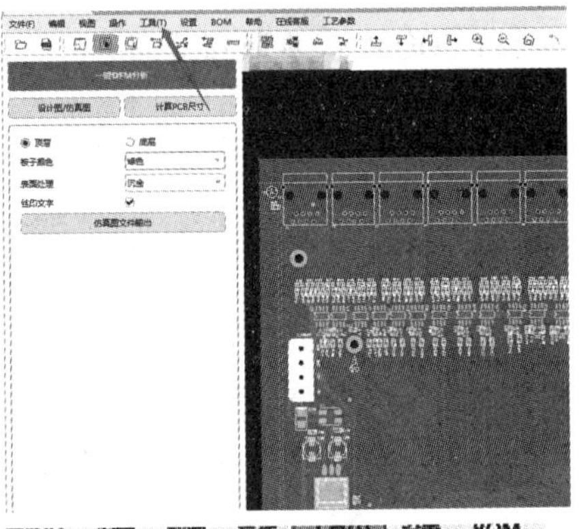

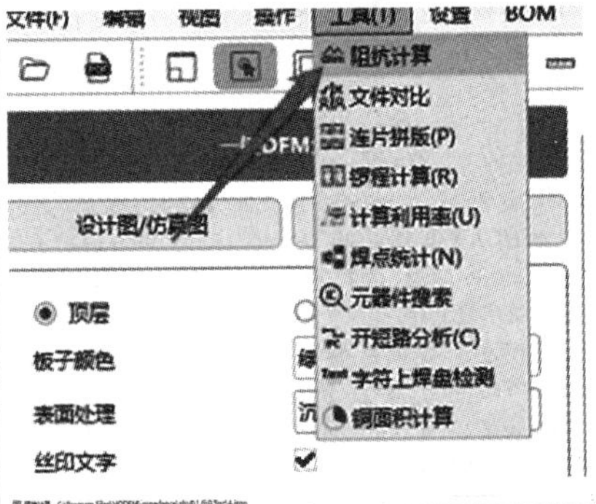

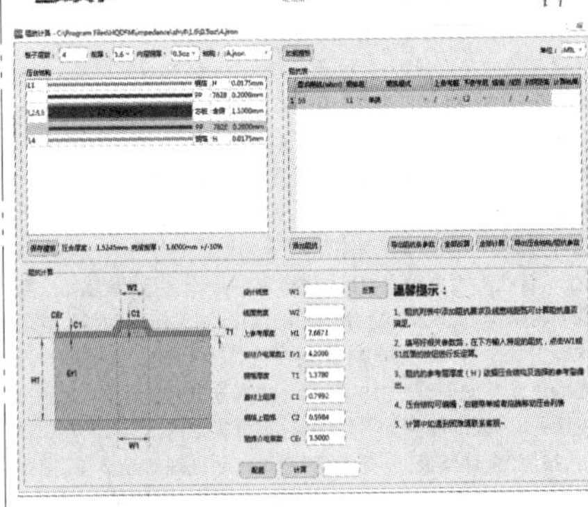

通过在软件里选择合适的阻抗类型及 PCB 相关参数,就可以计算出阻抗值,简单好用!大家通过如下方式下载使用!

工具下载

华秋 DFM 下载地址(需在电脑端打开):

https://dfm.elecfans.com/uploads/software/promoter/hqdfm_dpjahz.zip

你也可以通过软件 web 版登录快速体验:

https://dfm.elecfans.com/viewer/?from=dpjahz

(全文完)

弱电工程中常用几种线缆的传输距离(一)

网线

网线也就是双绞线,根据不同规格的网线有不同的传输距离。网线在传输网络信号,如果超出了网线本身可以承受的距离,信号就会衰减,严重时,网络信号会中断。

五类,六类都是 100 米,正规无氧铜六类线可以达到 120 米左右,如果要加大传输距离,在两段双绞线之间可安装中继器,可安装 4 个中继器。如安装 4 个中继器连接 5 个网段,则传输距离可达 500m。

光纤

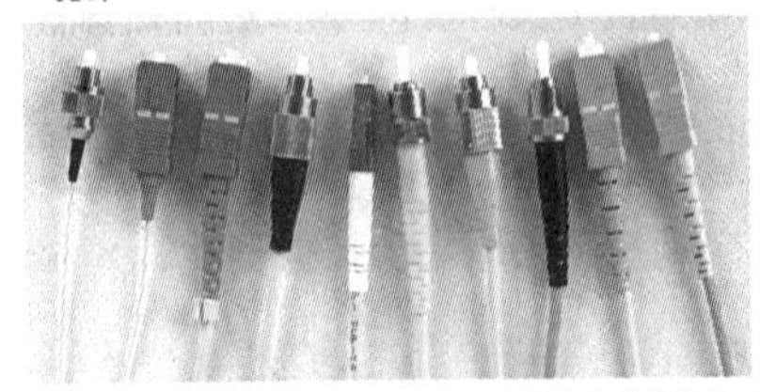

网线的传输距离有限,并不能解决远距离数据传输,那么对于远距离传输可以使用光纤。

光纤分为多模与单模,多模传输的距离比网线远,但又比单模短。在 10mbps 及 100mbps 的以太网中,多模光纤可支持 2000 米的传输距离;而于 1GbpS 千兆网中,多模光纤可支持 550 米的传输距离;所以多模现在用得比较少了。

单模光纤相比于多模光纤可支持更长传输距离,在 100Mbps 的以太网以至 1G 千兆网,单模光纤都可支持超过 5000m 的传输距离。

单模光模块中使用的器件是多模光模块的两倍,所以单模光模块的总体成本要高于多模光模块;单模光模块的传输距离可达 150 至 200km。

所以对于远距离传输可以用光纤来解决,类如远程监控项目。

HDMI 线

HDMI 高清晰度多媒体接口,一般高清显示器上用,可以连接 hdmi 显示器跟显示器,现在很多网络盒子也可以通过连接线连接电视,传递音频视频信号。

一般的 HDMI 信号传输 30 米以下,那么对于质量一般的线材大约传输的距离 15 米左右。

那么 HDMI 远距离如何传输呢?

1. 可以使用转换延长器

HDMI 信号不经过其他设备 (传输 120 米),HDMI 信号一般无法直接用 HDMI 线材传输到 30 米以上,市场上也几乎没有 30 米以上的 HDMI 成品线。

这种情况下如果只是单纯的传输 HDMI 信号到显示设备上,HDMI 信号不经过其他设备的话,我们可以采用网线延长信号的方法,用 HDMI 网线延长器来将信号延长,HDMI 网线延长器分为发送端(HDMI 输入,网线输出)和接收端(网线输入,HDMI 输出),可以延长 100 米(5 类网线)、120 米(6 类网线)。

2. 当然如果需要传输更远,也可以使用 HDMI 光纤延长器。

关于 HDMI 延长的方式有很多,也可以使用 HDMI 光纤线,可以根据实际情况使用。

(下转第 481 页)

STM32 常用的开发工具(一)

本文为大家汇总 STM32 常用的一些开发工具。

IDE(集成开发环境)

IDE:Integrated Development Environment,集成开发环境。

IDE 通常包含编辑器、编译器、调试器、图形用户界面等集成多种工具的应用程序(也就是大家写代码的上位机软件)。

通用 IDE

1. Keil MDK

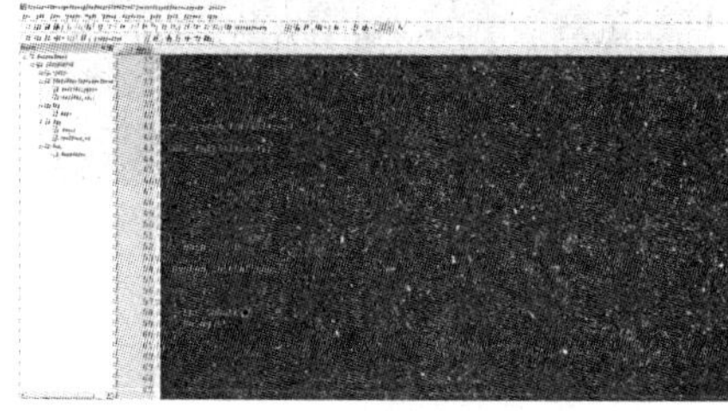

网址:https://www.keil.com/

后续可能会将 Keil MDK 升级为 Keil Studio, 后台回复关键字【Keil 系列教程】查看更多内容。

2. IAR EWARM

网址:https://www.iar.com/

后台回复关键字【IAR 系列教程】查看更多内容。

3. Embedded Studio

网址:https://www.segger.com/products/development-tools/embedded-studio/(公号不支持外链接,请复制链接到浏览器打开)

专用 IDE

1. STM32CubeIDE

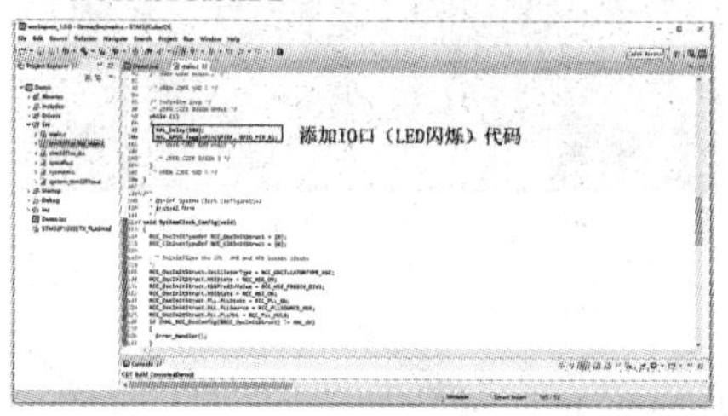

网址:https://www.st.com/en/development-tools/stm32cubeide.html

ST 官方推出的集成开发环境,集成了 TrueSTUDIO+STM32CubeMX 两个工具。

请参看文章:STM32CubeIDE 下载安装,配置生成代码,在线调试

2. RT-Thread Studio

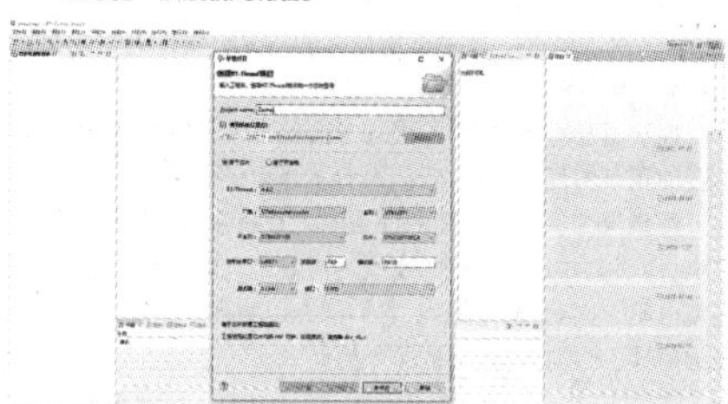

网址:https://www.rt-thread.org/page/studio.html

该 IDE 支持大部分 STM32,集成了 RT-Thread 实时操作系统。

搭建 IDE

自己搭建开发环境,首先你要明白开发环境中包含哪些内容(编辑器、编译器、链接器等),然后自己用几个工具集成在一起。

下面推荐几个常见的搭建环境的工具:

Eclipsehttps://www.eclipse.org/

VS Codehttps://code.visualstudio.com/

GCChttp://gcc.gnu.org/

顺便推荐几款非常优秀且常用的代码编辑器。

关于 IDE,可以参看:开发单片机的常见 IDE 有哪些?

下载编程工具

针对 STM32 的下载编程工具很多,有官方的工具,也有第三方的工具,同时有硬件工具,也有软件工具。

硬件:下载器

能对 STM32 下载程序的下载器,还是主推官方的 ST-Link,目前有最新的第三代 ST-Link V3 了,下载速度提升了很多。

其次,就是通用的 J-Link、ULink,这款下载器能支持很多 MCU 的下载,缺点就是价格贵。

再次,就是一些第三方的 CMSIS-DAP Debugger。

软件:编程工具

这里还是推荐 ST 官方的一些编程工具:STM32CubeProg、ST-LINK Utility、STVP、STMFlashLoader 等。

1. STM32CubeProg

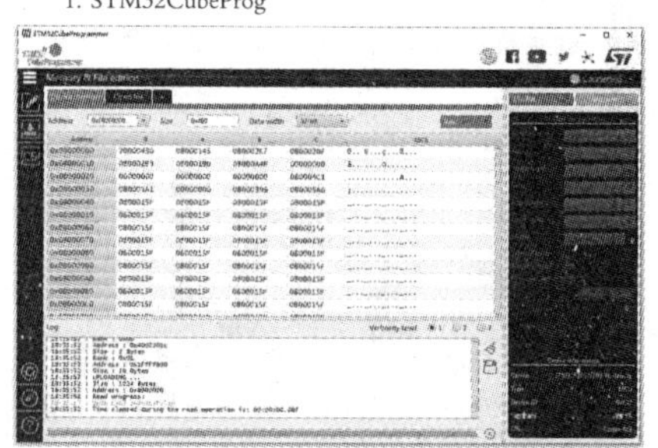

地址:

https://www.st.com/en/development-tools/stm32cubeprog.html

请参看:STM32CubeProg 介绍、下载、安装和使用教程

2. ST-LINK Utility

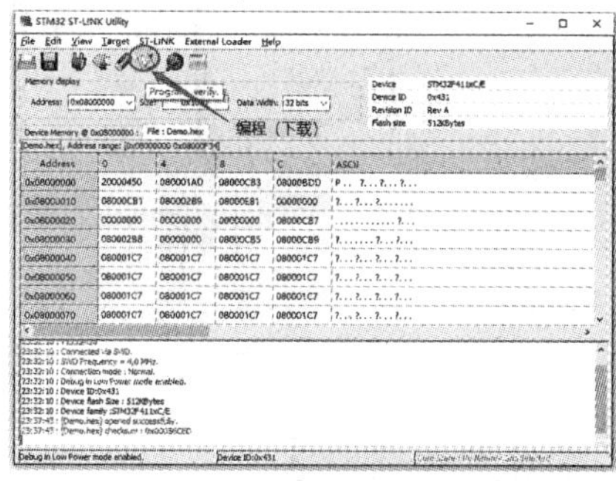

地址:https://www.st.com/en/development-tools/stsw-link004.html

请参看:ST-LINK Utility 介绍、下载、安装和使用教程

3. STVP

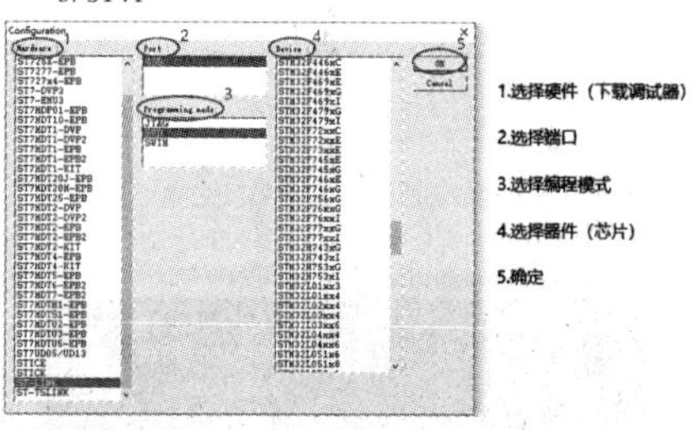

地址:https://www.st.com/en/development-tools/stvp-stm32.html

STVP 是 ST 早期的编程工具,支持早期的 ST7,以及 STM8、STM32 芯片。现在都没有更新了,如果是 STM32,建议使用最新的 STM32CubeProg 工具。

请参看:STVP 介绍、下载、安装和使用教程

(下转第 489 页)

弱电工程中常用几种线缆的传输距离(二)

(上接第 480 页)

DVI 线

DVI 为数字视频接口,一般的 DVI 线只能有效传输信号 5 米左右,超过 5 米就会产生信号的衰减。这个缺点极大限制了 DVI 设备的普及和应用。

DVI-D 只能接收数字信号;DVI-I 能同时接收数字信号和模拟信号,传输距离短,为 7~15 米。

VGA 线

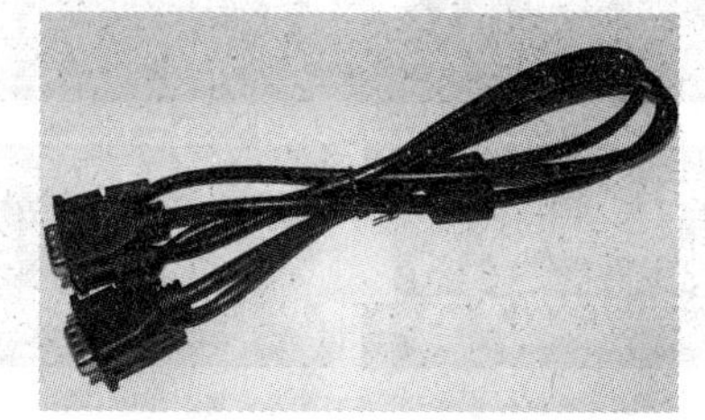

VGA 线传输的是模拟信号,是连接电脑显卡与显示器或电视机连接,并以此进行信息传输的一种数据传输线。它负责向显示器输出相应的图像信号,是电脑与显示器之间的桥梁。在彩色显示器领域得到了广泛的应用,但易衰减,传输距离短,易受干扰。但它的传输距离比 HDMI 与 DVI 要强点,其 3+4/6VGA 的传输距离是 20~40 米。

RS232 与 RS485

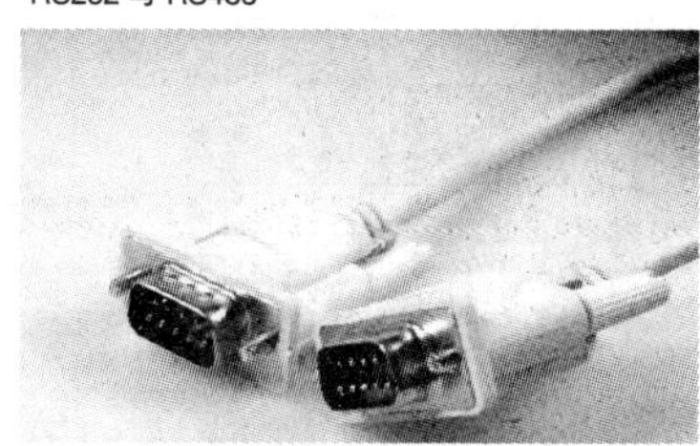

1. RS232:

RS232 传输距离有限,最大传输距离标准值为 15 米,且只能点对点通讯,传输速率为 20kB/s。

2. RS485:

RS485 无线传输距离为 1219 米。传输速率为 10Mbps,在 100Kb/S 的传输速率下,才可以达到最大通信距离。

采用阻抗匹配、低衰减的专用电缆可以达到 1800 米!超过 1200 米,可加中继器(上限为 8 只),这样传输距离接近 10Km。

USB 线

usb(通用串行总线)的缩写,是一个外部总线标准,用于规范电脑与外部设备的连接和通讯。是应用在 PC 领域的接口技术。USB 接口支持设备的即插即用和热插拔功能。

USB 协议规定的有效距离是 5 米,可以使用更长的 USB 延长线,线材的质量要好。劣质 USB 延长线到不了 5 米。当然 usb 线要想长距离传输,也是可以使用延长器的。

(全文完)

硬禾学堂专栏

使用示波器的正确姿势(二)

(接上期本版)

示波器的组成

各种示波器的功能基本上都是一样的，它们都有一些共同的属性——显示、水平线、垂直线、触发、输入等。

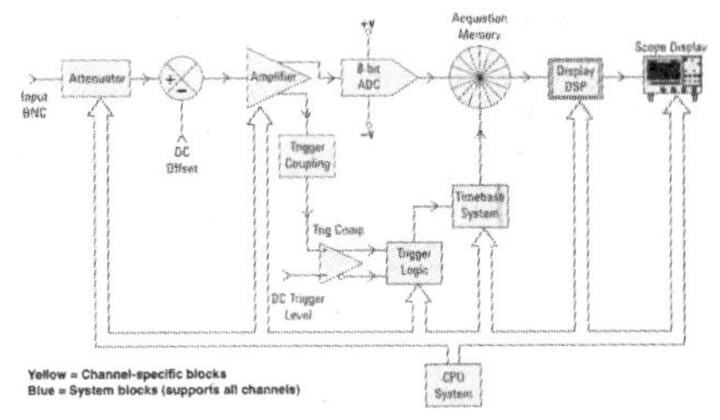

数字示波器内部构成框图

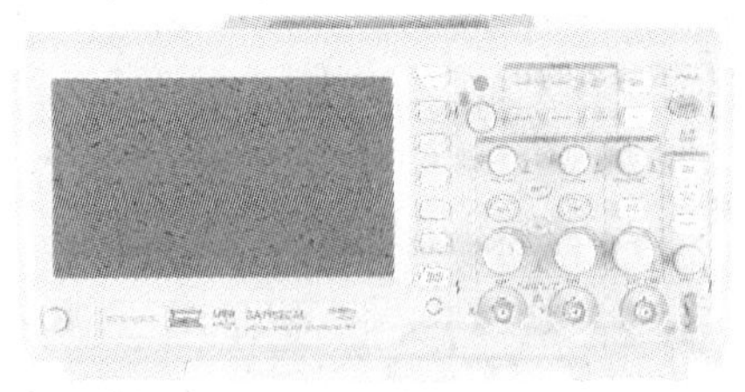

数字示波器的面板

显示部分

示波器最重要的功能就是把你要测量的电信号以时间为坐标显示出来，因此它是示波器最重要的部分之一。

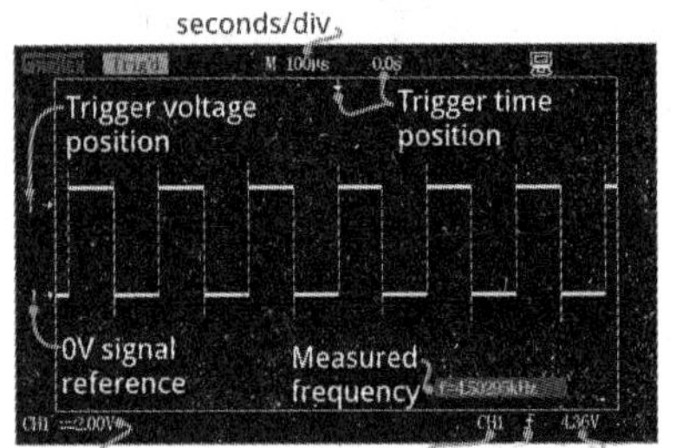

示波器的显示界面一般都是通过多条水平和竖直的线交错构成的格状，竖直的刻度单位为伏/格，水平的刻度单位为秒/格。一般来讲示波器的显示屏在竖向(伏)有8-10个格，在横向(秒)有10-14个格。

越来越多的数字示波器使用多色的LCD显示屏，能方便在一个屏幕上显示多个波形(以不同的颜色)。

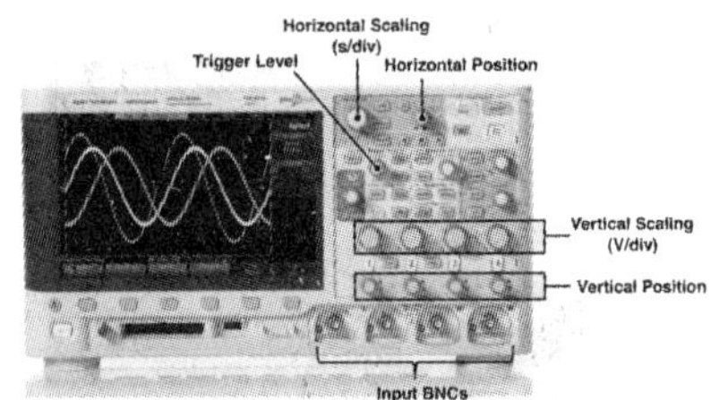

显示屏周边(右侧或下面)一般会有5个输入按键，用以菜单切换以及设置的控制。

垂直调节

示波器显示屏的竖向显示的是测量信号的电压，它的显示控制一般会通过两个旋钮：一个调节波形在竖直方向的位置，另一个调节每格的刻度(伏/格)。

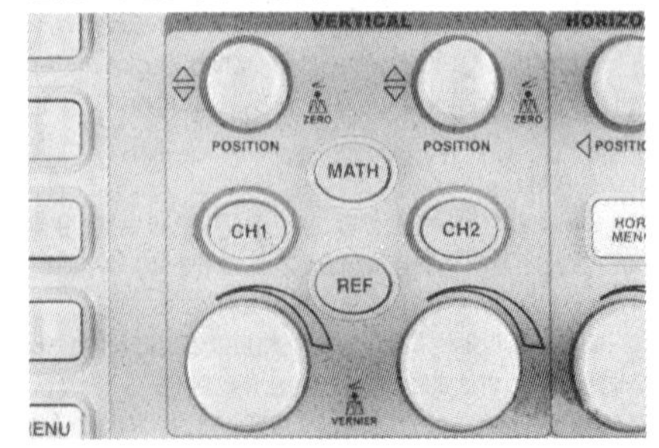

调节垂直显示刻度的旋钮

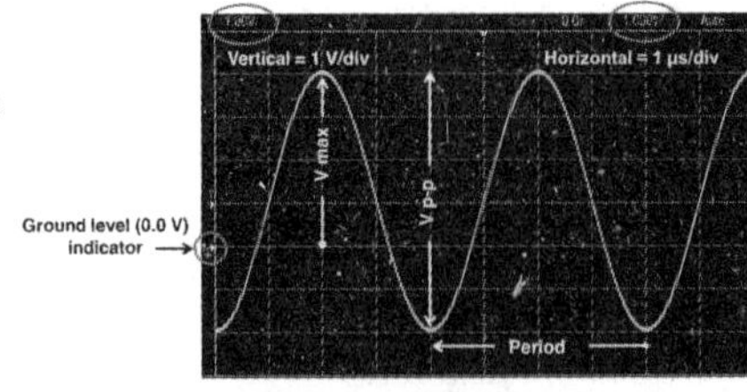

带直流偏移的信号

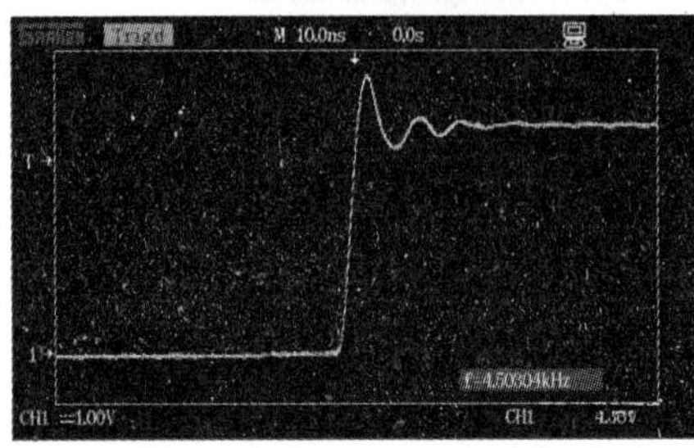

通过这两个旋钮的调节，你可以观察到波形的细节，比如你要仔细看一个5V的方波信号的上升沿，就可以通过调节这两个旋钮将上升沿放大进行查看。

水平调节

示波器的水平部分为时间标尺，就像垂直调节一样，水平调节按钮也有两个——调节左右移动和改变刻度的大小(单位为秒/每格)。

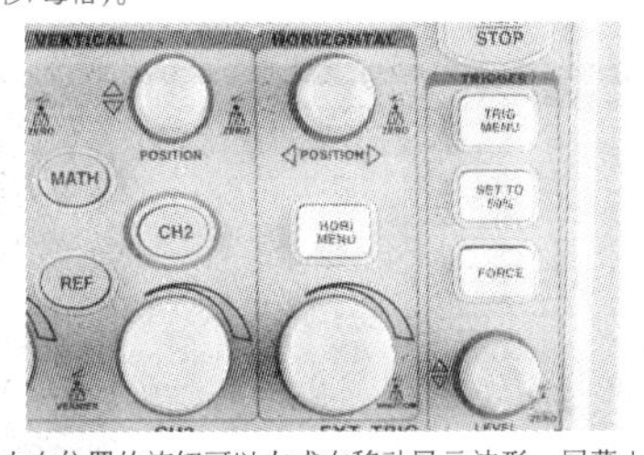

左右位置的旋钮可以左或右移动显示波形，屏幕上显示多少个周期的波形是通过水平比例的按钮来调节的。

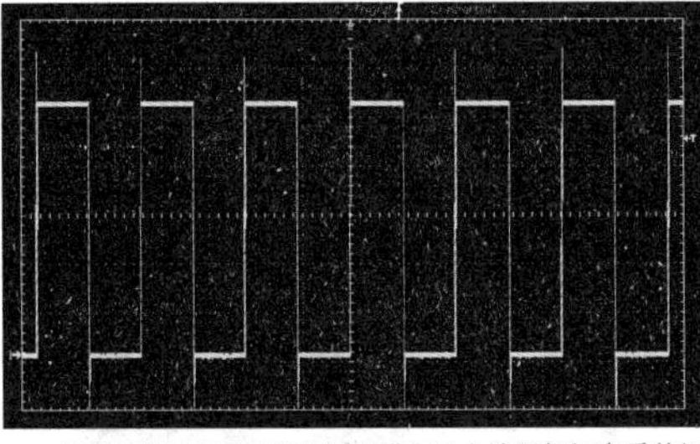

你可以通过水平比例按钮在横向放大波形仔细查看其细节部分。

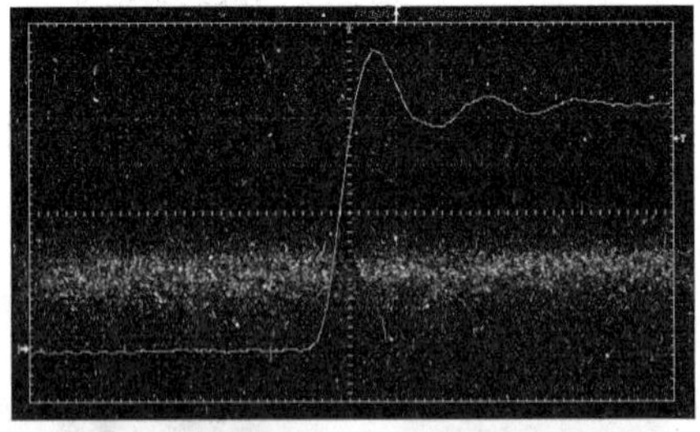

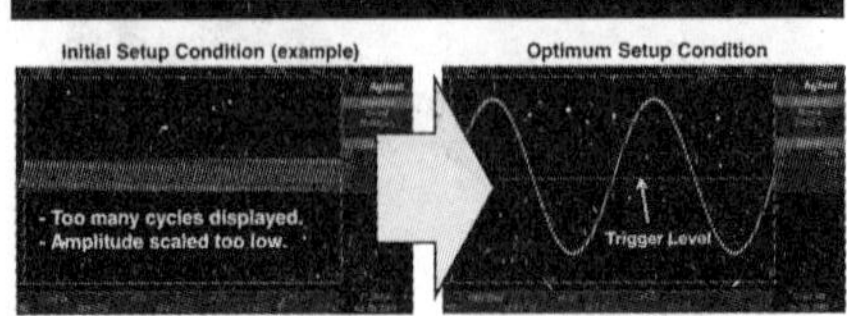

通过横向和竖向调节使得波形的显示正好适当

触发系统

触发系统主要是为了稳定波形的显示并让示波器能聚焦，通过调节"触发"按钮，你可以告诉示波器在哪一个起始点开始测量。如果被测的信号是周期性的波形，通过触发的设置，可以让波形在屏幕上稳定显示，像静止不动一样。如果触发没有调节好，波形就会在屏幕上跑来跑去，不能稳定下来。

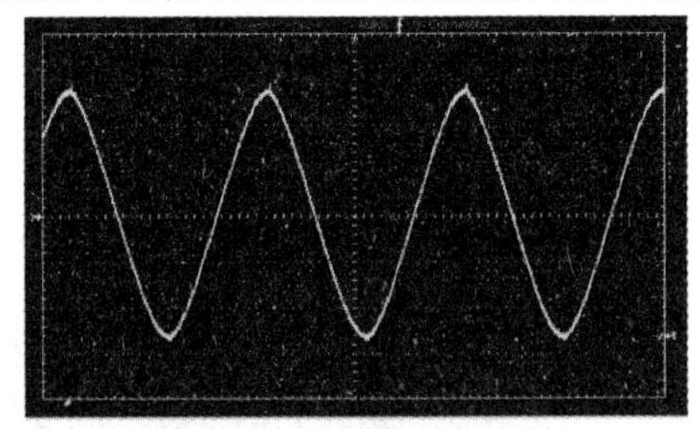

示波器的触发部分一般包含一个触发电平按钮和几个用以选择触发源、触发类型的按钮。调节"触发电平按钮"就能够设置触发点为某一个固定的电压值。

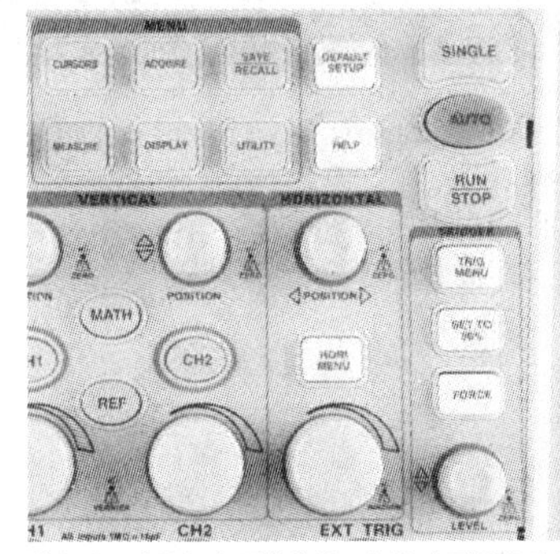

其它的几个按钮和屏幕菜单一起构成了触发系统的其余部分，主要的用途是选择触发源以及触发模式。以下是几种常用的触发类型：

- 最基本的边沿触发——当输入信号的电压超过某一个设定的电平，示波器开始测量。可以设置为上升沿或下降沿触发，或者两个沿都可以触发。
- 脉冲触发——遇到某种指定的电压脉冲的时候示波器开始测量，你可以指定脉冲的宽度以及脉冲的方向。
- 斜坡触发——正向或负向的波形斜坡超过了某一个指定的时间则启动示波器的测量
- 还有一些更复杂的触发机制用以检测某些标准的波形，比如NTSC或PAL信号

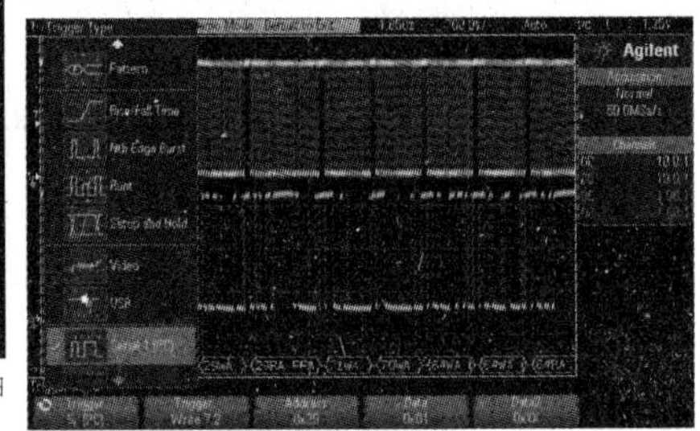

左侧的菜单可以看到不同的触发类型

探头部分

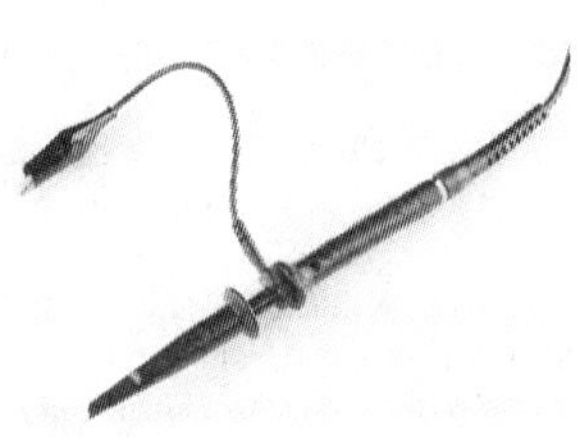

示波器的测量离不开同被测电路连接的探头，它是一个单输入的设备，将电信号从待测的电路上传递到示波器。它有一个比较尖的头用以接触你要检测的电路的测试点，很多时候这个尖头会配上钩子、镊子或夹子以方便连接到被测的电路上。每个探头都有一个接地夹子，测试的时候需要将这个接地夹子安全地连接到待测电路的公共地的位置。

探头看起来简单，用起来却学问大多了，多数硬件工程师不会使用示波器的探头，我们来看看怎么回事：

理想状况下，示波器的探头应该对被测的信号没有任何影响，但现实却是它长长的连线不可避免地有着杂散电感、电容及电阻。因此，无论如何，它们都会影响到示波器对待测信号的解读，尤其在非常高的频率的时候。

(未完待续)

Eagle PCB 阴阳拼板及 Gerber 文件的输出

Eagle 是德国 AUTODESK 公司的 PCB 设计软件，是第 46 届世界技能大赛电子技术项目官方指定的设计软件。目前国内使用 Egale PCB 软件的人还不多，特别是职业技术院校。由于 Eagle PCB 被世赛引入，在国内职业院校引起了一股学习 Eagle PCB 软件的热潮。但由于 Eagle PCB 的相关技术性书籍很少，同学们学习 Eagle PCB 过程中遇到的困难也很多。下面以同学们在学习过程中遇到比较有共性的问题，举例说明 Eagle PCB 的一个重要应用，是关于阴阳拼板及 Gerber 文件的输出，以方便 PCB 的加工制造。

学过 Altium Designer 软件的同学都知道，在 Altium Designer 中阴阳拼板 Gerber 工程文件输出是很简单的，但 Eagle PCB 的输出方法却截然不同，许多初学者都停留在 Altium Designer 软件的思维方法上，而无从下手。下面按步骤说明操作过程：

首先将设计好的 PCB 文件(untitled1.brd)复制到新建的文件夹里并打开(原理图文件不要复制过来，以截断 PCB 印制板与原理图的关联)，一般应先设定 PCB 的坐标原点(如图 1 所示)，然后点击主菜单“文件(F)/另存为(a)...”命令，保存多一份 PCB 文件的副本(untitled2.brd)，以便设计阴阳拼板时采用。这里强调一个重要点：保存副本前，必须提前在 PCB 的工艺边合适的位置上创建两个基准点(Mark1、Mark2，每一个 Mark 可设置一阴一阳)，否则此拼板 PCB 在进行 SMT 贴片编程加工时，可能会导致无法校正基准点(Mark)。

在打开的“untitled1.brd”PCB 文件页面，点击主菜单“工具(T)/Paneliz...”(拼板)命令，在弹出的如图 2 所示的对话框中，点击“Execute”(执行)按钮。这一步很重要，Eagle PCB 拼板 Gerber 工程文件输出是否成功与这一步关系重大，下面重点解析这一步的重要作用。

Eagle PCB 的元器件序号名称是分别放在第 25 层(tNames)和第 26 层(bNames)的，字体颜色与元件封装丝印是一样的，都是恢白色。第 25 层、26 层的元件序号名称是随着拼板增多而一直排序下去的，若按这样的序号输出的 Gerber 工程文件，当然是不行的。Eagle PCB 为用户解决了这一个问题，当点击如图 2 所示对话框中“Execute”(执行)按钮后，会自动生成 PCB 的第 125 层(_tNames)和第 126 层(_bNames)，分别用黄色(yellow)和品红色(magenta)来标注元器件序号的名称。这些元器件序号名称是被锁定的，它不会随着拼板数量的增多而递增，即每块拼板上第 125 层(_tNames)和第 126 层(_bNames)元器件的序号名称都是一样的，这样就解决了拼板 Gerber 工程文件元器件序号出错的问题。

接下去的拼板操作，与 Altium Designer 大同小异(这里不再详细介绍)。若采用阴阳拼板设计，必须在打开的“untitled2.brd”PCB 文件页面中对 PCB 进行镜像(mirror)和旋转 180°处理。具体方法是：按图 3 所示的三个操作步骤，先完成 PCB 的浮动激活。然后，PCB 处于激活状态时，点击鼠标滚轮即可完成 PCB 镜像(mirror)处理，点击鼠标右键可以完成 PCB 旋转。同理，完成上述操作后，“untitled2.brd”PCB 也需要进行“Paneliz...”(拼板)处理，以锁定“untitled2.brd”PCB 板上所有元器件的序列号。处理好的“untitled2.brd”PCB 板如图 4 所示。

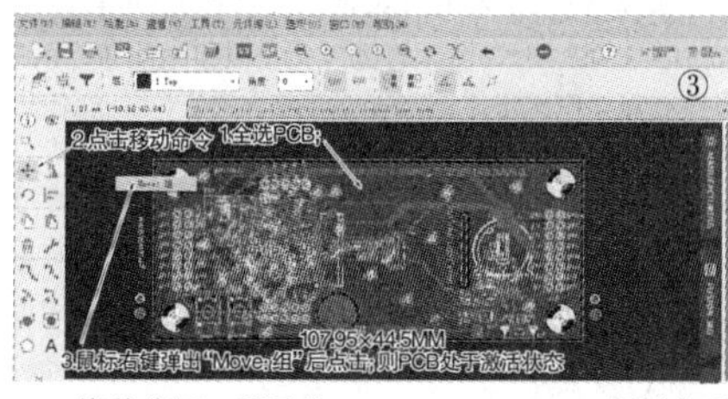

接着将图 4 所示的 “untitled2.brd”PCB 板拼接到图 1 所示的“untitled1.brd”PCB 板中去，这里采用复制粘贴法。拼好的一个单元阴阳板如图 5 所示。然后，根据客户对拼板单元数量的要求，需要将单元板进行复制拼接。这里，设计为 2×1 阴阳拼板，如图 6 所示。图 6 中工艺边设置在第 20 层(Dimension)，宽度约 5mm~6mm，基准点(Mark)约 1mm 即可。

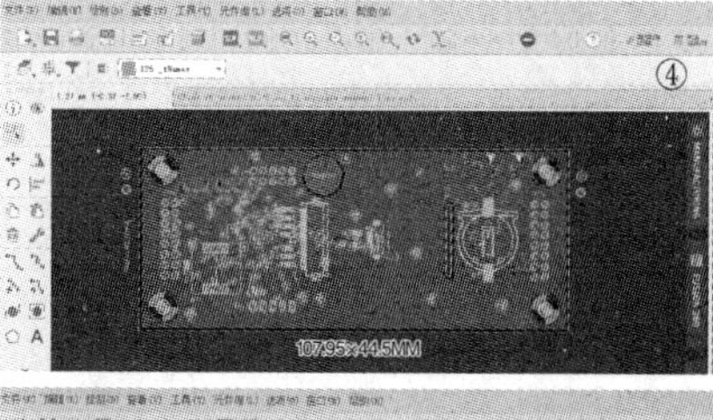

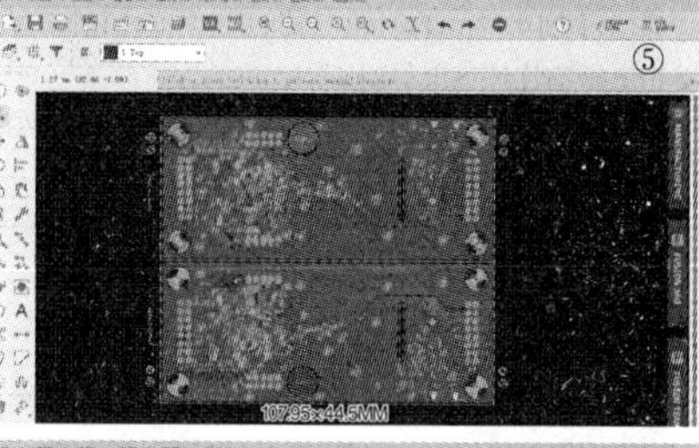

最后就是 Gerber 文件的输出，点击主菜单“文件(F)/CAM 处理器(M)...”，弹出如图 7 所示的对话框。图中输出文件(Output Files)、钻孔文件(Drill)和元件 BOM 清单(Assembly)都是按双面板的设计要求默认输出的。这里特别强调丝印层的输出必须通过点击图 7 中 “层管理按钮” 来改变丝印层的输出，以免引起 Gerber 输出文件中元器件的序号发生错乱。点击第 25 层“tNames”撤消选择(如图 8 所示)，再点击第 121 层“_tplace”和第 125 层“_tNames”选择(如图 9 所示)，然后，点击“OK”确认退出，以便实现顶层丝印“Silkscreen Top”元器件序号的正确排序。这样，各拼板 Gerber 工程文件元器件序号才是正确的。同理，底层丝印“Silkscreen Bottom”的处理方法相同。

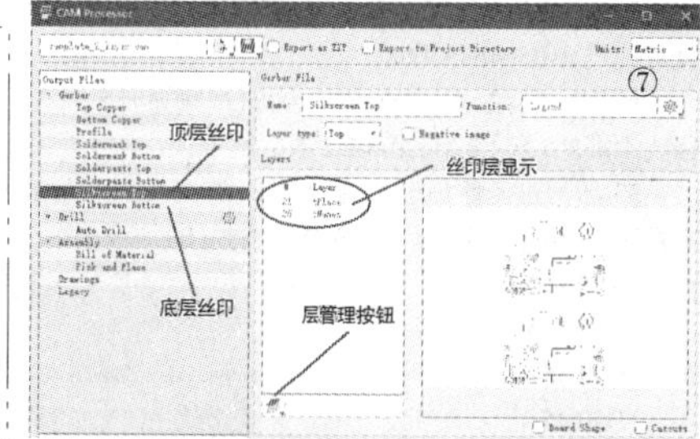

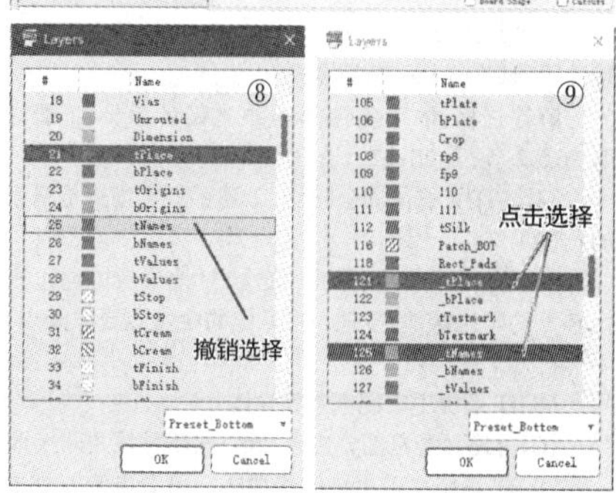

完成了丝印层的修改后，点击按钮“Process Job”，将自动生成 CAM 加工文件及相应的目录。

◇广西梧州 邹炯辉 王培开

微型颈椎按摩器维修一例

今年春节期间，亲戚拿来一个微型颈椎按摩器，说坏了，能修就修，不能修就当废品处理吧！笔者询问故障现象，她回答说：前段时间时好时坏，昨天彻底罢工了。因心中没底只能说试试看，接过颈椎按摩器，发现这个按摩器是通过一个电源适配器，将 220V 交流电转换为 12V 直流电给按摩器供电，按摩器开机运行。

维修过程如下：

1. 将电源适配器插入 220V 交流电，接通颈椎按摩器，开机一点反应也没有。换另外一个好的 12V 电源适配器，故障依旧。将 DT-890B 数字万用表拨到直流电压 20V 档，测 12V 电源适配器，输出直流电压为 12.3V，电源适配器正常。

2. 拉开颈椎按摩器外包装的拉连，看见主机如图 1 所示。拧出主板盖上的二枚螺钉，取出主板，主板有一面如图 2 所示。

3. 将电源适配器插入 220V 交流电，接通颈椎按摩器，开机用 DT-890B 数字万用表测主板电源插口二端电压，直流电压为 0V，说明适配器没有给颈椎按摩器供电。

4. 拔下电源插口的二根线，用万用表二极管档测得二根线中一根有断线现象。将二根线更线后试机，颈椎按摩器运行正常。

5. 颈椎按摩器运行正常后装机，再次试机又没有反应了。再次拆开颈椎按摩器试机又运行正常，说明按摩器有接触不良的现象。经过仔细检查，发现当时拧出主板盖上的二枚螺钉时，很难拿出主板，不得不拔除电机插口的二根线。这二根线拉得很紧，经过几年使用，线老化后拉得更紧，焊点有松动现象。于是更换这二根线(比原来稍长一点)，焊点用电烙铁重新焊了一下。装机前后分别进行试机，一切恢复正常，使用至今，未出现任何故障。

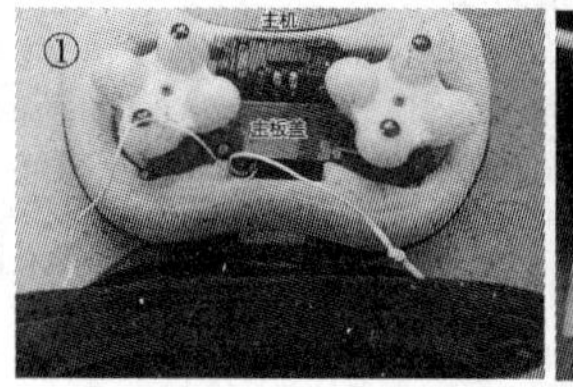

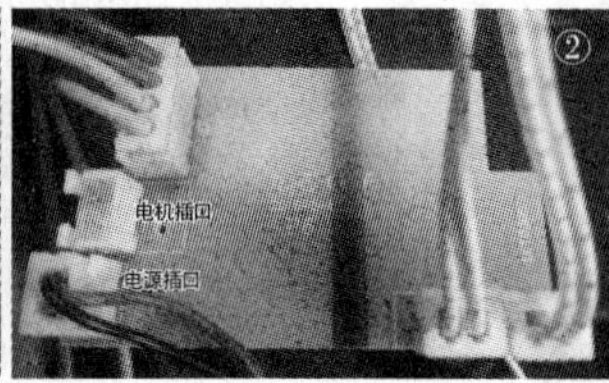

◇浙江 朱士宇

注册电气工程师供配电专业知识考题解答㉗

(未完待续)

29.在建筑高度大于100m的民用建筑内,消防应急照明灯具和灯光疏散指示标志的备用电源的连续供电时间不应小于下列哪项数值?(C)

(A)30min

(B)60min

(C)90min

(D)120min

解答思路:消防应急照明灯具和灯光疏散指示标志→GB50016-2014《建筑设计防火规范(2018版)》→备用电源的连续供电时间。

解答过程:依据GB50016-2014《建筑设计防火规范(2018版)》第10章,第10.1.5条。选C。

30.一个点型感烟或感温探测器保护的梁间区域的个数,最大不应大于几个?(D)

(A)2

(B)3

(C)4

(D)5

解答思路:点型感烟或感温探测器→《火灾自动报警系统设计规范》GB50116-2013→保护的梁间区域的个数。

解答过程:依据GB50116-2013《火灾自动报警系统设计规范》附录G,表G。选D。

31. 当民用建筑只接收当地有线电视网节目信号时,下面哪项不符合规范的要求?(C)

(A)系统接收设备宜在分配网络的中心部位

(B)应设在建筑物首层或地下一层

(C)每1000个用户宜设置一个子分前端

(D)每500个用户设置一个光节点,并应留有光节点光电转换设备间,用电量可按2kW计算

解答思路:民用建筑、有线电视→《住宅建筑电气设计规范》JGJ242-2011。

解答过程:依据JGJ242-2011《住宅建筑电气设计规范》第15.4节,第15.4.8条。选C。

32.LED视频显示屏系统的设计,根据规范下列哪项是正确的?(D)

(A)显示屏的水平左视角不宜小于90°

(B)显示屏的水平右视角不宜小于80°

(C)垂直上视角不宜小于20°

(D)垂直下视角不宜小于20°

解答思路:视频显示屏系统→《视频显示系统工程技术规范》GB50464-2008。

解答过程:依据GB50464-2008《视频显示系统工程技术规范》第4.2节,第4.2.2条。选D。

33.晶闸管元件额定电流的选择,整流线路为六相零式时,电流系数K_i为下列哪个数值?(B)

(A)0.184

(B)0.26

(C)0.367

(D)0.45

解答思路:晶闸管元件额定电流→《钢铁企业电力设计手册(下册)》→六相零式。

解答过程:依据《钢铁企业电力设计手册(下册)》第26.5.2节,表26-22。选B。

34.对IT系统的安全防护,下列哪一项描述是错误的?(A)

(A)在IT系统中,带电部分应对地绝缘或通过一足够大的阻抗接地,接地可在系统的中性点或中间点,不可在人工中性点

(B)IT系统不宜配出中性导体

(C)外露可导电部分应单独地、成组地或共同接地

(D)IT系统可采用绝缘监视器、剩余电流监视器和绝缘故障定位系统

解答思路:IT系统的安全防护→《低压电气装置第4-41部分:安全防护电击防护》GB16895.21-2011,《低压配电设计规范》GB50054-2011。

解答过程:依据GB16895.21-2011《低压电气装置第4-41部分:安全防护电击防护》第411.6节,第411.6.1条、第411.6.2条、第411.6.3条,GB50054-2011《低压配电设计规范》第5.2节,第5.2.22条。选A。

35.为防止人举手时触电,布置在屋外的3kV及以上的配电装置的电气设备外绝缘体最低部位距地小于下列哪个数值时应装设固定遮栏?(B)

(A)2300mm

(B)2500mm

(C)2800mm

(D)3000mm

解答思路:3kV及以上的配电装置→《3~110kV高压配电装置设计规范》GB50060-2008→应装设固定遮栏。

解答过程:依据GB50060-2008《3~110kV高压配电装置设计规范》第5章,第5.1.1条。选B。

36.在电气设备中,下列哪一项是外部可导电部分?(C)

(A)配电柜金属外壳

(B)灯具金属外壳

(C)金属热水暖气片

(D)电度表铸铝合金外壳

解答思路:外部可导电部分→《建筑电气装置第5-54部分:电气设备的选择和安装接地配置、保护导体和保护联结导体》GB16895.3-2017。

解答过程:依据GB16895.3-2017《建筑电气装置第5-54部分:电气设备的选择和安装接地配置、保护导体和保护联结导体》第541.3.2条。选C。注:规范已更新为"外界可导电部分"。

37.某35kV线路采用合成绝缘子,绝缘子的型号为FXBW1-$\frac{35}{70}$,则该合成绝缘子运行工况的设计荷载为下列哪项值?(A)

(A)23.3kN

(B)28kN

(C)35kN

(D)46.7kN

解答思路:35kV线路采用合成绝缘子→《66kV及以下架空电力线路设计规范》GB50061-2010→运行工况、荷载。

解答过程:依据GB50061-2010《66kV及以下架空电力线路设计规范》第5.3节,第5.3.1条、第5.3.2条、表5.3.2。

$$F<\frac{F_u}{K}=\frac{70}{3}=23.3$$

选A。

38.在气体爆炸危险场所外露静电非导体部件的最大宽度及表面积,下列哪项表述是正确的?(B)

(A)在0区,Ⅱ类A组爆炸性气体,最大宽度为0.4cm,最大表面积为50cm²

(B)在0区,Ⅱ类C组爆炸性气体,最大宽度为0.1cm,最大表面积为4cm²

(C)在1区,Ⅱ类A组爆炸性气体,最大宽度为3.0cm,最大表面积为120cm²

(D)在1区,Ⅱ类C组爆炸性气体,最大宽度为2.0cm,最大表面积为30cm²

解答思路:静电→《防止静电事故通用导则》GB12158-2006。

解答过程:依据GB12158-2006《防止静电事故通用导则》第7.2.3条、表3。选B。

39.当移动式和手提式灯具采用Ⅲ类灯具时,应采用安全特低电压(SELV)供电,在潮湿场所其电压限值应符合下列哪项规定?(C)

(A)交流供电不大于36V,无波纹直流供电不大于60V

(B)交流供电不大于36V,无波纹直流供电不大于100V

(C)交流供电不大于25V,无波纹直流供电不大于60V

(D)交流供电不大于25V,无波纹直流供电不大于100V

解答思路:灯具→《建筑照明设计标准》GB50034-2013→采用安全特低电压、潮湿场所。

解答过程:依据GB50034-2013《建筑照明设计标准》第7章,第7.1.3条。选C。

40.对于第一类防雷建筑物防直击雷的措施应符合有关规定,独立接闪杆、架空接闪线或架空接闪网应设独立的接地装置,每一根引下线的冲击接地电阻不宜大于10Ω,在土壤电阻率高的地区,可适当增大冲击接地电阻,但在3000Ω·m以下的地区,设计规范规定的冲击接地电阻不应大于下列哪项数值?(B)

(A)20Ω

(B)30Ω

(C)40Ω

(D)50Ω

解答思路:防直击雷的措施→《建筑物防雷设计规范》GB50057-2010→第一类防雷建筑物、冲击接地电阻。

解答过程:依据GB50057-2010《建筑物防雷设计规范》第4.2节,第4.2.1条第8款。选B。

二、多项选择题(共30题,每题2分。每题的备选项中有2个或2个以上符合题意。错选、少选、多选均不得分)

41.低压电气装置的每个部分应按外界影响条件分别采用一种或多种保护措施,通常允许采用下列哪些保护措施?(A、C、D)

(A)自动切断电源

(B)单绝缘或一般绝缘

(C)向单台用电设备供电的电气分隔

(D)特低电压(AELV和PELV)

解答思路:低压电气装置的、保护→《低压电气装置第4-41部分:安全防护电击防护》GB16895.21-2011→一种或多种保护措施。

解答过程:依据GB16895.21-2011《低压电气装置第4-41部分:安全防护电击防护》第410.3节,第410.3.3条。选A、C、D。

42.关于架空线路路径的选择,下列哪些表述是正确的?(A、C、D)

(A)3kV及以上至66kV及以下架空电路线路,不应跨越储存易燃、易爆危险品的仓库区域

(B)丙类液体储罐与电力架空线接近水平距离不应小于电杆(塔)高度

(C)35kV以上的架空电路电力线路与储量超过200m³的液化石油气单罐(地面)的最近水平距离不应小于40m

(D)架空电路线路不宜通过林区,当确需通过林区时应结合林区道路和林区具体条件选择线路路径,并应尽量减少树木砍伐。10kV及以下架空电力线路的通道宽度,不宜小于线路两侧向外延伸2.5m

解答思路:架空线路路径→《66kV及以下架空电力线路设计规范》GB50061-2010,《建筑设计防火规范(2018版)》GB50016-2014。

解答过程:依据GB50061-2010《66kV及以下架空电力线路设计规范》第3章,第3.0.3条、第3.0.4条。

GB50016-2014《建筑设计防火规范(2018版)》第10.2节第10.2.1条。选A、C、D。

(未完待续)

◇江苏 键谈

变频器的制动电阻与制动单元

变频器在运行中，其直流母线上的电压 U_D 因为某些原因可能出现危险的过电压，导致滤波电容器因过电压击穿，或者引发其他故障。

一、直流母线产生过电压的原因

1. 变频器参数设置不当

变频器参数设置不当导致直流母线过电压，是直流母线产生过电压的原因之一。例如，惯性较大的负载，变频器"减速时间"这个参数设置时间较短。当变频器的输出频率降低时，电动机旋转磁场的转速降低，这时由于电动机的负载惯性较大，转速不能快速降低，使得电动机的实际转速高于旋转磁场的转速，电动机由电动状态变换为发电状态，所发电能通过变频器逆变电路中的续流二极管整流，给变频器电源输入端的整流滤波电容器充电，致使变频器直流母线上的电压过高。

2. 起重设备在重物下降时

起重设备的吊钩上悬挂的重物，在其下降的过程中，电动机可能处于制动状态，防止重物下降速度过快，但重物下降的牵拉力大于电动机的制动力时，电动机的转速有可能大于变频器给电动机提供的电源频率的旋转磁场的转速，使电动机处于发电状态，导致变频器直流母线上的电压升高到异常值。

有时启动和制动比较频繁，或者要求快速制动，也可能导致直流电路的电压 U_D 增高，从而产生过电压。

二、消除直流母线过电压的技术措施

1. 将过电压的能量反馈至电网

当变频器检测到直流母线上的电压超过限定值时，起动逆变电路，将滤波电容器上过高集聚的能量转换成与电网频率、电压相同的正弦交流电反馈给电网，这一技术方案既解决了直流母线过电压的问题，又节约了电能，一举两得。但对电网的运行稳定性要求较高，而且要求变频器必须增加相应的功能电路，设备成本较高，也提高了技术维修的技术难度，所以应用较少。

2. 多台变频器使用公用直流母线

如果将多台变频器的直流环节通过共用直流母线互连，则一台或多台电动机产生的再生发电能量就可以被其它电动机以电动的方式消耗吸收。

图 1 是应用比较广泛的共用直流母线方案，该方案包括以下几个部分。

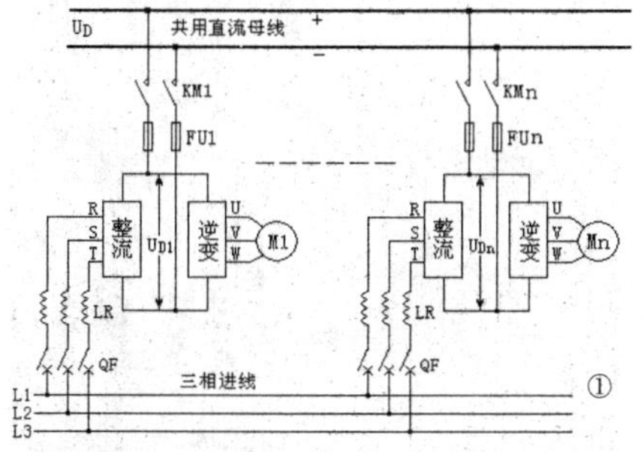

(1)三相交流电源进线

各变频器的电源输入端并联于同一交流母线上，并保证各变频器的输入端电源相位一致。图 1 中，断路器 QF 是每台变频器的进线保护装置。LR 是进线电抗器，当多台变频器在同一环境中运行时，相邻变频器会互相干扰，为了消除或减轻这种干扰，同时为了提高变频器输入测的功率因数，接入 LR 是必须的。

(2)直流母线

KM 是变频器的直流环节与共用直流母线连接的控制开关。FU 是半导体快速熔断器，其额定电压可选 DC700V，额定电流必须考虑驱动电动机在电动或制动时的最大电流，一般情况下，可以选择额定负载电流的 125%。

(3)控制单元

各变频器根据控制单元的指令，通过 KM 将其直流环节并联到共用直流母线上，或是在变频器故障后快速地与共用直流母线断开。

3. 使用制动单元和制动电阻

这一技术方案的机理是，当变频器检测到直流母线上的电压达到限定值时，将一个电子开关(制动单元)打开，使一个具有一定功率的泄放电阻(制动电阻)并联在直流母线的正负极上，实现泄放滤波电容器上集聚的危险电能的作用。

当然，制动单元和制动电阻也可与公用直流母线技术相结合，当公用直流母线系统中的电动机不能完全吸收过电压集聚的能量时，直流母线上的公用制动单元和制动电阻即可泄放掉高电压集聚的能量。当过电压被泄放至安全值以下时，制动过程自动结束。

三、制动电路工作原理

图 2 是含有制动单元和制动电阻的变频器内部主电路，图中 DR 是制动电阻，V12 是制动单元。制动单元是一个控制开关，当直流电路的电压 U_D 增高到一定限值时，开关接通，将制动电阻并联到电容器 C 两端，泄放电容器上存储的过多电荷。其控制原理如图 3 虚线框内电路所示。电压比较器的反向输入端接一个稳定的基准电压 U_A，而正向输入端则通过电阻 R1 和 R2 对直流电路电压 U_D 取样，获得取样电压 U_B，当 U_B 数值超过 U_A 一定数值时（通常该数值为 mV 数量级，为几 mV，最大几十 mV），电压比较器的输出端状态由低变高，经驱动电路使 IGBT 管导通，制动电阻 DR 开始放电。当 U_D 电压数值在正常范围时，IGBT 管截止，制动电阻退出工作。

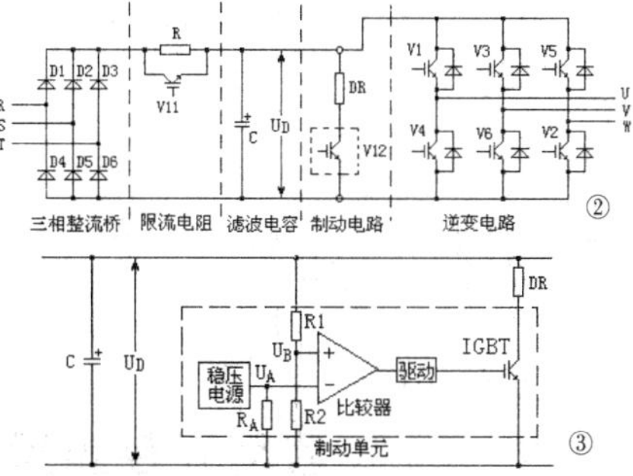

IGBT 管是一种新型半导体元件，它兼有场效应管输入阻抗高、驱动电流小和双极性晶体管增益高、工作电流大和工作电压高的优点，在变频器中被普遍使用，除了制动电路外，其逆变电路中的开关管也几乎清一色地选用 IGBT 管。

图 3 中的电阻 R 是限流电阻，可以限制开机瞬间电容器 C 较大的充电涌流。适当延时后，IGBT 管 V11 导通，将限流电阻 R 短接，从而消除限流电阻 R 上消耗的功率。有的变频器在这里使用交流接触器的触点将 R 短接，作用与此类似。

四、制动电阻的阻值和容量

准确计算制动电阻值的方法比较麻烦，必要性也不大。作为一种选配件，各变频器的制造商推荐的制动电阻规格也不是很严格，而为了减少制动电阻的规格档次，常常对若干种相邻容量规格的电动机推荐相同阻值的制动电阻。取值范围如下：

$$DR=\frac{2.5U_{DH}}{I_{MN}}\sim\frac{U_{DH}}{I_{MN}} \quad (1)$$

式中 DR——制动电阻的阻值，Ω；

U_{DH}——直流电压的上限值，即制动电阻投入工作的门槛电压，V；

I_{MN}——电动机的额定电流，A。

由式(1)可见，制动电阻值的大小，有一个允许的取值范围。制动电阻工作时消耗的功率，可按下式计算：

$$P_{DR}=\frac{U_{DH}^2}{DR} \quad (2)$$

式中 P_{DR}——制动电阻工作时消耗的功率，W；

由式(2)计算出的制动电阻功率值是假定其持续工作时的值，但实际情况绝非如此，因为制动电阻只有变频器和电动机在停机或制动时才进入工作状态，而有的电动机甚至连续多天运行都不停机，即便是制动较频繁的电动机，它也是间断工作的，因此，式(2)计算出的结果应进行适当修正，根据电动机制动的频繁程度，修正系数可在 0.15~0.4 之间选择。制动频繁，或电动机功率较大时，取值大些，很少制动，或电动机功率较小时，取值小些。

变频器说明书中都会推荐不同功率电动机应该选择的制动电阻规格，但是，推荐值对一种具体应用来说，不一定是最佳值。运行中若有异常，可根据上述原则进行适当调整。

五、制动电路异常的处理

1. 电动机刚开机，制动电阻就发烫。

因为刚开机时，直流电路的电压不会偏高，制动电阻不应该通电，也不会发热。出现这种情况应认定是制动单元已经损坏，可能内部的 IGBT 管已经击穿，或者控制电路异常，使 IGBT 管误导通了。

2. 制动单元出现故障损坏。

制动单元出现故障损坏时，为了减少采购配件的等待时间，尽量减少停产损失，可采取如下应急措施。

制动单元是制动电阻的控制开关，制动单元损坏后，可临时用一只三相交流接触器代替。变频器直流电路的电压可达电源电压的 $\sqrt{2}$ 倍，即 $\sqrt{2}\times380V=537V$，从承受电压和灭弧的角度考虑，应将接触器的三个主触点串联起来，控制制动电阻的接入与否。接触器线圈的通电，可由下述方法之一控制：1)对于一般生产机械，或频繁启动、制动的生产设备，由停机按钮通过中间继电器进行控制，这样，每当生产设备停机时，制动电阻就处于放电状态；2)对于起重机械，可由控制吊钩下行的接触器的辅助接点进行控制，这样，每次吊钩向下运行时，制动电阻同样处于放电状态。

◇山西 杨电功

如何改变变频器驱动电动机的旋转方向

在工频驱动电动机的电路中，若欲改变电动机的旋转方向，其方法是大家很熟悉的，就是在断电情况下，任意调换两条电源线的接线顺序即可实现，如图 1 所示。图 1a)是原来旋转方向的接线，图 1b)是改变相序后相反旋转方向时的接线。但在变频器驱动电动机的控制电路中，情况会稍许复杂一些，这里给以介绍。

图 2 是变频器驱动电动机的示意图，其中图 2a)表示在三相电源 L1、L2、L3 与变频器的电源输入端之间，试图通过交换相序的方法改变电动机的旋转方向，理论和实践都证明这是不可行的。因为不管输入端的相序如何改变，在变频器内经过三相桥式整流后，对输出端的相序是毫无影响的。

而图 2b)中，在变频器的输出端改变相序倒是可行的，但是因为电动机的主电路导线一般较粗，若欲在电动机运行过程中随时改变电动机的旋转方向，这种方法显然不方便，也是不可取的。

利用更改变频器输入端的控制端子接线，或者利用程序修改的方法，可以方便地改变电动机的旋转方向。有的变频器输入端具有正转(FWD)和反转(REV)接线端子，如图 3 所示。图 3a)将正转控制端子 FWD 与 COM 接通，则电动机正转；而像图 3b)那样将反转控制端子 REV 与 COM 接通，则电动机反转。这些端子的接通或断开，可由上位机、PLC 或手动方法操作控制。

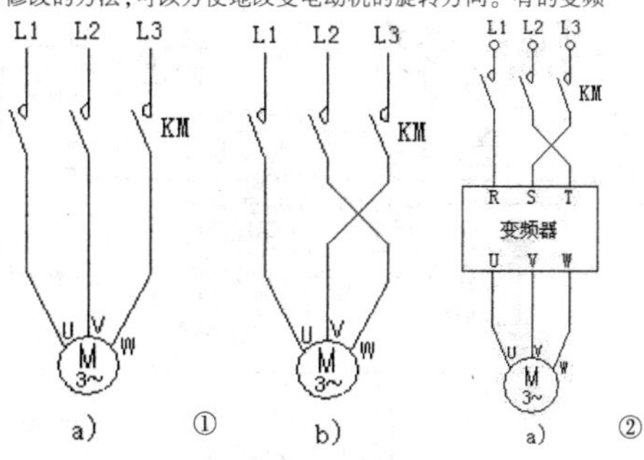

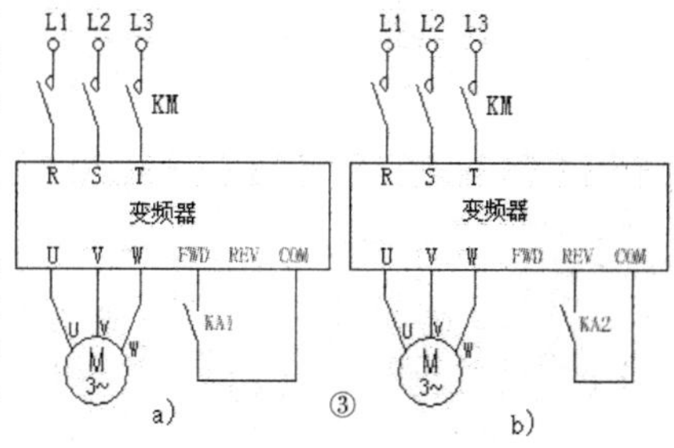

如果变频器没有专用的正转和反转控制端子，可以在其多功能端子中选择两个，通过参数设置的方法将其赋予正转或反转的控制功能。

下面以三肯 SHF 系列变频器为例，说明通过利用程序修改的方法改变电动机旋转方向的方法。该变频器的功能码 Cd050 可用于预置旋转方向，其数据码设置为"0"时，正转、反转均可；设置为"1"时，只可正转；设置为"2"时，只可反转。

如果在功能码 Cd050 设置为"1"的情况下，需要改变旋转方向时，只需将 Cd050 的数据码修改为"2"就可以了。

◇山西 毕秀娥

基于 Verilog HDL 语言 Quartus 设计与 ModelSim 联合仿真的 FPGA 教学应用(四)

(接上期本版)

13. 粘贴复制文件到安装目录的 win32 文件夹下面。

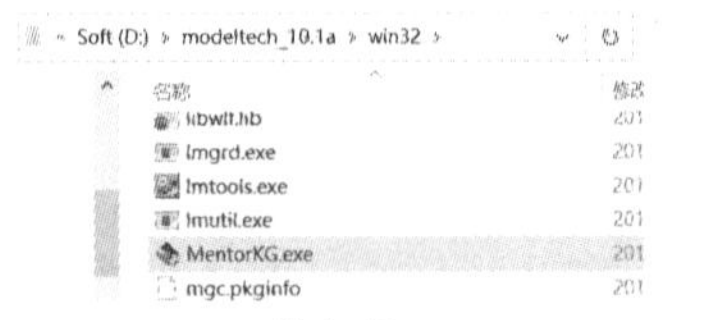

图 4-12

14. 去掉安装目录下面 win32 里面的 mgls.dll 和的只读属性。

图 4-13

15. 取掉安装目录里面 modelsim.ini 的只读属性,并用记事本打开。

16. 查找修改 voptflow 值为 0,保存。

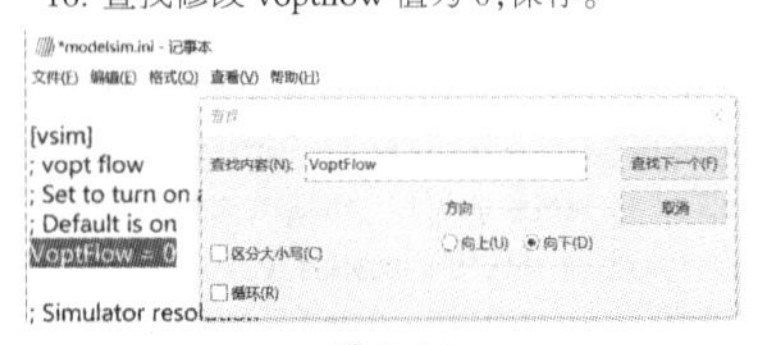

图 4-14

17. 点击运行 crack.bat 文件。

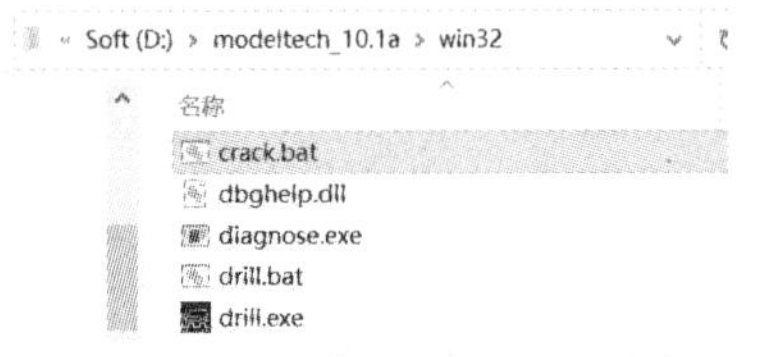

图 4-15

18. 运行 crack.bat 文件,生成一个 LICENSE.TXT 文件,将其另存到安装目录的 win32 文件夹里面。

图 4-16

19. 系统变量设置:右键我的电脑->属性->系统->高级系统设置->高级->环境变量->系统变量->新建->选择安装路径下的 win32 下面的 LICENSE.TXT 文件,修改变量名为 LM_LICENSE_FILE。

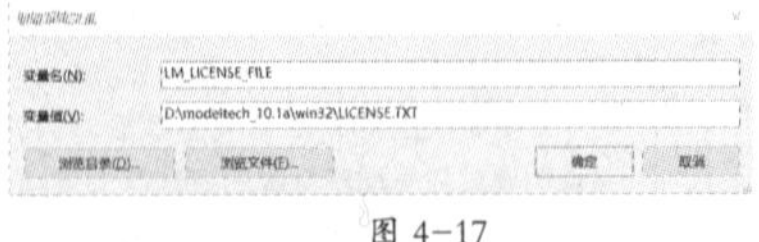

图 4-17

20. 回到暂停的界面,点完成。

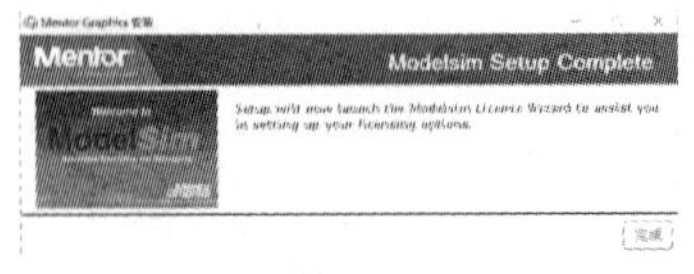

图 4-18

21. 在弹出的 License Wizard 对话框点击 Install a new license。

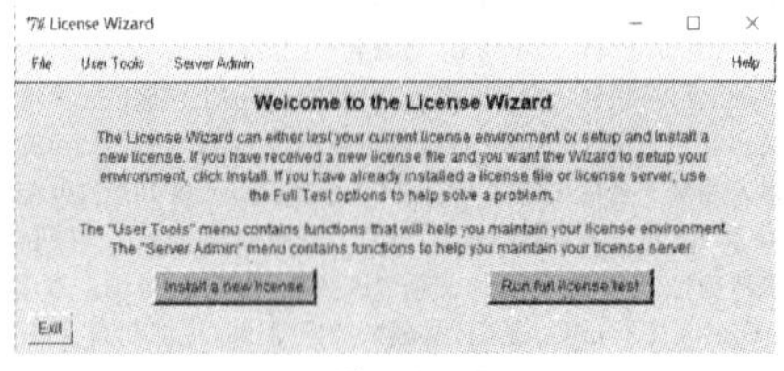

图 4-19

22. 在打开的 License Wizard 对话框点击 Browse 加载安装目录的 win32 下面的 LICENSE.TXT 文件,点击 Continue。

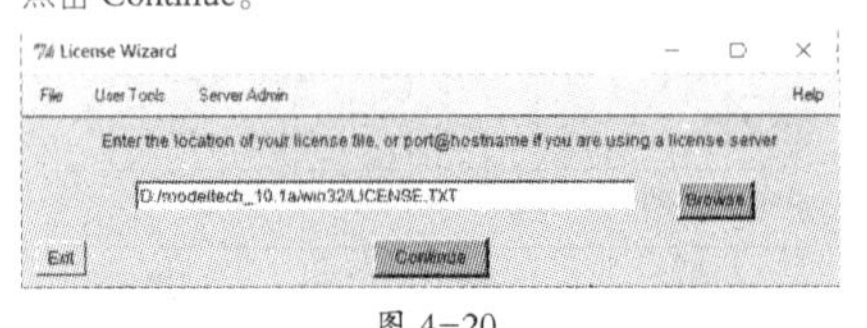

图 4-20

23. 初次以管理员身份运行桌面启动图标,启动软件。

24. 出现该窗口,则补丁成功。

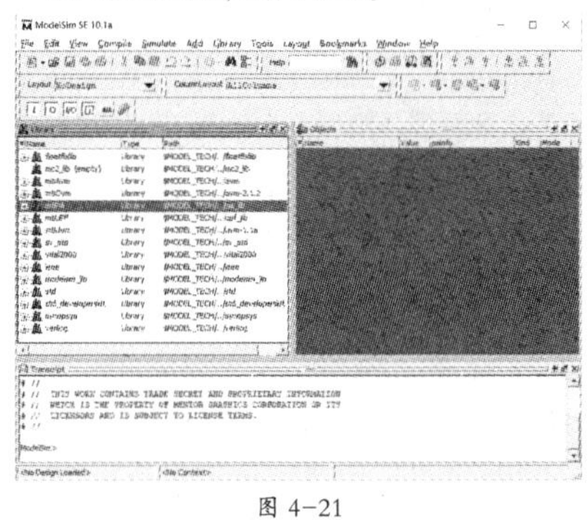

图 4-21

(未完待续)

◇西南科技大学 城市学院
刘光乾 王源浩 白文龙 刘庆 陈熙 陈浩东 万立里

实用光控鸡舍开关门控制电路

在农村,散养鸡有些需要实现无人值守开关鸡舍门。先进的有远程控制开关门系统,但需要有无线信号。本人设计了一款光控开关门控制系统可以达到无人值守开关鸡舍门功能。电路原理图见图 1,在图 1 中,电路的核心就是一块常用的 555 时基电路。其中 2,6 脚短接,电路接成了施密特触发器电路。R1 与光敏电阻 RG 决定此施密特触发器电路的输入电平,白天,光敏电阻受光照,阻值变小,此施密特触发器输入低电平(小于 1/3Vcc),输出高电平,指示灯 LED 点亮表示此时处于开门状态。7 脚放电管处于截止状态,继电器 KP1 保持静态未吸合。其①,④脚接通电机通过由行程开关 K1,K2 控制的正转运行将鸡舍门打开,当鸡舍门完全打开时触发上行程开关 K1 断开,电机失电停止运转。完成鸡舍开门动作。

图 2 为该控制电路的接线图,图 3 为 PCB 图。上行程开关 K1 的一个接点通过接插件接 P2 的①脚,另外一个接点再与电机的一端相连接接接插件接 P1 的①脚(也可以接②脚)。下行程开关的一个接点通过接插件接 P2 的②脚,另外一个接点与电机的另外一端相接并通过接插件与 P1 的另外一个接点连接。

当傍晚光照减弱,光敏电阻的阻值变大,当施密特触发器的输入大于 2/3Vcc 时,施密特触发器得到高电平输入,输出低电平,③脚输出低电平,LED 灭。此时,555 内部放电管饱和导通,⑦脚相当于与①脚短路,因此前,储能电容 C2 已经得到足够的电能储备,其端电压接近 Vcc,所以,继电器 KP 得电吸合,②,④脚接通,电机反转,鸡舍门慢慢开始关闭,因为鸡舍门离开最高限位处,此时上行程开关由断开变成闭合状态,为下次开门做准备。当门继续关闭运行到最低位置时,触发下行程开关断开,电机失电停止运行。此时,C2 通过 R2 开始储能为下次关门继电器吸合提供初始启动电流。

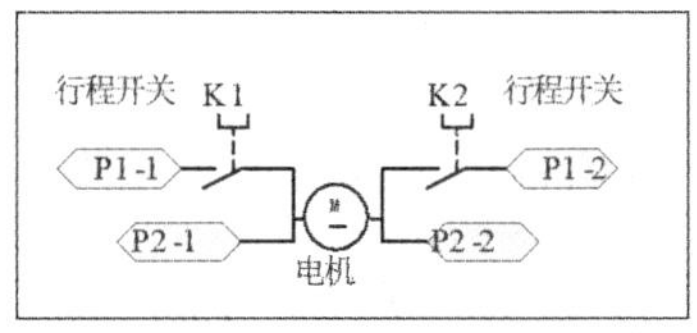

图 2 接线图

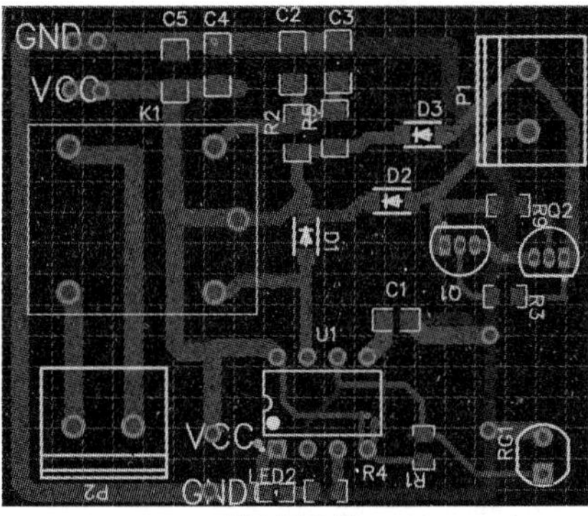

图 3 PCB 图

继电器我们使用廉价的 12V5 脚继电器 SRD-12VDC-SL-C 型。其线圈直流电阻约 400Ω,限流电阻 R2 可以取值 300-470Ω,这样可以确保继电器可靠而节能运行!按 R2 取值 300Ω 计算,继电器吸合保持电流为 17ma。通常,继电器吸合电流比较大,而吸合后保持电流仅仅需要 1/3 的工作电流。本文略大于额定工作电流的一半。运行可靠。直流电机我们选取了伺服式交流稳压器用的 12V 低速直流电机 38ZY25 型。力大!

电机与门的联接可以使用线索拉牵关门与弹簧及重力配合开门的形式实现,也可以使用齿轮结构实现开关门。

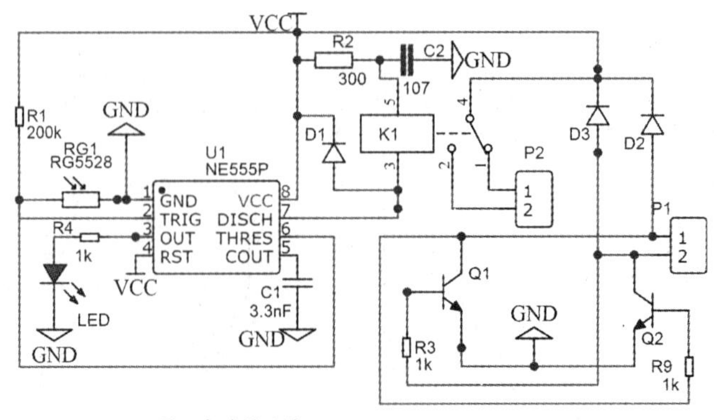

图 1 电路原理图

◇湖南 王学文

初哥电动车充电技术研究之一:电动车用铅酸电池简介(二)

(接上期本版)

3. 电池组充电简介

电池组充电跟单只电池充电都是采用三阶段充电器,基本参数仍然是以单只电池的参数为基准。

基于成本、使用等因素考量,目前电动车采取的是电池串联成电池组后整组充电方式进行充电,并不对每只电池单独进行充电,也没有针对单只电池的监测、均衡系统,这个是影响电池寿命的重要因素。

48V20AH电池组要使用配套的48V20AH充电器,串联电池组的最大充电电流跟单只12V20AH电池的最大充电电流一致(因为串联后电压叠加,容量不变),约2.5A~3A,电池组的最高充电电压为单只电池的最高充电电压X电池只数,即14.7V×4,约为58.5~59V,常规充电器设计的转灯电流跟单只电池的转灯电流一致,约为0.55A~0.65A。因此,判断电动车电池组是否充满的参数只有一个——转灯电流。

同理,60V12AH的充电器基本参数为:最大充电电流=(0.12~0.15)×容量=1.44~1.8A,常规约为1.5A~1.8A,最高充电电压=14.7V×5=73.5V,常规约为73V,转灯电流约为0.36~0.43A,常规约为0.45A。其他规格的电池组依对应参数计算即可。

六、电动车电池寿命及充电安全事故元凶简介

用户一般用年来描述电池的使用寿命,这个比较笼统,不能作为判断电池质量好坏以及电池寿命的标准。

一次充电加一次放电,称为一个循环,单只电池的寿命应该在500个循环以上,而串联成电池组后,约为300~500个循环,也就说电池组经过300~500个充放电后,会逐渐老化,充满电后行驶里程会逐渐缩短,当容量衰减达到一定值时,就要更换新电池组了。

从理论上计算,如果用户充一次电仅能骑行一天,那么每天都要充一次电,按300-500个循环计算,一组电池的寿命,大致是一年多,如果两天充一次或者三天充一次,用年份来计算,则电池的寿命有2-3年,依此类推。

根据我们多年的经验积累,在用户正常使用的情况下,电动车电池失效主要有两种类型:一种是呈抛物线式的容量衰减(失水),表现为里程逐渐缩短,从新电池的几十公里到只能骑行几公里,另一种是前期呈现抛物线式、后期呈断崖式的损坏(热失控),从容量逐渐衰减到突然失效无法使用。后者所占的比例有逐年上升的趋势。

1. 电池失水简介

电动车电池虽然为贫液型蓄电池,但其内部是有电解液的,这其中有一部分是水。蓄电池在充电过程中,随着电化学反应的进行,会产生一部分气体(这其中有水分、酸雾等物质),这样就会导致电池内部的压力增大,当压力大到一定程度时,就需要排放出来,否则电池可能会被撑破。因此每个电池单格都设计有一个橡胶阀(12V电池有6个),当电池内压增加时,就会顶起橡胶阀,排放气体。其专业名称,阀控式蓄电池,就是这样来的,也可以理解成安全阀。因此每次充电都会有微量的失水,这个失水对电池寿命影响很大。正常的电池老化,容量衰减直到失效报废,可以理解成电解液逐渐干涸。因此,虽然电动车电池是免维护的,但如果有专业级的补水维护保养,要延长寿命也是可以的,只不过这个涉及的问题太多,非专业人士切勿自己动手。基于成本等原因,电池厂家也很难针对用户提供电池维护保养服务,其他领域如通信基站UPS电池维护保养则比较常见。因此,电动车电池属于易耗品。

2. 电池单只落后、热失控简介

电池属于产品,排除产品质量及非正常使用外,影响产品寿命的因素很多--电动车整车设计、充电器、充电使用环境、季节气候、用户使用习惯等。铅酸电池受环境温度影响较大,跟用户使用习惯也有一定影响,例如快递车、送货车每天频繁充电,再加上串联充电比单只电池充电要考虑的因素更多。

在正常使用的情况下,对电池寿命起着很大决定作用的主要是充电器,这是业界所公认的,也是电动车从生产、使用到修理各个环节最容易忽视的。

串联充电无法兼顾每一个电池的状况,整车设计也没有针对单只电池采取任何有效的保护措施,连最基本的过热保护都没有。

我们知道单只12V电池的最高充电电压是14.7V,虽然电动车充电器设计的最高充电电压平均到每只电池上面的都不会超过14.7V的,但这只是绝对理想条件下的状态。随着电池电量的饱和,个别电池电压超过15V是不可避免的。

出现这种情况的原因,是由串联充电的特性所决定的,串联充电,每只电池的电流是一样的,但电压肯定有偏差的,这个电压的偏差,在充电的后期更加明显。每个电池出厂时虽然都是达标的,但个体总是存在差异的,例如容量可能有极少的差异,随着充放电循环次数的增加,这个差异会逐渐变大,业界称为"单只落后"。

简单来说,同一组电池当中,肯定有些电池先充满,有些电池后充满,哪怕相差只有几分钟,先充满的电池继续充电,电压升高就会比较快,因此先充满的电池,每次都被过充,失水自然就更多,初期电池水分充足,因此即使过充,发热量也不高,短时间内不会损坏。

随着时间的推移,单只落后的电池因失水比其他电池多,容量衰减也比其他电池快,因为每次充电它都先充满(超过15V),而其他电池可能刚刚才达到14V,持续过充,发热量就会上升,当温度超过40~50度时(我们粗略得到的数据,未必精确),电池就可能出现热失控的现象。

热失控是指铅酸电池在充电时,电流和温度均升高且互相促进的现象。

3. 充电安全事故元凶简介

我们知道,三阶段充电器,判断电池充满的唯一标准是在恒压段充电电流持续下降到转灯电流值以下,充电器才会转绿灯,进入浮充阶段,只有进入了浮充阶段,电池才算结束充电,才是安全的。电池出现热失控,轻则电流无法下降或下降极慢,重则不降反升。单只电池发热,会牵连整组电池发热,单只电池电流不下降,甚至不升反降,会导致整组电池充电电流无法下降,结果就是充电器永远不会停止充电。其表现是往往充一夜电,第二天使用时发现充电器没有转绿灯,仍然在继续充电,出现这种情况,必须对整车特别是电池和充电器进行检测,不能继续充电使用了,否则极易发生意外。

由于整组电池持续过充,橡胶阀会排出大量气体甚至流出电解液,电池内部极板不堪重负,会膨胀,加上外壳为塑料,会软化变形,导致整只、整组电池鼓包变形,此时如果没有人为强制停止充电,电池可能就会炸裂,混合排放出来的气体,可能瞬间起火,引燃车辆,后果不堪设想。

因此单凭一个转灯电流参数来判断电池是否充满显然不够,要避免过充更加力不从心。目前业界和政府相关部门,对于电池充电安全隐患的管理和整治,都主要集中在充电器身上,而忽视或者不重视整车设计制造层面没有给电池安装过热保护措施的事实。

充电器设计应保留一定余量,不能照搬电池厂的参数,增加电池过热保护措施,双管齐下,必定能让电动车更安全。希望业界及政府相关主管部门尽快重视起来。

电动车作为广大人民群众环保出行的重要工具,本身存着一些缺陷和问题,政府也在不断加大管理力度。如何保证电池正常寿命、延长电池寿命,节约资源,造福老百姓,增加安全保护机制,减少意外的发生,至关重要。科研工作者们,应当在优化充电控制技术以及提高整车安全性方面多下功夫。

后续会有更多文章介绍我们的研究实践经验,敬请期待。

(限于篇幅及作者水平有限,文中错误在所难免,敬请读者批评指正。)

(全文完)

◇广州 钟伟初

可折叠的智能足浴器

近日,HITH新品电动折叠足浴按摩器D3上架小米有品众筹,众筹价格399元。

与传统的足浴器不同,HITH电动折叠足浴按摩器D3采用无线电动升降技术,整机折叠后占地仅有0.16平方米,厚度仅有15cm,方便搬运收纳不占地方。

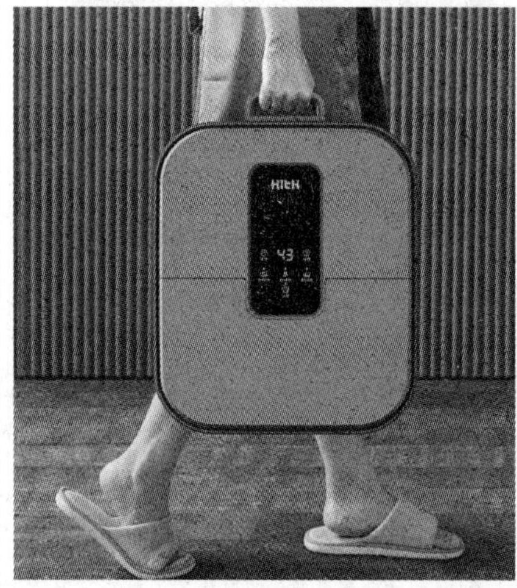

传统足浴盆的按摩装置使得盆底凹凸不平,清洁起来十分麻烦。这款折叠足浴器底部配备TPE软胶按摩垫将水盆与按摩具分隔,按摩垫贴合脚部,外表光滑,一冲即净。按摩装置采用脚底分区电动按摩模式,支持足弓指压、脚掌揉捏、脚跟刮痧等按摩功能。

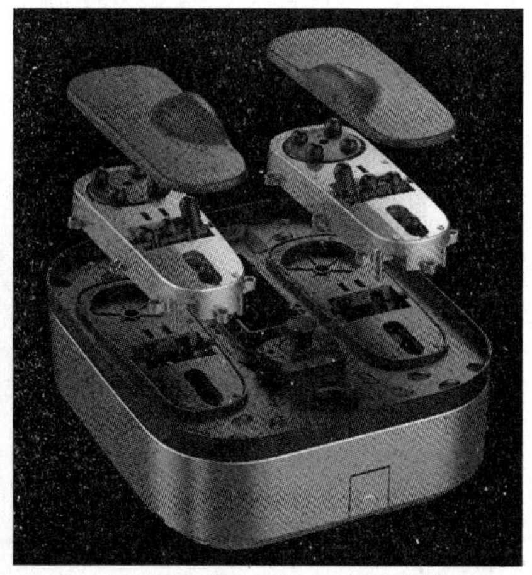

HITH电动折叠足浴按摩器D3通过触控面板操作使用,内置水温探测器能够实时监测水温,加热器可以使水温度恒定,并可在35℃-48℃之间自由调节。安全保护方面温度保险丝防止水温过高,DPS安全加热器采用双层镁粉绝缘防止静电威胁。

这款智能足浴盆采用创新折叠式设计,解决小户型空间不足时的收纳问题,下排水设计、可拆卸水泵更易于清洁。HITH电动折叠足浴按摩器D3或许会成为一款现代年轻人家用泡脚养生神器。

安倍架构以及 GPU 领域的王者
——NVIDIA DGX SuperPOD AI(一)

说到图像计算和 AI 计算的领域的佼佼者,不得不提到 NVIDIA。作为第八代 NVIDIA 架构 GPU——Ampere(安倍),其核心 A100、AI 系统和 AI 超算实现了巨大突破。

A100GPU

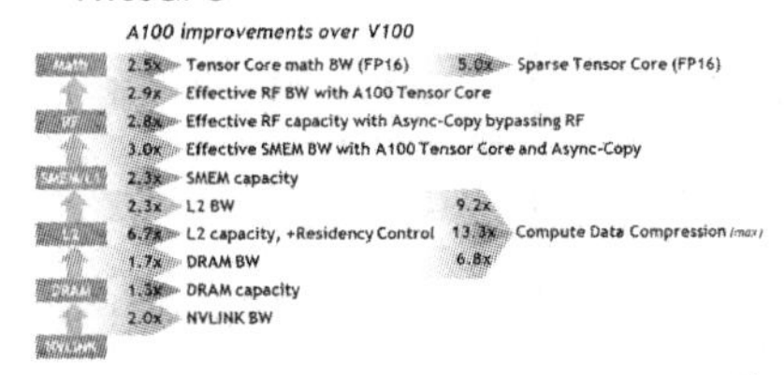

A100 由基于安培架构的 GA100 GPU 提供支持,具有高度可扩展的特性,支持在单 GPU 和多 GPU 工作站、服务器、集群、云数据中心、边缘系统和超级计算机中为 GPU 计算和深度学习应用提供超强加速能力。

A100 同时可提供训练、推理和数据分析,把 AI 训练和推理的算力提升到上一代 V100 的 20 倍,把 HPC 性能提升到 V100 的 2.5 倍。以多 GPU 配置的集成底板形式出现的服务器构建块 HGX A100 最高可以组成拥有 10 PFLOPS 算力的超大型 8-GPU 服务器。

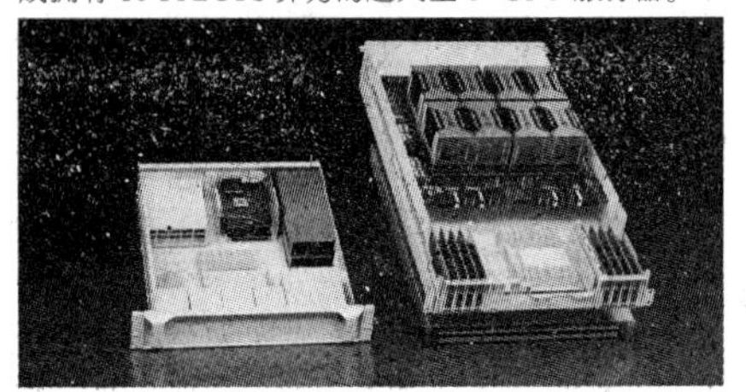

全新 HGX A100 (AI) 系统, 以及配备 80GB HBM2e 显存的 A100 PCIe 计算卡, 单节点算力达 5 PFLOPS,售价 19.9 万美元。

而 140 个 DGX A100 系统组成的 DGX SuperPOD 集群,AI 算力达 700 PFLOPS, 跻身世界上先进的 AI 超级计算机之列。

NVIDIA 自家的超算 SATURNV 在添加 4 个 DGX SuperPOD 后,总算力从 1.8 ExaFLOPS 增至 4.6 ExaFLOPS,涨幅接近 155%。

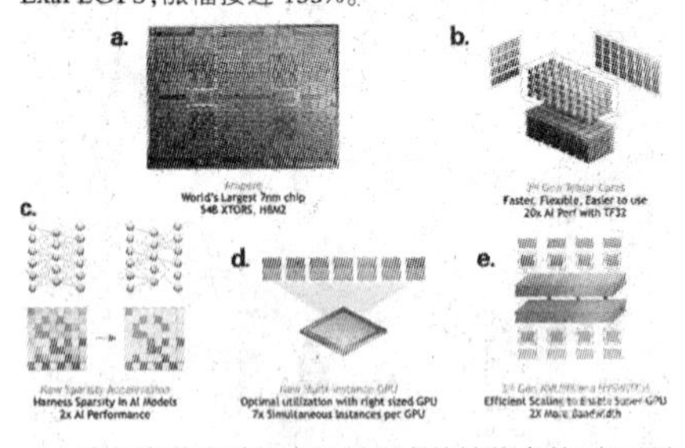

这些奔着突破算力极限而去的性能参数,离不开以 NVIDIA 新一代安培架构为核心的五大关键技术的支持:

a.安培架构(GA100/GA102)

全球最大 7nm 芯片,拥有 542 亿个晶体管,采用 40GB 三星 HBM2,内存带宽可达到 1.6 Tbps。高带宽的 HBM2 内存和更大、更快的缓存为增加的 CUDA Core 和 Tensor Core 提供数据。

b.第三代 Tensor Core

处理速度更快、更灵活,TF32 精度可将 AI 性能提升 20 倍。

c.结构化稀疏

进一步将 AI 推理性能提升 2 倍。

d.多实例 GPU

每个 GPU 可分成 7 个并发实例,优化 GPU 利用率。

e.第三代 GPU 互联技术 NVLink&NVSwitch

高效可扩展,带宽较上一代提升 2 倍有余。

这是第一次能在一个平台上实现加速工作负载的横向扩展(scale out)和纵向扩展(scale up)。

NVIDIA A100 GPU 架构不仅可以加速大型复杂的工作负载,还可以有效地加速许多较小的工作负载,既能支持构建数据中心,同时可提供细粒度工作负载供应、更高的 GPU 利用率和改进的 TCO。

GA100(GA102)架构

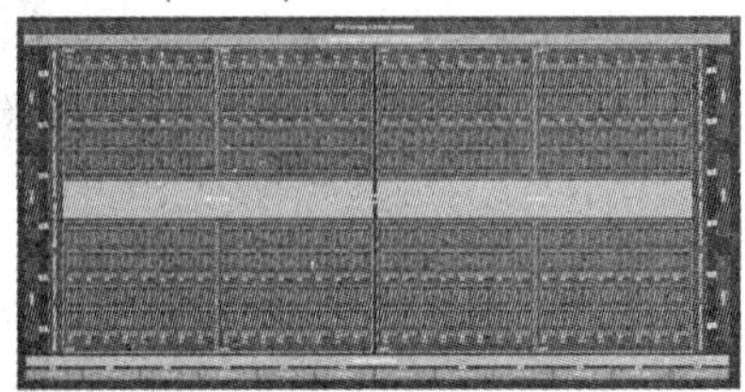

GA100 核心架构示意图

完整版的 GA100 拥有 128 组 SM, 每组 SM 中拥有 4 个最新第三代 Tensor Cores,仍然是 64 个 CUDA Cores/SM 的结构。

其中 PCIe 4.0 带宽较 PCIe 3.0 增加 1 倍, 使得 GPU 与 CPU 的通信速度更快。下方是 12 个高速连接 NVLink。中间是 SM 和 L2 Cache。GV100 不同,GA100 中 L2 Cache 被分为两块, 能提供的带宽也是 GV100 的两倍。

中间其他部分为计算和调度单元, 包含 8 个 GPC,每个 GPC 内部有 8 个 TPC,每个 TPC 含两个 SM。因此一个完整的 GA100 架构 GPU 有 8×8×2=128 个 SM。每个 SM 中含有 4 个第三代 Tensor Core,即完整 GA100 架构 GPU 有 512 个 Tensor Core。

A100 GPU 并不是完整版 GA100 架构芯片,包含了 108 个 SM、432 个 Tensor Core。后期随着良品率的提升, 后续更加完整的 GA100 架构 GPU。与 Volta、Turing 架构相比, 安培架构中每 SM 的计算能力增加了 2 倍。

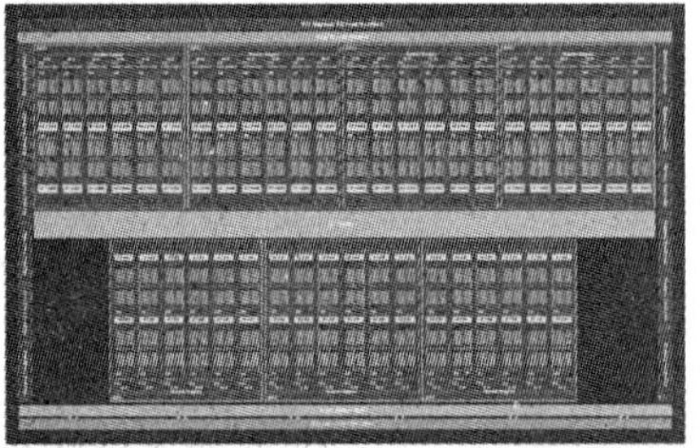

GA102 核心架构示意图

NVIDIA 通过将 FP64 双精度单元魔改成为 FP32 单精度单元,从而获得 CUDA 数量翻倍。GA102 核心内建了 7 组 GPC 单元,每组由 12 组 SM 单元组成、总计 84 组,NVIDIA 则根据 RTX 30 系列显卡的规格启用不同数量的 SM 单元, 其中 RTX3090 是 82 组、RTX3080 是 68 组、RTX3070 是 46 组。

在 GA100 核心中, 每组 SM 是 64 个 INT32 单元、64 个 FP32 单元及 32 个 FP64 单元组成。但在 GA102 核心略微减少 Tensor Core、大幅度减少 FP64 单元,增加 RT Core。真正让 GeForce RTX 30 系列性能翻倍的关键是 FP32 单元翻倍, 只是 NVIDIA 翻倍 FP32 单元的方式有点特殊。

从 GPU 内部的架构图可以看到,每个 SM 单元中有 4 个分区, 每个分区除了第三代 Tensor Core 核心外,还有一组由 16 个 FP32 单元、一个 16 个 FP32、16 个 IN32 组成的混合单元, 其中混合单元可以执行 FP32 或 INT32 运算。

16 个 FP32 单元每周期可执行 16 个 FP32 运算, 混合单元可执行 32 个 FP32 或者 16 个 FP32+16 个 INT32 运算。如此就可以让每组 SM 单元同时执行 4×

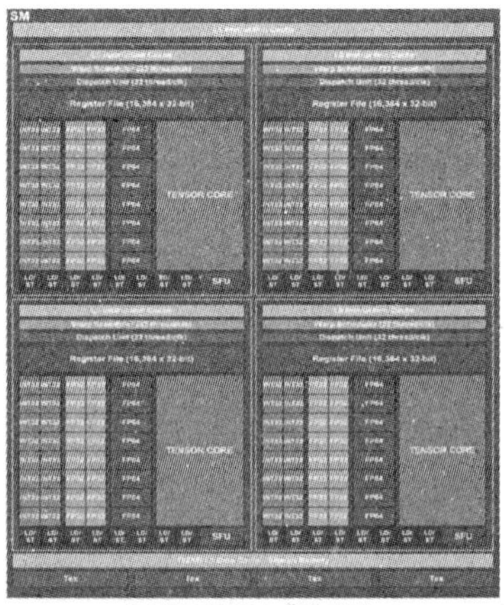

GA100 的 SM 单元架构

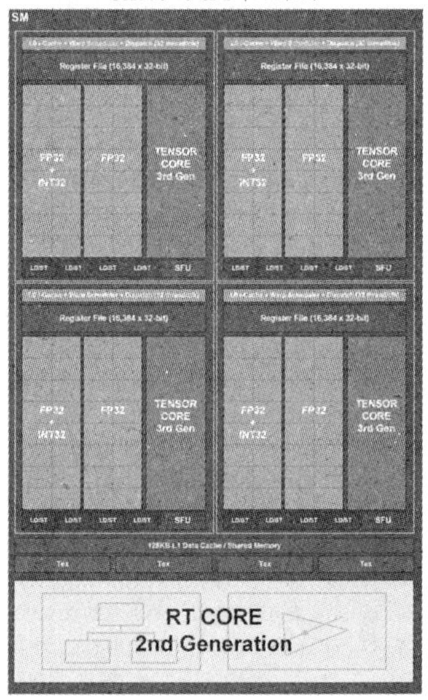

GA102 的 SM 单元架构

(16FP32+16FP32)=128 个 FP32 运算、或 4×(16FP32+16INT32)=64 个 FP32+64 个 INT32 运算。如果只算 FP32 浮点的话,同一运算单元的浮点性能已经实现翻倍。

作为对比,图灵及 GA100 都是每周期 64 个 FP32 浮点,而 GA102 安培核心可以执行 128 个 FP32 运算,这就是浮点性能翻倍的核心。提升 FP32 性能需要提升相应的配套,NVIDIA 为 GA102 核心提高 33%的一级缓存容量,同时将带宽从 116GB/s 翻倍到 219GB/s,共享内存的性能也从每周期 64B 翻倍到 128B。

NVIDIA GeForce RTX 30 系列性能翻倍的关键在于 CUDA 数量成倍增长,从 GA102 和 GA100 的核心架构图可以看到,NVIDIA 取消了每个 SM 单元中的 FP64 双精度单元, 同时减少 Tensor Core 核心面积,让每组 SM 单元可以同时执行多一倍的运算,实现运算性能翻倍。对于非专业用户来说,双精度单元的价值远不如单精度性能来的重要,毕竟多数用户无需执行复杂的运算,砍掉 FP64 双精度单元,改良架构提升单精度运算性能是更好的选择。

所以完整的 GA100 拥有 8192 个 CUDA 核心和 512 个第三代 Tensor Cores,因为它是面向纯计算领域的核心,所以没有 RT Core,可以说是 Volta 架构的直属继承者,面积高达 826mm²,比 GV100 核心还要大,并且是台积电的 7nm 工艺才达成的(GV100 是台积电 12nm FFN 工艺)。

(未完待续)

◇四川 李运西

STM32的三种启动模式解析

如果读者朋友已经有过汇编相关基础,能够更好理解本文内容。汇编语言是比C语言更接近机器底层的编程语言,能让我们更好地理解和操纵硬件底层。STM32三种启动模式下好程序后,重启芯片时,SYSCLK的第4个上升沿,BOOT引脚的值将被锁存,这就是所谓的启动过程。STM32上电或者复位后,代码区始终从0x00000000开始,其实就是将存储空间的地址映射到0x00000000中。三种启动模式如下:

从主闪存存储器启动,将主Flash地址0x08000000映射到0x00000000,这样代码启动之后就相当于从0x08000000开始。主闪存存储器是STM32内置的Flash,作为芯片内置的Flash,是正常的工作模式。一般我们使用JTAG或者SWD模式下载程序时,就是下载到这个里面,重启后也直接从这启动程序。

从系统存储器启动。首先控制BOOT0、BOOT1管脚,复位后,STM32与上述两种方式类似,从系统存储器地址0x1FFF F000开始执行代码。系统存储器是芯片内部一块特定的区域,芯片出厂时在这个区域预置了一段Bootloader,就是通常说的ISP程序。这个区域的内容在芯片出厂后没有人能够修改或擦除,即它是一个ROM区。启动的程序功能由厂家设置。系统存储器存储的其实就是STM32自带的bootloader代码。

从内置SRAM启动,将SRAM地址0x20000000映射到0x00000000,这样代码启动之后就相当于从0x20000000开始。内置SRAM,也就是STM32的内存,既然是SRAM,自然也就没有程序存储的能力了,这个模式一般用于程序调试。假如我只修改了代码中一个小小的地方,然后就需要重新擦除整个Flash,比较的费时,可以考虑从这个模式启动代码,用于快速的程序调试,等程序调试完成后,在将程序下载到SRAM中。

用户可以通过设置BOOT1和BOOT0引脚的状态,来选择在复位后的启动模式。STM32三种启动模式对应的存储介质均是芯片内置的,如下图:

启动模式选择引脚		启动模式	说明
BOOT1	BOOT0		
X	0	主闪存存储器	主闪存存储器被选为启动区域
0	1	系统存储器	系统存储器被选为启动区域
1	1	内置SRAM	内置SRAM被选为启动区域

串口下载程序原理

从系统存储器启动,这种模式启动的程序功能是由厂家设置的。一般来说,这种启动方式用得比较少。系统存储器是芯片内部一块特定的区域,STM32在出厂时,由ST在这个区域内部预置了一段BootLoader,也就是我们常说的ISP程序,这是一块ROM,出厂后无法修改。一般来说,我们选用这种启动模式时,是为了从串口下载程序,因为在厂家提供的BootLoader中,提供了串口下载程序的固件,可以通过这个BootLoader将程序下载到系统的Flash中。这个下载方式需要以下步骤:

- 将BOOT0设置为1,BOOT1设置为0,然后按下复位键,这样才能从系统存储器启动BootLoader;
- 在BootLoader的帮助下,通过串口下载程序到Flash中;
- 程序下载完成后,又有需要将BOOT0设置为GND,手动复位,这样,STM32才可以从Flash中启动。

从汇编代码分析STM32启动过程

STM32的启动文件与编译器有关,不同编译器,它的启动文件不同。虽然启动文件(汇编)代码各有不同,但它们原理类似,都属于汇编程序。拿基于MDK-ARM的启动文件来举例,说一下要点内容。在基于MDK的启动文件开始,有一段汇编代码是分配堆栈大小的。

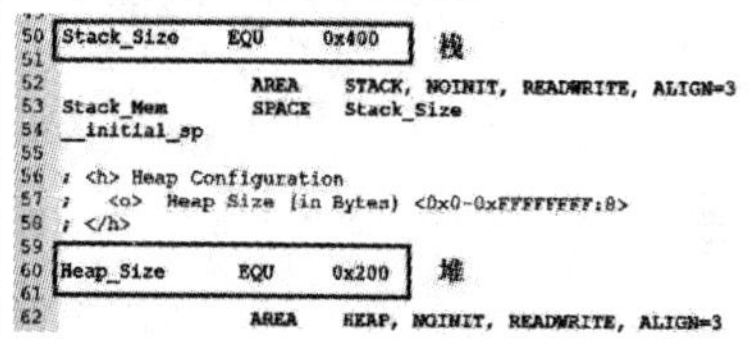

```
50 Stack_Size      EQU     0x400          栈
51
52                 AREA    STACK, NOINIT, READWRITE, ALIGN=3
53 Stack_Mem       SPACE   Stack_Size
54 __initial_sp
55
56 ; <h> Heap Configuration
57 ;   <o>  Heap Size (in Bytes) <0x0-0xFFFFFFFF:8>
58 ; </h>
59
60 Heap_Size       EQU     0x200          堆
61
62                 AREA    HEAP, NOINIT, READWRITE, ALIGN=3
```

这里重点知道堆栈数值大小就行。还有一段AREA(区域),表示分配一段堆栈数据段。可以使用STM32CubeMX对上面的数值大小进行配置:

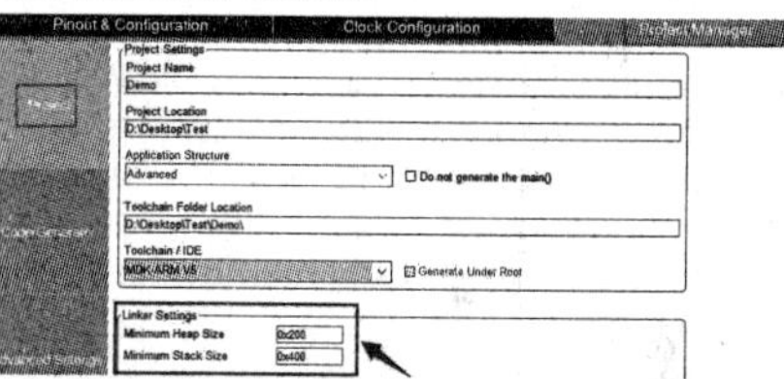

在IAR中,是通过工程配置堆栈大小:

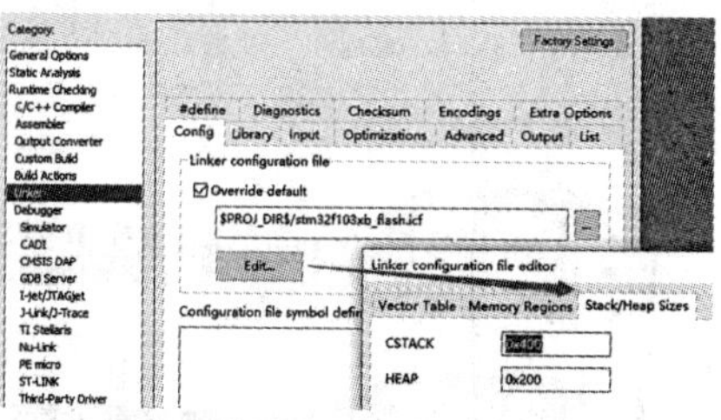

看下面的汇编代码,程序上电之后,是跳到Reset_Handler这个位置。

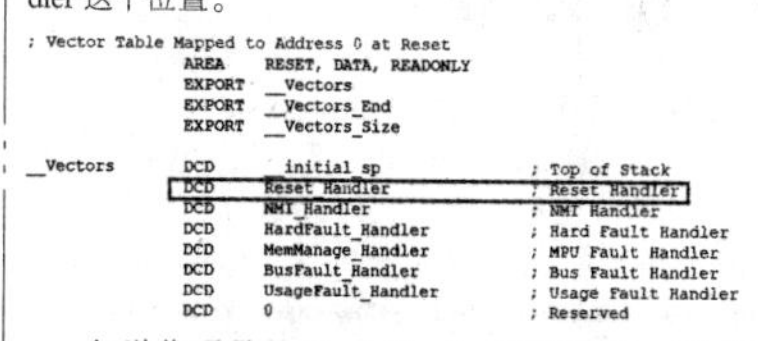

```
; Vector Table Mapped to Address 0 at Reset
                AREA    RESET, DATA, READONLY
                EXPORT  __Vectors
                EXPORT  __Vectors_End
                EXPORT  __Vectors_Size

__Vectors       DCD     __initial_sp               ; Top of Stack
                DCD     Reset_Handler              ; Reset Handler
                DCD     NMI_Handler                ; NMI Handler
                DCD     HardFault_Handler          ; Hard Fault Handler
                DCD     MemManage_Handler          ; MPU Fault Handler
                DCD     BusFault_Handler           ; Bus Fault Handler
                DCD     UsageFault_Handler         ; Usage Fault Handler
                DCD     0                          ; Reserved
```

知道代码是从Reset_Handler开始执行,再来看如下Reset_Handler汇编代码。在启动的时候,执行了SystemInit这个函数。

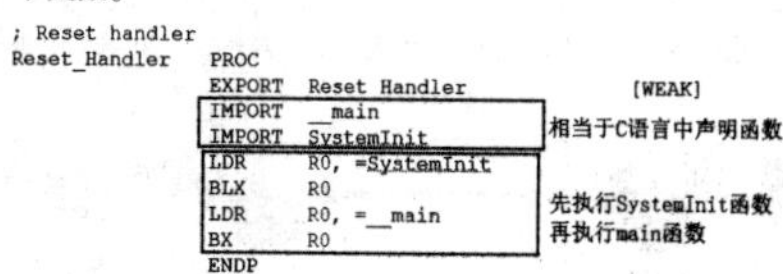

```
; Reset handler
Reset_Handler   PROC
                EXPORT  Reset_Handler             [WEAK]
                IMPORT  __main                    相当于C语言中声明函数
                IMPORT  SystemInit
                LDR     R0, =SystemInit
                BLX     R0                        先执行SystemInit函数
                LDR     R0, =__main               再执行main函数
                BX      R0
                ENDP
```

执行完SystemInit函数,初始化了系统时钟,之后跳转到main函数执行。

STM32常用的开发工具(二)

(上接第481页)

4. STMFlashLoader

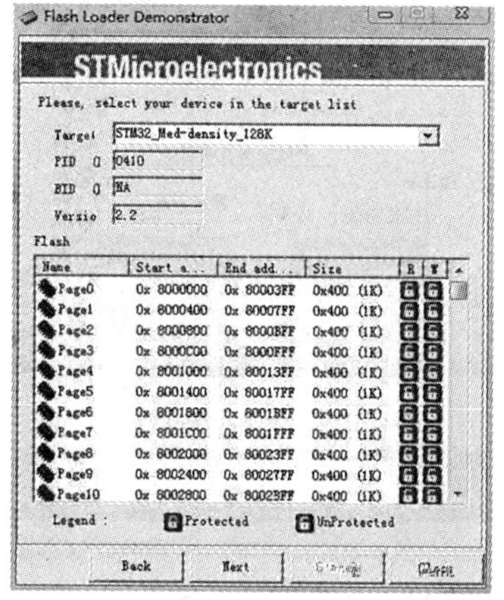

地址:https://www.st.com/en/development-tools/flasher-stm32.html

这款工具是使用UART串口进行下载的编程工具。针对STM32的下载编程工具主要就推荐这些,当然,还有一些第三方的工具,感兴趣的可以自行了解。后台回复关键字【ST工具】查看更多内容。

其他工具

STM32的生态软件和工具比较多,这里推荐几个。

1. STM Studio

STM Studio是一款调试诊断工具,比如监控变量:

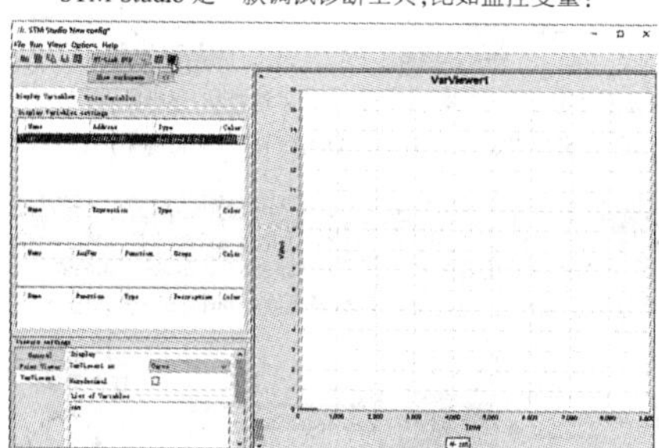

地址:https://www.st.com/en/development-tools/stm32-software-development-tools.html

请参看:STM Studio介绍、下载、安装和使用教程

2. STM32CubeMonitor

STM32CubeMonitor是前面STM Studio的"升级版",目前属于STM32Cube生态系统中的一员,支持配置、查看更多信息。

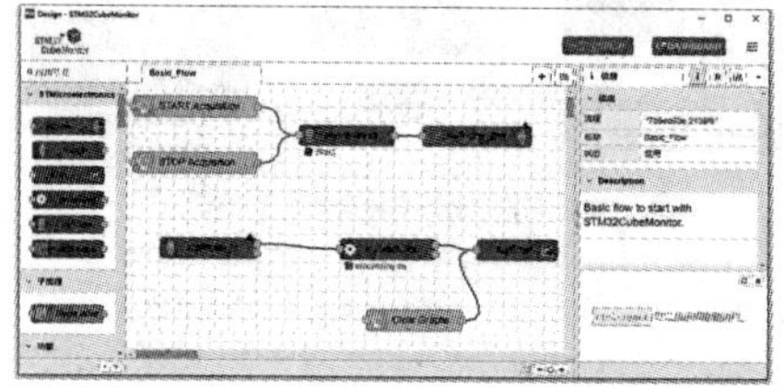

地址:https://www.st.com/en/development-tools/stm32cubemonitor.html

请参看:STM32CubeMonitor介绍、下载、安装和使用教程

3. STM32Trust

STM32Trust是一套STM32解决方案,包含了各种工具。

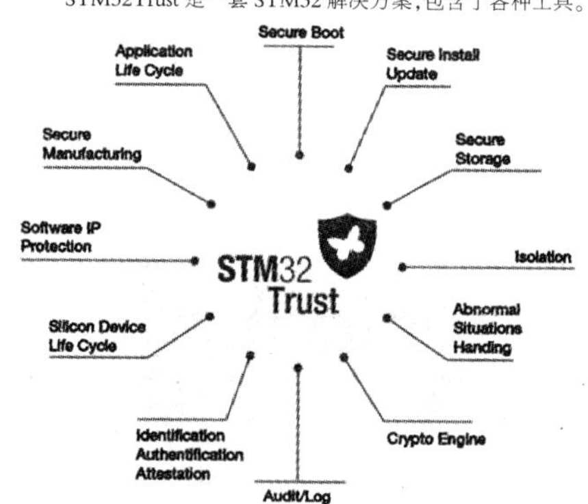

网址:https://www.st.com/content/st com/en/ecosystems/stm32trust.html

请参看:STM32Trust介绍,及代码执行保护方法

4.更多ST官方罗列一些软件工具,大家感兴趣可以自行了解。

嵌入式软件:https://www.st.com/en/embedded-software/stm32-embedded-software.html

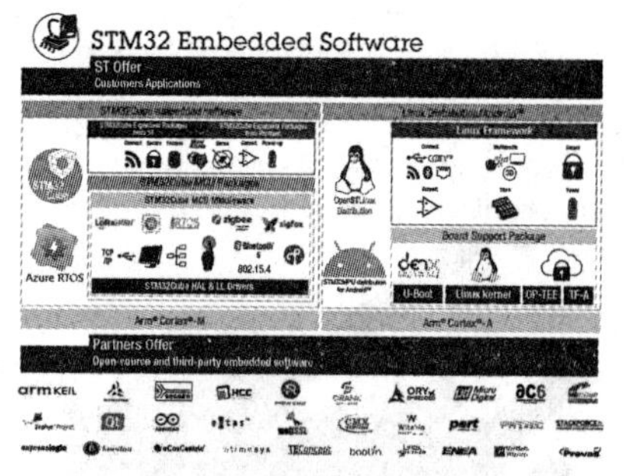

STM32Cube生态:https://www.st.com/content/st com/en/ecosystems/stm32cube-ecosystem.html

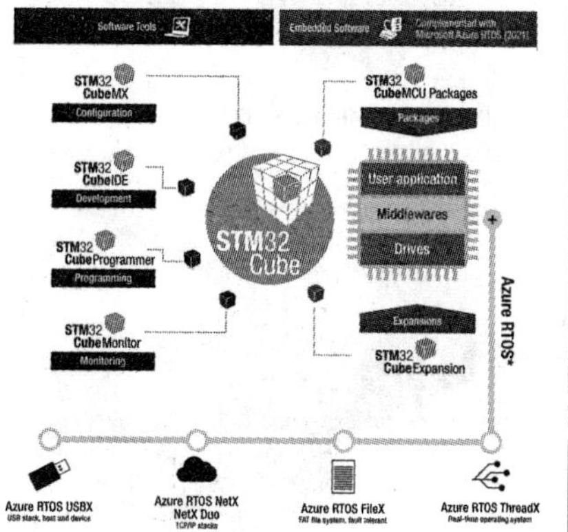

(全文完)

常用弱电信号线缆

线缆传输的距离一直是弱电人问得最多的问题，我们每天都在与线缆打交道，清楚了解线缆的使用才能在项目中得心应手，本期我们一起来总结下常用的线缆传输距离。

一、网线

这里就简单说下网线，网线大家都比较熟，根据不同规格的网线有不同的传输距离。网线在传输网络信号，如果超出了网线本身可以承受的距离，信号就会衰减，严重时，网络信号会中断。五类，六类都是100米，正规无氧铜六类线可以达到120米左右，如果要加大传输距离，在两段双绞线之间可安装中继器，最多可安装4个中继器。如安装4个中继器连接5个网段，则最大传输距离可达500m。

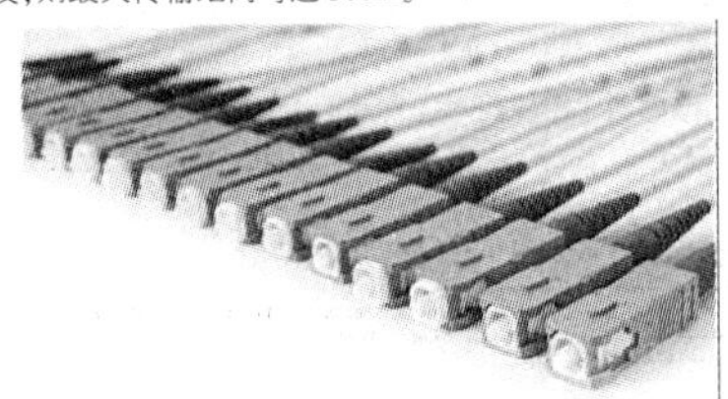

二、光纤

网线的传输距离有限，并不能解决远距离数据传输，那么对于远距离传输可以使用光纤。光纤分为多模与单模，多模传输的距离比网线远，但又比单模短。在10Mbps及100Mbps的以太网中，多模光纤最长可支持2000米的传输距离；而于1Gbps千兆网中，多模光纤最高可支持550米的传输距离；所以多模现在用的比较少了。单模光纤相比于多模光纤可支持更长传输距离，在100Mbps的以太网以至1G千兆网，单模光纤都可支持超过5000m的传输距离。单模光模块中使用的器件是多模光模块的两倍，所以单模光模块的总体成本要高于多模光模块；单模光模块的传输距离可达150至200km。所以对于远距离传输可以用光纤来解决，类如远程监控项目。

三、HDMI线

HDMI高清晰度多媒体接口，一般高清显示器上用，可以连接hdmi显示器跟显示器，现在很多网络盒子也可以通过连接线连接电视，传递音频视频信号。一般的HDMI信号传输30米以下，那么对于质量一般的线材大约传输的最大距离15米左右。

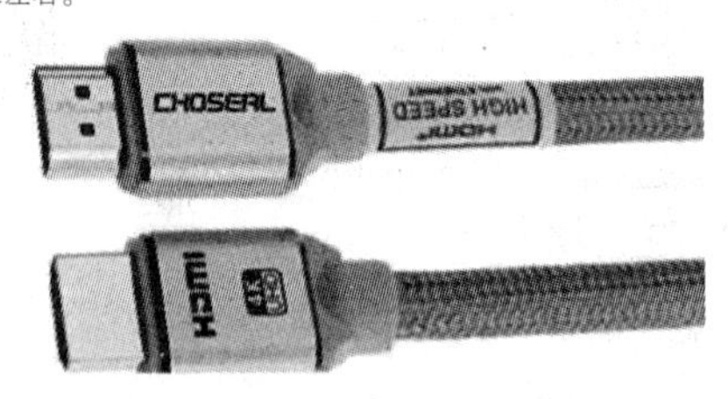

那么HDMI远距离如何传输呢？

1. 可以使用转换延长器HDMI信号不经过其他设备(传输120米)。HDMI信号一般无法直接用HDMI线材传输到30米以上，市场上也几乎没有30米以上的HDMI成品线。这种情况下如果只是单纯的传输HDMI信号到显示设备上，HDMI信号不经过其他设备的话，我们可以采用网线延长信号的方法，用HDMI网线延长器来将信号延长，HDMI网线延长器分为发送端(HDMI输入，网线输出)和接收端(网线输入，HDMI输出)，可以延长100米(五类网线)、120米(六类网线)。

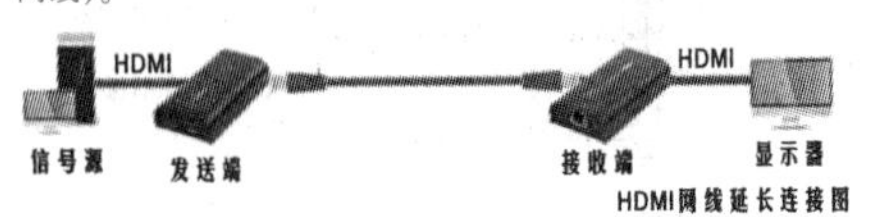

HDMI网线延长连接图

2. HDMI光纤延长器当然如果需要传输更远，也可以使用HDMI光纤延长器。

HDMI光纤延长器

HDMI光纤延长器连接示意图

关于HDMI延长的方式有很多，也可以使用HDMI光纤线，可以根据实际情况使用。

四、DVI

DVI为数字视频接口，一般的DVI线只能有效传输信号5米左右，超过5米就会产生信号的衰减。这个缺点极大地限制了DVI设备的普及和应用。DVI-D只能接收数字信号；DVI-I能同时接收数字信号和模拟信号，传输距离短，为7-15M。

类型	信号类型	针数	备注
DVI-I单通道	数字/模拟	18+5	可转换VGA
DVI-I双通道	数字/模拟	24+5	可转换VGA
DVI-D单通道	数字	18+1	不可转换VGA
DVI-D双通道	数字	24+1	不可转换VGA

五、VGA线

VGA线传输的是模拟信号，是连接电脑显卡与显示器或电视机连接，并以此进行信息传输的一种数据传输线。它负责向显示器输出相应的图像信号，是电脑与显示器之间的桥梁。在彩色显示器领域得到了广泛的应用，但易衰减，传输距离短，易受干扰。但它的传输距离比HDMI与DVI要强点，其3+4/6VGA的传输距离是20~40米。

六、RS232与RS4851、RS232

RS232传输距离有限，最大传输距离标准值为15米，且只能点对点通讯，最大传输速率最大为20kB/s。2、RS485：RS485最大传输距离为1219米。最大传输速率为10Mbps，在100Kb/S的传输速率下，才可以达到最大的通信距离。采用阻抗匹配、低衰减的专用电缆可以达到1800米！超过1200米，可加中继器(最多8只)，这样传输距离接近10Km。

七、USB线

usb(通用串行总线)的缩写，是一个外部总线标准，用于规范电脑与外部设备的连接和通讯。是应用在PC领域的接口技术。USB接口支持设备的即插即用和热插拔功能。USB协议规定的有效距离是5米，可以使用更长的USB延长线，线材的质量要好。劣质USB延长线到不了5米。

当然usb线要想长距离传输，也是可以使用延长器的，具体如下图所示：

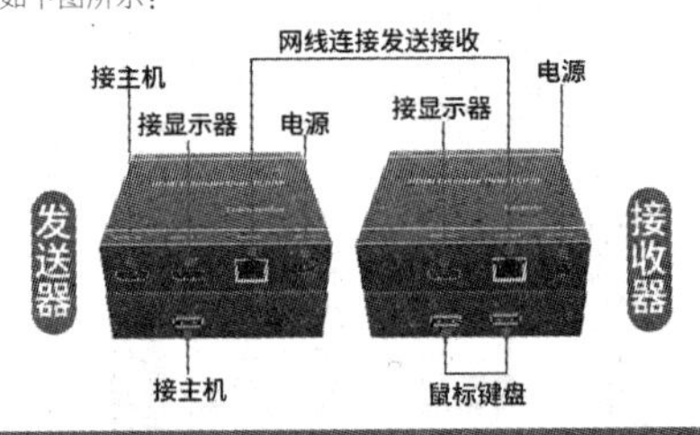

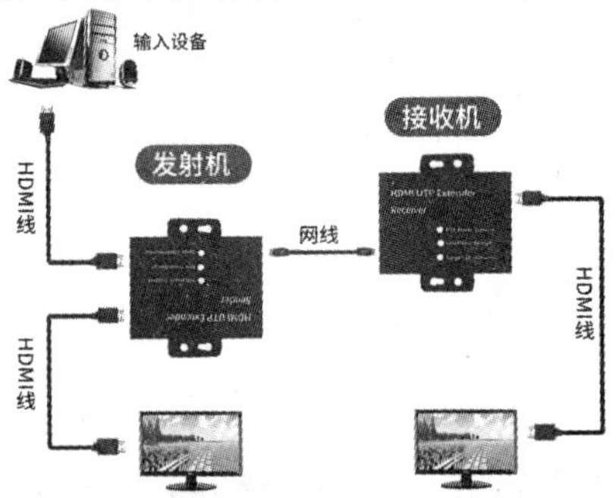

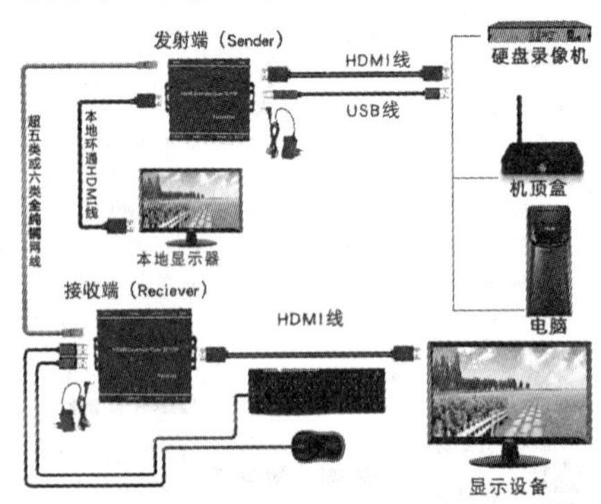

上图面两图是延长器组网模式，如果现实中需要延长USB数据线或多屏使用的都可以用这种方式解决，便宜经济。

初学认识计算机网络基础(一)

计算机网络体系结构

计算机网络体系结构有：

- OSI 的七层协议体系结构
- TCP/IP 的四层协议体系结构
- 五层协议的体系结构

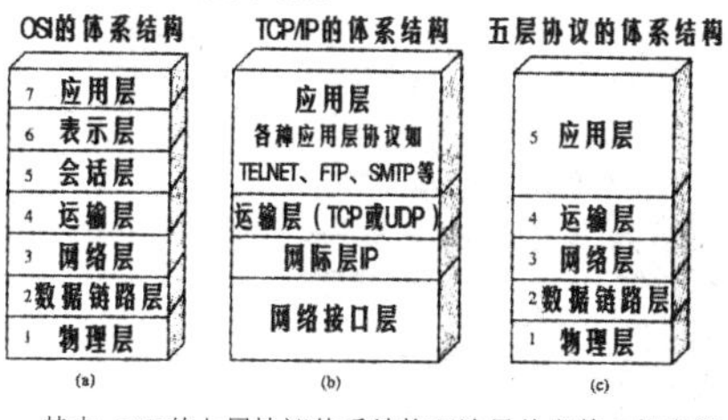

其中,OSI 的七层协议体系结构理论虽然完整，但它既复杂又不实用。广泛应用的是 TCP/IP 四层体系结构。

五层协议的体系结构只是为了介绍网络原理而设计的,实际应用的还是 TCP/IP 四层体系结构。

TCP/IP 协议族

1. TCP/IP 协议模型

首先,我们需要知道一个协议族的概念。协议族是多个协议的统称。,TCP/IP 就是一个协议族。

其包含 IP、TCP、UDP、HTTP、FTP、MQTT 等协议。TCP/IP 协议模型：

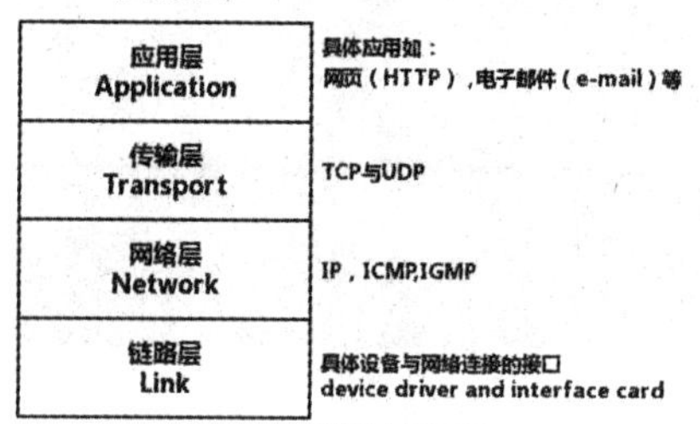

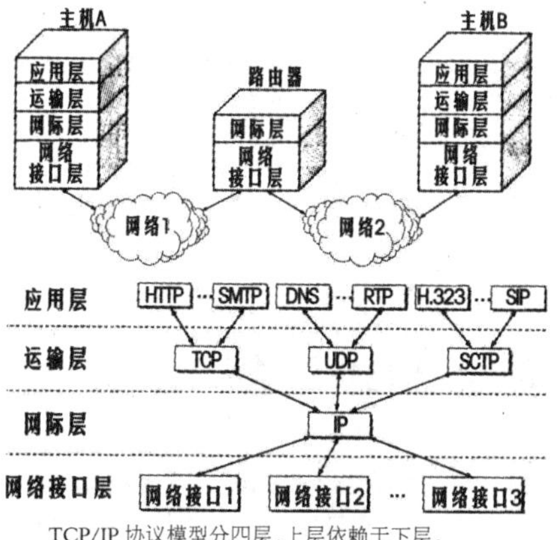

TCP/IP 协议模型分四层,上层依赖于下层。

从下向上看：

(1)第一层链路层(网络接口层)

链路层规定了数据帧能被网卡接收的条件,最常见的方式是利用网卡的 MAC 地址，发送方会在欲发送的数据帧的首部加上接收方网卡的 MAC 地址信息，接收方只有监听到属于自己的 MAC 地址信息后,才会去接收并处理该数据。

(2)网络层(网际层)

网络层实现了数据包在主机之间的传递。相关协议:IP、ICMP 等协议。

(3)传输层(运输层)

传输层可以区分数据包是属于哪一个应用程序的。相关协议:TCP、UDP 协议。

(4)应用层

应用层提供特定的应用服务。相关协议:HTTP、MQTT、FTP 等协议。

应用层以下的工作完成了数据的传递工作,应用层则决定了你如何应用和处理这些数据,之所以会有许多的应用层协议,是因为互联网中传递的数据种类很多、差异很大、应用场景十分多样。

2. 网络数据的发送与接收

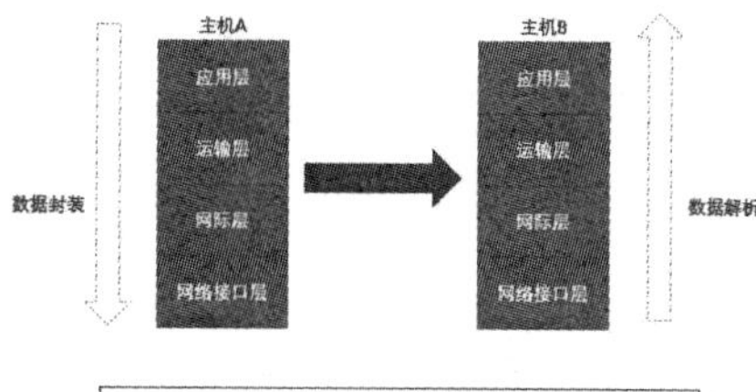

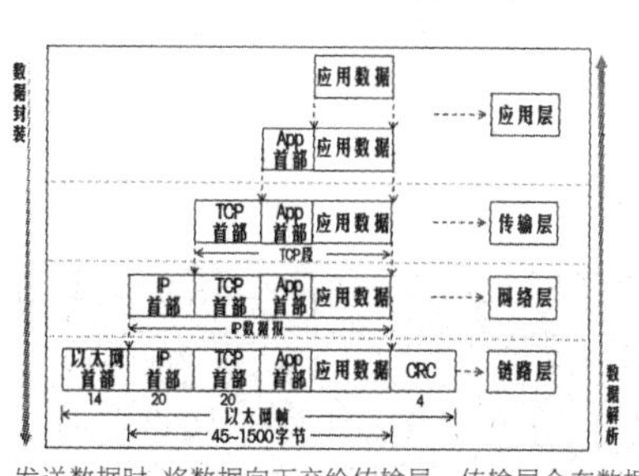

发送数据时,将数据向下交给传输层。传输层会在数据前面加上传输层首部(此处以 TCP 协议为例,传输层首部为 TCP 首部,也可以是 UDP 首部),然后向下交给网络层。

同样,网络层会在数据前面加上网络层首部(IP 首部),然后将数据向下交给链路层,链路层会对数据进行最后一次封装,即在数据前面加上链路层首部(此处使用以太网接口为例),然后将数据交给网卡。

数据的接收过程与发送过程正好相反，可以概括为 TCP/IP 的各层协议对数据进行解析的过程。

3. IP 协议

(1)概念

IP 协议(Internet Protocol),又称之为网际协议,IP 协议处于 IP 层工作,它是整个 TCP/IP 协议栈的核心协议,上层协议都要依赖 IP 协议提供的服务,IP 协议负责将数据从源主机发送到目标主机。

IP 协议是一种无连接的不可靠数据报交付协议,协议本身不提供任何的错误检查与恢复机制。

(2)IP 地址

在全球的互联网中，每个主机都要唯一的一个 IP 地址作为身份识别。每个 IP 地址长度为 32 比特(4 字节),使用点分十进制记法来表示,如 192.168.0.1。

IP 地址划分为 5 大类,分别为 A、B、C、D、E 五类,每一类地址都觉定了其中 IP 地址的一部分组成。

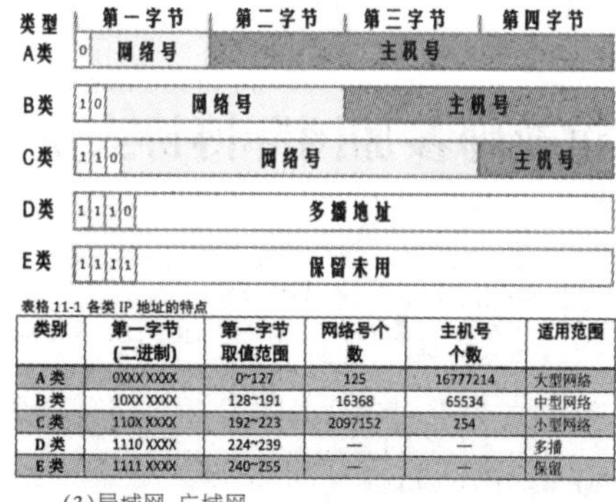

表格 11-1 各类 IP 地址的特点

类别	第一字节(二进制)	第一字节取值范围	网络号个数	主机号个数	适用范围
A 类	0XXX XXXX	0~127	125	16777214	大型网络
B 类	10XX XXXX	128~191	16368	65534	中型网络
C 类	110X XXXX	192~223	2097152	254	小型网络
D 类	1110 XXXX	224~239	—	—	多播
E 类	1111 XXXX	240~255	—	—	保留

(3)局域网、广域网

- 局域网(Local Area Network,缩写为 LAN),又称内网,指覆盖局部区域(如办公室或楼层)的计算机网络。

查看本机内网 IP：

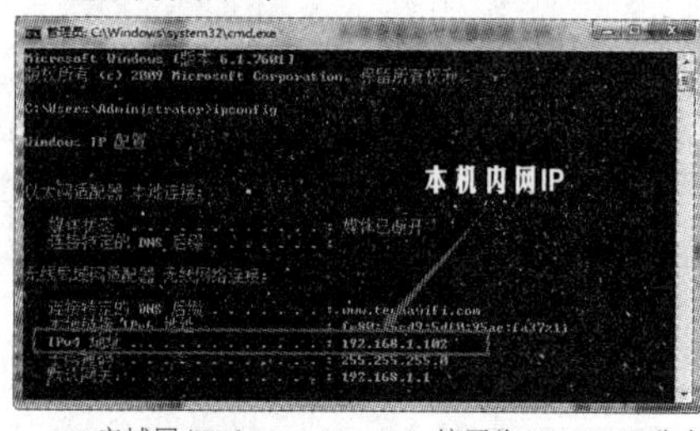

- 广域网(Wide Area Network,缩写为 WAN),又称广域网、外网、公网。是连接不同地区计算机以进行通信的网络。

查看本机外网 IP：

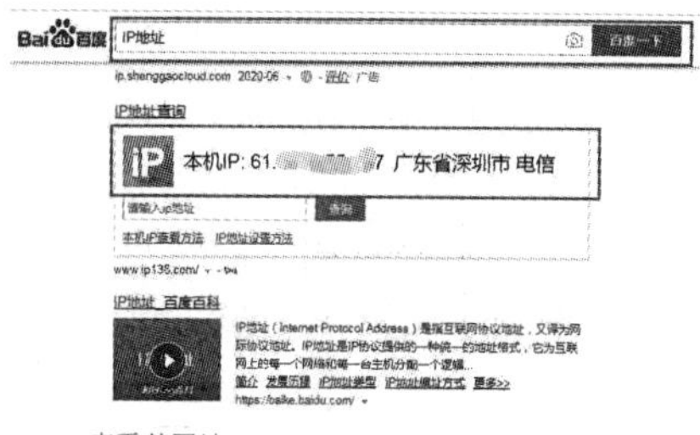

- 查看某网站 IP：

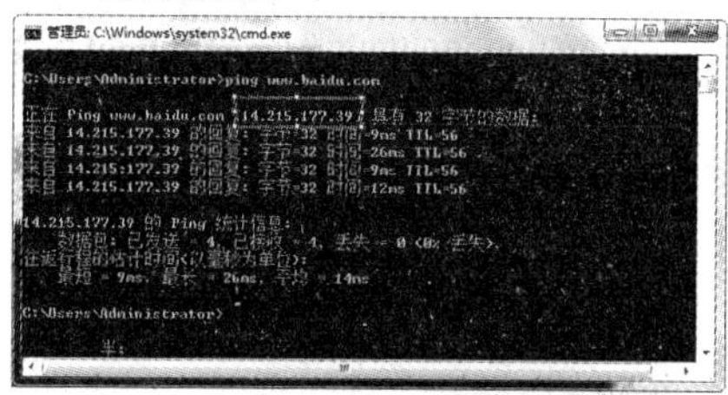

- 局域网与广域网示意图

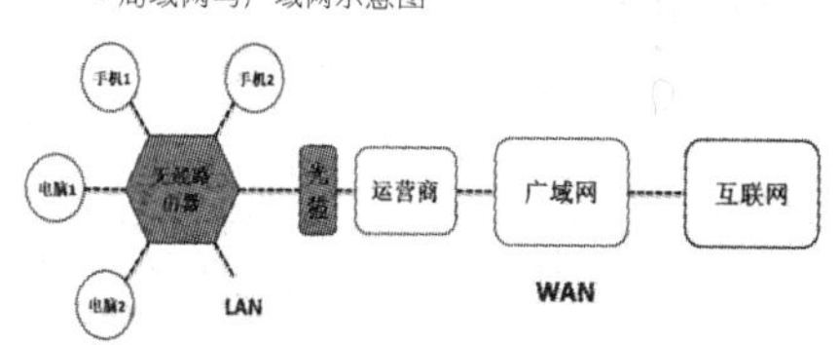

无线路由器把电脑、手机等设备连接到局域网 LAN 上,并分配 IP 地址,即局域网 IP,我们可以称之为 LAN-IP。

路由器的地址就是运营商给我们的一个 IP 地址，这个 IP 地址是有效的,可以看作是 WAN-IP。

LAN-IP 是路由器分配给我们的 IP,那么我们想要跨越边界进入广域网中,就需要将 LAN-IP 变成有效的 IP 地址,也就是 WAN-IP，那么在路由器中就需要将 IP 地址进行转换,完成 LAN-IP<—>WAN-IP 地址转换(NAT)。

当持有 WAN-IP 的 IP 包顺利到达下一个边界 Internet Gateway,这是通往互联网 Internet 的最后一道关卡,即边界。

左边是广域网，右边是互联网，也需要做 WAN-IP 与 Global-IP(互联网公共 IP)的转换才能进入互联网中。

(4)IP 数据报

IP 数据报的格式如下所示：

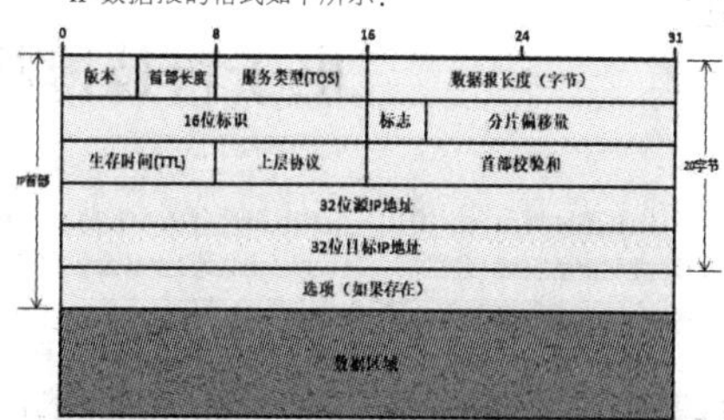

各字段说明：

- 版本号(4bit):是 IP 协议的版本,对于 IPv4,该值为 4;对于 IPv6,该值为 6。
- 首部长度(4bit):用于记录 IP 首部的数据的长度。
- 服务类型(8bit):包括:最小延时、最大传输、最大可靠性、最小消耗等。
- 数据报长度(16bit):IP 数据报的总长度(首部加上数据区域),以字节为单位。
- 标识(16bit):识别号,主机每发一次都会自动增加。
- 标志(3bit):标记位,用于标记是否被分段。
- 分片偏移量(13bit):表示当前分片所携带的数据在整个 IP 数据报中的相对偏移位置(以 8 字节为单位)。
- 生存时间(8bit):该字段用来确保数据报不会永远在网络中循环。
- 上层协议(8bit):指示了 IP 数据报的数据部分应交给哪个特定的传输层协议(TCP、UDP)。 (下转第 499 页)

硬禾学堂专栏

使用示波器的正确姿势(三)

(接上期本版)

探头有多种，最常用的是多数示波器自带的无源(Passive)衰减探头，它内部有着大的电阻并联一个很小的电容，以帮助减小探头的长电缆给待测电路带来的负载效应。这个内部的高电阻同示波器输入端的电阻串联，对输入信号构成了分压。

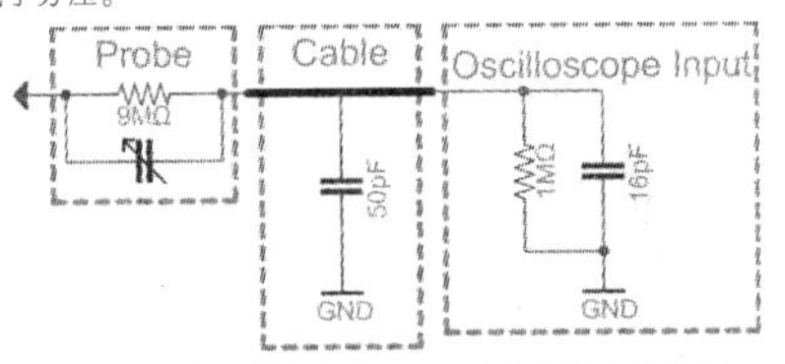

示波器探头内部等效阻抗以及和示波器输入端的连接

多数的示波器探头的内部阻抗为9MΩ的电阻，它同示波器输入端的标准的1MΩ的输入电阻相连接，构成了1/10的分压，这种探头被称为10X衰减探头。很多探头都有一个开关，可以切换是10:1衰减(10X)还是不做衰减(1X)。

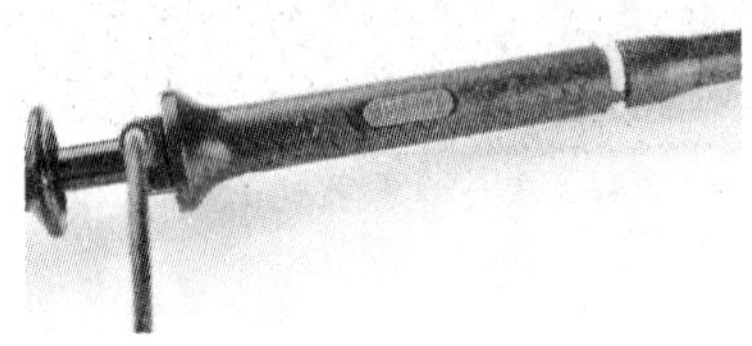

衰减探头在高频应用中能够保证比较高的精准度，但不好的地方就是对输入信号先衰减了10倍，如果你要测量的信号是非常小幅度的微弱信号，最好还是使用不做衰减的1x探头，这时候你需要设置示波器的菜单以告知其衰减发生了变化，很多示波器能够自动检测到探头是衰减还是不衰减。

除了刚才讲的无源衰减探头，还有有源探头(单独供电)，能够在送入示波器之前对待测信号进行放大甚至预处理；有能够测量交流或直流电流的探头，电流探头一般是环绕着待测的信号线，而不接触到被测的电路。

示波器的使用步骤

1. 选择和设置探头

先根据需要选择一个合适的探头，对于多数测量的信号来讲，你购买的仪器里随带的简单的无源探头就可以用了。

接下来，设置好探头的衰减，一般常用的是10X，它是很多场合最佳的选择，如果你要测量幅度比较小的信号，可以设置在1X档。

2. 接上探头，打开示波器

将探头连接到示波器的第一个通道，打开示波器开关开始运行，你可以看到示波器屏幕上的方格、刻度以及由一条水平线构成的波形，带着微弱的噪声波动。

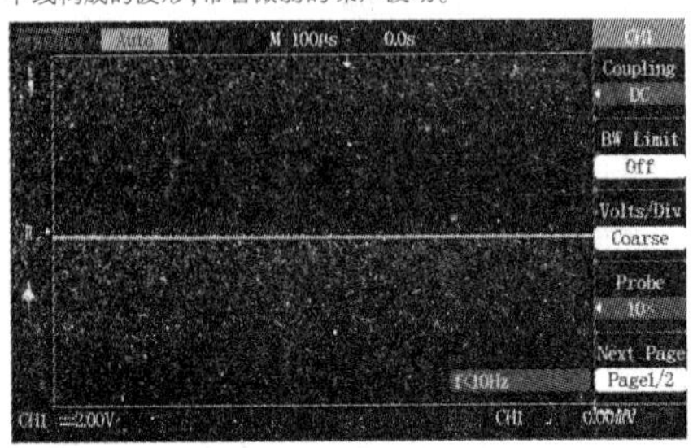

屏幕上将显示上次关机前设置好的时间(水平方向)和电压(竖直方向)刻度，而你只需要调整相应的旋钮，将示波器放到标准的设置：

1)打开通道1，关掉通道2；

2)设置通道1为直流耦合；

3)设置触发源为通道1——没有外接的信号源或其他通道的信号对此进行触发；

4)设置触发类型为上升沿触发，触发模式为自动；

5)确认示波器探头的衰减设置同你使用的探头的状态一致(例如1X、10X)；

3. 校准探头

示波器一般在其面板的右下方都会提供一个内部产生、供校准用的高可靠、固定频率和幅度的方波测试信号，它有两个分开的连接点——一个输出校正信号，一个连接系统的地。将探头的接地夹子连接到这个测试信号的接地端，示波器的探头连接到测试信号的输出。

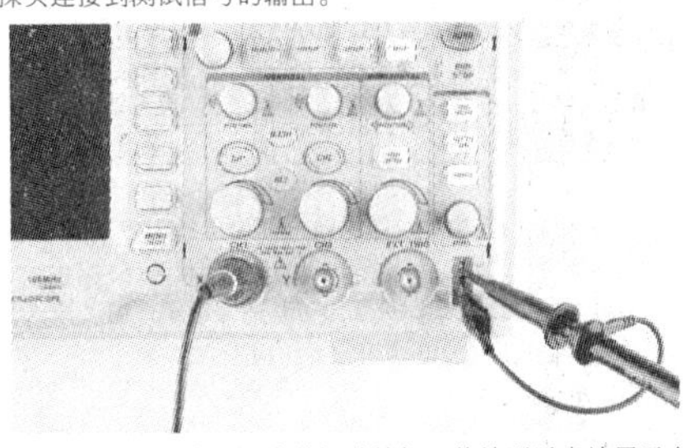

旋转水平向和垂直向的调节按钮，将波形适当地显示在屏幕上，调节"触发"按钮让波形稳定地显示在屏幕上。

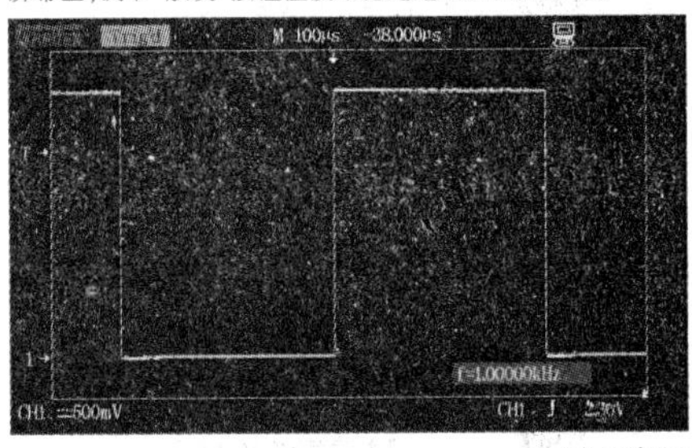

(未完待续)

电子科技博物馆专栏

编前语：或许，当我们使用电子产品时，都没有人记得或知道老一批电子科技工作者们是经过了怎样的努力才奠定了当今时代的小型甚至微型的诸多电子产品及家电；或许，当我们拿起手机上网、看新闻、打游戏、发微信朋友圈时，也没有人记得是乔布斯等人让手机体积变小、功能变强大；或许，有一天我们的子孙后代只知道电子科技的进步而遗忘了老一辈电子科技工作者的艰辛……

成都电子科技博物馆旨在以电子发展历史上有代表性的物品为载体，记录推动电子科技发展特别是中国电子科技发展的重要人物和事件。电子科技博物馆的快速发展，得益于广大校友的关心、支持、鼓励与贡献。据统计，目前已有河南校友会、北京校友会、深圳校友会、绵德广校友会和上海校友会等13家地区校友会向电子科技博物馆捐赠具有全国意义(标志某一领域特征)的藏品400余件，通过广大校友提供的线索征集藏品1万余件，丰富了藏品数量，为建设新馆奠定了基础。

博物馆传真

电子科技博物馆教师参加国际博协大学委员会2021年会

日前，国际博协大学博物馆与藏品委员会(UMAC)2021年度会议在线上举行。会议主题是"疫情下新的机遇与挑战"，来自40个国家的400余名学者参会，共同探讨被疫情重塑的高等教育中，大学博物馆的开放、教学和公众参与。

会上，电子科技博物馆赵轲作题为"博物馆+课堂：工程教育新模式"学术报告，分享了博物馆与10余门课程合作开设到博物馆中，剖析了基于藏品资源教学和研究(OBL)的教学体系设计。参会的专家学者对电子科技博物馆充分发挥藏品资源开设课程，帮助不同学科背景的学生打破对科技的畏惧的观点表示认同，同时肯定了分阶段引导、线上线下结合、打破边界向全社会普及电子科技的教育理念。

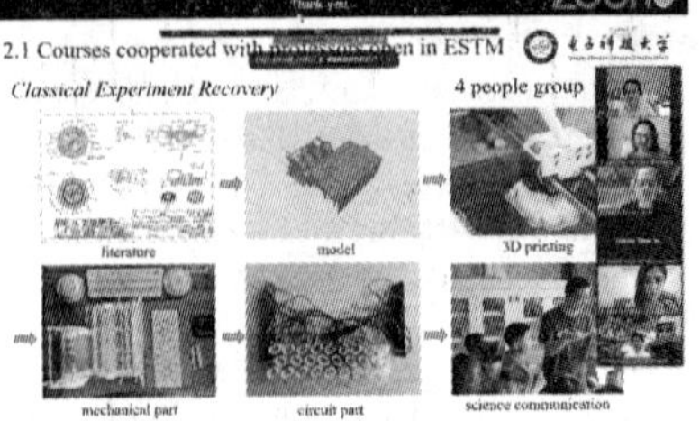

此外，在全体成员大会中，电子科技博物馆赵轲老师作为青年组织(UMAC Futures)主席做了工作报告，他介绍了电子科技博物馆对"全球大学博物馆数据库手机应用"的迭代与更新。同时，赵轲也发起青年组织新项目——"来自未来的想象"线上对话，邀请全球大学博物馆青年人对话表达想法和研究，来自牛津大学、耶鲁大学、东京大学、南美和大洋洲的青年学者已参与其中，为大学博物馆注入活力。

最后，大会主席Marta、牛津大学科学史博物馆馆长Silke等专家感谢青年组织、电子科技博物馆对同行和大学博物馆事业作出的努力。

(电子科技博物馆 王念慈)

恢复燃气炉松手就熄火不能保持的功能

天然气炉在长期使用后，逐渐出现了打火燃烧，但手一松开，就不能保持燃烧的状态，有时能保持、有时不能保持。首先想到是烧火炉盘内圈里面脏了，因为曾经出现过当饭扑出来了时，燃烧的火焰瞬时就熄灭了，再次打火，就不行了。非得要清理干净，等一会儿才能再次打火煮饭。

于是先将炉盘清扫干净，但是此法不管用，因为台面上基本都比较干净，只不过是使用的时间有十多年了，换一台新的吧？想想不服气，打开看看再说，拆开炉子的台面，哇！里面又脏又烂(见如图1所示)，不值得修理了？心想既然打开了，再琢磨琢磨吧。也可趁此机会，检验一下自己判断问题的思路。

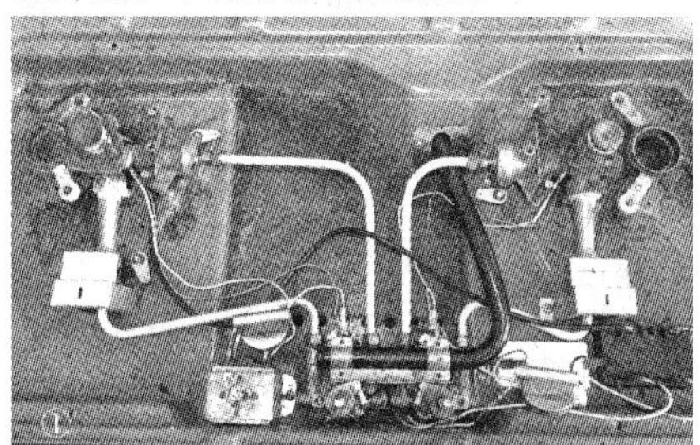

曾经看过类似的文章：什么清扫热电偶、调节风门、疏通喷嘴、换电池等等办法。这些办法的作用就是加强内圈火焰的燃烧，用来传递温度信号给热电偶。当打着火后，火焰的热量会包围这根保护针的(热电偶)，热电偶产生电势，让电磁阀吸合住。这就保证了每次打着火后，马上松开手，火就不会熄灭。但当这个保护针元件无法传递稳定热电能时，电磁阀不能吸合，就会切断供气，这就发生了不能保持燃烧的现象。另外，当饭扑出来时，燃烧的火焰瞬时就熄灭了，起到熄火保护的功能。这就是其中的原理。而我们手压着时候是强制供气的，手松开就会熄灭。只有打着火后，且手压住开关燃烧几秒钟，再松开手火焰才会持续燃烧。即热电偶产生电势，电磁阀吸合：这就是保持燃烧的操作过程。松开手后燃气灶就能持续供气，传递温度信号证明燃气处在正常燃烧的状态。

问题是笔者按照类似的文章处理后，收效甚微，也许处理不到位。有时能保持着燃烧状态，有时不能保持的现象，依然存在。那么应该是什么毛病呢？是这个保护针元件不起作用了吗？再仔细看看，这根保护针的(热电偶)顶部和四周完全烧成黑色(如图2所示)，氧化层很多一样，似乎得换一个？

但是，固定这根保护针的上下螺丝帽，已经烧损锈蚀，很难拆卸。又在网上购买了一瓶除锈剂，清洗了一会儿，可以松开螺丝帽了，但还是取不下来。因为这个丝杆很长，必须还要把整个烧嘴部件撤卸下来(如图3所示)，脱离炉盘底座，才有向下移动的空间，把丝杆退出来。大动干戈，非常麻烦！已经开始打退堂鼓了。就是反过来，从上取出来，但端部接地线的垫圈、接电磁阀的插头，都比丝孔大。如果破坏性的拆出，那以后安装时，又怎么办？查看了下网上卖出的热电偶，确实存在这个问题(如图4所示)。只有从下退出来方法可行，这样，必须要拆卸气路！这就违反了用气的安全规范，非得要找燃气公司的专业人士来处理。炉子的气路部分，都是密封处理了，密封丝扣地方都是用油漆做了记号，不能乱动！

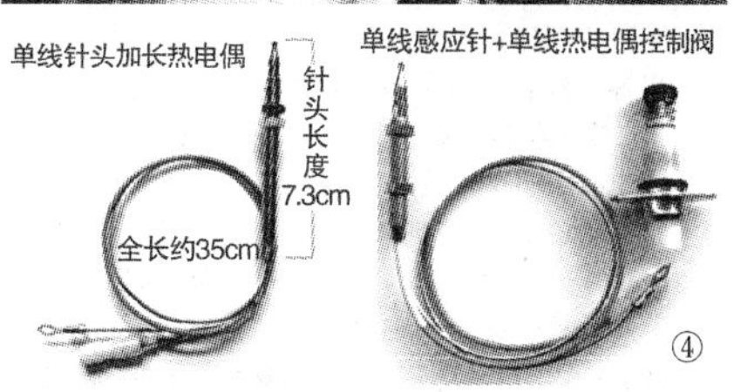

不能下手处理了！怎么办？再回忆下炉子的问题：有时能保持燃烧，有时不能保持。在能保持燃烧时，炉子的火焰颜色正常，火苗大小也正常；在不能保持时，若持续按住旋钮(这时，放电针处于连续放电状态下，火苗会持续燃烧)，人为手动打开了阀门，多保持一会儿，热电偶的金属外壳热了，感应电势便足够，吸合住电磁阀，就能稳定的燃烧。说明热电偶这儿存在问题？

结合上面提到的原理，又按照类似文章的方法：清扫热电偶，用洗碗的钢丝球，轻轻地擦拭保护针顶端的热电偶表面。左右调节放电针顶部，想靠近火焰基本无法移动，只好上下调节放电针顶部与火焰的位置到最佳。调节小火燃烧时的风门到最佳状态，风门开大了，火苗呼呼的，反而把热电偶吹冷了？风门开小了，火苗黄色的，燃烧的热量不够。一定是大大的蓝色火苗，不要左右到处飘移。上述两个方面的处理方法再做一遍，而故障涛声依旧，故障点肯定是这根保护针，热感应老化(钝化)，其感应电势不足以吸合电磁阀。

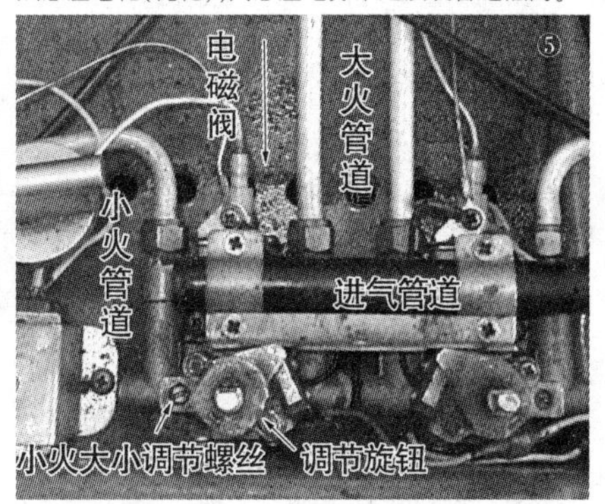

调节热电偶的上下位置和水平位置，使其离火焰最近(即获得热电偶的热量足够多)，这种方法无法施展。燃气控制开关的结构如图5所示(尽管不同厂家的产品结构不一样，但原理一样)，黑色的塑料管道为进气口，分两路铝管道供气给烧嘴。手动按压旋钮时，打开了进气阀门，再旋转旋钮调节火焰的大小量。反复用手按压开关，每次都能点燃火苗，说明电磁阀不会卡住，动作正常。再调节小火苗螺丝上下的位置，反时针调节到最大，使小火管道的燃气流量最大。其实，还有一个问题不要忽视（看好多文章都没有说到这个问题)，非常重要！那就是电磁阀通路中的接头，不要松动，接线螺丝的垫片要擦拭干净，拧紧螺丝。因为到电磁阀的电流极小，最大只有5mA左右。这条通路中黄色线接好接牢固，接地线多处重复接地的螺丝要拧紧，反正一切产生毛病的因素要排除干净！

其实，一般的燃气炉子能够做好3点，基本就处理好了，即：

1. 清洁放电针顶部热电偶外面的灰尘和氧化层，调节靠近火苗的最佳位置。

2. 调节风门使火苗的大小、颜色到最好的状态。

3. 热电偶到电磁阀的弱电通路，垫片干净、接头接点拧紧，减少接触电阻，重复接地以保证搭铁的电阻最小。

知道了原理，可否加强小火燃烧时的火焰，即供给热电偶的热量足够多些呢？按照此思路，想到了既然不能上下调节热电偶，那就使火苗偏移，烧到热电偶顶部的火焰多一点，因为在盖小火苗的盖子时，看见这个不规则的盖子(铸铝件，非机加工)，变换位置有时火苗会偏心到热电偶侧。于是把这个位置做一个记号，每次重复这个位置盖住。另外把下面炉腔壁这点处，用小半圆锉刀把外圈锉低一点(如图6所示)，再把炉腔内壁的厚度也挫薄，形成一个比圆周其他地方稍大一点的出气孔，使燃气从这里喷出量，比其他地方的多一些，燃烧时的火苗大一些(如图7所示)。

果然，内圈燃烧后的小火焰是偏心的，在靠近热电偶这边的火苗要大一些，蓝色的火苗完全烧烤到热电偶的顶部。这样，热电偶瞬间被加热时，产生很大的热感应电势，使得电磁阀能够稳稳地吸合住，再松手就能够稳住燃烧的状态。打火基本上百发百中，能够正常使用了。

最后，必须进行漏气检查：先感官检查，多闻一闻、多听一听。有条件的话，最好用漏气测试笔检查，确认无误后再开气。燃烧时，再用毛笔浇肥皂水到各个接头处，检查有否冒泡漏气现象，一定要妥善处理，有条件有机会时，申请燃气公司专业人员进行漏气检查。

◇成都 张昇

备考指南 注册电气工程师供配电专业知识考题解答㉘

(接上期本版)

43. 户外严酷条件下的电气设施的直接接触防护，通常允许采用下列哪些保护措施？(A、C、D)

(A) 用遮栏或壳体防止人身或家畜与电气装置的带电部分接触

(B)采用50V以下的安全低电压

(C) 用绝缘防止人员或家畜与电气装置的带电部件接触

(D)当出于操作或维修的目的进出通道时，可以提供防止直接接触的最小距离

解答思路：户外严酷条件→《户外严酷条件下的电气设施第2部分一般防护要求》GB/T9089.2-2008→直接接触防护、保护措施。

解答过程：依据GB/T9089.2-2008《户外严酷条件下的电气设施第2部分一般防护要求》第4章，第4.2.1条、4.1.2条、第4.3、第4.6。选A、C、D。

44.关于接于公共连接点的每一个用户引起该点负序电压不平衡度允许的规定，以下表述哪几项式不正确的？(B、D)

(A)允许值一般为1.3%，短时不超过2.6%

(B)根据连接点的负荷状况可作适当变动，但允许值不超过1.5%

(C) 电网正常运行时，负序电压不平衡度不超过2%，短时不得超过4%

(D)允许值不得超过1.2%

解答思路：负序电压不平衡度→GB/T15543-2008《电能质量三相电压不平衡→每一个用户、允许的规定。

解答过程：依据GB/T15543-2008《电能质量三相电压不平衡》第4.2条、第4.1条。选B、D。

45.电视型视频显示屏的设计，视频显示单元宜选CRT、PDP或LCD等显示器，并应符合下列哪些要求？(A、C、D)

(A)应具有较好的硬度和质地

(B)应具有较大的热膨胀系数

(B)应能清晰显示分辨力较高的图像

(D)应保证图像失真小，色彩还原真实

解答思路：视频显示屏→《视频显示系统工程技术规范》GB50464-2008→视频显示单元、要求。

解答过程：依据GB50464-2008《视频显示系统工程技术规范》第4.2节，第4.2.5条。选A、C、D。

46.每个建筑物内的接地导体、总接地端子和下列哪些可导电部分应实施保护等电位连接？(A、C、D)

(A)进入建筑物的供应设施的金属管道，例如燃气管、水管等

(B)在正常使用时可触及的非导电外壳

(C)便于利用的钢筋混凝土结构中的钢筋

(D)通信电缆的金属护套

解答思路：建筑物、实施保护等电位连接→《低压电气装置第4-41部分：安全防护电击防护》GB16895.21-2011。

解答过程：依据GB16895.21-2011《低压电气装置第4-41部分：安全防护电击防护》第411.3节，第411.3.1.2条。选A、C、D。

47.下列110kV供电电压偏差的波动数值中，哪些数值时满足规范要求的？(B、C、D)

(A)标称电压的+10%，-5%

(B)标称电压的+7%，-3%

(C)标称电压的+5%，-5%

(D)标称电压的-4%，-7%

解答思路：供电电压偏差→《电能质量供电电压偏差》GB/T12325-2008。

解答过程：依据GB/T12325-2008《电能质量供电电压偏差》第4章，第4.1条。选B、C、D。

48.下面有关直流断路器选择要求的表述中，哪些项是正确的？(B、C、D)

(A) 额定电压应大于或等于回路的最高工作电压1.1倍

(B)额定电流应大于回路的最大工作电流

(C) 断流能力应满足安装地点直流系统最大预期短路电流的要求

(D) 各级断路器的保护动作电流和动作时间应满足上、下级选择性配合要求，且应有足够的灵敏系数

解答思路：直流断路器选择→《电力工程直流电源系统设计技术规程》DL/T50044-2014。

解答过程：依据DL/T50044-2014《电力工程直流电源系统设计技术规程》第6.5节第6.5.2条。选B、C、D。

49.关于交流电动机能耗制动的性能，下述哪些是能耗制动的特点？(A、C、D)

(A)制动转矩较平滑，可方便地改变制动转矩

(B)制动转矩基本恒定

(C)可使生产机械较可靠地停止

(D)能量不能回馈单位，效率较低

解答思路：交流电动机能耗制动→《钢铁企业电力设计手册(下册)》→特点。

解答过程：依据《钢铁企业电力设计手册(下册)》第24.1.2节，第24.1.2.1、表24-6。选A、C、D。

50.50Hz/60Hz交流电流路径(小的接触面积)为手到手的人体总阻抗，下列哪一项描述是正确的？(A、C)

(A)在干燥条件下，当接触电压为25V时，5%被测对象的人体总阻抗为91250Ω

(B)在水湿润条件下，当接触电压为100V时，50%被测对象的人体总阻抗为40000Ω

(C)在盐水湿润条件下，当接触电压为200V时，95%被测对象的人体总阻抗为6750Ω

(D)在干燥、水湿润和盐水湿润条件下，人体总阻抗被舍如到25Ω的整数倍数值

解答思路：手到手的人体总阻抗→《电流对人和家畜的效应第1部分：通用部分》GB/T13870.1-2008→小的接触面积。

解答过程：依据GB/T13870.1-2008《电流对人和家畜的效应第1部分：通用部分》第4.5节，第4.5.2条、表7、表8、表9。选A、C。

51. 下列关于典型静电放电的特点或引燃性中，哪些描述是正确的？(A、B)

(A)电晕防电：有时有声光，气体介质在物体尖端附近局部电离，不形成放电通道

(B)刷形放电：有声光，放电通道在静电非导体表面附近形成许多分叉，在单位空间内释放的能量较小，一般每次放电能量不超过4mJ，引燃、引爆能力中等

(C)火花放电：放电时有声光，将静电非导体上一定范围内所带的大量电荷释放，放电能量比较集大，引燃、引爆能力强

(D)传播性刷形放电：有声光、放电通道不形成分叉，电极上有明显放电集中点，释放能量比较集中，引燃、引爆能力很强

解答思路：静电放电的特点或引燃性→《防止静电事故通用导则》GB12158-2006。

解答过程：依据GB12158-2006《防止静电事故通用导则》第4.1节，表1。选A、B。

52.下列有关人民防空地下室战时应急照明的连续供电时间，哪些项负荷规范规定？(A、B、C)

(A)一等人员掩蔽所不应小于6h

(B)专用队队员掩蔽所不应小于6h

(C)二等掩蔽所、电站控制室不应小于3h

(D)生产车间不应小于3h

解答思路：人民防空地下室→《人民防空地下室设计规范》GB50038-2005→战时应急照明的连续供电时间。

解答过程：依据GB50038-2005《人民防空地下室设计规范》第7.5节，第7.5.5条第4款、表5.2.4。选A、B、C。

53.可燃气体和甲、乙、丙类液体的管道严禁穿过防火墙，气体管道不宜穿过防火墙，确需穿过时，应采用下列哪些材料将墙与管道支间的空隙紧密填实？(A、C)

(A)防火封堵材料

(B)水泥砂浆

(C)不燃材料

(D)硬质泡沫板

解答思路：严禁穿过防火墙→《建筑设计防火规范(2018版)》GB50016-2014 (2018版→可燃气体和甲、乙、丙类液体的管道。

解答过程：依据GB50016-2014(2018版)《建筑设计防火规范(2018版)》第5.4节，第6.1节，第6.1.6条。选A、C。

54.任何一个波动负荷用户在电力系统公共连接点产生的电压变动，其限值与下列哪些参数有关？(A、C)

(A)电压变动频度

(B)系统短路容量

(C)系统电压等级

(D)电网频率

解答思路：电压变动→《电能质量电压波动和闪变》GB/T12326-2008→任何一个波动负荷用户、公共连接点产生。

解答过程：依据GB/T12326-2008《电能质量电压波动和闪变》第4章，。选A、C。

55.关于静电的基本防护措施，下列哪些项描述是正确的？(A、C、D)

(A)带电体应进行局部或全部静电屏蔽，或利用各种形式的金属网，减少静电的积聚，同时屏蔽体或金属网应可靠接地

(B) 在遇到分层或套叠的结构时应使用静电非导体材料

(C)在气体爆炸危险场所禁止使用金属链

(D)使用静电消除器迅速中和静电

解答思路：静电的基本防护措施→《防止静电事故通用导则》GB12158-2006。

解答过程：依据GB12158-2006《防止静电事故通用导则》第6.1节，第6.1.3条、第6.1.7条、第6.1.9条、第6.1.10条。选A、C、D。

56.敷设缆线槽盒若需占用安全通道，下列哪些措施符合火灾防护要求？(B、D)

(A)选择耐火1h的槽盒

(B) 选择槽盒的火灾防护按安全通道建筑构件所规定允许的时间

(C)槽盒安装位置应在伸臂范围以内

(D)敷设在安全通道内的槽盒尽可能短

解答思路：安全通道→《建筑物电气装置第4-42部分：安全防护热效应保护》GB16895.2-2005→火灾防护要求。

解答过程：依据GB16895.2-2005《建筑物电气装置第4-42部分：安全防护热效应保护》第422节，第422.2.1条。选B、D。

57.下列作用于电气装置绝缘上的过电压哪些属于暂时过电压？(A、C)

(A)谐振过电压

(B)特快速瞬态过电压(VFTO)

(C)工频过电压

(D)雷电过电压

解答思路：过电压→《交流电装置的过电压保护和绝缘配合设计规范》GB/T50064-2014→暂时过电压。

解答过程：依据GB/T50064-2014《交流电装置的过电压保护和绝缘配合设计规范》第3.2节，第3.2.1条第2款。选A、C。

(未完待续)

◇江苏 键谈

PLC 梯形图程序的替换设计法(一)

编前语:这里向大家推荐一组PLC梯形图程序设计的系列文章,设计方法包括替换设计法、真值表设计法、波形图设计法、步进图设计法和经验设计法,其思维模式独具一格,现在推荐给《电子报》的读者,希望能对从事PLC项目策划、开发、编程与运行维护的人员有所帮助。大家阅读后有什么收获、感想或意见,可向"机电技术版"反馈,对于此类反馈稿件,本版将尽快、优先发表。

对于一台PLC来说,硬件是躯体,软件是灵魂,一个PLC应用系统能够实现什么样的控制功能,能够完成什么样的控制任务,完全是由用户程序(软件)来决定的,很显然,PLC用户程序的编写工作,是整个PLC应用技术的核心工作,是PLC应用设计中最重要的部分,也是初学者感到最难的地方。我发现,许多工程技术人员在进行用户程序设计时只会抄袭别人编写好的程序而不会自主编程,常常应付不了PLC的应用设计工作,究其原因,主要是这些工程技术人员并没有真正掌握PLC的编程方法所导致的。为了帮助这些工程技术人员尽快真正地掌握用户程序的编写方法,笔者特把在教学过程中总结出的实践证明切实可行的一整套梯形图程序设计方法——替换设计法、真值表设计法、波形图设计法、步进图设计法和经验设计法,以及与各种程序设计方法一一对应配套的梯形图程序设计模板奉献出来,大家只要以这些模板为"葫芦"、以"照葫芦画瓢"为手段,就能轻松地设计出绝大多数PLC控制系统的控制程序。本文先介绍梯形图程序的替换设计法,其他四种设计方法将陆续推出,请读者多多留意。

在进行PLC程序设计时,如果碰到要把传统继电接触器控制系统升级改造成PLC控制系统,这时使用替换设计法来设计梯形图程序是最合适的。

1. 替换设计法的步骤

①改画传统继电接触器控制电路图。

②分配PLC存储器。

③标注存储器编号。

④画梯形图。

2. 替换设计法的要点

(1)改画传统继电接触器控制电路图的要点

①将传统继电接触器控制系统电气原理图中的控制电路图逆时针旋转90°后重新画出该控制电路图,画法是:第一行画控制电路图的倒数第一行,第二行画控制电路图的倒数第二行……最后一行画控制电路图的倒数最后一行。

②控制电路图画好后,再把文字符号(即电器代号)逐一标在对应的图形符号的下方。

(2)分配PLC存储器的要点

①把文字符号标为SB、SQ、SA或FR的启动开关、停止开关、行程开关、保护开关等主令电器的触头依次分配给PLC的输入存储器。

②把文字符号标为KM、YA、B、HL或EL的接触器线圈、电磁阀线圈、蜂鸣器线圈、指示灯等被控电器依次分配给PLC的输出存储器。

③把文字符号标为KA的中间继电器线圈依次分配给PLC的中间存储器。

④把文字符号标为KT的时间继电器线圈依次分配给PLC的定时器。

分配的结果要以PLC存储器分配表的形式列出来。

(3)标注存储器编号的要点

根据PLC存储器分配表中电器代号与PLC存储器编号的对应关系,在改画后的控制电路图上进行相应的标注。

①把PLC输入存储器编号分别标在对应的主令电器触头符号的上方。

②把PLC输出存储器编号分别标在对应的接触器线圈符号的上方。

③把PLC中间存储器的编号分别标在对应的中间继电器线圈符号的上方。

④把PLC定时器的编号分别标在对应的时间继电器线圈符号的上方(注意这里必须标注出K值,K值等于定时时间除以0.1秒,定时时间一般会标在时间继电器线圈的旁边)。

⑤把PLC输出存储器编号、中间存储器编号和定时器编号分别标在对应的接触器触头符号、中间继电器触头符号和时间继电器触头符号的上方。

标注存储器编号时应特别地注意:凡是通电延时型时间继电器的瞬动触头应先临时用T×××S来标注,凡是断电延时型时间继电器的触头应先临时用T×××D来标注。

(4)画梯形图的要点

梯形图语言中的图形符号与传统继电接触器控制电路图中的图形符号之间的对应关系见表1。

根据表1所列出的梯形图语言中的图形符号与传统继电接触器控制电路图中的图形符号之间的对应关系,分别用梯形图中的图形符号来替换传统继电接触器控制电路图中的图形符号重新画图,也就是说用表1左边的图形符号去替换表1右边的图形符号重新画图,并在程序的最后加上END指令符号,即可得到初步的梯形图程序了。

①分别用梯形图语言中的动合触点符号、动断触点符号、通用线圈符号来直接替换传统继电接触器控制电路图中的常开触头符号、常闭触头符号、接触器线圈符号。

②用通电延时型定时器线圈符号来直接替换通电延时型时间继电器的线圈符号。

③通电延时型时间继电器如果使用瞬动触头,则应在定时器线圈符号T×××上并联一个M000线圈符号(如表1中虚线所示),并用M000线圈的触点符号M000来替换瞬动触头符号KT×(注意这时的触头符号KT×已标注为T×××S)。

④断电延时型时间继电器的控制条件SB×或KM×如果是常开触头,则应该用表1中的线圈A来替换线圈a;控制条件SB×或KM×如果是常闭触头,则应该用表1中的线圈B来替换线圈b。特别值得注意的是:线圈A里或线圈B里的X000就是控制条件SB×或KM×,也就是说,替换断电延时型时间继电器的线圈时,是连同断电延时型时间继电器的控制条件SB×或KM×一起替换掉的,换句话说就是,线圈A里或线圈B里已经包含了控制条件SB×或KM×,千万不要再多画出一个控制条件X000来。同时不要忘记:还要分别用动合触点符号M000和动断触点符号M000来替换断电延时型时间继电器的常开触头符号KT-×和常闭触头符号KT-×(注意这时的触头符号KT-×已标注为T×××D)。

表1 梯形图图形符号与传统继电接触器控制电路图图形符号的对应关系

类别	梯形图语言中的图形符号	类别	继电接触器控制电路图中的图形符号
	左母线、右母线		电源相线 L1 L2
	动合触点		常开触头
	动断触点		常闭触头
	通用线圈 ( )		接触器等线圈
通电延时型定时器	线圈 (T××× K××) (M000)	通电延时型继电器	线圈
通电延时型定时器	动合触点 T×××	通电延时型继电器	常开触头 KT-×
通电延时型定时器	动断触点 T×××	通电延时型继电器	常闭触头 KT-×
通电延时型定时器	瞬动触点 M×××	通电延时型继电器	瞬动触头 T×××S KT×
断电延时型定时器	线圈A X000 T××× M000 (M000) X000 (T××× K××)	断电延时型继电器	线圈a SB×或KM× KT×
断电延时型定时器	线圈B X000 T××× M000 (M000) X000 (T××× K××)	断电延时型继电器	线圈b SB×或KM× KT×
断电延时型定时器	动合触点 M000	断电延时型继电器	常开触头 T×××D KT-×
断电延时型定时器	动断触点 M000	断电延时型继电器	常闭触头 T×××D KT-×

3. 用替换设计法设计通电延时型控制系统的梯形图程序

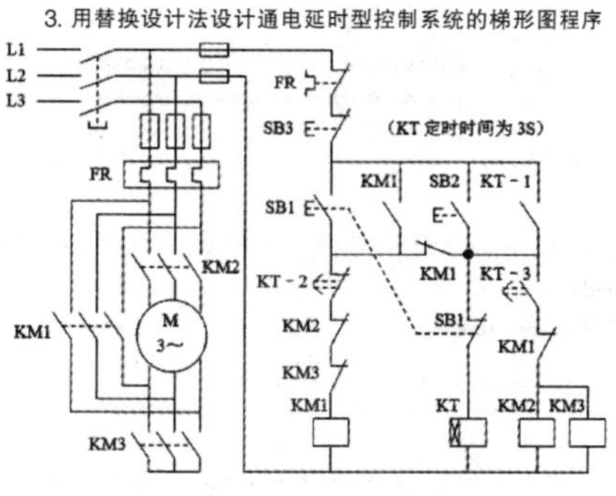

图1 双速电动机控制系统电气原理图

双速电动机控制系统的电气原理图如图1所示。

第一步:改画传统继电接触器控制电路图。

把双速电动机控制系统电气原理图中的控制电路图逆时针旋转90°后,双速电动机控制电路图将如图2所示。

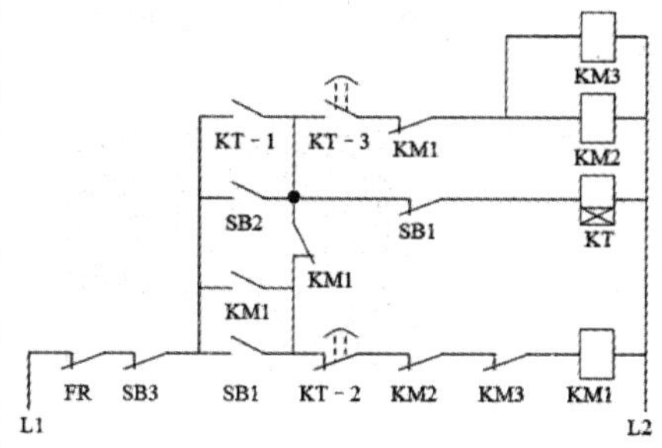

图2 逆时针旋转90°后的双速电动机控制电路图

按照改画传统继电接触器控制电路图的要点(见本文2.(1)部分的内容)对逆时针旋转90°后的双速电动机控制电路图进行改画,改画后的控制电路图将如图3所示。

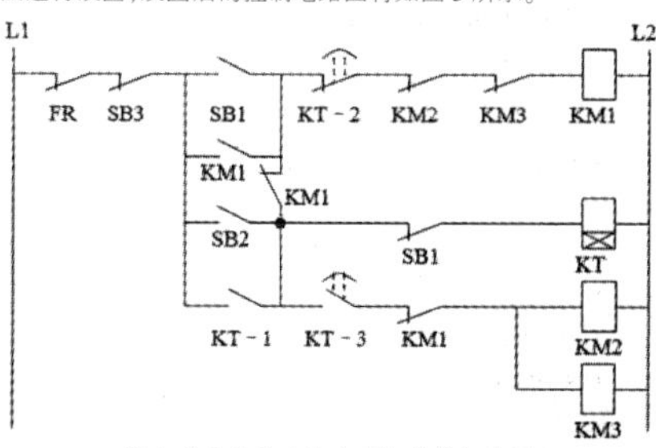

图3 改画后的双速电动机控制电路图

第二步:分配PLC存储器。

按照分配PLC存储器的要点(见本文2.(2)部分的内容),对PLC存储器进行分配。

由于双速电动机控制电路图中的时间继电器是通电延时型的,且使用了瞬动触头,这就需要在定时器线圈上并联一个中间存储器线圈,并用中间存储器的触点来替代瞬动触头,因此,本例分配PLC存储器时,特别地使用了中间存储器M000,PLC存储器分配的结果如表2所示。

表2 PLC存储器分配表

输入存储器分配		输出存储器分配	
元件名称及代号	输入存储器编号	元件名称及代号	输出存储器编号
低速启动开关SB1	X001	低速接触器线圈KM1	Y001
高速启动开关SB2	X002	高速接触器线圈KM2	Y002
停止开关SB3	X003	高速接触器线圈KM3	Y003
过热继电器触头FR	X004		

辅助存储器分配	
元件名称及代号	辅助存储器编号
通电延时型时间继电器KT	T001 K30
	M000

第三步:标注存储器编号。

按照标注存储器编号的要点(见本文2.(3)部分的内容),在改画后的双速电动机控制电路图上标注存储器编号。

本例中,线圈KT是通电延时型时间继电器的线圈,故线圈KT可标注为T001 K30;常开触头KT-1是瞬动触头,故先临时用T001S来标注。

标注存储器编号后的控制电路图如图4所示。

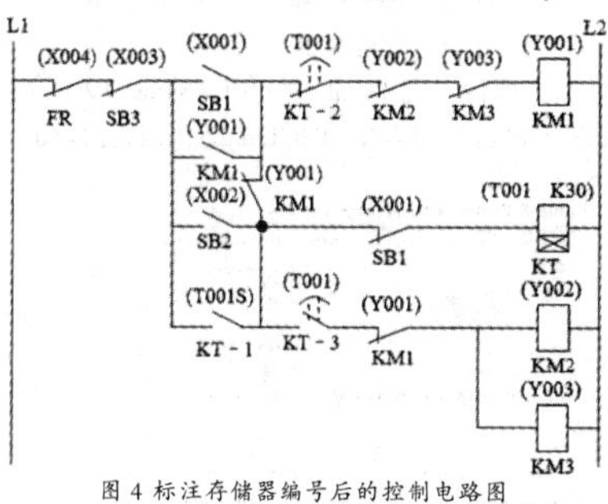

图4 标注存储器编号后的控制电路图

(未完待续)

◇江苏 周金富

基于 Verilog HDL 语言 Quartus 设计与 ModelSim 联合仿真的 FPGA 教学应用(五)

(接上期本版)

二、设计应用篇

(一)建立工程及源文件编程

1. 双击桌面 Quartus Ⅱ 快捷启动图标，启动软件，认识软件界面。

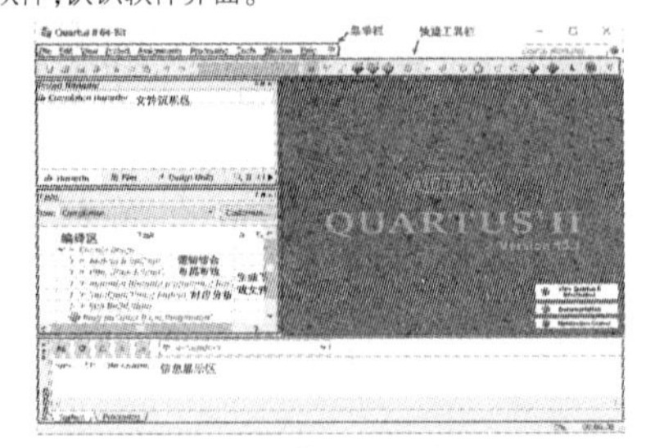

图 5-1

2. 新建工程：选择菜单 File->New，在打开的 New 窗口选择首行 New Quartus Ⅱ Project，或者 File->New Project Wizard...。

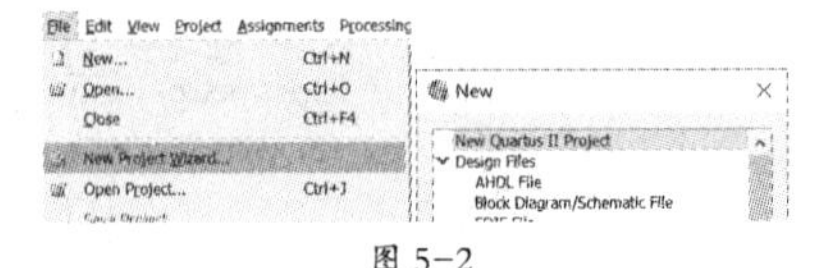

图 5-2

3. 打开工程向导，点击 Next。

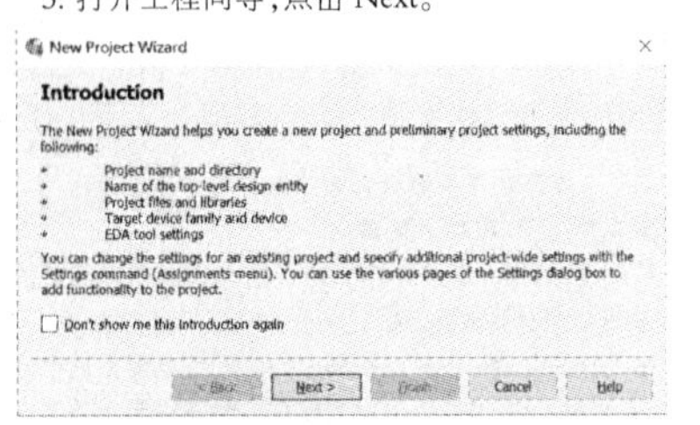

图 5-3

4. 选择工程保存路径，填写工程名称，自动生成顶层实体名称，点击 Next。

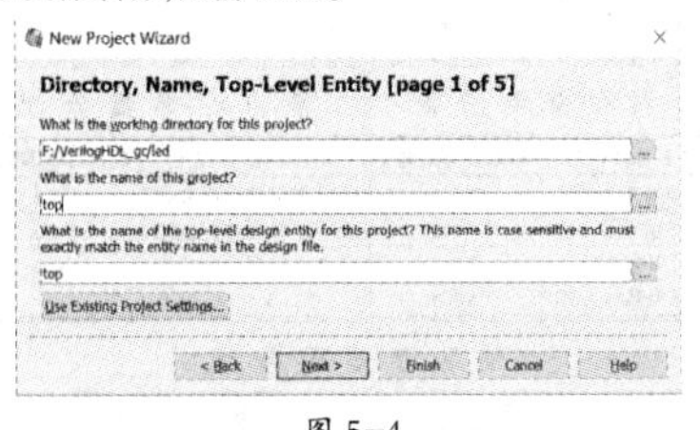

图 5-4

5. 加载源文件，此处跳过，直接点击 Next。

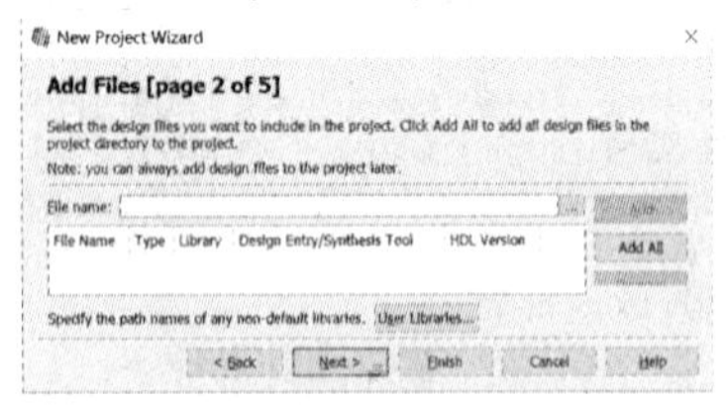

图 5-5

6. 选择器件：在 Family 栏选择 Cyclone IV E，在 Available devices 里面选择 EP4CE6E22C8，点击 Next。

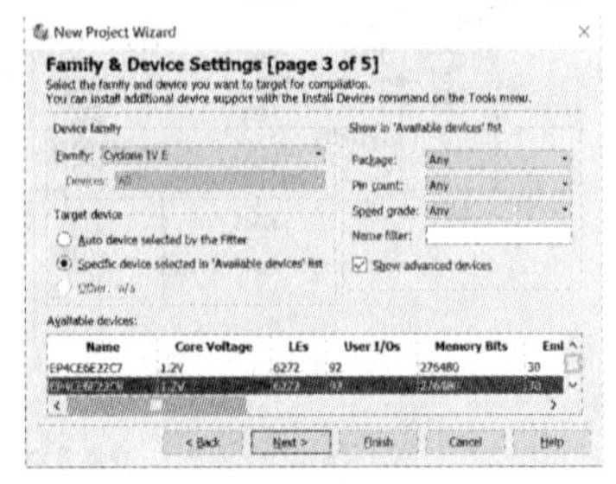

图 5-6

7. 选择 EDA 工具：在 Simulation 栏选择 Moudel-Sim 或 ModelSim-Altera 和 Verilog HDL，也可以不选跳过，点击 Next。

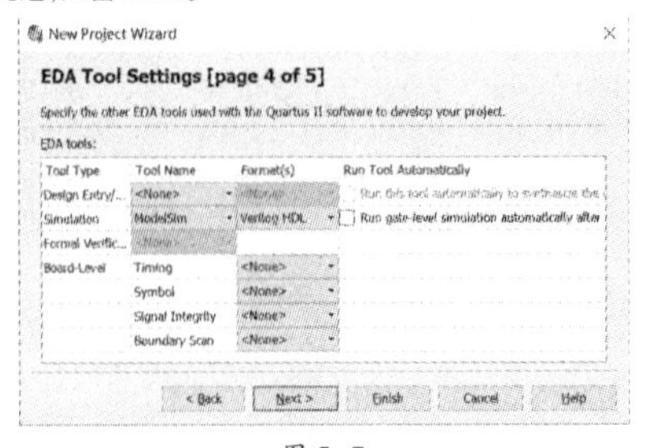

图 5-7

8. 显示工程信息，点击 Finish。

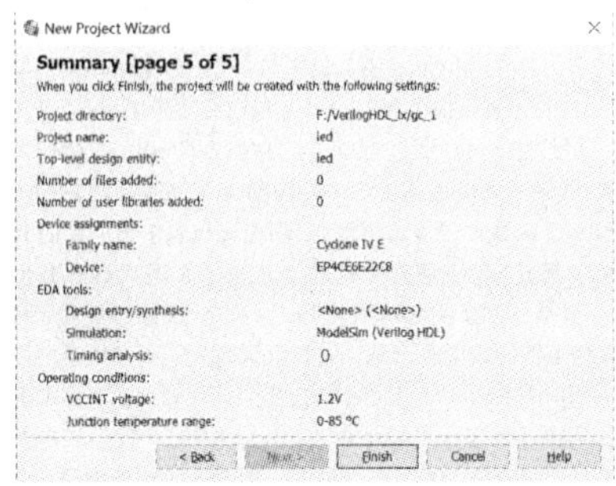

图 5-8

9. 为工程建立源文件：File->New，在 New 窗口选择 Verilog VHD File，点击 OK。

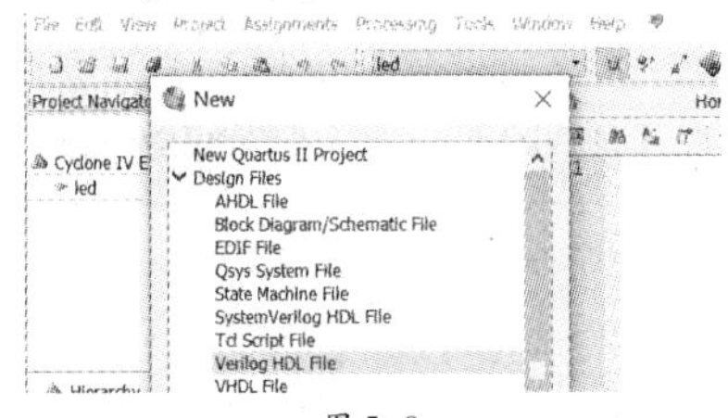

图 5-9

10. 将这个文件作为顶层文件，搭建 Verilog 框架，保存文件。

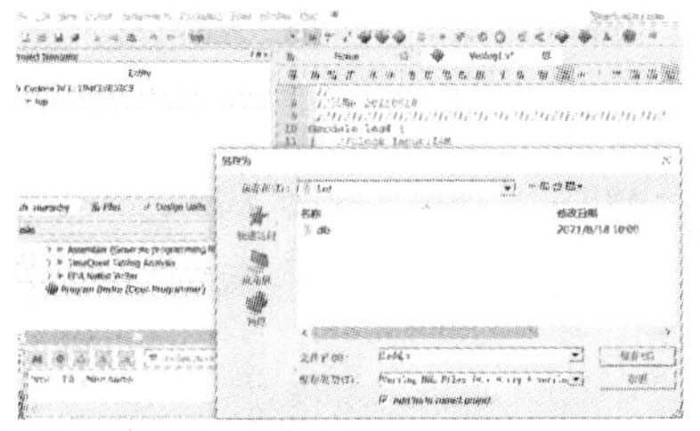

图 5-10

11. 选择左上角文件沉积区 File 页，鼠标右键 led4.v 文件，选择 Set Top-Level Entity 将其设置为顶层实体。

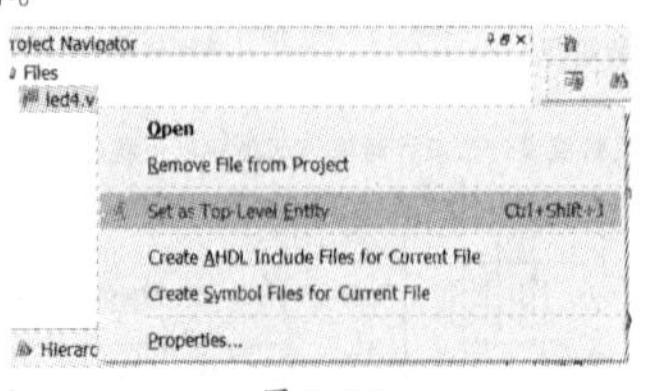

图 5-11

12. 此时查看文件沉积关系里面，已经将 top 变为 led4。

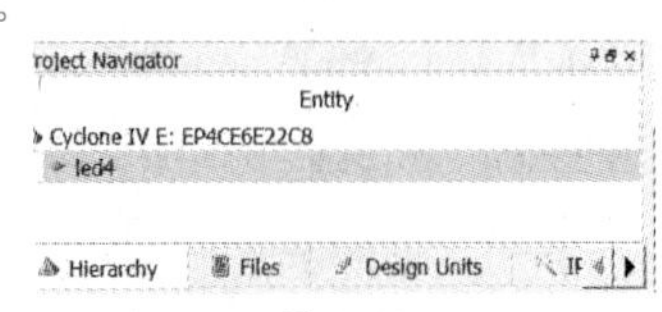

图 5-12

13. 编程：运用 Verilog HDL 语言编一个计数方式的 LED 闪烁程序，参考程序如下。初学者也可以编写一个类似于单片机第一个点亮 LED 灯或 LED 流水灯之类的程序。

```
module led4 (
//定义时钟:48M
input CLK,
//定义 LED 对应 FPGA 引脚的名称
output DS_C,DS_D,DS_G,DS_DP
);
//定义一个参数为下面以秒计数做准备
parameter SEC_TIME = 32'd48_000_000;
wire [3:0]led;
assign {DS_C,DS_D,DS_G,DS_DP} = led;
//定义计数器并初始化为 0，此处初始化仅对仿真有效，综合器会自动无视
reg [31:0]cnt1;
initial cnt1 = 32'b0;
//定义 hz 级时钟为寄存器类型，初始化为 0
reg clk_hz;
initial clk_hz = 1'b0;
//实现计数功能
always@(posedge CLK)
   if(cnt1 == SEC_TIME/2)
     begin
        cnt1 <= 32'b0;
        clk_hz = ! clk_hz;
     end
   else cnt1 <= cnt1 + 1'b1;
assign led = {cnt1 [24],cnt1 [23],cnt1[22],cnt1[21]};
endmodule
```

编程后的界面如下：

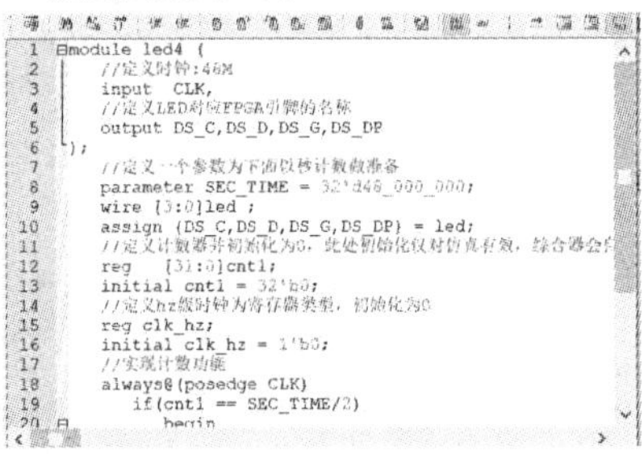

图 5-13

14. 保存文件后，编译：选择菜单 Processing->Start Compilation。

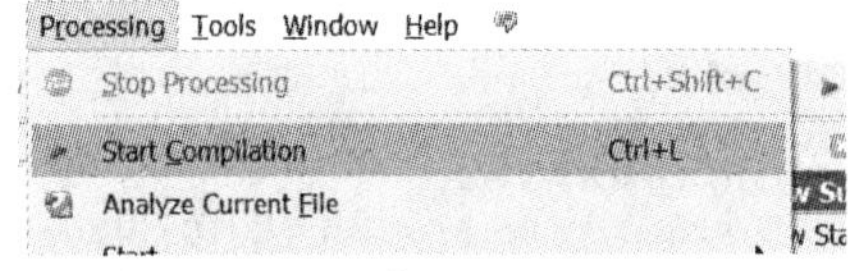

图 5-13

15. 正在编译：左边编译窗口显示编译进程和综合进程，下面信息窗口显示编译信息。

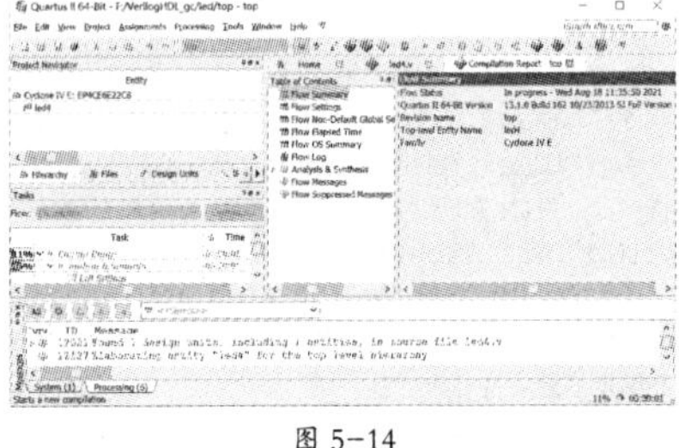

图 5-14

(未完待续)

◇西南科技大学 城市学院 刘光乾 陈浩东 万立里 刘庆 陈熙 白文龙 王源浩

如何选购 USB Type-C 数据线

现在新出的(安卓)手机几乎都是 Type-C 接口了,消费者因各种需求在网店购买 Type-C 数据线时,会发现 Type-C 数据线的价格从 9.9 元包邮到几十上百元(雷电接口甚至上千元)的都有。为何价格差异会这么大?本文就讲讲一些 Type-C 数据线的知识。

USB对拷线公对公电脑数据互传接线文件拷贝互传两头USB双拷数据
主机数据互传 共享键盘鼠标 易安装
价格 ¥450.00
促销价 ¥149.00
淘金币可抵扣商品价格3%

快充Type-c数据线原装正品5A nova7tpyec荣耀9x手机tpc8t
正品快充不伤机 2年免费换新
价格 ¥15.00
促销价 ¥12.90
淘金币可抵扣商品价格3%

功能差异

以充电为例,USB Type-C 线缆虽然都原生支持 20V 电压,但所支持的电流却存在 3A 和 5A 之别。同理,USB Type-C 线缆的视频传输能力也是可选项目。

USB Type-C				
种类	充电电流	数据传输	视频输出	E-Marker
A	3A	不支持	不支持	不需要
B		USB2.0		
C		(480Mbps)	支持	需要
D		USB3.1 Gen1	不支持	
E		(5Gbps)	支持	
F	5A	不支持	不支持	
G		USB2.0		
H		(480Mbps)	支持	
I		USB3.1 Gen1	不支持	
J		(5Gbps)	支持	
K		USB3.1 Gen2	不支持	
L		(10Gbps)	支持	
M		40Gbps	雷电	

从此表可以看出,以数据传输为例,USB Type-C 可选 USB2.0、USB3.0(USB3.1 Gen1,USB3.2 Gen1)、USB3.1 Gen2(USB3.2 Gen2)、USB3.2 Gen2×2(USB4 20)和 USB4(雷电 3/4)等多档速度标准,分别对应 480Mbps、5Gbps、10Gbps、20Gbps 和 40Gbps。

E-Marker 芯片

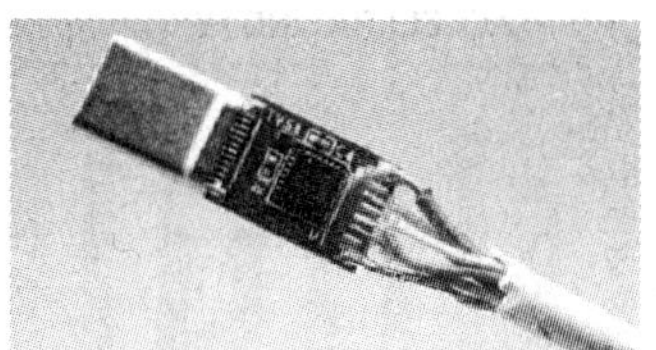

从 C 到 M 类型,都需要 E-Marker(全称为"Electronically Marked Cable"),我们可以将其理解为 USB Type-C 线缆的电子身份标签,通过这颗芯片可以读取该线缆的各种属性,包括电源传输能力、数据传输能力、视频传输能力和 ID 等信息。基于此,输出端(如充电头、笔记本)才能根据输出端连接的设备(如手机或显示器)调整匹配的电压/电流或音视频信号。

在 USB-IF 协会的标准,传输电流在 3A 或者 3A 以下的线缆都不要求配 E-Marker 芯片;当电流超过 3A 时,才必须配 E-Marker 芯片。目前市面上很多 USB PD 充电的功率没有达到 60W 以上,所以标配的都是不带 E-marker 芯片的线缆,以节约成本。

当 USB-C 线缆的传输速度为 USB 2.0 时,是不要求配 E-marker 芯片的。但是当传输速度达到 USB 3.1 Gen1 (5Gbps)或者 USB 3.1 Gen2(10Gbps)时,就必须使用 E-Marker 芯片,这与 USB-C 线缆对功率没太大关系。但是 E-Marker 芯片在标记线缆数据性能的同时,也会标记线缆的电力传输能力。

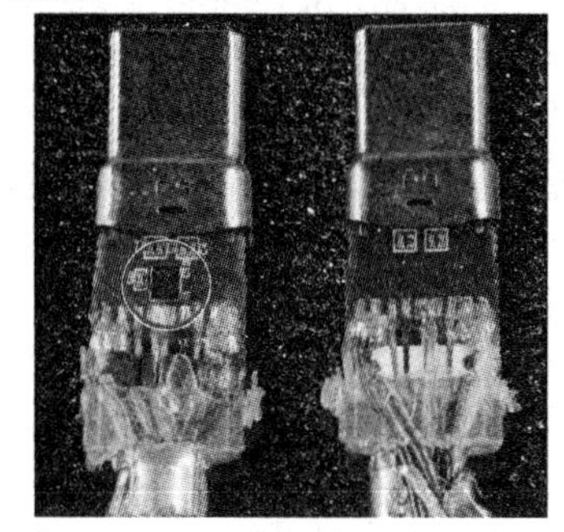

虽然 USB Type-C 线缆前后共有 2 个接口,一般情况下只需在其中 1 个接口内嵌入 E-Marker 芯片即可,但也有极少数线缆会在两头接口上配备 2 颗 E-Marker 芯片,双芯片的好处是能让充电器读取芯片的成功率更高,保证稳定的大功率传输,当线缆长度达到 2 米或者更长时性能更好;而且 E-Marker 芯片是越小越好,毕竟 E-Marker 芯片的发展方向是更小的封装,因为它的尺寸越大会增加线缆插头部分的复杂度与成本。

针脚

USB Type-C 接口内拥有 24 组针脚,一根线缆支持多大的电流、多快的数据传输速度和视频输出等功能需要连接不同数量和类别的针脚。

母头

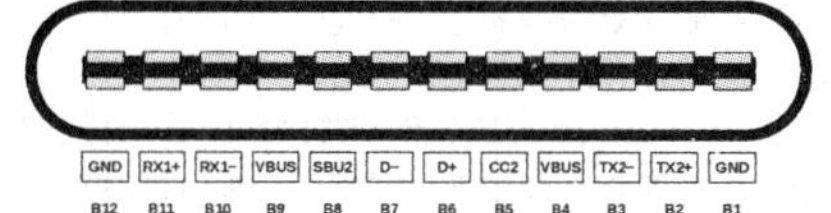

公头

A12 A11 A10 A9 A8 A7 A6 A5 A4 A3 A2 A1
GND RX2+ RX2- VBUS SBU1 D- D+ CC1 VBUS TX1- TX1+ GND
GND TX2+ TX2- VBUS VCONN SBU2 VBUS RX1- RX1+ GND
B1 B2 B3 B4 B5 B6 B7 B8 B9 B10 B11 B12

比如,仅支持 5A 充电不支持数据传输的线缆只需与 USB Type-C 接口内 VBUS+GND(传输 5A 电流)、CC+VCONN(用于 Type-C 通讯)相连接的针脚即可。

如果需要 USB2.0 速度的数据传输功能,还需要再加上 D+/D-针脚,实际出线数量需要 6 根。这种标准的线缆对接口的要求不高,只需采用普通 FR4 材质的 4 层 PCB 材料即可满足 5A 电流传输等级。

但如果是全功能的线缆,在前者的基础上还需用上对应 USB3.1 的 TX1+/TX1-、RX1+/RX1-、TX2+/TX2-、RX2+/RX2-以及边带信号 SBU1/SBU2,实际出线数量至少是 16 根。

针脚	名称	功能	针脚	名称	功能
A1	GND	接地	B12	GND	接地
A2	SSTXp1	SuperSpeed 差分信号 #1,TX,正	B11	SSRXp1	SuperSpeed 差分信号 #1,RX,正
A3	SSTXn1	SuperSpeed 差分信号 #1,TX,负	B10	SSRXn1	SuperSpeed 差分信号 #1,RX,负
A4	Vbus	总线电源	B9	Vbus	总线电源
A5	CC1	Configuration channel	B8	SBU2	Sideband use(SBU)
A6	DP1	USB 2.0 差分信号,position1,正	B7	Dn2	USB 2.0 差分信号,position2,负
A7	Dn1	USB 2.0 差分信号,position1,负	B6	Dp2	USB 2.0 差分信号,position2,正
A8	SBU1	Sideband use(SBU)	B5	CC2	Configuration channel
A9	Vbus	总线电源	B4	Vbus	总线电源
A10	SSRXn2	SuperSpeed 差分信号 #2,RX,负	B3	SSTXn2	SuperSpeed 差分信号 #2,TX,负
A11	SSRXp2	SuperSpeed 差分信号 #2,RX,正	B2	SSTXp2	SuperSpeed 差分信号 #2,TX,正
A12	GND	接地	B1	GND	接地
注:USB 2.0 差分信号只会连接其中一边;因 USB Type-C Plug 无 B6、B7。					

此外,这类接口还需要选择高频、高性能的 6 层 PCB 板材,高速信号线的走线要非常小心,因为超过 5Gbps 的高速率已经进入到微波领域,通过连接器和线缆传输如此高的速率必须考虑通道的不连续性引起的失真,为了将失真程度保持在一个可控的水平,需要线缆通过阻抗、延迟、时滞、衰减和串音等一系列测试项目。

线缆用料

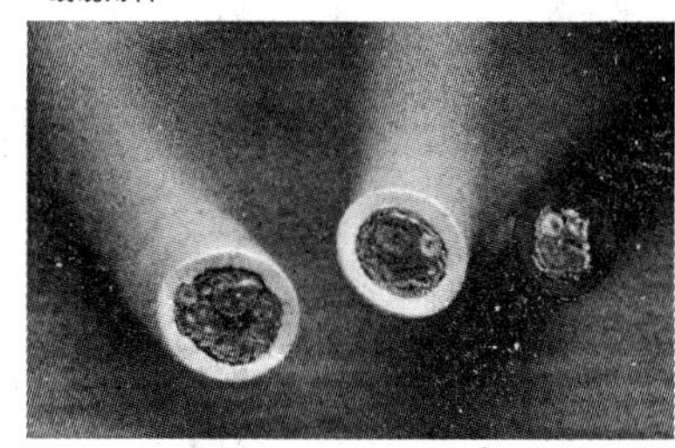

通过连接 USB Type-C 接口内不同数量的针脚,并搭配相应的 E-Marker 芯片可以获得不同功能和性能,但这还不够。因为电力、数据和音视频传输最终还需落实到线缆内的数据和电力线芯上,而后者的用料将直接决定各类信号的传输质量。

比如,真正讲究的线缆都需要在内部加入钢套和硬封胶进行保护绝缘,线身内套上金属屏蔽网和屏蔽铝箔防止信号干扰,通过填充铁氟龙绝缘体、凯夫拉线、抗拉线和棉线来增加线缆的柔韧度等等。越高档的线缆直径越粗,但通过上述手段优化后,可显著提升其耐弯折的能力,有效抵抗日常磨损。

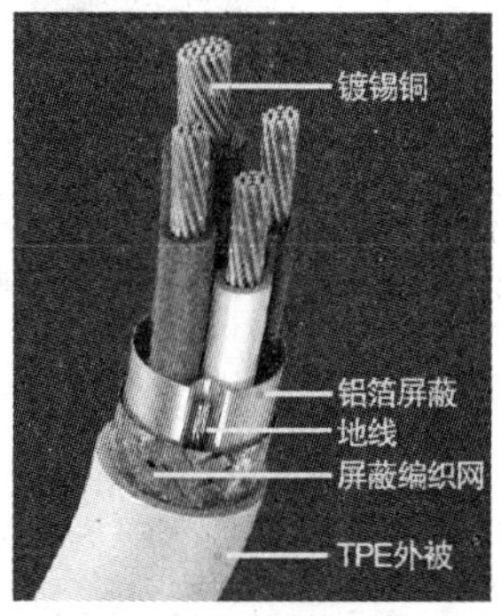

以支持 5A 和 USB2.0 数据传输的线缆为例,其内部只需 4 组线芯,并使用普通的加粗镀锡铜芯即可。

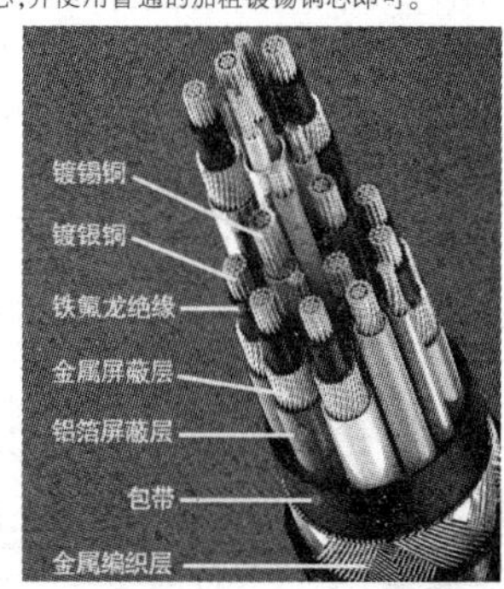

如果是支持 5A、10Gbps 数据传输和音视频输出的线缆,就需要采用 10 根镀锡铜芯和 8 根镀银铜芯设计了。

如果是支持 40Gbps 的雷电线,还需要对镀银铜芯进行加粗。而且当信号在同轴电缆内传输时,其受到的衰减与传输距离和信号本身的频率有关。对于高频信号,传输距离越远,信号衰减越大。因此,最高端的雷电线长度普遍不超过 0.5 米,超过 0.5 米需要搭配额外的芯片对信号进行放大,成本极高,这也是品牌的雷电线超过 1.5 米动辄就上千的原因。

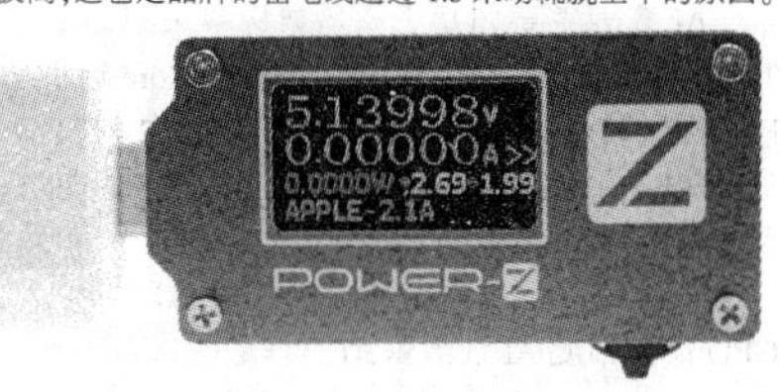

最后如果你是技术控,或是想测试一下自己买的 USB Type-C 线缆到底是什么等级,有没有被商家骗,不妨考虑买一个 POWER-Z 测试仪亲自试试。

◇四川 小李

安倍架构以及 GPU 领域的王者
——NVIDIA DGX SuperPOD AI(二)

(接上期本版)

HBM2 显存

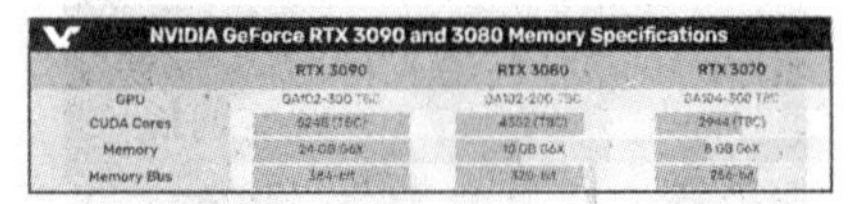

NVIDIA GeForce RTX 3090 and 3080 Memory Specifications

	RTX 3090	RTX 3080	RTX 3070
GPU	GA102-300 TBC	GA102-200 TBC	GA104-300 TBC
CUDA Cores	5248 (TBC)	4352 (TBC)	2944 (TBC)
Memory	24 GB G6X	10 GB G6X	8 GB G6X
Memory Bus	384-bit	320-bit	256-bit

为了确保计算引擎得到充分利用，则需要更好的存储能力。GA100 架构左右两侧有 6 个 HBM2 内存模块，每个 HBM2 内存模块对应两个 512-bit 内存控制器。

A100 GPU 中有 5 个高速 HBM2 内存模块、10 个内存控制器，容量达 40GB，显存带宽达到 1.555 TB/s，较上一代高出近 70%。

A100 的片上存储空间也变得更大，包括 40MB 的 L2 cache，较上一代大 7 倍。

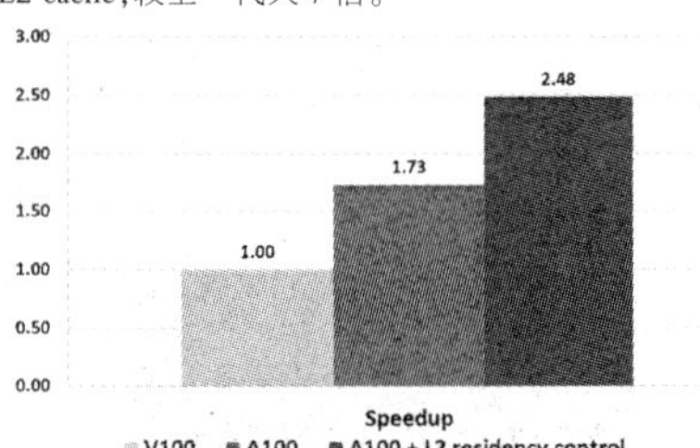

A100 L2 cache 可提供的读取带宽是 V100 的 2.3 倍，因而能以比从 HBM2 内存读写高得多的速度缓存和重复访问更大的数据集和模型。L2 cache residency control 被用于优化容量利用率，可以管理数据以保存或从缓存中删除数据。

为了提高效率和增强可扩展性，A100 增加了计算数据压缩，可节省高达 4 倍的 DRAM 读/写带宽、4 倍的 L2 读带宽和 2 倍的 L2 容量。

此外，NVIDIA 通过将 L1 cache 和 shared memory 单元结合到一个内存块的方式来提高内存访问的性能，同时简化了编程和调优步骤，并降低软件的复杂性。

每个 SM 中的 L1 cache 和 shared memory 单元总容量达 192 KB，是此前 V100 的 1.5 倍。

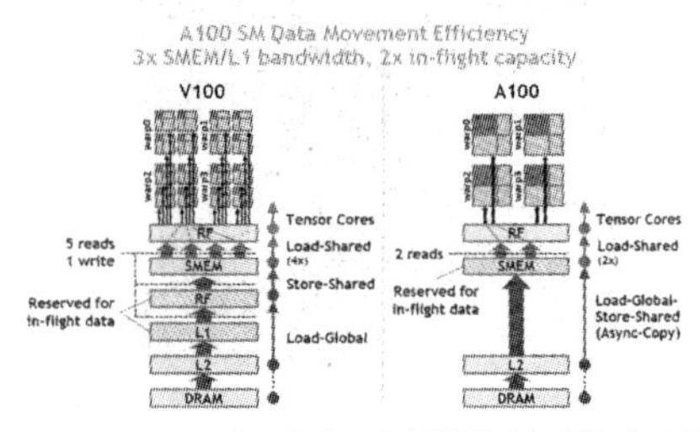

CUDA 11 中还包含一个新的异步复制指令，可选择绕过 L1 cache 和寄存器文件（RF），直接将数据从 global memory 异步复制加载到 shared memory 中，从而显著提高内存复制性能，有效利用内存带宽并降低功耗。

AI 算力

AI 算力主要归功于安培架构中采用的第三代 Tensor Core。NVIDIA 第三代 Tensor Core 除了支持 FP32 和 FP16 外，通过引入新的精度 TF32 和 FP64 以加速 AI 及 HPC 应用，并支持混合精度 BF16/FP16 以及 INT8、INT4、Binary。

借由第三代 Tensor Core 的三类新特性，A100 GPU 的单精度 AI 训练和 AI 推理峰值算力均为上一代的 20 倍，HPC 峰值算力为上一代的 2.5 倍。

TF32 和混合精度 BF16/FP16

TensorFloat-32（TF32）是 NVIDIA A100 中用于处理矩阵数学（即张量运算）的新数值格式，矩阵数学在 AI 及部分 HPC 运算中很常用。

随着 AI 网络和数据集持续扩张，算力需求与日俱增，研究人员尝试用较低精度的数学计算来提升性能，但此前这样做需要调整一些代码，而新精度 TF32 既做到性能提升，同时又无需更改任务代码。

新精度 TF32 与 FP32 一样都拥有 8 个指数位，能支持相同的数字范围；尾数位和 FP16 一样是 10 个，精度水平高于 AI 工作负载要求。

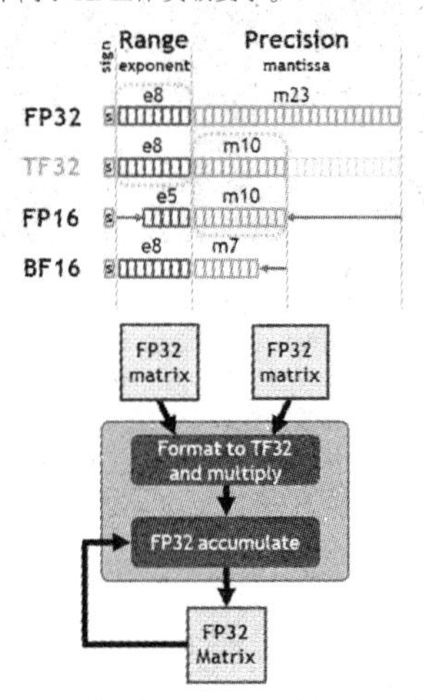

FP32 是当前深度学习训练和推理中最常用的格式，而 TF32 的工作方式与 FP32 相似，TF32 Tensor Core 根据 FP32 数据的输入转换成 TF32 格式后进行运算，最后输出 FP32 格式的结果。

借助于 NVIDIA 库，使用 TF32 Tensor Core 将 A100 单精度训练峰值算力提升至 156 TFLOPS，即 V100 FP32 的 10 倍。

为了获得更好的性能，A100 还可使用 FP16/BF16 自动混合精度（AMP）训练，只需修改几行代码，就能将 TF32 性能再提高 2 倍，达到 312 TFLOPS。

结构化稀疏

要实现 A100 TF32 运行速度提升 20 倍，还需用到第三代 Tensor Core 的另一个关键特性——结构化稀疏。

稀疏方法对于算法工程师来说不算陌生，通过从神经网络中提取尽可能多不需要的参数，来压缩神经网络计算量。其难点在于如何兼顾更快的速度和足够的准确率。

而安培架构中利用稀疏 Tensor Core，即做到了提供高达 2 倍的峰值吞吐量，同时不会牺牲深度学习核心矩阵乘法累加作业的准确率。

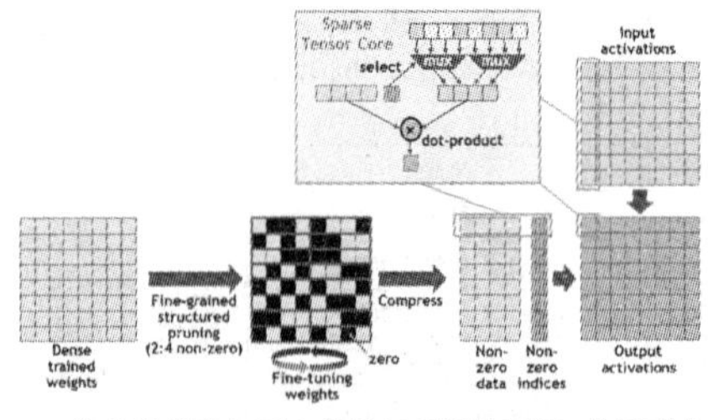

该方法首先使用密集的权重训练网络，然后引入 2:4 细粒度结构稀疏模式进行剪枝，最后重新训练，然后重复训练步骤，采用和之前训练相同的超参数、初始化权重和零模式。

具体压缩方式是限定只做 50%稀疏，要求每相邻 4 个元素中最多有两个非零值，有 index 数据结构指示哪两个数据不被置零。

权重经压缩后，可有效将数学运算速度提高 2 倍。为什么理想性能上限可以提升 2 倍呢？如下图所示，矩阵 A 是一个 16×16 稀疏矩阵，稀疏性为 50%，遵循 2:4 稀疏结构，而矩阵 B 是一个只有 A 一半大小的 16×8 密集矩阵。

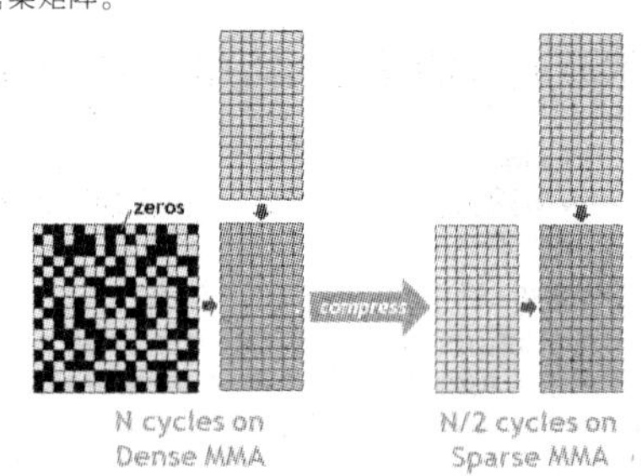

标准的矩阵乘积累加（MMA）操作不会跳过零值，而是计算整个 16×8×16 矩阵乘 N 个周期的结果。

而使用稀疏 MMA 指令，矩阵 A 中每一行只有非零值的元素与矩阵 B 相应元素匹配，这将计算转换成一个更小的密集矩阵乘法，实现 2 倍的加速。

在跨视觉、目标检测、分割、自然语言建模和翻译等数十种神经网络的评估中，该方法的推理准确率几乎没有损失。

经结构化稀疏的 A100 TF32 Tensor Core 深度学习训练算力最高达到 312 TFLOPS，是 V100 INT8 峰值训练速度 15.7 TFLOPS 的 20 倍。

经结构化稀疏的 A100 INT8 Tensor Core 执行深度学习推理速度最高达到 1248 TOPS，是 V100 INT8 峰值推理速度 62 TOPS 的 20 倍。

双精度 FP64

DMMA

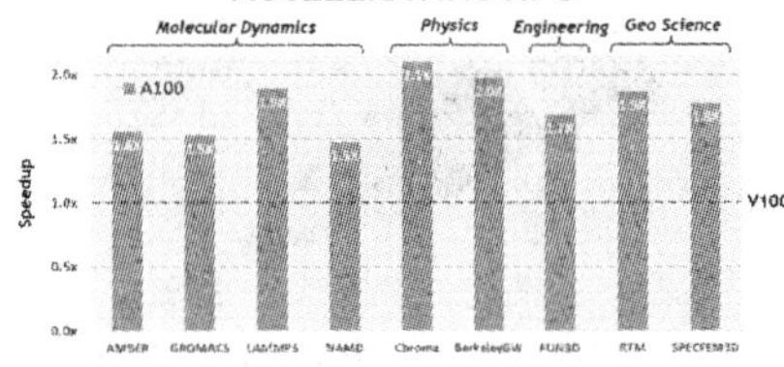

TF32 主要用于加速 AI 运算，而 HPC 吞吐量的提升主要源自引入对经过 IEEE 认证的 FP64 精度的支持。

A100 上的双精度矩阵乘法加法指令取代了 V100 上的 8 条 DFMA 指令，减少了指令取用、调度开销、寄存器读取、数据路径功率和 shared memory 读取带宽。

支持 IEEE FP64 精度后，A100 Tensor Core 峰值算力可达 19.5 TFLOPS，是 V100 FP64DFMA 的 2.5 倍。

多实例 GPU（A100 一分为七）

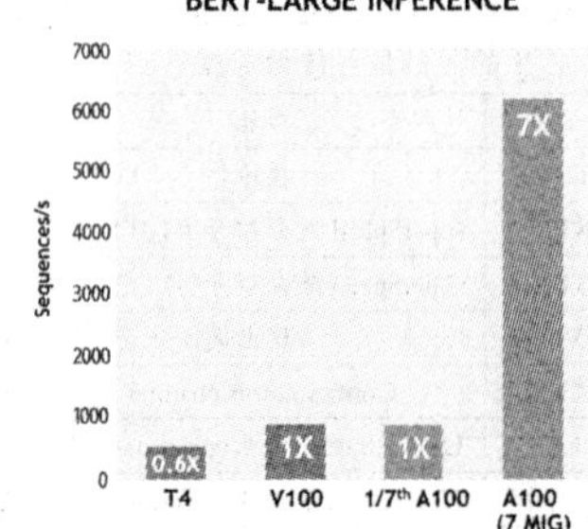

A100 是第一个内置弹性计算技术的多实例 GPU（MIG，Multi-Instance GPU）。

MIG 可以把 GPU 做物理切割，由于 A100 上有 7 个 GPU，加之考虑到资源调度情况，A100 最多可分割成 7 个独立的 GPU 实例。

(未完待续)

◇四川 李运西

初学认识计算机网络基础(二)

(上接第 491 页)

- 首部校验和(16bit):首部检验和用于帮助路由器检测收到的 IP 数据报首部是否发生错误。
- 源 IP 地址(32bit)。
- 目标 IP 地址(32bit)。
- 选项:选项字段占据 0~40 个字节。
- 数据。

4. UDP 协议

UDP 是 User Datagram Protocol 的简称，中文名是用户数据报协议，是一种无连接、不可靠的协议。

主要特点:

- 无连接、不可靠。
- 尽可能提供交付数据服务，出现差错直接丢弃，无反馈。
- 支持一对一，一对多，多对一，多对多的交互通信。
- 速度快，UDP 没有握手、确认、窗口、重传、拥塞控制等机制。
- 面向报文。

UDP 虽然有很多缺点，但是也不排除其能用于很多场合，因为在如今的网络环境下，UDP 协议传输出现错误的概率是很小的，并且它的实时性是非常好，常用于实时视频的传输，比如直播、网络电话等。

因为即使是出现了数据丢失的情况，导致视频卡帧，这也不是什么大不了的事情，所以，UDP 协议还是会被应用与对传输速度有要求，并且可以容忍出现差错的数据传输中。

(1)UDP 报文

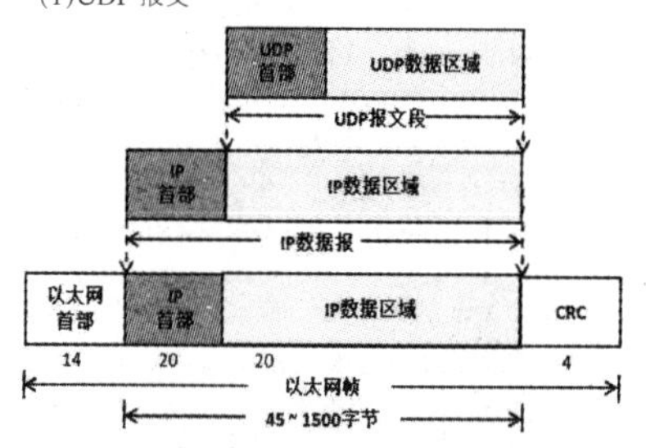

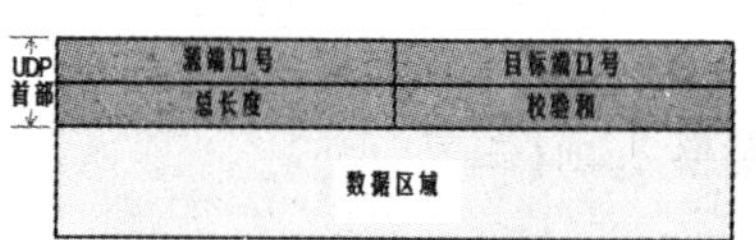

端口号的取值在 0~65535 之间;16bit 的总长度用于记录 UDP 报文的总长度，包括 8 字节的首部长度与数据区域。

5. TCP 协议

TCP 协议(TransmissionControl Protocol，传输控制协议)，是一个面向连接的协议，无论哪一方向另一方发送数据之前，都必须先在双方之间建立一个连接，否则将无法发送数据。

TCP 数据是会封装到 IP 数据当中，我们现在看看 TCP 协议的头部数据定义:

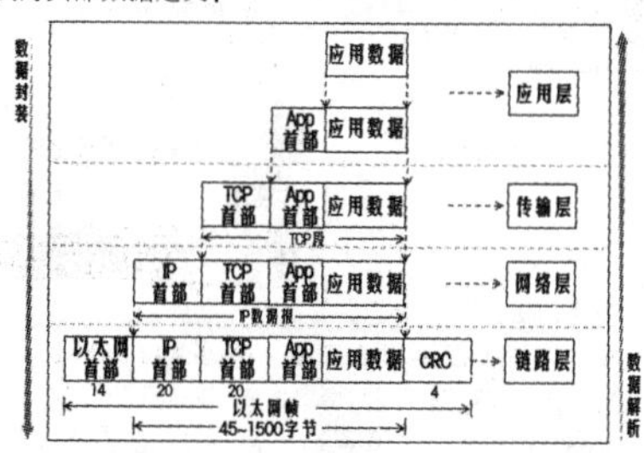

TCP Header

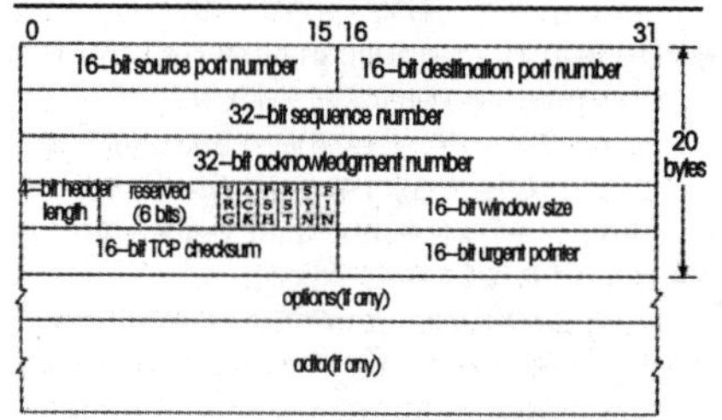

16-bit source port number:16 位源端口号

16-bit destination prot number:16 位目标端口号

32-bit sequence number:32 位顺序号

32-bit acknowledgment number:32 位应答号

4-bit header length:4 位头部长度

reserved(6 bit):保留位

URG:紧急标志位

ACK:应答标志位(表明应答号之前的数据接收成功)

PSH:不进行缓存直接推送到应用的标志位

RST:标志重连接的标志位

SYN:同步顺序号以初始化连接的标志位

FIN:发送数据完毕的标志位(表明不会再发送数据过来)

16-bit window size:窗口大小(用于控流)

16-bit TCP checksum:检验(检验传输的数据是否正确)

16-bit urgent pointer:当 URG 标志被设置时有效，传送紧急数据。

下面看一下 TCP 协议的一些特性:

(1)确认与重传

TCP 提供可靠的运输层，但它依赖的是 IP 层的服务，IP 数据报的传输是无连接、不可靠的，因此它要通过确认来知道接收方确实已经收到数据了。

但数据和确认都有可能会丢失，因此 TCP 通过在发送时设置一个超时机制(定时器)来解决这种问题，如果当超时时间到达的时候还没有收到对方的确认，它就重传该数据。

(2)缓冲机制

在发送方想要发送数据的时候，由于应用程序的数据大小、类型都是不可预估的，而 TCP 协议提供了缓冲机制来处理这些数据。

如在数据量很小的时候，TCP 会将数据存储在一个缓冲空间中，等到数据量足够大的时候在进行发送数据，这样子能提供传输的效率并且减少网络中的通信量。

而且在数据发送出去的时候并不会立即删除数据，还是让数据保存在缓冲区中，因为发送出去的数据不一定能被接收方正确接收，它需要等待到接收方的确认再将数据删除。

(3)全双工通信

在 TCP 连接建立后，那么两个主机就是对等的，任何一个主机都可以向另一个主机发送数据，数据是双向流通的，所以 TCP 协议是一个全双工的协议。

(4)流量控制

TCP 提供了流量控制服务(flow-control service)以消除发送方使接收方缓冲区溢出的可能性。

流量控制是一个速度匹配服务，即发送方的发送速率与接收方应用程序的读取速率相匹配，TCP 通过让发送方维护一个称为接收窗口(receive window)的变量来提供流量控制。

(5)差错控制

除了确认与重传之外，TCP 协议也会采用校验和的方式来检验数据的有效性，主机在接收数据的时候，会将重复的报文丢弃，将乱序的报文重组。

发现某段报文丢失了会请求发送方进行重发，因此在 TCP 往上层协议递交的数据是顺序的、无差错的完整数据。

关于 TCP 协议的一些其他内容如三次握手、四次挥手、示例等可以看以下文章:

6. HTTP 协议

HTTP 协议是 Hyper Text Transfer Protocol(超文本传输协议)的缩写，是用于从万维网(WWW:World Wide Web)服务器传输超文本到本地浏览器的传输协议。

它是基于 TCP/IP 协议通信的，因此它也是基于客户端-服务器模型运作的，是一个应用层协议，可以用它来传输服务器的各种资源，如文本、图片、音频等。

HTTP 协议的特点:

简单:当客户端向服务器请求服务时，只需传送请求方法和路径即可获取服务器的资源，请求方法常用的有 GET、HEAD、POST 等，每种方法规定了客户端与服务器通信的类型不同。

快捷:由于 HTTP 协议简单，使得 HTTP 服务器的程序规模小，因而通信速度很快。

灵活:HTTP 允许传输任意类型的数据对象，传输的类型由 Content-Type 加以标记。

无连接:简单来说就是每进行一次 HTTP 通信，都要断开一次 TCP 连接。可随着 HTTP 的普及，文档中包含大量图片的情况多了起来，每次请求完都要断开 TCP 连接，无疑增加通信量的开销为了解决 TCP 的连接问题，HTTP1.1 提出了持久连接的方法。

无状态:无状态是指协议对于事务处理没有记忆能力。但其实这种无状态对于用户来说也是不友好的(比如:很多网站必须要记住已经登录过的用户，总不能每刷新一次页面就要求用户重新输入账号密码)，因此为了解决无状态的问题，引入了 Cookie 技术，这是一种可以让服务器知道用户上一次做了什么操作，并且记录下来。

(1)URL 与资源

URL 全称是 Uniform Resource Locator，中文叫统一资源定位符，是互联网上用来标识某一处资源的绝对地址，使用它我们就必然能找到资源，除非资源已经被转移了。

URI(Uniform Resource Identifiers)是一个通用的概念，由两个子集组成，分别是 URL 和 URN，URL 是通过资源的位置来标识资源，而 URN 更高级一点，只需通过资源名字即可识别资源，与他们所处的位置是无关的，目前暂时还未推广 URN。

URL 的通用格式如下(绝大部分的 URL 是不会包含所有组件的内容的):

组件	描述
方案 scheme	指定访问服务器获取资源时使用哪种协议，有 HTTP、HTTPS、FTP、SMTP 等协议。
用户 user	某些方案访问资源时候需要指定用户名，才有权限获取资源。
密码 password	用户名后面可能需要密码进行验证，用户名与密码直接使用“:”冒号分隔连接。
主机 host	资源宿主服务器的主机名或者 IP 地址(点分十进制)。
端口 port	资源宿主服务器正在监听的端口号，很多方案都有默认的端口号，而无需我们自己填写，比如 HTTP 默认使用 80 端口，HTTPS 默认使用 443 端口，端口不是一个 URL 必须的部分，如果省略端口部分，将采用默认端口。
路径 path	服务器本地资源的路径，类似于电脑中的文件路径一样，使用“/”将路径与端口隔离。从域名后的第一个“/”开始到最后一个“/”为止，虚拟目录也不是一个 URL 必须的部分，在路径之后是需要一个文件名，这就是 URL 指定的资源。文件名部分也不是一个 URL 必须的部分，如果省略该部分，则使用默认的文件名
参数 params	某些方案会使用这个组件来输入参数，可以拥有多个参数，使用“;”符号与路径分隔开。
查询 query	某些方案会使用这个组件传递参数以激活应用程序，查询组件的内容没有通用的格式，用“?”字符与其他组件分隔开
片段 frag	一小片或者一部分资源的名字，引用对象时，不会将片段组件内容传输给服务器，这个字段是在客户端内部使用的，通过“#”字符与其他组件分隔开。

(2)HTTP 报文

①请求报文:

代码清单 19-1HTTP 请求报文

```
1 <method> <request-URL> <version>        //起始行
2 <headers>                               //首部
3
4 <entity-body>                           //数据主体
```

method(方法):HTTP 请求报文的起始行以方法作为开始，方法用来告知服务器要做些什么，常见的方法有 GET、POST、HEAD 等。

请求 URL(request-URL):指定了所请求的资源。

版本(version):指定报文所使用的 HTTP 协议版本。

②应答报文:

代码清单 19-2HTTP 应答报文

```
1 <version> <status> <reason-phrase>      //起始行
2 <headers>                               //首部
3
4 <entity-body>                           //数据主体
```

- 状态码(status):这是在 HTTP 应答报文中使用的。不同状态码代表不同的含义:

整体范围	已定义使用范围	描述
100~199	100~101	信息提示
200~299	200~206	成功
300~399	300~305	重定向
400~499	400~415	客户端错误
500~599	500~505	服务器错误

实例:

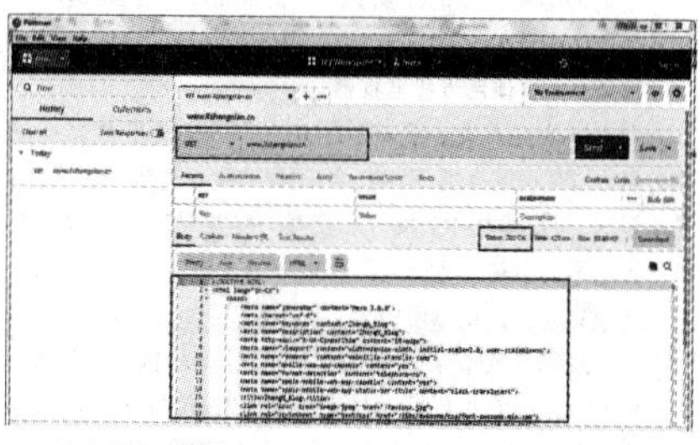

7. MQTT 协议

MQTT 协议全称是 Message Queuing Telemetry Transport，翻译过来就是消息队列遥测传输协议，它是物联网常用的应用层协议。

其运行在 TCP/IP 中的应用层中，依赖 TCP 协议，因此它具有非常高的可靠性，同时它是基于 TCP 协议的<客户端-服务器>模型发布/订阅主题消息的轻量级协议。

(下转第 500 页)

编程中的工程应用技巧

成为一个正式的嵌入式开发工程师，是一个艰辛的过程，需要开发人员维护和管理系统的每个比特和字节。从规范完善的开发周期到严格执行和系统检查，开发高可靠性嵌入式系统的技术有许多种。

今天给大家介绍7个易操作且可以长久使用的技巧，它们对于确保系统更加可靠地运行并捕获异常行为大有帮助。

技巧1——用已知值填充ROM

嵌入式软件开发人员往往都是非常乐观的一群人，只要让他们的代码忠实地长时间地运行就可以了，仅此而已。微控制器跳出应用程序空间并在非预想的代码空间中执行这种情况似乎是相当少有的。

然而，这种情况发生的机会并不比缓存溢出或错误指针失去引用少。它确实会发生！发生这种情况后的系统行为将是不确定的，因为默认情况下内存空间都是0xFF，或者由于内存区通常没有写过，其中的值可能只有上帝才知道。

不过有相当完备的linker或IDE技巧可以用来帮助识别这样的事件并从中恢复系统。技巧就是使用FILL命令对未用ROM填充已知的位模式。

要填充未使用的内存，有很多不同的可能组合可以使用，但如果是想建立更加可靠的系统，最明显的选择是在这些位置放置ISR fault handler。

如果系统出了某些差错，处理器开始执行程序空间以外的代码，就会触发ISR，并在决定校正行动之前提供储存处理器、寄存器和系统状态的机会。

技巧2——检查应用程序的CRC

对嵌入式工程师来说一个很大的好处是，我们的IDE和工具链可以自动产生应用程序或内存空间校验和(Checksum)，从而根据这个校验和验证应用程序是否完好。有趣的是，在许多这些案例中，只有在将程序代码加载到设备时，才会用到校验和。

然而，如果CRC或校验和保持在内存中，那么验证应用程序在启动时(或甚至对长时间运行的系统定期验证)是否仍然完好是确保意外之事不会发生的极好途径。

现在一个编程过的应用程序发生改变的概率是很小的，但考虑每年交付的数十亿个微控制器以及可能恶劣的工作环境，医疗仪器应用程序崩溃的机会并不是零。更有可能的是，系统中的一个缺陷可能导致某一扇区发生闪存写入或闪存擦除，从而破坏应用程序的完整性。

技巧3——在启动时执行RAM检查

为了建立一个更加可靠和扎实的系统，确保系统硬件正常工作非常重要。毕竟硬件会发生故障。(幸运的是软件永远不会发生故障，软件只会做代码要它做的事，不管是正确的还是错误的)。

在启动时验证RAM的内部或外部没有问题，是确保硬件可以如预期般运作的一个好方法。

有许多不同的方法可用于执行RAM检查，但常用的方法是写入一个已知的模式，然后等上一小段时间再回读。结果应该是所读就是所写。

真相是，在大多数情况下RAM检查是通过的，这也是我们想要的结果。但也有极小的可能性检查不通过，这时就为系统标示出硬件问题提供了极好的机会。

技巧4——使用堆栈监视器

对许多的嵌入式开发者而言，堆栈似乎是一股相当神秘的力量。当奇怪的事情开始发生，工程师终于被难倒了，他们开始思考，也许堆栈中发生了什么事。结果是盲目地调整堆栈的大小和位置等等。

但该错误往往是与堆栈无关的，但怎能如此确定？毕竟，有多少工程师真的实际执行过最坏情况下的堆栈大小分析？

堆栈大小是在编译时就静态分配好的，但堆栈是以动态的方式使用的。随着代码的执行，应用程序需要的变量、返回的地址和其他信息被不断存储在堆栈中。

这种机制导致堆栈在其分配的内存中不断增长。然而，这种增长有时会超出编译时确定的容量极限，导致堆栈破坏相邻内存区域的数据。

绝对确保堆栈正常工作的一种方法是实现堆栈监视器，将它作为系统"保健"代码的一部分(有多少工程师会这样做？)。堆栈监视器会在堆栈和"其它"内存区域之间创建一个缓冲区域，并填充已知的位模式。

然后监视器会不断地监视图案是否有任何变化。如果该位模式发生了改变，那就意味着堆栈增长得太大了，即将要把系统推向黑暗地狱！此时监视器可以记录事件的发生、系统状态以及任何其他有用的数据，供日后用于问题的诊断。

大多数实时操作系统(RTOS)或实现了内存保护单元(MPU)的微控制器系统中都提供有堆栈监视器。可怕的是，这些功能默认都是关闭状态，或者经常被开发人员有意关闭。

在网络上快速搜寻一下可以发现，很多人建议关闭实时操作系统中的堆栈监视器以节省56字节的闪存空间等等，这可是得不偿失的做法！

技巧5——使用MPU

在过去，是很难在一个小而廉价的微控制器中找到内存保护单元(MPU)的，但这种情况已经开始改变。现在从高端到低端的微控制器都已经有MPU，而这些MPU为嵌入式软件开发人员提供了一个可以大幅提高其固件(firmware)鲁棒性(robustness)的机会。

MPU已逐渐与操作系统耦合，以便建立内存空间，其中的处理都分开，或任务可执行其代码，而不用担心被stomped on。倘若真有事情发生，不受控制的处理会被取消，也会执行其他的保护措施。请留意带有这种组件的微控制器，如果有，请多加利用它的这种特性。

技巧6——建立一个强大的看门狗系统

你经常会发现的一种总是最受喜爱的看门狗(watchdog)实现是，在看门狗被启用之处(这是一个很好的开始)，但也是可以用周期性定时器将该看门狗清零之处；定时器的启用是完全与程序中出现的任何情况隔离的。

使用看门狗的目的是协助确保如果出现错误，看门狗不会被清零，即当工作暂停，系统会被迫去执行硬件重设定(hardware reset)，以便恢复。使用与系统活动独立的定时器可以让看门狗保持清零，即使系统已失效。

对应用任务如何整合到看门狗系统中，嵌入式主板开发人员需要仔细考虑和设计。例如，有种技术可能可以让每个在一定时期内运行的任务标示它们可以成功地完成其任务。

在此事件中，看门狗不被清零，强制被复位。还有一些比较先进的技术，像是使用外部看门狗处理器，它可用来监视主处理器如何表现，反之亦然。对一个可靠的系统而言，建立一个强大的看门狗系统是很重要的。

技巧7——避免易失存储器分配

不习惯在资源有限环境下工作的工程师，可能会试图使用其编程语言的特性，这种语言让他们可以使用易失存储器分配。毕竟，这是一种常在计算器系统中使用的技术，在计算器系统中，只有在有必要时，内存才会被分配。

例如，以C开发时，工程师可能倾向于使用malloc来分配在堆(heap)上的空间。有一个操作会执行，一旦完成，可以使用free将被分配的内存返回，以便堆的使用。

在资源受限的系统，这可能是一场灾难！使用易失存储器分配的其中一个问题是，错误或不当的技术可能会导致内存泄漏或内存碎片。如果出现这些问题时，大多数的嵌入式系统并没有资源或知识来监视堆或妥善地处理它。

而当它们发生时，如果应用程序提出对空间的要求，但却没有所请求的空间可以使用，会发生什么事呢？

使用易失存储器分配所产生的问题是很复杂的，要妥善处理这些问题，可以说是一个噩梦！一种替代的方法是，直接以静态的方式，简化内存的分配。例如，只要在程序中简单地建立一个大小为256字节长的缓冲区，而不是经由malloc请求这样大小的内存缓冲区。此一分配的内存可在整个应用程序的生命周期期间保持，且不会有堆或内存碎片问题方面的顾虑。

以上嵌入式开发的教程可以让开发技术的人员获取更好嵌入式系统的办法。所有这些技术都是让设计者可以开发出可靠性更高嵌入式系统的秘诀。

初学认识计算机网络基础(三)

(上接第499页)

(1)MQTT通信模型

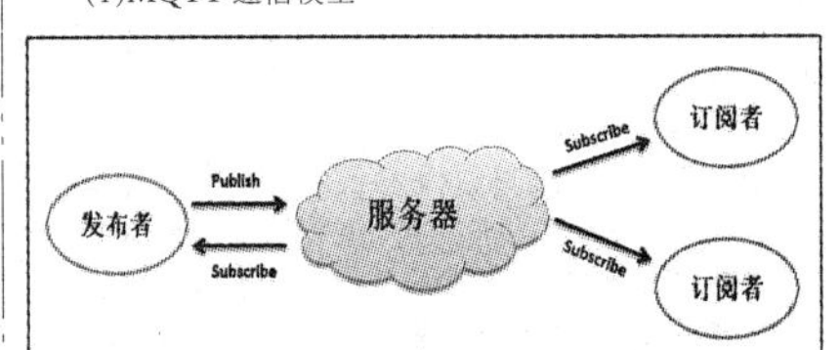

MQTT协议是基于客户端-服务器模型，在协议中主要有三种身份：发布者(Publisher)、服务器(Broker)以及订阅者(Subscriber)。

MQTT消息的发布者和订阅者都是客户端，服务器只是作为一个中转的存在，将发布者发布的消息进行转发给所有订阅该主题的订阅者。

MQTT客户端的功能：

- 发布消息给其他相关的客户端。
- 订阅主题请求接收相关的应用消息。
- 取消订阅主题请求移除接收应用消息。
- 从服务端终止连接。

MQTT服务器常被称为Broker(消息代理)。它的功能有：

- 接受来自客户端的网络连接请求。
- 接受客户端发布的应用消息。
- 处理客户端的订阅和取消订阅请求。
- 转发应用消息给符合条件的已订阅客户端(包括发布者自身)。

(2)MQTT消息

MQTT所发的消息包含：主题+内容，客户端可以订阅任意主题，若有其他客户端发布主题时符合所订阅的主题，就会由网关发送到客户端。

什么是主题？

MQTT服务器为每个连接的客户端(订阅者)添加一个标签，该标签与服务器中的所有订阅相匹配，服务器会将消息转发给与标签相匹配的每个客户端。这样的一个标签就是主题。

实例：

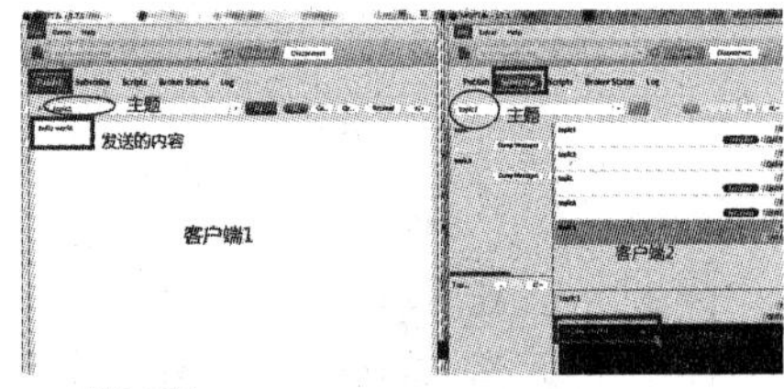

服务质量：

MQTT提供三种服务质量(Quality of Service，简写QoS)，供开发者根据不同的情景选择不同的服务级别：

QoS0：最多发送一次消息，在消息发送出去后，接收者不会发送回应，发送者也不会重发消息。

QoS1：最少发送一次消息(消息最少需要送达一次，也有可送达多次)，QoS 1的PUBLISH报文的可变报头中包含一个报文标识符，需要PUBACK报文确认。

QoS2：这是最高等级的服务质量，消息丢失和重复都是不可接受的。只不过使用这个服务质量等级会有额外的开销，这个等级常用于支付中，因为支付是必须有且仅有一次成功，总不能没给钱或者给了多次钱吧。

以上就是本次分享的一些计算机网络基础知识，计算机网络的内容很多，一篇文章不可能全部覆盖，以上也仅仅是一些概括性地抽取一些表层内容过来分享，需要阅读相关书籍来加深学习。

(全文完)

大鹏飞行—智能化作业平台(一)

摘要:随着现代林业的发展,数字林业与精准林业的相继提出和完善,森林资源调查、观测和造林进入了精准测量、先进技术的信息化时代。针对三维观测设备和方法,设计和研制了三维摄影和观测设备,并以三维摄影观测设备为基础,对多种不同类型的展开三维观测实验,针对不同类型的三维摄影观测提出了多种观测方法。 利用无人机技术、电子信息技术等技术,研制了无人机造林装备系统,将无人机技术应用于林业造林中。并且研制的无人机造林装置具有良好的造林效率和稳定性,可以精准控制种子造林之间的距离,并具有较好的可调节性,能够实现播种和测量,对森林资源信息的获取和造林具有指导和借鉴意义。

关键词:播种;三维摄影测量

第一章 绪论

1.1 研究背景

森林资源调查、监测和管理的技术体系尤其是森林测量装备、观测技术方法和造林技术的研究与科学成果的技术进步息息相关。为了保证森林资源能够获得和使用,根据不同工作需求,提供观测方案与技术方法、研制观测装备一直是林业科技工作者们努力的方向。

1.2 研究目的和意义

时至今日,随着现代林业发展、精准林业和数字林业等理论提出和完善,人们不再满足于手工、的传统模式,而是逐渐走向技术化、智能化。国家《林业发展"十三五"规划》提出的相关内容说明了我国当前林业应用对新技术需求。"十三五"明确指出,我国必须加快林业发展方式的转变。从国家林业发展的需要看,为适应林业工作重心从造林向营林的根本性转变,研究针对技术化、多功能智能测量仪器,三维观测方法和新一代造林技术已经势在必行,迫在眉睫。

传统森林资源调查装备还在沿用机械测高器、角规、测杆、皮尺等需要大量内业工作,完成周期长,数据整理过程繁琐,数据难以统一整理和存储。传统的测量装备一般采用人工接触式的测量方法,通过围尺进行手工测量,一人测量一人记录,测量精度与测量效率都不能得到完善。

1.3 现代化林业智能装备关键技术发展

我国关于林业装备技术的研究起步较晚,虽然近年来已经有林业装备被陆陆续续研制出,但整体林业装备水平还比较低。在林业和经济高速发展的今天,国内外对林业装备研究的重视程度日益提升。与国外领先的关键技术相比,我国林业智能装备在自动化水平、资源节约和环境保护等各方面,仍然存有很大差距。

1.3.2 林业资源调查装备技术的发展

长期以来我国的森林资源信息获取方式一般采用地面调查和地面测量的方法。19 世纪末,最早的非概率抽样方法由挪威统计学家 A.N.Kiar 提出,随后又相继出现了随机抽样、系统抽样、分层抽样。随着角规抽样技术的出现,野外工作量不断减少。随着科技的不断发展,国内外专家学者不断提出了新的测量技术方法,并先后研制了新一代森林资源调查测量设备,其中新测量方法主要集中在三维扫描、摄影测量等领域。

1.3.3 三维观测技术发展

在现阶段对三维观测技术方法主要为地面摄影测量技术,地面三维扫描技术是国内外学者关注研究的热点之一,可通过获得高密度、高质量的三维点云,对待测物体进行无损高精度观测。2018 年,一种利用地基激光雷达提取树体积的分层计算方法被卢贞首次提出。综上所述,地基激光雷达方便获得森林下层结构的精确信息,广泛用于重建三维森林场景和测量单木因子的工作中。

1.3.4 林业造林装备技术发展

20 世纪 80 年代初期,用于栽植容器苗的全液压驱动控制种树机器在法国研制出来。1970 年,我国已自主研发出种树机器,并广泛用于植树造林工作中.现阶段我国林业装备不再满足于依赖进口、一直模仿国外先进技术的低端、低自动化的林业装备生产模式,而是逐渐向自主研发生产的高端、智能林业装备制造一体化转变,林业生产也向着节能、高技术、低成本的目标前进。在现代化林业装备的驱动下,林业生产方式也更加注重节能环保,用更加科学的手段造林与经营管理,实现森林资源的可持续利用。

1.3.5 现状存在主要问题

现阶段森林资源调查观测装备与无人机播种技术发展方面还存在以下两点不足:

(1)在三维观测过程中,现有的地面扫面技术设备价格十分贵,高达几十万到上百万不等,在测量时需要在不同位置多次架设设备以满足观测的点云数据足够覆盖测量地,在三维观测作业效率较低。

(2)在我国需要植树造林的区域多为山地丘陵等地区,采用现代造林技术所研制的大型地面机械装置无法在交通闭塞和地形地貌复杂的山地中使用,无法满足当前的造林作业对造林机械装备的需求。

1.4 研究主要内容

1.4.1 主要研究内容和方法

(1)测量和播种装备体系研究

针对高精度测量装备和播种装备展开研究,研制高精度的测量装备和播种装备,用于造林事业。

(2)三维观测设备方法研究

自主研制适用于造林业环境的三维扫描观测设备,同时在分析摄影测量设备相较于另外两种设备是否具有实用性,并且探索扫描技术在三维观测中的应用潜力。

(3)无人机播种系统研究

本文对无人机播种关键技术展开研究,并研制无人机播种系统。其中播种无人机由无人机机架、超声波雷达、视频监控模块等组成,实现无人机播种功能。

第二章 无人机研究

2.1 无人机系统

无人机造林系统主要由图形用户界面管理系统 GUI、造林无人机系统、GNSS RTK 定位系统和信息交互系统组成。如下表为造林无人机参数。

无人机参数表

无人机		飞行记录	
单臂长度	386mm	起飞重量	6.0-11.0kg
中心架直径	337mm	电池动力	16000mAh
中心架重量	1520g	最大功率	4000W
起落架尺寸	660mm 长 511mm 宽 305mm 高	悬停功率	1500W(起飞重量 9.5kg)
电机 KV 值	400rpm/V	悬停时间	15min(起飞重量 9.5kg)
工作电压	6SLiPo (22.2V)	工作环境	10-440℃

(下转第 509 页)

UPS 电源九个常见故障分析

UPS 电源是不会因短暂停电中断、可一直供应高品质电源、有效保护精密仪器的电源设备。以下对 UPS 电源的各种故障现象及解决方法进行详细讲述。

一、有市电时 UPS 输出正常,而无市电时蜂鸣器长鸣,无输出。

故障分析:从现象判断为蓄电池和逆变器部分故障,可按以下程序检查:

1. 检查蓄电池电压,看蓄电池是否充电不足,若蓄电池充电不足,则要检查是蓄电池本身的故障还是充电电路故障。

2. 若蓄电池工作电压正常,检查逆变器驱动电路工作是否正常,若驱动电路输出正常,说明逆变器损坏。

3. 若逆变器驱动电路工作不正常,则检查波形产生电路有无 PWM 控制信号输出,若有控制信号输出,说明故障在逆变器驱动电路。

4. 若波形产生电路无 PWM 控制信号输出,则检查其输出是否因保护电路工作而封锁,若有则查明保护原因。

5. 若保护电路没有工作且工作电压正常,而波形产生电路无 PWM 波形输出则说明波形产生电路损坏。上述排故顺序也可倒过来进行,有时能更快发现故障。

二、蓄电池电压偏低,但开机充电十多小时,蓄电池电压仍充不上去。

故障分析:从现象判断为蓄电池或充电电路故障,可按以下步骤检查:

1. 检查充电电路输入输出电压是否正常。

2. 若充电电路输入正常,输出不正常,断开蓄电池再测,若仍不正常则为充电电路故障。

3. 若断开蓄电池后充电电路输入、输出均正常,则说明蓄电池已因长期未充电、过放或已到寿命期等原因而损坏。

三、逆变器功率级一对功放晶体管损坏,更换同型号晶体管后,运行一段时间又烧坏的原因是电流过大,而引起电流过大的原因有:

1. 过流保护失效。当逆变器输出发生过电流时,过流保护电路不起作用。

2. 脉宽调制(PWM)组件故障,输出的两路互补波形不对称,一个导通时间长,而另一个导通时间短,使两臂工作不平衡,甚至两臂同时导通,造成两管损坏。

3. 功率管参数相差较大,此时即使输入对称波形,输出也会不对称,该波形经输出变压器,造成偏磁,即磁通不平衡,积累下去导致变压器饱和而电流骤增,烧坏功率管,而一只烧坏,另一只也随之烧坏。

四、UPS 开机后,面板上无任何显示,UPS 不工作。

故障分析:从故障现象判断,其故障在市电输入、蓄电池及市电检测部分及蓄电池电压检测回路。

1. 检查市电输入保险丝是否烧毁。

2. 若市电输入保险丝完好,检查蓄电池保险是否烧毁,因为某些 UPS 当自检不到蓄电池电压时,会将 UPS 的所有输出及显示关闭。

3. 若蓄电池保险完好,检查市电检测电路工作是否正常,若市电检测电路工作不正常且 UPS 不具备无市电启动功能时,UPS 同样会关闭所有输出及显示。

4. 若市电检测电路工作正常,再检查蓄电池电压检测电路是否正常。

五、在接入市电的情况下,每次打开 UPS,便听到继电器反复的动作声,UPS 面板电池电压过低指示灯长亮且蜂鸣器长鸣。

故障分析:根据上述故障现象可以判断:该故障是由蓄电池电压过低,从而导致 UPS 启动不成功而造成的。拆下蓄电池,先进行均衡充电(所有蓄电池并联进行充电),若仍不成功,则只有更换蓄电池。

六、一台后备 UPS 有市电时工作正常,无市电时逆变器有输出,但输出电压偏低,同时变压器发出较大的噪音。

故障分析:逆变器有输出说明末级驱动电路基本正常,变压器有噪音说明推挽电路的两臂工作不对称,检测步骤如下:

1. 检查功率是否正常。

2. 若功率正常,再检查脉宽输出电路输出信号是否正常。

3. 若脉宽输出电路输出正常,再检查驱动电路的输出是否正常。

七、在市电供电正常时开启 UPS,逆变器工作指示灯闪烁,蜂鸣器发出间断叫声,UPS 只能工作在逆变状态,不能转换到市电工作状态。

故障分析:不能进行逆变供电向市电供电转换,说明逆变供电向市电供电转换部分出现了故障,要重点检测:

1. 市电输入保险丝是否损坏。

2. 若市电输入保险丝完好,检查市电整流滤波电路输出是否正常。

3. 若市电整流滤波电路输出正常,检查市电检测电路是否正常。

4. 若市电检测电路正常,再检查逆变供电向市电供电转换控制输出是否正常。

八、后备式 UPS 当负载接近满载时,市电供电正常,而蓄电池供电时蓄电池保险丝熔断。

故障分析:蓄电池保险丝熔断,说明蓄电池供电流过大,检测步骤如下:

1. 逆变器是否击穿。

2. 蓄电池电压是否过低。

3. 若蓄电池电压过低,再检测蓄电池充电电路是否正常。

4. 若蓄电池充电电路正常,再检测蓄电池电压检测电路工作是否正常。

九、UPS 只能由市电供电而不能转为逆变供电。

故障分析:不能进行市电向逆变供电转换,说明市电向逆变供电转换部分出现故障,要重点检测:

1. 蓄电池电压是否过低,蓄电池保险丝是否完好。

2. 若蓄电池部分正常,检查蓄电池电压检测电路是否正常。

3. 若蓄电池电压检测电路正常,再检查市电向逆变供电转换控制输出是否正常。

硬禾学堂专栏

使用示波器的正确姿势(四)

(接上期本版)

4. 对衰减的探头进行补偿

如果探头设置为10X，却发现显示的方波波形不是严格的方波，你需要进行阻抗补偿——用小改锥调节如下图中显示的探头上的并联电容的大小。

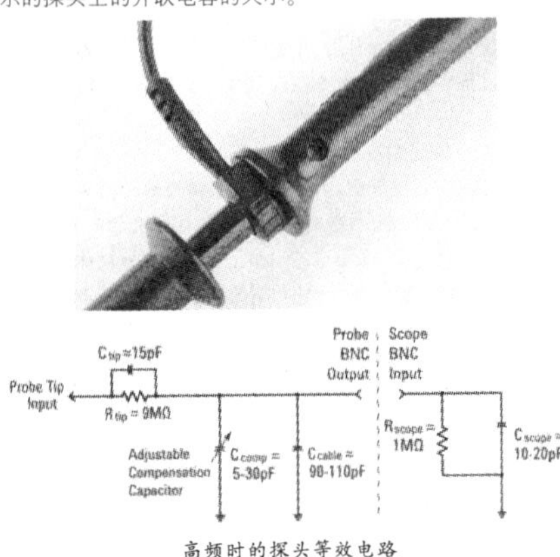

高频时的探头等效电路

在调节的时候你可以看到屏幕上的波形在变化。

调节直至屏幕上显示的波形为完美的方波。记住，只有在用10X的时候才需要进行补偿调节。

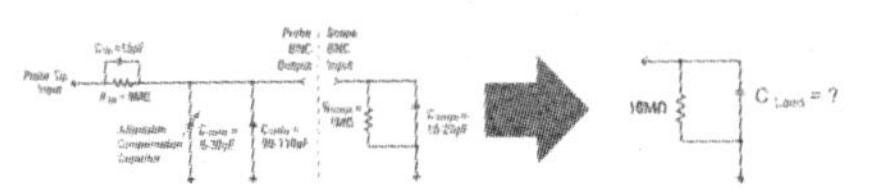

对于被测的电路来讲示波器探头+示波器等效为一个10MΩ的电阻和Cload的并联，对被测电路工作的影响可以根据这个等效电路来计算。

一旦校准好了探头，就可以测量电路上的信号了，测量的时候几个小技巧：

1. 采用比较方便、安全、不影响性能的连接方式——将探头的接地夹子接到这个点上。有时候你需要焊接一根很细的导线在电路板上以方便探头的接地夹夹住，探头的尖头端也可以通过带弹簧的夹子、钩子等方便地连接待测的信号点。总之要找到一种方法，你不必要一直用手拿着探头。

2. 避免测量方法不当导致的噪声——如果待测的信号为高频信号，用示波器测试的时候要做到地线的连接尽可能短，否则会由于探头的接地线同探头的尖头构成的环路形成天线，将待测点附近的高频信号(空间的无线电波、板子上开关信号辐射)接收下来叠加在待测信号上，会给自己的调试带来很大的干扰。多数情况下需要将同轴线直接焊接在电路板上，避免产生接收回路。

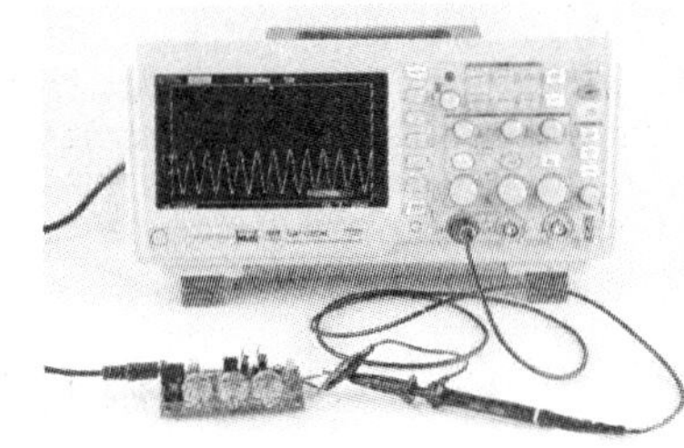

3. 熟悉你使用的仪器的所有测量工具——不同的示波器内部带的测量功能不同，你可以先对你用的仪器功能全面熟悉一下，查看说明书以及调节各个按键，比如周期、峰峰值、脉宽、占空比、上升沿、下降沿、平均电压等的测量以及如何使用FFT功能，有哪些是能够自动测量并显示的。

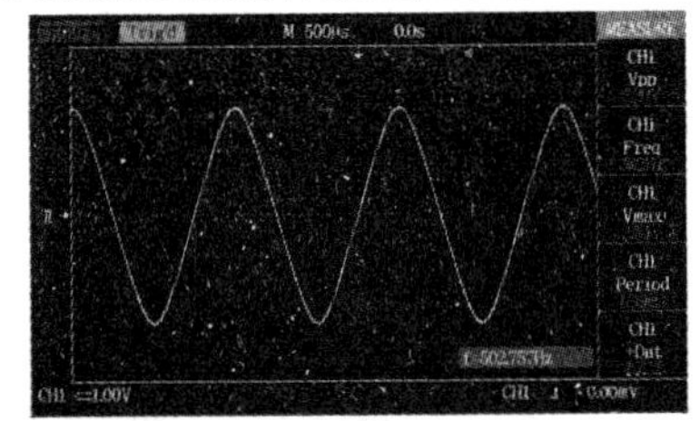

使用示波器的测量工具获取Vpp、Vmax、频率、周期、占空比等信息

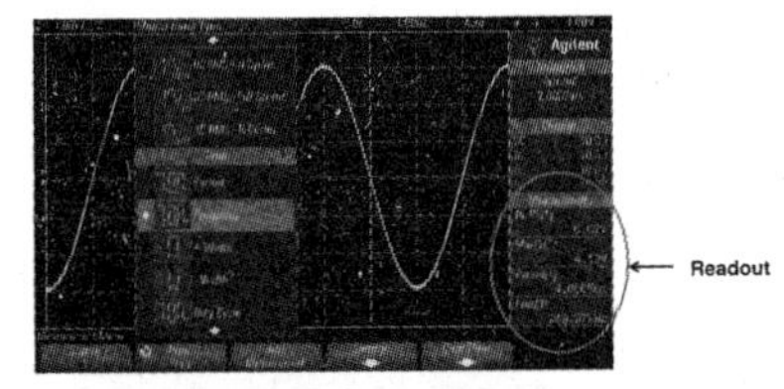

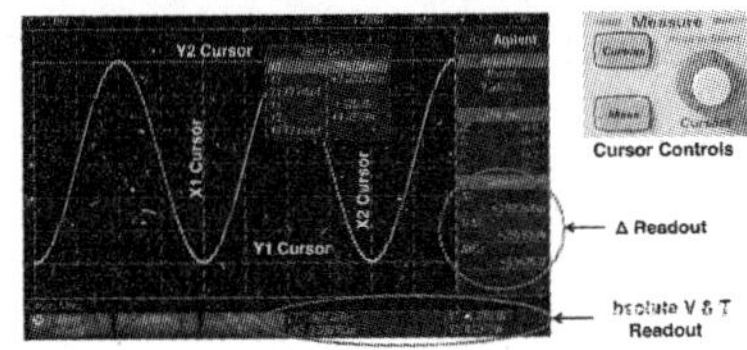

参数的自动计算显示

4. 手动测量波形参数——可以通过移动光标读数、计算得到，移动光标的时候时间和电压值都会发生变化。一般光标都是成对出现，你可以通过读取两个光标之间的差值得到需要的信息。

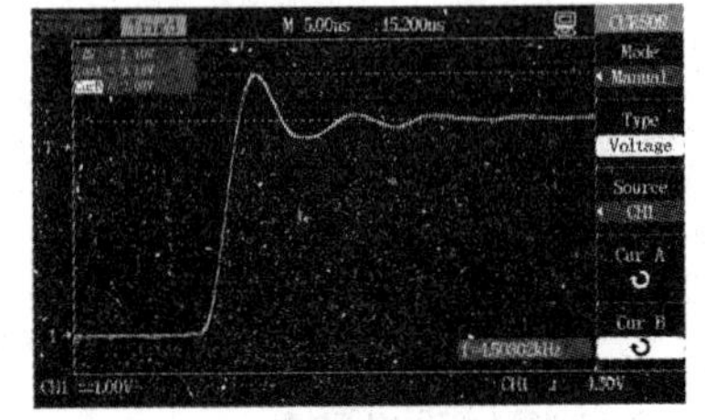

使用光标测量方波的过冲振铃

5. 波形对比——基于你的测量结果，可以对电路进行调整，并调整后再次测量，有一些示波器具有保持、打印波形的功能，因此你可以调出前面测试的信号进行对比。

(全文完)

5G正在加速制造业的数字化转型

近日，爱立信中国总裁赵钧陶在2021年中国国际服务贸易交易会专设的“2021中国智能产业论坛”上分享了爱立信在“5G推进、5G智能产业应用、5G如何落地企业”三个领域的亲身实践和心得体会。

5G推进，日行千里

赵钧陶在演讲中表示，从消费的角度来看，5G起步速度可谓日行千里。爱立信消费者实验室预测数据指出，2021年全球5G手机出货量将突破6.24亿部，是2020年的两倍以上，而2022年这一数字将达到8.74亿。今年一季度，全球5G手机出货量达1.35亿部，同比增长超400%。5G手机的普及速度相比4G和3G手机均有巨大的飞跃。

从产业角度看，5G不仅是时代趋势，也是中国大力推进“企业数字化转型”最重要的平台技术之一，更是当今大中小企业长期保持竞争力的重要手段。目前，制造业的数字化转型落后于金融及其他服务业。中国金融业的数字化转型走在全球前列，疫情也催化了餐饮业的数字化转型。当前，全国50万家餐饮业可以同时在线上线下提供服务。数字化这股潮流还将进一步影响千行百业。

从助力企业发展来讲，5G也取得了长足进步。从全球看，国际运营商已经在大力推进企业数字化转型。据对全球有影响力的100家运营商进行的调研表明，68%的运营商都提供企业5G网络解决方案，其中超过60%已为至少50个企业实施了商用5G的专用解决方案。而从中国看，近两年来，诸如爱立信这样的基础设施提供商以及几大运营商都做了大量的5G技术验证和测试。中央到地方政府也在通过各种方式推动5G助力产业化的进程，工信部今年推出的《5G应用“扬帆”行动计划(2021-2023年)》也将推动5G赋能千行百业作为重中之重。计划明确提出5G物联终端数三年平均增长率要达到200%，大型企业5G应用渗透率要达到35%，每个重点行业打造100个以上5G应用标杆。如果这些目标能够达到，中国将会成为全球5G带动企业数字化转型规模最大、影响最广、走在最前列的国家。

产业应用，遍地开花

谈及5G的产业应用，赵钧陶以荷兰鹿特丹港口、瑞典最大铜矿公司Boliden Aitik、巴黎三大机场5G覆盖、爱立信中国与美国智慧工厂为例，展示了5G与智能产业结合的最佳实践。

荷兰鹿特丹港口是欧洲第一大海港，集装箱码头运输等港口作业实现了高度的自动化。但港口原有连接难以满足工业连接对高可靠性的要求，同时也很难做到大范围连接，制约了港口的作业效率。爱立信与鹿特丹港合作，以蜂窝移动通信的方式取代了原有的有线和大量的Wi-Fi连接，使得整个鹿特丹港区内都能通过移动通信建立7X24小时365全天不间断的有效连接，大大提升了港口的效率。

瑞典最大的铜矿公司Boliden Aitik也是5G应用的受益者。这个瑞典最大的铜矿项目利用蜂窝移动网络为矿区提供连接，作业人员可以利用通信连接，远端控制体量巨大的采矿设备，实现对设备的远程和实时运营。此外，借助网络，还能对设备和人员进行实时追踪，并可对矿场的环境进行实时监测，避免严重的安全事故，更大程度上保障了作业人员的安全。

爱立信与巴黎机场集团ADP和法航的合作使巴黎三大机场也采用了5G覆盖专网。每天在机场有超过1000家不同行业公司的业务在保持运营，涉及12万多名员工。人员、专业运营以及基本的机场服务都通过5G连接以进行安全监控。机场工作人员与机场的调度指挥既可以通过专网组织自身的运输和管理，又可以与外部供应商通过公网相互连接。

爱立信南京工厂和美国工厂是5G+制造业的典范。2015年，爱立信南京工厂投资5亿元用于打造智慧工厂，该工厂覆盖面积约1万多平方米，预计会在今年11月彻底实现5G覆盖。具体5G应用包括5G AGV、5G增强现实(AR)检测，用无人机做工厂库存盘点等，效率较人工盘点提升了50倍。此外，200余台生产线机器人以及气体实时监测的传感系统也通过5G连接，为员工提供健康放心的工作环境。

耗资1亿美元的爱立信美国工厂于去年2月投产，并在今年年初入选世界经济论坛工业4.0“全球灯塔工厂”。工厂安装有1600余块大型太阳板，可以产生一千多兆时的电力，满足工厂67%的人员用电需求。工厂还自建15万升自然雨水储水罐，解决了工厂75%的用水需求。同时，2万多平方米的厂房建筑材料98%都来自可再生和废弃物建筑材料。此外，通过全面部署自动化技术，工厂每个员工的生产效率提高了120%，人工搬运作业减少了65%。可见，数字化转型不仅能够推动生产的自动化，还能够帮助企业实现绿色发展和履行社会责任。工厂投产后，受疫情影响，爱立信采用AR增强现实手段，通过欧洲工厂进行新员工实时培训，这一创新手段还可以用于减少维护人员和专家的人工成本，并将生产事故减少10%。

企业落地，同心协力

数字化和数字化转型是潮流，但从企业的角度来讲，数字化转型仍然面临很大挑战。这其中，制造业与金融业等服务业相比落后一步的重要原因就是较多的沉淀成本，很多制造设备需要长达10年、20年的折旧。因此，究竟如何解决效率、定制化生产、数据安全、经济回报的挑战，从何处着手，如何落地等等技术问题，还需要具体个例具体分析，每个企业的数字化目标和需求或许有共通之处，但路线图以及需求优先级大相径庭，而这都有待于产业、运营商、合作伙伴等持续探索。

(范仲濂)

德尔玛 DEM-F320 树形超声波加湿器电路简析与不出雾故障检修

一、电路原理

此机由开关电源、水雾扩散、水位检测、雾量调节、水雾产生等电路组成，实绘电路见附图所示(注：图中各处电压值，为有水状态下，用 500 型万用表测得)。

电源开关管 Q1 (SVD4N65F)、调整管 Q3 (A1015)、开关变压器 T1、整流管 D7(HER303)、光耦 PC1(EL817)等组成开关电源电路，产生 13.5V、28V 直流电源，分别为水雾扩散、水雾产生等电路供电。

市电整流滤波后产生的约 310V 直流电压，通过启动电阻 R1、R2(510kΩ)、R6(15Ω)加到 Q1 的栅极 G，Q1 启动。之后，正反馈绕组③、④脚产生的感应电压，通过电阻 R7(1.2kΩ)、电容 C5(2A103J)，反馈至 Q1 的 G 极，电源开始振荡工作，输出 13.5V、28V 电源。稳压由稳压管 ZD1(Z27V)、PC1、Q3 等来调节。

水雾扩散由直流风扇 M(DC12V,0.08A)来完成，工作开关 K 接通后 M 便转动，将水雾吹向空中。

水位检测由干簧管 S 及塑料泡沫型磁浮子组成，有水时，装在泡沫塑料中的磁环上升，干簧管常开触点闭合，振荡管 Q1(BU406)基极有偏压，电路起振，有水雾产生，同时，缺水/运行指示控制管 Q2(S9014)饱和导通，缺水指示红灯无供电电压不亮，运行指示绿灯从电阻 R5(10kΩ)上部得到供电点亮，指示当前处于运行状态。无水时，磁浮子下降，S 常开触点断开，Q1、Q2 的基极及绿灯无供电电压，电路停止振荡，不产生水雾，运行指示绿灯不亮，此时，缺水指示红灯因 Q2 不导通，直接从电阻 R7(15kΩ)上部得到供电点亮，指示当前处于缺水状态，提醒使用者及时加水。

雾量调节由电位器 RP(B5K)及电阻 R4(1kΩ)、R3(1.2kΩ)等组成。调节 RP，即改变了 Q1 基极偏置电流，改变 Q1 振荡管输入信号的放大量，从而使压电陶瓷换能器 B 输出的振荡幅度能在弱、强振荡状态之间变化，调节水雾量。逆时针旋转 RP 水雾量减小，顺时针旋转 RP 水雾量增大。

水雾产生由 Q1、B、电容 C3(2E152J)、C6(473K/630V) 等组成。B 作为等效电感元件并接在 Q1 的基极、集电极之间，与 Q1 发射极的外接 C3、C6，构成了典型的电容三点式振荡器，电路产生高频振荡，通过换能器机械振动，将水雾化成超微粒子。

此外，Q1 周围的电感 L1(100μH)的作用是减小偏置电路对反馈电压的影响；串在发射极电路的小电感 L3(共三圈)用于产生微小的交流负反馈，以利于振荡的稳定；L2 为高频扼流圈，作用是增大发射极交流阻抗并为直流提供通路；R1 (2.2Ω) 和 C4(101/1kV)防止寄生振荡；D1(FR107)的作用是保护 Q1，防止被击穿；R3(0.5Ω/2W)与 Q2(C1815)、Q3 等组成过流保护，当过载时，Q2、Q3 自锁导通，开关电源停止工作。

二、故障检修

故障现象：出雾量很小。

分析与检修：怀疑电源有问题，通电测电源输出端直流电压 13.5V、28V 皆正常。测振荡管 Q1(BU406)基极偏置电阻 R4(1kΩ)、R3(1.2kΩ)、雾量调节电位器 RP(B5K)也正常，怀疑 Q1 性能不佳，代换后故障依旧。卸下换能器 B，发现其上面有锈斑，估计已坏。网购一换能器，复原后试机，一切正常，故障排除。

◇山东 黄杨

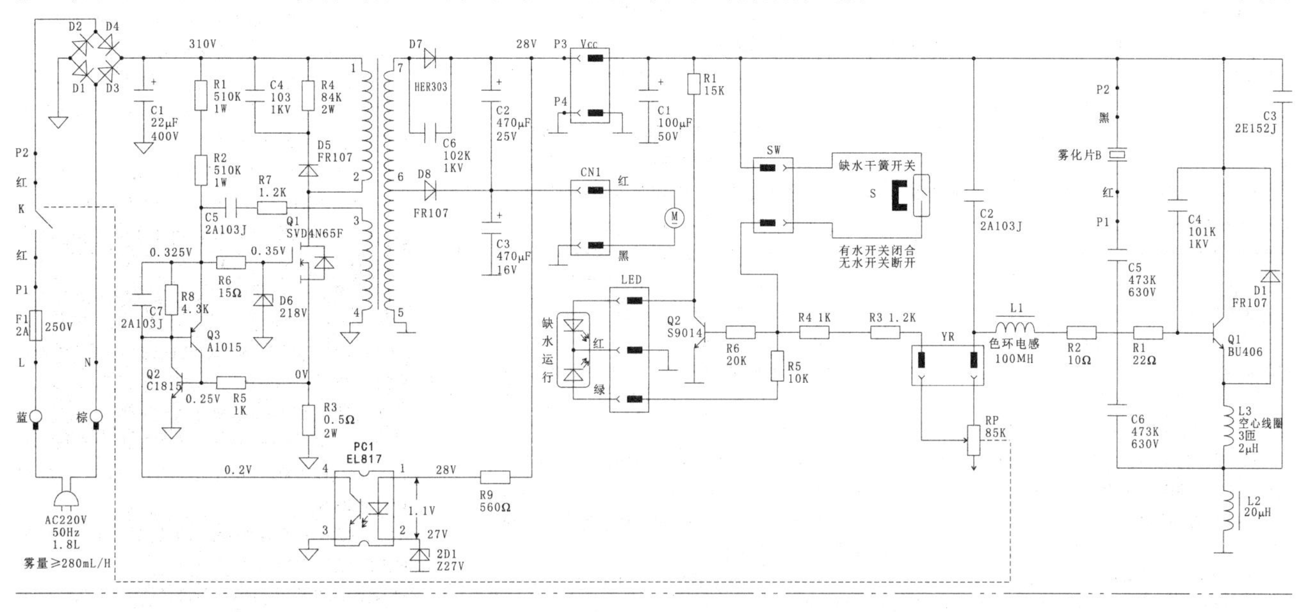

智能马桶不喷水故障的维修

随着人们生活水平的提高，各种各样的智能家电已进入寻常百姓家中，智能马桶也不例外。最近发现家中的智能马桶不喷水了，开始以为水泵坏掉了，拆开一看，没发现水泵，原来喷水的动力就来自自来水，有一个水阀电机控制出水(如图 1 所示)。通过主板控制先打开水阀，让喷头先清洗一下，然后等喷头到位后打开水阀喷水。现在情况是其他操作都正常，就是不出水，不出水的原因就是水阀电机没动作，不能把水阀打开，由此判断水阀电机出问题了。

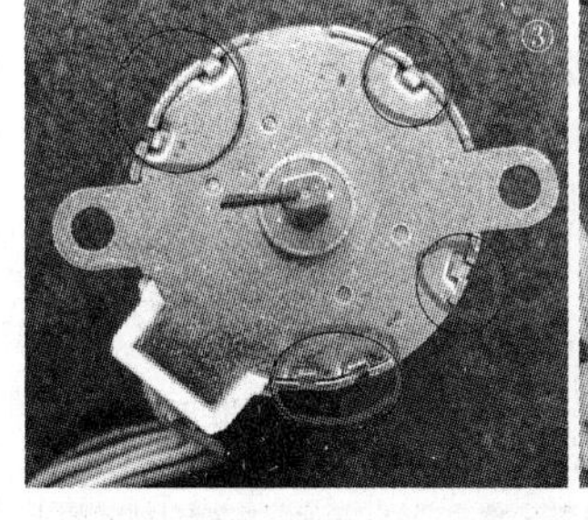

把水阀电机拆下来，通电后感觉电机有转动但输出轴没动，观察电机后部锈蚀比较严重(如图 2 所示)，估计平时搞卫生时把水流到电机上了。本来想网上找一个换掉，结果找了好久也没找到，问产品店家也没个所以然。从给指令电机有动作看来，电脑板应该没问题，就是电机的问题了，那么就死马当活马医一下看了，决定自己拆了修。

拆这种电机说简单还是比较简单，只要把这几个脚板直就可以了(如图 3 所示)，但从外壳的厚度和大小来看，要把它们钣直还是有一定的难度，费了九牛二虎之力，终于把上盖拆开了，拆之前把中轴的方向做好记号，省得后续麻烦。

上盖拆掉后，需要把这几个脚继续钣直(如图 4 所示)，不然下面的隔板和线圈取不出来，慢慢地把齿轮和隔板取出来并记好顺序。

把线圈和转子全部取后，就可以看到下面锈蚀比较严重(如图 5 所示)，用 WD40 等清理干净，然后涂上适量的黄油装回去，上机通电后电机能正常运转。最后把整机装起来，通电通水，喷头出水正常，至此修复完成。

日常需注意的是虽然该机防水做得还可以，但还是有遗漏之处，搞卫生时不能用水直接冲洗主机。

◇浙江 沈江伟

注册电气工程师供配电专业知识考题解答㉙

（接上期本版）

58.某一10/0.4kV车间变电所，高压侧保护接地和低压侧系统接地共用接地装置，下列关于变压器的保护接地电阻值的要求哪些是正确的？（A、B）

（A）当高压侧工作于低电阻接地系统，低压侧为TN系统，且低压电气装置采用保护总等电位连接系统，接地电阻不大于2000/Ig，且不大于4Ω（其中Ig为计算用经接地网入地的最大接地故障不对称电流有效值）

（B）当高压侧工作于不接地系统，低压电气装置采用保护总等电位联结时，接地电阻不大于50/I，且不大于4Ω（其中I为计算用单相接地故障电流）

（C）当高压侧工作于不接地系统，低压电气装置采用保护总等电位联结时，接地电阻不大于120/Ig，且不大于4Ω（其中Ig为计算用单相接地故障电流）

（D）接地电阻不大于10Ω

解答思路：车间变电所、接地装置→GB/T50065-2011《交流电气装置的接地设计规范》。

解答过程：依据GB/T50065-2011《交流电气装置的接地设计规范》第6.1节，第6.1.1条、第6.1.2条。选A、B。

59.对非熔断器保护回路的电缆，应按满足短路热稳定条件确定导体允许最小截面，下列关于选取短路计算条件的原则哪些是正确的？（B、D）

（A）计算用系统接线，应按正常运行方式，且考虑工程建成后3~5年发展规划

（B）短路点应选取在通过电缆回路最大短路电流可能发生处

（C）应按三相短路计算

（D）短路电流作用时间应与保护动作时间一致

解答思路：电缆、短路计算条件→《电力工程电缆设计标准》GB50217-2018，《导体和电器选择设计技术规定》DL/T5222-2005。

解答过程：依据GB50217-2018《电力工程电缆设计标准》第3.6节，第3.6.7条、第3.6.8条。

DL/T5222-2005《导体和电器选择设计技术规定》第7.8.10条。选B、D。

60.电器的正常使用环境条件为：周围空气温度不高于40℃，海拔不超过1000m，在不同的环境条件下，可以通过调整负荷运行长期运行，下列调整措施哪些是正确的？（A、B、C）

（A）当电器使用在周围温度高于40℃（但不高于60℃）时，推荐周围空气温度每增高1K，减少额定电流负荷的1.8%

（B）当电器使用在周围温度低于40℃时，推荐周围空气温度每降低1K，增加额定电流负荷的0.5%，但其最大过负荷不得超过额定电流负荷的20%

（C）当电器使用在海拔超过1000m（但不超过4000m），且最高周围空气温度为40℃时，其规定的海拔高度每超过100m（以海拔1000m为起点），允许温升降低0.3%

（D）当电器使用在海拔低于1000m，且最高周围空气温度为40℃时，海拔高度每低于规定海拔100m，允许温升提高0.3%

解答思路：电器的正常使用环境条件→《导体和电器选择设计技术规定》DL/T5222-2005。

解答过程：依据DL/T5222-2005《导体和电器选择设计技术规定》第5.0.3条。选A、B、C。

61. 下列哪些项符合埋在土壤中的接地导体的要求？（A、B）

（A）40mm×4mm扁钢

（B）直径6mm裸铜线

（D）无防机械损伤保护的$2.5mm^2$铜芯电缆

（D）30mm×30mm×4m角铁

解答思路：接地导体的要求→《交流电气装置的接地设计规范》GB/T50065-2011→埋在土壤中。

解答过程：依据GB/T50065-2011《交流电气装置的接地设计规范》第8.1节，第8.1.3条、表8.1.3。

A：$40\times4=160mm^2$

B：$3.14\times3^2=28.2mm^2$

D：$30\times30=90mm^2$

选A、B。注：非接地极。

62.下列哪些情况时，可燃油浸变压器室的门应为甲级防护门？（A、B、D）

（A）有火灾危险的车间内

（B）容易沉积可燃粉尘、可燃纤维的场所

（C）附设式变压器室

（D）附近有粮、棉及其他易燃物大量集中的露天场所

解答思路：油浸变压器室的门→《20kV及以下变电所设计规范》GB50053-2013→甲级防护门。

解答过程：依据GB50053-2013《20kV及以下变电所设计规范》第6章，第6.1.2条。选A、B、D。

63.选择电动机时应考虑下列哪些条件？（A、B、D）

（A）电动机的全部电气和机械参数

（B）电动机的类型和额定电压

（C）电动机的重量

（D）电动机的结构形式、冷却方式、绝缘等级

解答思路：选择电动机→《钢铁企业电力设计手册（下册）》。

解答过程：依据《钢铁企业电力设计手册（下册）》第23.1.2节。选A、B、D。

64.关于用电安全的要求，在下列表述中哪几项是正确的？（A、B、C）

（A）在预期的环境条件下，不会因外界的非机械的影响而危及人、家畜和财产

（B）在可预见的过载情况下，不应危及人、家畜和财产

（C）在正常使用条件下，对人、家畜的直接触电或间接触电引起的身体伤害及其他危害应采取足够的防护

（D）长期放置不用的用电产品在进行必要的检修后，即可投入使用

解答思路：用电安全的要求→《用电安全导则》GB/T13869-2008。

解答过程：依据GB/T13869-2008《用电安全导则》第4章，第4.1条、4.3条、第10.10条。选A、B、C。

65.火灾报警区域的划分，下列哪些符合规范的规定？（C、D）

（A）一个火灾报警区域只能是一个防火分区

（B）一个火灾报警区域只能是一个楼层

（C）一个火灾报警区域可以是发生火灾时需要同时联动消防设备的几个相邻防火分区

（D）一个火灾报警区域可以是发生火灾时需要同时联动消防设备的几个相邻楼层

解答思路：火灾报警区域的划分→《火灾自动报警系统设计规范》GB50116-2013。

解答过程：依据GB50116-2013《火灾自动报警系统设计规范》第3.3节，第3.3.1条。选C、D。

66.下面有关限制变电站6~20kV线路短路电流的措施中，表述正确的是哪几项？（A、C、D）

（A）变压器分列运行

（B）采用有在调压变压器

（C）采用高阻抗变压器

（D）在变压器回路中串联限流装置

解答思路：限制短路电流→《35kV~110kV变电站设计规范》GB50059-2011。

解答过程：依据GB50059-2011《35kV~110kV变电站设计规范》第3章，第3.2.6条。选A、C、D。

67.综合布线系统工作区适配器的选用，下列哪些项符合规范的规定？（B、C、D）

（A）设备的连接插座应与连接电缆的插头匹配，同类插座与插头之间应加装适配器

（B）在连接使用信号的数模转换、光电转换、数据传输速率转换等相应的装置时，采用适配器

（C）对于网络规程的兼容，采用协议转换适配器

（D）各种不同的终端设备或适配器均安装在工作区适当位置，并应考虑现场的电源与接地

解答思路：综合布线系统→《综合布线系统工程设计规范》GB50311-2016→适配器的选用。

解答过程：依据GB50311-2016《综合布线系统工程设计规范》第5.1节，第5.1.1条。选B、C、D。

68.规范规定下列哪些情况下中性导体和相导体应等截面？（B、C）

（A）各相负荷电流均衡分配的电路

（B）单相两线制电路

（C）相线导体截面小于等于$16mm^2$（铜导体）的多相回路

（D）中性导体中存在谐波电流的电路

解答思路：中性导体和相导体应等截面→《低压配电设计规范》GB50054-2011，《民用建筑电气设计规范》JGJ16-2008。

解答过程：依据GB50054-2011《低压配电设计规范》第3.2节，第3.2.8条。

JGJ16-2008《民用建筑电气设计规范》第7.4节，第7.4.5条第1款。选B、C。

69.采用支持式管型母线时，为消除母线对端部效应，微风振动及热胀冷缩对支持绝缘子产生的内应力，应采取下面那些措施？（A、B）

（A）加装动力双环阻尼消振器

（B）管内加装阻尼线

（C）增大母支撑间距

（D）改变支持方式

解答思路：管型母线→《导体和电器选择设计技术规定》DL/T5222-2005→微风振动、措施。

解答过程：依据DL/T5222-2005《导体和电器选择设计技术规定》第7.3节，第7.3.6条。选A、B。

70.根据规范要求，下列哪些式二级业务广播系统应具备的功能？（B、D）

（A）编程管理

（B）自动定时运行（允许手动干预）

（C）支持寻呼台站

（D）功率放大器故障告警

解答思路：二级业务广播系统→《公共广播系统工程技术规范》GB50526-2010→功能。

解答过程：依据GB50526-2010《公共广播系统工程技术规范》第3.2节，第3.2.3条、表3.2.3。选B、D。

（全文完）

◇江苏 键谈

PLC梯形图程序的替换设计法(二)

(接上期本版)

第四步:画梯形图。

按照画梯形图的要点(见本文2.(4)部分的内容),用梯形图中的图形符号来替换双速电动机控制电路图中的图形符号,绘画梯形图程序。

本例中,通电延时型时间继电器的线圈符号直接用通电延时型定时器线圈符号替换,并在该定时器符号上并联一个M000线圈,再用M000线圈的动合触点M000替换瞬动触头T001S。

最后得到的双速电动机控制系统PLC梯形图程序如图5所示。

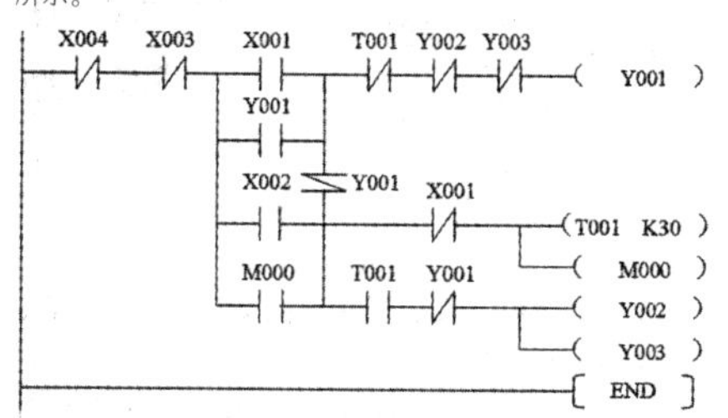

图5 双速电动机控制系统PLC梯形图程序

需要说明的是,PLC在执行梯形图程序时,是从上向下逐行读取执行的,竖线中不允许有元器件的触点,为此,图5中的梯形图尚须进行优化,才能成为PLC可读取、可执行的程序。这一优化过程将有另外一篇文章给以介绍。

4. 用替换设计法设计断电延时型控制系统的梯形图程序

Y-△降压启动电动机控制系统的电气原理图如图6所示。

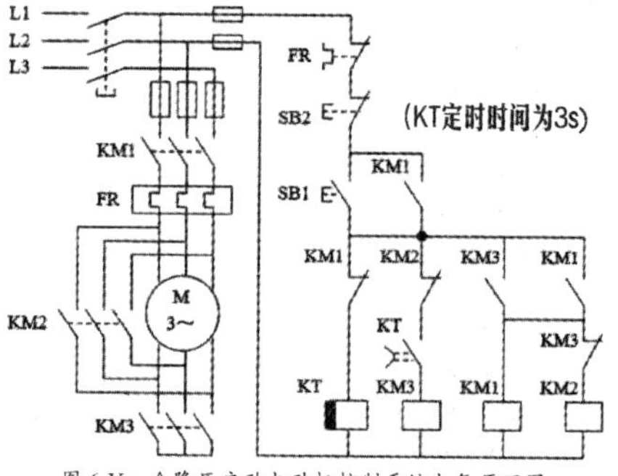

图6 Y-△降压启动电动机控制系统电气原理图

第一步:改画传统继电接触器控制电路图。

把Y-△降压启动电动机控制系统电气原理图中的控制电路图逆时针旋转90°后,Y-△降压启动电动机控制电路图将如图7所示。

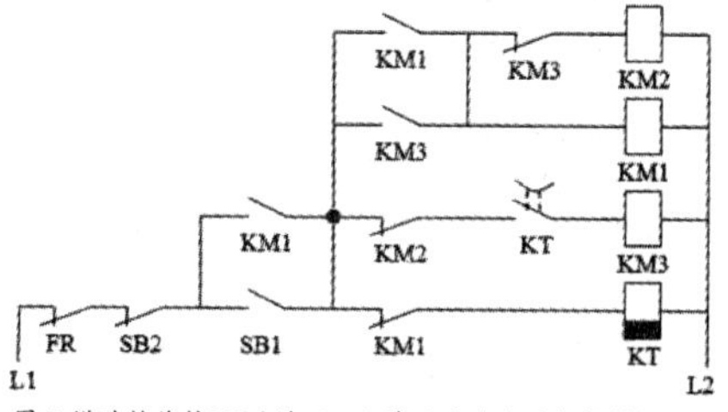

图7 逆时针旋转90°后的Y-△降压启动电动机控制电路图

按照改画传统继电接触器控制电路图的要点(见本文2.(1)部分的内容)对逆时针旋转90°后的Y-△降压启动电动机控制电路图进行改画,改画后的控制电路图将如图8所示。

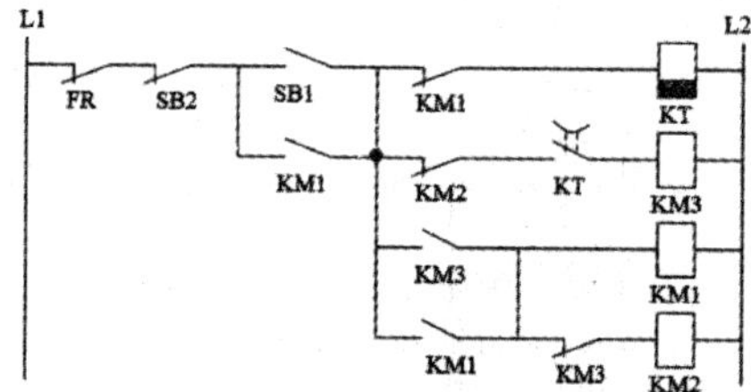

图8 改画后的Y-△降压启动电动机控制电路图

第二步:分配PLC存储器。

按照分配PLC存储器的要点(见本文2.(2)部分的内容),对PLC存储器进行分配。

由于Y-△降压启动电动机控制电路图中的时间继电器是断电延时型的,并且其控制条件是常闭触头KM1,所以,需用表1中的线圈B来替换线圈KT,同时用动合触点M000来替换常开触头T001D,因此,本例分配PLC存储器时,特别地使用了中间存储器M000。

本例PLC存储器分配的结果如表3所示。

表3 PLC存储器分配表

输入存储器分配		输出存储器分配	
元件名称及代号	输入存储器编号	元件名称及代号	输出存储器编号
过热继电器触头FR	X000	主接触器线圈KM1	Y001
启动开关SB1	X001	△接触器线圈KM2	Y002
停止开关SB2	X002	Y接触器线圈KM3	Y003

辅助存储器分配	
元件名称及代号	辅助存储器编号
断电延时型时间继电器KT	T001 K30
	M000

第三步:标注存储器编号。

按照标注存储器编号的要点(见本文2.(3)部分的内容),在改画后的Y-△降压启动电动机控制电路图上标注存储器编号。

本例中,线圈KT是断电延时型时间继电器,故线圈KT可标为T001 K30;常开触头KT是断电延时型时间继电器的触头,故常开触头KT先临时标注为T001D。

标注存储器编号后的控制电路图如图9所示。

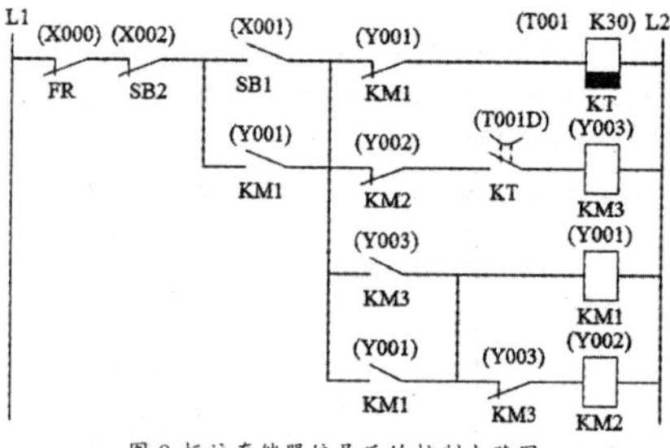

图9 标注存储器编号后的控制电路图

第四步:画梯形图。

按照画梯形图的要点(见本文2.(4)部分的内容),用梯形图中的图形符号来替换Y-△降压启动电动机控制电路图中的图形符号,绘画梯形图程序。

本例中,由于线圈KT是断电延时型时间继电器,并且其控制条件是常闭触头KM1,所以,应该用表1中的线圈B来替换线圈KT,同时用动合触点M000来替换常开触头T001D。

最后得到的Y-△降压启动电动机控制系统PLC梯形图程序如图10所示。

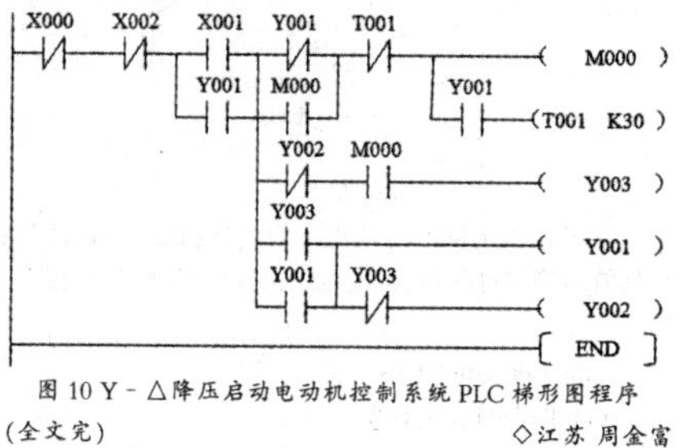

图10 Y-△降压启动电动机控制系统PLC梯形图程序

(全文完)

◇江苏 周金富

意大利ALUPLUS-6100型点焊机多次烧保险的故障排查及处理

一台意大利产ALUPLUS-6100型点焊机频繁烧保险,经过多人检查维修,都没有发现和查找到电路存在异常问题。该焊机原配保险为2A,但每次更换新保险后开机焊接工作都很正常,可在调大焊接电流过程中,就不定期的烧毁保险。在维修检查试验中加大保险到2.5A及使用彩电的3.15A延时保险时,也同样烧坏。而送修者说以前每次维修的方法都是换上新的保险后,通电没问题,就扣紧装机交付使用,然后烧了再换。

为了彻底验证这个保险到底是如何烧坏的,我在更换新保险后,将输出电流调在40A时焊接试验没问题,调到80A焊接也没问题,再调到120A焊接还是正常的,该机最大输出电流为150A,正常焊接也不容许调在满负荷工作。将旋钮调回来再试一次,结果从60A这样完直接调到120A的过程中,保险瞬间过流发红烧毁了,而此时我只在调电流并没有进行焊接,那问题会不会是出在这个电位器上。按照电路的常规原理来讲,电位器只是改变一个输入调整参数,使执行机构的电路输出有所改变,而它本身不具备消耗功率和充当负载的功能。再次更换保险后调电位器仔细观察,发现慢速调多少都没有问题,当快速调整电位器使输出电流增大时,保险马上烧红。那么现在要探讨的问题是快速调和慢速调有什么不同呢?快调对后面的电路有什么样的影响和作用呢?

带着这个疑问,我按照实物绘制了一张点焊机的充放电部分的电路图进行研究,焊机电路见附图。从电路图上可以看出,调焊接电流的电位器W3,就是改变充电电流可控硅SCR2的导通角,使整流后的输出电流增大。也就是说,首先需要改变充电电流,再经过储能电容C6、C7进行储存,焊接时按下开关AN,可控硅SCR1导通,储能电容C6、C7的电流通过B2的初级线圈和可控硅快速放电,B2的次级线圈感应到大电流后通过焊把和接地进行放电,从而达到焊接的目的。

那么,为什么以前在调电流时就没有烧保险这个现象呢。如果不烧保险,就能正常焊接,说明整流、储能、放电等电路都不存在元件器质性的损坏,最有可能出问题的还是这个W3的10K电位器了,因为调它是烧保险的起因。将耳朵靠近电位器,慢调没有一点异响,当快速一点旋转后,听到内部有"嗞嗞"好像是放电微弱的拉弧声,保险瞬间就发红,调电位器发出这种"嗞嗞"声的大概在输出刻度60~120A的指示区间,也就说这个区域磨损最严重。

结论出来了,在慢调电位器时,充电可控硅SCR2触发导通基本在平缓区。而如果快速旋转电位器,电位器就相当于呈现成了跳变的一个脉冲开关,这时可控硅SCR2就会同步跟着跳变。这个瞬间不平滑的导通,加速了充电,增加了供电负荷,超过了电路的供电设计范围,也就超过了保险丝的最大承受电流,从而导致保险烧毁。

拆下电位器,接上连线和鱼夹,旋转电位器,用数字表电阻挡进行试验观察,确认在电位器的2/3区间存在有阻值的不停异常跳变的情况,也就是说,这段电阻膜存在有接触不良现象。

在更换同规格电位器后,开机进行多次调电流焊接试验,并且转换了充电时间开关SW2,多方验证再没有出现烧保险的问题。

◇中核检修公司 庞守军

基于 Verilog HDL 语言 Quartus 设计与 ModelSim 联合仿真的 FPGA 教学应用(六)

(接上期本版)

(二)ModelSim 联合仿真

1. 仿真设置:菜单 Assignments->Settings...,也可鼠标右击工程名称,选 Settings 加入。

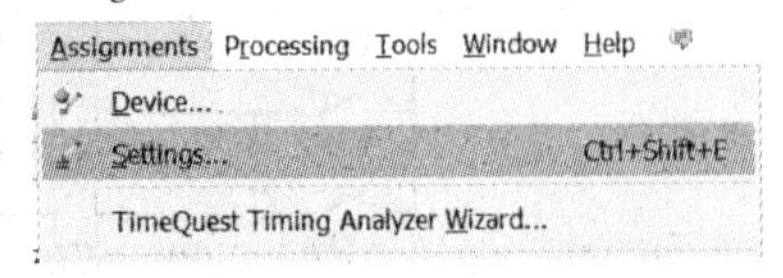

图 6-1

2. 进入 Settings top 窗口,选择 EDA Tools Settings,在右边窗口的 Simulation 栏设置为 ModelSim,并选择 Verilog HDL 格式。

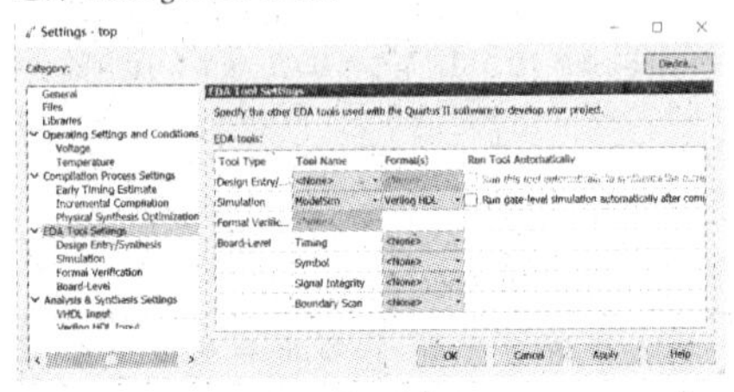

图 6-2

3. 编译工程文件后,建立测试仿真文件:Processing->Start->Start Test Bench Template Writer。

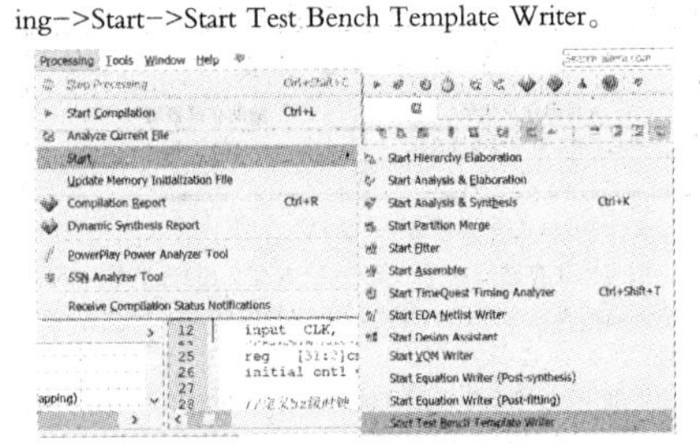

图 6-3

4. 建立完成,显示测试台模板编写器成功窗口,点击 OK 关闭。

5. 新建测试仿真文件后,在工程文件夹里面生成 simulation 文件夹 modelsim 文件夹生成.vt 的需要修改测试(仿真)文件。

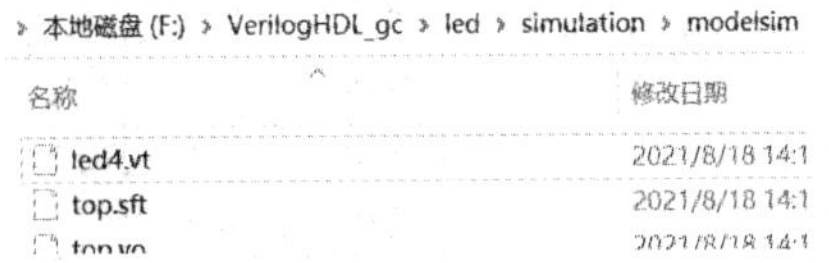

本地磁盘 (F:) › VerilogHDL_gc › led › simulation › modelsim

名称	修改日期
led4.vt	2021/8/18 14:1
top.sft	2021/8/18 14:1
top.vo	2021/8/18 14:1

图 6-4

6. 打开测试仿真文件:File->open:选择工程文件夹里面的 simulation 文件夹下面的 modelsim 文件夹里面的.vt 文件(用 All File),打开。

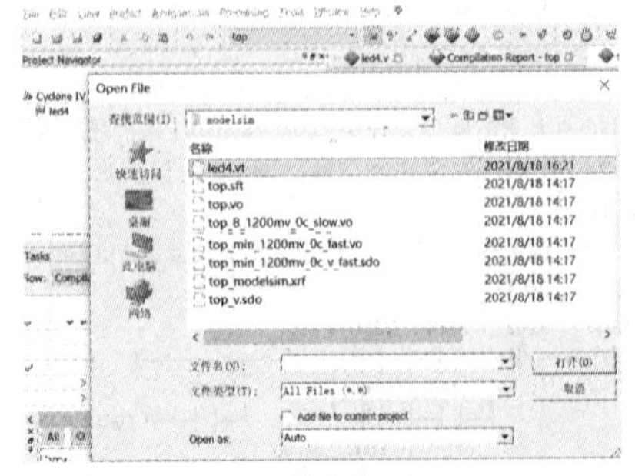

图 6-5

7. 编辑该 led4.vt 文件里面的相关初始化 initial 及激励信号等信息保存,并复制仿真模块名称,参考程序如下。

```
`timescale 1 ns/ 1 ns
module led4_vlg_tst();
reg CLK;
wire DS_C;
wire DS_D;
wire DS_DP;
wire DS_G;
led4 i1 (
    .CLK(CLK),
    .DS_C(DS_C),
    .DS_D(DS_D),
    .DS_DP(DS_DP),
    .DS_G(DS_G)
);
initial
begin
    CLK=1'b0;
    #1000 $stop;
$display("Running testbench");
end
always #10 CLK = ~CLK;
endmodule
```

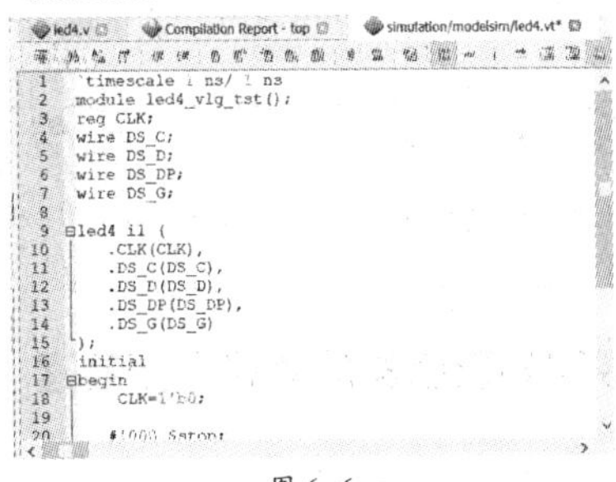

图 6-6

8. 编译测试文件。

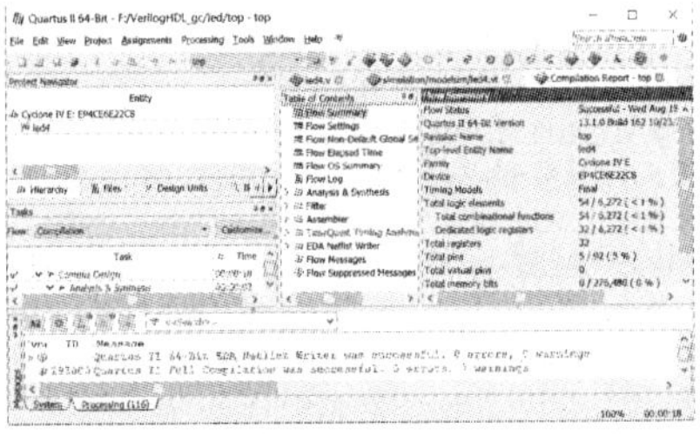

图 6-7

9. 设置 Modelsim:选择菜单 Tools->Options...。

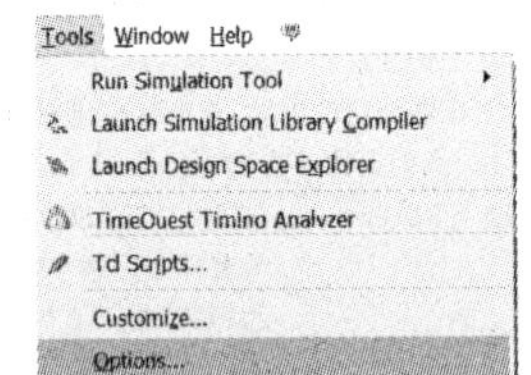

图 6-8

10. 进入 Options 窗口,设置 Modelsim 安装路径。

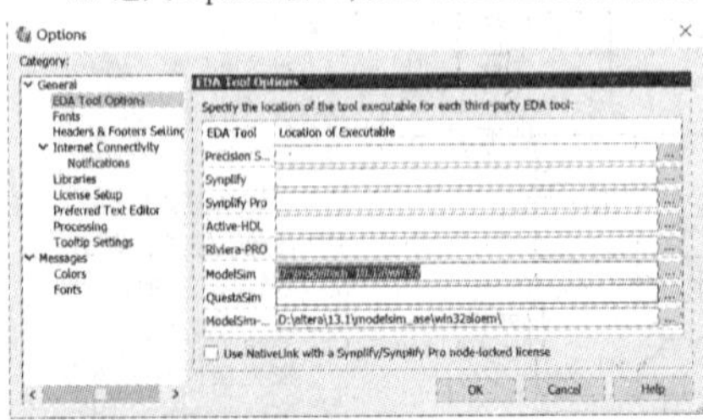

图 6-9

11. 设置仿真环境:在菜单 Assignments->settings 打开的 Settings->top 窗口,选择 EDA Tool Settings 下面的 Simulation,打开在 Simulation 窗口选择 Comliple bench 右边的 Test Benches...,在出现的 Test Benches 窗口选择 New...。

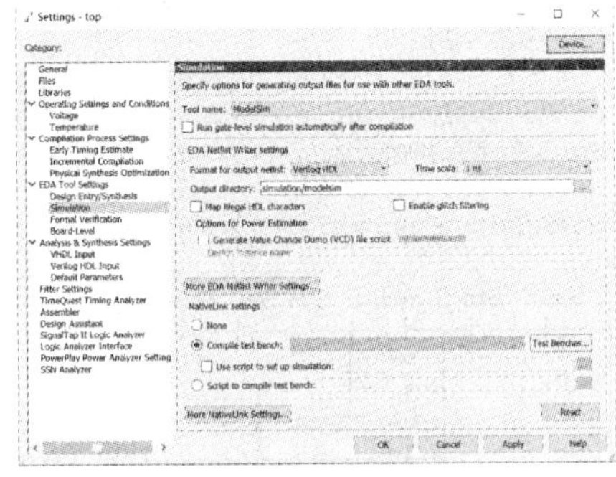

图 6-10

12. 在打开的 New Test Settings 窗口,先在 Test bench name 栏粘贴先前复制的仿真模块名称,则下面 Top level module in test bench 栏会自动添加相同的名称;再在 Test bench files 区域的 File name 栏的右边点击三点,在打开的窗口选择工程里面的仿真文件夹,在仿真文件夹里面找到.vt 仿真文件,选 Open 打开,再点击三点后面的 Add 添加仿真文件,再点击窗口下面的 OK。

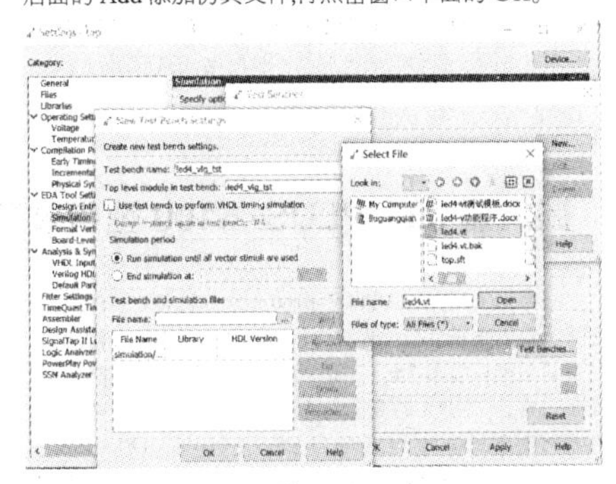

图 6-11

13. 继续点击 Test Benches 窗口点击 OK。

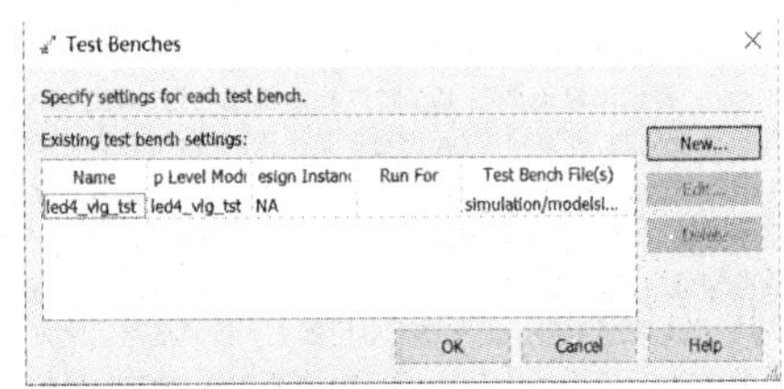

图 6-12

14. 运行仿真文件:选择菜单 Tools->Run Simulation Tool->RTL Simulation。

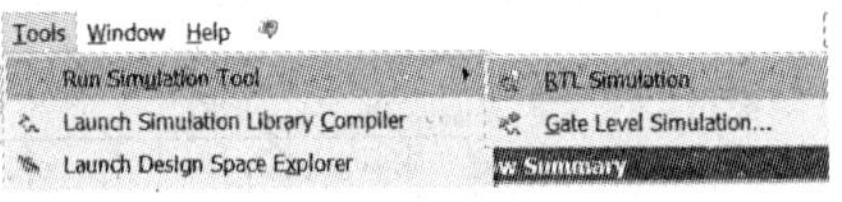

图 6-13

15. 进入门级仿真:选择菜单栏下面的 Tool->StartSimulation Tool->RTL Simulation,进行门级仿真,过一会 Modelsim SE-6410.1c 便会自行启动;如果启动时报错,则可能是已经有文件启动了,或补丁出了问题。

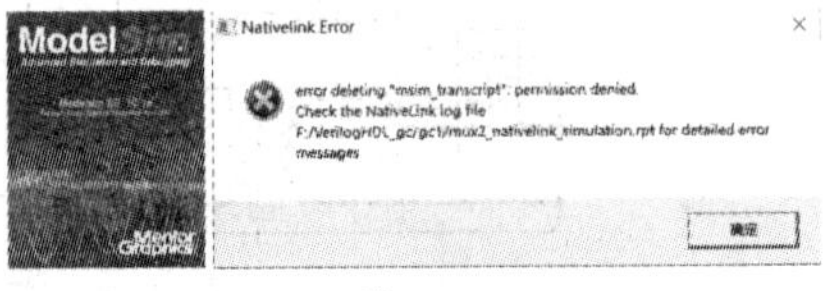

图 6-14

(未完待续)

◇西南科技大学 城市学院
刘光乾 万立里 陈浩东 刘庆 陈熙 白文龙 王源浩

新能源汽车快慢充小知识(一)

对于以电池作为动力的新能源汽车来说，充电是必不可少的环节，即使以后可能存在和加油一样的换电服务，但保守估计10年内还得依靠各种快充、慢充进行动力电池的补充。这次就简单为大家介绍一下新能源汽车的充电系统。

充电系统可分为常规充电和快速充电两种方式，从外观大小来看，其实充电口的分别非常简单，快充口大且为9孔，慢充口小且为7孔，这样就算是小白用户也不会插错。一般两个充电口会分别设计在车头和车尾，而部分车型也会将两个充电口设计在一起，例如车头或车尾。车主可根据充电时长需求来选择充电方式。

快速充电(快充)

快速充电为直流充电方式。充电电流要大一些，这就需要建设快速充电站，它并不要求把动力电池完全充满，只满足继续行驶的需要就可以了。这种充电模式下，在20~30min的时间里，只为动力电池充电50%~80%即可。地面充电桩(设备)直接输出直流电能给车载动力电池充电，电动汽车只需提供充电及相关通信接口。

快速充电的优点：充电时间短，充电车辆流动快，节省加电站停车场面积。

快速充电的缺点：充电效率较低，充电机制造、安装和工作成本较高；充电电流大，对充电的技术和方法要求高，对动力电池的寿命有负面影响；易造成动力电池异常，存在安全隐患，且大电流充电会对公用电网产生冲击，会影响电网的供电质量和安全。

常规充电(慢速)

这种充电模式为交流充电方式，由外部电网提供220V民用单相交流电源给电动汽车车载充电机，由车载充电机给动力电池充电，充满电一般需要5~8小时。

普通充电的优点：充电桩(充电盒)成本低、安装方便；可利用电网晚间的低谷电进行充电，降低充电成本；充电时段充电电流较小、电压相对稳定，能保证动力电池组安全并能延长动力电池的使用寿命。

普通充电的缺点：充电时间过长，难以满足车辆紧急运行的需求。

快充接口

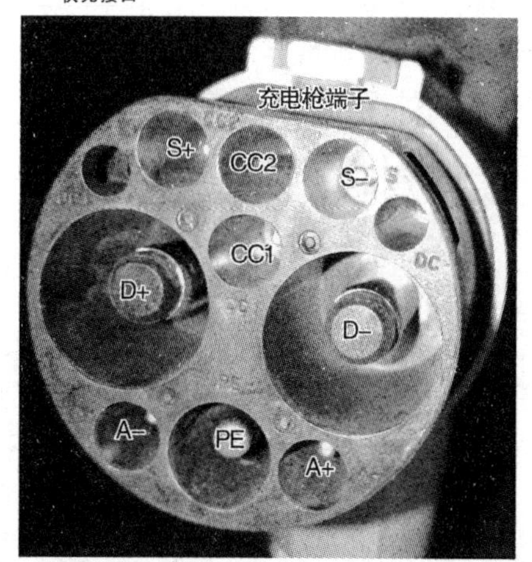

DC+：直流电源正

DC-：直流电源负

PE：接地(搭铁)

S+：通讯CAN-H

S-：通讯CAN-L

CC1：充电连接确认

CC2：充电连接确认

A+：12V+

A-：12V-

其中CC1、CC2是如何确认是否连接正常呢？

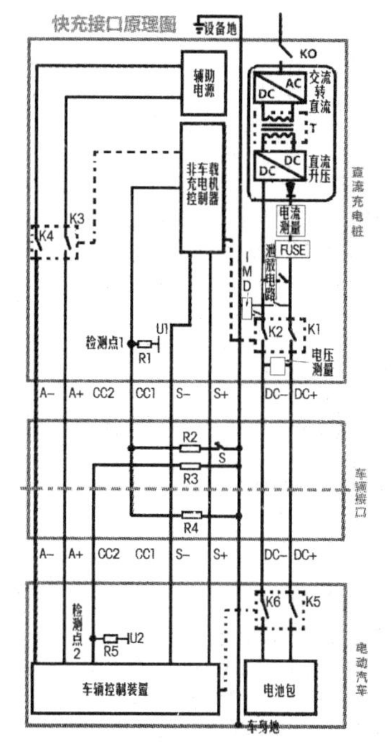

下面是CC1充电桩连接检测原理图。

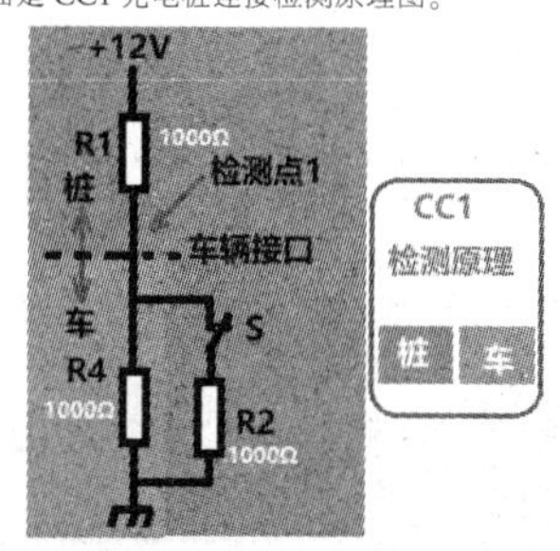

通过下面的图表可以知道，要判断连接是否正常，可以通过检测点的电压来确认，不同电压通过不同电阻分压获得。

检测点1S开关		
电压	枪头状态	枪头与座状态
12V	断开	断开
6V	闭合	断开
6V	断开	结合
4V	闭合	结合

然后是CC2车辆控制装置连接确认原理图。

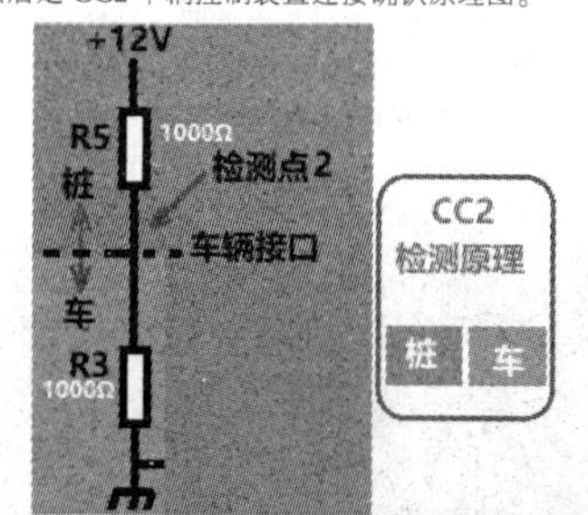

接通后，两电阻分压获得6V电压，否则获得12V电压。

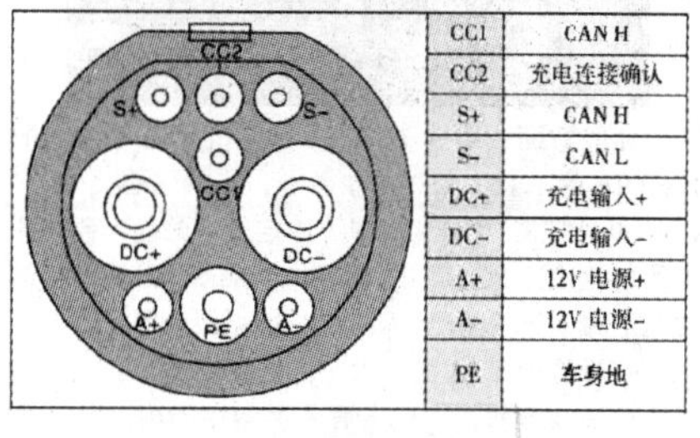

CC1	CAN H
CC2	充电连接确认
S+	CAN H
S-	CAN L
DC+	充电输入+
DC-	充电输入-
A+	12V电源+
A-	12V电源-
PE	车身地

以比亚迪e6举例，车辆充电时车身连接装置用，将外界电能传导、输入到动力电池。充电口盖有阻尼特性，即检测充电口上"CC1"对"PE"的阻值是否为1KΩ；同时，需要检测充电口到电源管理器的连接是否正常。

慢充接口

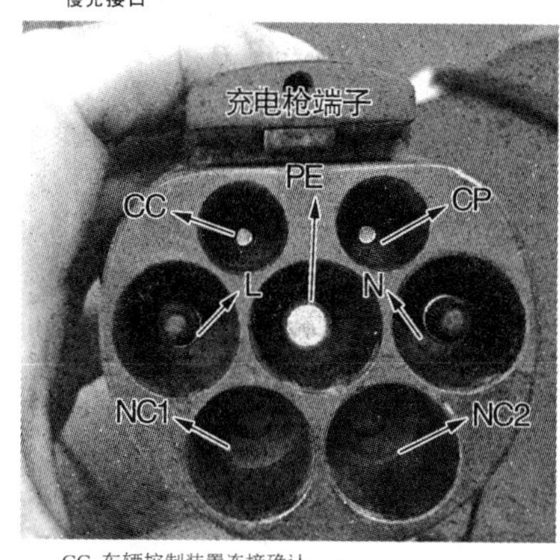

CC：车辆控制装置连接确认

CP：充电桩连接确认

PE：接地(搭铁)

L：三相交流电"U"

N：三相交流电"中性"

NC1：三相交流电"V"

NC2：三相交流电"W"

通常NC1与NC2是空的。

L、N就是接的我们家用220V的两根线。

其中CC、CP是如何确认是否连接正常呢？

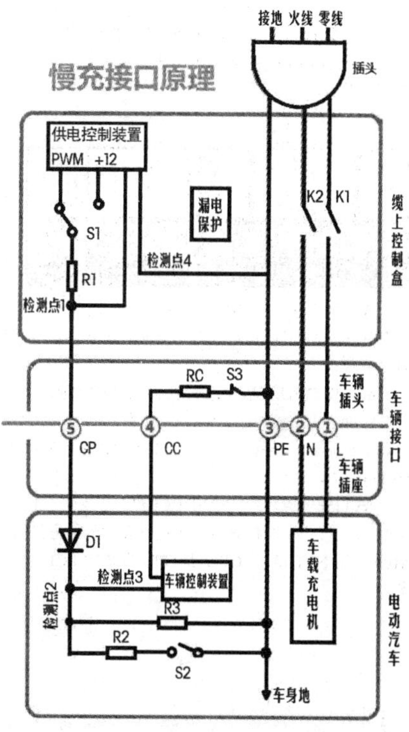

"缆上控制盒"与"车辆控制装置"相互确认连接是否正确。

首先"缆上控制盒"会通过CP检测点1与检测点4，检测电压是否为12V。如果没有连接好，检测点4就没有搭铁，就检测不出电压，如果连接好了，检测点4通过PE就与车辆搭铁相通了，这时电压就是12V，有12V电后"缆上控制盒"就会让S1与PWM接通，否则S1是与+12接通。

接着，车辆控制装置会通过CC检测R3电阻来确认充电枪与车辆插座是否连接，如果未连接好，电阻为无穷大，否则有相应电阻值。

(未完待续)

◇四川 李运西

安倍架构以及 GPU 领域的王者 ——NVIDIA DGX SuperPOD AI(三)

(接上期本版)

如果将 A100 分成 7 个 GPU 实例,1 个 GPU 实例的算力约等同于一颗 V100,也就是说 A100 能提供相当于 V100 的 7 倍的计算资源。

MIG 的核心价值是可以为不同类型的工作负载灵活提供规模适配的 GPU 资源。

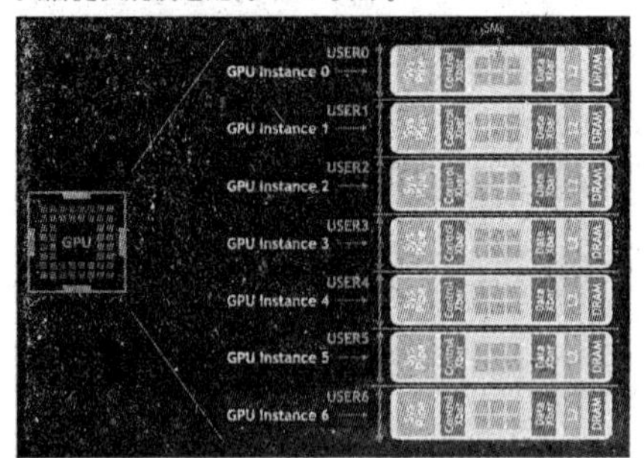

如果不使用 MIG,同一 GPU 上运行的不同任务可能会争用相同的资源,挤占其他任务的资源,导致多项任务无法并行完成。

而使用 MIG 后,不同任务可以在不同的 GPU 实例上并行运行,每个实例都拥有各自专用的 SM、内存、L2 缓存和带宽,从而实现可预测的性能,并尽可能提升 GPU 利用率。

此外,这样的模式也为工作负载提供稳定可靠的服务质量和有效的故障隔离,假设某一实例上运行的应用出现故障,不会影响到其他实例上运行的任务。

管理人员还可动态地重新配置 MIG 实例,比如白天用 7 个 MIG 实例做低吞吐量推理,夜间将其重新配置成一个大型 MIG 实例做 AI 训练。

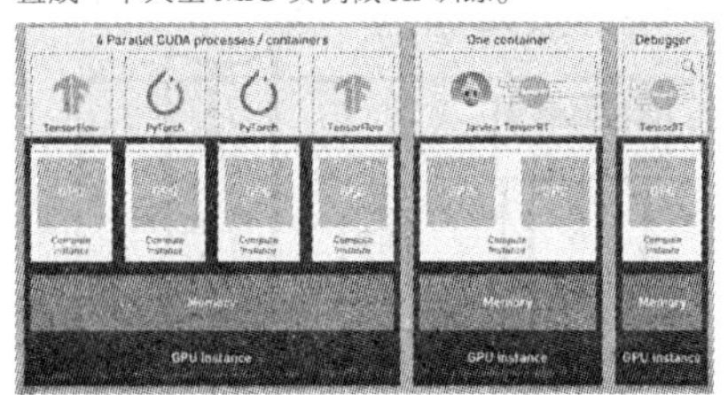

这对拥有多租户用例的云服务提供商尤其有益,资源调度更加灵活,运行任务不会彼此影响,进一步增强安全性。

第三代 GPU 互联技术 NVLink &NVSWitch

标准 PCIe 连接因带宽有限,在多 GPU 系统中通常会造成瓶颈,高速、直接的 GPU 到 GPU 互联技术 NVLink 应运而生。

NVLink 可将多个 NVIDIA GPU 连成一个巨型 GPU 来运行,从而在服务器上提供高效的性能扩展,A100 使用 NVLink 的 GPU 到 GPU 带宽比 PCIe 快得多。

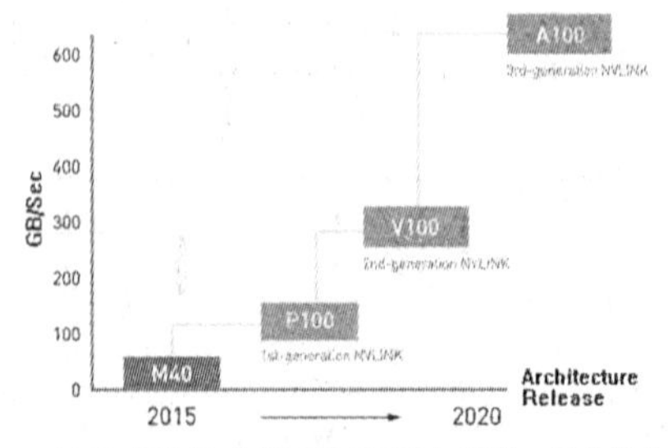

A100 中有 12 个第三代 NVLink 连接,每个差分信号线的速率可达到 50 Gb/s,几乎是 V100 的 2 倍。

每个 NVLink 链路在每个方向上有 4 对差分信号线,因此单向通信能力是 50×4÷8=25 GB/s,双向即 50 GB/s。12 个第三代 NVLink 的总带宽则可达到 600 GB/s,即 V100 的两倍。

相比之下,上一代 V100 中有 6 个 NVLink,每个 NVLink 每个方向上有 8 对差分信号线,总带宽为 300 GB/s。

每个 GPU 上的 NVLink 可高速连接到其他 GPU 和交换机,为了扩展到更大的系统,则需要 NVIDIA NVSwitch 将多个 NVLink 加以整合。

NVIDIA NVSwitch 是以 NVLink 先进的通信能力为基础的节点交换架构,可在单个服务器节点中支持 8 到 16 个全互联 GPU,使得 AI 性能足以更高效地扩展到多个 GPU。

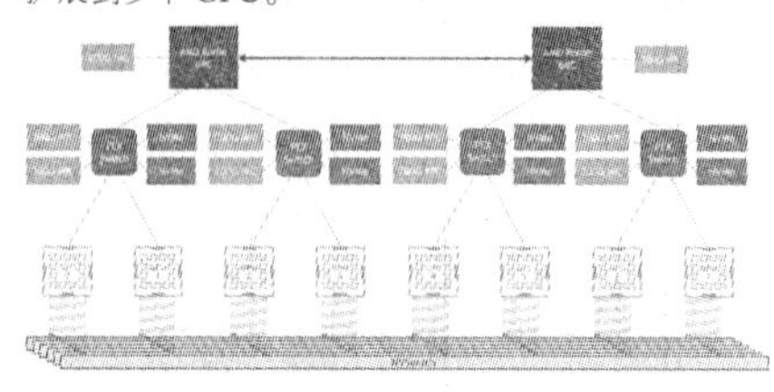

第三代 NVSwitch 是一颗 7nm 芯片,包含 60 亿晶体管,有 36 个端口,是 V100 端口数目的 2 倍;总聚合带宽达 9.6 TB/s,是 V100 总聚合带宽的 2 倍。

NVLink 和 NVSwitch 技术可提供更高带宽、更多链路,并提升多 GPU 系统配置的可扩展性,在搭载 NVIDIA GPU 的一系列板卡、服务器、超算产品中功绩斐然。

新 NVIDIA DGX、HGX 和 EGX 系统中的多个 A100 GPU 间均由第三代 NVIDIA NVLink 和 NVSwitch 实现高速通信。

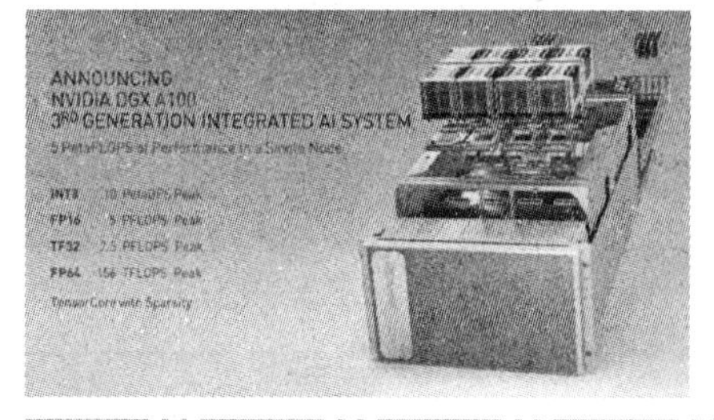

以 DGX A100 为例,该设备中采用 AMD Rome CPU、8 颗 A100 GPU、6 颗 NVSwitch 芯片,9 个 Mellanox ConnectX-6 200Gb/s 网络接口。

市场影响

已上市的 DGX SuperPOD AI 超级计算机则是由包含 20 个到 140 个独立的 NVIDIADGX A100TM 系统构建的集群,很多诸如韩国、英国、瑞典和印度等相关研究机构均已采用。

DGX SuperPOD 系统以借助 NVIDIA Mellanox ⓇHDR InfiniBand 网络互联的 20 个模块来销售,AI 性能最低可达到 100 petaflops,最高可达 700 petaflops,可运行最复杂的 AI 工作。

DGX SuperPOD AI 超级计算机的组织包括:

NAVER,韩国领先的搜索引擎 NAVER 与日本首屈一指的即时通讯服务公司 LINE 共同创立了 AI 技术品牌 NAVER CLOVA。NAVER CLOVA 使用的 DGX SuperPOD 包含 140 个 DGX A100 系统,用于已部署 NVIDIATensorRTTMSDK 的 AI 平台上,扩展自然语言处理模型和对话式 AI 服务的研发,以实现高性能深度学习推理。

Linköping University,位于瑞典,其正在打造 BerzeLiU,一台由 60 个 DGX A100 系统组成的 DGX SuperPOD。它将成为推进 AI 研究的强大动力,并推动学术界和瑞典工业界在 Kunt 和 Alice Wallenberg 基金会资助下的研究项目间的合作,比如 Wallenberg AI、自主系统和软件程序,以及生命科学和量子技术方面的新倡议。

C-DAC,印度高级计算发展中心(印度电子和信息技术部下属机构)正在启用印度最快、最大的高性能计算-AI 超级计算机 PARAM Siddhi -AI。该超级计算机由 42 个 DGX A100 系统组成,将通过研究学术界、业界和初创企业间的研究伙伴关系和相互协作,帮助应对医疗健康、教育、能源、网络安全、空间、汽车和农业等领域的全国性和全球性挑战。

(全文完)

◇四川 李运西

惠普内置 RTX3080 超宽屏一体机

近日,惠普推出一款纯平超宽"带鱼屏"的一体机,屏幕尺寸达到 34 英寸,分辨率为 5120×2160,属于超宽屏,这种设计对于设计来说非常方便,可以同屏显示更长的时间进度条以及更多的工具栏。而如果进行 1:3 比例双屏分割的话,还可以获得一块 3840×2160 分辨率的 16:9 传统比例屏幕和一块 1280×2160 的竖屏比例屏幕,这个比例刚好支持用户一边正常观 4K 电影,一边用来聊 QQ 和微信之类。

性能方面,惠普 Envy 34 一体机最高可以选配 NVIDIA 的 RTX 3080 独立显卡和英特尔的第 11 代 Core i9 处理器,惠普为其设下的定位应该是一台高性能的创意设计 PC,可以应用 RTX Studio 驱动来获得更稳定的创作环境。当然,RTX 30 系显卡的配置也可以通吃目前所有 3A 游戏大作了。

扩展性方面,主机内有 4 个内存插槽以及 2 个 M.2 固态硬盘槽,支持后期对电脑进行升级。另外惠普 Envy 34 一体机背面有四个 USB-A 接口和两个 Thunderbolt 4 接口,侧面还有一对 USB-A 接口和一个额外的 USB-C 接口。还有一个 HDMI 输出,以及一个耳机/麦克风组合端口。

此外,该一体机还配备了一个磁吸的 1600 万像素网络摄像头,可以吸在显示器的四边,支架上底部还内置 15W Qi 无线充电器,可为手机或其他兼容配件充电。

不过该机价格也不便宜,售价为 1.3 万元起。

大鹏飞行—智能化作业平台(二)

(上接第501页)

2.2 播种造林设备研究

2.2.1 无人播种装备设计

无人机播种造林装置由MCU控制芯片在接收到播种造林工作命令后，根据地面控制中心的控制命令代码信息，解析命令代码内容，协调控制种子装填电动机和气缸蓄力电机转速转动，相互配合完成不同的造林任务。如下图所示。

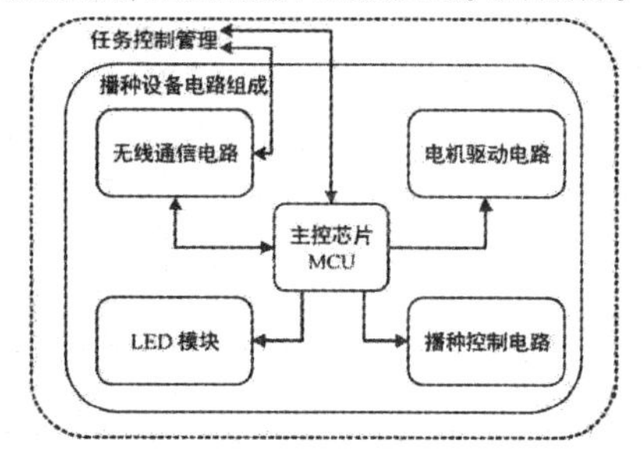

2.2.2 种子发射机原理

在无人机播种作业时，通过无线通信将指令发送给播种造林装置主控芯片，在主控芯片接到播种指令后控制气缸蓄力电机转动，在齿轮转动作用下和弹簧作用力下气缸被迅速弹回，气缸蓄力电机继续转动即可完成连续播种工作。

2.2.3 无人机造林航线规划

无人机播种造林系统在进行造林作业过程中，传统的无人机技术无法同时对多个区域进行规划，作业效率降低。造林无人机在单目标区域作业时使用的是传统的牛耕往复方法，如图

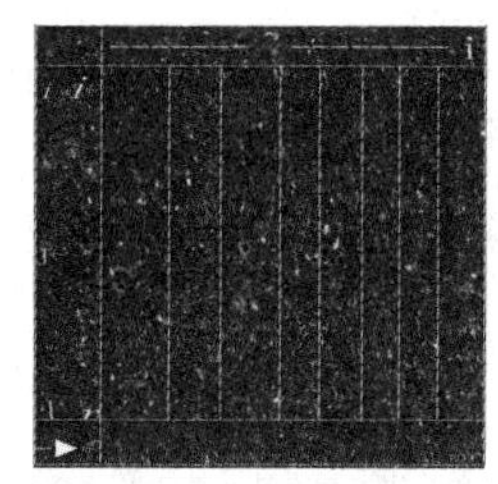

在无人机造林作业中使用牛耕往复法具有较高的作业效率。因此单目标造林作业航线规划的最优解算法即为求解最短的横向长度就是当前造林作业区域的最优规划航线。

2.2.4 无人机播种方法改进

实现无人机造林，是无人机造林系统的关键性技术与难题。市面上的很多研究在无人机上安装播种装置进行飞播，这种无人机喷洒种子方法只适用于生态修复中的草籽造林，无法将种子种植在土壤中，大部分种子因没有良好的生长环境而不能发芽。

从图可以看出，在播种较浅时造林装置垂直于地面将种子发射的路径上方会较容易出现没有足够土壤覆盖种子的情况。

第三章 技术发展

3.1 硬件技术

测量装置由以下图片的硬件设计，合理控制和降低功耗，增长野外工作的时间。

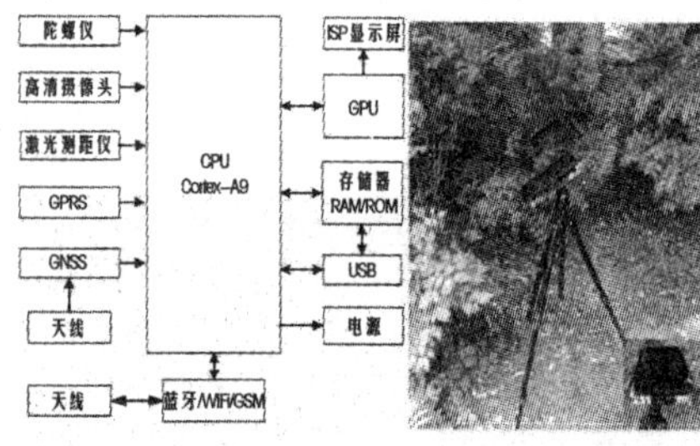

3.2 软件技术

测量装置的软件设计采用嵌入式系统进行开发。树高测量软件和内外业一体化森林资源调查系统APP采用语言汇编实现，软件设计与编程在开发环境下集成后载入设备。

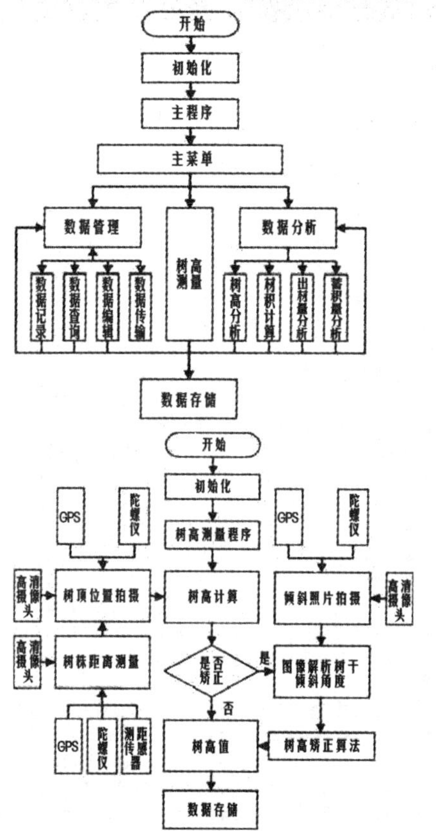

测量装置除树高测量功能和对倾斜立木树高的校正测量功能外，还通过软件设计构建内外业一体化森林资源调查系统。

3.3 树高测量原理

本文研制的树高测量装置主要利用摄影测量和三角函数原理对测量的距离和观测角度进行计算，通过改进树高的测量原理和计算方法来简化树高测量的操作过程，本文研制的测高装置在树高测量，如下图所示。

3.4 倾斜立木树高矫正

在对一些长和倾斜的树木进行测量时，可以直接使用三维测量装置，使测量设备与树干倾斜角度平行，利用测量装置内的高精度陀螺系统测量树干倾斜角度。

将测量装置试验中的测量数据按照不同树种进行划分，并根据树种分别统计和计算树高测量装置的测量误差，结果如表所示。

不同树种测量结果

	株数	平均绝雎数 m	测量误差/%
油松	9	0.28	2.79
侧柏	9	0.17	2.09
雪松	5	0.12	0.97

第四章 结论与展望

随着现代林业技术的发展，精准林业和数字林业等概念理论相继被提出和不断完善。本文为了适应现代化林业的发展需求，解决林业工作者的实际问题，建立完整的森林经营装备体系。

4.1 森林资源调查测量装备研究

经过实践证明本文通过软件设计将研制的测量装置与式高精度立木胸径测量设备协同使用，实现了森林调查的树高和精准测量，可为森林资源调查人员提供精准高效的调查装备，提高森林调查的作业效率。

4.1.2 三维摄影观测设备与观测方法研究

针对林分样地三维观测仪器和观测方法展开研究，设计和研制了三维摄影观测设备用于样地三维观测。针对农村林业中的行道树三维摄影观测提出了新型观测方法。

4.1.3 无人机造林装备系统研究

针对现代无人机造林技术展开研究，本文研制了无人机造林装备系统。将现代无人机技术应用于林业造林中，利用无人机灵活、便携，效率高等特点，克服丘陵、山区等地区复杂的地形地貌环境因素，解决地面车辆和机械难以到达的山地、丘陵梯田等地域中造林作业问题。

4.2 创新点

1)三维观测设备和观测方法创新

三维观测研制了新型三维摄影观测设备，并提出了多种针对不同林地类型的新型摄影观测方法。并经过实验验证，新型观测方法都能对城市林业中的行道树进行观测且观测效果良好，受干扰性少，观测效果俱佳。

2)无人机播种装备设计

针对造林需求研制新型无人机播种装备。设计了新型的无人机播种林装置，其原理是利用气体压缩原理将种子发射到土壤中，解决了无人机机载播种装置作业的几项无人机造林技术难题。

4.3 展望

三维观测设备观测的数据在扫描，测量精度等方面还有需进一步提高，研制具有更小的体积、更轻的重量的测量的三维摄影观测设备，下一步研究以研制拥有跟高分辨率更稳定拍摄的样地观测设备为重点。研究将继续研发更轻便、压缩效率更高的气缸，提高种子的发射速度。可力大型种树造林提供更深的造林深度，利用无人机造林技术将·来也可为农业播种提供可靠技术支撑。 (全文完)

◇四川航天职业技术学院 李彬 曾虎贤 余章林 李纪宏

单片机编程思想(一)

(一)裸编程是什么?

先声明一个概念,裸编程,是本文作者创造的名词,指的是在裸机上编写程序,裸机,在单片机领域就是指带着硬件的单片机控制系统,不要想歪咯。

在裸机上编程,就犹如在一片荒地上开垦,任何一锄头下去,都会碰到硬硬的石头,要说做这有什么味?拓荒者追求的是来年的绿洲。而我们这些开垦裸机的所谓的工程师们追求的是什么?我们当然追求的是完成一个任务。

我们一般都自称是高级知识分子,那么我们在拓荒的过程中应该想些什么?当然不是想着如何把任务完成,而应该首先想着我们在想些什么。绕了是不?绕了就对了,这一绕就绕出了思想。思想是一个简单的人在一个复杂的环境里做任何事情的统帅,它影响着一个拓荒者人生的每一个细节,当然也包括裸编程本身。

当一个人拿着锄头,一锄又一锄,汗滴脚下土的时候,我们能知道他们在想什么吗?当然这不好说,如果自己去锄就知道了。但是大抵也差不多,随便举几个吧:这太阳怎么这么毒?这石头咋这么多?这地种什么最好?这还有多少天能搞完?这样干太慢了,要是有台机械搞多好。当然这只是一部分,任何人可以想出很多想法来。

那么当我们在裸机上拓荒的时候,我们该想些什么?也许我们一般的想法是:先把一个简单的功能做了,先把一个重要的功能做了,今天终于把这个功能调试好了明天可以做下一个功能了,这个为什么不是我想象的那样的结果?真是莫名其妙!也等等一下吧。

如果拿来一个任务,搭好测试平台就开始做程序,想着一个功能一个功能的凑完,然后就自我陶醉着成功的喜悦,那这样做程序,基本就叫作没思想。有思想的做程序,是不能一下去就堆积源码的,因为那样只会让一堆生硬的数字怯生生地挤在一起,不管他们有没有多余,有没有矛盾。所以写源码之前,是要想想如何写的。也许很多人在写之前都想过类似的问题,比如把任务模块化后再组织程序。但是这样的想法只是任务上的事情,而并不是裸编程时的思想,裸编程的思想,应该是在组织任务模块过程中及编写裸程序时影响源码组织的指导思想,它直接决定着源码的质量。一个数据结构,一个模块形成,一个单片机的指令,一个硬指令的运行机制,一个口线的驱动方式,一个中断的顺序,一个跳变的延迟,一个代码的位置,一个逻辑的组织,一个模块与模块之间的生(运行时的状态)死(不运行时的状态)关系等等,都是裸程序思想的组成部分。

这似乎很琐碎,但是裸程序原本就如此,它不同于上位机程序,有一个强大完善的操作系统支持。单片机里不可能植入操作系统,那样做就变味了,可不要有人跳出来说,某某某单片机就有操作系统了。裸程序就应该是建立在赤裸裸的硬件基础上的程序,只有有用的功能才有代码,裸程序的质量也许经常在应用中感觉不出来,也许你做和他做都能实现功能,但是好的裸程序有良好的可扩充性、可维护性,系统具有高稳定性和高能性。

而追求这种高品位的技术境界,就必须要有好的思想来指导。总的来说,就是把一个优秀的灵魂,植入你的源码中,让你的源码具有一个优良的思想。

(二)裸编程具体做法

前文说到裸编程要有思想,也许还不够具体,接下来就是要具体说裸编程的思想的具体做法。

没有思想的裸程序就如一副人体骨架,有个人形,但没有人样,骨骼之间的关节都是靠胶水或拉线连接起来的,生硬而呆板。如果给骨架包上皮肉,加上灵魂,我们就会惊叹:啊!这是帅哥,这是美女!因为骨架活了。

裸程序也一样,如果按传统的思维方式说这样就足够了,那么裸程序就形如骨架,通常只是一些功能的粗糙堆砌,也只会叫后人看了说这程序垃圾,而后人再做也未必能跳出这个圈子,那么后后人看了又叫这程序垃圾,如此下去,代代相传,传了什么?传了一个总被叫垃圾的东西:无思想的裸程序。

我做了程序好多年,也思考了编程好多年,不断的经验积累告诉我:写好的程序不是如何去完成代码,而是如何去组织代码。上位机中面向对象的编程思想,就是一个非常可取的思想。

面向对象的编程思想在上位机中是有一个非常丰富的开发包和功能强大的操作系统支持的,裸编程如何引入这样的思想呢?也许很多人会觉得不可能。

其实,没有什么是不可能的。再复杂的思想,最终都会归结到汇编,归结到裸程序,我们的单片机程序,正是一种裸程序。只是在单片机编程时和微机编程时我们站在开发平台上的高度不一样,而已!

对这个高度的理解,也许很多人很困惑,因为我们平时很少注意它们,那么这里我就举个其他的例子来说明,尽管和裸编程好像不很相关,但是这个例子里的高度概念十分清晰。

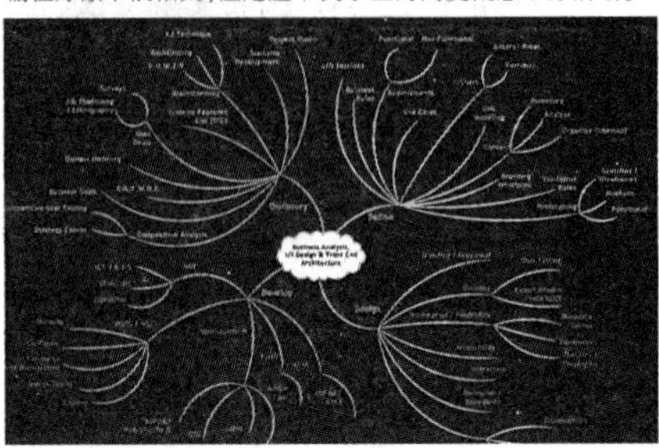

我们知道网络传输标准层次有七层:应用层、表示层、会话层、传输层、网络层、链路层、物理层,这么多层做什么用?也许理解这样分层的概念也十分辛苦,但是理解这样分层的思想,就容易多了,而且这也是我们硬件工程师们最应该借鉴的思想,让我们的硬件设计更具有标准性和前瞻性。这个七层的思想从根本上讲就是将一个网络传输产品细化,让不同的制造商选择一个适合自己的层次开发自己的产品,层次不一样,他们所选择的开发基础和开发内容就不一样,高一层开发者继承低层开发者的成果,从而节省社会资源,提高社会生产力。对这个指导思想我就不赘述了,各位自己去理解,这里要说的是,微机上的面向对象编程思想就是如同在应用层上实现的思想,而裸程序的面向对象思想则如同在链路层上实现的思想,他下面没有软件开发包,只有物理构架。但是在应用层上实现的思想,最终都要翻译到物理构架上。

看懂了上面的例子,就一定明白,裸程序的面向对象思想,是可以实现的,只是难度要大得多,理解要难得多。但是这不要紧,这正是软件水平的表现,你喜欢技术,又何惧之?其实也不会难到哪里去,只是把做事情的方式稍微改变一下而已。

传统上我们都喜欢用功能来划分模块,细分任务,面向对象思想不这样。面向对象思想则是先从一个任务中找出对象,在对象中掺杂些模块等来实现功能的。这就是两种风格截然不同的地方。比如我们要让我们的单片机把显示信息输出到显示器,那么传统的分析方法是信息格式化、格式化数据送显示器显示,似乎这样也就足够了,不同的显示器用不同的送显示程序或者程序段,配置不同的变量,能共的共起来,不能共的分开。

但是面向对象的思想不是这样做的,而是首先把显示器当作一个对象,该对象具有一些功能和一些变量属性,不同的显示器在对象中使用相同的代码标识,如函数指针(C语言中),这样对于任何一个不同的显示器,在调用时都使用同样的代码。也许有人说,传统的做法这样也可以做呀,为什么要弄得罗里吧唆的呢?其实不然,使用了正确的思想的好处在前头已经说了好多了,如果还模糊就上去再看一次。

说了那么多理论,现在就说些具体的做法吧。以KeilC为编译环境来说说一个对象具体组织的一些做法。首先是找出对象,如显示器,这就是一个典型的对象。其次是分析一个活对象所应具有的基本特征,即属性与动作。显示器的属性如:类型代号、亮度、对比度、显存等,动作如:初始化、内容刷新和显示、开启和关闭、内容闪烁等花样显示等。这样分也比较容易理解,下面是对于代码的组织上,要注意对象的独立性与完整性,首先把显示器对象单独放在一个文档上,属于对象特有的变量与对象的定义放在一起,要区分公有变量与私有变量的定义方式,对于私有变量要考虑临时变量与永久变量的安排,这些安排都是对变量生命期的严格确定,这样可以节省内存,避免混乱。如某一个函数要使用一个变量,函数在调用完了就退出了,而有一个变量只有它使用,却要保存每一次调用函数所产生的结果,这样的变量怎么定义呢?很多人会直接定义一个全局变量,但是一个好的做法是把这个变量定义成该函数的局部变量,但是定义成静态的,那么这样这个变量对其他代码就是透明的,完全不可能会被误修改,而且代码分类性好,便于将来的维护。用函数指针来统一不同类型的显示器不同的处理方式,也是一个很好的处理办法,那样可以让具体处理方式千差万别的显示器都能用一个统一的对象,但是函数指针要慎重使用。

(三)准备工作

本文在此引用一个例子。在引入例子之前,我们要做一些准备工作,然后一步一步地走向例子里去。就以前面帖子提到过的显示器控制为例。

显示器就是一个对象。无论它是功能多么复杂的显示器,或者功能多么简单的显示器,对于需要显示信息的调用者来说,都并不重要,也就是说对于需要使用显示器的主体来讲,他只管显示信息,不管显示器的千差万别,只要显示器提供了某功能,它可以调用就行,调用前当然要遵守显示器的数据传递规则,但是不必考虑不同的显示器所产生的传递规则的差异。也就是说,对于调用者来说,永远不会希望有多条规则来让自己的调用代码变复杂。

因此,我们首先需要构造一个相对独立的代码段,也就是显示器对象,以下都以KeilC作为裸程序的编译环境。正如很多人说的,KeilC并不是OOP语言,那怎么做?正是因为我们认为KeilC不能做,所以我才把这种思想拿出来与大家探讨,让我们的程序变得更精彩,更有技术含量。

形成一个独立代码段,最好的办法就是在主工程目录下建立一个子目录,如DISPLAY,然后再在DISPLAY目录下建立一个文档,如DISPLAY.H,然后把DISPLAY\DISPLAY.H文档#include到一个恰当的位置上,这样,一个独立的面向对象的代码段就初步形成了,以后维护代码的时候,你永远不要考虑调用者是什么感受,只要维护这个文档,就可以保证你对显示器的不断更新了。

很多人也许会说,这算什么OOP?大家先别着急,这才是个开始,下面才是组织代码的具体过程。

对于一个显示器,我们必须要有显示要求,我们才会去定制它,如果连使用要求都提不出来,就不要去让人为你做显示器。所以我们首先要明确我们要的显示器必须要做什么。由于是单片机控制的显示器,我们不能想象成微机显示器那样,一个大的显存,可以显示多少页,显示多少色,满屏满屏的传递数据,如果这样想了,就是犯了盲目例比的错误,说明对问题没研究透。对于单片机控制的显示器,我们考虑能显示单个字符、单行显示,就基本足够了。所以我们可以定义下列两个对象功能:

```
dispShowAChar();//显示一个字符
dispShowALine();//显示一行字符
```

由于是单片机的裸系统,所以我们作为一个软件设计者,我们一定要清楚,我们所面对的显示器,经常是没有CPU的,所以我们一定要明白,我们这两个函数,实质上都做些什么。很显然,这两个函数是不能长期占有CPU的,否则我们的程序将什么都不能做,专去显示了,成了显示器的一个处理芯片,所以这两个函数运行完后是肯定要退出来的,而显示不能中断呀,所以必须要有一个代码段一直存在于活动代码中而且不能影响其他的功能。做过上位机程序的人应该能看出来,这段代码就是线程。裸编程中我们也用这个概念。

我们的显示器对象正需要一个一直活动的线程,来完成单片机系统对显示功能的解释和执行,因此dispShowAChar()和dispShowALine()实质上是不能直接去做显示工作的,它俩最合适的工作,就是去按指定的格式去设置显示内容,这样我们在使用的时候就不必在这两个函数里设置复杂的代码和嵌套调用关系,因为那样一定会浪费很多的代码,调用多了也会让单片机运行效率降低,硬件资源消耗增加,严重的可能会造成堆栈溢出最后还不晓得为什么。让我们也为这个活动线程也先命个名吧:

```
dispMainThread();//按指定的要求执行显示功能
//指定的要求包括颜色信息、闪烁、游动等等
```

程序分析下去,引出的概念也就会越来越多,这里所说的多线程概念以后有机会再说,单片机里的多线程也是一个复杂的处理问题,现在介绍还为时过早。只是我感觉一不小心又说长了,具体下文继续展开。

(下转第511页)

单片机编程思想(二)

(上接第510页)

(四)展开思想

对于对象能力的定义,我们一般可以从重要的入手,然后慢慢地展开,把所需要的其他能力逐渐归纳为函数,从而把面向对象的思想发展下去。上文我们提到了三个函数是怎么来的,还没有涉及函数的任何实质,那么本帖就探讨一下这三个函数的实质性规划与设计。

有了功能要求,我们就要实现它,在裸程序中,实现它的一个首要任务,就是要进行数据传递方式的设计。很显然我们必须要有一个显示区域,来存放我们所要显示的内容,以及显示内容的显示属性,我们还要规划这个显示区域到底要显示多少多少字符或者是点阵。但是由于我们事先并不知道我们的显示设备一次会提供多少显示量,所以我们可以把显示区域的内存,也就是显存,定义得大一点,以至任何一款符合设计要求的显示器都能得到满足,这样的做法在裸编程中其实还是比较实用的,因为裸编程中我们很少去申请动态的空间,程序设计完,所有的变量位置皆已确定,行就行,不行编译就过不去,所以我们可以通常选择一些内存资源比较丰富的新款单片机。

但是这样的做法也有一个弊端,比如当我们预先估计不足而导致数据空间不够的时候,我们就得从头来改这个显存的大小,从而导致整个显示程序都要相应的产生一些变动,这还不是最糟糕的,最糟糕的是当一款新的显示器因为新的功能需求而导致数据结构需要发生变化的时候,我们就崩溃了,前期的工作可能改动就非常大,甚至于都要重新过一遍,也就是重写重调,这么痛苦的事情,我是最讨厌的了。

所以我们要尽量避免这类事情发生,这里对面向对象的思想,就颇为需求了。这个时候,我们就要引入一个新的概念,那就是对象的儿子,子对象。前面讨论的,其实都只是一个抽象的对象,没有任何具体的样子,而只是笼统的规划了所有的显示器必须具有什么能力,而对于每一个具体的显示器来说,还没有任何具体的设计,在这里,每一个具体的显示器,就是显示器对象的子对象,他们形态各异,但是都必须能完成规定的功能。以传统的OOP语言理论来说,这里就产生了一个继承的关系,但是在裸程序思想里,我并不赞成引入这个概念,因为传统的OOP语言里的继承,纯粹是一个语法上的逻辑关系,继承关系明确,而裸程序中的这个思想,并没有任何语法支持,继承关系就非常微弱了,还不如说是归类与概括。但无论是什么关系,我还是不想就这种一目了然的关系弄个新名词来,让看的人费解。

既然引入了子对象,我们能看出这种做法有什么实际意义吗?也许有经验的资深程序员能看出来。我们在做父对象数据设计的时候,我们并不规定具体的数据格式和显存大小,而是一股脑儿地全推给子对象自己去搞,父对象什么都不管。哈哈!这样做事情真是很简单吧?不是我的事情我不管,不要说我偷懒,因为站在父对象的角度讲,这是最明智的做法,因为管不了,所以不管。

到这里也许就会产生更多的疑问了,一个对象什么都不管,那作为调用者怎么使用这个对象呢?你想用它,它什么都不管,这怎么行呀?别着急,父对象不管的,是那些具体的事情,抽象的事情,还是管的,要不然它就没有理由存在了。你抱怨了,说明你在思考,既然思考了,就把思考的问题提出来,提出来的,就是我们设计父对象的依据。提问题,我想这比搞程序要简单得多,比如:显示器能显示多少乘多少的字符?颜色是多色还是单色?显示模式是否支持预定的方式(如移动、闪烁等)?工作模式是图像还是字符?等等,这里附加说明一下,对于显示模式,我们这里都以字符显示为例,既然是面向对象的思想,相信扩充出图像显示模式,还是很容易的事情。

有问题出来了,我们就继续为它添加代码好了。

dispGetMaxCol();//取一行最多有多少列

dispGetMaxRow();//取显示器一共有多少行

dispGetMaxColors();//取显示器最多有多少色

dispSetShowMode();//设置显示的方式,对于不支持的显示方式就自动转为正常显示

dispSetWorkMode();//设置工作模式,如果没有的模式就返回0,支持的就返回1

对于这些函数的定义,各人可以根据自己的习惯来设置,我只是临时弄了这个例子,未必就是最好的,我的目的是重在说明思想。我也害怕把程序弄得庞大了。

似乎加了这些函数之后,我们根本就没看到显示数据的具体形式,和前面的函数一起,都并没有什么明确的说法。这种感觉很正确,我们确实没有对显存做任何定义,但是似乎功能却都已经定义了,其实也确实是定义了,而且将来我们就这样用,而且也不用怕,程序一定会写完的。

(五)数据传递与程序逻辑是同等重要的

继续上面讨论的问题。前面我们提到,为了使用dispShowAChar()、dispShowALine()、dispMainThread()这三个函数,我们又引出五个新的函数来,这些新的函数最主要的目标,就是要实现调用者与被调用者之间数据的传递。

对于程序设计来讲,数据传递与程序逻辑有着同样重要的地位,前者经常在最后会形成一种协议,后者则经常表现为各种算法。

在裸程序中,我们的思想应该主要是表现为一种灵魂,而不能如C++那样,去追求语法的完美,所以对于参数的传递,我们不能去追求语法上的完美,而是不拘一格用传递。除了函数可以传递数据外,直接调用值也是一种很快捷的方式,但是调用不能随便说调就调,而是也要学习C++上语法的习惯,尽量不能让一些专用的变量名称,出现在与专用变量无关的程序体中。例如,我们的设计中规定,我们这套裸系统对显示器最多支持65536色,那么我们就会用一个16位的无符号整数来保存这个指标。为了简化以后的说明,我们先定义两个数据类型:

typedefunsignedintUINT;

typedefunsignedcharUCH;

如果我们用函数来传递这项数据,我们可以用如下的方式:

#defineMonitor01_MaxColors0xFFFF

对于颜色调用函数则定义如下:

UINTdispGetMaxColors()

{

returnMonitor01_MaxColors;

}

很显然,如果另一个显示器是个单色显示器,则颜色调用函数只需要改为下列形式就可以了:

#defineMonitor02_MaxColors0x0001

UINTdispGetMaxColors()

{

returnMonitor02_MaxColors;

}

之前有人提到过,用数组,这可以解决很多问题。说得一点没错!上面的例子我们忽略了一个问题,那就是同一个函数名要去做很多不同函数所做的事情,而我们却没有在函数体内使用switch(),这显然是不对的。要真正实现不同显示器的共同属性MaxColors的传递,我们必须要添加switch()以区分不同的显示器类型。那么这里我们就需要引入一个新的父对象属性以指代它的第几号儿子:

UCHMonitorType=0;//显示器类型,最多支持256种显示器

并在初始化的时候,为该属性初始化为0,以作为缺省类型显示器的代号。以下命名我们就说一个约定,以让代码更具有规范的模样:父对象的接口函数用小写的disp打头,变量用Monitor打头,宏数据用Monitor开头并且内部至少有一个下划线,宏函数则用全大写字母组成。那么不用数组的情况下,上面的代码将会变成如下形式:

#defineMonitor_000

#defineMonitor_011

#defineMonitor_022

UINTdispGetMaxColors()

{//以下用多出口,但这并不会破坏什么,为节约代码,完全可以使用

switch(MonitorType)

{

caseMonitor_01:returnMonitor01_MaxColors;

caseMonitor_02:returnMonitor02_MaxColors;

}

returnMonitor00_MaxColors;//缺省则返回默认显示器

}

这样的形式很显然是太冗长了,尽管非常结构化,但是一般在优化程序的时候我们还是可能会废弃它的,所以这里就提到了数组的使用。既然是数组,那么它自然不能属于某一个子对象,而是应该在父对象中定义的,尽管这样做我们每次在添加新显示器的时候我们比如在父对象中添加难以理解的新的数据,但是为了节省代码,我们还是能忍受这样的痛苦。如果改用数组,则上面的代码将改变为如下形式:

#defineMax_Monitor_Types3***

#defineMonitor00_MaxColors1

UINTcodeMonitorMaxColorsArray=

{Monitor00_MaxColors,//缺省为单色

Monitor01_MaxColors,

Monitor02_MaxColors,

};***

打***的语句将是未来扩充时不断需要修改的句子。那么上面的函数就简单了

UINTdispGetMaxColors()

{

returnMonitorMaxColorsArray;

}

甚至有人还可以用宏函数来节省运行时间,只要修改一下调用规则就可以了:

#defineDISPGETMAXCOLORS (c)c=MonitorMaxColorsArray;

也许当我们写成如上代码的时候,我们的每一次改进,都会让我们欣喜,我们的代码又优化了。但是可惜的是,这种没有思想的优化会在不远的将来,给我们带来麻烦。我觉得我的记忆力很不好,也许一分钟前的事情我都会想不起来,这种在将来扩充中的上窜下跳地修改会让我觉得晕眩!

所以,在工程化的工作中,我们需要把父对象与子对象尽量隔离开来,减少关联性的修改量,这也是面向对象思想的重要意义之所在,对于这一改动,我将在下帖中阐述。

(六)父对象接口函数与子对象功能剥离

上文我们说到dispGetMaxColors()的一些设计思路,我们有很多很好的办法来实现它,但是我们有没有更好的管理办法来实现它,这才是我们要站在更高层次看问题的焦点,是更重要的。这也就是一个从传统思维到面向对象思维的一个重要的转折。

要想把这个函数转变为面向对象的逻辑结构,我们也要先做些准备工作。

第一说参数传递的思想。尽量减少参数传递,这是尊重C51系列8位单片机硬件现状的一项重要措施,记着,不要抱怨C51档次低,资源少,而是要在尊重和热爱C51的前提下,我们才有热情来发展我们的裸程序面向对象思想的,也就是说,无论我们面临的系统有多简陋,我们都有策略,来实现复杂的功能,而且从发展的眼光来看,产品的升级,并不是盲目的升级我的CPU,因为那样只会让产品设计者智商下降,所以我觉得C51的特色就是应该在简洁,越来越简洁,而不是越来越复杂。所以我希望我们把思想升级作为升级产品的一个发展方向。传递参数要减少指针、浮点等类型的数据传递,尽量以UCH与UINT为主,而且参数的数量不要太多,最理想的上限是2个,如果实在多了,就使用共享缓冲区,或者全局变量。最好是不要传递参数。

本函数就利用了MonitorType省略了一个参数传递。

第二是我们要让父对象的接口函数与具体的子对象的多种可能性的功能实现剥离,这里我们就需要使用函数指针。函数指针也许我们一般用得少,但是其实并不是很复杂。先看我们函数的形式:

UINTdispGetMaxColors(void);

为该函数定义一个指针类型,只需做如下定义,就可以了:

typedefUINT(*dGMC)(void);

那么对于父对象中的dispGetMaxColors()函数,我们就只需要转换定义一个函数指针,在创建父对象的时候为它提供一个子对象对应功能调用的入口地址,就足够了。所以对于这个函数的实体将只在子对象中出现,而在父对象中只会出现一个变量的定义:

dGMCdispGetMaxColors;

为了给它赋初值,我们也可以定义一个空指针,作为一个未使用的判断标志:

#defineNIL0

那么初始化dispGetMaxColors的时候只需要写条如下语句就可以了:

(下转第519页)

硬件工程师如何用好“常规测量4大件”？（一）

硬件工程师的主战场就是实验台(Lab)，任务就是要调试(Debug)电路，除了烙铁、剥线钳、焊锡、松香、镊子等等必要的工具之外，占桌面大片面积的，需要多个电源插座的，就是这看起来很高、大、上的用于常规测试测量的4大件工具。如下图：

测试工具四大件

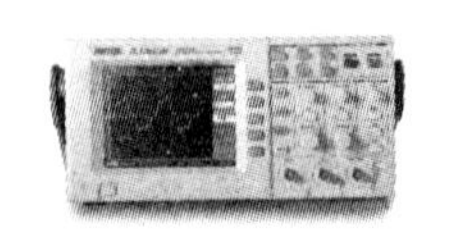

其实左下角的万用表也有台式的，只是这种手持的(还有更小的)用起来比较方便因此比较常用。

当然，除了这常规的4大件之外，频谱仪、逻辑分析仪、矢量网络分析仪等等会根据被测对象的需要配置。

1. 万用表

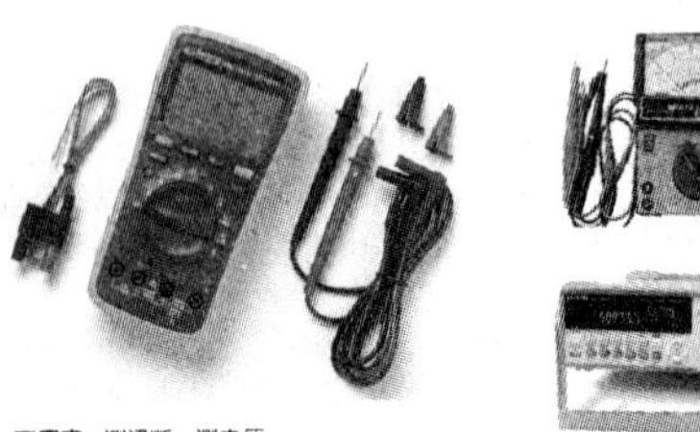

万用表 - 测通断、测电压……

最常用的万用表，它的主要作用就是测量阻抗、电压、电流等“欧姆定律”中的参数。在实际的调试工作中，能“bi”一声响的功能——测量电路的通断是最常用的，其次就是测量每个点上的电压(直流电压、交流电压)。

基于欧姆定律的静态参数测量

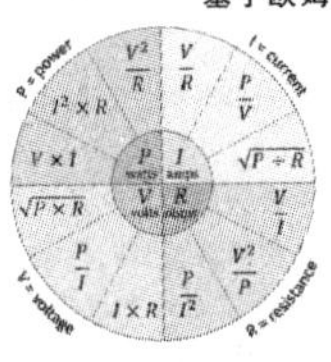

图中的右上角是古老的模拟万用表，用指针指示信息，虽然现在已经被数字万用表代替了，但问当年修收音机的老师傅，他们还是喜欢用模拟的万用表，因为从指针的摆动能够看到数字万用表看不到的信息。

右下角的万用表就是个头比较大、功能比较强的台式万用表。讲真，我从来没有用过这个，因为左侧的手持式万用表在我十几年的工程师生涯中已经满足我所有的需要了。

2. 供电电源

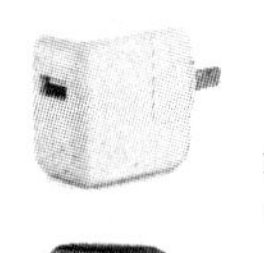

供电电源 - 注意限流

USB充电器电源 - 注意输出电流、纹波以及由于负载过大在USB线上导致的压降

左侧这个大块头的可跟踪电源（负电压和正电压可以跟踪调节）能够给待测电路提供所需要的电压/电流，电压的调节可以从0v到比较高，比如25V，调节精度也比较高，这样可以精确控制给电路板的供电。这么大的体积内自然具有过流保护(通过设定限定的电流)等功能。还有就是这种电源的纹波会非常非常的低。

右侧的USB适配器(输出5V直流，能够提供的电流取决于具体的产品)，由于其便携、简单、越来越多的电路板都是设计成5V供电而被广泛用于实验室的产品和调试中。有的示波器上也有了5V USB接口的供电端口，方便调试，在有的场合可以节省掉单独的供电电源。

用USB适配器供电需要注意的3个地方：

● 确保适配器输出的功率能够满足待调试的板子的供电功率要求，并有一定的余量，否则会导致系统工作不稳定

● 在适配器和电路板之间的USB线会有阻抗，在供电电流比较大的情况下会在导线上产生比较大的压降（欧姆定律V=I*R），因此一定要确保经过了USB线的压降到达电路板的电压满足你板子上对输入供电电压的要求。如果输入电压要求必须在4.5V，乃至4.8V以上，就一定要使用比较粗的USB线，且线的长度尽可能短。

● 由于USB适配器是从220V的交流电上通过AC-DC开关变换的方式得到稳压的5V DC，在输出的5V直流电压上一定有较大的开关噪声，因此在具体的应用中要确保你选用的适配器上的噪声不会对板子的性能有影响。

3. 信号源

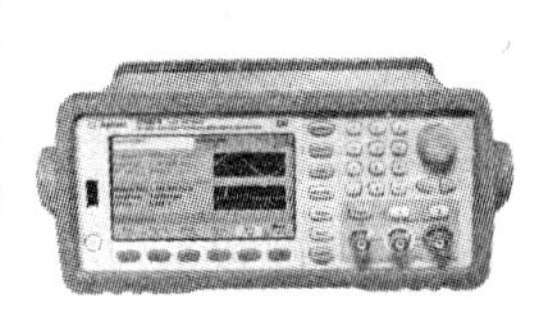

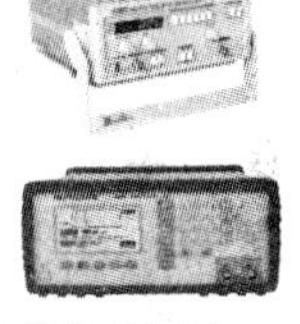

信号源 - 任意信号发生器(AWG)、模拟信号发生器、脉冲信号发生器 波形、幅度、带宽、调制

信号源是用来对待测的电路(DUT)提供输入激励信号，如下面的系统框图所示。为了测试电路的性能，需要对被测的电路输入一定幅度范围、一定频率范围的信号，有时还要在输入的信号中添加各种特性的噪声。

电子产品测量系统构成

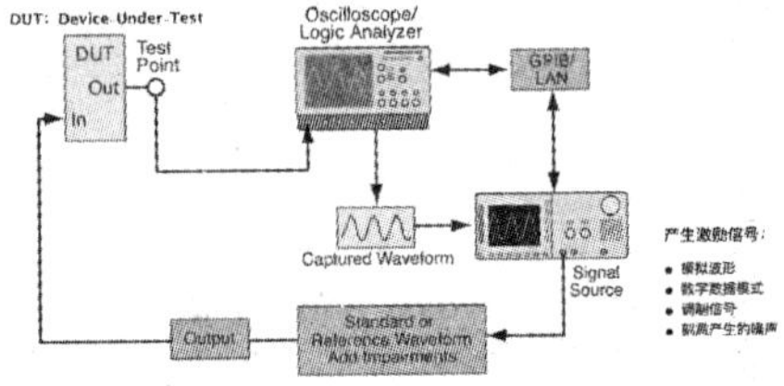

我们先回顾一下电信号的基础知识，基于这些基础知识才能理解信号源的各个功能和指标的来源。

我们知道，表征一个电信号的主要的两个参数就是信号的幅度(A)以及信号的频率(f)，模拟电路(也称为模拟链路、模拟调理电路等）的主要功能就是对信号的幅度和频率进行调整：

● 幅度—放大、衰减

● 频率—低通滤波、高通滤波、带通滤波等等

模拟信号波形特征 **脉冲信号特征**

（未完待续）

编前语：或许，当我们使用电子产品时，都没有人记得或知道老一批电子科技工作者们是经过了怎样的努力才奠定了当今时代的小型甚至微型的诸多电子产品及家电；或许，当我们拿起手机上网、看新闻、打游戏、发微信朋友圈时，也没有人记得是乔布斯等人让手机体积变小、功能变强大；或许，有一天我们的子孙后代只知道电子科技的进步而遗忘了老一辈电子科技工作者的艰辛……

成都电子科技博物馆旨在以电子发展历史上有代表性的物品为载体，记录推动电子科技发展特别是中国电子科技发展的重要人物和事件。电子科技博物馆的快速发展，得益于广大校友的关心、支持、鼓励与贡献。据统计，目前已有河南校友会、北京校友会、深圳校友会、绵德广校友会和上海校友会等13家地区校友会向电子科技博物馆捐赠具有全国意义(标志某一领域特征)的藏品400余件，通过广大校友提供的线索征集藏品1万余件，丰富了藏品数量，为建设新馆奠定了基础。

“我与电子科技博物馆共成长”征文

电子科技博物馆专栏

今年欢笑复明年 秋月春风等闲度

我和甘光GS—16HX老式电影机(上)

电子爱好者都是紧跟时代潮流，市面上出现什么就玩什么。去年刷抖音的时候，偶然发现很多人在玩16毫米的电影机，而且其价格也不贵，万元以下。

16毫米电影机，曾是厂矿农村流动放映时用的，主要有南京生产的长江及甘肃生产的甘光两大品牌。因为它们不是很重，相对便携，因此为人们所喜爱并收藏。

由于长江电影机相对笨重，而且机身和电源是分体的，外型有点不好看，颜色我也不喜欢，所以我选择了甘光GS-16HX电影机，它是集电源功放喇叭于一体的，插电就可以使用。商家随机还送了机箱、幕布、南京电影机械厂生产的原装音箱、20米喇叭线以及一个电影胶片，感觉满意极了。

甘光GS-16HX电影机，深蓝色的机身，感觉很漂亮的。我买的是卤乌灯光源，它是使用交流24V/250W的卤素灯泡，功耗不大，虽然亮度不及其他光源，但对于个人家用还是够用的。况且灯泡成本低，玩起来更为过瘾，10元一个，我不怕它炸灯。为了好好玩一把甘光电影机，我一次性就买了两盒40支灯泡，估计玩到我退休问题都不大。因为正常使用的话，每个灯泡的寿命有50到100个小时。

甘光GS-16HX电影机，整体设计完美，1个电源变压器和1个马达就可以搞定整机动力，而且里面结构也不复杂，远比当年的录像机简单，维修维护也是方便可靠，其易耗品就是那个10元的卤乌灯，其他易损件几乎找不到。机内有两根齿轮传动皮带，也不容易老化，比录像机那个黑色皮带强多了。所以平时的维护很简单，给传动轮点点油即可。

我买的甘光GS-16HX电影机是八成新的，整机性能良好，走片顺畅，噪音小，机器传动有力量。尤其是放映时，那个嗒嗒的走片声和电影配音相混合，这对于电影爱好者们来说，简直是人世间最美妙的旋律。

（未完待续）

（江西 易建勇）

戴尔 T5610 型计算机故障检修一例

一台 DELL Precision T5610 型计算机，在工作过程中受到市电突然断电出现故障，无法再次开机，引发的故障现象和排除过程如下。

故障现象：加电按电源按钮后电源风扇、CPU 风扇和机箱风扇均不转动，电源指示灯橙色闪烁。

分析与检修：据用户反映，该机故障是由于拉闸断电引起的，因此，怀疑该故障很可能是由于受到电网电压冲击将电源模块某些元件损坏。电网电压突变首先影响到的元件当属电源模块的抗干扰滤波（EMI）电路、整流电路、PFC 电路等。打开机箱，发现电源模块的输出通过 1 个分配电路板的插座向主板提供多路电源和控制（状态）信号，其中 1 个 24 芯插座 Power 1 向主板提供+12V（黄线）、-12V（蓝线）、+5V（红线）、+5Vsb（紫线）、开机控制信号（PS-ON、棕线）以及电源正常（POK、棕线）、电源状态 1（PSTA1、绿线）、电源状态 2（PSTA2、绿线）以及告警（Alert、绿线）等状态信号，通过 2 个 8 芯插座（POWER CPU1 和 POWER CPU2）分别向主板的 2 个 CPU 提供+12V 供电。加电后测量各路电压和信号，发现+5Vsb 为 5.02V 正常；PS-ON 信号为 4.99V 正常，按动面板上的电源开关时 PS-ON 变为 0V，也正常，但电源不工作；同时测得其他输出电压和状态信号均为 0V，其中 PSTA1、PSTA2 和 Alert 信号全为 0V，说明电源模块确实有故障。考虑到故障由拉闸断电引起，于是从机箱取出电源模块，打开外壳，首先检查电源模块的抗干扰滤波电路，未发现有损坏的元件。根据电路实物画出了电源模块的整流和部分 PFC 电路的电路图，如附图所示（图中以大写字符表示的元件标号为元件的实际标号，小写的为笔者自定义的贴片元件标号）。在观测电路板上无明显烧蚀痕迹和损坏的元器件情况下，在+12V 输出端接一只 10Ω/20W 的功率电阻，加电后试将 PS-ON 信号对地短接，这时可以听到继电器 RL1 的吸合声，但电源风扇仍不转动，也没有+12V 和+5V 输出。断电后无意中触摸到安装 PFC 电路功率管（附图中 Q3、Q4）和整流二极管（D10）的散热器，感觉发热明显，遂怀疑相关电路存在损坏的器件，逐个检查测量附图中的 BD1、D10、d1、c1、c2、Q3、Q4、r1-r4 以及 Q3 和 Q4 的驱动电路，发现除二极管 D10 短路外，其他元件均正常。从网上购得 D10 的同型号二极管（STP-SC606D）代换，再按上述方法试验，电源风扇转动，也有正确的+12V 和+5V 输出，电源模块修复。

将修理好的电源模块装到主机机箱后，接入市电，这时电源模块、CPU、显卡以及机箱的散热风扇转动约 2 秒钟后自动停转，电源指示灯白色点亮约 2 秒钟后自动熄灭，属正常现象。按动面板上的开机按钮后，机器启动工作，但一段时间后（约 2~3 分钟），机器关机，电源掉电，紧接着电源又自动打开，机器重新启动，如此不断循环。

引起该故障的原因可能是电源模块还有故障，也可能是电源的输出存在短路，还可能是开机按钮始终接触短路或主板存在问题、CPU 散热不良、内存条有问题等。首先测量+12V 和+5V 的输出电阻，未发现短路现象；而在前面排除了电源模块故障后，电源在带假负载的情况可以长时间工作，权且认为电源模块正常；用示波器测试+12V 和 PS-ON 信号，发现电源的自动关闭和打开都是由于主板送来的 PS-ON 信号变化（变高和变低）引起的。于是检测开机按钮开关，接触和断开良好。拆下 CPU 散热器，多次取下和重装 CPU，让 CPU 的引脚和座针接触良好，同时清除 CPU 已经干涸的导热硅脂，并重新涂抹新的导热硅脂，让 CPU 散热良好。装好 CPU 及散热器后，加电开机，故障不变。试将两个内存条取下，加电开机，故障消失，看来该故障确由内存条引起。用橡皮擦清除两个内存条的金手指，然后将两个内存条装到非原来的内存插槽内，试加电开机，机器开机后运行正常，不再自动循环重启动，故障消失。该故障应和拉闸断电无关，故障也许是由于内存条金手指或内存插槽触针已经氧化，在搬动机器过程中，震动引起了内存条金手指的接触不良。

◇青岛 孙海善 林鹏 张戈

美的电风扇不定期失灵故障检查过程

一台立式美的豪华电风扇在夏季使用过程中，有时所有功能都正常，有时就不动作了，控制失灵时，面板和遥控都不能操纵，显示全无，最后彻底没反应。

拆下电路板后，检查测量电路和元件没有发现任何有损坏的迹象（如图 1 所示），为了弄清楚故障的真正原因，特按照实物画出电路图进行详细的研究（如图 2 所示），根据电路图来分析和通电测试，IC1⑭脚的电压为 4.92V，供电电压基本符合要求，待机时 IC1⑫脚电压为 0.12V，当按下开机键 SW1 时，电压上升为 4.8V，松开按键后电压又恢复到 0.12V，这个电压应该保持才对，而且⑨脚没有输出电压蜂鸣器也就不会响。但在开机前后，测量 IC1⑮脚的电压 2.66V 和⑯脚的电压 2.77V 都没有任何变化，那问题会出在哪呢？

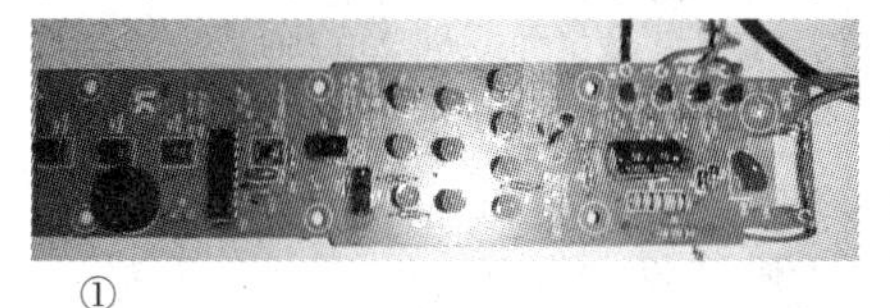
①

经过分析和认真地检测判断，认为不能开机的主要原因是集成块 IC1 或晶振 X1 损坏。从先易后难开始，将 X1 更换一个新的 4.00Mhz 晶振，结果还是不能开机，在检测其他元件都没有发现问题的情况下，那问题就一定出在集成块 IC1 的身上了。

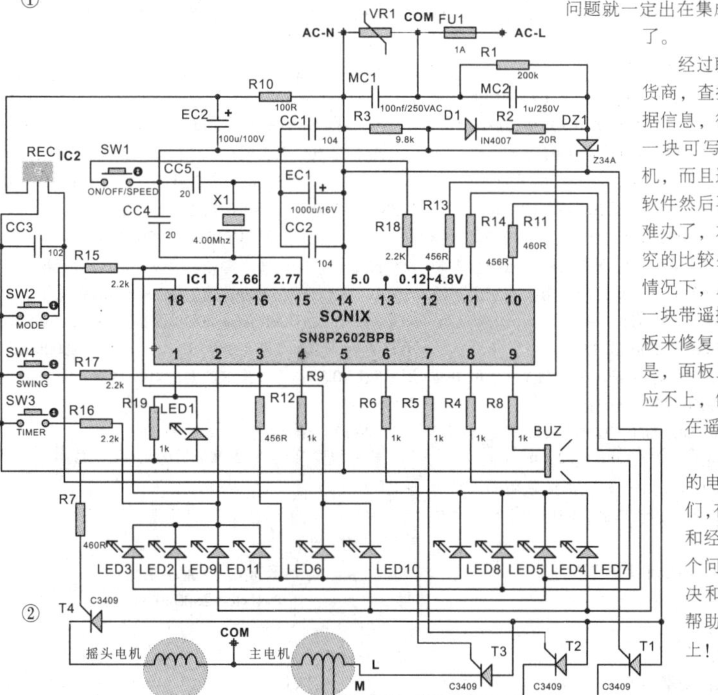

②

经过联系深圳一家供货商，查找该集成块的数据信息，得到的结果这是一块可写入程序的单片机，而且还需要下载一个软件然后再编程，这下可难办了，本人对单片机研究的比较少，在不得已的情况下，只有在网上购买一块带遥控的落地扇替换板来修复，但美中不足的是，面板上所有显示都对应不上，使用时只能全部在遥控器上操作。

希望看到本文的电子爱好者朋友们，有这方面的技术和经验者，就上述这个问题，进行探讨解决和给予技术支持帮助，先以"谢"字奉上！

◇江苏连云港 庞守军

通过 Apple Watch 控制沃尔沃汽车

如果拥有沃尔沃汽车，而且 Apple Watch 已经与 iPhone 成功配对，那么可以通过 Apple Watch 直接控制车辆，虽然只是一些最基本的控制操作，但对用户带来的便利性相当不错。

第 1 步：iPhone 连接沃尔沃汽车

首先在 iPhone 上访问 App Store，搜索并下载安装 Volvo On Call（随车管家），初次使用时请按照使用步骤与沃尔沃汽车进行连接，连接前需要使用在购车注册的账号与密码登录，成功连接之后即可使用。

第 2 步：Watch 安装 Volvo Cars

接下来在 iPhone 上打开"Watch" 应用，找到 Volvo Cars，将其安装到 Apple Watch 即可（如图 1 所示）。

第 3 步：Watch 控制沃尔沃汽车

完成安装之后，Volvo Cars 将在 Apple Watch 上自动启用（如图 2 所示），我们可以直接完成锁定和解锁车门的操作，也可以远程启动或停止（如图 3 所示）。

除此之外，我们还可以启用或停止驻车空调，也可以通过灯光、车灯与喇叭查找车辆位置，如果沃尔沃处于启动状态，那么还可以查看燃油液位和里程，感兴趣的朋友可以一试。

◇江苏 王志军

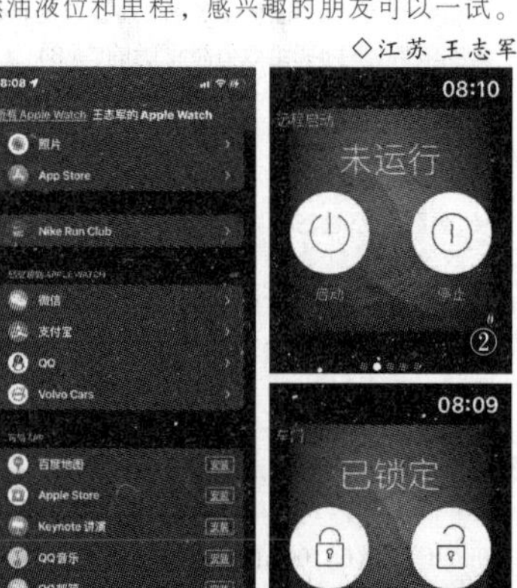

注册电气工程师供配电专业知识考题解答㉚

注册电气工程师专业知识考试在第一天进行，上午和下午的试卷都是单选题40题各1分，多选题30题各2分，满分是100分。一般以上午和下午合计得分120分为合格。本文选取近几年注册电气工程师供配电专业知识试卷中的若干试题，分析解答思路和解答过程（题后括号内为参考答案），供学习者参考。

一、单项选择题（共40题，每题1分，每题的备选项中只有1个最符合题意）

1. 假定某10/0.4kV变电所由两路电源供电，安装了两台变压器，低压侧采用TN接地系统，下列有关实施变压器接地的叙述，哪一项是正确的？（C）

（A）两变压器中性点应直接接地

（B）两变压器中性点间相互连接的导体可以与用电设备连接

（C）两变压器中性点间相互连接的导体与PE线之间，应一点连接

（D）装置的PE线只能一点接地

解答思路：变压器接地→《交流电气装置的接地设计规范》GB/T50065-2011→两路电源供电。

解答过程：依据GB/T50065-2011《交流电气装置的接地设计规范》第7.1节，第7.1.2条第2款。选C。

2. 为防止人举手时触电，布置在屋内配电装置的电气设备外绝缘体最低部位距地小于下面哪个数值时，应装设固定遮栏？（C）

（A）2000mm（B）2300mm（C）2500mm（D）3000mm

解答思路：屋内配电装置→GB50060-2008《3~110kV高压配电装置设计规范》。

解答过程：依据GB50060-2008《3~110kV高压配电装置设计规范》第5.1节，第5.1.1条。选C。

3. 数字程控用户交换机的工程设计，用户交换机中继线的配置，应根据用户交换机实际容量大小和出入局话务量大小等确定，下列哪项满足规范要求？（B）

（A）可按用户交换机容量的5%~8%确定

（B）可按用户交换机容量的10%~15%确定

（C）可按用户交换机容量的11%~20%确定

（D）可按用户交换机容量的21%~25%确定

解答思路：数字程控用户交换机→《民用建筑电气设计规范》JGJ16-2008→中继线的配置。

解答过程：依据JGJ16-2008《民用建筑电气设计规范》第20.2节，第20.2.7条。选B。

4. 110kV电流系统公共连接点，在系统正常运行的较小方式下确定长时间闪变限制Plt时，对闪变测量周期的取值下列哪一项是正确的？（C）

（A）168h（B）24h（C）2h（D）1h

解答思路：长时间闪变限制→《电能质量电压波动和闪变》GB/T12326-2008→闪变测量周期的取值。

解答过程：依据GB/T12326-2008《电能质量电压波动和闪变》第7章，式（9）。选C。

5. 电网正常运行时，电流系统公共连接点的负序电压不平衡度限值，下列哪组数值时正确的？（B）

（A）4%，短时不超过8%

（B）2%，短时不超过4%

（C）2%，短时不超过5%

（D）1%，短时不超过2%

解答思路：电压不平衡度→《电能质量三相电压不平衡》GB/T15543-2008→负序电压。

解答过程：依据GB/T15543-2008《电能质量三相电压不平衡》第4.1节。选B。

6. 对于具有探测线路故障电弧功能的电气火灾监控探测器，其保护线路的长度不宜大于下列哪个值？（C）

（A）60m（B）80m（C）100m（D）120m

解答思路：电气火灾监控探测器→《火灾自动报警系统设计规范》GB50116-2013→探测线路故障电弧功能。

解答过程：依据GB50116-2013《火灾自动报警系统设计规范》第9.2节，第9.2.4条。选C。

7. 对于剩余电流保护器（RCD）的用途，下列哪项描述是错误的？（B）

（A）剩余电流保护器可作为TN系统的间接接触防护

（B）剩余电流保护器应用于TN-C系统

（C）在TN-C-S系统中采用剩余电流保护器（RCD）时，在RCD的负荷侧不得出现PEN导线，应在RCD的电源侧将PE导体从PEN导体分接出来

（D）在TT系统中通常应采用剩余电流保护器（RCD）作故障保护

解答思路：剩余电流保护器（RCD）→《低压电气装置第4-41部分：安全防护电击防护》GB16895.21-2011→用途。

解答过程：依据GB16895.21-2011《低压电气装置第4-41部分：安全防护电击防护》第411.4.5条、第411.5.2条。选B。

8. 根据规范要求，建筑物或建筑群综合布线系统配置设备之间（FD与BD、FD与CD、BD与BD、BD与CD之间）组成的信道出现4个连接器器件时，主干缆线的长度不应小于下列哪项数值？（C）

（A）5m（B）10m（C）15m（D）20m

解答思路：综合布线系统→《综合布线系统工程设计规范》GB50311-2016→主干缆线的长度。

解答过程：依据GB50311-2016《综合布线系统工程设计规范》第3.3节，第3.3.1条。选C。

9. 对泄漏电流超过10mA的数据处理设备用电，下列接地要求哪项是错误的？（B）

（A）当采用独立的保护导体时，应是一根截面不小于10mm² 的导体或两根有独立端头的，每根截面积不小于4mm² 的导体

（B）当保护导体与供电导体合在一根多芯电缆中时，电缆中所有导体截面积的总和应不小于6mm²

（C）应设置一个或多个在保护导体出现中断故障时能按要求切断设备供电的电器

（D）当设备是通过双绕组变压器供电或通过其他通入与输出回路相互隔开的机组（如电动发电机）供电时，其二次回路建议采用TN系统，但在特定应用中也可采用IT系统

解答思路：数据处理设备、接地→《建筑物电气装置第7部分：特殊装置及场所的要求第707节：数据处理设备用电气装置的接地要求》GB/T16895.9-2000。

解答过程：依据GB/T16895.9-2000《建筑物电气装置第7部分：特殊装置及场所的要求第707节：数据处理设备用电气装置的接地要求》第707.471.3.3。选B。

10. 在正常运行和短路时，电气设备引线的最大作用力不应大于电气设备端子允许的荷载，屋外配电装置的套管、支持绝缘子在荷载长期作用时的安全系数不应小于下列哪项数值？（C）

（A）1.67（B）2.00（C）2.50（D）4.00

解答思路：屋外配电装置→《3~110kV高压配电装置设计规范》GB50060-2008→安全系数。

解答过程：依据GB50060-2008《3~110kV高压配电装置设计规范》第4.1节，第4.1.9条、表4.1.9。选C。

11. 人民防空地下室中一等人员掩蔽所的正常照明，按战时常用设备电力负荷的分级应为下列哪项负荷等级？（C）

（A）一级负荷中特别重要的负荷

（B）一级负荷

（C）二级负荷

（D）三级负荷

解答思路：人民防空地下室→《人民防空地下室设计规范》GB50038-2005→战时常用设备、负荷的分级。

解答过程：依据GB50038-2005《人民防空地下室设计规范》第7.2节，第7.2.4条、表7.2.4。选C。

12. 关于高压接地故障时低压系统的过电压，下列哪项描述是错误的？（D）

（A）若变电所高压侧接地故障，工频故障电压将影响低压系统

（B）若变电所高压侧接地故障，工频应力电压将影响低压系统

（C）在TT系统中，当高压接地系统R_E和低压接地系统R_B连接时，工频接地故障电压不需要考虑

（D）在TN系统中，当高压接地系统R_E和低压接地系统R_B分隔时，工频接地故障电压需要考虑

解答思路：高压接地故障时低压系统的过电压→《低压电气装置第4-44部分：安全防护电压骚扰和电磁骚扰防护》GB/T16895.10-2010。

解答过程：依据GB/T16895.10-2010《低压电气装置第4-44部分：安全防护电压骚扰和电磁骚扰防护》第442.2节，表44.A1。选D。

13. 关于架空线路的防振措施，下列哪项表述是错误的？（B）

（A）在开阔地区挡距<500m，钢芯铝绞线的平均运行张力上限为瞬时破坏张力的16%时，不需要防振措施

（B）在开阔地区挡距<500m，镀锌钢绞线的平均运行张力上限为瞬时破坏张力的16%时，不需要防振措施

（C）挡距<120m，镀锌钢绞线的平均运行张力上限为瞬时破坏张力的18%时，不需要防振措施

（D）不论挡距大小，镀锌钢绞线的平均运行张力上限为瞬时破坏张力的25%时，均需要装防振锤（线）或另加护线条

解答思路：架空线路→《66kV及以下架空电力线路设计规范》GB50061-2010→防振措施。

解答过程：依据GB50061-2010《66kV及以下架空电力线路设计规范》第5.2节，第5.2.4条、表5.2.4。选B。

14. 关于电力通过人体的效应，在15Hz至100Hz范围内的正弦交流电流，不同电流路径的心脏电流系数，下列哪个值是错误的？（B）

（A）从左脚到右脚，心脏电流系数为0.04

（B）从背脊到右手，心脏电流系数为0.70

（C）从左手到右脚、右腿或双脚，心脏电流系数为1.0

（D）从胸膛到左手，心脏电流系数为1.5

解答思路：电力通过人体的效应、15Hz至100Hz范围→《电流对人和家畜的效应第1部分：通用部分》GB/T13870.1-2008→心脏电流系数。

解答过程：依据GB/T13870.1-2008《电流对人和家畜的效应第1部分：通用部分》第5.9节、表12。选B。

15. 某办公室长9.0m、宽7.2m、高3.3m，要求工作面的平均照度E_{av}=300lx，R_a≥80，灯具维护系数为0.8，采用T5直管荧光灯，每支28W，R_a=85，光通量2800lm，利用系数U=0.54，该办公室需要的灯管数量为下列哪项数值？（C）

（A）12支（B）14支（C）16支（D）18支

解答思路：办公室需要的灯管数量→《照明设计手册（第三版）》。

解答过程：依据《照明设计手册（第三版）》第五章，第四节式5-48。

$$N=\frac{E_{av}\times A}{\Phi\times U\times K}=\frac{300\times 9\times 7.2}{2800\times 0.54\times 0.8}=16$$

选C。

（未完待续）

◇江苏 键谈

PLC梯形图程序的波形图设计法(一)

在进行PLC程序设计时，如果碰到具有时序逻辑控制功能即被控电器按时间先后顺序进行工作的控制系统，这时使用波形图设计法来设计梯形图程序是最合适的。

1. 波形图设计法的步骤

①确认主令电器和被控电器。

②分配PLC存储器。

③画波形图。

④画梯形图。

2. 波形图设计法的要点

(1)确认主令电器和被控电器的要点

启动开关、停止开关、行程开关、保护开关以及热保护继电器触头等一类的开关属于主令电器（这一类电器的文字符号即电器代号通常标注为SB、SQ、SA或FR），接触器、变频器、显示器件、伺服系统等一类的负载属于被控电器（这一类电器的文字符号即电器代号通常标注为KM、VF、HL或EL）。

(2)分配PLC存储器的要点

①把主令电器依次分配给PLC的输入存储器。

②把被控电器依次分配给PLC的输出存储器。

③根据需要分配PLC的定时器。

分配的结果要以PLC存储器分配表的形式列出来。

(3)画波形图的要点

波形图设计法中的波形图模板如图1所示。

波形图模板的使用方法：

①波形图模板中工作波形的行数由被控电器的个数来决定：有2个被控电器，波形图模板中就保留两行工作波形；有3个被控电器，波形图模板中就保留3行工作波形……。

②波形图模板中定时波形的行数由每个循环中时间段的个数来决定：每个循环若分为2个时间段，就用2个定时器，也就需保留T001和Tn这两行定时波形(注意此时应把Tn改为T002)；每个循环若分为3个时间段，就用3个定时器，也就需保留T001、T002和Tn这3行定时波形（注意此时应把Tn改为T003）……。

波形图的画法：

①必须是先画出工作波形，然后划分出时间段，再画出定时器波形。

②画工作波形时，应按时段分析，对于某一时段来说，该时段中各有哪些被控电器处于工作状态，则这些被控电器的工作波形上就应出现正向脉冲，换句话说就是，对于某一被控电器来说，该被控电器分别在哪些时段处于工作状态，则这些时段处就应有正向脉冲出现在该被控电器的工作波形上。

③以最短的工作时长作为基准宽度，按基准宽度的倍数去画每一段工作时长的宽度。

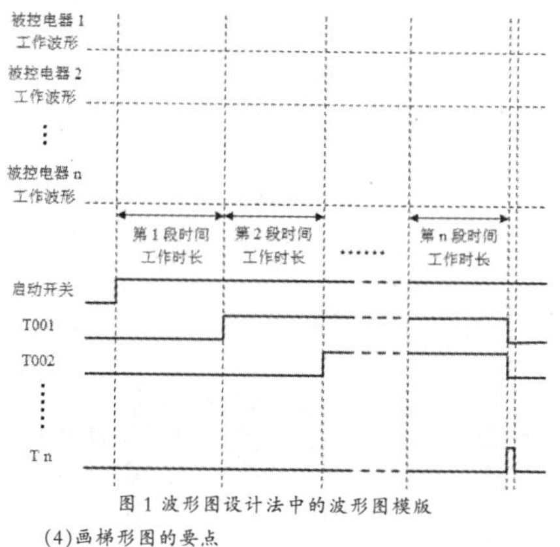

图1 波形图设计法中的波形图模版

(4)画梯形图的要点

波形图设计法中的梯形图模板如图2所示。

梯形图模板的使用方法：

①若使用非自锁型的启动开关且另外使用停止开关的，则必须使用模板中的第一级阶梯。

②若使用自锁型的启动开关来担任启动和停止任务的，则不必使用模板中的第一级阶梯，并应把第二级阶梯中的M000动合触点更改为启动开关的动合触点。

③梯形图模板中间部分的阶梯级数由定时器T的个数来决定：有2个定时器，中间部分就保留T001和T002这两级阶梯；有3个定时器，中间部分就保留T001、T002和T003这3级阶梯……。

④梯形图模板后半部分的阶梯级数由被控电器的个数来决定：有2个被控电器，后半部分就保留两级阶梯；有3个被控电器，后半部分就保留3级阶梯……。

⑤梯形图模板后半部分的每一级阶梯中并联支路的数量由该被控电器工作波形中的脉冲个数来决定：该被控电器的工作波形中有2个脉冲，该梯级就应有2条并联支路；该被控电器的工作波形中有3个脉冲，该梯级就应有3条并联支路……。

⑥若某脉冲的前沿不是对应于某个定时器波形的上升沿，而是对应于启动开关波形的上升沿，此时应注意：对于使用非自锁型的启动开关且另外使用停止开关的，则应使用M000的动合触点；对于使用自锁型的启动开关来担任启动和停止任务的，则应使用启动开关的动合触点。

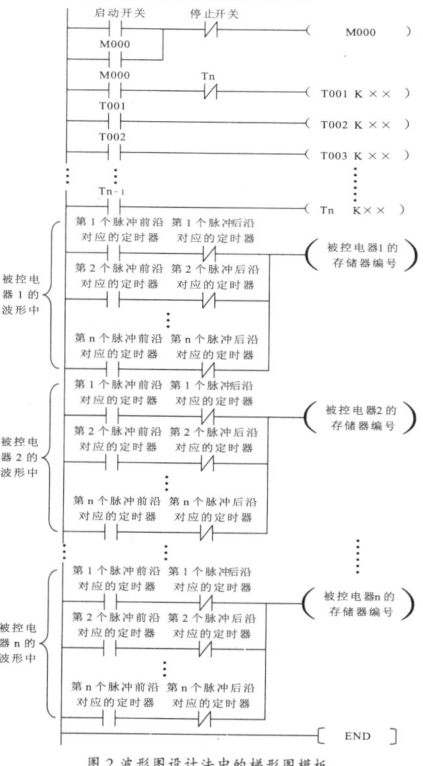

图2 波形图设计法中的梯形图模板

3. 波形图设计法中相关问题的处理办法

由于普通定时器的最大定时时间为0.1s×32767=3276.7s，无法满足那些需要长时间定时的情况，这时可采取如下3个办法来解决。

(1)用多个定时器接力的办法实现长时间定时

如图3所示，当X000闭合时，T001开始计时，经过3276.7s后T001定时时间到，动合触点T001闭合，接通T002开始接力计时，再经过3276.7s后T002定时时间到，动合触点T002闭合。当X000断开时，所有定时器均被复位，等待下一次重新计时。

很显然，从X000闭合到T002闭合，时间已经经历了3276.7s+3276.7s=6553.4s，定时时间已扩展到了原来的2倍，若需要更长的定时时间，可按此法依此类推，用3个、4个甚至更多个定时器进行接力定时，总定时时间则为各个定时器定时时间之和。

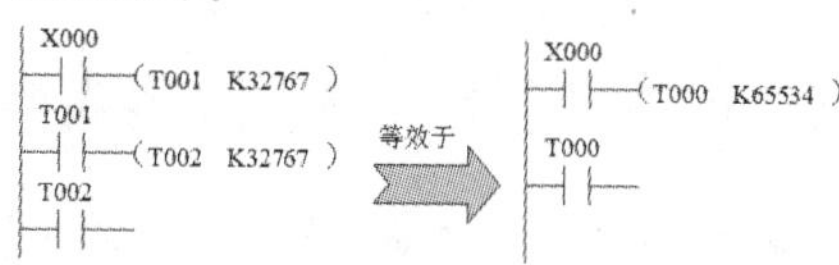

图3 多个定时器接力实现长时间定时

(2)用特殊存储器配合计数器的办法实现长时间定时

如图4所示，当动合触点X000闭合时，动断触点X000断开，复位功能被取消，计数器C000对特殊存储器M8014触点的通断次数进行计数，由于M8014为分脉冲信号特殊存储器，所以C000每隔1min加1，当加到32767时，动合触点C000闭合。当动合触点X000断开时，动断触点X000闭合，计数器C000被复位，等待下一次重新计数。

很显然，从动合触点X000闭合到动合触点C000闭合，时间已经经历了60s×32767=1966020s，定时时间可达普通定时器的60倍，可以算得上是一个长延时定时器了。

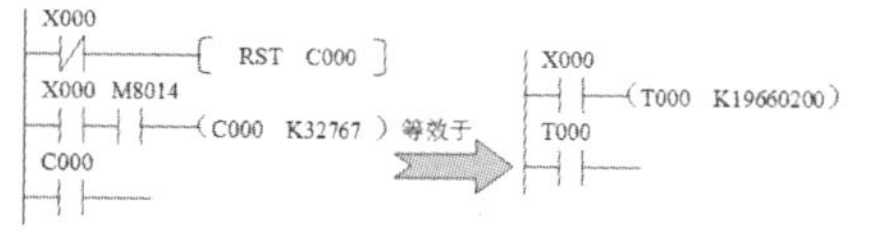

图4 特殊存储器配合计数器实现长时间定时

(3)用定时器配合计数器的办法实现长时间定时

如果上述两个办法仍不能满足长时间定时的要求，则可采用定时器配合计数器的办法来实现超长时间定时，如图5所示。当动合触点X000闭合时，T001开始计时，计到3276.7s时，动断触点T001断开，定时器复位，又进入下一次计时，与此同时，动合触点T001通断1次，计数器C002则对动合触点T001的通断次数进行加计数，当计到32767次时，动合触点C002闭合。当动合触点X000断开时，定时器T001和计数器C002均复位，等待下一次重新计时。

很显然，从动合触点X000闭合到动合触点C002闭合，时间已经经历了3276.7s×32767=107367628.9s，定时时间可达普通定时器的32767倍，可以算得上是一个超长时间定时器了。

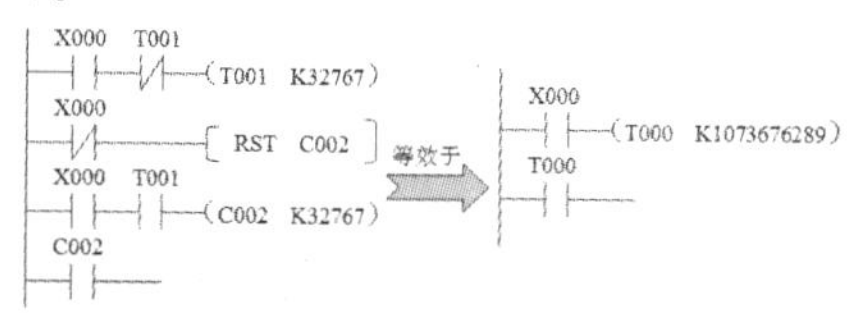

图5 定时器配合计数器实现长时间定时

4. 用波形图设计法设计霓虹灯的控制系统

试设计一个霓虹灯的控制系统，具体控制要求如下：用6组霓虹灯HL1、HL2、HL3、HL4、HL5、HL6组成“科研所欢迎您”6个字灯，亮灯过程为—HL1~HL6依次点亮1s→全暗1S→HL1先点亮1s后HL2点亮→再隔1s后HL3点亮→再隔1s后HL4点亮→再隔1s后HL5点亮→再隔1s后HL6点亮→再隔1s后全暗2s→HL1~HL6全亮2s→全暗2s→再从头开始循环；霓虹灯由光控开关控制，白天光控开关断开，霓虹灯不工作，夜晚光控开关闭合，霓虹灯工作。

从控制要求中可以看出，被控电器具有明显的按时间先后顺序进行工作的时序逻辑控制特征，因此，非常适合用波形图设计法来设计梯形图程序。

第一步：确认主令电器和被控电器。

这个霓虹灯控制系统中，主令电器只有1个—光控开关GK；被控电器有6个—霓虹灯HL1、HL2、HL3、HL4、HL5、HL6。

第二步：分配PLC存储器。

把GK分配给PLC的输入存储器，把HL1、HL2、HL3、HL4、HL5、HL6依次分配给PLC的输出存储器，另外，由于本霓虹灯一个循环过程分为16个时间段，故用16个定时器进行控制。PLC存储器分配的结果如表1所示。

表1 PLC存储器分配表

输入存储器分配	
元件名称及代号	输入存储器编号
光控开关GK	X000

输出存储器分配	
元件名称及代号	输出存储器编号
霓虹灯HL1	Y001
霓虹灯HL2	Y002
霓虹灯HL3	Y003
霓虹灯HL4	Y004
霓虹灯HL5	Y005
霓虹灯HL6	Y006

辅助存储器分配	
元件名称及代号	定时器编号
第1定时器	T001
第2定时器	T002
第3定时器	T003
第4定时器	T004
第5定时器	T005
第6定时器	T006
第7定时器	T007
第8定时器	T008
第9定时器	T009
第10定时器	T010
第11定时器	T011
第12定时器	T012
第13定时器	T013
第14定时器	T014
第15定时器	T015
第16定时器	T016

(未完待续)

◇江苏 周金富

基于 Verilog HDL 语言 Quartus 设计与 ModelSim 联合仿真的 FPGA 教学应用(七)

(接上期本版)

16. 选择左边 Libray 框下的 work ->Select_dat_vlg_tst,鼠标右键选择 Simulate。

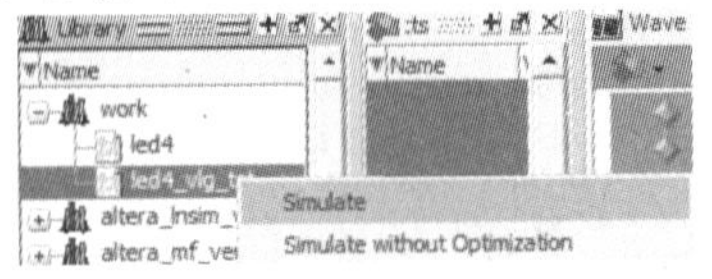

图 6-15

17. 选择左边的 Sim-Default 框图列表中的 licheng1_vlg_tst,右击,选择 Addto->Wave->All items inregion, 此时 Wave-Default 框图的列表中则会出现我们需要观察的变量。

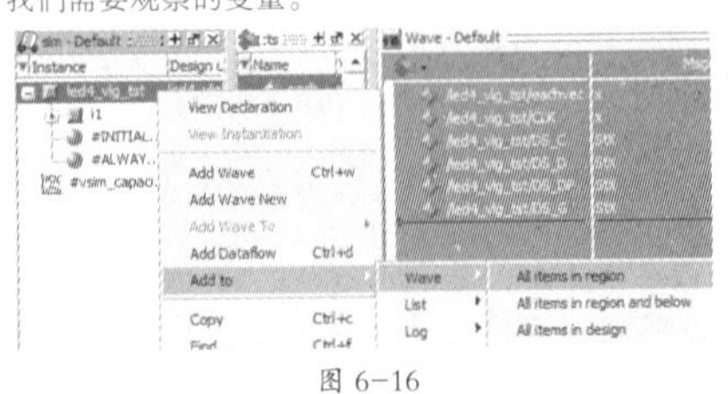

图 6-16

18. 选择菜单栏 Simulate->Run->Run-Ali,系统开始仿真,可以通过观看波形,验证系统设计的正确性!

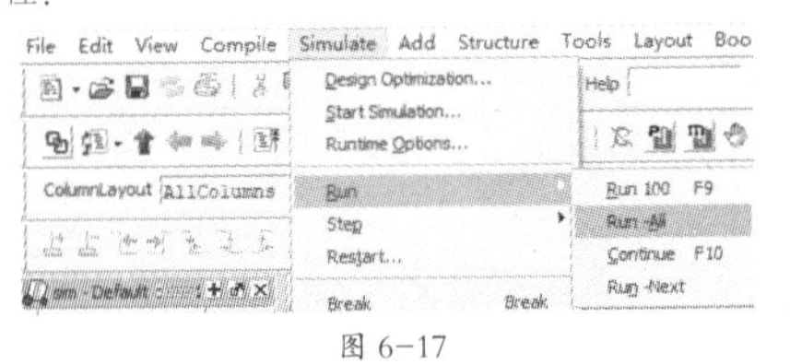

图 6-17

19. 运行仿真后,查看波形(1ps 单位),可在波形显示区,鼠标右键选择波形放大缩小,对应下边指令流程,核对波形。

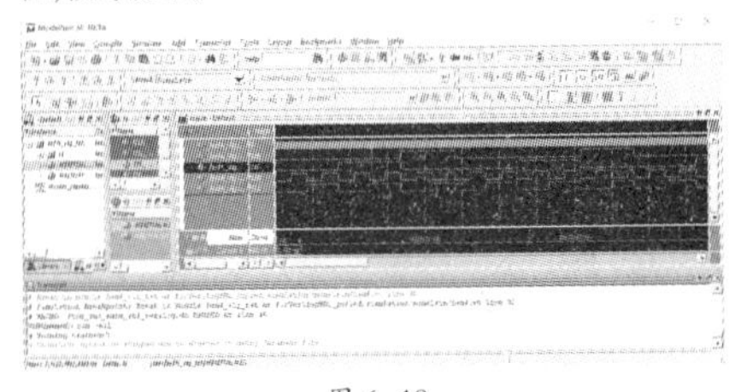

图 6-18

20. 改成 1ns 单位后的仿真波形。

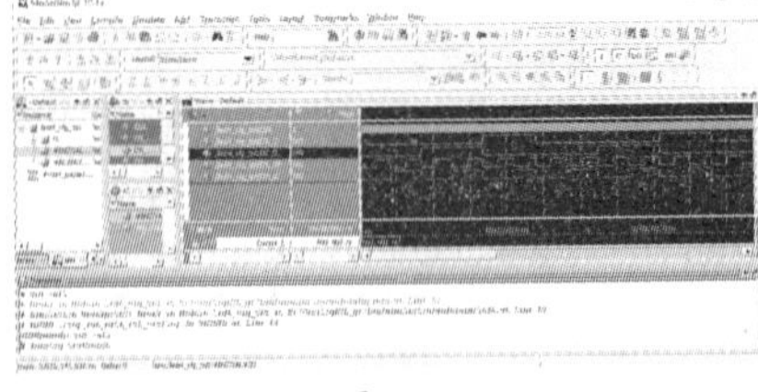

图 6-19

21. 调用 Quartus II 自带的 ModelSim-Altera 仿真后 1ns 单位的仿真波形。

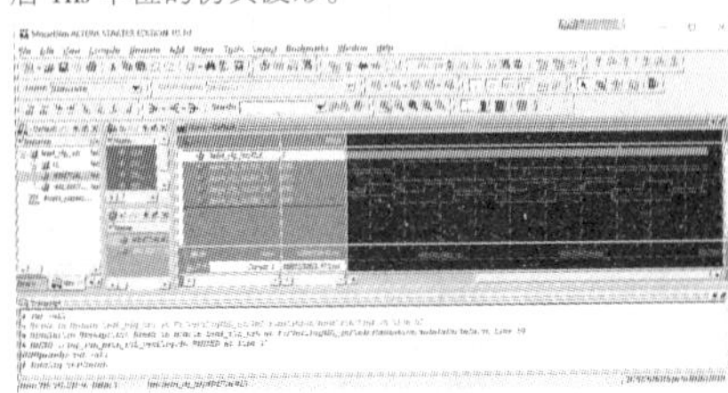

图 6-20

(三)综合、锁定引脚

1. 设置相关参数:选择菜单 Assignments->Device。

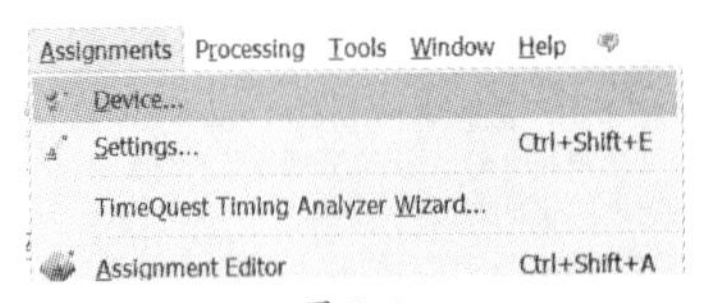

图 7-1

2. 在打开的 Device 窗口, 点击 Devicee and Options...按钮。

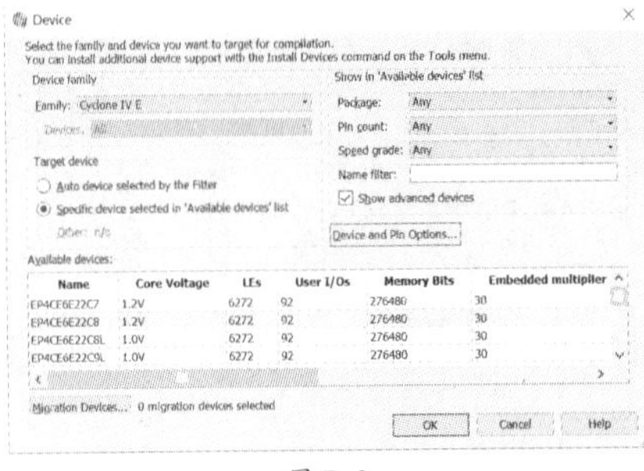

图 7-2

3. 将不用的引脚设置为输入三态: 选择 Unused Pins, 在 Reserve all unused pins 栏选择 As input tri-stated。

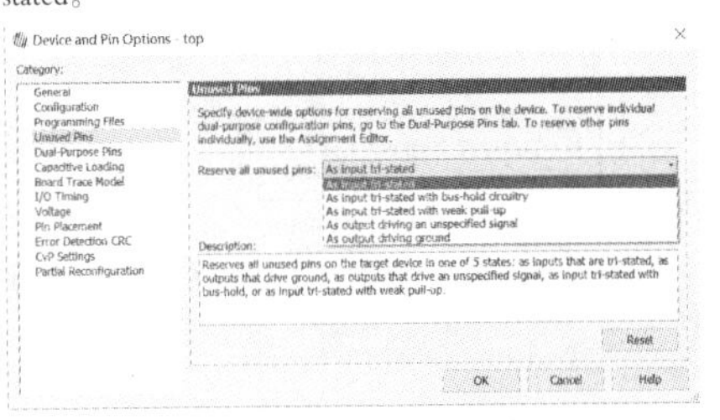

图 7-3

4. 将多用途引脚设置为普通 IO 引脚: 选择 Dual-Purpose Pins, 将右边每栏双击, 点选下拉里面的 Use as regular I/O。

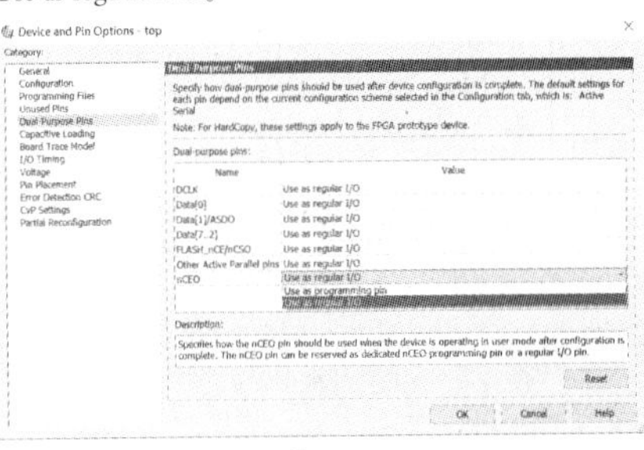

图 7-4

5. 选电压:选择 Voltage,在 Default IO standard 栏选择 3.3V LVTTL,然后点击 OK 返回。

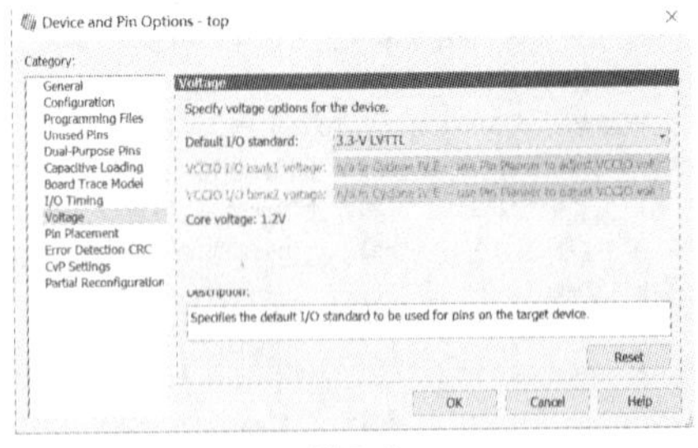

图 7-5

6. 引脚锁定:选择菜单 Assignmens->Pin Planner。

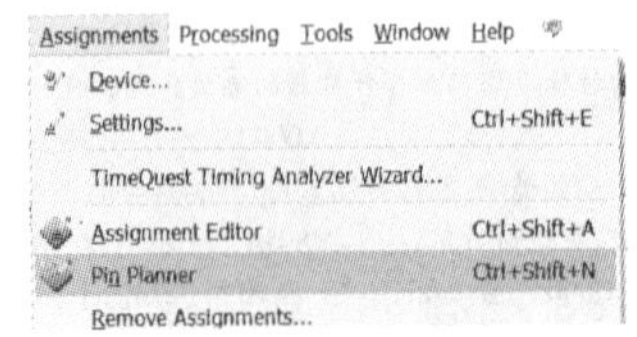

图 7-6

7. 此时里面没有引脚,需要先进行综合。

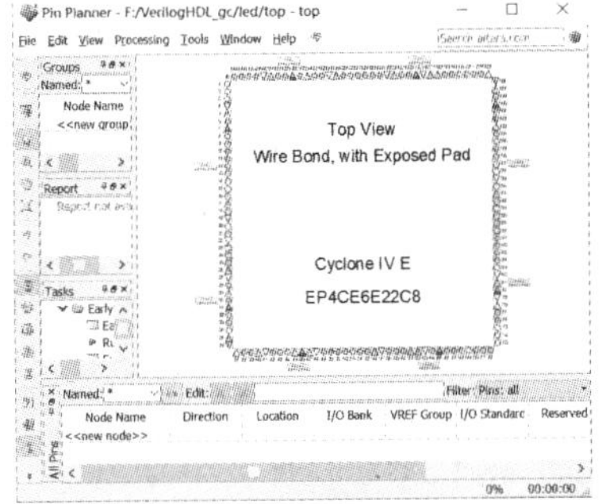

图 7-7

8. 进行综合: 选择菜单 Processing->Start ->Start Analysis &Elaboration 或者快捷工具图标。

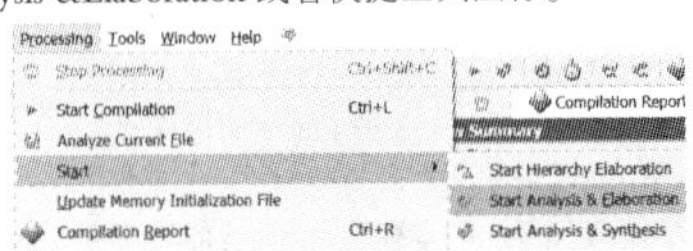

图 7-8

9. 综合后的信息。

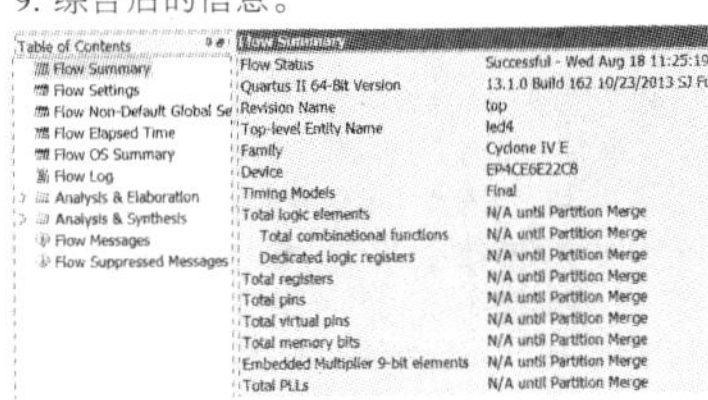

图 7-9

10. 再打开 Pin Planner,可以看到引脚已经出现。

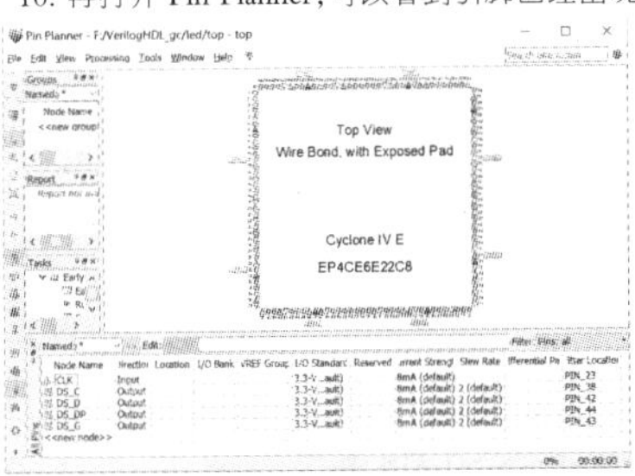

图 7-10

11. 对照开发板原理图: 对应设置引脚为:CLK(24),DS_C(1),DS_D(141),DS_DP(3),DS_G(2)。

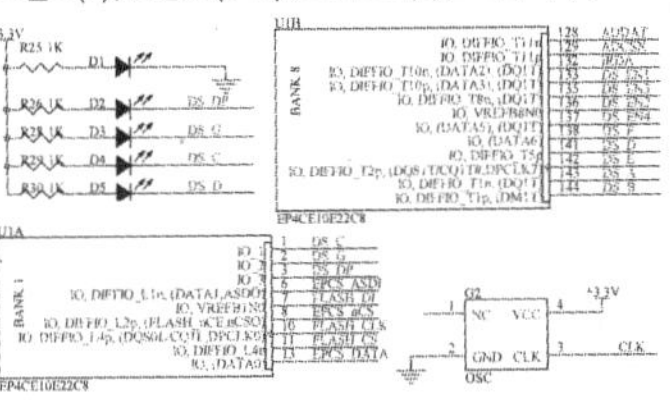

图 7-11

12. 按照硬件原理图引脚的对应关系, 可以用鼠标左键点住对应引脚名称拖到器件对应引脚,也可以在引脚列表里面,双击 Location,在下拉里面选择对应的引脚后,直接关闭。

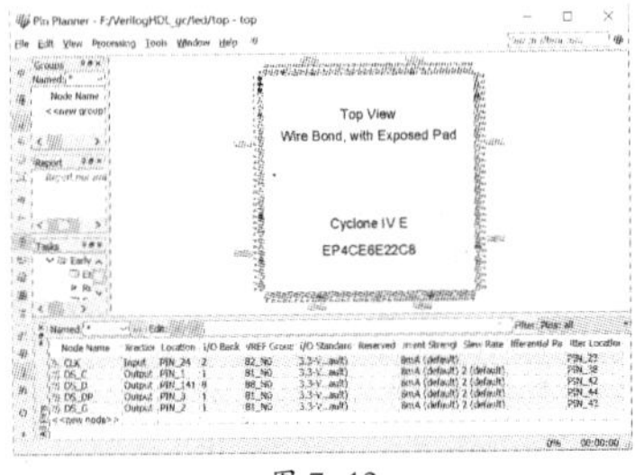

图 7-12

(未完待续)

◇西南科技大学 城市学院
刘光乾 刘庆 陈熙 万立里 陈浩东 白文龙 王源浩

新能源汽车快慢充小知识(二)

(接上期本版)

在这里,车辆控制装置会设定车载充电机功率(一般都是厂家出厂默认设定好的):

车载充电装置,通过CP的占空比信号,判断缆上控制盒的最大充电电流,一般设定比例如下表。

PWM占空比D	最大充电电流 Imax(A)
D=0%连续-12V	充电桩不可用
D=5%	5%的占空比表示需要数字通信,且需要在电能供应之前在充电桩与电动汽车之前建议通信
10%≤D≤85%	Imax=D*100*0.6
85%<D≤89%	Imax=(D*100-64)*2.5,且 Imax≤63A
90%<D≤97%	预留
D=100%,连续正电压	不允许

同时车载充电装置,也会通过CC上的RC判断电缆额定容量。

RC	充电电缆额定容量
1.5kΩ	0.5W 10A
680Ω	0.5W 16A
220Ω	0.5W 32A
100Ω	0.5W 63A

最后,车辆控制装置计算充电电缆额定容量与缆上控制盒的电流后,把车载充电机最大功率设为他们的最小值。

说了这么多,肯定有人要问:"为什么要配备两种充电接口?统一成一种不好吗?"这主要还是快充决定的。

要知道,车辆的充电过程并不仅仅是从电网到电池,中间需要经过充电桩,充电线缆、充电插头、车辆插座接口才能进入车辆。从前面的原理我们也了解到,对于交流充电,进到车辆之后,还并不是直接去往电池,中间还要经过车载充电机和BMS两道关卡。

对于快充而言,充电功率相比较交流充电,具体的充电电压和电流并没有限制,从20kW、40kW、60kW到200kW、250kW、350kW都有。只要输入(电网)和输出端(车辆)支持,可以做得很大。

电网的电能先进入充电桩,然后通过充电线缆来到车辆,大部分的充电线都固定在充电桩上,另一端是个枪状的插头连接车辆(标准中将这种连接方式称为连接方式C)。

也有少部分充电桩是孤零零的,需要一根独立的线缆,两端分别接充电桩和车辆的(连接方式B);至于充电线缆固定在车辆上的方式(连接方式A)几乎没有应用。交流充电可以使用连接方式B和连接方式C,交流充电电流大于32A以及直流充电只能使用连接方式C。

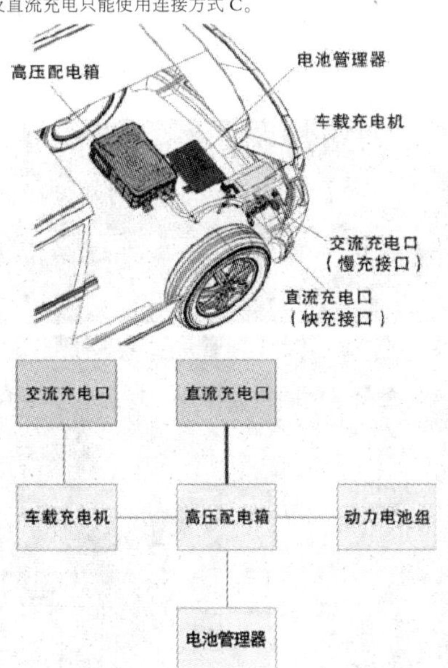

由于车辆的电力系统是一个直流系统,所以交流充电时,交流电并不能够直接给电池充电,需要经过一个名叫车载充电机(OBC,On-board Charger)的部件,进行交直流转换并根据BMS的命令变压之后再提供给电池。

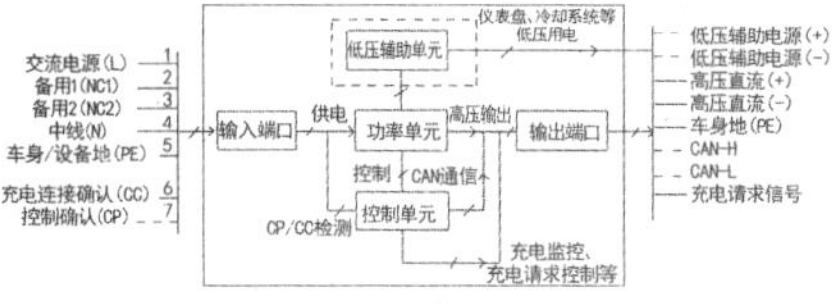

在这张车载充电机的构成图中,有两个核心部件——ACDC整流器和DCDC变压器(图中的功率单元)。前者用于将交流电转化为车辆电池可接受的直流电,后者的作用是调整直流电的电压。

根据BMS的命令,动态调整充电的电流电压,适配不同阶段电池的充电需求,比如恒流充电时,随着电池电量的提高,充电电压也需要随之提高。也负责转换低压,给12V的小电瓶充电。

而直流充电时,直流桩本身便是一个ACDC整流器加DCDC变压器,直接根据BMS的需求,在车辆外部转换交流电,替代了车载充电机的作用,因而直流充电桩也被称为非车载充电机。

大功率的交流桩

此外,我国国情也决定了大功率的交流桩很少。我国民用交流电网的电压为一个固定值,如果是单相便是220V,如果是三相就是380V(线电压)。交流充电电流国标有推荐值,10A/16A/32A/63A。同时标准规定单相充电电流不得超过32A,三相充电对电流大小没有具体规定,目前三相充电电流在16A到63A之间。

据此进行排列组合,我们可以算出2.2kW、3kW、7kW、11kW、21kW、41kW等充电功率。

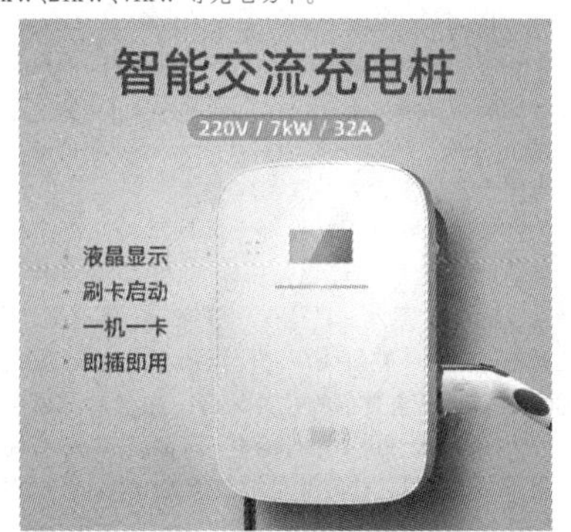

智能交流充电桩
220V / 7kW / 32A
液晶显示
刷卡启动
一机一卡
即插即用

220V单相充电最大功率是220V乘以32A约等于7kW。而三相充电最小也就是380乘以16乘以根号3约等于11kW。因为一般小区配电线路和容量支持到单相32A居多,因此,很多车型配套家充桩便是7kW。

大部分商用充电桩配电容量相对宽裕,为了更高的充电效率,流转率和经济效益,功率一般11kW起步,甚至还会更高一些。但380V 63A,功率达到41kW的交流桩却同样少见。

高规格的车载充电机

越大功率的交流充电桩,所需的车载充电机、车辆插座的规格也越高,重量,车内空间布置都会要求更高,车企的成本也会随之上升。车企很少会给车辆配备高规格的车载充电机。没有高规格的车载充电机,高功率的交流桩也就没有用武之地了。

随车充

这是万不得已的情况下,可以直接使用家用的普通三眼插座,有10A和16A两种规格。可以在不急用车时使用,优点是可充分利用电力低谷时段进行充电,降低充电成本;更为重要的优点是可对电池深度充电,提升电池充放电效率,延长电池寿命。

雨天充电

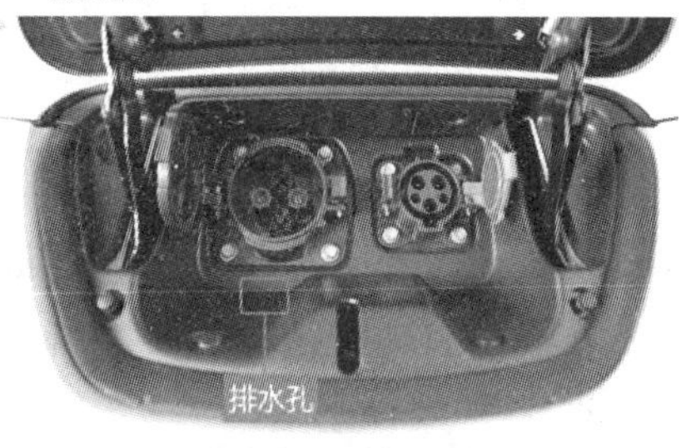

这个问题大可不必担心,在设计之初就已经考虑到雨天为车充电的情况了。无论是快充还是慢充,充电口都是凹进去的且采用向内倾斜的设计,同时四周还设计有绝缘密封圈。如果你担心会有少量雨水进入到充电口内,大可不必担心积水往上涌的问题,雨水会从下面的排水孔流出。

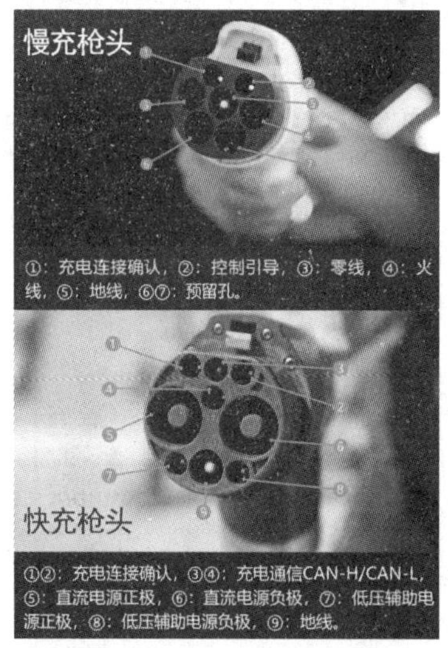

①:充电连接确认,②:控制引导,③:零线,④:火线,⑤:地线,⑥⑦:预留孔。

①②:充电连接确认,③④:充电通信CAN-H/CAN-L,⑤:直流电源正极,⑥:直流电源负极,⑦:低压辅助电源正极,⑧:低压辅助电源负极,⑨:地线。

快/慢充充电口中的每个孔都有各自的作用。

以慢充为例,最上面的两个孔为监测孔(蓝框),这两个孔与充电枪完全接触后才会有电流通过,剩下的五个孔只负责充电。充电枪的各个孔之间都是彼此绝缘的,最上面的两个孔(①、②)中的连接部分,需要与车辆充电口上方的两个监测孔对接。而充电枪中的这个连接部分设计的非常短,只有充电枪与充电口完全接合,此时才会有电流通过,当刚要拔出充电枪,上方监测部分最先断开并限制电流继续流通。

不光充电口有各项预防措施,充电枪也是防水的,防尘放水级别为IP65级别。所以说一般的雨量甚至暴雨都不会对充电口造成危险的,除非车辆处于低洼地区,因积水没过充电口,才会发生短路的危险。

(全文完)

◇四川 李运西

几款中高端显卡如何选

现在显卡可不便宜，即使是最便宜的中高端显卡——RTX3060也基本是5000元起步，顶级的RTX3090甚至突破2万元大关，个别品牌加强版接近2.5万。

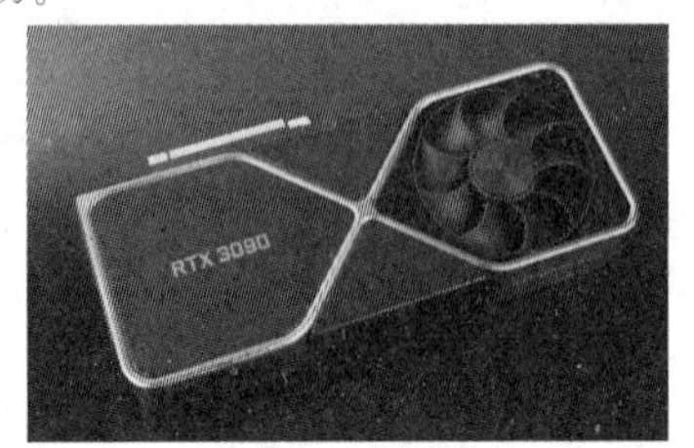

那么在选显卡时应该怎么区分？RTX3060、RTX3070、RTX3080、RTX3090之间到底有多大的差距？先看看几个重要参数。

频率

在不同核心下，Turing架构的旗舰卡也要比最新的Ampere架构的入门卡性能要强。而如果在同型号的显卡下，一般看频率更重要，毕竟大部分情况下只有内部用料和做工都跟得上，频率才会更高。

但这一情况也有例外，有些产品会在内部素质不够的情况下，强行拉高Boost标定频率，虽然GPU-Z上的数值上来了，但在实际使用的过程中有可能出现频率不稳的情况。这样一来有可能还不如频率稍低的显卡。

构架

2013-2020年NVIDIA图形计算卡进化表

	K40	M40	P100	V100	A100
发布时间	2013.11	2015.11	2016.4	2017.05	2020.05
架构	Kepler	Maxwell	Pascal	Volta	Ampere
制程	28 nm	28 nm	16 nm	12 nm	7nm
晶体管数量	71亿	80亿	153亿	211亿	510亿
Die Size	551 mm²	601 mm²	610 mm²	815 mm²	826 mm²
最大功耗	235 W	250 W	300 W	300 W	400 W
Streaming Multiprocessors	15	24	56	80	108
Tensor Cores	NA	NA	NA	640	432
FP64 CUDA Cores	960	96	1792	2560	3456
FP32 CUDA Cores	2880	3072	3584	5120	6912
FP32 峰值算力	5.04 TFLOPS	6.08 TFLOPS	10.6 TFLOPS	15.7 TFLOPS	19.5 TFLOPS
稀疏Tensor Core F32 峰值算力	NA	NA	NA	NA	312 TFLOPS

当然，架构也是影响显卡性能的最重要指标，新一代架构的出现往往也就意味着产品的迭代升级，比如从Kepler(开普勒)→Maxwell(麦克斯韦)→Pascal(帕斯卡)→Turing(图灵)→Ampere(安培)。

在参数表现方面诸如：GP107；TU106；GA102；Vega 10；Navi 10，同时还有一些该型号的衍生代号，如GA102-225-A1。

流处理器(SP)

TechPowerUp GPU-Z 2.34.0

Graphics Card　Sensors　Advanced　Validation

Name	NVIDIA GeForce RTX 3090		Lookup
GPU	GA102	Revision	A1
Technology	8 nm	Die Size	628 mm²
Release Date	Sep 1, 2020	Transistors	28000M
BIOS Version	94.02.26.40.C7		UEFI
Subvendor	Galaxy	Device ID	10DE 2204 - 1B4C 1454
ROPs/TMUs	112 / 328	Bus Interface	PCIe x16 3.0 @ x16 3.0
Shaders	10496 Unified	DirectX Support	12 (12_2)
Pixel Fillrate	189.8 GPixel/s	Texture Fillrate	556.0 GTexel/s
Memory Type	GDDR6X (Micron)	Bus Width	384 bit
Memory Size	24576 MB	Bandwidth	936.2 GB/s
Driver Version	27.21.14.5638 (NVIDIA 456.38) DCH / Win10 64		
Driver Date	Sep 14, 2020	Digital Signature	WHQL
GPU Clock	1395 MHz	Memory 1219 MHz	Boost 1695 MHz
Default Clock	1395 MHz	Memory 1219 MHz	Boost 1695 MHz
NVIDIA SLI	Disabled		
Computing	OpenCL	CUDA	DirectCompute　DirectML
Technologies	Vulkan	Ray Tracing	PhysX　OpenGL 4.6

NVIDIA GeForce RTX 3090　Close

流处理器最早出现在2006年新一代DX10显卡8800GTX上，此前的显卡惯常使用的两个参数是Pixel Pipelines(像素渲染管线)和Vertex Pipelines(顶点着色单元)，从NVIDIA 8800GTX开始，取而代之的是Streaming Processor(流处理器，即SP单元)它的作用就是处理由CPU传输过来的数据，处理后转化为显示器可以辨识的数字信号。

流处理器可以成组或者大数量的运行，从而大幅度提升了并行处理能力；一般情况下，同等参数下，当然是数值越高越好了。

显存

显存容量是小白玩家优先考虑的因素，放到现在已经不再那么像前面那几个因素重要了。其实显存容量和游戏分辨率的关系最为紧密，在1080P分辨率下，显存的有效使用率8GB足矣，而像RTX 3080 Ti这种12GB的大显存基本就是为4K游戏而准备的。

目前RTX 3060/3070/3080系显卡的显存容量主要为8/10/12 GB，旗舰级别的RTX 3090则达到了24GB显存，对于目前大部分玩家来说8GB完全足够用，基本上不再是考虑的重点了。

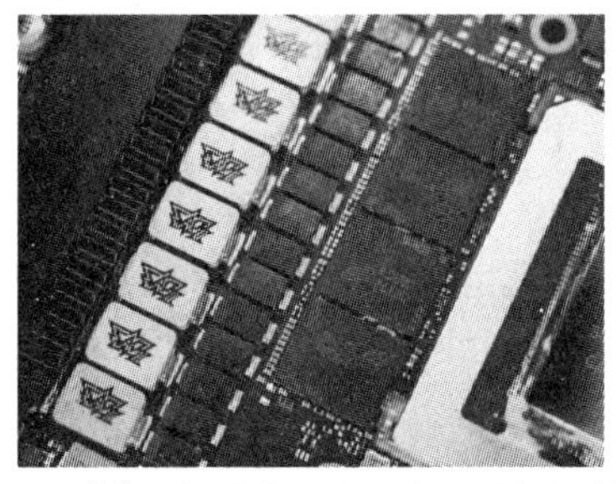

卡皇ROG STRIX-RTX3090-O24G-GAMING上的显存颗粒

另外，显存颗粒的类型在20系为GDDR6，30系显卡中主要为GDDR6X和GDDR6，10系显卡则为GDDR5，性能也有较大的提升，显存颗粒性能依次为GDDR6X>GDDR6>GDDR5X>GDDR5。

显存位宽

RTX 3090参数规格

型号	RTX 3090	RTX 3080	RTX 2080 Ti	RTX 2080	RTX 2070
架构	Ampere	Ampere	Turing	Turing	Turing
核心型号	GA102-300-A1	GA102-200-KD-A1	TU102-300	TU104-400	TU106-400A-A1
晶体管数	283亿	280亿	186亿	136亿	108亿
核心面积	628mm²	628mm²	754mm²	545mm²	445mm²
制造工艺	8纳米	8纳米	12纳米	12纳米	12纳米
GPCs	7	6	6	6	3
流处理器	10496	8704	4354	2944	2304
纹理单元	328	272	272	184	144
Tensor Cores	328	272	544	368	288
RT Cores	82	68	68	46	36
ROPs	112	96	96	64	64
基础频率	1395MHz	1440MHz	1350MHz	1515MHz	1410MHz
加速频率	1695MHz	1710MHz	1635MHz	1800MHz	1683MHz
显存容量	24GB	10GB	11GB	8GB	8GB
显存类型	美光GDDR6X	美光GDDR6X	美光GDDR6	美光GDDR6	美光GDDR6
显存位宽	384bit	320bit	354bit	256bit	256bit
显存频率	19.5GHz	19GHz	14GHz	14GHz	14GHz
显存带宽	936GB/s	760GB/s	616GB/s	448GB/s	448GB/s
TDP	350W	320W	260W	225W	175W
外接供电	12pin	12pin	9+8pin	8+6pin	8+6pin

显存位宽关系到显卡瞬间处理数据的吞吐量，通常越大越好，它和显存同样有着相辅相成的作用，如果只是显存容量大，位宽很小，则表明数据的通过能力很小。

显存带宽是由显存频率和显存位宽决定的。

计算公式为：

显存带宽(GB/s)=显存实际频率(MHz)×显存数据倍率×显存等效位宽(bit)/8

目前的显卡位宽设计都很合理，几乎没有卡在带宽上的，基本都够用，这一点就没必要担心了。

推荐一款高性价比便携式耳放解码器-飞傲E10K-TC

飞傲E10K-TC被官方称之为"USB DAC Headphone Amplifier"，即USB解码耳机功率放大器，通常是配合桌面PC或者笔记本使用的。不过很多消费者也会把它当作一款出差或者移动办公时的便携产品所使用，因此产品的便携性就显得十分重要了，这个系列的产品不像飞傲自家的内置电池的Q系列，这个系列没有了内置电池，因此产品毛重仅仅只有78g，产品长宽高分别为79mm×49.1mm×21mm，飞傲E10K-TC整机体积也就是烟盒的四分之三的大小，无论是将它放在桌面上当作是台式桌面端，还是将它放进包里当作是一款便携设备都毫无压力。首先从便携性上考虑，飞傲E10K-TC十分小巧轻便的身形就符合广大普通消费者的选购范围。

飞傲E10K-TC在外观上依旧是棱角分明且十分简洁的家族式设计风格，新款产品相比于前代来说外观上面变化不大，只是在一些细节上面有所调整。飞傲E10K-TC整机采用了拉丝铝合金面板，整机质感十分不错，全黑色的机身配合上白色的飞傲英文Logo与金色的"Hi-Res小金标"认证，整体外观配色显得十分的相得益彰，如果把飞傲E10K-TC放在桌面上这款产品也能成为一个不错的桌面装饰，让单调枯燥的桌面瞬间变得不一样，最重要的还是它不占地方。

飞傲E10K-TC的正面设计有3.5mm耳机输出插孔、低频增益开关和一个电源开关/音量调节旋钮；机身背面搭载了一个USB输入接口、同轴输出接口、增益开关和一个线性输出接口。这些接口和控制开关都集中在这个十分小巧的方形盒子两端，各种拨杆和输入输出接口一目了然且都有标注，十分贴心，哪怕是小白用户也能轻易地找到相应的功能。

此外，飞傲E10K-TC主要的USB输入接口已经换成了目前主流的Type-C接口，这种接口的功能性和拓展性都是十分出色的，并且在日常使用的时候，接口更加统一，无需转换接头，使用起来更加的便捷。

其核心解码器上，飞傲E10K-TC搭载了旗舰级别的Xmos芯片XMOS XUF208，使得USB解码和设备适应性更好，在原来的基础之上，USB Audio模式升级至UAC2.0，PCM采样率提升至384kHz/32Bit，同轴输出能够达到192kHz/24Bit；DAC部分采用的是PCM5102芯片。如此强大的硬件配置应该可以应付绝大多数HiFi烧友的使用场景了。

值得一提的是，在很多解码耳放上面都会出现底噪、电流声的问题，但是在飞傲E10K-TC上面底噪非常小，完全可以忽略不计，这是得益于这款产品优化过的有源低通和BASS电路设计。

该产品目前售价一般在499元左右，感兴趣的朋友不妨试试。

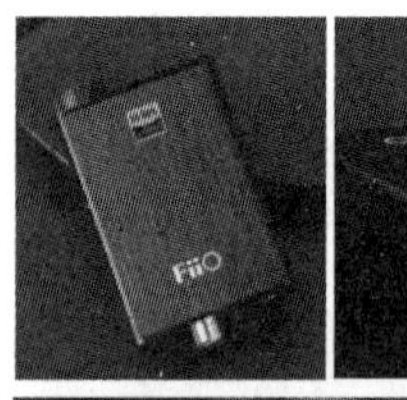

XMOS XU-208, true 32bit audio processing, supports DoP and Native DSD, and reaches 32bit/768kHz and DSD512
XMOS

单片机编程思想(三)

(上接第511页)

dispGetMaxColors=NIL;

而且功能调用也很简单,与实质的函数是一样的:

if (dispGetMaxColors! =NIL)vMaxColors=dispGetMaxColors();

如果再加上约定,连前面的判断语句完全可以省略。因为我们的裸程序的程序空间实际上也是运行空间,不存在代码调入内存和移出内存的事情发生,所以我们不需要考虑程序内存的优化问题,只要我们规定对象一定是先创建后使用,判断语句就会变得没有意义,而且我们创建后即使不再使用,函数体我们也不会释放,因为它被放在程序空间内是固定死的,你想移出去,还不能实现呢。

第三,尽量让程序所使用的语法简单化,以减少编译器可能带来的差别而产生的理解上的误区。有人说C51是C的子集,这说法我认为不科学,只能说二者继承了C的基本精神,而在实质上它们针对的是不同的对象,所以也出现了一些不同的结果,所以我看到有些高手或者一些面试题弄出一些题目来让我望而生畏,也许我做一辈子的裸程序也做不出他们的题目,但是我并不觉得我不如他们。他们只不过是在编译器上花了很多时间研究他们的一些约定,而我并不想花时间去研究那些将来可能发生变化的东西,我希望我能用一个更简单的途径把我的事情做出色,我只关心我的项目的速度、代码的大小、运行的效率、维护的复杂度,所以我也建议和我交流的人能用一种通俗的方法来实现我们的功能,也不必过多地考虑我的程序在8位单片机上可以用16位单片机上也可以用,我们的系统要经常升级,但不要轻易去增加硬件成本。当然如果你有精力去研究那些约定,也没什么,只要你乐意。

好了,上面三条,只有第二条是我要说的关键,其他两条个人可以根据自己的具体情况来寻找一些快捷实用的方法。其实说来我们把父对象用函数指针来代替实体函数,这完全是一种思想,我们并没有使用复杂的语法,而是从管理上把对象分离开来,让不同的人做不同的事情,比较容易。但是同时我们又不能让这种中间环节影响我们程序的效率,所以我们完全可以自己寻求一些方法,而不必去循规蹈矩。我这样说也许会遭到一些非议,但是我可以告诉大家,计算机语言这门学科,本身就是一门人造科学,没有最好只有更好,我们没必要完全按照别人的思路去发展设计思想,所以也不要拿着人家的一些约定来引以为荣,那些东西,只有先学后学的问题,没有水平的差异;我们应该更注意的是,人家创造了工具,我们就用工具再来创造世界!

本帖实质上只说了一个转换,两条建议,这都不是具体的程序,而是思想。我想强调的,也不是格式,而是思想。下帖将再回到对象上,和大家探讨一下对象本身的组织问题,比如对象的层次关系、对象的创建、对象的书写等等,我也希望有人能有一些更好的方法回到帖子里,我们互相学习,共同提高。

(七)结尾

前面的思想衍变过程已经说了很久了,面向对象的思想也就到了瓜熟蒂落呼之欲出的境界了。下面我就先图示一下裸程序设计中面向对象思想的层次关系:

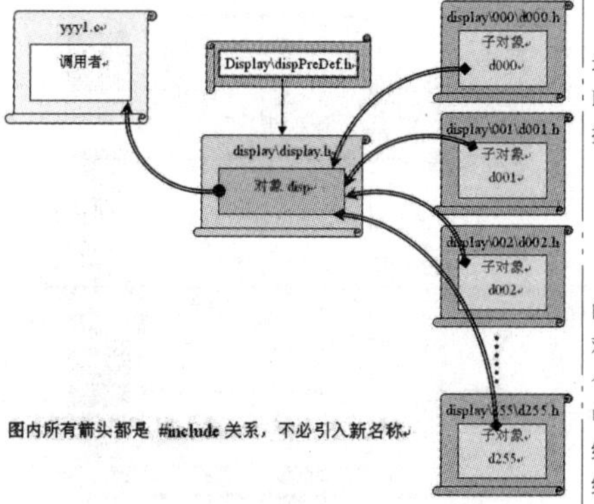

相信这张图已经足够说清楚我们在KeilC中如何用语言来组织我们的显示器对象disp了。disp是一个抽象的对象,它只是一种联系,完成对所有子对象d000、d001、d002到最多d255的归纳概括并提供一组被调用者所使用的功能接口。这些功能接口正是上贴所提到的函数指针。而具体的功能实现及不同显示对象对数据结构的要求,我们都可以交给子对象设计工程师自己去决定。

很显然,大家在这套方案具体的程序设计过程中,最主要的精力还是要放在自己做自己的问题上,多思考如何把事情做得更漂亮,而不必在代码编写时黏糊不清。父对象设计者必须要完成总体方案的设计,抽象思维多而具体工作量少,子对象的设计者则恰恰相反,只需要多考虑考虑具体的设计,而不必去担心别人是怎么用自己的东西。

很显然,作为总体设计者,必须要严格考虑这中间的数据交换关系,因为我们没有操作系统,所以对于可用的内存资源的使用法则,直接关系到我们整个系统的成败,混乱使用常常会导致系统崩溃,相对独立的代码则在编译过程中由KeilC直接安排好了,我们不需要去考虑它们对程序的影响。

例子中的显存大小及显存的位置都是我们方案成败的关键。我们都知道KeilC对单片机内存划分了四种,即data、idata、pdata、xdata四种,各种存储器的大小与特点都决定着我们代码的运行效果,我们既要考虑信息所需要的空间,又要考虑单片机处理时足够达到我们的视觉要求。在这个例子中,我觉得我们可以选择xdata来作为显存。为什么呢?因为我觉得只要我们处理得当,我们的单片机完全可以克服处理速度上的缺陷,所以我们可以优先满足信息量的要求,提供足够多的空间来实现我们想要的功能。

提速的方式有很多,比如:选择一些性能优越的新型单片机,传统的是12T的,现在有6T的,也有1T的,这让很多指令都会有更高的效率;适当的提高晶振频率;选择更科学的算法;等等。

到目前为止,基本上可以去构造我们的对象了,如果你有兴趣,你可以使用#define进行一些伪码定义,把我们的对象定义得更美观一点,更接近C++一些,不过我要说的是:我们这里没有严格的类定义,所以定义时类与对象经常是没有界限的。

(全文完)

紧跟时代前沿科技,助推专业特色发展

——四川省长宁县职业技术学校计算机应用专业建设探索

一、专业现状

长宁县职业技术学校计算机应用专业最早开设于1992年,至今已有29年的历史,是宜宾市最早开办计算机应用专业的中职学校之一。为了更好的发展计算机专业,为家乡人民培养更多更优秀的计算机专业人才,学校于2005年成立信息技术专业部(简称信息部)。信息部现有在24个教学班,在校学生人数1450余人。信息部现有专任专业课教师34人,外聘兼职教师5人,其中双师型教师27人。本专业有完善的实验实训设备,拥有网络综合布线实训室,企业网搭建实训室,计算机硬件检测与维修实训室间,云呼叫中心实训室,中心机房,物联网实训室,计算机机房等17间实训室。总价值近860万元,可以同时容纳1000人的实训。

2018年至今专业教师参加各级比赛获省级以上表彰3人次、参与公开发行的中职教材16人次、主持主研究课题省级3人次、市级16人次、县级12人次。我校在2021年四川省职业院校技能大赛获奖数量中排第三名,其中计算机专业学生占获奖学生人数的50%;两个团队代表四川参加国赛;计算机检测维修多次参加国赛获奖。历年升学率和就业率都在90%以上,多人考上本科院校。我校"计算机应用专业"在本区域有一定的引领示范作用。

二、面临的机遇

新一代信息技术(IT)产业是国家战略性新兴产业重点领域,其中IT作为关键技术正渗透到各行各业,催生新兴智慧产业快速发展;基于IT融合衍生出的新业态、新岗位,为人才培养提供了新的增长点。宜宾"十四五"规划提出:深化产教融合发展,建成大数据中心,发展人工智能、5G应用、物联网等数字经济。我校计算机应用创建省"名专业"写入长宁县十四五规划。

三、面临的挑战

行业对复合型技术技能人才的新需求,给专业带来人才培养供给侧和产业需求侧结构要素对接的挑战、职业技能与职业精神融合的挑战、人才培养模式改革及课程体系升级的挑战。

四、建设思路和建设目标

建设思路

1.专业与产业(链)的对应性

计算机应用专业遵循中职教育发展规律,坚持质量为本的原则,按照"专业对接产业链,教育对接价值链,师生实训对应企业链,人才培养对接供需链,教师发展对接空间链"四个维度要求,培养优秀人才。本专业主要面向产业:计算机和电子信息产业。主要从事软件维护、硬件维护、网络设计、网络维护、网络安全维护、网络管理员、网络销售、网络游戏、网络营销等岗位。

2.人才培养目标定位

坚持立德树人为根本,与"政、行、企、高校"深度合作,形成"学科一专业一产业链"和"中高职衔接"的人才培养模式,完善专业人才培养方案。培养掌握计算机软、硬件的基本理论和技术技能,具备中小型网络和网站的建设管理能力;掌握计算机检测与维修、网络布线、物联网基本技能,能够满足企、事业单位网络、网站的建设、管理职业岗位(群)要求的复合型计算机技术技能人才,为高职、企业输送优质人才。

3.专业建设的基本思路

以"产教融合"引领专业发展,根据区域经济发展需求,不断优化进行专业升级和专业优化。

①以地方产业链为基准,深入改革人才培养模式,以立德树人的根本任务,创新教学模式,注重人才效益,始终坚持提高教育教学质量,不断优化培养模式,提高专业水平。

②加强教师培养。坚持教师"先实践后上岗,先培训后上岗"的原则。为教师提供多渠道、多层次学习平台,完善"青蓝工程"培训方案,严格落实过程,建立评价体系。完善激励机制,鼓励老师参加各种比赛及教学改革研究。到2024年"双师型"和"一体化"教师比例将达到90%以上;建设4-5个县校级教师教学创新团队,建设1-2个省市级教师教学创新团队。

③坚持高规格、高效益的原则,对本专业的设备设施进行升级和数字化改造。加大投人力度,未在三年在硬软件设备设施上投入不少于400万元,在师资培养,课程改革,社会服务、国际交流与合作等方面投入不少300万元。

五、建设目标

紧密结合我省IT产业发展的需要,紧紧围绕计算机应用领域与职业岗位、对口升学对人才培养提出的新要求,坚持走内涵发展道路,通过师资培训与以考促学、促用、促改等途径有效提升专业的高质量发展。

(一)建立人才培养创新模式。改革专业建设委员会,注重校企合作和中高职衔接,加强与企业和高校的深度融合,制订出校企合作"订单式"人才培养模式,改革"岗课赛证融通"高技能人才培养模式。

(二)创建教学实训基地样板。未来3年硬软件投入400万元,增加实训岗位200个。完善网络综合布线实训室,物联网实训室,电子商务实训室,VR实训室等实训场地;完善数字化校园资源整合。

(三)提升教师队伍创新建设。提升"双师型""一体化"教师的比例达到90%以上;校企人员互聘共用,双向挂职;加强教学名师、专业带头人、骨干教师培养;打造教师创新团队;加强教学团队的社会服务能力建设。

(四)形成精品课程体系典范。与企业深度融合,共同开发专业教材,以行业领域的新技术、新工艺、新规范作为教学内容,全面推行"项目式教学""情景教学"及"一体化"等教学模式。完成4门校本教材,2门精品课程建设。

(五)开展国际合作交流模式。探索"国际合作班"办学新模式。

以上是发展计算机应用专业的大体思路,详细的方案会在思考成熟后制定并实施。我们一定会坚持"人文立命,技能立身"的办学理念,力争到2024年把"计算机应用"专业创建为四川省名专业,建设成为宜宾市的龙头专业,并成为四川省最具影响力和竞争力的中职品牌。

◇四川省长宁县职业技术学校 汪梦莎

单片机程序运行时间获取方法(一)

前言

单片机编程者需要知道自己的程序需要花费多长时间、while周期是多少、delay延时是否真如函数功能描述那样精确延时。

很多时候，我们想知道这些参数，但是由于懒惰或者没有简单的办法，将这件事推到"明天"。笔者提出了一种简便的测试方法，可以解决这些问题。

测试代码的运行时间的两种方法：

● 使用单片机内部定时器，在待测程序段的开始启动定时器，在待测程序段的结尾关闭定时器。为了测量的准确性，要进行多次测量，并进行平均取值。

● 借助示波器的方法是：在待测程序段的开始阶段使单片机的一个GPIO输出高电平，在待测程序段的结尾阶段再令这个GPIO输出低电平。用示波器通过检查高电平的时间长度，就知道了这段代码的运行时间。显然，借助于示波器的方法更为简便。

以下内容为这两种方案的实例，以STM32为测试平台。如果读者是在另外的硬件平台上测试，实际也不难，思路都是一样的，自己可以编写对应的测试代码。

借助示波器方法的实例

Delay_us函数使用STM32系统滴答定时器实现：

```
#include "systick.h"
/* SystemFrequency / 1000 1ms中断一次
* SystemFrequency / 100000 10us中断一次
* SystemFrequency / 1000000 1us中断一次
*/
#define SYSTICKPERIOD 0.000001
#define SYSTICKFREQUENCY (1/SYSTICKPERIOD)
/**
* @brief 读取SysTick的状态位COUNTFLAG
* @param 无
* @retval The new state of USART_FLAG (SET or RESET).
*/
static FlagStatus SysTick_GetFlagStatus(void)
{
if (SysTick ->CTRL&SysTick_CTRL_COUNTFLAG_Msk)
{
return SET;
}
else
{
return RESET;
}
}
/**
* @brief 配置系统滴答定时器 SysTick
* @param 无
* @retval 1 = failed, 0 = successful
*/
uint32_t SysTick_Init(void)
{
/* 设置定时周期为1us */
if (SysTick_Config (SystemCoreClock / SYSTICKFREQUENCY))
{
/* Capture error */
return (1);
}
/* 关闭滴答定时器且禁止中断 */
SysTick->CTRL &= ~ (SysTick_CTRL_ENABLE_Msk | SysTick_CTRL_TICKINT_Msk);
return (0);
}
/**
* @brief us延时程序,10us为一个单位
* @param
* @arg nTime: Delay_us ( 10 ) 则实现的延时为 10 * 1us = 10us
* @retval 无
*/
void Delay_us(__IO uint32_t nTime)
{
/* 清零计数器并使能滴答定时器 */
SysTick->VAL = 0;
SysTick->CTRL |= SysTick_CTRL_ENABLE_Msk;
for( ; nTime > 0 ; nTime--)
{
/* 等待一个延时单位的结束 */
while(SysTick_GetFlagStatus() ! = SET);
}
/* 关闭滴答定时器 */
SysTick->CTRL &= ~ SysTick_CTRL_ENABLE_Msk;
}
```

检验Delay_us执行时间中用到的GPIO(gpio.h、gpio.c)的配置：

```
#ifndef __GPIO_H
#define __GPIO_H
#include "stm32f10x.h"
#define LOW 0
#define HIGH 1
/* 带参宏，可以像内联函数一样使用 */
#define TX(a) if (a) \
GPIO_SetBits(GPIOB,GPIO_Pin_0);\
else \
GPIO_ResetBits(GPIOB,GPIO_Pin_0)
void GPIO_Config(void);
#endif
#include "gpio.h"
/**
* @brief 初始化GPIO
* @param 无
* @retval 无
*/
void GPIO_Config(void)
{
/*定义一个GPIO_InitTypeDef类型的结构体*/
GPIO_InitTypeDef GPIO_InitStructure;
/*开启LED的外设时钟*/
RCC_APB2PeriphClockCmd ( RCC_APB2Periph_GPIOB, ENABLE);
GPIO_InitStructure.GPIO_Pin = GPIO_Pin_0;
GPIO_InitStructure.GPIO_Mode = GPIO_Mode_Out_PP;
GPIO_InitStructure.GPIO_Speed = GPIO_Speed_50MHz;
GPIO_Init(GPIOB, &GPIO_InitStructure);
}
```

在main函数中检验Delay_us的执行时间：

```
#include "systick.h"
#include "gpio.h"
/**
* @brief 主函数
* @param 无
* @retval 无
*/int main(void)
{
GPIO_Config();
/* 配置SysTick定时周期为1us */
SysTick_Init();
for(;;)
{
TX(HIGH);
Delay_us(1);
TX(LOW);
Delay_us(100);
}
}
```

示波器的观察结果：

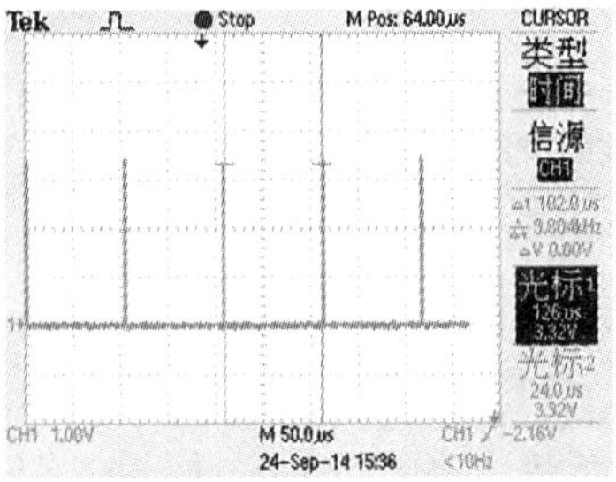

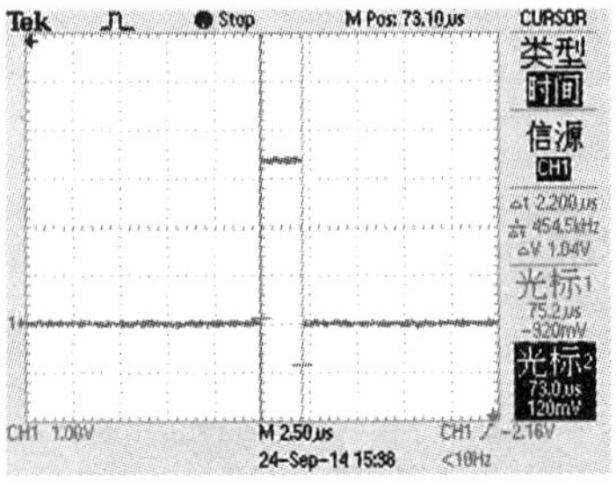

可见Delay_us(100)，执行了大概102us，而Delay_us(1)执行了2.2us。

更改一下main函数的延时参数：

```
int main(void)
{
/* LED 端口初始化 */
GPIO_Config();
/* 配置SysTick定时周期为1us */
SysTick_Init();
for(;;)
{
TX(HIGH);
Delay_us(10);
TX(LOW);
Delay_us(100);
}
}
```

示波器的观察结果：

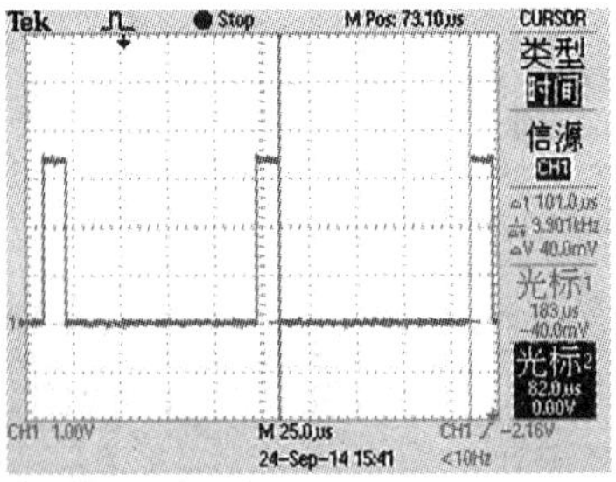

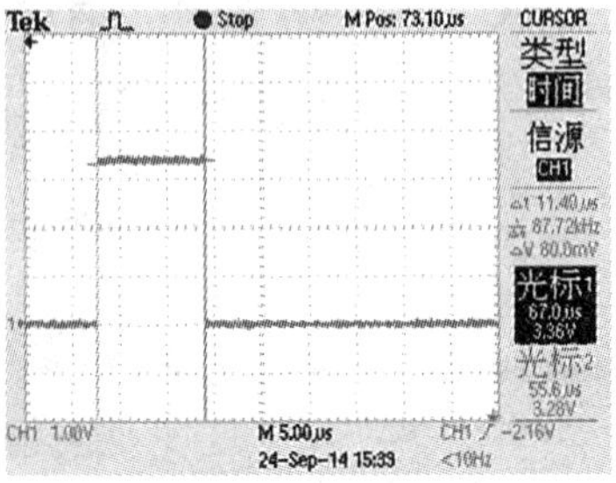

可见Delay_us(100)，执行了大概101us，而Delay_us(10)执行了11.4us。

结论：此延时函数基本上还是可靠的。

(下转第521页)

单片机程序运行时间获取方法(二)

(上接第520页)

使用定时器方法的实例

至于使用定时器方法,软件检测程序段的执行时间,程序实现思路见STM32之系统滴答定时器:

http://www.cnblogs.com/amanlikethis/p/3730205.html

笔者已经将检查软件的使用封装成库,使用方法在链接文章中也有介绍。我们这里只做一下简要的实践活动。

Delay_us函数使用STM32定时器2实现:

```
#include "timer.h"
/* SystemFrequency / 1000 1ms中断一次
* SystemFrequency / 100000 10us中断一次
* SystemFrequency / 1000000 1us中断一次
*/
#define SYSTICKPERIOD 0.000001
#define SYSTICKFREQUENCY (1/SYSTICKPERIOD)
/**
* @brief 定时器2的初始化,,定时周期1uS
* @param 无
* @retval 无
*/
void TIM2_Init(void)
{
TIM_TimeBaseInitTypeDef TIM_TimeBaseStructure;
/*AHB = 72MHz,RCC_CFGR的PPRE1 = 2,所以APB1 = 36MHz,TIM2CLK = APB1*2 = 72MHz */
RCC_APB1PeriphClockCmd (RCC_APB1Periph_TIM2, ENABLE);
/* Time base configuration */
TIM_TimeBaseStructure.TIM_Period = SystemCoreClock/SYSTICKFREQUENCY -1;
TIM_TimeBaseStructure.TIM_Prescaler = 0;
TIM_TimeBaseStructure.TIM_CounterMode = TIM_CounterMode_Up;
TIM_TimeBaseInit(TIM2, &TIM_TimeBaseStructure);
TIM_ARRPreloadConfig(TIM2, ENABLE);
/* 设置更新请求源只在计数器上溢或下溢时产生中断 */
TIM_UpdateRequestConfig (TIM2,TIM_UpdateSource_Global);
TIM_ClearFlag(TIM2, TIM_FLAG_Update);
}
/**
* @brief us延时程序,10us为一个单位
* @param
* @arg nTime: Delay_us ( 10 ) 则实现的延时为 10 * 1us = 10us
* @retval 无
*/
void Delay_us(__IO uint32_t nTime)
{
/* 清零计数器并使能滴答定时器 */
TIM2->CNT = 0;
TIM_Cmd(TIM2, ENABLE);
for( ; nTime > 0 ; nTime--)
{
/* 等待一个延时单位的结束 */
while(TIM_GetFlagStatus(TIM2, TIM_FLAG_Update) ! = SET);
TIM_ClearFlag(TIM2, TIM_FLAG_Update);
}
TIM_Cmd(TIM2, DISABLE);
}
```

在main函数中检验Delay_us的执行时间:

```
#include "stm32f10x.h"
#include "Timer_Drive.h"
#include "gpio.h"
#include "systick.h"
TimingVarTypeDef Time;
int main(void)
{
TIM2_Init();
SysTick_Init();
SysTick_Time_Init(&Time);
for(;;)
{
SysTick_Time_Start();
Delay_us(1000);
SysTick_Time_Stop();
}
}
```

怎么去看检测结果呢?用调试的办法,打开调试界面后,将Time变量添加到Watch一栏中。然后全速运行程序,既可以看到Time中保存变量的变化情况,其中TimeWidthAvrage就是最终的结果。

Watch 1

Name	Value	Type
Time	0x2000001C &Time	struct <untagged>
SetSaveTim...	0x00000004	unsigned int
SaveTimesTemp	0x00000004	unsigned int
TimeWidth	0x20000024	unsigned int[4]
[0]	0x000119E5	unsigned int
[1]	0x000119AA	unsigned int
[2]	0x000119AA	unsigned int
[3]	0x000119AA	unsigned int
TimeWidthA...	0x000119B8	unsigned int
<Enter expression>		

Call Stack + Locals | Watch 1 | Memory 1

可以看到TimeWidthAvrage的值等于0x119B8,十进制数对应72120,滴答定时器的一个滴答为1/72M (s),所以Delay_us(1000)的执行时间就是72120*1/72M (s) = 0.001001s,也就是1ms。验证成功。

备注:定时器方法输出检测结果有待改善,你可以把得到的TimeWidthAvrage转换成时间(以us、ms、s)为单位,然后通过串口打印出来,不过这部分工作对于经常使用调试的人员来说也可有可无。

两种方法对比

软件测试方法:

操作起来复杂,由于在原代码基础上增加了测试代码,可能会影响到原代码的工作,测试可靠性相对较低。由于使用32位的变量保存systick的计数次数,计时的最大长度可以达到2^{32}/72M = 59.65 s。

示波器方法

操作简单,在原代码基础上几乎没有增加代码,测试可靠性很高。由于示波器的显示能力有限,超过1s以上的程序段,计时效果不是很理想。但是,通常的单片机程序实时性要求很高,一般不会出现程序段时间超过秒级的情况。

综合对比,推荐使用示波器方法。 (全文完)

配电箱(柜)与桥架连接

1 一体化预制

做法一展示的是中建三局三公司采用的配电箱与桥架一体化施工工法,由供应商一次加工到位,箱、柜体不用进场二次切割加工;箱、柜体与桥架连接质量美观、接缝整齐;消除由于切割的毛刺及边角损坏线、缆保护层的隐患。

配电箱与桥架一体化施工

工法要点

1)首先做好精准策划,根据配电箱、柜进出缆、线总量先确定桥架的尺寸,然后确定箱、柜体与桥架连接的开口尺寸;

2)提前策划好桥架距墙的距离或桥架使用何种支架形式,以此来确定箱、柜体与桥架连接处开口的具体位置,将数据发送至配电箱供应商;

3)由配电箱供应商一次性预制加工到位,送至施工现场进行拼装和安装。

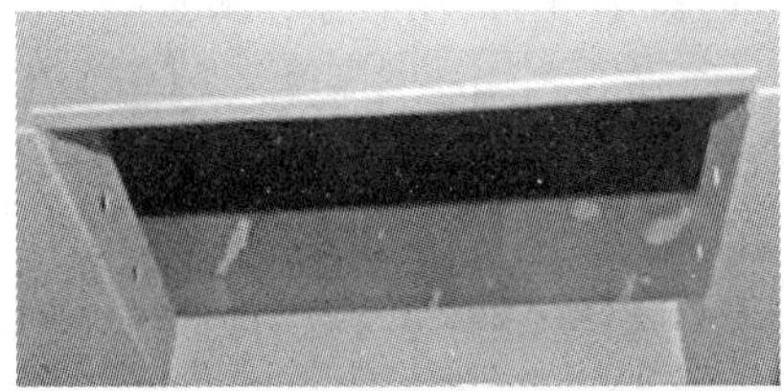

内部视图

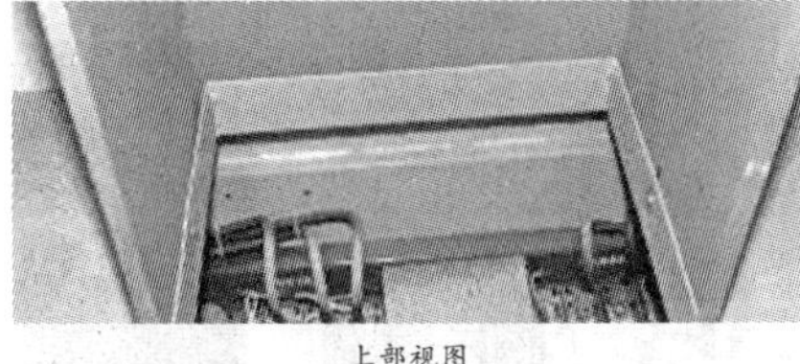

上部视图

2 安装连接件

做法二展示的是山东德建集团采用的安装连接件施工工法,配电箱(柜)与桥架连接处可以根据桥架尺寸,安装能保护电线电缆的连接件,不仅能保证电线电缆在安装和使用过程中的完整性及用电安全,还能实现桥架与配电箱严密牢靠的连接。

使用圆弧外折边保护板

使用电气桥架同等材料制作连接件,连接件由若干固定板构成矩形结构,固定板的上部设置外折边的保护板,形成光滑的圆弧,桥架内电线电缆进入配电箱、柜时,与保护装置的圆弧外折边保护板接触,可使电线电缆不受损坏,保证了电线电缆的完整性和电气安全性。

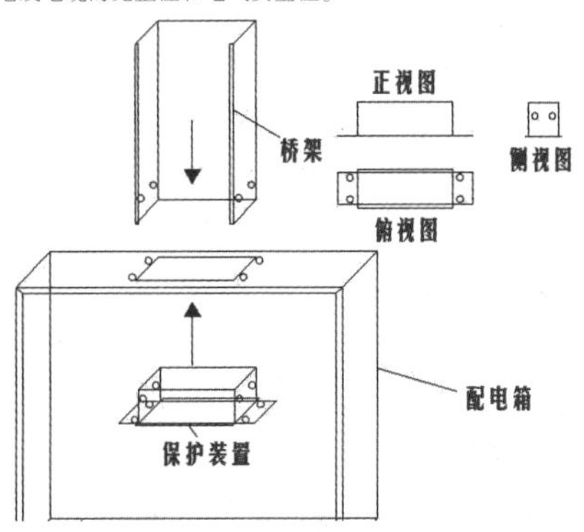

连接示意图

控制接口尺寸

根据桥架尺寸,在桥架内电线电缆进入配电箱、柜的位置,开一个与桥架截面积相同的安装孔,把与桥架内径相同的连接件,从配电箱、柜插入桥架的安装孔内,配电箱开口要和连接件尺寸、桥架尺寸严格对应,保证接口严密。

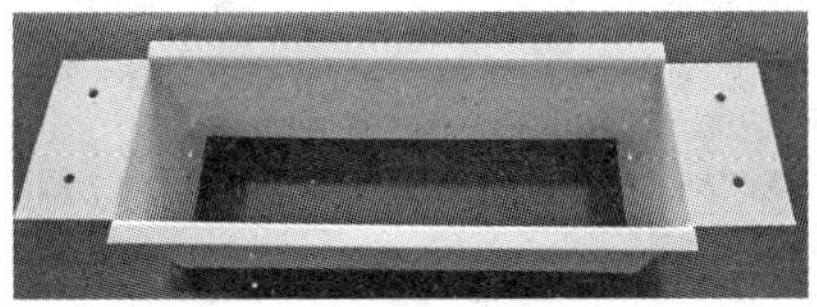

连接件示例

使用螺栓固定

使用连接件安装桥架与配电箱,连接件从配电箱、柜的安装孔插入桥架内,保护装置的保护板和固定板上设置若干螺栓孔。用螺栓将连接件和桥架及配电箱、柜固定在一起,保证连接安全可靠。

连接件安装示例

通过安装简便易施的连接件,桥架内电线电缆进入配电箱(柜)时,与连接件的圆弧外折边保护板接触,电线电缆不受损坏,保证了电线电缆的完整性,配电箱开口和连接件尺寸、桥架尺寸严格对应,接口严密,螺栓将保护装置和桥架及配电箱(柜)固定在一起,连接安全可靠。

硬禾学堂专栏

硬件工程师如何用好“常规测量 4 大件”？（二）

（接上期本版）

左侧的是模拟信号，我们关注的是其幅度和频率范围；右侧的是数字信号（脉冲信号），我们关注的是其周期（频率、脉冲宽度等相关）和上升沿、下降沿的时间。

信号幅度特性

- 幅度 - 准确度、调节的分辨率
- 动态范围 - 从最小信号到最大信号的跨度（dB）
- 直流偏移 - 在交流信号上叠加的直流分量
- 输出阻抗 - 一般为50

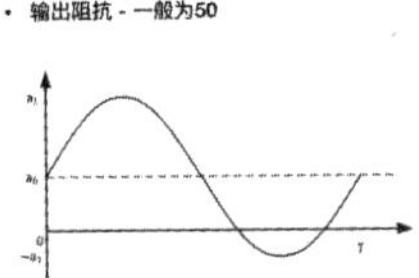

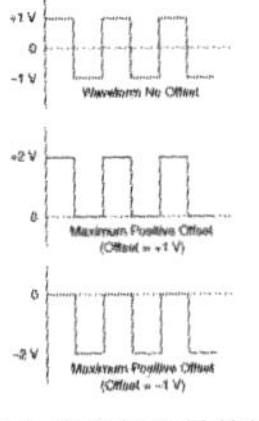

表征信号的强度（电压、功率），为对电路进行定量的测量，需要对信号源的幅度进行比较精确的控制，也就是要求其准确度、调节精度都要比较高；动态范围是衡量一个电路对外面输入信号的响应所承受的功率（或电压、幅度）范围，从最小到最大，一般用 dB 来表示；直流偏移是叠加在变化的信号上的直流分量。

信号频域特性–频率

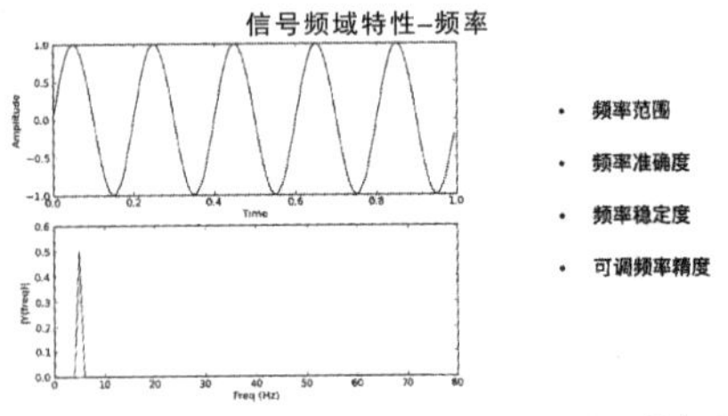

- 频率范围
- 频率准确度
- 频率稳定度
- 可调频率精度

信号的频率表征的是信号幅度变化的快慢，频率越高（周期越短）表示信号变化越剧烈。给待测电路输入不同频率的信号能够测量出待测信号对不同频率信号的反应，也就是常说的频率响应，因此信号源需要能够在一定的频率范围内进行精准的频率调节，并且有较高的稳定度，不随着时间、温度产生频率的变化。有的应用中需要对某个精确的频率点进行性能的测量，因此对可调频率的精度也要求较高。

信号特性 1–波形

常用波形

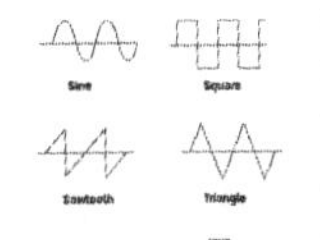

- 正弦波 - 是否存在失真、非线性、谐波？
- 方波 - 重复方波脉冲，用作时钟或测试运放的快速转换特性
- 锯齿波 - 缓慢上升、快速下降，用于控制模拟示波器或电视扫描
- 三角波 - 上升、下降时间相同
- 阶梯波 - 从一个电平快速变化到另一个电平
- 脉冲信号 - 快速上升时间、持续幅度、快速下降
- 任意波形 - 一般是包括无法用函数表示的其它波形

信号源常产生的波形有上面图中的几种，尤其是正弦波、方波和三角波最为常用。

脉冲信号占空比/延时

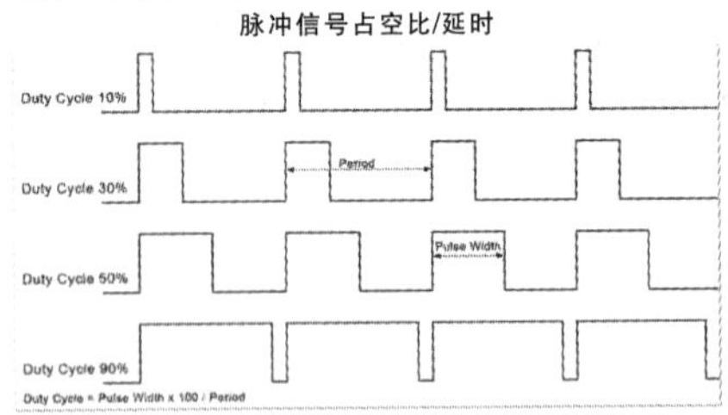

可调占空比的脉冲信号也是比较常用的波形，我们常说的 PWM（脉冲宽度调制）就是这种波形。在实际的电路上 PWM 的产生可以通过软件控制 GPIO 的电平变化得到不同占空比的输出信号，也可以通过可编程逻辑器件（比如 PLD/FPGA）通过计数器等产生不同占空比的脉冲信号，前者的频率受限于 MCU 的时钟/指令的执行，一般用于比较低频率的脉冲；后者通过高速数字逻辑实现，可以达到较高的频率。

复合信号

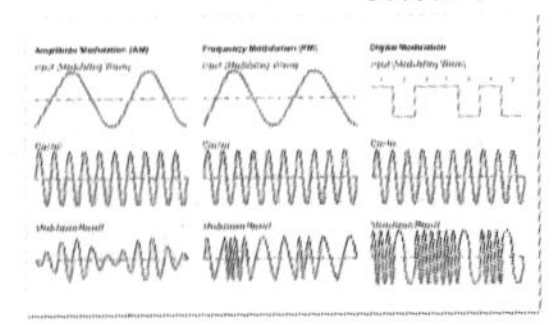

- 模拟调制、数字调制、脉宽调制、正交调制
- 数字模式和格式
- 伪随机数据流

在通信系统中常用到的信号就是调制波形，比如模拟调制的 AM、FM，数字调制的 PSK、QAM 等。

任意波形发生器系统构成

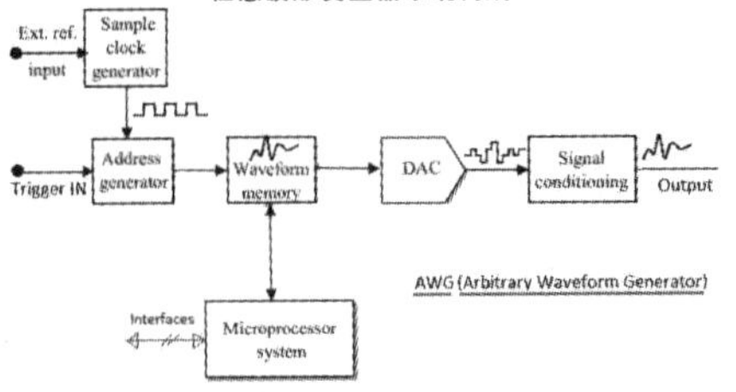

上图是一个典型的任意信号发生器的系统构成框图，DAC 是整个系统的核心，它的性能也决定了这个信号源的性能。当然前面用于控制输出频率的数字逻辑部分、存储器的深度等都会影响到信号源的一些指标，但数字域的资源耗费相差不大。DAC 的分辨率以及线性性能决定了输出信号的 SFDR、DAC 的转换率决定了输出信号的最高频率。DAC 后面的滤波器部分主要用于滤除信号之外的谐波和杂散噪声。

由于我们可以将任意形状的波形存在波形表里面，从而通过 DAC 生成模拟信号，所以这种信号源一般称之为任意波形发生器（AWG）——能够生成任意形状的波形，一般系统预设好几十种常用的波形；能够高精度调节信号的输出频率；能够调节输出信号的幅度。

相对于之前的模拟信号发生器，AWG 的优点有如下几点：

● 可生成的波形种类多，理论上是任意能够想象到的、在纸上能画出来的波形都可以产生出来；

● 可以精确调整输出信号的频率，可以精确到 Hz，甚至更低，取决于系统的相位累加器的位数；

● 频率一旦设定好，基本上不会发生偏移，稳定度跟系统的石英时钟一样；

● 频率可以做的很高

正因此，AWG 彻底取代了模拟的信号发生器，成为信号源的首选。当然针对不同的具体应用，还有其他特定的信号源，在此不深入讨论。

4. 示波器

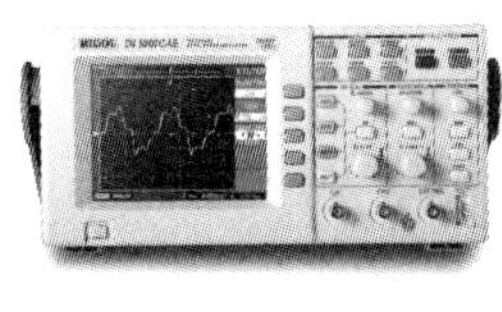

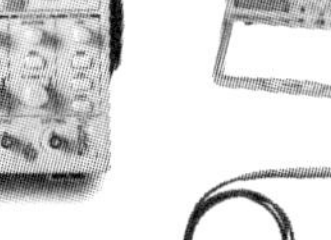

示波器 - 数字采样示波器中的频谱混叠、触发、FFT
示波器探头的正确使用

示波器可以堪称我们工程师的眼睛，板子上几乎所有的测量基本都是测量信号的电压随时间发生的变化。

很多人不是太清楚模拟示波器和数字示波器的主要区别，在这里我简单列出 3 点：

● 模拟示波器是通过被测量的信号控制电子束的偏转在显示屏上得到一条随时间变化的电压信号的曲线，显示在屏幕上的信号在时间上是连续没有中断的，只是重复出现的频繁的波形会比较亮，而稍纵即逝的信号则在屏幕上一闪而过，亮度低或者根本看不到。数字示波器是基于 ADC 采样的，显示的信号在时间上是间断的，因此会有一些信息没有捕捉、存储下来，当然我们可以设定一定的触发条件，来捕捉满足触发条件前后波形的变化。在屏幕上的显示则一直是恒定的亮度。

● 模拟示波器对输入信号动态范围的要求是为了达到模拟电路在线性工作状态下能够调整的范围；数字示波器的模拟信号调理电路对输入的信号进行放大或衰减，以满足 ADC 的输入电压要求（1Vpp 或 2Vpp，取决于具体使用的 ADC 器件），不要超过其峰峰值，也不要太低，导致实际的测量精度降低。

● 数字示波器是通过 ADC 对模拟信号进行采样得到数字波形，采样的过程会导致出现多个采样频率和被测信号频率的 n 倍的和频和差频信号，在调节示波器的时间轴量程的时候会看到这些和频、差频的波形，尤其是在非常低频率的时候，会让工程师怀疑是不是被测的电路上有低频的噪声，其实这个低频的信号来自采样，而不是电路本身的信号。

随时间变化的电路

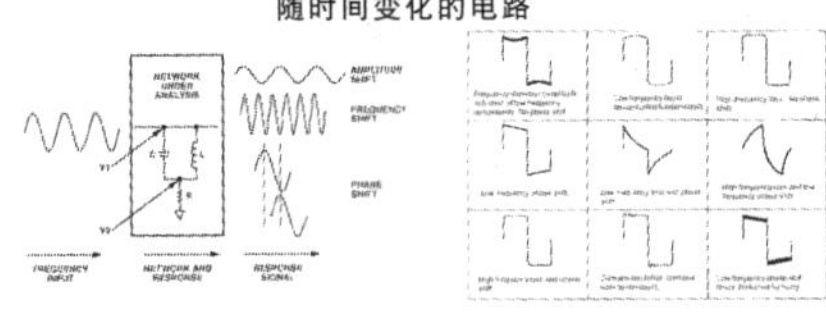

网络响应测试　　不同的电路网络对方波信号的响应（时域）

在示波器上看到的方波信号，会出现右侧图中的各种可能性，如果被测电路的输入端的信号是标准的方波，而输出端是右侧的某种波形，则可以根据这些波形的形状，判断被测的电路的频响特性。

示波器工作原理

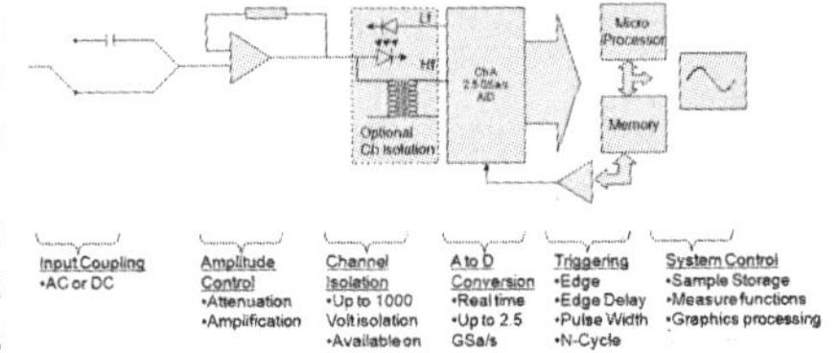

上图是数字示波器的典型结构框图，从这个图就可以理解示波器的一些重要指标的来历，尤其是被测信号的模拟带宽（用 MHz 为单位表示）以及采样率（用 Sa/S 为单位表示）之间的关系，以及触发的机制。

探头–Probe

- 将待测设备的信号传递给示波器的BNC输入
- 探头根据应用场景（高频、高电压、高电流等）分为多种
- 最常用的为“无源10:1分压探头”

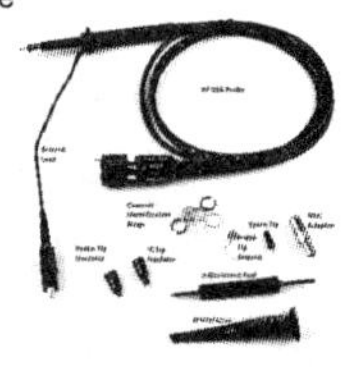

由于电路板无法跟示波器直接连接，中间要通过示波器探头（一般是随示波器标配）进行连接，因此探头的正确使用就非常关键，使用不当会对被测的电路产生影响，同时也会给测量带来错误。

5. 穷人有穷人的玩法

很多工程师说我的 Lab 没有那么好的条件，买不起 4 大件，有的是使用的时候空间有限，有没有体积小巧、价格便宜、性能不需要那么好的仪器呢？

有的，有一种仪器叫虚拟仪器，也就是将显示部分用电脑屏幕代替，只需要将数据通过 USB（现在有人用以太网、WiFi）传递给电脑，用电脑做所有的分析、处理、显示。

还有一种自带处理、显示，但非常便携的仪器——口袋仪器，例如由 Seeed 提供的像手机大小的示波器，我曾购买过一个，拆开发现使用 STM32 配双通道 80MHz 的 ADC 做的，虽然性能不高，但价格低廉，已经能够满足日常的调试应用。

既口袋又虚拟的，比如左上角的 AD2，由 Digilent 制作的，现在被收购成了 NI 公司的产品，小小的机身具有四大件所有的功能——电源供电、万用表、信号发生器、数据采集，通过 USB 接口将采集的数据送到 PC，并由 PC 控制所有的参数。

虚拟、口袋仪器

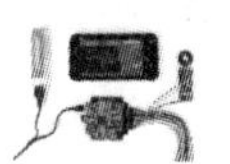

仪器领域也在不断地演进，为了给我们工程师配备更轻便、更清晰、处理能力更强的“眼睛”，当然要用好这些仪器，同时需要我们对其原理进行深刻的理解，并结合日常的测试体验，不断提升自己观察问题、分析问题的能力，迅速升级为一个优秀的硬件工程师。

（全文完）

飞利浦 HD7751 咖啡机电源原理及故障检修

一台型号为 HD7751 的飞利浦全自动研磨滴漏咖啡机发生加不上电的故障，为了便于查找分析故障，依据实物画出了咖啡机电源板的电路图，并对其工作原理分析如下。

电源电路及工作原理：咖啡机电源电路如附图所示，电路的核心器件 AP3706P 是一种采用脉冲频率调制(PFM)的电源管理芯片，为 8 脚 DIP 或 SOIC 封装。与脉宽调制(PWM)电源管理芯片不同，通过脉动频率调整方式(PFM)来建立反馈，控制外部功率管以断续导通工作模式(DCM)驱动开关变压器的初级，因此，不需要光电耦合器和二次控制电路，就能实现电源的恒压或恒流输出。AP3706P 还具有软启动及开路、过压保护等功能。

下面是飞利浦 HD7751 型全自动研磨滴漏咖啡机电源的工作原理：如图 2 所示，220V 市电经 D18~D21 和 E4 组成的全桥整流滤波电路后，产生约 310V 的电压，该高电压经 R52 对电容 E5 充电，当 E5 正极(即 U6 的②脚)电压达到芯片 AP3706P(U6)的启动电压 18.5V 后，VDD 引脚产生 5V 电压，U6 开始工作，其③脚(OUT)输出开关脉冲信号去推动 Q3 工作。Q3 导通时 310V 电压使开关变压器 T1 的初级绕组 1-2 中有电流流过，给变压器 T1 充磁能；Q3 截止时，次级绕组 5-6 产生反激电压，该反激电压经 D24 整流 E6 滤波后，为 7805(U4)提供输入电压，7805 向外提供+5V 电源输出。与此同时，次级绕组 5-6 中流过电流会使副边反馈绕组 3-4 会产生感应电压，经 R46 限流、D23 整流、E5 滤波后持续地为 U6 提供工作电源。若输出负载发生变化，会导致次级绕组 5-6 两端电压产生波动，进而引起副边反馈绕组电压也产生波动，波动的电压经 R47、R48 分压后送至 U6 的⑤脚，与内部基准电压比较后，通过 OUT 端(③脚)改变 Q3 的导通时间，从而改变电路的输出电压，达到稳压的目的。

该电路还具有过欠压保护和过流保护作用。当 U6 的 2 脚(VCC)电压超过一定值(30V)时，U6 便会自动关闭输出三极管 Q3，开关变压器停止工作；当 U6 的②脚(VCC)电压低于一定值(7.3V)时，U6 同样会关闭 Q3；Q3 发射极串联的 R51 是过流取样电阻，当 Q3 的工作电流较大时，R51 两端压降会增大，经 R50 送至 U6 的①脚，当①脚电压达到保护阈值 0.5V 时，经内部处理后控制 Q3 截止，通过控制 Q3 的导通时间，从而起到过流保护的作用；输出开路故障或 T1 初级绕组电路异常时，次级绕组 5-6 的反激电压大幅升高，导致副边反馈绕组 3-4 的感应电压大幅升高，使得 U6 的 5 脚(FB)电压高于 8V(或低于-0.7V)时，芯片内部的过压保护（OVP）电路起作用，通过 3 脚(OUT)关闭三极管 Q3，同时芯片进入“打嗝”模式—即每隔 8ms 检查一次电源电压，直至故障消除。

故障检修过程：咖啡机加电后，面板电源指示灯不亮，按电源开关及其他按钮机器均无反应。检查电源插头和电源线正常，怀疑电源电路板出现了故障。打开底座盖板并取出电源电路板，给电路板交流输入加 220V 市电，测得电源电路板上 7805(U4)的输入端和输出端均无电压，说明确实是电源电路故障。进一步测量电容 E4 正极有 309V 电压，E5 正极(U6 的 2 脚 VCC 端)对地电压为 0V，U6 的 6 脚 VDD 端对地电压也为 0V，显然 U6 没有正常工作。断电，测量 U6 各引脚对地电阻值如表 1 所示，②脚 VCC 端对地电阻不到 10Ω，显然不正常。考虑到相关外部元件的影响，进一步测得 E5、D23、R46 和 R52 均正常，说明 U6 对地电阻过小很可能是芯片自身损坏所致。为了弄清是否其他元件导致 U6 损坏，分别检测了 Q3、R50、R51 等外围元件，没有发现不正常元件。最后，从网上购得一块 AP3706P 芯片代换 U6 后，咖啡机恢复正常。表 2 为更换正常 AP3706P 芯片后所测得芯片在电路时各引脚的对地电阻值。

◇青岛 孙海善 张戈 林鹏

表 1 AP3706P 异常时在电路各引脚对地阻值

引脚	1	2	3	4	5	6	7	8
红表笔接地	1kΩ	9.6Ω	13.65 kΩ	0Ω	4.03 kΩ	675 kΩ	268 kΩ	22MΩ
黑表笔接地	1 kΩ	9.4Ω	12.85 kΩ	0Ω	4.03 kΩ	648 kΩ	197 kΩ	9.27MΩ

表 2 AP3706P 正常时在电路各引脚对地阻值

引脚	1	2	3	4	5	6	7	8
红表笔接地	1 kΩ	1.65MΩ	13.45 kΩ	0Ω	4.02 kΩ	630 kΩ	268 kΩ	22MΩ
黑表笔接地	1 kΩ	195 kΩ	12.83 kΩ	0Ω	4.02 kΩ	615 kΩ	200 kΩ	9.76MΩ

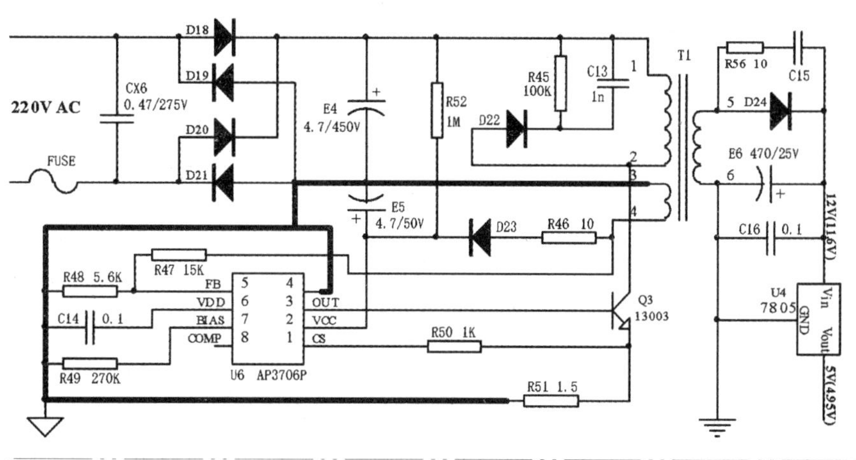

让 iOS 主界面更整洁一些

对于大部分用户来说，可能并不希望 iPhone 或 iPad 的屏幕上布满各种各样的 App 图标，这里介绍几个整理 App 的技巧，可以让主界面看起来更整洁一些。

技巧一：隐藏某个应用

长按某个应用，直到出现菜单。该菜单将包括一些选项，取决于该应用程序的功能。如图 1 所示，该菜单中总是包含一个选项“移除 App”。我们可以通过这一选项(如图 2 所示)，从 iPhone 上删除该应用还是只从主屏幕上删除它，如果选择“从主屏幕移除”，则仍然可以在资源库中找到该应用。

技巧二：隐藏整个页面的应用

我们可以直接在 iPhone 的主屏幕上，隐藏一整页的应用程序：长按 iPhone 屏幕上的任意一个空白区域，直到应用程序开始抖动，向左或向右滑动(如图 3 所示)，现在可以看到所有页面的缩略图(除了资源库和今日视图)，每个可见的屏幕下面都有一个复选标记，取消勾选任何需要隐藏的屏幕，然后点击右上角的“完成”进行保存即可。

技巧三：将应用整理到文件夹中

可以在主屏幕上使用文件夹，将类似的应用程序聚集在一起，以节省空间。长按主屏幕上的一个应用程序，直到图标晃动，将该应用移至需要与之分组的其他应用之一，此时可以点击图标，打开文件夹并访问其中的应用。iOS 会根据你放在文件夹里的应用，给文件夹自动分配一个名称，如果需要更改名称，可以长按文件夹(如图 4 所示)，在弹出的菜单中选择“重新命名”，然后键入新的名称。

技巧四：让应用自动安装在资源库而不显示在主屏幕

如果希望保持桌面整洁，可以让新下载的应用仅仅显示在资源库，而不是出现在主界面中。进入设置界面，选择“主屏幕”(如图 5 所示)，在“新下载的 App”选项中，勾选“仅 App 资源库”就可以了。

◇江苏 王志军

备考指南

注册电气工程师供配电专业知识考题解答㉛

(接上期本版)

16. 关于固体物料的静电防护措施,下列哪项描述是错误的?(D)

(A)非金属静电导体或静电亚导体与金属导体相互连接时,其紧密接触的面积应大于$20cm^2$

(B)防静电接地线不得利用电源零线,不得与防直击雷地线共用

(C)在进行间接接地时,可在金属与非金属静电导体和静电亚导体之间,加设金属箔,或涂导电性涂料或导电膏以减小接触电阻

(D)在振动和频繁移动的器件上用的接地导体禁止用单股线及金属链,应采用$4mm^2$以上的裸绞线或编织线

解答思路:静电防护措施→《防止静电事故通用导则》GB12158-2006→固体物料。

解答过程:依据GB12158-2006《防止静电事故通用导则》第6.2节,第6.2.1条、第6.2.3条、第6.2.4条、第6.2.6条。选D。

17. 下列PEN导体的选择和安装哪一项不正确?(A)

(A)PEN导体只能在移动的电气装置中采用

(B)PEN导体应按它可能遭受的最高电压加以绝缘

(C)允许PEN导体分接出来保护导体和中性导体

(D)外部可导电部分不应用作PEN导体

解答思路:PEN导体→《交流电气装置的接地设计规范》GB/T50065-2011,《低压配电设计规范》GB50054-2011,《建筑电气装置第5-54部分:电气设备的选择和安装接地配置、保护导体和保护联结导体》GB16895.3-2017。

解答过程:依据GB/T50065-2011《交流电气装置的接地设计规范》第8.2节,第8.2.4条

GB50054-2011《低压配电设计规范》第3.2.13条。GB16895.3-2017《建筑电气装置第5-54部分:电气设备的选择和安装接地配置、保护导体和保护联结导体》第543.4.4条。选A。

18. 下列哪项不属于选择变压器的技术条件?(B)

(A)容量(B)系统短路容量

(C)短路阻抗(D)相数

解答思路:选择变压器→《导体和电器选择设计技术规定》DL/T5222-2005。

解答过程:依据DL/T5222-2005《导体和电器选择设计技术规定》第8章,第8.0.1条。选B。

19. 预期短路电流20kA,用动作时间小于0.1s的限流型断路器做线路保护,计算线路导体截面应大于下列哪项数值?(查断路器允许能量I^2t为$1.17kA^2s$,线路导体的k值取100)(D)

(A)$6.33mm^2$(B)$10.8mm^2$

(C)$11.7mm^2$(D)$63.3mm^2$

解答思路:预期短路电流、计算线路导体截面→《工业与民用供配电设计手册(第四版)》。或《低压配电设计规范》GB50054-2011。

解答过程:依据GB50054-2011《低压配电设计规范》第6.2节,第6.2.3条P[5-17]。

$$S\geqslant\frac{I}{k}\times\sqrt{t}=\frac{20\times10^3}{100}\times\sqrt{0.1}=63.24mm^2$$

选D。

20. 固定敷设的低压布线系统中,下列哪项表述不符合带电导体最小截面的规定?(A)

(A)火灾自动报警系统多芯电缆传输线路最小截面$0.5mm^2$

(B)照明线路绝缘导体铜导体最小截面$1.5mm^2$

(C)电子设备用的信号和控制线路铜导体最小截面$0.1mm^2$

(D)供电线路铜裸导体最小截面$10mm^2$

解答思路:低压布线系统→《低压电气装置第5-52部分:电气设备的选择和安装布线系统》GB/T16895.6-2014。

解答过程:依据GB/T16895.6-2014《低压电气装置第5-52部分:电气设备的选择和安装布线系统》第524.1条、表52.2。选A。注:按GB50116-2013《火灾自动报警系统设计规范》第11.1.2条表11.1.2,$0.5mm^2$正确。

21. 安全照明是用于确保处在潜在危险之中的人员安全的应急照明,医院手术室安全照明的照度标准值应符合下列哪项规定?(C)

(A)应维持正常照明的照度

(B)应维持正常照明的50%照度

(C)应维持正常照明的30%照度

(D)应维持正常照明的10%照度

解答思路:医院手术室安全照明→《建筑照明设计标准》GB50034-2013。

解答过程:依据GB50034-2013《建筑照明设计标准》第5.5.3条。选C。

22. 平战结合的人民防空地下室电站设计中,下列哪项表述不符合规范规定?(B)

(A)中心医院、急救医院应设置固定电站

(B)防空专业队工程的电站当发电机总容量大于200kW时,宜设置移动电站

(C)人员掩蔽工程的固定电站内设置柴油发电机组不应少于2台,最多不宜超过4台

(D)柴油发电机组的单机容量不宜大于300kW

解答思路:人民防空地下室→《人民防空地下室设计规范》GB50038-2005→电站设计。

解答过程:依据GB50038-2005《人民防空地下室设计规范》第7.7节,第7.7.2条。选B。

23. 户外配电装置采用避雷线做防雷保护,假定两根等高平行避雷线高度为h=20m,间距D=5m,请计算两根避雷线间保护范围边缘最低点的高度,其结果为下列哪项数值?(B)

(A)15.78m(B)18.75m

(C)19.29m(D)21.23m

解答思路:户外配电装置、防雷保护→《交流电装置的过电压保护和绝缘配合设计规范》GB/T50064-2014→等高平行避雷线、保护范围边缘最低点的高度。

解答过程:依据GB/T50064-2014《交流电装置的过电压保护和绝缘配合设计规范》第5.2节,第5.2.5条第2款、式5.2.5-1。

$h_o=h-D/(4P)=20-5/(4\times1)=18.75m$

选B。

24. 假定某点垂直接地极所处的场地为双层土壤,上层土壤电阻率为$\rho_1=70\Omega\cdot m$,土壤深度为0~-3m,下层土壤电阻率为$\rho_2=100\Omega\cdot m$,土壤深度为-3~-5m;垂直接地极长3m,顶端埋设深度为-1m,等效土壤电阻率最接近下列哪项数值?(B)

(A)$70\Omega\cdot m$(B)$80\Omega\cdot m$

(C)$85\Omega\cdot m$(D)$100\Omega\cdot m$

解答思路:接地极→《交流电气装置的接地设计规范》GB/T50065-2011→等效土壤电阻率。

解答过程:依据GB/T50065-2011《交流电气装置的接地设计规范》附录A,第A.0.5条、式A.0.5-3。

$$\rho_a=\frac{\rho_1\times\rho_2}{\frac{H}{l}(\rho_2-\rho_1)+\rho_1}=\frac{70\times100}{\frac{2}{3}\times(100-70)+70}=77.8\Omega\cdot m$$

选B。

25. 电气设备的选择和安装,下列哪项不符合剩余电流保护电器要求?(D)

(A)剩余电流保护电器应保证能断开保护回路的所有带电导体

(B)保护导体不应穿越剩余电流保护电器的磁回路

(C)安装剩余电流保护电器的回路,负荷正常运行时,其预期可能出现的任何对地泄漏电流均不致引起保护电器的误动作

(D)在没有保护导体的回路中应采用剩余电流保护电器作为防止间接接触的保护措施

解答思路:电气设备的选择和安装→《建筑物电气装置第5部分:电气设备的选择和安装第53章:开关设备和控制设备》GB16895.4-1997→剩余电流保护电器要求。

解答过程:依据GB16895.4-1997《建筑物电气装置第5部分:电气设备的选择和安装第53章:开关设备和控制设备》第531.2节,第531.2.1.1条、第531.2.1.2条、531.2.1.3条、531.2.1.5条。选D。

26. 用于交流系统中的电力电缆,有关导体与绝缘屏蔽或金属层之间额定电压的选择,下列哪项叙述是正确的?(D)

(A)中性点不接地系统,不应低于使用回路工作相电压

(B)中性点直接接地系统,不应低于1.33倍的使用回路工作相电压

(C)单相接地故障可能持续8h以上时,宜采用1.5倍的使用回路工作相电压

(D)中性点不接地系统,安全性要求较高时,宜采用1.73倍的使用回路工作相电压

解答思路:电力电缆→《电力工程电缆设计标准》GB50217-2018→额定电压的选择。

解答过程:依据GB50217-2018《电力工程电缆设计标准》第3.2节,第3.2.2条。选D。

27. 在设计并联电容器时,为了限制涌流或抑制谐波,需要装设串联电抗器,请判断下列电抗率取值,哪项在合理范围内?(A)

(A)仅用于限制涌流时,电抗率取0.3%

(B)用于抑制5次及以上谐波时,电抗率取值12%

(C)用于抑制3次及以上谐波时,电抗率取值5%

(D)用于抑制3次及以上谐波时,电抗率取值12%

解答思路:并联电容器→《并联电容器装置设计规范》GB50227-2017→串联电抗器、电抗率取值。

解答过程:依据GB50227-2017《并联电容器装置设计规范》第5.5节,第5.5.2条。选A。

28. 电压互感器应根据使用条件选择,下列互感器形式的选择哪项是不正确的?(D)

(A)(3~35)kV户内配电装置,宜采用树脂浇注绝缘结构的电磁式电压互感器

(B)35kV户外配电装置,宜采用油浸绝缘结构的电磁式电压互感器

(C)110kV及以上配电装置,当容量和准确度等级满足要求时,宜采用电容式电压互感器

(D)SF6全封闭组合电器的电压互感器,应采用电容式电压互感器

解答思路:电压互感器→DL/T5222-2005《导体和电器选择设计技术规定》。

解答过程:依据DL/T5222-2005《导体和电器选择设计技术规定》第16章,第16.0.3条。选D。

29. 对波动负荷的供电,除电动机启动时允许的电压下降情况外,当需要降低波动负荷引起的电网电压波动和电压闪变时,宜采取相应措施,下列哪项措施时不宜采取的?(D)

(A)采用专线供电

(B)与其他负荷共用配电线路时,降低配电线路阻抗

(C)较大功率的波动负荷或波动负荷群与对电压波动、闪变敏感的负荷分别由不同变压器供电

(D)尽量采用电动机直接启动

解答思路:波动负荷的供电→GB50052-2009《供配电系统设计规范》。

解答过程:依据GB50052-2009《供配电系统设计规范》第5.0.11条。选D。

(未完待续)

◇江苏 键谈

PLC梯形图程序的真值表设计法(一)

在进行PLC程序设计时，如果碰到具有组合逻辑控制功能的控制系统，这时使用真值表设计法来设计梯形图程序是最合适的。

1. 真值表设计法的步骤

①确认主令电器和被控电器。

②分配PLC存储器。

③填写真值表。

④画梯形图。

2. 真值表设计法的要点

(1)确认主令电器和被控电器的要点

启动开关、停止开关、行程开关、保护开关以及热保护继电器触头等一类的开关属于主令电器（这一类电器的文字符号即电器代号通常标注为SB、SQ、SA或FR)，接触器、变频器、显示器件、伺服系统等一类的负载属于被控电器(这一类电器的文字符号即电器代号通常标注为KM、VF、HL或EL)。

(2)分配PLC存储器的要点

①把主令电器依次分配给PLC的输入存储器。

②把被控电器依次分配给PLC的输出存储器。

分配的结果要以PLC存储器分配表的形式列出来。

(3)填写真值表的要点

真值表设计法中的真值表模板如图1所示。

可能出现的控制状态	输入				输出			
	主令电器1	主令电器2	···	主令电器n	被控电器1	被控电器2	···	被控电器n
第一种								
第二种								
⋮								
第n种								
存储器编号								
电器代号								

图1 真值表设计法中的真值表模板

真值表模板的使用方法：

①真值表模板的输入部分列数由主令电器的个数来决定：有2个主令电器，输入部分就保留主令电器1和主令电器2这两列；有3个主令电器，输入部分就保留主令电器1、主令电器2和主令电器3这3列……。

②真值表模板的输出部分列数由被控电器的个数来决定：有2个被控电器，输出部分就保留被控电器1和被控电器2这两列；有3个被控电器，输出部分就保留被控电器1、被控电器2和被控电器3这3列……

③真值表模板的控制状态行数由主令电器的个数来决定：有n个主令电器，可能出现的控制状态就会有2^n种，真值表模板的控制状态行数也就应该有2^n行。

真值表的填写方法：

①在真值表模板的电器代号一行中，分别填写上主令电器1、主令电器2……主令电器n、被控电器1、被控电器2……被控电器n的电器代号；在存储器编号一行中，分别填写上与主令电器1、主令电器2……主令电器n、被控电器1、被控电器2……被控电器n的电器代号对应的输入存储器编号和输出存储器编号。

②根据主令电器的数量，在图2中选择一个对应的组合逻辑状态表，然后把选中的组合逻辑状态表填写到真值表模板的输入栏的空格中。

③依据控制要求，分析出每一种控制状态对应的被控电器的得电与失电情况，并把被控电器的得电与失电情况对应填写到真值表模板的输出栏的空格中，被控电器得电的就填1，被控电器失电的就填0(为了避免出错或遗漏，输出栏空格中的0通常不去填写，而让其空着，这样就可以非常清晰地看出哪里为1、又共有多少个1)。

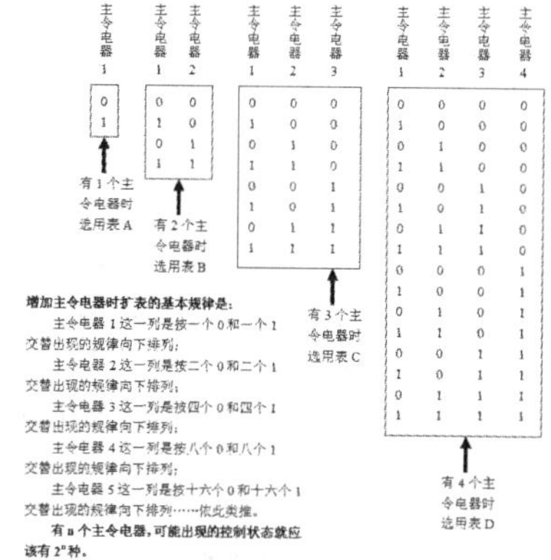

主令电器1
主令电器1 主令电器2
主令电器1 主令电器2 主令电器3
主令电器1 主令电器2 主令电器3 主令电器4
有1个主令电器时选用表A
有2个主令电器时选用表B
有3个主令电器时选用表C
有4个主令电器时选用表D
增加主令电器时扩表的基本规律是：
主令电器1这一列是按一个0和一个1交替出现的规律向下排列；
主令电器2这一列是按二个0和二个1交替出现的规律向下排列；
主令电器3这一列是按四个0和四个1交替出现的规律向下排列；
主令电器4这一列是按八个0和八个1交替出现的规律向下排列；
主令电器5这一列是按十六个0和十六个1交替出现的规律向下排列……依此类推。
有n个主令电器，可能出现的控制状态就应该有2ⁿ种。

图2 主令电器的组合逻辑状态表

(4)画梯形图的要点

真值表设计法中的梯形图模板如图3所示。

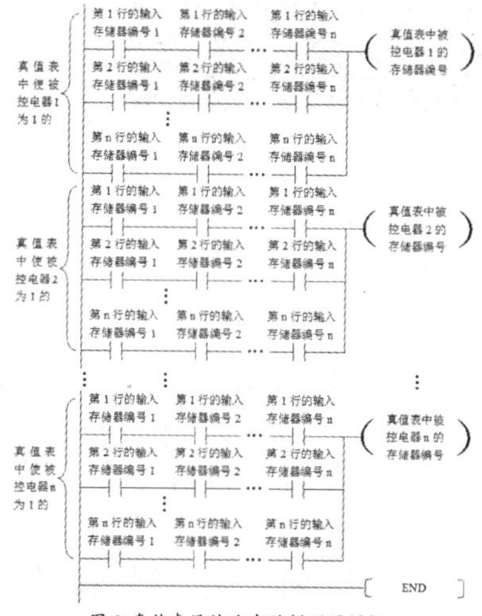

图3 真值表设计法中的梯形图模板

梯形图模板的使用方法：

①梯形图模板的阶梯级数由被控电器的个数来决定：有2个被控电器，梯形图模板中就保留两级阶梯；有3个被控电器，梯形图模板中就保留3级阶梯……。

②梯形图模板的每一级阶梯中并联支路的数量由使该被控电器为1的控制状态种数来决定：使该被控电器为1的控制状态有2种，就应有2条并联支路；使该被控电器为1的控制状态有3种，就应有3条并联支路……。

③梯形图模板的各条支路上串联的触点数量由主令电器的个数来决定：有2个主令电器，每一条支路上就应有2个触点串联；有3个主令电器，每一条支路上就应有3个触点串联……。

④梯形图模板中各个触点符号的类型由真值表中主令电器的状态来决定：真值表中主令电器状态为1的，该模板中对应的触点就用动合触点符号；真值表中主令电器状态为0的，该模板中对应的触点就用动断触点符号。

(未完待续)

◇江苏 周金富

PLC梯形图程序的波形图设计法(二)

(接上期本版)

第三步：画波形图。

本控制系统共有6个被控电器，故应画出6行工作波形，根据控制要求可知，Y001应分别在第1、第8~第13和第15时段工作，Y002应分别在第2、第9~第13和第15时段工作，Y003应分别在第3、第10~第13和第15时段工作，Y004应分别在第4、第11~第13和第15时段工作，Y005应分别在第5、第12~第13和第15时段工作，Y006应分别在第6、第13和第15时段工作；16个时间段中，第1段时间~第13段时间的工作时长都是1s，第14段时间~第16段时间的工作时长都是2s；因此，仿照波形图模板的结构，就可画出这个霓虹灯控制系统的波形图了，如图6所示。

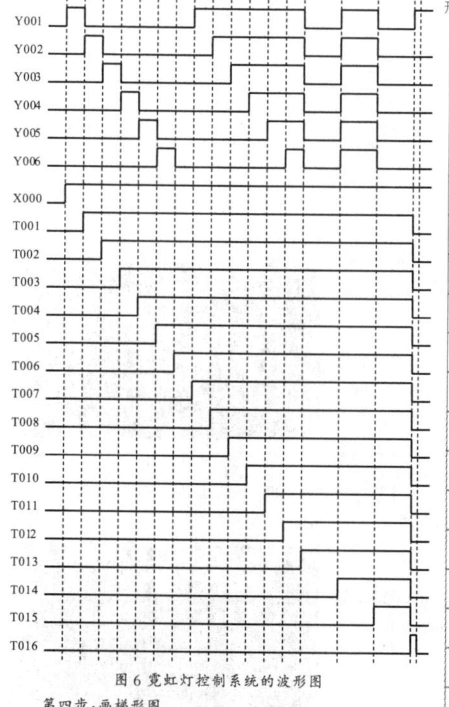

图6 霓虹灯控制系统的波形图

第四步：画梯形图。

由于本控制系统中未分别使用启动开关和停止开关，而只使用了一只光控开关X000，因此梯形图模板中的第1级阶梯应舍去不用；第2级阶梯中：M000应由X000代替，Tn应是T016；第17级阶梯中：Tn－1应是T015，Tn应是T016；第18级阶梯中：被控电器1应是Y001，由于Y001共有3个脉冲，因此第18级阶梯应有3行，又因第1个脉冲的前沿与X000的前沿对应、后沿与T001的前沿对应，第2个脉冲的前沿与T007的前沿对应、后沿与T013的前沿对应，第3个脉冲的前沿与T014的前沿对应、后沿与T015的前沿对应，所以，第1行的动合触点应是X000、动断触点应是T001，第2行的动合触点应是T007、动断触点应是T013，第3行的动合触点应是T014、动断触点应是T015；第19~第23级阶梯的画法类似于第18级阶梯的画法；第24级阶梯应是END指令符号。

另外，由于第1段时间~第13段时间的工作时长都是1s，第14段时间~第16段时间的工作时长都是2s，因此，T001~T013的K值都是1s÷0.1s=10、T014~T016的K值都是2s÷0.1s=20。

至此，霓虹灯控制系统的梯形图程序设计完成，完整的梯形图程序见图7。

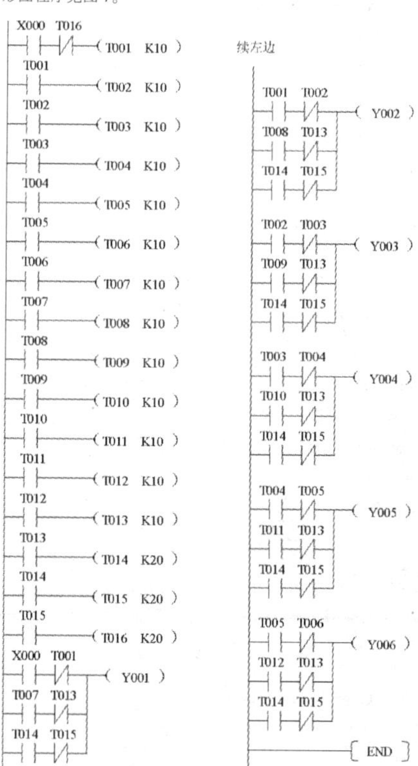

图7 霓虹灯控制系统的梯形图程序

(全文完)

◇江苏 周金富

基于 Verilog HDL 语言 Quartus 设计与 ModelSim 联合仿真的 FPGA 教学应用(八)

(接上期本版)

13. 编译:选择菜单 Processing–>Start Compilation。

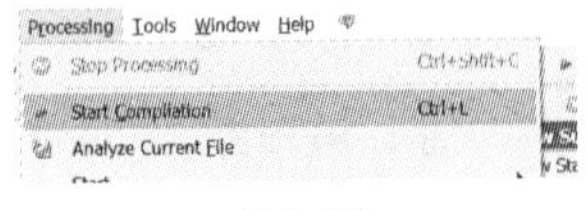

图 7-13

14. 正在编译：左边编译窗口显示编译进程和综合进程，下面信息窗口显示编译信息。

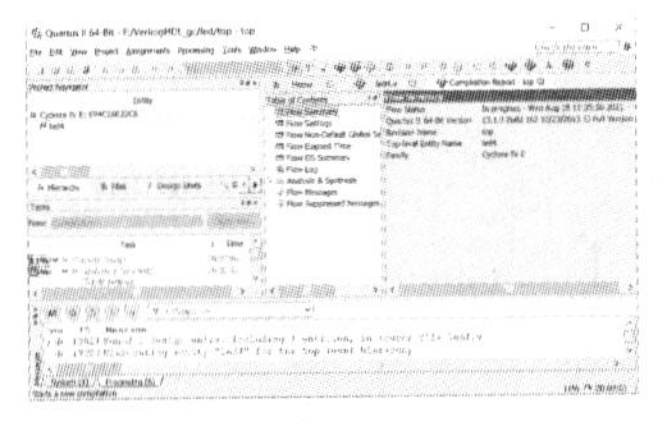

图 7-14

三、开发板下载烧录

1. 连接开发板：先断电连接开发板的 JTAG 下载器和电脑 USB 接口，再连接开发板 USB 口供电，打开电源。

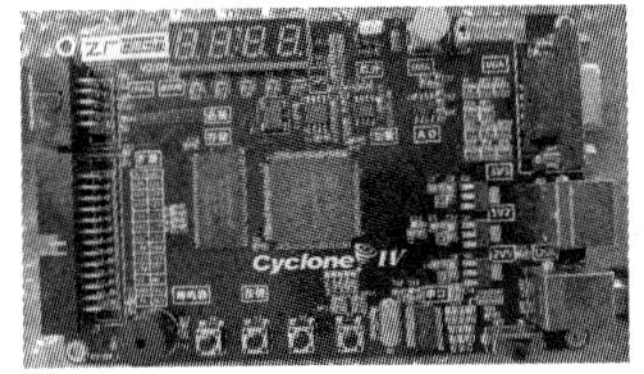

图 8-1

2. 选择程序下载：选择菜单 Tools–>Programer。

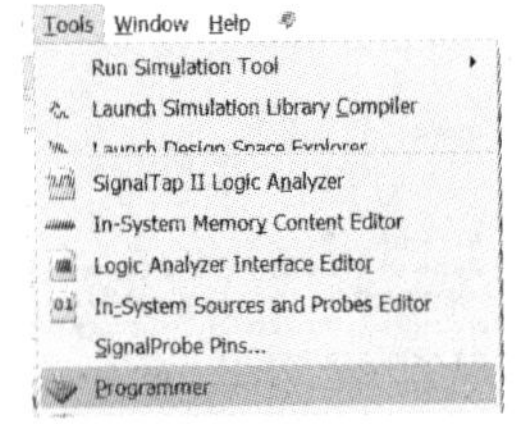

图 8-2

3. 在打开的 Programmer 窗口，查看端口是否已经识别，如果是显示 No Hardware，则点击 Hardware Stuo...按钮，选择识别到的 USB–Blaster(如果不能识别，检查电脑端口、驱动或 Quartus 版本与电脑系统是否匹配)。

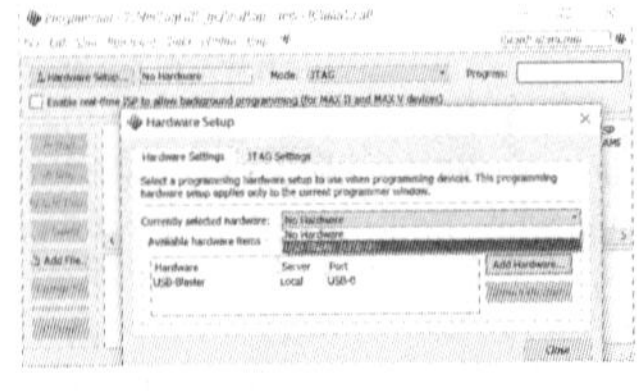

图 8-3

4. 点击 Auto Dete 按钮自动检测芯片。

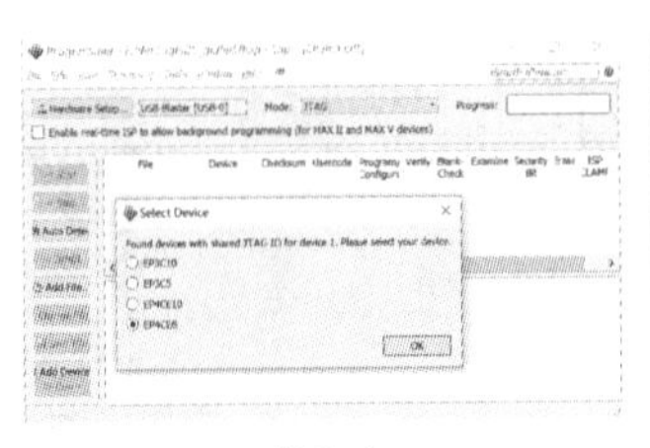

图 8-4

5. 加载输出文件：选择菜单 Add File...按钮，或双击主窗口下面 File 对应的 none，打开工程目录里面的 output_files 文件夹里面的 top.sof 文件。

图 8-5

6. 选择 Mode 模式为 JTAG，勾选 Program–Configure，点击 Start 按钮开始烧录，待进度条 100%成功后即可。

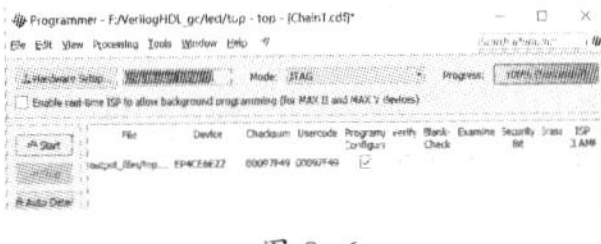

图 8-6

7. 此时烧录的程序没有进入 Flash 保存，断电重启 FPGA 没有更新运行程序，需要转换程序并下载烧录到 Flash 保存。

8. 转换下载文件：File–>Convert Programming File...。

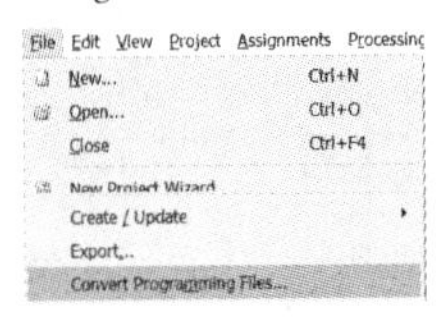

图 8-7

9. 在打开的程序转换窗口，选择 Programming file type 栏下拉选择 JTAG Indirect Configuration File(.jic)。

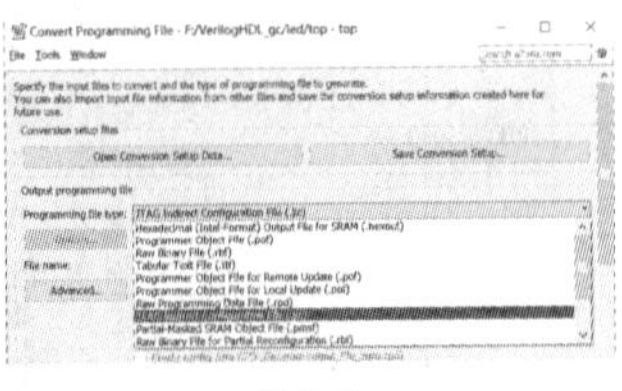

图 8-8

10. 继续选择 Configuration device 下拉的 flash 对应型号 EPCS4，可以修改输出文件名，也可以保持默认 output_file.jic，点击 Input files to convert 里面的 Flash Loader 项，点击 Add Device...按钮。

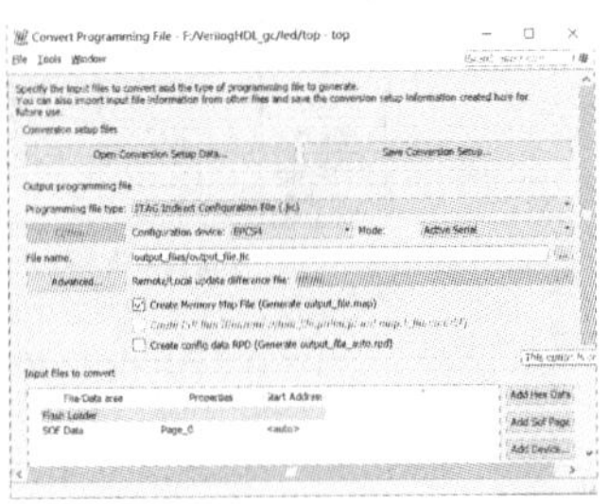

图 8-9

11. 选择器件：选择 Cydone IV E，再选择其下的 EP4CE6，点击 OK。

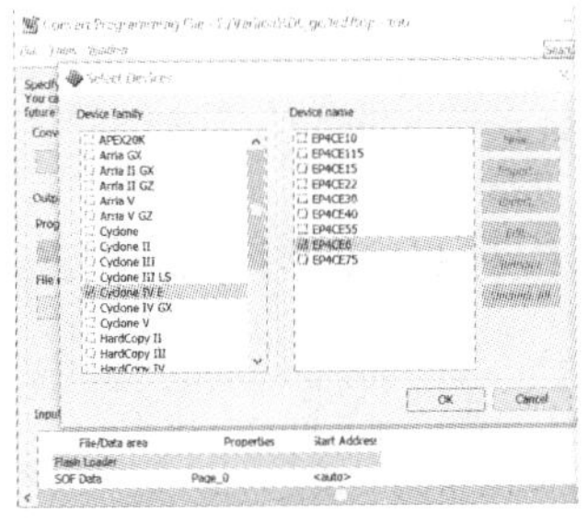

图 8-10

12. 继续点击 SOF Data 项，点击 Add File... 添加工程目录里面 output_files 文件夹里面的 top.sof，点击 Open 打开。

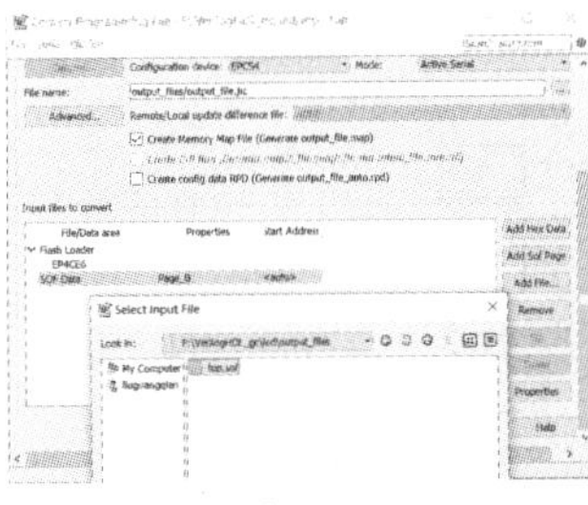

图 8-11

13. 点击下面 Generate 按钮，生成 output_file.jic 文件，在成功信息窗口点击 OK。

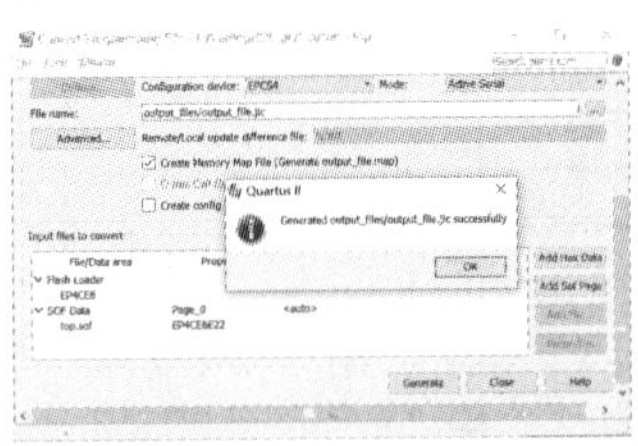

图 8-12

14. 在工程项目下面 output_files 文件夹下面已经生成的 output_file.jic。

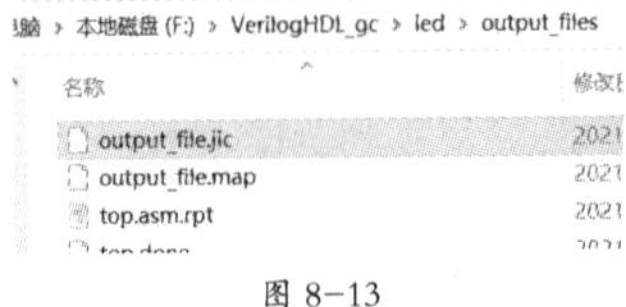

图 8-13

15. 打开 Programmer 窗口，检测器件，加载已经生产成的 output_file.jic 文件，点击 Open 打开。

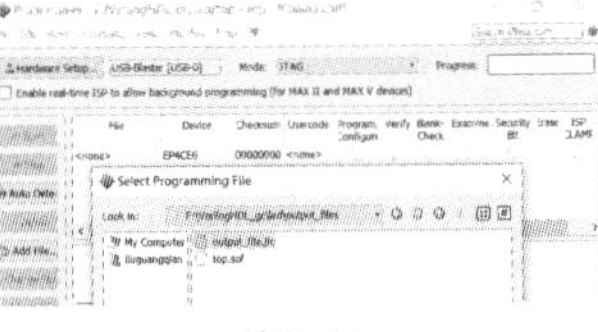

图 8-14

16. 擦除 EPCS4(Flash)：勾选 Erase，再点击 Start 按钮，开始擦除。

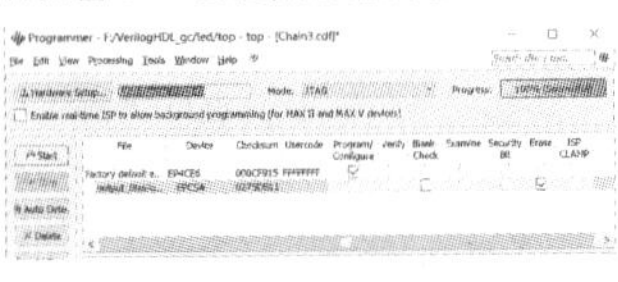

图 8-15

17. 擦除完毕，去掉 Erase 勾选，再勾选 Program–Configure，点击 Start 按钮，开始烧录程序。

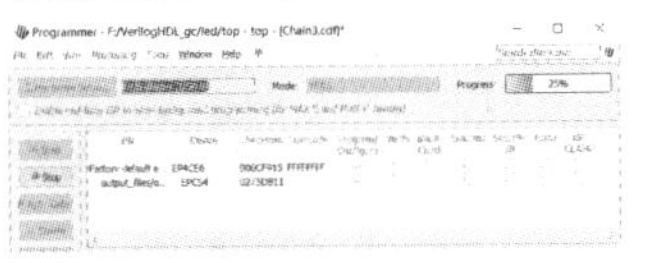

图 8-16

18. 下载烧录完毕，关闭程序下载窗口，在弹出的是否保存更改，可以选 Yes。

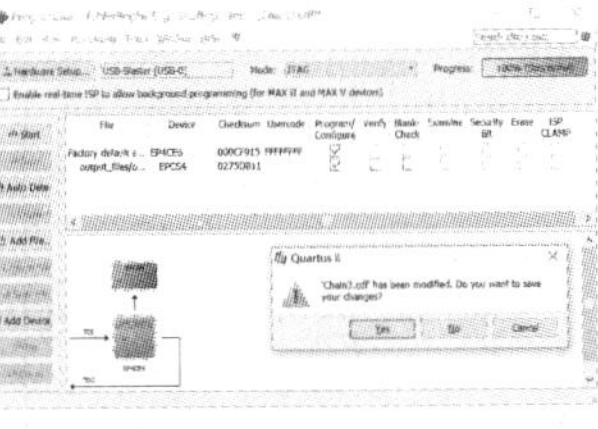

图 8-17

19. 下载好的开发板，需要重新上电。

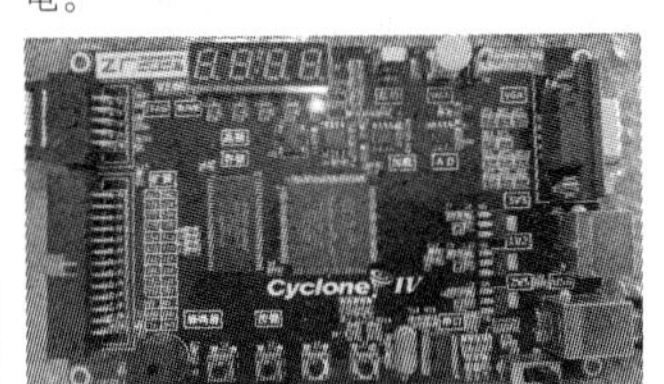

图 8-18

20. 重新上电，程序已经保存到 flash，正常运行。

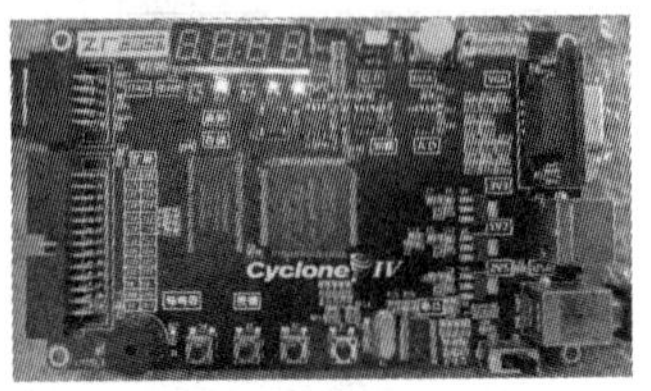

图 8-19

(全文完)

◇西南科技大学 城市学院
刘光乾 白文龙 王源浩 刘庆 陈熙 陈浩东 万立里

冬季养护汽车注意事项

2020年全国机动车保有量达3.72亿辆，其中汽车2.81亿辆，对于车的依赖感更加强烈，然而很多车友由于不重视对爱车的保护，导致汽车寿命减短。现在为大家介绍一些冬季保养汽车的小常识，以备大家参考。

车辆外部保养

冬天的早上，露水较多，汽车表面往往很潮湿，如果您的爱车表面有明显的刮痕，就应及时做喷漆处理，以免刮痕部位受潮而锈蚀，另外，由于夏季雨水中雨酸的腐蚀和夏季强光的直射，汽车漆面难免会被氧化，在换季之时，您最好为您爱车的表面做一次从清洗、抛光到打蜡、封釉或镀膜的一系列美容养护。

轮胎保养

轮胎在车辆安全行驶中，起着举足轻重的作用。在夏季，由于气温高，要经常检查轮胎的气压，切不可使轮胎气压过高，否则，会有爆胎的危险，而到了冬天，由于气温相对较低，轮胎就要补充气压，以使其保持在规定的气压范围，同时，还应检查轮胎是否有刮痕，因为橡胶在秋冬季节容易变硬而显得较脆，轮胎易漏气，甚至扎胎，另外，要经常清理胎纹内的夹杂物。

发动机舱保养

进入秋季，您应经常检查发动机舱内的机油、刹车油和防冻液，看油液是否充足，是否变质，是否到了更换周期，这些油液犹如爱车的血液，到更换周期，一定要换掉，以保证油液循环的通畅。

刹车系统保养

要经常检查制动有无变弱、跑偏，制动踏板的蹬踏力度是否有变化，必要时清理整个制动系统的管路部分。

暖风管线及风扇保养

秋天天气转凉，气温较低时会出现白霜，在这个季节，您要特别注意挡风玻璃下的除霜，出风口出风是否正常，热量是否够。如果出现问题，要及时解决，否则，会给您的驾驶带来不安全因素。

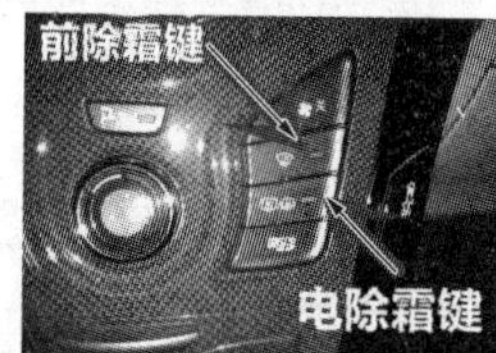

进风口或进风格栅、电子扇保养

要经常检查这些部位是否有杂物，如果有杂物，可以用压缩空气吹走灰尘，另外，在发动机冷却状态下，可以用水枪由里向外冲洗以上部位。

空调保养

夏天天气炎热、气温高，汽车空调往往超负荷运转，另外，由于夏天雨水较多，汽车经常会走一些涉水路面，致使空调冷凝器下部染上许多泥沙，时间久了，就会使冷凝器发生锈蚀，从而缩短空调的使用寿命，因此，进入秋季，为您爱车的空调做一次保养就显得尤为重要。

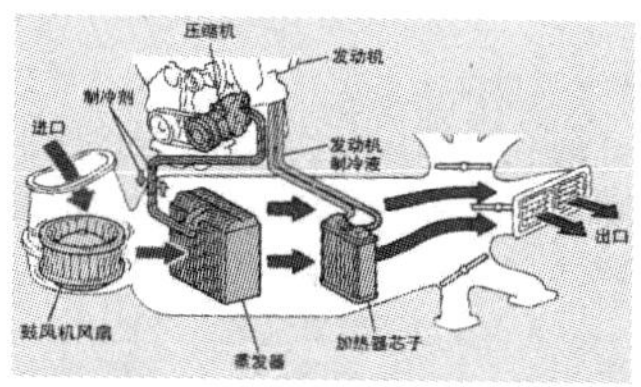

蓄电池保养

在冬天，汽车蓄电池的电极接线处是最容易出问题的地方，检查时，如果发现电极接线处有绿色氧化物，一定要用开水冲掉，这些绿色氧化物会引起发电机电量不足，使电瓶处于亏电状态，严重时还会引起电瓶报废，或者打不着车。

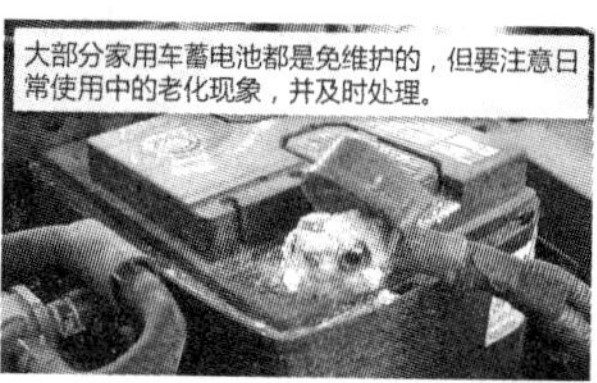

大部分家用车蓄电池都是免维护的，但要注意日常使用中的老化现象，并及时处理。

内饰保养

由于夏天高温、多雨，车内地毯、地胶及其他隐蔽处滋生了许多细菌，随着秋季的来临，车窗不再经常开启，车厢内的空气就会变得混浊，出现异味，而异味和细菌会对人体健康造成危害，因此，在换季时节，很有必要为您的爱车做一次彻底的内饰杀菌与清洁，比如臭氧除菌等。另外，门轴、导轨由于受到风沙的侵袭及洗车的影响容易生锈，开、关时会发出异响，这种问题只要定期在上面涂上防锈油即可解决。

◇四川 李运西

网购虽省心、维修无小事，安全细节不容轻视

——更换电热水壶蒸汽开关后怕记

以前网购不发达，维修师傅们最头疼的事情是找配件。网购发达之后，买工具配件简直是得心应手，大快人心。随着自媒体、短视频的兴起，各种维修视频教程更是如雨后春笋，让观众看得热血沸腾、摩拳擦掌，巴不得马上动手开工。时下网购竞争更加惨不忍睹，不但包邮，甚至免邮白送贴钱都有。因此DIY精神达到了空前绝后的高度。仿佛一夜之间，人人都变成了DIY维修高手，而实体维修店在一片质疑声中生意日渐惨淡，人不敷出，难以为继。

技术的提升、经验的积累，所需要的成本，只有内行人才知道。以笔者的风格，只要找对人办对事，多花点钱也值得。可是现在人们普遍只在乎价格。

今年2月份，店里的电热水壶不通电了，本着节约资源的精神，加上这个小的电器，拿到镇上去修理，时间成本也不低，干脆自己动手更省事。

电热水壶不通电，蒸汽开关氧化接触不良的可能性最大，经过一番测量之前，果然是蒸汽开关出了问题，闭合后仍然是开路，把开关内容也拆开看了一下，无法修复了，只能网购配件。由于我平时不是专业维修家电的，对这些配件的参数规格不是很熟悉，只能大概用名字用搜索啦，找到一家，量了尺寸很合适，原来的开关是10A的，他家的是16A的，而且说是纯银触点，寿命更长，4.5元三个还包邮，非常划算，真是皆大欢喜啊。

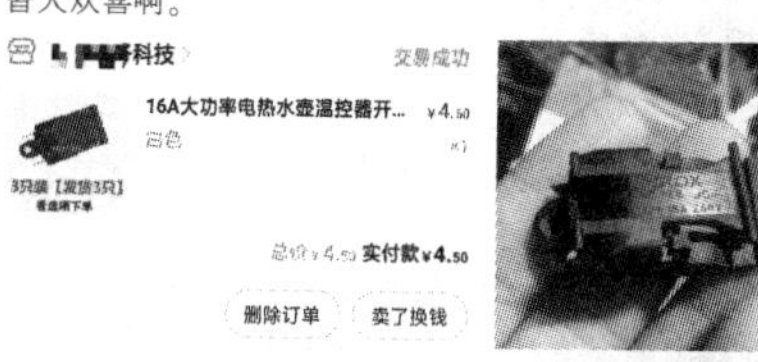

收到后换上，马上就能烧水，真是赚大了。这样一直正常用了半年。直到前两天烧水，放到底座上面之后，没合上开关，指示灯居然亮了。当时没多在意，以为是错觉，谁知道水烧开了拼命冒蒸汽了，这个蒸汽开关也跳闸了，可是指示灯还是亮的，没有断电啊。接好开水后再试，奇怪了。用了那么多年电热水壶，只见过合上开关不通电的，没见过断开开关还通电的，真是谜团啊。

拆开测量，无论是合上还是断开开关，两个引脚都是导通的，这个现象不好解释。直到拆解开关后，谜团终于解开。

先来简单描述一下电热水壶的工作原理，它是水开后自动断电的，全自动烧水啊，十分方便，价格还便宜。在把手的顶部设计有一个蒸汽开关，烧水时手动闭合开关，内部的情景为开关的两个带有磁性的银触点吸合导通，电源接通，水壶开始加热烧水。之所以叫蒸汽开关，是因为这种开头里面有一个金属片作为触发机关，这个金属片受到开水蒸气的热熏蒸会发生变形，从而推动一个机关，这个机关是加了弹簧的，开关闭合时，弹簧处于压缩状态，此时机关发生了一点点位移，瞬间弹簧就会释放并将上下两个塑料件撑起，其中一个塑料件会让两个银触点分离，从而实现借助蒸汽使金属片变形达到自动跳闸断电的目的，可谓很先进实用的发明。温度下降后金属片又恢复原状，下次又可以全自动烧开。这个开关设计在把手的顶部，目的是让蒸汽能进入到开头的四围，从而能熏蒸到开关，让开关里面的金属片温度升高。再加上有防干烧保护功能，从设计来看还是很安全的。

但是再安全的设计，一遇上劣质的配件，安全隐患就来了，从蒸汽开关外观是看不到里面的触点的，拆开后看到触点已经发黑了，这个应该还在正常的范围内吧。见下图，箭头所指为两个触点吸合在一起。

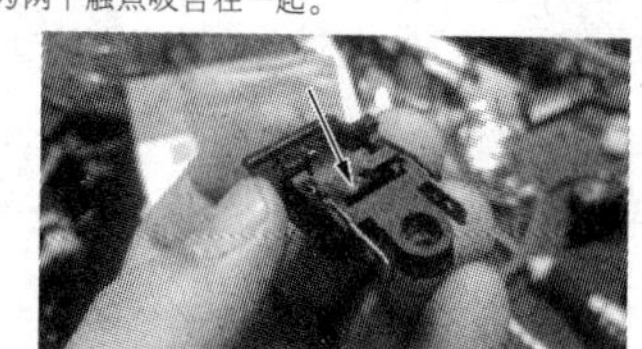

再看开关上部的塑料件，不禁大惊一惊，原来下图箭头所指的位置，是有一个凸起的塑料结构件的，这个结构件负责控制两个银触点的吸合和分离，但是这个结构件不见了一截，应该是被烫变形碎裂了。导致开关失灵了，始终处于吸合导通状态，里面的设计再灵活再厉害的机关，都没办法让两个触点分离了。

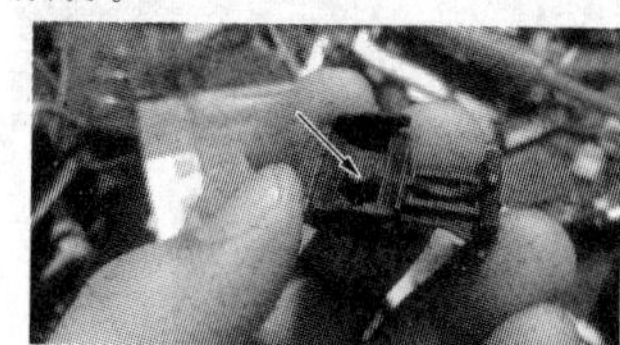

如果无人值守烧水，后果就不好说了。本来是知道几块钱的东西质量好不到哪里去的，可是不够重视，也没太在意。没想到金属件没坏，塑料件先坏了。无论是专业维修师傅，还是广大DIY们，都要吸取经验，特别是缺乏行业经验的非专业人士，最好还是找专业可靠的售后服务点进行修理，多花点钱，安全第一。

◇钟伟初

新瓶装旧酒——用电子管来升级音响产品

市场电子产品竞争激烈，很多朋友通过技术升级作差异化的产品来适应市场。近两年笔者工作中接触到一些有特色的好产品，愿与大家分享一下。

电子管无线话筒

无线话筒生产历史较长远，超过三十多年，无线话筒应用也较广。如今很多娱乐音响都配套有无线话筒，受成本与技术所限，很多无线话筒给您功能，但音效怎样可不作保证。

在工程领域，很多技术人员通过使用高端的配套器材(如前级、功放、音箱、线材等)与DSP调试来获得更好的听感，通常专业音响器材与家用HIFI音响器材泾渭分明，但如今很多专业音响器材按高保真的标准生产，部分器材也可用于家庭，并且也参考HiFi的器材调校音色。

部分读者可能知道真空管话筒，在某些高端的录音室有时使用真空管话筒，以获得比较有情感的音色，如图1所示，这类话筒售价不菲，多在万元以上。作为消费类电子产品，价格一直是较敏感的因素，成本预算很重要，我们可以用电子管作模拟信号放大，把电子管模拟信号放大移置于前级、无线话筒、功放等设备中，作为一款升级换代的新产品。

如何作差异化的产品？传统的无线话筒电路与功能在此暂不谈，如图2所示是一款电子管无线话筒的内部图，在传统无线话筒的基础上，内部采用国产电子管作模拟信号放大，如图3所示，以获得更好听感的人声。

如图4所示是在图2所示的无线话筒基础上增加电子管稳压电源，电源如图5所示，以获得更高品质的音色。设计较好的电子管放大器是比较"讨好"耳朵的。在影音工程领域，如今越来越多的工程商多选购电子管无线话筒作配套，如图6所示，其音色或许比换线改善更大。

电子管音频解码器

2020年5月29日《电子报》微信公众号刊登了笔者《用USB音频模块低成本系统设计打造高端发烧音源方案》一文，部分读者很感兴趣，认为该方案可行值得探讨学习。也有部分读者觉得不可思议，低成本制作难到能达到厂机的水平？其实家用音响经过数十年的发展，已无多少秘密可言，我们可学习、借鉴前人的学习成果，特别是《电子报》，里面有很多实用的技术，值得多次阅读体会，后期在工作生活中会用得着。

去年笔者寄出多套智慧分享LJAV—FX—DAC001模块(每套配套2个音频变压器)，供部分读者免费测试，如图7所示，并且给出了高端USB音频DAC的方案"USB音频DAC+音频变压器+电子管模拟音频放大+音频变压器"，也就是某些音响发烧友追求的"牛入与牛出"，用音频变压器来改善音色是一项古老的技术，本报影音技术版常有文章介绍。

用电子管作模拟音频放大其好处更是得到很多高烧友的认可，为了追求音乐味与特别的音色，部分发烧友多选择直热管作模拟放大，如3A5、101、2A3等电子管。

图8、图9是笔者开发的一款带USB音频电子管解码器，该机有多种功能，可作前级也可作解码器使用：可USB解码+模拟音频输入，电子管模拟音频放大，该机采用3A5与101直热管作模拟放大，该机最高支持768KHZ/32bit的PCM与DSD512的音频解码。其实电子管解码器国外也有很多品牌，比较有代表的品牌如波兰的Lampizator，售价数万元一台，读者可参考相关文章。

音响产业虽说已是"夕阳"产业，但仍有很多音响爱好者坚守着这块阵地。如何把传统工艺与现代产业结合在一起，开发出适应市场的新产品，需要大家多交流、多分享一些产业信息，或许有很多新点子大家可借鉴。新瓶装旧酒也可值得再玩。

◇广州 秦福忠

①

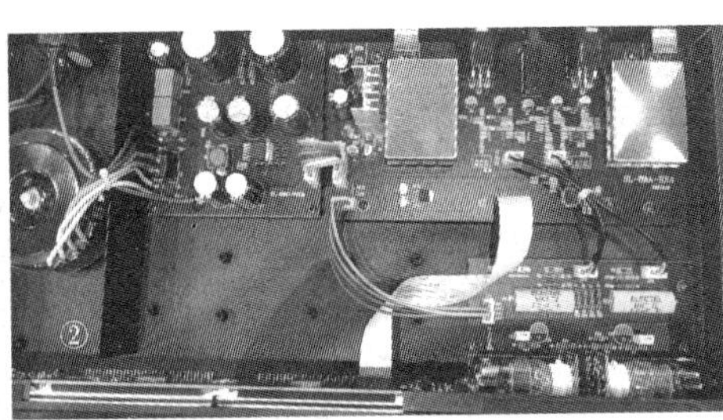

②

④

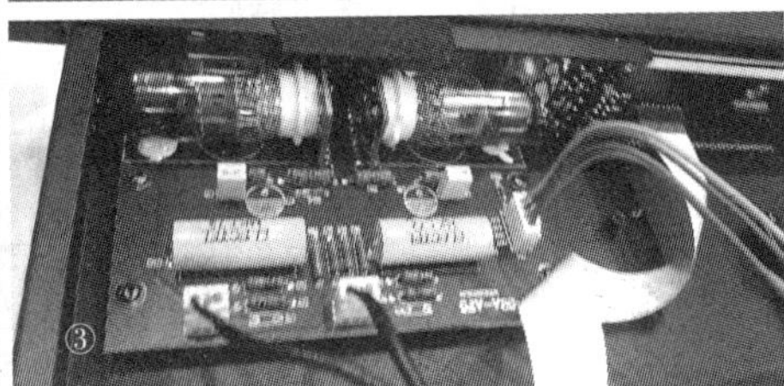

③

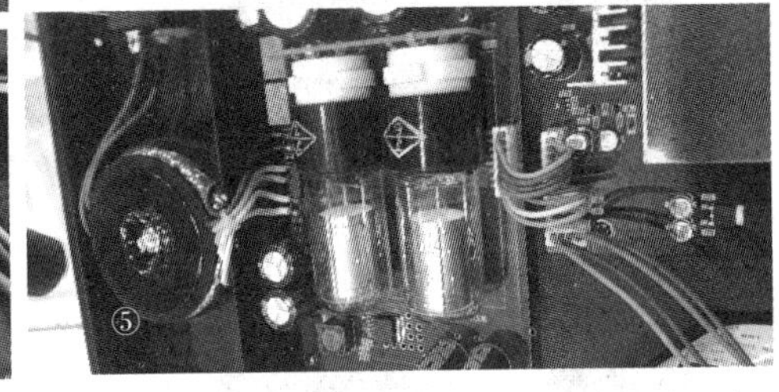

⑤

⑥

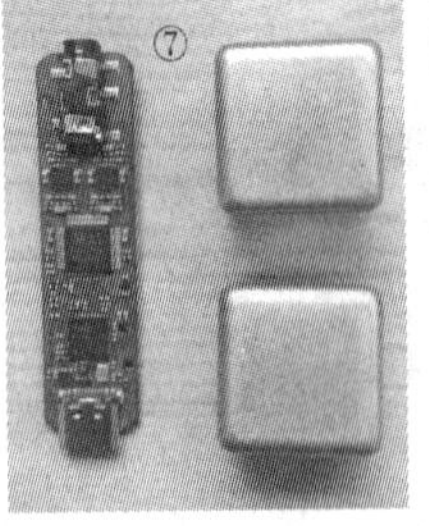

⑦

⑧

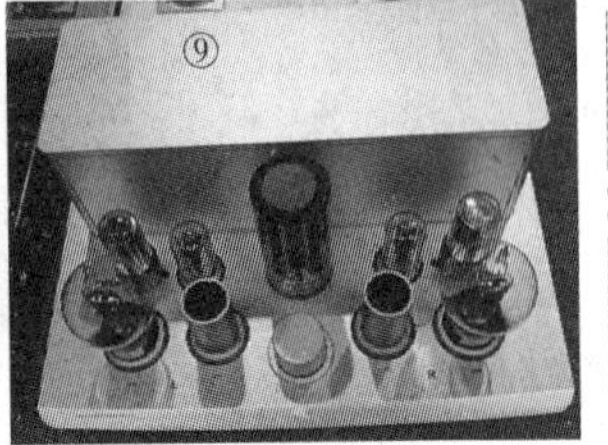

⑨

Redmi Note 11要来了

作为中低端机性价比首先之一的Redmi Note系列即将推出11系列。

在Redmi Note 11系列中，最受关注的还是主流的Redmi Note11 Pro了，目前这款手机的爆料越来越多了。

Redmi Note Pro 11将和Redmi Note Pro 10一样继续支持67W闪充。Redmi Note11Pro还将使用中挖孔的120Hz OLED显示屏，支持侧键指纹解锁，搭载天玑920处理器，后置三摄，主摄为一亿像素，内置5100毫安时双电芯电池，支持67W快充。

极有可能还有一款超大杯RedmiNote 11 Ultra，支持IP68防水防尘功能，支持120W超级快充，还可选全新的MDY-13-ET充电头，主要特色是部分采用了氮化镓材料，体积相比上一代120w超级快充头更加小巧，峰值稳定性也更强。Redmi Note 11 Ultra标志着千元机正式进入百瓦快充时代。

价格方面Redmi Note11系列将继续走性价比路线，预计起售价1699元，10月26日发布，相信这次发布是配合双11活动的，优惠力度相当大。

红米note11系列参数预测（仅供参考，切勿迷信）

红米Note11：
D810+前16MP+后50MP；LCD+120Hz；5000mAh+33W
预计6+128g 1199元，8+128g 1399元，8+256g 1599元

红米Note11 Pro：
D920+前16MP+后108MP；OLED+120Hz；X轴+2*JBL扬声器+NFC；5000mAh+67W
预计6G+128G 1599元，8G+128G 1799元，8G+256G 1999元

还有一款Note巅峰之作，等官宣

中职电子专业课程改革中的分析研究

摘要：随着我国信息化进程的不断加快，我国职业教育也迎来了一个前所未有的发展阶段。职业教育面临着新的发展机遇，也面临着新的挑战。在新的形势下，当前设置的中职课程已不能满足社会对我们的要求，职业教育只有通过深化改革，才能摆脱困境，求得发展。课程改革是职业教育改革的核心，只有通过开设那些具有现代教育理念、适应社会发展需要、符合各校各专业要求的课程，才能促进职业教育快速的发展，才能实现职业教育的长期发展目标。

本文以中职电子专业课程改革为背景分析了当前中等职业学校改革现状，说明了当前中职电子专业进行课程改革的必要性；以四川省宣汉职业中专学校近几年收集的电子专业毕业生的在校成绩和毕业后的月平均薪酬等相关信息作为数据来源，应用到中职电子专业课程改革，形成了建议本专业的专业课程安排表。

关键字：中职电子专业，课程改革

1. 中职电子专业课程改革的背景

我国当前的中等职业教育为社会经济建设发展做出了巨大贡献，人们对职业教育有了重新认识，职业教育办学规模也在不断扩大，国家也加大了在资金、设备、师资等方面的投入，职业教育已经在整个教育体系中的地位越来越高。但是由于国家产业结构不断地调整，企业的设备技术更新快，而中职电子专业在学校里讲授的知识陈旧，学校设备更新的速度远远跟不上企业的更换速度，出现了学生学无所用，毕业即失业的尴尬境地。很多毕业生即使进入企业上班，几乎都要进行再次培训以适应企业需要，但是，就算经过企业的再次培训，仍然有很多学生的技能没有相应提高，适应不了企业，相当多的毕业生也干不了多长时间，就会选择辞职，给企业造成很大经济和人力损失，导致了学校的声誉受损，家长不信任，学生规模减少的恶性循环。产生这些矛盾的根本原因就是在于我们当前的职业教育学科体系和课程模式过于传统、老旧，使得我们中职学生获取的知识和技能是相对独立的、老旧的，教师在教学过程中也大都是重理论、轻实践，我们培养的学生缺乏创新能力，综合素质不高，同时还缺乏企业岗位所需的工作经验和职业素养。为了深化中职电子专业课程改革，让电子专业走出当前的困境，就必须要改革现有课程模式，转变办学思路，调整课程结构，整合课程内容，才能更好地适应社会经济发展对中等技能型实用人才的迫切需要，推动中职电子专业又好又快地向前发展。

2. 当前电子专业课程存在的主要问题

改革开放以来，中职电子技术专业的开办和发展，培养出了一大批技能型人才，获得了人们的认可，受到企业和社会的一致好评，为社会经济发展作出了巨大贡献。但是随着经济的高速发展，社会对电子专业人才的需求也有所改变，这对中职电子专业发展来说既是机遇又是挑战。在课程改革方面，我们必须要加快改革的步伐和力度，不能只改皮毛，浅尝辄止。因为只有课程改革成功了，教育改革才有可能会成功，只有不断对电子专业课程进行改革，不断创新，才能推进当前电子专业的进一步发展。为了找到当前课程设置的不足，本文通过开展一系列的家长会、校企交流会、教研会、师生座谈会等，得出了本校电子技术专业现在的课程设置存在以下主要问题：

①课程结构不合理

这一问题主要表现在以下几个方面：

(1)课程科目很多，学科之间的内容严重交叉，课程的安排有时会根据师资力量来决定，课程设置不是很合理。

(2)课程设置不很符合电子专业要求的实用性、综合性、灵活性、变通性的特点，缺乏整体优化，文化课、专业基础课与专业技能课之间关联不大。

(3)对于原先的课程设该删除的没有删除，课时该增加的没有增加，也就是说，课程门类或开设过少，或开设过多，结构比例不合理，涉及新设备、新技术的需要新开设的科目却没有开设出来，但是有的与就业不相关老旧的课程却仍在开设，故培养的学生不能胜任今后工作的岗位。

②课程内容陈旧落后，跟不上形势

现在中职电子专业的课程设置基本还是采用以传统的学科组织的设置，教法老套，理论知识占很大比重。例如，电子专业所学的《计算机基础》这门课程，这门课程就包括计算机的原理、编码等，这些课程所包含的内容理解困难，枯燥无味，尤其对于中职电子专业的学生来说，很少会有学生产生学习兴趣的，这些内容对于电子专业学生而言，对今后的就业也没有帮助，比如我们可以增加一些类似电子产品组装与调试、电梯运行控制方面的课程等，学生一定会感兴趣，也会帮助到学生今后更好的就业。

③课程缺乏实用性

它主要体现在老师所讲的课堂知识对电子专业学生毕业后工作没有多大帮助，学生上班不能直接用到学校所学技能。现在，大多数的中等职业学校所开设的一部分课程对今后工作没有多大帮助，没有实用性，讲授这些课程的很多教师仍停留在传统的知识讲授阶段，讲授的也是相对老旧的知识，传授的也是过时的技能，特别一些课程科目知识更新快，但是学校讲授的内容仍停留在原始阶段，很难跟上社会发展的步伐。根据学生毕业后反馈，学校实验设备、设施和公司生产设备差异很大，大部分的任课老师课堂上讲述理论时学生听得很有趣，但真正在今后工作中，很难使用到这些知识，技能知识和岗位需求严重脱节。

④课程中实际操作、实习的内容太少

电子技术专业作为一个强调实用性的专业，强调学生综合能力的培养，如果设置的课程中理论没有联系实际，就很难达到这个目标。但是从当前这个专业的课程内容上看，理论知识太多，操作实践内容太少的现象依然存在，这种情况严重阻碍着中等职业教育的发展，也不利于学生的全面发展。

⑤课程管理方式不够现代，不利于调动学生的学习兴趣

人们的求知欲望和认识兴趣，除产生于认识需要外，还产生于人的好奇心。目前有相当一部分老师，特别是老教师，基本还是采用老旧、传统的教学方法，这样的后果就是难以激发学生学习的兴趣。学生厌学情况严重，学习效率低下。

从以上几个方面可以看出，随着我国职业教育改革的不断深入，迫切要求我们对现有的中职电子专业课程进行改革，及时把社会经济发展中出现的各种新技术、新成果等信息融入课程里，反映到教学过程中来，才能提高教育教学质量，适应社会发展对中等职业教育人才的要求。可以说中等职业教育改革的主要任务就是课程改革。只有进行改革才可以促进中等职业教育的进一步发展，实现中等职业教育的长期发展目标。

3. 中职电子专业课程改革解决

从我校教务处和招生就业处获得我校 400 名 17~20 级毕业生的专业及其技能课成绩、获取技能等级证书情况、毕业后薪资待遇，以这些信息为数据来源，用来分析所开设的课程科目、技能等级证书以及毕业后薪资水平的联系，随机摘取其中 10 名学生的相关信息如表 1。

我们知道，中职生要获取毕业证书的首要条件之一，就是必须获得专业技能等级证书，由上分析可知，电工基础与电子基础成绩是否优秀会直接影响学生能否拿到专业技能等级证书，在今后的课程改革中建议本专业电工基础与电子基础可适当增加课时；冰箱空调维修、电工技能和电子技能成绩是否优秀与学生能否拿到专业技能证书关系比较密切，故在今后的课程改革中建议本专业冰箱空调维修、电工技能和电子技能保持原课时不变；PROTEL 和单片机成绩是否优秀与学生能否拿到专业技能证书关系不大，故建议本专业今后课程改革中 PROTEL 和单片机适当减少课时。薪资高的毕业生与是否有专业技能证书关系密切，所以在今后的课程改革中应着重注意与技能等级证书的相关课程建议适当增加课时如电工基础、电子基础；与其关系不密切的如单片机和 PROTEL 可建议适当减少课时；

通过上面的分析，建议我校电子专业课程安排可更改如表 2 所示。

建议电子专业的专业课程安排表

◇四川省宣汉职业中专学校 唐 渊

表 1

学生	语文	数学	外语	体育	电工	电工技能	电子	电子技能	电子产品组装	冰箱空调维修	单片机	电视机维修	移动通信	PROTEl	证书	平均薪资
张述	71	68	78	81	83	86	87	85	75	80	70	80	65	62	有	5080
李强	74	68	69	71	87	92	88	91	72	76	77	85	61	61	有	5200
袁凯	86	88	69	78	51	62	45	32	47	61	55	37	49	53	无	2350
廖桥	75	76	72	80	54	52	68	67	73	65	75	75	80	81	无	3950
牟松	68	90	81	85	84	90	81	86	72	73	76	75	76	81	有	4965
杨俊	67	71	68	86	65	71	68	62	72	68	62	68	81	89	有	3980
符涛	72	74	68	76	75	74	68	69	66	68	69	60	83	86	有	3700
马琳	78	86	88	81	81	86	88	89	74	76	78	81	68	63	有	5215
杨平	62	75	76	83	80	75	76	89	63	68	89	71	78	77	有	3860
刘鹏	69	72	68	68	80	88	76	77	68	67	69	78	77	84	有	5009
杨鑫	78	66	68	78	85	86	88	90	75	82	86	71	82	87	有	5026

表 2

序号	课程名称	课时安排			
		第一学期	第二学期	第三学期	第四学期
1	电工	5	5	2	2
2	电工技能	2	2	2	2
3	电子	5	5	2	2
4	电子技能	2	2	2	2
5	电子产品组装			2	2
6	冰箱空调维修			3	3
7	单片机	4	4	3	3
8	电视机维修			3	3
9	移动通信			5	5
10	PROTEL	3	3		

多线程编程 C 语言版(一)

线程的概念

什么是多线程,提出这个问题的时候,我还是很老实的拿出操作系统的书,按着上面的话敲下"为了减少进程切换和创建开销,提高执行效率和节省资源,我们引入了线程的概念,与进程相比较,线程是 CPU 调度的一个基本单位。"

当 Linux 最初开发时,在内核中并不能真正支持线程。那为什么要使用多线程?

使用多线程的理由之一是和进程相比,它是一种非常"节俭"的多任务操作方式。运行于一个进程中的多个线程,它们彼此之间使用相同的地址空间,共享大部分数据,启动一个线程所花费的空间远远小于启动一个进程所花费的空间,而且,线程间彼此切换所需的时间也远远小于进程间切换所需要的时间。

那么线程是干什么的呢?简要概括下线程的职责:线程是程序中完成一个独立任务的完整执行序列。

线程的管理

创建线程

```
#include <pthread.h>
int pthread_create (pthread_t *thread, const pthread_attr_t *attr,
void *(*start_routine) (void *), void *arg);
```

– thread:线程 id,唯一标识

– attr:线程属性,参数可选

– start_routine:线程执行函数

– arg:传递给线程的参数

Demo1:创建一个线程

```
#include <pthread.h>
#include <stdio.h>
void *workThreadEntry(void *args)
{
char*str = (char*)args;
printf("threadId:%lu,argv:%s\n",pthread_self(),str);
}
int main(int argc,char *agrv)
{
pthread_t thread_id;
char*str = "hello world";
pthread_create(&thread_id,NULL,workThreadEntry,str);
printf("threadId=%lu\n",pthread_self());
pthread_join(thread_id,NULL);
}
```

编译运行

```
$ gcc -o main main.c -pthread
$ ./main
threadId=140381594486592
threadId:140381585938176,argv:hello world
```

运行结果是创建一个线程,打印线程 id 和主线程传递过来的参数。

线程退出与等待

在 Demo1 中我们用到了 pthread_join 这个函数

```
#include <pthread.h>
int pthread_join(pthread_t thread, void **retval);
```

这是一个阻塞函数,用于等待线程退出,对线程资源进行收回。

一个线程对应一个 pthread_join()调用,对同一个线程进行多次 pthread_join()调用属于逻辑错误,俗称耍流氓。

那么线程什么时候退出?

1. 在线程函数运行完后,该线程也就退出了

2. 线程内调用函数 pthread_exit()主动退出

3. 当线程可以被取消时,通过其他线程调用 pthread_cancel 的时候退出

4. 创建线程的进程退出

5. 主线程执行了 exec 类函数,该进程的所有的地址空间完全被新程序替换,子线程退出

线程的状态

线程 pthread 有两种状态 joinable 状态和 unjoinable 状态,如果线程是 joinable 状态,当线程函数自己返回退出时或 pthread_exit 时都不会释放线程所占用堆栈和线程描述符(总计 8K 多)。只有当你调用了 pthread_join 之后这些资源才会被释放。若是 unjoinable 状态的线程,这些资源在线程函数退出时或 pthread_exit 时自动会被释放。pthread 的状态在创建线程的时候指定,创建一个线程默认的状态是 joinable。

状态为 joinable 的线程可在创建后,用 pthread_detach()显式地分离,但分离后不可以再合并,该操作不可逆。

```
#include <pthread.h>
int pthread_detach(pthread_t thread);
```

pthread_detach 这个函数就是用来分离主线程和子线程,这样做的好处就是当子线程退出时系统会自动释放线程资源。

主线程与子线程分离,子线程结束后,资源自动回收。

线程取消

在线程的退出中我们说到线程可以被其他线程结束。

1. 一个线程可以调用 pthread_cancel 来取消另一个线程。

2. 被取消的线程需要被 join 来释放资源。

3. 被取消的线程的返回值为 PTHREAD_CANCELED

有关线程的取消,一个线程可以为如下三个状态:

1. 可异步取消:一个线程可以在任何时刻被取消。

2. 可同步取消:取消的请求被放在队列中,直到线程到达某个点,才被取消。

3. 不可取消:取消的请求被忽略。

首先线程默认是可以取消的,通过 pthread_setcancelstate 设置线程的取消状态属性。

```
#include <pthread.h>int pthread_setcancelstate(int state, int *oldstate);int pthread_setcanceltype(int type, int *oldtype);
```

可取消	不可取消
PTHREAD_CANCEL_ENABLE	PTHREAD_CANCEL_DISABLE

调用 pthread_setcanceltype 来设定线程取消的方式:

```
pthread_setcanceltype (PTHREAD_CANCEL_ASYNCHRONOUS, NULL); //异步取消、
pthread_setcanceltype (PTHREAD_CANCEL_DEFERRED, NULL); //同步取消、
pthread_setcanceltype (PTHREAD_CANCEL_DISABLE, NULL); //不能取消
```

线程回收

Linux 提供回收器(cleanup handler),它是一个 API 函数,在线程退出的时候被调用。

```
#include <pthread.h>
void pthread_cleanup_push(void (*routine)(void *),
void pthread_cleanup_pop(int execute);
```

这两个 API 是为了解决线程终止或者异常终止时,释放资源的问题。

Demo2:线程回收示例

```
//pthread_pop_push.c
#include<pthread.h>
#include<unistd.h>
#include<stdlib.h>
#include<stdio.h>
void cleanup()
{
printf("cleanup\n");
}
void *test_cancel(void)
{
//注册一个回收器
pthread_cleanup_push(cleanup,NULL);
printf("test_cancel\n");
while(1)
{
printf("test message\n");
sleep(1);
}
//调用且注销回收器
pthread_cleanup_pop(1);
}
int main()
{
pthread_t tid;
pthread_create(&tid,NULL,(void *)test_cancel,NULL);
sleep(2);
pthread_cancel(tid);
pthread_join(tid,NULL);
}
```

线程的私有数据

我们在开头的概述中讲到运行于一个进程中的多个线程,它们彼此之间使用相同的地址空间,共享大部分数据。既然是大部分数据那么就有属于线程的私有数据。

TSD 私有数据,同名但是不同内存地址的私有数据结构。

创建私有数据

```
int pthread_key_create (pthread_key_t *__key,void (*__destr_function) (void *));
int pthread_key_delete (pthread_key_t __key);
```

– __key:pthread_key_t 类型的变量

– __destr_function:清理函数,用来在线程释放该线程存储的时候被调用

创建和删除私有数据是对应的。

读写私有数据

```
extern int pthread_setspecific (pthread_key_t __key,const void *__pointer);
void *pthread_getspecific (pthread_key_t __key);
```

– __key:pthread_key_t 类型的变量

– __pointer:void* 类型的值

Demo3:线程私有数据示例

```
//pthread_key_test.c
#include <stdio.h>
#include <unistd.h>
#include <pthread.h>
pthread_key_t key;
void echomsg(void *t)
{
printf ("destructor excuted in thread %lu,param =%p\n", pthread_self(),((int *)t));
}
void * thread1(void *arg)
{
int i=10;
printf("set key value %d in thread %lu\n",i,pthread_self());
pthread_setspecific(key,&i);
printf("thread 2s..\n");
sleep(2);
printf("thread:%lu,key:%d,address:%p\n",pthread_self(),*((int *)pthread_getspecific(key)),(int *)pthread_getspecific(key));
}
void * thread2(void *arg)
{
int temp=20;
printf("set key value %d in thread %lu\n",temp,pthread_self());
pthread_setspecific(key,&temp);
printf("thread 1s..\n");
sleep(1);
printf("thread:%lu,key:%d,address:%p\n",pthread_self(),*((int *)pthread_getspecific(key)),(int *)pthread_getspecific(key));
}
int main(void)
{
pthread_t tid1,tid2;
pthread_key_create(&key,echomsg);
pthread_create(&tid1,NULL,(void *)thread1,NULL);
pthread_create(&tid2,NULL,(void *)thread2,NULL);
pthread_join(tid1,NULL);
pthread_join(tid2,NULL);
pthread_key_delete(key);
return 0;
}
```

运行结果

```
$ ./main
set key value 20 in thread 139739044730624
thread 1s..
set key value 10 in thread 139739053123328
thread 2s..
```

(下转第 531 页)

多线程编程C语言版(二)

(上接第530页)

thread:139739044730624,key:20,address:0x7f17881f4ed4

destructor excuted in thread 139739044730624,param = 0x7f17881f4ed4

thread:139739053123328,key:10,address:0x7f17889f5ed4

destructor excuted in thread 139739053123328,param = 0x7f17889f5ed4

从结果集里面可以看到key在两个线程中的地址是一样的但是key值不同。

线程属性

在创建线程的时候,pthread_create第二个参数设为NULL即线程属性,一般情况下,使用默认属性就可以解决我们开发过程中的大多数问题。

线程属性标识pthread_attr_t结构如下

```
//线程属性结构如下:
typedef struct
{
int detachstate; //线程的分离状态
int schedpolicy; //线程调度策略
structsched_param schedparam; //线程的调度参数
int inheritsched; //线程的继承性
int scope; //线程的作用域
size_t guardsize; //线程栈末尾的警戒缓冲区大小
int stackaddr_set; //线程的栈设置
void* stackaddr; //线程栈的位置
size_t stacksize; //线程栈的大小
}pthread_attr_t;
```

属性值不能直接设置,须使用相关函数进行操作,初始化的函数为pthread_attr_init,这个函数必须在pthread_create函数之前调用。之后须用pthread_attr_destroy函数来释放资源。

```
#include <pthread.h>
int pthread_attr_init(pthread_attr_t *attr);
int pthread_attr_destroy(pthread_attr_t *attr);
```

线程属性主要包括如下属性:

作用域(scope)

栈尺寸(stack size)

栈地址(stack address)

优先级(priority)

分离的状态(detached state)

调度策略和参数(scheduling policy and parameters)。

默认的属性为非绑定、非分离、缺省1M的堆栈、与父进程同样级别的优先级。

这里简要说明下线程分离状态(detached state)和堆栈大小(stacksize),主要是这个我个人用的比较多。

Demo4:线程属性设置

```
#include <pthread.h>
#include <unistd.h>
#include <stdio.h>
void* thread_run(void* args){
size_t threadSize;
pthread_attr_t* threadAttr = (pthread_attr_t*)args;
pthread_attr_getstacksize(threadAttr,&threadSize);
printf("thread threadSize:%ld\n",threadSize);
}
int main(){
pthread_t threadId;
pthread_attr_t threadAttr;
pthread_attr_init(&threadAttr);
pthread_attr_setdetachstate(&threadAttr, PTHREAD_CREATE_DETACHED); //PTHREAD_CREATE_DETACHED:线程分离 ;PTHREAD_CREATE_JOINABLE:非分离线程
pthread_attr_setstacksize(&threadAttr, 4 * 1024 * 1024);
pthread_create(&threadId, &threadAttr, thread_run, &threadAttr);
sleep(1);
return 0;
}
```

运行结果

```
$ gcc -o main main.c -lpthread
$ ./main
thread threadSize:4194304
```

这样我们就创建一个堆栈大小为4194304线程分离的线程。

Linux线程属性总结文章参考:

https://blog.csdn.net/nkguohao/article/details/38796475

线程的同步互斥

在开头说道,在多线程的程序中,多个线程共享堆栈空间,那么就会存在问题

互斥锁

在多线程的程序中,多个线程共享临界区资源,那么就会有竞争问题,互斥锁mutex是用来保护线程间共享的全局变量安全的一种机制,保证多线程中在某一时刻只允许某一个线程对临界区的访问。

POSIX标准下互斥锁是pthread_mutex_t,与之相关的函数有:

```
int pthread_mutex_init (pthread_mutex_t * mutex , pthread_mutexattr_t * attr);
int pthread_mutex_destroy (pthread_mutex_t * mutex);
int pthread_mutex_lock (pthread_mutex_t * mutex ); //阻塞式
int pthread_mutex_unlock (pthread_mutex_t * mutex );
int pthread_mutex_trylock (pthread_mutex_t * mutex );// 非阻塞式
int pthread_mutex_timedlock(pthread_mutex_t mutex, const struct timespec *tsptr);
```

返回值:成功则返回0,出错则返回错误编号.

对共享资源的访问,要对互斥量进行加锁,如果互斥量已经上了锁,调用线程会阻塞,直到互斥量被解锁.在完成了对共享资源的访问后,要对互斥量进行解锁。

Demo5:互斥锁的应用

```
//使用互斥量解决多线程抢占资源的问题
#include <stdio.h>
#include <stdlib.h>
#include <unistd.h>
#include <pthread.h>
#include <string.h>
char* buf; //字符指针数组  全局变量
int pos; //用于指定上面数组的下标
//1.定义互斥量
pthread_mutex_t mutex;
void *task(void *p)
{
//3.使用互斥量进行加锁
// pthread_mutex_lock(&mutex);
buf[pos] = (char *)p;
usleep(200); //耗时操作
pos++;
//4.使用互斥量进行解锁
// pthread_mutex_unlock(&mutex);
}
int main(void)
{
//2.初始化互斥量,默认属性
pthread_mutex_init(&mutex, NULL);
//1.启动一个线程  向数组中存储内容
pthread_t tid, tid2;
pthread_create(&tid, NULL, task, (void *)"str1");
pthread_create(&tid2, NULL, task, (void *)"str2");
//2.主线程进程等待,并且打印最终的结果
pthread_join(tid, NULL);
pthread_join(tid2, NULL);
//5.销毁互斥量
pthread_mutex_destroy(&mutex);
int i = 0;
printf("字符指针数组中的内容是:");
for(i = 0; i < pos; ++i)
{
printf("%s ", buf[i]);
} printf("\n");
return 0;
}
```

Demo中注释掉了互斥锁,运行结果如下:

```
$ ./main
字符指针数组中的内容是:str1 (null)
```

Demo中创建了两个线程用来给buf赋值字符串,期望的效果是第一个线程给buf赋值'str1',第二个线程给buf赋值'str2',当出现耗时操作的时候同时给buf赋值'str1'和'str2',与期望不符。

加上互斥锁之后,运行结果如下

```
$ ./main
字符指针数组中的内容是:str2 str1
```

读写锁

读写锁与互斥量类似,不过读写锁允许更改的并行性,也叫共享互斥锁。

如果当前线程读数据 则允许其他线程进行读操作 但不允许写操作。

如果当前线程写数据 则其他线程的读写都不允许操作

例如对数据库数据的读写应用:为了满足当前能够允许多个读出,但只允许一个写入的需求,线程提供了读写锁来实现。

与读写锁相关的API函数如下所示:

```
#include <pthread.h>
int pthread_rwlock_init (pthread_rwlock_t *rwlock,const pthread_rwlockattr_t *attr);
int pthread_rwlock_rdlock (pthread_rwlock_t *rwlock ); // 非阻塞式
int pthread_rwlock_wrlock(pthread_rwlock_t *rwlock ); // 非阻塞式
int pthread_rwlock_tryrdlock (pthread_rwlock_t *rwlock); //阻塞式
int pthread_rwlock_trywrlock (pthread_rwlock_t *rwlock); //阻塞式
int pthread_rwlock_unlock (pthread_rwlock_t *rwlock);
int pthread_rwlock_destroy(pthread_rwlock_t *rwlock);
```

读写锁的使用和互斥锁类似,接下来Demo简单演示下

Demo创建了四个线程,两个读线程,两个写线程,当写线程抢到锁之后,读取用户输入(有人在写),这个时候其他读写锁都不能锁定,当用户输入完之后,其他线程抢锁,读线程抢到锁之后,只有另一个读线程才可以抢到锁,写线程不可以抢到锁。

Demo6:读写锁的应用

```
#include <errno.h>
#include <pthread.h>
#include <stdio.h>
#include <stdlib.h>
#include <unistd.h>
#include <string.h>
static pthread_rwlock_t rwlock;
#define WORK_SIZE 1024
char work_area;
int time_to_exit;
void *thread_function_read_o(void *arg);
void *thread_function_read_t(void *arg);
void *thread_function_write_o(void *arg);
void *thread_function_write_t(void *arg);
int main(int argc,char *argv)
{
int res;
pthread_t a_thread,b_thread,c_thread,d_thread;
void *thread_result;
res=pthread_rwlock_init(&rwlock,NULL);
res = pthread_create (&a_thread, NULL, thread_function_read_o, NULL);//create new thread
res = pthread_create (&b_thread, NULL, thread_function_read_t, NULL);//create new thread
res = pthread_create (&c_thread, NULL, thread_function_write_o, NULL);//create new thread
res = pthread_create (&d_thread, NULL, thread_function_write_t, NULL);//create new thread
res = pthread_join(a_thread, &thread_result);
res = pthread_join(b_thread, &thread_result);
res = pthread_join(c_thread, &thread_result);
res = pthread_join(d_thread, &thread_result);
pthread_rwlock_destroy(&rwlock);
exit(EXIT_SUCCESS);
}
```

(下转第539页)

硬禾学堂专栏

你没被A.I.吓着吧？

A.I.时代来临，A.I.很热，我们对A.I.不能视而不见，我们要了解，我们更要学习。

科学界提出“人工智能”(Artificial Intelligence，缩写A.I.)这个概念是1956年的夏天，在Dartmouth学院的一个废弃的小阁楼上，一小撮数学家和科学家决定要组建一个科学家小组，目标是花一个夏天的时间让机器能够模拟人的行为，具备人的智能。

然而，没有实现，当时的设想还是基于符号、基于逻辑推理的思路，机器根本无法理解人的推理是如何进行的。经历了半个世纪，人们仍旧不停地探索，什么基于规则、框架以及逻辑的专家系统、什么神经网络，由于当时缺乏强大的计算力和海量的数据，这些理论探索只是停留Paper上，供科研的资金越来越少，对A.I.的研究越来越冷，只留下孤零零的几支仍然在不屈不挠地探索着如何让机器像人一样智能，人工智能的研究处于漫长的冬季，只有不断出现的忧患意识极强、想象力极其丰富的好莱坞大片—Terminator、i.Robot、Her....给这些科学家们一些希望。

突然，2016年，世界冠军李世石被一只能自我学习、自我对弈的Alpha狗连续扁了4次以后，人们在媒体的大肆渲染下，猛地发现人工智能(A.I.)其实在财大气粗、科技情怀满满的科技巨头的推动下，已经悄悄来到我们的身边，比如Nest(被Google收购)的智能温控器可以根据主人的习惯自动调节室温；IBM的Watson基于X光片的诊断已经让几十年工龄的老医生担心自己快下岗了；苹果的Siri/Amazon的Echo可以听懂不同方言的人的口语并给出答案；Google的无人驾驶汽车每天穿行在硅谷拥堵的车流里等。

机器已经能够听懂我们的方言——自从2011年苹果在iPhone 4S上推出Siri，迄今智能语音交互技术已经日趋成熟，比如我们工程师用醇厚的山东口音和语法飘忽的英语指挥Google的Assistant控制连接在树莓派GPIO上的彩色LED的状态，毫无争议地证明了机器对人的语言的解读能力已经胜过多数人对人自身语言的理解。

机器睁开了火眼金睛——无论是苹果、Facebook、Google、微软，乃至我国的企业某度，都具备了在“百万军中取上将首级”的能力，于是我们的大街小巷、机场车站都被A.I.赋能的“雪亮的摄像头”凝视，天网恢恢，疏而不漏。机器视觉也成了最火热的技术领域，被各色的PPT公司赋予了巨大的财富想象空间。

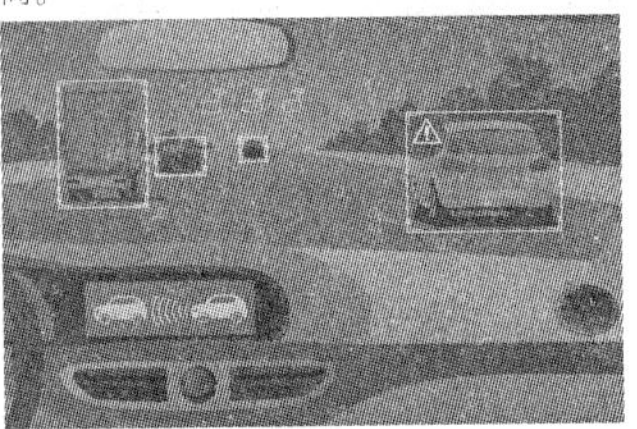

机器为什么开始智能了？因为“机器学习”(Machine Learning)了，机器学习中最聪明的一种就是仿生人脑神经结构的“深度学习”(Deep Learning)，又叫“深度神经网络”(缩写DNN)。这种算法离不开以下三项：

1. 足够的计算能力——我们的IC已经接近了摩尔定律的极限；

2. 海量的数据——互联网搞了20年，移动互联网也搞了10来年了，网络带宽到了Gbps、存储器到了TB，这海量的数据丢进去，让处理器玩命进行拟合，即便最随机分布的数都能让科学家仅凭脑袋就总结出一堆的统计规律，何况还有这么超级计算力的机器日夜不停地进行计算；

3. 钱——没钱就没法买速度飞快的计算机系统，还要集群才能行；没钱就没法付巨额的电费让这些机器昼夜不停地跑。

天时、地利、人和基本具备，于是在我们这个幸运的时代，依靠强大的计算力、基于海量的数据、在某些场景下就能够拟合出一个$y=f(x,t)$的关系式，这个过程被叫作“训练”(Training)，基于这个训练过程拟合出来的关系，给定一个输入量x，系统就告诉你最有可能的结果是y，这个过程叫“推理”。

当然人类的步伐不只是让机器听懂我们、看明白我们，还要让机器帮我们干活，尤其是干体力活，于是各种机器人的研发成了热点，人们的目标就是让机器人成为人类的奴隶，只要喂它们点“电”，它们就可以不知疲倦地为我们扫地、端盘子、扛麻袋……看看波士顿动力机器人Atlas这妖娆的跳跃走位，估计不久就可以飞檐走壁、上房揭瓦了，建筑工人只需要躺在树荫下喝着可乐听着歌，指挥这些钢铁大力士。

对于A.I.的未来，不同的人有不同的看法，比如霍金、钢铁侠马斯克都对A.I.的发展持谨慎态度，担心有朝一日我们人类会毁于这些被我们创造出来的新物种，要防患于未然。

我个人觉得所谓的A.I.威胁论纯粹是杞人忧天，毕竟进化了几十万年的人类，脑袋里的神经网络根本不是几十亿颗晶体管制造的硅片能模拟的；人吃一个馒头能够跑几十公里，机器人背上一坨电池跑半个小时就得倒下，在人类还没有将$E=MC^2$用起来之前，根本不必担心机器人会对我们人类有任何威胁，至少在我们的有生之年这个问题不会困扰我。

我们来记住一位牛人——加拿大多伦多大学的教授、神经网络的先驱、深度学习的教父级牛人Geoffrey Hinton，正是他坚持不懈地在神经网络领域的耕耘终于让微软、Google在语音处理、图像识别方面有了质的飞跃，从而也燃爆了人们对深度学习的热情，开辟了人工智能学习的一条道路，我们不知道这条道路究竟能走多远，但无论如何，我们人类在认知世界的过程中迈出了大大的一步。

电子科技博物馆专栏

编前语：或许，当我们使用电子产品时，都没有人记得或知道老一批电子科技工作者们是经过了怎样的努力才奠定了当今时代的小型甚至微型的诸多电子产品及家电；或许，当我们拿起手机上网、看新闻、打游戏、发微信朋友圈时，也没有人记得是乔布斯等人让手机体积变小、功能变强大；或许，有一天我们的子孙后代只知道电子科技的进步而遗忘了老一辈电子科技工作者的艰辛……

成都电子科技博物馆旨在以电子发展历史上有代表性的物品为载体，记录推动电子科技发展特别是中国电子科技发展的重要人物和事件。电子科技博物馆的快速发展，得益于广大校友的关心、支持、鼓励与贡献。据统计，目前已有河南校友会、北京校友会、深圳校友会、绵德广校友会和上海校友会等13家地区校友会向电子科技博物馆捐赠具有全国意义(标志某一领域特征)的藏品400余件，通过广大校友提供的线索征集藏品1万余件，丰富了藏品数量，为建设新馆奠定了基础。

“我与电子科技博物馆共成长”征文

今年欢笑复明年秋月春风等闲度

我和甘光GS—16HX老式电影机(下)

(上接42期本版)

玩老电影，机器不贵，胶片贵，这是我一年来最深刻的感受。

目前在16毫米二手电影胶片市场上，全新的经典电影胶片，要价八千到数万元，放映场次较多的经典电影也要500到1000元，所谓场次少，也是在两三百场以上。很多胶片里面的接头坏齿都不少，你得学会花时间去打理，才可以正常放映。

我感觉全新未拆封的电影胶片太贵了，所以我都是选择千元以下的。不知不觉，我竟然已经收藏了近二十多个电影胶片了！现在寻找小时候有印象的心仪的老电影胶片，是我每天的规定内容动作。

由于电影胶片都是30年前的，收到胶片后，我第一个动作就是对它们进行清洁除尘，因为16毫米电影都是室外使用的，胶片会比较脏，里面经常夹着蚊子及飞蛾等等；接着就是修片，坏齿修复，断片重接。一部电影为4本，因为修片必须手动倒片，逐格验收，很耗时间，通常要修1天才能正常使用。

如今，买了甘光GS-16HX电影机将近一年了，从陌生到熟悉，从外行到内行，现在故障完全自我处理。今天的时代，国际互联网就是我们最好的老师：我学会了如何换抓片爪和光电池，更用了新型实用的红光还音系统，取消了传统易损的激励灯泡还音系统，现在音色更为响亮了！原装50毫米的甘光标准镜头，它是空旷广场上16米距离那么远使用的，家用完全不适合，因为放映的画面太小了，完全找不到看电影的感觉，于是我选择了最好的家用短焦镜头，3米距离可以放映出120寸的画面，这下确实够完美了！

可见，玩老电影也是很不容易的，要玩得尽兴，不但要有一定的经济实力，还要花时间去学会很多东西。

现在，淘到一个好电影，就叫几个好朋友欢聚一堂，听着儿时的老电影嗒嗒的走片声，简直是太美妙了，大家欢笑声连连，希望充实快乐的时光永无尽头！

总之，有了甘光GS-16HX电影机的日子，让本就丰富多彩的生活更添活力！我们看儿时的朝鲜片《火车司机的儿子》和《卖花姑娘》，还有激情燃烧岁月里的《艳阳天》和《青松岭》……其中熟悉的插曲，动人的旋律，我们无不感叹岁月的美好！

漫漫人生路，虽然会遇到艰辛和坎坷，但有电子科技产品的相伴，再大的困难也可以无视，或者是以平常心对待，因为我们有强大的精神寄托，我们乐在其中！

◇江西 易建勇

电子科技博物馆“我与电子科技或产品”

本栏目欢迎您讲述科技产品故事，科技人物故事，稿件一旦采用，稿费从优，且将在电子科技博物馆官网发布。欢迎积极赐稿！

电子科技博物馆藏品持续征集：实物；文件、书籍与资料；图像照片、影音资料。包括但不限于下列领域：各类通信设备及其系统；各类雷达、天线设备及系统；各类电子元器件、材料及相关设备；各类电子测量仪器；各类广播电视、设备及系统；各类计算机、软件及系统等。

电子科技博物馆开放时间：每周一至周五9:00-17:00，16:30停止入馆。

联系方式

联系人：任老师 联系电话/传真：028-61831002

电子邮箱：bwg@uestc.edu.cn 网址：http://www.museum.uestc.edu.cn/

地址：(611731)成都市高新区(西区)西源大道2006号

电子科技大学清水河校区图书馆报告厅附楼

科沃斯DEEBOT DW700地宝扫地机器人故障检修与拆机技巧

近日，朋友的科沃斯DEEBOT DW700地宝扫地机器人出现故障，右边刷不转，语音提示“地宝悬空，请放回地面”“沿刷被缠绕，请清理”。

此机右边刷电机控制部分实绘电路见图1所示，图中贴片电阻阻值皆为标称值，未换算。

一、电路简介

主机工作时，六反相斯密特触发器U30(76CT4SK HC14)⑥脚输出高电平，开关控制场效应管Q12(N11A)导通，可充电池GB(NI-MHSC 3000mAh12V)通过电源开关K、Q12的D、S极、过流检测电阻R144(R100)等，给边刷电机线圈供电，边刷转动。

当边刷转轴被杂物缠绕转动受阻时，电机电流增大，R144压降增大，双运放U18(A42S BEGP)⑤脚电压升高。当电压达到设定值时，CPU U7(GD32FL03，未画出)发出指令，停止电机转动，语音提示“沿刷被缠绕，请清理”。

电流检测电阻R50、R51(R033)、双运放U6(A42S BEGP)等组成GB电量采样电路，在充电或清扫状态下，当R50、R51上的压降小于设定值时，CPU停止充电或认为电量不足，需要及时补充电量。

热敏电阻RT被置入电池组件之间，为电池过热检测电阻，常温下其阻值约150kΩ。电池温度升高，RT阻值减小，当RT阻值小于设定值时，CPU进入保护状态，停止工作。

2个驱动轮底槽一侧，各有1个微动开关(未画出)，为驱动轮悬空检测开关。驱动轮弹出底槽时，开关断开，主机语音提示“地宝悬空，请放回地面”；驱动轮压进底槽时，开关闭合接通，进入可工作状态。2个开关组成“与”的关系，任何一个开路，主机都会语音提示“地宝悬空，请放回地面”。

二、拆机技巧

此机前红外线防撞检测板很容易拆卸，不做赘述，现重点介绍一下上盖和底座的分离。上盖和底座由6颗固定螺丝和2个锁扣紧紧地扣在一起，很难拆卸。若拆卸不得法，很容易将锁扣损坏，拆卸步骤如下：

1.揭开上盖板，取走集尘盒；

2.卸下底部6颗固定螺丝和8颗小螺丝，取下半圆形固定条，不要去揭铭牌标识，其底下无螺丝；

3.将前红外线防撞检测板向外侧拉一拉，留出空间，以便于插入螺丝刀。如果要修理电路板，也可以将防撞检测板的4个接插件全部拔下，使之与底座彻底分离。

4.上盖与底座的2个固定锁扣，位于集尘盒把手左右两侧上盖的凹槽处。以下是最关键的一步：用宽度约6mm的一字型螺丝刀，插入右侧“R”端驱动轮底槽与上盖的接缝处，也就是拉簧上部偏左一些的缝隙部位，一只手缓用力，向胸部方向推上盖凹槽处，另一只手缓用力，逆时针方向旋转螺丝刀，随着清脆的“咔”的一声，撬开右侧上盖与底座的锁扣；之后，再采用同样的手法，撬开左侧L端的锁扣，不过，此时螺丝刀要改为顺时针方向旋转。先拆左还是先拆右无所谓，看个人习惯，关键是要把螺丝刀插入接缝的最窄处。

三、故障检修

故障现象一：语音提示“地宝悬空，请放回地面”

分析与检修：出现此故障时，只要轻轻压一下主机上盖，或将主机拿起再重新放回地面，有时又可工作一段时间。

怀疑2个驱动轮底槽一侧的微动开关接触不良，拆下前红外线防撞检测板，拔下主板左右驱动轮排线J5、J6，用500型万用表R×1Ω挡，按下和弹起驱动轮，测J5、J6 2根黑线间电阻，结果测得右侧驱动轮J6排线黑线之间，在驱动轮被按下时，电阻不为零，很显然，其底槽一侧的微动开关接触不良。

按照上述拆卸方法，将上盖与底座分离，拆下右侧驱动轮组件，取下微动开关，将其放入酒精中浸泡，同

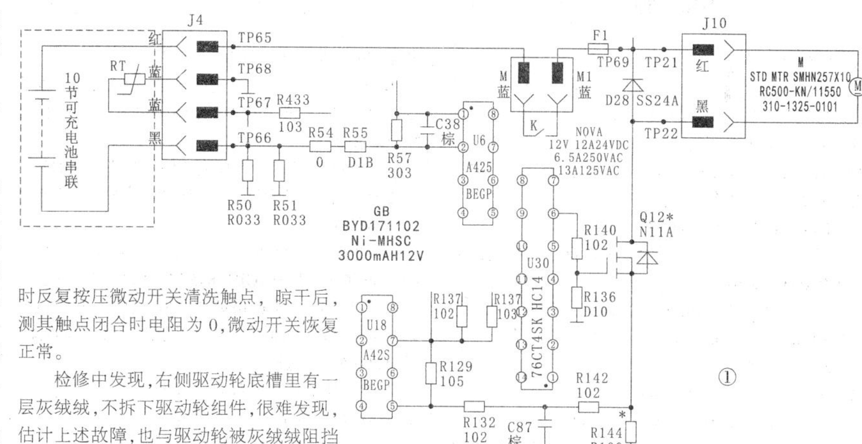

时反复按压微动开关清洗触点，晾干后，测其触点闭合时电阻为0，微动开关恢复正常。

检修中发现，右侧驱动轮底槽里有一层灰绒绒，不拆下驱动轮组件，很难发现，估计上述故障，也与驱动轮被灰绒绒阻挡不到位有关，将其清理干净。

主机底部的3个下视红外线光电感应器，其透明的防尘罩里面也不干净，将其拆下，清理干净后归位。这3个下视光电传感器，原理与光电鼠标类似，主要用来检测主机是否走到地面的边沿处，比如将主机放在桌子上行走，当主机走到桌子边沿时，红外线接收管接收不到地面的反射光，CPU便确认主机已走到桌子边沿，马上停止前行，转入下一个动作。

将主机复原后试机，还提示“地宝悬空，请放回地面”。再次打开上盖，测右侧驱动轮微动开关，又接触不好，看来用酒精清洗开关不可靠。此开关不好找，只好将其连接的针脚用焊锡短接。

故障现象二：语音提示“沿刷被缠绕，请清理”

分析与检修：怀疑边刷轴套被杂物缠绕，拔下2个边刷，发现轴套上有很多头发和线头，清理干净后复原试机，故障依旧，估计电机或控制电路有问题。

打开前红外线防撞检测板，保持各排线处于连接状态，按下电源开关，启动主机瞬间，左侧电机旋转，此时，用500型表测得左侧L端边刷电机接插线J11红黑线之间DC电压，从0V缓慢升至10V。而用同样的方法，测得右侧R端边刷电机接插线J10红黑线之间电压，始终为0V，看来右侧电机控制电路有问题(见图2所示)。

经检测发现过流检测电阻R144开路，开关控制场效应管Q12(N11A)三极短路。这两个元件损坏，很有可能电机也坏了。用500型表R×1Ω挡，对比左右侧边刷电机线圈非在路电阻，发现转动左侧边刷转轴，测得电机线圈电阻，有时约为10Ω，有时为约为17Ω，而右侧边刷电机线圈电阻却始终为4Ω左右，怀疑右侧电机线圈局部短路。

用计算机5V电源，短时间给右侧电机线圈供电，发现电机可以转动，但碳刷处冒烟，断电后摸得转轴处非常烫手，看来电机的确坏了。

网购同型号电机，缓慢转动边刷转轴，测得电机线圈正常电阻，有时约为13Ω，有时约为17Ω。电阻不一样，估计与碳刷和换向轴所处位置不同有关。N11A、R100不好找，分别用平衡车废线路板上的贴片场效应管ND06和0.1Ω/1W电阻代替。

复原后试机，右侧边刷电机仍不转。此时，测D极电压始终为12V，而ND06的G极电压，缓慢从0V上升到3.3V，这说明电机启动信号正常，ND06没有导通。看来ND06参数不对，不能代替N11A。N11A很难买到，也查不到具体参数，决定再用三极管S8050试一下，S8050的B、C、E分别对应N11A的G、D、S。

用软线连接焊好后，打开电源开关，短时间通电试机，观察右侧边刷电机转动且可控，但左侧边刷电机一直在转动，显然不对，很快就发现左侧电机碳刷和控制场效应管Q14(N11A)处冒烟，急忙断电。再测左侧电机控制场效应管Q14(N11A)，发现其D、S极间短路，过流检测电阻R173(R100)还好，未开路。

转动左侧边刷电机转轴，测其线圈非在路电阻有时为4Ω，有时为17Ω，很显然，电机线圈也存在局部短路。

换上左侧边刷电机，Q14暂时用S8050代替，试机，主机工作正常，“地宝悬空，请放回地面”、“沿刷被缠绕，请清理”故障排除，但工作一会儿，故障又现，看来S8050顶不住，因暂时无法找到同型号的场效应管，只有等待找到后再换上。

换下的边刷电机，揭开上盖，将其分离，实物照片见图3所示。

观察线圈完好无损，未短路，但发现换向轴3个窄槽黑乎乎的，有积碳，估计短路与此有关。用牙签将窄槽积碳剔除掉，用酒精擦洗干净，之后，测窄槽任意两侧的电阻均为17Ω左右。复原上盖，缓慢转动电机边刷转轴，测电机红黑线之间电阻，有时约为13Ω，有时约为17Ω，边刷电机短路故障也排除。

再检查电机齿轮组件是否正常，打开组件的3个锁扣，发现从动轮轴上缠有很多头发，这些头发是从边刷转轴处缠进齿轮组件内的，将其清理干净后复原。至此，两个齿轮组件也修好。

此类扫地机，采用有刷电机来扫地，使用久了，很容易导致电机换向轴处积碳短路发热，引起驱动板元件被烧坏。判断电机是否积碳也很简单，就是转动边刷转轴，测其红黑线之间线圈电阻，只要阻值在13Ω或17Ω左右，就说明电机转轴未积碳，否则，就需要开盖清理了，若清理不及时，左右两侧电机控制板上的Q14、R173、Q12、R144必坏无疑。

此故障也与平时不注意维护保养有关，如果平时清理及时，主机也不至于这么快就坏了。

◇山东 黄杨

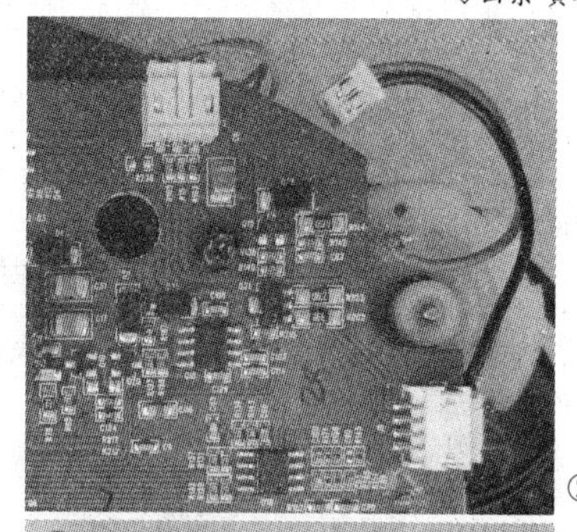
②

③

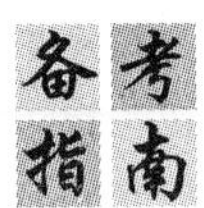

注册电气工程师供配电专业知识考题解答㉜

(接上期本版)

30. 对于第二类建筑物，在电子系统的室外线路采用光缆时，其引入的终端箱处的电气线路侧，当无金属线路引出本建筑物至其他有自己接地装置的设备时可安装B2类慢上升率试验类型的电涌保护器，其短路电流宜选用下述的哪个数值？(B)

(A)70A(B)75A(C)80A(D)85A

解答思路：第二类建筑物→《建筑物防雷设计规范》GB50057-2010。

解答过程：依据GB50057-2010《建筑物防雷设计规范》第4.3节，第4.3.8条第8款。选B。

31. 建筑楼梯间内消防应急照明灯具的地面最低水平照度不应低于多少？(B)

(A)10.0lx(B)5.0lx(C)3.0lx(D)1.0lx

解答思路：消防应急照明灯具→GB50016-2014《建筑设计防火规范(2018版)》。

解答过程：依据GB50016-2014《建筑设计防火规范(2018版)》第10.3节，第10.3.2条第3款。选B。

32. 对于雨淋系统的联动控制设计，下面哪项可作为雨淋阀组开启的联动触发信号？(D)

(A)其联动控制方式应由不同报警区域内两只及以上独立感烟探测器的报警信号，作为雨淋阀组开启的联动触发信号

(B)其联动控制方式应由同一报警区域内一只感烟探测器与一只手动火灾报警按钮的报警信号，作为雨淋阀组开启的联动触发信号

(C)其联动控制方式应由同一报警区域内一只感烟探测器与一只感温探测器的报警信号，作为雨淋阀组开启的联动触发信号

(D)其联动控制方式应由同一报警区域内两只及以上感温探测器的报警信号，作为雨淋阀组开启的联动触发信号

解答思路：联动控制设计→《火灾自动报警系统设计规范》GB50116-2013→雨淋系统。

解答过程：依据GB50116-2013《火灾自动报警系统设计规范》第4.2节，第4.2.3条。选D。

33. 建筑设备监控系统控制网络层(分站)的RAM数据断电保护，根据规范规定，下列哪个时间符合要求？(D)

(A)8小时(B)24小时(C)48小时(D)72小时

解答思路：建筑设备监控系统→《民用建筑电气设计规范》JGJ16-2008→制网络层(分站)。

解答过程：依据JGJ16-2008《民用建筑电气设计规范》第18.4节，第4款。选D。

34. 综合布线系统设计时，当采用OF-500光纤信道等级时，其支持的应用长度不应小于下列哪一项？(C)

(A)90m(B)300m(C)500m(D)2000m

解答思路：综合布线系统→GB50311-2016《综合布线系统工程设计规范→OF-500光纤信道、应用长度。

解答过程：依据GB50311-2016《综合布线系统工程设计规范》第3.2节，第3.2.3条。选C。

35. 管型母线的固定方式可分为支持式和悬吊式两种，当采用支持式管型母线时，需要控制管母线挠度，请问按规范要求，支持式管型母线在无冰无风状态下的跨中挠度应满足下面哪项要求？(B)

(A)不宜大于管型母线外径的0~0.5倍

(B)不宜大于管型母线外径的0.5~1.0倍

(C)不宜大于管型母线外径的1.0~1.5倍

(D)不宜大于管型母线外径的1.5~2.0倍

解答思路：管型母线→《导体和电器选择设计技术规定》DL/T5222-2005。

解答过程：依据DL/T5222-2005《导体和电器选择设计技术规定》第7.3节，第7.3.7条。选B。

36. 对TN系统的安全防护，下列哪项描述是错误的？(D)

(A)在TN系统中，电气装置的接地是否完好，取决于PEN或PE导体对地的可靠有效连接

(B)供电系统的中性点或中间点应接地，如果该系统没有中性点或中间点未从电源设备引出，则应将一个线导体接地

(C)在PEN导体中不应插入任何开关或隔离器件

(D)过电流保护电器不可用作TN系统的故障保护(间接接触防护)

解答思路：安全防护→《低压电气装置第4-41部分：安全防护电击防护》GB16895.21-2011→TN系统。

解答过程：依据GB16895.21-2011《低压电气装置第4-41部分：安全防护电击防护》第411.4节，第411.4.1条~第411.4.5条。选D。

37. 关于架空线路导线和地线的初伸长，下列哪项表述是错误的？(B)

(A)35kV线路导线的初伸长对弧垂的影响可采用降温法补偿，钢芯铝绞线可降低15~25℃

(B)35kV线路地线的初伸长对弧垂的影响可采用降温法补偿，钢绞线可降低15℃

(C)10kV及以下架空电力线路的导线初伸长对弧垂的影响可采用减少弧垂法补偿，铝绞线的减少率为20%

(D)10kV及以下架空电力线路的导线初伸长对弧垂的影响可采用减少弧垂法补偿，钢芯铝绞线的减少率为12%

解答思路：架空线路→《66kV及以下架空电力线路设计规范》GB50061-2010→导线和地线的初伸长。

解答过程：依据GB50061-2010《66kV及以下架空电力线路设计规范》第5.2节，第5.2.5条、表5.2.5、第5.2.6条。选B。

38. 关于液体物料的防静电措施，下列哪项表述是错误的?(B)

(A)在输送好灌装过程中，应防止液体的飞散喷溅，从底部或上部入罐的注油管末端应设计成不易使液体飞散的倒T等形状或另加导流板，上部灌装时，使液体沿侧壁缓慢下流

(B)对罐车等大型容器灌装烃类液体时，宜从底部进油，若不得已采用顶部进油时，则其注油管宜伸入罐内离罐底不大于300mm，在注油管末浸入液面前，其流速应限制在2m/s以内

(C)在储存罐、罐车等大型容器内，可燃性液体的表面，不允许存在不接地的导电性漂浮物

(D)当液体带电很高时，例如在精细过滤器的出口，可先通过缓和器后再输出进行罐装，带电液体在缓和器内停留时间，一般可按缓和时间的3倍来设计

解答思路：防静电措施→GB12158-2006《防止静电事故通用导则》→液体物料。

解答过程：依据GB12158-2006《防止静电事故通用导则》第6.3节，第6.3.2条~第6.3.6条。选B。

39. 下列哪个场所室内照明光源宜选用<3300K色温的光源？(B)

(A)卧室(B)诊室(C)仪表装配(D)热加工车间

解答思路：室内照明→《建筑照明设计标准》GB50034-2013→色温。

解答过程：依据GB50034-2013《建筑照明设计标准》第4.4节，第4.4.1条、表4.4.1。选B。

40. 有线电视自设前端设备输出的系统传输信号电平，下列哪项不符合规范的规定？(B)

(A)直接馈送给电缆时，应采用低位频段低电平的电平倾斜方式

(B)直接馈送给电缆时，应采用低位频段高电平的电平倾斜方式

(C)直接馈送给电缆时，应采用高位频段高电平的电平倾斜方式

(D)通过光链路馈送给电缆时，下行光发射机的高频输入必须采用电平平坦方式

解答思路：有线电视、自设前端→《民用建筑电气设计规范》JGJ16-2008

解答过程：依据JGJ16-2008《民用建筑电气设计规范》第15.4节，第15.4.9条。选B。

二、多项选择题(共30题，每题2分。每题的备选项中有2个或2个以上符合题意。错选、少选、多选均不得分)

41. 下列哪些低压设施可以省去间接接触防护措施？(A、C)

(A)附设在建筑物上，且位于伸臂范围之外的架空线绝缘子的金属支架

(B)架空线钢筋混凝土电杆内可触及的钢筋

(C)尺寸很小(约小于50mm×50mm)，或因其他部位不可能被人抓住或不会与人体部位有大面积的接触，而且难于连接保护导体或即使连接，其连接也不可靠的外露可导电部分

(D)敷设线路的金属管或用户保护设备的金属外护物

解答思路：省去间接接触防护措施→《低压电气装置第4-41部分：安全防护电击防护》GB16895.21-2011。

解答过程：依据GB16895.21-2011《低压电气装置第4-41部分：安全防护电击防护》第410.3.9节，。选A、C。

42. 关于电力系统三相电压不平衡的测量和取值，下列哪些表述是正确的？(A、C)

(A)测量应在电力系统正常运行的最小方式(或较小方式)，不平衡负荷处于正常、连续工作状态下进行，并保证不平衡负荷的最大工作周期包含在内

(B)对于电力系统的公共连接点，测量持续时间取2天(48h)，每个不平衡度的测量间隔为1min

(C)对电力系统的公共连接点，供电电压负序不平衡度测量值的10min方均根值的95%概率大值不大于2%，所有测量值中的最大值不大于4%

(D)对于日夜波动不平衡负荷也可以时间取值，日累计大于2%的时间不超过96min，且每30min中大于2%的时间不超过5min

解答思路：三相电压不平衡→《电能质量三相电压不平衡》GB/T15543-2008→测量和取值。

解答过程：依据GB/T15543-2008《电能质量三相电压不平衡》第6章，第6.1条、第6.2条、第6.3条。选A、C。

43. 对于低压系统接地的安全技术要求，下列哪几项表述是正确的？(A、C)

(A)为保证在故障情况下可靠有效地自动切断供电，要求电气装置中外露可导电部分应通过保护导体或保护中性导体与接地极连接，以保证故障回路的形成

(B)建筑物内的金属构件(金属水管)可作为保护导体

(C)系统中应尽量实施总等电位联结

(D)不得在保护导体回路中装设保护电器，但允许设置手动操作的开关和只有用工具才能断开的连接点

解答思路：低压系统接地的安全技术要求→《系统接地型式及安全技术要求》GB14050-2008。

解答过程：依据GB14050-2008《系统接地型式及安全技术要求》第5章，第5.1.1条、第5.1.6条、第5.1.2条、第5.1.5条。选A、C。

44. 某地区35kV架空输电线路，当地气象条件如下：最高温度+40.7℃、最低温度-21.3℃、年平均气温+13.9℃、最大风速21m/s、覆冰厚度5mm、冰比重0.9。关于35kV输电线路设计气象条件的选择，下列哪些项表述是正确的？(A、C)

(A)年平均气温工况：气温15℃，无风、无冰

(B)安装工况：气温-5℃，风速10m/s，无冰

(C)雷电过电压工况：气温15℃，风速10m/s，无冰

(D)最大风速工况：气温为-5℃，风速20m/s，无冰

解答思路：35kV架空输电线路→《66kV及以下架空电力线路设计规范》GB50061-2010→气象条件。

解答过程：依据GB50061-2010《66kV及以下架空电力线路设计规范》第4章，第4.0.1条、第4.0.2条、第4.0.4条、第4.0.5条、第4.0.8条、第4.0.11条。选A、C。

(未完待续)

◇江苏 键谈

PLC梯形图程序的步进图设计法(一)

在进行PLC程序设计时,如果碰到具有顺序步进控制功能即被控电器按动作先后顺序进行工作的控制系统,这时使用步进图设计法来设计梯形图程序是最合适的。

1. 步进图设计法的步骤

①画流程图。

②画步进图。

③画梯形图。

2. 步进图设计法的要点

(1)画流程图的要点

在实际的工业生产中,常常会出现按动作先后顺序步进控制电器的情况,例如,液体混合控制装置的工作过程为:初始状态→电磁阀A开启投放液体甲→电磁阀B开启投放液体乙→搅拌电机开启搅拌液体→电磁阀C开启排放混合液体→返回初始状态……。为了更清晰地表达液体混合控制装置工作过程的流向,更清晰地表达出工作过程中每一个阶段分别控制哪些被控电器,更清晰地表达出工作过程中关闭当前工作步激活后续步的所需条件,人们用方形框来表示"工步"(工艺步的简称),用菱形框来表示"激活条件"(关闭当前工作步激活后续步的所需条件的简称),用方形框和菱形框之间的垂直线段来表示工作过程的"流向路线",用方形框右边标注的文字来表达出"被控电器",于是画出了如图1所示的工艺流程图(也称工作流程图),通常直接简称为流程图。

从图1可以看出,画流程图的要点是:必须符合工作过程和控制要求,必须遵循工步与工步之间有激活条件、激活条件与激活条件之间有工步、工步的右边有被控电器、工步与激活条件之间有流向线的原则。同时还可看出,工步、激活条件、流向线和被控电器是构成流程图的四大要素。

(2)画步进图的要点

由于PLC编译软件无法识读流程图,因此也就无法把流程图下载到PLC中去,为了解决这个问题,也为了便于把流程图转换成梯形图,人们用标有M系列(或S系列)辅助存储器编号的方形框来表示"工步",用标有存储器触点编号的横短线来表示"激活条件",用Y系列(以及T系列和C系列)存储器的编号来表示"被控电器",仍用垂直线段来表示"流向线",于是便把流程图转换成了步进图(有的PLC书籍上称其为顺序功能图或状态转移图甚至仍称为流程图),如图2所示。

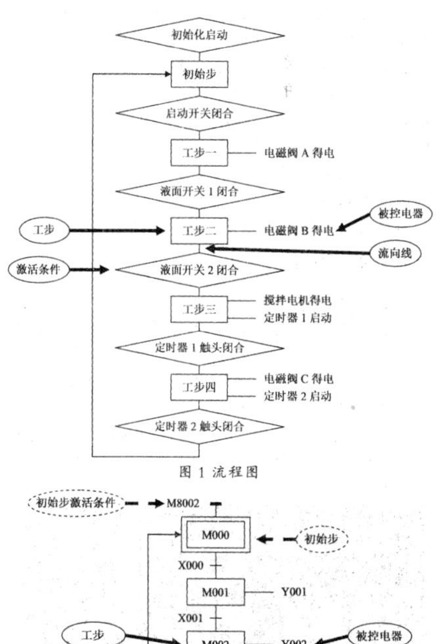

图1 流程图

图2 步进图

显而易见,把流程图转换成步进图的要点是:用标有M系列(或S系列)辅助存储器编号的方形框来代换流程图中的"工步",用标有存储器触点编号的横短线来代换流程图中的"激活条件",用Y系列(以及T系列和C系列)存储器的编号来代换流程图中的"被控电器",仍用垂直线段来代换流程图中的"流向线"。

常见的步进图结构形式有单线结构、自复位结构、全循环结构、部分循环结构、跳步结构、单选结构和全选结构7种,但是事实上,工业生产中实际控制系统的步进图属于单纯某种结构的情况是很少很少的,绝大多数的情况下往往都是一些非常复杂的混合结构,而这些混合结构形式又是多种多样、互不相同的,更没有一个现成的模板可供套用,这就给我们的画步进图工作带来了很大的困难。不过把话说回来,尽管混合结构的步进图复杂多变,但我们总能把它分解成几种单纯的结构,换句话说,我们用常见的7种结构步进图模板进行合理的组合,就能够拼装出多种多样的复杂多变的混合结构步进图。在实际工作中,我们就是这样做的。

(3)画梯形图的要点

步进图其实也是PLC的一种编程语言(即SFC),在GX Developer编译软件上可以直接下载到PLC中去,但当你还未学会在GX Developer编译软件上绘制步进图时,或者在使用FXGP/WIN-C编译软件时,就必须把步进图转换成梯形图了。

把步进图转换成梯形图的方法有启保停电路法、置位复位电路法、步进电路法、移位电路法四种,但经过仔细比较后,我们发现置位复位电路法具有如下优点:

①国内外任何一种PLC产品的编程语言中,都有置位和复位这两条指令,所以,置位复位电路法在任何一种PLC产品上都可以使用,通用性极强。

②置位复位电路法把梯形图设计分成步进控制和输出控制两部分来设计,不仅只用一个电路块便完成了指定激活条件、退出当前工作步和进入后续步这些步进规则规定的工作,轻松地实现了步进控制,而且用步进触点来集中控制被控电器,有效地避免了线圈重复使用的问题,因此,置位复位电路法编写出的程序标准规范,层次清晰、便于阅读和理解、又不会出错。

(未完待续)

◇无锡华泰石精密电子有限公司 周秀明

PLC梯形图程序的真值表设计法(二)

(接上期本版)

3. 用真值表设计法设计三人制约仓库门锁的控制系统

试设计一个三人制约仓库门锁的控制系统,具体控制要求如下:

仓库门锁上设置有三个锁孔开关,当锁孔中没有插入钥匙或插入无效钥匙时,该锁孔的锁孔开关断开;当锁孔中插入有效钥匙时,该锁孔的锁孔开关闭合。

三个锁孔开关中,只有一个锁孔开关闭合时,红灯亮起发出不允许开锁的警告;只有两个锁孔开关闭合时,黄灯亮起发出无法开锁的提示;当三个锁孔开关全部闭合时,绿灯亮起发出开锁信号并使电磁锁得电打开门锁。

从控制要求中可以看出,电磁锁与三个锁孔开关之间具有严格的组合逻辑控制关系,因此,非常适合用真值表设计法来设计梯形图程序。

第一步:确认主令电器和被控电器。

三人制约仓库门锁控制系统中,主令电器有3个—锁孔开关SB1、锁孔开关SB2、锁孔开关SB3;被控电器有4个—红灯HL1、黄灯HL2、绿灯HL3、电磁锁线圈KM(其中电磁锁线圈与绿灯动作规律一致且完全同步)。

第二步:分配PLC存储器。

分配的结果如表1所示。

表1 PLC存储器分配表

输入存储器分配		输出存储器分配	
元件名称及代号	输入存储器编号	元件名称及代号	输出存储器编号
锁孔开关SB1	X001	红灯HL1	Y001
锁孔开关SB2	X002	黄灯HL2	Y002
锁孔开关SB3	X003	绿灯HL3	Y003
		电磁锁线圈KM	Y004

第三步:填写真值表。

参见表2。

①先在真值表模板的电器代号一行中,对应于主令电器1、主令电器2、主令电器3、被控电器1、被控电器2、被控电器3、被控电器4的空格,分别填上SB1、SB2、SB3、HL1、HL2、HL3、KM。

②接着在真值表模板的存储器编号一行中,对应于SB1、SB2、SB3、HL1、HL2、HL3、KM的空格,分别填上X001、X002、X003、Y001、Y002、Y003、Y004。

③再把图2中的表C填到真值表模板的输入栏空格中(因为本控制系统共有3个主令电器,所以选图2中的表C)。

④最后依据控制要求,分析得知每一种控制状态对应的被控电器的得电与失电情况有3种—对应于第二种、第三种和第五种控制状态,被控电器1应为1;对应于第四种、第六种和第七种控制状态,被控电器2应为1;对应于第八种控制状态,被控电器3和被控电器4应为1,余下的空格应全为0。把分析的结果填写到真值表模板的输出栏空格中(为了看得清晰,避免遗漏或出错,这里为0的空格干脆不填,而让其空着),得出的真值表如表2所示。

表2 三人制约仓库门锁的真值表

可能出现的控制状态	输入			输出			
	主令电器1	主令电器2	主令电器3	被控电器1	被控电器2	被控电器3	被控电器4
第一种	0	0	0				
第二种	1	0	0	1			
第三种	0	1	0	1			
第四种	1	1	0		1		
第五种	0	0	1	1			
第六种	1	0	1		1		
第七种	0	1	1		1		
第八种	1	1	1			1	1
存储器编号	X001	X002	X003	Y001	Y002	Y003	Y004
电器代号	SB1	SB2	SB3	红灯HL1	黄灯HL2	绿灯HL3	电磁锁KM

第四步:画梯形图。

①表2所示的真值表中,因使Y001为1的控制状态有3种—第二种、第三种和第五种,因此第一级阶梯应由3条支路并联而成;又因每种控制状态各由3个主令电器组合而成,因此,每条支路应由3个输入存储器触点X001、X002、X003串联而成;同时可看出,使Y001为1的第一行(即第二种控制状态)的输入存储器状态分别为—X001为1、X002为0、X003为0,使Y001为1的第二行(即第三种控制状态)的输入存储器状态分别为—X001为0、X002为1、X003为0,使Y001为1的第三行(即第五种控制状态)的输入存储器状态分别为—X001为0、X002为0、X003为1,因此,第一条支路应由动合触点X001、动断触点X002、动断触点X003串联而成,第二条支路应由动断触点X001、动合触点X002、动断触点X003串联而成,第三条支路应由动断触点X001、动断触点X002、动合触点X003串联而成。这样一来,仿照梯形图模板的结构,梯形图的第一级阶梯就被画出来了,如图4所示。

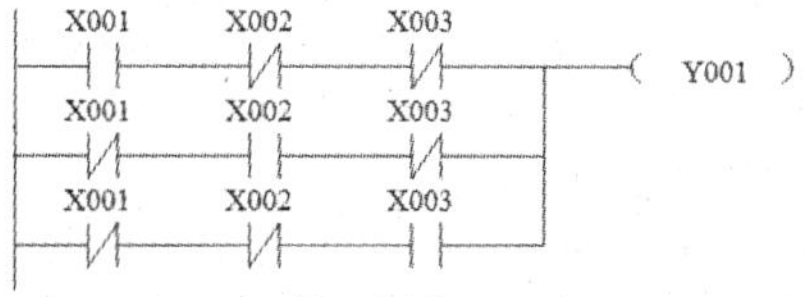

图4 梯形图的第一级阶梯

②按类似的方法,逐一画出梯形图的第二级阶梯和第三级阶梯。

③考虑到Y003和Y004的动作规律完全一致且完全同步,故把Y004并接到Y003上。

④按照梯形图编制规则,最后一级阶梯,应是一个END指令符号。

至此,三人制约仓库门锁控制系统的梯形图程序设计完成,完整的梯形图程序见图5。

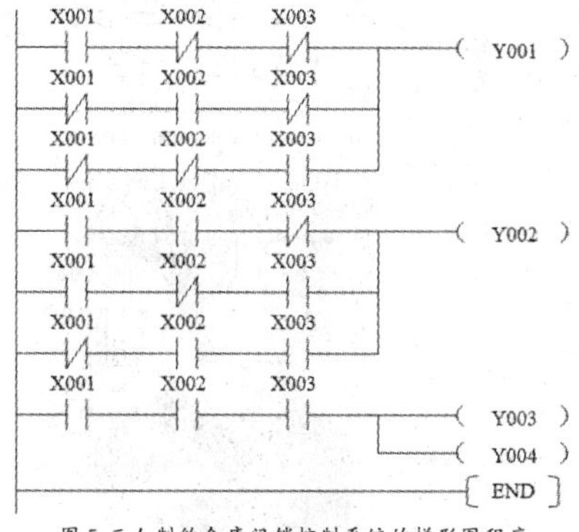

图5 三人制约仓库门锁控制系统的梯形图程序

(全文完)

◇江苏 周金富

FAX 调频激励器的初始化程序

GatesAir 公司推出的 FAX 调频激励器，采用集成化直接数字调制方式。输入电路包括 L/R 模拟输入、AES-EBU 音频和复合输入、两路 SCA 基带输入、外部 Ext.10MHZ 和 1PPS 时钟信号输入、基于 AES192 复合/MPX 输入。激励器内部设计了立体声编码器、内置谐波滤波器、自动切换器、射频功率放大器以及远程控制、工作状态和测量的并行接口。按比例反馈控制的驻波比电路，可以保证末级功率放大器和天馈线系统安全地工作。为了减小开机瞬间的冲击，输出功率采用斜坡式提升方式，有效地保护了前级、预功放和末级功率放大器。

下图是前面板操作按键和显示屏幕，包括 LCD、状态键 STATUS、功率控制键 POWER、设置键 SETUP、导航键、开关机键 ON/OFF、发射机工作状态指示灯、射频取样接口和网络接口。开机之前，首先要检查机架上的所有设备都要通过绿黄双色线将交流电源安全接地，激励器的电源输入端安装过载保护和浪涌保护装置，而且保证激励器和发射机整机的风机进排气口没有堵塞。确认无误后，才能加电。初始化开机程序如下：

1. 合上整机电源开关，FAX 前面板上的 LED 点亮。此时，FAX50/150 电源风扇开始运转。

2. 在 FAX150 型激励器的背面右侧安装了复位开关 SW1，使用 A 型激励器时把 SW1 向下拨动，让它处于关闭状态；如果使用 B 型激励器，就要把 SW2 向上拨动，让它处于接通状态。SW1 接通时，一旦设备重新加电，就会把激励器内部的配置数据擦除，重新恢复到初始默认状态，而且发射机无法开机，需要再次设置数据。

3. 使用激励器设置菜单进行设置，首先要确认激励器处于正确的模式。进入 SET>>TX CONFIGURE 界面，进行配置和验证载频频率 Frep-，把 INT RF MODE-设置为 FM，把 APC MODE-设置成外部模式。

4. 把计算机连接到发射机上，登录到 WEB GUI，进行 RDS 等参数设置。

5. 登录到 GUI 后，在主页上单击激励器 EXCITER>>Internal Exciter>>I/O 图标。静音输入验证如下：

- Fast Mute Input-Enabled
- Fast Mute Setup-Pull Up
- Fast Mute Polarity-Active Low

6. 点击下一步，检查激励器所有的故障和准备状态：

- Sum Fault-Enabled
- Sum Fault Setup-Pullup
- Sum Fault Polarity-Active Low
- Rdy Status-Enabled
- Rdy Status Setup-Pullup
- Rdy Status Polarity-Active Low

7. 单击 NEXT 并将 RF 增益项设置为 0，这样就限制激励器的最大输出功率约为 16 瓦。在 FAX 大功率发射机中，激励器的增益根据使用情况进行设置。

8. 在激励器前面板的 LCD 屏幕上进入 Setup>>TX CONTROL 菜单，进行如下设置：

- EXT APC LMT-设置为 4095
- EXT APC GAIN-设置为 0%(输出的起始功率是 0 瓦)

9. 在发射机功放柜上的 LCD 上进入 Setup>>EXCITER SETUP 菜单，将 EXC 设置在 A 或者 B 上，把 EXC TYPE 设置到 FAX 上。

10. 发射机功放柜的系统接口上有两个拨码开关，对使用的激励器型号进行设置。A 激励器设置开关是 S5；B 激励器设置开关是 S6。Sx-1=ON；Sx-2=ON；Sx-3=ON；Sx-4=ON；Sx-5=ON；Sx-6=OFF；Sx-7=ON；Sx-8=OFF，其中 x=5 或 6。

11. 程序中假设 FXA5/10/20/30/40 的输出功率已经校准，那么在发射机功放柜液晶显示屏上就会出现如下情况：

- 不管 FAX150 连接到哪个位置，都可以选择 A 激励器或者 B 激励器。
- 发射机配置了两个激励器时，设置激励器切换(EXC SW)模式为手动，这样就可以防止发射机开启激励器自动切换功能。因为激励器的输出功率是从 0 瓦开始，自动切换时造成瞬间功率丢失。
- 在 LCD 菜单上，进入 Setup>>TX CONTROL 菜单，设置自动功率控制 APC 为 OFF。这样就可以保持 APC 电压恒定，让激励器的输出功率维持在最初校准的发射机 TPO 上。

12. 确认 FAX150 与发射机功放柜的通信连接正常后，在发射机功放柜 LCD 上进入到 STATUS>>EXCITER>>MODULATOR1>>EXCITER STATUS 菜单，检查发射机的频率应该和 FAX150 设置的频率相同。如果这个频率菜单是 00MHZ，那么激励器和功放柜之间的通信可能存在问题。处理好通信问题后，继续进行下一步。

13. 开启发射机，此时输出功率应该是 0 瓦。在 FAX150 没有封锁的情况下，启动激励器，输出功率也是 0 瓦。这样一直开着发射机，根据需要，选择是否需要静音。

14. 在激励器上进入 SETUP>>TX CONTROL>>EXT APC GAIN 菜单，缓慢增加自动功率控制的增益，直到发射机到达校准的 TPO 值。激励器 APC 增益在 20-30%范围内之前，射频功率的读数不会增加。APC 增益以 0.4%的步进量增加，慢慢提高输出功率，一直到接近 TPO 值。这个值不一定十分精确，打开 APC 功能后，发射机将自动提高或者降低到 TPO 设定的门限值。

15. 让发射机运行大约 30 分钟，这样功放模块的温度基本恒定了。随着时间的推移，整个发射机不会发生太大的变化，处于稳定状态。这时需要重新调整 EXT APC 增益，让发射机回到 TPO。仔细观察发射机的输出功率，把发射机的 APC 重新打开，此时发射机应该在校准的 TPO 上运行。

16. 在 FAX150 的显示屏上，进入 SETUP>>EXCITER SETUP>>EXC POWER CAL 菜单，EXC PWR 应该显示直流电压，发射机运行在 TPO 时需要设置大约 2VDC，下一步就从激励器上设置这个电压。

17. 在激励器的 WEB GUI 界面单击，进入 Exciter>>Internal Exciter>>I/O>>Next>>Scaling 菜单，完成如下设置：

- 设置 EXC POWER CAL，EXC PWR 直流电压大约 2VDC。
- 把 Reflected Power-设置为 1，设置反射功率的比例 4VDC=1Watts。
- 把 Current-设置为 2，设置电源电流比例 4VDC=2Amps。

18. 如果使用双激励器，现在就可以设置激励器门限值。

19. 在激励器上进入 SETUP>>TX CONFIGURE 菜单，设置 TPO 功率与激励器输出的功率匹配，在 GUI 主屏幕上显示条形图 100%的刻度。

20. 现在就从发射机上下载并保存好配置好的数据文件，一旦调制器出现故障，可以再重新安装这些数据(不包含校准因子)，不用再次手动输入了。

21. 到此为止，全部完成了初始化程序，发射机可以正常运行了。

◇山东 宿明洪 彭海明

闪烁发光二极管如何接交流电源？

LED闪烁发光二极管只有接直流电压才能正常使用的，如果像普通单色发光二极管只通过一只降压电阻供电，或加半波整流给其供电，闪烁发光二极管也能发光的，但就不会闪烁了！因为其内部自带振荡分频器，必须用直流电压才会正常工作闪烁的。

闪烁发光二极管又分为慢闪与快闪两种，常用直径又分为3mm、5mm两种。家用可用来改装带开关插座、插排上的普通单色发光二极管，一般都是发红光的。好处是更加醒目，以提示避免忘记关闭开关。

闪烁发光二极管有七彩快闪和七彩慢闪两种，快闪烁是更加醒目耀眼，慢闪烁且比较不那么刺眼，可根据需要选择。

以下图1为闪烁发光二极管接交流电源的电路原理图，整流桥可用4只1N4007组成。最简单的是用贴片整流桥省事且小巧又不占空间。通过整流桥正极端与一只降压电阻降压后再与闪烁发光二极管正极连接的，其负极端与整流桥负极连接。为使输出的直流电压稳定，再用一只电解电容器，并接于降压电阻后端与整流桥负极性端作整流滤波。

整流桥的交流电源输入端与正负极性的识别技巧：因为贴片式整流桥非常小，其上的标识需用高倍数放大镜仔细观察才能看到。

以 MB10S/MB10F 为例(0.8A1000V，两种只是厚薄区别)，该贴片式整流桥4脚引线对称排列，一端标注有"+""—"，表示输出极性。另一端没有任何标识，表示交流电源输入端。需要用导线焊接加长才方便改装到插座或插排上。

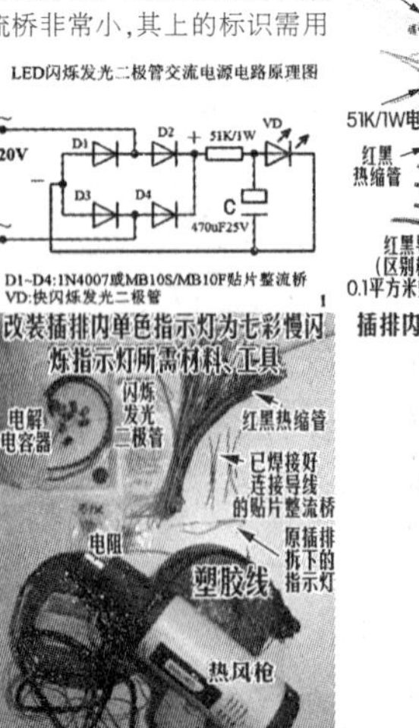

具体操作：用两种不同颜色的塑胶导线(0.1平方米即可，最好其中一种是红色，以区别整流桥正极性和交流电源输入端)，用放大镜仔细观察找出标注"+"极性端，用红色铅笔涂上，然后用红色的导线剪一小段焊接上，同端的"−"极性焊接其他颜色的，表示负极性。对面两端是交流电源输入端，仍用红色导线焊接，表示交流电源输入端。如此即可分清输入输出和输出的"+""−"极性端了！也就是，同端的红色与另外一种色必定是整流桥输出端的"+""−"极性。对面的两根红色必定是整流桥交流电源输入端。所需材料及工具如图2、3所示。

接下来剪一小段比塑胶线稍粗点的热缩管，套入焊接处用热风枪(也可用打火机)烧烤至热缩管收缩，以作绝缘。如此，才方便进一步的改装之用。

图4、5、6为用慢闪烁七彩发光二极管，改装原插排内原单色发红光指示灯实拍图片。◇贵州 马惠民

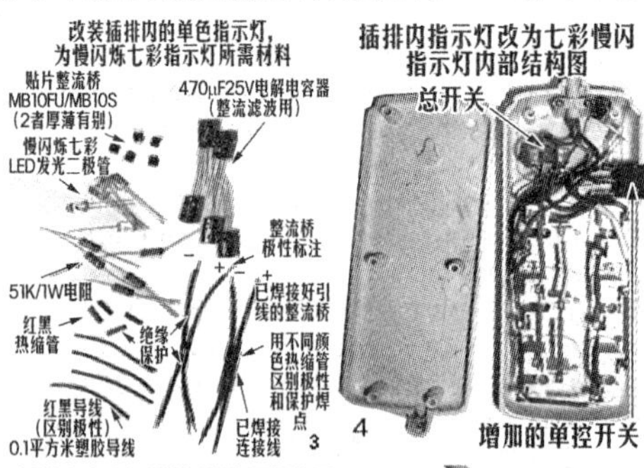

插排内改为七彩慢闪烁指示灯演示(变成红色过程) 5

将插排内的单色红光指示灯改为慢闪烁七彩指示灯更加醒目 6

动力电池巨头纷纷布局固态电池(一)

国庆长假期间，相信不少跨省旅行的新能源车主对“充电排队”的体验可谓苦不堪言，不管最新的高能量密度的三元锂电池也好，刀片电池也好，其密度都在180~200Wh/kg之间，刀片电池虽然本质上还是磷酸铁锂电池，但电池包通过物理上的结构改进，其能量密度也达到了140Wh/kg。

我们先通过下面几个表，看看目前国内最新上市的新能源汽车的系统能量密度排名和续航(理想状态)排名。

2020-2021第6批新能源汽车电池系统能量密度前20名

排名	车型	系统能量密度(Wh/kg)	供应商
1	红旗E-HS9	206	宁德时代
2	长安欧尚科尚EV	201	国轩高科
3	北汽EX3	200.22	
4	极狐α-T(653S+)	194.12	SKI
5	极狐α-S(708S+)		
6	极狐α-T(653S)	191.72	
7	极狐α-S(603H)		
8	国机智骏GX5	191	
9	北汽EU7	190.1	宁德时代
10	北汽EU5		
11	北汽EX3		
12	奔驰EQA	188	孚能科技
13	奔驰EQB	188	
14	极狐α-T(480S)	187.47	SKI
15	极狐α-S(525S+)		
16	大通EUNIQ5	185.88	宁德时代
17	大通EUNIQ6		
18	蔚来ES8	185.44	
19	广汽埃安Y	184	中航锂电
20	极狐α-S(525S)	183.3	宁德时代

不过高能量密度的电池不代表配套的车型续航里程就是最高的，这主要还跟车型、车重、双电机等有关。这批目录续航里程最长的车型是极氪001，达到了712km，其电池系统能量密度虽然没进入前20名，但是这款车型的电池能量密度也达到了176.6Wh/kg。

搭载三元锂电池车型续航(理想状态)前10名

排名	车型	续航(km)	供应商
1	极氪001	712	宁德时代
2	极狐α-S(708S+)	708	SKI
3	小鹏P7(706)	706	宁德时代
4	红旗E-HS9(4座版)	690	
5	小鹏P7(670)	670	
6	特斯拉Model3	668	LG
7	红旗E-HS9(6座版)	660	宁德时代
8	小鹏P7(586)	656	
9	极狐α-T(653S+)	653	SKI
10	广汽埃安LX	650	中航锂电

再看刀片电池组(磷酸铁锂CTP技术)，与三元锂电池动辄180Wh/kg以上的能量密度不同，用在乘用车上的磷酸铁锂电池系统能量密度一直都在140Wh/kg左右徘徊，本批目录欧拉好猫申报的一款车型搭载了蜂巢能源配套的磷酸铁锂电池，能量密度为143.4Wh/kg，暂时为目前的最高值。

磷酸铁锂电池车型续航(理想状态)前10名

排名	车型	续航(km)	供应商
1	比亚迪汉EV(605)	605	比亚迪
2	比亚迪秦PlusEV	600	
3	比亚迪唐EV	565	
4	比亚迪汉EV(550)	550	
5	比亚迪汉EV(535)	535	
6	比亚迪汉(506)	506	
7	比亚迪唐EV	505	
8	比亚迪宋PlusEV	505	
9	欧拉好猫	501	蜂巢能源
10	广汽埃安V	500	中航锂电

最新申报的搭载磷酸铁锂电池的车型续航里程大多也能超过500km，而目前续航里程最高的10款车型中，比亚迪独占了8款，均用的是比亚迪刀片电池，最高续航里程已经达到了605km，已经完全赶上了搭载高能量密度三元电池的车型，目前看来磷酸铁锂电池的唯一缺点主要就是冬季续航缩水超过三元锂，但从安全性和经济性上讲，都比三元锂电池要好一些。电池产业联盟公布的装机量数据给出的数据，2021年上半年，磷酸铁锂电池的装机量增速超过三元电池一倍以上，磷酸铁锂电池的装机量占比已经达到了42.3%。

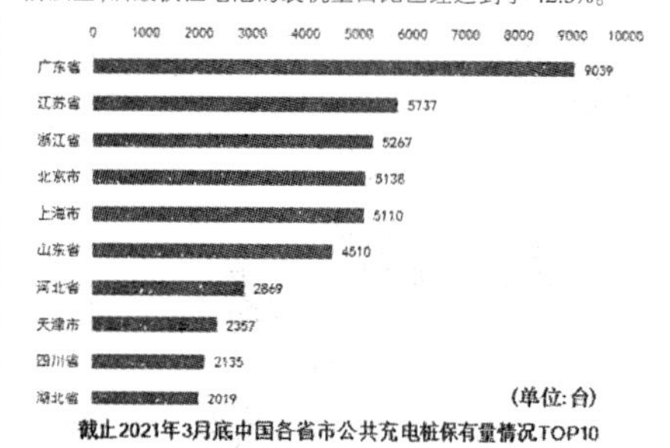

截止2021年3月底中国各省市公共充电桩保有量情况TOP10

但是即便如此，鉴于充电(桩)站的数量仍然与新能源汽车相距甚远。追求更高的续航仍然是电池厂商的主攻方向。

首先是各大电池厂商纷纷布局固态电池，宁德时代投资33亿建设21C创新实验室，用于金属锂电池、全固态电池等下一代电池研发；LG化学表示将在2025年至2027年间实现全固态电池商业化；松下计划在2025年推出一款使用固态电池的电动车。

此外，著名车企也宣布搭载固态电池计划书；德国大众表示未来将着力发展固态电池技术，预计2025年开始使用固态电池；宝马也计划在2025年前推出搭载固态电池的原型车，并在2030年前实现量产，比亚迪也有类似的计划。

固态电池有何特点与优势，为何巨头们都不约而同地下一步目光转向固态电池?

固态电池

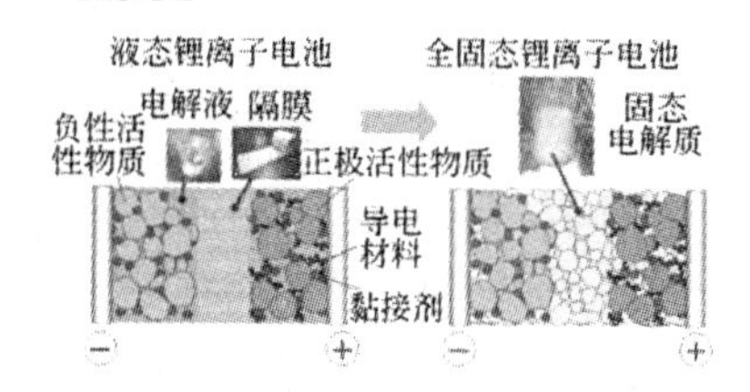

固态电池是一种使用固体电极和固体电解液的电池。固态电池一般功率密度较低，能量密度较高，由于固态电池的功率重量比较高，所以它是电动汽车很理想的电池。传统的锂电池中间为液态电解质和隔膜，锂离子在两端来回运动，便完成充放电过程；虽然固态电池还是在正负极两端来回运动进行充放电过程，但区别在于介质从液态电解质换成了固态的电解质。另外固态电解质还担当了分隔正负极的角色，也就是起到了隔膜的作用，所以说固态电池不再需要隔膜。

液态锂电池7大短板

SEI膜持续生长、正极材料析氧、析锂、过渡金属溶解、电解液氧化、高温失效、体积膨胀。

首先从安全性上讲，锂电池一旦受到挤压、冲击，就会导致隔膜破裂，造成正负极短路，同时锂电池内部产生大量热量，加上液态电解质里易燃的有机溶剂，结果就是电池起火甚至爆炸。目前的磷酸铁锂和三元锂都要面临这个问题，只不过磷酸铁锂的临界点要比三元锂高出很多，相对来说要安全一些。而固态电池的正负极不容易发生短路现象，固态电解质不仅不可燃、不挥发甚至还能耐高温，电池在遇到同样极端情况下不会发生起火、爆炸。

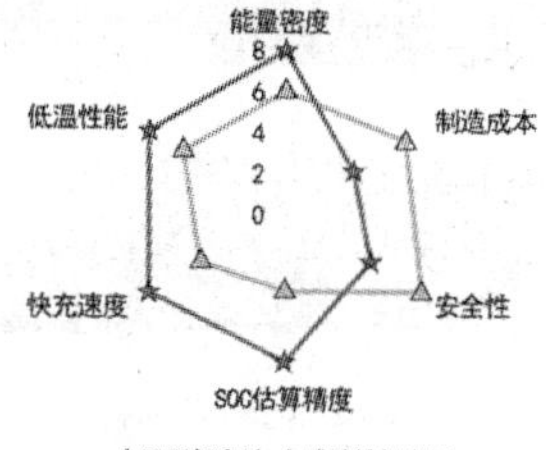

★三元锂电池 △磷酸铁锂电池

虽然为了降低锂电池的成本，动力电池企业都在往高镍化发展。从三元5系到三元8系，镍含量变高，但是电池活性越强，电池内部自然会越不稳定，这些安全问题就更加突出。而在固态电池中，这个问题就可以避免了。

全固态电池的特征

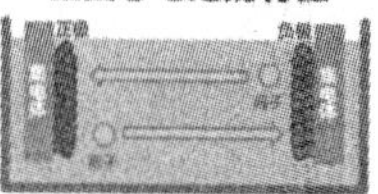

电解质为固体

离子的运动简单(快) **耐高压** **耐高温**

大功率 续航里程长 充电时间短

然后从能量密度上讲，目前液态锂电池的天花板大概是350Wh/kg，而固态电池则要高不少，其正极可以甚至可以采用9系超高镍，理论上正极环节的能量密度可达到700Wh/kg。

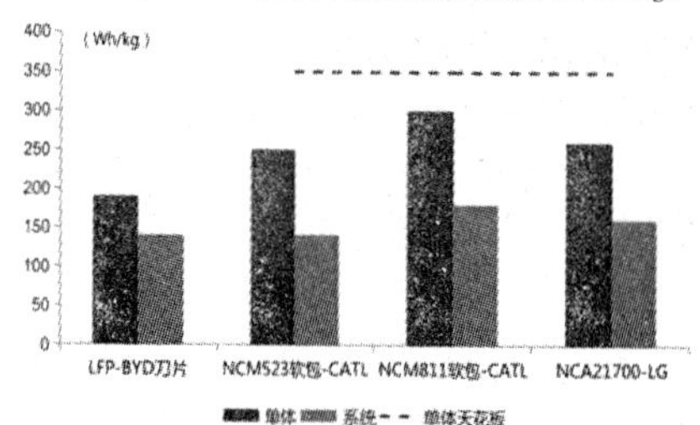

当然，固态电池的核心难点还是在于其电解质材料，电解质材料很大程度上决定了固态锂电池的各项性能参数，如功率密度、循环稳定性、安全性能、高低温性能以及使用寿命，应满足以下要求：

室温电导率>10^(-4) S/cm

电子绝缘(Li+迁移数近似为1)

电化学窗口宽(>5.5V vs. Li/Li+)

与电极材料相容性好

热稳定性好、耐潮湿环境、机械性能优良

原料易得，成本较低，合成方法简单

目前主要分为聚合物、氧化物和硫化物以下三类。

固态电池电解质材料分类

类型	聚合物	氧化物	硫化物
电解质材料	聚环氧乙烷	LiPON、NASICON等	LiGPS、LiSnPS、LiSiPS等
优点	高温性能优秀	循环性能良好	工作性能参数优异
缺点	室温离子电导率很低、电化学窗口窄、易被电解	材料总体电导率偏低、界面阻抗问题	稳定性和机械强度差、界面阻抗问题
成本	高	低	低

聚合物类

聚合物固态电解质(SPE)由聚合物基体(如聚酯、聚酶和聚胺等)和锂盐(如$LiClO_4$、$LiPF_6$、$LiBF_4$等)构成，锂离子以锂盐的形式“溶于”聚合物基体(固态溶剂)，传输速率主要受到与基体相互作用及链段活动能力的影响。

在高温条件下，聚合物离子电导率高，容易成膜，最先实现了小规模商业化生产。

目前量产聚合物固态电池中聚合物电解质的材料体系是聚环氧乙烷(PEO)，

室温电导率一般在10^(-5) S/cm。

PEO的氧化电位在3.8 V，钴酸锂、层状氧化物、尖晶石氧化物等高能量密度正极难以与之匹配，需要对其改性；其次，PEO基电解质工作温度在60~85℃，电池系统需要热管理；再次，倍率特性也有待提高。

(未完待续)

◇四川 李运西

韶音 AS660 骨传导耳机拆解

骨传导是一种声音传导方式，即将声音转化为不同频率的机械振动，通过人的颅骨、骨迷路、内耳淋巴液、螺旋器、听觉中枢来传递声波。

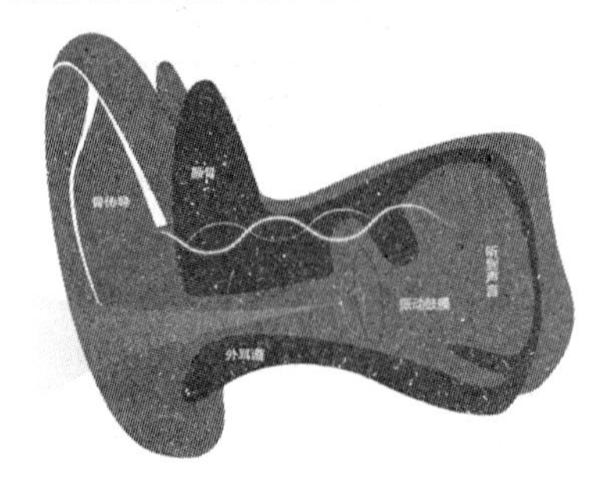

相对于通过振膜产生声波的经典声音传导方式，骨传导省去了许多声波传递的步骤，能在嘈杂的环境中实现清晰的声音还原，而且声波也不会因为在空气中扩散而影响到他人。

其中骨传导技术分为骨传导扬声器技术和骨传导麦克风技术：

骨传导扬声器技术用于送话，送话即听取声音。气导扬声器是把电信号转化为声波(振动信号)传至听神经。而骨传导扬声器则是电信号转化的声波(振动信号)直接通过骨头传至听神经。声波(振动信号)的传递介质不同。

骨传导麦克风技术用于受话，受话即收集声音。气导送话是声波通过空气传至麦克风，而骨传导送话则直接通过骨头传递。

今天，我们以一款韶音旗下基础款的 AS660(售价为 598 元)，进行拆解。

这是一款后挂式耳机，主体就是左右两侧。

先撬开两侧机身的前壳，前壳都使用卡扣和密封胶固定。右侧内放置主板，导线直接焊接在主板上，并没有使用连接器。左侧为电池，在电池边上可以看到一块转接板。

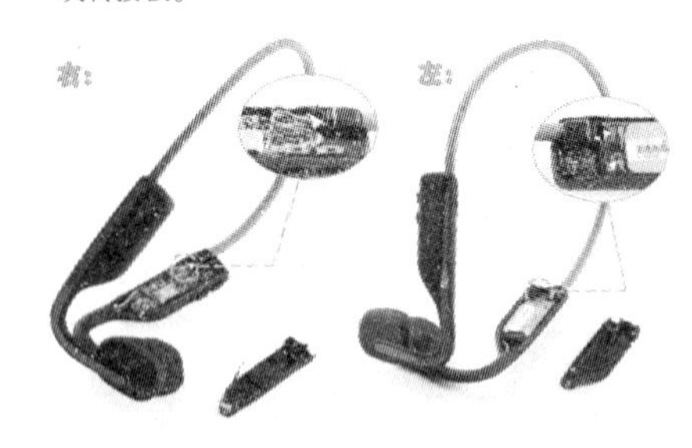

左侧电池是由双面胶固定，可以直接撬下。右侧断开导线，撬下主板。主板上涂有透明防水胶，USB 接口上面也有绿色防水胶圈，下方是两个按键。在右壳按键内还设有硅胶垫。

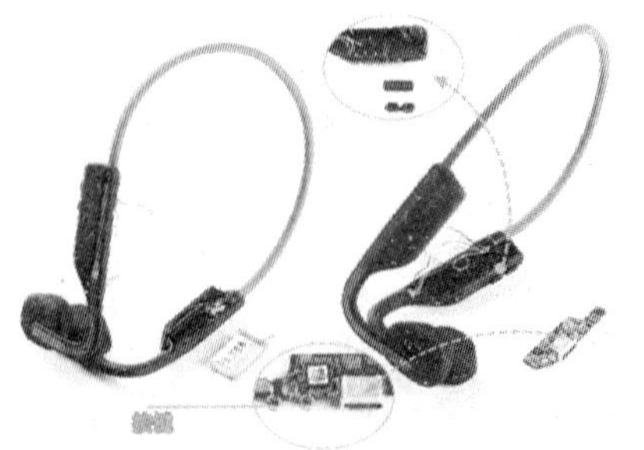

再取下后挂，使用卡槽和胶一起固定的很紧，比较难拆。左侧后壳里面还有一个转接板，是通过双面胶固定，上面没有器件。

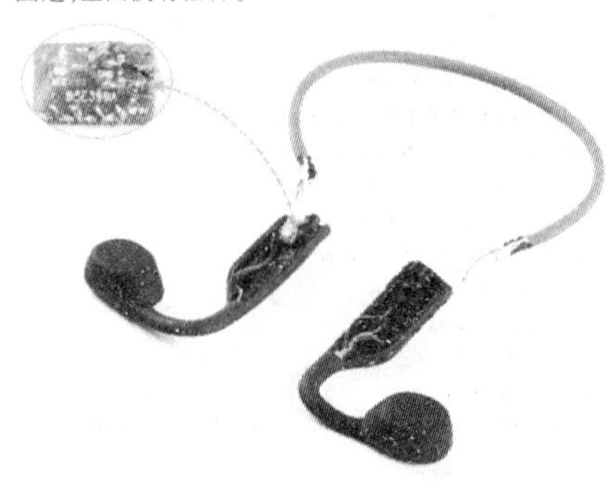

接下来拆解扬声器，沿合模线撬开取下，固定的比较牢固，较难拆下。扬声器与骨传导扬声器都是直接固定在外壳上面；在右侧里面还有一个麦克风，所以多一组导线延出。麦克风是直接用灌胶的方式固定，正面还贴有防尘网。

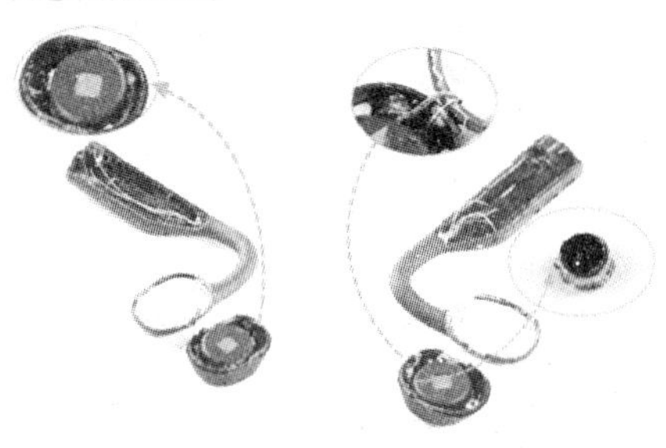

耳机主要分左右两侧，分别安放耳机和主板。主板上面器件位置全部涂有透明防水胶，电池使用双面胶固定，转接板上面没有器件，单纯的转接功能。按键和主板之间还有硅胶垫保护。结构虽然简单，但整体密封比较强，胶的黏性很大，拆解较困难。

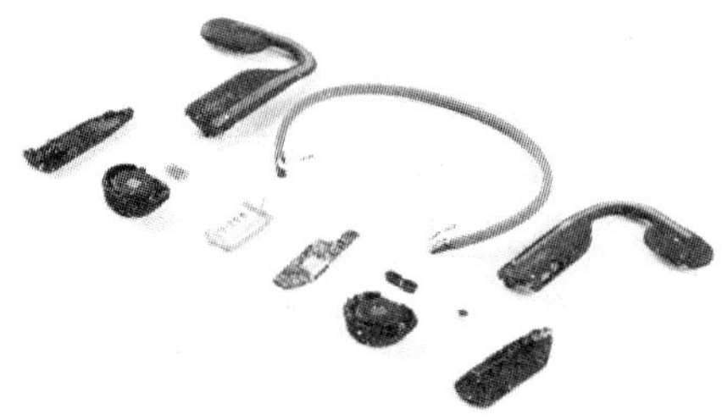

韶音 AS660 分析：结构简单，主板 IC 也非常简洁。在主板除了 2 颗明显的芯片外，还有可以看到 CHIP 天线直接焊接在主板最左边。

主板正反面主要 IC：

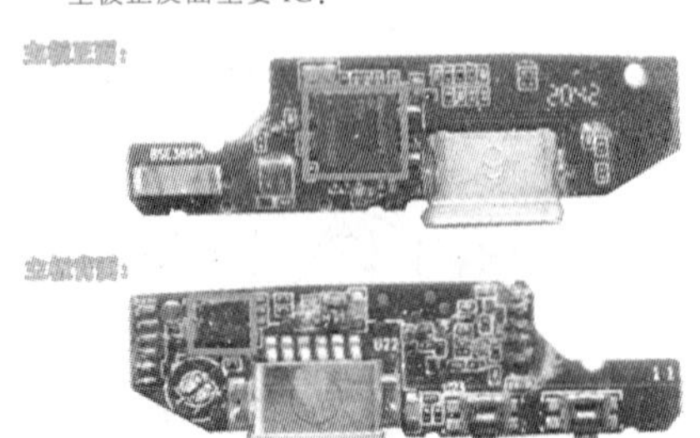

1. Qualcomm–QCC3024–蓝牙 SoC
2. Maxim—3.7W 立体声 D 类放大器

韶音AS660 作为骨传导的基础款，从拆解的角度来说内部结构非常简单，但由于密封性比较强，所以拆解起来稍有难度。但这也证明了 AS660 的产品质量。虽然售价 598 元，韶音并没有为了降低成本而丧失底线，如果想尝试骨传导耳机的，AS660 是一款不错的选择。

总结

骨传导耳机是耳机当中算是非常小众的一种类型。在特定的场景当中，比如游泳、跑步、越野、马拉松等，当然还有耳朵有炎症或耳鸣等问题的朋友，骨传导耳机就非常适合了。

优点

不入耳，卫生健康。

首先，骨传导耳机的传播方式是通过头鼓振动传入耳内，不经过鼓膜，所以能相对减少对鼓膜伤害，避免影响听力。

其次，骨传导耳机不需要塞入耳道，对于耳朵来说，更加卫生健康，也不会对耳道造成不适和感染。

能听到外音，更安全

刚说了骨传导耳机的原理，是通过头骨传递声音，不需要堵住耳道。解放双耳，意味着耳朵可以听到外面的声音。这对于喜欢公路跑步，越野跑，以及路上步行时听音乐的人来说，会更加安全。

不入耳，佩戴更舒适

不塞耳朵，戴的久也不会难受。而且骨传导耳机质量都很轻，佩戴起来很舒服。不会有"听诊器"效应。大多数入耳式耳机的通病，骨传导耳机没有。尤其是在运动的时候，不会因为摩擦碰撞的声音，而感觉不舒服。

缺点

音质并不完美

要想用骨传导耳机体验美好音质的，就不要选择骨传导耳机了。相比传统耳机来说，肯定会让你失望。当然，这个音质跟骨传导耳机的定位有很大关系。毕竟定位的是"运动耳机"，运动的时候，听个响，已经非常 OK 了。

当然，音质也没有那么不堪。只是说同价位耳机来说，音质是比不过传统耳机的好。

漏音

骨传导耳机的漏音现象普遍存在，而且比传统耳机漏音情况更明显一些。当然，随着技术进步，现在的漏音情况，已经有非常大的改善。算不上很大的缺点。

对耳朵仍然有伤害

任何耳机，长期使用，对耳朵都会有一定的伤害。

但是，骨传导耳机，对耳朵的伤害相比较于传统耳机来说，伤害小非常多。不影响耳道健康，不损鼓膜。更有效的保护听力。

选购推荐

目前市场上的骨传导耳机主要品牌有：韶音、谷施、NineKa 南卡、唯动、SNBEI、纽曼、HFO、序歌、FMJ、爱国者等品牌；不过综合体验效果，建议尽量选择 500 元价位以上的骨传导耳机。

(拆解说明摘自 eWisetech)

多线程编程 C 语言版(三)

(上接第 531 页)

```
void *thread_function_read_o(void *arg)
{
while(strncmp("end", work_area, 3) ! = 0)
{
pthread_rwlock_rdlock(&rwlock);
printf("this is thread read one.");
printf("read characters is %s",work_area);
pthread_rwlock_unlock(&rwlock);
sleep(1);
}
pthread_rwlock_unlock(&rwlock);
time_to_exit=1;
pthread_exit(0);
}
void *thread_function_read_t(void *arg)
{
while(strncmp("end", work_area, 3) ! = 0)
{
pthread_rwlock_rdlock(&rwlock);
printf("this is thread read two.");
printf("read characters is %s",work_area);
pthread_rwlock_unlock(&rwlock);
sleep(2);
}
time_to_exit=1;
pthread_exit(0);
}
void *thread_function_write_o(void *arg)
{
while(! time_to_exit)
{
pthread_rwlock_wrlock(&rwlock);
printf("this is write thread one.\nInput some text.\n");
fgets(work_area, WORK_SIZE, stdin);
pthread_rwlock_unlock(&rwlock);
sleep(1);
}
pthread_rwlock_unlock(&rwlock);
pthread_exit(0);
}
void *thread_function_write_t(void *arg)
{
while(! time_to_exit)
{
pthread_rwlock_wrlock(&rwlock);
printf("this is write thread two.\nInput some text.\n");
fgets(work_area, WORK_SIZE, stdin);
pthread_rwlock_unlock(&rwlock);
sleep(2);
}
pthread_rwlock_unlock(&rwlock);
pthread_exit(0);
}
```

可以自行运行试一下效果.

条件变量

条件变量(cond)使在多线程程序中用来实现"等待--->唤醒"逻辑常用的方法,是进程间同步的一种机制。条件变量用来阻塞一个线程,直到条件满足被触发为止,通常情况下条件变量和互斥量同时使用。

一般条件变量有两个状态:

一个/多个线程为等待"条件变量的条件成立"而挂起;

另一个线程在"条件变量条件成立时"通知其他线程。

条件变量的类型 pthread_cond_t

#include <pthread.h>

int pthread_cond_init (pthread_cond_t *restrict cond, const pthread_condattr_t *restrict attr);

int pthread_cond_destroy(pthread_cond_t *cond);

int pthread_cond_wait (pthread_cond_t *restrict cond, pthread_mutex_t *restrict mutex);//阻塞等待条件变量

int pthread_cond_timedwait(pthread_cond_t *restrict cond, pthread_mutex_t *restrict mutex, const struct timespec *restrict abstime);//超时等待

int pthread_cond_signal (pthread_cond_t *cond); //唤醒一个或者多个等待的线程

int pthread_cond_broadcast (pthread_cond_t *cond);//唤醒所有的等待的线程

条件变量通过允许线程阻塞和等待另一个线程发送信号,可以解决消费者和生产者的关系

案例如下:

通知消费者消费
仓库未满才可以生产
仓库未空才可以消费
生产者
仓库满了
仓库
仓库空了
消费者
仓库可以存两件货物
通知生产者生产

生产者消费者模型

Demo7:生产者消费者模型

```
#include <stdio.h>
#include <stdlib.h>
#include <unistd.h>
#include <time.h>
#include "pthread.h"
#define BUFFER_SIZE 2
/* 生产者 */
struct producons
{
int buffer; /* 数据 */
pthread_mutex_t lock; //互斥锁
int readpos,writepos; //读写位置
pthread_cond_t nottempty; //条件变量  非空
pthread_cond_t notfull; //条件变量  非满
};
struct producons buffer; //生产者对象
/* 生产者初始化函数 */
void init(struct producons *prod)
{
pthread_mutex_init (&prod->lock,NULL); //初始化互斥锁
pthread_cond_init (&prod->nottempty,NULL); //初始化条件变量
pthread_cond_init(&prod->notfull,NULL); //初始化条件变量
prod->readpos = 0;
prod->writepos = 0;
}
//生产消息
void put(struct producons * prod,int data)
{
pthread_mutex_lock(&prod->lock); //加锁
//write until buffer not full
while ((prod->writepos + 1)%BUFFER_SIZE == prod->readpos)
{
printf("生产者等待生产,直到 buffer 有空位置 \n");
pthread_cond_wait(&prod->notfull,&prod->lock);
}
//将数据写入到 buffer 里面去
prod->buffer[prod->writepos] = data;
prod->writepos++;
if(prod->writepos >= BUFFER_SIZE)
prod->writepos = 0;
//触发非空条件变量  告诉消费者可以消费
pthread_cond_signal(&prod->nottempty);
pthread_mutex_unlock(&prod->lock); //解锁
}
//生产者线程
void * producer(void * data)
{
int n;
for(n = 0;n<5;n++)
{
printf("生产者睡眠 1s...\n");
sleep(1);
printf("生产信息:%d\n", n);
put(&buffer, n);
}
for(n=5; n<10; n++)
{
printf("生产者睡眠 3s...\n");
sleep(3);
printf("生产信息:%d\n",n);
put(&buffer,n);
}
put(&buffer, -1);
printf("结束生产者! \n");
return NULL;
}
//消费消息
int get(struct producons *prod)
{
int data;
pthread_mutex_lock(&prod->lock); //加锁
while(prod->writepos == prod->readpos)
{
printf("消费者等待,直到 buffer 有消息 \n");
pthread_cond_wait(&prod->nottempty,&prod->lock);
}
//读取 buffer 里面的消息
data = prod->buffer[prod->readpos];
prod->readpos++;
if(prod->readpos >=BUFFER_SIZE)
prod->readpos = 0;
//触发非满条件变量  告诉生产者可以生产
pthread_cond_signal(&prod->notfull);
pthread_mutex_unlock(&prod->lock); //解锁
return data;
}
//消费者线程
void * consumer(void * data)
{
int d = 0;
while(1)
{
printf("消费者睡眠 2s...\n");
sleep(2);
d = get(&buffer);
printf("读取信息:%d\n",d);
if(d == -1) break;
}
printf("结束消费者! \n");
return NULL;
}
int main(int argc ,char *argv)
{
pthread_t th_a,th_b; //定义 a,b 两个线程
void * retval; //线程参数
```

(下转第 540 页)

调频多工器的使用维护和调试

随着调频广播近年来的大力发展，许多发射台拥有多台调频发射机，采用多个不同的频率同时播出几套信号，为了节约天馈系统成本，更合理经济的使用有限的铁塔资源，一般都采用多工馈电方案解决，多部发射机共同使用一副大功率天线，这样多工器就应运而生了，本文结合河南广播电视台梅山调频站五工器使用情况，探讨多工器的使用、维护和调试；

制定多工馈电解决方案时对多工系统的要求如下：

(1)可靠性要高。同时传输多台节目信号；

(2)指标要高。阻抗匹配好(VSWR<1.2)；

功率容量足够（发射总功率和小于天线和传输电缆的额定功率）；

隔离度大(30~50dB，最好>45dB)；

频率间隔小(大于1M)，频率漂移小；

插入损耗小(0.2~0.8dB，最好<0.5dB)。

(3)容易调整、改频和增加频率；

(4)便于维护，维修工作量小；

决定指标的关键器件是多工器，多工器的结构有多种，国内外常用的多工器类型有1、星型；2、桥式；3、混合型；

(1)星型：最简单的星型双工器是由两个不同频率的带通滤波器、星点和连接线组成，两输入端呈窄带特性。

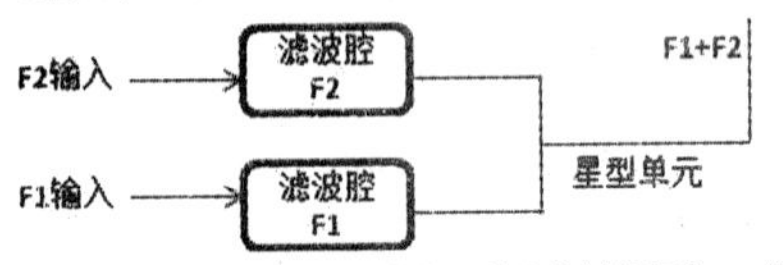

优点是结构简单，成本较低。输入的射频频率F1首先通过带通滤波器，带通滤波器F1对该频率呈现低阻，而对频率F2呈现高阻，反之F2的带通滤波器也呈现相同的特性，所以F1和F2可以互不干扰合并输出。

缺点是两个输入频率间隔应当不小于2MHz，否则其隔离度指标不能达到要求，两个频点之间将产生互调，使系统输出指标劣化，而且为了满足阻抗匹配，其级联点前的线路长度与使用频率有关，调整不便，所以在使用中两个输入频率间隔必须保证足够大，最好大于3MHz，此外，星型双工器温升比较高。

(2)桥式

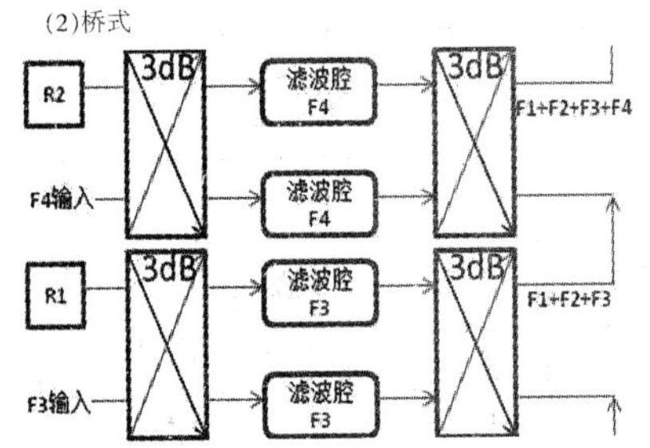

桥式双工器的单个工作单元由两个3dB耦合器和两个带通滤波器及吸收负载组成，两组带通滤波谐振腔均谐振于F3，这样F3信号被第一个3dB耦合器等分后，直接通过两组带通滤波谐振腔，第二个3dB耦合器的作用是相反的，使被等分的信号在输出端合并输出，另一个输入端输入的频率信号被第二个3dB耦合器等分后，由于滤波腔的作用，又被第二个3dB耦合器合并到输出端输出，通常F3被称为窄带输入口，另一个输入端被称为宽带输入口，它能输入除F3外所有频率(要求与F3相隔1MHz以上，保证系统隔离度)；宽带输入端成宽带特性，而且输入阻抗恒定，各输入端的阻抗匹配较佳，所以桥式双工器在功率容限内易于级联扩展，对各频点间的相互隔离度指标较高，在实际应用中频率间隔一般能做到1MHz，有的甚至可以做到0.8MHz，缺点是其成本较星点式双工器高，使用器件较多。

(3)混合型

当一个多工器的输入频率中最高和最低频率相差4MHz以上时，就可以把星型和桥式组合成混合型，由于每组桥式单元均有一路窄带输入和一路宽带输入，所以只要天线容量足够，理论上可以组成三工器，五工器……N工器。

我台的五工器就是由一组星型单元和三组桥式单元组合而成，它能兼有两者的优点，获得良好的电器性能，且其需要的配件较少，频率配置更合理，连接装配也方便。混合型多工器的主要器件有带通滤波器、三分贝耦合器、吸收电阻等。

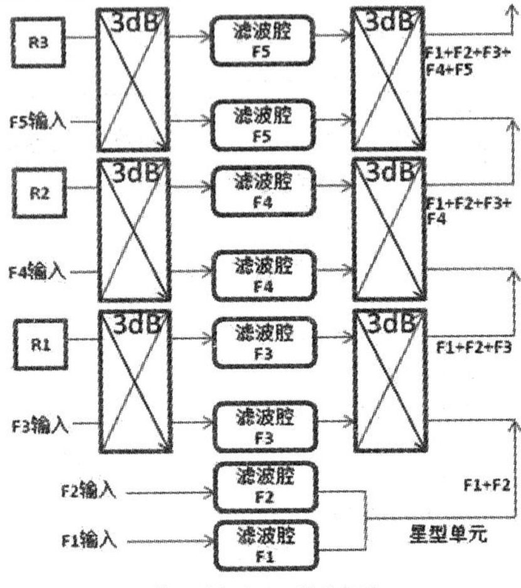

梅山调频台五工器流程图

多工器的调试：

多工器的调试方法和使用仪器有多种，精确的调试一般使用网络分析仪、扫频仪；粗调一般使用普通扫频仪。

精确调试又分为初调和统调两步：

初调就是把多工器的主要器件进行单独调测，3dB耦合器在出厂时已调好，在整个FM波段通用的，所以整个调试主要从调测带通滤波器开始，在大功率多工器中，滤波腔调测主要用改变内导体的长度(即改变电容量)或调节耦合环(即改变耦合电感量)来得到所需要的滤波性能。

带通滤波器的电指标(典型值)如下：

(1)频率范围87~108MHz；

(2)输入阻抗50欧；

(3)VSWR:≤1.1；

(4)3dB带宽：600kHz；

(5)插入损耗：0.5dB；

调测　方法是先调整各部件，然后调整单元，最后调整整个系统，首先将网络分析仪中心频率设定为带通滤波器腔体的工作中心频率，在显示器上观察反射特性和传输特性两条曲线，调整带通滤波器谐振腔内导体的长度，改变谐振频率范围，使其谐振于设定工作频率即可。调整腔体耦合环，使其具有较为理想的带通特性，调整时要两项指标的相互配合、兼顾，满足插入损耗小于0.4dB、反射损耗优于26dB。带通滤波器根据其工作频点单独调整完毕后，用硬馈弯头以及3dB耦合器分别组成星型和桥式双工器，然后分别对两种双工器进行调整。星型双工器调整时先将分析仪输出端接一个频点滤波器的输入端，另一频点滤波器输入端接标阻，观察显示器双曲线，进行微调，然后用相同的方式调整另一频点滤波器的指标。桥式双工器调整时将分析仪的RF OUT端接窄带输入口，RF IN端接输出端口，宽带输入口和吸收负载端接标阻。观察曲线，两组腔体兼顾调整，使反射损耗和插入损耗均达到最好。统调就是初调完毕后，用硬馈将五工器连接好，在频率范围87—108MHz范围内选取典型的低、中、高或即将工作的频率调测VSWR、隔离度、插入损耗、3分贝带宽等电指标；

统调

进行统调的方法是从后至前，即先调靠近输出端口的那一组，使其各项指标符合要求，然后将调试好的这一组作为前一级双工器的负载，调整前一级双工器。每级双工器调整完毕后，将分析仪输入端分别接其他各频点输入端，空余端口接标阻，则可测出该频点输入端与其他各频点输入端之间的隔离度，隔离度应优于40dB。全部调整完毕后，系统输出端接入已调整好的天馈线单元，包括开关板、主馈电缆及天线，将所有指标重新测试一遍，满足指标要求，既告调整结束。

开关板及天线的调试　在多工系统中，天馈系统里任何一个环节发生故障，都会影响不仅单个，而是所有频道的发射，因此，在比较重要的发射台，一般都把天线振子群分成上下两半，由两套主馈电缆同相馈电。假如某一时间只有一个故障，则断开故障那一半，整个多工系统仍能以低3dB功率发射。

开关板的作用将是五工器合成以后的射频功率信号经功率分配器，平均分成双路信号，经两根主馈电缆送到铁塔上的上下两幅天线功分器的输入端，经分馈线分别馈送到各单幅天线，然后以电磁波的形式辐射出去，覆盖整个服务区，开关板的另一个重要作用是当上下某幅天线出现故障时，可以经过弯头转接以及降低为半功率的方法来保证节目不停播，在故障半幅天线检修结束后，调整弯头位置，既可恢复全功率工作。天线开关板的指标调试在厂家已完成。馈线在施工现场完成，两根馈线要求严格等长，指标的测试过程为先测出上半幅和下半幅的单独指标，然后接入开关板再测天线的总指标，指标满足既可将多工器接入。

多工器的使用维护

一、多观察：多工器是无源的，多数是没有转动机械的设备，它承受的功率要大于发射机的功率，所以在安装调整好后，一般无需进行再调整，但多工器以及开关板之间均采用硬馈连接，再加上因场地小等原因造成了许多硬馈弯头、插头的存在，所以在使用中需要经常观察各接头处有无变色、升温、锈蚀、、松动、渗漏等异常变化；定期测量桥式双工器负载电阻的温升和阻抗，碰到问题必须及时解决，更换弯头或插芯，把故障处理在萌芽中，定期细心的维护可以大大降低天馈系统的故障率。

二、注意使用中的环境温度，定期观察多工器的温升，重点是谐振腔和吸收电阻的温升。

多工器中最热器件为带通滤波器，带通滤波器最热部位常常在内导体自上往下约三分之一处；吸收负载也多为自然冷却式。

我台五工器曾经出过一个桥式单元故障，厂家分析原因就是谐振腔体工作中心频率偏移，而引起中心频率偏移的主要原因除了3dB在运输过程中可能由于拆卸而引起指标变化外，温度也是指标变恶的一个促进原因；当工作中环境温度过高后，功率通过双工器滤波器腔体时，总会有一少部分功率将转化为热能，两种温度叠加，引起腔体内温度上升，使其内外导体受热发生物理热应力变化，则其等效电感与等效电容参量也产生相应变化，从而引起腔体工作中心频率偏移，频率偏移后，其结果是将有更多的能量消耗在滤波器腔体内部，造成恶性循环。

三、为了保持天馈线系统内空气干燥，我台用自动充气设备进行充气，这对于保障天馈线系统的安全使用必不可少，而定期检查充气泵的工作压力，定期放气以便检查自动充气系统能否正常启动。

多线程编程C语言版(四)

(上接第539页)

init(&buffer);

pthread_create(&th_a,NULL,producer,0); //创建生产者线程

pthread_create (&th_b,NULL,consumer,0); //创建消费者线程

pthread_join(th_a,&retval); //等待a线程返回

pthread_join(th_b,&retval); //等待b线程返回

return 0;

}

运行效果如下(截取)：

...消费者等待，直到buffer有消息

生产信息：8

生产者睡眠3s...

读取信息：8

消费者睡眠2s...

消费者等待，直到buffer有消息

生产信息：9

生产者等待生产，直到buffer有空位置

读取信息：9

消费者睡眠2s...

结束生产者!

读取信息：-1

结束消费者!

在这个Demo中，生产者生产货物(数据)到仓库(缓冲区)，消费者从仓库消费货物，当仓库已满时通知生产者，生产者调用pthread_cond_wait阻塞等待条件变量notfull，这个条件变量由消费者唤醒；当仓库非空的时候通知消费者，消费者调用pthread_cond_wait阻塞等待条件变量nottempty，这个条件变量由生产者唤醒。（全文完）

高职院校技能赛项选择的困难与对策(一)

摘要：随着教育部对高校学科竞赛的大力支持，各个高校的学科竞赛呈现一幅欣欣向荣的状态，并且随着"校企合作"的进一步发展各高校对产赛教的研究也越发深入。但是，在急速升温的高校竞赛中，项目创新类赛事遇到了发展瓶颈，如赛事产品转换率较低、部分实力较弱的高职院校不能获得一席之地。文章从高职院校自身的学科设置、校企赛事合作的方式、对项目创新类赛事研究深度、对新技术/新平台的认知四个方面对高职院校的竞赛参赛现状进行分析，最后，对高职院校如何对待学科竞赛从分类分层的指导竞赛、发挥校企合作的作用、打造竞赛教师指导团队、行业技术和平台加强对接四个方面给出建议。

关键字：学科竞赛；分层分类指导；竞赛型教师团队；校企赛事合作

随着职业教育的进一步发展，培养"技能型"人才作为了高职教育的核心思想。分析国务院《关于深化产教融合的若干意见》(2017)、四川省人民政府《关于深化产教融合的实施意见》(2018)、国务院《关于印发国家职业教育改革实施方案的通知》(2019)、教育部《关于做好扩招后高职教育教学管理工作的指导意见》(2019)对学生岗位化技能提出新要求，特别是百万扩招、产教融合新形势使高职院校面临新考验，赛教融合可以算是产教融合的"首发"，通过赛事，培养一批具有"岗位技术"骨干，再通过"小组制""老带新"等制度来实现"赛教融合"。校企合作现在作为了主体培养模式，而如何能体验出教学成果，检测学生的真实水平，参与各类技能大赛是众多高校的选择，并且作为了衡量一个高校学生质量的重要指标之一。

随着各界对高校技能赛事的认可度提高，国家和行业举办的赛事也日益增加，到2018年已达到64项赛事。按照《高校竞赛排行榜评估项目遴选办法(试行)》相关规定，有44项高校大学生竞赛可以选择。计算机类相关竞赛，共10项，占比22.73%，如"中国大学生服务外包创新创业大赛"、"全国大学生信息安全竞赛"、"中国高校计算机大赛"等。

通过对这些赛事公布的获奖名单和优秀作品展示可以大致了解到现有赛事的特色：

1. 专业群参与优势

2012年至2019年8月时间里，理工类竞赛"重非比"持续升高，说明理工类竞赛中重点院校竞争力逐渐增强，即非重点院校在理工类竞赛中取得国家奖的难度加大。

虽然在高职院校的教学中，对专业进行了划分，但是在实际的应用产品的开发中，只有专业群才能满足开发条件。并且，所有的赛事的评委不仅有教育界评委，越来越多的请来了行业专家或者公司管理。评选的标准也从技术创新慢慢向项目的商业化价值倾斜。所以，单一学科的参赛作品，在众多项目中没有优势，商业价值较弱。

2. 项目商业价值的论证

随着校企合作的进一步推广，各大高校都进行了校企合作。而校企合作的最大的优势是可以将大学所研发的产品快速链接到产业中，实现产研的无缝衔接。因为产品的研发主体为高校师生，所以参与高校类竞赛，作品自身具备天然的优势，通过企业产业链的验证，作品的合理性和商业性都得到明确的验证。而这就更进一步要求校企合作深度合作，参赛作品要能贴近企业的真实需求，从而获取销售数据作为商业价值的重要依据。

3. 参赛作品越加靠近真实产品发布，对资料要求较高

创新类大赛，对文档内容评分比重较高。一份优秀的产品介绍书能使作品更具有优势。因为项目展示只有15分钟，所以评委更多的是从答辩者的描述和产品介绍中快速地获取产品特点以及实用性等信息，如果在表达和描述中不能完整的体现，会对评委的判断产生误导。

4. 作品技术先进和平台的应用

因参赛作品要具有商业价值，所以对所使用的技术不能太落后。大多需要采用行业中的先进技术、平台等使用。要求作品设计具有发现问题的能力和解决问题的技术。

通过调研四川科技职业学院、四川托普职业学院、四川电子机械职业技术学院三所高职院校部分软件类专业参赛情况，高职院校参赛的特点：

(1)以基础类的赛事为主，产品类赛事较少

高职院校在参赛方面更偏重于基础理论类、"0"成本竞赛，如数学建模、蓝桥杯、软件测试等大赛，对创新性、项目实例化类大赛参与率较低。主要有两个方面的原因，首先，专业群的建设尚未完善。对于高职院校招生方向，更多考虑的学生对某个专业的认可度，是否能够招到足够的学生为第一目标。像北京大学的"考古学"专业，连续6年每届只招1个人的情况，在高职院校绝对是不能出现的情况。这就造成高职院校的专业群建设困难。其次，综合素质高的教师培养欠缺，高职院校老师的技术表现出"偏专业情况"。对专业群的技术了解较少，甚至完全不了解。对于跨专业群的技术更谈不上有意识的了解。而这就造成高职院校的教授团队中具备指导项目制竞赛的教师人数少。同时，产品类大赛相比基础类大赛教师和学生需要投入更多的时间，而对于本专业的教学和学习，表面上看来并没有非常明显的提高。最后，产品类大赛对于技术的要求更广更深，不仅仅对于指导老师的综合素质能力要求高，对学生自身的素质、技术和参与积极性要求高，而能具备此种的同学的数量在高职院校所占比例较低。

(2)校企合作参赛的深度不够

大多数校企合作的参赛作品分为两种形式：一类以企业挂名，为学生提供赞助。作品本身的设计由学生团队独立完成。这就造成了设计与企业需求脱节，产品的设计沦为"空中楼阁"。一类以企业工程师为主，学生团队参与。由于工程师团队对项目开发有严格的计划，而学生作为学习者，进度容易滞后，到项目后期通常沦为项目"旁观者"。并且由于参赛是由学生团队进行展示，往往不能清晰的阐述产品优势，从而投资与收获比重严重失调。

(3)参赛作品不够商业化

以国家类的"三创""双创"为代表的大赛，都是以商业孵化的目标评价参赛作品，而这也就要求参赛作品越接近真实产品的包装越有竞争力。而一个完整的产品不仅仅只包含技术的产物，还包含产品外观设计、产品文档、产品销售计划等等的统一包装。而作为高职院校，主体仍然为教师和学生，而这一主体与产业基本是脱节的，在对产品的整体设计上不具备完整性和前瞻性，而部分企业参与的竞赛，也更多的是将教师和学生作为客户，所以对产品的整体设计也是较为保守，不具备代表性、缺乏竞争力。

(4)先进技术和平台的应用较少

以软件行业为例，从90年代的技术"三年一更新"的技术变化评率，到如今一年一个新版本的更新速率。对于教师和学生来说，接触的都是被淘汰下来的技术，对于新技术和新平台的应用不了解。在产品研发时，本来可以通过网络平台、服务完成的技术，只能靠自己来设计完成，而这往往造成了技术瓶颈，容易使项目夭折。

面对高校软件类竞赛的特点和高职院校自身的特点，对于竞赛类的选择给出四个建议。 (下转第549页)

◇四川科技职业学院 陈侠 陈玉冬

"零"压降主副电源自动切换电路

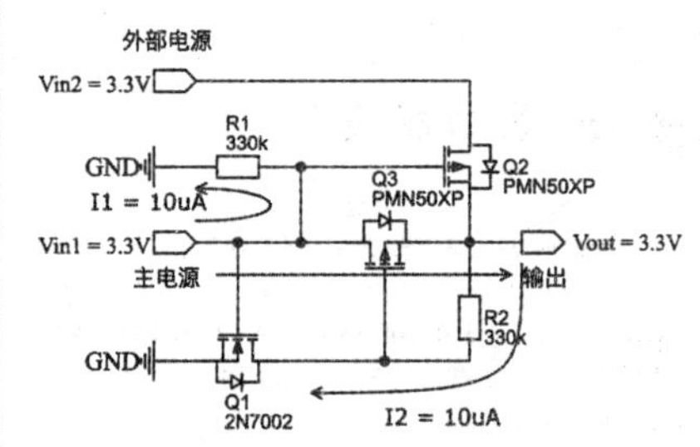

在国外看到一个电路，也是写主副电源自动切换的电路，设计得非常巧妙，刚看到标题时，我就想我不是已经分享过类似文章了么，但是还是点进去看了下。之前的电路：

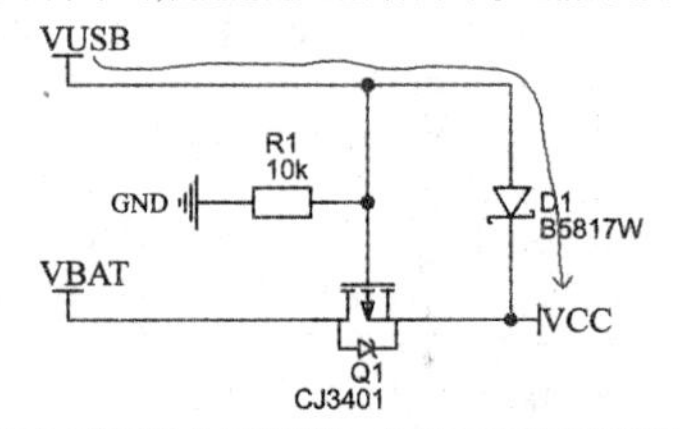

上面电路设计也挺不错的，如果VCC端需要的电压不一定要求等于VUSB，那么这个电路是可以的，那么问题来了，如果主副输入电压相等，同时要求输出也是同样的电压，不能有太大的压降，怎么设计？上面的电路肯定不能满足了，因为D1的压降最小也是0.3V，我们看下面的电路。

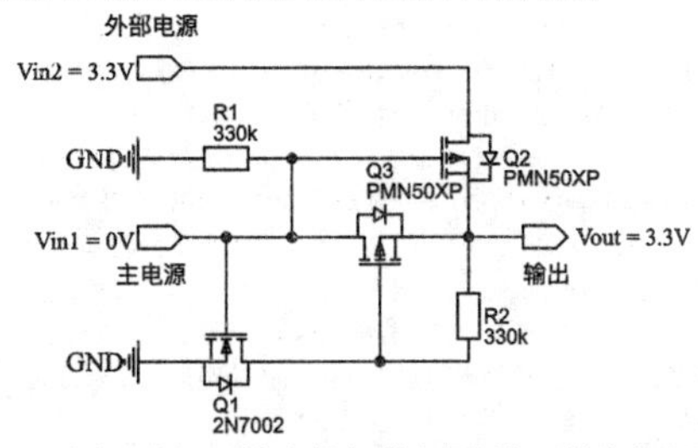

这个电路乍一看复杂很多，其实很简单，巧妙地利用了MOS管导通的时候低Rds的特性，相比二极管的方式，在成本控制较低的情况下，极大地提高了效率。

本电路实现了，当Vin1 = 3.3V时，不管Vin2有没有电压，都由Vin1通过Q3输出电压，当Vin1断开的时候，由Vin通过Q2输出电压。因为选用MOS管的Rds非常小，产生的压降差不多为数十mV，所以Vout基本等于Vin。

原理分析

1. 如果Vin1 = 3.3V，NMOS Q1导通，之后拉低了PMOS Q3的栅极，然后Q1也开始导通，此时，Q2的栅极跟源极之间的电压为Q3的导通压降，该电压差不多为几十mV，因此Q2关闭，外部电源Vin2断开，Vout由Vin1供电，Vout = 3.3V。此时整个电路的静态功耗I1+I2 = 20uA。

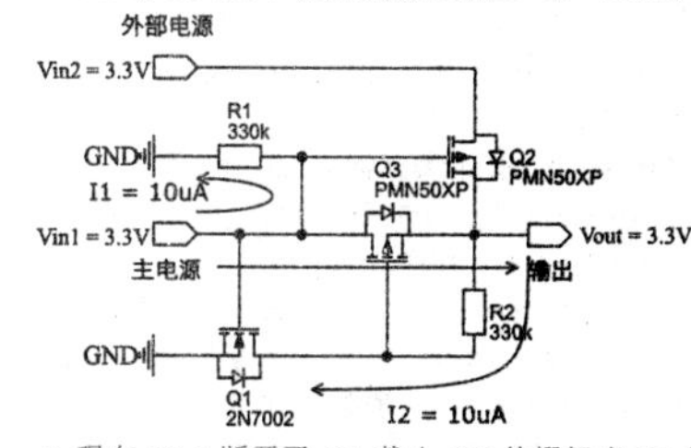

2. 现在，Vin1断开了，Q1截止，Q2的栅极有R1的下拉，所以Q2导通，Q3的栅极通过R2上拉，所以Q3也截止，整个电路，Q1跟Q3截止，Vout由Vin2供电，Vout = 3.3V。此时上面电路I1跟I2的静态功耗不存在。

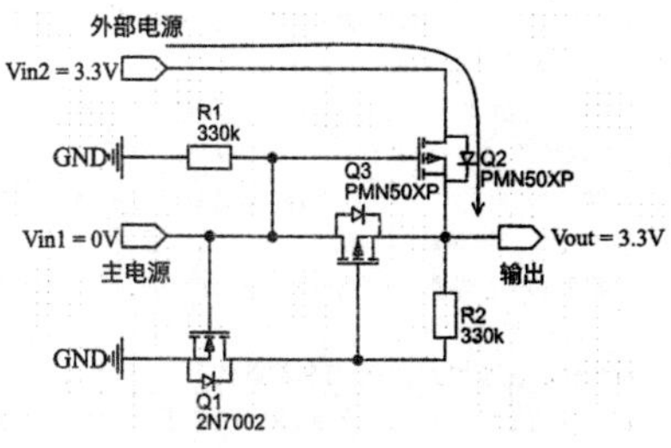

分析完毕。当存在主电源时，电路的静态功耗为20uA，否则，几乎为零。所以电池适合在外部电源供电。

MOSFET Q1、Q2跟Q3应该选择具有低压栅极和非常低的导通电阻特性。例如：Q2 = Q3 = PMN50XP，在V gs = 3.3V时R dsON为60mΩ。晶体管T3可以是流2N7002，仅供参考，实际根据不同的情况选择合适的MOSFET。

本电路的一大优点就是，整个电路几乎不存在压降，当然电流很大的适合另说，巧妙的控制三个MOS管的开启与截止，最大效率的实现的主副电源的自动切换。

硬禾学堂专栏

您用的数据可靠么？

上一篇我们讲到，基于神经网络的深度学习之所以能够快速燃爆人工智能的蓬勃发展，一个非常重要的原因就是到了今天我们真正拥有了足以让神经网络产生价值的海量的数据，尤其是世界顶级的互联网公司Google、Amazon、Apple、Facebook、阿里巴巴、微信等。正是基于这海量的数据才能够让机器进行深度的学习，并从中训练出能够推理的模型。

无处不在的数据

自从半导体领域的先驱发明了ADC(模数转换器)，从此我们将对周围世界认知的方式从模拟世界转移到了数字域里面。在数字域里，人类积累的最高智慧——数学可以大显身手，通过逻辑处理、数字信号处理、高速运行的微处理器等等，这些处理的对象都是数据，它们有的来源于对世界表征的信号，有的是中间的处理结果。

在过去的40年里，摩尔定律一直主宰并推动着半导体的高速发展，对我们今天数据的获取、存储、加工以及管理都起着巨大的影响。

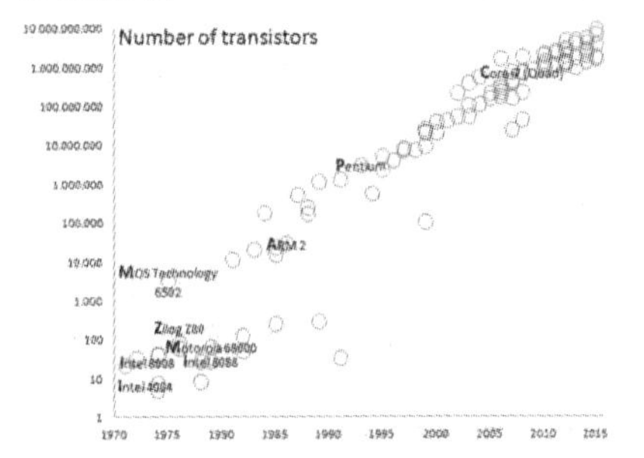

越来越多的晶体管被装入CPU中

今天，我们每个人都被互联网、移动互联网连接起来，而逐渐渗透到我们生活的各个角落的物联网将我们人跟周边的事、物也紧密联系，我们与我们周边的一切都会成为这个庞大网络的一个个节点，我们每天积累的数据以惊人的速度在增加，几乎每个人生活的每一个侧面、细节都以数据的形式被记录、被存储。我们上网的每一个点击、我们交易的每一个环节、我们分享的每一幅照片和短视频，通过传感器对我们周围世界包括我们自身的任何一个感知测量都被记录。据说，目前我们每天能够产生2.5Quintillion(18个零)字节的数据，以后会更多。这些数据与人的行为、情感、体验、社会关系等都相关，通过对这些数据的分析，机器就能够更好地推理并且变得越来越像人，比如：

- 社交媒体(Facebook、Youtube、Google、微信、微博)上分享的照片和视频中存储着每个人的"人脸"以及"表情"，并且有着性别、年龄、情感、性取向、政治主张、智商等信息；
- 智能手表存储着大量的私人健康数据，包括在健康和发病时期的体温、心跳等信息；
- 通过社交网站、搜索引擎可以提取出每个人的关系网络以及对他们的兴趣起到影响作用的因素；
- 我们每天使用的手机已经将我们每个人喜欢说的话、问的问题以及同其他人的沟通方式做了记录。

我们使用的社交平台存储了我们每个人的行为和关系信息

看过电影"Her"和黑镜系列的"be right back"吧？未来的某一天，人工智能完全可能基于你在各处留下的蛛丝马迹重造一个"你"——一样的声音、一样的说话方式、一样的眼神、一样的柔情脉脉，"你"这个角色将可以在人工智能的世界里永生，虽然你自己未必喜欢。

黑镜系列的"be right back"

算法的执行需要经过处理过的数据

同以往的学习算法不同的是，深度学习算法使得越多的数据我们可以获得越强的智能。因此随着数据的继续增加，人工智能的演进步伐也会越来越快。

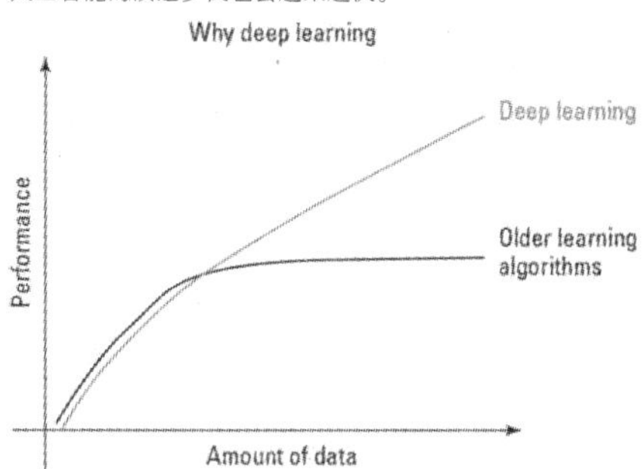

基于目前的AI方案，越多的数据意味着越强的智能

当然要让这些数据在AI算法中起到作用，还需要大量的外部整理和处理工作，因为原始的数据很难用于分析，尤其是一些专业的领域，我们需要对这些数据的意义有着深刻理解的专业人士来对这些数据进行加工、格式化、标记等等。

算法对非格式化数据的理解也是目前科学界研究的一个重要的方向，毕竟每天如此巨量的数据产生，都要经过专业的处理之后才能使用，这也会大大阻碍A.I.的有效发展。当前Google的AI处理机制已经能够基于最原始的数据理解同义词和概念，其最新的算法(Rankbrain)能够直接从每天百万的查询中学习，回答各种模糊不定的搜索查询，有的甚至是俚语或口语，或者有很多错误的简单问话。

有效获取并正确解读数据是个巨大的挑战和机会

A.I.需要的数据来自产生这些数据的人的一切行为，以及来自专业的人士对事、物产生的数据的解读。而人，因为主观、因为认知的不同，因为客观情况的限制，很多时候是不靠谱的。比如，你对一群人做一个社会调查，得出的数据未必反映真实的情况，只能说反应的是这群人刻意要表达或者说不得不表达的信息，用什么方式才能获取更接近真实的信息呢？

比如，你询问一个造成交通事故的人，是什么原因导致的？他/她的回答未必就是真相，一系列主观或客观的因素导致了结果谬之千里。比如，人会有意或无意地犯错，即便两个人沟通都会产生理解上的差异。

很多网站让用户填写一些信息(获取数据的过程)，但由于网站UI/UE的不同导致得到的数据质量千差万别，一个好的UI设计应该人性化到所有的选项都尽可能预置好，并且让用户能够自觉地勾选最符合他/她情形的一个选项，这样采集下来的数据才相对更可靠。

数据是A.I.的基础，面对每天产生的巨量的数据，我们在数据加工方面的工作才刚刚开始。我们需要开发更好的技术来采集、修剪、清洗、格式化从各种来源得到的数据，让数据更加可靠、更加真实、对算法更加友好，我们也需要更多专业的人士对这些数据的真实含义进行解读。

康普助成都天府国际机场"展翅腾飞"

作为一座4F级国际机场，成都天府国际机场是一带一路经济带中等级最高的航空港。该机场于2021年6月27日正式投运。目前，成都天府国际机场拥有两座航站楼，建筑面积达60万平方米，可满足年旅客吞吐量6000万人次、货邮吞吐量130万吨的需求。其外形犹如一飞冲天的"太阳神鸟"，而智能化、绿色化、安全可靠的综合布线系统则为这只"神鸟"织就了振翅欲飞的翅膀。

综合布线的首选，凭实力脱颖而出

成都天府国际机场建筑群规模庞大，主要包括航站楼、GTC换乘中心、ITC机场现场指挥及信息中心、停车楼、现场服务楼、地铁等，所涉及的综合布线系统不仅需敷设更长的光缆且其部署也更为复杂，既要保证业务系统的安全稳定运营，又要避免火灾、水灾等可能造成的损害。

此项目中，康普承担了规模最大、可靠性和安全性要求最高、信息点最密集的主体建筑——T1和T2航站楼、ITC机场现场指挥及信息中心三大部分项目的建设。这是整座机场弱电智能化程度最高的业务核心与运营中心，累计部署了超过4万个信息点、4200公里双绞线以及600多公里光缆，占据整个机场区域80%以上的数据量。

虽然项目日期间受到了疫情影响，但康普与其认证的PartnerPRO®网络合作伙伴——北京中航弱电系统工程有限公司携手保证了大规模、高性能、端到端的综合布线系统在成都天府国际机场的顺利部署。网络的联通性、管理的简洁性、应用的稳定与安全性也得到了充分验证，可以满足机场未来10-15年的扩展要求。

机场核心区全覆盖，安全可靠最重要

安全问题是机场的重中之重。针对至关重要的线缆安全性和阻燃能力问题，康普提供了Plenum增压级CMP铜缆和OFNP光缆高阻燃解决方案。成都天府国际机场也是国内首座使用康普Plenum高阻燃线缆的4F级国际机场。Plenum增压级线缆是UL防火标准中阻燃要求最高的线缆，具有高阻燃、低烟、低热、无滴漏等特点，是目前弱电通信系统中阻燃等级最高的线缆产品。不同于其他阻燃等级的线缆采用PE材料，Plenum高阻燃线缆材料的中心十字骨架和8芯线的绝缘层均采用FEP(氟塑料)材料。FEP仅在温度超过500℃时才开始慢慢分解，因此不会导致周边环境温度急剧升高，可有效避免火势的持续扩大和蔓延。

连通两座航站楼，满足先进性和前瞻性需求

成都天府国际机场T1和T2航站楼全面采用了康普的综合布线解决方案。康普提供的SYSTIMAX GigaSPEED XL®铜缆解决方案包含了铜缆双绞线和连接器件，其单体性能均远高于标准对Cat6/ClassE布线部件产品的要求。同时，针对航站楼水平面积大、信息点普遍存在距离超长等特殊情况，康普SYSTIMAX GigaSPEED XL®铜缆解决方案支持1GBase-T网络传输的距离长达117米，远超标准规定的水平线缆100米的极限距离，为部分超长距离的水平链路提供了应用保障，以更低成本实现高速率的网络传输。

在数据主干方面，SYSTIMAX TeraSPEED®单模零水峰解决方案是全球领先的消除单模传输水峰效应的光缆，用户无需考虑链路距离的限制，就可实现100Gb/s以内任何速率的网络传输。从应用的安全性和便捷性角度看，SYSTIMAX TeraSPEED®单模零水峰解决方案全系列产品均满足ITU-T G.652.D单模标准和ITU-TG.657.A1抗弯曲标准，不仅能提供低损耗的传输性能，还可在不大于15mm的弯曲半径下环绕10圈，从而显著提高光缆安装的安全性，并为后期运维服务提供良好的便捷性。

支持机场"最强大脑"网络传输既远又快

作为成都天府国际机场的"大脑"，ITC机场现场指挥及信息中心负责对所有信息进行汇聚和传播并协调、控制整个机场的运营。ITC的6个数据中心是机场数十个弱电信息系统核心设备的运行中枢，承载着机场业务系统的计算、存储、信息交互共享等核心工作。数据机房中所部署的SYSTIMAX LazrSPEED® 550多模预端接解决方案，是全球领先的OM4万兆多模预端接光缆，全部产品均为工厂预制、现场即插即用、无需熔接施工，可提升现场的工作效率。同时，它还具有高性能、高可靠、超低损耗、快速部署、模块化、高密度等诸多优点，网络传输率可达100Gb/s、传输距离175米，远超数据中心标准规定的150米极限距离。

另外，包括机场三关(检验检疫、边防检查、海关)以及公安武警消防指挥中心、货运物流中心等在内的机场业务支持区域也都使用了康普的综合布线产品。

◇陈薇薇

Excel 日期提取应用两则

平时在使用 Excel 批量处理身份证号码时，我们经常会根据不同要求从中提取每个用户的出生年月等信息，从而生成不同格式的“新数据”。在此列举相关的应用案例两则：

1.从身份证号码中批量提取生日并设置提醒

要求：从 B 列“身份证号”中提取出生日期，在 C 列生成“生日”，显示格式为“XX-XX”(比如“08-25”，即 8 月 25 日)，并且要加以醒目标注。

首先，在单元格 C2 中输入公式“=TEXT(MID(B2,11,4),"00-00")”(注意都是英文半角字符)，其作用是利用 TEXT 和 MID 函数从 B2 单元格(保存有身份证号码)中截取 4 位数据信息，也就是身份证的第 11 位开始的出生“X 月和 Y 日”(各两位数据)，这样就会在单元格 C2 中生成形如“08-25”的生日数据；接着将鼠标移至单元格 C2 右下角，当其变为小黑十字形状时双击一下，完成从 C3 至 C 列最后一个单元格数据的自动填充操作(如图 1 所示)。

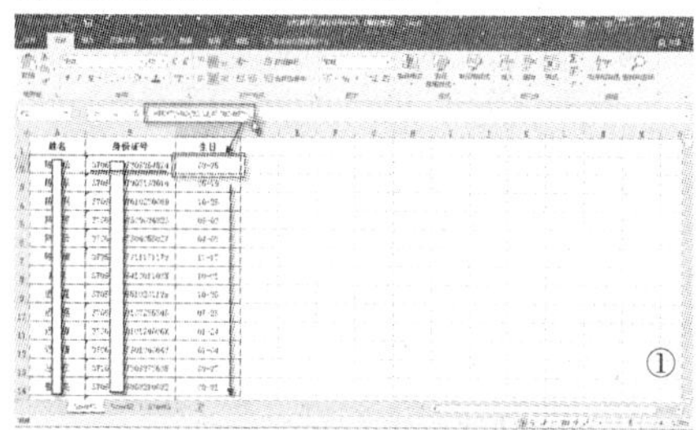

接着点击全选 C 列的数据，再执行“开始”-“条件格式”-“突出显示单元格规则(H)”-“发生日期(A)”菜单命令，在弹出的“发生日期”对话框中进行“为包含以下日期的单元格设置格式”操作——将左侧默认的“昨天”设置为“本月”(通过点击右侧的小黑三角进行下拉菜单项的选择)，并在右侧设置选择一种自认为比较醒目的显示方式，如“浅红填充色深红色文本”，点击“确定”按钮后就立刻会看到效果(如图 2 所示)——本月过生日的数据项就被加上了提醒标志。

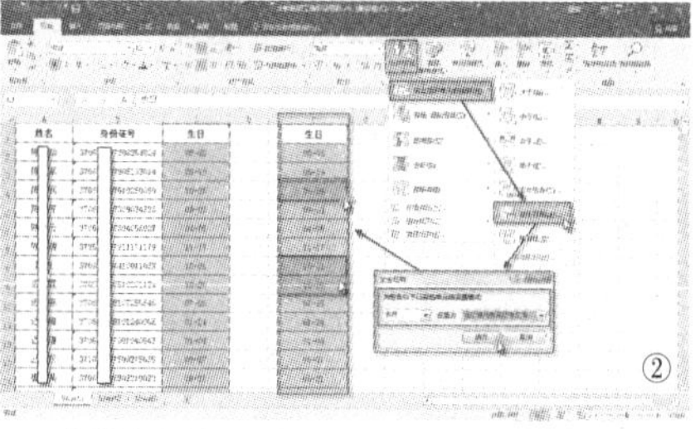

值得注意的是，使用函数和条件格式实现生日的批量提取与提醒的操作方法不仅速度快，而且它会随着操作系统日期的变动(比如到了下个月)而进行不同的生日的提醒。

2. 从身份证号码中批量提取生成“XXXX-XX-XX”格式

要求：从 E 列“身份证”中提取出生日期，在 F 列生成“出生日期”，数据格式为“XXXX-XX-XX”(比如“1971-09-23”，即 1971 年 9 月 23 日)。

首先，在单元格 F2 中输入公式“=MID(E2,7,4)&"-"&MID(E2,11,2)&"-"&MID(E2,13,2))”后回车，马上就生成了第一个数据“1971-09-23”。这是先后三次借助 MID 函数从 E2 单元格的身份证中取对应的数据：从第 7 位开始取连续 4 位，得到年份；从第 11 位连续取 2 位，得到月份；从第 13 位连续取 2 位，得到“某日”；然后再通过连接符将这三部分信息连接起来即可。

在单元格 F2 中生成了正确的“1971-09-23”之后，同样也是再将鼠标移至单元格 F2 右下角，当其变为小黑十字形状时双击，完成从 F3 至该列最后一个单元格数据的自动填充操作(如图 3 所示)。

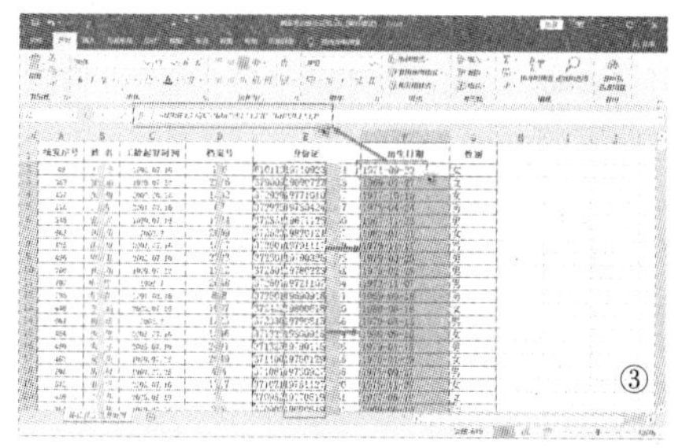

◇山东 牟晓东 王洪梅

美的电磁炉特殊故障检修一例

故障现象：一台美的牌 C21-RT2125 型超薄触摸电磁炉，用户说一插市电空气开关就跳闸，无法使用。

分析与检修：根据用户反应分析，会跳闸估计是机内严重短路，无疑是功率管或整流桥堆击穿所致。于是接手时不敢直接试电，而先用数字表在电源线的插头两脚测量，显示机内并没有短路。由此判断，该机是用户在插电跳闸的时刻，机内保险丝也同时熔断而开路。

打开机壳，第一眼就看见保险丝(12.5A 熔断管)的玻璃壳已炸裂(整机开路了)，再查看重点元件功率管发现：IGBT 管(镜面 H20R1203)③脚的根部已烧断熔成一小圆珠，②脚的根部也烧成一个缺口(如图 1 所示)，此现象正是特殊故障所在；再测量桥堆(2510)内部也击穿了两只二极管；继续查看辅助电源部分各元件，尚未发现异常元件。

把已损坏的功率管和桥堆焊脱，先不急于换功率管，用一只 3510 桥堆替换损坏的桥堆，然后试电观察辅助电源完好与否？试电结果正常，有复位音，控制板 LED 正常点亮。这时测量三电压基本正常，可以进行下一步。

正准备着手替换功率管时，犹豫了一下，会不会替换后又烧功率管呢？为了慎重，还得查一查驱动电路是否正常？经检查没发现异常。又想：原本功率管是因何而烧得那么特殊的呢？拿起功率管仔细琢磨：为什么烧坏部位是在引脚的根部？难道该功率管内部还完好吗？带着这个疑问对功率管进一步探究：用数字表蜂鸣档测量，黑笔接②脚红笔接③脚，显示 0.451 正常(此值应该是内部阻尼管正向阻值)，对调表笔测量显示 1.650 异常，正常值应该是无穷大，怀疑内部阻尼管性能不良。又想：通常功率管烧坏是在内部，而这只功率管与众不同，是发生在引脚根部，会不会是什么外因引起打火拉弧造成？但是查看电路板是干净的，于是怀疑功率管本身②脚、③脚之间有杂质，经仔细观察发现，②脚、③脚之间的塑料表面有碳化的痕迹，但经用酒精清洗后测量，反向阻值还是 1.650 不变，这时感觉有点悲催。

抓一抓头皮思考猜测：可能②脚、③脚之间的塑料表面首先附着了杂质引起打火，进而恶化致使拉弧烧断引脚。抱着试试看的心理，着手把②脚、③脚之间的碳化塑料细心凿掉，意想不到这一凿竟救活了一只功率管，凿后测量②脚、③脚之间反向阻值为 ∞，恢复正常。于是把原来的断脚焊回接在③脚的根部(如图 2 所示)，重新上机试电，工作正常，故障排除。

功率管③脚烧断了 根部成为小圆珠

①

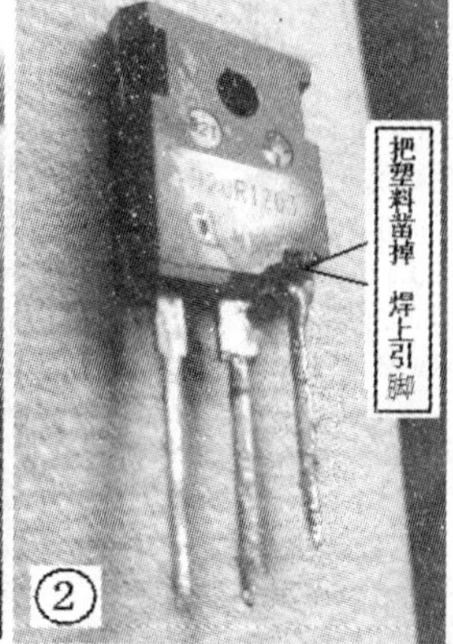

②

◇福建 谢振翼

Apple Pay“一键绑卡”使用技巧

如果你的 iPhone 已经更新至 iOS 15.x 系列的版本，那么可以实现 Apple Pay“一键绑卡”，这样当我们在“钱包”App 绑定银行卡时，就不需要扫描银行卡或手动输入卡号了。

在 iPhone 上打开“钱包”App，点击右上角的“+”按钮，此时会弹出图 1 所示的界面，选择添加“借记卡或信用卡”，此时会弹出图 2 所示的银行选取界面，也可以通过关键词进行搜索，目前支持一键绑卡功能的银行 App 包括：农业银行、工商银行、建设银行、中国银行、招商银行、交通银行等。

如果相应的银行 App 已经安装，那么选择之后会看到“打开”按钮(否则是“获取”)，点击“打开”按钮，此时直接跳转至该银行 App，获取关联银行卡信息，当看到图 3 所示的界面时，点击“添加到 Apple 钱包”，输入预留的手机号，提交相应的校验短信。

当看到图 4 所示的界面时，选择 iPhone 或 Apple Watch 就可以完成绑定操作了。

◇江苏 王志军

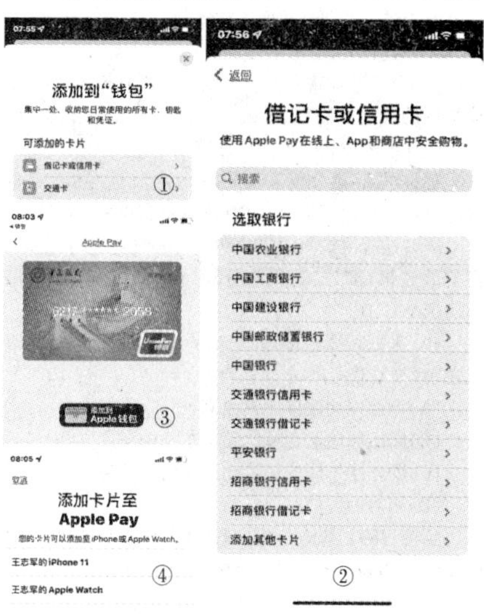

备考指南

注册电气工程师供配电专业知识考题解答㉝

(接上期本版)

45. 下列建筑照明节能措施，哪些项符合标准规定？(A、B、C)

(A)选用的照明光源、镇流器的能效应符合相关能效标准的节能评价值

(B)一般场所不应选用卤钨灯，对商场、博物馆显色要求高的重点照明可采用卤钨灯

(C)一般照明不应采用荧光高压汞灯

(D)一般照明在满足照度均匀度条件下，宜选用单灯功率较小的光源

解答思路：建筑照明节能措施→《建筑照明设计标准》GB50034-2013。

解答过程：依据GB50034-2013《建筑照明设计标准》第6.2节，第6.2.1条、第6.2.3条、第6.2.4条、第6.2.5条，选A、B、C。

46. TT系统采用过电流保护电器时，应满足下列条件：$Z_s \times I_k = U_k$，式中Z_s为故障回路的阻抗，它包括下列哪些部分的阻抗？(A、B、C)

(A)电源和电源的接地极

(B)电源至故障点的线导体

(C)外露可导电部分的保护导体

(D)故障点和电源之间的保护导体

解答思路：TT系统采用过电流保护电器→《低压电气装置第4-41部分：安全防护电击防护》GB16895.21-2011。

解答过程：依据GB16895.21-2011《低压电气装置第4-41部分：安全防护电击防护》第411.5.4条，选A、B、C。

47. 户外严酷条件下的电气设施为确保正常情况下的防触电，常采用设置屏障的方法，下列哪些屏障措施是正确的？(A、B、D)

(A)用屏障栏杆防止物体无意识接近带电部件

(B)采用对熔断器加设网屏或防护手柄

(C)屏障可随意移动

(D)不使用工具即可移动屏障，但必须将其固定在其位置上，使其不致被无意移动

解答思路：户外严酷条件下的电气设施→《户外严酷条件下的电气设施第2部分一般防护要求》GB/T9089.2-2008→屏障措施。

解答过程：依据GB/T9089.2-2008《户外严酷条件下的电气设施第2部分一般防护要求》第4.5节，第4.5.1条。选A、B、D。

48. 关于感知阈和反应阈的描述，下列哪些描述是正确的？(A、C、D)

(A)直流感知阈和反应阈取决于若干参数，如接触面积、接触状态(干燥、湿度、压力、温度)，通电时间和个人的生理特点

(B)交流感知阈只有在接通和断开时才有感觉，而在电流流过时不会有其他感觉

(C)直流的反应阈约为2mA

(D)交流感知阈和反应阈取决于若干参数，如与电极接触的人体的面积、接触状态(干燥、湿度、压力、温度)，而且还取决于个人的生理特性

解答思路：感知阈和反应阈→《电流对人和家畜的效应第1部分：通用部分》GB/T13870.1-2008。

解答过程：依据GB/T13870.1-2008《电流对人和家畜的效应第1部分：通用部分》第6.1条、第5.1条、第5.2条。选A、C、D。

49. 在下列哪些环境下，更易发生引燃、引爆等静电危害？(A、B、C)

(A)可燃物的温度比常温高

(B)局部环境氧含量比正常空气中高

(C)爆炸性气体的压力比常压高

(D)相对湿度较高

解答思路：静电危害→《防止静电事故通用导则》GB12158-2006→环境、更易发生引燃、引爆。

解答过程：依据GB12158-2006《防止静电事故通用导则》第4.3节，。选A、B、C。

50. 下列关于绝缘配合原则或绝缘强度要求的叙述，哪些项是正确的？(A、C、D)

(A)35kV及以下低电阻接地系统计算用相对地最大操作过电压标幺值3.0p.u.

(B)110kV及220kV系统计算用相对地最大操作过电压标幺值4.0p.u.

(C)海拔高度1000m及以下地区，35kV断路器相对地额定雷电冲击耐受电压不应小于185kV

(D)海拔高度1000m及以下地区，66kV变压器相间额定雷电冲击耐受电压不应小于350kV

解答思路：绝缘配合原则或绝缘强度→《交流电装置的过电压保护和绝缘配合设计规范》GB/T50064-2014。

解答过程：依据GB/T50064-2014《交流电装置的过电压保护和绝缘配合设计规范》第6.1节，第6.1.3条、表6.1.3、第6.4.6条、表6.4.6-1。选A、C、D。

51. 计算电缆持续允许载流量时，应计及环境温度的影响，下列关于选取环境温度的原则哪些项是正确的？(用T_m代表最热月的日最高温度平均值，T_f代表通风设计温度)(B、C、D)

(A)土中直埋：T_m+5℃

(B)户外电缆沟：T_m

(C)有机械通风措施的室内：T_f

(D)无机械通风的户内电缆沟：T_m+5℃

解答思路：电缆持续允许载流量→《电力工程电缆设计标准》GB50217-2018→选取环境温度的原则。

解答过程：依据GB50217-2018《电力工程电缆设计标准》第3.6节，第3.6.5条、表3.6.5。选B、C、D。

52. 高压系统接地故障时低压系统为满足电压限值的要求，可采取以下哪些措施？(A、B、C)

(A)将高压接地装置和低压接地装置分开

(B)改变低压系统的系统接地

(C)降低接地电阻

(D)减少接地极

解答思路：高压系统接地故障时低压系统为满足电压限值→《低压电气装置第4-44部分：安全防护电压骚扰和电磁骚扰防护》GB/T16895.10-2010→措施。

解答过程：依据GB/T16895.10-2010《低压电气装置第4-44部分：安全防护电压骚扰和电磁骚扰防护》第442.2.3条。选A、B、C。

53. 在有电视转播要求的体育馆，其比赛时，下列哪些场地照明符合标准规定？(A、B)

(A)比赛场地水平照度最小值与最大值之比不应小于0.5

(B)比赛场地水平照度最小值与平均值之比不应小于0.7

(C)比赛场地主摄像机方向的垂直照度最小值与最大值之比不应小于0.3

(D)比赛场地主摄像机方向的垂直照度最小值与平均值之比不应小于0.5

解答思路：场地照明→《建筑照明设计标准》GB50034-2013→有电视转播要求的体育馆。

解答过程：依据GB50034-2013《建筑照明设计标准》第4.2节，第4.2.1条。选A、B。

54. 关于人体带电电位与静电电击程度的关系，下列哪些表述是正确的？(A、C)

(A)人体电位为1kV时，电击完全无感觉

(B)人体电位为3kV时，电击有针触的感觉，有哆嗦感，但不疼

(C)人体电位为5kV时，电击从手掌到前腕感到疼，指尖延伸出微光

(D)人体电位为7kV时，电击手指感到剧疼，后腕感到沉重

解答思路：静电电击程度→《防止静电事故通用导则》GB12158-2006→人体带电电位。

解答过程：依据GB12158-2006《防止静电事故通用导则》附录C、表C.1。选A、C。

55. 并联电容器组应设置不平衡保护，保护方式可根据电容器组的接线方式选择不同的保护方式，下列不平衡保护方式哪些是正确的？(A、C、D)

(A)单星形电容器组可采用开口三角电压保护

(B)单星形电容器组串联段数两段以上时，可采用相电压保护

(C)单星形电容器组每相能接成四个桥臂时，可采用桥式差电流保护

(D)双星形电容器组，可采用中性点不平衡电流保护

解答思路：并联电容器组→《并联电容器装置设计规范》GB50227-2017→不平衡保护方式。

解答过程：依据GB50227-2017《并联电容器装置设计规范》第6.1节，的6.1.2条。选A、C、D。

56. 在建筑物引下线附近保护人身安全需要采取的防接触电压的措施，关于接触电压，下列哪些方法不符合规定？(B、C)

(A)利用建筑物金属构架和建筑物互相连接的钢筋在电气上是贯通且不少于10根柱子组成的自然引下线，作为自然引下线的柱子包括位于建筑物四周和建筑物内的

(B)引下线2m范围内地表层的电阻率不小于50kΩ·m或敷设5cm厚沥青层或15cm后砾石层

(C)外露引下线，其距离地面2m以下的导体用耐1.2/50μs冲击电压100kV的绝缘层隔离，或用至少3mm厚的交联聚乙烯层隔离

(D)用护栏、警告牌使接触引下线的可能性降到最低限度

解答思路：建筑物引下线附近→《建筑物防雷设计规范》GB50057-2010→防接触电压的措施。

解答过程：依据GB50057-2010《建筑物防雷设计规范》第4.5节，第4.5.6条第1款。选B、C。

57. 低压电气装置安全防护，防止电缆过负荷的保护电器的工作特性应满足以下哪些条件？(B、C)

(A)$I_a \leq I_n \leq I_z$(B)$I_2 \leq 1.45I_z$

(C)$I_B \leq I_n \leq I_z$(D)$I_2 \leq 1.3I_z$

其中，I_a为回路的实际电流，I_B为回路的设计电流，I_z为电缆的持续载流量，I_n为保护电器的额定电流，I_2为保证保护电器在约定的时间内可靠动作的电流

解答思路：低压电气装置安全防护→《低压配电设计规范》GB50054-2011→过负荷的保护电器。

解答过程：依据GB50054-2011《低压配电设计规范》第6.3节，第6.3.3条。选B、C。

58. 下列哪几种情况下，电力系统可采用不接地方式？(A、C)

(A)单相接地故障电容电流不超过10A的35kV电力系统

(B)单相接地故障电容电流超过10A，但又需要系统在接地故障条件下运行时的35kV电力系统

(C)不直接连接发电机的由钢筋混凝土杆塔架空线路构成的10kV配电系统，当单相接地故障电容电流不超过10A时

(D)主要由电缆线路构成的10kV配电系统，且单相接地故障电容电流大于10A，但又需要系统在接地故障条件下运行时

解答思路：电力系统可采用不接地方式→《交流电装置的过电压保护和绝缘配合设计规范》GB/T50064-2014。

解答过程：依据GB/T50064-2014《交流电装置的过电压保护和绝缘配合设计规范》第3.1节，第3.1.3条。选A、C。

(未完待续)

◇江苏 键谈

PLC梯形图程序的步进图设计法(二)

(接上期本版)

③无论步进图的结构多么复杂，置位复位电路法总是用一个电路块来解决每一步，并且每一个电路块的结构形式几乎是完全相同的，特别具有规律性，所以，置位复位电路法非常容易学习，短时间内就能掌握。

④置位复位电路法在设计每一个电路块时，只需考虑本电路块应退出的是哪一当前工作步、应进入的是哪一后续步、退出进入的所需条件又是什么就行了，而无需考虑本步之外的自锁、互锁、联锁等等复杂问题，因此，编程时概念清楚、思路清晰，可从容应对复杂控制系统的编程。

⑤置位复位电路法设计出的程序最简洁，占用的程序步最少，这对于大型复杂的控制系统来说是十分宝贵的，同时也非常有利于提高输出响应输入的速度。

考虑到置位复位电路法具备的这些优点，我们特别建议初学者在使用步进图设计法设计梯形图程序时，首选置位复位电路法。

我们在使用步进图设计法中的置位复位法设计梯形图程序时，可以直接套用下面介绍的步进图模板和梯形图模板，在套用步进图模板和梯形图模板时应注意：

①中间存储器M×××都是用来表示某一工步的，其中M000表示初始步，M001表示第1工步，M002表示第2工步……Mn表示最后一个工步。而单选结构和全选结构中的M000则表示初始工步即分支开始前1步，Mm表示分支结束后即分支合并后1步。

②初始步激活条件通常使用M8002，但也可用启动开关等来代替。

③Mn+1为虚设一步，目的是顺利执行步进程序后面的普通程序。

④单选结构最多允许有8条分支，全选结构最多也只允许有8条分支。

⑤单选结构只允许选中所有分支中的1个分支，即不允许有2个或2个以上分支同时被选中；全选结构必须将所有的分支同时选中，即不允许只选中其中的1个或部分分支。

3. 步进图模板和梯形图模板

下面分别介绍单线结构、自复位结构、全循环结构、部分循环结构、跳步结构、单选结构和全选结构的步进图模板和梯形图模板。

(1)单线结构的步进图模板和梯形图模板

单线结构的步进图模板和梯形图模板见图3。

(2)自复位结构的步进图模板和梯形图模板

自复位结构的步进图模板和梯形图模板见图4。

(3)全循环结构的步进图模板和梯形图模板

全循环结构的步进图模板和梯形图模板见图5。

(4)部分循环结构的步进图模板和梯形图模板

部分循环结构的步进图模板和梯形图模板见图6。

(5)跳步结构的步进图模板和梯形图模板

跳步结构的步进图模板和梯形图模板见图7。

(6)单选结构的步进图模板和梯形图模板

单选结构的步进图模板见图8。

单选结构的梯形图模板见图9。(图9见下期)

(7)全选结构的步进图模板和梯形图模板

全选结构的步进图模板见图10。(图10见下期)

全选结构的梯形图模板见图11。(图11见下期)

4. 步进图设计法中相关问题的处理办法

(1)重复线圈的处理

步进图设计法把梯形图程序分成了步进控制和输出控制两部分来设计，由于是步进控制，某些被控电器会被重复受到控制，这样在输出控制部分就不可避免地会出现重复线圈问题。

这里所说的"重复线圈"，指的就是其他PLC书籍上所谓的"双线圈"。由于这个"双线圈"概念到底指的是"两个分开的相同编号的线圈"还是"两个并联的不同编号的线圈"，让人无所适从，因此，本文中把"双线圈"改称为"重复线圈"。

在步进图设计法中出现重复线圈问题往往容易被人忽视，原因是有人会错误地认为步进控制中步与步之间的输出没有联系，只要这一步成为工作步，该步的被控电器就一定会被接通，可事实却并不是这样。

我们以图17(见下期)为例来说明这个问题。

按照一般的思维方法来设计图17的梯形图，其中的第15级阶梯和第16级阶梯一定如图12(a)所示。由于PLC在程序处理阶段是按照从上到下的顺序对每一阶梯电路进行运算的，假设这时是M202闭合/M203断开，这样对第15级阶梯的运算结果应是Y004=1，Y004镜像寄存器被改写成为1，接着对第16级阶梯进行运算，运算的结果则是Y004=0，Y004镜像寄存器又被改写成了0，

(未完待续)

◇无锡华泰石精密电子有限公司 周秀明

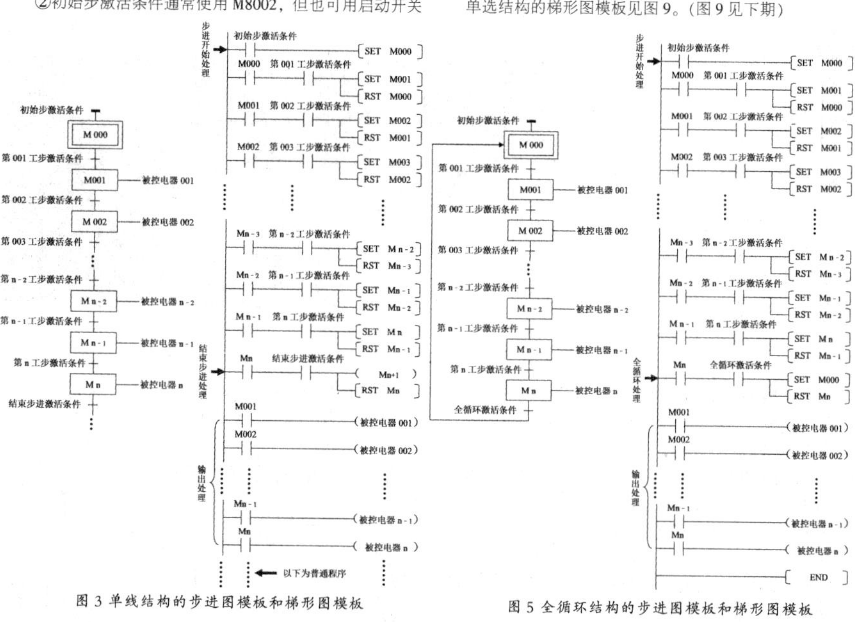

图3 单线结构的步进图模板和梯形图模板

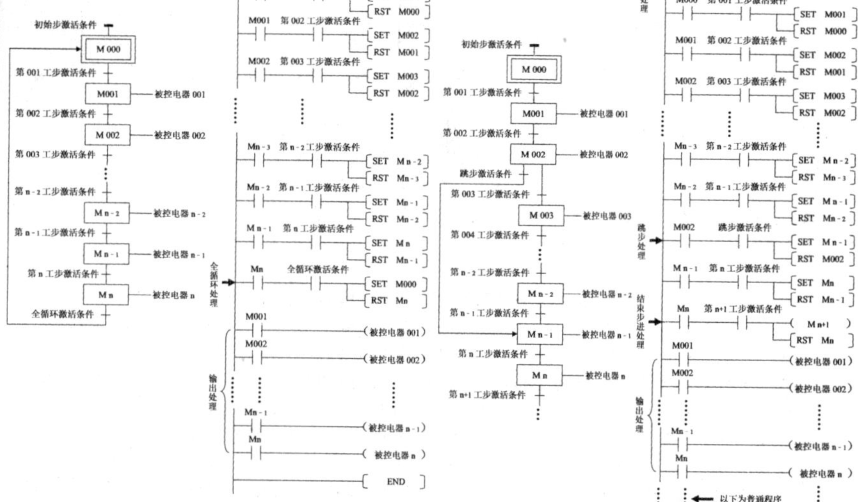

图5 全循环结构的步进图模板和梯形图模板

图7 跳步结构的步进图模板和梯形图模板

图4 自复位结构的步进图模板和梯形图模板

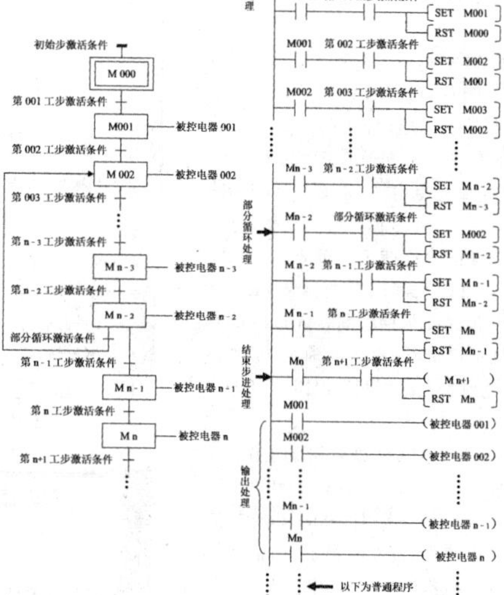

图6 部分循环结构的步进图模板和梯形图模板

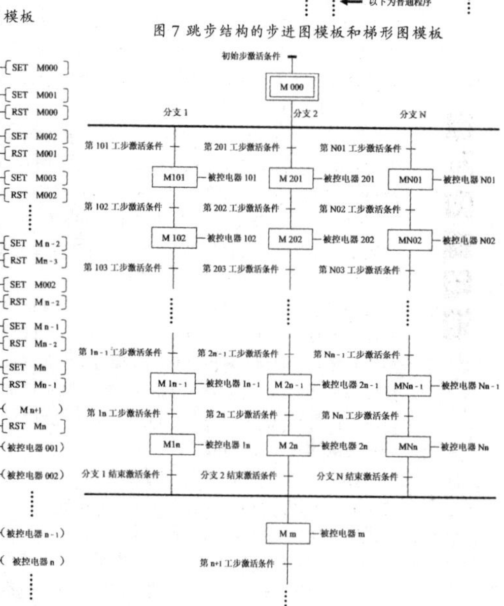

图8 单选结构的步进图模板

阳台用10/40米波单臂螺旋天线

随着业余无线电通信的发展和普及，HAM越来越多了。天线是无线电通信中非常重要的设备。一般的HAM朋友很难架设一套高效率的天线。特别是现今的居住条件，除了居住楼顶层的外，架设天线显得很麻烦，或者就大量投资才能搞定。

本人设计制作的这套GP天线，主要是针对小功率机器配套，也是综合了鱼竿天线、长线天线、螺旋天线等各类天线的特点。制作容易，装、拆方便，以适合阳台内架设。制作成本RMB100元左右。

所需材料：

1. 直径30-40毫米，长度2.5米的PVC水管一根；

2. 径4-6毫米，长度15米的空心铝管一根；

3. 直径1.5毫米漆包线若干(或披塑铜线)；

4. 一次性竹筷若干；

5. 0.25平方米的塑料泡沫板一块(可用木板或纸板代替)；

6. 尼龙扎带若干。

制作：

1. 在PVC管的一端，留出300毫米一节，用1.5毫米漆包线平绕200匝左右，图中L1。两端在PVC管子上打孔固定；

2. 将铝管手工团绕成弹簧状，螺旋直径大约300毫米，大约16圈，并拉总长到2米左右，图中L2。一端与L1连通固定，一端接通50欧馈线芯子，同样在PVC管子上打孔固定；

3. 为了加固，防止螺纹下垂，可预先在PVC管上，每隔200毫米距离，周围钻三四个直径5毫米的通孔，插入筷子，并用尼龙扎带将铝管和筷子固定；

4. 用1.5毫米的漆包线在塑料泡沫板上缠绕若干圈，这个作为"地网"，可以多做几块。注意：泡沫板下面要铺垫绝缘物体(塑料泡沫，纸板都可以)，不能让漆包线直接与阳台地面接触；

5. 最后，用50欧同轴电缆线将天线和地网链接，引入机器即可。

本人是初学者，没有什么经验。原本用的鱼竿天线，用了天调，配合40米和10波机器，每每换机器，都要细调一次天调，自从用了这套单螺旋天线，天调基本没有用了，感觉各频段谐振都还不错。

如果你正在为制作天线发愁，不妨试试。也许加上你的智慧再改进下，说不定就能简简单单的制作出一套更加性能优越的室内阳台天线呢！

说明：因无检测仪器，无法给出详细的电气参数，有待检测。

以下是一瓦小功率机器发射中，距离天线主体大约30厘米，辐射电场点亮发光二极管视频链接，供参考。

https://v.youku.com/v_show/id_XNTg-wNjI0MjE0MA==.html

后记

我为何要制作这个天线？本人居住六楼，海拔高度1120米。没有能力在公寓楼顶架设天线，一直使用简易鱼竿天线。因为老伴有恐高，看见我把鱼竿天线伸出铁栏杆，就心跳，也不允许我将鱼竿固定在阳台。每次我就偷偷伸出去，又偷偷收回来，实在是麻烦！之后，我就设计了这套，挂在阳台内的单臂螺旋天线。

◇杜玉民

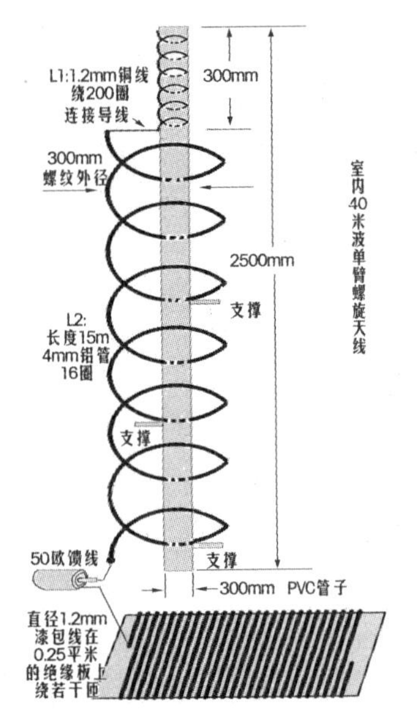

图1 天线整体示意图

图5 天线全景
(中间衔接拍摄变形了)

图2 天线主体部分 图3 安装 图4 底部

自制鼠标电池

买了一套无线键鼠，鼠标使用的是1.5V的5号电池，因为鼠标使用频率比较高，电池耗损不小，于是准备自己设计制作一只5号充电电池。网购了几只5号(14500)平头锂电池(比5号凸头电池短约1mm)和几只200ma的501240(厚度5mm，宽度12mm，长40mm)锂电池，推荐使用501240聚合物锂电池，体积小，适应范围宽。5号平头锂电池体积与常用的5号电池一样，有些空间小的鼠标不一定能够使用(大部分鼠标可以使用)。电路板是通用的，50mm*12mm双面板，+5V正极在底面有线路或者单面板用飞线连接。电路很简单，使用了1片锂电池充电专用的XC6802A42XMR线性稳压集成电路SOT23-5封装，输出电压4.2V，输入电压4.25-6.0V。该集成电路的4脚为输入引脚；2脚为GND引脚；3脚为输出引脚；5脚为输出电流调节引脚；1脚为充电指示引脚。内部电路框图见图1。

图2为该电路原理图

在图2中，USB1为一个常用的安卓尾插接口，图2中只使用了其1脚+5V输入引脚和5脚GND引脚。C1,C2,C3,C4,C5为储能电容，全部使用0805无极性贴片电容。R1,R3分别为U1和U2的输入保护电阻，可以不用。R2为充电电流调节电阻，10K时，约可提供100ma的充电电流。2k时约600ma充电电流。取值在2k-20k可以适当调节充电电流，因为鼠标配用的电池容量一般不大，充电电流可以设置小一些。充电指示灯可以不用，电阻使用0805贴片电阻，LED可以用1206贴片LED，这样便于焊接。贴片元件的焊接推荐使用锡膏配合PTC恒温焊台(约20元，可以方便拆装LED等贴片元件)。焊接时，将电路板置焊接台上并预先在电路板需要焊接的地方涂抹锡膏，然后将需要焊接的贴片元件贴到预定位置，打开电源开关，待锡膏熔融后断开电源，冷后即可。PCB正面图见图3.电路板两端可以焊接铜片分别与鼠标的电池夹连接。

U2为XC6206P152MR三端集成稳压电路，为SOT23封装，输出电压为1.5V，输出电流100ma；最大输入电压6.0V。在这里输入为锂电池电压，输出供鼠标使用。都是小电流应用状态。使用时，我们先插上安卓手机通用数据(充电)线给电池充电，充满后(不充满也可以使用)可以使用了。以后我们就不需要给鼠标换电池了，没电了给鼠标插上数据线充电就可以继续使用了。很方便的。电路板可以通过嘉立创免费打板。PCB板绘制也是通过嘉立创提供的EDA实现的，PCB画好后保存就可以直接转下单打样了，非常方便！原理图也是利用嘉立创EDA实现的，不过由于电路非常简单，完全可以不用原理图直接使用EDA画PCB，注意给元件引脚相应网络编号就可以了。

◇湖南 王学文

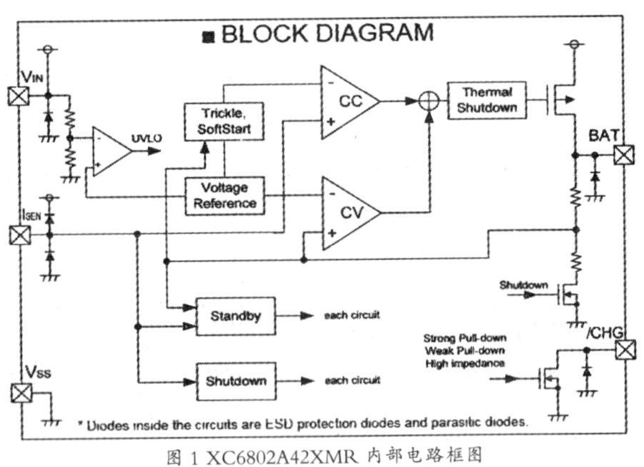

图1 XC6802A42XMR内部电路框图

USB1 +5V R1 LED1 U1 VIN BAT VSS ISEN /CHG C2 106 C1 106 R2 10K XC6802A42XMR-G BT1 R3 C3 105 C4 105 XC6206P152MR Vout Vin GND U2 C5 106 GND

图2 鼠标充电电池电路原理图

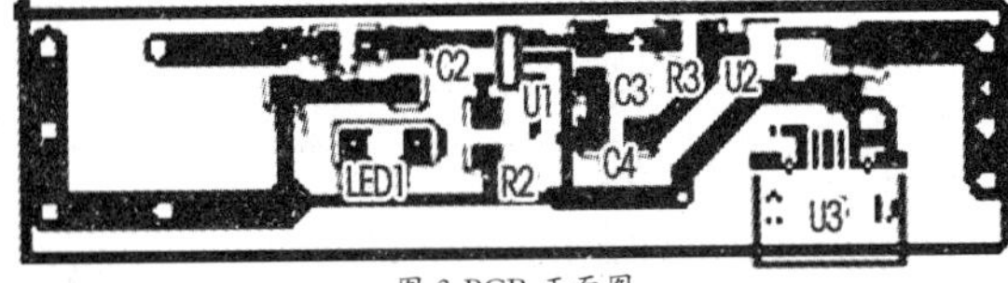

图3 PCB正面图

动力电池巨头纷纷布局固态电池(二)

(接上期本版)

氧化物类

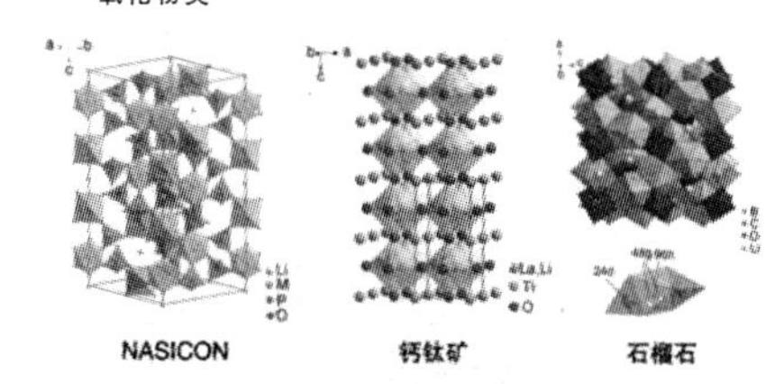

氧化物固体电解质按照物质结构可以分为晶态和非晶态两类,晶态电解质包括钙钛矿型、NASICON型(Na快离子导体)、石榴石型、LISICON型等,玻璃态(非晶态)氧化物的研究热点是用在薄膜电池中的LiPON型电解质和部分晶化的非晶态材料。

氧化物晶态固体电解质化学稳定性高,部分样品可以在50℃下工作,循环45000次后,容量保持率达95%以上。

氧化物的低室温电导率是主要障碍,目前改善方法主要是元素替换和异价元素掺杂。

目前的薄膜固态电池主要使用N掺杂Li_3PO_4,简称LiPON;其正极选择面较广,负极则一般为金属锂或无锂源。

硫化物类

硫化物主要包括thio-LISICON、LiGPS、LiSnPS、LiSiPS、Li2S-P2S_5、Li_2S-SiS_2、$Li_2S-B_2S_3$等,室温离子电导率可以达到10-3~10-2 S/cm,接近甚至超过有机电解液,同时具有热稳定高、安全性能好、电化学稳定窗口宽(达5V以上)的特点,在高功率以及高低温固态电池方面优势突出。

相对于氧化物,硫化物相对较软(还是偏脆),要容易加工一些,通过热压法可以制备全固态锂电池,但还存在空气敏感,容易氧化,遇水容易产生硫化氢等有害气体的问题。是未来的主要方向之一。

电极材料

另外正负极材料对电池的能量密度影响也很大。如果单纯把液体电解质更换为固体电解质,不改变现有的正负极材料,仅能提高电池安全性,无法提升电池能量密度。所以固态电池还需配套正负极材料的革新。

电解质由液态换成固体之后,锂电池体系由电极材料-电解液的固液界面向电极材料-固态电解质的固固界面转化,固固之间无润湿性,界面接触电阻严重影响了离子的传输,造成全固态锂离子电池内阻急剧增大、电池循环性能变差、倍率性能差。

固态电池界面问题优化方案

	方案	具体实施
金属Li保护	有机预处理	DOX、DOL浸泡
	电解液预处理	AlI_3电解液添加剂
	气体	N_2、CO_2
	沉积无机固态电解质膜	LiPON
	包覆稳定的聚合物膜	TMSA、PVDF-HFP
	包覆复合电解质膜	PVDF-HFP+Al_2O_3
聚合物电解质改性	共聚、交联	PE-PEO
	吸附	PEO基SPE表面吸附自组装分子层H-$(CH_2)_m$-$(CH_2-CH_2-O)_m$-H
	加入无机填料	PEO-LiFSI+$BaTiO_3$、PEO-$LiBF_4$+$LiAlO_2$
	加入快离子导体	$Li_7La_3Zr_2O_{12}$
其他	Li合金	Li-Al、Li-In
	粉末锂电极、泡沫锂电极	
	增加装配压力	

其中正极材料一般采用复合电极,除了电极活性物质外还包括固态电解质和导电剂,在电极中起到传输离子和电子的作用。

而负极材料目前主要集中在金属锂负极材料、碳族负极材料和氧化物负极材料三大类,其优缺点如下。

负极材料分类	代表物	优点	缺点
金属Li	金属Li	高容量、低电位。	循环过程中电极体积变化大,严重时会导致电极粉化失效,循环性能大幅度下降;Li是电极活性物质,仍然存在相对安全隐患。
碳族	以石墨为代表的碳基、硅基、锡基材料	成本低、技术成熟、充放电效率高。	碳的理论容量较低,可开发空间小;硅负极还在研发中,且受限于体积膨胀。
氧化物	金属氧化物、金属基复合氧化物以及其他氧化物	理论上比容量高。	在电化学过程中,大量的Li被消耗掉,造成巨大的容量损失;且循环过程中伴有巨大的体积变化导致电池失效。

工艺成本

由于固态电池结构简单,核心部件仅有正极、负极、固态电解质,一旦技术和工艺成熟,其生产成本也会低于三元锂和磷酸铁锂电池。

传统锂离子电池

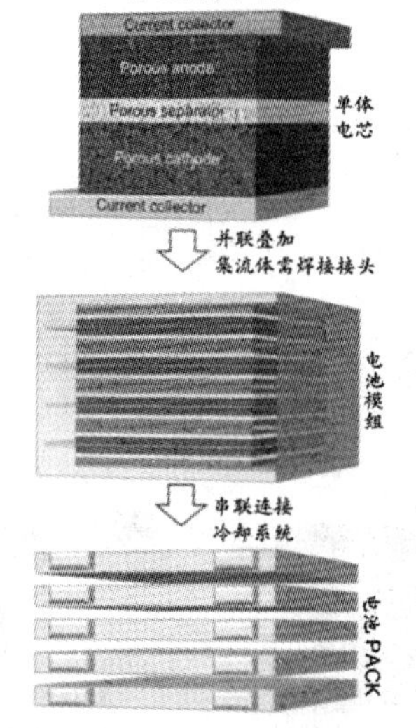

液态锂电池往往需要先将单体电芯封装完成后先并联再串联,若想省流程直接串联,则会导致正负极短路。而固态电池由于内部不含液体,不存在短路的问题,可直接串联组装。还有,液态锂离子电池是需要冷却系统来防止其使用过程中温度过高。

固态电池

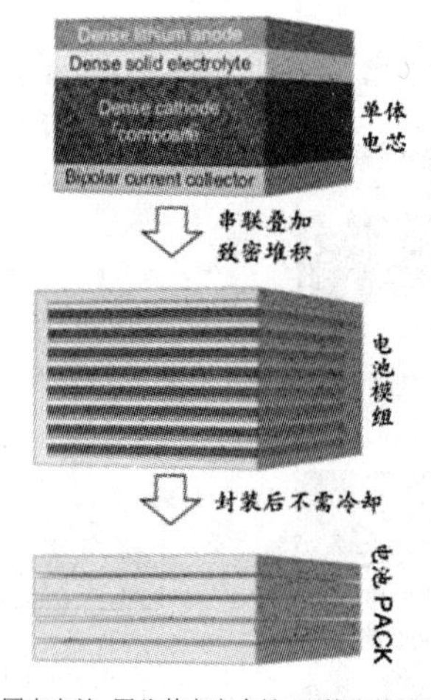

对于固态电池,因为其高安全性,可简化甚至不需要冷却系统。所以,固态电池的实际量产过程中,其成组成本会更低,整个生产流程更简单。

应用场景

由工艺简化带来的固态电池的多样性也不仅仅用于新能源汽车,在很多领域也能大展手脚。

电池结构	容量	应用场景	制造方法
单层薄膜	μA·h~mA·h	射频芯片	PECVD
3D微电池		医疗电子	溅射
曲面电池		消费电子	3D打印
固态多层	mA·h~5A·h	消费电子	PECVD
方型叠层		工业应用	涂布
半固态/厚膜		特种应用	挤压注入
圆柱式	5~100A·h	电动汽车	涂布、挤压注入、3D打印
软包方型		电动自行车	
全属方形		规模储能	
软包异型		储备电源	
...		激活电池	

综上所述,现阶段技术难点主要集中在以下两点:

固态电解质电导率偏低

电导率是指锂离子在电解质内移动的顺畅情况。由于锂离子的移动被限制在一个坚硬的固态晶格中,固态电解质的锂离子电导率只有液态电解质的1/10至1/100。这一点也成为研发固态电池技术中最重要、最困难的挑战之一,而且也有巨大的技术和经济价值。

以往,人们对于全固态电解质的研究主要集中在两方面,一是氧化物,二是硫代磷酸盐复合物。氧化物的离子电导率适中,室温下的电导率范围为10^{-6}~10^{-3}S/cm。硫代磷酸盐离子电导率较高,可以和有机锂离子液态电解质相匹敌,例如$Li_{10}GeP_2S_{12}$的离子电导率为12×10^{-3}S/cm,$Li_2S-P_2S_5$的离子电导率为17×10^{-3}S/cm。但是,化学和电化学界面稳定性差的问题限制了其进一步发展。

目前解决方法是研发人员尝试在聚合物基体中加入各种活性填料,可以综合各种聚合物或无机电解质的优点来解决它们固有的问题。活性填料的有助于降低聚合物基体的结晶度、固定阴离子,并通过本身和聚合物/填料界面提供连续的Li+导电通路。然而,经过多年的尝试,复合电解质在低温下的离子导电性和长循环性方面仍不能与传统液态电解质相媲美,这是其商业化应用的最大障碍。

固体电解质与电极之间的界面阻抗问题

传统液态电解质与正负极之间是固液接触,界面润湿性良好,相互接触完全没有问题,界面之间不会产生大的阻抗。但是固态电解质和正负极是固固接触,接触效果差了一大截,所以锂离子在界面之间的传输阻力更大。

如果固态电解质的低电导率没有解决,再加上高界面阻抗,让锂离子在电池内部传输效率更是雪上加霜,影响了电池的快充能力和循环寿命,同时也无法让电池的容量正常释放。

此外,氧化物和硫化物电解质,属于多孔隙的陶瓷材料,材料的特点就是脆,想要加工成很薄的电解质就很困难,稍有不慎就断了。即使能加工,现有的工艺水平和设备能力其成品的良率还比较低。

实际技术路线

现有的技术水平,想一步到位实现全固态电池是比较困难的,因此很多厂商采取"固态→准固态→全固态"的发展路线。

其定义根据液体电解质的比例进行归类:

半固态(Half solid)锂电池:电芯电解质中,液体电解质质量百分比<10%。

准固态/类固态(Nearlysolid)锂电池:液体电解质质量百分比<5%,液体电解质的质量或体积小于固体电解质的比例。

(未完待续)

◇四川 李运西

MEMS 声学器件的技术应用与发展趋势

本内容是瑞声科技 MEMS 事业部总经理吴志江在 2021 年 10 月 23 日"聚力于芯 智传未来"第二届中国智能传感大会的主题演讲。演讲中的声学器件的前瞻性技术，吸引了全场高层领导、企业领袖、行业专家的高度关注。尤其是"影像音频变焦"技术之行业颠覆性不可小觑！

传感器技术与通信技术、计算机技术并称现代信息产业的三大支柱，是设备装备核心感知外界环境信息的主要来源。我国传感器市场规模约占全球传感器市场规模的四分之一。据中国电子元件行业协会统计，我国传感器市场规模在 2020 年约为 2300 亿元，预计到 2021 年将接近 3000 亿元。关键技术研发取得新突破，创新能力不断增强，产业规模和质量都得到进一步提升。

MEMS MIC 应用市场广阔，我们每时每刻用的手机就有 MEMS 麦克风。本文就 MEMS 麦克风的市场、技术发展趋势和应用场景展望向行业和读者做一个简短的介绍。

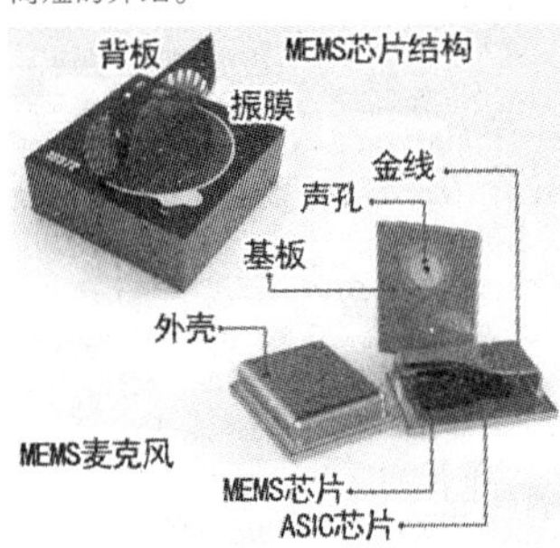

透过图片清晰可见 MEMS 麦克风芯片由基板（有声孔）、ASIC 芯片、MEMS 芯片及金线连接。

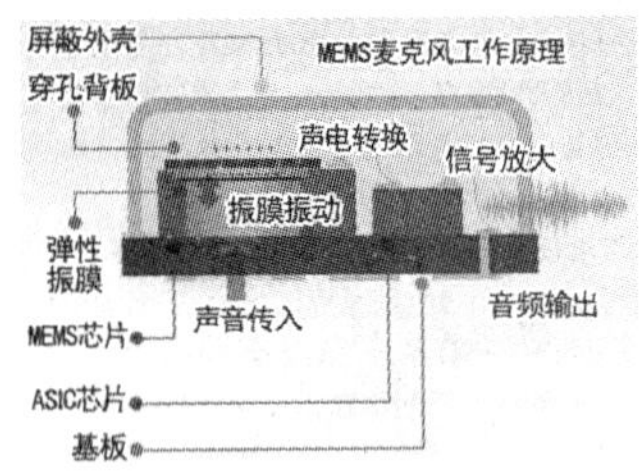

工作原理：声音传入-振膜振动-声电转换-信号放大-音频输出。

MEMS 麦克风可以广泛地应用与消费电子领域，包括：智能家居互联网设备、车联网设备、智能穿戴设备以及国防领域；其中与我们最密切的 MEMS 麦克风应用应该是智能手机了。

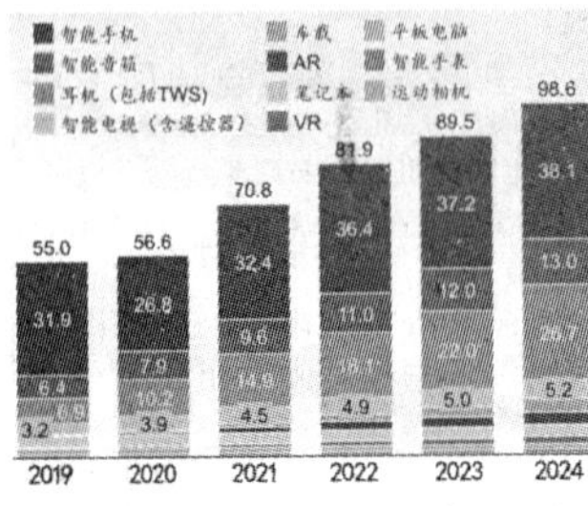

国内 MEMS 麦克风需求量（单位：亿支）

智能手机是 MEMS 麦克风最关键的主战场，智能音响、TWS（True Wireless Stereo，真无线立体声）和智能电视将迎来快速增长。

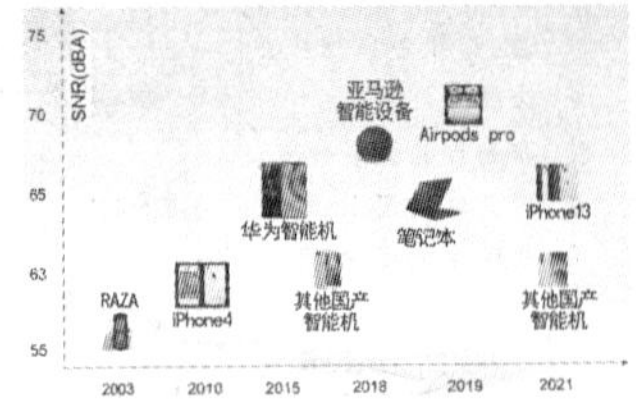

MEMS 麦克风技术发展时间轴

由图表可见 MEMS 麦克风技术发展路线，请留意一下下图中一元硬币与 MEMS 麦克风的尺寸参照。

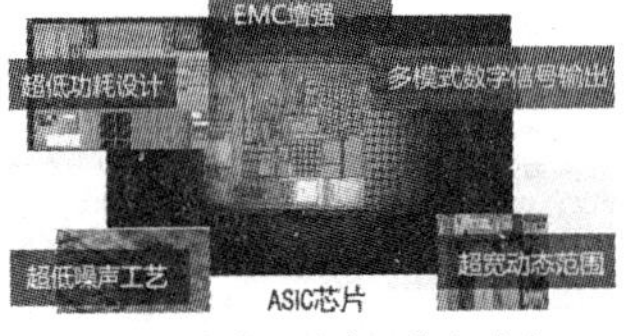

MEMS 麦克风的专用集成芯片

这是 MEMS 麦克风的 6 种封装方式以及优缺点。

MEMS 麦克风目前面临的缺点是在远场语音信号弱，环境嘈杂。解决方案是借助麦克风阵列抑制环境噪声和空间反射声，以此实现远距离拾音。

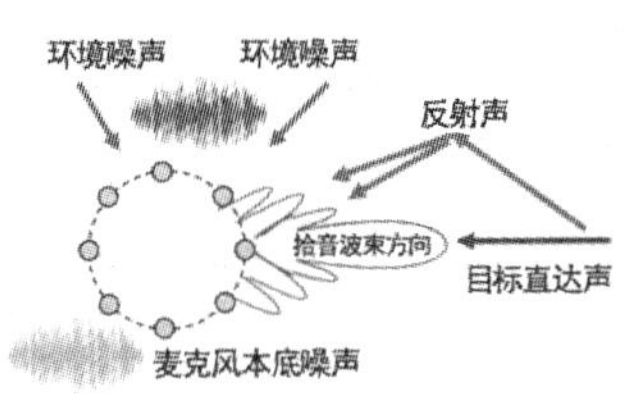

当前的瓶颈是随着超远场阵列算法的提升，噪声抑制比也随之提升，麦克风自身的本底噪声也随之凸显。

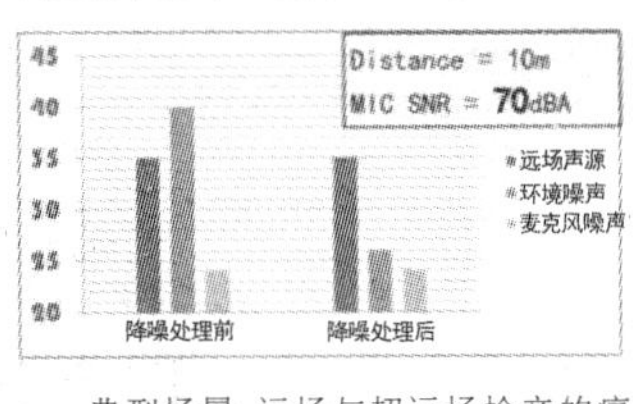

典型场景：远场与超远场拾音的痛点、解决方案以及瓶颈。

在户外、街道、骑行或者酒吧等这类强噪声场景，一般在硬件方面采取的解决方案是高 AOP Mic 或者骨传导 Mic。

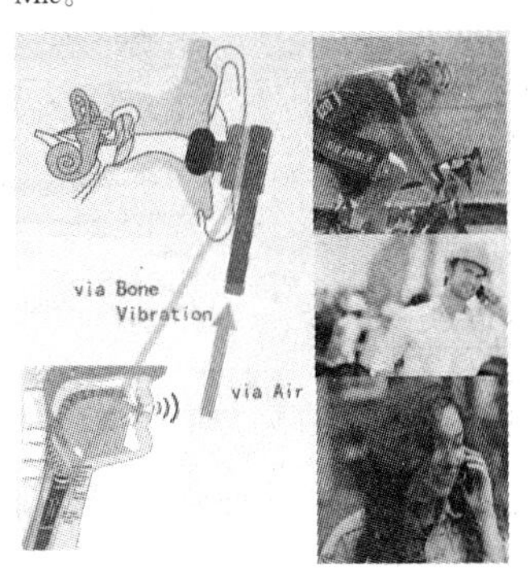

当这类场景需要立体声录制或者进行回放时，一般采用高 SNR Mic 以及多 Mic 组成的阵列（3~4 组）的全链路方案，即"上行 3D 录音"+"下行环绕外放"，这样能录制出较为清晰的 360°全景声。

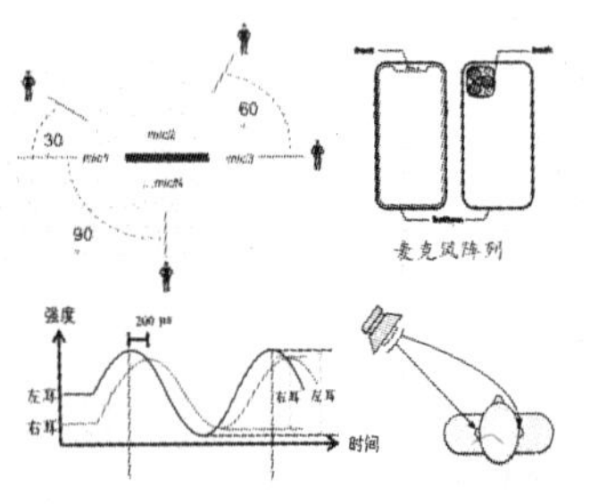

在视频录制时对于声音的捕捉，通过高 SNR、高 AOP Mic、Mic 阵列以及指向型 Mic 等技术组合，将画面对焦，拉近镜头近距离聆听视频场景；进行同步视频缩放，实现隔离或放大音频的动态效果。

这是有极大颠覆行业技术的典型场景，从硬件解决方案可见技术路线并不简单。

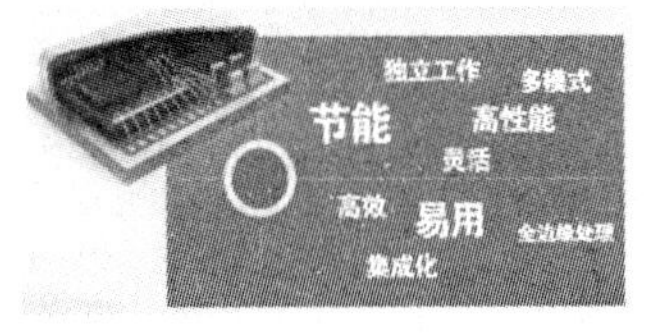

另外轻量化离线语言命令还需要高效率的算法支持，尽量减小设备尺寸，不依靠外部计算资源的语音命令方案。

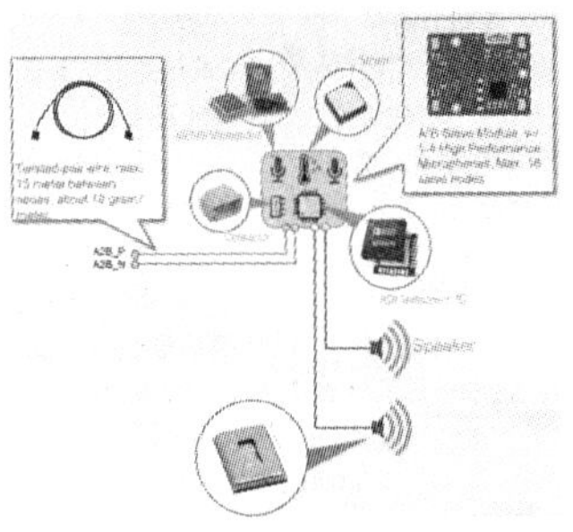

定制化 A2B 麦克风模组为多种车载音频方案提供可靠的分区通话、语音控制、主动降噪、危险报警等服务。

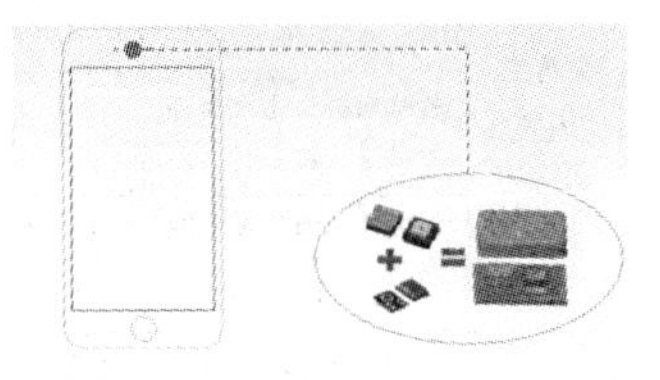

- 简化设计，更高集成度
- 避免复杂的机械保护
- 降低成本

包括多环境探测少不了 MEMS 麦克风的强技术参与。

PS：MEMS 传感器即微机电系统（Microelectro Mechanical Systems），是在微电子技术基础上发展起来的多学科交叉的前沿研究领域。经过四十多年的发展，已成为世界瞩目的重大科技领域之一。它涉及电子、机械、材料、物理学、化学、生物学、医学等多种学科与技术，具有广阔的应用前景。MEMS 麦克风出货国产厂商占比逐年提升，核心芯片国产化还有很大成长空间。

国产数智芯片与G语言在竞赛作品设计中的应用研究(一)

摘要:随着单片机嵌入式技术、物联网人工智能技术的发展,智能电子技术已广泛应用于一些生产生活之中,而随着我国国产数智芯片的发展,利用一些国产芯片和G语言编程实现智能电子产品设计,也是一些青年创客或电子爱好者开发设计,及一些应用型院校学生专业实践和参加竞赛作品制作最有效的应用,文章以结合竞赛选用国产人工智能芯片和WIFI模块采用G语言编程设计为例,进行系统描述设计应用的方法与研究,以更好地引导和促进国产芯片在竞赛与教学应用与发展。

关键词:人工智能;物联网;国产数智芯片;G语言;智能电子开发

1 引言

随着数字集成电路芯片的技术、人工智能及物联网技术的发展,越来越多的智能电子设备应用于日常生活生产中。物联网智能化模块的研究,人脸识别、智能家居、语音识别、医疗和智能助理、智能汽车以及NLP都成为人工智能当下最热门的应用。在嵌入式单片机应用中,国产单片机和人工智能芯片及G语言编程在创客开发、竞赛实践及教学应用研究等应用中具有经济适用灵活可靠等优势,得到广泛应用和发展。

本文基于国产WIFI芯片ESP8266和ASR ONE人工智能语音模块,采用Mixly G语言编程,应用于川渝大学生"数智"作品设计应用技能大赛暨第七届四川省大学生智能硬件设计应用大赛,其参赛项目"人工智能物联网人工智能物联网腿部训练系统"项目设计与教学应用研究。

2 背景分析

因病偏瘫或受伤致残病人长期卧床,下肢难以自理得不到充分活动,易产生肌肉萎缩等疾病,同时病人家属也需花费大量时间与精力去照料病人,导致家属负担加重的同时,也无法给病人创造良好的康复环境。本设计针对参赛要求,通过采用国产WiFi模块ESP8266和ASR ONE人工智能语音模块,实现人工智能语音识别、物联网远程手机App、手动按键结合遥控、简单声音控制器械进行开关、停止或自动运行动作,来为病人辅助提供舒适的腿部伸展运动,并采用LED指示LCD液晶屏显示监测数据,提供并帮助改善病人康复环境。

根据张延恒等人在移动式康复训练机器人研究中显示:下肢康复能显著提高肢体残疾人员生活质量,因而康复机器人的研究也得到了广泛重视,当前用于下肢康复训练的机器人主要有外骨骼式、悬吊减重式以及坐卧式。中国科技大学下肢外骨骼机器人等,这类机器人最具仿生特性,兼顾了康复训练和助行能力,但其控制可靠性要求高,使用时须辅助设备,且价格昂贵。

本设计功能周全、操作简便,采用国产芯片和常规器件和G语言编程,不仅适合一般智能电子爱好者创客开发应用,也适用于电子和非电子专业学生实践应用,产品更是以低成本高性价比适用于广大一般用户特别是农村贫困家庭。

3 系统设计

本设计结合了偏瘫病人下肢训练的机理方法,采用电动推杆(一种将电动机的旋转运动转变为推杆的直线往复运动的电机驱动装置),外加用于固定的底座、伸缩支架及贴合病人脚型的踏板,只要将病人的下肢置于踏板上,就可以通过多种控制方法辅助偏瘫病人的下肢进行上下推移活动。在活动的过程中,病人的下肢肌肉与骨关节都将得到有效的活动。

设计通过人工智能语音,物联网远程手机App控制,手动和遥控器控制,自动控制,声音控制等五种控制模式来为病人提供舒适的腿部伸展,为实现整个系统的智能化和手自动远程多功能控制,通过采用G语言和IDE编程来对主控系统进行编程,通过利用语音模块、按键及App发送的指令及声控模块,通过单片机串口对指令和数据的采集、分析形成语音控制ID,再通过调用语音对应ID发出打开(伸出)、关闭(缩回)、自动(伸缩)和停止设备,实现设备的伸缩与停止,用机器设备自动运行起来,带动病人的腿部进行屈伸,并且采用手动控制和遥控作为辅助控制。

为使用者提供多种控制操作方案的同时,整个系统利用LED指示、LCD液晶屏显示,为偏瘫病人提供人工智能化、人性化、多功能、经济适用的智能辅助康复条件,系统功能原理如图1所示。

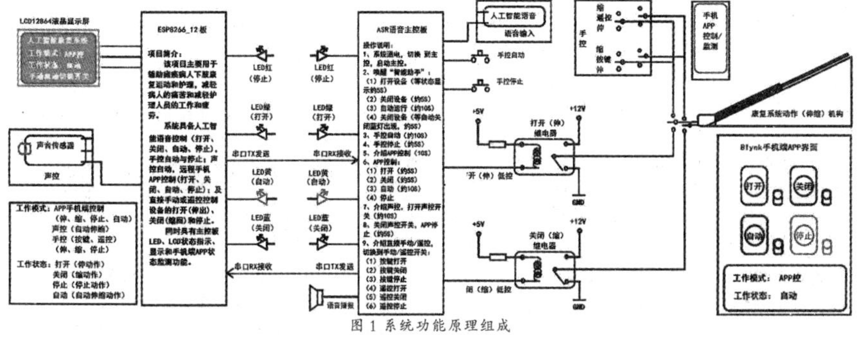

图1 系统功能原理组成

4 硬件系统设计

4.1 ASR-ONE人工智能语音芯片

系统主控采用ASR-ONE人工智能语言芯片作为人工智能语言控制主控系统。ASR-ONE是一颗专用于语音处理的人工智能芯片,可广泛应用于家电、家居、照明、玩具等产品领域,实现语音交互及控制。ASR-ONE内置自主研发的脑神经网络处理器BNPU,支持200条命令词以内的本地语音识别,内置CPU核和高性能低功耗Audio Codec模块,集成多路UART、IIC、PWM、GPIO等外围控制接口,可以开发各类高性价比单芯片智能语音产品方案,如图2所示。

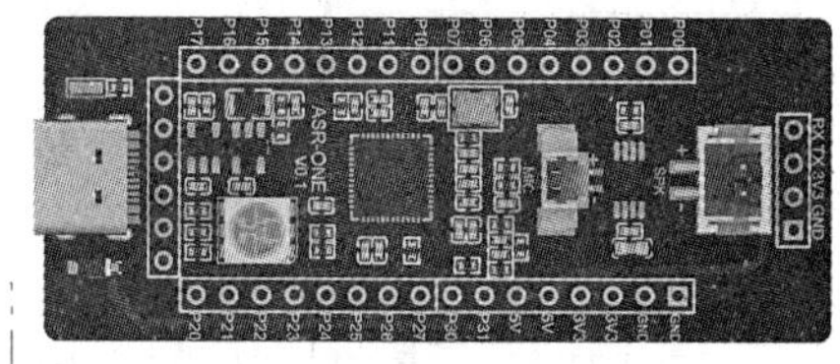

图2 ASR-ONE人工智能语音模块

4.2 人工智能语音主控系统

本设计采用ASR-ONE芯片为主的最小系统作为主控系统,系统自带语音采集传感器和语音播报扬声器,系统采用5V外部电源供电。通过对系统分析与设计,配置其串口UART0的TX(P20)和RX(P17)为与ESP8266的串口通信接口。因该系统自带一个RGB指示灯通过PWM3(P14)、PWM4(P15)、PWM5(P16)高电平驱动,则采用与该RGB流水灯引脚复用,分别驱动打开指示灯绿色LED、关闭指示灯蓝色LED和停止指示灯红色LED,而自动状态指示灯黄色LED配置为PWM2(P13)口。同时,将手控自动按钮和手控停止按钮配置在PWM0/EXT_INT0(P11)和PWM1/EXT_INT1(P12)上。而主控输出GPIO23(P23)和GPIO24(P24)分别配置为输出打开和输出关闭两个继电器低电平驱动。通过发送指令控制这两个引脚P23、P24为01时打开设备,为10时关闭设备,00时停止设备,而自动运行是通过软件执行定时打开和关闭。

4.3 ESP8266WiFi模块

本设计采用市面上通用经济实惠的ESP8266-12F型WIFI模块开发板作为辅控,如图3所示。通过其连接Blynk物联网,实现手机远程APP操作与状态显示,并通过该模块驱动LCD12864液晶显示屏显示设备操作模式和工作状态,及连接声音传感器采集患者呻吟的声音信号控制设备自动运行。

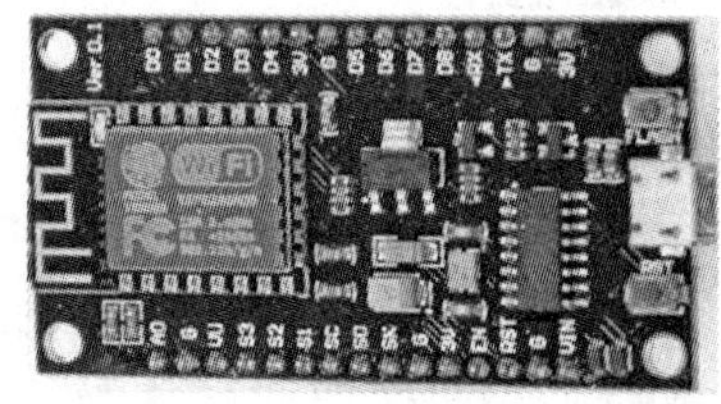

图3 ESP8266模块

(下转第550页)

高职院校技能赛项选择的困难与对策(二)

(上接第541页)

1)分类分层的指导竞赛

高职院校可以扩大参赛赛项,学校从制度上鼓励和激励教师、学生积极参与各类大赛。目前高职院校参赛时,采用的普通参赛形式,即一个赛事鼓励全员参加。而这会产生两个问题:第一个问题:学生状态问题。对于不同层次学生,学习较好的会觉得比较轻松并且容易被转移学习注意力,而学习较困难的同学会因为结果差异较大,产生自暴自弃的心态。特别是针对中等偏上的同学,如果在竞赛中未取得名次,会产生自己不是优等生的想法,而这并不是鼓励学生参与竞赛的初衷。所以,作者建议对学生进行分层后,可以提出不同的参赛目标。首先,对于学习较为困难的学生建议以基础类赛事为主,项目类赛事根据个人兴趣参与。这样既可以增强对基础知识的学习,也有机会获得相应的容荣誉。其次,对于学有余力的同学,则以项目类赛事为主,基础类赛事为辅。此类同学的特点是对专业技术有一定的基础,此时就可以培养学生发现问题、并利用技术解决问题的能力。第二个问题:教师指导困难。对于不同层次的学生应该是不同的指导方式,"一锅炖"很明显不适合。而由于高校对竞赛支持的力度不同,大多项目类竞赛的指导教师并不足够,而做全竞赛指导也无意识地更加依赖此类教师。通过对学生进行分层分类后,对指导教师也可以进行分类,擅长基础技术的教师可以负责基础类赛事的指导工作,而项目类教师可以专心的负责项目类竞赛的指导工作。通过这样的方式,可以让更多的学生和教师参与进来,并且由于大家分工明确,可以对自己长期负责的赛事进行深入研究,对技术体系的理解和赛事的获奖率都能得到较大提高。

2)发挥校企合作的作用

"实践出真知",所有的竞赛对于通过产业线生成或市场销售的数据都是认可的。高校在选择校企合作的对象,应有力的偏向能进行"研产"合作的企业,通过学生提供创业想法,由校内老师和企业工程师同时指导并进行项目管理,最终由企业进行生产和推广,能将参赛作品在赛后做出真正的转换,使竞赛从经济上的"0回报"到实现价值。

3)打造竞赛教师指导团队

现有高职院校对教师的培养更侧重于教师的教学水平和基础技术的研究。而项目竞赛类骨干教师应更侧重于综合技术能力、业务处理能力和项目管理能力,指导教师应呈现多样化。那么在校企合作进行竞赛指导时的指导教师团队应包含项目经理、项目销售、技术团队等成员组成。通过指导教师团队对竞赛进行商业性设计和包装,使参赛产品具备最终转换为可量产产品的可行性。

4)行业技术和平台加强对接

大多高校的竞赛制度还是依据的老版本,没有紧跟高校竞赛的发展。对老师、学生竞赛的设计还是从底层开始,不能灵活利用现有的平台技术。机智云、Arduino小米智能硬件、百度智能平台、阿里云平台、腾讯物联智能硬件开放平台等平台提供了较为先进的技术、开发者可以依托此类平台进行二次开发,即可以保证项目技术的先进性和稳定性,又可以保证项目开发时长不会过于冗长,从而使项目夭折。

结语

综上所属,高校竞赛在现有教学体系中的位置越来越重,范围从小众竞赛发展到大众竞赛,从基础竞赛延伸到项目竞赛,从单学科技术要求到专业群技术要求。如何根据学生的技术情况和学习主动性选择对应的比赛、发挥校企合作,实现竞赛教师指导团队的打造,提升项目的开发评率、缩短开发时长、降低开发难度,是每个高职院校需要重新梳理的问题。对大学的竞赛的地位、对指导教师的培养、对企业的对接、对相关政策的制定都是需要重新研讨。(全文完)

◇四川科技职业学院 陈侠 陈玉冬

国产数智芯片与G语言在竞赛作品设计中的应用研究(二)

(上接第549页)

通过对该模块的性能分析和功能设计,将通过对该模块的性能分析和功能设计,将其A0端口配置为声控传感器输入,将GPIO13配置为LCD12864的RW读写信号,将GPIO14配置为LCD12864的E使能信号,而将GPIO0配置为LCD12864的RS信号。串口TXD0(GPIO3)和TXD0(GPIO1)配置为串口与ASR串口连接实现通信。而状态指示的打开绿色LED指示灯配置为GPIO16,关闭指示灯绿色LED配置为GPIO5,自动状态指示灯黄色LED配置为GPIO4,停止状态指示灯红色LED配置为GPIO2。

4.4 LED指示与LCD液晶显示屏显示

本设计除多种控制方式以外,还可以通过LED发光二极管对系统各部分的工作状态进行指示,同时,选用经济适用的LCD12864液晶显示屏,系统所执行的各项功能都会通过LCD液晶显示屏进行显示其操作模式和工作状态显示。

5 软件系统设计

软件设计采用Mixly G语言图形化编程软件,系统功能流程图如图4所示。

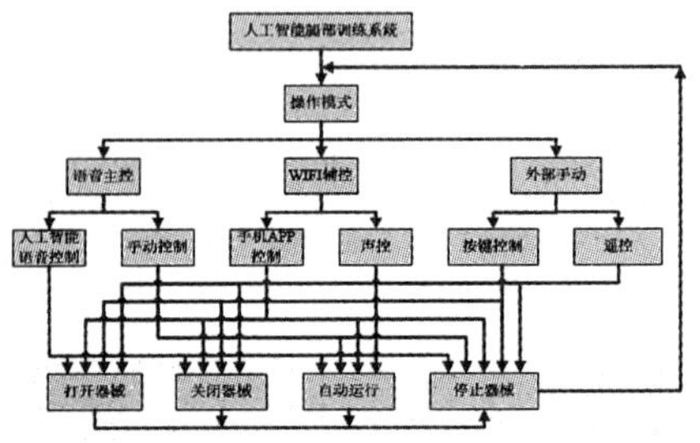

图4 系统软件设计流程图

5.1 ASR主控编程

5.1.1 初始化

在ASR主控编程开始要对系统进行初始化,初始化包括对语音系统的声音类型初始化、唤醒词初始化、命令词及ID初始化;相关变量初始化;输入、输出端口类型及初始状态初始化;LED初始状态及串口波特率的初始化,如图5所示。

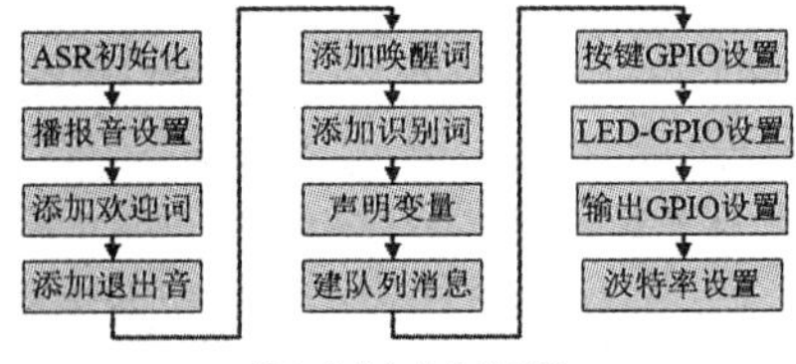

图5 主控初始化流程图

5.1.2 串口接收

在对ASR初始化后,进行串口数据接收的处理,通过判断串口是否有数据可读,如果有接收收据,则马上唤醒语音系统并设置5秒后退出唤醒,需要延时后将该接收数据作为语音ID发送给语音识别系统进行操作指令的识别,如图6所示。

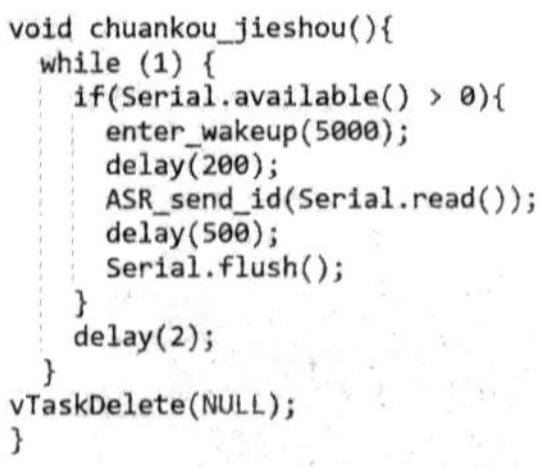

```
void chuankou_jieshou(){
  while (1) {
    if(Serial.available() > 0){
      enter_wakeup(5000);
      delay(200);
      ASR_send_id(Serial.read());
      delay(500);
      Serial.flush();
    }
    delay(2);
  }
vTaskDelete(NULL);
}
```

图6 主控串口接收程序

5.1.3 语音ID的识别

在对串口数据接收并发送相应的ID后,在ASR_CODE主程序里面使用switch-case语句进行比对。当比对ID为3时,属于系统手控自动按钮低电平触发的"手控自动"语音ID,则相应向串口发送属于主控的"手控自动模式"到ESP8266的LCD和APP显示控制中进行"手控自动"模式的显示;同时将该ID号进行识别用消息的形式发送给主控执行系统,当比对ID为4时,属于系统手控停止按钮低电平触发的"手控停止"语音ID,系统进行同类操作。

当比对ID为5时,属于系统语音控制的触发的"打开设备"语音ID,此时相应向串口发送属于主控的"语控打开设备"到ESP8266的LCD和App显示控制中进行"语控"模式和"打开"状态;同时将该ID号进行识别用消息的形式发送给主控执行系统。其他的6、7、8分别属于"语控"的"关闭"、"自动"和"停止"。

当比对ID为16时,属于系统串口接收来自ESP8266模块的声控自动模式,将该ID号进行识别用消息的形式发送给主控执行系统,实现"声控自动"运行设备。当比对ID为17时,属于系统串口接收来自ESP8266模块接收远程手机App发送的"打开"指令,将该ID号进行识别用消息的形式发送给主控执行系统,实现"App控打开"运行设备。而18、19、20分别是来自手机远程App的"关闭"、"自动"和停止指令,将该ID号进行识别用消息的形式发送给主控执行系统,实现"App控关闭"、"App控自动"或"App控停止"运行设备。

5.1.4 主控执行线程

在ASR-ONE中支持多线程编程运行,其中主控执行就是并行于串口接收、声控按键等其他程序的并行线程。在主控执行线程中,进行判断接收消息的ID类型,如果是打开,则执行设备的打开控制继电器实现对电子推杆的伸出控制;如果是关闭,则执行设备的缩回控制,如果是自动,则实现打开与关闭的定时循环,如果是停止,则实现设备的停止运行,如图7所示。

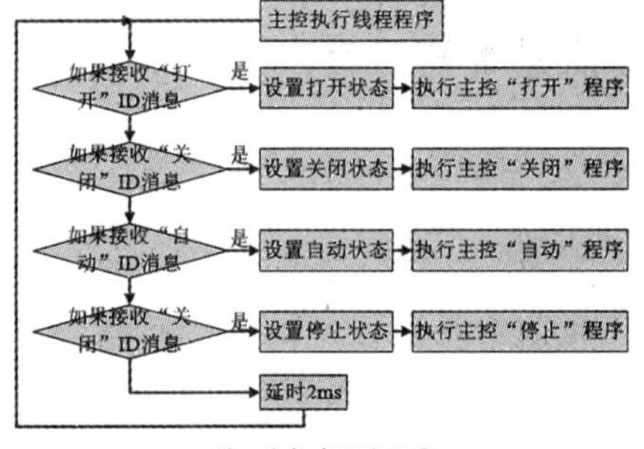

图7 主控线程流程图

5.2 ESP8266WIFI模块编程

5.2.1 初始化

在ESP8266初始化时,也主要是对串口波特率、相关变量、端口初始状态的初始化,同时还对网络服务器的设置、联网进行初始化,及对LCD12864驱动库的初始化,如图8所示。

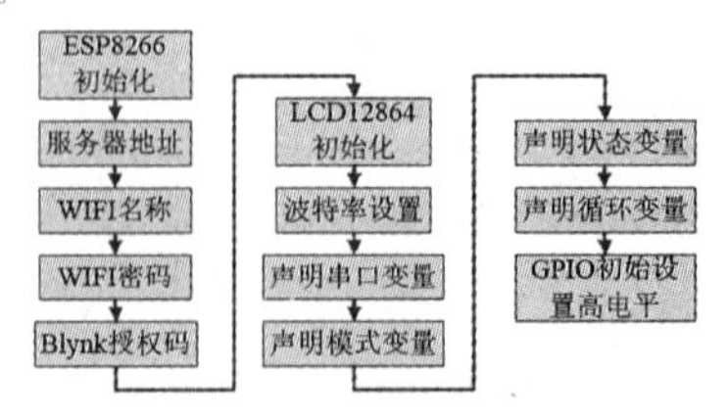

图8 ESP8266辅控系统初始化

5.2.2 串口接收

ESP8266串口接收,同ASR串口接收判断一样,当串口有数据可读时,将串口接收数据读出并付给串口变量,然后将该变量代表的串口接收值进行比对。

当接收值为3时,表示为主控板"手控自动"模式,此时执行"手控"和模式和"自动"状态的函数,实现LCD和App界面信息的显示及LED相应状态的指示。为4时则是"手控"模式和"停止"状态的显示和指示。

当接收值为5、6、7、8时,表示为主控板"语控打开"、"语控关闭""语控自动"或"语控停止"模式,此时执行"语控"和模式和"打开""关闭""自动"或"停止"状态的函数,实现LCD和App界面信息的显示及LED相应状态的指示,如图9所示。

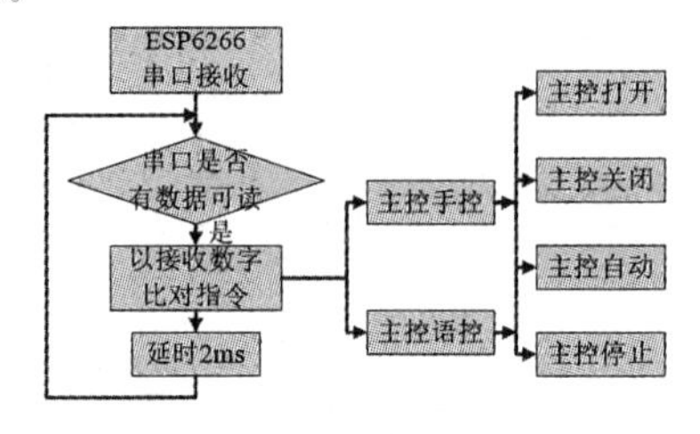

图9 ESP8266串口接收

5.2.3 App指令操作与信息发送

App模式的"打开""关闭""自动"或"停止",是通过手机App上的操作按键发送相应的指令,ESP8266在通过网络接收到相应指令时,通过串口分别发送17、18、19或20数字的ASCII码的十六进制数给ASR主控系统,以便识别出ID号执行操作,如图10所示。

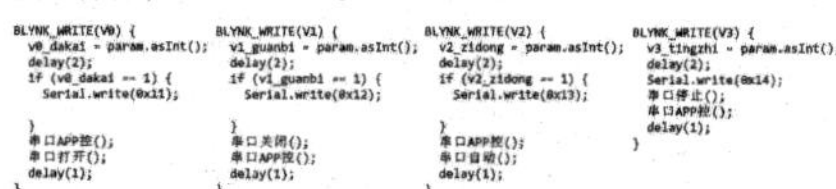

```
BLYNK_WRITE(V0) {
  v0_dakai = param.asInt();
  delay(2);
  if (v0_dakai == 1) {
    Serial.write(0x11);

  }
  串口APP控();
  串口打开();
  delay(1);
}

BLYNK_WRITE(V1) {
  v1_guanbi = param.asInt();
  delay(2);
  if (v1_guanbi == 1) {
    Serial.write(0x12);

  }
  串口关闭();
  串口APP控();
  delay(1);
}

BLYNK_WRITE(V2) {
  v2_zidong = param.asInt();
  delay(2);
  if (v2_zidong == 1) {
    Serial.write(0x13);

  }
  串口APP控();
  串口自动();
  delay(1);
}

BLYNK_WRITE(V3) {
  v3_tingzhi = param.asInt();
  delay(2);
  Serial.write(0x14);
  串口停止();
  串口APP控();
  delay(1);
}
```

图10 APP模式的指令串口发送程序

5.2.4 LCD12864与App工作模式状态信息显示

在对于串口接收ASR指令或网络接收App操作指令后,进行相关状态的判断,当判断出"语控"、"手控"、"App控"或"声控"时分别显示对应的工作模式,而对于操作模式相应识别"打开""关闭""自动"或"停止"后进行显示相应的工作状态。

5.2.5 声控模式

在ESP8266模块中有一个A0模拟输入口,这里采用接入声音传感器,如图11所示,以方便患者不方便操作或语音控制时,只需要发出任何简单的声音都会触发设备自动运行一段时间停止,而需要使用时再次发出声音即可。

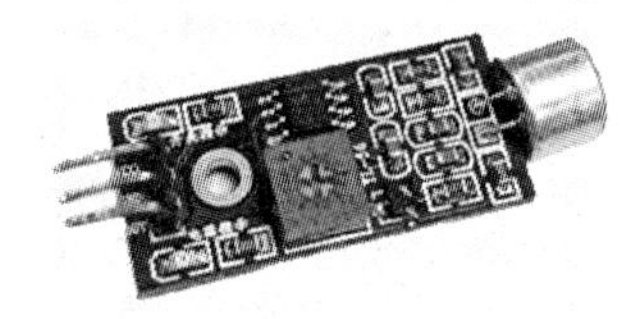

图11 声音传感器

5.3 外部直接手动模式

在为了防止一些不愿意使用智能控制模式时,可以简单地用手动按键操作设备的打开、关闭和任意位置的停止。同样,可以采用遥控的方式直接控制设备的打开、关闭和任意位置的停止,方便不喜欢使用智能模式的用户。

6 结语

将设计按照参赛要求,针对偏瘫病人下肢康复训练需要,应用国产人工智能语音芯片和WiFi芯片模块,设计为辅助帮助偏瘫病人下肢康复活动、为病人提供良好的康复环境和减轻病人家庭负担。作为学生参赛专业实践应用与教学实践研究,将其专业应用于实现社会生活生产实际,为社会家庭一般家庭和农村因病致贫的家庭减轻负担,实现科技与专业助力脱贫攻坚和乡村振兴。

(全文完)

◇绵阳城市学院 刘光乾 艾锐 龙港 姚凤娟 王源浩 陈浩东 万立里 白文龙

国产芯片替代 STM32 的一些经验

手里有几个 STM32F103RET6 应用的板子，整天被采购问询是否能用国产替代，成本快搂不住了。这次又拿了 HK 的样片，作为替代，尝试一下。

开始没做任何修改，程序下载了就跑起来，让我还抱怨了一番，感觉是不是拿错片子了。后面静下心来，详细测试了使用的各功能模块，还是有点小问题的，不过非常好修改，作为应急替代使用，应该问题不大。所以，补写个序，告知下本次替代容易至极，如果有同样需求，放心大胆地干吧！

本来准备好的替代步骤，技术攻坚，变成了如下的"旅游回忆录"。

1. 先把芯片换了再说

换之前，先留个 ST 的影像，一会就换了它。

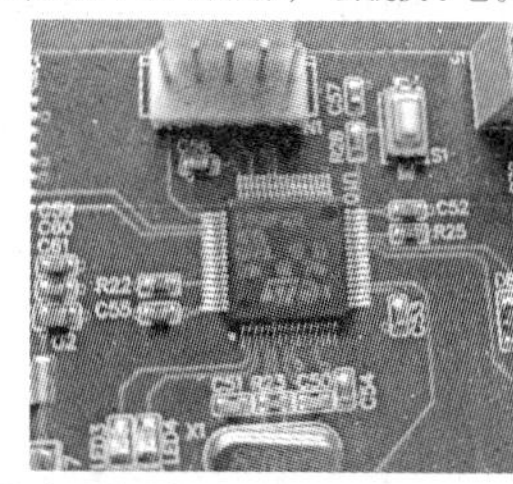

换好了，拿回办公位，我的焊工还算可以吧。只是酒精干了，杂质没有清理干净，引脚有些发白。

准备就绪，后面怎么办？网上说的那么的神，直接烧 ST 的程序，行不行？

2. 直接原 ST 程序直接烧写

直接烧写原 ST 的程序，不做任何修改，居然能跑起来？

都准备好一顿操作了，结果，给我直接憋在了开始……红色电源指示，蓝色闪烁程序运行指示。

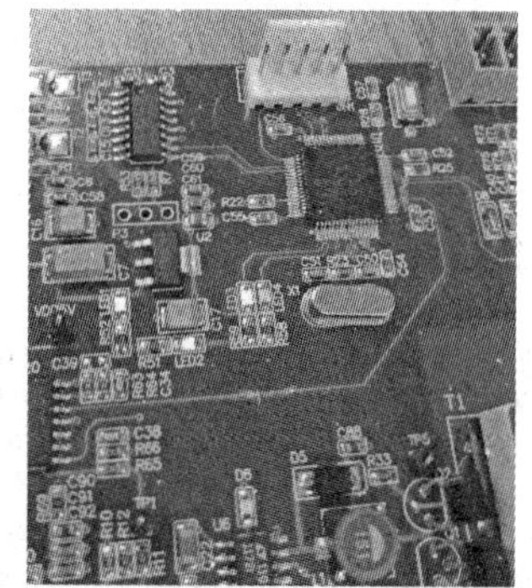

是我出现幻觉了么？这是第一次接触航顺啊，怎么可能这么的顺利。

打开 MDK，来确认下眼神，确实把 ST 的程序，烧到了 HK 的片子里，直接就跑起来。本来是打算挑挑毛病的呢……

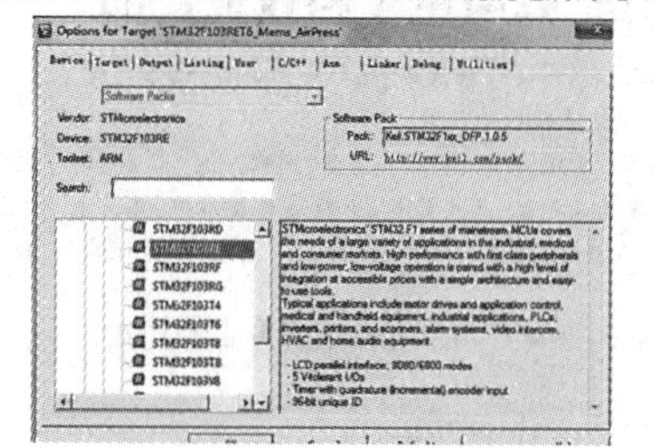

好吧，既然事实已经如此，那么回过头来，看看当初 STM32 里到底使用了哪些资源。

整个程序基于 HAL 库，硬件初始化部分。

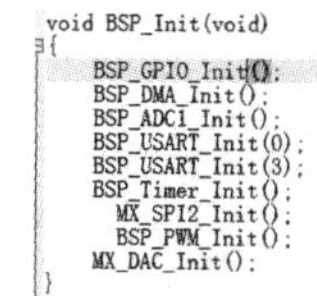

```
void BSP_Init(void)
{
    BSP_GPIO_Init();
    BSP_DMA_Init();
    BSP_ADC1_Init();
    BSP_USART_Init(0);
    BSP_USART_Init(3);
    BSP_Timer_Init();
      MX_SPI2_Init();
      BSP_PWM_Init();
    MX_DAC_Init();
}
```

程序是同事开发的，我当前只是尝试验证是否满足芯片替代的条件，程序开发的过程中，兼容了一些产品，初始化的资源，比实际使用的多一点，下面验证下使用到的模块是否正常。

GOIO：PC13DMA1：后来程序测试的过程中，发现并没有使用 DMAADC1：ADC_CHANNEL_9，ADC_CHANNEL_10，ADC_CHANNEL_11USART：COM1 COM4Timer(PWM)：TIM3SPI2：这个实际没有用到，作为预留功能的。DAC：DAC_CHANNEL_1

3. 既然程序跑起来了，突然觉得没事干了，验证下当前使用的资源，工作是不是正常吧。

3.1 IO 输出(PC13)

直接看程序运行状态指示，闪烁频率正常。还用到了其他 IO，单纯的 IO 使用，问题不大。

3.2 串口

数据收发正常。

3.3 DAC 输出检测

电压输出可控，正常。(开始着急了，这也正常？都正常我去哪找毛病？)实测 DAC 输出正常，但是在 HK 的应用笔记中，找到如下注意事项，我想，在应用中，还是参考下应用笔记吧。

2.14.1 DAC BUFF

问题描述：

DAC 在使用过程中，当输出一个较低电压，例如 0.41V，当对 DAC->CR.BOFF1 bit 进行操作时，不管是从 0->1,还是从 1->0，均会出现一个高于实际 DAC 输出很高的电压值，且不会自行恢复，需要手动给一个 trig 信号或者将 DAC->CR.BOFF1 回到上一次触发之前的状态才能恢复正常。

举例说明：

DAC 配置为软件触发，DAC->CR.BOFF1 = 0，输出一个 0.41V 电压(DHR12R1 设置为 0x1FF)，从 PA4 输出，当正常输出以后配置 DAC->CR.BOFF1 = 1，此时电压会跳变到 2.9V 左右，且不会自行恢复，当给 DAC_SWTRIGR.SWTRIG1 配置为 1 以后即可自行恢复。

解决方案：

1. DAC BUFF 输出功能，在程序上电初始化配置完毕以后，程序运行中不要更改。

2. 如果需要在程序运行中更改，且对输出电压的短暂跳变不敏感，那么可通过更改触发方式为 DAC_Trigger_T1_TRGO 等循环自动触发方式或者在 DAC->CR.BOFF1 bit 发生改变以后手动给一次触发信号。

3.4 ADC 检测

开始没注意，一看 ADC 采样有数据，貌似正常，差点溜过去。但是，我用了 9,10,11 三个通道。那么，问题来了，我之前的采样顺序是 10,9,11，实际测试发现，通道顺序乱了，导致我的采样数据也乱了。终于找到了毛病，直到这里，才刚刚开始找 HK 的资源。先换 HK 的 pack，编译尝试一下，设置和芯片选择如下：

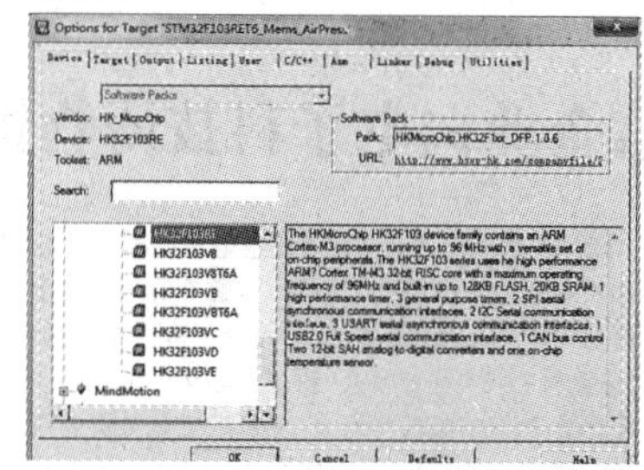

选 M3

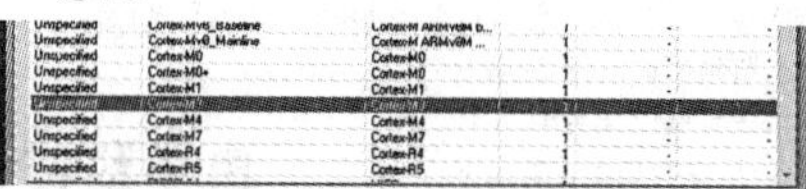

至此，编译下载，问题没有解决，不是 PACK 包的事。

接着在 HK 的应用笔记中，看到了对多通道 ADC 使用的过程中的一些描述。

2.9.1 ADC 常规转换，手动切换通道，数据错误

问题描述：

当 ADC 在常规通道采样时，使用并配置一个通道采样，软件启动采样，然后利用判 EOC 的方式读取采样数据，读到的数据是上一次采样的结果。

当 ADC 在常规通道采样时，使用并配置多个通道采样，软件启动采样，然后利用判 EOC 的方式读取采样数据，读到的数据是上一个通道的结果。

根本原因：

在常规通道采样时，由于 EOC 标志置位后，数据寄存器 DR 没有被及时正确更新。DR 寄存器要么是上一个采样的数据或者是上一个通道的采样数据。

解决方案：

在读取 DR 数据寄存器之前，增加 7 个 NOP 指令。代码如下。

那么好，按照应用笔记试试，加延迟。结果，哎，不是我想要的结果啊，这下只能靠自己了。

还有哪里呢？既然是通道顺序乱了，那么，试下 ADC 初始化。

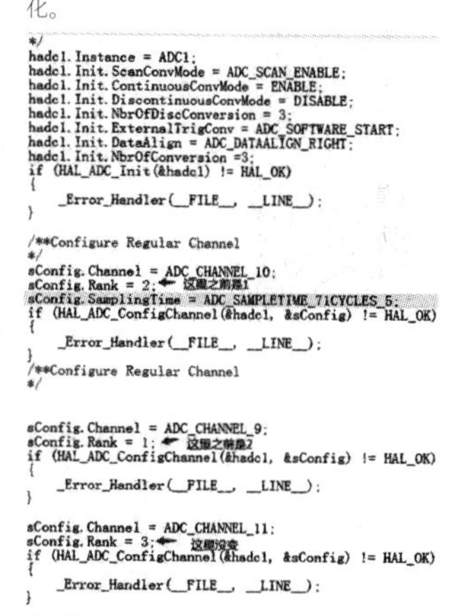

```
*/
hadc1.Instance = ADC1;
hadc1.Init.ScanConvMode = ADC_SCAN_ENABLE;
hadc1.Init.ContinuousConvMode = ENABLE;
hadc1.Init.DiscontinuousConvMode = DISABLE;
hadc1.Init.NbrOfDiscConversion = 3;
hadc1.Init.ExternalTrigConv = ADC_SOFTWARE_START;
hadc1.Init.DataAlign = ADC_DATAALIGN_RIGHT;
hadc1.Init.NbrOfConversion =3;
if (HAL_ADC_Init(&hadc1) != HAL_OK)
{
    _Error_Handler(__FILE__, __LINE__);
}

/**Configure Regular Channel
*/
sConfig.Channel = ADC_CHANNEL_10;
sConfig.Rank = 2; ← 这里之前是1
sConfig.SamplingTime = ADC_SAMPLETIME_71CYCLES_5;
if (HAL_ADC_ConfigChannel(&hadc1, &sConfig) != HAL_OK)
{
    _Error_Handler(__FILE__, __LINE__);
}
/**Configure Regular Channel
*/


sConfig.Channel = ADC_CHANNEL_9;
sConfig.Rank = 1; ← 这里之前是2
if (HAL_ADC_ConfigChannel(&hadc1, &sConfig) != HAL_OK)
{
    _Error_Handler(__FILE__, __LINE__);
}

sConfig.Channel = ADC_CHANNEL_11;
sConfig.Rank = 3; ← 这里没变
if (HAL_ADC_ConfigChannel(&hadc1, &sConfig) != HAL_OK)
{
    _Error_Handler(__FILE__, __LINE__);
}

HAL_ADCEx_Calibration_Start(&hadc1);
```

至此，更改完之后，ADC 几个通道采样值正常了！

但是，我还没搞明白为什么，还特意地找个 ST 的板子验证了下，用 ST 的片子，我之前的设置没有问题，用 HK 的，要改一下，哪位大神调试过 ADC 还望指点。

这个后面，再看看 HK 的手册，既然当前 adc 的值正常了，这里先跳过了。

3.5 没耐性了，基本用到的模块也都简单验证了，直接装到整机里，看看效果。

替换原设备位置，整机检验，工作 2h，设备状态稳定。暂且认为替代成功，后面的验证，交给质量部门。

3.6 换到同事的板子上试试。

由于替代比想象的容易，又扔给同事，把芯片换到他的板子上，反馈我的信息是：

1.程序直接下载就能用，2.串口，定时器没问题，3.有个 I^2C 的器件，读不到数据(程序中使用了硬件 I^2C，应用笔记中有提到，实在不行 IO 模拟也能解决。)

4. 浏览航顺官网

还是要回到官网去看看。

http://www.hsxp-hk.com/companyfile/23/

在这里下载 F103 的 PACK 包，同时可以根据自己的需求，下载用户手册和数据手册。航顺官网做得还是很工整的，资料很好找。

选型表，这个很多人会问，不用的时候，啥用没有。想找一找的时候，又找不到。记得顺便存一下。

5. 小结

或许是使用的资源有限，或许是运气好。替代过程，非常的容易，基本上没有过多的查看 HK 的手册和应用笔记。

程序直接下载就能跑起来，功能模块详细测试时，发现 adc 多通道采集时，通道采集顺序与预期不符，也是简单修正初始化部分，就能正常。

感觉如果产品已经定型，寻求芯片替代的话，真的可以考虑，硬件不用修改，软件测试下功能模块就好了，要求严格的话，测试下整机和环境适应性，应该问题不大。

在测试过程中，选用 ST 和 HK 的 pack 进行编译，暂时没有发现不适应的状态，不过，我这里是初步测试，应急使用可以参照，后期替换的过程中，应该会慢慢地转到 HK 的库上来。

0Ω 电阻的巧用

很多硬件初学者看到板子上用到的 0Ω 的电阻一脸疑点，经常会问既然这玩意儿里面啥也没有，干嘛还要用它？

其实这玩意用处大着呢，用好它可以大大方便你板子的设计和调试，下面简单说几点它的作用：

• 如果老板出于成本考虑，让你设计一个单面板，也就是说你的元器件的安装以及走线都只能在一面，你最头疼的是有些线实在走不过去，必须跨线连接，打俩孔用跳线？如果在研发的时候还可以，但有一天你的设计变成了产品，需要大批量生产了，机器折腾起跳线来要比放置一个电阻麻烦得多了，这时候 0Ω 的电阻就帮你大忙了，根据你的空间，你可以选用 0805、0603 或 0402 的电阻。

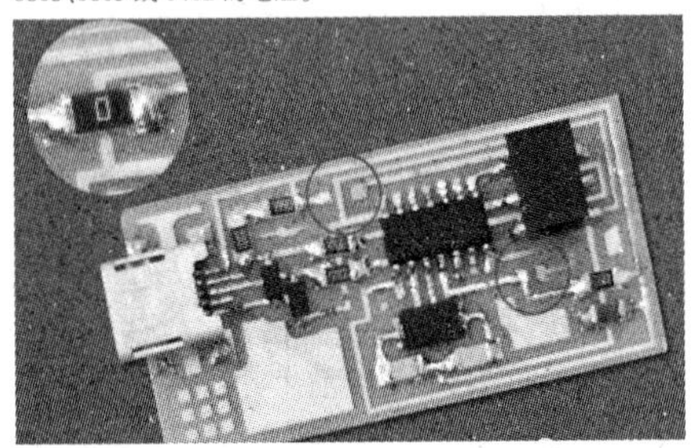

• 调试时候的前后级隔离——如果你的设计是新的，对板子上很多部分的功能以及能够实现的性能还不确定，拿回板子来将会面临一场惊心动魄的调试，debug 的一个重要原则就是把问题限定在最小的范围内，因此多块电路之间的隔离就非常重要，在调试 A 电路的时候，你不希望 B 电路的工作影响到你的调试，最好的方式就是断掉他们之间的连接，而 0Ω 电阻就是一个最好的隔离方式，调试的时候不焊接，等调试完成确认这部分电路没问题了，就可以将 0Ω 电阻安装上。当然在最终的产品中可以彻底去掉。

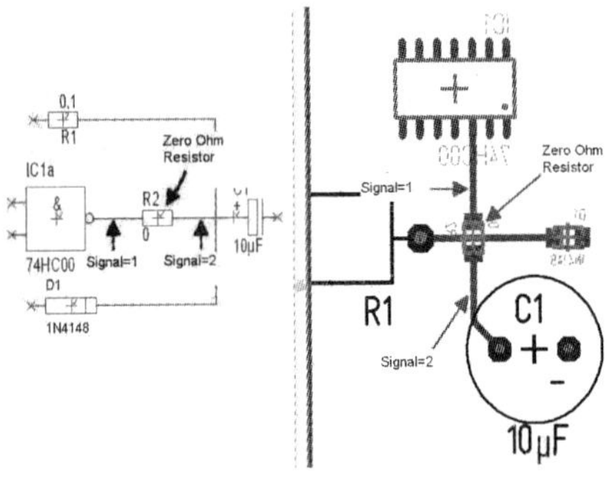

• 测试电流用——如果你想测试某一路的电流大小，一种方式就是通过电压表测量该通路上某电阻两端的电压（确保电压表的内阻不要影响到测量的精度），通过欧姆定律就可以计算出该路的电流；还有一种方式就是直接将电流表串在该回路上，因此在该电路上可以放置一个 0Ω 的电阻，测量电流的时候用电流表两端代替该电阻，等测量完毕可以将该电阻安装上去。

• 给自己调试带来灵活性——可以预留各种可能性，根据实际的需要进行选装不同的电阻，它可以替代掉跳线，避免了跳线的钻孔、安装占用比较大的空间，而且跳线也会引起高频干扰；比如我们板子上设计有低通滤波器，如果发现最终不需要或者一开始调试的时候没时间调试低通滤波器，但又必须让信号流通过去，可以用 0Ω 的电阻来代替原来设计中的电阻/电感，而不安装电容；在匹配电路参数不确定的时候，以 0Ω 代替，实际调试的时候确定参数再以具体的数值的元器件来代替；

• 用于信号完整性的模拟地和数字地的单点连接——有人说 0Ω 跟没有一样，为什么不直接连接上？想象一下如果你在电路原理图里没有这个 0Ω 的电阻，做 PCB Layout 的时候就可能忽略这个单点连接的原则，CAD 软件也会乱连在一起，达不到你单点连接的初衷。当然单点连接的时候你也可以用磁珠，我个人的观点其实连接点的位置选择好的话，磁珠除了比电阻贵之外，没有什么好处，实际的操作中你可以用比较小的封装的 0Ω 电阻，比如 0402、0201，焊接的时候直接用烙铁将两端搭接在一起就可以，连电阻也省了；

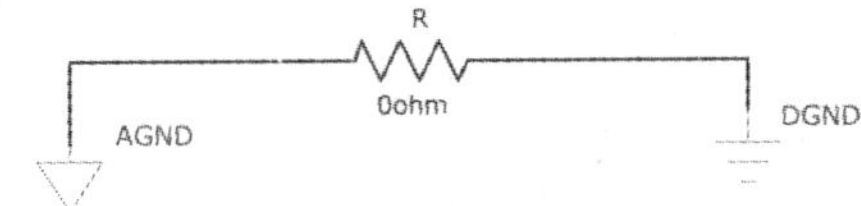

• 增加被逆向工程的难度——如果你在电路上放置多个不同颜色、不同封装、没有阻值标记的 0Ω 的电阻，不影响电路的工作性能，但却让抄你板子的人瞬间抓狂；

• 板上支持不同的配置，有的版本可能有部分电路不安装，可以用它来隔离不安装的电路部分，比如 iPhone 中有 WiFi 版本和 WiFi+3G 版本的，用的实际上是一个设计；

怎么样？这个 0Ω 的电阻作用大吧！你可以在以后的项目中慢慢体会，很多时候灵活应用它会让你很多头疼的问题迎刃而解。顺便说一下，0Ω 电阻的值其实也不是绝对的 0，因为其内部毕竟要用金属材料做成，有材料、有长度就一定有电阻，虽然很小。一般来讲 1/8W 的电阻为 0.004Ω，1/4W 的电阻大约为 0.003Ω，它们和常规电阻一样也有误差精度这个指标，如果流过该电阻的电流足够大的话，这个电阻也会发热。

另外我们经常会看到 1Ω（或其他更低阻值的电阻）以及 10Ω 的电阻，他们也是有特别用途的，比如 1Ω 的电阻经常用于通过电压表测回路的电流，因为这么低的电阻不会影响到电路的工作而有方便电流的测试；10Ω 的电阻除了可以用来测电流之外，还常用于分压、运放的增益控制等。

电子科技博物馆专栏

编前语：或许，当我们使用电子产品时，都没有人记得或知道老一批电子科技工作者们是经过了怎样的努力才奠定了当今时代的小型甚至微型的诸多电子产品及家电；或许，当我们拿起手机上网、看新闻、打游戏、发微信朋友圈时，也没有人记得是乔布斯等人让手机体积变小、功能变强大；或许，有一天我们的子孙后代只知道电子科技的进步而遗忘了老一辈电子科技工作者的艰辛……

成都电子科技博物馆旨在以电子发展历史上有代表性的物品为载体，记录推动电子科技发展特别是中国电子科技发展的重要人物和事件。电子科技博物馆的快速发展，得益于广大校友的关心、支持、鼓励与贡献。据统计，目前已有河南校友会、北京校友会、深圳校友会、绵德广校友会和上海校友会等 13 家地区校友会向电子科技博物馆捐赠具有全国意义（标志某一领域特征）的藏品 400 余件，通过广大校友提供的线索征集藏品 1 万余件，丰富了藏品数量，为建设新馆奠定了基础。

博物馆传真

三家通信企业向电子科技博物馆捐赠藏品

近日，在电子科技大学 65 周年校庆之际，电子科技博物馆举行了藏品捐赠仪式，中信科移动通信技术股份有限公司、华为技术有限公司、中国联通向博物馆捐赠藏品共计 137 件。

据悉，中信科移动通信技术股份有限公司向博物馆捐赠了从 3G-5G 的移动通信设备，5G 智能应用产品线总裁李文表示，长久以来一直关注母校的发展，能以此种形式参与母校电子科技博物馆的建设是一件很有意义的事情，作为成电学子也会继续支持母校的建设；华为技术有限公司川藏教育行业总监张志华表示成电与华为一直有紧密的合作，华为成研所约三分之一的同事来自成电，此次在华为首席供应官姚福海校友的号召下，华为捐赠手机、交换机设备、数通 OLT 等设备，同时公司员工也将家中的私人收藏捐赠到博物馆，希望助力电子科技博物馆发展；中国联通捐赠了大灵通设备，是中国第三代移动通信技术标准 TD-SCDMA 的知识产权核心组成部分，中国联通成都市分公司副总经理陈春表示这套设备从 04 年投入使用，14 年停止使用，见证了中国移动通信 10 年的发展，希望能保存在电子科技博物馆并继续讲述它的故事，让其具有传承性。

原大唐电信首席科学家、副总裁、被誉为中国 3G 之父的李世鹤作为老一辈校友代表回忆起青年时期中国移动通信与其他国家之间的差距给予他内心的冲击，激励他一定要搞好中国的通信事业，并讲述中国移动通信事业从落后到领先的艰难历程。他表示科研道路上存在着无数未知的山峰，坚持才能走到最后，他希望青年科技工作者不畏困难，为中国通信事业作出贡献。同时肯定了电子科技博物馆记录中国电子工业发展的事业，同时将其编著的两本关于 TD-SCDMA 第三代移动通信系统的著作捐赠给电子科技博物馆，并期望博物馆在继续征集和保存实物藏品的基础上，挖掘中国科技发展故事，记录和传播好文化遗产。

深圳/重庆校友会副会长肖波讲述了为征集大灵通而进行的一场在全国范围内跨越南北的追寻，从四川找到东北，又从东北找到四川，最终在中国联通成都市分公司找到。此外，来自 8 个地区的校友们也一起交流讨论，为电子科技博物馆下一步的建设出谋划策。

（电子科技博物馆）

鸿合 HD-I7060E 教学一体机黑屏故障维修实例

开学之际，接修学校一台鸿合 HD-I7060E 教学一体机，故障现象为：通电接通交流电源开关，电源待机指示灯不亮（正常时待机指示灯为红色），一体机黑屏，按前面板开机键，无反应。

根据故障现象分析，初步判断电源板有问题。断电小心拆开机器（如图 1 所示），检测电源背光二合一主板（板号：MP600S-H），测量电源保险管正常，测量整流桥堆、开关管也正常，在路检测电源管理芯片及周边元件基本正常，测量后级负载电阻无直接短路。通电测量电源板上 300V 电压正常，但次级+24V、+12V、+5V 输出端电压均为 0V。

断电取下电路板仔细观察，发现电源开关变压器初级引脚有几处黑圈虚焊（如图 2 所示），将虚焊点补焊处理，上机然后通电，检测+24V、+12V、+5V 电压正常，故障排除。

随后又接修了几台鸿合 HD-I7060E 教学一体机，故障现象为开机黑屏或者正常使用中出现频繁关机黑屏，通过检查都是开关电源变压器引脚虚焊，轻重程度略有不同，补焊后故障排除，这可能是本机的通病。

◇陕西 高琦

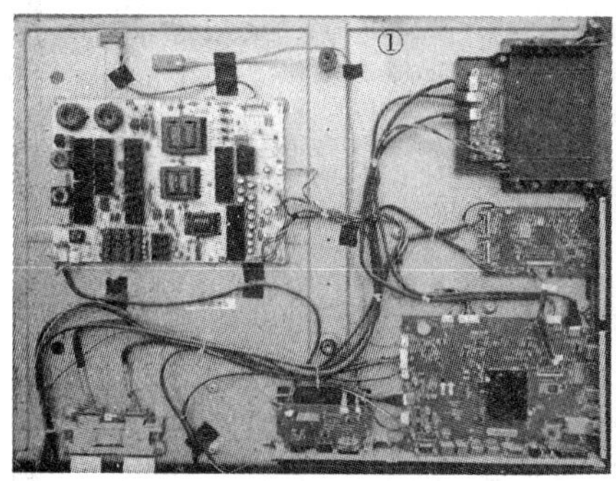

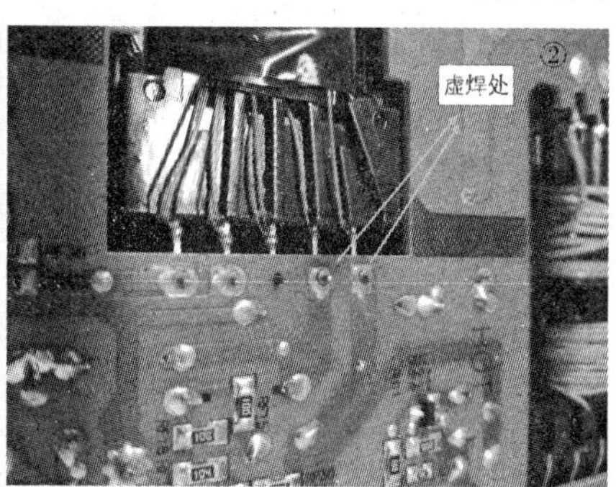

“洁博力”小便斗感应冲水特殊故障分析与处理

一、故障现象：

朋友的小别墅装修完毕，乔迁不久便发现原装进口的“洁博力”小便斗感应冲水极不可靠：偶尔能正常冲水，大部分情况下均不能可靠动作，给使用带来极大不便。联系产品售后：更换新电池（二节 1.5V 碱性电池）、更换原装红外感应器总成（如图 1 所示），仍无改善。为此，请求笔者诊断解决。

二、故障分析：

笔者再次更换优质新电池后模拟试验多次，半分钟后离开，还是偶尔能动作。为验证问题所在，拔去感应器与冲水电磁阀的连接插头，从电池盒上引出 3V 电源直接驱动电磁阀，电磁阀有轻微的吱吱声，没有动作；调换电源极性试验，仍无反应。

细看电磁阀上标注有“5V”字样，说明其工作电压应为 5V。用一个 5V 手机电源，引出二根电源线直接搭接电磁阀，冲水电磁阀正常驱动，但冲水一直不停；调换极性搭接，冲水动作停止。

由此可见，小便斗的工作过程是：感应器检测到人体存在并停留一定时间离开后，发出冲水信号，感应器输出 5V 正向脉冲电压，驱动冲水电磁阀完成冲水动作（时长由感应器内部程序设定）；冲水时长一到，感应器输出 5V 反向脉冲电压，冲水电磁阀截止，冲水停止。

分析：由二节 5# 碱性电池供电的感应器总成，必须通过升压电路产生 5V 脉冲输出，瞬时驱动冲水电磁阀完成冲水动作（瞬时能量需求大）。这就要求电池的瞬间放电能力及电压稳定性，必须满足其特殊的工作特点。为此，笔者改用二节 5# 松下“爱乐普”充电电池供电，试验结果正常（每次站立小便斗前，只要不小于 10 秒后离开，均能可靠动作）。约 10 天后，朋友来电称又不动作了。

单个充电电池充满电后，端电压一般在 1.45V 左右，用一段时间后端电压稳定在 1.2V，虽然输出电流满足了，但二节充电电池的总电压为 2.4V，远低于普通电池的 3V，感应器会不会因此而保护呢？为验证这个推测，用一个 18650 锂电池临时替代原电池组供电（锂电池端电压为 3.7V，电压较产品标配提高 0.7V，既可稳定工作电压，又兼具输出电流能力，一举两得），试验一月，工作完全正常。

网上查询 3V 供电的其他品牌小便斗感应器，发现部分产品在其电池盒上并联了一个 10000μF/6.3V 的电解电容（见图 2）。其目的，正如上述分析一样，就是为增加电池瞬间输出能力而设。

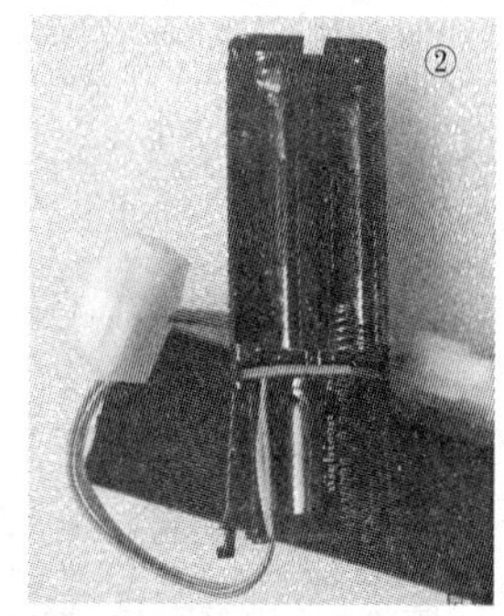

三、故障处理与结论

故障处理：用 18650 锂电池盒替换原 3V 电池盒。新购一节松下 18650 锂电池装上（带充放电保护，防止过放电而损坏电池），装机使用 2 月余，小便斗工作正常。

结论：

1. 用 3.7V 的 18650 锂电池替换原 3V 碱性电池组，增加了电池瞬间输出能力与耐用性、可靠性，措施安全、得当。

2. 每次使用小便斗的时间不小于 10 秒后离开，执行冲水动作。这个程序设计，有效避免了平时搞卫生、临时经过等引起的“误动作”，彰显了国外设计师节能与人性化的设计理念（某些国产品牌，只要有人经过就冲水，造成无端浪费），“小问题大学问”值得我们学习借鉴；

3. 这种特殊故障现象是进口产品“水土不服”？还是国产电池性能问题？着实不好回答！

◇江苏 孙建东

健康数据也能轻松共享

如果你的 iOS 系统已经更新至 15.x 系列版本，那么可以借助“健康”App 查看家人或朋友的健康状况，当他们的健康数据有了明显的变化，我们可以接收到相关的通知，例如急剧下降的活动量。

首先请确保 iCloud 账户已经启用双重验证，同时请检查共享健康数据的联系人信息是否已经存储在通讯录。

一、设置共享联系人

接下来打开“健康”App，切换到“共享”选项卡（如图 1 所示），点击“与他人共享”，搜索联系人以与对方进行共享，如果联系人的姓名显示为蓝色，则表明这个人的设备支持共享，如果联系人的姓名显示为灰色，则表明这个人的设备不支持共享，在这里可以最多选择 5 个人。

选择的联系人将收到开始查看健康数据的邀请，待对方同意后，你可以在健康应用中查看到共享信息。我们可以随时更改目前共享的主题、停止共享或停止接收健康数据，如果有人与你共享他们的数据，你还可以更新来自这些人的通知。

二、设置共享数据

在“您与之共享”下，选择个人或医疗服务提供者，关闭某个健康主题可停止共享相应的数据即可。可以在任何类别下轻点“显示所有主题”来添加要共享的其他数据（如图 2 所示），这里可以根据建议选择待共享的健康数据，不断点击“下一步”按钮，在最后的界面点击“共享”（如图 3 所示）。

如果需要停止共享所有健康数据，可以向下滚动并轻点“停止共享”，如果希望完全停止共享，数据将从对方的设备或医疗服务提供者的健康记录系统中移除。

如果希望停止接收健康数据，在“与您共享”下，选择所需人员，轻点右上角的“选项”，关闭“停止接收健康数据”。如果希望停止接收通知，可以关闭“提醒”“趋势”或“更新”。

◇江苏 王志军

巧妙选择 iPhone 13 的 5G 开关

默认状态下，iPhone 13 会自动启用 5G 模式，毕竟 5G 的下载速度更快，但相应的功耗要求也更高。进入设置界面，依次选择“蜂窝网络→蜂窝数据选项→语音与数据”（如附图所示），这里的几个选项解释如下：

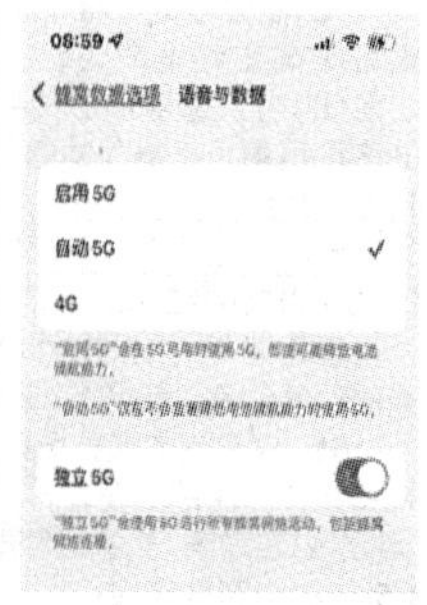

启用 5G：附近有 5G 基站就自动使用 5G 模式，否则使用 4G 模式。

自动 5G：根据电池功耗和网速，iPhone 13 帮助用户自动选择 5G 或 4G 模式。

4G：使用 4G 模式。

这里还有一个“独立 5G”开关，启用之后，如果基站同时支持 NSA（独立组网模式）、SA（混合组网模式），那么 iPhone 13 会自动选择 SA，毕竟 SA 组网更稳定更快，如果基站只支持 NSA，那么 iPhone 13 就只能使用 NSA，因此建议这个独立的 5G 开关一定要启用。

◇江苏 大江东去

备考指南 注册电气工程师供配电专业知识考题解答㉞

（接上期本版）

59. 直流负荷按功能可分为控制负荷和动力负荷，下列哪些负荷属于控制负荷？（A、B）

（A）电气控制、信号、测量负荷

（B）热工控制、信号、测量负荷

（C）高压断路器电磁操动合闸机构

（D）直流应急照明负荷

解答思路：直流负荷→《电力工程直流电源系统设计技术规程》DL/T50044-2014→控制负荷。

解答过程：依据DL/T50044-2014《电力工程直流电源系统设计技术规程》第4.1节，第4.1.1条第1款。选A、B。

60. 下列哪些项可用作接地极？（A、D）

（A）建筑物地下混凝土基础结构中的钢筋

（B）埋地排水金属管道

（C）埋地采暖金属管道

（D）埋地角钢

解答思路：可用作接地极→《交流电气装置的接地设计规范》GB/T50065-2011；《建筑电气装置第5-54部分：电气设备的选择和安装接地配置、保护导体和保护联结导体》GB16895.3-2017。

解答过程：依据GB/T50065-2011《交流电气装置的接地设计规范》第8.1节，第8.1.2条。

GB16895.3-2017《建筑电气装置第5-54部分：电气设备的选择和安装接地配置、保护导体和保护联结导体》第542.2.3条。选A、D。

61. 有一高度为15m的空间场所，当设置线型光束感烟火灾探测器时，下列哪些符合规范的要求？（A、B、D）

（A）探测器应设置在建筑顶部

（B）探测器宜采用分层组网的探测方式

（C）宜在6~7m和11~12m处各增设一层探测器

（D）分层设置的探测器保护面积可按常规计算，并宜与下层探测器交错布置

解答思路：设置线型光束感烟火灾探测器→《火灾自动报警系统设计规范》GB50116-2013。

解答过程：依据GB50116-2013《火灾自动报警系统设计规范》第12.4节，第12.4.3条。选A、B、D。

62. 关于供电电压偏差的测量，在下列哪些情况下应选择A级性能的电压测量仪器？（A、B）

（A）为解决供用电双方的争议

（B）进行供用电双方合同的仲裁

（C）用来进行电压偏差的调查统计

（D）用来排除故障以及其他不需要较高精确度测量的应用场合

解答思路：供电电压偏差→《电能质量供电电压偏差》GB/T12325-2008→测量、A级性能。

解答过程：依据GB/T12325-2008《电能质量供电电压偏差》第5.1节，。选A、B。

63. 下列关于用电产品的安装与使用，在下列表述中哪些项是正确的？（A、C）

（A）用电产品应该按照制造商提供的使用环境条件进行安装，并应符合相应产品标准的规定

（B）移动使用的用电产品，应在断电状态移动，并防止任何降低其安全性能的损坏

（C）任何用电产品在运行过程中，应有必要的监控或监视措施，用电产品不允许超负荷运行

（D）当系统接地形式采用TN-C系统时，应在各级电路采用剩余电流保护器进行保护，并且各级保护应具有选择性

解答思路：用电产品的安装与使用→《用电安全导则》GB/T13869-2008。

解答过程：依据GB/T13869-2008《用电安全导则》第6章，第6.1条、第6.2条、第6.4条、第6.11条。选A、C。

64. 建筑物内通信配线电缆的保护导管的选用，下列哪些符合规范的要求？（C、D）

（A）在地下层、首层和潮湿场所宜采用壁厚不小于1.5mm的金属导管

（B）在其他楼层、墙内和干燥场所敷设时，宜采用壁厚不小于1.0mm的金属导管

（C）穿放电缆时直线管的管径利用率宜为50%~60%

（D）穿放电缆时弯曲管的管径利用率宜为40%~50%

解答思路：建筑物内通信配线电缆的保护导管→JGJ16-2008《民用建筑电气设计规范》。

解答过程：依据JGJ16-2008《民用建筑电气设计规范》第20.7节，第20.7.1条第10款。选C、D。

65. 下面有关配电装置的表述中那几项是正确的？（A、B、D）

（A）66~110kV敞开式配电装置，断路器两侧隔离开关的断路器、线路隔离开关的线路侧，宜配置接地开关

（B）屋内、屋外配电装置的隔离开关与相应的断路器和接地刀闸之间应装设闭锁装置

（C）66~110kV敞开式配电装置，母线避雷器和电压互感器不宜装设隔开开关

（D）66~110kV敞开式配电装置，为保证电气设备和母线的检修安全，每段母线上应配置接地开关

解答思路：配电装置→《3~110kV高压配电装置设计规范》GB50060-2008。

解答过程：依据GB50060-2008《3~110kV高压配电装置设计规范》第2.0.6条、第2.0.10条、第2.0.5条、第2.0.7条。选A、B、D。

66. 布线系统为避免外部热源的不利影响，下列哪些项保护方法是正确的？（A、B、D）

（A）安装挡热板

（B）缆线选择与线路敷设考虑导体发热引起的环境温升

（C）电气控制线路应选择和敷设合适的布线系统

（D）局部加装隔离材料，如增加隔热套管

解答思路：布线系统→《低压电气装置第5-52部分：电气设备的选择和安装布线系统》GB/T16895.6-2014→外部热源。

解答过程：依据GB/T16895.6-2014《低压电气装置第5-52部分：电气设备的选择和安装布线系统》第522.2节，第522.2.1条。选A、B、D。

67. 交通隧道内火灾自动报警系统的设置应符合下列哪些规定？（A、C、D）

（A）应设置火灾自动探测装置

（B）隧道出入口和隧道内每隔200m处，应设置报警电话和报警按钮

（C）应设置火灾应急广播

（D）每隔100m~150m处设置发光报警装置

解答思路：交通隧道内火灾自动报警系统的设置→《建筑设计防火规范（2018版）》GB50016-2014。

解答过程：依据GB50016-2014（2018版）《建筑设计防火规范（2018版）》第12.4节，第12.4.2条。选A、C、D。

68. 下面有关导体和电气设备环境条件选择的表述中哪几项是正确的？（A、C、D）

（A）导体和电器的环境相对湿度，应采用当地湿度最高月份的平均相对湿度

（B）设计屋外配电装置及导体和电器时的最大风速，可采用离地10m高，50年一遇10min平均最大风速

（C）110kV的电器及金具，在1.1倍最高相电压下，晴天夜晚不应出现可见电晕

（D）110kV导体的电晕临界电压应大于导体安装处的最高工作电压

解答思路：导体和电气设备→《导体和电器选择设计技术规定》DL/T5222-2005→环境条件选择。

解答过程：依据DL/T5222-2005《导体和电器选择设计技术规定》第6.0.6条、第6.0.4条、第6.0.11条、第7.1.7条~。选A、C、D。

69. 继电保护和自动装置应满足可靠性、选择性、灵敏性和速动性的要求，并应符合下列哪些规定？（A、B、C）

（A）继电保护和自动装置应具有自动在线检测、闭锁和装置异常或故障报警功能

（B）对相邻设备和线路有配合要求时，上下两级之间的灵敏系数和动作时间应相互配合

（C）当被保护设备和线路在保护范围内发生故障时，应具有必要的灵敏系数

（D）保护装置应能尽快地切除短路故障，当需要加速切除短路故障时，不允许保护装置无选择性地动作，但可利用自动重合闸或备用电源和内用设备的自动投入装置缩小停电范围

解答思路：继电保护和自动装置→《电力装置的继电保护和自动装置设计规范》GB/T50062-2008。

解答过程：依据GB/T50062-2008《电力装置的继电保护和自动装置设计规范》第2.0.3条。选A、B、C。

70. 下面有关直流系统中高频开关电源模块的基本性能要求的表述哪些项是正确的？（A、B、D）

（A）在多个模块并联工作状态下运行时，各模块承受的电流应能做到自动均分负载，实现均流；在2个及以上模块并联运行时，其输出的直流电流为额定值，均流不平衡度不大于±5%的额定电流值

（B）功率因数应不小于0.90

（C）在模块输入端加的交流电源符合标称电压和额定频率要求时，在交流输入端产生的各高次谐波电流含有率应不大于35%

（D）电磁兼容应符合现行国家标准《电力工程直流电源设备通用技术条件及安全要求》（GB/T19826-2014）的有关规定

解答思路：直流系统→《电力工程直流电源系统设计技术规程》DL/T50044-2014→高频开关电源模块。

解答过程：依据DL/T50044-2014《电力工程直流电源系统设计技术规程》第6.2节，第6.2.1条第8款。选A、B、D。

（全文完）

◇江苏 键谈

PLC梯形图程序的步进图设计法(三)

(接上期本版)

于是在PLC进入输出处理阶段时,Y004镜像寄存器是把状态0送给Y004输出存储器,Y004是失电的,这就造成了M202闭合而Y004却不能得电的错误结果,所以,图12(a)的梯形图程序是一个错误的程序。

如果我们把图12(a)改成图12(b),对重复线圈Y004进行合并处理,这个错误就不存在了,无论是M202闭合/M203断开或者是M202断开/M203闭合,Y004都会被正确的得电接通。(图18就是这样做的。)

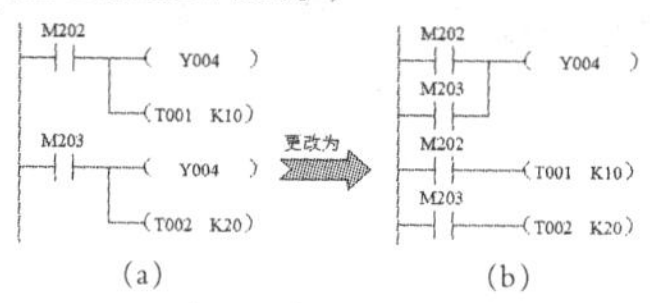

图12 重复线圈的处理

所以在这里特别提醒初学者,在用步进图设计法设计梯形图程序时,如果出现重复线圈问题,一定要进行合并处理。

(2)循环次数的处理

在部分循环结构的步进图中,若部分循环激活条件一直满足,那么,部分循环将一直持续循环下去,如果我们对部分循环的次数有一定要求的话,那该怎么办呢?

当对部分循环的次数有要求时,我们可如图13所示,首先在部分循环的最后一工步(即图13中的Mn-2工步)的输出上接入一个计数器C001(其K值×为要求的循环次数),利用Mn-2的通断作为C001的计数脉冲,然后在循环后的下一工步(即图13中的Mn-1工步)对该计数器进行复位,再把计数器的动断触点和部分循环激活条件相与,并把计数器的动合触点和第n-1工步激活条件相与,这样当计数器未计到设置的K值×时,动断触点C001继续闭合,部分循环仍然进行,一旦计数器已计到设置的K值×时,动断触点C001断开,部分循环停止,动合触点C001闭合,进入Mn-1工步,于是就达到了控制循环次数的目的。

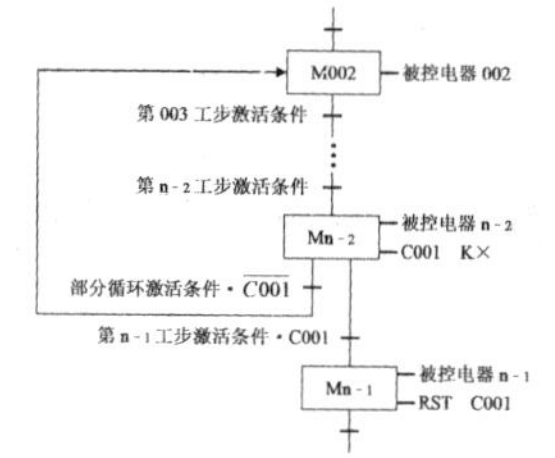

图13 循环次数的处理

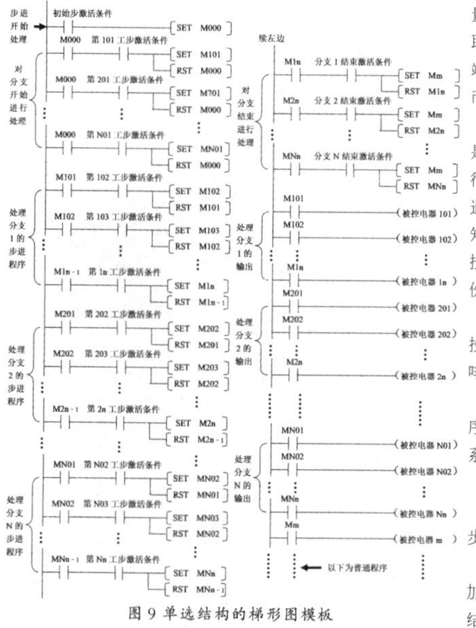

图9 单选结构的梯形图模板

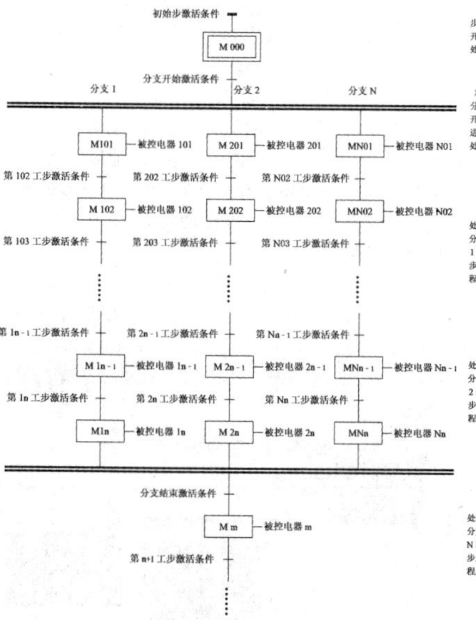

图10 全选结构的步进图模板

5.用步进图设计法设计咖啡自动售卖机的控制系统

试设计一个咖啡自动售卖机的控制系统,具体控制要求如下:接通电源后进入初始等待状态,此时"请投入两个1元硬币"面板照明灯亮,投币口敞开,等顾客投入两个1元硬币后,投币口关闭,接着让顾客根据自己的习惯选择不加糖、加一份糖还是加两份糖,糖加好后再把咖啡粉、牛奶和热水这三种原料同时自动地加入到冲调杯中,当这三种原料都按规定量加好后,打开冲调杯阀门把咖啡放到饮料杯内,放完后,"请取走您的咖啡"面板照明灯亮,同时蜂鸣器发出提示音,顾客端走饮料杯后,系统返回到初始等待状态,等待下一顾客投币。

咖啡自动售卖机的糖、咖啡粉、牛奶、热水这4种原料都是通过电磁阀进行投放的,冲调好的咖啡也是通过电磁阀进行排放的,各自的流量大小都是事先调整好的,因此现在只能通过控制放料时间的方法来实现原料的定量投放。实验后得知,一份咖啡中,咖啡粉投放1s、牛奶投放1s、热水投放3s、糖投放1s(一份)或2s(二份),即可冲调出一份优质的咖啡,一份咖啡完全排放完需要5s。

从上述控制要求可看出,该控制系统的工艺过程是:等待投币→选择加糖量→加糖→同步加料→放出咖啡→取走咖啡→进入下一循环。

从工艺过程可很容易看出,该控制系统有着明显的按顺序进行步进控制的特征,因此,用步进图设计法来设计该控制系统特别合适。

(1)画流程图

由于我们已经有了步进图模板,故可省去画流程图这一步,只需搭出流程图框架即可。

①控制要求中明确要求允许顾客在不加糖、加一份糖和加二份糖这3种加糖量中单选一种,显然这个要求符合单选结构的特征,所以该流程图中应有单选结构。

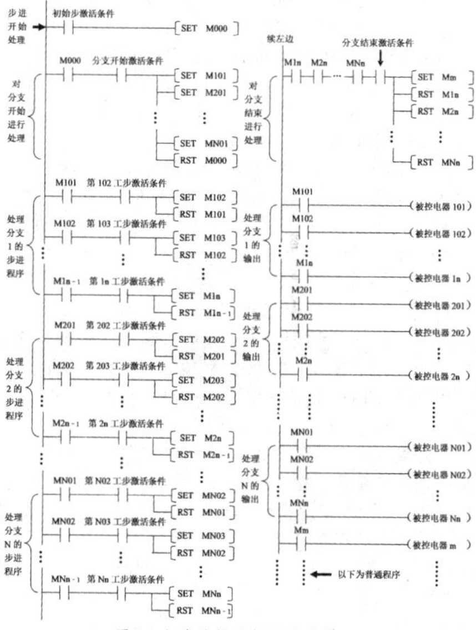

图11 全选结构的梯形图模板

②控制要求中明确要求咖啡粉、牛奶、热水这3种原料要同时加入冲调杯中,并且要求这3种原料都加好后才能放出咖啡,显然这个要求符合全选结构的特征,所以该流程图中应有全选结构。

③控制要求中明确要求饮料杯端走后系统返回到初始等待状态,显然这个要求符合全循环结构的特征,所以该流程图中应有全循环结构。

通过这样的分析,我们拟定出咖啡自动售卖机控制系统的流程图是一个以全循环结构为主结构、循环结构中插有单选结构和全选结构的混合结构流程图,试搭出的流程图框架如图14所示。

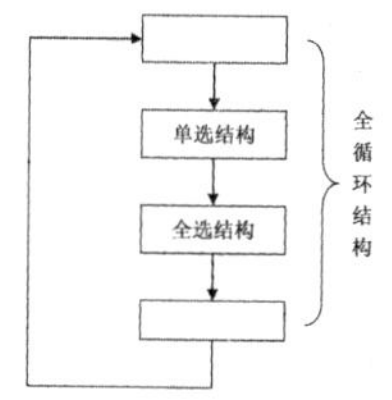

图14 试搭出的流程图框架

(2)画步进图

第一步:拼装步进图模板。

把图8所示的单选结构步进图模板和图10所示的全选结构步进图模板插入到图5所示的全循环结构步进图模板中,具体操作如下:

①依工艺流程来看,加糖是第3道工艺,所以应把单选结构步进图模板插在图5的M002这一步,即用单选结构步进图模板代替M002这一工步。

依控制要求来看,加糖工艺仅有3种—即不加、加一份和加二份,换句话说,这里只有3种选择,所以,单选结构步进图模板中只需分支1、分支2和分支3这3个分支就行了。

加糖工艺并不复杂,一个工步就能完成了,因此,单选结构步进图模板中,分支1只需M101这一工步、分支2只需M201这一工步、分支3只需M301这一工步就行了。

另外,单选结构步进图模板中的M000和Mm可以由全循环结构步进图模板中的M001和M003来取代。

②依工艺流程来看,加咖啡粉、牛奶、热水这3种原料是第4道工艺,所以应把全选结构步进图模板插在图5的M003这一工步,但M003这一工步刚才已被占用,所以,只能插在图5的M004这一工步了,即用全选结构步进图模板代替M004这一工步。

依控制要求来看,同步加料工艺仅有3种原料—即咖啡粉、牛奶和热水,换句话说,这里只有3条分支,所以,全选结构步进图模板中只需分支1、分支2和分支3这3个分支就行了。

同步加料工艺也不复杂,一个工步也就完成了,因此,全选结构步进图模板中,分支1只需M101这一工步、分支2只需M201这一工步、分支3只需M301这一工步就行了。

另外,全选结构步进图模板中的M000和Mm可以由全循环结构步进图模板中的M003和M005来取代。

③依工艺流程来看,同步加料工艺后面再有放出咖啡和取走咖啡这两道工艺便转入下一循环了,因此,图5所示的全循环结构步进图模板中,到M006这一工步便应转入下一循环即再次进入M000这一工步了,显然,图5中的M007~Mn这些工步在这里就应取消了。

通过这样的拼装,咖啡自动售卖机控制系统的步进图模板就试画出来了,如图15所示。

第二步:完善步进图模板。

图15所示的步进图模板中,存在着2个M101工步、2个M201工步、2个M301工步,还存在着2个被控电器101、2个被控电器201、2个被控电器301,这很容易造成思绪上的混乱,因此有待进一步完善。

①由于单选结构步进图模板在图15中处于第002工步,因此,我们可以把单选部分的M101、M201和M301更改成M201、M202和M203,相应的把单选部分的被控电器101、被控电器201和被控电器301更改成被控电器201、被控电器202和被控电器203,同时把单选部分的第101工步激活条件、第201工步激活条件和第301工步激活条件更改成第201工步激活条件、第202工步激活条件和第203工步激活条件。

(未完待续)

◇无锡华泰石精密电子有限公司 周秀明

“双通道”编程设计 Arduino“险情警示仪”

Arduino“险情警示仪”实现的功能是：借助雨滴传感器、火焰传感器和烟雾传感器同时对水、火和烟雾成分分别进行实时检测，一旦发现有异常情况便开始进行蜂鸣器发声和 LED 灯发光警示，同时在串口监视器上也有文字警示信息出现。需要用到的实验器材包括：Arduino UNO 主板一个，雨滴传感器、火焰传感器和烟雾传感器各一个，低电平触发的蜂鸣器一个，面包板一个，红色 LED 灯一支，杜邦线若干。

首先，将 Arduino 的 5V 引脚和 GND 接地引脚通过红色和黑色杜邦线分别与面包板的红色、蓝色侧边线槽连接；接着，将雨滴传感器、火焰传感器和烟雾传感器各自的 VCC 端和 GND 端均通过杜邦线连接至面包板的红色和蓝色线槽，再将它们的数字信号输出端通过杜邦线分别插接至 Arduino 的 2 号（绿线）、3 号（橙线）和 4 号（黄线）数字引脚；蜂鸣器的 VCC 端和 GND 端同样也分别接至面包板的红色和蓝色线槽，I/O 信号端接至 Arduino 的 8 号（白线）数字引脚；然后，将红色 LED 灯插接到面包板上，负极（短腿）接入蓝色线槽，正极（长腿）通过杜邦线（蓝线）连接至 Arduino 的 13 号数字引脚；最后，通过数据线将 Arduino 与计算机的 USB 接口进行连接，准备开始编程（如图 1）。

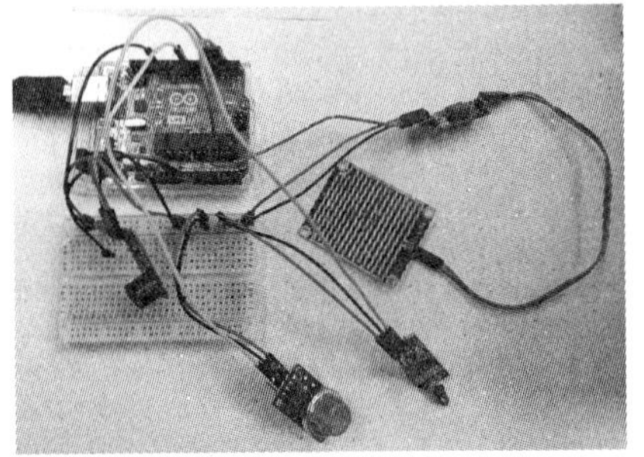

通道一：Arduino IDE 代码编程实现“险情警示仪”

在 Arduino IDE 中首先进行变量的定义，语句“int WaterPin = 2;”、“int FirePin = 3;” 和 “int SmokePin = 4;”分别对雨滴传感器、火焰传感器和烟雾传感器的连接引脚进行声明（2 号、3 号和 4 号）；语句“int Beep = 8;”和“int RedLED = 13;”则是对蜂鸣器和 LED 灯的连接引脚进行声明（8 号和 13 号）。

在 setup()函数中，语句“Serial.begin(9600);”的作用是设置串口监视器的波特率为 9600bps；接着，设置雨滴传感器、火焰传感器和烟雾传感器的信号引脚为输入工作模式：“pinMode(WaterPin, INPUT);”“pinMode(FirePin, INPUT);”和“pinMode(SmokePin, INPUT);”；然后通过语句“pinMode(Beep, OUTPUT);”和“pinMode(RedLED, OUTPUT);”，将蜂鸣器和 LED 灯均设置为输出工作模式（如图 2）。

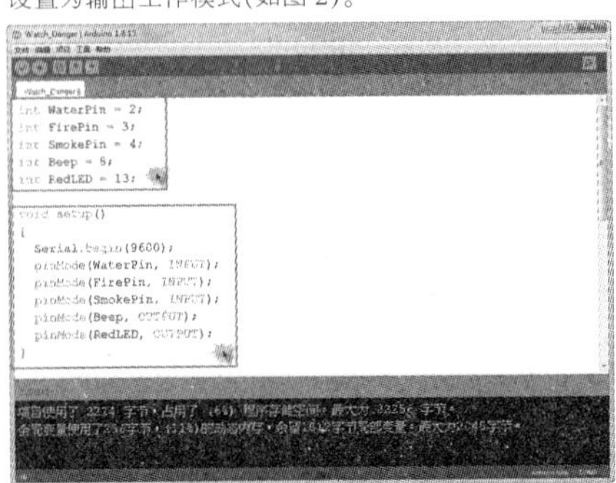

在 loop()函数中，通过建立 WaterValue、FireValue 和 SmokeValue 三个变量对三个传感器进行数字信号读取：“int WaterValue = digitalRead (WaterPin);”、“int FireValue = digitalRead(FirePin);”和“int SmokeValue = digitalRead(SmokePin);”；值得注意的是，从雨滴传感器、火焰传感器和烟雾传感器所读取的数字信号均是“反逻辑”的，也就是说——“有雨滴”、“有火焰”和“有烟雾”这三种状态所触发的信号是 LOW 低电平，没有对应的检测成分时反而是 HIGH 高电平，因此在构建的 if 选择分支结构中，判断条件语句是“if (WaterValue == LOW or FireValue == LOW or SmokeValue == LOW)”，即判断三个传感器中是否有 LOW 低电平（对应检测到水分、火焰和烟雾成分）信号，只要有一个条件满足便触发三个警示“动作”：蜂鸣器发声——“digitalWrite(Beep, LOW);”（低电平触发的蜂鸣器需要使用 LOW 低电平）、LED 灯发光——“digitalWrite (RedLED, HIGH);”、串口监视器显示文字警示信息——“Serial.println("有疑似险情，请马上进行隐患排查！");”；接着，延迟 0.5 秒钟：“delay(500);”，再将蜂鸣器和 LED 关闭：“digitalWrite (Beep, HIGH);”“digitalWrite(RedLED, LOW);”（如图 3）。

保存程序，然后编译并上传至 Arduino 中进行“险情警示仪”的测试：不管是在雨滴传感器的感应板上滴上水滴模拟“水情”，还是在火焰传感器周围点燃打火机模拟“火情”，或是吹灭打火机但保持其内部气体释放状态来靠近烟雾传感器，蜂鸣器开始发声，同时 LED 灯也发光，串口监视器上也显示“有疑似险情，请马上进行隐患排查！”的警示信息（如图 4）。直到所有的“险情”均解除后，蜂鸣器和 LED 灯都会关闭，新的警示信息也不再出现。

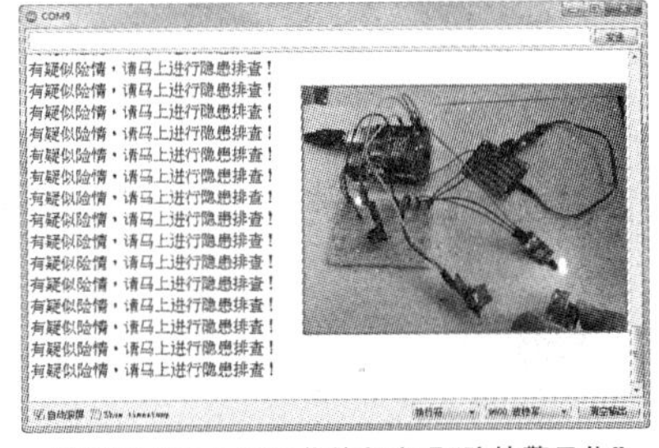

通道二：Mind+图形化编程实现“险情警示仪”

在 Mind+中，首先点击左下角的“扩展”项，将“主控板”中的“Arduino Uno”添加至主界面；接着，在“Uno 主程序”下添加“设置串口波特率为 9600”模块：对串口监视器进行初始化设置；然后，在“循环执行”结构中建立“如果…那么执行…否则…”双分支选择结构，判断条件为“‘读取数字引脚 2=0’或‘读取数字引脚 3=0’或‘读取数字引脚 4=0’”，同样是对三个传感器的 2 号、3 号和 4 号数字引脚进行“是否为 0（即 LOW 低电平）”的判断，条件成立，则执行“设置数字引脚 8 输出为低电平”（蜂鸣器发声）、“设置数字引脚 13 输出为高电平”（LED 灯发光）和“串口字符串输出‘有疑似险情，请马上进行隐患排查！’换行”（串口监视器输出警示信息）；条件不成立的话，则执行“设置数字引脚 8 输出为高电平”（蜂鸣器不发声）和“设置数字引脚 13 输出为低电平”（LED 灯熄灭）；最后，添加“等待 0.5 秒”的延迟模块，完成程序的编写。

保存程序为“险情警示仪”，连接 Arduino 后再点击“上传到设备”项，当出现“上传成功”提示后开始进行 Arduino“险情警示仪”的测试，效果同上（如图 5）。

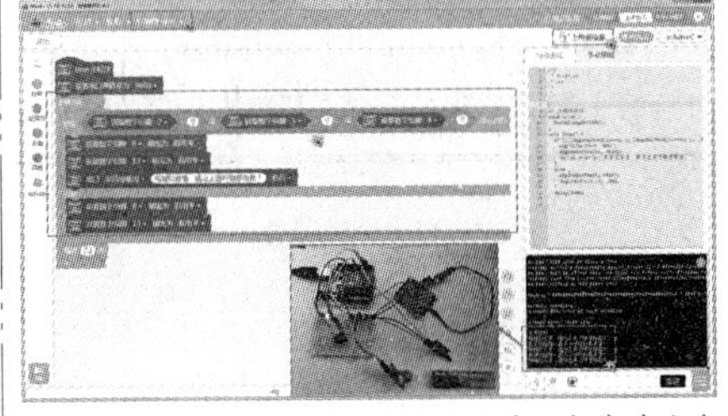

◇山东省招远第一中学 车晓东

用于物联网(IOT)的无线无电池感测

IOT 无处不在，虽然它功能强大，但也带来了一些挑战。传感器是 IOT 设计的重要一环，一般的传感器都需要电源才能工作。安森美半导体的智能无源无线传感器(SPSTM)能够在无法布线或无法更换电池的 IOT 网络边缘监测各种参数，如温度、湿度、压力、距离。安森美半导体把智能无源无线传感器 SMART PASSIVE SENSORSTM (SPS) 与开发套件 SPSDEVK1MT-GEVK 相结合，提供完整的一站式解决方案。SPSDEVK1MT-GEVK 是一套完整的开发工具，其中包含读卡器，天线，各种类型的传感器标签，电源，网线和配套软件。用户无需再从多家供应商采购，就可以实现多种应用的快速配置和修改，从而节省开发时间和成本。一套完整的无线无电池感测方案套件(SPSDEVK1)，使其创新的智能无源传感器(SMART PASSIVE SENSORS™，简称 SPS)快速应用于物联网(IOT)应用。SPSDEVK1 方案套件“即插即用”，用户可马上用来测量、采集和分析数据，用于各种 IOT 应用，典型应用见附图所示。

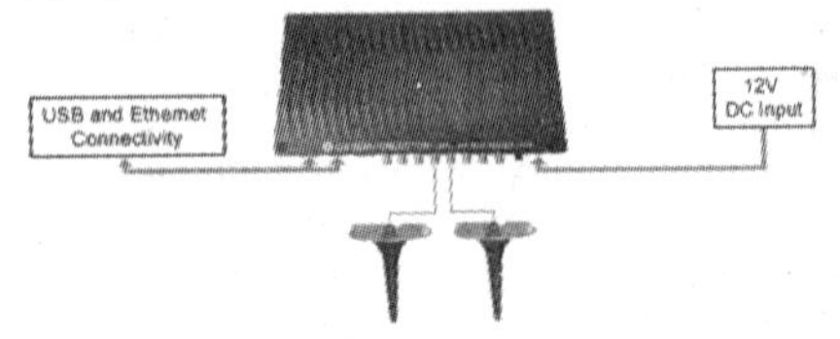

在无法布线或更换电池的网络边缘，SPS™ 无线无电池传感器可监测各种参数，例如，温度、压力、湿度或距离。当使用一个射频读取器（安森美半导体的 TAGREAD ER）监测时，SPS 会从测量信号中‘采集’能源，然后快速并且高度精确地读取传感器数据。这高成本效益的方案比其他技术有明显优势，且具有革新低功耗 IOT 感测设计的潜力。

传统传感器每节点在 PCB 上实现激励检测，通常需要电池、微处理器和数据处理器件，批量化成本昂贵，体积大，需要维护。而使用安森美半导体的智能无源无线传感器，每节点在无源标签上实现激励检测，通过额外的读写器完成电源、微处理器和数据处理工作，无需电池，每个读写器支持多个标签，因而批量化成本低，且标签薄如胶带，尺寸小，无需维护。

智能无源无线传感器无需电池或微处理器，使用超高频射频识别(UHFRFID)协议工作，适用于难以到达的位置，如地下、墙内、体内、容器内、有毒或危害健康的区域，和空间受限的应用，如门内、即剥即贴、绷带等，以及需要多传感器的地方。

SPSDEVK1 是一个完整的感测方案，包括 1 个 UHF SPS 读取器中枢(SPSDEVR1-8)、8 个 UHF 天线(SPS1DEVA1-W)、50 个温度传感器(SPS1T001PCB)、1 个 12 V DC 电源，以及 1 条以太网电缆。结合 SPS 使用，构成一个完整的一站式解决方案，集成所需的所有硬件和软件，包括读写器、天线、各种类型的传感器标签、电源、以太网线和分析软件，实现多传感器 IOT 应用的快速配置和修改。此外，该套件还包括安森美半导体 TAGREADER 软件—— 一款为读取 SPS 专门开发的应用程序，能够实现标签的所有功能，提供一个完整的系统方案 TAGREADER 软件可以自动检测所联接的标签类型，并随时以图形方式读取传感器的数据。图形用户界面(GUI)可以配置所有与测量过程相关的系统参数，并按需要重新配置。因此，即使是首次使用 SPSDEVK1 的用户，也能快速轻易地配置系统，为多种完全无线、无电池的 IOT 应用测量、采集并分析数据。

◇四川省广元市高级职业中学 兰虎

初哥电动车充电技术研究之二：

电动车铅酸电池专用充电器简介(一)

电动助力车（含电动自行车和电动摩托车）、电动三轮车，除特别说明外，本文均统称电动车。

目前电动车电池(蓄电池、电瓶、蓄电瓶均是同一概念）主要有铅酸电池和锂电池两大类。由于铅酸电池生产、检测维护成本都比较合理，安全性、可靠性、实用性和使用寿命都经得起时间考验；性价比高，回收再利用价值高，因此，其主流地位不会轻易被锂电池取代。研究利用好电动车铅酸电池，具有很高的经济效益、社会效益和生态效益。

本文所称电池、充电器除特别说明外，均指电动助力车用阀控式铅酸蓄电池及其配套专用充电器。文中涉及的技术标准、参数、术语等均为电动车行业铅酸电池专用，不适用于其他行业，也不一定适用于锂电池。另外，对于容量在60AH以上的新能源铅酸蓄电池以及富液型铅酸蓄电池(俗称水电瓶)，由于我们缺乏实践经验，不在本文讨论研究之列。

电动车充电器型号规格跟电池型号规格是一一对应的关系，不同型号规格的充电器之间不通用，铅酸电池和锂电池对应的充电器也不通用。铅酸电池、充电器具体的电流电压等规格参数请参考我们的第一篇文章（详见本报第38、39期第7版)。

笔者读书时非常热衷于科技产品的研发设计、研究应用，孜孜不倦地学习研究新技术，憧憬着将来天天泡在实验室，大力发展3C事业(即电脑、通信、消费电子产品)。后来因缘际遇，并没有在研发设计的道路上走多远。我们的世界，是一个矛盾的统一体，有生就有灭，有好就有坏，要想成为一名优秀的研发人员或者产品经理是相当不容易的事情，每天都活在矛盾当中，旧的矛盾解决了，新的矛盾必然出来，源源不断，没完没了。

记得某位前辈说过，走出实验室，没有高科技。在人类疯狂掠夺自然生态资源、过度生产、过度消费、污染日益严重的今天，如果科技不能创造更加美好的生活和明天，那么再高的科技，我们宁愿不要让它走出实验室。

另一位资深前辈说过，一款好的产品，应该具备SPACED六大原则：

1. Safty，必须保证安全，安全第一；
2. Performance，功能完整、性能良好；
3. Assurance，可靠、确信、诚信；
4. Comfortable，舒适、易用、良好的使用体验；
5. Economic，经济实惠、环保、节约资源；
6. Durable，稳固、品质好、耐用。

因此，产品研发设计，就是在不断地与矛盾较劲，永无止境。要遵循六大原则，在各个矛盾当中取得平衡，需要非常高超的智慧。

本文主要从技术应用以及广大电动车用户关注的焦点两大宏观角度来介绍电动车充电器，暂不深入涉及研发设计层面。

一、充电器在电动车整个生命周期中所处的位置——不被重视甚至被忽视

电动车可以简单理解成安装了动力装置、用电脑(控制器/司令部)控制的自行车，其成功量产并广泛使用，真的惠及千家万户，其盛况并不亚于汽车。

人们普遍关注的焦点主要是电池，电池耐用，就说电池质量好，电池寿命短，就说电池质量差。很少有人知道，在排除电池本身质量问题的情况下，决定电池寿命的关键因素居然是最不起眼的充电器。更严重的是，充电器在电动车设计制造、生产、销售、使用以及修理整个生命周期当中，基本上是被忽视的。

其根本原因是铅酸电池没有像锂电池那样标配了电池保护板，因为锂电池过充和过放的后果都是很严重的，轻则报废，重则爆炸，因此锂电池在安全方面不敢轻视。在电池有保护板的情况下，充电器基本上是可以被忽视的，充电器只管提供持续的电压电流，一旦出现异常，保护板可以随时立即切断充电器，充电器不必操心锂电池的安全问题。

但是，铅酸电池在充电环节可以说是裸奔没有任何保护的，哪怕连一个简单的过流保护都没有，更不用说过热、过充保护了。电池本身没有任何保护装置，因此充电器的设计和使用都要格外小心谨慎，一旦出错，后果不堪设想。充电器只负责充电，它是无法实现电池保护板的功能的，这个问题是一个长期存在的安全隐患，而且一直没有引起大的重视，更没有得到有效的解决。

二、电动车充电器的特有属性

充电器作为一个部件，一个产品，首先它要符合可靠、不容易损坏的基本属性，如果经常出问题，用户就会怨声载道，销售和售后的压力会非常大。因此，准确无误充满电，是用户的基本需求。我们知道，产品设计越复杂，出问题的概率也越多，因此充电器不能设计得太复杂，造价不能太高，太贵又怕被偷。

其次要符合易用、使用方便的基本属性，一款设计很好的产品，如果要专业人士才会用，或者上了年纪的人就不会用，那么也很难被广泛使用。

因此电动车充电器的设计看似简单，实际上是非常头疼的事情，厂家品牌千千万，出类拔萃的没见几个。此其一。

充电器与电池之间，实际上是一对充满矛盾的冤家，我们可以形象地比喻成盲婚哑嫁。举个笑话例子：

充电器厂家：用了我的充电器，夏天不过充，冬天不欠充，电池多用一年，N年不用换电池。

电池厂家：我们技术不断突破，超长续航，充一次电跑一百公里，超长寿命，一组顶N组。

用户：老板，你的电池是翻新货吗，跑不了50公里啊。

老板：这……

用户：老板，你的电池质量不行啊，换了还不够一年不到就跑不了30公里了，给我保修啊。

老板：这……

电池：充电器，你不行啊，把我充坏了。

充电器：电池，你质量太差，能怪我吗？

另外，电池厂家基本上都不生产、不配套、不指定充电器，这其中的奥秘大家可以发挥想象力，此其二。

尽管电动车生产制造技术已经非常成熟、研发设计水平也相当高，最复杂的控制器都能内置到车辆内部并且能稳定持续工作，充电器却成了孤零零的个体，单独存在，故障率却不低，此其三。

除了灯光喇叭这些小儿科以外，电动车的大部分操控、功能实现都由控制器接管，但唯独没有接管充电器(主流常规的电动车都是如此，个别可能有例外)。也就是说，充电器不归控制器(司令部)管，两者没什么交集，一个负责给电池充电，一个负责给电池放电，两者老死不相往来。其根本原因，是电动车充电时间较长，只能在停放期间充电，而此时电门锁关闭，出于安全及节能考虑，控制器处于关机状态，因此想管也管不了，此其四。

汽车加油，你知道加了多少升油，但电动车充电，你知道充了多少安时电量吗？甚至有没有充满你都糊里糊涂。在电子以及计算机技术相当发达的今天，这显然不科学、相当不接地气，此其五。

不过，业界还是有很多有心人的，他们为了提高产品质量，减少售后压力，在充电器的设计制造方面花了很多精力，特别是在充电接口上面劳心劳力，诸如极性相反、改通用接口为专用接口等，各家之间互不兼容，可谓五花八门、各显神通。目的只有一个，不让你随便乱用充电器，必须用电动车出厂配套的原装充电器，以减少人为因素导致电池出问题的概率。从电动车厂家的这一现象，我们可以看到，充电器的地位不容忽视。

现状是内行的人不断地寻找更好的充电器，外行的人不断地埋怨电池质量越来越差，此其六。

三、电动车充电器常见术语简介

1. 三阶段充电法

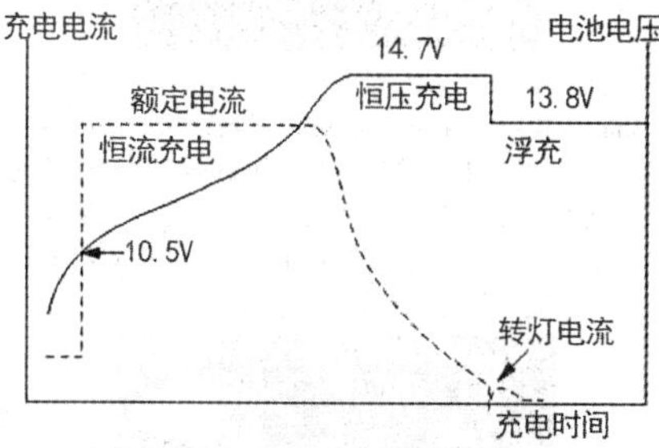

12V铅酸电池的三阶段充电曲线图(图片来源于网络)

目前铅酸电池均采用业界公认的：恒流(也叫限流)、恒压(也叫限压或高恒压)、浮充(也叫涓流或低恒压)三阶段充电法，这是目前最简单最安全有效的充电方式。铅酸电池的工艺已经相当成熟，充电研究水平也很高，而多只电池串联后的充电研究，应该是随着电动车的广泛使用而兴起的，因此其研究时间并不长，我们认为可以提升的空间仍然很大，需要大家共同努力。

(未完待续)

◇广州 钟伟初

动力电池巨头纷纷布局固态电池(三)

(接上期本版)

全固态(All Solid)锂电池：电芯由固态电极和固态电解质材料构成，不含有任何液体电解质。

举个例子，今年1月蔚来发布的ET7续航1000公里版本的车型就选装了能量密度达360Wh/kg的150KWh的固态电池包，严格意义上讲属于半固态电池，即90%固态+10%液体电解质的"半固态电池"。

回收

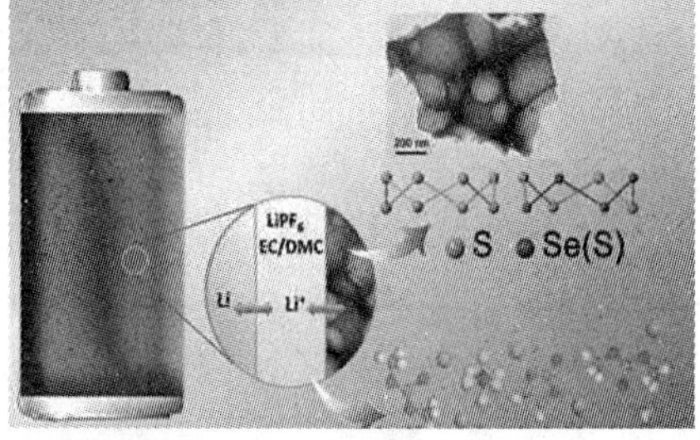

最后，固态电池还有一个优势，就是回收处理对环境的污染比液态电池相对来说要小得多。目前电池回收主要概括为湿法和干法。湿法是把里面有毒有害的液体芯取出来；干法是采用破碎等方法把有效的成分提取出来。由于液态电池都有电池液，处理过程复杂且难免会造成废液的污染，而固态电池相对就要简单得多。

编者注：

任何一项新兴技术从诞生到产业化应用都需要有个过程，固态电池也不例外。其中，一方面，限制固态电池落地的核心技术难点在于电解质，目前有四种技术路线，即聚合物、薄膜、硫化物和氧化物。在日韩企业，多采用硫化物固态电解质技术路线，而中国企业多以氧化物路线为主，欧美企业选择则呈多样化，如宝马与福特投资的美国电池公司Solid Power主要研究基于硫化物的全固体电池，而另一家美国电池公司Quantum Scape研发的固态电池走的是氧化物路线。

涉及固态电池研发的国内上市企业中，大众汽车支持的国轩高科正在推进固态电池及其固态电解质的研究；宁德时代则主攻硫化物固态电池技术；珈伟新能计划生产的类固态电池的工艺体系将用于新能源车动力电池上；万向钱潮、赣锋锂业、天齐锂业、中天科技等企业都在研究固态电池；而南都电源还与辉能科技合作，将建一条1GWh规模的固态电池生产线；德尔股份则正与丰田合作，研发具有行业前列技术水平的全固态电池。

2020年11月，国务院办公厅印发的《新能源汽车产业发展规划(2021-2035年)》中，明确要求"加快固态动力电池技术研发及产业化"。据预测，2020-2030年我国固态电池出货量高速增长，至2030年或将突破250GWh。到2030年，我国固态电池市场空间或将达到200亿元，较2020年实现百倍增长。

(全文完)

◇四川 李运西

创新 GC7 声卡

玩游戏的人肯定都想拥有更立体的声音体验，让玩游戏变得像看电影一般。而创新GC7声卡采用SOUND BLASTER芯片，可对游戏的背景音进行虚拟化等其他高级音频处理，同时，我们也可以通过自定义其他音频功能的设置来完成个性化音频的操作。

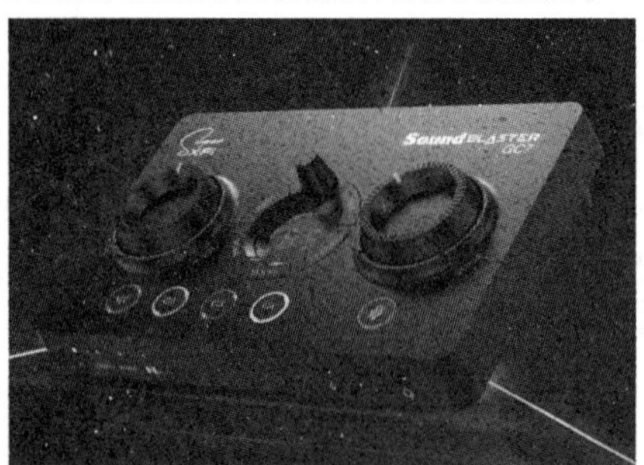

而除了个性化的音效体验，创新GC7声卡的SCOUT MODE模式可以让游戏的背景音频增强，突出游戏过程中的每个细节，让我们玩游戏时无论是听到敌人的重炮声这些大动作还是草地上的细微响动，都能够从中找到敌人的线索，从而在战场上取得获胜的优势。

结合了声晰飞音频的创新GC7声卡，让我们在第一人称射击类游戏当中，拥有犹如沉浸其中的体验感。当我们听到了附近的枪响，我们便能够立即掌握枪声的方向和跟我们的距离。有不少朋友们遇到背景声音太大而聊天声音太小的窘况吧？这时候，创新GC7声卡配备的GAMEVOICE MIX功能简直是救星。我们向右旋转控制旋钮，就能够完成增加聊天音量并降低游戏音频的操作。而想相反效果的话，我们就需要向左旋转了。整个操作非常简单。

同样，创新GC7声卡在连接模式上十分丰富，一共支持电脑、游戏机和手机三种模式，大家能够根据自己的需求进行选择。而为了带给大家更方便快捷的体验，它还提供了可自定义按钮，其中包括自定义每个按钮上的RGB灯光、使用背光LED进行游戏等功能。

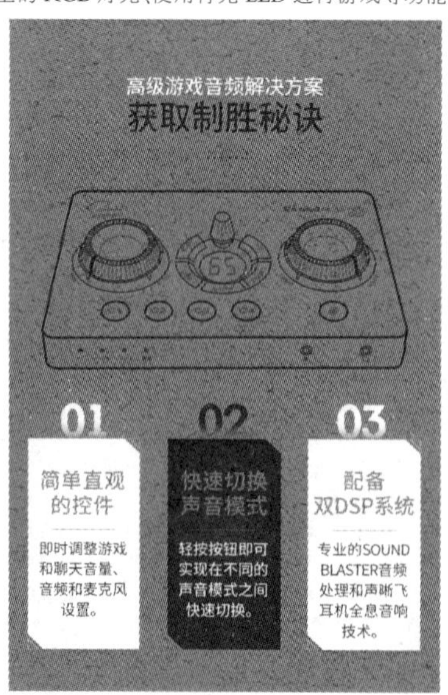

同时，它还有一个集成整套的访问控件，让音频、麦克风和环绕模式这三大功能都能够随手可及。游戏进行到白热化的时候，我们依然能够快速完成SOUND BLASTER和SCOUT MODE之间的调整。

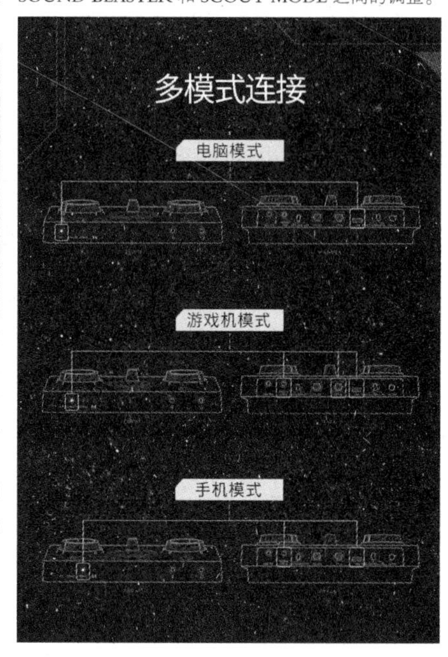

创新GC7声卡除了游戏体验上的一个升华，还能优化背景音乐，让你能够拥有身临其境的浸入感，拥有更准确的命中率；还能通过旋钮快速完成背景音乐和聊天音量的平衡，畅快杀敌的同时和战友们开心聊天！除此以外，更有众多自定义设置等你挖掘。

参考价格：1499元。

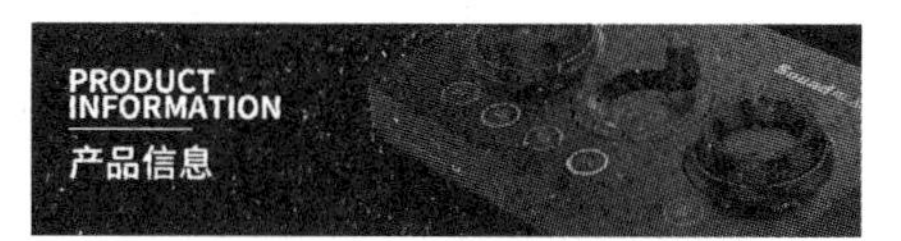

技术规格

- 音频处理
  SOUND BLASTER ACOUSTIC ENGINE
  SUPER X-FI
  SXFI对战模式
- 数模转换器
  AKM AK4377AECB 125DB DNR
  DAC（最大PCM立体声24位/192KHZ播放）
- GAMEVOICE MIX
  WINDOWS
  苹果电脑
  PLAYSTATION 4和PLAYSTATION 5
  （*需要光纤输出）
- 低功耗蓝牙（BLE）
  用于移动应用程序控制
- 颜色：黑色
- 音频规格
  PCM立体声输出@ 24-BIT / 192KHZ
  32-300Ω耳机支持
  杜比音频解码

在DSP模式下支持高达24位的以下播放频率：
PCM 44.1、48.0、96.0、192.0 KHZ
<-120 DB的本底噪声

盒内部件

- 1XSOUND BLASTER GC7
- 1X USB-C至USB-A线缆
- 1X光纤线
- 1X 3.5毫米AUX输入线缆

保修
1年有限硬件保修

最低系统要求

- WINDOWS®操作系统
  INTEL®CORE™I3或AMD®RYZEN等效处理器
  INTEL，AMD或100%兼容的主板
  MICROSOFT®WINDOWS 10 32/64位
  1GB内存
  > 600 MB的可用硬盘空间
  USB2.0 / USB 3.0端口
- MAC®操作系统
  MACOSX®10.13或更高版本
  1GB内存
  USB2.0 / USB 3.0端口
- PS4
  固件版本5.0或更高版本
  可用的USB端口
- 任天堂SWITCH
  SWITCH OS 5.0或更高版本
  控制台上提供3.5毫米耳机端口

语音通信需通过3.5毫米端口和通过蓝牙连接至ANDROID和IOS设备上的NINTENDO SWITCH在线应用程序或VOIP客户端时才可支持。

◇四川 李运西

七彩虹 M1 便携解码耳放

没错，这是老牌的显卡厂商七彩虹生产的第一款便携解码耳放——CDA-M1。

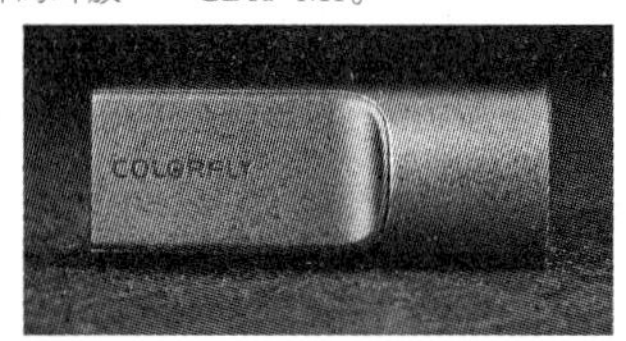

这款产品定位在499元，一个在同类产品中属于中低端的价位，主打带有"3.5+4.4"双耳机接口。从目前来看，这个产品在这个价位段依然算是个有特点的产品，毕竟在这个价位里同样配置的产品似乎目前也只有飞傲的KA3了。

七彩虹M1整体的体积相比同类产品略大了一些，不过也控制在一个一次性打火机的大小。其他类似的产品大部分为了保证体积更加小巧，而选择"3.5+2.5"的耳机接口配置。

在接口方面M1配备了两个耳机接口，一个3.5mm单端接口和一个4.4mm平衡接口，机身的另一端是type-C的数据接口。支持iPhone与安卓设备链接。机身一侧是两个小巧的音量按键，除了切换音量之外，用户也可以通过同时按下两个按键来对输出的增益进行高和低两档调节。

其他配件方面比较简单，只有一根CtoC的短数据线了，虽然产品支持苹果Lightning接口，但是目前线材需要用户另购。

湖泊自动辅助救生圈(一)

摘要:研发产品为湖泊自动救生圈,拟定建设于各城市的公园湖泊处,是一款定位于传统救生圈及救生艇之间的智能水上遥控救生圈。该设备具有Zigbee组网通信技术、水质监测传感器技术、无线充电技术、GPS+北斗双定位技术、水上机器人救生控制技术等。目的是在有人突然落水时,通过检测水花的急促持续变化及时出警,自动移动到此处,并为人提供帮助(可供抓握的部件)。当电源耗尽时,其可自动到岸边的无线充电处进行能量补给。其自带摄像头、水质、气象等传感器,通过在湖泊上的移动,作为水质、气象监控设备,并将所得数据反馈给云平台进行数据分析、天气预测等。为防止他人的盗取,可以通过GPS+北斗双定位技术,进行远程网络监控。

关键词:GPS、无线充电、网络监控、自动巡航

1 研究背景

1.1 溺水事故背景

据我国卫生部的不完全估计,全国每年约有6万人死于溺水,相当于每天150多人溺水死亡。若统计自杀、他杀、自然灾害(台风、洪水)、航运灾害等因素导致的溺亡事件,则溺水死亡总数将增加50%。另据世界卫生组织统计,中国溺亡人数约占世卫组织西太平洋区域总溺亡人数的80%。可见,溺水死亡严重威胁到我国人民的生命财产安全。炎夏季更是溺水事件的高发季节,而城市河流、公园湖泊、郊区水库以及海滨场所是溺水事件的高发场所。

2 传统救援形式

2.1 仅靠人力的救援

缺点:施救者的死亡比例高、施救风险比较大并且发现溺水事故的反应时间高。

造成原因:

(a)施救者短时间体力消耗过度而虚脱,从而丧失救援能力而溺水。

(b)溺水人溺水时的求生本能和恐慌心理,其挣扎拉拽等动作严重干扰并束缚了施救者施救过程,造成施救者救援失败甚至溺亡。

(c)施救者发现溺水事故的反应时间较长,无法及时地达到施救效果。

(2)传统的救生圈、救生衣等小型救生装置

缺点:救援速度慢,容易耽搁救援时机。

(3)救援皮筏艇、救援冲锋舟等大型救生装置

缺点:成本较高,难以扩大救援规模,无法在危急时刻及时出警,耽误救援时机;大型救生装置不适合于城市中的公园湖泊等区域。

3 产品与服务

3.1 形势分析

现在国内救生圈产品主要形式种类有聚苯乙烯包布救生圈、聚氨酯聚乙烯复合救生圈和结皮型聚乙烯救生圈,市场上还存在一种智能遥控救生圈,但因其价格昂贵、需要人工发现险情后人工遥控方能达到救援目的,实际效用比较低。当今物联网产业发展迅速,让设备设施连上互联互通的网络,实现远程监控、远程操控,能极大提高设备设施的使用效力。本产品将物联网技术应用在救生圈产品中,使救生圈能够自主监测湖面险情、自主测定湖面气象指标、水质要素,将成为救生圈产业发展中的一颗新星。

3.2 传统产品与本产品对比分析

传统产品是在发现险情以后,由专业救援队在前往救援时使用,无法及时让溺水者获得救援。本产品采用自主监测、自动救援的方法,不定时在湖面四处漂游,实时监控湖面异动,当发生险情,湖面发生剧烈波动或溅起水花时,迅速前往事发地点给予溺水者援助;当湖面没有险情时,实时检测湖水水质情况、湖面气象要素指标;当电量即将耗尽时,自动返回充电点自主充电。

3.3 产品分析

3.3.1 产品功能概览

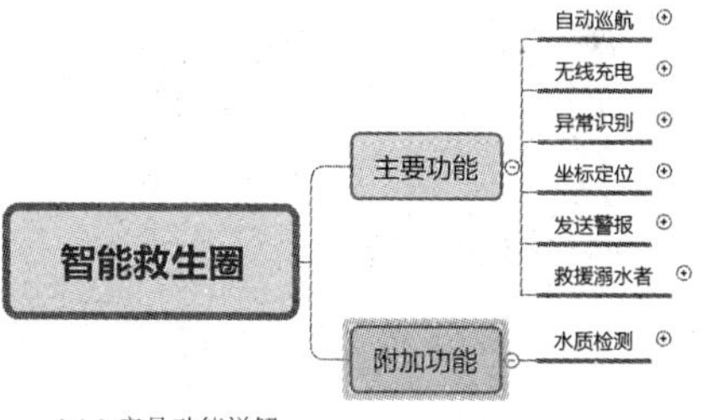

3.3.2 产品功能详解

(1)自动巡航

智能救生圈在无异常情况时,依据预设路线,自动在事故易发地巡航,便于在第一时间发现溺水者等需要帮助的人。

(2)无线充电

主控程序具有自动检测本机电源状态,当电量低于设定阈值时,本设备会自动选择合适的路线返回充电出,进行自动充电。

(3)异常识别

当摄像头检测到异常水花波动时,本设备将自动识别定位波源处,并向波源处靠近,进行进一步确认异常情况,如果异常消失,本设备将按照设定的路线继续巡航;若识别到有用过户溺水,设备将进入救援模式。

(4)坐标定位

本机通过GPS/北斗双定位系统,获取可靠的准确的定位,这些位置信息将作为设备巡航线路与报警坐标的参考标准。

(5)发送警报

当发现溺水者或其他异常情形时,本设备在执行救援动作的同时,还会在第一时间将含有坐标的报警信息上传至云平台控制中心,通知工作人员尽快前来救援;并且本设备颜色鲜艳醒目,配合大功率蜂鸣器,能够迅速引起周围路人注意,方便救援。

(6)救援溺水者

本设备不但自身能浮于水面,充当溺水者的浮力提供者;在危及情况时,本设备还能通过机身的气体发生装置快速产生气体,将自身体积迅速扩大数倍,为溺水者提供强有力的救援。

(7)水质检测

当设备处于闲置状态时,会按照预设的计划,定时监测水质信息,并上传至云端供管理员数据分析处理。

(下转第560页)

以学生为中心需求侧的"智慧课堂"建设

摘要:智慧课堂是以"互联网+"的思维方式和大数据、云计算等新一代信息技术打造的智能、高效的课堂。通过对现有的智慧课堂设计体系和实际应用,提出了智慧设备、智慧平台、智慧资源和智慧教师四个环节,并对四个环节在教学呈现、课堂管控、教学预警和教学建议几个方面进行描述。

关键字:智慧设备1;智慧平台2;智慧资源3;智慧教师4;智慧课堂5

智慧课堂是以"互联网+"的思维方式和大数据、云计算等新一代信息技术打造的智能、高效的课堂。其实质,是基于动态学习数据分析和"云、网、端"的运用,实现教学决策数据化、评价反馈即时化、交流互动立体化、资源推送智能化,创设有利于协作交流和意义建构的学习环境,通过智慧的教与学,促进全体学生实现符合个性化成长规律的智慧发展。

通过分析发现大多数的智慧课堂的设计都是针对教学中的"教",同时对于学生的交互更多地强调在课后进行,或者是在教学进行一段时间后进行分析后再对学生情况通报到教师和教学管理者。而以"学生为中心"需求侧为主的智慧课堂模型应从智慧设备、智慧平台、智慧资源和智慧教师四个方面设计:

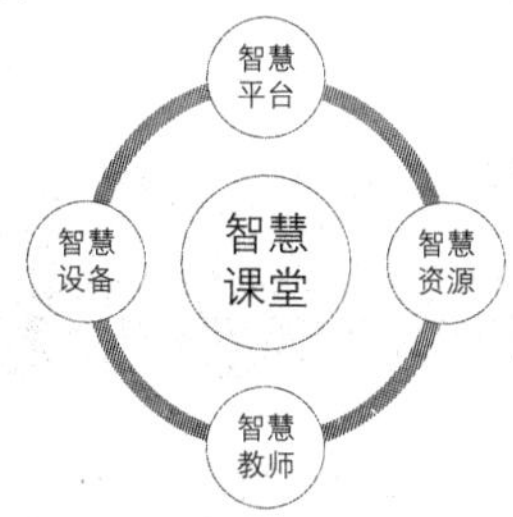

1. 智慧课堂之智慧设备

"智慧课堂"的组成可分为两个部分,即硬件和软件。智慧设备即是其中的硬件设备,包含教学呈现、教学过程检测数据收集、教学环境控制功能。教学呈现,智能板书系统,区别于传统的静态图像黑板和固定内容的多媒体教学手段,可由教师和学生自由的黑板上设计教学内容的辅助内容,并可根据内容呈现静态、动态的内容,使沟通更加具体,可结合现有的教学方式,使教学呈现表现多样化。教学过程检测数据收集,通过教室摄像头、运动手环等设备,通过学生的面部表情、心跳、动作数据收集学生的学习状态,能及时提醒教师教学状态的改变和学生学习状态的调整。教学环境控制功能,通过检测各类检测器,检测课堂内的湿度、温度、分贝等数据,保证为学生提供一个良好的学习环境。

2. 智慧课堂之智慧平台

随着互联网技术的发展,新型媒介在教育领域的应用也不断更新换代,在线教育APP、大规模开放在线课程(MOOC)等与互联网紧密结合的教学平台和工具的使用,极大促进了教育模式的多样化。诸如"雨课堂""腾讯课堂""轻新课堂""易课""课堂派""超星学习通""Google Classroom"等各类智慧教学工具也纷纷走进校园,进入课堂。"智慧教育""智慧教学环境""智慧教室"已经成为学术界的研究热点。以上的教学平台,优势体现在线上上课,对学生不能"面面俱到",更偏向于大众化教学过程。而进入到"十四五",职业教育提倡"以学生为中心"的教学模式,尊重"个性化差异"教学理念,现有的教学平台已无法满足需求,更不要谈与大数据、物联网技术的更进一步融合。

智慧平台应该具备教学呈现方式建议、教学状态实时预报、智能调整课堂环境的能力。教学呈现方式建议,结合大数据技术,对进入智慧课堂的教师和学生进行人物画像,根据教学内容,为老师提供教学方法、教学资料使用方式、对学生不同程度的关注度建议和数据资料,为学生提供适应的教学资料、提前了解教师的教学风格,提前做好准备工作。教学状态实时预报,通过摄像头、手环等设备传入的数据,为老师和学生及时发送提醒,并给出调整建议。智能调整课堂环境,通过检测设备传入的数据,当环境出现变化时,可自动通过设备调整温度、湿度和光线等,使课程一直保持较好的学习环境。

3. 智慧课堂之智慧资源

现有的教学资料分为三类,国家级的精品课程网站、行业级的精品课程网站、各大出版社。这三类教学资料的特点是,包含教学大纲里面的所有知识点,并且设计统一完成进度。而现实是学生的水平不可能一致,那就需要根据不同的学生层次,设计不同的层次内容。学习内容避免一刀切的状态。

智慧资源,分为基础程度、完整程度、扩展程度。并会从课堂预习资源、课堂资源、课后资源、扩展资源三类分段派发。智慧资源通过大数据技术,会根据智慧平台对当前"某个"学生学习状态分析,提供在这个知识点的不同难度层次智慧资源,并且能根据学生下一阶段的表现进行资源难度调整。资源设计时,基础类侧重于基础知识的学习,通过大体量、天天练等方式。完整类、扩展类侧重于脱离书本的扩展知识的学习,可根据学生团队自身的特点,为项目多方面完善。

4. 智慧课堂之智慧教师

智慧教师是基于能灵活使用智慧设备、智慧平台和设计智慧资源的基础行提出的教师。无论智慧课堂的软硬件设计多么强大,作为指导角色的智慧教师是智慧课堂的"大脑"。一间智慧教室是能发挥最初建设的效果,还是变成一间"昂贵"的多媒体教室,都在于教师的运用。加强智慧教师对智慧教师的实用培训,让对大多数的教师参与到智慧建设规划中都是保障智慧课堂能顺利实施的条件之一。

5. 结束语

智慧课堂的本质是通过软件技术、物联网技术和大数据技术使教与学透明,并能根据已有的优秀案例为面临教学困扰的学生和老师提供建议方案。智慧课堂通过从学生的上课状态(心率检测)、课堂答题评分(教师评定)、预习与复习效率(通过平台资料阅读与题目考核)等方面为教师提供课堂-课外的教学数据支撑。并设置教学预警机制,对于触发响应的同学进行有针对性的及时干预。同时,也能为学生上课状态提醒、对学习状态进行预警,并提供学习建议,或者建议与教师或教学管理者进行沟通,及时调整自身的学习状态,并根据智慧资源学习。但是,如何界定隐私性的边界,存在争论。如何让智慧课堂顺利推广,后期还要更多地考虑学生的需求,找到一个平衡点,为智慧课堂能发展成为教学真正助力而努力。

◇四川科技职业学院 陈侠 陈玉冬

机关工作人员保密、密码须知(一)

一、《中华人民共和国保守国家秘密法》宣传资料

1. *哪些部门是保密要害部门?*

保密要害部门,是指集中产生、传递、使用和管理绝密级或较多机密级、秘密级国家秘密的部门单位。

2. *保密要害部门人员管理有哪些保密要求?*

保密要害部门工作人员上岗前要经过涉密资格审查和保密教育培训,审查合格后签订保密承诺书,并定期进行在岗保密教育培训和考核。

保密要害部门工作人员不得擅自离岗离职或因私出境。保密要害部门工作人员因履行保守国家秘密义务,使相关权益受到限制的,有关机关、单位应通过适当方式给予补偿。

3. *定密授权的范围是什么?*

定密授权机关只能在主管业务工作和职权范围内作出定密授权决定,对不属于主管业务工作范围或者非本行政区域范围的事项,不能作出定密授权。中央国家机关可以在主管业务工作范围内作出授予绝密级、机密级和秘密级定密权的决定。省级机关可以在主管业务工作范围内或者本行政区域内作出授予绝密级、机密级和秘密级定密权的决定。设区的市、自治州一级的机关可以在主管业务工作范围内或者本行政区域内作出授予机密级和秘密级定密权的决定。

“设区的市和自治州一级的机关”包括地(市、州、盟、区)党委、人大、政府、政协机关,以及人民法院、人民检察院,省(自治区、直辖市)直属机关和人民团体,中央国家机关设在省(自治区、直辖市)的直属机构,省(自治区、直辖市)在地区、盟设立的派出机构。

4. *什么是派生定密,什么情况下产生派生定密?*

派生国家秘密,是指对已定密事项所承载的信息加以合并、阐释、重述而产生的新的信息或载体。派生国家秘密多产生于执行、办理已定密事项的情形,派生国家秘密没有改变原始秘密的基本要素和内容,只是形式发生变化和载体数量的增加。因此,对于派生国家秘密事项,机关、单位依据已定密事项定密即可,不需要具有相应的定密权。

派生定密的基本原则是“明来明往,密来密复”,通常产生在以下时间节点:

(1)转发国家秘密文件、资料时;

(2)根据国家秘密事项制定有关贯彻执行意见、规划、措施和方案时;

(3)在执行国家秘密事项过程中产生数据统计、情况汇总等信息时;

(4)为贯彻执行国家秘密事项决定采取相应对策措施时;

(5)在执行国家秘密事项过程中需要向上级机关作出贯彻执行情况的信息报送、情况报告、意见和建议时;

(6)起草、制发的文件资料中引用国家秘密事项内容时;

(7)依据国家秘密事项所编制形成新的事项时,如依据国家秘密图纸资料所形成的新的技术资料、设计图形、规划方案、建设图纸等;

(8)在对贯彻执行国家秘密事项的情况作出汇总、分析和结果处理时;

(9)按国家秘密事项要求对有关内容进行回复时;

(10)按国家秘密事项要求对相关内容提出意见、建议时。

5. *连接互联网的计算机为什么不能存储、处理和传输涉密信息?*

连接互联网的计算机存储、处理和传输涉密信息,实际上是把涉密信息放在完全开放的空间环境,随时可能泄密。境外情报机构为了获取涉密信息,往往将“木马”窃密程序植入与互联网相连的计算机,进行窃密活动。互联网又是传播计算机病毒的主要途径。因此,不能在与互联网相连接的计算机上存储、处理、传输涉密信息。

6. *从互联网及其他公共信息网络上拷贝信息资料到涉密计算机上应如何操作?*

为确保涉密信息安全保密,应当严格禁止从互联网或其他公共信息网络直接向涉密计算机拷贝信息。如果确因工作需要拷贝的,可以通过以下途径:

一是将要拷贝的资料刻录到空白光盘中,再通过光盘将资料复制到涉密计算机上;

二是先将互联网上的资料拷贝到单设的中间机上,彻底清除窃密程序和查杀病毒后,再拷贝到涉密计算机上;

三是使用经国家保密行政管理部门批准的信息单向导入设备。(下转第561页)

湖泊自动辅助救生圈(二)

(上接第559页)

3.4 *产品应用场景*

(1)游泳池

尽管游泳池水况清晰,适合有用,但是依据调查表明,中国每年仍有数万人丧生于室内泳池。此外,一些公司为了节省人工成本,有意裁去安全员、救生员等负责安保的职位,导致管理疏忽,在溺水发生后难以第一时间对伤员进行救治。因此本设备适合部署在室内泳池游泳,解决救援不及时,救援难的痛点。

(2)公园

公园是供大众娱乐休闲的场所,当由于家长监管疏忽,时有儿童落水溺亡的悲剧发生。将本产品部署于湖泊,鱼池,在大大降低意外事故发生率的同时,设备在空闲状态监测水质,实现一机多用。

(3)水库

各大水库依然是事故高发地,同时,对水库水质自动化监测也是困扰水库管理员的一大难题。本设备兼具紧急事故处理与水质检测,基本气象要素监测的功能,适合广泛部署。

(三)技术分析

1. 硬件组成概览

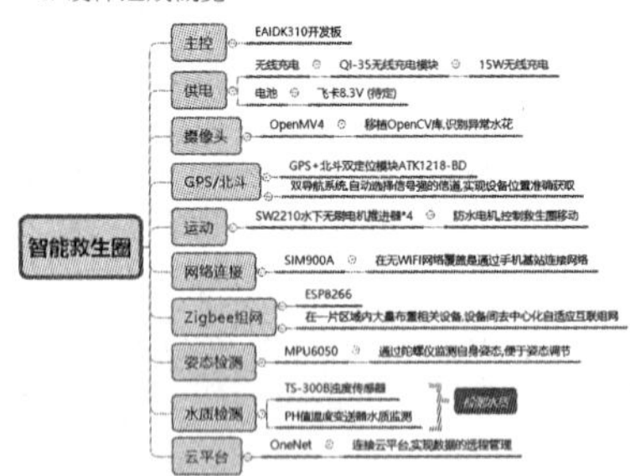

2. 关键硬件介绍

(1)EAIDK310 开发板

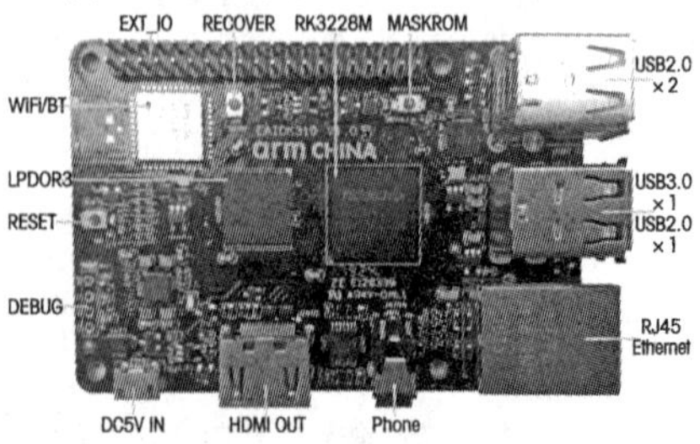

通过该开发板处理数据,并实现云端联网功能。EAIDK(Embedded AI Development Kit),是以 Arm SoC 为硬件平台、Tengine(Arm 中国周易平台)为核心的人工智能基础软件平台 AID、集成典型应用算法,所形成的“软硬一体化”的 AI 开发套件;是专为 AI 开发者精心打造,面向边缘计算的人工智能开发套件。硬件平台具备语音、视觉等传感器数据采集能力,及适用于多场景的运动控制接口。软件平台支持视觉处理与分析、语音识别、语义分析、SLAM 等应用和主流开源算法,满足 AI 教育、算法应用开发、产品原型开发验证等需求。EAIDK-310 是 EAIDK 产品系列中第二款套件,主芯片采用具备主流性能 Arm SoC 的 RK3228H,搭载 OPEN AI LAB 嵌入式 AI 开发平台 AID(包含支持异构计算库 HCL、嵌入式深度学习框架 Tengine、以及轻量级嵌入式计算机视觉加速库 BladeCV)。为 AI 应用提供简洁、高效、统一的 API 接口,加速终端 AI 产品的场景化应用落地。

(2)SIM900A

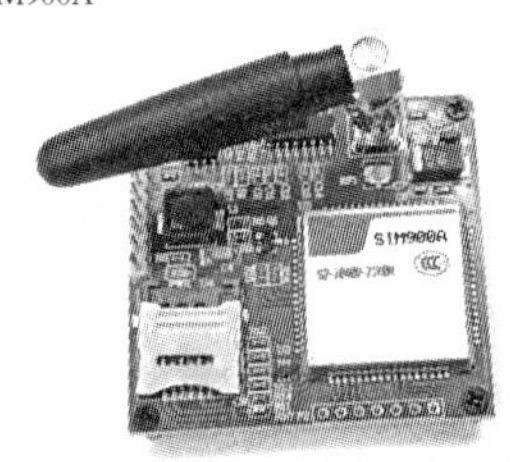

SIM900A 模块如图所示,其板载 SIMCOM 公司的工业级双频 GSM/GPRS 模块:SIM900A,工作频段双频:900/1800 Mhz,可以低功耗实现语音、SMS(短信,彩信)、数据和传真信息的传输。

(3)GPS 北斗 双定位模块 ATK1218-BD

ATK1218-BD 用 Skytra 公司的 GPS+北斗双模定位模块:S1216,外接有源天线,30 秒内即可定位。ATK1218-BD 模块自带后备电池,可保存星历数据,掉电后半小时以内重新上电,可在几秒内定位。ATK1218-BD 模块通过 1*5 的 2.54 排针与外部连接采用串口通信,且配置数据可保存,使用非常方便。

4 目标市场

在全国范围内,主要以建立公园湖泊与河岸的各个城市的当地政府为主要客户,希望在前三年市场可占救生圈市场的 30%,五年内占 80%左右,如果销售反馈很好我们也可以向国外市场进行拓展。

5 市场营销

营销机构由有多年经验的救生员以及有专业知识的人,然后由我们自己带队进行销售。销售的主要渠道是传统的直接渠道,开始时我们可以自己生产然后自己销售,主要通过邮购以及上门推销,其中我们可以通过技术人员的介绍,从而可以与政府人员进行推销。我们的广告主要以视频广告为主,也可以主持通过主持宣讲会进行推广,其中与传统救生圈比较,从而凸显我们湖泊自动救生圈的高效和科技感。

在制定价格上,由于消费者还没有用过,不知道产品的优劣,我们可以制定比平常救生圈高一些的价格进行售卖,刚开始可以八折优惠,如果后面有大量订单(100 个以上)我们可以六点五折优惠,这时主要让消费者体验我们产品的好处,等到消费者有回购以及大量好评时我们可以再考虑利润,在销售初期,我们可以在一个省的几个城市(5~10 个)建立试点应用,记录试点地区实际应用成功的视频,然后通过试点的成功向全省乃至全国各个城市进行推广应用,当然如果出现的紧急情况,我们主要让高层以及当地负责人进去出面进行解决。

6. 竞争分析

主要竞争对手:Kingii 充气手环。由于其目前在国外较为火热,但由于价格过高,国内大多都是仿品,未来几年该公司应该会降低价格,扩大销售范围。

本公司采用的策略如下:前期主动联系湖泊游泳池等易发生溺水事故的地方向其介绍推广产品,多采用促销手段让产品深入人心,中期快速提升产品知名度,利用电视、电台、报纸和互联网推广,后期保持一定的推广投入,做好售后服务并不断升级产品。

在竞争中我们占有绝对的地理优势,据国家统计:我国 1~4 岁儿童因溺水死亡的就占 34.2/10 万。排在各种死亡的第三位,中小学生平均每天约有 40 人因溺水死亡,小学生溺水死亡人数占溺水死亡学生人数 68.2%,因为溺水而死亡的人数较多,而青少年正是祖国未来的希望,所以不管是家长或是国家政府都会极力促进防溺水工作,本产品能有效救助溺水人员,还能节约人力资源,因而有着较好的前景。同时我们也具有超高的性价比

产品的救生功能较 Kingii 充气手环更加完善,且不需要人时刻携带在身上,该产品价格相对高,但救生人数更多,使用范围更大,使用年限较长,而 Kingii 充气手环需要人一直戴在手上,且只能救一人,在游泳池和公园湖泊等休闲娱乐之地不适用。

(全文完)

◇四川城市职业学院 陈治宇 杨振鹏 陈睿涵 雷航玮 陈科良

机关工作人员保密、密码须知(二)

(上接第560页)

7.涉密网络的使用有哪些要求?

涉密网络使用人员应经过涉密网络保密知识和技能的培训;涉密网络使用和管理人员要签订保密承诺书。

各类涉密信息设备要统一采购、登记、标识和配备,要按照存储、处理、传输信息的最高密级明确标注设备的密级,要严格使用、维修、报废、销毁等环节的保密管理。

按照最小授权原则,严格用户权限设定和用户登录身份管理,控制涉密信息的知悉范围。

严格信息输入输出管控、规范文件打印、存储介质使用等行为。将非涉密网络的数据复制到涉密网时,应采取病毒查杀、单向导入等防护措施。

定期分析审计日志,对发现的违规或异常行为,应及时采取处置措施。

配合保密行政管理部门对涉密网络所涉及的场所、环境进行异常电磁信号检测,并采取相应的防护措施。

涉密网络运行维护服务外包的,应当选择具有相应涉密信息系统集成资质的单位,严格界定服务外包业务范围,签订保密协议,加强保密管理。

8.个人能保存和销毁涉密载体吗?

涉密载体不属于私人物品,不能由个人私自保存和处理。严禁将涉密载体、涉密信息带回家中处理。

机关、单位工作人员,因工作需要暂时由个人使用的涉密载体,在完成工作任务后,应及时交还机关、单位保密室保存。

工作人员调离工作单位,或因退休、辞职等原因离开工作岗位,应将个人使用和管理的涉密载体全部退还原工作单位,并办理交接手续。

参加涉密会议、活动领取的涉密文件、资料或其他物品,应及时交机关、单位保密室保管,个人不得私自保存。

个人不能私自销毁涉密载体。

9. 销毁涉密计算机和涉密移动存储介质有哪些保密要求?

涉密计算机及涉密移动存储介质需要销毁的,应报主管领导批准后,送至涉密载体销毁工作机构或保密行政管理部门确定的承销单位销毁。个人不得私自销毁或以其他方式处理。

市保密技术服务中心正在建设中,主要承担保密技术服务、涉密载体销毁、涉密设备维护维修、保密教育培训等技术服务职能。

10.为什么不能将手机带进涉密场所?

某些手机,在制造时可能被植入特种程序,用于遥控窃听;有的手机通过对其软件进行改造,也可以实现遥控操作,使手机从关机或待机状态转换为通话状态,在无振铃、无屏幕显示的情况下,将周围的声音发射出去,这时手机就成了窃听器。如果把手机带入涉密场所,实际上是在涉密场所安放了窃听器。

11.涉密会议文件、资料和其他涉密载体如何管理?

会议前,文件、资料和其他载体涉及国家秘密的,要进行定密,按照涉密文件管理要求统一登记、编号。发给与会人员的涉密载体,要严格履行签收手续,注明会后是否收回等保密要求。

休会期间,需要收回的涉密文件、资料和其他物品,要明确专门人员集中清理收回和妥善保管。

会议结束后,注明“会后收回”的,要及时收回,不能让与会人员自行带走。

允许与会人员自带的涉密文件、资料和其他物品,要明确规定其回到机关、单位后及时交机关、单位保密室保管,个人不得留存。会议、活动举办单位要向与会人员所在机关、单位发出涉密文件、资料和其他物品清单,要求有关机关、单位按照清单如数收回。

明确规定涉密会议内容的传达范围。

不允许与会人员自带的涉密文件、资料和其他物品,如需发给与会者单位的,应通过机要交通或机要通信部门寄发。

在离开会议住地前,要对会议住地进行全面检查,防止文件、资料和其他物品遗留在会议住地。

12.宣传报道涉密会议的涉密活动有哪些保密要求?

对不能公开报道的涉密内容做出明确规定。

凡是拟公开报道、播放的稿件、图片、录像片、录音带等,要由会议主办单位和负责会议保密工作的负责人进行保密审查,签署保密审查意见。

统一对外宣传口径。为防止会议内容因宣传报道而泄密,应统一组织新闻发布会。

会议组织者在会议开始前要对与会记者进行保密教育,明确提出会议新闻报道的保密要求。

13.如何做好政府信息公开保密审查工作?

机关、单位应建立信息公开保密审查制度,明确保密审查责任和程序,保密审查程序应与公文运转程序、信息发布程序结合起来,防止保密审查与信息公开工作脱节。

机关、单位制作政府信息时,要明确区分哪些信息可以公开及以何种方式公开(主动公开或依申请公开)、哪些信息需要进行删减处理后再公开、哪些信息不能公开。

对不能确定是否涉及国家秘密的政府信息,事先应报请主管部门或保密行政管理部门进行审查确定。

密码电报、标有密级的文件资料,一律不得公开。密码电报内容确需公开的,须进行保密审查并经发电机关、单位批准。公开时,只能公开电报内容,不得公开报头等电报格式。标有密级的文件资料需要公开的,应先进行解密审查。经审查可以解密的,公开时必须删除国家秘密标志。

已移交档案馆的政府信息,按照有关档案管理法规和国家有关规定办理。

14.保密法规定的12种严重违规行为是什么?

(1)非法获取、持有国家秘密载体的;

(2)买卖、转送或者私自销毁国家秘密载体的;

(3)通过普通邮政、快递等无保密措施的渠道传递国家秘密载体的;

(4)邮寄、托运国家秘密载体出境,或者未经有关主管部门批准,携带、传递国家秘密载体出境的;

(5)非法复制、记录、存储国家秘密的;

(6)在私人交往和通信中涉及国家秘密的;

(7)在互联网及其他公共信息网络或者未采取保密措施的有线和无线通信中传递国家秘密;

(8)将涉密计算机、涉密存储设备接入互联网及其他公共信息网络的;

(9)在未采取防护措施的情况下,在涉密信息系统与互联网及其他公共信息网络之间进行信息交换的;

(10)使用非涉密计算机、非涉密存储设备存储、处理国家秘密信息的;

(11)擅自卸载、修改涉密信息系统的安全技术程序、管理程序的;

(12)将未经安全技术处理的退出使用的涉密计算机、涉密存储设备赠送、出售、丢弃或者改作其他用途的。

保密法规定,有上述行为之一的,依法给予处分;构成犯罪的,依法追究刑事责任;有上述行为尚不构成犯罪,且不适用处分的人员,由保密行政管理部门督促其所在机关、单位予以处理。

二、《中华人民共和国密码法》宣传资料

1.密码的功能

密码(cryptography),是指采用特定变换的方法对信息等进行加密保护、安全认证的技术、产品和服务。人们日常接触的计算机或手机开机“密码”、微信“密码”、QQ“密码”、电子邮箱登录“密码”、银行卡支付“密码”等,实际上是口令(password)。口令是进入个人计算机、手机、电子邮箱或银行账户的“通行证”,是一种简单、初级的身份认证手段,是最简易的密码。

密码的主要功能有两个,一个是加密保护,另一个是安全认证。加密保护是指采用特定变换的方法,将原来可读的信息变成不能识别的符号序列。简单地说,加密保护就是将明文变成密文。安全认证是指采用特定变换的方法,确认信息是否完整、是否被篡改、是否可靠以及行为是否真实。简单地说,安全认证就是确认主体和信息的真实可靠性。

2.密码工作领导体制

《密码法》明确规定,坚持中国共产党对密码工作的领导,中央密码工作领导机构,即中央密码工作领导小组,对全国密码工作实行统一领导,把中央确定的密码工作领导体制,通过法律形式固化下来,为密码工作沿着正确方向发展提供根本保证。中央密码工作领导小组统一领导全国密码工作,负责制定国家密码工作重大方针政策,统筹协调国家密码重大事项和重要工作,推进国家密码法治建设。

《密码法》明确了国家、省、市、县四级分级负责的密码工作管理体制,赋予了国家、省、市、县四级密码管理部门行政职责,从体制机制上为密码管理部门依法履行密码管理职能提供了坚实保障。

3.密码分为核心密码、普通密码和商用密码

将密码分为核心密码、普通密码和商用密码,实行分类管理,是党中央确定的密码管理根本原则,是保障密码安全的基本策略,也是长期以来密码工作经验的科学总结。核心密码用于保护国家绝密级、机密级、秘密级信息,普通密码用于保护国家机密级、秘密级信息,商用密码用于保护不属于国家秘密的信息。

4.对核心密码、普通密码实行严格统一管理

密码管理部门按照中央要求,对核心密码、普通密码实行严格统一管理,针对核心密码、普通密码的科研、生产、服务、检测、装备、使用和销毁等各个环节制定了一系列严格的安全管理制度和保密措施,对核心密码、普通密码实行全生命周期的严格统一管理,明确了一系列保障措施。

5.对商用密码使用的管理

《密码法》是对《商用密码管理条例》在密码领域的监管缺陷的补漏和应对密码技术和应用发展的一次变革。《密码法》在商用密码领域深化“放管服”改革,根据经济社会发展实际以及社会各方面对商用密码的使用需求,取消了《商用密码管理条例》对商用密码使用设定的严格管理措施,规定公民、法人和其他组织可依法使用商用密码保护网络与信息安全,对一般用户使用商用密码没有提出强制性要求。此外,第十二条延续了《商用密码管理条例》有关不得从事密码违法犯罪活动的规定。同时,为了保障关键信息基础设施安全稳定运行,维护国家安全和社会公共利益,第二十七条规定了关键信息基础设施的商用密码使用要求。

6.关键信息基础设施商用密码使用要求

关键信息基础设施应当使用商用密码进行保护。关键信息基础设施是《网络安全法》中的概念,是指公共通信和信息服务、能源、交通、水利、金融、公共服务、电子政务等重要行业和领域,以及其他一旦遭到破坏、丧失功能或者数据泄露,可能严重危害国家安全、国计民生、公共利益的重要网络和信息系统。

《密码法》规定的关键信息基础设施商用密码使用要求是《网络安全法》规定的关键信息基础设施安全保护义务的重要组成部分。密码是保障网络与信息安全的核心技术和基础支撑。法律、行政法规和国家有关规定要求使用商用密码进行保护的关键信息基础设施,其运营者必须使用商用密码进行保护,而且使用的商用密码必须是合规、正确、有效的。

7.将密码安全教育纳入国民教育体系和公务员教育培训体系

将密码安全教育纳入国民教育体系,在各阶段的教育过程中,开展密码常识、密码安全意识的教育,有利于提高全民密码安全意识,提高全社会自觉使用密码保护网络与信息安全、维护国家密码安全的意识。

为在履行职责过程中更好地贯彻总体国家安全观,建设高素质的公务员队伍,有必要对公务员进行密码安全教育,将密码安全教育纳入公务员教育培训体系。公务员培训中,密码安全教育主要是关于密码常识、密码安全意识和密码工作的教育,有利于提高公务员的密码安全意识与履职能力。

8.县级以上人民政府应当将密码工作纳入本级国民经济和社会发展规划,所需经费列入本级财政预算

为更好地推动密码工作,促进密码事业发展,县级以上人民政府应当将密码工作纳入本级国民经济、社会发展规划和重要工作部署,明确本地区密码工作发展的目标任务,落实相关保障措施,作为维护国家安全、促进地区经济社会发展和科技进步的一项重要工作。国务院《“十三五”国家信息化规划》已明确将密码工作纳入规划。同时,县级以上人民政府应当将密码工作所需经费列入本级财政预算,保障密码工作顺利开展,充分发挥密码在网络与信息安全中的基础支撑作用。

9.密码管理部门和密码工作机构应当建立健全严格的监督和安全审查制度,对其工作人员遵守法律和纪律等情况进行监督,并依法采取必要措施,定期或者不定期组织开展安全审查

对核心密码、普通密码工作人员进行监督和开展安全审查,是确保密码工作人员纯洁可靠的一项有效措施,也是涉密人员管理的通行做法。密码管理部门和密码工作机构的工作人员经常接触核心密码、普通密码,掌握着国家秘密,性质特殊、责任重大,应当对其遵守法律和纪律等情况进行监督,并依法采取必要措施,定期或者不定期组织开展安全审查。

《密码法》要求密码管理部门和密码工作机构建立健全严格的密码工作人员监督管理制度,明确密码工作人员的权利、岗位责任和要求,对密码工作人员遵纪守法和履行职责等情况开展经常性监督检查。这里的“遵守法律和纪律”,除了基本和一般性的法律和纪律要求外,特别包括对密码工作相关法律法规和纪律的遵守,主要包括《密码法》《国家安全法》《网络安全法》《保守国家秘密法》以及与密码工作相关的政策、文件、规定等。

(全文完)

手机辐射会不会致癌?

人类有一个共同的爱好,那就是忧虑。为此,人们不断地学习并试图解开忧虑,哪知学完以后却发现到了更多可以忧虑的事情。也许这就是人类探索知识的源动力吧!

为了帮各位对辐射有一个理性客观的了解,我们这一期来专门讲一讲手机辐射的问题,希望可以帮助大家再解开一个忧虑。

什么是辐射?

如果想知道手机有没有辐射,我们首先得知道什么是辐射?简单说,辐射就是将能量以波的形式从中心向外传递,而这个中心也就是辐射源。举一个形象的例子:当你往平静的湖水里扔一块石子,水波就开始向外扩散。将这个现象比作一种辐射,那么水波的中心就是辐射源,而波纹的大小就代表着辐射强度。不难看出,当距离辐射中心越远时,辐射强度也会衰减。

波有很多种形式。由机械振动产生的波被称为机械波,比如上面提到的水波和声波都属于机械波。还有一种很神奇的波叫做电磁波(EMWave),它是借由电场和磁场的相互交替而传递的。这个概念很抽象也很学术,你可以把它想象成郭靖那招"上天梯"的功夫,左脚踩右脚,右脚再踩左脚,踩着踩着就飞起来了……

那么手机有没有辐射呢?当然有!手机的信号作为一种电磁波,很显然是有辐射的,而且由于它是以电磁波的形式传递能量,因此更具体地说,手机产生的辐射属于电磁辐射。不仅如此,任何带电的地方,比如你家里的电灯、电磁炉、电话甚至是电线都会有电磁辐射。

手机电磁辐射的大小

有辐射完全不要紧,重点是要看看这些辐射会不会对人体造成伤害。如果想比较电磁辐射的大小,可以参考下面这张简单明了的图。方便起见,我们特意在上图中标出了手机,电灯和太阳所发射的电磁波频谱。

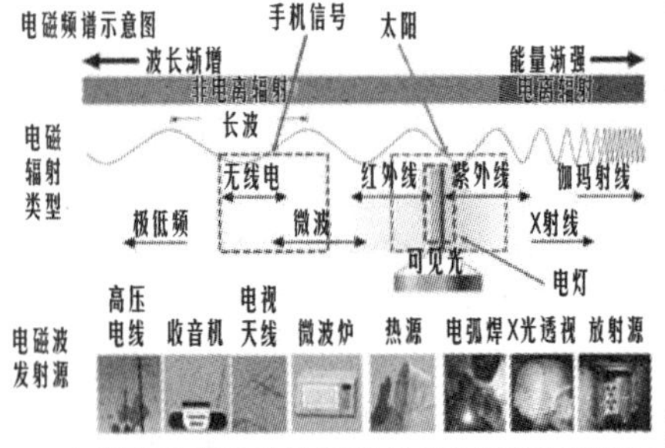

电磁波的能量级和波长成反比例;波长越长能量级越低,波长越短能量级越高。不难看出手机信号的能量级不仅低于太阳光辐射,甚至低于家里的电灯。

手机的辐射会不会致癌?

首先我们要问什么样的辐射会致癌呢?

电磁辐射可以分别两种:电离辐射和非电离辐射。电离辐射由于能量级很高,波长很窄,因此如同利剑一样可以直接切断细胞分子链,可以直接导致癌变甚至基因突变等症状。在上图中,右侧紫色的部分属于电离辐射。X射线就属于电离辐射,虽然在电离辐射中是属于很弱的一种,但是依然会对人体造成影响。因此除非病情需要,否则没必要频繁拍X光片。而核能中使用的放射性物质则会产生更高的电离辐射,所以这就是为什么核辐射非常危险。

左侧红色的部分是非电离辐射。这部分电磁波的波长较长,能量级较低,不具备切断分子键的能力,因此较电离辐射而言安全得多。非电离辐射对人体造成的伤害,主要是由于电磁波与分子的摩擦生热导致的高温进而引起烧伤。喜欢去海滩的人们都知道,如果不涂防晒霜在海边暴晒一天,你的皮肤就会有很强的灼伤感(防晒霜可以将太阳中紫外线的波长通过吸收或者折射,阻挡紫外线进入你的皮肤,从而起到保护作用)。

再说手机。由于手机信号的电磁波波长远低于可见光,也就是说手机信号产生的电磁辐射级别甚至低于家里的电灯,而你每天至少都有12个小时是处于可见光照射之下的。这样看来,说手机的电磁辐射会致癌是站不住脚的。

手机辐射难道一点危害都没?

无风不起浪,如果手机完全不可能对人体健康产生任何影响的话,也就不会有这么多关于手机的风言风语了。没错,手机辐射虽然不能直接导致癌症,但是并不代表它不会对人体造成任何潜在问题。

上面我们说过,非电离辐射对人体的伤害主要是因分子摩擦产生热量导致烧伤。手机信号的发射功率非常有限,显然不可能像太阳那样烧伤皮肤。但是不要忘了,辐射的强度和距离是有着很大关系的,手机的辐射功率虽然不大,但是当你打电话的时候,它和你的头部几乎是零距离接触,你的脑细胞也就会不断地和手机的电磁波摩擦碰撞,时间一久,你的大脑温度就会上升。

下面这张图做了一个很好的说明。

Thermal Effects
Heat Generated on the face by 15 minute of cell phone use due to their electromagnetic radiation

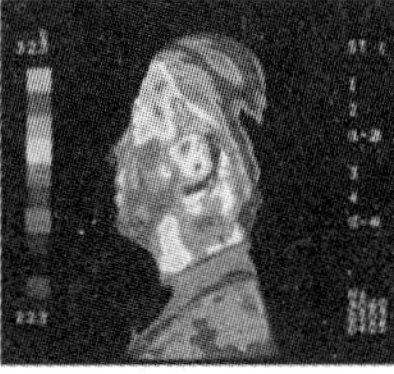

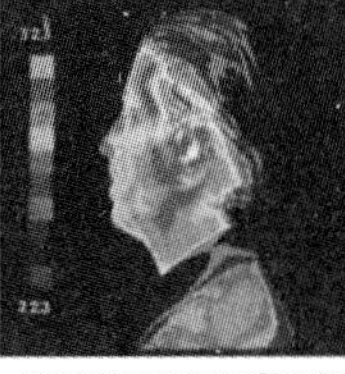

BEFORE USING A MOBILE PHONE　　USING MOBILE PHONE FOR 15 MINUTES

当你把手机贴在耳朵上打15分钟电话之后,你脑部的平均温度就会上升3度左右,这也就是为什么很多人打完电话之后感觉耳朵那一侧热热的。由于本人不是医学专业,关于头部温度升高对健康产生的危害无法给出专业结论,但是仅从平时使用的词语,比如"冷静"、"头脑一热"、"烧脑"等就可以推断出头部温度升高肯定对健康有负面影响。而且,发烧的时候都要用冷毛巾先给头部降温以确保神志清醒。

综上所述,手机的电磁辐射能量级并不高,很难对人体造成直接伤害,更不用说引发肿瘤癌症等疾病。但是经常用手机打电话的确会造成大脑局部升温,有可能引发短暂性头痛或是失眠等症状,至于会不会有更多潜在危害,目前尚未定论,但是可以肯定的是,绝对不会有人体有好处。

如何避免辐射?

在了解一切关于手机电磁辐射的来龙去脉之后,大家最关心的话题还是如何避免辐射。在此,我们就以简单明了的方式给大家举出一些切实可行的方法:

1. 调了飞行模式的手机不会产生任何对人体有害的电磁辐射,所以晚上睡觉时手机可以调成飞行模式。

2. 如果你是那种日理万机,到凌晨还会经常有电话打进来的人,请把手机放在离身体一个胳膊以上的距离。虽然小于一个胳膊也不会对人体有害,但你真的有必要放得那么近吗?

3. 手机信号辐射最强的时候是在你打电话的时候。所以打电话的时候要掌握以下几个原则:

a. 有耳机的要插耳机。

b. 没耳机的,能开免提就开免提。

c. 没耳机,且又不方便开功放的,手机不要贴太近,且两个耳朵相互交替听电话。

d. 信号越差辐射越强,所以信号差的时候尽量不要打电话,反正也听不清。

e. 接通电话的一瞬间电磁脉冲最大,所以瞬间能量最大,按理说此时应当将手机远离头部,不过由于这段时间只有几微秒,所以实际上不会对人体有什么影响,愿不愿意这样做全看个人习惯。

4. Wi-Fi的辐射主要来源于无线路由器,所以路由器一般都放在客厅或是其他远离卧室的房间。

5. 蓝牙不用的时候也可以关掉,既断绝又一个辐射源,也能帮你手机节约用电。

6. 不同手机的辐射强度也会不同,而手机都会有一个SAR(specific absorption rate)的参数,这个值越小,辐射也就越小。有兴趣的朋友可以上网参考自己手机的SAR值。下图列出了SAR值(辐射强度)排在前20位的一些常用手机型号,看看自己的手机有没有中招。

1. Huawei P8 (1.72)
2. Huawei Mate S (1.72)
3. Motorola Moto Z2 Play (1.680)
4. Huawei Mate 9 (1.640)
5. Alcatel Touch Idol 3 (1.631)
6. Huawei Mate 7 (1.540)
7. Honor 8 (1.5)
8. Wiko Wim (1.49)
9. Huawei P9 (1.43)
10. Apple iPhone 7 (1.38)
11. OnePlus 5 (1.37)
12. Apple iPhone 8 (1.36)
13. Apple iPhone 7 Plus (1.24)
14. Honor 6X (1,23)
15. Honor 5C (1,14)
16. Honor 7 (1,13)
17. Apple iPhone 8 Plus (0.99)
18. Apple iPhone X (0.98)
19. Apple iPhone 6s Plus (0.91)
20. Apple iPhone 6S (0,87)

最后,电磁辐射这个东西,由于看不见,所以许多人抱着"信则有,不信则无"的态度。不过要知道,肉眼能看到的东西非常有限,很多看不见的事物往往比看得见的更加真实地存在着。

总而言之,我们对手机辐射要有一个更客观的认识,无需对其产生不必要的担心和恐惧,更重要的是,要懂得如何正确地使用手机从而进一步降低辐射对人体造成的影响。

华为数据中心能源斩获4项欧洲权威大奖

近日,在英国伦敦举办的数据中心行业国际盛会"DCS奖项"颁奖晚宴上,华为数据中心能源一举斩获4大奖项,分别为"年度最佳数据中心设施供应商""年度最佳数据中心升级项目""年度最佳数据中心供配电奖"以及"年度最佳数据中心温控创新奖"。

"DCS奖项"是数据中心行业内首屈一指的年度盛会,每年有将近200家企业参与。该奖项的设立旨在奖励深耕于数据中心领域的产品设计师、制造商和供应商,2021年设立的奖项类别更是超越往年,共涉及32个类别,除了涵盖数据中心的基础设施、IT创新奖,今年还首次设立能源效率及可持续发展创新奖。

在"碳中和"时代背景的驱动下,建设绿色、节能、高效的数据中心成为大势所趋。华为数据中心能源对节能降耗,实现数据中心更高效率、更低能耗的追求从未止步。在技术创新方面,华为智能电力模块解决方案、新一代间接蒸发冷却解决方案在众多高新技术中脱颖而出,分别荣获"年度最佳数据中心供配电奖""年度最佳数据中心温控创新奖"。

其中,华为智能电力模块解决方案采用深度融合技术,具备高密高效、极简交付、安全可靠的特点,相比传统供配电系统,全链路系统供电效率可由94.5%提升到97.8%,显著降低能源损耗,同时占地面积节省40%以上,实现AI预测性维护。

此外,华为新一代间接蒸发冷却解决方案通过最大化利用自然冷源,且业界独创的"冷电融合"可实现连续制冷,相比冷冻水制冷系统,在北京地区可省电32%,省水33%。同时,搭载基于AI技术的iCooling能效优化系统,可有效降低PUE 8%。

在国际盛会中摘获四项大奖的成功背后,是华为数据中心能源对技术、产品融合创新的持续投入的成果见证,也始终离不开客户和合作伙伴的支持与认可。载誉前行,华为数据中心能源将持续创新,打造更加极简、绿色、智能、安全的数据中心。

(消息来源:华为)

易净康V型足浴理疗仪工作臂实绘电路简析与常见故障检修

易净康V型足浴理疗仪由足浴盆和工作臂组成，笔者使用该理疗仪后，原本澄清的水，一下子变得浑浊起来，上面还漂了一层黑褐色类似油污的东西，吓了一跳，以为身体出了什么大的问题。亲戚说，放块猪肉水是清的，你的身体有问题。

本人不信，征得其同意，对工作臂做了拆卸，一探究竟。

①

a

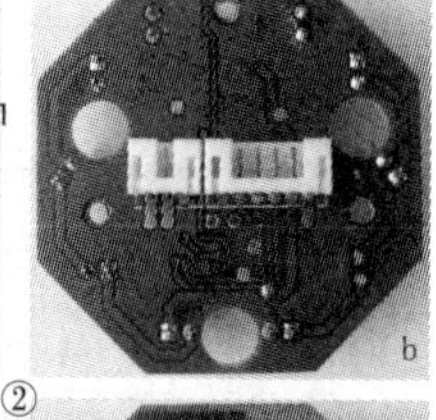

b

②

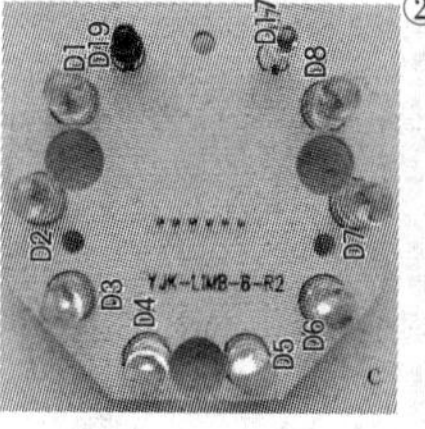

c

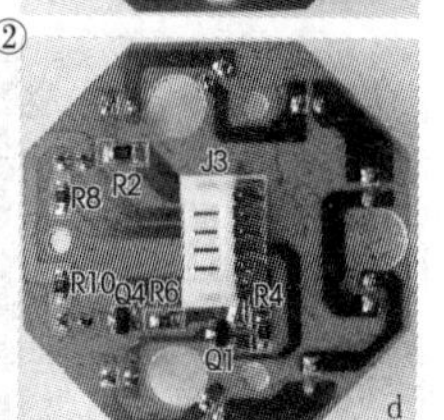

d

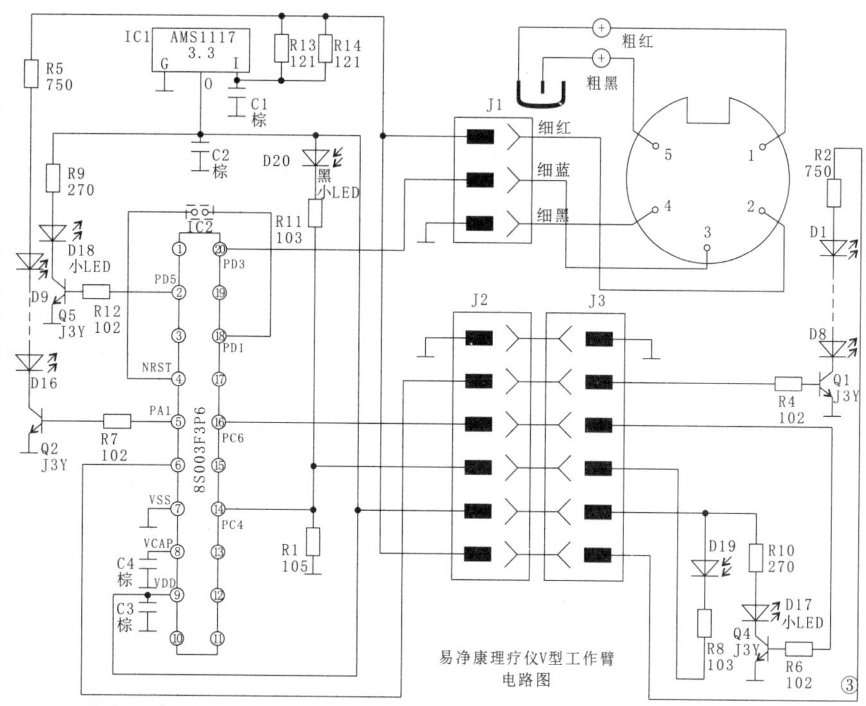

③

此工作臂含有1对电极板、1个5芯接口和20个LED灯，实物及内部电路板正反面照片，见图1、图2所示。其中，图2a、b为含有单片机IC2的线路板正反面照片；图2c、d为含有贴片三极管Q4线路板正反面照片。

工作臂实绘电路见图3所示。

观察此理疗仪工作时，D1~D18皆不亮，用手机在照相状态下测试全亮，判断其为远红外线发射管，D19、D20为远红外线接收管。

工作时，工作臂位于人体两腿之间，D19、D20接收到膝盖内侧反射过来的远红外线，单片机IC2（8S003F3P6）的⑳脚，将人体信号通过5芯接口，输送到主机线路板上（未画出），工作臂电极板在得到主机输送到5芯接口的工作电压后，开始电解含有一定盐分的水。

单独将猪肉放入足盆里，D19、D20接收不到膝盖内侧反射过来的远红外线，极板不电解水，难怪水是澄清的。

撇开实际的功效不谈，此理疗仪常见故障如附表所示。

◇山东 黄杨

表：常见故障

故障提示	故障原因或现象	排除方法
故障01	无工作臂	1. 检查工作臂是否完好，换一个新的工作臂试试。2. 用棉签蘸酒精擦洗工作臂接口和理疗仪接口，以防有水、异物、水垢或接触不良。3. 检查工作臂保险丝是否断，若断换新，若还不行，返厂维修。
故障02	无工作臂或工作臂使用期限到	1. 工作臂没有连接好，检查确认工作臂插口是否插好。2. 当地电压是否低于220V，应在规定电压下使用。3. 工作臂使用期限到期，需要更换新的。4. 工作臂出现故障，更换好的工作臂，排查是工作臂还是理疗仪故障，确认后返厂维修。
故障03	工作臂或理疗仪有故障	1. 更换新工作臂后可以正常工作，将原工作臂坏返厂维修。2. 更换新工作臂后，仍然不能正常使用，将理疗仪返厂维修。
故障04	水的浓度过高。	1. 立即停止理疗仪运行，将水稀释后重新启动。2. 未放专用盐时，浓度度数仍然自行上升，需将理疗仪返厂维修。
故障05	电压不稳或保险丝断	1. 检查工作臂两极片是否完好，若出现粘连会造成极片短路。2. 保险丝断，更换电源开关旁的保险丝。3. 检查电压是否稳定。4. 若问题仍然存在，需将工作臂及理疗仪返厂维修。
点触屏幕无反应	屏幕进水或压屏	将屏幕的保护膜撕掉，轻轻按压屏幕四周，如果无法按上述方法解决，需返厂维修。
黑屏	1. 电源开关指示灯正常，屏幕黑屏	需将理疗仪返厂维修
	2. 电源开关指示灯不亮，屏幕黑屏	1. 检查理疗仪电源是否正常通电。2. 检查电源保险丝是否完好。3. 以上检查完毕，仍然无法正常使用，需返厂维修。
闪屏/花屏/白屏	显示屏或理疗仪坏	重启理疗仪，若仍不能正常使用，需返厂维修。
远红外线不亮	1. 倒计时进行正常，点触远红外线按键有提示音。	需将理疗仪返厂维修
	2. 倒计时进行正常，点触远红外线按键无提示音。	重新点触远红外按键，若仍不能正常使用，需将理疗仪返厂维修。
	3. 倒计时无法正常进行	停止运行，重新安装工作臂，再重启理疗仪，若不行，返厂维修。
远红外线开机即亮	无论是否点触远红外线按键，远红外线都启动。	需将理疗仪返厂维修

高中信息技术Python教学经典案例解析(一)

2018年1月,教育部正式颁布了《普通高中信息技术课程标准(2017年版)》,新课标明确了高中信息技术课程的"核心素养"(Key Competences),包括信息意识、计算思维、数字化学习与创新和信息社会责任。高中信息技术课堂教学是发展学生信息核心素养的"主阵地",新课标的颁布为教师更好地进行信息技术教学提供了方向。山东省2018年对信息技术教材进行了新一轮的"改版",使用的粤教版《信息技术》从必修1"数据与计算"、第二章"知识与数字化学习"的"欧姆定律"实验探究活动开始,再到第三章"算法基础"和第四章"程序设计基础"等等,均以Python语言编程解决问题为例来进行教学。Python语言代码是开源的,其语法类似于英文"伪代码",而且Python的库模块非常丰富,比较注重解决问题的算法实现。在信息技术教学过程中,我们不仅要注重培养学生运用技术手段的能力,而且要着眼于培养学生的核心素养。本文以Python编程学习为例,对几个常见的经典案例进行解析。

一、解析"鸡兔同笼"问题

"鸡兔同笼"最早记载于1500多年前的中国古代数学著作《孙子算经》中的"卷下"第31题(后传至日本演变为"鹤龟算")。原题为:"今有雉兔同笼,上有三十五头,下有九十四足,问雉兔各几何?"意思是:鸡和兔的总头数是35,总脚数是94,问鸡和兔各有几只?

1. 问题求解

假设鸡有x只,兔有y只,根据题意列方程为:

$x+y=35, 2x+4y=94$。

求解,得:$x=23, y=12$

即鸡有23只(46只脚)、兔有12只(48只脚)。

2. Python编程求解

如果使用Python语言来编写程序,可使用for循环、range()函数和if条件判断来完成。先使用"heads = 35"和"feet = 94"两个赋值语句,保存鸡和兔的总头数与总脚数;接着使用range()函数进行for循环,让鸡的数目从1开始计数加1循环,循环体中的if条件为"2*x + 4*y == feet",即"鸡数目的两倍加兔数目的四倍之和等于总脚数",条件成立的话,使用print语句进行最终鸡兔数目的输出。保存程序为"鸡兔同笼1.py",运行结果显示为:"鸡有23只,兔有12只。"程序和运行结果如图1所示。

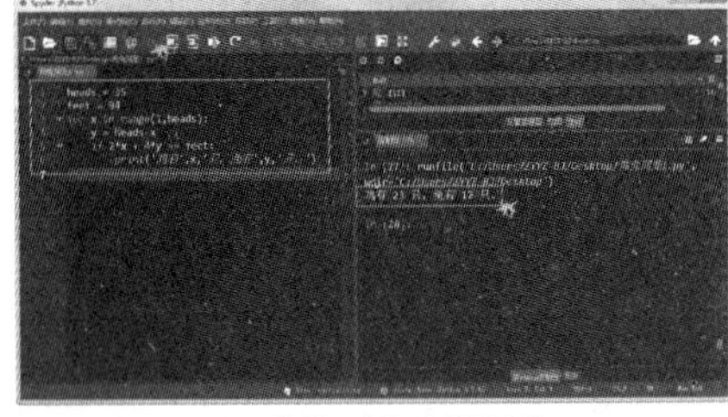

图1 求解"鸡兔同笼"问题

3. 升级版"鸡兔同笼"问题的Python编程求解

考虑到"鸡兔同笼"原题中所给出的总头数和总脚数是固定的35和94,因此最终的求解也是固定的"23只鸡、12只兔"。如果将题目进行"升级",鸡和兔的总头数与总脚数均由用户从键盘输入,仍然求鸡和兔的数目,应该如何编写程序代码呢?

首先使用标准输入函数input来接收用户从键盘上输入的信息,比如"heads = input('请输入鸡和兔的总头数:')"和"feet = input('请输入鸡和兔的总脚数:')"。但在此需要特别注意的是,Python的input函数接收到的输入数据是str字符串(虽然表面上看是数字),必须使用int来转换成整数型才能进行数学运算,所以应添加语句"heads = int(heads)"和"feet = int(feet)"。

接下来仍然使用range()函数进行for循环:"for x in range(0,(heads+1))"。为什么循环的参数是(0,(heads+1))呢?这里要充分考虑到用户所输入数据的计算结果,有可能会出现"只有鸡"或"只有兔"的情况。举例:用户输入的总头数是10、总脚数是20,运算结果就应该是"10只鸡、0只兔";或输入总头数是10、总脚数是40,运算结果则是"0只鸡、10只兔"。因为在计算机编程语言中,数字0总是被看作是最起始的值,Python的列表、字符串和元组等的元素均是从0开始进行索引的。不管是"0只鸡"还是"0只兔",在计算机看来,这都是"鸡兔同笼",只不过数目是0而已。另外,由于range()函数的两个参数是"左闭右开"型的区间,即第一个参数是被包括在内的,而第二个参数却是不包括在内的(只计算到它的前一个元素),所以,第二个参数应该设置为"heads+1",这样就能在循环时计算到它的前一个元素(即"heads"),也就是"0只兔"的情况("x=0"则是"0只鸡")。

循环体与之前类似,仍然是if条件判断"2*x + 4*y == feet"是否成立,成立的话则使用print输出结果,然后使用break语句跳出循环。因为不确定用户从键盘上输入的两个数据是否恰好为"有效解"——鸡和兔的数目必须是整数只,所以在循环体外应该再添加一个"if 2*x + 4*y != feet"判断语句,将这种无法进行整数结果计算的情况进行提示"输入的总头数和总脚数不合法"。没有该print语句的话,程序也能正常运行,但对于这种"意外"没有任何提示,程序缺少必要的友好性。

最后将程序保存为"鸡兔同笼2.py",运行几次进行测试。如图2所示,程序先后运行5次,前4次输入的总头数和总脚数分别为"35、94""10、20""10,40""30、110"四种合法数值,程序均输出了正确的计算结果;最后一次测试输入"8、100",结果提示"输入不合法"。

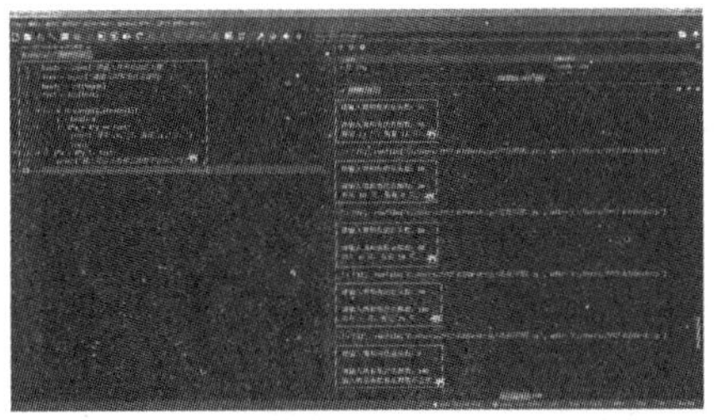

图2 求解升级版"鸡兔同笼"问题

二、解析"Fibonacci数列"问题

Fibonacci(音译为:斐波那契)数列又称"黄金分割数列",最早是由意大利数学家Fibonacci以兔子繁殖为例引入,因此又称"兔子数列"。其规则为:数列的第0项是0,第1项是第一个1,从第三项开始,每一项均等于前两项之和,即:0,1,1,2,3,5,8,13,21……

1. Fibonacci数列的数学解析

一般而言,兔子在出生两个月之后就会有繁殖能力,一对兔子每月能生出一对小兔子。假设兔子不死亡,一年之后会繁殖出多少对兔子?经分析后不难发现,成年兔子的对数符合这样的函数定义:

$F(0)=0, F(1)=1, F(n)=F(n-1)+F(n-2)(n\geqslant 2, n\in N)$

如何使用Python编程来求解这样的Fibonacci数列呢?

2. 常规的Python"递归"编程求解

"递归"即函数在运行过程中不断地直接或间接调用自身的一种算法,比如在Python中通过"def fib1(n):"来定义fib1()函数,其主体内容为"三分支"结构:前两种(if和elif)通过判断参数n是0还是1来分别对应Fibonacci数列的前两项0和1,二者均通过return语句来返回对应的数值。注意判断条件中的双等号的含义是"等于",一个等号是"赋值"运算。第三个分支(else)是"return fib1(n-1)+fib1(n-2)",意思是递归运算返回该项前两项值的和:$F(n)=F(n-1)+F(n-2)$。

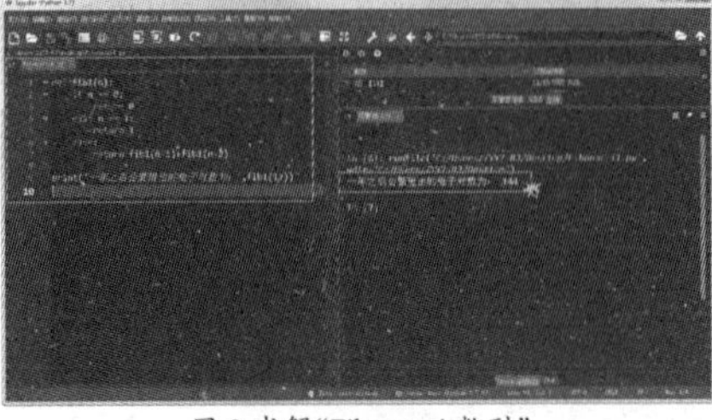

图3 求解"Fibonacci数列"

最后使用"print('一年之后会繁殖出的兔子对数为:',fib1(12))"来输出运算结果,其中的"fib(12)"作用是调用fib1()函数,参数为12(一年的月数)。保存程序为fibonacci1.py,运行后得到结果是144(如图3)。

3. "升级版"Python编程求解

Python支持多变量在一行语句中同时赋值的运算,比如"x,y=y,x",意思是x和y这两个变量的值进行"互换"。对于这种两个变量进行值互换的运算,其他编程语言几乎都是通过第三方变量"暂存"中间数据的方式来完成的,例如最初有"x=3"和"y=4"两个赋值语句,分别将3和4这两个数据给变量x和y;接着需要再通过三个赋值语句完成x和y数据的互换:"z=x""x=y"和"y=z",意思分别是"将x的值(3)给z""将y的值(4)给x"和"将z的值(3)给y",此时x的值变成4、y的值变成3。

如果使用Python的多变量同时赋值方法来编程,就可以通过"def fib2(n):"来定义fib2()函数。首先通过"a,b = 0,1"语句,实现变量a和b同时被分别赋值0和1,对应Fibonacci数列的前两项;接着使用for循环和range()函数"for i in range(n):",其循环体为"a,b = b,a+b",意思是将b的值给a、将a+b的值给b,实现之前使用递归算法完成的第三项及之后项的Fibonacci数列运算;for循环体结束后,通过"return a"语句将变量a的值返回;最后仍是通过print语句的"fib2(12)"来调用函数计算并输出,保存程序为fibonacci2.py,运行结果仍是144。程序和运行结果如图4所示。

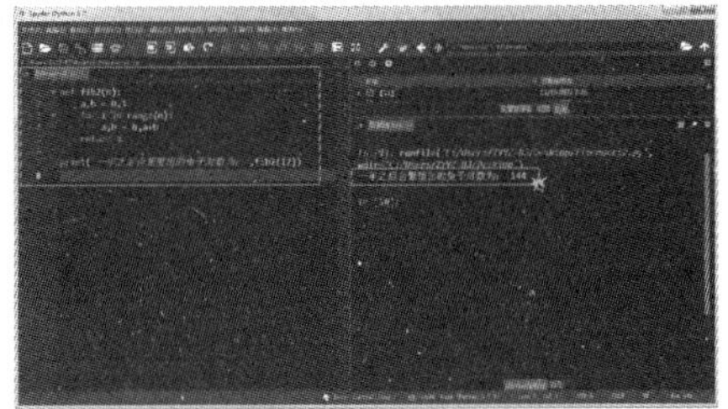

图4 求解升级版"Fibonacci数列"

4. 求Fibonacci数列任意项的Python编程

理论上讲,Fibonacci数列的值是无穷的,如何使用Python编程来实现输出Fibonacci数列的任意项呢?仍然可以先通过input函数来接收用户从键盘上输入的"要求",注意一定要使用int()函数将该字符串型数据转换为整数型数据;接着定义fib3()函数,内容与上面的fib2()完全相同,同样是返回a的值;然后使用print语句输出提示信息,再同样是通过for循环加range()函数,循环体内的"print(fib3(i),end=' ')"是调用fib3()函数,其中"end=' '"的作用是控制打印输出的各项Fibonacci数列值之间使用一个空格来分隔(默认是回车)。将程序保存为fibonacci3.py,运行测试,分别尝试输入10、20和50,程序就会根据要求输出Fibonacci数列的前10、20和50个数值。程序和运行结果如图5所示。

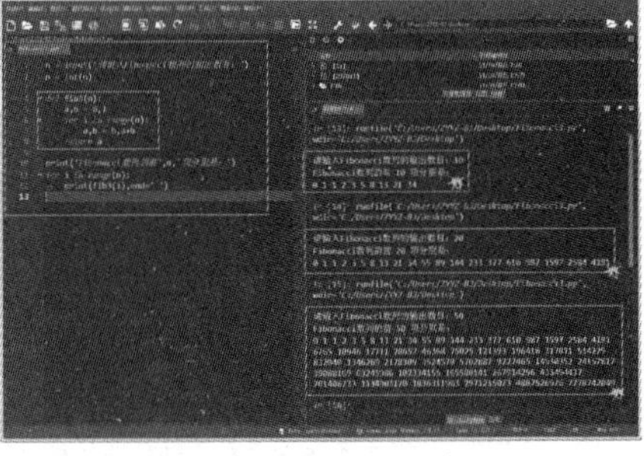

图5 求Fibonacci数列任意项

(未完待续)

◇山东省招远第一中学 牟晓东

PLC梯形图程序的步进图设计法(四)

(接上期本版)

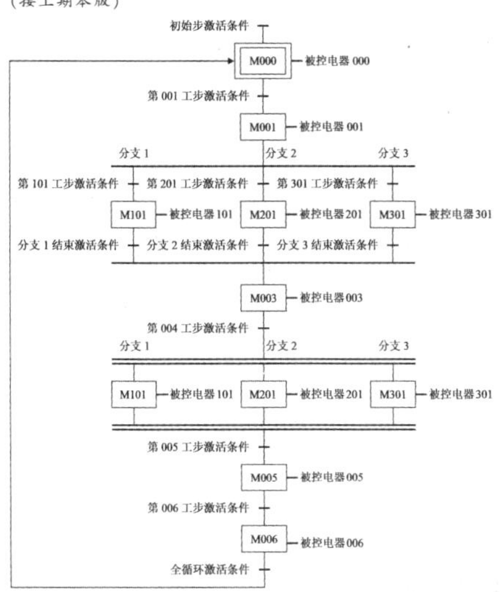

图 15 拼装出来的咖啡自动售卖机控制系统步进图模板

②由于全选结构步进图模板在图 15 中处于第 004 工步，因此，我们把全选部分的 M101、M201 和 M301 更改成 M401、M402 和 M403，相应的把全选部分的被控电器 101、被控电器 201 和被控电器 301 更改成被控电器 401、被控电器 402 和被控电器 403。

经过完善，咖啡自动售卖机控制系统步进图模板便完全画好了，参见图 16。

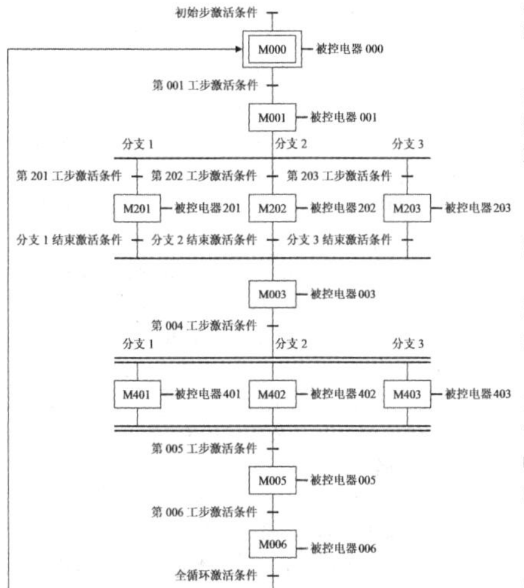

图 16 完善后的咖啡自动售卖机控制系统步进图模板

第三步：画出步进图。

有了步进图模板，接下来就可以画步进图了。

①明确各工步被控电器的种类，换句话说就是明确各工步分别控制哪些电器。

根据控制要求，得出各工步被控电器的种类如下：

被控电器 000—"请投入两个 1 元硬币"面板照明灯亮、投币门电磁铁得电、计数器通过光电开关对投币数量计数。

被控电器 001—"请选择加糖"面板照明灯亮、复位计数器。

被控电器 201—选择不加糖，故无被控电器。

被控电器 202—加糖电磁阀得电、加糖定时器 1 定时 1s(加一份糖)。

被控电器 203—加糖电磁阀得电、加糖定时器 2 定时 2s(加二份糖)。

被控电器 003—此步仅作为转换步，故无被控电器。

被控电器 401—加咖啡粉电磁阀得电、加咖啡粉定时器定时 1s。

被控电器 402—加牛奶电磁阀得电、加牛奶定时器定时 1s。

被控电器 403—加热水电磁阀得电、加热水定时器定时 3s。

被控电器 005—放咖啡电磁阀得电、放咖啡定时器定时 5s。

被控电器 006—"请取走您的咖啡"面板照明灯亮、蜂鸣器得电。

②确定各工步的激活条件。

结合控制要求分析各工步被控电器的种类，可以得出：

只有计数器计到设置的规定值 2 时，才允许从初始工步转入第 001 工步，因此转入第 001 工步的激活条件是计数器的动合触点闭合。

只有对加糖量进行了选择后，才允许从第 001 工步转入第 201 工步、第 202 工步和第 203 工步这 3 个工步中的某一个工步，因此，转入第 201 工步的激活条件是不加糖选择开关的动合触点闭合、转入第 202 工步的激活条件是加一份糖选择开关的动合触点闭合、转入第 203 工步的激活条件是加二份糖选择开关的动合触点闭合。

只有加糖完成后，才允许从第 201 工步、第 202 工步和第 203 工步这 3 个工步中的某一个工步转入第 003 工步，因此，分支 1 结束激活条件是不加糖选择开关的动断触点闭合、分支 2 结束激活条件是加糖定时器 1 的动合触点闭合、分支 3 结束激活条件是加糖定时器 2 的动合触点闭合。

第 003 工步仅是一个转换步，可利用其自身动合触点作为转入下一工步的激活条件，因此转入第 004 工步的激活条件是表示第 003 工步的中间存储器的动合触点闭合。

只有咖啡粉、牛奶、热水都投放完成后，才允许从第 004 工步转入第 005 工步，因此转入第 005 工步的激活条件是加咖啡粉定时器的动合触点、加牛奶定时器的动合触点和加热水定时器的动合触点这 3 个动合触点都已经闭合。

只有咖啡全部放进饮料杯里时，才允许从第 005 工步转入第 006 工步，因此转入第 006 工步的激活条件是放咖啡定时器的动合触点闭合。

只有饮料杯端走使压力开关闭合时，才允许从第 006 工步返回到初始工步，因此全循环激活条件是压力开关的动合触点闭合。另外，为了使开机后便进入初始工步，必须用 M8002 的动合触点闭合来作为进入初始工步的激活条件。

③确认主令电器和被控电器。

从各工步被控电器的种类以及激活条件中可以知道该控制系统中：

主令电器应该有 5 个—投币计数光电开关 GK，加糖选择开关 SB1(不加)、SB2(加一份)、SB3(加二份)，饮料杯压力开关 SB4。

被控电器应该有 10 个—投币门电磁铁 YA，"请投入两个 1 元硬币"面板照明灯 HL1，"请选择加糖"面板照明灯 HL2，"请取走您的咖啡"面板照明灯 HL3，加糖电磁阀 KM1，加咖啡粉电磁阀 KM2，加牛奶电磁阀 KM3，加热水电磁阀 KM4，放咖啡电磁阀 KM5，蜂鸣器 HA。

④分配 PLC 存储器。

把 GK、SB1、SB2、SB3、SB4 依次分配给 PLC 的输入存储器 X000～X004，把 YA、HL1、HL2、HL3、KM1、KM2、KM3、KM4、KM5、HA 依次分配给 PLC 的输出存储器 Y000～Y011，控制加糖 1、加糖 2、加咖啡粉、加牛奶、加热水、放咖啡时间使用的定时器则依次使用 T001～T006，计数器使用 C000。

分配的结果如表 1 所示。

表 1 咖啡自动售卖机 PLC 存储器分配表

名　　称	代号	PLC 中存储器
投币计数器光电开关	GK	X000
加糖选择开关（不加）	SB1	X001
加糖选择开关（加一份）	SB2	X002
加糖选择开关（加二份）	SB3	X003
饮料杯压力开关	SB4	X004
投币门电磁铁	YA	Y000
"请投入两个 1 元硬币"照明灯	HL1	Y001
"请选择加糖"照明灯	HL2	Y002
"请取走您的咖啡"照明灯	HL3	Y003
加糖电磁阀	KM1	Y004
加咖啡粉电磁阀	KM2	Y005
加牛奶电磁阀	KM3	Y006
加热水电磁阀	KM4	Y007
放咖啡电磁阀	KM5	Y010
蜂鸣器	HA	Y011
加糖定时器 1		T001
加糖定时器 2		T002
加咖啡粉定时器		T003
加牛奶定时器		T004
加热水定时器		T005
放咖啡定时器		T006
投币计数器		C000

⑤用相应"PLC 中存储器"编号代换各工步的被控电器和激活条件。

把各工步的被控电器种类与表 1 中"PLC 中存储器"进行对照，然后用相应"PLC 中存储器"编号代换图 16 中相应的被控电器。例如用 Y001、Y000 和由 X000 控制的 C000 代换被控电器 001。

把各工步的激活条件与表 1 中的"PLC 中存储器"进行对照，然后用相应"PLC 中存储器"编号代换图 16 中相应的激活条件。例如用 T003·T004·T005 代换第 005 工步激活条件。

到此，咖啡自动售卖机控制系统的步进图便完全画好了，如图 17 所示。

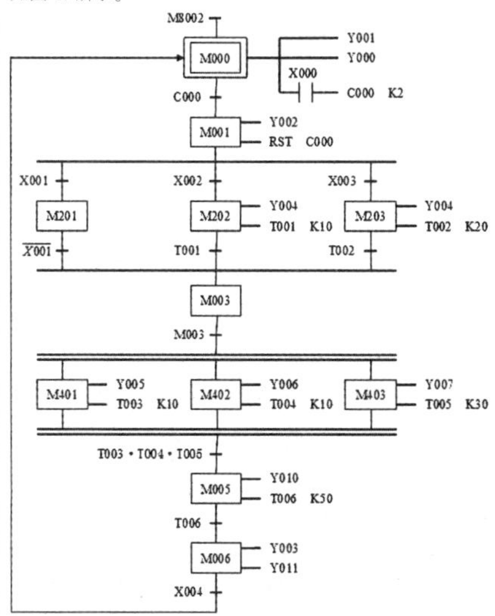

图 17 咖啡自动售卖机控制系统的步进图

(3)画梯形图

画出步进图后，把步进图转换成梯形图是比较简单的。

图 17 中，M000、M001、M003、M005、M006 这 5 个工步需按照图 5 所示的全循环结构的梯形图模板来画梯形图，M201、M202、M203 这 3 个工步需按照图 9 所示的单选结构的梯形图模板来画梯形图，M401、M402、M403 这 3 个工步需按照图 11 所示的全选结构的梯形图模板来画梯形图。完整的咖啡自动售卖机控制系统的梯形图程序如图 18 所示。

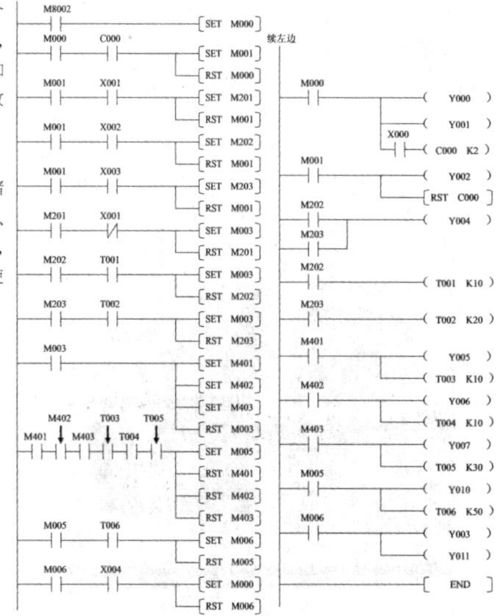

图 18 咖啡自动售卖机控制系统的梯形图程序

(全文完)

◇无锡华泰石精密电子有限公司 周秀明

预告

本版 48 期、49 期将刊登 PLC 专家周先生的另外两篇文章：《PLC 梯形图程序的经验设计法》和《PLC 梯形图程序的优化方法》。欢迎感兴趣的读者朋友继续关注。

Arduino 开源硬件编程初体验之"会呼吸的 LED 灯"

在"闪烁的 LED 灯"实验中，我们主要是在 Arduino IDE 中通过 digitalWrite()函数对 LED_BUILTIN 分别进行高、低电平的写入，从而实现了连接在 Arduino 主板 13 号引脚的微型 LED 灯的亮、灭闪烁效果。其实，Arduino 更为强势的功能都是通过连接外设来实现的，比如这次我们给它外接上一个明亮的 LED 灯，同样是通过 IDE 的代码编程和 Mind+图形化编程两种方式，来实现"呼吸灯"的效果——LED 灯的亮度均匀地从暗到亮、再从亮到暗……

1. 实验器材与电路连接

实验器材：Arduino UNO 主板一个，面包板一个，红色 LED 灯一支，红色和黑色公对公杜邦线各一根。

实现 LED 灯的"呼吸"效果，其实利用的是 PWM（Pulse Width Modulation：脉冲宽度调制），即通过对一系列脉冲的宽度进行调制来等效获得所需的波形。在 Arduino 主板的数字输入输出中，能够实现 PWM 的有③、⑤、⑥、⑨、⑩和⑪共 6 个引脚，它们均标注有"~"符号，我们以⑨号引脚为例。

首先将红色杜邦线一端插入⑨号引脚，另一端插入面包板；接着，将 LED 灯的长引脚（正极）与它相连，短引脚（负极）通过黑色杜邦线连接至 Arduino 主板的 GND 引脚（如图 1）。

最后，通过数据线将 Arduino 与计算机的 USB 接口连接好，准备开始编程。

2. Arduino IDE 代码编程实现 "会呼吸的 LED 灯"

运行 Arduino IDE，同样是调用集成的程序案例，依次执行"文件"－"示例"－"01.Basics"－"Fade"菜单命令，程序共分三部分：

第一部分是定义了三个整型变量，其中的 led 变量值为 9，因为 LED 灯连接在 Arduino 主板的⑨号引脚；brightness 变量的初始值为 0，它所存储的是 LED 灯的亮度值，0 表示不亮，最高亮度值是 255；fadeAmount 变量的初始值为 5，它所表示的是 LED 灯的亮度增强或衰减的"步长"，即每次亮度的变化值，值越大——LED 灯的"呼吸"频率越高，值越小——LED 灯的"呼吸"频率越低。

第二部分是只运行一次的 setup()函数，其中只有一个"pinMode(led,OUTPUT);"语句，作用是声明 Arduino 的⑨号引脚是作为输出模式。

第三部分是循环运行的 loop () 函数。首先是"analogWrite(led,brightness);"语句，模拟输出 analogWrite()的作用是将 PWM（模拟数值）输出至对应的引脚，即向⑨号引脚输出 LED 灯的亮度值；接着是"brightness=brightness+fadeAmount;"语句，作用是将亮度的增减值 fadeAmount"叠加"至亮度变量 brightness 中，每次的变化值均为 5；然后是一个 if 条件判断语句，其中的条件表达式为"brightness <= 0 || brightness >= 255"，作用是判断亮度值 brightness 是否"小于等于 0"或"大于等于 255"，条件成立，说明该值已经"越界"（因为 LED 灯的正常亮度值应该是介于 0 和 255 之间的），则执行"fadeAmount = -fadeAmount;"语句，作用是将 fadeAmount 变量的值"取反"，比如从 5 变为-5（下次循环就再从-5 变为 5），确保 LED 灯的亮度值是向 0 或 255 一个方向接近，实现"亮-暗-亮-暗"的呼吸效果；最后的"delay(30);"语句仍然是控制等待的延时，即每次"呼吸"结束后停顿 30 毫秒，同时这样也可以让 Arduino 在相邻两次高速循环间 "休息一下"，避免"死机"现象产生（如图 2）。

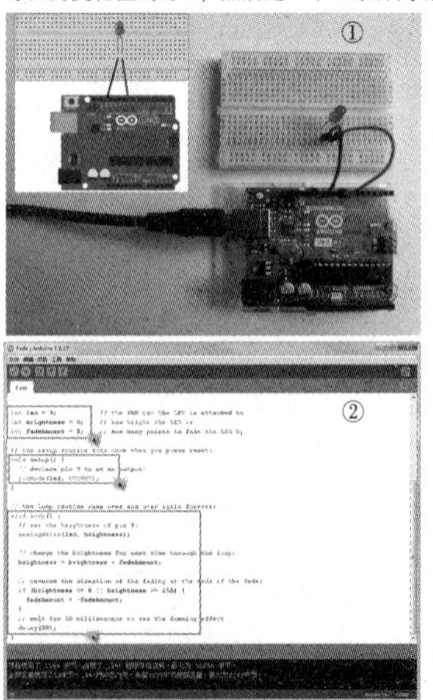

将程序编译并上传，就会看到连接在 Arduino 的红色 LED 灯开始"呼吸"起来，亮度值在 0 和 255 之间不断循环。此时，如果再返回至 IDE 的 Fade 程序进行修改，比如尝试将其中的 fadeAmount 变量由之前的 5 修改为 10 或者 2，将 delay()中的延时值由 30 修改为 10 或者 60，LED 灯的呼吸效果都会有所变化。

3. Mind+图形化编程实现"会呼吸的 LED 灯"

运行 Mind+，对照 Arduino IDE 的代码进行图形化编程：

首先建立名为"亮度"和"步长"的两个变量，初值分别为 0 和 5，对应代码编程中的 brightness 和 fadeAmount；然后在"循环执行"结构中通过"设置 PWM 引脚'9'输出'变量亮度'"积木模块，实现对 LED 灯的亮度信号发送和控制；通过"设置亮度的值为'变量亮度'+'变量步长'"积木模块，实现亮度值的均匀变化；"如果…那么执行…"积木模块对应代码编程中的 if 条件判断语句，其中的条件表达式仍是对亮度进行是否"越界"的判断，条件成立就将步长"乘以-1"进行"取反"；最后的"等待 0.03 秒"积木模块，对应代码编程中的"delay(30);"语句，注意二者的单位不同。

程序编写完毕后，点击"上传到设备"项，稍候就会在 Mind+界面的右下角出现有"上传成功"的提示；此时，与 Arduino 连接的 LED 灯就会出现"呼吸灯"的效果。同样，如果在程序中修改变量步长的值，还有等待的时间值，也可以让 LED 灯实现不同的呼吸效果，大家不妨一试。

◇山东省招远第一中学 牟晓东

USB Type-C 应用场景

USB 3.1（Type-C）运行速度高达 10 Gbps，支持 100W 充电，并且可以插入 Apple iPad 自己的 Lightning 连接器。据 USB-IF 贸易组织称，这是一个"20 年连接器"，它看起来像是一个真正的赢家。其中存在设计师面临的挑战：处理嵌入式设计中的信号完整性和速度问题；可容纳 100W 的功率，可以在任一方向流动！并将 Type-C 连接到上面列出的传统接口。近日，据 USB-IF 协会官网显示，Type-C 2.1 标准正式发布，新一代 Type-C 2.1 将支持最高 240W 的高功率输出。据了解，Type-C 2.1 标准主要是对 PD3.1 做的延伸，此前 PD3.1 协议发布，将原本 20V/5A 的供电输出提升至 48V/5A，输出功率由 100W 提升至 240W。新发布的 Type-C 2.1 标准，主要是针对 USB 线缆输出功率要求而制定的，Type-C 2.1 的线材将由主流的 SPR 线材换成支持 240W 高功率输出的 EPR 专用线材。

一、Typec 六口扩展器

硕盟 SM-T66 是一款 USB-C 扩展坞，您可以将含有 USB Type C 3.1 协议的电脑主机，通过此产品连接到具有 HDMI 的显示器、电视机或其他显示设备。产品可以接入硬盘、U 盘、鼠标和键盘等 USB 设备，产品可以接入有线以太网络。另外，此产品还可以给含有 PD 协议的 PD 充电器，通过 USB-C 接口给电脑主机充电。

除此之外，还支持含有 USB Type C 3.1 协议的智能手机和平板，及其他智能设备。

目前 PD3.1 协议支持 3A/5V/9V15V/20V、5A/20V/28V/36V/48V 宽功率输出范围，最高 240W 输出。Type-C 2.1 标准同样支持 240W 输出较前一代标准 100W 提升了 140%，可满足电脑超频 CPU 和高刷新率显示器等消费电子设备的供电需求。

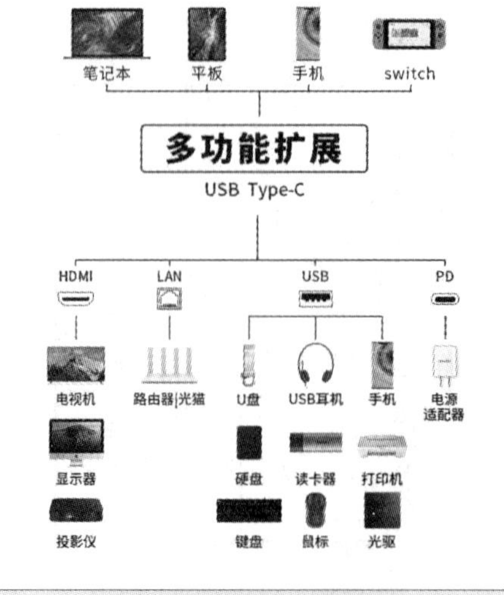

难以置信的是，PD3.1 协议 5A/48V 的供电参数与小型两轮电动车的充电参数一致，这也意味着电动车充电接口将有可能用上 Type-C 接口，使用支持 PD3.1 协议的 Type-C 充电器即可为电动车充电。Type-C 2.1 标准的发布有望早日实现电子设备供电接口的统一。

二、英飞凌 PD3.1 协议芯片

英飞凌功率半导体器件在快充领域也颇有研究，推出了一系列可满足 45W、65W、100W 功率输出的快充解决方案。英飞凌紧跟市场动向，于 PD3.1 协议发布后，发布了全球首款支持 PD3.1 协议的快充主控芯片，可与 Type-C 2.1 配套使用。

PMG1-S1 为全球首款支持 PD3.1 协议的快充主控芯片，最高输出为 5A/28V 140W。据官网显示该芯片内置 Arm Cortex-M0 处理器、256KB 可编程闪存和 12KB SRAM 高速缓存。通过 GPIO 接口可对芯片功能编程，还加入了 LDO 稳压器，抑制输入纹波噪声，CAPSense 智能传感算法，用于自动调谐，2x 7 位电流输出 IDAC 可配置为单个 8 位的 IDAC。英飞凌在 PMG1-S 中集成了过压/流保护、短路保护、逆流保护等多种保护机制保护电路。

◇四川省广元市高级职业中学校 兰虎

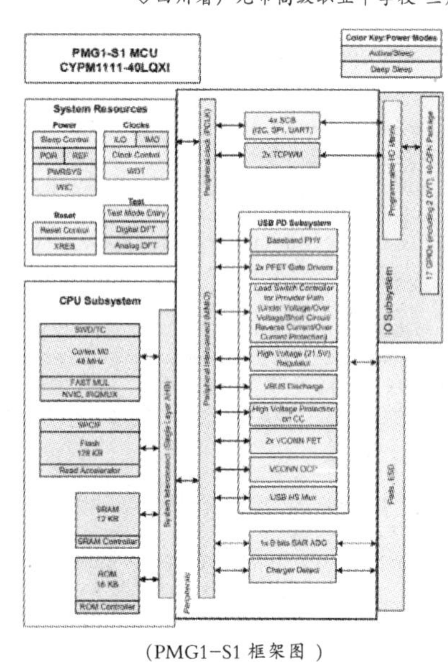

（PMG1-S1 框架图）

初哥电动车充电技术研究之二：

电动车铅酸电池专用充电器简介(二)

(接上期本版)

2. T型通用充电接口

为了避免混淆和出现歧义，我们先来一个约定，不管各家的接口如何变化，暂且不论公头还是母头，这里统一将充电器那边的充电线称为充电头，将电动车那边的充电接口称为充电口，不指定那边的统称为充电接口。

早期的电动车，以36V、48V两种规格为主，充电接口主要有圆形接口(圆口)和品字型接口(方口)两种，后来随着电池电压级别的提高，逐渐统一采用品字型接口，充电头和充电口都是品字型三竖的，其中中间一根柱是没有定义的，左右两根柱分别是正极和负极，极性是N+ L-。再后来出现分家，部分厂家将三竖品字型充电接口改为一横二竖(中横)充电接口(充电头和充电口同时改变了)，这样导致了三竖充电头的充电器无法在中横充电口的电动车上面使用，中横充电头的充电器也无法在三竖充电口的电动车上面使用。

充电器厂家只好向电源线厂家定制了一种T型充电头，不管充电口是三竖还是中横的，都可以通用，因此叫T型通用充电接口，目前这种充电接口仍然是主流，但故事还没有结束，后面越演越烈，接口越来越多。

3. 反接保护(空载0V安全无输出)

常规T型充电接口，极性是N+ L-(称为正接)，在充电头可以直接测量到充电器的空载电压。后来有些厂家又开始搞特殊化了，改成相反的N- L+极性，当时的充电器设计是没有极性接反保护(简称反接保护)功能的，一旦用错极性相反充电器，就会烧坏充电器，导致充电器返修率飙升。因此充电器厂家被迫给充电器增加了反接保护功能，人为用错极性相反的充电器，充电器无法工作，但不会烧坏。

反接保护功能主要是使用可控硅BT151以及相关元器件组成反接保护电路，不接入电池组时，充电头测量不到电压，因此称为0V安全无输出，新国标为了安全考虑，这种设计已经成为充电器的统一标准了。

有些厂家为了提高充电器的兼容性，推出了极性自动切换的的充电器，使得不管是正接还是反接的充电口，都可以正常充电，但基于成本考虑等原因，目前仍不多见。不过随着各家不断推出专用接口，品字型充电接口大有被淘汰之势。

曾经有部分厂家，为了解决当时因用错极性相反的充电器导致充电器烧坏的情况，为充电器定制了专门的外壳，外壳上面有一个小窗，维修人员可以打开小窗快速修理好烧坏的充电器(连通一根导线)，但对于普通用户来说，仍然没有多大作用，因为缺乏焊接工具，并且修理好之后，仍然没法在极性相反的电动车上面使用。可见，要做好一个充电器并非易事。

4. 过热保护

过热保护，是充电器的一个自我保护功能，并不是针对电池过热的保护功能，因为常规充电器无法获取电池的温度。这个功能，是在环境温度过高，或充电器风扇停转，散热不良等情况造成充电器内部功率元器件温度迅速升高时，由热敏电阻以及相关控制电路感知后，降低输出功率，或者关闭输出，从而避免充电器过热损坏。目前一般只有整车厂配套的高品质充电器才具有过热保护功能，市面上所售的充电器由于成本控制等原因，一般没有这个功能。而且即使有这个功能，但充电器的使用环境复杂多变，也未必能百分百起作用，廉价充电器配的散热风扇质量也好不到哪里去，因此充电器因过热烧坏的情况十分常见。

5. 自动断电(定时关机、定时保护)

在第一篇文章我们已经介绍过，常规充电器判断电池是否充满的唯一依据是转灯电流。在实际使用当中，电池过充鼓包的现象十分常见，且已经成为电池损坏报废的第一大表现。业界有一种说法，认为由于充电器转绿灯进入浮充涓流阶段后，小电流持续对电池进行充电导致过充鼓包，广大用户信以为真，甚至出现半夜起床拔充电器的情况。因此自动断电成了"高端"充电器的标志，不能自动断电的充电器卖不动，于是各家都纷纷推出自动断电的充电器。

这种定时关机、自动断电的充电器，更先进更安全了，它的主要表现就是，充电进入浮充阶段转绿灯后，若干小时，充电器就自动关机了，指示灯也熄灭了。由于程序控制各个厂家都保密，其具体的定时保护机制还不得而知。不过我们认为这个功能并未能从源头上解决电池过充的问题，对于电池一旦出现热失控，其定时功能是否能及时百分百起作用，目前还没有定论，其定时机制如果能够强制起作用，对于减少电池过充鼓包，以及减少充电安全事故还是很有帮忙的。如果其定时机制不够完善，往往会出现两种情况，第一就是电池仍然过充鼓包，定时起不到应有的作用，第二就是电池不鼓包的概率少了，但电池不耐用的情况仍然不少，其表现就是电池外观完好，但电池却失效了，这是定时保护在电池热失控尚未鼓包时及时起了作用导致的。这个我们以后会有专门文章再作探讨。

6. 温度补偿

铅酸电池受季节、环境温度影响比较明显，夏天气温高，电解液活性增强，可能会导致电池热失控而鼓包报废，冬天气温低，电解液活性减弱，电化学反应不充分，会导致电池存放电能力下降，强行充电有可能损坏电池。充电控制就相当于煮饭时水和火候要掌握得好，否则很容易烧煳了，因此冬夏两季是电池损坏的高发季节，这是铅酸电池的一个特性和硬伤。铅酸电池的理想使用温度为25℃，常规充电器最高充电电压值就是按照25℃的理想状态来设定的，出厂后无法修改这个值。温度补偿功能，是指当气温较高时，需要降低这个最高充电电压值，避免充坏电池，而当气温较低时，需要升高这个最高充电电压值，以提高电解液的活性，提升电池的储存电量的能力。

常规充电器是没有这个温度补偿功能的，一来会增加成本和设计难度，二来实际实施很难掌握，厂家干脆不要这个功能了。冬天电池续航缩短，等来年气温回升又会恢复正常里程的，跟汽车在寒冷的冬天打火启动困难，是一样的道理的。

根据我们的实践，夏天甚至是全年都降低最高充电电压是有好处的，而冬天由于低温电池放电能力大为减弱，因此即使强充电，也放不出多少电量，所以这个温度补偿功能在冬天并没有多大意义，低温环境下提高最高充电电压甚至有可能导致电池损坏，得不偿失。

7. 脉冲修复

脉冲充电分为：负脉冲、正脉冲、正负脉冲。1967年美国人麦斯(J.A.Mas)研究公布，用脉冲电流充电，充电间歇时对电池放电。放电有利于消除极化、降低电解液温度、提高极板接受电荷的能力。

常规充电器基本上是没有脉冲功能的，由于脉冲功能的实现对充电器的设计要求较高，而且会增加成本，因此大多数只是一定宣传手法而已。

脉冲修复一直是充电器厂家和广大用户在不断实践研究的课题，普遍认为，使用脉冲充电器可以修复容量衰减的铅酸电池，一定程度上恢复电池容量。这方面估计电池厂家有相关技术，但不愿意透露。根据我们的实践研究，单纯利用脉冲充电，对于恢复电池容量，并没有发现明显的效果，希望有经验的同行分享成果。

四、电动车电池、充电器常见问题解答

1. 新电池是否需要激活?

答：关于电池激活的说法，估计是从手机行业传过来的。其实铅酸电池没有我们想象中的那么脆弱，铅酸电池的激活是生产制造环节的事情，如果电池到了用户手上还需要进行深充深放激活，那岂不是很麻烦?万一激活失败呢?如果出厂前没有完全激活，又怎样检测电池的容量是否达标呢?因此不存在激活的说法。不过电池在生产流通环节，从出厂到装车的时间有可能比较长，本来出厂是满电的，由于存放时自放电，因此首先装车时需要补充电，这个倒是有可能的。

2. 充电时，充电器究竟先插哪一端，充电结束后，究竟先拔哪一端?

答：使用充电器时，究竟先插直流端(电池端)还是交流端，这个没有严格的规定。同样地，充电器也没有我们想象中的那么脆弱，如果因为连接顺序搞错而损坏，那么估计厂家都得倒闭。不过由于充电器成本控制，我们会发现接通交流电瞬间，高品质的充电器没有插头打火的现象，而市面上买到的充电器，大多数有打火的现象。从电气安全的角度出发，我们应该遵循在断开高电压(交流端)的情况下，再操作低电压(直流端)的原则，比较稳妥，也就是说，充电时，先插充电口再插交流电，充电结束后，先拔交流电，再拔充电头。

3. 充电器为什么不像控制器那样内置到整车当中?厂家为什么禁止充电器随车携带?

答：充电器是将交流电转换成直流电，而控制器不存在交直流转换的情况，因此充电器对工作环境的要求更高，工作时间更长，其故障率也比控制器高。控制器为被动散热，充电器为主动散热，充电器对散热要求更高，如果充电器要做成控制器那样密封防水抗震，同时又要满足散热要求，那么成本会提高很多，实施难度也大，安全性也很难得到保障，加上其体积也比控制器大，除了占用空间外，一旦损坏需要专业人士才能检修，用户无法自行直接更换，因此充电器不适合内置到整车当中。

由于充电器大部分使用单层电路板，其强度没双层电路板高，再加上变压器较重，还有两个大电容，长期随车携带颠簸震动，会导致元器件虚焊甚至脱落，充电器出现故障的情况。如果确实要随车携带，建议采用泡沫包裹一下，提高抗震能力。

另外，很多用户充电后在收纳充电器时，有卷线的习惯，我们不建议卷线，次数多了，电源线内部就会断裂，充电器无法充电。

4. 铅酸电池是否有记忆效应，随用随充好还是电量差不多用完再充比较好?

答：上面已经提到，铅酸电池没有我们想象的那么脆弱，铅酸电池常见的容量衰减失效起因主要有三大方面，一是正常生命周期(循环充放电次数累积逐渐失水失效)，二是亏电后没有及时充电导致硫化失效，三是充满电后长期不使用，电池自放电后亏电硫化失效。随用随充(又叫浅充浅放，指的是不管电池电量是否用完，每使用一次或数次后就充一次电)好，还是电量差不多用完(又叫深充深放)再充电好，这个并不是影响电池寿命的关键因素，由于电动车续航里程有限，为了保证有足够的电量，大部分用户都是习惯一天一充或数天一充，浅充浅放、深充深放的频率都相当。根据我们的实践，不管你采用哪种充电习惯，当电量差不多用完或者已经用完后，最好能在24小时内充上电。如果充满电后存放，7天左右应该补充一次电，存放超过15天最好能骑行一次，充一次电。电池不使用比使用坏得更快，更难维护保养。存放期间不建议开启防盗报警器，最好关闭空气开关，切断总电源。

5. 三阶段充电器好还是更多阶段的充电器好?

答：多阶段其实也是三阶段的延伸，作为一个产品，我们建议还是中规中矩比较好，控制越复杂，不可预料的因素越多。把三阶段研究利用好已经很不简单了。电动车充电器不会采集每一只电池的数据，可以说是盲充瞎灌的，电池的检测维护修复必须采集到每一只电池的真实数据，脱离了这个事实基础谈维护保养修复是站不住脚的。

6. 为什么电池要设计成串联后整组充电而不是给每只电池单独充电?

答：给每只电池单独充电，确实是保证电池正常寿命的好办法，只是每只电池都需要引出充电口，导线较多，加上安装使用也复杂，目前，有些动手能力强的有识之士就是采用这种方式来延长电池寿命，效果还是看得见的。

例如一组60V电池组，有5只12V电池，则需要配备5个充电器和5个充电口，即使将5个充电器整合到一起，使用一个多芯充电口连接5只电池，体积也比较大，而且造价贵，显然为厂家和广大用户所不能接受，并且万一坏了某个充电器，一般用户也未必能及时发现。没有采取这种充电方式，主要还是不方便。

7. 充电器的参数是如何检测的，生产维修检测过程中是否需要为每一个型号的充电器配备相同型号的电池组来测试?

答：充电器的工作状况以及各项参数的检测有专门的充电器检测仪，其使用的是电子负载(可以理解成模拟电池组)，通过电位器可以调节电子负载的大小，因此一个电子负载即可检测各种型号规格的充电器。充电器检测仪可以快速准确实时采集到充电器各项参数的数据，无需像实际充电那样需要漫长的等待。

充电器在生产制造时有一个老化检测环节，这个老化并不是设备陈旧老化那个老化，指的是让充电器满负载连续工作若干小时(一般为48小时)，能通过老化检测环节且没有出现故障的为合格产品，不能通过老化检测环节的为不合格产品，这个过程使用的仍然是电子负载，不需要使用电池组。不过在研发验证阶段，电子负载和真实的电池组都会用到。

(未完待续)

◇广州 钟伟初

OPPO Watch2 拆解

OPPO Watch 2 采用了业界领先的UDDE 双擎混动技术，有蓝牙版和 eSIM 版，和 42mm 和 46mm 两个尺寸，本文拆解的设备是 42mm 的 eSIM 版。

拆解

第一步

先取下氟橡胶材质的表带，按下表带卡扣按钮便可轻松取下表带。

第二步

先卸下固定表带的卡扣式结构，再分离后盖与内支撑。

后盖是由胶固定，所以使用热风枪加热后盖，用撬片缓慢打开。心率传感器软板连接主板 BTB 接口处、以及按键排线都设有金属盖板保护。

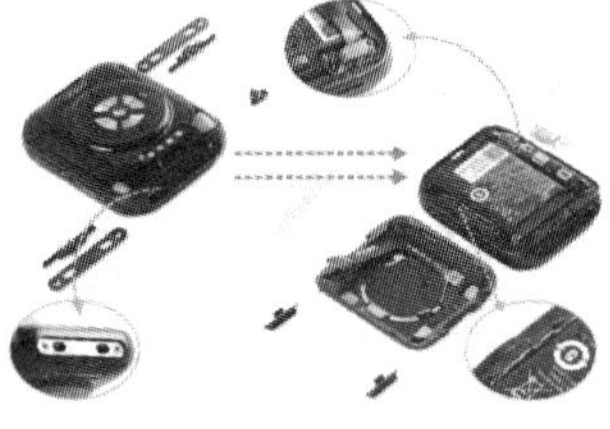

第三步

将后端盖上的心率传感器取下。

在心率传感器软板上有一层金属盖板。依次分离金属盖板和传感器软板，在传感器背面有泡棉，底壳上还有两块磁铁。

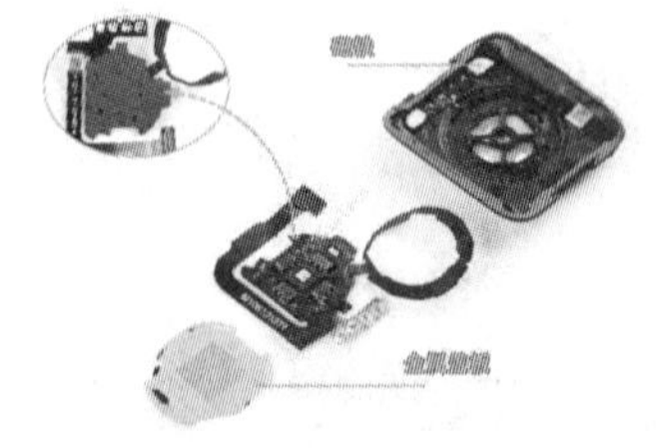

第四步

取下电池、主板以及内支撑上的器件。

先取下电池，电池通过双面胶固定在主板上。可以注意到主板上 BTB 接口都通过金属盖板保护。

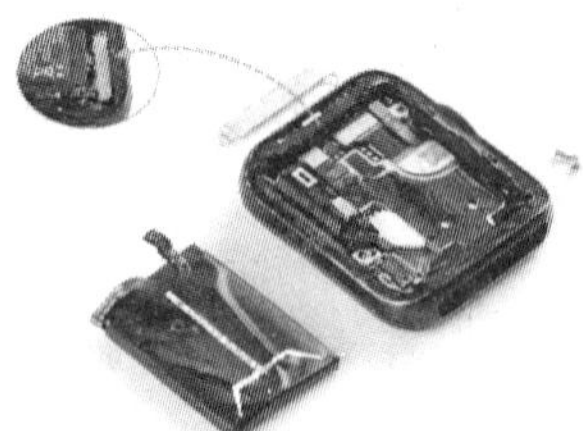

再取下主板，主板正面贴有泡棉，背面贴有铜箔，起到散热和保护作用。

最后是按键软板和扬声器，两者都通过金属盖板固定。扬声器和气压传感器上都套有硅胶圈起防水作用。

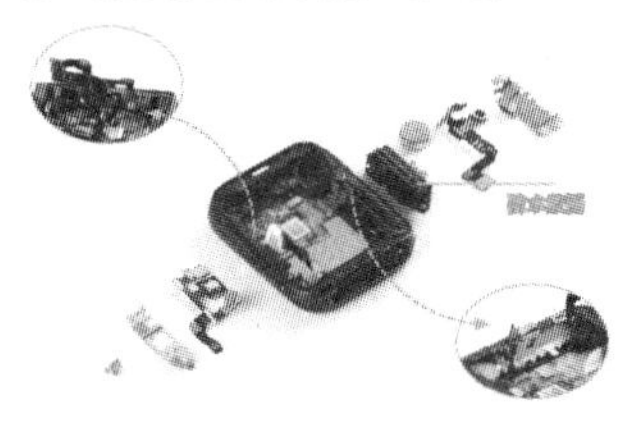

第五步

分离屏幕。

使用加热台加热分离屏幕。屏幕与内支撑通过胶固定。屏幕是采用维信诺 1.75 英寸 430×372 分辨率的 AMOLED 屏幕，型号为 G1174TQ101GF。

总结

OPPO Watch 2 拆解难度中等，可还原性强。整机共采用 13 颗螺丝固定，整机所有 BTB 接口、侧键软板，扬声器模块通过金属盖板进行固定保护。因为支持 5ATM 级防水，所以在扬声器模块和气压传感器上都套有硅胶圈用于防水；主板上散热主要由铜箔进行散热。

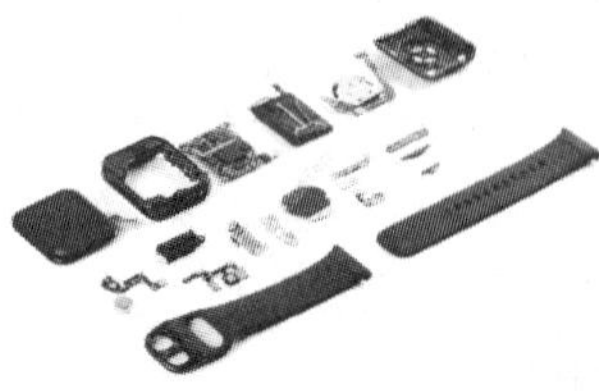

分析

前面说到 OPPO Watch 2 是通过旗舰算力平台高通骁龙 Wear 4100 以及与 Ambiq 联合研发的 Apollo4s 芯片的协同合作，智能切换 Android 与 RTOS 双系统，合理优化续航时间。文末我们就来看看它的主板上有哪些芯片吧。

主板正面主要 IC

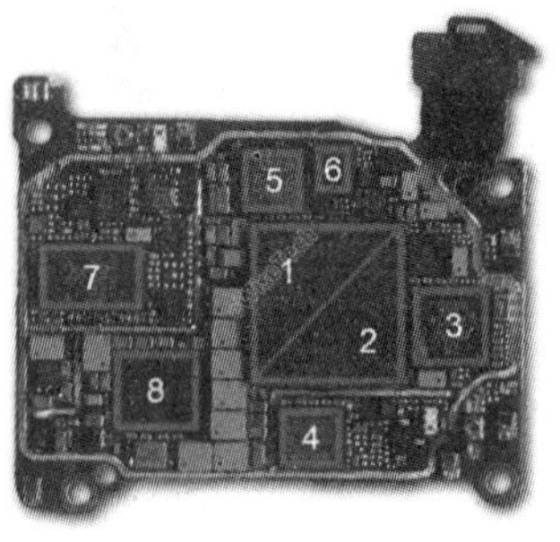

1. Kingston-1GB RAM+8GB ROM；
2. Qualcomm-SDM429W-高通骁龙 Wear4100 芯片；
3. Ambiq Micro -AMA3B1KK -KBR-微控制器芯片；
4. AIROHA-导航+闪存芯片；
5. NXP-NFC 控制芯片；
6. STMicroelectronics-加速度传感器+陀螺仪芯片；
7. Skyworks-功率放大器芯片；
8. Qualcomm-电源管理芯片；

主板背面主要 IC

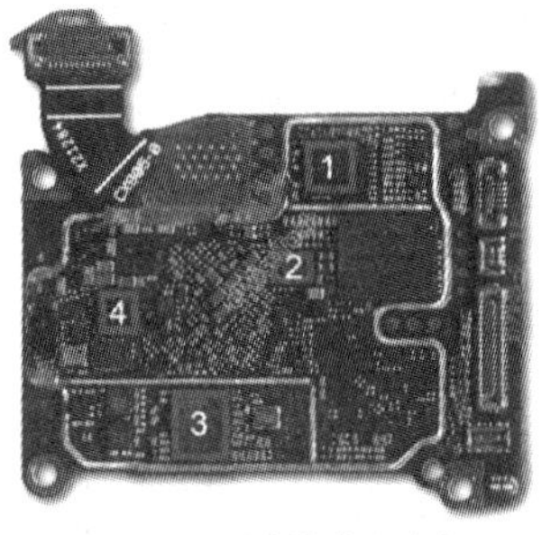

1.Qualcomm-射频收发芯片；
2.NXP-音频芯片；
3.Broadcom-WiFi/BT 芯片；
4.STMicroelectronics-eSIM 芯片；

（拆解内容来自 eWisetech）

PS：OPPO Watch 2 发布于 2021 年 7 月，搭载了高通骁龙 Wear 4100 高性能处理器和 OPPO 与 Ambiq 联合研发的 Apollo4s 低功耗运动表芯片，以及全新的 ColorOS Watch 2.0，其中包含了安卓和 RTOS 两套系统。OPPO Watch 2 采用的 UDDE 双擎混动技术正是利用了这两颗芯片以及两套系统的混动实现了续航的提升。

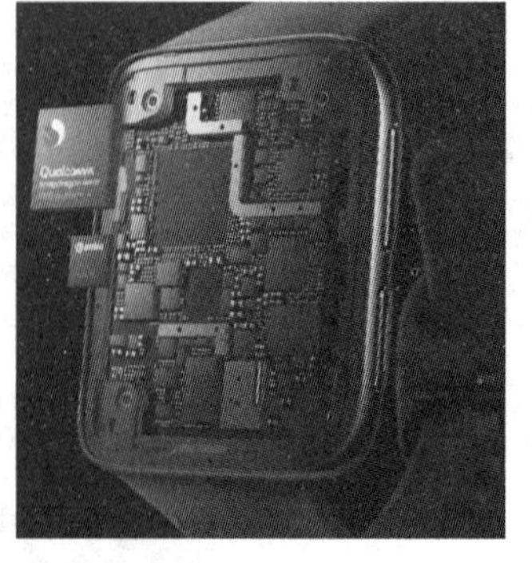

其实在上代产品 OPPO Watch 中就搭载了两颗芯片，但是它们是单独工作的，UDDE 双擎混动技术打破了他们之间的隔阂，让这两颗芯片不再单独工作，而是协同工作。通过 UDDE 双擎混动技术，OPPO Watch 2 在全智能模式下针对不同的应用场景，就可以智能调用安卓和 RTOS 系统以及这两颗芯片，实现无感的切换，从而实现续航的提升。

举个例子，OPPO Watch 2 所采用的 UDDE 双擎混动技术，就好比如“混动汽车”，会根据车辆行驶的道路，蓄电池电池电量等，智能提供动力方案，达到最佳的行驶体验以及省油的效果。再详细点说，在全智能模式下，在待机抬手亮屏、查看时间等场景时，会调用低功耗的 RTOS 系统；当 OPPO Watch 2 使用微信（儿童手表版）、QQ、地图等安卓应用时，手表会切换到高性能的安卓系统。

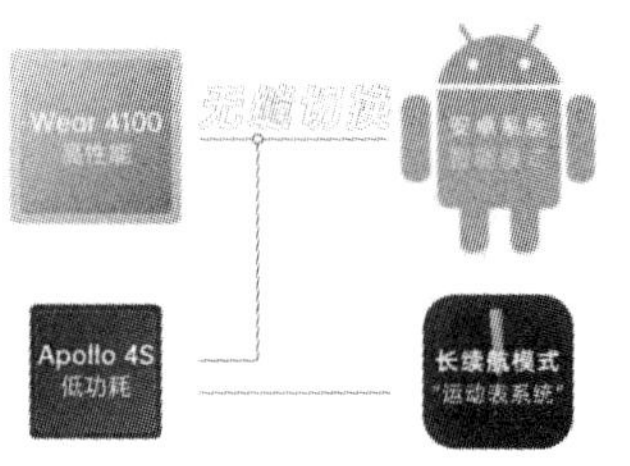

这种无缝的场景切换，最大化地利用了 OPPO Watch 2 硬件优势，带来了明显的续航提升。在 UDDE 双擎混动技术的加持下，OPPO Watch 2 全智能模式可达 4 天的续航表现，这是安卓智能手表续航前所未有的突破。

当然，即使不便使用全智能模式，OPPO Watch 2 还提供了一个轻智能模式，得益于 Apollo4s 性能的提升，OPPO Watch 2 依然可以实现运动、心率监测、睡眠监测等基础的功能，日常使用也完全足够。在轻智能模式下 OPPO Watch 2 的续航更持久，最高可达 16 天的续航表现。

除出色的续航表现之外，OPPO Watch 2 还配备 WatchVOOC 闪充，充电 10 分钟就能使用一整天，带来更出色的续航体验。同时，也带来诸多特色功能，如电竞模式、AI 穿搭表盘 2.0、专业睡眠监测+鼾症风险评估等一系列的个性化功能和健康守护功能。

总的来说，在 UDDE 双擎混动技术的加持下，OPPO Watch 2 带来的全智能以及长续航能力，其续航表现也是自身最大的优势，同时还有电竞模式、AI 穿搭表盘 2.0 等特色功能带来出色的使用体验，在同类产品中竞争力十足，OPPO Watch 2 是款值得考虑的电子产品，近期想入手智能手表的朋友不妨了解一下，目前 OPPO Watch 2 价格为 1299 元起。

基于 Mega2560 单片机的车内滞留儿童安全监测系统设计(一)

摘要:近年来伴随着经济社会发展及汽车行业的迅猛发展,我家庭国汽车持有量逐年增高。汽车带给我们便利的同时也会产生一些危害,其中最受关注的问题就是车内滞留儿童窒息死亡。为此针对此类事件设计了车内滞留儿童检测系统,由信息采集装置,核心控制电路和执行装置三部分组成。主板采用了 Mega2560 主控板,LCD12864 显示屏, 运用 linkboy 的 G 语言图形化编程, 实现车内滞留儿童及车内环境的实时监测与预警及一定的自救,以帮助避免车内儿童滞留意外安全隐患的发生。

关键词:Mega2560 核心板;esp8266;G 语言; 图形化编程;物联网

1 引言

随着汽车行业的迅猛发展,与之相关的事故报道也越来越多,经常有小孩甚至大人因滞留在车内而窒息死亡的事件发生,尤其在冬夏两季,有些车主开着空调暖气或者冷气在车内休息, 结果发生车内一氧化碳中毒或者窒息死亡的事故。尤其在每年夏季,时有发生儿童滞留车内导致窒息死亡的事件,惨痛事件频频发生,而同时相关应急措施的缺乏,已成为影响公共安全的一个焦点问题。驾驶人员越来越多,与此同时大多数家长对安全意识的缺失会导致每年有相当多的儿童因被父母无意间滞留车类而导致死亡。

本文在以对基于互联网+设计应用, 智能电子系统在羊肚菌种植管理中的应用, 国产 STC 单片机的双语言编程研究,对参考作者罗睿南的防车内滞留儿童报警系统设计与作者张永生等对于基于 STM32F103 的车载儿童防滞留报警系统的研究基础上, 以 Mega2560 核心板作为主控系统, 采用 esp8266 进行物联网通信,采用 G 语言编程,设计出车内滞留儿童安全监测系统。

2 背景分析

近几年来伴随着经济发展, 我国汽车行业的迅猛发展,现阶段我国购买汽车的人数不断增多,我国汽车持有量逐年增高。据统计,2021 年底我国共有 2.81 亿辆汽车,汽车驾驶员 4.4 亿人。庞大的汽车数量和驾驶人群意味着汽车已经深入到千家万户的生活,已经成为人们常用的代步工具,但是随之而来的不仅仅是带给生活的便利,也有各种与之相关的事故,最受关注的问题之一就是车内滞留儿童窒息死亡。

这种现象的产生大都分为四大类:(1)对危险认识不足,安全意识缺乏是主因。(2)下车时"忘了"孩子还在车上,粗心大意的日常习惯所致。(3)一个人开车带着孩子去办自己的事,遇到意外因素而忽略了孩子的安全。(4)孩子的好奇心,家长可能将车钥匙交给孩子玩耍, 却不幸孩子将车门锁上。由于长时间锁车不良气体在封闭空间增加,长时间缺氧和有害气体导致儿童窒息而死;车内温度过高,导致儿童在高温密闭环境下脱水窒息, 甚至车内易燃物品燃烧而引发火灾、烟雾,使儿童被困死亡。而路过的行人不一定能注意到车内的孩子,从而无法实施自救而错过最佳施救机会。

研究表明,当气温达到 35℃时,阳光照射 15 分钟,封闭车厢里温度就能升至 65℃,在这样的环境里待上半个小时就能致命;在阳光直射下,密闭车厢里的温度可在一小时内上升约 20℃, 因此即便车内最初温度是 26℃10 分钟后也会超过 40℃,在这样的高温下,儿童体温上升,体内水分散失的速度远比成年人块, 他们的呼吸系统和耐热能力远不如成年人,因此很可能发生"热散病",即因体内热量过度积蓄而引发神经器官受损,直至死亡,如图 1。

外部温度	车内温度			
	5分钟	10分钟	30分钟	60分钟
20°	24°	27°	36°	[illegible]
22°	26°	29°	38°	[illegible]
24°	28°	31°	40°	[illegible]
26°	30°	33°	42°	[illegible]
28°	32°	35°	44°	[illegible]
30°	34°	37°	[illegible]	[illegible]
32°	36°	39°	[illegible]	[illegible]
34°	38°	41°	[illegible]	[illegible]
36°	40°	43°	[illegible]	[illegible]
38°	42°	45°	[illegible]	[illegible]
40°	44°	[illegible]	[illegible]	[illegible]

①

近几年来,儿童在车内出现中暑窒息的人身意外伤亡事件频见报道。其主要原因是由于窗门紧闭,车内的温度逐渐升高,氧气浓度减少、二氧化碳、一氧化碳、甲醛等有害气体浓度上升,很可能导致白血病、哮喘,更严重的情况就是致伤致死。由于目前,汽车人身安全防护装置都是采用安全气囊,安全带等防护装置以及采用防追尾报警装置,而这些报警防护装置都是针对行驶过程中的车辆,为防止发生人身安全事故未进行的安全防护措施,但对于车辆驻停后驻留车内的儿童没有相应防护措施, 这就成了乘车儿童人身安全的隐患。当车辆驻停后,儿童一旦长时间滞留在封闭的车内,随着车内温度的升高和有害气体的增加,极易发生儿童人身安全事故。因儿童不具备一定的自救能力,无法进行自救措施,因此我们设计了这款车内滞留儿童报警及救援安全系统。

针对以上问题,设计制作了能够识别座椅上儿童还是货物,不易被外界触发而误报警,带有自救功能的报警系统。且本产品功能齐全,性价比高,适用于广大一般用户。

3 系统设计

该系统主要由信息采集装置,核心控制电路和执行装置三部分组成。其中,信息采集装置包括温度检测传感器,湿度检测传感器,声音检测传感器,人体移动传感器。每个检测传感器均与单片机相连。核心控制电路中采用单片机作为该安全系统的核心控制器,单片机用来协调和处理与之连接的各个单元电路及电路信息。执行装置包括自动远近程报警模块和相应的应急救援模块。一旦关闭发动机且关锁车门,该系统就会自动启动。利用移动目标传感器和压力传感器可以判断车内是否有儿童存在,利用温度、湿度、空气质量、火焰、烟雾检测传感器检验车内相关数据是否超标, 若某一项超标,则会启动报警系统。

在信息采集装置和执行装置都涉及了不同类型的传感器模块。信息采集中每个模块都与单片机相连。核心控制电路中包括选用的合适单片机及其分别连接信息采集装置和执行装置的外围电路。利用汽车行驶时充好了的锂电池作为电源, 该控制器对儿童滞留车内危险环境条件进行重复判断,当满足其中条件中的任意一项,立即触发后续执行装置进行相应远近程报警和救援的功能。

在执行装置中涉及到蜂鸣器和 ESP8266WiFi 模块,在锂电子充电电池为执行装置供电的情况下,当执行装置收到单片机传来的电信号后,执行装置各模块立刻工作。进行蜂鸣器响起,灯光闪烁对车辆附近路过人员进行提醒。同时,使单片机模块正常通信,并利用 ESP8266WiFi 模块将自动将报警信息通过物联网方式传送到监护人手上。然后,通风系统装置系统启动,促使车内外温度平衡,防止儿童由于车内温度或氧气问题的闷热而窒息死亡。整套执行装置包括远近程报警和应急救援环节,为保障儿童被反锁在车内时的生命安全提供"双保险"。

系统总体架构图如图 2 所示,包括数据采集、分级预警两大模块。采集模块包括压力检测、声音检测、火焰检测、烟雾检测、温湿度检测、人体移动监测、空气质量监测。当汽车停车及车门关闭后,压力感受传感器和移动目标传感器进行监测,并将监测所得的信息传送至控制单元主控板,若测得车内有人的话,则气体浓度传感器进行监测并将监测所得的信息传送至主控,而温度传感器则对汽车内的温度信息进行监测并将监测所得的信息传送至主控。控制单元根据各种传感器的数据进行判断,当达到设定的报警条件时,触发车内报警系统并立即进行现场报警,同时将报警信息远程发送到车主手机 App,车主确认收到信息后报警系统关闭。主控系统接收所有传感器传输来的数据并处理, 判断人体是否存在,温度是否过高,烟雾浓度是否过高,是否有火焰产生,并将分析后的数据发送到车主手机上或电脑上。

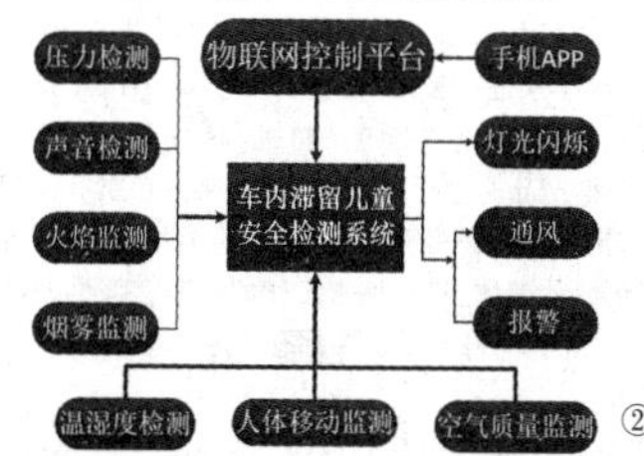

②

4 硬件系统设计

4.1 Mega2560 核心板

系统主控采用 Mega2560 是采用 USB 接口的核心电路板,如图 3 所示,具有 54 路数字电路输入输出,适合需要大

③

量 IO 接口的设计,处理器核心是 ATmega2560,同时具有 51 路数字电路输入输出口 9 其中 15 瑞数字电路可作为 PWM 输出),15 路模拟输入,4 路 UART 接口,1 个 16MHz 晶体振荡器,一个 USB 口,一个电源插座,一个 ICSP header 和一个复位按钮。

4.2 环境监测系统

温度采集采用高灵敏度温度传感器 DHT11 温湿度传感器加上防水装置,如图 4 所示。将所处位置的环境温湿度实时感应,并转换成相应的电信号,通过传输线送到单片机控制系统相应的温湿度接口。

④

4.3 火灾监测系统

系统采用了火焰传感器和烟雾传感器,系统可以实时检测有无火灾的发生当系统检测火焰和烟雾时候就会自动报警,并发送给物联网平台,并发送到用户的手机端或电脑端。

(1)火焰传感器:系统采用专门检测火源的传感器,如图 5 所示,该传感器对火焰非常的灵敏。它利用红外线对火焰非常敏感的特点,使用特制的红外线接收管来监测火焰,然后把火焰的亮度转化为高低变化的电平信号, 输入到单片机中,单片机根据信号的变化做出相应的程序处理。

⑤

(2)烟雾传感器:如图 6 所示,烟雾传感器通过监测烟雾的浓度来实现火灾防范。其内部采用离子式烟雾传感,被广泛用于各种消防报警系统中,性能远优于气敏电阻类的火灾报警器。

⑥

4.4 人体监测系统

系统采用了人体移动检测器和称重传感器,检测是否有人移动。如果检测到车内有人,就可以通过物联网将有人的信息上传至手机 App 并控制相应的指令。

(1)人体移动检测器:如图 7 所示,采用人体移动检测器,它体积小功耗低,可在烟雾、粉尘、水汽、化学气氛以及高、低温等恶劣环境下工作安装架构简便,性能稳定可靠。

(2)称重传感器:如图 8 所示,系统采用称重传感器,检测座椅上是否有人存在。输入电路可配置为提供桥压的电桥式(如压力、称重)传感器模式,具有高精度,低成本。它是一种将质量信号转变为可测量的电信号输出的装置。

(3)声音传感器:如图 9 所示,系统采用声音传感器可以检测到一定的声响,以便于系统确定车上是否有人。声音传感器相当于一个话筒(麦克风),它用来接收声波,显示声音的振动图像,但不能对噪声的强度进行测量。该传感器内置一个对声音敏感的电容式驻极体话筒。声波使话筒内的驻极体薄膜振动,导致电容的变化,而产生与之对应变化的微小电压。

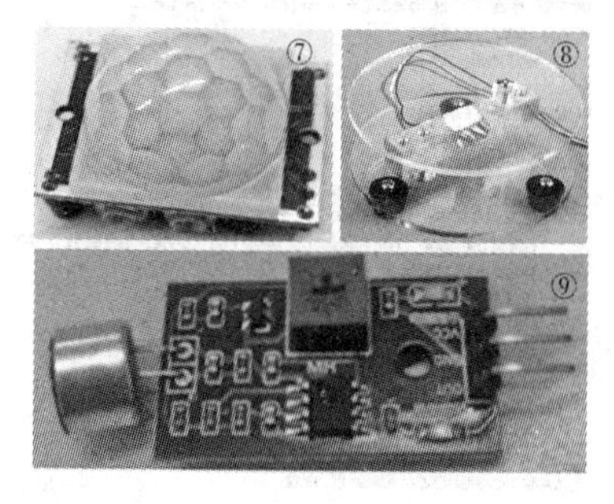
⑦ ⑧ ⑨

(下转第 570 页)

基于 STM32 的 BootLoader 的 OTA 远程升级(一)

OTA 又叫空中下载技术,是通过移动通信的空中接口实现对移动终端设备数据进行远程管理的技术,还能提供移动化的新业务下载功能。

要实现 OTA 功能,至少需要两块设备,分别是服务器与客户端。服务器只有一个,客户端可有多个。服务器通过串口与 PC 机连接,需要下载的镜像文件存放于 PC 机,命令执行器给服务器发命令及镜像文件。首先命令执行器控制服务器广播当前可用的镜像文件信息,客户端收到信息后进行对比,若有与自身相匹配的镜像,则向服务器请求数据。服务器收到请求后向命令执行器索取固定大小的块,再点对点传送给客户端。镜像传输完毕后,客户端进行校验,完成后发送终止信号。

一、升级方式的对比

OTA 升级与平时用到的 SD 卡升级、串口升级等等大体原理上是一样的,都是对 MCU 的 Flash 进行操作而已。

收到升级指令——>MCU 复位或者跳转到 Boot 程序区——>擦除对应的 Flash 区域——>获取 App 数据——>写入 FLASH 数据——>校验——>跳转到 App 应用程序区

OTA 与其他本地升级的区别就是:获取数据的方式不同。比如串口升级,就是通过上位机传输到 MCU 串口上的数据;SD 卡升级,就是通过读取 SD 卡,把程序通过 SPI 传输到 MCU 上;而 OTA 升级,就是通过带无线传输的模块,把程序传输到 MCU 上。例如:蓝牙、Wifi、GSM 等等。不过大部分的无线模块,通过串口把数据传输到 MCU 上的,只是服务端不再是 PC 端了,而是网络服务器。

二、硬件选择

MCU 我这里选用的是 STM32F030F4P6 的芯片,16K 的 Flash,应该是 ST 产品中 Flash 空间比较小的一种,为的就是体现一下小容量的单片机也可以进行 OTA 升级。

无线模块我使用的是 ESP-8266,WiFi 传输方式,应该也是比较大众化的一款模组。(TTL 串口连接 MCU)

OTA 相关的硬件没有了,剩下的无所谓,都是其他功能的,最好有个 LED 灯,可以明显地看出是否升级成功。

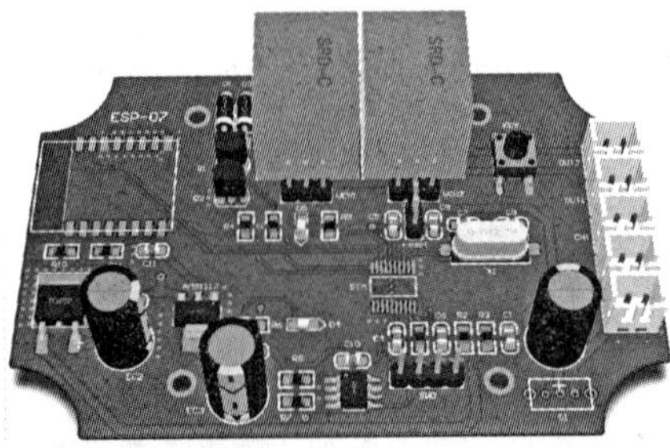

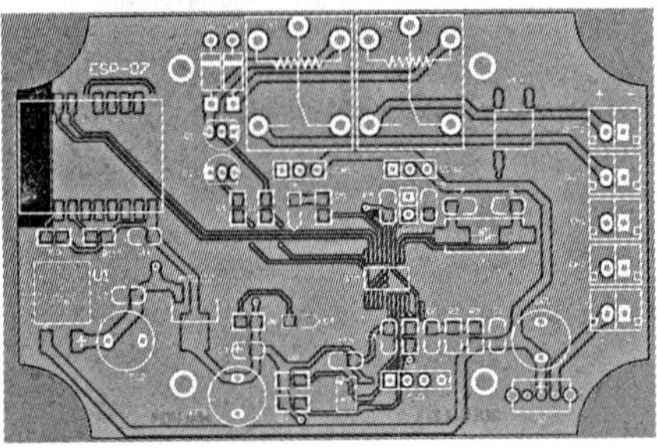

三、网络服务器的选择

网络服务器多种多样,常用的有阿里云、百度云、腾讯云、移动云等等,有条件的,还可以使用自己的服务器。总之需要实现:网络服务器可以与我们的无线模块进行大数据通信。

我这里选用的是 OneNet 移动云(OTA 服务之前是免费,现在是前 100 个设备免费,之后每增加一个设备 1 元钱永久),我感觉 OneNet 相对于阿里云较为简单,没有阿里云那么繁琐,不过阿里云还是比 OneNet 更专业一点(个人见解),其他的没有用过,大家都可以去试试。

四、网络服务器的传输方式

我这里使用的是 OneNet 的服务器,它的 OTA 服务是通过 Http 协议进行传输的,有对应的 API,我们可以通过 OneNet 释放的 API 去访问 OTA 服务。

五、OTA 升级流程

OneNet 的 OTA 升级流程主要为 6 步:

1. 上报版本号——客户端(MCU)上报当前的一个版本号

2. 检测升级任务——检查服务器是否有待升级的版本

3. 检测 Token 有效性——检查 Token 密钥,可省略

4. 下载固件——应用程序传输

5. 上报升级状态——上报服务端升级是否成功,不成功有对应的响应码

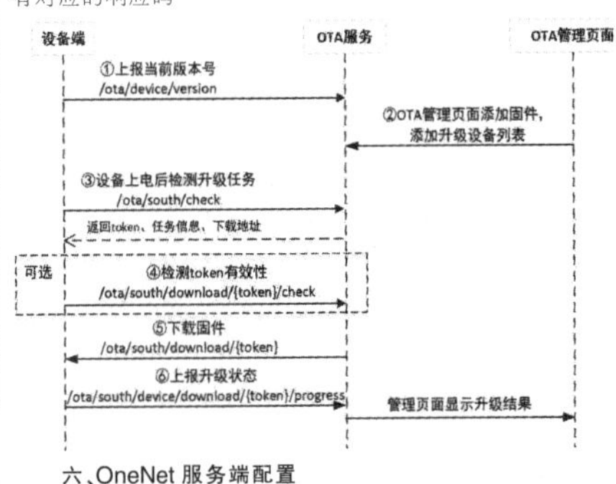

六、OneNet 服务端配置

1.首先注册 OneNet 的账号,进入开发者中心,在导航栏选择全部产品->远程升级 OTA 板块。

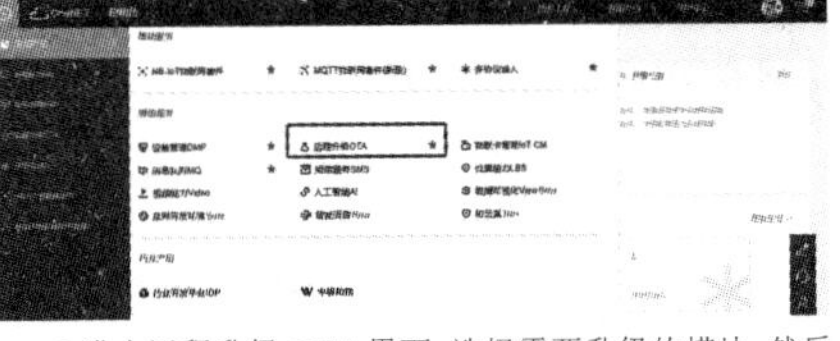

2.进入远程升级 OTA 界面,选择需要升级的模块;然后点击右上角的添加升级包按钮。FOTA 升级:对设备中的模组进行升级。SOTA 升级:对设备中的应用程序进行升级,我这里选用的是 SOTA,因为我要对 MCU 的应用程序升级。

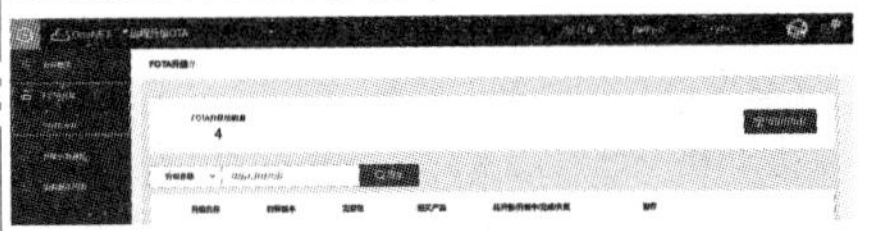

3.在添加升级包对话框中,输入固件信息,上传固件包文件。产品选你要升级的设备,全部设备也可以;厂商名称选其他,主要是与之后发的对应上即可;模组型号同理;目标版本是你要更新到的版本号,比如你现在是 V01,你这里添加的固件是 V02 的,这个版本号就要填 V02;然后上传升级包,只支持 Bin 和压缩包格式的。

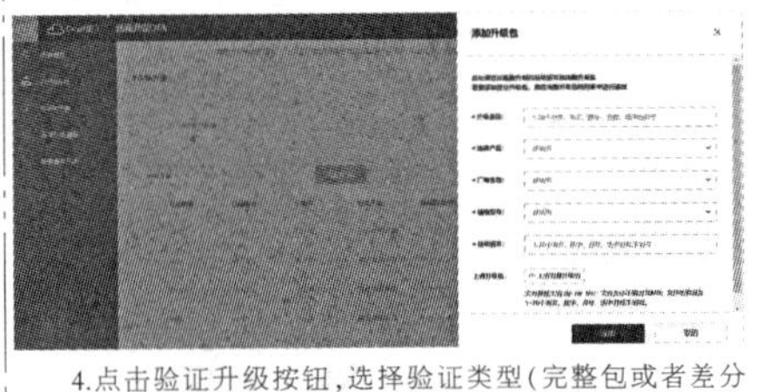

4.点击验证升级按钮,选择验证类型(完整包或者差分包),选择进行测试升级的设备,进行验证。一般跳过验证就行,我这里选的是整包,差分包原理一样。

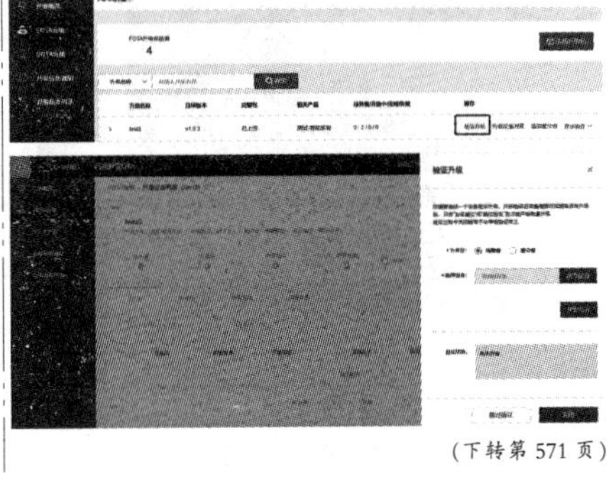

(下转第 571 页)

基于 Mega2560 单片机的车内滞留儿童安全监测系统设计(二)

(上接第 569 页)

4.5 报警系统

系统采用了无源蜂鸣器,具有声音警示作用,一旦检测到有危险情况,即它就会发出警示声音,以此来吸引过路的行人,让他们知道车内有危险情况的发生。同时通过物联网将呼救通知发送之手机。

4.6 语音播报系统与液晶显示屏的显示

运用语音模块将汽车内环境状态实时播报,便于行车安全。系统采用 LCD12864 显示屏,将监测的数据实时显示,更加便捷。

5 软件系统设计

5.1 系统初始化

初始化软件设计采用 linkboy 的 G 语言图形化编程软件,在 2560 主控版上编程对系统进行初始化,分别对屏幕初始化、声音传感器数值初始化、贝壳物联网初始化以及各种命令词初始化,LED 初始化状态初始化等一些相关传感器进行初始化处理(相关传感器如系统硬件设计部分)。

```
void 控制器_反复执行()
{
    信息显示器.在第_行第_列显示信息_((1s),(1s),("温度为: ")); //#188
    信息显示器.在第_行第_列向前显示数字_((1s),(11s),(温湿度传感器.温度()); //#189
    信息显示器.在第_行第_列显示信息_((1s),(13s),("度")); //#194
    信息显示器.在第_行第_列显示信息_((2s),(1s),("湿度为: ")); //#192
    信息显示器.在第_行第_列向前显示数字_((2s),(11s),(温湿度传感器.湿度()); //#191
    信息显示器.在第_行第_列显示信息_((2s),(13s),("%")); //#195
    if( 红灯.已熄灭 ) { //#234
        绿灯.点亮(); //#236
    }
    if( 绿灯.已熄灭 ) { //#244
        红灯.点亮(); //#246
    }
    if( 火焰传感器.探测到火焰 ) { //#214
        屏幕.清空第_行((4s)); //#197
        信息显示器.在第_行第_列显示信息_((4s),(1s),("车内有火焰产生")); //#209
        有源蜂鸣器.发声(); //#198
        绿灯.熄灭(); //#213
        红灯.点亮(); //#211
        延时器.延时_秒((1.5)); //#0
    }
    else {
        火焰传感器_火焰消失时_enable = true; //#201
    }
    if( 人体移动检测器.附近有人走动 ) { //#12
```

5.2 主程序反复执行

反复执行我们分别对信息显示器,LED 灯,火焰传感器,烟雾传感器,DHT11 温湿度传感器,人体移动传感器,声音传感器等传感器执行了反复执行的操作,使屏幕可以实时显示环境的温度湿度,车内是否有人,车内是否有压力,车内是否有火焰产生等。反复执行的大致程序。

6 装调设计

6.1 调试

用测量仪表通过一定的操作方法对单元电路板和整机的各个可调元器件或零部件进行调整与测试,使性能指标达到规定的要求;调试工作是按照调试工艺对电子整机进行调整和测试,使其各项功能与技术指标达到设计要求。发现电子整机设计、生产工艺的缺陷和不足,促使其改造和纠正,不断地提高电子整机的性能和品质积累可靠的技术性能参数。

6.2 总装

将组成整机的各零部件、组件,经单元测试、检验合格后,按照设计要求进行装配、连接,再经整机调试、检验而形成一个合格的、功能完整的电子整机产品的过程,是把半成品装配成合格产品的过程。以整体结构来分有整机装配和组合件装配,把零、部、整件通过各种连接方法安装在一起,组成一个不可分的整体,具有独立工作的功能。整机则是若干个组合件的组合体,每个组合件都有一定的功能。

7 结语

采用 Arduino 单片机核心板和 G 语言图形化编程,不仅使青年编程更加适用,也是对青年创客及创新创业教学的实践应用,儿童滞留车内安全系统的设计过程充分考虑了儿童滞留车内情景,主要采取传感器技术、单片机控制技术、无线通信技术。利用各类传感器收集模块信息,传输信息至核心控制的单片机,再由单片机处理各模块收集的信息反复确认危险后触发相连的执行装置完成一系列报警救援措施。整套车内儿童滞留报警及应急救援安全系统能够在家人和监护者发生疏忽的情况下为车内被困儿童的生命安全提供重要保障。

(全文完)

◇西南科技大学 城市学院 陈浩东 万立里 袁子梓航 姚凤娟 陈俊杰

⑩

基于 STM32 的 BootLoader 的 OTA 远程升级(二)

(上接第 569 页)

5.单击升级设备列表,进入升级队列模块,在右上角单击添加升级设备按钮,新增设备升级任务。在添加待升级设备对话框中输入对应参数值。初始版本;就是升级前的版本,也是上次升级的版本;升级范围就是你需要给哪些设备升级;升级时机:就是立即升级或是定时在什么时段升级;重试策略:不重试就是如果升级失败就完事了,重试那就失败了还能重试;信号强度和剩余电量只是一个信息的接口,有需要的可以读取来用。

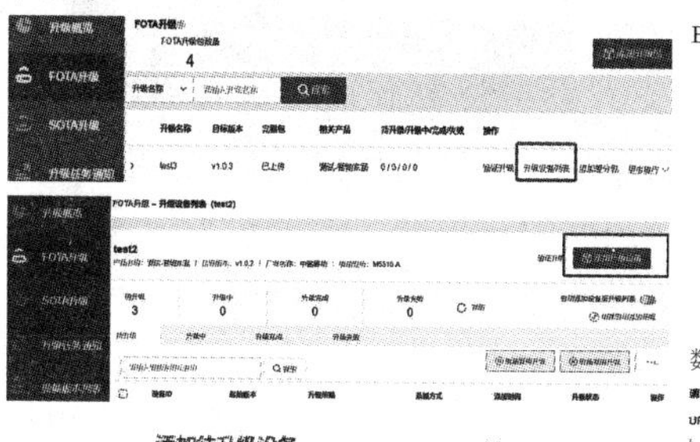

添加待升级设备 ×

设备范围

*初始版本: 请选择 选择全部

*升级范围: 全部设备

升级策略

*升级方式: 整包 差分

*升级时机: 立即升级 定时升级

*重试策略: 不重试

*过期时间: 10分钟

升级条件

*信号强度: 10

*剩余电量: 50%

添加 取消

6.上述完成后,会出现"待升级"的设备,服务器这边就算配置完了,后续要我们 M 客户端进行操作了。

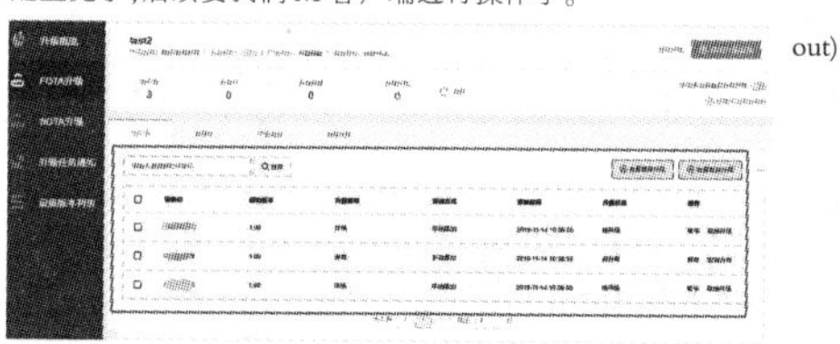

七、客户端(MCU)API 访问服务端进行 OTA 升级

无线模组用的是 ESP8266,由于 OneNet 的 OTA 服务用的是 HTTP 协议,但是 ESP8266 没有 HTTP 协议,所以我使用 TCP 协议,封装成 HTTP 的报文格式。

1.ESP8266 初始化;连接 WiFi,AP_SSID,AP_PASS 是 WiFi 的账号和密码;SERVER_IP 和 SERVER_PORT 是 OneNet 的 IP 和端口号。

```
#define SERVER_IP "183.230.40.50"#define SERVER_PORT 80
uint8_t pro = 0;
uint8_t ESP8266_Init(void)
{ switch(pro)
{ case 0 : //printf("+++"); Uart2_Send("+++");
Delay_S(2);
if(ESP8266_SoftReset(50) == 0)
pro = 1;
break;
case 1 :
if(ESP8266_AT_Send("ATE0\r\n",10) == 0)
pro = 2;
break;
case 2 :
if(ESP8266_AT_Send("AT+CWMODE=1\r\n",50) == 0)
//设置 8266 为 STA 模式 pro = 3;
break;
case 3 :
if(ESP8266_ConnectionAP(AP_SSID,AP_PASS,200) == 0)
//8266 连接 AP pro = 4;
break;
case 4 :
if(ESP8266_AT_Send("AT+CIPMODE=1\r\n",50) == 0)
//8266 开启透传模式 pro = 5;
break;
case 5 :
if (ESP8266_Connect_Server (SERVER_IP,SERVER_PORT,50) == 0) //8266 连接 TCP 服务器 {
pro = 0; //USART1_Clear(); //清除串口数据 return 1;
}
break;
}
return 0;
}
```

2. 上报版本号;dev_id 是设备 ID,authorization 是鉴权参数,ver 要上报的版本号,timeout 发送超时时间。

请求方式:POST

URL: http://ota.heclouds.com/ota/device/version

设备每次升级时需要调用该接口向平台上报版本号。

我只想看示例! ! !

http头部

参数名称	格式	是否必须	说明
Content-Type	string	是	必须为application/json
Authorization	string	是	安全鉴权信息

http 请求参数

参数名称	格式	是否必须	说明
dev_id	long	是	设备id

http 请求内容

参数名称	格式	是否必须	说明
f_version	string	否	模组版本号
s_version	string	否	应用服务版本号

返回参数

参数名称	格式	说明
errno	int	调用错误码,为0表示调用成功
error	string	错误描述,为"succ"表示调用成功

说明

1、如果设备需要使用OTA对设备进行升级,需要调用该接口上报设备的当前版本;

2、平台会将对应版本号和设备绑定存储;

3、如果该设备存在升级任务,并且任务的目标版本是此时上报的版本号,那么平台会将该升级任务设定为"已完成"状态。

4、版本号长度限制小于等于20个字符,并且限制为数字、字母、短横线、点、下划线中的一种或多种的组合。

```
//上报版本号
uint8_t Report_Version
(char *dev_id,char *authorization,char *ver,uint16_t timeout)
{ uint16_t time=0;
char send_buf[296];
USART1_Clear(); //清除串口数据
snprintf(send_buf, sizeof(send_buf),
"POST /ota/device/version?dev_id=%s HTTP/1.1\r\n"
"Authorization:%s\r\n"
"Host:ota.heclouds.com\r\n"
"Content-Type:application/json\r\n"
"Content-Length:%d\r\n\r\n"
"{\"s_version\":\"%s\"}",
dev_id, authorization, strle
n(ver) + 16, ver);
Uart2_Send(send_buf);
while(time<timeout)
{
if(strstr(
(const char *)
usart_info.buf ,
(const char *)"\"errno\":0")
)
break;
Delay_Ms(100);
time++;
}
if(time>=timeout)
return 1;
else
return 0;
}
```

3. 检查升级任务;dev_id 是设备 ID,authorization 是鉴权参数,cur_version 是当前的版本号,timeout 发送超时时间

请求方式:GET

URL: http://ota.heclouds.com/ota/south/check

设备处于"待升级","下载中","升级中"状态时,使用此API可以返回任务信息。

我只想看示例! ! !

http头部

参数名称	格式	是否必须	说明
Content-Type	string	是	必须为application/json
Authorization	string	是	安全鉴权信息

http请求参数

参数名称	格式	是否必须	说明
dev_id	long	是	设备id
manuf	string	是	厂商名称,见附表
model	string	是	模组型号,见附表
type	int	是	任务类型,1代表FOTA任务,2代表SOTA任务
version	string	是	版本信息
cdn	boolean	是	设备支持域名解析请选择true,若设备不支持域名解析请选择false

返回参数

参数名称	格式	说明
errno	int	调用错误码,详见错误码说明
error	string	错误描述,为"succ"表示调用成功
data	json	接口调用成功之后返回的设备相关信息,见data描述表

data描述表

参数名称	格式	说明
target	string	升级任务的目标版本
token	string	文件地址 ip:port/ota/download/{token}
size	int	文件大小
signal	int	任务在大于该信号下进行
power	int	任务在大于该电量下进行
retry	int	重试次数
interval	int	重试间隔
md5	string	升级文件的md5码
ipPort	string	拉取升级包的ip地址
type	int	1:完整包,2:差分包

说明

1、检查任务时如果可以检测到设备状态(待升级,升级中)的任务,返回token等响应参数。

2、如果设备没有升级的任务,会判断是否存在自动添加策略,如果满足自动添加策略,会给设备新增一个任务并返回任务信息。

3、请求参数version为设备当前版本号,这里无论是否检测到升级任务都会将version的值更新为设备在OneNET平台对应(fota/sota)的版本号。

```
//检查升级任务
uint8_t Detect_Task(char *dev_id,char *cur_version,
char *authorization,uint16_t timeout)
{ uint16_t time=0;
char send_buf[280];
USART1_Clear(); //清除串口数据
snprintf(send_buf, sizeof(send_buf),
"GET /ota/south/check?"
"dev_id =% s&manuf =100&model =10001&type =2&version=%s&cdn=false HTTP/1.1\r\n" "Authorization:%s\r\n"
"Host:ota.heclouds.com\r\n\r\n",
dev_id, cur_version,authorization);
Uart2_Send(send_buf);
while(time<timeout)
{
if(strstr ( (const char *)usart_info.buf , (const char *)"\"errno\":0"))
break;
Delay_Ms(100);
time++;
}
if(time>=timeout)
return 1;
else
return 0;
}
```

3.下载资源(我省略了"检查 token 有效"步骤);ctoken 是上一步"检查升级任务"返回的 Token,这个每次请求都不一样,所以注意要记录;size:平台返回的固件大小(字节);bytes_range:分片大小(字节)

```
/**********************************************
函数名称:OTA_Download_Range**
函数功能:分片下载固件 **
入口参数:token:平台返回的 Token*
size:平台返回的固件大小(字节)*
bytes_range:分片大小(字节)**
返回参数:0-成功 其他-失败 ** 说明:
**********************************************/
uint8_t Download_Task
(char *ctoken,unsigned int size, const unsigned short bytes_range,uint16_t timeout)
{
```

(下转第 579 页)

硬禾学堂专栏

自动控制系统：机器是如何进化成机器人的？

自动控制系统是一个应用极其广泛的工程分支，不论是民用还是军用，一般科技还是尖端科技都可以见到，比如无人驾驶、机器人、客机自动飞行、精确制导导弹等等。

控制系统在人类世界的完美诠释

在造物主神奇的创造杰作之下，人类当然也包括自然界一切生物，他们的行为活动都可以完美地诠释控制系统的本质。即便我不告诉你什么是控制系统，但其实你天生就掌握了它的精髓，只不过有人系统地用数学模型把他们拼凑并总结，从而形成了一套完整的体系。

介绍控制系统之前，首先要介绍控制理论，也就是control theory。好，请你现在站起来，然后抬起一条腿，接下来闭上眼。如果你能坚持五秒钟以上，我就可以说你已经掌握了控制理论的精髓！

实际上没那么简单。我们不妨来拆解一下这个过程。首先，这个系统当然是你，而你的目标是站住不倒。但是由于重心的不平衡会使你有摔倒的趋势，于是你的脚掌和胳膊就在全力配合去克服这个摔倒的趋势：当你向左倾的时候，你的胳膊和身躯自然而然地向另一端倾斜，脚掌也开始向左用力支撑。而克服了向左倾的趋势后，很快你又开始向右倾斜，于是你又手舞足蹈地重复着和之前相反的动作。

在这个过程中，你的大脑还有小脑就在不断地诠释着控制理论。因此，控制理论的实质就是如何使一个系统产生的结果尽可能地达到设定的预期，而这个预期通常是一个稳定的状态，比如平稳地站立、匀速地运动、恒定的功率等等。

控制系统的基本构成

明白了控制理论以后，控制系统就很容易理解了。控制系统分为开环(open loop system)和闭环(closed loop system)，后者要比前者稍微复杂一些，但却更加实用。

先说closed loop，一套完整的闭环控制系统包括以下几个部分：输入、输出、控制单元、处理单元和反馈，他们之间的关系如下图：

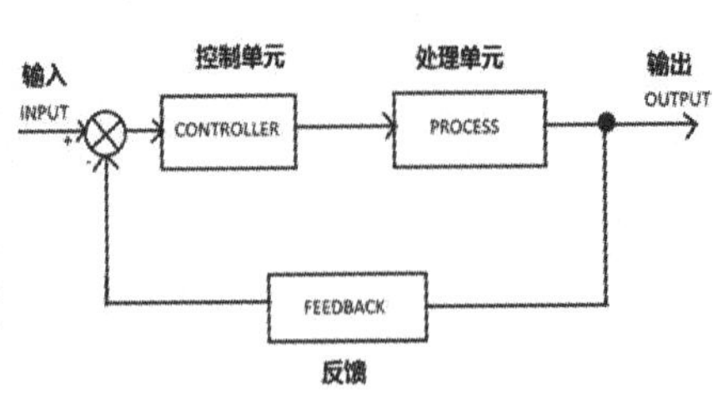

如何理解这张图呢？举个例子，我们曾经都有过洗衣服的经验，所以我们就把手洗衣服这个过程看作是一个控制系统，那么每一个部分就很容易理解了。

- 输入：你的双手搓洗衣服的力度
- 输出：衣服最终的干净程度，比如白净的衬衣领
- 反馈：你的眼睛
- 控制单元：根据你眼睛反馈回来的信息，来取决于你应该增加输出还是减小输出
- 处理单元：接收控制单元得出的结论后，继续执行搓洗步骤

用文字叙述的话，整个控制系统就是这样工作的：你打算把你的衬衫衣领洗干净【目标】，于是倒了水和洗衣液之后你就开始清洗【输入】。由于看到衣领很脏【反馈】，你决定加大力度【控制单元决定】，接下来开始使劲地搓【处理单元执行】。整个环节是不断重复的，也就是说，你要一边洗一边看，等你觉得已经洗干净的之后就可以停止了。

再说open loop。同样是洗衣服，如果是人洗，就是闭环系统。而如果换成了洗衣机洗，就是开环系统，这也就是为什么本文一开始就提到了，人类本身就是一个绝佳的控制系统。

为什么洗衣机是开环系统呢？很简单，因为缺少反馈，也就是说，你只能设定洗衣机是洗一个小时还是两个小时，是用冷水还是热水等等。之后，洗衣机就会按照你的输入执行命令，然而到底有没有洗干净洗衣机并不知道。

综上所述，开环系统就是在上图中把反馈的部分去掉。相比于闭环系统来说，操作和结构更加简单，然而由于缺少了反馈，最终的结果很有可能与预期相距甚远。所以这就是为什么现在很多大型产品或服务类的公司都在大量收集客户反馈的原因，因为这是确保公司朝着既定目标发展的一个重要环节。

如果控制系统只是靠人脑或一些简单的机械结构得以实现，那么面对精密、复杂、繁重且重复化的系统时就爱莫能助了。举一个很典型的例子，某学校施工近一年耗资数百万打造出来的环保洗手间里，洗手池的水龙头都是红外线感应自动出水，这样的好处是可以防止拧水龙头开关时引起的交叉感染。

在这个系统里，红外线传感器取代了人眼作为反馈系统，电子控制器替代了人脑作为判断是否应该出水的控制单元，而生成的指令由电动出水阀门完成，因此整个系统无需人为操作，全部依靠电子系统就可以完成一整套流程。

根据之前讲过的开环和闭环原理，这种红外线感应水龙头是开环控制还是闭环控制呢？复杂的系统往往需要非常精准且不间歇地进行控制，而且经常需要同时处理多项命令。所以这些任务都必须依靠强大的电子系统来完成，而当以电子系统为大脑的控制系统被应用在机器上时，这个机器就不简简单单是一个四肢发达的铁疙瘩了，而是一个集判断能力、计算能力、记忆能力、执行能力等等于一身的有机系统，而具备这样能力的机器也就是我们所说的机器人。

电子科技博物馆专栏

编前语：或许，当我们使用电子产品时，都没有人记得或知道老一批电子科技工作者们是经过了怎样的努力才奠定了当今时代的小型甚至微型的诸多电子产品及家电；或许，当我们拿起手机上网、看新闻、打游戏、发微信朋友圈时，也没有人记得是乔布斯等人让手机体积变小、功能变强大；或许，有一天我们的子孙后代只知道电子科技的进步而遗忘了老一辈电子科技工作者的艰辛……

成都电子科技博物馆旨在以电子发展历史上有代表性的物品为载体，记录推动电子科技发展特别是中国电子科技发展的重要人物和事件。电子科技博物馆的快速发展，得益于广大校友的关心、支持、鼓励与贡献。据统计，目前已有河南校友会、北京校友会、深圳校友会、绵德广校友会和上海校友会等13家地区校友会向电子科技博物馆捐赠具有全国意义(标志某一领域特征)的藏品400余件，通过广大校友提供的线索征集藏品1万余件，丰富了藏品数量，为建设新馆奠定了基础。

科学史话

小灵通：一个用于短暂过渡的产品

作为一项被淘汰的技术，曾经风靡大江南北的小灵通从1998年上线，到2006年巅峰，再到2014年退网，在中国一共存活了16年。现在很多人估计已经记不清它的模样。

其实小灵通的诞生，有它独特的历史背景。当时移动刚从电信拆分出去，中国电信想发展移动业务，但没有牌照，可上面又要考核业务增长。有一次浙江电信下属的余杭电信局局长徐福新去日本考察，看到当时的小灵通，就跟UT斯达康合作引进来。

小灵通的原名是PHS，也就是Personal Handy-phone System，是一种个人手持式无线电话系统。PHS属于第二代通信技术，也属于WLL技术(Wireless Local Loop，无线本地环路)，通过微蜂窝基站实现无线覆盖，将用户终端(即无线市话手机)以无线的方式接入本地固定电话网(PSTN)，使传统意义上的固定电话不再"固定"，而是可以在无线网络覆盖范围内自由移动使用。说白了，它就有点像加强版的无绳电话。

小灵通在日本被称为"穷人的蜂窝"，它的建设成本是远远低于传统2G(GSM)。因为成本低，所以资费就很便宜。再加上小灵通的价格也很便宜，只要几百块，因此，吸引了大量的用户办理并使用。一时间，小灵通在中国家喻户晓。很多老百姓，尤其是家里的长辈，都办理和使用了小灵通业务。

但盛极必衰，达到顶峰的小灵通，不知不觉也迎来了自己命运的拐点。2008年，电信终于获得了正式的移动通信牌照，并且从联通手上买来了CDMA网络。于是，电信在小灵通方面的投入不断降低，加上各大运营商手机资费不断下调，小灵通的竞争力大幅下降，用户数开始明显下滑。雪上加霜的是，小灵通所使用的频段，影响了当时很受国家重视的"国产标准"TD-SCDMA。所以，它的命运注定要被提前终结了。2009年2月，政府主管部门明确要求所有1900-1920MHz频段(也就是小灵通的频段)无线接入系统应在2011年底前完成清频退网工作，以确保不对1880-1900MHz频段TD-SCDMA系统产生有害干扰。

总的来说，小灵通完成了它的历史使命——是一个用于短暂过渡的产品，即电信利用它，积累了移动通信的运营经验，培养了很多的早期移动通信用户，也因此避免了和移动差距的进一步扩大。

(佚名)

电热水壶不能烧沸开水故障排除一例

电热水壶使用几年后，一般会出现水温上升到100℃,水已经沸腾而不能自动断开电源的现象，直至水被烧干为止。而笔者家的电热水壶却出现水温没有上升到100℃,水未沸腾就自动断开电源的现象，这种情况比较少见。

根据电热水壶的工作原理：作为电热水壶自动开关的关键元器件就是温控器，电热水壶温控器是一种用金属片作为感温元件的温度开关，电热水壶正常工作时，金属片处于自由状态，触点处于闭合状态，当温度升高到临界值时，金属元件受热产生内应力而迅速动作，弹开闭合的触点，切断电路而断开电源。一般电热水壶有二个温控器，一个是防缺水干烧的温控器，位于发热盘底部(附图看不到)，当发热元件温度急剧上升，会因为热传导作用使温控器的温度也急剧上升，由于热胀冷缩的作用，金属片膨胀变形，弹开开关触点断开电源，发生这种情况比较少，这个温控器故障概率低；另一个为水沸自动断电的温控器，位于电热水壶蒸汽出口处(如附图所示)，按下开关键，电热水壶接通电源加热后，水温逐步开始上升，当水温达到100℃沸腾，水沸腾时所产生的水蒸气，冲击蒸汽开关上面的温控器，迫使金属片变形，这种变形通过杠杆原理推动电源开关断开电源，由于断电后不能自动复位，故电水壶不会自动再加热。

根据上述原理，拧开电热水壶底部的三枚螺钉，卸下底盘。看一下水蒸气出口处的温控器没有移位、破裂的现象，只是中间突出部分不明显。因此用小起子适当拉高一点后，按原样装回去，试烧故障排除。可是第三天，故障依旧。自认为拉高的距离不够，又再次拆开电热水壶，将温控器中间突出部分再用小起子拉高一点，比第一次高了许多后装机。第二次也同第一次一样，只烧了二天，同样的故障又出现了。二次的实践，说明温控器本身有毛病，必须更换温控器。刚好家中有一只电热水壶因发热管损坏，不能使用，温控器大小与这只相同，于是拆下改装到这只电热水壶上，使用半年多，未再出现故障。

初看起来拆卸温控器比较麻烦，如果懂得技巧，拆卸改装温控器过程十分简便。但笔者却走了弯路，把电热水壶底部安装温控器的整个架子拆下来，才取出温控器(即金属片)。后来经过仔细观察琢磨，用二把一字形小起子在金属片外园缺口处两边稍用力向前一推，金属片外园缺口出现后，轻轻向上提即可取出温控器。安装时向前放入温控器，缺口对准卡口稍压一下，然后用二把一字形小起子在温控器中间突出部分的两边向后拉一下，将缺口拉入卡口内，安装完毕。

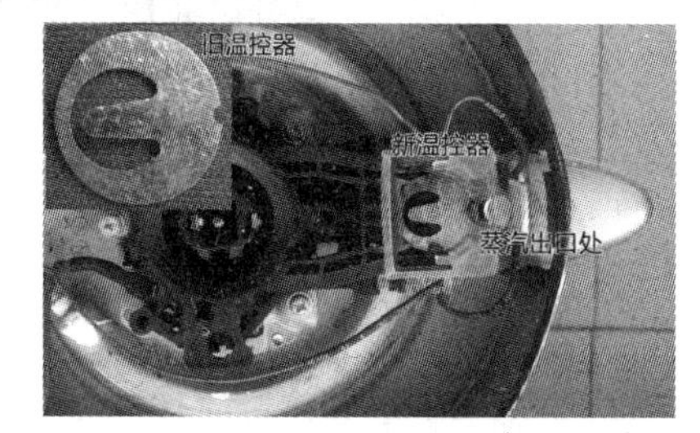

◇浙江 朱士宇

轻点 iPhone 背面出示健康码

在当前的防疫形势下，几乎所有场合下都需要出示健康码，但如果每次都从微信或支付宝按步骤进行操作，其实也是比较麻烦的。按照下面的步骤，我们可以轻点 iPhone 背面直接出示健康码。

第 1 步：查询健康码

首先在 iPhone 上打开支付宝，在上方的搜索框搜索"健康码"，按照常规的步骤使用一次查询健康码的操作(如图 1 所示)。

第 2 步：添加快捷指令

打开"快捷指令"App，选择创建新的快捷指令，搜索"健康码"(如图 2 所示)，接下来可以看到支付宝的"打开健康码"的命令，将其添加进来。添加之后，点击"打开健康码"指令右侧的">"按钮，展开以后关闭"运行时显示"选项，接下来为快捷指令取一个合适的名称，例如"苏康码"，然后退出。

第 3 步：添加背面操作

进入设置界面，依次选择"辅助功能→触控"，找到"轻点背面"，选择"轻点两下"，向下滑动屏幕(如图 3 所示)，在这里可以找到"快捷指令"小节下我们先前创建的"苏康码"指令，将其添加进来就可以了。

以后，只要是在 iPhone 处于解锁状态下，我们只需要轻点背面两下，即可直接出示健康码，是不是很方便？

◇江苏 王志军

美的 T7-L384D 银色二代智能电烤箱检修一例

故障现象：一台美的 T7-L384D 银色二代 AC220V/50Hz/1800W 智能电烤箱，通电后数码显示屏无显示，操作触摸式按键也无任何反应。

检修过程：断电打开后盖直观检查，内部很干净，基本无灰尘、油污，无焦煳味等异味。显示/操作面板后面安装有 3 块电路板，最外面的电路板是电源板，目测电源板上的元器件无明显损坏，但是，从目前的故障现象来判断，估计是电源板出了问题。

再次通电，测量电源板上的直流 12V 和直流 5V 电源均无输出，断电后，本着先易后难的原则，先测量交流 220V 电源输入侧的电阻 RX1(22Ω/1W)，没问题，再测量桥式整流的 4 个 IN4007 的二极管，均无问题。通过观察电源板背面铜箔的走线，发现两个滤波电解电容 E1 和 E2(均为 4.7μF/450V)的负极之间串接了一个色环电感 L1(刚开始还误认为是一个电阻)，经过色环辨别，确认该电感为 2.2mH，如图 1 下部红色圆圈内所示。用万用表电阻挡在线测量该电感，发现已开路，但外观却完好无损。之后又测量了周围的其他元器件，未发现异常。

试着用一根跳线临时短接了该电感，再次通电测试，测量电源板上的直流 12V 和直流 5V 电源均有输出，数码管显示屏点亮，触摸按键操作也正常了。断电后拆下该电感，再次用万用表测量，确认该电感已经损坏开路，购同型号电感更换后，故障排除。

图 2 为根据电源板实物绘制的电源输入部分电路图。

◇南京 陈勇

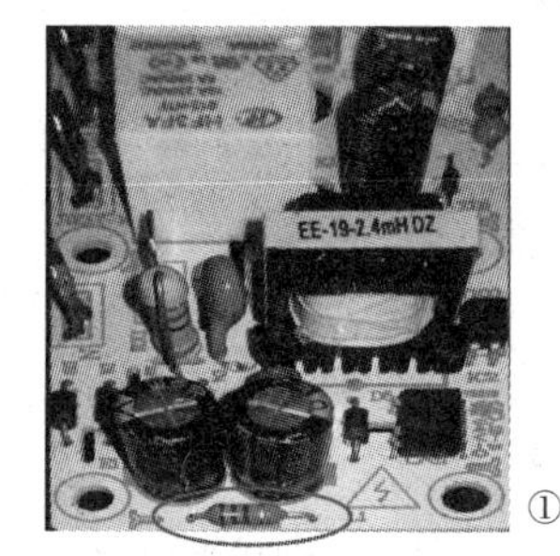

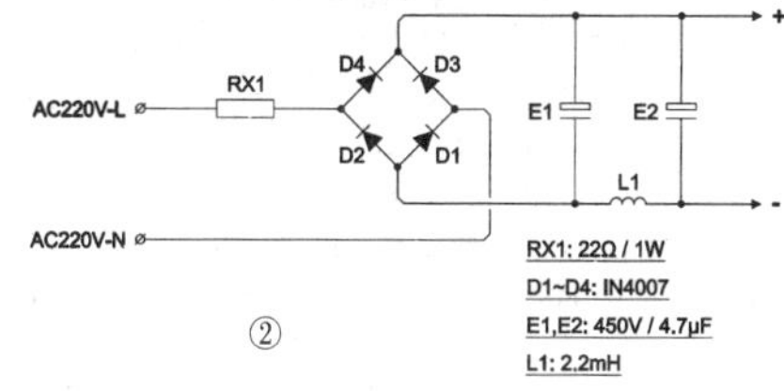

用雪花片修复吊扇一例

笔者这辈子得益于多年来一直订阅《电子报》，并通过自学其他书籍掌握的家电维修技术而养家糊口。

前几天老婆从女儿家中回来说，有一天电闪雷鸣之后女儿家中的吊扇(带 LED 灯)一打开，配电箱中的空开即"噗嗤"一声跳闸，对此他们都不知所措。

于是，端午节前夕老婆邀我同往厦门女儿家中，希望顺便把吊扇的问题解决了。到达后第二天吃过早饭，先把配电箱中的总闸断开，取出随身带去的 DT9205A 数字万用表，在饭桌上叠加椅子把吊扇电源输入端与进线的连接断开后，测两线间阻值发现并无短路，再用 200M 档测其与外壳之间则显示几百兆阻值且漂浮不定，有点遗憾的是忘了带上摇表。

这是一台带 LED 灯并可遥控的新型吊扇，接着分别只接上吊扇或 LED 灯，加电后配电箱的空开也依旧跳闸。难道是吊扇线圈有局部短路或者 LED 灯的驱动电路异常？或者是两者合一的切换部分问题？于是干脆把整个吊扇卸下来放在倒置的塑料方凳脚上，为了直观起见串上找了几家店铺才买到的 200W 白炽灯泡，然后从其他插座取电，发现 LED 灯和吊扇开机瞬间和运转都正常，没有出现异常电流。

这时候不得不静下来深思，问题究竟出在哪儿？限于手头工具有限只好采用笨办法，把电源仍从房顶原先接吊扇处接出来再试一次，结果一切也正常。

根据以往所掌握的知识，问题肯定出在吊扇的绝缘上，联想到测吊扇的绝缘电阻时出现的现象，考虑到如果能把吊扇固定架与膨胀螺栓绝缘，那么，问题将会迎刃而解。但是，如何实施呢？

虽然身处闹市、也居住于环境优雅的小区，但一时半会想找到能绝缘又尺寸合适的维修用材料却并不容易。后来与老婆在屋内翻找时，老婆无意中拿起小朋友玩的雪花片，问我是否可用？我一看这玩意厚薄合适也无需钻孔，就直接在吊扇铁架与膨胀螺栓间垫上数片，并在膨胀螺栓外缠绕几圈电工胶布；为慎重起见又在吊扇的挂头末端缠上几圈电工胶布后再挂好。

然后用数字万用表复测绝缘电阻显示无穷大，于是合上配电箱中总闸后再分别开启吊扇和 LED 灯，再也没有"噗嗤"声和出现跳闸了。

当女儿和女婿们下班后看见吊扇和 LED 灯又都正常了，无不急切地询问我是怎样修好的？听了检修过程后，他们免不了夸奖了我一番，这都是通过订阅《电子报》的收获。

◇福建 周汝进

初学入门

电容器中电场能损失的讨论

一只带电电容器与另一只电容器并联，设其为理想模型(连线电阻为零)，在它们充放电的过程中，电荷量守恒，而其电场能却损失很多，能量是如何消耗的？本文通过对电荷所具有的静电能(电位能)的分析，结合两个有趣的实验，对电容在充放电时电场能转化为其他形式能量的过程进行讨论。说明电场能损失的部分可转化为热能和机械能，且电场能和机械能之间可以相互转化。

一、问题的发现

高教版教材《电工技术基础》(刘志平主编)第67页有这样一道计算题：在如图1电路中，电源电压E=200V，先将开关S置“1”对电容器C_1充电，充电完毕后，将开关S置于“2”，如果C_1=0.2μF，C_2=0.3μF，试问：

(1)C_1和C_2所带多少电荷量？

(2)C_1和C_2两极板电压各为多少？

此题在学生中出现了多种解题方法，下面列举最典型的两种：

方法一(利用电荷守恒定律解答)

当S→“1”时：C_1充电。端电压$U_1=E=200V$，$Q=C_1U_1=0.2\mu F\times200V=40\mu C$。

当S→“2”时：$C_总=C_1+C_2=0.5\mu F$，根据电荷守恒定律，$Q_总=Q'_1+Q'_2=Q=40\mu C$。设两极板间的电压为U'，$U'=\frac{Q_总}{C_总}=\frac{40\mu C}{0.5\mu F}=80V$。$C_1$、$C_2$并联，$U'_1=U'_2=U'=80V$。$Q'_1=C_1U'_1=0.2\times80=16\mu C$，$Q'_2=C_2U'_2=0.3\times80=24\mu C$。

方法二(利用能量守恒定律解答)

当S→“1”时：C_1充电储能。$W=\frac{1}{2}C_1U^2=\frac{1}{2}\times0.2\times200^2=4000\mu J$。

当S→“2”时：设两极板间的电压为U'，C_1、C_2并联，$U'_1=U'_2=U'$，$C_总=C_1+C_2$。根据能量守恒定律，$W'=W=4000\mu J$，$W'=\frac{1}{2}(C_1+C_2)U'^2=4000$。$C_1+C_2=0.5\mu F$，$\frac{1}{2}\times0.5\times U'^2=4000$，$U'^2=16000$，$U'=40\sqrt{10}\approx126.5V$。

两种方法得到不同结果。很显然，第一种解法是对的，并由此可知S→“2”后，C_1、C_2中的总电场能$W'=\frac{1}{2}(C_1+C_2)U'^2=\frac{1}{2}(0.2+0.3)\times80^2=1600\mu J$，比S→“1”时$C_1$所储存的能量4000μJ少了2400μJ。能量是如何损失的？又转变成了何种形式的能量呢？

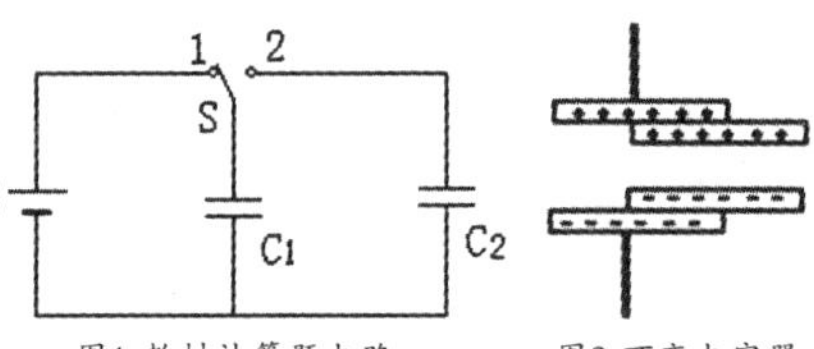

图1 教材计算题电路　　图2 可变电容器

二、理论分析

在电容器充电的过程中，电源必须做功才能克服静电场力把电荷从一个极板搬运到另一个极板上。这能量以电位能的形式储存在电容器中，也就是带电体系中的静电能。设带电体系由若干个带电体组成，带电体系的总静电能We由各带电体之间的相互作用能$W_互$和每个带电体的自能$W_自$组成。把每一个带电体看作一个不可分割的整体，将各带电体从无限远移到现在位置所做的功，等于它们之间的相互作用能；把每一个带电体上的各部分电荷从无限分散的状态聚集起来时所作的功(需抵抗相互间的电场力做功)，等于这个带电体的自能。

电容器充电储存的电能总量可由积分计算

$$We=\int_0^Q udq=\int_0^Q\frac{q}{C}dq=\frac{Q^2}{2C}=\frac{1}{2}CU^2$$

电荷在电场中所处的电位越高，则其电位能越大，将电荷从高电位移到低电位处，电场力对它做功，电荷的电位能将减小。由此可见图1中S→“2”时，C_1中的电荷所处的电位将由200V降到80V。电位能减小，电场能通过电场力对电荷做功而转化为热能损耗掉。

三、实验验证

下面通过两个有趣的实验来讨论电容器中的能量损耗与转化。

1. 电场能转化成了热能

实验一：准备二只10μF的电容C_1、C_2，将C_1在220V的市电上充电1~2秒钟后，再与C_2并接，在相接的瞬间会听到“啪”的响声，并可看到放电的火花。这是由于导线电阻相当小，C_1、C_2间的充放电电流很大，瞬间释放出较大的热量而产生了爆裂声。利用放电火花的热能甚至可以熔焊金属，即“电容焊”。C_1、C_2并联后，电荷量不变，而所储存的电场能将减少，减少的电场能转化成了热能。

2. 电场能转化成了机械能

实验二：图2为一可变电容器，两极板分别由两块相接触的金属薄片组成，两金属薄片分别为静片与动片，当动片旋出可使电容器和极板面积增大，电容量将增大。将其充电后，由于同一极板的两薄片上带同种电荷而相互排斥，动片会有旋出的趋势，如两薄片间摩擦力足够小而面积足够大，动片将会自动旋出，此时电场能减少，有一部分将转化为动片的动能(机械能)。反之，用力将动片旋入，使电容两极板面积减小，电容量减小，而电容器所带电荷量不变，极板之间的电压将升高，电荷所具有的电位能增加，即电容器储存的电场能将增加，此时机械能(外力做的功)转化成了电场能。

◇华容县职业中专 王超

高中信息技术Python教学经典案例解析(二)

(接上期本版)

三、解析“棋盘米粒倍增”和“九九乘法表”问题

印度有个古老传说：舍罕王打算奖赏国际象棋的发明人——西萨宰相，在被问及想要得到的赏赐时，宰相回答说：“在棋盘的第1格放1粒大米，第2格放2粒，第3格放4粒，之后的每一格中的米粒数目都是相邻前一格的两倍，一直放到最后的第64格，我只要这一棋盘的大米。”

最初国王不以为然，但最终的结果却是举全国之力都无法填满这个棋盘。果真是这样吗？我们使用Python编程来解决这个“棋盘米粒倍增”问题。

1. 常规的循环求和法

首先通过“sum = 0”语句建立并为变量sum赋值为0，准备存放最终的米粒数目；接着使用for循环“for i in range(64):”，其中的range()函数负责提供从0到63共64个循环计数；由于每格中米粒的数目可表示为“2的(n-1)次方”，所以循环体语句为“sum += 2 ** i”，将每次循环得到的该格子中米粒的数量与之前所有格子中米粒的数量和进行求和；循环结束后通过print语句将求和结果输出。将程序保存为chessrice1.py，运行后得到的结果是：“棋盘米粒的总数为：18446744073709551615粒。”程序和运行结果如图6所示。

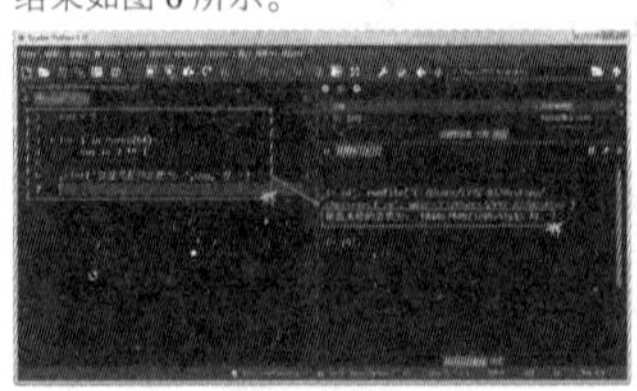

图6 循环求和法求解“棋盘米粒倍增”问题

2. 使用列表推导式计算

Python的列表推导式在逻辑上等同于循环语句，优点是形式简洁且速度快，它能够以非常简洁的方式对列表(或其他可迭代对象)中的元素进行遍历、过滤或再次计算，从而快速生成满足特定需求的列表。

Python的列表推导式可分解为“表达式+循环”两部分，比如通过“sum = sum([2**i for i in range(64)])”这一个语句即可完成所有64格子中米粒的数量求和，其中的“2**i”即“表达式”部分，作用是计算每格中的米粒数量；后面的“for i in range(64)”是“循环”部分，作用是控制完成从0到63共64次循环；sum变量的赋值，是通过内置求和sum()函数来完成的。

之前使用常规循环求和法得到的结果是一个20位长的天文数字，单位是“粒”，不够直观。经查询，1千克大米约有52000粒，通过“mass = int (sum/52000000)”语句，将这些大米的数目转换成单位为“吨”的数量并进行求整，赋值给mass变量，最后打印输出。程序和运行结果如图7所示。

将程序保存为chessrice2.py，运行后得到的结果是：

棋盘米粒的总数为：18446744073709551615粒。

这些米粒的总质量为：354745078340吨。

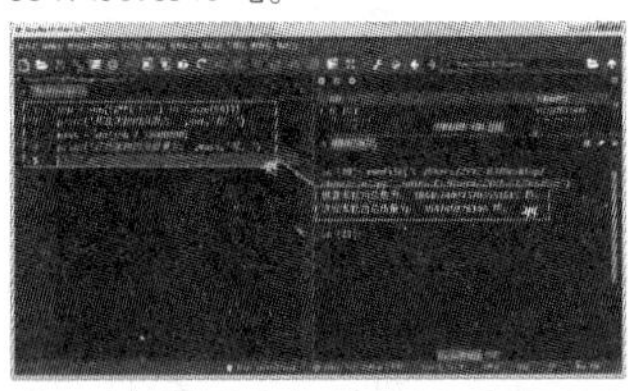

图7 列表推导式求解“棋盘米粒倍增”问题

用这种方法计算的米粒总数与循环求和法一致，它们的总质量是个12位数字，约是3547.5亿吨！当时，国王无论如何也拿不出数量如此庞大的大米，根本就填不满宰相的棋盘。

3. 两种方法打印“九九乘法表”

不管是使用常规循环求和还是使用列表推导式，我们都可以正确求解“棋盘米粒倍增”问题，二者在各种问题的求解过程中都比较方便，包括循环的嵌套，比如打印“九九乘法表”。

(1)常规的双层循环嵌套

外层循环语句为“for i in range(1,10):”，作用是从1到9循环；内层循环语句为“for j in range(1,i+1):”，同样是使用range()进行对应次数的循环；循环体语句为“print('{0}*{1} = {2}'.format(j,i,i*j), end=' ')”，这个print语句用到了Python的format()方法进行字符串格式化，其中的“{0}”“{1}”和“{2}”是位置参数，作用是将后面“format(j,i,i*j)”中的三个变量的对应数值进行占位输出；“end=' '”的作用是设置末尾不换行，而不是print的默认“换行”值；内层循环结束后是一个“print()”空语句，作用是换行，即打印完同一个乘数(比如同是乘以3)的一行循环后，回车换行。

将程序保存为ninenine1.py，运行后得到“九九乘法表”。程序和运行结果如图8所示。

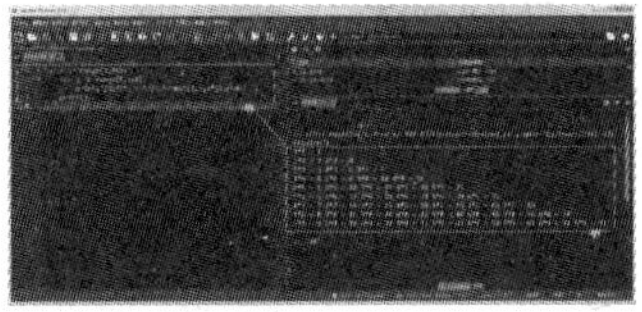

图8 常规循环嵌套打印“九九乘法表”

(2)列表推导式循环嵌套

外层循环语句仍为“for i in range(1,10):”，内层直接就是一个列表推导式(因为本身就是一层循环)：“print(" ".join(["%d*%d=%-2d"%(j,i,j*i) for j in range(1,i+1)]))”。这个print语句中的“join()”方法是将序列中的元素以指定的字符连接生成一个新字符串，依次连接到前面的空串后面；其中的“%d”的作用是将数据按照整型格式化输出，“-”表示左对齐，“2”表示数字不足两位时进行位数补齐(不足位置用空格)。列表推导式后面的循环部分是“for j in range(1,i+1)”语句，与常规双层循环嵌套的内层循环语句完全相同。

将程序保存为ninenine2.py，运行后，同样得到了“九九乘法表”。程序和运行结果如图9所示。

图9列表推导式循环嵌套打印“九九乘法表”

(全文完)

◇山东省招远第一中学 牟晓东

PLC 梯形图程序的经验设计法

在进行 PLC 程序设计时，如果碰到控制功能比较简单的控制系统，这时使用经验设计法来设计梯形图程序是最合适的。

经验设计法，指的是把平时工作中搜集的工业控制系统程序或者生产中常用的典型控制环节程序段，凭自己的编程经验进行重新组合、修改或补充后，应用到新的设计项目上的一种编程方法。

1. 经验设计法的步骤

①确认主令电器和被控电器。

②分配 PLC 存储器。

③试画梯形图。

④完善梯形图。

2. 经验设计法的关键

由于经验设计法是完全依赖于设计者凭经验来编程，整个编程过程具有相当的试探性和随意性，得出的程序也不具备惟一性，既没有现成的梯形图模板可供套用，更没有普遍的规律可循，所以，下面只能通过两个实例来介绍一下经验设计法的基本过程，具体的编程要点还需大家去体会和领悟。

3. 设计两台电动机关联控制器的梯形图程序

某两台电动机关联控制器的具体控制要求如下：当按下启动开关 SB1 时，电动机甲运转工作；电动机甲启动 10s 后，电动机乙运转工作；当按下停止开关 SB2 时，两台电动机均停止运转；若电动机甲过载，则两台电动机均停机；若电动机乙过载，则电动机乙停机，而电动机甲不停机。

第一步：确认主令电器和被控电器。

回顾过去的编程情况可以知道，电动机的启动与停止，一般都是通过接触器来控制的，而电动机的过载保护，一般都是使用过热保护继电器，因此，本控制系统的主令电器应该有 4 个—电动机甲启动开关 SB1、总停止开关 SB2、电动机甲过热保护继电器触点 FR1、电动机乙过热保护继电器触点 FR2；本控制系统的被控电器应该有 2 个—电动机甲接触器线圈 KM1、电动机乙接触器线圈 KM2。

第二步：分配 PLC 存储器。

把 SB1、SB2、FR1、FR2 依次分配给 PLC 的输入存储器 X001、X002、X003、X004；把 KM1、KM2 依次分配给 PLC 的输出存储器 Y001、Y002；由于有一个延时启动要求，故还应使用一个通电延时型定时器 T000。

第三步：试画梯形图。

①本控制系统有 Y001 和 Y002 两个输出，还有一个定时器 T000，同时考虑到电动机甲启动后定时器才开始定时，定时器定时时间到时电动机乙才运转，故本梯形图应该有 3 级阶梯—第 1 级阶梯控制 Y001、第 2 级阶梯控制 T000、第 3 级阶梯控制 Y002。

②电动机的启动与停止，可以直接套用典型的启-保-停电路程序段。不过本例中要注意：Y001 的启动条件是 X001 闭合，Y002 的启动条件是 T000 闭合；而 T000 的控制条件是 Y001 闭合，定时值 K=10s÷0.1s=100，如图 1 所示。

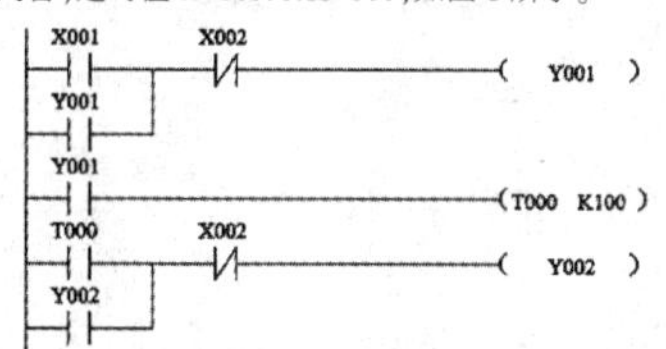

图 1 套用典型的启-保-停电路程序段

③要求中规定若电动机甲过载，则两台电动机均应停机，故应把 X003 分别串接在 Y001 和 Y002 的控制电路中，如图 2 所示。

④要求中规定若电动机乙过载，则电动机乙停机而电动机甲不停机，故 X004 只应串接在 Y002 的控制电路中，如图 3 所示。

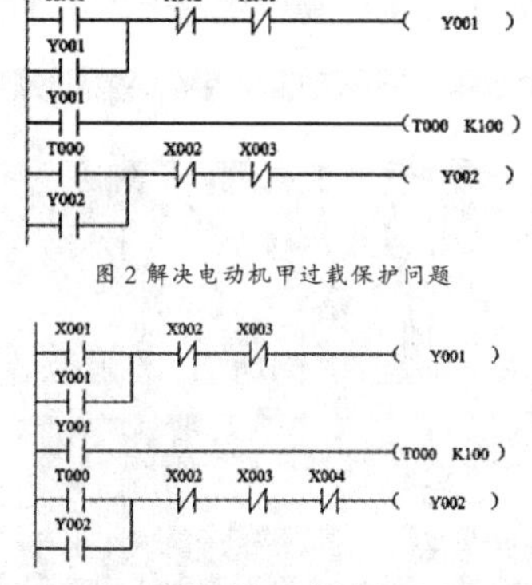

图 2 解决电动机甲过载保护问题

图 3 解决电动机乙过载保护问题

第四步：完善梯形图。

根据梯形图编制规则，应该在主程序的最后加上 END 指令符号。

到此，两台电动机关联控制器的 PLC 梯形图程序就编写完成了。完整的梯形图程序见图 4。

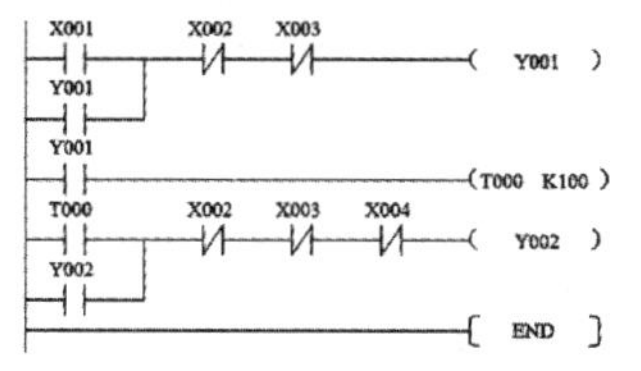

图 4 两台电动机关联控制器的 PLC 梯形图程序

4. 设计 5 人抢答器的梯形图程序

5 人抢答器的控制要求是：抢答开关是不带自锁的按钮开关，当任一参赛者抢先按下其面前的抢答开关时，数码管立即显示出该参赛者的编号并使蜂鸣器发出提示音，同时联锁其他 4 路抢答开关，使其他抢答开关按键无效；抢答器设有总复位开关，只有提问者按一下复位开关后，才能进行下一轮的抢答。

第一步：确认主令电器和被控电器。

分析控制要求后可知：5 人抢答器的主令电器应有 6 个—复位开关 SB0 和抢答开关 SB1、SB2、SB3、SB4、SB5；被控电器应有 8 个—蜂鸣器 HA 和数码管的笔画段 a、b、c、d、e、f、g。

第二步：分配 PLC 存储器。

把 SB0、SB1、SB2、SB3、SB4、SB5 依次分配给 PLC 的输入存储器 X000、X001、X002、X003、X004、X005，把 HA、a、b、c、d、e、f、g 依次分配给 PLC 的输出存储器 Y000、Y001、Y002、Y003、Y004、Y005、Y006、Y007。

第三步：试画梯形图。

对于抢答器，有别人设计好的成功程序如图 5 所示，我们可拿来使用。但分析这个梯形图程序，发现有些地方不太符合我们的设计要求，故需对其进行修改和补充。

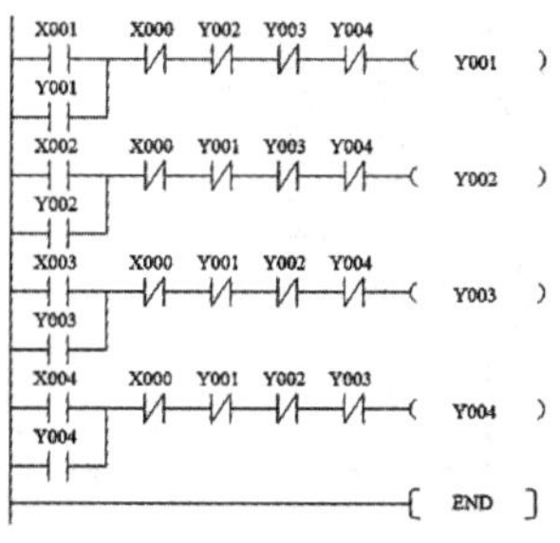

图 5 一种抢答器程序

先看图 5 所示的程序，它只能实现 4 路抢答，对于 5 路抢答器，必须再增加一级阶梯。新增加的一级阶梯中，抢答由动合触点 X005 控制，自锁由动合触点 Y005 与动合触点 X005 并联实现，互锁则由串入另外 4 路输出存储器的动断触点 Y001、Y002、Y003、Y004 来实现；另外，由于增加了一路抢答，故需在另外 4 级阶梯中串入第 5 路输出存储器的动断触点 Y005 进行互锁，补充后的梯形图程序如图 6 所示。

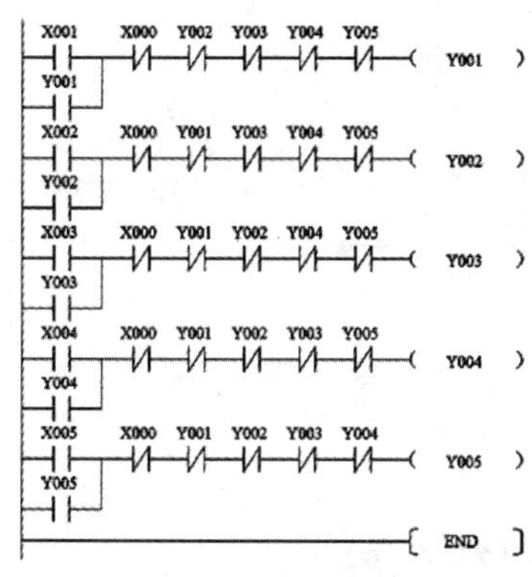

图 6 补充后的抢答器程序

再看图 6 所示的程序，为了显示出抢答成功者的编号，它是把 1 号抢答信号送给 Y001、2 号抢答信号送给 Y002、3 号抢答信号送给 Y003、4 号抢答信号送给 Y004、5 号抢答信号送给 Y005 的；而现在要改用数码管显示出抢答成功者的编号，则 1 号抢答信号要送给"b、c"笔画段、2 号抢答信号要送给"a、b、d、e、g"笔画段、3 号抢答信号要送给"a、b、c、d、g"笔画段、4 号抢答信号要送给"b、c、f、g"笔画段、5 号抢答信号要送给"a、c、d、f、g"笔画段，不难看出，a 笔画段既要受 2 号抢答信号控制、又要受 3 号抢答信号控制、还要受 5 号抢答信号控制，而 b 笔画段要同时受 1 号、2 号、3 号、4 号抢答信号的控制，c 笔画段要同时受 1 号、3 号、4 号、5 号抢答信号的控制，d 笔画段要同时受 2 号、3 号、5 号抢答信号的控制，e 笔画段只受 2 号抢答信号的控制，f 笔画段要同时受 4 号、5 号抢答信号的控制，g 笔画段要同时受 2 号、3 号、4 号、5 号抢答信号的控制。如果我们把 1~5 号抢答信号不再送给 Y001~Y005，而是把 1~5 号抢答信号先送给 M001~M005 这 5 个中间存储器，然后用这 5 个中间存储器的动合触点(代表着 1~5 号抢答信号)按各笔画段的受控要求进行组合后作为控制条件，去分别控制 a~g 这 7 个笔画段，这样就可以正确地显示出抢答成功者的编号了。按此思路画出的 5 人抢答器的梯形图程序如图 7 所示。

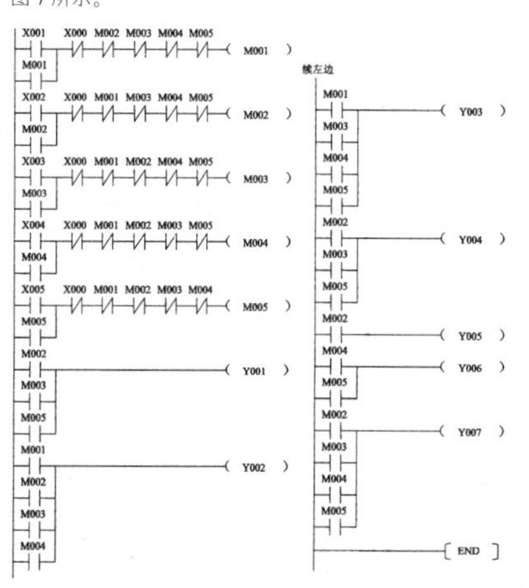

图 7 变换显示方式后的抢答器程序

第四步：完善梯形图。

图 7 所示的梯形图程序，虽然满足了设计任务书提出的主要控制要求，但还有一个控制要求没有实现—即任何一人抢答成功时蜂鸣器都要发出提示音。这个问题比较简单，从图 7 可看出，任何一人抢答成功时，线圈 M001~M005 中总有一个得电，因此，我们可把线圈 M001~M005 的 5 个动合触点并联起来，作为蜂鸣器线圈的控制条件即可。

另外，由于线圈 Y004 的控制条件与线圈 Y001 的控制条件完全相同，因此可把线圈 Y004 直接并联到线圈 Y001 上。

至此，5 人抢答器控制系统的梯形图程序设计完成，最终得到的完整的梯形图程序见图 8。

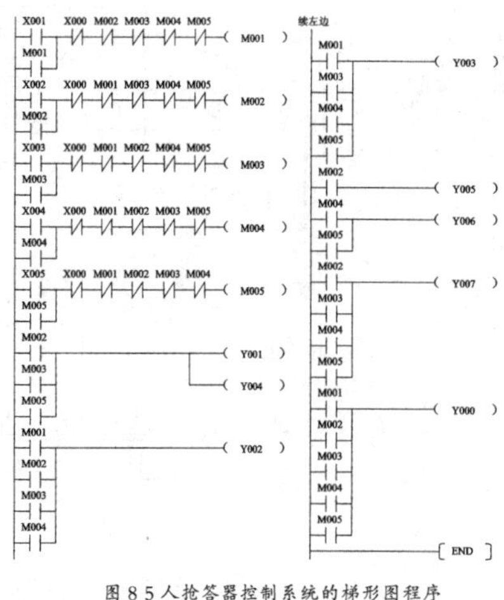

图 8 5 人抢答器控制系统的梯形图程序

◇无锡华泰石精密电子有限公司 周秀明

电子管五灯收发报机制作简介

最近，网上与玩电子管发报机的老师和同学交流，得到这个五灯电子管收发报机电路。之前也试验过两三灯的电路，效果不理想，这次的电路经试验，效果还不错！现介绍如下。

电原理图(见图1)：

一、原理简介

发射部分由电子管6J8P与C1、L1等组成主振荡产生等幅波，经6P3P与L3、C2等组成的射频振荡放大，再通过L4、C3谐振后由天线发射到空间；接收部分由天线接收的高频信号经一级不调谐高放6K4放大、再由6J8P进行再生式检波，最后，通过6P6P放大后的音频信号由变压器耦合推动耳机放音。

二、制作

用一个废旧电视机顶盒金属外壳，拼拼凑凑，敲敲打打，再钻孔加工，做成简易机架；自己绕制的电源变压器、音频变压器；空气可变电容器按照电路要求采取拆片、串固定电容来满足容量；高压可变电容器(屏极槽路)是用自制的“可调步进式高压瓷片电容器”代替，解决了电路中高压可变电容不能接地之难题(详见链接：http://www.439110.cn/1687.html)；

机器采用搭棚焊。

三、调试

1.整机。仔细检查电路无误后，先不插电子管。接通电源。观察有无异样，用万用表测量各管灯丝脚位电压交流6.3V，测K3中点对地高压输出大约应有直流+360V左右，拨动一下开关K2，电压不变。如无异样，说明电源部分供电正常；

2. 发射部分。插上主振荡管6J8P和射频放大管6P3P。转换开关K2、K3置发射位，频点开关置7.023(7.050)位置，插入电键，接上天线(可以用一根几米长的普通电线替代)。

断续按动电键，注意观察毫安表，读数70-80毫安左右，调整高压可变电容(屏极槽路)C2/180P，使得电流最小，应在50毫安左右，接着调整C3/360P可变电容，再使得毫安表显示的电流达到最大，大约70毫安左右。此时，可见氖灯发红光，说明发射部分开始工作；如果氖灯不亮，说明主振推动不足，调整主振C1/120P可变电容，使得氖灯发亮，氖灯兼做发报指示。

你也可DIY一个简易的拾电器：在2.5V的手电筒灯珠两端，用一根披塑电线连接，并弯成一个闭环。发报时，将拾电环轴向靠近线圈L3、L4，灯珠会发光，也可做发报指示用。你还可以在L4两端接入一只220V/15W的照明灯泡，发射时，感应电场能轻松点亮灯泡；

3.收信部分。接入耳机(也可接入小音频功放)，转换开关K2、K3置接收位。将音量控制电位器W调至最大音量，转动可变电容C4，应该收到电台播音，如果声音小，或者有啸叫声，可调整一下高频增益电位器W2，也可以调整再生强度控制电位器W3，使广播声音清晰。可变电容器C5配合C4，微调偏频。由于CW信号比较微弱，接收时需要细心调试各相关功能器件。你也可以借助一台短波收音机：将收音机调谐在7.023/7.050 M，靠近本机，音量开大一点，仔细调整C4，使得收音机的噪音减小，再调整W3，使得噪音更小。然后关掉收音机。把本机音量开大，运气好的话，就可以听到莫尔斯码信号了。否则，你需要耐心的等待时机。

本人手头只有自制简单的测试工具，没有进行更深层的测试和调整。

本机发射固定在7.023M/7.05M频点。本机发射时，在7.023频点，用自制的简易发射功率计测试(详见链 http://www.439110.cn/1693.html)，靠近天线附近，可使得100微安表头几乎满度。保守估计功率不小于5瓦！如果用807替代6P3P(通过转换座)，发射功率会增大。收音部分，频率范围在5/12兆。白天干扰大，但通过再生调整，可以收到1、2个电台，晚间电台多，会串台，音质还清晰。

线圈制作数据见附表(见表1)：

外观正面(见图2)：

外观背面(见图3)：

内部(见图4)：

注：开始调试时，功放管是6P3P，拍照时已换成了807了。

以下是现场视频链接，供参考。收听广播：https://v.youku.com/v_show/id_XNTE5NDQ4NDMxMg==.html?

发射实验：https://v.youku.com/v_show/id_XNTE5NDQ4MjY0NA==.html?

首次实战接收：https://v.youku.com/v_show/id_XNTE5NTU5OTg4OA==.html

再次实战接收：https://v.youku.com/v_show/id_XNTgwMDk5ODU0OA==.html

发射电场轻松点亮220V/15瓦白炽灯：https://v.youku.com/v_show/id_XNTgxNjI1ODEzNg==.html

提醒：仿制和使用请遵循国家相关法律法规。

◇杜玉民

表1

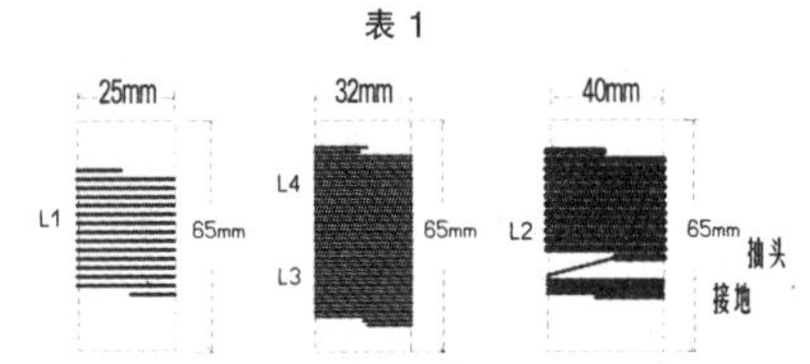

名称	L1	L2	L3	L4
线径	1mm	1.2mm/1mm	1.2mm	1.2mm
匝数	12	12+5	25	25
备注	间绕	粗线绕12T距细线2T处抽头 密绕	绕在内层 密绕	绕在外层并做好与L3绝缘 密绕

线圈筒均为PVC水管

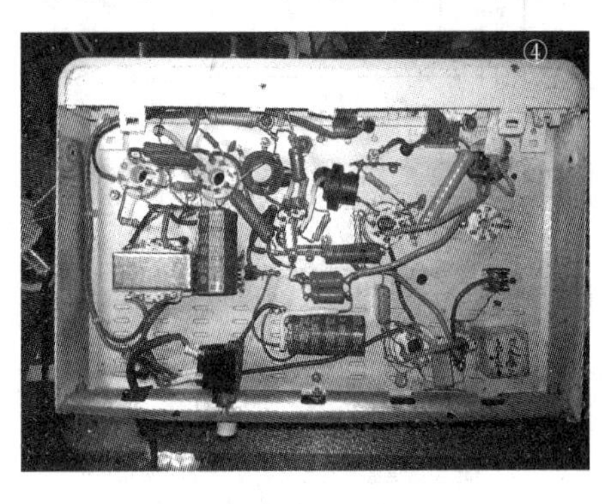

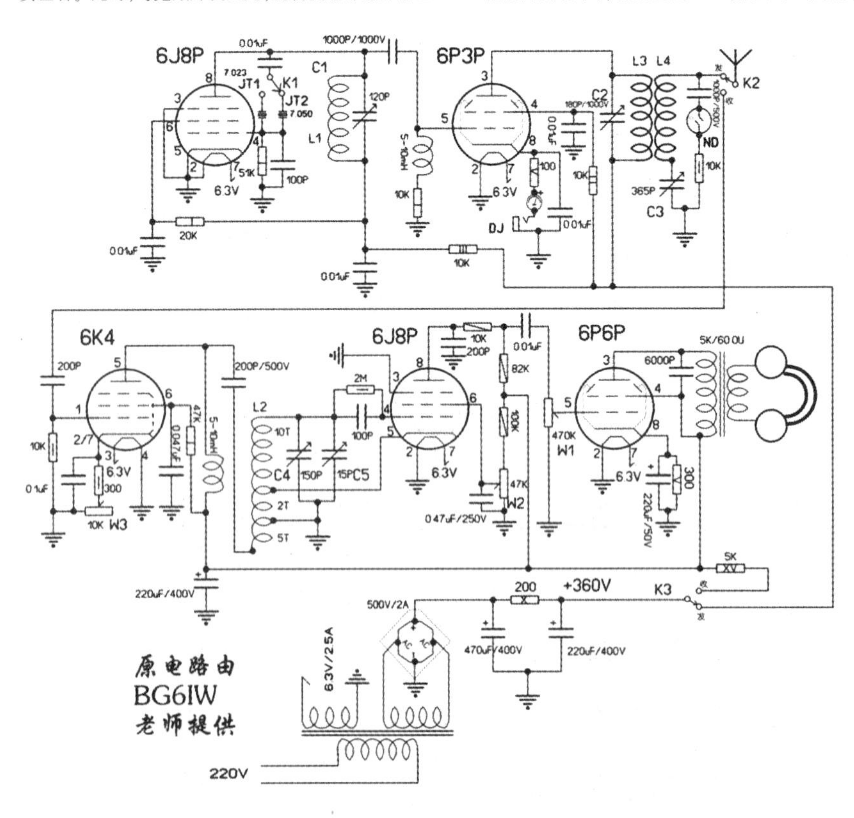

电子管5灯CW收发报机电路

初哥电动车充电技术研究之二：

电动车铅酸电池专用充电器简介(三)

(接上期本版)

8. 为什么使用了带定时关机功能的充电器,在实际修理当中仍然能碰到很多电池被充鼓包?

答:一个好产品的炼成需要长时间的经验积累总结和验证,三阶段充电器看似简单,如果我们照搬电池厂的参数和数据,或者按照理想状态来设计程序,是很难百分百兼顾到复杂多变的实际使用情况的。电池从新到旧不断在老化,严寒酷暑四季更替,可以说电池每一天都在变化,而充电器的参数是固定的、控制程序也不可能面面俱到,以不变的充电器,去充复杂多变的电池,难免力不从心。再加上控制程序设计必须建立在大量实践实验的基础上,一般的厂家和研发人员,很少有那么用心和有那么大的精力去找足够多数量的电动车进行长期跟踪研究。

亦有可能跟第7个问题有关,如果程序控制过于精准,可能会导致充电器无法完成老化检测。

9. 充电器是否需要校准,用户能否自行修改参数?

答:早期的充电器设计会使用可调电阻,一方面是方便生产调试,另一方面据说确实是为校准做准备的,随着元器件的老化,数值可能会发生偏移,因此预留了校准功能,可见当时设计的初衷是要用很长时间的。目前市场竞争很激烈,充电器的寿命没那么长了,而且基本上不采用可调电阻了,因此无法校准了。

出厂已经固化设定好的参数,除了做研究的专业人士,普通用户不要去修改,容易产生安全事故。

10. 充电器在设计时对于恒压值(包括最高充电电压和浮充电压)的设定,有人说每低0.5V,里程就会缩短若干公里,是否属实?

答:这个问题要分情况分析,由于目前常规充电器的参数都会对电池造成一定程度的过充,降低电压反而能减少过充,技术人员可以自行做实验验证,根据我们的实践,最高充电电压降低0.5V,正常情况下里程不会缩短,降低了电压,得出来的里程应该是电池的真实里程,特殊情况下,不降低电压得出来的里程提升,是电池过充产生的结果。

这样往往会给用户造成一种错觉:用了某某品牌的充电器,跑得更远了,质量确实好。其实这是要牺牲电池寿命为代价的。

11. 雷雨天能否充电,充电器有没有防雷能力?

答:目前充电器成本控制得很死,很多连保险管都省略了,更别说防浪涌元件了,一旦打雷闪电导致电网产生高压,除了损坏充电器以外,还可能损坏控制器,损失很大,因此我们建议使用防浪涌插座,雷雨天暂停充电。

12. 电池为什么不设计成快充?使用快充对电池有什么危害?

答:铅酸电池的充电是电化学反应的过程,充电电流过大,必然导致电池发热、极板软化、缩短寿命。即使能从工艺上解决这个问题,那么电池和充电器的成本会大幅提升,最终都是由用户来出钱,除了送货送餐车急需快充外,一般电动车不需要快充。电动车的各方面安全设计,其极限都只是将电量用尽,人为强制让电动车超负荷工作,电机、控制器、线路持续工作发热,存在一定安全隐患。常规电动车的充电电流不会大于3A,充电接口以及相关线路的承载能力不会比这个3A大多少,一下子增大到10A,除了缩短电池寿命外,电路的安全隐患也很大。

13. 充电器为什么不设计成通用,用错充电器时,充电器是否有容错能力?

答:目前电子科技正在高速发展,但并没有多少应用到提升电动车的安全性上面。正如本文前面介绍过,充电器与电池之间就是盲婚哑嫁的关系,只要能连接到一起就行,充电过程也是盲充瞎灌。简单来说,充电器和电池之间没有任何互相甄别的机制,充电器不知道电池是否匹配,电池也不知道充电器是否匹配。这个安全关全靠人去把关,一旦人为错误,后果很难想象。因此,充电器本身是没有容错能力的,你错了,它就将错就错。

至于为什么不给充电器增加容错能力,这又是一个矛盾。首先设计生产调试难度大,其次成本增加,再次,充电器在某些特殊情况下可能无法使用:

空载0V安全无输出的充电器,必须连接电池组(检测到有电压)后才会输出电压电流。而充电器在生产检测修理环节使用的电子负载,本身是不带电压的,相当于充电器检测不到有电池组接入,因此充电器检测仪需要配备一个触发源,大约为30V左右,主要是为了兼容36-72V以及更高电压级别的充电器。至于为什么要设置在30V左右,是因为如果这个电压设定值偏高了,例如设定48V,那么,检测仪就无法检测36V充电器了,因为36V电池充满电后电压都比48V低,充电器会认为电池已经满电,所以不工作。例如有厂家给48V充电器增加了容错能力,目的是防止用户将48V充电器误用到36V电池组上面。它的工作原理:接入的电池组,电压要高于40多伏,才会被认为是正确的电池组,低于这个数值,充电器则会认为接入的是36V电池组,出于安全考虑,充电器不工作。这样还导致了充电器检测仪无法触发这种充电器,给生产和检测都带来很多不便。

从上述情况来看,72V充电器,即使接到36V电池组,它也是能够开始充电的,可见用错充电器是非常危险的行为,我们就不要指望充电器本身有容错能力了。

在实际使用当中,用户有可能忘记充电,而导致电池电压偏低,在电池未出现明显硫化的时候,只要接上充电器,是可以逐渐给电池补充电量而恢复正常的。而具有容错能力的充电器,此时就无能为力了,不管是用户还是专业修理师傅,都会误认为电池彻底报废了。

增加容错能力尚且如此多问题,通用充电器就更加多问题了。

市面上有出现通用充电器的,除了造价不便宜之外,出于安全考虑,估计厂家都不敢生产,商家也不敢销售。

充电器和电池之间是没有任何安全交互机制的,现在要让充电器认出电池,除了实施难度大之外,不确定因素也太多了,安全隐患很多。

目前出现过的通用充电器主要有两种:一种是各项工作参数由用户设定调节的,需要具备专业知识才能用,另一种是全自动智能的,人工无法干预。有些是36-72V通用,有些是48-60V通用,有些是只支持一种电压级别,宣称能兼容同电压级别的数种不同容量的电池。

由用户设定的通用充电器,如果人为不发生错误,那么使用起来是安全有效的,如果人为发生错误,也是有安全隐患的。

全自动智能,人工无法干预的通用充电器,安全隐患更多,首先是电压级别的识别,充满电的48V电池组,实时电压有53V左右,而60V电池组的放电截止电压是52V左右,48V和60V电池组的电压范围存在交集。这时,充电器极易将48V电池组识别成60V电池组,即使程序设计得再完善,也不能排除用户在48V电池组已经满电的时候又充电,再者,万一充电过程中发生短暂停电,那么48V电池组的实时电压至少有55V以上,此时一旦来电,充电器百分百会将48V电池组误判成60V电池组。如果程序后期没有自动纠错能力,后果很严重。

笔者曾经测试过某款自称48V12-20AH通用的充电器,根据我们的实测,其电流一般都是按20AH电池组的参数输出2.8A左右,虽然不存在电压级别识别错误的安全隐患,但对于12AH电池组仍然不是最佳的充电参数,因此,其宣称兼容,应该只是一种宣传手段罢了。

前面我们介绍过了,各个厂家为了防止用户用错充电器,使出了浑身解数,即使各家接口互不兼容,但仍然无法避免用户同时拥有同一厂家的电动车数辆,在某辆车配套充电器损坏时,病急乱投医,拿另一辆不同电池型号规格的电动车原装充电器来使用,同样存在安全隐患。

因此,我们希望能解决这个安全隐患的方案尽快出台。

14. 请详细介绍一下用错充电器的各种情况。

答:用错充电器的情况主要有以下四种:

(1)高充低

在所有用错充电器的情况当中,高充低是危险级别最高的一个。例如使用60V充电器对48V电池组进行充电。我们知道,48V电池组的最高充电电压是59V左右,而60V电池组的最高充电电压是73V左右,60V充电器必须把电池电压充到73V才能完成第一阶段恒流段再进入恒压段,以48V电池组的体质,充到灰飞烟灭都达不到73V,因此充电器永远无法结束第一阶段的充电,始终以最大电流持续对电池进行充电,直到电池爆炸起火。因此严禁高充低。

(2)低充高

例如使用48V充电器给60V电池组充电,这种情况在电池亏电严重的时候能充进一少部分电量,不过充电器很快就会结束充电。在电池电量较足时,充电器不工作。

注意:如果使用48V充电器给72V或者更高电压的电池组充电,即使没有接交流电的情况下,极有可能电池组的电压超过充电器元器件的最高耐压值,导致充电器损坏。

(3)大充小

例如使用48V20AH充电器给48V12AH电池组充电,这种情况比较有趣,普遍认为会过充,只有充分了解电池的充电原理之后,你会发现,这种情况不会过充,反而不一定有48V12AH充电器充得满。

为什么会这样呢?如果排除浮充阶段不考虑,因为48V20AH充电器的转灯电流大于48V12AH充电器的转灯电流,两者一对比,在这种情况下,相当于充电器提前结束了充电,所以大充小,理论结果不是过充,而是欠充,充不满的。当然,实际充电过程中,充不满的会在浮充段补足,所以是能充满的。只不过48V12AH电池组的最佳充电参数仍然是使用配套的48V12AH充电器。

(4)小充大

例如使用48V20AH充电器给48V45AH电池组充电,这个跟大充小一样有趣,普遍认为会充不满,这个问题要具体分析。

首先,48V20AH充电器给配套的48V20AH亏电电池组充电,全程大概需要8-10小时,如果用来给48V45AH亏电电池组充电,充电8-10小时就人为停止充电了,那么这种情况下就是充不满,大约只充了50%的电量。

其次,如果充电时间足够长(例如超过24小时),用48V20AH充电器给48V45AH电池组充电,结果不是充不满,而是过充,甚至电池会鼓包。

为什么会这样呢,因为48V20AH充电器的转灯电流小于48V45AH充电器的转灯电流,相当于48V45AH电池已经充满了,但充电器仍然持续充电,百分百过充,如果电池状况不佳,极易出现热失控鼓包的情况。

15. 原车使用60V20AH电池组,更换同体积同尺寸的60V22AH黑金电池后,里程提升不明显,商家说是充电器小了导致充不满,是否需要更换充电器?

答:这种情况不需要更换充电器,只不过充电时间会长一些。电池容量才增加了一点点,从技术角度分析,不会充不满,而且会有一定程度的过充,因为电池容量大了,充电器的转灯电流没有相应提高,请参考第14个问题。至于商家宣传原来的充电器充不满或者用户反应里程提升不明显,我们猜测,可能是这种高容量版电池,初期工艺不太成熟,品质不佳,或者商家想掩饰数据被夸大宣传的说辞。

16. 兼容48V12AH和48V20AH两种电池组规格的电动车,由48V12AH电池组换成48V20AH电池组后,感觉力度大了,车速也快了,是什么原因?是否会因为电池容量增大而导致电流过大烧坏电机,是否需要更换充电器或其他部件?

答:由于原车设计是兼容两种规格的电池组的,更换同电压级别更大容量的电池组,不存在超压使用的情况,因此不必担心对车辆部件有伤害。整车重量会增加,同时续航里程会有大幅提升。

输出电流的大小是由控制器决定的,控制器的最大输出功率不会随电池容量的增减而产生明显的变化。在控制器没有更换的情况下,是不会出现电流过大烧坏电机的情况的。

20AH电池组存储的电能更多,在输出同等大小电流的情况下,其电压下降幅度会比12AH电池组的下降幅度小一些,也就是说,20AH电池组的实时负载电压会略高一些,我们知道,功率=电压X电流,电压略高,电流大小一样,电机的实时功率会稍高于使用12AH电池组时的功率,因此电动车的力度和车速也会稍为提高,是正常现象。另外,同一组电池组,随着电量的下降(电压下降),动力会不断减弱,最高车速也会随之下降,就是这个道理。

更换了48V20AH电池组后,需要更换配套的48V20AH充电器,其他部件不需要更换。

(未完待续)

◇广州 钟伟初

天玑 9000 能否成为联发科的破局之作

联发科在北京时间 11 月 19 日发布了全新的旗舰芯片——天玑 9000，除了在发布时间上成功截胡了即将在 12 月 1 日发布的高通新一代骁龙 8 系旗舰芯片外，这次的天玑 9000 实打实地让我们看到了联发科拿下“旗舰”之名的实力。

在联发科官方的发布会 PPT 上也为大家展示了天玑 9000 在性能、多媒体和连接等重要关键技术上的十项世界第一：

1.全球首款台积电 4nm 工艺芯片；

2. 全球首款采用 Cortex-X2 架构芯片，频率 3.05GHz；

3.全球首款采用 Mali-G710 MC10 GPU 的芯片；

4. 全球首款支持 LPDDR5x 7500Mbps 内存的芯片；

5.全球首款支持 3.2 亿像素相机的芯片；

6.全球首款硬件级 3-cam 3-exp 18bit HDR 的芯片；

7.全球首款支持 8K AV1 视频播放的芯片；

8.全球首款支持 3cc 载波聚合的 5G 芯片；

9.全球首款 R16 UL 增强型的 5G 芯片；

10.全球首款支持蓝牙 5.3 的手机芯片。

天玑 9000 强在哪里？

我们从重点的工艺制程、芯片架构、GPU 等核心方面来分析。近年来芯片的工艺制程成为影响甚至制约手机产品发展的关键，以往在芯片工艺制程上，联发科选择了比较保守的策略。这一次天玑 9000 则是首发了台积电已量产的工艺制程里最先进的 4nm 技术，从而带来更优的低功耗以及長续航表现，为下面介绍的性能提升创造更大的空间。

CPU 方面，天玑 9000 采用最新的 Arm v9 架构，为 1 颗 Cortex-X2 超大核（3.05GHz）+3 颗 Cortex-A710 大核（2.85GHz）+4 颗 Cortex-A510 小核（1.8GHz）的三丛集架构设计。根据 Arm 官方数据显示，Cortex-X2 超大核在搭配 8MB 三级缓存时相较于上一代的 Cortex-X1，整体性能提升了 16%，天玑 9000 在此基础上还有 6MB 的系统缓存，加上最高支持 7500Mbps LPDDR5x 的内存规格，可以充分发挥 Cortex-X2 超大核的性能。

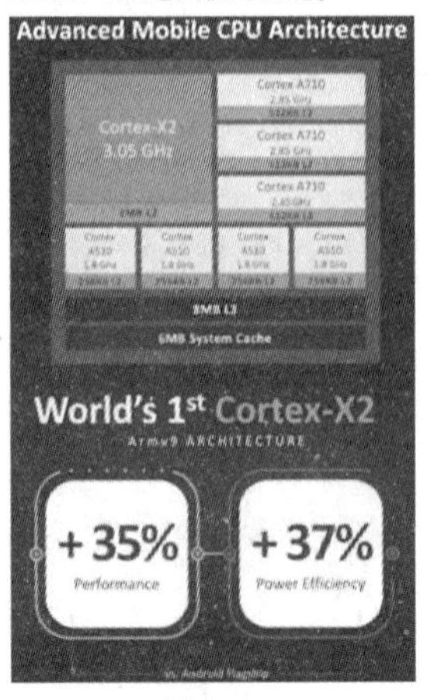

天玑 9000 上 Cortex-X2 超大核提升了 35%性能和 37%能效，哪怕面对接下来的其他的旗舰手机芯片，例如高通即将推出的骁龙 8 系旗舰芯片平台，天玑 9000 芯片的性能仍然不落下风！

在这颗 Cortex-X2 超大核的基础上，天玑 9000 芯片还采用了全新的 Cortex-A710 和 A510 内核，前者相较于上一代的 Cortex-A78 有着 10%的性能和 30%的能效提升；Cortex-A510 在机器学习方面的性能相较上一代的 Cortex-A55 也有着 3 倍的提升。

另外，天玑 9000 芯片上首发了 Mali-G710 MC10 GPU，联发科官方数据显示，其图形性能相比竞品提升了 35%，且能效提升了 60%。在关注度日益增长的 AI 性能上，天玑 9000 芯片上的第五代 APU 相比上一代芯片增长了 4 倍，能效也提升了 4 倍，为 AI 拍照、人工智能语音助手等场景应用提供支持。

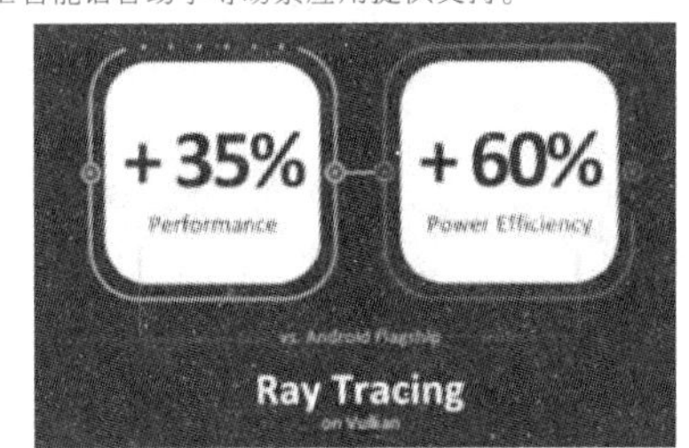

近两年的天玑 1000 Plus 和天玑 1200 让联发科在市场上的知名度、口碑得到了很大的肯定，包括 OPPO、vivo、iQOO、小米、realme 等品牌的主力机型均有采用联发科天玑系列 5G 芯片。

天玑给联发科带来的成功具体还表现在市场份额上，据调研公司 Counterpoint Research 数据显示，联发科以 38%的市场份额成为今年第二季度全球最大的手机芯片供应商，这已是联发科连续四个季度拿下第一名。可以说，联发科既是全球 5G 网络的推动者，也是其中的受益者。

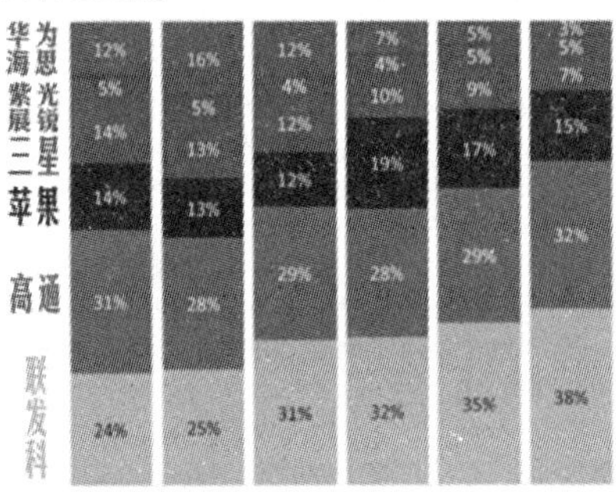

2020年1季度~2021年2季度全球移动端芯片占有率

随着 5G 网络在全球范围内逐步普及以及不断下沉，联发科在主流市场上的价格优势，有助于他们在市场份额上仍然有持续增长的动力。

基于成本、技术和市场需求的考虑，联发科天玑系列 5G 芯片以往把产品重点放在了功耗续航和无线连接表现上，因此在性能上做了一定的取舍。这一次天玑 9000 芯片除了上面提及的工艺制程、CPU 和 GPU 等核心性能外，其集成的最新 M80 5G 基带在毫米波、R16 标准等 5G 技术上有着出色的优势，能满足未来国内外 5G 网络长远发展的需求。

可以预见到，接下来一年相信会有不少手机厂商选择联发科+高通双平台双旗舰的策略，一是可以规避单一芯片平台造成的风险；二是使得手机产品具有更多的差异化竞争，让手机厂商在市场竞争占有优势。天玑 9000 芯片有能力成为联发科开启高端旗舰市场的钥匙。

再看看天玑 9000 的主要对手，也就是北京时间 12 月 1 日即将发布的高通骁龙 8 系新一代的旗舰芯片骁龙 8 Gen1（暂称）。

骁龙 8 Gen1 在规格上同样是 4nm 工艺制程（高通为三星代工生产，不过此前根据市场表现来看，同样工艺下台积电的工艺确实要比三星更有优势一些）、高频 Cortex-X2 超大核和新一代的 GPU 架构等规格，与天玑 9000 芯片在硬件参数上难分伯仲。并且网络上已经曝光小米、摩托罗拉、iQOO 等厂商对骁龙 8 Gen1 已经虎视眈眈，争相抢骁龙 8 Gen1 的首发，预计最快年内就会有搭载骁龙 8 Gen1 芯片平台的终端手机推出。

从芯片发布到终端手机发布上市，骁龙 8 Gen1 的快节奏给天玑 9000 带来不小的竞争压力，搭载天玑 9000 芯片的终端手机何时能大规模发布上市，将成为影响天玑 9000 芯片在高端前进步伐的关键因素，而这一切则受限于天玑 9000 芯片的量产情况。

其次，台积电 4nm 工艺制程芯片的产能因素。天玑 9000 芯片首发采用的是台积电最新的 4nm 工艺制程，有消息称台积电 4nm 今年第三季度才开始试产，本季正式量产。较晚的量产时间和正在爬坡的产量正是为何苹果 A15 和 M1 Pro/MAX 芯片选用 N5P 工艺，而 4nm 工艺制程的原因。4nm 量产初期的良品率、产能将决定天玑 9000 芯片的出货交付时间和数量。在每年新手机发布集中的第一季度，芯片交付时间必然决定着天玑 9000 市场走向的重要因素，希望联发科在发布前已经是有备（货）而来。

最后一个最关键的问题——价格，无论是高通的骁龙 8 Gen1 系列还是天玑 9000（包括天玑 7000），目前在规格和工艺制程中如此堆料，在研发和生产成本上自然会有所上升，最终必然会表现在芯片和终端手机的价格上，怎样的定价才能实现自身品牌定位的提升以及保持现有的市场竞争力，这既考验着联发科决策层的大智慧，也反映出手机厂商对天玑 9000 芯片能有多大的信心，愿意给到多少的硬件配置投入，毕竟 4G 时代下联发科给不少用户烙上了“低端”的印记，5G 时代虽有改观但仍然面临不小的品牌效应。

PS：

据市场爆料的信息来看，首款搭载天玑 9000 处理器的品牌很有可能是 realme 手机；此外，红米 K50 系列中的某一款机型也会搭载天玑 9000 处理器，其中红米 K50 系列至少提供四款机型，代号分别为 I10、I10a、I11、I11r，配置各不相同，除了搭载天玑 9000，还会有搭载高通处理器的机型。

天玑 7000 处理器虽然整体的性能比不上天玑 9000 处理器，但和天玑 1200 处理器相比，肯定会拉开非常大的差距。

而首款搭载骁龙 8 Gen1 的手机极大的可能是联想旗下的摩托罗拉 edge X，其效果图和配置如下：

处理器	骁龙SM8450
屏幕	6.67" FHD+ 144Hz OLED
相机	后置50MP + 50MP + 2MP 前置60MP
重量	200克
操作系统	Android 12
防尘/防水	IP52
充电	68W 35分钟充至100%
电池	5000mAh
内存	8/12 GB LPDDR5 内存， 128/256 GB UFS 3.1 内存

基于 STM32 的 BootLoader 的 OTA 远程升级(三)

(上接第 571 页)

请求方式：GET

URL: http://ota.heclouds.com/ota/south/download/{token}

http请求参数

参数名称	格式	是否必须	说明
s_id	string	否	可选，踩始id，例如 s_id=1212

http头部

参数名称	格式	是否必须	说明
Range	string	否	分片信息，如果没有Range字段，默认返回所有数据

说明

头部Range字段解释：Range=start-end，目前只支持如下几种模式：

```
1、Range=start-，获取第start+1个字节到最后的数据；例如：
   Range=0-，获取所有数据。
   Range=2-，获取第3个到最后的数据。
   注意：如果start>=文件总长度,则默认start=0
2、Range=start-end，获取第start+1个字节到第end+1个字节；例如：
   Range=0-99，获取前100个字节。
   注意：end>=文件总长度len，则默认end=len-1；start>end，start被设置为0。
3、Range=-end，获取最后end个字节数据；例如：
   Range=-100，获取最后100个字节数据。
   注意：如果end>文件总长度len,则默认end=len（获取所有文件）。
4、如果头部Range不存在、或者Range没有按照如上规则上传，都视为返回所有数据。
5、Range:01-02，视为1-2。
```

状态码：

```
分片返回状态码：206
不分片状态码：200
```

每一次调用都需要token校验。

```
MD5_CTX md5_ctx; //MD5 相关变量
unsigned char md5_t[16];
char md5_t1[16];
char md5_result[40];
uint16_t time=0;
char *data_ptr = NULL;
char send_buf[256];
unsigned char flash_buf[OTA_BUFFER_SIZE]; //flash 读写缓存
unsigned int bytes = 0;
MD5_Init(&md5_ctx);
Flash_cashu();
while(bytes < size)
{
time = 0;
memset(send_buf, 0, sizeof(send_buf));
USART1_Clear(); //清除串口数据
snprintf(send_buf, sizeof(send_buf),
"GET /ota/south/download/"
"%s HTTP/1.1\r\n"
"Range:bytes=%d-%d\r\n"
"Host:ota.heclouds.com\r\n\r\n",
ctoken, bytes, bytes + bytes_range - 1);
Uart2_Send(send_buf);
//---------等待数据-------- while(time < 30)
{
if(usart_info.buf ! = 0)
break;
Delay_Ms(100);
time++;
}
if(time <= 29)
{
Delay_Ms(500);
//------跳过 HTTP 报文头、找到固件数据-------
data_ptr = strstr( (const char *)usart_info.buf, "Range");
data_ptr = strstr(data_ptr, "\r\n");
data_ptr += 4;
//---将固件数据写入缓存和闪存--- if(data_ptr ! = NULL)
{
if((size - bytes) >= OTA_BUFFER_SIZE) {
memcpy(flash_buf + (bytes % OTA_BUFFER_SIZE), data_ptr, bytes_range); STMFLASH_Write_NoCheck (FLASH_APP1_ADDR + bytes,
(uint16_t *)flash_buf,OTA_BUFFER_SIZE / 2);
bytes = bytes + OTA_BUFFER_SIZE; MD5_Update (&md5_ctx,
(unsigned char *)data_ptr, bytes_range);
}
else
{
memcpy(flash_buf + (bytes % OTA_BUFFER_SIZE), data_ptr, size - bytes); STMFLASH_Write_NoCheck (FLASH_APP1_ADDR + bytes , (uint16_t *)flash_buf , (size % OTA_BUFFER_SIZE) / 2); MD5_Update (&md5_ctx, (unsigned char *)data_ptr, size - bytes); bytes = size;
}
}
} -----------MD 校验比对------
memset(md5_result, 0, sizeof(md5_result));
MD5_Final(&md5_ctx, md5_t);
for(int i = 0; i < 16; i++)
{
if(md5_t[i] <= 0x0f)
sprintf(md5_t1, "0%x",
md5_t[i]);
else
sprintf(md5_t1, "%x", md5_t[i]);
strcat(md5_result, md5_t1);
}
if(strcmp(md5_result, ota_info.md5) == 0)
return 0;
else
return 1;
}
```

4.上报升级状态；这一步由于时间问题，我也省略了，总之程序已经下载到 MCU 上了，只是没有通知服务器而已，大家最好还是加上这一步。

请求方式：POST

URL: http://ota.heclouds.com/ota/south/device/download/{token}/progress

我只想看示例！！！

http头部

参数名称	格式	是否必须	说明
Content-Type	string	是	必须为application/json
Authorization	string	是	安全鉴权信息

http 请求参数

参数名称	格式	是否必须	说明
dev_id	long	是	设备id

http 请求内容

参数名称	格式	是否必须	说明
step	int	是	取值为[0,100]，下载进度比

返回参数

参数名称	格式	说明
errno	int	调用错误码，为0表示调用成功
error	string	错误描述，为"succ"表示调用成功

说明

1、设备在下载升级包的过程中（分片下载），可以根据需要上报下载进度（设备处于"下载中"，才能上报step=[0,100]）；

2、如果设备上报的下载进度为100（即step:100），那么平台会将设备的升级状态从"正在下载"修改为"正在升级"状态；

3、只有当设备处于"正在下载"状态时，设备才能够使用该接口上报下载进度，其他状态将返回"invalid state"的错误；

4、step如果大于100，将作为上报状态使用（设备处于：待升级、下载中、升级中，这三个状态时，可以通过上报如下状态码完成升级流程。其他状态如：已取消，升级失败、升级成功、暂停时，不能上报如下状态）：

状态码	说明
101	升级包下载成功（设备状态变成：升级中）。
102	下载失败,空间不足（设备状态变成：升级失败）。
103	下载失败,内存溢出（设备状态变成：升级失败）。
104	下载失败,下载请求超时（设备状态变成：升级失败）。
105	下载失败,电量不足（设备状态变成：升级失败）。
106	下载失败,信号不良（设备状态变成：升级失败）。
107	下载失败,未知异常（设备状态变成：升级失败）。
201	升级成功，此时会把设备的版本号修改为任务的目标版本（设备状态变成：升级完成）。
202	升级失败,电量不足（设备状态变成：升级失败）。
203	升级失败,内存溢出（设备状态变成：升级失败）。
204	升级失败,升级包与当前任务目标版本不一致（设备状态变成：升级失败）。
205	升级失败,MD5校验失败（设备状态变成：升级失败）。
206	升级失败,未知异常（设备状态变成：升级失败）。
207	达到最大重试次数（设备状态变成：升级失败）。
208	设备升级过期（设备状态变成：升级失败）。

5.main 函数循环；

```
char rrr;
char dev_id = {"640600857"};
char Authorization = {"version=2018-10-31&res=products%2F378414&et =1735660800&method =sha1&sign =9EgY%2Bk4r%2BlvCooIGf1ghtQFC0%2Bc%3D"}; char Version = {"V10"};
while(1)
{
switch(pro)
{
case 1 : //上报版本 if (Report_Version(dev_id,Authorization,Version,10) == 0) pro++;
break;
case 2 : //检查任务 if(Detect_Task(dev_id,Version,Authorization,50) == 0)
pro++;
break;
case 3 : //接收 token、size、md5 信息
rrr = json_get_value((char *)usart_info.buf,"token",ota_info.token); rrr = json_get_value ((char *)usart_info.buf,"size",ota_info.csize); rrr = json_get_value ((char *)usart_info.buf,"md5",ota_info.md5); ota_info.size = atoi(ota_info.csize);
pro++;
break;
case 4 : //进行下载
res = Download_Task (ota_info.token,ota_info.size,OTA_BUFFER_SIZE,10); if(res == 0) //校验成功
{
pro++;
}
else if(res == 1) //校验失败
{
pro = 1;
}
break;
case 5 : //Flash 写入升级完成的标志位
USART1_Clear();
STMFLASH_Unlock();
STMFLASH_WriteHalfWord (FLASH_APP1_ADDR - 0x64, 0xFF02);//写入数据 STMFLASH_Lock();
pro++;
break;
case 6 : //复位或者跳转到 APP
Sys_Soft_Reset (); //iap_load_app(FLASH_APP1_ADDR); break;
}
}
```

下图是升级的历史

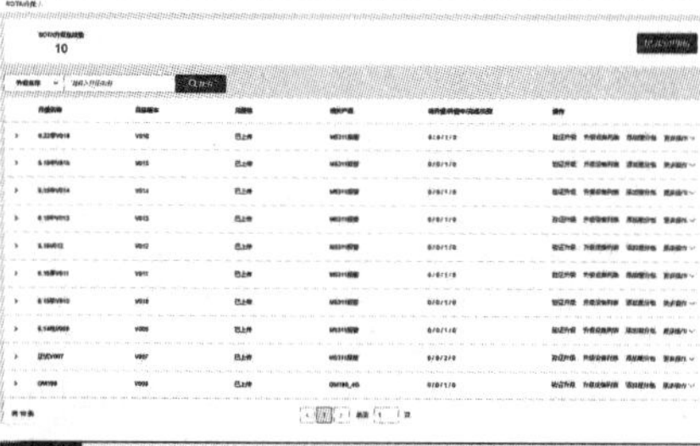

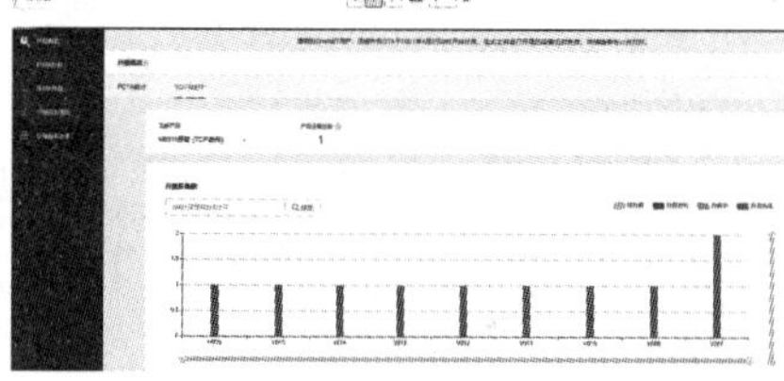

八、注意事项

1.鉴权参数是需要自己去算的，具体算法请见我之前写的帖子和附件（https://bbs.21ic.com/icview-3144666-1-1.html）

2.由于用的是 STM32F030F4P6，RAM 也非常小，所以局部变量和全局变量的数组不要超过 4K，堆栈大小有改动。当前用内存管理的话就不用了。

startup_stm32f030x6.s
34 ; Amount of memory (in bytes) allocated for Stack
35 ; Tailor this value to your application needs
36 ; <h> Stack Configuration
37 ;   <o> Stack Size (in Bytes) <0x0-0xFFFFFFFF:8>
38 ; </h>
40 Stack_Size EQU 0x000000C0
42 AREA STACK, NOINIT, READWRITE, ALIGN=3
43 Stack_Mem SPACE Stack_Size
44 __initial_sp
47 ; <h> Heap Configuration
48 ;   <o> Heap Size (in Bytes) <0x0-0xFFFFFFFF:8>
49 ; </h>
51 Heap_Size EQU 0x00000800
53 AREA HEAP, NOINIT, READWRITE, ALIGN=3
54 __heap_base
55 Heap_Mem SPACE Heap_Size
56 __heap_limit
58 PRESERVE8
59 THUMB

3.OTA 校验用的是 MD5，需要把 MD5 的算法移植一下。

4.别的想不到了，太长时间了。

总结：

OTA 的方法只是我个人的理解，可能有的地方不正确，欢迎大家指点。BootLoader 代码也是很早之前写过的一个 Demo，最简化的，传输协议、加密、升级失败的操作、回滚等等都没有涉及，只是一个 OTA 演示的例子，代码水平有点差，大家将就的看，参考一下就可以了哈，感谢！

(全文完)

基于康复训练环境智能测控系统的五种控制系统设计

摘要：随着单片机嵌入式技术、物联网人工智能技术的发展，智能电子技术已广泛应用于一些生产生活中；随着我国国产数智芯片的发展，利用国产芯片实现智能电子产品设计，是开发者们开发设计主要的取材趋向；通过应用 esp8266、ASR one 智能语音、声音模块等硬件实现了 APP 物联网、手动遥控器控制、声音控制、自动控制五种模式来为病人提供舒适的腿部伸展辅助活动，解决了下肢需要康复的病人恢复过程缓慢、繁琐且全依靠护理人员的问题。

关键词：人工智能；国产数智芯片；esp8266；ASR one 智能语音模块

1 引言

扶持国产医疗设备政策频出，国产医疗设备厂商有望迎来高速发展的黄金十年。在"进口替代"的主旋律下，未来实现医疗设备国产化的领域将会更多。由于新冠疫情，医疗器械价格很难会落到之前的水平，价格上涨可能还会持续几年左右。病人的康复需要花费大量的时间与人力去做康复辅助训练，过程漫长需要随时有人看护并且会产生大量费用；同类型的康复器械控制原理单一，价格昂贵。

本文在以对基于互联网+设计应用，智能电子系统在羊肚菌种植管理中的应用，国产 STC 单片机的双语言编程研究，基于 Arduino、App Inventor 物联网系统在学徒制教学实践中的应用，对作者张延恒等对移动式康复训练机器人及下肢康复运动分析的研究，通过人工智能电子产品设计、物联网技术以及传感器等相关知识以及人性化的考虑，专门为偏瘫病人设计了一种低成本、智能化、手自动运行多功能控制、便捷可靠的下肢康复人工智能辅助系统，能够帮助患者活动下肢，促进身体机能恢复、降低复发率、减少并发症，同时既减轻了陪护家属的时间与精力，又可节约总体治疗费用。

2 背景分析

从市场需求方面看，我国拥有大量人口，其中偏瘫患者、骨关节肌肉疾病患者以及老年人等，需要相应的智能化，人性化下肢康复辅助系统的人群也有一定的比率，并且由于二胎政策的开放人口和老龄化阶段，我国未来人口还将上涨，这就使得康复医疗服务及康复医疗器械方面的在一段时间内需求还将持续增长病人面临的问题：

(1)病人中老年人占有一定比例，所以对与一些比较复杂的智能康复设备的操作使用较为困难，这就使得偏瘫病人对于一款操作简单便捷的智能康复辅助系统有所需求。

(2) 偏瘫病人的康复时间漫长，对于部分中低产家庭来说，请护工会加重家庭负担，因此大多数陪护家属往往需要兼顾工作的同时照顾病人，这就使得陪护家属需要花费大量的时间、费用和精力。

3 系统设计

人工智能训练系统是通过人工智能语音，物联网远程手机 App 控制，手动和遥控器控制，自动控制，声音控制，五种控制模式来为病人提供舒适的腿部伸展训练的同时提供更好的舒适度和安全系数，为实现整个系统的智能化和手自动远程多功能控制，通过利用语音模块、按键及 App 发送的指令及声控模块，通过单片机串口对指令和数据的采集、分析形成语音控制 ID，再通过调用语音对应 ID 发出打开(伸出)、关闭(缩回)、自动(伸缩)和停止设备，实现设备的伸缩与停止，利用机器设备自动运行，带动病人的腿部进行屈伸训练，并且采用手动控制和遥控作为辅助控制。实物硬件连接如图 1 所示。

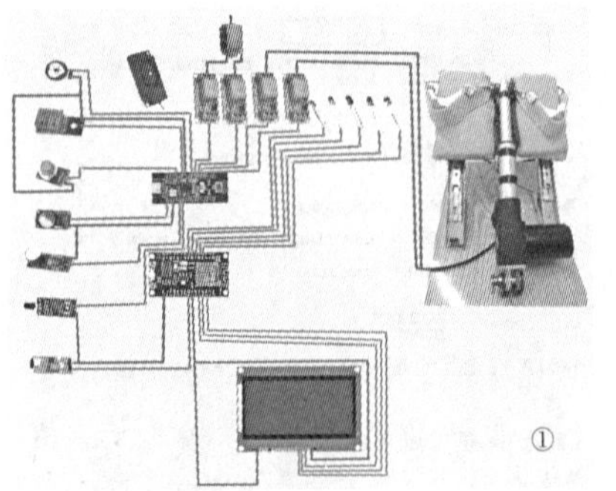

①

4 硬件系统设计

1. ASR-ONE 人工智能语音芯片

系统采用 ASR-ONE 人工智能语言芯片作为人工智能语言控制主控系统。ASR-ONE 是一颗专用于语音处理的人工智能芯片，可广泛应用于家电、家居、照明、玩具等产品领域，实现语音交互及控制。ASR-ONE 内置自主研发的脑神经网络处理器 BNPU，支持 200 条命令词以内的本地语音识别，内置 CPU 核和高性能低功耗 Audio Codec 模块，集成多路 UART、IIC、PWM、GPIO 等外围控制接口，可以开发各类高性价比单芯片智能语音产品方案。

本系统采用 ASR-ONE 芯片为主的最小系统作为主控系统，将手控自动按钮和手控停止按钮配置在 PWM0/EXT_INT0(P11)和 PWM1/EXT_INT1(P12)上。而主控输出 GPIO23(P23)和 GPIO24(P24)分别配置为输出打开和输出关闭两个继电器低电平驱动。通过发送指令控制这两个引脚 P23、P24 为 01 时打开设备，为 10 时关闭设备，00 时停止设备，而自动运行是通过软件执行定时打开和关闭。

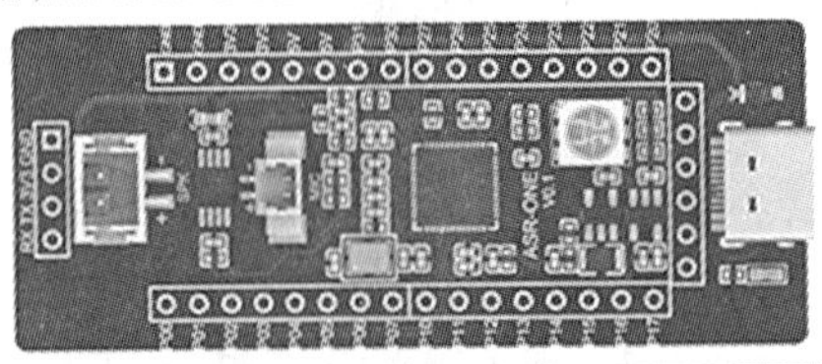

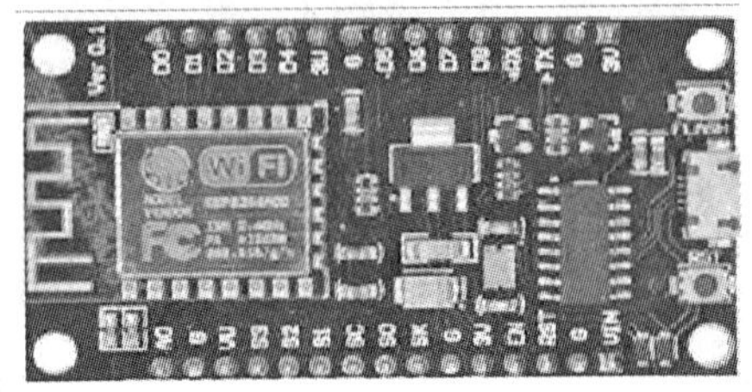

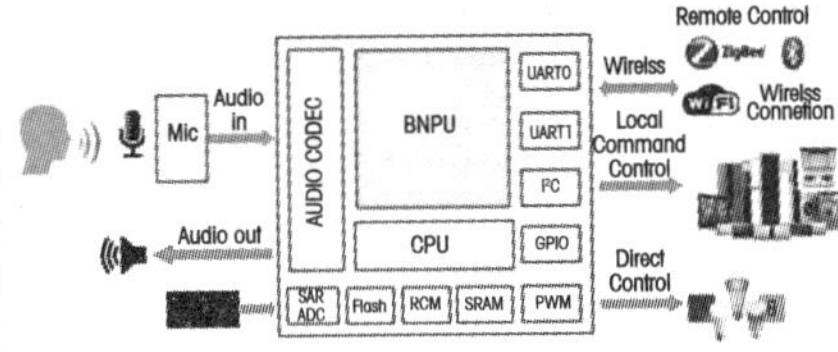

2. ESP8266WiFi 模块

本系统采用市面上通用经济实惠的 ESP8266-12F 型 WiFi 模块开发板，如图 4 所示。通过其连接 Blynk 物联网，实现手机远程 App 操作与状态显示，并通过该模块驱动 LCD12864 液晶显示屏显示设备操作模式和工作状态，及连接声音传感器采集患者呻吟的声音信号控制设备自动运行。通过对该模块的性能分析和功能设计，将其 A0 端口配置为声控传感器输入，串口 TXD0(GPIO3)和 TXD0(GPIO1)配置为串口与 ASR 串口连接实现通信。

5 软件系统设计

当比对 ID 为 16 时，属于系统串口接收来自 ESP8266 模块的声控自动模式，将该 ID 号进行识别用消息的形式发送给主控执行系统，实现"声控自动"运行设备。

当比对 ID 为 17 时，属于系统串口接收来自 ESP8266 模块接收远程手机 App 发送的"打开"指令，将该 ID 号进行识别用消息的形式发送给主控执行系统，实现"App 控打开"运行设备。而 18、19、20 分别是来自手机远程 App 的"关闭"、"自动"和停止指令，将该 ID 号进行识别用消息的形式发送给主控执行系统，实现"App 控关闭"、"App 控自动"或"App 控停止"运行设备。系统以便识别出 ID 号执行操作。如图 2 所示。

```
BLYNK_WRITE(V0) {
  v0_dakai = param.asInt();
  delay(2);
  if (v0_dakai == 1) {
    Serial.write(0x11);

  }
  串口APP控();
  串口打开();
  delay(1);
}

BLYNK_WRITE(V1) {
  v1_guanbi = param.asInt();
  delay(2);
  if (v1_guanbi == 1) {
    Serial.write(0x12);

  }
  串口关闭();
  串口APP控();
  delay(1);
}

BLYNK_WRITE(V2) {
  v2_zidong = param.asInt();
  delay(2);
  if (v2_zidong == 1) {
    Serial.write(0x13);

  }
  串口APP控();
  串口自动();
  delay(1);
}

BLYNK_WRITE(V3) {
  v3_tingzhi = param.asInt();
  delay(2);
  Serial.write(0x14);
  串口停止();
  串口APP控();
}
```

```
void zhukong_moshi(){
  while (1) {
    if(xQueueReceive(dakai,&dakai_id,0)){
      zhu_tingzhi = 0;
      zhu_zidong = 0;
      zhu_guanbi = 0;
      zhu_dakai = 1;
      _E4_B8_BB_E6_8E_A7_E6_89_93_E5_BC_80();
    }
    if(xQueueReceive(guanbi,&guanbi_id,0)){
      zhu_zidong = 0;
      zhu_tingzhi = 0;
      zhu_dakai = 0;
      zhu_guanbi = 1;
      _E4_B8_BB_E6_8E_A7_E5_85_B3_E9_97_AD();
    }
    if(xQueueReceive(zidong,&zidong_id,0)){
      zhu_tingzhi = 0;
      zhu_dakai = 0;
      zhu_guanbi = 0;
      zhu_zidong = 1;
      LED_E9_BB_84_E9_97_AA_E7_83_81();
      while (!(xQueueReceive(tingzhi,&tingzhi_id,
        delay(10);
        _E4_B8_BB_E6_8E_A7_E6_89_93_E5_BC_80();
        delay(2500);
        LED_E9_BB_84_E9_97_AA_E7_83_81();
        _E4_B8_BB_E6_8E_A7_E5_85_B3_E9_97_AD();
        delay(2500);
        LED_E9_BB_84_E9_97_AA_E7_83_81();
      }
      digitalWrite(20,1);
    }
    if(xQueueReceive(tingzhi,&tingzhi_id,0)){
      zhu_dakai = 0;
      zhu_zidong = 0;
      zhu_guanbi = 0;
      zhu_tingzhi = 1;
      _E4_B8_BB_E6_8E_A7_E5_81_9C_E6_AD_A2();
    }
    delay(2);
  }
vTaskDelete(NULL);
}
```

图 2 手控自动模式和声控模式程序

当比对 ID 为 4 时，属于系统手控停止按钮低电平触发的"手控停止"语音 ID，此时相应向串口发送属于主控的"手控停止模式"到 ESP8266 的 LCD 和 App 显示控制中进行"手控停止模式的显示"；同时将该 ID 号进行识别用消息的形式发送给主控执行系统。

当比对 ID 为 5 时，属于系统语音控制的触发的"打开设备"语音 ID，此时相应向串口发送属于主控的"语控打开设备"到 ESP8266 的 LCD 和 App 显示控制中进行"语控"模式和"打开"状态；同时将该 ID 号进行识别用消息的形式发送给主控执行系统。其他的 6、7、8 分别属于"语控"的"关闭"、"自动"和"停止"，程序如图 3 所示。

```
void zhukong_kongzhi(){
  while (1) {
    if(gpio_get_irq_status(9)){
      enter_wakeup(5000);
      delay(200);
      ASR_send_id(3);
      delay(200);
      Clear_GPIO_irq(9);
    }
    if(gpio_get_irq_status(10)){
      enter_wakeup(5000);
      delay(200);
      ASR_send_id(4);
      delay(200);
      Clear_GPIO_irq(10);
      _E4_B8_BB_E6_8E_A7_E5_81_9C_E6_AD_A2();
    }
    delay(2);
  }
vTaskDelete(NULL);
}
if(xQueueReceive(zidong,&zidong_id,0)){
    zhu_tingzhi = 0;
    zhu_dakai = 0;
    zhu_guanbi = 0;
    zhu_zidong = 1;
    LED_E9_BB_84_E9_97_AA_E7_83_81();
    while (!(xQueueReceive(tingzhi,&tingzhi_id,0))) {
      delay(10);
      _E4_B8_BB_E6_8E_A7_E6_89_93_E5_BC_80();
      delay(2500);
      LED_E9_BB_84_E9_97_AA_E7_83_81();
      _E4_B8_BB_E6_8E_A7_E5_85_B3_E9_97_AD();
      delay(2500);
      LED_E9_BB_84_E9_97_AA_E7_83_81();
    }
    digitalWrite(20,1);
  }
```

图 3

6 结语

本项目偏瘫病人智能辅助训练系统则是运用多种功能整合，在辅助偏瘫病人的同时为病人提供良好的康复环境，使他们能够尽快康复，这对偏瘫病人和其家属来说都具有一定非常重要的价值和意义。

作为在校学生，我们应用所学专业知识，将其转化为服务社会、解决生活中瘫痪病人的康复困难、改善患者的病痛和减轻护理人员的工作量与疲劳程度，是实现社会价值，特别是为一般家庭和农村因病致贫的家庭减轻负担，实现科技与专业助力脱贫攻坚和乡村振兴。

◇西南科技大学 城市学院 王源浩 左航 吴瑞 孙宇 代卓婷

基于树莓派搭建一个个人服务器(一)

No.1 前言

由于本人在这段时候，看到了一个叫作树莓派的东西，初步了解之后觉得很有意思，于是想把整个过程记录下来。

No.2 树莓派是什么?

Raspberry Pi(中文名为树莓派,简写为 RPi,(或者 RasPi/RPI)是为学习计算机编程教育而设计),只有信用卡大小的微型电脑,其系统基于 Linux。随着 Windows 10 IoT 的发布,我们也将可以用上运行 Windows 的树莓派。

自问世以来,受众多计算机发烧友和创客的追捧,曾经一"派"难求。别看其外表"娇小",内"心"却很强大,视频、音频等功能通通皆有,可谓是麻雀虽小,五脏俱全。

1. 用我的话理解

用我的话理解就是树莓派就是一台主机,你可以外接显示器,键盘鼠标,U 盘等等外设,因为它体积很小,而且又有很多串口和外接的口,可以直接调用很多底层硬件。

2. 市面上的型号

市面上大多是 3 代 B+型,淘宝一搜树莓派一大堆都是,价钱纯主板(不要任何外设)在 230 元左右,有点小贵,超过我的预算,所以我继续寻找廉价的,终于让我发现了一款 100 元的树莓派。

3. 树莓派 zero w

树莓派 zero w 是一款 mini 的树莓派,体质只有 3b+的 1/3。实际到手后,你会发现它真的超级小,超级可爱。以下是我的实物图,你可以看看大小到底有多 mini。

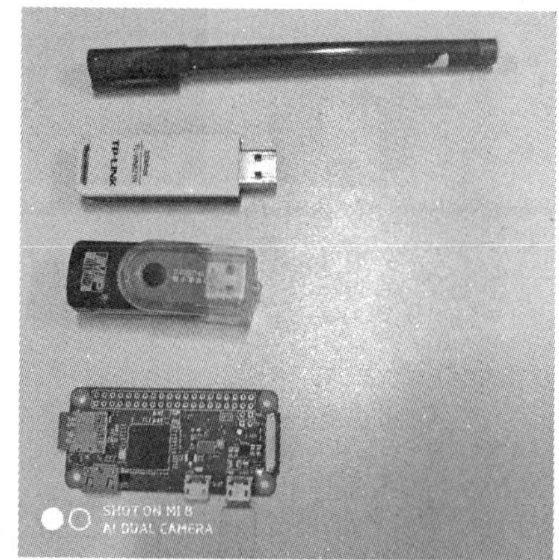

你可以看到,最上面是一根普通的黑色签字笔,接下来是一个即插即用型的外接 WiFi 网卡,然后是一个 USB 读卡器,最底下的就是我们今天的主角 zero w。它真的超级小,完美地诠释了那句"麻雀虽小,五脏俱全"的话。

zero w 这款树莓派的主要参数如下:

- BCM2835 处理器,1GHz 主频,512MB RAM
- BCM43438 WiFi/BT 芯片
- micro-USB 电源接口
- micro-USB OTG 接口
- miniHDMI 端口
- 复合视频和重置扩展接口
- 脆弱的 CSI 摄像头接口
- micro-SD 卡座,存放操作系统
- 40-pin GPIO 扩展接口
- 尺寸:65mm*30mm 你别看它的 CPU 只有 1 核,内存只有 512MB,就觉得它可能什么都做不了,但是实际上它的性能还是很好的。

4. 更多树莓派

关于更多树莓派型号或者使用教程你可以去树莓派实验室这个网站,上面有丰富的资源。

No.3 树莓派 zero w 安装系统

1. 准备

你可能提前需要准备的东西如下:

- 16GB or 32GB 的 SanDisk 内存卡(注意是以前那种放在手机上,很小的哦)
- 一根最普通不过的 usb 安卓数据线(not type-c)
- u 盘格式化工具(推荐使用 SDFormatter)
- 系统烧写工具(Win32DiskImager)
- 树莓派系统(可以去官网下载)

我使用的是 Raspbian Stretch Lite 这个系统镜像,这个系统是官方制作的,lite 是无桌面版的,只有黑漆漆的控制台,优点是体积小,省性能和内存。

名字带有 desktop 的是有桌面 ui 的,对不熟悉 liunx 系统的朋友可能更友好,但是体积很大,占用的性能也会更高。

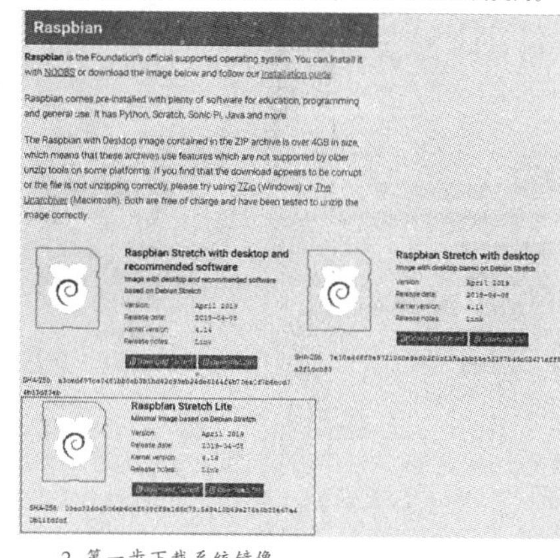

2. 第一步下载系统镜像

下载好你需要的系统镜像后,如下图

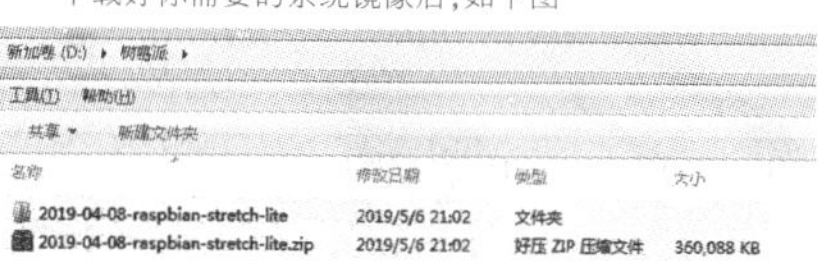

一开始只有一个 zip 的压缩包,大小大概 360MB 左右,你需要把它解压,得到上图的文件夹。

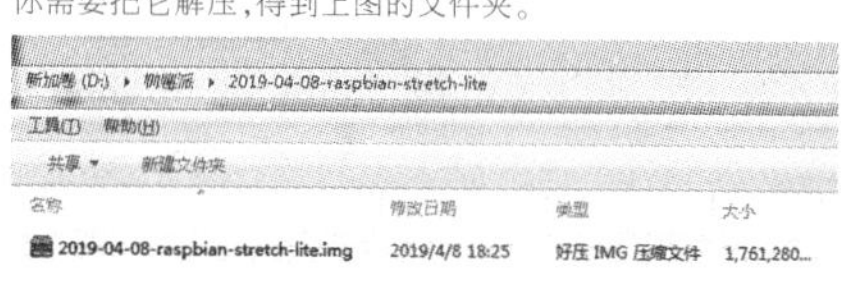

然后进入文件夹可以看到一个 img 的镜像,大小为 1.7GB 左右。

ps:这个官方的 Raspbian 镜像,如果是其他第三方的镜像,可能下载后的压缩包解压后不是 img 镜像,这种情况请另行百度解决。

3. 使用 Win32DiskImager 往内存卡中写入镜像

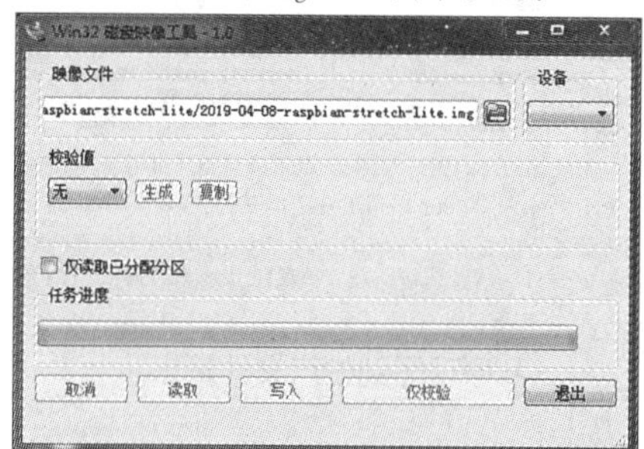

把内存卡插入读卡器后,插入电脑。

打开 Win32DiskImager 软件后,选择 img 镜像,设备选择你的 U 盘,然后点击写入就可以了,写入完成后会弹出成功的提示框。

ps:我上图没有选择设备,因为的没插入读卡器,仅仅是示范而已

4. 修改 boot 分区的文件

先别急着拔出读卡器,此时,我们电脑可以看到 U 盘中只有一个名为 boot 的分区,大小可能只有 40MB 左右,不要着急,因为 Window 不识别内存卡中 Liunx 系统的其他分区。

4.1 新建 ssh 文件

因为我们的 zero w 有一个 mini hdmi 的接口,但是我不需要屏幕,所以需要使用 ssh 连接到 zero w 中的系统,所以需要在第一次开机就能开启 ssh 功能。

我们进入 boot 分区内,然后新建一个名为 ssh 的文件,注意不要后缀名!!!! 也不要往里面写任何东西!!!

4.2 新建 wpa_supplicant.conf 文件

因为 ssh 连接是需要 IP 地址的,所以我们需要将 zero w 在第一次开机自动连接 WiFi,使其和我们的电脑处于一个局域网,这样我们才可以通过 ssh 连接到 zero w 的系统。

同样的在 boot 分区内,新建一个名为 wpa_supplicant.conf 的文件,然后往里面写入如下内容后保存:

```
country=CN
ctrl_interface=DIR=/var/run/wpa_supplicant GROUP=netdev
update_config=1
network={
ssid="你的 wifi 名字"
psk="你的 wifi 密码"
}
```

5. 组装我们的最小主机并连接

取出读卡器中的内存卡,然后插入到 zero w 中,使用一根 usb 安卓数据线连接电源(5V1A)即可。

等待几分钟,其间我们的 zero w 的指示灯会一直闪烁,很正常,等待指示灯常亮的时候,我们去路由器上,查看一下树莓派的 IP 地址。

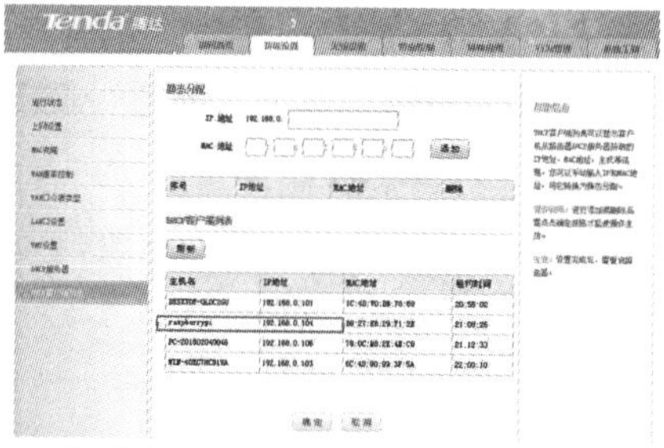

可以看到我们 zero w 的 ip 为 192.168.0.104,然后使用 ssh 连接工具(推荐使用 putty)连接树莓派,初始账户为 pi,密码是 raspberry。

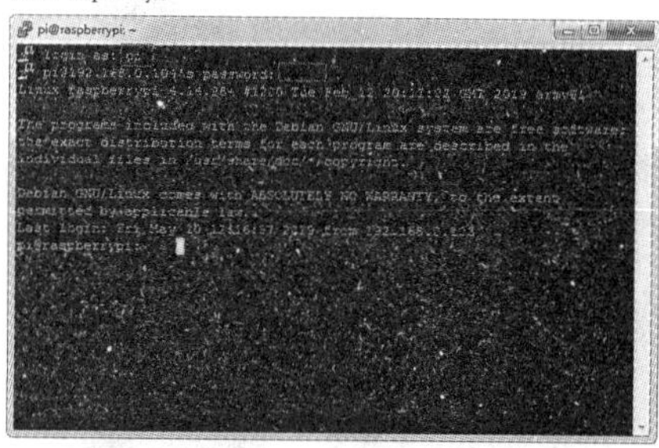

连接成功,如上图所示。这样我们的系统就正确无误的安装好了。

ps:如果是手机开启热点当作一个路由器的话,咱们手机下载一个名叫 android terminal 的 App,然后输入 IP neigh 指令,就可以查到连接到手机的设备的 IP 信息了。

6. 优化咱们树莓派的系统

6.1 修改源

因为国外的源,咱们在国内的连接过去网速很慢,所以我们需要修改为国内的源,我修改的是中科大的源。

6.1.1 修改 sources.list 文件

sudo nano/etc/apt/sources.list

--注释其他内容,添加以下:

deb http://mirrors.ustc.edu.cn/raspbian/raspbian/raspbian stretch main contrib non-free rpi

6.1.2 修改 raspi.list 文件

sudo nano /etc/apt/sources.list.d/raspi.list

--注释其他内容,添加以下:

deb http://mirrors.ustc.edu.cn/archive.raspberrypi.org/debian stretch main ui

6.1.3 执行更新

sudo apt-get update

sudo apt-get upgrade

6.2 修改时区

sudo dpkg-reconfigure tzdata

找到亚洲 Asian,然后选择 shanghai 就可以了。

6.3 开机自启 ssh

第一种:

sudo raspi-config

进入选择找到 interfacing option 选择,然后找到 ssh,按回车使能 enable 就可以了。

第二种:

在终端命令行中启动 SSH 服务后,如果系统重启或关机后启动,SSH 服务默认是关闭的,依然需要手动启动,为了方便可以设置 SSH 服务开机自动启动,打开/etc/rc.local 文件,在语句 exit 0 之前加入:/etc/init.d/ssh start

建议都试试,反之我的是可以了。 (下转第 589 页)

硬禾学堂专栏 PCB的设计流程

一个产品从方案制定到最终做成可以展示或验证其功能和性能的样机需要走很多步骤，在此梳理一下与PCB设计相关的关键步骤，让工程师能够清晰掌握每个环节要做的事情以及各个节点可能需要的时间，这对于做项目非常重要。

PCB的设计流程

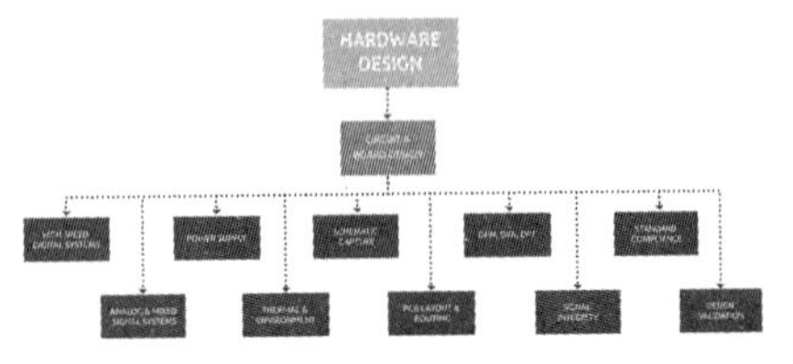

PCB设计流程

从此页面也看出来做一个"硬件设计工程师"需要掌握的技能点还是很多的，不仅要掌握每个环节的设计技能，还要与此节点相关的专业知识。

设计流程本质上是一个将概念变成实际的、能够工作的系统的过程

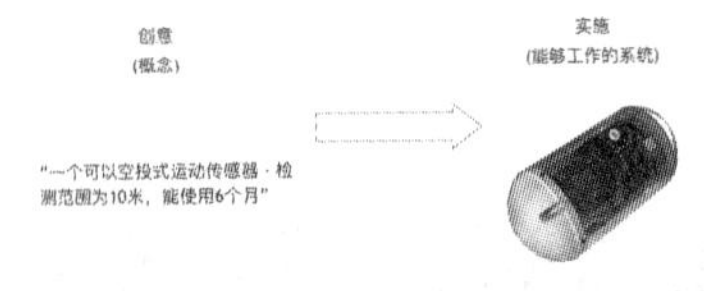

设计流程的本质，就是将一个概念、idea变成一个能够工作、能够实现其功能、性能的系统的过程，除了硬件之外，还可能需要相应的逻辑编程、软件编程、工业设计等等。

最终的目标是一个PCB板

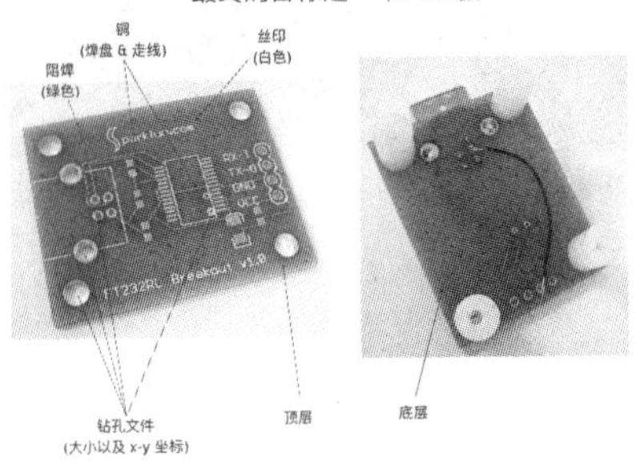

对于硬件工程师来讲，重点的目标是做一个PCB板，并将相应的元器件放上去以后能够工作起来——达到预先设定的目标。

产品设计流程 - 规范化、时间节点

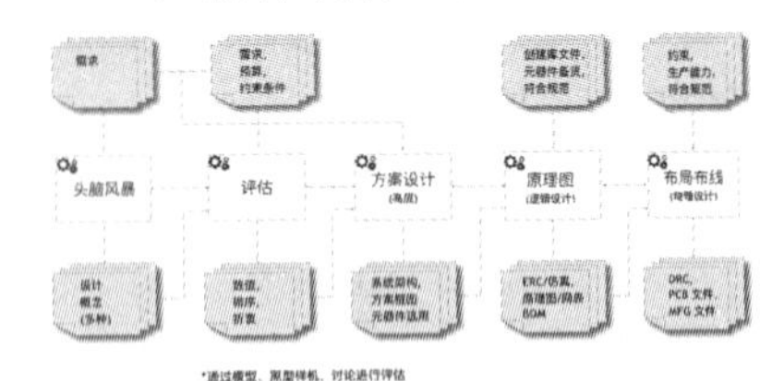

单独把PCB设计的部分拎出来看看具体都有哪些环节，在这个流程中最重要的就是如何做到设计规范化，如何把控每个环节的时间节点，这样整个项目才能受控。

头脑风暴

- 目标：越多的主意/方案越好
- 最好多人参与讨论，集思广益
- 根据需求，但不要受约束或正式需求的限制

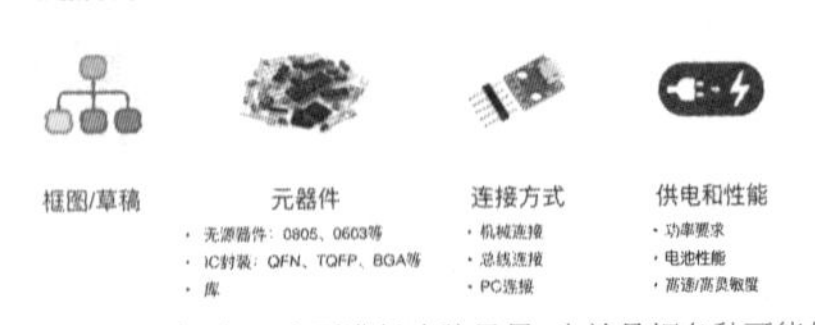

来了一个项目，先要进行头脑风暴，也就是把各种可能的方案、想法都天马行空的放出来，大家在一起讨论——这个时候严谨的工程师们，你的思想是自由的，但考验的是你的知识面哦！是不是发现自己知道得太少了？

评估

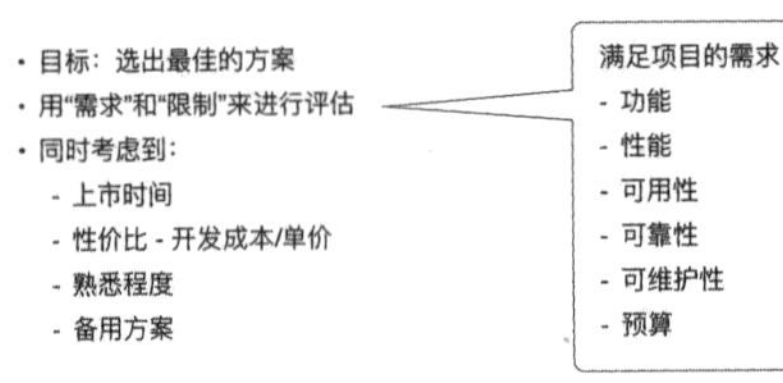

目标：选出最佳的方案
用"需求"和"限制"来进行评估
同时考虑到：
上市时间
性价比 - 开发成本/单价
熟悉程度
备用方案
满足项目的需求：
功能
性能
可用性
可靠性
可维护性
预算

从众多的idea中根据设计的一些关键需要以及原则确定最佳的方案，考虑的因素在本页中汇总出来，做过项目的工程师自己对照一下是不是这些都有所考虑？是不是还有需要补充的？

电路测试评估

面包板　　开发板　　仿真

方案定下来，先别着急直接画板，最好先做一些测试评估，比如找来关键器件的评估板、参考板进行一些评估；用面包板或其它原型板搭一下简单的电路，一方面可以验证自己方案的可行性，同时也为后面的电路设计摸清楚很多事情，比如究竟哪些器件是需要的，如何连接最合适？供电电路应该是如何的？

方案设计

- 将"概念"转变成"框图"
- 将"框图"转变成"元器件"
- Top-down：
  - 从高层次开始设计，逐级分解
  - 明确定义子系统的功能
  - 明确定义子系统的接口
- Bottom-up：
  - 从模块开始进行逐级集成
  - 在模块之间添加"glue logic"进行连接
- 组合：
  - 适用于子系统风险较高的复杂设计
- 需要做很多重要的决定：
  - 模拟还是数字？
  - 3.3V还是5V？
  - 单芯片还是分立器件组合？
- 需要做很多折衷：
  - 高分辨率还是低功耗？
  - 同样的供电系统 - 是较高的数率还是较长的传输距离？
- 一个改变有可能会影响到整个系统的改变
  - 尽可能避免这种设计
  - 在复杂的、高度优化的系统中很难

完成了必要的评估和测试，就可以开始详细的方案设计，你定下来的方案、idea都是用框图实现的，现在不够了，需要细化到多个模块，每个模块的功能、指标、接口方式等等，需要确定实现每个模块的关键的元器件以及相应的接口方式、供电方式、外围器件等。

从原理图到生产文件输出

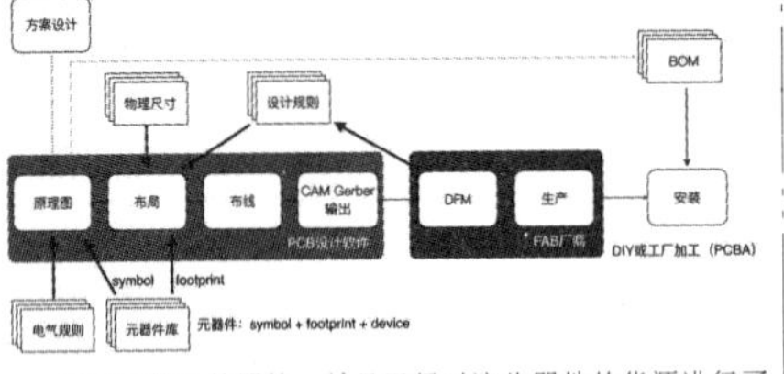

确定了核心的器件，并且已经对这些器件的货源进行了确认以及将来可能的风险评估以后，就可以进入实际的设计了，这也是我们硬件工程师一看到就兴奋的过程——建库、画原理图、布局、布线、Gerber输出制板，这几部分在页面中用红色部分标记出来，除了具体的设计之外，还要和PCB加工厂一起搞定PCB板的生产，以及拿到PCB板以后进行焊接、调试。

原理图绘制就是将框图转化成详细的设计，是一个逻辑设计的过程

- 器件选择
  - 是不是已经在库里？
    - 是：好，就用它！(但需要认真确认！)
    - 否：必须先创建一个原理图符号。
  - 是不是有现货？
    - 是：好，就用它！(确认其封装)
    - 否：挑选不同的器件(确认供货时间)
  - 是不是符合预算？
  - 电压是否正好合适？注意：1.8V, 3.3V, 5.0V
- 粗略的规划一下
- 放置器件
- 连接器件
- 针对布局布线的标注(比如50 ohm走线，去藕电容的位置等)

在PCB设计过程中，先是要将原理框图转化为详细的设计，也就是绘制原理图的过程，它是一个逻辑设计的过程，当然这个过程也涉及很多层面的知识，比如数据手册(一般是英文的)的阅读、建库、电路的设计仿真等。

布局布线就是将原理图（通过网表）转换成适合生产加工的一系列Gerber和钻孔文件的过程

输入：原理图(或网表)
使用：器件库
输出
Gerbers 光绘文件 (top, bottom, middle layers)
Copper
Soldermask
Silkscreen
NC打孔文件
孔径大小
X-Y位置
生产图
器件名字和位置
Pick & place文件
要做的事情
创建器件
设定板子的外形尺寸
布图规划
选择层数并定义各层的功能
放置器件（调用库）
手工布线(地/电源，RF信号等)
自动布线(非关键的信号)
设计规则检查(JRC)

完成了电路的逻辑设计就可以在设定尺寸、层数的PCB板上进行元器件的布局(排列)和布线(电气连接)了，这个过程可以看到实际产品的样子了，尤其是通过3D视图进行查看。

在约束条件下的布局和布线

"约束"会影响到板子的大小、元器件的放置位置、电路板层数的选择等
在布局的时候需要先根据"约束条件"设定"规则"来限定板子的布局和布线
同其它板卡或系统连接的要求 - 板卡尺寸、定位孔、接插件位置
制板厂的加工工艺要求 - 线宽、间距、过孔孔径等
成本要求
关键元器件的空间要求，比如温度传感器附近不能有功率器件（发热）
标准规范 - 无线通信、EMC等

布局、布线不是天马行空肆意妄为的过程，一定要考虑到后期生产、加工的实际需求，也就是DFM，它是在一系列的"约束"条件下的设计行为，在这个过程中一定要有"产品"的概念。

TCL通讯第三季度智能手机和平板电脑出货量显著增长

据国际数据公司(IDC)近期发布的全球智能设备季度追踪报告显示，TCL通讯在第三季度势头强劲，智能手机和平板电脑产品的市场份额均有明显提升。TCL通讯的智能手机在北美地区第三季度整体出货量排名第四位，同比增长12.3%，销售收入增长180.9%。值得一提的是，在加拿大市场，TCL通讯更是成功跻身出货量前三的智能手机厂商。

据悉，TCL智能手机业务的增长动力主要来自其极具竞争力的产品以及高性价比的产品组合，运营商和其他合作伙伴的支持。此外，在海外市场丰富的营销活动也大大提高了TCL的品牌知名度。TCL通讯的首席执行官张欣先生表示："TCL致力于研发上市多样的产品组合和价格来推动5G的普及。我们目前已经在研发方面投入了超过10亿美元，创建了专门的5G实验室，通过与全球160多个国家的80多家运营商合作，助力当地5G服务的覆盖和业务扩展，优质的高速体验和实惠的价格同时带给全球消费者。人人5G，智享生活，TCL正以此为己任！"

除手机外，TCL通讯的平板电脑业务也在第三季度获得了非常显著的增长。尽管全球市场供应链短缺导致整体出货量下滑，TCL通讯仍逆势而上，第三季度全球市场平板电脑出货量同比增长了15.4%，位列安卓平板厂商前五名，且在这五位厂商中涨幅最高。而在北美市场，平板电脑出货量较上一季度飙升了73%，在TOP 5厂商中增速第一。

TCL通讯今年十月在美国发布了TCL TAB Pro 5G，TCL品牌首款5G平板电脑，公司预计这款设备将为第四季度业绩带来新的增长。TCL计划在明年1月份的美国拉斯维加斯国际消费电子展（CES 2022）上发布更多平板电脑和5G手机，继续其将领先科技与5G普及化的长期使命。

(TCL通讯)

古董磁带随身听维修打理二例(一)

例一：AIWA HS–P103

该随身听是20世纪80年代的产品，具有自动返带、立体声磁带放音、DSL动态重低音功能，在当时属于进口中低档随身听。笔者手头二台该型号机器，一台快进键和快退键不能弹出复位，导致播放键无法按下，属于机械故障(电路故障待查)；另一台能播放磁带，正面时声音略慢，电机噪声太大，反面时声音也略慢而且声音有时混乱听不懂，电机噪声也大。

1. 机械载带机构

由于有二台同型号机器，可以互相对比。比较发现故障机的快退键的塑料挂钩断掉了，该挂钩和快进键的塑料挂钩同时连接一个小弹簧。按下快进键时，该弹簧的一侧被快进键的塑料挂钩下压，该弹簧的另一侧传递压力给快退键的塑料挂钩。按停止键后，快进键脱扣后由于弹簧的反作用力(快退进键给弹簧的压力)能够弹出复位。同样的，按下快退键时，该弹簧的一侧被快退键的塑料挂钩下压，该弹簧的另一侧传递压力给快进键的塑料挂钩。按停止键后，快退键脱扣后由于弹簧的反作用力(快进键给弹簧的压力)也能够弹出复位。

尝试把快退键的塑料挂钩粘在快退键的塑料结构件原位置，但是由于弹簧的压力较大，而塑料断裂黏结面积太小，黏结面仍会脱落。由于机器生产时间久远，快退键的塑料结构件已经很难买到。经过试验，将弹簧的快退键一侧用AB胶固定在机构的不活动处A点，快进键的按下和弹出已经能够灵活自如。而塑料挂钩断裂的快退键的塑料结构件，用一个小拉簧和薄钢片(钢片一端加工成小钩子用于钩住小拉簧)来修复。小拉簧一侧用AB胶固定在机构的不活动处B点，小拉簧另一侧钩在薄钢片的小钩子上，薄钢片粘在快退键的塑料结构件上。由于薄钢片黏结面积大而且很薄，不但黏结面牢靠而且也不影响主轴飞轮的转动，而快退键的按下和弹出已经能够灵活自如(如图1所示)。

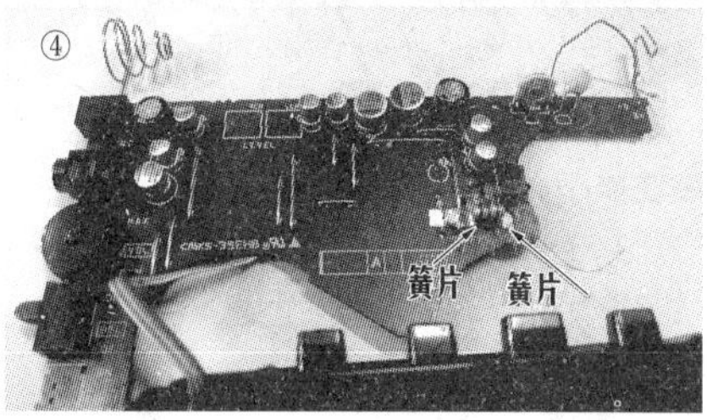

2. 电路故障

换了新皮带后的二台机器都有磁带声音略慢、电机噪声太大的问题。一般来说，电机噪音变大，是由于电源滤波电容老化所致。于是，在电机驱动芯片AN6612S的驱动信号外接滤波电容C39临时对地并联10μF电容(电机驱动电路图纸如图2所示)，噪音变小，磁带声音由变慢恢复为正常，而且并联电容越大，噪音越轻，用47μF以上的话，噪音已经很低了。

接着在音频放大芯片BA3519F的外接滤波电容C14、C12、C13分别临时对地并联100μF电容试验(音频放大电路图纸如图3所示)，电容并在芯片⑳脚纹波滤波端滤波电容C12时，消除电机噪音很明显；并在芯片⑪脚偏置电压(交流地)滤波电容C13时，消除电机噪音也很明显，而且低音变厚实。于是将C14、C12、C13换新，将C39增大为47μF，放磁带时的电机噪声和电路本底噪声(沙沙声)低了很多。

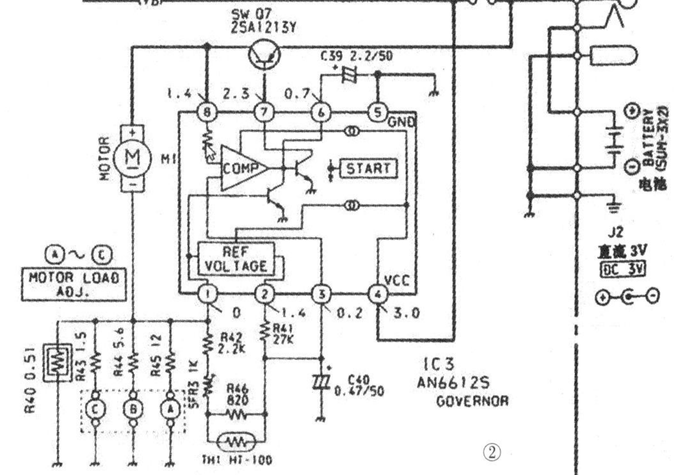

②

但是，试机发现机器播放磁带时的声音比其他机器要低些，于是再在芯片⑧脚、⑮脚前置放大电路负反馈电容C1、C2两端并联47μF电容试验，结果并联电容后，机器声音变大很多。故将老化的C1、C2换新。但是，增益正常后的机器，电机噪音也变大了。再在上述各个电容基础上并联100μF电容试验，降低噪音已经不再明显。试着在电机正端对地并联100μF电容试验，噪音降低明显。由于电路板空间有限，在电机正端对地并联47μF电容，效果也差不多。

那台播放磁带反面时声音有时混乱听不懂的机器，经过仔细听声音，原来是磁带播放正面的倒带声。分析是磁带正反面转换电路异常。正常情况下，播放磁带反面时SW1开关开路，芯片⑲脚为0.6V，故障时实测芯片⑲脚为0.5V，估计是SW1内部漏电或芯片⑲脚内电路故障。清洗SW1后或补焊加热SW1后，故障能消失。但是用一段时间，故障依旧会出现，估计是开关内部漏电。

由于该型号微型行程开关难购买到，先用微型轻触开关安装在原位代替试验。但是，由于轻触开关行程太短，效果不佳：开关与推动机构距离间隙大些，开关有时会闭合不良；开关与推动机构距离间隙小些，载带机构就会运行不顺。由于要求开关要有一定行程，拆出微型继电器里面的铜片作为动触点和静触点粘在电路板上较好解决了难题(如图4所示)，2片铜片都具有的一定柔性及回弹力，满足了行程的要求。而铜片上的银触点也满足接触电阻低不易氧化的要求。接通电路后试机，机器播放磁带正反面声音都清晰正常。

(未完待续)

◇浙江 方位

③

教学研究 指针式万用表挡位精选与读数方法研究(一)

指针式万用表是中职涉电专业学生的常用工具，为了帮助学生正确使用该表，本文通过对指针式万用表电压、电流、电阻各挡特点的分析，总结出万用表电压、电流挡位的精选与读数方法，以及电阻挡位精选参照图和读数方法。这些方法简单易学，便于学生理解和掌握。

万用表又称三用表或多用表，按电路组成可分为数字式与模拟式两类。本文以模拟式 MF47 型万用表为例，介绍万用电压、电流、电阻挡位精选与读数方法。

一、MF47 型万用表简介

图 1 是 MF47 型万用表外观正面图，上部是读数区，下部是功能区

图 1 MF47 型万用表外观正面图

(一)读数区

刻度盘上第一条线是电阻刻度尺，第二条线是三电(直流电流、直流电压和大于 10V 交流电压)共用刻度尺，第三条线是 10V 内交流电压专用刻度尺，第四条线是电容量刻度尺，第五条线是三极管放大倍数刻度尺。

(二)功能区

功能区分为上、下、左、右四部分，上部是交流电压挡位区，下部是直流电流挡位区，左边是直流电压挡位区，右边是电阻挡位区。

二、电压电流的测量

(一)电压电流挡的特点

从上至下看刻度盘上第二、第三条线，它们的零位置在最左边，刻度尺共有 50 个小格。其中，第二条线的刻度是均匀的，第三条线刻度的起始段 0~5V 是不均匀的。这是由于表内部整流二极管的非线性对 0~10V 的交流电影响很大，对 0~5V 交流电的影响尤其明显，为了提高精度，常将 10V 内交流电压刻度尺单设，若输入交流电压大于 10V，则二极管的非线性可以忽略，其刻度尺就与直流挡共用。指针式万用表不设交流电流挡，也是因为二极管的非线性导致误差太大。

(二)挡位开关选择

1.在不知道被测电压或电流大小时，应选择电压或电流最高挡测试，根据指针偏转情况变换挡位，直到指针位于或接近刻度尺中央(图 2 中线 B)与满刻度之间为止，即三电共用刻度尺第 25 小格到第 50 小格之间。

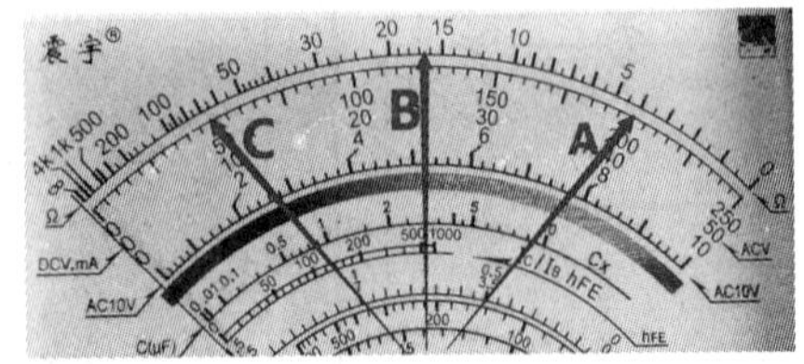

图 2 万用表读数区

2.已知被测电压或电流估计值，要测量准确值时，可用下列方法或公式选择挡位。

方法：测量值略小于或等于某一挡位开关所对应的电压(电流)值。

公式：被测电压(电流)值≤K≤2×被测电压(电流)值(K 为某一挡位开关所对应的电压或电流值，下同)。

实际使用时，若按此公式算出 K 的值在万用表上没有对应挡位时，应选择比 K 大且与 K 值最接近的挡位进行测量。

(三)交、直流电压(电流)读数

交、直流电压(电流)读数的通用公式为 $U(I)=MK/50(0\leq M\leq 50)$，其中，M 为指针偏转过的小格数(从左到右计数)。具体应用见表 1。

表 1 万用表测电压电流读数示例

挡位开关	K	指针位置	M	读数
ACV50	50	50 过 2 小格	12	12 V
DCV2.5	2.5	150 过 3 小格	33	1.65 V
mA500	500	0 过 7 小格	7	70 mA
DCV25	25	150 过 1 小格	31	16.5 V

三、电阻的测量

(一)电阻挡的特点

1. 电阻刻度尺

从上至下看表盘上第一条线，这就是电阻刻度尺。它的始末位置与电压、电流刻度尺的始末位置相反，即零位置在最右边，无穷大位置在最左边。而且，该刻度尺的刻度是不均匀的，左边密集右边稀疏，因此，左边每一刻度线之间阻值相差很大。

2. 欧姆中心值的定义

欧姆中心值又叫中心值，它是由万用表生产厂家设计时确定的，该值一般在 10Ω~150Ω 之间 (R×1Ω 挡)。中心值较低，测量小阻值电阻准确性高；中心阻值高，测量大阻值电阻准确性高。关于此值的定义，目前有两种意见：一种是把某一电阻挡所有内阻都视为该挡欧姆中心值，它等于指针在刻度尺几何中心处(图 2 的线 B)的电阻值乘以某挡倍率；另一种是把 R×1 挡内阻值称为该挡欧姆中心值，其他挡位中心值就用此值乘以该挡倍率，笔者认同第一种。

(二)测电阻的误差分析

图 3 是指针式万用表电阻挡结构简图，R_C 为表头内阻，RP 为欧姆挡调零电阻，E 为表内电池。

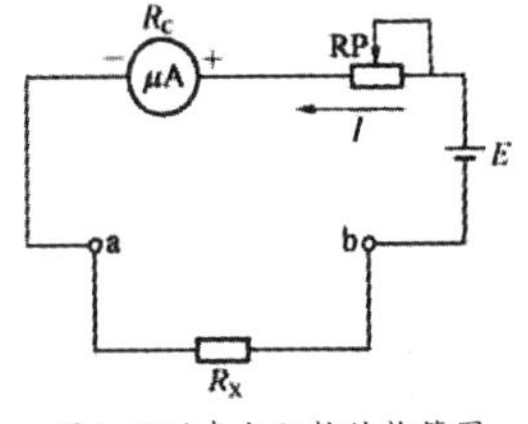

图 3 万用表电阻挡结构简图

1. 欧姆中心值 R_0

由图 3 可知，若被测电阻 $R_x=0$，即红黑表笔短接，调节欧姆挡调零电阻，使指针达到最右边的位置，此时的电流称为满刻度电流，用 I_g 表示，即 $I_g=E/(R_C+R_P')$。

设 $R_0=R_C+R_P'$，则 $I_g=E/(R_C+R_P')=E/R_0$……①

若被测电阻 $R_x=R_0$，则 $I=E/(2R_0)=I_g/2$，即 R_0 等于指针在刻度尺几何中心处(即图 2 的线 B 处)的电阻值乘以该挡倍率。

2.误差分析

(1)绝对误差 ΔR_x

若被测电阻 R_x 为任意值，令 $N=R_x/R_0$，有 $R_x=NR_0$，$R_0+R_x=(N+1)R_0$。于是有：

$I=E/(R_0+R_x)=E/[(N+1)R_0]$……②

将①/②得：

$I_g/I=N+1$ 或 $N=(I_g/I)-1$

对 $R_x=NR_0$ 进行微分，得：

$dR_x=R_0dN$

即绝对误差 $\Delta R_x=R_0\Delta N$

对 $N=(I_g/I)-1$ 进行微分，得：

$dN=-I_gdI/I^2$

即 $\Delta N=-I_g\Delta I/I^2=-I_g^2/I^2\times\Delta I/I_g=-I_g^2\gamma/I^2$

其中 $\gamma=\Delta I/I_g$，为表头精度。表头精度一般为 1%~2.5%，常用万用表多为 2.5%。

表 2 $|\delta_R|$与 N 的关系

N	20	10	4	2	1	1/2	1/4	1/10	1/20
$\lvert\delta_{R1}\rvert$(%)	22	12.1	6.25	4.5	4	4.5	6.25	12.1	22
$\lvert\delta_{R2}\rvert$(%)	55	30	15.6	11.25	10	11.25	15.6	30	55

于是，绝对误差 $\Delta R_x=R_0\Delta N=-R_0I_g^2\gamma/I^2=-R_0(N+1)^2\gamma$。

(2)相对误差 δ_R

相对误差 $\delta_R=\Delta R_x/R_x=-R_0(N+1)^2\gamma/(NR_0)=-[(N-1)^2/N+4]\gamma$，故

$|\delta_R|=[(N-1)^2/N+4]\gamma$……③

(3)作图分析

以$|\delta_R|$为纵轴、N 为横轴，作出$|\delta_R|$-N 图像，见图 4。

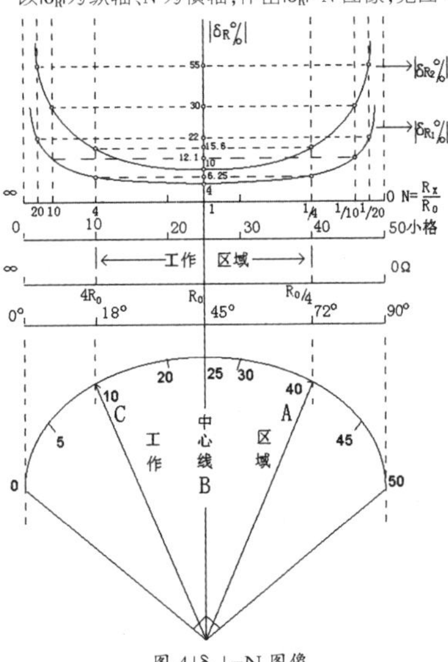

图 4 $|\delta_R|$-N 图像

由图 4 可知，万用表指针停在欧姆中心值位置时误差最小，远离中心值位置时误差逐渐变大。

(4)$|\delta_R|$与 N 的关系

设表头精度 $\gamma_1=1\%$，$\gamma_2=2.5\%$，由式③可得：

当 $N-1=0$ 即 $N=1$，$R_x=R_0$ 时，$|\delta_R|=4\gamma$，$\delta_{R1}=-4\%$，$\delta_{R2}=-10\%$。

当 $N=2$ 或 $1/2$ 即 $R_x=2R_0$ 或 $R_0/2$ 时，$|\delta_R|=4.5\gamma$，$\delta_{R1}=-4.5\%$，$\delta_{R2}=-11.25\%$。

当 $N=4$ 或 $1/4$ 即 $R_x=4R_0$ 或 $R_0/4$ 时，$|\delta_R|=6.25\gamma$，$\delta_{R1}=-6.25\%$，$\delta_{R2}=-15.6\%$。

当 $N=10$ 或 $1/10$ 即 $R_x=10R_0$ 或 $R_0/10$ 时，$|\delta_R|=12.1\gamma$，$\delta_{R1}=-12.1\%$，$\delta_{R2}=-30\%$。

当 $N=20$ 或 $1/20$ 即 $R_x=20R_0$ 或 $R_0/20$ 时，$|\delta_R|=22\gamma$，$\delta_{R1}=-22\%$，$\delta_{R2}=-55\%$。

由此可知，$|\delta_R|$与 N 之间的关系如表 2 所示。

由表 2 可知，用万用表测量电阻阻值误差是比较大的，尤其是精度不高的表头。为了保证测量结果准确，要求万用表指针必须停在中心值附近，也就是 $R_0/4$~$4R_0$ 范围内(表 2 阴影部分)，即万用表读数区中 AC 两条线之间(如图 2 所示)。至于部分书上提到测量范围在 0.1 R_0~10 R_0(1/10≤N≤10)之间，笔者认为并不能确保测量结果准确，因为曲线两边的误差太大了，以 γ=2.5%的万用表为例，相对误差 δ_R 高达-30%。

(未完待续)

◇四川省南部县职业技术学校 敬树贤

PLC梯形图程序的优化方法(一)

前面我们分别用5篇文章介绍了PLC梯形图程序的替换设计法、真值表设计法、波形图设计法、步进图设计法和经验设计法，学会这些设计法，初学者已基本能够独立进行PLC的软件设计工作了。但值得提醒的是：用这5种设计法(尤其是经验设计法和替换设计法)设计出来的梯形图程序，有的可能需要对这些初步程序进行优化，才能使设计出的程序成为最合理的和最优秀的程序。

1. 梯形图编制规则

①梯形图的每个梯级都必须从左母线开始，到右母线结束。

②梯形图中不允许出现输入存储器的线圈符号，也不允许出现特殊存储器的线圈符号。

③线圈类符号不可以直接接在左母线上，换句话说就是，线圈类符号与左母线之间必须接有触点类符号。如果有某线圈必须始终通电这种特殊需要，则必须在该线圈与左母线之间串接一个始终接通的特殊存储器M8000的动合触点，或者串接一个未被使用的中间存储器的动断触点，如图1所示。

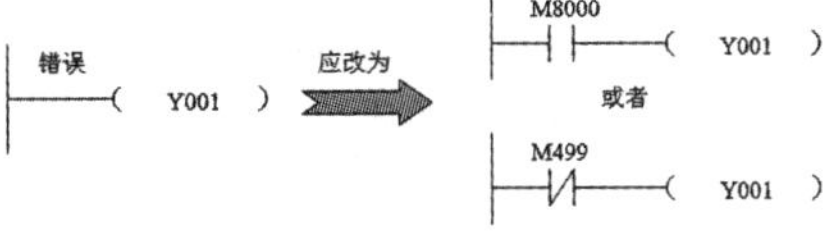

图1 线圈类符号不可以直接接在左母线上

④指令类符号必须直接接在左母线上，如图2所示。

图2 指令类符号必须直接接在左母线上

⑤右母线不允许与触点类符号相连接，换句话说就是，右母线只允许与线圈类符号或指令类符号连接，如图3所示。

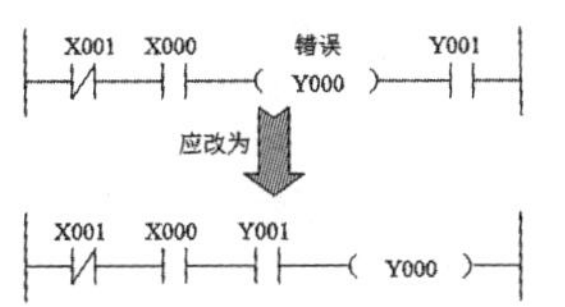

图3 右母线不允许与触点类符号相连接

⑥在同一梯形图中，同一个编号的线圈符号不允许重复使用，如图4所示。

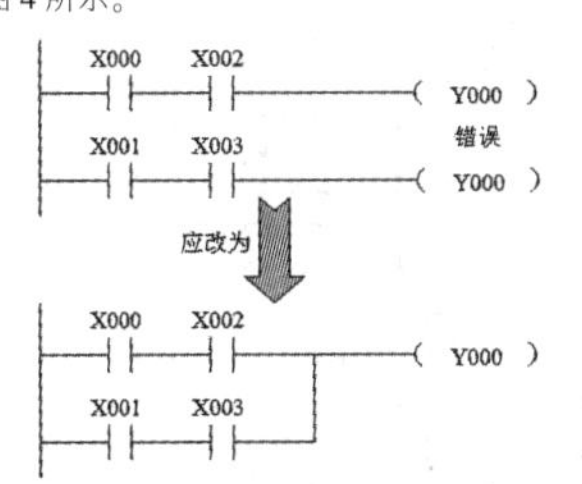

图4 同一个编号的线圈符号不允许重复使用

⑦不允许出现桥式结构的梯形图，也就是说，如果在垂直线上出现触点，必须设法进行改进，改进的思路是：依次找出能使线圈得电的控制条件的通路，然后把这些形成通路的触点并联起来即可。

例如在图5示出的桥式结构梯形图中，能使线圈Y000得电的通路共有四条：第一条是从左母线经X001、X005、X004到Y000，第二条是从左母线经X003、X005、X002到Y000，第三条是从左母线经X001、X002到Y000，第四条是从左母线经X003、X004到Y000，当把这四条通路并联起来接在线圈Y000的左边时，就把在垂直线上出现触点的问题解决了，如图5所示。

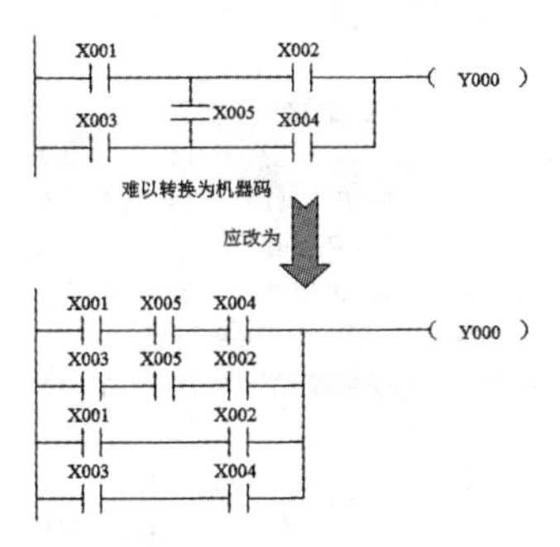

图5 不允许出现桥式结构的梯形图

⑧线圈类符号不允许串联使用，但允许并联使用，如图6所示。

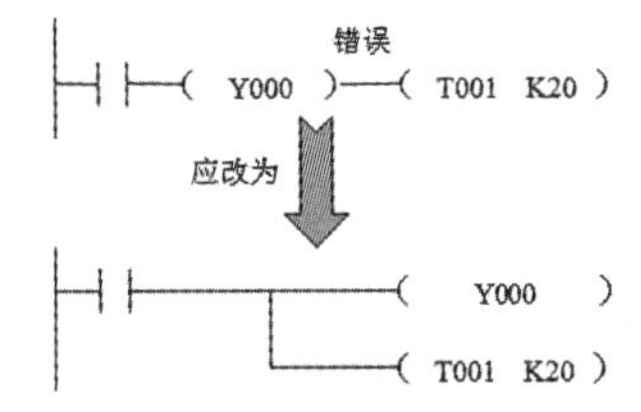

图6 线圈类符号不允许串联使用

⑨无论哪种存储器，其触点符号的使用次数不受限制，并且其动合触点和动断触点都可反复使用，因此，不必为了节省触点的使用次数而去采用复杂的程序结构。

⑩梯形图的最后一个梯级，必须是主程序结束指令END。

2. 梯形图优化方法

有些梯形图程序，并不违反梯形图的编制规则，也不存在编程错误，但在节省处理步数、缩短I/O响应时间、防止抖动干扰、梯形图简化等等方面，可能不太理想，因此，很有必要对设计出的初步梯形图程序进行优化工作，力争编制出最合理的和最优秀的梯形图程序。

(1)节省处理步数的方法

①在同一级阶梯中，如果将串联触点多的支路和串联触点少的支路按从上到下的顺序排列，那么CPU会减少处理这一级阶梯的步数。如图7(a)的梯形图，CPU处理时需5步，若把它重画为图7(b)，就只需4步而可节省1步。

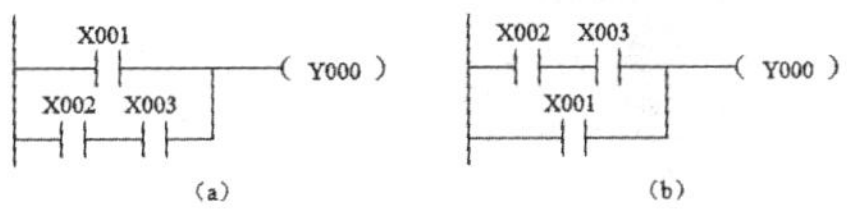

图7 节省处理步数的方法一

②在同一级阶梯中，如果将并联触点多的电路块和并联触点少的电路块按从左到右的顺序排列，那么CPU会减少处理这一级阶梯的步数。如图8(a)的梯形图，CPU处理时需5步，若把它重画为图8(b)，就只需4步而可节省1步。

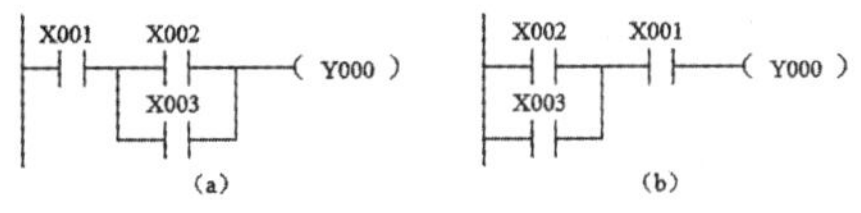

图8 节省处理步数的方法二

③在同一级阶梯中，如果把直接驱动的线圈放在上边，而把还需其他触点驱动的线圈放在下边，那么CPU也会减少处理这一级阶梯的步数。如图9(a)的梯形图，CPU处理时需6步，若把它重画为图9(b)，就只需4步而可节省2步。

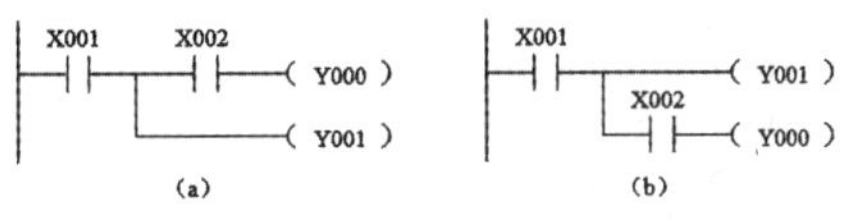

图9 节省处理步数的方法三

(2)缩短I/O响应时间的方法

由于PLC的工作方式是按照信号处理、程序处理、输出处理这三个阶段循环进行的，同时前一梯级的运算结果又可作为下一梯级的运算对象参与下一梯级的运算，因此，当程序的梯级顺序安排不当时，输出响应输入的时间会被延长。图10(a)所示的梯形图中，线圈Y002和线圈Y001虽然都受同一个触点M000控制，但线圈Y002却要比Y001延迟一个循环周期才得电，如图10(b)所示；如果把图10(a)重画为图10(c)，线圈Y002和线圈Y001就会同时得电了。

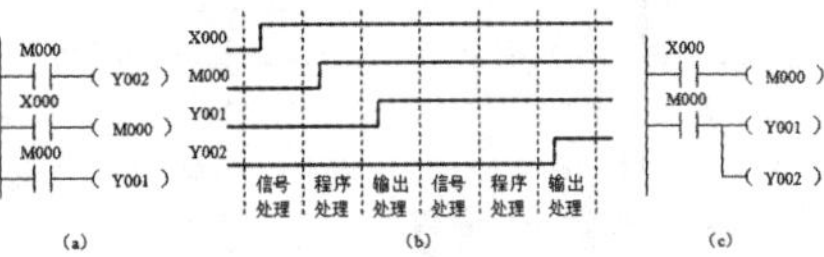

图10 缩短I/O响应时间的方法一

同样在图11(a)所示的梯形图中，触点X001闭合后，线圈Y000却不能在本循环周期内得电，而要等到下一循环周期才能得电，如图11(b)所示；如果把图11(a)重画为图11(c)，线圈Y000就会在本循环周期内得电了。

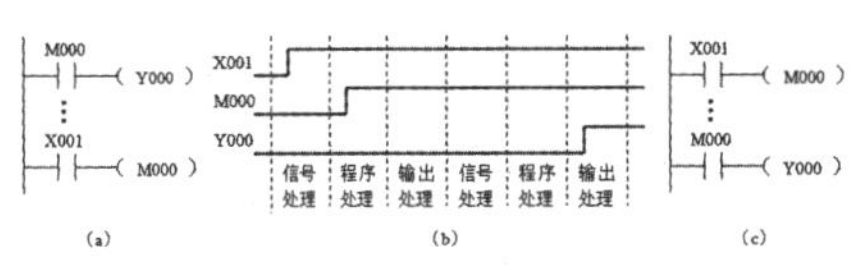

图11 缩短I/O响应时间的方法二

(3)防止抖动干扰的方法

主令电器的触点在闭合和断开的瞬间常会产生抖动，这样在一些高速系统中就会引起被控电器产生振荡(即快速地接通与断开)，如图12(a)(b)所示。解决这个问题的办法是把图12(a)改为图12(c)，使主令电器的触点X000闭合0.5s后被控电器Y002才得电，而使主令电器的触点X000断开0.5s后被控电器Y002才失电，这样就可避免被控电器产生振荡了。

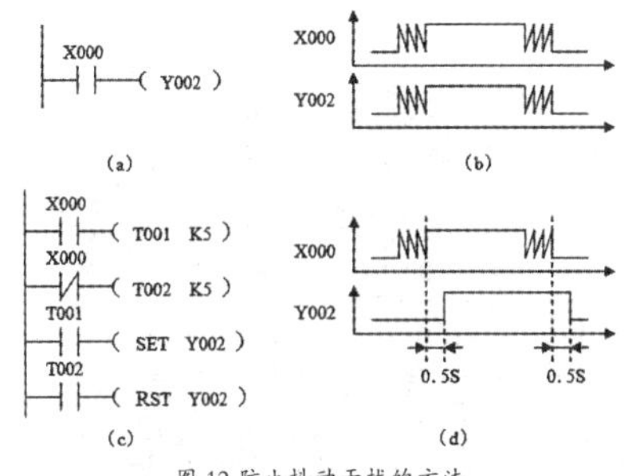

图12 防止抖动干扰的方法

(4)梯形图化简方法

①图13(a)所示的梯形图，结构比较复杂，编译软件对它也很难处理，但如果把图13(a)转换成图13(b)，则不仅使结构变得比较简单，而且也便于编译软件的处理了。

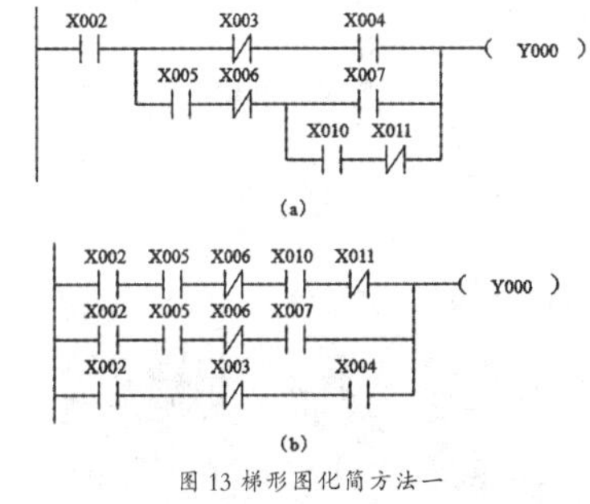

图13 梯形图化简方法一

②虽然梯形图中对串联触点的数量和并联触点的数量没有限制，但在使用编译软件绘制梯形图程序时，或者在打印梯形图程序时，会因尺寸的原因而给绘制工作和打印工作带来不便，因此，在实际的梯形图程序中，往往规定水平方向不超过11个串联触点，垂直方向不超过7个并联触点。据此规定，我们可采用图14(a)所示的思路来解决串联触点过多的问题，可采用图14(b)所示的思路来解决并联触点过多的问题。

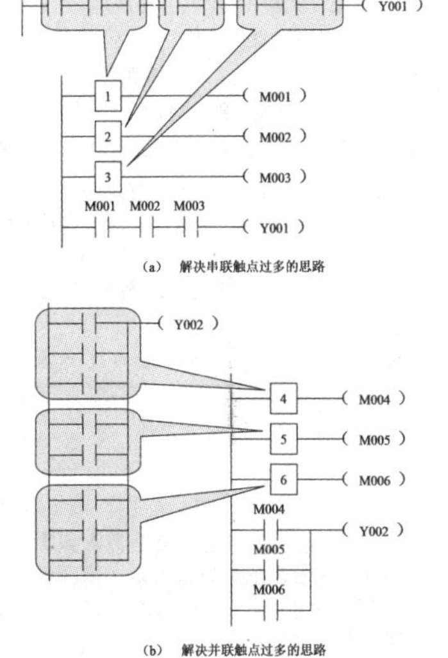

图14 解决串联触点过多和并联触点过多的思路

(未完待续)

◇无锡 周金富

加装数字电视发射机导流散热风机改造

一、改造工程背景

1. 巡检发射机发现温度异常

石嘴山市新闻传媒中心惠农发射站备用数字电视发射机21频道和36频道均为北京产同方吉兆品牌数字电视发射机，因为公开招标时低价中标，生产厂家为降低成本，将末级1000W功率放大器机箱制作成一个2U的功率放大单元(如图一)，其后的输出端口通过铜馈管和检测耦合器接到带通滤波器，由于功率放大单元内部散热风扇向后排放的热能直接吹在铜馈管上，并且此处空间十分狭窄，不利于热能快速散去，而机柜内部也没有设计导流散热风机，致使设备在夏天满负荷运行时，巡检发现非常烫手，温度达到52℃左右(机内自测43℃)，已经超过数字电视发射机内部温度45℃要求，严重影响到发射机的正常安全工作。

图一 1000W功率放大单元

2. 发射机机柜存在设计缺陷

一般机柜，尤其大功率设备机柜均设计安装导流散热风机，而我们这2套机柜却没有(如图二)，致使机柜没有降温散热能力。

图二 数字电视发射机机柜顶部

3. 同品牌发射机已有故障发生

与惠农发射站同为石嘴山市新闻传媒中心下属部门的沟口发射站，他们备用数字电视发射机21频道和36频道数字电视发射机与我们的一样，同期招投标、同为北京产同方吉兆品牌，其中1套发射机1000W功率放大单元已出现损坏的情况，并返厂维修。

二、改造工程必要性

1. 加装导流散热风机是解决温度过高的需要

机柜内部部分设备温度过高，不能及时散失出去，将会在长期工作中引起其他设备的温度也会高，虽然可能不立即损坏设备，但长久下去会缩短设备的经济和物理寿命，存在广播电视设备运行安全的隐患。加装导流散热风机后，能有效降低机柜内部温度，从而改善机柜内部所有设备工作的环境，提高广播电视安全播出保障能力。

2. 加装导流散热风机是保护功率放大单元的需要

此套数字电视发射机的功率放大单元是1000W的末级功率放大器一体机，因此它的温度最高，尽管自身安装着4只48V1.2A直流风扇，但还是风力较小，穿过机柜后门散热能力有限，很容易造成功率放大单元故障停机。加装导流散热风机后，4只直流风扇形成气流可追随强排风机气流排出功率放大单元产生的热能，快速降低机柜内部和功率放大单元的温度。

三、改造工程技术可行性

坚持在不改变数字电视发射机机柜内部原有布局、不改动原有设备性能和不改动机柜外观情况下，考虑加装导流散热风机。

1. 加装导流散热风机理论可行性

如图三所示，从发射机机柜内后面底部强制送风，形成空气气流高正压区域；由其内后面上部强制排风，形成空气气流低负压区域；机柜内部所有设备置于这2台风机之中，在高低区域形成空气气压差，使机柜内部空气从设备两侧通道自下而上的形成高速气流，将置于2台风机间所有设备生产热能带走，并从其后面上部强制排出，从而起到给发射机导流降温的作用。

图三 导流散热风机原理及安装

2. 机柜总电源容量可行性。

发射机机柜总电源断路器的容量为20A，其线缆为多股软铜线4平方，即允许长期通过的电流26A左右。准备的加装2台220V150W风机，理论上加装风机后的总电流增加1.4A左右，此时发射机实际满负荷运行时电流为9.4A左右，加装2台220V150W的风机后的实际总电流仅为10.3A左右，故而机柜电源部分完全可以满足加装需求。

3. 机柜内部安装位置可行性

由于机柜顶部已经安装带通滤波器，只能机柜内部在寻找合适的安装位置。按照加装导流散热风机理论要求，在机柜内部后面所有设备的上方和下方，躲开铜馈管和检测耦合器，刚好有两可以安装强送和强排导流散热风机的位置。

四、改造工程设计安装方案

成立设计安装领导小组织，组长：XXX 组员为XX、XXX

1. 导流散热风机选型

选择广播电视发射机常用的苏州斯奥克工频轴流式风机，其型号为250FZY2WZD4-22F。

参数：220VAC 50Hz 0.70A 150W 2350r/min 30.0m³/min 4.0uF/500V

特点：全铜电机，风量大，噪声低，振动小，运行可靠，安装方便和寿命长。

2. 导流散热风机设计安装。

在发射机机柜内后面底部中下段安装1台风机起强制送风作用，将其固定在机柜内两侧的主竖筋对应处；在发射机机柜后面上部第1台设备后方(1000W功率放大单元上方)安装1台风机起强制排风作用，将其固定在机柜内两侧的主竖筋对应处；均加装导流风机防护网。机柜内部所有设备置于这2台风机之间的位置。

3. 导流风机电源设计安装。

导流风机电源线应该接在发射机总电源后，并加装小型断路器PL-C20/2，也便于维护检修。

4. 机柜内部线缆重新规整。

发射机机柜内部原来没有横向走线架，为了安装2台导流风机增加了四条“L”型的固定架，这就为内部规范线缆提供了条件，对线缆进行重新规划和绑扎。

图四 线缆重新规整

五、改造工程实施效果评价。

1. 机柜内部温度明显下降

我们对21CH和36CH两套发射机先后加装导流散热风机后原来非常烫手的位置，现在只是感觉温热，温度35℃左右(机内自测33℃)，温度有了明显下降，有效地保证了发射机正常工作。

2. 改造工程实施还有改进之处

考虑完善加装数字电视发射机导流散热风机改造工程中，每套数字电视发射机再设计安装一个由温度控制2台导流散热风机工作运行的温控器，使发射机机柜内部温度超45℃，风机开始运行工作，当温度降止40℃停止工作，这样既能延长风机的寿命，还能节省电能。

◇石嘴山市新闻传媒中心 郑兴平 李伟 陈炳国

交流定时充电器

本文介绍一款定时对外部设备供电的电路。线路简单，制作方便，成本低。

工作原理

如图所示，当按下按钮SB1时，中间继电器KA得电吸合，RED指示灯点亮，时间继电器KT得电，中间继电器KA的常开接点5,9、8,12和7,11分别接通闭合，5,9完成线路自保，同时由于时间继电器KT的3,5和6,8常闭接点保持不变，中间继电器KA的8,12和7,11接点给外部L1,N1供电，故而外部负载会有电。

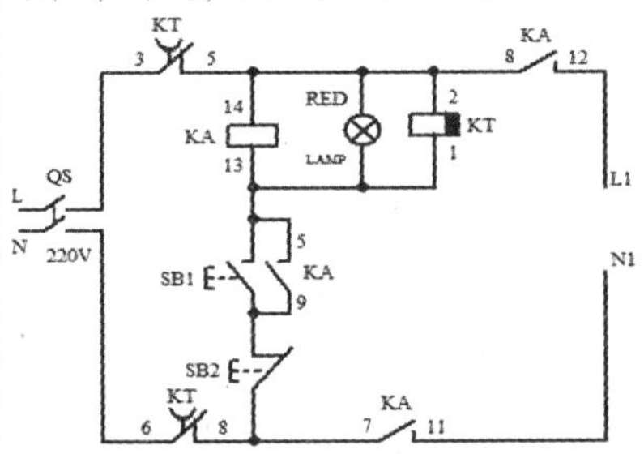

当按下按钮SB2时，中间继电器KA和时间继电器KT都会因为主回路断开而无电。它们的接点都会回到初始状态，RED灯熄灭。L1,N1自然也不会有电。

如果不想人工停止，那么时间继电器KT到时以后会切断3,5和6,8两组常闭接点，那么右边的各器件都无电，L1,N1也无电，线路回到初始状态。整个供电周期结束。

器件介绍

KA是中间继电器，5,9,7,11,8,12是其三对常开接点。

KT是时间继电器，型号为JS14P，这是一款比较常用的时间继电器，该型号有多种延时档位供选择，我们选用999分钟的，使用其中两组常闭接点3,5,常闭接点6,8。供电电压220V~240V，触点容量240V/0.75A。

SB1为常开按键，SB2为常闭按键，我们选用LAY38-203/209，也可以选择其他型号。

RED是220V交流指示灯。我们选用ND16-22/4，红色，交流220V，也可以根据自己需要选择。

QS为单相空气开关。

L,N分别代表火线，零线接入点。L1,N1分别代表火线，零线接出点。

◇翟丽华 李志刚 王旭

一款基于树莓派的可绕行障碍物的机器人(一)

这是一个适合初学者的项目，不需要高级软件或硬件技能。建议初学者在开始之前花几个小时观看一些介绍性的Arduino和Raspberry Pi视频。

先决条件

1.Raspberry Pi 2上运行Windows 10 IoT Core。

2.在PC上运行Windows 10和Visual Studio 2015。

3. 将一个简单的Windows应用程序部署到Raspberry Pi，以确保一切正常。

准备工作

基础部分

1. 树莓派2及标准配件：5v 2A电源、8GB class 10 micro SD卡、机箱、网线。

2.跳线：公-公和公-母。

3.迷你面包板。

4.机器人汽车底盘套件，包括底座、电机和车轮。

5.L298N电机控制器。

6.HC-SR0超声波距离传感器。

7.1k和2.2k欧姆电阻。

8.LM2577 DC-DC可调升压电源转换器模块。

9.3×1.5V AA电池座。

10. 4×1.5V AA电池座，带开/关开关和盖子(可选项)。

11.双面胶带或魔术贴或橡皮筋(可选项)。

加强(可改进)部分

1.用于前灯的光敏电阻器和LED。

2.模拟数字GPIO引脚上的PWM信号以调整Rover速度的代码。

3.3D打印一个身体来隐藏所有的电子设备(也可以打印一个底盘)。

工具

1.万用表、十字头螺丝刀、小尖嘴钳(必备)。

2.剥线钳、烙铁、电工胶带(可选项)。

第一步　组装机器人底盘

工具：#1十字头螺丝刀；烙铁或电工胶带；可选剥线器。

零件：机器人底盘套件；可选4×AA电池座，带开/关开

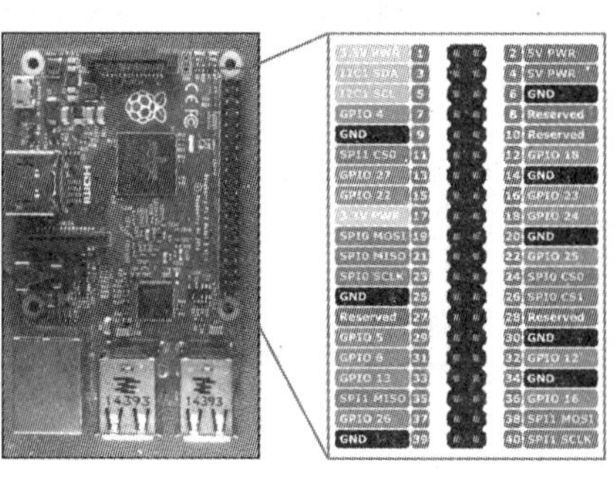

关。

市场上有多种机器人套件可用于该项目。只需要一个带有两个从动轮和第三个用于平衡的套件。按照机器人底盘套件随附的说明组装底板、电机和轮子。

请用烙铁将随附的电线焊接到电机上。如果没有烙铁，只需弯曲暴露的电线末端并将它们钩在电机端子上，然后将电工胶带缠绕在电机上的两个电线/端子连接上以固定它们。

如果没有使用机器人套件随附的4×AA电池座，而是使用了另一个带有盖子和开/关开关的电池座。这是一个可选的替换，因为它根本不会改变机器人的性能或功能。只是内置在电池座中的开关关闭电机电源非常方便而已。如果将Raspberry Pi直接安装在电池座的顶部，若要卸下电池以切断电机的电源会相对困难一些。

电池盒可以通过多种方式安装到底座上。如果机器人底座上的孔与电池盒上的孔对齐，并且有合适尺寸的螺钉，则可以将外壳固定到底座上。其次选择使用魔术贴、双面胶带或橡皮筋来固定。将外壳安装在底座的中间，以保持重心靠近底座的中点。

第二步　为L298N电机驱动器接线

工具：#1十字头螺丝刀；小尖嘴钳。

配件：L298N电机驱动器；跳线。

L298N电机驱动器允许使用少量GPIO引脚向前和向后旋转电机。首先，将上一步中固定到每台电机的两根电线连接到一对电机端子(从一个电机到"电机A"的红黑线和从另一个电机到"电机B"的红黑线)极性并不重要，如果你在部署代码时电机最终以错误的方式旋转，你可以随时切换电线的顺序。接下来，将4×AA电池座的电线连接到电源端子-红色连接+12V输入，黑色连接接地；4节AA电池是电机的电源。还要确保以L298N上的接地端子连接到Raspberry Pi上的GND GPIO引脚(引脚6)。

L298N旨在支持电机和微控制器/计算机的单一电源。来自电源的全电压被路由到电机。同时，来自电源的电压被转换并调节为5V供微控制器/计算机使用，并通过电源块上的+5V端子供电。

需要注意的是，L298N的5v电源的功率变化太大。这样带来的影响是：当电机停转时，5V输出中的电压降很大，大到足以重置Raspberry Pi。此外，即使电机没有运行，也能测量到5v电源的4.35V输出。而实际上，这足以为Raspberry Pi供电(即使Raspberry Pi的规范声明它低于所需的最低电压)，要知道在Raspberry Pi中追逐不一致的行为是一件麻烦的事，尤其是当它可能是由于非常小的电压变化时。

(未完待续)

◇四川　李运西

初哥电动车充电技术研究之二：

电动车铅酸电池专用充电器简介(四)

(接上期本版)

17. 电动三轮车使用两组电池组时，如何使用，如何充电？

答：这个分两种情况：

第一种是将两组电池合成一组电池使用，两组电池必须是同型号规格同厂家同批次，充放电都是并联状态，无法单独一组使用，配置一个充电口，一个充电器。例如将两组同厂家同批次的60V20AH电池组，并联成一组60V40AH电池组，配置一个充电口，配套使用60V40AH充电器。注意：充电器要按并联后的总容量40AH进行匹配，不能使用60V20AH充电器。

第二种是通过空气开关控制两组电池，电池只需要同电压级别即可，对厂家批次容量没有要求，配置两个充电口，使用各自配套的充电器，充电器不能混用。这种情况也分两种使用方法，一是可以并联使用，也可以单独使用，但充电时必须人工拉闸分开两组电池组，二是使用专用空气开关，同一时间只能接通其中一组电池，两组电池组无法同时并联使用，使用完一组再使用另一组，这样充电时不需要人工拉闸分开两组电池。为了避免人为忘记拉闸分开两组电池组，使用第二种方法的情况比较多，这样在实际使用当中也可以通过观察每一组电池组的续航里程来粗略判断电池的实际状况。

多于两组以上电池组的配置，使用方法一样。

18. 配备两组同型号规格电池的电动三轮车，在载重和路况相同的情况下，两组电池组并联后一起用跑得远还是一组用完再用另一组加起来跑得远？

答：从理论上看，两组并联后一起用跑得更远。根据铅酸电池的特性，放电电流越大，放电时间越短，放出电量越少，并联后，相当于放电电流只有单独使用时的一半，所以放出电量更多。这个我们实践经验不多，仅供参考。

19. 电动三轮车配备两组同电压级别，不同容量规格的电池组，能否并联使用，对电池有没有伤害？

答：可以并联使用，但最好在两组电池都充满电，电压相差不大的时候合闸并联。由于并联后电压是相等的，输出电流会自动分担的，电池容量大，输出的电流也大，因此不必担心容量小的一组电池输出的电流过大，对电池没有伤害。例如，60V45AH电池组和60V20AH电池组可以并联使用，但充电时不要并联在一起，要分开单独充电，并且要使用各自配套的充电器，不能用错。

20. 加装备用电池可以使电动车续航里程成倍增加，对电动车有什么影响？

答：常规电动车并没有为备用电池准备安装空间以及相应的控制电路、元器件，因此备用电池的安装使用充电都存在一定安全隐患，并且涉及改装问题，因此不建议增加备用电池。续航里程成倍增加，必然导致电机和控制器超负荷工作，发热量大增，有烧坏的风险。

21. 电动车电池和充电器是否需要定期检测保养，电池能否补充蒸馏水，失效的电池能否修复？

答：电动车电池的使用环境其实是比较恶劣的，风吹雨打、日晒雨淋，早期电动车电池仓的设计是比较高而且倾向于把电池包围起来的，这样能更好地保护电池，防止外力碰撞损坏电池，同时减少了沙尘和积水溅到电池上面。后来由于电池鼓包的频率很高，并且鼓包后电池体积膨胀粘连在一起，很难从电池仓上面拆下来，电池仓也没有多余的空间给电池膨胀变形，在电池热失控的情况下，不利于电池散热。因此后来电池仓就做得很矮了，在外面就能看到电池，这样下雨天的沙土、污水等就布满电池周围，甚至腐蚀电池线的铜鼻子。

因此，定期对电池和充电器进行检测和保养是有必要的，特别要注意电池的外观以及电池线、大主线等。对于使用超过一年的电池，可以对电池进行充放电检测，以了解电池的真实状况，不过一般的修理店和售后部可能没有电池充放电检测设备，充电器检测仪更加少见，用户也不想额外花钱，电池和充电器的定期检测保养就相当于没有了。

另外，我们建议专业技术师傅，最好配备充电器检测仪，在销售修理环节进一步把关，以百分百保证电池和充电器配套。

至于电池能否补充蒸馏水，这个需要专业知识和一定经验才能操作，一般用户不宜实施，操作不当反而会导致电池报废。至于电池的修复，那是工厂才能做的事情，个人不建议参与，我们后续会有专门文章介绍。

22. 电池使用已经有两年了，但充电很快就显示充满了，骑行时很快就没电了，是不是充电器坏了充不进电？

答：这种情况最好找专业的修理店对充电器和电池进行检测。根据我们的实践经验，在排除充电器问题的情况下，一般是某一只电池失效导致的，如果单纯测量每只电池的电压，会发现这种电池电压偏低，比其他电池要低好几伏，在充电时它的电压上升很快，并且有可能短时间内超过16V以上，拉高了电池组的电压，导致充电器很快就误认为电池充满了。对其进行充放电容量检测时，通常放电时间只有几分钟，在车辆行驶时会大幅拉低电池组的电压，因此续航里程大为缩短。此时就需要更换一组新的电池了。这种情况称为电池单只落后且失效，详细情况请参考我们的第一篇文章。

23. 60V电池组经检测，确定其中一只电池失效了，是否可以只更换失效的电池？

答：在日常修理当中，这种情况很常见，出于安全考虑，必须整组更换全新的电池。不同厂家不同批次非原装原组的电池不能混用，否则出了事故没有人承担得起责任。无论设备有多先进，技术有多好，能找到另一只很匹配的旧电池，或者全新的电池，都不要只更换失效的电池。像这种情况，如果要作科学研究实验，可以将60V电池组去掉失效的一只电池，其他四只电池经检测一致性较好，且能正常充放电后，降级为48V电池组使用，但也仅限于专业人士科学研究实验，普通用户勿试。

千里之行，始于足下，我们希望有更多的科研工作者关注和投入电动车行业，共同为推动电动车产业的健康发展添砖加瓦。

(限于篇幅及作者水平有限，文中错误在所难免，恳请各位前辈老师、读者们批评指正。)

(全文完)

◇广州　钟伟初

在黑胶唱片刻纹实践中如何来补偿重放的几何失真?

黑胶唱片播放时的放音随纹失真,尤在制造立体声唱片时,这种重放随纹失真特别显著,我们可以用在制造唱片期间将预失真引入刻纹激励声道的办法来部分地加以补偿。

以下为常见的几种几何失真:

一、随纹失真

黑胶唱片生产的第一道工序即是在腊克胶片上(LACQUER)的录音,是通过刻纹头线圈激励带动尖头刻纹刀的振动来完成的,如果不考虑腊克胶片的回弹作用,那么纹槽的形状完全跟随者刻纹刀的运动轨迹而形成。

如图1所示:录音 一个垂直的(纵向)调制的横截面。

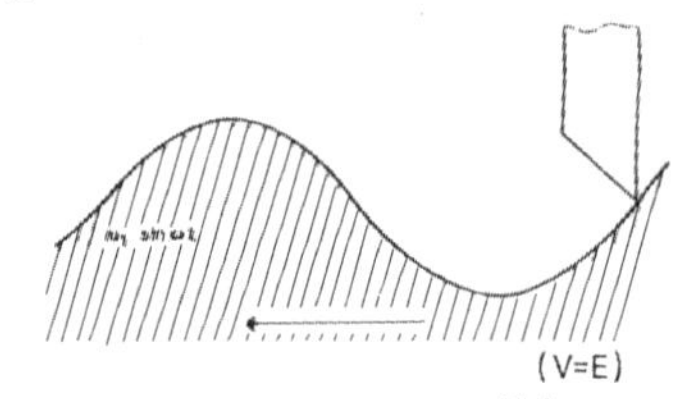

Fig. 1. Recording. 录音

当录音是用一种锋利的刻纹刀来进行时,以保证在腊克胶片上顺利切削,刻录出弯曲起伏的声槽。而作为拾音头用的唱针,为了避免损伤唱片的声槽,减轻槽壁的针压负载,唱机放音的唱针针尖部分做成一个球状圆锥体(一般唱针稍端半径为15微米),所以说槽纹的曲率半径比拾音唱针的稍端半径小的很多。

如图2所示:复制

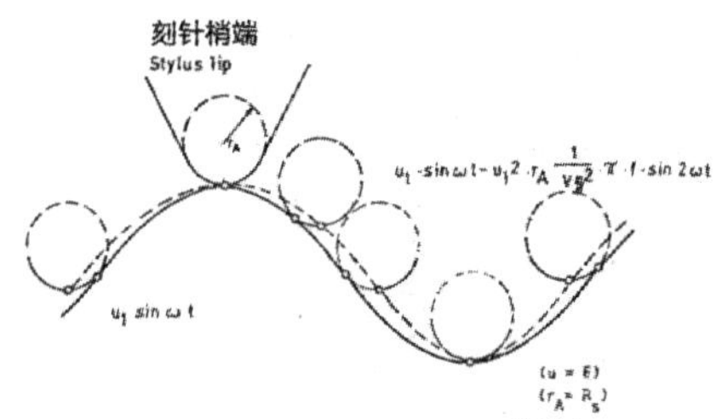

Fig. 2. Reproduction. 复制

图2中清楚地指出唱机放音唱针的运动循迹不再符合槽纹的形状。球状放音唱针和纹槽壁之间的接触点产生偏移,从而使唱针描绘出一条如图2中所示的虚线轨迹,这对于最后产生的信号电压起了决定性因素,结果回放出现失真的正弦波信号。

从描绘出来的曲线可以很容易地确定这种失真主要是二次谐波的问题。当用一种速度敏感的拾音唱头来把这个声槽重放时,我们可以获得它的一个基频$E_1\sin\omega t$之外,同时还可以获得它的量值E_2:

E_2=-·R_s()πfsinωt的二次谐波公示:

式中:R_s=唱针梢端半径

Vg=声槽振速

f=频率

通过图2来对这一方程进行定性解释,录制的频率越高,纹迹就越陡,而且唱针-声槽接触点偏离刻纹针中心线的距离越大,唱针梢端半径越大,这一偏差也越大,如果把放音唱针削尖,即梢尖端半径等于零,那么就不需要校正。如果回放低频信号时,低频振幅越大,录制的波长就越大,纹槽变得比较平坦,唱针与纹槽接触点越低,同时随着唱片直径的减小,声槽振动速度也在减少,所以说失真随着唱片的中心距离减少而增加,意味着所需补偿的失真随着唱片直径的减少而增加。同时频率越高,波长就越小,曲线形状越陡,这就是为什么说失真随着频率的升高而增大的原因。如果要使放音没有失真,所以我们在胶片刻纹过程中按照一种预失真的方法来进行刻纹。

如图3所示:刻纹时的预失真

这就意味着,在基本信号的基础上添加一部分二次谐波,如方程(1)所列出那样,但极性相反,此方法仅用于垂直分量重的随波失真。

公示:E_2=.R_2()πfsinωt

对于立体声录音信号来说,除了出现在垂直分量

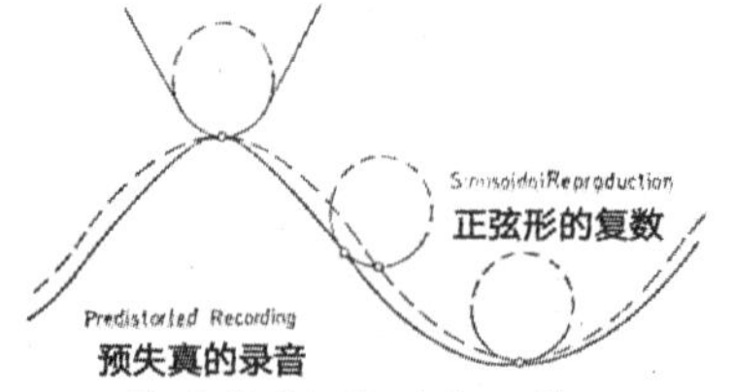

Fig. 3. Predistortion during cutting.
在刻纹时的预失真

重的随纹失真以外,在侧面还出现一种由于所谓的挤夹效应失真。由于胶片刻纹采用一种三角形刻纹刀进行的,对于立体声信号来说,它不仅有纵向调制,还有横向调制,所以纹槽并不是保持恒定不变的,而是随着频率的变化而变化。

如图4所示:挤夹效应

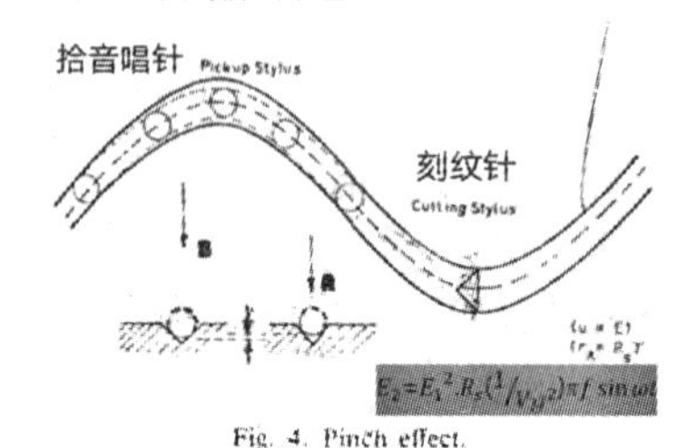

Fig. 4. Pinch effect.

在零交叉点AA'那里,它比在其最大宽度BB'处狭窄些,,这就产生了这样的结果,在放音时,唱针在B处点比在A点更深地陷入纹槽中,从而产生挤夹效应。使垂直分量被加到侧面上,那么侧向放音过程中产生了二次谐波。

在各声道调制信号的基础情况下,我们不难发现,挤夹效应失真等同于随波失真,同样出现在垂直方向中,这就意味着,对于单声道来说,随纹失真挤夹效应失真都可以在胶片刻纹过程中预告添加一种预失真的方法来进行补偿,达到重放不失真的效果。

二、循迹失真

在随纹失真图1、2的说明中假定唱片放音是对唱片表面成直角方向进行放唱的情况下完成的,由于唱机机械方面的种种限制,要完成唱机唱头垂直放唱通常是不可能的。

如图5所示:由垂直随纹角度误差引起的失真

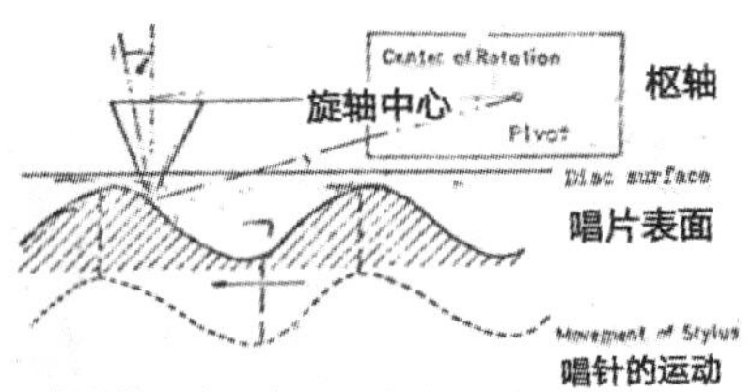

g. 5. Distortion by vertical tracking angle erro
由垂直随纹角度误差引起的失真

由于垂直随纹角度的误差,放音唱针不再与唱片上的录音纹槽轨迹一样地移动,它会在唱片表面形成一个角度,切线放音声槽时产生偏差而形成一个最大值和最小值,那么在唱针放唱运动时上升侧面会缩小,而下降侧面会扩张,这条曲线除了产生基频外,还产生了二次谐波。

三、纹槽偏移极限

高频时的纹槽偏移极限时唱针梢端半径刚好等于调制纹槽的曲率半径时的那种偏移,如图6所示:常规的录音

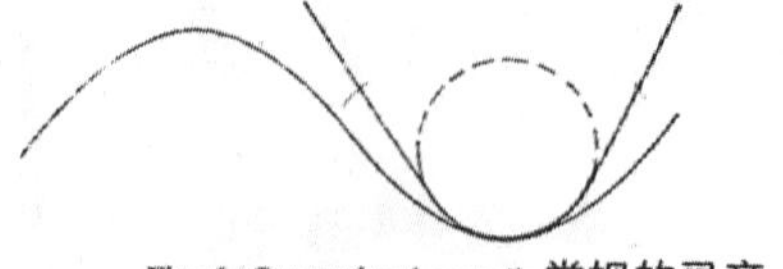

Fig. 6. Conventional recordin 常规的录音

从纹槽曲率得出的电平极限方程式是:$V=V^2g/R_2\cdot2\pi f$

式中:V=速度

Vg=纹槽速度

R_s=唱针稍端半径

f=频率

当重放这样一种录音时,将会出现一个50%的二次谐波,如果我们在刻纹遇到这样的高频时,预先增加一个预失真。

如图7所示:预失真录音

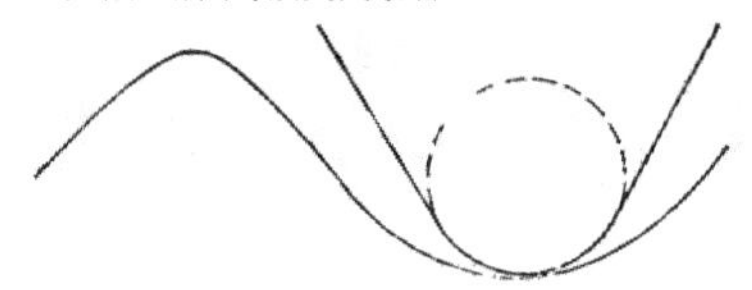

Fig. 7. Predistorted recording 预失真录音

那么在回放时产生一种与唱针曲率半径相似的纹槽曲率,结果在高电平下达到纹槽偏移极限。

所以,通过以上的分析我们大致可得到以下几种失真状态。

1. 纵向调制声槽的随纹失真,要远比横向调制严重。因此,除了早期的粗纹唱片外,所有单声道唱片均无例外的采用横向调制。

2.随纹失真的二次谐波与声槽振动速成正比。

3.声槽线速度对随纹失真的影响,造成同一面唱片上,内径声槽的重放失真大于外径声槽。因此,为了保证重放质量,唱片必须规定出线速度下限,这正是唱片中心部分留有很大的空白区域的根本原因所在。

4.减小唱针的针尖半径,有利于降低随纹失真,但也不宜过小,以免加剧针尖磨损,甚至因针尖接触槽底而产生额外噪声。

5.随纹失真会随着频率的提高而明显增大,达到高保真重放不利。

为了达到不失真的腊克胶片刻纹,首先在刻纹头内动圈线圈附件专门设计了一个独立的反馈线圈,当刻纹头动圈线圈受到信号激励而运动时,反馈线圈两端将感应到一定的输出电压,将这一感应电压倒相反馈至功率放大器,再来推动到刻纹头的激励线圈,形成一种负反馈环路,这种反馈方式称为动反馈。因而使刻纹头的频率特性和失真度等性能得到大幅度改善。同时,由于刻纹刀与唱针之间的形状上的差异,唱片在重放时,会产生一定的随纹失真,而且这种失真将随着声槽直径的减小,以及信号频率和刻纹电平的增加而骤增。虽然这是唱片系统的固有缺陷,但是为了改善唱片刻纹过程中录音质量,在输出功率达到500瓦以上的高性能刻纹激励放大器前增加了一个随纹失真模块,这种随纹模块器是通过给录音信号适当地添加一个失真谐波,来补偿回放时候产生的失真。

如图8所示:

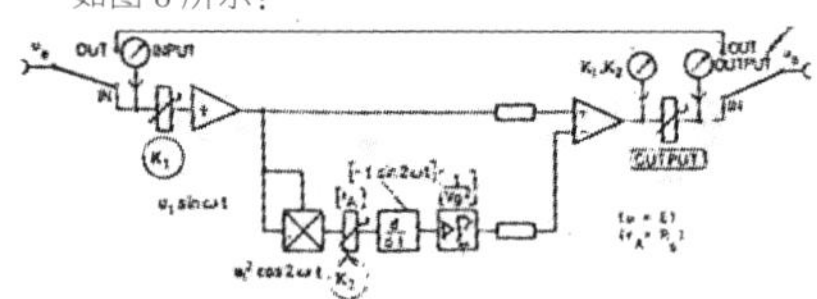

Fig. 8. Schematic block diagram for one channel.

从图8所示的模块中得出,输入信号被反馈至矩形脉冲波,由于这样一种矩形脉冲模块的特性受到它的噪声电压电平和输出能力的限制,所以必须放大输入信号,以便把它施加到模块的最佳工作点上,而部分直流电压通过电容耦合来清除,再把信号送到下一级被微分。在唱片直径和唱盘转速恒定的情况下,信号被微分后得到一个校正信号,倒相输入到刻纹头放大的组件上,并跟输入信号进行相位和频率比较,产生适当的预失真作用,来对刻纹纹槽做出相应的随机校正。由此刻纹制造出来的唱片,重放时的随纹失真显著减小,内周声槽的重放质量几乎可与外周完全一致。

总之,所谓的随纹模拟失真器原理,实质上就是从节目源中捡取出信号波形的斜度和幅度,然后再刻录的声槽波形上预先产生与随纹失真逆向的预失真,对波形做出相应的校正,使放唱时引起的随纹失真被抵消,从而达到不失真的刻纹目的。

沈宇航

基于物联网的垃圾桶管理系统(一)

摘要:一种基于物联网的垃圾桶管理系统,包括管理终端和垃圾桶端;管理终端包括控制处理模块和与控制处理模块电连接的第一通信模块及显示模块;垃圾桶端包括垃圾桶本体,垃圾桶本体包括用于收纳垃圾的收纳腔,收纳腔远离垃圾桶本体开口的底端设有储液腔,垃圾桶本体内分别设有用于检测所述收纳腔内垃圾堆积高度的容量检测机构和用于检测所述储液腔内液面高度的液面检测机构。提供的智能垃圾桶管理系统,能够分别对垃圾桶内的固体垃圾和废液进行分别监控,有效提高用户体验感。

关键词:物联网;管理终端;垃圾桶管理系统;容量检测;湿度传感器

1 引言

目前,生活垃圾清运仍然主要采用人工巡检或电话通知的方式进行,环卫工作人员将针对固定片区进行定时巡检工作,而这种人工巡检的方式往往不能够及时地了解到区域内垃圾桶的垃圾投放情况,也不能进行实时清理,消耗了大量的人力物力,且难以保证用户的满意度。

虽然现有的一些针对垃圾桶的管理系统能够实现对垃圾桶内垃圾堆积量的实时监控,但是这些现有的系统往往功能简单,无法做到分别对垃圾桶内的固体垃圾和废液进行分别监控,就极容易造成垃圾浸泡时间过长味道弥散,影响用户生活的情况。

2 垃圾桶管理系统技术方案

针对上述问题,提供了基于物联网的垃圾桶管理系统方案,能够分别对垃圾桶内的固体垃圾和废液进行分别监控,有效地提高了用户体验感。

基于物联网的垃圾桶管理系统,包括管理终端和垃圾桶端;管理终端包括控制处理模块和与控制处理模块电连接的第一通信模块及显示模块;垃圾桶端包括垃圾桶本体,垃圾桶本体包括用于收纳垃圾的收纳腔,收纳腔远离垃圾桶本体开口的底端设有储液腔,储液腔的外壁设有与储液腔连通的排水机构,储液腔与收纳腔之间设有隔板,隔板上设有渗水孔;垃圾桶本体内分别设有用于检测所述收纳腔内垃圾堆积高度的容量检测机构和用于检测所述储液腔内液面高度的液面检测机构;容量检测结构和液面检测机构均电连接有控制器,且所述控制器电连接有第二通信模块,第二通信模块与所述第一通信模块建立通信连接。

2.1 技术方案的工作原理

管理终端设置在控制室内,垃圾桶本体可以分别放置在室外的指定位置;当用户将垃圾从垃圾桶本体开口处扔进垃圾桶本体后,垃圾中的固体部分会存储在所述收纳腔内,垃圾中的废液或者雨水就会从隔板上的渗水孔流至储液腔内,从而实现垃圾的固液分离;同时,所述垃圾桶本体内的容量检测机构和液面检测机构可以实时检测收纳腔内的垃圾堆积高度和储液腔的液面高度,并将检测到的数据利用所述第二通信模块和第一通信模块传输给所述管理终端,控制室内的工作人员可以通过所述显示模块直接观察得知各个垃圾桶本体内的垃圾存储情况,从而指派相应的环卫工作人员对收纳腔内的垃圾进行转移,或利用储液腔外壁的排水机构对储液腔内的废液进行排放处理,提高了环卫人员的工作效率。

2.2 移动终端与通信模块

移动端以及所述移动端包括第三通信模块,所述第三通信模块与所述第一通信模块建立通信连接,且所述垃圾桶本体上设有桶盖和用于控制所述桶盖开启状态的驱动机构,所述驱动机构与所述控制器电连接。所述移动端可以为现有的移动智能设备,如手机、平板等,并且用户可以利用移动端内的第三通信模块和管理终端建立通信连接,并得知各个垃圾桶本体内的垃圾存储情况,从而便于用户能够准确前往仍有存储容量的垃圾桶本体进行垃圾丢弃;同时,垃圾桶本体上设有桶盖和用于控制所述桶盖开启状态的驱动机构,也便于用户在移动端上控制桶盖的开关,并且限制用户继续向一些已经存满垃圾的垃圾桶本体继续投放垃圾。

2.3 太阳能充电模块

桶盖上设有太阳能充电模块,所述垃圾桶本体内设有电池,且所述太阳能充电模块和电池均与所述控制器电连接。垃圾桶本体内的电子模块可以使用所述电池供电,同时,所述太阳能充电模块也可以对所述电池进行充电,从而节约了电力资源,并且也避免了布线的繁琐。

2.4 收纳桶与储液桶

垃圾桶本体包括收纳桶和储液桶,收纳腔设置在收纳桶内,收纳桶的底端设有收纳腔连通的漏液口,且收纳桶的底端邻近漏液口处设有金属槽,储液腔设置在储液桶内,储液桶上设有与收纳桶底端相适应的储液桶开口,储液桶开口与储液腔连通,且储液腔的内壁靠近储液桶开口处设有凸环,凸环上设有与金属槽相适应的金属导销,金属导销与安装在收纳桶内的控制器电连接,金属槽与安装在所述储液桶内的液面检测机构电连接。

收纳桶的底端可以插接入储液桶内,并通过金属导销和金属槽,实现液面检测机构和控制器的电连接;从而在保证了液面检测机构能够正常工作的情况下,收纳桶和储液桶也可以分离,从而便于对收纳桶内的固体垃圾进行倾倒运输处理。

2.5 挡环与报警模块

收纳桶的底端设有挡环,金属槽位于所述挡环远离收纳腔的一侧。并且所述金属槽位于挡环的外侧,从而避免了收纳桶内的废液沿所述收纳桶的内壁进入到金属槽内。

管理终端还包括报警模块,且报警模块与控制处理模块电连接。从而便于当控制处理模块检测到某个垃圾桶本体已储满时,可以实时报警,提醒工作人员处理。

2.6 红外线传感器与湿度传感器

容量检测机构包括若干红外线传感器,若干红外线传感器沿内腔的内壁螺旋设置,且若干红外线传感器均与控制处理模块电连接。红外线传感器具有技术成熟,成本较低的优点,通过红外线传感器实现对内腔的垃圾推挤高度的检测,降低了系统的实施成本;同时,红外线传感器为螺旋设置,也提高了容量检测机构的判断精度,避免了当内腔内部的垃圾仅贴在内腔的一侧时,容量检测机构错误判断内腔的垃圾实际堆放高度。

湿度传感器用于检测内腔内湿度,湿度传感器与控制器电连接。从而实现管理终端可以实时得知内腔内的湿度,便于工作人员可以针对湿度较高的垃圾安排提前处理等措施。

并且注意的是,控制处理模块和控制器中所涉及的控制程序,本领域技术人员均可根据现有的自动化设备、电气设备等控制原理得以实现。

3 管理系统有益效果

3.1 固液分离

将垃圾从垃圾桶本体开口处扔进垃圾桶本体后,垃圾中的固体部分会存储在所述收纳腔内,垃圾中的废液或者雨水就会从隔板上的渗水孔流至储液腔内,从而实现垃圾的固液分离。

3.2 移动终端检测

垃圾桶本体内的容量检测机构和液面检测机构可以实时检测收纳腔内的垃圾堆积高度和储液腔的液面高度,并将检测到的数据利用所述第二通信模块和第一通信模块传输给所述管理终端,控制室内的工作人员可以通过所述显示模块直接观察得知各个垃圾桶本体内的垃圾存储情况,从而指派相应的环卫工作人员对收纳腔内的垃圾进行转移,或利用储液腔外壁的排水机构对储液腔内的废液进行排放处理,提高了环卫人员的工作效率。

可以利用移动端内的第三通信模块和管理终端建立通信连接,并得知各个垃圾桶本体内的垃圾存储情况,从而便于能够准确前往仍有存储容量的垃圾桶本体进行垃圾丢弃;同时,垃圾桶本体上设有桶盖和用于控制所述桶盖开启状态的驱动机构,也便于在移动端上控制桶盖的开关,并且限制继续向一些已经存满垃圾的垃圾桶本体继续投放垃圾。

3.3 供电方便

垃圾桶本体内的电子模块可以使用所述电池供电,同时,所述太阳能充电模块也可以对所述电池进行充电,从而节约了电力资源,并且也避免了布线的繁琐。

收纳桶的底端可以插接入所述储液桶内,并通过金属导销和金属槽,实现液面检测机构和控制器的电连接;从而在保证了液面检测机构能够正常工作的情况下,收纳桶和储液桶也可以分离,从而便于对收纳桶内的固体垃圾进行倾倒运输处理。

3.4 防止废液流入

收纳桶的底端设有挡环,并且所述金属槽位于所述挡环的外侧,从而避免了收纳桶内的废液沿所述收纳桶的内壁进入到金属槽内。

(下转第590页)

◇四川西华大学宜宾校区 李叶婷 罗晨

基于树莓派搭建一个个人服务器(二)

(上接第581页)

7. 安装nginx

```
#安装
sudo apt-get install nginx
#启动
sudo /etc/init.d/nginx start
#重启
sudo /etc/init.d/nginx restart
#停止
sudo /etc/init.d/nginx stop
```

打开浏览器访问192.168.0.104(你的树莓派IP地址),可以看到nginx的页面,说明安装好了。

我这边上传了我的博客,如下图

可以正常的看到页面了,但是这样只能在内网(局域网中)看到,我想让所有人都可以访问怎么办?

8. 内网穿透

内网穿透,意思就是将内网(本地)的web应用通过nat穿透到公网上,从而让别人可以访问到。

内网穿透目前主要由ngrok和frp两种,都非常好用,国内ngrok免费的有ittun、sunny和natapp,这三个都是免费的,前面两个可以自定义域名,后面的需要vip版本才可以自定义域名。

我这三种都试过,我发现sunny的arm版本的ngrok客户端在我的树莓派运行不了,ittun的和natpp的ngrok都可以,由于需要自定义域名,我使用的是ittun的ngrok_arm版本的。

使用方法这三者官网都有详细说明,大家自行查看。

这是正常运行时的截图,访问http://zerow.ittun.com/时可以...

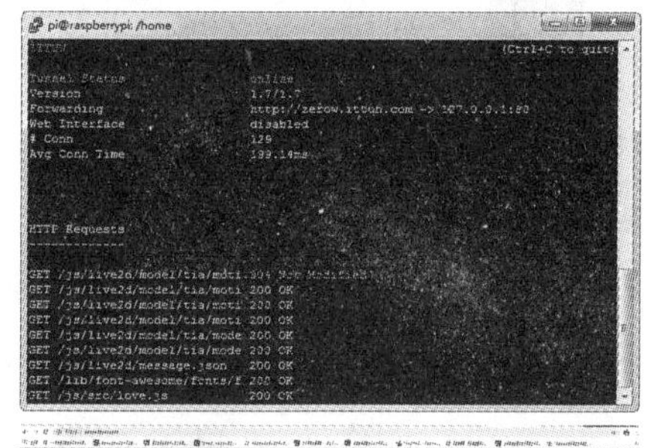

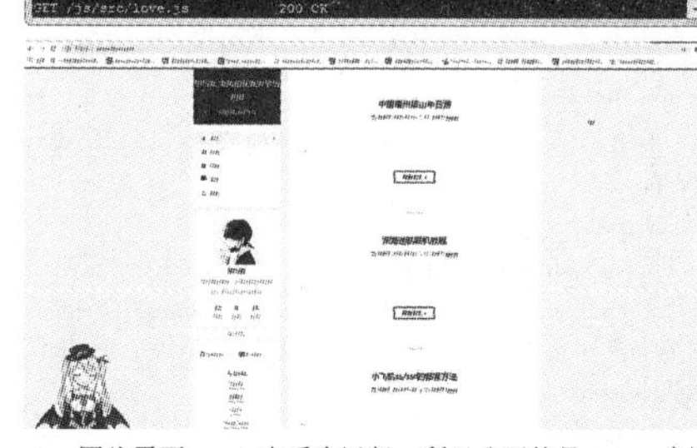

因为需要ngrok在后台运行,所以我用的是screen会话使其可以在后台运行。但是开启自启,还没有实现,万一断电或者断网了,我必须手动去运行一下ngrok,这是目前没有解决的痛点。

9. 更多

树莓派不仅仅只是可以用于运行一个网站,还有很多很多的功能等待你的开发,可以多去看看树莓派实验室里面,很多大神都写了很多实用的教程。

我的zero w状态信息如下:

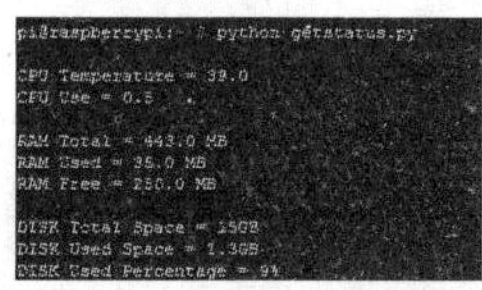

在上面开启了一个nginx和ngrok服务,内存剩余还有250MB,还是很舒服的,cpu温度也不算高,运行两天了,基本在37~39℃之间。

(全文完)

基于物联网的垃圾桶管理系统(二)

(上接第589页)

3.5 判断精度强

通过红外线传感器实现对内腔的垃圾推挤高度的检测，降低了系统的实施成本；同时，若干红外线传感器为螺旋设置，也提高了容量检测机构的判断精度，避免了当内腔内部的垃圾仅贴在内腔的一侧时，容量检测机构错误判断内腔的垃圾实际堆放高度。

垃圾桶本体内设有用于检测内腔内湿度的湿度传感器，从而实现管理终端可以实时得知内腔内的湿度，便于工作人员可以针对湿度较高的垃圾安排提前处理等措施。

4 具体实施方式

4.1 附图说明

图1是垃圾桶管理系统的结构示意图；

图2是垃圾桶本体的结构示意图；

图3是图2中所述收纳桶的结构示意图；

图4是图2中所述储液桶的结构示意图；

附图标记说明：

10-收纳桶，20-储液桶，101-桶盖，102-挡环，201-排水机构，202-凸环，203-金属导销。

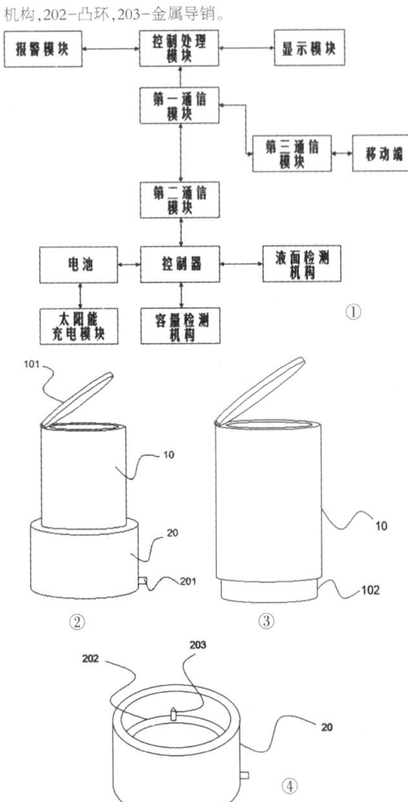

4.2 管理终端与垃圾桶端模块连接

基于物联网的垃圾桶管理系统，包括管理终端和垃圾桶端；管理终端包括控制处理模块和与控制处理模块电连接的第一通信模块及显示模块；垃圾桶端包括垃圾桶本体，垃圾桶本体包括用于收纳垃圾的收纳腔，收纳腔远离垃圾桶本体开口的底端设有储液腔，所述储液腔的外壁设有与储液腔连通的排水机构201，储液腔与收纳腔之间设有隔板，隔板上设有渗水孔；垃圾桶本体内分别设有用于检测所述收纳腔内垃圾堆积高度的容量检测机构和用于检测所述储液腔内液面高度的液面检测机构；容量检测结构和液面检测机构均电连接有控制器，且控制器电连接有第二通信模块，第二通信模块与所述第一通信模块建立通信连接。

4.3 排水结构设置

排水机构201可以为排水管加阀门的组合，管理终端可以设置在控制室内，垃圾桶本体可以分别放置在室外的指定位置；当用户将垃圾从垃圾桶本体开口处扔进垃圾桶本体后，垃圾中的固体部分会存储在所述收纳腔内，垃圾中的废液或者雨水就会从隔板上的渗水孔流至储液腔内，从而实现垃圾的固液分离；同时，垃圾桶本体内的容量检测机构和液面检测机构可以实时检测收纳腔内的垃圾堆积高度和储液腔的液面高度，并将检测到的数据传输给所述控制器，控制器在得到检测数据后，利用第二通信模块将数据传输给管理终端的第一通信模块，第一通信模块在接收之后再传输给控制处理模块。

4.4 移动端模块建立

如图2所示，垃圾桶管理系统还包括移动端，移动端包括第三通信模块，所述第三通信模块与所述第一通信模块建立通信连接，且垃圾桶本体上设有桶盖101和用于控制所述桶盖101开启状态的驱动机构，驱动机构与所述控制器电连接。移动端可以为现有的移动智能设备，如手机、平板等，从而利用这些移动智能设备的网络通信模块连接到管理终端；驱动结构可以包括电机和杠杆组等结构，并且该电机可以在控制器的控制下控制所述桶盖101的开启和关闭情况，在使用时，可以利用移动端内的第三通信模块和管理终端建立通信连接，得知各个垃圾桶本体内的垃圾存储情况，从而便于能够准确前往仍有存储容量的垃圾桶本体进行垃圾丢弃；同时，垃圾桶本体上设有桶盖101和用于控制所述桶盖101开启状态的驱动机构，也便于在移动端上控制桶盖101的开关，并且限制继续向一些已经存满垃圾的垃圾桶本体继续投放垃圾。

4.5 太阳能充电模块设置

桶盖101上设有太阳能充电模块，垃圾桶本体内设有电池，且太阳能充电模块和电池均与所述控制器电连接。垃圾桶本体内的电子模块可以使用电池供电，同时，所述太阳能充电模块也可以对电池进行充电，从而节约了电力资源，并且也避免了布线的繁琐；当然，在一些情况下，比如光照较少的区域，也可以直接使用外接电源并通过降压整流电路直接对垃圾桶本体内的电池进行充电。

5 结论

让垃圾处理变得环保更简单构造智能化。通过利用物联网+技术设计垃圾管理系统。该系统是一款物联网联+的产物集物联网技术、电子信息技术、软件技术于一体的方案，让垃圾桶的管理变得更加简单。采用物联网技术实时对垃圾桶进行时时监测，并传输数据给后台经过处理，在管理人员手机端显示垃圾桶的装载情况，打破原有的人为看管，让垃圾桶更加智能化。实现节约资源，保护环境，同时智能垃圾桶，能对大型垃圾进行有效的回收处理。在提升贯彻市民的环保意识有很大的作用，增加大家的环保意识，爱护环境人人有责。

(全文完)

◇四川西华大学宜宾校区 李叶婷 罗晨

近期Github上最热门的开源项目

近期GitHub上最热门的开源项目排行已经出炉啦，一起来看看上榜详情吧。

1 CBL-Mariner

https://github.com/microsoft/CBL-Mariner Star 2675CBL-Mariner是微软自家使用的Linux发行版(CBL即Common Base Linux)，和任何Linux发行版一样，你可以下载它并自己运行它。

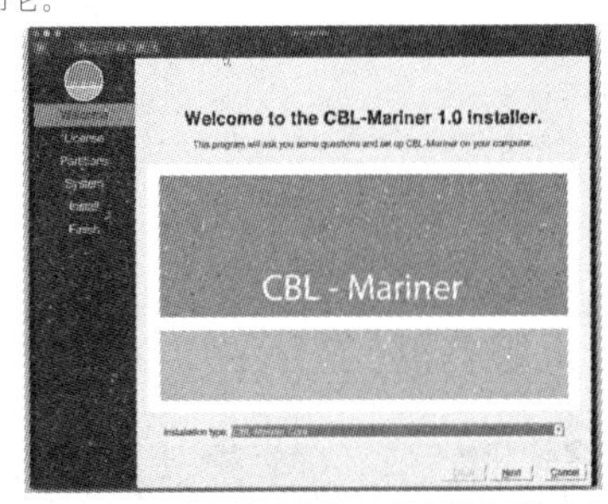

CBL-Mariner的设计理念是，一组小的通用核心包可以满足第一方云和边缘服务的普遍需求，同时允许各个团队在通用核心之上分层附加包，为他们的工作负载生成图像。这是通过一个简单的构建系统实现的，该系统支持：

包生成：这会从SPEC文件和源文件中生成所需的一组RPM包。

图像生成：这会从给定的一组包中生成所需的图像工件，如ISO或VHD。

2 wifi-card

https://github.com/bndw/wifi-card Star 5268WiFi Card是一个开源的JS项目，可以将Wi-Fi连接信息生成为二维码。将其打印并制作成登录卡片，其他人就可以扫码直连Wi-Fi。

3 chat

https://github.com/tinode/chat Star 7491这是一个即时通信平台。纯Go后端(许可GPL 3.0)，Java、Javascript和Swift客户端绑定，以及对C++、C#、Go、Java、Node、PHP、Python、Ruby、Objective-C等的gRPC客户端支持。

4 Sa-Token

https://github.com/dromara/Sa-Token Star 5426这可能是史上功能最全的Java权限认证框架，权限架构设计的绝佳实践！目前已集成——登录认证、权限认证、分布式Session会话、微服务网关鉴权、单点登录、OAuth2.0、踢人下线、Redis集成、前后台分离、记住我模式、模拟他人账号、临时身份切换、账号封禁、多账号认证体系、注解式鉴权、路由拦截式鉴权、花式token生成、自动续签、同端互斥登录、会话治理、密码加密、jwt集成、Spring集成、WebFlux集成。

5 dataease

https://github.com/dataease/dataease Star 2472

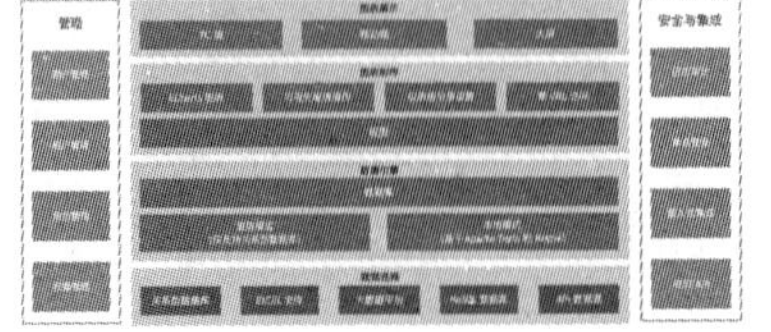

DataEase是开源的数据可视化分析工具，帮助用户快速分析数据并洞察业务趋势，从而实现业务的改进与优化。DataEase支持丰富的数据源连接，能够通过拖拉拽方式快速制作图表，并可以方便地与他人分享。

6 ParlAI

https://github.com/facebookresearch/ParlAI Star 8174ParlAI是Facebook AI Research (FAIR)旗下的实验室发布的"一站式对话研究"的新工具，ParlAI为AI程序员提供了一个简单的框架，来训练和测试聊天机器人，并提供样本对话数据集，还无缝集成了亚马逊的Mechanical Turk"人工"智能服务。据说，在ParlAI的帮助下，往工作流里拉入一个数据集，就像写命令行一样简单。

7 macos-virtualbox

https://github.com/myspaghetti/macos-virtualbox Star 9476

这是一个好用的Bash脚本，它可以直接从苹果服务器下载的未修改的macOS安装文件在VirtualBox上创建一个macOS虚拟机客户端。

8 50projects50days

https://github.com/bradtraversy/50projects50days Star 8273这个项目用50个涵盖CSS、HTML、Javascript相关的练手项目让你在实践中掌握前端技能点。这些项目试图让一些Web组件变得更漂亮或者添加一些新功能。

9 mitmproxy

- https://github.com/mitmproxy/mitmproxy Star 24186mitmproxy是一个支持HTTP和HTTPS的抓包程序，有类似Fiddler、Charles的功能，只不过它是一个控制台的形式操作。MitmProxy具有以下特点：不需要安装软件，直接在线(浏览器)进行抓包(包括手机端和PC端)。
- 配合Python脚本抓包改包
- 抓包过程的所有数据包都可以自动保留到txt里面，方便过滤分析，使用相对简单，易上手。

10 Ventoy

https://github.com/ventoy/Ventoy Star 22962Ventoy是一个强大的免费开放源代码工具，用于为ISO / IMG / EFI和WIM文件创建可启动的USB驱动器。与当今市场上99%的闪存工具不同，Ventoy可以直接运行或重新安装即可启动文件。这意味着你无需格式化优盘，用户只需要将所需的ISO镜像文件拷贝至优盘中即可在Ventoy界面中选择自己想要的ISO镜像文件。Ventoy支持传统BIOS和UEFI，并结合了对GPT和MBR分区样式的支持。此外，它还能够支持任何ISO文件，它还支持大多数操作系统，包括Windows、Linux、Vmware、Unix、Xen和WinPE。

11 hello-algorithm

https://github.com/geekxh/hello-algorithm Star 27898针对小白的算法训练，包括四部分：

- 算法基础
- 力扣图解
- 大厂面经
- CS_汇总

激光雷达三维成像技术在室内定位技术中的应用

摘要:GPS、北斗等卫星定位技术满足了移动终端在室外定位的大部分需求,然而该技术穿透能力差,无法较好的应用于室内中,该文分析了目前主流的室内定位技术并提出一种基于激光雷达成像技术的室内定位应用方案。

关键词:激光雷达成像;激光雷达点云建模;室内定位;深度学习。

1. 室内定位技术

该技术的运用广泛,其在现代定位系统中扮演着非常重要的角色,室内环境中很难使用卫星定位,使用该术可以解决卫星信号到达地面时较弱、穿透力弱的问题。目前室内定位主要采用 WiFi、蓝牙、RFID、超宽带、激光等定位方法。

1.1 WiFi 定位

支持 WiFi 定位的两种主要方法是 RSSI 和指纹识别,WiFi 定位测量到的定位取决于 RSSI 与距离间隔,所以粗略测量位置,但由于障碍物使得信号衰减或者反弹使得信号与测量到的 RSSI 的值减少,从而招致 RSSI 测量不精确,但是一种被称为指纹的技术可以显著提高 RSSI 的测量精度,指纹使用 RSSI 历史测量信息的记录来确定当前 RSSI 值的位置,指纹依赖于环境,所以当物体移动后,指纹将更新后才能准确定位。除了 RSSI 与指纹以外,到达角度(AOA)和到达时间(TOF)可用于确定位置,但该方法需要更加苛刻的设备以及运算条件。

1.2 蓝牙定位

1.2.1 蓝牙到达角度(AoA)

蓝牙定位常见有 AoA 和 AoD,AoA 锚点来定位,判别其物体的置是通过传输的入射角度。

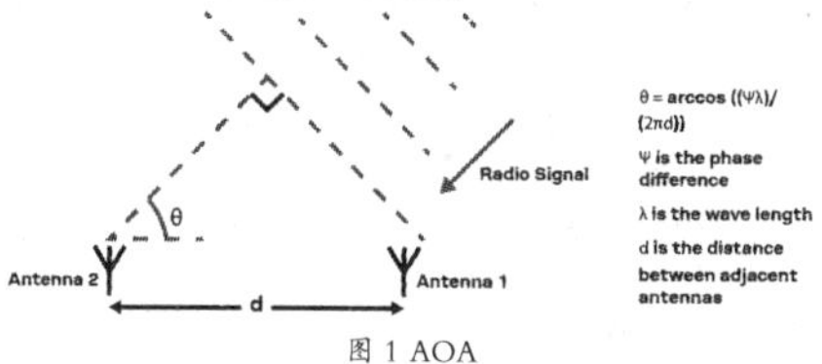

图 1 AOA

1.2.2 蓝牙离场角度(AoD)

Aod 定位移动客户端接收蓝牙信号方向,查找一个或者多个天线阵列传输的蓝牙信号,移动客户端运用传入蓝牙信号角度来计算信号偏离天线阵列的位置。使用 AoD,通过蓝牙锚天线阵列的每个数据传输的方向查找蓝牙信号到达客户端,与其他元素之间有轻微的相差。而提供天线阵列几何信息,客户端也能够利用测量的相差去计算信号从天线阵列的偏离角度。

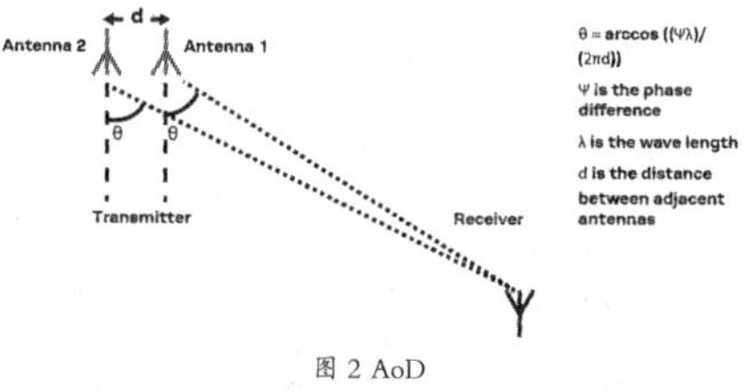

图 2 AoD

1.3 RFID 定位技术

RFID 室内定位的方法是通过终端对已知位置的设备,对标签进行定位,可分为两种,一种是非测距的方法,另一种是测距的方法。测距的方法是通过各种测距技术对目标设备与各标签之间的距离进行计算,再通过几何算法的方式来估计目标设备的位置。常用于测距的定位方法有基于信号到达时间、时间差、基于 RSSI、基于信号到达角的定位等。该技术与 UWB 中采用的技术原理一致,只是 RFID 信号的传播距离较短,一般只有几米到几十米距离。

1.4 超宽带定位技术

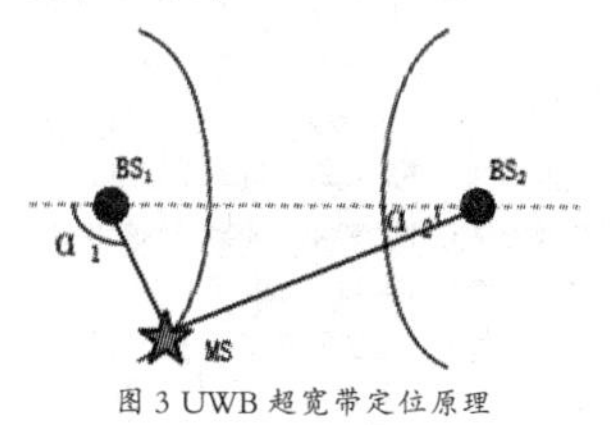

图 3 UWB 超宽带定位原理

UWB 超宽带技术是指通过发送和接收纳秒和纳秒级以下的脉冲来传输数据,从而具有 GHz 级别的超带宽。超宽带(uwb)系统比传统的窄带系统效率更高,增强了穿透力、降低了功耗、提升安全系数、能够提供超精确定位。所以,超宽带技术可以对室内静止物或者动态物进行定位和导航。但成本较高,网络部署复杂。

2. 激光雷达三维成像

2.1 三维表达方式

获取空间中三个维度的数据是三维图像主要的特征,主要表现形式有:物体与探测器的几何距离、几何数据模型、点云数据模型。与二维图像相比,三维图像具备三维数据信息。可直观的表示该物体的特征。点云数据是常见的基础三维数据模型。点云模型是通过萨内数据测量得到的,每个点都对应着相应的测量点,这些信息包含在点云数据中,我们使用其他手段将其表达出来。

2.1.1 三维数据算法

点云是在一空间内收集到目标表面特性的数据集合,在获取一个物体进行表面每个采样点的空间位置坐标(x.y.z)后和信息颜色(RGB)结合激光测量和摄影测量点云,LAS 文件按每条扫描线排列的方式存放数据,包括激光点的三维坐标信息、强度信息、AoA、分类信息、GPS 信息和数据点颜色(RGB)信息等。

C	F	T	X	Y	Z	I	R	N	A	R	G	B
1	5	405652.3622	656970.13	4770455.11	126.97	5.4	First	1	30	180	70	97
3	5	405650.3668	656968.85	4770453.32	129.45	3.0	First	1	30	112	131	120
3	5	405662.4563	656884.96	4770423.58	145.03	0.2	First	2	-11	120	136	93
1	5	405626.0426	556884.93	4770422.06	123.13	5.1	Last	2	-11	176	96	109

图 4 由激光点的三维坐标、强度信息等信息组成的表格

C-Class(分类类别)F-Flight(航线号)T-Time(GPS 当前时间)I-Intensity(回波强度)R-Return(波的轮次)N-Number of return (回波的次数)A-Scan angle (扫描角)RGB-Red Green Blue(红绿蓝颜色)该图像处理分为低中高三个层次,低层次主要利用图像强化、滤波数据捕获、关键点与边缘检测;中层次主要利用连通域标记,图像分割等操作;高级利用目标识别和场景分析。工程中需要运用到多个三维层次的图像处理手段。

低层次:滤波主要使用高斯滤波、条件滤波等,关键点主要使用 ISS3D、NARF 等。

中层次:特征描述使用法线和曲率的计算、特征值分析、SHOT、PFH、FPFH,分割方式使用 K-Means 与 Normalize Cut,分类方式主要基于分割的分类与基于深度学习的分类。

高层次:配准中点云配准可分为粗配准和精配准。

精细配准的目标是在粗糙配准的基础上,使点云之间的空间差异更精确。应用最多的精配准算法有 ICP 和 ICP。

粗配准是指当点云的相对位置和姿态完全空白时,对点云进行配准,可以为精配准提供良好的初始值。当前发展较为常见的点云粗配准算法主要包括企业基于穷举搜索的配准算法和基于中国特征进行匹配的配准算法。

基于穷举搜索的配准算法:变化关系使整个空间以选取使误差函数最小化的或列举出使最多点对满足。例如 RANSAC、4PCS、Super4PCS 算法等。

基于特征匹配的配准算法:通过被测物体本身的形状和状态特征构建点云之间的匹配对应关系,然后使用关联算法评估转换关系。主要有 SAC-IA、FGR、AO、ICL 算法。

2.1.2 方法思路

将三维物体,转化为其他视角下所扫描得到的二维图像,然后对这扫描得到的图像使用二维卷积进行数据特征提取。

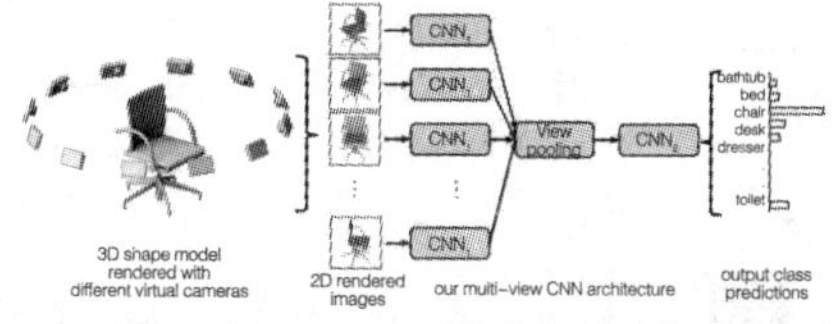

图 5 Multi-view CNN 中提出的网络结构图

通过三维成像的方法试图直接在三维数据上使用卷积。这种方法使用规则分布的栅格化表示不规则分布的点云或 mesh。三维成像是将点云数据进行规则划分所得到的单位,每一个三维成像含有子空间中的多个点。使用 3D-CNN 对得到的三维成像数据进行特征提取。

图 6 椅子模型在不同分辨率下的三维体素表示

并将其转化为二维图像,其次通过二维图像数据拼接,转换为三维图像。但传输图像需要牺牲一些数据,结果好坏部分取决于点云数据构造图像的特征。

2.2 三维模型数据对象识别

2.2.1 基于点云特征的目标识别

基于点云的物体识别的算法有 ICP 算法,这种训练方式发展要求一个比较好的数据初始姿态,工业领域的一个广泛使用的目标识别和位姿估计算法是基于点对特征 PPF 的算法。PPF 算法计算存储模型点特征,并使用特征匹配算法寻找场景点与模型点对的对应关系,并在相应位置计算,最后根据计算所得到的关系数据计算目标所在位置与姿态。

$$R^*,t^* = \arg\min_{R,t} \frac{1}{|P_s|}\sum_{i=1}^{|P_s|} ||p_t^i - (R\cdot p_s^i + t)||^2$$

Ps 与 Pt 是原始点云和目标点云中对应的点。

ICP 算法的直观想法如下:

假定两幅图云点的对应关系已知晓则可以使用 Least Squares 来求解 R,t 参数;假定知道了一个粗略的 R,t 参数,那么可以通过贪婪算法的方式找两幅点云上点的对应关系(寻找间距最小的点作为对应点)。Icp 算法交替这些步骤,迭代直到它收敛。

2.2.2 基于机器学习的物体识别方法

基于机器学习的三维物体识别方法是通过获取数据等主要特征,利用模型分析并计算法完成点云图中物体的分类与识别。主要使用支持向量机、随机森林等模型其增强了场景信息的关联,使点云中识别物体的速度和精度大大提高。

2.3 基于三维云点图的物体定位

2.3.1 NDT 算法

三维点的统计模型计算可以使用正态分布变换算法。它使用标准的优化技术来确定关节和点云之间的最优匹配。该方法通过牺牲特征计算和匹配的过程获得较快的三维点云结果。其与图像匹配一样的三维点云匹配。

$$p(x)=\frac{1}{\sqrt{2\pi|\Sigma|}}\exp\{-\frac{1}{2}(x-\mu)^T\Sigma^{-1}(x-\mu)\}$$

2.3.2 SegMap

SegMap 基于 3D 点云中段的提取,为本地化和映射问题的地图表示解决方案。除了促进处理 3D 点云的计算密集型任务外,在段级别上工作还可以满足实时单机器人和多机器人系统的数据压缩要求。

3. 实现方案

使用激光雷达建模得到点云图、对点云图进行特征分析并使用深度学习算法与已有的数据集进行匹配得到具体物体名称、再通过三维点云图获取物体精确定位。

4. 结论

激光雷达通过发射多方位激光束,来探测物品的位置。因为雷达在运行的时候不受有源干扰影响,激光为探测手段,获得的数据具有精度高,实时性,数据稳定等特点。使用不同激光雷达定位信息技术,利用多传感器协同,以尽可能快、精确的方式可以完成自己定位。

5. 展望

该技术可被广泛应用于商场、医疗应用、机场应用、电力能源、边防海关安检和军事斗争等场合。在这些应用场合不仅关注是否定位到生命体的位置,而且关注事物体的状况,如:呈现整个电厂的地理结构图,对整个电厂升压站、汽机平台、趸船码头等区域布设能够一目了然的呈现给用户。厂区人员、设备运行轨迹实时跟踪,并回溯。可以实现电力厂区的人员跟踪、工具跟踪、外来车辆跟踪,反恐和军事斗争中的人员跟踪、状态及距离方位等。因此,研究基于激光雷达三维创新结合使定位变得更加精确的问题,对生命体的种类、数量、方位、距离、姿态等信息进行追踪与提取。随着这些难题的解决,将为室内定位开辟更为广阔的应用空间和研究前景。

◇四川航天职业技术学院 李彬 夏威夷 黄李乐

硬禾学堂专栏

如何利用滤波器电路降低通话中的噪音？

随着"降噪"的概念越来越普及，各种降噪耳机、音响、手机在生活中都随处可见。那么，"降噪"真的能减小声音中的噪音吗？答案是肯定的，也是人们切身能"听"出来的。这一期文章介绍的就是用简单的低通滤波电路实现降低通话中的高频噪音。具体来说，利用巴特沃斯低通滤波器过滤掉人类发不出来的高频声音且最大可能减小原频率(保留原有用信号)从而起到"降噪"的功能。

滤波低通电路的设计需要先从原理分析滤波阶数和滤波阻波范围入手。因为国际通信的标准是300Hz至3400Hz之间，所以理想的带宽也应该在这个范围内。但理想毕竟是理想，想要完美卡在3400Hz是非常困难的。如图1(左)所示，理想滤波器在3400Hz是一条笔直的切线意味着3400Hz以下的频率全部通过而以上则全部过滤掉，而现实的滤波器只能达到如图1(右)虚线的效果，当然通过电路的复杂度可以提高这条过滤线，让它越来越接近笔直，但考虑成本、电路复杂程度再结合设计需求，其实不用追求理想滤波器的情况。

理想低通滤波器　　虚线部分为实际滤波器效果

3400 频率 (Hz)　　3400 频率 (Hz)

①

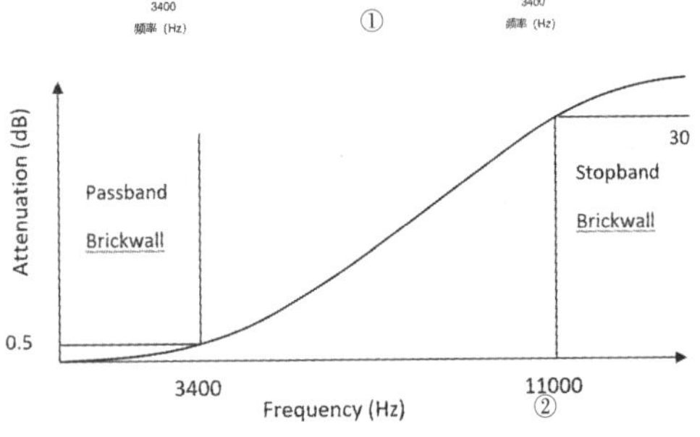

②

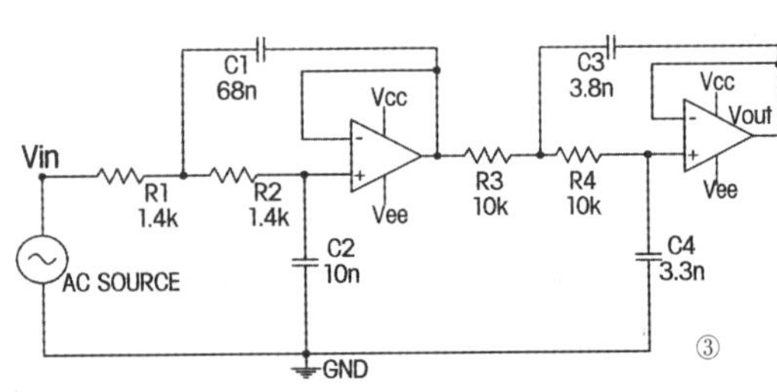

③

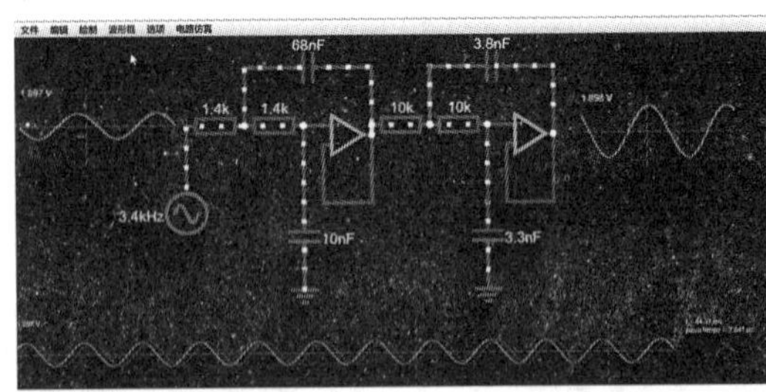

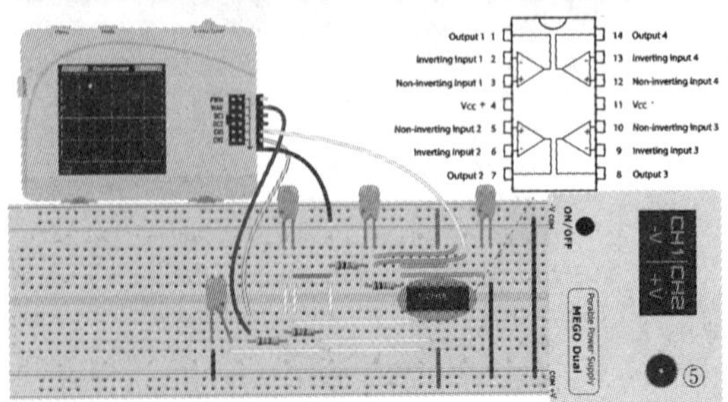

⑤

本期文章介绍的就是一个消除11k Hz以上的低通滤波器电路。对于设计一个消除11k Hz以上的电路，首先要定义的数据就是阻带，意为阻止带宽的频率，顾名思义这个数据就是11k Hz。另一个就是通带，意为通过带宽的频率，这个数据在这里应该定义为3.4k Hz。因为3.4k Hz以下的信号是最为重要且要保留的降低到最小程度的衰减（理想的衰减为0 dB），而过了3.4k Hz以后的信号是要被逐渐衰减掉的，请看图2的示意。设置最小衰减为0.5 dB一直到3.4k Hz，最大衰减为30 dB到11k Hz。

有了这几个设计定义的数据，能通过下列公式算出可以用几阶的滤波器来满足要求：

$$n \geq \frac{\log\left[\sqrt{\frac{10^{0.1Amin}-1}{10^{0.1Amax}-1}}\right]}{\log\left(\frac{\omega s}{\omega p}\right)}$$

通过公式得出来的数会是一个大于3.8的数字，取整数n=4即满足要求的电路，所以设计的电路需要为四阶。而四阶的巴特沃斯电路的传递函数可以简化为两个两阶传递函数。而The Sallen-Key电路是巴特沃斯滤波器中最简单的电路，接着刚才的思路就需要串联两个The Sallen-Key电路，再通过选取成比例的元器件的值，就能够搭建一个简易的巴特沃斯二阶低通滤波器了。搭建的电路图如图3所示。

可以通过www.eetree.cn的线上模拟仿真工具来模拟一下这个电路，对比一下输入以及输出的电压。将输入端设置为3V、3.4k Hz，可以看出来输入端和输出端的电压非常接近。所以当输入在3.4k Hz的时候，输入端和输出端是符合设想保持住了原有的信号。

再将输入端设置为3V、11k Hz，可以看出来输出端的电压已经很小了(只有50mV)，也就意味着达到了实验期待的效果，当输入有大于11k Hz的时候就会被过滤，这也与之前3.4k Hz的时候有了明显的被过滤的区别。

当然用好的模拟不如实际演练一遍，通过实际搭建电路，也许能发现更多！搭建实际的电路，需要信号发生器、示波器、双极电源、面包板以及一些所需要的元器件。在实验中可以用TL074CP，在其中有四个运放可以用，图5用了其中的两个连接出设计的方案，再通过调节梅林雀的信号发生器频率，切换示波器观察波形。

通过实际测量出来的效果，会发现和仿真的结果有大概5%的误差。存在误差的可能是选择元器件和通过计算得出的元器件有一定的误差。总结来说，这一期介绍的巴特沃斯低通滤波器在生活中，学习中都有广泛的应用，通过计算、仿真、实验的办法能让我们更透彻地理解其中的原理，所以也希望作为电子爱好者的你也动起手来做实验吧！

爱立信为未来自治网络推出"智能自动化平台"

● *爱立信"智能自动化平台"是一个开放式的服务管理和编排(SMO)产品。该产品将帮助运营商优化网络性能、提高运营效率并提供更好的客户体验*

● *该平台根据开放式无线接入网原则，提供服务管理和编排功能，并通过支持不同厂商和多种无线接入网技术推动网络自动化进程*

● *该平台通过开放式的软件开发工具包，助力运营商和第三方开发带有新服务的应用(rApp)，实现生态系统创新*

爱立信近日宣布正式发布其智能自动化平台(Intelligent Automation Platform)。该服务管理和编排(SMO)产品可助力任意移动网络实现网络智能自动化。

据介绍，在云原生双模5G核心网和Cloud RAN组合等现有产品的基础上，爱立信此次推出的智能自动化平台和rApp套件，将使其向构建未来网络之路又迈进一步。该解决方案为人工智能和自动化提供基础，通过提高网络性能、运营效率和客户体验，助力运营商创建更加智能的网络。该云原生解决方案适用于全新和现有的4G、5G无线接入网(RAN)，并将支持不同厂商和RAN技术，包括专用和Open RAN。同时，该方案还为运营商网络升级提供更大的选择范围。对该平台开发的投入体现了爱立信对Open RAN技术行业发展的积极贡献。

爱立信智能自动化平台利用人工智能以及具备不同功能的无线网络应用(rApp)来实现无线接入网自动化。这个自动化平台如同一个操作系统，可以实现网络运营自动化、资源协调自动化，以及网络质量提升识别自动化。同时，它还包含一个能够操作rApp的非实时RAN智能控制器(Non-RT-RIC)。

此外，开发者还能够在该平台上通过软件开发工具包(SDK)打造产品，支持生态系统创新。爱立信在该平台上提供的rApp套件具有经过现场验证的功能，其中涵盖四个领域：高效自动部署、网络修复、网络演进以及网络优化。该套件未来还将在与客户的合作中持续优化。

爱立信高级副总裁兼数字服务业务领域主管Jan Karlsson表示：我们支持开放性原则和向开放式网络架构的演变。在Cloud RAN产品基础上，我们发布了爱立信智能自动化平台，从根本上实现了更加智能化的移动网络，并向建设数字化未来又迈出了重要一步。我们期待为客户提供一个能够实现运营效率、增强客户体验并推动服务创新的开放式平台。十分高兴我们的客户已经对我们的新产品给出了积极的反馈，我们也期待未来进一步的发展和创新。

英国电信集团首席架构师、架构与战略部执行董事Neil McRae表示："英国电信通过提供高品质的连接、保持持续的创新来为客户提供最好的服务。随着我们在更多地点扩大建设更加可靠的网络，并实现这一过程的现代化，通过自动化来管理网络复杂性成为了确保我们客户获得最佳体验的关键。我十分高兴爱立信正在发布基于O-RAN联盟服务管理和编排(SMO)概念的智能自动化平台来实现网络自动化。爱立信的愿景是通过统一操作视窗将SMO概念扩展到支持Open RAN和现有的4G和5G网络，这无疑是一项创新的方法。"

KDDI执行官、首席移动技术总监Toshikazu Yokai表示："KDDI意识到服务管理和编排（SMO)以及自动化对于实现跨多厂商、专用RAN和Open RAN环境的最佳网络运营至关重要。SMO在与开放式软件开发工具包组合后，可以推动应用(rApp)创新和多样性，释放运营商、电信厂商和第三方软件供应商的创新潜力，从而优化网络性能、提高运营效率并推动卓越客户体验。KDDI期待着SMO和非实时RAN智能控制器(Non-RT-RIC)能够微调RAN行为并根据切片特有的服务要求来动态保证SLA。KDDI希望能与爱立信合作，共同探索这些解决方案的潜力。"

Strategy Analytics网络和服务平台总监Sue Rudd表示："爱立信智能自动化平台为日益复杂的移动网络环境带来了可扩展性、性能优化与操作的简便性，包括专用和Open RAN。凭借爱立信在无线网络、端到端网络切片领域长期以来所展示的专业技术，在O-RAN联盟中的积极参与，以及在ONAP网络自动化领域的领导地位，爱立信创造的这个强大平台，将帮助客户以智能化的方式，为其终端客户提供优质服务，进而实现投资回报的最大化。同时，爱立信在多厂商服务编排和开放式运营自动化方面的良好表现，也使其成为rApp开发商和系统集成商的优秀合作伙伴，而rApp开发商和系统集成商也可以针对这个独一无二的工具包和开发环境展开充分发挥。"

◇苑仲凛

古董磁带随身听维修打理二例(二)

(紧接上期本版)

例二：JEC 780MII

该随身听是国内20世纪90年代初的产品，具有数字调谐FM/AM收音、立体声磁带录放音、自带微型扬声器外放功能，在当时还是属于国产中高档随身听。不过经过二三十年的岁月洗礼，该机也已伤病累累：具体是收音机能收听电台节目，但是液晶屏没有显示。磁带放音时电机转，磁带不转。而且耳机中除了电机噪声很大，还伴有偶尔扑扑啸叫声。音量一直为最大，旋转音量电位器不起作用。

1. 收音部分

该机收音功能采用数字调谐方式，按调谐及选台按键，调频及中波的收音声音均正常，说明收音电路CXA1238及外围电路基本正常。但是，液晶显示屏均没有显示。

拆下数字调谐控制板，发现板子有受潮痕迹。将其清洗后，故障未变。测量CPU(UPD1715G-014)的VDD工作电压3V正常。液晶屏各个引脚电压为0.9V，也基本正常。CPU液晶屏偏置电压脚⑭~⑰脚的电压为0.6V、0.14V、1.67V、0.89V，基本正常(UPD1715G-014资料难寻，其实测部分电路图如图1所示)。

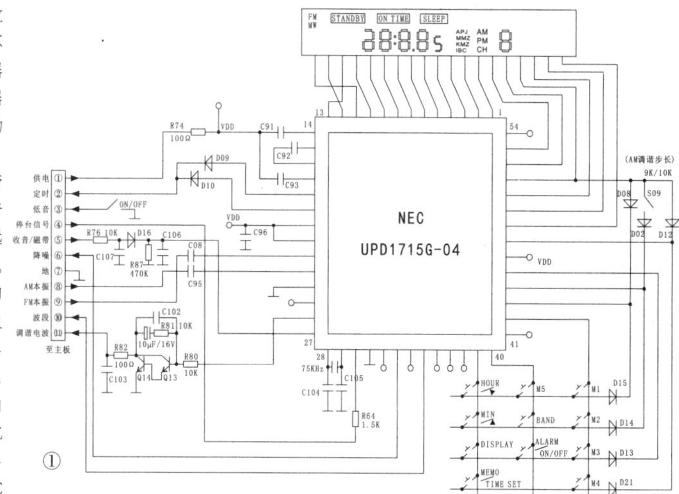

①

仔细查看液晶屏，发现液晶屏显示是有的，只是比较淡(如图2所示)。怀疑偏光片老化，用一张新的45°偏光片放在液晶屏上，液晶屏立即显示出清晰的字符。于是，剪裁合适大小的偏光片粘在液晶屏上(如图3所示)，故障排除。

液晶屏偏光片故障的概率不高，在检查电路没有发现问题时，不妨查一下偏光片。如果手头没有45°偏光片，只有135°偏光片的话，只要剪裁使用时旋转90°即可。

2. 磁带放音部分

该机磁带部分具有录放音功能。由于扑扑啸叫声时有时无，怀疑录放音转换开关接触不良，用精密电子清洁剂清洗该开关后，扑扑啸叫声故障排除。该机音量一直最大，估计音量电位器有故障。测量出音量电位器的滑动臂与电位器电阻膜已经接触不良，但是清洗电位器无效。用新的电位器更换后，音量调整功能恢复正常。

更换机芯皮带后，磁带放音有声音了，但是电机噪声远大于磁带上的声音。该机录放音芯片用的是AN7015S，耳机及喇叭功放用的是CX-A1622M。一般来说，电机噪音变大，是由于电源滤波电容老化所致。于是，在CX-A1622M的⑨脚VCC外接滤波电容，⑧脚纹波滤波外接滤波电容上分别临时对地并联100μF电容，噪音没有消除。在AN7015S的⑦脚VCC外接滤波电容，⑥脚纹波滤波外接滤波电容，⑲脚偏置电压外接滤波电容上分别临时对地并联100μF电容，噪音也没有变小。怀疑电机驱动芯片BA6227的VCC外围滤波电容老化，在该电容两端临时并联470μF电容，电机声变得很轻，看来该电容已经老化。由于原机器主板上元器件用的都是普通规格，而非贴片规格，所以驱动芯片BA6227原滤波电容排版时离芯片较远，不利于就近接地，于是改用2个220μF贴片钽电容就近焊接在芯片附近。再开机，电机噪声已近很小了，但是仍有较小的噪音存在，但是其大小随电位器调整而变化。

查看功放电路CX-A1622的二声道输入端经100kΩ电阻及1μF电容与一个三极管的C极有飞线连接，仔细查看在电机驱动芯片BA6227边的这个三极管是数字调谐控制板输出的按键提示声和定时闹钟声的放大电路，怀疑由于三极管及飞线接近电机驱动芯片，容易感应放大电机的噪声给功放电路。于是把飞线拆除，虽然机器没有了按键提示声和定时闹钟声，但是放磁带时的电机噪声和电路本底噪声(沙沙声)一样低了。电机噪声比甚至原电路设计还低了，达到维修预期效果。

(全文完)

◇浙江 方位

②

③

利用iOS 15安装和管理Safari扩展程序

从iOS 15开始，Safari浏览器开始支持扩展程序，我们可以通过App Store为Safari浏览器安装需要的功能：

1. 安装Safari扩展程序

在iPhone上进入设置界面，选择"Safari浏览器"选项，在其中找到"扩展"菜单，点击"更多扩展"，即可进入到App Store寻找适合的扩展程序安装(如图1所示)，按照需要安装相应的扩展就可以了，当然还需要在"扩展"界面手工启用相应的功能

2. 管理扩展程序

仍然进入设置界面，依次选择"Safari浏览器→扩展"，在这里可以管理已经安装的扩展程序。或者，也可以打开Safari浏览器，点击地址栏右侧的扩展程序图标(如图2所示)，同样可以对扩展程序进行管理。

上述两种途径，都可以手动开关各种扩展。如果需要删除扩展程序，可以在主屏幕向下轻扫，搜索想要删除的扩展程序，按住扩展图标，轻点"删除App"，然后按照屏幕指示操作。

◇江苏 王志军

① ②

多种方法快速打开Windows 11任务管理器

很多朋友已经开始使用Windows 11，习惯性右击任务栏，会发现这里已经没有打开任务管理器的选项，难道每次都按下"Ctrl+Alt+Del"组合键？这里介绍几种快速打开任务管理器的方法：

应用和功能
电源选项
事件查看器
设备管理器
网络连接
磁盘管理
计算机管理
Windows 终端
Windows 终端 (管理员)
任务管理器
设置
文件资源管理器
搜索
运行
关机或注销
桌面
①

方法一：右击Windows徽标

直接右击任务栏最左侧的Windows徽标(如图1所示)，在这里选择"任务管理器"就可以了。

方法二：使用快捷键

任何时候，只需要按下"Ctrl+Shift+Esc"组合键，就可以立即打开任务管理器，但对于手不是太大的朋友来说，单手操作未免有些难度。

方法三：添加到任务栏

在开始里面搜索"任务管理器"，然后固定到任务栏(如图2所示)，以后单击就可以打开。

◇江苏 王志军

②

教学研究

指针式万用表挡位精选与读数方法研究(二)

(接上期本版)

3.工作区域分析

(1)中心线

如果以欧姆中心值所在位置画条线，则该线位于三电共用刻度尺上第25小格处或在$\alpha=45^0$处，即图2中的线B,为中心线。

(2)$1/4\leq N\leq 4$区域

$1/4\leq N\leq 4$区域对应于万用表刻度尺上的位置分别是：

①第一条刻度尺上

$R_0/4\sim 4R_0$之间,即在中心线(线B)左右两侧。

②第二条刻度尺上

由$M=50/(N+1)$得,$M_1=50/(4+1)=10$(小格),$M_2=50/(1/4+1)=40$(小格)。可见,$1/4\leq N\leq 4$区域在10~40小格之间,即第二条刻度尺20%~80%之间,也就是图2所示万用表读数区中AC两条线之间的部分。

③指针偏转角α

设指针由左至右最大偏转角为θ(多为90^0),测量时指针实际偏转角为α,由于偏转角α与电流成正比,设比例常数为L,故有：

$\alpha=LI=LE/(R_0+R_x)=LE/[(N+1)R_0]$……④

同理 $\theta=LI_g=LE/R_0$……⑤

将④/⑤得：

$\alpha/\theta=1/(N+1)$

$\alpha=\theta/(N+1)$

可见,待测电阻R_x值小(即N小)则偏转角大,R_x值大(即N大)则偏转角小。将N的值1/4与4代入,则有：$\alpha_1=90^0/(4+1)=18^0$,$\alpha_2=90^0/(1/4+1)=72^0$。即$1/4\leq N\leq 4$区域在指针偏转角$18^0\sim 72^0$之间。

(三)挡位选择

由上述分析可知,用指针式万用表测量电阻时,必须正确选择电阻挡,可以用比较法和公式法。

1.比较法

同一电阻用不同电阻挡测量，记录每次测量时万用表指针的位置，只有指针位于欧姆中心值处或该位置附近时,测量才是最准确的。

2.公式法

可用公式$R_0/4\leq R_x\leq 4R_0$选择电阻挡位。由于电阻挡位不同,欧姆中心值也不一样,因此,各挡位所能较准确测量的电阻范围也不同。具体如表3所示。

表3 各电阻挡位对应测量范围

挡位	测量范围
DΩ挡	$R_0\times0.1/4\sim4R_0\times0.1$
R×1挡	$R_0\times1/4\sim4R_0\times1$
R×10挡	$R_0\times10/4\sim4R_0\times10$
R×100挡	$R_0\times100/4\sim4R_0\times100$
R×1k挡	$R_0\times1k/4\sim4R_0\times1k$
R×10k挡	$R_0\times10k/4\sim4R_0\times10k$
R×100k挡	$R_0\times100k/4\sim4R_0\times100k$

表3内容可用图5表示。

对R_0=16.5且无DΩ挡和R×100k挡的MF47型万用表,各挡位能较准确测量的电阻范围如表4所示。图中阴影部分的电阻可以用相邻两个电阻挡位测量。

表4 M47电阻挡测量范围(R_0=16.5Ω)

挡位	测量范围
R×1挡	4Ω~66Ω
R×10挡	40Ω~660Ω
R×100挡	400Ω~6.6kΩ
R×1k挡	4kΩ~66kΩ
R×10k挡	40kΩ~660kΩ

表4可用图6表示。

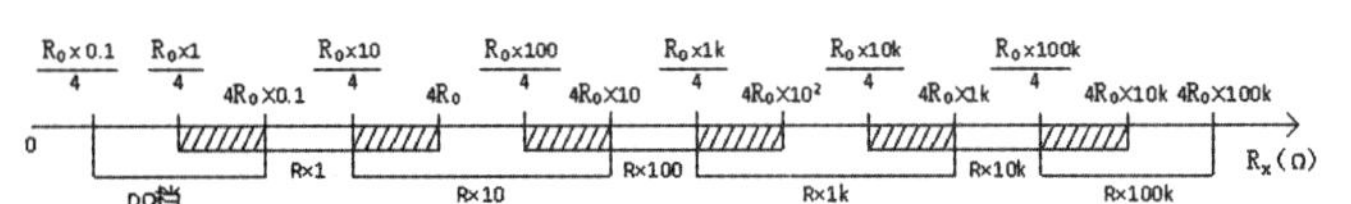

图5 表3的图形表示

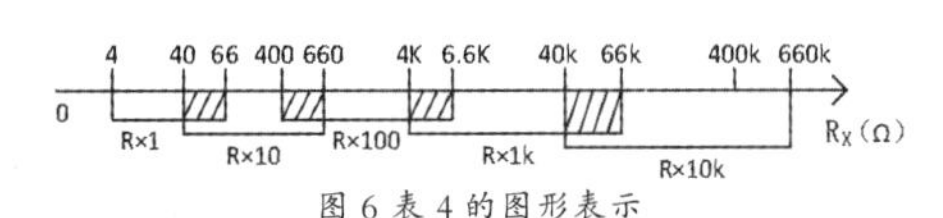

图6 表4的图形表示

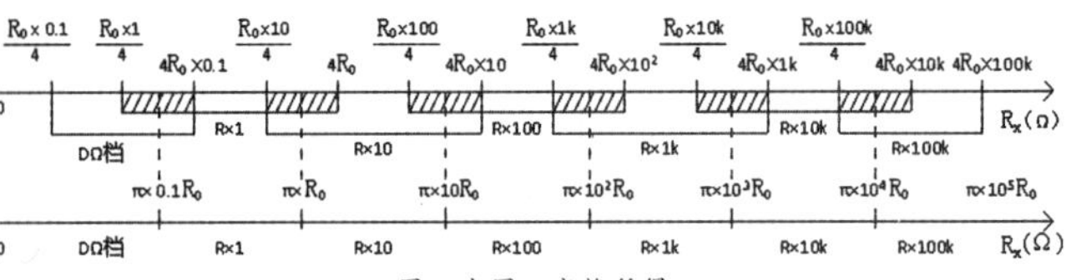

图8 由图5变换所得

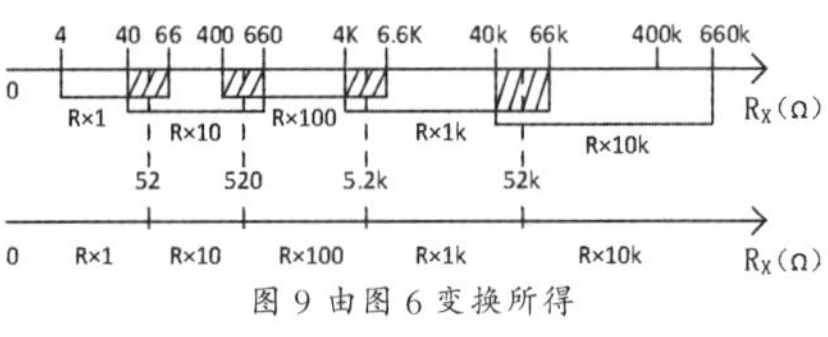

图9 由图6变换所得

(四)读数方法

万用表测量电阻的读数方法为：测量值=指针示数×倍率。

四、测电阻误差与挡位选择的深入研究

前面已对电阻的一般性测量作了详细分析，为了减小误差,将测量范围缩小到$R_0/4\sim4R_0$。事实上,即使万用表指针停在此范围,由于所选挡位不同,测量结果也会有较大差别。请看继续下面的分析。

(一)误差再分析

1. 不同挡测图6阴影部分电阻的误差分析

用$R_0=16.5$、$\gamma=2.5\%$的MF47型万用表对R=47Ω、56Ω左右的两个电阻进行测量,选R×1Ω挡还是R×10Ω挡好呢?

由图6可知,对47Ω、56Ω的电阻,无论选择R×1挡还是R×10Ω挡,所测结果指针均停在$R_0/4\sim4R_0$范围内,这对于一般测量来说已经足够了。但是,所选电阻挡位不同，测量结果的差别也较大。具体可用公式$\delta_R=-[(N-1)^2/N+4]\gamma$计算。

(1)对R=47Ω左右的电阻

用R×1Ω挡测量，则$N=R_x/R_0=47/16.5=2.84$,$\delta_R=-[(N-1)^2/N+4]\gamma=-12.9\%$。

用R×10Ω挡测量,则$N'=R_x/R'_0=R_x/(10R_0)=47/165=0.284$,$\delta_R=-14.5\%$。

显然，用R×1Ω挡测量比用R×10Ω挡测量误差小。

(2)对R=56Ω左右的电阻

用R×1Ω挡测量，则$N=R_x/R_0=56/16.5=3.39$,$\delta_R=-14.2\%$。

用R×10Ω挡测量,则$N'=R_x/R_0'=R_x/(10R_0)=56/165=0.339$,$\delta_R=-13.2\%$。

显然，用R×1Ω挡测量比用R×10Ω挡测量误差大。

为了解决此问题，有必要进一步研究电阻挡位的选择。

2.作图并研究图像特点

(1)作$|\delta_R|/\gamma-N$图像

利用$|\delta_R|=[(N-1)^2/N+4]\gamma$，即$|\delta_R|/\gamma=(N-1)^2/N+4$,作出$|\delta_R|/\gamma-N$的图像,如图7所示。

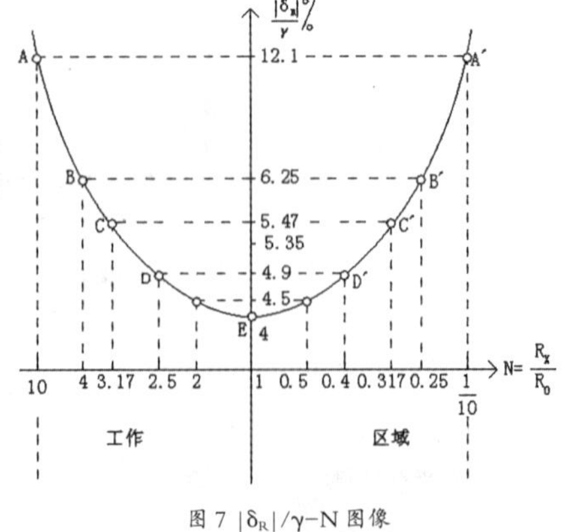

图7 $|\delta_R|/\gamma-N$图像

(2)研究图像特点

①图像左右相当于两个相邻电阻挡

在图7中,以纵轴$|\delta_R|/\gamma$为界,将图像分为左右两部分,横轴左边部分$N_{左}\geq1$,右边部分$N_{右}\leq1$。对于同一个被测电阻R_x,因$N=R_x/R_0$,如果用中心值为R_0的挡位测量时$N\geq1$，则改用中心值为$10R_0$的挡位测量必有$N\leq1$；反之，如果用中心值为$10R_0$的挡位测量时$N\leq1$,改用中心值为R_0的挡位测量必有$N\geq1$。因此,可将图像左边视为中心值为R_0的电阻挡低位,图像右边视为中心值为$10R_0$的电阻挡高位,左右两边就相当于任意两个相邻的电阻挡。

②合理选择挡位可以减小测量误差

在图7中,曲线A′B′C′部分误差大。该部分对应的电阻范围是$N=1/10\sim1/\pi$($1/\pi\approx0.1\pi$),取10N就是$1\sim\pi$,正好与低位挡中曲线CDE部分相吻合。也就是说,高位挡中$N=1/10\sim1/\pi$范围内的电阻,如果改用低位测量,其范围就是$N=1\sim\pi$,这个范围误差小。同理,曲线ABC部分误差大,该部分对应电阻范围是$N=10\sim\pi$,取N/10就是$1\sim0.1\pi$,正好与高位挡中的曲线C′D′E部分相吻合。因此,$N=10\sim\pi$范围内的电阻,如果用高位挡测量,其范围就变成了$N=1\sim0.1\pi$,这个范围误差也小。于是，通过选择恰当的挡位，可以将阻值在$R_0/(10\pi)\sim10\pi R_0$范围的电阻“缩小”到$R_0/3.17\leq R_x\leq3.17R_x$范围内测量,误差大大减小。

(二)挡位再选择

将公式$|\delta_R|=[(N-1)^2/N+4]\gamma$变换得:$|\delta_R|/\gamma=(N+1/N+2)$。对同一被测电阻$R_x$,因$N=R_x/R_0$,且任意两个相邻电阻挡中心值相差10倍,故有:低位挡$N_{低}=R_x/R_0$,$N_{高}=R_x/10R_0$,$N_{高}=0.1N_{低}$。

设低位挡用$|\delta_R|_{低}/\gamma=(N+1/N+2)$表示,与低位挡相邻的高位挡用$|\delta_R|_{高}/\gamma=(0.1N+1/0.1N+2)$表示。

若$|\delta_R|_{低}>|\delta_R|_{高}$,有$N>3.17\approx\pi$;反之,若$N>\pi$,即$R_x>\pi R_0$,也必然有$|\delta_R|_{低}>|\delta_R|_{高}$。也就是说,当$N>\pi$,即$R_x>\pi R_0$时,选用高位挡测量误差更小。

同理可知:当$N<\pi$,即$R_x<\pi R_0$,有$|\delta_R|_{低}<|\delta_R|_{高}$,此时选用低挡位测量误差更小。当$N=\pi$,即$R_x=\pi R_0$时,有$|\delta_R|_{低}=|\delta_R|_{高}$，此时无论选择电阻挡高位还是低位,误差都一样。

利用上面的研究结果,可将图5变为图8,将图6变为图9。

(未完待续)

◇四川省南部县职业技术学校 敬树贤

常见的配电安全保障方案

自第二次工业革命以来，电力在人类社会的发展过程中变得愈加重要。在科学技术高度发展的今天，不仅日常的生活离不开电力供应，在医疗、安全、通信等行业也对供电的持续性有了较高的要求，特别是随着信息技术的快速发展，近年来各新兴行业对大数据中心的需求也在快速增长，数据中心对供电的要求也进入了一个新的台阶。

数据中心建设伴随特高压、5G基建等行业跻身"新基建"领域，受到国家政策的大力支持。可预见的是，数据中心作为经济结构数字化转型的重要设施基石，其在未来较长时间内必然还将持续成为焦点。而数据中心建成投产后，如何让其保持稳定、可靠、安全、高效的运行，为承载各类业务提供坚强后盾，已成为数据中心建设和运维团队关注的重点。在数据中心的配电系统中，通常会采用双路市电接入、UPS不间断技术、柴油发电机组后备电源等方式，多举措并行，以保障供电的稳定性。

1. 双路市电接入架构

通过引入双路市电构成双电源配电的冗余模式，当一路电源故障时，另一路可以迅速投入使用，从而提高系统的可靠性。双电源供电系统的接线方式有单母线、单母线分段以及双母线三种，较为常见的是单母线分段接线方式，其示意图如图1所示。在图1中，该供电系统中两路电源互为备用，电源间通过一条配电母线连接，且在连接母线上设有母联开关QF。当两路电源均正常时，母联开关QF断开，两路电源分别带载(电源Ⅰ为L1、L2负载供电，电源Ⅱ为L3、L4负载供电)；当其中一路市电故障停电，如电源Ⅰ故障时，L1、L2负载失电，此时可以断开QF1，同时将母联开关QF手动合闸，由电源Ⅱ同时为L1、L2、L3、L4负载供电。

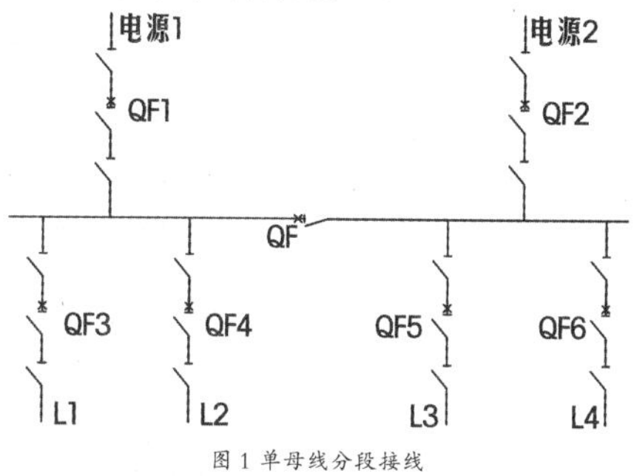

图1 单母线分段接线

2. 不间断电源系统的应用

在双电源冗余模式中，存在一个致命的缺陷，即在一路电源故障停电后、另一路电源投入使用之前，存在着一个时间差，虽然时间较短，但对电子信息设备的运行仍有严重的影响。不间断电源系统(即UPS，英文Uninterruptible Power System的缩写)的应用，则完美的解决了这一问题。

UPS可将市电提供的电能转换成其他形式的能量形态(如化学能、机械能等)存储下来，在市电故障后，再将储存的其他形式的能量转化成电能，持续为负载供电。以静态在线式UPS为例，它主要由7部分组成，即输入整流器、滤波器、蓄电池组、充电电路、逆变器、静态开关电路和维修旁路，具体电路结构框图如图2所示。市电输入后，通过滤波器和整流器将交流电变换为直流电，一部分为蓄电池组充电，另一部分经逆变器将整流过的直流电转化成高质量的交流电，为负载供电；当市电故障后，蓄电池组开始放电(直流电)，经逆变器转化成交流电后为负载供电。静态旁路可与整流-逆变电路同时投入使用，由静态开关电路的转化开关选择接通的回路。维修旁路平时不投入使用，当UPS设备需要进行检修维护时，关闭QF1、QF2、QF3，闭合QF4，使用维修旁路为负载供电。

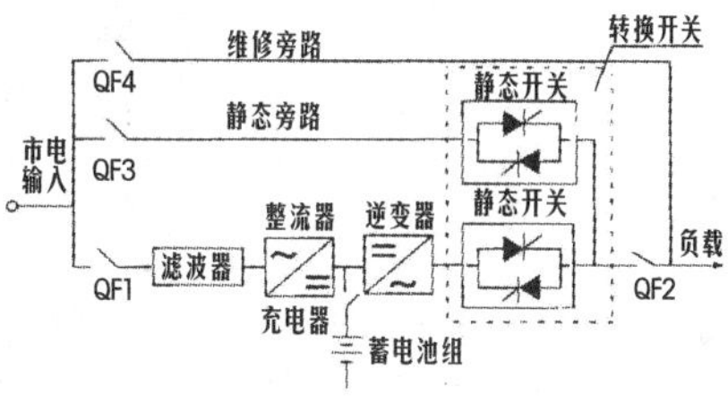

图2 在线式UPS电路结构框图

在A级数据中心中，还通过采用双总线UPS冗余方式(即2N架构供电方式)进一步提高系统的可靠性。2N架构如图3所示，两套UPS设备通过并机控制器组成一套UPS系统，再由两套UPS系统(即UPS1系统和UPS2系统)共同为同一负载供电，当一套UPS设备乃至一套UPS系统故障时，仍不影响设备的电力供应，大大的提高了系统的稳定性。

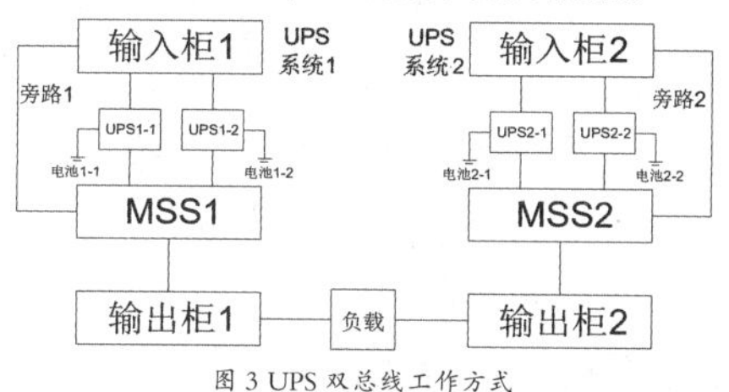

图3 UPS双总线工作方式

3. 后备柴油发电机组的接入

UPS的应用可以保障供电的持续性，但由于其蓄电池组蓄能有限(通常15-30分钟)，若两路市电同时断电且短时间内无法恢复，则依然有较大的风险。因此，后备柴油发电机组的接入，是非常有效且有必要的。

柴油发电机组是一种内燃发电机组，由柴油机、发电机和控制系统(包括自动检测、控制及保护装置)三部分组成。柴油机是一种将燃料燃烧释放出来的热能转变为机械能的能量转换装置，是发电机组的动力部分；发电机则是将柴油机产生的动能转化成电能，是发电机组的核心部件；发电机组的控制(屏、箱)系统是机组的配套设备，包括自动检测、控制及保护装置等几大部分，主要负责机组的控制、调压、配电，机组通过控制屏向用电设备进行供电，同时操作人员可以从控制屏上直接观察机组的运行状态。

柴油发电机接入配电系统的架构与双路市电的接入类似，可以将柴油发电机组理解成第三路接入电源。由于柴油发电机组的发电量取决于机组本身的输出功率以及发电持续时间(或柴油储存量)，因此，相对而言其后备可持续时间通常可控。

4. 双电源配置时开关极数的选择

市电电源和后备发电机电源之间的切换是否需要断开中性线，与许多条件或因素有关，包括两电源回路的接地系统类别、两电源回路是否接入同一套低压配电柜、系统接地的设置方式、电源回路有无装设RCD或者单相接地故障保护等等。以图4配电系统为例，简述双电源系统配置时的开关极数选择。

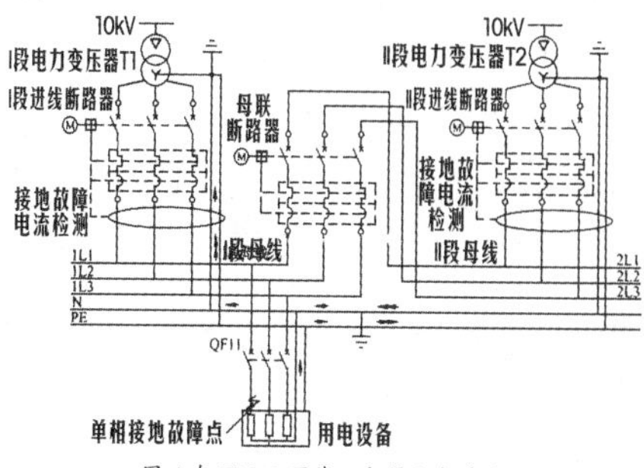

图4 在TN-S下某双电源配电系统

在图4中，我们可以看到低压配电网为TN-S接地型式，双电源互为备用电源(双路配电变压器互为备用电源，或者变压器与柴油发电机互为备用电源)，且变压器和发电机的中性点均就近直接接地，从变压器引出三相线、N线和PE线到低压配电柜进线回路中。低压进线断路器和母联断路器均为三极开关，进线断路器配套了单相接地故障保护。正常使用时，该系统的母联断路器打开，使用其中一路电源单独供电，另一路电源作为备用。

若当前系统使用Ⅰ母线单独供电，当Ⅰ母线上的用电设备发生单相接地故障时，故障电流的正确的路径是：用电设备外壳→PE线→PE线和N线的结合点→Ⅰ段N线→Ⅰ段接地故障电流检测→Ⅰ段变压器。尽管这条路径应当是正确的，但由于N线和PE线结合点的不确定性，故障电流也可能并不按照该路径进行。例如，N线和PE线结合点可安装在两进线回路的进线处，于是单相接地故障电流的非正规路径可能是：用电设备外壳→PE线→Ⅱ段进线PE线和N线结合点→Ⅱ段N线→Ⅱ段接地故障电流检测→Ⅰ段N线→Ⅰ段接地故障电流检测→Ⅰ段变压器。沿着这条路径流过的电流就是非正规路径的中性线电流，它可能引起Ⅱ段进线断路器跳闸，使得事故扩大化。

针对以上可能出现的故障电流流过非正规路径的情况，最简单的解决办法就是将低压进线回路和母联回路的三级开关全部更换为四极开关，使故障电流无法流过另一路电源进线的N线，即切断故障电流流过非正规路径的可能，从而消除事故隐患。同理，若将其中一台变压器更换为发电机，则发电机的进线断路器也必须采用四极开关。

因此，当两套电源同处一室(共地)，且共用同一套低压配电柜，则低压配电柜的进线和母联回路需要使用四极开关。

◇安徽 朱述振 宋伟男 邵安

PLC梯形图程序的优化方法(二)

(接上期本版)

按照图14所示的处理思路，图15(a)所示的梯形图就可转换成图15(b)所示的梯形图了，从而有效地解决了梯形图中串联触点过多和并联触点过多的问题。

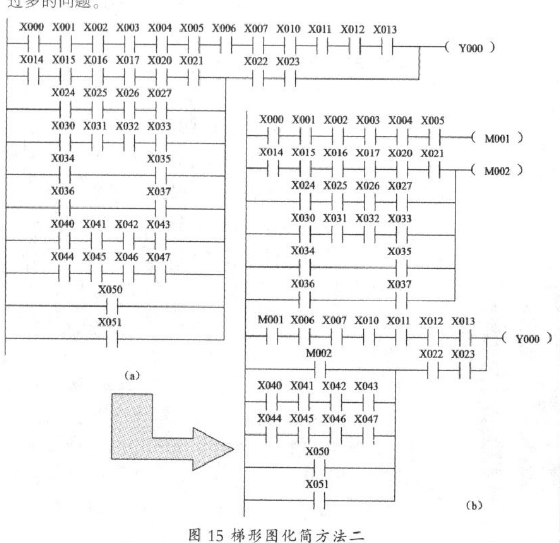

图15 梯形图化简方法二

(全文完)

◇无锡 周金富

智能楼宇安防系统的出入口控制

智能楼宇的安全防范是楼宇智能化的一个重要组成部分。如何保障楼宇内人员的人身及财产安全，最重要的是设法将不法分子拒之门外，使其无法下手。万一不法分子乘机进入防范区域，必须能及时报警和快速响应，将案件消灭在萌芽状态。最坏情况下，也应有清晰的图像资料为破案提供证据。

这里简要介绍智能楼宇安防系统的出入口控制技术。

出入口控制系统也称门禁系统，是利用自定义符识别技术对出入口目标进行识别并控制出入口执行机构启闭的电子系统。该控制系统以安全防范为目的，在设防区域内外的通行门、出入口、通道、以及重要办公室门等处设置出入口控制装置，对人员和物品的流动实施放行、拒行、记录、报警管理与控制。其主要作用就是使有出入授权的目标快速通行，没有获得授权的目标阻止其通过。

设防区域出入口除了完成上述放行和拒行的基本功能外，还必须满足紧急逃生时人员疏散的相关要求。疏散出口的门应设为向疏散方向开启。人员集中场所应采用平推外开门。配有门锁的出入口在紧急逃生时，应不使用钥匙或其他工具，也不需要专门的知识或耗费较大的力气就可方便地从建筑物内开启，出入口控制系统是智能楼宇安全体系的第一道防线，是经济又实用的安防技术。

出入口控制系统应包括识读部分和执行部分等。识读部分的功能就是对进出人员的身份合法性进行判断和认定，只有被认定身份合法的人员才能进入设防区域。根据认定的结果，执行部分完成出入口的开启与关闭操作。出入口的开启或关闭可以使用电动门、电动锁或电磁吸合器等装置。

◇山西 木易

设计一款调频发射机语音报警电路

10KW调频发射机的操作系统，把发射机容易出现的故障划分成两类，严重故障和不严重故障。出现严重故障时，将关闭发射机的功放模块、电源、甚至整机。而不严重的故障，只不过把故障内容写入故障纪录中，在前面板诊断菜单上显示出来，不会出现关闭发射机的现象。值班人员巡机时，如果不能发现故障，虽然可以维持播出，但是不及时排除故障的话，就有可能使故障范围继续扩大，造成不必要的损失。因此，我们对发射机监测系统进行了拓展，根据实际需要增加了部分电路。目的是让值班人员能够随时了解发射机的运行状态，保证安全优质播出。

在整个发射机中，有两个非常有代表性的严重故障。一个是生命支持板上的+5V参考电压，它供给所有的控制器。这个电压在系统校准中，低于4.6V时，就出现故障。系统校准和过载设置过程中，+5V参考电压轻微的变化，就会引起很严重的错误，所以这是一个严重的故障，发射机也将关闭。另一个是PA控制器-15V电压故障PAC#--15V，这也是一种严重的故障，因为一旦没有了-15V电压，就会导致PA控制器失去了利用-15V电压去封锁功率放大器的能力。当监测到这一故障时，受-15V电压影响的PA控制器，就要求另一个PA控制器去封锁自己所控制的功率放大器，即进行交叉控制XOVER，并且把这些功率放大器切换出去。这样，将引起系统严重的不平衡。所以，发射机的功率降低到了正常情况下的30%。

出现不严重故障时，可以选择故障复位FAULT RESET，清除当前故障记录中的所有内容，同时前面板上的故障指示灯FAULT熄灭。这种情况下，只能恢复一些不严重的软性故障。例如功放模块温度故障，它的温度取样值是一个预测值，并不是实际的温度。每一个功率放大器的隔离电阻温度故障门限，设置为150℃，系统出现此故障时，隔离电阻的温度并没有真正达到150℃。但是，控制器将根据隔离电阻温度上升的比率，把这个有问题的功率放大器提前从系统中切换出去。这样设计的目的，就是提前保护好功率放大器和相关的合成器免受损坏。但是，带来的问题是多个模块切换出去后，功率下降，影响播出质量。所以，发射机一旦出现异常现象，我们必须第一时间知道。为此，我们利用语音提示的方法，不用翻看菜单，就可以比较直观地知道发射机的故障位置，给值班和维修人员带来了很大地方便。

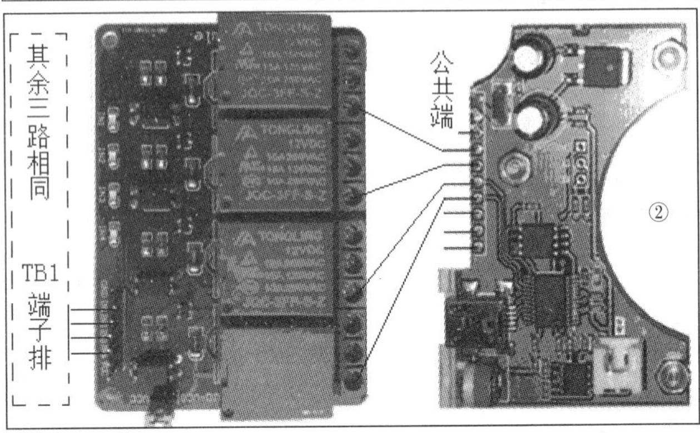

电路设计：在发射机的后面TB1端子排上输出的发射机工作状态，是晶体管集电极开路型。既可以外接TTL逻辑电路，又可以外接继电器。外接的电源电压最大不能超过+28V，输出状态线最大承受的电流低于25mA。如果这些输出电路驱动小型继电器，一定要检查继电器线圈的电流要求。因此，我们设计电路时，在继电器线圈上并接了一个1N4007续流保护二极管。为了不影响发射机的工作状态，我们还设计了光电耦合器，保证外加的电路与发射机的逻辑电路相互隔离。

调频发射机中U27和U29，使用了SN75468作为输出驱动电路。它是由7个达林顿晶体管阵列组成的，最大输出电压100V，最大开关电压50V，最高峰值电流500mA。输入端连接方式既可以是COMS电路，又可以连接TTL电路，延时时间250ns。我们在查找电路走向时，首先从主控制板J3开始查找，J3是指主控制器板上的插口编号，在电路总图中是J1。例如：查找发射机功放模块温度故障，在电路总图中是J1-E18，线号是N116，它连接到了遥控接口的J20-23，然后又连接到了用户扩展接口TB1-23上，如图1所示。

以预功放故障为例，说明电路的工作原理。当发射机的预功放模块出现故障时，TB1的28脚变成低电平，CJ1动作，常开接点闭合，+12V通过R1给光电耦合器U1加电，U1和晶体管Q1导通，CJ2吸合触发语音电路，发出语音提示信号。可擦写语音报警提示器使用工业级语音芯片，内置音频放大器，声音响亮，清晰度高。接线方式：电源正极+12V接红线；电源负极接黑线；发射机和语音报警电路的公共端接灰色线。语音提示的内容，用软件在电脑上提前合成，通过USB接口写入电路。调频发射机经常出现的七类故障，分别是：功放模块故障接语音电路的黄色线；电源故障接语音电路的绿色线；驻波比故障接语音电路的蓝色线；驻波比过大反射吸收故障接语音电路的橙色线；温度故障接语音电路的紫色线，吸收负载故障接语音电路的棕色线；预功放故障接语音电路的白色线。我们设计的光电耦合器隔离电路和继电器触发电路，委托印刷线路板制作单位统一加工，每四路组成一个组件，如图2所示。整个电路采用低电平触发，与发射机的控制系统通用，也便于安装。

使用效果：我们在调频发射机上安装了这套系统5年了，值班人员每次都能及时发现调频发射机出现了哪个方面的问题，给维修人员带来了很大的方便。这样，防止了发射机长时间运行在故障状态下，避免了故障范围的扩大，为安全播出提供了技术保障，使用效果非常理想。

◇山东省广播电视局大泽山转播台 宿明洪

待机功耗小于0.1瓦的路灯光控灯座

图1为光控楼道灯电路原理图，可用7.5伏的稳压二极管取代图中的LED1、LED2、LED3。控制电路的待机功耗小于0.1瓦。负载(灯)可以是白炽灯、电容限流的LED灯（当可控硅是小容量的MAC97A6时，限流电容不宜大于1微法，否则可控硅可能在电路启动时损坏）、AC/DC电压变换IC开关的LED灯。

若该灯用于楼道，建议采用0.5至1瓦的LED灯，此时每年仅需要2.5元或5元左右的电费。PCB板可安装在明装灯座中，见图2。

市售的声光控制灯座待机功耗为0.3至0,45瓦，且不能使用AC/DC电压变换后采用IC开关的LED灯。而微波雷达控制的楼道灯待机功耗较大，通常超过1.5瓦。

Q1、Q2组成有回差特性（启动和返回的信号电压存在差值）的双稳态触发器，可以避免路灯处在开/关临界状态时灯光闪烁。

调节R1阻值，或在光敏电阻Ru两端并联适当阻值的电阻可以改变灯在不同环境亮度下作开/关转换。本电路使用的光敏电阻的亮电阻小于4k欧，暗电阻大于1兆欧。

由于可控硅开关的存在，可控硅导通时将插入损耗：

1. 双向可控硅在触发电流偏小的状态下，双向可控硅的导通电压将增大，可控硅的损耗增加。因此必须满足可控硅可靠触发的条件。

2. 若控制极触发电流符合要求，则可控硅T1、T2间导通电压维持在2伏左右，因此灯电流越大，插入损耗也越大。减小损耗的途径是对同功率的负载采用较高负载工作电压(串联LED灯珠数更多)以便采用较小的工作电流。

◇江西省吉安县现代教育技术中心 尹石苏

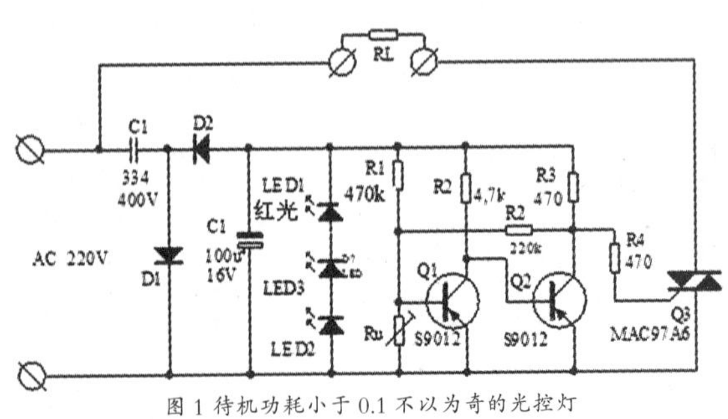

图1 待机功耗小于0.1不以为奇的光控灯

图2 PCB版可安装在灯座中

一款基于树莓派的可绕行障碍物的机器人(二)

(接上期本版)

因此，可以使用两种电源，一种用于电机，一种用于Raspberry Pi。在此步骤的早些时候，我们将4节AA电池连接到+12v端子为电机供电。在下一步中，我们将连接3节AA电池为Raspberry Pi供电。

当我们设置L298N时，将继续把Raspberry Pi的电源连接到L298N。首先，从L298N上取下物理跳线(照片中标记为“5v enable”)。这将电机控制器逻辑设置为由Raspberry Pi通过电源块上的+5v端子供电，而不是从连接到+12v端子的电源供电。

需要注意的是，确保移除L298N上的物理5v启用跳线。如果不这样做，那么L298N将通过+5v端子输出可变的4~5v，这可能会导致Raspberry Pi因稳定性出现性能问题。

此外，由于Raspberry Pi只有两个5v引脚，还需要额外增加一个用于这个项目。所以，要在面包板上创建一个电源轨——使用面包板上的互连行来分配来自Raspberry Pi的电源。

要创建电源轨，请将母/公跳线从Raspberry Pi的引脚2(5v引脚)连接到面包板上任何未使用的行(通常使用第一行或最后一行)。做好以后，可以通过插入面包板上的同一行，将来自Raspberry Pi的5v电压分配到整个项目中。使用公/公跳线将L298N上的+5v端子连接到电源轨。

最后连接是将Raspberry Pi的4个GPIO引脚连接到L298N上的4个电机输入引脚。IN1和IN2控制电机A的方向，IN3和IN4控制电机B的方向。将L298N上的跳线连接到两组电机使能引脚 - ENA和ENB -保持原位。

连接如下：

IN1 -> GPIO 27 /物理 13

IN2 -> GPIO 22 /物理 15

IN3 -> GPIO 5 /物理 29

IN4 -> GPIO 6 /物理 31

该连接图示如下：

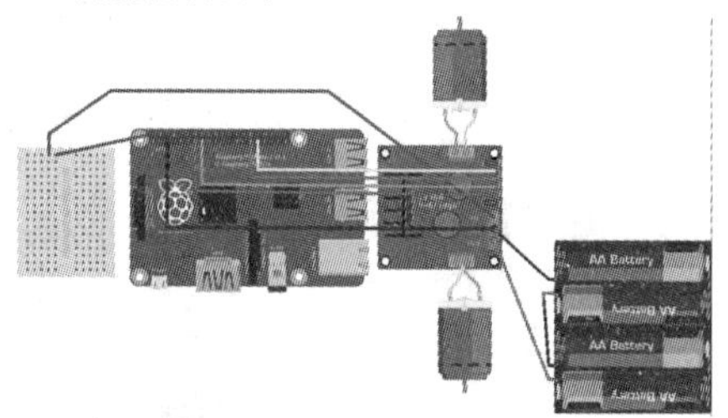

第三步　为DC-DC升压电源转换器接线

工具：万用表；烙铁或电工胶带；可选剥线器。

零件：DC-DC升压电源转换器；3×AA电池座；跳线。

如第2步所述，Raspberry Pi和电机需要使用单独的电源。但是，Raspberry Pi不支持广泛的输入电源——3节AA电池不够用，而4节又多了。。。所以你需要在电池组和Raspberry Pi之间使用一些东西来输出稳定的5v。为了尽可能减轻负载，选择使用3节AA电池而不是4节。好在DC-DC升压转换器可以从3节AA电池中获取4.5v输入，并且可以为Raspberry Pi输出5v。

将3×AA电池座的红线和黑线分别焊接到直流转换器上的In+和In-焊盘；如果没有烙铁，就将电线的末端钩到焊盘上——标有“电源”从照片中的电池输入，并将电工胶带缠绕在它们周围若干圈。将三块电池放入支架中，然后使用万用表测量从直流转换器输出的直流电压。使用转换器的内置电位计“拨入”5v输出。

需要注意的是，确保在将DC转换器连接到Raspberry Pi之前将其输出设置为5v。开箱即用，转换器的功率输出通常要高得多，足以损坏Raspberry Pi。

然后将DC转换器的输出连接到Raspberry Pi。使用剥线钳，将两个公/母跳线的公端剪掉，剥掉一点绝缘层，给裸露的电线镀锡，然后将它们焊接到Out+(红色跳线)和Out-(黑色跳线)。没有烙铁的话，就扭转暴露的线股，将它们钩在直流转换器的焊盘上，然后用胶带粘住。将跳线的母端连接到Raspberry Pi上的5v引脚(红线到引脚4)和GND引脚(黑线到引脚14)。

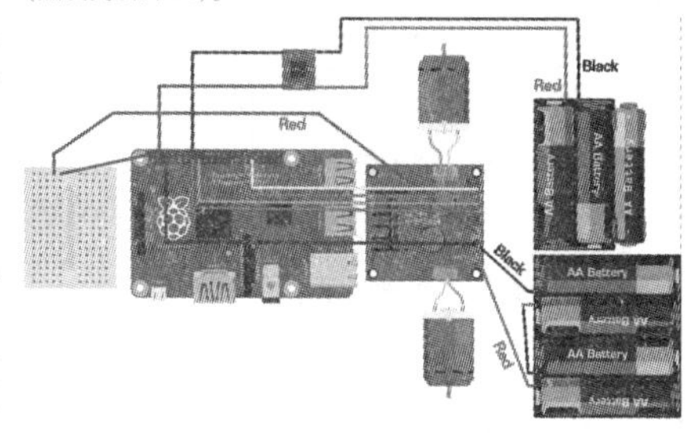

第四步　连接超声波距离传感器

配件：HC-SR04超声波距离传感器；迷你面包板；1k和2.2k欧姆电阻；跳线。

HC-SR04有4个引脚 - VCC、Trig、Echo和GND。将传感器安装在一个迷你面包板上，以将其固定在机器人上并简化所有必要的连接。传感器上的VCC连接到5v，因此使用公/公跳线将距离传感器的VCC连接到第二步中创建的面包板上的电源轨。

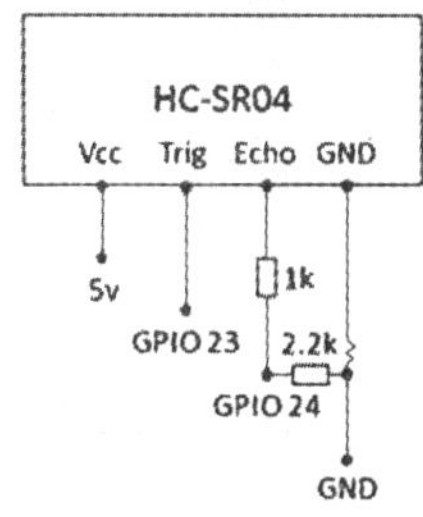

当传感器通电后，再完成与其他三个引脚的连接。将母/公跳线从Raspberry Pi上的GPIO引脚连接到传感器的Trig引脚。使用Raspberry Pi的GPIO 23/物理引脚16；对Echo引脚执行相同操作。但首先需要放置1K欧姆传感器的回声引脚和Raspberry Pi的GPIO引脚之间的电阻器。将Raspberry Pi的GPIO 24/物理引脚18连接到电阻器，然后将电阻器连接到传感器的回声引脚。将第二个电阻器(2.2k欧姆)连接到GPIO 24的跳线和传感器的GND引脚。在传感器的GND引脚和Raspberry Pi中的接地引脚(即引脚20)之间运行另一个跳线。传感器将通过回波引脚提供5v电压，但Raspberry Pi更适用GPIO引脚上的3.3v，因此需要对电压进行分压。

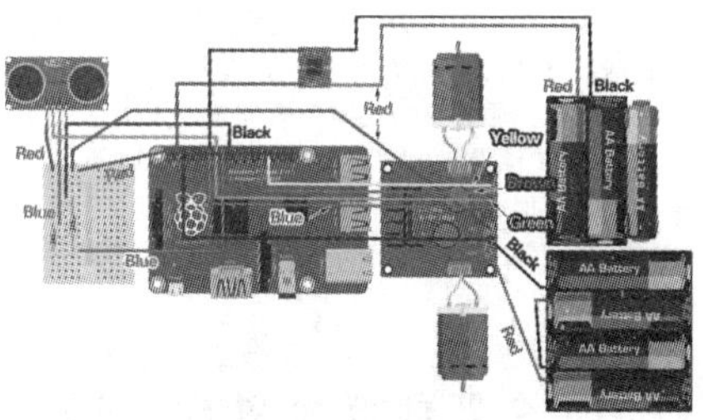

第五步　将组件安装到机器人底盘上

零件：可选的橡皮筋或双面胶带或魔术贴。

这里有多种布局可供选择，主要取决于你选择的机器人套件。比如，将4芯电池组放在机箱中间，将Raspberry Pi放在电池组顶部的外壳中，将L298N放在Raspberry Pi顶部，当然所有这些都用橡皮筋固定。DC-DC升压转换器放置在4芯电池组旁边的底盘上，并由固定电池组、Raspberry Pi和电机控制器的橡皮筋固定到位。3芯电池组位于4芯电池组后面。

第六步　安装代码

源代码：Visual Studio 2015社区版。

下载链接：https://github.com/peejster/Rover

下载源代码并将项目加载到Visual Studio。程序的主要部分很简单，只有两个while循环。只要GPIO引脚正确初始化，第一个while循环就会无限期地驱动机器人前进。嵌套在其中的是第二个while循环，只要有障碍物挡在它的路上，它就会简单地转动机器人来改变路线。

由于我们将跳线留在L298N上的电机启用引脚中，因此电机始终处于启用状态。你可以使用输入引脚(每个电机2个引脚)向前驱动、停止它们和反向驱动它们。如果你将两个引脚都设置为低电平，则电机停止。如果你将一个引脚设置为高电平，将一个引脚设置为低电平，则电机旋转；反转两个输入引脚上的高/低设置，以相反方向旋转电机。

需要注意的是，如果电机旋转方向错误，请交换代码中的引脚设置或交换端子块中来自电机的物理电线。

该机器人只需要前进、右转和停止；一切正常运行后，你可以将程序设置为在启动时运行，这样就无需手动启动程序了。

但在代码中，还有反向和左转的子程序。该功能暂时被注释掉了；不过可以留住，因为后续的扩展内容会用上，本文暂时不再描述。

PS

ObstacleDetected子程序简单地比较机器人与检测到的物体的距离，并确定机器人是否足够接近以保证改变路线。虽然距离传感器的规格表明它可以测量长达几百厘米的距离，但当房间另一侧的墙壁距离300厘米并不意味着它目前是障碍物，机器人需要进行路线修正。因此可以设置障碍物距离，比如在房间里选择30厘米的距离，这样距离传感器检测到前方小于30厘米的任何物体都视为障碍物，因此需要通过路线修正来避免。

DistanceReading子程序控制距离传感器读取读数。

获取距离读数的过程如下：

首先确保触发器已关闭并给它一些时间来稳定下来。

打开触发器10微秒→等到回声打开→一旦回声打开，然后启动秒表→等到回声关闭→一旦回声关闭，然后停止秒表→根据记录的时间计算到物体的距离。

(全文完)

◇四川　李运西

修复Win11搜索错误

在Win11中，系统搜索功能有了大改进，带来了比Win10更好的体验。不过，有的用户遭遇了系统搜索方面的问题，例如点击搜索按钮没有反映、搜不出东西等等。要如何修复Win11搜索方面的错误呢？

在Win11的设置面板中，进入“系统”菜单，找到“疑难解答”。

点击进入到“其他疑难解答”的界面，在其中就可以找到“搜索和索引”的选项了。根据描述，这可以查找并修复Windows Search的问题。

运行“搜索和索引”的修复功能，系统会弹出一个窗口，自动检查问题所在。之后，该窗口会呈现你可能遇到的系统搜索相关的问题，例如无法启动搜索或查看结果等等，按照实际情况选择即可。

点击下一页，就可以确认以管理员身份对搜索相关问题进行修复，按照提示修复即可。

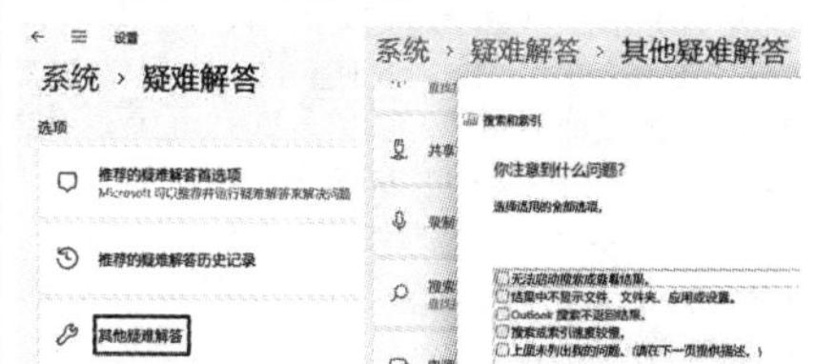

数字音频接口小常识

在组装数码音频产品时，首先面对的第一件事情就是连线；例如在一些台式设备上会配有各种音频接口，然而让人头疼的是，有的接口虽然功能不同，但是外观却长得一样，这就给很多新手用户带来了很大困扰。关于数字音频接口，比较常见的有同轴和光纤接口，此外还有AES/EBU和S/PDIF等；接下来就为大家介绍一下同轴接口。

同轴接口

同轴接口分为两种，一种是RCA同轴接口，另一种是BNC同轴接口。前者的外观设计与模拟RCA接口没有任何区别，而后者则与我们在电视机上常见的信号接口有点类似，而且还增加了锁紧设计。同轴线缆接头有两个同心导体，导体和屏蔽层共用同一轴心，线的阻抗为75Ω(欧姆)。

BNC同轴接口的同轴线

由于同轴的传输阻抗恒定，传输带宽高，因此能够保证音频的质量。不过虽然RCA同轴接口的外观与RCA模拟接口相同，但是这两根线大家可不要混用，由于RCA同轴线是固定的75Ω阻抗，因此若混用线的话则会造成声音传输的不稳定，导致音质劣化。

光纤接口

光纤接口的英文名字为“TOSLINK”，它来源于东芝(TOSHIBA)制定的技术标准，器材上一般都会标有“Optical”的字符。光纤的物理接口分为两种类型，一种是标准方头，另一种则是在便携设备上比较常见的外观与3.5mm TRS接头类似的圆头设计。由于光纤接口是以光脉冲的形式来传输数字信号，因此单从技术角度来说，它在信号的传输速度(效率)上也是最快的。

方头和圆头的光纤接头

光纤接口可传输两路未压缩的无损PCM信号或压缩后的5.1/7.1环绕音频信号(如杜比数字+或DTS-HD High Resolution Audio)。与HDMI不同的是，光纤接口没有足够的带宽去传输无损的杜比TrueHD、DTS-HD Master Audio或超过两路的PCM信号。光纤接口最早应用于东芝旗下的CD播放器，随后快速覆盖到其他品牌的CD播放器产品中。目前该接口广泛应用于音/视频播放器、智能电视等数字音频输出中。

信号传输方面，光纤对地环路或电磁干扰等电气问题并不敏感，但由于光的高衰减性，塑料光纤线缆的有效传输距离只有5-10米；另外需要注意的是，光纤线缆如果过度弯折会对光纤造成暂时或永久性损伤。目前玻璃或二氧化硅制光纤线缆的损耗很低，可以传输更长的距离，但是售价也更高。

AES/EBU接口

AES/EBU是Audio Engineering Society/European Broadcast Union（音频工程师协会/欧洲广播联盟）的缩写，是现在较为流行的专业数字音频标准。它是基于单根绞合线对来传输数字音频数据的串行位传输协议。无须均衡即可在长达100米的距离上传输数据，如果均衡，可以传输更远距离。

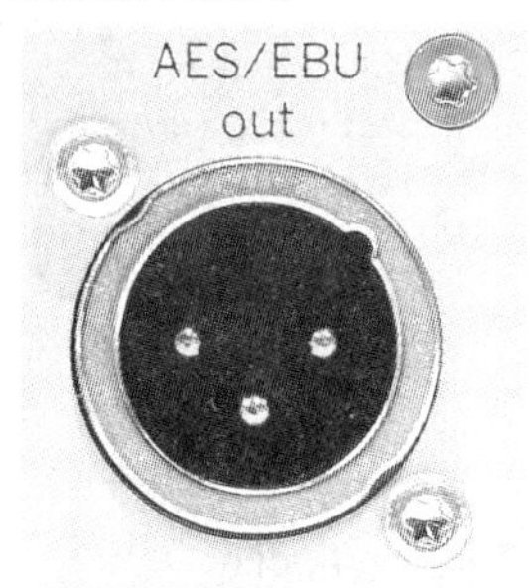

最常见的采用三芯XLR接口的AES/EBU物理接口

AES/EBU提供两个信道的音频数据(最高24比特量化)，信道是自动计时和自同步的。它也提供了传输控制的方法和状态信息的表示(channel status bit)和一些误码的检测能力。它的时钟信息是由传输端控制，来自AES/EBU的位流。它的三个标准采样率是32kHz、44.1kHz、48kHz，当然许多接口能够工作在其它不同的采样率上。

AES/EBU的物理接口有多种，最常见的就是三芯XLR接口，用来进行平衡或差分连接；此外还有后面要讲的使用RCA插头的音频同轴接口，用来进行单端非平衡连接；以及使用光纤连接器，进行光学连接。

S/PDIF接口

S/PDIF是Sony/Philips Digital Interconnect Format的缩写，是索尼与飞利浦公司合作开发的一种民用数字音频接口协议。由于被广泛采用，它成为事实上的民用数字音频格式标准。S/PDIF和AES/EBU有略微不同的结构。音频信息在数据流中占有相同位置，使得两种格式在原理上是兼容的。在某些情况下AES/EBU的专业设备和S/PDIF的用户设备可以直接连接，但是并不推荐这种做法，因为在电气技术规范和信道状态位中存在非常重要的差别，当混用协议时可能产生无法预知的后果。

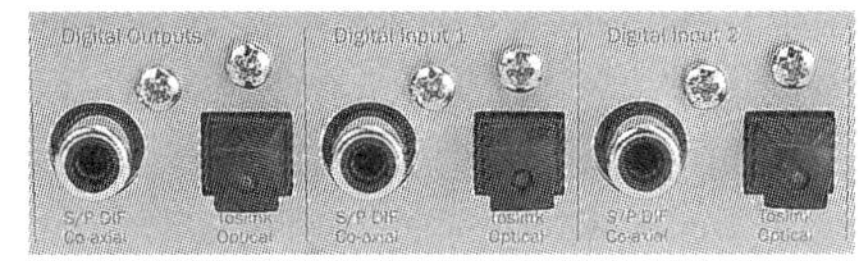

采用RCA同轴和光纤接口的S/PDIF接口

S/PDIF接口一般有三种，一种是RCA同轴接口，另一种是BNC同轴接口，还有一种是TOSLINK光纤接口。在国际标准中，S/PDIF需要BNC接口75欧姆电缆传输，然而很多厂商由于各种原因，频频使用RCA接口甚至使用3.5mm的小型立体声接口进行S/PDIF传输，久而久之，RCA和3.5mm接口就成为了一个“民间标准”。

1元钱开通华为“高精度定位”功能

2021年11月29日，华为系列手机把鸿蒙系统更新到最新版本后，取消了“辅助定位设置”的选项，加入了一项叫做高精度GNSS功能，这个功能是默认开启的。

在会员中心里，也出现了一个“高精度定位服务”的选项，加入测试的用户可以实现亚米级定位和秒级响应速度，行驶车道的精准识别，在导航时可以精准配置行驶路线以及换线引导等功能。这个功能可以仅每个月1元就可以享受这个高精度定位功能。1元即可享受如此高精度的定位服务，还能提升驾驶体验，值得尝试一下的。

目前这项服务支持的设备有华为的MateX系列、华为Mate 40系列、华为P40系列、华为nova8 Pro、荣耀30 Pro、荣耀30 Pro+，其他设备将会陆续增加。当前所支持的城市有深圳、广州、苏州、杭州、重庆、天津、成都、东莞八个城市，其他城市也在陆续增加中。

体验车道级导航

车道级定位

精准识别当前行驶车道，偏离路线时快速识别

车道级引导

基于行驶车道的道路通行指引，提前通知车道选择和变道时机

车道级渲染

精细化的车道线显示和车道地标指示，及时掌握车道道路状况

全新的联发科8K智能电视芯片——Pentonic2000

最近联发科发布了一款全新的8K智能电视芯片“Pentonic2000”。采用台积电7nm工艺，是目前首款采用7nm工艺的电视芯片，功能十分强大，是2022年旗舰级智能电视首选的芯片之一。

Pentonic2000内部整合MediaTekAPU AI处理器，能够提供强大的AI能力，能够支持8KAI-SR超级分辨率技术。借助MediaTek Wi-Fi 6E解决方案或5G调制解调器，可以为8K超清流媒体视频播放提供高速、稳定、低延时的无线网络连接。

Pentonic2000集成8K120Hz MEMC(运动补偿引擎)技术，支持8K120Hz超清显示，还可适配144Hz刷新率的游戏PC、游戏主机。

Pentonic2000还支持高速内存、UFS3.1存储，并可搭配联发科Wi-Fi6E解决方案或5G基带。

视频解码能力方面，Pentonic2000支持AVS3、包括ATSC3.0在内的AV1编码格式、全球电视广播标准，同时也率先支持VVC(H.266)。这项新的编码技术，对比目前的H.265/HEVC进一步优化了压缩，大约可节省50%的数据流量，同时保证清晰度不变。

5G环境下聋哑人穿戴式手语翻译与物联网控制系统

摘要:本设计了一种手势识别识别算法,首先通过设备采集大量的动作数据样本,对不同动作进行数据捕获做归一化处理建立数据库;使用者在使用前首先初始化采集几组动作数据做线性回归处理得到相应用户的预设值;用户具体使用时采集动作数据完成对手语动作的实时识别,最后通过语音模块播放翻译后的话语;在智能家居控制模式下,将手势翻译得到的控制指令通过模拟5G(GPRS模块)通讯模块将结果传输至控制端执行。实现聋哑人与正常人无障碍沟通、像正常人一样控制智能家居设备。整个过程实现了软硬件的高度结合,并且通过实验验证了本系统对单个动作、连续性动作、不同人群自适应手势信号测试、家电设备控制测试均能达到较好的识别效果。

关键词:HT32F1656;聋哑人;手语翻译;线性回归;智能家居

1 作品介绍

1.1 创作背景

手语是一种无声的语言,是聋哑人参与社会活动、学习知识、交流情感与信息的主要方式之一,也是聋哑人和正常人实现有效沟通的"桥梁"。在我国近15年来,由于聋哑人由于社会保障不够全面,语言障碍及其他原因,导致聋哑人的社会地位越来越低,由于交流困难聋哑人事业严重,导致聋哑人的犯罪数目也逐年上升。这为和谐社会的建设带来了麻烦。我国目前聋哑人的人数高达5700万人,约占全国人数的2%,但是我国80%的人都不懂手语,且手语翻译员的数量远远不能够满足目前的需要,一来翻译员收入低,再者我国目前这一块的发展还不够完善,这使得聋哑人与正常人之间有着一道无法逾越的鸿沟。在这样的背景下,我们团队决定做这款手语翻译手套,旨在解决聋哑人目前的交流难题,让他们也能像正常人一样的工作,学习。让他们和正常人一样享受智能家居带来的便利和乐趣。

1.2 创新性

(1)相比传统电子人工喉和机器视觉识别方式,本作品创新的使用穿戴式方式实现了便携性,使用条件不高、适应复杂环境。不受光照、背景、温度等外界环境条件的限制。所有聋哑人均可随时随地使用。

(2)通过采集大量数据做归一化处理建立数据库,对不同使用者的初始数据做线性回归,实现了翻译手套不受使用者限制,匹配、自适应任意使用者的习惯,实现了通用化,减小了个体差异性带来的误差,泛化能力强。

(3)本作品创新的将5G概念、物联网控制技术引入到手语翻译系统中来,实现了聋哑人的物联网设备控制,目前市面上还没有针对聋哑人的智能家居设备。贝诺篇可以让聋哑人也可以像普通人一样享受智能家居设备带来的便捷与乐趣。

2 理论分析与算法设计

2.1 手部动作状态识别算法分析与设计

使用MPU6050六轴传感最终要得到的数据是手部位置与手部的运动轨迹。从而才能进行手语信息的判断。MPU6050六轴传感器里面集成了三轴陀螺仪与三轴加速度计。主要利用它的三轴陀螺仪与三轴加速度计来计算手部的位置与运动轨迹。

2.1.1 计算手部的姿态角

姿态数据,也就是手部的倾角数据。要得到手部的倾角,就得利用MPU6050传感器输出的原始数据,然后进行姿态融合解算,其中涉及到了卡尔曼滤波,四元素与姿态角等的运算,MPU6050六轴传感器自带了数字运动处理器,即DMP(Digital Moition Processing硬件加速器),并且InvenSense公司提供了一个MPU6050六轴传感器的嵌入式运动驱动库,可以将原始数据结合DMP输出的六轴姿态结算数据,直接转换成四元数输出,而得到四元数之后,就可以很方便的计算出欧拉角,从而得到俯仰角(pitch),横滚角(roll),航向角(yaw)。

三个角的计算公式如下:

俯仰角(pitch),横滚角(roll),航向角(yaw)计算:

q0= quat / q30;

q1= quat / q30;

q2= quat / q30;

q3= quat / q30;

Pitch=asin(-2xq1xq3+2xq0xq2)x57.3+Pitch_error

Roll=atan2 (2xq2xq3+2xq0xq1,-2xq1xq1-2xq2xq2+1)x57.3+

Roll_e rror

Yaw=atan2 (2x (q1xq2 + q0xq3),q0xq0+q1xq1-q2xq2-q3xq3) x 57.3 + Yaw_error

(Pitch_error,Roll_error,Yaw_error为误差纠正数)

上述公式的核心就是将一次的姿态变换分别用四元数矩阵和欧拉角矩阵表示出来,由于这两个矩阵是等价的即对应元素都相等,通过简单的对比运算就可以得到上述的公式,,注意俯仰角(pitch)、横滚角(roll)、航向角(yaw)三个角度最终在代码中体现时,会有正负号的区别,可以自行调整。

2.1.2 计算手部运动轨迹

计算运动轨迹就是计算手部在三维坐标下沿X轴、Y轴、Z轴的运动距离,首先可以运用加速度与陀螺仪得到物体在X轴、Y轴、乙轴三个坐标轴上的加速度a然后根据位移公式S=1/(2xaxt2)得到手部在X轴、Y轴、Z轴三个坐标轴上的运动距离,再把这三个坐标轴上的距离进行合成,得到手部运动的空间坐标,从而得到手部的运动轨迹。

加速度计算:

Argx=4gxACC_Xx32768

Argy=4gxACC_Yx32768

Argz=4gxACC_Zx32768

其中加速度计的三轴分量ACC_X.ACC_Y和ACC_Z均为16位有符号整数,分别表示器件在三个轴向上的加速度,取负值时加速度沿坐标轴负向,取正值时沿正向。

2.1.3 手指姿态变化识别

FLEX4.5弯曲传感器的表面是一层特殊的电阻材料,当弯曲传感器受到应力发生弯曲变形时,表面的电阻值即发生变化。弯曲程度越大,电阻值越大。弯曲传感器可以应用于机器人,虚拟运动、音乐设备等方面。本作品主要运用弯曲传感器对手指的弯曲程度进行判断,从而得出手指的运动情况。

2.2 物联网部分

第五代移动通信技术(英语:5th generation mobile networks或5th generation wireless systems、5th-Generation,简称5G或5G技术)是最新一代蜂窝移动通信技术,也是即4G(LTE-A、WiMax)、3G(UMTS、LTE)和2G(GSM)系统之后的延伸。5G的性能目标是高数据速率、减少延迟、节省能源、降低成本、提高系统容量和大规模设备连接。

由于5G目前尚未普及,本作品先使用GPRS技术控制模式,实现物联网设备的控制。

3 系统设计

3.1 框架与结构设计

本作品的设计核心在于用数据库配合手套检测使用者手势动作,从而对比翻译对应手势动作的含义,通过语音的方式播放出来,同时能够通过无线通信与物联网设备连接,进行智能家居的控制。因此,系统的设计应当满足以下要求:

(1)能实时识别穿戴者做出的手语动作,并以文本和语音的形式翻译出来;

(2)数据手套不能过于笨重,否则会影响灵活性;

(3)数据手套和移动终端的信号传输应不受周边环境影响;

(4)研发成本不宜过高,应符合经济利益。

系统总体设计框架如图1所示:

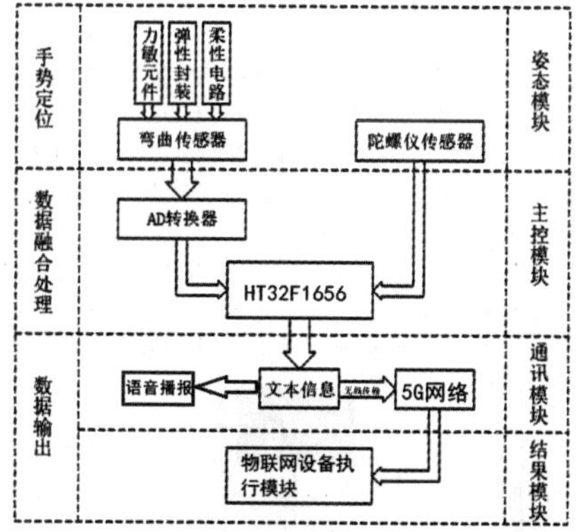

图1 系统总体设计框架图

作品的结构框图如图2所示,左右手手套传感器几乎一致,不再赘述。

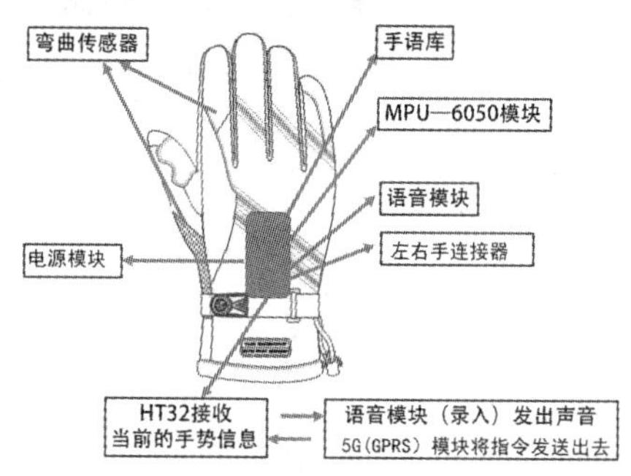

图2 系统结构框图

3.2 工作流程设计

整个的工作过程如下:

(1)使用者带上数据手套,进行初始化,做几个动作进行数据采集,做线性回归,实现自适应。

(2)使用者带上数据手套,弯曲手指,引起手套上的弯曲传感器的阻值变化,从而引起电压变化,转动手腕,改变手掌朝向,引起陀螺仪传感器上的数据变化;

(3)微控制器利用自带的AD转换器采集到变化电压值及陀螺仪传感器的原始数据变化;

(4)将所测变化的电压值放入已经收集完成的手势识别数据库中对当前手语进行预测,再将预测的结果匹配相应的文本;

(5)通过语音模块播放出来;利用5G模块将文本数据以数据包的形式发送出去;

(6)物联网终端接收到数据包,并执行相应动作。

4 应用前景(市场竞争力)

据调查结果显示,中国的聋哑人目前人数为5700万人次,约占全国人口的2%。手语是他们生活中的主要交流方式之一,而如今是会上的人们80%的人都不懂得手语,于是聋哑人对手语的翻译电子产品的需求日趋明显。

4.1 警察局

近15年来,由于聋哑人社会保障不够全面,自身及其他原因无法找到合适的工作,聋哑人犯罪数量逐年攀升,据了解,这些聋哑人的犯罪类型主要以扒窃为主,更有甚者从事摩托车飞车抢夺,此外近年来聋哑人犯罪人数当中女性比例也不断上升,另外案件的复杂性和聋哑人的特殊性也增加了办案民警和警察局的工作压力,手语译员在警察局并不多见。本作品恰好就能解决这两个问题。

4.2 医院

到医院看病,要么靠纸笔,要么带亲朋来"翻译"。医患交流尤为不便。重庆市聋哑人约有10万之众,然而,重庆的几家规模较大的三级医院都没有为聋哑人提供手语翻译服务。上医院看病成了不少聋哑人生活中的一大难题!医生掌握手语的基本用语不难,但医学专业术语多,想在短时间内精通医学术语,十分困难,否则很容易造成误诊失误!而医院接诊的聋哑患者并不多,特意聘请一名或几名手语翻译医生,需要承担的成本也很高,配备后没有聋哑人来看病怎么办?

4.3 法院

自2007年至今,聋哑人犯罪数目呈逐年上升趋势,为保障被告人的正当权利,体现司法的人文关怀,法院开庭审理聋哑人案件时,都会邀请手语译员作为陪审成员一并出席,然而,由于专业翻译人才稀缺,多数译员议员因能力水平有限,或者缺乏专业法律知识,导致聋哑人被告人的正当权益被忽视。另外,法庭手语翻译人才的缺乏也经常导致庭审秩序被打乱,涉及聋哑人的案件一般的审限为一个半月,但因高水平的专业法庭手语译员严重匮乏,法庭常常会发生延后审理的情形。据了解,这样的情况在全国的法律中并不鲜见。

4.4 其他雇佣聋哑人的工厂、公司和个体

随着聋哑人越来越多的参加社会生活,聋哑人的就业也遇到了诸多问题。如果聋哑人的就业无法解决,那么聋哑人群体的利益就无法得到保障。因此很多雇佣聋哑人的工厂、公司迫切需要手语翻译服务以增强和聋哑人员工的沟通。对聋哑人自己而言,其生活中与陌生人的交流也是最主要的问题,没有沟通就无法融入新的环境,聋哑人们就始终没有广阔的世界。

4.5 家庭中聋哑人物联网设备的控制

随着智能家居的普及、5G技术的应用,实现聋哑人的智能家居控制,市场前景可观。本作品可实现聋哑人向正常人一样享受科技的乐趣,智能家居的好处,通过手势像正常人那种控制物联网设备。

以上的分析可以看出,5G环境下聋哑人穿戴式手语翻译与物联网控制系统的应用前景将十分广阔。目前市面上并没有类似的产品,我们的手语翻译手套将会占尽先机与优势。

◇重庆市机电职业技术大学 秦惠 周英明 鲜洋 余坤蓉 周太锐

情景模拟教学法在软件技术实践教学中的应用

摘要：为了提高ICT类高职学生的实际工作能力，提出情景模拟的实践教学方法，并以软件技术专业为例，制订了三条执行路线。采用情景模拟教学法指导综合实践，可以使参与综合实践的学生相互配合，培养技术能力和职业素质，并使学生提前熟悉在对应行业的工作流程。

关键词：情景模拟　综合实践　软件技术

一、背景概述

在经济和科技快速发展的今天，学生如何快速融入社会发展，把握专业发展趋势，激发学生创造力和想象力，培养实践能力是关键。重庆大学肖明葵等在大学生科研训练计划(Student Research Training Program,SRTP)中培养本科生的科研能力；北京交通大学文永奎等在大学生创新实验活动中培养学生发现问题、解决问题的能力；长江大学刘昌明等提出"基地实训—设计院"模式，增强学生的实际操作能力。可见，除传统教学模式外，各个高校也在寻找新的人才培养模式。

软件技术专业目前在全国范围内需求量非常大，但是众多用人单位却面临职位空缺，招不到合适人选的尴尬境地。因此，如何培养合格的软件技术专业人才是一个重要而且紧迫的问题。

传统的教学模式一般是这样的：大一学习专业基础课，大二学习专业核心课，大三通过综合实践项目，针对某个具体的项目进行从功能设计到代码实现的过程，达到综合应用专业知识的目的。这种教学模式下，学生通过课程学习和综合实践能积累一定的专业知识，但是，在专业能力和实践能力的培养上存在较大的缺失。因为整个知识传授过程是按照学科知识体系进行的，而实践中会按照工作岗位和环境的要求进行，二者有较大的区别。这也是学生在进入工作岗位后较难及时适应工作要求的一个重要原因。

为此，文章提出情景模拟实践教学法，通过模拟实际工程项目过程，培养学生实践能力和沟通协作能力，并帮助他们初步了解行业发展形式，使之在毕业后能尽快适应工作要求。

二、课题实施方法

欧美的工科教学经验值得借鉴参考。德国大学教育中有1~2年的时间供学生到企业实习工作，因此，德国的工科大学毕业生到企业工作后能较快适应实际工作要求。美国大学虽然没有专门的学期供学生实习，但是美国学生从小独立性强，参加社会工作较多，社会经验较为丰富，再加上美国企业在员工培训方面较为重视，因此，美国的毕业生也与社会需求较为吻合。

中国学生独立性较差(包括经济和心理方面)、社会经验少(中学时期较少有工作和社工经历)，以及对专业实际认识较为模糊。随着中国的经济的快速发展，用人单位希望学生能尽快适应工作，而较少单位有耐心和资金对员工进行完善的培训。目前在中国大学工科教育中，十分重视数理基础和专业基础课的教学，口授时间较多，专业实践课程也仅局限传统模式，且课时较少。同时，由于专业知识内容多，而且不同的职场发展方向需要的专业知识不尽相同，仅仅通过不同课程的学习往往让学生感到头绪众多，无法从全局把握自身的发展方向。

文章提出的情景模拟实践教学法，在进行课程设计时，从本行业提取典型项目进行解构和重构，构建成适合学生在校内学习的教学项目。学生通过模拟项目执行过程中不同公司的职能，认识实际项目执行过程，不仅能学习和运用知识，而且通过近似于实际项目的设计过程的锻炼，提高实践能力，了解本行业不同类型公司之间的定位与职责，并对工程实施过程中可能遇到的问题形成一定的概念，在实践中提高专业能力，锻炼实践能力。

根据软件技术专业的特点，文章将该专业毕业生在社会中的工作项目分为三类：外包类项目、小微类项目和开源类项目。下面分析了三种不同项目的特点，并设计了各自的项目执行技术路线。

(一)外包类项目

软件外包类项目是大部分软件技术专业学生的主要工作内容。按照工作中的不同角色，将这个项目的实施路线制订流程(图1)。

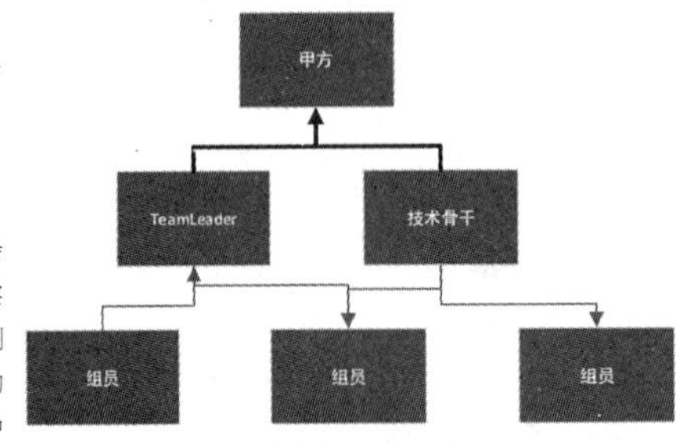

图1 外包类项目实施路线

项目中由教师扮演甲方的角色，制订项目定位与计划书。将学生分为不同的组，每个组有三个角色，分别是TeamLeader、技术骨干与开发人员。其中，不同的组代表不同单位在甲方进行驻场开发，各个组之间既有竞争关系，也有合作关系；TeamLeader扮演驻场经理的角色，和从甲方领取任务，分拆任务，控制任务进度，按期交付任务内容；和其他小组进行资源协调和资源共享。技术骨干代表驻场的技术负责人，搭建项目框架解决本小组内部的技术难题，同时也和其他小组进行技术交流。开发人员扮演驻场外包员工，在组长和技术骨干的领导下执行任务。通过小组内部民主决议和教师评估，每个小组的角色可以互换。

在项目执行时，代表TeamLeader的学生的职责通过工作会议、任务分配，资源协调等手段来体现，并需要注意协调代表合作伙伴的资源积极完成项目并防止相关资源流落到竞争对手手中。代表技术骨干的学生的职责较为明确，通过和组长确定本组的工作任务，同时使用PowerDesigner,axure等软件来完成软件功能的初步构建，并指导组员实习相关功能；同时对于一些本小组无法解决的技术难题需要和合作伙伴的技术人员展开交流，互通有无。代表开发人员的学生，需要对软件功能要求作细致了解，根据技术骨干拆解的功能为该任务提供正确合理的代码实现。本项目的成果是软件功能需求书(POR)、项目设计文档、工时预算及其在技术框架中的实现、源码及技术文档等。

在项目执行过程中，通过与"合作单位"的共同协作完成项目，在实践中了解本工作职位对专业知识的需求，培养学生的沟通能力，以及整个工程建设中各不同公司的职能、工作内容，提高实际工作能力。项目本身是由真实的外包项目脱敏后的项目内容。

(二)小微类项目

在近几年国家提倡数字化的大背景下，软件行业小微类项目增长很快。各种互联网公司，科技型初创公司，传统行业公司近几年也吸纳了较多的软件技术专业毕业生。因此，文章将小微类项目作为一类主要的项目类型，在完成项目的同时，能较多地了解这类项目的特点，以及执行过程中可能遇到的问题。

如图2所示，项目中由教师扮演甲方的角色，提出小微类项目需求并验收项目。将学生分为不同小组，每组4个角色，分别是功能设计、功能实现、功能测试与运营维护。其中，功能

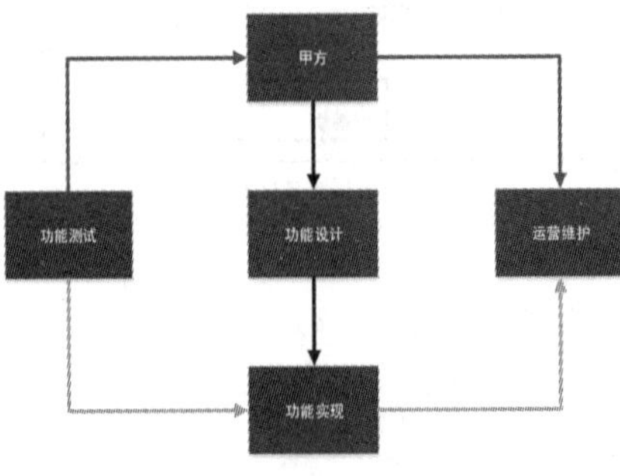

图2 小微类项目实施路线

设计则根据甲方的项目定位与计划，通过技术方法如visio,axure等软件为甲方提供按小微类项目需求进行的项目评估、预算审计、功能扩展评估等服务。功能实现根据功能设计所制订的项目方案以及甲方的要求，完成代码功能实现的服务。功能测试根据甲方要求、功能设计的实现方案和功能代码，在功能设计的监督下完成功能测试内容。运营维护则负责为项目提供后期的售后服务和故障处理。本项目的成果有功能实现设计说明书、功能实现可行性报告、功能清单及其概预算、源代码以及功能测试报告。

项目本身均来自于目前市场典型的小微项目，以供学生在项目中进行现场调研、功能验证等工作。

对相关公司感兴趣的学生可以选择小微类项目。

(三)开源类项目

在开源类项目中，教师扮演项目发起的角色，制定本项目的项目开发指南与计划，学生向项目发起递交项目参与申请，申请成功后开展项目工作。

开源类项目的成果根据内容不同，形式和协作单位可有所不同，具体操作时应根据实际内容分别对待，此类成果一般为较高水平的科开源项目计划书、综述研究报告、科研报告或论文。

对解决工程实际中遇到的基础问题感兴趣，且有志于深入研究软件开发的学生可以选择开源类项目。

三、实践内容及成果

情景模拟实践项目的执行周期为3~6个月，实践对象为大二学生。在大二上学期选定，准备就业的学生可以在前两种项目中选择，准备进一步深入研究的学生建议选择开源项目。

笔者按情景模拟实践教学项目思路，在2020年授课内容中进行了尝试。在实际操作中，采用了外包类项目模式。共有50名学生参加，其中：10名学生扮演组长，在完成自己学习任务的基础上，再负责项目计划，资源协调，工作统筹的工作；10名学生扮演技术骨干，在完成自己学习任务的基础上，负责技术指导和技术交流的工作；30名学生扮演组员，负责在组长和技术骨干的指导下，使用IDEA,SpringBoot和MAVEN等工具完成功能的实现，并提交给甲方审核。

在课题实施过程中，前期由每个组的组长制订出几种实施方案，由技术骨干对组长的方案进行功能实现模拟和改进，并和组长一起通过经济技术分析，选择最佳方案。在此基础上，各个组员根据组长的任务模块进行分工协作，分别完成各自负责的功能模块，由技术骨干对所有功能模块进行整合和调试，由组长按照甲方提供的功能需求进行比对确认后，提交给甲方进行验收；甲方会组织场外专家和各个小组一起，共同对各个小组提供的功能进行评审。

该项目经过约3个月的实践，10个组的50名学生的项目完成度均达到了100%，其中5组学生的项目答辩获得优秀，3组获得良好，项目完成的质量获得了大部分场外专家的认可。在项目实施的过程中，扮演组织、技术骨干和组员的学生，不仅要学习专业知识，完成项目内容，更要进行相互合作，协调资源，才能完成该项目。在项目实施过程中，学生对行业内不同岗位所承担的工作职能也有了初步的了解，能帮助他们在工作后尽快进入角色。

四、结语

文章通过对中国学生基本情况和目前高职实际情况的分析，提出了情景模拟实践教学方法，并论证了其可行性和实效性。以软件技术专业为例，对该专业的实际工程项目进行梳理和分类，分为三种类型，并制订了每种类型项目的实施路线。

在2020年度的毕业设计环节中，笔者应用情景模拟实践教学法指导学生进行项目实施，达到了较好的效果。该方法能切实帮助学生掌握知识、提高能力，提高了他们学习的主动性和积极性，使他们学会了在复杂工作中了解全貌，锻炼了他们的沟通能力和专业知识的实际应用能力。面对目前软件行业越来越多的大协作、大交叉，情景模拟实践教学法则是一种适应现代社会运作模式的应用型人才培养方法。

◇四川长江职业学院 张继

以竞赛推动实践教学背景下的车内滞留儿童安全监测系统设计

摘要:在竞赛推动应用实践教学的背景下,教学过程中将竞赛设计和学科实践有机结合。竞赛项目——车内滞留儿童安全监测系统设计综合应用了电信类专业知识,针对解决车内滞留儿童导致意外发生的情况,采用环境感知、物联网、智能处理等先进单片机及传感技术,构建包含事件预警、状态实时监测及跟踪、现场和远程智能报警等关键功能电路模块的解决方案,可以有效解除儿童车内滞留的安全隐患。

关键词:可迁移能力;职业素养;单片机技术;实时监测;分级智能预警

1 引言

随着社会的发展和就业压力的加大,社会对本科毕业生各方面的能力要求越来越高。本科院校更致力于思考如何改革教学体系,如何将理论知识和实践能力进行有机结合,学生专业能力得到提升的同时如何培养他们的可迁移能力,同时获得较高的职业素养。以竞赛推动应用实践教学是其中的一个思路,且行之有效。在这个背景下,竞赛项目的系统设计将生活中的所需,转化为一个实践项目,反推带动参赛学生各学科的有机结合,深入学习。将这一实践经验推广至本科教学中,又会催生出更多可以参赛的实践项目,形成良性循环。

近几年,见诸报道占据新闻热搜的有一类事件:车内滞留儿童因为高温热辐射或者缺氧窒息而亡,给家庭造成了毁灭性的打击,也造成了不良的社会影响。

为了解决被意外锁在车内的孩童遭遇伤害类似问题,学生跨专业跨年级自发组队,在综合应用专业知识的基础上,利用自己所学所长,结合单片机技术、传感器技术、物联网技术,设计参赛作品--车内滞留儿童安全监测系统。本系统通过人体红外检测器和重量传感器检测是否只有孩童而无大人在车内,并实时监测锁车情况下车内的温度、CO_2等有害气体浓度、烟雾和火焰等情况。若一定时间内持续存在某项监测指标超标,系统将激发声音报警和警示灯闪烁,用于引起附近人的注意,赶来施以援救。本系统运用LCD12864显示屏显示监测到的相关数据,并将检测数据送至物联网单片机控制,进行控制操作,可以触发报警系统,提醒车内的异常状况。该系统功能周全,操作智能便捷,能有效解决车内滞留儿童的安全隐患,为儿童的安全问题提供一定保障。

2 背景分析

车内滞留儿童引发事故成为备受社会关注的焦点,目前已经有相关专利和论文设计了不同的报警系统,但主要存在以下问题:(1)不能有效区分座椅上是儿童还是货物。(2)监测系统单一,可靠性低。(3)系统判断报警时间长。(4)系统工作需要启动发动机,汽车处于可驾驶状态,存在儿童误操作和不法人员抢夺汽车的危险。(5)利用声音传感器,误报警概率高。(6)未设置系统自救装置,安全系数低。有些专利需要儿童主动操作报警,对于年龄较小或者是睡眠中的儿童,这种设计无效。

现阶段即使有比较优良的解决方案,多数厂商综合考虑利益无所作为,市面上也没有优良产品出现。竞赛项目--车内滞留儿童安全监测系统,硬件成本低廉,设计思路完善,完美地规避了上面所述的各种问题。

3 系统设计

3.1 系统功能

本竞赛项目所设计系统既能检测到车内动态下的儿童,又能检测到静态下的儿童,既能报警又能自救;能实时监测车内密闭环境中火焰、烟雾、温度、湿度、人体的状态及声音,结合单片机智能控制技术进行判断;针对意外,可以通过报警、自救等措施,进行预警处理,有效防范意外发生。

实验证明,该装置的迅速响应机制能够有效规避意外发生,具有良好的实用前景。该系统功能主要有以下几个方面。

3.1.1 启动

车门关闭即启动报警系统,实际代表的是司机熄火停车动作。系统启动后会立即检测车内儿童情况,并根据预定条件判断,选择报警。

3.1.2 检测

车内滞留儿童有两种可能状态,一是儿童安静落座或睡眠状态;二是儿童车内移动状态。本文分别将处于这两种状态中的儿童分为静态儿童和动态儿童。对于静态儿童的检测采用压力传感器装置,利用孩童对座位的压力进行判断;对于动态儿童的检测采用移动传感器和声音传感器装置;同时结合人体红外传感器、DHT11温湿度传感器、火焰传感器、烟雾传感器,进行实时监测。如若检测到有温湿度超标、火焰,烟雾,系统立即启动报警。

3.1.3 报警

系统检测到熄火后车门锁闭,停车模式指示灯亮,系统检测程序启动。当检测到车内有儿童滞留,就会通过互联网对家长手机APP传送讯息,同时警报拉响,指示灯闪亮,提醒家长车内可能有儿童。这一步骤最初就会给成人警告,从根源上规避将孩童滞留。

3.1.4 自救

若检测到车内孩童滞留,且车内温度超过安全范围时,会立即持续通过互联网向家长手机APP传达讯息;同时控制系统将开启自救程序,将自带小风扇启动。

3.1.5 复位

救援赶来,车门打开,报警停止。

3.2 系统组成

系统总体架构如图1所示:包括信息采集、分级预警两大模块。采集模块包括压力检测、声音检测、火焰检测、烟雾检测、温湿度检测、人体移动监测、空气质量监测。

当汽车熄火停车及车门关闭,压力感受传感器和移动目标传感器进行监测,并将监测所得的信息传送至控制单元主控板。若测得车内有人,则气体浓度传感器进行监测并将监测所得的信息传送至主控,而温度传感器同时对汽车内的温度信息进行监测并将监测所得的信息传送至主控。

控制单元根据传感器送来的实时数据进行持续判断。当达到设定的报警条件时,系统触发车内报警系统,立即进行现场报警,同时将报警信息远程发送到车主手机APP。车主确认收到信息后报警系统关闭。

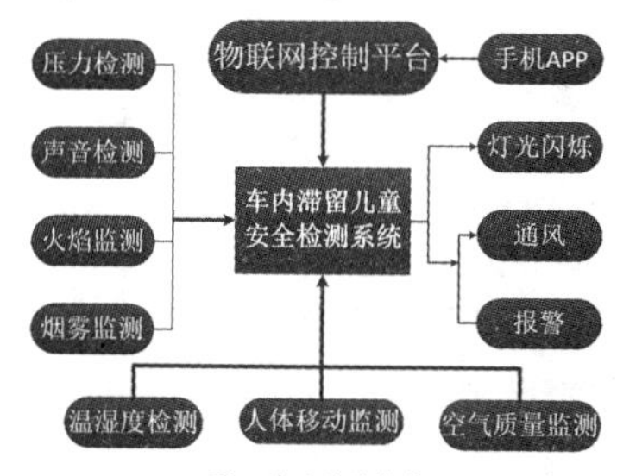

图1 系统总体架构

4 硬件系统设计

4.1 系统设计原理

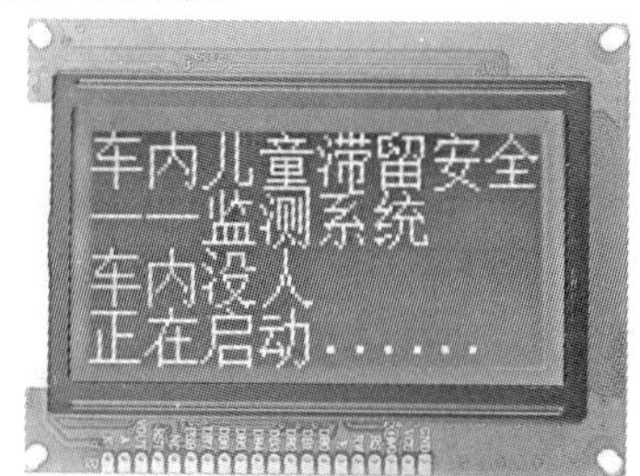

图2 信息采集及监测模块

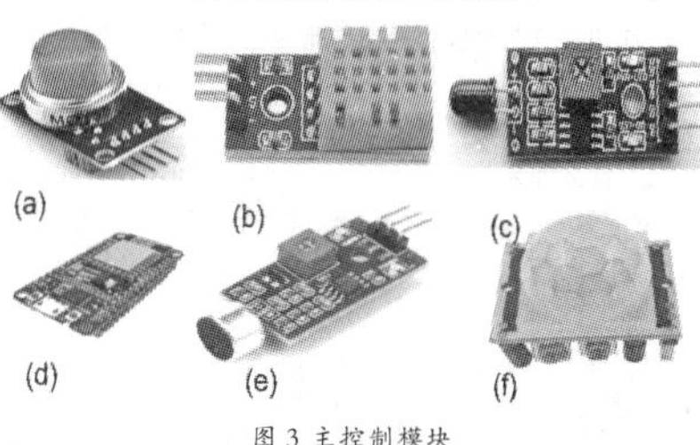

图3 主控制模块

4.1.1 火灾监测模块

系统采用火焰传感器和烟雾传感器,实时检测有无火焰和烟雾。监测到火焰和烟雾产生就会将信息发送至单片机主控制模块,进而报警。

(1)火焰传感器,如图2(a)所示:系统采用专门检测火源的高灵敏度传感器,它使用特制的红外线接收管来监测火焰,然后把火焰的亮度转化为高低变化的电平信号,将采集到的信号送至主控制模块。

(2)烟雾传感器,如图2(c)所示:烟雾传感器通过监测烟雾的浓度来实现烟雾、火灾的防范。其内部采用离子式烟雾传感,被广泛用于各种消防报警系统中,性能远优于气敏电阻类的火灾报警器。

4.1.2 环境温湿度监测模块

温度监测模块采用高灵敏度温度传感器DHT11加上防水装置如图2(b)所示。实时监测环境温湿度,并转换成电信号,传输至单片机主控制系统的温湿度监测接口。

4.1.3 人体检测系统部分

系统采用人体移动检测器、称重传感器、声音检测测器。

(1)人体移动检测器如图2(f)所示。它体积小功耗低,可在烟雾、粉尘、水汽、化学气氛以及高、低温等恶劣环境下工作安装架构简便,性能稳定可靠。

(2)称重传感器用以检测车座上是否有人。其电路可配置为提供桥压的电桥式(如压力、称重)传感器模式,具有高精度,低成本。它是一种将质量信号转变为可测量的电信号输出的装置。

(3)声音传感器如图2(f)所示。声音传感器内置一个对声音敏感的电容式驻极体话筒,用来接收声波,显示声音的振动图像,但不能对噪声的强度进行测量。

4.1.4 报警系统

系统采用了蜂鸣器,接收到启动信号后,发出响亮的警示声音。

5 软件系统

软件设计采用linkboy的G语言图形化编程软件。在Arduino2560主控版上编程,分别对屏幕初始化、声音传感器数值初始化、贝壳物联网初始化以及各种命令初始化等相关传感器模块的初始化。

初始化操作完成后执行反复检测、信号传输、命令反馈等反复执行操作。

```
void 控制器_初始化()
{
    控制器_反复执行_enable = false; //#28
    信息显示器.在第_行第_列显示信息_((1s),(1s),("车内儿童滞留安全")); //#23
    信息显示器.在第_行第_列显示信息_((2s),(1s),("——监测系统")); //#22
    延时器.延时_秒((0.5)); //#222
    信息显示器.在第_行第_列显示信息_((4s),(1s),("正在启动......")); //#21
    延时器.延时_秒((5s)); //#27
    信息显示器.清空(); //#26
    控制器.指示灯点亮(); //#220
    延时器.延时_秒((1s)); //#228
    控制器_反复执行_enable = true; //#221
    贝壳物联_设置ID为_APIKEY为_并联网(("19851"),("18dfd61d8")); //#29
}
void 控制器_反复执行()
{
    信息显示器.在第_行第_列显示信息_((1s),(1s),("温度为: ")); //#188
    信息显示器.在第_行第_列向前显示数字_((1s),(11s),(温湿度传感器.温度())); //#189
    信息显示器.在第_行第_列显示信息_((1s),(13s),("度")); //#194
    信息显示器.在第_行第_列显示信息_((2s),(1s),("湿度为: ")); //#192
    信息显示器.在第_行第_列向前显示数字_((2s),(11s),(温湿度传感器.湿度())); //#191
    信息显示器.在第_行第_列显示信息_((2s),(13s),("%")); //#195
    if( 红灯.已熄灭 ) { //#234
        绿灯.点亮(); //#236
    }
    if( 绿灯.已熄灭 ) { //#244
        红灯.点亮(); //#246
    }
    if( 火焰传感器.探测到火焰 ) { //#214
        屏幕.清空第_行((4s)); //#197
        信息显示器.在第_行第_列显示信息_((4s),(1s),("车内有火焰产生")); //#209
        有源蜂鸣器.发声(); //#198
        绿灯.熄灭(); //#213
        红灯.点亮(); //#211
        延时器.延时_秒((1.5)); //#0
    }
    else {
        火焰传感器_火焰消失时_enable = true; //#201
    }
    if( 人体移动检测器.附近有人走动 ) { //#12
```

图4 主控制程序:初始化和反复执行

6 安装调试

在保证满足性能指标的前提下,设计过程中使用要求低、结构简单、通用性强的元器件。既可以降低生产成本,操作又简单,测试效率高。严格遵守总装的顺序要求:先轻后重,先小后大,先铆后装,先装后焊,先里后外,先平后高,上道工序不得影响下道工序。在调试过程中,软调部件或整机的指标达不到规定值,或者调整这些元件无作用,换至一下步骤进行故障查找与排除。

在安装调试环节,竞赛团队通力合作,进行科研探索,有效沟通。整个项目组在老师指导和组长目标明确的规划下有条不紊进展工作,不断反思、评估,每一位参与者都得到了锻炼,收获良多。

7 结语

儿童是一个家庭乃至一个国家的希望,保障儿童乘车后的安全意义重大。本设计按照参赛要求,针对滞留车内儿童安全保护的需要,利用各类传感器、核心单片机、外围电路等各不同功能模块反复检测、确认危险后触发相连的警报执行装置完成一系列报警救援措施,保证车内滞留儿童的安全。本参赛作品可以应用到实践型教学中去,不仅是本科应用型实践教学建设方面不断尝试的科研成果,在幼儿安全保障产品领域也是一个尝试,若进行产品产业化,符合国家关爱孩子健康成长的政策,市场前景也比较广阔。

◇西南科技大学 城市学院 郝慧丽 万立里 陈浩东 陈俊杰 姚凤娟 袁子航

硬禾学堂专栏

磁珠是个什么东西?

相信很多人都见过下面这个东西：

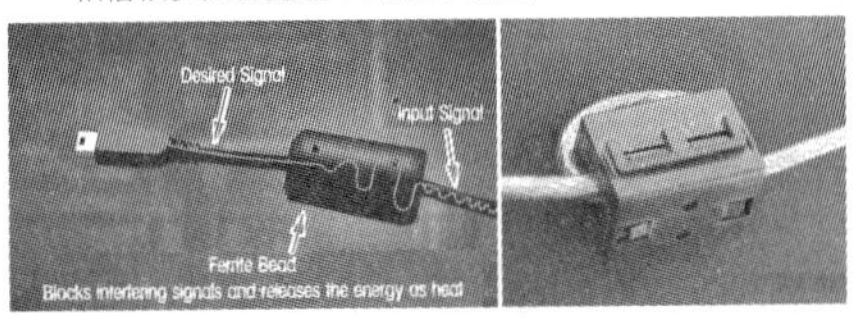

可是不知道里面究竟是什么?好奇的人打开一看,其实就是导线绕了一圈装了个套?那么这个神奇的套又是个什么东东?

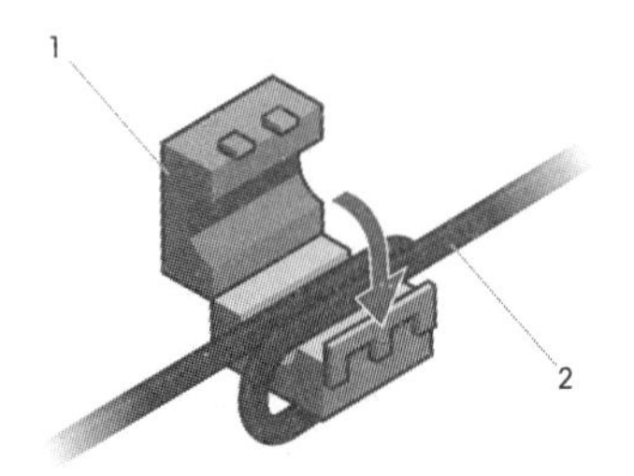

我们很多人在设计电路的时候都用下面这种方式进行电源滤波,L1 - 2.2uH 的电感和 C4、C5、C 组成低通滤波,抑制高频噪声,这个很容易理解。

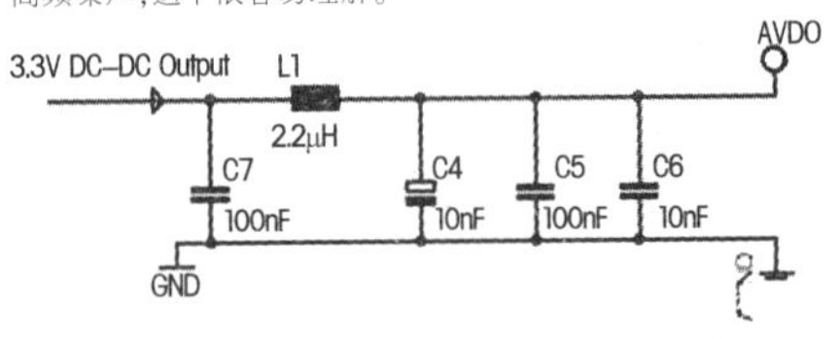

可看到很多电路里出现这么种器件,编号也很诡异——一般人只会解读出 0603 封装这么个信息,并没有标明究竟有多少电感量。

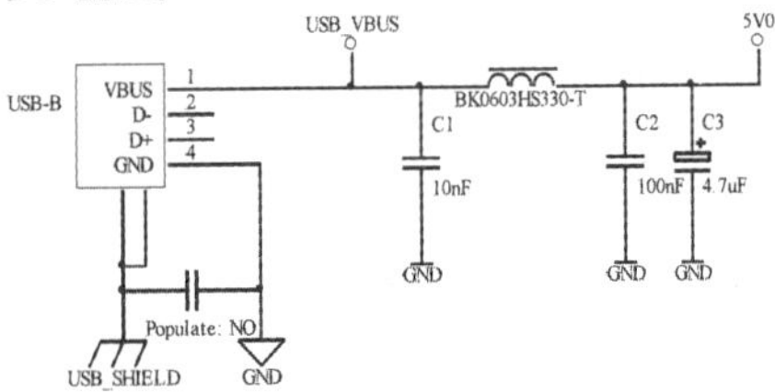

是不是很懵逼?我第一次看到别人的参考设计的时候也是一头雾水,看了看板子上的器件,长得跟贴片的电阻、电容没有啥区别,但又不好意思咨询别人,觉得这玩意儿应该是很简单的一个东西,怎么自己不懂呢?是不是很多工程师朋友有类似的感觉?

后来才知道它的名字叫 Ferrite Bead(简写 FB,有时候编号也用 FB1、FB2 来标记),中文翻译为铁氧体磁珠,顾名思义材料是用铁氧体做的,有磁性的珠子。材料就不用说了,可为什么叫珠子?哪里像个珠子?直到看到下面的这个品种才突然明白,原来是因为它的结构就像我们用线串起来的各种珠子。

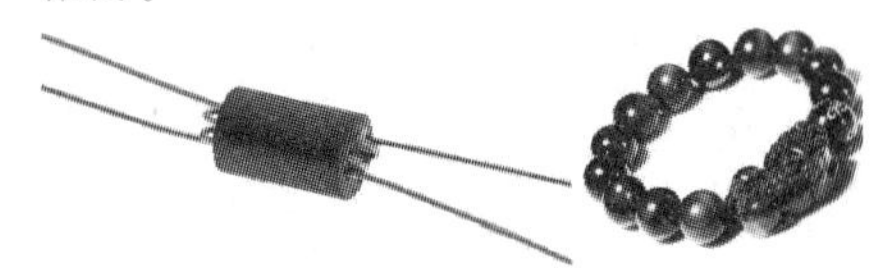

其实仔细看完各种珠子的结构图,越发觉得各种长相的珠子结构都是一样的——名副其实。

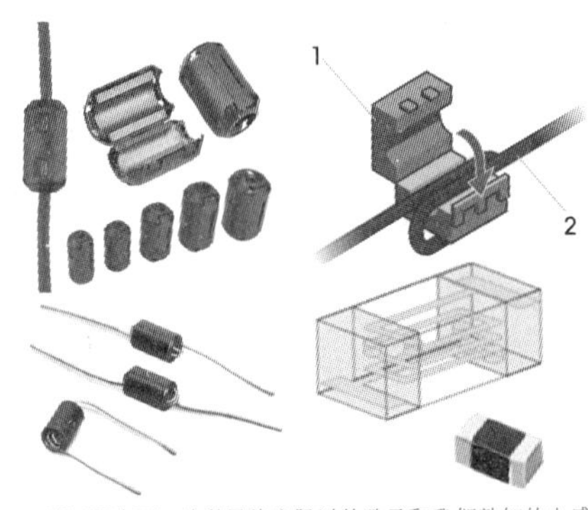

那问题来了,这种导线穿肠过的珠子和我们熟知的电感(线圈)有什么相同点和不同点呢?

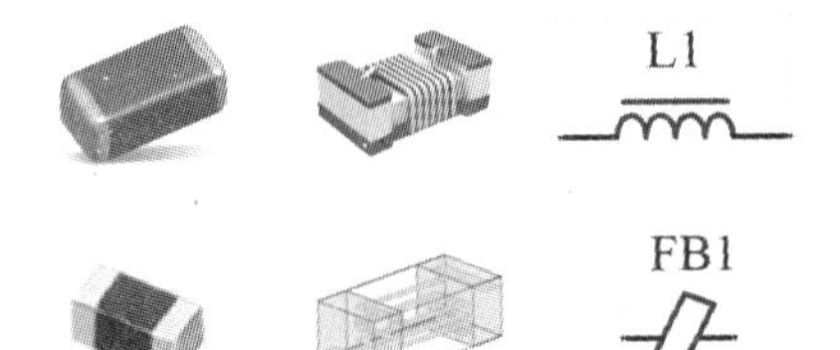

磁珠子的基本工作特性：

简单地讲,磁珠的阻抗 Z 主要由感抗 X 和电阻 R 构成,在低频段感抗 X 起作用,磁珠表现为感性——反射噪声(突然觉得人的感性也是这么回事,一言不合就怼回去,而不是默默地消化掉);在高频段电阻 R 起作用,磁珠表现为电阻性——吸收噪声转化为热能,两种特性的转折点为 X 和 R 曲线的交点,我们称这个转折点为抗阻特性转折点。在此转折点频率以下,磁珠表现为电感性,反射噪声,在此转折点以上,磁珠表现为电阻性,磁珠吸收噪声转换为热能。

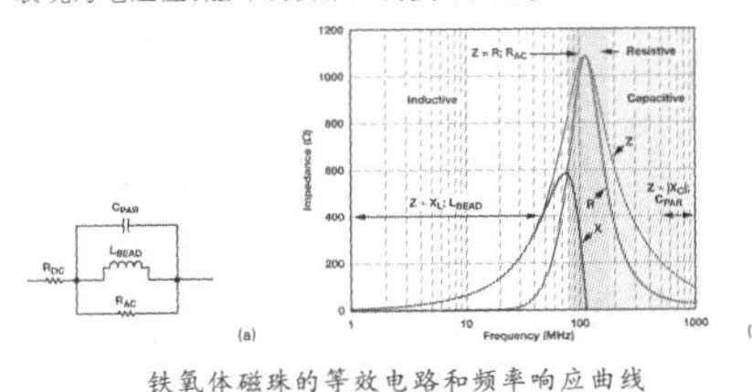

铁氧体磁珠的等效电路和频率响应曲线

可以简单地想象为 FB 和 C 构成的电源滤波电路：

- 在低频段等效为 LC 滤波电路
- 在高频段等效为 RC 滤波电路

在使用磁珠的时候要根据信号的频率和用途进行合理选型,如果你想用它来滤除噪声,噪声的频率范围要高于转折点的频率才有作用,这样可以使噪声频带的范围都处于磁珠的电阻性起主要作用的频带范围内,从而吸收噪声转化为热能;如果你用磁珠来进行信号的滤波,信号的频带范围要小于转折点的频率,在这个频率范围磁珠处于电感起作用的区间,能够减小信号的衰减。

磁珠的选择除了考虑上述的频率点以外,还要注意磁珠的额定电流和直流电阻。直流偏置电流大于额定电流的 20% 会导致磁珠饱和,电感显著下降,并降低磁珠的有效阻抗进而降低其 EMI 滤波能力,因此用在电源滤波时,要确保电流不会导致铁氧体材料饱和并产生显著的电感变化。高于额定电流值也可能会损坏器件,这个限制也会受到热量的极大影响,随着温度的升高,额定电流会迅速降低。在大多数情况下,制造商仅在 100 MHz 时指定磁珠的阻抗,并在零直流偏置电流下公布具有频率响应曲线的数据表。但是,当使用铁氧体磁珠进行电源滤波时,通过铁氧体磁珠的负载电流永远不会为零,当直流偏置电流从零增加时,所有这些参数都会发生显著变化。

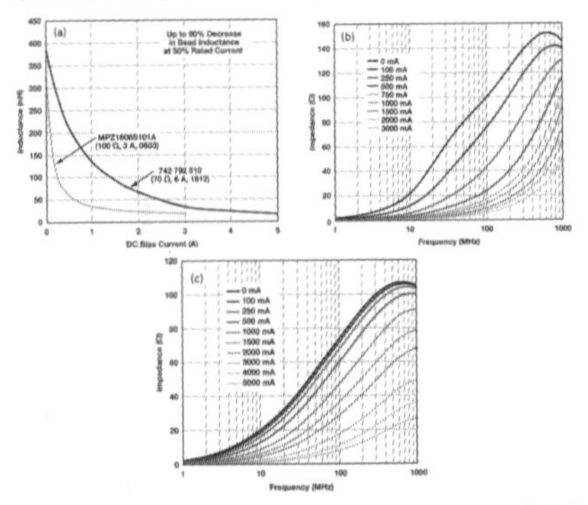

(a)电感值随直流偏置电流的变化,(b)和(c)为两种不同的磁珠的阻抗-频率响应曲线

由于铁氧体磁珠是电感性的,如果与高 Q 的去耦电容一起使用将会导致电路中产生不必要的谐振,从而放大系统中的纹波和噪声。一个最简单的避免谐振的方法——在 FB 上串联一个很小的阻尼电阻(如下图)。

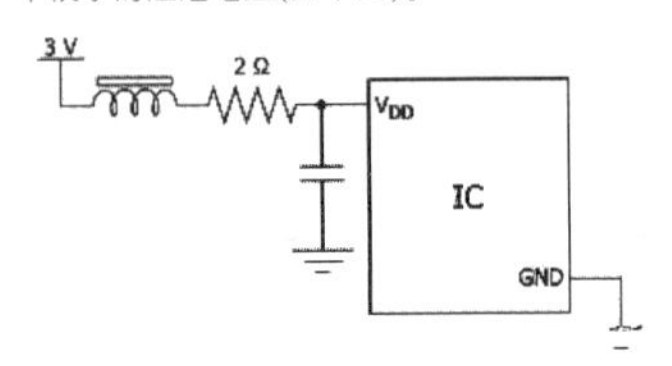

正是由于铁氧体磁珠的 X+R 的属性,它被广泛用于各种电源抑制噪声、产品降低 EMI 的应用中。

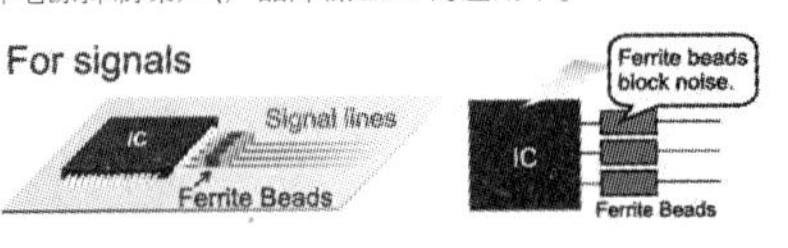

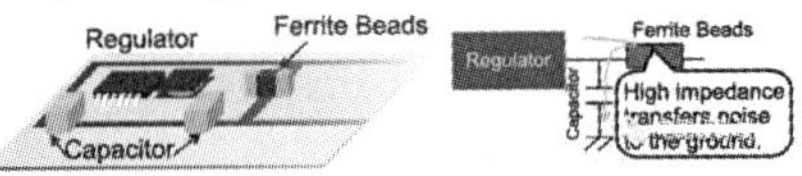

铁氧体磁珠在降低高速信号 EMI 和电源抑制噪声中的使用

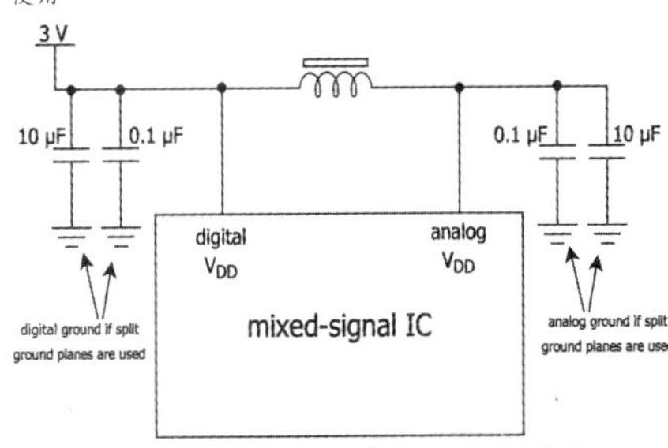

模数混合的电路中通过磁珠获取干净的供电电压

最后我们再来说说磁珠和电感在使用上的共性与不同,先看共性：

都有频率特性曲线——磁珠是频率与阻抗的特性曲线;电感是频率与电感值的特性曲线以及频率与 Q 值的特性曲线;这两个器件都是用来通直流的,也都有直流电阻,在使用中希望它们的直流电阻要尽可能小以降低在器件上的直流压降;

额定电流——它们工作的时候都有电流上限的,超过额定电流会影响其工作性能,并有可能对器件造成损害。

不同点：

对噪声的处理方式不同——电感和电容构成 LC 低通滤波电路,电容负责旁路高频噪声,电感只是负责"反射"高频噪声,没有消除噪声的作用;磁珠和电容构成的电源滤波电路在低频的时候磁珠反射噪声,跟电感一样的功能,在高频的时候则表现为电阻特性,吸收高频噪声转换为热量,从根本上消除噪声;

自身导致的危害不同——LC 构成滤波电路时,二者都是储能元件,很容易产生自激振荡,给电路带来影响;磁珠是耗能器件,在高频应用中不太会自激,不会给电路带来噪声的影响,但在低频段有可能导致谐振;

滤波的频率范围不同——电感在不超过 50MHz 的低频段时有较好的滤波性能,频率再高滤波效果不好;而磁珠利用其高频时表现出来的电阻特性吸收高频噪声,滤波的频率范围要远大于电感;

直流压降不同——它们都有直流阻抗,但同等级别(封装)的滤波器件,磁珠的直流电阻要小于电感,磁珠造成的压降也小于同等级别的电感造成的压降。

豆浆机维修一例

MJPBJ01YM 型米家高速搅拌机（破壁料理机）损坏，不通电、显示器不亮、音响不响，无法操作使用。估计电源板存在问题，打开底壳，仔细观察，发现副电源保险电阻烧毁严重（如图 1 所示），副电源控制集成块处严重烧毁，布满了烟灰，离风道壳处布满了大圆型烟灰。

此电源板由主电源电路和副电源电路及音响功率放大电路组成，特别之处是：副电源前级有抗干扰电路，防止 220V 市电干扰其它电路；有主电源前级取样电路，由 220V 交流整流二极管和光耦组成，当市电不稳定或过高过低时，发出报警声进行保护停机，也提醒用户拔掉总电源线；设计了音响功放电路，使报警声更响亮柔和，提醒用户及时采取应对措施；主电源电路由电机供电电路和加热管供电电路组成，电机供电电路是两个双向可控硅并联及外围元器件组成的驱动电路，其实叫固体或固态继电器，控制电机转速高低，12V 直流供电机械继电器是控制加热管啥时间加热和啥时间不加热。

对电源板副电源进行全面检查，测试保险电阻已烧断路，测试似乎是电阻的阻值为 150Ω，仔细一看是 ZD1 贴片稳压二极管，把电源控制块处烟灰清除干净，再测试正反向阻值很大，ZD1 也没保住，测试电源控制集成块似乎没有坏，先换保险电阻一试，叭的一声又烧了，再进行全面复查，电源控制集成块彻底烧毁，ZD1 参数还是原来的，ZD1 标志是 I6V8，观看电路是启动电压，把烟灰处彻底清洁，更换以上元器件，机器工作正常。

维修经验：若双向可控硅或驱动光耦坏了要用参数基本一致的，防止通过的电流不平衡，造成易损坏；若贴片元器件坏了，可用普通元器件代换；机械继电器只是触点不通，可在线路上用直流 12V 电源连接，一根线接死，另一根线来回触碰几百下，一般能恢复正常，不行的话，打开外壳，用细沙纸或细锉刀，把触点打磨光亮，注意，继电器一定要从板子上去掉，否则，烧毁驱动电路以及电脑控制块，这种事很常见。

◇河南 何方兴

①

②

一款双色吊灯的维修过程

一款用了近十年的广州产莲花牌双色吊灯（不是遥控型，如图 1 所示），近日出现不能开灯的故障，但在开灯灯不亮时，不用关灯，大概等半个小时左右，灯就自动亮了，而这时不能进行双控，也就是不能切换照明模式，当关灯后马上再次开灯，还是只有一种模式。

拆掉装饰件，取下灯壳，看到护板里面有两个电路板盒，一个是 LED 灯的恒流电源，一个是中山古镇生产的林森牌分控器。将分控器和恒流电源断开，直接给恒流电源接上 220V 供电，LED 灯能够正常全亮。另一路 LED 灯泡也能正常亮，说明问题就出在分控器上。

①

打开分控器，内部电路简单，采用最常用的阻容降压模式供电（如图 2 所示）。

从外观看不出来有任何的异常现象，这种分控器一般最常出现问题的根源，都是 C1 电容容量下降造成的故障。分别在整流后的滤波电容 C2 的正负极接上两根线，连接在万用表的直流电压档上，通电后正常供给继电器的工作电压 12V 只有 7.98V，关闭开关再开启切换双控后显示电压为 4.68V，切换前后继电器没有任何的动作响声，说明问题就是出在 C1 上。找一个 105/400V 电容，测量容量为 1.36μF，更换掉 C1 后，测量原 C1 容量只有 0.62μF，完全不能胜任工作要求。通电后测量输出电压为 15.28V，切换后双控输出电压在 13.40V，接上 LED 灯和灯泡，双控都能正常工作。

上述这种家用照明分控灯具，用过几年差不多都会出现不能分控或不能开灯的问题，都是因为这个 C1 电容失容所导致的。而且这些分控器几乎都是中山古镇产的，由于企业追求利润最大化，所选用的电容都是最便宜的元件，个头都很小，当时开灯能亮，分控都很好用，时间一长就不好用了。还有在换掉 C1 的同时，顺便也把 C2 也换掉，原 C2 为 47μF/50V 换成 100μF/50V 的，保证其以后工作的可靠性。

◇连云港 庞守军

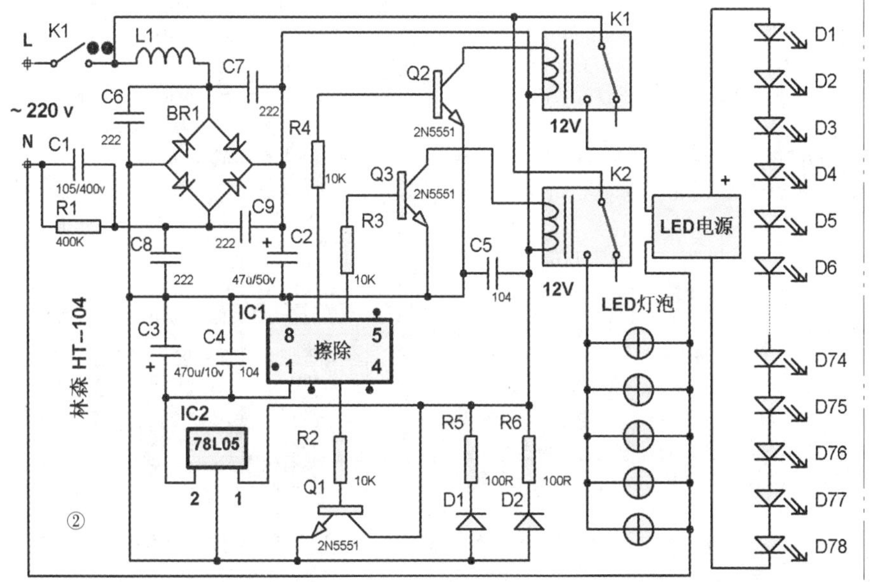

奥克斯 AC-A1 台扇的一种特殊故障

邻居拿来一台奥克斯 AC-A1 台扇（如附图所示），说是近来有时摇头及风叶都正常，有时只能摇头而风叶不转，让笔者帮着检查一下是什么毛病，看能不能修好。

但当通电检查时，即便慢速档启动也一切正常。既然邻居说时好时坏，那总是有故障存在的，决定打开底座仔细查一查。

按照通常对时好时坏故障原因的判断，都是接触不良所造成的。但用万用表反复测量底部走线、导线连接点、旋转调速开关以及定子绕组，也没有查到有任何接触不良的现象。该电扇没有定时器，也不用启动电容。觉得该查的都查了也没找到毛病，一时无从下手而陷入困境。因为反复多次启动都很正常，只得让邻居先拿回去使用。

没过几天，邻居又拿了电扇来说还是老毛病。果然这次通电，只能摇头，风叶纹丝不动，这倒有利于找出故障所在。

取下网罩，拨动风叶，发现转动受阻，心想也许是缺少润滑油所致。于是拆下风叶，从电机支架上取出电机准备加点润滑油，却在无意中发现取出电机后可以很轻松地转动电机转子。通电后电机启动、运转都正常，说明故障不在电机本身。通过仔细观察并反复试验，终于找到了症结所在：原来是定子绕组的引出线套了套管后比较粗硬，而且没有固定，就自由地蜷曲在电机下面狭小的空间里，由于某种原因弯曲的线束正巧压在了电机转子轴上，阻碍了电机启动。所以邻居说有时用力在外壳上胡乱拍打几下，或许能奏效。现在知道了原因，那是因为拍打引起的震动，碰巧使得压在转轴上的线束有一个短暂的脱开，电机得以启动，一旦启动了倒也能运转起来。但并不是每次拍打都能奏效，这就造成了时好时坏的现象。现在只要用细线把线束固定在电机支架上，不让它靠近转轴就可以彻底解决问题。

把检修过程与大家分享：类似这种造型的电扇其内部结构大同小异，若有相似故障现象，检修时不妨多个“心眼”，不仅要查是否有接触不良，还要看看有没有“不良接触”，虽然这种故障的概率很小，但也不会是绝无仅有的吧。

◇上海 曹孝琨

指针式万用表挡位精选与读数方法研究(三)

(接上期本版)

4.电阻挡位精选参照图

在不知道被测电阻 R_x 的大小时，应选择不同的挡位试测，直到知晓被测电阻 R_x 的估计值。被测电阻 $R_x<\pi R_0$ 时，用低位挡测量；$R_x>\pi R_0$ 时，用与低位挡相邻的高一个挡位测量；$R_x=\pi R_0$ 时，用低位挡或与低位挡相邻的高位挡测量均可。为了方便电阻挡位的选择，将上述文字用图 10 表示。

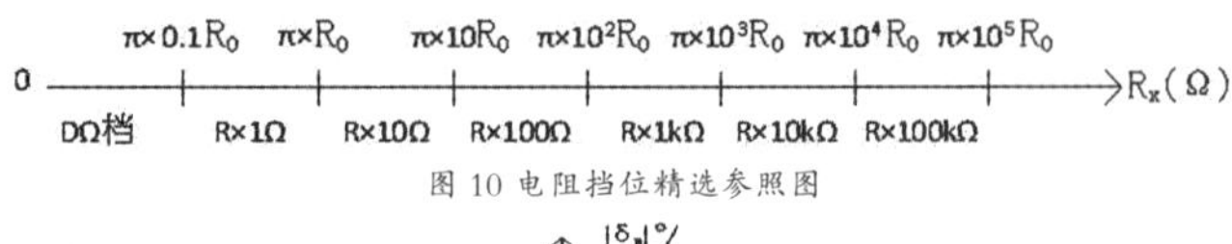

图 10 电阻挡位精选参照图

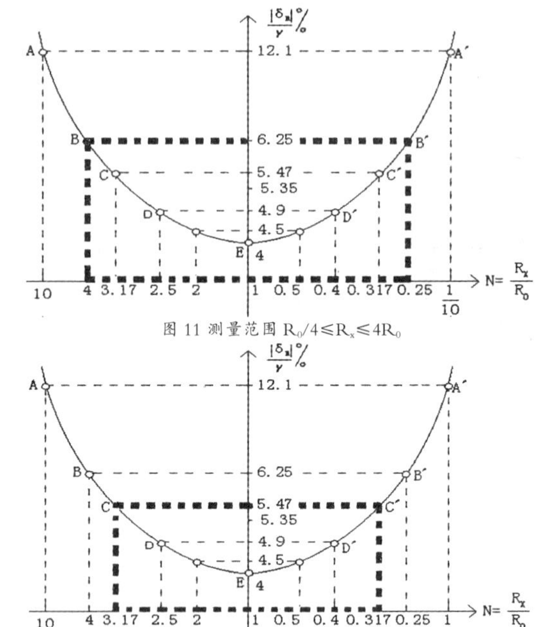

图 11 测量范围 $R_0/4\leq R_x\leq 4R_0$

图 12 测量范围 $R_0/3.17\leq R_x\leq 3.17R_0$

五、选择电阻挡的两种方法比较

比较本文第三、四部分的分析结果，可用图 11 和图 12 形象地表达。

图 11 测量范围：$R_0/4\leq R_x\leq 4R_0$，误差范围：$4\%\sim10\%\leq|\delta_R|\leq6.25\%\sim15.6\%$。

图 12 测量范围：$R_0/3.17\leq R_x\leq 3.17R_0$，误差范围：$4\%\sim10\%\leq|\delta_R|\leq5.47\%\sim13.6\%$。

六、电容量测量

(一)测量步骤

电容器的容量测量包括三个步骤，可以概括为：一放，二充，三读数。

一放：第一步先对电容器放电。

二充：第二步先选择电阻挡并调零，然后对电容充电，即将万用表的两表笔与电容器的两极相连，此时万用表指针会迅速向右偏转。

三读数：待万用表指针向右偏转到最大，由刻度盘第四条线读出此时的数字。

需要注意的是，对有极性的电容，由于正向电阻大于反向电阻，因此，电容在两次充电过程中指针向右偏转角不等(黑表笔接电容负极、红表笔接电容正极时，指针向右偏转大；黑表笔接电容正极、红表笔接电容负极时，指针向右偏转小)，读数时应以指针偏转角小(电阻大)的一次为准。

(二)挡位选择

电容器容量越小，所选电阻挡位越高，容量越大所选电阻挡位越低。由于 MF47 型万用表刻度盘上电容的准确读数在 0.01μF~10μF 之间，且各电阻挡倍率（R×10k：1；R×1k：10；R×100：10^2；R×10：10^3；R×1：10^4）也不相同，因此，电阻各挡测量电容的有效范围如表 5 所示。

表 5 不同挡位电容量测量范围

挡位	电容量测量范围
R×1 挡	$(0.01\mu F\sim10\mu F)\times10k=10^2\mu F\sim10^5\mu F$
R×10 挡	$(0.01\mu F\sim10\mu F)\times1k=10^1\mu F\sim10^4\mu F$
R×100 挡	$(0.01\mu F\sim10\mu F)\times100=10^0\mu F\sim10^3\mu F$
R×1k 挡	$(0.01\mu F\sim10\mu F)\times10=10^{-1}\mu F\sim10^2\mu F$
R×10k 挡	$(0.01\mu F\sim10F)\times1=10^{-2}\mu F\sim10^1\mu F$

表 5 可用图 13 表示。

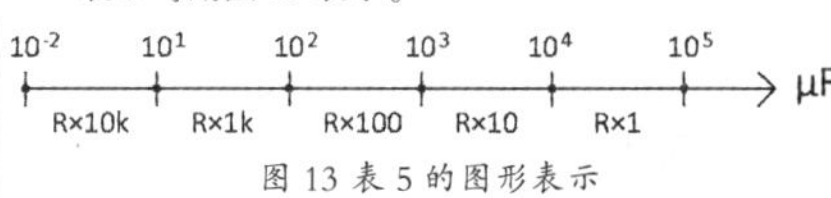

图 13 表 5 的图形表示

七、实用举例

例：某万用表电阻挡有 R×1Ω、R×10Ω、R×100Ω、R×1k、R×10k 五挡。已知：γ=2.5%，R×1Ω 挡中心值 R_0=16.5Ω。试选择最佳电阻挡测量 1Ω、2Ω、4Ω、5.2k、68k、56Ω、680Ω、8.2k、5200k 的电阻，并计算相对误差。

解：由 $\pi R_0=3.14\times16.5\approx52$ 知，可按图 14 直接选择电阻挡位。各电阻所选挡位和计算结果如表 6 所示。

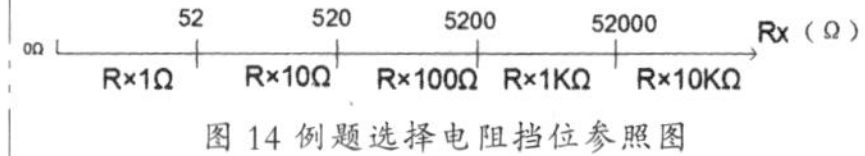

图 14 例题选择电阻挡位参照图

表 6 例题解答结果

编号	电阻估计值	所选挡位	δ_R
1	1Ω	R×1	-46.8%
2	2Ω	R×1	-26%
3	4Ω	R×1	-14.4%
4	5.2k	R×1k 或 R×100	-13.7%
5	68k	R×10k	-12%
6	56Ω	R×10	-13.2%
7	680Ω	R×100	-12%
8	8.2k	R×1k	-11.3%
9	5200k	R×10k	-30.%

(全文完)

◇四川省南部县职业技术学校 敬树贤

巧测超万用表量程的大电容容量

一般的台式电扇、吊扇配备的启动电容分别是 1.2-1.5μF 和 2.2-2.5μF，它们可以分别用数字万用表电容挡 2μF 及 20μF 量程测量。而空调外机配备的启动电容比较大：功率为 1 匹的是 20-25μF，1.5 匹的是 30-35μF，2 匹的是 45-50μF。对于这样的大电容，最大量程是 20μF 的数字万用表已是无能为力了。那么，如何用简单的方法测出这类大电容器的真实数据呢？

我们知道，当两只电容串联时，$1/C_{总}=1/C_1+1/C_2$，即 $C_{总}=C_1\cdot C_2/(C_1+C_2)$，$C_{总}$<任何一个分电容，而且比最小的分电容还要小。

利用这点，可以用万用表测出大电容的容量。当我们要测量大电容的容量 $C_{大}$时，先将它与一个已知容量为 $C_{小}$的小电容串联。由于 $1/C_{总}=1/C_{大}+1/C_{小}$，$C_{总}<C_{小}$，所以可以用万用表测出总电容 $C_{总}$的数值。由于小电容的容量 $C_{小}$是已知的，且总电容的容量 $C_{总}$也已经测出，则大电容的容量 $C_{大}$可以通过公式 $C_{大}=C_{总}\cdot C_{小}/C_{小}-C_{总}$算出。

举个例子：如一小电容在数字万用表上测出的数值是 1.2μF，该电容和数值未知的大电容串联后，接在数字万用表上测出的总容量是 1.16μF，则可根据公式计算出大电容的容量：$C_{大}=C_{总}\cdot C_{小}/C_{小}-C_{总}$=1.16×1.2/1.2-1.16=34.8(μF)。

同理，用这个方法可以检测铭牌标值模糊不清的大电容的容量。例如，存放多年的空调机启动电容 C_x，与实测值为 1.13μF 的小电容 $C_{小}$串联后，用万用表测得总容量 $C_{总}$为 1.08μF。根据公式 $C_{x实际}=C_{总}\cdot C_{小}/C_{小}-C_{总}$=1.08×1.13/1.13-1.08=24.4(μF)，则该电容的实际容量是 24.4μF。

这个存放多年的电容能不能用呢？根据笔者查阅网上了解到的相关“告知”：对旧电容器的使用原则是电容值下降 20%的不能用，因为如果使用下降超原标值 20%的电容，运行时间一长，会使压缩机启动线圈电流增大，从而导致该线圈烧坏。若空调机启动电容的原标值是 35μF，则 35×20%=7(μF)，35-7=28(μF)，因为 24.4<28，所以该电容器不可用在该空调外机上。若空调机启动电容的原标值是 30μF，则 30×20%=6(μF)，30-6=24(μF)，24.4>24，所以该电容器还可以勉强应急使用在同标值(30μF)的外机上，但若从长计议的话，也应从速更换。

◇浒浦高级中学 徐振新

大型循环水泵反转传感器不触发故障排查两例

电厂某机组海水冷却系统的两台海水循环泵，1 号泵在解体大修后试转，起泵后出现了由于出口液位高于进口液位而发生泵反转的问题，但安装在泵电机非驱动端的反转检测传感器却没有触发反转报警信号。而 2 号泵没有解体，起泵后结果也同样发生了反转现象，但反转检测传感器也没有触发反转信号，以下为检查处理步骤：

1）针对这个异常故障问题，首先按照设计接线图（附图1），对位于电机顶盖上的接线箱内部接线进行逐个检查，发现设计图上接在 7 号线位端子上的线，实际接错在 6 号线位端子上了（附图 2）。

验证传感器：打开位于轴顶端的盖子，看到位于传感器上的橙色 LED 灯常亮，拆下传感器，由于该传感器属于霍尔磁敏传感器，用强磁铁顺着探头从左向右移动模拟泵体正转，LED 灯变成绿色闪烁，停顿片刻恢复橙色灯长亮后，再将磁铁从右向左移动模拟泵体反转，LED 灯变成红色闪烁，说明传感器工作正常。

传感器的工作原理：该传感器通电后未检测到的反转磁感应信号时，从控制极黄色线输出低电平，接到继电器线圈的负极，继电器的线圈正极和传感器正极来自同一个 24V 供电端，继电器得电后吸合，常闭触点 11 和 12 号断开，也就是接在 7 号线和 8 号线上的 48V 报警信号没有形成回路，主控没有报警信号出现。当传感器在检测到反转信号时，黄色线输出高电平，相当于正负极电位相同（附图 3），这时继电器失电释放，触点 11 和 12 闭合，将来自 DCS 的 8 号线上的 48V 电压通过 7 号线反馈给主控并出现报警。

可是不管用磁铁如何验证，传感器指示灯有变化而继电器就是不动作，将继电器从座子上拔下，测量继电器线圈值阻为 620Ω，属于正常。直接给线圈加 24V 电压，继电器内的绿色指示灯点亮，继电器动作正常。再分别检查测试继电器座子到端子排上的 5 根接线都是正常的，那问题会出在哪呢？百思不得其解，可还是怀疑问题就是出在继电器座子上，随后用小螺丝刀将继电器座从轨道上撬下检查，发现并接在继电器线圈端子上的续流二极管 VD1 的正极接在 24V 的正极上（附图 4），这样并联在线圈上的二极管相当于旁路了电流，明显是接错的。所以，就造成传感器在得电时导致继电器线圈欠压不能吸合。而主控却出现自从把 6 号线改到 7 号后，就一直有报警的问题。根源找到了，将二极管反接后，测试传感器验证继电器动作正常，刚才一直报警的信号消失，再次用磁铁测试，反转报警信号能够反馈给主控室。

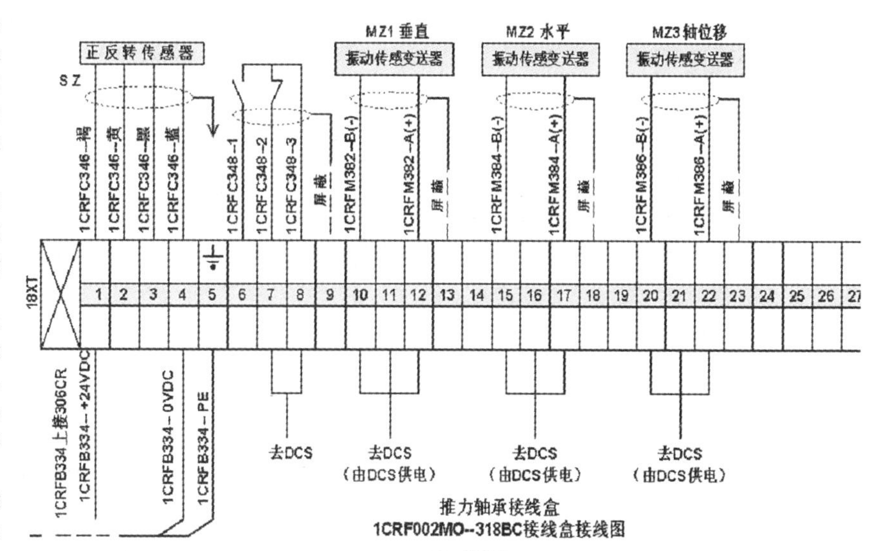

图 1 接线图

2）根据 1 号泵所出现问题的处理经验，直接检查 2 号泵的传感器控制继电器上并接的二极管，果然和 1 号泵存在同样的二极管接错问题，并同时更改了 6、7 号的接线。在将二极管和接线更正后，打开传感器保护罩，看到传感器红灯常亮，而正常状态是橙色灯亮，用磁铁靠近传感器探头不管如何改变方向和位置，指示灯都没有任何反应，继电器也不动作，在准备拆卸传感器时，顿感传感器很烫手，测量 24V 供电下降到 20.83V，说明传感器损坏。领用一个新的传感器，万用表正极接传感器供电端（褐色线），负极接负极线（蓝色线），正向测量阻值为 636Ω，反向为无穷大。在实验室接上 24V 电源，测试验证输出和继电器动作都正常，回装后再次验证，主控反馈有报警信号出现。

通过测试和验证，型号为 ZX-HS 传感器信号输出工作原理为：

a.传感器上电后，黑线、黄线均输出低电平，继电器吸合，7、8 断开。

b.在传感器 SZ 未检测到电磁信号时，SD 为橙色长亮。

c. 在主轴逆时针正转时，SZ 检测到正转信号 SD 绿灯闪烁，黑线输出高电平，主轴反转时 SZ 检测到反转信号 SD 输出红灯闪烁，黄线输出高电平。

通过对上述两台泵转速传感器的维修和故障处理，即学到了新的知识点，又掌握了排除仪控设备故障的技巧和方法，特将该案例分享给大家共同学习和参考借鉴。

科普知识 1：如果中间继电器是直流回路的，在通断比较频繁的中间继电器的线圈接线端子上，需要反向并联一个续流二极管，在继电器断电释放时，就能够释放掉继电器在断开时存储在线圈中的能量，也叫反向逆程脉冲或感生电动势，这个感生电流与工作电流相反，但这个反向电压大于继电器的工作电压，由于这个感生电动势在二极管和线圈中的循环回路中导通泄放，也就不会对电路造成影响和损坏，保护其正常工作，一般选用 1N4007 就可以了。二极管与线圈并联，正确的接法是二极管的负极接在供电端的正极，二极管的正极接在供电端的负极。

续流二极管选择方法，电流要大于或等于线圈的工作电流，反向耐压为线圈工作电压的 5~10 倍。如果是使用 MT 型的的 PLC，其输出部分里面就自带这个续流二极管，所以，在继电器的线圈接线端上就看不到外接二极管的，也就不需要增加了。

还有在电磁阀或交流回路的小负荷情况下，就需要并接一个阻容吸收回路，一般选用阻容吸收元件 MCR-P，外型像一个大瓷片电容的样子。

科普知识 2：霍尔传感器（HALL sensor）是根据霍尔效应制作的一种磁场传感器，霍尔效应是磁电效应的一种，它具有对磁场敏感、结构简单、体积小、频率响应宽、输出电压变化大和使用寿命长等诸多优点。

这一现象是美国物理学家霍尔（E.H.Hall，1855-1938），于 1879 年在研究金属的导电机制时发现的，当电流垂直于外磁场通过半导体时，载流子发生偏转，垂直于电流和磁场的方向会产生一附加磁场，从而在半导体的两端产生电势差，这一现象就是霍尔效应。后来发现半导体、导电流体等也有这种效应，而半导体的霍尔效应要比金属强很多，利用这种效应现象制成的各种霍尔元件，广泛应用于工业自动化技术，检测技术及信息处理等方面。霍尔传感器分为线性传感器和开关型传感器两种。

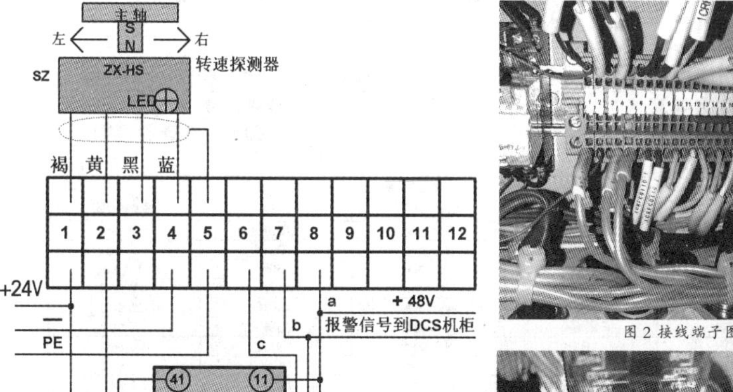

图 3 工作原理图

图 2 接线端子图

图 4 并接的二极管图

◇江苏连云港中核检修公司 庞守军 高新兴

实用循环定时控制电路

因为一个设计项目需要一个8分钟间隔2小时左右的工作时间。考虑到单片机需要程序控制，年纪大了，学习起来还是比较困难，虽然在努力学习，但毕竟岁月不饶人。于是利用手头有的一些元器件设计了这款循环定时控制电路。电路原理图见图1。

在图1中，U1,U2是一片CMOS长延时集成电路C005，为8给引出脚的黑胶封装，其中有孔的2个脚是振荡电阻的引出脚，可以焊接1/4W左右的直插电阻或者1206的贴片电阻(有1206焊盘)，靠近电源正极(VCC)的2给焊盘分别是P2,P1(P2靠近边缘)，与正极相邻的是输出引脚(OUT)，最后一个是GND引脚，与GND引脚相邻的引脚是触发引脚(CP)。因为是下降缘触发，所以，U1的触发端接有一个RC电路，上电，因C1的存在，U1的CP端得到一个脉冲下降缘而触发而开始延时，同时其OUT输出低电平，当延时时间到，U1输出高电平，Q2导通，触发U2进入延时状态，同时U2的OUT输出低电平，光耦U3得到初级触发电流，其次级光敏三极管饱和导通控制控制电路动作。具体的控制电路在此不详述。在U2延时期间，U2输出低电平，Q1截止。此时，因为Q1截止，C1在R3存在下被充电至高电平，为下次触发做准备。当U2延时时间到，U2输出高电平，Q1导通，触发U1再次进入延时状态，同时，U1输出低电平，Q2截止，直到U1延时时间到，U1再次输出高电平触发U2再次进入延时状态。如此循环，电路进入循环延时状态。当U2的延时到了后，U2的OUT端输出高电平(此前因为R3的存在，C1已经被充电到高电平状态)，Q1饱和导通，为了便于读者理解，下面附录了C005的说明书：

一、芯片特点：

1. 采用CMOS工艺低功耗。
2. 输出低电平可直推LED(请加限流电阻)，输出高电平可推三极管(请加限流电阻)。
3. 可用电阻调定时时间，有8*N(N=0.1.2.3)倍定时选择，时间可从2s—1000h可调。
4. 可选择触发定时和触发端接地上电定时。
5. 待机输出高电平，下降沿触发，触发后输出低电平，延时结束后恢复高电平。
6. 小巧尺寸12mm*12mm外形。
7. 延时电阻预留贴片或插件焊盘，可自由选择。
8. 利用本芯片可设计出更简单的产品与降低成本。

二、功能与设计说明：

1. 电路按要求连接好且设定好时间电阻与供电电压；
2. 上电未触发前输出端为高电平；
3. 触发端"下降沿"触发有效，触发后输出端立即变为低电平同时电路开始计时；
4. 设定的计时时间到后输出端恢复为高电平，等待下一个"下降沿"触发；
5. 芯片为不重复触发型，意思是在触发后芯片输出低电平期间内继续触发的话，触发无效；
6. 触发端的"下降沿"触发是指从高电平变为低电平的变化瞬间；
7. 一般高电平是指VCC电压，低电平指0~0.3v或GND，只要符合该电平要求即可；
8. 触发端可以对地接轻触开关或单片机IO口或其它数字电路产生"下降沿"都可以有效触发；
9. 可设计成上电触发，只须将触发端对地短路，上电即被触发，时间到后输出恢复成高电平，等待下一个下降沿再次触发。

三、引脚说明：

见图2所示：PIN1=电源负，PIN2=触发，PIN3=输出，PIN4=电源正。

见图2所示的P1短路(两小焊盘短路)定时时间等于在电阻表中的时间乘以8倍。

见图2所示的P2短路(两小焊盘短路)定时时间等于在电阻表中的时间乘以64倍。

见图2所示的P1、P2同时短路(两小焊盘短路)定时时间等于在电阻表中的时间乘以512倍。

四、电参数(见附表1)

五、时间与阻值对照表(见附表2)：

说明：外接电阻频率测试结果供参考，用户应用时因生产批不同、VDD电压不一致、振荡电阻差异、负载等的因素，定时时间会有一定误差。我们不推荐振荡频率超出6KHz-600KHz，超出范围会使IC振荡不稳定，经测试电阻为0Ω，VDD电压5V时定时时间约为2秒。

◇浙江宁波天康生物科技有限公司 王学文

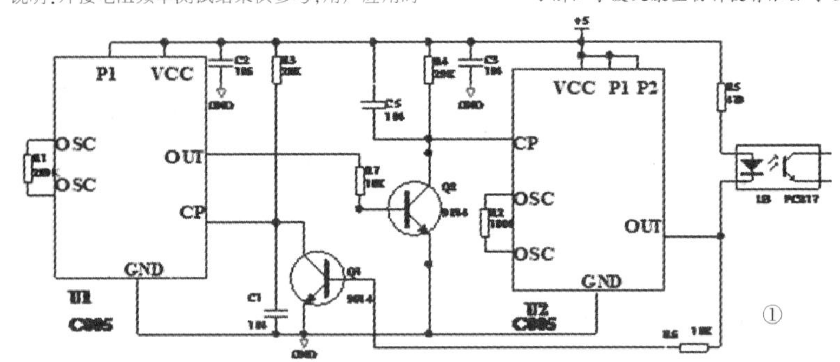

①

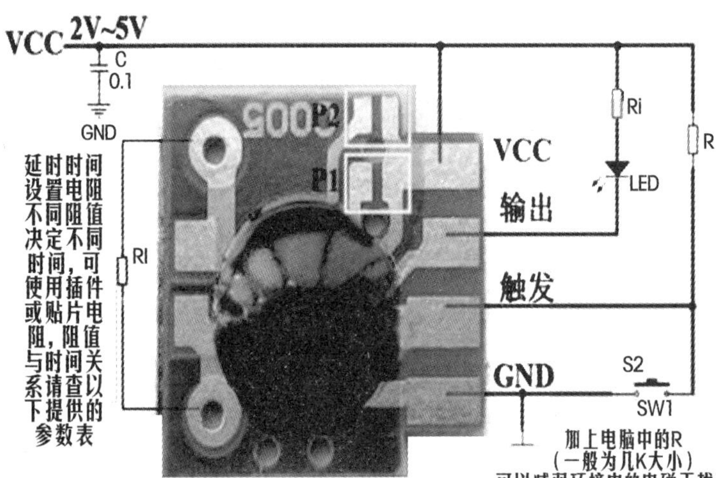

用连接参考图(仅供参考)：实际可设计成各种延时电路或产品，图中R与C是为了抗干扰设计，开关做触发用；本例是用来控制LED的发光时间，开关按下后LED发光设置的定时时间到后LED熄灭并等待再按开关触发调节Ri的大小决定LED的发光亮度，供电一般选用4.5V

加上电脑中的R(一般为几K大小)可以减弱环境中的电磁干扰避免误触发，假如不加上R触发将变得很灵敏，比如可能会因开关房间电灯或人体用手去碰触发端导致电路被触发，故如果想设计成人体触摸感应开关就不需要加上R。

表1

电气特性：(VDD=3.0V,GND=0V,Ta=25℃)

参数	最小	标准	最大	测试条件
使用电压	2.0V	3.0V	5.0V	
静态电流	---	---	1uA	
动态电流	---	---	100uA	输出不接
下拉输出电流		30mA		直接LED
上拉输出电流		5 mA		直接NPN三极管基极

表2

P1、P2不接				
电阻	3V	定时时间	4.5V	定时时间
10K	1.35MHz	5.8 sec	1.6MHz	4.8 sec
20K	930KHz	8.9 sec	1.05M	8.0 sec
30K	723K	12.1 sec	800K	11.4 sec
51K	480K	19.2 sec	517K	18 sec
75K	370K	26.5 sec	350K	25 sec
100K	276K	34 sec	289K	32 sec
150K	191K	49 sec	197K	46 sec
200K	149K	65 sec	153K	60 sec
240K	126K	78 sec	129K	74 sec
300K	95K	96 sec	97K	92 sec
390K	79K	123 sec	81K	119 sec
510K	61K	155 sec	62K	150 sec
560K	54K	175 sec	54K	168 sec
620K	51.1K	199 sec	51K	187 sec
750K	39.7K	230 sec	39.9K	222 sec
820K	37K	255 sec	37K	246 sec
1M	32K	330 sec	32K	291 sec
1.5M	21.9K	383 sec	21.9K	432 sec
2M	16K	598 sec	16K	568 sec
3M	11K	762 sec	11K	762 sec
4.7M	7.2K	1425 sec	7.2K	1165 sec
5.1M	6.3K	1631 sec	6.3K	1331 sec
10M	3.2K	2921 sec	3.2K	2621 sec
15M	2.1K	4394 sec	2.2K	3813 sec
20M	1.8K	5160 sec	1.9K	4660 sec
22M	1.3K	7052 sec	1.3K	6452 sec

从几个方面看特斯拉与传统车企的不同(一)

近日,特斯拉公布的业绩显示,三季度全球营收同比增长58%,其中中国区的营收同比增长78.5%,中国区贡献的营收增速比整体营收增速高出三分之一。

2021年特斯拉中国区与三大国内造车新势力销量对比(单位:辆)

	特斯拉	蔚来	小鹏	理想
9月	56006	10628	10412	7092
1~9月总销量	306033	66395	56404	55270

尽量深受各种"刹车门"影响,但特斯拉仍是许多新能源汽车消费者的首选之一。其中9月份特斯拉在中国市场的销量创下历史新高纪录,销量超过5.6万辆,并且9月份几乎贡献了它三季度在中国市场销量的近七成,数据显示特斯拉7月份、8月份在中国市场的销量分别为8621辆、12885辆,而9月份在中国市场的销量超过5.6万辆。

2021年9月中国新能源汽车销量前10名(单位:辆)

排名	车企	9月	同比增幅	1~9月累计	同比增幅
1	比亚迪	70432	269.8%	334271	213.2%
2	特斯拉	56006	394.4%	306033	283%
3	上汽通用五菱	38850	59.3%	299624	410.1%
4	广汽埃安	13572	93.7%	78556	103%
5	长城	12770	92.9%	84731	254.3%
6	上汽乘用	12157	80.2%	110948	217.6%
7	蔚来	10628	125.7%	66395	151.7%
8	小鹏	10412	199.4%	56404	327.5%
9	吉利	8706	212.5%	45126	184.4%
10	奇瑞	8237	98.9%	55287	152%

在新能源汽车排行榜显示,9月份model Y、model3分别位居第二名、第三名,其中model Y的销量高达3.3万辆,打破了model3此前创下的月销2.8万辆的纪录;这是model Y今年初在上海工厂国产以后,特斯拉以成本下降为理由将model Y的价格降低至30万元以内,model Y随即取代model3成为中国市场最畅销的20万以上的新能源汽车车型。加上model 3共计5.6万辆的单月销量新高,同比增长近400%,相当于每46秒就卖出一辆电动车。

特斯拉上海工厂全景

随着特斯拉汽车在中国市场的热销,中国市场已成为特斯拉最重要的海外市场,今年三季度特斯拉在美国以外的市场获得的收入为42.3亿美元,而中国区贡献了31.13亿美元,占特斯拉在美国以外市场收入的比例高达74%。

特斯拉柏林工厂全景

无独有偶,特斯拉在传统汽车强国——德国的柏林也开建美国以外的第二座汽车工厂,并且提供约9000张开放参观门票,门票很快被热情的德国人抢购一空,观众甚至排队参观厂房、试驾Model Y。

柏林工厂预计拥有超过50万辆的年产能(上海工厂2021年预计为45万辆),第一批车型最早会在今年11月下线,但实现批量生产可能需要的时间更长。目前,欧洲的特斯拉车型主要由上海工厂供应,而柏林工厂全面量产后将大大加快欧洲消费者的提车速度,这也宣告着特斯拉将全面杀入汽车的发明地。

特斯拉在柏林工厂开放日展示的新技术——4680电芯、CTC、一体铸造,这几项技术将率先搭载于柏林工厂生产的Model Y上。

4680电芯

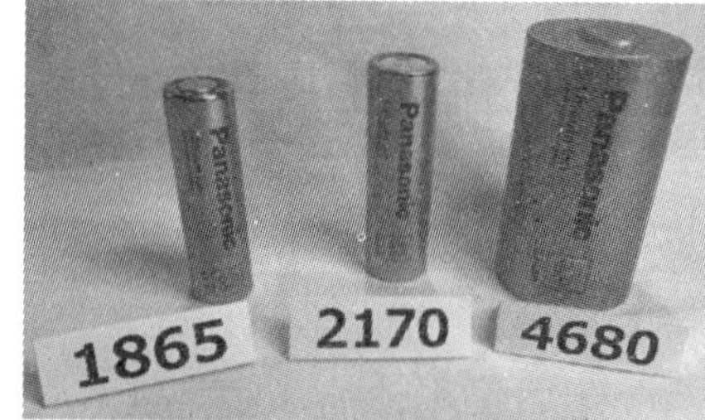

4680电芯是继1865和2170电芯后,特斯拉使用的第三代电芯,其最大的优势就是成本更低。电芯直径越大,同样容量的电池在制造时使用的电池外壳材料越少。不过,单电芯体积和续航增长之间存在一个平衡曲线,而46mm是最有利于提高续航的直径尺寸。

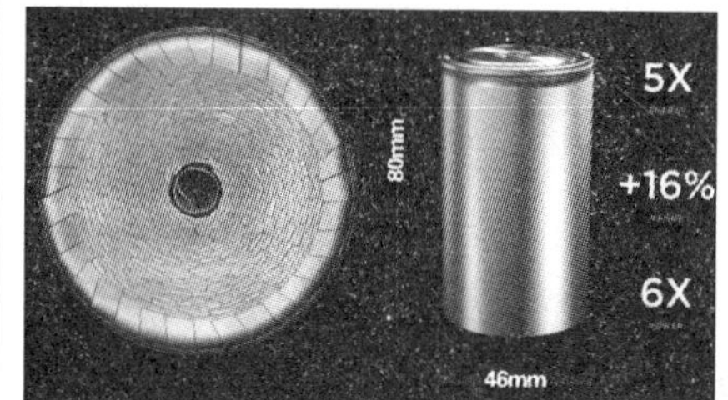

具体来说,单个4680电芯的体积是2170的5.48倍,但外壳表面积却不到3倍。换言之,4680电芯以更少的外壳用料实现了5倍的容量提升,此外,输出功率还提升了6倍,整包续航里程提升16%。不过,这也意味着,4680电芯单位表面积的散热压力更大,会大大影响充电速度和循环寿命,而特斯拉采用了全极耳电极技术来解决这一问题。

极耳是指电池正极上的凸起,我们生活中常见的7号、5号电池上都可以看到这一设计,1865和2170也是如此。而4680取消了极耳,将整个圆面作为电极。此举可以提高导电面积,降低电阻,进而减小散热。4680由950个电芯组成,激光无极耳技术去掉了电池主要发热部件,减少内阻之后的稳定性也要更高。根据特斯拉公布的数据,在无极耳设计的帮助下,4680电芯的充电速度媲美2170电芯。

4680电池在制造和组装方面,成本要比此前下降86%。当然,4680电池本质上还是三元锂电池,最大的问题还是发热以及稳定性方面。此前,特斯拉汽车曾有几起碰撞燃烧以及自燃的事故,多数都是因为底盘严重受损,伤到了电池造成的。4680的带来的技术升级以及特斯拉优化后的电池安装方式,应该能很大程度上降低起火率。

不过考虑到极端情况,也就是在无法避免发生爆燃时,5倍容量的4680电芯的释放热量也是2170的五倍,燃爆风险更高、威力更大,目前特斯拉给出的方案是将此前2个泄压阀增加到8个。

CTC技术

特斯拉还会采用创新的"三明治结构"方案,让电池和车身一起构成车身骨架,而非单独安装。该组装方案率先在Model S上采用,好处就是可以减少零件数量以及电池体积,还能增加一定的续航里程。

首先,由于无极耳设计还不足解决散热问题。在整包封装上,特斯拉柏林工厂将采用CTC(Cell to Classic)技术来生产Model Y,新技术在整包散热方面有着全新设计。

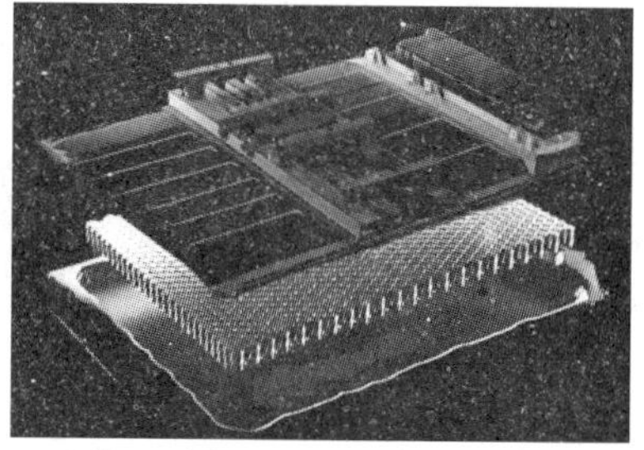

目前,电动汽车都是采用将电芯或者模组封装成电池包,然后嵌入到车身内的设计。而CTC技术取消Pack设计,直接将电芯或模组安装在车身上,以车身结构充当电池包的外壳。举一个通俗易懂的例子:"将机翼作为油箱,而不是将油箱放在机翼内。"

事实上,宁德时代、比亚迪等国内厂商也有类似CTC的技术布局,但特斯拉Model Y将率先实现该技术的量产和实装。

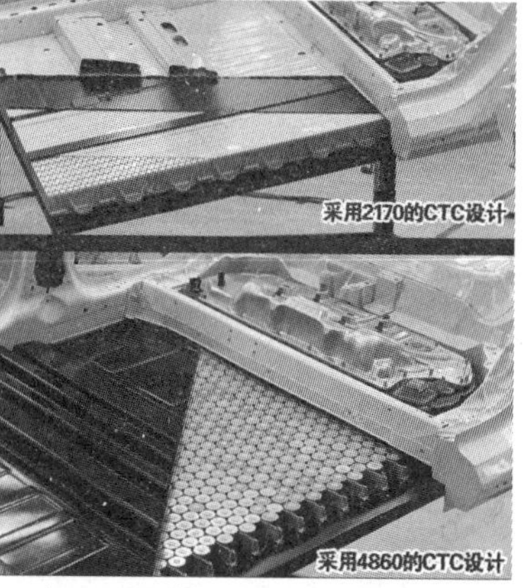

在CTC的设计中,特斯拉已经取消原有的座舱地板,取代以电池上盖。从下图就可以看到,无论是2170还是4860填充的底盘,座椅都是可以直接安装在电池上盖上的,座椅之家和电池之间设计了几根方钢来进行垫高和加强。

另外,Model Y的所有4680电芯都采用横向排布,每两排电芯之间插入一条蜿蜒的液冷散热片,整体排布不再像2170电池包那样采用电芯纵向排布,因此取消了纵向的加强结构和模组设计,整体结构进一步简化,能量密度再次提升。

此外,新电池包在电芯和电池系统的连接方式上改为了接触面积更大的钢片,摒弃了2170采用了铝丝焊,这对散热和电芯一致性都有好处。

(未完待续)

◇四川 宁梵睿

MOECEN 真无线蓝牙耳机 Earbuds X1 拆解(一)

荣耀亲选，是荣耀面向消费领域全场景智慧生活开放的生态伙伴计划。这次拆解的就是荣耀亲选联合声氏科技共同推出的 MOECEN 真无线蓝牙耳机 Earbuds X1。

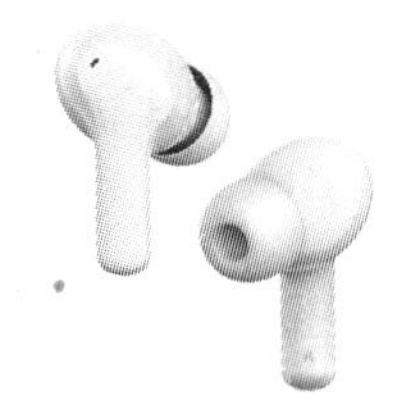

耳机拆解

沿耳机缝隙处撬开前盖，扬声器单元通过导线连接到软板，软板另一端连接电池，并且与主板相连。壳体内侧贴有泡棉，用于支撑 FPC 和电池。

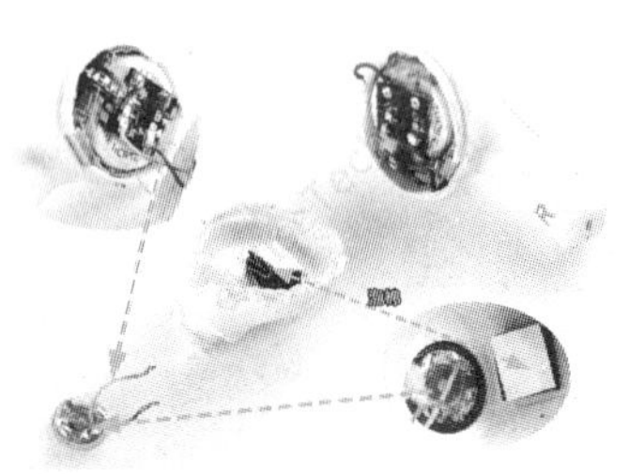

撬开后盖，蓝牙天线软板贴在后盖上，主板上麦克风开孔和指示灯位置贴有保护泡棉。

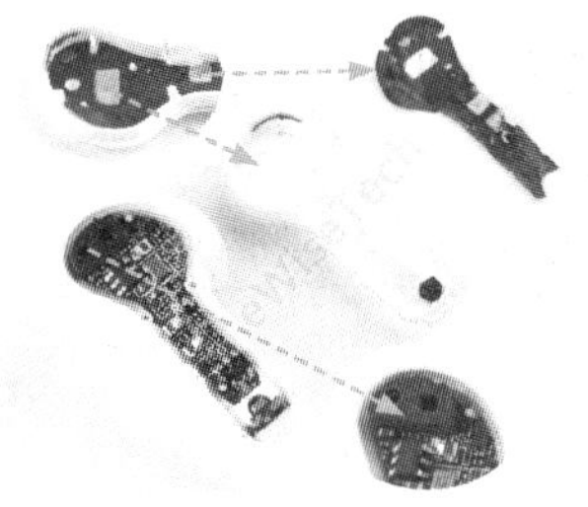

主板外侧采用大量胶水密封。需小心取下主板，随后可以取下电池和软板。耳机的拆解就告一段落了。

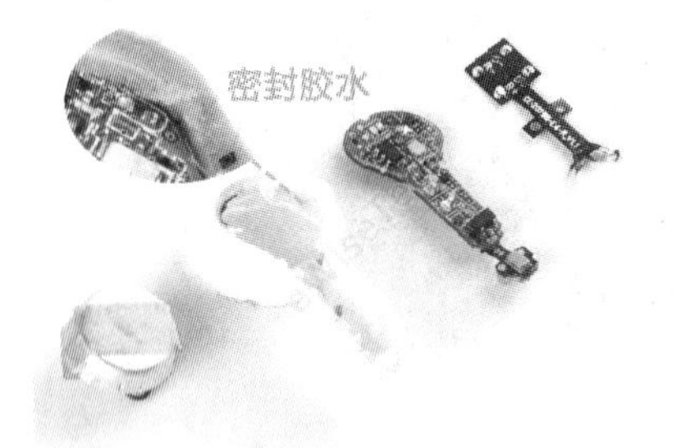

耳机共有 3 颗固定螺丝。整体拆解比较简单，但是不能还原。支持 IPX4 级防水。内部使用了条形主板，蓝牙天线为贴片式，耳机电池容量为 55mAh。

充电盒拆解

底盖通过卡扣固定，可以直接撬开。

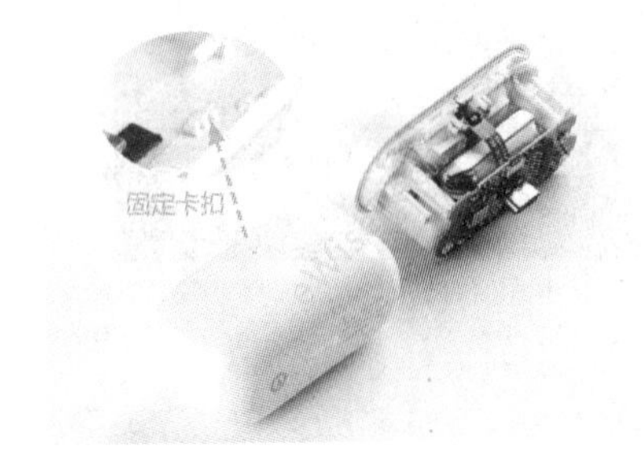

电池上贴有保护泡棉，通过螺丝和双面胶固定在主板正面。

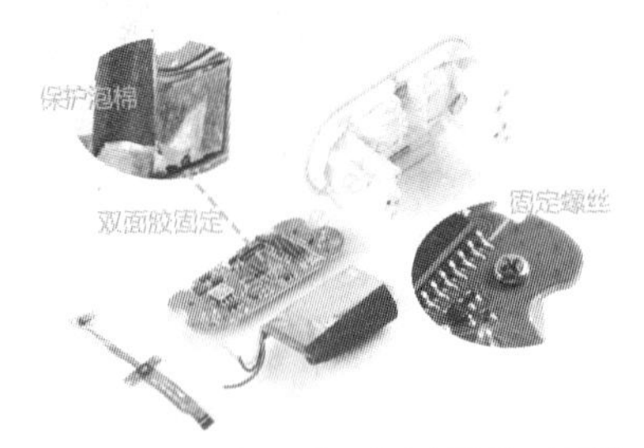

侧边的软板通过 ZIF 接口与主板连接，上面装有霍尔传感器和 LED 呼吸灯。

壳体都通过卡扣固定，小心分离即可。

充电盒多采用卡扣进行固定。电池容量为 500mAh。充电盒内有霍尔元件，以实现开盖即连功能。

主板 ic 信息

最后就看一下主板上还有哪些器件吧。

耳机主板(下图)：

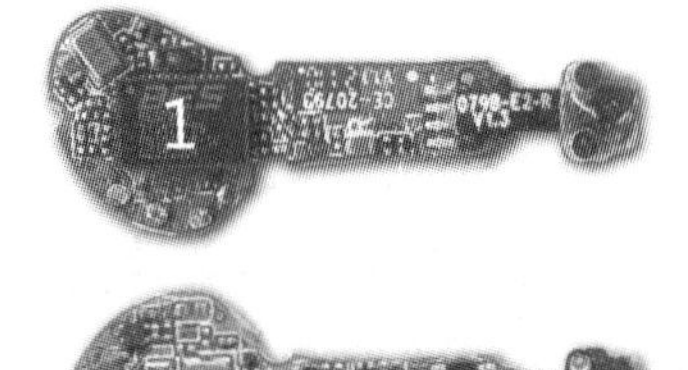

1.BES-BES2300-智能蓝牙芯片

2.触摸芯片

3.Natlinear-XT4052-锂电池充电芯片

充电盒主板：

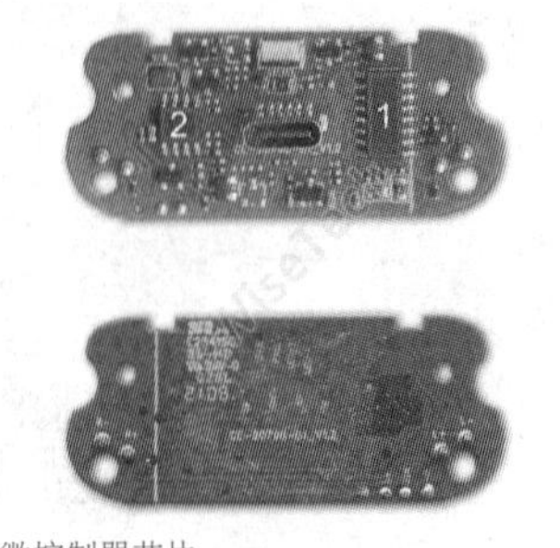

1.微控制器芯片

2.LowPower Semiconductor- LP7801D-锂电池充电芯片

整机内的芯片并不多，特别在充电盒上，仅有两颗芯片。而其中 LP7801D 是来自微源半导体。

这颗 IC 是一颗专为小容量锂电池充电/放电应用设计的单芯片解决方案 IC。并且是国内首颗通过 IEC62368 安全认证的多合一芯片。

最后看看声氏 MOECEN 真无线蓝牙耳机 Earbuds X1 产品的参数和厂商信息：

产品主要材质为 ABS+PC，充电盒输入功率为 2.05W 左右(5V 410mA)，耳机内置 55mAh 电池，充电盒电池大小为 500mAh。生产厂商为佳禾智能。

生产厂商——佳禾智能对于消费者来说可能比较陌生，深交所创业板 A 股上市公司，主营电声产品，安卓 TWS 耳机 ODM 龙头之一，哈曼、华为、Skullcandy、万魔等知名品牌都曾是其主要客户。之前大多产品都是 ODM 模式，即打上前面提到的这些其他品牌的 Logo，而设计、采购、生产组装等环节均为佳禾智能完成。

产品品牌——声氏科技，是佳禾智能旗下全资的自主声学品牌，可以理解成佳禾智能不面对厂商(2B)而是直接面向消费者(2C)推出的品牌。

荣耀亲选——这个模式类似于网易严选，或者说一部分小米生态链产品厂商同小米走的这种合作方式，荣耀亲选则是以荣耀品牌和销售渠道为产品背书，实现两方共赢。

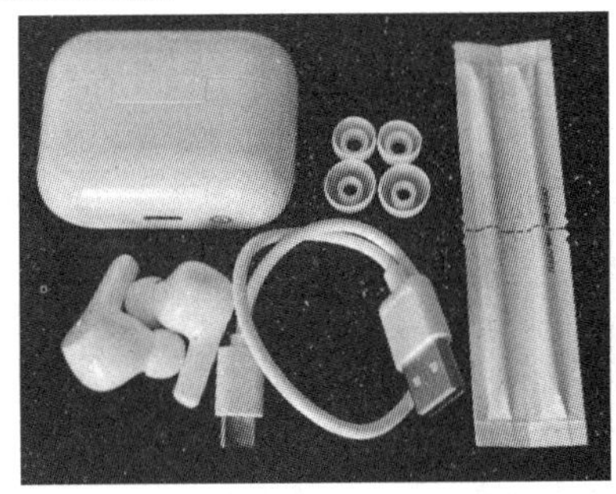

打开包装，上层是说明书、磨砂保护膜中的耳机充电盒、左右两只耳机主机。下面一层放了一根 USB Type-C 充电线、大号和小号的替换耳帽(中号已经安装在耳机上)还有两个清洁棉棒。充电线较短，长度约为 20cm，不能进行数据传输。

耳机主机采用入耳式设计，两处接缝略明显，外侧靠上处有一个降噪麦克风和一个隐藏在下方的白色提示灯，中央位置为触摸板区域，可以长按左右耳机切换上下曲、双击暂停、三击触发语音助手，比起实体按键控制，能让耳机一体感更强更美观，比起敲击控制，能够避免敲击时给用户带来的不适感。

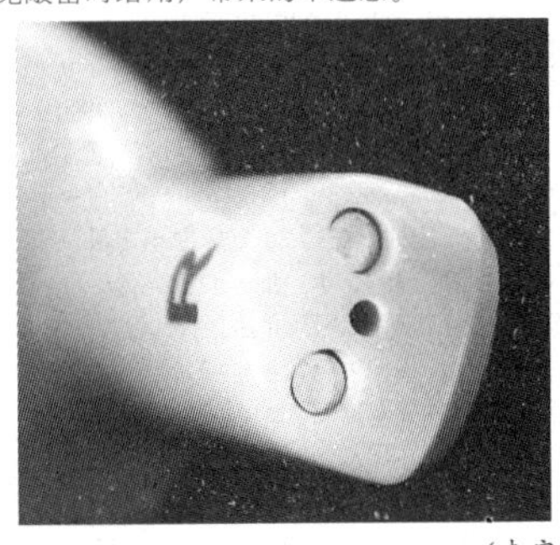

(未完待续)

智慧园艺远程管理系统(一)

摘要:物联网智能花盆通过手机App端与植物建立沟通渠道,采用温湿度、光照、PH值等功能传感器监测植物的生长状况,对采集到的数据经Arduino单片机搭建的智能平台融合处理后由Wi-Fi无线传输至用户手机端,使用户能及时了解植物的生长情况并适时采取养护措施。

关键词:物联网,Arduino,智能花盆,Wi-Fi。

1. 背景及意义

伴随着人们生活水平以及当今科学技术的急速发展,越来越多的人喜欢在家庭栽培一些绿植。可是当代生活节奏过快,导致绿植大多数都不能得到很好的补充水分和阳光照射,从而导致绿植的生活周期变短。如何利用现代电子技术设计一种可自动浇水的花盆成为当前都市人群所迫切需求的。

本项目基于此目的设计一种家庭绿植自动浇水系统,通过对土壤温湿度的检测来判断是否需要对绿植进行浇水,土壤湿度的阈值范围可以通过手动进行调节,且通过LCD显示屏显示阈值范围和当前土壤湿度。当土壤湿度低于设定的阈值时,启动水泵进行抽水浇水,当浇水后的阈值在设定的湿度范围内时,停止浇水。本设计可以分为主控模块、LCD显示模块、湿度检测模块、水泵模块。通过上述模块的组合设计出家居花盆自动浇水系统。

2. 国内外智能盆栽研究现状

智能盆栽的概念是由一名英国大学生Tulipe提出来的,旨在给植物与用户带来更多的交流,让用户了解植物的同时可以更好地照顾植物,从而使植物更加健康的生长。2013年国外智能盆栽"ClickandGrow"面世,它可以全自动照顾植物的"起居饮食"且基本不需要人的参与。

2014年美国设计团队推出Niwa智能盆栽,人们可以直接在家里种植自己喜欢的植物或蔬菜,它的灵感来自于大型的垂直农业系统无土栽培,Niwa是第一个利用智能手机控制植物生长状态的智能盆栽,同时兼具软硬件以及配备传感器、无土栽培技术、自动浇灌技术和手机app控制。2015年国内微芒科技设计出后花园(hogood)情侣智能盆栽,其硬件同Niwa更接近些,区别在于种植的作物是花,以及诠释的理念是彼此之间的爱。

2016年福建师范大学戴惠丽提出的一个基于Android移动式智能盆栽系统,其功能在于利用Android智能手机移动终端结合光照强度模块、温湿度模块和自动浇灌模块,完成植物温湿度等数据实时采集、分析处理及网络传输。同年,吉林农业大学信息技术学院提出的"基于RaspberryPi3的智能化盆栽管理设计",它能够帮助用户合理照顾盆栽,采集温湿度以及光照等数据,从而通过数据来实现自动浇灌功能。

2018年一名叫做TropoGarden的智能盆栽出现,它除了可以保证盆栽自由生长,同时还配备了走魅惑路线的LED灯光,并且更为重要的是可以确保每周都能长出一份有机蔬菜沙拉。近日,日本TAD公司推出了一款可行走的人工智能盆栽(BonsAI),这款盆栽的花盆部分搭载了AI系统,可以移动自如并且与人交流,还加入了摄像头、扬声器、太阳能电池、无线供电装置等先进的硬件,能监测土壤中的水分,并提醒用户加水,BonsAI会根据光照需求自动移动到光线充足的地方。

快社会化现象影响着人们的生活方式,过度、佛系、丧、烦、低情绪化等客观现象不断出现在日常生活中,以及智能家居和绿植花卉两个行业快速发展,智能盆栽作为智慧家庭的重要组成部分,也在不断地快速发展中。近年来,关于智能盆栽的研究大多在农业科学、工业技术、生物科学领域。

经了解,现阶段智能化盆栽的研究处于解决整体可控系统或者移动终端连接方面的问题,少有关于用户体验特征、体验方式的研究,智能盆栽的出现帮助用户更好地进行植物自我化管理,科技与技术快速发展,智能盆栽的研究一直在继续,且会朝着不同的方向发展。

3. 市场分析

(1) 针对自己的产品以及当今时代对于物联网设施的需求做了一个整体市场背景分析,得出两点结论,一是类似于家用智能浇花器的产品没有大规模研制,市场竞争力较小;二是我们所处的时代大背景已使人们有足够的能力去购买自己中意的商品。

1)国家政策大力扶持产业发展,物联网产业积累先发优势

国家密集出台了一系列物联网扶持政策,人工智能物联网产业得以快速发展,有望进一步助力数字新基建,赋能中国实体经济,创造巨大市场价值。中国在计算机视觉技术、语音识别等领域技术发展较为成熟,已形成独特优势,成功的商业化案例众多,使得人工智能公司具有全球竞争力,在部分领域能向全球市场输出相关技术及知识。伴随着政策支持力度的进一步加深,我国将推动新一代人工智能技术的产业化进程,助力实体经济转型升级,构筑我国人工智能产业发展的先发优势。

2)5G等新一代通信技术优势凸显,与人工智能物联网行业发展相辅相成

中国在通信标准上经历了从全面落后到突破反超的历程,在5G等通信技术的发展中扮演着愈发重要的角色。一方面,中国积极建设通信基础设施,人均移动基站数约达美国的5倍;另一方面,中国三大运营商与华为、中兴等企业参与了5G标准的制定,5G标准必要专利数量占比达到34%,处于全球领先地位。5G为AIoT进一步深入诸如家居、工业、城市建设等复杂的下游场景提供了网络基础,推动万物智联的实现。

3)庞大的数据规模奠定基础,人工智能物联网应用场景扩展潜力大

物联网人工智能行业的发展以海量数据作为基础,移动互联网时代的到来使得移动端数据的重要性日益凸显。在数据量方面,中国网民规模位列全球第一。庞大的网民数量代表了巨大的数据规模,也同时意味着国内企业将面对更为丰富的数据使用环境。海量数据为我国物联网人工智能技术的算法升级提供了基础支撑,也为物联网人工智能行业不断扩展更多维度的应用场景提供可能。

4)下游应用场景丰富,物联网人工智能市场空间广阔

随着国内产业互联网、产业智能化进程及"新基建"的步伐进一步深入,人工智能技术应用场景更加丰富,各行业对人工智能物联网产品需求旺盛,国内外市场空间广阔。中国在计算机视觉、人工智能物联网等领域的技术商业化程度比肩欧美,具有巨大的发展潜力。

在消费物联网领域,人工智能解决方案的需求主要集中在设备解锁、计算摄影等方面,物联网人工智能企业可通过与中国手机制造商密切合作,提供更符合市场需求的解决方案,日益扩大物联网人工智能解决方案在消费电子物联网领域的市场空间。

在城市物联网领域,人工智能技术对城市、园区场景的管理进行智能化升级,实现资源的有效调度,提高管理效率。此外,在供应链物联网领域,智能机器人未来几年的需求会大幅增加。劳动力成本较高的国家尤其对仓储、物流、供应链有更高的自动化需求,这将促进智慧物流和智能制造解决方案应用的进一步拓展。

4. 系统的设计思路

随着互联网的飞速发展,物联网应运而生。物联网体系结构分为三层,即感知层、网络层和应用层。智能花盆是基于Arduino的物联网产品,也存在这三层;它的感知层通过各个传感器完成信息的采集并传入主控芯片进行处理;网络层利用WIFI无线通信,将数据传输到云平台;在应用层的智能终端设备上显示所有的数据,并将这些数据与应用相结合,形成一个完整的体系,系统层次结构图。

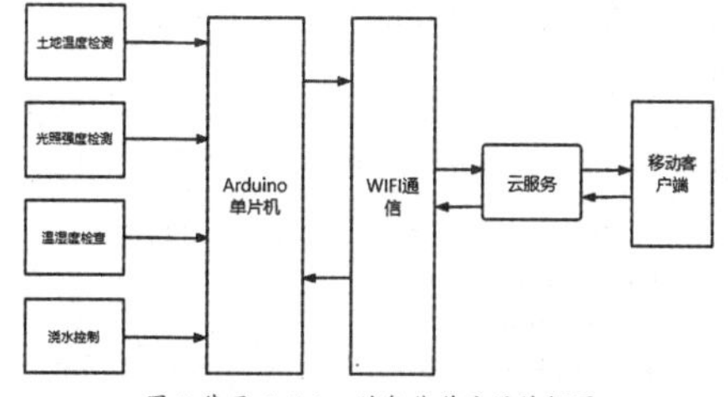

图1 基于Arduino的智能花盆设计框图

5.系统的具体实现

硬件系统的设计,主要以Arduino作为控制的核心,由检测装置、执行机构和监视系统一起构成。Arduino单片机可以读取DHT-11数字温湿度传感器、BH1750FVI数字环境光传感器,PH值传感器,并且还连接有水泵的继电器,可以自动根据温湿度、光照的数据来加水或者调节光照。通过定时装置可以定时转动花盆方向,避免因生长素分布不均造成植物长势不同的状况发生。

软件系统即为手机端的设计,主要基于Android平台开发

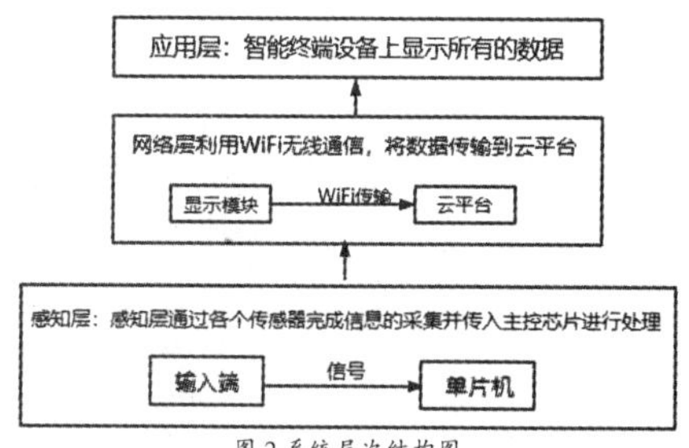

图2 系统层次结构图

应用App。用户在手机端App的主界面上通过点击的方式实现连接与控制,提供花草数据及控制智能花盆的各种功能,与花盆连接成功后可以获取植物现生长环境的各种数据。

第二章 硬件部分

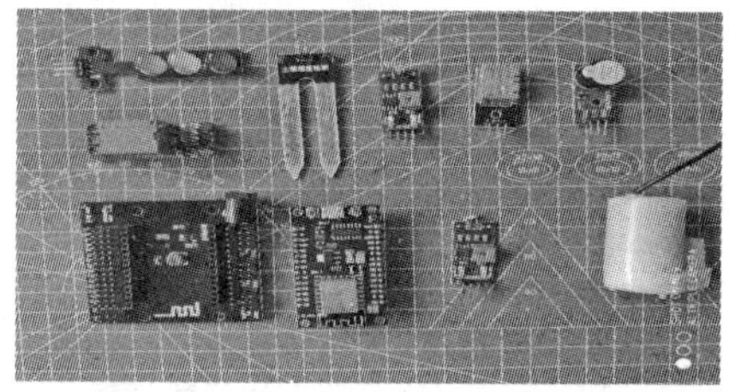

1. 系统结构

整个自动浇花设备结构可以分为7大部分:屏幕1602、DHT11温湿度模块、光照检测器、土壤湿度检测模块、Nodemcu主控板、继电器、蜂鸣器等。

屏幕1602:LCD1602是一种工业字符型液晶,能够同时显示16x02即32个字符。LCD1602液晶显示的原理是利用液晶的物理特性,通过电压对其显示区域进行控制,即可以显示出图形。

温湿度模块:温湿度采集部分使用DHT11数字温湿度传感器,DHT11数字温湿度传感器是一款含有已校准数字信号输出的温湿度复合传感器。它应用专用的数字模块采集技术和温湿度传感技术,确保产品具有极高的可靠性与卓越的长期稳定性。传感器包括一个电阻式感湿元件和一个NTC测温元件,并与一个高性能8位单片机相连接。因此该产品具有品质卓越、超快响应、抗干扰能力强、性价比极高等优点。单线制串行接口,使系统集成变得简易快捷。超小的体积、极低的功耗,信号传输距离可达20米以上。

土壤湿度采集模块:Arduino Moi sturel Sensor土壤湿度传感器,这个水分传感器可用于检测土壤的水分,当土壤缺水时,传感器输出值将减小,反之将增大,使用AD转换器读取它的值。

特点:本传感器体积小巧化设计,携带方便,安装操作及维护简单。结构设计合理,不锈钢探针保证使用寿命。外部以环氧树脂纯胶体封装,密封性好,可直接埋入土壤中使用,且不受腐蚀。土质影响较小,应用地区广泛。测量精度高,性能可靠,确保正常工作。响应速度快,数据传输效率高。

光照检测器:光敏传感器是利用光敏元件将光信号转换为电信号的传感器,它的敏感波长在可见光波长附近,包括红外线波长和紫外线波长。光传感器不只局限于对光的探测,它还可以作为探测元件组成其他传感器,对许多非电量进行检测,只要将这些非电量转换为光信号的变化即可。

继电器:是具有隔离功能的自动开关元件,广泛应用于遥控、遥测、通讯、自动控制、机电一体化及电力电子设备中,是最重要的控制元件之一。

(下转第610页)

◇四川科技职业学院 杨财源 李星毅 李彬宾 陈松桃 鲜文

智慧园艺远程管理系统(二)

(上接第609页)

继电器主要作用:

(1)扩大控制范围:多触点继电器控制信号达到某一定值时,可以按触点组的不同形式,同时换接、开断、接通多路电路。

(2)放大:灵敏性继电器、中间继电器等,用一个很微小的控制量,可以控制很大功率的电路。

(3)综合信号:当多个控制信号按规定的形式输入多绕组继电器时,经过比较综合,达到预定的控制效果。

(4)自动、遥控、监测:自动装置上的继电器与其他电器一起,可以组成程序控制线路,从而实现自动化运行。

Nodemcu主控板:NodeMCU是一款开源的物联网开发平台,其固件和开发板均开源,自带WIFI模块。基于该平台,用几行简单的Lua脚本就能开发物联网应用像Arduino一样操作硬件IO提供硬件的高级接口,可以将应用开发者从繁复的硬件配置、寄存器操作中解放出来。用交互式Lua脚本,像Arduino一样编写硬件代码,超低成本的WIFI模块用于快速原型的开发板,集成了售价低于10人民币WIFI芯片ESP8266,为您提供性价比最高的物联网应用开发平台。基于乐鑫ESP8266的NodeMCU开发板,具有GPIO、PWM、I2C、1-Wire、ADC等功能,结合NodeMCU固件为您的原型开发提供最快速的途径。

第三章 软件部分

1. app互动界面与实物图

2.软件设计

软件系统主要基于Android平台开发应用App。用户在手机端App控制花盆,与花盆连接成功后可以获取植物现生长环境的各数据。借助Arduino嵌入式平台的WIFI功能,智能花盆内置传感器采集到的温度、湿度、光照等各类数据,可以实时同步到手机App端,方便用户远程监控。用户可以通过手机App选中自己培育的植物。花盆会根据选中植物的品种通过传感器网络对植物进行实时监控。

传感器开始采集数据并发送至App端;App通过数据及时向用户反映植物情况,并远程控制花盆的移动、浇水等。如果存水装置中出现缺水状况,花盆会通过App或者蜂鸣报警提醒用户;App也会根据不同植物特性推送适合的肥料的品牌或其他用户的口碑品牌,用户可以自行挑选需要的肥料品牌。同时也会向用户推送植物的相关专业知识,和提供用户之间交流的平台,方便用户更好地照料植物。

3.程序设计:

```
//DHT11
#include <ESP8266WiFi.h>
#include <WiFiClient.h>
#include <dht11.h>
dht11 DHT11;
#define DHT11PIN D3
int date1;
int date2;
unsigned char i,j;
int buzzer=D5;
#include <Wire.h>
#include <DFRobot_ADS1115.h>
DFRobot_ADS1115 ads(&Wire);
#include <LiquidCrystal_I2C.h>
LiquidCrystal_I2C lcd(0x27,16,2);
#define TCP_SERVER_ADDR "bemfa.com"
#define TCP_SERVER_PORT "8344"
#define DEFAULT_STASSID "QSL"
#define DEFAULT_STAPSW "12345678"
String UID = "0465635453a7f2f3af535e9b426eecbc";
String TOPIC = "date2";
String TOPIC2 = "button1";
#define upDataTime 2*1000
#define MAX_PACKETSIZE 512
WiFiClient TCPclient;
String TcpClient_Buff = "";
unsigned int TcpClient_BuffIndex = 0;
unsigned long TcpClient_preTick = 0;
unsigned long preHeartTick = 0;
unsigned long preTCPStartTick = 0;
bool preTCPConnected = false;
void doWiFiTick();
void startSTA();
void doTCPClientTick();
void startTCPClient();
void sendtoTCPServer(String p);
void sendtoTCPServer(String p){
if (! TCPclient.connected())
{
Serial.println("Client is not readly");
return;
}
TCPclient.print(p);
Serial.println(":String");
Serial.println(p);
}
void startTCPClient(){
if (TCPclient.connect (TCP_SERVER_ADDR, atoi (TCP_SERVER_PORT))){
Serial.print("\nConnected to server:");
Serial.printf ("% s:% d\r\n",TCP_SERVER_ADDR,atoi (TCP_SERVER_PORT));
String tcpTemp="";
tcpTemp = "cmd=1&uid="+UID+"&topic="+TOPIC2+"\r\n";
sendtoTCPServer(tcpTemp);
preTCPConnected = true;
preHeartTick = millis();
TCPclient.setNoDelay(true);
}
else{
Serial.print("Failed connected to server:");
Serial.println(TCP_SERVER_ADDR);
TCPclient.stop();
preTCPConnected = false;
}
preTCPStartTick = millis();
}
void doTCPClientTick(){
if(WiFi.status() ! = WL_CONNECTED) return;
if (! TCPclient.connected()) {
if(preTCPConnected == true){
preTCPConnected = false;
preTCPStartTick = millis();
Serial.println();
Serial.println("TCP Client disconnected.");
TCPclient.stop();
}
else if(millis() - preTCPStartTick > 1*1000)
startTCPClient();
}
else
{
if (TCPclient.available()) {
char c =TCPclient.read();
TcpClient_Buff +=c;
TcpClient_BuffIndex++;
TcpClient_preTick = millis();
if(TcpClient_BuffIndex>=MAX_PACKETSIZE - 1){
TcpClient_BuffIndex = MAX_PACKETSIZE-2;
TcpClient_preTick = TcpClient_preTick - 200;
}
preHeartTick = millis();
}
if(millis() - preHeartTick >= upDataTime){
preHeartTick = millis();
int chk = DHT11.read(DHT11PIN);
int temperature = DHT11.temperature;
int humidity = DHT11.humidity;
int date1;
int date2;
int date3;
if (ads.checkADS1115())
{
int16_t adc0, adc1, adc2, adc3;
adc0 = ads.readVoltage(0);
Serial.print("A0:");
Serial.print(adc0);
date3=((adc0)/10);}
date1 = 100-((analogRead(A0)-24)/10);
//Serial.println(s);
if(date1<15){
// digitalWrite(D4,HIGH);
digitalWrite(D6,HIGH); feng();
// String upstr = "";
// upstr = "cmd=2&uid="+UID+"&topic="+TOPIC+"&msg =#" +temperature + "#" +humidity + "#" +date1 + "#" + date2+"#\r\n";
// sendtoTCPServer(upstr);
// upstr = "";
digitalWrite(D8,LOW);//delay(3000);
}else{
digitalWrite(D8,HIGH); digitalWrite(D6,LOW); //digitalWrite(D5,LOW);
//digitalWrite(D4,LOW);
}
lcd.setCursor(0,0);
lcd.print("T :");
lcd.setCursor(4, 0);
lcd.print(temperature);
lcd.setCursor(6, 0);
lcd.print("C");
lcd.setCursor(8,0);
lcd.print("H :"); lcd.setCursor(12,0);
lcd.print(humidity); lcd.setCursor(14,0);
lcd.print("%");
lcd.setCursor(0,1);
lcd.print("humi:");
if(date1<10){
lcd.setCursor(7, 1);
lcd.print(date1); lcd.setCursor(8,1);
lcd.print("%");lcd.setCursor(9,1);
lcd.print(" "); }
else{ lcd.setCursor(7, 1);
lcd.print(date1); lcd.setCursor(9,1);
lcd.print("%"); }
Serial.println (temperature);Serial.println (humidity);Serial.println(date1);Serial.println(date2);
String upstr = "";
upstr = "cmd=2&uid="+UID+"&topic="+TOPIC+"&msg =#" +temperature + "#" +humidity + "#" +date1 + "#" + date2+"#"+date3+"#\r\n";
sendtoTCPServer(upstr);
upstr = "";
}
}
if ((TcpClient_Buff.length () >= 1) && (millis () - TcpClient_preTick>=200))
{//data ready
TCPclient.flush();
Serial.println("Buff");
Serial.println(TcpClient_Buff);
if((TcpClient_Buff.indexOf("&msg=on") > 0)) {
digitalWrite(D4,HIGH);
}else if((TcpClient_Buff.indexOf("&msg=off") > 0)) {
digitalWrite(D4,LOW);
}
```

(下转第611页)

◇四川科技职业学院 杨财源 李星毅 李彬宾 陈松桃 鲜文

智能宠物项圈(一)

摘要:随着国民物质生活的提高,越来越多的人在家中养各种宠物,许多的人都把宠物当成自己家中的一名成员。"云吸猫"、"云撸狗"仿佛成为了一个网络热词。中国宠物市场整体向好,展现出很大的发展潜力。猫狗数量在2020年突破了1亿只,宠物数量的增加,相关产业得到快速发展,宠物商品、服务消费规模的不断扩大。随之而来的宠物在家、走丢时的安全问题却一直困扰各位"铲屎官"。本项目就想开发出一款可以完美解决这些问题的产品,所以智能宠物项圈便应运而生。

关键词:宠物;智能项圈;物联网;定位;预警;实时监控

1 项目概况

1.1 项目背景

随着国民物质生活的提高,越来越多的人在家中养各种宠物,许多的人都把宠物当成自己家中的一名成员。"云吸猫"、"云撸狗"仿佛成为了一个网络热词。中国宠物市场整体向好,展现出很大的发展潜力。猫狗数量在2020年突破了1亿只,宠物数量的增加,相关产业得到快速发展,宠物商品、服务消费规模的不断扩大。

1.2 项目市场

随之而来的宠物在家、走丢时的安全问题却一直困扰各位"铲屎官"。本项目就想开发出一款可以完美解决这些问题的产品,所以智能宠物项圈便应运而生。

1.3 项目的产品和服务

本项目研究的创新性在于解决对宠物安全行为预警的问题,让更多的宠物免受走失的风险。为此本项目设计一款集定位、预警、交互功能于一体的智能项圈。例如主人不在家时,项圈可以向家中的监控设备发送位置信息,实时监控跟踪爱宠的一举一动;在户外走丢后,会立刻向宠主发出警报,也会在手机中实时显示宠物的位置信息,方便宠主寻回爱宠。在项圈对应的"派特"APP同时上线实时监控和健康检测功能。

1.4 项目开展情况

已完成初代的设计,通过了技术论证,方案是可行的,获得投资便可开始生产样品,加以改进后推向市场。

2 市场分析

2.1 相关政策

2019年4月,农业农村部颁布了《宠物饲料管理办法》等6个规范性文件,成为了世界上为数不多的针对宠物食品制定专门法规的国家之一;按照《全国人民代表大会常务委员会关于全面禁止非法野生动物交易、革除滥食野生动物陋习、切实保障人民群众生命健康安全的决定》和《中华人民共和国畜牧法》有关规定,农业农村部组织起草了《国家畜禽遗传资源目录(征求意见稿)》,其中猫狗被认为已经特化为伴侣动物而未列其中。按照可食用的动物条件为:列入《国家畜禽遗传资源目录》、取得经营利用许可、完成检验检疫手续。可见,从政策走势上来看,未来很有可能猫狗会成为全国性的禁食动物;根据我国最新《动物防疫法》规定,已是违法行为。这说明宠物安全问题已得到社会关注,宠物市场已日渐繁荣;由此可见,宠物已得到国家和社会的认可,它们是家庭的一员。

2.2 目标客户需求

2.2.1 调研分析

本调查通过用户访谈、线下调研、第三方网络平台调查等方式,从性别、年龄层、地域、教育程度、职业特性等不同维度分析了其养宠态度、消费需求及消费习惯的现状与趋势。调查结果表明:

(1)女性略多于男性,年轻化催生"宠物+"业态。

养宠占比

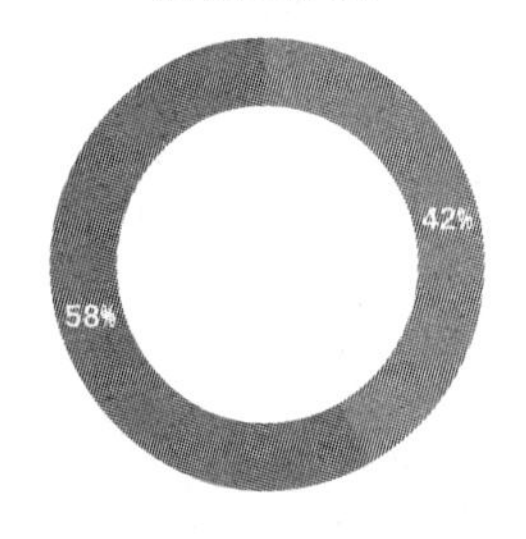

■男性 ■女性

女性养宠者占58.1%,男性则为41.9%。作为中流砥柱,女主人拥有更坚定的养宠态度和更强烈的消费愿望。

"单身"及"已婚无子女者"共占八成,宠物扮演着十分重要的陪伴角色。随着中国的晚婚、"不婚"及"难婚"趋势的加剧,这一比例或将进一步加大。

值得注意的是,中国养宠人群的年轻化特征十分显著,"80后"及"90后"一共占79.5%,新生代催生"网"感十足的宠物文化,辐射影视、游戏、文创等周边产业,基于萌宠的跨界合作,打造超级IP将大有可为。

(2)过半人把宠物当"孩子",养宠成为生活刚需

宠物不再是消遣玩物,而是生活伴侣。在"如何描述与宠物的关系"时,超过一半人选择"当做自己的孩子",超过三分之一的宠物主人将其"当做自己的亲人或者朋友"。周边消费比例上升,寄养、训练等服务市场潜力大。

消费占比

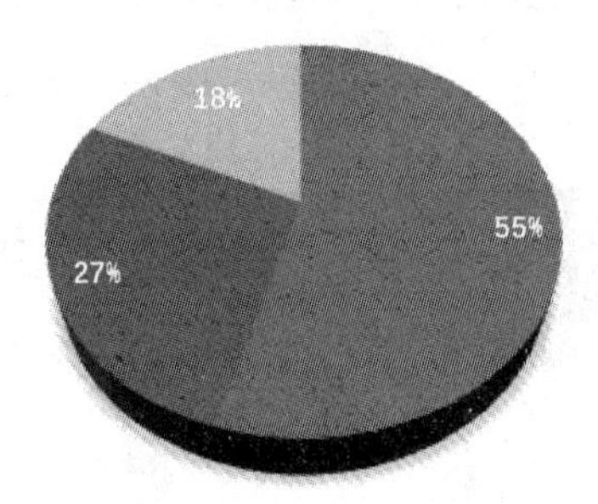

■101-500元 ■501-1000元 ■1000元以上

(下转第614页)

◇四川城市职业学院 黄科锋 彭奕 孔林浩

智慧园艺远程管理系统(三)

(上接第610页)

```
else if((TcpClient_Buff.indexOf("&msg=a") > 0)) {
digitalWrite(D7,HIGH);
}
else if((TcpClient_Buff.indexOf("&msg=b") > 0)) {
digitalWrite(D7,LOW);
}
else if((TcpClient_Buff.indexOf("&msg=c") > 0)) {
}
else if((TcpClient_Buff.indexOf("&msg=d") > 0)) {
}
else if((TcpClient_Buff.indexOf("&msg=e") > 0)) {
}
else if((TcpClient_Buff.indexOf("&msg=f") > 0)) {
}
TcpClient_Buff="";
TcpClient_BuffIndex = 0;
}
}
void startSTA(){
WiFi.disconnect();
WiFi.mode(WIFI_STA);
WiFi.begin(DEFAULT_STASSID, DEFAULT_STAPSW);
}
/*******************************
WIFI
********************************/
/*
WiFiTick
检查是否需要初始化 WiFi
检查 WiFi 是否连接上,若连接成功启动 TCP Client
控制指示灯
*/
void doWiFiTick(){
static bool startSTAFlag = false;
static bool taskStarted = false;
static uint32_t lastWiFiCheckTick = 0;
if (! startSTAFlag) {
startSTAFlag = true;
startSTA();
Serial.printf("Heap size:%d\r\n", ESP.getFreeHeap());
}
if ( WiFi.status() ! = WL_CONNECTED ) {
if (millis() - lastWiFiCheckTick > 1000) {
lastWiFiCheckTick = millis();
}
}
else {
if (taskStarted == false) {
taskStarted = true;
Serial.print("\r\nGet IP Address: ");
Serial.println(WiFi.localIP());
startTCPClient();
}
}
}
void setup() {
Serial.begin(115200);
//初始化引脚为输出
pinMode (D4,OUTPUT); pinMode (D6,OUTPUT); pinMode(D7,OUTPUT); pinMode(D8,OUTPUT);
pinMode(A0,INPUT);
pinMode(D5,OUTPUT);
digitalWrite(D5,HIGH);
lcd.init(); // initialize the lcd
lcd.backlight();
lcd.begin(16,2);
ads.setAddr_ADS1115 (ADS1115_IIC_ADDRESS0); // 0x48
ads.setGain(eGAIN_TWOTHIRDS); // 2/3x gain
ads.setMode(eMODE_SINGLE); // single-shot mode
ads.setRate(eRATE_128); // 128SPS (default)
ads.setOSMode (eOSMODE_SINGLE); // Set to start a single-conversion
ads.init();
}
void loop() {
doWiFiTick();
doTCPClientTick();
/* */
//
}
void feng()
{ for(i=0;i<100;i++)
{
digitalWrite(buzzer,HIGH);
delay(1);
digitalWrite(buzzer,LOW);
delay(1);
}
for(i=0;i<100;i++)
{
digitalWrite(buzzer,HIGH);
delay(2);
digitalWrite(buzzer,LOW);
delay(2);
}
}
```

4 总结与展望

虽然智能花盆已经存在一段时间了,但还是有可以完善的地方。同时增加了上位机软件的远程控制。更大程度的方便用户使用。因为需要远程控制,就需要借助服务器,本文选择云平台作为服务器,采用MOTT协议将服务器与WIFI设备数据进行开发。

经过科学的照顾,给植物一个较好的环境,对于主人而言不但不增加工作量,反而节省工作量,是智能花盆存在的意义。但有一些技术还是较难实现。如果不租用服务器而是自己搭建服务器就比较困难,但要远程控制就必须需要服务器,希望以后应用云平台可以实现基于Arduino的物联网智能花盆设计。

(全文完)

◇四川科技职业学院 杨财源 李星毅 李彬宾 陈松桃 鲜文

硬禾学堂
专栏

Arduino与超声波模块的妙用

——测距显示和倒车雷达的小项目应用

超声波，是频率高于人类听觉上限的声波。超声波在物理特性上与"正常"(可听)声音没有区别，但人类无法听到因而起名为"超声波"。一般情况下，人耳朵能听到频率范围约在20到2万赫兹之间，而超声波设备的工作频率范围则为2万赫兹至数千兆赫。超声波的应用已经用于许多不同的领域。超声波设备用于检测物体和测量距离、超声成像或超声检查等，在产品和结构的无损检测中，超声波用于检测不可见的缺陷。在工业上，超声波用于清洁、混合和加速化学过程。而在自然界中，也有蝙蝠和鼠海豚等动物使用超声波来定位猎物和障碍物。所以超声波其实在我们的生活中是无处不在的。

这期文章介绍的就是用一个非常常用的超声波测距模块HC-SR04来搭建两个简单有趣的小项目：测距显示和倒车雷达。首先来介绍一些干货：HC-SR04这款经济型传感器可以提供2cm至400cm的非接触式测量功能，测距精度可达3mm。每个HC-SR04模块包括一个超声波发射器、一个接收器和一个控制电路。在HC-SR04上也只有四个引脚：VCC(电源)、Trig(触发)、Echo(接收)和GND(接地)。而关于模块与Arduino的连接则是：模块的地和VCC引脚需要分别连接到地和Arduino板上的5伏引脚，触发和回声引脚需要连接到Arduino板上的任何数字I/O引脚。可以说是一个简单易上手的小模块。

测距显示项目

需要一个Arduino，一个超声波模块，一个OLED显示模块，再来几根跳线。Arduino可以用任意一款，我们展示的是用的Arduino UNO。而关于这个超声波传感器的测距原理，其实是它发射40 000 Hz的超声波，在空气中传播，如果其路径上有物体或障碍物，它将反弹回模块。再结合传播时间和声速，就可以计算出距离。如图1所示。

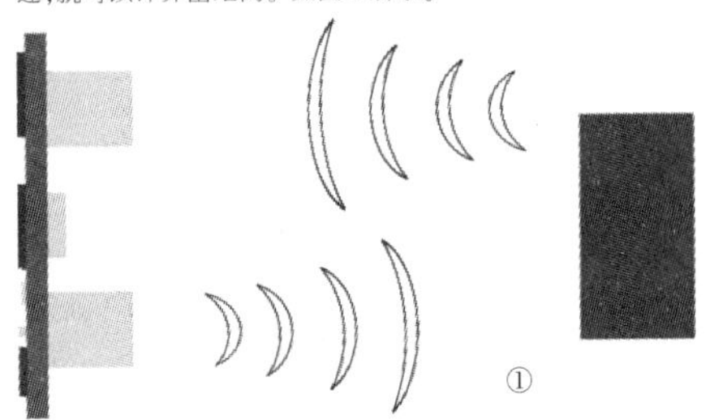

①

而为了产生超声波，需要将Trig设置为高状态10 μs。这将发出一个8周期的声波脉冲，它以声音的速度传播，并在Echo引脚中接收。Echo引脚将输出声波传播的时间(以微秒为单位)。如图2所示。

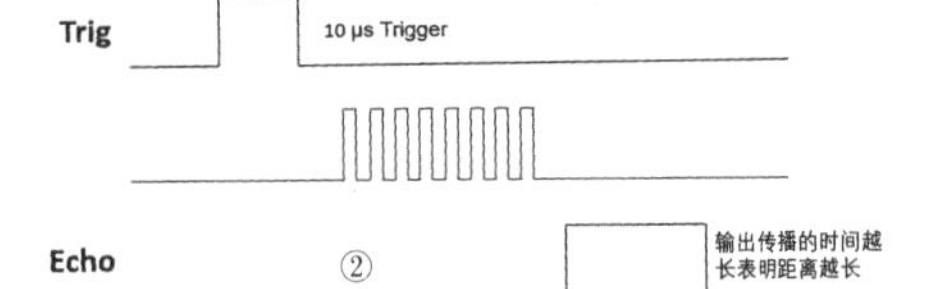

②

例如，如果物体距离传感器10 cm，并且声速为340 m/s或0.034 cm/μs，则声波将需要传播大约294 u秒。但是你从Echo引脚得到的将是这个数字的两倍，因为声波需要向前传播并向后反弹。因此，为了获得以厘米为单位的距离，我们需要将从回波引脚接收到的旅行时间值乘以0.034，然后再除以2。

好了，说了那么多理论，我们来实际实验一下。搭建电路的连接有很多种，小伙伴可以自己用喜欢的方式，我们用面包板的来搭建，这样可以更清楚的给大家做展示，搭建的参考如图3所示。如果你的Arduino是用USB数据线连接电脑供电就不需要额外的MEGO电源。

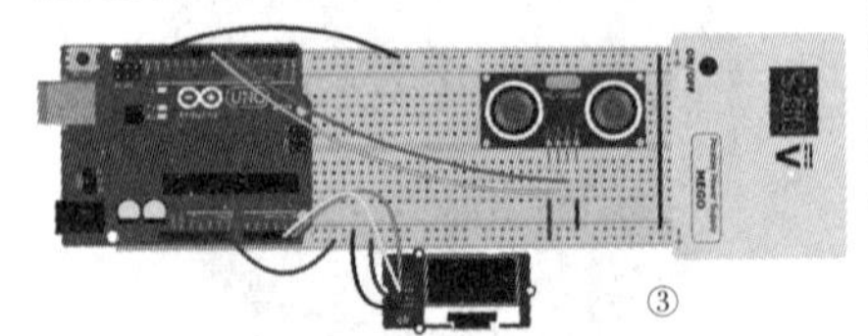

③

如果有小伙伴用的是Arduino Nano的话也可以参考下图的搭建，要注意的是模块的连接口和代码要匹配。如果用面包板链接，等程序烧好写进Arduino里，用MEGO供电的话就不用带着数据线到处跑了。

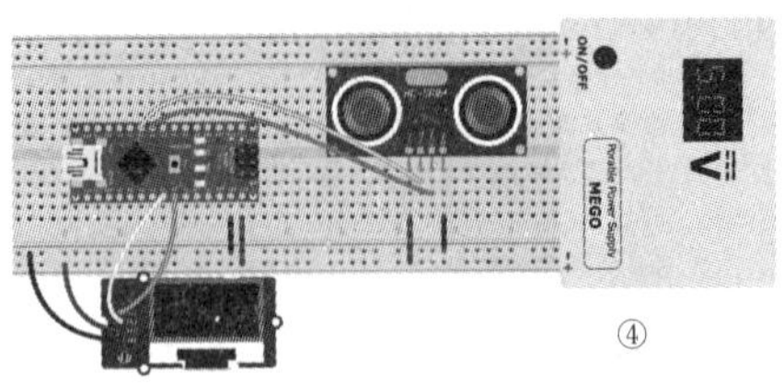

④

对于代码的部分，首先要注意的是加入驱动OLED屏幕的库，因为我们用的是Adafruit的SSD1306 OLED屏，所以要添加相对应的库，还有就是I/O的分配要和实际的连接一致(我们用的是7、8接口)

```
#include <SPI.h>
#include <Wire.h>
#include <Adafruit_GFX.h>
#include <Adafruit_SSD1306.h>
//这些包含的库是为了驱动OLED屏幕，我们用的是SSD1306 所以需要在这里要添加相对应的.h库

#define OLED_MOSI   9
#define OLED_CLK   10
#define OLED_DC    11
#define OLED_CS    12
#define OLED_RESET 13
Adafruit_SSD1306 display(OLED_MOSI, OLED_CLK, OLED_DC, OLED_RESET, OLED_CS);

#define CommonSenseMetricSystem
//这个部分是添加距离测量单位，即可转化收到的信号到距离显示

#define trigPin 8
#define echoPin 7

long threhold = 15;
long cnt=0, t=0;

void setup() {
  Serial.begin (9600);
  pinMode(trigPin, OUTPUT);
  pinMode(echoPin, INPUT);
  display.begin(SSD1306_SWITCHCAPVCC, 0x3C);
  display.clearDisplay();

}
```

其中包含了超声波输入输出的定义，转换成距离计量单位的过程，OLED显示的设定等等，总的来说还是相对简单的。

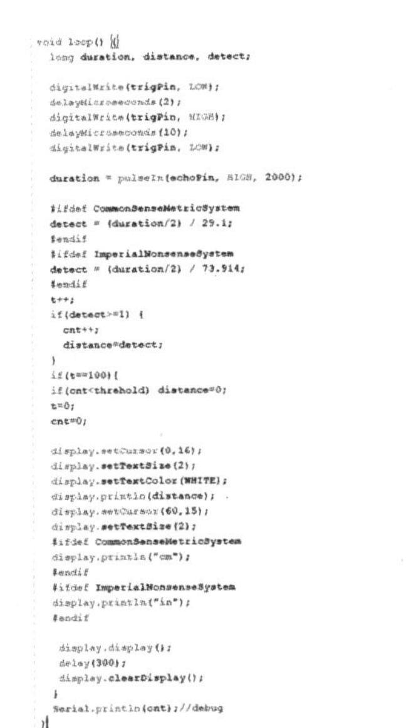

```
void loop() {
  long duration, distance, detect;

  digitalWrite(trigPin, LOW);
  delayMicroseconds(2);
  digitalWrite(trigPin, HIGH);
  delayMicroseconds(10);
  digitalWrite(trigPin, LOW);

  duration = pulseIn(echoPin, HIGH, 2000);

  #ifdef CommonSenseMetricSystem
  detect = (duration/2) / 29.1;
  #endif
  #ifdef ImperialNonsenseSystem
  detect = (duration/2) / 73.914;
  #endif
  t++;
  if(detect>=1) {
    cnt++;
    distance=detect;
  }
  if(t==100){
  if(cnt<threhold) distance=0;
  t=0;
  cnt=0;

  display.setCursor(0,16);
  display.setTextSize(2);
  display.setTextColor(WHITE);
  display.println(distance);
  display.setCursor(60,15);
  display.setTextSize(2);
  #ifdef CommonSenseMetricSystem
  display.println("cm");
  #endif
  #ifdef ImperialNonsenseSystem
  display.println("in");
  #endif

   display.display();
   delay(300);
   display.clearDisplay();
  }
  Serial.println(cnt);//debug
}
```

接下来看一下整体效果。屏幕稍微有点儿小，可以换一个更大OLED显示。

雷达倒车项目

用超声波传感器和Arduino还能对"距离感"玩出别的花样吗？

"耳"熟能详的倒车报警系统其实也是能用超声波传感器来完成的，需要的器件就更简单了：一个Arduino，一个超声波传感器，一个蜂鸣器还有几根跳线就可以。线路的连接如图5所示。

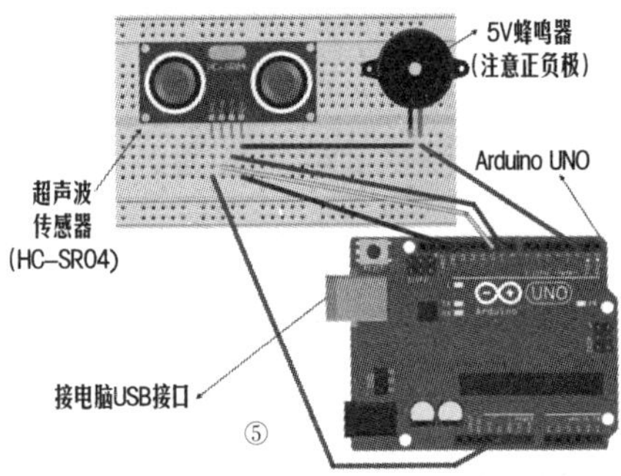

⑤

代码如下图。其实超声波传感器在两个项目中都扮演着收集输入信号的作用，收集回来的信号在Arduino里做分析，再通过分析出来的结果进行下一阶段的处理。在这个小项目里，我们设计的思路就是当测到的距离越大时，发送蜂鸣器的信号频率就越小，反之亦然就能达到我们想要的倒车雷达的效果了。

```
#define trigPin 10
#define echoPin 9
#define buzzer 2

long duration;
float distanceCM;
int timer;

void setup(){
  pinMode(trigPin, OUTPUT);
  pinMode(echoPin, INPUT);
  pinMode(buzzer, OUTPUT);
}


void loop(){
  digitalWrite(trigPin, LOW);
  delayMicroseconds(2);
  digitalWrite(trigPin,HIGH);
  delayMicroseconds(10);
  digitalWrite(trigPin, LOW);

  duration = pulseIn(echoPin, HIGH);
  distanceCM = duration/58.2;

  // Displays the distance on the Serial Monitor
  Serial.print("Distance: ");
  Serial.print(distanceCM);
  Serial.println(" cm");

  digitalWrite(buzzer,HIGH);
  delay(50);
  digitalWrite(buzzer, LOW);

  timer = distanceCM *10;

  delay(timer);
}
```

总结来说，这两个小项目都是用超声波传感器做的不同延伸，都是利用它产生超声波再接收到反射回来的信号作为输入再通过微型计算机分析输入的信号产生我们想要的结果，当然它还能做更多更有趣的项目。

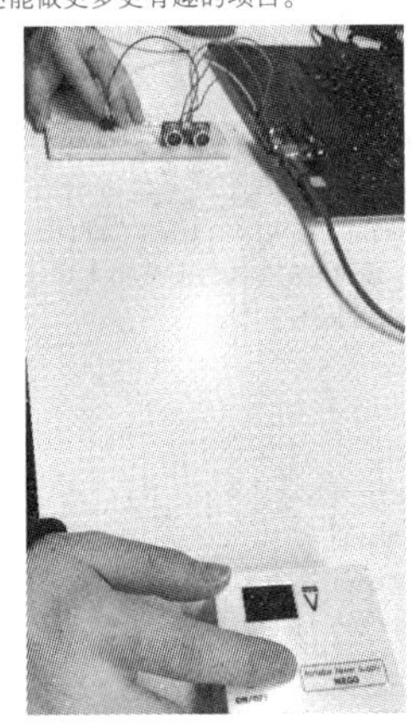

缺 MSXML6.0 组件无法安装 Office 2010 的处理方法

在安装 Office 2010 的时候,偶而会遇到因为系统缺少 MSXML6.0 (MSXML 的全名是"MicrosoftXML-CoreServices",是微软的 xml 语言解析器,用来解释 xml 语言的,通俗的讲 msxml 主要是用来执行或开发经由 XML 所设计的新应用程序)组件,导致无法安装 Office 2010 的情况(如图 1 所示),如果碰到这种情况可用以下"四步方法"来解决处理。

一、安装 MSXML6.0

下载 MSXML6.0,从网上可以很方便地下载 MSXML6.0,MSXML 都是免费软件。下载后主要安装

msxml6_x64 和 msxml6_x86 (如图 2 所示),安装 MSXML 软件后,尝试安装 office2010,如果不能成功,进行第二步。

二、"运行"中设置

用"Win+R"键(或者"开始"-"运行")调出运行对话框,在运行对话框里输入"regsvr32 /u msxml6.dll"(如图 3 所示),单击确定;同理,再次调出运行对话框,输入"regsvr32 msxml6.dll",单击确定。再次尝试安装 office2010,如果不能成功,进行第三步。

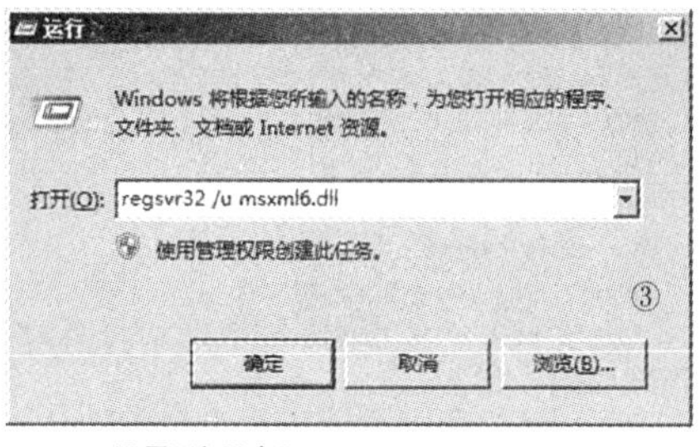

三、设置"注册表"

打开运行对话框,输入"regedit"命令,单击确定,进入注册表编辑器。

打开注册表后,依次打开路径,一直找到:HKEY_CLASSES_ROOT—TypeLib—{F5078F18-C551-11D3-89B9-0000F81FE221}—6.0—win32。点击鼠标右键,在弹出的选项菜单中选择【权限】(如图 4 所示)。

打开 win32 权限窗口,点击组或用户名中的【user】将其权限设置为完全控制,在 Users 权限中找到完全控制,在后面允许打钩,完成后点击应用,再点击确定(如图 5 所示)。

点击左侧的 win32 选项,在右侧界面中双击【默认】,弹出【编辑字符串】对话框(如图 6 所示),将数值数据%SystemRoot%\System32\msxml6.dll 更改为 C:\Windows\System32\msxml6.dll,修改完成后点击【确定】。再来安装 Office2010,输入正确的密钥就可以顺利安装,即可看到正常的安装界面了。如果找不到{F5078F18-C551-11D3-89B9-0000F81FE221},进行第四步。

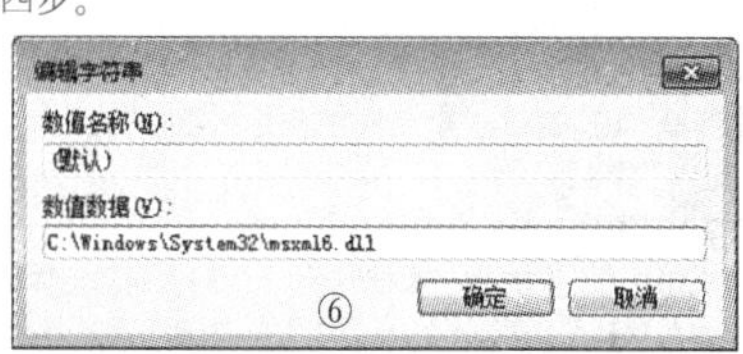

四、修改"注册表"

如果在 HKEY_CLASSES_ROOT—TypeLib 下没有{F5078F18-C551-11D3-89B9-0000F81FE221}—6.0—win32。就需在 TypeLib 下依次新建{F5078F18-C551-11D3-89B9-0000F81FE221}、6.0 等项(如图 7 示)。然后再在 6.0 下面新建两个项分别是 0 和 FLAGS,在 0 下新建 win32。把 FLAGS 右边的值设为0,win32 的值依然设为 C:\Windows\System32\msxml6.dll。这时候再安装 Office2010 即可成功安装了,就能看到正常的安装界面了。

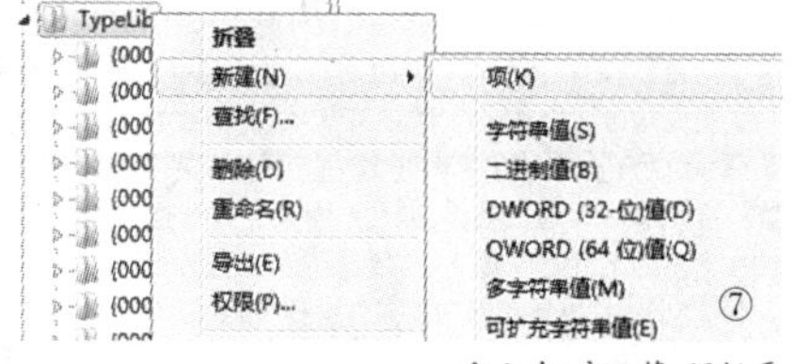

◇山东 房玉锋 闫振霞

康普特KPT-968G寻星仪无法寻星故障维修一例

接修一台康普特KPT-968G寻星仪,机主描述的故障现象是无法实现寻星功能,接手后检查发现是机器只能工作在AV状态下,切换到TV(即寻星状态)状态后黑屏。考虑到三位数码管有对应的显示,怀疑机器已经在TV状态下,只是视频通道出现问题导致黑屏。

为找出故障部位,笔者根据实物绘制出相关原理图(如图1所示),从图中可知来自电池的供电经U5(AX5201)、L1和D4组成的升压电路升压后,在C83两端形成约18V电压供接收水平信号(或左旋信号)使用,同时再经D5至D7三支二极管降压后形成约15V电压供接收垂直信号(或右旋信号)使用,同时15V供电还经R15送到以Q10为核心的视频放大电路,考虑到该机无视频可能是视频通道有问题,用电压表测Q10集电极果然无电压,进一步检查发现D7开路导致整机无15V供电(如图2所示),由于D7(D15)二极管本身电压降在1.5V左右,于是找来两支IN4007串联接入,再次通电试机发现故障排除,机器顺利修复。

◇安徽 陈晓军

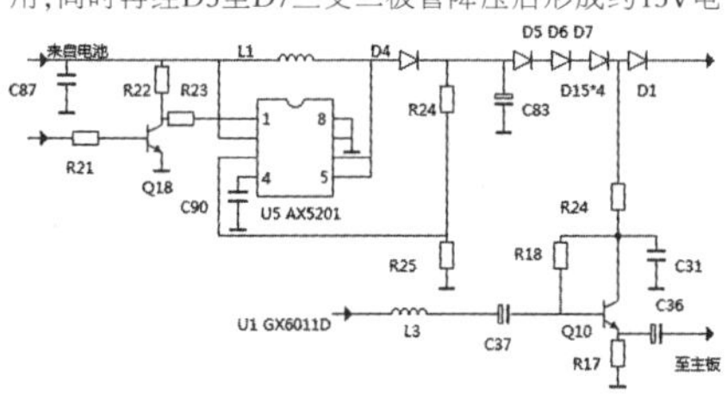

维修艾美特 12 吋台扇时所想到的

次子的一款艾美特 300mm (12 吋) 台扇,型号是 S314AT2,功率为 42W,在 10 年前花了 320 元钱,拿当时的情况来讲,应该说是一款性价比不错的台扇。但在去年盛夏之初,他拿出来使用时发现转速明显减慢,于是又买了一台日产 Sezze 功率是 20W 的遥控电扇,而将它搁在一旁。待笔者知晓后,即嘱咐他将艾美特电扇带回浒浦来维修。在维修电扇之前,笔者先将它接上电源,合上开关并仔细观察了电扇的运行情况后,发现转速异乎寻常地减慢。

为了能精准地找出原委,以便能单刀直入、马到成功地进行维修,笔者细细地回忆着"电工学"中单相电扇旋转的原理:电风扇的转动是由旋转磁场而来的,旋转磁场是有相位差的电源而来,而相位差的电源那就靠电容的作用了。在一般的电扇中,有两个互相垂直的磁极绕组,有一组串入电容(即副线圈和电容串联),使电流落后 90°,这样两组定子线圈的合成,就使磁场的方向发生旋转,带动转子转动。也就是说电容起到了移相的作用,让相位出现一个偏离,这样相当于获得了二相电(即假二相),因相位不同就可以将转子启动起来。若电容数值大大下降,则就会严重地影响旋转磁场的转速。

当笔者打开机头,用电烙铁将电容器的两根导线的焊接头烫开后,用数字万用表电容档(20μF)测量,发现铭牌上标注容量是 1.2μF 的电容器实际电容只有 0.25μF,仅是标准量的五分之一,电容器的数值大大减小,则使假二相的旋转磁场强度严重不足,而导致电机转速明显变慢。原因分析清楚了,随即笔者花了 5 元钱买了一只新的 1.2μF 的电容器(实测电容是 1.21μF)接上后,又在摇动装置的齿轮和蜗轮之间涂上了牛油,并在电机转轴和轴瓦之间,边用手转动转轴,边用针筒注入缝纫机油(该油是中性油,作润滑油极佳),并把转轴在竖直方向正反倒置 1~2 次,且不断用手转动转轴,意在使转轴两端与轴瓦之间在短时间内就有润滑油通体渗入,以便能及时起到良好的润滑作用。随即接上电源,分别按上控制转速的强、中、弱三个按钮,电扇均能旋转连连,稳转如前,看在眼里,喜在心间。

在这里一个重要的提示:用久了的落地扇、台扇转速的减慢,一般来讲无非是电容器数值变小、牛油老化干涸、电机转轴和轴瓦间缺少润滑油润滑的缘故,只要换上数值相同的新电容器及再用上新牛油和润滑油使传动机构能运转自如,那么一个电扇"复健"如初的新局面,就会给维修者带来欣慰的微笑!

◇浒浦高级中学 徐振新

智能宠物项圈(二)

(上接第611页)

养宠人群的消费意愿十分强烈，消费行为更加常化。99.8%的被调查者为爱宠掏腰包，约一半人月开销在101——500元之间，四分之一人群花费在501——1000元之间，月消费1000元以上的人群达到16.4%。

随着养宠观念的进步，在必需品之外的周边消费逐年上升。食物购买仍占绝对大头，达到94.5%。其次为药品和保健品，以及日用品、玩具、服饰等，占比均接近60%。

与美国、日本等成熟市场相比，寄养、训练等专业服务占比很低。外出时，四成人"委托亲朋照顾"，三成人"一起带走"，委托寄养还不到20%，这一细分领域值得挖掘。在训练方面，99%的宠物处于自主训练或放任生长的状态，但近一半人希望爱宠能得到专业训练，小需求带来大市场。

改革开放三十多年来，我国经济飞速发展，出现许多新兴经济体，近年来出现了宠物经济，并形成了一个新兴产业。

中国宠物用品门户指出，近年来宠物数量激增，这是由我国社会的多方面因素共同造成的：

(1)我国多年来坚持实行的计划生育政策，使我国居民家庭结构呈"421"的倒金字塔结构，家庭人员数量急剧减少，宠物成了孩子的玩伴，等孩子长大成家后，家里会显得极度冷清，宠物便成了父母的精神寄托；

(2)我国人口老龄化现象突出，老人数量剧增，而其子女们的工作生活压力巨大，无法经常抽出时间陪他们，宠物就成了老人们的陪伴；

(3)宠物用品的平民化，前几年价值上万元的宠物已经回落至几千元乃至几百元的平民价格，宠物用品价格的下滑是宠物数量激增的主要因素。为了抢占我国宠物经济的巨大商机，众多国际知名宠物用品厂商纷纷进入我国市场。

目前智能穿戴的用户大多为喜欢追求新奇事物、偏爱科技的年轻人，以80、90后为主，年龄分布在18-40岁，其中80后占38%，90后占36%，00后占10%。而这些消费人群大多分布在北京、广东、浙江等发达城市。

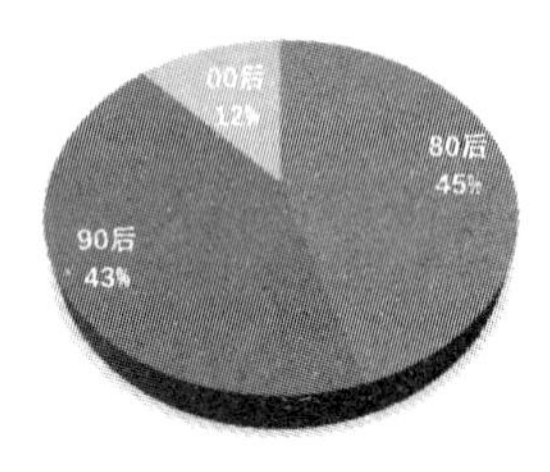

所以现在的宠物数量就能看出宠物项圈产品拥有广阔的市场，需求量也随之加大，可以得到大多数人们的认可，新型社交也能更快被接受。本项目的客户主体应为养宠物的年轻人，他们有较强的经济基础，对于新事物的接受积极，发展前景十分广阔。这给与了"派特"智能宠物项圈广阔的消费市场，前势一片利好。

2.3 竞争对手基本情况

根据本项目的调研，发现目前市面上的大多数宠物项圈产品大多数都是止吠器、蓝牙定位产品，功能并不全面，但也开辟了不少的市场份额，很少有可以实现组网技术的产品，无法断开蓝牙也能实现追踪定位的能力。

3 产品与技术

3.1 产品(含服务)创新点：

本项目的产品为智能宠物项圈"派特"，其中最基础的功能便是定位技术和蓝牙功能，在本项目的产品中采用了GPS定位技术，能在二维平面中显示出宠物的定位点，基于这个功能加入了电子围栏技术，在项圈离开主人一定范围后，会在连接的手机上发出警告，避免爱宠丢失，得益于新一代蓝牙技术的发展，低能耗、大范围的蓝牙4.0技术出现，让这个项圈成为了现实。

通过项圈向摄像头发送信号，让摄像头实时跟踪宠物在家中的位置，后期还可以让项圈和无人机等联网，随时随地拍摄爱宠与自己的美好时光。由于宠物经常会饮水以及晒太阳，防水以及防静电也是不可或缺的，每一个项圈的吊牌上都会有一个唯一的二维码，通过扫描这个二维码，宠主还可以在自己的手机上设置一些信息，陌生人扫到之后可以获得这些信息，这样就可以及时联系宠主，在项圈没电后，也能寻回自己的爱宠。

在项圈中本项目开创性的加入了许多检测设备，例如生命体征检测、脉搏计数，同时项圈每隔一段时间都会向手机中的APP发送实时数据，通过这些数据，即使宠主远在异地也随时可以了解到宠物的情况。

后期上线了宠物社区后，可以注册宠物账号，宠物主人可以互相交流养宠心得，有意愿还可选择公开一些宠物信息，双向选择，帮助宠物择偶。

3.2 研发情况与计划

本项目会把产品分为多代产品。

2021-2022年：主要开发定位技术与蓝牙功能。

2022-2023年：发布初代产品，并根据消费者反馈进一步完善产品，上线"派特"小程序。

2023-2025年：逐步发布功能多样化的产品，并上线"派特"APP。

2025年之后：根据实际情况选择发展路线。

3.3 生产情况与计划

2021年：制作出第一代验证项圈。

2022年：向少量养宠物的家庭免费发放产品，获得反馈后继续改进。

2023-2025年：开始全面推广产品，完善"派特"APP的功能。

2025年之后：在"派特"APP中加入商城功能，邀请商家入驻，获得更多盈利。

4 市场营销

4.1 营销方式

网络直销：电子销售与物流产业链相结合。基础上线——智能项圈可在各大购物网站及电子产品商店、宠物用品商店上线。"派特"APP可以在各大下载市场、应用商店、大平台、下载站上线。

网络推广：通过微博微信等公众平台宣传宠物项圈及APP，根据实际推广需求，进行出价的调整。通过社区论坛及贴吧，交流智能项圈使用心得，发布净智能项圈的各类信息，举办各类活动，从而提升用户粘性！例如，在智能项圈及APP上线初期，通过加大投入，抢占更多曝光，在短期内完成用户积累。或者当应用内有一些新的体验时，加大一些投入，快速吸引新老用户，提升应用活跃。

口碑营销：以优质的服务态度，低廉的价格，吸引人们的注意力，由点及面的逐渐扩大其在人们心里的影响力。

4.2 销售方式

1) 直接销售：由于客户相对集中，数量不多，且该行业的技术要求相对较高，技术的指导与服务，在产品的销售环节中，占很大的比重。因此比较适合建立自己的直销队伍。本项目将首先选择已经建立起来的销售渠道，这些销售渠道相对来说人员专业性强、队伍稳定、热情高。主要以一支既懂专业技术又懂营销技巧的高素质推销队伍。销售队伍人员应经常与宠物食品商、药品商进行交流，与其建立良好的合作关系，了解用户对宠物店及产品的要求，促进产品的完善。

2) 网络销售：在各大电商平台，短视频平台建设官方的旗舰店，从源头吸引客户。

3) 预定服务：预订服务的优势在于可以准确把握即时即刻的供求关系，节省商业中间环节上费用，降低库存的风险，建立更长久稳固的合作关系。我们将在直销队伍的执行能力上(包括内部的队伍调整、资源供给等等)及大客户的选择方面严格引导，为执行未来的全面直销战略打下坚实基础。

4) 争取得到特许经销商、代理销售的权力：逐步建立起一套比较实用的管理机制，着眼点放在对代理销售体系的建设规划整合上，逐步确立一套以客户为中心，以服务为核心的渠道运作架构。

5 风险防控

5.1 市场风险

(1)供应商提供风险：由于本项目的项目处在下游，需要上中游的供应商提供宠物项圈所需物件等配套资源。所以，上中游资源供应商的信誉度和诚信度将直接影响本项目产品的生产规模和生产周期，间接影响本项目的销量。

(2)材料风险：由于项圈为新型材料制作，其原材料的生长生产供应受到产能影响较大，且原材料生长周期较长，农业产生原材料供应不足，数量差错或者质量不均等风险事件。

5.2 管理风险

设备面向的群体较为广泛，数据的管理是一个难题。

5.3 财务风险

(1)成本控制风险汇率风险和成本上升。由于有些产品是从国外进口的，所以人民币汇率变动会给成本预算带来影响。产品上升，成本上升。市场开拓不力，没有很好的打开市场，促使价格增加，成本价格上升。成本控制风险包括成本控制意识淡薄产生的风险和过分关注短期成本目标产生的两方面风险。

(2)成本控制意识淡薄产生的风险。成本控制意识淡薄的原因一般有成本控制的重要性重视不够、对可能产生的风险也没有一个足够的认知、成本开支随意三个方面。当有成本控制的重要性重视不够时，可能就会造成资金链短缺、无现金流等状况；在现金流出现状况的时候，如果没有对风险控制产生一个足够的认知时，可能还会产生一系列的后续影响；成本开支随意也会造成成本控制风险。

(3)过分关注短期成本目标产生的风险。过度关注短期成本目标时也会出现成本控制风险，成本控制包括固定成本和变动成本，在做成本预估时不能只拘泥与眼前的成本和预算，一定要有长期的眼光，不然就会埋下一定的隐患。如果出现突发情况时，成本控制不到位就会造成无法及时对突发状况进行应急操作和救急处理。

5.4 政策风险

1)利率浮动，融资成本提高

2)时事经济变化和机遇预知难度大 （全文完）

◇四川城市职业学院 黄科锋 彭奕 孔林浩

智能鱼缸(一)

摘要：智能鱼缸能够给予家庭养鱼便利，在可行性、便利性、操作性等方面有巨大的优势。本项目设计是在以往的人工养鱼的基础上加入了传感器技术、物联网技术、人工智能技术，让鱼缸能够智能化，人们可以在手机、电脑等终端实时查看鱼缸内的各项指标，并且在操作方面也比以往人工养鱼更为方便。

关键词：物联网；嵌入式；单片机；温度传感器；水泵

引言

随着人们生活水平的不断提高，家居环境和休闲娱乐场所都安装各种各样的鱼缸，而保持一个适宜水族生活的环境是一件非常耗费精力的工作。针对水族生活环境的净化和改善的设备有很多，目前市场上常用的鱼缸控制系统有：过滤器、加热器、加氧泵等改善水质的设备，但是它们大多是非智能化的、单独工作的器件。如果仅仅把多个单独的设备组成一套多功能的鱼缸控制系统，需要投入的费用较大，同时多个单一器件机械化的组装之后，也存在一定的资源浪费。

本系统则是从系统集成开发的角度进行设计和开发，根据当前市场上的需求，形成了一套集鱼缸温度自动检测、鱼缸水位控制、水泵自动给水以及灯光自动开关为一体的鱼缸智能控制系统。系统以STM32F103C8T6为核心，实现对鱼缸的集中控制和管理，能够对鱼缸温度进行自动检测，检测系统要有足够高的灵敏度；能够手动调整被检测温度的促发值，温度实时显示用LCD实现。用水位传感器或碳棒监测水位情况，用单片机控制水泵自动工作，电路具备一定的容错功能。该系统设计控制器使用单片机STM32F103C8T6，测温传感器使用STM32F103C8T6，用液晶以串口传送数据，实现温度显示。

下面从鱼缸智能控制系统总设计、硬件设计以及软件设计等方面加以描述。

1 设计方案

本系统的硬件由STM32F103C8T6单片机控制，由输入输出部分和控制部分组成。输入输出部分主要完成数据的采集、输入和输出控制等；控制部分主要完成系统参数和控制参数的设定、数据存储、复位、时钟电路、LCD液晶显示和按键处理以及各路输入和输出指示等。

1.1 装置整体示意图

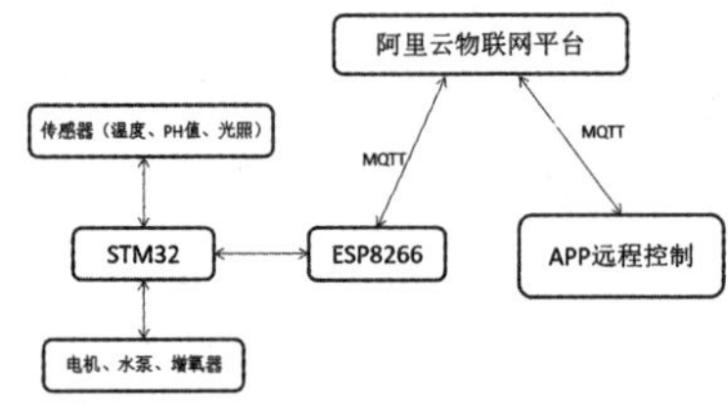

图1 整体装置示简图 (下转第615页)

一款智能家居设计(一)

摘要:中智能家居主要是将住宅当做是平台,实现家庭中的信息通信、电气设备与环境的控制和管理目的,可以提升家居控制与管理的智能化水平。在基于STC89c52单片机的智能家居设计,包括传感器,显示,驱动,系统控制等模块。气敏电阻和光敏电阻检测,将接收到的相对应的物理量转换为电信号和烟雾探头、超声波传感器、湿温度传感器实时检测屋内状态同时实时传输给单片机判断,矩阵键盘输入密码控制驱动,单片机控制步进电机和舵机实现相关功能,动态显示到LCD1602显示屏中,整个系统更加完整、完善,从而达到预期目的。文中介绍了硬件的工作原理、模块组成、软件程序设计方法。

关键词:STC89c52;LCD1602;智能家居;实时传输

1 设计方案及论证

1.1 方案目标

智能模式:自动调节空调,检测危险(如火灾、盗窃等)是否报警。

手动模式:开关灯,开关窗,开关门,调节空调,判断危险(如火灾、盗窃等)是否报警。

屏幕空时显示日期和时间,显示温度。

双模式下都密码开启。

零件清单:LCD显示屏,风扇,步进电机,舵机,光敏电阻,气敏电阻,5v电源,LED灯,温湿度传感器,烟雾探头,超声波传感器。

1.2 系统设计框图

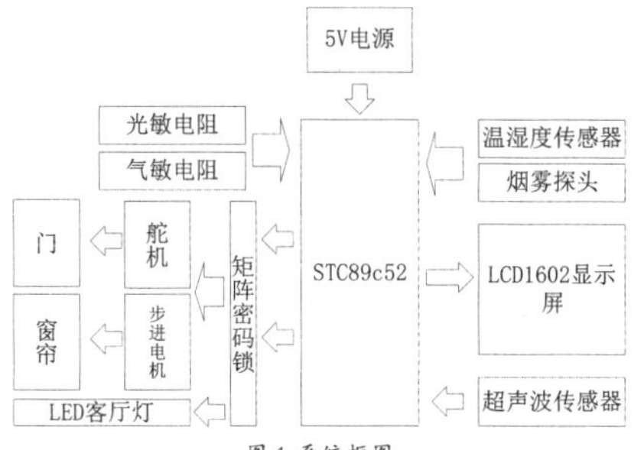

图1 系统框图

2 理论分析

物联网(Internet of Things,简称IOT)是指通过各种信息传感器、射频识别技术、全球定位系统、红外感应器、激光扫描器等各种装置与技术,实时采集任何需要监控、连接、互动的物体或过程,采集其声、光、热、电、力学、化学、生物、位置等各种需要的信息,通过各类可能的网络接入,实现物与物、物与人的泛在连接,实现对物品和过程的智能化感知、识别和管理。物联网是一个基于互联网、传统电信网等的信息承载体,它让所有能够被独立寻址的普通物理对象形成互联互通的网络

2.1 无所不及的智能

在数字经济新时代,算力将成为新生产力,数据将变成新生产资料,而云和AI成为新生产工具,AI算力将占据未来计算中心的80%以上,是支撑人工智能走向应用的发动机。世界需要最强算力,让云无处不在,让智能无所不及。

2.2 个性化体验

随着移动设备和智能终端的不断发展,多场景应用无缝体验,成为智慧生活的基石。企业基于AI、云、大数据,深刻洞察客户需求、敏捷创新,提供更加个性化的产品和服务,产业通过整合协同推动规模化创新。

3 电路与程序设计

3.1 电路设计

3.1.1 传感模块设计

温湿度传感器多以温湿度一体式的探头作为测温元件,将温度和湿度信号采集出来,经过稳压滤波、运算放大、非线性校正、V/I转换、恒流及反向保护等电路处理后,转换成与温度和湿度成线性关系的电流信号或电压信号输出,也可以直接通过主控芯片进行485或232等接口输出。

为控制屋内湿度提供条件,我们使用的温湿度传感器器件如下图:

光敏电阻(photoresistor or light-dependent resistor,后者缩写为ldr)或光导管(photoconductor),常用的制作材料为硫化镉,另外还有硒、硫化铝、硫化铅和硫化铋等材料。这些制作材料具有在特定波长的光照射下,其阻值迅速减小的特性。这是由于光照产生的载流子都参与导电,在外加电场的作用下作漂移运动,电子奔向电源的正极,空穴奔向电源的负极,从而使光敏电阻器的阻值迅速下降。

根据光敏电阻的光谱特性,可分为三种光敏电阻器:紫外光敏电阻器、红外光敏电阻器、可见光光敏电阻器。我们使用的是红外光敏电阻器来实现功能。

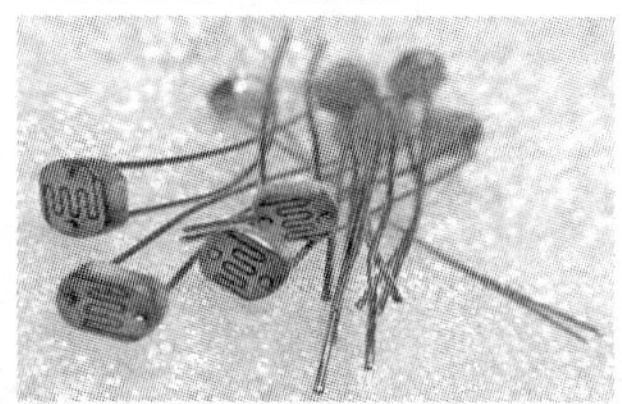

当光敏电阻受到脉冲光照射时,光电流要经过一段时间才能达到稳定值,而在停止光照后,光电流也不立刻为零,这就是光敏电阻的时延特性。由于不同材料的光敏,电阻时延特性不同,所以它们的频率特性也不同。硫化铅的使用频率比硫化镉高得多,但多数光敏电阻的时延都比较大,所以,其不能用在要求快速响应的场合。

气敏电阻是一种将检测到的气体的成分和浓度转换为电信号的传感器,它是利用某些半导体吸收某种气体后发生氧化还原反应制成的,主要成分是金属氧化物。

它的主要品种有:金属氧化物气敏电阻,复合氧化物气敏电阻,陶瓷气敏电阻等。

半导体气敏元件有N型和P型之分。

N型在检测时阻值随气体浓度的增大而减小;P型阻值随气体浓度的增大而增大。像SnO_2金属氧化物半导体气敏材料,属于N型半导体,在200~300℃温度它吸附空气中的氧,形成氧的负离子吸附,使半导体中的电子密度减少,从而使其电阻值增加。

(下转第619页)

◇四川纺织高等专科学校 李帅 刘传浦 霍发宇 王志宇 余修萍

智能鱼缸(一)

(上接第614页)

2 系统组成与工作原理

2.1 硬件控制系统设计

该系统的控制对象为鱼缸,控制的目的是能使系统自动调节,以提供类最适宜的水质及生活环境。设计时需要注意的水质及环境参数有:水的温度、水位的高低、鱼缸灯光情况等。系统能够自动检测并显示鱼缸内水温的温度值,利用碳棒可以检测水位的高低,并控制水泵进行供水,通过时钟芯片设置开关灯的时间。

依据同一设计原理和方法,针对其他的不同的环境要求,还可以进行不同环境参数的控制与设定,以达到统一的设计,提高扩展能力。

该系统的开发是在充分了解并分析目前各类鱼缸控制器的前提下进行的,整个系统共分为以下几个功能模块:即主电路控制模块、温度检测模块、水位检测模块、水泵给水模块、温度显示模块、继电器控制模块以及供电模块等。这些子系统都有各自的信号检测输入以及控制输出功能,共同集成为一套功能完善的智能控制系统

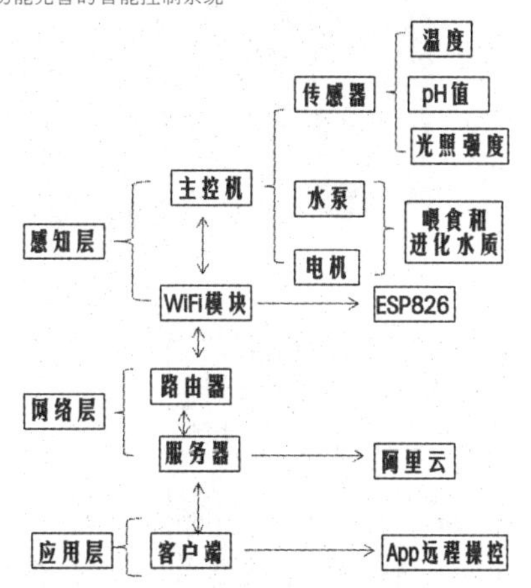

图2 硬件控制系统设计示简图

2.2 APP检测控制系统设计

整个系统采用Android设备与STM32设备通过MQTT协议将消息发送到阿里云物联网中心流转;MQTT协议更加适用于弱网环境,对网络要求低;Android设备方便用户操作,可随时随地远程操作;物联网中心的消息流转依托阿里云,可用率高达99.99%,目前系统拥有以下功能:

图3 软件控制设计界面图

(1)远程投食;通过Android客户端订阅MQTT的发布话题,发送投食命令后,命令将会通过阿里云物联网中心转发到STM32单片机设备,STM32单片机响应命令进行投食

(2)远程净化水质;通过Android客户端订阅MQTT的发布话题,发送净化水质命令后,命令将会通过阿里云物联网中心转发到STM32单片机设备,STM32单片机响应命令进行投食

(3)实时查看水质状况;通过STM32客户端端订阅MQTT的发布话题,上报水温、PH、光照,信息将会通过阿里云物联网中心转发到Android设备,终端设备进行数据呈现。

3 系统方案可行性分析

3.1 实验模拟系统运行

图3 模拟实验现场图

后期实验采用人工模拟水质变化、模拟特殊情况使系统无法正常工作等两组实验,对系统的远程控制进行实验论证。实验运用热原理,触发含氧量传感器发出信号。同时利用示波器对传感器和时钟触发电路进行检测。如果该回路产生启动电信号,则在示波器上显示。

(1)先将时钟控制电路暂停,将装载温度传感器从水中提出,避免触发系统启动。

实验前后共进行了10次,一旦温度达到45度以上,传感器控制电路指示灯亮起,表示该控制电路正常工作。10次实验基本都能顺利实现,通过示波器与计时器的计时统计,系统启动控制信号发生的误差接近0.1ms,较为理想。但随着热感电阻使用次数增多,出现阻值不稳定的现象,初步确定是热感电阻不稳定造成的。

(2)将温度传感器失效。到达模拟情况,传感器回路没有接收到启动信号,对应指示灯不亮。而电路回路指示灯亮起,并启动系统工作。此回路由于采用计时器,因而控制信号误差非常小,可以忽略。

4 总结

本方案所设计的新型智能水族箱,利用传感器检测实时水中各项数据,并通过AI将数据处理,通过WiFi将用户关心的数据传输到用户手机app上。在此基础上氧化石墨烯膜净水方法,利用石墨烯薄膜与活性炭的结合、AI控制进行双模控制,以实现装置始终处于较为理想的这一目的,从而提高对水资源的高效利用和节省人工成本。通过实验验证,该控制方案基本能达到理想的控制效果。

装置系统同比与同类设计方案,在优化的基础上,同等条件下准确性大幅提高产,而耗电量仅接近0.3kw,同时由于装置制造成本较低,前期模拟模型造价仅250元左右。运作所需的能量基本上可以忽略不计,不消耗不可再生资源,不产生污染。具有一定的推广价值。本方案设计的智能鱼缸以处于成品阶段,但是各方面的设计、功能等还有完善的空间。

(全文完)

◇重庆工程职业技术学院 张兴振

制作“低压电热垫”

插队返城后曾在一所企业技校任教。学校为平房院落，位于高大的厂房背后。本人备课室座位背靠北门北窗，门外为一寒烟小院，景致不错。只是寒冬腊月凉气袭背，甚是不爽，职业病“痔疮”也愈发严重了。

受一位同事的进口电热坐垫启发，发挥自己心灵手巧的专长，用洗净的麻袋为面料，制作了一条电热椅垫，挂在坐椅上，由肩部直至臀下，在阵阵暖意中度过了数个寒冬。或许是远红外辐射促进了血液循环的缘故，困扰多年的“痔疮”竟然奇迹般的康复了。同事们见状也多有仿造，本人免不了帮忙出主意购买材料直到动手协助。

当年的电热椅垫使用了四条300W电热丝拉直后串接盘绕于厚布内衬间，接220V市电，功率为75W。用开关将部分电热丝并联后功率可升至约100W，在开关盒中还串接了小灯泡指示工作状态。为增强防火性能，是在制作完成后用了稀释的乳胶液浸泡，晾干后再使用的。这条制作于三十多年前电热椅垫后来被当做电热毯使用至今(图1)。

现在看来，这样的作品是不符合当今的安全要求的。不过，当年除了一位同事为省事未浸乳胶液并折叠使用曾导致过热冒烟外，倒也没出过其它事故。

当年购买的电热丝还有多条保存至今(图2)。

现如今本人已是年近75的耄耋老人，自觉火力大减，寒冬之际睡不得凉炕，坐不了冷板凳了。趁着还能动弹，重操故技，做了条小点的电热垫，置足下暖足，置椅上暖臀。盼通过“电子报”抛砖引玉。

作为贴身用具，安全第一，这次使用了低压供电方式。

身为少年时代从攒矿石收音机开始上路并踟蹰至今的业余电子技术爱好者，万宝堆中各种规格的小功率变压器和开关电源数量不少。考虑到电磁污染和可靠性，采用了传统的铁芯工频变压器低压供电方案。由于难以确定适用的功率，是先把电热垫做了出来，之后再通过试验选用的供电变压器。

300W电热丝电阻约为160Ω，拉直后长度为5.52m。设计了如图3所示的穿绕方案：电热丝分为等长的3段分离并联，留出连接电源线部分（总长约为16cm)后，总电阻约为17Ω。

电热垫内衬用拆旧裤子的厚布两层剪裁拼接而成，尺寸为50cm×40cm，电热丝穿绕其间。

电热丝穿绕时保持适度宽松。虽是3段并联但不要剪断，麻烦点但可以降低与电源线连接的接触电阻和提高连接可靠性。制作完成后最好再用乳胶液浸泡一下，可提高防火性能。

缝制穿绕通道后的内衬、穿绕电热丝后的端头和连接电源线并固定的方式如图4、图5。

原则上，为防止单位长度过热，电热丝总长不应太短。本例采用3段分离并联方式来分散热量。当然，在保持功率相差不多的前提下，也可使用更大瓦数的电热丝来增加长度，例如，用500W电热丝分为两段分离并联。

电热垫制作完成后开始试验，找出备选的部分元器件见图6。

先是用了2×18V变压器，为充分利用绕组，加上了全波整流电路。感觉功率小了点；接36V电压，功率又太大；又在全波整流电路上添加电容滤波增加输出电压，仍感功率不足，试验电路见图7。

又用了标称24V、2.5A的变压器，实测带负载输出为26V进行试验。觉得功率

大了点，于是串入了由4只二极管两两反向并联再串联的降压电路，情况有所改善，决定选用此变压器，以此电压作为高温“H”挡电压。

为防止长时间通电时电热垫过热，在变压器次级绕组上挑出了两个抽头（图8），其中一个电压约为16V，作为低温“L”档电压，用开关转换。

实验表明：对于电热椅垫，高温挡功率应在25W至30w之间；低温挡功率应在15W至20W之间。

通过试验最后确定的电路为图9：

用双刀三掷开关“K”进行输出电压转换；用双色发光管(RGLED)指示输出电压档次。当“K”在“OFF”位置时，RGLED绿管“G”端通过电阻R1得电发出绿光，指示电源已接通。这时三极管“Q”因基极无偏压截止。

当“K”在低电压输出挡“L”时，RGLED的红管“R”端通过电阻R2得电发出红光，与原有的绿光混合后成为黄光，而三极管“Q”的基极相对于发射极电压因低于0.5V(通过调节R3)仍在截止状态。

当“K”在高电压输出挡“H”时，因电阻R3两端电压升高，通过电流增大，使R4两端电压超过0.6V，三极管Q饱和，通过RGLED绿管的电流被旁路，双色管只发出红光，且因通过R2的电流增大发光更强。稳压管“Z”用来加大三极管Q截止、饱和转换的压差，本例用发光管替代。

二极管D2的作用是旁路电源负半周时通过电阻R1的电流，防止发光管和三极管承受过高的反向电压。

用二极管D3~D5降去的约1.5V电压还用来点亮手电筒用小灯泡(H)，用来指示电热垫的连接状态。通过调节电阻R4使小灯泡只发微光。

用来进行进行输出电压转换的双刀三掷开关（中间档位为“断”)选用外型较大的型号，并将两组触点分别并接以确保接触可靠。

为便于组装，制作了如图10所示的刀刻电路板。

图11、图12、图13为制作完成的电源盒外观和内部结构。为增加实用性，电源盒加装了床头灯和220V电源插座。

两点说明：

1. 本制作选用的元器件系根据本人手头的现有条件，不必拘泥。为确保安全，供电电压不应超过36V。

2. 使用注意事项如同一般电热毯，如不可折叠；覆盖物不可过于厚重；不可置于软椅、沙发、席梦思床垫上等。

◇北京 尹可平

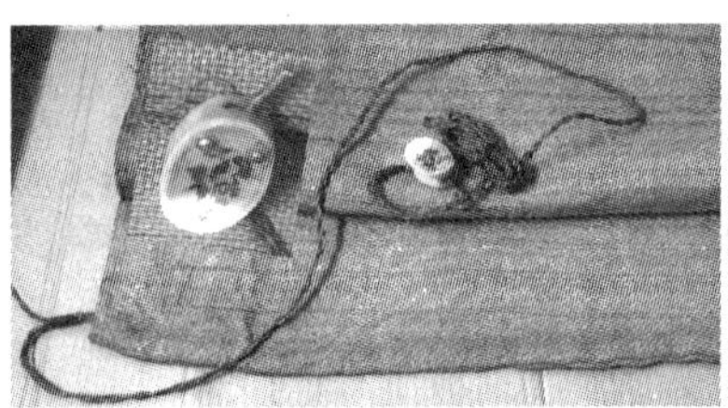

图1 当年制作的电热椅垫

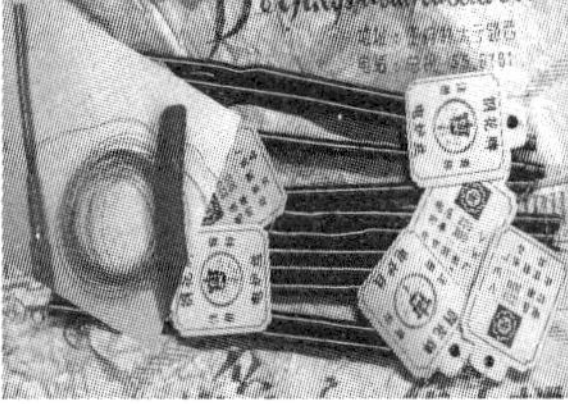

图2 当年购买的电热丝

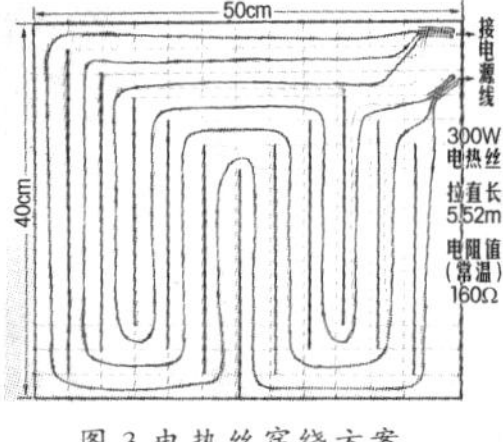

图3 电热丝穿绕方案

图4 电热垫内衬

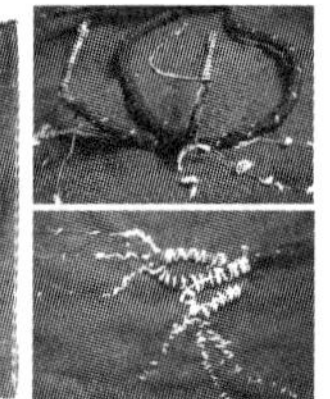

图5 电热丝连接电源线

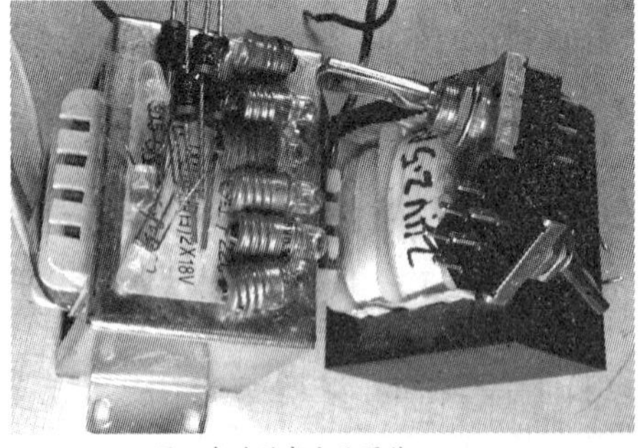

图6 备选的部分元器件

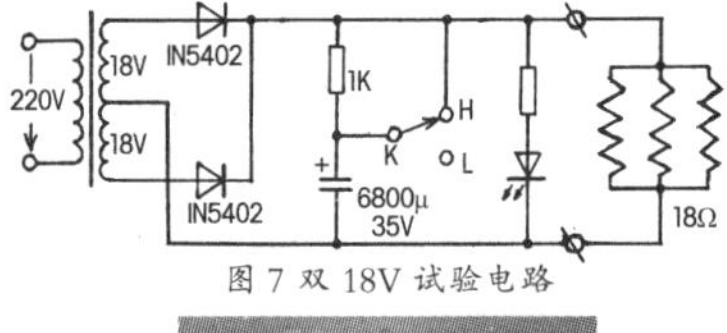

图7 双18V试验电路

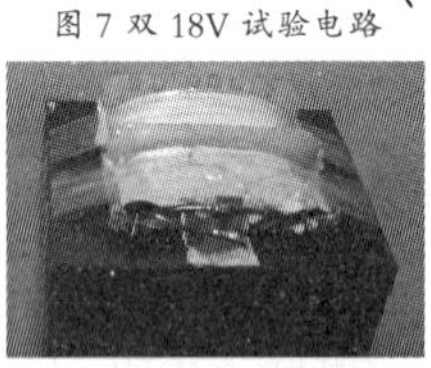

图8 变压器加接抽头

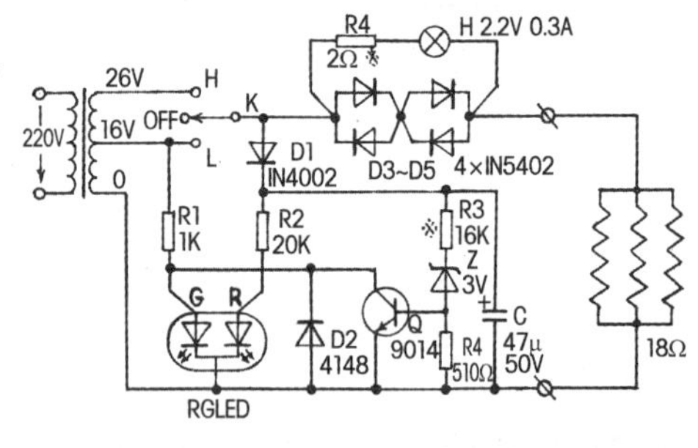

图9 电热垫实际使用电路

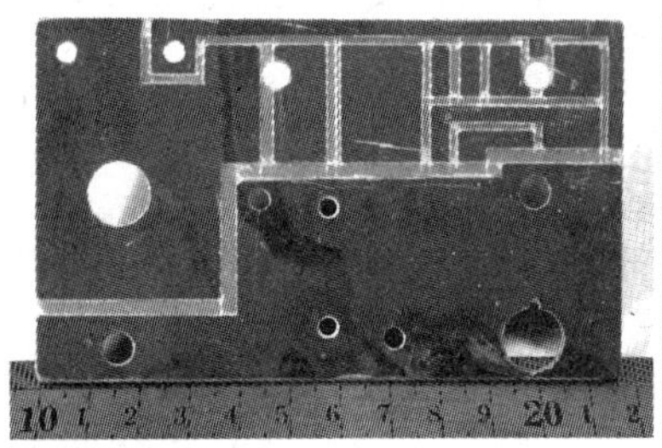

图10 刀刻电路板

图11 制作完成的电热垫

图12 电源盒面板

图13 电源盒内部

从几个方面看特斯拉与传统车企的不同(二)

(接上期本版)

一体铸造

目前，特斯拉采用的是中国力劲科技生产的6000吨级压铸机进行局部铸造。

特斯拉在降低生产成本上确实有一套。在此之前，特斯拉只有黄色部位改为压铸件，不是全车身，这个位置碰撞概率很小，而且都还包在外面的车身里面，是后排座椅后部和以前燃油车放油箱、很多电动车放电池以及燃料电池车放氢气瓶的位置。这一块部位是极少能撞到，如果这一块都撞坏了，整个车基本也就报废了。

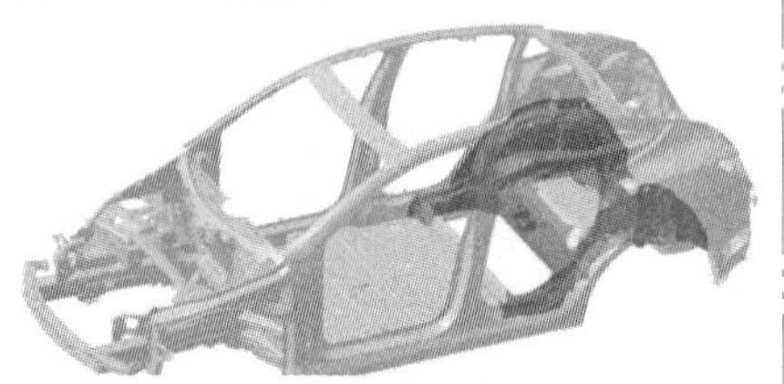

柏林工厂生产的Model Y将后车身使用一体式铸造，新的后车身铸造件将零部件从70个减少到2个；同时，压铸机也替代了300多个工业机器人。

如果Model Y实现车身一体铸造，尽管Model Y相比Model 3尺寸全面增大，但Model Y的一体压铸后车身仅重66kg，反而比尺寸更小的非一体铸造的Model 3同样部位轻了10–20kg。其中底盘的两根红色的“工字”横梁是燃油车几乎不可能有的，因为燃油车需要空间放排气系统，甚至传动轴，没有多余的地方放这两根横梁。并且这两根红色部件的横梁在侧面碰撞时，会加强对车身的保护。

而特斯拉的终极目标是实现整个车身的一体铸造，整个车身的一体铸造会让Model Y的车身零部件数量减少了370个，总重量降低了10%，续航提升14%，而且还用更高的车身强度和刚度。如果实现整体车身的一体铸造，传统的焊接车间将在特斯拉工厂彻底消失，改为车身铸造车间。

另外，从碰撞的安全性讲，一体化铸造也是一种进步。传统工艺的车身零件处有一个个焊点，汽车发生碰撞时，它们往往扮演着承受、转移压力的角色。焊点质量与整车安全密切相关，寻找点焊缺陷，也是质检环节的关键。

汽车碰撞过程中，焊点其实不仅会承受冲击力，还有可能会遭遇撕扯，也许应对冲击优秀的焊点，遇到撕扯力时候不一定同样稳固；另外，同一个零件不同位置的焊点，遇到碰撞时也并不都是应力点。

但对于一体化铸造车身来说，受力方向并不是问题，因为整块零件都由完整的金属构成，“每一个分子都在承受力度”。

要知道除了特斯拉之外，马斯克还拥有一家火箭公司SPACE X，这为特斯拉创造了得天独厚的跨领域技术优势。2016年，特斯拉曾与SpaceX合作成立了材料工程团队，压铸铝合金正式出自该团队之手，该材料早前被用在SPACE X火箭燃料箱上，如今用在特斯拉汽车上，可以实现两家公司的共赢，可谓“一举两得”，其他车企很难做到这一点。

总结

特斯拉技术迭代的节奏和传统车企完全不同。传统车企多是以4~7年为一个产品技术的迭代周期，这期间的年款、小改款车型之间只有配置和设计有细微区别，不会有很大的技术变化。但特斯拉完全不同，也许上个月买到Modle 3车身还是焊接的，下个月就变成了一体铸造。这种小步快走的技术迭代不仅有利于特斯拉保持产品的技术先进性，也能加快新技术的量产和试错，为整个品牌积累技术优势。

编者注：虽然特斯拉与传统车企确实在很多地方有意想不到的设计，有的思维甚至“背道而驰”，值得很多车企深思与学习。但对于特斯拉自动驾驶这一块，由于马斯克坚持采用“摄像头+图像算法”，而非价格偏贵的激光雷达或者毫米波雷达，虽然硬件上节省了成本，但在这一点上仍然饱受广大消费者甚至是其他车企的诟病。

(全文完)

◇四川 宁梵睿

带货主播有国家职业标准了！明确要求“严控质量”

这是互联网营销师成为新职业后的又一个重要时刻。2020年，人社部等部门发布了互联网营销师新职业信息，其中，在“互联网营销师”职业下增设“直播销售员”工种，带货主播成为正式工种，“李佳琦们”和“薇娅们”正式转正了。

转正后不能没有职业标准，如今这一新职业的国家职业技能标准终于出炉。

根据定义，互联网营销师是在数字化信息平台上，运用网络的交互性与传播公信力，对企业产品进行营销推广的人员。

互联网营销师要求初中毕业(或相当文化程度)，共设五个等级，分别为：五级/初级工、四级/中级工、三级/高级工、二级/技师、一级/高级技师。

直播销售员设五个等级

互联网营销师职业分为选品员、直播销售员、视频创推员、平台管理员四个工种。

其中，选品员、直播销售员、视频创推员三个工种设五个等级，分别为：五级/初级工、四级/中级工、三级/高级工、二级/技师、一级/高级技师。平台管理员设三个等级，分别为：五级/初级工、四级/中级工、三级/高级。

一级/高级技师的申报条件：

具备以下条件者可申报：

1. 取得本职业或相关职业二级/技师职业资格证书（技能等级证书）后，累计从事本职业或相关职业工作3年(含)以上，经本职业一级/高级技师正规培训达规定标准学时，并取得结业证书。

2. 取得本职业或相关职业二级/技师职业资格证书(技能等级证书)后，累计从事本职业或相关职业工作4年(含)以上。

当然，申报也需要考试，鉴定方式分为理论知识考试、技能考核以及综合评审。其中，综合评审针对技师和高级技师，采取审阅申报材料、答辩等方式进行全面评议和审查。

国产光刻机任重而道远——ASML下一代EUV光刻机提前量产

我国半导体产业当前最大的痛点就是芯片加工，作为光刻机是芯片制造必不可少的设备，而光刻机的先进程度，直接决定了芯片制程的先进程度。DUV光刻机主要是生产7nm以上制程的芯片，而EUV光刻机则是生产7nm以下的芯片，而这两款光刻机，主要都是ASML生产制造，占领了大部分市场。

在11月ITF大会上，半导体行业大脑imec公布的蓝图显示，2025年后晶体管将进入埃米尺度（?，angstrom，1埃 = 0.1纳米），其中2025年对应A14(14?=1.4纳米)，2027年为A10(10?=1nm)、2029年为A7(7?=0.7纳米)。imec就表示，除了新晶体管结构、2D材料，还有很关键的一环就是High NA(高数值孔径)EUV光刻机。其透露，0.55NA的下代EUV光刻机一号试做机(EXE:5000)会在2023年由ASML提供给imec，2026年量产。

作为目前光刻机领域毫无争议的唯一巨头ASML似乎暗示这个进度要提前了。第一台高NA EUV光刻机(高数值孔径的极紫外光刻机NXE:5000系列)2023年开放早期访问，2024年到2025年开放给客户进行研发并从2025年开始量产。相比EUV光刻机而言，NA EUV光刻机的数值孔径将提高到0.55，而现有EUV光刻机的数值孔径为0.33，性能参数提升明显，性能自然是大涨。

相较于当前0.33NA的EUV光刻机（NXE:3600D)，0.55NA有了革命性进步，它能允许蚀刻更高分辨率的图案。当然，0.55NA光刻机一台的价格会高达3亿美元（约合19亿），是当前0.33NA的两倍。

届时2022年底，台积电、三星将会使用NA EUV光刻机生产3nm plus芯片。

当然国内进步还是很大，中芯14nm制程的芯片已经量产，良品率达到了业内标准水平，而N+1工艺的芯片正在规模量产。

另外，7nm的芯片已经完成了开发任务，在2021年4月份即可进行风险试产。

但在5nm和3nm的芯片研发方面，目前还无法全面展开研发工作，因为没有EUV光刻机。也许NA EUV光刻机量产以后，EUV光刻机作为次要的先进技术才会出口到我国，这样国内的芯片加工等级始终落后一个量级以上的差距。

没有扫描仪用手机拍文件如何处理

有时出门在外，有重要文件资料或者证件时还会拍照下来以便保存。不过很多时候，大家都是随手一拍，拍得歪歪扭扭，或者变形了；包括在收到对方拍照资料时也是这种情况。而在处理上传文件时，这些未处理的照片就不能直接使用了。会点Photoshop的还可以通过软件进行调整，而大多人就需要用到下面的两个"傻瓜式"软件了。

PictureCleaner

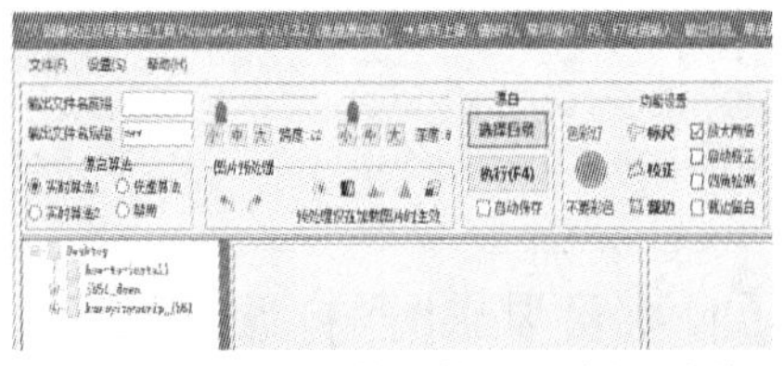

PictureCleaner是一款非常好用且功能强大的图像校正及背景漂白工具，相当于扫描全能王电脑版，支持七种图片预处理，支持文档四角检测、变形校正，傻瓜式一键操作，批量漂白、图片处理一条龙，简单易用。

本软件功能强大，特别适合老师家长给拍照或扫描的试卷图片进行漂白打印，也适合目前很多企事业单位正在进行的档案电子化工作。

漂白后文字更清晰，可直接在打印机上打印。

软件支持七种图片预处理，支持文档四角检测、变形校正。支持两种图像漂白和两种规格化尺寸及方向输出(A4、B5，300DPI)。

为了加快图片漂白速度，程序带了几个处理图片的原生库；运行时会在临时目录释放dll文件。

为方便单文件部署和运行，全部文件被打包成一个exe文件。由于打包了一个18MB的图形库，所以文件体积较大(总大小约60MB)。

软件特色

1. 一键操作(批量漂白、图片处理一条龙)，简便易用。

2. 两种漂白方式。

3. 三种漂白算法。

4. 两种输出格式。

5. 两种橡皮筋控件，直观操作。

6. 七种图片预处理功能。

7. 两种单位标尺。

8. 预留扩展支持上百种图像格式。

功能介绍

1. 拖拽目录到左侧窗口，可以快速检索图片文件。

2. 支持一键操作(批量、单张)。设置输出输入目录，勾选自动保存。选择目录名并回车执行批量漂白。点击图片名即可执行预处理、四角检测、变形校正、漂白处理、规格化输出、图像保存一条龙，操作至简。

3. 支持七种图片预处理功能(左旋、右旋、对比度调整、自动量化、伽马调整、锐化、反转)。

4. 支持三种漂白算法，两种漂白方式。漂白速度在几十毫秒~几秒之间。支持保留色彩，可以保留公章或试卷红/蓝笔颜色。

5. 提供强度、深度两个滑块调整功能，适应各种深浅不一、光照不均匀或者阴影严重的图片。

6. 支持校正橡皮筋四点调整，方便进行变形校正(倾斜、透视变形)。

7. 支持四角检测后自动校正，校正后图片可以规格化尺寸及方向输出(A4、B5，300DPI)。

8. 支持裁切橡皮筋八点调整，支持切除和留白两种方式，方便易用。

9. 支持两种单位标尺(像素和毫米)，可直观看到图片像素大小和打印尺寸。

10. 支持通过色彩灯调整保留彩色的阈值设置。

11. 支持两种输出格式(按照原图信息输出，尺寸、DPI、Exif信息不变；校正后的图片规格化A4、B5输出)。

12. 未来版本中，可扩展支持上百种图像格式和PDF文档图片。

使用方法

1. 软件操作：首先在文件菜单中设置图片文件的输入输出目录(输入首录奇拖拽到左侧目录树窗凸)，选择漂白算法和其他设置。选择目录名并回车执行批里漂白。单击图片名会按照设置自动执行预处理、四角检测、变形校正、图像漂白、规格齿当等一条龙处理。如果勾选了自动保存，会在漂白结束后保存图片到指定目录。(如果没有前后缀，应确保输入、输能相同)。

2. 跨度和深度：这个两个值决定了图片漂白效果。增加跨度可识别更大黑块。减小深度，可识别更多的灰度细节。

3. 预处理：在加载图片时，可对图片做七种预处理(左旋90度、右旋90度、对比度调整、自动量化、伽马调整、锐化、色彩反转)。图片整体偏黑可以按下对比度调整。图片整体偏白可以同时按下自动量化和伽马调整。

4. 色彩指示灯：点击可决定是否智能识别并保留彩色内容(例如公章或试卷红笔批注)。饱和度低的色彩会被增强。色彩灯有四个状态：不保留彩色、保留差异低的彩色、保留差异中等的彩色、保留差异较大的彩色。

5. 标尺：按下按钮，右图会出现双单位标尺(像素和毫米)，可以查看图片原始尺寸。

6. 栽边：按下按钮，若图会出现橡皮筋矩形，可调整裁边范围。勾选裁边留白可保持图片尺寸不变。

7. 校正：按下按钮，左图会出现橡皮筋四边形，可拖搜调整四个角，用手校正图片。

8. 四角检测：勾选后，点击图片文件名时，会自动检测并将橡皮筋四边形置于文档纸张的四个角。默认使用快速四角检测，对某些图片可能会有偏差，可以在参数设置中修改。四角检测仪对背景与文档边缘差异丽显的图片有效。

9. 自动校正：建议不勾选，这样四角检测之后可以手动调整四角橡皮筋。勾选后，四角检测完毕会自动进行校正(建议只对高反差边缘的图片勾选此功能)。

10. 参额设：司设置深度、宽度、彩色灯的默认参数。如果要提高四角检测的准确率，去掉勾选快速四角检测。

11. 规格化校正：在设置菜单中选择文档规格(A4、B5)及文档方向，可以将校正后的图片输出改为300Dpi的指定规格尺寸图片及方向。

12. 全局按键：F1帮助，F2刷新，F3切换放大预览，F4运行，F5保存，FG设置输入目录、F设置输出目录。

13. 目录窗口：鼠标左键单击文件名读取并处理图片。选择目录名并回车，可批量漂白。左键单击两次重命名文件或目录。Delate删除图片文件。

14. 图片窗口：按F5或双击结果图(右图)可以另存处理后的结果图片。

巧用手机QQ(8.7.0版)

这是不用电脑处理的方法，直接点击手机QQ中的"文件增强"功能。打开需要处理的文字素材照片，然后进入编辑模式，会看到一个文件增强按钮。

进入文本增强编辑模式后，用户可以把拍歪的文本图片摆正，并且可以对文字进行清晰化。

比起都是腾讯的产品微信，手机QQ的文件增强使用方便，功能更强大。

MOECEN真无线蓝牙耳机Earbuds X1拆解(二)

(接上期本版)

耳柄较短较细，仅1.5cm，看起来比较轻巧不臃肿。耳柄内侧有L/R的左右标志，便于区分左右耳。

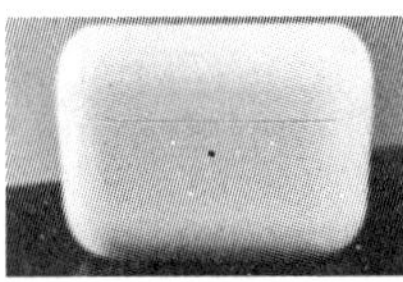

底部是触点和主麦克风，触点内陷的设计虽然有积灰的可能，但一定程度上减少了外环境对耳机充电触点的影响。

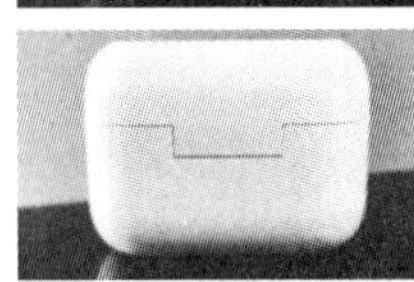

耳机充电盒采用"矮胖"的设计，机身接缝较少，接缝处虽不算完美但可以接受，正面黑色小圆点为指示灯开孔，有红蓝两种颜色提示耳机盒电量状态。

底部是USB Type-C充电接口，充电盒上没有任何按键。

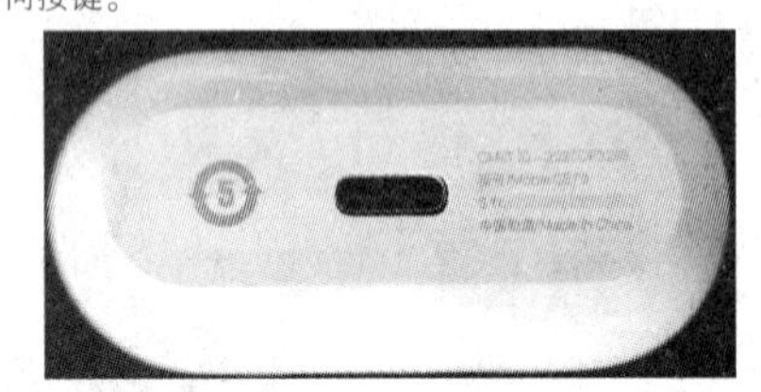

耳机盒盖子没有设计阻尼，上下转动很滑很顺畅。后侧固定处卡合较紧并没有晃动。盖子有磁吸设计和开关感应，开盖时提示灯会亮起，合上盖子后上下磁吸住，不会轻易滑开，不会造成不小心丢耳机的意外。

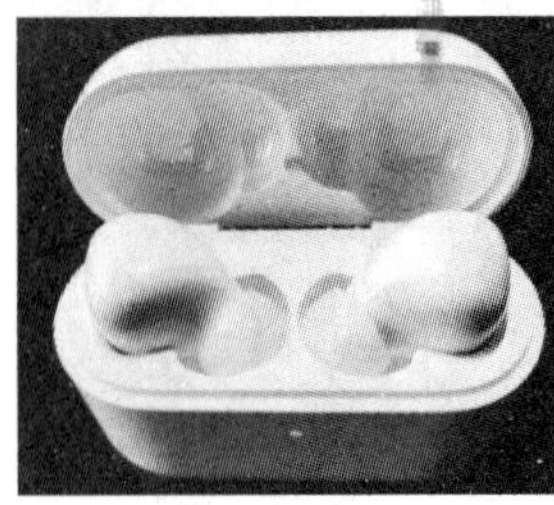

首次使用需要将耳机放入耳机盒后盖上盖子10秒，以激活耳机。激活后再次打开盖子，设备蓝牙设置中搜索名称为"Earbuds X1"的音频设备，点击连接即可。

音质上，Earbuds X1官方称其采用了定制7mm优质复合振膜动圈单元。人声比较通透，中高频表现还不错，低频方面下潜略有不足。

由于采用了入耳式设计，使用大小合适的耳套，能够起到一定的被动降噪效果，隔绝一定的外界噪音，获得更好的听感，佩戴更稳定。不过Earbuds X1没有红外传感器，摘下耳机时音乐不会自动暂停，不过放回盒子中盖上充电盒后，耳机会自动断连的同时在大部分设备上音乐也会暂停。

续航方面，单耳机充满后可使用6小时，耳机搭配充电盒综合算下来能使用24小时。

支持蓝牙5.0标准、SBC和AAC的编码协议。但遗憾的是作为荣耀亲选产品居然没有支持华为的HWA标准，不过没话说回来，在这个价位段的产品，无论是LHDC、高通aptX、华为HWA和索尼LDAC编码均缺席。

但是Earbuds X1支持BLE的亮点，也就是官方介绍的双主机双耳同步传输，目前却是在这个价位段独一无二的；不同于传统转发模式的耳机，Earbuds X1单耳、双耳使用几乎无缝切换，也可以任一单耳使用，没有主机和从机的限制。LE Audio的多重串流音频特性，对于TWS真无线耳机产品可提供更优越的立体声体验，实现语音助手服务的无缝使用，并使多台音源设备之间的切换更加顺畅。

除BLE之外，还支持HFP、A2DP、AVRCP等协议。

最后就是价格，作为一款入门级真无线蓝牙耳机，售价169元的Earbuds X1还是竞争力十足。

(全文完)

(拆解内容转自eWiseTech社区)

一款智能家居设计(二)

(上接第615页)

当遇到有能供给电子的可燃气体(如CO等)时,原来吸附的氧脱附,而由可燃气体以正离子状态吸附在金属氧化物半导体表面;氧脱附放出电子,可燃行气体以正离子状态吸附也要放出电子,从而使氧化物半导体导带电子密度增加,电阻值下降。可燃性气体不存在了,金属氧化物半导体又会自动恢复氧的负离子吸附,使电阻值升高到初始状态。这就是半导体气敏元件检测可燃气体的基本原理。

我们则使用烟雾探头模块。主要检测屋内反馈单片机作用,实现烟雾报警(火灾报警)如下图:

超声波传感器是将超声波信号转换成其它能量信号(通常是电信号)的传感器。超声波是振动频率高于20kHz的机械波。它具有频率高、波长短、绕射现象小,特别是方向性好、能够成为射线而定向传播等特点。超声波对液体、固体的穿透本领很大,尤其是在阳光不透明的固体中。超声波碰到杂质或分界面会产生显著反射形成反射回波,碰到活动物体能产生多普勒效应。超声波传感器广泛应用在工业、国防、生物医学等方面。

具体作用

一、超声波传感器可以对集装箱状态进行探测。将超声波传感器安装在塑料熔体罐或塑料粒料室顶部,向集装箱内部发出声波时,就可以据此分析集装箱的状态,如满、空或半满等。

二、超声波传感器可用于检测透明物体、液体、任何表粗糙、光滑、光的密致材料和不规则物体。但不适用于室外、酷热环境或压力罐以及泡沫物体。

三、超声波传感器可以应用于食品加工厂,实现塑料包装检测的闭环控制系统。配合新的技术可在潮湿环如洗瓶机、噪音环境、温度极剧烈变化环境等进行探测。

四、超声波传感器可用于探测液位、探测透明物体和材料,控制张力以及测量距离,主要为包装、制瓶、物料搬检验煤的设备运、塑料加工以及汽车行业等。超声波传感器可用于流程监控以提高产品质量、检测缺陷、确定有无以及其它方面。超声波如下图:

3.1.2 系统控制模块设计

单片机最小系统,或者称为最小应用系统,是指用最少的元件组成的单片机可以工作的系统.对51系列单片机来说,最小系统一般应该包括:单片机、晶振电路、复位电路。本设计采用STC89c52RC型号单片机,

STC89C52RC单片机是宏晶科技推出的新一代高速/低功耗/超强抗干扰的单片机,指令代码完全兼容传统8051单片机,12时钟/机器周期和6时钟/机器周期可以任意选择。

主要特性如下:

1. 增强型8051单片机,6时钟/机器周期和12时钟/机器周期可以任意选择,指令代码完全兼容传统8051

2. 工作电压:5.5V~3.3V(5V单片机)/3.8V~2.0V(3V单片机)

3. 工作频率范围:0~40MHz,相当于普通8051的0~80MHz,实际工作频率可达48MHz

4. 用户应用程序空间为8K字节

5. 片上集成512字节RAM

6. 通用I/O口(32个)复位后为:,P1/P2/P3/P4是准双向口/弱上拉,P0口是漏极开路输出,作为总线扩展用时,不用加上拉电阻,作为I/O口用时,需加上拉电阻。

7. ISP(在系统可编程)/IAP(在应用可编程),无需专用编程器,无需专用仿真器,可通过串口(RxD/P3.0,TxD/P3.1)直接下载用户程序,数秒即可完成一片

8. 具有EEPROM功能

9. 具有看门狗功能

10. 共3个16位定时器/计数器。即定时器T0、T1、T2

11. 外部中断4路,下降沿中断或低电平触发电路,Power Down模式可由外部中断低电平触发中断方式唤醒

12. 通用异步串行口(UART),还可用定时器软件实现多个UART

13. 工作温度范围:-40~+85℃(工业级)/0~75℃(商业级)

14. PDIP封装

STC89C52RC单片机的工作模式

掉电模式:典型功耗<0.1μA,可由外部中断唤醒,中断返回后,继续执行原程序

空闲模式:典型功耗2mA典型功耗

正常工作模式:典型功耗4Ma~7mA典型功耗

掉电模式可由外部中断唤醒,适用于水表、气表等电池供电系统及便携设备

12t周期下,使用正常工作模式,工作电压在5v,使用P0P2端口实现功能。收集各个模块返回的信息,并进行处理最后反馈给步进电机和舵机等。

3.1.3 显示模块设计

使用LCD1602屏幕,工作原理:处于智能模式时屏幕显示时间日期和室内温度等信息,当切换到手动模式时提示输入密码,密码正确显示各个家电的操作模块

LCD1602液晶显示器是广泛使用的一种字符型液晶显示模块。它是由字符型液晶显示屏(LCD)、控制驱动主电路HD44780及其扩展驱动电路HD44100,以及少量电阻、电容元件和结构件等装配在PCB板上而组成。

LCD1602分为带背光和不带背光两种,其控制器大部分为HD44780。带背光的比不带背光的厚,是否带背光在实际应用中并无差别,具体的鉴别办法可参考所示的器件尺寸示意图

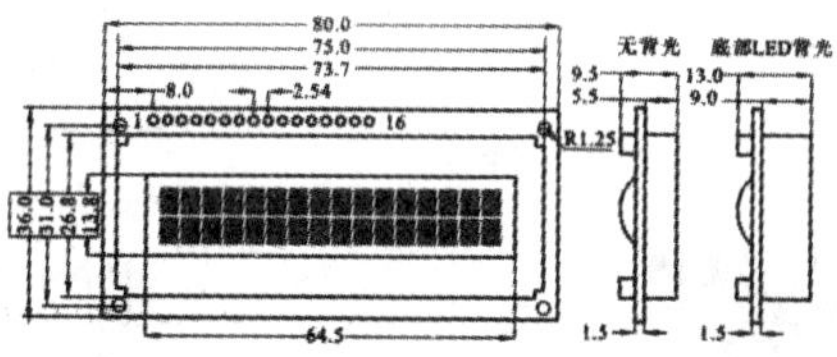

技术参数

(1)显示容量:16×2个字符。

(2)芯片工作电压:4.5~5.5V。

(3)工作电流:2.0mA(5.0V)。

(4)模块最佳的工作电压:5.0V。

(5)字符尺寸:2.95mm×4.35mm(宽×高)

采用直接控制方式

LCD1602的8根数据线和3根控制线E,RS和R/W与单片机相连后即可正常工作。一般应用中只须往LCD1602中写入命令和数据,因此,可将LCD1602的R/W读/写选择控制端直接接地,这样可节省1根数据线。VO引脚是液晶对比度调试端,通常连接一个10kΩ的电位器即可实现对比度的调整;也可采用将一个适当大小的电阻从该引脚接地的方法进行调整,不过电阻的大小应通过调试决定。

此外在矩阵键盘输入密码正确即可开启灯光,此是智能模式下的效果,手动模式一样可以开关。使用若干LED灯作为客厅灯光,加入1K电阻以防灯泡被烧坏,稳定实现功能,LED灯如下图。

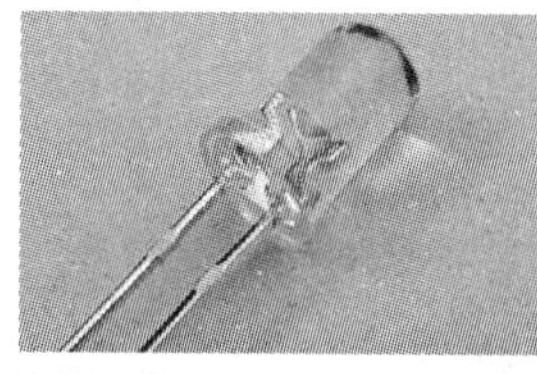

3.1.4 驱动控制模块设计

步进电机是将电脉冲信号转变为角位移或线位移的开环控制元步进电机件。在非超载的情况下,电机的转速、停止的位置只取决于脉冲信号的频率和脉冲数,而不受负载变化的影响,当步进驱动器接收到一个脉冲信号,它就驱动步进电机按设定的方向转动一个固定的角度,称为“步距角”,它的旋转是以固定的角度一步一步运行的。可以通过控制脉冲个数来控制角位移量,从而达到准确定位的目的;同时可以通过控制脉冲频率来控制电机转动的速度和加速度,从而达到调速的目的。

步进电机和驱动器的选择方法:

1. 判断需多大力矩:静扭矩是选择步进电机的主要参数之一。负载大时,需采用大力矩电机。力矩指标大时,电机外形也大。

2. 判断电机运转速度:转速要求高时,应选相电流较大、电感较小的电机,以增加功率输入。且在选择驱动器时采用较高供电电压。

3. 选择电机的安装规格:如57、86、110等,主要与力矩要求有关。

4. 确定定位精度和振动方面的要求情况:判断是否需细分,需多少细分。

5. 根据电机的电流、细分和供电电压选择驱动器。

舵机的大小由外舾装按照船级社的规范决定,选型时主要考虑扭矩大小。如何审慎地选择经济且合乎需求的舵机,也是一门不可轻忽的学问。

电压会直接影响舵机的性能,例如Futaba S-9001在4.8V时扭力为3.9kgf.cm、速度为0.22秒/60°,在6.0V时扭力为5.2kgf.cm、速度为0.18秒/60°。若无特别注明,JR的舵机都是以4.8V为测试电压,Futaba则是以6.0V作为测试电压。所谓天下没有白吃的午餐,速度快、扭力大的舵机,除了价格贵,还会伴随着高耗电的特点。因此使用高级的舵机时,务必搭配高品质、高容量的锂电池,能提供稳定且充裕的电流,才可发挥舵机应有的性能。

接受来自单片机模块发出的信号完成相对应的动作。

3.2 程序设计

程序设计思路:

继电器通过线圈吸合实现开关功能,再通过光敏电阻和气敏电阻检测实时状态,将物理量转换成电信号并传输到单片机判断,密码锁和舵机和超声波传感器控制门,光敏和步进是控制窗帘,判断结果输出到步进电机和舵机实现功能,再显示到LCD1602显示屏表达当前状态。

(全文完)

◇四川纺织高等专科学校 李帅 刘传湔 霍发宇 王志宇 余修萍

提高 GitHub 访问速度的九种方法

1. GitHub 镜像访问

这里提供两个最常用的镜像地址：

https://github.com.cnpmjs.org

https://hub.fastgit.org

也就是说上面的镜像就是一个克隆版的 GitHub，你可以访问上面的镜像网站，网站的内容跟 GitHub 是完整同步的镜像，然后在这个网站里面进行下载克隆等操作。

2. GitHub 文件加速

利用 Cloudflare Workers 对 github release、archive 以及项目文件进行加速，部署无需服务器且自带 CDN.

https://gh.api.99988866.xyz

https://g.ioiox.com

以上网站为演示站点，如无法打开可以查看开源项目：gh-proxy-GitHub(https://hunsh.net/archives/23/)文件加速自行部署。

3. Github 加速下载

只需要复制当前 GitHub 地址粘贴到输入框中就可以代理加速下载！

地址：http://toolwa.com/github/

GitHub 加速下载

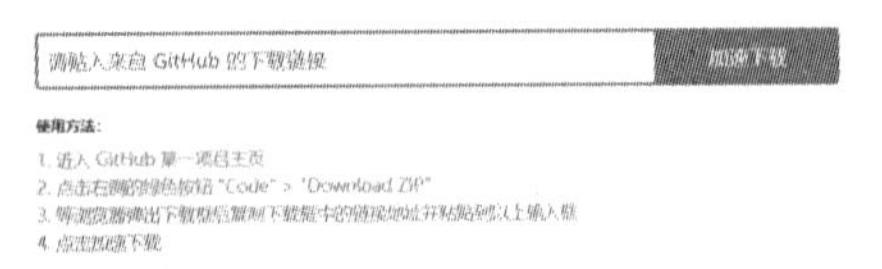

4. 加速你的 Github

https://github.zhlh6.cn

输入 Github 仓库地址，使用生成的地址进行 git ssh 等操作

5. 谷歌浏览器 GitHub 加速插件(推荐)

6. GitHub raw 加速

GitHub raw 域名并非 github.com 而是 raw.githubusercontent.com，上方的 GitHub 加速如果不能加速这个域名，那么可以使用 Static CDN 提供的反代服务。

将 raw.githubusercontent.com 替换为 raw.staticdn.net 即可加速。

7. GitHub+Jsdelivr

jsdelivr 唯一美中不足的就是它不能获取 exe 文件以及 Release 处附加的 exe 和 dmg 文件。

也就是说如果 exe 文件是附加在 Release 处但是没有在 code 里面的话是无法获取的。所以只能当作静态文件 cdn 用途，而不能作为 Release 加速下载的用途。

8. 通过 Gitee 中转 fork 仓库下载

网上有很多相关的教程，这里简要的说明下操作。

访问 gitee 网站：https://gitee.com/并登录，在顶部选择“从 GitHub/GitLab 导入仓库”如下：

在导入页面中粘贴你的 Github 仓库地址，点击导入即可：

等待导入操作完成，然后在导入的仓库中下载浏览对应的该 GitHub 仓库代码，你也可以点击仓库顶部的“刷新”按钮进行 Github 代码仓库的同步。

9. 通过修改 HOSTS 文件进行加速

手动把 cdn 和 ip 地址绑定。

第一步：获取 github 的 global.ssl.fastly 地址访问：http://github.global.ssl.fastly.net.ipaddress.com/#ipinfo 获取 cdn 和 ip 域名：

得到：199.232.69.194 https://github.global.ssl.fastly.net

第二步：获取 github.com 地址

访问：https://github.com.ipaddress.com/#ipinfo 获取 cdn 和 ip：

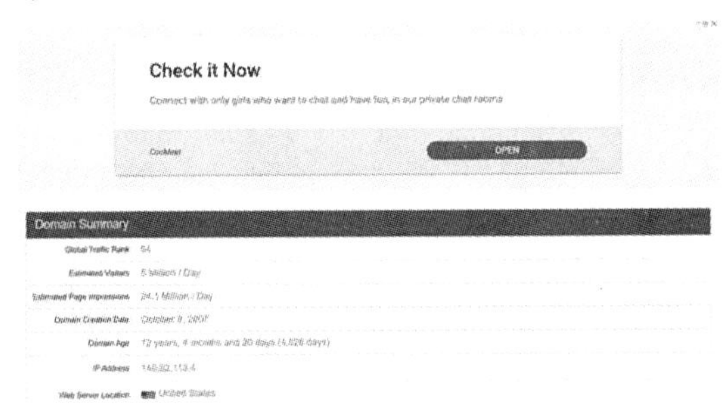

得到：140.82.114.4 http://github.com

第三步：修改 host 文件映射上面查找到的 IP

windows 系统：

1)修改 C:\Windows\System32\drivers\etc\hosts 文件的权限，指定可写入：右击->hosts->属性->安全->编辑->点击 Users->在 Users 的权限“写入”后面打勾。如下：

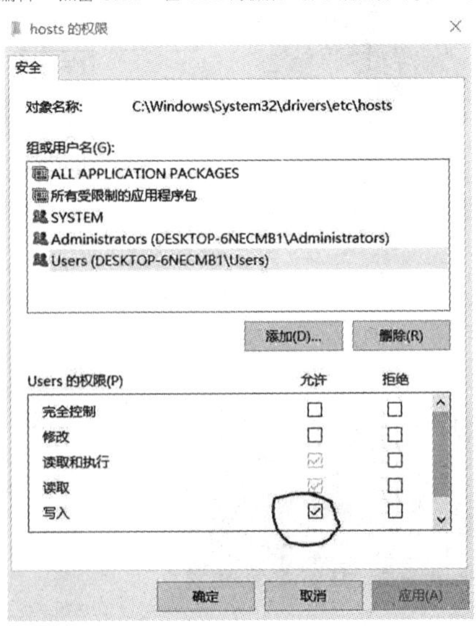

然后点击确定。

2)右击->hosts->打开方式->选定记事本(或者你喜欢的编辑器)->在末尾处添加以下内容：

199.232.69.194 github.global.ssl.fastly.net140.82.114.4 github.com

长虹8K液晶电视Q7 ART机型系列板载TCON板电路原理与维修

周　强　何　锋　周　钰

一、板载TCON板实物

板载TCON板主要由PMIC电源管理电路、电平转换电路、运算放大电路、P_Gamma电路组成，上屏接口采用2路输出到屏，如图①所示。

电压管理芯片实物为RT6943A实际为芯片AUO-P303.11。

二、Q7 ART机型TCON板电路框图

Q7 ART机型TCON板电路框图如下图②所示。

三、TCON板各单元电路分析

3.1 TFT-LCD电视TCON板PMIC电源管理芯片

1. AUO-P303.11概述

AUO-P303.11是用于TFT-LCD面板的可编程多功能电源方案。包含一个用于主电源的升压转换器，三个同步降压转换器和一个非同步降压转换器为系统提供驱动器和逻辑电压。正电荷泵调节器可提供具有温度补偿功能的可调栅极高电压；负电荷泵稳压器提供栅极低电压；负稳压器提供负电压输出。各个通道的输出和电源序列都可以通过I²C接口和集成的多次可编程(MTP)非易失性存储器进行编程。

2. 芯片运用拓扑图(电荷泵+内部GD-MOS类型)，如下图③所示

3. AUOP303.11特征

- 输入电源电压范围：9.5V至14V；
- 4.3A的内部升压和外部调节器选择，对于AVDD输出电压可控制在13.69V至19.02V，开关频率500kHz至2MHz；
- 4.3A的SEPIC和外部调节器选择，对于AVDD输出电压可控制在5.63V至14.08V，开关频率500kHz至2MHz；

注：SEPIC(single ended primary inductor converter)单端初级电感式转换器，是一种允许输出电压大于、小于或者等于输入电压的DC-DC变换器。输出电压由主控开关(三极管或MOS管)的占空比控制。

- 2.5A同步/异步降压转换器用于VLOGIC，具有2.2V至3.7V可编程输出，开关频率750kHz /1.5MHz ；
- 2.5A同步降压器用于V_{CORE}，可编程0.968V至2.02V输出，开关频率500kHz/ 750kHz / 1MHz；
- V_{LOGIC}/V_{CORE}降压转换器使用贴片电感；
- 负电荷泵调节器和外部MOSFET反相控，用于VGL，-14V至-4V可编程输出和温度补偿；
- 可调节-11.5V至-4V的VSS电压；
- 可编程输出19V至34V VGH的正电荷泵稳压器和外部MOSFET升压控制，带温度补偿的1通道DVCOM控制；
- 内部AVDD隔离P-MOSFET，集成MTP非易失性存储器；

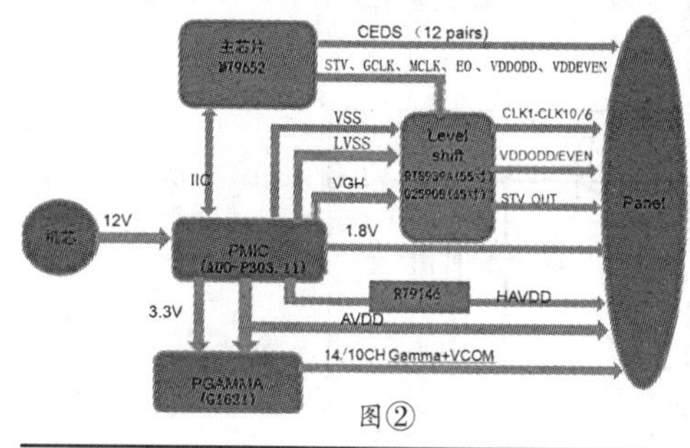

图②

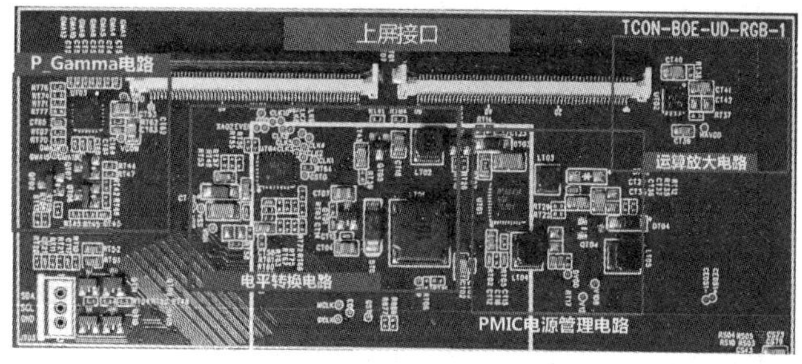

图①

- 具有：过热保护(OTP)、过电压保护(OVP)、过电流保护(OCP)、欠压保护(UVP)、短路保护(SCP)、寄存器控制的I2C兼容接口；
- 40引脚薄型VQFN封装。

4.芯片内部框图，如下④所示。

5. 芯片引脚功能描述(表1)

6. PMIC芯片单元电路工作原理简析

PMIC是power management IC的缩写，中文(电源管理集成电路)，主要特点是高集成度，将传统的多路输出电源封装在一颗芯片内，使得多电源应用场景高效率更高，体积更小。电源管理芯片UTO1，主要产生供其他IC和屏正常工作各路电压：

a. V1D8(1.8V)：屏Source driver供电电压；

b. DVDD(3.3V)：各IC内部逻辑供电电压(G1621等)；

c. VGH(36V)：Gate(每个显示行)开启电压；

d. LVSS(VGL -10.2V)：Gate(每个显示行)关断电压；

e. AVDD(17.6V)：Gamma 驱动电压/Source板供电电压；

f. VCOM(8.5V)：外部通过单通道放大器RT9146提供液晶屏公共电极电压。

(1)AVDD升压电路 在主芯片控制U21输出的+12V_Panel电压经

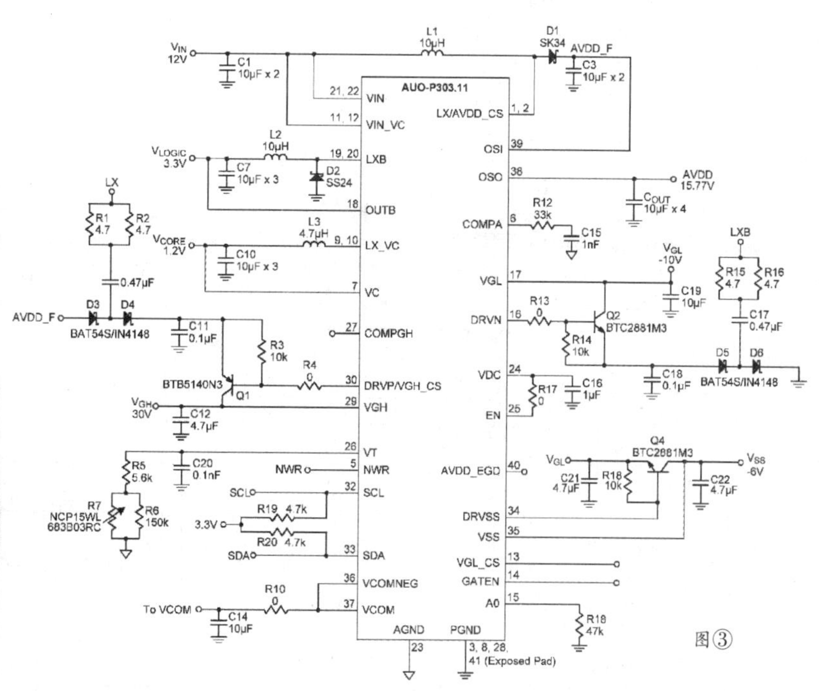

图③

表 1

引脚	符号	电压(V)	作用
1、2	LX/AVDD_CS	11.9	升压变换器内部 N-MOSFET 漏极节点
3、8、41	PGND	0	电源地
4	AVDD_GATE	0	AVDD 外部 MOSFET 的栅极驱动器输出
5	NWR	3.23	I2C 控制输入。(高:写保护)内部通过 60k 上拉电阻到 VDC
6	COMPA	0.65	AVDD 升压转换器补偿
7	VC	1.8	VCORE 的反馈电压输入
9、10	LX_VC	1.65	VCORE 的 Buck 转换器的开关输出节点
11、12	VIN_VC	12	降压转换器的电源输入,用于 VCORE 和 VGL 反相电源输入
13	VGL_CS	11.8	VGL 的电流检测输入
14	GATEN		VGL 外部 MOSFET 的栅极驱动器输出
15	A0	0	地址选择(7 位)PMIC(A0:低(0x70h),A0:高(0x71h),VCOM(A0:高(0x76h)
16	DRVN	6.6	负线性稳压器的驱动器输出
17	VGL	-10.2	VGL 的反馈电压输入
18	OUTB	3.3	降压转换器的输出信号
19、20	LXB	3	用于 VLOGIC 的 Buck 转换器的开关输出节点
21、22	VIN	12	电源电压输入,VLOGIC 的降压转换器的电源输入
23	AGND	0	模拟地
24	VDC	5	内部 LDO 输出
25	EN	5	使能 IC 的控制输入,内部下拉 120k 电阻接地
26	VT	2.9	温度检测以便进行温度补偿
27	COMPGH	0.26	VGH Boost 转换器的补偿节点
28、23	PAGND	0	接地
29	VGH	32.8	VGH 的反馈电压输入
30	DRVP/VGH_CS	0	VGH 的正线性稳压器/电流检测输入的驱动器输出。
31	GATEP	0	VGH 外部 MOSFET 的栅极驱动器
32	SCL	3.26	兼容 I2C 的时钟输入
33	SDA	3.23	兼容 I2C 的串行双向数据线
34	DRVSS	-9.27	负线性稳压器基础驱动器
35	VSS	-10.2	VSS 的反馈信号。
36	VCOMNEG	8.3	VCOM OP 的负输入。
37	VCOM	8.3	VCOM 输出
38	OSO	17.6	MOSFET 隔离输出
39	OSI	17.6	MOSFET 隔离输入
40	AVDD_EGD	12	AVDD 外部 MOSFET 的栅极驱动器

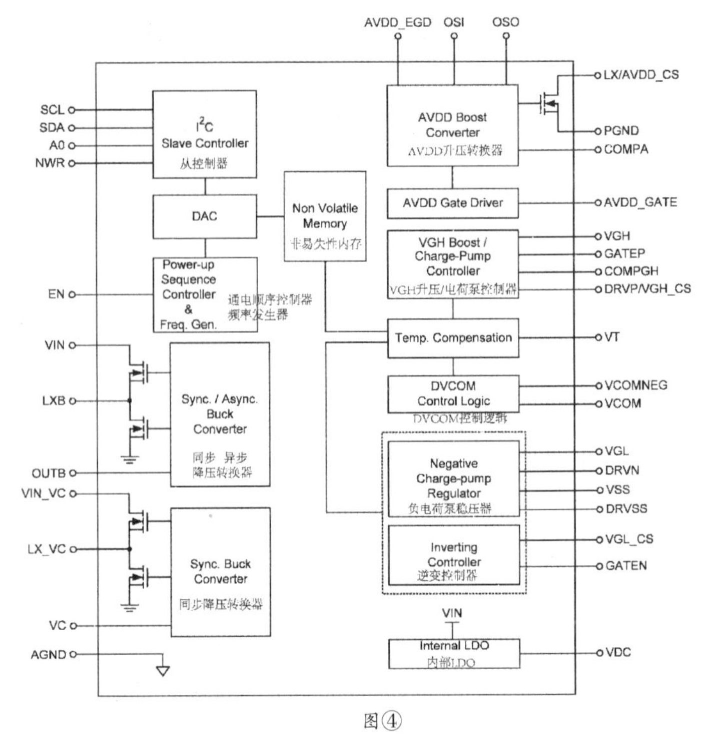

图④

过电容CT01、CT02、CT03滤波,再由电感LT01、二极管DT01、MOS管QT01及芯片UT01组成的升压电路,升压至17.6V送至屏处理电路,如下图⑤所示。

图5甲简化如图5乙所示。工作时,当开关管 VT(芯片①②脚)导通时,电感L(LT01)储存能量。当开关管VT(芯片①②脚)截止时,电感L(LT01)感应出左负右正的电压,该电压叠加在输入电压+12V_Panel上,经二极管VD(DT01)向负载供电,使输出电压大于输入电压,形成17.6V升压。CT05、CT04电解电容在电感处于储能期间给负载提供续流,二极管DT01也起到隔离作用避免电流反相。

芯片⑥脚外接的RT05、CT15组成AVDD升压转换器的补偿网络。㊴接升压电路输出端,也是MOSFE隔离输入端,用于检测升压电压是否异常,以便控制芯片内部脉宽调制周期。芯片④脚可设置成外部MOSFE管升压电路,本机型采用的是芯片内置的MOSFE驱动方案。㊵脚控制外部QT01 MOSFE的栅极,当输出脚为高电平时QT01(S-D)导通,升压电压经QT01(源极——漏极)流出作为AVDD电压为后续电路供电。㊳脚接QT01的(漏极)输出端,用于检测经隔离后的电压,通过此电压可以调制隔离MOSFE管QT01的导通时间,便于芯片内部时序设置。

(2)VGH升压电路

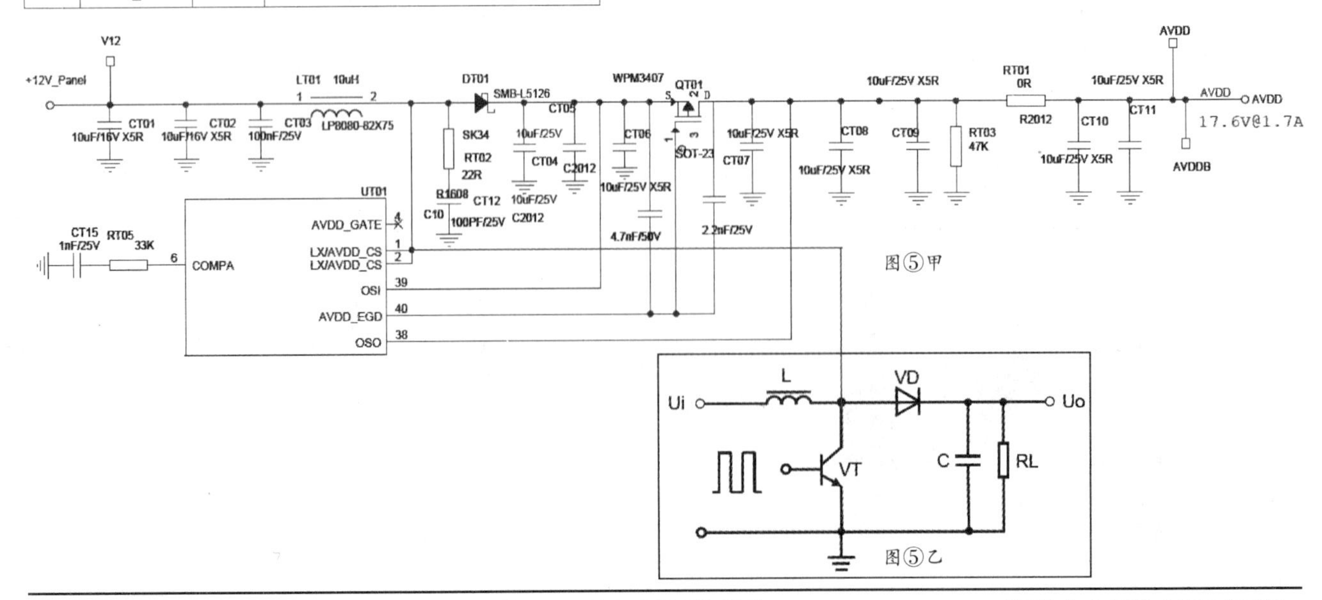

图⑤甲

图⑤乙

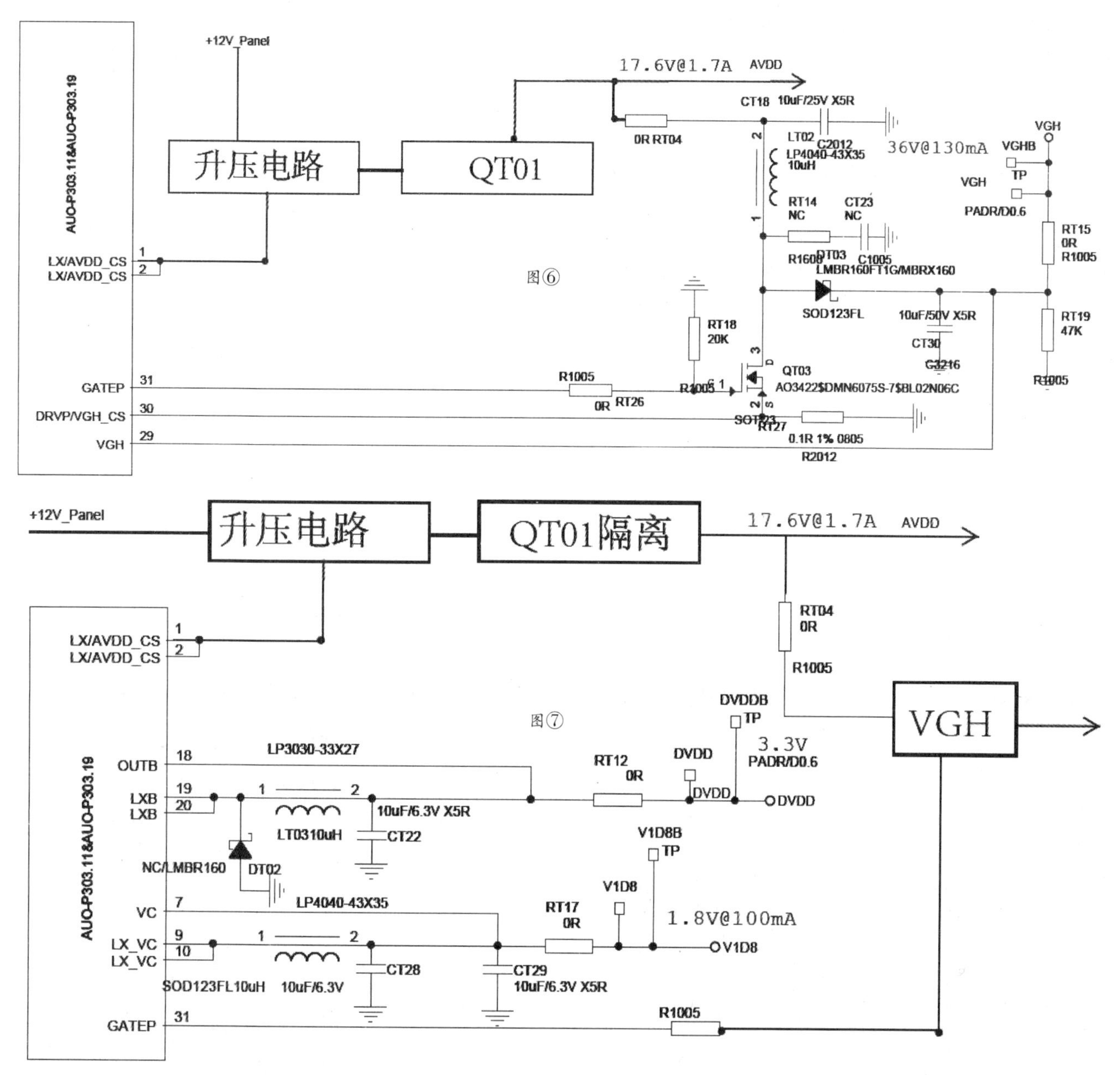

VGH：Vgatehigh，是指gate级的高电位，也就是打开gate级的电压。电路主要由QT03、LT02、DT03、芯片相关脚组成，如下图⑥所示。输入端通过RT040欧姆电阻接AVDD电压，加到储能电感LT02的2脚端，CT18为滤波电容。㉛脚控制外部QT03 MOSFET的栅极，当输出为高电位时，QT03（漏极—源极）导通经电阻RT27到地，此时电流流过电感LT02并存储电能；当输出为低电位时，QT03处于截止状态，电感LT02反相形成上负下正的电能与输入电压叠加后，经二极管DT03向CT30充电，为后续负载提供电压。㉚脚外接电阻RT27（0.1欧姆）为电流检测电阻，通过检测电阻上电流控制芯片输出周期；当负载短路时电流超过额定值将烧毁过流电阻，来保护芯片或MOSFE管。㉙脚为VGH的反馈电压输入，检测VGH输出电压值的异常状态，过低或者过高将调整芯片内部驱动周期，控制MOSFE导通时间。

（3）DVDD、V1D8降压转换电路

DVDD、V1D8降压电路均在芯片内部控制，输出分别为3.3V和1.8V。如图⑦所示。芯片⑲⑳脚LXB用于V_{LOGIC}的Buck转换器的开关输出节点，⑨⑩脚LX_VC用于V_{CORE}的Buck转换器的开关输出节点，降压转换电路可参考如&&所示的工作原理。⑱脚为DVDD输出电压反馈端，用于检测3.3V电压；⑦脚为V1D8输出电压反馈端，用于检测1.8V电压。

图⑧是一种同步降压转换器，“同步降压”指的是MOSFET用作低边开关。相对应的，标准降压稳压器要使用一个肖特基二极管作为低边开关。与标准降压稳压器相比，同步降压稳压器的主要好处是效率更高，因为MOSFET的电压降比二极管的电压降要低。低边和高边MOSFET的定时信息是由脉宽调制（PWM）控制器提供的。控制器的输入是来自输出端反馈回来的电压。这个闭环控制使降压转换器能够根据负载的变化调节输出。PWM模块的输出是一个用来升高或降低开关频率的数字信号。该信号驱动一对MOSFET。信号的占空比决定了输入直接连到输出的导通时间的百分比。因此，输出电压是输入电压和占空比的乘积。

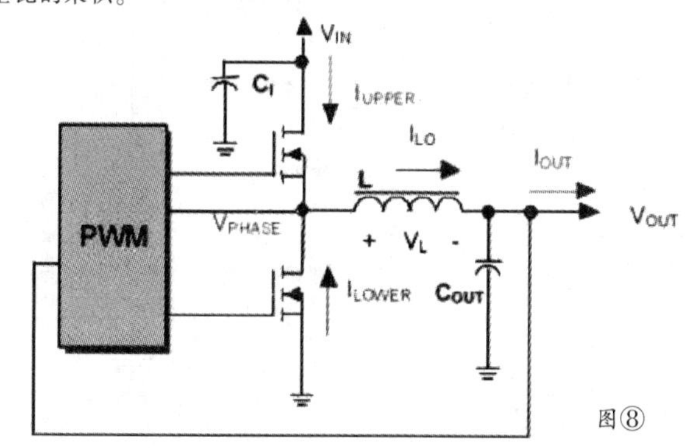

图⑧

转换器使用的是电压反馈，够保持一个稳定的输出电压，由于降压转换器开始用于各种应用中，当视频内容变化时，降压转换器上的负载也会变化。供电系统能应付各种负载变化，但在轻负载条件下，转换效率降得很快。

在芯片AUO_P303.11中的⑲⑳脚外接二极管DT02，根据负载（屏幕大小）通过芯片内部设置，实现异步降压，接入二极管可提高更好的电流适应负载的变化，本方案是NC了的。电感LT03、TL04存储作用，电容CT22、CT28储能续流作用。当功率MOS（以后简称开关），闭合时，电源通过电感LT03、TL04给负载供电，并将电能储存在电感LT03、TL04和输出电容CT22、CT28中，由于电感的自感，在开关闭合时，电流增大的比较缓慢，即输出不能立刻达到电源的电压值。一定时间后，开关断开，由于电感的自感作用，将保持电路中的电流不变，即从左到右继续流。通过控制PWM的占空比就可以控制输出的电压。在开关闭合期间，电感储存能量，在断开期间释放能量，电感也叫作储能电感。

降压转换器是一种高效PWM架构具有750kHz的工作频率和快速瞬态响应。降压转换器具有内部软启动，以减少输入浪涌电流。当降压转换器为使能时，输出电压从零缓慢上升到稳压。软启动时间为3ms（最大值）。

（4）LVSS（VGL）形成电路，如图⑨所示 VGL：Vgate low，是gate级的低电位，也就是关闭gate级的电压，在二阶驱动时此电压有效，在三阶驱动时，此电压只是用来产生VG offl。

LVSS所产生的负压，主要由：QT04、LT05、DT04、芯片内部电路等组成。芯片⑪⑫、㉑㉒2组均为供电脚，12V。㉗脚VGH 升压转换器的RC补偿网络。⑬脚VGL的电流检测输入，RT23、RT24用作输入电阻也作电流检测电阻。⑭脚为VGL外部MOSFETS（QT04）的栅极驱动器输出，在开关周期开始时，开关管QT04导通，电感LT05电流流过，电感激磁电流线性上升。二极管DT04由于承受负压处于关断状态，此时，输出的负载电流由输出的滤波电容CT35、CT36、CT37维持。开关管截止后，二级DT04导通，电感去磁，电感的电流线性下降，到下一个周期开关管QT04又导通，同时，存储在电感的中的能量向负载传输能量。⑰脚为VGL的反馈电压输入，用于检测LVSS输出的负压值异常状态，以便调整输出方波。㉔脚为芯片内部LDO电压输出5V，作为芯片㉕脚的使能控制输入。

（5）VSS形成电路

VSS（-7.8V）形成电路由QT05、LVSS电压、芯片内部电路等组成。主要完成二次负压提供，由VGL电路形成的负压-10.2V一路送到QT05的发射极，在芯片㉞脚DRVSS输出方波信号QT05导通C极输出负的7.8V VSS电压，此电压也送往芯片㉟脚作为电压检测，调整DRVSS输出方波信号，如下图⑩所示。

（6）总线控制及温度补偿电路

⑤脚为I2C控制输入（高：写保护）；㉜㉝脚TCON总线控制端，与主

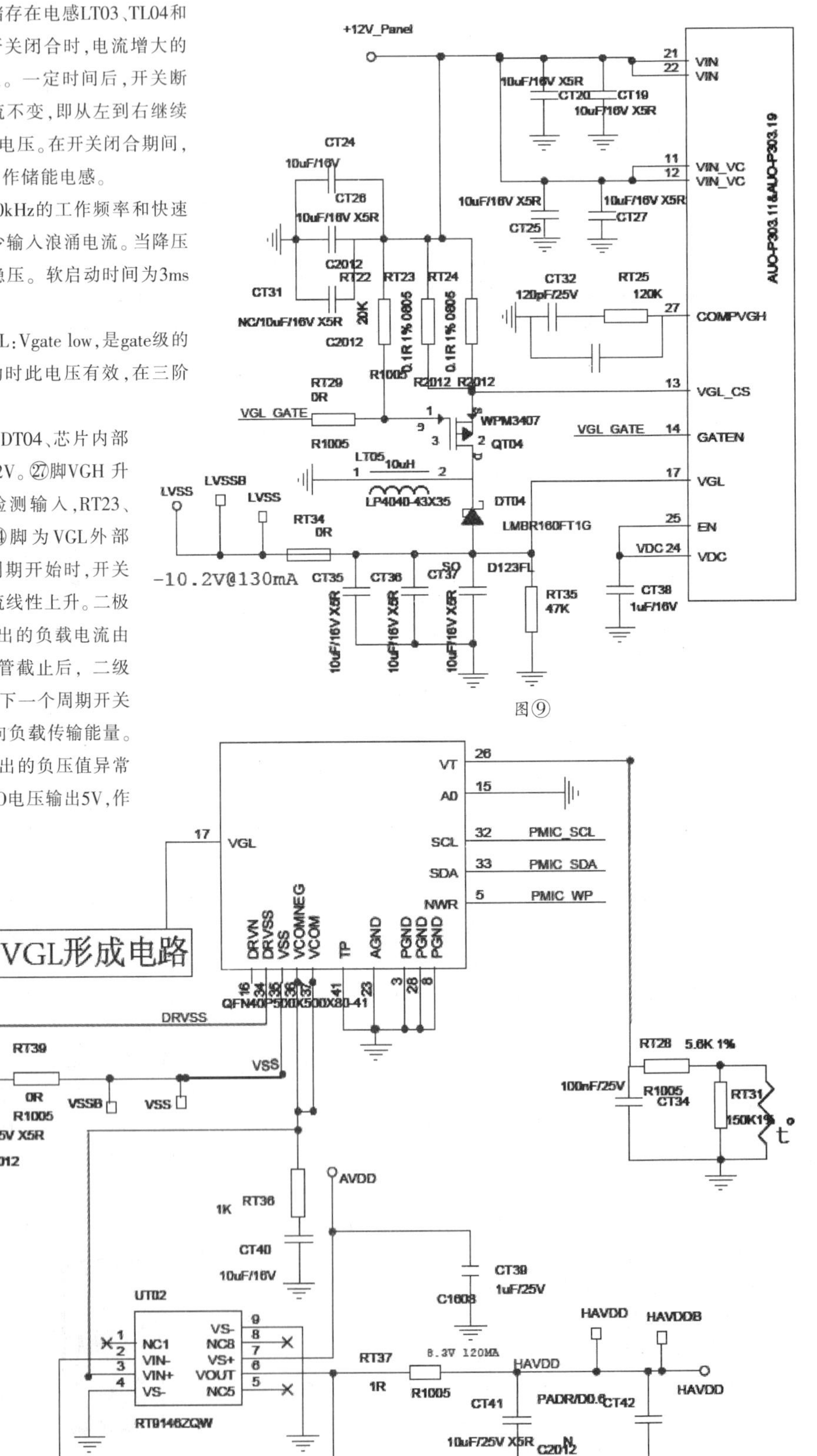

图⑨

图⑩

芯片相连。芯片㉘脚VT为温度补偿,用来保证电路在一定的温度变化范围内正常稳定地工作。因芯片内的器件有正温度系数和负温度系数之分。正温度系数器件在温度上升时它的作用或者数值增大,而负系数器件正好相反,利用它们的这一区别来搭配地使用,使得在温度变化时电路的器件参数指标尽量不变,或者少变。外部接电阻RT28、RT31来匹配,温度器件未装。

(7)数字VCOM电路,如下图⑪所示。

可编程的VCOM校准使用DAC来生成偏移电压为LCD面板供电电压参考,VCOM电压校准需要两个步骤进行调整。第一步是根据AVDD,VGH和LCD面板特性设置VCOM电压的中心值。VCOM电压可在2V至8.75V(LSB 34mV)范围内编程,也可以通过VCOMHOT寄存器设置为2V至8.75V(LSB 34mV)。第二步是通过I2C数字接口通过VCOM RAM寄存器来校准LCD面板装配线上的VCOM电压。通过I2C使用地址0x76直接修改VCOM RAM寄存器,可以对7bit +/- 64step lsb 17mV进行微调。所有其他寄存器将通过其他I2C地址0x70/0x71寻址(取决于A0引脚的状态)。VCOM电压还支持温度补偿,并允许其输出电压在低温D_VCOM_L时从较低的电压转变。VCOM的温度补偿可以通过寄存器CONFIG中的EN_TVCOM位打开/关闭。如果VCOM的温度补偿处于ON状态,则需要输入D_VCOM_D。否则,只有VCOMHOT对VCOM电压设置有效,而没有温度补偿。

芯片㊱脚VCOM反馈检测端,㊲脚为VCOM电压输出8.3V电压,由于芯片提供此电压带负载能力不够,通过增加UT02(RT9146)运算放大器来提高带载能力。

(8)芯片工作相关参数

a. 关键电气参数

参数	符号	状态	最小	典型	最大	单位
输入电压范围	VIN	–	9.5	12	14	V
VIN欠压锁定阈值	V_{UVLO}	VIN下降,关闭IC	6.84	7.6	–	V
		VIN下降,禁用I2C接口功能,以避免更改NVM和寄存器值	8	–	–	
		VIN上升,软启动重起	–	7.9	8.66	
VIN静态电流	IIN	升压和降压转换器不转换,空载(EN = 0)	–	2.5	–	mA
		升压和降压转换器开关,空载	–	8	–	
升压输出电压范围	VAVDD (Boost)	VAVDD(升压)> 1.14 x VIN	10.83	15.77	19.02	V
升压过压故障阈值	VOVP_AVDD (Boost)	VAVDD(升压)上升,停止开关	–	19.7	20	V
		VAVDD(升压)下降,重启开关	19.2	19.5	–	
外部N-MOSFET开关电流限制	ILX_AVDD (Boost)	RCS = 0.05	0.24	0.	0.36	V
SEPIC输出电压范围	VAVDD (SEPIC)	–	5.63	11	14.08	V
外部N-MOSFET开关电流限制	ILX_AVDD (SEPIC)	RCS = 0.05	0.24	0.	0.36	V
正电荷泵稳压器输出电压范围	VGH (PCP)	–	19	27	34	V
升压过压故障阈值	VOVP_VGH (Boost)	VGH(升压)上升,停止转换	–	-43.2	44.5	V
		VGH(升压)下降,重启开关	41	42.2	–	V
栅极驱动器输出	高电平	GDOH_VGH(升压)	4.5	–	5.5	V
	低电平	VGDOL_VGH(升压)	0	–	0.3	V
VGH温度补偿电压范围	VGH_T	–	24.5	35	40	V
VGL温度补偿电压范围	VGL_T	–	-20	-19.5	-4.5	
降压输出电压范围	VLOGIC	–	2.2	3.3	3.7	V

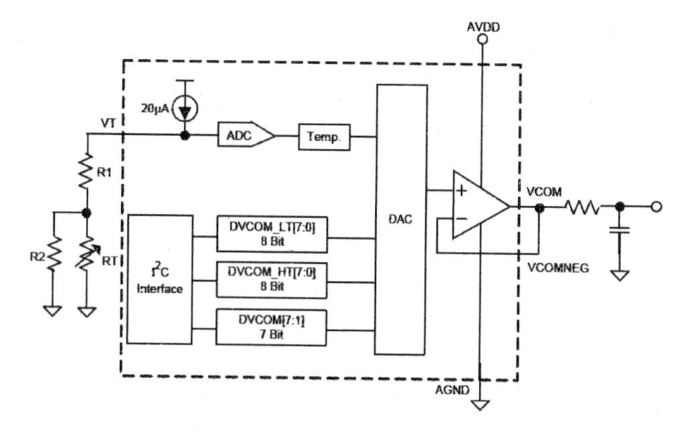

图⑪

b. 故障保护条件

AVDD	OCP	电流低于OCP值时开关停止
	SCP	1. AVDD降至AVDD的15%以下(@软启动完成)①关闭GD_MOS,LX停止切换;②SCP 2ms,GD闩锁;③关断AVDD/VGH 2. 如果AVDD_F <VIN-0.15V,则关闭AVDD/VGH,(@ soft-start完成,并且AVDD_F> 1.14 x VIN),IC将锁存GD以关闭PMOS
	OVP	电压低于OVP值时开关停止
	FaultTripLevel	如果AVDD下降到AVDD的85%以下超过50ms则AVDD/VGH会关断,IC将锁存GD以关闭PMOS
VCORE	OCP	电流低于OCP值时开关停止
	SCP	如果VCORE下降到低于VCORE的15%以下超过2ms则关闭整个IC
	FaultTripLevel	如果VCORE下降到VCORE的85%以下超过50ms则关闭整个IC
VLOGIC	SCP	电流低于OCP值时开关停止
	OVP	电压低于OVP值时开关停止
	FaultTripLevel	如果VLOGIC低于VLOGIC的85%以下超过50ms则关闭VLOGIC/VGL/AVDD/VGH
VLOGIC	SCP	空
VGH C/P	OVP	1. VGH降至VGH的15%以下(@ soft-start已完成)①关闭GD MOS并关闭VGH稳压器;②SCP 2ms,GD闩锁;③关断AVDD/VGH 2.如果AVDD_F <VIN-0.15V,则关闭AVDD/VGH(@软启动完成),并且IC将锁存GD以关闭PMOS
	FaultTripLevel	如果VGH下降到VGH的80%以下超过50ms,则关闭VGH
VGH Boost	OCP	电流低于OCP值时开关停
	SCP	1. VGH降至VGH的15%以下(@ soft-start已完成)①关闭GD MOS,LX/Gate P停止切换;②SCP 2ms,GD闩锁;③关断AVDD/VGH 2.如果AVDD_F <VIN-0.15V,则关闭AVDD/VGH(@软启动完成),并且IC将锁存GD以关闭PMOS
	OVP	电压低于OVP值时开关停止
	FaultTripLevel	如果VGH下降到VGH的80%以下超过50ms,则关闭VGH
VGL C/P	SCP	空
	OVP	如果VGL上升超过VGL C / P的15%,超过2ms,则关闭AVDD/VGH/VGL
	FaultTripLevel	如果VGL升到80%超过50ms,则关闭AVDD/VGH/ VGL
VSS C/P	SCP	空
	OVP	如果VSS小于VSS C / P的15%,超过2ms则关断AVDD / VGH / VGL / VSS
	FaultTripLevel	如果VSS小于80%大于50ms,则关闭AVDD/VGH/VGL/VSS
VGL Inverting	SCP	直到电流低于OCP停止开关
	OVP	如果VGL上升到VGL的15%以上,超过2ms则关断AVDD/VGH/VGL
	FaultTripLevel	如果VGL上升到80%以上,超过80ms则关闭AVDD/ VGH/VGL

(9)保护电路

1)VGH升压过流保护

AUO-P303.11可以限制峰值电流以达到过流保护。IC检测在导通期间流入VGH_CS引脚的电感器电流。如果峰值电感器电流达到0.6A(典型值),则外部N-MOSFET将关闭。VGH升压过压保护如果VGH引脚高于43.2V(典型值),则转换器会关闭MOSFET开关。一旦输出电压降至过压阈值以下,转换器便恢复工作。

2)SEPIC过压保护:如果SPEIC引脚高于15V(典型值),则转换器MOSFET关闭。一旦输出电压降至过压阈值以下,转换器便恢复工作。

3)降压过流保护:在芯片LXB引脚外感应流过的电感器电流。如果峰值电感电流达到2.7A(最小值),内部MOSFET将关闭。为了限制短路电流,该设备通过以下方式进行循环:为了避免在输出短路至GND时短路电流上升到内部电流限制以上,开关频率也要降低。当输出电压低于标称电压的85%时,开关频率降低至原始频率的一半,而当输出电压低于标称电压的15%时,开关频率降低至原始频率的四分之一。如果短路消除,则降压转换器将恢复工作。如果在50ms后电压仍低于85%,则IC将关闭。(LX_VC端原理相同)

3)VGL负电荷泵控制器保护:如果VGL电压低于80%,则此功能可以禁用VGL负电荷泵控制器。如果VGL电压在80ms内保持低于80%的电压,则IC将关闭。

4)VSS负调节器保护:如果VSS电压低于80%,则此功能可以禁用VSS负稳压器。如果VSS电压保持低于80%持续50ms,IC将关闭。VGH正电荷泵控制器VGH正电荷泵控制器为电平转换器提供高电平电压。

5)过流保护:升压和降压转换器短路保护电路,防止电感或整流二极管当输出短路时会因过热而损坏。发生短路时,输出电流将受到限制,并且输出电压会降低。如果VAVDD或VLOGIC小于输出电压的85%,VGH Boost小于输出电压的80%,并且故障持续时间大于50ms,则输出电压将关闭。VGH和VGL也具有短路保护。当VGH,VGL和VSS处于短路状态时,DRVP,DRVN和DRVSS闭合。

6)欠压锁定(UVLO):为确保输入电压足够高以确保正常工作,UVLO电路将VIN处的输入电压与UVLO阈值(上升7.9V,下降7.6V)比较。当VIN降至UVLO下降阈值以下时,控制器关闭所有IC内部功能,并且UVLOVIN降至低于UVLO下降阈值。当VIN降至UVLO下降阈值以下并立即上升时,或者寄存器电压发生异常,则NVM将重新下载数据过程,IC将通过软启动重新启动,直到编程完成。

7)热过载保护:热过载保护可防止AUO-P303.11芯片由于过度的功耗而导致过热。当温超过150°C时,传感器激活故障而保护,这将关闭所有除参考电压外的输出,使IC冷却下。

8)短路保护(SCP):芯片AUO-P303.11具有短路保护功能,防止电感或整流二极管过热输出短路。如果输出电压在低于自身电压的15%的情况下持续2ms,则输出将立即关闭。

9)过压保护:升压变换器具有过电压保护功能,以防止内部MOSFET损坏。在这种情况下,输出电压会上升,并由OSI/VGH引脚上的过压保护比较器进行监控。一旦比较器以典型的19.7V/43.2V跳闸时,升压转换器就会关闭N-MOSFET。输出电压降至过压阈值以下,转换器将继续运行。

3.2 RT9146运算放大器

RT9146(UT02)是一个低功率、高变动率、单通道输入和输出的运算放大器。包含了一个放大器。具有高变动率(35V/μs)、1A 峰值输出电流以及低于 15mV 时的偏移电压。非常适合应用在薄膜晶体管液晶显示器上。RT9146 采用 WDFN-8L 3x3 封装;工作于额定温度 -40℃ to 85℃的范围。

1. RT9146特征

输出类型:满摆幅;电压摆率:35 V/μs;增益带宽积:12MHz;-3db带宽:16MHz;电流 - 输入偏置:2nA;电压 - 输入失调:2mV;

电流 - 电源:4mA;电流 - 输出/通道:1.4A;

电压 - 电源:6 V ~ 20 V;工作温度:-40℃ ~ 85℃

2. RT9146简化示意图,如图⑫所示。

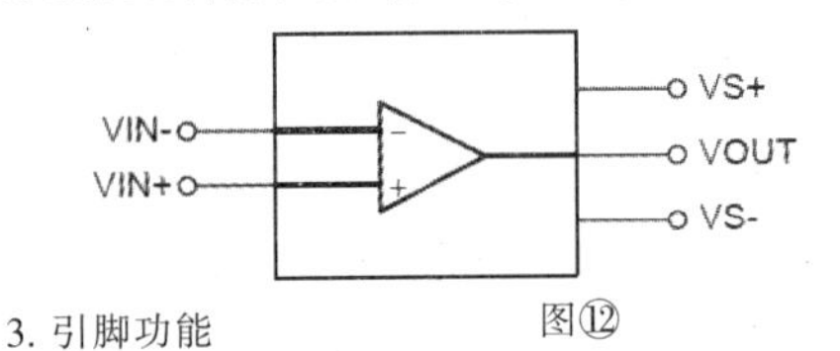

图⑫

3. 引脚功能

引脚	符号	电压(V)	功能
1、5、8	NC	0	内部无连接 空
2	VIN-	17.6	负输入
3	VIN+	8.3	正输入
4、9	VS-	0	负电源输入
6	VOUT	8.3	输出
7	VS+	17.6	正电源输入

4. 放大器工作原理

如图⑬所示,运算放大器具有两个输入端和一个输出端,其中标有"VIN+"号的输入端为"同相输入端"而不能叫作正端),另一只标有"Vin-"号的输入端为"反相输入端"同样也不能叫作负端,如果先后分别从这两个输入端输入同样的信号,则在输出端会得到电压相同但极性相反的输出信号;输出端输出的信号与同相输入端的信号同相,而与反相输入端的信号反相。运算放大器所接的电源可以是单电源的,也可以是双电源的,本方案接双电源方式。根据运算放大器的特性,运算放大器的放大倍数为无穷大时,只要它的输入端的输入电压不为零,输出端就会有与正的或负的电源一样高的输出电压,本来应该是无穷高的输出电压,但受到电源电压的限制。如果同相输入端输入的电压比反相输入端输入的电压高,哪怕只高极小的一点,运算放大器的输出端输出一个与正电源电压相同的电压;反之,如果反相输入端输入的电压比同相输人端输入的电压高,运算放大器的输出端输出一个与负电源电压相同的电压(如果运算放大器用的是单电源,则输出电压为零)。由于放大倍数为无穷大,所以不能将运算放大器直接用来做放大器用,必须要将输出的信号反馈到反相输入端(称为负反馈)来降低它的放大倍数。一般的都接有反馈电阻,本方案采用了直接反馈到VIN- 内部来实现负反馈。

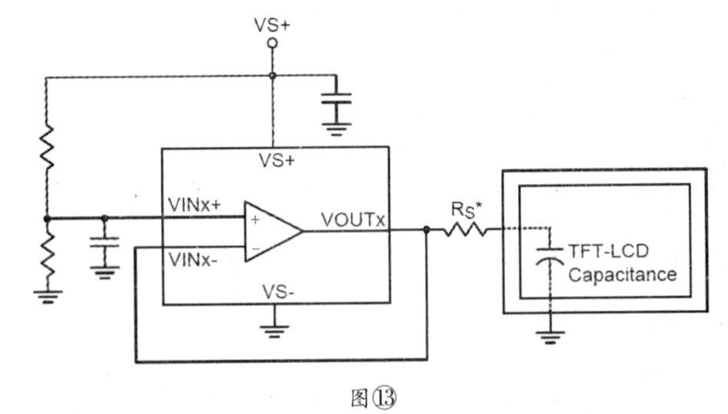

图⑬

电源管理芯片的㊲脚输出VCOM电压8.3V,经电阻RT36缓冲输入到运算放大器UT02的③脚作为放大器的同相输入;芯片⑦脚为高电压AVDD 17.6V第二电源输入;⑥脚电压输出为HAVDD电压(V_{COM},液晶屏公共电压),同时接入到②脚作为负反馈输入,因运算放大器的电压增益非常大,范围从数百至数万倍不等,使用负反馈方可保证电路的稳定运作。本方案加入此芯片提高工作电流,增强带负载能力,因为芯片直接输出的电流不足以带动负载。

Gamma电压是用来控制显示器的辉阶的,一般情况下分为G0~

G14，不同的Gamma电压与Vcom电压之间的压差造成液晶旋转角度不同从而形成亮度的差异，Vcom电压最好的状况是位于G0和G14的中间值，这样液晶屏的闪烁状况会最好，单是基本上很难做到。液晶需要动态电压控制，否则容易形成惰性。G0~G14于Vcom之间的压差正好构成了类似于正弦波的电压方式，避免了液晶在同一亮度下的惰性停滞状况发生。

5. 其他说明

在55Q7 ART机型中TCON板采用RT9146用于LCD V-com的缓冲，芯片内部由短路保护用于保护设备免受输出短路的影响。

3.3 电平转换 RT8939A芯片

1. RT8939A概述

电平转换器用于生成高压信号以驱动TFT LCD面板。RT8939A是一款14通道高压电平转换器，用于驱动GOA（阵列上的门）TFT-LCD。该芯片将时序控制器（T-con）生成的逻辑电平信号转换为用于显示面板的高电平信号。它提供14个输出（CLK1至CLK10，STVOUT，LFCLK1，LFCLK2和XAO），这些输出从VGL2切换到VGH1，VGL2到VGH2，从VGL1到VGH1且电容负载高达4.7nF。它还集成了复位功能。只要VCC达到VDET1电平，所有通道都将被拉至VGH1（或VGH2）。该器件采用WQFN-28L 4x5封装，适合GOA TFT-LCD面板。

2. 芯片运用拓扑图，如图⑭所示。

3. RT8939A特征及引脚图，如图⑮所示。

- 输出电压范围-18V至40V；
- CKL1至CKL10摆率可驱动高达4.7nF的负载；
- VDET1放电功能；
- 短路电流保护；
- 过热保护；
- 28引脚WQFN宽封装
- 符合RoHS，无卤素。

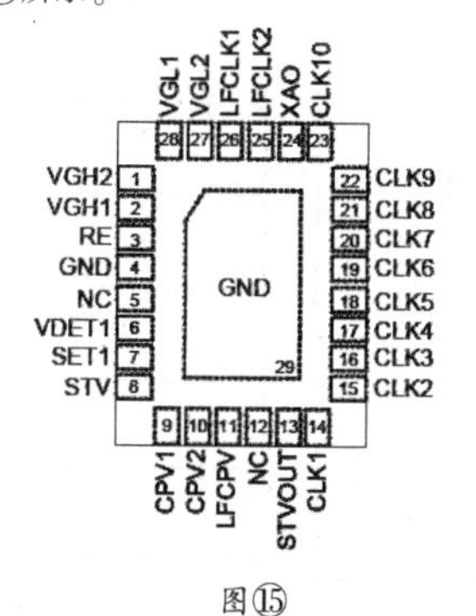

图⑮

4. 芯片内部框图，如图⑯所示。

5. 芯片引脚功能描述（表2）

表 2

引脚	符号	电压(V)	作用
1	VGH2	32.3	正电源输入，供给 LFCLK1 和 LFCLK2
2	VGH1	32.3	正电源输入，供给 STVOUT，CLK1 至 CLK10，XAO
3	RE	-10.2	GPM 上升/下降斜率设置。如果停用 GPM 功能，则将此引脚连接到 VGL2
5、12	NC	-	空脚
4、29	GND	0	地
6	VDET1	1.3	当 VDET1 由高到低时，具有放电功能的液晶电容，所有输出通道上拉至 VGH1 或 VGH2。
7	SET1	0	用于 CLK 选择的设置引脚。开/高：10 CLK；低电平：8 CLK
8	STV	0	电平转换器输入，用于栅极启动
9	CPV1	0.1	用于 GCLK 启动的电平转换器输入，CLK 上升取决于 CPV1 下降沿。
10	CPV2	0.1	用于 MCLK 启动的电平转换器输入，CLK 下降取决于 CPV2 上升沿。
11	LFCPV	0	电平转换器输入，用于 LFCLK1 和 LFCLK2
13	STVOUT	-10.3	电平转换器输出信号，与 STV 同步
14~23	CLK1~CLK10	5.8	电平转换器时钟输出
24	XAO	-7.85	电平转换器高压输出，用于放电
25	LFCLK2	-9.9	电平转换器 LFCLK2 时钟输出。
26	LFCLK1	-9.9	电平转换器 LFCLK1 时钟输出
27	VGL2	-10.2	负电输入，供给 STVOUT，CLK1 至 CLK10，LFCLK1 和 LFCLK2
28	VGL1	-7.85	负电输入，供 XAO

6. 工作特性，如图⑰所示。

当VDET1大于0.95V时，Vcc准备工作。电平转换器STVOUT的输出，CLK1至CLK10，LFCLK1将跟随VGL2，XAO将被拉至VGL1，而LFCLK2将跟随VGH2。当VGH1大于18V时，STV，CLK1至CLK10，

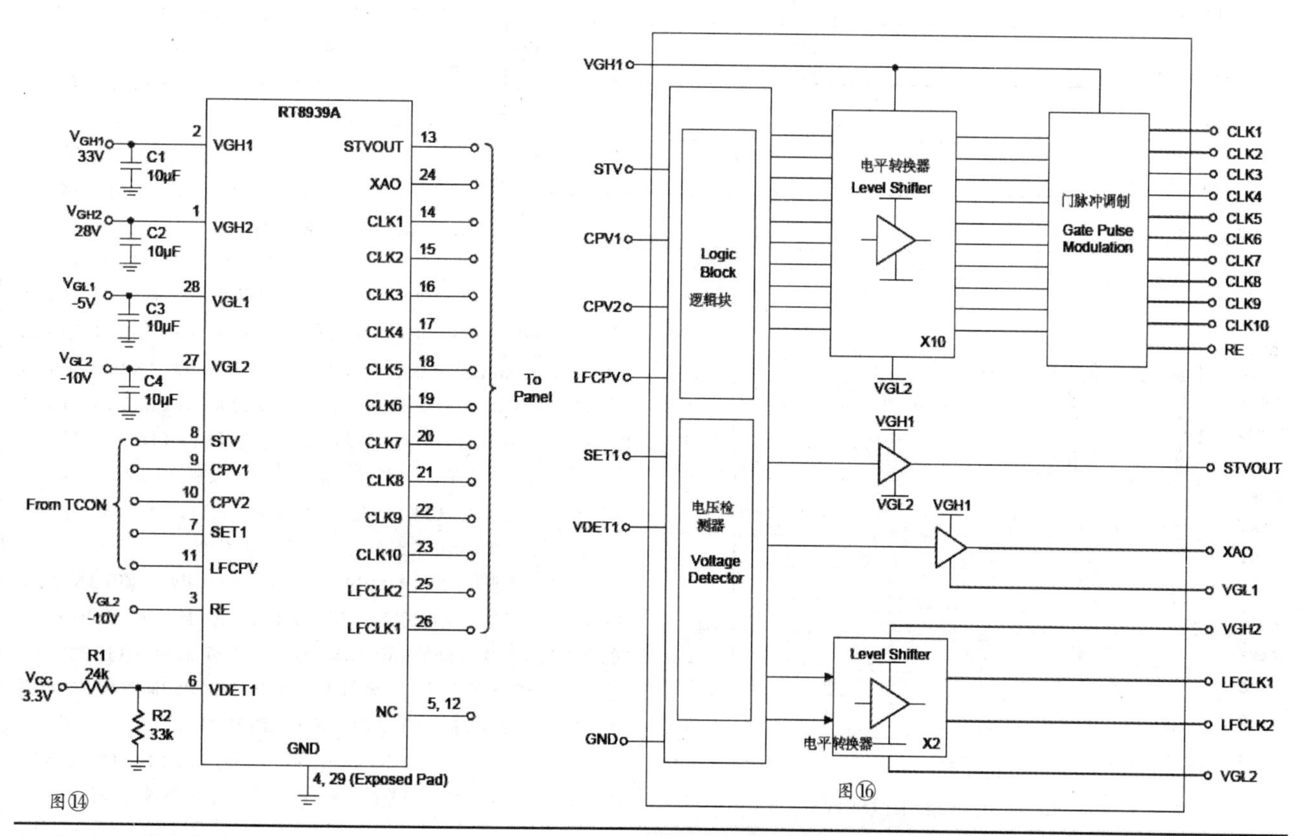

图⑭　图⑯

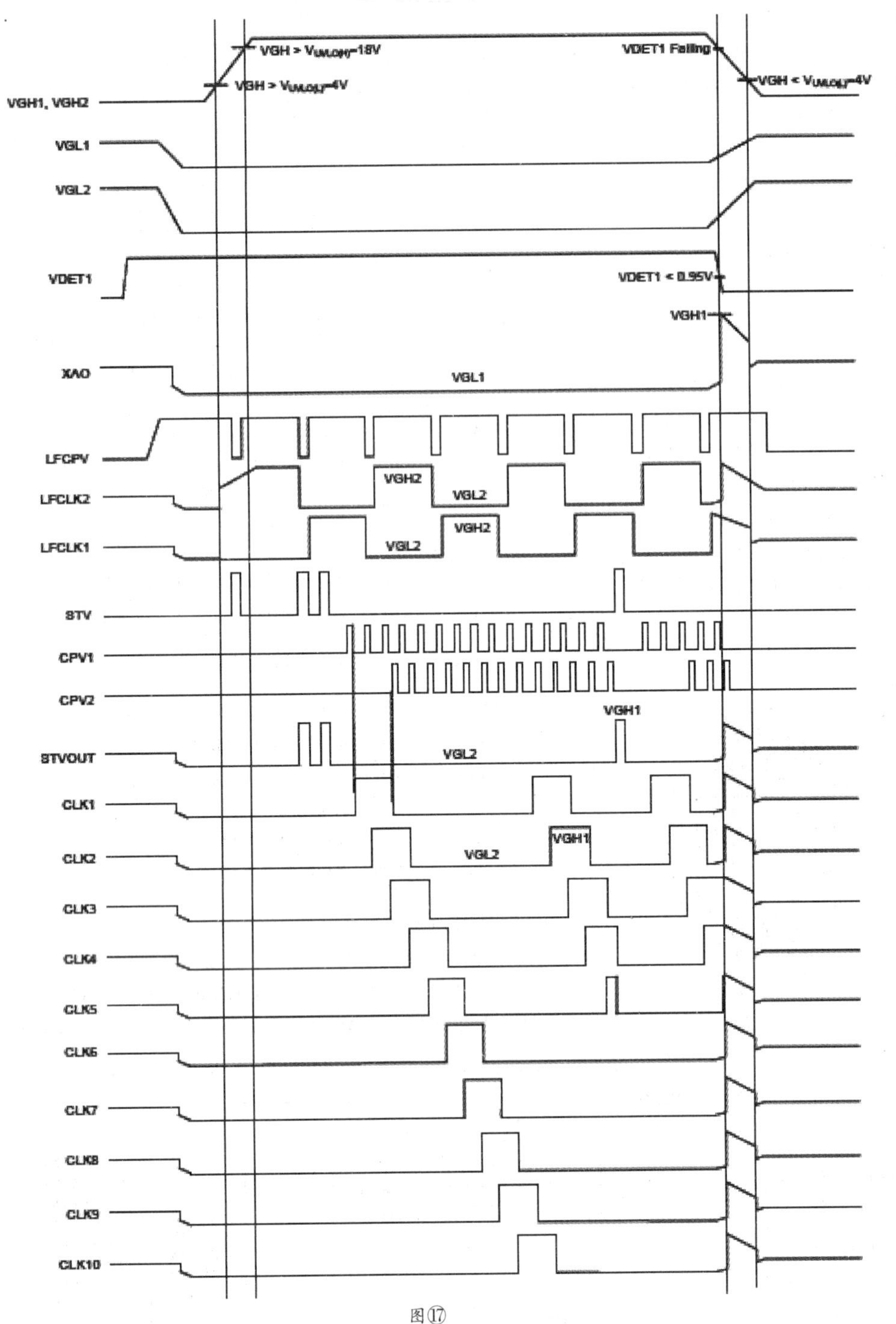

图⑰

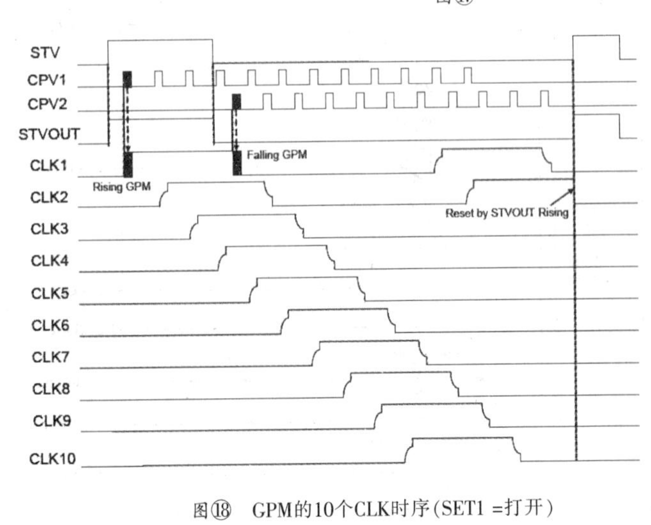

图⑱　GPM的10个CLK时序（SET1 =打开）

LFCLK1和LFCLK2将起作用。

当VGH1低于4V时，电平转换器STVOUT，CLK1至CLK10，LFCLK1和XAO的输出将拉至低电压电平，而LFCLK2将被拉至高电压电平。一旦VDET1降至其阈值电压以下，电平转换器的所有输出将拉至高电压电平。

此外，RT8939A具有由SET1引脚控制的2种相位选择（8-CH和10-CH）。此外，RT8939A包含由CPV1和CPV2控制的门脉冲调制。

开机顺序，当VDET1上升阈值电压时，VCC准备就绪。电平转换器STVOUT的输出，CLK1至CLK10，LF CLK1将跟随VGL2，XAO将拉至当VGH1超过VGL1和L FCLK2将跟随VGH2 VUVLO （L）。在VGH1超过VUVL O(H)之前，输入信号来自STV的CPV1，CPV2和LF CPV将被忽略，并且所有输出保持其初始状态。在VGH1之后超过VUVLO （H），STV和CLK1至CLK10不起作用直到收到第一个STV上升沿。另外，LFCLK2接收到第一个下降沿时将拉至VGL2 VGH1超过VUVLO(H)后的LFCPV。然后，LFCLK1启动在下一个LFCPV高脉冲之后，LFCLK2保持在低电平直到第三个LFCPV高脉冲到来LFCLK2变为高电平，LFCLK1拉至低电平，依此类推。

关机顺序：一旦VDET1降至其阈值电压以下，电平转换器的所有输出将拉至CLK1至CLK10的高电平，STVOUT和XAO跟随VGH1，LFCLK2和LFCLK1跟随VGH2。当VGH1降至VUVLO(L)以下时，所有输出返回其初始状态，LFCLK2拉至高电平级别，其他则拉低。

电平转换功能：RT8939A包含14通道电平转换器。有5个信号生成LFCLK1，LFCLK2，STVOUT和CLK1至CLK10。VGH1是STVOUT，CLK1至CLK10和XAO的高电压电平。VGH2是LFCLK1和LFCLK2的高电压电平。VGL1是XAO的低电压电平。VGL2是LFCLK1，LFCLK2，STVOUT和CLK1至CLK10的低电压电平。LFCPV决定LFCLK1和LFCLK2的输出状态。STV是电平转换器的开始和结束脉冲。CPV1和CPV2确定GPM的上升和下降时间，以及CLK1至CLK10的长度。SET1确定CLKx的输出相位。在下一个STV上升沿到来之前，不能更改状态。

门脉冲调制(GPM)：RT8939A门脉冲调制由CPV1和CPV2控制，其中CLKx的路径连接到RE引脚。当CPV1变高时，GPM上升。当CPV2升高时，就会发生GPM下降的情况。通过在RE引脚外部的GND上增加一个电阻来确定GPM的上升和下降斜率。当CPV1和CPV2同时具有高电平时，CPV2优先级高于CPV1。 图⑱显示了GPM时序图。

短路电流保护(SCP)：RT8939A在CLK1至CLK10，STVOUT和XAO上具有短路电流保护。当输出电流达到其SCP电平超过4μs时，所有输出将关闭，但将在4ms后自动恢复。LFCLK1和LFCLK2没有短路电流保护。

过热保护（OTP）：过热保护可防止RT8939A因功耗过大而过热。当结温超过150°C时，将触发OTP以关闭所有输出。电平转换器具有滞后= 30°C的自动恢复功能。

7.芯片单元电路工作原理

（1）电平转换电路，如图⑲所示。

芯片①②脚为VGH 17.6V电源输入，为芯片内部电平转换电路提供电压。③脚为芯片内部GPM上升/下降斜率设置外接LVSS -10.2V的负压。⑥脚外接3.3V电压，当VDET1由高到低时，所有输出通道上拉至VGH1或VGH2。⑦脚为CLK路数选择的设置引。高电平时为10路 CLK输出；低电平时为8 路CLK输出。⑧脚电平转换器控制输入，主芯片I/O3提供驱动信号控制电平转换电路STV内部栅极启动。⑨⑩CPV1/2脚用于CLK启动的电平转换器输入，主芯片I/O2提供驱动信号控制电平转换电路。⑪脚LFCPV电平转换器输入，主芯片I/O4提供驱动信号控制电平转换电路（如图⑳所示）⑬脚STVOUT电平转换器输出信号XL/XR，同

MOD_TX_P12 / BLUE[3] / LVA3- / Vx1_12- D3 P2P-LOCK
MOD_TX_N12 / BLUE[2] / LVA3+ / Vx1_12+ C2 TCON-I/O3
MOD_TX_P13 / BLUE[1] / LVA4- / Vx1_13- C1 TCON-I/O2
TCON-I/O4

图⑳

步到上屏端口到屏电路上。⑭-㉓脚10路CLK1~10电平转换器时钟输出，通过上屏插座到屏电路作为电路时钟输入信号。㉔脚XAO电平转换器输出，分2级电路一路为XAO1作为屏的放电电压；另一路通过4只三极管产生XAO2电压作为屏的放电电压。㉕㉖脚为电平转换器LFCLK2/1时钟输出，通过上屏插座到屏电路上。㉗脚VGL2为LVSS负电输入，经内部电平转换电路提供给STVOUT，CLK1至CLK10，LFCLK1和LFCLK2电路。㉘脚VGL1为VSS负压输入，经内部电平转换后提供给XAO电路。

2）XAO2电路

由QT08、QT09、QT10、QT11等外围器件组成放电电路，如图㉑所示。在本机方案中采用了2组放电电压XAO1和XAO2。由于液晶工作处于不断的开关状态，当在关闭电视时，防止液晶屏产生残影而加入此

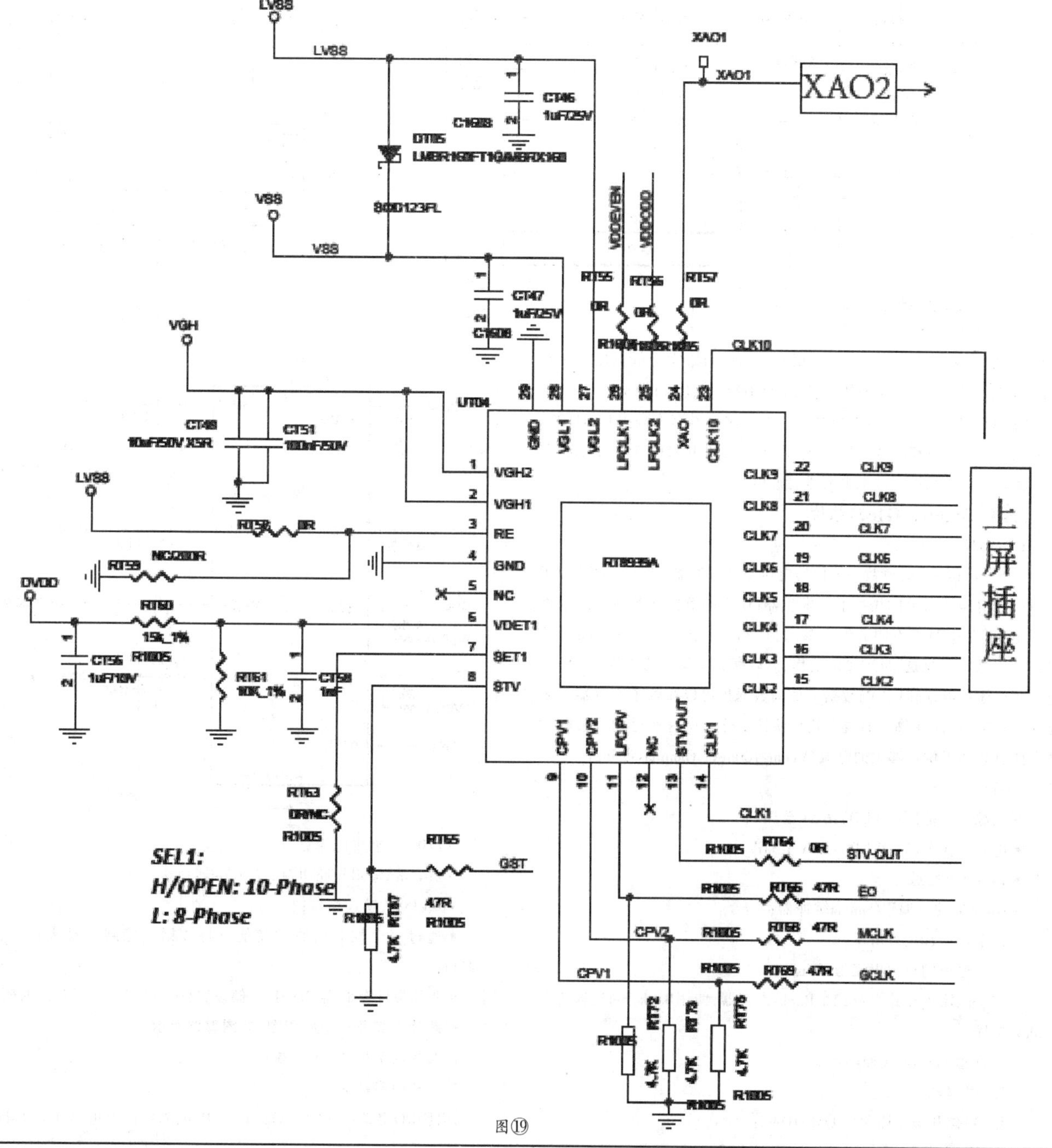

图⑲

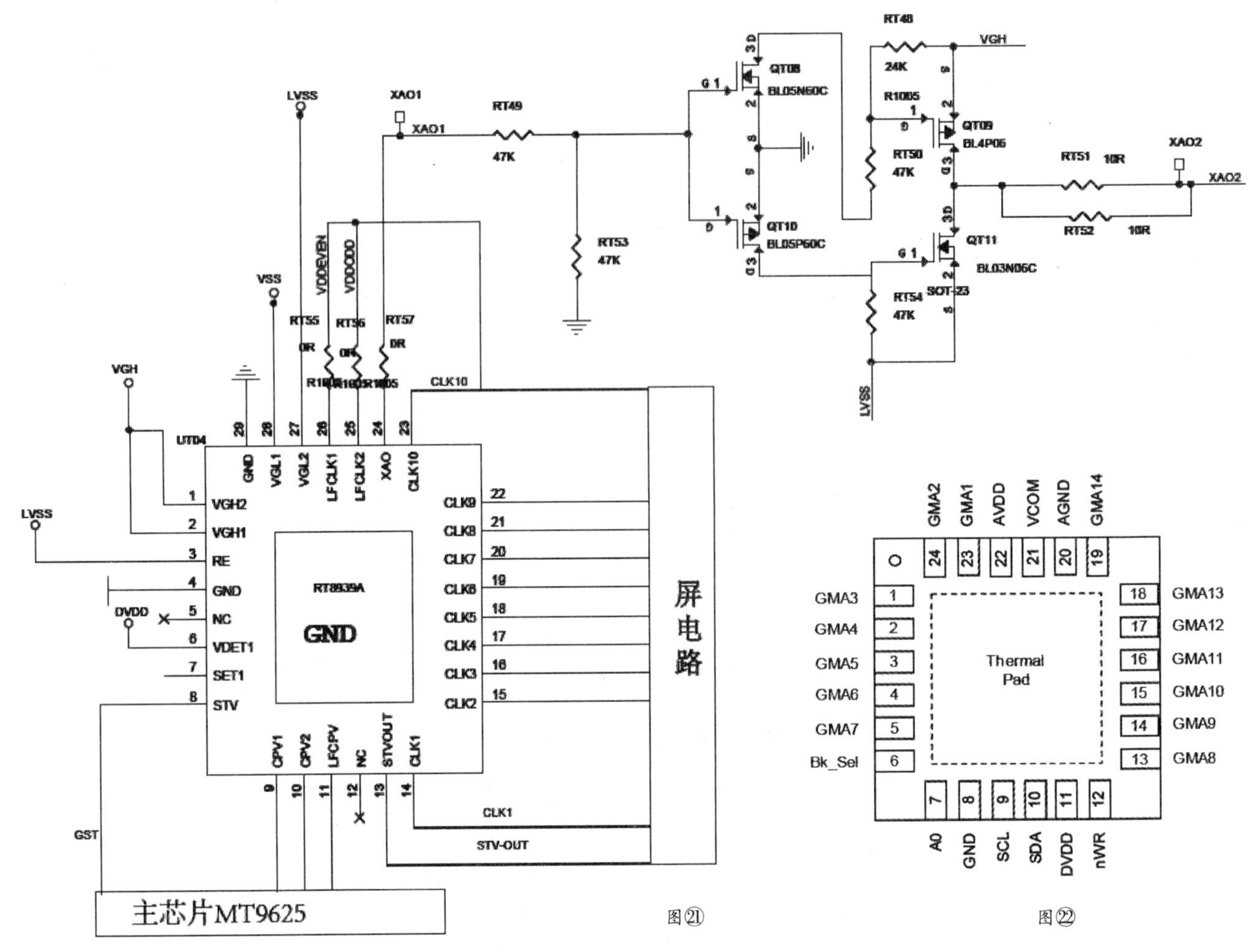

图㉑　　图㉒

电路，部分液晶电视只有一路。在正常工作期间㉔脚为低电位，XAO1和XAO2输出的均为负压，QT08、QT10、QT09截止，QT11导通LVSS电压经电阻RT51、RT52输出XAO2电压；当关闭时，㉔脚为高电位，QT08、QT10、QT09导通，QT11截止VGH电压经QT11和电阻RT51、RT52输出XAO2电压，对液晶屏充放电电荷进行放电。

3.4 P_Gamma G1621芯片

1. G1621芯片概述

G1621是14＋1通道数字编程的电压基准缓冲器，适用于TFT-LCD应用。它由14个通道的缓冲电压发生器(用于调节伽马曲线)，两个寄存器组(可存储两组不同的伽马参考值)和1个通道(用于VCOM缓冲器)组成。数字数据通过I2C接口编程，然后存储在集成的NVM中。NVM允许两组伽马数据和VCOM数据。伽马数据集可以在两个寄存器组之间动态切换，从而在伽马曲线上获得快速变化。所有通道均能够驱动高容性负载并提供足够大的电流(Vcom：100mA；Gammas：25mA)

2. 特征

● 电源工作范围(AVDD)：6.5V至18V；

● 电源工作范围(DVDD)：2.9V至3.6V；

● 14＋1个通道：

—14通道的可编程Gamma缓冲器；

·每个通道10位分辨率；

·每个通道的输出电流为±25mA；

·±75mA输出短路电流；2个Banks寄存器，使用Bank_Sel选择哪个Bank数据输出；

— 1通道的Vcom缓冲器：

·7位可调输出；

·最多7位和最小限制VCOM的DAC；

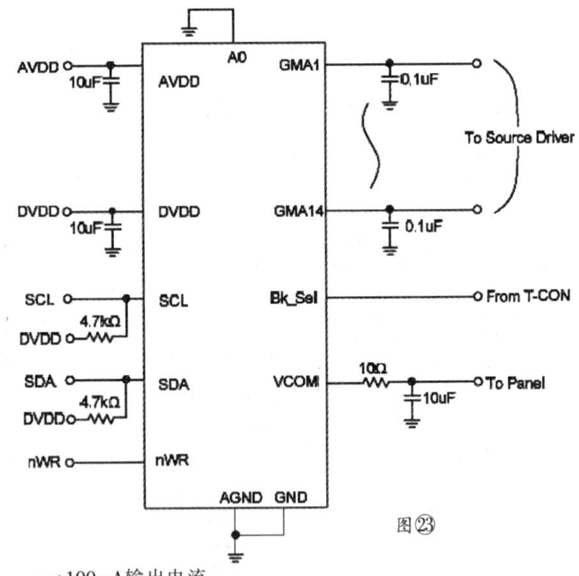

图㉓

·±100mA输出电流；

·±140mA输出短路电流；20V/μs转换率；

● 2线I²C从模式接口；

● 通过一个控制引脚的使能，将数据存储到非易失性存储器(NVM)；

● 非易失性存储器(NVM)存储设置(至少100次重新写入时间)。

3. 芯片引脚及典型应用图，如图㉒㉓所示。

4. 芯片内部框图，如图㉔所示。

5. 芯片引脚功能(表3)

#引脚I/O定义：I：输入；O：输出；P：电源。以上电压正常开机，但

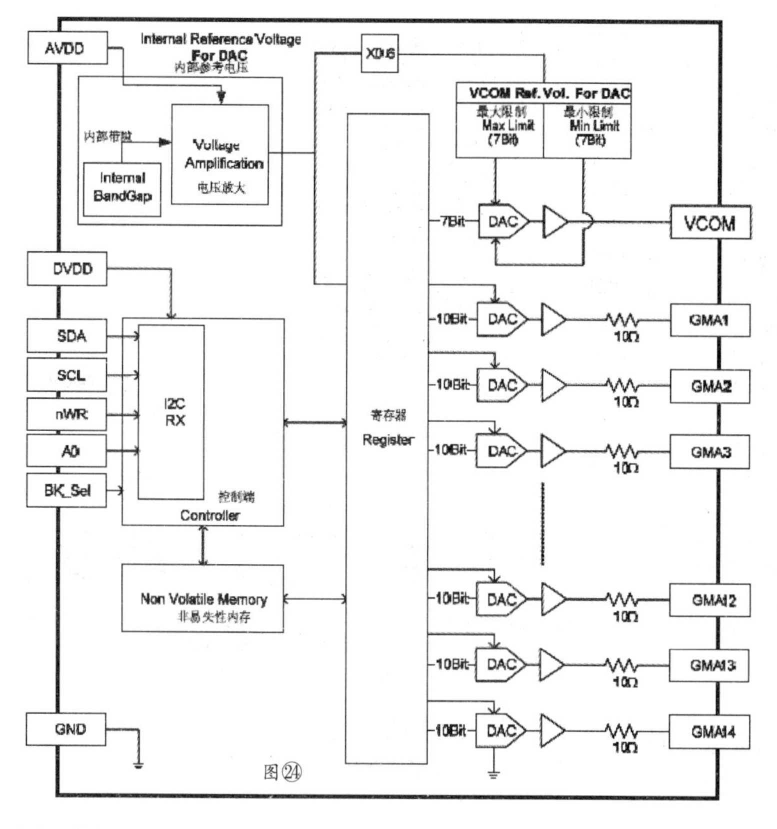

图㉔

表 3

引脚	符号	I/O	电压(V)	作用
24	GMA 4	O	13~13.45	模拟输出 Gamma04
1	GMA 5	O	12.54~12.55	模拟输出 Gamma05
2	GMA 6	O	11.25~11.65	模拟输出 Gamma06
6	BK_sel	I	0	Banks 寄存器选择
7	A0	I	3.4	地址选择,常高
8	DGND	-	0	地
9	SCL	I	3.26	I2C 时钟线
10	SDA	B	3.23	I2C 串行数据线
11	DVDD	P	3.3	系统电源,用 0.1μF 电容旁路至 GND
12	nWR	I	0.1	I2C 写保护拉低时,不能将数据写入非易失性存储器
3	GMA 9	O	8.65~8.95	模拟输出 Gamma09
4	GMA 10	O	7.85~8.15	模拟输出 Gamma10
5	GMA 13	O	5.15~5.45	模拟输出 Gamma13
13	GMA 14	O	4.25~4.55	模拟输出 Gamma14
14	GMA 15	O	3.38~3.68	模拟输出 Gamma15
20	AGND	-	0	模拟地
21	VCOM	O	7.3	电压输出供 VCOM 使用
22	AVDD	P	17.6	模拟电源输入
23	GMA 1	O	16.15~16.55	伽马 1 模拟输出

未接屏负载测得,GMA区间值内均属于正常。

6. 芯片工作原理

G1621可以为LCD面板提供伽马和VCOM参考电压,代替了分离的数字可变电阻器(DVR),VCOM放大器,伽马缓冲器,高压线性稳压器和电阻串。由于内部参考电压VREF是通过REF编码的绝对电压,而不是与电源相关的电压生成,省去了高压线性稳压器。由于单个芯片可以生成LCD面板所需的所有各种参考电压,因此电源时序得到了很好的控制。每个部分都有一个I²C接口,用于对MTP存储器和I²C寄存器进行编程。

伽马缓冲器:伽马缓冲器可确保在电源的200mV之内提供或吸收10mA的DC电流。在水平线改变或极性切换期间,源驱动器可以向缓冲器输出释放大量电流。当显示临界电平和模式时,DAC输出缓冲器可提供/吸收75mA的峰值电流,以减少输出电压的恢复时间。

VCOM缓冲区:连接到VCOM DAC的VCOM放大器可保持VCOM电压稳定,同时能够向TFT LCD面板提供100mA的源电流。在大多数情况下,运算放大器可以直接驱动TFT LCD背板的电容性负载,而无需串联电阻。VCOM放大器对其输出有电流限制,以保护其连接线。为了防止由于VCOM严重的过冲或欠冲,而导致器件过热,在VCOM输出端增加阻流电阻来限制电流。

热过载保护:G1621具有带温度滞后的热关断保护功能。当芯片温度达到+ 150℃时,所有伽马输出将关闭并保持Hi-Z。(Hi-Z指的是电路的一种输出状态,既不是高电平也不是低电平,如果高阻态再输入下一级电路的话,对下级电路无任何影响,和没接一样,如果用万用表测的话有可能是高电平也有可能是低电平,随它后面接的电路而定)。再次打开电源时,它将重新触发。

寄存器库选择:G1621具有两个伽马寄存器组:伽马A和伽马B。可以将一组伽马值编程为伽马A,将另一组伽马值编程为伽马B。G1621可以通过H/W BK_Sel引脚输出伽马A或伽马B。(Lo:Gamma A; Hi:Gamma B)

I²C串行接口:G1621具有与I2C / SMBus™兼容的2线串行接口,该接口由串行数据线(SDA)和串行时钟线(SCL)组成。SDA和SCL以最高400kHz的时钟速率促进G1621与主机之间的通信。图㉕显示了2线接口时序图。主芯片产生SCL并启动总线上的数据传输。主芯片先发送适当的从设备地址,再发送寄存器地址,然后发送数据字,以将数据写入G1621。每个发送序列都由START(S)或REPEATED START(Sr)条件和STOP(P)条件构成。每个字节以8位的形式串行发送到G1621,然后跟随一个确认时钟脉冲。

从G1621读取数据的主机发送适当的从属地址,然后是一系列的9个SCL脉冲。G1621在SDA上与主芯片生成的SCL脉冲同步传输数据。主芯片确认接收到每个字节的数据。每个读取序列由一个开始(S)或重复开始(Sr)条件、一个不确认和一个停止(P)组成条件。SDA作为输入和开漏输出工作。

SCL仅用作输入。如果总线上有多个芯片,则SCL上需要一个通常大于500Ω的上拉电阻,与SDA和SCL串联,串联电阻器可保护G1621的数字输入免受总线线路上的高压尖峰的影响,并最大限度地减少总线信号的串扰。启动和停止条件:不使用总线时,SDA和SCL空闲高电平。主芯片通过发出START条件来启动通信。START条件是SCL为高电平

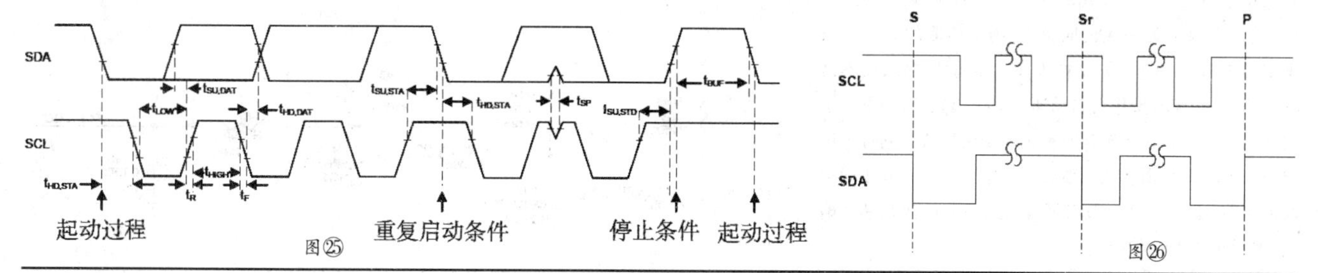

图㉕

图㉖

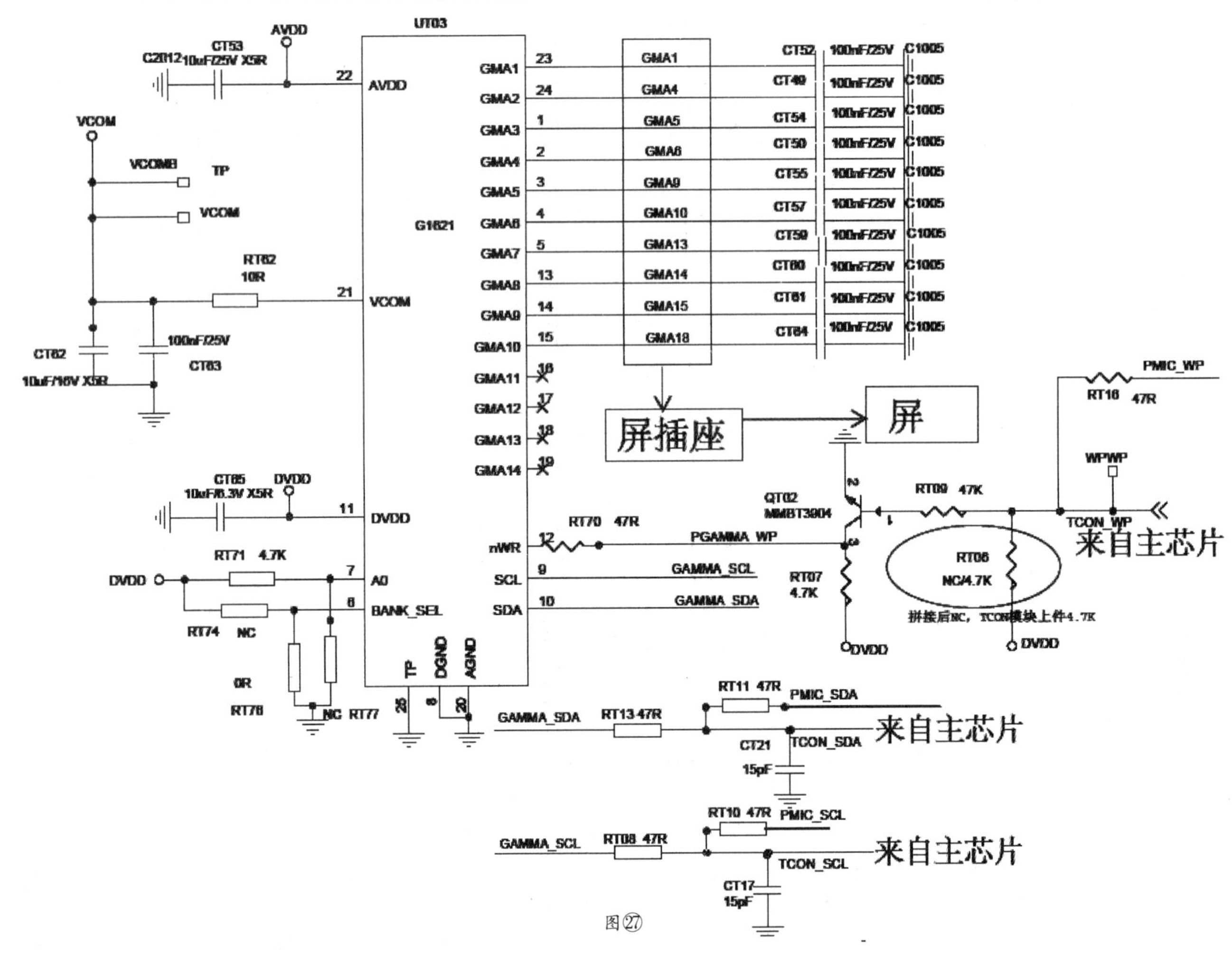

图㉗

时SDA由高到低的跳变。停止条件是SCL为高时,SDA由低到高过渡主新品通过发出STOP条件终止传输并释放总线。如果产生REPEATED START条件而不是STOP条件,则总线保持活动状态。如图㉖来自主芯片的START条件向G1621发送开始信号。

提前停止条件:G1621会在数据传输过程中的任何时刻识别STOP条件,除非STOP条件出现在与START条件相同的高脉冲中。正常工作时,不会在START条件相同的SCL高脉冲期间发送STOP条件。

写入模式:对G1621的写入包括发送一个启动条件、R/W位设置为的从属地址、配置内部寄存器地址指针的一个数据字节的数据、一个或多个字(两个字节)的数据以及停止条件。

R/W位设置为的从属地址表示主机打算向G1621写入数据。

读模式:主机通过在START条件后首先发送R/W位设置为0的G1621的从机地址来预设地址位置。G1621通过在第9个SCL时钟脉冲期间将SDA拉低来确认已接收到从地址和寄存器地址。然后发送一个REPEATED START条件,然后是R/W位设置为1的从属地址。G1621发送指定寄存器的内容。发送的数据在芯片生成的串行时钟(SCL)的上升沿有效。在每隔一个读取数据字节之后,地址位置自动递增。这种自动递增功能允许在一个连续帧内顺序读取所有寄存器。在任意数量的读取数据字节之后可以发出STOP条件。如果发出STOP条件,然后再执行另一次读取操作,则要读取的第一个数据字节来自上一个事务设置的寄存器地址位置,而不是0x00,随后的读取操作会自动递增地址位置,直到下一个STOP条件。主芯片在确认时钟脉冲期间确认收到每个读字节。主芯片必须确认除最后一个字节外的所有正确接收的字节。最后一个字节必须后面跟一个not先从芯片确认,然后再进入STOP条件。

7. G1621电路,如图㉗所示。

芯片的㉒脚接AVDD 17.6V供电输入,㉑脚为VCOM电压输出接上屏电路,⑪脚接DVDD 3.3V电压输入,⑦脚地址选择外接RT71设置为3.3V常量;⑥脚为Banks寄存器选择,外接电阻RT76 0欧姆电阻到底设置为低。⑨⑩脚为总线控制端,由主芯片内部TCON总线控制,其中还分一路控制电路管理芯片;⑫脚外接WP写保护电路,主芯片输出高电平QT02导通NwR脚被拉低,此时可以写入数据,置高为保护;①②③④⑤⑪⑫⑬⑭⑮㉓㉔组成10个通道的缓冲电压发生器(用于调节伽马曲线)。

8. LOCK电路,如图㉘所示。

由QT06、QT07组成屏异常锁定反馈电路,LOCKOUT6接上屏插座,此信号来自屏电路,正常工作时Q07高电平导通,Q06截止,P2P-LOCK输出为3.3V电压,此电压被送入主芯片TCON timing端;如果屏出现故障QT07的b极拉低而截止,将会使QT06导通,输出低电平,主芯片TCON端检测到后,将关闭VBO输出信号,导致灰屏故障。

9. 上屏接口,如图㉙所示。

主芯片中TCON部分输出分2路上屏信号到屏驱动电路,接口电路包含了PGamma信号、VCOM电压、VHG、DVDD、HAVDD、XAO1\2、VSS、LVSS、I²C、WP、时序信号等。

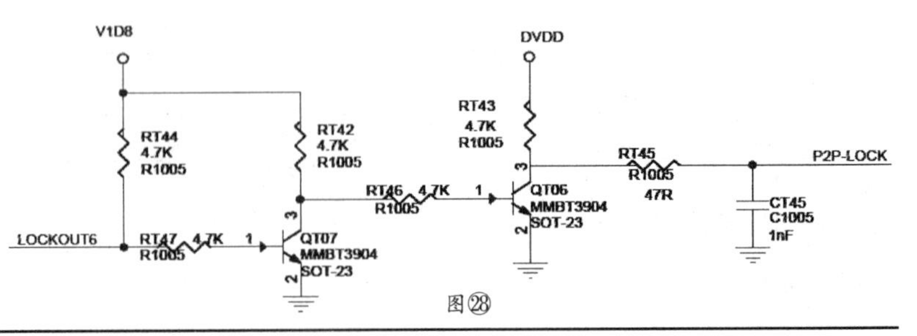

图㉘

表 4

参数	符号	条件	最小值	典型值	最大	单位
电源输入	AVDD	-	6.5	-	18	V
	DVDD	-	2.9	3.3	3.6	V
欠压锁定	VTH_U-VLO_R	DVDD 上升，打开 IC	2.5	-	2.7	V
	-	IC 关闭滞后	200	-	-	mA
	VTH_U-VLO_F	DDVD 下降关闭 IC	2.3	-	-	V
DAC 参考电压	VRef._DAC	-	6	-	17.8	V
输出电压摆幅高	VOH	AVDD =10V, Vref_DAC =9.8V, VCOM Max./Min.=127/0, DAC=127	-	AVDD -0.15	AVDD -0.2	V
输出电压摆幅低	VOL	AVDD =10V, Vref_DAC =9.8V, VCOM Max./Min.=127/0, DAC= 0	--	GND+015	GND +0.2	V

10. 芯片工作电压值(表4)

11. TCON板检修分析

在对TCON板进行检修时主要分为初查以及细查两个不同组成部分。初查从以下5个方面进行检测分析：

(1)采用外观检测方式，对整个TCON板核心芯片、周边电路以及其他主要元件进行排查，观察是否存在熔断烧黑等颜色异常或应力损坏等情况；

(2)对各个供电测试点是否存在短路以及阻抗变化等情况进行检测；

(3)对各个供电点位电压值(特别是VGH、VGL、AVDD等)是否正常进行检验；

(4)由于本TCON时序信号部分集成在主芯片中，对整个芯片是否正常工作判断，然后区分出故障部位；

(5)对XR\XR(MiniLVDS)端数据信号线与地线之间的阻抗、以及芯片之间的数据传输等是否异常进行检查；

细查主要从以下4方面进行检测分析：

(1)对前端供电是否正常进行检查，确保TCON板的12V供电输入正常。如若未能检测到该电压，首先需确认是否存在短路情况，进一步需确认前端屏线插接是否可靠，若存在插座端电压正常而TCON驱动电路中DC-DC转换部分无输入的现象，则很可能是供电输入的慢熔断保险电阻存在损坏情况。

(2)对TCON驱动电路输出电压进行正确性检查。在空载(不接液晶屏)的情况下，对各个电压的相关测试点位进行电压确认，包括DVDD/AVDD/VGL/VGH/VCOM等电压。若某路电压存在短路情况，则需要取下相关跨接电阻来判断是电源端(DC-DC转换部分)还是负载端(如时序控制部分)导致的电压异常，通过逐级排查定位问题点；若某路电压存在开路无输出的情况，则肯定是电源端的异常，需要排查DC-DC转换部分是否正常工作。

(3)若TCON驱动电路电压端检测正常，则需要检测图像数据信号是否正常，首先检测数据信号偏置电压是否正常且一致，其次检测信号到地、信号与信号之间的阻抗是否正常；

(4)则需要对TCON控制信号进行检查，由于TCON控制信号一般为低频/高频PWM信号，故需要示波器来进行检测判断，确认每路控制信号的波形、相对时序关系、以及与数据信号的时序关系是否满足屏规格书的要求。

以上各项检查完成后，若液晶屏显示还有异常，则需要确认TCON板与液晶屏的连接线部分是否存在问题，或者进一步确认液晶屏本身是否存在异常。

TCON板是整个液晶电视核心组成部分，同时也是显示问题主要集中区。因此对其工作原理以及检修策略进行分析有助于更好地掌握液晶电视的工作流程，从而提升业务水平。在对TCON板进行分析时，首先应当对各个工作电压进行明确，随后逐渐缩小范围，对各个模块功能以及工作原理进行分析。在检修过程中也应如此，通过外观检查等进行故障初步判定，随后通过对主要功能输出点位工作情况进行检测进一步缩小故障范围，最后对范围内易损件进行检测最终逐步确定故障部分。

(全文完)

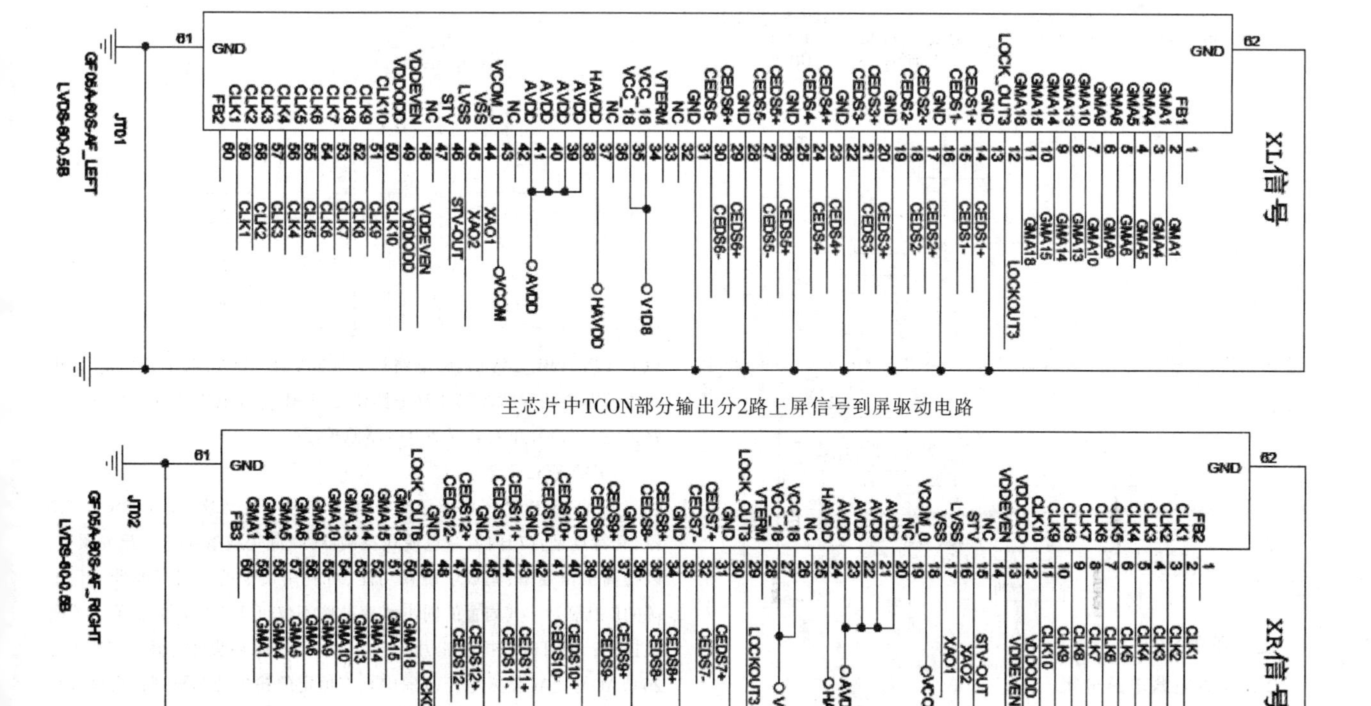

主芯片中TCON部分输出分2路上屏信号到屏驱动电路

图㉙

康佳液晶电视35017517型四合一驱动板电路分析与检修

贺学金

一、电路板结构、电路组成

康佳液晶电视35017517型四合一驱动板将开关电源、LED背光驱动电路、机芯电路以及逻辑电路整合在同一块电路板上。开关电源控制芯片采用FAN6755，LED背光驱动控制芯片采用OCP8121，机芯电路的主芯片采用MST6M180XT-WL，伴音功放块采用PAM8006A，TFT偏压电路(屏供电芯片)采用RT9955。35017517型四合一驱动板主要用于康佳LED32F1100CF、LED32H35C、LED32T12C、LED32E330等液晶电视机。

35017517驱动板实物图解如图1所示，电路组成方框图如图2所示。

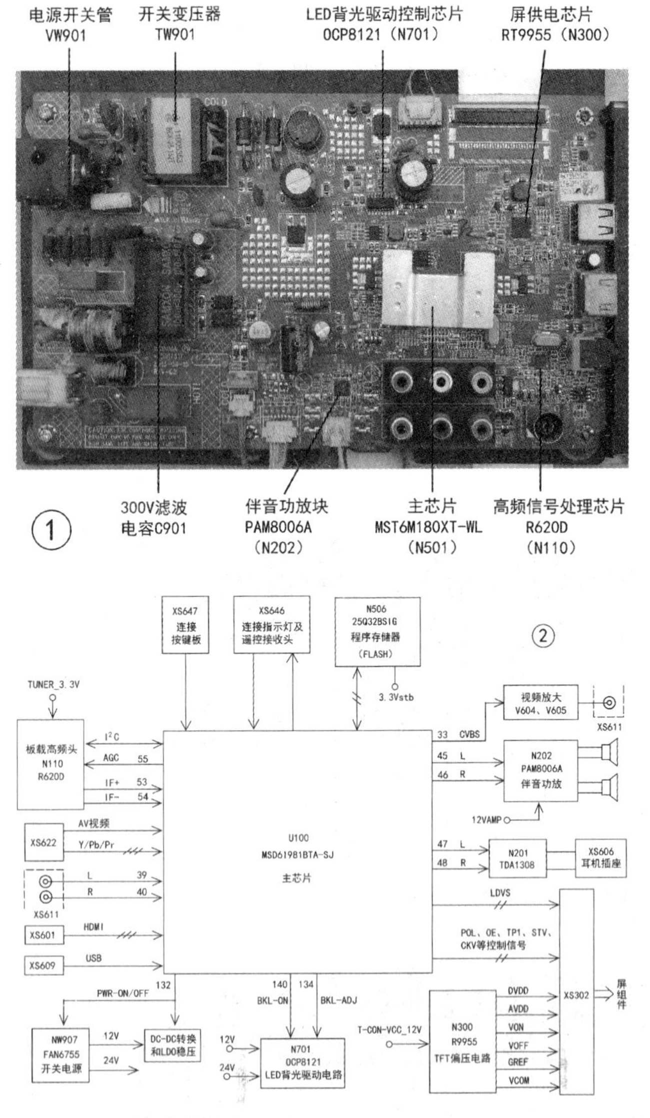

二、开关电源

2.1 开关电源电路分析

康佳35017517板的开关电源电路由驱动控制电路FAN6755(NW907)、大功率MOSFET开关管VW901、变压器TW901、稳压控制电路三端精密稳压器NW955 (EA1)、光耦NW950等元器件组成，输出VCC_12V、VBL_24V(实际电路板上标成VBL_100V)电压，VCC_12V电压为机芯电路和背光灯驱动电路供电，VBL_24V电压为背光灯升压电路供电。图3为开关电源部分电路原理图。

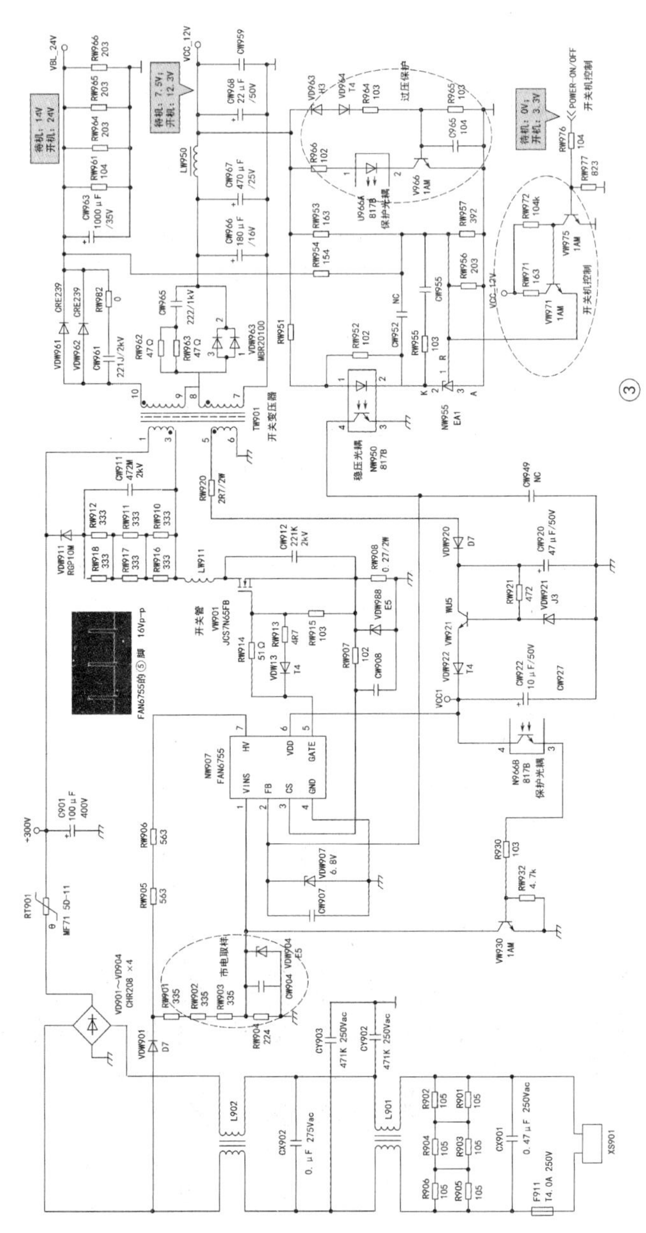

1.FAN6755简介

FAN6755W是飞兆半导体公司生产的一款反激式绿色PWM控制器，其特点是：(1)内置绿色模式控制器，降低轻载条件下的开关频率，以提高工作效率；集成了跳频功能，可利用最少的线路滤波器降低电源的EMI辐射。其内置的同步斜率补偿不仅可实现稳定的峰值电流模式控制，还可改进抗噪能力；专用的外部线路补偿可确保在90VAC至264VAC的宽AC输入电压范围中具有恒定的输出功率限制；提供多种保护功能，内部反馈开环保护电路可保护电源免受开环反馈条件或输出短路条件损坏，还使用输入电压感测引脚(VIN)提供线路欠压保护(断电保护)和过压保护。FAN6755引脚功能见表1所示。

表1 FAN6755引脚功能与实测数据

引脚	符号	功 能	电压(V)	
			待机	开机
①	VINS	线电压检测输入端。该脚正常电压在0.9V~5V之间，低于0.9V芯片不工作，高于5.2V芯片进入保护状态	3.18	3.18
②	FB	反馈电压输入端(用于稳压控制)。该脚具有开路保护功能，如果反馈回路断开，当该脚电压升到4.6V时，芯片进入保护状态	1.54	2.81
③	CS	过流保护检测端	0	0.01
④	GND	接地	0	0
⑤	GATE	驱动脉冲输出端，具有软启动功能	0.01	1.46
⑥	VDD	供电端。当该脚电压为16V时，芯片启动；当电压低于10V时，芯片关闭；当电压高于22V时，芯片进入过压保护状态	16.61	16.58
⑦	HV	高压恒流源输入端。在芯片启动时，内部恒流源输出3.5mA电流向⑥脚外接电容充电	134.5	132.9

2. 电源的启动

AC220V交流电压通过保险丝F911加到由CX901、L901、CX902、L902、CY902、CY903组成的多级抗干扰电路滤除干扰脉冲后，再经VD901~VD904桥式整流、C901滤波，得到300V左右的直流电压，经开关变压器TW901的初级①-③绕组为MOS开关管VW901的D极供电。AC220V经VDW907整流后经RW905、RW906向NW907的⑦脚提供启动电压，开关电源启动工作，从NW907从⑤脚输出激励脉冲，推动开关管VW901工作于开关状态，VW901产生的脉冲电流在TW901中产生感应电压。其中TW901的反馈绕组⑤-⑥绕组上产生的感应电压，经RW920限流、VDW920整流、CW920滤波后产生的直流电压，再经VW921、VDW921组成的稳压电路稳压后，产生约17V的电压，经VDW922送到NW907的⑥脚，取代NW907的⑦脚内HV启动电压，为启动后的NW907提供稳定的供电。

3.次级整流滤波电路

TW901的次级⑧-⑦绕组产生的感应电压经双二极管VDW963整流，CW966、CW967、LW950、CW968组成的π式电路滤波后，输出VCC_12V电压，为机芯电路和背光灯驱动控制IC供电；TW901的次级⑩-⑦绕组产生的感应电压经VDW961、VDW962整流，CW963滤波后，输出VBL_24V电压，为LED背光灯升压电路供电。

4. 稳压控制电路

稳压控制电路主要由NW955、NW950及NW907的②脚内部电路组成，其中，NW955为三端精密稳压器。VCC_12V电压经过电阻RW953与RW957分压形成的取样电压加到NW955的R极，VBL_24V电压经过电阻RW954与RW957分压形成的取样电压加到NW955的R极。当开关电源输出的VBL_24V和VCC_12V电压升高时，NW955的R极电压升高→NW955的K极电流增大电压降低→光耦NW950导通程度增加→NW907的②脚电流增大，通过NW907内部比较器处理后对振荡器产生的脉冲占空比进行控制，使⑤脚输出的PWM方波脉冲宽度变窄，VBL_24V和VCC_12V输出电压下降。当VBL_24V和VCC_12V输出电压降低时，控制过程与上述相反。

5. 保护电路

(1)市电欠压、过压保护电路

该电路主要由RW901~RW904及NW907的①脚内部电路组成。市电经VDW901整流，RW901、RW902、RW903与RW904分压后，送到NW907的①脚。NW907的①脚内设电压检测和保护电路，当当市电电压过高或过低，使①脚电压高于上限阈值或低于下限阈值时，NW907内部保护电路启动，停止输出激励脉冲，开关电源停止工作。

(2)开关管过流保护电路

NW907的③脚为开关管电流检测输入端，通过RW907连接到开关管VW901的S极，RW908是开关管电流检测电阻。当过载或出现短路时，流过VW901的电流变大，RW908两端的压降升高，通过RW908加到NW907的③脚，使③脚电压升高。当③脚电压升高到一定值时，保护电路启动，停止输出激励脉冲。

(3)尖峰脉冲吸收电路

VDW911、CW911、RW910~RW912、RW916~RW918组成尖峰脉冲吸收电路，主要用于吸收在开关管突然截止时TW901初级绕组产生的过高反峰脉冲，以防止反高压将开关管击穿。

(4)输出过压保护电路

过压保护电路由13V稳压管VD963、检测三极管V966、光耦U966、VW930组成，对开关电源驱动电路NW907的①脚电压进行控制。当开关电源输出的VCC_12V电压达到14V以上时，13V稳压管VD963击穿，经VD964、R964向V966的基极注入高电平，迫使V966导通，光耦U966导通，其内部光敏三极管导通，U966的③脚输出高电平，使VW930导通，将NW907的①脚电压拉低到阈值电压以下，NW907进入保护状态，开关电源停止工作。

6. 开关机控制电路

开/关机控制电路由VW975、VW971组成，对开关电源稳压控制电路的取样电阻的分压比进行控制，进而控制开关电源在待机时输出电压较低、开机时输出电压升高。

待机时，系统控制电路送来的开关机控制(POWER-ON/OFF)信号为低电平，VW975截止，c极输出高电平，使VW971导通，将电阻RW971并联在VCC_12V电压的上分压电阻RW953的两端，在稳压回路控制下，NW907输出的脉冲窄，开关管VW901的导通时间短，开关电源VCC_12V端的输出电压仅有7.5V左右，维持机芯电路控制系统供电。

开机时，POWER-ON/OFF信号电压由低电平变为高电平，VW975导通，VW971截止，相当于并联在上分压电阻RW953两端的电阻RW971从电路中断开，这样就改变了取样电阻的分压比，在稳压回路控制下，NW907输出的脉冲变宽，开关管VW901的导通时间增长，开关电源VCC_12V端的输出电压由待机时的7.5V上升到12.3V左右，VBL_24V端的输出电压也由待机时的14V上升到24V左右，为整机各单元电路提供正常工作电压。

2.2 开关电源维修精要

由于只有一个开关电源，开关电源在待机和开机状态都能工作，只是在两种状态下的输出电压不同而已，待机状态VCC_12V端的输出电压只有7.5V左右，VBL_24V端的输出电压只有14V左右，开机状态VCC_12V端输出电压升至12.3V，VBL_24V端的输出电压升至24V。

开关电源部分出现故障会引起开关电源无电压输出或输出电压低、不稳定。

1. 开关电源无电压输出

(1)保险丝F9111熔断

保险丝熔断，说明开关电源存在严重短路故障，重点检查交流抗干扰电路电容器和市电整流滤波元件是否击穿、漏电，以及检查电源开关管VW901是否击穿。如果VW901击穿短路，需要检查尖峰脉冲吸收电路元件是否开路、失效，同时还应检查FAN6755的②脚(FB)外部稳压控制电路NW955、NW950和FAN6755的③脚(CS)外部过流保护电路中的RW908、RW907。

(2)保险丝F9111未断

如果测量保险丝未断，但指示灯不亮，电源无电压输出，主要是开关电源未工作。首先测量市电整流桥是否有300V左右电压输出，若无电压输出，查抗干扰电路电感L901、L902、整流全桥VD901~VD904、限流电阻RT901是否有开路现象。测量开关管VW901的D极是否有300V左右电压，如果无电压，检查TW9801初级引脚是否虚焊、LW911是否开路。接下来测量电源控制块FAN6755的⑦脚(高压启动端)有无启动电压，无启动电压检查该脚外接的整流二极管VDW901和启动电阻RW905、RW906是否开路或阻值变大。再测量FAN6755的①脚电压，若异常，则检查市电取样电路，同时也要检查过压保护电路。再测量FAN6755的⑥脚VDD供电电压是否正常。如查VDD供电过低，检查VCC形成电路。最后检测FAN6755的⑤脚有PWM脉冲输出，有脉冲输出检查开关管VW901、变压器TW901及其次级整流滤波电路；⑤脚无PWM脉冲输出，检查集成块外接元件，若外接元件无问题，则是集成块损坏。

2.电压输出低、不稳定

若待机时12V输出端电压远低于7.5V，应重点检查开关电源的稳压反馈电路(稳压光耦NW950、三端精密稳压器NW955等)是否正常，FAN6755⑥脚外接的VCC供电电路，以及检查开关电源次级整流滤波电路。若待机时VCC_12V输出端有7.5V的电压输出，但在二次开机输出电压仍只有7.5V，应重点检查开关机控制电路以及系统控制电路。

三、LED背光驱动电路

3.1 LED背光驱动电路分析

LED背光驱动电路如图4所示，由三部分电路组成：一是以OCP8121(N701)为核心组成的升压和恒流驱动控制电路；二是由储能电感L705、开关管V701、续流管VD753、滤波电容C753组成的升压电路；三是由开关管V752为核心组成的LED背光灯恒流控制电路。

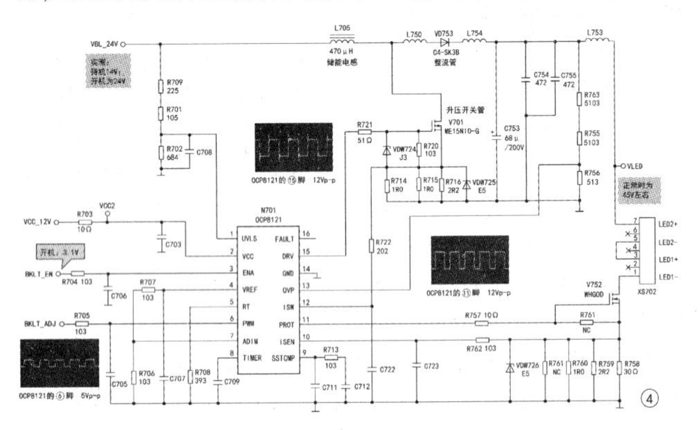

1. OCP8121简介

OCP8121是灿瑞半导体有限公司开发生产的LED背光驱动芯片，内含振荡器、升压驱动电路、调光驱动电路和过流、过压保护电路。OCP8121引脚功能和维修数据见表2。

表2　OCP8121引脚功能和维修数据

引脚	符号	功　能	电压(V)
①	UVLS	欠电压锁定检测脚(当此脚小于3V,欠电压保护动作,芯片无输出)	3.58
②	VCC	供电脚	12.32
③	ENA	使能脚,大于2V,开始工作	3.10
④	VREF	内部参考电压	4.82
⑤	RT	工作频率设置脚	0.95
⑥	PWM	PWM调光信号输入	2.89
⑦	ADIM	模拟调光信号输入	2.40
⑧	TIMER	保护延时设定脚，外接电容的大小可以设置保护延迟的时间	0
⑨	SSTCMP	软启动和补偿设定	2.05
⑩	ISEN	LED灯条电流检测	0.16
⑪	PROT	PWM调光驱动输出	7.36
⑫	ISW	升压MOS管电流检测	0.13
⑬	OVP	过电压检测输入,当此脚电压超过3V,芯片进入保护状态,锁定无输出。	2.12
⑭	GND	接地	0
⑮	DRV	升压MOSFET驱动输出脚	3.84
⑯	FAULT	故障状态指示输出脚	0

2. 背光驱动电路的开启

当整机接收到开机指令时，开关电源输出VBL_24V(开机后由14V升高到24V)为升压电路供电，开关电源输出的VCC_12V(开机后由7.5V升高到12.3V)经R703加到N701的②脚。随后，从主芯片送来的高电平(3.1V)背光开关信号BKLT_EN经R704送到N701的③脚(ENA)，N701内部电路开始工作，从其⑮脚(DRV)输出升压驱动脉冲。

3. LED升压电路

背光驱动电路启动工作后，N701的⑮脚输出PWM信号送给V701，使其进入开关状态。当V701导通时，储能电感L705储能；当V701截止时，L705中产生的电感电动势与输入电压VBL_24V叠加后，通过续流二极管VD753给电容C753充电，在C753两端形成VLED电压(约45V)，作为LED灯条的供电电压。

4. 恒流控制、背光亮度控制电路

恒流控制电路主要由⑪、⑩脚内部电路、开关管V752共同组成。⑪脚是PWM调光驱动脉冲输出端，该脚输出的脉冲信号通过R757连接到开关管V752的G极，控制着V752的导通与截止。当⑪脚输出的PWM脉冲为高电平时，V752饱和导通，VLED电压经LED灯串(两串串联)、V752和恒流电阻R758∥R759∥R760∥R761到地，LED灯串有电流流过被点亮；当⑪脚输出的PWM脉冲为低电平时，V752截止，没有电流流过LED灯串，LED灯被关闭。并联电阻R758∥R759∥R760∥R761为恒流电阻，用于检测灯串的电流。恒流电阻两端产生压降经R762反馈到OCP8121的⑩脚(ISEN)内部，内部电路根据⑩脚反馈电压调整⑪脚输出脉冲的占空比，从而调整V752在一个周期内的导通与截止时间比，使流过LED的平均电流保持在设计要求上，以达到恒流控制的目的。

背光亮度控制电路由N701的⑥脚内外部电路组成。从机芯电路送来的调光脉冲信号(BKLT_ADJ)经R705送入N701的⑥脚，通过N701内部电路对⑪脚输出的开关脉冲占空比进行调整，进而实现背光亮度的控制。

5. 保护电路

背光灯驱动控制块OCP8121具有多种保护功能，当背光灯升压电路和恒流控制电路发生过压、过流、短路、开路故障时，均会进入保护状态，背光灯电路停止工作。

(1)供电欠压保护

OCP8121的①脚(UVLS)为供电电压检测输入端，内设欠压保护电路。VBL_24V电压经R709、R701与R702分压取样后送到OCP8121的①脚，该脚电压高于3V时，IC正常工作；当VBL_24V电压降低，该脚电压低于3V时，IC内部保护电路启动，IC内部将停止从⑮脚输出升压驱动脉冲。

(2)升压开关管过流保护电路

OCP8121的⑫脚(ISW)为升压开关管电流检测输入端。并联电阻R714、R715、R716为升压开关管V701的S极电流检测取样电阻。开关管的电流流过取样电阻时产生的电压反映了开关管电流的大小，取样电压经R723反馈到N701的⑫脚。当⑫脚电压过高，当达到保护设计值500mV时，N701内部保护电路启动，⑮脚停止升压驱动脉冲的输出。

(3)升压输出过压保护电路、输出端短路保护电路

OCP8121的⑬脚（OVP）为过压保护检测输入端。R763、R755与R756分压对升压电路输出电压VLED进行取样，送到⑬脚。当升压电路输出电压过高，取样电压OVP升高到保护门限电压3V时，IC内部保护电路启动，IC停止工作。

当升压电路输出端对地短路时，经R763、R755与R756分压取样的OVP电压低于0.2V时，OCP8121保护电路也会启动。

(4)LED灯串短路、开路保护电路

当LED背光灯条正负极之间短路时，会造成背光灯电流急剧增加，在恒流控制管V752的S极产生较高的电流取样电压，通过R762加至OCP8121的⑩脚(ISEN)，当⑩脚电压达到保护设计值时，内部保护电路启动。当LED灯串开路或电流检测电路短路，ISEN脚为0V时，IC也会进入保护状态。

(5)延时保护电路

在OCP8121内部设有一个延时保护电路，由⑧脚的内部电路和外接电容C709组成。当各路保护电路送来起控信号时，保护电路不会立即动作，而是先给C709充电。当充电电压达到保护电路的设定阈值时，保护电路才会动作。这样可避免出现误保护现象。

3.2 LED背光驱动电路维修精要

LED背光驱动电路部分出现故障会引起背光不亮(伴音正常)或亮一下随即黑屏。

1. 背光灯不亮

伴音正常，背光灯不亮故障多为背光电路不工作或工作异常，或者LED灯串开路所致。

(1)开机瞬间，测量升压电路输出VLED电压。若测得VLED电压高于45V(负载开路时输出电压可达到59V左右)，而背光灯不亮，则检查LED电压输出插座是否接触不良，恒流控制电路开关管V752是否工作，恒流电阻有无开路现象，若无问题，则可判断为LED灯串有开路现象。

若测得VLED电压始终为24V左右，说明背光电路没有工作，进行下一步检查。

(2) 检查LED驱动电路的工作条件。检测背光驱动控制芯片OCP8121的②脚的VCC供电电压是否正常，③脚(ENA)点灯控制电压是否为高电平(3.1V)，⑥脚(PWM)是否有亮度控制脉冲信号，若不正常，检查相关通道电路。

(3)LED驱动电路工作条件正常，测量OCP8121的⑮脚是否有升压驱动脉冲输出。通过测波形(图4中已标出正常时的波形)判断，也可用万用表测量直流电压或交流电压来大致判断，如果测得有3.8V左右的直流电压或5.5V左右的交流电压，可判断为有激励脉冲输出，检查升压电路；若测得为0V，说明无脉冲信号输出，检查OCP8121及外围电路。

2. 屏亮一下，随后黑屏

这种现象是LED工作不正常导致保护电路动作造成的。开机瞬间检测以下关键点电压来判断故障：

(1)测量OCP8121的⑬脚(OVP)电压(正常时为2.1V)。若高于3V或低于0.2V，说明过压或短路保护电路启动，引起过压保护的原因一是过压保护OVP取样电路电阻变质，二是升压电路输出电压过高或输出端对地短路。

(2)测量OCP8121的⑫脚(ISW)电压(正常时为0.13V左右)。若达到0.5V以上，过流保护电路启动。引起过流保护的原因一是升压滤波电容C753漏电，二是LED灯串发生短路故障。

(3)测量OCP8121的⑩脚(ISEN)电压(正常时为0.16V左右)。若过高或过低，一是检查恒流电阻R714、R715、R716是否开路、烧焦或阻值变大；二是检查恒流控制管V752是否工作；三是⑩脚外接元件否开路或对地短路；四是检查LED灯条是否短路、开路。

四、机芯电路

4.1 DC-DC电路

1. DC-DC电路分析

开关电源为机芯电路提供的工作电压只有一路，即VCC_12V电压(待机时为7.5V，开机为12.3V)。VCC_12V电压经DC-DC转换电路和低压差线性稳压器LDO形成多种不同电压值的工作电压，为各单元电路供电。机芯电路部分的电压分布网络如图5所示。

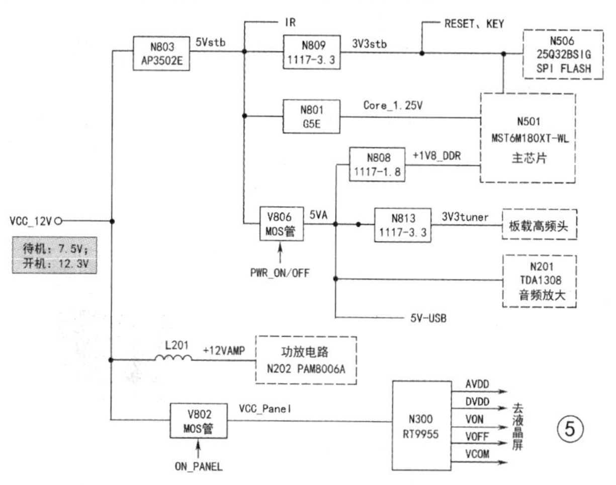

⑤

(1)5Vstb待机电压形成

5Vstb待机电压形成电路由N803(AP3502E)及其外围元件完成，如图6所示。通电后，开关电源输出的VCC_12V电路一路加到N803的②脚，另一路通过电阻R838加到N803的使能端⑦脚，电路启动后从③脚输出幅度约为12Vp-p、周期约为3μs的脉冲信号。N803内部的续流管对脉冲整流，再经L809、C846、C857等滤波，产生5V直流电压。N803的⑤脚为反馈端，内部电路根据此脚的反馈电压调节输出电压大小，以保证输出电压稳定。

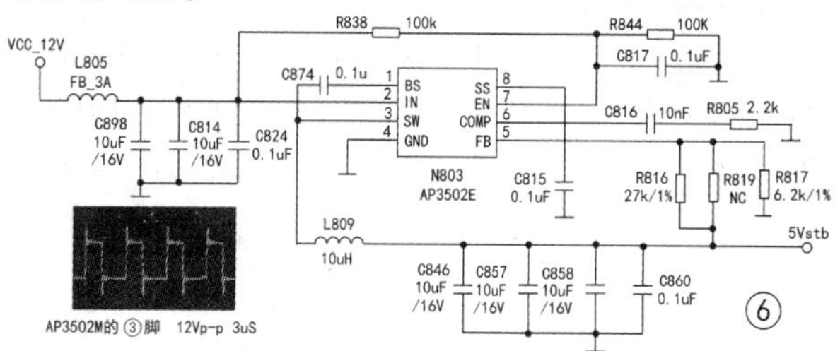

⑥

AP3502E(丝印号为3502M)是一款高效率同步降压型开关模式转换器，内置功率MOSFET管，开关频率为340kHz，具有完善的保护功能，包括输出过压保护、输入欠压锁定、可编程软启动、过温保护和打嗝模式短路保护，输入电压范围为4.5V至18V，连续输出电流可达2A，转换效率高达95％，该IC采用SOIC-8封装。其引脚功能和维修数据见表3。

表3　AP3502E的引脚功能和实测数据

引脚	符号	功能	电压(V)	
			待机	开机
①	BS	自举端	9.62	9.76
②	IN	输入电压供应端	7.51	12.36
③	SW	开关输出端	4.86	4.92
④	GND	接地端	0	0
⑤	FB	反馈输入端。该脚电压超过1.1V，过压保护被触发；低于0.3V时，振荡器的频率被降低，实现短路保护	0.86	0.91
⑥	COMP	控制电路补偿端	1.13	1.27
⑦	EN	使能输入端。当为高电平时，集成电路正常工作。当为低电平时，集成电路关断不工作	3.74	6.20
⑧	SS	软启动控制输入引脚	1.86	1.90

(2)3V3stb待机电压形成

3V3stb待机电压形成由低压差线性稳压器(LDO)N809(1117-33)完成，如图7所示。3V3stb电压提供给主芯片N501内部的CPU、程序存储器N506、键控电路等。

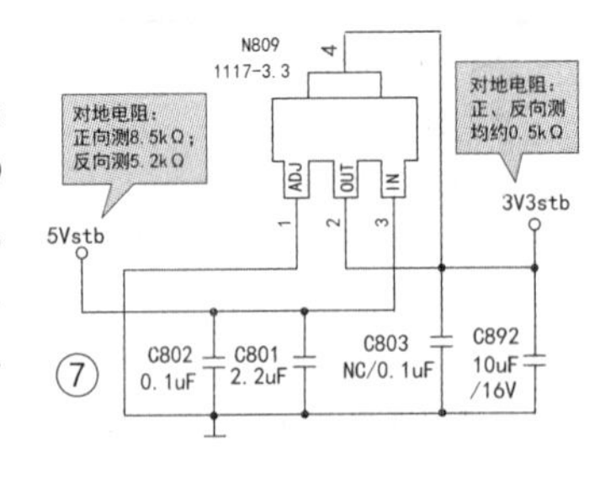

(3)Core_1.25V电压形成

Core_1.25V电压是主芯片的内核供电，由N801(G5E)及其外围元件组成的电路产生，如图8所示。通电后，5Vstb电压一路加到N801的供电端④脚，另一路通过电阻R837加在N801的使能端①脚，电路启动，从③脚输出幅度约为5Vp-p、周期约为0.7μs的脉冲，最后在滤波电容两端产生约1.25V的直流电压。G5E的引脚功能和维修数据见表4。

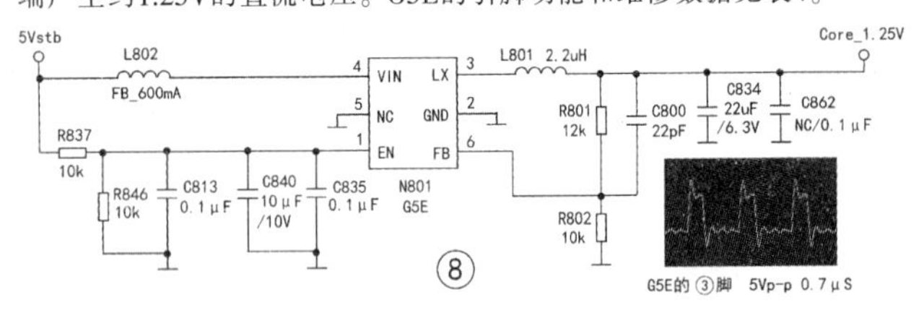

表4 G3E的引脚功能和实测数据

引脚	符号	功能	电压(V)
①	EN	使能端，高电平开启，低电平关闭	2.43
②	GND	接地	0
③	LX	开/关信号输出端	1.35
④	VIN	电压输入	4.87
⑤	NC	(空脚)	0
⑥	FB	电压反馈输入端，内部根据此反馈电压调节输出电压值	0.56

(4)5VA电压形成

5VA供电产生电路如图9所示，5Vstb电压经电子开关V806控制后，得到5VA电压，为下一级稳压电路N813和音频放大电路等、USB接口等供电。

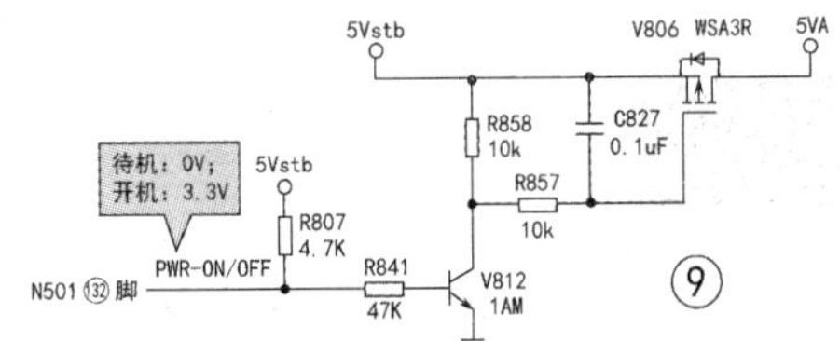

5VA受开/待机电路控制。待机时，主芯片N501的(132)脚(PWR_ON/OFF)输出低电平(0V)，V812截止，P沟道场效应管V806的G极电压与S极电压基本相等，故V806关断，D极无5VA电压输出。二次开机时，主芯片输出高电平的开机信号(约3.3V)，V812饱和导通，拉低了V806的G极电压，V806导通，V806的D极输出+5V电压，记作5VA。

(5)+1V8_DDR电压形成

该电压产生电路如图10所示同，5VA电压经N808(1117-18)稳压后从②脚输出1.8V电压，供给主芯片内部的DDR电路。

(6)3V3tuner电压形成

该电压产生电路如图11所示，5VA电压经N813稳压得到3.3V(3V3tuner)，为高频调谐电路供电。

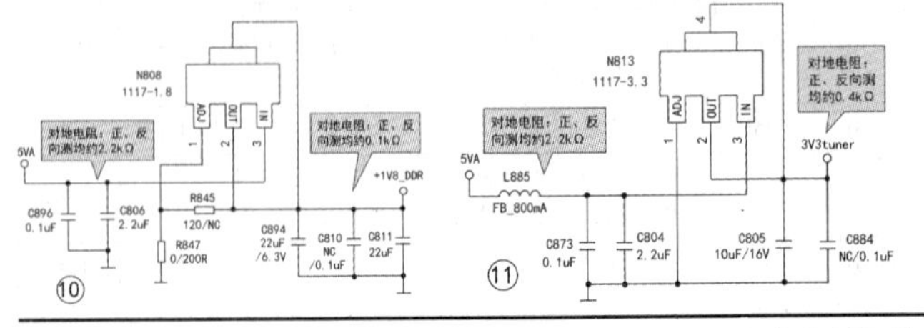

2. DC-DC电路维修精要

以上几路电压是机芯电路工作的基本条件，机器出现不开机或开机异常故障时，需要先检查DC-DC电路，可先测量上述DC-DC转换电路或LDO稳压块输出电压是否正常，根据电压分布网络判定故障范围。注意，通电瞬间，MCU有个自检过程，即使机器断电前处于待机状态，在下次通电的瞬间，都有5Vstb、3V3stb、Core_1.25V以及受控电压5VA、+1V8_DDR、3V3tuner电压输出，但受控电压5VA、+1V8_DDR、3V3tuner电压只短时间有输出，然后降为0V。

若查到某个开关型DC/DC变换器或LDO稳压器没有输出，可测量其输入电压，若输入电压正常，则检查负载和控制端。

主芯片的Core_1.25V、+1V8_DDR供电要求较高，除电压值要正确外，还要求电压的纹波不能大，否则将出现不开机、死机、花屏等故障。

4.2 系统控制电路

系统控制电路由主芯片MST6M180XT-WL(N501)内部的MCU和程序存储器25Q32BSIG(N506)等组成，其特点是没有外接专用的DDR芯片(主芯片内部集成有DDR)，也没有采用专用的EEPROM芯片。

1. 复位电路

复位电路如图12所示，但在实际电路中，图中电路没有安装元件，主芯片采用内部复位方式。

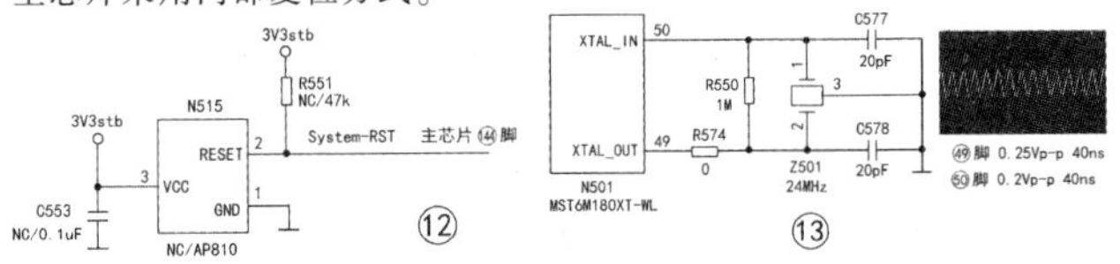

2. 时钟电路

如图13所示，主芯片MST6M180XT-WL的㊿、㊾脚外接晶振Z501、谐振电容C577、C578及芯片内部电路组成时钟振荡电路，产生的时钟信号不仅提供给微控制器部分，还提供给图像处理系统。

维修提示：时钟振荡电路异常会出现不开机、自动关机、TV/AV无彩色、声音异常等故障。时钟振荡是否正常，可用示波器测量波形来判断，正常时㊾脚有频率为24MHz，幅度约250mV的正弦波，㊿脚幅度约200mV。若无示波器，可通过测量电压来初步判断，正常时这两脚电压约约1.4V。既简单又可靠的方法是选用同型号的晶振更换试之。

3. 遥控与键控输入电路

遥控与键控输入电路如图14所示。X646的⑤为遥控信号输入端，遥控接收头把遥控信号转化为电信号，经R635送给主芯片。X647的①为键控信号输入端，键控信号经R662送给主芯片。按键板上的7个按键与几个阻值不一样的电阻构成电压比较式键盘电路，当按下不同按键时，键盘电路形成的KEY电压不一样，主芯片内部的CPU通过检测这一电压来执行相应的功能。

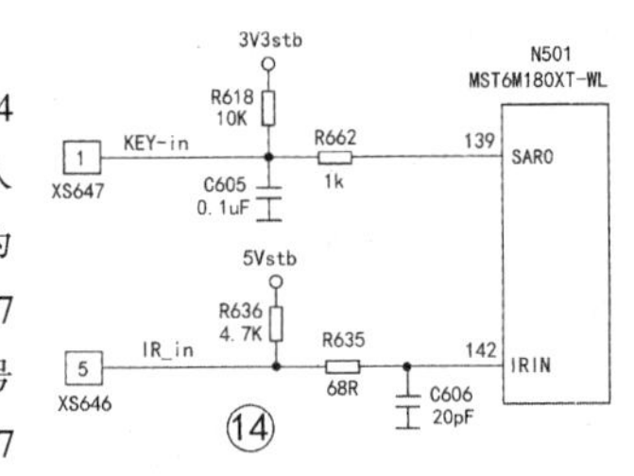

维修提示：在检修遥控失灵故障时，先测量X646的⑤脚，静态约4.6V，按遥控器的按键时应降到4.2V左右。否则，检查遥控接收头和遥控信号上拉电阻R636。X646的⑤脚静态、动态电压正常，则检查信号传输电路。在检修本机键控失灵故障时，先测量X647的①脚电压，不按按键时约3.3V，按下按键时应降低(按不同的按键，在不同的电压段)。否则，检查按键板和键控信号上拉电阻R618。X647的①脚静态、动态电压正常，则检查信号传输电路。

4. 开关机控制电路

主芯片MST6M180XT-WL的(132)脚是开/关机控制端(PWR-ON/OFF)，待机时输出低电平(0V)，开机时输出高电平(3.3V)。PWR-ON/OFF信号控制以下电路：一是经R810、RW976送开关电源，控制开关电源待机时输出7.5V左右电压，维持系统控制电路的供电，在开机时输出的12.3V和24V电压，为整机各单元电路供电；二是经V812倒相后，控制场效应管V806的导通和截止，从而实现开机时输出5VA电压，待机时关断5VA电压的输出；三是控制驱动管V607的导通和截止，从而实现对面板上指示灯的控制。

维修提示：在检修不能二次开机故障时，需要检查此电路。测量主芯片(132)脚电压，在按开/关机键时有无高低变化。若有变化，则检查信号传输电路和受控电路。否则，检查遥控、键控输入电路以及主芯片的供电、复位和时钟电路。

5. 背光开关控制、背光亮度控制电路

机芯部分的背光开关控制、背光亮度控制电路参见图15。

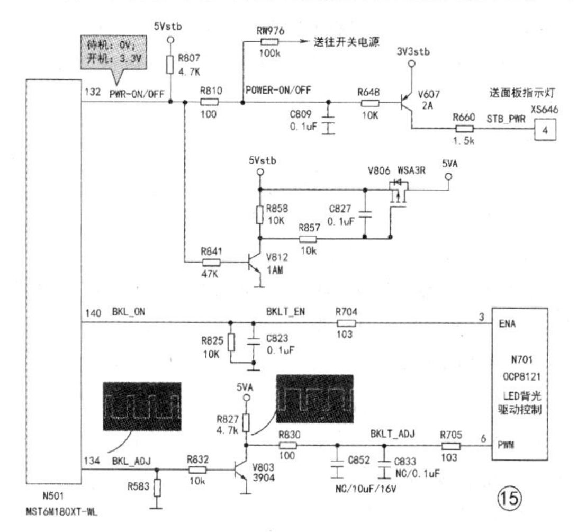

⑮

主芯片MST6M180XT-WL的(140)脚是背光灯开/关控制端(BL_ON)，待机时输出低电平(0V)，背光灯驱动板电路不作；当二次开机后，输出高电平(3.2V)，经R704送至背光驱动控制芯片N701(OCP8121)的③脚(ENA，使能控制端)，使背光灯驱动电路启动工作，点亮背光灯。

主芯片片MST6M180XT-WL的(134)脚是背光灯亮度控制端(BKL_ADJ)。当二次开机后，该脚输出背光灯亮度控制PWM信号(主芯片接收到图像信号后才会输出PWM脉冲信号，未接收到图像信号时输出的是直流电压)，经V803倒相放大后送至背光驱动控制芯片N701的○6脚(PWM)，以实现背光亮度调整。

6.DDR电路

该主板主芯片MST6M180XT-WL没有外挂专用DDR芯片，DDR集成在主芯片内部。

7.程序存储器电路

该主板使用SPI FLASH存储器25Q32BSIG(位号为N506)，用于存放整机的控制程序。此芯片与主芯片间的数据传输采用传统的SPI四路总线，SI为存储器的写入指令、地址或数据输入脚；SO为存储器数据输出脚；SCK为串行时钟输入脚；CE#为片选脚，低电平有效；WP#为写保护控制脚。25Q32BSIG存储器在该主板上的应用电路如图16所示。当25Q32BSIG虚焊或损坏时，会出现不能开机、程序烧录不正常等现象。

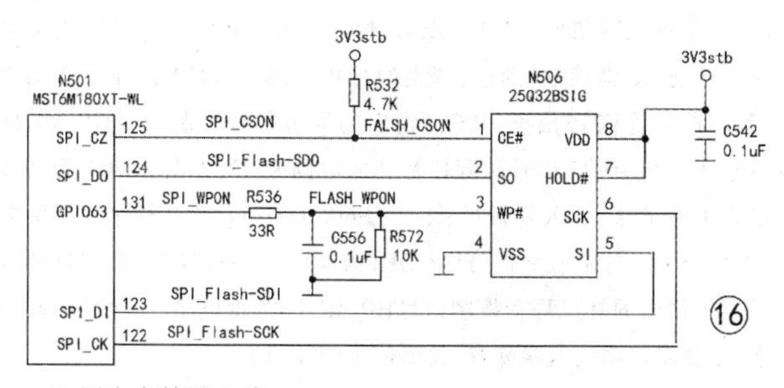

⑯

7. 用户存储器电路

该四合一驱动板没有外挂专用EEPROM芯片。

4.3 信号处理电路

1. RF信号处理电路

RF信号的接收主要由高频信号处理芯片N110(R620D)完成，如图17所示。

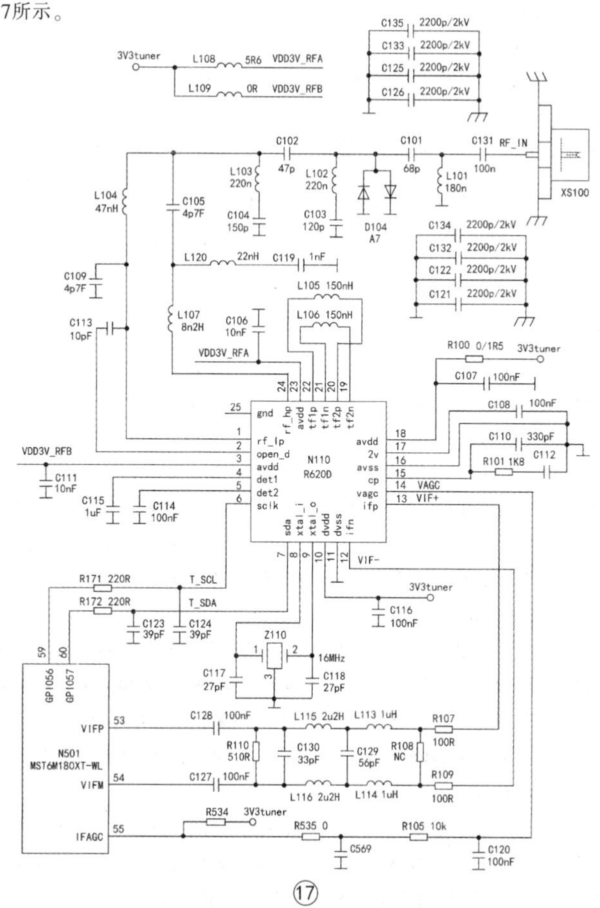

⑰

R620D是一块硅调谐器，内部集成了滤波器、能完成射频信号接收、变频、滤波以及自动增益控制等功能。N110的③、⑱、㉓脚是3.3V供电端，3V3tuner供电来自DC-DC电路的N813(参见图11)。N110的①、㉔脚为RF信号输入端，④、⑤为解调器电源去耦端，⑲~㉒脚为频率跟踪滤波器输出端，⑮脚为PLL锁相环平滑滤波端。⑫、⑬脚是中频信号输出端，输出一对差分信号。

RF射频信号从XS100输入，再经由C131、L101、C101、L102、L104组成的抗干扰网络后，送入N110的①、㉔脚，经过调谐选台、高频放大、变频，产生图像中频信号和伴音中频信号，从⑫、⑬脚输出，经中频带通滤波器滤波后，由C128、C127耦合，输入到主芯片N501的53、54脚。TV信号经主芯片内电路的解调，产生相应的图像信号和音频信号。

N110的⑭脚为高放AGC电压输入端，用于控制高频放大器的增益。高放AGC电压来自主芯片的55脚，C569、C120是AGC滤波电容。

N110的⑥、⑦脚分别是I2C总线时钟线和数据线，它们通过隔离电阻R171、R172与主芯片的59、60脚相连，主芯片通过该组总线对高频调谐器的进行频道转换、调谐等功能控制。若无正常的总线信号对N110进行控制，将引起TV无图、无声故障。若该路总线对地短路，还将引起二次不开机故障。

维修提示：这部分电路发生故障，会出现自动搜索无节目、TV图像扭曲、、噪点干扰、图像无色等现象。对于自动搜索无节目故障，应重点检查调谐芯片N110的3.3V供电是否正常，若异常需检查稳压块N813；(2)查I2C总线是否有断路、短路现象，测量总线电压是否正常(正常电压均为3.2V)；(3)查中频信号输出电路有无断路或漏电现象；(4)替换16MHz晶体Z110。对于TV图像扭曲、噪点干扰、图像无色等故障，重点检查AGC电路。

2. 分量信号(Y/Pb/Pr)输入电路

分量信号（Y/Pb/Pr）输入电路如图18所示。亮度信号Y从插座XS622的①脚输入，一路经电阻R655隔离、电容C596耦合，送至主芯片N501的㉕脚；另一路经电阻R654隔离、电容C589耦合，送至主芯片㉔脚，作为Y同步信号输入。主芯片㉖脚外接C585、R549是Y信号输入参考地电位的外接元件。蓝色差信号Pb从插座XS622的②脚输入，经电阻R658隔离、电容C552耦合，送至主芯片N501的㉓脚。红色差信号Pr从插座XS622的③脚输入，经电阻R663隔离、电容C554耦合，送至主芯片N501的㉗脚。二极管D601起保护作用，防止输入信号电压过高或静电造成集成块损坏。电阻R609、R611、R613为输入匹配电阻。

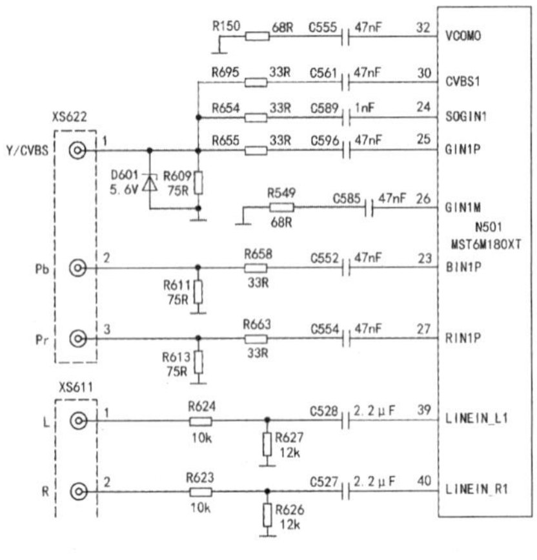

⑱

分量信号源的音频信号从插座XS611输入，L、R音频信号分别经R624、C528和R623、C527送至主芯片N501的㊴、㊵脚。

维修提示：若输入主芯片N501㉔脚的Y通道分支的SOG信号(分量接收的同步信号)不正常，会引起分量信号无图像。若输入的色差信号Pb或Pr不正常，将引起分量信号彩色异常现象。主芯片㉖脚是G通道输入反相端，外接电容C858漏电将影响Y信号输入，影响分量信号接收。

3. AV信号输入电路

AV信号输入电路参见图18。AV视频信号CVBS从插座XS622的①脚输入，一路经电阻R659隔离、电容C561耦合，送至主芯片N501的㉚脚。主芯片㉜脚外接C555、R150是CVBS信号输入参考地电位的外接元件，此通道电容C555漏电，会导致AV无图。

AV信号源的音频信号输入电路与分量信号源的共用。

4. HDMI信号输入电路

HDMI信号输入电路如图19所示。当HDMI插座XS601外接HDMI输出设备后，外设将为XS601的⑱脚提供+5V电压，此电压经R413为热插拔控制三极管V402提供偏置电压，V402导通，V402的c极输出低电平的检测信号(DECT1)，送到主芯片的㊷脚，主芯片据此判断HDMI已经连接，控制内部的HDMI模块启动工作，并从①输出低电平的HDMI_HP1控制信号，使V401截止，V401的c极输出高电平，此高电平作为热插拔识别信号，经XS601的⑲脚(HGT_PLUG)送至HDMI输出设备作为识别信号。XS601的⑮、⑯脚通过隔离电阻RA401连接到主芯片的⑫、⑨脚，分别构成时钟线(HDMI_SCL)和数据线(HDMI_SDA)，这样外接HDMI输出设备通与主芯片进行通讯，HDMI输出设备读取电视机的存储在

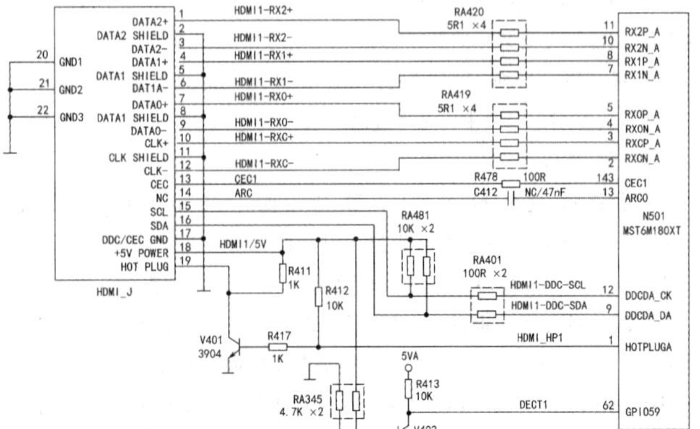

⑲

SPI FLASH中的EDID和HDCP协议，读取校验正确后，输出图、声编码信号(包括1对时钟信号和3对数据信号)，经XS601的①~⑫脚送往电视机主芯片N501。

维修提示：HDMI1不能接收HDMI信号，应重点检查XS601⑱脚供电(正常应约4.8V)，⑲脚HDMI热插拔识别电压(正常应约4.8V)，⑮脚和⑯脚总线电压(正常都应约4.7V)和1对时钟信号是否正常。HDMI状态有图像，但颜色异常、花屏，一般是3对数据信号之中的部分信号中断或异常导致的，重点检查主芯片输入的3对HDMI数据信号是否丢失或异常。正常工作时，HDMI时钟线和数据线上电压都在3V左右。用示波器测波形，可判断输入信号是否正常。另外，判断主芯片的HDMI接口是否损坏，可分别测量每条HDMI时钟、数据线的对地电阻，测试结果应基本相同，如果差异很大，则表明信号通道有断路现象或主芯片有故障。

5. USB信号输入电路

本机芯设置一个USB接口，相关电路如图20所示。插座XS609是USB接口，当其插入相应的外设时，USB的数据分别输入到主芯片N501的(126)、(127)脚。USB信号在主芯片中经过解码产生相应的数字视频信号和数字音频信号。

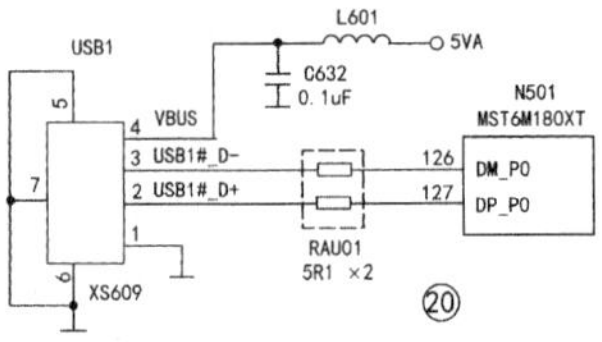

⑳

6. AV信号输出电路

(1)AV视频信号输出电路

主芯片N501的㉝脚输出模拟复合视频信号，经C618耦合到V605的基极，经V605、V604两级放大后，再经R633送插座XS611的③脚，如图21所示。

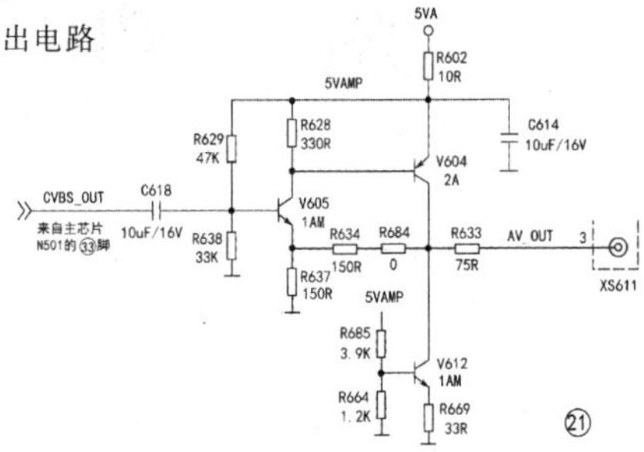

㉑

(2)音频放大电路及其输出电路

该电路如图22所示。主芯片N501的㊼、㊽脚输出左、右声道的音频信号送到N201(TDA1308)的②、⑥脚，放大后从N201的①、⑦脚输出，送耳机插座XS606。

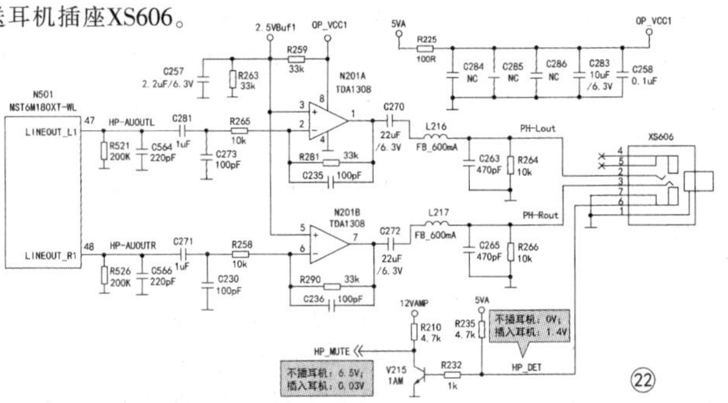

㉒

耳机插座XS606的⑥、⑦脚内部有一个弹片开关，不插耳机时，⑥、⑦脚接通，插入耳机后，⑥、⑦脚断开，利用它可以检测耳机是否插入，从而实现插入耳机时对功放电路N202(PAM8006A)进行静音控制。其原理是：不插入耳机时，5VA电压通过R235、XS606的⑥、⑦脚(内部弹片开关接通，⑦脚接地)到地，产生的耳机检测信号HP_DET为0V低电平，此时控制管V215截止，其C极输出的耳机静音控制信号HP_MUTE为高电平，HP_MUTE信号送到伴音功放电路N202，不会影响伴音功放电路的正常工作；插入耳机后，由于XS606的⑥、⑦脚内部弹片开关断开，此时产生的耳机检测信号HP_DET为高电平，使控制管V215饱和导通，其C极输出的耳机静音控制信号HP_MUTE为低电平，送到伴音功放电路，控制伴音功放电路静音(关闭信号的输出)。

7. 伴音功放电路

伴音功放电路由集成电路N202(PAM8006A)及相关电路组成，如

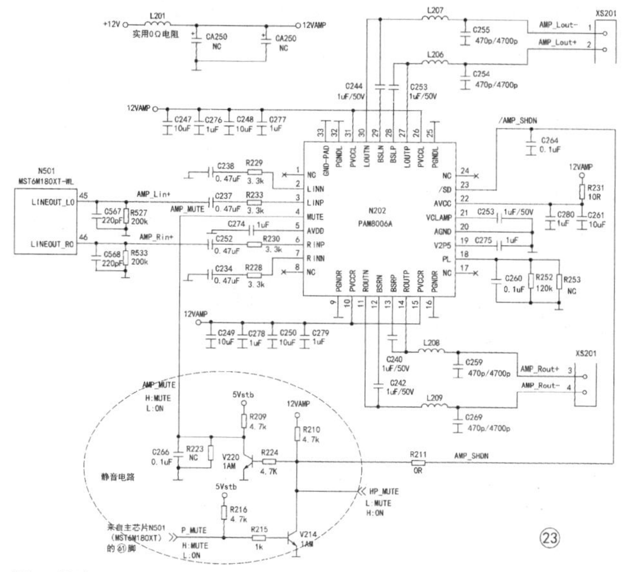

㉓

图23所示。

PAM8006A是PAM（龙鼎微）公司推出的一款15W立体声D类功率放大器，该IC特性是：低静态电流、低噪音、高效率，并具有关断/静音功能和十分完善的保护功能（包括功率限制、过流、过压、欠压锁定、热以及短路保护）。该IC供电电压范围为8V~18V，采用QFN5×5 32L封装。PAM8006A的引脚功能和维修数据见表5。

表5　PAM8006A引脚功能和维修数据

脚　号	符　号	功　　能	电压(V)
①、⑧、⑰、㉔	NC	(空脚)	—
②	RINN	右声道负极性输入	2.46
③	RINP	右声道正极性输入	2.46
④	MUTE	静音控制。高电平时功放静音状态；低电平时，功放正常工作	0.02
⑤	AVDD	5V 模拟电源	0
⑥	LINP	左声道正极性输入	2.46
⑦	LINN	左声道负极性输入	2.46
⑨、⑯	PGNDL	左声道高边接地	0
⑩、⑮	PVCCL	左声道高边驱动电源	12.37
⑪	LOUTN	左声道半桥负极性输出	6.11
⑫	BSLN	自举电压形成，为左声道高测负 FET 管提供驱动	10.71
⑬	BSLP	自举电压形成，为左声道高测正 FET 管提供驱动	10.71
⑭	LOUTP	左声道半桥正极性输出	6.11
⑱	PL	参考电压、功率限制功能	1.12
⑲	V2P5	2.5V 参考电压	2.45
⑳	AGND	模拟地	0
㉑	VCLAMP	内部电路产生的电源电压	4.93
㉒	AVCC	模拟电路供电(8V~26V)	12.27
㉓	/SD	功放关断信号输入。此脚为高电平时，功放工作；为低电平时，功放关闭	6.56
㉕、㉜	PGNDR	右声道高边接地	0
㉖、㉛	PVCCR	右声道高边驱动电源	12.37
㉗	ROUTP	右声道半桥正极性输出	6.13
㉘	BSRP	自举电压形成，为右声道高测正 FET 管提供驱动	10.69
㉙	BSRN	自举电压形成，为右声道高测负 FET 管提供驱动	10.70
㉚	ROUTN	右声道半桥负极性输出	6.10

主芯片N501（MST6M180XT-WL）㊺、㊻脚输出的左、右声道音频信号分别送到PAM8006的③、⑥脚，经内部前置放大及功率放大后，分别从⑪、⑭脚和㉗、㉚脚输出，经低通滤波后送到插座XS201，输出到扬声器。

PAM8006的④脚（MUTE）是静音控制脚，正常放音时为低电平（0V），静音时为高电平（约4.8V）。PAM8006的㉓脚（/SD）是功放关断控制脚，该脚为高电平时，功放IC工作，为低电平时，关闭放大器。其④脚和㉓脚外部接有静音控制电路。静音控制信号来自三路：

一是来自主芯片N501的㉛脚输出的静音控制信号P_MUTE，此路控制信号的产生是在用户执行自动搜索节目、切换频道、或按静音键时，也可能是电视机处于无信号输入的情况下，主芯片N501的㉛脚都会输出高电平（约3.1V）的P_MUTE静音控制信号，通过R215加到V214的b极，使V214饱和导通，一方面将功放块N202的㉓脚拉到低电平（0V），另一方面使V220截止，V220的c极由低电平跳变为高电平（约4.8V），N202的④脚也变为高电平。功放电路N202因/SD脚为低电平而被关闭，同时还因MUTE脚为高电平而静音。正常放音时，主芯片㉛脚输出低电平（0V），V214截止，其c极为高电平，最终使N202的㉓脚为高电平（约6.5V），④脚为低平（0V）。

二是来自耳机检测电路输出的HP_MUTE，该信号在没有插耳机时为高电平，不影响功放块N202的正常工作；外接耳机后，HP_MUTE变为低电平，这样也使静音启动。

三是来自开关机静音电路，不过这部分电路在实际电路中没有安装元件。

维修提示：先输入TV、AV等多种信号源试机，若声音均不正常，则重点检查伴音功放、扬声器及主芯片片的音频处理电路；若只是某类

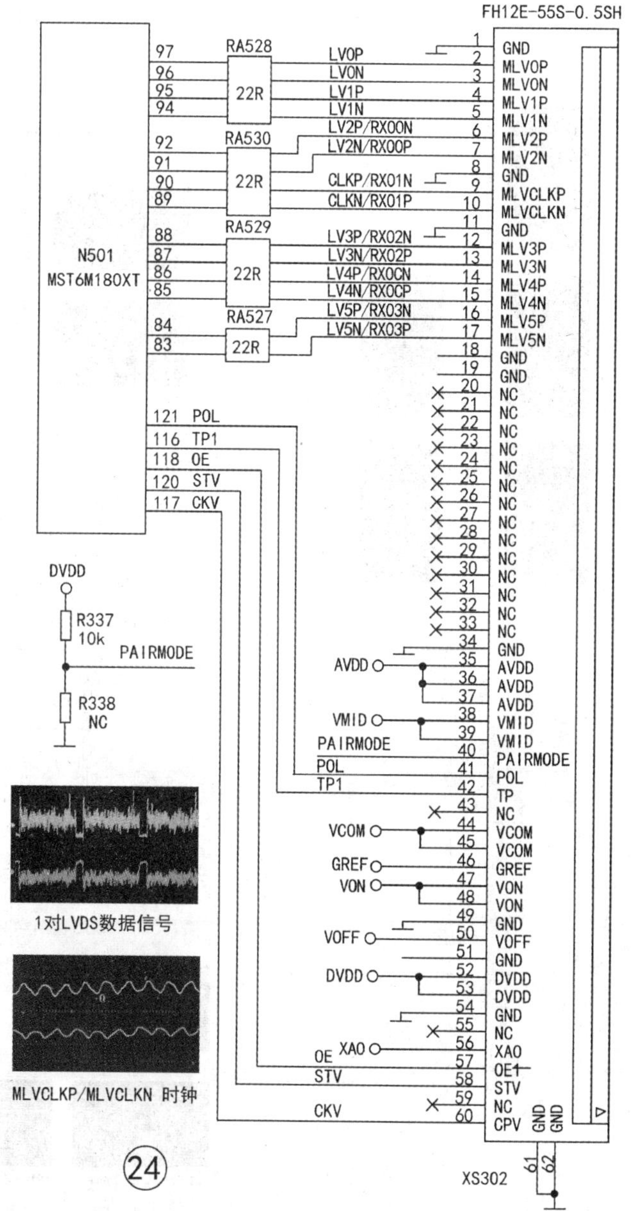

1对LVDS数据信号

MLVCLKP/MLVCLKN 时钟

㉔

信号源的声音异常，则重点检查此类信号输入电路。

功放集成块PAM8006A的检查：(1)测量⑩、⑮、㉒、㉖、㉛脚的供电是否正常；(2)测量⑲脚电压，若电压低于2.5V过多，则故障原因可能是IC内部LDO电路异常，代换IC；(3)测量④脚(MUTE)、㉓脚(/SD)电压，正常时④脚应为低电平，㉓脚应为高电平，否则检查外接的静音控制电路；(4)测量信号输入、输出脚电压，正常时左、右声道输入端均为2.5V左右，输出端(⑪、⑭、㉗、㉚脚)电压供电电压的一半左右。

8.屏接口电路

该主板与普通液晶彩电的主板有所不同，它是将普通液晶彩电的电路和逻辑板电路整合在一起，没有专用的逻辑板部分的时序控制芯片，时序控制器已集成在主芯片MST6M180XT-WL的内部。

该机的屏接口电路如图24所示。主芯片MST6M180XT输出的6对LVDS数据信号(LV0P/LV0N~LV5P/LV5N)和1对LVDS时钟信号(CLKP/CLKP)经排阻RA527~RA530、上屏插座XS302及屏线送液体屏。该板的主芯片还要输出几个屏驱动控制信号，如源驱动数据极性反转控制信号POL、栅驱动数据使能信号OE、缓冲器输出准备信号TP1、行驱动起始信号STV、控制扫描行依次开启的时钟信号CKV等，这些控制信号也经屏插座XS302及屏线送往液晶屏。注意：一般液晶彩电，液晶屏驱动电路所需的POL、OE、TP1、STV、CKV等控制信号由逻辑板上的专用时序控制芯片提供，主板上的屏接口不输出这几个控制信号。

维修提示：该主板的LVDS接口电路输出的电压和信号比一般主板的要多很多，是该主板故障的高发区。LVDS接口电路有问题，或者主芯片内的LVDS编码电路有问题，均会出现有声音、背光亮，但黑屏(或灰屏)、花屏等现象。维修时先检查插座XS302与屏线是否接触不良，信号传输通道中的排阻是否开路，主芯片的LVDS信号和屏控制信号输出引脚是否虚焊等。然后测量送至液晶屏的几种供电电压(注意：该板提供给屏的工作电压不再是普通主板为屏提供的12V或5V的上屏电压，而是由TFT偏压电路所形成的DVDD、AVDD、VON、VOFF等电压，下文介绍)是否正常，LVDS信号和屏驱动控制信号是否正常。

黑屏或灰屏故障，重点检查屏所需要的几种供电电压、LVDS时钟信号、屏驱动控制信号是否正常。花屏故障，重点检查6对LVDS数据信号中是否有某个或几个不正常。

检查主芯片输出的LVDS数据信号、时钟信号是否正常，可用数字万用表检测各LVDS信号线上的电压值判断，正常一般均在0. 9V~1.5V之间波动。也可用示波器测量各差分信号波形判断。

检查屏驱动控制信号是否正常，最好是使用示波器测波形来判断。几种控制信号的波形如图25所示。

五、TFT偏压形成电路

5.1 TFT偏压形成电路分析

1. 屏供电开关电路

康佳35017517四合一驱动板的屏供电开关电路主要由V802组成，如图26所示。

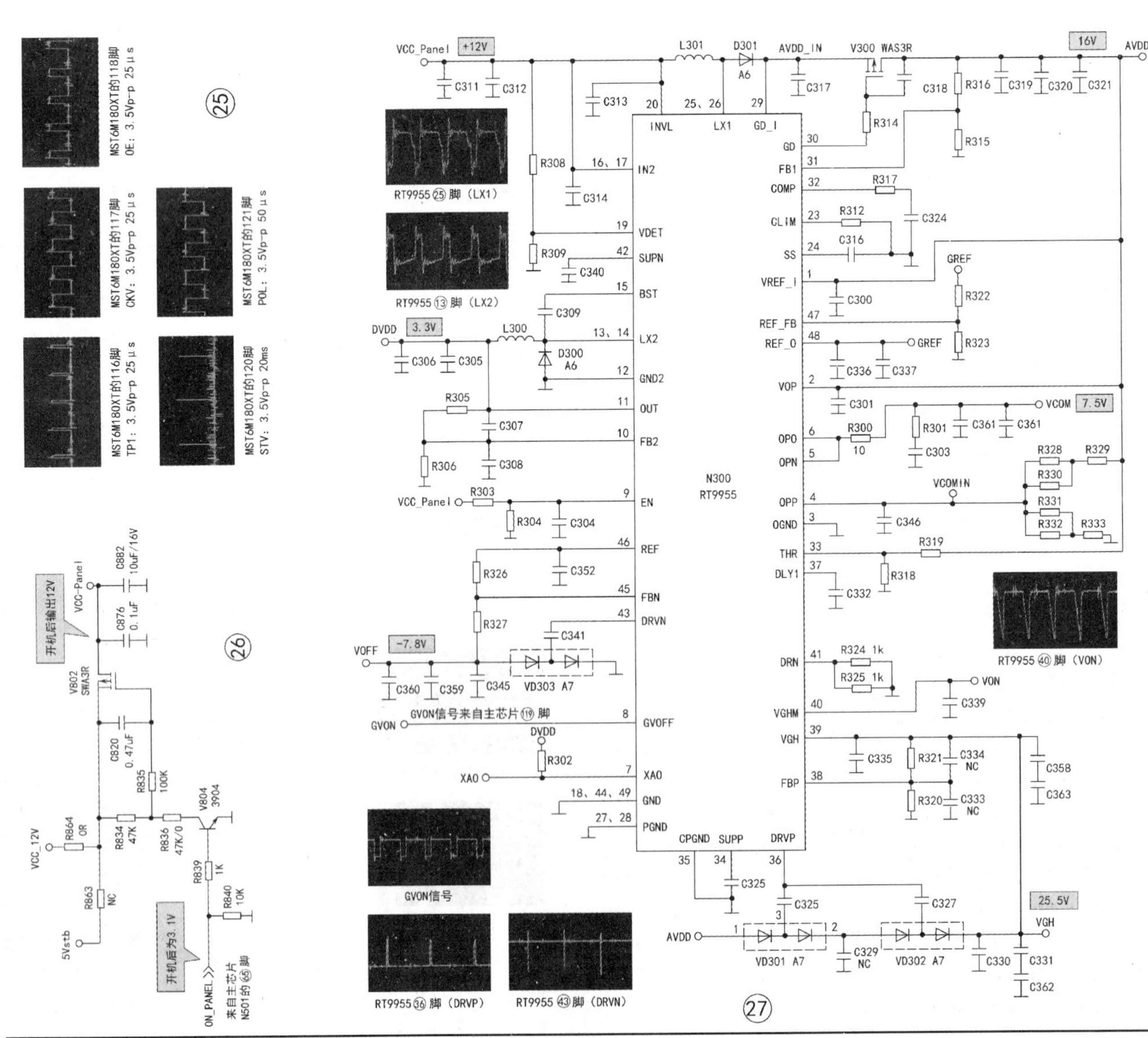

主芯片N501的⑥⑤脚是上屏电压开关控制端。V802是P沟道场效应管。当电视机待机时，主芯片N501的⑥⑤脚输出低电平，V804截止、V802的G极为高电平，V802截止，所以V802的D极无电压输出。电视机由待机状态转为二次开机时，N501的⑥⑤脚输出高电平，V804饱和导通，V802也随之导通，VCC_12V(开机后为12.3V)电压经V802后输出，V802输出的电压就是上屏电压VCC_Panel。注意，该板的VCC_Panel电压不是经屏插座送液晶屏，而是送到四合一驱动板上的TFT偏压形成电路。

2. TFT偏压形成电路

本机芯液晶屏需要的DVDD（3.3V）、AVDD（16V）、VON（脉冲电压）、VOFF(-7.8V)、VCOM(7.5V)等电压由RT9955(N300)及外围元件产生，如图27所示

(1)RT9955简介

RT9955是台湾立锜科技公司(RICHTEK)生产的一款为TFT液晶屏驱动电路提供偏置电压的电源管理芯片，内含振荡器、激励电路、正极和负极电荷泵形成电路、一个运算放大器、高精度的高电压gamma基准电压缓冲器，以及高压开关控制模块。工作电压范围8.0V至14V，可选择工作频率(500kHz/750kHz)，并具有输入欠压锁定和热过载保护功能。该芯片采用WQFN-48L 7×7封装工艺。RT9955这块芯片集成度高，功能齐全，只需少量的外围元件就可以产生TCON电路所需的各种稳压电源。RT9955的引脚功能及和维修数据见表6。

表6　电源管理芯片RT9955引脚功能和维修数据

脚号	符号	电压(V)	脚号	符号	电压(V)	脚号	符号	电压(V)
①	VREF	15.93	⑰	IN2	12.36	㉝	THR	1.59
②	VOP	15.93	⑱	GND	0	㉞	SUPP	15.86
③	OGND	0	⑲	VDET	1.58	㉟	CPGND	0
④	OPP	7.32	⑳	INVL	12.36	㊱	DRVP	0.36
⑤	OPN	7.34	㉑	NC	0	㊲	DLY1	3.99
⑥	OPO	7.33	㉒	FSEL	8.63	㊳	FBP	1.22
⑦	XAO	3.21	㉓	CLIM	1.23	㊴	VGH	25.5
⑧	GVOFF	2.50	㉔	SS	4.49	㊵	VGHM	24.9
⑨	EN	4.27	㉕	LX1	12.31	㊶	DRN	5.05
⑩	FB2	1.22	㉖	LX1	12.31	㊷	SUPN	12.37
⑪	OUT	3.22	㉗	PGND	0	㊸	DRVN	12.33
⑫	GND	0	㉘	PGND	0	㊹	GND	0
⑬	LX2	3.21	㉙	GD_I	15.92	㊺	FBN	0.21
⑭	LX2	3.21	㉚	GD	11.22	㊻	REF	1.22
⑮	BST	6.58	㉛	FB1	1.22	㊼	REF_FB	1.22
⑯	IN2	12.36	㉜	COMP	0.80	㊽	REF_O	15.69

(2)DVDD(3.3V)电压形成电路

该电压形成电路由N300、储能电感L300、二极管D300、滤波电容C305、C306等元件组成。工作时，N300的⑬、⑭脚(LX2)输出幅度约12Vp-p，周期约为1.3μs的高频开关脉冲，波形的正半周幅度约为9V，负半周约为3V，经二极管整流，在滤波电容C305、C306两端得到约为3.3V的直流电压。R305、R306是输出电压的取样电阻，取样电压经⑩脚(FB2)送回RT9955的内部，与IC内部的基准电压相比较，其误差电压用于对DVDD电压的稳压控制。

□□(3)AVDD(16V)电压形成

该电压形成电路由N300、储能电感L301、二极管D301、滤波电容C317等元件组成。工作时，N300的㉕、㉖脚(LX1)输出幅度约15Vp-p，周期约为1.3μs的高频开关脉冲，波形的正半周幅度约为4V，负半周约为11V，经二极管整流，产生约为4V的直流电压，该电压与输入的12V电压叠加在一起，产生约16V的AVDD_IN电压。AVDD_IN电压经过控制管V300形成AVDD电压(16V)。R316、R315是输出电压的取样电阻，取样电压经○31脚送回RT9955的内部，与IC内部的基准电压相比较，其误差电压用于对AVDD电压的稳压控制。V300是P沟道贴片场效应管，它控制AVDD电压输出的时序。N300的㉙脚（GD_I）用于检测AVDD_IN，当AVDD_IN过压或欠压，㉚脚将输出高电平，V300截止，关断AVDD电压的输出。

(4)VON脉冲形成

VON是液晶屏栅驱动电路工作的开启电压，实际上是一种脉冲信号。在RT9955电源管理芯片电路中，需要先产生VGH电压(直流电压)，然后在主芯片送来的启动VON电压的控制信号GVON后，才会输出VON脉冲信号。

VGH电压形成电路由N300的㊱脚及外围元件C325、VD301（双二极管封装）、C329、VD302（双二极管封装）、C330、C335等元件组成，这是一个正电压电荷泵电路。其中，C225、C327为储能电容。N300的㊱脚输出幅度约12V的方波脉冲，VD301的①脚加上AVDD电压(约16V)，正电压电荷泵电路在方波脉冲的作用下，将输入的AVDD电压提升到25.5V左右(图中标注为VGH)，从C330两端输出。R321、R320是VGH输出电压的取样分压电路，取样电压回送至N300的㊳脚，对VGH电压进行稳压及幅度调整。

VGH电压转换成液晶屏所需的VON脉冲信号是在N300内部进行的。VGH电压从㊴脚送入N300的内部。VGH转换为VON需要一个开关控制信号GVON，该信号由主芯片MST6M180XT-WL(N501)的(119)脚送来，从⑧脚送至N300的内部。在VGON开关控制信号的作用下，N300将输入的VGH直流电压转换为液晶屏栅极驱动脉冲信号VON(图27中已标出其波形)，从㊵脚输出，经上屏插座送往液晶屏。

(5)VOFF(-7.8V)电压形成

VOFF电压是Gate 关断电压，用于TFT栅极关断的电压。VGH电压形成电路由电源管理芯片N300的㊸脚与C341、VD303（双二极管封装）、C345、C359、C360等元件组成，这是一个负电压电荷泵电路。C341为储能电容。N300的㊸脚输出方波脉冲，负电压电荷泵电路在方波脉冲的作用下，从C345两端输出负电压(约-7.8V)，经主板的上屏上屏插座送往液晶屏。R326、R327是VOFF输出电压的取样分压电路，取样电压回送N300的㊺脚，对VOFF电压进行稳压及幅度调整。

(6)VCOM(7.5V)电压形成

VCOM是屏公共电极电压，由N300④、⑤、⑥脚内部缓冲放大器缓冲后形成。利用AVDD电压，经由R328~R333电阻分压获得VCOM_IN电压(约7.5V，与所需的VCOM电压基本相等的电压)，VCOM_IN电压送入N300④脚内部的电流缓冲放大器，经缓冲后从⑥脚输出VCOM电压(约7.5V)。虽然产生的VCOM与④脚输入的VCOM_IN电压基本相等，但VCOM的驱动能力显著增大。VCOM电压也经上屏插座送往液晶屏。

(7)GREF(15.7V)电压形成

GREF电压由N300的①、㊼、㊽脚内部电路形成。16V的AVDD电压从①脚输入到N300内部，从㊽脚(GREF_O)输出15.7V的GREF电压，作为伽马校正的基准电压。N300的㊼脚(REF_FB)为GREF电压的反馈脚，外接分压电阻R322、R323对GREF输出电压进行取样，取样电压经㊼脚回送到N300的内部，从而实现稳压控制。

(二)TFT偏压形成电路维修精要

这部分电路发生故障，会出现黑屏、灰屏、花屏、无图，或图像上有横带等现象。

维修中发现，AVDD、VGH、VOFF电压形成电路故障率较高。

实修时，测量DVDD、AVDD、VOFF、VCOM、GREF、VGH电压中某一组异常，可取下液晶屏的排线后再测，若电压恢复正常，则说明故障在液晶屏内部；否则，则故障在相应的电压形成电路。若这几组电压均不正常，很可能是电源管理芯片RT9955没有工作，这时先检查芯片的供电，若无供电，检查上屏电压开关电路。若测得VDDD、VOFF电压正常，但AVDD、VGH电压不正常，这时应先查RT9955⑧的使能控制信号。

PD28M系列智能电动机保护控制器性能特点及其应用

黄丁孝　陈　晨　董宏佳

PD28M系列智能电动机保护控制器是拓普电子公司研发生产的低压电动机综合保护装置，产品集继电保护、测量、控制、通讯为一体，具有较高的性价比，运行稳定可靠，对380V、660V低压电动机具有较全面的保护功能。

PD28M系列智能电动机保护控制器（以下可能简称其为“PD28M”或“控制器”）可对低压电动机实施多种方式的启动与控制；电动机运行后采集三相电流、三相线电压、接地电流等数据，将这些数据计算后，与设定的保护参数进行比较，当符合保护动作条件时，驱动继电器动作输出，实现对电动机的各种运行异常的保护。

一、控制器的外形样式

PD28M系列智能电动机保护控制器由两部分组成：一是控制器模块主体或称控制器主机（主机可以独立运行），二是扩展模块，包括扩展显示模块和8路DI功能模块。

图1是控制器模块主体，它的正面上部和下部有两排共24位接线端子；中部左侧有三个指示灯和一个复位按钮；中部右侧是与扩展模块传递信息的电缆线插座；顶部有一排10位的接线端子；顶部靠后侧有3个电动机电源线的穿线孔。控制器主体的内部有三个电流互感器，可以用来测量电动机的运行电流，以及获取过电流保护所需的电流数据。

在一些简单的应用项目中，控制器可以独立应用，这时通过接线端子外接的启动、停车按键对电动机进行控制；其三个指示灯的亮、灭或闪烁状态，从而判断电动机的运行状况。出现故障时，控制器给出报警信号或者保护停机，之后须在排除故障并按压复位按钮后，才能重新启动电动机。

当电动机的保护功能要求较高时，可以配套使用扩展显示模块。显示模块的正面样式见图2。其上部有“启动”“运行”“故障”和“通讯”共4个指示灯；中部有一个LCD显示屏；下部有“启动A/↑”“启动B/↓”“停车/↙”“复位/←”和“设置/查询”等5个按键。这些按键都具有多重功能，在正常运行状态可以操作电动机的启动和停车；在参数设置或运行数据查询时，它们具有相应的其他功能。这将在以下的章节中给以介绍。

当控制主机与显示模块配套连接使用时，其连接示意图见图3。两者之间通过一条厂家提供的专用电缆线连接。而显示模块的正面样式可参见图2。如果控制主机与显示模块配套连接使用，通常将显示模块安装在控制箱或控制柜的前面板上，而将控制主机安装在箱体内部。

由图2可见，控制主机前面板上（见图1）的“启动”、“运行”、“故障”等3个指示灯和“复位”按键，在扩展显示模块的前面板上也同时存在，因此配套使用显示模块时，虽然控制主机通常安装在控制箱（柜）内部，其实完全可以使用显示模块上的指示灯和复位按键，完成相应的观察、判断和操作功能。

PD28M系列智能电动机保护控制器支持MODBUS-RTU通信协议，是该控制器实现远程管理的重要技术手段。

二、控制器的功能特点

2.1 保护功能

PD28M系列智能电动机保护控制器具有启动超时、过载、断相、接地、漏电、过流堵转、三相电流不平衡和短路等基本保护功能，这些保护功能是控制器的基本配置功能，另外，还可根据需要，增加欠载、欠压、过压、频率、温度、功率因数等多种数字式保护功能。

2.2 测量功能

PD28M系列智能电动机保护控制器可对电动机的三相电流、接地漏电电流、电流不平衡率、三相线电压、频率、功率因数、有功功率、无功功率等多种电参数进行高精度的测量。

2.3 控制功能

PD28M系列智能电动机保护控制器可对380V、660V的低压电动机进行直接启动、双向运转启动、星三角启动、自耦变压器启动等多种启动控制。

2.4 开关量输入和电流信号输出功能

PD28M系列智能电动机保护控制器主机提供8路开关量输入，可用于电动机的启动、停止控制，还可用于故障排除后复位信号的输入，交流接触器动作状态信号的输入。若有必要，可通过扩展模块将开关量输入扩展至16路。

控制器主机提供4路继电器输出，满足多种启动方式和保护动作，并具有保护跳闸或报警信号的输出。

控制器具有8次故障记录，用于查询和分析排除故障。

可向DCS提供一路4~20mA模拟量信号输出。

PD28M系列智能电动机保护控制器的功能配置清单见表1。

三、控制器对电动机的控制与保护功能

3.1 电动机运行状态的划分

PD28M 将电动机的运行分为五种状态：就绪状态、启动状态、运行状态、停车冷却状态和停车状态。

就绪状态：电动机处于冷态情况下，可以立即接受启动操作；

启动状态：电动机接收到启动命令后，开始启动，直至进入到稳态运行前的状态；

运行状态：电动机启动完成后的正常运行状态；

停车冷却状态：电动机接收到停车命令后，停止运行，温度下降，热容下降到 15%的这个阶段；

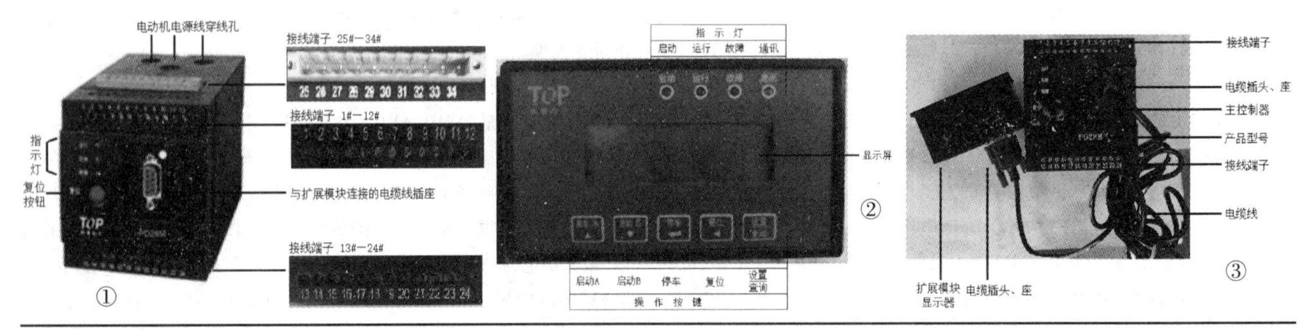

表1　PD28M系列智能电动机保护控制器的功能配置清单

功能项目		标准配置	选配项目
保护功能	启动超时	√	
	过载	√	
	过流堵转	√	
	断相	√	
	电流不平衡	√	
	接地/漏电	√	
	短路	√	
	欠载		√
	温度(PTC/NTC)		√(温度保护)
	过压		√(电压功能)
	欠压		
	频率		
	欠功率因数		
	相序保护		
运行模式	保护模式	√(可设置)	
	直接启动模式		
	双向可逆启动模式		
	星/三角启动两继电器模式		
	星/三角启动三继电器开环模式		
	星/三角启动三继电器闭环模式		
	自耦变压器启动两继电器模式		
	自耦变压器启动三继电器开环模式		
	自耦变压器启动三继电器闭环模式		
通讯功能	MODBUS-RTU		√
开关量输入	8 路 DI,不同的运行模式具有不同的配置	√	
(外部有源节点)	扩展模块可提供 8 路 DI		√
继电器输出	4 路 DO,不同的运行模式具有不同的模式	√	√
模拟量输出	一路 DC4~20mA,参数可编程		√
测量	三相电流、接地/漏电电流、三相电流不平衡率、热容	√	
	热阻、三相线电压、频率、功率因数、有功功率、无功功率		√
故障记录	记录 8 次最近发生的故障信息,分辨率为 1s		√
统计信息	记录电动机的总运行时长、总停车时长、停车次数、跳闸次数		√
保护值设定	各种保护值查询、整定	√	
系统参数设定	地址、波特率、电机额定值等参数查询、设置	√	

表2　PD28M控制器接线端子的功能

端子编号	端子定义	说　明	初始状态
1	L+	电源相线或正极	/
2	N-	电源零线或负极	/
3	GND	系统地	/
4	DI1	信号输入 1	常开
5	DI2	信号输入 2	常开
6	DI3	信号输入 3	常开
7	DI4	信号输入 4	常开
8	DI5	信号输入 5	常开
9	DI6	信号输入 6	常开
10	DI7	信号输入 7	常开
11	DI8	信号输入 8	常开
12	DI 公共端	信号输入公共端	/
13	DO11	A 继电器输出	常开
14	DO12		
15	DO21	B 继电器输出	常开
16	DO22		
17	DO31	C 继电器输出	常开(17、18)
18	DO32		
19	DO33		常闭(18、19)
20	DO41	D 继电器输出	常开(20、21)
21	DO42		常闭(21、22)
22	DO43		
23	RS485+	RS485 通讯	
24	RS485-		
25	VA	A 相电压输入	/
26	VB	B 相电压输入	/
27	VC	C 相电压输入	/
28	NULL	空	/
29	Ln1	零序互感器输入端 1	/
30	Ln2	零序互感器输入端 2	/
31	RT1	热阻输入端 1	
32	RT2	热阻输入端 2	
33	NA+	4-20mA 模拟量输出+	/
34	NA-	4-20mA 模拟量输出-	/

停车状态:电动机热容下降到 15%以下的状态,此时若有故障信息,则PD28M 处于闭锁状态,不接受重新启动命令;需要给出复位操作,清除故障信息,才能将PD28M切换到就绪状态。

如果电动机被正常按键停车,则停车后会从停车状态自动转换到就绪状态;如果是故障停车,则需要进行复位操作才能重新启动。

3.2 端子功能说明

由图1可见,PD28M系列智能电动机保护控制器共有3排、34位接线端子,各位端子的功能各不相同,具体应用中,各位端子与相关电路的连接关系见表2。

3.3 启动、停机的操作权限

可以将PD28M的8号端子 DI5 输入端设置为PD28M的操作权限控制端。操作权限有"本地显示"、"远程端子"和"远程通讯"。

8号端子 DI5 输入端与电源相线L之间连接有一个开关触点,当DI5输入端连接的开关触点断开时,PD28M 的操作模式是"本地显示"。设定为"本地显示"时,可以通过控制主机或扩展显示模块的面板上的操作按键进行电动机启动、停止控制和复位操作;此时远程端子和远程通信都不可以进行此类操作。

当DI5输入端连接的开关触点闭合时,默认操作权限切换为远程端子;此时可以通过远程端子(安装在控制主机、扩展显示模块之外的按钮)进行电动机启动、停止控制和复位操作;远程通信不可进行此类设置。当接通通讯后,通过通信软件中的操作权限设置项,可以将权限从远程端子切换为远程通信,此时通过通讯可以进行电动机的启动、停止控制和复位操作,远程端子不可进行此类设置。显示模块可以查看,但不能改变操作权限。

保护模式下,没有操作权限的区分。对保护定值的整定也不受操作权限的限制。

3.4 PD28M控制器对电动机的保护功能的实现

PD28M控制器内部的继电器输出具有交流接触器的起停控制和保护跳闸双重功能。当电动机正常运行时,操作按键可以作用于相应继电器对电动机进行正常停车。当故障发生时,如果保护方式设置为跳闸(也可以设置为报警),跳闸信号关联到相应继电器,继而通过外接的交流接触器切断电动机的电源,停止电动机的运行,保护电动机的安全。

3.5 故障信息输出

PD28M控制器有电动机故障信息输出继电器,触点为常开。当PD28M 发出报警或跳闸故障信息后,故障继电器触点闭合,可以接通外接的灯光信号或声响信号。若故障信息被清除,则该继电器触点恢复断开状态。

3.6 失电自诊断

PD28M 有失电自诊断继电器输出,自诊断触点为常闭,控制器得电正常工作时常闭触点打开;失电时,触点闭合。自诊断继电器的触点可以接通外接的灯光信号或声响信号。

3.7 复位方式

PD28M保护跳闸并进入停车状态后,如需再次启动电动机,则需先复位清除故障信息。复位有多种方式:扩展显示模块面板有复位按键,可长按3秒钟进行复位;控制器主机面板上有复位按钮,点按之也可复位;按压控制器主机复位端子外接的复位按钮即可复位;也可通过通讯口实现遥控复位。

复位操作可以清除热容。如果用户在电动机停车后需要立即启动电动机,则可以在停车冷却状态进行复位操作以清除热容,进入就绪状态,启动电动机。

为了防止启动热的电动机,除了紧急情况,用户需要等待电动机进入停车状态,再进行复位操作。

四、扩展显示模块功能描述

4.1 显示模块简介

显示模块是扩展模块中的一种,也是最基本的扩展模块。显示模块的主要功能是提供本地的数据、故障信息显示和定值整定。

使用生产厂家提供的专用连接电缆,分别连接控制器本体的电缆线接口和显示模块的电缆线接口,如图3所示。控制器上电后,显示模块即可工作。

显示模块采用 2×7 个汉字的液晶显示器,液晶背光为黄色。上电后,背光点亮10秒,然后自动熄灭。有按键操作时,背光被重新点亮,并于15秒后熄灭。

显示模块上电后,首先显示"联机通信中…",之后将进入控制界面,显示 PD28M的运行模式。

4.2 主要功能

显示模块上电运行后,默认的显示界面为控制界面,见图4。在此界面下,如果 PD28M 的操作权限为本地,用户操作显示模块上的按键可以控制电动机的启动和停车;如果操作权限为远程端子或远程通信,显示按键不可控制电机,如果按下显示按键想控制电机,会显示"现在是远方权限,你无权操控电机",出现此信息用户可以按任意键退出或过 5 秒后自动退出显示。

显示模块共有3个显示界面,分别是"控制界面""查询界面"和"设置界面",这3个界面之间可以通过操作按键的方法进行切换,切换时需要操作的按键见图4。

通过操作按键(短按"设置/查询")键,显示界面可以从控制界面切换到查询界面,此查询界面下,用户操作按键可以查询到 PD28M 的所有测量参数。

通过操作按键,显示界面也可以从控制界面或查询界面切换到设置界面,此界面下,用户操作按键可以设置 PD28M 的保护定值、系统参数。

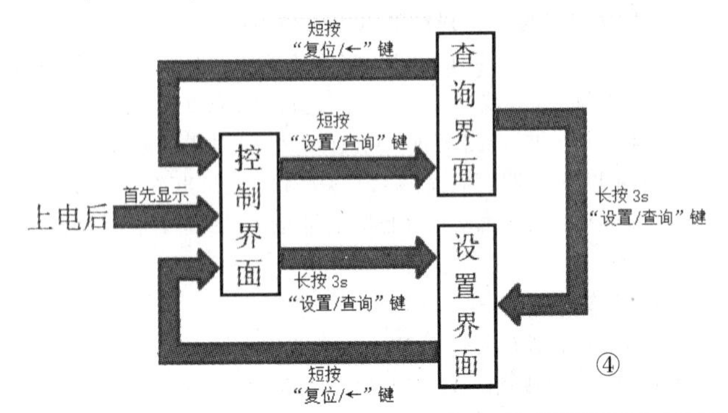

④

4.3 显示模块上的指示灯

如图2所示,显示模块的前面板上有4个指示灯,分别是"启动"、"运行"、"故障"和"通讯"指示灯。它们各自具有"熄灭"、"闪烁"和"恒亮"各2种或3种状态。这些状态代表的含义见表3。

表3 指示灯亮灭状态指示的含义

指示灯	亮灭状态	指示的含义
启动指示灯	熄灭	电动机处于非启动状态
	闪烁	电动机处于启动状态
运行指示灯	熄灭	电动机处于非运行状态
	恒亮	电动机处于运行状态
故障指示灯	熄灭	电动机处于非故障状态
	闪烁	发生报警事件
	恒亮	发生跳闸事件
通讯指示灯	熄灭	没有通讯进行
	闪烁	通讯正常
	恒亮	通讯不顺畅

4.4 显示模块上的按键

如图2所示,显示模块的面板上有5个按键,从左到右依次为"启动A/↑""启动B/↓""停车/↙""复位/←""设置/查询"。操作按键可以进行电动机控制,数据查询和参数设置。PD28M 有不同的操作权限和显示界面,同一按键在不同的权限和界面下作用不同。下边给以介绍。

1. 启动A/↑键

"启动 A/↑"键在不同状态时的功能描述见表4。

表4 启动 A/↑键(启动电动机或做向上键)

显示界面		本地操作	远程操作
控制界面	保护模式	无效	
	直接启动模式	启动电动机	无效
	双向可逆启动模式	正向启动电动机	无效
	星三角启动模式	启动电动机	无效
	自耦变压器启动模式	启动电动机	无效
查询界面		向上查询参数键	
设置界面		向上修改参数键	

2. 启动B/↓键

"启动 B/↓"键在不同状态时的功能描述见表5。

表5 启动B/↓键(反向启动电动机或做向下键)

显示界面		本地操作	远程操作
控制界面	保护模式	无效	
	直接启动模式	无效	
	双向可逆启动模式	反向启动电动机	无效
	星三角启动模式	无效	
	自耦变压器启动模式	无效	
查询界面		向下查询参数键	
设置界面		向下修改参数键	

3. 停车/↙键

"停车/↙键"键在不同状态时的功能描述见表6。

4. "复位/←"键

"复位/←"键在不同状态时的功能描述见表7。

操作"复位/←"键时,有短按和长按3s两种方式,所谓短按,就是点击一下;所谓长按,则需按压不少于3s时间。这时界面切换或功能效果,也可参见图5。

表6　停车/↙键(停止电动机或做确认键)

显示界面		本地操作	远程操作
控制界面	保护模式	无效	
	直接启动模式	停止电动机	无效
	双向可逆启动模式	停止电动机	无效
	星三角启动模式	停止电动机	无效
	自耦变压器启动模式	停止电动机	无效
查询界面		作为确认键	
设置界面		作为确认键	

表7　复位/←键(复位电动机或做返回键)

显示界面		本地操作	远程操作
控制界面		在此界面下，当电动机处于停车状态时，长按此键3s，将清除故障信息，控制器退出报警、跳闸状态	无效(保护模式除外，保护模式因为没有操作权限的区分，此键功能同左)
查询界面	短按该键，可以将显示模块从查询界面切换到控制界面		
设置界面	短按该键，可以将显示模块从设置界面切换到控制界面		

5. “设置/查询”键

“设置/查询”键在不同状态时的功能描述见表8。

表8　设置/查询键(控制界面切换到查询或设置界面键)

显示界面	本地操作	远程操作
控制界面	在此界面下，短按此键可以将显示模块从控制界面切换到查询界面；长按此键 3s 可以将显示模块从控制界面切换到设置界面。	
查询界面	长按此键 3s 可以将显示模块从查询界面切换到 设置界面。	
设置界面	无效	

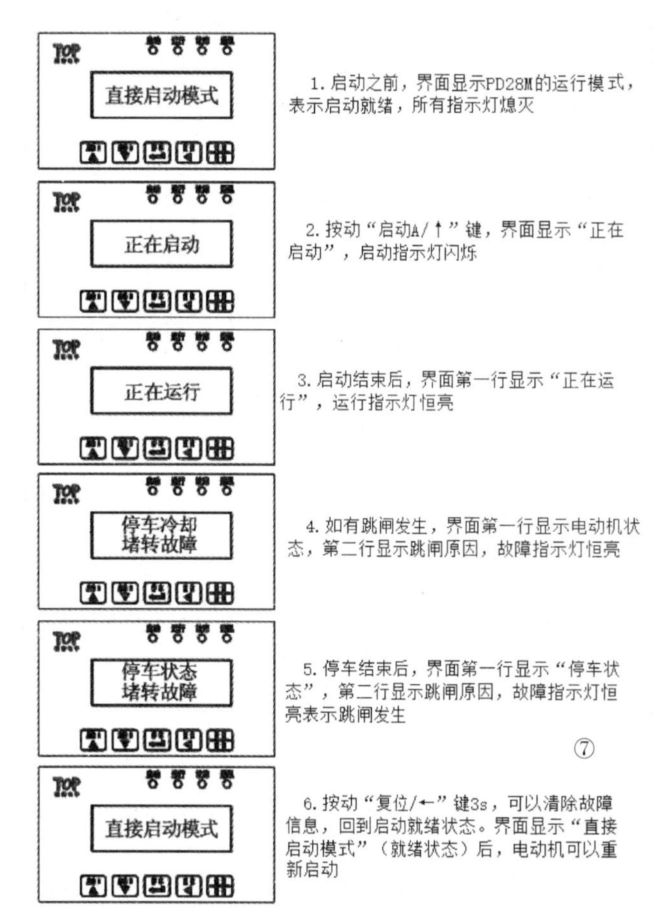
直接启动模式
1. 启动之前，界面显示PD28M的运行模式，表示启动就绪，所有指示灯熄灭
正在启动
2. 按动“启动A/↑”键，界面显示“正在启动”，启动指示灯闪烁
正在运行
3. 启动结束后，界面第一行显示“正在运行”，运行指示灯恒亮
停车冷却
堵转故障
4. 如有跳闸发生，界面第一行显示电动机状态，第二行显示跳闸原因，故障指示灯恒亮
停车状态
堵转故障
5. 停车结束后，界面第一行显示“停车状态”，第二行显示跳闸原因，故障指示灯恒亮表示跳闸发生
直接启动模式
6. 按动“复位/←”键3s，可以清除故障信息，回到启动就绪状态。界面显示“直接启动模式”（就绪状态）后，电动机可以重新启动
⑦

操作“设置/查询”键时的界面切换效果，也可参见图6。

4.5 显示模块的显示内容

1. 控制界面下的显示内容

显示模块上电后的默认界面为控制界面，在控制界面下，可以显示电动机的启动、运行状态和故障信息。有故障发生时，用户可以从指示灯的点亮情况判断是报警或跳闸发生(闪烁为报警，恒亮为跳闸)；显示模块同步显示故障原因和动作方式。故障原因只有在控制界面下才可以看到，如果故障发生时，显示模块在设置或查询界面下，用户如需查询故障原因，可按“复位/←”键回到控制界面。

以下举例说明运行模式为直接启动模式时，启动电动机时的显示顺序。参见图7。

2. 查询界面下的显示内容

在控制界面下，短按“设置/查询”键，切换到查询界面。在查询界面下使用“启动 A/↑”“启动 B↓”“停车/↙”键，可以查看三相电流、接地/漏电电流、三相线电压、电流不平衡率、开关量输入状态、继电器输出状态、热容、热阻、频率、功率因数、总有功功率、总无功功率、总视在功率、有功电能、无功电能、停车原因、操作权限、故障记录等参数。

PD28M系列智能电动机保护控制器仅含标准配置的基本型电路结构，可以满足普通应用。为了满足更高的应用需求，可以选配增加相应功能的硬件配置，这时设备成本会略有提高。以上所说的显示内容是在选配增加了较多功能时的可显示项目，如果是标准配置的控制器，有些参数可能无法显示。

在查询界面下通过操作“启动 A/↑”“启动 B↓”“停车/↙”键，可以依次显示图8所示的内容。

图8中的电流、电压、电流不平衡率、热容、热阻等参数界面为一级菜单，使用“启动 A/↑”，“启动 B/↓”键可以在一级菜单间进行往返切换。图中显示的字母含义可对照图8右侧的表格阅读理解。

在下一级菜单下按动“停车/↙”键，确认进入二级菜单(有些一级菜单下没有二级菜单，此时“停车/↙”键无效)；在二级菜单下按动“停车/↙”键，向上返回一级菜单。

PD28M 记录 8 次最近发生的故障跳闸事件，分别记录跳闸发生时的故障原因、时间。

故障记录为查询界面下唯一有两级以上子菜单的参数，故障记录的查询顺序如图9所示。

上图中的“故障记录”为一级菜单，在此界面下，按动“停车/↙”键，确认进入二级子菜单，显示“第 8 次”；在“第 8 次”界面下，按动“停车/↙”，确认进入三级子菜单，显示“故障原因”，此后按动“启动 B/↓”键可以向下查询故障发生的时间。在三级子菜单下，按动“复位/←”键，可向上返回二级菜单“第 8 次”；在二级菜单下按动“启动 B/↓”键可以继续向下查询其他故障记录，并按照上述方法查询详细的故障信息；在二级菜单下按动“复位/←”键，向上返回一级菜单“故障记录”。

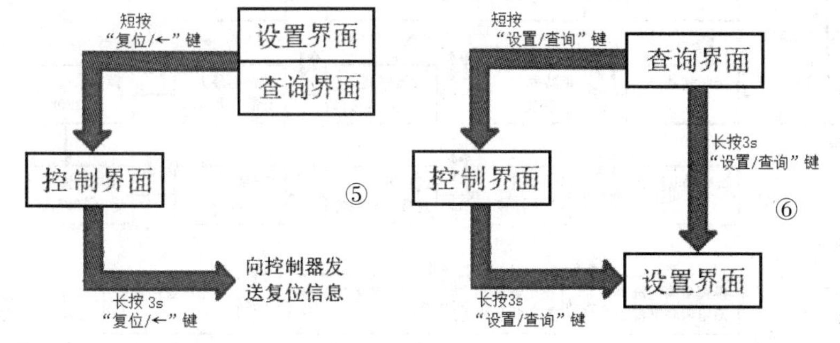
短按
“复位/←”键
设置界面
查询界面
控制界面
向控制器发送复位信息
长按 3s
“复位/←”键
短按
“设置/查询”键
查询界面
长按3s
“设置/查询”键
控制界面
设置界面
长按3s
“设置/查询”键
⑤　⑥

3. 设置界面下的显示内容

在控制/查询界面下，按动“设置/查询”键 3 秒，可以切换到设置界面。在设置界面下使用“启动 A/↑”、“启动 B/↓”“停车/↙”键，可以设置各项保护定值和系统参数。显示模块可以设置的内容如图10所示。图10中各个指示符号

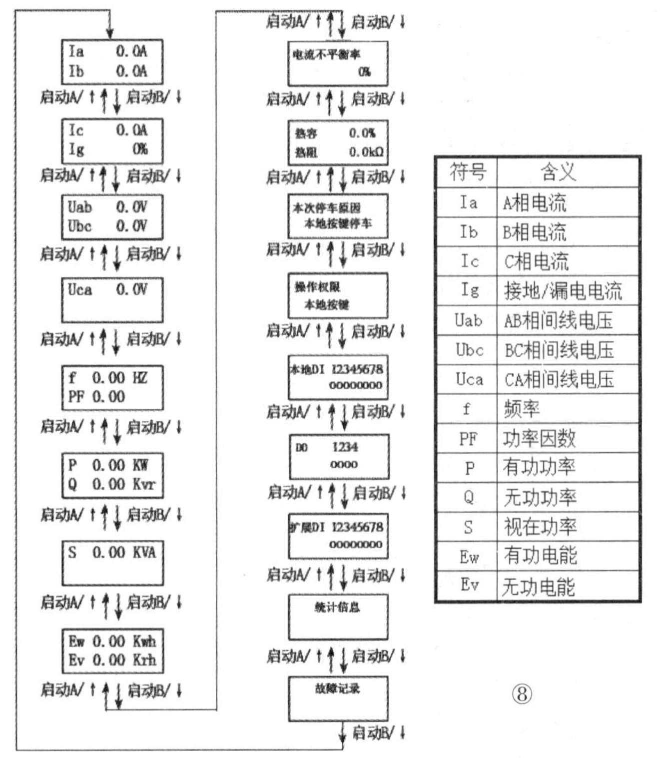

符号	含义
Ia	A相电流
Ib	B相电流
Ic	C相电流
Ig	接地/漏电电流
Uab	AB相间线电压
Ubc	BC相间线电压
Uca	CA相间线电压
f	频率
PF	功率因数
P	有功功率
Q	无功功率
S	视在功率
Ew	有功电能
Ev	无功电能

⑧

"↑""↓""↙"分别代表"启动 A/↑""启动 B/↓""停车/↙"键，这是为了使插图更简洁。

另外在设置界面中，加星号的保护功能的设置，只有在相应的保护功能被打开时才有效。额定电压和相关模拟量的设置，也只有在电压功能和模拟量功能被选择时才有效。

图10中，"保护定值整定"和"系统参数设置"为一级菜单，使用"启动 A/↑"，"启动 B/↓"键可以在一级菜单间进行切换。在一级菜单下按动"停车/↙"键，确认进入二级菜单；按动"启动 A/↑"，"启动 B/↓"键可以向下切换到其他二级菜单参数；在二级菜单下按动"启动 A/↑"键，向上返回一级菜单。

五、控制器的保护特性与参数整定

PD28M基于采集三相电流，三相线电压，接地电流、热敏电阻、断路器状态和开关量状态输入等数据对电动机进行全面的保护和控制。保护功能将采集数据计算后和控制器记录的用户设置的保护整定值进行比较，基于比较结果去控制继电器进行相应的保护动作。

PD28M系列电机保护控制器的参数整定可通过显示模块或通信接口进行。

PD28M出厂时，只有启动超时、过载保护，断相，短路保护功能是打开的，其他保护功能均被关闭，用户可以根据需要自行打开、整定其他保护功能。

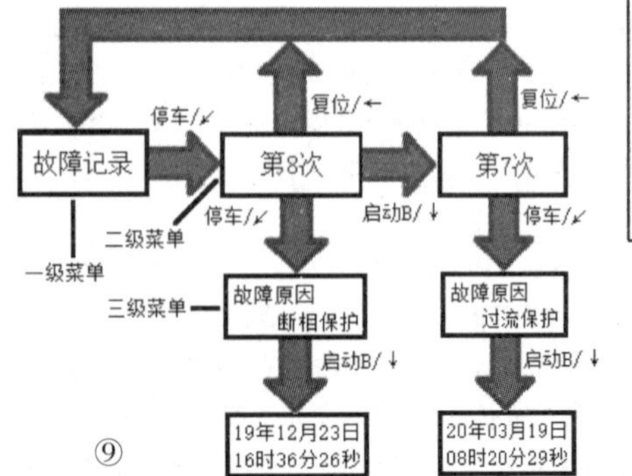

⑨

5.1 控制器对电动机的启动超时保护

启动超时保护在电动机启动过程中对电动机提供保护。在电动机运行过程中，启动超时保护自动退出。启动时间的整定可按电动机的实际启动时间，即从启动到电动机转速达到额定转速的时间，考虑留有裕度，可整定为电动机实际起动时间的1.2倍。

保护动作特性：在电动机起动过程中，如果设定的启动时间到达后，三相平均电流仍然≥1.2倍的额定电流，或者三相平均电流≤10%的额定电流，启动超时保护立即动作。

启动超时保护需要整定的参数包括：

启动时间：2s~60s

执行方式：报警或跳闸

5.2 控制器对电动机的过载保护

过载保护是常见和常用的一种电动机保护功能，主要保护电动机长期运行在额定电流以上，而造成的过热和绝缘能力降低从而烧坏电动机的情况。过载保护功能根据提供的反时限过载保护曲线对电动机提供保护。

过载保护功能不可关闭，在启动过程中不投入，进入运行过程后自动投入。

过载保护需要整定的参数包括：

曲线速率K：10~1300共16个K值

冷热曲线比：20%~90%

冷却时间：5min~1000min

故障复位方式：手动或自动

执行方式：报警或跳闸

冷热曲线比用于计算电动机的热容量。热转子锁定时间和冷转子锁定时间可以在电动机制造厂提供的技术规范中找到，如果没法找到，可以设定热/冷曲线率为典型值85%。

对于冷却时间的整定，电动机停车后其散热过程被模拟为衰减指数过程，散热速度受此项控制，根据电动机的散热条件进行整定，可以输入一个典型的时间30分钟，让其充分的冷却。如果需要一个更短的冷却周期，特别是对于小电动机，可以输入一个不同的时间。如果选择了一个太短的冷却时间，操作者可能会重启一个过热的电动机从而导致其损坏，因此选择短的冷却时间的时候，一定要谨慎。

故障复位方式设定为手动时，过载保护动作发生后需人工进行复位操作，清除故障指示和故障跳闸输出，方可再次启动电动机。故障复位方式设定为自动时，过载保护动作发生后无需人工进行复位操作，当热容冷却到15%以下时，过载故障指示和故障跳闸输出自动清除，电

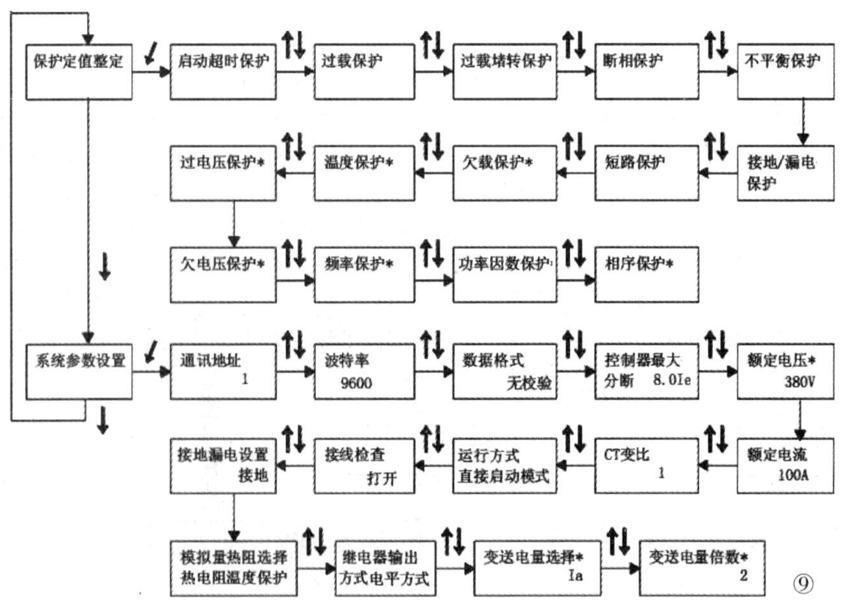

⑨

机允许被再次启动。

保护动作特性：在电动机运行过程中如果三相电流平均值≥1.05Ie，过载保护按照保护特性曲线延时动作；三相电流平均值≤1.05Ie时，过载保护不动作。

过载保护出厂默认参数值为：

曲线速率K:10

冷热曲线比:85%

冷却时间:30 min

故障复位方式:手动

执行方式:报警

5.3 控制器对电动机的过流堵转保护

过流堵转保护是电动机特有的一种保护，适用于传动装置、泵、风扇、切割机及压缩机等装置由于负荷过大或自身机械原因，造成电机轴被卡死堵转等故障电流很大的保护。过流堵转保护可以关闭；如果此保护被用户打开，在启动过程就投入。

过流堵转保护需要整定的参数包括：

动作整定值范围:100%Ie ~800%Ie；整定值为“0”时为保护关闭

延时时间 0.5s~60.0s，0.1s 级差

执行方式:报警或跳闸

堵转电流的整定值应该依据电动机制造厂提供的最大允许堵转电流值的一半整定，一般取 1.5~2.5Ie。

堵转延时时间，可参考电动机的允许堵转时间整定，一般整定为允许堵转时间的0.9倍。

保护动作特性：如果三相电流平均值≥1.1 倍堵转整定值并持续至延时时间结束，过流堵转保护可靠动作；三相电流平均值≤0.9 倍堵转整定值时，过流堵转保护不动作。

动作时间特性:定时限保护，动作延时时间误差为±0.1s。

5.4 控制器对电动机的断相保护

断相故障运行对电机的危害很大，PD28M 提供的断相保护不可关闭，并且在启动过程就被投入。

断相保护需要整定的参数包括：

延时时间:0.02s~5.00s，0.02s 级差

执行方式:报警或跳闸

保护动作特性:如果控制器检测到断相发生，断相保护延时动作。

动作时间特性:定时限保护，动作延时时间误差为±0.04s。

断相保护的出厂默认保护参数为：

延时时间:0.60s

执行方式:报警

5.5 控制器对三相电流不平衡的保护

电动机三相运行电流不平衡是导致电动机热损坏的一个重要原因。三相运行电流不平衡保护可以关闭，如果此保护被用户打开，在启动过程中就被投入。

需要整定的电流不平衡保护参数包括：

动作整定值范围:20%~60%；若整定为“0”则保护关闭

延时时间:0.5s~5.0s，0.1s 级差

执行方式:报警或跳闸

三相运行电流不平衡的保护参数整定值通常由操作经验确定。对于一个已知的平衡情况，推荐50%的启动值为一个起始点，启动值可以下调直到高于会产生频繁跳闸水平。对于一个轻度负载的电动机，一个很大的不平衡电流也不会对电动机造成损坏，此种情况下可以将启动值上调，也可以设置较长的延时时间。

保护动作特性:如果三相不平衡率≥1.1 倍的不平衡整定值，并一直持续至延时时间结束，不平衡保护将可靠动作。低于不平衡整定值时，不平衡保护不动作。

动作时间特性:定时限保护，动作延时时间误差为±0.1s。

5.6 控制器对电动机的接地保护

接地保护用于相线对电动机金属外壳短路的故障保护。接地保护可以关闭，如果此保护被用户打开，在启动过程中就被投入。

需要整定的接地保护参数包括：

动作整定值范围:三相矢量叠加方式(20%~100%)Ie；
“0”为保护关闭

延时时间:0.02s~60.00s，0.02s 级差

执行方式:报警或跳闸

接地故障电流的大小取决于故障点在电动机线圈上的位置，希望设置低的接地故障动作值以保护尽量多的定子线圈并防止电机外壳因带电而变得很危险。

在直接接地系统中，应设定尽可能短的延迟时间以避免系统的损坏；在小电流接地系统中，接地电流值被限制在较安全的范围内，可以选择较长的几秒钟的延时时间。

保护动作特性：如果接地电流≥1.1倍整定值并持续至延时时间结束，接地保护将可靠动作；接地电流≤0.9 倍整定值时，接地保护不动作。

动作时间特性:定时限保护，动作延时时间误差为±0.04s。

5.7 控制器对电动机的漏电保护

漏电保护功能提供更精确的接地故障检测，主要用于确保人身安全。漏电保护的电流信号取于外部零序电流互感器。漏电保护与接地保护二者只可选择其中之一。

漏电保护需要整定的参数包括：

动作整定值范围:外加零序电流互感器方式(20%~100%)Is；

延时时间:0.02s~60.00s，0.02s 级差

执行方式:报警或跳闸

漏电保护用于确保人身安全，因此希望设置低的保护动作值和短的延时时间。

保护动作特性：如果漏电电流≥1.1 倍整定值并持续至延时时间结束，漏电保护将可靠动作；漏电电流≤0.9 倍整定值时，漏电保护不动作。

动作时间特性:定时限保护，动作延时时间误差为±0.04s。

5.8 控制器对电动机的短路保护

电动机短路保护是为电动机相间短路和电动机绕组匝间短路而设置。短路保护可以关闭，如果此保护被用户打开，在启动过程就被投入。

需要整定的短路保护参数包括：

动作整定值范围:400%Ie~接触器允许分断电流；“0”为保护关闭

延时时间:0.10s~5.00s，0.02s 级差

执行方式:报警或跳闸

短路保护的动作整定值必须小于接触器的允许分断电流；延时时间必须大于熔断器或断路器的动作时间。

当故障电流大于设定的允许分断电流时，保护不跳闸，只输出故障信息；直到电流跌落到接触器允许分断电流以下，跳闸动作才会发生。这是为了保护交流接触器的运行安全，防止触点熔化粘连诱发更大的故障。

保护动作特性：如果任一相电流≥1.1 倍整定值且≤允许分断电流至延时时间结束，短路保护将可靠动作；三相电流均≤0.9 倍整定值时，短路保护不动作。

动作时间特性:定时限保护，动作延时时间误差为±0.1s。

5.9 控制器对电动机的欠载保护

电动机欠载一般不需保护，但是对于负载情况可能会出现非正常突变，比如流水线传送带的突然断裂等这种场合需要投入欠载保护。

需要整定的欠载保护参数包括：

动作整定值范围:(20%~100%)Ie；“0”为保护关闭

延时时间:0.5s~60.0s,0.1s 级差

执行方式:报警或跳闸

对于水泵、流水线传送带等设备,可以设置较低的动作整定值,比如60%Ie。欠载保护的执行方式一般设置为报警,以提醒工作人员注意。

保护动作特性:如果任一相电流值≤0.9 倍整定值并持续至延时时间结束,欠载保护将可靠动作;三相电流平均值≥1.1 倍整定值时,欠载保护不动作。

动作时间特性:定时限保护,动作延时时间误差为±0.1s。

5.10 控制器对电动机的温度保护

电动机定子线圈温度过高时,将导致其绝缘损坏,是电动机在过负载情况下故障的重要原因。电动机的温度保护,须在电动机定子绕组中预埋热敏电阻,随着绕组温度变化,热敏电阻产生快速的阻值变化,控制器接收到热敏电阻变化的阻值信号输入时,将其与设定的电阻值允许变化范围进行比较,超出电阻值允许变化范围时,发出停车或报警指令。

需要整定的温度保护参数包括:

热敏电阻类型:PTC或NTC 改变热敏电阻类型时,动作电阻值需重新设定

动作电阻整定值:0.1kΩ~30kΩ (PTC 动作电阻设定需大于返回电阻,NTC 时则正好相反)

返回电阻整定值:0.1kΩ~30kΩ

执行方式:报警或跳闸

根据安装在电动机里的热敏电阻的电阻-温度曲线,输入热敏电阻的动作值和返回值。动作延时时间为1s不可整定。

保护动作特性:热敏电阻类型为 PTC 时,如果实测电阻值≥动作电阻设定值,控制器延时1s动作;如果动作方式为报警,则故障动作后,当温度冷却至实测电阻值<返回电阻设定值时,报警输出清除;如果动作方式为跳闸,则故障动作后,跳闸信息不会自动清除,需手动复位清除。

热敏电阻类型为 NTC 时,如果实测电阻值≤动作电阻设定值,控制器延时动作;如果动作方式为报警,则故障动作后,当温度冷却至实测电阻值>返回电阻设定值时,报警输出清除;如果动作方式为跳闸,则故障动作后,跳闸信息不会自动清除,需手动复位清除。

动作延时时间或动作、返回电阻值误差在±10%范围内。

动作时间特性:定时限保护,动作延时时间误差为±0.1s。

5.11 控制器对电动机的过压保护

电压过高将造成电动机绝缘损伤,过压保护功能可对电机的一次线路中的过压故障实施保护。

需要整定的过压保护参数包括:

动作整定值范围:(105%~150%)Ue;整定值为“0”时保护关闭

延时时间:0.5s~60.0s,0.1s 级差

执行方式:报警或跳闸

保护动作特性:如果任一相电压≥1.1 倍整定值并持续至延时时间结束,过压保护将可靠动作。

三相电压均≤0.9 倍整定值时,过压保护不动作。

动作时间特性:定时限保护,动作延时时间误差为±0.1s。

5.12 控制器对电动机的欠压保护

电压过低会引起电动机转速降低,停止运行。欠压保护功能可对电动机的一次线路中的欠压故障实施保护。

需要整定的欠压保护参数包括:

动作整定值范围:(45%~95%)Ue;整定值为“0”时保护关闭

延时时间:0.5s~60.0s,0.1s 级差

执行方式:报警或跳闸

考虑到一般电动机的电压降低到 70%以下,电动机的转速将不稳定,发热也会急速上升,可以将动作整定值设为 70%左右,也可根据负载情况进行调整。

保护动作特性:如果任一相电压≤0.9 倍整定值并持续至延时时间结束,欠压保护将可靠动作;三相电压均≥1.1 倍整定值时,欠压保护不动作。

动作时间特性:定时限保护,动作延时时间误差为±0.1s。

5.13 控制器对电动机的频率保护

频率保护可防止电动机因电网频度变化而引起的转速不稳定。

需要整定的频率保护参数包括:

保护:关闭/打开

频率上限整定范围:50.01Hz~52.50Hz

频率下限整定范围:47.50Hz~49.99Hz

延时时间:0.5s~60.0s,0.1s 级差

执行方式:报警或跳闸

保护动作特性:如果所测频率≥1.1 倍上限或者≤0.9 倍的下限整定值并持续至延时时间结束,频率保护将可靠动作;如果频率恢复到上下限范围内,则保护不动作。

动作时间特性:定时限保护,动作延时时间误差为±0.1s。

5.14 控制器对电动机的欠功率因数保护

电动机欠载运行时,由于功率因数较低,电动机的电流不一定会很小,欠功率因数保护功能将对电动机实施更好的欠载保护。

需要整定的功率因数保护参数包括:

动作整定值范围:30%~80%;整定值为“0”时保护关闭

延时时间:0.5s~60.0s,0.1s 级差

执行方式:报警或跳闸

保护动作特性:如果三相平均功率因数≤0.9 倍整定值并持续至延时时间结束,欠功率因数保护将可靠动作;三相平均功率因数≥1.1 倍整定值时,保护不动作。

动作时间特性:定时限保护,动作延时时间误差为±0.1s。

5.15 控制器对电动机的相序保护

相序错误可能引起电动机反转,相序保护功能防止在相序错误的情况下启动电动机。

需要整定的相序保护参数包括:

保护:关闭或打开

电动机启动时如果相序错误,则停止电动机的启动过程。

5.16 控制器对电动机的断相保护

断相保护的出厂默认保护参数为:

动作整定值范围:400%Ie

延时时间:0.20s

执行方式:报警

在实际系统中,保护的出口时间还需要考虑继电器的固有动作时延以及外部机械结构的固有时延。

六、PD28M启动控制电动机的应用电路

PD28M系列智能电动机保护控制器利用现代微电子技术,实现了对电动机启动与运行过程中的各种控制与保护功能,极大地提高了电动机运行的安全性,降低了操作人员的维护量,可以创造较高的社会效益与经济效益。下面介绍几款该控制器与电动机配合运行的具体应用电路供参考。

6.1 PD28M直接启动电动机的控制模式

PD28M直接启动电动机的控制模式,具体电路见图11。该图左侧是主电路,A、B、C三相电源经过断路器QF将电源接入。交流接触器C1(将接触器使用字母“C”作文字符号实属古典,但为了与PD28M的产品资料描述相一致,这里继续沿用。交流接触器文字符号的规范用法是KM)用作电动机的启动与停止控制。电流互感器TAa、TAb、TAc用于对电动机三相电流信号的采集,并送往PD28M控制器;这三只电流互感

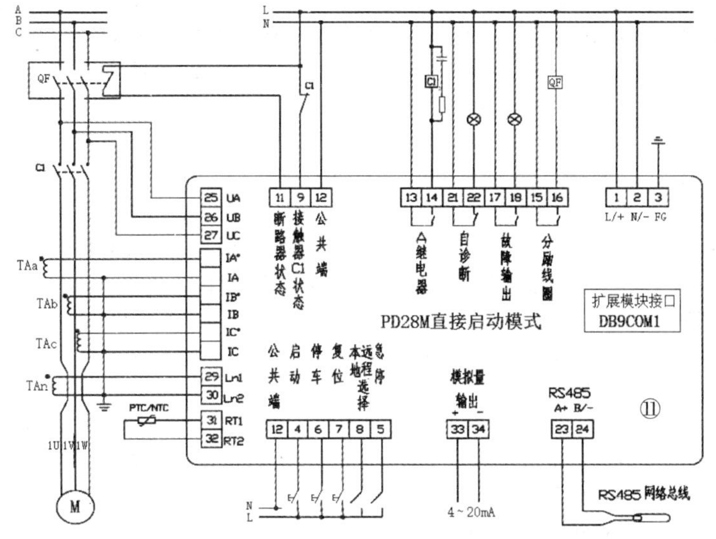

器无须外接,可参见图1,将电动机的三条电源线从PD28M主机顶部的三个穿线孔穿过，就相当于将图11中的三个电流互感器接入了电路。TAn是用来检测电动机、电气线路是否有接地、漏电故障的零序电流互感器。因为三相交流电动机运行电流的矢量和恒等于零,如果电动机、电气线路没有接地或漏电故障,TAn的一次就相当于没有电流,PD28M控制器的29、30号端子(参见图11)输入的电流信号就是0。

图11右侧的大部分幅面是PD28M控制器与二次控制元件连接的示意图。由图可见,控制器的AC220V电源由1、2号端子接入;23、24号端子连接RS485网线,需要网络远程控制时必须连接,否则不接;33、34号端子是4~20mA的模拟量输出,该模拟量输出可以对应于运行电流或电源电压,具体由参数设置决定;4、5、6、7、8号端子外部连接的是所谓远程操作时的控制元件,包括电动机启动按键、停止按键、复位按键、本地/远程选择按键和紧急停车按键,如果PD28M与扩展显示模块配套使用时,则图2所示的显示模块上也有类似功能的5个按键,这5个按键分别是“启动A/↑”“启动B/↓”“停车/↙”“复位/←”和“设置/查询”等,这时操作图11中8号端子外接的“本地/远程选择”键时,可以选择本地或远程操作有效,显示模块上的按键操作有效时为本地操作,图11中4、5、6、7号端子外接的按键操作有效为远程操作(因为4、5、6、7号端子外接的按键可以安装在远离控制器的适当位置);31、32号端子连接的是对电动机进行温度保护的热敏电阻,PTC是具有正温度系数的热敏电阻,NTC是具有负温度系数的热敏电阻,具体应用时只能使用其中的一种热敏电阻，并在设置参数时给出选择和确认;25、26、27号端子接入的是三相电压信号,用于控制器对电压、有功功率、无功功率、视在功率、功率因数、有功电能、无功电能等运行数据的测量以及与电压相关的保护功能;9、11、12号端子连接的是与程序控制相关的触点等,保证只有满足必要的条件时才能进入后续的操作;13、14号端子在控制器内部有A继电器的触点,触点闭合,外接的交流接触器C1线圈得电,主触点闭合,电动机M开始启动运行,而A继电器触点闭合是在控制器“准备就绪”后,按动了4号端子连接的启动按键后(远程操作时)才出现的控制效果;21、22号端子在内部连接自诊断继电器的触点,当图11中的断路器QF合闸接通、交流接触器线圈C1未通电情况下,自诊断继电器的触点将使22号端子外接的指示灯有亮灭指示,给出自诊断的结果信号;当出现较大故障,例如短路故障时,交流接触器C1的主触点可能因为开断容量的限制，不足以切断故障电流时,15、16和17、18号端子在控制器内部连接的两对触点闭合接通，其中15、16号端子内部连接的触点闭合，接通控制器外部连接的断路器QF的分励线圈电源，通过断路器QF切断较大的故障电流，同时，17、18号端子在控制器内部连接的触点闭合接通，点亮控制器外部连接的指示灯,使其点亮,给出故障信号。

直接启动模式下,当控制器上电时,首先检测断路器是否在闭合状态，C1 接触器是否在释放状态,如果接线错误,报“接线错误”,故障继电器闭合;如果接线正确,进入启动就绪状态,显示模块显示“直接启动模式”。当控制器收到启动命令(按动4号端子外接的启动按键)时,内部继电器 A 吸合,则接触器C1线圈得电吸合,启动过程中“启动”灯亮，显示屏显示“正在启动”;启动结束,“启动”灯灭,“运行”灯亮,显示模块显示“正在运行”。当控制器收到停车命令(按动6号端子外接的停车按键),或者有保护跳闸动作发生时,A 继电器触点分开，接触器C1释放,电动机停车;停车过程结束后,进入启动就绪状态时,显示模块显示“直接启动模式”。

6.2 PD28M双向可逆启动电动机的控制模式

PD28M双向可逆(正反双向旋转)启动电动机控制模式的具体电路见图12。该图左侧是主电路,A、B、C三相电源经过断路器QF将电源接入。交流接触器C1和C2的主触点分别用于电动机M的正转与反转控制。电流互感器TAa、TAb、TAc用于对电动机三相电流信号的采集,并送往PD28M控制器;这三只电流互感器无须外接,可参见图1,将电动机的三条电源线从PD28M主机顶部的三个穿线孔穿过,就相当于将图12中的三个电流互感器接入了电路。TAn是用来检测电动机、电气线路是否有接地、漏电故障的零序电流互感器。因为三相交流电动机运行电流的矢量和恒等于零,如果电动机、电气线路没有接地或漏电故障,TAn的一次就相当于没有电流,PD28M控制器的29、30号端子(参见图12)输入的电流信号就是0。

图12右侧是PD28M控制器与二次控制元件连接关系图。由图可见，控制器的AC220V电源由1、2号端子接入;23、24号端子连接RS485网线，需要网络远程控制时必须连接，否则不接;33、34号端子是4~20mA的模拟量输出，该模拟量输出可以对应于运行电流或电源电压,具体由参数设置决定;4、5、6、7、8号端子外部连接的是所谓远程操作时的控制元件,包括电动机启动A键、启动B键、停止按键、复位按键、本地/远程选择键,如果PD28M与扩展显示模块配套使用时,则图2所示的显示模块上也有类似功能的5个按键,这5个按键分别是“启动A/↑”“启动B/↓”“停车/↙”“复位/←”和“设置/查询”等,这时操作图12中8号端子外接的“本地/远程选择”键时,可以选择本地或远程操作有效,显示模块上的按键操作有效时为本地操作，图12中4、5、6、7号端子外接的

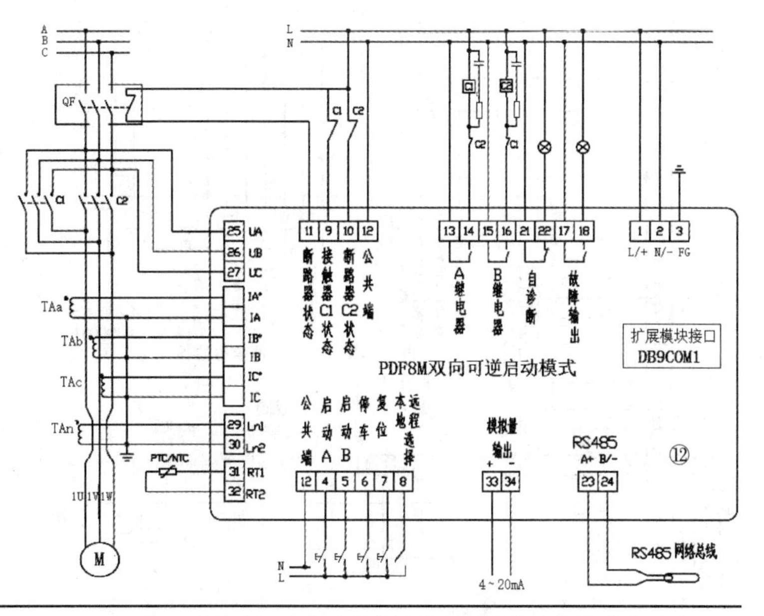

按键操作有效为远程操作（因为4、5、6、7号端子外接的按键可以安装在远离控制器的适当位置）；31、32号端子连接的是对电动机进行温度保护的热敏电阻，PTC是具有正温度系数的热敏电阻，NTC是具有负温度系数的热敏电阻，具体应用时只能使用其中的一种热敏电阻，并在设置参数时给出选择和确认；25、26、27号端子接入的是三相电压信号，用于控制器对电压、有功功率、无功功率、视在功率、功率因数、有功电能、无功电能等运行数据的测量以及与电压相关的保护功能；9、10、11号端子连接的是与程序控制相关的触点，保证只有满足必要的条件时才能进入后续的操作；13、14号端子在控制器内部有A继电器的触点，触点闭合，外接的交流接触器C1线圈得电，主触点闭合，电动机M开始正转启动运行，而A继电器触点闭合是在控制器"准备就绪"后，按动了4号端子连接的启动A按键（远程操作有效时）后才出现的控制效果；15、16号端子在控制器内部有B继电器的触点，触点闭合，外接的交流接触器C2线圈得电，主触点闭合，电动机M开始反转启动运行；21、22号端子在内部连接自诊断继电器的触点，当图12中的断路器QF合闸接通、交流接触器线圈C1和C2均未通电情况下，自诊断继电器的触点将使22号端子外接的指示灯有亮灭指示，给出自诊断的结果信号；当出现故障，并且故障参数达到保护动作的设定阈值时，17、18号端子在控制器内部连接的继电器触点闭合接通，点亮控制器外部连接的指示灯，给出故障信号。

双向可逆启动模式下，当控制器上电时，首先检测断路器QF是否在闭合状态，接触器 C1、C2 是否在释放状态，如果接线错误，报"接线错误"，故障继电器闭合；如果接线正确，进入启动就绪状态，控制器显示"双向启动模式"。当控制器收到"启动A"启动命令，内部继电器A吸合，则接触器 C1 得电吸合，启动过程中"启动"指示灯亮，显示模块显示"正向启动"，表示电机在正向启动过程中；启动结束，"运行"指示灯亮，显示模块显示"正向运行"。当控制器接收到停车命令或者有保护跳闸动作发生时，A继电器断开，接触器 C1 释放，电动机停车。按动"启动 B"，反向启动电动机，内部继电器B吸合，则接触器C2得电吸合，启动过程中"启动"灯亮，显示模块显示"反向启动"，表示电动机在反向启动过程中；启动结束，"启动"指示灯灭，"运行"指示灯亮，显示模块显示"反向运行"。当控制器收到停车命令或者有保护跳闸动作发生时，B继电器断开，接触器C2释放，电动机停车；停车过程结束后，进入启动就绪状态时，显示模块显示"双向启动模式"。

6.3 PD28M星三角两继电器启动电动机的控制模式

PD28M星三角两继电器启动电动机控制模式的具体电路见图13。

这种启动控制模式的主电路与以上介绍的两种启动模式（直接启动和双向可逆启动模式）略有不同，直接启动模式主电路中使用一只交流接触器，双向可逆启动模式主电路中使用两只交流接触器，而这里介绍的星三角启动模式主电路中使用三只交流接触器。图13中，电流互感器TAa、TAb、TAc以及TAn，它们的功能作用、它们与PD28M控制器的连接关系，与以上两种启动控制模式相同，此处不赘述。电路在星三角启动过程中，将交流接触器C1、C3通电吸合，C1将电动机的绕组接成星形，C3给电动机绕组接通电源，实现星形启动；待电动机转速达到接近额定转速时，交流接触器C1断电释放，C2通电吸合，电动机绕组呈三角形连接关系；接触器C3继续向电动机绕组供电，并进入三角形运行状态。

图13右侧是PD28M控制器与二次控制元件连接关系图。由图可见，控制器的AC220V电源由1、2号端子接入；23、24号端子连接RS485网线，需要网络远程控制时必须连接，否则不接；33、34号端子是4~20mA的模拟量输出，该模拟量输出可以对应于运行电流或电源电压，具体由参数设置决定；4、6、7、8号端子外部连接的是所谓远程操作时的控制元件，包括电动机启动键、停车键、复位键和本地/远程选择键，如果PD28M与扩展显示模块配套使用时，则图2所示的显示模块上也有类似功能的5个按键，这5个按键分别是"启动A/↑""启动B/↓""停车/↙""复位/←"和"设置/查询"等，这时操作图13中8号端子外接的"本地/远程选择"键时，可以选择本地或远程操作有效，显示模块上的按键操作有效时为本地操作，图13中4、6、7号端子外接的按键操作有效为远程操作（因为4、6、7号端子外接的按键可以安装在远离控制器的适当位置）；31、32号端子连接的是对电动机进行温度保护的热敏电阻，PTC是具有正温度系数的热敏电阻，NTC是具有负温度系数的热敏电阻，具体应用时只能使用其中的一种热敏电阻，并在设置参数时给出选择和确认；25、26、27号端子接入的是三相电压信号，用于控制器对电压、有功功率、无功功率、视在功率、功率因数、有功电能、无功电能等运行数据的测量以及与电压相关的保护功能；9、10、11号端子连接的是与程序控制相关的触点，保证只有满足必要的条件时才能进入后续的操作；13、14号端子在控制器内部有A继电器的触点，触点闭合，外接的交流接触器C1线圈得电，主触点闭合，电动机绕组接成星形状态；交流接触器C1通电吸合后，其辅助触点闭合，交流接触器C3线圈得电（见图13右上角），之后电动机开始星形启动。当控制器设定的星形启动延时时间到达后（延时时间的设定，应与电动机转速达到或接近额定转速所需的时间相匹配），内部的A继电器触点断开，交流接触器C1断电释放；15、16号端子在控制器内部的B继电器的触点闭合，外接的交流接触器C2线圈得电，主触点闭合，电动机M的绕组呈三角形接法，同时，接触器C3的线圈（在图13的右上角）经交流接触器C2的辅助触点得电，电动机开始三角形运行；至此，电动机的星三角启动过程结束。21、22号端子在内部连接自诊断继电器的触点，当图13中的断路器QF合闸接通、交流接触器线圈C1和C2均未通电情况下，自诊断继电器的触点将使22号端子外接的指示灯有亮灭指示，给出自诊断的结果信号；当出现故障，并且故障参数达到保护动作的设定阈值时，控制器释放A继电器和B继电器，接触器C2、C3断电释放，电动机保护停机；同时，17、18号端子在控制器内部连接的故障继电器触点闭合接通，点亮控制器外部连接的指示灯，给出故障信号。

⑬

图13所示的启动控制电路，在PD28M控制器内部使用了A继电器和B继电器共两个继电器，所以称作星三角两继电器启动控制模式。

星三角启动模式下，当控制器上电时，首先检测断路器QF是否在闭合状态，接触器 C1、C2 是否在释放状态，如果接线错误，报"接线错误"，故障继电器闭合；如果接线正确，进入启动就绪状态，显示模块显示"星三角启动模式"。当控制

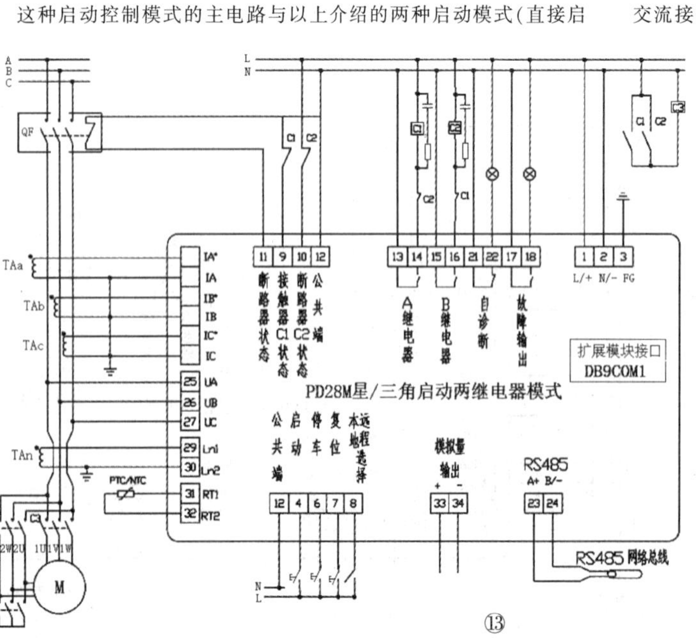

器收到启动命令(远程操作时,按动控制器4号端子上外接的启动按键,本地操作时,按动显示模块面板上的启动A按键),内部A继电器吸合,则接触器 C1、C3 得电吸合,电动机开始星形启动,启动过程中“启动”灯亮,显示模块显示“正在启动”表示电机在星形启动过程中。当设定的启动时间到后A继电器断开,B继电器吸合,则接触器C1失电释放,接触器 C2、C3相继得电吸合,自动切换到三角形运行状态。启动结束后,“启动”灯灭,“运行”灯亮,显示模块显示“正在运行”。当控制器收到停车命令或者有保护跳闸动作发生时,B继电器断开,接触器 C2、C3 释放,电动机停车。停车过程结束后,进入启动就绪状态时,显示模式显示“星三角启动模式”。

6.4 PD28M星三角三继电器启动电动机的控制模式

PD28M星三角三继电器启动电动机控制模式的具体电路见图14。

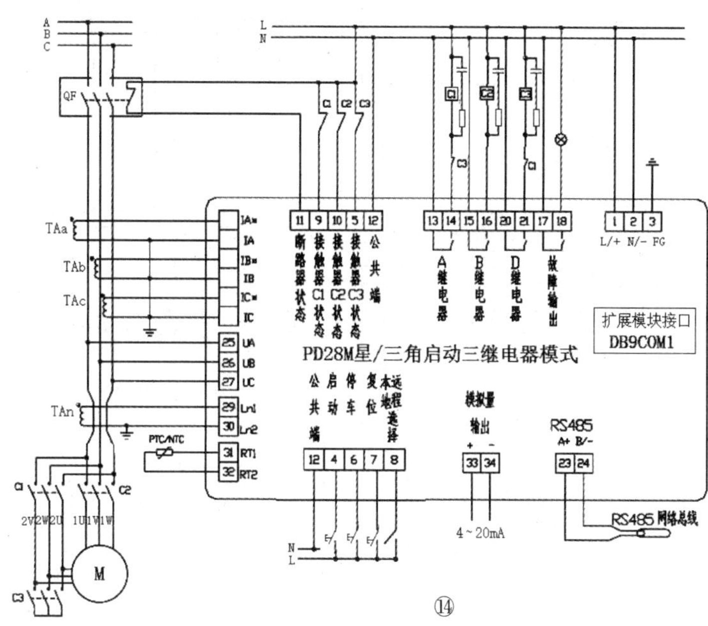

⑭

图14所示的启动控制电路,在PD28M控制器内部使用了A继电器、B继电器和D继电器共3个继电器,所以称作星三角三继电器启动控制模式。

这种启动控制模式的主电路在图14的左侧,与以上介绍的两继电器星三角启动模式基本相同,区别在于3只交流接触器C1、C2、C3的编号顺序不同。图13中的电路在星形启动时,通电吸合的是C1和C3,三角形运行时通电吸合的是C2和C3。而图14中的电路在星形启动时,通电吸合的是C2和C3,三角形运行时通电吸合的是C2和C1。

图14中,电流互感器TAa、TAb、TAc以及TAn,它们的功能作用、它们与PD28M控制器的连接关系,与以上几种启动控制模式相同,此处不赘述。图14右侧是PD28M控制器与二次控制元件连接关系图。由图可见,控制器的AC220V电源由1、2号端子接入;23、24号端子连接RS485网线,需要网络远程控制时必须连接,否则不接;33、34号端子是4~20mA的模拟量输出,该模拟量输出可以对应于运行电流或电源电压,具体由参数设置决定;4、6、7、8号端子外部连接的是所谓远程操作时的控制元件,包括电动机启动键、停车键、复位键和本地/远程选择键,如果PD28M与扩展显示模块配套使用时,则扩展显示模块的前面板上也有类似功能的5个按键,这5个按键分别是“启动A/↑”“启动B/↓”“停车/↙”“复位/←”和“设置/查询”等,这时操作图14中8号端子外接的“本地/远程选择”键时,可以选择本地或远程操作有效,显示模块上的按键操作有效时为本地操作,图14中4、6、7号端子外接的按键操作有效为远程操作;31、32号端子连接的是对电动机进行温度保护的热敏电阻,PTC是具有正温度系数的热敏电阻,NTC是具有负温度系数的热敏电阻,具体应用时只能使用其中的一种热敏电阻,并在设置参数时给出选择和确认;25、26、27号端子接入的是三相电压信号,用于控制器对电压、有功功率、无功功率、视在功率、功率因数、有功电能、无功电能等运行数据的测量以及与电压相关的保护功能;5、9、10、11号端子连接的是与程序控制相关的触点,保证只有满足必要的条件时才能进入后续的操作;13、14号端子在控制器内部有A继电器的触点,15、16号端子在控制器内部有B继电器的触点,20、21号端子在控制器内部有D继电器的触点。A、B、D继电器触点闭合时,相应的接触器C1、C2、C3线圈得电动作吸合。

星/三角三继电器启动控制模式下,当控制器上电时,首先检测断路器QF是否在闭合状态,接触器 C1、C2、C3 是否在释放状态,如果接线错误,报“接线错误”,故障继电器闭合;如果接线正确,进入启动就绪状态,显示模块显示“星三角 3R 开环”(“3R开环”是“3只继电器开环”的意思,“R”是“继电器”三个字英文“Relay”的首字母,这是受显示屏显示效果限制的权宜之策)。当控制器收到启动命令(可以是本地控制,也可以选择远程控制),内部继电器D、B首先吸合,则接触器 C3、C2得电吸合,接触器C3将电动机绕组接成星形结构,接触器C2接通电动机三相电源,电动机开始星形启动,启动过程中“启动”灯亮,显示模块显示“正在启动”。当设定的启动时间(设定的启动时间应与电动机转速达到或接近额定转速的时间相一致)到达后,继电器 D 断开,继电器 A 吸合,这将使接触器 C3 失电释放,接触器 C1 得电吸合,电动机绕组转换成三角形连接状态,从而自动切换到三角形运行状态。启动结束后,“启动”灯灭,“运行”灯亮,显示模块显示“正在运行”。当控制器接收到停车命令或者有保护跳闸动作发生时,继电器 A、B 断开,接触器 C1、C2 释放,电动机停车;停车过程结束后,进入启动就绪状态时,显示模式显示“星三角 3R 开环”。

电动机在启动和运行过程中,接触器C1、C2、C3的动作步序及动作效果可参见表9。

表 9　触器 C1、C2、C3 的动作步序及动作效果

接触器编号及动作效果	星形启动		转换		三角形运行
	接触器动作步序				
	1	2	3	4	5
C1	—	—	—	得电吸合	得电吸合
C2	—	得电吸合	得电吸合	得电吸合	得电吸合
C3	得电吸合	得电吸合	—	—	—
动作效果	电动机呈星形	电动机开始星形启动	电动机退出星形接法	电动机呈三角形并运行	电动机进入运行状态

6.5 PD28M自耦变压器两继电器启动电动机的控制模式

PD28M自耦变压器两继电器启动电动机控制模式的具体电路见图15。

图15所示的启动控制电路,在PD28M控制器内部使用了A继电器、B继电器共2个继电器,所以称作自耦变压器两继电器启动控制模式。

图15中,右侧的主电路中使用了一台自耦变压器T,电动机启动过程中,交流接触器C1、K得电动作吸合,接触器K将自耦变压器的星形点(中性点)短路闭合,接触器C1接通自耦变压器T的电源,自耦变压器T中间抽头上的较低电压加到电动机M的三相绕组上,电动机以较低的电源电压开始启动。这就是通常所说的自耦变压器降压启动控制电路。自耦降压启动电路的优点就是可以减小启动电流,并具有相对较大的启动转矩。电动机转速提升到接近额定转速时,接触器C1、K断电释放,接触器C2得电吸合,电动机进入全电压运行状态。

图15左侧主电路中的电流互感器TAa、TAb、TAc、TAn等电路元器件,功能与以上介绍的几款电路相同,此处不再赘述。

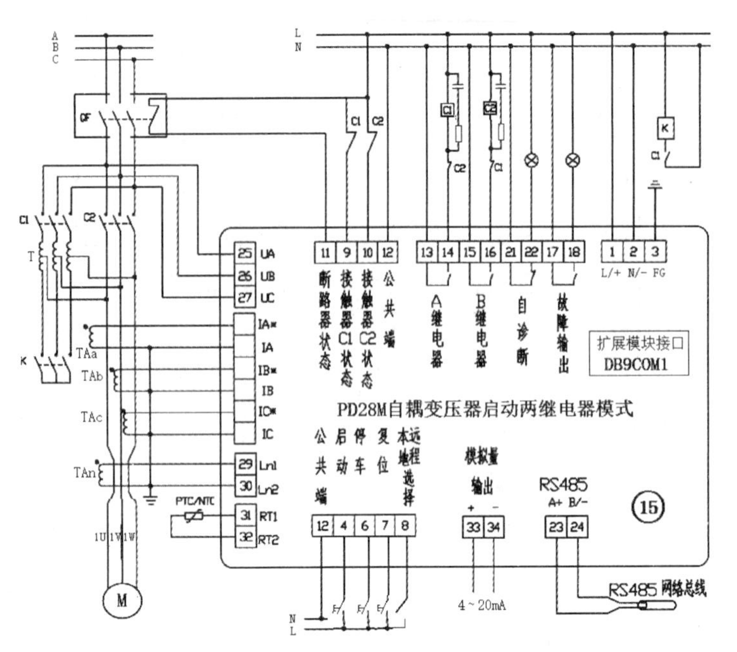

图15右侧是PD28M控制器与二次控制元件连接关系图。由图可见，控制器的AC220V电源由1、2号端子接入；23、24号端子连接RS485网线，需要网络远程控制时必须连接，否则不接；33、34号端子是4~20mA的模拟量输出，该模拟量输出可以对应于运行电流或电源电压，具体由参数设置决定；4、6、7、8号端子外部连接的是所谓远程操作时的控制元件，包括电动机启动键、停车键、复位键和本地/远程选择键，如果PD28M与扩展显示模块配套使用时，则扩展显示模块的前面板上也有类似功能的5个按键，这5个按键分别是“启动A/↑”、“启动B/↓”、“停车/↙”、“复位/←”和“设置/查询”等，这时操作图15中8号端子外接的“本地/远程选择”键时，可以选择本地或远程操作有效，显示模块上的按键操作有效时为本地操作，图15中4、6、7号端子外接的按键操作有效为远程操作；31、32号端子连接的是对电动机进行温度保护的热敏电阻，PTC是具有正温度系数的热敏电阻，NTC是具有负温度系数的热敏电阻，具体应用时只能使用其中的一种热敏电阻，并在设置参数时给出选择和确认；25、26、27号端子接入的是三相电压信号，用于控制器对电压、有功功率、无功功率、视在功率、功率因数、有功电能、无功电能等运行数据的测量以及与电压相关的保护功能；9、10、11、12号端子连接的是与程序控制相关的触点，保证只有满足必要的条件时才能进入后续的操作；13、14号端子在控制器内部有A继电器的触点，15、16号端子在控制器内部有B继电器的触点，20、21号端子在控制器内部有自诊断继电器的触点，当检测发现接线有误时会有相应指示灯点亮。A继电器触点闭合时，接触器C1、K线圈得电动作吸合。B继电器触点闭合时，接触器C2线圈得电动作吸合。

自耦变压器两继电器启动模式下，当控制器上电时，首先检测断路器QF是否在闭合状态，接触器 C1、C2 是否在释放状态，如果接线错误，报"接线错误"，故障继电器闭合；如果接线正确，进入启动就绪状态，显示模块显示“自耦变压器启动”。当控制器收到启动命令(可以是本地启动命令，也可以是远程启动命令)，内部继电器A吸合，则接触器 C1、K得电吸合，电动机以自耦减压形式启动。启动过程中“启动”灯亮，显示模块显示“正在启动”。当设定的启动时间到达后(设定的启动时间应与电动机从启动开始到接近额定转速所需的时间相一致)，继电器A释放，继电器B吸合，则接触器C1、K 失电释放，接触器C2得电吸合，电动机自动切换到全压运行状态。启动结束后，“启动”灯灭，“运行”灯亮，显示模块显示“正在运行”。当控制器接收到停车命令或者有保护跳闸动作发生时，继电器B断开，接触器C2释放，电动机停车；停车过程结束后，进入启动就绪状态时，显示模式显示“自耦变压器启动”。

6.6 PD28M自耦变压器三继电器开环启动控制模式

PD28M自耦变压器三继电器开环启动控制模式的电路示意图见图16，这里所谓的“开环启动控制模式”，其实际意义在于，电动机在由自耦变压器降压启动状态切换到全压运行状态时有一个短暂的断电过程。而下面将要介绍的另一种自耦变压器三继电器启动控制模式则可以实现闭环的效果。所谓闭环，就是在由自耦变压器降压启动状态切换到全压运行状态时没有任何断电过程，电动机可以获得连续的供电效果。

自耦变压器三继电器启动开环模式下，当控制器上电时，首先检测断路器是否在闭合状态，接触器 C1、C2、C3 是否在释放状态，如果接线错误，报“接线错误”，故障继电器闭合；如果接线正确，进入启动就绪状态，显示模块显示“自耦变压器 3R 开”。当控制器接收到启动命令(可以是本地启动命令，也可以是远程启动命令)，内部继电器 D、B 相继闭合，则接触器 C3、C2 相继闭合，这两只接触器的主触点闭合后，电动机进入自耦变压器降压启动状态。启动过程中“启动”灯亮，显示模块显示“正在启动”。当设定的启动时间到后 (设定的启动时间应与电动机从启动开始到接近额定转速所需的时间相一致)，先断开继电器B，再断开继电器D，然后合上继电器A，则接触器C2线圈断电，触点断开，接触器C3线圈断电，触点断开，接触器C1线圈得电，触点闭合，使电动机切换到全压运行状态。启动结束后，“启动”灯灭，“运行”灯亮，显示模块显示“正在运行”。当控制器接收到停车命令或者有保护跳闸动作发生时，继电器A断开，接触器C1释放，电动机停车；停车过程结束后，进入启动就绪状态时，显示模式显示“自耦变压器 3R 开”(“3R开”是“3只继电器开环”的意思，“R”是“继电器”三个字英文“Relay”的首字母，这是受显示屏显示效果限制的权宜之策)。

电动机在自耦降压开环启动和运行过程中，接触器C1、C2、C3的动作步序及动作效果可参见表10。

图16电路中，电流互感器TAa、TAb、TAc、TAn等电路元器件，功能与以上介绍的几款电路相同，此处不再赘述。

图16右侧是PD28M控制器与二次控制元件连接关系图。由图可见，控制器的AC220V电源由1、2号端子接入；23、24号端子连接RS485网线，需要网络远程控制时必须连接，否则不接；33、34号端子是4~

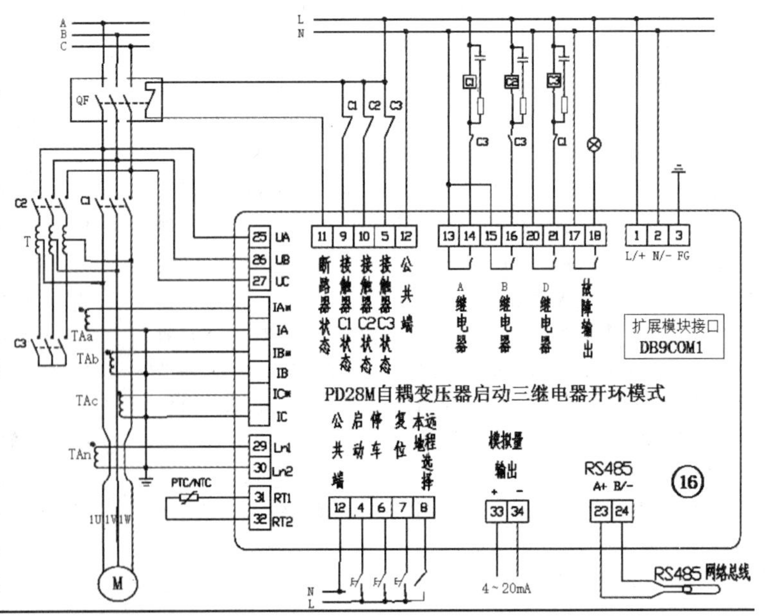

表10　触器C1、C2、C3的动作步序及动作效果

接触器编号及动作效果	自耦降压启动过程中	转换过程中				全压运行
	接触器动作步序					
	1	2	3	4	5	6
C1	—	—	—	—	得电吸合	得电吸合
C2	—	得电吸合	—	—	—	—
C3	得电吸合	得电吸合	得电吸合	—	—	—
动作效果	自耦变压器中性点闭合	电动机开始降压启动	变压器绕组断电	自耦变压器中性点断开	转换完成	电动机进入全压运行状态

20mA的模拟量输出，该模拟量输出可以对应于运行电流或电源电压，具体由参数设置决定；4、6、7、8号端子外部连接的是所谓远程操作时的控制元件，包括电动机启动键、停车键、复位键和本地/远程选择键，如果PD28M与扩展显示模块配套使用时，则扩展显示模块的前面板上也有类似功能的5个按键，这5个按键分别是“启动A/↑”“启动B/↓”“停车/↙”“复位/←”和“设置/查询”等，这时操作图16中8号端子外接的“本地/远程选择”键时，可以选择本地或远程操作有效，显示模块上的按键操作有效时为本地操作，图15中4、6、7号端子外接的按键操作有效为远程操作；31、32号端子连接的是对电动机进行温度保护的热敏电阻，PTC是具有正温度系数的热敏电阻，NTC是具有负温度系数的热敏电阻，具体应用时只能使用其中的一种热敏电阻，并在设置参数时给出选择和确认；25、26、27号端子接入的是三相电压信号，用于控制器对电压、有功功率、无功功率、视在功率、功率因数、有功电能、无功电能等运行数据的测量以及与电压相关的保护功能；5、9、10、11、12号端子连接的是与程序控制相关的触点，保证只有满足必要的条件时才能进入后续的操作；13、14号端子在控制器内部有A继电器的触点，15、16号端子在控制器内部有B继电器的触点，20、21号端子在控制器内部有D继电器的触点。它们可以分别控制交流接触器C1、C2、C3的线圈是否得电。

6.7 PD28M自耦变压器三继电器闭环启动控制模式

PD28M自耦变压器三继电器闭环启动控制模式的电路示意图见图17，这里所谓的“闭环启动控制模式”，其实际意义是，在由自耦变压器降压启动状态切换到全压运行状态时没有任何断电过程，电动机可以获得连续的供电过程。

图17电路中，电流互感器TAa、TAb、TAc、TAn等电路元器件，功能与以上介绍的几款电路相同，此处不再赘述。

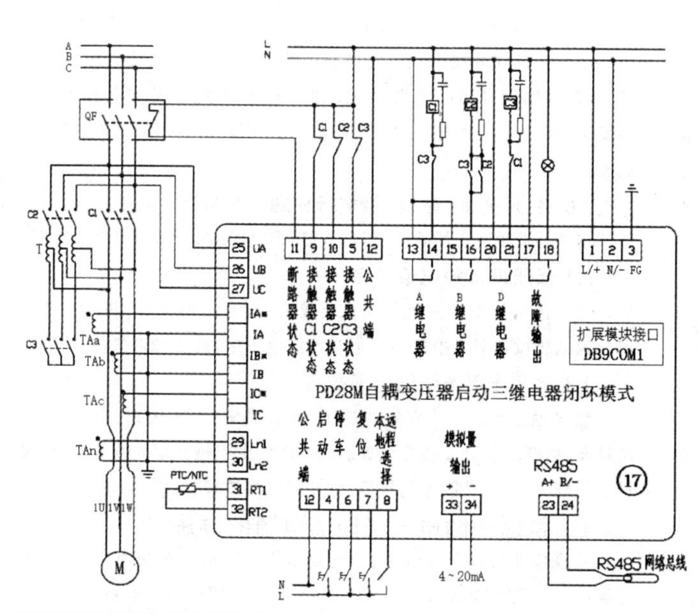

自耦变压器三继电器启动闭环模式下，控制器上电时，首先检测断路器QF是否在闭合状态，接触器C1、C2、C3是否在释放状态，如果接线错误，报"接线错误"，故障继电器闭合；如果接线正确，进入启动就绪状态，显示模块显示“自耦变压器3R闭”。当控制器接收到启动命令（可以是本地启动命令，也可以是远程启动命令），内部继电器D、B相继闭合，则接触器C3、C2相继闭合，电动机以自耦减压形式启动。启动过程中“启动”灯亮，显示模块显示“正在启动”。当设定的启动时间到后（设定的启动时间应与电动机从启动开始到接近额定转速所需的时间相一致），先断开继电器D，之后闭合继电器A，再断开继电器B，则接触器C3、C1、C2相继断开、闭合、断开，电路切换到全压运行状态。启动结束后，“启动”灯灭，“运行”灯亮，显示模块显示“正在运行”。当控制器接收到停车命令或者有保护跳闸动作发生时，继电器A断开，接触器C1释放，电动机停车；停车过程结束后，进入启动就绪状态时，显示模式显示“自耦变压器3R闭”（“3R闭”是“3只继电器闭环”的意思，“R”是“继电器”三个字英文“Relay”的首字母，这是受显示屏显示效果限制的权宜之策）。

电动机在自耦降压闭环启动和运行过程中，接触器C1、C2、C3的动作步序及动作效果可参见表11。

表11 接触器C1、C2、C3的动作步序及动作效果

接触器编号及动作效果	自耦降压启动过程中	转换过程中				全压运行
	接触器动作步序					
	1	2	3	4	5	6
C1	—	—	—	得电吸合	得电吸合	得电吸合
C2	—	得电吸合	得电吸合	得电吸合	—	—
C3	得电吸合	得电吸合		—	—	—
动作效果	自耦变压器中性点闭合	电动机开始降压启动	自耦变压器中性点断开	电动机切换至全压运行	变压器绕组完全断电	电动机进入全压运行状态

七、PD28M控制器常见问题处理

PD28M控制器运行过程中的常见故障现象、故障原因及解决对策见表12。

表12 PD28M控制器运行中常见故障及解决对策

故障现象	可能原因	解决方法
上电后设备未正常开始工作	电源未能加入到设备上	检查设备L和N端子上是否加入了正确的工作电压
测量数值不正确或者是与期望值不相符	1.电压测量不正确；2.电流测量不正确；3.功率测量不正确；	1.检查测量电压是否与设备额定参数匹配；2.检查CT变比参数设置是否正确；3. 检查电压电流对应的相序是否正确
开关量状态不变化	开关量动作电压不正确	检查电压电流对应的相序是否正确
继电器不动作	没有接收到控制命令	检查通讯链路是否正确
继电器误动作	继电器工作模式不正确	检查当前继电器是否处于正确模式下
上位机不能与设备通讯	1.设备通信地址不正确；2. 设备通信波特率不正确；3.通信链路未接终端电阻；4.通信链路受到干扰；5.通信线路中断	1.检查设备地址是否与定义一致；2. 检查设备通信波特率是否与协议一致；3.检查120Ω上位电阻是否加上；4. 检查通信屏蔽层是否良好接地；5. 检查通信电缆是否断开
上位机远程操作无法启/停	权限不对	检查控制权限是否设置正确

PD28M控制器在安装调试及运行过程中发现异常，可参照表12作出相应的处理。□Θ□Θ□□

触电事故及其现场急救

连继普　王荣　任红钢

触电事故通常发生在专业电工对电气设备的安装调试或维修过程中,但也有一些非专业人员在一些看似简单的涉电操作中不幸发生触电事故,令人痛心。

电工是一个特殊工种,所谓特殊工种,是指在作业过程中有可能造成重大财产损失甚至导致人身伤亡事故的工种。国家对于特殊工种的入职有严格的规定,即按照中华人民共和国《劳动法》、《安全生产法》、《特种作业人员安全技术培训考核管理规定》的要求,特殊工种电工的从业人员必须经过安全技术培训并考核合格,取得《中华人民共和国特种作业操作证》后,方可上岗作业。

《电子报》2019年合订本下册曾经刊登关于电工操作证考前复习题库的文章,对于准备考取高压或低压电工操作证的学员来说,提供了很好的学习资料。大家如果遇到报名考取操作证的程序性问题,可以发送邮件至dyy890@126.com咨询,能够获得免费的相关资讯。

本文讨论触电事故发生的机理,以及发现有人触电后的应急处理,以期对大家有所帮助。

一、触电的种类及方式

1.1 直接接触触电和间接接触触电

触电有直接接触触电和间接接触触电两种。所谓直接接触触电,是指人体的某个部位触碰到正常情况下已经带电的导线、开关或其他电气设备。例如触碰到带电导线、裸露的带电开关金属部位、运行中电气设备的接线端子。所谓间接接触触电,是指人体的某个部位触碰到正常情况下不带电,而在异常情况下带电的导线、开关或其它电气设备,例如停电检修的电力线路上的静电、运行中绕组绝缘损坏的电动机带电外壳等等。

1.2 电击和电伤

电击是电流对人体内部组织的伤害。它是最危险的一种伤害,绝大多数的触电死亡事故都是由电击造成的。电击的主要特征是,伤害人体的内部,而在人体的外表没有明显的痕迹,几十mA的触电电流持续1秒时间以上就可能致人死亡。

电击包括以上所述的直接接触电击和间接接触电击两种类型。

电伤是电流的热效应、化学效应、光效应或机械效应对人体造成的伤害。它会在人体表面留下明显伤痕,例如电烙印、皮肤金属化和灼伤等印记。

电烙印通常是在人体与带电体紧密接触时,由电流的化学效应和机械效应而引起的伤害。皮肤金属化是由于电流熔化和蒸发的金属微粒渗入表面皮肤所造成的伤害。而灼伤是由弧光放电引起的,例如带负荷拉开裸露刀开关,错误操作导致的线路短路,人体与高压带电部位距离过近而放电,都会造成强烈的弧光放电。高压线路对人体的弧光放电有可能致人死命。

1.3 触电的方式

电击有单相触电、两相触电和跨步电压触电等几种。

单相触电是指在地面上或其他接地导体上,人体某一部位触及一相带电体而引发的触电事故。对于高电压,人体虽然可能没有触及带电体,但当与高压带电体距离小于安全距离时,高电压对人体产生电弧放电,也属于单相触电。单相触电的危险程度与电网运行方式有关。一般说来,接地电网的单相触电比不接地电网的危险性大。

两相触电是指人体的两个部位同时触及两相带电体而引发的触电事故。这种触电方式的危险性较大,致死的概率也较高。

跨步电压触电也是触电方式中的一种。其机理是,当电网或电气设备发生接地故障时,流入地中的电流在土壤中以接地点为圆心的径向上形成电位差。如果人行走时前后两脚大约0.8m的距离之间的电位差达到危险电压值时就会造成触电,这种触电称为跨步电压触点。行人距离接地点越近,跨步电压越高,危险性也越大。一般认为在距离接地点20m以外时,跨步电压降低为零。

如果不幸进入具有跨步电压的区域,应一脚抬起,单脚蹦出危险区域。或者双脚并拢蹦出危险区域。

二、触电事故的规律

我们这里讨论触电事故的规律,是在提醒涉电操作的从业人员,在掌握了触电事故规律的前提下,在事故多发的季节、环境条件有效防范触电事故的发生。

2.1 非专业电工和临时工触电事故多

有些中青年工人、非专业电工、合同工和临时工,他们没有经过系统的安全技术培训,缺乏电气安全知识,操作经验不足,甚至责任心不强,导致触电事故较多。

2.2 错误操作和违章作业造成的触电事故多

引发此类触电事故的主要原因是安全教育不够,安全制度不严和安全措施不完善。实践经验表明,从业电工应该提高安全意识,掌握安全知识,遵守操作规程,才能防止触电事故的发生。

2.3 触电事故具有明显的季节性

从历史统计数据可以看出,触电事故多发生在二、三季度,而6~9月份事故较为集中。这种季节性触电事故增多的主要原因,一是这期间雨多,气候潮湿,电气绝缘性能降低容易漏电,二是天气炎热,人体因出汗导致人体电阻减小。而这段时间又是农忙季节,农村用电量增加,这些原因使该时间段成为触电事故多发的季节。

2.4 农村触电事故多

部分省市的统计资料表明,农村触电事故是城市的3倍。这是因为农村的涉电操作人员接受的安全培训较少所致。

2.5 使用移动式和便携式电气设备触电事故多

因为移动式和便携式电气设备在操作时,操作人员要紧握设备走动,危险性增大,同时,这些设备工作场所不固定,设备和电源线都容易发生绝缘损坏。单相便携式设备的保护零线与工作零线容易接错而造成触电事故。

2.6 冶金、矿业、建筑、机械行业触电事故多

这些行业生产现场条件较差,不安全因素较多,导致触电事故较多。

2.7 低压设备触电事故多

操作人员接触低压设备的机会较多,因为思想麻痹,缺乏安全知识导致低压设备触电事故多。但在专业电工中,高压触电事故较多。

2.8 电气连接部位触电事故多

较多触电事故发生在接线端子、缠绕接头、焊接接头、电缆头、插座灯座、熔断器等分支接户线处。这些部位由于机械牢固性能较差,接触电阻较大,绝缘性能也比较低,致使触电事故较多。

三、快速使触电人员脱离电源的方法

发现作业现场有人触电,首先要尽快让触电人员脱离电源,之后对触电人员的生理状态进行快速判断,若发现触电人员心跳和呼吸均

已停止，要立即就地进行心肺复苏的抢救，并拨打急救电话120，在救护车的医生到来之前，现场的抢救工作不能停止。

3.1 低压触电人员快速脱离电源

如果是低压(低压的定义是，交流电压1000V或直流1500V以下的电力系统称作低压电力系统)触电，应采取相应措施，尽快使触电人员脱离电源。方法可有如下几种。

(1)触电人员的电源侧有断路器、刀开关、插拔式熔断器，电源插销，可断开断路器，拉开刀开关，拔出熔断器芯，拔掉电源插销。在帮助触电人员脱离电源的过程中，一定要注意自身的人身安全，千万不可匆忙中出现新的意外。

(2)如果触电电流通过触电者的身体入地，带电导线落在触电者的裸露部位，可用干燥的具有一定长度的绝缘杆、绝缘棒将带电导线挑开，使触电者的身体不再接触带电导线。此项操作需注意，绝缘杆、绝缘棒的远端不可过高，以免导线滑落到救护人的身上。

(3)如果触电电流通过触电者的身体入地，并且触电者紧握电线，可设法将木板塞到触电者身下，或者用干燥的绝缘杆、绝缘棒将触电者撬到干燥的木板上。切断触电者触电电流的对地通路。若无木板，也可用干木把斧子或带有绝缘柄的钳子将电线剪断。剪断电线时要一根一根地剪断，不可将两根或多根导线同时剪断。多根电线剪断的位置应相互错开，以防短路。操作时尽可能站在对地绝缘的物体上。

(4)若触电者处在高处，脱离电源后可能会从高处坠落，因此必须做好预防措施。

(5)如果触电者穿着的衣服是干燥且不紧身的，也可抓住触电者干燥且不紧身的衣服将其拖开，切记不要碰到金属物体和触电者裸露的身体部位。也可戴绝缘手套或将手用干燥的衣物包起来，使手有足够的绝缘安全，然后将触电者拖离电源。救护人员也可站在绝缘垫上或干木板上进行救护。实施救护时最好用一只手操作。

(6)如果触电发生在低压带电线路的架空线杆、塔上，能切断电源的，迅速切断电源；或者由救护人员迅速登杆，束好自己的安全皮带后，用绝缘胶柄的钢丝钳、干燥的不导电物体将导线从触电者身上移开。

(7)救护触电伤员切除电源时，有时会使照明失电，因此应考虑事故照明、应急灯等临时照明措施。

3.2 高压触电人员脱离电源的方法

(1)触电者触及高压带电设备，救护人员应迅速切断电源(有条件时)，或者立即通知调度人员断电；或者穿戴适合该电压等级的绝缘工具(戴绝缘手套、穿绝缘靴并使用绝缘棒)解脱触电者。救护人员在抢救过程中应注意保持自身与周围带电部分必要的安全距离。

(2)触电者属于高压触电同时又不可能迅速切断电源开关的，可以采用抛挂足够截面的适当长度的金属短路线之方法，使电源开关跳闸。抛挂前，将短路线一端固定在铁塔或接地引下线上，另一端系重物。抛掷短路线时，应注意防止电弧伤人或断线危及人员安全。不论是何级电压线路上触电，救护人员在使触电者脱离电源时都要注意防止发生高处坠落的可能和再次触及其他有电线路的可能。

(3)如果触电者触及断落在地上的带电高压导线，救护人员须穿戴好绝缘靴，并采取必要的安全措施后，才能开始救护；否则不能接近至断线点8~10m的范围内，防止跨步电压伤人。触电者脱离带电导线后，应迅速将其带至高压线落地点8~10m以外后立即开始触电急救。

四、伤员脱离电源后生理状态的判断

4.1 触电伤员神志清醒

触电伤员神志清醒的，应使其就地平躺，严密观察，暂时不要站立或走动。

4.2 触电伤员神志不清

触电伤员神志不清的，应使其就地仰面躺下，确保伤者气道通畅。用5s时间，呼叫伤员，或轻拍其肩部，以判断伤员意识是否丧失。此过程中禁止摇动伤员头部呼叫伤员。

如果呼叫伤员，或轻拍其肩部没有任何反应，可初步判断伤员已经丧失意识。这时应进一步判断伤员的呼吸和心跳情况，并拨打120急救电话寻求帮助。

4.3 呼吸和心跳情况的判断

如果伤员已经丧失意识，应在10s时间以内，用看、听、试的方法判断伤员呼吸和心跳的情况。可参见图1。

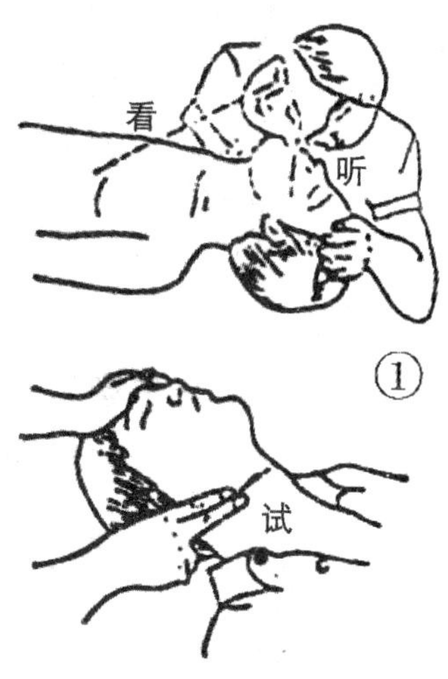

所谓看，是用眼睛观看伤者胸部和腹部有无呼吸起伏的动作；所谓听，就是用耳朵贴近伤者的口鼻处，听有无呼吸的气流声；所谓试，一是试口鼻处是否有呼吸的气流，二是用两个手指放在喉结旁凹陷处，检测颈动脉有无搏动；颈动脉应两侧分别检测。

经过用看、听、试的方法进行检测，触电者的生理状态可有以下三种情况，一是有心跳无呼吸，二是有呼吸无心跳，三是既无呼吸，又无颈动脉搏动，这时即可判定呼吸、心跳已经停止。

五、心肺复苏抢救的方法

如果确定触电者呼吸与心跳的生理功能出现异常，一方面要尽快拨打120急救电话寻求支持。同时立即就地开始心肺复苏的抢救工作。

5.1 通畅气道

进行心肺复苏、人工呼吸时，首先要保障触电伤员的气道通畅，如果发现口中有食物、呕吐物、血块、活动假牙等异物，可将其身体及头部同时侧转，用一个手指或两个手指交叉从口角处插入取出异物和活动假牙。操作中要注意防止将异物推到咽喉深部。

通畅气道可采用仰头抬颏法，如图2所示。用一只手放在触电者前额，另一只手的手指将其下颌骨向上抬起，两手协同将其头部推向后仰，舌根随之抬起，气道即可通畅。严禁用枕头或其他物品垫在伤员头下，使头部抬高，这样会更加重气道堵塞，且使胸外按压时流向脑部的血流减少，甚至消失。

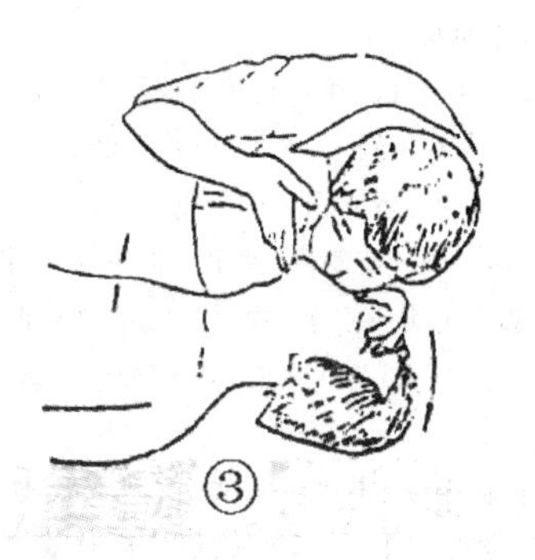

5.2 口对口(鼻)人工呼吸

对于有心跳无呼吸的触电伤员，应尽快开始人工呼吸，如图3所示。开始前应将伤员的紧身衣服的衣扣解开，裤带松开，在清理口中异物并通畅气道后，抬起伤员颏部，救护人员用放在伤员额上的手的手指捏住伤员鼻翼，深吸一口气后，与伤员口对口紧合，在不漏气的情况下，先连续大口吹气两次，每次吹气时长1s~1.5s。之后连续吹气，每分钟吹气12~15次。吹气时应同时注意观察伤员腹部应有与吹气相对应的起伏动作。

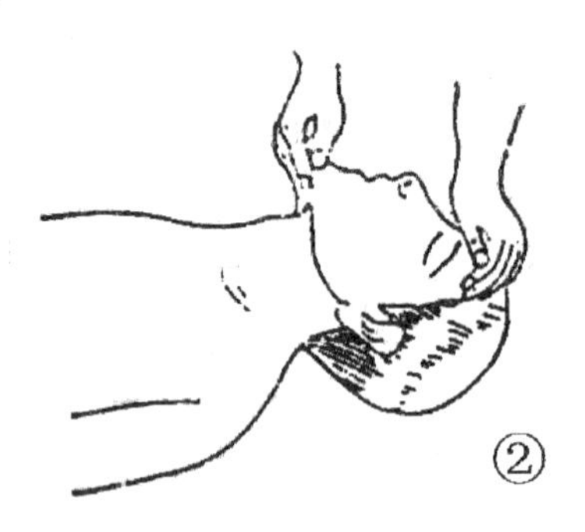

早前的培训资料曾介绍人工呼吸每次吹气的吹气量应为800~1200ml，而近期的培训资料对吹气量没有严格要求，所以吹气量的数据仅供参考。

如果触电伤员牙关紧闭，可口对鼻人工呼吸。口对鼻人工呼吸吹气时，要将伤员的嘴唇紧闭，防止漏气。

对于有心跳无呼吸的伤员的口对口人工呼吸应持续进行，直到120救护车的医生到来。

5.3 有呼吸无心跳的胸外按压急救

1. 选择按压位置

胸外按压急救时，首先要选择正确的按压位置。将右手的食指和中指沿触电伤员的右侧肋弓下沿向上，找到肋骨和胸骨结合处的中点，然后两手指并齐，中指放在切迹中点，即剑突底部，食指平放在胸骨下部；另一只手的掌根紧挨食指上缘，置于胸骨上，即为正确的按压位置，如图4所示。该位置应该是两乳头连线的中点。

注意心脏按压的位置应该在胸部的正中间，而不能在心脏的位置，即偏向左侧。位置不对有可能在按压时造成肋骨骨折的意外。

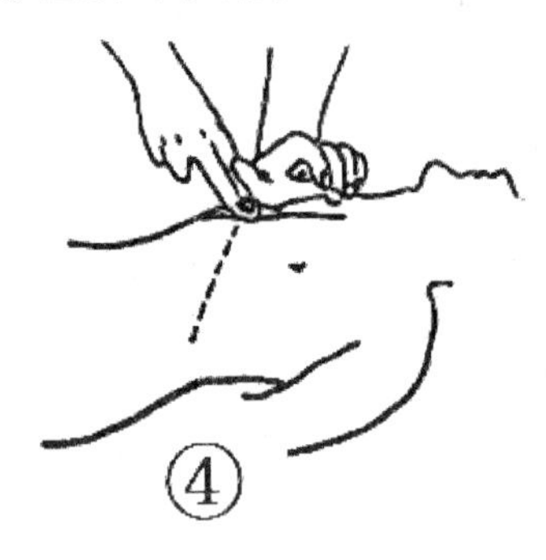

2. 按压用力的方向与深度

触电伤员仰卧躺在空气流通且硬实的地板或木板上，在触电伤员的胸部找准按压的位置后，救护人员站立(伤员躺卧位置较高)或跪在(伤员躺卧在接近地面的位置) 伤员的一侧，两肩位于伤员胸骨正上方，两臂上下垂直，肘关节固定不屈，两手掌根相叠，手指翘起，使其不接触伤员胸壁；以髋关节为支点，利用上身的重力垂直将正常成人胸骨压陷3~5cm。如果触电伤员为儿童或体格较瘦弱者，按压深度可适当减小。

图5是救护人员跪在触电伤员一册实施心脏按压的实际照片。

按压至要求程度后，立即全部放松，但放松时救护人员的掌根不得离开胸壁。

按压必须有效，按压有效的标志是按压过程中可以触及颈动脉搏动。

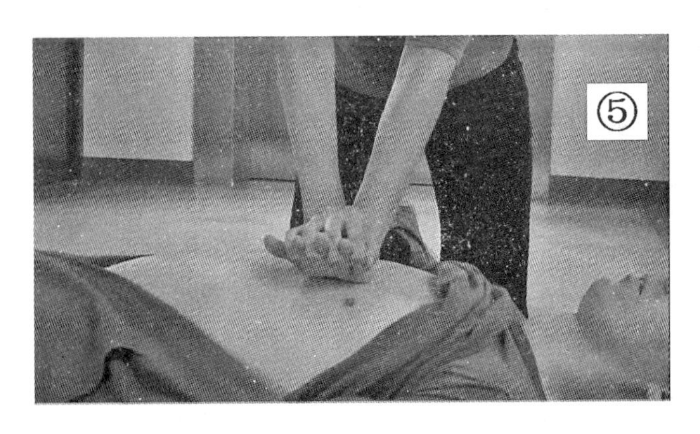

3.按压操作的频率

心脏胸外按压要以均匀的速度进行，每分钟80次左右，每次按压和放松的时间相等。

5.4 心肺功能均已停止的急救

如果触电伤员心肺功能均已停止，则以上介绍的人工呼吸、心脏按压的抢救应该同时进行。具体操作时若为单人抢救，心脏每按压15次后吹气两次，即按照所谓的15:2的操作频次反复进行；若为双人抢救时，心脏每按压5次后由另一人吹气一次，即按照5:1的频次反复进行。

这里需注意，即便两人共同参与抢救，心脏按压和口对口人工呼吸也不能同时操作，而应先后进行。这是因为心脏按压时会影响人工呼吸的效果。

5.5 抢救过程中的再判定

(1)心脏按压和人工呼吸进行1min后，相当于单人抢救进行了4个15:2的压、吹循环，这时应使用不多于5~7s的时间，对抢救的效果即伤员心跳和呼吸的状态是否恢复进行再判断。如果经过确认颈动脉已有搏动但仍无呼吸，则暂停胸外按压，继续进行5s一次的口对口人工呼吸；如果脉搏和呼吸均未恢复，则继续坚持心肺复苏的规范抢救。

(2)在抢救过程中，要每隔数分钟都进行一次抢救效果的再判定。每次判定时长均不得超过5~7s。在120救护车的抢救人员到来之前，现场抢救人员不得放弃抢救。因为人的生命是至高无上的。

5.6 伤员抢救好转后的移动处理

(1)心肺复苏应在现场就地坚持进行，以保证伤员在脱离电源后能够尽快开始得到抢救。统计数据表明，触电后1min内开始抢救，80%的伤员能够抢救成功。触电后6min后开始抢救，80%的伤员难以抢救成功。随着开始抢救时间的延迟，抢救成功的概率会逐渐降低。另外，触电者呼吸停止后，大脑即处于缺氧状态，而大脑缺氧时间超过8min，就有可能导致大脑永久性死亡。所以，触电后的抢救应该立即就地、争分夺秒地进行。伤员在抢救过程中确有必要移动时，抢救中断时间不应超过30s。

(2)将伤员送往医院时，应使伤员平躺在担架上，并在其背部垫以平硬阔木板，移动或送医院过程中心跳呼吸停止的要继续心肺复苏的抢救，在医务人员接替救治前不能终止。

(3)有条件时，用塑料袋装入砸碎冰屑做成帽子状，包绕在伤员的头部，露出眼睛，使脑部温度降低，争取心肺脑完全复苏。

(4)如果伤员心跳和呼吸经抢救均已恢复，可暂停心肺复苏的抢救，但心跳呼吸恢复的初期有可能再次骤停，所以这时应严密监护，不得麻痹。应随时准备再次抢救。同时，恢复初期如果伤员神志不清或精神恍惚、躁动，应设法使伤员安静。

六、杆上或高处的触电急救

发现杆上有人触电，在发出紧急呼救的同时，应争取时间及早在杆上或高处开始进行抢救。救护人员登高时应随身携带必要的操作工具、绝缘工具以及牢固的绳索等。

救护人员应在确认触电者已与电源隔离，且救护人员本身所涉环境安全距离内没有危险电源时，才能接触伤员进行抢救，并应注意防止发生高空坠落的可能性。

实施高处抢救时，触电伤员脱离电源后，应将伤员扶卧在自己的安全带上，并注意保持伤员气道通畅。救护人员应迅速按相关规定判断伤员的神志状况和呼吸、心跳的状态。如果伤员呼吸停止，立即口对口(鼻)吹气两次，再触摸测试颈动脉，若有搏动，则每5s继续吹气一次。如果颈动脉无搏动，可用空心拳头叩击心前区2次，促使心脏复跳。

对于高处发生的触电，为使抢救更为方便有效，应及早设法将伤员移至地面。在将伤员从高处移至地面前，应再口对口(鼻)吹气4次。

触电伤员移至地面后，应立即继续按心肺复苏的规则坚持抢救。

现场触电抢救，应不用或慎用肾上腺素。在医院抢救时是否可用，应由医生根据诊断结果决定。

七、与触电电流相关的知识

电流通过人体时会对人体内部组织造成破坏。电流作用于人体，表现的症状有针刺感、压迫感、打击感、痉挛、疼痛，以及血压升高、昏迷、心律不齐、心室颤动等。电流通过人体内部，对人体伤害的严重程度与通过人体电流的大小、电流通过人体的持续时间、电流通过人体的途径、电流的种类以及人体的状态等多种因素有关，而且各因素之间是相互关联的。伤害严重程度主要与电流大小与通电持续时间长短有关。

7.1 通过人体电流的大小

通过人体的电流越大，人体的生理反应越明显，感觉越强烈。按照通过人体电流的大小，人体反应状态的不同，可将触电电流划分为感知电流、摆脱电流和室颤电流。

(1)感知电流是在一定概率下，电流通过人体时能引起任何感觉的最小电流。感知电流一般不会对人体造成伤害，但当电流增大时，引起人体的反应变大，可能导致高处作业过程中的坠落等二次事故。概率为50%时，成年男性的平均感知电流有效值约为1.1mA，最小为0.5mA；成年女性约为0.7mA。

(2) 摆脱电流是手握带电体的人能自行摆脱带电体的最大电流。当通过人体的电流达到摆脱电流时，虽暂时不会有生命危险，但超过摆脱电流时间过长，则可能导致人体昏迷、窒息甚至死亡。因此通常把摆脱电流作为发生触电事故的危险电流界限。成人男性的平均摆脱电流约为16mA，成人女性的平均摆脱电流约为10.5mA，；摆脱概率99.5%时，成年男性和成年女性的摆脱电流约分别为9mA和6mA。

(3)室颤电流为较短时间内，能引起心室颤动的最小电流。电流引起心室颤动而造成血液循环停止，是电击致死的主要原因。因此通常把引起心室颤动的最小电流值作为致命电流界限。

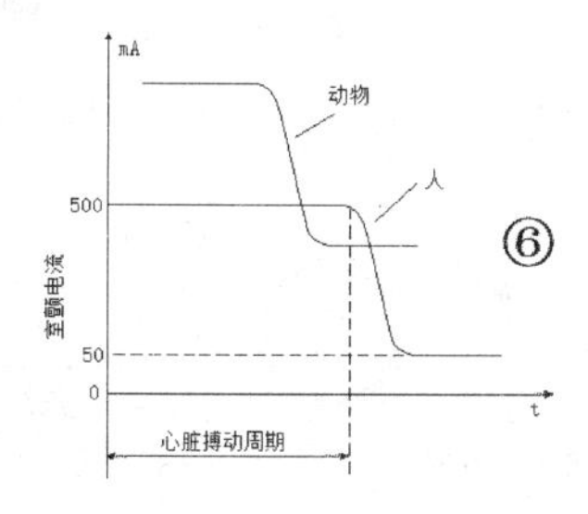

由图6可见，室颤电流的致命值与触电的持续时间有相关关系，当电流持续时间超过心脏搏动周期时，人的室颤电流约为50mA；当电流持续时间短于搏动周期时，人的室颤电流约为几百mA。

一般认为，触电电流与触电持续时间的乘积50mA·s是致人死命的临界参数值。

通过人体电流的大小取决于外加电压和人体电阻，人体电阻主要由体内电阻和体外电阻组成。体内电阻一般约为500Ω，体外电阻主要由皮肤表面的角质层决定，它受皮肤干燥程度、是否有破损、是否沾有导电性粉尘等的影响。如皮肤潮湿时的电阻不及干燥时的一半，所以手湿时不要接触电气设备或拉合开关。人体电阻还会随电压升高而降低，工频电压220V作用下的人体电阻只有50V时的一半。当受很高电压作用时，皮肤被击穿则皮肤电阻可忽略不计，这时流经人体的电流会成倍增加，人体的安全系数会降低。而一般情况下220V工频电压作用下，人体电阻为1000~2000Ω。

7.2 电流通过人体持续时间的影响

电流通过人体的时间越长，越容易引起心事颤动，造成的危害也越大。究其原因，可描述如下。

(1)随着通电时间的增加，电流热效应等能量积累增加，一般认为，通电时间与电流的乘积大于50mA·s时就有生命危险。

(2)通电时间增加，人体电阻因出汗而下降，导致流过人体的电流进一步增加。

(3)心脏在易损期对电流是最敏感的，最容易受到损害，继而发生心室颤动而导致心跳停止。如果触电时间大于一个心跳周期，则发生心室颤动的机会加大，电击的危害性加大。

因此，通过人体的电流越大，时间越长，电击伤害造成的危害越大。通过人体电流的大小和通电时间的长短是电击事故严重程度的基本决定因素。

7.3 不同种类电流的影响

直流电和交流电均可使人发生触电。相同条件下，直流电比交流电对人体的危害较小。在电击持续时间长于一个心脏搏动周期时，直流电的心室颤动电流是交流电的好几倍。直流电在接通和断开瞬间，平均感知电流约为2mA，接近300mA直流电流通过人体时，在接触面的皮肤内感到疼痛，随着通过时间的延长，可引起心律失常、电流伤痕、烧伤、头晕、以及有时失去知觉，但这些症状是可恢复的。如超过300mA则会造成失去知觉。达到数安培时，只要几秒，则可能发生人体内部烧伤甚至死亡。

交流电的频率不同，对人体的伤害程度也不同。实验表明，50~60Hz的电流危险性最大。低于20Hz或高于350Hz时，危险性相应减小，但高频电流比工频电流更容易引起皮肤灼伤，这是因为高频电流的趋肤效应所致的，因此，不能忽视使用高频电流的安全问题。

7.4 电流途径的影响

电流通过人体的途径不同，造成的伤害也不同。电流通过心脏可引起心室颤动，导致心脏停搏，使血液循环中断而致死。电流通过中枢神经或有关部位，会引起中枢神经系统强烈失调；通过头部会使人立即昏迷，而当电流过大时，则会导致死亡；电流通过脊髓，可能导致肢体瘫痪。这些伤害中，以对心脏的危害性最大，，流经心脏的电流越大，伤害越严重。而一般人的心脏稍偏左，因此，电流从左手到前胸的路径是最危险的。其次是右手到前胸，次之是双手到双脚等。电流从左脚到右脚可能会使人站立不稳，导致摔伤或坠落，因此也是很危险的。

7.5 人体个体差异的影响

不同的个体在同样条件下触电可能出现不同的后果。一般而言，女性对电流的敏感度较男性高，小孩较成人更容易受伤害。体质弱的比健康人易受伤害，特别是有心脏病、神经系统疾病的人更容易受到伤害，造成的后果也更严重。

八、静电的危害

静电在工业生产及日常生活中都有存在或发生。我们穿着的化纤衣服在穿脱时可以听见噼里啪啦的声响就是静电存在的实例。

静电的电压可能很高，有时可达数千伏甚至数万伏，但静电的能量不大，发生电击时，触电电流往往瞬间即逝，所以由此引起的电击不至于直接致人死亡，但可能因电击使人从高处坠落而造成二次事故。在易燃易爆场所，静电的放电火花可能引起火灾或爆炸事故。因此，对静电的防护也应引起足够的重视。

PD186TE-9S4多功能电力仪表的性能与安装接线

王　荣　黄丁孝　杨德印

PD186TE-9S4多功能电力仪表是仪科仪表公司研发生产的综合性仪表，它集诸多功能于一身，采用高性能智能处理器，RS485串行接口，标准MODBUSRTU通信协议，方便实现组网远程监控；在输入、输出和通讯之间使用光电隔离等技术，提高了抗干扰能力，运行稳定性较好。

仪表可以测量相电压(Ua、Ub、Uc)线电压(Uab、Ubc、Uca)、三相电流(Ia、Ib、Ic)；可以分相测量有功功率(Pa、Pb、Pc)和总有功功率PS；可以分相测量无功功率(Qa、Qb、Qc)和总无功功率QS；可以分相测量视在功率(Sa、Sb、Sc)和总视在功率SS；还可以测量功率因数PF、频率F、负有功功率-PS(发出的有功功率)、负无功功率-QS(发出的无功功率)和容性功率因数-PF等。

仪表广泛应用于电力系统、楼宇电气、低压配电等自动化领域。

一、PD186TE-9S4多功能电力仪表的样式及安装尺寸

1.1 PD186TE-9S4多功能电力仪表的外形样式

PD186TE-9S4多功能电力仪表的外形样式见图1。显示屏上可以显示对各种电参数的测量结果；由于仪表可以测量显示的参数项很多，所以显示屏将分屏显示测量结果。这些测量结果可以通过设置参数的方法使其自动循环显示，也可以设置为手动切换显示内容。

在图1(a)的下方有4个亮点，实际上它是4个操作按键。这4个操作按键的较清晰样式见图1(b)，其功能如表1所示。

表1　仪表面板上的4个按键的名称与功能

自左向右序号	按键样式	按键名称	功能说明
1	◄	向左键	测量显示时作转换功能，修改数据时为数字减键
2	►	向右键	测量显示时作转换功能，修改数据时为数字加键
3	Menu	菜单键	用于选择菜单界面、退出功能和返回上级菜单功能
4	↵	回车键	密码进入确认及数字参数修改确认

注：序号3中的菜单键，图幅中的字母是Menu，即菜单的意思。

1.2 PD186TE-9S4多功能电力仪表的安装尺寸

PD186TE-9S4多功能电力仪表在开关柜正面的可见样式为正方形，其边长有72mm、80mm和96mm三种。它们的外形尺寸与开关柜面板的开孔尺寸分别见图2、图3和图4。

二、多功能电力仪表的电气接线与功能解析

PD186TE-9S4多功能电力仪表有3种尺寸结构，其正面结构尺寸分别是72×72mm、80×80mm和96×96mm。不同结构尺寸的仪表，它的背面接线端子的排列也略有不同。另外，基本配置和选配了多种扩展功能的应用方案，接线也会有不同。

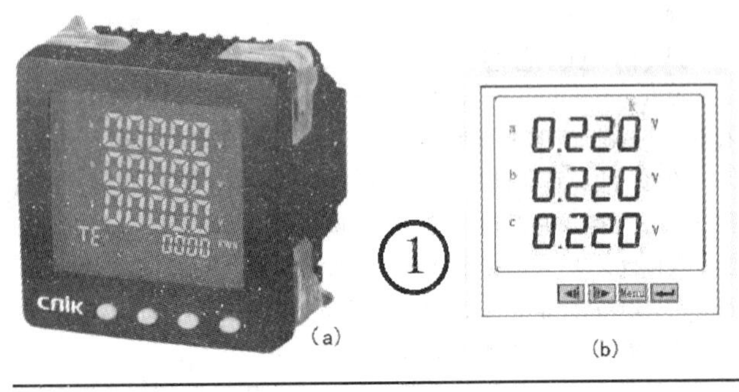

(a)　①　(b)

2.1 三种结构尺寸仪表的端子接线

72×72mm多功能电力仪表的接线见图5，80×80mm多功能电力仪表的接线见图6，96×96mm多功能电力仪表的接线见图7。图中给出了4种电压信号和电流信号不同组合时的接线方式，这4种组合方式包括三相四线供电网络中，电流信号经CT(电流互感器)接入、电压信号直接接入；电流信号经CT(电流互感器)接入、电压信号经PT(电压互感器)接入；在三相三线供电网络中，电流信号经CT(电流互感器)接入、电压信号直接接入；电流信号经CT(电流互感器)接入、电压信号经PT(电压互感器)接入。其中，CT和PT分别是电流互感器和电压互感器的英文缩写，也是业内人士对电流互感器和电压互感器的习惯叫法。

2.2 多功能电力仪表端子接线的具体解析

1. 多功能电力仪表的开关量输入功能

多功能电力仪表的开关量输入是选配功能，所谓选配，就是用户根据自身应用需求，向厂家定制该功能。仪表最多支持4路开关量输入。开关量输入模块采用干接点电阻开关信号输入方式，仪表内部配备+5V工作电源，无需外部供电，可用于监测故障报警、分合闸状态、手车位置、无功补偿柜电容器投入状态等信息，通过通信接口远传至智能监测系统，配合遥控、报警继电器功能可方便地实现自动分合闸。在仪表显示屏上，当自动或手动选择开关量输入页面DI时，会显示0000，表示4路开关量输入使用继电器常开触点输入；若显示1111，表示4路开关量输入为继电器常闭触点输入。也就是说，0表示继电器常开触点输入，1表示继电器常闭触点输入。4位数字从左到右依次代表第4、3、

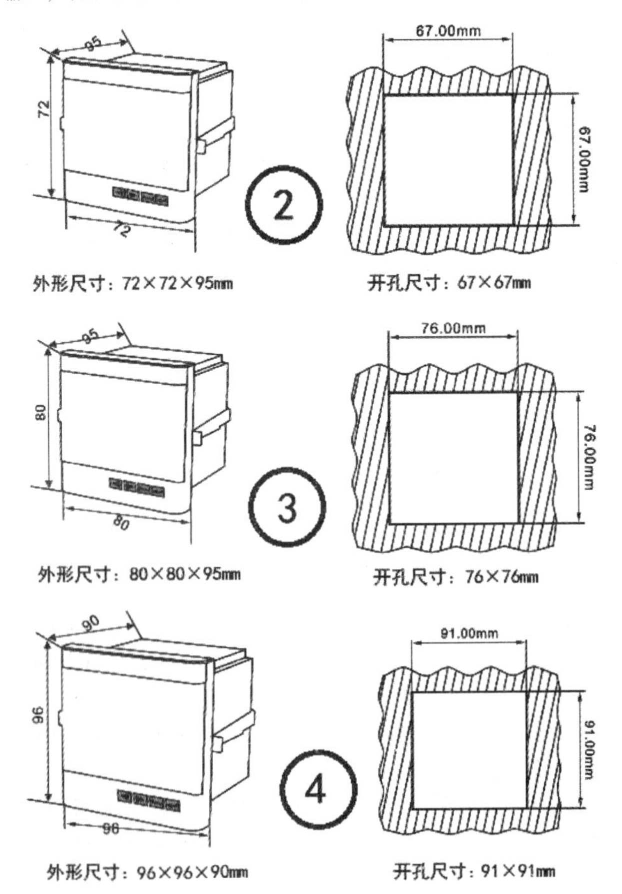

2、1路开关量输入的当前状态。如果无需开关量输入功能，则可放弃定制，可以适当降低成本。

不同结构尺寸电力仪表的开关量输入端口数量略有不同，有的可以接入两路，有的可以接入4路。或者因为电流、电压信号接入方式的不同而使开关量输入端口数量有区别，详见表2。

表2 多功能电力仪表开关量输入端口可用数量

仪表结构尺寸	端子编号					应用环境
	70	71	72	73	74	
	COM	DI1	DI2	DI3	DI4	
72×72mm	公共端	可用	可用	×	×	电流经 CT 接入，电压直接接入
	公共端	可用	可用	×	×	电流经 CT 接入，电压经 PT 接入
80×80mm	公共端	可用	可用	×	×	电流经 CT 接入，电压直接接入
	公共端	可用	可用	可用	可用	电流经 CT 接入，电压经 PT 接入
96×96mm	公共端	可用	可用	可用	可用	电流经 CT 接入，电压直接接入
	公共端	可用	可用	可用	可用	电流经 CT 接入，电压经 PT 接入

2. 多功能电力仪表的有功电能脉冲输出

各种结构尺寸的多功能电力仪表，其47和48号端子是有功电能脉冲输出端。参见图5、图6和图7。

多功能的网络仪表可以提供一路有功电能(有功电度)脉冲输出用于计量。电能脉冲电路采用集电极开路的光耦，通过与计算机终端、PLC、DI采集模块相连，采集仪表的脉冲总数，来实现累计电能的计量。电力仪表电能脉冲的输出方式遵循国家计量规程：标准表的脉冲误差比较方法。在所有量程的电能脉冲输出中，脉冲常数为5000imp/kWh，其物理意义是，当仪表累计5000个电能脉冲时，电能计量为1kWh，即1度电。这里需要注意的是，这里计量得到的是二次电能数据，如果仪表的电压信号和电流信号是经过电流互感器CT和电压互感器PT之后接入的，则累计得到的电能kWh数据，还要乘以电流互感器和电压互感器的变比。例如某时间段计量得到n个电能脉冲，电压互感器的变比是10kV/100V，电流互感器的变比是500A/5A，则实际的电度数=(n/5000)×100×100。

3. 多功能电力仪表的开关量输出

多功能的网络仪表最多可提供4路开关量输出用于报警，而常规配置的仪表则为1路开关量输出。这些继电器的触点容量为AC250V/5A，或者DC30V/5A。

在仪表显示屏上，当自动或手动选择显示报警页面DO时，会将4路报警的状态显示为0000，表示4路开关量输出为继电器常开触点输出；若显示1111，表示4路开关量输出为继电器常闭触点输出。也就是说，0表示继电器常开触点输出，1表示继电器常闭触点输出。4位数字从左到右依次代表第4、3、2、1路报警继电器的当前状态。运行参数高于设置的高限报警阈值时，相应报警继电器的常开触点变为闭合，相应数位的0变为1；运行参数低于设置的低限报警阈值时，相应报警继电器的常闭触点变为断开，相应数位的1变为0。

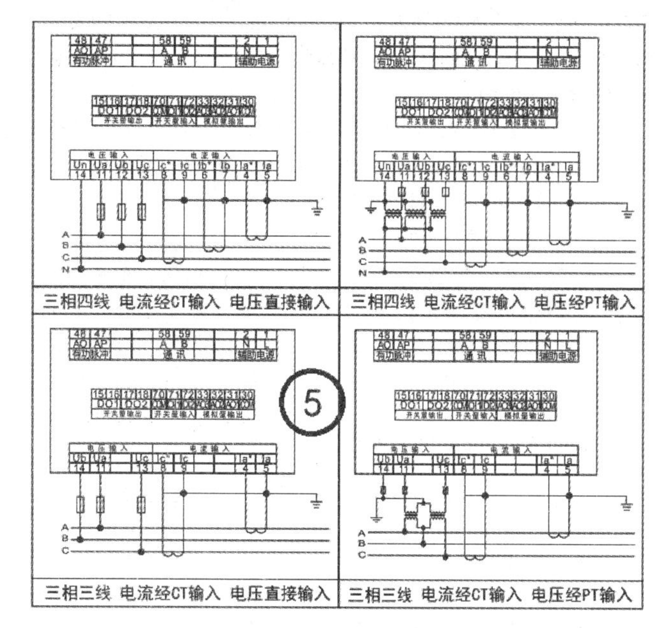

如果将报警阈值和报警延时时间设置为0，即可将开关量输出修改为OFF。

举一个报警实例。将第一路报警do1设置为Ua:H(Ua是A相的相电压，H是高限报警，即A相过电压报警)；报警阈值：设置为100.0V；报警返回值：设置为95.0V；报警延时：设置为1000，对应为10秒钟。当A相电压≥100V并持续10秒钟后第一路报警继电器的常开触点由断开变为闭合；当A相电压下降至95V(不含)~100V(不含)之间时，报警继电器触点状态不变；当A相电压下降至≤95V并持续10秒钟后，报警继电器的线圈失电，常开触点释放，由闭合变为断开。

4. 多功能电力仪表的电源输入端

多功能电力仪表的1号和2号端子是电源输入端，1号端子接电源相线L，2号端子接电源零线N。是电力仪表的工作电源。

5. 多功能电力仪表的变送输出

多功能网络仪表最多支持4路变送输出，可以灵活地设置变送量

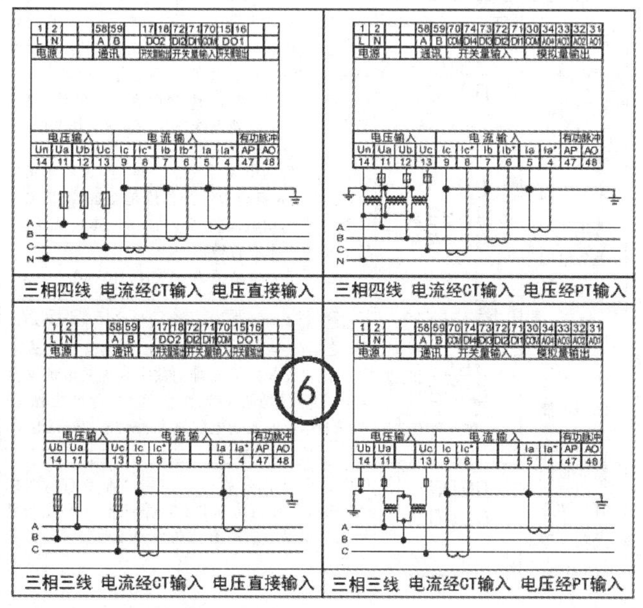

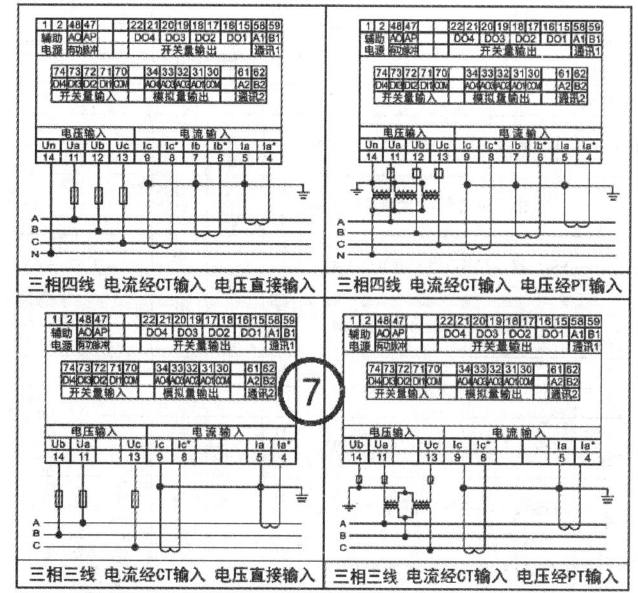

项目和变送范围。变送输出的电气参数:0~20mA、4~20mA、0~5V或1~5V。默认变送值为4~20mA。变送输出的精度等级为0.5级。负载电阻最大值:Rmax=400Ω。

变送输出项目可为:相电压、线电压、相电流、各相有功功率、总有功功率、总视在功率、功率因数、频率、带+/-符号的总有功功率和总无功功率等。详细的变送项目可参见表3——变送输出对照表。

表3　电力仪表变送项目对照表

变送项目号	变送项目 数显界面中用后缀 H 或 L 加以区分变送输出量		变送输出 0~20mA	4~20mA	0~10~20mA	4~12~20mA
1	Ua(A 相电压)刻度值单位 0.1V	H		是		
2		L	是			
3	Ub(B 相电压)刻度值单位 0.1V	H		是		
4		L	是			
5	Uc(C 相电压)刻度值单位 0.1V	H		是		
6		L	是			
7	Uab(AB 线电压)刻度值单位 0.1V	H		是		
8		L	是			
9	Ubc(BC 线电压)刻度值单位 0.1V	H		是		
10		L	是			
11	Uca(CA 电压)刻度值单位 0.1V	H		是		
12		L	是			
13	Ia(A 相电流)刻度值单位 0.001A	H		是		
14		L	是			
15	Ib(B 相电流)刻度值单位 0.001A	H		是		
16		L	是			
17	Ic(C 相电流)刻度值单位 0.001A	H		是		
18		L	是			
19	Pa(A 相有功功率)刻度值单位 W	H		是		
20		L	是			
21	Pb(B 相有功功率)刻度值单位 W	H		是		
22		L	是			
23	Pc(C 相有功功率)刻度值单位 W	H		是		
24		L	是			
25	PS(总有功功率)刻度值单位 W	H		是		
26		L	是			
27	Qa(A 相无功功率)刻度值单位 var	H		是		
28		L	是			
29	Qb(B 相无功功率)刻度值单位 var	H		是		
30		L	是			
31	Qc(C 相无功功率)刻度值单位 var	H		是		
32		L	是			
33	QS(总无功功率)刻度值单位 var	H		是		
34		L	是			
35	Sa(A 相视在功率)刻度值单位 VA	H		是		
36		L	是			
37	Sb(B 相视在功率)刻度值单位 VA	H		是		
38		L	是			
39	Sc(C 相视在功率)刻度值单位 VA	H		是		
40		L	是			
41	SS(总视在功率)刻度值单位 VA	H		是		
42		L	是			
43	PF(功率因数)刻度值单位 0.001	H		是		
44		L	是			
45	F(频率)刻度值单位 0.01Hz	H		是		
46		L	是			
47	-PS(负有功功率)刻度值单位 W	H				是
48		L			是	
49	-QS(负无功功率)刻度值单位 var	H				是
50		L			是	
51	-PF(功率因数)刻度值单位 0.001	H				是
52		L			是	

6. 多功能电力仪表的数字通讯功能

PD186TE-9S4多功能电力仪表支持标准的MOD协议,有功能码和报文格式。功能码包括读继电器输出状态、读开关量输入状态、读数据寄存器值、遥控单个继电器动作、遥控多个继电器动作和写设置寄存器指令等。可以实现完善的网络通信功能。

三、多功能电力仪表的操作

3.1 PD186TE-9S4多功能电力仪表的页面显示

仪表共有21个电力参数显示页面,其中有9个标配页面,12个选配页面。根据用户定制仪表时选配的功能,加上9个标配显示页面,就是实际可见的显示页面。可以将显示页面设置为自动切换显示,也可设置为手动切换。手动切换时,通过操作"◄"键和"►"键可以实现显示页面的切换。操作这两个键的区别是切换方向相反。可显示的页面内容及相关说明见表4。

表4 多功能电力仪表可显示的页面内容

页面	显示内容	说明
第一页面 电压	0.220 V 0.220 V 0.220 V	分别显示相电压 Ua、Ub、Uc 或线电压 Uab、Ubc、Uca。左图中:Ua=0.220kV=220V Ub=0.220kV=220V　Uc=0.220kV=220Vk 显示可见时,与 V 组合成 kV,1kV=1000V 三相三线接线仪表显示线电压三相四线接线仪表显示相电压
第二页面 电流	49.99 A 50.00 A 49.99 A	分别显示三相电流 Ia、Ib、Ic,单位为 A 左图中: Ia=49.99A　Ib=50.00A　Ic=49.99A
第三页面 总有功功率 总无功功率 总功率因数	165.0 W 285.7 Var L0.50 cosφ	显示总有功功率(kW)总无功功率(kvar)总功率因数 PF 左图中:P=165.0kW　Q=285.7kvar PF=L 0.50(L 表示感性)k 显示可见时,k=1000Σ 显示可见时,表示显示值为总和
第四页面 总视在功率 频率	329.9 VA 49.99 Hz	显示总视在功率(kVA)/频率左图中:总视在功率 PS=329.9kVA　频率=49.99Hzk 显示可见时,与 VA 组合为 kVA,1kVA=1000VA Σ 显示可见时,表示显示值为总和
第五页面 正向 有功电能	EP k Wh 3695 8.728	显示正向有功电能值,第一排的 EP 是有功电能,k 和 Wh 组合表示其单位是 kWh; 第二排的数字是有功电能的高 4 位; 第三排是低 4 位,组合形成一个 8 位数值。左图表示有功电能值为 36958.728kWh
第六页面 反向 有功电能	EP- k Wh 3695 8.728	显示反向有功电能值,第一排的 EP 是有功电能,之后的"-"号表示反向,k 和 Wh 组合表示其单位是 kWh;第二排的数字是有功电能的高 4 位,第三排是低 4 位,组合形成一个 8 位数值。左图表示反向有功电能值为 36958.728kWh
第七页面 正向 无功电能	Eq k 3695 varh 8.728	显示正向无功电能值,第一排的 Eq 是无功电能,k 和 varh 组合表示其单位是 kvarh;第二排的数字是无功电能的高 4 位,第三排是低 4 位,组合形成一个 8 位数值。 左图表示无功电能值为 36958.728kvarh
第八页面 反向 无功电能	Eq- k 3695 varh 8.728	显示反向无功电能值,第一排的 Eq 是无功电能,之后的"-"号表示反向,k 和 varh 组合表示其单位是 kvarh;第二排的数字是无功电能的高 4 位,第三排是低 4 位,组合形成一个 8 位数值。 左图表示反向无功电能值为 36958.728kvarh
第九页面 有功功率 无功功率 的正负	0000 0000	0 代表正,1 代表负;4 位数码从左至右依次代表:总功率 C 相功率 B 相功率 A 相功率左图显示的效果是,所有有功功率和无功功率的值均为正值。

页面	显示内容	说明
A 相电压总谐波含量(选配)	tHd.A V 0.50	由于显示效果的限制,左图中的"tHd.A"应识读为"THD.A",其中的"A"是A相,"tHd.A"右上角的小号字符"V"表示这里是电压谐波。第一排字符的含义是:A相电压总谐波含量左图显示的A相电压总谐波含量为:0.50%
B 相电压总谐波含量(选配)	tHd.b V 0.50	由于显示效果的限制,左图中的"tHd.b"应识读为"THD.B",其中的"B"是B相,"tHd.b"右上角的小号字符"V"表示这里是电压谐波。第一排字符的含义是:B相电压总谐波含量左图显示的B相电压总谐波含量为:0.50%
C 相电压总谐波含量(选配)	tHd.C V 0.50	由于显示效果的限制,左图中的"tHd.C"应识读为"THD.C",其中的"C"是C相,"tHd.C"右上角的小号字符"V"表示这里是电压谐波。第一排字符的含义是:C相电压总谐波含量左图显示的C相电压总谐波含量为:0.50%
A 相电流总谐波含量(选配)	tHd.A A 0.50	由于显示效果的限制,左图中的"tHd.A"应识读为"THD.A",其中的"A"是A相,"tHd.A"右上角的小号字符"A"表示这里是电流谐波。第一排字符的含义是:A相电流总谐波含量左图显示的A相电流总谐波含量为:0.50%
B 相电流总谐波含量(选配)	tHd.b A 0.50	由于显示效果的限制,左图中的"tHd.b"应识读为"THD.B",其中的"B"是B相,"tHd.b"右上角的小号字符"A"表示这里是电流谐波。第一排字符的含义是:B相电流总谐波含量左图显示的B相电流总谐波含量为:0.50%
C 相电流总谐波含量(选配)	tHd.C A 0.50	由于显示效果的限制,左图中的"tHd.C"应识读为"THD.C",其中的"C"是C相,"tHd.C"右上角的小号字符"A"表示这里是电流谐波。第一排字符的含义是:C相电流总谐波含量左图显示的C相电流总谐波含量为:0.50%
三相电压总不平衡度(选配)	nAu.9 V 0.76	由于显示效果的限制,左图中的"nAu.9"应识读为"NAUG",右上角的小号字符"V"表示这里是三相电压总不平衡度。第一排字符的含义是:三相电压总不平衡度左图显示的是三相电压总不平衡度为:0.76%
三相电流总不平衡度(选配)	nAu.9 A 0.76	由于显示效果的限制,左图中的"nAu.9"应识读为"NAUG",右上角的小号字符"A"表示这里是三相电流总不平衡度。第一排字符的含义是:三相电流总不平衡度左图显示的是三相电流总不平衡度为:0.76%
开关量输入(选配)	DI 1100	上部的小字号"DI"表示开关量输入。4位数字从左至右依次代表第4、3、2、1路开关量输入。1100表示3、4路为常闭触点输入,1、2路为常开触点输入
开关量输出(选配)	DO 1000	上部的小字号"DO"表示开关量输出。4位数字从左至右依次代表第4、3、2、1路开关量输出。1000表示第4路为常闭触点输出,1、2、3路为常开触点输出。
日期(选配)	2021 -01 -04	左图中显示的是:2021年1月4日
日期(选配)	10 01 57	左图中显示的是:10时1分57秒

以上表4列出的显示内容及其对应的功能,从第一显示页面到第九显示页面为基本配置,其后的显示页面均为选配项目,需要定制才会提供。定制后生产厂家将在仪表内部安装所需的功能模块,并提供相应的功能。这可以最大限度地发挥仪表的功能,并使仪表成本降到最低。

3.2 PD186TE-9S4多功能电力仪表的菜单结构

PD186TE-9S4多功能电力仪表的菜单结构有三层,如表5所示。

表5 多功能电力仪表的菜单结构

第一层	第二层	第三层	解析与描述
密码 CodE	验证密码 Put	密码数据(0~9999)	当输入的密码正确时才可以进入编程程序。默认密码0001
	修改密码 CHAg	密码数据(0~9999)	密码验证成功才能修改密码
系统设置 SEt	网络 nEt	N.3.3和N.3.4	选择测量信号的输入网络
	电流变比 Ct.I	1~9999	设置电流信号变比=一次电流额定值/二次电流额定值,例如,200A/5A=40
	电压变比 Pt.U	1~9999	设置电压信号变比=一次电压额定值/二次电压额定值,例如,10kV/100V=100
显示设置 dIS	休眠设置 dIS.E	0000	可任意设置LED休眠时间
	显示翻页 dIS.P	Auto/HAnd	Auto:表示自动翻页,每2s翻页一次;HAnd:表示手动翻页
	亮度 b.LEd	0~6	调整数码管亮度,"0"为最暗,"6"为最亮
通讯参数 COMM	地址 add	1~247	仪表地址范围1~247
	通信校验位 dAtA	N.8.1/o.8.1/E.8.1	N.8.1:无校验位;o.8.1奇验位;E.8.1偶验位
	通信速率 bud	1200~9600	波特率1200、2400、4800、9600
变送设置 Ao-1/2/3/4	数据项选择 tyPE	OFF/UA-H/……	OFF:该路变送无输出 UA-H:该路变送输出A相电压(4~20mA)
	变送高端 A-Hi	0~9999	范围对应值
	变送低端 A-Lo	0~9999	范围对应值
开关量输出设置(报警) Do-1/2/3/4	数据项选择 tyPE	OFF/UA-H/……	OFF:该路无报警项,UA-H:该路为A相电压上限报警
	报警门限值 d-Li	1~9999	当前报警项的报警门限
	报警返回值 d-rE	1~9999	此项数值设置好报警值后,自动生成,也可根据需要设置
	报警延时 d-dL	0.01s~99.99s	延时动作时间
设置当前时间 SEtt	设置年、月 t-ny	00.01	设置当前年和月
	设置日、时 t-rh	01.00	设置当前日和时
	设置分、秒 t-FS	00.01	设置当前分和秒

3.3 PD186TE-9S4多功能电力仪表的参数设置

根据表5介绍的多功能电力仪表的菜单结构,我们可以对应用项目中所需的功能参数进行设置。现以电流互感器的变比和报警输出为例,介绍具体的参数设置方法。

1. 设置电流互感器的变比

进入参数设置程序,首先要输入密码,当然还要知道电流互感器的变比。这里我们默认密码的出厂值0001。关于电流互感器的变比,就是其一次额定电流与二次额定电流之比,例如,一次额定电流为250A,二次额定电流为5A,则其变比=250A/5A=50。变比没有单位。如果电流互感器的二次额定电流为1A,那么这台电流互感器的变比就是其一次电流的额定值。

图8是设置电流互感器变比的操作顺序,其中一个显示页面就是一个操作程序步。左上角是仪表通电后的初始页面,操作相邻两个显示页面之间的按键,仪表就从上一个显示页面转换至下一个显示页

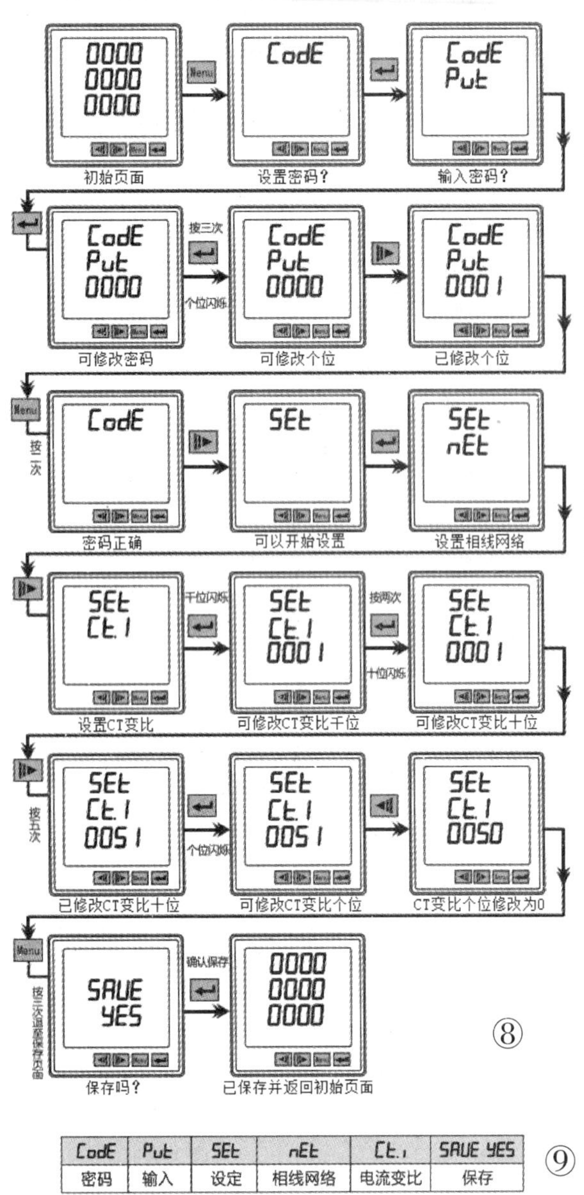

CodE	PuE	SEt	nEt	Ct.1	SAUE YES
密码	输入	设定	相线网络	电流变比	保存

⑨

面。注意有的显示页面的转换要对同一个按键点按多次，具体可参见图8中给出的文字标注。

显示页面中给出的字符提示，其含义见图9。

相邻两个显示页面之间的按键，其功能可参见表1。

2. 设置电力仪表的报警输出

进入参数设置程序，首先要输入密码，然后选择由哪一路实施报警，还得确定报警项目，报警的上限值或下限值，报警还要设置延时时间，就是运行参数达到报警阈值时，延时输出报警信号的时间。这里我们默认密码的出厂值0001；选择第一路即DO1实施报警，报警项目是B相电压过电压，报警值为220V；报警返回值210V；报警延时时间50ms。

图8上部两排的6个显示页面，与图10顶部接续起来，构成报警输出完整的参数设置图。这是为了减小图10的图幅页面作出的安排。

任何一个显示页面就是一个操作程序步。其中图8上部两排显示页面的操作与设置电流互感器变比相同，此处不赘述。进入图10第一排的显示页面后，通过操作相邻两个显示页面之间的按键，仪表就从上一个显示页面转换至下一个显示页面。注意有的显示页面的转换要对同一个按键点按多次，具体可参见图10中给出的文字标注。

图10中每一个显示页面的下方都用文字对当前的操作步结果给出了提示，便于理解参数设置的进程。

图10显示页面中给出的字符提示，其含义见图11。

四、常见问题及解决方案

4.1 关于U、I、P等参数测量不准确

首先需要确保正确的电压和电流信号已经连接到仪表上，可以使用万用表来测量电压信号，必要时用钳形表测量电流信号。其次确保信号线的连接是正确的，

例如电流信号的同名端以及各相的相序是否接错。仪表可以显示反向送电的数据，其显示的数据带有负号。如果正常用电情况下显示带负号的有功功率，有可能是电流信号进出线接反，当然相序接反也会导致功率显示异常。另外，仪表显示的电量为一次电网值，如果表内设置电压电流互感器的倍率与实际使用的互感器倍率不一致，也会导致电量显示不准确。

4.2 关于仪表没有通讯回送数据

这里首先要确保仪表的通讯设置信息如从机地址、波特率、校验方式等与上位机要求相一致，如果现场多块仪表通讯都没有数据回送，可检测现场通讯总线的连接是否准确可靠，RS485转换器是否正常。如果只有单块或者少数仪表通讯异常，也要检查相应的通讯线，可以修改变换异常和正常仪表从机的地址来测试，排除或确认上位机软件问题，或者通过变换异常和正常仪表的安装位置来测试，排除或确认仪表故障。

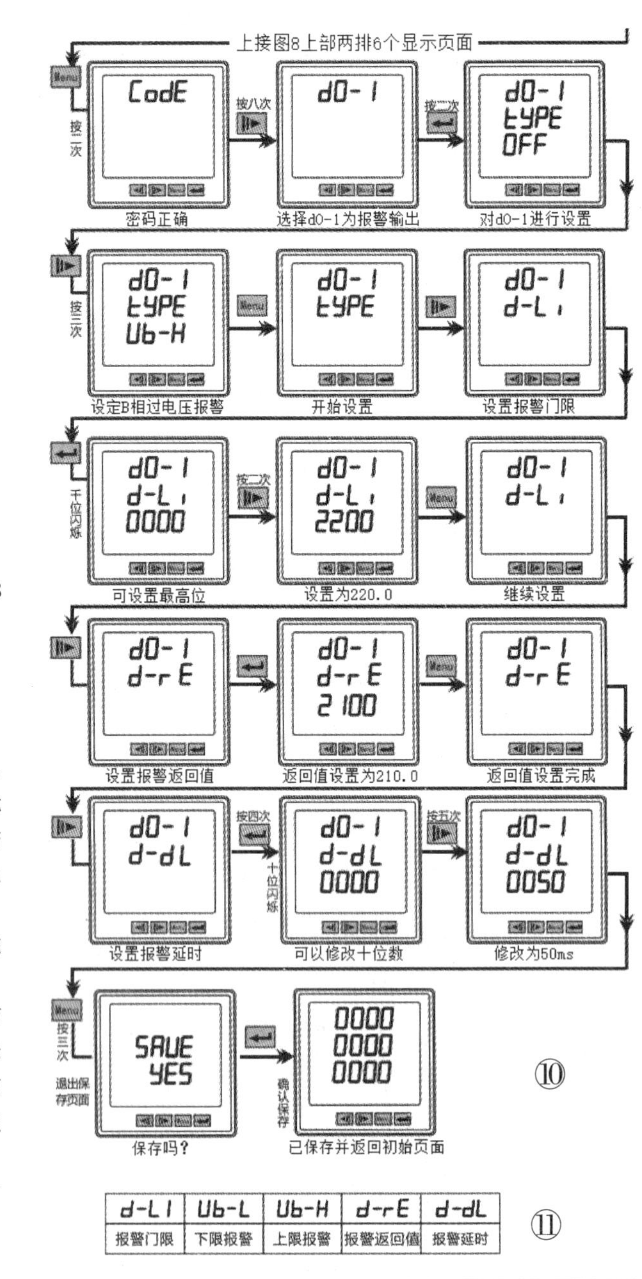

d-L1	Ub-L	Ub-H	d-rE	d-dL
报警门限	下限报警	上限报警	报警返回值	报警延时

⑪

NDW300-ZH系列微机综合保护监控装置性能及应用

李俊波　连继普　薛安林

一、性能简介

NDW300-ZH系列微机综合保护监控装置是由耐电集团开发研制的一种可用于开关柜上电气设备。装置机箱设计结构紧凑、密封性好、抗干扰、抗震动能力强，可满足10kV及以下电压等级馈出线等设备的保护和监控需要。装置可根据用户要求进行配置，以达到较高的性能价格比。包括NDW300-L微机线路保护监控装置、NDW300-PD微机电容器保护监控装置、NDW300-E微机电动机保护监控装置、NDW300-PT电压并列装置和NDW300-MBZT备用电源自投装置。通过不同的设定，可适用于线路保护(包括进线、出线)、分段保护、线路变压器组保护(含站、所用变)等各种电力系统和电气设备的保护。

NDW300系列微机保护及自动装置具有以下特点：

具有完整的保护功能和就地监视功能。根据用户需要，可选配通讯功能，以实现简单实用的综合监控功能。

选用高性能、高可靠性、高集成度的宽温度范围军用或工业级芯片；高精度阻容元件；密封继电器，确保了装置高、低温环境下的可靠性。

全封闭抗干扰单元机箱，新型背插式结构设计，双层屏蔽，总线不外引，减少电磁干扰的影响。

按继电保护的可靠性要求设计监控系统，提高系统整体可靠性，以真正实现变电站无人值班。

开关遥信采用双位置采集，避免了开关操作遥信抖动问题。

装置具备完善的自检功能，发现装置工作不正常时可靠闭锁保护出口，保证装置不误动。

采用专用时钟芯片，由单独的晶振支持，带有备用电池，时钟即使在装置掉电后也能正确走时，使装置能准确记录各种故障信息。

内部线路板采用表贴工艺，所用元器件全部采用一线品牌，保证了装置的可靠性稳定性

装置具有三级看门狗，外部硬件看门狗、CPU硬件定时器看门狗和软件看门狗，保证装置在任何情况下不会死机。

具有高速磁隔离技术的RS485通信接口和CAN通信接口，通讯稳定可靠，RS485口通信采用MODBUS-RTU协议可通过设置来选择，CAN通信接口采用IEC60870-5-104协议。

装置中软件采用模块化设计，具有多种冗余措施，并经过了长时间的现场运行考验，程序运行稳定可靠。

采用全中文液晶显示界面，多层菜单显示，显示信息丰富，人机界面友好，无需复杂培训即可完成调试工作。

二、技术参数

2.1 额定数据

交流电流5A、1A；将电流互感器的二次额定电流5A或1A接入；

交流电压100V；将电压互感器的二次额定电压100V接入；

交流频率50Hz；

直流电压220V、110V。

2.2 功率消耗

交流电流回路IN=5A每相不大于0.5VA

交流电压回路U=UN每相不大于0.2VA

直流电源回路 正常工作不大于8W，保护动作不大于10W

2.3 过载能力

交流电流回路：2倍额定电流　连续工作

10倍额定电流　允许工作10s

40倍额定电流　允许工作1s

交流电压回路：1.2倍额定电压连续工作

直流电源回路：80%~110%额定电压 连续工作

2.4 测量误差

电流：不大于±0.5%　　电压：不大于±0.3%　　功率：不大于±1.0%

2.5 温度影响

正常工作温度-10℃~55℃范围内，动作值因温度变化而引起的变差不大于±1%。

2.6允许环境条件

正常工作温度：-10℃~55℃

相对湿度：45%~90%

大气压力：80~110kpa

2.7 抗干扰性能

2.7.1 脉冲干扰试验

能承受频率为1MHz及100KHz电压幅值共模2500V，差模1000V的衰减震荡波脉冲干扰试验.

2.7.2 静电放电抗扰度测试

能承受IEC61000-4-2标准Ⅳ级、试验电压8KV的静电接触放电试验。

2.7.3 射频电磁场辐射抗扰度测试

能承受IEC61000-4-3标准Ⅲ级、干扰场强10V/M的辐射电磁场干扰试验。

2.7.4 电快速瞬变脉冲群抗扰度测试

能承受IEC61000-4-4标准Ⅳ级的快速瞬变干扰试验。

2.7.5 浪涌(冲击)抗扰度试验

能承受IEC61000-4-5标准Ⅳ级、开路试验电压4KV的浪涌干扰试验。

2.7.6 供电系统及所连设备谐波、谐间波的干扰试验

能满足IEC61000-4-7标准B级、电流和电压的最大允许误差不大于测量值的5%。

2.7.7 电源电压暂降、短时中断和电压变化的抗扰度试验

能承受IEC61000-4-11标准70%UT等级的电压暂降、短时中断干扰试验。

2.7.8 振荡波抗扰度试验

能承受IEC61000-4-12标准Ⅳ级阻尼振荡波干扰试验，以及电压幅值共模4KV、差模2KV的Ⅳ级振铃波干扰试验。

2.7.9 工频磁场抗干扰度

能承受IEC61000-4-8标准Ⅳ级持续工频磁场干扰试验。

2.7.10 阻尼振荡磁场抗干扰度

能承受IEC61000-4-10标准Ⅳ级阻尼振荡磁场干扰试验。

2.8 绝缘耐压性能

交流输入对地：大于100兆欧

直流输入对地：大于100兆欧

信号及输出触点对地：大于100兆欧

开入回路对地：大于100兆欧

能承受2KV/1min的工频耐压，5KV的冲击电压

2.9 机械性能

2.9.1 振动

能承受GB/T7261中16.3规定的严酷等级为I级的振动耐久能力试验。

2.9.2 冲击

能承受GB/T7261中17.5规定的严酷等级为I级的冲击耐久能力试验。

2.9.3 碰撞

能承受GB/T7261中第18章规定的严酷等级为I级的碰撞试验。

三、NDW300-ZH综合微机保护装置的保护功能

NDW300-ZH综合微机综合保护装置及自动装置既可以分散在开关柜就地安装，也可以集中组屏安装。完善的设计保证了装置可以在恶劣环境下长期、可靠地运行。

3.1 综合微机保护装置的主要保护功能

保护装置的主要保护功能包括：

①速断保护

②定时限过流保护　定时限过流保护包含过流Ⅰ段，过流Ⅱ段。

③反时限过流保护　反时限过流保护的动作形式有报警和跳闸可供选择，有一般，极端，非常，三条保护曲线供用户自由选择。

④过负荷保护　过负荷保护的动作形式有报警和跳闸可供选择。

⑤过压保护　过压保护的动作形式有报警和跳闸可供选择。

⑥失压保护　失压保护的动作形式有报警和跳闸可供选择。

⑦零序过流保护　零序过流保护的动作形式有报警和跳闸可供选择。

⑧反时限零序过流保护　反时限零序过流保护的动作形式有报警和跳闸可供选择，有一般，极端，非常，三条保护曲线供用户自由选择。

三相一次重合闸　因故跳闸后可以实现一次重合闸。

轻瓦斯告警　　重瓦斯跳闸　　高温告警　　超温跳闸

PT断线告警PT即电压互感器，其二次接线开路时发出报警信号。

交直流通用的防跳功能　跳闸和分闸过程中的防止跳跃功能。

遥测　实时采集三相电流、三相电压、零序电流、零序电压、有功功率、无功功率、功率因数等参数并测量。

遥信12路开关量输入功能。

遥控　两路遥控继电器，可在远方控制断路器合、分。

保护事件　　告警事件　　遥信变位事件　　操作记录事件

高速磁隔离技术的RS485总线　　中文汉字显示

3.2 保护功能工作原理简介

3.2.1 速断保护

本装置提供电流速断保护，任一相保护电流大于速断整定值并达到整定延时值时保护动作。本功能可通过软压板投退。所谓压板，传统的压板是一种可以手动使触点合、分的机械开关，如图1所示，压板压下，A、B接触点接通；压板抬起，A、B接触点断开。这可以称作硬开关。而本保护装置可以通过参数设置的方法，模拟开关合、分的功能，这种模拟开关称作软开关或软压板。

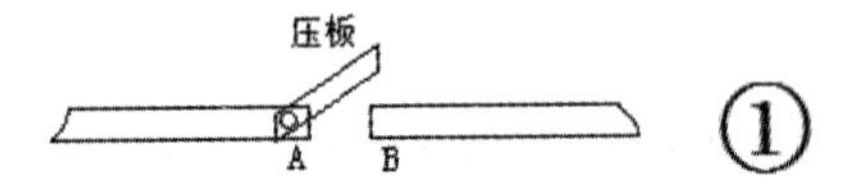

3.2.2 两段定时限过流保护

本装置提供两段定时限过流保护，任一相保护电流大于过流整定值并达到整定延时值后保护跳闸动作。保护功能可分别由软压板投退，各段电流及时间定值可分别独立整定。

3.2.3 过负荷保护

本装置提供过负荷保护。过负荷检测三相电流，当任一相电流大于整定值并达到整定延时值后保护动作。此功能可通过软压板投退，保护出口作用于跳闸或报警可通过控制字设定。

3.2.4 反时限过流保护

装置设有反时限过流保护，可由软压板进行投退。本装置共集成了3种特性的反时限过流保护，用户可根据需要通过控制字选择任何一种特性的反时限曲线，保护出口作用于跳闸或报警可通过控制字设定。

特性1、2、3采用了国际电工委员会标准(IEC255-4)和英国标准规范(BS142.1966)规定的三个标准特性方程，分别进行计算和设置，具有较高的科学合理性。

3.2.5 过压保护

本装置配置了过电压保护。过压保护动作条件如下所示：

(1)电压大于过压保护整定值；

(2)延时达到过压保护延时设定值；

(3)断路器处于合位置

以上三个条件同时达到过压保护即动作，过压保护动作方式可选择跳闸或报警。

3.2.6 失压保护

当断路器处于合位且三个线电压均小于失压保护的整定值并达到延时值后保护即动作。

为防止未投运时失压保护动作，本保护加设断路器分位闭锁，也就是断路器在分位时闭锁本保护出口。

失压保护动作方式可选择跳闸或报警。

3.2.7 零序过流保护

装置中设零序过流保护，当零序电流大于零序过流保护整定值且达到延时整定值后保护动作，可由软压板进行投退，零序过流保护可通过控制字选择报警或跳闸。

3.2.8 零序过压保护

装置中设零序过压保护，当零序电压大于零序过压保护整定值且达到延时整定值后保护动作，可由软压板进行投退，零序过压保护可通过控制字选择报警或跳闸。

3.2.9 反时限零序过流保护

装置设有反时限零序过流保护，可由软压板进行投退。本装置共集成了3种特性的反时限过流保护，用户可根据需要通过控制字选择任何一种特性的反时限曲线，保护出口作用于跳闸或告警，可通过控制字设定。

特性1、2、3采用了国际电工委员会标准(IEC255-4)和英国标准规范(BS142.1966)规定的三个标准特性方程，分别进行计算和设置，具有较高的科学合理性。

3.2.10 三相一次自动重合闸

三相一次重合闸启动方式：重合闸功能只在三段式过流保护(速断，过流I段，过流II段)、零序过流保护动作跳闸后才进入重合闸逻辑判断过程，如果此时无闭锁条件，经延时后就对开关进行重合操作，重合闸必须在充电完成后才能动作。

充电条件：

重合闸满足以下两个条件后开始充电，达到15秒后充电完成，置充电标志，重合闸逻辑投入。

(1)开关处于合位

(2)无闭锁重合闸信号

闭锁重合闸条件：

下面任一条件满足，闭锁重合闸：

(1)过负荷动作

(2)反时限过流保护动作

(3)反时限零序过流保护动作

(4)过压保护动作

(5)失压保护动作

(6)弹簧未储能开入

(7)重瓦斯开入

(8)轻瓦斯开入

(9)超温开入

(10)高温开入

以上十个闭锁重合闸的条件中,频繁使用的一个概念是“开入”,所谓开入,就是开关量输入,例如高温开入,就是温度过高时一个开关量接点闭合,通过保护装置的开入接点接入装置内部,告知设备温度过高。由于高温开入是重合闸的闭锁条件,所以此时不能实施重合闸。

3.2.11 本体保护

本装置具有轻瓦斯报警、重瓦斯跳闸、高温报警、超温跳闸等四个本体保护开关量输入接口。开入量电源为内部24V供电,硬件和软件都进行了抗干扰设计,可以可靠分辨到10ms脉冲信号。

3.2.12 PT断线检测

PT断线采用以下判据:

(1)三个线电压均小于18V,且任一相电流大于0.5A,经过3秒延时,情况持续则判为三相断线;

(2)任两个线电压差大于18V时,经过3秒延时,情况持续则判为不对称断线。

判据(1)是用来判别对称性三相断线。

判据(2)是用来判别不对称性PT断线。

四、设置定值表

	名称	类型	单位	范围	步进
速断	定值	字	A	0.10~100.00	0.01
	延时	字	s	0.00~100.00	0.01
	投入	位		√/×	
过流Ⅰ段	定值	字	A	0.10~100.00	0.01
	延时	字	s	0.00~100.00	0.01
	投入	位		√/×	
0.01	过流Ⅱ段	定值	字	A	0.10~100.00
	延时	字	s	0.00~100.00	0.01
	投入	位		√/×	
过负荷	定值	字	A	0.10~100.00	0.01
	延时	字	s	0.00~100.00	0.01
	投入	位		√/×	
	保护方式	位		跳闸/告警	
反时限过流	启动定值	字	A	0.50~20.00	0.01
	时间常数	字	s	0.001~2.000	0.001
	曲线选择	字		一般/非常/极端	
	投入	位		√/×	
	保护方式	位		跳闸/告警	
零序过压	定值	字	V	0.5~150.00	0.01
	延时	字	s	0.00~100.00	0.01
	投入	位		√/×	
	保护方式	位		跳闸/告警	
零序过流	定值	字	A	0.10~6.25	0.01
	延时	字	s	0.00~100.00	0.01
	投入	位		√/×	
	保护方式	位		跳闸/告警	

续表

	名称	类型	单位	范围	步进
反时限零序过流	启动定值	字	A	0.50~20.00	0.01
	时间常数	字	s	0.001~2.000	0.001
	曲线选择	字		一般/非常/极端	
	投入	位		√/×	
	保护方式	位		跳闸/告警	
过压保护	定值	字	V	0.5~150.00	0.01
	延时	字	s	0.00~100.00	0.01
	投入	位		√/×	
	保护方式	位		跳闸/告警	
失压保护	定值	字	V	0.5~150.00	0.01
	延时	字	s	0.00~100.00	0.01
	投入	位		√/×	
	保护方式	位		跳闸/告警	
重合闸	无流定值	字	A	0.10~2.00	0.01
	延时	字	s	0.50~100.00	0.01
	投入	位		√/×	
本体保护	本体保护投入	位		√/×	
	重瓦斯跳闸延时	字	s	0.00~10.00	0.01
	轻瓦斯报警延时	字	s	0.00~10.00	0.01
	超温跳闸延时	字	s	0.00~10.00	0.01
	高温报警延时	字	s	0.00~10.00	0.01
PT 断线	投入	位		√/×	
其他	显示一次值	位		√/×	
	控制回路断线	位		√/×	
	PT 变比	字		1~1150	1
	CT 变比	字		1~1000	1
	零序 PT 变比	字		1~1150	1
	零序 CT 变比	字		1~1000	1
	信号出口延时	字	s	1~600.0	1
	弹簧储能时间	字	s	1~30	1

五、装置操作说明

NDW-300微机保护测控装置的面板样式见图2。图2中部是LCD显示屏,往下有5个指示灯,和若干按键。由于产品系列规格较多,图2的样式仅是其中一种。下面结合指示灯和操作按键对测控装置的操作方法给以介绍。

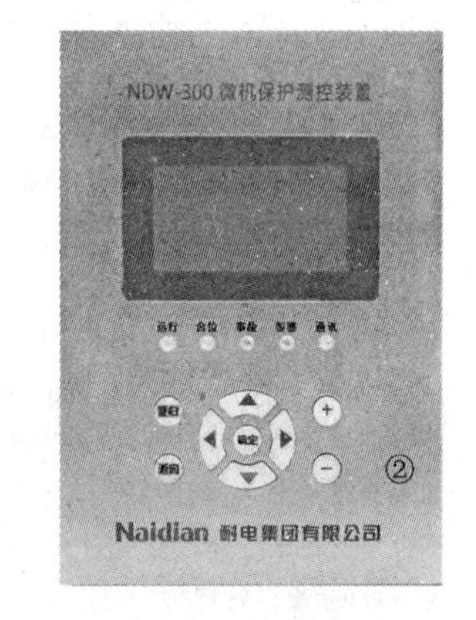

5.1 指示灯功能说明

装置有五个指示灯,分别为“运行”“合位”“事故”“报警”和“通信”,其中“运行”指示灯在装置运行时以1秒频率闪烁,当装置故障时常亮。“合位”指示灯用来指示断路器位置,当断路器处在合位时点亮,处在分位时熄灭。“事故”指示灯在没有跳闸类事件时熄灭,在有跳闸类事件时点亮,按复归键熄灭。“报警”指示灯在没有报警类事件时熄灭,当有报警类事件时点亮,按复归键熄灭。“通讯”指示灯用于指示装置通讯状态,当装置485通信接口收到或发送数据时点亮,通信口空闲时熄灭。

5.2 按键说明

"ENT":进入主菜单或确认定值的修改,停止循环显示。

"ESC":回到上一层菜单或取消定值修改,同时又是复归按键。

"▼":向下移动光标,选择所需操作项目,在数字修改状态下为数字减。

"◀":向左移动光标。

"▶":向右移动光标。

"▲":向上移动光标,选择所需的操作项目,在数字修改状态线为数字加。

5.3 界面及菜单说明

5.3.1 主界面

装置上电后,自动进入"主界面",如图3所示。显示屏右上角显示的是当前时间,格式为时:分:秒。显示屏中间显示的是装置类型。在主界面下按"ENT"键会进入"主菜单"界面。"▼"

5.3.2 主菜单

13:24:25
电动机保护

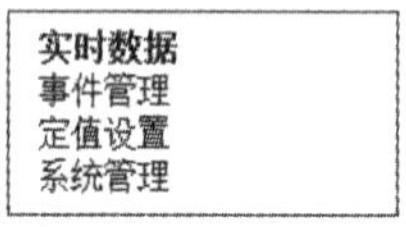

实时数据
事件管理
定值设置
系统管理

"主菜单"共有六项,包括"实时数据"、"事件管理"、"定值设置"、"系统管理"、"开关控制"等。通过"▲"键和"▼"键选择要进入的菜单,选中的菜单会反显黑色,如图4所示,图中用粗体字表示选中的菜单,同时光标也停留在该位置。按"ENT"键,即进入光标所在项子菜单。按"ESC"键会返回"主界面"。

5.3.3 实时数据菜单

"实时数据"菜单共两项,即"测量数据"和"信号量"。

"测量数据"菜单用于查看装置采样到的电压电流值、功率因数、频率等;"信号量"菜单用于查看装置采集到的开关量状态。通过"▲"键和"▼"键选择要进入的菜单,选中的菜单会反显黑色,如图5所示,图中用粗体字表示选中的菜单, 同时光标也停留在该位置。按"ENT"键,即进入光标所在项子菜单。按"ESC"键会返回"主菜单"。

测量数据
信 号 量

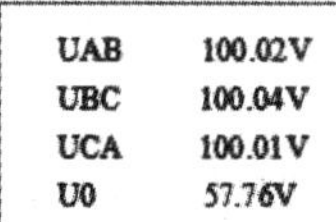

UAB	100.02V
UBC	100.04V
UCA	100.01V
U0	57.76V

5.3.3.1 "测量数据"菜单

在"测量数据"菜单中通过"▲"键和"▼"键翻页可以查看不同的数据,按"ESC"键返回"测量数据"菜单。图6所示就是测量电源线电压和相电压的显示结果。通过"▲"键和"▼"键翻页可以查看更多测量结果。

5.3.3.2 "信号量"菜单

在"信号量"菜单中通过"▲"键和"▼"键翻页可以查看不同的信号量数据,如图7所示。图中的"●"代表开入量为"1","○"代表开入量为"0"。

5.3.4 "事件管理"菜单

"事件管理"菜单共两项,即"事件查询"和"删除记录"。"事件查询"菜单用于查看装置发生过的事件记录;"删除记录"菜单为清空当前事件记录的命令。通过"▲"键和"▼"键选择要进入的菜单,选中的菜单会反显黑色,如图8所示,图中用粗体字表示选中的菜单,同时光标也停留在该位置。按"ENT"键,即进入光标所在项子菜单。按"ESC"键会返回"事件管理"。

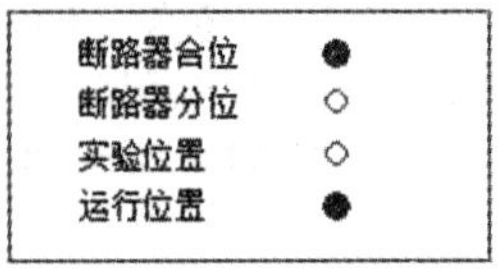

断路器合位	●
断路器分位	○
实验位置	○
运行位置	●

事件查询
删除记录

⑧

5.3.4.1 "事件查询"菜单

在"事件查询"菜单中通过"▲"键和"▼"键翻页可以查看不同的事件记录,如图9所示,该图意义为,发生的事件为过流Ⅰ段,是A相电流IA过流,动作电流大小为5.64A,动作时间为16年5月21日21点48分38秒564毫秒。历史发生事件数为54个,当前查询的事件序号是第32个。按"ESC"键会返回"事件查询"菜单。

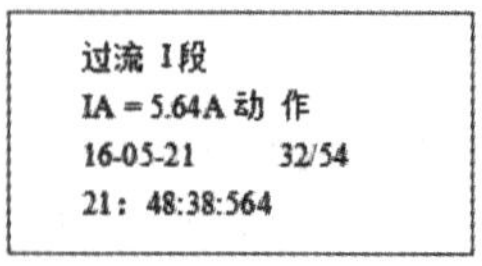

过流 Ⅰ段
IA = 5.64A 动 作
16-05-21　32/54
21: 48:38:564

请输入密码
00000000

5.3.4.2 "删除记录"菜单

在"事件管理"菜单中,通过"▲"键和"▼"键把光标选择到"删除记录"选项上,按"ENT"键会弹出"请输入密码"界面,如图10所示。在输入密码界面中按"◀"键、"▶"键移位,按"▲"键和"▼"键改变数字大小以输入密码;输入密码后按"ENT"键就删除了事件记录。按"ESC"键即可返回"事件管理"菜单。

在"删除记录"页面中,之所以需要输入密码,是为了防止被无关人员误操作删除了有用信息。

5.3.5 "定值设置"菜单

"定值设置"的下一级菜单共有三项,包括"定值查询"、"定值修改"和"定值固化"。"定值查询"菜单用于查看定值信息,不可修改定值;"定值修改"菜单用于修改定值;"定值固化"菜单用于修改定值后保存定值。通过"▲"键和"▼"键选择要进入的菜单,选中的菜单会反显黑色,如图11所示的"定值修改"选项。按"ESC"键即返回"主菜单"。

定值查询
定值修改
定值固化

⑪

5.3.5.1 "定值修改"菜单

"定值修改" 菜单项数据根据系列保护装置的型号不同而不同,通过"▲"键和"▼"键选择要进入的定值项菜单,选中的菜单会反显黑色,如图12所示的"速断保护"选项,同时光标也停留在该位置。按"ENT"键,即进入光标所在项子菜单。按"ESC"键即返回"定值设置"菜单。

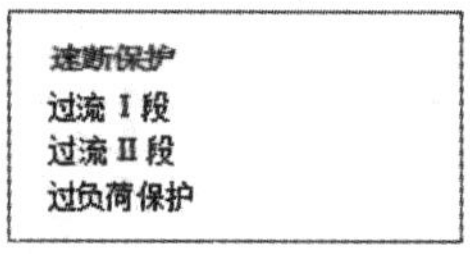

速断保护
过流 Ⅰ段
过流 Ⅱ段
过负荷保护

下面举例设置过流Ⅰ段定值来说明修改定值相关操作。

在"定值修改"菜单中,按"ENT"键进入下一级子菜单,如图12所示。通过"▲"键和"▼"键把光标选择到"过流Ⅰ段"选项上,按"ENT"键进入"过流Ⅰ段"设置界面,然后通过按"◀"键、"▶"键移位,按"▲"键和"▼"键改变数字大小,如图13所示;定值修改好后按"ESC"键即可返回"定值修改"菜单以设置其他项的定值。

定值
005.40A
延时
000.50S

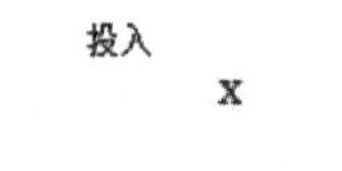

按照先修改再保存的原则,刚才定值修改后并没有保存,也不会起作用,需要退出到上一级"定值设置"菜单,选定"定值固化"选项保存定值。

5.3.5.2 "定值固化"菜单

在"定值设置"菜单中,通过"▲"键和"▼"键把光标选择到"定值固化"选项上,按"ENT"键弹出"请输入密码"界面,如图10所示。在输入密码界面中按“◀”键、“▶”键移位，按“▲”键和“▼”键改变数字大小以输入密码；输入密码后按“ENT”键定值就保存了。如果不保存定值，按“ESC”键返回到“定值设置”菜单。

5.3.6 “系统管理”菜单

“系统管理”菜单共有四项，包括“地址参数”“密码修改”“时间设置”和“系统校正”。如图14所示。通过“▲”键和“▼”键选择要进入的菜单，选中的菜单会反显黑色，同时光标也停留在该选项位置。按“ENT”键，即进入光标所在项子菜单。按“ESC”键会返回“主界面”。

通信设置
密码修改
时间设置
系数校正

六、NDW300微机保护装置端子图及原理图

6.1 保护装置的端子接线图

NDW300微机保护装置端子图见图15，共有A、B、C三列。分别用于输入、输出、通信等不同的连接对象。

6.2 保护装置的电路原理图

6.2.1 保护装置的电流、电压回路接线原理图

保护装置的电流、电压回路接线原理图见图16。

6.2.2 保护装置的二次电路展开图

NDW300系列微机保护装置的二次电路展开图见图17。

6.2.3 保护装置的一次电路单线示意图

NDW300系列微机保护装置的一次电路单线示意图见图18。

七、附则

(1)为防止装置损坏，严禁带电插拔装置插件，触摸印制板上的芯片和器件。(2)本装置的出厂密码是：000000，超级密码为888888，如果密码修改后忘记了可以使用超级密码进行相关操作。

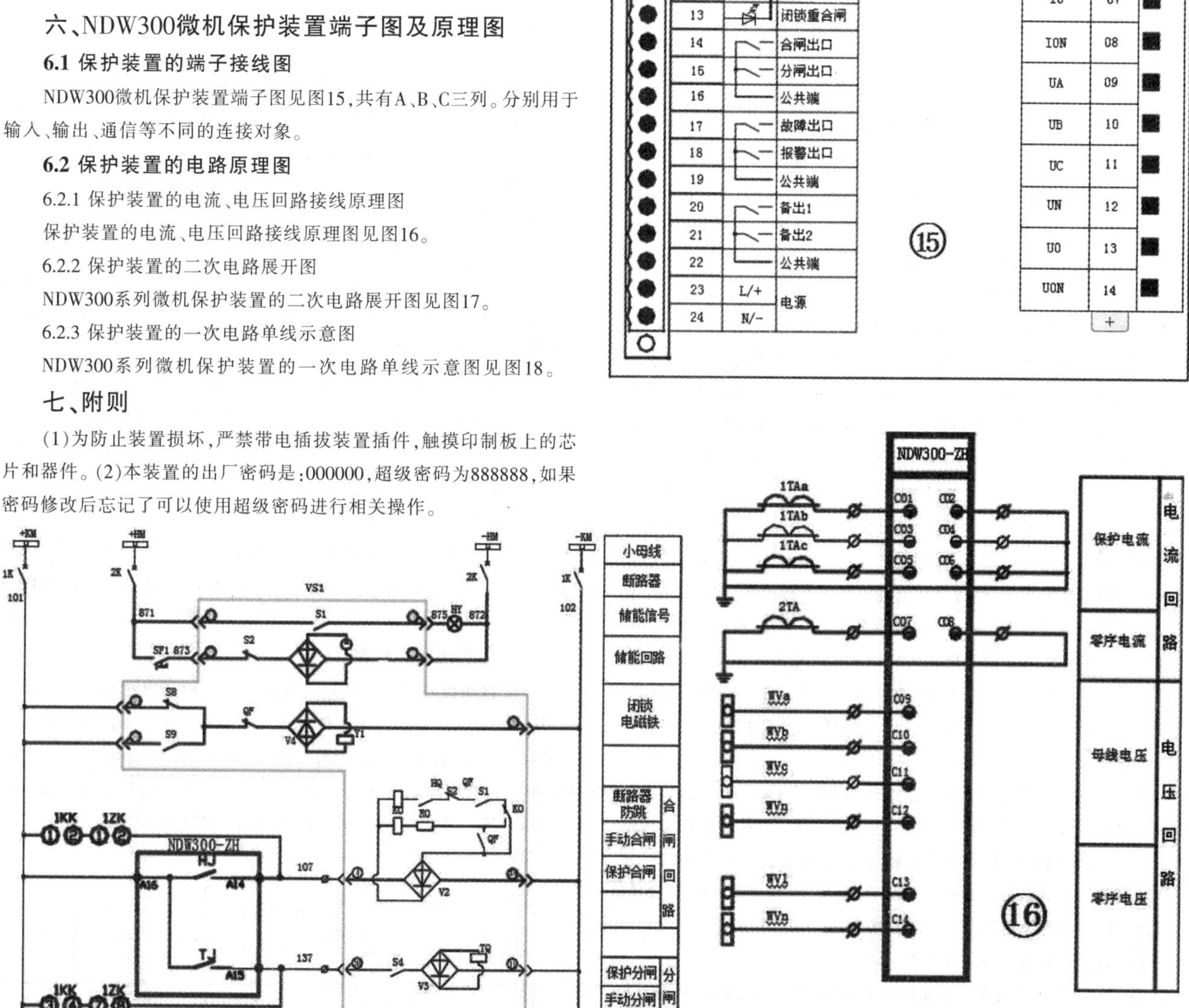

图注：1.+KM，控制小母线正极；-KM，控制小母线负极
2.+HM，合闸小母线正极，-HM，合闸小母线负极
3.VS1及线框内的元件，一次电路断路器及其内部结构件
4.1KK、1ZK，LW21系列控制开关，其操作手柄各有2个或3个旋转定位。触点通断情况见下表：符号“×”表示接通。

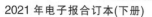

1KK:LW21-16Z/4.041602

端子号\角度	分闸	0°	合闸
1-2			×
3-4	×		
5-6			×
7-8	×		

1ZK:LW21-16/9.0609.2

端子号\角度	远方	就地
1-2		×
3-4	×	
5-6	×	
7-8		×

⑰

“喵屋”全自动智能猫砂盆

谢一凡　高畅　朱乐天

一、总论

随着社会经济的高速发展，宠物行业得到了迅猛发展。宠物逐渐成为人们的生活伴侣，在促进社会和谐方面发挥着不可替代的作用，越来越多的人开始养宠物，其中养猫的人居多。然而，饲养宠物猫面临一个重要的问题，即结块猫砂的处理。养猫者呈年轻化趋势，年轻人早出晚归，没有足够的时间清理结块猫砂。未处理的结块猫砂不仅散发着难闻的气味，而且妨碍了宠物猫的如厕，这给养猫人士造成了不小的困扰。因此，全自动猫砂盆的出现是非常有必要的。

本设计的猫砂盆采用上推结块猫砂的方式替代翻转清理的方式，防止结块猫砂卡在隔层内，提升猫砂盆的整洁度；采用红外感应模块实现紧急制动功能，防止宠物猫被自动装置伤害，提升系统的安全性；采用分离式组合结构，便于用户清理；开发手机应用程序，使用户可以在手机端监测和控制猫砂盆的运作。

本设计采用软硬件结合的方式，实现猫砂盆的自动化及智能化。硬件部分，采用STM32F103C8T6芯片作为中央处理器，协调红外感应模块、无线通信模块以及步进电机驱动器之间的运行。采用HC-SR501红外感应模块，通过感应宠物猫的身体红外辐射温度变化，监测猫砂盆的使用情况；采用ATK-ESP8266无线通信模块，借助服务器实现软件和硬件之间的数据传输，以达到软硬件协同工作的目标。中央处理单元在接收到红外感应模块或无线通信模块传递的信号后，会发送信号给TB6600步进电机驱动器，以驱动或制动步进电机。步进电机连接丝杆和自制的推铲模块，执行自动清理或紧急制动操作。软件部分我们自己设计开发了基于Android 平台的手机应用程序，通过网络连接，猫砂盆的实时运行状态信息能够传输到手机应用程序，以记录宠物猫对猫砂盆的使用情况，同时，用户也能够以“立即清扫”与“紧急制动”两种方式对智能猫砂盆进行人为干预。软硬件协作运行的“喵屋”全自动智能猫砂盆，给养猫者带来了极大的便利。

目前市场上全自动智能猫砂盆的现状表现为：一方面是消费者持币待购，另一方面是产品价格居高不下。大部分消费者还是以实用性为主，性价比是他们考虑的重要因素，但是大部分售卖该产品的厂家将产品定位为中高端商品，主打美观。综上，一款高性价、高实用性的全自动智能猫砂盆无疑拥有广阔的市场前景。

本项设计面临的难点主要集中于以下四点：

1.自动性：本项目旨在节省养猫者清理猫砂的时间，为其生活带去便利。因此，自动化清理便成为一个亟待解决的问题，希望实现自动感应宠物猫如厕，并在宠物猫如厕结束后实现自动化清理，清理后希望推铲能够自动复位，无需人为操作；

2.安全性：本项目在设计之初就将确保宠物猫的安全放在首位，这不仅是宠物猫饲养者最看重的一点，也显示了我们团队对生命的尊重。所以，在设计自动化程序时希望设计一个紧急制动功能，保护宠物猫免受自动清扫装置的意外伤害，且在制动后希望推铲能够自动复位，无需人为操作；

3.智能性：在自动化清理的基础上，希望能够设计一款手机APP，使用户能够使用手机监测和控制猫砂盆的运行。这一步需要实现智能猫砂盆与手机应用程序的无线通信与协作，实现信息的实时传递以及软件对硬件的控制。

4.整洁性：基于全自动智能猫砂盆用途的特殊性，整个猫砂盆必须满足便于清洗与便于更换猫砂两大需求，以确保宠物猫如厕环境干净卫生；结块猫砂的清理应是自动地、整洁地，不会给养猫者造成额外的负担。

基于上节中阐述的难点，本设计方案的创新点集中体现于以下三点：

1.分离结块猫砂的方式以创新的“上推型”替换传统的“翻转型”，结块猫砂被推铲推到边缘交叉位置处，通过固定斜坡上行，到达边缘处掉落到暂存盒中，在高效分离猫砂的同时，不仅能防止宠物猫被卡在猫砂盆中，而且不会发生“翻转型”猫砂盆将结块猫砂卡在的夹层内的问题；

2.整个项目为“分离式组合结构”，推铲、猫砂存放处、存放被清理的结块猫砂处都是能够拆分的，满足用户定期清洗猫砂盆与更换猫砂的需求，极大程度的确保猫砂盆的整洁。上述两点相结合，最大限度的保证了全自动智能猫砂盆的整洁性；

3.本项目能够满足自动运行与用户控制两大需求，且自动运行与用户控制均设置紧急制动功能，确保了宠物猫使用猫砂盆的安全性。

硬件部分，使用红外感应模块，通过感应宠物猫的身体红外辐射变化，检测宠物猫对猫砂盆的使用情况，中央处理单元根据红外感应模块传递的消息控制步进电机驱动器，以实现自动化清理。

软件部分，用户可以使用APP对该猫砂盆进行人为控制和监测。本项目搭建了基于Android平台的“MiaoWoo”APP，通过WIFI通信实现软硬件之间的数据传输。二者结合，充分体现本项目的自动性和智能性。

二、总体设计方案

该全自动猫砂盆可以通过红外感应模块检测宠物猫使用猫砂盆的情况，并将信息传递给中央处理单元。中央处理单元传递信息给电机驱动器，以控制电机与推铲的运作；传递信息给无线通信模块，记录数据传入APP用户端。此外，APP用户端可以传递信息至无线通信模块，而后传递信息至中央处理单元，以启动或制动电机驱动器。

总体设计框图如下所示：

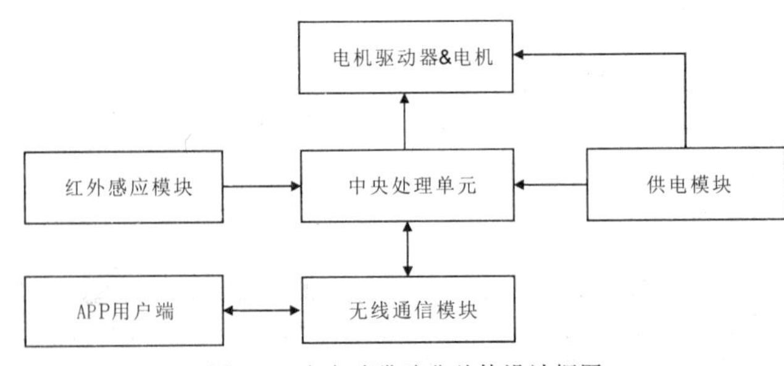

图1-1　全自动猫砂盆总体设计框图

2.1 设计方案对比

现有的全自动猫砂盆因价格昂贵、安全性差以及不常用的辅助功能过多等原因未能广泛普及，而传统猫砂盆又需要宠物猫饲养者手动清洁。因为快节奏的生活让宠物猫饲养者无法完成随时清理猫砂盆的任务，堆积的结块猫砂会妨碍宠物猫的如厕并造成难闻气味。

我们设计的全自动猫砂盆不仅能够做到自动清理结块猫砂且将清理掉的结块猫砂储存在较为密闭的地方以防止气味的扩散，亦能通过APP用户端控制和监测猫砂盆的运作。本产品也格外注重安全性，自动清理过程中只要感应到宠物猫进入将立即中止推铲的运作，随后推铲将自动复位。因此，我们所设计的全自动猫砂盆比起现有的全自动猫砂盆和传统的猫砂盆，能够更好地满足宠物猫及其饲养者的需求。

2.3 系统设计需求

在设计该全自动智能猫砂盆时，我们满足了如下需求：

1.高自动性。由红外感应模块自动检测宠物猫使用猫砂盆的情况，并在宠物猫离开猫砂盆后自动清理结块猫砂，只有这样才能让宠物猫饲养者得到更大程度上的便利。且推铲能够自动复位，无需人为操作，进一步增加使用该猫砂盆的便利性；

2.高安全性。该全自动猫砂盆的安全性是我们构思整体设计时的重中之重，由于机械代替了人力，设计一个紧急制动功能是非常有必要的。在电机带动推铲运作的过程中，一旦红外感应模块感应到宠物猫进入猫砂盆，立即启动紧急制动，电机即刻关闭，推铲停止运作，感应到宠物猫离开猫砂盆后，再继续进行清理与推铲复位过程；

3. 高智能性。设计开发了基于Android平台的“MiaoWoo”应用程序，用户可以通过点击App中的按钮，控制“立即清理”和“紧急制动”功能。此外，“MiaoWoo”APP可以记录宠物猫对猫砂盆的使用情况，使猫砂盆更加智能化。

4.可分离性。 推铲、宠物猫使用猫砂处、存放被清理的结块猫砂处都是能够拆分的。这方便了用户定期清洗猫砂盆和更换猫砂，极大程度的确保猫砂盆的整洁与卫生。

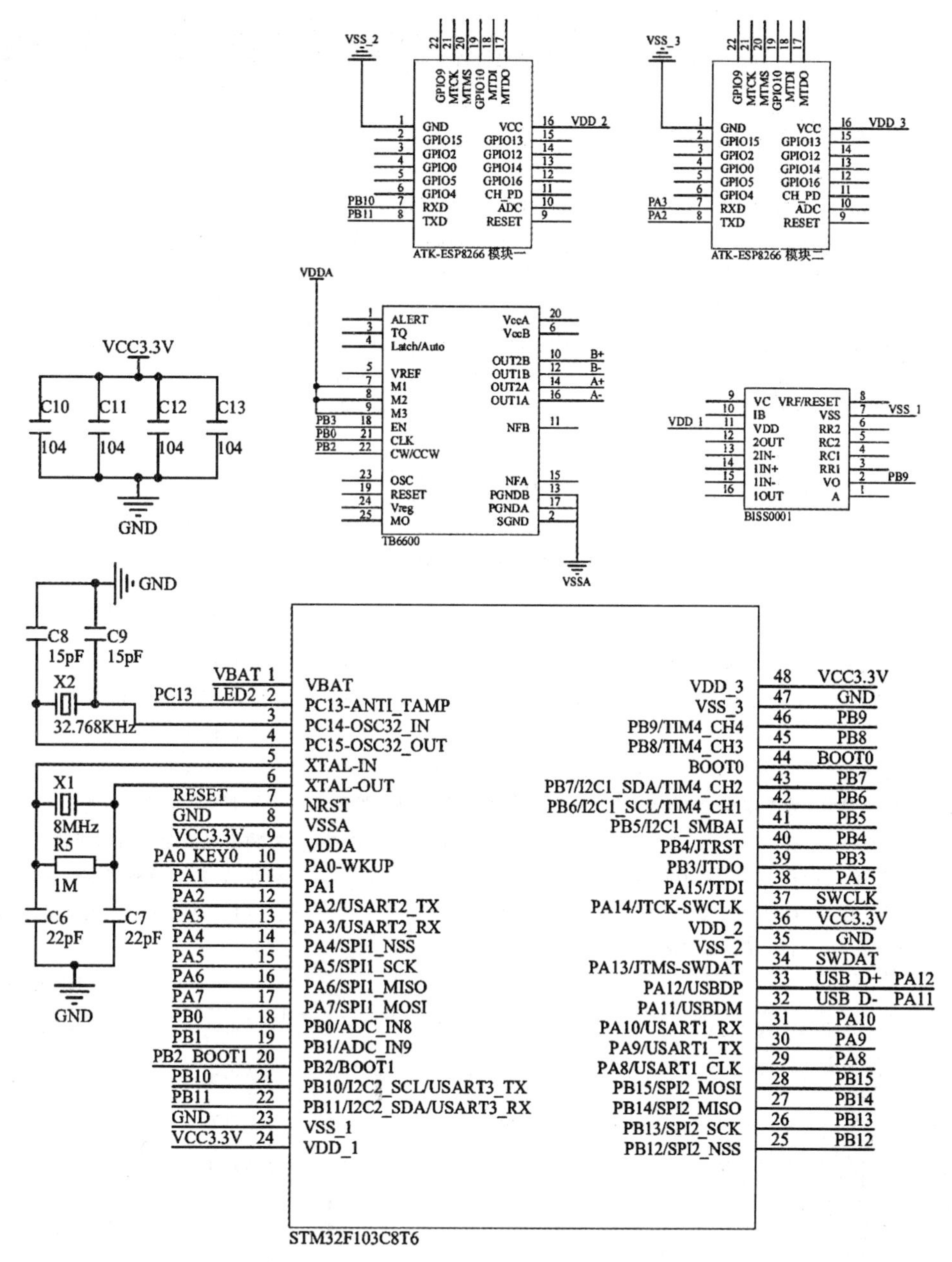

图3-2 硬件总体设计电路原理图

三、原理分析与电路设计

3.1 整体结构设计

本文的硬件平台模块结构包括中央处理器、红外感应模块、电机驱动模块、无线通信模块以及电源。

硬件系统的整体结构如图3-1所示。

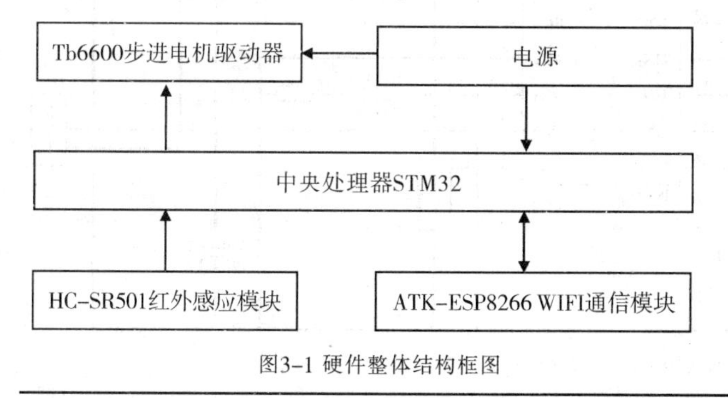

图3-1 硬件整体结构框图

3.2 STM32中央处理器

1. 芯片介绍

本项目采用STM32F103C8T6芯片作为中央处理器。

STM32F103C8T6是一款基于ARM Cortex-M 内核STM32系列的32位的微控制器，主要优势在于，封装体积小，性价比较高，能够满足小项目的需求。STM32F103C8T6[10]基本参数如表3-1。

表3-1 STM32F103C8T6基本参数

类别	集成电路
总线宽度	32 位
速度	72MHz
外围设备	DMA，PWM
输入/输出数	37
程序存储器容量	64KB
程序存储器类型	FLASH
RAM 容量	20KB
电压-电源(Vcc/Vdd)	2V~3.6V
模数转换器	A/D 10x12b
振荡器型	内部

2. 电路设计

硬件系统的整体电路设计如图3-2所示,具体模块将在以下小节展开叙述。

3.3 HC-SR501红外感应模块

1. 模块介绍

HC-SR501是基于红外技术的自动控制模块[4],灵敏度高,可靠性强。猫有恒定的体温,一般在38~39℃,所以会发出特定波长约10μM的红外线,红外线通过菲泥尔滤光片增强后聚集到红外感应源上,使热释电红外传感器(PIR)产生变化的电信号。

(1)本设计中的HC-SR501模块具有如下的功能特点:

1) 全自动感应:进入其感应范围则输出高电平,离开感应范围则自动延时关闭高电平,通过OUT引脚输出低电平,可方便与各类电路实现对接。

2) 温度补偿:在夏天当环境温度升高至30~32℃,探测距离稍变短,温度补偿可作一定的性能补偿。

3) 可重复触发方式:感应输出高电平后,在延时时间段内,如果有人体在其感应范围内活动,其输出将一直保持高电平,直到人离开后才延时将高电平变为低电平。

4) 具有感应封锁时间:默认设置为2.5S,感应模块在每一次感应输出后,紧跟着设置一个封锁时间段,在此时间段内感应器不接收任何感应信号。

5) 工作电压范围宽:默认工作电压 DC4.5V-20V。

6) 微功耗:静态电流<50微安,特别适合干电池供电的自动控制产品。

(2)HC-SR501的感应范围如图3-3。

(3)HC-SR501[11]的电气参数如表3-2所示:

表3-2 HC-SR501电气参数

工作电压范围	直流电压 4.5-20V
静态电流	< 50μA
电平输出	高 3.3V / 低 0V
触发方式	L 不可重复触发 / H 可重复触发
延时时间	8-200s 可调
封锁时间	2.5s
感应角度	< 100 度锥角
工作温度	-15~+70 度

2. 电路设计

HC-SR501感应器的工作电压为0~3.3V,本设计只需使用一个红外感应器,供电由中央处理单元STM32供电。其电路原理图、接线示意图如3-5所示。

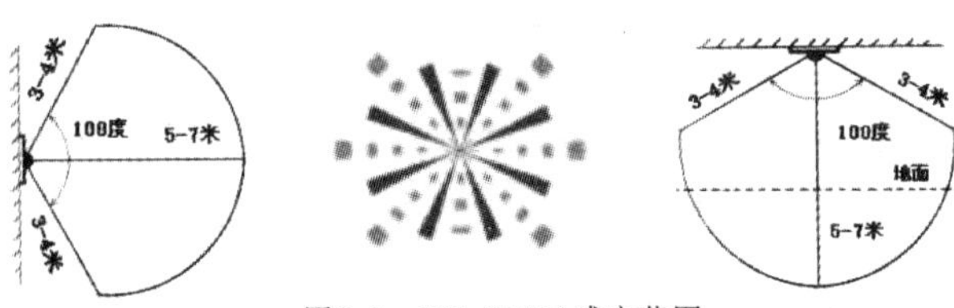

图3-3 HC-SR501感应范围

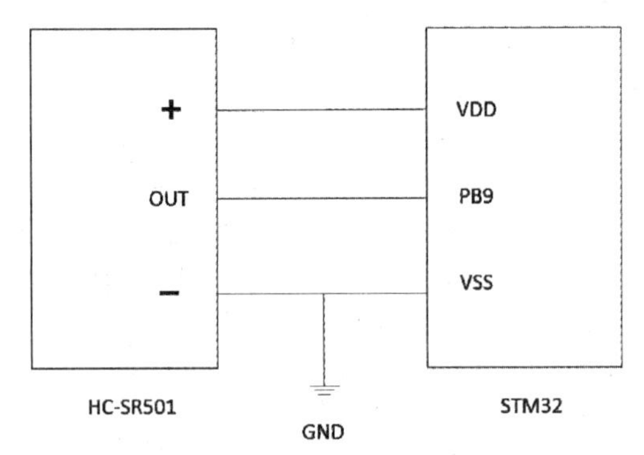

图3-5 HC-SR501红外感应模块与中央处理单元的接线示意图

3.4 TB6600步进电机驱动模块

1. 模块介绍

TB6600是一款专业的两相步进电机驱动器,常作为桥梁来连接微控制器、电源和步进电机,兼容STM32等微控制器,以解决微控制器输出电流能力弱的问题,可实现电机正反转控制的功能。信号端支持共阴、共阳两种信号输入方式。出于安全考虑,驱动器支持脱机功能,内置温度保护和过流保护。TB6600步进电机驱动器电气参数[13]如表3-3所示:

表3-3 TB6600步进电机驱动器电气参数

输入电压	DC:9~40V
输入电流	1A~5A
输出电流	0.5~4.0A
最大功耗	160W
细分	1,2/A,2/B,4,8,16,32
温度	工作温度:10~45℃。

2. 电路设计

步进电机驱动器由外接电源供电。输入信号共有三路:①步进脉冲信号PUL+,PUL-。②方向电平信号DIR+,DIR-。③脱机信号EN+,

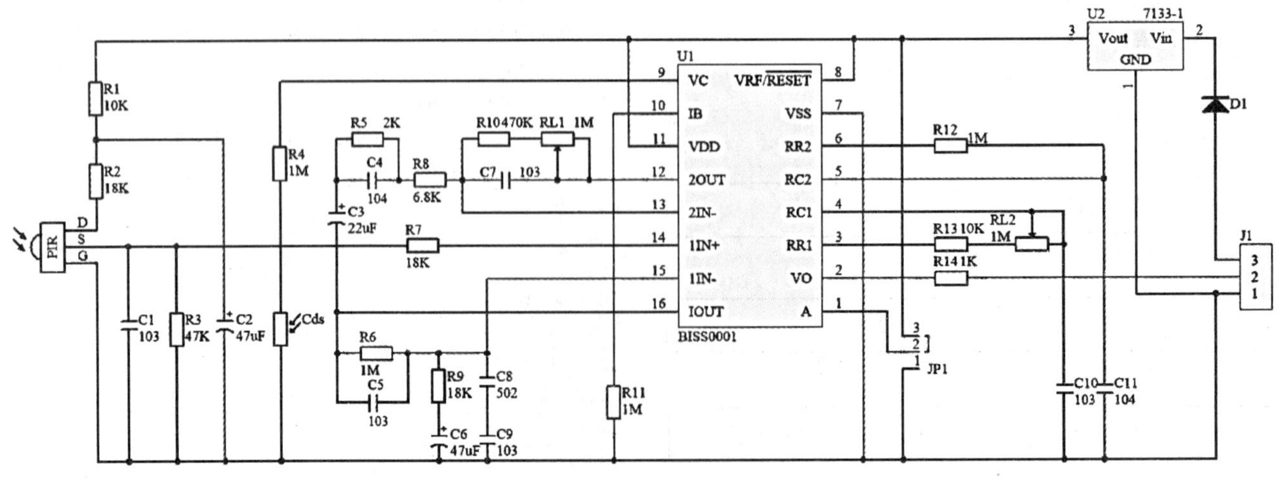

图3-4 HC-SR501红外感应模块电路原理图

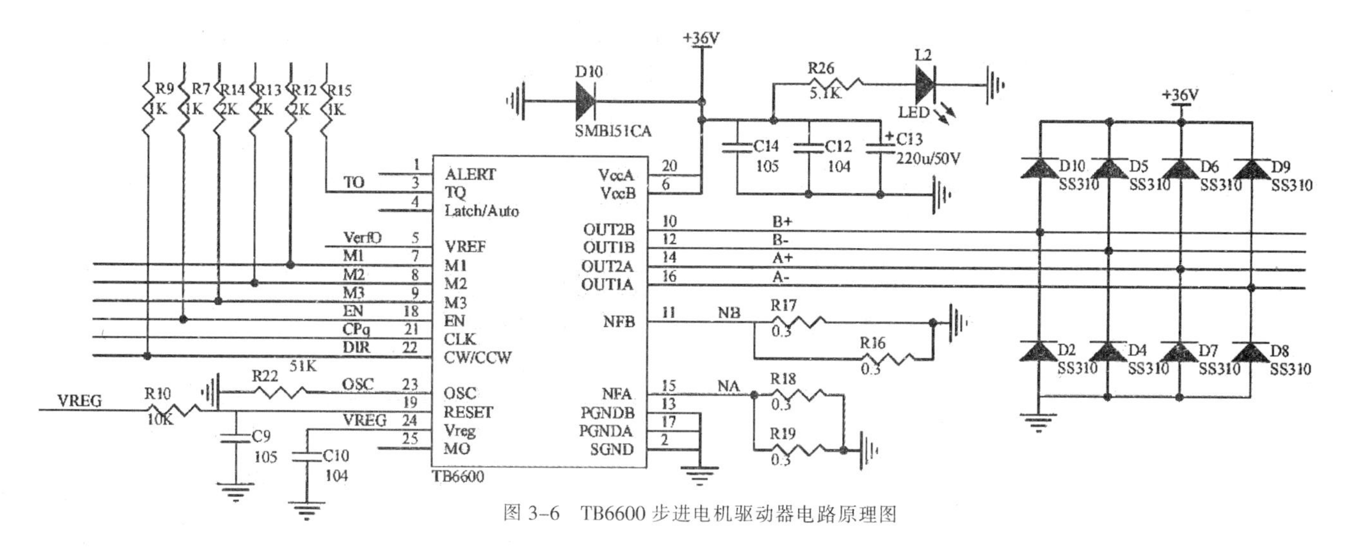

图 3-6　TB6600 步进电机驱动器电路原理图

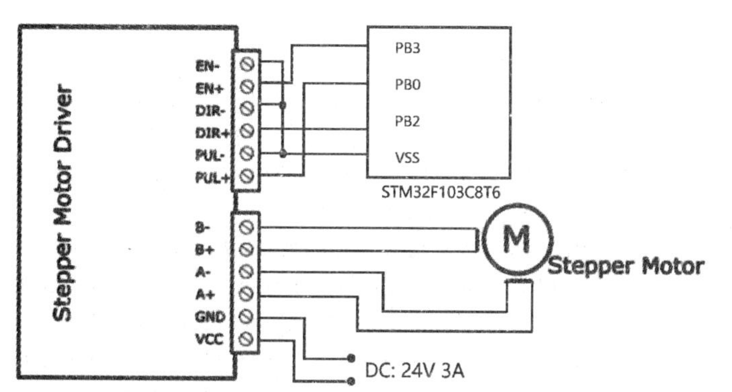

图 3-7　TB6600 步进电机驱动器与中央处理单元及电机的接线示意图

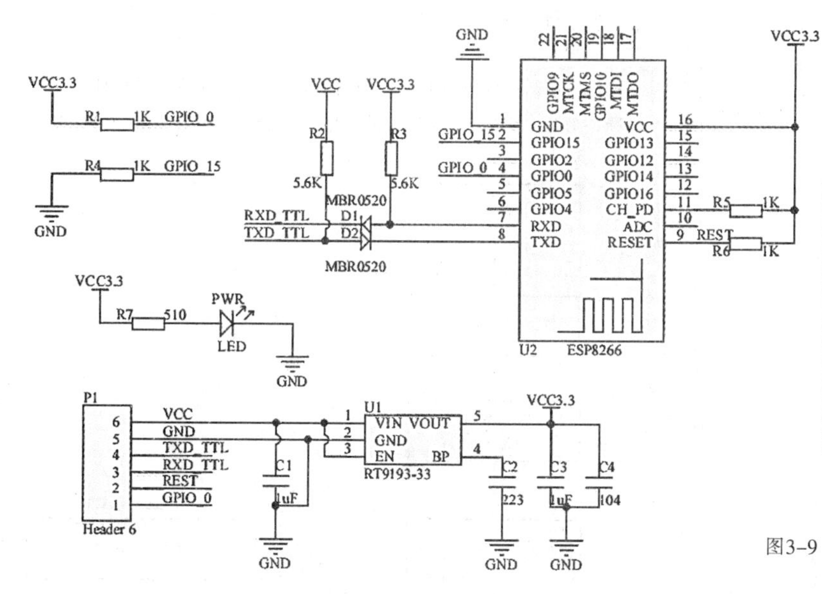

图3-8　ATK-ESP8266　WIFI　模块的电路原理图

EN-。本设计中我们使用共阴极接法，即将PUL-，DIR-，ENA-接地。其电路原理图、与中央处理单元及电机的接线示意图如图3-6、图3-7。

TB6600步进电机驱动器各引脚功能如下表3-4所示。

3.5 ATK-ESP8266 无线通信模块

1. 模块介绍

ATK-ESP8266是一款高性能的 UART-WIFI（串口转无线）模块，内置TCP/IP协议栈，能够实现串口与 WIFI 之间的数据转换。模块支持 LVTTL 串口，可与STM32微处理器串口连接，只需要简单的串口配置，即可通过网络

表3-4　TB6600步进电机驱动器引脚及对应功能

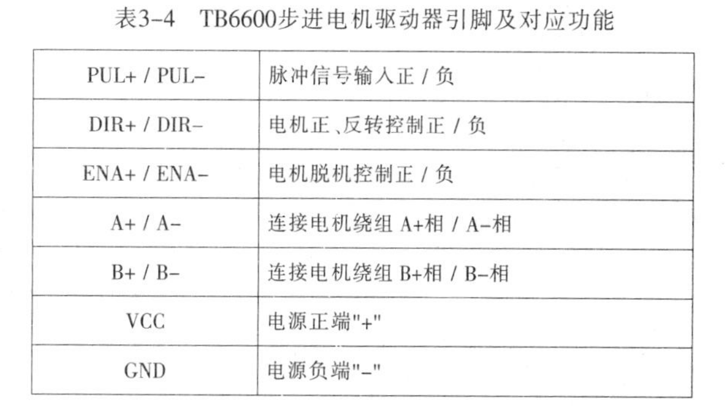

PUL+ / PUL-	脉冲信号输入正 / 负
DIR+ / DIR-	电机正、反转控制正 / 负
ENA+ / ENA-	电机脱机控制正 / 负
A+ / A-	连接电机绕组 A+相 / A-相
B+ / B-	连接电机绕组 B+相 / B-相
VCC	电源正端"+"
GND	电源负端"-"

传输数据。本设计使用串口无线 STA（COM-STA）模式，模块作为无线 WIFI STA，用于连接到无线网络，实现串口与其他设备之间的数据互传。该模式下的TCP客户端的具体配置如表3-5所示：

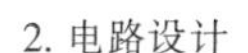

2. 电路设计

本设计中ATK-ESP8266 WIFI通信模块的工作电压为3.3V，由于电流需求较高，通信模块一由中

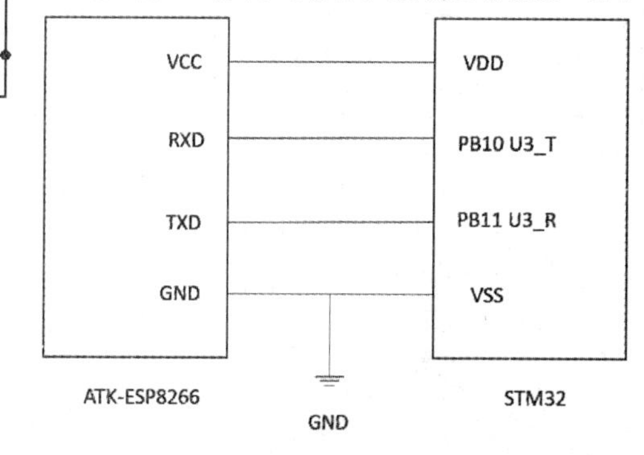

图3-9　ATK-ESP8266　WIFI通信模块一电路接线示意图

表3-5　TCP客户端配置表

发送指令	作用
AT+CWMODE=1	设置模块 WIFI 模式为 STA 模式
AT+RST	重启模块并生效
AT+CWJAP="1","zlt980807"	加入 WIFI 热点：1，密码为：zlt980807
AT+CIPMUX=0	开启单连接
AT+CIPSTART="TCP","172.20.10.9",8080	建立 TCP 连接到"172.20.10.9",8080
AT+CIPMODE=1	开启透传模式
AT+CIPSEND	开始传输数据

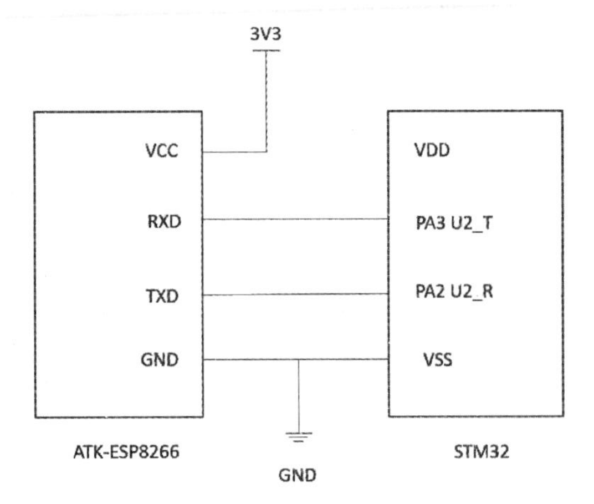

图 3-10 ATK-ESP8266 WIFI 通信模块二电路接线示意图

央处理单元STM32供电，通信模块二由外部电源供电。其电路原理图、接线示意图如图3-8、图3-9、图3-10所示。

四、软件设计

4.1 安卓简介

出于便捷用户使用的初衷，本团队开发了一款手机应用——“MiaoWoo”APP，能够帮助用户及时查看猫砂盆运行状态，实现人为控制的功能。由于Android系统有着较强的开放性，从而能够满足使用者不同的需求；兼容丰富的硬件选择，软件可移植，且不会影响到数据的同步；Android平台提供了十分自由的开发环境。因此，我们决定使用Android操作系统开发本产品的手机应用程序。

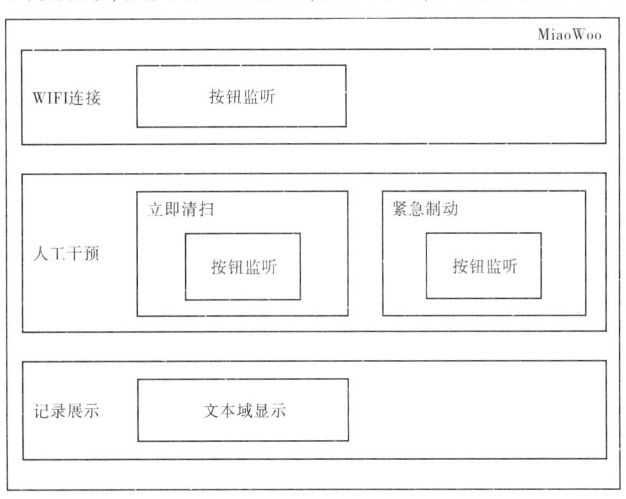

图4-1 “MiaoWoo” 手机应用程序功能框图

4.2 软件功能设计

“MiaoWoo”手机应用程序的功能框图如图4-1所示，主要由“WIFI连接”、“记录展示”和“人工干预”三大模块构成，其中“WIFI连接”模块能够将应用程序与硬件相连接，“人工干预”模块通过“立即清扫”和“紧急制动”两部分实现，“记录展示”模块能够展示产品运行状态的相关提示信息。

4.3 软件流程设计

1. “喵屋”猫砂盆与“MiaoWoo”APP通过WIFI连接

初始状态时APP端显示“点击此处连接”信息，等待用户点击。用户点击后，服务器与硬件端分别创建Socket，通过套接字地址和端口号进行匹配，匹配成功后，服务器端成功与硬件端建立通信，APP端将显示“已连接|点击断开”提示信息。此时再点击，客户端将关闭Socket连接，重置连接状态并在APP端显示“点击此处连接”提示信息。具体的流程如图4-2所示。

2. “喵屋”猫砂盆运行状态信息实时反馈到“MiaoWoo”APP

硬件的实时运行状态信息以六个字符的形式传输出去，服务器端循环监听网络状态，实时接收运行信息，发生堵塞则证明已经接收到运行信息，而后自动转发，APP端接收到自动转发信息后进行信息的处理与文本域的显示。其流程如图4-3所示。

3. “MiaoWoo”APP对“喵屋”猫砂盆进行人为控制

当用户在应用端按下“立即清扫”按钮时，将发送字符串“1”给服务器端，服务器端自动转发给硬件端，硬件端对接收内容进行分析后，执行清扫功能。当用户在应用端按下“紧急制动”按钮时，将发送字符串“2”给服务器端，服务器端自动转发给硬件端，硬件端对接收内容进行分析后，执行制动功能。其流程如图4-4所示。

4.4 图标及界面设计

1. 图标设计

“MiaoWoo”APP的图标由我们团队自主设计而成，其整体是卡通猫咪的形象，直观的展现出产品的用途。卡通猫咪的耳朵和嘴巴是英

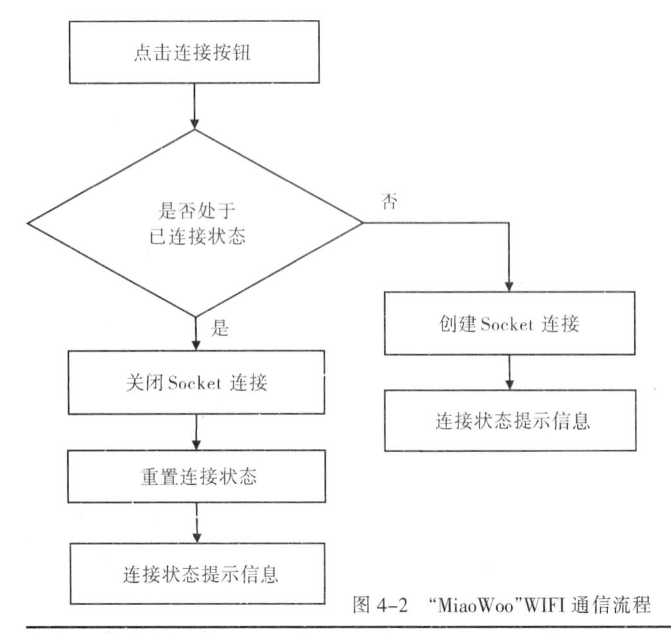

图 4-2 “MiaoWoo”WIFI 通信流程

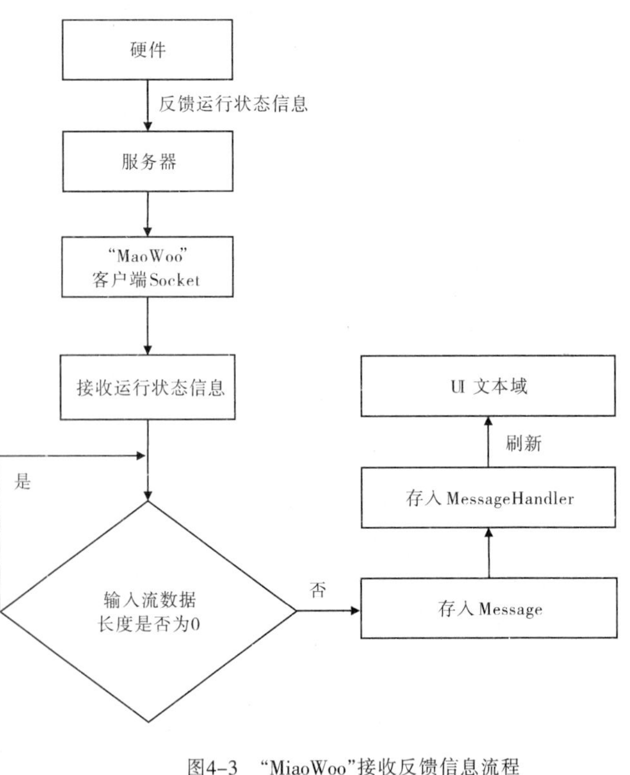

图4-3 “MiaoWoo”接收反馈信息流程

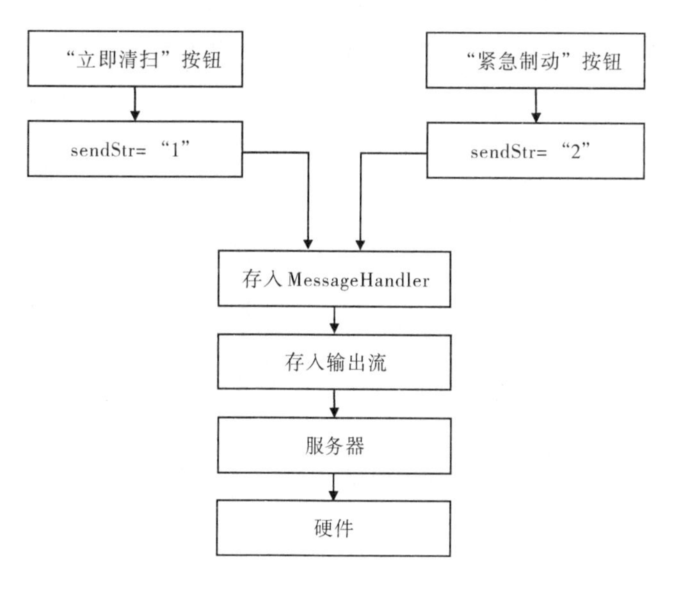

图4-4 "MiaoWoo"手动操作流程

文字母"M"与"W"的变形,暗合了"MiaoWoo"的两个大写字母,如图4-5所示:

2. 界面设计

"MiaoWoo"APP界面如图4-6所示,设计简洁美观,设有最上方的WIFI连接处、两个控制按钮及下方的记录展示域,布局合理大方,功能不冗余,方便用户学习使用。

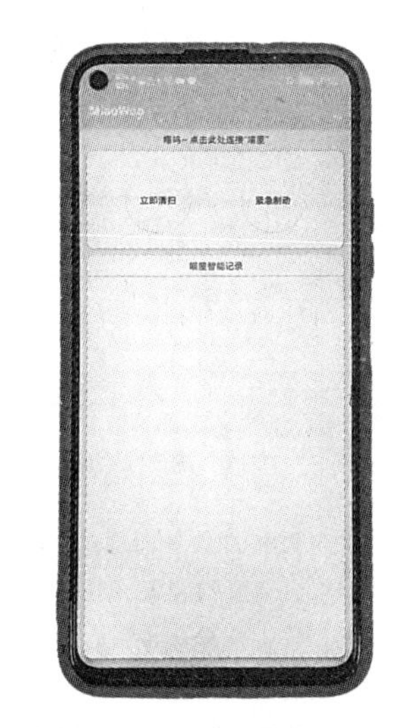

图 4-6 "MiaoWoo"界面设计

五、系统测试与分析

5.1 实物展示

1. 外观展示

"喵屋"猫砂盆的外观由我们自主设计,帘子上画的是我们设计的图标。宠物猫使用猫砂处和存放被清理的结块猫砂处均可单独拆分,如下图5-1所示:

2. 内部展示

我们将硬件固定在猫砂盆内侧。红外感应模块被固定在猫砂盆内部的正上方,STM32中央处理器则固定在右上方,步进电机驱动器和两个无线通信模块被固定在左上方,仰视视角如图5-2所示。

步进电机隐藏于踏板之下,通过同步轮和同步带连接丝杆,丝杆上的滑台用来支撑推铲,如图5-3所示。

此外,清理结块猫砂所使用的推铲也是可以拆分的,如图5-4所示:

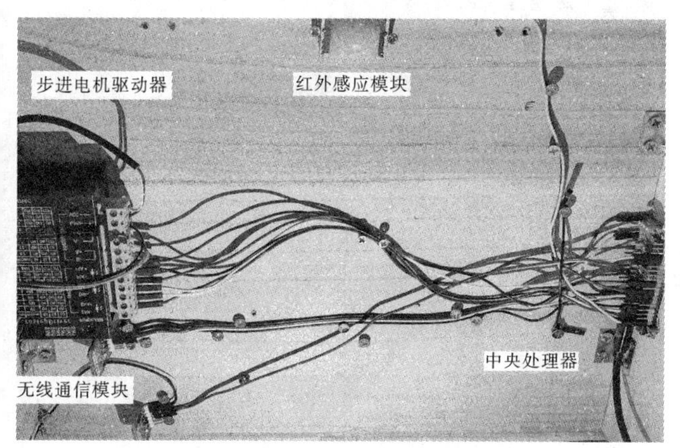

图5-2 "喵屋"猫砂盆内部仰视图

图4-5 "MiaoWoo"APP图标

(a)

(b)

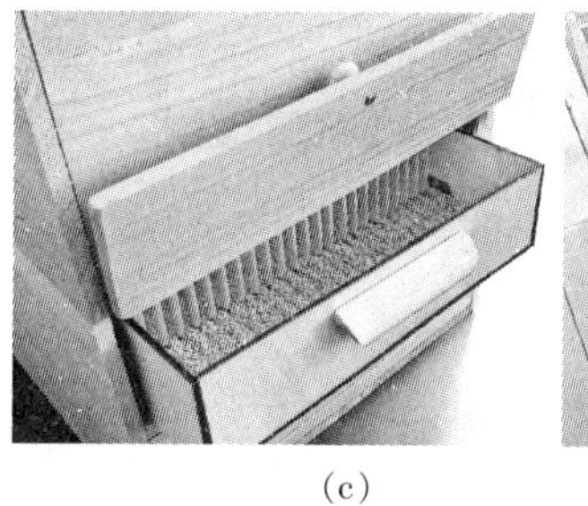
(c)

(d)

图5-1 "喵屋"猫砂盆外观图

图5-3 "喵屋"猫砂盆内部俯视图

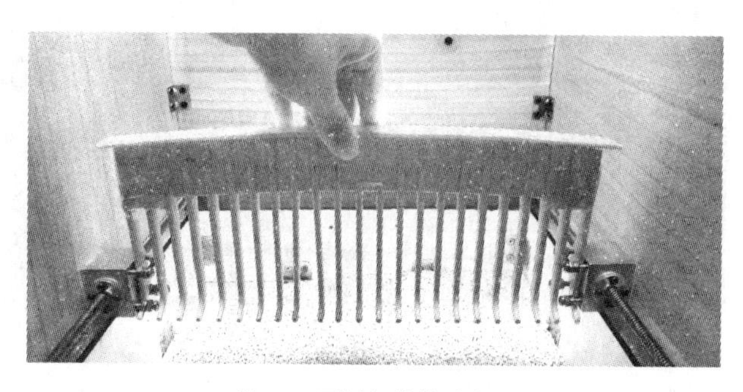

图5-4 可拆卸推铲示意图

图5-5　ATK-ESP8266模块外观图

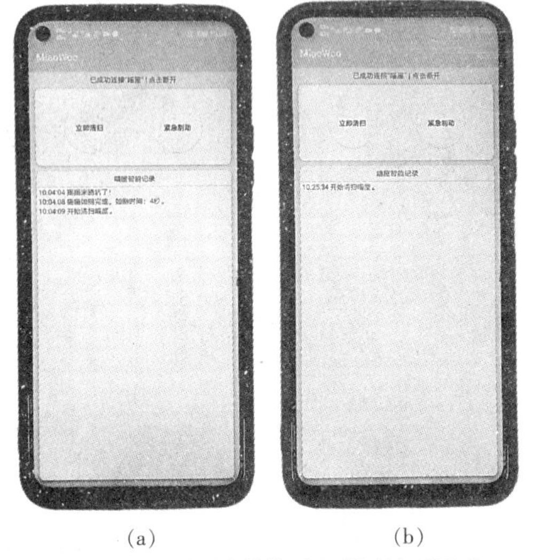

(a)　　　(b)

图5-6　无线感应模块测试手机端记录实拍

5.2 无线通信模块

如图5-5所示的ATK-ESP8266无线通信模块用于实现中央处理器与服务器之间的信息互传,从而进一步实现软硬件的信息传递。

中央处理器通过无线通信模块借助服务器将信息传递给手机用户端,在APP端进行记录展示,如图5-6(a)所示。点击“立即清扫”按钮,APP借助服务器通过无线通信模块传递信息给中央处理器,即可以控制启动清扫装置,如图5-6(b)所示。

依据实验表明,无线通信模块能够实现信息的实时交互,十分符合我们的预期。

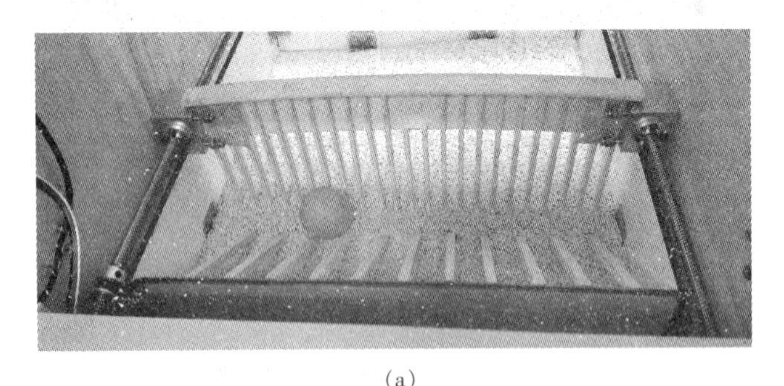

(a)

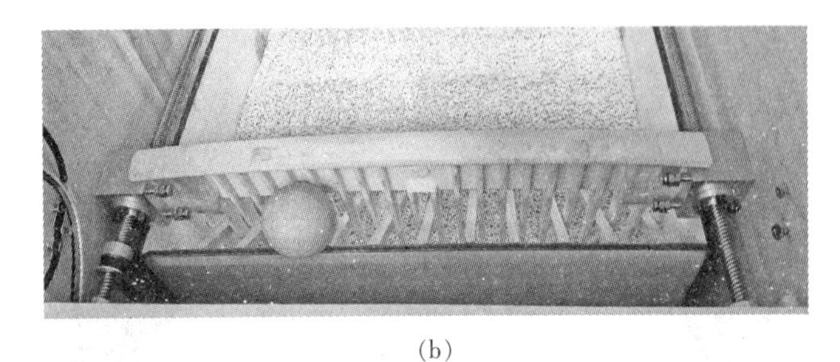

(b)

图5-9　电机及推铲模块测试清扫功能实拍

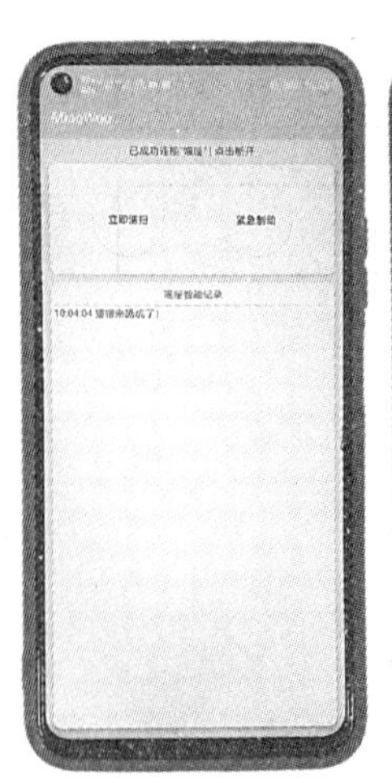

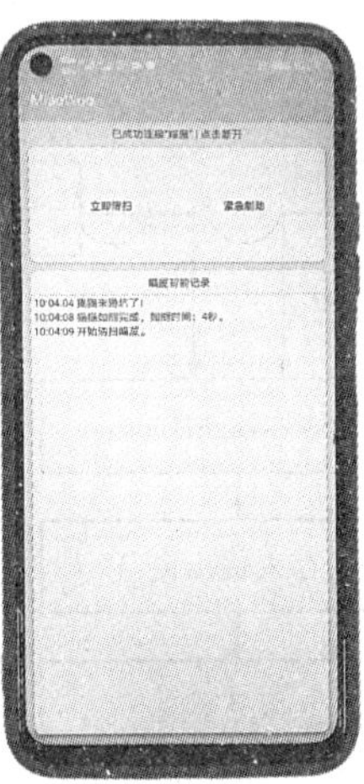

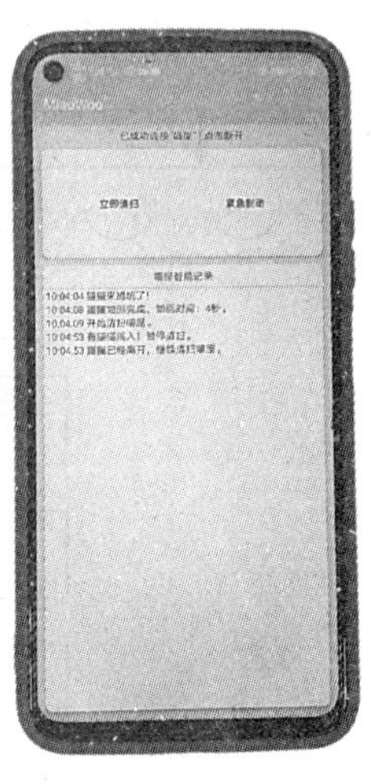

(a)　　　(b)　　　(c)

图5-8 红外感应模块测试手机端记录实拍

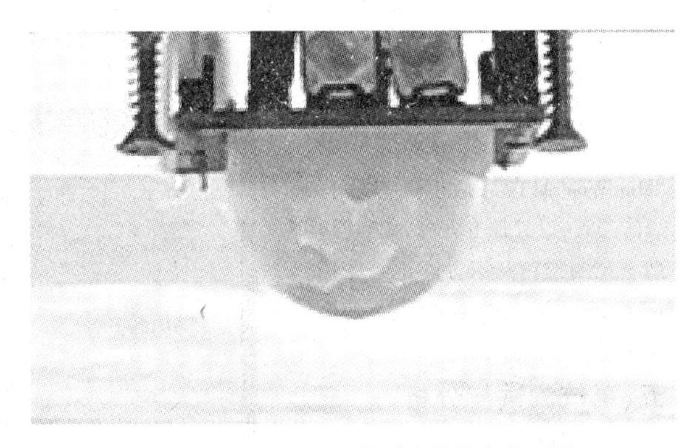

图5-7　HC-SR501红外感应模块实外观图

5.3 红外感应模块

使用如图5-7所示的HC-SR501红外感应模块检测宠物猫对猫砂盆的使用情况,通电后,红外感应模块始终保持开启状态。

当宠物猫进入猫砂盆中时,红外感应模块会立刻感应到,手机APP端同步记录该信息,如图5-8(a)所示。当宠物猫离开猫砂盆后,红外感应模块亦能立刻检测到,猫砂盆执行清扫任务,APP端同步记录该信

图5-10　电机及推铲模块测试制动功能实拍

息，如图5-8(b)所示。在推铲运作过程中，红外感应模块仍实时检测，一旦检测到宠物猫进入猫砂盆，立即启动紧急制动，APP端同步记录该信息，如图5-8(c)所示。

测试结果显示，红外感应模块的运行效果符合我们的预期。

5.4 电机及推铲模块

当红外感应模块发送宠物猫离开猫砂盆后的信息后，中央处理单元驱动步进电机驱动器，步进电机开始运作，丝杆转动带动推铲运行，最终将结块猫砂推至斜坡上，滚落到结块猫砂暂存盒中，如下所示：

在步进电机运行时，一旦红外感应模块检测到宠物猫再次进入猫砂盆，接收到信息的中央处理单元会将信息传递给步进电机驱动器，以制动步进电机，如下所示：

由上述实验可以看出，电机驱动模块的功能运行完全符合我们的预期。

5.5 手机应用程序

首先点击上方连接“喵屋”，与服务器建立连接，用于后续与硬件的通信，如图5-11所示。

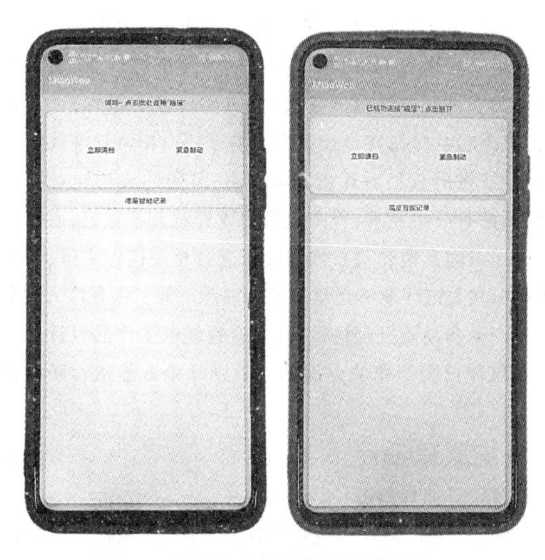

图5-11 手机端连接服务器测试实拍

点击“紧急制动”按钮，APP借助服务器通过无线通信模块传递信息给中央处理器，即可以控制清扫装置暂停运行，并延时继续清扫，如图5-12所示。

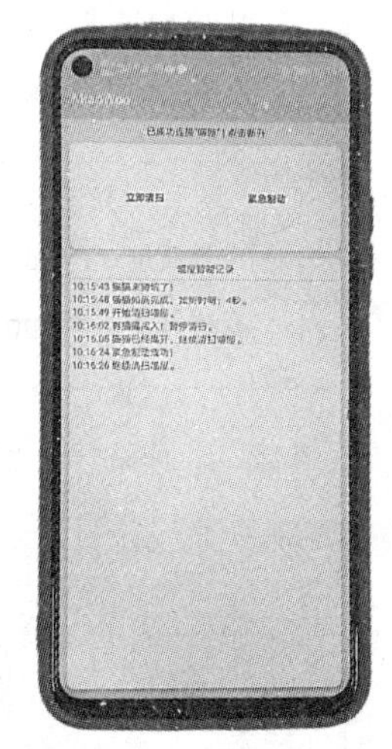

图5-12 手机端控制硬件测试实拍

结合本章其他测试可知，“MiaoWoo”APP的所有功能均可实现，且效果符合预期。

六、难点攻克总结

6.1 安全性

本项目在设计时充分考虑到安全性的问题。通过红外感应装置来检测宠物猫是否在盆中，若清扫的过程中红外感应检测到宠物猫进入，则立即紧急制动，暂停清扫，红外感应猫离开后才会继续之前的清扫进程。这一设计极大地提高了项目整体的安全性，防止宠物猫收到自动化装置的意外伤害。

6.2 自动性

自动性主要体现在硬件部分，使用STM32F103C8T6微控制器，编写程序实现自动化。通过轮询和中断相结合的方式实时检测红外感应模块引脚电平跳变，以此判断宠物猫是否在猫砂盆中；使用模拟脉冲使步进电机驱动器带动电机运行，使用失能脱机电机驱动器的方式制动步进电机。

6.3 智能性

在自动化的基础上，开发了安卓手机应用程序——“MiaoWoo”，用户端可以通过WIFI连接到猫砂盆。通过该智能APP，用户能看到猫砂盆实时运行状态信息，同时能够点击“立即清扫”和“紧急制动”按钮来控制猫砂盆的运行。软硬件之间的通信借助服务器实现，软件和硬件分别作为客户端；软件部分的网络通信使用Socket实现，硬件部分的无线通信通过UART-WIFI模块实现，主要编写串口程序。

6.4 整洁性

整洁性通过可分离组合结构设计实现。清理推铲、存放宠物猫使用猫砂的盒子以及暂存结块猫砂的盒子都是可分离的，方便用户更换猫砂和清洗器皿。结块猫砂暂存盒中有一处斜坡设计，清扫出来的猫砂沿斜坡滚落至暂存盒中，提高结块猫砂存放容量的同时又能减少异味的散发。

快节奏的生活压缩了人类的社交时间，越来越多的人将宠物当作生活伴侣，宠物猫以其可爱的外表、较为亲人的性格以及较为容易的饲养方式得到大部分人的喜爱。在饲养宠物猫的过程中，处理结块猫砂这个问题是不可避免的，未处理的结块猫砂不仅散发着难闻的气味，而且妨碍了宠物猫的如厕。但是，由于工作或其他的原因，很少有人每次都能及时的清理结块猫砂，因此，全自动智能猫砂盆是非常有必要的，能够提高宠物猫的生活质量，减轻宠物猫饲养者的清理工作量。然而，现在市面上产品的安全性与性价比都远达不到宠物猫饲养者的预期。

为此，我们构想了一款基于STM32的“喵屋”全自动智能猫砂盆，通过软硬件结合的方式实现了自动化与智能化。

自动部分：主要由硬件部分完成，软件部分记录运行信息。红外感应模块检测宠物猫使用猫砂盆的情况并将信息传递给中央处理单元，中央处理单元能够对信息做出判断，进而启动或制动电机驱动器，同时通过无线通信模块将信息传递给服务器，服务器自动转发，手机应用程序接收信息后将会显示在智能记录区域。从安全性的角度考虑，我们为猫砂盆添加了紧急制动功能，在推铲运作过程中，一旦检测到宠物猫进入猫砂盆，立即启动紧急制动，电机即刻关闭，推铲停止运作，手机应用程序同步显示对应信息。若感应到宠物猫离开猫砂盆，将继续重复清理与推铲复位过程。

智能部分：开发了基于Android平台的“MiaoWoo”手机应用程序，包含“WIFI连接”、“记录展示”和“人工干预”三大模块。其中“WIFI连接”模块能够将应用程序与硬件相连接，“人工干预”模块通过“立即清扫”和“紧急制动”两部分实现，“记录展示”模块能够展示产品运行状态的相关提示信息。

经测试，我们自己设计开发的“喵屋”全自动智能猫砂盆以及“MiaoWoo”APP均能实现以上功能，若将其应用到现实生活中，可以切实解决宠物猫饲养者的诸多烦恼，提高其生活幸福感。

物联网技术在农村产业桑蚕养殖中的应用与设计

艾锐[1] 龙港[2] 曾宇杰[3] 李岩[4] 李金蓉[5]

摘要：随着养殖业的高速发展，加快推进养殖业的现代化、信息化已成为智慧养殖业发展越来越重要的因素。物联网在生活中，实现了人与人、人与物、物与物全面互联的网络平台。智慧养殖基于日趋成熟的物联网与自动化控制技术，将成为以自主化、智能化农业生产的科技主力军，利用物联网技术的农产品溯源、农业信息化和农业自动化等的应用，从而保证了和促进了养殖业的产量和品质不断提升。国产"数智"芯片的崛起将助推智能产品在行业应用及生产生活中积极作用，物联网在农业上的应用将会使农业生产方式产生重大变化，会促进我国的农业生产更加科学化、智能化的快速发展。

关键词：物联网技术；智慧农业；手机APP；国产ESP32模块；桑蚕养殖

1 引言

智慧农业是物联网技术的应用领域，物联网浪潮下智慧农业在中国乃至全世界都有广阔应用前景，针对目前我国在丝绸之路的兴起，影响我国的桑蚕养殖在一些偏远地区不断壮大。根据调查桑蚕的市场需求和养殖生产趋势，目前市面上很少有适合广大桑蚕养殖农户散户使用的合适智能设备，传统的养殖方式以不能满足要求的现状。在以对基于互联网+设计应用，智能电子系统在羊肚菌种植管理中的应用，国产STC单片机的双语言编程，基于 Arduino、APP Inventor 物联网系统在学徒制教学实践中的应用研究的相关与应用基础上进行的研究与应用，并结合了乌蒙山区桑蚕养殖生产基地实际需求调研。

利用物联网技术应有的智能桑蚕养殖系统提供环境监测、远程控制等功能，综合利用计算机与网络通信技术、传感器技术、电子技术、实现对桑蚕生长阶段的温度、湿度、光照强度、空气质量、消毒措施等各项基本数据进行实时监控预警，养殖户可以通过物联网平台或手机APP实时准确、科学、高效的了解桑蚕生产室内全天候工作和节能环保的效果。通过物联网控制系统进行监测环境信息，实现桑蚕养殖室内环境情况如温湿度、光照、空气质量及气味等实时状况监测，以及实时进行管理和控制的一款功能可选择、并操作简单的智能测控系统。对桑蚕养殖室进行智能化更高效的管理，这为养殖户提供了很大的便利。

2 背景分析

根据农村产业发展和巩固脱贫攻坚且推进乡村振兴战略中的生产需要，进一步加强蚕茧丝绸行业工作，蚕茧生产走向集约化、规模化、标准化、产业化道路，进行科学养蚕，着重提高产量和品质。通过调查发现地处乌蒙山区的宜宾，因桑蚕这个传统的行业，成为当地农村产业发展与农民脱贫致富的途径之一，实现多元增收，正日渐成为特色产业，担当起乡村振兴与经济发展的重任。在针对桑蚕的养殖管理方面，由于桑蚕的成长对环境要求较高，不同的成长期对温度、湿度、光照、空气都有严格要求，否则桑蚕的成长就会不稳定，而很多农户都是依靠仿照跟随其他养殖户依据经验进行相关操作实施，对养殖桑蚕的技术指标和关键环境不是很科学的熟悉。为了提高广大农民散户养殖桑蚕的产量和品质及经济效益，结合智能电子产品设计与智慧物联网及农业仪器仪表等相关方面的知识设计桑蚕养殖物联网智能管理系统。

3 系统原理设计

本系统设计原理如图1所示。

本项目设计的"桑蚕养殖智能管理系统"是根据"桑蚕"的生长环境的温度、湿度、光照、空气质量、有害气体及消毒指标，进行相关环境

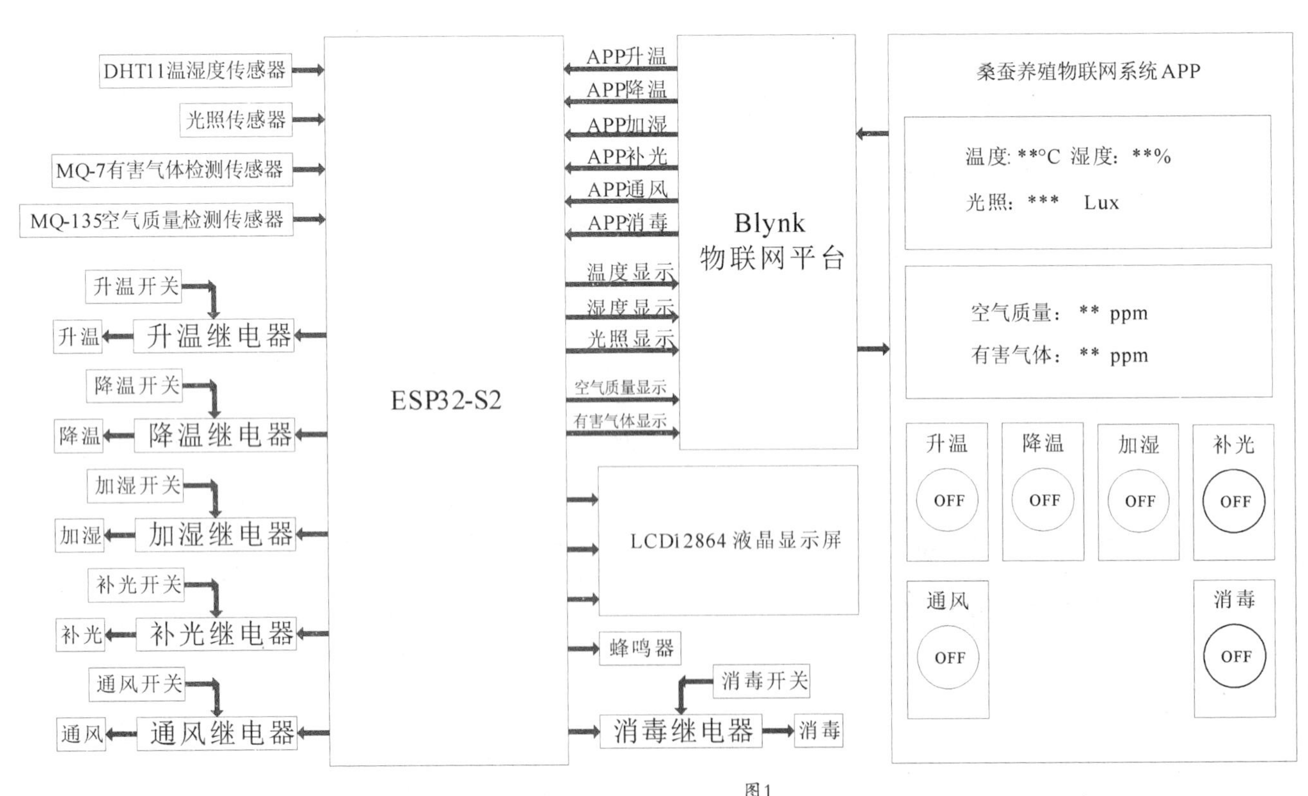

图1

参数的智能监测并且结合物联网管理平台及手机APP进行检测和手动、自动控制其相应环境，以达到实时、准确、科学、高效和节能环保及增产保质的目的。

由系统框图1可以看出，该系统以“桑蚕养殖管理”单片机主控系统为核心，对不同的养殖环境进行相关指标进行采集数据，经过单片机系统处理，并结合“物联网控制平台”和手机APP的实时监控，对其相应的控制部分采取自动或手动的控制方式，通过相应控制设备进行相关指标的控制。

单片机系统根据温度、光照、湿度和空气质量传感器消毒问题实时数据采集，与预先输入的标准参数进行比较，并通过相应的显示器显示出来，如果采集的参数超过标准参数，则进行相应指标的报警提示，操作者可以根据实际情况进行及时控制操作，比如手动控制开关进行相应设备的启动与停止，来完成相应指标的调节，如图2所示。

4 系统硬件设计

4.1 ESP32芯片主控系统

ESP32-S2是专门为物联网设计的，是基于ESP-WROOM-32E的主控制器板，带有双核芯片。根据温度、光照、湿度和空气质量传感器消毒问题实时数据采集，与预先输入的标准参数进行比较，并通过相应的显示器显示出来，如果采集的参数超过标准参数，则进行相应指标的报警提示，操作可以根据实际情况进行及时控制操作，比如手动控制开关进行相应设备的启动与停止，来完成相应指标的调节，如图3所示。

4.2 温湿控系统部分

1. 温湿度采集

温湿度采集部分采用温度传感器DHT11模块加上防水装置如图4所示，将所处位置的环境温湿度实时感应，并转换成相应的电信号，通过传输线送到单片机控制系统相应的温湿度接口。

2. 温湿度控制

温湿度控制部分是根据桑蚕的不同成长阶段设定的合适温湿度，不仅可以通过单片机系统自动根据实时采集环境温湿度调节各阶段适宜温湿度，同时也可以在物联网平台手机APP或手动开关进行灵活调节。

3. 温湿度显示

温湿度显示部分采用液晶显示屏显示，将单片机系统实时采集的温湿度数据实时显示出来。温湿度显示不仅是在单片机主控系统进行实时显示，同时也会通过物联网的相应通道在网络控制平台或手机APP相应的显示区域显示，如图5所示。

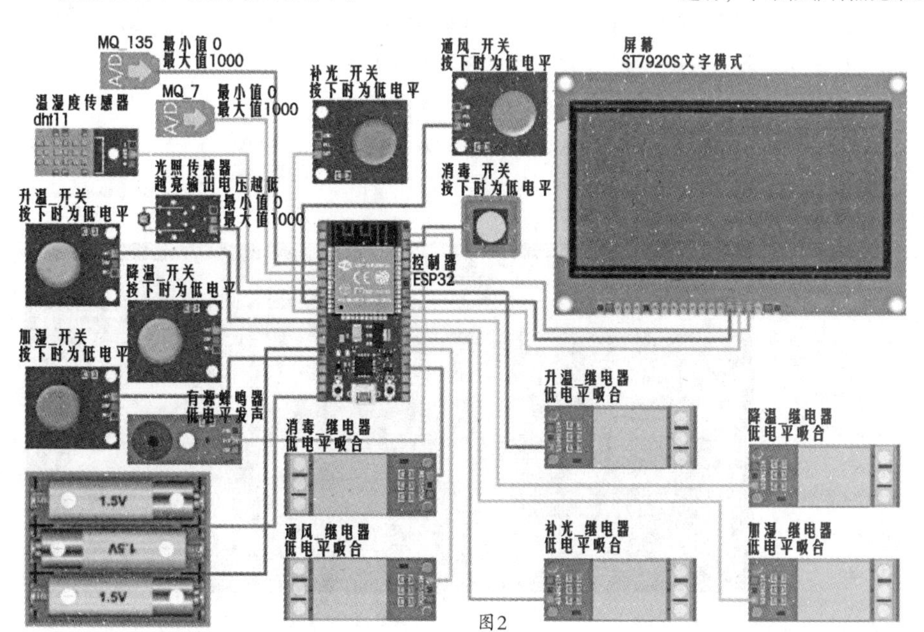

图2

图3

图4

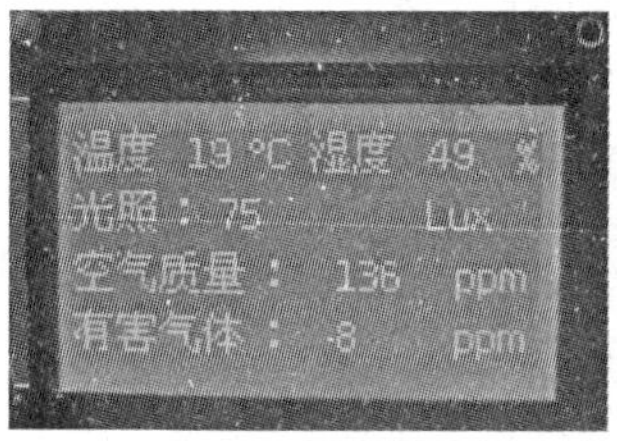

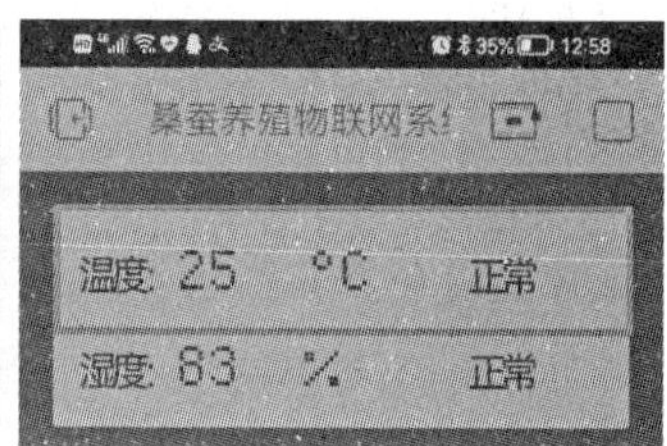

图5

系统在采集、显示温湿度数据的同时，会根据预先输入的标准温湿度值进行比较，如果是超过低温低湿下限值，则进行低温低湿报警，反之如果是超过高温上限值，则进行高温高湿报警，报警可以根据不同的颜色或频率闪烁，或声音、震动等多种方式进行。

4.3 光控系统

光照检测采用光敏电阻自主设计的光照传感器加上防水装置，如图6所示。由于桑蚕的生长对光的要求较高，而桑蚕养殖通常在室内进行，平常依靠自然光难以满足桑蚕养殖环境光照300-500LUX的要求，则需要系统根据环境光照监测进行提醒或自动启动补光。

4.4 空气质量监测系统

空气质量监测由有害气体监测模块MQ-7，如图7所示，和空气相对质量监测MQ-135如图8所示，两个模块组成。空气质量监测系统在采集、显示数据的同时，会根据预先输入的标准值进行比较，如果是超过上限值，则进行超标报警，报警可以根据不同的颜色或频率闪烁，或声音、震动等多种方式进行。并且系统可以及时自动调节打开排通风调节空气质

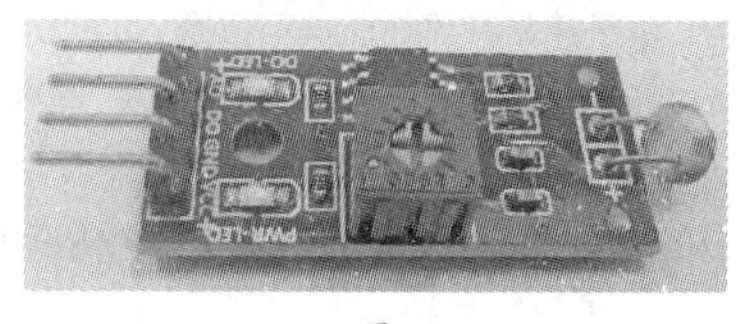
图6

量，也可以手动调节或者APP控制。异味监测系统跟空气质量原理相同。

4.5 消毒系统

消毒系统是根据农户的需求定期对桑蚕室进行雾化消毒，可以通过物联网平台手机APP或手动开关进行手动或自动控制消毒。

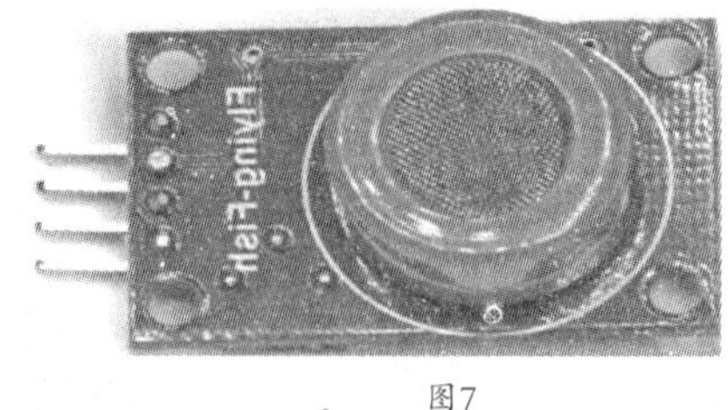

图7

图8

5 软件设计

软件设计采用图形化G语言进行编程，主要实现温湿度、光照、空气质量和有害气体的实时监测与处理，当某项指标超标，则在对应的位置显示超标提醒，并将相应信息进行显示和主控LCD显示屏警示，同时进行相应的控制启动调节执行机构。检测的信息同时实时上传云端通过网络将信息发送给远程APP手机，并可通过手机APP发送控制指令给主控单片机系统程序，如图9所示。

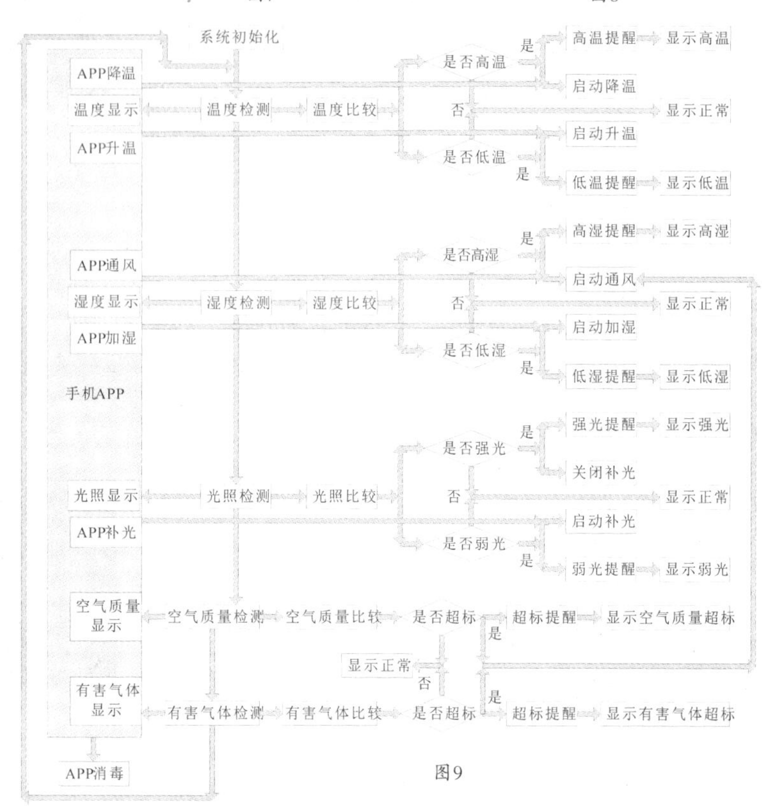

图9

6 装调设计

本项目设计根据桑蚕的不同生长时期对温湿度，光照、空气质量及消毒的不同要求所制定设计的，如图10所示，并根据实际情况进行调试。

本系统为农户设置了一个APP应用界面，农户可根据手机APP上面对桑蚕养殖的各项监测指标，手动或者通过APP控制对桑蚕室环境温湿度、光照、空气质量及消毒措施进行适当调整，保障桑蚕的生长环境的稳定性，如下图11所示。

桑蚕养殖技术指标

指标项目	生产时期	温度（℃）	湿度（℃）	光照	空气质量		消毒措施
		室内	室内		相对空气质量	有害气体指标	
蚕室产前准备				300～500Lx	80-90		消毒
小蚕	1-2龄	(25-28)℃	相对湿度90%	300～501Lx	80-90		
	3龄	(25-28)℃	相对湿度85%	300～502Lx	80-90		
小蚕眠期	眠中保护	(25-28)℃	相对湿度80%	300～503Lx	80-90	CO、甲醛、等有害气体	适当雾化室内消毒
大蚕	4龄	(24-26)℃	相对湿度85%	300～504Lx	85-90		
	5龄	(24-26)℃	相对湿度85%	300～505Lx	85-90		
大蚕眠期	采茧	(23-25)℃	相对湿度85%	300～506Lx	80-90		大量消毒

图10

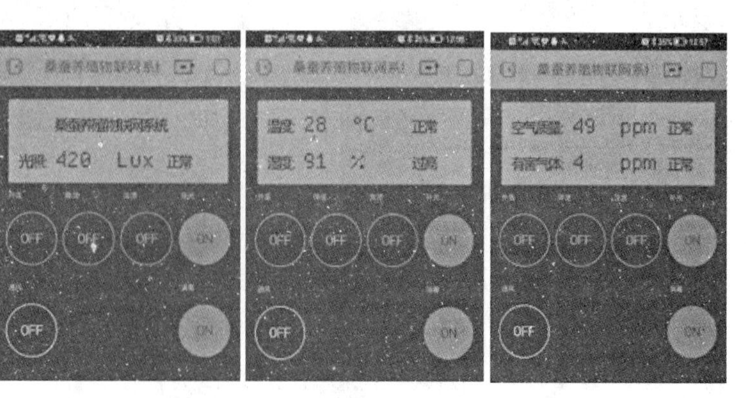

图11

7 结语

将设计按照参赛要求，针对广大桑蚕养殖的农民散户需求，将国产芯片ESP32模块、相关传感器、手机APP及对应实现功能的模块等与物联网技术相结合设计了桑蚕智能管理系统。该项目作为专业技能转换为解决实际生产需要，体现产教融合、实现在做中学、学中用的大学生创新应用，落实UBL教育及应用型高校职业教育的全方位专业人才培养，更为将专业知识下乡、科技解决生产问题来助农增收，实现社会价值和人才培养相结合，从而达到科学高效、环保节能的发展农村经济与服务社会的目的。

将科技下乡与专业应用相结合、人才培养与助农增收互促进，让我们走出课堂进入生产实地，让产教融合落实UBL践行，不仅是创新创业参赛的需要，更是全方位培养人才、助力乡村农业和脱贫攻坚的需要，相信我们的努力，通过大赛的锤炼，会让作品更好地服务于社会，服务于山地农民。

参考文献

[1]刘光乾，刘桃序. 仪设计[J].软件工程与应用(SEA) (RCCSE核心开源期刊)2020年9卷3期；228-243.

[2]刘光乾，陈丹，马兴如，刘庆，陈熙.山地羊肚菌种植的物联网应用 [J]. 现代农业科技.2021第1期:95、96、102.

[3]刘光乾，陈熙，刘庆，陈丹，马兴如. 基于STC8单片机兼容传统51开发板设计及双语言编程的教学探究[J]. 电子产品世界.2021.4第28卷: 89-92.

[4]刘光乾，马兴如。陈丹，刘庆，陈熙.基于 Arduino、APP Inventor 物联网系统在学徒制教学实践中的应用[J].互动软件(现代化教育).2020年12月第12期:37-40.

基于DMD的超高清激光显示系统

高 源 倪 瑶 谢祖炜

一、设计特点

1. 打破TI公司的垄断地位，设计高性能、低延时的数字微镜芯片驱动电路系统；

2. 数字微镜驱动算法高效，解决了TI驱动芯片延时高的难题，增强了投影体验；

3. 兼容多种数字微镜芯片后端驱动，同时设计子母板架构降低硬件成本；

4. 采用双色激光光源进行投影展示，色彩更鲜艳逼真。同时兼容三色激光、单色激光、UHP高压汞灯等多种光源；

5. 驱动板体积小巧，成本较低，为投影厂商更换系统主板留有空间与利润上的便利。

本设计是一个基于4K数字微镜芯片（以下简称 DMD 芯片）和FPGA 电路的超高清激光显示系统。本作品使用双色激光光源，可支持多种分辨率的 DMD 芯片投影显示，最高可驱动 2716*1528 像素分辨率的数字微镜，实现 3840*2160 分辨率的4K超高清投影。此外，本作品还支持多种前端视频处理，包括亮度调整、对比度调整、锐利度调整等；支持多种光源方案控制，包括UHP高压汞灯、单色激光、双色激光以及三色激光等；支持多种交互模式，包括PC上位机与红外遥控。

本设计软硬件均为自主研发，需要具备高速数字电路系统设计的理论知识和实践经验、各种专业制图制板软件的使用以及对于各种编程语言与仿真环境的应用。

本系统为光机电一体系统，覆盖的领域非常广。涉及多学科交叉，包含光学设计、机电控制、图像合成、高速电路系统设计、DMD驱动、几何光学设计、上位机显示技术等多种应用技术。

光源方面，本系统使用红蓝两种颜色的双色激光光源进行投影；机械部分，使用荧光轮与色轮的双色轮架构进行 RGBY四种颜色稳定输出，同时使用振镜进行光路的准确偏移。荧光轮要与色轮进行实时动态调整，确保精准的同步；红色激光作为补色，需要在色轮旋转到红色部分的时候精准输出；对于红绿蓝黄四种颜色不同的亮度需求，需要错时输出不同占空比的 PWM 波到蓝色激光光源，并与色轮精准配合。

本系统不仅需要驱动四百多万个数字微镜单元同时翻转，还需要独立控制每个数字微镜单元的256阶显示灰度与RGBY四种显示颜色，驱动芯片设计难度与复杂度极高。

整套系统使用较为经济的KINTEX7系列FPGA芯片负责对4K DMD芯片进行高速驱动、视频输入处理与光机电协同控制，具体又可进一步细分为DDR3存储器控制模块、高速LVDS Serdes模块、视频处理模块、数字微镜PWM数据交织算法模块、DMD 驱动模块、色域转换模块、双色轮同步模块、激光控制模块、振镜控制模块、交互模块等。

整套软件逻辑复杂，状态机庞杂；信号跨时钟域传输、并行高速信号线众多。因此需要在FPGA软件设计时注意对时序的约束和信号延时的调整。

板上高速信号线众多，FPGA与 DDR3之间的数据通道采用64位位宽，共有64根高速数据线、14根地址线，数据速率达1866Mbps；DMD 芯片的LVDS接口共72对，速率最高支持1.25Gbps。整个高速系统对信号完整性与电磁兼容性的要求很高，为了使信号在传输线上不失真，需要在设计系统的时候进行模拟仿真。

本系统总共有两块硬件电路板，包括4K DMD驱动板与配套数字微镜子板，总共设计21种供电电压为整个系统供电。供电电压范围广，最低-14V，最高18V，1.0V 供电电流最大12A。如何设计输出低压大电流；如何防止每路电源之间的干扰；如何减小电源输出纹波；如何合理规划退耦电容的数量、位置、封装与大小；如何合理规划电源与供电外设的位置；如何减小电源发热引起的干扰失效等等，都是电源设计时的极大挑战。

DMD芯片目前被美国德州仪器（TI）公司独家垄断，TI垄断数字微镜芯片、测试、驱动芯片、应用系统全系统解决方案，接口不开放。本平台使用FPGA实现 2716*1528分辨率的DMD芯片自主驱动，为自研超高清分辨率数字微镜芯片奠定基础。同时，可以IP软核授权的方式提供给使用方，替代目前各大投影厂商使用TI 专用驱动芯片的驱动方案，即“1 片 FPGA+2 片 DDP4422 驱动芯片”䴓1犪，

提高了系统的集成度，通用性强，可针对具体应用进行灵活扩展，提高了系统的集成度。

本设计使用FPGA实现4K DMD驱动，替代目前TI的专用数字微镜驱动芯片，解决了其延时高的问题，增强了投影体验。

针对简单PWM算法峰值数据速率高达15.9Gbps的难点，本系统采用分阶段复位时序；针对伪轮廓噪声明显的问题，本驱动算法采用PWM数据交织算法将DMD的屏幕分块，使每个子块的数据错时更新，这样每次载入的数据量大大减少，缩短最小权重的子场显示时间，从而提高显示的灰度精度。

同时采用更为高效的PWM数据交织算法与分块清零复位算法驱动数字微镜显示投影，利用每个子场显示时间长短不一，使每个子块的数据错时更新，有效降低每次载入的数据量，减少载入时间，从而大幅提高显示的灰度精度以及画面亮度。

本设计最高支持4K分辨率投影显示，还可兼容多种数字微镜芯片的后端驱动，具体包括：

·TI DLP660TE DMD（3840*2160 配合振镜 / 2716*1538）；

·TI DLP6500 DMD (1920*1080)；

·TI DLP7000 DMD (1024*768)；

·IGNITE M4 ES (1920*1080)；

·IGNITE M4A QC304304WZ (1920*1080)等多款数字微镜芯片

同时本作品设计有子母板架构，可以通过更换子板来最低成本兼容多种不同封装的数字微镜芯片。

本组品采用双色激光光源进行投影展示，整个系统较传统UHP高压汞灯、单色激光等投影亮度更高，色彩更鲜艳，颜色更逼真。同时4KDMD 驱动板上预留红绿蓝三路激光光源控制接口，可兼容单色激光、三色激光的光机设计；预留UHP灯接口，实现高压汞灯光源投影。

二、系统设计

2.1.1 激光投影

显示技术是信息时代发展的重要内容，人类对外部信息的感知80%来源于视觉。随着生活品质的逐步提高，人们对大图像的需求也日益增加。投影作为唯一证明以合理的价格提供4K大图像尺寸的显示技术，正如日中天。

投影技术从本质上来讲，可以分为数字光处理技术（DLP）和液晶显示器（LCD）两种。数字光处理技术（DLP）的投影原理决定了它所投

射的画面对比度极高，光路系统设计得更紧凑，因此在体积、重量方面占优势。

同时，激光的使用为显示系统带来革命性提升，其作为下一代显示技术，具有寿命长、光亮度高、颜色跨度大、环境污染小、能耗低、成像稳定、维护简单、随开随关、接近肉眼所见的真实色彩等众多优点[4]。而液晶显示器(LCD)与反射式液晶(LCOS)等液晶类材料均为有机物，在高强度激光照射下会发生快速变性，激光耐受性差、寿命不能满足产品需要。由此，数字光处理技术(DLP)是激光显示的唯一选择。

2.1.2 数字微镜器件

数字微镜器件作为DLP投影显示技术的核心元件，是一种快速、反射式光开关，由上百万个基本微镜单元构成。与普通芯片不同，其分为MEMS和CMOS两个部分。在硅片作为衬底的CMOS存储器上，通过铰链结构集成了数以百万计的微镜面。

每一个微镜对应着一个像素，在投影过程中，需要独立控制每一个微镜的独立翻转[5]。如下图2-2(a)所示，当微镜处于平衡状态，反射光出射时不会经过镜头；如图2-2(b)所示，当微镜左侧电压差大于右侧时，微镜左偏一固定角度，使反射光出射时经过镜头，从而将该像素点投影在投影窗口中；同理，如图2-2(c)所示，当微镜右侧电压差大于左侧时，微镜右偏一固定角度，此时反射光会射出到光吸收器上被吸收，投影窗口无该微镜的显示输出。本系统所使用微镜的偏转角度为±17°。

2.1.3 国内外研究现状

除投影仪外，数字微镜的应用领域已遍布社会各行各业，比如军事国防领域、人工智能领域、医学科研领域、交通出行等[6]，未来随着智能家居、智能城市等物联网行业逐步成熟，数字微镜芯片的市场必将更进一步打开。据美国市场研究公司 Yole Développement 调研，数字微镜器件所属的 MEMS 行业，2018 年市场产值已达220万美元，且以12%-13%的复合增长率持续增长，市场前景宽广。

在全球范围内，该芯片已经为美国德州仪器公司(TI)垄断多年，同时TI 垄断数字微镜芯片、测试、驱动芯片、应用系统全系统解决方案，接口不开放，其专用驱动芯片也存在着延时高、通用性差和应用扩展性低的问题。而包括海信、极米、小米等在内的国内公司，其核心芯片

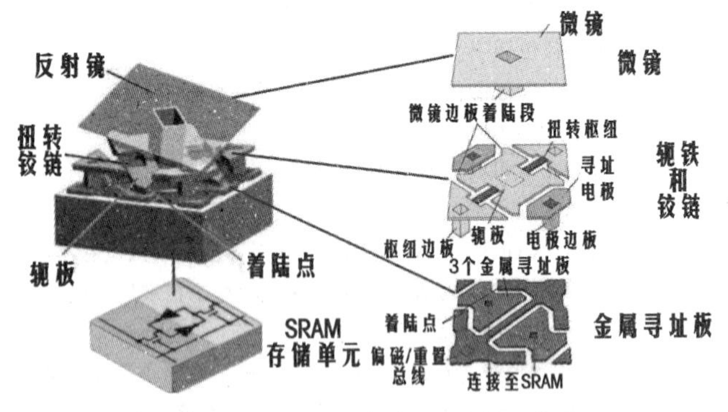

图2-1 数字微镜像素单元结构示意图

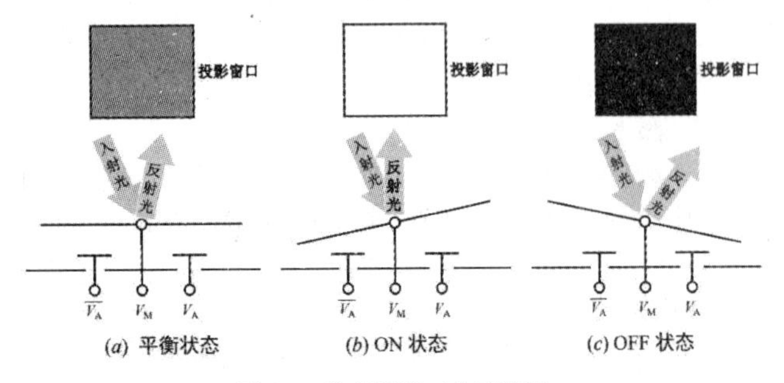

图2-2 数字微镜工作示意图

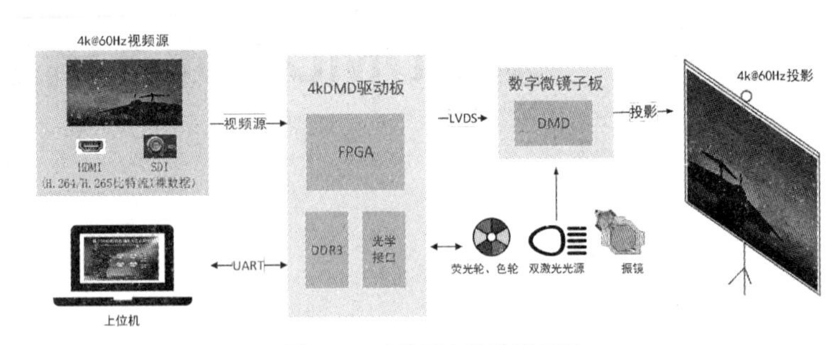

图 2-3 系统平台结构示意图

均为美国TI公司的数字微镜芯片。

目前TI的 DLP驱动解决方案整体延时较高，由于数据带宽的限制，使得DLP投影显示的灰阶精度无法得到提高；同时，TI针对4K投影的驱动方案“1片FPGA+2 片DDP4422驱动芯片”，芯片面积大，外围电路多，使系统集成度低，成本较高。

设计方案采用了高性能的数字微镜芯片驱动电路，以极低延时支持多种分辨率的DMD芯片投影显示，最高可驱动2716*1528 像素分辨率的DMD芯片，实现4K超高清分辨率的显示投影。目前已在4K DMD驱动板上进行了光机电一体的实现与验证，使用双激光光源，投影画面细腻清晰。

2.2 系统架构与性能指标

2.2.1系统架构

本系统是一款基于DMD的超高清低延时激光显示系统，包括一块4K DMD 驱动板、一块数字微镜子板、两路 HDMI接口、两路SDI接口、投影光机以及一台PC。在4K DMD 驱动板上，主要实现数字微镜芯片驱动、视频处理、光源调整以及系统控制交互。4K DMD 驱动板处理视频数据，实现对数字微镜芯片的驱动的同时，控制投影光机中的色轮、振镜、激光等光学接口协同工作。数字微镜芯片与振镜控制投影光机中的光路，结合人眼的积分效应，实现4K超高清的投影显示。

2.2.2性能指标

本系统相关参数如下：

2.2.2.1 DMD 投影参数

1. 兼容多种数字微镜芯片的后端驱动

·TI DLP660TE DMD(3840*2160 配合振镜 / 2716*1538)；

·TI DLP6500 DMD (1920*1080)；

·TI DLP7000 DMD (1024*768)；

·IGNITE M4 ES (1920*1080)；

·IGNITE M4A QC304304WZ(1920*1080)；

2. 支持多种投影光源

·三色激光光源

·双色激光光源；

·单色激光光源；

·UHP 汞灯；

2.2.2.2 视频部分：

1. 视频数据输入

·HDMI2.0 4K@60Hz 视频流输入；

·4k@60Hz 裸像素数据(RGB888)的 SDI 接口数据接收；

2. 视频编解码

·H.265 HEVC 4K@60Hz 实时视频流解码；

·H.264 AVC 4K@30Hz 实时视频流解码；

·H.264 2k@30Hz 实时视频流编码；

3. 视频/图像处理

·4k@60Hz 全画面像素级处理；

·多种前段视频处理算法：亮度对比度调整；颜色饱和度调整；图

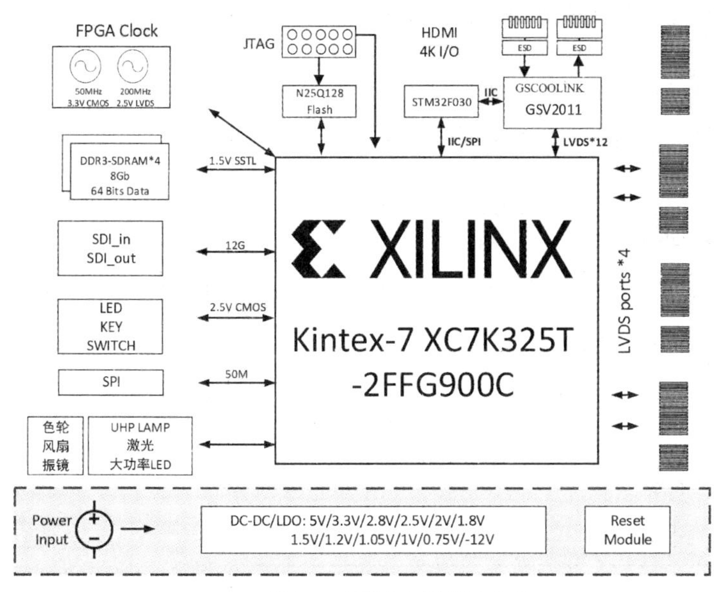

图2-5　系统上电顺序示意图

像锐化;gamma 校正……

4. 视频数据存储

·最大4K四十帧静态图像像素数据的存储;

·视频数据的读写速率满足处理低延时要求;

5. 视频数据输出

·1 路 HDMI2.0 4K@60Hz 输出;

·1 路 4K@60Hz 裸像素数据(RGB888)的 SDI 接口数据输出;

2.2.2.3 通信部分:

1. 无线通信

·遥控器(接收控制信号)

2. 有线通信

·50M低速 SPI 接口传输控制信息

·6G-SDI接口与其他SDI接口设备传输裸像素数据;

2.2.2.4 交互部分:

1. 红外遥控实现界面操作

·切换投影模式;

·独立调整红、绿、蓝、黄四种激光色彩亮度;

·对比度亮度等视频前端处理调整;

2. 上位机界面操作

·切换模式;

·独立调整红、绿、蓝、黄四种激光色彩亮度;

·对比度亮度等视频前端处理调整;

2.3 4kDMD 驱动板方案

4KDMD驱动板用于 3840*2160分辨率的超高清激光投影显示。驱动板留有6G-SDI接口与 50M-低速 SPI通信接口,用于板间互联,可使用于3DLP影院级投影开发。

4KDMD驱动板包括FPGA主控芯片XC7K325T、视频编解码模块、存储模块DDR3、HDMI接口、SDI接口、色轮接口、激光光源接口、振镜接口、UHP灯控制接口等,其具体结构示意图如图所示。

2.3.1 现场可编程门阵列(FPGA)系统方案

若要实现4K超高清分辨率的投影显示,即驱动2716*1528@120Hz数字微镜翻转,所需数据速率极高,LVDS 差分对的数量也由传统1080pDMD芯片所需的36 对增加为72对;FPGA需要大容量缓存用于应对视频流实时数据处理;视频处理模块需要16对LVDS差分对。综合资源、成本与性能考量,本系统选用Xilinx公司的 FPGA,具体型号为XC7K325T -2FFG900C糶7糶。

表2-1　4kDMD驱动板FPGA功耗估算

Bank or source	电压大小	最大电流	电源产生方式	上电顺序
VCCINT	1.0V	11.28A	TPS53355 12V->1.0V	1
VCCBRAM	1.0V	54mA		1
VCCAUX	1.8V	570mA	TPS62130 12V->1.8V	2
VCCAUX_IO	2.0V	241mA	TPS62130 12V->2.0V	2
MGYVCCAUX	1.8V	19mA	TPS62130 12V->1.8V	2
MGTAVCC	1.05V	629mA	TPS62130 12V->1.05V	1
MGTAVTT	1.2V	291mA	TPS62130 12V->1.2V	2
VCCO_1P5V	1.5V	587mA	TPS62130 12V->1.5V	3
VCCO_2P5V	2.5V	366mA	TPS62130 12V->2.5V	3
VCCO_3P3V	3.3V	43mA	TPS62130 12V->3.3V	3

表2-2　4KDMD驱动板主要外设电源功耗表

外设	电源名称	电压大小	最大电流
GSV2011	GSV_1P2V	1.2V	665mA*2
	GSV_2P5V	2.5V	300mA*2
	GSV_3P3V	3.3V	425mA*2
DDR3	DDR3_VDDQ_1P5V	1.5V	184mA*4=736mA
	DDR3_VREF_0P75V	0.75V	\
	DDR3_VTT_0P75V	0.75V	2000mA
DMD	DMD_12V	12V	560mA
	DMD_5V	5V	1330mA
SDI	SDI_VCC_2V5	2.5V	200mA*2=400mA
	SDI_VCC_3V3	3.3V	1.5mA*4*2=12mA
USB	USB_2V5	2.5V	400mA
振镜	SP_5V	5V	1mA
	SP_12V	12V	1.5A
	SP_N12V	-12V	1.5A
色轮	COLORWHEEL_12V	12V	100mA
	COLORWHEEL_5V	5V	11mA
	COLORWHEEL_3P3V	3.3V	70mA
UHP	UHP_5V	5V	50mA
	UHP_3P3V	3.3V	50mA
激光	LASER_5V	5V	210.5mA
	LASER_3P3V	3.3V	1.32mA

·Xilinx 7 Series FPGA XC7K325T-2FFG900C 片上资源

-326K Logic cells(326K LUTs,407K Flip-Flps)

-15.6Mb Block RAM

-840 DSP Slice

-Memory Interface: DDR3 up to 1866Mbps

-350HR I/Os,150HP I/Os,16 GTX Transceivers

2.2.3 系统电源设计

根据 FPGA 芯片与外设的数据手册,得到上电顺序如图2-5。

通过Xilinx Power Estimate工具对4K DMD驱动板上 Kintex7 FPGA 的功耗进行估算,估算结果如表 2-1,主要外设电源功耗如表2-2。

根据FPGA核心芯片与外设的电源电压、电流、上电时序与噪声要求,设计4K DMD驱动板的电源树如图 2-6,数字微镜子板的电源树设计如图 2-7。

2.3.3 存储器方案

本系统需要处理3840*2160分辨率, 每秒60Hz的 RGB888视频流。如果将原视频直接送入DDR3缓存,则每秒数据量为:

$$3840*2160*60*3*8 = 1.19*10^{10} = 11.12Gb$$

如果将图像先插值为5432*3056分辨率,采用RGB888的颜色深度存入DDR3,则以每秒60Hz的速率,每秒数据量为:

$$5432*3056*60*8*3 = 22.27Gb$$

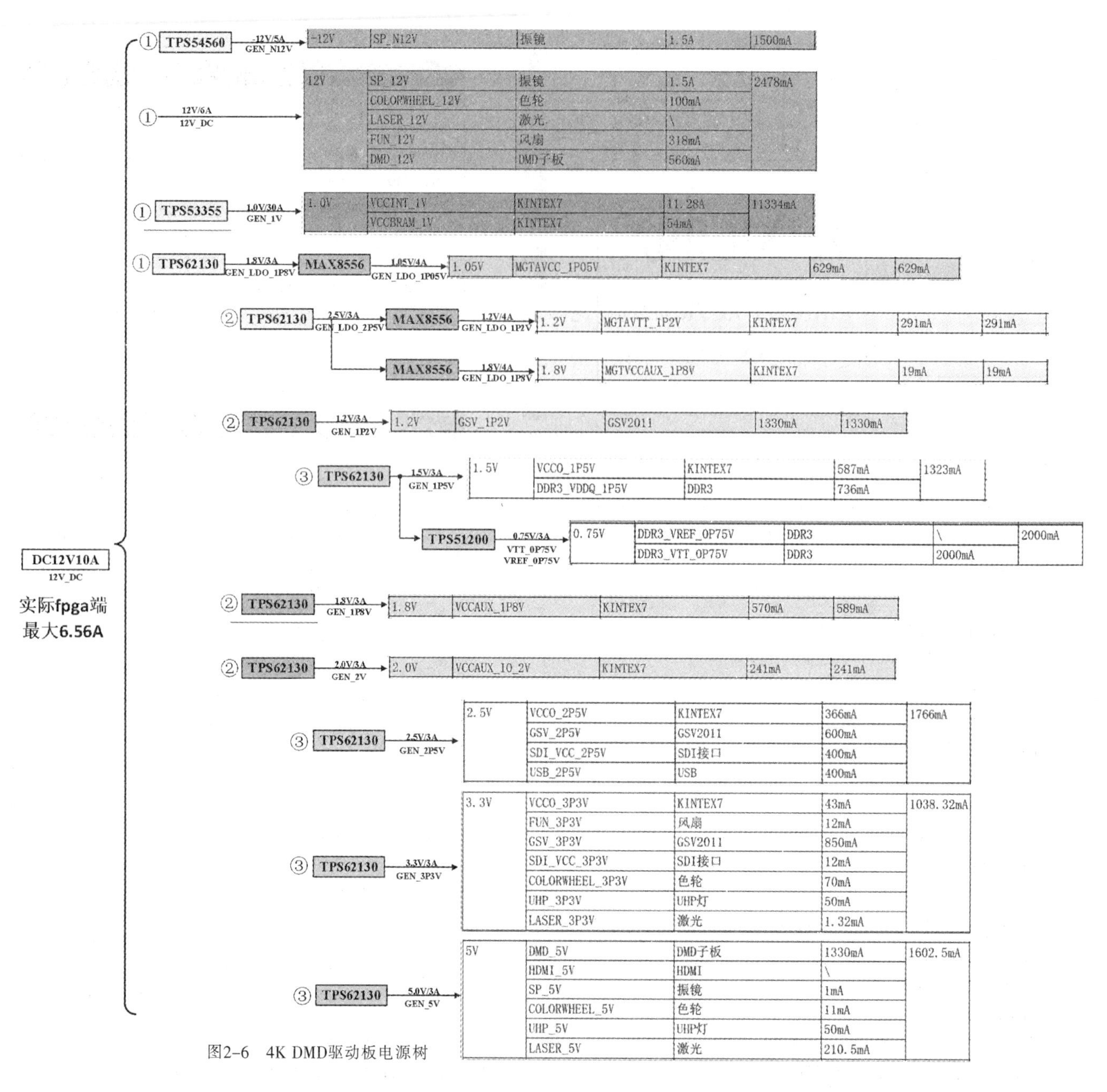

图2-6　4K DMD驱动板电源树

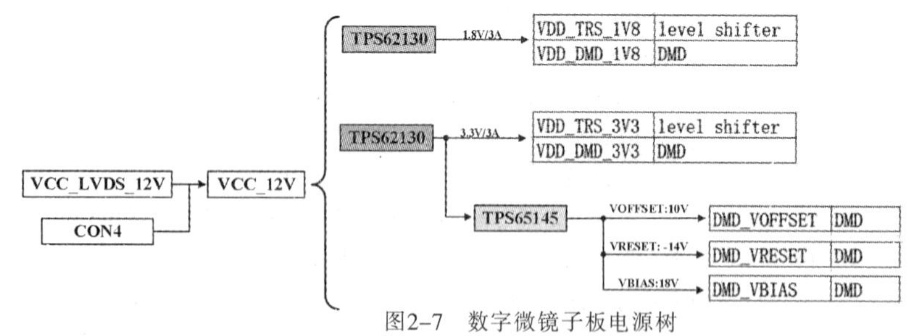

图2-7　数字微镜子板电源树

由于本系统选择色轮为四段色轮，包含黄色分量，因此颜色为RGBY(Red、Green、Blue、Yellow)，颜色深度均为8位。如果将图像插值为5432*3056分辨率后，采用RGBY8888颜色存储，每秒数据量为：

$$5432*3056*60*8*4 = 29.68Gb$$

Kintex7最高支持数据速率为1866Mbps矡8爆。如果挂载DDR3位宽16位，存储深度128M，预留80%余量，且分时读写，则每秒钟支持读或者写的数据量为：

$$(1866M*16*80\%)/2 = 11.67Gb$$

而上论述中，2片DDR3不能满足需求。需要选择4片DDR3。而4片DDR3的存储空间为：

$$16*128M*4 = 8Gb$$

远远大于一帧4K裸数据：3840*2160*3*8 = 189.84M的图像大小。因此本系统最终选择4片DDR3挂载在Kintex7的HP bank上。

2.3.4 子母板连接LVDS接口方案

本系统中，子板与母板上共有72对差分信号，数据速率为400M双边沿传输，最高信号速率高达800Mbps。高速信号对完整性要求较高；同时主板需要通过接口为子板提供工作电压。

因此本系统考虑成本与通用性，子母板连接选用FI-RE51S-HF型号座子。此款型号为51pin引脚，最高支持电压AC500Vr.m.s，触点电阻50mΩ，每个触点电流为0.7A，插头电流最大0.8A。4K DMD驱动板上共使用4个FI-RE51S-HF型号座子。

供电方面，子母板连接时，采用FI-RE51S-HF座子上8个引脚并联接入电源的方式增加最大可承受电流。最大电流可达8*0.7A=5.6A。供电电压为12V与3.3V，可通过磁珠进行选择。

2.3.5 视频输入输出接口方案

由系统性能指标可知，本系统视频输入支持HDMI2.0标准接口，为4K超高清 DMD驱动输入视频信号。输出接口同样为HDMI2.0标准接口，用于系统调试。

由于本系统选用的Kintex7系列FPGA芯片没有HDMI接口IP核，为了降低后续 FPGA程序设计实现的工作量，此处使用GSCOOLINK公司的GSV2011视频编解码芯片。该芯片作为视频编解码芯片，具有HDMI2.0接口收发、并向下兼容HDMI1.4 接口的功能；同时支持4K@60Hz，RGB888 的 LVDS接口数据格式[9]。

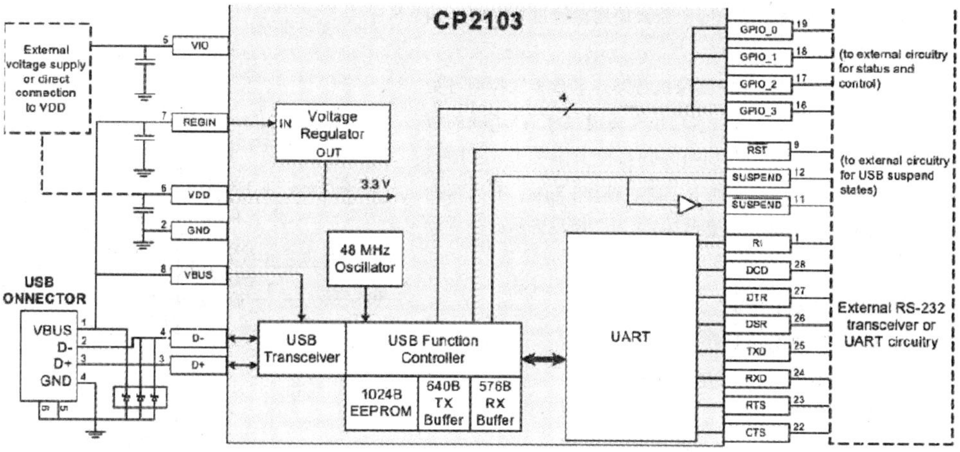

图2-9　CP2103系统结构图

该芯片充分满足本系统对视频输入以及调试方面的需求，因此在本系统板4K DMD驱动板的HR bank挂载一片GSV2011，同时在GSV2011上连接 HDMI2.0输入输出两个接口，如图2-8所示。

由于4K@60Hz数据速率为594M，如果GSV2011时钟速率选择×2，Kintex7存在无法正常工作的风险。本系统选择×1倍速DDR模式。

2.3.6 用户交互接口方案

同样根据系统性能指标，本系统交互接口支持遥控器控制以及UART通信的PC上位机。

本系统设计使用Silicon Laboratories公司的CP2103作为Uart转USB的桥接芯片。作为集成USB收发器，CP2103是一款USB-to-UART桥，无需外接电阻以及集成时钟。支持波特率从300bps到1Mbps，支持USB2.0全速FS(Full Speed)模式，速度可达12Mbps[10]，如图2-9所示。

红外遥控器通信时，编码序列为："客服码+客户码+数据码+数据反码"，其应用选择脉冲位置调制方式进行通信，载波38kHz。接收器使用芯片为TC9012，该芯片滤除载波，使得传输到FPGA的只有高低电平。FPGA通过高低电平时间判断接收序列，即可实现遥控器对FPGA的控制。

2.4 光机电协同控制方案

数字微镜芯片是DLP投影的核心元器件，其本质上是一种反射式光开关。超高清3840*2716分辨率的投影仪，需要同样为3840*2160分辨率的数字微镜芯片。而每一个像素点都对应着一个数字微镜单元，也就是3840*2160分辨率的1片数字微镜芯片上有八百多万个微镜单元，这对芯片本身的制造工艺有极高要求。如果八百多万个单元中有一个单元在制造中受到损坏，则这一整个芯片都无法正常使用，芯片制造良率低。

因此目前市面上用于4K投影的数字微镜芯片，为2716*1528分辨率的数字微镜芯片或1920*1080分辨率的数字微镜芯片，配合振镜实现每秒120帧或240帧的显示，进行投影中4K超高清分辨率的拼合。

本系统对多种分辨率的数字微镜芯片均可进行驱动，以下就驱动难度较高的2716*1528分辨率的数字微镜芯片展开叙述。

2.4.1 光机电协同控制总体方案

本系统采用激光光源，其配合荧光轮与色轮进行双轮的同步处理后，形成不等比例的红、绿、蓝、黄四种光源错时的送入数字微镜芯片进行处理。数字微镜芯片根据图像画面的需要，反射出需要投射的像素，经过60Hz震动的振镜进行光路偏移后，在屏幕上投射出拼合的4K超高清图像如图2-10所示。

2.4.2 光源方案

本系统支持多种光源投影，具体包括：单色激光光源、双色激光光源、三色激光光源以及UHP高压汞灯。单色激光光源存在主光源补色较暗的情况，而三色激光光源造价过高，因此本系统选择双色激光光源进行颜色投影：蓝色为主激光光源，红色激光进行补色。

蓝色激光光源长开，而红色激光光源仅在色轮旋转到红色显示的时间段内打开。同时本系统结合PWM波滤波后的高低电平以及多路复用器，实现不同颜色显示时间内的激光光源亮度调节。从而精准控制四种颜色不同的亮度，如图2-11所示。

2.4.3 色轮方案

本系统选择色轮颜色比例如下：其中红色占 60°、蓝色 64°、绿色114°、白色 122°。由于经过色轮的光源为蓝色激光激发，因此色轮上白色部分实际透射光为黄色，如图2-12所示。

由于激光光源需要荧光轮激发后使用色轮滤光，由此存在双色轮同步的问题[11]。本系统通过色轮反馈信号，进行色轮转速的实时调整，保持荧光轮的反馈信号始终领先色轮反馈信号900us。从而产生稳定的红绿蓝黄四色光源。

2.4.4 振镜方案

输入视频为3840*2160@60Hz，数字微镜芯片分辨率为2716*1528，实际投影画面为2716*1528@120Hz。而120Hz频率下前后两帧的画面，

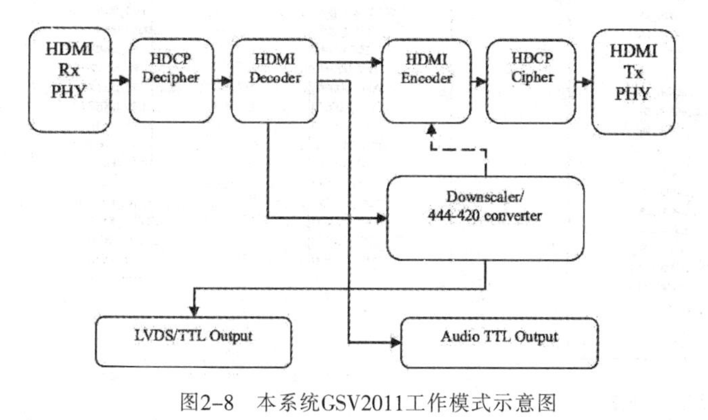

图2-8　本系统GSV2011工作模式示意图

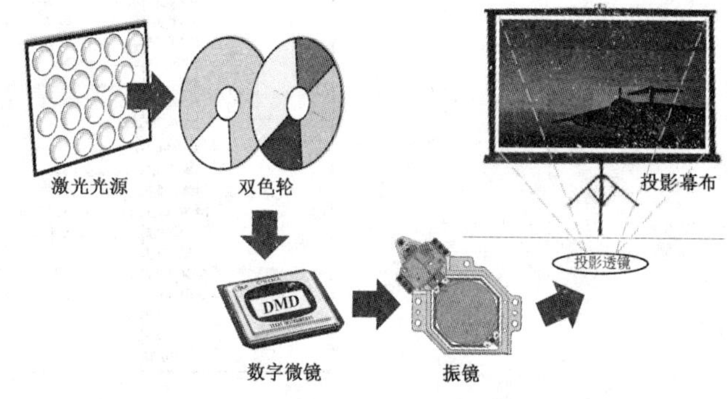

图2-10 投影显示系统总体方案

投影位置不同，画面图像不同，需要使用振镜进行光路的偏移。

振镜全名为透射式平滑图像执行器，本系统选择型号为95.CD101G001。该振镜可以实现单个微镜尺寸为5.4μm的数字微镜芯片的光路偏移[12]，如图2-13振镜工作模式示意图所示：16.6ms周期内单次分别向下、向右偏移2.7μm；而后再向上、向左偏移2.7μm；如此往复循环，从而实现投影画面的有序拼接。

三、系统硬件设计

3.1 硬件原理图设计

3.1.1 4KDMD 驱动板顶层设计

由于4K DMD驱动板相对复杂，在原理图的设计上本团队采用自顶向下的top design的顶层设计方式。图3-1至图3-2为设计的顶层原理图。

3.1.2 4K DMD 驱动板电源设计

4K DMD主控板结合主控芯片与外设供电电压的需求，选取五种电源芯片：分别为TI公司的TPS53355 [13]、TPS62130[14]、

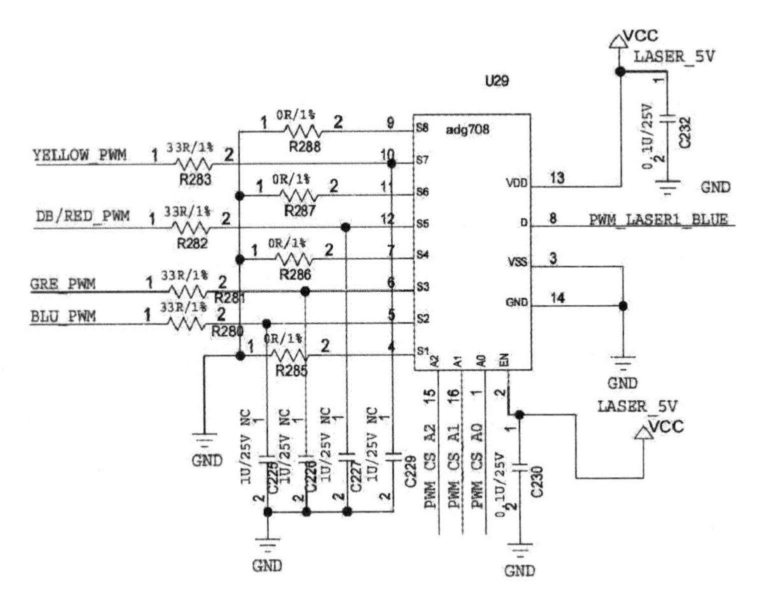

图 2-11　分时调整各激光分量电路图

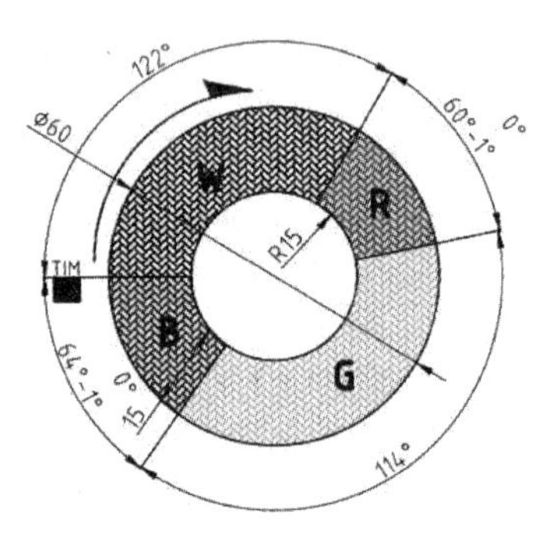

图2-12　色轮颜色比例

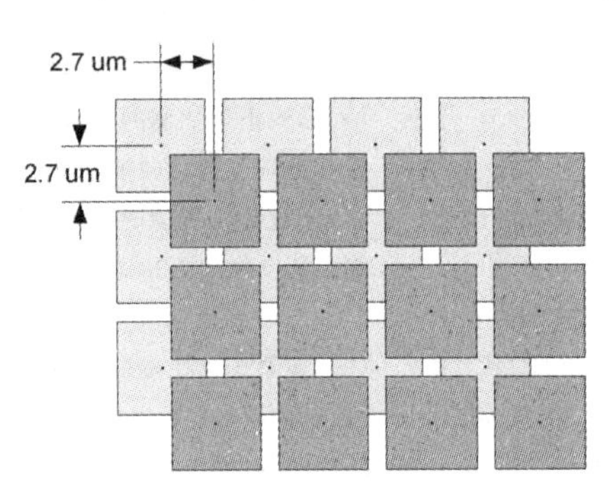

图2-13　振镜工作示意图

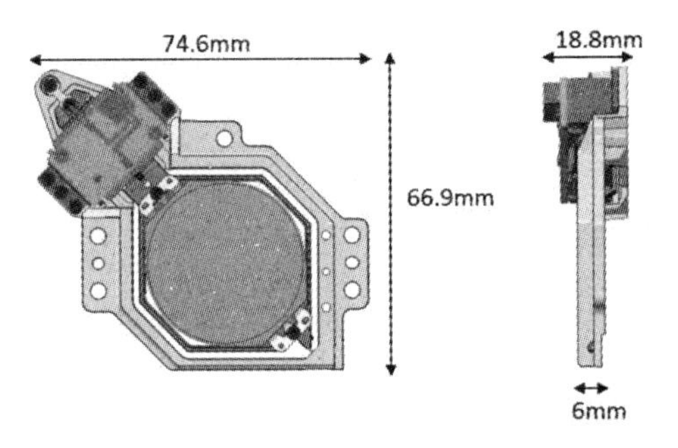

图2-14　振镜实物示意图

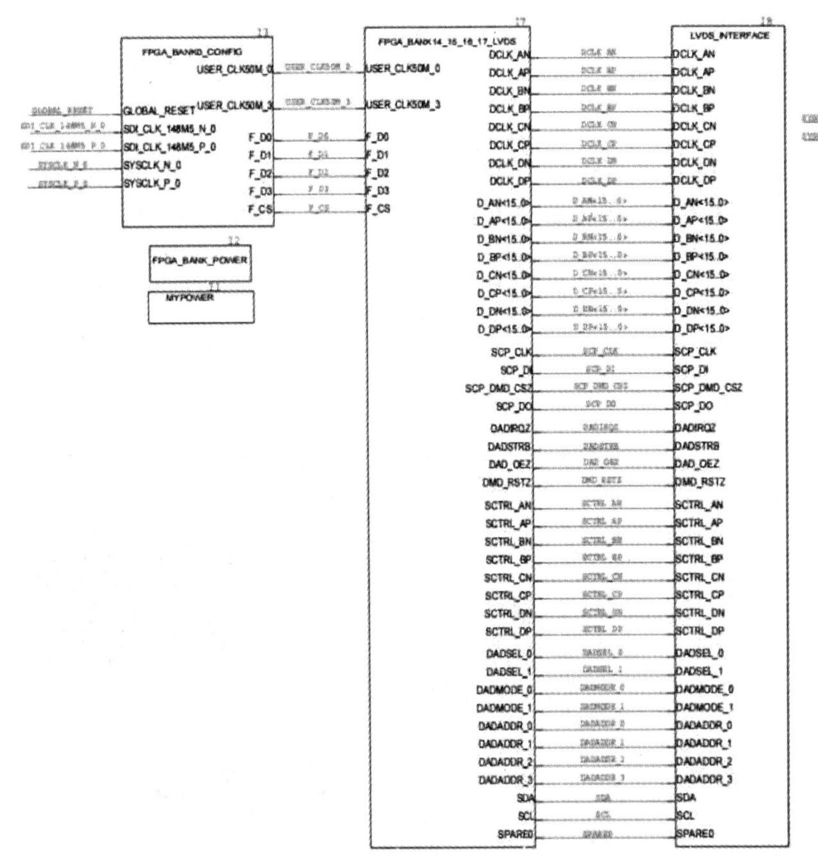

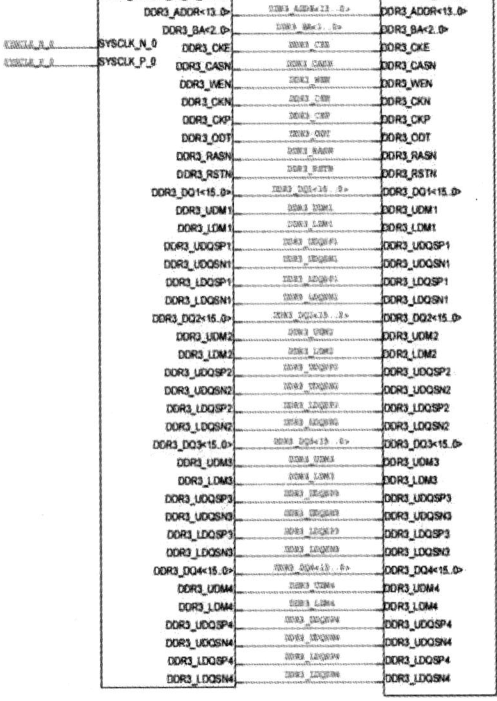

图3-1　4K DMD驱动板顶层原理图(1)

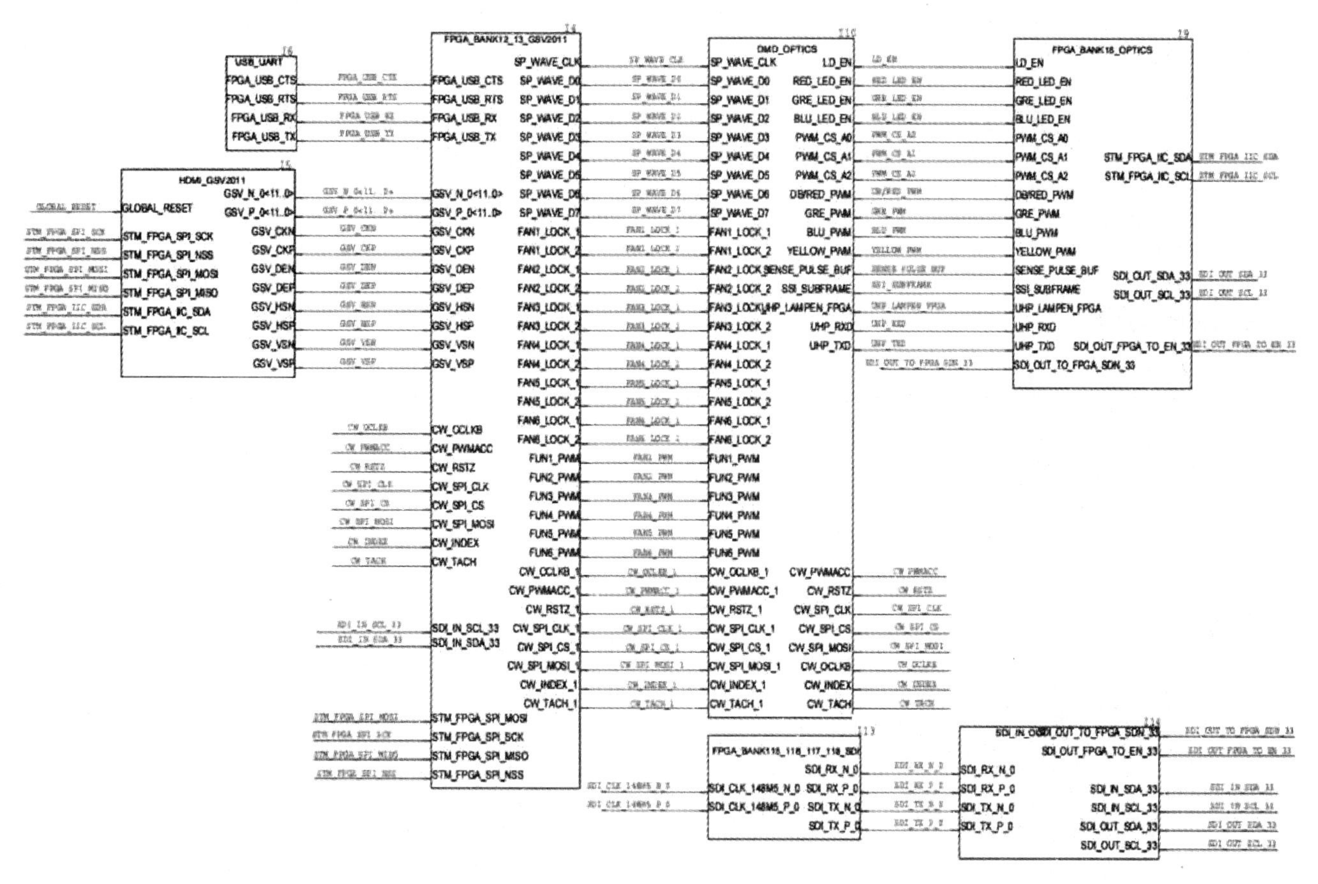

图3-2　4K DMD 驱动板顶层原理图(2)

TPS51200[15]以及MAXIM公司的MAX8556[16]。提供总计16种供电电压为整个系统供电。供电电压最高12V,最低-12V。各电源芯片具体指标如表3-1所示。

在每一路电源接入器件时,还会放置不同封装、容值的退耦电容,满足电源完整性要求。本系统电源部分原理图如下图3-3至图 3-6 所示。

表 3-1　系统电源芯片主要性能指标2

芯片型号	电源类型	输入电压范围	输出电压范围	最大输出电流
TPS53355	开关电源	1.5V~15V	0.6V~5.5V	30A
TPS62130	开关电源	3V~17V	0.9V~6V	3A
TPS51200	开关电源	(VLDION)1.1V~3.5V	0.6~1.25	4.5A
MAX8556	线性电源	1.425~3.6V	0.5V~(VIN-0.2V)	4A

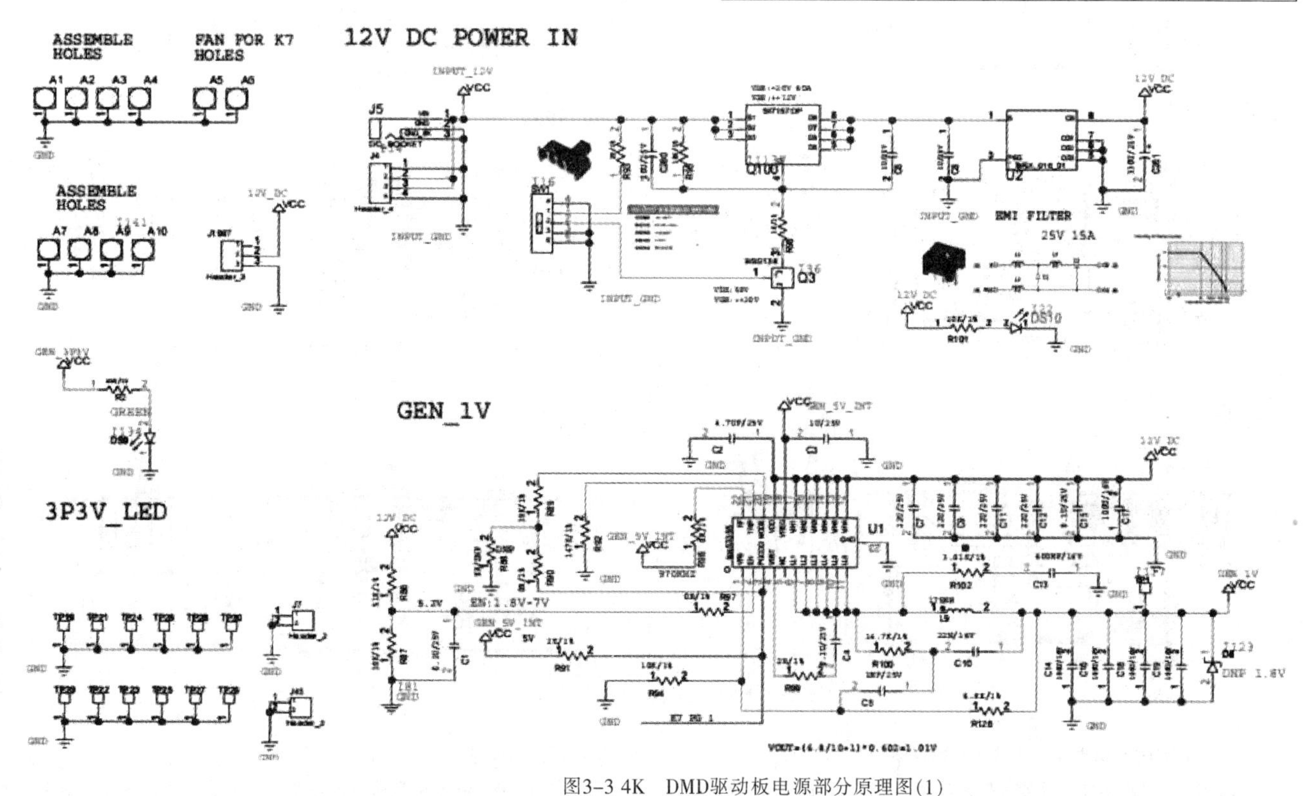

图3-3 4K　DMD驱动板电源部分原理图(1)

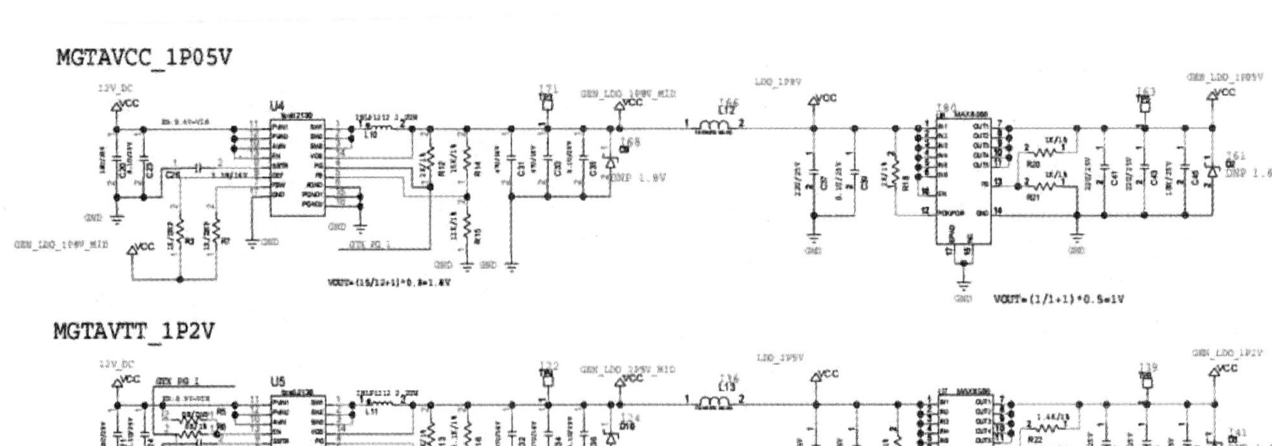

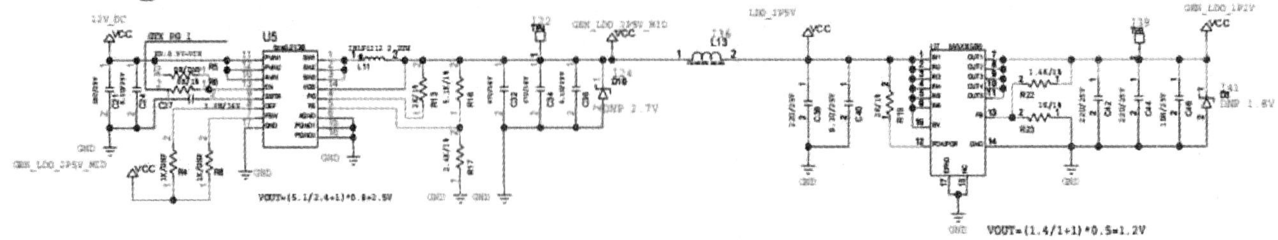

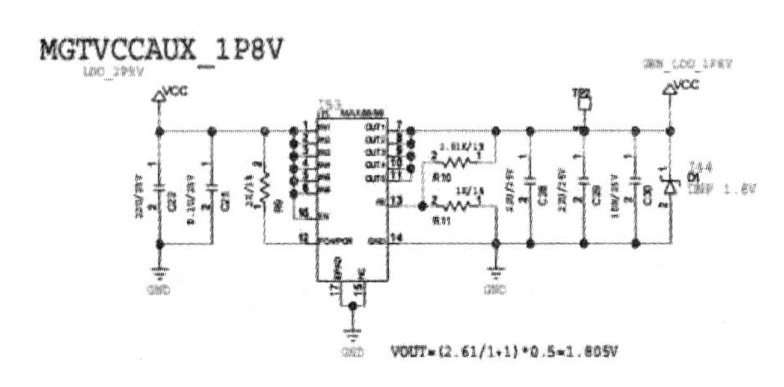

图3-4 4K DMD驱动板电源部分原理图(2)

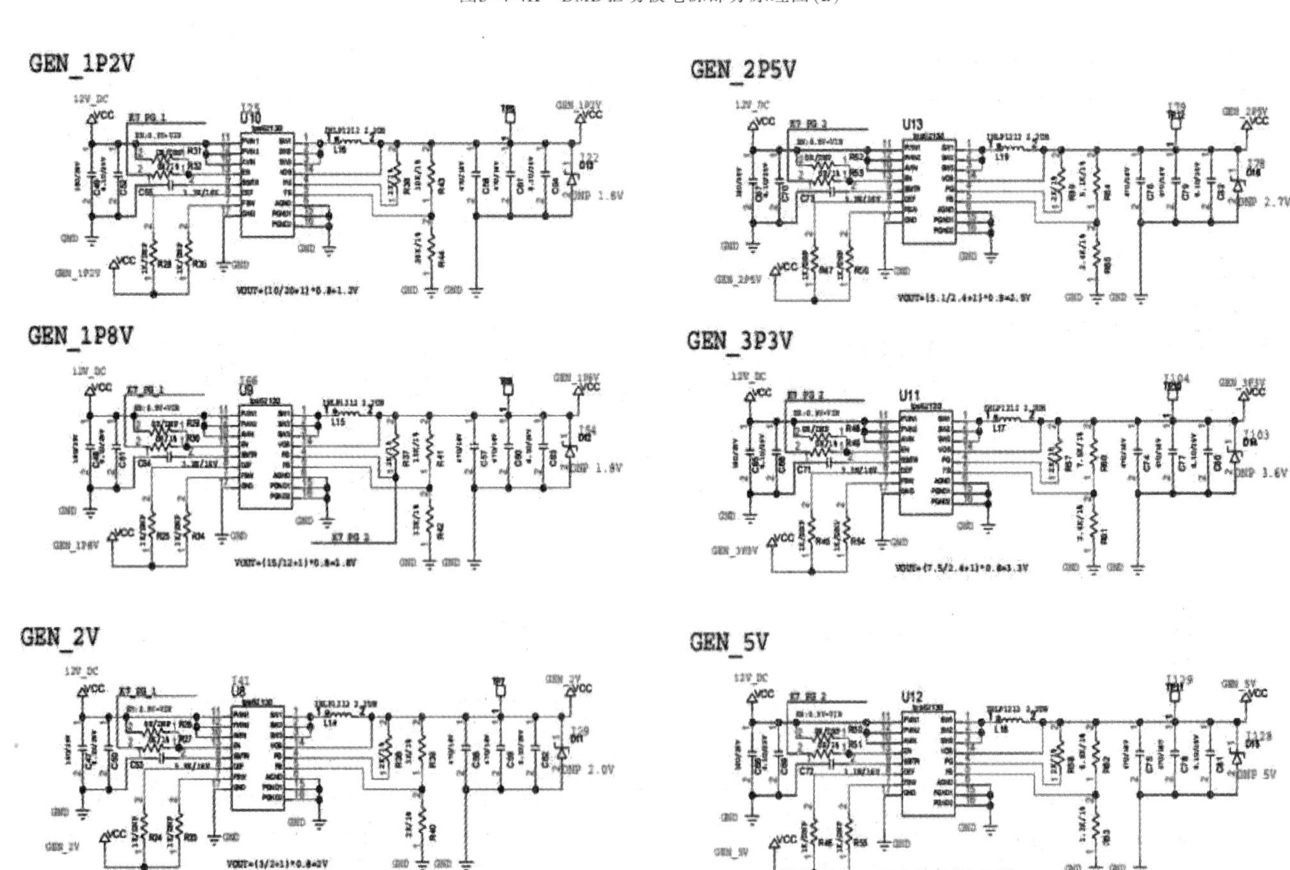

图3-5 4K DMD驱动板电源部分原理图(3)

3.1.3 4K DMD驱动板光学外设部分原理图

4K DMD驱动光学外设部分包括色轮接口、激光光源接口、振镜接口、UHP灯控制接口等。

色轮接口包括荧光轮驱动与色轮驱动。本系统使用两片A8904电

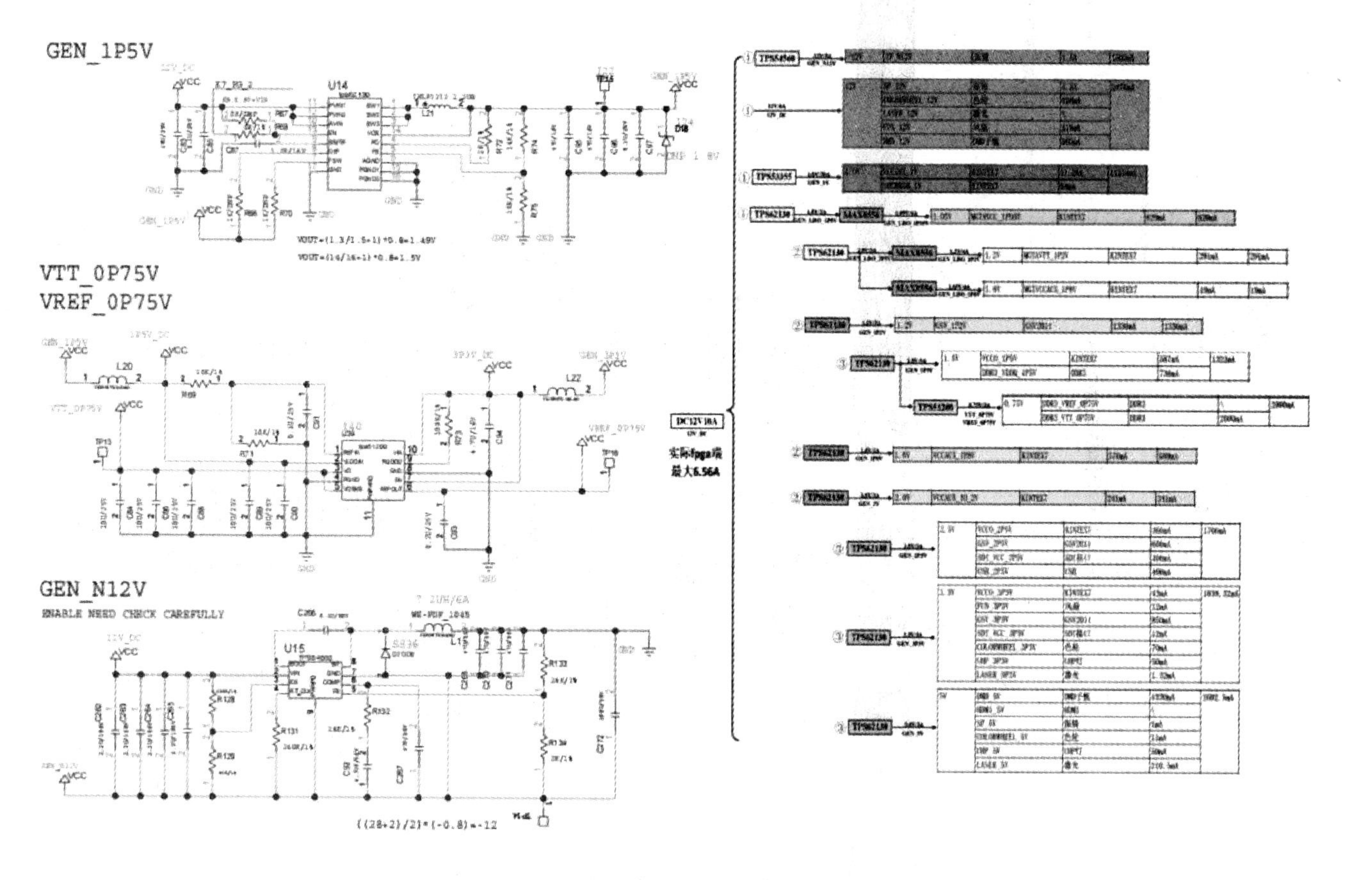

图3-6 4K　DMD驱动板电源部分原理图(4)

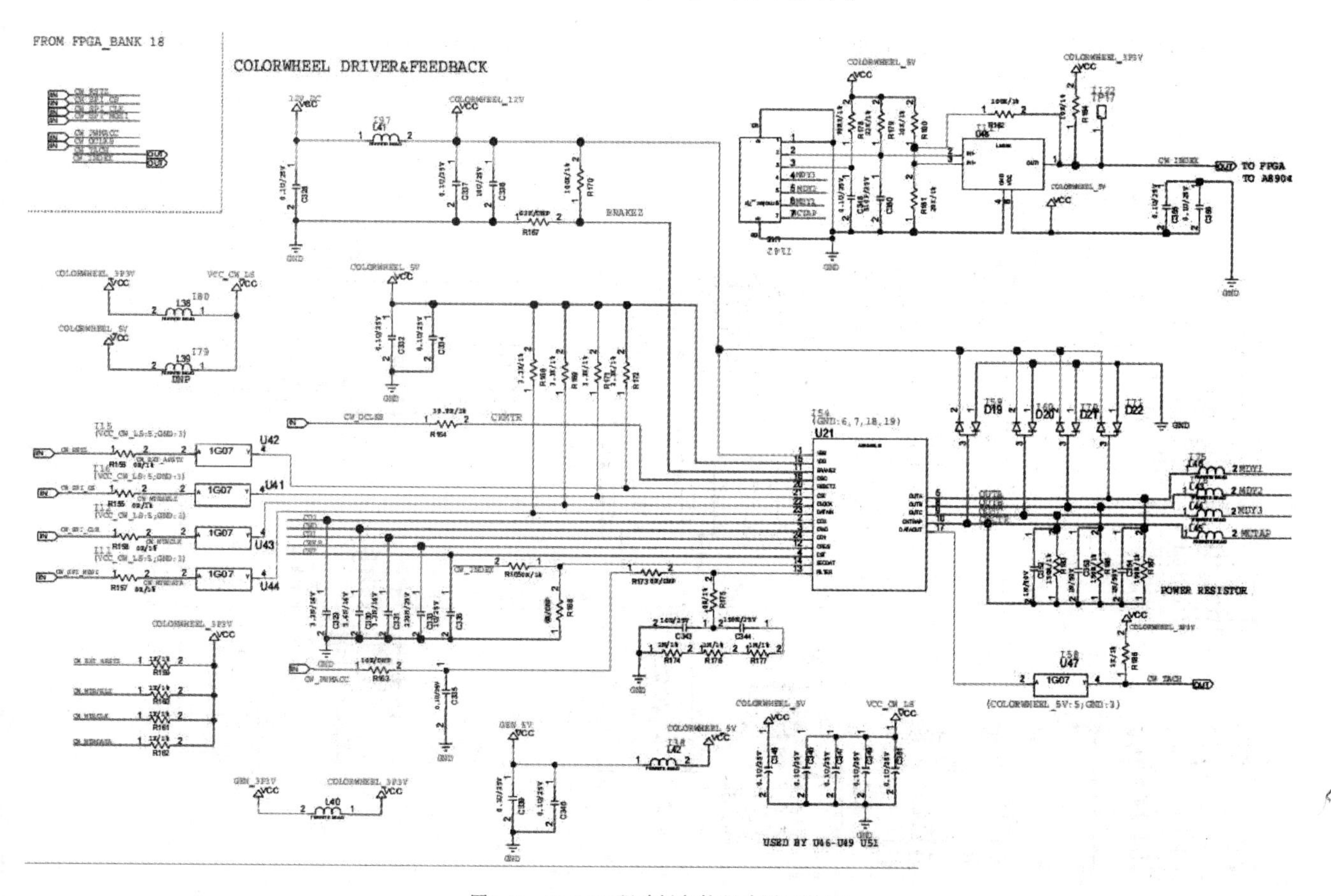

图3-7　4K DMD驱动板色轮驱动原理图(1)

机驱动芯片进行控制;色轮反馈方面,使用LM393比较器稳定信号。色轮驱动相关电路如图3-7、3-8所示。

光源部分供电涉及高电压大电流，因此本系统仅处理激光、UHP灯的控制信号,不进行供电;振镜接口部分采用DAC芯片与放大器进行

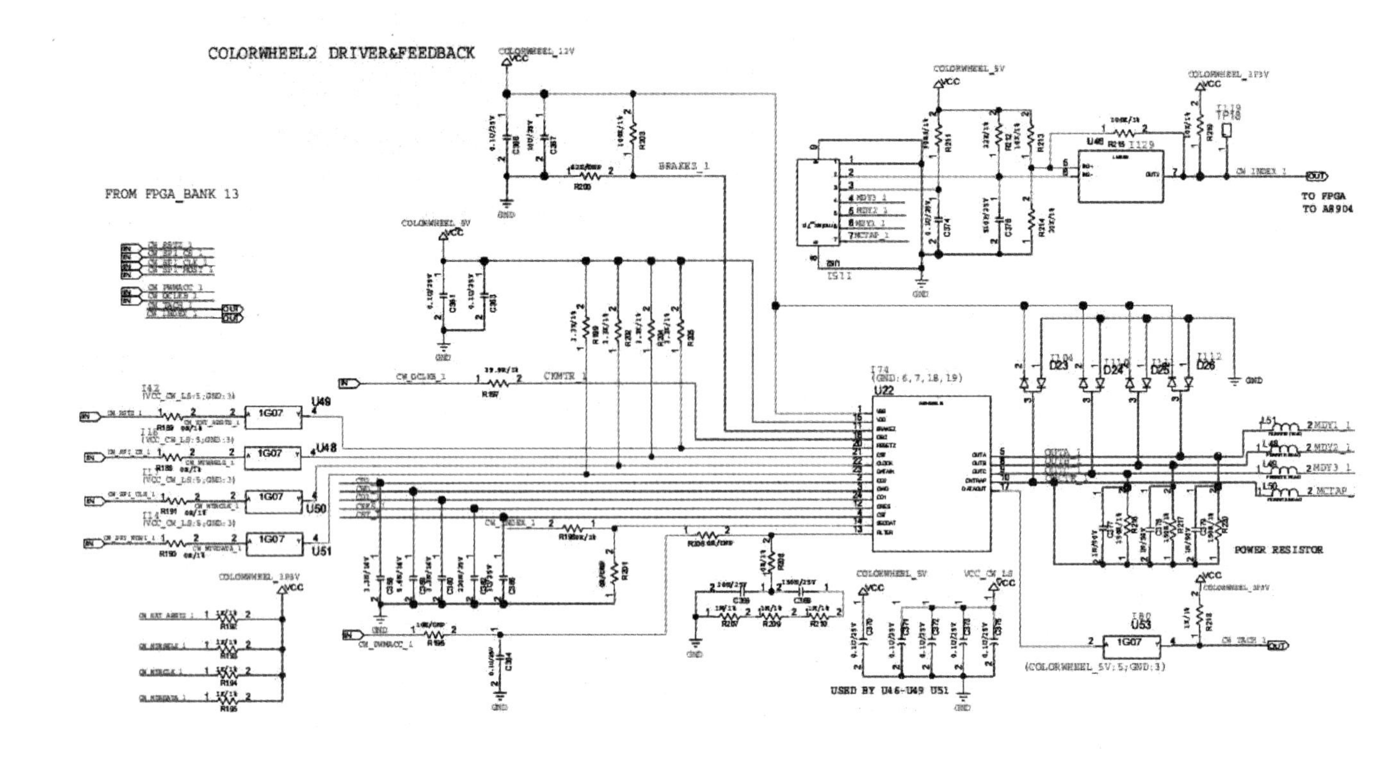

图3-8 4K DMD驱动板色轮驱动原理图(2)

FPGA数字信号的模拟转换与放大。激光、振镜、UHP灯控制电路分别如如图3-9、图3-10、图3-11、图3-12 所示。

3.1.3 子母板LVDS接口原理图

图3-13至图3-15为 4K DMD驱动板接口部分,3-16为子板接口部

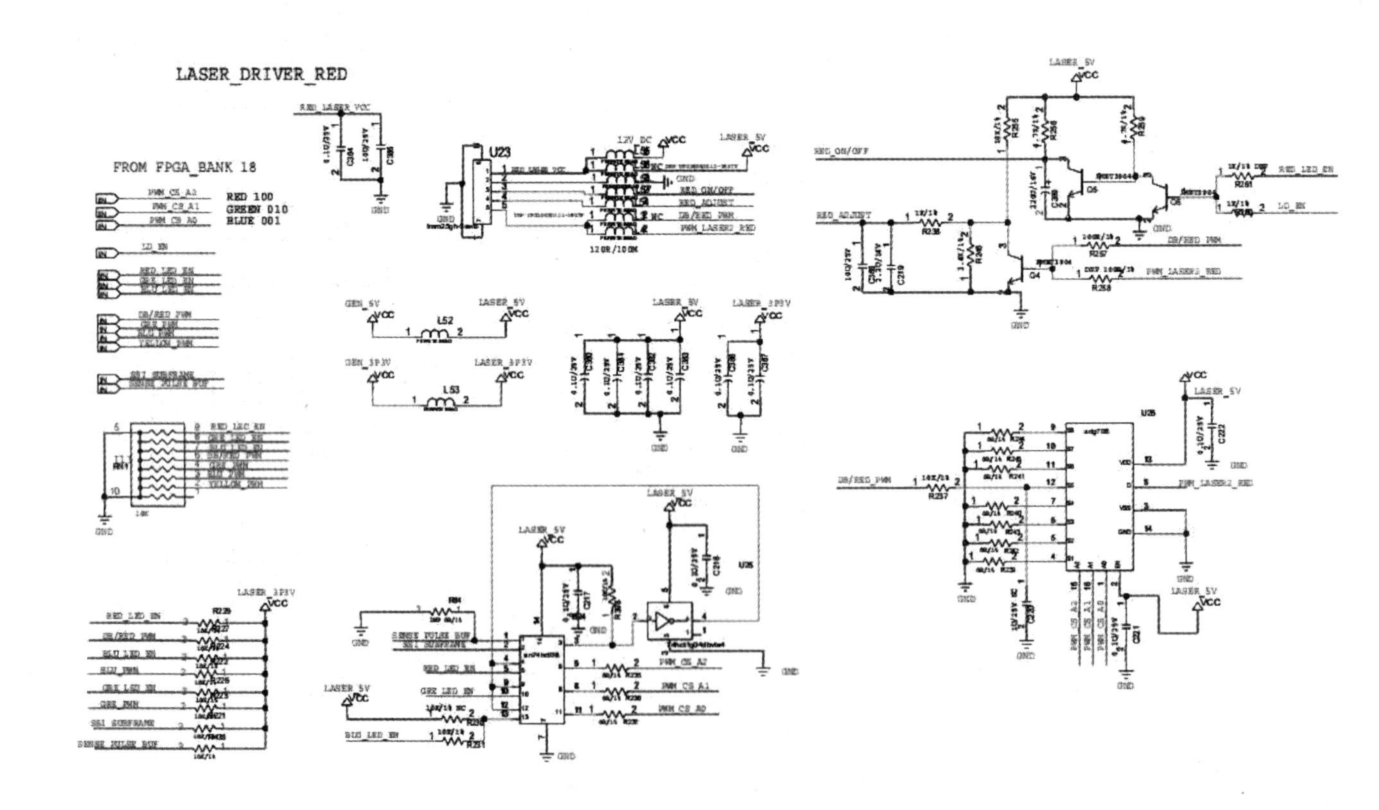

图 3-9 4K DMD 驱动板激光部分原理图(1)

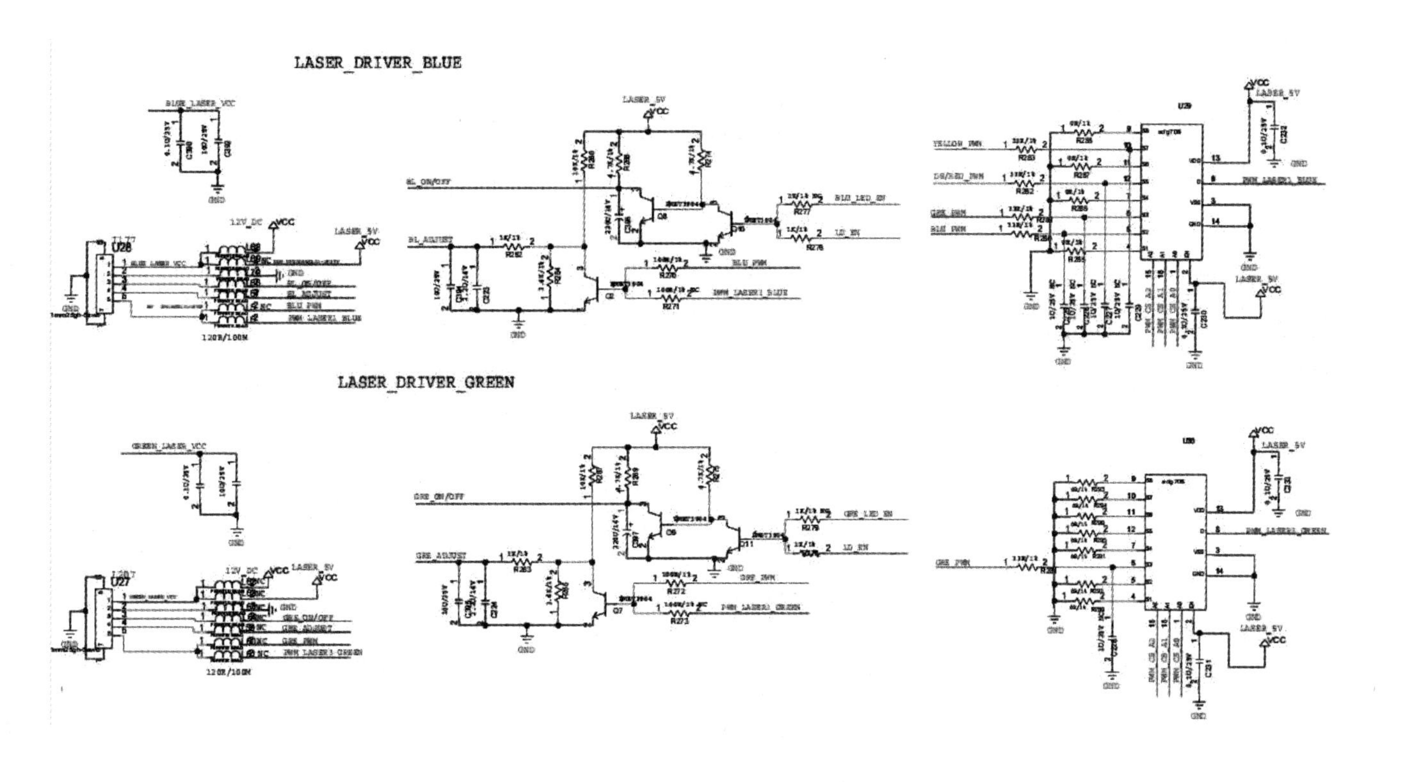

图 3-10　4K DMD驱动板激光部分原理图(2)

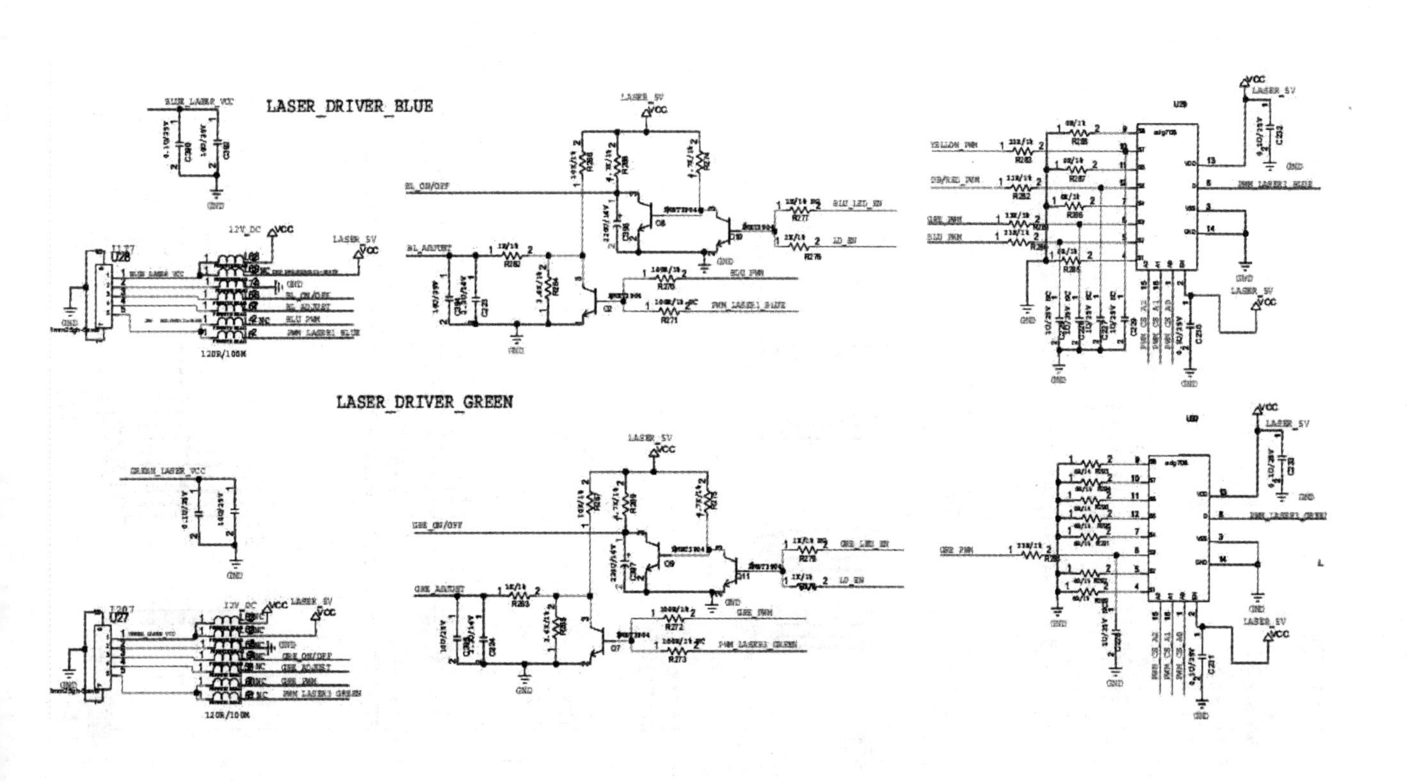

图 3-11　4K DMD驱动板振镜部分原理图

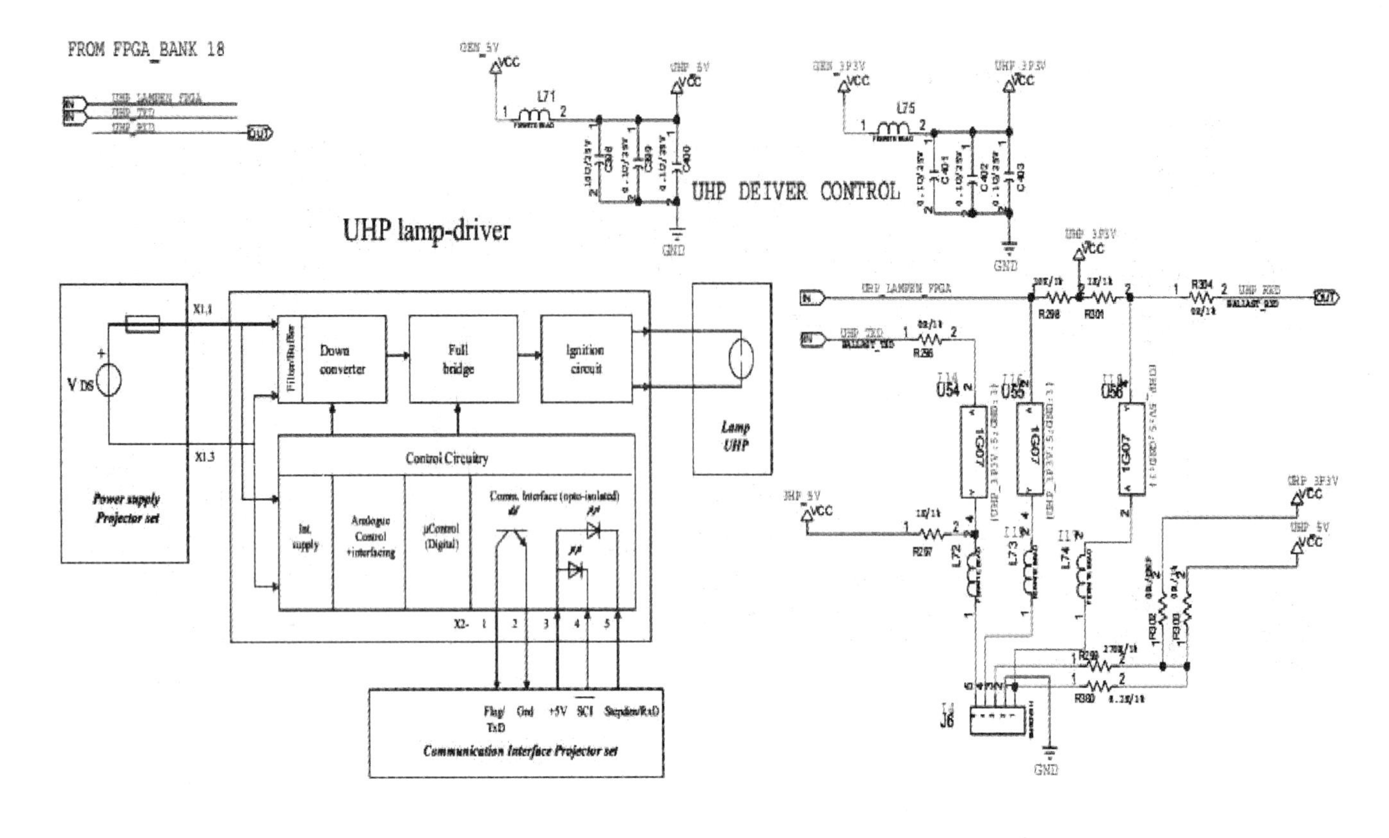

图 3-12　4K DMD驱动板UHP灯部分原理

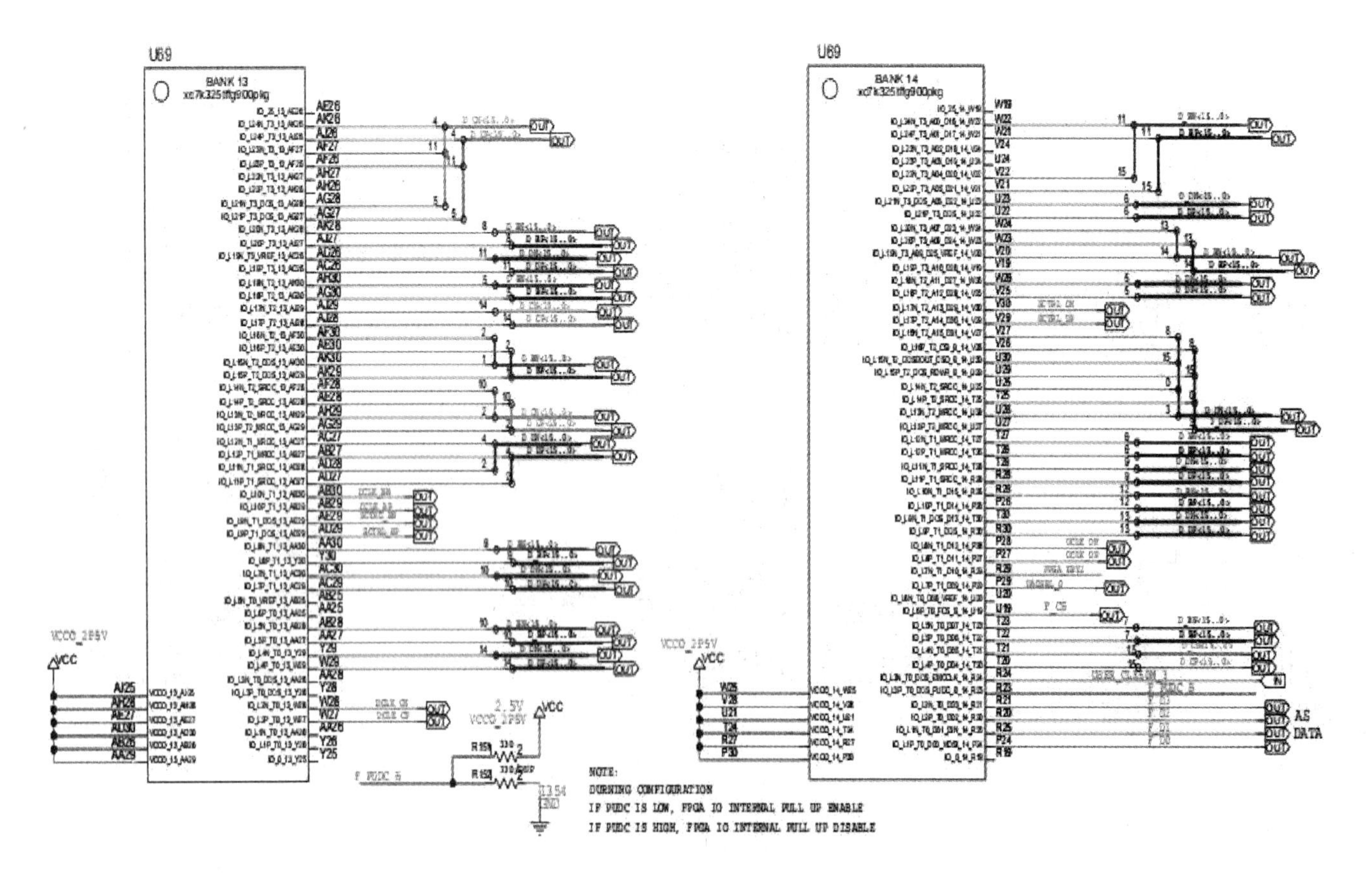

图3-13　4K DMD驱动板LVDS接口原理图(1)

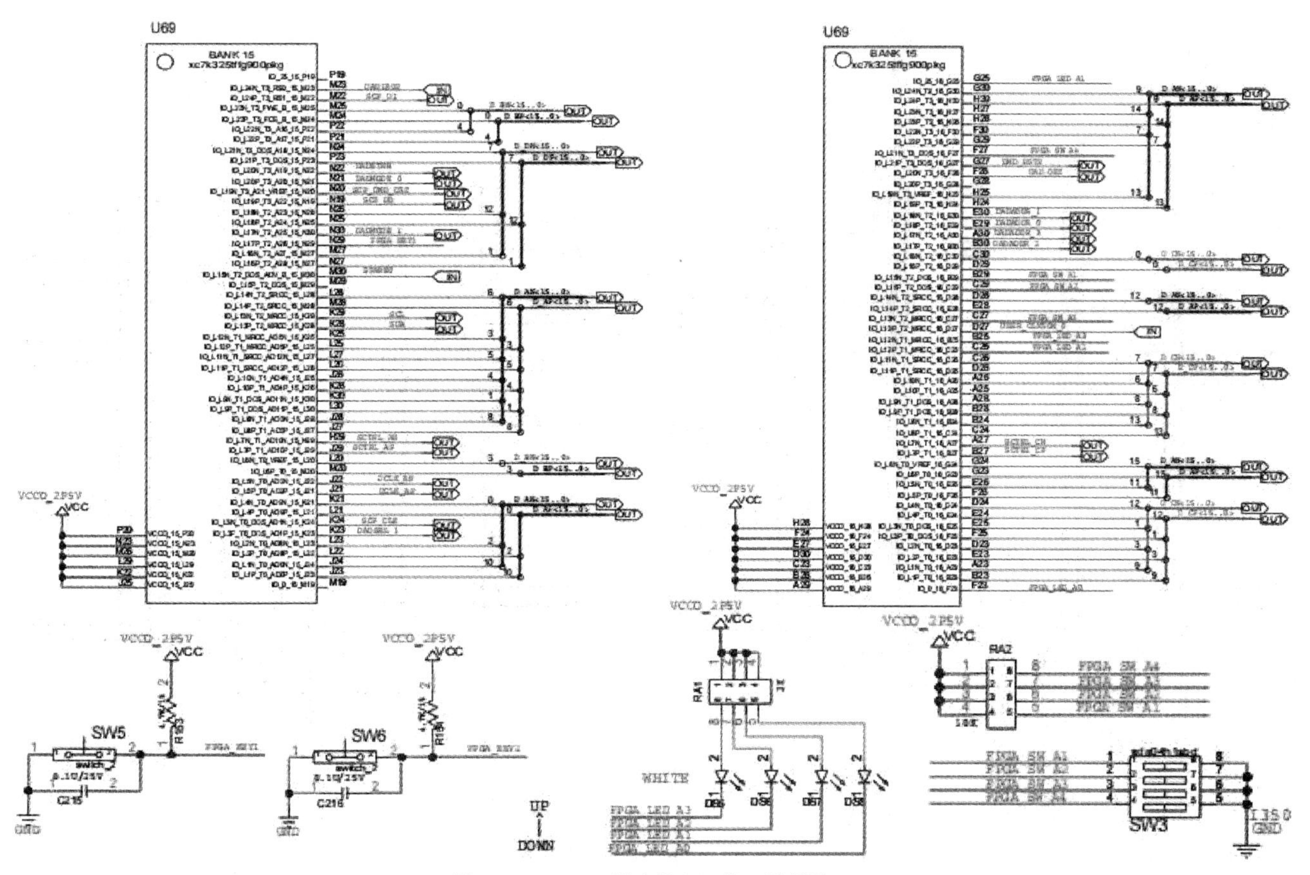

图3-14　4K DMD驱动板LVDS接口原理图(2)

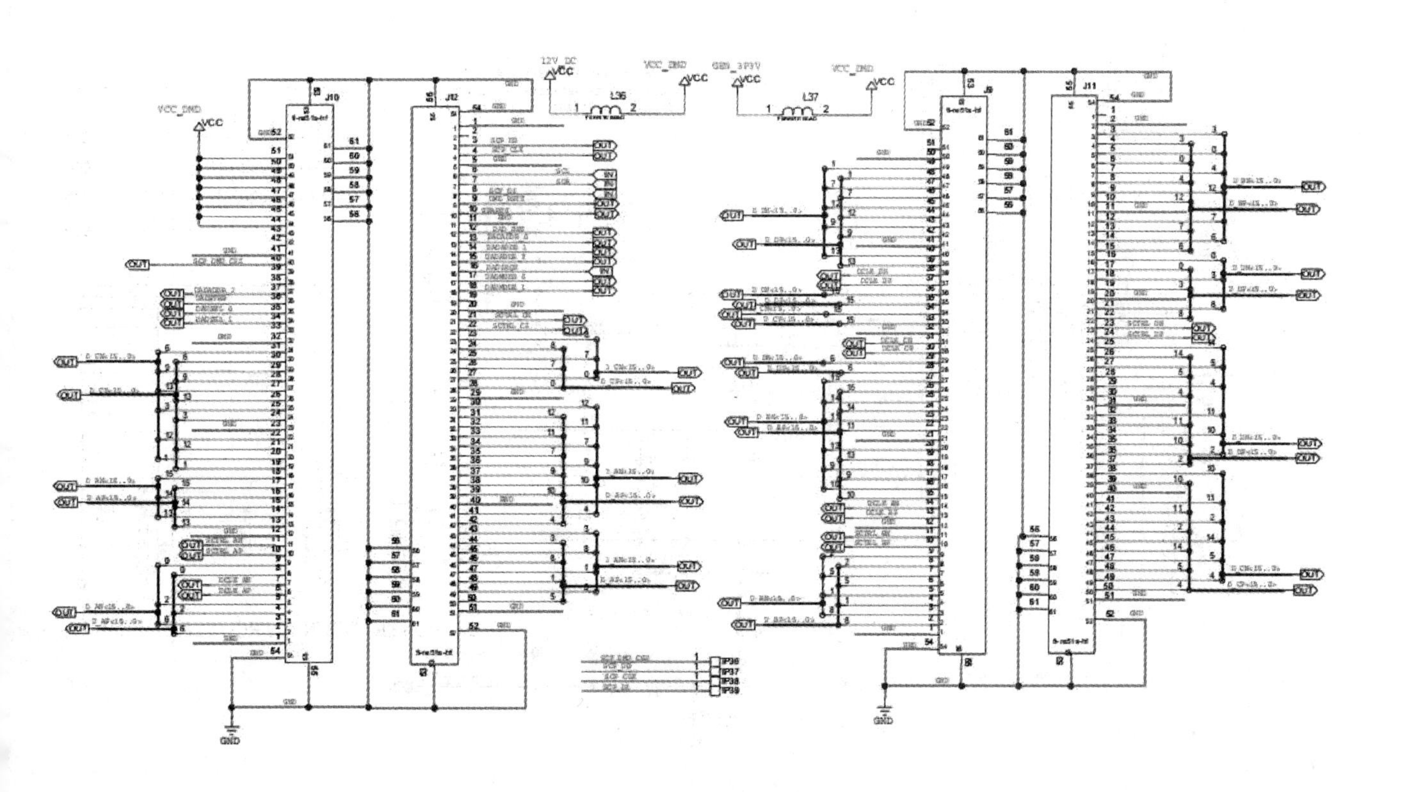

图3-15　4K DMD驱动板LVDS接口原理图(3)

分。本系统中共连接72对差分对。

同时通过更换磁珠,支持两种驱动板对子板的供电电压,分别为12V与 3.3V。

3.1.5 子板电源设计

数字微镜子板使用两种电源芯片：分别为TI公司的TPS62130、TPS65145。设计5种供电电压为整个系统供电。供电电压最低-14V,最

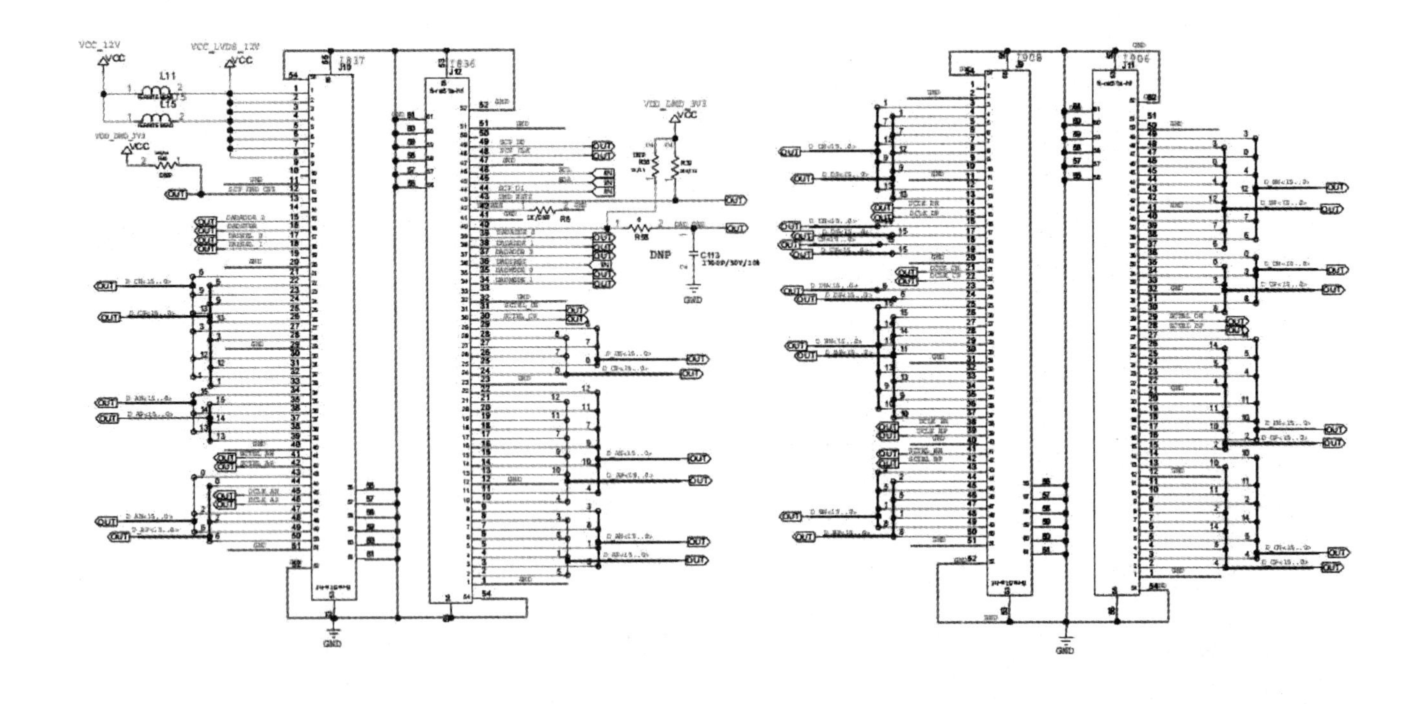

图3-16　数字微镜子板LVDS接口部分原理图

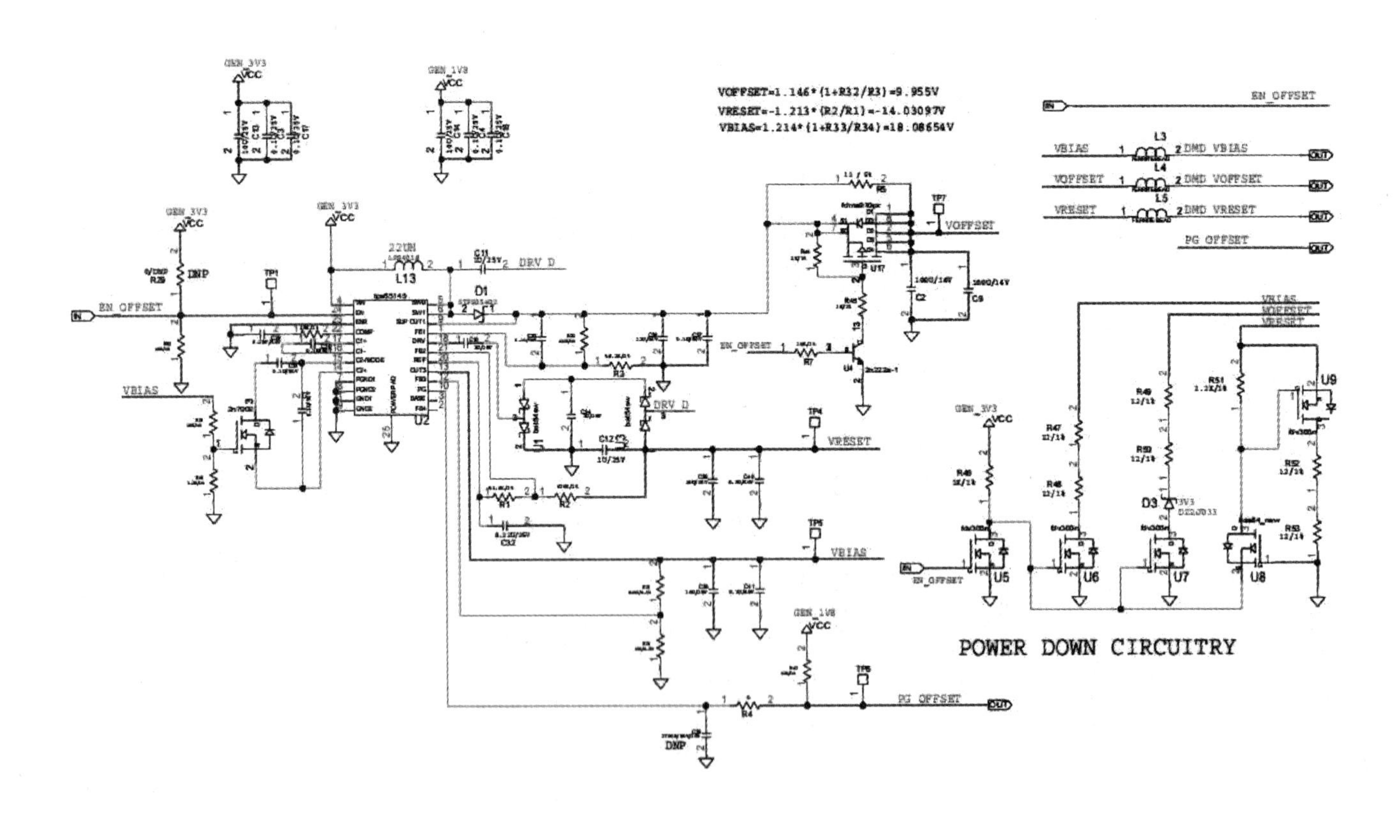

图3-17　数字微镜子板TPS65145电源部分原理图

高18V。

·TPS62130将输入的12V电压转为3.3V为TPS65145供电。

·TPS65145为数字微镜芯片提供三路供电电压[17]，如图3-17所示。

3.2 硬件PCB设计

3.2.1 4K DMD 驱动板

4K DMD驱动板布局之初，根据投影光机中各个光学元件的位置，

表3-2　4K DMD驱动板叠层结构

Layer index	Layer name
	Silk screen top
	Solder mask top
L1	TOP
L2	GND_1
L3	SIGNAL_1
L4	SIGNAL_2
L5	GND_2
L6	POWER
L7	SIGNAL_3
L8	SIGNAL_4
L9	GND_3
L10	BOTTOM
	Solder mask bottom
	Silk screen bottom
	OUTLINE

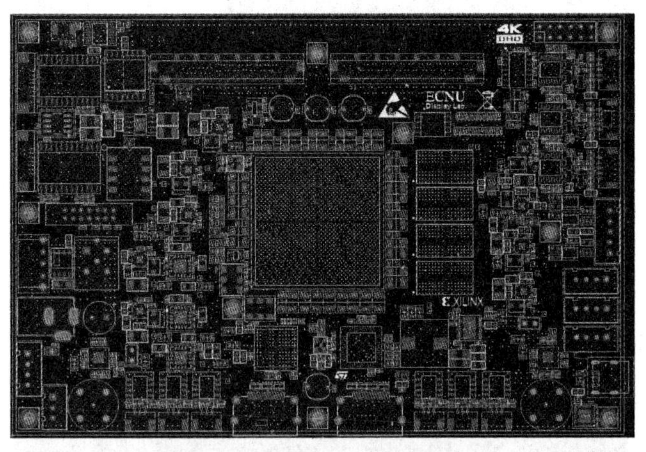

图3-18　4K DMD驱动板PCB布局图

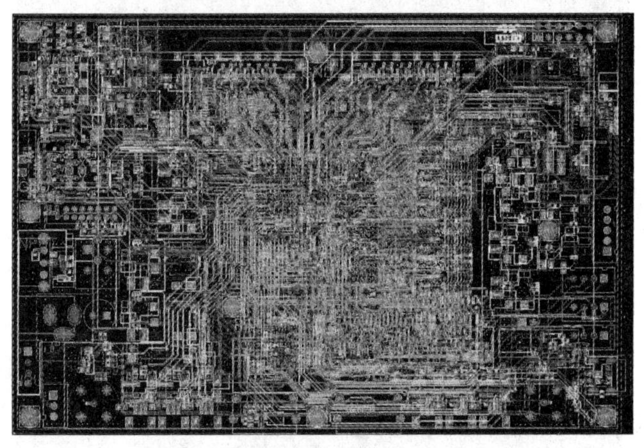

图3-19　4K DMD驱动板的PCB布线图

确定板上包括色轮、振镜、激光在内的光学接口的方向与位置。根据原理图设计时所包含的元件数量以及体积，确定元件大致布局以及电路板的尺寸大小。综合电路板面积成本、散热、子板更换便捷性、多块母板级联以及电路美观性方面，4K DMD驱动板布局如下图3-18所示。板子大小为：151.9mm*102.2mm。

4K DMD驱动板的PCB设计十分复杂，对电源完整性、信号完整性以及电磁兼容性均提出了较高要求。板上一共有16种供电电压，需要考虑整体电源的稳定性以及电流驱动力；板上有众多高速接口和高速信号需要完整的参考平面以及回流路径。因此要对设计完成的PCB进行仿真测试[18]，如图3-19 所示。

3.2.1.1 高速数字系统叠层结构设计

4K DMD驱动板的PCB采用了10层PCB叠层结构如表3-2所示、叠层信息如表3-3所示，采用了对称的叠层结构，最大程度利用了地层作为参考平面，为保证信号层的信号完整性，PCB设计满足了3倍线宽原则，能够有效减少信号之间的串扰[19]。

3.2.1.2 高速信号线阻抗匹配设计

设计时为了满足高速信号的信号完整性，要进行阻抗匹配，通过仿真软件对各层之间的层间距、线宽以及线间距进行调整[20]，并与工厂沟通，最终阻抗如图3-20所示。

表3-3　4K DMD驱动板叠层信息

Customer Design				Olympic Proposal		
Layer		Type	Finish Thickness (mil)	Type	Finish Thickness (mil)	Dk
		Silkscreen				
		Solder Mask		Solder Mask	0.790	3.90
1	TOP	1 oz		0.33 oz + Plating	1.530	
		FR-4	2.9	Prepreg 1080x1	3.060	4.00
2	GND1	1 oz		1 oz	1.220	
		FR-4	4	Core 0.1mm	3.937	4.51
3	SIGNAL1	1 oz		1 oz	1.220	
		FR-4	11.7	Prepreg 1506X2	11.690	4.40
4	SIGNAL2	1 oz		1 oz	1.220	
		FR-4	4	Core 0.1mm	3.937	4.51
5	GND2	1 oz		1 oz	1.220	
		FR-4	4.11	Prepreg 2116X1	4.360	4.20
6	POWER	1 oz		1 oz	1.220	
		FR-4	4	Core 0.1mm	3.937	4.51
7	SIGNAL3	1 oz		1 oz	1.220	
		FR-4	11.7	Prepreg 1506X2	11.690	4.40
8	SIGNAL4	1 oz		1 oz	1.220	
		FR-4	4	Core 0.1mm	3.937	4.51
9	GND3	1 oz		1 oz	1.220	
		FR-4	2.9	Prepreg 1080x1	3.060	4.00
10	BOTTOM	1 oz		0.33 oz + Plating	1.530	
		Solder Mask		Solder Mask	0.790	3.90
		Silkscreen				
Total board thickness(1.6+/-0.16mm)					64.008	

Number	Subclass Name	单端40欧姆		单端50欧姆		差分80欧姆			差分90欧姆			差分100欧姆		
		线宽（MIL）	距同层地平面铺铜距离（MIL）	线宽（MIL）	距同层地平面铺铜距离（MIL）	线宽（MIL）	线距（MIL）	距同层地平面铺铜距离（MIL）	线宽（MIL）	线距（MIL）	距同层地平面铺铜距离（MIL）	线宽（MIL）	线距（MIL）	距同层地平面铺铜距离（MIL）
L1	TOP	7.1	4.0	4.6	4.0	4.9	4.1	4.0	4.4	5.6	4.0	3.7	7.3	4.0
L2	GND1													
L3	SIGNAL1	6.8	4.0	4.2	4.0	4.4	4.6	4.0	3.8	6.2	4.0	3.0	7.0	4.0
L4	SIGNAL2	6.8	4.0	4.2	4.0	4.4	4.6	4.0	3.8	6.2	4.0	3.0	7.0	4.0
L5	GND2													
L6	POWER													
L7	SIGNAL3	6.8	4.0	4.2	4.0	4.4	4.6	4.0	3.8	6.2	4.0	3.0	7.0	4.0
L8	SIGNAL4	6.8	4.0	4.2	4.0	4.4	4.6	4.0	3.8	6.2	4.0	3.0	7.0	4.0
L9	GND3													
L10	BOTTOM	7.1	4.0	4.6	4.0	4.9	4.1	4.0	4.4	5.6	4.0	3.7	7.3	4.0

图3-20　4K DMD驱动板阻抗设置图

3.2.1.3 DDR3拓扑结构与仿真

DDR3地址与控制信号的PCB Layout采用 Fly-by方式，由于地址与控制信号Fly-by需要同时连接多个DRAM，电容负载较大，需要加大驱动能力以保障最大的数据速率，因此需要降低驱动阻抗。由于阻抗匹配的需要，DDR3部分同样降低特征阻抗。

为使高速信号的时序延迟满足芯片手册的需求，同时考虑PCB工厂制作时的工艺误差。本系统控制组内数据信号时延小于1ps，控制地址、控制和时钟信号间时延小于10ps，差分对组内误差控制在2mil内，并采用最高速率为2133Mbps的DDR3存储颗粒MT41J128M16JT-93K镡21爆。DDR3中组内信号时延要求与系统设计约束如表3-4 所示。

表3-4 DDR3信号线时延控制

信号分类	信号名称	时延要求	实际等长控制
数据信号	DQ、DM 和 DQS	±18ps	±5mil
地址信号 控制信号 时钟信号	A[13:0]、BA[2:0]、CLK/CLK#、CKE、CS#、ODT、RAS#、CAS#、WE#和 RESET#	±35ps	±50mil
数据差分信号	DQS/DQS#	±2ps	±2mil
时钟差分信号	CLK/CLK#	±2ps	±1mil

通过蛇形走线控制信号线时延，其中内层高速信号布线如图3-21所示。

3.2.1.4 高速数字系统电源平面分割

4K DMD驱动板上含有16路不同电压的电源，对FPGA系统各BANK的电压和各外设模块的电压又做了细分，最终的电源层分割如图3-22所示，可见电源层分割完整，可以为信号线提供完整的参考平面，为高速信号线提供了信号回流路径，保证了高速信号的信号完整性。

如图3-23，对传输路径较长的3.3V电源电压进行直流压降IR Drop仿真与电源阻抗仿真，仿真结果满足要求。

3.2.2 数字微镜子板

数字微镜子板配合4K DMD驱动板进行投影。考虑子板与驱动板连接，以及在投影仪中的具体安装位置，子板采用10层电路板的设计方案，板子尺寸为101.2mm*81.7mm，元器件集中放置在子板TOP层；共

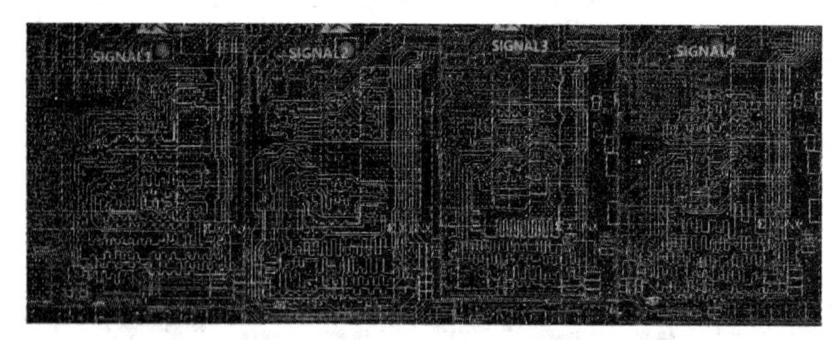

图3-21 4K DMD驱动板FPGA FLY-BY拓扑结构走线图

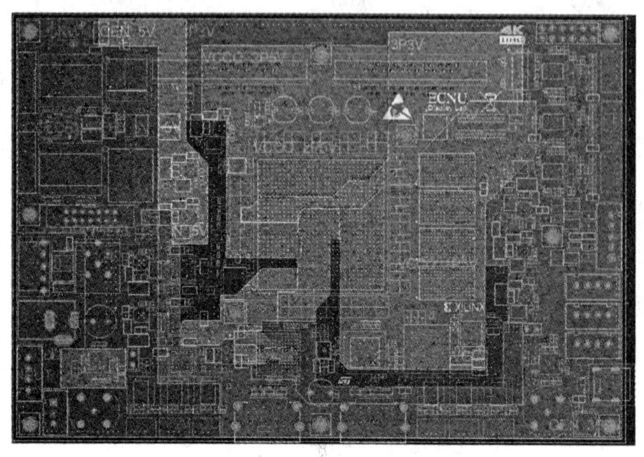

图3-22 4K DMD驱动板电源平面分割图

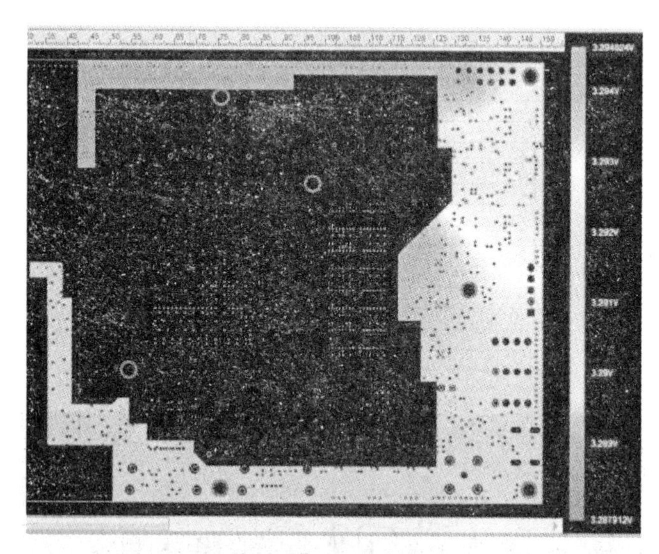

图3-23 3.3V电压IR Drop仿真图

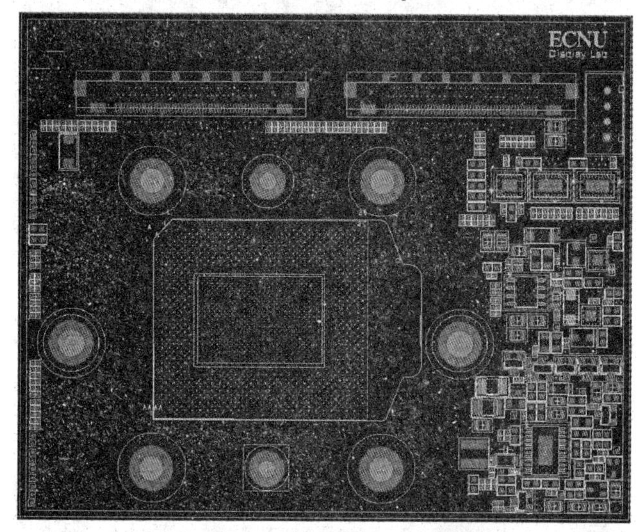

图3-24 数字微镜子板PCB布局图

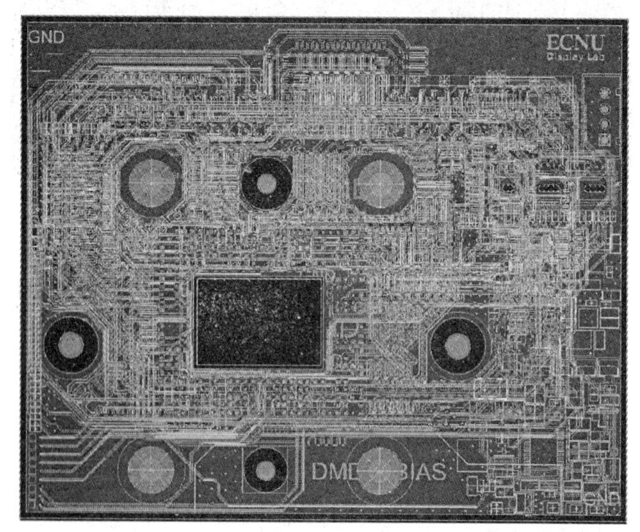

图3-25 数字微镜子板PCB布线图

包含255个元件，293个网络以及912条连接线。

为方便测试，数字微镜子板上留有20个测试点，包括数字微镜芯片16个Block 上的电压时序，以及4个芯片自带的地址、数据测试输出等，如图3-24所示。

子板设计相较4K DMD驱动板而言较为简单，但仍有72对 LVDS高速信号等时延的要求，如图3-25所示。

表3-5　数字微镜子板叠层结构

Layer index	Layer name
	Silk screen top
	Solder mask top
L1	TOP
L2	GND_1
L3	SIGNAL_1
L4	SIGNAL_2
L5	POWER_1
L6	GND_2
L7	SIGNAL_3
L8	SIGNAL_4
L9	POWER_2
L10	BOTTOM
	Solder mask bottom
	Silk screen bottom
	OUTLINE

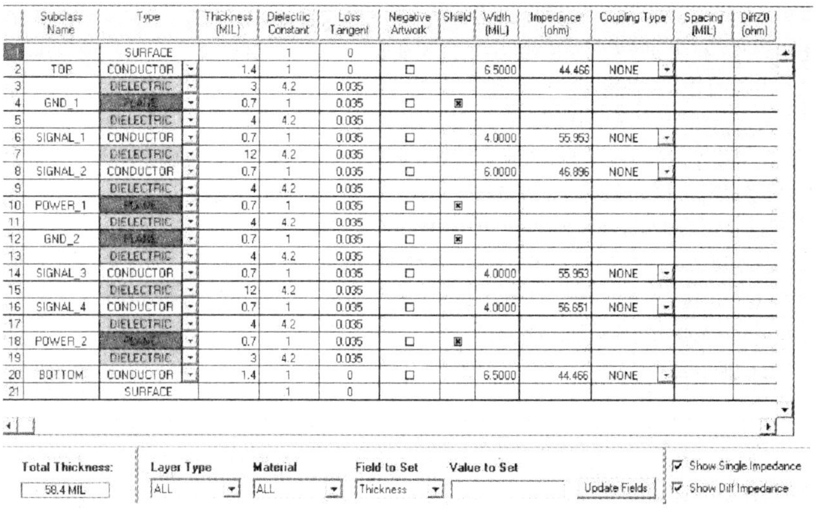

3.2.2.1 叠层结构设计

由于本系统选用光机的特殊性，子板上的元件只能放置在TOP层，同时为固定子板与散热器，需要在芯片周围放置8个尺寸较大的定位孔，布局走线难度大。800M速率的LVDS差分对，对信号完整性要求高。因此数字微镜子板的PCB采用10层PCB叠层结构设计（图3-26），具体设计结构如表3-5 所示。

3.2.2.2 阻抗匹配设计

设计时为了满足高速信号的信号完整性，要进行阻抗匹配。子板上共有共涉及两种阻抗匹配（图3-27），分别是单端50欧姆与差分100欧姆。

3.2.2.3 电源平面设计

数字微镜子板叠层设计时留有两层电源平面，对子板的各路电源进行电源层分割，最终如图3-28、3-29 所示。

	Subclass Name	Type	Thickness (MIL)	Dielectric Constant	Loss Tangent	Negative Artwork	Shield	Width (MIL)	Impedance (ohm)	Coupling Type	Spacing (MIL)	DiffZ0 (ohm)
1		SURFACE		1	0							
2	TOP	CONDUCTOR	1.4	1	0	☐		6.5000	44.466	NONE		
3		DIELECTRIC	3	4.2	0.035							
4	GND_1	PLANE	0.7	1	0.035	☐	☒					
5		DIELECTRIC	4	4.2	0.035							
6	SIGNAL_1	CONDUCTOR	0.7	1	0.035	☐		4.0000	55.953	NONE		
7		DIELECTRIC	12	4.2	0.035							
8	SIGNAL_2	CONDUCTOR	0.7	1	0.035	☐		6.0000	46.896	NONE		
9		DIELECTRIC	4	4.2	0.035							
10	POWER_1	PLANE	0.7	1	0.035	☐	☒					
11		DIELECTRIC	4	4.2	0.035							
12	GND_2	PLANE	0.7	1	0.035	☐	☒					
13		DIELECTRIC	4	4.2	0.035							
14	SIGNAL_3	CONDUCTOR	0.7	1	0.035	☐		4.0000	55.953	NONE		
15		DIELECTRIC	12	4.2	0.035							
16	SIGNAL_4	CONDUCTOR	0.7	1	0.035	☐		4.0000	56.651	NONE		
17		DIELECTRIC	4	4.2	0.035							
18	POWER_2	PLANE	0.7	1	0.035	☐	☒					
19		DIELECTRIC	3	4.2	0.035							
20	BOTTOM	CONDUCTOR	1.4	1	0	☐		6.5000	44.466	NONE		
21		SURFACE		1	0							

Total Thickness: 58.4 MIL　Layer Type: ALL　Material: ALL　Field to Set: Thickness　Value to Set:　Update Fields　☑ Show Single Impedance　☑ Show Diff Impedance

图3-26　数字微镜子板叠层信息

图3-27　数字微镜子板阻抗设置图

Number	Subclass Name	单端50欧姆		差分100欧姆		
		线宽(MIL)	距同层地平面铺铜距离(MIL)	线宽(MIL)	线距(MIL)	距同层地平面铺铜距离(MIL)
L1	TOP	5.0	4.0	4.4	8.0	4.0
L2	GND1					
L3	SIGNAL1	3.8	4.0	3.2	8.0	4.0
L4	SIGNAL2	4.5	4.0	3.7	8.0	4.0
L5	POWER1					
L6	GND2					
L7	SIGNAL3	3.8	4.0	3.2	8.0	4.0
L8	SIGNAL4	4.5	4.0	3.7	8.0	4.0
L9	POWER2					
L10	BOTTOM	5.0	4.0	4.4	8.0	4.0

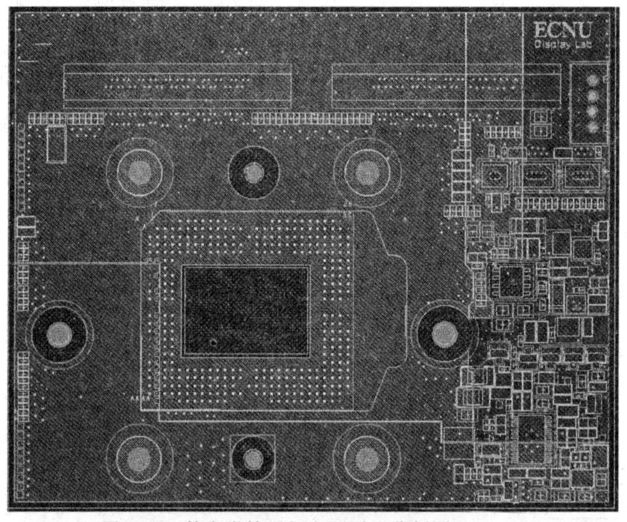

图3-28　数字微镜子板电源平面分割图(1)

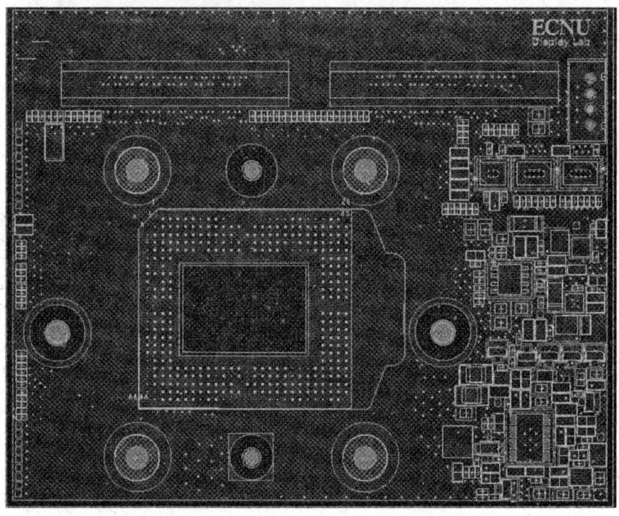

图3-29　数字微镜子板电源平面分割图(2)

四、驱动设计与数据处理流程

4.1 总体架构

4K DMD驱动板的系统框图如图所示，视频输入、DMD驱动单元、光机电协同控制、视频格式转换等均在Kintex7芯片上进行实现。系统框图如图4-1所示。

其中，视频处理单元主要实现视频格式转换、亮度对比度调整、颜色空间转换和图像锐化等模块；DMD驱动单元主要实现视频图像比特面转换、数字微镜PWM数据交织算法和数字微镜时序驱

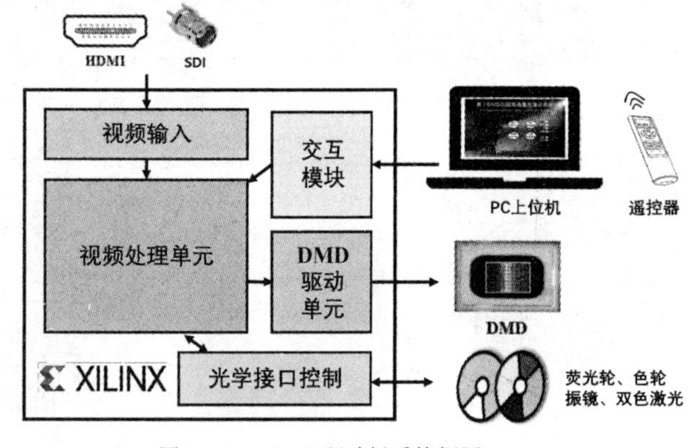

图4-1　4K DMD驱动板系统框图

动等功能模块；交互模块主要实现遥控器与上位机的交互通信；光机电协同控制模块负责实现双色轮、双激光、振镜等光学器件的驱动以及与DMD投影时序的同步。

视频由HDMI接口与SDI接口输入，首先经过颜色空间转换、亮度对比度调整等视频前端处理后，送入视频格式转换单元。该模块输出的2716*1528分辨率的数据流，依次流过DMD驱动单元中的视频图像比特面转换、数字微镜PWM数据交织算法、DMD驱动等模块。在数据流流经DMD驱动单元模块时，光机电协同控制模块同时控制色轮、激光与振镜接口，接受色轮反馈并与DMD驱动单元进行时序对齐。4K DMD驱动板上视频数据流图如图4-2所示。

4.2 视频处理单元

4.2.1 视频格式转换单元

数字微镜芯片为2716*1528分辨率，即DMD芯片上横向纵向的像素点分别为原始数据的 $\frac{1}{\sqrt{2}}$ 倍。投影中，真实分辨率为达到3840*2160，需要配合振镜，将DMD输出的前后两帧2716*1528的图像进行不同的角度偏移，从而拼合成3840*2160分辨率。以两帧3*3像素的图像拼合为一幅18个像素的投影图像为例，示意图4-3如图所示。

视频输入数据为3840*2160@60Hz，需要转换为2716*1528@120Hz。本图像格式转换单元中，由一帧3840*2160的图像所生成的前后两帧2716*1528分辨率的图像命名为图像A与图像B。而由于视频行、列均需要插值再重采样，只有当一帧3840*2160的图像传输完成后，图像A与图像B才可以插值完成。而Kintex7自带RAM空间不能容纳整一帧的RGBY图像数据缓存，因此本视频格式转换单元将每次生成的图像A与图像B中的行数据一同送出到后级电路进行处理，即每生成一行，就同时送出。

在本视频格式转换单元中，将插好值的5432*3056分辨率的图像，重采样为图像A与B；图像A的坐标点为(2n-1,2m-1)，m、n为大于1的整数；图像B的坐标点为(2r，2s)，r、s为大于0的整数；图像A中坐标点(2n-1,2m-1)的像素值，为坐标点(2n-1,2m-1)、(2n-1,2m+1)、(2n+1,2m-1)、(2n+1,2m+1)的像素值求和取平均；图像B中坐标点(2r，2s)的像素值，为坐标点(2r-1,2q-1)、(2r-1,2s+1)、(2r+1,2s-1)、(2r+1,2s+1)的像素值求平均。逐个像素点计算，得到图像A、图像B两帧相异的2716*1528的图像。

4.2.2 色域空间转换

本作品选用YCbCr-RGB HDTV标准的转换公式。

$$\begin{bmatrix} Y \\ Cb \\ Cr \end{bmatrix} = \begin{bmatrix} 0.183 & 0.614 & 0.062 \\ -0.101 & -0.338 & 0.439 \\ 0.439 & -0.399 & -0.04 \end{bmatrix} \begin{bmatrix} R \\ G \\ B \end{bmatrix} + \begin{bmatrix} 16 \\ 128 \\ 128 \end{bmatrix}$$

$$\begin{bmatrix} R \\ G \\ B \end{bmatrix} = \begin{bmatrix} 1.164 & 0 & 1.793 \\ 1.164 & -0.213 & -0.534 \\ 1.164 & 2.115 & 0 \end{bmatrix} \begin{bmatrix} Y \\ Cb \\ Cr \end{bmatrix} + \begin{bmatrix} -248.128 \\ 76.992 \\ -289.344 \end{bmatrix}$$

4.2.3 亮度对比度调整

在亮度与对比度调整时，在YCbCr色域对Y分量进行一次函数斜率与截距调整，即Y′= k*Y+b，其中k=contrast/128; b=brightness-256，则

Y′= (contrast/128)*Y + brightness-256。

硬件实现框图如图4-4所示，对每一个输入像素的Y分量先乘上对比度a，再加上亮度b，最后再进行限幅操作防止运算溢出。

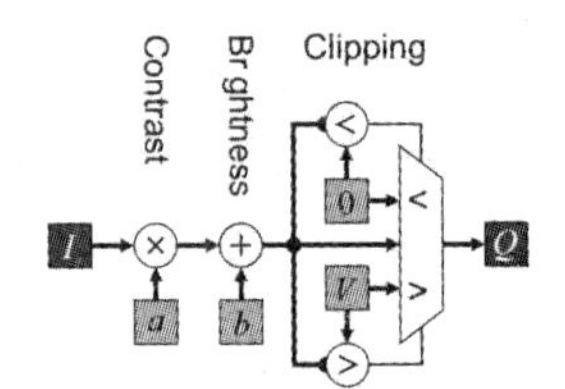

图4-4 亮度对比度调整硬件实现框图

4.2.4 图像锐化

图像锐化处理时，为节省存储和计算量，只对Y通道进行3×3窗口的拉普拉斯模板锐化，模板如下。

图像 $H_2 = \begin{bmatrix} 0 & -1 & 0 \\ -1 & 5 & -1 \\ 0 & -1 & 0 \end{bmatrix}$ [illegible]框图如图4-5所示，使用[illegible]器对输入视频数据进行级联流水缓存，每次进行一次模板操作，就得到一个锐化后的结果。

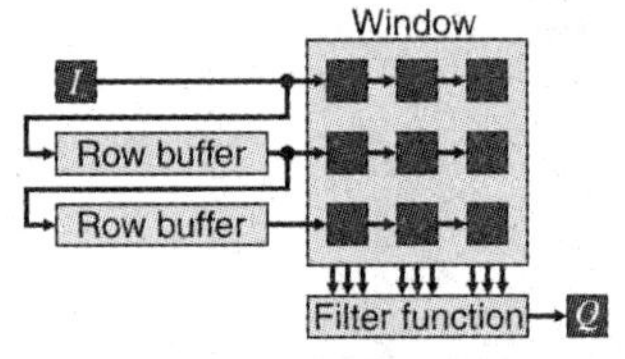

图4-5 图像锐化硬件实现框图

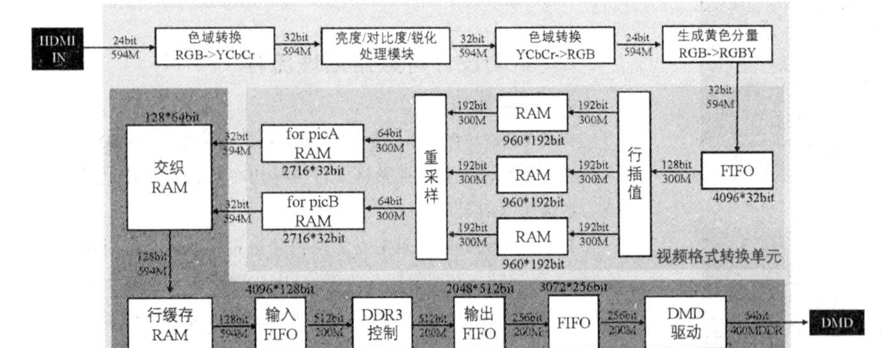

图4-2 4K DMD驱动板视频数据流图

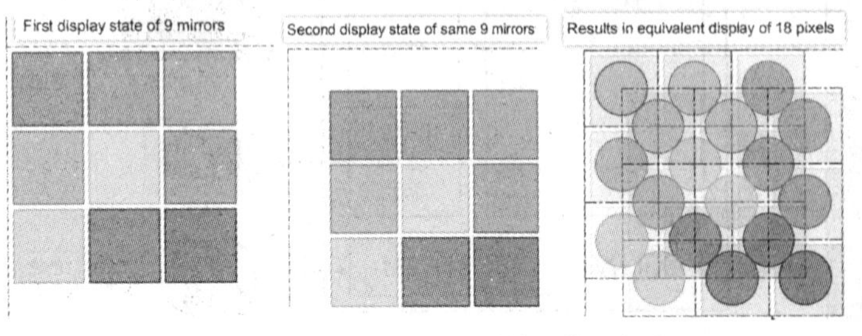

图4-3 拼合图像示意图

4.3 4kDMD 的驱动算法方案设计

4.3.1 数字微镜驱动算法

本算法采用分阶段复位时序解决峰值数据速率高的难点，将数字微镜器件在水平方向上进行分块，每个块可以被独立的载入数据和复位。本系统使用DLP660TE数字微镜芯片，分为16个Block，每个Block各100行。

本算法采用PWM数据交织算法解决伪轮廓噪声明显的问题，利用每个子场显示时间长短不一，并对子块内的子场显示顺序进行调整[2]。使每个子块的数据错时更新，这样每次载入的数据量大大减少，最小权重的子场显示时间也随之减小，可以显示的灰度精度就可得到提高，如图4-6所示。

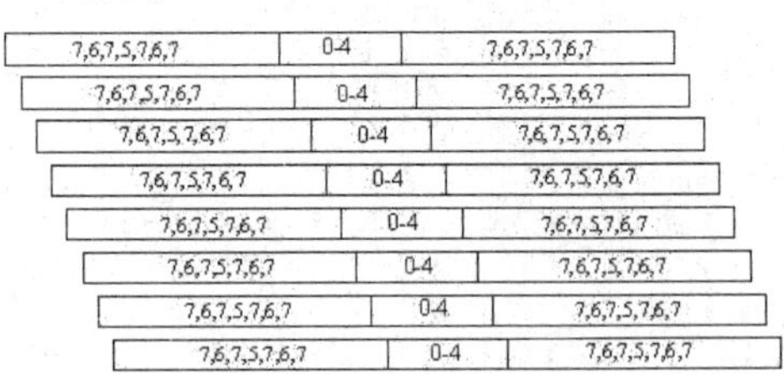

图4-6 PWM数据交织算法示意图

4.3.2 DMD驱动单元实现

DMD驱动单元基本框图如图4-7所示：包括交织RAM、行缓存RAM、DDR3控制器、DMD 时序驱动等模块。

1. 交织模块：

如图4-8所示，交织 RAM中，视频格式转换模块处理后生成的图像A、B以594M RGBY8888(红绿蓝黄各8bit颜色深度)的视频流输入到128*64bit的RAM中，行进列出。由于图像A、B的行数据同时输出，则一个像素点按照图像A的RGBY与图像B的 RGBY拼合为64bit颜色深度。每个像素的64bit颜色深度同时载入交织模块的一行，依次输入128个像素点，存满一个交织RAM。输出时128bit按列读出，共64列，写入到行缓存RAM的对应位置。由于64bit同时输入，只能使用reg搭建存储体，便于访问每一个bit。

如图4-9，行缓存RAM中数据以128bit位宽按列输入，以128bit位宽按行顺序读出，采用RAM资源构建行缓冲。由于Dlp660te芯片驱动的特殊性，每一行2716个像素的前后需要加上50bit的 0数据；同时为了便于从DDR3中读取数据，在像素的最后再添加256bit的0数据。即0-49和2816~3071的地址空间不写入数据，但会读出。这样一行数据为“50bit的0数据+2716bit视频数据+50bit的0数据+256bit的 0数据”，共3072bit，可以使DDR每次连续读写6次都是读写单行单比特面单色的数据(512bit*6=3072bit)；根据预先存入ROM中的PWM交织算法数据，从DDR3读取出来后，经过两级FIFO，直接载入载入到DMD。其中一级FIFO负责位宽转换，另一级 FIFO负责填充的256个 0比特数据的删除。

输入FIFO每次读写图像A与B的单行四色8比特面，即128*24*32*2 bits。FIFO 容量大小为两倍的单行数据容量，128*24*32*2*2 (128*3072)bits，所以设置为 128bit*4096。

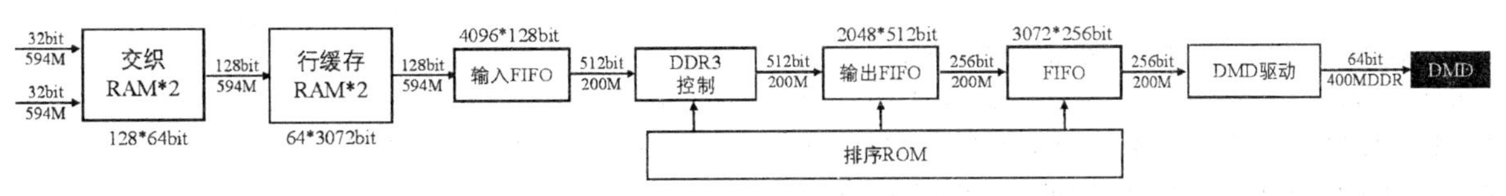

图4-7　DMD驱动单元基本框图

输出FIFO每次读写图像A或B的一个block(100行)单色单比特面，即512*6*100 bits，FIFO容量大小为两倍的单block数据容量，512*6*100*2 (512*1200)bits，设置为512bit*2048。

消除256个0比特填充数据的FIFO同样每次读写图像A或B的一个 block(100 行)单色单比特面，即256*12*100 bits，FIFO容量大小为两倍的单block数据容量，256*12*100*2 (256*2400)bits，设置为256bit*3072。

4.4 光机电协同控制方案

4.4.1 光机电协同控制总体方案设计

本系统中，需要协同控制双光源、双色轮、振镜与DMD芯片，在驱动各机械、光路、电路正常工作的情况下，控制各部分时序。使系统可以输出稳定光源并投影出颜色正确的画面。光机电协同控制信号流图如图4-10所示。

上电后，系统首先根据荧光轮与色轮的反馈信号控制双色轮的同步，当两色轮的反馈信号稳定在900μs后；以荧光轮的120Hz反馈信号为同步信号，分别送入振镜驱动模块、激光控制模块与DMD驱动模块。

根据色轮的颜色比例与实际测量得出，在荧光轮120Hz的上升沿后，激光输出颜色为蓝色，持续1.3ms后，色轮滤光后得到绿色；绿色持续2.64ms后，

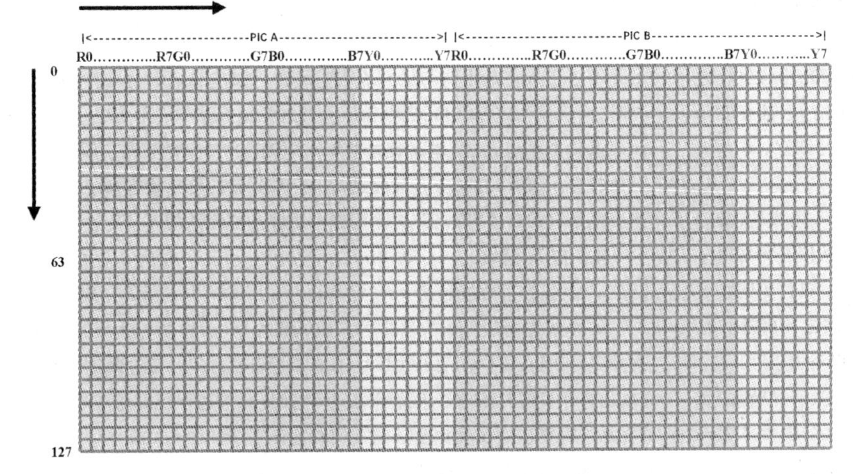

图4-8　交织RAM工作示意图

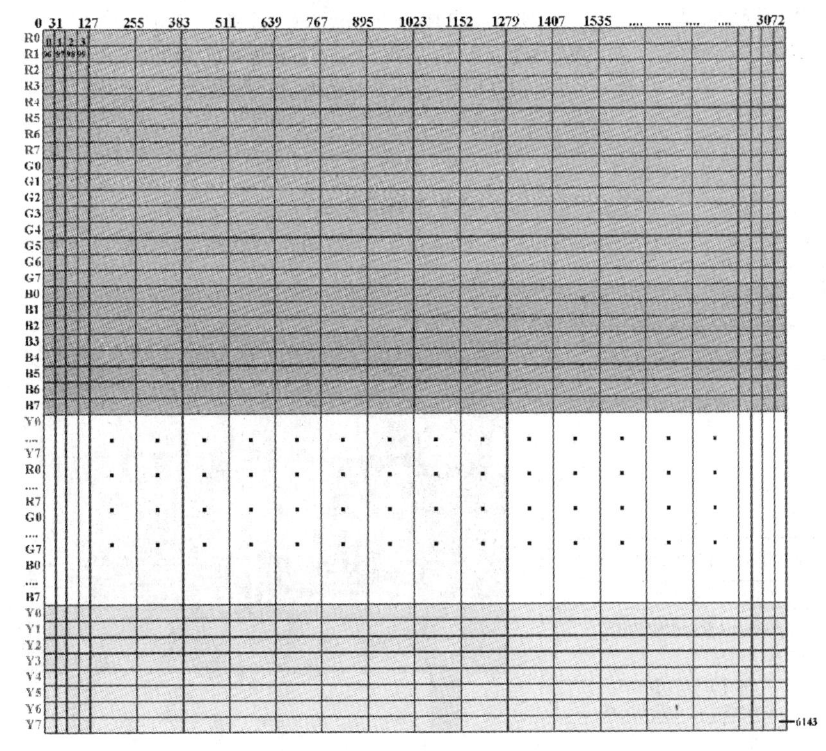

图4-9　行缓存RAM数据排列示意图

图4-10　光机电协同控制信号示意图

激光输出颜色为红色；红色持续1.39ms，而后黄色持续2.82ms，按顺序蓝色持续0.18ms 后，迎来荧光轮的第二次反馈。

双激光光源中，蓝色为主光源，负责产生红绿蓝黄四种颜色；红色激光作为补色，在荧光轮120Hz反馈的上升沿后3.94ms（1.3ms+2.64ms）开启，并在120Hz 的周期内仅持续1.39ms。而蓝色激光则需要在相对应的蓝、绿、红、黄四个颜色的时间段内，根据用户在上位机界面选择的各颜色分量亮度，进行不同PWM占空比的错时输出。此输出需要与色轮反馈时间严格配合，如果没有对准，则面临颜色失调的现象，进而影响整个系统的显示。

振镜以红色激光的起始为标准，即荧光轮反馈上升沿后3.94ms，开始规律震动，震动周期为60Hz。每次震动后，都会将光路进行向右下平移$\frac{\sqrt{2}}{2}$的像素。

DMD芯片的控制则以振镜震动作为一帧图像投影的起始，即荧光轮反馈上升沿后3.94ms，当前振镜位于左上角位置，则DMD芯片输出图像A的各个比特面；当8.3ms过后，振镜抵达右下角位置时，DMD芯片输出图像B的各个比特面。由此可以等效为，在60Hz下，DMD芯片投影出两帧相异的2716*1528 分辨率的图像，其像素点之和为3840*2160个。

4.4.2 双色轮同步方案

本系统为稳定输出的红绿蓝黄四色光源，需要对荧光轮与色轮进行同步。色轮的驱动原理决定，我们不能控制其起始相位。只能在驱动双色轮120Hz旋转后，根据两个色轮的反馈信号进行实时调整。本系统中双色轮同步方案的控制示意图如图4-11所示。

首先向色轮驱动芯片中写入120Hz旋转的频率，写入完成后，实时获取两色轮的反馈信号。如果色轮转速为120Hz，则反馈信号为120Hz的方波。因此需要检测两色轮反馈的上升沿进行判断。双色轮同步过程中，是类追击问题，整个过程荧光轮转速不变，只微调色轮转速。从而保证后续光机电同步，有稳定的荧光轮反馈信号可以参考。

考虑系统误差，如果荧光轮反馈信号领先色轮反馈信号880μs至920us，则认为当前双色轮是处于稳定相位；如果色轮反馈信号之差不在这个区间，则需要色轮进行相应加快或减慢进度用以追赶。

当色轮相位较为滞后时，需要色轮以125Hz的速度进行追赶，追赶时间t=(当前荧光轮领先时间-900us)/5；当色轮相位较为提前时，需要色轮以115Hz 的速度进行减速，减速时间 t=(当前荧光轮领先时间-900us)/5 。

4.4.3 双激光控制方案

本系统采用双激光光源。其中红色激光仅在色轮旋转到红色分量部分的时候进行点亮，本系统中，我们应用红色激光的亮度调节信号进行控制。当需要红色激光时，亮度调节信号的 PWM 波有相应非零占空比输出；当不需要红色激光时，亮度调节信号常低。

蓝色激光作为主光源一直点亮，但需要根据用户在上位机界面选择的各颜色分量亮度，进行不同亮度调节信号的PWM占空比错时输出。

本系统硬件设计时，为简化光路控制的程序，使用多路复用器进行亮度调节信号的PWM占空比处理。即上位机选择当前各分量颜色后，各颜色对应的亮度调节PWM波输出到多路复用器中。仅需要控制当前的颜色状态，即可输出对应的亮度分量。

4.4.4 振镜控制方案

振镜接口控制采用8位DAC数模转换TLC7524芯片[23]与放大器TCA0372芯片[24]。TLC7524芯片将FPGA输出的8位数据信号与时钟一同转换为模拟信号；

TCA0372芯片则将该模拟信号进行转换与放大，使振镜可以在左上与右下进行$\frac{\sqrt{2}}{2}$个像素的平移。

FPGA端输入给TLC7524芯片的时钟频率为9.37MHz，而8位数据信号并不是直接在最小值与最大值之间跳转。如本系统中，数据输入为42时，振镜偏移到左上角；数据输入为0时，振镜偏移到右下角时。为了保证振镜的平稳过渡，本系统中将0-42在1600个时钟（T=9.37MHz）以阶梯状输入，再在3200个时钟内进行 42-0、0-42的阶梯状输入。从而基于振镜足够的过渡时间，并消除机械力反弹造成光路的不稳定性。

4.5 交互模块

4.5.1 遥控器交互设计

本系统选用红外遥控器进行系统无线控制，遥控器为脉冲位置调制方式（PPM），即1与0的判决取决于脉冲之间的时间。通过解调芯片，FPGA芯片只需判断前后下降沿之间的时间，即可进行数据的接收与解析，并进行相应的驱动调整。遥控器程序流程图如图4-12所示。

4.5.2 上位机界面设计

上位机软件在QT开发环境中进行编程开发，编程语言为C++。本系统中，上位机通过USB线进行系统与PC的连接，用于用户交互控制[25]。

用户可通过上位机界面，选择当前投影光源、投影显示分辨率、红绿蓝黄四种颜色亮度、视频对比度与亮度的调节等。上位机程序流程图如图4-13 所示。

五、系统实物与测试结果

5.1 系统实物图

本系统自主研发的4K DMD驱动板如图5-1所示，数字微镜子板如图5-2所示。

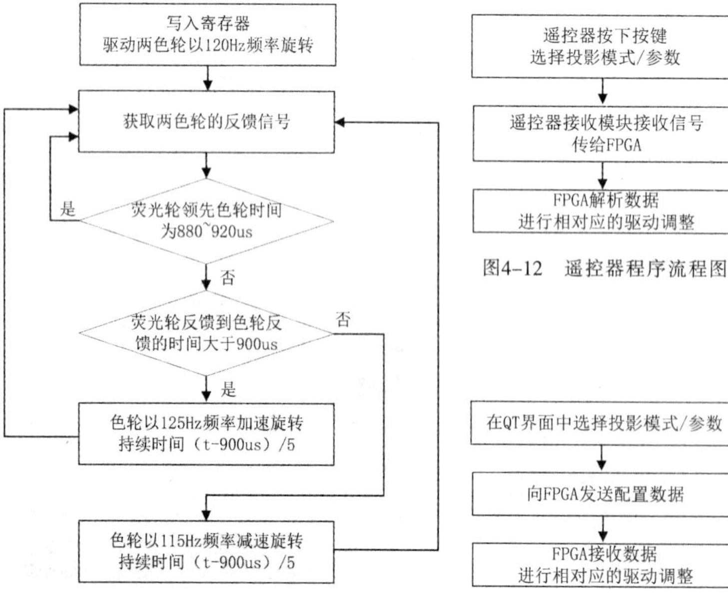

图4-11 双色轮同步控制示意图

遥控器按下按键
选择投影模式/参数

遥控器接收模块接收信号
传给FPGA

FPGA解析数据
进行相对应的驱动调整

图4-12 遥控器程序流程图

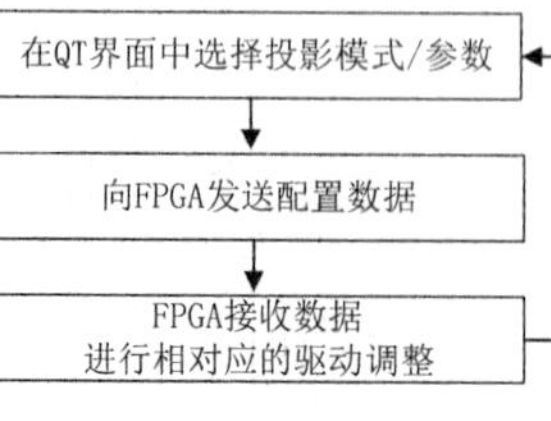

图4-13 上位机程序流程图

图5-1 4K DMD驱动板实物图

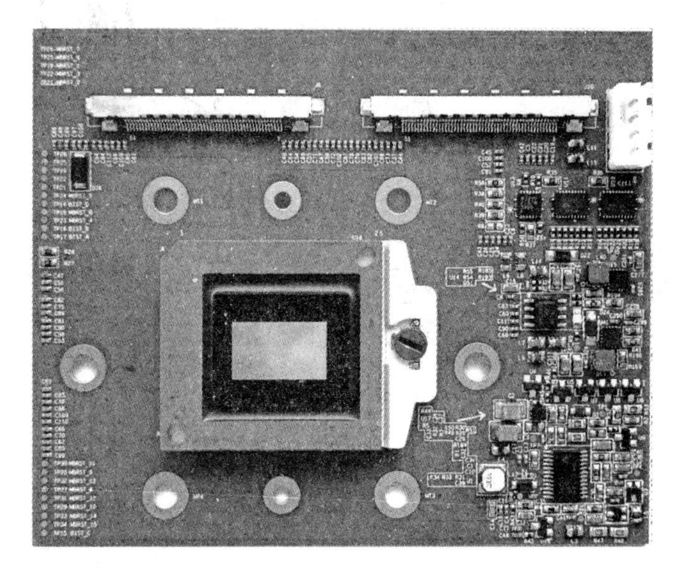

图 5-2　数字微镜子板实物图

表5-1 各电压测试结果

序号	电源名称	磁珠	测试点	电压要求/V	实际电压/V	纹波要求/mVpp	实际纹波/mVpp
1	12V_DC			12	12.02		
2	GEN_1V		TP1	1	1.02	50	1.7
2	GEN_N12V		TP14	-12	-12.23	100	4.4
2	GEN_LDO_1P8V_MID		TP3	1.8	1.81		1.5
2	GEN_LDO_1P05V	L12	TP5	1	0.99	10	0.947
2	SP_5V_REF		L2:2	5	5.00	10	0.856
3	GEN_LDO_2P5V_MID		TP4	2.5V	2.49		3.5
3	GEN_LDO_1P2V	L13	TP6	1.2V	1.2	10	1.3
3	GEN_LDO_1P8V	L13	TP2	1.8V	1.8	10	0.874
3	GEN_1P2V		TP9	1.2V	1.2	100	1.4
3	GEN_1P8V		TP8	1.8V	1.81	100	1.1
3	GEN_2V		TP7	2V	2.01	100	1.3
4	GEN_2P5V		TP12	2.5V	2.47	100	0.912
4	GEN_3P3V		TP10	3.3V	3.28	100	2.4
4	GEN_5V		TP11	5V	5.01	100	0.695
4	GEN_1P5V		TP15	1.5V	1.51	100	1.2
4	VREF_0P75V	L20/L22	TP16	0.75V	0.76	100	2.3
4	VTT_0P75V	L20/L22	TP13	0.75V	0.76	100	0.791

5.2 4K DMD驱动板硬件测试

5.2.1 电源测试

电源是系统能正常工作的基本保障，电源的任何不稳定都会导致整个系统的稳定性受到影响，严重情况下将无法正常工作。本作品使用外部的12V电源作为供电电源。板上采用分布式开关电源的方式为各类芯片进行供电；在一些对电源纹波要求较高的部分，我们采用了纹波小的LDO电源。两者在输出端都进行了仔细的滤波操作。测试结果如表5-1所示。

从表中可以看到，各电压均正确且电源纹波小于5mV，充分满足系统需求。电源纹波波形如图5-3至图5-10所示。

5.2.2 时钟复位信号测试

本驱动板的时钟频率为：8M、27MHz、50MHz、148.5MHz和200 MHz，若电路需要正常工作则必须对所有时钟信号进行测试。本测试板中FPGA的核心系统时钟为200M差分时钟，测试波形如图5-11所示。

为保证本系统能够在复位按键按下后进行稳定的复位，需要对复位芯片输出的复位信号应用示波器进行测试，测试结果如图5-12 所示。其中本系统单次复位时间充分满足系统需求，约为480ms。

5.2.3 DDR3信号测试

测试DDR3存储颗粒之前，要编写DDR3的驱动程序，对DDR3存储颗粒进行读写操作。生成逐一累加的数据序列，传输至DDR3，之后再

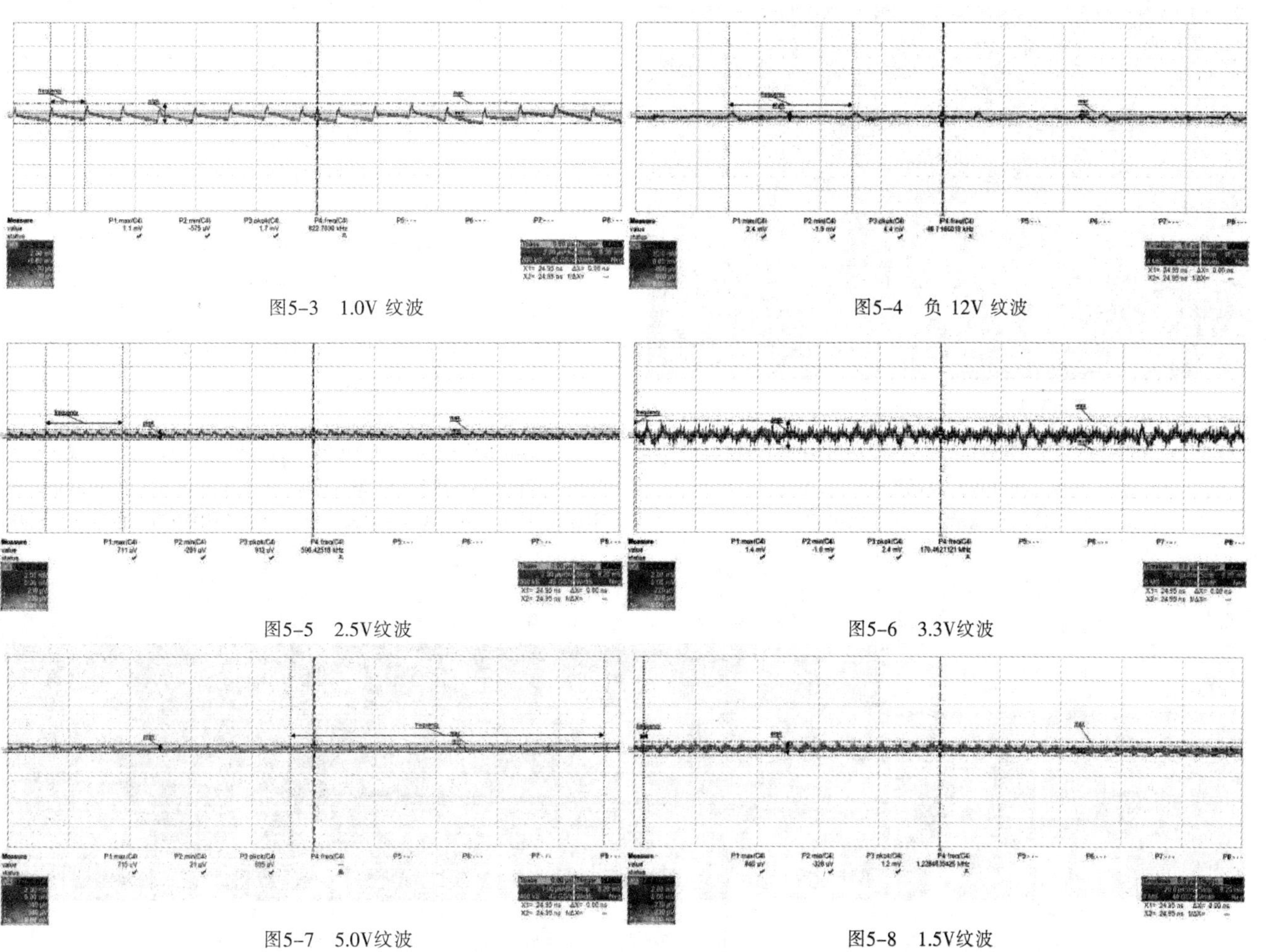

图5-3　1.0V 纹波

图5-4　负 12V 纹波

图5-5　2.5V纹波

图5-6　3.3V纹波

图5-7　5.0V纹波

图5-8　1.5V纹波

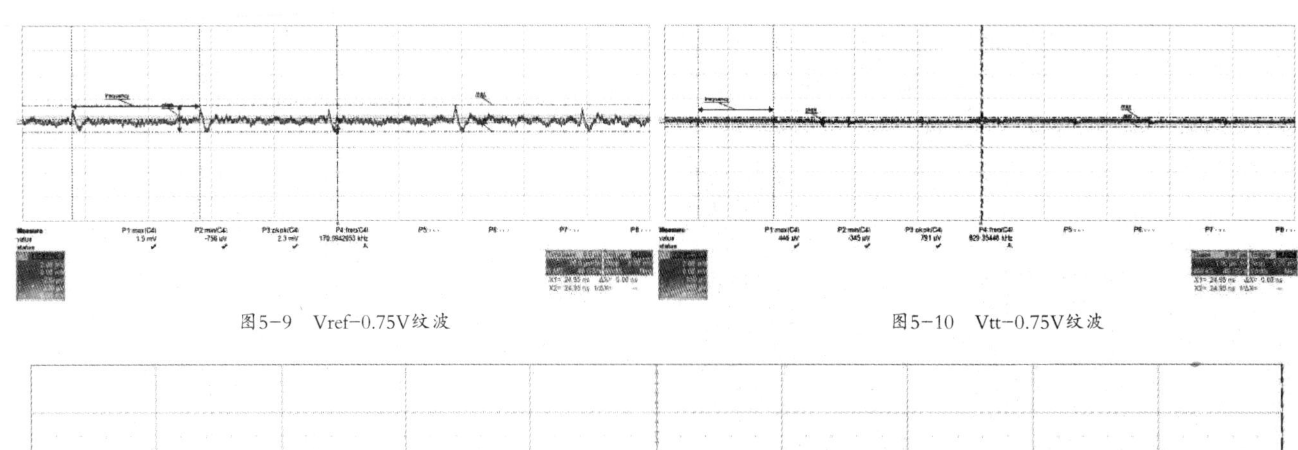

图5-9　Vref-0.75V纹波　　图5-10　Vtt-0.75V纹波

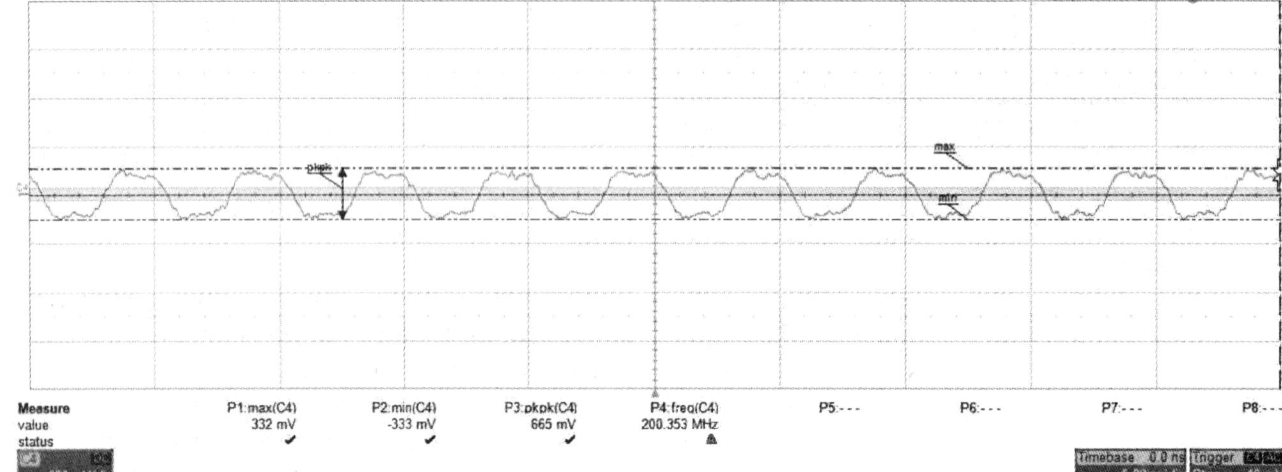

图5-11　200MHz系统时钟波形

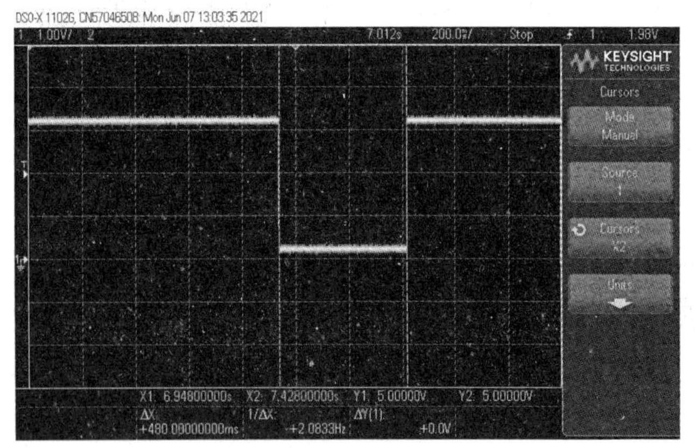

图5-12　系统复位信号波形

将数据从DDR3中读出来。通过ILA工具抓取DDR3中读取的数据可以看到。工作在1800Mbps下的DDR3，数据传输正常，如图5-13所示。

使用Lecroy 640Zi 4GHz带宽示波器测试DDR4时钟信号眼图如图5-14，时钟频率为1600MHz，眼高眼宽可以满足要求。

5.2.4色轮接口测试

系统中所使用的的色轮转速为120Hz。示波器抓取未连接色轮时的接口信号如下图5-15所示，为稳定的 120Hz三电平。

双色轮相对静止后可实现颜色的稳定输出。示波器抓取两色轮反馈信号如图5-16所示，稳定转动后相差900μs。

5.2.5 激光接口测试

本系统在采用双激光光源，使用示波器测试红色激光接口调速引脚如图5-17所示，占空比68%，频率18.3kHz。

5.2.6 振镜接口测试

振镜在两个位置之间以60Hz的频率均匀震动。频率示波器测试振镜接口电平信号如图5-18所示。

5.2.7视频输入输出测试

配置4K DMD 驱动板上的GSV2011视频编解码芯片，使视频输入与输出直连，用以验证GSV2011功能。如下图5-19所示，将电脑输出的HDMI信号送入4K DMD驱动板，驱动板上的HDMI输出接口连接到4K

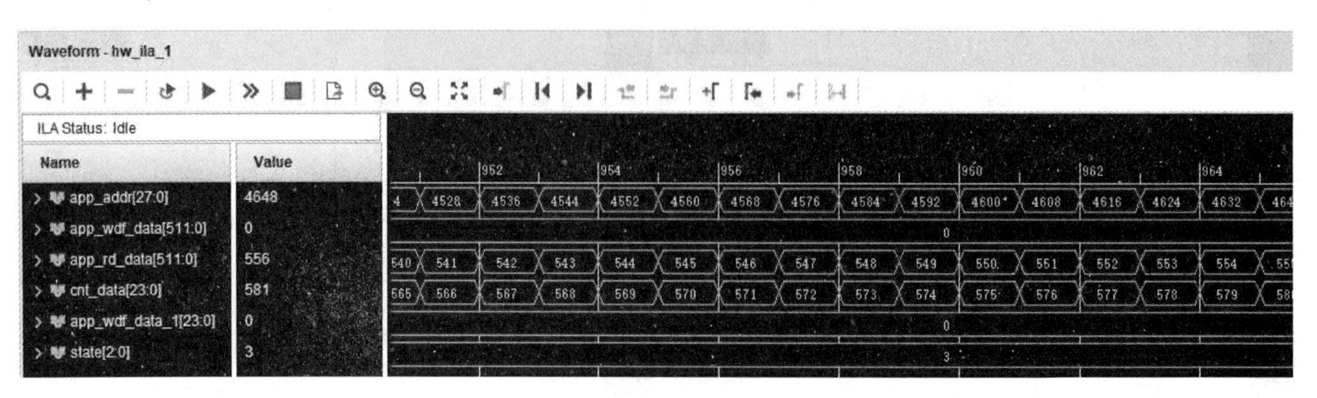

图5-13　ILA抓取DDR3读取数据

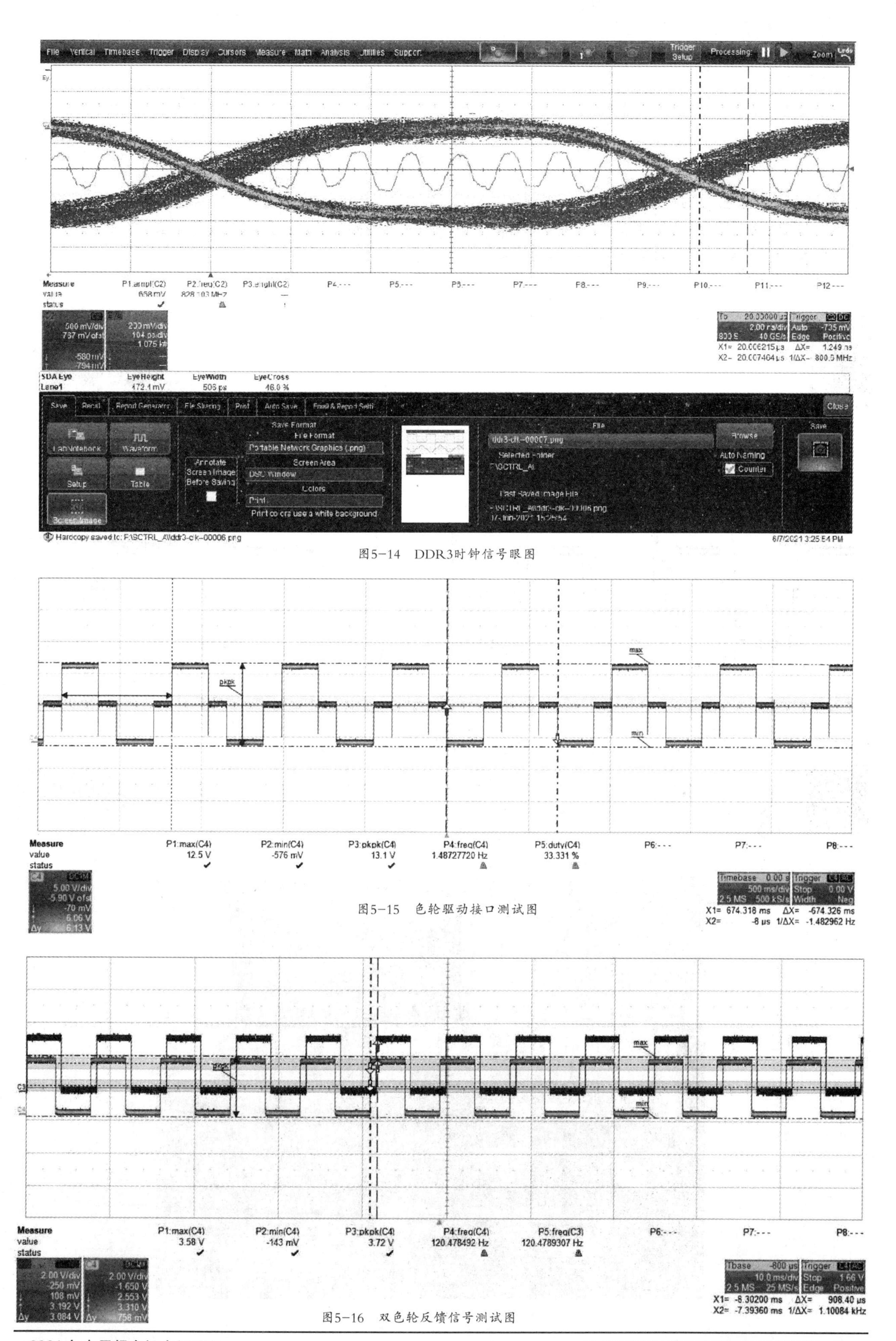

图5-14　DDR3时钟信号眼图

图5-15　色轮驱动接口测试图

图5-16　双色轮反馈信号测试图

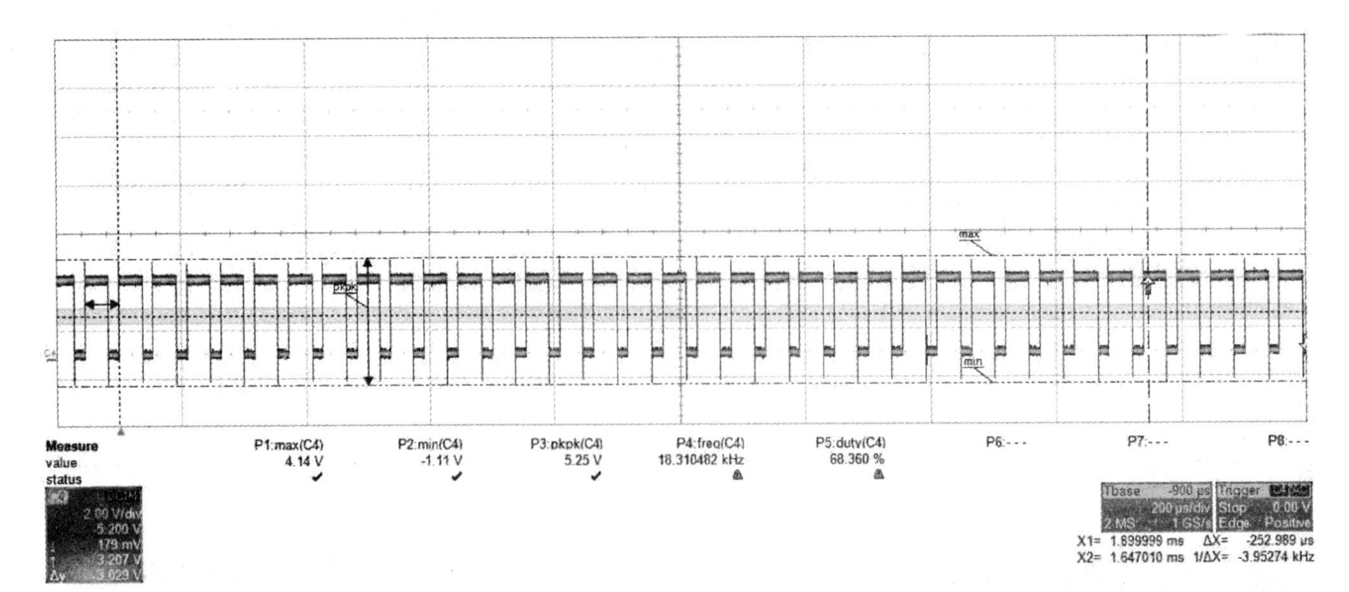

图5-17 红色激光接口ADJ引脚测试图

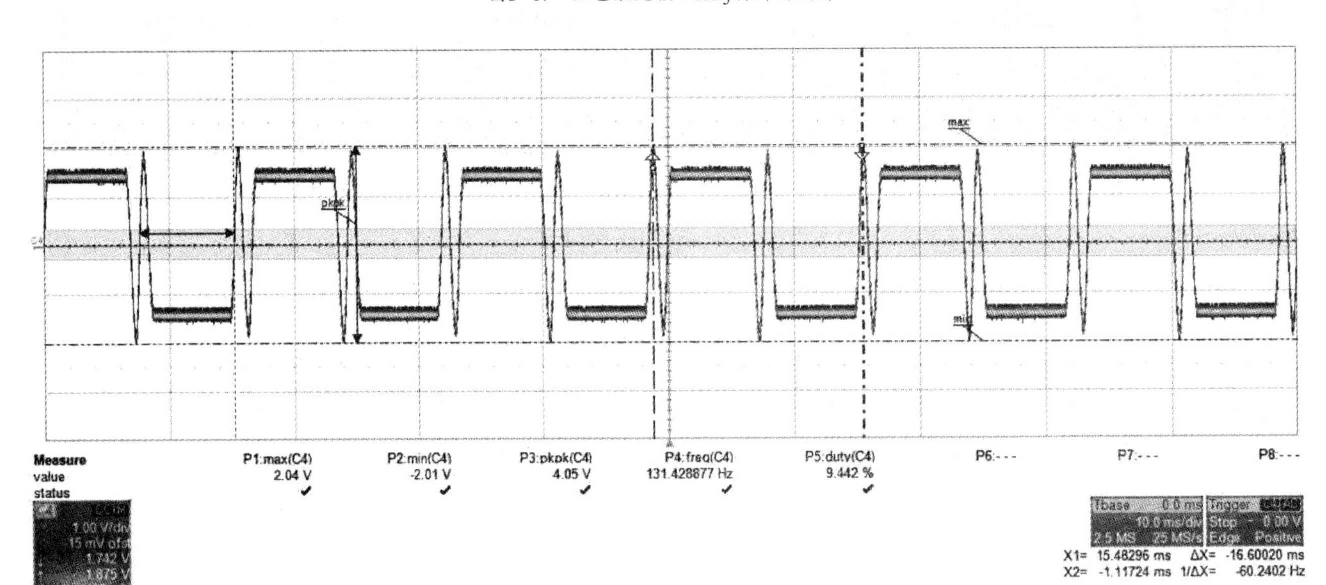

图5-18 振镜接口测试图

图5-19 视频输入输出测试图

显示屏上，可以看到输出正常。

5.3 激光显示投影测试

5.3.1 光机电系统搭建

如图5-20所示，将4K DMD驱动板、数字微镜子板以及投影光机相连接。数字微镜子板安装在投影光机光路转换模块输出位置，振镜安装在数字微镜芯片光路出射位置；将色轮与荧光轮与4K DMD驱动板相接，用于主板发送控制信号以及色轮反馈信号的接收；将蓝色与红色激光光源的控制线分别接入4K DMD驱动板，用于驱动板对激光光源的控制；将子板与驱动板通过四根LVDS软排线相接，用于传输投影视频的数据与地址；子板由连接到驱动板上的软排线供电，供电电压为12V。

图5-20　实物连接图

图5-21　DMD驱动黑白图案测试图

5.3.2 数字微镜芯片驱动结果

未接入投影光机前，需要单独测试FPGA驱动代码对DMD驱动效果。通过笔记本HDMI输出黑白测试图案，数字微镜子板连接到4K DMD驱动板，如图5-21可以看到黑白图案的驱动效果。

5.3.3 光机电协同测试结果

如图5-22，通过上位机或者遥控器，均可以对视频投影进行亮度、对比度、红绿蓝黄各个激光颜色亮度的调节；切换“双色激光”与“单色激光”两种激光工作模式，可以观察到红色补色对于画面整体效果的影响，以及单色与双色激光的视觉差距；切换“3840*2160”与“2716*1528”两种投影分辨率，可以看到投影像素值的变化对于画面细腻程度的影响；通过调节“红绿蓝黄各个激光颜色亮度”与“画面整体亮度”、“对比度”，可以调节到用户个人舒适喜爱的颜色区间，满足不同用户群体对视觉效果的需求。

当选择双色激光、3840*2160分辨率投影时，4K DMD驱动板将HDMI输入的4K视频信号实时处理，配合光学接口的时序，将4K DMD芯片的地址与数据送入数字微镜子板中，实现视频信号的实时投影。投影色彩饱满，清晰度高。

当选择单色激光、3840*2160分辨率投影时，画面依然清晰度高，但是颜色较冷。

当选择双色激光、2716*1528分辨率投影时，画面颜色饱满，但清晰度较3840*2160分辨率的投影效果较模糊。

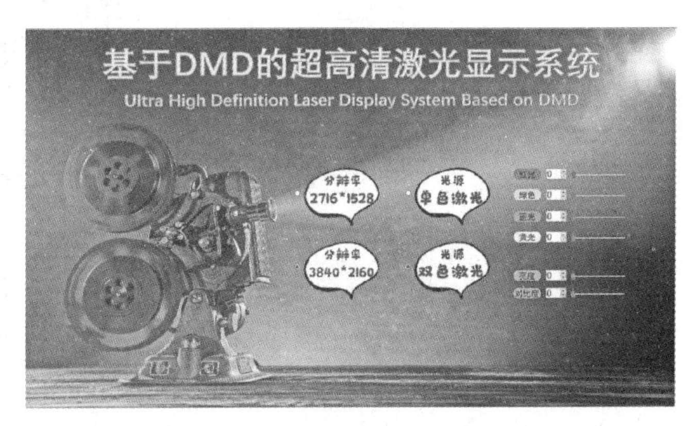

图5-22　上位机界面

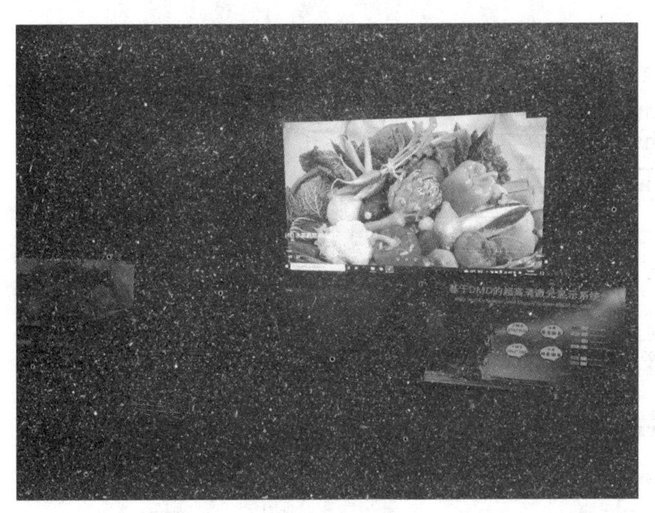

图5-23　双色激光4K分辨率投影模式测试图

图5-24　单色激光4K分辨率投影模式测试图

十六款国产电磁炉电源板方案电路图集合

1. 采用5M0165R芯片的电磁炉电源电路

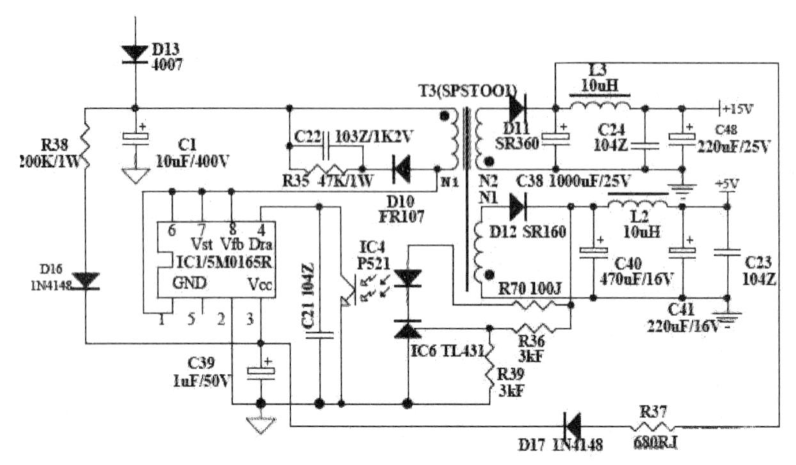

2. 采用78L05芯片的电磁炉电源电路

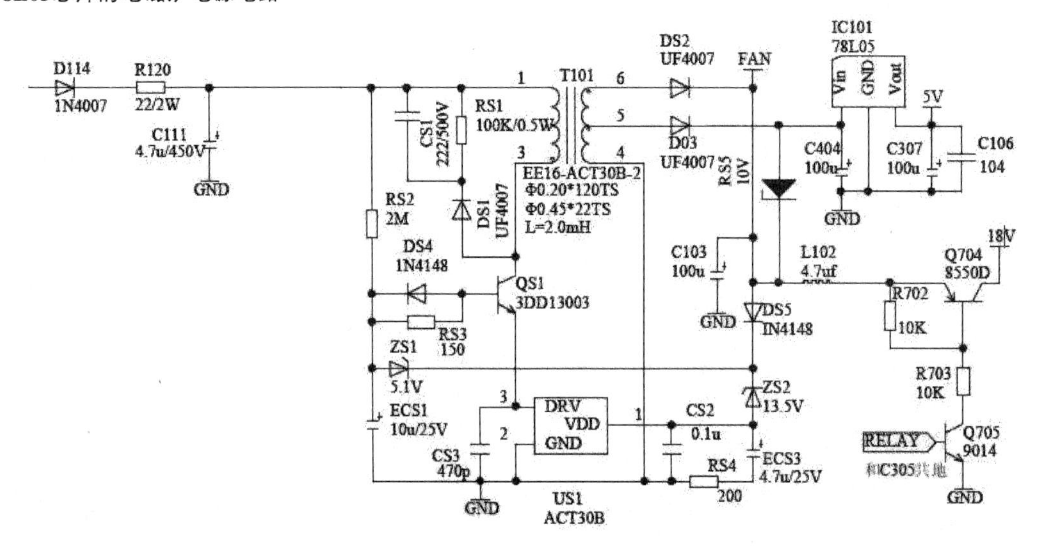

3. 采用ACT30B芯片的电磁炉电源电路

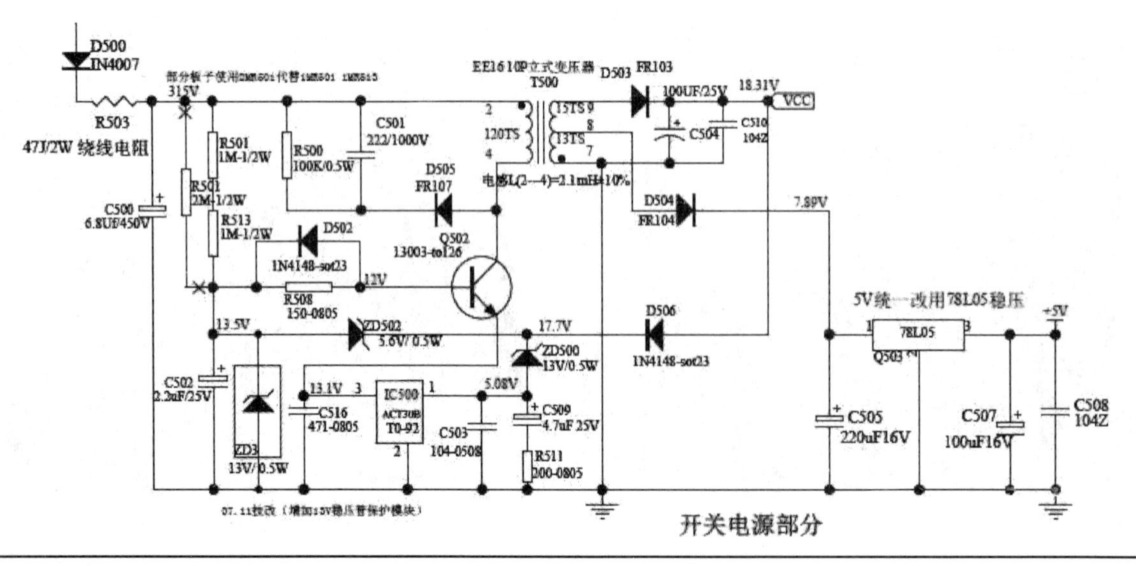

4. 采用FSD200芯片的电磁炉电源电路

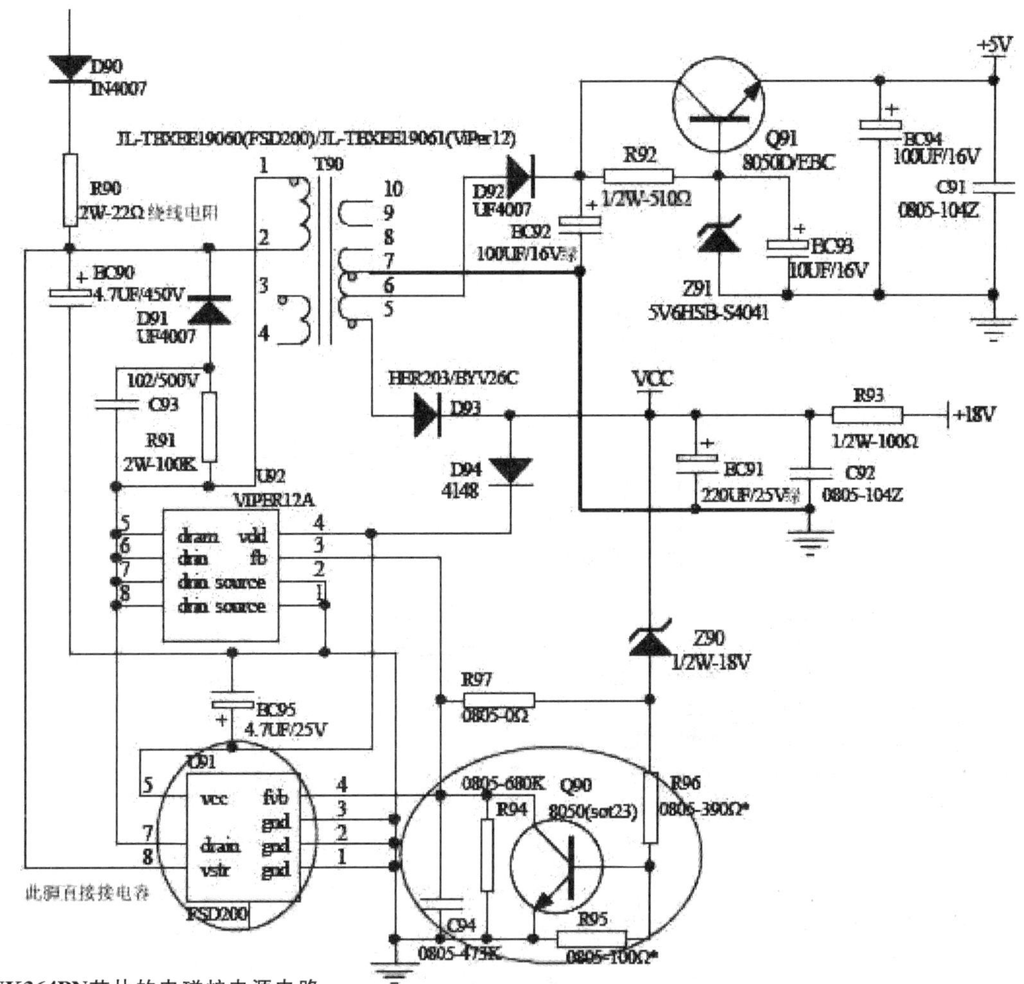

5. 采用LNK364PN芯片的电磁炉电源电路

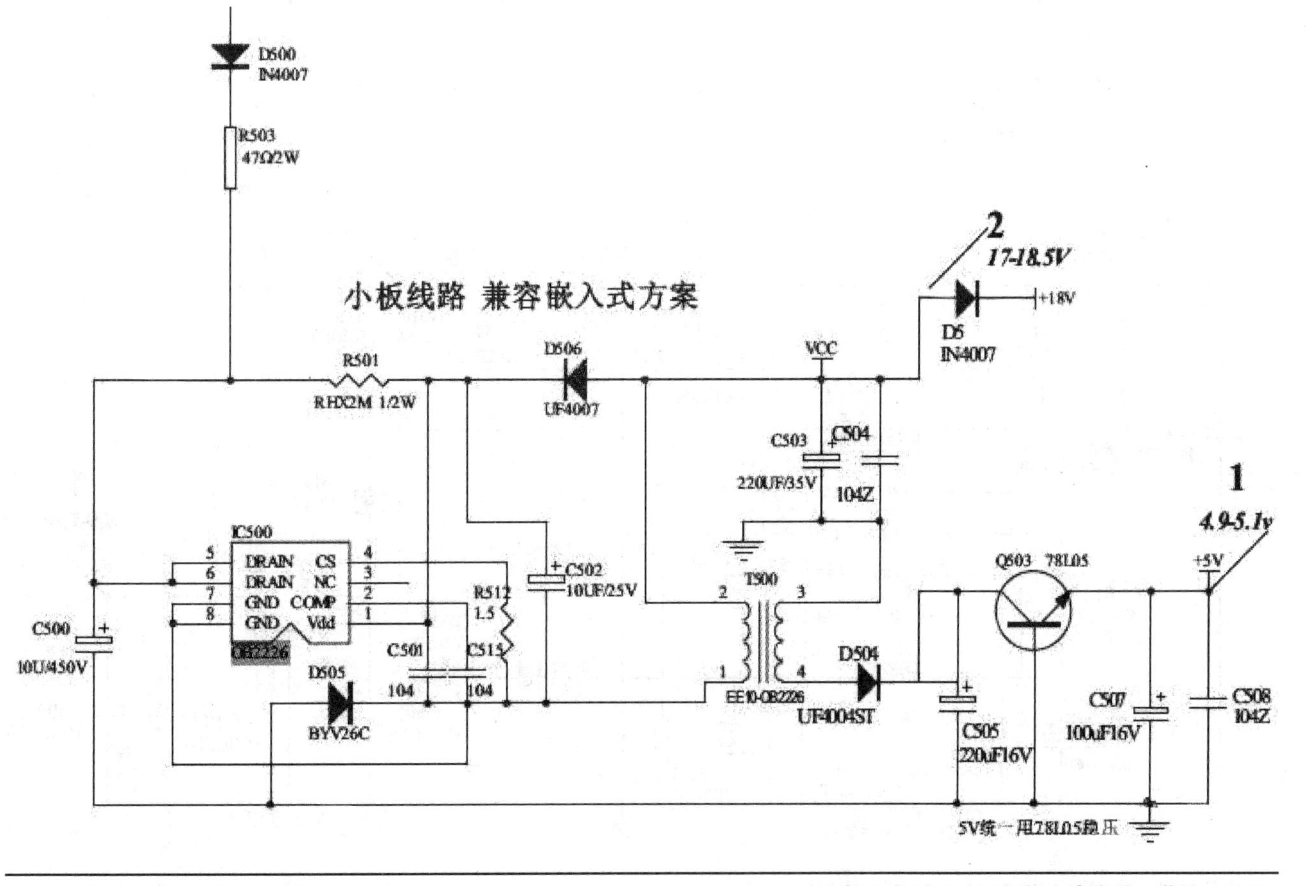

6. 采用**OB2226**芯片的电磁炉电源电路

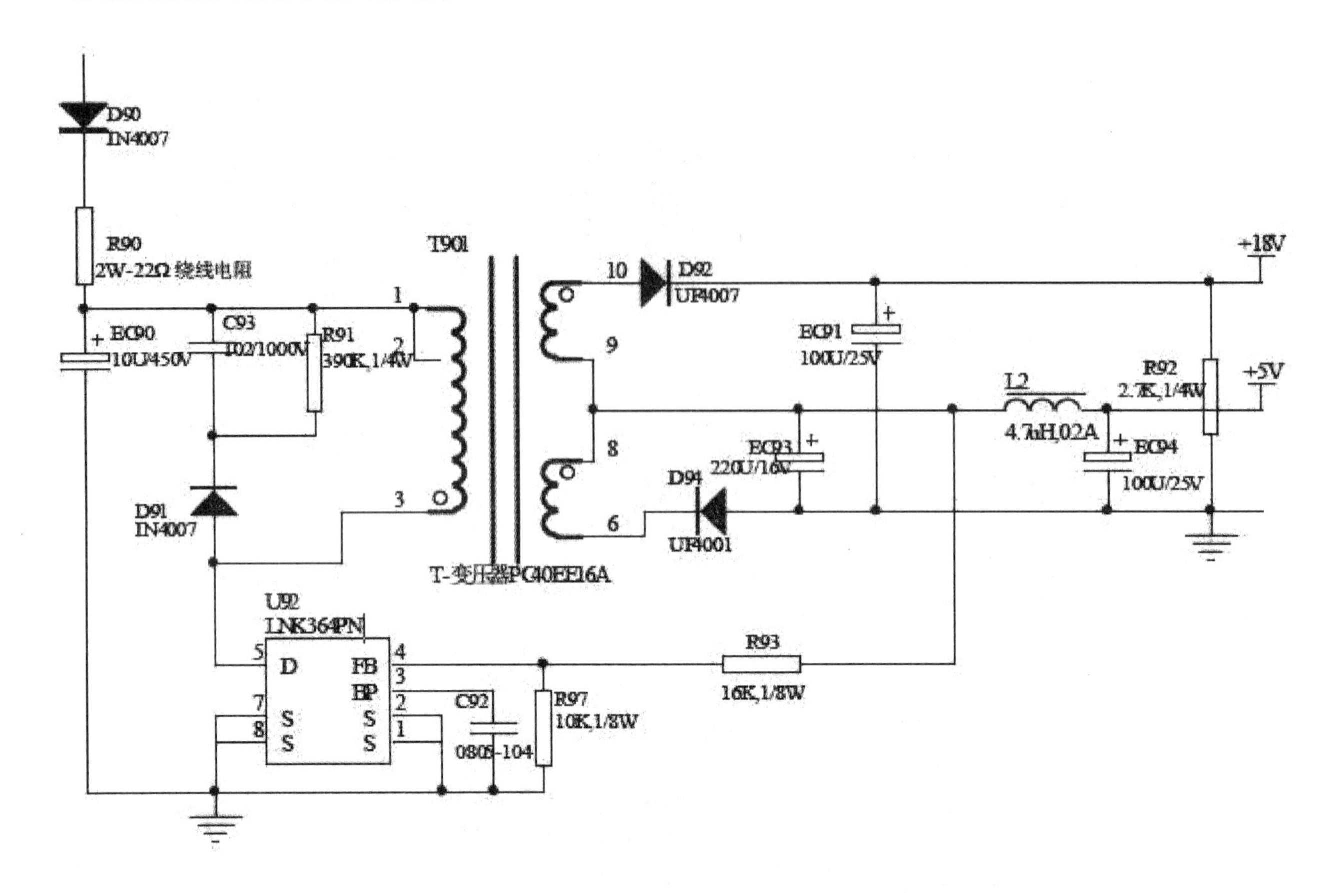

7. 采用**THC03**(功率管**RF107**)芯片的电磁炉电源电路

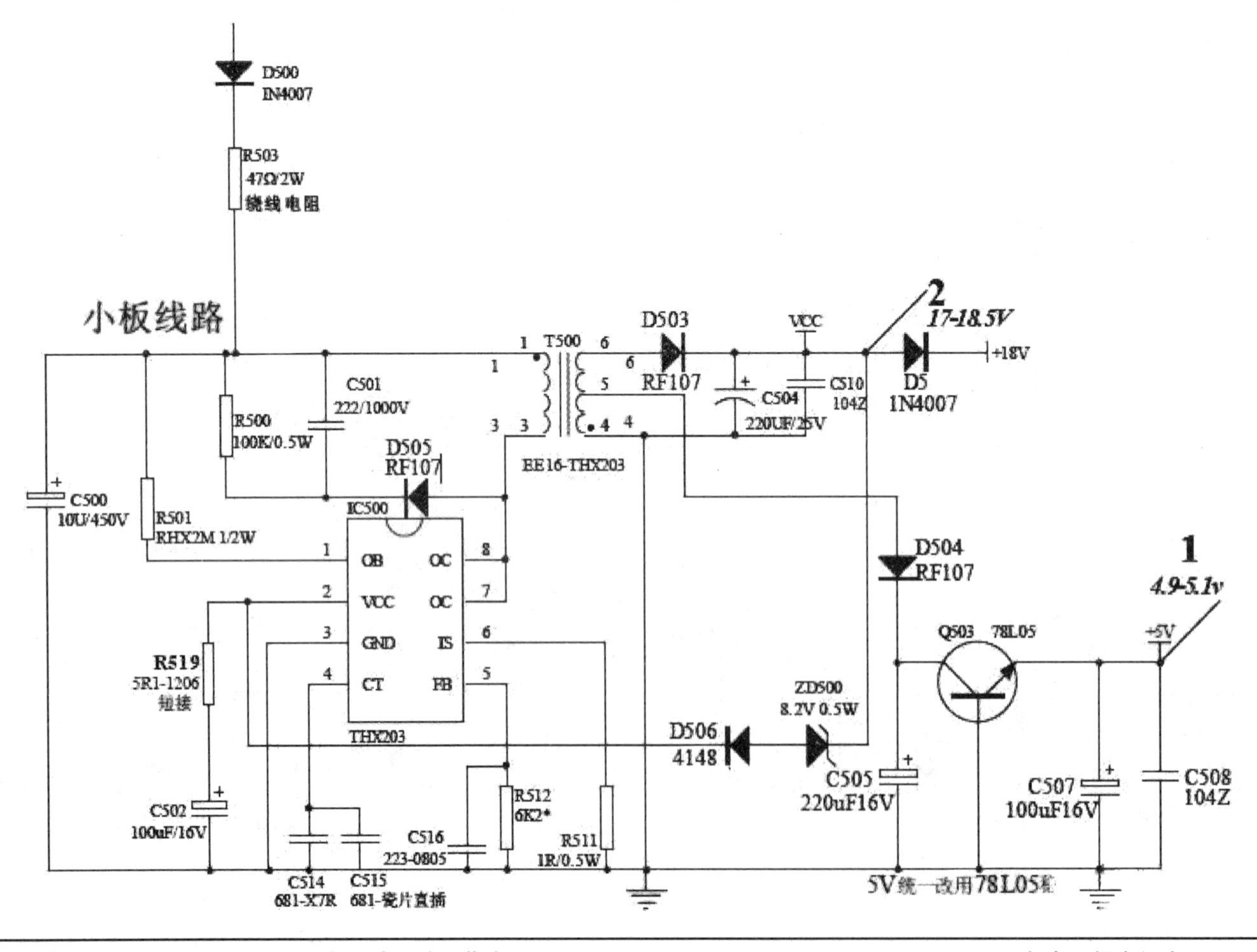

8. 采用SM7022芯片的电磁炉电源电路

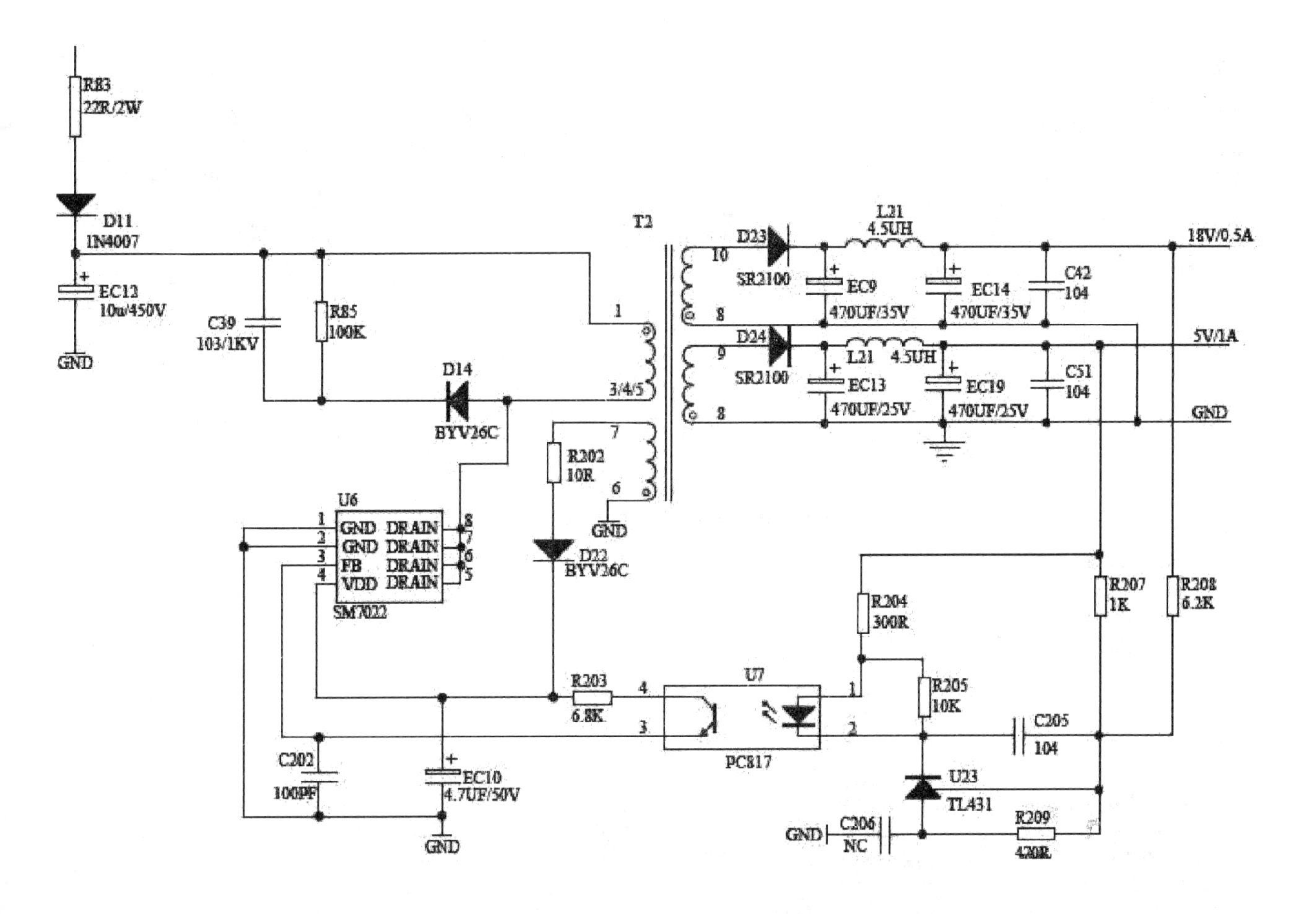

9. 采用SM7028芯片的电磁炉电源电路

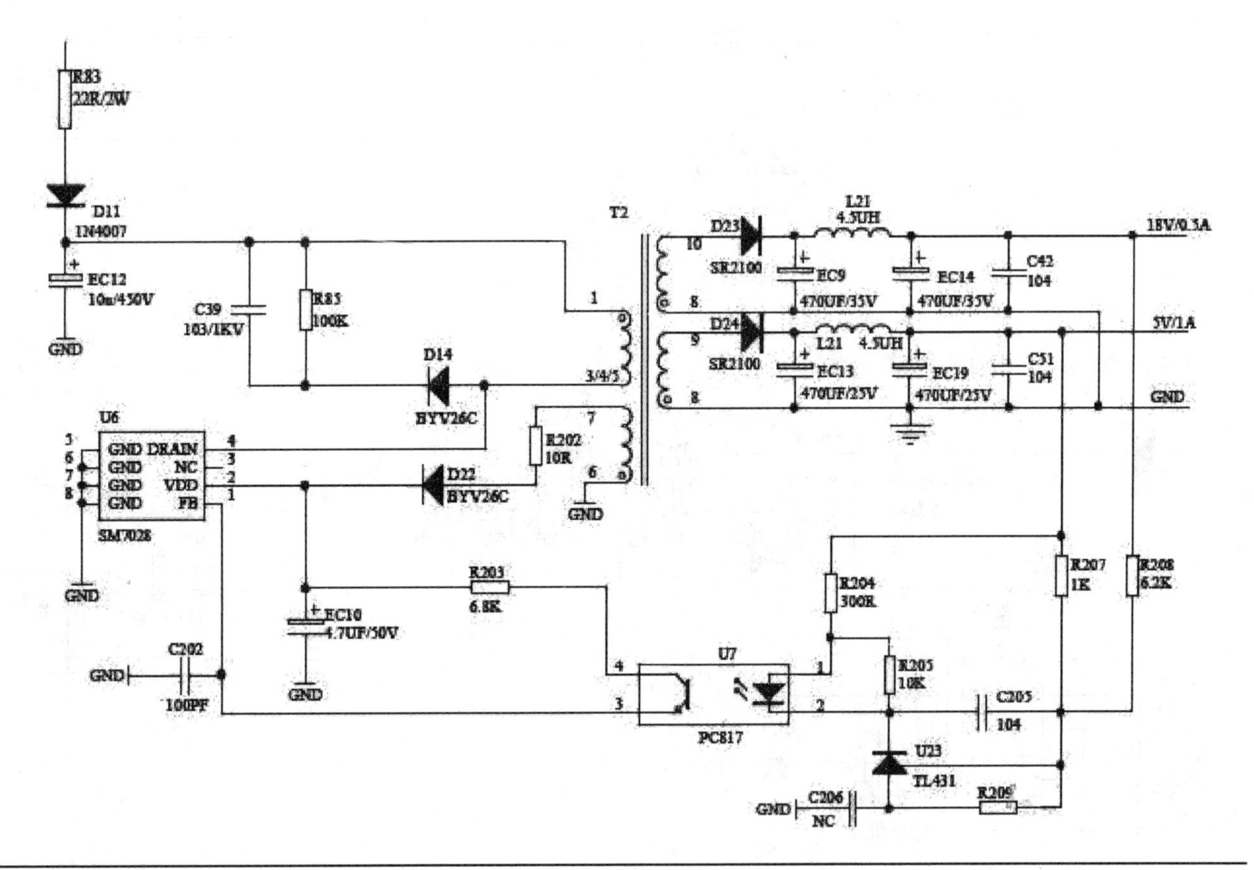

10. 采用TH201A芯片的电磁炉电源电路

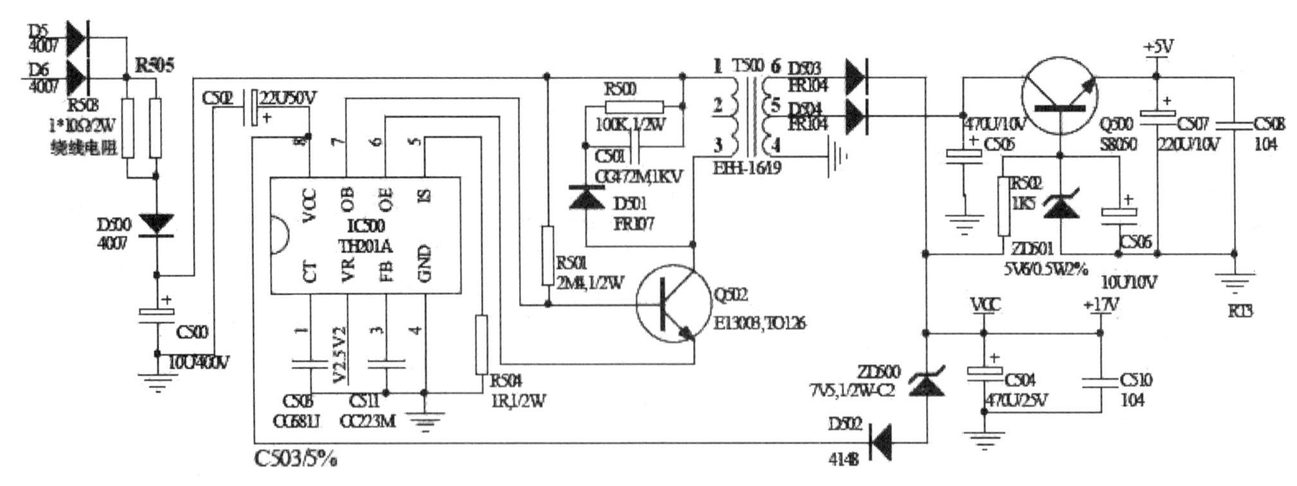

注：带*号的精度是1%的，不带是5%的。

11. 采用TH202H芯片的电磁炉电源电路

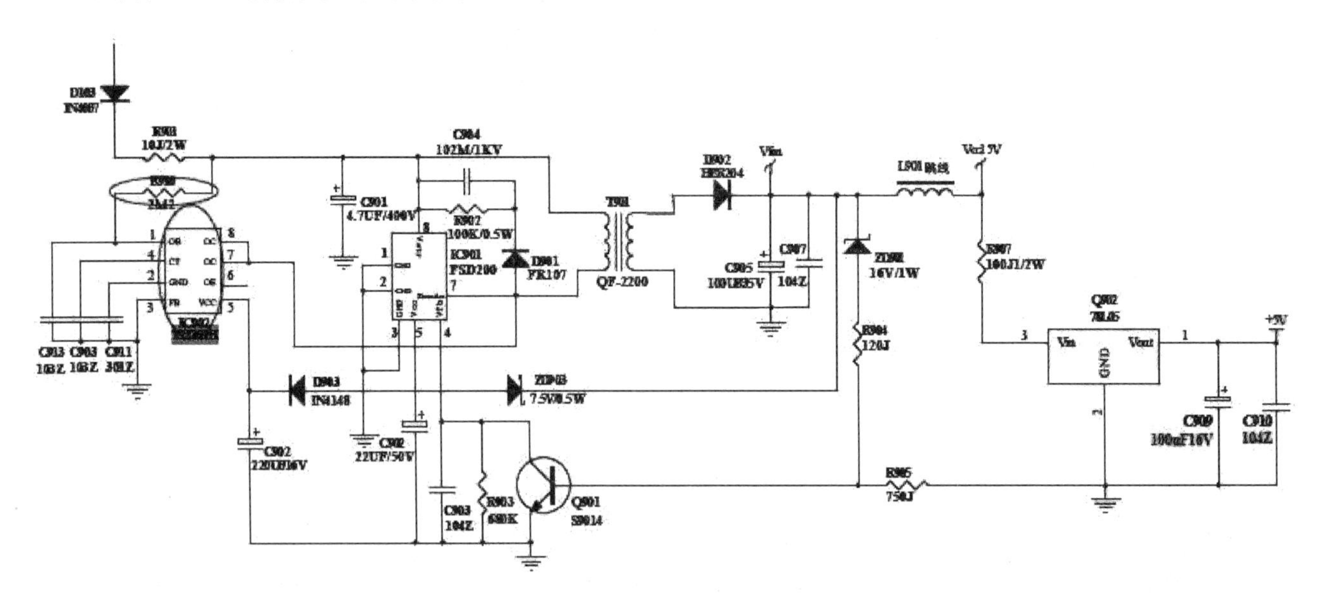

12. 采用TH202芯片的电磁炉电源电路

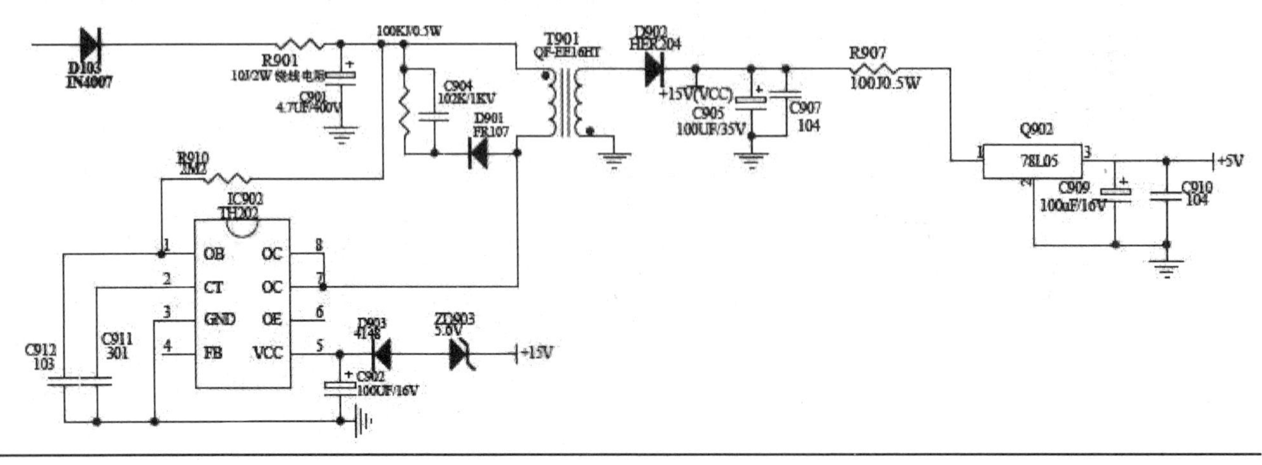

13. 采用THX203芯片的电磁炉电源电路

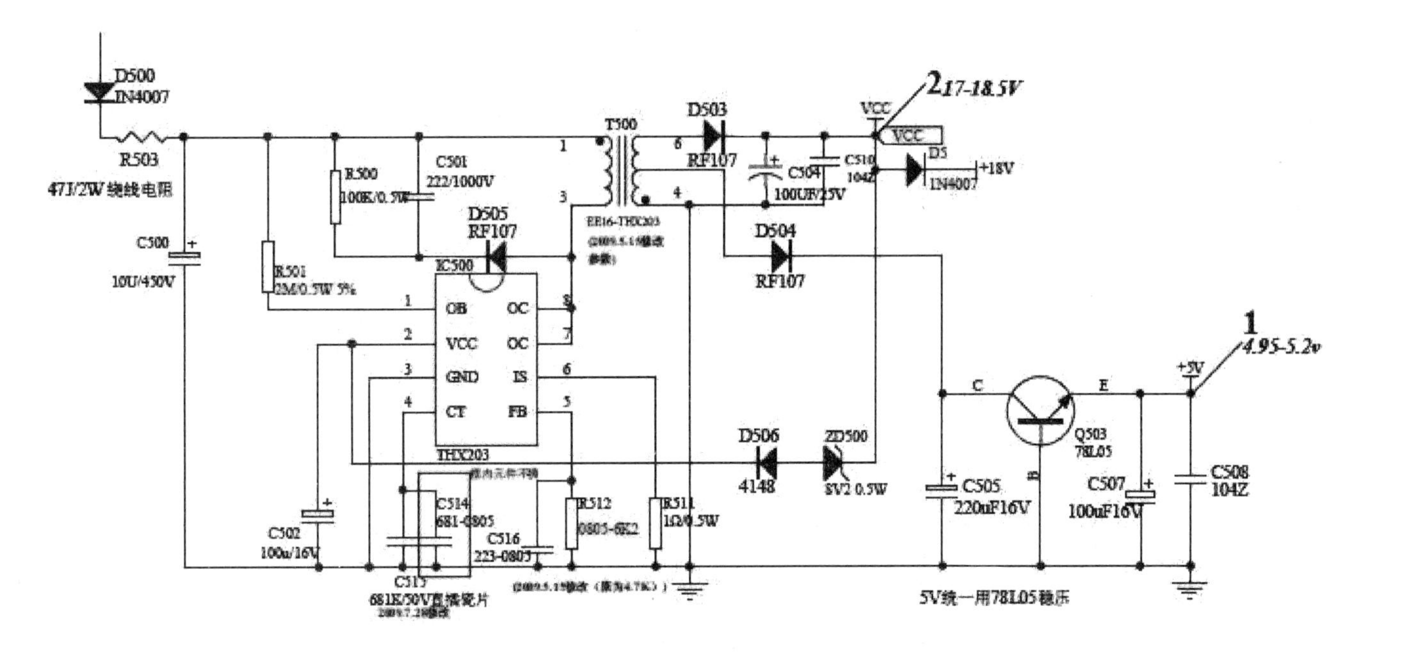

14. 采用TNY280芯片的电磁炉电源电路

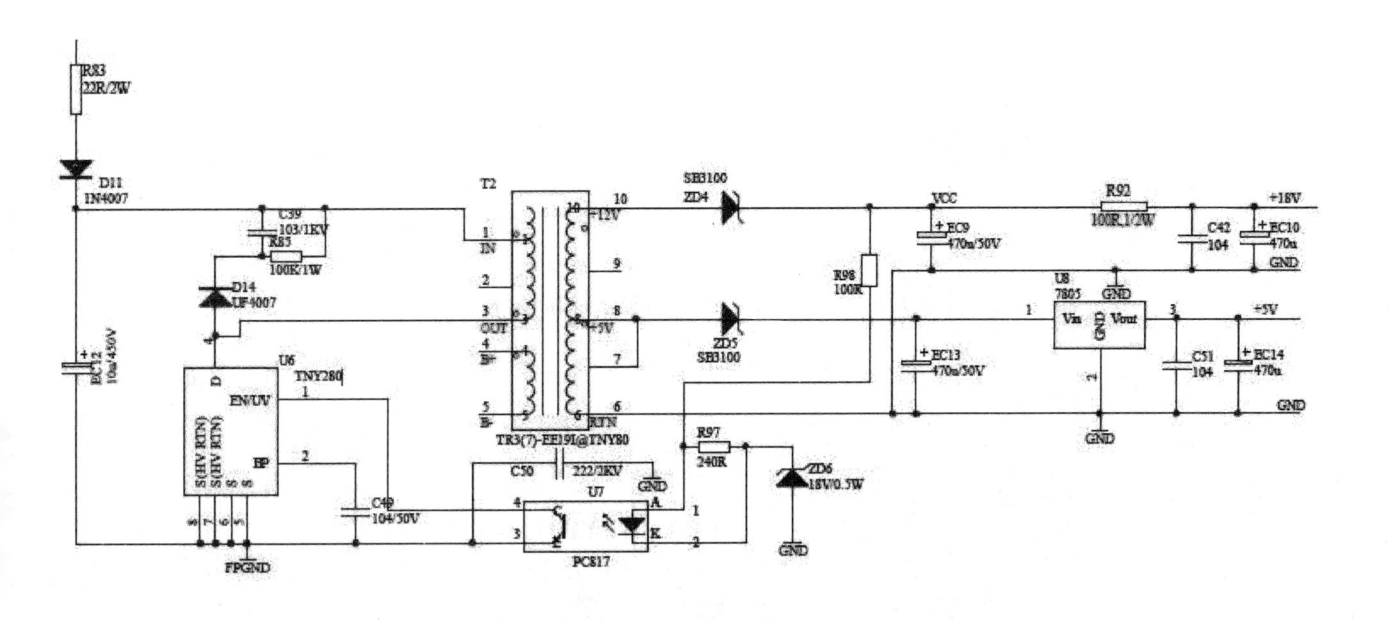

15. 采用VIPER12芯片的电磁炉电源电路

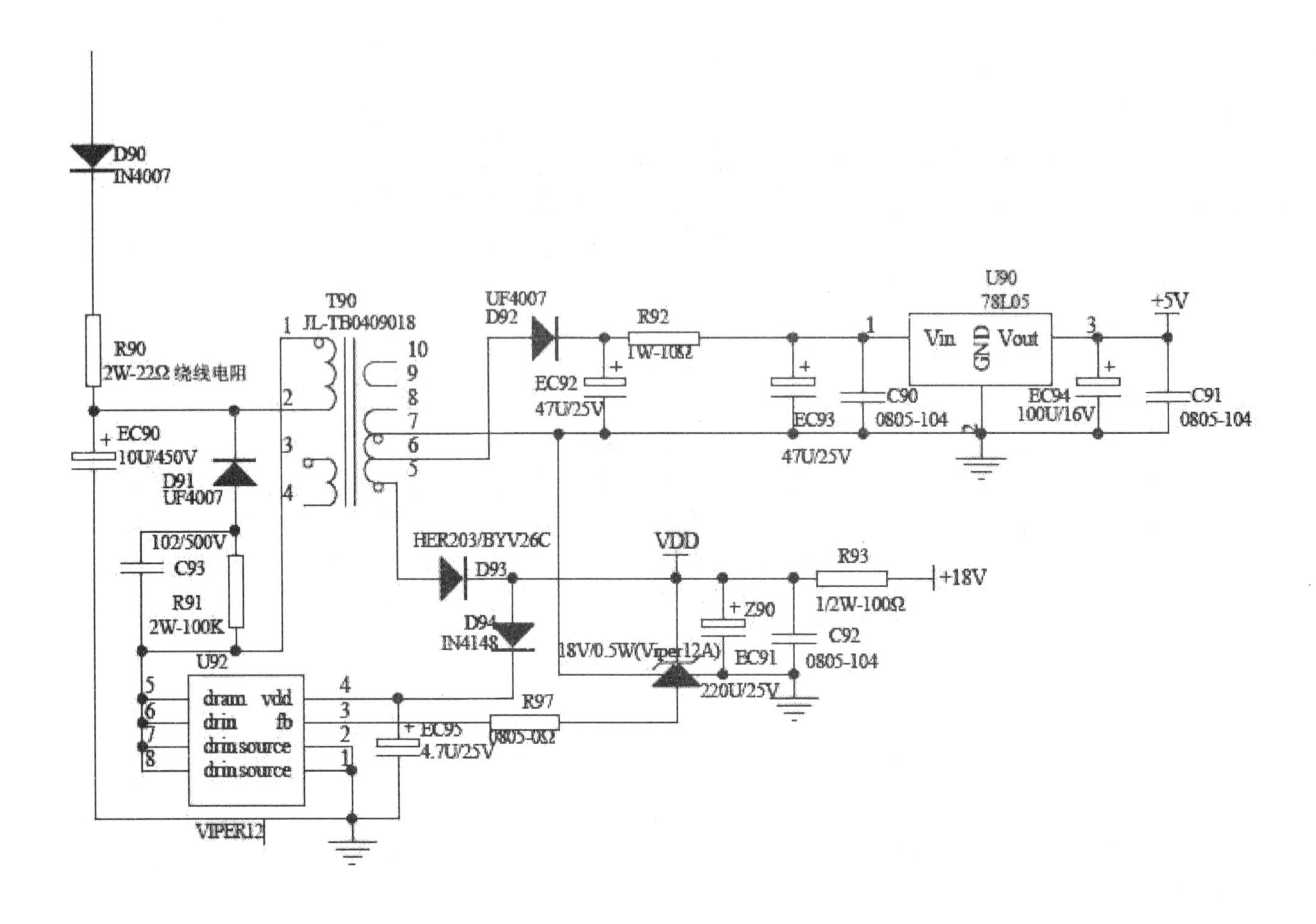

16. 采用 VIPer12A电源芯片的电磁炉电源电路

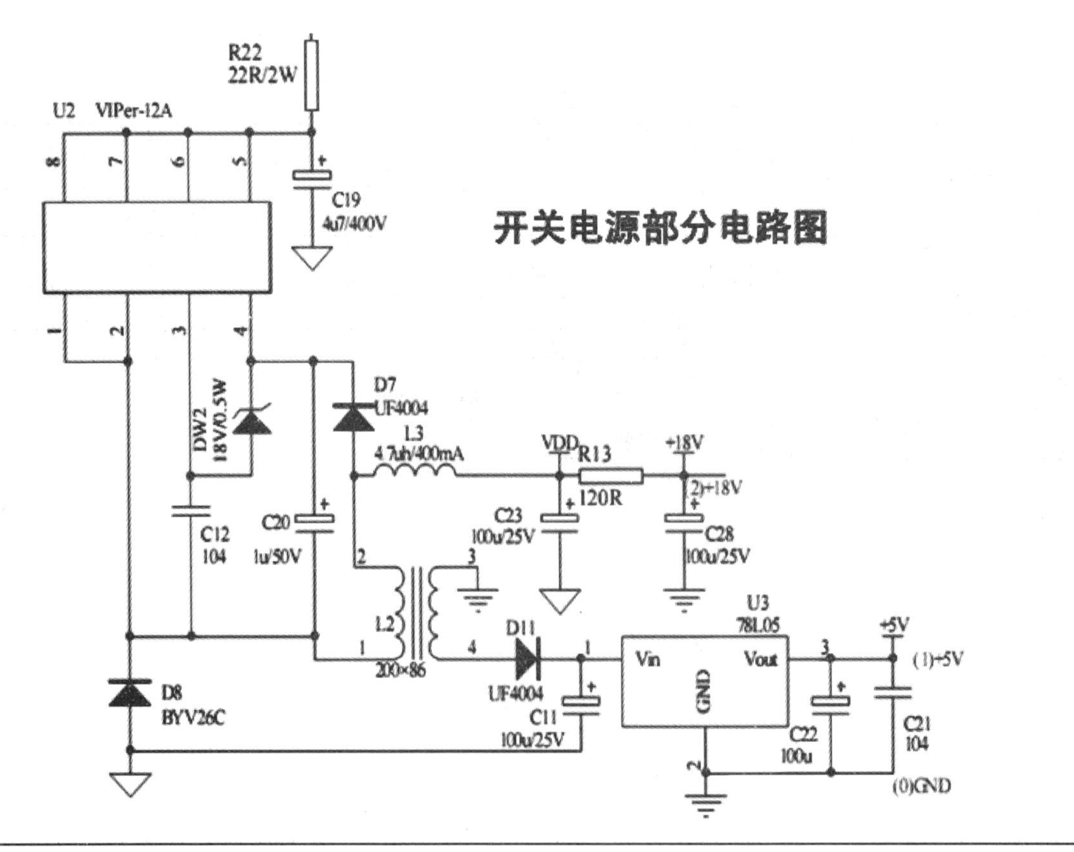

五款康佳液晶电视电源电路图集

一、康佳 LED49S8000U 液晶(35022287-v2)电源板电路原理图

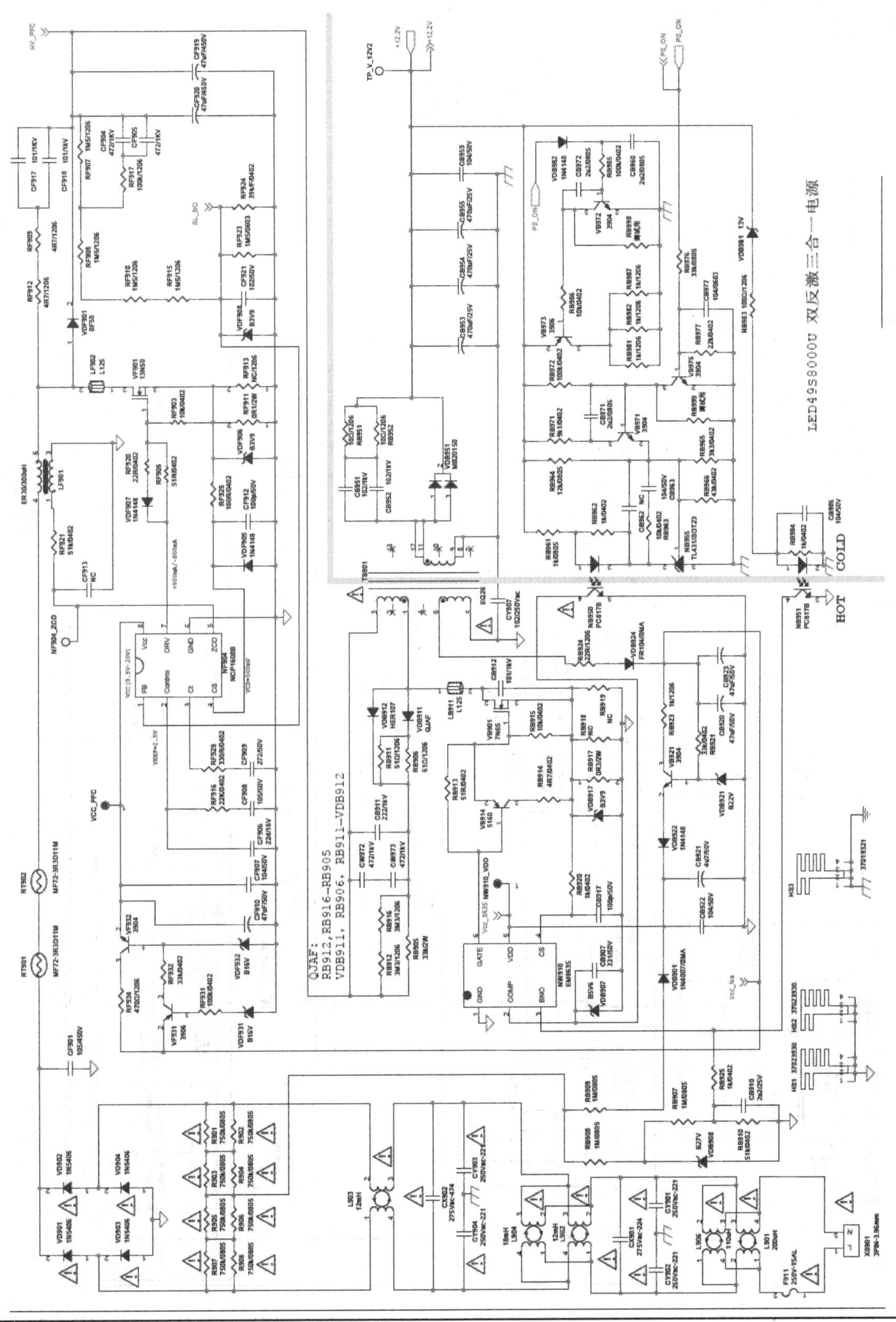

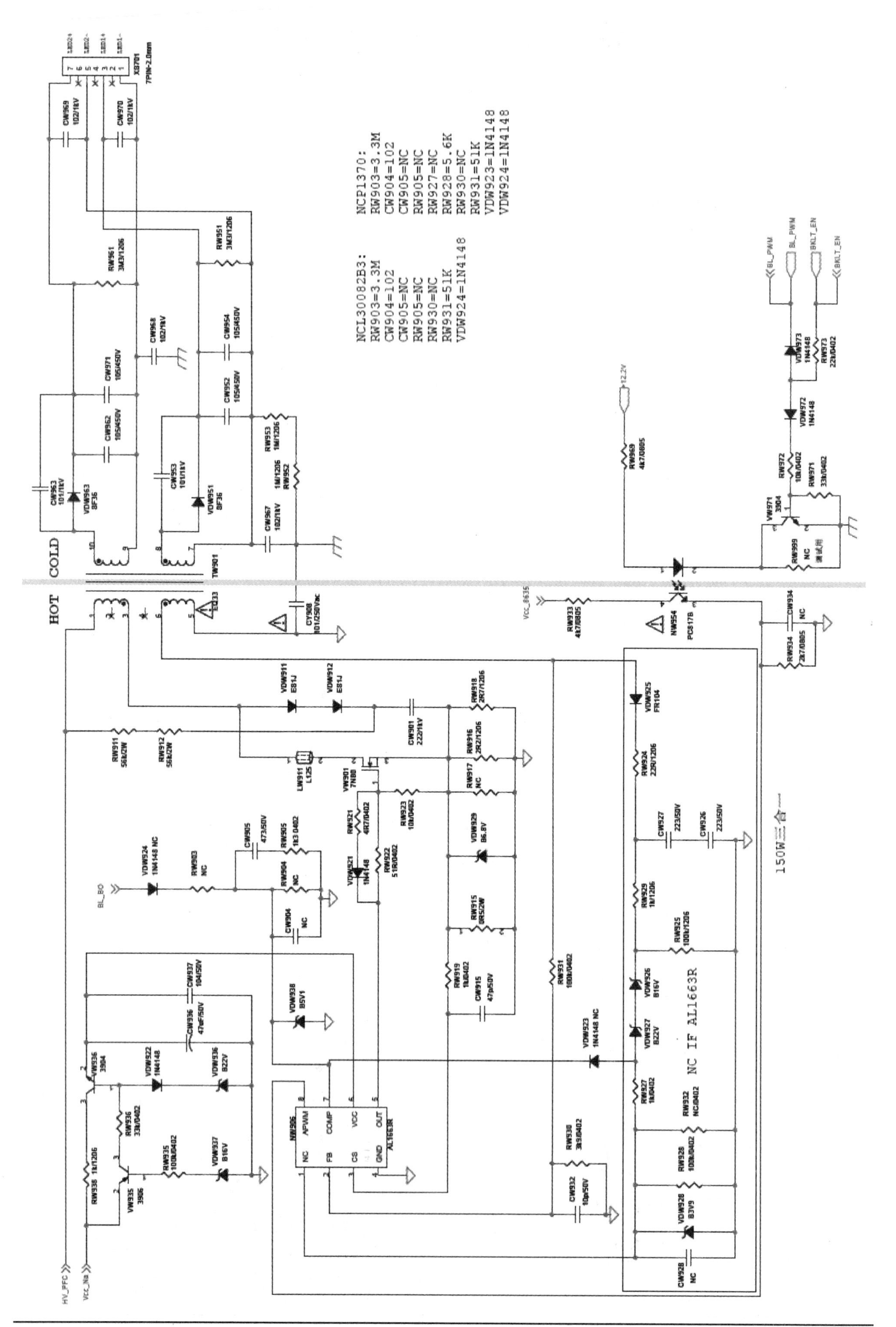

NCL30082B3:
RW903=3.3M
CW904=102
CW905=NC
RW905=NC
RW930=NC
RW931=51K
VDW924=1N4148
NCP1370:
RW903=3.3M
CW904=102
CW905=NC
RW905=NC
RW927=NC
RW928=5.6K
RW930=NC
RW931=51K
VDW923=1N4148
VDW924=1N4148
COLD
HOT
150W三合一
NC IF AL1663R

二、康佳 LED55F5570NF 液晶电视(35018529 板)电源电路原理图

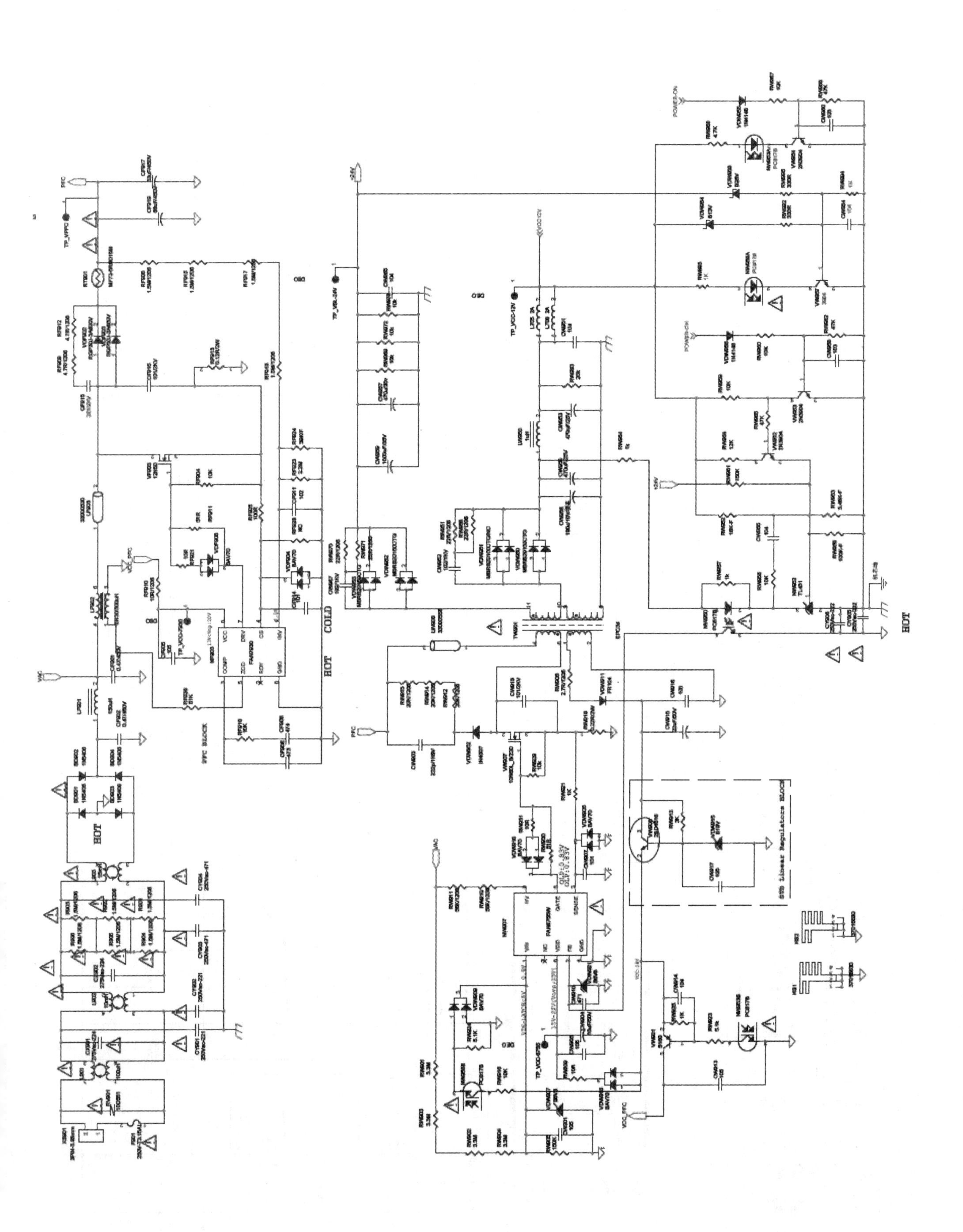

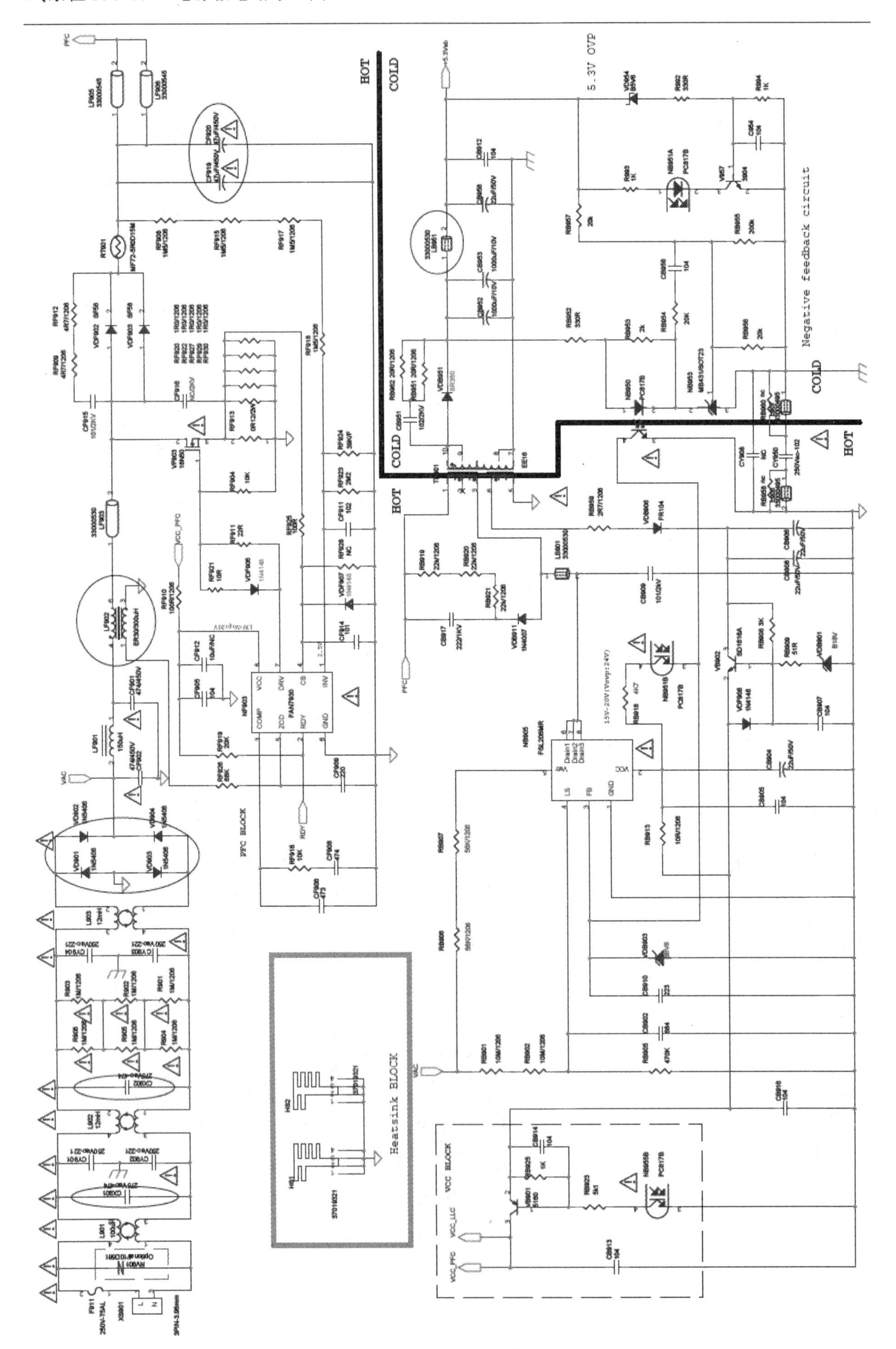

四、康佳液晶 35019015 电源板电路原理图

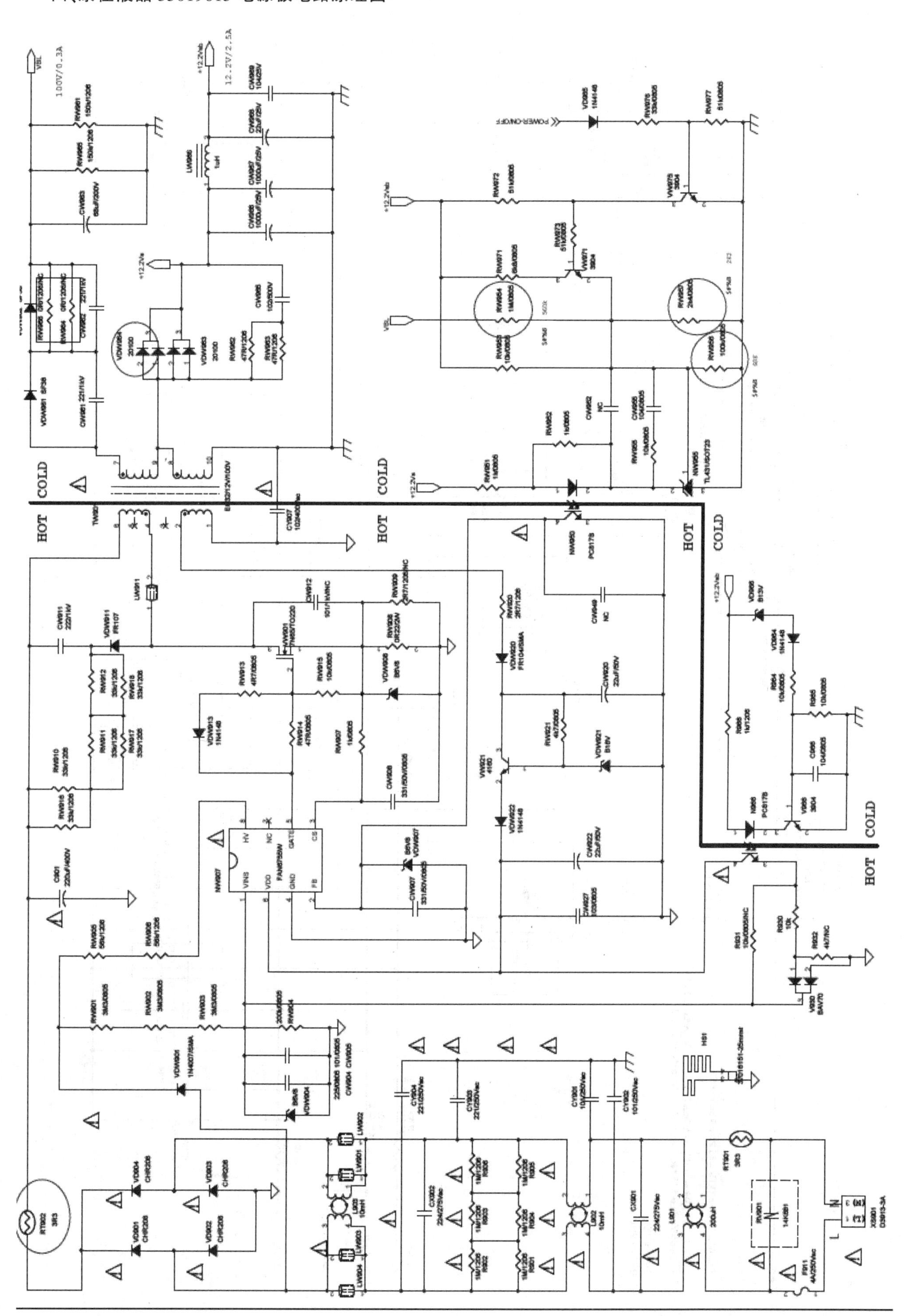

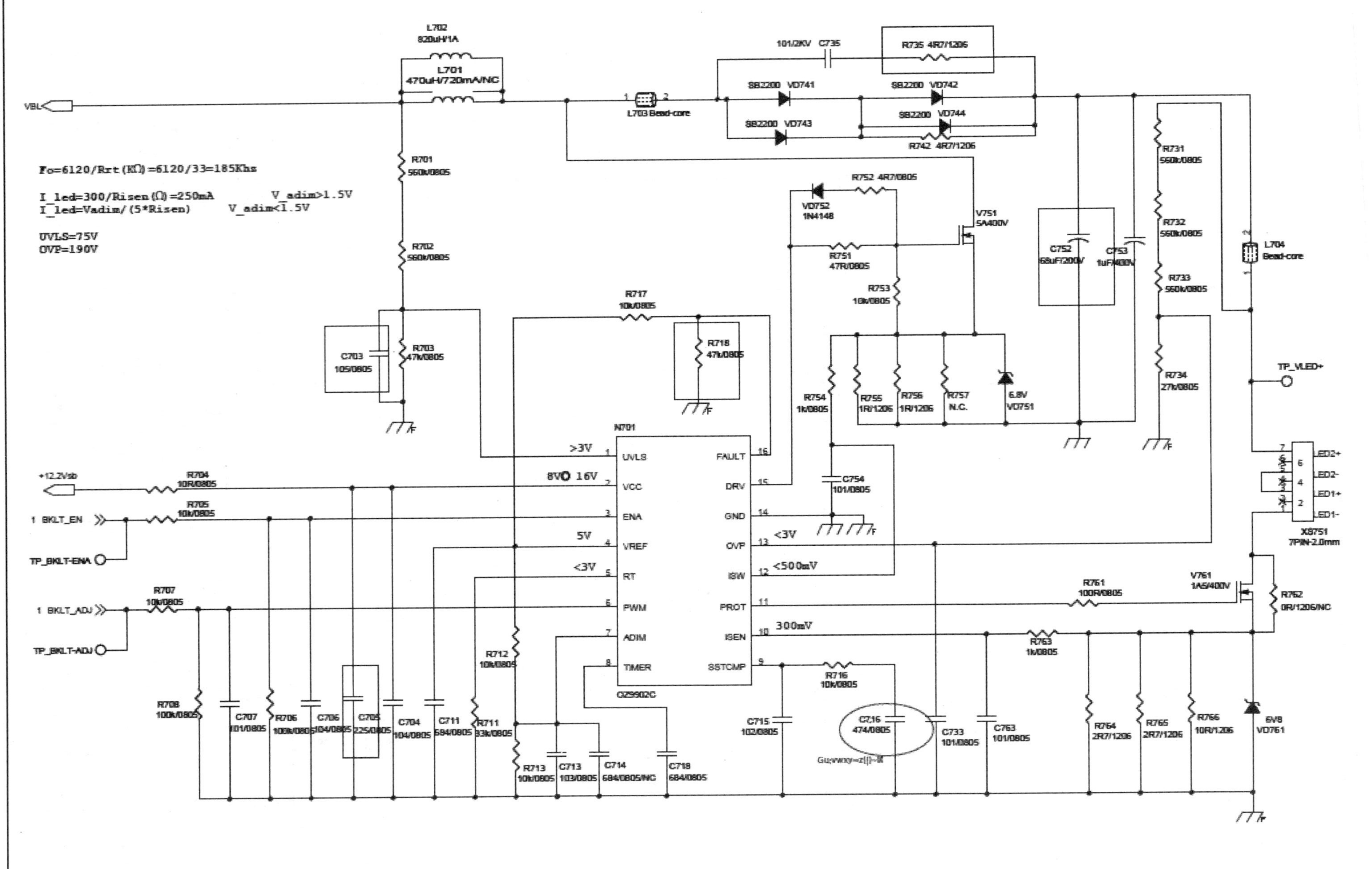
VBL
L702
820uH/1A
L701
470uH/720mA/NC
L703 Bead-core
101/2KV C735
R735 4R7/1206
SB2200 VD741
SB2200 VD742
SB2200 VD743
SB2200 VD744
R742 4R7/1206
R701
560k/0805
R702
560k/0805
C703
105/0805
R703
47k/0805
Fo=6120/Rrt(KΩ)=6120/33=185Khz
I_led=300/Risen(Ω)=250mA
I_led=Vadim/(5*Risen)
V_adim>1.5V
V_adim<1.5V
UVLS=75V
OVP=190V
R752 4R7/0805
VD752
1N4148
V751
5A400V
R751
47R/0805
R753
10k/0805
C752
68uF/200V
C753
1uF/400V
R731
560k/0805
R732
560k/0805
R733
560k/0805
R734
27k/0805
L704
Bead-core
TP_VLED+
R717
10k/0805
R718
47k/0805
R754
1k/0805
R755
1R/1206
R756
1R/1206
R757
N.C.
6.8V
VD751
N701
UVLS
VCC
ENA
VREF
RT
PWM
ADIM
TIMER
FAULT
DRV
GND
OVP
ISW
PROT
ISEN
SSTCMP
OZ9902C
>3V
8V 16V
5V
<3V
<3V
<500mV
300mV
C754
101/0805
LED2+
LED2-
LED1+
LED1-
XS751
7PIN-2.0mm
+12.2Vsb
R704
10R/0805
1 BKLT_EN
R705
10k/0805
TP_BKLT-ENA
1 BKLT_ADJ
R707
10k/0805
TP_BKLT-ADJ
R761
100R/0805
V761
1A5/400V
R762
0R/1206/NC
R763
1k/0805
R716
10k/0805
R712
10k/0805
R708
100k/0805
C707
101/0805
R706
100k/0805
C706
104/0805
C705
225/0805
C704
104/0805
C711
684/0805
R711
33k/0805
R713
10k/0805
C713
103/0805
C714
684/0805/NC
C718
684/0805
C715
102/0805
C716
474/0805
C733
101/0805
C763
101/0805
R764
2R7/1206
R765
2R7/1206
R766
10R/1206
6V8
VD761

五、康佳 34007089 电源板电路原理图

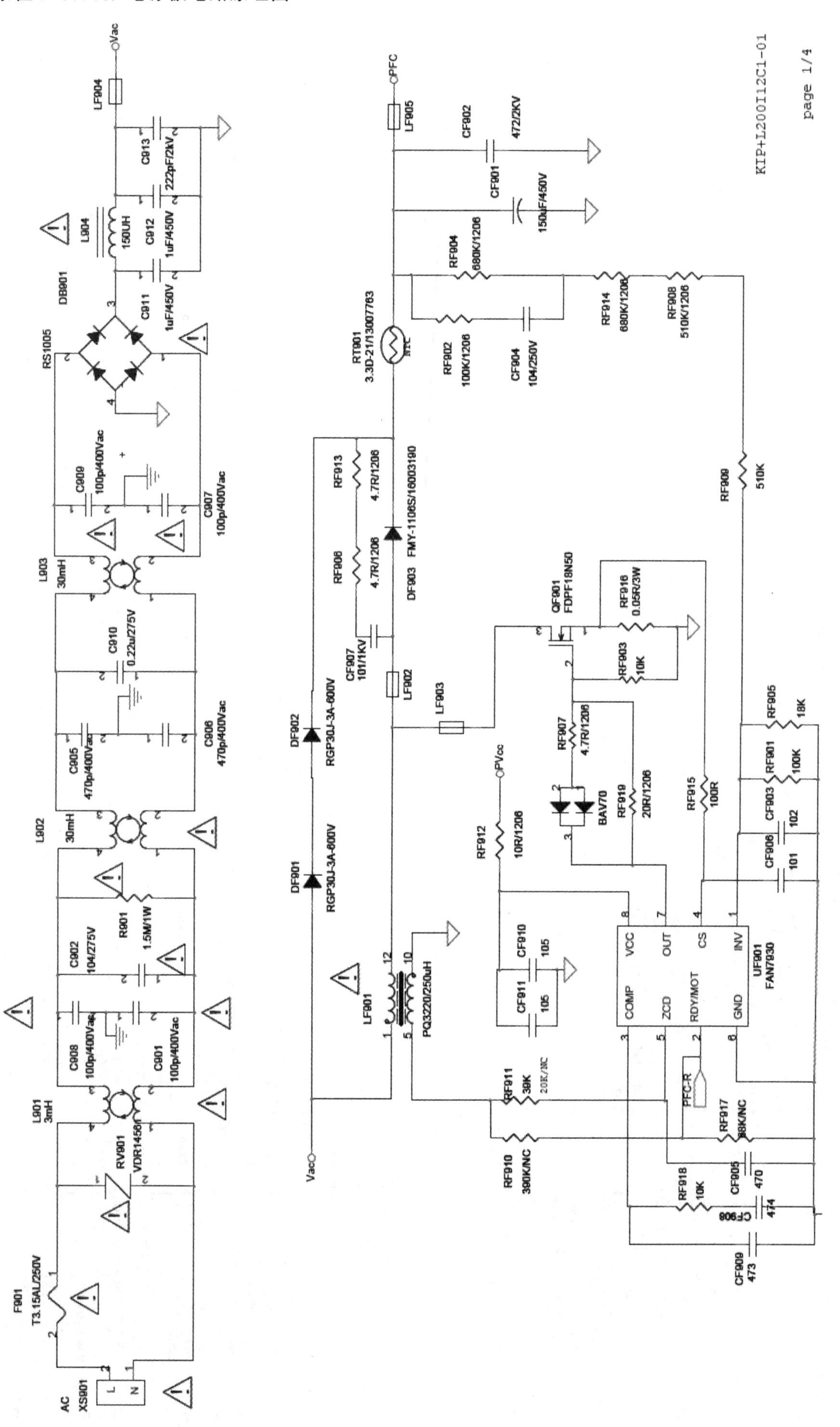

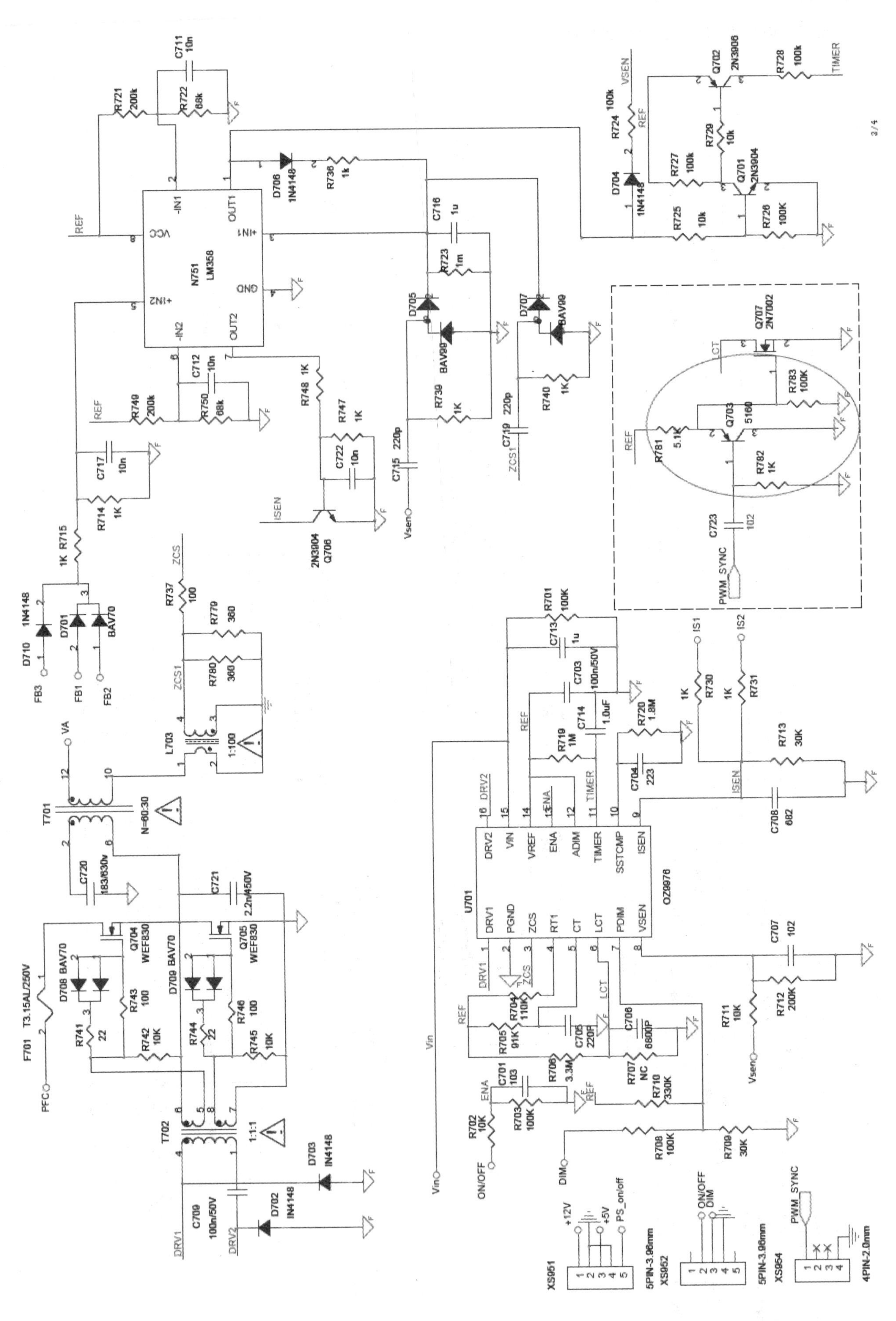

更多详细电路图见《2021年电子报合订本》附赠资料